U0210126

燃气工程设计手册

（第二版）

Guide to Gas Engineering Design

（SECOND EDITION）

严铭卿　主　编

宓亢琪　黎光华　副主编

中国建筑工业出版社

图书在版编目（CIP）数据

燃气工程设计手册/严铭卿主编. —2 版. —北京：中国建筑工业出版社，2019.11

ISBN 978-7-112-24153-8

Ⅰ. ①燃… Ⅱ. ①严… Ⅲ. ①燃气-热力工程-工程设计-技术手册 Ⅳ. ①TU996-62

中国版本图书馆 CIP 数据核字（2019）第 191113 号

本书详细地介绍了燃气工程设计需要的基本知识，共分 41 章，分别是：燃气质量及合成天然气；燃气的物理和热力性质；城镇燃气用气负荷；输气管道系统；地下储气库与区域管网；城镇燃气输配系统；门站与储配站；调压与计量；管道材料与阀门；管道防腐层与电保护；燃气储罐；燃气管网水力计算与分析；燃气管网优化与可靠性评价；燃气输配测控与调度管理系统；压缩天然气输配；液化天然气运输与储存；液化天然气接收站；液化天然气调峰站；液化天然气气化站；液化石油气运输；液化石油气储配；液化石油气气化与混气；液化石油气冷冻式储存；燃气燃烧理论与参数计算；燃气燃烧器；节能与低氮氧化物燃烧技术；民用燃气器具；燃气锅炉；燃气供暖；燃气空调；燃气冷热电联产；燃气工业炉窑；燃烧设备的热工计算；燃气汽车；燃料电池、燃料电池汽车及加氢站；燃气安全；城镇燃气规划；城镇燃气输配工程项目可行性研究；城镇燃气输配工程项目初步设计；燃气输配工程项目后评价；城镇燃气输配工程项目投资估算与经济分析等内容。文后还有附录：法定计量单位及单位换算；国内典型城市的燃气负荷及其工况数据；热电联产燃气负荷及其工况数据；工业炉窑大气污染物排放标准；天然气利用的节能减排效果指标等内容。全书内容丰富，资料翔实。

本书可供从事城镇燃气工程专业设计人员、管理人员、施工人员使用，也可供能源专业和大专院校师生使用。

* * *

责任编辑：胡明安
责任校对：王　瑞

燃气工程设计手册（第二版）
严铭卿　主编
宓亢琪　黎光华　副主编
*
中国建筑工业出版社出版、发行（北京海淀三里河路 9 号）
各地新华书店、建筑书店经销
霸州市顺浩图文科技发展有限公司制版
北京圣夫亚美印刷有限公司印刷
*
开本：787×1092 毫米　1/16　印张：120½　字数：3008 千字
2019 年 12 月第二版　2019 年 12 月第五次印刷
定价：**480.00** 元
ISBN 978-7-112-24153-8
（34665）

第二版前言

《燃气工程设计手册》(以下简称《手册》) 第二版的工作主要从三方面进行：第一方面是修改补充原版某些章节或某些内容，例如重写了压缩天然气一章，对燃气输配系统、阀门与管材、管道防腐、燃气输配调度与管理、民用燃气器具、燃气热工炉窑、制氢工艺等章节作了较多的充实；对储罐、水力计算、LNG 气化站、燃气供暖等章节也增写了新的内容；特别是新增了输气管道、地下储气库与区域管网、燃气管网设计优化与供气可靠性评价、LNG 调峰站、燃气安全等章以及合成天然气一节、新型防腐保护层材料及施工工艺一节、燃气管网水力工况在线仿真技术一节、燃料电池汽车与加氢站一节、附录 D 工业炉窑大气污染物排放标准等内容。对较多章节新增了富有借鉴作用的工程实例，例如迪庆天然气支线管道工程设计实例，盐穴地下储气库地面工程设计实例，区域管网实例，燃气管网水力工况在线仿真技术开发实例，在原有 5 个国外 CCHP 系统实例之外新增了北京、上海、广州、成都等 4 个 CCHP 系统实例以及一个纸业公司热电联产能源站设计实例等。对附录 B 作了少量补充。对所有章节都进行了内容和表述方面的修改、补充。

第二方面是改正了原版极个别处的错漏。

第三方面是对手册全面加入了有关标准规范的重点条款内容或规定数据。在引用标准规范时，都采用了在本手册定稿之前的最新版本，但不列出其年号；为此，敬请读者在标准规范有更新版本时采用其相关的更新了的规定。

通过这样三方面的修订，使《手册》的质量得以提高，更贴近实用要求，更具有设计工具的功能；同时又通过较大地扩展燃气工程技术的知识面，使《手册》具有“指南”的内涵。使本《手册》有可能更好地服务于广大燃气设计和工程技术人员，同时为高等院校燃气专业师生提供一本专业学习与参考的辅助教学资料。

本手册主编和副主编邀请了为数众多的燃气界同仁，包括高校教师、设计院工程师、经济师、科研院所研究人员、燃气检测和系统配置工程师等参加本手册的修订工作。这些高水平的、富有工程实际经验的参编者从根本上打造了本手册的高质量。

修订的分工简列如下：

第 1 章燃气质量及合成天然气：周伟国；其中合成天然气（赵红光），合成天然气对输气管道的影响（张邕生）。第 2 章燃气的物理和热力性质：田贯三，严铭卿；水合物（宓亢琪）；改写燃气爆炸极限与温度、压力的关系（严铭卿）；校核（严铭卿，李军）。第 3 章城镇燃气用气负荷：严铭卿，解东来；校核（焦文玲，鲁德宏）。第 4 章输气管道系统：宓亢琪；其中输气管道工程实例（赵梦涛），输气管道不定常流动计算（李军）。第 5 章地下储气库与区域管网：严铭卿；其中含水层地下储气库有限元分析（展长虹），盐穴地下储气库地面工程实例（刘波），区域管网工程实例（张晴）。第 6 章城镇燃气输配系统：宓亢琪；其中室内管道（王金凤，李彤），综合管廊（黄梅丹），管网方案、分配管网阀门配置（严铭卿）。第 7 章门站与储配站：彭世尼；校核与补充（张华），其中天然气引射器（宓亢琪）。第 8 章调压与计量：黎光华；校核（管延文，童沙）。第 9 章管道材料与阀门：马鸿敬。第 10 章管道防腐层与电保护：马鸿敬；校核（刘畅），补充及增写定向钻穿越管道防腐层防护技术（刘畅，王彦民）。第 11 章燃气储罐：赵志达；全面修订（李洁）。第 12 章燃气管网水力计算与分析：田贯三；其中水力计算图线（姜东琪），解节点方程法（严铭卿），当量管径计算（宓亢琪）；增写燃气管网水力工况在线仿真技术（田贯三），校核（严铭卿）。第 13 章燃气管网优化与可靠性评价：周伟国，严铭卿，其中设计优化（周伟国），综合优化原理、按边值管网优化，供气可靠性评价（严铭卿）。第 14 章燃气输配测控与调度管理系统：宋永明。第 15 章压缩天然气输配：杨慧，其中储气容积分区配置，供气的节流减压按焦耳-汤姆逊函数计算（严铭卿）。第 16 章液化天然气运输与储存：王兴元，改写常压储罐（蒲黎明），校核（魏璠）。第 17 章液化天然气接收站：王兴元，其中 LNG 冷能回收（顾安忠），补充 LNG 储罐抗震规范内容（宓亢琪），增写 LNG 冷能用于天然气富氧燃烧电厂碳捕获（蔡磊），校核（魏璠）。第 18 章液化天然气调峰站：蒲黎明，校核（刘家洪）。第 19 章液化天然气气化站：王兴元，校核及其中增压器、BOG 加热器、星型翅片管气化器换热计算（魏璠）。第 20 章液化石油气运输：黎光华，严铭卿，校核（陈亮，李艳杰）。第 21 章液化石油气储配：黎光华，严铭卿，校核（陈亮，李艳杰）。第 22 章液化石油气气化与混气：黎光华，严铭卿，校核（陈亮，李艳杰）。第 23 章液化石油气冷冻式储存：严铭卿，黎光华，校核（李艳杰）。第 24 章燃气燃烧理论与参数计算：宓亢琪，校核（胡静）。第 25 章燃气燃烧器：宓亢琪，校核（胡静）。第 26 章节能与低氮氧化物燃烧技术：宓亢琪，校核（胡静）。第 27 章民用燃气器具：张明伟，增写新型燃气具（鄭军妹）。第 28 章燃气锅炉：侯根富。第 29 章燃气供暖：董重成，增写燃气壁挂炉供暖（郑雪晶）。第 30 章燃气空调：侯根富。第 31 章燃气冷热电联产：秦朝葵，增写及校核（陈志光），其中增写某纸业公司热电联产分布式能源站工程设计案例（何耘夫，蒋祥龙）。第 32 章燃气工业炉窑：秦朝葵，增写及校核（陈志光），其中增写工业炉窑燃气燃烧系统（李四乔）。第 33 章燃烧设备的热工计算：秦朝葵，增写及校核（陈志光）。第 34 章燃气汽车：冯良。第 35 章燃料电池、燃料电池汽车及加氢站：宓亢琪，解东来，其中天然气制氢工艺（解东来），增写新型制氢工艺，燃料电池汽车及加氢站（潘季荣，解东来）。第 36 章燃气安全：黄小美，其中输气管道破裂泄漏计算（严铭卿）。第 37 章城镇燃气规划：蒋祥龙，严铭卿。第 38 章城镇燃气输配工程项目可行性研究：严铭卿，校核（宓亢琪）。第 39 章城镇燃气输配工程项目初步设计：严铭卿，校核（宓亢琪）。第 40 章燃气输配工程项目后评价：王峰。第 41 章城镇燃气输配工程项目投资估算与经济分析：许祖浩。附录 A 法定计量单位及单位换算：黎光华。附录 B 国内典型城市的燃气负荷及工况数据：解东来。附录 C 热电联产燃气负荷及其工况数据：秦朝葵。附录 D 工业炉窑大气污染物排放标准：陈志光，秦朝葵。附录 E 天然气利用的节能减排效果指标：田贯三。

本手册采用的“标准状态”是温度 273.15K，压力 101.325kPa。除另有说明外，m^3 单位是相应于“标准状态”。本手册建议将现在工程界运用的温度 293.15K，压力

101.325kPa 状态称为“基准状态”。

本《手册》第二版更多地引入了有关标准规范的重点规定及数据，这应该归功于宓亢琪的大量工作。

在修订工作完成之际，本手册主编严铭卿，副主编宓亢琪，黎光华对参与本手册的修订，付出辛勤劳动、作出宝贵贡献的上述各位教师、工程师和研究员们表示由衷的感谢。我们也要衷心感谢中国建筑工业出版社胡明安对手册增订工作的支持和帮助。他曾经一直负责为我们的三本书担任责任编辑，兢兢业业，对我们的工作总是抱着宽容的态度，我们为有这样一位朴实友善的朋友感到欣幸。也要感谢中国建筑工业出版社刘慈慰为本手册作的仔细的编审。在本书出版之际，我们要感谢中央制塑（天津）有限公司对手册增订的大力支持，并为手册提供了开发的关于定向钻穿越管道防腐层防护技术的非常有价值的书稿。感谢李连星、王欢、李持佳、马迎秋、周肃亮、邹文龙、杨凤玲、迟国敬、聂松为手册提供新的燃气负荷及工况资料。感谢申粤为区域管网提供的技术建议。感谢陈寿安对手册的关心。对于本手册引用的大量参考文献的作者、本手册采用的图片、表格及设备材料技术参数的有关单位表示深切的感谢。

通过手册修订工作，我欣喜地看到了现在活跃在燃气工程技术领域的一批比我们年轻得多的朋友们勤奋、踏实，已经站稳了脚跟。衷心祝愿你们不断进步，事业有成。爱因斯坦曾说过：“照亮我道路的理想是善、美和真，它们不断给我以新的勇气去愉快地面对生活。”我想，这也可以作为我们对待科学、技术和工程乃至生活的追求和一种态度。

严铭卿

2019.6.5

第一版前言

进入 21 世纪，我国的燃气工程技术随着天然气工业开发、建设与生产的跨越式发展，出现了崭新的局面。燃气工程技术建设迫切需要反映当今科技发展水平、适应现实工程实践的工具书——设计手册。中国建筑工业出版社审时度势，提出编纂《燃气工程设计手册》的出版计划，邀请我们承担这一工作。

对于这样一本手册的编写，我们首先想到的是其内容的全面性和系统性。从城市燃气界的设计和技术工作范围来看，可区分为气源、输配与燃烧应用三大领域。考虑到城市燃气气源已经基本转向液化石油气和天然气，因而在本手册中不包括人工煤制气或油制气等气源生产内容；考虑到关于长输管道工程近年已出版较多专业性很强的手册，因而本手册在这一方面不再重复。在燃气输配方面，以天然气为主线更新及充实内容，并拓展到 CNG、LNG 等新的工程方向，构建了燃气负荷的系统内容。在燃烧与应用方面除传统的民用、商用和工业应用外，特别增加了燃气锅炉、燃气供暖、燃气空调、冷热电联产、燃气汽车、燃气在燃料电池技术方面的应用等内容。

20 多年前，中国建筑工业出版社出版过本专业设计手册。除了上面讲到的气源条件变化外，也由于工程技术的发展和进步，急需有新编手册反映一切随时间发生的变化。编写本手册，我们力图采取开放的、科学的态度，立足于我国的工程实际；注重传承已有燃气工程技术经验，但不因循守旧；积极吸收国外燃气科技成果，但不亦步亦趋。遵循毛泽东的教导：我们决不可拒绝继承和借鉴，但是继承和借鉴决不可以变成替代自己的创造。读者可能会看到，在手册中有许多出自作者们和国内燃气科技工作者推导的公式、建立的计算模型、提出的定律、制定的设计原则和方法；包含着大量的我国设计工作者从工程实践总结的经验与数据。我们希望读者们能感受到这一并非平凡的进展。同时，这本手册不止于讲“怎样做”，而且会以适当深度谈“为什么”。我们正在试图编写出一本包含我国燃气科技工作自主创新成果的、有较深入内涵的工具书。

作为设计手册，其功能要求决定了编写应该将实用性作为其基本特性。这一要求表现为在形式上，手册有简练的关于基本概念和工程技术原则的叙述以及大量的计算公式、表格和插图；在内容中，手册各主题应针对工程实际，数据和资料应适用于工程实际。这是我们编写工作所遵循的原则。

一般设计手册重在表达已有的科技和工程成果，为读者提供适用的工具，但这与提倡科技和工程的创新是并行不悖的。这也是我们编写工作所倡导的精神。

本手册在编写中频繁引用了多种相关规范和标准；对涉及安全和质量的内容都力图保持与现行规范和标准相关规定一致，当规范和标准重新修订与本手册出现有不相符之处，当以新规范或标准为准。

本手册除另注明者外，燃气状态都采用压力为101.325kPa，温度为0℃作为标准状态，在计量单位中不另加符号。

一本设计手册是传达工程技术知识和信息的一种介质，因此，编写人员的素质、经验和学识决定了所编写手册的质量和水平。我们的编写集体由来自于设计科研单位、高校和燃气公司实际部门的高层次人员所组成，进行了和谐的富有成效的合作。作者名单（按姓名笔画）为：

马洪敬　教授级高工
王　锋　高级工程师
王　益　高级工程师
王兴元　高级工程师
孔　川　硕士、教授级高工
田贯三　博士、教授
冯　良　硕士、副教授
许祖浩　教授级高工
李　彤　硕士、高级工程师
严铭卿　教授级高工、博士生导师
宋永明　副教授
张明伟　高级工程师
宓亢琪　教授
周伟国　博士、教授、博士生导师
赵志达　高级工程师
姜东琪　硕士、高级工程师
侯根富　博士、教授
顾安忠　教授、博士生导师
秦朝葵　博士、教授、博士生导师
彭世尼　博士、教授
蒋祥龙　高级工程师
鲁德宏　高级工程师
董重成　教授
解东来　博士、副教授
黎光华　副教授

本手册由严铭卿担任主编，宓亢琪、田贯三、黎光华任副主编，写作分工为：第1章　城镇燃气及其质量标准（周伟国），第2章　燃气的物理和热力性质（田贯三），第3章　城镇燃气用气负荷（解东来，严铭卿，鲁德宏），第4章　燃气输配系统（宓亢琪），第5章　门站与储配站（彭世尼），第6章　调压、计量与调压设施（黎光华），第7章　燃气庭院、室内管道（李彤，姜东琪），其中7.8设置燃气用具房间的通风换气与燃气用具的排烟（宓亢琪），第8章　管道材料与阀门（马洪敬、王益），第9章　管道防腐与电保护（马洪敬），第10章　燃气储罐（赵志达，严铭卿），第11章　燃气管网水力计算与分析（田贯三），第12章　城镇燃气输配调度与管理系统（宋永明），第13章　压缩天然气输配（孔川），第14章　液化天然气运输与储存（王兴元），第15章　液化天然气终端站（王兴元），其中15.7　LNG冷能回收（顾安忠），第16章　液化天然气气化站（王兴元），第17章　液化石油气运输（黎光华），第18章　液化石油气储配（黎光华），第19章　液化石油气气化与混气（黎光华），第20章　液化石油气低温储存（严铭卿、黎光华），第21章　燃气燃烧理论与参数计算（宓亢琪），第22章　燃气燃烧器（宓亢琪），第23章　节能与低氮氧化物燃烧技术（宓亢琪），第24章　民用燃气器具（张明伟），第25章　燃气锅炉（侯根富），第26章　燃气供暖（董重成），第27章　燃气空调（侯根富），第28章　燃气冷热电联产（秦朝葵），第29章　燃气工业炉窑（秦朝葵），第30章　燃烧设备的热工计算（秦朝葵），第31章　燃气汽车（冯良），第32章　燃料电池（宓亢琪），其中32.9天然气制氢工艺（解东来），第33章　城镇燃气规划（蒋祥龙，严铭卿），第34章　城镇燃气输配工程项目可行性研究（严铭卿），第35章　城镇燃气输配工程初步设计（严铭卿），第36章　燃气输配工程项目后评价（王锋，严铭卿），第37章　燃气输配工程项目经济分析（许祖浩），附录A　法定计量单位及单位换算（黎光华），附录B　国内典型城市的燃气负荷及其工况数据（解东来），附录C　热电联产燃气负荷及其工况数据（秦朝葵），附录D　天然气利用的节能减排效果指标（田贯三）。

在手册的编写中，主编对全书反复斟酌，对各位作者撰写的内容进行了很多裁剪、调配和补充。例如第1章加入了彭世尼撰写的关于臭味强度等级及国外天热气加臭剂量的规定的内容，第4章采用了李彤撰写的穿越障碍的部分书稿并利用了蒋祥龙提供的大、中城市输配方案图和表格素材，宓亢琪关于天然气引射器计算的书稿被列入第5章，第8章采用了王兴元关于低温管材和低温阀门的书稿，宓亢琪关于等效管计算的书稿被列入第11章，彭世尼关于CNG运输的一段书稿被并入第13章，侯根富撰写的关于冷热电联产系统形式一段书稿被移入第28章等等。

本手册主编邀请常玉春、王昌遒、冯长海、谭达德、董珊、魏学孟、常树人等燃气、热力界专家分别对部分手册内容进行了审阅，他们的宝贵意见使手册内容更臻于完善，质量更得以提高，谨对他们的劳动表示由衷的感谢。

在本手册的编写中，参考了大量的论文、书籍、报告、工程设计文件、手册、产品和设备资料，对所有这些文献的原作者谨表衷心的感谢。

本手册的编写在一定程度上是国内燃气界众多人士通力合作的结果。各位编写者都分别得到了业内专家、身边同事、朋友的襄助，我们为此要感谢蒲钢青，全星、刘明、陈峰、胡仁升、马仲藩、杨国华、刘云霞、廖友才、李永威、陈文柳、张崇贤、苏福民、潘小思等。

在此特别向大力协助与支持本手册编写工作的北京优奈特燃气工程有限公司，北京大地燃气工程有限公司董事长、总经理唐志祥先生，宁波志清实业有限公司陈志清总裁，广东万和集团有限公司，无锡特莱姆气体设备有限公司，天津奥利达设备工程技术有限公司等表示真诚的感谢。

手册从立项、筹划到编辑出版都得到了中国建筑工业出版社姚荣华、胡明安等同志的全力支持与帮助，手册出版之际，谨对他们致以深切的谢意。

工程与科技始终在日新月异地发展和进步。工程设计手册是时间的产物，它应该尽可能完善汇集已有科技与工程的经验和成果，形成适用的工具；同时它又必然有来自各方面原因的局限性，并随时间而陈化。“问渠那得清如许，谓有源头活水来。”我们热切期待广大读者，对手册提出批评与建议，以助改进；并欢迎积极参与将来的修订增编工作。

在本手册出版之际，我们深切怀念我国燃气界的一批先行者。郑达先生等前辈当年主持“城市煤气设计规范”编制，团结同志，倾注激情于我国燃气事业，他们的工作贡献也蕴含于本手册中，特此表达对他们的真挚敬意。

严铭卿

2008年8月

目　录

第 1 章　燃气质量及合成天然气

1.1　城镇燃气的组成及低热值

城镇燃气是指供给居民生活、商业（公共建筑）和工业企业生产作燃料用的公用性质的符合规范质量要求的燃气。城镇燃气是由多种气体组成的混合气体，含有可燃气体和不可燃气体。其中可燃气体有碳氢化合物（如甲烷、乙烷、乙烯、丙烷、丙烯、丁烷、丁烯等烃类可燃气体）、氢和一氧化碳等，不可燃气体有二氧化碳、氮和氧等。典型的城镇燃气包括天然气、液化石油气、人工燃气等，它们的组分及低热值见表 1-1-1。

各种燃气典型组分及低热值（273.15K、101325Pa）　　**表 1-1-1**

种类		燃气成分体积分数(干成分)(%)									低热值 (kJ/m³)
		CH_4	C_3H_8	C_4H_{10}	C_mH_n	CO	H_2	CO_2	O_2	N_2	
1	天然气										
(1)	纯天然气	98	0.3	0.3	0.4					1.0	36216
(2)	石油伴生气	81.7	6.2	4.86	4.94			0.3	0.2	1.8	45470
(3)	凝析气田气	74.3	6.75	1.87	14.91			1.62		0.55	48360
(4)	矿井气	52.4						4.6	7.0	36.0	18841
2	液化石油气(概略值)		50	50							108438
3	人工燃气										
1)	固体燃料干馏煤气										
(1)	焦炉煤气	27			2	6	56	3	1	5	18254
(2)	连续式直立碳化炉煤气	18			1.7	17	56	5	0.3	2	16161
(3)	立箱炉煤气	25				9.5	55	6	0.5	4	16119
2)	固体燃料气化煤气										
(1)	压力气化煤气	18			0.7	18	56	3	0.3	4	15410
(2)	水煤气	1.2				34.4	52	8.2	0.2	4.0	10380
(3)	发生炉煤气	1.8		0.4		30.4	8.4	2.4	0.2	56.4	5900
3)	油制气										
(1)	重油蓄热热裂解气	28.5			32.17	2.68	31.51	2.13	0.62	2.39	42161
(2)	重油蓄热催化热裂解气	16.5			5	17.3	46.5	7.0	1.0	6.7	17543
4)	高炉煤气	0.3				28	2.7	10.5		58.5	3936
5)	掺混气										
(1)	焦炉气掺混高炉气	18.7			2	9.3	50.6	4.7	0.7	14.0	15062
(2)	液化石油气混空气		15	35					10.5	39.5	57230
6)	沼气(生物气)	60				少量	少量	35	少量		21771

注：本手册以 273.15K、101325Pa 时的状态为标准状态，标准状态下的容积单位以立方米表示。本手册以 293.15K、101325Pa 时的状态为基准状态。

燃气工程设计中，确定城市输配系统的压力级制、管径、燃气管网构筑物及防护和管理措施，以及有关燃气应用等都与所使用燃气的种类有关。城镇燃气在管道中输送的距离较长，管道的造价及金属用量在输配系统中所占的比重很大。显然，输送高热值燃气对输配系统的经济性是有利的。

1.2 城镇燃气的分类

城镇燃气可以根据不同的生成原因（来源）、热值大小或燃气特性指标进行分类，以便有针对性地进行输配系统和燃气燃烧器（具）的设计或选择。

1.2.1 按燃气生成原因分类

根据各种燃气的生成原因或者来源可以归纳为天然气、人工燃气和液化石油气三大类。其中天然气是自然生成的，人工燃气或是由其他能源转化而成，或是生产工艺的副产品，而液化石油气是原油加工过程的副产气。

天然气主要包括气田气（又称为纯天然气）、石油伴生气、凝析气田气、页岩气、天然气水合物和煤层气等。前三种气称为常规天然气，后三种气称为非常规天然气。无论常规天然气还是非常规天然气，它们经过净化处理后，主要组分都为甲烷。

气田气在地层中均呈气相，主要成分为甲烷，体积分数为80%～90%。凝析气田气在地层中为气态，开采到一定阶段，随储集层压力的减低，部分烃类在储集层和井筒内呈液态析出，甲烷含量为75%左右。石油伴生气与石油共生，随石油一起开采出来，一般每吨原油含20～500m^3天然气。

页岩气是赋存于富有机质泥且具有低孔隙度、低渗透率物性特征的页岩及其夹层中，以吸附和游离状态为主要存在方式的非常规天然气，气质与常规天然气无异。

天然气水合物是分布于深海沉积物或陆域的永久冻土中，由天然气与水在高压低温条件下形成的类冰状的结晶物质，因其看起来与冰相似，有明火接近即可燃烧，故称之为可燃冰。天然气水合物轻于水、重于液烃，相对密度为0.96～0.98；是一种半稳定固体混合物，在大气环境下很快分解。1m^3可燃冰在常温常压下可释放出164～180m^3的天然气及0.8m^3 的水。

煤层气是一种以吸附状态为主，生成并储存在煤系地层中的非常规天然气。地面抽采的煤层气甲烷含量一般大于96%；随采煤过程产出的煤层气混有较多空气，俗称煤矿瓦斯或矿井气，一般将甲烷含量调整到40%左右后再利用。

人工燃气主要是指那些通过能源转换技术，将煤炭或重油转换而成的煤制气、合成煤制天然气和油制气。

煤制气又可分为干馏煤气和气化煤气，干馏煤气指固体燃料隔绝空气受热，分解产生的可燃气体，包括以制气为主的炭化炉煤气和炼焦副产的焦炉煤气。气化煤气指固体燃料在高温下与气化剂（空气、氧气、水蒸气等）作用，将固体燃料完全转换为气体燃料，发生炉煤气以空气作为气化剂，水煤气以水蒸气为气化剂。

合成天然气（Synthetic Natural Gas，SNG），有些文献中也称为替代天然气（Substitute Natural Gas，SNG），有一种工艺过程是在多功能催化剂作用下，煤和气化介质（水蒸气、氢气、一氧化碳）在一个加压流化床反应器内同时通过煤气化、变换和甲烷化三个反应过程，生成的含高浓度甲烷的燃气。在实践中，往往把煤地下气化（亦称为地下采煤，Underground Coal Gasification，UCG）也作为煤制天然气的一种，煤地下气化就是将处于地下的煤进行有控制的燃烧，通过对煤的热作用及化学作用产生可燃气体的过程，它集建井、采煤、气化三大工艺为一体，变传统物理采煤为化学采煤。

油制气是指将原料重油或石脑油放入工业炉内，经压力、温度及催化剂作用，所生成的可燃气体，根据工艺的不同主要分为热裂解气和催化裂解气。

炼铁过程副产的高炉煤气和炼钢过程副产的转炉煤气也可归入人工燃气类。

液化石油气与人工燃气一样，也属于二次能源。我国目前液化石油气主要是炼油厂的副产气，而进口的液化石油气主要是通过按一定的比例将丙烷（或丙烯）和丁烷（或丁烯）混合而成的。

二甲醚又称甲醚，简称 DME。二甲醚在常压下是一种无色气体或压缩液体，具有轻微醚香味。作为民用燃料气其储运、燃烧安全性、预混气热值和理论燃烧温度等性能指标均优于液化石油气，可作为城市管道煤气的调峰气、液化石油气掺混气。由于石油资源短缺、煤炭资源丰富及人们环保意识的增强，二甲醚作为从煤转化成的清洁燃料而受到重视。

另外，沼气也可归入人工燃气类，这是因为实际应用中的沼气，是人们利用生物质在厌氧条件下通过沼气微生物分解代谢的生物化学过程，形成的以甲烷和二氧化碳为主的可燃性混合气体。

1.2.2 按燃气热值分类

城镇燃气种类较多，热值各不相同。根据燃气热值的大小，可以分为三个等级，即高热值燃气（HCV gas）、中等热值燃气（MCV gas）和低热值燃气（LCV gas）。

高热值燃气的热值在 30MJ/m^3（燃气体积指在 101.325kPa，0℃状态下的体积）以上，高热值燃气的组分以烃类为主，天然气、部分油制气和液化石油气都属于高热值燃气；中等热值燃气的热值在 20MJ/m^3 左右，中等热值燃气除含有氢和一氧化碳外，还含有甲烷和其他烃类，如焦炉煤气，或者主要可燃成分为甲烷，但伴有大量非可燃组分，如沼气；低热值燃气的热值在 12～13MJ/m^3 之间或更低，低热值燃气的可燃组成主要为氢和一氧化碳，同时含有相当数量的不可燃惰性组分，其含量有时甚至达到半数，多数气化煤气、高炉煤气等属于低热值燃气。

1.2.3 按燃气特性指标分类

由于不同燃气的热值、密度、火焰传播速度等各不相同，因此，它们的燃烧特性也有所不同。在进行燃具设计时，需要考虑到燃气的燃烧特性。按某一种燃气设计的燃具，不能随意换用另外一种燃气，否则燃具负荷会不满足原来设计要求，还会发生回火、脱火、燃烧不完全等现象。因此可以通过相关的燃气特性指标进行燃气分类。下面主要介绍两个燃气特性指标：华白数和燃烧速度指数（也称燃烧势）。

1. 华白数

对于火焰传播速度相近，热值和密度不同的两种燃气，如果它们的华白数或广义华白数相等，则可以使用同一个燃具，也就是说这两种燃气具有互换性。

对于额定负荷为 Q 的燃具，设计用燃气的热值为 H_1，密度为 ρ_1，现如果换用另外一种燃气，其热值为 H_2，密度为 ρ_2，则为了满足燃具原来的设计负荷，应该有：

$$Q=H_1V_1=H_2V_2 \tag{1-2-1}$$

即：

$$H_1A_1\alpha_1\sqrt{\frac{2p_1}{\rho_1}}=H_2A_1\alpha_2\sqrt{\frac{2p_2}{\rho_2}} \tag{1-2-2}$$

如果假设两种燃气流过燃气喷嘴的流量系数相等，则：

$$H_1\sqrt{\frac{p_1}{s_1}}=H_2\sqrt{\frac{p_2}{s_2}} \tag{1-2-3}$$

式中　p_1——原设计的燃具前燃气压力（相对压力）；

p_2——换用燃气后的燃具前燃气压力（相对压力）；

H_1——原设计的燃气热值；

H_2——换用的燃气热值；

s_1——原设计的燃气相对密度；

s_2——换用燃气的相对密度。

令：

$$W'=H\sqrt{\frac{p}{s}} \tag{1-2-4}$$

W'称为广义华白数，如果置换前后两种燃气的广义华白数相等，则它们可以进行互换。

如果置换前后燃具前的燃气压力相等，则上述广义华白数可改写为：

$$W=\frac{H}{\sqrt{s}} \tag{1-2-5}$$

W 称为华白数，如一般式（1-2-5）中的燃气热值 H 取高热值，故对应的华白数称为高华白数。华白数作为燃具相对热负荷的一个量度，是燃具设计选型的重要依据。

国际燃气联盟（IGU）依据华白数的大小，对燃气进行了分类，见表 1-2-1。

城市燃气分类　　**表 1-2-1**

分　类	华白数(MJ/m³)	典　型　燃　气
一类燃气	17.8～35.8	人工燃气，烃与空气混合气
二类燃气 L族 H族	35.8～53.7 35.8～51.6 51.6～53.7	天然气
三类燃气	71.5～87.2	液化石油气

2. 燃烧速度指数

利用华白数或广义华白数相等进行燃气互换，一般只是针对同一类型的燃气，如不同生产工艺煤制气之间的互换，不同来源天然气之间的互换。两种燃气满足华白数相等，但如果它们的火焰传播速度有比较大的差异，则尚需满足燃烧速度指数相等的要求，这样才可能使置换后的燃气在原来燃具上不会发生回火、脱火或不完全燃烧等现象。

燃烧速度指数 S_F 的一般表达式为：

$$S_F=k\frac{af_{H_2}+bf_{CO}+cf_{CH_4}+df_{C_mH_n}}{\sqrt{s}} \tag{1-2-6}$$

式中 f_{H_2}，f_{CO}，f_{CH_4}，$f_{C_mH_n}$——燃气中氢、一氧化碳、甲烷和其他碳氢化合物的体积成分；

a、b、c、d——相应各燃气成分的系数，由实验确定；

s——燃气的相对密度；

k——燃气中氧气含量修正系数。

《城镇燃气分类和基本特性》GB/T 13611 规定燃烧速度指数 S_F 的按式（1-2-7）计算：

$$S_F = k\frac{1.0f_{H_2}+0.6f_{CO}+0.3f_{CH_4}+0.6f_{C_mH_n}}{\sqrt{s}} \tag{1-2-7}$$

其中：

$$k=1+0.0054\times f_{O_2}^2$$

1.2.4 我国城镇燃气分类

依据《城镇燃气分类和基本特性》GB/T 13611，我国城镇燃气按燃气生成原因分成六大类，再按各大类的燃气特性指标高华白数和燃气高热值的控制范围分成小类，见表1-2-2。

我国城镇燃气分类（15℃，101.325kPa，干） **表 1-2-2**

类别		高华白数 W(MJ/m³)		高热值 H(MJ/m³)	
		标准	范围	标准	范围
人工燃气	3R	13.92	12.65～14.81	11.10	9.99～12.21
	4R	17.53	16.23～19.03	12.69	11.42～13.96
	5R	21.57	19.81～23.17	15.31	13.78～16.85
	6R	25.70	23.85～27.95	17.06	15.36～18.77
	7R	31.00	28.57～33.12	18.38	16.54～20.21
天然气	3T	13.30	12.42～14.41	12.91	11.62～14.20
	4T	17.16	15.77～18.56	16.41	14.77～18.05
	10T	41.52	39.06～44.84	32.24	31.97～35.46
	12T	50.72	45.66～54.77	37.78	31.97～35.46
液化石油气	19Y	76.84	72.86～87.33	95.65	88.52～126.21
	22Y	87.33	72.86～87.33	125.81	88.52～126.21
	20Y	79.59	72.86～87.33	103.19	88.52～126.21
液化石油气混空气	12YK	50.70	45.71～57.29	59.85	53.87～65.84
二甲醚*	12E	47.45	46.98～47.45	59.87	59.27～59.87
沼气	6Z	23.14	21.66～25.17	22.22	20.00～24.44

注：1. 燃气类别，以燃气的高华白数按原单位为 kcal/m³时的数值，除以 1000 后取整表示，如 12T，即指高华白数约计为 12000kcal/m³时的天然气。

2. 3T、4T 为矿井气或混空轻烃燃气，其燃烧特性接近天然气。

3. 10T、12T 天然气包括干井气、油田气、煤层气、页岩气、煤制天然气、生物天然气。

* 二甲醚气应仅作单一气源，不应掺混使用。

1.3 燃气质量指标

城镇燃气质量指标很多。首先，燃气的热值和组分的波动应该符合表1-2-2中的分类指标，以符合燃气互换性的要求。其次，燃气中还存在各种杂质和有害物，在作为商品燃气输送前需要净化，以符合相关标准的质量指标要求。下面主要介绍作为城镇燃气的人工煤气、天然气和液化石油气的质量指标。

1.3.1 人工煤气质量指标

表1-3-1为未经净化的人工燃气杂质和有害物含量情况。

人工燃气（粗气）杂质和有害物含量（g/m^3） 表1-3-1

杂质名称	干馏煤气	发生炉气及水煤气	重油催化裂解气	重油裂解气
苯	25～40	—	56～70	170～200
萘	10～15	—	0.15～0.24	—
氨	7～12	—	0.03～0.2	—
硫化氢	3～15	1～5	0.55～0.68	0.7～1
氰化氢	1～2	—	—	—
焦油	80～120	10～30	0.5～2	2～3
氧化碳	0.2～0.7	6～8	—	—

人工燃气中的焦油、粉尘和萘均易于堵塞管道和燃具。人工燃气萘含量超过饱和量时，过饱和部分的气态萘以结晶态析出，这种白色结晶沉淀在管道和燃具的燃气通道中，并堵塞通道，如果与焦油和粉尘粘合，情况更糟糕。

天然气和人工燃气中含有的硫化物95%左右为无机硫，主要是指H_2S，有机硫有二硫化碳（CS_2）、氧硫化碳（COS）、硫醇（CH_3SH）系列、噻吩（C_4H_4S）、硫醚（CH_2SCH_3）等。

硫化氢及经燃烧所生成的SO_2都有强烈臭味，对人的呼吸道和眼鼻黏膜有异常刺激作用，并严重危害神经系统。空气中硫化氢浓度大于150mg/m^3（约0.01%体积），如果长时间接触，就会出现中毒现象。浓度高达900mg/m^3（约0.05%体积）时，接触1h要严重中毒。空气中SO_2的浓度不超过0.01%体积时，尚无直接危险，如果达到0.05%体积时，对生命即发生危害。硫化氢又是一种活性腐蚀性物质，在高温、高压以及燃气中含有水分时腐蚀尤为严重。与燃气中二氧化碳和氧（两者本身也是腐蚀性物质）共存时腐蚀性更为加剧。SO_2也具有腐蚀性，大气中常年累月积聚大量SO_2会造成“酸雨”，影响一大片地区的土壤、作物和林木的生长，破坏生态。燃气含有的有机硫对燃器具也有腐蚀性。

人工燃气中含有氨，对管道、设备能起腐蚀作用，而且，燃烧生成的NO，NO_2等有害气体，影响人体健康并使环境污染。然而氨对硫化物产生的酸类物质能够起中和作用，所以含有微量的氨，能保护金属少受腐蚀。

因此，人工燃气在进入城镇燃气管网前，必须进行净化处理，应符合《人工煤气》GB/T 13612规定的质量指标，见表1-3-2。

人工煤气质量指标 表 1-3-2

项目	质量指标
低热值[a)]（MJ/m^3）： (1)一类气[b)] (2)二类气[b)]	 >14 >10
燃烧特性指数[c)]波动范围应符合	GB/T 13611
杂质： (1)焦油和灰尘（mg/m^3） (2)硫化氢（mg/m^3） (3)氨(mg/m^3) (4)萘[d)]（mg/m^3）	<10 <20 <50 50×10^2(冬天) 100×10^2(夏天)
含氧量[e)]（体积分数）(%) (1)一类气 (2)二类气	 <2 <1
一氧化碳量[f)]（体积分数）(%)	<10

[a)] 本标准煤气体积（m^3）指在 101.325kPa，15℃状态下的体积。

[b)] 一类气为煤干馏气；二类气为煤气化气、油气化气（包括液化石油气及天然气改制）。

[c)] 燃烧特性指数：华白数（W）、燃烧势（CP）。

[d)] 萘系指萘和它的同系物 α—甲基萘及 β—甲基萘。在确保煤气中萘不析出的前提下，各地区可以根据当地城市燃气管道埋设处的土壤温度规定本地区煤气中含萘指标，并报标准审批部门批准实施。当管道输气点绝对压力（P）小于 202.65kPa 时，压力（P）因素可不参加计算。

[e)] 含氧量系指制气厂生产过程中所要求的指标。

[f)] 对二类气或掺有二类气的一类气，其一氧化碳含量应小于 20%（体积分数）。

1.3.2 天然气质量指标

经过处理的、通过管道输送的商品天然气，根据《天然气》GB 17820，天然气分为两类，它们的质量要求见表 1-3-3。

天然气质量指标（GB 17820） 表 1-3-3

项目		一类	二类
高热值[a,b]（MJ/m^3）	≥	34.0	31.4
总硫含量(以硫计)[a]（mg/m^3）	≤	20	100
硫化氢含量[a]（mg/m^3）	≤	6	20
二氧化碳摩尔分数(%)	≤	3.0	4.0

[a] 本标准中气体的标准参比条件是 101.325kPa，20℃；

[b] 高热值以干基计。

另外，天然气进入长输管道前也要进行相关的净化处理，根据《进入天然气长输管道的气体质量要求》GB/T 37124，天然气质量必须达到规定质量指标，见表 1-3-4。

1.3.3 液化石油气质量指标

根据《液化石油气》GB/T 11174，液化石油气的质量指标针对三个品种：商品丙烷（要求高挥发性时使用）、商品丁烷（要求低挥发性时使用）和商品丙丁烷混合物（要求中等挥发性时使用）。相关质量指标见表 1-3-5。

天然气质量指标（GB/T 37124） 表 1-3-4

项 目		质量指标
高热值[a,b](MJ/m^3)	≥	34.0
总硫含量(以硫计)[a](mg/m^3)	≤	20
硫化氢含量[a](mg/m^3)	≤	6
二氧化碳摩尔分数(%)	≤	3.0
一氧化碳摩尔分数(%)	≤	0.1
氢气摩尔分数(%)	≤	3.0
氧气摩尔分数(%)	≤	0.1
水露点[c,d](℃)	≤	水露点应比输送条件最低环境温度低5℃

[a] 本标准中气体的标准参比条件是101.325kPa，20℃；

[b] 高热值以干基计；

[c] 在输送条件下，当管道管顶埋地温度为0℃时，水露点值不高于−5℃；

[d] 进入天然气长输管道的气体，水露点的压力应该是进气处的管道设计最高输送压力。

液化石油气质量指标 表 1-3-5

项 目		质量指标		
		商品丙烷	商品丙丁烷混合物	商品丁烷
密度[a](15℃)(kg/m^3)		报告		
蒸气压(37.8℃)(kPa)	不大于	1430	1380	485
组分[b]				
C_3烃类组分(体积分数)(%)	不大于	95	—	—
C_4及C_4以上烃类组分(体积分数)(%)	不大于	2.5	—	—
(C_4+C_4)烃类组分(体积分数)(%)	不大于	—	95	95
C_5及C_5以上烃类组分(体积分数)(%)	不大于	—	3.0	2.0
残留物				
蒸发残留物(mL/100mL)	不大于	0.05		
油渍观察		通过[c]		
铜片腐蚀(40℃,1h)(级)	不大于	1		
总硫含量(mg/m^3)	不大于	343		
硫化氢(需要满足下列要求之一)：				
乙酸铅法		无		
层析法(mg/m^3)	不大于	10		
游离水		无		

[a] 密度也可用《液化石油气蒸气压和相对密度及辛烷值计算法》GB/T 12576方法计算，有争议时以《液化石油气密度或相对密度测定法（压力密度计法）》SH/T 0221为仲裁方法。

[b] 液化石油气中不允许人为加入除加臭剂以外的非烃类化合物。

[c] 按《液化石油气残留物的试验方法》SY/T 7509方法所述，每次以0.1mL的增量将0.3mL溶剂−残夜混合液滴到滤纸上，2min后在日光下观察，无持久不退的油环为通过。

另外，液化石油气掺混空气的混合气中，液化石油气的体积百分数应高于其爆炸上限的2倍，而且混合气的露点温度应该低于管道外壁温度5℃，硫化氢含量应小于$20mg/m^3$。

1.4 合成天然气

1.4.1 概　述

1.4.1.1 煤的结构与特征

合成天然气（Syntatical Natural Gas，SNG）或替代天然气（Substitute Natural Gas，SNG）是指以煤等燃料为原料通过特定的燃料化工工艺过程产生的以甲烷为主体的燃气。

当前我国的某些部门或生产企业将以煤为原料的合成天然气称为煤制天然气。在世界范围，尽管煤是合成天然气的主流原料，但在国际天然气业界，一般采用SNG的名称。

我们先简要地从煤的性质开始进行讲述。

煤炭按煤化程度一般分为：褐煤、长焰煤、不粘煤、弱粘煤、气煤、肥煤、焦煤、瘦煤、贫煤及无烟煤。

1. 煤的结构

煤的结构包括煤有机质的化学结构（大分子结构）和煤的物理空间结构，下面主要介绍煤有机质的大分子结构。

煤的有机质是由大量相对分子质量不同、分子结构相似但又不完全相同的化合物组成的混合物。煤的有机质可分为两部分：（1）大分子化合物，主要是以芳香结构为主的环状化合物，是煤有机质的主体，一般占煤有机质的90%以上；（2）低分子化合物，主要是以链状结构为主的化合物，含量较少，主要存在于低煤化程度的煤中。煤的分子结构一般指煤中大分子芳香族化合物的结构，它具有高分子聚合物的结构，但没有统一的聚合单体。

煤的大分子是由多个结构相似的“基本结构单元”通过桥键连接而成，可分为规则部分和不规则部分。规则部分由几个或十几个苯环、脂环、氢化芳香环及杂环（含氮、氧、硫等元素）缩聚而成，称为基本结构单元的核或芳香核；不规则部分则是连接在核周围的烷基侧链和各种官能团；桥键则是连接相邻基本结构单元的原子或原子团。随着煤化程度的提高，构成核的环数不断增多，连接在核周围的侧链和官能团数量则不断变短和减少。

2. 煤的基本特征

（1）物理特征

煤的物理性质是确定煤炭加工利用的重要依据。

煤的物理特征包括：①煤的力学性质：机械强度、密度和弹性；②煤的热性质：比热容、导热性和发热量；③煤的表面性质：润湿性及润湿热、表面积、孔隙率和孔径分布；此外，煤的物理特征还包括煤的光学性质、煤的电磁性质，两者在煤化工过程中为次要因素。

（2）化学特征

煤的化学特征是指煤的各类组成成分的化学性质及煤与各种化学试剂在一定条件下发生不同化学反应的性质，是煤化工过程的重要化学基础。

煤的基本化学特征包括：①煤中的水分：外水、内水、化合水；②煤中的矿物质和灰分：煤中的矿物质是煤中除水分外的所有无机质的总称，灰分是指煤中矿物质在煤炭加工利用过程中，经一系列反应后剩余的残渣；③煤的挥发分和固定碳：挥发分是煤在一定条件下隔绝空气加热后得到的挥发性有机物的总产率，从测定煤样挥发分的焦渣中减去灰分后的残留有机物成为固定碳。④煤的元素组成及形态：煤中的有机质主要由碳、氢、氧、氮、硫等元素组成，其中碳、氢、氧的总和占煤有机质的95%以上。

1.4.1.2　煤气化原理

1. 煤气化的定义

煤气化是指煤在气化炉内的高温、常压或加压的情况下，与气化剂反应生成煤气的过程。煤气化过程的基本条件包括气化炉、气化原料及气化剂，气化炉是煤炭气化的核心设备，气化剂主要是水蒸气、空气（氧气）或它们的混合气体。

2. 煤气化过程分析

煤气化过程与煤的基本特性、气化炉结构、工艺条件密切相关。煤的气化反应比较复杂，包括了一系列均相、非均相反应，不同气化方式和不同气化剂作用下，煤气化反应有其特殊性，但也有明显的共性，即在气化炉内，煤一般都要经历干燥、热解、燃烧和气化过程。

（1）干燥

原料煤加入气化炉后，由于煤与气化炉内热气流之间的相互传热，煤中水分蒸发，其蒸发速率与原料煤的颗粒大小、传热速率均有密切关系，颗粒越小，蒸发速率越快；传热速率越快，蒸发速率也越快。对于以干煤粉、水煤浆为原料的气流床气化过程，由于煤颗粒极小，炉内平均温度在130℃以上可认为水分是在瞬间蒸发的。

（2）热解

煤的热解是指煤炭在隔绝空气或惰性气氛条件下，持续加热至较高温度时，所发生的一系列复杂的物理、化学变化的过程。气化过程中煤的热解，除了与煤的物化特性、岩相结构等密切相关外，还与气化条件密切相关。在固定床气化过程中，块煤与气化后的气体产物逆向接触，进行对流传热，升温速率较慢，属于低温热解（热解温度<700℃）。在气流床气化过程中，煤颗粒较小，气化炉内温度极高，水分蒸发与热解速率极快，热解与气化反应几乎同时发生，属于高温快速热解过程。煤气化过程，特别是气流床气化过程中，煤颗粒和气流的流动属于复杂的湍流多相流动，流动与混合过程对煤的升温速率和热解产物的二次反应有显著影响。

1）煤热解过程的物理变化

热解过程中，煤中的有机质随温度的升高发生一系列变化，宏观表现为挥发分的析出，残余部分形成半焦或焦炭。粘结性烟煤的热解分为三个阶段。第一阶段（室温～300℃）：煤的基本性质不发生变化，煤中吸附的气体析出，主要为CH_4、CO_2、N_2等；200～300℃时，年轻褐煤发生轻微热解，烟煤、无烟煤无明显变化。第二阶段（300～550℃）：300～450℃时，煤分解生成大量相对分子量较小的气相组分（主要是CH_4、H_2、不饱和烃等和焦油蒸气）和相对分子量较大的液相组分，450℃左右时焦油析出量最大；煤会经历软化、熔融、流动和膨胀直到再固化，期间会形成气、液、固三相共存的胶质体；450～550℃时胶质体分解加速，开始缩聚，胶质体固化为半焦。第三阶段（>550℃）：以缩聚反应为主，半焦分解析出大量气体，主要是H_2和少量CH_4。

低煤化程度的非粘结性煤，如褐煤、长焰煤的热解过程与烟煤基本类似，不同之处为在热解过程中没有胶质体的生成，不会发生熔融、膨胀等现象，热解前后煤粒仍呈分离状态；高煤化程度的非粘结性煤，如贫煤、无烟煤的热解过程较为简单，以裂解为主，释放出少量热解气。

气化过程中，尤其是气流床气化过程中煤的升温速率很快，这三个阶段并无明显界限。

2）煤热解过程的化学变化

煤热解过程涉及的化学反应十分复杂，一般认为煤热解过程主要包括裂解和缩聚反应，前期以裂解反应为主，后期以缩聚反应为主。研究表明，煤在热解过程中挥发分析出次序为 H_2O、CO_2、CO、C_2H_6、CH_4、焦油、H_2，这些产物一般称为一次分解产物。

在析出过程中，随着温度的进一步升高，就会发生二次热分解反应，一般认为二次热分解反应主要有裂解、芳构化、加氢和缩聚反应，但在气流床气化过程中，温度很高，气化反应速率极快，一次分解产物应以燃烧反应为主，二次热分解反应是次要的。煤的煤化程度、岩相组成、粒度、环境温度条件、最终温度、升温速率和气化压力等对煤的热解过程均有影响。

（3）气化

煤气化反应涉及高温、高压、多相条件下复杂的物理和化学过程的相互作用，是一个复杂的体系。气化反应主要指煤中碳与气化剂反应，也包括碳与反应产物以及反应产物之间进行的反应。

1）碳的氧化反应 $C+O_2=CO_2-393.8kJ/mol$

2）碳的部分氧化反应 $2C+O_2=2CO-231.4kJ/mol$

3）二氧化碳还原反应 $C+CO_2=2CO+162.4kJ/mol$

4）水蒸气分解反应 $C+H_2O(g)=CO+H_2+131.5kJ/mol$

5）水蒸气分解反应 $C+2H_2O(g)=CO_2+2H_2+90.0kJ/mol$

6）一氧化碳变换反应 $CO+H_2O(g)=CO_2+H_2-41.5kJ/mol$

7）碳的加氢反应 $C+2H_2=CH_4-74.9kJ/mol$

8）甲烷化反应 $CO+3H_2=CH_4+H_2O-206.4kJ/mol$

对于气流床和流化床气化，由于涉及复杂条件下的湍流多相流动与复杂化学反应过程的相互作用，过程就更为复杂。如在以纯氧为气化剂的气流床气化过程中，第一阶段以挥发分（CO、H_2，CH_4、C_2H_6等）的燃烧反应为主；之后为碳的燃烧反应，这是因为化学反应必须要有分子间的接触，因此碳的燃烧反应要比挥发分的燃烧反应更难进行；当氧气消耗殆尽后，气化过程以水蒸气、气化产物与残碳的气化反应为主。

1.4.2 煤气化技术

工业上以煤为原料生产合成气已有百余年历史，目前国内外气化技术有多种，由于分类方式的不同，分为多种。按煤在气化炉内的运动方式分为固定床（移动床）、流化床和气流床等形式；按气化操作压力分常压气化和加压气化；按进料方式分固体进料和浆液进料；按排渣方式分固态排渣和熔融排渣等。各种煤气化技术均有其优缺点，对原料煤的品质均有一定的要求，其工艺先进性、技术成熟程度互有差异，因此应根据采用的煤种、技术成熟可靠度、产品结构及投资等来选择气化方法。下面主要介绍固定床、流化床和气流床气化工艺。

1.4.2.1 固定床气化工艺

固定床气化炉中通常煤从炉顶部加入，气化剂从炉底部送入。炉中一般分为干燥层、干馏层、还原层和燃烧层、灰渣层；在不同的区域中，各个反应过程所对应的反应区域界面比较明显。根据排渣方式不同分为固态排渣气化工艺与熔渣气化技术。

1. 固态排渣气化工艺

固定床碎煤加压气化是加压固定床气化的代表，在20世纪30年代工业化，是成熟的气化方法。20世纪80年代，我国引进了四套现代化鲁奇气化装置，其中三套用于生产城市煤气，一套用于生产合成氨，在设计、安装和运行方面均已取得丰富经验。固定床碎煤加压气化对煤种有一定的要求，需使用弱粘结性、较高灰熔点、粒度为5～50mm的块煤，对于机械化采煤技术广泛使用的现代化矿井，有一定的局限性。固定床碎煤加压气化炉采用固态排渣，炉温偏低，煤与气化剂逆向运动，煤气中甲烷含量高（10%～15%左右），特别适合生产天然气；且副产焦油、酚、氨等副产品，是石油化工的替代产品。

固定床碎煤加压气化工艺技术成熟、先进、可靠，气体中甲烷含量高，适合生产天然气，在大型煤气化装置中投资较少，主要特点如下：

（1）煤气化过程中产生的甲烷占产品气中甲烷总量的40%左右，即有40%的甲烷是在气化炉内生成的。从而降低了甲烷合成的负荷，提高了煤制天然气过程的热效率。

（2）煤气化过程中生成甲烷放出的热量，可以为煤气化提供部分反应热，从而降低了煤制天然气的煤耗和氧耗。

（3）碎煤加压气化是集煤干馏和半焦气化于一体的气化工艺，可以回收煤中部分有机物，获得部分石油化工的替代产品。

（4）碎煤加压气化技术成熟，操作简单，投资低，同时也是所有大型煤气化工艺中氧耗量低、空分投资省、操作费用低的工艺。

（5）煤种适应性强，除粘结性较强的烟煤外，几乎可以气化所有煤种，尤其是高水分、高灰分、高灰熔点的劣质煤，且不受成浆性的制约，是降低SNG产品生产成本的关键因素。该气化技术的缺点是蒸汽耗量大，污水量大且成分复杂，治理费用高，但经过处理可以达到零排放。另外需要5mm以上的块煤，粉煤要与锅炉配合，以达到煤的粒度平衡。

2. 熔渣气化技术

英国燃气公司在原鲁奇固定床加压气化炉干法排灰的基础上，开发了液态排渣的适用于煤制天然气的BGL熔渣气化工艺。开发了完整的气化模拟分析软件、操作手册和设计手册。

BGL熔渣气化技术在中国的第一个大型商业化项目于2008年6月在内蒙古呼伦贝尔金新化工有限公司开工建设，年产50万吨合成氨、80万吨尿素，投料煤是用当地褐煤块煤（含水量>30%）。此项目在2008年6月开工，目前已经利用当地褐煤块煤成功进入稳定运行期超过5年。2010年6月上海泽玛克敏达机械设备有限公司完成了对BGL熔渣气化技术的知识产权及业务的整体收购，并对BGL熔渣气化技术进行了优化升级，并将优化升级后的技术命名为“泽玛克熔渣加压气化技术”。

泽玛克熔渣加压气化技术主要特点：

（1）结合了气流床熔渣气化技术高气化率和高气化强度的优势和鲁奇固定床加压气化技术氧耗低和炉体投资廉价的优势，克服了气流床熔渣气化技术高能耗和鲁奇固定床加压气化技术废水量大、处理困难和成本高的弱点，具有建设周期短、投资少、生产率高、运行成本低、维护成本低的综合优势。

（2）由于液态排渣气化剂的汽氧比远低于鲁奇炉固态排灰，所以气化层的反应温度高，碳的转化率增大，有效气（H_2+CO）含量高（石油焦气化有效气>90%；无烟煤和优质烟煤气化有效气 85%～90%；褐煤气化有效气>74%）；由于泽玛克熔渣气化炉底部有高温熔渣池，具有富氧还原性氛围，可进一步地燃尽残炭，故玻璃质渣中残炭可低于 0.5%。

（3）BGL 碎煤熔渣气化炉技术在鲁奇炉内壁设计的基础上加入耐火砖衬，形成简单的水夹套保护层，在炉下部设置了一组喷嘴，将混合氧气/水蒸气高压喷入炉内，形成炉内中心处局部高温（约 1800～2000℃）燃烧区，气化区温度在 1200～1600℃范围，较鲁奇炉大幅度提高了气化效率、气化强度，同时将蒸汽使用量减少到鲁奇炉消耗量的 10%～15%，蒸汽分解率超过 90%。因水蒸气耗量大为降低，且配入的水蒸气仅满足于气化反应，蒸汽分解率高，煤气中的剩余水蒸气很少，故而产生的工艺废水远小于固态排渣，甚至低于气流床。

（4）由于兼具鲁奇固定床的逆流气化的整体流程和现代高温熔渣气化原理，提高了气化热效率，使气化过程的氧耗较其他熔渣气化技术的氧耗大幅度降低，显著节省了对空分等设备的投资。

（5）产品气中 CH_4 含量约 7%～10%，对于以煤为原料生产天然气更有利。

（6）从炉顶进入的原料煤与产品气逆流接触，受热后被干燥、干馏，因此冷煤气效率高，一般>89%。

（7）设备投资、生产成本和维护成本均明显低于其他国外气化技术；与其他技术相比，泽玛克熔渣气化技术的冷煤气效率较高（>89%）、碳转化率较高（>99.5%）、热效率较高、氧耗较低、系统运行可靠性高、维护费用低。

（8）对原料的选择范围宽，可气化石油焦、无烟煤、烟煤、次烟煤、褐煤、生物质、垃圾，以及这些原料的混合原料（对高灰熔点无烟煤，可通过增加助熔剂，应用泽玛克熔渣气化技术）。

（9）由于气化工艺废水量较鲁奇炉大幅度减少，废水处理装置规模减小，处理量大幅度减少。同时，有机物含量的浓度大幅度提高，有利于在较低生产成本下萃取分离，获得高价值的副产品粗酚，使废水预处理具有较好的经济效益。

1.4.2.2 流化床气化工艺

粉煤流化床加压气化又称为沸腾床气化，在国外应用较多，该工艺可直接使用 0～6mm 碎煤作为原料，备煤工艺简单，气化剂同时作为流化介质，炉内气化温度均匀，但气化温度较低（<1000℃左右），碳反应不完全，渣和飞灰中碳含量高，煤气中有效成分较低。近年来开发了如高温温克勒 HTW™，U-Gas 等加压流化床气化新工艺，在一定程度上解决了常压流化床气化存在的带出物过多等问题。下面介绍 T-SEC、高温温克勒 HTW™、TRIG 气化技术。

1. T-SEC气化技术特点

T-SEC气化技术起源于美国气体技术研究院（“GTI”）的U-GAS气化技术，在国内外建有数十套工业化运行装置。T-SEC气化技术能够采用低成本的褐煤、高灰煤、高硫煤、石油焦以及生物质作为原料，因其低质原料优势，T-SEC气化技术与同类型其他气化技术相比具有更好的环保、节能等优点。

T-SEC气化技术的主要特点：

（1）突出的环境友好性：气化温度适中，没有焦油等有机物污染排放，干法排渣，节水性能显著。

（2）对原料极强的适应性：褐煤、次烟煤、烟煤、生物质及高灰、高内水、高硫、高灰熔点，低热值的劣质煤。

（3）操作简单，易于维护：装置自动化程度高，操作简单，运行负荷弹性大（50%～110%）。

（4）气化效率较高：冷煤气效率>80%；碳转化率>98%。

2. 高温温克勒（HTW）气化工艺

流化床气化工艺是在1920年由弗利兹·温克勒在德国发明开创的。目前有40多台商业性常压温克勒气化炉在世界各地生产运行。加压型温克勒气化炉——高温温克勒HTW™气化工艺，可以缩短反应时间，提高反应速率，增加气化炉进煤量以助提高产量，达到高碳转化率、高生产效益以及高合成气质量的目的。

2014年8月，蒂森克虏伯工业工程公司与大连万阳重工业有限公司在北京签署了战略合作协议，授权大连万阳重工业有限公司成为高温温克勒HTW™气化工艺在中国的独家专有设备供应商。除去极少数专利设备还需要德国进口，高温温克勒HTW™气化炉已基本实现国产化。

高温温克勒HTW™气化技术主要特点：

（1）原料适应性广：经过近50年的技术发展以及实践经验的积累，成功处理了世界范围内的多种原料，涵盖了高活性的褐煤以及长焰煤，高熔点、高灰量、高含硫量的三高煤，生物质以及民用垃圾等，是针对劣质煤的最佳气化技术。

（2）加压型流化床气化技术：最高气化压力达3.0MPa。随着气化压力的升高，气化过程反应速度加快，气化炉单位截面积处理负荷增大，有利于装置生产能力的强化，并有利于合成气进一步净化处理以及与下游工序系统的压力衔接。

（3）入炉煤粒径要求宽泛：入炉煤粒径要求范围在0～10mm以内，不需要块煤资源。

（4）粗合成气富含甲烷：粗合成气中的甲烷含量（干基5%～6%左右）可降低煤制气项目下游甲烷化工艺的投资及运行成本。

（5）环保、节水：由于气化温度低于煤的灰熔点，并采用了干法排渣排灰以及灰渣的再利用，废水量极少，处理简单，工业上接近零排放。

（6）低成本、高效率：高温温克勒HTWT^{M}气化炉是一个带耐火衬里的压力容器，炉内无任何内件，具有结构简单、维护费用低以及运行可靠等特点。高温温克勒HTW™气化工艺的冷煤气效益大于77%，碳转化率达到90%以上。

3. TRIG循环流化床气化技术

TRIG 的煤气化技术基于 KBR 公司炼油行业的流化催化裂化（FCC）技术，已有 70 多年的成功商业运行经验；美国密西西比州的一个 600MW 的 IGCC 电厂，用于向该州发电，该项目基于褐煤气化，单炉煤处理量为 3750 吨/天。

TRIG 循环流化床气化技术主要特点：

（1）循环比高（循环煤灰量与加入的新鲜煤粉的比值）：达到（50～100）：1 的固体灰渣在循环气的输送下在床内不断进行循环，在较长时间内与加入的气化剂（空气或氧气以及蒸汽）进行反应，生成粗合成气，粗合成气在旋风分离器的作用下实现气固分离，气体送出气化炉，固体循环回气化炉。

（2）KBR 的 TRIG 煤气化炉实际上是一台用炼油的催化裂化技术概念来设计和运行的循环流化床锅炉，由于催化裂化技术的大循环比，使常规的循环流化床具备了大热容和几乎等温气化的特点，反应器的设计解决了焦油分解的问题，大热容的循环比解决了炉子在一定的煤质和负荷变动下稳定运行的问题。

（3）适合于高灰分和高水分的低阶煤，如褐煤、次烟煤等，压力 5.5MPa，操作温度在 1700～2000℃之间。

（4）炉内温度均匀，操作无热点，运行率高，气化炉采用碳钢外壳加耐火材料设计，无内部件、膨胀节和煤烧嘴，无任何易损件。

（5）结构简单，制造费用低廉，低成本、高寿命的耐火材料设计寿命可达 10 年以上。

（6）产品清洁，不含焦油和酚类，不产生黑水，废热锅炉副产大量高品位的过热中/高压蒸汽。

1.4.2.3 气流床气化工艺

气流床气化是一种并流式气化，气化剂与煤粉或煤浆经喷嘴进入气化室，煤的热解、燃烧以及气化反应几乎同时进行，高温保证了煤的完全气化，煤中的矿物质成为熔渣后离开气化炉。根据进料方式不同，可以分为干粉气流床气化工艺和水煤浆气流床气化工艺。下面主要介绍 GE 水煤浆加压气化工艺、HT-L 航天炉粉煤气化工艺、壳牌 SHELL 粉煤气化工艺、GSP 粉煤气化工艺等。

1. 干粉气流床气化工艺

干煤粉加压气化技术特点：

1）煤种适应性强：该技术采用干煤粉作气化原料，不受成浆性的影响；由于气化温度高，可以气化高灰熔点的煤，故对煤种的适应性更为广泛，从较差的褐煤、次烟煤、烟煤、无烟煤到石油焦均可使用，也可以两种煤掺混使用。即使是高水分、高灰分、高硫含量和高灰熔点的煤种基本都能进行气化。

2）环境友好：气化温度高，有机物分解彻底，无有害气体排放；污水排放量少，污水中有害物质含量低，易于处理，可以达到污水零排放。

3）技术指标优越：气化温度高，一般在 1350～1750℃。碳转化率可达 99%，不含重烃，合成气中 $CO+H_2$ 高达 90%以上，冷煤气效率高达 80%以上（依煤种及操作条件的不同有所差异）。

4）工艺流程短、操作方便：采用粉煤激冷流程，流程简洁；设备连续运行周期长，维护量小；开、停车时间短，操作方便；自动化水平高，整个系统操作简单，安全可靠。

5）装置大型化：气化炉大型化，设备台数少，维护、运行费用低。

目前气流床煤气化工艺技术成熟且工艺技术较多。在此仅介绍 GSP、HT-L、Shell、CCG 粉煤气化技术。

（1）GSP 粉煤气化工艺

GSP 粉煤气化技术是单喷嘴下喷式干煤粉加压气流床气化技术，根据煤气用途不同可用直接水激冷，也可用废热锅炉回收热量。我国神华宁煤集团与德国西门子合资组建的北京杰斯菲克公司负责在我国推广这项技术。GSP 干煤粉气化技术在神华宁夏煤业集团投入使用。

GSP 气化工艺主要特点：

1）干煤粉进料，加压二氧化碳输送，连续性好，煤种适应性广。

2）气化温度约 1400～1600℃，气化压力约 3.0MPa，负荷调节范围为 75%～110%，碳转化率高达 99%以上，产品气体洁净，不含重烃，甲烷含量极低，煤气中有效气体（$CO+H_2$）约 90%。

3）氧耗低，与水煤浆气化相比，氧耗低 10%～15%，因而配套的空分装置投资可相应减少。

4）目前已投入商业运行的单台炉生产能力可达日处理煤量 720t，约产有效气 $50000m^3/h$。

5）热效率高，冷煤气效率为 75%～82%，其余约 10%热能被回收为低压蒸汽，总的热效率约为 90%。

6）气化炉采用水冷壁结构，无耐火砖衬里，维护量较少，气化炉利用率高，运转周期长，无需备用炉，气化炉及内衬使用寿命在 10 年以上。

7）气化炉由一个主烧嘴、气化室、冷激室及承压外壳组成。膜壁和外壳间有约 50mm 的间隙，间隙充 CO_2、N_2 或粗合成气，水冷壁水冷管内的水采用强制循环，在循环系统内副产 0.5MPa 的低压蒸气。

8）采用激冷和湿法洗涤工艺，投资较低。

（2）HT-L 航天炉煤粉气化工艺

航天炉是我国航天十一所自主开发的气化技术，采用粉煤进料激冷流程，和 GSP 气化工艺相似，是一种先进的、非常具竞争力的气化技术。它吸收了国外先进煤气化技术的优点，充分利用航天特种技术优势与航天石化装备的研发成果，形成了具有自主知识产权的航天煤气化成套技术。航天长征股份有限公司具有专利技术的研发、工程设计、专利专有设备的制造、工程总承包等能力。设备全部实现国产化。建设投资少，运行维护费用低，可为业主储备备品件，为设备的稳定、长周期运行提供了可靠的材料保证，便于在化工等领域推广。

HT-L 航天炉粉煤粒径分布：≤90μm 占 90w_t%；≤5μm 占 10w_t%；水分含量典型值：≤2w_t%（根据实际煤质情况和输送情况进行微调）。已经运行的 33 台气化炉中，全年最佳运行记录为 362 天，不间断连续运行记录 320 天，创造了世界上现有工业化气化装置最长运行。

HT-L 航天炉主要技术特点：

1）技术先进，煤种适应性广泛、热效率高（可达 95%），碳转化率高（可达 99%）。

2）采用盘管水冷壁辐射室结构：设计寿命20年，“六进六出”结构可以保证管程水流量分布均匀。可控制罐内水气化率，调节炉内热平衡。烧嘴盘管、碴口盘管分别进水，多组冷却水盘管易于调节，便于维护和更换。

3）采用激冷流程及灰渣水循环利用等技术：能够实现合成气灰分、硫等有害元素的有效处理和灰渣的综合利用，利于环保。

4）采用“自我修复式”耐火材料结构，炉内向外依次有液渣、固渣、SiC耐火材料、水冷壁、惰性气体保护层、高铝不定型耐火材料、外保温层。水冷壁外可以形成稳定的固渣层3～5mm，可以“以渣抗渣”抵抗气体和熔渣的冲刷和磨损。

5）采用单烧嘴组合燃烧器具有自主知识产权，专利费用低；

6）关键设备全部国产化，投资少。

（3）壳牌SHELL粉煤气化工艺

SHELL公司的SCGP粉煤加压气化工艺，是近年发展起来的先进煤气化工艺之一，已被成功地用于荷兰联合循环发电工厂的商业运营。目前国内已有湖北双环、广西柳化、中石化湖北枝江、安庆、云南沾化、神华、中原大化、永城一期、河南开祥等装置投运。

SHELL气化技术主要特点：

1）采用干煤粉进料，加压N_2/CO_2输送，连续性好，气化炉操作稳定，煤种适应性广，从烟煤、褐煤到石油焦均可气化，对煤的活性没有要求，对煤的灰分含量及灰熔点适应范围宽。对于高灰分、高水分、含硫量高的煤种同样适应。

2）气化温度约1300～1700℃，碳转化率高达99%以上，产品气体洁净，不含重烃，甲烷含量极低，煤气中有效气体（$CO+H_2$）达到85%左右。

3）氧耗低，与水煤浆气化相比，氧耗低10%～25%，因而配的空分装置投资可减少。

4）单炉生产能力大，目前已投入商业运行的单台炉气化压力4.0MPa，日处理煤量已达3000吨。

5）热效率高，冷煤气效率为77%～83%（德士古冷煤气效率约为75%），其余15%的热能被回收为中压或高压蒸汽，总的热效率约为98%；

6）气化炉采用水冷壁结构，无耐火砖衬里，维护量较少，气化炉内无传动部件，运转周期长，无需备用炉；

7）环保效益好。炉渣和灰可用作水泥掺合剂或道路建造材料。气化炉高温排出的熔渣经激冷后成玻璃状颗粒，性质稳定，对环境几乎没有影响。气化污水中含氰化物少，容易处理。

（4）科林CCG粉煤气化技术

科林干粉煤加压气化工艺和GSP干粉煤加压气化工艺，均起源于20世纪70年代的前民主德国燃料研究所。1984年，德国黑水泵气化厂建立了第一套工业化装置，用于气化当地的褐煤生产城市燃气，日投煤量720吨，该装置一直稳定运行至1990年。2007年8月，贵州开阳年产50万吨合成氨工程引进科林气化技术（粉煤输送至气化炉燃烧室采用科林技术，气化炉激冷室及合成气初步净化、渣水处理采用华东理工大学技术），采用两台气化炉，单炉最大投煤量1500t/d，该项目已于2012年底投产成功。

科林CCG粉煤气化技术主要特点：

1）煤种适应性广：该气化技术适用于各种烟煤、无烟煤、褐煤及石油焦等；

2）技术指标高：气化温度高（1400～1700℃），碳转化率在99%以上，不产生重烃、焦油等物质，有效合成气成分可高达90%～93%左右，冷煤气效率为80%～83%左右；

3）投资低：根据项目规模可提供日投煤量从750t/d到3000t/d的不同气化炉设计，气化炉等主要设备制造已完全实现国产化，整个装置的投资建设成本较低；

4）运行维护费用低：工艺流程紧凑；气化炉采用水冷壁结构，无耐火砖，多烧嘴顶置，负荷调节范围广，主体设备寿命长。开、停车操作方便，且时间短（从冷态到满负荷仅需1～2h）；

5）节能环保：科林CCG粉煤气化技术可以使能耗大幅降低；系统所产废水中不含苯、酚等有毒物质；炉渣不含可溶性有毒物质，可作建材原料使用；系统水循环利用，实现了能源的清洁及高效利用。

6）采用多烧嘴组合燃烧器，有利于炉型的放大。

2. 水煤浆气流床气化工艺

水煤浆气化工艺主要有如下特点：

① 适用于加压下（最高压力8.5MPa）气化，在较高的气化压力下，降低合成气压缩功；

② 气化炉进料稳定，由于气化炉的进料由可以调速的高压煤浆泵输送，所以煤浆的流量和压力较易得到保证，便于操作负荷的调节；

③ 工艺技术成熟可靠，国产化率高；

④ 水煤浆加压气化先进、成熟、稳妥可靠；

⑤ 采用激冷流程，工艺流程流程短，设备结构简单；

⑥ 气化温度高，有机物分解彻底，污染物少，对于特别难处理的废水、废渣可加入煤浆中进行处理，可以满足越来越高的环保要求；

⑦ 技术支持性，国内已拥有成功的工程经验和大量的各方面的技术人才。

目前气流床煤气化工艺技术成熟且种类较多，在此仅介绍GE、德士古、多喷嘴、清华炉水煤浆气化技术。

（1）GE气化工艺

GE气化工艺采用水煤浆进料、液态排渣、在气流床中加压气化，水煤浆与纯氧在高温高压下反应生成煤气。国内企业渭河、鲁南、上海焦化、淮南等引进的多套装置均已投运。但是，国内企业运行证实水煤浆气化对使用煤质有较强的选择性：气化用煤的灰熔点温度低于1350℃时有利于气化；煤的热值高于26000kJ/kg，并有较好的成浆性能，使用能制57%～65%浓度的水煤浆的煤种，才能使运行既稳定，又较为经济，并能充分发挥技术优势。

GE气化的技术主要特点：

单台气化炉生产能力较大，气化操作温度高，液态排渣，碳转化率高，煤气质量好，甲烷含量低，不产生焦油、萘、酚等污染物，三废处理简单，易于达到环境保护的要求。

（2）德士古水煤浆气化工艺

德士古水煤浆气化技术属于湿法气流床气化，是德士古公司根据油气化技术的思路开发出来的。它将煤磨成水煤浆，加入添加剂、助熔剂等形成黏度为800～1000厘泊，煤浆浓度为60%以上的浆状物加压后喷入炉内，与纯氧进行燃烧和部分氧化反应，在1300～1400℃下气化，生产合成原料气。

经过我国有关科研、设计、生产、制造部门的多年研究，已基本掌握德士古水煤浆气化技术，并能设计大型工业化装置，国产化率可达90%以上，技术支撑率高，生产管理经验多、风险少。

德士古气化技术的主要特点：

1）德士古气化技术是将原煤制成水煤浆，以喷流雾化形式进入气化炉进行高温气化，对原料煤质有严格的要求，首先要求能制出60%以上水煤浆，其次对煤的灰熔点要求在1300～1350℃左右，高于1400℃的需添加助熔剂，且对煤中的一些微量成分及某些无机元素含量都有要求。

2）供煤系统比固定床气化复杂，但比SHELL及某些气化较简单，采用湿法磨煤，供料安全可靠。

3）气化炉为钢制外壳，内衬耐火砖，炉体结构无转动设备，因此运行稳定，但耐火材料昂贵，寿命正常为一年，喷嘴寿命短，约60天，因此需设置备用炉。

4）气化过程可在4.0～8.0MPa高压下气化，降低了合成气压缩功耗，单台炉气化能力比较大。

5）气化炉操作温度高，煤在气化炉中数秒内全部气化，碳转化率高达96%～97%，煤气中不含焦油、萘和酚水等杂质，易于处理，煤气中$CO+H_2$可达80%，有利于作为合成气。

6）三废排量少，对环境的影响小；灰渣成玻璃状，没有污染，易堆放，可作为建筑材料。

7）操作弹性大，可以快速转变，由于采用喷流式气化，负荷可从50%到100%大范围变动，在极短时间内完成。

8）与其他煤气化工艺相比，水煤浆气化工艺由于煤浆中含有大量的水，因此气化过程氧耗高，煤气化效率相对较低。

（3）多喷嘴水煤浆气化工艺

多喷嘴对置式水煤浆加压气化技术是目前最先进的水煤浆气化技术之一。1996～2001年，华东理工大学成功完成了多喷嘴对置式水煤浆气化技术的中试研究。中试装置（22 t/d）的结果表明：有效气成分83%，比相同条件下的GE生产装置高1.5～2个百分点；碳转化率≥98%，比GE高2～3个百分点；比煤耗、比氧耗均比德士古降低7%。在2005年，多喷嘴对置式水煤浆气化技术分别于山东国泰、山东德州建设了工业示范装置。示范装置的成功运行已充分证实：该技术工程上完全可行，工艺指标优于引进的水煤浆气化技术，操作非常平稳。

多喷嘴对置式水煤浆气化技术涉及以纯氧和水煤浆为原料制合成气的过程，装置包括磨煤单元、气化及初步净化单元及含渣水处理单元，技术特点是：多喷嘴对置的水煤浆气流床气化炉及复合床煤气洗涤冷却设备；混合器、旋风分离器、水洗塔三单元组合煤气初步净化工艺；蒸发分离直接换热式含渣水处理及热回收工艺。

多喷嘴水煤浆气化主要特点：

1）煤浆经隔膜泵加压，通过四个对称布置在气化炉中上部同一水平面的工艺喷嘴，与氧气一起对喷进入气化炉。多喷嘴对置式气化炉的流场结构由射流区、撞击区、撞击流股、回流区、折返流区和管流区组成。

2）采用混合器、旋风分离器和水洗塔相结合的节能高效煤气初步净化系统，使煤气中灰、渣的含量降到最低，并且减少了压力损失。

3）水煤浆气化温度为1300℃，在此高温下化学反应速率相对较快，而气化过程速率为传递过程控制。为此，通过喷嘴对置、优化炉型结构及尺寸，在炉内形成撞击流，以强化混合和热质传递过程，并形成炉内合理的流场结构，从而达到良好的工艺与工程效果：有效气成分高、碳转化率高、耐火砖寿命长。

4）煤气初步净化单元由混合器、旋风分离器、水洗塔组成，具有高效、节能功效，很好地抑制了煤气带水、带灰。

5）黑水热回收与除渣单元核心设备是蒸发热水塔，采用蒸汽与返回灰水直接接触工艺，灰水温度高、蒸汽利用充分、耐堵渣，具有节能、长周期运行的功能。

6）多喷嘴对置式水煤浆气化技术与单喷嘴顶置的气化炉相比，在处理能力上有很大的优势。该技术操作弹性大，增减负荷方便，操作负荷为70%～125%。

(4) 水煤浆水冷壁清华炉煤气化技术

水煤浆水冷壁清华炉煤气化技术是由清华大学、北京盈德清大有限责任公司开发的具有自主知识产权的气化技术。该气化炉技术具有显著的创新性，拥有自主知识产权，同时具有水煤浆耐火砖和干粉水冷壁气化炉的优点，综合性能优异，具有明显的经济效益和社会效益，总体技术处于国际领先水平。水煤浆水冷壁清华炉煤气化技术的工业装置于2011年8月在山西丰喜投入运行，首次投料即进入稳定运行状态，并全面实现了研发和设计意图。

水煤浆水冷壁清华炉煤气化技术主要特点：

1）稳定性好：水煤浆气化工艺成熟。用水煤浆进料稳定可靠，水冷壁挂渣稳定。水煤浆运行安全可靠，避免了粉煤进料不稳定、易燃、易爆、易磨损、泄漏等难题。

2）煤种适应性强：气化温度不受耐火材料限制（可达1500℃或更高），气化反应速度快，碳转化率高，煤种适应性好，能够消化高灰分、高灰熔点、高硫煤，易于实现气化煤本地化。

3）系统运转率高：装置运行连续稳定，烧嘴头部采用特殊处理，一次连续运行周期可以保证100天以上，每年不再因为换砖而停炉检修，年运行时间可达到8000h。

4）安全性强：水冷壁及废热锅炉系统都采用热能工程领域成熟的悬挂垂直管结构，既保证了水循环的安全性，又避免了复杂的热膨胀处理问题。水冷壁水循环按照自然循环设计，强制循环运行，紧急状态下能实现自然循环，最大限度保证水冷壁的安全运行；废热锅炉系统水循环按照自然循环设计，自然循环运行。

5）环境友好，环保高效：炉温高，残炭含量低，易于收集处理，废水无难处理污染物；制浆可处理污水。

6）系统启动快：组合式点火升温过程简化，点火、投料程序一体化完成。水煤浆投料点火采用独特的“火点火”技术，气化炉从冷态到满负荷仅需2～3h。

7）气化压力高：气化压力不受原料输送系统影响，可根据后续工段要求进行更加合理的选择。

1.4.2.4 煤制天然气气化工艺选择

上述各种气化方法均有各自的优缺点，对原料煤的品质均有一定的要求，其工艺的先进性、技术成熟程度互有差异。因此，应根据煤种、用途、技术成熟可靠度及投资等来选择气化方法。

气流床气化工艺产品气有效组分主要为 CO 和 H_2。对生产煤制甲醇、煤制烯烃、煤制乙二醇、合成氨等产品有优势。用于煤制天然气净化系统与甲烷合成系统装置的投资较大。

循环流化床气化工艺产品气中甲烷含量为 3%～4%，适合以粉煤为原料的煤制天然气工艺路线。但现阶段国内工业运行的流化床气化炉炉压仅为 1.0MPa。无高压运行业绩。

煤制天然气产品主要的有效组分为甲烷，采用固定床气化方式，气体组分中可产生大约 10%～15%的甲烷，气化直接产生的甲烷量相当于产品总量的 30%～45%，大大减少了后续装置（变换、净化以及甲烷压缩等）的负担，同时采用固定床气化的氧耗远远低于其他气化技术，空分规模较小，再加上固定床气化本身的投资也远低于上述其他气化方式的投资，因此项目总投资大大缩减。

另外，固定床气化采用原煤直接入炉，不需要预干燥、磨煤制粉装置，且固定床气化的后续装置以及空分装置原材料、动力消耗都较低，因此天然气单位成本较低。

因此，无论从技术先进成熟的角度、投资和经济的合理性还是从目标产品的需求上来看采用固定床气化技术最有优势。采用固定床气化技术来生产 SNG 产品主要有以下优势：

1）固态排渣碎煤加压气化炉运行可靠，在线率高，单炉连续运行一般可达 150 天以上，碎煤加压气化炉在国内运行已 30 多年，通过不断的经验积累及技术改进，碎煤气化装置运行稳定、操作安全可靠，技术先进成熟，大约 200 多台已在国内广泛使用。

2）与气流床气化炉相比投资较低，单台气化炉总投资约 5000 万元。根据项目规模，气化装置正常生产时都设有备炉，在气化炉发生故障或计划停车时，启用备炉以保障全厂生产稳定。

3）碎煤加压固态排渣气化技术备煤系统简单，原料煤只需要简单的破碎、筛分使粒度控制在 6～50mm 即可，而不需要设置磨煤制粉（制浆）及输送系统，设备投资较少，流程较为简单。

4）单位有效气的氧耗低；碎煤加压气化（未把煤气中的甲烷作为有效气算）氧耗约为 SHELL 气化及 GSP 气化的 60%，约为水煤浆气化的 52%，配套空分装置较小，空分装置投资最省。

5）根据煤种的不同碎煤加压气化粗煤气（干气）中 CH_4 的含量为 10%～15%，经过净化工段处理后在净化气中的含量为 11%～18%，净化气体的热值较高，特别适合于生产 SNG 产品，气化所生成的 CH_4 在最终产品气中的比例占 40%左右，与其他气化技术相比，变换冷却及净化装置的规模较小。

1.4.3 合成天然气工艺过程

合成天然气（煤制天然气）工艺可分为：(1) 传统的煤气化技术，即两步法甲烷化工艺：先将原料煤进行加压气化，由于气化得到的合成气达不到甲烷化的要求，因此，需要经过变换单元提高氢碳比后再进行甲烷化反应；（2）直接合成天然气技术，即一步法甲烷化工艺：将气体转换单元和甲烷化单元合并为一个部分同时进行，直接合成天然气的技术主要有催化气化工艺和加氢气化工艺。目前一步法甲烷化工艺暂无工业化业绩，在此不做过多介绍，下面主要介绍两步法甲烷化工艺，即传统煤气化工艺（图1-4-1）。

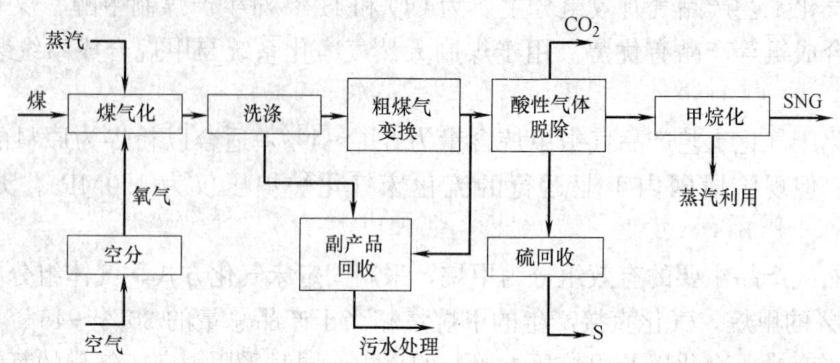

图1-4-1　传统合成天然气工艺流程图

传统合成天然气工艺流程可简述为：原料煤通过制备达到气化入炉煤要求后，在气化炉中与空分来的高纯氧气和蒸汽进行反应制得粗煤气；粗煤气经变换冷却后进入酸性气体脱除单元，在酸性气体脱除装置中脱除硫化氢和大部分二氧化碳后，得到净煤气；净煤气进入甲烷化装置合成甲烷，生产出优质的天然气；从酸性气体脱除装置产生的富含硫化氢的酸性气体送至硫回收装置；气化废水进入水处理系统进行回收利用。

现已建成投产的4个煤制气项目中，新疆庆华煤制气项目、新疆新天煤制气项目、内蒙古大唐克旗煤制气项目均采用固定床固态排渣碎煤加压气化技术，下面主要对以固定床碎煤加压气化为技术路线的合成天然气工艺过程进行介绍，主要包括备煤、热电、空分、气化、变换、酸性气体脱除、甲烷化、煤气水处理、污水处理等。

1.4.3.1　备煤单元

1. 概况

备煤单元主要为气化炉和锅炉提供合适粒度的煤，其中6～60mm的块煤作为气化原料送入气化炉，6mm以下的粉煤作为燃料送入锅炉。

2. 工艺流程简述

叶轮给煤机将煤给入带式输送机，经转运、除铁后送入破碎筛分楼顶部，通过往复式给煤机送入分级破碎机，破碎后的煤直接进入弛张筛进行筛分。筛上物（60mm＞δ＞6mm块煤）由带式输送机转运、二次筛分，输送到气化炉顶贮煤仓贮存；筛下物（≤6mm粉煤）由带式输送机转运，输送到锅炉粉煤仓贮存。

3. 主要设备

给煤机、带式输送机、破碎机、弛张筛等。

1.4.3.2　空分单元

1. 概况

空分装置主要为气化炉提供氧气、开工空气，以及整个工程需要的仪表空气、装置空气和氮气。

2. 工艺流程简述

原料空气进入空气透平压缩机增压后进入空气预冷系统冷却（约为15℃）后进入分子筛纯化系统，清除空气中的水分、CO_2等，洁净的空气一部分直接进入冷箱内的主换热器，被返流出来的气体冷却，接近液化温度的空气进入下塔的底部。一部分进入增压机增压后分两路：一路从增压机中部抽出，经冷却后进入增压透平膨胀机增压端，增压后的空气进入高压换热器，被返流的液氧、污氮气换热后进入增压透平膨胀机，膨胀后的空气进入下塔；另一路从增压压缩机末级引出进入高压换热器后进入下塔中部。

下塔上升气体与下流液体传热传质后在下塔顶部得到纯氮气。纯氮气进入主冷凝蒸发器被冷凝，在气氮冷凝的同时，主冷凝蒸发器中的液氧得到气化，参与上塔精馏；冷凝的液氮一部分作为下塔的回流液，其余液氮经过冷器过冷，小部分作为产品送入贮槽，剩下部分节流后进入上塔作为上塔回流。同时从下塔抽取压力氮经主换热器复热后作为产品送入用户。

下塔产生的液空及污液氮经过冷器进入上塔。再次精馏得到产品液氧和氮气。上塔顶部产出低压氮气经主换热器复热后送入水冷塔，从主冷抽出液氧，小部分作为产品送入贮槽，大部分通过液氧泵加压后进入高压换热器复热，高压氧气送用户。

上塔的中部抽取一定量的氩馏份送入氩塔，塔底的回流液经液氩泵送入第一氩塔顶部作为回流液，经过氩塔精馏，在塔上部获含氮量极低的氩气，并更换冷源进行进一步精馏，除去氩气中的残余氧，同时进行液化得到液体纯氩，送入液氩贮存系统。

3. 主要设备

汽轮机、空压机、增压机、透平膨胀增压机、主塔、冷凝蒸发器、低压主换热器、高压主换热器等。

1.4.3.3 热电单元

1. 概况

本装置的主要任务是为全厂用户提供各种规格的蒸汽。

2. 工艺流程简述

皮带给煤机将煤送入炉膛，煤和空气在炉膛内流化状态下掺混燃烧，并与受热面进行热交换。给水经省煤器加热后进入锅筒，换热后的饱和蒸汽从锅筒顶部的蒸汽连接管引至汽冷旋风分离器，然后依次经过低温过热器、一级喷水减温器、炉内屏式过热器、二级喷水减温器、高温过热器进一步加热，最后将合格的过热蒸汽通过高压蒸汽管网送至用户。

由锅炉尾部烟道排出的含尘烟气通过脱硝布袋除尘后由引风机送至脱硫系统，与通风管内喷淋的浓缩循环液接触，在蒸发其水分的同时进行降温，然后进入脱硫塔浓缩段、脱硫段、清洗段。至此烟气自下而上完成降温、脱硫、净化过程，溶液自上而下完成清洗、脱硫吸收、浓缩结晶过程。

3. 主要设备

锅炉本体、高压给水泵、引风机、一次风机、二次风机、冷渣机、汽轮机、发电机、除尘器、脱硫塔等。

1.4.3.4 气化单元

1. 装置概况

煤气化单元是用碎煤（6～60mm）在固定床碎煤加压气化炉内进行气化而制取合成天然气原料气的工段。碎煤加压气化是利用原料煤与氧气和蒸汽气化剂进行化学反应，生成粗煤气。

煤在气化炉中的气化过程，可分为五个区：灰渣层、燃烧层、气化层、干馏层、干燥和预热层。从煤锁加入到气化炉的煤在干燥和预热层被干燥并加热到约200℃。此时煤的表面水分和吸附水分被蒸发。在干馏层，煤被上升的煤气加热干馏，脱去水分的煤在此热解产生挥发份和残余碳。残余碳的状态随温度的不同而成为焦炭或半焦。挥发份则是由可燃气、焦油蒸气、轻油馏分、有机化合物以及水蒸气组成。在还原层水蒸气开始大量分解和碳进行反应，碳与燃烧层来的二氧化碳进行还原反应，随着反应的进行，在还原层氢和一氧化碳的生成，创造了甲烷大量生成的条件。在此发生了加氢和合成反应，随着反应的进行，甲烷量增加，而氢和一氧化碳减少，主要反应有：$C+H_2O=CO+H_2$；$C+2H_2O=CO_2+2H_2$；$CO+H_2O=CO_2+H_2$；$C+CO_2=2CO$；$C+2H_2=CH_4$；$CO+3H_2=CH_4+H_2O$。在燃烧层气化剂中的氧气与煤发生燃烧反应，生成大量的二氧化碳和一氧化碳。主要反应有：$C+O_2=CO_2$；$2C+O_2=2CO$。上述两反应放出大量的热，上升的气化剂被加热到约1100℃，下降的灰的温度接近1200℃。在灰层450℃的过热蒸汽和40℃的氧气混合后，约320℃进入气化炉，由炉箅均匀地在灰床中分布，与灰渣换热，灰渣由约1200℃被冷却到比气化剂温度高约50℃，排入灰锁。气化剂被加热后上升到燃烧层。通过以上过程，煤气化生成粗煤气。

煤气化单元由具有内件的气化炉、加煤用的煤锁、排灰用的灰锁、废热锅炉、煤锁气洗涤系统及开车气洗涤处理系统、液压系统、润滑油系统等组成。

2. 工艺流程简述

装置运行时，煤经由煤锁加入气化炉，入炉煤系从煤仓通过煤溜槽由液压系统控制充入煤锁中，煤锁装满煤之后，对煤锁进行充压，从常压充至气化炉的操作压力，再向气化炉加煤，之后煤锁再卸压至常压，以便开始下一个加煤循环过程。煤锁卸压的泄压气在煤锁气洗涤器经过低压喷射煤气水洗涤，在煤锁气分离器分离为气体和液体，气体处理后放空，液体为含尘煤气水经过煤锁气洗涤泵加压后一部分去煤锁气洗涤器，另一部分去煤气水分离装置。煤锁减压后，留在煤锁中的少部分气体，用煤锁引射器抽出，经煤尘旋风分离器除去煤尘后排入大气。

气化剂（蒸汽和氧气）经气化剂混合管混合，混合物经安装在气化炉下部的旋转炉箅喷入，在燃烧区燃烧一部分，为吸热的气化反应提供所需的热。

在气化炉的上段，刚加进来的煤向下移动，与向上流动的气流逆流接触。在此过程中，煤经过干燥、干馏和气化后，只有灰渣留下来，灰渣由气化炉中经旋转炉箅排入灰锁。

灰锁也进行充压、卸压的循环。充压用过热蒸汽来完成。为了进行泄压，灰锁接有一个灰锁膨胀冷却器，其中充有来自循环冷却水系统的水。逸出的蒸汽在水中冷凝并排至排灰系统。

气化炉夹套中加入中压锅炉水，在气化炉中产生的蒸汽经夹套蒸汽分离器送往气化剂系统，蒸汽/氧气在此按比例混合好喷射入气化炉。离开气化炉的粗煤气以CO、H_2、CH_4、和CO_2为主要组分，还包括C_nH_m、N_2、硫化物（H_2S）等次要组分。离开气化炉的煤气首先进入洗涤冷却器。在此，煤气用循环煤气水加以洗涤并使其饱和，洗涤冷却器的用途首先是将煤气温度降至200℃，其次是除去可能夹带的大部分颗粒物。饱和并冷却后的煤气进入废热锅炉，通过生产 0.5MPa（g）低压蒸汽来回收余热。在废热锅炉下部收集到的冷凝液，一部分用洗涤冷却循环水泵送出，多余的煤气水送往煤气水分离装置。图 1-4-2 为加压气化工艺流程图。

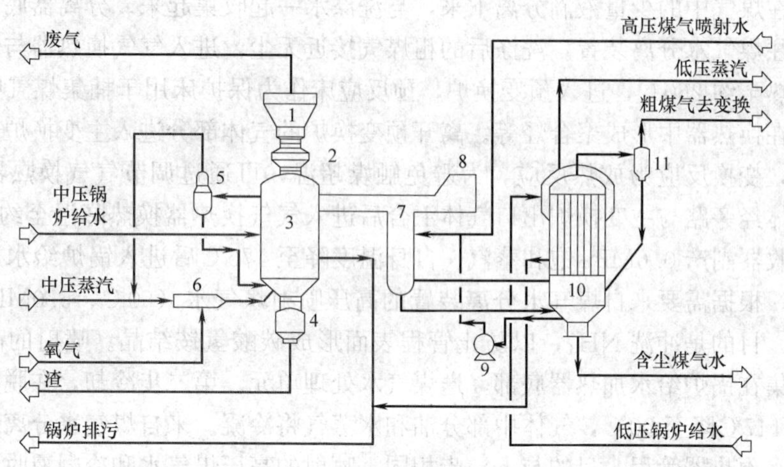

图 1-4-2 加压气化工艺流程

1—煤仓；2—煤锁；3—气化炉；4—灰锁；5—夹套蒸汽液滴分离器；6—气化剂混合管；7—洗涤冷却器；8—洗涤冷却器刮刀；9—洗涤冷却循环水泵；10—废热锅炉；11—粗煤气液分离器

3. 主要设备

气化炉：煤仓、煤溜槽、煤锁、气化炉主体、灰锁、灰锁膨胀冷却器、竖灰管、炉箅、刮刀、气化剂混合器、粗煤气取样冷却器、洗涤冷却器、消声器、废热锅炉、循环冷却洗涤泵。

火炬系统：火炬头、火炬气液分离器、火炬冷凝液泵、燃料气混合器。

开车煤气系统：分离器、洗涤器、洗涤泵。

润滑系统：润滑泵、油箱、加油泵。

液压系统：液压控制柜、液压泵、减压站、加热器、冷却器、蓄能站、油箱、油液循环泵。

1.4.3.5 变换单元

1. 装置概况

煤气变换冷却单元主要是将加压气化来的粗煤气中的 CO 变换为 H_2，主要反应为：$CO+H_2O=CO_2+H_2$。以满足甲烷合成对原料气 $H_2/CO=3.2$ 的要求，同时回收变换反应热、最后将粗煤气冷却至 40℃送入低温甲醇洗装置，并将本工段产生的含焦油煤气水送至煤气水分离装置进一步处理。

煤气中含有一定量的硫化氢、硫氧化碳、焦油、灰尘等杂质，进入变换冷却单元设置洗涤分离塔，以强化粗煤气的洁净度，为减轻对催化剂的污染，装置内设置两台预变换炉切换使用，炉内装填了保护剂、抗蚀剂等以确保生产连续运转，长周期供气。

采用换热式加压耐硫变换流程，装置由一氧化碳变换、钴钼耐硫变换催化剂的升温、硫化及系统热回收等部分组成。

2. 工艺流程简述

来自加压气化的粗煤气大约180℃首先进入粗煤气洗涤塔，在洗涤塔内粗煤气用来自煤气水分离的160℃高压煤气水进行洗涤，在此过程中，粗煤气中的大量灰尘被洗涤下来，粗煤气温度大约下降4℃，这样粗煤气中少量焦油被冷凝洗涤下来。洗涤塔底部的分离器把夹带在煤气中的少量液滴分离下来，与洗涤水一起收集起来。分离器底部的含焦油煤气水，送往煤气水分离装置。洗涤后的粗煤气接近无尘，进入气气换热器与来自主变炉的变换气换热至约260℃，进入预变换炉，预反应床作为保护床用于捕集煤气中夹带的焦油、灰尘和在换热器中形成聚合烃等。离开预变换炉的气体部分进入主变换炉进行一氧化碳变换反应，变换反应为放热反应，为避免触媒超温，可通过调节气气换热器旁路来降温。其余气体经旁路与主变换炉出口气体汇合后进入气气换热器换热降温至约260℃进入低位余热回收器副产0.6MPa饱和蒸汽。自身温度降至175℃后进入锅炉给水加热器进行第一步冷却，根据需要来自煤气水分离装置的高压喷射煤气水（60℃、5.0MPa）喷入加热器的管程，目的是冲洗NH_3，以防止管程表面形成碳酸氢铵结晶。喷射的高压煤气水和冷凝液收集在锅炉给水加热器底部，送煤气水处理单元。第二步冷却，在脱盐水预热器中变换气由147℃降至90℃，气体中部分油和水蒸气将冷凝。来自煤气水分离装置的煤气水喷入脱盐水预热器管程，目的与上一步相同。喷射的高压煤气水和冷凝液收集在脱盐水预热器底部，收集送煤气水处理单元。第三步冷却，变换气在终冷器中由90℃降至40℃。来自煤气水分离装置喷入最终冷却器管程的高压煤气水，目的与上两步相同。高压喷射煤气水与冷凝液收集在终冷器的下部，送煤气水处理单元。

分离器把从终冷器出来的变换气中夹带的少量液滴进一步分离后，最终离开分离器的是40℃的无氨、无尘、无油、无焦油和无酚的变换气进入酸性气脱除单元。图1-4-3为变换工艺流程图。

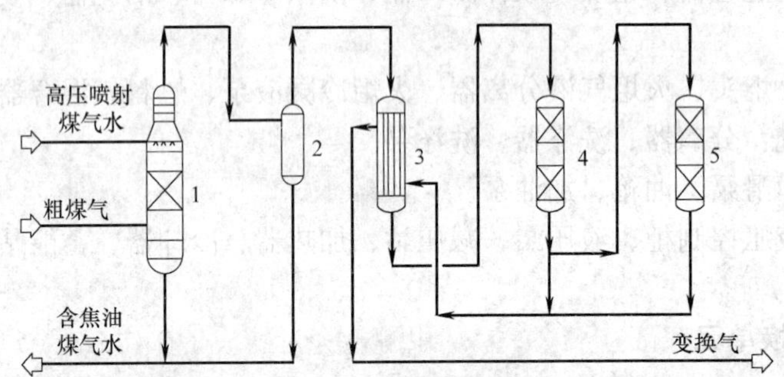

图1-4-3　变换工艺流程图

1—粗煤气洗涤塔；2—旋风分离器；3—换热器；4—预变炉；5—主变炉

3. 主要设备

粗煤气洗涤塔、径流洗涤器、升温加热器、旋风分离器、气气换热器、预变炉、主变炉、低位预热换热器、锅炉水换热器、脱盐水换热器、循环水换热器、气液分离器、二硫化碳储罐。

1.4.3.6　酸性气脱除单元

1. 概况

本装置的主要任务是将变换气中的H_2S、COS酸性气体杂质组分及石脑油等烃类杂质脱除，并脱除大部分CO_2，为甲烷化装置提供合格的净煤气。

2. 工艺流程简述

低温甲醇洗单元工艺为典型物理吸收法，适用于壳牌或鲁奇气化技术，是以冷甲醇为吸收溶剂，利用甲醇在低温下对酸性气体溶解度极大的特性，脱除原料气中的酸性气体。由于甲醇的蒸汽压较高，所以低温甲醇洗工艺在低温（－35～－55℃）下操作，在低温下CO_2与H_2S的溶解度随温度下降而显著上升，因而所需的溶剂量较少，装置的设备也较小。在－30℃下，H_2S在甲醇中的溶解度为CO_2的6.1倍，因此能选择性脱除H_2S。该工艺气体净化度高，可将变换气中CO_2脱至小于20ppm，H_2S小于0.1ppm，气体的脱硫和脱碳可在同一个塔内分段、选择性地进行。

（1）原料气洗涤、冷却

来自变换冷却装置含饱和水的变换气进入低温甲醇洗单元，先经分离器Ⅰ进行一级分离，再与循环气压缩机过来的循环气混合进入换热器预冷后进入分离器Ⅱ进行二级分离，随后进入换热器冷却后进入吸收塔。

（2）H_2S/CO_2吸收

预冷后的合成气进入H_2S吸收塔预洗段，与冷甲醇逆流接触，脱除气态轻油和高沸点碳氢化合物等杂质，然后进入主洗段脱硫，脱硫后的气体从底部进入CO_2吸收塔，与冷甲醇逆流接触脱除CO_2，最后得到合格的净煤气，回收冷量后，送往甲烷化装置。

（3）甲醇再生

1）含轻烃甲醇再生

H_2S吸收塔下段含轻烃、水、氨等杂质的甲醇从塔底部经过滤器滤除杂质后，进入预洗闪蒸塔Ⅱ、Ⅲ段减压闪蒸，两段闪蒸气体送至H_2S浓缩塔Ⅲ段进行浓缩。从预洗闪蒸塔Ⅱ段出来的闪蒸液复热后进入预洗闪蒸塔Ⅲ段继续闪蒸，闪蒸后的液相进入、萃取槽Ⅲ室，经萃取分离，轻烃溢流至油室送入轻烃贮罐。含有微量轻烃的甲醇水溶液送入共沸塔，塔顶蒸汽经塔顶冷凝器冷凝，冷凝液，一部分作为共沸塔回流液，另一部分送入萃取槽；共沸塔顶的不凝气经预洗闪蒸塔送入H_2S浓缩塔，共沸塔底部甲醇水溶液送入甲醇水塔加热精馏，塔顶甲醇蒸汽送往热再生塔，甲醇水塔的回流液来源于贫富甲醇换热器壳程精甲醇，甲醇水塔底部废水送往水处理装置。

2）富硫富碳甲醇再生

来自H_2S吸收塔上段底部富H_2S、CO_2甲醇液经过滤后依次送入H_2S浓缩塔Ⅰ、Ⅱ、Ⅲ段闪蒸膨胀再生，Ⅰ段的闪蒸气为燃料气回收冷量后，送至循环气压缩机；Ⅲ段闪蒸气和气提气N_2混合回收冷量后送至尾气洗涤塔洗涤后放空。H_2S浓缩塔Ⅲ段甲醇复热后送至热再生塔Ⅰ段闪蒸，闪蒸气进入H_2S浓缩塔Ⅲ段，闪蒸液由Ⅰ段进入Ⅱ段加热脱气再生。

热再生塔Ⅱ段的气提气一部分靠甲醇水塔顶部甲醇蒸气，另一部分靠再沸器低压蒸汽间接加热提供。热再生塔Ⅱ段顶部再生出来的酸性气体经过水冷器将气体中的重组分冷凝为液体回收到热再生塔Ⅲ段，回收的甲醇经过泵送至热再生塔Ⅱ段作回流液。热再生塔Ⅱ段底部得到无硫精甲醇，冷却后送至二氧化碳吸收塔顶作为精洗甲醇。

热再生塔Ⅲ段的排放气一部分作为循环气送入H_2S浓缩塔Ⅲ段，另一部分经H_2S富气换热后送往硫回收装置。

3）富碳甲醇再生

CO_2吸收塔底部富碳甲醇经甲醇深冷器冷却后送入CO_2闪蒸塔Ⅰ、Ⅱ、Ⅲ进行减压闪蒸、气提再生。

CO_2闪蒸塔Ⅰ段闪蒸出H_2、CO、CH_4、CO_2等气体，送至循环气体压缩机入口，闪蒸液靠压差作用进入CO_2闪蒸塔Ⅱ段。

CO_2闪蒸塔Ⅱ段闪蒸出的CO_2产品气回收冷量后分两股送出，一部分作为产品气送出界区，另一部分送入尾气洗涤塔回收甲醇后放空，CO_2闪蒸塔Ⅱ段甲醇换热后进入CO_2闪蒸塔Ⅲ段。

闪蒸塔Ⅲ段采用了氮气气提、减压闪蒸的原理闪蒸出CO_2，闪蒸废气进尾气洗涤塔。

CO_2闪蒸塔Ⅲ段底部甲醇一部分送入二氧化碳吸收塔中部作为主洗甲醇来洗涤粗煤气中的CO_2气体；另一部分作为H_2S浓缩塔再吸收液。

3. 主要设备

主要设备包括H_2S吸收塔、CO_2吸收塔、H_2S浓缩塔、CO_2闪蒸塔、热再生塔、尾气水洗塔、共沸塔、甲醇水塔预洗闪蒸塔、萃取槽、循环气压缩机等。

1.4.3.7 甲烷化单元

1. 概况

甲烷化装置主要将来自酸性气体脱除装置的净煤气转化为合格的天然气产品，主要包括合成气脱硫、甲烷化反应和副产蒸汽三大部分。目前国内技术及催化剂尚没有大规模煤制气的运行经验，国外甲烷化工艺技术主要有丹麦托普索公司甲烷化技术、英国戴维公司甲烷化技术（CRG）、德国鲁奇公司甲烷化技术。目前国内已建成投产的四个煤制气项目中，新疆庆华煤制气项目、内蒙古汇能煤制气项目采用托普索甲烷化工艺，新疆新天煤制气项目、内蒙古大唐克旗煤制气项目采用戴维甲烷化技术。

2. 工艺流程简述

（1）托普索甲烷化工艺

来自酸性气脱除工段的净煤气，进入脱硫反应器脱除微量硫，以保护合成段催化剂，脱硫后的气体经换热后进入甲烷化反应段。

托普索工艺一般有5个甲烷化反应器，前两个反应器为高温反应器，采用串并联形式，原料气分成两股分别进入第一、第二甲烷化反应器。在第一甲烷化反应器设有循环管线（一段循环），以防止第一反应器出口超温。后面设三个补充甲烷化反应器，为低温反应器，采用串联模式，用来将前面未反应的CO，CO_2，H_2转化为CH_4，生成合格天然气送入压缩干燥工段，产品气主要以CH_4为主，其中包含微量的H_2、CO_2、N_2、和Ar等。

由于甲烷化反应属强放热反应，因此可以充分利用合成过程中放出的热量，副产品是蒸汽，提高热效率（图1-4-4）。

（2）戴维甲烷化技术

戴维工艺中原料气也需要经过脱硫反应器脱除微量硫。一般有4个甲烷化反应器，前两个反应器为高温反应器，采用串并联形式，原料气分成2股分别进入第一、第二甲烷化反应器。在第一反应器和第二反应器之间设有循环管线（二段循环），以防止第一反应器出口超温。后面设两个补充甲烷化反应器，为低温反应器，采用串联模式，用来将前面未反应的CO转化式CH_4，生成合格天然气送入压缩干燥工段。反应器出口设有废热锅炉或换热器，可以充分回收合成过程中放出的热量，副产蒸汽。

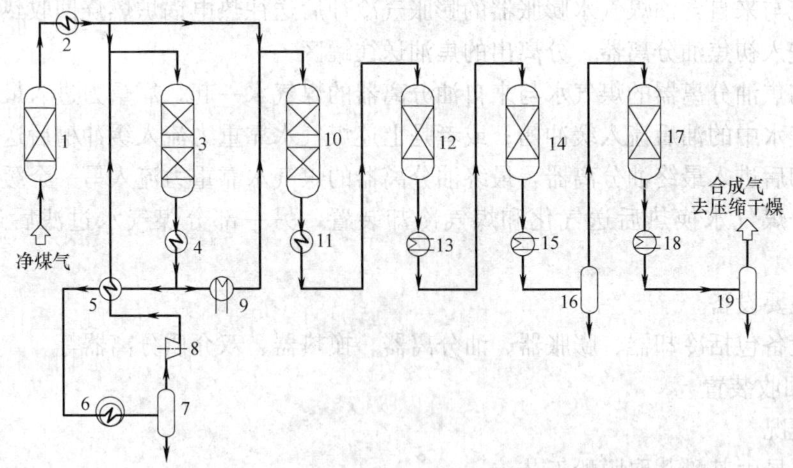

图 1-4-4　甲烷化工艺流程图

1—硫吸收器；2—进出料换热器；3—第一甲烷化反应器（循环）；4，11—高压废锅；5—循环气进出料换热器；6—低压废锅；7，16，19—分离器；8—循环气压缩机；9—第一锅炉给水预热器；10—第一甲烷化反应器（制备）；12—第二甲烷化反应器；13—第二高压蒸汽过热器；14—第三甲烷化反应器；15—第一高压蒸汽过热器；17—第四甲烷化反应器；18—第四进出料换热器

（3）国产甲烷化技术及催化剂

目前，国内合成天然气项目基本采用国外甲烷化催化剂，均存在采购周期长、运行成本高、企业负担重的问题。为加快 SNG 催化剂的工业化应用，大唐化工院与湖北荟煌科技股份有限公司合作进行 SNG 催化剂的工业生产，并于 2018 年 8 月在大唐克旗合成天然气项目甲烷化装置上装填国产 SNG 催化剂并成功运行，实现了国产 SNG 催化剂首次在工业装置上的部分国产化替代。不仅有利于国内合成天然气生产企业摆脱对国外催化剂的依赖，降低催化剂采购成本，保障装置的长周期稳定运行；同时，掌握催化剂核心技术，响应国家大力提倡的煤化工领域关键技术、设备和催化剂的国产化替代，也为促进国家能源安全战略发展做出了应有的贡献。

3. 主要设备

主要设备包括脱硫反应器、甲烷化反应器、循环气压缩机、废热锅炉等。

1.4.3.8　煤气水处理单元

1. 煤气水分离装置

（1）概况

本装置利用减压闪蒸原理，分离出溶解在煤气水中的气体；利用无压重力沉降原理，根据不同组分的密度差，将煤气水中各组分分离。

（2）工艺流程简述

从煤气冷却工段来的含油煤气水经冷却器冷却后与低温甲醇洗来的煤气水混合进入含油煤气水膨胀器膨胀至大气压，释放出膨胀气。闪蒸后的煤气水流入油分离器分离出其中的油收集到油槽，送往罐区。

气化装置来的高温含尘煤气水与变换装置来的含焦油煤气水混合，送往两级含尘煤气水冷却器，冷却后的煤气水进入膨胀器中膨胀至接近大气压，然后进入初焦油分离器。产生的膨胀气与来自含油煤气水膨胀器的膨胀气冷却后送往热电锅炉燃烧回收热量；闪蒸后的煤气水进入初焦油分离器，分离出的焦油送往罐区。

来自初焦油分离器的煤气水与来自油分离器的煤气水一起，靠重力进入最终油分离器分离出煤气水中的油后流入缓冲槽；或者是上述煤气水靠重力流入缓冲槽后送入煤气水冷却器，冷却后进入最终油分离器，最终油分离器的煤气水靠重力流入另一个缓冲槽，缓冲槽内一部分煤气水换热后送气化和煤气冷却装置，另一部分煤气水过滤后送往煤气水贮槽。

(3) 主要设备

主要设备包括冷却器、膨胀器、油分离器、换热器、双介质分离器等。

2. 酚回收装置

(1) 概况

采用二异丙基醚萃取脱酚工艺。

(2) 工艺流程简述

从煤气水装置来的酚水预热后送入脱酸塔脱除 CO_2、H_2S，脱酸后的酚水再经过脱氨后，通过二异丙基醚与酚水逆流接触萃取出酚。萃取后的稀酚水溶液夹带有一部分二异丙基醚，通过加热将二异丙基醚分离出来；同时对脱氨时产生的氨气经三级冷凝，冷凝后得到氨凝液送煤气水大罐，氨气进入氨回收。萃取了酚的溶剂即萃取物，采用蒸馏将二异丙基醚和酚分开。得到产品粗酚送往罐区，同时回收溶剂继续使用。稀酚水送往水处理装置。

(3) 主要设备

主要设备包括脱酸塔、脱氨塔、油水分离器、萃取塔、酚塔、水塔等。

3. 氨回收装置

(1) 概况

氨回收装置是从酚回收工序产生的氨水除去酸性气体 CO_2、H_2S、HCN 和非冷凝组分以及水中回收无水液氨。本设计采用汽提、提纯及精馏工艺。

(2) 工艺流程简述

从酚回收装置来的氨气进入氨气净化塔脱除酸性气体，净化塔顶部出来氨气在吸收器中通过软水进行喷淋吸收稀释，形成稀氨水进入吸收器贮槽，产生的氨水一部分送入净化塔上部作为回流，其余部分送入氨精馏塔进行氨精制，氨气净化塔底的净化废水回煤气水装置。稀氨水进入精馏塔。精馏塔用中压蒸汽作为热源，经循环蒸发器加热塔釜溶液。氨蒸汽在氨冷凝器产出合格液氨送入罐区，塔釜液返回煤气水装置。

(3) 主要设备

主要设备包括氨气净化塔、氨气吸收塔、氨精馏塔、氨冷凝器。

1.4.3.9　脱盐水单元

1. 概况

脱盐水装置利用过滤和化学处理的方法，去除水中的机械杂质和各类导电离子，得到高度洁净、导电率低的符合生产用水质指标的脱盐水，供给用户。

2. 工艺流程简述

(1) 原水出盐系统

经原水处理装置预处理后的原水送往脱盐水装置，在经过换热器升温后进入高效纤维过滤器，去除水中大部分残留悬浮物，再经由自清洗过滤器送入超滤装置，经由超滤微孔进行过滤后进入反渗透系统，利用反渗透膜的选择性透过能力将水和盐进一步分离，从而获得除去大部分盐分的产水。产水送入除碳器，除去反渗透系统所不能除去的CO_2进入中间水箱，脱碳后的中间水送至混床系统进一步去除残余盐分，从而得到所需要的脱盐水。

(2) 工艺凝液处理系统

从工艺装置回收的工艺凝液在精密过滤器除去悬浮物和杂质后进行换热，经活性炭过滤器去除有机物，再经过混床除去水中离子，使出水指标达到二级除盐水标准，进入除盐水箱。

(3) 蒸汽透平凝液精制系统

从工艺装置回收的透平凝液直接进入精密过滤器过滤，除去悬浮物和杂质后再经过混床除去水中离子，使出水指标达到二级除盐水标准后进入除盐水箱。

3. 主要设备

体内再生混床、脱碳器、自清洗过滤器（处理符合超滤进水要求）、高效纤维过滤器、超滤单元、一级反渗透单元、浓水反渗透单元、精密过滤器、活性炭过滤器、加药系统、清洗系统等。

1.4.3.10 污水处理单元

1. 概况

该单元主要处理生产污水，全厂的生活污水以及事故、污染雨水等，经过物化处理、生物处理、深度处理等工艺过程，产水作为循环水单元补充水或进入浓盐水处理回收单元进行深度处理后回用。

2. 工艺流程简述

污水生化处理工艺由五部分组成：物化预处理段；生化处理段；生物强化深度处理段；超滤处理段；污泥脱水处理段。

物化预处理段主要是去除油类、悬浮物等对生化处理单元具有较大影响的污染物，采用隔油池加一级气浮的方式，出水进入含酚回收废水调节池。生化处理段采用高效厌氧+缺氧+好氧+固液分离处理工艺。生化出水采用混凝沉淀工艺，将废水的色度、COD去除较大部分。深度处理段采用臭氧+曝气生物滤池，去除污染物，提高生化能力。深度处理段产水经过超滤膜系统处理后，最终产水作为循环水单元补充水或进入浓盐水处理回收单元进行深度处理后回用。

污水处理系统内各构筑物产生的剩余污泥排入污泥浓缩池，经重力浓缩后采用带式压滤机进行脱水，经干燥设备进一步处理后收集、打包处理。

3. 主要设备

刮油机、提升泵、回流泵、潜水搅拌机、硝化液回流泵、臭氧发生器、BAF反洗泵、曝气鼓风机、反洗鼓风机、自清洗过滤器、浸没式超滤系统、刮泥机、带式压滤机、桨叶干燥机等。

1.4.3.11 浓盐水处理回收利用单元

1. 概况

该单元主要将水系统各处理单元中经过反渗透工艺处理后产生的含盐废水，根据其浓度逐级进行处理，产水达标后回用，产生的固体废弃物和杂盐经过脱水、离心后集中收集处理。

2. 工艺流程简述

(1) 污水回用深度处理装置

把污水处理的部分产品水和部分中水回用装置预处理的水作为来水，经过换热器升温，进入自清洗过滤器去除水中较大的颗粒，进入超滤膜，大分子颗粒被超滤膜截留，水及分子颗粒透过膜形成产水，预处理后的水经过保安过滤器除去微小的颗粒，进入反渗透系统中除去绝大部分可溶性盐分、胶体、有机物及微生物后，其产水作为循环水系统或脱盐水站补充水，排水进入中水回用装置。

(2) 中水回用装置

将来自脱盐水系统、循环水系统、污水深度处理的排水经过混凝反应沉淀池和V形滤池预处理后，经过换热器，进入自清洗过滤器去掉大的杂质和颗粒，再进入超滤系统分离掉大多数的有机物、悬浮物、色度等，进入保安过滤器过滤后送至反渗透系统中除去绝大部分可溶性盐分、胶体、有机物及微生物后，其产水经提升泵加压送至循环水系统或作为脱盐水站补充水，排水进入浓盐水回用装置。

(3) 浓盐水回用装置

将来自中水回用装置的排水通过机械澄清池利用机械使水提升和搅拌，使水中固体杂质与已形成的泥渣接触絮凝而分离沉淀，清水自流至变空隙滤池进一步去除细小的絮体后，进入自清洗过滤器去掉大的杂质和颗粒，再进入超滤系统分离掉大多数的有机物、悬浮物、色度等，再经两级钠床去除水中的钙、镁离子以及其他金属离子，最后进入保安滤器过滤后送至反渗透系统中除去绝大部分可溶性盐分、胶体、有机物及微生物后，其产水送至循环水系统，排水进入多效蒸发装置进行处理。

(4) 多效蒸发装置

采用三效强制循环逆流蒸发工艺，主要分为盐水系统、蒸汽系统、冷凝水系统、真空系统。

盐水系统：浓盐水处理装置浓水送到缓冲池内，通过进料泵进入预热器进行预热，预热之后的盐水进入Ⅲ效加热器，在Ⅲ效蒸发室内蒸发，在Ⅲ效蒸发室采出的盐水经转料泵进入Ⅱ效加热器，在Ⅱ效蒸发室内蒸发，在Ⅱ效蒸发室采出的盐水经转料泵进入Ⅰ效加热室，在Ⅰ效蒸发室内蒸发，从Ⅰ效蒸发室底部采盐，盐浆经盐浆桶收集后，经盐浆泵送入离心机，离心脱水至含水量为5%的杂盐经车外运，母液经母液池收集后用泵送入前端处理。在事故或检修状态下，浓盐水处理装置浓水，该装置系统料液或化学消洗水至暂存池临时存放，待装置正常运行后用泵加压返回系统处理。

蒸汽系统：Ⅰ效加热蒸汽从低压蒸汽总管送来，热量通过各效二次蒸汽依次传递，成为后续各效的加热源。Ⅲ效乏汽在冷凝器中被循环冷却水冷凝排出，不凝气被真空系统抽排到大气。

冷凝水系统：Ⅰ效低压蒸汽冷凝水经泵加压进入循环水换热器冷却后送入脱盐水站超滤水箱。Ⅱ效和Ⅲ效加热室蒸汽冷凝水在三效蒸汽闪蒸槽混合后（产水）经预热器进入冷凝水池，再经泵加压送入循环水回水总管。

真空系统：来自Ⅲ效蒸发器的二次蒸汽经表面冷凝器冷却后，不凝气经真空泵排放至大气，Ⅲ效二次蒸汽冷凝液经液封后进入二次冷凝液水池，然后经泵送入循环冷却水回水总管。

3. 主要设备

加压泵、超滤反洗水泵、超滤水泵、反渗透高压泵、反渗透反洗水泵、反渗透产水泵、保安过滤器、加热器、蒸发室、循环泵、出料泵、离心机、真空机组、液封槽等。

1.4.3.12 循环水处理单元

1. 概况

本装置用于向工艺装置换热设备提供冷却用水。循环冷却水由自建循环水场提供，经冷却设备换热后，带压回至循环冷却水场。

2. 工艺流程简述

来自生产装置的循环热回水利用其余压送至冷却塔进行冷却，冷却后的水经过塔下水池流入吸水池，再由循环水泵加压送至各生产装置循环使用。为了控制循环水水质不超过规定的指标，循环水配有补水、加药、过滤、排放系统。

3. 主要设备

主要有循环水泵、冷却塔及风机、旁滤器、加药系统等。

1.4.4 制气工程设计要点

合成天然气中CO、H_2等含量和煤气热值等应符合现行国家标准《煤制合成天然气》GB/T 33445，见表1-4-1。

煤制合成天然气技术指标 **表1-4-1**

项目		一类	二类	三类
高位发热量[a](MJ/m^3)	≥	35.0	31.4	31.4
氢(H_2)含量[a](摩尔分数)(10^{-2})	≤	3.5	5	供需商定
二氧化碳(CO_2)含量[a](摩尔分数)(10^{-2})	≤	2.0	3.0	供需商定
硫化氢(H_2S)含量[a](mg/m^3)	≤	1		
一氧化碳(CO)含量[a](摩尔分数)(10^{-2})	≤	0.15		
氨(NH_3)含量[a](摩尔分数)(10^{-6})	≤	50		
固体颗粒(mg/m^3)	≤	1		
水露点[b,c](℃)		在交接点压力下，水露点应比输送条件下最低环境温度低5℃		

[a] 本标准中气体体积的标准参比条件是101.325kPa，20℃。

[b] 在输送条件下，当管道管顶埋地温度为0℃时，水露点应不高于-5℃。

[c] 进入输气管道的煤制合成天然气，水露点的压力应是最高输送压力。

1.4.4.1 加压气化

1. 碎煤加压气化制气炉型和典型指标

气化制气炉型和台数的选择，应根据制气原料的来源、品种、供应规模，最大供气规模、气质要求及各种产品的市场需要，按不同炉型的特点和工艺流程，经技术经济比较后确定。

（1）碎煤加压气化用煤的主要质量指标宜符合下列规定：入炉煤的粒度宜为 6～50mm；灰分（干基）宜小于 35%；热稳定性（TS_{+6}）易大于 60%；弱粘结性煤；灰熔点（ST）不宜小于 1250℃；工艺操作窗口不宜小于 50～100℃；水分不宜大于 40%。

（2）碎煤加压气化炉宜选择压力高、大直径的炉型，工作压力可选择 2.5MPa、3.0MPa、4.0MPa 等；炉内径可选择 2800mm、3800mm、5000mm 等。

（3）碎煤加压气化炉每 4 台宜编为 1 组，1 组宜设置一套开工火炬。

（4）气化强度及煤气产率应在煤种和操作条件确定后，通过试烧或实测取得。

（5）不同煤种的碎煤加压气化典型指标见表 1-4-2。

碎煤加压气化典型指标 **表 1-4-2**

名称	指标		煤种				
			无烟煤	贫瘦煤	次烟煤	长焰煤	褐煤
工业分析	War(%)		0~7	0.3(ad)	6.8	13	15～20
	Aar(%)		6～14	20.8(ad)	23.76	22.62	12～28
	Var(%)		2～4	14.4(ad)	25.6	26.4	28～35
	FCar(%)		78～85	64.5(ad)	43.84	37.98	45～55
	粒度		5～20	4～50	6～30	5～50	6～40
操作条件	气化压力(MPa)		2.8～3.0	3	3.1	3	1.8～2.7
	炉顶温度(℃)		～550	650	480～550	386	250～300
	汽氧比(kg/m³)		3.5～5.0	4.7	7.1	7.5	6.0～8.5
	入炉水蒸气温度(℃)		400	400	400～420	400	350～420
	排灰温度(℃)		300	280	200～220	340	220
消耗指标	氧气消耗率(m³/kg)		0.3～0.4	0.38	0.22	0.207	0.13～0.16
	蒸汽消耗率(kg/kg)		1.4～1.6	1.58	1.57	1.41	0.9～1.2
	粗煤气消耗率(m³/t)		2100	2064	1409	1329	1000～1300
	煤气组成（干基,%,v）	CO_2	24.86	26.59	32.6	32.1	32
		CO	25.26	23.46	15.8	16.72	14.5
		H_2	40.71	39.45	40.1	39.3	38.3
		CH_4	7.46	8	9.76	10.2	12.5
		N_2,Ar	1.26	1.33	0.75	0.45	1.5
		O_2	0.2	0.2	0.3	0.4	0.2
		CnHm	0.15	0.47	0.16	0.73	0.8
		H_2S	0.1	0.07	0.15	0.5	0.2
	热值（kJ/m³）	高	11593	11698	11219	11969	12517
		低	10277	10437	9897	10606	11121

2. 煤仓

（1）气化厂房内设置的煤仓储量应为气化炉 4~6h 的用煤量。

（2）煤仓顶部应采取通风、除尘、防爆措施。

(3) 气化厂房加煤皮带层应设置一氧化碳毒性监测报警及粉尘监测装置、除尘设备。

(4) 采用冷煤气进行煤锁充压的气化装置宜设煤锁气回收系统。

(5) 煤锁气泄压管线的管径设计应考虑 2 台煤锁同时泄压工况。

(6) 煤锁的容积应根据气化炉小时耗煤量及加煤次数确定，单个煤锁每小时设计加煤次数不宜超过 4 次，煤锁容积设计填充系数宜为 0.8。

(7) 灰锁、煤锁属于疲劳压力容器，设计寿命不应少于 15 年。

3. 气化炉夹套与炉内操作

(1) 气化炉夹套与炉内正常操作压差不应大于 0.05MPa（由设备制造内壁承压决定)。

(2) 加压气化制气装置应设置煤气中氧气含量在线分析报警装置，当煤气中氧含量（干基）大于 0.4%时应报警。

(3) 气化炉应设置 SIS 连锁系统，符合下列条件之一时，应使气化炉进入紧急停车程序：

① 气化炉夹套与炉内正常操作压差超过 0.15MPa；

② 气化炉夹套压力高于操作压力的 1.15 倍；

③ 气化炉顶部法兰温度超过 250℃；

④ 气化炉灰锁温度超过 450℃；

⑤ 气化炉洗涤冷却器煤气出口温度超过 250℃；

⑥ 气化炉夹套液位低于低低液位时；

⑦ 防止汽氧比过低，气化炉结渣连锁；

⑧ 煤气中氧含量（干基）大于 1%时；

⑨ 用作气化剂的蒸汽压力高于氧气压力，两者压差小于 0.2MPa。

⑩ 氧气总管和蒸汽总管压力应设置监测装置，并应设置与气化炉的压差监测装置，正常压力应高于气化炉操作压力 0.2MPa。当低于 0.2MPa 时，全部气化炉应进入停车程序或热备程序。

⑪ 气化炉应设置紧急停车按钮。

(4) 气化炉加、减负荷的程序设计顺序应符合下列规定：当增加负荷时，必须先增加蒸汽负荷，后增加氧气负荷；当降低负荷时，必须先减氧气负荷，后减蒸汽负荷。

(5) 含尘煤气水管线应设置备用管线，流速宜取 1.5m/s、2.0m/s。

(6) 气化炉炉箅转速应采用变频调节。

4. 气化炉装置框架

(1) 在气候条件允许的地方，气化炉装置框架宜采用全敞开式结构；寒冷地区应采用封闭结构并供暖，加强通风。

(2) 气化炉液压站宜布置在地面。

(3) 气化框架内不应布置控制室和有人长期值守的操作间。

1.4.4.2 一氧化碳变换

(1) 变换工艺的选择应根据制气原料与工艺、后续净化工艺及拟选择的催化剂性能等因素，经技术经济比较后确定。

（2）一氧化碳变换可根据气体组分情况选择全部变换或部分变换工艺。

（3）变换触媒应选择活性温度范围宽、起始活性温度低、耐硫耐油、能获得较高变换率、较低残余一氧化碳浓度以及硫化后对其他副反应有抑制作用的催化剂。

（4）煤气变换应检测进口煤气含氧量，当含氧量大于1.0%时，应连锁停车。

（5）采用加压气化制气时，一氧化碳变换工艺设计应符合下列规定：

① 进入变换炉的煤气应经过除尘、除油和清除其他杂质；

② 进入变换炉的煤气温度应高于其露点30℃，并且不应低于200℃；

③ 变换炉触媒宜采用一段或两段装填；

④ 应设置自动监控系统，并应包括装置超压报警及事故放空、变换炉超温报警和连锁控制；

⑤ 应设置热量回收装置。

（6）一氧化碳耐硫宽温变换工艺的主要设计参数应符合下列规定：

① 触媒床温度宜为230～450℃；

② 进变换炉蒸气与煤气比（体积比）宜为0.3～1.1；

③ 变换炉进口温度宜为200～300℃；

④ 进变换炉煤气中氧气含量不应大0.5%。

1.4.4.3　煤气净化

（1）加压气化煤气净化脱除硫化氢、二氧化碳宜采用低温甲醇洗工艺。

（2）低温甲醇洗工艺宜采用9塔流程。

（3）低温甲醇洗装置宜采用双系列布置。

（4）低温甲醇洗装置宜采用液氨作为制冷剂。

（5）低温甲醇洗工艺处理的粗煤气应为经过脱氨和一氧化碳变换后的煤气。

（6）低温甲醇洗工艺煤气冷却系统的设计，应符合下列规定：

① 煤气冷却宜设置冷凝液分离器；

② 应设置煤气中喷入防冻剂的系统；

③ 冷却后的煤气温度不宜高于－25℃。

（7）低温甲醇洗工艺煤气脱硫、脱碳系统的设计，应符合下列规定：

① 脱硫塔宜采用浮阀塔盘，且应设置预洗段；

② 脱硫塔的空塔气速宜控制在0.18～0.25m/s，脱硫塔出口硫含量宜控制在5ppm以下；

③ 脱碳塔宜采用变径及浮阀塔盘，并宜在适当的塔板上向系统补入冷量；

④ 脱碳塔的空塔气速宜控制在0.15～0.22m/s，脱碳塔出口二氧化碳宜控制在1%～2%。

（8）低温甲醇洗工艺甲醇再生系统的设计，应符合下列规定：

①二氧化碳闪蒸塔宜设三段，最后一段宜采用氮气气提；

② 硫化氢浓缩塔宜设三段，最后一段宜采用氮气气提，气提段出口气体中的硫化氢含量不宜超过20ppm；

③ 闪蒸气宜充分换热回收冷量；

④ 甲醇热再生塔宜采用浮阀塔板；

⑤ 硫回收采用部分燃烧法生产硫磺时，送硫回收酸性气浓度宜大于 30%。

(9) 低温甲醇洗工艺预洗甲醇再生系统的设计，应符合下列规定：

① 二氧化碳尾气洗涤塔宜采用环形流；

② 二氧化碳尾气洗涤塔宜采用脱盐水洗涤；

③ 洗涤水和预洗液应有充分混合的措施；

④ 甲醇水分离的废水排放到水处理设施，水中甲醇含量不宜超过 100ppm，塔顶产品中水含量不宜高于 0.25%。

1.4.4.4 煤气水处理

(1) 加压气化煤气水的工艺流程应先闪蒸减至常压，然后采用重力沉降的方式将悬浮物及焦油等进行分离，再进行脱酸、脱氨及脱酚，最后送生化处理装置进一步处理。

(2) 煤气水预处理应由含尘焦油煤气水的闪蒸、初焦油分离、含油煤气水的闪蒸、初分离、煤气水的最终分离和煤气水过滤组成。

(3) 含油煤气水与含尘煤气水应分两股进入两个结构不同的膨胀器，然后进入油分离器和初焦油分离器。

(4) 煤气水处理应设置双介质过滤器。

(5) 煤气水处理应控制温度在 60～90℃。

(6) 煤气水闪蒸的膨胀气应采用鼓风机送锅炉焚烧处理达标后排放。

(7) 对于含酚大于 1000mg/L 高浓度的废水，宜采用液—液萃取分离脱酚方法处理；小于 1000mg/L 高浓度的废水，宜采用气提法处理。

(8) 煤气水采用萃取脱酚时，设计应符合下列规定：

① 脱酚前应先脱除水中的酸性气体及氨气，将氨气进行回收，设置氨精制装置，生产产品氨；

② 采用加压脱酸及脱氨，脱酸、脱氨塔宜选用抗堵型塔；

③ 酸性气应送硫回收或锅炉燃烧处理后达标排放；

④ 萃取剂宜采用二异丙基醚或甲基异丁基甲酮，萃取设备宜采用转盘萃取塔或填料塔。

1.4.4.5 天然气压缩干燥

(1) 天然气压缩机宜采用蒸汽作为动力，由汽轮机驱动压缩机将天然气压力提高，天然气压缩宜采用离心式压缩机。

(2) 干燥宜采用三甘醇对天然气进行脱水，再生后重复利用。

(3) 天然气压缩干燥装置应设置在甲烷化装置后。

(4) 干燥后的天然气露点应控制在输送条件下比环境最低温度低 3～5℃，或根据后续工艺要求确定。

(5) 换热器的结构设计与选型应充分考虑便于清理与拆装。

1.4.4.6 厂区布置

1. 一般规定

(1) 厂区布置的防火间距应符合现行国家标准《建筑设计防火规范》GB 50016 (2018 版) 和《石油化工企业设计防火规范》GB 50160 (2018 年版) 的有关规定。

(2) 厂区布置应符合国家有关用地控制指标的规定，并应符合下列规定：

① 工艺装置宜按类别联合集中布置；

② 辅助设施宜靠近服务对象布置，或单独成区布置；

③ 应按生产顺序合理划分功能区及确定通道宽度，各功能区的外形宜规整，厂区内干道宜平直、贯通和协调分布；

④ 各功能区内部应布置紧凑合理，外部应与相邻功能区相协调，各功能区之间应使物流便捷合理；

⑤ 皮带机通廊应短捷顺畅，减少转运次数，且不宜穿越净化区及其他主要生产装置区；

⑥ 铁路线路及其装卸、仓储设施，应根据其性质和功能，相对集中布置，并应避免或减少铁路线路在厂区内形成三角地带；

⑦ 生产管理及生活设施，宜进行平面与空间的组合，合并布置，且宜位于全年最小频率风向的下风侧及与厂外道路连接方便的地段；

⑧ 改扩建项目应充分结合现有布局及生产特点，相互协调合理布置。

(3) 厂区布置应根据工程地质及水文地质条件确定，重要装置、设备宜布置在工程地质良好地段，地下构筑物宜布置在地下水位较低的填方地段。

(4) 可能散发可燃气体的生产装置，宜布置在明火或散发火花地点的全年最小频率风向的上风侧。

(5) 散发粉尘的装置及堆场宜避开人员集中的场所和有洁净要求的厂房，并宜位于其全年最小频率风向的上风侧。

(6) 循环水及冷却设施应靠近主要用户，宜布置在通风良好的开阔地段。

(7) 总变电所应靠近厂区边缘、进出线方便的独立地段，并宜靠近负荷中心且环境相对清洁处布置。

(8) 锅炉房的布置，应符合现行国家标准《锅炉房设计规范》GB 50041 的有关规定，并应符合下列规定：

① 燃煤锅炉房应靠近高压蒸汽用户，并宜位于全年最小频率风向的上风侧的厂区边缘布置；

② 燃油、燃气锅炉房宜靠近用户集中处布置。

(9) 压缩空气站的布置宜靠近主要用户且空气洁净的地段，不应靠近对噪声、振动有防护要求的场所。

(10) 工厂消防站的设置，应根据企业的规模、火灾危险性及周边区域协作条件等因素确定。

(11) 运输线路的布置，应满足生产要求，且物流顺畅，人货分流，人流、货流组织合理。

(12) 竖向布置应满足企业安全、生产、运输的要求，且土石方工程量宜小，填方、挖方量宜趋于平衡，并结合场地地质情况，减少竖向布置造成的地基处理费用。

(13) 厂区布置还应符合现行国家标准《工业企业总平面设计规范》GB 50187 的有关规定。

2. 厂内生产设施布置应符合下列规定

（1）氧（氮）气站的布置应符合现行国家标准《氧气站设计规范》GB 50030 的有关规定，宜布置在空气洁净的地段，并宜靠近主要负荷中心。空分设备的吸风口应位于二氧化碳气体发生源、乙炔站、电石渣场及散发其他烃类和粉尘等场所的全年最小频率风向的下风侧；

（2）全厂性的高架火炬宜位于生产区全年最小频率风向的上风侧；远离生产装置放在厂区边缘，并留有足够的安全半径。

3. 采用碎煤加压气化工艺的生产装置区布置

（1）气化装置应布置在生产装置区全年最小风频风向的上风侧，并应位于空分装置的常年主导风向的下风侧，气化装置与空分装置的间距应符合现行国家标准《氧气站设计规范》GB 50030 的有关规定，并宜靠近空分装置布置；

（2）分期建设或由多系列装置组成的气化装置宜采取岛式集中布置，为其服务的煤气水分离、酚氨回收装置、净化装置就近围绕气化岛布置，其中煤气水分离、酚氨回收宜集中布置在气化岛一侧或两侧，煤气净化装置宣布置在气化岛的其余方向，并应避免煤气水和煤气管线交叉穿越无关设施；

（3）气化装置应靠近为其供应中压蒸汽的热电站、锅炉房或其他余热蒸汽发生装置；

（4）气化厂房的废热锅炉框架外侧应留有不小于 18m 宽的检修场地，气化装置区周边宜设置不小于 6m 宽的环形道路，满足大型吊车进出要求；

（5）为气化服务的原料煤备煤设施宜在气化装置区外侧就近布置；

（6）采用水力排渣的排渣池宜靠近气化厂房且运输便捷处布置；

（7）硫回收装置宜靠近净化装置并宜位于全厂最多风向下风侧，远离人员集中场所。

1.4.5 合成天然气对输气管道的影响

关于煤制天然气的标准，目前已颁布的有新疆维吾尔自治区地方标准《煤制合成天然气》DB65/T 3664、能源行业标准《煤制天然气》NB/T 12003 和国家标准《煤制合成天然气》GB/T 33445。在国家标准编制过程中，着手开展了前期研究，包括煤制天然气生产工艺对产品组成的影响规律、煤制天然气中氢气对输送管道损伤、煤制天然气对民用燃气灶具的适应性以及现有天然气相关标准对煤制天然气的适用性研究，并在研究基础上，提出煤制天然气的产品质量技术指标《煤制合成天然气》DB 65/T 3664 规定 H_2 含量≤4%（V/V），《煤制天然气》NB/T 12003 规定一类和二类气 H_2 含量≤3%（摩尔分数），《煤制合成天然气》GB/T 33445 规定一类气 H_2 含量≤3.5%（mol），二类气 H_2 含量≤5%（mol），三类气 H_2 含量由供需商定。

煤制天然气的组成主要为甲烷，并有少量的 H_2、CO_2 等，其中引人关注的是 H_2。H_2 主要的影响有两方面：一是对燃气用户包括居民用户和燃气发电机组的影响；二是对输送管道材料的影响。两者在国家标准制定过程中已有定论，但前者尚需进一步对燃气透平的影响研究，后者则需进一步对高钢级、高压输送管材及焊接接头进行研究以及实践考证，其中包括煤制气环境下的断裂机理研究、钢材存在缺陷下的氢损伤研究以及焊接残余应力对氢渗透影响的研究等，这些都与 H_2 含量紧密相关。《进入天然气长输管道的气体质量要求》GB/T 37124 规定 H_2 含量≤3%（摩尔分数），“如果氢气含量测定瞬时值不符合表 1 的规定，应对氢气含量进行连续监测，其瞬时值不能大于 5%，任意连续 24h 测定平均值应不大于3%”，该标准的制定，无疑使煤制天然气中H_2含量得到很大控制。鉴于目前煤制天然气在城镇燃气管网中所占比例不大，且城镇燃气管网大多使用的是低强钢，H_2暂不会对管网造成很大的影响，但仍应引起有关方面的关注。

1.5 本章有关标准规范

《天然气》GB 17820。

《进入天然气长输管道的气体质量要求》GB/T 37124。

《液化石油气》GB/T 11174。

《人工煤气》GB/T 13612。

《人工制气厂站设计规范》GB 51208。

《煤制合成天然气》GB/T 33445。

《煤制合成天然气》DB 65/T 3664。

《煤制天然气》NB/T 12003。

《职业健康安全管理体系 规范》GB/T 28001。

《工作场所职业卫生监督管理规定》(国家安全生产监督管理总局令第47号)。

《职业病危害项目申报办法》(国家安全生产监督管理总局令第48号)。

《用人单位职业健康监护监督管理办法》(国家安全生产监督管理总局令第49号)。

《职业卫生技术服务机构监督管理暂行办法》(国家安全生产监督管理总局令第50号)。

《建设项目职业卫生“三同时”监督管理暂行办法》(国家安全生产监督管理总局令第51号)。

参考文献

[1] 张双全. 煤化学[M]. 徐州：中国矿业大学出版社，209：6-158.
[2] 于遵宏，王辅臣等. 煤炭汽化技术[M]. 北京：化学业出版社，2013：6-48.
[3] 朱瑞春，公维恒，范少锋. 煤制天然气工艺技术研究[J]. 洁净煤技术，2011 (6)：81-84.

第 2 章　燃气的物理和热力性质

2.1　单一气体的物理特性

单一气体的物理特性是计算各种混合燃气特性的基础数据。燃气中常见的单一气体在标准状态下的主要物理热力特性值列于表 2-1-1 和表 2-1-2 中。

某些低级烃的基本性质［273.15K、101325Pa］　　**表 2-1-1**

气　体	甲烷	乙烷	乙烯	丙烷	丙烯	正丁烷	异丁烷	丁烯	正戊烷
分子式	CH_4	C_2H_6	C_2H_4	C_3H_8	C_3H_6	C_4H_{10}	C_4H_{10}	C_4H_8	C_5H_{12}
分子量 M	16.0430	30.0700	28.0540	44.0970	42.0810	58.1240	58.1240	56.1080	72.1510
摩尔容积 V_M(m^3/kmol)	22.3621	22.1872	22.2567	21.9362	21.990	21.5036	21.5977	21.6067	20.891
密度 ρ(kg/m^3)	0.7174	1.3553	1.2605	2.0102	1.9136	2.7030	2.6912	2.5968	3.4537
比密度 S(空气=1)	0.5548	1.048	0.9748	1.554	1.479	2.090	2.081	2.008	2.671
气体常数 R［J/(kg·K)］	517.1	273.7	294.3	184.5	193.8	137.2	137.8	148.2	107.3
临界参数									
临界温度 T_c(K)	191.05	305.45	282.95	368.85	364.75	425.95	407.15	419.59	470.35
临界压力 P_c(MPa)	4.6407	4.8839	5.3398	4.3975	4.7623	3.6173	3.6578	4.020	3.3437
临界密度 ρ_c(kg/m^3)	162	210	220	226	232	225	221	234	232
发热值									
高发热值 H_s(MJ/m^3)	39.842	70.351	63.438	101.266	93.667	133.886	133.048	125.847	169.377
低发热值 H_t(MJ/m^3)	35.902	64.397	59.477	93.240	87.667	123.649	122.853	117.695	156.733
爆炸极限									
爆炸下限 L_L(体积%)	5.0	2.9	2.7	2.1	2.0	1.5	1.8	1.6	1.4
爆炸上限 L_H(体积%)	15.0	13.0	34.0	9.5	11.7	8.5	8.5	10	8.3
黏度									
动力黏度 $\mu\times10^6$(Pa·s)	10.393	8.600	9.316	7.502	7.649	6.835	6.875	8.937	6.355
运动黏度 $\upsilon\times10^6$(m^2/s)	14.50	6.41	7.46	3.81	3.99	2.53	2.556	3.433	1.85
无因次系数 C	164	252	225	278	321	377	368	329	383
沸点 t(℃)	−161.49	−88	−103.68	−42.05	−47.72	−0.50	−11.72	−6.25	36.06
定压比热 c_p［kJ/(m^3·K)］	1.545	2.244	1.888	2.960	2.675	4.130	4.2941	3.871	5.127
绝热指数 k	1.309	1.198	1.258	1.161	1.170	1.144	1.144	1.146	1.121
导热系数 λ［W/(m·K)］	0.03024	0.01861	0.0164	0.01512	0.01467	0.01349	0.01434	0.01742	0.01212

某些气体的基本性质［273.15K、101325Pa］ **表 2-1-2**

气　体	一氧化碳	氢	氮	氧	二氧化碳	硫化氢	空气	水蒸气
分子式	CO	H_2	N_2	O_2	CO_2	H_2S		H_2O
分子量 M	28.0104	2.0160	28.014	31.9988	44.0098	34.076	28.966	18.0154
摩尔容积 V_M(m^3/kmol)	22.3984	22.427	22.403	22.3923	22.2601	22.1802	22.4003	21.629
密度 ρ(kg/m^3)	1.2506	0.0899	1.2504	1.4291	1.9771	1.5363	1.2931	0.833
气体常数 R［J/(kg·K)］	296.63	412.664	296.66	259.585	188.74	241.45	286.867	445.357
临界参数								
临界温度 T_c(K)	133.0	33.30	126.2	154.8	304.2	373.55	132.5	647.3
临界压力 P_c(MPa)	3.4957	1.2970	3.3944	5.0764	7.3866	8.890	3.7663	22.1193
临界密度 ρ_c(kg/m^3)	300.86	31.015	310.91	430.09	468.19	349.00	320.07	321.70
发热值								
高发热值 H_s(MJ/m^3)	12.636	12.745				25.348		
低发热值 H_t(MJ/m^3)	12.636	10.786				23.368		
爆炸极限								
爆炸下限 L_L(体积%)	12.5	4.0				4.3		
爆炸上限 L_H(体积%)	74.2	75.9				45.5		
黏度								
动力黏度 $\mu\times10^6$(Pa·s)	16.573	8.355	16.671	19.417	14.023	11.670	17.162	8.434
运动黏度 $\upsilon\times10^6$(m^2/s)	13.30	93.0	13.30	13.60	7.09	7.63	13.40	10.12
无因次系数 C	104	81.7	112	131	266		122	
沸点 t(℃)	−191.48	−252.75	−195.78	−182.98	−78.20①	−60.30	−192.00	
定压比热 c_p［kJ/(m^3·K)］	1.302	1.298	1.302	1.315	1.620	1.557	1.306	1.491
绝热指数 k	1.403	1.407	1.402	1.400	1.304	1.320	1.401	1.335
导热系数 λ［W/(m^2·K)］	0.0230	0.2163	0.02489	0.250	0.01372	0.01314	0.02489	0.01617

① 升华。

2.2 混合物组成

2.2.1 混合物组分的表示方法

2.2.1.1 混合气体的组分

混合气体的组分有三种表示方法：容积分数（体积分数）、质量分数和摩尔分数（分子分数）。

1. 容积分数

容积分数是指混合气体中各组分的分容积与混合气体的总容积之比，即：

$$r_1=\frac{V_1}{V};r_2=\frac{V_2}{V}\cdots r_n=\frac{V_n}{V} \tag{2-2-1}$$

混合气体的总容积等于各组分的分容积之和，即：

$$V=V_1+V_2+\cdots+V_n \tag{2-2-2}$$

∴
$$r_1+r_2+\cdots+r_n=\sum_1^n r_i=1 \tag{2-2-3}$$

式中　V_1，V_2，…，V_n——混合气体各组分的分容积，m^3；

r_1，r_2，…，r_n——混合气体各组分的容积分数，以 r_i 表示任一组分；

n——混合气体的组分数；

V——混合气体总容积，m^3。

在某些情况，容积分数又称体积分数。

2. 质量分数

质量分数是指混合气体中各组分的质量与混合气体的总质量之比，即：

$$\omega_1=\frac{m_1}{m};\omega_2=\frac{m_2}{m}\cdots\omega_n=\frac{m_n}{m} \tag{2-2-4}$$

混合气体的总质量等于各组分质量之和，即：

$$m=m_1+m_2+\cdots+m_n \tag{2-2-5}$$

$$\omega_1+\omega_2+\cdots+\omega_n=\sum_1^n \omega_i=1 \tag{2-2-6}$$

式中　m_1，m_2，…，m_n——各组分的质量，kg；

ω_1，ω_2，.…，ω_n——混合气体各组分的质量分数；

m——混合气体总质量，kg。

3. 摩尔分数

摩尔分数（也称分子分数）是指各组分摩尔数与混合气体的摩尔数之比，即：

$$x_1=\frac{N_1}{N};x_2=\frac{N_2}{N}\cdots x_n=\frac{N_n}{N} \tag{2-2-7}$$

混合气体的总摩尔数等于各组分摩尔数之和，即：

$$N=N_1+N_2+\cdots+N_n \tag{2-2-8}$$

∴
$$x_1+x_2+\cdots+x_n=\sum_1^n x_i=1 \tag{2-2-9}$$

式中　N_1，N_2，…，N_n——各组分的摩尔数；

N——混合气体的摩尔数；

x_1，x_2，…，x_n——各组分的摩尔分数。

由式（2-2-1）知，容积分数为：

$$r_i=\frac{V_i}{V}\quad i=1,2\cdots n \tag{2-2-10}$$

显然
$$r_i=\frac{V_{M_i}N_i}{V_M N}\quad i=1,2\cdots n \tag{2-2-11}$$

上式中 V_{M_i} 是各单一气体摩尔容积，而 V_M 则是混合气体的平均摩尔容积，由于在同温同压下，1 摩尔任何气体的容积大致相等（见表 2-1-1 与表 2-1-2），因此：

$$r_i=\frac{V_i}{V}\simeq\frac{N_i}{N}=x_i\quad i=1,2\cdots n \tag{2-2-12}$$

由式（2-2-12）可知，气体的摩尔分数在数值上近似等于容积分数。

2.2.1.2　混合液体的组成

混合液体组分的表示方法与混合气体相同，也用容积分数 r_{y_i}、质量分数 ω_{y_i} 和摩尔分数 x_{y_i} 三种方法表示。但混合液体的容积分数与摩尔分数不相等。

2.2.2　混合物组分的换算

2.2.2.1　混合气体组分的换算

（1）由混合气体的容积（或摩尔）分数换算为质量分数的计算公式：

$$\omega_i = \frac{r_i M_i}{\sum_1^n r_i M_i} \qquad i=1,2\cdots n \tag{2-2-13}$$

（2）由混合气体的质量分数换算为容积（或摩尔）分数的计算公式：

$$x_i = r_i = \frac{\omega_i / M_i}{\sum_1^n \omega_i / M_i} \qquad i=1,2\cdots n \tag{2-2-14}$$

式中　ω_1，$\omega_2 \cdots \omega_n$——混合气体各组分的质量分数；

x_1，$x_2 \cdots x_n$——混合气体各组分的容积分数；

M_1，$M_2 \cdots M_n$——混合气体各组分的分子量。

2.2.2.2　混合液体组分的换算

（1）由混合液体的容积分数换算为质量分数的计算公式

$$w_{yi} = \frac{r_{yi}\rho_{yi}}{\sum r_{yi}\rho_{yi}} \quad i=1,2\cdots n \tag{2-2-15}$$

（2）由混合液体的质量分数换算为摩尔分数的计算公式

$$x_{yi} = \frac{\omega_{yi}/M_i}{\sum_1^n \omega_{yi}/M_i} \qquad i=1,2,\cdots,n \tag{2-2-16}$$

（3）由混合液体的质量分数换算为容积分数的计算公式

$$r_{yi} = \frac{\omega_{yi}/\rho_{yi}}{\sum_1^n \omega_{yi}/\rho_{yi}} \qquad i=1,2\cdots n \tag{2-2-17}$$

式中　ω_{y1}，$\omega_{y2} \cdots \omega_{yn}$——混合液体各组分的质量分数；

r_{y1}，$r_{y2} \cdots r_{yn}$——混合液体各组分的容积分数；

x_{y1}，$x_{y2} \cdots x_{yn}$——混合液体各组分的摩尔分数；

ρ_{y1}，$\rho_{y2} \cdots \rho_{yn}$——混合液体各组分的密度，$kg/m^3$；

M_1，$M_2 \cdots M_n$——混合液体各组分的分子量；

n——混合液体的组分数。

2.3　密度和相对密度

单位体积的物质所具有的质量称为这种物质的密度。气体的相对密度是指气体的密度与标准状态下空气密度的比值（也称气体的比重）；液体的相对密度是指液体的密度与标准状态下水密度的比值（也称液体的比重）。

2.3.1　平均分子量

（1）混合气体的平均分子量的计算公式：

$$M=\frac{1}{100}(r_1M_1+r_2M_2+\cdots+r_nM_n) \tag{2-3-1}$$

式中　M——混合气体平均分子量。

（2）混合液体平均分子量的计算公式：

$$M=\frac{1}{100}(r_{y_1}M_1+r_{y_2}M_2+\cdots+r_{y_n}M_n) \tag{2-3-2}$$

式中　M——混合液体平均分子量。

2.3.2　平均密度和相对密度

（1）混合气体平均密度和相对密度的计算公式

$$\rho=\frac{M}{V_M} \tag{2-3-3}$$

$$S=\frac{\rho}{1.239}=\frac{M}{1.239V_M} \tag{2-3-4}$$

式中　ρ——混合气体平均密度，kg/m³；

V_M——混合气体平均摩尔容积，m³/kmol；

S——混合气体相对密度，空气为1；

1.293——标准状态下空气的密度，kg/m³。

对于由双原子气体和甲烷组成的混合气体，标准状态下的V_M可取22.4m³/kmol，而对于由其他碳氢化合物组成的混合气体，则取22m³/kmol。若要精确计算，可采用下式：

$$V_M=r_1V_{M_1}+r_2V_{M_2}+\cdots+r_nV_{M_n} \tag{2-3-5}$$

式中　V_{M_1}、V_{M_2}……V_{M_n}——混合气体各组分的摩尔容积，m³/kmol。

混合气体平均密度还可根据单一气体密度及容积分数可按下式计算：

$$\rho=r_1\rho_1+r_2\rho_2+\cdots+r_n\rho_n \tag{2-3-6}$$

式中　ρ_1，$\rho_2\cdots\rho_n$——混合气体各组分的密度，kg/m³；

ρ——混合气体的平均密度，kg/m³。

燃气通常含有水蒸气，则湿燃气密度可按下式计算：

$$\rho^w=(\rho+d)\frac{0.833}{0.833+d} \tag{2-3-7}$$

式中　ρ^w——湿燃气密度，kg/m³；

ρ——干燃气密度，kg/m³；

d——水蒸气含量，kg/m³干燃气；

0.833——水蒸气密度，kg/m³。

干、湿燃气容积分数按下式换算：

$$r_i^w=kr_i \tag{2-3-8}$$

$$k=\frac{0.833}{0.833+d}$$

式中 r_i^w——湿燃气容积分数；

k——换算系数。

三类燃气的密度和相对密度变化范围（即平均密度和平均相对密度）列于表 2-3-1。

三类燃气的密度和相对密度 **表 2-3-1**

燃气种类	密度(kg/m³)	相对密度
天然气	0.75～0.8	0.58～0.62
焦炉煤气	0.4～0.5	0.3～0.4
气态液化石油气	1.9～2.5	1.5～2.0

由表 2-3-1 可知，天然气、焦炉煤气都比空气轻，而气态液化石油气约比空气重一倍。混合液体平均密度与 101325Pa、277K 时水的密度之比称为混合液体相对密度。因为水在 101325Pa、277K 时的密度等于 1000kg/m³，所以此时混合液体相对密度和密度在数值上是相等的。在常温下，液态液化石油气的密度是 500kg/m³左右，即约为水的一半。

【例 2-3-1】 已知混合气体的容积分数为 $r_{C_2H_6}=4\%$，$r_{C_3H_8}=75\%$，$r_{C_4H_{10}}=20\%$，$r_{C_5H_{12}}=1\%$。求混合气体平均分子量、平均密度和相对密度。

【解】 由表 2-1-1 查得各组分分子量为 $M_{C_2H_6}=30.070$，$M_{C_3H_8}=44.097$，$M_{C_4H_{10}}=58.124$，$M_{C_5H_{12}}=72.151$。按式（2-3-1）求混合气体平均分子量：

$$M=\sum r_iM_i=\frac{1}{100}(4\times30.070+75\times44.097+20\times58.124+1\times72.151)=46.62$$

由各组分密度，按式（2-3-3），求混合气体平均密度：

$$\rho=\sum r_i\rho_i=\frac{1}{100}(4\times1.355+75\times2.010+20\times2.703+1\times3.454)=2.137\text{kg/m}^3$$

按式（2-3-4）求混合气体相对密度：

$$S=\frac{\rho}{1.293}=\frac{2.137}{1.293}=1.653$$

【例 2-3-2】 已知干燃气的容积分数为 $r_{CO_2}=1.9\%$，$r_{C_mH_n}=3.9\%$（按 C_3H_6 计算），$r_{O_2}=0.4\%$，$r_{CO}=6.3\%$，$r_{H_2}=54.4\%$，$r_{CH_4}=31.5\%$，$r_{N_2}=1.6\%$，含湿量 $d=0.002\text{kg/m}^3$，求湿燃气的容积分数及其平均密度。

【解】

① 湿燃气的容积分数

首先确定换算系数 k：

$$k=\frac{0.833}{0.833+d}=\frac{0.833}{0.833+0.002}=0.9976$$

按式（2-3-8）求湿燃气的容积分数：

$$r_{CO_2}^w=kr_{CO_2}=0.9976\times1.9\%=1.895\%$$

依次可得：$r_{C_mH_n}^w=3.891\%$，$r_{O_2}^w=0.399\%$，$r_{CO}^w=6.285\%$，$r_{H_2}^w=54.270\%$，

$r_{CH_4}^w=31.424\%$，$r_{N_2}^w=1.596\%$，

而 $r_{H_2O}^w=\frac{d}{0.883}k\times\frac{100\times0.002}{0.833}\times0.9976\times100=0.240\%$

② 湿燃气的平均密度

首先确定干燃气的平均密度：

$$\rho=\sum r_i\rho_i=\frac{1}{100}\times(1.9\times1.9771+3.9\times1.9136+0.4\times1.4291+6.3\times1.2506+54.4\times0.0899+31.5\times0.7174+1.6\times1.2504)=0.492\text{kg/m}^3$$

按式（2-3-7）求湿燃气的密度：

$$\rho^{w}=(\rho+d)\times\frac{0.833}{0.833+d}=(0.492+0.002)\times\frac{0.833}{0.833+0.02}=0.493\text{kg/m}^3$$

（2）混合液体平均密度与相对密度的计算公式：

$$\rho_y=\sum_{1}^{n}r_{yi}\rho_{yi} \tag{2-3-9}$$

$$\gamma=\frac{\rho_y}{1000} \tag{2-3-10}$$

式中 ρ_{y1}，$\rho_{y2}\cdots\rho_{yn}$——混合液体各组分的密度，kg/m^3；

ρ——混合液体的平均密度，kg/m^3；

γ——混合液体的相对密度（水为 1）；

1000——101325Pa，277K 下水的密度，kg/m^3。

2.4 液态烃的体积膨胀系数

液态烃的体积膨胀系数较大（见表 2-4-1），约为水的 10～16 倍。在充装容器时应考虑当温度升高时容器中液态烃体积的显著增大，留出足够的气相空间。

对单一液态烃体积膨胀变化值，按下式计算：

$$V_2=V_1[1+\beta(t_2-t_1)] \tag{2-4-1}$$

式中 V_1——温度为 t_1 时的液态烃的体积；

V_2——温度为 t_2 时的液态烃的体积；

t_1，t_2——液态烃前、后时刻的温度，℃；

β——t_1～t_2 温度范围内体积膨胀系数平均值。

液态烃体积膨胀系数平均值 表 2-4-1

温度(℃)	-30～0	0～10	10～20	20～30	30～40	40～50
乙烯	0.00454	0.00674	0.00879	0.01357	—	—
乙烷	0.00436	0.00495	0.01063	0.03309	—	—
丙烯	0.00254	0.00283	0.00313	0.00329	0.00354	0.00389
丙烷	0.00246	0.00265	0.00258	0.00352	0.00340	0.00422
异丁烷	0.00184	0.00233	0.00171	0.00297	0.00217	0.00266
正丁烷	0.00168	0.00181	0.00237	0.00173	0.00227	0.00222
丁烯-1	0.00217	0.00198	0.00206	0.00214	0.00227	0.00244
异丁烯	0.00184	0.00191	0.00206	0.00213	0.00226	0.00244
异戊烷	0.00133	0.00192	0.00126	0.00186	0.00122	0.00181
水	—	0.0000299	0.00014	0.00026	0.00035	0.00042

对混合液态烃体积膨胀变化值，有：

$$V_2 = V_1 \sum_i r_{yi}[1 + \beta_i(t_2 - t_1)]$$

仍可推得式（2-4-1）的形式，但其中β按式（2-4-2）计算：

$$\beta = \sum_{i=1}^{n} r_{yi}\beta_i \tag{2-4-2}$$

式中 r_{yi}——温度为t_1时混合液态烃各组分的体积分数；

β_i——各组分t_1至t_2温度范围内体积膨胀系数平均值。

【例 2-4-1】 已知液态液化石油气各组分，组分1：C_3H_8，体积分数为$r_{y1}=0.5$，组分2：C_4H_{10}，体积分数为$r_{y2}=0.5$，求体积为$1m^3$，温度从+10℃升高到50℃的体积膨胀量。

【解】 由表2-4-1查C_3H_8和C_4H_{10}在10～50℃下的各4个β_i值，得出在计算温度区间内β_i的平均值：

$$\beta_1=(0.00258+0.00352+0.00340+0.00422)/4=0.00343$$

$$\beta_2=(0.00171+0.00279+0.00217+0.00266)/4=0.00233$$

$$\beta=r_{y1}\beta_1+r_{y2}\beta_2=0.5\times0.00343+0.5\times0.00233=0.002881$$

由式（2-4-1）有：

$$\Delta V=V_2-V_1=V_1\beta(t_2-t_1)=1\times0.002881\times(50-10)=0.11524m^3。$$

2.5 蒸气压及相平衡、露点

2.5.1 饱和蒸气压与温度的关系

液态烃的饱和蒸气压，简称蒸气压，就是在一定温度下密闭容器中的液体及其蒸气处于动态平衡时蒸气所表示的绝对压力。蒸气压与密闭容器的大小及液量无关，仅取决于温度。温度升高时，蒸气压增大。一些低碳烃在不同温度下的蒸气压列于表2-5-1。

不同温度下部分低碳烃的饱和蒸气压 **表2-5-1**

温度（℃）	饱和蒸气压（MPa）						
	乙烷	乙烯	丙烷	丙烯	正丁烷	异丁烷	丁烯-1
−40	0.792	1.47	0.114	0.15	—	—	0.023
−35	—	1.65	0.143	0.18	—	—	0.028
−30	1.085	1.88	0.171	0.21	—	0.0547	0.033
−25	—	2.18	0.208	0.25	—	0.0612	0.036
−20	1.446	2.56	0.248	0.31	—	0.0742	0.056
−15	—	2.91	0.295	0.38	0.0578	0.0920	0.074
−10	1.891	3.34	0.349	0.45	0.0812	0.1120	0.095
−5	—	3.79	0.414	0.52	0.0976	0.1380	0.113
0	2.433	4.29	0.482	0.61	0.1170	0.1629	0.139
+5	—	—	0.556	0.70	0.1410	0.1962	0.165
+10	3.079	—	0.646	0.79	0.1675	0.2290	0.190
+15	—	—	0.741	0.88	0.2006	0.2582	0.215
+20	3.844	—	0.846	0.97	0.2348	0.3115	0.262
+25	—	—	0.967	1.11	0.2744	0.3620	0.302
+30	4.736	—	1.093	1.32	0.3202	0.4180	0.366
+35	—	—	1.231	1.51	0.3670	0.4800	0.439
+40	—	—	1.396	1.68	0.4160	0.5510	0.497

2.5.2 混合液体的蒸气压

根据道尔顿定律，混合液体的蒸气压等于各组分蒸气分压之和。

$$p=\sum p_i$$

或

$$p_i=r_i p=x_i p$$

式中 p——混合液体的蒸气压；

p_i——混合液体任一组分的蒸气分压；

r_i——该组分在气相中的容积分数。

根据拉乌尔定律，在一定温度下，当液体与蒸气处于平衡状态时，混合液体上方各组分的蒸气分压等于此纯组分在该温度下的蒸气压乘以其在混合液体中的摩尔分数。

$$p_i=x_{yi}p_i'$$

式中 x_{yi}——该组分在液相中的摩尔分数。

p_i'——该纯组分在同温度下的蒸气压。

综合上述两定律，混合液体的蒸气压可由下式计算：

$$p=\sum p_i=\sum x_{yi}p_i' \tag{2-5-1}$$

如果容器中为丙烷和丁烷所组成的液化石油气，当温度一定时，其蒸气压取决于丙烷、丁烷含量的比例，见图 2-5-1。

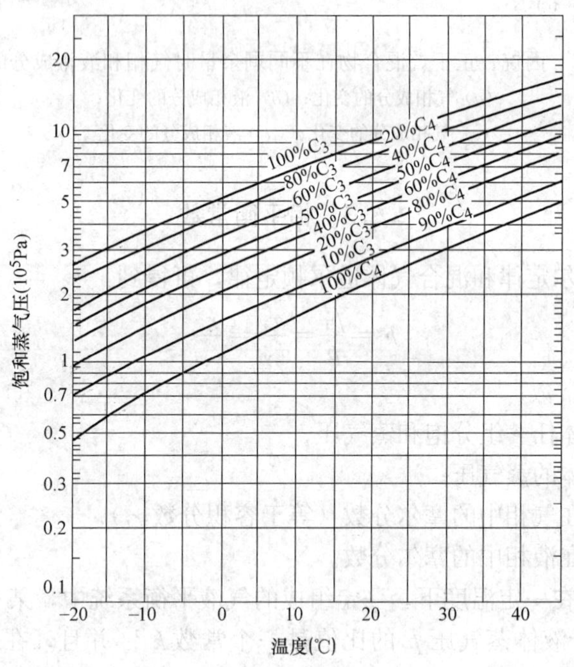

图 2-5-1 丙烷、正丁烷混合物的饱和蒸气压

当使用容器中的液化石油气时，总是先蒸发出较多的丙烷，而剩余的液体中丙烷的含量渐渐减少，所以即使温度不变，容器中的蒸气压也会逐渐下降。图 2-5-2 所示是随着丙烷正丁烷混合物的消耗，当 15℃时容器中不同剩余量时气相组成和液相组成丙烷、正丁

烷的变化情况。

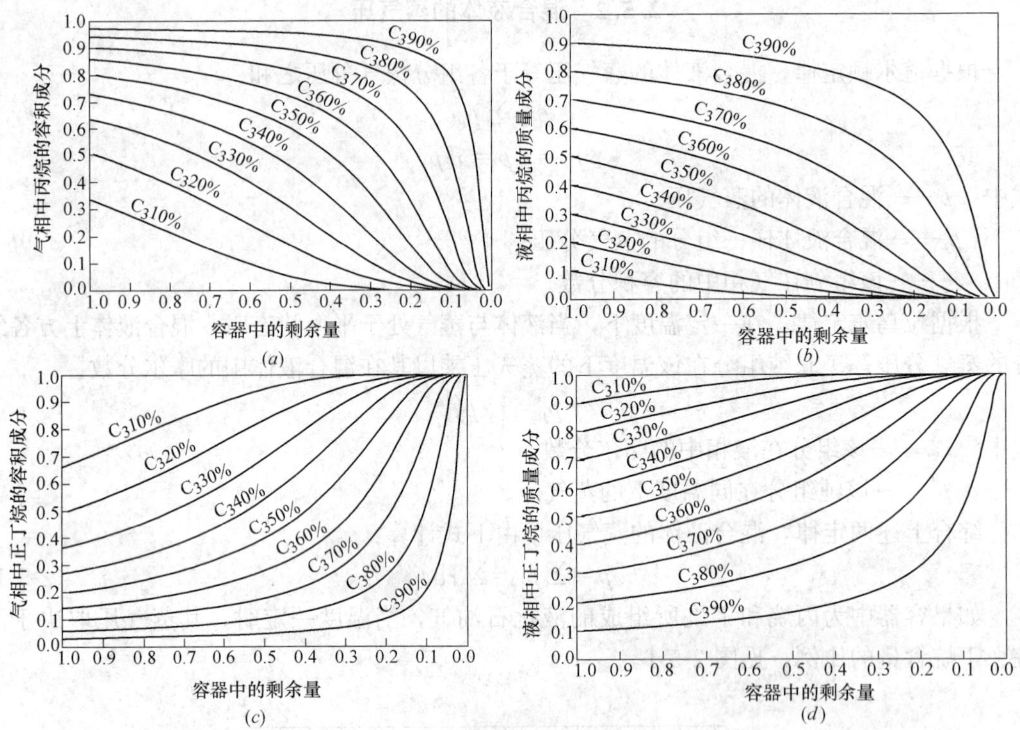

图 2-5-2　丙烷、正丁烷混合物在不同剩余量时气相和液相成分的变化

(*a*) 气相成分的变化；(*b*) 液相成分的变化；

(*c*) 气相成分的变化；(*d*) 液相成分的变化

2.5.3　相平衡常数

由混合液体拉乌尔定律和混合气体道尔顿定律，可得到：

$$k_i=\frac{p_i'}{p}=\frac{x_i}{x_{yi}}=\frac{r_i}{x_{yi}} \tag{2-5-2}$$

式中　k_i——相平衡常数；

p_i'——混合液体任一组分饱和蒸气压；

p——混合液体的蒸气压；

x_i——该组分在气相中的摩尔分数（等于容积分数 r_i）；

x_{yi}——该组分在液相中的摩尔分数。

相平衡常数表示在一定温度下，一定组成的气液平衡系统中，某一组分在该温度下的饱和蒸气压 p_i' 与混合液体蒸气压 p 的比值是一个常数 k_i。并且，在一定温度和压力下，气液两相达到平衡状态时，气相中某一组分的分子分数 x_i 与其液相中的分子分数 x_{yi} 的比值，同样是一个常数 k_i。

工程上，常利用相平衡常数 k 计算液化石油气的气相组成或液相组成。k 值可由图 2-5-3查得。使用该图时，先连接温度和碳氢化合物两点之间的直线，并向右延长与基准线相交。然后把此交点同反映系统中蒸气压的点相连，此连接线与相平衡常数线相交的

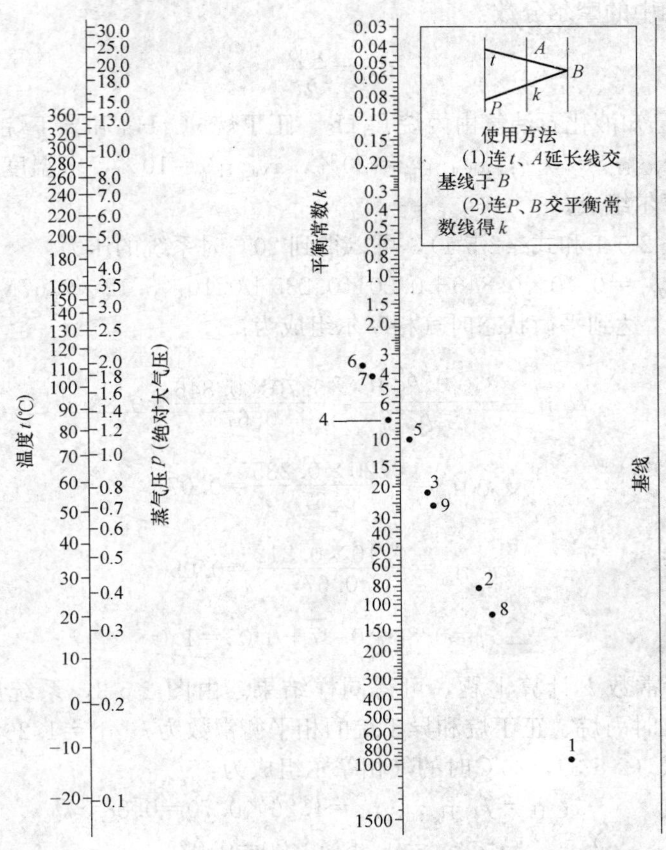

图 2-5-3 一些碳氢化合物的相平衡常数计算图

1—甲烷；2—乙烷；3—丙烷；4—正丁烷；5—异丁烷；6—正戊烷；7—异戊烷；8—乙烯；9—丙烯

地方，即可求得 k 值。

液化石油气的气相和液相组成之间的换算还可按下列公式计算：

(1) 当已知液相摩尔组成，需确定气相组成时，先按式 (2-5-1) 计算系统的压力 p，即可计算出各组分的气相组成，即：

$$x_i=\frac{x_{yi}p_i'}{p} \tag{2-5-3}$$

(2) 当已知气相摩尔组成，需确定液相组成时，也是先确定系统的压力，由式 (2-5-2) 可得：

$$\frac{x_i}{p_i'}=\frac{r_i}{p_i'}=\frac{x_{yi}}{p}$$

即：

$$\sum\frac{x_i}{p_i'}=\sum\frac{x_{yi}}{p}=\frac{1}{p}\sum x_{yi}=\frac{1}{p}$$

由上式可得：

$$p=\frac{1}{\sum\frac{x_i}{p_i'}}=\frac{1}{\frac{x_1}{p_1'}+\frac{x_2}{p_2'}+\cdots+\frac{x_n}{p_n'}} \tag{2-5-4}$$

各组分在液相中的摩尔分数：

$$x_{yi}=\frac{x_i p}{p_i} \tag{2-5-5}$$

【例 2-5-1】 已知液化石油气由丙烷 C_3H_8、正丁烷 nC_4H_{10} 和异丁烷 iC_4H_{10} 组成，其液相摩尔组成为 $x_{yC_3H_8}=70\%$，$x_{ynC_4H_{10}}=20\%$，$x_{yiC_4H_{10}}=10\%$，求温度为 20℃时达到平衡状态时的气相摩尔组成。

【解】 运用表 2-5-1 和式（2-5-1），可以得到 20℃时系统的压力

$$p=\sum x_{yi}p'_i=0.70\times0.846+0.20\times0.235+0.10\times3.12=0.67\text{MPa(绝)}$$

按式（2-5-3），达到平衡状态时气相摩尔组成为：

$$x_{C_3H_8}=\frac{x_{yC_3H_8}p'_{C_3H_8}}{p}=\frac{0.70\times0.846}{0.67}=0.88$$

$$x_{nC_4H_{10}}=\frac{0.20\times0.235}{0.67}=0.07$$

$$x_{iC_4H_{10}}=\frac{0.10\times0.312}{0.67}=0.05$$

$$\sum x_i=0.88+0.07+0.05=1.0$$

下面利用平衡常数 k 计算上题，可得同样结果。由图 2-5-3，系统压力为 0.67MPa（绝）、温度为 20℃时丙烷、正丁烷和异丁烷的相平衡常数为 $k_{C_3H_8}=1.26$，$k_{nC_4H_{10}}=0.35$，$k_{iC_4H_{10}}=0.5$。按式（2-5-3），20℃时的气相摩尔组成为：

$$x_{C_3H_8}=k_{C_3H_8}x_{yC_3H_8}=1.26\times0.70=0.88$$

$$x_{nC_4H_{10}}=0.35\times0.20=0.07$$

$$x_{iC_4H_{10}}=0.5\times0.10=0.05$$

【例 2-5-2】 已知液化石油气的气相摩尔组成为 $x_{C_3H_8}=90\%$，$x_{C_4H_{10}}=10\%$，求 30℃时的平衡液相组成。

【解】 按式（2-5-4），系统的压力 p 为：

$$p=\frac{1}{\sum\frac{x_i}{p'_i}}=\frac{1}{\frac{0.9}{1.093}+\frac{0.1}{0.3202}}=0.8805\text{MPa(绝)}$$

按式（2-5-5），平衡液相组分的摩尔分数：

$$x_{yC_3H_8}=\frac{x_{C_3H_8}p}{p'_{C_3H_8}}=\frac{0.9\times0.8805}{1.093}=0.725$$

$$x_{yC_4H_{10}}=\frac{x_{C_4H_{10}}p}{p'_{C_4H_{10}}}=\frac{0.1\times0.8805}{1.093}=0.275$$

如用相平衡常数计算，也可得到上面的结果。由图 2-5-3 查得 $k_{C_3H_8}=1.24$，$k_{C_4H_{10}}=0.36$。平衡液相摩尔组成为：

$$x_{yC_3H_8}=\frac{x_{C_3H_8}}{k_{C_3H_8}}=\frac{0.9}{1.24}=0.725$$

$$x_{yC_4H_{10}}=\frac{x_{C_4H_{10}}}{k_{C_4H_{10}}}=\frac{0.1}{0.36}=0.275$$

2.5.4 沸点和露点

2.5.4.1 沸点

通常所说的沸点是指 101325Pa 压力下液体沸腾时的温度。一些低级烃的沸点列于表 2-5-2。

一些低级烃的沸点 表 2-5-2

气体名称	甲烷	乙烷	丙烷	正丁烷	异丁烷	正戊烷	异戊烷	新戊烷	乙烯	丙烯
101325Pa 时的沸点(℃)	−162.6	−88.5	−42.1	−0.5	−10.2	36.2	27.85	9.5	−103.7	−47

由表 2-5-2 可知，液体丙烷在 101325Pa 压力下，−42.1℃时就处于沸腾状态，而液体正丁烷在 101325Pa 压力下，−0.5℃时才处于沸腾状态。因而冬季当液化石油气容器设置在 0℃以下的地方时，应该使用沸点低的丙烷、丙烯组分高的液化石油气。因为丙烷、丙烯在寒冷的地区或季节也可以气化。

2.5.4.2 露点

饱和蒸气经冷却或加压，立即处于过饱和状态，当遇到接触面或凝结核便液化成露，这时的温度称为露点。当用管道输送气体碳氢化合物时，必须保持其温度在露点以上，以防凝结，阻碍输气。

对于气液碳氢化合物，与表 2-5-1 所列的饱和蒸气压相应的温度也就是露点。例如，丙烷在 3.49×10^5Pa 压力时露点为−10℃，而在 8.46×10^5Pa 压力时露点为+20℃。气态碳氢化合物在某一蒸气压时露点也就是液体在同一压力时的沸点。

1. 碳氢化合物混合气体的露点

碳氢化合物混合气体的露点与混合气体的组成及其总压力有关。

在混合物中，由于各组分在气相或液相中的摩尔分数之和都等于 1，所以在气液平衡时必须满足下列关系：

$$\sum x_i=\sum k_i x_{yi}=1 \tag{2-5-6}$$

$$\sum x_{yi}=\sum\frac{x_i}{k_i}=1 \tag{2-5-7}$$

上两式中的符号意义与式（2-5-2）中相同。

当已知混合物气相组成时，可按式（2-5-6）或式（2-5-7），通过计算的方法来确定在某一定压力下的混合气体露点。具体计算步骤为：先假设一露点温度，根据假设的露点和给定的压力，由图 2-5-3 查出各组分在相应温度、压力下的相平衡常数 k_i，并计算出平衡液相的分子分数 x_{yi}。当$\sum x_{yi}=1$ 时，则原假设的露点温度正确。如果$\sum x_{yi}\neq1$，必须再假设一露点进行计算，直到满足$\sum x_{yi}=1$ 为止。

【例 2-5-3】 已知液化石油气的摩尔分数为 $x_{C_3H_8}=2.5\%$，$x_{nC_4H_{10}}=7.1\%$，$x_{iC_4H_{10}}=90.4\%$，求当压力为 9.14×10^5Pa 时的露点。

【解】 假定露点温度为 55.0℃，根据露点和压力，由图 2-5-3 查得各组分的 k_i 为 $k_{C_3H_8}=1.82$，$k_{nC_4H_{10}}=0.65$，$k_{iC_4H_{10}}=0.88$ 由式（2-5-7）得：

$$\sum\frac{x_i}{k_i}=\frac{0.025}{1.82}+\frac{0.071}{0.83}+\frac{0.904}{0.88}=1.1502$$

再假设露点为65.0℃，由图2-5-3查得$k_{C_3H_8}=2.20$，$k_{nC_4H_{10}}=0.83$，$k_{iC_4H_{10}}=1.10$。由式（2-5-7）得：

$$\sum\frac{x_i}{k_i}=\frac{0.025}{2.20}+\frac{0.071}{0.83}+\frac{0.904}{0.88}=0.9187$$

用内插法求得9.14×10^5Pa时的露点为61.5℃。

2. 露点直接计算公式

液化石油气露点要根据液化石油气百分组成通过试算求出。也可以应用直接计算公式求出。对－15～＋10℃温度段：

$$t_d=55\left(\sqrt{p\sum\frac{r_i}{a_i}}-1\right) \tag{2-5-8a}$$

对20～55℃温度段：

$$t_d=45\left[\left(p\sum\frac{r_i}{a_i}\right)^{\frac{1}{2.2}}-1\right] \tag{2-5-8b}$$

式中　t_d——气态LPG露点，℃；

p——LPG压力（绝对），MPa；

r_i——LPG第i组分容积分数；

a_i——第i组分系数，见表2-5-3a，表2-5-3b。

露点直接计算公式系数a_i（－15～＋10℃温度段）　　**表2-5-3a**

组分	乙烯	乙烷	丙烯	丙烷	异丁烷	正丁烷
a_i	4.18	2.4	0.59	0.47	0.15	0.10
组分	丁烯-1	顺丁烯-2	反丁烯-2	异丁烯	异戊烷	戊烷
a_i	0.126	0.086	0.096	0.129	0.035	0.026

露点直接计算公式系数a_i（20～55℃温度段）　　**表2-5-3b**

组分	乙烷	丙烯	丙烷	异丁烷	正丁烷	
a_i	1.4908	0.4011	0.3409	0.1265	0.0909	
组分	丁烯-1	顺丁烯-2	反丁烯-2	异丁烯	异戊烷	戊烷
a_i	0.1102	0.0807	0.0879	0.1103	0.0359	0.0274

注：1. 当LPG中有乙烯以上组分时（其总摩尔分数为r_0）则在公式中的p取为$(1-r_0)p$。
2. 当LPG温度高于35℃时，将乙烷的摩尔分数也计入r_0，在公式中不计算乙烷项，p取为$(1-r_0)p$。

【例2-5-4】　已知液化石油气的容积分数为$r_{C_3H_8}=50\%$，$r_{nC_4H_{10}}=25\%$，$r_{iC_4H_{10}}=25\%$，求当压力为0.2MPa时的露点。

【解】　由式（2-5-8a）及表2-5-3a的a_i值：

$$t_d=55\left[\sqrt{0.2\times\left(\frac{0.5}{0.47}+\frac{0.25}{0.1}+\frac{0.25}{0.15}\right)}-1\right]=1.25℃$$

3. 液化石油气-空气混合气的露点

在实际的液化石油气供应中，有时采用液化石油气-空气混合气。由于碳氢化合物蒸气分压力降低，因而露点也降低了。

丙烷、正丁烷、异丁烷与空气混合物的露点，分别示于图2-5-4～图2-5-6中。由图可见，露点随混合气体的压力及各组分的容积分数而变化，混合气体的压力增大，露点升高。

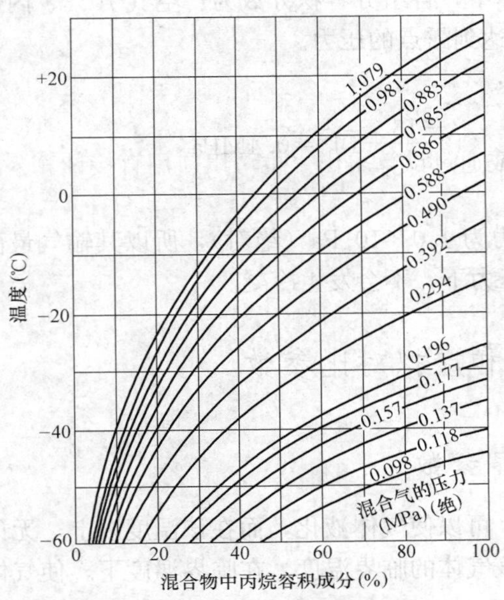

图 2-5-4 丙烷-空气混合物的露点

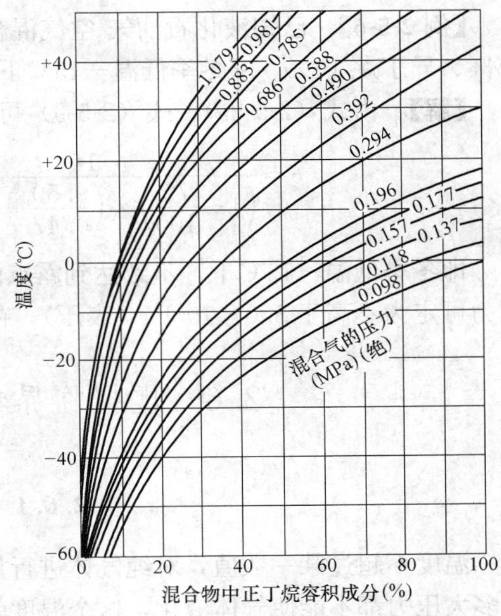

图 2-5-5 正丁烷-空气混合物的露点

液化石油气-空气混合气露点的计算仍与液化石油气露点的计算方法类似，只需用液化石油气的分压 p_{par} 作为计算压力，液化石油气的分压为：

$$p_{par}=\left(1-\frac{Z}{100}\right)p \qquad (2\text{-}5\text{-}9)$$

式中 Z——液化石油气-空气混合气中空气百分数，%。

在采用液化石油气露点直接计算公式 (2-5-8a)，(2-5-8b) 时，将 p_{par} 带入作为计算压力即可。

【例 2-5-5】 已知 LPG 组成为：丙烷 45%、异丁烷 25%、正丁烷 30%，求 LPG 与空气体积比为 50%∶50%的液化石油气-空气混合气在 $p=0.2$MPa（绝对）时的露点。

【解】 由式（2-5-9）计算 LPG 分压

$$p_{par}=\left(1-\frac{Z}{100}\right)\cdot p=\left(1-\frac{50}{100}\right)0.2$$

$$=0.1\text{MPa}$$

由式（2-5-8a）及表 2-5-3a 的 a_i 值计算得：

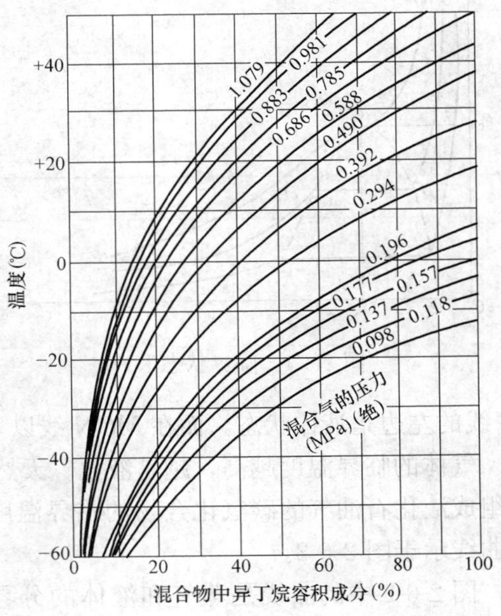

图 2-5-6 异丁烷-空气的露点

$$t_d=55\times\left(\sqrt{0.1\times\left(\frac{0.45}{0.47}+\frac{0.25}{0.15}+\frac{0.3}{0.1}\right)}-1\right)=-13.8℃$$

【例 2-5-6】 已知液化石油气-空气混合气体中，各组分容积分数为：空气 70%、丙烷 15%、异丁烷 16%。求冬季低温－15℃下不致达到露点的压力。

【解】 由式（2-5-8a）、式（2-5-9）可推得：

$$p=\frac{1}{\left(1-\frac{70}{100}\right)\times\left(\frac{0.50}{0.47}+\frac{0.50}{0.15}\right)}\times\left(\frac{-15}{55}+1\right)^2=0.4\text{MPa}$$

即冬季低温－15℃下，不致达到露点的压力为 4.0×10^5 Pa（绝对），所以其输气最高压力可定为不高于 3.0×10^5 Pa（表压），在此压力下，不会发生冷凝。

2.6　虚拟临界参数和虚拟对比参数

2.6.1　临界参数

温度不超过某一数值，对纯气体进行加压，可以使气体液化，而在该温度以上，无论加多大压力都不能使气体液化，这个温度就叫该气体的临界温度。在临界温度下，使气体液化所必须的压力叫做临界压力。

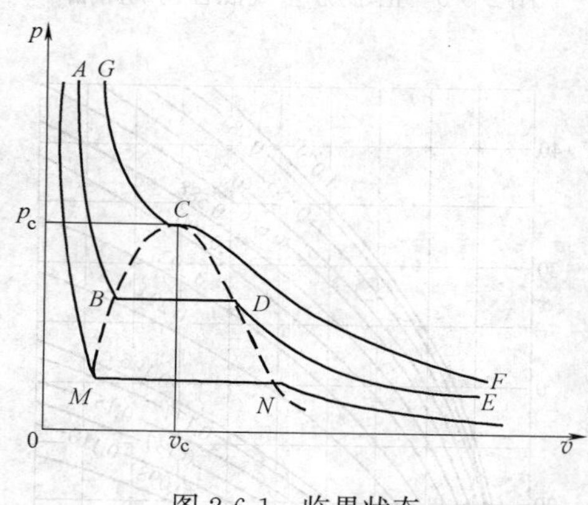

图 2-6-1　临界状态

图 2-6-1 所示为在不同温度下对气体压缩时，其压力和体积的变化情况。当从 E 点开始压缩时至 D 点开始液化，到 B 点液化完成；而当气体从 F 点开始压缩时至 C 点开始液化，但此时没有相当于 BD 直线部分，其液化的状态与前者不同。C 点也叫临界点。气体在 C 点所处的状态称为临界状态，它既不属于气相，也不属于液相。这时的温度 T_c、压力 p_c、比容 v_c、密度 ρ_c 分别叫做临界温度、临界压力、临界比容和临界密度，通称为临界参数。在图 2-6-1 中，$NDCG$ 线的右边是气体状态，$MBCG$ 线的左边是液体状态，而在 MCN 线以下为气液共存状态，CM 和 CN 为边界线。

气体的临界温度越高，越易液化。天然气主要分数甲烷的临界温度低，故较难液化；而组成液化石油气的碳氢化合物的临界温度较高，故较易液化。几种气体的液态-气态平衡曲线示于图 2-6-2。

图 2-6-2 中的曲线是蒸气和液体的分界线。曲线左侧为液态，右侧为气态。由图可知，气体温度比临界温度越低，则液化所需压力越小。例如 20℃时使丙烷液化的绝对压力为 0.846MPa，而当温度为－20℃时，在 0.248MPa 绝对压力下即可液化。

2.6.2　虚拟临界参数

燃气是混合气体，其临界参数随组分的变化而变化，没有恒定的临界参数值，对不同

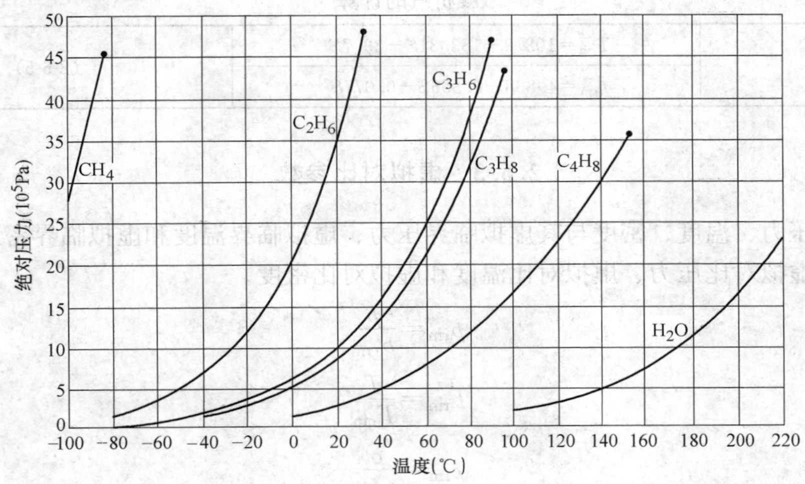

图 2-6-2 几种气体的液态-气态平衡曲线

组成的燃气一般需要通过试验方法才能比较准确地测定。工程上广泛采用 Kay 提出的虚拟临界参数（也称拟临界参数）法来计算混合气体的临界参数。所谓虚拟临界参数法是将混合物视为假想的纯物质，从而可将纯物质的对比态计算方法应用到混合物上。

（1）已知燃气容积分数时，燃气的虚拟临界压力和虚拟临界温度的计算公式：

$$p_{cm}=r_1 p_{c_1}+r_2 p_{c_2}+\cdots\cdots+r_n p_{c_n} \tag{2-6-1}$$

$$T_{cm}=r_1 T_{c_1}+r_2 T_{c_2}+\cdots\cdots+r_n T_{c_n} \tag{2-6-2}$$

式中 p_{cm}，T_{cm}——混合气体的虚拟临界压力和虚拟临界温度；

p_{c_1}，p_{c_2}，…，p_{c_n}——混合气体各组分的临界压力；

T_{c_1}，T_{c_2}，…，T_{c_n}——混合气体各组分的临界温度；

r_1，r_2…r_n——混合气体各组分的容积分数。

（2）已知燃气的相对密度时，燃气的虚拟临界压力和虚拟临界温度的计算公式见表 2-6-1。

燃气的虚拟临界压力和虚拟临界温度的计算公式 **表 2-6-1**

对于干天然气	$S\geqslant0.7$	$T_{cm}=92.2+176.6S$	(2-6-3)
		$P_{cm}=4.881-0.3861S$	
	$S<0.7$	$T_{cm}=92.2+176.6S$	
		$P_{cm}=4.778-0.248S$	
对于凝析气	$S\geqslant0.7$	$T_{cm}=132.2+116.7S$	(2-6-4)
		$P_{cm}=5.102-0.6891S$	
	$S<0.7$	$T_{cm}=106.1+152.21S$	
		$P_{cm}=4.778-0.248S$	

H_2S 含量小于 3%，N_2 含量小于 5%或非烃类气体总含量不超 7%时，对于凝析气可采用表 2-6-2 计算。

凝析气的计算　　**表 2-6-2**

公式	$T_{cm}=103.9+183.31S-39.7S^2$	(2-6-5)
	$p_{cm}=4.868-0.356S-0.077S^2$	

2.6.3　虚拟对比参数

燃气的压力、温度、密度与其虚拟临界压力、虚拟临界温度和虚拟临界密度之比分别称为燃气的虚拟对比压力、虚拟对比温度和虚拟对比密度。

$$p_{rm}=\frac{p}{p_{cm}} \tag{2-6-6}$$

$$T_{rm}=\frac{T}{T_{cm}} \tag{2-6-7}$$

$$\rho_{rm}=\frac{\rho}{\rho_{cm}} \tag{2-6-8}$$

式中　p_{rm}——燃气的虚拟对比压力；

T_{rm}——燃气的虚拟对比温度；

ρ_{rm}——燃气的虚拟对比密度；

ρ_{cm}——燃气的虚拟临界密度。

2.7　气体状态方程

2.7.1　理想气体

理想气体是一种实际上不存在的假想气体，其分子是一些弹性的、不占有体积的质点，分子间没有相互的作用力（引力和斥力）。在这两个假设条件下，不但可以定性地分析气体的热力学现象，而且可以定性地得出理想气体状态参数之间的简单函数关系式。当实际气体的压力 $P\to 0$ 或体积 $V\to\infty$ 时的极限状态气体可以看作是理想气体。当燃气压力低于 1MPa 和温度在 10～20℃时，燃气视为理想气体进行状态计算，基本可满足工程上的要求。

理想气体的状态方程为：

$$pV=mRT \tag{2-7-1}$$

式中　p——绝对压力，Pa；

V——气体所占的容积，m^3；

R——气体常数，J/(kg·K)；

T——气体的温度，K；

m——气体质量，kg。

按照理想气体状态方程，在给定温度下，对一定质量的气体，PV=常数，与压力无关。理想气体的一些定律，在 17 世纪和 18 世纪已由实验得出。

（1）波义耳定律

一定量的气体在温度不变时，其压力与体积成反比，即：

$$p_1V_1=p_2V_2 \tag{2-7-2}$$

（2）盖、吕萨克定律

一定量的气体在压力不变时，其体积与绝对温度成正比，即：

$$\frac{V_1}{T_1}=\frac{V_2}{T_2} \tag{2-7-3}$$

（3）查理定律

一定量的气体在体积不变时，其压力与绝对温度成正比，即：

$$\frac{p_1}{T_1}=\frac{p_2}{T_2} \tag{2-7-4}$$

（4）阿伏伽德罗定律

在相同状态（压力、温度）条件下，1kmol 的各种气体，占有相同的容积，称为阿伏伽德罗定律。特别是在标准状态下，其数值为 22.4m^3/kmol。

2.7.2 实际气体

分子本身所占的容积和分子之间的作用力都不可略去的气体称为实际气体。实际气体 $pV\neq$常数，随压力的变化而变化。实际气体对理想气体的偏差，主要在于实际气体分子之间相互作用力与分子本身体积的影响，如在一定温度下，气体被压缩，分子间的平均距离缩短，分子间的引力变大，气体容积就要在分子间引力作用下进一步缩小，结果实际气体的容积要比理想气体的计算值小。但当气体被压缩到一定程度，气体分子本身的体积不能忽略不计时，分子间的斥力作用不断增强，把气体压缩到一定容积所需的压力就要大于理想气体计算值。理想气体状态方程应用于压力较低燃气的计算精度可满足实际工程要求。随着燃气压力提高以及低温液化天然气，理想气体状态方程就有很大局限性，燃气在很高的压力下或很低温度范围内用理想气体状态方程计算产生较大的误差，不能满足实际工程需求。由于实际气体和理想气体有较大的差异，许多学者对实际气体状态方程进行了大量研究。近百年来，国内外文献已公开报道了几百种不同形式的状态方程，而且很多学者还在继续工作，提出精度更高、适用范围更广和更便于应用的状态方程。原则上，可根据物质的微观结构，用统计力学的方法导出状态方程。但是，由于物质结构十分复杂而且多样，以致至今尚难以完全用理论方法建立一个精度高而且适用范围广的状态方程。目前广泛应用的状态方程都是根据实测数据，用经验或半经验方法建立的。这些方程一般都相当复杂，而且大多数仅适用于气相，也有些适用于液相。本章将介绍几种燃气常用的状态方程。

2.7.2.1 Van der Waal 状态方程

为了考虑这些效应，1873 年范德瓦尔（Van der Waal）提出了第一个实际气体状态方程。

$$p=\frac{RT}{V-b}-\frac{a}{V^2} \tag{2-7-5}$$

式中 a、b——常数，数值应该由实验测定，但在没有实验数据的情况下，可以从临界点的性质推导出 a 和 b 的表达式，如下所示：

$$a=\frac{27R^2T_r^2}{64p_r},b=\frac{RT_r}{8p_r}$$

Van der Waal 状态方程定性地描述了实际气体的一般特性，但只有在压力较低的情况下才比较准确。

2.7.2.2 *R-K* 状态方程

1949年，Redlich和Kwong在Van der Waal状态方程的基础上提出一个新的方程：*R-K* 状态方程。该方程是近代最成功的二参数状态方程，有较高的精度，应用上比较方便，有广泛的实用价值，其形式为：

$$p=\frac{RT}{V-b}-\frac{a}{T^{0.5}(V+b)V} \tag{2-7-6}$$

式中 a、b——常数，可由实验数据用最小二乘法拟合求得，在缺少实验数据时，可以根据临界参数求得：

$$a=\frac{0.42748R^2T_r^{2.5}}{p_r},b=\frac{0.08664RT_r}{p_r}$$

与Van der Waal方程不同的是，*R-K* 方程考虑了温度和密度对分子间相互作用力的影响。最初，推导这一方程的理由之一是在高压下所有气体的容积接近极限容积 $0.26V_c$。结果发现在高压时十分满意，在温度高于临界值时也相当准确。当 T 小于临界温度时，随着温度的降低，这一方程逐渐偏离实验数据。为了提高此方程的计算精度，许多研究者对此方程进行修改。其中比较成功的有Soave修正式（R-K-S方程）和Wilson修正式。

R-K 状态方程除了可以表达成降幂的形式外，还可以表达成以下形式：

$$Z=\frac{pV}{RT}=\frac{V}{V-b}-\frac{0.42748bF}{0.08664(V+b)} \tag{2-7-7}$$

式中 Z——压缩因子；

F——根据所采用的改进式而定。

原始 *R-K*： $F=T_r^{-1.5}$

Wilson： $F=1+(1.57+1.62\omega)(T_r^{-1}-1)$

Soave： $F=\frac{1}{T_r}[1+(0.48+1.574\omega-0.176\omega^2)(1-T_r^{0.5})]^2$

式中 ω——偏心因子，$\omega=-\log p_r-1.000$。

R-K 方程及其改进式在 *Z-V* 坐标上的曲线如图2-7-1所示。

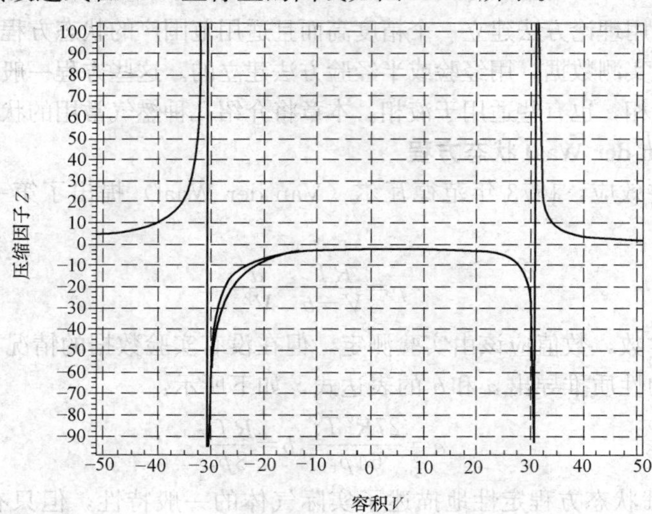

图2-7-1 *R-K* 方程及其改进式曲线

分析图 2-7-1 和式（2-7-7）可以得知：当 $V>b$ 时，压缩因子大于 0；当 $-b<V<b$ 时，压缩因子小于 0；当 $V<-b$ 时，Z 大于 0。由于容积 V 是一定大于 0 的数，压缩因子 Z 也是大于 0 的数，所以图形中只有 $V>b$ 的部分才有用，也就是说 R-K 状态方程和改进式的适用范围是 $V>b$。

2.7.2.3 BWR 与 SHBWR 状态方程

上面介绍的状态方程对高压、低温条件不能完全适用。为了扩大应用范围及提高在高压、低温下的精确度，Benedict-Wedd-Rubin 于 1940 年提出了能适应气液的 8 参数 BWR 状态方程：

$$p=\rho RT+\left(B_0RT-A_0-\frac{C_0}{T^2}\right)\rho^2+(bRT-a)\rho^3+a\alpha\rho^6+\frac{c\rho^3(1+\gamma\rho^2)e^{-\gamma\rho^2}}{T^2} \tag{2-7-8}$$

式中 ρ——密度；

B_0、A_0、C_0、a、b、c、α、γ——经验常数，与纯物质的种类有关，可通过实测的 p-V-T 数据拟合而得。

BWR 方程是根据拟合轻烃的实验数据推导的，适用于汽、液两相，可用作汽-液两相平衡计算，应用于烃类气体及非极性和轻微极性气体时有较高准确度，在用以计算烃类物质的热力性质时，在比临界密度大 1.8～2.0 倍的高压条件下，比容的平均误差约 0.3%。对非烃气体含量较多的混合物，较重的烃组分以及较低的温度（$T_r<0.6$）适应性较差。因此，Starling 和 Han 在关联大量实验数据的基础上对 BWR 方程进行了修正，于 1970 年提出了 SHBWR（或 BWRS）方程：

$$p=\rho RT+\left(B_0RT-A_0-\frac{C_0}{T^2}+\frac{D_0}{T^3}-\frac{E_0}{T^4}\right)\rho^2+\left(bRT-a-\frac{d}{T}\right)\rho^3$$
$$+\alpha\left(a+\frac{d}{T}\right)\rho^6+\frac{c\rho^3}{T^2}(1+\gamma\rho^2)\exp(-\gamma\rho^2) \tag{2-7-9}$$

式中 p——系统压力，kPa；

T——系统温度，K；

ρ——气体密度，kg/m^3；

R——气体常数，kJ/(kg·K)。

式中 A_0、B_0、C_0、D_0、E_0、a、b、c、d、α、γ——状态方程中的 11 个参数。纯组分 i 的各个参数 A_{0i}、B_{0i}、……γ_i 和其临界参数 T_{ci}、ρ_{ci} 以及偏心因子 ω_i 的关系如下：

$$\rho_{ci}B_{0i}=A_1+B_1\omega_i \qquad \frac{\rho_{ci}A_{0i}}{RT_{ci}}=A_2+B_2\omega_i \qquad \frac{\rho_{ci}C_{0i}}{RT_{ci}^3}=A_3+B_3\omega_i$$

$$\rho_{ci}^2\gamma_i=A_4+B_4\omega_i \qquad \rho_{ci}^2b_i=A_5+B_5\omega_i \qquad \frac{\rho_{ci}^2a_i}{RT_{ci}}=A_6+B_6\omega_i$$

$$\rho_{ci}^3\alpha_i=A_7+B_7\omega_i \qquad \frac{\rho_{ci}^2C_i}{RT_{ci}^3}=A_8+B_8\omega_i \qquad \frac{\rho_{ci}D_i}{RT_{ci}^4}=A_9+B_9\omega_i$$

$$\frac{\rho_{ci}^2d_i}{RT_{ci}^2}=A_{10}+B_{10}\omega_i \qquad \frac{\rho_{ci}E_{0i}}{RT_{ci}^5}=A_{11}+B_{11}\omega_i\exp(-3.8\omega_i)$$

式中 A_j、B_j——通用常数（$j=1, 2, \cdots\cdots 11$），见表 2-7-1。

T_{ci}、ρ_{ci} 和 ω_i——临界参数，可以通过表 2-7-2 进行查找。

通用常数数值　　表 2-7-1

j	A_j	B_j	j	A_j	B_j
1	0.443690	0.115449	7	0.0705233	−0.044448
2	1.284380	−0.920731	8	0.504087	1.322450
3	0.356306	1.708710	9	0.0307452	0.179433
4	0.544979	−0.270896	10	0.0732828	0.463492
5	0.528629	0.349261	11	0.006450	−0.022143
6	0.484011	0.754130			

部分纯物质的物理参数　　表 2-7-2

名称	分子式	分子量	T_{ci}(K)	ρ_{ci}(kmol/m^3)	ω_i
甲烷	CH_4	16.043	190.58	10.050	0.0126
乙烷	C_2H_6	30.070	305.42	6.756	0.0978
乙烯	C_2H_4	28.054	282.36	8.065	0.101
丙烷	C_3H_8	44.097	369.82	4.999	0.1541
丙烯	C_3H_6	42.081	364.75	5.525	0.150
正丁烷	n-C_4H_{10}	58.124	425.18	3.921	0.2015
异丁烷	i-C_4H_{10}	58.124	408.14	3.801	0.184
正戊烷	n-C_5H_{12}	72.151	469.65	3.215	0.2524
异戊烷	i-C_5H_{12}	72.151	460.37	3.247	0.2286
氢	H_2	2.016	33.25	15.385	−0.219
氧	O_2	31.999	154.33	13.624	0.0442
氮	N_2	28.016	125.97	11.099	0.0372
二氧化碳	CO_2	44.010	304.25	10.638	0.2667
硫化氢	H_2S	34.076	373.55	10.526	0.0920

SHBWR 状态方程应用于混合物时，采用以下混合规则：

$$A_0=\sum_{i=1}^{n}\sum_{j=1}^{n}x_ix_jA_{0i}^{\frac{1}{2}}A_{0j}^{\frac{1}{2}}(1-K_{ij})\qquad a=\left[\sum_{i=1}^{n}y_ia_i^{\frac{1}{3}}\right]^3$$

$$B_0=\sum_{i=1}^{n}x_iB_{0i}\qquad b=\left[\sum_{i=1}^{n}y_ib_i^{\frac{1}{3}}\right]^3\qquad \gamma=\left[\sum_{i=1}^{n}y_i\gamma_i^{\frac{1}{2}}\right]^2$$

$$C_0=\sum_{i=1}^{n}\sum_{j=1}^{n}x_ix_jC_{0i}^{\frac{1}{2}}C_{0j}^{\frac{1}{2}}(1-K_{ij})^3\qquad c=\left[\sum_{i=1}^{n}y_ic_i^{\frac{1}{3}}\right]^3$$

$$D_0=\sum_{i=1}^{n}\sum_{j=1}^{n}x_ix_jD_{0i}^{\frac{1}{2}}D_{0j}^{\frac{1}{2}}(1-K_{ij})^4\qquad d=\left[\sum_{i=1}^{n}y_id_i^{\frac{1}{3}}\right]^3$$

$$E_0=\sum_{i=1}^{n}\sum_{j=1}^{n}x_ix_jE_{0i}^{\frac{1}{2}}E_{0j}^{\frac{1}{2}}(1-K_{ij})^5\qquad \alpha=\left[\sum_{i=1}^{n}y_i\alpha_i^{\frac{1}{3}}\right]^3$$

以上式中　x_i——气相或液相混合物中 i 组分的摩尔分数；

K_{ij}——i 和 j 组分间的交互作用系数 $K_{ij}=K_{ji}$，见表 2-7-3。

SHBWR 中的二元交互作用系数（$K_{ij}=K_{ji}$） 表 2-7-3

	CH_4	C_2H_4	C_2H_6	C_3H_6	C_3H_8	i-C_4H_{10}	n-C_4H_{10}	i-C_5H_{12}	n-C_5H_{12}	C_6H_{14}	C_7H_{16}	C_8H_{18}	N_2	CO_2	H_2S
CH_4	0.0	0.01	0.01	0.021	0.023	0.0275	0.031	0.036	0.041	0.05	0.06	0.07	0.025	0.05	0.05
C_2H_4	0.01	0.0	0.0	0.003	0.0031	0.004	0.0045	0.005	0.006	0.007	0.0085	0.01	0.07	0.048	0.045
C_2H_6	0.01	0.0	0.0	0.003	0.0031	0.004	0.0045	0.005	0.006	0.007	0.0085	0.01	0.07	0.048	0.045
C_3H_6	0.021	0.003	0.003	0.0	0.0	0.003	0.0035	0.004	0.0045	0.005	0.0065	0.008	0.10	0.045	0.04
C_3H_8	0.023	0.0031	0.0031	0.0	0.0	0.003	0.0035	0.004	0.0045	0.005	0.0065	0.008	0.10	0.045	0.04
i-C_4H_{10}	0.0275	0.004	0.004	0.003	0.003	0.0	0.0	0.008	0.001	0.0015	0.0018	0.020	0.11	0.05	0.036
n-C_4H_{10}	0.031	0.0045	0.0045	0.0035	0.0035	0.0	0.0	0.008	0.001	0.0015	0.0018	0.002	0.12	0.05	0.034
i-C_5H_{12}	0.036	0.005	0.005	0.004	0.004	0.008	0.008	0.0	0.0	0.0	0.0	0.0	0.134	0.05	0.028
n-C_5H_{12}	0.041	0.006	0.006	0.0045	0.0045	0.001	0.001	0.0	0.0	0.0	0.0	0.0	0.148	0.05	0.02
C_6H_{14}	0.05	0.007	0.007	0.005	0.005	0.0015	0.0015	0.0	0.0	0.0	0.0	0.0	0.172	0.05	0.0
C_7H_{16}	0.06	0.0085	0.0085	0.0065	0.0065	0.0018	0.0018	0.0	0.0	0.0	0.0	0.0	0.200	0.05	0.0
C_8H_{18}	0.07	0.01	0.01	0.008	0.008	0.020	0.002	0.0	0.0	0.0	0.0	0.0	0.228	0.05	0.0
N_2	0.025	0.07	0.07	0.10	0.10	0.11	0.12	0.134	0.148	0.172	0.200	0.228	0.0	0.0	0.0
CO_2	0.05	0.048	0.048	0.045	0.045	0.05	0.05	0.05	0.05	0.05	0.05	0.05	0.0	0.0	0.035
H_2S	0.05	0.045	0.045	0.04	0.04	0.036	0.034	0.028	0.02	0.0	0.0	0.0	0.0	0.035	0.0

在应用SHBWR模型计算焓等热力学参数时，首先要根据指定的p、T和混合物组分的x_i由SHBWR状态方程求解密度，由于气体在干线输气管道中的流动呈气相，故所求的密度根是一个。对于SHBWR状态方程，可以采用迭代法求解密度根。

将SHBWR状态方程改写成如下函数形式：

$$f(\rho)=\rho RT+\left(B_0RT-A_0-\frac{C_0}{T^2}+\frac{D_0}{T^3}-\frac{E_0}{T^4}\right)\rho^2+\left(bRT-a-\frac{d}{T}\right)\rho^3$$
$$+\alpha\left(a+\frac{d}{T}\right)\rho^6+\frac{c\rho^3}{T^2}(1+\gamma\rho^2)\exp(-\gamma\rho^2)-p \tag{2-7-10}$$

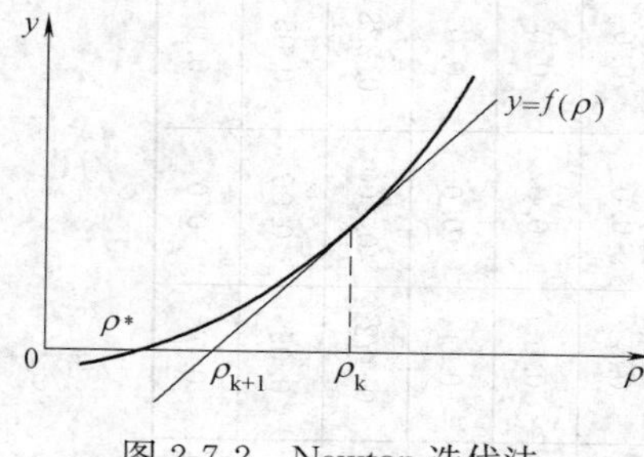

图2-7-2　Newton迭代法

求解指定p、T和x_i下$f(\rho_M)=0$的密度，下面采用Newton迭代法求解。迭代示意如图2-7-2所示。设方程的近似根为ρ_{Mk}，将$f(\rho)$在ρ_k处Taylor展开有：

$$f(\rho)=f(\rho_k)+f'(\rho_k)(\rho-\rho_k)+\frac{f''(\rho_k)}{2!}(\rho-\rho_k)^2+\cdots$$

取其前两项可以得到一个线性方程

$$f(\rho)=f(\rho_k)+f'(\rho_k)(\rho-\rho_k) \tag{2-7-11}$$

于是式（2-7-10）可以用式（2-7-11）去近似计算，设$f'(\rho_k)\neq 0$，记式（2-7-11）的根为ρ_{k+1}，则：

$$\rho_{k+1}=\rho_k-\frac{f(\rho_k)}{f'(\rho_k)}\qquad(k=0,1,2,\cdots) \tag{2-7-12}$$

所以Newton迭代法的迭代格式为：

$$g(\rho)=\rho-\frac{f(\rho)}{f'(\rho)}$$

Newton迭代法在ρ^*附近是至少二阶收敛的，因此，这种求解密度根的方法的收敛速度是很快的。

2.8　燃气的压缩因子

在一定温度和压力条件下，一定质量的气体实际占有体积V_a与在相同条件下作为理想气体应该占有的体积V_i之比，称为气体的压缩因子。该定义也适用于燃气，其方程为：

$$Z=\frac{V_a}{V_i} \tag{2-8-1}$$

Z表示实际气体的摩尔容积与同温同压下理想气体的摩尔容积之比，Z的大小表明实际气体偏离理想气体的程度。对于理想气体，$Z=1$；对于实际气体$Z>1$或$Z<1$。

燃气的压缩因子随气体的组成、温度和压力的变化而变化，$Z=f(x_i, p, T)$。工程上运用对应状态原理证实，在相同的对应状态下（拟对比参数相等），任何气体的压缩因子几乎相等，从而提出了两参数图或表，即$Z=f(p_r, T_r)$图或表来解决确定压缩因子的问题。

燃气压缩因子确定的方法有三种：查图或表确定；通过取气样用实验方法来测定得到；利用相关计算公式用计算机计算。

2.8.1 查图或查表确定压缩因子

在对各种气体的实验数据分析研究中发现，所有气体在接近临界状态时，都显示出相似的性质。以此为基础提出采用临界温度、临界压力和临界体积作为对比量来衡量气体的温度、压力和体积，以代替其绝对数值。对比温度、对比压力、对比体积分别定义如下：

$$T_r=\frac{T}{T_c},p_r=\frac{p}{p_c},V_r=\frac{V}{V_c} \tag{2-8-2}$$

此处温度为热力学温度，压力为绝对压力。根据压缩因子 Z 与对比温度、对比压力的变化关系制成有关图表，工程上常用图 2-8-1 和图 2-8-2 来确定压缩因子 Z 值。

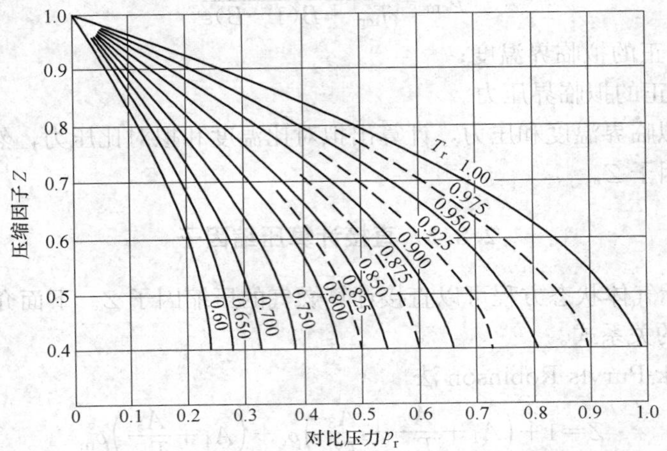

图 2-8-1 气体的压缩因子 Z 与对比温度 T_r，对比压力 p_r 的关系
（当 $p_r<1$，$T_r=0.6\sim1.0$）

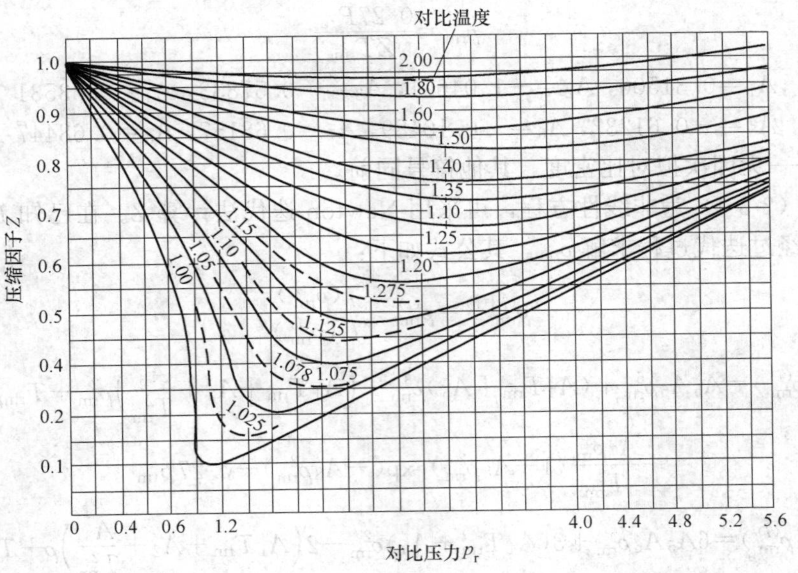

图 2-8-2 气体的压缩因子 Z 与对比温度 T_r，对比压力 p_r 的关系
（当 $p_r<5.6$，$T_r=1.0\sim1.2$）

对于混合气体，在确定 Z 值之前，首先要按式（2-6-1）、式（2-6-2）确定拟临界压力和拟临界温度，然后再按图 2-8-1、图 2-8-2 求得压缩因子 Z。图 2-8-2 对含少量非烃组分（大约低于 5%的体积百分数）的天然气是基本可靠的。对酸性燃气，通过适当校正拟临界温度和拟临界压力，也可使用该因子图。拟临界温度的校正系数 ε 由下式表示：

$$\varepsilon=120(A^{0.9}-A^{1.6})+15(B^{0.5}-B^{4.0}) \tag{2-8-3}$$

式中　A——H_2S 和 CO_2 气体的总摩尔分数；

B——H_2S 气体的摩尔分数。

$$T'_{cm}=T_{cm}-\varepsilon$$

$$p'_{cm}=\frac{p_{cm}T'_{cm}}{T_{cm}+B(1-B)\varepsilon}$$

式中　T'_{cm}——校正的拟临界温度；

p'_{cm}——校正的拟临界压力。

根据校正的拟临界温度和压力，计算出拟对比温度和拟对比压力，然后查图，可得出酸性燃气的压缩因子 Z。

2.8.2　直接计算压缩因子

利用一些实际气体状态方程可以直接计算燃气的压缩因子 Z。下面介绍几种国内外常用的直接计算 Z 的关系式。

（1）Dranchuk-Purvls-Robinson 法

$$Z=1+\left(A_1+\frac{A_2}{T_{rm}}+\frac{A_3}{T_{rm}^3}\right)\rho_r+\left(A_4+\frac{A_5}{T_{rm}}\right)\rho_{rm}^2$$
$$+\frac{A_5A_6\rho_{rm}^5}{T_{rm}}+\left(\frac{A_7\rho_r^2}{T_{rm}^3}\right)(1+A_8\rho_{rm}^2)\exp(-A_8\rho_{rm}^2) \tag{2-8-4}$$

$$\rho_{rm}=\frac{0.27P_{rm}}{ZT_{rm}}$$

$$A_1=0.31506,\ A_2=-1.04671,\ A_3=-0.57833,\ A_4=0.53531$$
$$A_5=-0.61232,\ A_6=-0.10489,\ A_7=0.68157,\ A_8=0.68447$$

式中　ρ_{rm}——无因次拟对比密度，其他符号同前。

由于式（2-8-4）为非线性方程，可采用 Newton 迭代法计算 Z。在已知 P_{rm} 和 T_{rm} 的情况下，需经过迭代过程求解 ρ_{rm}，其公式如下：

$$\rho_{rm}^{(i+1)}=\rho_{rm}^{(i)}-\frac{f(\rho_{rm}^{(i)})}{f'(\rho_{rm}^{(i)})}$$

$$f(\rho_{rm}^{(i)})=A_5A_6\rho_{rm}^6+(A_4T_{rm}+A_5)\rho_{rm}^3-\left(A_1T_{rm}+A_2+\frac{A_3}{T_{rm}^2}\right)\rho_{rm}^2+T_{rm}\rho_{rm}$$
$$+\frac{A_7\rho_{rm}^3}{T_{rm}^2}(1+A_8\rho_{rm}^2)\exp(-A_8\rho_{rm}^2)-0.27p_{rm}$$

$$f'(\rho_{rm}^{(i)})=6A_5A_6\rho_{rm}^5+3(A_4T_{rm}+A_5)\rho_{rm}^2-2\left(A_1T_{rm}+A_2+\frac{A_3}{T_{rm}^2}\right)\rho+T_{rm}$$
$$+\frac{A_7\rho_{rm}^2}{T_{rm}^2}[3+A_8\rho_{rm}^2(3-2A_8\rho_{rm}^2)]\exp(-A_8\rho_{rm}^2)$$

（2）Hall-Yarbough 法

$$Z=\frac{1+y+y^2-y^3}{(1+y)^3}-(14.76t-9.76t^2+4.58t^3)y$$
$$+(90.7t-242.2t^2+42.4t^3)y^{(2.18+2.82t)} \quad (2\text{-}8\text{-}5)$$
$$Z=\frac{0.01625P_{rm}t\exp[-1.2(1-t)^2]}{y} \quad (2\text{-}8\text{-}6)$$
$$t=\frac{1}{T_{rm}}=\frac{T_{cm}}{T}$$

式中　t——系数。

式（2-8-5）和式（2-8-6）中 y 可通过解下列方程得出。

$$F=-0.01625p_{rm}t\exp[-1.2(1-t)^2]+\frac{y+y^2+y^3-y^4}{(1+y)^3}$$
$$-(14.76t-9.76t^2+4.58t^3)y^2+(90.7t-242.2t^2+42.4t^3)y^{(3.18+2.82t)} \quad (2\text{-}8\text{-}7)$$

通过用 Newton—Raphson 迭代法可求解式（2-8-6），解出 y 代入式（2-8-5）中，可得出 Z。该方法的应用范围：$1.05 \leqslant T_{rm} \leqslant 3.0$；$0.1 \leqslant P_{rm} \leqslant 24.0$。

（3）Gopal 法

这一方法是对 Z 曲线不同部分用直线方程式来拟合，其基本方程式形式为：

$$Z=p_{rm}(AT_{rm}+B)+CT_{rm}+D \quad (2\text{-}8\text{-}8)$$

A，B，C，D 常数值按不同 p_{rm} 和 T_{rm} 的组合，表示在表 2-8-1 中。注意在 $p_{rm}>5.4$ 时，要使用一种不同形式的方程式。

压缩因子 Z 方程式　　**表 2-8-1**

p_{rm}范围	T_{rm}范围	方　程	方程号
0.2～1.2	1.0～1.2	$p_{rm}(1.6643T_{rm}-2.2114)-0.3647T_{rm}+1.4385$	1
	1.2^+～1.4	$p_{rm}(0.5222T_{rm}-0.8511)-0.0364T_{rm}+1.0490$	2
	1.4^+～2.0	$p_{rm}(0.1391T_{rm}-0.2988)-0.0007T_{rm}+0.9969$	3
	2.0^+～3.0	$p_{rm}(0.0295T_{rm}-0.0825)-0.0009T_{rm}+0.9967$	4
1.2^+～2.8	1.0～1.2	$p_{rm}(-1.3570T_{rm}+1.4942)-4.6315T_{rm}-4.7009$	5
	1.2^+～1.4	$p_{rm}(0.1717T_{rm}-0.3232)-0.5869T_{rm}+0.1229$	6
	1.4^+～2.0	$p_{rm}(0.0984T_{rm}-0.2053)-0.0621T_{rm}+0.8580$	7
	2.0^+～3.0	$p_{rm}(0.0211T_{rm}-0.0527)-0.0127T_{rm}+0.9549$	8
2.8^+～5.4	1.0～1.2	$p_{rm}(-0.3278T_{rm}+0.4752)+1.8223T_{rm}-1.9036$	9
	1.2^+～1.4	$p_{rm}(-0.2521T_{rm}+0.3871)+1.6087T_{rm}-1.6636$	10
	1.4^+～2.0	$p_{rm}(-0.0284T_{rm}+0.0625)+0.4714T_{rm}-0.0011$	11
	2.0^+～3.0	$p_{rm}(0.0041T_{rm}-0.039)-0.0607T_{rm}+0.7927$	12
5.4^+～15	1.0～3	$p_{rm}(3.66T_{rm}+0.711)^{-1.4007}-1.637/(0.319T_{rm}+0.522)+2.0$	13

【例 2-8-1】　有一内径为 700mm、长为 125km 的天然气管道。当天然气的平均压力为 3.04MPa、天然气的温度为 278K 时，求管道中的天然气在标准状态下（101325Pa、273.15K）的体积。已知天然气的容积分数为 $r_{CH_4}=97.5\%$，$r_{C_2H_6}=0.2\%$，$r_{C_3H_8}=0.2\%$，$r_{N_2}=1.6\%$，$r_{CO_2}=0.5\%$。

【解】① 天然气的拟临界温度和拟临界压力由表 2-1-2、表 2-1-3 查得各组分的临界温度 T_c 及临界压力 p_c 填入表 2-8-2 中，进行计算。

天然气的拟临界温度和拟临界压力计算　　**表 2-8-2**

气体名称	容积分数 r_i(%)	临界温度 T_c	临界压力 p_c	拟临界温度 T_{cm}(K)	拟临界压力 p_{cm}(MPa)
CH_4	97.5	191.05	4.64		
C_2H_6	0.2	305.45	4.88		
C_3H_8	0.2	368.85	4.40	$\frac{1}{100}\sum x_i T_{ci}$	$\frac{1}{100}\sum x_i p_{ci}$
N_2	1.6	126.2	3.39		
CO_2	0.5	304.2	7.39		
	100			191.16	4.64

② 拟对比温度和拟对比压力：

$$T_{rm}=\frac{T}{T_{cm}}=\frac{273.15+5}{191.16}=1.46$$

$$p_{rm}=\frac{p}{p_{cm}}=\frac{3.04}{4.64}=0.66$$

③ 压缩因子 Z。由图 2-8-2 得 $Z=0.94$。

④ 标准状态下管道中天然气体积，天然气管道本身体积 V 为

$$V=0.785\times0.7^2\times125000=48081\text{m}^3$$

标准状态下管道中天然气体积为

$$V_0=V\frac{p}{p_0}\frac{T_0}{T}\frac{1}{Z}=48081\times\frac{3.04}{0.101325}\times\frac{273}{278}\times\frac{1}{0.94}=1506901\text{m}^3$$

如果不考虑压缩因子，而按理想气体状态方程计算得出的管道中气体体积为 1416487m³，比实际少 6%。

【例 2-8-2】 已知混合气体的容积分数为 $r_{C_3H_8}=50\%$，$r_{C_4H_{10}}=50\%$，求在工作压力 $p=1$MPa、$t=100$℃时的密度和比容。

【解】① 标准状态下混合气体密度，按式（2-3-6）和表 2-1-2，可以得到：

$$\rho_0=\sum r_i\rho_i$$

$$=(50\%\times2.0102+50\%\times2.703)=2.36\text{kg/m}^3$$

② 混合气体的平均临界温度和临界压力

由表 2-1-2 查得丙烷的临界温度和临界压力为：

$$T_c=368.85\text{K},p_c=4.3975\text{MPa}$$

正丁烷的临界温度和临界压力为：

$$T_c=425.95\text{K},P_c=3.6173\text{MPa}$$

混合气体的拟临界温度和拟临界压力为：

$$T_{cm}=\frac{1}{100}\sum r_iT_{ci}=50\%\times368.85+50\%\times425.95=397.2\text{K}$$

$$p_{cm}=\frac{1}{100}\sum r_ip_{ci}=50\%\times4.3975+50\%\times3.6173=4.0074\text{MPa}$$

③ 拟对比压力和拟对比温度：

$$p_{\rm rm}=\frac{p}{p_{\rm cm}}=\frac{1+0.101325}{4.0074}=0.28$$

$$T_{\rm rm}=\frac{T}{T_{\rm cm}}=\frac{100+273.15}{397.2}=0.94$$

④ 压缩因子 Z。由图 2-8-1 查得 $Z=0.87$。

⑤ 混合气体密度。$p=1\text{MPa}$、$t=100℃$时的混合气体密度为：

$$\rho'=\rho_0\frac{p'}{p_0}\frac{T_0}{T'}\frac{1}{Z}=2.36\times\frac{1+0.101325}{0.101325}\times\frac{273.15}{100+273.15}\times\frac{1}{0.87}$$
$$=21.6\text{kg/m}^3$$

⑥ 混合气体比容。$p=1\text{MPa}$、$t=100℃$时的混合气体比容为：

$$v'=\frac{1}{\rho'}=\frac{1}{21.6}=0.0463\text{m}^3/\text{kg}$$

若按理想气体状态方程计算，$\rho=18.78\text{kg/m}^3$，$v=0.0533$，偏差达13%。

2.9 黏 度

2.9.1 黏度的定义及影响因素

气体或液体内部一些质点对另一些质点位移产生阻力的性质，叫做黏度，包括动力黏度和运动黏度。黏度是气体或液体内部摩擦引起的阻力的原因，当气体内部有相对运动时，就会因为摩擦产生内部阻力。黏度越大，阻力越大，气体流动就越困难。

在低压下和高压下气体的黏度变化规律各不相同，当单组分气体在接近大气压的情况下，气体的动力黏度与压力几乎无关，其在大气压情况下的动力黏度与温度关系如图 2-9-1所示。从图中可看出，动力黏度随温度的升高而增大，随相对分子质量的增大而降低。在高压下气体动力黏度特性近似液体黏度特性，即：黏度随压力的升高而增大；随温度的升高而减小；随相对分子质量的增加而增加。

燃气的黏度可由牛顿内摩擦定理描述：在任意一点，单位面积的剪切力和垂直于流动方向的局部速度梯度成正比，这个比例常数定量地表示黏度的大小。在层流条件下，由下式确定动力黏度：

$$\tau=\mu\frac{\mathrm{d}u}{\mathrm{d}y} \tag{2-9-1}$$

式中 τ——作用于平行运动方向的单位面积上的摩擦力；

μ——动力黏度，Pa·s；

$\mathrm{d}u/\mathrm{d}y$——垂直于摩擦面的平面上速度梯度。

运动黏度 ν 在数值上等于动力黏度除以其密度：

$$\nu=\frac{\mu}{\rho} \tag{2-9-2}$$

2.9.2 混合气体常用的黏度算法

燃气黏度是燃气流动计算的重要参数，通常流体的传递性质，如黏度系数、导热系数

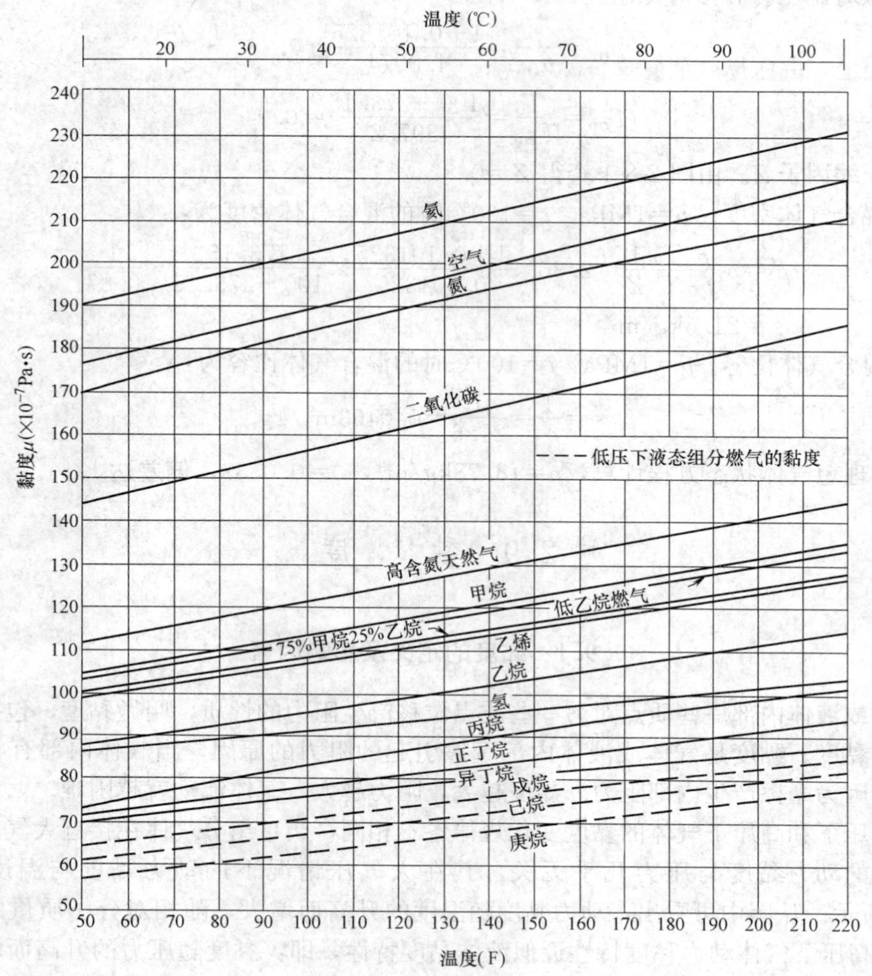

图 2-9-1　大气压下气体黏度与温度的关系

和扩散系数都是通过实验方法得到的。但是，就传递过程的物理本质而言，它是与分子有关的物理量随分子迁移而传递的过程。从分子运动论的观点来看，气体的黏滞性是由于分子间相互碰撞后交换动量所引起的。所以，可以根据分子运动理论来建立近似计算纯气体黏度的计算公式。混合气体一般根据经验公式和半经验公式进行估算。

2.9.2.1　气体黏度的压力修正界限判别准则

对高压气体来说，气体压力对气体黏度影响很大，在临界点附近以及对比温度 T_r 为1～2时，气体黏度随压力的上升而增加；当对比压力很大时，可使气体黏度随温度升高而降低。因此，高、低压气体黏度的计算公式不同，需要考虑压力对气体黏度的影响。高压气体的计算则要考虑压力对气体黏度的影响，对上述算法进行修正或采用剩余黏度法计算。为此，首先需要确定气体黏度压力修正的界限。计算气体黏度的压力分界线可用下式判别：

$$p_{rm} \geqslant 0.188 T_{rm} - 0.12 \qquad (2\text{-}9\text{-}3)$$

高压气体混合物以式（2-9-3）为界限。压力低于此限，可忽略压力对气体黏度的影响。

2.9.2.2 低压燃气的黏度计算公式

（1）已知各组分的黏度计算燃气的黏度

混合气体的动力黏度常用的有以下两个近似计算公式：

$$\mu=\frac{\omega_1+\omega_2+\cdots\cdots+\omega_n}{\dfrac{\omega_1}{\mu_1}+\dfrac{\omega_2}{\mu_2}+\cdots\cdots+\dfrac{\omega_n}{\mu_n}}=\frac{1}{\sum_{1}^{n}\left(\dfrac{\omega_i}{\mu_i}\right)} \tag{2-9-4}$$

$$\mu=\frac{\sum_{i}^{n}\mu_i r_i M_i^{0.5}}{\sum_{i}^{n} r_i M_i^{0.5}} \tag{2-9-5}$$

式中 μ——混合气体在0℃时的动力黏度，Pa·s；

μ_1，μ_2，…，μ_n——相应各组分在0℃时的动力黏度，Pa·s。

【例 2-9-1】 已知混合气体的容积分数为 $r_{CO_2}=1.9\%$，$r_{C_mH_n}=3.9\%$（按 C_3H_8 计算），$r_{O_2}=0.4\%$，$r_{CO}=6.3\%$，$r_{H_2}=54.4\%$，$r_{CH_4}=31.5\%$，$r_{N_2}=1.6\%$。求该混合气体的动力黏度。

【解】 ①将容积分数换算为质量分数

若以 y_i 和 M_i 分别表示混合气体中 i 组分的容积分数（%）和分子量，ω_i 表示混合气体中 i 组分的质量分数（%），则换算公式为：

$$\omega_i=\frac{r_iM_i}{\sum r_iM_i}$$

由表 2-1-1、表 2-1-2 查得各组分的分子量，根据已知的各组分的容积分数，通过计算得到；

$$\sum r_iM_i=\frac{1}{100}(1.9\times44.010+3.9\times44.097+0.4\times31.999+6.3\times28.010+54.4\times2.016+31.5\times16.043+1.6\times28.013)=11.047$$

按换算公式，各组分的质量分数为：

$$\omega_{CO_2}=\frac{1.9\times44.010}{11.047}=7.6\%$$

$$\omega_{C_mH_n}=\frac{3.9\times44.097}{11.047}=15.6\%$$

$$\omega_{O_2}=\frac{0.4\times31.999}{11.047}=1.1\%$$

$$\omega_{CO}=\frac{6.3\times28.010}{11.047}=16\%$$

$$\omega_{H_2}=\frac{54.4\times2.016}{11.047}=10\%$$

$$\omega_{CH_4}=\frac{31.5\times16.043}{11.047}=45.7\%$$

$$\omega_{N_2}=\frac{1.6\times28.013}{11.047}=4\%$$

② 混合气体的动力黏度

由表 2-1-1、表 2-1-2 查得各组分的动力黏度代入式（2-9-4），混合气体的动力黏度为：

$$\mu=\frac{1}{\sum\frac{\omega_i}{\mu_i}}$$

$$=\frac{100\times10^{-6}}{\frac{7.6}{14.023}+\frac{15.6}{7.502}+\frac{1.1}{19.417}+\frac{16}{16.573}+\frac{10}{8.355}+\frac{45.7}{10.393}+\frac{4}{16.671}}$$

$$=10.46\times10^{-6}\text{Pa}\cdot\text{s}$$

（2）Lucas 低压气体混合物黏度的计算公式

$$\mu_m\zeta_m=F_m f(T_{rm}) \tag{2-9-6}$$

$$f(T_{rm})=8.07T_{rm}^{0.618}-3.57\exp(-0.449T_{rm})+3.4\exp(-4.058T_{rm})+0.18 \tag{2-9-7}$$

$$\zeta_m=1.76(T_{cm}p_{cm}^{-4}M_m^{-3})^{1/6} \tag{2-9-8}$$

$$F_m=\sum_i z_iF_i \tag{2-9-9}$$

式中 μ_m——混合物的黏度；

F_m——极性气体的校正系数。

混合物的参数计算采用 Lucas 混合规则。

（3）Chung 低压气体混合物黏度的计算公式

$$\mu_m=26.69F_{cm}(M_{rm}T)^{1/2}/\sigma_m^2\Omega_m \tag{2-9-10}$$

$$F_{cm}=1-0.275\omega_m+0.059035\eta_{rm}^4 \tag{2-9-11}$$

$$\eta_{rm}=131.3\eta_m(V_{cm}T_{cm})^{-1/2} \tag{2-9-12}$$

式中 F_{cm}——极性气体校正系数；

M_{rm}——混合物相对分子质量；

σ_m——混合物的碰撞直径；

Ω_m——混合物碰撞积分；

ω_m——混合物的偏心因子；

η_m——混合物的偶极矩。

混合物的参数计算采用 Chung 混合规则。

2.9.2.3 燃气在不同温度下的黏度

混合气体的动力黏度和单一气体一样，也是随压力的升高而增大的，在绝对压力小于1MPa 的情况下，压力的变化对黏度的影响较小，可不考虑。至于温度的影响，却不容许忽略。若仍然以 μ 表示 0℃时混合气体的动力黏度，则 t（℃）时混合气体的动力黏度按下式计算

$$\mu_t=\mu\frac{273+C}{T+C}\left(\frac{T}{273}\right)^{3/2} \tag{2-9-13}$$

式中 μ_t——t（℃）时混合气体的动力黏度，Pa·s；

T——混合气体的热力学温度，K；

C——混合气体的无因次实验系数，可用混合法则求得。单一气体的 C 值由表 2-1-1和表 2-1-2 可以查到。

2.9.2.4 高压天然气的黏度计算公式

高压气体混合物黏度较好的计算公式有 Lucas 法、Chung 法和剩余黏度法。

(1) Lucas 法

$$\mu_{pm}\zeta_m = KF_{pm} \tag{2-9-14}$$

$$K=\mu_m\zeta_m\left[1+\frac{ap_{r,m}^{1.3088}}{bp_{rm}^{e}+(1+cp_{rm}^{d})^{-1}}\right] \tag{2-9-15}$$

$$F_{pm}=[1+(F_m-1)Y^{-3}]/F_m \tag{2-9-16}$$

$$e=0.9425\exp(-0.1853T_{rm}^{0.4489}) \tag{2-9-17}$$

$$Y=K/\mu_m\zeta_m \tag{2-9-18}$$

式中，K 为压力修正项，定义为对比压力、对比温度的函数，计算时不需要求解混合物密度。ζ_m、μ_m 由式（2-9-8）与式（2-9-10）计算。

(2) Chung 法

$$\mu_{pm}=36.344(M_{rm}T_{cm})^{1/2}V_{cm}^{-2/3}\mu_m \tag{2-9-19}$$

$$\mu_m=\Omega_m^{-1}(T_m^*)^{1/2}F_{cm}(G_2^{-1}+E_6y)+\mu_m^* \tag{2-9-20}$$

$$y=\rho V_{cm}/6 \tag{2-9-21}$$

$$G_2=\frac{E_1\{[1-\exp(-E_4y)]/y\}+E_2G_1\exp(E_5y)+E_3G_1}{E_1E_4+E_2+E_3} \tag{2-9-22}$$

$$G_1=(1-0.5y)/(1-y)^3 \tag{2-9-23}$$

$$\mu_m^*=E_7y^2G_2\exp[E_8+E_9(T_m^*)^{-1}+E_{10}(T_m^*)^{-2}] \tag{2-9-24}$$

Chung 法将压力修正项定义为气体密度的函数，计算中需要混合物密度值。

(3) 剩余黏度法

$$(\mu_{pm}-\mu_m^0)\zeta_m=1.08[\exp(1.439\rho_{r,m})-\exp(-1.111\rho_{rm}^{1.858})] \tag{2-9-25}$$

$$\zeta_m=T_{cm}^{1/6}/(M_m^{1/2}p_{cm}^{2/3}) \tag{2-9-26}$$

式中 μ_{pm}——高压气体混合物黏度；

μ_m^0——低压气体混合物黏度；

ρ_{rm}——混合物虚拟对比密度。

剩余黏度法混合规则如下：

$$Z_{cm}=\sum_i z_iZ_{c,i} \tag{2-9-27}$$

$$V_{cm}=\sum_i z_iV_{ci} \tag{2-9-28}$$

$$p_{cm}=Z_{cm}RT_{cm}/V_{cm} \tag{2-9-29}$$

式中 Z_{cm}——混合物的虚拟临界压缩因子。

T_{cm}、M_{rm}的混合规则与 Lucas 混合规则相同。

2.9.3 天然气的统一黏度计算模型

通过对常用黏度计算方法的分析和比较，从中选取了适用于不同压力的天然气黏度计算方法。通过调试运算，发现上述常用的天然气黏度算法存在如下问题：

(1) 适用范围窄，计算较为烦琐。天然气是多组分混合物，由于产地及管输等加工处理工艺的不同，天然气的组分、温度和压力差异较大。上述算法由于其理论局限性，适用范围较窄。在计算天然气黏度时，只能针对天然气的具体状态——高压或低压，选择相应的算法，计算过程较为繁琐。

（2）计算精度不高。由于黏度计算需要综合考虑因素的增加，引入了各种误差，直接影响到计算精度。例如，计算高压天然气的黏度时，需要低压气体黏度或密度值等参数，当上述参数无实测值而采用计算值时，就引入了相应的计算误差，对最终黏度的计算精度产生不良影响。

由于传统黏度算法存在上述不足，因此研究开发应用范围广、准确、简洁的天然气黏度计算模型是十分必要的。综合上述考虑，建立了基于对应态原理的统一黏度模型。

2.9.3.1　对应态原理在确定物质黏度中的作用

以临界点参数为基准，物质的黏度可通过对比参数表示。对比参数定义为实际条件下的参数除以临界点参数。根据对应态原理，如果一组物质中所有物质的对比黏度 η_r 与对比密度 ρ_r 和对比温度 T_r 的函数关系均相同，则该组物质的黏度遵循对应态原理。在这种情况下，仅需要组内一个组分的详细黏度数据，其他组分的黏度以此作为参比就可以很容易地求出。

天然气是以甲烷为主（摩尔分数75%以上）的轻烃混合物，各组分的化学性质较为近似，而且甲烷拥有大量精确的黏度实验数据。因此，选取甲烷作为参比物质，采用对应态原理可以较好地预测天然气黏度。为校正简单对应态原理与实际混合物黏度计算的偏差，Ely 和 Hanley 提出了形状因子的概念，将对比黏度 μ_r 表示为对比密度 ρ_r 和对比温度 T_r 的函数。由于形状因子的表达式复杂，且需要通过密度的迭代求解确定，致使该算法较为繁琐，并直接影响到黏度计算的精度。为有效解决上述问题，在采用黏度对应态模型中，将 μ_r 表示为对比压力 P_r 和对比温度 T_r 的函数：

$$\mu_r = \mu\zeta = f(p_r, T_r) \tag{2-9-30}$$

式中，ζ 是由气体运动理论导出的黏度对比化参数，由下式确定：

$$\zeta = T_{cm}^{1/6} M^{-1/2} p_{cm}^{-2/3} \tag{2-9-31}$$

压力 p、温度 T 状态下混合物的黏度可由下式计算：

$$\mu_m(p, T) = \frac{\alpha_m \zeta_0}{\alpha_0 \zeta_m} \mu_0(p_0, T_0) \tag{2-9-32}$$

$$p_0 = p p_{c0} \alpha_0 / (p_{cm} \alpha_m) \tag{2-9-33}$$

$$T_0 = T T_{c0} \alpha_0 / (T_{cm} \alpha_m) \tag{2-9-34}$$

式中　ζ_0、ζ_m——参比物质和混合物的黏度对比化参数；

α_0、α_m——参比物质和混合物的转动耦合系数；

μ_0——甲烷在压力 p_0、温度 T_0 状态下的黏度。

2.9.3.2　混合规则

根据对应态原理，混合物可看作具有一套按一定规则求出的假临界参数、性质均一的虚拟的纯物质。通过引入混合规则，仅需天然气各组分的相对分子质量、偏心因子和临界参数即可预测混合物黏度。考虑到较重的组分对混合物黏度有较大影响，根据已有的黏度数据可导出如下的混合规则：

$$V_{c,m} = \sum_i \sum_j z_i z_j V_{c,ij} \tag{2-9-35}$$

$$T_{cm}V_{cm}=\sum_i\sum_j z_i z_j T_{cij}V_{cij} \tag{2-9-36}$$

$$p_{cm}=RZ_{cm}T_{cm}/V_{cm} \tag{2-9-37}$$

$$M_{rm}=1.304\times10^{-4}(\overline{M}_w^{2.303}-\overline{M}_n^{2.303})+\overline{M}_n \tag{2-9-38}$$

$$V_{cij}=\frac{1}{8}(V_{ci}^{1/3}+V_{cj}^{1/3}) \tag{2-9-39}$$

$$T_{cij}=(T_{ci}T_{cj})^{1/2} \tag{2-9-40}$$

$$V_{ci}=RZ_{ci}T_{ci}/P_{ci} \tag{2-9-41}$$

式中 V_{cm}、T_{cm}、p_{cm}、M_{rm}——混合物的虚拟临界摩尔体积、虚拟临界温度、虚拟临界压力和相对分子质量；

z_i、z_j——组分 i 与 j 的摩尔分数；

$\overline{M}_w$、$\overline{M}_n$——重量平均相对分子质量和平均摩尔分子质量。

2.9.3.3 算法

由式（2-9-32）即可计算天然气黏度。天然气和参比物质甲烷的转动耦合系数 α_m 和 α_0 可分别由下式估算：

$$\alpha_m=1.0+7.378\times10^{-3}\rho_r^{1.847}M_m^{0.5173} \tag{2-9-42}$$

$$\alpha_0=1.0+0.031\rho_r^{1.847} \tag{2-9-43}$$

$$\rho_r=\rho_0(TT_{c,0}/T_{c,m},pp_{c,0}/p_{c,m})/\rho_{c,0} \tag{2-9-44}$$

式中 $p_{c,0}$——参比物质甲烷的临界压力；

$T_{c,0}$——参比物质甲烷的临界温度；

$\rho_{c,0}$——参比物质甲烷的临界密度。

参比物质甲烷的黏度计算采用 Hanley 提出的甲烷黏度模型参见本章参考文献［1］。该模型建立在大量实验数据的基础上，适用范围广，可用于计算温度为 95～400K，压力由常压直至 50MPa 范围的天然气黏度，误差为 2%。具体表达式如下：

$$\mu(\rho,T)=\mu_0(T)+\mu_1(T)\rho+\Delta\mu(\rho,T) \tag{2-9-45}$$

式中 ρ——密度；

$\mu_0(T)$——稀薄气体黏度项；

$\mu_1(T)$——黏度的密度一阶修正项；

$\Delta\mu$——黏度余项。

稀薄气体黏度项 $\mu_0(T)$ 可由气体运动理论计算，对于甲烷可得如下多项式：

$$\mu_0(T)=G_1T^{-1}+G_2T^{-2/3}+G_3T^{-1/3}+G_4+G_5T^{1/3}+G_6T^{2/3}+G_7T+G_8T^{4/3}+G_9T^{5/3} \tag{2-9-46}$$

黏度的密度一阶修正项 $\mu_1(T)$ 由下式计算：

$$\mu_1(T)=A+B\left(C-\ln\frac{T}{F}\right)^2 \tag{2-9-47}$$

黏度余项 $\Delta\mu$ 由下式计算：

$$\Delta\mu(\rho,T)=\exp(j_1+j_4/T)\{\exp[\rho^{0.1}(j_2+j_3/T^{3/2})+\theta\rho^{0.5}(j_5+j_6/T+j_7/T^2)]-1.0\} \tag{2-9-48}$$

精确求解甲烷密度是黏度计算的关键，甲烷的密度采用 McCarty 提出的 32 个参数的甲烷状态方程计算：

$$\rho = \sum_{n=1}^{9} a_n(T)\rho^n + \sum_{n=10}^{15} a_n(T)\rho^{2n-17} e^{-\gamma\rho^2} \tag{2-9-49}$$

具体参数取值可见本章参考文献［1］，上述方程采用牛顿法迭代求解。

2.9.4 算 例

采用 Anthony 测得的高压天然气黏度数据对不同黏度算法的精度进行验证。分别采用统一对应态黏度模型、Chung 法、Lucas 法、剩余黏度法对 3 个天然气试样的高压气体黏度进行了预测，其中剩余黏度法计算中所需要的低压天然气黏度值由 Lucas 法计算。天然气试样成分见表 2-9-1，预测结果列于表 2-9-2～表 2-9-5。

天然气试样组成分析表 **表 2-9-1**

试样	组分的摩尔分数(%)										
	N_2	CO_2	H_6	CH_4	C_2H_6	C_3H_8	n-C_4H_{10}	i-C_4H_{10}	C_5H_{12}	C_6H_{14}	C_7^+
1	—	3.20	—	86.30	6.80	2.40	0.48	0.43	0.22	0.10	0.04
2	1.40	1.40	0.03	71.70	14.00	8.30	1.90	0.77	0.39	0.09	0.01
3	0.55	1.70	—	91.50	3.10	1.40	0.50	0.67	0.28	0.26	0.08

对应态黏度模型对高压天然气黏度的预测结果 **表 2-9-2**

气样	点数	T(K)	p(MPa)	MAD(%)	AAD(%)
1	30	310.95～444.25	1.379～27.579	1.96	0.69
2	33	310.95～444.25	4.826～55.158	6.95	2.93
3	26	310.95～444.25	2.758～55.158	7.36	2.88

Lucas 对高压天然气黏度的预测结果 **表 2-9-3**

气样	点数	T(K)	p(MPa)	MAD(%)	AAD(%)
1	30	310.95～444.25	1.379～27.579	3.69	1.816
2	33	310.95～444.25	4.826～55.158	2.46	1.007
3	26	310.95～444.25	2.758～55.158	9.87	4.02

Chung 法对高压天然气黏度的预测结果 **表 2-9-4**

气样	点数	T(K)	p(MPa)	MAD(%)	AAD(%)
1	30	310.95～444.25	1.379～27.579	6.12	3.92
2	33	310.95～444.25	4.826～55.158	6.65	3.462
3	26	310.95～444.25	2.758～55.158	11.68	4.15

剩余黏度法对高压天然气黏度的预测结果 **表 2-9-5**

气样	点数	T(K)	p(MPa)	MAD(%)	AAD(%)
1	30	310.95～444.25	1.379～27.579	3.23	1.25
2	33	310.95～444.25	4.826～55.158	10.53	4.697
3	26	310.95～444.25	2.758～55.158	9.23	3.974

注：MAD(%)＝max(|计算值－实验值|)/实验值×100%

AAD(%)＝(1/数据点数)×Σ(|计算值－实验值|)/实验值×100%

通过上述不同算法对高压天然气黏度的预测值与实验数据的比较，可得到如下结论：对应态黏度模型的精度最高，平均绝对误差为 2.13%；Lucas 法、剩余黏度法、Chung 法的计算精度次之，平均绝对误差分别为 2.16%、3.32%和 3.82%。

2.9.5 液态碳氢化合物的动力黏度

不同温度下液态碳氢化合物的动力黏度示于图 2-9-2。

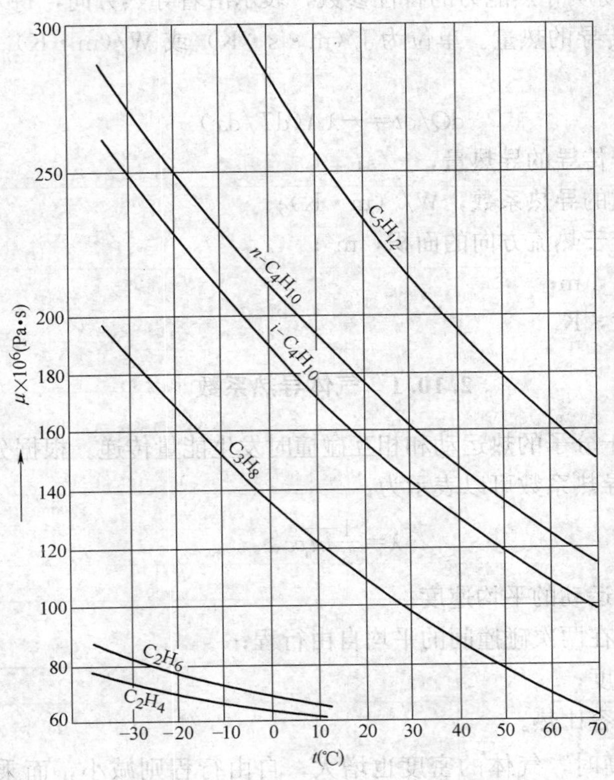

图 2-9-2 液态碳氢化合物的动力黏度

液态碳氢化合物的动力黏度随分子量的增加而增大，随温度的上升而急剧减小。气态碳氢化合物的动力黏度则正相反，分子量越大，动力黏度越小，温度越高，动力黏度越大，这对于一般的气体都适用。

混合液体的动力黏度可以近似地按下式计算：

$$\frac{1}{\mu}=\frac{x_{y1}}{\mu_1}+\frac{x_{y2}}{\mu_2}+\cdots\cdots+\frac{x_{yn}}{\mu_n} \tag{2-9-50}$$

式中 x_{y1}、$x_{y2}\cdots\cdots x_{yn}$——各组分的分子成分；

μ_1、$\mu_2\cdots\cdots\mu_n$——各组分的动力黏度，Pa·s；

μ——混合液体的动黏度，Pa·s。

混合气体和混合液体的运动黏度为：

$$\nu=\frac{\mu}{\rho} \tag{2-9-51}$$

式中　ν——混合气体或混合液体的运动黏度，m^2/s；

μ——相应的动力黏度，(Pa·s)；

ρ——混合气体或混合液体的密度，kg/m^3。

2.10　导热系数

导热系数是反映物质导热能力的特性参数，表示沿着导热方向，每米长度上的温度降为1K时，每小时所传导的热量。单位为J/(m·s·K)或W/(m·K)。可由傅里叶的固体热传导方程导出：

$$dQ/dt=-\lambda A(dT/dx) \tag{2-10-1}$$

式中　dQ/dt——纯粹传导的导热量，J/s；

λ——物质的导热系数，W/(m·K)；

A——垂直于热流方向的面积，m^2；

x——距离，m；

T——温度，K。

2.10.1　气体导热系数

气体的导热是由于分子的热运动和相互碰撞时发生能量传递。根据分子运动理论，在常温常压下，气体的导热系数可以表示为：

$$\lambda=\frac{1}{3}\overline{u}\overline{l}\rho c_v$$

式中　$\overline{u}$——气体分子运动的平均速度；

$\overline{l}$——气体分子在两次碰撞间的平均自由行程；

ρ——气体的密度；

c_v——气体的定容比热。

当气体的压力升高时，气体的密度也增大，自由行程则减小，而乘积$\rho\overline{l}$保持常数。因而，除非压力很低（$<2.67\times10^{-3}$MPa）或压力很高（$>2.0\times10^3$MPa），可以认为气体的导热系数不随压力发生变化。

气体碳氢化合物的导热系数随温度或压力的升高而增大，其导热系数可按查图法和计算法确定。

1. 查图法、查表法计算天然气导热系数

单组分气体烃的导热系数随温度变化的关系见图2-10-1。常用气体导热系数见表2-10-1和表2-10-2。

烃类气体导热系数［W/(m·K)］　　**表2-10-1**

温度(℃)	甲烷	乙烷	丙烷	正丁烷	异丁烷	正戊烷	异戊烷
0	0.0316	0.0191	0.0151	0.0116	0.0140	0.0136	0.0128
20	0.0336	0.0212	0.0171	0.0137	0.0159	0.0154	0.0144
40	0.0361	0.0236	0.0193	0.0158	0.0180	0.0172	0.0164
60	0.0386	0.0262	0.0216	0.0183	0.0206	0.0194	0.0185

续表

温度(℃)	甲烷	乙烷	丙烷	正丁烷	异丁烷	正戊烷	异戊烷
80	0.0414	0.0288	0.0240	0.0207	0.0229	0.0216	0.0207
100	0.0442	0.0316	0.0265	0.0231	0.0252	0.0237	0.0227
120	0.0475	0.0349	0.0294	0.0258	0.0278	0.0263	0.0250
140	0.0507	0.0378	0.0322	0.0286	0.0305	0.0286	0.0277
160	0.0543	0.0407	0.0349	0.0314	0.0330	0.0312	0.0300

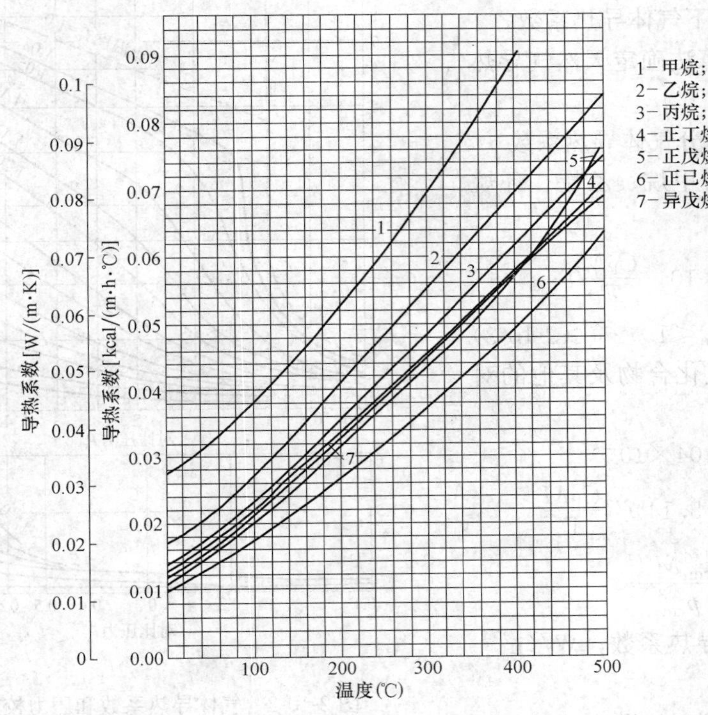

图 2-10-1 气态烃的导热系数随温度的关系

气体在常压下的导热系数［W/(m·K)］ **表 2-10-2**

压力	空气	氢	氮	氧	一氧化碳	二氧化碳	硫化氢	水蒸气
0	0.0144	0.1745	0.0243	0.0245	0.0147	0.0144	0.0154	0.0162
100	0.0321	0.2163	0.0315	0.0329	0.0228	0.0240	0.0216	0.0239
200	0.0393	0.2582	0.0385	0.0407	0.0309	0.0320	0.0285	0.0330
300	0.0461	0.3000	0.0449	0.0480	0.0391	0.0380	0.0354	0.0434
400	0.0521	0.3419	0.0507	0.0550	0.0472	0.0484	0.0431	0.0550
500	0.0575	0.3838	0.0558	0.0615	0.0549	0.0552	0.0515	0.0679
600	0.0622	0.4257	0.0604	0.0675	0.0621	0.0622	0.0598	0.0822

若压力较低时，混合气体导热系数按下式计算：

$$\lambda=\frac{\sum x_i\lambda_i(M_i)^{1/3}}{\sum x_i(M_i)^{1/3}} \tag{2-10-2}$$

式中　λ——混合气体的导热系数，W/(m·K)；

λ_i——混合气体 i 组分的导热系数，W/(m·K)；

x_i——混合气体 i 组分的摩尔分数，%；

M_i——混合气体 i 组分的摩尔质量，kg/kmol。

高压下气体导热系数的校正如图2-10-2所示。图中 λ_P 为高压下气体导热系数，λ 为低压下气体导热系数。

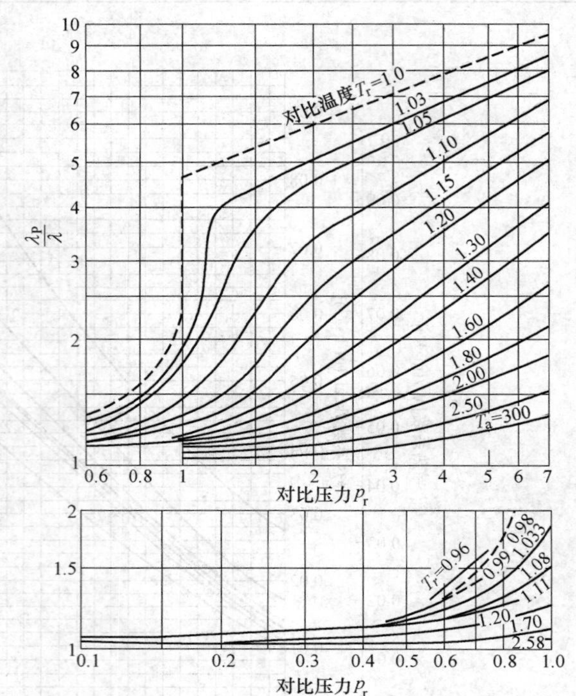

图 2-10-2　气体导热系数和压力校正值

2. 由公式计算法确定天然气导热系数

(1) 低压单组分气体导热系数

在低压下，对甲烷、乙烷、环烷烃、芳香烃：

$$\lambda=2.04746\times10^{-5}\frac{C_P M}{\Gamma}T_{rm}$$

$$T_{rm}<1 \tag{2-10-3}$$

对于其他碳氢化合物及其他的对比温度范围：

$$\lambda=4.60104\times10^{-6}(14.25T_{rm}-5.14)^{2/3}\frac{C_P M}{\Gamma}$$

$$\Gamma=\frac{T_{cm}^{1/6}M^{1/2}}{p_{cm}^{2/3}}$$

式中　λ——气体导热系数，W/(m·K)；

T_{rm}——气体拟对比温度；

C_P——气体质量定压比热，J/(kg·K)；

p_{cm}——气体临界压力，MPa；

M——气体分子摩尔质量，kg/kmol；

T_{cm}——气体拟临界温度，K。

(2) 温度对导热系数的影响

气态碳氢化合物的导热系数随温度的升高而增大。导热系数与温度的关系可以近似地由下式计算：

$$\lambda_T=\lambda_0\frac{273+c}{T+c}\left(\frac{T}{273}\right)^{3/2} \tag{2-10-4}$$

式中　λ_T——气体在温度为 T（K）时的导热系数，W/(m·K)；

λ_0——气体在273K时的导热系数，kJ/(m·h·K)；

c——与气体性质有关的无因次实验系数，W/(m·K)，见表2-10-3。

T——气体温度，K。

$$p_{\mathrm{rm}}=\frac{6.5}{40.5}=0.16$$

拟对比温度：

$$T_{\mathrm{rm}}=\frac{303}{384.8}=0.8$$

由图 2-10-2 查得 $\lambda_{\mathrm{p}}/\lambda=1.2$，所以 $p=6.5\times10^5\mathrm{Pa}$、$t=30$℃时的导热系数：

$$\lambda_{\mathrm{p}}=1.2\times0.0178=0.0213\mathrm{W/(m\cdot K)}$$

【例 2-10-2】 已知液态液化石油气的质量百分数为：丙烷 60%，丙烯 15%，异丁烷 25%。求 20℃时液态液化石油气的导热系数。

【解】 由图 2-10-3 查得液态液化石油气各组分在 20℃时的导热系数 λ_i，按式(2-10-9）计算混合液体的导热系数：

$$\lambda=\sum\omega_i\lambda_i/100=0.01\times(60\times0.1011+15\times0.1056+25\times0.0.0944)=0.1000\mathrm{W/(m\cdot K)}$$

2.11 焓

焓是物质的状态参数，但不能直接测量，为计算状态发生变化时它们的变化情况，需将焓的微小变量 dh 与可测量状态参数联系起来，即建立起以可测量状态参数为独立变量的焓函数。

将气体内能和体积与压力乘积之和称为气体的焓。焓是一个热力学状态参数，随状态变化而变化，且它的变化与过程无关，而仅决定于初始与终了状态。在工程计算中，一般用焓差计算物质加热或冷却时热量的变化。焓的零点通常取绝对温度和绝对压力都为 0 的状态。

2.11.1 理想气体焓

燃气中常见组分的理想气体状态焓（h^0）如图 2-11-1 和图 2-11-2 所示。

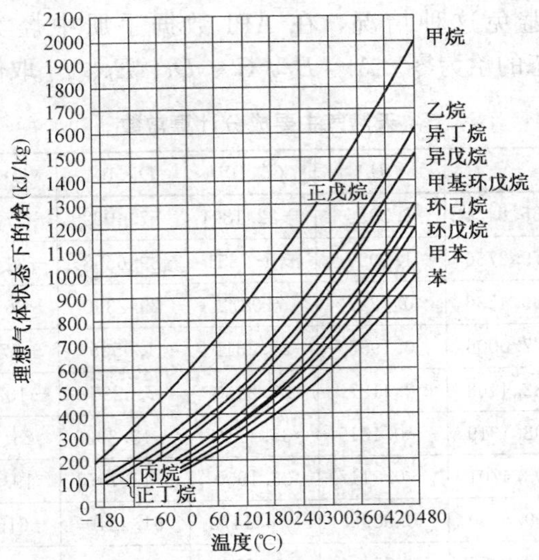

图 2-11-1 纯组分理想气体的焓（一）

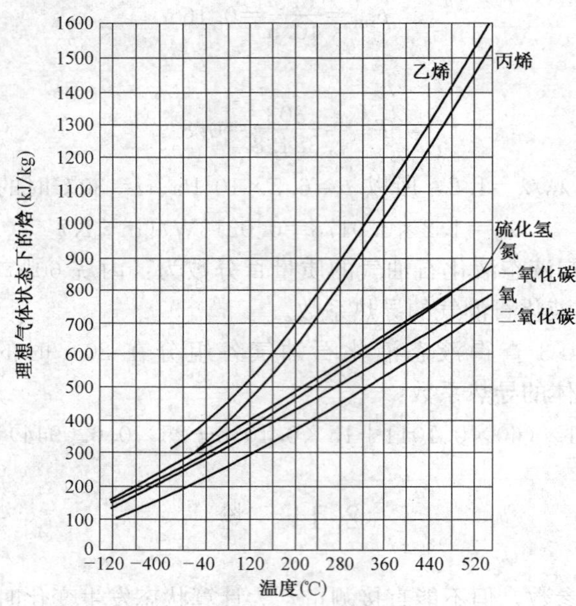

图 2-11-2　纯组分理想气体的焓（二）

对理想气体单组分焓 h_i^0 可按下面多项式计算。

$$h_i^0=A_i+B_iT+C_iT^2+D_iT^3+E_iT^4+F_iT^5 \tag{2-11-1}$$

式中　h_i^0——第 i 组分理想气体的焓，kJ/kg；

T——气体温度，K；

A_i、B_i、C_i、D_i、E_i、F_i——i 组分常数。

在美国石油学会（API）数据手册中给出了常见烃类及非烃类气体的常数值。对非烃类气体焓的零点取绝对温度和绝对压力都为零的状态。而对烃类气体焓若选用该基准时，液态焓常为负值。为避免这种情况，在 API 数据手册中烃类组分焓的基准温度取 −129℃，此时饱和液态的焓为零。A_i、B_i、C_i、D_i、E_i、F_i 取值见表 2-11-1。

天然气主要成分计算常数　　　　**表 2-11-1**

名称	分子式	A	B	$C\times10^4$	$D\times10^7$	$E\times10^{11}$	$F\times10^{14}$	G
甲烷	CH_4	135.8421	2.3936	−22.1801	57.4022	−372.7905	85.4965	2.84702
乙烷	C_2H_6	379.2766	1.1090	−1.8851	39.6558	−314.0209	80.0819	5.18269
丙烷	C_3H_8	385.4736	0.7227	7.0872	29.2390	−261.5071	70.0055	5.47646
异丁烷	$i\text{-}C_4H_{10}$	377.0006	0.1955	25.2314	1.9565	−77.2615	23.8609	5.90166
正丁烷	$n\text{-}C_4H_{10}$	382.4968	0.4127	20.2860	7.0295	−102.5871	28.8339	6.65339
异戊烷	$i\text{-}C_5H_{12}$	393.1319	−0.1319	35.4116	−13.3323	25.1463	−1.2959	7.26208
正戊烷	$n\text{-}C_5H_{12}$	403.4701	−0.0117	33.1650	−11.7051	19.9648	−0.8665	7.75977
已烷	C_6H_{14}	309.8090	0.9592	−6.1472	61.4210	−616.0952	208.6819	2.97976
庚烷	C_7H_{16}	312.0396	0.7545	2.6173	43.6636	−448.4511	148.4210	3.56685
辛烷	C_8H_{18}	303.7124	0.7247	3.6785	41.4283	−424.0198	137.3406	3.51439

续表

名称	分子式	A	B	$C\times10^4$	$D\times10^7$	$E\times10^{11}$	$F\times10^{14}$	G
壬烷	C_9H_{20}	294.7414	0.7078	4.3805	39.6934	−404.3158	128.7595	3.44406
癸烷	$C_{10}H_{22}$	275.4521	0.8514	−2.6304	55.2182	−563.1732	188.8545	2.77435
氮	N_2	−2.1725	1.0685	−1.3410	2.1557	−7.8632	0.69851	4.99221
氧	O_2	−2.2836	0.9524	−2.8114	6.5522	−45.2316	10.8774	5.26711
氢	H_2	28.6720	13.3962	29.6013	−39.8075	266.1667	−60.9986	−8.61451
氦	He	0.0000	5.2000	0.0000	0.0000	0.0000	0.0000	0.00000
一氧化碳	CO	−2.26918	1.07401	−1.72664	3.02237	−13.75326	2.00365	5.20525
二氧化碳	CO_2	11.1137	0.4791	7.6216	−3.5939	8.4744	−0.57752	5.09598
硫化氢	H_2S	−1.4371	0.9989	−1.8432	5.5709	−31.7734	6.36644	4.58161
水蒸气	H_2O	−5.72992	1.91501	−3.95741	8.76231	−49.50858	10.38613	3.88962

对于混合理想气体，焓值按下式计算

$$h^0=\sum_i x_i h_i^0 \tag{2-11-2}$$

式中 h^0——混合气体的焓，kJ/kg；

x_i——混合物中气体 i 组分摩尔分数。

2.11.2 实际气体的焓

(1) 计算法

由热力学关系可得出：

$$h=h^0+\int_0^p\left[V-T\left(\frac{\partial\nu}{\partial T}\right)_p\right]\mathrm{d}p \tag{2-11-3}$$

$$h=h^0+\frac{p}{\rho}-RT+\int_0^\rho\left[p-T\left(\frac{\partial p}{\partial T}\right)_\rho\right]\frac{\mathrm{d}\rho}{\rho^2} \tag{2-11-4}$$

将实际气体状态方程代入式（2-11-3）或式（2-11-4）可以得到计算实际气体焓的关系式，如将 SHBWR 气体状态方程代入式（2-11-3）可得：

$$h=h^0+\left(B_0RT-2A_0-\frac{4C_0}{T^2}+\frac{5D_0}{T^3}-\frac{6E_0}{T^4}\right)\rho+\frac{1}{2}\left(2bRT-3a-\frac{4d}{T}\right)\rho^2+\frac{1}{5}\alpha\left(6a+\frac{7d}{T}\right)\rho^5+\frac{c}{\gamma T^2}\left[3-\left(3+\frac{\gamma\rho^2}{2}-\gamma^2\rho^4\right)\exp(-\gamma\rho^2)\right] \tag{2-11-5}$$

(2) 查图法

由热力学关系可得到

$$\left(\frac{h^0-h}{T_{\mathrm{cm}}R}\right)_T=\left[T_{\mathrm{rm}}^2\int_0^p\left(\frac{\partial Z}{\partial T_{\mathrm{rm}}}\right)_{p_{\mathrm{rm}}}\mathrm{d}(\ln p_{\mathrm{rm}})\right] \tag{2-11-6}$$

式中 T_{cm}——气体拟临界温度，K；

T_{rm}——气体拟对比温度；

p_{rm}——气体拟对比压力；

R——气体常数，$R=8.314$ kJ/(kmol·K)；

Z——气体压缩系数。

利用通用压缩系数图上的数据，通过图解积分可以得出式（2-11-6）右积分的数值。即可得到通用焓修正图 2-11-3。根据拟对比压力和拟对比温度查图可得到（h^0-h）（$T_{cm}R$），由此可计算实际气体的焓。

$$h=h^0-T_{cm}R\left(\frac{h^0-h}{T_{cm}R}\right) \tag{2-11-7}$$

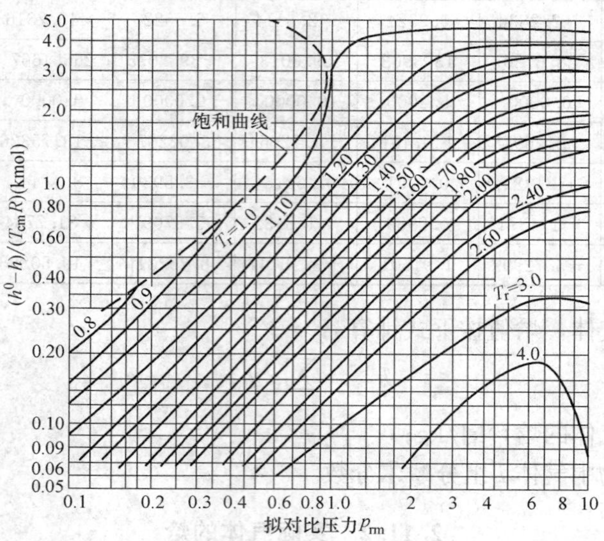

图 2-11-3　实际气体焓的修正值

2.12　熵

熵是一个热力学状态参数，随状态变化而变化，且它的变化与过程无关，而只决定于初始与终了状态。熵的变化表征了可逆过程中热交换的方向与大小。熵不能直接测量，为计算状态发生变化时熵的变化情况，需将其与可测量状态参数联系起来，即建立起以可测量状态参数为独立变量的熵函数。

2.12.1　理想气体熵

对于理想气体单组分熵 s_i^0 的计算方法类似焓的计算方法，可按下面多项式计算：

$$s_i^0=B_i\ln T+2C_iT+\frac{3}{2}D_iT^2+\frac{4}{3}E_iT^3+\frac{5}{4}F_iT^4+G_i \tag{2-12-1}$$

式中　s_i^0——理想气体 i 在温度 T 时的熵，kJ/(kg·K)；

B_i、C_i、D_i、E_i、F_i、G_i——系数，取值见表 2-11-1。

单组分理想气体的熵可查有关热力学图表确定，图 2-12-1 为几种常见燃气中单组分理想气体的熵。

对于混合理想气体，熵值按下式计算

$$s^0=\sum_i x_i s_i^0 \tag{2-12-2}$$

式中　s^0——混合气体的焓，kJ/(kg·K)；

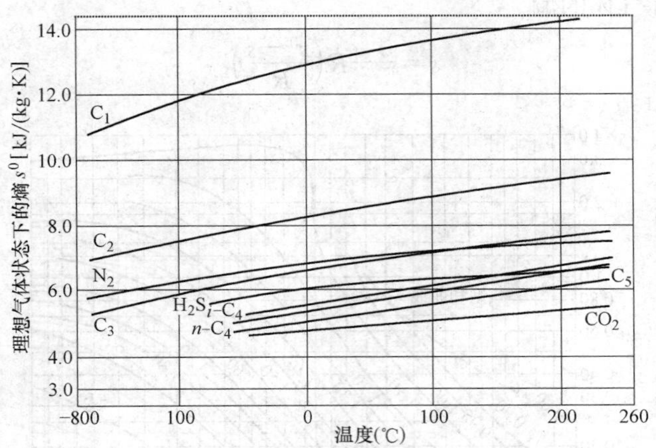

图 2-12-1 纯组分理想气体的熵

x_i——混合物中气体 i 组分摩尔分数。

2.12.2 实际气体的熵

（1）计算法

由热力学关系可得出：

$$s=s^0-\left[\int_0^{\mathrm{p}}\left(\frac{\partial v}{\partial T}\right)_{\mathrm{P}}\mathrm{d}P\right]_{\mathrm{T}} \tag{2-12-3}$$

或

$$s=s^0-\left[\int_0^{\mathrm{p}}\left(\frac{\partial v}{\partial T}\right)_{\mathrm{P}}\frac{\mathrm{d}\rho}{\rho^2}\right]_{\mathrm{T}} \tag{2-12-4}$$

将实际气体状态方程代入式（2-12-3）或式（2-12-4）可以得到计算实际气体熵的关系式，如将 SHBWR 气体状态方程代入式（2-12-3）可得：

$$s=s^0-R\ln\frac{\rho RT}{101.325}-\left(B_0R+\frac{2C_0}{T^3}-\frac{3D_0}{T^4}-+\frac{4E_0}{T^5}\right)\rho-\frac{1}{2}\left(bR+\frac{d}{T^2}\right)\rho^2$$
$$+\frac{\alpha}{5}\frac{d}{T^2\rho^5}+\frac{2c}{\gamma T^3}\left[1-\left(1+\frac{\gamma\rho^2}{2}\right)\exp(-\gamma\rho^2)\right] \tag{2-12-5}$$

（2）查图法

由热力学关系可得到：

$$\left(\frac{s^0-s}{R}\right)_T=-\left[\int_0^{p_{\mathrm{rm}}}(1-Z)\mathrm{d}(\ln p_{\mathrm{rm}})\right]_{\mathrm{T}}+\left(\frac{h^0-h}{T_{\mathrm{rm}}T_{\mathrm{cm}}R}\right)_{\mathrm{T}} \tag{2-12-6}$$

式中 T_{cm}——气体拟临界温度，K；

T_{rm}——气体拟对比温度；

p_{rm}——气体拟对比压力；

R——气体常数，$R=8.314$kJ/(kmol·K)；

Z——气体压缩系数。

利用通用压缩系数图上的数据，通过图解积分可以得出式（2-12-7）右边的积分的数值。即可得到通用熵修正图 2-12-2。根据拟对比压力和拟对比温度查图可得到（s^0-s)/

R，由此可计算实际气体的熵。

$$s=s^0-R\left(\frac{s^0-s}{R}\right) \tag{2-12-7}$$

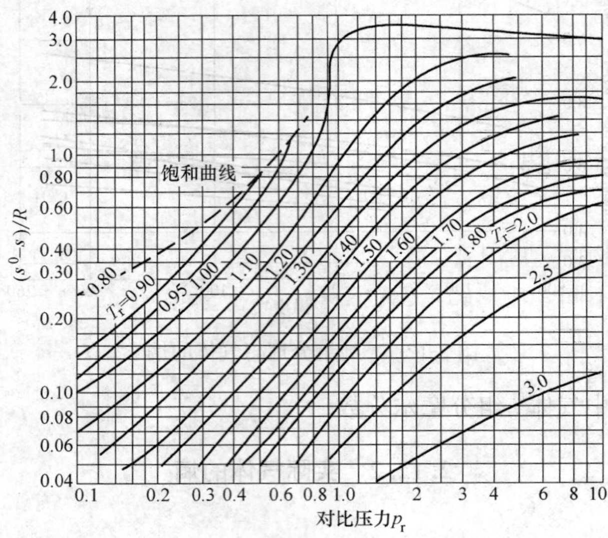

图 2-12-2　实际气体熵的修正值

2.13　㶲

㶲（exergy）也是一个状态参数，一个热力系统的工质，只要它的状态和环境有差别，系统对环境就有一定的做功能力，如果系统从某已知状态，在可逆条件下过渡到与环境平衡的状态，则系统对环境所做的功将达到最大值，工质在已知状态下的最大有用功称为㶲。

工质从状态 1（p_1，T_1）经过可逆变化，最后与环境状态（P_0，T_0）平衡，其㶲可用下式计算

$$e_{ex}=(h_1-h_0)-T_0(s_1-s_0)\quad (\text{kJ/kg}) \tag{2-13-1}$$

式中　e_{ex}——工质从状态 1 到环境状态的㶲，kJ/kg；

h_1——工质在状态 1 时的焓，kJ/kg；

h_0——工质在环境状态 0 时的焓，kJ/kg；

T_0——环境温度，K；

s_1——工质在状态 1 时的熵，kJ/(kg・K)；

s_0——工质在环境状态 0 时的熵，kJ/(kg・K)。

对某一热力系统，在稳定的流动过程中，系统有效的输出㶲与总输入㶲之比称为㶲效率，表示如下

$$\eta_{ex}=\frac{e_{ex}^{y}}{e_{ex}^{z}} \tag{2-13-2}$$

式中　η_{ex}——㶲效率；

e_{ex}^{y}——系统有效的输出㶲，kJ/kg；

e_{ex}^{z}——系统的总输入㶲，kJ/kg。

㶲分析是研究能量转化的重要方法，已在能源领域得到广泛的应用。在燃气领域，由于燃气在储运和应用的过程中，既存在热量的传递又存在能量的转换。如天然气液化与气化过程，燃气燃烧加热过程等环节，采用㶲分析方法计算每个阶段的㶲效率，对㶲效率低的阶段进行改进，提高㶲效率，能合理地利用能源。

2.14 比　热

单位数量的物质温度升高 1K 所吸收的热量称为该物质的比热容（简称比热）。表示物体质量的单位不同，比热的单位也不同。对于 1kg、1m³、1kmol 物质相应有质量比热、容积比热和摩尔比热之分。气体的这三种比热可以相互换算

$$c=\frac{c'}{\rho_0}=\frac{c''}{M} \tag{2-14-1a}$$

$$c'=c\rho_0=\frac{c''}{V_M} \tag{2-14-1b}$$

$$c''=cM=c'V_M \tag{2-14-1c}$$

式中 c——气体的质量比热，kJ/(kg·K)；

c'——气体的容积比热，kJ/(Nm³·K)；

c''——气体的摩尔比热，kJ/(kmol·K)；

ρ_0——标准状态下气体的密度，kg/m³；

M——气体的分子量；

V_M——气体的摩尔容积，m³/kmol。

2.14.1 影响比热的因素

（1）比热与物质的性质有关。不同性质的物质，由于其分子量、分子结构不同，因而比热也不同。

（2）比热与物质的变比过程特性有关。当加热（或放热）过程是在容积不变的条件下进行时，此过程的比热称为定容比热，记为 c_v。

当加热（或放热）过程是在压力不变的条件下进行时，此过程的比热称为定压比热，记为 c_p。

对同样质量的气体，升高同样的温度，在定压过程中所需加入的热量比定容过程多，所以气体的定压比热比定容比热大。越易膨胀的物质，这种差别就越大。对液体来说，定压比热与定容比热相差极小，实际应用时无需加以区分。

理想气体的定压摩尔比热与定容摩尔比热近似地有表 2-14-1 所示关系。

气体的定压摩尔比热和定容摩尔比热　　表 2-14-1

气体种类	c''_v[kJ/(kmol·K)]	c''_p[kJ/(kmol·K)]
单原子分子	13	21
双原子分子	21	29
多原子分子	29	37

由表 2-14-1 可见，对于同类气体：

$$c''_p - c''_v \approx 8\text{kJ/(kmol·K)}$$

对纯组分理想气体，定压质量比热按下述方程拟合：

$$c_p = B_i + 2C_iT + 3D_iT^2 + 4E_iT3^3 + 5F_iT^4 \tag{2-14-2}$$

式中 B_i、C_i、D_i、E_i、F_i 取值见表 2-11-1。

通常用式（2-14-3）表示理想气体定压比热与定容比热之间的关系：

$$c_p - c_v = R \tag{2-14-3a}$$

$$c''_p - c''_v = MR = R_0 \tag{2-14-3b}$$

$$c'_p - c'_v = \rho_0(c_p - c_v) = \rho_0 R = \frac{MR}{Mv_0} = \frac{8.314}{22.4} = 0.37\text{kJ/(m}^3\text{·K)} \tag{2-14-3c}$$

式中 c_p、c_v——气体的定压质量比热和定容质量比热，kJ/(kg·K)；

c''_p、c''_v——气体的定压摩尔比热和定容摩尔比热，kJ/(kmol·K)；

c'_p、c'_v——气体的定压容积比热和定容容积比热，kJ/(m³·K)；

R——气体常数，J/(kg·K)；

R_0——通用气体常数，kJ/(kmol·K)。

在工程计算中，常常需要利用定压比热与定容比热的比值：

$$k = \frac{c_p}{c_v} \tag{2-14-4}$$

式中 k——绝热指数。

对于理想气体，绝热指数（等熵指数）k 是常数，由气体性质而定，单原子气体 $k=1.5$，双原子气体 $k=1.4$，多原子气体 $k=1.29$。对于实际气体，绝热指数 k 是温度的函数。在 101325Pa 压力下，不同温度下各种气态碳氢化合物的绝热指数 k 值如表 2-14-2 所示。

101325Pa 时某些烃类的绝热指数 k 值 **表 2-14-2**

名称	温度(℃)					
	0	100	200	300	400	500
甲烷	1.32	1.27	1.23	1.19	1.17	1.15
乙烷	1.20	1.15	1.13	1.11	1.10	1.09
丙烷	1.14	1.10	1.09	1.08	1.07	1.06
正丁烷	1.10	1.08	1.07	1.06	1.05	1.04
乙烯	1.26	1.19	1.16	1.14	1.12	1.11
丙烯	1.16	1.12	1.10	1.09	1.08	1.07

（3）实际气体的比热与物质的温度、压力有关；理想气体及液体的比热与压力无关，仅随温度的升高而增大。

理想气体的定压摩尔比热，可以近似地用下述实验公式计算：

$$c''_p = a + bT + cT^2 \tag{2-14-5}$$

式中 T——气体的绝对温度，K；

a，b，c——随气体性质而异的常数，列于表 2-14-3。

温度系数 a、b、c（适用于 25～1200℃） **表 2-14-3**

名称	a	$b\times10^3$	$c\times10^6$
甲烷	3.381	18.044	−4.300
乙烷	2.247	38.201	−11.094
乙烯	2.830	28.601	−8.726
丙烷	2.410	57.195	−17.533
丙烯	3.253	45.116	−13.740
正丁烷	4.453	72.270	−22.214
异丁烷	3.332	75.214	−23.384
丁烯-1	5.132	61.760	−19.322
异丁烯	5.331	60.240	−18.470
正戊烷	5.910	88.449	−27.388
异戊烷	4.816	91.585	−28.962

实际气体在一定压力下膨胀时，不但对外做功，并且还对分子间作用的力做功，这就必须消耗较多的热量。因此，实际气体的比热是温度与压力的函数。当压力较低时采用式（2-14-5）计算误差较小；当压力大于 3.5×10³ Pa 时，必须加以修正。校正后的定压比热按下式计算：

$$c''_{pr}=c''_{p}+\Delta c_{p} \tag{2-14-6}$$

式中 c''_{pr}——实际气体定压摩尔比热，kJ/(kmol・K)；

c''_{p}——理想气体定压摩尔比热；

Δc_{p}——定压比热修正值，由图 2-14-1 查得。

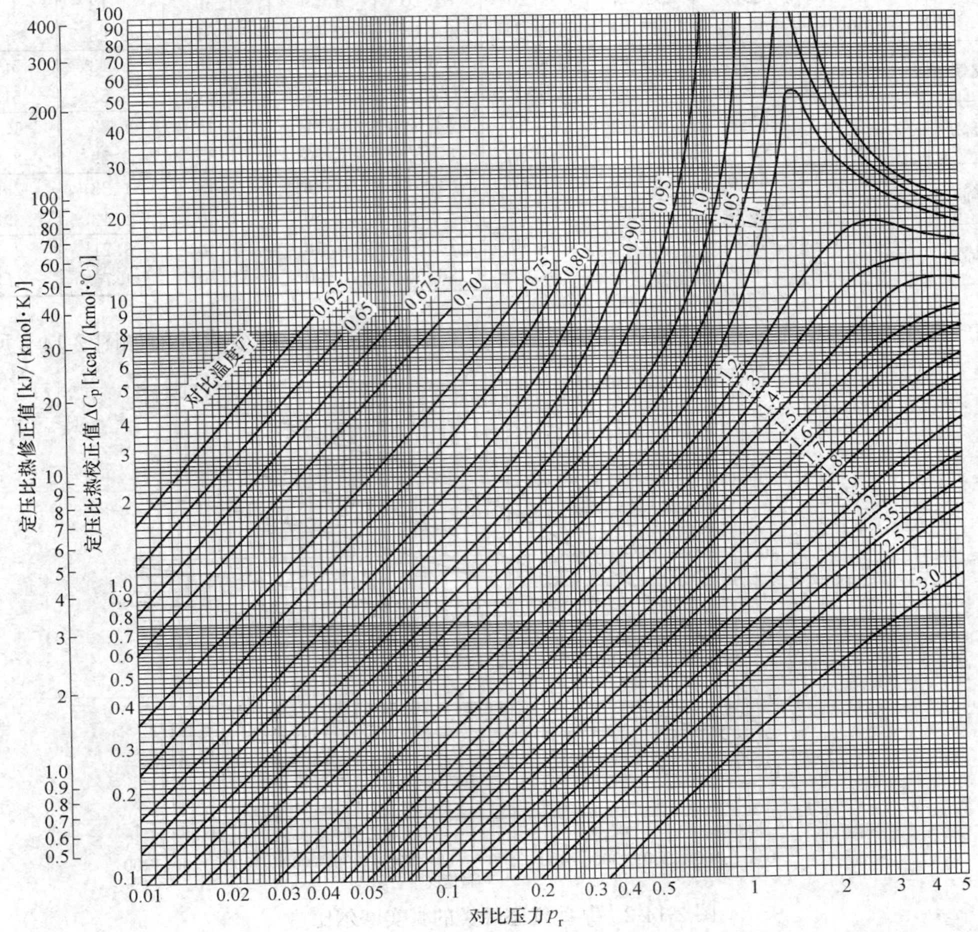

图 2-14-1 定压比热修正值

在工程计算中，比热又分为真实比热与平均比热。相应于某温度下的比热称为真实比热，而实际应用时多采用某个温度范围内的平均值，称为平均比热。

2.14.2　混合气体的比热

气态碳氢化物在0～101325 Pa压力下，0℃时的真实比热及0～100℃范围内的平均比热列于表2-14-4。

某些烃类的真实比热及平均比热　　**表2-14-4**

气体	温度(℃)	定压摩尔比热 c''_p[kJ/(kmol·℃)]		定容摩尔比热 c''_v[kJ/(kmol·℃)]		定压质量比热 c_p[kJ/(kg·℃)]		定压容积比热 c'_p[kJ/(m³·℃)]	
		真实比热	平均比热	真实比热	平均比热	真实比热	平均比热	真实比热	平均比热
甲烷	0	34.74	34.74	26.42	26.42	2.17	2.17	1.55	1.55
	100	39.28	36.80	30.97	28.49	2.45	2.29	1.75	1.64
乙烷	0	49.53	49.53	41.21	41.21	1.65	1.65	2.21	2.21
	100	62.17	55.92	53.85	47.60	2.07	1.86	2.77	2.50
丙烷	0	68.33	68.33	60.00	60.00	1.55	1.55	3.05	3.05
	100	88.93	78.67	80.60	70.34	2.02	1.78	3.97	3.51
正丁烷	0	92.53	92.53	84.20	84.20	1.59	1.59	4.13	4.13
	100	117.82	105.47	109.48	97.13	2.03	1.81	5.26	4.70
正戊烷	0	114.93	114.93	106.60	106.60	1.59	1.59	5.13	5.13
	100	146.08	130.80	137.75	122.46	2.02	1.81	6.52	5.84
乙烯	0	40.95	40.95	32.62	32.62	1.46	1.46	1.83	1.83
	100	51.25	46.22	42.91	37.89	1.83	1.65	2.29	2.06
丙烯	0	60.0	60.0	51.67	51.67	1.43	1.43	1.23	2.68
	100	75.74	68.33	67.41	60.0	1.80	1.80	1.43	3.38
丁烯	0	83.23	83.23	74.90	74.90	1.48	1.48	3.71	3.72
	100	106.81	95.29	98.47	86.96	1.90	1.70	4.74	4.25

0～101325Pa压力下，某些烷烃和烯烃气体真实摩尔比热随温度变化的值如图2-14-2所示。

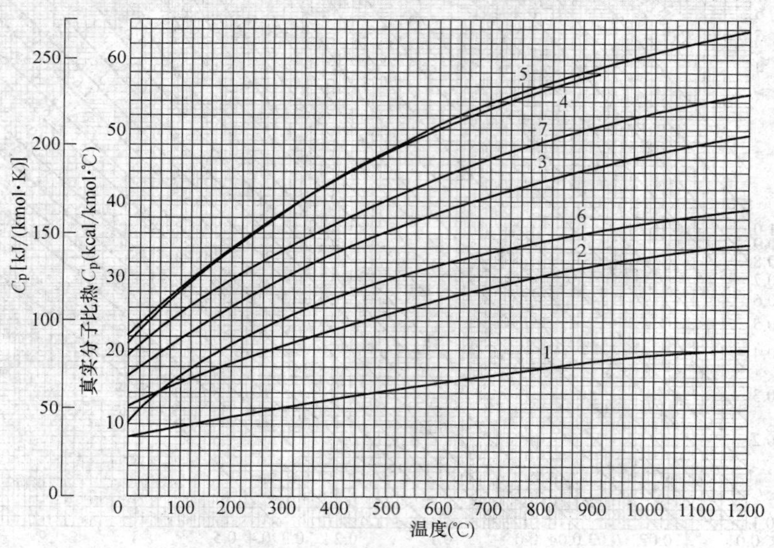

图2-14-2　某些气态烃类的真实摩尔比热

1—甲烷；2—乙烷；3—丙烷；4—异丁烷；5—正丁烷；6—丙烯；7—丁烯

当已知混合气体的容积成分时，可按下式计算其容积比热：

$$c'=\sum r_i c'_i \tag{2-14-7}$$

式中 c'——混合气体的容积比热，kJ/(m³·K)；

r_i——混合气体各组分的容积成分；

c'_i——混合气体各组分的容积比热，kJ/(m³·K)。

当已知混合气体的质量成分时，可按下式计算其质量比热：

$$c=\sum \omega_i c_i \tag{2-14-8}$$

式中 c——混合气体的质量比热，kJ/(kg·K)；

ω_i——混合气体各组分的质量成分；

c_i——混合气体各级分的质量比热，kJ/(kg·K)。

混合气体的绝热指数可按下式计算：

$$k=\sum r_i k_i \tag{2-14-9}$$

式中 k——混合气体的绝热指数；

r_i——混合气体各组分的容积成分；

k_i——混合气体各组分的绝热指数。

【例 2-14-1】 已知气态液化石油气的摩尔分数为：丙烷 70%，正丁烷 20%，异丁烷 10%。求压力为 6.5×10^5 Pa、30℃时液化石油气的质量比热。

【解】 ① 按下式计算各组分的质量分数：

$$\omega_i=\frac{x_i M_i}{\sum x_i M_i}$$

$$\omega_{C_3H_8}=\frac{30.87}{48.30}=63.9\%$$

$$\omega_{n-C_4H_{10}}=\frac{11.62}{48.30}=24.1\%$$

$$\omega_{i-C_4H_{10}}=\frac{5.81}{48.30}=12.0\%$$

② 计算 $p=101325$ Pa，$t=30$℃时气态液化石油气的质量比热。由图 2-14-3 查得液化石油气各组分的摩尔比热并换算成质量比热：

$$c_{C_3H_8}=\frac{75.36}{44.1}=1.71\text{kJ/(kg}\cdot\text{K)}$$

$$c_{n-C_4H_{10}}=\frac{105}{58.1}=1.81\text{kJ/(kg}\cdot\text{K)}$$

$$c_{i-C_4H_{10}}=1.81\text{kJ/(kg}\cdot\text{K)}$$

按式（2-14-8）计算气态液化石油气的质量比热：

$$c=\sum\omega_i c_i=0.01\times(63.9\times1.71+20\times425.18+10\times408.14)=1.75\text{kJ/(kg}\cdot\text{K)}$$

③ 计算 $P=6.5\times10^5$ Pa、$t=30$℃时气态液化石油气的质量比热。由式（2-6-1）和式（2-6-2）计算混合气体的拟临界压力和拟临界温度：

$$p_{cm}=\sum r_i p_{Ci}=0.01(70\times41.94\times10^5+20\times37.47\times10^5+10\times36.0\times10^5)$$
$$=4.05\text{MPa}$$
$$T_{cm}=\sum r_i T_{Ci}=0.01(70\times369.82+20\times425.18+10\times408.14)=384.8\text{K}$$
$$p_{rm}=\frac{6.5}{40.5}=0.16$$
$$T_{rm}=\frac{303}{384.8}=0.787$$

根据拟对比压力 p_{rm} 和拟对比温度 T_{rm} 由图 2-14-1 查得实际气体定压摩尔比热的修正值：$\Delta c_p=23.4\text{kJ/(kmol}\cdot\text{K)}$

混合气体的平均分子量计算：

$$M=\sum r_i M_i=0.01(70\times44.10+20\times58.12+10\times58.12)=48.3$$

按式（2-14-6）计算修正后的实际气体定压比热：

$$c_{pr}=c_p+\Delta c_p=1.75+\frac{23.4}{48.3}=2.2\text{kJ/(kg}\cdot\text{K)}$$

2.14.3 混合液体的比热

某些单质液态碳氢化合物的质量比热列于表 2-14-5。

液态碳氢化合物的比热［kJ/(kg·℃)］ **表 2-14-5**

甲烷		乙烷		丙烷		正丁烷		异丁烷		正戊烷	
温度(℃)	比热容	温度(℃)	比热容	温度(℃)	比热容	温度(℃)	比热容	温度(℃)	比热容	温度(℃)	比热容
						−23.1	2.20				
−95.1	5.46	−93.1	2.98	−42.1	2.22	−11.3	2.23				
−88.7	6.82	−33.1	3.30	0.0	2.34	−3.1	2.28	−28.12	2.17	−28.6	2.12
		−31	3.48	+20.0	2.51	0.0	2.30	−16.14	2.21	+5.92	2.28
				+40.0	2.68	+20.0	2.43				
						+40.0	2.57				

异戊烷		乙烯		丙烯		丁烯-1		顺丁烯-2		反丁烯-2	
温度(℃)	比热容	温度(℃)	比热容	温度(℃)	比热容	温度(℃)	比热容	温度(℃)	比热容	温度(℃)	比热容
								−103.2	1.98		
				−104.2	2.08						
−24.8	2.07					−109.9	1.9	−23.16	2.08	−97.16	1.97
−12.8	2.17	−121.3	2.40	−71.4	2.14	−25.36	2.10	−3.16	2.14	−19.56	2.15
+24.6	2.28	−103.1	2.41	−62.8	2.14	−19.76	2.13	+11.84	2.19	−13.6	2.18
				−49.7	2.18			+25.0	2.25		

当计算精度要求不高时，液体比热与温度的关系可用下式计算：

$$c_p=c_{p_0}+at \tag{2-14-10}$$

式中 c_p——温度为 t℃时液体的定压比热，kJ/(kg·K)；

c_{p_0}——温度为 0℃时液体的定压比热，kJ/(kg·K)；

a——温度系数。

丙烷、正丁烷和异丁烷的 a 值列于表 2-14-6。

液态烷烃的温度系数 **表 2-14-6**

名　　称	$a\times10^3$	c_{p_0}	适用温度范围(℃)
丙烷	1.51	0.576	−30～+20
正丁烷	1.91	0.550	−15～+20
异丁烷	1.54	0.550	−15～+20

液态烷烃、烯烃的比热随温度变化的值见图 2-14-3。

混合液体的比热可按下式计算：

$$c=\sum\omega_i c_i \tag{2-14-11}$$

式中　c——混合液体的质量比热，kJ/(kg・K)；

ω_i——混合液体各组分的质量成分；

c_i——混合液体各组分的质量比热，kJ/(kg・K)。

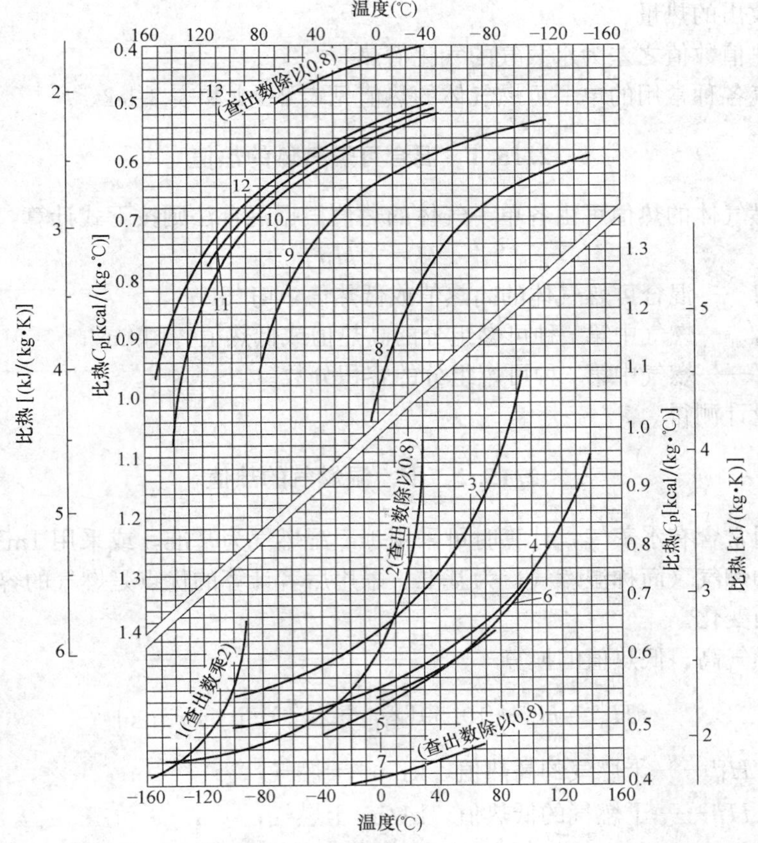

图 2-14-3　液态烷烃、烯烃的比热

1—甲烷；2—乙烷；3—丙烷；4—正丁烷；5—异丁烷；6—正戊烷；7—异戊烷；8—丁烯；9—丙烯；10—丁烯-1；11—顺丁烯-2；12—反丁烯-2；13—异丁烯

【例 2-14-2】 已知液态液化石油气的质量分数为：丙烷 60%，丙烯 15%，异丁烷 25%。求 20℃时液态液化石油气的质量比热。

【解】 由图 2-14-3 查得液态液化石油气各组分 20℃时的质量比热，再按式（2-14-11）

计算混合液体比热：

$$c=\frac{\sum \omega_i c_i}{100}=0.01\times(60\times2.97+15\times2.75+25\times2.41)=2.79\text{kJ/(kg}\cdot\text{K)}$$

2.15 热 值

1m³燃气完全燃烧所放出的热量称为燃气的热值，单位为 kJ/m³。对于液化石油气，热值单位也可用 kJ/kg。

热值可分为高热值和低热值。

高热值是指 1m³燃气完全燃烧后其烟气被冷却至原始温度，而其中的水蒸气以凝结水状态排出时所放出的热量。

低热值是指 1m³燃气完全燃烧后其烟气被冷却至原始温度。但烟气中的水蒸气仍为蒸汽状态时所放出的热量。

高、低热值数值之差为水蒸气的气化潜热。

城市燃气各种常用的单一可燃气体的热值见表 2-1-1 和表 2-1-2。

2.15.1 混合可燃气体的热值

混合可燃气体的热值可由各单一气体的热值根据混合法则按下式计算：

$$H=\sum H_i r_i \tag{2-15-1}$$

式中 H——混合可燃气体的高热值或低热值，kJ/m³；

H_i——燃气中第 i 种可燃组分的高热值或低热值，kJ/m³；

r_i——燃气中第 i 种可燃组分的容积分数。

或由热量计测得。

2.15.2 干、湿燃气的热值

燃气中通常含有水蒸气，计算时可采用 1m³湿燃气为基准，或采用 1m³干燃气带有 d 千克水蒸气的燃气（简称湿燃气）为基准。采用后者计算的优点是燃气的容积分数不随含湿量的变化而变化。

（1）干燃气高、低热值的换算

$$H_{\mathrm{h}}^{\mathrm{dr}}=H_{\mathrm{l}}^{\mathrm{dr}}+19.59\left(r_{\mathrm{H_2}}+\sum\frac{n}{2}r_{\mathrm{C}_n\mathrm{H}_m}+r_{\mathrm{H_2S}}\right) \tag{2-15-2}$$

式中 $H_{\mathrm{h}}^{\mathrm{dr}}$——干燃气的高热值，kJ/m³干燃气；

$H_{\mathrm{L}}^{\mathrm{dr}}$——干燃气的低热值，kJ/m³干燃气；

$r_{\mathrm{H_2}}$、$r_{\mathrm{C}_n\mathrm{H}_m}$、$r_{\mathrm{H_2S}}$——氢、碳氢化合物、硫化氢在干燃气中的容积分数。

（2）湿燃气高、低热值的换算：

$$H_{\mathrm{h}}^{\mathrm{w}}=H_{\mathrm{L}}^{\mathrm{w}}+\left[19.59\left(r_{\mathrm{H_2}}+\sum\frac{n}{2}r_{\mathrm{C}_m\mathrm{H}_n}+r_{\mathrm{H_2S}}\right)+2352d_{\mathrm{g}}\right]\frac{0.833}{0.833+d_{\mathrm{g}}}$$

或

$$H_{\mathrm{h}}^{\mathrm{w}}=H_{\mathrm{L}}^{\mathrm{w}}+19.59\left(r_{\mathrm{H_2}}^{\mathrm{w}}+\sum\frac{n}{2}r_{\mathrm{C}_m\mathrm{H}_n}^{\mathrm{w}}+r_{\mathrm{H_2S}}^{\mathrm{w}}+r_{\mathrm{H_2O}}^{\mathrm{w}}\right) \tag{2-15-3}$$

式中 $H_{\mathrm{h}}^{\mathrm{w}}$——湿燃气的高热值，kJ/m³湿燃气；

点火能量对甲烷空气混合物爆炸极限的影响 表 2-16-2

点火能量(J)	爆炸下限(%)	爆炸上限(%)	爆炸极限范围(%)
1	4.9	13.8	8.9
10	4.6	14.2	9.6
100	4.25	15.1	10.8
1000	3.6	17.5	13.9

(5) 爆炸容器的几何形状和尺寸

可燃气体爆炸极限是通过容器测量的，不同测试容器的几何形状、尺寸及壁面材料的导热性能，影响测试燃气爆炸极限的大小。容器大小对爆炸极限的影响可从器壁效应解释。燃烧是自由基进行一系列连锁反应的结果。只有自由基的产生数量大于消失数量时，燃烧爆炸反应才能进行。若容器表面积大，壁面材料导热系数大，向外散失的反应热量大，需要维持燃烧或爆炸反应的能量大，同时自由基与器壁碰撞的几率减少，有利于自由基的产生，因此，爆炸极限范围就小；反之，若容器表面积小，壁面材料导热系数小，向外散失的反应热量小，需要维持燃烧或爆炸反应的能量小，自由基与器壁碰撞的几率增加，有碍于自由基的产生，爆炸极限范围就大。目前测试可燃气体爆炸极限的方法很多，主要有球形密闭的容器、柱状容器和开口玻璃管测试，不同的测试方法和不同的测试条件，所测同一种可燃气体的爆炸极限也略有不同。应采用现行国家标准《空气中可燃气体爆炸极限测定方法》GB/T 12474 规定的空气中可燃气体爆炸极限的测定方法，测定燃气的爆炸极限。

(6) 可燃气体与空气混合的温度、压力

1) 温度。提高可燃混合物的温度，可使燃烧或爆炸反应增快，反应温度上升，从而使爆炸极限范围变大。所以，温度升高使可燃气体混合物的爆炸危险性增加。表 2-16-3 列出了初始温度对天然气混合物爆炸极限的影响的一组数据。

初始温度对天然气混合物爆炸极限的影响 表 2-16-3

初始温度(℃)	爆炸下限(%)	爆炸上限(%)	爆炸范围(%)	初始温度(℃)	爆炸下限(%)	爆炸上限(%)	爆炸范围(%)
20	6.0	13.4	7.4	400	4.00	14.70	10.7
100	5.45	13.5	8.05	500	3.65	15.35	11.7
200	5.05	13.8	8.75	600	3.35	16.40	13.05
300	4.40	14.25	9.85	700	3.25	18.75	15.5

用其得到爆炸上限与温度（多项式拟合）关系式：

$$L_{t,mlt}=0.0094(t/100)^4-0.1055(t/100)^4+0.4345(t/100)^4-0.3422(t/100)^4+13.4661 \tag{2-16-1}$$

扎彼泰基斯（Zabetakis）等人通过实验给出估算温度与爆炸上限的（同时有与爆炸下限的）（直线）关系式：

$$L_{tz}=L_{25}[1+0.0008(t-25)] \tag{2-16-2a}$$

$$L_{l,tz}=L_{l,25}[1-0.0008(t-25)] \tag{2-16-2b}$$

式中 $L_{t,mlt}$——爆炸上限（多项式拟合温度函数），%；

L_{tz}——爆炸上限（扎彼泰基斯温度函数），%；

$L_{l,tz}$——爆炸下限（扎彼泰基斯温度函数），%；

L_{25}——温度为 25℃时的爆炸上限❶，%；

$L_{l,25}$——温度为 25℃时的爆炸下限，%；

t——甲烷温度，℃。

两种关系式示于图 2-16-1。

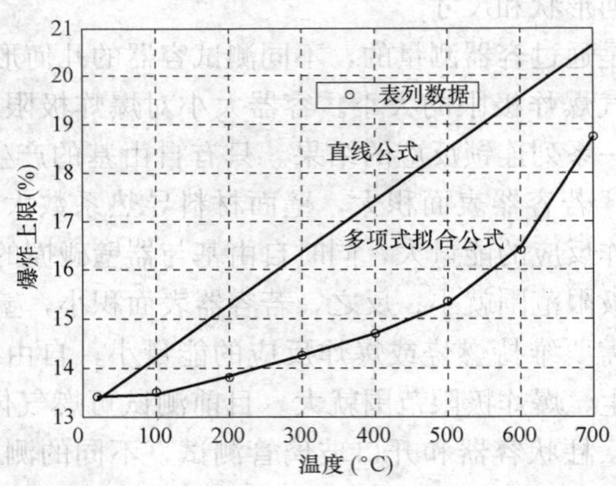

图 2-16-1　爆炸上限与温度的关系式

建议采用扎彼泰基斯直线公式（2-16-2a）。

2）压力。提高可燃混合物的压力，其分子间距缩小，碰撞几率增加，反应速度提高，爆炸范围扩大，爆炸上限变化显著，爆炸极限范围增大。表 2-16-4 列出了初始压力对甲烷爆炸极限的影响。在一般情况下，随初始压力的提高，爆炸上限明显提高，但在已知的可燃气体中，只有一氧化碳随初始压力的增加，爆炸极限缩小。

现按照本章参考文献［7］提供的实测数据❷，分别用 4 次多项式拟合与用对数式拟合得出甲烷爆炸上限与压力的关系式（2-16-3），式（2-16-4），其计算结果示于表 2-16-4 及图 2-16-2。

$$L_h = -0.0037p^4 + 0.1402p^3 - 2.0179p^2 + 14.1914p + 12.6373 \tag{2-16-3}$$

$$L_{Ln} = L_0 + 6.6755[\ln(p/p_0)]^{1.2} \tag{2-16-4}$$

式中 L_{data}——爆炸上限（Liuis 数据），%；

L_{ln}——爆炸上限（对数式拟合压力函数），%；

L_h——爆炸上限（多项式拟合压力函数），%；

L_0——爆炸上限（常压燃气），%；

p——燃气压力，MPa；

p_0——常压燃气压力（0.101325），MPa。

❶ 本手册作者取为 $L_{25}=13.4\%$。

❷ Jones. Kennedy & Spolan 的数据。

甲烷爆炸上限与压力的关系 表 2-16-4

p(MPa)	0.1013	0.4913	0.9927	1.4941	1.9955	2.4969	2.8590	4.2380
L_{data}(%)	14.0000						40.0000	46.0000
L_{ln}(%)	14.0000	18.8100	24.4459	29.4645	33.8661	37.6506	40.0000	46.4386
L_h/%	14.0544						39.7465	46.0190
p(MPa)	5.6170	6.9960	8.3750	9.7540	11.1330	12.5120	13.8910	
L_{data}(%)	49.5000	52.2000	54.4000	56.0000	57.2000	58.0500	58.8000	
L_{ln}(%)	49.3973	51.7322	53.6638	55.3127	56.7522	58.0301	59.1795	
L_h(%)	49.5000	52.2000	54.4000	55.7502	57.2382	58.3836	58.6427	

注：压力由 0.1013～2.8590MPa，L_{ln}用多项式拟合：$L_{ln}=-1.2273p^2+13.0615p+12.6895$。

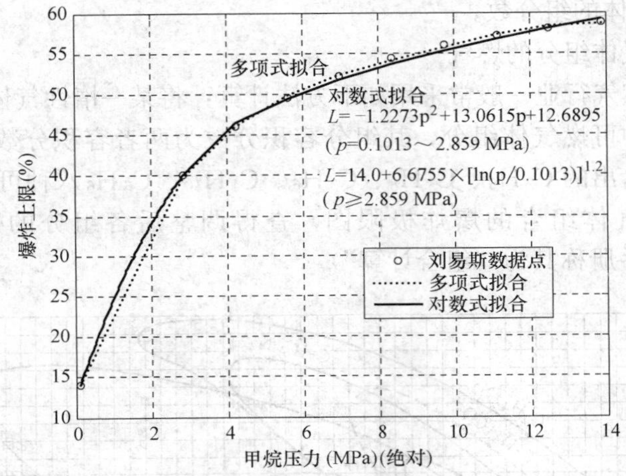

图 2-16-2 甲烷爆炸上限与压力的关系

由表 2-16-4 及图 2-16-2 可见，用 4 次多项式拟合与用对数式拟合得出甲烷爆炸上限与压力的关系式都足够准确表达本章参考文献［7］提供的实测数据，可供实用。

初始压力降低，爆炸极限范围缩小。当初始压力降低至某个定值时，爆炸上、下极限重合，此时的压力称为爆炸临界压力。低于爆炸临界压力的系统不爆炸，因此在密闭容器内减压操作对安全有利。

目前有关参考文献发表的关于燃气爆炸极限的数据，多数是用小的点火源进行测量(起爆能量多数小于 100J)，并且所用的爆炸容器比较小（0.001～0.005m^3），而且是在常温下测定。有关研究结果表明，起爆能量为 10000J、体积为 1m^3的容器时，确定的参数接近实际情况。因此，在选用有关燃气爆炸极限参数时，应弄清楚测试条件，并考虑安全系数。

2.16.2 燃气爆炸极限的计算

单质燃气爆炸极限的计算方法有多种，主要根据完全燃烧反应所需的氧原子数、化学计量浓度、燃烧热等特性计算出的近似值。因此，一般推荐采用实验测定数据。在其基础上展开对混合燃气的计算。

2.16.2.1 燃气爆炸极限的计算

(1) 只含有可燃组分的燃气

对于只含有可燃组分的混合型燃气的爆炸极限可用混合法则（Le Chatelier 法则）计算，当已知每种气体的体积组分和爆炸极限时，其体积组分与爆炸极限之比的和等于混合气体总爆炸极限的倒数，即：

$$L=\frac{1}{\sum\limits_{i=1,n}\frac{r_i}{L_i}} \tag{2-16-5}$$

式中 L——混合气体的爆炸上（下）限，%；

r_i——可燃气体各体积分数；

L_i——可燃气体各组分的爆炸上（下）限，%；

n——可燃气体的组分数。

(2) 含有惰性气体组分的燃气

在石油化工和燃气行业一般常采用如下方法计算：将某一惰性气体组分与某一可燃组分组合起来作为一种可燃气体组分，其组分容积分数为两者容积分数之和，然后根据图 2-16-3 与图 2-16-4 给出的 C_2H_6、C_3H_8、C_3H_6、C_4H_{10}、C_6H_6 八种可燃气体与 CO_2、N_2 及水蒸气三种惰性气体组合的爆炸极限图，查得调整后各组分的爆炸极限，再用式 (2-16-6) 计算（本手册称其为“组合计算”）。

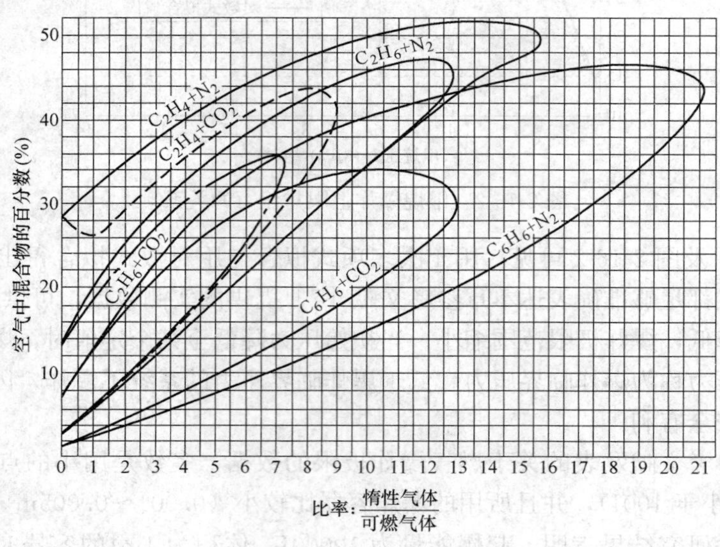

图 2-16-3 C_2H_4、C_2H_6、C_6H_6 与 N_2、CO_2 混合物的爆炸极限

$$L=\frac{1}{\sum\limits_{i=1}^{n}\frac{r_i}{L_i}+\sum\limits_{j=1}^{m}\frac{r'_j}{L'_j}} \tag{2-16-6}$$

式中 L——燃气的爆炸上（下）限，%；

r_i——可燃气体各组分的容积分数；

L_i——可燃气体各组分的爆炸上（下）限，%；

n——可燃气体的组分数；

r'_j——由某一可燃气体组分与某一惰性气体组分组成的混合组分在混合气体中的容积分数；

L'_i——由某一可燃气体组分与某一惰性气体组分组成的混合组分在该混合比时的爆炸上（下）限，%；

m——由可燃气体组分与惰性气体组分组成的总组合数。

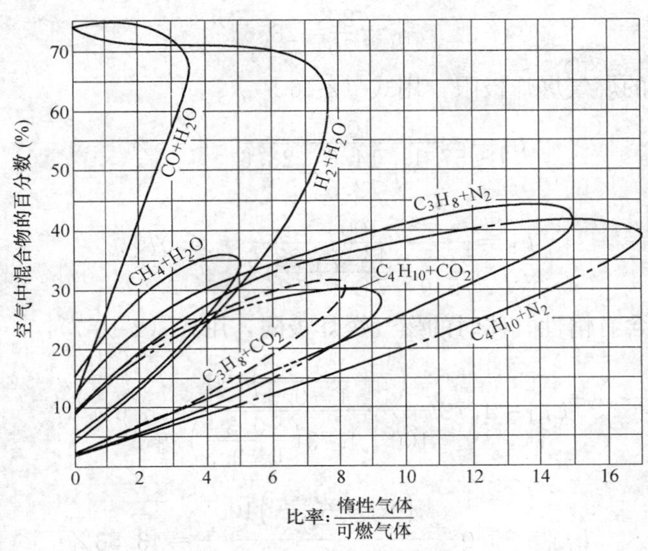

图 2-16-4　CO、H_2、CH_4、C_3H_8、C_4H_{10}与H_2O、N_2、CO_2混合物的爆炸极限

此外还可用下式估算含惰性气体的燃气的爆炸极限：

$$L=L_c\frac{(1+B/(1-B))\times 100}{100+L_cB/(1-B)} \tag{2-16-7}$$

式中　L_c——不含惰性气体的爆炸极限，%；

B——惰性气体容积分数。

由于式（2-16-7）未考虑不同类型的惰性气体对可燃气体爆炸极限的惰化效率不同，计算误差较大。若将惰性气体都视为N_2，则计算结果会偏保守，因而在工程中有其应用价值。

（3）含有氧气的燃气

混合型燃气中含有氧气时，可认为混入了空气。对含有氧气的燃气，扣除其按空气氧氮比例的空气量，其余组分的爆炸极限即是含有惰性气体组分的燃气的爆炸极限，即燃气的无空气基的爆炸极限，也即是一般所指的“燃气爆炸极限”。因而计算含有氧气的燃气爆炸极限，先扣除含氧量以及按空气氧氮比例求得的氮含量，重新调整可燃气体的容积分数（本手册称其为“调整计算”），用式（2-16-5）或式（2-16-6）计算，再用式（2-16-7）计算其爆炸极限。可见这是分两步或三步进行的。

【例 2-16-1】　已知燃气的组成为：$r_{H_2}=40\%$、$r_{CO}=10\%$、$r_{CH_4}=20\%$、$r_{(CO_2+N_2)}=30\%$。求其爆炸极限。

【解】 第1步，调整计算可燃组分容积分数，计算不含惰性气体的燃气爆炸极限（可燃基爆炸极限）。

可燃组分的总含量为100%－30%＝70%，调整后各可燃组分容积分数为：

$$r_{H_2}=\frac{40}{70}=57.1\%$$

$$r_{CO}=\frac{10}{70}=14.3\%$$

$$r_{CH_4}=\frac{20}{70}=28.6\%$$

不含惰性气体的燃气爆炸极限，用式（2-16-5）：

$$L_1=\frac{100}{\frac{57.1}{4}+\frac{14.3}{12.5}+\frac{28.6}{5}}=4.73\%$$

$$L_h=\frac{100}{\frac{57.1}{75.9}+\frac{14.3}{74.2}+\frac{28.6}{15}}=35.07\%$$

第2步，计算含有惰性气体时的燃气爆炸极限，用式（2-16-7）：

$$L_{i,1}=4.73\frac{\left(1+\frac{0.3}{1-0.3}\right)100}{100+4.73\left(\frac{0.3}{1-0.3}\right)}=6.6\%$$

$$L_{i,h}=35.07\frac{\left(1+\frac{0.3}{1-0.3}\right)100}{100+35.2\left(\frac{0.3}{1-0.3}\right)}=43.53\%$$

【例2-16-2】 已如燃气的容积分数为$r_{CO_2}=5.75\%$，$r_{C_3H_6}=5.3\%$，$r_{O_2}=1.7\%$，$r_{CO}=8.4\%$，$r_{H_2}=20.93$，$r_{CH_4}=18.27\%$，$r_{N_2}=39.7\%$。求该燃气的爆炸极限。

【解】 第1步，根据空气中O_2/N_2气体的比例，扣除相当于1.7%O_2所需的N_2含量后，则燃气中所余N_2的容积分数为：

$$\frac{1}{100}\left(39.7-1.7\times\frac{79}{21}\right)=33.3\%$$

第2步，剩下燃气的容积为：

$$\frac{1}{100}\left(100-1.7\times\frac{79}{21}-1.7\right)=91.9\%$$

第2步是为了“调整计算”混合气体的容积分数。

重新调整混合气体的容积分数，得到：

$r_{CO_2}=6.2\%$，$r_{C_3H_6}=5.77\%$，$r_{CO}=9.14\%$，$r_{H_2}=22.78$，$r_{CH_4}=19.9\%$，$r_{N_2}=36.2\%$。

第3步，按含有惰性气体的可燃混合气体组合爆炸极限的计算方法（即“组合计算”）进行：

$$r_{H_2}+r_{N_2}=(22.78+36.2)\%=58.4\%,\ \frac{r_{N_2}}{r_{H_2}}=\frac{36.2}{22.78}=1.589$$

$$r_{CO}+r_{CO_2}=(9.14+6.2)\%=15.34\%,\ \frac{r_{CO_2}}{r_{CO}}=\frac{9.14}{6.2}=0.678$$

由图 2-16-1 查得各混合组分在上述混合比时的爆炸极限相应为 11%～75% 和 22%～68%。

由表 2-1-2 查得甲烷的爆炸极限为 5.0%～15%，丙烯 C_3H_6 的爆炸极限为 2.0%～11.7%。

按式（2-16-6），燃气爆炸极限为：

$$L_l=\frac{100}{\dfrac{15.34}{22}+\dfrac{58.89}{11}+\dfrac{19.9}{5.0}+\dfrac{5.77}{2.0}}\approx 7.74\%$$

$$L_h=\frac{100}{\dfrac{15.34}{68}+\dfrac{58.89}{75}+\dfrac{19.9}{15}+\dfrac{5.77}{11.7}}\approx 35.31\%$$

2.16.2.2 燃气整体爆炸极限

需注意到，如上段所指出的，扣除了按空气氧氮比例空气量求得的爆炸极限是“无空气基燃气的爆炸极限”，即是通常所称的“燃气爆炸极限”，不是就原燃气全部组分整体的浓度界定的爆炸极限。笔者定义按原燃气整体的浓度界定的爆炸极限为“整体爆炸极限”。

实际上，燃气“整体爆炸极限”有重要的工程意义，例如考虑燃气加臭问题，燃气中掺入加臭剂的计算和运行控制都涉及燃气“整体爆炸极限”。燃气整体爆炸极限由下式计算：

$$L_T=L\frac{1}{1-r_A} \tag{2-16-8}$$

$$r_A=4.76r_O$$

式中 L_T——燃气整体爆炸极限，%；

L——燃气爆炸极限（无空气基燃气的爆炸极限），%；

r_A——燃气的折算空气含量；

r_O——燃气中氧含量。

【例 2-16-3】 计算丙烷—空气混合气的整体爆炸极限，丙烷：空气＝50%：50%。

【解】 混合气中氧含量 $r_O=0.105$，或直接已知 $r_A=0.5$，混合气的爆炸上限即丙烷的爆炸上限，$L_h=9.5\%$。由式（2-16-8）计算得混合气的整体爆炸上限：

$$L_{Th}=9.5\times\frac{1}{1-0.5}=19\%$$

2.16.2.3 燃气爆炸极限的直接计算

基于式（2-16-7），将各惰性气体都看为 N_2，可推得下列燃气爆炸极限的（用原始燃气组成的容积分数的）“直接计算”公式：

$$L=\frac{(1-4.76r_O)}{\sum\limits_{k=1}^{m}\dfrac{r_k}{L_k}+0.01(r_N-3.76r_O)} \tag{2-16-9}$$

式中 L——含惰性气体的燃气的爆炸极限（上限或下限），%；

L_k——燃气中可燃气组分的爆炸极限（上限或下限），%；

r_k——燃气中可燃气组分容积分数；

r_O——燃气中氧气容积分数；

r_N——燃气中惰性气容积分数。

m——燃气中可燃气组分数。

【例 2-16-3】 对【例 2-16-1】的数据用式（2-16-9）再作计算。

【解】 $$L_h=\frac{(1-4.74\times0)}{\left(\frac{0.4}{75.9}+\frac{0.1}{74.2}+\frac{0.2}{15}\right)+0.01\times(0.3-3.76\times0)}=43.57\%$$

比较【例 2-16-1】的计算过程，可看到直接计算公式计算过程简单，计算结果相同。

【例 2-16-4】 对【例 2-16-2】的数据用式（2-16-9）再作计算。

【解】 $$L_h=\frac{(1-4.74\times0.017)}{\left(\frac{0.2093}{75.9}+\frac{0.084}{74.2}+\frac{0.1827}{15}+\frac{0.053}{11.7}\right)+0.01\times(0.3-3.76\times0.017)}=37.46\%$$

$$L_l=\frac{(1-4.74\times0.017)}{\left(\frac{0.2093}{4.0}+\frac{0.084}{12.5}+\frac{0.1827}{5.0}+\frac{0.053}{2.0}\right)+0.01\times(0.3-3.76\times0.017)}=7.29\%$$

比较【例 2-16-2】的计算过程，可看到直接计算公式计算过程十分简单，并且无“组合计算”的查图偏差。

爆炸极限计算结果：直接计算／组合计算⇒（7.29，37.46）／（7.74，35.31）。可见直接计算公式是略偏保守的。

2.17　燃气混合安全性

2.17.1　混合燃气爆炸极限直接计算

多种燃气混合。

对 n 种燃气的混合燃气，设各种燃气所占分数分别为：

$$y_1,y_2,\cdots,y_j\cdots y_{n-1},y_n$$

∴ $$\sum_{j=1}^{n-1}y_j+y_n=1$$

$$y_n=1-\sum_{j=1}^{n-1}y_j$$

记 $$Y=(y_1,y_2,\cdots,y_j\cdots y_{n-1})$$

式中　y_j——混合燃气中，参与混合的第 j 种燃气容积分数；

y_n——混合燃气中，参与混合的第 n 种燃气容积分数；

Y——$n-1$ 种参与混合的燃气在混合燃气中的分数向量。

每种燃气可能含有 m 种可燃组分，以及 O_2，代表惰性气体的 N_2。

第 j 种燃气中第 i 种可燃组分容积分数为 r_{ij}，O_2 容积分数为 r_{Oj}，N_2 容积分数为 r_{Nj}

记 $$\Delta r_{ij}=r_{ij}-r_{in}\qquad(i=1,2\cdots m\qquad j=1,2\cdots n-1)$$

$$\Delta r_{Nj}=r_{Nj}-r_{Nn}$$

$$\Delta r_{Oj}=r_{Oj}-r_{On}$$

$$\sum\nolimits_{\Delta j}=\sum_{i=1}^{m}\frac{\Delta r_{ij}}{L_i}$$

$$\sum\nolimits_{\mathrm{n}}=\sum_{i=1}^{m}\frac{r_{i\mathrm{n}}}{L_i}$$

式中 r_{ij}——第 j 种参与混合的燃气的第 i 种可燃组分容积分数；

$r_{\mathrm{N}j}$——第 j 种参与混合的燃气的惰性气体组分容积分数；

$r_{\mathrm{O}j}$——第 j 种参与混合的燃气的氧气组分容积分数；

$r_{i\mathrm{n}}$——第 n 种参与混合的燃气的第 i 种可燃组分容积分数；

r_{Nn}——第 n 种参与混合的燃气的惰性气体组分容积分数；

r_{On}——第 n 种参与混合的燃气的氧气组分容积分数。

按燃气爆炸极限的定义，对 n 种燃气的混合，得到用 n 种参与混合的燃气各燃气组分容积分数表示的混合燃气爆炸极限多元函数 $L(Y)$ 的表达式[9]：

$$L(Y)=\frac{100\times\left[1-4.76r_{\mathrm{On}}-4.76\sum\limits_{j=1}^{n-1}(y_j\Delta r_{\mathrm{O}j})\right]}{\sum\limits_{j=1}^{n-1}\left[y_j\left(100\sum\nolimits_{\Delta j}+\Delta r_{\mathrm{N}j}-3.76\Delta r_{\mathrm{O}j}\right)\right]+\left(100\sum\nolimits_{\mathrm{n}}+r_{\mathrm{Nn}}-3.76r_{\mathrm{On}}\right)} \tag{2-17-1a}$$

采用符号：

$$A(Y)=100\times4.76\sum_{j=1}^{n-1}(y_j\Delta r_{\mathrm{O}j})$$

$$B=100\times(1-4.76\Delta r_{\mathrm{On}})$$

$$E(Y)=\sum_{j=1}^{n-1}\left[y_j\left(100\sum\nolimits_{\Delta j}+\Delta r_{\mathrm{N}j}-3.76\Delta r_{\mathrm{O}j}\right)\right]$$

$$F=100\sum\nolimits_{n}+r_{\mathrm{Nn}}-3.76r_{\mathrm{On}}$$

式（2-17-1a）简写为：

$$L(Y)=\frac{B-A(Y)}{E(Y)+F} \tag{2-17-1b}$$

式（2-17-1b）简明地由各参与混合的燃气组分分数直接计算混合燃气的爆炸极限函数值；鉴于式（2-17-1）是 Y 的函数，式（2-17-1）即描述了燃气混合动态过程中，参与混合的各燃气分数不断变化导致混合燃气爆炸极限的连续数值变化。因而它可用于对燃气混合的安全性问题的研究。

2.17.2 燃气混合安全性定律

在实际工作中，可能遇到数种燃气混合形成新的混合燃气的情况。多种燃气，例如，两种燃气经过混合形成某一比例的混合燃气要经历一个变化过程。若规定其中一种燃气混合后最终容积分数是 y^*，则混合过程不会立即完成，而是要经历由 $y=0$ 到 y^*，或 $y=1$ 到 y^*，即混合是一种动态过程。混合燃气的爆炸极限因而是参与混合的燃气的分数（Y）的函数，表达如式（2-17-1a），式（2-17-1b）。

“燃气的浓度”定义为燃气中不包括空气的其余组分（即无空气基）占该燃气全部组分的容积百分数。

燃气是否安全是指燃气的浓度是否高于燃气爆炸上限（或低于爆炸下限）；燃气混合是否安全是指混合过程自始至终燃气的浓度是否高于燃气爆炸上限（或低于爆炸下限）。

燃气混合安全性定律直接给出了对这一问题的回答[9]。实际工程问题中，对燃气混合安全性只需考虑混合燃气（无空气基）浓度高于爆炸上限。

对于由多种燃气混合的混合燃气，燃气的浓度为：

$$C(Y)=100\times\left[1-4.76r_{\mathrm{On}}-4.76\sum_{j=1}^{n-1}(y_j\Delta r_{\mathrm{O}j})\right] \tag{2-17-2a}$$

式中 $C(Y)$——混合燃气的浓度（混合燃气扣除折算空气的组分相对于全体混合燃气的含量），%。

式（2-17-2a）可写为：

$$C(Y)=B-A(Y) \tag{2-17-2b}$$

燃气的浓度与燃气爆炸极限之差称为“浓度差”。对多种燃气混合的混合燃气由于燃气混合比例是变化的，因而浓度差是一个函数，称为“浓度差函数”。

多种燃气混合的混合燃气的浓度与混合燃气爆炸上限的浓度差函数由式（2-17-1b）、式（2-17-2b）得出：

$$\Delta C(Y)=[B-A(Y)]\left[1-\frac{1}{E(Y)+F}\right] \tag{2-17-3a}$$

式中 $\Delta C(Y)$——混合燃气的浓度与混合燃气爆炸上限的浓度差函数，%。

燃气混合安全性定律：

参与混合的燃气各单独存在时，其浓度差中的最小者大于或等于对混合燃气所规定的安全浓度差时，则它们的混合过程形成的混合燃气的浓度差函数值总是大于或等于安全浓度差，即燃气混合是动态安全的。

即：

$$[\Delta C(y_1,y_2,\cdots,y_{n-1})\geqslant\Delta C_{\mathrm{S}}]|(\Delta C_{\min}\geqslant\Delta C_{\mathrm{S}}) \tag{2-17-3b}$$

其中

$$\Delta C_{\min}=\mathrm{Min}(\Delta C_1,\ \Delta C_2,\ \cdots,\ \Delta C_{\mathrm{n}})$$

式中 ΔC_{S}——规定的安全浓度差。

ΔC_1，ΔC_2，…，ΔC_{n}——参与混合的各燃气的浓度差，%；

$\Delta C_{\min}$——参与混合的各燃气的浓度差的最小值，%。

图2-17-1是一个燃气混合安全性的分析例子，可以看到，燃气混合过程中混合燃气

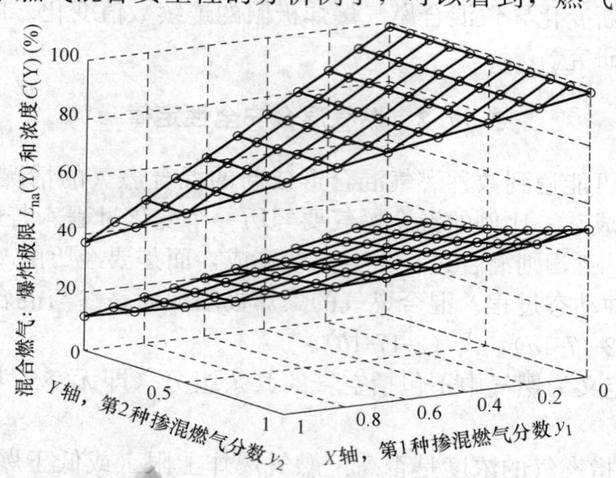

图2-17-1 燃气混合安全性动态分析

的浓度总是大于混合燃气的爆炸上限。

2.18 天然气含水量、水合物

2.18.1 气体在水中的溶解度

气体在水中的溶解度与气体性质、压力及温度有关。在大多数情况下；气体的溶解度随温度的升高而降低。在一定的温度条件下，气体的溶解度一般随压力的升高而增加。

常压下某些烃类、氢、二氧化碳气体在水中的溶解度如图 2-18-1 所示。

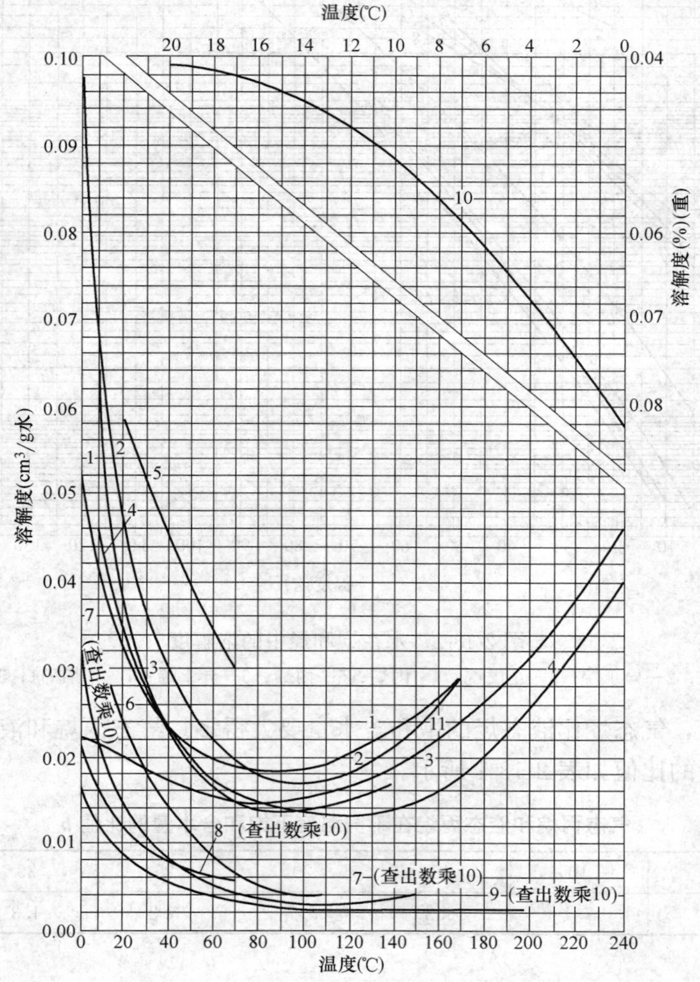

图 2-18-1 常压下烃类、氢、二氧化碳在水中的溶解度

1—甲烷；2—乙烷；3—丙烷；4—正丁烷；5—正戊烷；6—异丁烷；

7—异丁烯；8—乙烯；9—二氧化碳；10—丙烯；11—氢

2.18.2　水在液态烃中的溶解度

水在液态烃中的溶解度与烃的种类、温度及压力有关。在饱和蒸气压力下水在液态烃中的溶解度如图 2-18-2 所示。

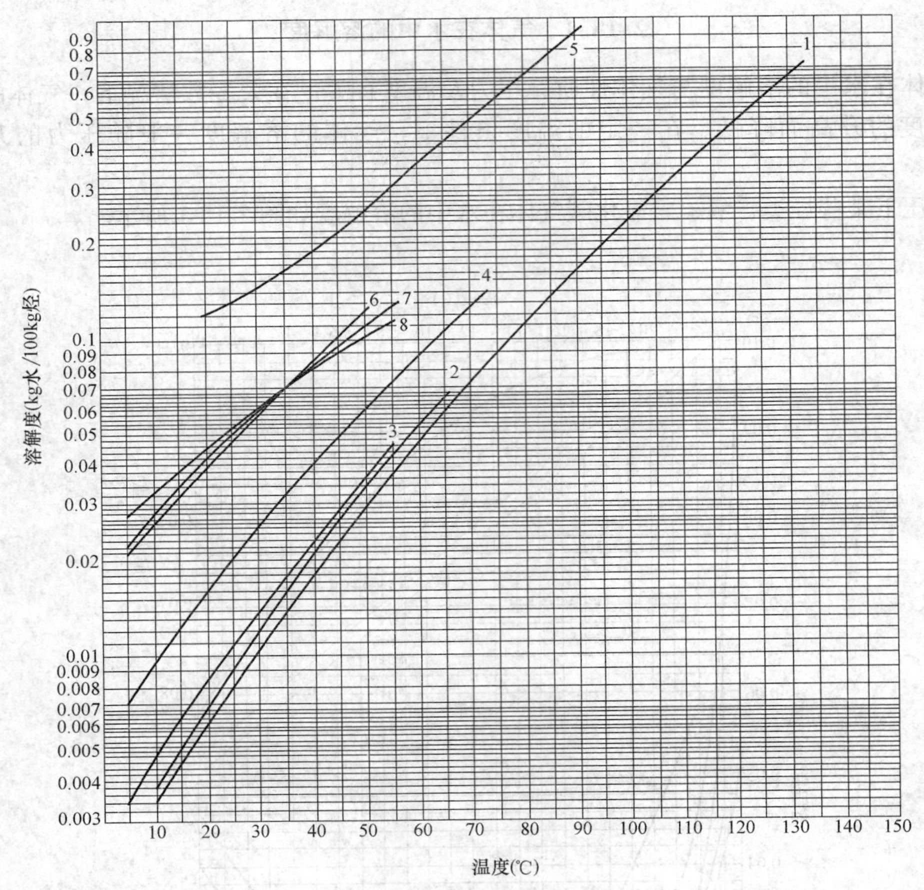

图 2-18-2　水在饱和烃中的溶解度

1—正丁烷；2—异丁烷；3—正戊烷；4—丙烷；5—丙烯；6—异丁烯；7—丁烯—1；8—丁烯—2

一般情况下，气态烃比液态烃的饱和含水量要大得多。气态丙烷和液态丙烷在不同温度下饱和含水量的比值如表 2-18-1 所示。

气态丙烷和液态丙烷在不同温度下饱和含水量的比值 *b*　　表 2-18-1

温度(℃)	5	10	15	20	25	35	45
b	8.2	7.1	6.3	5.7	5.2	4.3	4.1

2.18.3　计算法确定天然气的含水量

水可以以气相或液滴形式在天然气中夹带着。天然气的含水气量和天然气的压力、温度、组分有关，可用绝对湿度和相对湿度来描述。

在任意给定的温度和压力条件下，气体可以保持一个最大的水汽量。当气体在给定温度和压力条件下含有最大的水汽量时（即达到相平衡时气相中的含水汽量），就是处于完全饱和状态。在该压力下的饱和温度就是气体的露点。天然气的水汽含量在图 2-18-3 中

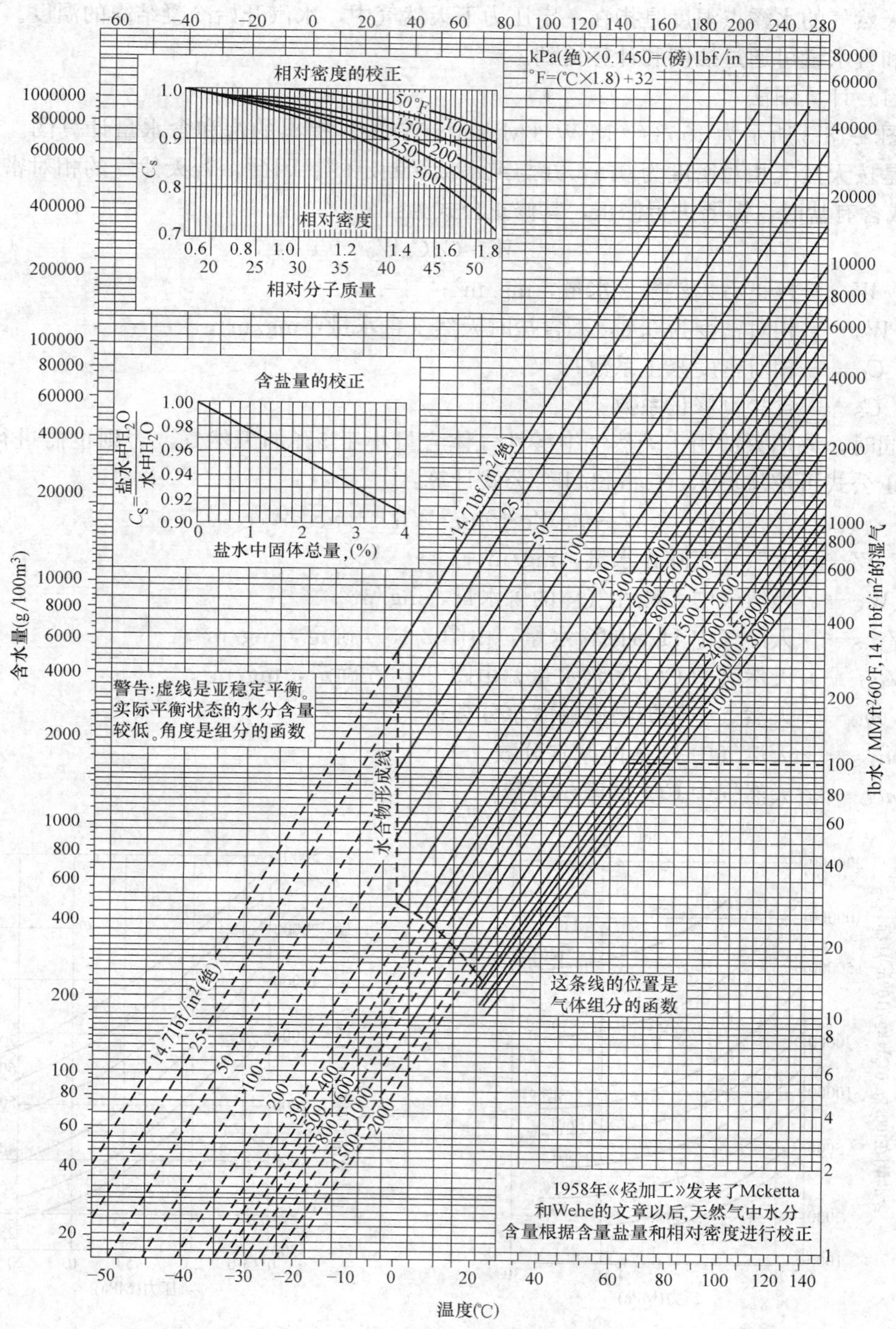

图 2-18-3 不同压力和温度下天然气的含水量

给出。从图中可看出，保持饱和水蒸气气体的体积和压力不变，在较低温度下，由于气体容纳水的能力下降，水将凝析出来。如果体积和温度保持不变，而使压力上升，同样水将凝析出来。

天然气的水露点温度是指在一定压力下天然气中，水汽开始冷凝结露的温度。天然气的饱和含水量可通过插图和计算得到。

(1) 计算图法

图 2-18-3 所示为 1958 年 M-W（Mcketta-Wehe）提出的饱和含水量计算图。该图中曲线是按天然气相对密度为 0.6，并与纯水接触制定的。因此，若天然气的相对密度不是 0.6 或含有盐时，需要进行修正，其修正公式为：

$$W=C_G C_S W_0 \tag{2-18-1}$$

式中　W——校正后天然气含水量，mg/m³；

W_0——相对密度为 0.6，不含盐时天然气含水量，mg/m³；

C_G——相对密度修正系数；

C_S——含盐量修正系数。

同时，该图只适用于天然气中酸性气体含量小于 5% 的天然气，否则也需进行修正。其修正公式可按坎贝尔（Camnbell）公式计算：

$$W=m_C W_C+m_{H_2S} W_{H_2S}+m_{CO_2} W_{CO_2} \tag{2-18-2}$$

式中　W——天然气实际含水量，mg/m³；

W_C——天然气中无酸性气体的含水量，mg/m³；

W_{H_2S}——天然气中 H_2S 的含水量，由图 2-18-4 确定，mg/m³；

W_{CO_2}——天然气中 CO_2 的含水量，由图 2-18-5 确定，mg/m³；

m_C——天然气中烃类物质的摩尔分数；

m_{H_2S}——天然气中 H_2S 的摩尔分数；

m_{CO_2}——天然气中 CO_2 的摩尔分数。

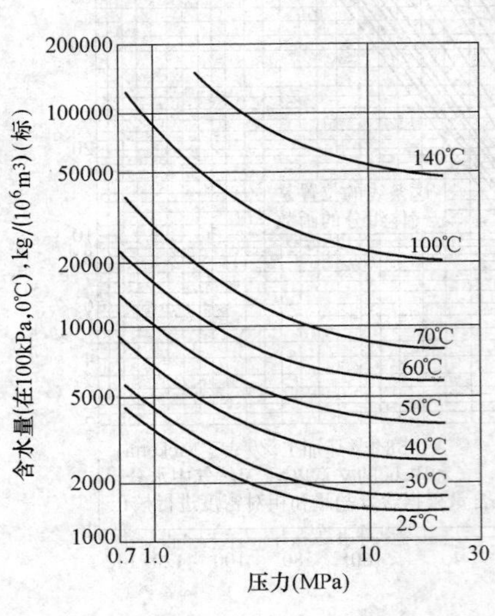

图 2-18-4　饱和天然气中 H_2S 的含水量

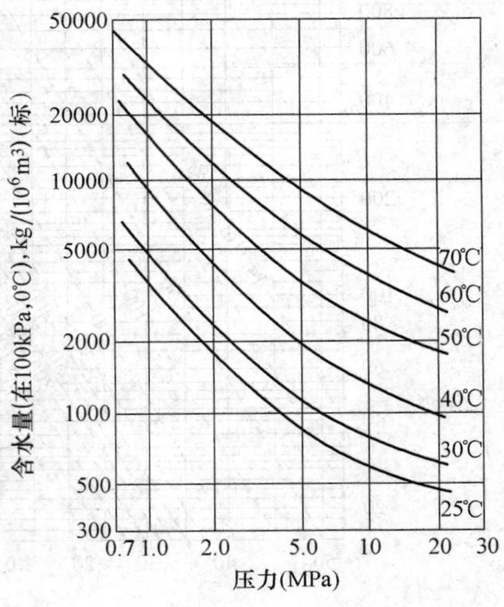

图 2-18-5　饱和天然气中 CO_2 的含水量

(2) 公式计算法

天然气中含水量也可按下式计算：

$$W=1.6017AB^{(1.8t+32)} \tag{2-18-3}$$

$$A=\sum_{i=1}^{4}a_i\left(\frac{0.145p-350}{600}\right)^{i-1} \tag{2-18-4}$$

$$B=\sum_{i=1}^{4}b_i\left(\frac{0.145p-350}{600}\right)^{i-1} \tag{2-18-5}$$

式中 W——天然气中含水量，mg/m^3；

t——系统温度，℃；

A，B——与压力有关的系数；

p——系统压力，kPa；

a_i，b_i——系数，见表 2-18-2。

计算系数 **表 2-18-2**

系数	温度范围	
	$t<37.78$℃	$37.78℃\leqslant t\leqslant 82.22$℃
a_1	4.34322	10.38157
a_2	1.35912	−3.41588
a_3	−6.82391	−7.93877
a_4	3.95407	5.8495
b_1	1.03776	1.02674
b_2	−0.02865	−0.01235
b_3	0.04198	0.02313
b_4	−0.01945	−0.01155

2.18.4 水合物的生成

天然气的主要成分是甲烷，还有少量的乙烷、丙烷、丁烷及惰性气体。这些碳氢化合物中的水分超过一定的含量，在一定的温度压力条件下，水能与液相和气相的碳氢化合物生成结晶水合物 $C_nH_m \cdot xH_2O$（甲烷，$x=6\sim7$；乙烷，$x=6$；丙烷及异丁烷，$x=17$）。水合物在聚集状态下是白色的结晶体，或带铁锈色。依据它的生成条件，一般水合物类似于冰或致密的雪。水合物是不稳定的结合物，在低压或高温的条件下易分解为气体和水。

在湿天然气中形成水合物的主要条件是压力和温度。图 2-18-6 给出天然气各组分形成水合物的压力、温度范围。图中曲线是形成水合物的界限，曲线左边是水合物存在的区域，右边是水合物不存在的区域。曲线的右端点是水合物存在的临界区域，高于此温度在任何高压力下都不能形成水合物。这个温度如下：甲烷 21.5℃、乙烷 14.5℃、丙烷 5.5℃、丁烷 1.9℃。

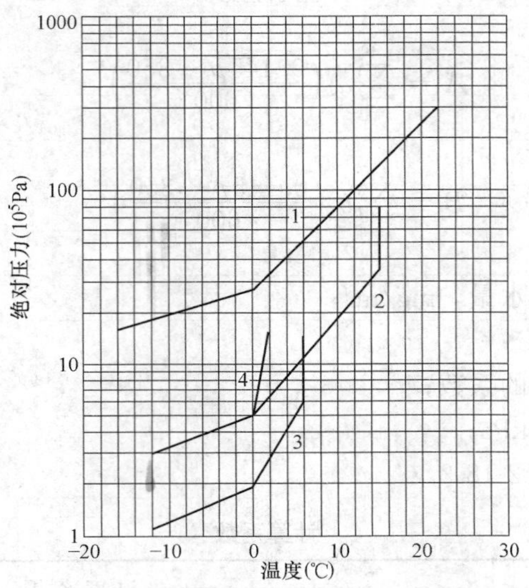

图 2-18-6　水合物生成条件

1—甲烷；2—乙烷；3—丙烷；4—丙烯

由图 2-18-6 可知，水合物的形成与天然气的成分、温度、水蒸气的含量和密度等因素有关。在同样温度下形成较重的烃类水合物所需的压力低。在湿天然气中形成水合物的次要条件是：含有杂质、高速、紊流、脉动（例如由往复式压缩机引起的），急剧转弯等因素。

如果天然气被水蒸气饱和，即输气的温度等于湿气露点的温度，则水合物即可以形成，因为混合物中水蒸气分压远超过水合物的蒸气压。但如果降低气体中水分含量使得水蒸气分压低于水合物的蒸汽压，则水合物就不存在了。高压输送天然气并且管路中含有足够水分时，会遇到生成水合物问题。

判断天然气是否被水蒸气饱和，可按式（2-18-6）确定天然气的饱和含水量：

$$W=\left(\frac{0.08907A}{p}+B\right)C_S \tag{2-18-6}$$

$$C_S=D_1-D_2S+D_3S^2-D_4S^3$$

式中　A、B——与天然气温度有关的系数，见表 2-18-3；

p——天然气的绝对压力，MPa；

C_S——与天然气相对密度有关的系数；

D_1、D_2、D_3、D_4——与天然气温度有关系数，见表 2-18-4；

S——天然气的相对密度。

系数 ***A***、***B*** 表 2-18-3

温度(℃)	A	B	温度(℃)	A	B
−40	0.145100	0.003470	32	36.100000	0.189500
−38	0.178000	0.004020	34	40.500000	0.207000
−36	0.218900	0.004650	36	45.200000	0.224000
−34	0.267000	0.005380	38	50.800000	0.242000
−32	0.323500	0.006230	40	56.250000	0.263000
−30	0.393000	0.007100	42	62.700000	0.285000
−28	0.471500	0.008060	44	69.250000	0.310000
−26	0.566000	0.009210	46	76.70000	0.3350000
−24	0.677500	0.010430	48	85.290000	0.363000
−22	0.809000	0.011680	50	94.000000	0.391000
−20	0.960000	0.013400	52	103.000000	0.422000
−18	1.144000	0.015100	54	114.000000	0.454000
−16	1.350000	0.017050	56	126.000000	0.487000
−14	1.590000	0.019270	58	138.000000	0.521000
−12	1.868000	0.021155	60	152.000000	0.562000
−10	2.188000	0.022900	62	166.500000	0.599000
−8	2.550000	0.027100	64	183.300000	0.645000
−6	2.990000	0.030350	66	200.500000	0.691000
−4	3.480000	0.033800	68	219.000000	0.741000
−2	4.030000	0.037700	70	238.500000	0.793000
0	4.670000	0.041800	72	260.000000	0.841000
2	5.400000	0.046400	74	283.000000	0.902000
4	6.225000	0.051500	76	306.000000	0.965000
6	7.150000	0.057100	78	335.000000	1.023000
8	8.200000	0.063000	80	363.000000	1.083000
10	9.390000	0.069600	82	394.000000	1.148000
12	10.720000	0.076700	84	427.000000	1.205000
14	12.390000	0.085500	86	462.000000	1.250000
16	13.940000	0.093000	88	501.000000	1.290000
18	15.750000	0.102000	90	537.500000	1.327000
20	17.870000	0.112000	92	528.500000	1.367000
22	20.150000	0.122700	94	624.000000	1.405000
24	22.800000	0.134300	96	672.000000	1.445000
26	25.500000	0.145300	98	525.000000	1.487000
28	28.700000	0.159500	100	776.000000	1.530000
30	32.300000	0.147000	110	1093.000000	2.620000

系数 D_1、D_2、D_3、D_4　　表 2-18-4

温度(℃)	D_1	D_2	D_3	D_4
10	1.04345	0.13006	0.12798	0.05208
30	1.04393	0.12292	0.11607	0.05208
60	1.09726	0.26855	0.23214	0.08681
90	1.07500	0.17381	0.11161	0.05208
120	1.11726	0.27073	0.16815	0.06944
150	1.14071	0.34048	0.241707	0.10417

工程计算时，A、B 也可按式（2-18-7）与式（2-18-8）计算：

$$A=\exp(-14.647619x^4+82.110849x^3-181.003678x^2+194.078257x-78.994983 \tag{2-18-7}$$

$$B=27.776794x^4-97.1202379x^3+128.371423x^2-75.899043x+16.913013 \tag{2-18-8}$$

$$x=T/273;$$

式中　T——天然气温度，绝对温度（K）。

对于被水饱和的天然气，可以用平衡压力判断水合物是否生成。天然气低于该平衡温度下的平衡压力就不能生成水合物。平衡压力的计算公式如下：

$$P_L=E_1+E_2t+E_3t^2+Et^3 \tag{2-18-9}$$

式中　p_L——平衡压力（绝对），MPa；

E_1、E_2、E_3、E_4——与天然气温度、相对密度有关的系数，见表 2-18-5；

t——天然气温度,℃。

系数 E_1、E_2、E_3、E_4　　表 2-18-5

相对密度	−12℃≤t<0℃				0≤t<15℃				15℃≤t<25℃			
	E_1	E_2	E_3	E_4	E_1	E_2	E_3	E_4	E_1	E_2	E_3	E_4
0.555	2.55	0.098	0.002	0	2.55	0.22467	0.0172	0.00093	2.08	0.943	−0.0926	0.0052
0.6	0.98	0.039	0.001	0	0.98	0.136	−0.0002	0.00092	−39.15	9.09633	−0.6464	0.01607
0.7	0.67	0.03	0.0008	0	0.67	0.09633	−0.0004	0.00071	−35.73	8.241	−0.5894	0.01456
0.8	0.51	0.02	0.0004	0	0.51	0.088	−0.0034	0.00076	−24.05	5.68533	−0.4178	0.01079
0.9	0.41	0.015	0.0002	0	0.41	0.056	0.0012	0.00048	−20.66	4.94967	−0.3696	0.00969
1.0	0.35	0.017	0.0006	0	0.35	0.058	−0.0004	0.00048	−19.29	4.63733	−0.349	0.00919

在天然气—水合物共存时，水合物具有一定的饱和水蒸气压力，由于水蒸气生成水合物，因此会小于同温度下天然气—水共存时的饱和水蒸气压力，由此可推算水合物生成量。

天然气—水合物共存时，水合物的饱和水蒸气压力：

$$p_{sh}=266.64+38.22t+3.1998t^2-0.0356t^3 \tag{2-18-10}$$

式中　p_{sh}——天然气—水合物共存时，水合物的饱和水蒸气压力，Pa。

天然气—水共存时，水的饱和水蒸气压力：

$$p_{sw}=599.95+91.1063t-6.666t^2+0.3556t^3 \quad (2\text{-}18\text{-}11)$$

式中 p_{sw}——天然气—水共存时，水的饱和水蒸气压力，Pa。

生成水合物的水蒸气耗量：

$$W_h=W\left(1-\frac{p_{sh}}{p_{sw}}\right) \quad (2\text{-}18\text{-}12)$$

式中 W_h——单位体积天然气耗于生成水合物的水蒸气量，g/m^3。

生成水合物的体积量：

$$V_h=\frac{W_h q}{9\times10^5} \quad (2\text{-}18\text{-}13)$$

式中 V_h——生成水合物量，m^3/d；

q——天然气流量，m^3/d。

2.18.5 防止水合物生成的方法

为防止天然气水合物的生成，在不同的场合相应采取不同的参数控制，如从气田或地下储气库采气时，采取脱水、降压或调节温度等措施后由长输管线供出。天然气的深度脱水方法主要有冷冻法、吸附法和吸收法。对于 2～2.5 MPa 及以上压力的高压天然气在实际工程中考虑到管道与周围环境换热的影响，一般节流后的最低温度在－60℃左右，可根据气体中的含水量不同，采用不同的方法结合在天然气加压前进一步脱水。

目前天然气的脱水方法主要有冷冻法、吸附法和吸收法。

(1) 冷冻法在加冷源的条件下，对天然气进行降温，使天然气中的水分凝结排除，在将天然气恢复的常温，从而实现脱水。

(2) 吸收法主要是用甲醇、甘醇（乙二醇 CH_3CH_2OH)、二甘醇、三甘醇、四甘醇等作为反应剂。醇类之所以能用来分解或预防水合物的产生，是因为它的蒸气与水蒸气可形成溶液，水蒸气变为凝析水，降低形成水合物的临界点。醇类的水溶液的冰点比水的冰点低得多，吸收了气体中的水蒸气，因而使气体的露点降低的多。在使用醇类的设备上装有排水装置，将吸收产生的液体及时排除。其中甲醇具有毒性，用于天然气流量与水合物生成量不大，且温度较低的场合，乙二醇、二甘醇等甘醇类化合物无毒，沸点高于甲醇，蒸发损失小，可回收再生使用，大大降低成本，适用于处理气量较大场合。对于管线宜采用乙二醇；而在分离器，热交换器等设备中宜采用蒸气压较低的二甘醇．三甘醇。

无机盐抑制剂有氯化钙（$CaCl_2$），氯化钠（NaCl），氯化镁（$MgCl_2$），氯化铝（$AlCl_2$），氯化钾（KCl）与硝酸钙（Ca（NO_3）$_2$）等。其中以氯化钙使用最广泛，常采用质量浓度为 30％～35％的溶液，并加入 0.5％～1.5％的亚硝酸钠，使其腐蚀性大大降低。无机盐在高压低温下有可能生成冰盐合晶，引起管道堵塞，且消除堵塞较困难，但当无机盐浓度低于某临界值时，不生成冰盐合晶，其中氯化钙、氯化镁、硝酸钙、氯化锂、氯化钠的临界质量浓度分别为 26％、23％、34％、17％、22％。对于管线中已形成的水合物堵塞可采用注入抑制剂、加热或降压的方法促使水合物分解。

(3) 吸附法。主要采用活性氧化铝、活性铝矾土、凝胶或分子筛等固体干燥剂来脱出天然气中的水。这些干燥剂可把露点为 0℃的天然气的最低露点降到－100℃左右。在实际工程中必须采用并联 2 套吸附脱水装置，一套为使用侧，一套为再生侧。由于固体干燥剂随含水量的增加脱水能力下降，当下降到一定程度脱水能力满足不了要求时，两侧进行更换，以保证脱水质量，但成本比吸收法高。

参考文献

[1] Hanley H. J., McCarty R. D. Equations for the Viscosity and Thermal Conductivity Coefficients of Methane [J]. Cryogenics, 1975: 413～418.

[2] K. S. 佩德森著. 石油与天然气的性质 [M]. 郭天民译. 北京：中国石化出版社，1992.

[3] 童景山. 流体的热物理性质 [M]. 北京：中国石化出版社，1996.

[4] 王福安. 化工数据导引 [M]. 北京：化学工业出版社，1995.

[5] 严铭卿，廉乐明等. 天然气输配工程 [M]. 北京：中国建筑工业出版社，2005.

[6] 刘永基，消防燃烧原理. 沈阳：辽宁人民出版社 1992.

[7] 伯纳德. 刘易斯，京特. 冯. 埃尔贝. 燃气燃烧与瓦斯爆炸 [M]. 王方译. 北京：中国建筑工业出版社，2010，613-614.

[8] 项友谦，严铭卿，周等. 燃气爆炸极限的 [J] 煤气与热力，1992：96-110.

[9] 严铭卿. 燃气混合安全性动态分析 [J]. 煤气与热力，1994（矿井气利用增刊）：96-110.

[10] 严铭卿等. 燃气输配工程分析 [M]. 北京：石油工业出版社，2007.

[11] 姜正侯. 燃气工程技术手册 [M]. 上海：同济大学出版社，1993.

[12] 宓亢琪. 天然气长输管线中水化物生成的分析与控制 [J]. 煤气与热力，2002，36（7）：34-37.

[13] 严铭卿，宓亢琪等. 燃气输配工程学 [M]. 北京：中国建筑工业出版社，2014.

第 3 章　城镇燃气用气负荷

3.1　城镇燃气用气负荷的定义及分类

负荷是一个含义广泛的概念。燃气系统终端用户对燃气的需用气量形成燃气系统最基本的负荷，即燃气用气负荷，简称燃气负荷。传统采用燃气需用量，或燃气用气量的术语。用户对燃气的需用量不只是一个在一定时段内的某一用气数量，而且具有随时间变化的特点。从燃气工程技术系统角度，可以将终端用户对燃气一个时段内的需用量以及用气量随时间的变化统称为燃气负荷。

在任何工程技术中，负荷值都是基础的数据，燃气负荷也不例外。在燃气系统中，燃气负荷数据对项目规划、工程设计中设施和设备容量的确定、运行与调度以及工程技术分析都具有根本性意义。在进行城镇燃气管网系统设计时，首先要确定燃气用气负荷，这是确定气源需求量、管网和设备燃气通过能力的依据。

城镇燃气用气负荷与用户类型和用气量指标及各类用户数量有关。

燃气用气按照用户类型分类为：

① 居民生活用气。指居民用于炊事、生活用热水的用气。

② 商业用气。包括宾馆、餐饮、医院、学校和机关单位等的用气。

③ 工业企业生产用气。工业企业生产设备和生产过程作为原料或燃料的用气。当以煤或油品为原料生产用于化工的原料气体时，其生产设备为化工生产系统的一部分，独立于城镇燃气系统，因而不属于燃气系统范畴。以天然气为原料的化工原料用气一般从天然气长输管线系统直供。

④ 供暖通风和空调用气。指上述三类用气户中较大型供暖通风和空调设施的用气。

⑤ 燃气汽车用气。由于燃气汽车的发展，燃气汽车用气量有显著的增长。

⑥ 电站用气。电站采用城镇燃气用来发电或供热时所需的用气量。

⑦ 其他用气。

对燃气用气负荷有指标法和燃料替代法两种计算方法。

在不同的工作阶段，需要采取相应适用的方式方法。

① 城镇燃气规划主要直接进行用气负荷预测方式，有两类方法：A. 分类预测（对居民生活用气、供暖用气、燃气汽车用气等采用用气指标，对第二产业、第三产业等采用回归分析）；B. 整体预测。

② 城镇燃气项目可行性研究或工程初步设计，主要采用指标法及燃料替代法进行计算。

3.2　城镇燃气负荷的计算

3.2.1　用气量指标

一个城镇的燃气工程规划或设计，首先要涉及年用气量。年用气量是依据城市发展规划和各类用户用气量指标确定的。用气量指标（常采用热量单位）需要按不同类型用户分别加以确定。用气量指标与一定的时间和地域条件有关；需要经由实际调查用气或能耗情况的途径，采用数理统计方法对数据进行处理并加以确定。对新建燃气设施的城镇，也可以采用类比的方法，参照相似条件城镇或同类型燃气用户的用气量指标加以确定。本手册附录 B 列有国内典型城市的燃气负荷数据，可供参考。

1. 居民生活用气量指标

指每人每年消耗的燃气量（折算为热量）。影响居民生活用气量指标的因素很多，如用气设备的设置情况；公共生活服务网（食堂、熟食店、餐饮店、洗衣房等）的分布和应用情况；居民生活水平和习惯；居民每户平均人口；地区气象条件；燃气价格以及热水供应设备等。通常居室内用气设备齐全、地区平均气温低，则居民生活用气量指标高。但是，随着公共生活服务网的发展以及燃具的改进，加上某些家电器具对燃气具的替代，居民生活用气量又会下降。居民生活用气量指标，应该根据当地居民生活用气量的统计数据分析确定。我国某些典型城市 2000～2003 年（及个别城市 2018 年）的居民生活用气负荷的实际调查数据见本手册附录 B。

2. 商业用气量指标

指单位商业（包括公共建筑）设施或每人每年消耗的燃气量（折算为热量）。影响该用气量指标的重要因素是燃具设备类型和热效率，商业单位的经营状况和地区气象条件等。商业用气量指标，应该根据当地商业用气量的统计数据分析确定。表 3-2-1 为商业用气量指标参考值。

商业用户的用气量指标　　**表 3-2-1**

类别		单位	用气量指标	备注
商业建筑	有餐饮	kJ/(m^2・d)	502	商业性购物中心，娱乐城，办公商贸综合楼、写字楼、图书馆、展览厅、医院等。有餐饮指有小型办公餐厅或食堂
	无餐饮		335	
宾馆	高级宾馆(有餐厅)	MJ/(床・a)	29302	该指标耗热包括卫生用热、洗衣消毒用热、洗浴中心用热等。中级宾馆不考虑洗浴中心用热
	中级宾馆(有餐厅)		16744	
旅馆	有餐厅	MJ/(床・a)	8372	指仅提供普通设施，条件一般的旅馆及招待所
	无餐厅		3350	
餐饮业		MJ/(座・a)	7955～9211	主要指中级以下的营业餐馆和小吃店
燃气直燃机		MJ/(m^2・a)	991	供生活热水、制冷、采暖综合指标
燃气锅炉		MJ/(t・a)	25.1	按蒸发量、供热量及锅炉燃烧效率计算
职工食堂		MJ/(人・a)	1884	指机关、企业、医院事业单位的职工内部食堂

续表

类别		单位	用气量指标	备注
医院		MJ/(床·a)	1931	按医院病床折算
幼儿园	全托	MJ/(人·a)	2300	用气天数 275d
	半托	MJ/(人·a)	1260	
大中专院校		MJ/(人·a)	2512	用气天数 300d

表 3-2-2 是北京市部分商业用户用气量指标范围，可供参考。

北京市部分商业用户用气量指标范围 表 3-2-2

用户类型	单位	平均用气量		用气量指标范围
		2007 年	2018 年①	
幼儿园、托儿所	m^3/(人·d)	0.107	0.087	0.068～0.146
小学	m^3/(人·d)	0.033	0.034	0.012～0.053
中学	m^3/(人·d)	0.046	0.045	0.035～0.057
大学	m^3/(人·d)	0.061	0.067	—
办公(写字)楼	m^3/(人·d)	0.148	0.134	0.097～0.199
综合商场、娱乐城	m^3/(座·d)	0.780	0.429	—
五星级宾馆	m^3/(床·d)	0.567	0.707	0.512～0.615
四星级宾馆	m^3/(床·d)	0.748	0.707	0.372～1.123
三星级宾馆	m^3/(床·d)	0.897	0.707	0.882～0.912
普通旅馆、招待所（三星级以下）	m^3/(床·d)	0.853	0.826	0.755～0.951
普通饭店、小吃店	m^3/(座·d)	0.665	0.677	0.490～0.840
医院	m^3/(床·d)	0.322	0.355	0.259～0.385
企事业单位食堂	m^3/(人·d)	0.197	0.219	0.164～0.230
企事业单位食堂（含生活热水）	m^3/(人·d)	0.468	0.456	0.257～0.679
部队	m^3/(人·d)	0.917	0.743	0.907～0.927

注：本表用气量系相应于北京市天然气热值。

①《城市燃气用气指标及不均匀系数使用手册》，北京市燃气集团研究院，2018。

3. 供暖和空调用气量指标

应按现行标准《工业建筑供暖通风与空气调节设计规范》GB 50019，《城镇供热管网设计规范》CJJ 34 的规定采用。

可按现行国家标准《民用建筑能耗标准》GB/T 51161 或当地建筑物耗热量指标参考确定。本手册附录 B 列出了部分城市的供暖和空调用气量的实际调查数据。

4. 汽车用气量指标

与汽车种类、车型和单位时间运营里程有关，应当根据当地燃气汽车种类、车型和使用量的统计数据分析确定。当缺乏用气量的实际统计资料时，可参照已有燃气汽车城镇的用气量指标分析确定。本手册附录 B 的 B.5 部分列出了成都市 CNG 汽车的用气量指标的调查数据。表 3-2-3 列出了天然气汽车用气量指标供参考。

天然气汽车用气量指标 表 3-2-3

车辆种类	用气量指标(m^3/km)	日行驶里程(km/d)
公交汽车	0.17	150～200
出租车	0.10	150～300

5. 工业企业生产用气量指标

部分工业产品的用气量指标如表 3-2-4 所示。

部分工业产品的用气量指标 表 3-2-4

序号	产品名称	加热设备	单位	用气量指标(MJ)
1	炼铁(生铁)	高炉	t	2900～4600
2	炼钢	平炉	t	6300～7500
3	中型方坯	连续加热炉	t	2300～2900
4	薄板钢坯	连续加热炉	t	1900
5	中厚钢板	连续加热炉	t	3000～3200
6	无缝钢管	连续加热炉	t	4000～4200
7	钢零部件	室式退火炉	t	3600
8	熔铝	熔铝炉	t	3100～3600
9	黏土耐火砖	熔烧窑	t	4800～5900
10	石灰	熔烧窑	t	5300
11	玻璃制品	融化、退火等	t	12600～16700
12	动力	燃气轮机	kWh	17.0～19.4
13	电力	发电	kWh	11.7～16.7
14	白炽灯	融化、退火等	10^4只	15100～20900
15	日光灯	熔化退火	10^4只	16700～25100
16	洗衣粉	干燥器	t	12600～15100
17	织物烧毛	烧毛机	10^4m	800～840
18	面包	烘烤	t	3300～3500
19	糕点	烘烤	t	4200～4600

6. 电厂用户用气量指标

北京市 11 家燃气电厂用户的用气量指标[1]为 198～247m^3/(MW·h)，平均 210m^3/(MW·h)。

3.2.2 城镇燃气年用气量计算

城镇燃气年用气量的计算应按现行国家标准《城镇燃气设计规范》GB 50028 进行。

1. 居民生活年用气量

在计算居民生活年用气量时，需要确定用气人数。居民用气人数取决于城镇居民人口

[1] 《城市燃气用气指标及不均匀系数使用手册》，北京市燃气集团研究院，2018。

数和气化率。气化率是指城镇居民使用燃气的人口数占城镇总人口数的百分比。一般城市的气化率很难达到100%，其原因是有些旧房屋结构不符合安装燃气设备的条件，或居民点离管网太远等。

根据居民生活用气量指标、居民数及气化率按下式即可计算出居民生活年用气量。

$$q_{a1}=\frac{NKQ_P}{100H_L} \tag{3-2-1}$$

式中 q_{a1}——居民生活年用气量，m^3/a；

N——居民人数，人；

K——气化率，%；

Q_P——居民生活用气量指标，MJ/(人·a)；

H_L——燃气低热值，MJ/ m^3。

2. 商业年用气量

在计算商业用气年用气量时，需要确定各类商业用户的用气量指标和各类商业用气人数占总人口的比例以及气化率。对公共建筑，用气人数取决于城镇居民人口数和公共建筑的设施标准。

商业年用气量可按下式计算：

$$q_{a2}=\frac{MNQ_C}{H_L} \tag{3-2-2}$$

式中 q_{a2}——商业年用气量，m^3/a；

N——居民人口数；

M——各类用气人数占总人口的比例数，或相对于居民人口数的床位数或座位数指标，床/人或座/人；

Q_C——各类商业用气量指标，MJ/(人·a)或MJ/(床·a)或MJ/(座·a)；

H_L——燃气低热值，MJ/ m^3。

表3-2-5是上海地区各类商业用户的设施标准，可供参考。

上海市各类商业用户的设施标准 **表3-2-5**

公共建筑类别	比例数 M	公共建筑类别	比例数 M
食堂	40座/100人	幼儿园	10人/100人
医院	5床/1000人	托儿所	10人/100人
门诊所	6次/(人·a)	理发	24次/(人·a)
旅馆	2床/1000人	洗澡	150次/(人·a)
学校	9人/100人		

编者注：表中关于洗澡设施数据已不适用。现在居民普遍在家中洗澡采用燃气热水器或电热水器。

3. 工业企业年用气量

工业企业年用气量与生产规模、班制和工艺特点有关，一般只进行粗略估算。

估算方法大致有以下两种：

(1) 工业企业年用气量可利用各种工业产品的用气量指标及其年产量来计算。

(2) 在缺乏产品用气量指标资料的情况下，通常是将工业企业其他燃料的年用量，折算成燃气用气量，其折算公式如下：

$$q_{a3}=\frac{G_y H'_L \eta'}{H_L \eta} \tag{3-2-3}$$

式中 q_{a3}——工业企业年用气量，m^3/a；

G_y——其他燃料的年用量，kg/a；

H'_L——其他燃料的低热值，MJ/kg；

H_L——燃气的低热值，MJ/m^3；

η'——其他燃料燃烧设备热效率，%；

η——燃气燃烧设备热效率，%。

当对各类用户进行燃料消耗量调查并将之折算成燃气消耗量时，应该在燃气与被替代的某种能源品种之间换算时采用尽量准确的热效率值，表3-2-6中的数据供参考。

各种燃料的热效率 **表3-2-6**

燃料种类	天然气	液化气	人工煤气	空混气	煤炭	汽油	柴油	重油	电
热效率(%)	60	60	60	60	18	30	30	28	80

4. 建筑物供暖年用气量

建筑物供暖年用气量与建筑面积、耗热指标和供暖期长短有关，一般可按《民用建筑能耗标准》GB/T 51161规定的供暖能耗指标由式（3-2-4*a*）计算；或按式（3-2-4*b*）计算，用《民用建筑能耗标准》GB/T 51161进行校核：

$$q_{a4}=\sum_{i=1}^{3} A_i q_i \tag{3-2-4a}$$

$$q_{a4}=\frac{A Q_H n}{H_L \eta} \tag{3-2-4b}$$

式中 q_{a4}——供暖年用气量，m^3/a；

A_i——区域集中（$i=1$）、小区集中（$i=2$）、分栋分户（$i=3$）供暖的建筑面积，m^2；

q_i——区域集中（$i=1$）、小区集中（$i=2$）、分栋分户（$i=3$）供暖能耗指标，m^3/a；

A——使用燃气供暖的建筑面积，m^2；

Q_H——建筑物耗热指标，$MJ/(m^2 \cdot h)$；

H_L——燃气低热值，MJ/m^3；

η——供暖系统热效率，%；

n——供暖负荷最大利用小时数，h。

由于各地冬季供暖计算温度不同，因此各地区的建筑物能耗热指标 Q_H 也不相同，其值也可由供暖通风设计手册查得。

供暖负荷最大利用小时数可按下式计算：

$$n=n_1 \frac{t_1-t_2}{t_1-t_3} \tag{3-2-5}$$

式中 n——供暖负荷最大利用小时数，h；

n_1——供暖期，h；

t_1——供暖室内计算温度,℃;

t_3——供暖室外计算温度,℃;

t_2——供暖期室外平均气温,℃。

5. 燃气汽车用气

按燃气汽车单位里程用气量指标计算。

6. 电厂用户的用气

按电厂用户用气量指标计算。

7. 未预见量

城市年用气量中还应计入未预见量，主要是指管网的燃气漏损量和发展过程中未预见到的供气量，一般未预见量按总用气量的5%计算。

3.3 城镇燃气负荷工况

城镇各类燃气用户的需用工况即用气量变化，是不均匀的。这是城镇燃气输配工程中必须考虑的一个特点。同时需指出，在此述及的是大量用气户形成的需用工况，不是指个别用户的需用工况。

用气不均匀性可分为三种：月不均匀性（或季节不均匀性）、日不均匀性和时不均匀性。

由于各类用户的用气不均匀性受很多因素的影响，如气候条件、居民生活水平及生活习惯、机关和工业企业的工作班次、建筑物和车间内用气设备情况等，因此难以从理论上推算出来，只有在大量资料积累的基础上经过分析整理得出可靠的数据。

城镇燃气需用工况与各类燃气用户的需用工况及各类用户用气量在总用气量中所占比例有关。

3.3.1 月用气工况

影响居民生活及商业月用气不均匀性的主要因素是气候条件。冬季气温低，水温也低，使用热水又较多，故制备食品和热水的用气量增多。反之，夏季用气量则较少。

商业用气的月不均匀性与各类用户的性质有关，主要影响因素也是气候条件，它与居民生活用气的不均匀规律基本相似。

工业企业用气的月不均匀性主要取决于生产工艺的性质。连续生产的大工业企业以及工业炉窑用气比较均匀，夏季由于室外气温及水温较高，工业用户的用气量也会有所下降，但幅度不大，故可视为均匀用气。

建筑物供暖的用气工况与城市所在地区的气候变化有关。与建筑围护结构的保温性能等有关。

一年中各月的用气不均匀性用月不均匀系数表示。因每月天数在28～31d内变化，故月不均匀系数K_m按下式计算：

$$K_m=\frac{\text{该月平均日用气量}}{\text{全年平均日用气量}} \tag{3-3-1}$$

十二个月中平均日用气量最大的月，也即月不均匀系数最大的月，称为计算月，并将

最大月不均匀系数 $K_{m\,max}$ 称为月高峰系数。

国内某些典型城市2000～2003年（及个别城市2018年）的月用气工况的实测数据见本手册附录B。

3.3.2　日用气工况

一月中或一周中日用气不均匀性主要由居民生活习惯、工业企业的生产班次和设备开停时间、室外气温变化等因素决定。

居民生活和商业用户日用气工况主要取决于居民生活习惯，平日与节假日用气的规律各不相同。

根据实测资料，我国一些城市，在一周中从星期一至星期五用气量变化较少，而周末，尤其是星期日，用气量有所增加。这种周的用气量变化规律是每周重复循环的。此外，节日前和节假日用气量变化较大。

工业企业用气的不均匀性在平日波动较少，而在轮休日及节假日波动较大，一般按均衡用气考虑。

供暖期间，供暖用气的日不均匀性变化不大。

用日不均匀系数表示一个月（或一周）中的日用气量的不均匀性。日不均匀系数 K_d 值按下式计算：

$$K_d=\frac{\text{该月中某日用气量}}{\text{该月平均日用气量}} \tag{3-3-2}$$

该月中最大日不均匀系数 $K_{d\,max}$ 称为该月的日高峰系数。

国内某些典型城市2000～2003年（及个别城市2018年）的日用气工况的实测数据见本手册附录B。

3.3.3　小时用气工况

城市中燃气小时用气工况的不均匀性主要是居民生活用气及商业用气不均匀性引起的。

居民生活用户小时用气工况与居民生活习惯、用气住宅的数量以及居民职业类别等因素有关。每日有早、午、晚三个用气高峰，其中早高峰较低。星期六、日小时用气的波动与一周中其他各日又不相同，一般仅有午、晚两个高峰。

供暖期间建筑物为连续供暖时，其小时用气量波动小，可按小时均匀供气考虑。若为非连续供暖，也应该考虑其小时不均匀性。

连续生产的三班制工业企业生产用气的小时用气量波动较小，非连续生产的一班制及两班制的工业企业在非生产时间段的用气量为零。

小时不均匀系数表示一日中小时用气量的不均匀性。小时不均匀系数 K_h 值按下式计算：

$$K_h=\frac{\text{该日某小时用气量}}{\text{该日平均小时用气量}} \tag{3-3-3}$$

该日最大小时不均匀系数 $K_{h\,max}$ 称为该日的小时高峰系数。

国内某些典型城市2000～2003年（及个别城市2018年）的小时用气工况的实测数据

见本手册附录 B。

3.4 燃气输配系统的小时计算流量

城镇燃气输配系统的管径及设备的通过能力不能直接用燃气的年用量来确定，而应按计算月的小时最大用气量来计算。小时计算流量的确定关系着燃气输配系统的功能和经济性。小时计算流量定得偏高，将会增加输配系统的基建投资和金属耗量；定得偏低，又会影响用户的正常用气。

确定燃气管网小时计算流量的方法有两种：不均匀系数法和同时工作系数法。

3.4.1 城镇燃气分配管道的计算流量

城镇燃气管道的计算流量，应按计算月的小时最大用气量计算。该小时最大用气量应根据所有用户燃气小时用气量的变化叠加后确定。特别要注意对于各类用户，高峰小时用气量可能出现在不同时刻，在确定小时计算流量时不应该将各类用户的高峰小时用气量简单地进行相加。

居民生活和商业用户燃气小时计算流量由年用气量和用气不均匀系数求得，计算公式如下：

$$q=K_{m,\max}K_{d,\max}K_{h,\max}\frac{q_a}{8760} \tag{3-4-1}$$

式中 q——燃气管道计算流量，m^3/h；

q_a——年用气量，m^3/a；

$K_{m,max}$——月高峰系数；

$K_{d,max}$——计算月日高峰系数；

$K_{h,max}$——计算月计算日小时高峰系数。

用气高峰系数应根据城市用气量的实际统计资料确定。居民生活及商业用户用气的高峰系数，当缺乏用气量的实际统计资料时，结合当地具体情况，可按下列范围选用：

$$K_{m,\max}=1.1\sim1.3$$

$$K_{d,\max}=1.05\sim1.2$$

$$K_{h,\max}=2.2\sim3.2$$

因此

$$K_{m,\max}K_{d,\max}K_{h,\max}=2.54\sim4.99$$

当供气户数多时，小时高峰系数应取较低值。当总户数少于 1500 户时，$K_{h,max}$可取 3.3～4.0。

国内某些典型城市 2000～2003 年的用气高峰系数可从本手册附录 B 的相应实测数据中获取。

此外，居民生活及商业用气的小时最大流量也可采用供气量最大利用小时数来计算。所谓供气量最大利用小时数就是假设将全年 8760h（24h×365 天）所使用的燃气总量，按一年中最大小时用量连续大量使用所延续的小时数。

城镇燃气分配管道的最大小时流量用供气量最大利用小时数计算时，其计算公式如下：

$$q=\frac{q_a}{n} \tag{3.4-2}$$

式中　q——燃气管道计算流量，m^3/h；

q_a——年用气量，m^3/a；

n——供气量最大利用小时数，h/a。

由式（3-4-1）及式（3-4-2）可得供气量最大利用小时数与不均匀系数间的关系为：

$$n=\frac{8760}{K_{m,\max}K_{d,\max}K_{h,\max}} \tag{3-4-3}$$

可见，不均匀系数越大，则供气量最大利用小时数越小。居民及商业供气量最大利用小时数随城市人口的多少而异，城市人口越多，用气量比较均匀，则最大利用小时数较大。目前我国尚无 n 值的统计数据。表 3-4-1 中的数据仅供参考。

供气量最大利用小时数 n　　**表 3-4-1**

气化人口数（万人）	0.1	0.2	0.3	0.5	1	2	3
n（h/a）	1800	2000	2050	2100	2200	2300	2400
气化人口数（万人）	4	5	10	30	50	75	≥100
n（h/a）	2500	2600	2800	3000	3300	3500	3700

供暖负荷最大利用小时数可按式（3-2-5）计算。

大型工业用户可根据企业特点选用负荷最大利用小时数，一班制工业企业 $n=2000\sim3000$；两班制工业企业 $n=3500\sim4500$；三班制工业企业 $n=6000\sim6500$。

3.4.2　室内和庭院燃气管道的计算流量

由于居民住宅使用燃气的数量和使用时间变化较大，故室内和庭院燃气管道的计算流量一般按燃气灶具的额定用气量和同时工作系数 K_0 确定：

$$q=\sum_{i=1}^{n}K_{0i}q_{ni}N_i \tag{3-4-4}$$

式中　q——室内和庭院燃气管道的计算流量，m^3/h；

K_{0i}——相同燃具或相同组合燃具的同时工作系数；

q_{ni}——相同燃具或相同组合燃具的额定流量，m^3/h；

N_i——相同燃具或相同组合燃具数；

n——燃具类型数。

同时工作系数 K_{0i} 反映燃气用具集中使用的程度，它与用户的生活规律、燃气用具的种类、数量等因素密切相关。

双眼灶同时工作系数列于表 3-4-2。表中所列的同时工作系数适用于每一用户仅装一台双眼灶。如每一用户装两个单眼灶，也可参照表 3-4-2 进行计算。

居民生活用的燃气双眼灶同时工作系数 表 3-4-2

N	1	2	3	4	5	6	7	8	9	10	15	20	25
K_0	1.00	1.0	0.85	0.75	0.68	0.64	0.60	0.58	0.55	0.54	0.48	0.45	0.43
N	30	40	50	60	70	100	200	300	400	500	600	1000	2000
K_0	0.40	0.39	0.38	0.37	0.36	0.34	0.31	0.30	0.29	0.28	0.26	0.25	0.24

由表中同时工作系数 K_0 数据可见，所有燃气双眼灶不可能在同一时间使用，所以实际上燃气小时计算流量不会是所有双眼灶额定流量的总和。用户越多，同时工作系数也越小。

居民生活用热水器的同时工作系数可参照表 3-4-3。

当每一用户除装一台双眼灶或烤箱灶外，还装有热水器时，可参考表 3-4-4 选取同时工作系数。

居民生活用热水器同时工作系数 表 3-4-3

N	1	2	3	4	5	6	7	8	9	10
K_0	1.00	0.56	0.44	0.38	0.35	0.31	0.29	0.27	0.26	0.25
N	15	20	30	40	50	90	100	200	1000	2000
K_0	0.22	0.20	0.18	0.15	0.14	0.13	0.12	0.11	0.10	0.09

居民生活用双眼灶或烤箱灶和热水器同时工作系数 表 3-4-4

设备类型	户数									
	1	2	3	4	5	6	7	8	9	10
一个烤箱灶和一个热水器	0.7	0.51	0.44	0.38	0.36	0.33	0.30	0.28	0.26	0.25
一个双眼灶和一个热水器	0.8	0.55	0.47	0.42	0.39	0.36	0.33	0.31	0.29	0.27
设备类型	户数									
	15	20	30	40	50	60	70	80	90	100
一个烤箱灶和一个热水器	0.22	0.20	0.19	0.19	0.18	0.18	0.18	0.17	0.17	0.17
一个双眼灶和一个热水器	0.24	0.22	0.21	0.20	0.20	0.19	0.19	0.18	0.18	0.18

3.5 燃气输配系统的供需平衡

城镇燃气的需用工况是不均匀的，随月、日、时的变化而变化，但一般燃气气量的供应是均匀的，不可能按需用工况而变化。为了解决均匀供气与不均匀用气之间的矛盾，保证各类燃气用户有足够流量和压力的燃气，必须采取合适的方法使燃气输配系统供需平衡，即调峰储气。

按储气平衡的周期，调峰储气可分为平衡小时不均匀性的日调峰、（近似的）平衡日不均匀性的周调峰，和平衡全年的日不均匀性的（一般称为的）季节调峰。后一种调峰在本手册第5章第5.7节讨论，本章只讨论日（以及周）调峰。

3.5.1 供需平衡方法

1. 调节气源的供气能力和设置机动气源

根据气源投产、停产的难易程度，气源生产负荷变化的可能性和变化幅度，可采用液化天然气装置，油制气、液化石油气混空气等气源用作机动气源，负荷调节范围较大，可以调节日用气不均匀性（甚至季节不均匀性）。此外，改变投料量使直立式碳化炉燃气量有少量的变化幅度，用以平衡小时不均匀性。

当天然气井离城市不太远时，可采用调节气井供应量的办法平衡日不均匀性。

2. 利用储气设备

在燃气输配系统中利用储气设备解决供需平衡矛盾是一种常用的方法。因此，燃气储存在城镇燃气输配系统中占有重要的地位。

燃气储存方式的确定与气源种类、管网压力级制、储存设备的材质和加工水平等因素有关。

常用长输管道末段储气、储罐储气、高压管束储气用来平衡小时不均匀性，以及平衡日不均匀性。在天然气输气管道的条件下，应充分利用高压的天然气压力能，采用输气管道储气。

3. 利用缓冲用户和发挥调度作用

采取利用缓冲用户的方式主要用于调节季节用气不均匀性。在夏季用气低谷时，将燃气供给缓冲用户，而冬季高峰时，这些缓冲用户改烧煤或油。

大型工业企业及锅炉房等可作为城镇燃气的缓冲用户。

此外，应将与制气设备等有关的设备大修日程安排在用气低谷的季节。

为了调节日不均匀性可采取调整工业企业用户厂休日和计划调配用气的方法。

3.5.2 储气容积的确定

此处是指城镇燃气输配系统平衡小时不均匀性和日不均匀性所需储气容量的计算，按气源及输气能否按日用气量供气，分为两种工况。供气能按日用气量变化时，储气容量按计算月的计算日24h的燃气供需平衡条件进行计算；否则应按计算月的计算日用气量所在平均周168h的燃气供需平衡条件进行计算。

1. 根据计算月燃气消耗的日或周不均衡工况计算储气容积

计算步骤：

（1）按计算月最大日平均小时供气量均匀供气，则小时供气量为100/24=4.17%。

（2）计算日或周的燃气供应量的累计值。

（3）计算日或周的燃气消耗量的累计值。

（4）计算燃气供应量的累计值与燃气消耗量的累计值之差，即为每小时末燃气的储存量。

（5）根据计算出的最高储存量和最低储存量绝对值之和得出所需储气容积。

【例3-5-1】 已知某城镇计算月最大日用气量为$32.5\times10^4m^3/d$，气源在一日内连续均匀供气。每小时用气量占日用量的百分比如表3-5-1所示。试确定所需储气容积。

每小时用气量占日用量的百分比　　表 3-5-1

小时数	0～1	1～2	2～3	3～4	4～5	5～6	6～7	7～8
占比(%)	2.31	1.81	2.88	2.96	3.22	4.56	5.88	4.65
小时数	8～9	9～10	10～11	11～12	12～13	13～14	14～15	15～16
占比(%)	4.72	4.70	5.89	5.98	4.42	3.33	3.48	3.95
小时数	16～17	17～18	18～19	19～20	20～21	21～22	22～23	23～24
占比(%)	4.83	7.48	6.55	4.84	3.92	2.48	2.58	2.58

【解】 按前述计算步骤，计算燃气供应量累计值、小时耗气量、燃气消耗量累计值及燃气储存量结果列于表 3-5-2。

储气容量计算表　　表 3-5-2

小时数	供应量累计值(%)	用气量(%)		储存量(%)	小时	供应量累计值(%)	用气量(%)		储存量(%)
		小时内	累计值				小时内	累计值	
0～1	4.17	2.31	2.31	1.86	12～13	54.17	4.42	53.98	0.19
1～2	8.34	1.81	4.12	4.22	13～14	58.34	3.33	57.31	1.03
2～3	12.50	2.88	7.00	5.50	14～15	62.50	3.48	60.79	1.71
3～4	16.67	2.96	9.96	6.71	15～16	66.67	3.95	64.74	1.93
4～5	20.84	3.22	13.18	7.66	16～17	70.84	4.83	69.57	1.27
5～6	25.00	4.56	17.74	7.26	17～18	75.00	7.48	77.05	−2.05
6～7	29.17	5.88	23.62	5.55	18～19	79.17	6.55	83.60	−4.43
7～8	33.34	4.65	28.27	5.07	19～20	83.34	4.84	88.44	−5.10
8～9	37.50	4.72	32.99	4.51	20～21	87.50	3.92	92.36	−4.86
9～10	41.67	4.7	37.69	3.98	21～22	91.67	2.48	94.84	−3.17
10～11	45.84	5.89	43.58	2.26	22～23	95.84	2.58	97.42	−1.58
11～12	50.00	5.98	49.56	0.44	23～24	100.00	2.58	100.00	0.00

所需储气容积：

$$32500\times(5.10+7.66)/100=32500\times12.76/100=4147\text{m}^3$$

图 3-5-1 绘制了一天中各小时的用气曲线和储气设备中的储气量曲线。由储气罐工作曲线的最高点及最低点得出所需储气量占日用气量 12.76%。

2. 根据工业与民用用气量的比例确定所需储气容积

如果没有实际燃气消耗曲线，所需储气量可按计算月平均日供气量的百分比来确定。由于燃气用量的变化与工业和民用用气量的比例有密切关系，按计算月平均日供气量百分比来确定储气量时要考虑这个因素。

根据不同的工业与民用用气量的比例估算所需储气量可参照表 3-5-3。

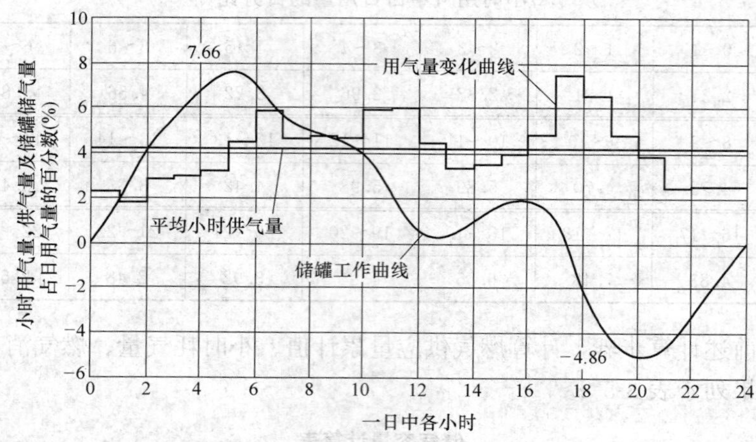

图 3-5-1　用气量变化曲线和储罐工作曲线

工业与民用用气量比例与储气量关系　　**表 3-5-3**

工业用气占日供气量的百分比(%)	民用气量占供气量的百分比(%)	储气量占计算平均日供气量的百分比(%)
50	50	40～50
＞60	＜40	30～40
＜40	＞60	50～60

实际工作中，由于城市有机动气源和缓冲用户，建罐条件又常受限制，储气量往往低于表 3-5-3 所列数值。

3. 平衡日及小时燃气供需不均衡的储气设施几何容积的确定

(1) 高压输气管道储气

在天然气等高压气源条件下，利用门站后的高压输气管道以及长输管道末段的储气容量应该是首选的储气方式。它不但在经济上是合理的，而且是提高系统的能量利用效率的基本途径。关于输气管道储气的计算见本手册第 4 章第 4.1.3 节。

(2) 高压储气罐几何容积的确定

高压储气罐几何容积按下式计算：

$$V_c=\frac{Vp_0}{p_1/Z_1-p_2/Z_2} \tag{3-5-1}$$

式中　V_c——储气罐的几何容积，m^3；

V——所需储气容量（基准状态），m^3；

p_1——储气罐最高工作压力，MPa；

Z_1——储气罐最高工作压力及 20℃下的压缩因子；

p_2——储气罐最低工作压力，MPa；

Z_2——储气罐最低工作压力及 20℃下的压缩因子；

P_0——基准压力，0.101325 MPa。

(3) 低压储罐几何容积的确定

确定储气罐几何容积时，应考虑到供气量的波动和用气负荷的误差，气温等外界条件的变化以及储罐有一部分垫底气和罐顶气不能利用，故储罐的实际容积应有一定的富裕。这部分气量约占储气罐几何容积的15%～20%，因此，低压湿式储气罐的几何容积按下式计算：

$$V_c = \frac{V}{\varphi} \tag{3-5-2}$$

式中 V_c——储气罐的几何容积，m^3；

V——所需储气容积，m^3；

φ——储气罐的活动率，取0.75～0.85。

3.6 城镇燃气用气量指标与计算流量确定的数理统计方法

燃气用气量指标与计算流量（对某一地区，或某一系统，其可能取值的全体都形成一个随机变量总体）的恰当表达，都可以通过随机抽样与参数估计的区间估计方法加以确定。在方法上，对它们是相同的；它们作为随机变量，其总体分布都是正态分布。

1. 以样本平均值估计总体的数学期望、方差

$$\mu = EX = \bar{x} = \frac{1}{n}\sum_{i=1}^{n} x_i$$

$$\sigma^2 = DX = S^2 = \frac{1}{n-1}\sum_{i=1}^{n}(x_i - \bar{x})^2$$

式中 μ，EX——总体，样本的数学期望；

x_i——样本观测值；

$\bar{x}$——样本观测值平均；

n——样本容量，即样本观测值数量；

σ^2，DX——总体，样本的方差；

S^2——样本的方差。

按本章参考文献［3］的分析，若取显著性水平$\alpha=0.01$，则适当的样本容量n如表3.6-1。

样本容量 n **表 3.6-1**

类型	相对精度(%)	用途	n
毛估	±30	机会研究	15
初步估算(初步概算)	±20	预可行性研究	26
估算(确定概算)	±10	可行性研究	96
概算(设计预算)	±5	工程设计	379

注：本手册对表中类型进行了修改，括号中为原文。

2. 对μ的区间估计

一般未知燃气用气量指标或计算流量的总体的σ^2，估计均值μ的区间。

(1) 由样本观测值计算得$\bar{x}$，S^2。

(2) 设显著性水平α（$0<\alpha<1$），即给定置信度$1-\alpha$，由α及$n-1$，查t分布临界值

表，得到 $t_{\frac{\alpha}{2}}(n-1)$ 值，计算得出：

$$t_{\frac{\alpha}{2}}(n-1)\cdot\frac{S}{\sqrt{n}}$$

(3) 由此知燃气用气量指标或计算流量的真值的置信度为 $1-\alpha$ 的置信区间为：

$$\left(\bar{x}-t_{\frac{\alpha}{2}}\cdot\frac{S}{\sqrt{n}},\ \bar{x},\ \bar{x}+t_{\frac{\alpha}{2}}\cdot\frac{S}{\sqrt{n}}\right)$$

其意义是，在置信区间内包含燃气用气量指标或计算流量的真值的可靠程度。

对于燃气用气量指标或计算流量的总体分布是否为正态分布，可通过 χ^2 适度检验法予以检验。

3.7　城镇燃气负荷预测模型

用气负荷预测涉及城镇燃气供气系统的安全性、有效性和燃气公司的经济效益等诸多方面。不论是燃气系统规划，优化设计，调度以及运行，首要解决的是对天然气用气负荷进行科学的预测以在安全、可靠、经济的条件下满足城市用气要求。正确确定城镇燃气负荷以及对燃气负荷作出适当的预测具有重要意义。城镇燃气负荷预测可分为中长期负荷预测和短期负荷预测。为对燃气负荷进行预测，可运用多种类型的预测模型。

3.7.1　燃气负荷的特性

燃气负荷用气工况具有十分复杂的变化规律，原因在于影响用气的因素很多，各种因素性质不一，来源于经济、社会的生产和生活活动，包括资源特别是能源条件、产业结构、第三产业状况、工艺技术水平、人口组成、收入状况、文化习惯等，也来源于气象条件等自然因素。所以，燃气负荷的形成机制很复杂，对一些因素往往不能获得量化关系。另一方面，燃气负荷的形式很简单，是各种用户用气量的简单叠加。每一用户的用气是随机的，量的大小、出现的时间等都是随机的。一个用户的用气在一些数值特征上有某种统计规律性，而负荷问题，大部分时间都是研究众多用户（多类型、多用户）集体的用气量的规律性，因而显现出下列一般特性：

1. 随机性

用气工况的随机性来源于用户数量众多，影响用气的各因素变化的随机性。无论短期或长期的用气工况都会有这种现象，不过对小时不均匀性和日不均匀性，随机性表现得更为突出。

2. 周期性

由于生产和生活具有周期性，故而对燃气的需用也存在周期性。例如按工程上常采用的层次，小时用气量变化以日为周期，以及月用气量变化以年为周期。实际数据表明，在短期负荷变化中，用气工况的周期性表现较为明显。

3. 趋势性

一个城市、一定区域对燃气的需用除了随机性和周期性变化之外，还往往具有某种变化的趋势。从原因上分析，大的经济或社会发展变化的背景，例如供给与消费的能源品种、结构的变化，可能导致对燃气需求的趋势性变化，特别是用户数量的增减可能是最直接、最主要的因素。

可以认为，燃气负荷由具有以上三个特性的负荷分量叠加组成，即：

$$q(t)=f(t)+p(t)+x(t) \tag{3-7-1}$$

式中 $f(t)$——燃气负荷的趋势项分量，反映 $q(t)$ 的变化趋势；

$p(t)$——燃气负荷的周期项分量，反映 $q(t)$ 周期性的变化；

$x(t)$——燃气负荷的随机项分量，反映随机因素对 $q(t)$ 的影响。

3.7.2 燃气负荷模型

燃气负荷是燃气设施建设，燃气系统管理和运行的基本数据。因此需要重视当前和历史的各燃气系统层次燃气负荷的数据统计、积累与分析；需要了解国内外燃气负荷的资料，用于参考，特别需要在上述两方面负荷数据及其变化规律性认识的基础上进行有针对性的燃气负荷规律的描述或预测。因此，燃气负荷模型包括燃气负荷描述模型与燃气负荷预测模型两大类。

3.7.2.1 燃气负荷预测模型

燃气负荷预测是一般定量预测在燃气领域的具体化。因此需要针对关于燃气负荷数据的实用要求，考虑燃气负荷的特点，采用适当的预测方法进行预测。

燃气负荷预测一般可采用三类方法，建立相应的预测模型。一类是因果关系预测。对用气负荷与影响它的基本因素间的关系进行统计、分析，建立相应的预测数学模型。一般即为回归模型，例如（最简单的）一元线性回归模型、多元回归模型、多项式回归模型、非线性回归模型等。

另一类是负荷时间序列预测。由发掘负荷的时间序列本身的规律性，建立时序类预测数学模型。例如简单实用的指数平滑模型，自回归移动平均模型，采取对时序数据进行累加（累减）处理、用一阶常系数微分方程形式的灰色预测模型等。

第三类则指另类，例如采用时序数据经过人工神经网络处理的人工神经网络模型，以及用于描述、因而也具有预测功能的傅里叶级数模型等。

无论哪一类方法，一般都要经过选择模型形式，依据已有数据对模型的参数进行估计，对确定了的模型作必要的适用性检验等三个阶段。

下面分别简述几种预测模型。

1. 一元线性回归模型

在燃气负荷与影响燃气负荷的各种因素之间存在着某种相关性，对其应用回归分析方法建立燃气负荷与影响因素之间的数学表达式，以及利用它来进行预报。即由给出的各因素的预测值，用回归方程得到燃气负荷的间接预测值。回归模型的最基本的是一元线性回归模型：

$$q_i=\beta_0+\beta_1 x_i+\varepsilon_i \quad i=1, 2\cdots n \tag{3-7-2}$$

式中 q_i——被解释变量，燃气用气负荷；

x_i——解释变量，影响燃气用气负荷的因素；

β_0——模型参数；

β_1——模型参数；

ε_i——随机扰动项；

n——对燃气负荷 q 及其影响因素有 n 次观测值。

在燃气负荷模型的研究中一般认为回归模型符合古典回归模型的基本假定，其中就有假定 ε_i 服从均值为零，方差为 σ^2 的正态分布。

将抽样样本的变量测量值代入模型，（一般用最小二乘法）估计模型参数得到样本回归方程（回归函数）：

$$\hat{q}=\hat{\beta}_0+\hat{\beta}_1 x \tag{3-7-3}$$

式中　$\hat{q}$——燃气用气负荷预测值；

x——解释变量，影响燃气用气负荷的因素；

$\hat{\beta}_0$——模型参数的估计值；

$\hat{\beta}_1$——模型参数的估计值。

设样本观察值（x_1，q_1），（x_2，q_2）…（x_n，q_n）。由使全体观测值与回归方程计算值的残差最小的方式来确定模型参数的估计值，即应用最小二乘法（OLS），得到：

$$\hat{\beta}_1=\frac{\sum x_i q_i-n\overline{x}\,\overline{q}}{\sum x_i^2-n\overline{x}^2} \tag{3-7-4}$$

$$\hat{\beta}_0=\overline{q}-\hat{\beta}_1\overline{x} \tag{3-7-5}$$

$$\overline{x}=\frac{\sum x_i}{n} \tag{3-7-6}$$

$$\overline{q}=\frac{\sum q_i}{n} \tag{3-7-7}$$

对回归模型进行统计检验。得到的样本回归方程是否确切地反映了燃气负荷与影响因素之间的关系，需要经过统计检验。有如下3项：

（1）拟合优度检验。检验样本回归直线对观测值的拟合程度，用判定系数 R^2 作为指标。

$$R^2=\frac{\sum(\hat{q}_i-\overline{q})^2}{\sum(q_i-\overline{q})^2} \tag{3-7-8}$$

判定系数的取值范围为：$0\leqslant R^2\leqslant 1$。判定系数值越大表明实质上样本观测值越接近线性关系，因而回归直线函数很好地表达了观测结果。

（2）参数显著性检验。参数显著性检验用于表明解释变量对被解释变量是否有显著影响（否定 $\beta_1=0$ 的假设）。构造统计量：

$$t=\frac{\hat{\beta}_1}{\mathrm{SE}(\hat{\beta}_1)} \tag{3-7-9}$$

标准差
$$\mathrm{SE}(\hat{\beta}_1)=\sqrt{\frac{\hat{\sigma}^2}{\sum(x_i-\overline{x})^2}}$$

方差
$$\hat{\sigma}^2=\frac{1}{n}\sum(q_i-\hat{\beta}_0-\hat{\beta}_1 x_i)^2$$

给定显著性水平 α（例如 $\alpha=0.05$，$\alpha=0.1$），由 t 分布，若 $|t|>t_{\frac{1}{2}}(n-2)$，则拒绝 $\beta_1=0$ 的假设，表明 β_1 与0有显著的差别，β_1 所对应的变量 x 对 q 的影响不容忽视。

（3）一元线性回归模型显著性检验。用于分析总体回归模型对总体的模拟程度。由样本数据和回归方程计算数据给出统计量：

$$F=\frac{\mathrm{ESS}/1}{\mathrm{RSS}/(n-2)} \tag{3-7-10}$$

$$\mathrm{ESS}=\sum(\hat{q}_i-\bar{q})^2$$

$$\mathrm{RSS}=\sum(q_i-\hat{q}_i)^2$$

$$\bar{q}=\bar{\hat{q}} \tag{3-7-11}$$

式中　ESS——回归平方和（Explained Sum of Squares），被解释变量 Y 的估计值与其均值的离差平方和；

RSS——残差平方和（Residual Sum of Squares），被解释变量 Y 的观测值与其估计值之差的平方和；

q_i，$\hat{q}_i$，$\bar{q}$，$\bar{\hat{q}}$——燃气负荷样本观测值，回归方程计算值，样本观测值均值，回归方程计算值均值；

n——观测值数，$(n-2)$ 是残差平方和的自由度，计算 $\hat{\beta}_0$，$\hat{\beta}_1$ 的两个式子是对 n 个观测值附加了两个约束条件。

F 统计量是在考虑自由度的条件下，已解释变差相对于残差平方和的倍数，即它表明回归模型中所有解释变量对被解释变量的解释程度，F 值愈大，表明模型总体线性关系的显著性大。

一元线性回归模型的预测。在用观测值建立了预测模型后，将解释变量的预测值代入回归函数，即可得出燃气负荷的定量预测估计。

2. 多元线性回归模型

在燃气负荷与影响燃气负荷的各种因素之间存在着某种统计规律性，即回归关系。对其应用回归分析方法判别影响燃气负荷的主要因素，建立燃气负荷与主要因素之间的数学表达式，以及利用它来进行预测。即由给出的各因素的预测值，用回归方程得到燃气负荷的间接预测值。对于实际燃气负荷问题，一般可以采用多元线性回归模型。

设对燃气负荷 q 及其影响因素 x_j（$j=1,2,\cdots,k$）有 n 次观测值：

$$\{q_i\}_{n\times 1}，\{x_{i,j}\}_{n\times k}$$

设有线性关系：

$$q_i=\beta_0+\beta_1 x_{i1}+\beta_2 x_{i2}+\cdots+\beta_j x_{ij}+\cdots+\beta_n x_{n,k}+\varepsilon_i \quad (i=1,2\cdots n) \tag{3-7-12}$$

式中　β_0，β_1，β_2，$\cdots\beta_k$——参数；

ε_1，ε_2，…，ε_n——n 个互相独立的、且服从同一正态分布 $\mathrm{N}(0,\sigma)$ 的随机变量，即 ε 的数学期望 $E(\varepsilon)=0$；

σ——ε 的标准差。

记 $q=\begin{bmatrix} q_1 \\ q_2 \\ \vdots \\ q_n \end{bmatrix}$，$X=\begin{bmatrix} 1 & x_{11} & x_{12} & \cdots & x_{1k} \\ 1 & x_{21} & x_{22} & \cdots & x_{2k} \\ \vdots & \vdots & \vdots & \vdots & \vdots \\ 1 & x_{n1} & x_{n2} & \cdots & x_{nk} \end{bmatrix}$

$$\beta=\begin{bmatrix}\beta_0\\\beta_1\\\beta_2\\\vdots\\\beta_k\end{bmatrix},\varepsilon=\begin{bmatrix}\varepsilon_1\\\varepsilon_2\\\vdots\\\varepsilon_n\end{bmatrix}$$

写出式（3-7-12）的矩阵形式

$$q=X\beta+\varepsilon \tag{3-7-13}$$

对参数β，用最小二乘法进行估计，可得β的估计值回归系数b。所取回归系数b应使观测值与回归计算值平方和Q最小。

$$Q=\sum(q_i-\hat{q})^2=\sum(q_i-b_0-b_1x_{i1}-b_2x_{i2}-\cdots-x_{ik})^2\quad 最小$$

$$\begin{cases}\dfrac{\partial}{\partial b_0}Q=-2\sum(q_i-\hat{q}_i)=0\\[2ex]\dfrac{\partial}{\partial b_i}Q=-2\sum(q_i-\hat{q}_i)x_{ij}=0\qquad j=1,2,\cdots,k\end{cases}$$

得到正规方程组。

$$Ab=B \tag{3-7-14}$$

其中A，B都是由观测值得出，其中

$$A=\begin{bmatrix}N & \sum\limits_\alpha x_{i1} & \sum\limits_\alpha x_{i2} & \cdots & \sum\limits_\alpha x_{ik}\\ \sum\limits_\alpha x_{i1} & \sum\limits_\alpha x_{i1}^2 & \sum\limits_\alpha x_{i1}x_{i2} & \cdots & \sum\limits_\alpha x_{i1}x_{ik}\\ \sum\limits_\alpha x_{i2} & \sum\limits_\alpha x_{i1}x_{i2} & \sum\limits_\alpha x_{i2}^2 & \cdots & \sum\limits_\alpha x_{i2}x_{ik}\\ \vdots & \vdots & \vdots & \cdots & \vdots\\ \sum\limits_\alpha x_{ik} & \sum\limits_\alpha x_{i1}x_{il} & \sum\limits_\alpha x_{i2}x_{ik} & \cdots & \sum\limits_\alpha x_{ik}^2\end{bmatrix}_{k+1\times k+1}=X^{\mathrm{T}}X \tag{3-7-15}$$

$$B=\begin{bmatrix}\sum\limits_{i=1}^n q_i\\ \sum\limits_{i=1}^n x_{i1}q_i\\ \sum\limits_{i=1}^n x_{i2}q_i\\ \vdots\\ \sum\limits_{i=1}^n x_{ik}q_i\end{bmatrix}=\begin{bmatrix}1 & 1 & \cdots & 1\\ x_{11} & x_{21} & \cdots & x_{n1}\\ x_{12} & x_{22} & \cdots & x_{n2}\\ \vdots & \vdots & \vdots & \vdots\\ x_{1m} & x_{2m} & \cdots & x_{nk}\end{bmatrix}\begin{bmatrix}q_1\\q_2\\\vdots\\q_n\end{bmatrix}=X^{\mathrm{T}}q \tag{3-7-16}$$

$$\therefore\qquad b=A^{-1}B=A^{-1}X^{\mathrm{T}}q=(X^{\mathrm{T}}X)^{-1}X^{\mathrm{T}}q \tag{3-7-17}$$

可以证明b是β的无偏估计，即b的数学期望$\mathrm{E}(b)=\beta$，因而由燃气负荷多元回归模型得到的多元回归方程为：

$$\hat{q}=b_0+b_1x_1+b_2x_2+\cdots+b_kx_k \tag{3-7-18}$$

在模型参数确定之后，还要对式（3-7-18）进行模型适用性检验。

（1）拟合优度检验

检验模型对样本数据的拟合优度，用多元校正的判定系数$\overline{R^2}$作为指标。

$$\overline{R^2}=R^2-\frac{k}{n-k-1}(1-R^2)$$

式中 k——解释量数。

$\overline{R^2}$只适于q与x_1，x_2，$\cdots x_k$的整体相关程度比较高的情况。

$$R^2>\frac{k}{n-1}$$

（2）回归方程显著性检验

首先要检验q与各种因素x_1，$x_2\cdots x_m$是否确有线性关系，为此需进行回归方程的显著性检验。

$$F=\frac{\mathrm{ESS}/k}{\mathrm{RSS}/(n-k-1)}$$

（3）偏回归系数显著性检验

在对方程作显著性检验后，还需对回归系数作显著性检验。即从方程中剔除次要的变量，重新建立更为简单的多元线性回归方程。因此要对每个变量进行考察。若x_j的作用不显著，则必然有β_j可以取值为零。方程系数b_j是服从正态分布的随机变量q_1，q_2，…，q_N的线性函数，所以b_j也是服从正态分布的随机变量，由N次试验数据及回归系数估计值b得出统计量，用以判断变量x_j对q的作用是否作用显著，不显著则可以剔除，否则应该保留。

为按多元线性回归模型得到“最优的”回归方程，可以采用逐步回归分析方法。此外，若为分析燃气负荷，在物理意义上，认为需要采用多元非线性回归模型（例如多项式模型），则经过简单的变量置换都可以化为多元线性回归模型进行求解。

在实用中，可以借助 SPSS，MATLAB 等软件工具，由燃气用气量数据序列，得到其多元回归方程（3-7-18）。

3. 多项式回归模型

多项式拟合是适应性很强的处理相关数据的方法，有广泛的用途。例如对于某类燃气用气量的变化与某类产业产值的变化的关系有可能用多项式较好地拟合。通过这种模型可以由国民经济中某类产业产值的预测值外推某类燃气预测用气量。参见本章 3.8.3.1。多项式回归模型的一般形式是：

$$q_i=a_0+a_1x_i+a_2x_i^2+\cdots+a_mx_i^m+\varepsilon_i \tag{3-7-19}$$

式中 q_i——用气量

a_0，a_1，$a_2\cdots a_m$——回归系数；

x_i——与用气量有相关关系的量。

ε_i——随机扰动项；

为确定多项式系数，可由实际数据样本

$$q_i,\ x_i(i=1,2,\cdots,n)$$

采用变量替换 $y_1=x$，$y_2=x^2$，$y_m=x^m$（例如 $m=6$）。

得到 m 元关于 a_0，a_1，$a_2 \cdots a_m$ 的 n 个线性方程组，并用最小二乘法加以确定；然后进行变量回替，得到燃气用气量（$m=6$）式（3-7-20）

$$\hat{q}(t)=a_0+a_1x+a_2x^2+\cdots+a_6x^6 \tag{3-7-20}$$

式中　$\hat{q}$——用气量计算值。

一般用二次或三次多项式已足够。用多项式来拟合全年日用气量变化时，对拟合曲线与样本点拟合的好坏可以用相关指数 R^2 来衡量。R^2 越接近 1，拟合得越好。

$$R^2=1-\frac{\sum_{i=1}^{n}(q_i-\hat{q}_i)^2}{\sum_{i=1}^{n}(q_i-\bar{q})^2} \tag{3-7-21}$$

式中　R^2——相关指数

$\bar{q}$——q_i 的平均值。

（1）对于中长期负荷模型，对新建或有较大规模扩建的城市，可按只有趋势项部分考虑，一般反映城镇燃气负荷的增长。开始年份的增长速度逐年增大，一段时间后增速又逐年减小，为此，以负指数增长曲线能描述燃气负荷的增长趋势。模型对规划期的燃气负荷作（外推）预测。

$$q_t=c+ae^{-\frac{b}{t}}\quad (a>0,\ b>0,\ c\geqslant 0) \tag{3-7-22}$$

式中　q_t——年负荷；

a，b，c——系数，指数及常数，其中 $c=q_0$；

q_0——起始年用气负荷。

为确定这种趋势项模型，可以用已建燃气城市历史数据进行曲线拟合，得出函数中的各参数及系数。

图 3-7-1 即为一个模拟示例。

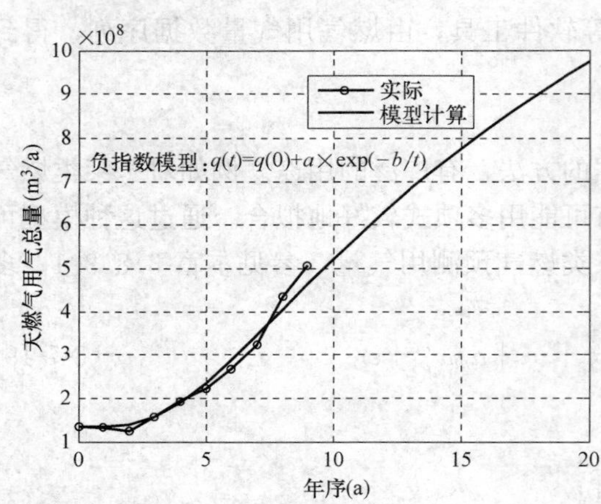

图 3-7-1　负指数模型对规划燃气负荷预测

（2）对新建或有较大规模扩建的城市，开始年份的增长速度逐年增大，一段时间后增速又逐年减小，用气量在规划期即较快趋于稳定的用气量规模。对其进行内插预测，见本书 3.8.3.2。

4. 指数平滑预测模型

指数平滑预测法是利用时间序列数据进行预测的一种方法。指数平滑法用历史数据的加权来预测未来值。历史数据序列中时间越近的数据越有意义，对其加以越大的权重；时间越远，数据权重越小。选定一个权数 θ，$0<\theta<1$。

预测起始时间为 t，上一时间为 $t-1$，上推 j 时间单位的时间为 $t-j$。

指数平滑法预测公式是：

$$\hat{q}_{t+1}=\sum_{j=0}^{\infty}(1-\theta)\theta^{j}q_{t-j} \tag{3-7-23}$$

式中 $\hat{q}_{t+1}$——预测的第 t+1 时间燃气量；

q_{t-j}——已知的第 t−j 时间燃气量；

θ——权重。

令 $\alpha=1-\theta$，则预测公式为：

$$\hat{q}_{t+1}=\sum_{j=0}^{\infty}\alpha(1-\alpha)^{j}q_{t-j} \tag{3-7-24}$$

式中 α——平滑系数。

式（3-7-24）是 0→∞求和，由于权重按等比级数减小，衰减很快，实际只需用有限个历史数据。

取 $\hat{q}_{t}=\alpha q_{t-1}$

及 $\hat{q}_{t+1}=\alpha q_{t}+\alpha(1-\alpha)q_{t-1}$

得到实用的指数平滑法预测公式：

$$\hat{q}_{t+1}=\alpha q_{t}+(1-\alpha)\hat{q}_{t} \tag{3-7-25}$$

由式（3-7-25），在 t 时期，只要知道本期实际值和本期预测值，就可以预测下一个时间的数值。

图 3-7-2 是一个预测小时燃气用量的例子。

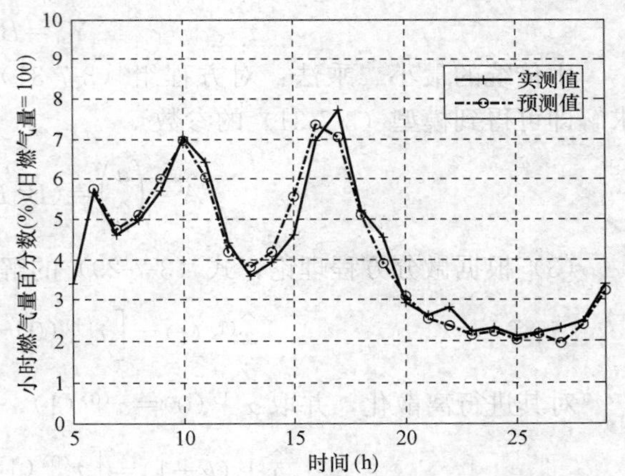

图 3-7-2 指数平滑法预测小时燃气用量

5. 灰色预测 GM(1，1) 模型

灰色理论模型的本质内容是基于经过累加生成等预处理过的数列接近指数曲线，因而设想它是某一微分方程的解的取值。构造这种微分方程并离散化，利用生成的数列反演出微分方程的参数，即所谓参数辨识，从而得出灰微分方程的白化方程，对其解函数求导即得到灰色模型的计算式。

(1) 借助生成数列建模。将原始数列 $\{x^{(0)}\}$ 中的数据 $\{x^{(k)}\}$ 按某种要求作数据处理（或数据变换），称为生成。设变量为 $x^{(0)}$ 的原始数据序列

$$x^{(0)}=\{x^{(0)}(1),x^{(0)}(2),\cdots,x^{(0)}(n)\} \tag{3-7-26}$$

进行一次累加生成处理（1-AGO，Accumulated Generating Operation），记生成数列为 $x^{(1)}$：

$$x^{(1)}=\{x^{(1)}(1),x^{(1)}(2),\cdots,x^{(1)}(n)\} \tag{3-7-27}$$

其中

$$x^{(1)}(k)=\sum_{i=1}^{k}x^{(0)}(i) \tag{3-7-28}$$

则称 $\{x^{(1)}\}$ 为 $\{x^{(0)}\}$ 的一次累加生成数列。累加生成能使任意非负的、摆动的与非摆动的数列，转化为非减的、递增的数列，并使生成数列沿时间过程的随机性弱化，规

律性增强。

累减生成是累加生成的逆运算。

（2）灰色GM(1，1）模型采用了最常用的一阶微分方程的形式：

$$\frac{\mathrm{d}x^{(1)}}{\mathrm{d}t}+ax^{(1)}=u \tag{3-7-29}$$

式中 a，u 为模型参数，需要用原始数列及其累加生成数列计算得出，称为参数的辨识。将灰色GM(1，1）模型（3-7-28）离散化：

$$\frac{x^{(1)}(k)-x^{(1)}(k-1)}{k-(k-1)}+a[0.5x^{(1)}(k)+0.5x^{(1)}(k-1)]=u \tag{3-7-30}$$

数列有 n 个数，$k=2$，3，…，n。可列出 $n-1$ 个方程。

∵

$$x^{(1)}(k)-x^{(1)}(k-1)=x^{(0)}(k)$$

记：

$$A=\begin{pmatrix}a\\u\end{pmatrix},\ B=\begin{bmatrix}-[0.5x^{(1)}(2)+0.5x^{(1)}(1)] & 1\\ -[0.5x^{(1)}(3)+0.5x^{(1)}(2)] & 1\\ \vdots & \vdots\\ -[0.5x^{(1)}(n)+0.5x^{(1)}(n-1)] & 1\end{bmatrix},\ Y_n=\begin{bmatrix}x^{(0)}(2)\\x^{(0)}(3)\\ \vdots\\ x^{(0)}(n)\end{bmatrix}$$

得：

$$Y_{\mathrm{n}}=BA \tag{3-7-31}$$

由传统的最小二乘法：对方程组（3-7-31），通过多元函数求极值得出正规方程组，求解即可得到模型（3-7-31）的参数

$$\hat{A}=\begin{pmatrix}\hat{a}\\ \hat{u}\end{pmatrix}=(B^{\mathrm{T}}B)^{-1}B^{\mathrm{T}}Y_{\mathrm{n}} \tag{3-7-32}$$

（3）根据微分方程理论，式（3-7-29）的解为：

$$\hat{x}^{(1)}(t)=\left[x^{(1)}(0)-\frac{\hat{u}}{\hat{a}}\right]e^{-\hat{a}t}+\frac{\hat{u}}{\hat{a}} \tag{3-7-33}$$

对其进行离散化，并取 $x^{(1)}(0)=x^{(0)}(1)$，得：

$$\hat{x}^{(1)}(k+1)=\left[x^{(0)}(1)-\frac{\hat{u}}{\hat{a}}\right]e^{-\hat{a}k}+\frac{\hat{u}}{\hat{a}} \tag{3-7-34}$$

对式（3-7-34）再作累减还原，得：

$$\hat{x}^{(0)}(k+1)=\hat{x}^{(1)}(k+1)-\hat{x}^{(1)}(k) \tag{3-7-35}$$

式（3-7-34）、式（3-7-35）即是GM(1，1）模型灰色预测的具体计算公式。

灰色预测GM(1，1）模型由于采用了数据累加生成，使生成数列沿时间过程的随机性弱化；在估计模型参数中采用最小二乘法，使累加生成数据的随机性再一次弱化。从而凸显出总体的主导规律性。

灰色预测GM(1，1）模型的局限性在于，由于模型本身的缺陷，使其仅能适于原始数据序列较平稳变化且变化速度不是很快的场合。为扩大灰色预测GM(1，1）模型的应用范围和预测精度，发展了某些改进方法。

6. 时间序列分析预测模型

时间序列预测技术就是指对观测到的时间序列进行分析与处理，通过建立参数模型，得出预测公式。时间序列分析理论是建立在统计规律基础之上的数据分析技术，要求大样

本，并具有分布特性，这也是该方法的一种局限。

时间序列分析预测模型适用于处于相对平稳状态的中长期燃气负荷预测或短期燃气负荷预测。

（1）平稳随机过程

平稳随机过程是指统计特性不随时间变化的过程，也就是具有平稳性、均匀性的过程，所以它的特征与时间的起始点无关。一般来说，只要产生随机现象的原因不随时间的推移而变化，也就是只要引起随机现象的主要因素不随时间而变化时，所产生的过程就具有平稳性，通常所说的平稳过程是指随机过程的一阶与二阶矩函数与统计起点无关的宽平稳过程。

平稳随机过程的数字特征：

1）自协方差函数，对平稳时间序列，数学期望 $\mu_t=\mu=$常数。

$$r_k=E[(x_t-\mu)(x_{t+k}-\mu)],\ k=0,\pm1,\ \pm2,\ \pm3\cdots \tag{3-7-36}$$

2）零均值自协方差函数：对零均值的平稳时间序列，$\mu=0$。

$$R_k=E(x_t x_{t+k}),\ k=0,\pm1,\ \pm2,\ \pm3\cdots$$

$k=0$ 时，$R_0=E(x_t^2)$

式中 R_k——零均值随机过程 $\{x_t\}$ 自协方差函数（等于自相关函数）；

R_0——$k=0$ 时 $\{x_t\}$ 的方差函数。

3）自相关系数：

$$\rho_k=\frac{R_k}{R_0} \tag{3-7-37}$$

式中 ρ_k——自相关系数。

4）偏自相关函数：对平稳时间序列 $\{x_t\}$，取 $k+1$ 个片段：

$$x_t,\ x_{t+1},\ x_{t+2},\ \cdots,\ x_{t+k}$$

用前面 k 个量的线性组合估计最后一个量 x_{t+k}，即将 x_{t+1} 表示为 x_{t+k-i} 的线性组合：

$$x_{t+k}\approx\varphi_{k1}x_{t+k-1}+\varphi_{k2}x_{t+k-2}+\cdots+\varphi_{kk}x_t$$

$$x_{t+1}=\sum_{i=1}^{k}\varphi_{ki}x_{t+k-i} \tag{3-7-38}$$

式中 φ_{k1}，$\varphi_{k2}\cdots\varphi_{kk}$——系数。

当这种表示的误差方差：

$$J=E\left[\left(x_{t+1}-\sum_{i=1}^{k}\varphi_{ki}x_{t+k-i}\right)^2\right]$$

为极小时，有最小二乘方程组：

$$\begin{bmatrix} 1 & \rho_1 & \rho_2 & \ddots & \rho_{k-1} \\ \rho_1 & 1 & \rho_1 & \ddots & \ddots \\ \rho_2 & \ddots & \ddots & \ddots & \rho_2 \\ \ddots & \ddots & \ddots & \ddots & \rho_1 \\ \rho_{k-1} & \ddots & \rho_2 & \rho_1 & 1 \end{bmatrix} \begin{bmatrix} \varphi_{k1} \\ \varphi_{k2} \\ \vdots \\ \vdots \\ \varphi_{kk} \end{bmatrix} = \begin{bmatrix} \rho_1 \\ \rho_2 \\ \vdots \\ \vdots \\ \rho_k \end{bmatrix} \tag{3-7-39}$$

解得 φ_{k1}，$\varphi_{k2}\cdots\varphi_{kk}$。$\varphi_{kk}$ 称为偏自相关函数（只需使用 φ_{kk} 参数）。

以上两个函数 ρ_k 和 φ_{kk} 在模型识别与建立模型方面起着重要的作用。

5）离散白噪声：

随机过程中离散的噪声是一种随机序列。若：

$$E(a_i, a_{i+k})=\begin{cases}\sigma^2, & k=0\\ 0, & k\neq 0\end{cases}$$

即是一种平稳随机序列，称为离散白噪声。因而离散白噪声是一种互不相关的，均值为零且方差相同的随机变量序列，通常表示一种随机误差。

（2）时间序列模型

设具有平稳随机过程特征的一组燃气负荷取样值构成的时间序列：

$$\{x_t\}=x_{t-p}, x_{t-p+1}\cdots x_{t-2}, x_{t-1}, x_t$$

x_t表示为：

$$x_t=\varphi_1 x_{t-1}+\varphi_2 x_{t-2}+\cdots+\varphi_p x_{t-p}+a_t-\theta_1 a_{t-1}-\theta_2 a_{t-2}-\cdots-\theta_q a_{t-q} \quad (3\text{-}7\text{-}40)$$

式中　$x_t x_{t-1}$，$x_{t-2}\cdots x_{t-p}$——观测量时间序列；

φ_i（$i=1, 2\cdots p$）——x_t关于 x_{t-1}，$x_{t-2}\cdots x_{t-p}$的自回归系数；

a_t，a_{t-1}，$a_{t-2}\cdots a_{t-q}$——随机误差时间序列，其中 a_{t-1}，$a_{t-2}\cdots a_{t-q}$为前 q 步的干扰；

θ_j（$j=1, 2\cdots q$）——随机误差线性组合系数；

式（3-7-40）即是 p 阶自回归 q 阶滑动平均模型❶，记为 ARMA(p, q)

ARMA 模型的两个特殊形式是 AR 模型和 MA 模型。

在式（3-7-40）中，当 $\theta_j=0$ 时，模型中没有滑动平均部分，称为 p 阶自回归模型，记为 AR(p)，其形式为：

$$x_t=\sum_{i=1}^{p}\varphi_i x_{t-i}+a_t \quad (3\text{-}7\text{-}41)$$

这是一类在工程上极为有用的模型。

在式（3-7-40）中，当 $\varphi_i=0$ 时，模型中没有自回归部分，称为 q 阶滑动平均模型，记为 MA(q)，其形式为：

$$x_t=a_t-\sum_{j=1}^{q}\theta_j a_{t-j} \quad (3\text{-}7\text{-}42)$$

（3）建立时序模型

对现有的时间序列，要确定建立哪一种模型是适合的，称为模型识别。可借助于时序的自相关系数和偏自相关函数的数值分布进行模型识别。在确定了模型类型后要进行模型参数的估计，从而建立时序模型，并对其作适用性检验。

1）模型的识别

对于对其进行建模的正态平稳时间序列，把 ρ_k 或 φ_{kk} 随着 k 增大，以负指数函数逐渐衰减而趋于零的特性称为"拖尾"性；而 φ_{kk} 或 ρ_k 在第 k 步以后等于零的特性称为"截尾"性。

在负荷预测中，只能由有限个采样值算出自相关系数 ρ_k 和偏自相关函数 φ_{kk} 的估计值，记作 $\hat{\rho}_k$ 和 $\hat{\varphi}_{kk}$，分别称 $\hat{\rho}_k$ 和 $\hat{\varphi}_{kk}$ 为样本自相关系数和样本偏自相关函数。

❶　由式（3-7-36）可见时序模型是一种线性模型。

模型的识别就转化为判定 $\hat{\rho}_k$ 和 $\hat{\varphi}_{kk}$ 是否具有“截尾”性。三类模型的特性见表 3-7-1。

AR、MA 和 ARMA 模型的基本特性 **表 3-7-1**

类　型	AR	MA	ARMA
自相关系数 ρ_k	拖尾	截尾	拖尾
偏自相关函数 φ_{kk}	截尾	拖尾	拖尾

在负荷预测中，当样本数 N 足够大时，检查满足不等式 $|\hat{\rho}_k|<\frac{2}{\sqrt{N}}$ 的个数是否在 95%以上，即 k 以后的所有 $|\hat{\rho}|$ 的值都小于 $\frac{2}{\sqrt{N}}$，如果是这样，就可以认为原时间序列的自相关系数是“截尾”的，则可以确定 MA(q) 模型的阶数为 $q=k-1$。

类似地检查满足不等式 $|\varphi_{kk}|<\frac{2}{\sqrt{N}}$ 的个数是否在 95%以上，即 k 以后的所有 $|\hat{\varphi}_{kk}|$ 的值都小于 $\frac{2}{\sqrt{N}}$，如果是这样，就可以认为原时间序列的偏自相关函数是“截尾”的，则可以确定 AR(p) 模型的阶数为 $p=k$。

如果检验 $\hat{\rho}_k$ 和 $\hat{\varphi}_{kk}$ 具有“拖尾”性，则说明原时间序列是 ARMA 模型，这时要采用其他的方法确定阶数。

2）参数估计

由于白噪声 $\{a_t\}$ 未知，所以 ARMA 模型参数的估计过程比较复杂，仅简要介绍 AR 模型的参数估计。AR 模型的参数估计即指由样本数据确定系数 φ_{k1}，$\varphi_{k2}\cdots\varphi_{kk}$。可用式（3-7-39）计算。

3）模型的适用性检验

模型的适用性检验，是确定模型是否适用，但本质上是确定模型阶数 p，q。因为模型参数估计总是在模型某一阶数下进行的，如果阶数不正确，参数估计不可能正确。因此时序方法中发展了一系列的准则以检验模型的适用性。

实用中对 ARMA 模型可采取阶数 p 和 q 由低到高的方法寻求最适合的模型。

总之，建立时序模型的步骤包括：得到一个数据样本（需要时，进行预处理），一般取样本容量 $N>50$；计算样本的自相关函数 $\hat{R}_k$，自相关系数 $\hat{\rho}_k$ 和偏自相关函数 $\hat{\varphi}_{kk}$，$k=1,2\cdots K$，一般取 $K<\frac{N}{4}$，常用 $K\approx\frac{N}{10}$；由 $\hat{\rho}_k$ 和 $\hat{\varphi}_{kk}$ 进行模型识别；计算参数估计值从而得出模型，并进行模型的适用性检验。

（4）平稳时序预报方法

时序预报是用一个时间序列现在与过去的数值对将来的数值进行估计。由平稳时序模型式（3-7-40），可以制定相应的预报方法。时间序列：

$\cdots x_1,\ x_2\cdots x_k\cdots x_{k+l}\cdots$ 其中 $k\geqslant1$，$l\geqslant1$。

若已观测到 x_1，$x_2\cdots x_k$，要估计 x_{k+l} 的数值，称为在 k 时刻作 l 步预报。讨论 AR 模型递推预报方法。考虑到 $\hat{a}_{k+l}=0$，$\hat{x}_i=x_i$，$(1\leqslant i\leqslant k)$，预报公式 $\hat{x}_{k+l}$ 为：当 $l\leqslant p$ 时：

$$\hat{x}_{k+l}=\theta_0+\varphi_1\hat{x}_{k+l-1}+\cdots+\varphi_{l-1}\hat{x}_{k+1}+\varphi_l x_k\cdots+\varphi_p x_{k+l-p} \tag{3-7-43}$$

当 $l>p$ 时

$$\hat{x}_{k+l}=\theta_0+\varphi_1\hat{x}_{k+l-1}+\varphi_2\hat{x}_{k+l-2}+\cdots+\varphi_{\mathrm{p}}\hat{x}_{k+l-\mathrm{p}} \tag{3-7-44}$$

式中　θ_0——时序观测数值的均值；

φ_j——利用式（3-7-36）计算，按 $\varphi_j=\varphi_{\mathrm{p}j}$；

x，$\hat{x}$——分别为观测值和预测值。

7. 人工神经网络模型

模拟神经系统对信息处理的并行、层次等机制而提出的人工神经网络（Artificial Neural Network，缩写为 ANN）模型，可以用来解决很多复杂非线性系统的问题。其中采用反向传播（Back Propagation，缩写为 BP）算法的 ANN 是得到普遍应用的模型之一。研究表明，它可以有效地用于燃气负荷预测。这种 BP 模型由输入层、中间的若干隐层和输出层组成，每层有若干神经元元素，在相邻层间的元素与元素之间有单向的由输入层开始逐层指向下一层的信息传递关系，如图 3-7-3 所示。

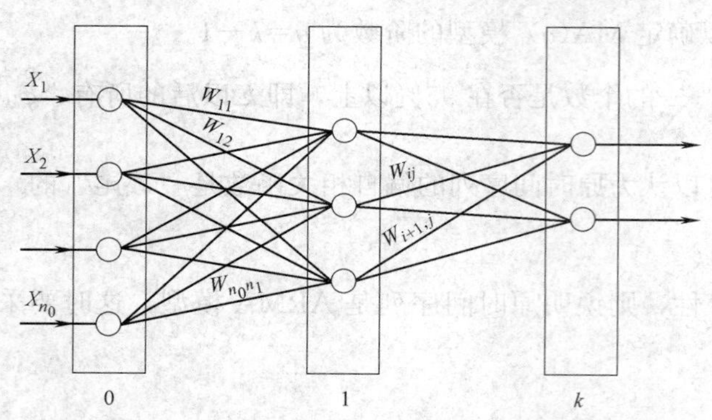

图 3-7-3　人工神经网络

（1）人工神经网络的表达

1）第 1 层

① 输入（信息）向量：

$$X^{\mathrm{T}}=(x_1\ x_2\cdots\ x_{n_0})$$

② 第 1 层权矩阵：

$$W_1=\begin{bmatrix} w_{11} & w_{12} & \cdots & w_{1n_1} \\ w_{21} & w_{22} & \cdots & w_{2n_1} \\ \cdots & \cdots & \cdots & \cdots \\ \cdots & \cdots & \cdots & \cdots \\ w_{n_0 1} & w_{n_0 2} & \cdots & w_{n_0 n_1} \end{bmatrix}$$

③ 第 1 层接受向量：

$$Z_1^{\mathrm{T}}=(z_1^1\ z_2^1\cdots\ z_{n_1}^1)$$

$$Z_1=W_1^{\mathrm{T}}X$$

④ 输出向量：

$$Y_1=\begin{bmatrix} y_1^1 \\ y_2^1 \\ \\ \\ y_{n_1} \end{bmatrix}=f(Z_1)$$

2）第 k 层

$$W_k=(w_{ij}^k)_{n_{k-1}\times n_k},\ Z_k=\begin{bmatrix} z_1^k \\ z_2^k \\ \vdots \\ z_{n_k}^k \end{bmatrix}=W_k^{\mathrm{T}}Y_{k-1},\ Y_k=f(Z_k)$$

其中 k 层的输出值由接受值用激活函数计算[1]得出：

$$y_j^{\mathrm{k}}=f(z_j^{\mathrm{k}})$$

层间神经元的联系示于图 3-7-4。

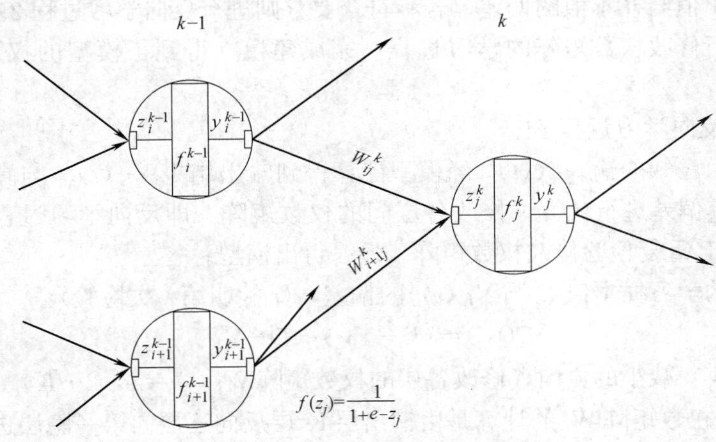

图 3-7-4　神经元及层间神经元的联系

（2）神经网络模型的形成机制

1）正向计算，由输入信息产生输出信息

① 输入层（0 层）信号向量 X_0，$X_0=\{x_i\}_{n_0\times 1}$，经加权运算向前传播到第 1 隐层，形成隐层的接受值向量 Z_1，$Z_1=\{z_j^1\}_{n_1\times 1}$

$$Z_1=W_1{}^{\mathrm{T}}X_0 \tag{3-7-45}$$

其中 W_1 是权数矩阵（在形成模型的过程中，模型要经历重复“学习”，$t=1$，2，…多次对其进行修改。所以 W_1 是 $W_1(t)$ 的简写）。

$$W_1=\{w_{ij}\}_{n_0\times n_1} \tag{3-7-46}$$

② 隐层每一层的作用是使接受值经激活函数计算为输出值，作为下一层的输入向量。

$$y_j=f(z_j)\quad j\text{ 是层内元素序号，} \tag{3-7-47}$$

激活函数 $f(z_j)$ 一般采用 Sigmoid 函数

$$f(z_j)=\frac{1}{1+e^{-z_j}} \tag{3-7-48}$$

在中间的隐层之间，上一隐层（$k-1$ 层）的输出，经加权运算形成本层（k 层）接

---

[1] 由于采用了这一激活函数环节，使得神经网络模型成为非线性。

受值。

$$Z_k = W_k^{\mathrm{T}} Y_{k-1} \quad k \text{ 是层序号，} \tag{3-7-49}$$

经激活函数计算为本层（k 层）的输出值。

$$Y_k = f(Z_k) \tag{3-7-50}$$

③ 依次可以到最后的输出层（K 层），得到输出值，完成正向过程。

$$Y_K = f(Z_K) \tag{3-7-51}$$

因此，一般在第 t 次样本值 $X(t)$ 输入后，可得出：

$$Y_k(t) = (y_1^{\mathrm{k}}(t), y_2^{\mathrm{k}}(t) \cdots y_{n_k}^{\mathrm{k}}(t))^{\mathrm{T}} \quad k = 1, 2 \cdots K$$

① 检查输出值与样本值的偏差。若不符合要求则进行反向学习过程 2）。

② 不再进行修改权数矩阵的学习过程。完成建模（得到了模型的权数矩阵），可供使用。

2）模型的反向学习过程 BP

每步（t）由已知的输入 $X(t)$，经模型计算得到输出结果 $Y_K(t)$。与真实的学习样本值 D 比较，由其偏差进行计算，修改各层间的权数矩阵。即反向学习过程 BP。ANN 要经过很多次的 BP 重复检验修改权数矩阵。最终得出模型。

① 由真实的学习样本值 D 与 $Y_K(t)$ 的偏差，（t 标明第 t 次检验）：

$$F(W) = (D - Y_K)^{\mathrm{T}}(D - Y_K) \tag{3-7-52}$$

找到使 $F(W)$ 减小的方向，修改各层的权数矩阵 W_k（k=1，2…K）。

修改各层的权数矩阵 W_k 的计算是由输出层 K 层反向逐层向第一隐层进行的。

采用记号：

记 $B_{\mathrm{K+1}} = \begin{bmatrix} d_1 - y_1^{\mathrm{K}} \\ d_2 - y_2^{\mathrm{K}} \\ \vdots \\ d_{n_K} - y_{n_K}^{\mathrm{K}} \end{bmatrix}$，$W_{\mathrm{K+1}} = I$（单位矩阵）

式（3-7-52）为

$$F(W) = (B_{\mathrm{K+1}})^T B_{\mathrm{K+1}} \tag{3-7-53}$$

② 计算 $F(W)$ 的下降方向以便确定各层权数矩阵的修改值

从 $k=K$ 开始：

$$B_K = \mathrm{diag}\left[\frac{\mathrm{d}y_1^{\mathrm{K}}}{\mathrm{d}z_1^K}, \frac{\mathrm{d}y_2^{\mathrm{K}}}{\mathrm{d}z_2^K} \cdots \frac{\mathrm{d}y_{n_k}^{\mathrm{K}}}{\mathrm{d}z_{n_k}^K}\right] W_{\mathrm{K+1}} B_{\mathrm{K+1}} \tag{3-7-54}$$

$$\left(\frac{\partial F(W)}{\partial w_{ij}^K}\right)_{n_{\mathrm{K-1}} \times n_{\mathrm{K}}} = -2 \begin{bmatrix} y_1^{\mathrm{K-1}} \\ y_2^{\mathrm{K-1}} \\ \vdots \\ y_{n_{\mathrm{K-1}}}^{\mathrm{K-1}} \end{bmatrix} (B_{\mathrm{K}})^{\mathrm{T}} \tag{3-7-55}$$

其中，层的神经元输出量对接受量的导数式（（3-7-48）Sigmoid 函数求导）：

$$\frac{\mathrm{d}y_j^{\mathrm{K}}}{\mathrm{d}z_j^{\mathrm{K}}} = f(z_j^{\mathrm{K}})[1 - f(z_j^{\mathrm{K}})] \tag{3-7-56}$$

接着计算 $k = K - 1$

$$B_{\mathrm{K}-1}=\mathrm{diag}\left[\frac{\mathrm{d}y_1^{\mathrm{K}-1}}{\mathrm{d}z_1^{\mathrm{K}-1}},\frac{\mathrm{d}y_2^{\mathrm{K}-1}}{\mathrm{d}z_2^{\mathrm{K}-1}}\cdots\frac{\mathrm{d}y_{n_k}^{\mathrm{K}-1}}{\mathrm{d}z_{n_{\mathrm{k}-1}}^{\mathrm{K}-1}}\right]W_{\mathrm{K}}B_{\mathrm{K}} \tag{3-7-57}$$

$$\left[\frac{\partial F(W)}{\partial w_{ij}^{\mathrm{K}-1}}\right]=-2\begin{bmatrix}y_1^{\mathrm{K}-1}\\y_2^{\mathrm{K}-1}\\\vdots\\y_{n_{\mathrm{k}-2}}^{\mathrm{K}-1}\end{bmatrix}(B_{\mathrm{K}-1})^{\mathrm{T}} \tag{3-7-58}$$

一般，当 $k\leqslant K-2$ 时

$$B_{\mathrm{k}}=\mathrm{diag}\left[\frac{\mathrm{d}y_1^{\mathrm{k}}}{\mathrm{d}z_1^{\mathrm{k}}},\frac{\mathrm{d}y_2^{\mathrm{k}}}{\mathrm{d}z_2^{\mathrm{k}}}\cdots\frac{\mathrm{d}y_{n_{\mathrm{k}}}^{\mathrm{k}}}{\mathrm{d}z_{n_{\mathrm{k}}}^{\mathrm{k}}}\right]W_{\mathrm{k}+1}B_{\mathrm{k}+1} \tag{3-7-59}$$

$$\left[\frac{\partial F(W)}{\partial w_{ij}^{\mathrm{k}}}\right]_{n_{\mathrm{k}-1}\times n_{\mathrm{k}}}=-2\begin{bmatrix}y_1^{\mathrm{k}-1}\\y_2^{\mathrm{k}-1}\\\vdots\\y_{n_{\mathrm{k}-1}}^{\mathrm{k}-1}\end{bmatrix}(B_{\mathrm{k}})^{\mathrm{T}} \tag{3-7-60}$$

3）修改各层的权数矩阵 W_k

$$W_{\mathrm{k}}(t+1)=W_{\mathrm{k}}(t)+\delta W_{\mathrm{k}}(t),\quad k=K,K-1\cdots2,1 \tag{3-7-61}$$

其中由 $F(W)$ 的减小方向得出权数矩阵的修改值：

$$\delta W_{\mathrm{k}}(t)=-\frac{1}{2}\varepsilon_{\mathrm{t}}\left[\frac{\partial F(W)}{\partial w_{ij}^{\mathrm{k}}}(t)\right]_{n_{\mathrm{k}-1}\times n_{\mathrm{k}}}=\varepsilon_t\begin{bmatrix}y_1^{\mathrm{k}-1}(t)\\y_2^{\mathrm{k}-1}(t)\\\vdots\\y_{n_{\mathrm{k}-1}}^{\mathrm{k}-1}(t)\end{bmatrix}B_{\mathrm{k}}(t)^{\mathrm{T}} \tag{3-7-62}$$

其中 ε_t 称为第 t 步的学习效率。

得到新的权数矩阵，回到1)，进行下一步正向过程得到新的输出 $Y_{\mathrm{K}}(t+1)$。

（3）模型应用

对于经过多步学习修改得到的 BP 算法的 ANN 模型，用于预测时，可将数据 X 向量输入，经由正过程得到 Y 输出结果。

在建立燃气负荷 BP 算法的 ANN 模型时，可取 $K=2\sim3$，隐层的神经元数可按输入层元素个数由经验适当选定，各层的权数用（-1，1）的随机数赋初值。BP ANN 模型可成功地用于小时负荷及日负荷等预测，也可用于稳定型城镇或区域的中长期燃气负荷预测。

8. 傅里叶级数模型

燃气负荷可展开成傅里叶级数。在实用中只是将燃气负荷分解为三角级数的有项限的和作为其数学模型。仍称之为傅里叶级数模型。傅里叶级数是将被逼近函数表示为周期函数的有效途径。这一方法在有关负荷的问题中发挥重要的作用。

实际的燃气负荷数据是具有随机性的连续记录曲线或离散的数列。要将这种燃气负荷实际数据用作计算的输入参数，特别对于解析法分析或计算时，需要采用数据拟合或插值的方法将数据序列表达为函数形式。笔者认为，对于不具有相当精确度的已有数据序列，采用拟合方法较插值方法能更好地接近实际数据的本质。

城镇燃气基本负荷采用傅里叶级数作为其逼近形式是十分合理的，且便于问题的解析。例如，对于输气管道燃气流动方程，用负荷的傅立叶级数表示边界条件。

当今，无论采用数据拟合还是插值的方法，都可采用计算程序完成。本段将简要列出采用傅里叶级数拟合的方法。

设有燃气用气负荷函数 $q(t)$，可展开为复数形式的傅里叶级数：

$$q(t)=\sum_{k=0}^{\infty} c_n e^{\mathrm{j}k\omega_0 t} \tag{3-7-63}$$

其中　$c_\mathrm{k}=\frac{1}{T}\int_\mathrm{a}^{\mathrm{a+T}} q(t)e^{-\mathrm{j}k\omega_0 t}\mathrm{d}t \qquad \omega_0=2\pi/T$

或者展开为三角级数形式的傅里叶级数：

$$q(t)=\frac{a_0}{2}+\sum_{k=1}^{\infty} a_\mathrm{k}\cos k\omega_0 t+b_k \sin k\omega_0 t \tag{3-7-64}$$

其中　$a_\mathrm{k}=\begin{cases}\frac{2}{T}\int_\mathrm{a}^{\mathrm{a+T}} q(t)\mathrm{d}t & k=0\\ \frac{2}{T}\int_\mathrm{a}^{\mathrm{a+T}} q(t)\cos k\omega_0 t\mathrm{d}t & k\geqslant 1\end{cases}$，$b_\mathrm{k}=\frac{2}{T}\int_\mathrm{a}^{\mathrm{a+T}} q(t)\sin k\omega_0 t\mathrm{d}t \quad k\geqslant 1$

两种级数表达形式系数的换算：

$$a_k=\begin{cases}c_0 & k=0\\ 2\mathrm{Re}\{c_k\} & k\geqslant 1\end{cases}, b_\mathrm{k}=-2\mathrm{Im}\{c_\mathrm{k}\} \qquad k\geqslant 1$$

当燃气用气负荷 $q(t)$ 是离散型数据序列时，傅里叶级数的系数也要采用数值方法计算积分得出。

实际的燃气用气负荷往往是离散型数据，将其表达为傅里叶级数的方法有最小二乘法，或基于矩形公式近似积分的实用调和分析法等（现有 Matlab 等软件有可调用的函数）。由于采用的用气负荷离散型数据一般认为是一个周期的数据，因而首尾值相同。从而由它们得出的傅里叶级数将能很好地拟合（收敛到）离散型数据未能连续表达的用气负荷规律。

【例 3-7-1】 已知燃气 24h 用气负荷值，单位：$\mathrm{m^3/s}$（标态）

18.0　16.5　13.5　15.0　12.0　19.5　23.7　25.2　27.6　31.5　37.5　36.9
37.2　36.0　41.4　40.5　43.5　42.0　42.9　46.5　37.5　30.0　24.0　18.6

用 Matlab 提供的离散傅里叶变换函数计算得出傅里叶级数的系数，采取 10 个分量，从而得到用气负荷的傅里叶级数表达式。式（7-3-64）中：

$\frac{a_0}{2}=29.8750$

$a_k=-10.1473$　-2.9437　-0.3657　0.5750　1.1669　-0.6000　-0.1913　-0.0250　0.7657　0.6937　-0.8282　0.0500

$b_k=-10.1535$　-2.2191　1.4960　0.7361　1.1607　-0.6000　-0.4149　0.3031　0.6960　0.1191　0.2221　0

$\omega_0=2\pi/24$

图 7-3-5 上的折线是输入的离散的 24h 用气负荷值，光滑曲线是傅里叶级数的逼近曲线。

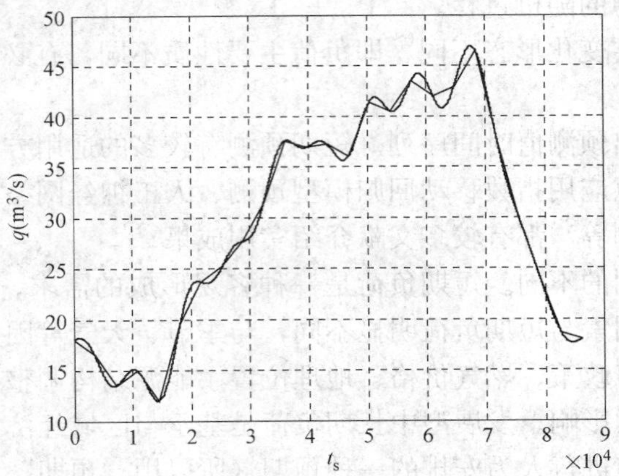

图 7-3-5 燃气负荷折线及其傅里叶级数曲线

3.8 燃气负荷预测

3.8.1 中长期负荷预测与短期预测的特性比较

在燃气用气负荷预测的分类中，最有实际意义的分类是按时间段区分中长期预测与短期预测。这种时间段的区分有很多的内涵。包括不同时间段燃气用气负荷的规律性不同，即本身性质不同；要求预测适用范围及所起作用不同，即预测需达到的目的不同；因而适合采用的预测方式方法也不同。这是研究预测问题首先要辨认清楚的。

中长期燃气负荷预测要区分显著发展型或平稳型城镇或区域的燃气负荷预测。

上述中长期预测主要指显著发展型城镇或区域的燃气负荷预测，对相对平稳型城镇或区域的燃气负荷预测，则从性质与方法方面，在诸多方面接近于对短期预测所做的分析。

(1) 燃气用气负荷预测（以下简称负荷预测或预测）按预测时间段可从大类上区分为中长期预测与短期预测。中长期预测时间段为 5～15 年或 15 年以上；短期预测时间段可为 24h，7～30d 或 12 个月。预测时间段的设定，完全是人为的，是按工作的需要裁取的。

(2) 预测时间段区分，反映的是预测目的的差异。发展型中长期预测主要由于燃气发展规划或燃气资源开发及一定规模项目设施建设的需要，作出燃气发展预测，用于适应一个地域的经济社会发展或一个部门的能源需求。短期预测主要用于运行调度，包括气源供给计划，储库注采调度，长输管道加压站运行调度，一个城镇或区域系统运行调度，以及工厂、企业设施维修计划。

(3) 由于预测时间段的不同，在不同时间段中负荷变化形态不同。在发展型中长期时间段内，负荷变化主要表现为趋势性。一个中长期时间段往往即是一个阶段。本质上它是由经济社会发展的阶段性所确定的。更宏观地看，每一个阶段的发展过程可能会表现出某种周期性特征。而在短期时间段内，变化形态主要为周期性和随机性。从实际数据可以看到 24h，或 12 个月等负荷变化周期。其周期性只能是一种准周期性，但可近似的予以采用。作为受多因素影响、由大量个体形成的总体负荷必然会具有随机性。其随机性不会是平稳的，但可看为平稳的随机过程。

(4) 由于负荷主要变化形态不同，即负荷主要性质不同，有必要采取不同的负荷预测方法。

短期预测要求给出预测值时间序列。短期预测有较多的适用方法，如时序分析模型用于随机分量预测；可以应用指数移动回归模型预测、人工神经网络模型预测、傅里叶级数模型用于周期分量预测等。都有较多文献介绍实用成果。

(5) 负荷形成机制的不同。短期负荷是一种客观形成的需求，是“自在的”。而发展型中长期负荷其影响因素与短期负荷明显不同，与季节、天气等因素的关联度很小，主要受城市经济发展、政府政策、燃气价格、地理位置、能源结构调整中与其他替代能源的竞争性等多种不确定因素影响。发展型中长期负荷是基于与区域经济社会发展需求既有相关关系，又在一定程度上进行人为安排的一种预期（所以用“预期”比用“预测”更贴切），是“他为的”。这表明，对待负荷预测的方式上也会有所不同。例如对发展型中长期预测，尽量用客观的方式确定目标期预测值，再在相当程度上用人为计划的方式安排年度值。

(6) 有鉴于此，发展型燃气负荷中长期预测，不适宜用一种单纯的数据相关或规律性类推方法。本手册建议采取综合的途径。其中一种途径是按用气类型分别用不同的方法对规划目标年用气量进行预测，然后再进行规划期年度安排预测的“两步预测法”。

3.8.2 燃气负荷短期预测

短期负荷预测的时段一般是5年以内，以该时段内的年、月、日，甚至是小时负荷为预测目标。城镇燃气短期负荷预测对于保证管网用气量，进行管网的优化调度，设备维修，确定用于调峰的长输管线末段储气量等具有重要的意义。

大量的用气资料表明：小时负荷呈现较强的随机性和以每日24h为周期的周期性变化规律；日负荷呈现较强随机性的变化规律；月负荷呈现趋势性、较强的以12个月为周期的月周期性变化规律。

短期负荷的重要影响因素是日期类型、温度、季节、特殊时期（如节假日、事故抢修）和天气等，雨雪、高温和严寒天气会明显改变负荷曲线的峰谷和形状，春节的负荷与平时有明显的不同。24h内，城镇燃气负荷随时间有明显的波峰波谷，平时用气高峰时间相对固定，主要集中在早、中、晚；在节假日里，用气规律与平时不同，变化较大。

短期负荷预测方法有：指数平滑预测模型、时序模型、人工神经网络模型、傅里叶级数模型等，其基本概念和方法在本章第3.7节中已有介绍。国内在燃气负荷短期负荷预测方面有这些方法的成熟应用。

3.8.3 发展型燃气负荷中长期预测

本段介绍本手册作者提出的“两步预测法”：第一步，按用气类型分别采用不同的方法，同时并用定性与定量分析作出目标年预测；第二步，作规划期年度安排预测。采取目标年预测与规划期年度预测相结合形成预测值时间序列。对规划目标年负荷预测，分为整体型预测和分类型预测。

3.8.3.1 整体型目标年预测

本章第3.7.2节的用负指数函数回归模型预测即是预测模型之一。为确定这种趋势项模型，可以借鉴已建燃气城市历史数据进行曲线拟合，得出函数中的各参数及系数，构成负荷预测方程采用外推法预测。这是一种城镇燃气负荷整体型预测。

《城镇燃气规划规范》GB/T 51098 列有一个城镇总体规划阶段“表 4.3.1 规划人均综合用气量指标”❶（表 3-8-1），是强制性“应”采用的。

（表 4.3.1）规划人均综合用气量指标 **表 3-8-1**

指标分级	城镇用气水平	人均综合用气量	
		现状	规划
一	较高	≥10501	35001～52500
二	中上	7001～10500	21001～35000
三	中等	3501～7000	10501～21000
四	较低	≤3500	5250～10500

3.8.3.2 分类型目标年预测

与整体型预测方式不同，主要依据本城镇发展规划进行相应规划的燃气负荷预测。采取分类的用气负荷预测叠加的方式。显然这是一种依据更实际，考虑更具体的方式。

（1）对居民用气，依据城镇规划，基于规划人口增长作预测。

$$q_{ra}=\frac{N_pQ_p}{H_L} \tag{3-8-1}$$

式中 q_{ra}——居民用气量，m^3/a；

N_p——目标年居民规划人口数，人；

Q_p——居民用气量指标，MJ/(人·a)；

H_L——燃气低热值，MJ/m^3。

需要注意到，居民用气量指标是相对稳定的，但计算中要重点对用气量指标进行分析和调整（方法见本章第 3.6）。它与经济社会发展水平，人们生活质量的提高可能是正相关，也可能是负相关；与居民收入水平在一定发展阶段后可能就不存在相关关系。

（2）商业用气。生活资料类商业主要服务于居民；生产资料类商业直接服务于工、农业，间接服务于居民。所以，商业用气与经济社会发展有相关性，与国民经济产业结构调整有关，与居民用气有同步性。例如，用 1996～2005 年我国商业用气量相对于第三产业（商业）产值作拟合，得到：

$$q_{Ca}=a_CP_{CP}^3+b_CP_{CP}^2+c_CP_{CP}+d_C \tag{3-8-2}$$

式中 q_{Ca}——商业用气量，$10^8m^3/a$；

P_{CP}——第 3 产业产值，10^{12}元/a；

a_C，b_C，c_C，d_C——拟合系数；

其中 $a_C=0.01696$，$b_C=-0.46890$，$c_C=5.59831$，$d_C=-12.14467$，如图 3-8-1

❶ 请注意（1）该表是《城镇燃气规划规范》GB/T 51098 规定的用于城镇总体规划阶段的数据；（2）在本手册作者看来，应用时请注意：1）表列规划值相对于现状值有近 3 倍的跳跃，其预测的根据是什么？2）对非发展型城镇用气量水平不一定随时间单调增长，即使增长，增长速率也是有变化的，特别是增长是有限度的。3）就城镇能源结构变化看，由于技术的进步，设备用能类型的改变，生活用能类型的改变、生活方式的演变等使得城镇能源结构变化，燃气用量不一定直线性地增加，对处于较平稳发展的城镇，更不可能成倍地增长，4）表中给出的规划值没有时间条件，这是缺乏预测的基本要素的。

所示。

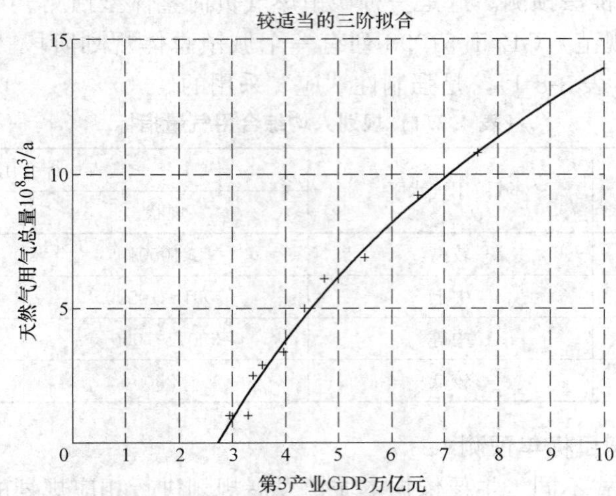

图 3-8-1　天然气商业用气量相对于商业产值的拟合曲线

（3）工业用气。工业用气在城镇燃气系统中比重越来越大。在我国，工业生产是国民经济的主产业，与经济发展总趋势密切相关。因而工业用气可基本按与 GDP 线性相关考虑。预测时，需考虑到科技发展水平、节能减排要求、环保目标以及工业产业结构调整趋势等诸多因素。节能要求对各种能耗都要求下降；减排要求会促使能源类型从煤、油转向优质气体燃料；环保目标可能需借助于优质气体燃料的替换，这些因素会增加用气量需求。工业结构从大能源消耗型向高科技含量型调整会产生显著的节能效果，减少用气量。对工业用气量的预测可用直线回归函数的式（3.8-3）：

$$q_{Ia}=a_I P_{IP}+b_I \tag{3-8-3}$$

式中　q_{Ia}——工业用气量，$10^8 m^3/a$；

P_{IP}——第三产业产值，10^{12}元/a；

a_I，b_I——回归系数；

建议用直线形式是来源于前述分析和对现有数据的观察。例如，用 1998～2003，及 2005 年我国工业用气量相对于第二产业（工业）产值作拟合，得到：

$$q_{Ia}=a_I P_{IP}^3+b_I P_{IP}^2+c_I P_{IP}+d_I \tag{3-8-4}$$

式中　q_{Ia}——工业用气量，$10^8 m^3/a$；

P_{IP}——第二产业产值，10^{12}元/a；

a_I，b_I，c_I，d_I——拟合系数。

其中 $a_I=0.0069$，$b_I=-0.1930$，$c_I=5.4103$，$d_I=-1.3525$，如图 3-8-2 所示。

由图 3-8-2 可见，拟合曲线接近于直线。随着天然气工业用气率的增加，曲线应向上弯；随着技术进步和单位能耗减小，曲线应向下弯。所以曲线形式会随时间改变，规划用的拟合曲线需采用当时数据；对工业用气量采用直线模型是一种简化。

（4）供暖空调用气。与能源价格、设备价格、环保（减排）要求、供暖空调技术进展等多种因素有关。特别是燃气供暖或空调可显著影响用气负荷的月不均匀性。燃气供暖用气会加大冬季高峰；燃气空调有助于夏季削平电力负荷。因而对供暖空调用气的预测也与

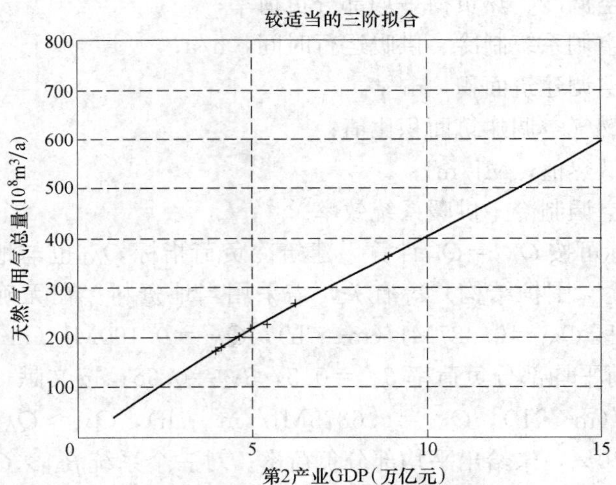

图 3-8-2 天然气工业用气量相对于工业产值的拟合曲线

关于城镇能源结构的规划有关。

供暖用气可按式(3-2-4a)计算；或由燃气供暖建筑面积比值与建筑供暖面积热指标计算：

$$q_{Ha}=\frac{\beta_H t_H Q_H r_H A_T}{H_L \eta_H} \tag{3-8-5}$$

式中 q_{Ha}——燃气供暖用气量，m^3/a；

Q_H——建筑供暖面积热指标，$MJ/(m^2 \cdot h)$；

β_H——平均部分负荷率；

t_H——建筑供暖运行时间，h/a；

A_T——城镇建筑面积，m^2；

r_H——城镇燃气供暖建筑面积比值；

H_L——燃气低热值，MJ/m^3；

η_H——供暖系统效率。

也可按式(3-2-4b)计算，其中 $n=\beta_H t_H$，$A=r_H A_T$。

建筑供暖面积热指标 Q 与地区、城镇的气候条件、建筑类型、供暖方式有关，需采用当地资料。例如天津市厂房燃气红外线柔强辐射供暖 $Q_H=0.270MJ/(m^2 \cdot h)$，建筑供暖运行时间 $t=2880h/a$。

供暖系统热效率 $\eta_H=0.86$。

平均部分负荷率是实际运行功率与系统设计功率的比值，在无确切数据情况下，$\beta=0.65$ 可用于参考。

空调用气：

$$q_{Aa}=\left[\frac{\beta_{A1} t_{A1} Q_{A1}}{\eta_{A1}}+\frac{\beta_{A2} t_{A2} Q_{A2}}{\eta_{A2}}\right]\frac{r_A A_A}{H_L} \tag{3-8-6}$$

式中 q_{Aa}——燃气空调用气量，m^3/a；

Q_{A1}，Q_{A2}——空调建筑冷、热负荷指标，$MJ/(m^2 \cdot h)$；

β_{A1}，β_{A2}——建筑空调冷、热负荷平均部分负荷率；

t_{A1}，t_{A2}——燃气空调系统制冷、供暖运行时间，h/a；

A_A——城镇空调建筑面积，m^2；

r_A——城镇燃气空调建筑面积比值；

H_L——燃气低热值，MJ/m^3；

η_{A1}，η_{A2}——燃气空调制冷、供暖系统效率。

建筑热负荷指标可按 $Q_{A2}=Q_H$ 计算。建筑冷负荷指标 Q_{A1} 也与地区、城镇的气候条件、建筑类型（用途、围护结构）等有关，需采用当地资料。在无确切数据时，按文献［38］数据，北京地区 $Q_{A1}=0.387MJ/(m^2\cdot h)$，$Q_{A2}=0.190MJ/(m^2\cdot h)$，$Q_{A1}\approx 2Q_{A2}$，建筑空调冷、热负荷平均部分负荷率 $\beta_{A1}=0.3$，$\beta_{A2}=0.65$；按文献［40］数据，上海地区 $Q_{A1}=0.5625MJ/(m^2\cdot h)$，$Q_{A2}=0.6375MJ/(m^2\cdot h)$，$Q_{A1}\approx Q_{A2}$，只给出实际运行时间为设计时间的70%，未给出平均部分负荷率。对一个系统 $\beta_{A1}\times Q_{A1}$ 或 $\beta_{A2}\times Q_{A2}$ 应基本为定数，即设计功率大，部分负荷率就会小。

小结；

A. 文献［38］，$Q_{A2}=0.190$；文献［40］，$Q_{A2}=0.6375$。可认为文献［38］的 Q_{A2} 与文献［40］的 Q_{A2} 的差异是起因于北、南方气候不同，建筑耗用能源不同；

B. 常规供暖的 Q_H 比辐射供暖的 Q_H 会大一些，按文献［35］，辐射供暖的 $Q_H=0.270$。

（5）燃气汽车用气。主要取决于城镇环保目标推动、汽车油气燃料价格对比、燃气汽车燃料系统设备价格等产业政策因素、市场因素。因而燃气汽车用气很难按规律预测，更需靠人为安排。由预定的燃气汽车数量计算燃气汽车用气量：

$$q_{Va}=\sum_{K} N_{Vk} L_k f_k 10^{-4} \tag{3-8-7}$$

式中　q_{Va}——燃气汽车用气量，$10^8\ m^3/a$；

N_{Vk}——第 k 类燃气汽车数量，10^4 辆；

L_k——第 k 类燃气汽车平均年行车里程，100km/a；

f_k——第 k 类燃气汽车百公里油耗，$m^3/(100km\cdot 辆)$；

K——燃气汽车种类。

（6）发电动力用气。我国将仍以煤电为主，大力发展水电、核电和风力发电。某些情况下，燃气发电可能用于调峰电厂。所以对发电动力用气不能按规律类推作出预测。可用下式对设定的气电预测量计算用气量：

$$q_{Ea}=\frac{P_E N_E e}{10^4 H_L} \tag{3-8-8}$$

式中　q_{Ea}——发电动力用气量，$10^8 m^3/a$；

P_E——电厂发电机组功率，10^4 kW；

N_E——年运行时数，h；

e——耗气指标，$m^3/(kWh)$。

3.8.3.3　年度安排预测

规划期用气量年度变化，形式上即是如何逐年达到规划目标年的规划预测用气量。可以考虑如下5种形式进行全部用气量年度预测或先作分类用气量年度预测再合成全部用气量年度预测。其中除一种方法外都是回归模型、内插值应用、解释变量是时间（年份）。

（1）直线型。这是传统规划设计工作经常自觉或自然地会采用的用气量预测形式。即是由已有的起始年用气量与已预测的规划目标年用气量作出年度用气量预测直线：

$$q_{ai}=q_{a0}+(q_{aD}-q_{a0})\frac{i}{T_D} \tag{3-8-9}$$

式中 q_{ai}——第 i 年用气量，$10^8m^3/a$；

q_{a0}——起始年用气量，$10^8m^3/a$；

q_{aD}——规划目标年用气量，$10^8m^3/a$；

T_D——规划年限（规划目标年年序号），a；

i——年度序号。

（2）S形函数模型。对城镇燃气设施阶段性发展的用气负荷，有如下特征：1）增长性质。在一个城镇或地区阶段性建设中用气负荷会有一段较显著的增长；2）增速变化性质。增长不会是保持不变，往往是开始渐增，继而加大，到阶段后期增速减缓；3）相对的增长停滞稳定期。随着燃气设施建成，用户发展达到新的水平，气源供给量与用气市场需求量都接近其限度形成新的平衡状态。

这种形式的用气量变化，可以考虑用形态为S形曲线的负指数函数对规划期内燃气负荷逐年度预测。

用于规划期内（内插）预测的新型S形曲线函数[1]：

$$q_{\tau}=q_0+\frac{1}{s}\left[\frac{1+s}{1+se^{-\tau}}-1\right](q_p-q_0) \tag{3-8-10}$$

$$\tau=0,\ q_{\tau}=q_0;$$

$$\tau=\tau_p,\ q_{\tau}=q_p$$

式中 q_{τ}——规划期内的 τ 时间燃气用气负荷，m^3/a；

q_0——规划起始年初燃气用气负荷，m^3/a；

q_p——规划终止年燃气用气负荷，m^3/a；

τ——从规划起始年计算的时间，0.01a；

τ_p——规划终止年（例如规划年为15年，$\tau_p=15\times100=1500$），0.01a；

s——S形曲线（位置）形态参数。

图3-8-3为新型S形曲线规划期内插预测方程图。

可见，只要规定起始年初及规划年的负荷值，选定规划期内一种S形曲线增长形式（选定 s 参数）即可计算出负荷增长的年度预测。

另一种情况是除已有起始年初及规划年的负荷值外，还有若干年的实际负荷值，则可用其进行匹配一条S形曲线，得到参数 s 值。

（3）单调指数函数模型。这是笔者提出的另一种负指数函数模型，用于在已有预测目标期用气量的情况下给出年度用气量。

为便于规划设计工作应用，本手册作者提出一种用气量单调增加的指数函数，形成一种开始增速较大但增速逐年减小，到规划目标年趋于稳定的用气量预测形式：

[1] 本手册作者提出的一种新型S形曲线函数表达式。

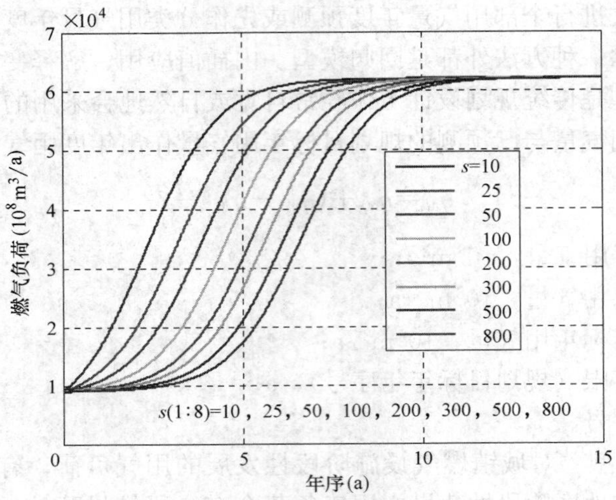

图 3-8-3　新型 S 形曲线规划期内插预测方程图

$$q_{ai}=q_{a0}+q_{aU}\left[1-e^{-bi}\right] \quad (i=1,2\cdots T_p) \tag{3-8-11}$$

$$q_{aU}=\frac{q_{ap}-q_{a0}}{\alpha}$$

$$b=-\frac{1}{T_p}\ln(1-\alpha)$$

式中　q_{a0}——起始年初用气量，$10^8m^3/a$；

q_{ap}——规划目标年预测用气量，$10^8m^3/a$；

T_p——规划目标年年序号；

α——增速变化参数。

这种预测曲线也不需进行拟合计算，应用也很直观、方便。只需代入规划目标年预测用气量 q_{ap}，通过设定一个增速变化参数 α 值，用简单的代数运算得出预测曲线，如图 3-8-4所示。

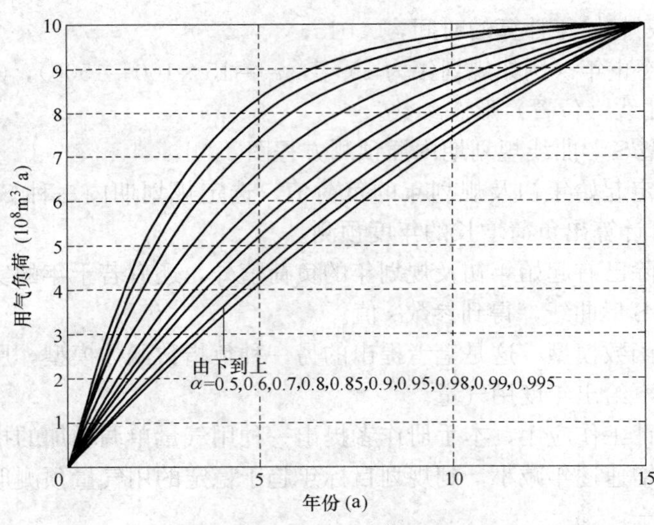

图 3-8-4　单调指数函数预测曲线

这种类型与第 2 种形式的不同之处还在于，用气量在规划目标年后增速单调减小，相同之处为负荷在规划年趋于稳定

（4）多项式模型。用近年用气量历史数据和规划年预测用气量结合，拟合出多项式模型：

$$q_{ai}=a(T_S+i)^3+b(T_S+i)^2+c(T_S+i)+d \quad (i=1,2\cdots T_p) \tag{3-8-12}$$

式中 T_S——历史拟合数据的最后年序号（例如下例中 2005 年，$T_S=10$）；

i——预测年度序号（例如下例中 2009 年，$i=4$）；

T_p——规划年度序号（例如下例中 2010 年，$T_p=5$）。

这种方法对一个供气已开始新一轮增长、并制定了（规划目标年用气量）发展目标的城镇可考虑使用。图 3-8-5 是某大城市的实例。已有 1996～2007 年天然气用气量，已预测 2010 年用气量。用 1996～2005 年共 10 年用气量及 2010 年预测用气量进行拟合；用 2006 年、2007 年数据对照。拟合系数为：

$a=0.0127$，$b=-0.1415$，$c=0.6390$，$d=0.5992$

从图 3-8-5 上看到效果不错。这是一种在一段期限内经济高速增长，用气量增速逐年加大的形式。

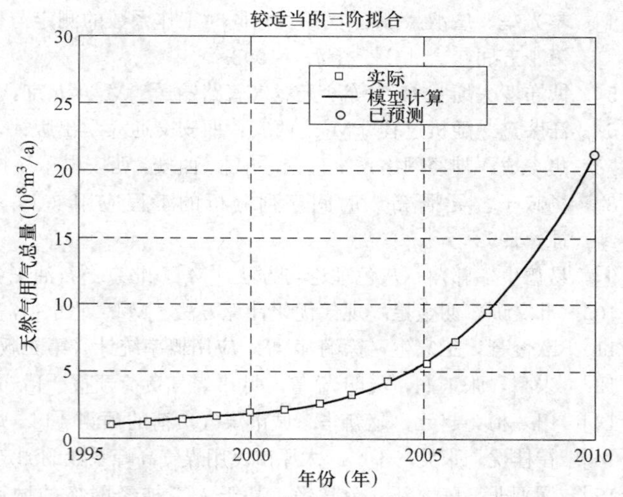

图 3-8-5 天然气用气量多项式预测曲线

3.8.3.4 规划预测方案及评价

预测有必要采用两方案或三方案方式。笔者认为，一般采用高、低两方案可认为是恰当的选择。在两方案方式中，低方案是基本方案，即在进行负荷预测中，要考虑到各种技术和经济的制约因素，特别是气源供给的制约因素，照顾好供需平衡。高方案则是一种追求较高目标的方案。在进行负荷预测中，更多地考虑到城镇经济发展对高质量气体燃料的需求、达到更好节能环保指标的要求等燃气发展促进因素。由预测结果提出开拓气源渠道，获得建设资金等更高的目标，供规划的决策及实施参考。

对规划负荷预测的结果如何判别其预见（程）度，要采用多方位、多角度的比较验证法，例如采用横向比较及纵向比较。在横向与规模、性质、发展程度等类似城镇的燃气负荷预测进行比较。但在这种比较中要注意到气源供给等条件的不同。在纵向比较中可考察城镇自身或一个阶段用气量发展变化的历程，以城镇总体经济社会发展进程作参照。在这种比较中同样要考虑到气源条件的变化，同时要考虑到城镇发展水平变化的趋势。除横向、纵向比较验证方法之外，还可以从燃气资源（主要是天然气资源，或煤层气资源，或加上液化石油气资源等）的约束条件，即可供给的具体环境、气量规模，从燃气规划实现的基础条件来考察负荷预测所具有的可行性，因而衡量负荷预测的预见性。

3.9　本章有关标准规范

《城镇燃气设计规范》GB 50028

《工业建筑供暖通风与空气调节设计规范》GB 50019

《城镇供热管网设计规范》CJJ 34

《城镇燃气规划规范》GB/T 51098

《民用建筑能耗标准》GB/T 51161

参考文献

[1]　杜元顺．煤气时负荷系数的短期预测［J］．煤气与热力，1981，(5)：46-51.

[2]　杜元顺．煤气日负荷预测用的回归分析方法［J］．煤气与热力，1982，(4)：26-28.

[3]　张蔚东，方育渝，李恩山．居民燃气消耗量的随机分析［J］．煤气与热力，1989，(1)：34-39.

[4]　黎光华，詹淑慧 等．民用灶具同时工作系数的测定与研讨//中国城市煤气学会液化气专业委员会第十五届年会［C］．上海，1998.

[5]　博布罗夫斯基 C A 等．天然气管路输送［M］．北京：石油工业出版社，1985.

[6]　汪荣鑫．随机过程［M］．西安：西安交通大学出版社，1987.

[7]　焦李成．神经网络系统理论［M］．西安：西安电子科技大学出版社，1990.

[8]　杨叔子，吴雅 等．时间序列分析的工程应用（上、下册）［M］．武汉：华中理工大学出版社，1992.

[9]　易德生，郭萍．灰色理论与方法［M］．北京：石油工业出版社，1992.

[10]　邢文训，谢金星．现代优化计算方法［M］．北京：清华大学出版社，1999.

[11]　欧俊豪，王家生，徐漪萍 等．应用概率统计（第二版）［M］．天津：天津大学出版社，1999.

[12]　朱麟，张玉润，吴明光 等．城市煤气负荷预报［J］．煤气与热力，1998，(2)：27-28．29.

[13]　田一梅，赵元，赵新华．城市煤气负荷的预测［J］．煤气与热力，1998，(4)：20-23.

[14]　崔桂枕，张昊，于彤．太原市民用煤气高峰系数的测定［J］．煤气与热力，1998，(4)：30-31.39.

[15]　谭羽非，陈家新，余其铮．基于人工神经网络的城市煤气短期负荷的预测［J］．煤气与热力，2001，(3)：199-202.

[16]　焦文玲，严铭卿，廉乐明等．城市煤气负荷的灰色预测［J］．煤气与热力，2001，(5)：387-389.

[17]　肖文辉，刘亚斌，王思存．燃气小时负荷的模糊神经网络预测［J］．煤气与热力，2002，(1)：16-18.

[18]　茆诗宋，丁元，周纪芗等．回归分析及其试验设计［M］．上海：华东师范大学出版社，1981.

[19]　严铭卿，廉乐明，焦文玲等．燃气负荷及若干应用问题［J］．煤气与热力，2002，(5)：400-404.

[20]　严铭卿，廉乐明，焦文玲等．燃气负荷及研究进展［J］．煤气与热力，2002，(6)：490-493.

[21]　严铭卿，廉乐明，焦文玲等．燃气负荷及其模型研究［J］．煤气与热力，2003，(4)：207-230.

[22]　严铭卿，廉乐明，焦文玲等．燃气负荷及其预测模型［J］．煤气与热力，2003，(5)：259-262，266.

[23]　张志涌等．精通 MATLAB（6.5版）［M］．北京：北京航空航天大学出版社，2003.

[24]　张文彤．SPSS统计分析教程［M］．北京：北京希望电子出版社，2002.

[25]　刘洪．经济系统预测的混沌理论原理与方法［M］．北京：科学出版社，2003.

[26]　严铭卿等．燃气输配工程分析［M］．北京：石油工业出版社，2007.

[27]　田贯三，金志刚．燃气采暖负荷统计方法与实例［J］．城市煤气，1999 (4)，3-6.

[28] 田贯三，金志刚．燃气采暖负荷的统计计算［J］．煤气与热力，1999，19（5）：60-63.

[29] 盛凯桥，张亦军，康志刚等．武汉居民生活用气定额及不均匀性分析［J］．煤气与热力，2001，21（5）：450-453.

[30] 张龙 等．计量经济学［M］．北京：清华大学出版社，北京交通大学出版社，2010.

[31] 茆诗松．回归分析及其试验设计［M］．上海：华东师范大学出版社，1981.

[32] 杨昭等．人工神经网络在天然气负荷预测中的应用［J］．煤气与热力，2003，(6)：331-332，336.

[33] 严铭卿．燃气负荷中长期预测的方法［J］．城市燃气，2009，(10)：13-17.

[34] 王根林．城市天然气用气规律及负荷预测［J］．煤气与热力，2004，24（7）：391-394.

[35] 曲玉文等．燃气红外线柔强辐射采暖在高大建筑的应用［J］．煤气与热力，2004，(3)：141-144.

[36] 钱文斌等．燃气壁挂炉分户采暖的应用前景［J］．煤气与热力，2005，(11)：39-40.

[37] 孙项菲，孙良传等．天津天然气用气量与GDP的曲线拟合［J］．煤气与热力，2008，(4)：B15-B17.

[38] 张蕊，涂光备，曹国庆．燃气直燃机冷热源的经济分析［J］．煤气与热力，2005，(11)：35-38.

[39] 沈亦冰，杨庆泉．燃气空调替代电空调的探讨［J］．煤气与热力，2005，(12)：18-20.

[40] 薛茂梅，杨庆泉，韩明新．燃气空调的类型及经济分析［J］．煤气与热力，2005，(12)：44-46.

[41] 国家统计局，国家发展改革委．中国能源统计年鉴（2000～2002）［M］．北京：中国统计出版社，2004.

[42] 国家统计局，国家发展改革委．中国能源统计年鉴（2006）［M］．北京：中国统计出版社，2007.

[43] 年鉴编辑部．中华人民共和国年鉴（2006）［M］．北京：中华人民共和国年鉴社，2006.

[44] 贾林，刘燕，邵震宇．城市天然气商业用户用气量指标的研究［J］．煤气与热力，2007，(10)：7-10.

[45] 王朝杰等．概率与统计［M］．西安：陕西科学技术出版社，1987.

第 4 章　输气管道系统

输气管道是用于从气源或上游管道较长距离输送天然气、页岩气、煤层气和煤制天然气至各城镇的主干管，故又称长输管道，或长输管线，如西气东输各管线、川气东送管线、新粤浙管线以及省级输气管线，也包括城镇门站前的输气管线。

输气管道系统包括输气管道、输气首站、输气末站、压气站、气体接收站、气体分输站、清管站、阀室等。此外，承担储气调峰与事故应急功能的地下储气库也属于输气管道系统。

由于输气管道系统主要承担多个城市与大型用户长距离供气任务，因此具有确保多工况下安全供气的特殊性，即不停供且满足压力与气量要求，据此对管线与各类站场、储气库进行功能设计，以达到协调运行与安全管理要求。

随着城乡经济发展，规划区域扩大或性质改变，包括管线路由区域地区等级提高等而需迁移已建管道，造成经济损失，因此，对输气管道系统设计应考虑管线路由区域远期规划的地区等级和建构筑物分布，以及供气点远期所需用气量。

4.1　输气管道系统构成与输气工艺计算

4.1.1　管道工艺计算

（1）当输气管道纵断面的相对高差 $\Delta h \leqslant 200\text{m}$，且不考虑高差影响时，输气量应按下式计算：

$$q_{\mathrm{v}}=1051\left[\frac{(p_1^2-p_2^2)d^5}{\lambda Z \Delta T L}\right]^{0.5} \tag{4-1-1}$$

式中　q_{v}——气体（$p_0=0.101325\text{MPa}$，$T=293\text{K}$）的流量，m^3/d；

p_1——输气管道计算段的起点压力（绝），MPa；

p_2——输气管道计算段的终点压力（绝），MPa；

d——输气管道内径，cm；

λ——水力摩阻系数；

Z——气体的压缩因子；

Δ——气体的相对密度；

T——输气管道内气体的平均温度，K；

L——输气管道计算段的长度，km。

（2）当考虑输气管道纵断面的相对高差影响时，输气量应按下列公式计算：

$$q_{\mathrm{v}}=1051\left\{\frac{\left[p_1^2-p_2^2(1+\alpha\Delta h)\right]d^5}{\lambda Z\Delta TL\left[1+\dfrac{\alpha}{2L}\sum\limits_{i=1}^{n}(h_i+h_{i-1})L_i\right]}\right\}^{0.5} \tag{4-1-2}$$

$$\alpha=\frac{2g\Delta}{ZR_{\mathrm{a}}T} \tag{4-1-3}$$

式中 α——系数，m^{-1}；

Δh——输气管道计算段的终点对计算段起点的标高差，m；

n——输气管道沿线计算的分管段数，计算分管段的划分是沿输气管道走向，从起点开始，当其中相对高差≤200m时划作一个计算分管段；

h_i——各计算分管段终点的标高，m；

h_{i-1}——各计算分管段起点的标高，m；

L_i——各计算分管的长度，m；

g——重力加速度，取9.81m/s^2；

R_{a}——空气的气体常数，在标准状况下（$p_0=0.101325$MPa，$T=293$K），$R_{\mathrm{a}}=287.1\mathrm{m}^3/(\mathrm{s}^2\cdot\mathrm{K})$。

（3）水力摩阻系数宜按下式计算，当输气管道工艺计算采用手算时，宜采用《输气管道工程设计规范》GB 50251—2015附录A中的公式。

$$\frac{1}{\sqrt{\lambda}}=-2.01\lg\left(\frac{K}{3.71d}+\frac{2.51}{Re\sqrt{\lambda}}\right) \tag{4-1-4}$$

式中 K——钢管内壁绝对粗糙度，m；

d——管道内径，m；

Re——雷诺数。

4.1.2 输气管道温度计算

（1）当不考虑节流效应时，气体温度应按下列公式计算：

$$t_x=t_0+(t_1-t_0)\mathrm{e}^{-\mathrm{a}x} \tag{4-1-5}$$

$$\alpha=\frac{225.256\times10^6KD}{q_{\mathrm{v}}\Delta c_{\mathrm{p}}} \tag{4-1-6}$$

式中 t_{x}——输气管道沿线任意点的气体温度，℃；

t_0——输气管道埋设处的土壤温度，℃；

t_1——输气管道计算段起点的气体温度，℃；

e——自然对数底数，宜按2.718取值；

x——输气管道计算段起点至沿线任意点的长度，km；

K——输气管道中气体到土壤的总传热系数，W/(m^2·K)；

D——输气管道外直径，m；

q_{v}——输气管道中气体（$p_0=0.101325$MPa，$T=293$K）的流量，m^3/d；

c_{p}——气体的定压比热，J/(kg·K)。

（2）当考虑节流效应时，气体温度应按下式计算：

$$t_{\mathrm{x}}=t_0+(t_1-t_0)e^{-\mathrm{a}x}-\frac{j\Delta p_{\mathrm{x}}}{ax}(1-e^{-\mathrm{a}x}) \tag{4-1-7}$$

式中 j——焦耳-汤姆逊效应系数，℃/MPa；

Δp_{x}——x长度管段的压降，MPa。

4.1.3　输气管道末段储气

4.1.3.1　概述

高压输气管道末段由于高压以及管道上游稳定的供气和终端周期性的用气形成了末段管道压力的大幅变化，从而使其具备了大的储气能力。同时，城镇燃气系统中的高压输气管道也同样具有可观的储气能力。

天然气输气管道储气将输气和储存结合在一起。输气管道距离长、管径大、输送压力较高，利用输气管道末段具有的储气能力，是减少或取消储气罐、降低工程造价的一种比较理想的储气方法。但是它有局限性，只有具备高压输气的条件才能实现。

管道储气容量，主要供城市昼夜或小时调峰。输气管道储气在我国应用较广。

输气管道末段（最后一个加压站与城市门站之间的管段）与其他各站间管段在工况上有很大区别。对于一般中间站前后，各管段始点与终点的流量是相同的，可以看为定常流动工况，因此可利用定常流动公式进行计算。但对于输气管道末段，末段的终点是城镇门站的进口，其气体流量是随时间变化的；末段的始点流量也相应地随时间变化。

4.1.3.2　管道末段储气容量计算

确定管道末段储气容量有两种计算方法：按定常流动计算和按不定常流动计算。输气管道中间设有加压站时，按最末一个加压站至城镇分输站的管段计算其储气能力；没有中间加压站的输气管道，全线都有储气能力，所以可按全线计算其储气能力。

输气管道末段中气体的流动属于不定常流动，应采用不定常流动方程进行计算。在工程计算中，当初步估计末段储气能力时，可以按定常流动的水力计算公式来计算，其结果比实际小6％～10％。

1. 按定常流动储气能力计算

按定常流动计算储气容量时，假设随着流量的变化，末段的始、终点压力也随之变化，见图4-1-1。低谷用气量时，压力分布为a线。末段始点的最高压力等于最后一个加压站出口的最高工作压力；高峰用气量时，压力分布为b线。末段终点的最低压力等于门站所要求的供气压力，末段起、终点压力的变化就决定了末段输气管中的储气容量。

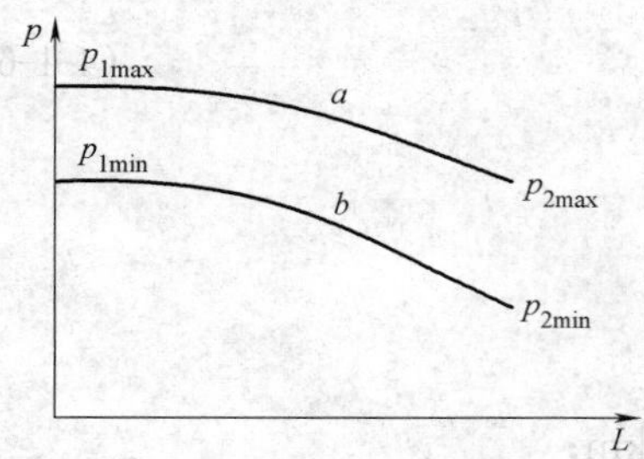

图4-1-1　输气管道末段的压力变化

输气管道的储气量是按平均压力差计算的，因此，要计算储气开始和终了时，管道中气体的平均压力。

储气开始时，起、终点压力都为最低值，其平均压力按下式计算：

$$p_{\mathrm{av1}}=\frac{2}{3}\left(p_{1\mathrm{min}}+\frac{p_{2\mathrm{min}}^{2}}{p_{1\mathrm{min}}+p_{2\mathrm{min}}}\right) \tag{4-1-8}$$

储气终了时，起、终点压力都为最高值，其平均压力按下式计算：

$$p_{\mathrm{av2}}=\frac{2}{3}\left(p_{1\mathrm{max}}+\frac{p_{2\mathrm{max}}^{2}}{p_{1\mathrm{max}}+p_{2\mathrm{max}}}\right) \tag{4-1-9}$$

式中　p_{av1}——储气开始时的平均压力，MPa（绝对）；

p_{av2}——储气终了时的平均压力，MPa（绝对）；

p_{1min}——储气开始时的始点压力，MPa（绝对）；

p_{2min}——储气开始时的终点压力，MPa（绝对）；

p_{1max}——储气终了时的始点压力，MPa（绝对）；

p_{2max}——储气终了时的终点压力，MPa（绝对）。

储气开始和结束时，近似认为是定常流动，根据本章流量公式（4-1-1）可得：

$$p_1^2-p_2^2=KLq_v^2 \tag{4-1-10}$$

$$K=\frac{\lambda Z\Delta T}{C^2D^5},C=1051$$

式中 λ——管道磨阻系数；

Z——天然气压缩因子；

Δ——天然气相对密度；

T——天然气温度，K；

D——管道内径，m。

储气开始时，p_{2min}为已知，即城市门站供气压力，计算始点压力：

$$p_{1min}=\sqrt{p_{2min}^2+KLq_v^2}$$

储气结束时，p_{1max}为已知，即始点最高压力，计算门站终点压力：

$$p_{2max}=\sqrt{p_{1max}^2-KLq_v^2}$$

根据输气管道末段中储气开始和结束时的平均压力 p_{av1} 和 p_{av2} 求得开始和结束末段管道中的存气量为：

$$V_{min}=\frac{p_{av1}VZ_bT_b}{p_bZ_1T_1}$$

$$V_{max}=\frac{p_{av2}VZ_bT_b}{p_bZ_2T_2}$$

式中 V_{min}——储气开始时末段管道中的存气量，m^3；

V_{max}——储气结束时末段管道中的存气量，m^3；

V——末段管道的几何容积，m^3；

Z_1、Z_2——相应为 p_{av1} 和 p_{av2} 时的压缩因子；

T_1、T_2——相应为储气开始和结束时末段的平均温度，K；

p_b——基准状态下压力，0.101325MPa；

T_b——基准状态下温度，293.15K。

Z_b——基准状态下压缩因子，取 $Z_b=1$。

管道末段储气容量：

$$V_{st}=V_{max}-V_{min}=V\frac{Z_bT_b}{p_b}\left(\frac{p_{av2}}{Z_2T_2}-\frac{p_{av1}}{Z_1T_1}\right) \tag{4-1-11}$$

式中 V_{st}——管道末段储气容量，m^3。

在实际工程中，为了充分利用输气管道的压力解决调峰问题，往往给定了所需输气管道或支线所负担的储气量，就可利用上式来反算末段管道或支线管道的管径。

2. 按不定常流动储气能力计算

按不定常流动考虑，长输管道中天然气压力是随时变化的，是时间和距离的函数，可按不定常流动计算得到，见图 4-1-2。

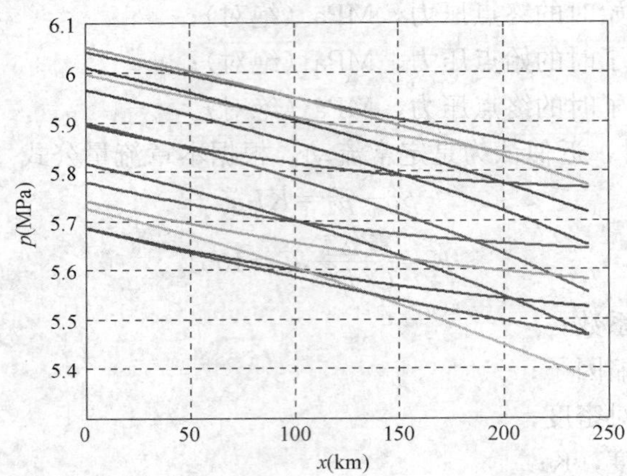

图 4-1-2　管道压力沿管道长度的分布
（每隔 2h 压力沿管道长度变化曲线）

末段管道的储气容量是管段平均压力最高与平均压力最低两种时刻间的管道中天然气容量之差，因此有下式：

$$V_{st}=V_{max}-V_{min}=\int_0^L\left[\frac{p(x,t_{max})Z_bT_b}{p_bZ_{x,t_{max}}T}-\frac{p(x,t_{min})Z_bT_b}{p_bZ_{x,t_{min}}T}\right]\frac{\pi D^2}{4}\mathrm{d}x \tag{4-1-12}$$

式中　$p(x,t_{max})$——末段管道平均压力最高时管段压力分布，MPa；

$p(x,t_{min})$——末段管道平均压力最低时管段压力分布，MPa；

T——燃气计算温度，K。

L——末段管道长度，m；

x——距离起点的距离，m；

t_{max}，t_{min}——末段管道平均压力最高，最低时刻。

按天然气对比压力 p_r 采用 Gopal 压缩因子公式（常温范围天然气对比温度 $T_r=1.4^+\sim2.0$）。

$$Z=p_r(AT_r+B)+CT_r+D \tag{4-1-13}$$

式（4-1-13）简写为：

$$Z=ap+b \tag{4-1-14}$$

$$a=\frac{AT_r+B}{p_c},b=CT_r+D$$

式中　T_r——对比温度；

T_c——临界温度，甲烷 $T_c=190.55$K；

p_r——对比压力；

p_c——临界压力，甲烷 $p_c=4.604$MPa；

A，B，C，D——Gopal 压缩因子系数，见表 4-1-1。

Gopal 压缩因子系数 表 4-1-1

p_r	A	B	C	D
0.2～1.2	0.1391	−0.2988	−0.0007	0.9969
1.2^+～2.5	0.0984	−0.2053	−0.0621	0.8580

将压缩因子计算式（4-1-14）代入式（4-1-12）：

$$V_{st}=\frac{\pi D^2}{4}\frac{Z_b T_b}{p_b T}\int_0^L\left[\frac{p(x,t_{max})}{ap(x,t_{max})+b}-\frac{p(x,t_{min})}{ap(x,t_{min})+b}\right]dx \tag{4-1-15a}$$

按不定常流动计算高压管道末段的储气容量的计算可按下列步骤进行。

（1）对一日 24h，逐时计算全管段的平均压力，并确定平均压力最大和最小者 p_{avmax}，p_{avmin}，得到相应所在时刻 t_{max}，t_{min}；

（2）沿管段全长对最大、最小平均压力时刻的压力差进行积分，计算管道末段储气容量：

（3）对由数值法求解的不定常流动高压管道末段储气容量的计算式（4-1-15a）的积分，可由编程软件的函数完成；也可将管道末段划分为 n 小段，每小段长度为 $\Delta x=L/n$，由各小段上的 p（x_i，t_{max}）平均值及 p（x_i，t_{min}）平均值分段计算求和代替。管道末段储气容量即有式（4-1-15b）的形式。

$$V_{st}=\frac{\pi D^2 L}{4n}\frac{Z_b T_b}{p_b T}\sum_{i=1}^{n}\left[\frac{p(x_i,t_{max})}{ap(x_i,t_{max})+b}-\frac{p(x_i,t_{min})}{ap(x_i,t_{min})+b}\right] \tag{4-1-15b}$$

4.2 管 道

4.2.1 线路选择、保护管控范围与最小间距

线路选择要点是结合气源、用气点分布、沿线地形、地质、水文、气象、地震等自然条件以及沿线城镇、交通等现状与规划，通过综合分析及多方案技术经济比较确定。同时线路应避开军事禁区、飞机场、铁路及汽车客运站、海（河）港码头等区域，宜避开环境敏感区、城乡规划区、高压直流换流站接地极、变电站等强干扰区、并考虑穿跨越工程位置。

《中华人民共和国石油天然气管道保护法》（以下简称《石油天然气管道保护法》）规定，对天然气管道中心线两侧各 5m 范围内禁止下列危害管道安全行为：（1）种植乔木、灌木、藤类、芦苇、竹子或者其他根系深达管道埋设部位，可能损坏管道防腐层的深根植物；（2）取土、采石、用火、堆放重物、排放腐蚀性物质、使用机械工具进行挖掘施工；（3）挖塘、修渠、修水产养殖场、建温室、建家畜棚圈、建房以及修建其他建筑物、构筑物。

《石油天然气管道保护法》规定在下列范围内进行不同类别施工作业，施工单位应当向管道所在地县级人民政府主管管道保护工作部门提出申请：（1）穿跨越管道；（2）在管道线路中心线两侧各 5～50m 和管道附属设施周边 100m 地域范围内，新建、改建、扩建铁路、公路、河渠，架设电力线路，埋设地下电缆、光缆，设置安全接地体、避雷接地

体；（3）在管道线路中心线两侧各200m和管道附属设施周边500m地域范围内，进行爆破、地震法勘探或者工程挖掘、工程钻探、采矿。

《石油天然气管道保护法》提出管道中心线两侧与附属设施周边修建居民小区、学校、医院、娱乐场所、车站、商场等人口密集的建筑物和变电站、加油站、加气站、储油罐、储气罐等易燃易爆物品的生产、经营、存储场所，对管道与其附属设施距离应符合国家技术规范的强制性要求。

《石油天然气管道保护法》对管道穿越河流中心线两侧各500m地域范围内与管道专用隧道中心线两侧各1000m地域范围内规定禁止事项与须经政府批准事项。

埋地管道与建（构）筑物的间距应满足施工和运行管理需求，且管道中心线与建（构）筑物的最小距离不应小于5m。与公路、铁路平行管道与宜在公路、铁路用地界3m以外。埋地管道与其他埋地管道交叉时，垂直净距不应小于0.3m，当小于0.3m时，两管交叉处应设置坚固的绝缘隔离物，交叉点两侧各延伸10m以上管段应确保管道防腐层无缺陷。不受地形、地物或规划限制地段的埋地并行管道的最小净距不应小于6m，受地形、地物或规划限制地后可小于6m；同期建设时，可同沟敷设。同沟敷设的并行管道间距应满足施工及维护需求，且最小净距不应小于0.5m。石方地段不同期建设的并行管道，后建管道采用爆破开挖管沟时，并行净距宜大于20m，且应控制爆破参数。埋地管道与民用炸药储存仓库的最小水平间距地面管道与架空车前电线路最小距离按现行国家标准《输气管道工程设计规范》GB 50251的规定执行。在开阔地区，埋地管道与高压交流输电线路杆（塔）基脚间最小距离不宜小于杆（塔）高。

在路由受限地区，埋地管道与交流输电系统的各种接地装置之间的最小水平距离不宜小于表4-2-1的规定。在采取故障屏蔽、接地、隔离等防护措施后，距离可适当减小。

埋地管道与交流接地体的最小距离（m）　　表4-2-1

电压等级(kV)	≤220	330	500
铁塔或电杆接地	5.0	6.0	7.5

4.2.2　地区等级、设计系数、覆土厚度与截断阀室

地区等级是确定设计系数、覆土厚度、与截断阀室间距的依据，其划分按现行国家标准《输气管道工程设计规范》GB 50251的规定执行。

强度设计系数如表4-2-2与表4-2-3所示。最小覆土厚度如表4-2-4所示。

强度设计系数　　表4-2-2

地区等级	强度设计系数
一级一类地区	0.8
一级二类地区	0.72
二级地区	0.6
三级地区	0.5
四级地区	0.4

注：一级一类地区的线路管道可采用0.8或0.72强度设计系数。

穿越道路的管段以及输气站和阀室内管道的强度设计系数 表 4-2-3

管段或管道	地区等级				
	一		二	三	四
	一类	二类			
	强度设计系数				
有套管穿越三、四级公路的管道	0.72	0.72	0.6	0.5	0.4
无套管穿越三、四级公路的管道	0.6	06	0.5	0.5	0.4
穿越一、二级公路，高速公路，铁路的管道	0.6	0.6	0.6	0.5	0.4
输气站内管道及截断阀室内管道	0.5	0.5	0.5	0.5	0.4

最小覆土厚度（m） 表 4-2-4

地区等级	土壤类		岩石类
	旱地	水田	
一级	0.6	0.8	0.5
二级	0.8	0.8	0.5
三级	0.8	0.8	0.5
四级	0.8	0.8	0.5

注：1. 对需平整的地段应按平整后的标高计算。
2. 覆土层厚度应从管顶算起。
3. 季节性冻土区宜埋设在最大冰冻线以下。
4. 旱地和水田轮种的地区或现有旱地规划需要改为水田的地区应按水田确定埋深。
5. 穿越鱼塘或沟渠的管线，应埋设在清淤层以下不小于 1.0m。

管道截断阀室间距按地区等级一至四级分别为 32km、24km、16km 与 8km，因地物、土地征用、工程地质或水文地质造成选址受限时，分别可调增 4km、3km、2km、与 1km。截断阀室应选择交通方便、地形开阔、地势较高处，防洪设防标准不低于重现期 25 年一遇。当选址受限时，与建（构）筑物最小间距应符合表 4-2-5 的规定。

截断阀（室）对建（构）物最小间距 表 4-2-5

建(构)筑物	最小间距
电力通信线路杆(塔)	杆(塔)高度加 3m
铁路用地界外	3m
公路用地界外	3m
建筑物	12m

截断阀可采用自动或手动阀门，采用自动阀门时，应同时具有手动操作功能。阀室放空设计应符合下列规定：(1) 阀室宜设置放空立管，室内安装的截断阀的放散管应引至室外；(2) 不设放空管的阀室，应设放空阀或预留引接放空管线的法兰接口；(3) 阀室周围环境不具备天然气放空条件时，可不设立放空立管，该阀室上下游管段内的天然气应由相邻阀室或相邻输气站放空。

4.2.3　管道材料与结构设计

管道应符合现行国家标准《石油天然气工业　管线输送系统用钢管》GB/T 9711 中 SL2 级、《高压锅炉用无缝钢管》GB/T 5310、《高压化肥设备用无缝钢管》GB 6479 及《输送流体用无缝钢管》GB/T 8163 的有关规定。铸铁和铸钢不应用于制造管件。放空管线、管件和放空立管的材料宜按低温应力工况校核。管道应进行强度计算、径向稳定性校核与轴向、环向应力组合的当量应力校核。

由管道强度计算确定计算壁厚。直管壁厚按式（4-2-1）计算。最小壁厚不应小于 4.5mm，外径与壁厚之比不应大于 100。

$$\delta=\frac{pD}{2\sigma_s\varphi Ft} \tag{4-2-1}$$

式中　δ——钢管计算壁厚，mm；

p——设计压力，MPa；

D——钢管外径，mm；

σ_s——钢管标准规定的最小屈服强度，MPa；

φ——焊缝系数；

F——强度设计系数，应按表 4-2-2 与表 4-2-3 选取；

t——温度折减系数，当温度小于 120℃时，t 值应取 1.0。

管道径向稳定校核按式（4-2-2）～式（4-2-5）计算。当管道埋设较深或外载荷较大时，应按无内压校核稳定性。

$$\Delta_x \leqslant 0.03D \tag{4-2-2}$$

$$\Delta_x=\frac{ZKWD_m^3}{8EI+0.061E_sD_m^3} \tag{4-2-3}$$

$$W=W_1+W_2 \tag{4-2-4}$$

$$I=\delta_n^3/12 \tag{4-2-5}$$

式中　Δ_x——钢管水平方向最大变形量，m；

D——钢管外径，m；

Z——钢管变形滞后系数，宜取 1.5；

K——基床系数，宜按表 4-2-6 选取；

W——作用在单位管长上的总竖向荷载，N/m；

D_m——钢管平均直径，m；

E——钢材弹性模量，N/m^2；

I——单位管长截面惯性矩，m^4/m；

E_s——土壤变形模量，N/m^2，E_s 值应采用现场实测数，当无实测资料时，可按 4-2-6的规定选取；

W_1——单位管长上的竖向永久荷载，N/m；

W_2——地面可变荷载传递到管道上的荷载，N/m；

δ_n——钢管公称壁厚，m。

土壤变形模量与基床系数 **表 4-2-6**

敷管类型	敷管条件	E_s(MN/m^2)	K
1 型	管道敷设在未扰动土上,回填土松散	1.0	0.108
2 型	管道敷设在未扰动土上,管道中线以下的土轻轻压实	2.0	0.105
3 型	管道放在厚度至少有 100mm 的松土垫层内,管顶以下的回填土轻轻压实	2.8	0.103
4 型	管道放在砂卵石或碎石垫层内,垫层顶面应在管底以上 1/8 管径处,但不得小于 100mm,管顶以下回填土夯实密度约为 80%	3.8	0.096
5 型	管道中线以下放在压实的黏土内,管顶一下回填土夯实,夯实密度约为 90%	4.8	0.085

注:1. 管径大于或等于 750mm 的管道不宜采用 1 型。
2. E_s为土壤变形模量。

受约束埋地直管段的当量应力校核按式(4-2-6)~式(4-2-8)计算。

$$\sigma_L = \mu\sigma_h + Ea(t_1 - t_2) \tag{4-2-6}$$

$$\sigma_h = \frac{pd}{2\delta_n} \tag{4-2-7}$$

式中 σ_L——钢管的轴向应力,拉应力为正,压应力为负,MPa;

μ——泊桑比,取 0.3;

σ_h——由内压产生的钢管环向应力,MPa;

p——钢管设计内压力,MPa;

δ_n——钢管公称壁厚,cm;

E——钢材的弹性模量,MPa;

a——钢材的线膨胀系数,℃$^{-1}$;

d——钢管内径,mm

t_1——钢管下沟回填时温度,℃;

t_2——钢管的工作温度,℃。

按最大剪应力强度理论,当量应力校核应符合式(4-2-8)要求。

$$\sigma_e = \sigma_h - \sigma_l < 0.9\sigma_s \tag{4-2-8}$$

式中 σ_e——当量应力,MPa;

σ_s——管材标准规定的最小屈服强度,MPa。

弯头壁厚按直管壁厚乘以壁厚增大系数,按式(4-2-9)与式(4-2-10)计算。弯头应进行内压和温差共同作用下的组合应力校核,按《输气管道工程设计规范》GB 50251 附录C计算。

$$\delta_b = \delta \cdot m \tag{4-2-9}$$

$$m = \frac{4R - D}{4R - 2D} \tag{4-2-10}$$

式中 δ_b——弯头或弯管壁厚,mm;

m——弯头或弯管壁厚度增大系数;

R——弯头或弯管的曲率半径,mm;

D——弯头或弯管的外径,mm。

曾采用冷加工使其符合规定的最小屈服强度的钢管，以后又将其不限时间加热到高于480℃或高于320℃超过1h（焊接除外），该钢管允许承受的最高压力不应超过式（4-2-1）计算值的75%。

热摵弯管的曲率半径不应小于管道外径的5倍，并应满足清管器或检测仪器能顺利通过的要求。

冷弯弯管的最小曲率半径应符合表4-2-7的规定。

冷弯弯管最小曲率半径　　**表4-2-7**

公称直径 DN(mm)	最小曲率半径 R(mm)
≤300	$18D$
350	$21D$
400	$24D$
450	$27D$
500	$30D$
550≤DN≤1000	$40D$
≥1050	$50D$

注：表中的 D 为钢管外径（mm）。

弹性敷设管道的曲率半径应满足管道强度要求，且不应小于管外径的1000倍，垂直面上弹性敷设管道的曲率半径还应大于管在自重作用下产生的挠度曲线的曲率半径，其按式（4-2-11）计算。

$$R = 3600\sqrt[3]{\frac{1-\cos\frac{\alpha}{2}}{\alpha^4}D^2} \tag{4-2-11}$$

式中　R——管道弹性弯曲最小曲率半径，m；

α——管道的转角，°。

弹性敷设管道与相邻反向弹性弯管之间及弹性弯管与人工弯管之间，应采用直管段连接，直管段长度不应小于管道外径值，且不应小于500mm。

4.2.4　管道抗震设防

管道设计文件应提出抗震设防依据和标准。管道分为重要区段与一般区段，水域大中型穿跨越段与输气干管穿过四级地区属重要区段，重要区段以外的区段属一般区段。

地震动参数包括峰值加速度、峰值速度、反应谱特征周期、地震动时程曲线等参数。基本地震动为相应于50年超越概率10%的地震动，罕遇地震动为相应于50年超越概率2%的地震动。

管道应按基本地震动参数进行抗震设计，其中重要区段内的管道应按1.3倍的基本地震动峰值加速度及速度计算地震作用，并应采用罕遇地震动参数进行抗震校核。穿跨越工程结构应按基本地震动参数进行抗震设计，大型穿跨越工程结构应按1.3倍的基本地震动峰值加速度计算地震作用。穿跨越工程结构主体应按高于本地区基本地震动参数一级的要求采取抗震措施，当位于基本地震动峰值加速度0.40g地区时，应按比0.40g地段更高的要求采取抗震措施。大型跨越工程结构应采用罕遇地震动参数进行防倒塌校核。当基本地震峰值加速度大于 0.40g 时，应进行专题设计。

管道穿越或并行活动断层的设防、以及通过活动断层、液化区与震陷区埋地管道抗震设计按现行国家标准《油气输送管道线路工程抗震技术规范》GB/T 50470 执行。

地震动峰值加速度大于或等于 0.20g 地区的一般埋地管道应进行抗拉伸和抗压缩验算，按式（4-2-12）～式（4-2-14）计算。

1. 当 $\varepsilon_{max}+\varepsilon_a\leqslant 0$ 时，

$$|\varepsilon_{max}+\varepsilon_a|\leqslant[\varepsilon_c]_V \tag{4-2-12}$$

2. 当 $\varepsilon_{max}+\varepsilon_a>0$ 时，

$$\varepsilon_{max}+\varepsilon_a\leqslant[\varepsilon_t]_V \tag{4-2-13}$$

$$\varepsilon_a=\frac{\sigma_a}{E} \tag{4-2-14}$$

式中 ε_{max}——地震动引起管道的最大轴向拉、压应变，按式（4-2-19）与（4-2-20）计算，对于直埋弯管，按（4-2-21）计算；

ε_a——由于内压和温度变化产生的管道轴向应变；

$[\delta_c]_V$——埋地管道抗震设计轴向容许压缩应变，按式（4-2-15）～式（4-2-18）计算；

$[\delta_t]_V$——埋地管道抗震设计轴向容许拉伸应变，按表 4-2-8；

σ_a——由于内压和温度变化产生的管道轴向应力，Pa，应按现行国家标准《输气管道工程设计规范》GB 50251 的有关规定计算；

E——管道材料的弹性模量，Pa。

埋地管道的轴向容许拉伸应变按表 4-2-8 选取。设计容许压缩应变按式（4-2-15）与式（4-2-16）计算、校核容许压缩应变按式（4-2-17）与式（4-2-18）计算。弯管容许应变采用直管段的校核容许应变。

直管段容许拉伸应变 **表 4-2-8**

钢　级	设计容许拉伸应变	校核容许拉伸应变
L450(X65)及以下	0.5%	1.0%
L485(X70)和 L555(X80)		0.9%
L625(X 90)		0.8%

L450（X65）及以下钢级：

$$[\varepsilon_c]_v=0.28\times\frac{\delta}{D} \tag{4-2-15}$$

L485（X70）、L555（X80）及 L625（X 90）：

$$[\varepsilon_c]_v=0.26\times\frac{\delta}{D} \tag{4-2-16}$$

L450（X65）及以下钢级：

$$[\varepsilon_c]_v=0.35\times\frac{\delta}{D} \tag{4-2-17}$$

L485（X70）、L555（X80）及 L625（X 90）：

$$[\varepsilon_c]_v=0.32\times\frac{\delta}{D} \tag{4-2-18}$$

式中　$[\delta_c]_V$——容许压缩应变；

δ——管道壁厚，m；

D——管道外径，m。

埋地直管段在地震作用下最大轴向应变按式（4-2-19）与式（4-2-20）计算，并应取较大值。

$$\varepsilon_{max}=\pm\frac{aT_g}{4\pi V_{se}} \tag{4-2-19}$$

$$\varepsilon_{max}=\pm\frac{v}{2V_{se}} \tag{4-2-20}$$

式中　a——地震动峰值加速度，m/s^2；

T_g——地震动反应谱特征周期，s；

V_{se}——场地土层等效剪切波速，m/s，可按表4-2-9或实测数据选取；

v——设计地震动峰值速度，m/s。

岩土的类型划分和剪切波速范围　　表4-2-9

岩土的类型	岩土名称和性状	岩土层剪切波速范围(m/s)
岩石	坚硬、较硬且完整的岩石	$V_{se}>800$
坚硬土或软质岩石	破碎和较破碎的岩石或软和较软的岩石，密实的碎石土	$800\geqslant V_{se}>500$
中硬土	中密、稍密的碎石土，密实、中密的砾、粗、中砂，$f_{ak}>150$的黏性土和粉土，坚硬黄土	$500\geqslant V_s>250$
中软土	稍密的砾、粗、中砂，除松散外的细、粉砂，$f_{ak}\leqslant150$的黏性土和粉土，$f_{ak}>130$的填土，可塑新黄土	$250\geqslant V_s>150$
软弱土	淤泥和淤泥质土，松散的砂，新近沉积的黏性土和粉土，$f_{ak}\leqslant130$的填土，流塑黄土	$V_s\leqslant150$

注：f_{ak}为由载荷试验等方法得到的地基承载力特征值（kPa）；V_{se}为岩土层剪切波速（m/s）。

埋地弯管在地震作用下的最大轴向应变按式（4-2-21）~式（4-2-32）计算。

$$\varepsilon_{max}^{b}=\varepsilon_n+\varepsilon_m \tag{4-2-21}$$

$$\varepsilon_n=\varepsilon_{max}-\frac{t_uL}{AE} \tag{4-2-22}$$

$$\varepsilon_m=\frac{\varepsilon_nAD}{6\lambda I} \tag{4-2-23}$$

$$L=\frac{4AE\lambda}{3K_s}\left[\sqrt{1+\frac{3K_s\varepsilon_{max}}{2t_u\lambda}}-1\right] \tag{4-2-24}$$

$$t_u=\frac{\pi}{2}D\rho_sgH(1+k_0)\tan\varphi \tag{4-2-25}$$

$$\lambda=\sqrt[4]{\frac{K_s}{4EI}} \tag{4-2-26}$$

$$K_s=\frac{p_u}{0.15y_u} \tag{4-2-27}$$

软弱场地：　$y_u=0.07\sim0.10(H+D)$　(4-2-28)

中硬、中软场地：　$y_u=0.03\sim0.05(H+D)$　(4-2-29)

坚硬场地：　$y_u=0.02\sim0.03(H+D)$　(4-2-30)

$$p_u=\rho_s gHN_qD \tag{4-2-31}$$

$$N_q=0.38\frac{H}{D}+3.68 \tag{4-2-32}$$

式中 ε_{max}^{b}——地震引起的弯管最大轴向应变；

ε_n——轴向力引起的弯管轴向应变；

ε_m——弯矩引起的弯管最大弯曲应变；

t_u——土壤作用在管道单位长度上的摩擦力，N/m；

L——摩擦力 t_u作用的有效长度，m；

A——管道横断面面积，m^2；

λ——模量系数，m^{-1}；

I——管道横断面惯性矩，m^4；

K_s——地基反力模量，Pa；

ρ_s——回填土密度，kg/m^3；

g——重力加速度，$9.8m/s^2$

H——管道中心线埋深，m；

k_0——土壤压力系数，一般取 0.5；

φ——土壤的内摩擦角，°；

p_u——场地土屈服抗力，N/m；

y_u——土壤屈服位移，m；

N_q——计算管道法向土壤压力的参数。

当水域大中型穿越管道位于基本地震动峰值加速度大于或等于 $0.10g$ 场地，其他穿越管道位于基本地震动峰值加速度大于或等于 $0.20g$ 场地时，应进行抗拉伸、抗压缩验算。直埋式管道应变与容许应变值按上述一般埋地管道计算。对弹性敷设管道应计入按式（4-2-33）计算的弹性弯曲应变。

$$\varepsilon_e=\pm\frac{D}{2r} \tag{4-2-33}$$

式中 ε_e——弹性敷设时管道的轴向应变；

r——弹性敷设的弯曲半径，m。

洞埋式穿越中的覆土敷设时应按直埋式管道进行抗震设计和校核，穿越套管或箱涵内管道按地面敷设进行抗震设计和校核，地面敷设时按连续支撑进行抗震设计和校核，架空时应按跨越梁式管桥进行抗震设计和校核。

洞埋式穿越的架空和地面敷设管道承受自重、输送介质重、内压、温差及地震动作用产生的轴向应力，环向应力与剪应力应分别进行叠加组合计算，并按式（4-2-34）验算。

$$\sqrt{\sigma_N^2+\sigma_h^2-\sigma_N\sigma_h+3\tau^2}\leqslant F_a\sigma_s \tag{4-2-34}$$

式中 σ_N——组合的轴向应力，MPa；

σ_h——组合的环向应力，MPa；

τ——组合的剪应力，MPa；

F_a——抗震工况组合的容许应力系数，对于基本地震动引起的应力组合，F_a取 0.8；对于罕遇地震引起的应力组合，F_a取 1.0；

σ_s——管道材料的标准屈服强度，MPa。

洞埋式穿越管道产生轴向压应力时，轴向压应力应小于容许压应力，其值按式(4-2-35) 计算。

$$[\sigma_c]=\frac{N_c}{A} \tag{4-2-35}$$

式中　$[\sigma_c]$——管道在地震等组合荷载作用下的容许压应力，MPa；

N_c——管道开始失稳时的临界轴向力（MN），应按现行国家标准《输油管道工程设计规范》GB 50253 的规定计算。

管道穿越工程抗震设计、管道跨越工程抗震设计按现行国家标准《油气输送管道线路工程抗震技术规范》GB/T 50470 执行，同时跨越管道抗震设计也应按现行国家标准《油气输送管道跨越工程设计规范》GB/T 50459 对抗震设计要求执行。

4.2.5　穿越工程

穿越工程钢管应符合现行国家标准《石油天然气工业管线输送用钢管》GB/T 9711 有关规定，对于压力小于 4.0MPa 的钢管可采用符合现行国家标准《输送流体用无缝钢管》GB/T 8163、《高压化肥设备用无缝钢管》GB 6479 与《高压锅炉用无缝钢管》GB 5310 要求的无缝钢管。穿越管段防护涂层比相邻线路管段提高一个等级，且应同种涂层。

钢管许用应力按式 (4-2-36) 计算。

$$[\sigma]=F\Phi t\sigma_s \tag{4-2-36}$$

式中　$[\sigma]$——管道在地震等组合荷载作用下的容许压应力，MPa；

σ_s——钢管的规定最小屈服强度，MPa；

Φ——钢管焊缝系数，符合《油气输送管道穿越工程设计规范》GB 50423—2013 第 3.2.1 条要求标准的钢管，Φ 取 1.0；

t——温度折减系数，当设计温度小于 120℃时，t 值取 1.0；

F——强度设计系数，按表 4-2-10 取值。

强度设计系数　　**表 4-2-10**

穿越管段类型	输气管道地区等级			
	一	二	三	四
Ⅲ、Ⅳ级公路有套管穿越	0.72	0.60	0.50	0.40
Ⅲ、Ⅳ级公路无套管穿越	0.60	0.50	0.50	0.40
Ⅰ、Ⅱ级公路、高速公路、铁路有套管或涵洞穿越	0.60	0.60	0.50	0.40
长、中长山岭隧道、多管敷设的短山岭隧道	0.60	0.50	0.50	0.40
水域小型穿越、短山岭隧道	0.72	0.60	0.50	0.40
水域大、中型穿越	0.60	0.50	0.40	0.40
冲沟穿越	0.60	0.50	0.50	0.40

注：1. 穿越渡槽、桥梁、古迹可视 3 重要性按水域穿越取用设计系数。

2. 输气管道地区等级划分应符合现行国家标准《输气管道设计规范》GB 50251 的有关规定。

穿越管段钢管直径与壁厚比不应小于100，并应满足各种穿越条件下管道径向稳定要求，壁厚应按式（4-2-37）计算。

$$\delta=\frac{PD}{2[\sigma]} \tag{4-2-37}$$

式中 δ——钢管计算壁厚，mm；

p——输送介质设计内压力，MPa；

D——钢管外直径，mm；

$[\sigma]$——输送钢管许用应力，MPa。

水域穿越工程应按表4-2-11划分工程等级，并采用相应的设计洪水频率。桥梁上游300m范围内的穿越工程，设计洪水频率不应低于该桥梁的设计洪水频率。穿越长度宜涵盖洪水淹没范围，主河道穿越长度应包括两岸防洪堤，并满足堤防护的距离要求。

水域穿越工程等级与设计洪水频率 **表 4-2-11**

工程等级	穿越水域的水文特征		设计洪水频率
	多年平均水位的水面宽度(m)	相应水深(m)	
大型	≥200	不计水深	1%(100年一遇)
	≥100～<200	≥5	
中型	≥100～<200	<5	2%(50年一遇)
	≥40～<100	不计水深	
小型	<40	不计水深	2%(50年一遇)

水域穿越管段与水域建构筑物的最小间距如下：

（1）挖沟埋时，管道中线距离特大桥、中桥、水下隧道最近边缘不应小于100m，距离小桥最近边缘不应小于50m。

（2）水平定向钻穿越时，穿越管段离桥梁墩台冲刷坑外边缘不宜小于10m，且不影响桥梁墩台安全；距离水下隧道净距不应小于30m。

（3）采用隧道穿越时，隧道埋深及边缘至墩台的距离不应影响桥梁墩台的安全，管道隧道与公路隧道，铁路隧道的净距不宜小于30m。

（4）穿越管道与港口、码头、水下建筑物的距离，当采用大开挖穿越时不宜小于200m，当采用水平定向钻、隧道法穿越时，不宜小于100m。

（5）水平定向钻出、入土点及隧道竖井边缘距大堤坡脚不宜小于50m。

（6）通过饮用水源，二级保护区的水域大型穿越工程，管道在河两岸可不设截断阀室。

挖沟法、水平定向钻法、隧道法、顶管法等穿越水域设计按现行国家标准《油气输送管道穿越工程设计规范》GB 50423的规定执行。

公路、铁路穿越不宜反复交叉穿越，宜选择路堤段和管道直线段。当条件受限时也可以从公路、铁路桥梁下穿越。在穿越的套管或涵洞内，管道不宜设置水平或竖向弯管。穿越铁路或二级或二级以上公路时，应采用顶进套管、顶进箱涵或水平定向钻穿越方式，并满足路基稳定性的要求。对三级及三级以下公路穿越，可采用挖沟法埋设。当套管或涵洞内充填细土将穿越管道埋入时，可不设检漏管及两端封堵。当钢套管对穿越公路管段的阴极保护形成屏蔽作用时，应增加牺牲阳极保护。新建公路、铁路与已建管道交叉时，应设置保护管道的涵洞。管道不应利用公路、铁路的排水涵洞穿越。穿越公路、铁路时套管顶部最小覆盖层厚度应符合表4-2-12的要求，套管内径应大于输气管道外径100～300mm，采用人工顶管施工时，套管内径不宜小于1m。套管长度宜伸出路堤坡脚排水沟外边缘不小于2m，当穿过路堑时，应长出路堑顶不小于5m，当穿越的公路、铁路有扩建规划时，应按照扩建后的情况确定套管长度。

套管顶部最小覆盖层厚度 **表4-2-12**

穿越分类	位置	最小覆盖层(m)
铁路穿越	铁路路肩以下	1.7
	自然地面或者边沟以下	1.0
公路穿越	公路路面以下	1.2
	公路边沟地面以下	1.0

管道穿越铁路宜选择在铁路桥梁、预留管道涵洞等既有设施处穿越。管道不应在既有铁路、无砟道轨道路基地段穿越，特殊条件下穿越应进行专项设计，并应符合该路基沉降的限制标准。管道不宜在设计时速200km及以上铁路及动车组走行线有砟轨道路基地段、各类过渡段、铁路桥跨越河流主河道区段交叉。与铁路宜垂直交叉或大角度斜交叉，交叉角不宜小于30°，当铁路桥梁与管道交叉条件受限时，在采取安全措施情况下交叉角度可小于30°。当采用顶进套管、顶进防护涵穿越既有铁路路基时，交角不宜小于45°。管道不应从铁路立交、行洪、灌溉、保护等既有涵洞内穿越。管道顶进套管与采用防护涵穿越铁路应按现行行业标准《铁路工程设计防火规范》TB 10063与《油气输送管道与铁路交汇工程技术及管理规定》(国能油气［2015］392）号的规定执行。

除上述规范与规定外，管道穿越公路、铁路应按现行国家标准《输气管道工程设计规范》GB 50251与《油气输送管道穿越工程设计规范》GB 50423的要求执行。

4.2.6 跨越工程

管道跨越工程设计文件中，应注明结构工程的设计使用年限，并应说明结构工程钢结构焊缝形式、焊缝质量等级与焊缝检测标准。

管道跨越工程应划分甲类和乙类。甲类为通航河流、电汽化铁路和高速公路跨越，乙类为非通航河流及其他障碍跨越。管道跨越工程等级按表4-2-13划分。跨越管道强度设计系数应符合表4-2-14的规定，并应满足现行国家标准《输送管道工程设计规范》GB 50251的有关规定。设计洪水频率按表4-2-15选用。

管道跨越工程等级 **表4-2-13**

工程等级	总跨长度 L_1(m)	主跨长度 L_2(m)
大型	≥300	≥150
中型	$100 \leqslant L_1 < 300$	$50 \leqslant L_2 < 150$
小型	<100	<50

跨越工管道强度设计系数 表 4-2-14

管道跨越工程分类	大型	中型	小型
甲类	0.40	0.45	0.50
乙类	0.50	0.55	0.60

设计洪水频率 表 4-2-15

跨越工程等级	大型	中型	小型
设计洪水频率	1%(100 年一遇)	2%(50 年一遇)	2%(50 年一遇)

管道在通航河流与无通航、无流筏的河流上跨越时，架空结构最下缘净空高度按现行国家标准《内河通航标准》GB 50139 与《油气输送管道跨越工程设计规范》GB/T 50459 的要求执行。管道跨越铁路或道路时的架空结构最下缘净空高度不应低于表 4-2-16 的规定，且两侧应设限高标志，必要时应设限高构筑物。跨越管道与桥梁之间最小距离应符合表 4-2-17 的规定。

管道跨越铁路或道路净空高度 表 4-2-16

类　型	净空高度(m)
人行道路	3.5
等级公路与城市道路	5.5
铁路	6.5～7.0
电汽化铁路	11.0

跨越管道与桥梁之间最小距离（m） 表 4-2-17

管道类型	大桥		中桥		小桥	
	铁路	公路	铁路	公路	铁路	公路
输气管道	100	100	100	50	50	20

注：大桥、中桥和小桥的判别应分别按国家现行标准《公路桥涵设计通用规范》JTG D60 和《铁路桥涵设计规范》TB1000 2 执行。

按《铁路工程设计防火规范》TB 10063 管道不应跨越城际铁路、设计时速 200km 及以上的铁路、动车走行线。管道不宜在其他铁路上方跨越，确需跨越其他铁路上方时应采用安全可靠的防护措施，并应符合下列规定：

(1) 管道跨越结构地面底面至铁路轨顶面距离不应小于 12.5m，且距离接触网带电体距离不应小于 4.0m，其支撑结构的耐火等级应为一级。

(2) 跨越管道壁厚应符合现行国家标准《油气输送管道跨越工程设计标准》GB/T 50459 的规定。

(3) 跨距不应小于铁路的用地界。跨越范围内不应设置法兰、阀门等管道附件。

跨越管道材料、结构设计与抗震设计等按现行国家标准《油气输送管道跨越工程设计标准》GB/T 50459 要求执行。

4.2.7 防　腐

输气管道应采取外防腐加阴极保护的联合防腐措施，并应设置阴极保护参数测试设施，宜设置阴极保护参数监测装置。与非保护构筑物应电绝缘，在绝缘接头与绝缘法兰的连接设施上应设置防高压电泳冲击的保护设施。

非同沟敷设的并行管道宜分别实施阴极保护，同沟敷设，且阴极保护站合建的管道可采用联合保护。

管道防腐设计应按现行国家标准《钢制管道外腐蚀控制规范》GB/T 21447、《埋地钢制管道阴极保护技术规范》GB/T 21448、《埋地钢制管道交流干扰防护技术标准》GB/T 50698 与《埋地钢制管道直流干扰防护技术标准》GB 50991 的要求执行，并参阅本手册第 10 章。

4.2.8 水工保护

管道通过土（石）坎、田坎、陡坡、河流、冲沟、嵝岘、沟渠与不稳定边坡地段时，应因地制宜地采取保护管道和防止水土流失的水工保护措施。

管道通过易受水流冲刷的河（沟）岸时，应采取保护措施，包括抛石、石笼、浆砌石或干砌石、混凝土或钢筋混凝土护岸措施。护岸宽度按水文地质条件确定，且不应小于施工扰动岸坡的宽度，护岸顶高出设计洪水位（含浪高和壅水高）不小于 0.5m，护岸不应减少或改变河道的过水断面。

管道在顺坡向埋地敷设时，应根据坡度、回填土特征和管沟地质条件，在管沟内设置截水墙，其间距宜为 10～20m。管道横坡向敷设时，管沟附近坡面应保持稳定，按地形和地质条件综合布置坡面截、排水系统和支挡防护措施。根据坡度在边坡坡脚处应设置护坡或挡土墙，根据边坡雨水汇流量在坡面设置截、排水沟。

水工保护设计应按《输气管道工程设计规范》GB 50251、《油气输送管道穿越工程设计规范》GB 50423 与《油气输送管道线路工程水工保护设计规范》SY/T 6793 要求执行。

4.2.9 管道标识与监控

管道沿线应设置里程桩、转角桩、标志桩、交叉桩和警示牌等永久性标识。通过人口密集区、易受第三方破坏地段埋地管道应加密设置标识桩和警示牌，并应在管顶上方连续埋设警示带。

平面改变方向一次转角大于 5°时，应设置转角桩。平面弹性敷设管道应在弹性敷设段设置加密标识桩。

管径相同且并行净距小于 6m 的埋地管道，管径相同共用隧道，涵洞或共用管桥跨越的管道，应有可明显区分识别的标识。

标识设计应按《输气管道工程设计规范》GB 50251 与《油气管道线路标识设置技术规范》SY/T 6064 要求执行。

输气管道应设置测量、控制、监视仪表及控制系统。宜设置数据采集与监控（SCADA）系统。仪表与自动控制以及管道通信、焊接、清管、试压、干燥与置换按《输气管道工程设计规范》GB 50251 要求执行。

4.2.10 水合物生成测算

按本手册提供计算公式作计算机编程，可测算水合物生成工况，包括生成位置、生成数量，以及分析不同流量、不同初始压力与不同水蒸气初始含量条件下对水合物生成的影响，并获知不生成水合物的界限初始压力，界限初始温度与界限初始水蒸气含量，从而实现对水合物生成的有效控制，可参阅本章参考文献[10]。

编程以管道起始点开始，输入天然气成分、压力、温度、流量与水蒸气含量，作是否生成水合物判断，并以微小管长增量作循环判断，判断标准是该处天然气是否被水蒸气饱和，且天然气压力等于或高于该处温度下的平衡压力，符合此两点即生成水合物，并计算该处生成水合物的水蒸气耗量与生成水合物量。计算所需计算公式为式（2-9-6）～式（2-9-13），式（4-1-1）～式（4-1-7），以及按天然气成分计算其密度公式等。

4.3 输 气 站

4.3.1 工艺与气质检测

首站为长输管线的起始站，主要功能为除尘、调压、计量、气体分析与发送清管器，如天然气压力不足，可设压缩单元。压气站与分输站又称中间站。压气站的主要功能为压缩与冷却天然气以及收、发清管器。分输站主要为沿管线城镇或支线供气，具有除尘、调压与计量功能。末站是长输管线终端站，是对终端城镇的供气站，具有除尘、调压、计量与清管器接收功能，与门站合建时，可兼有操控储气调峰、加臭等功能，其工艺流程同门站。首站、压气站、分输站与末站工艺流程分别见图 4.3-1～图 4.3-4。

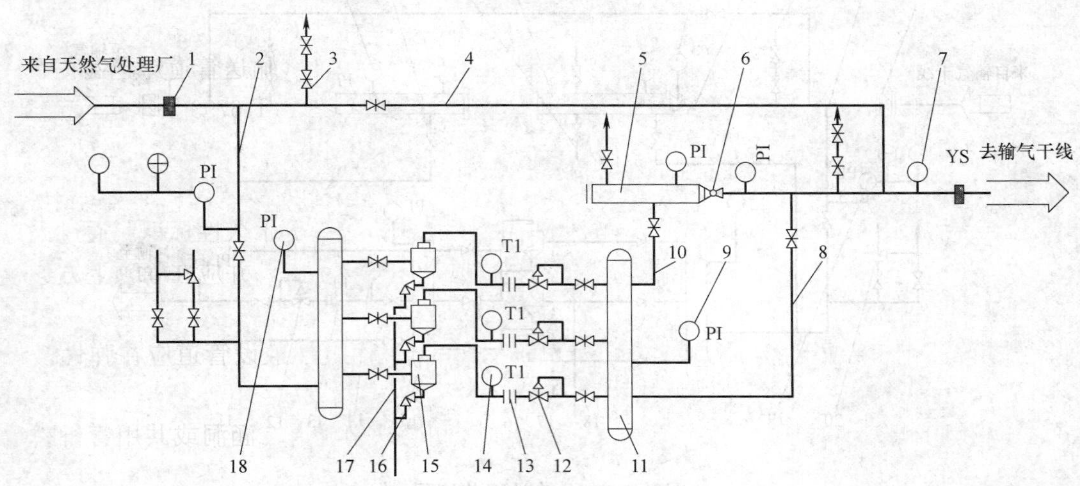

图 4-3-1　首站工艺流程

1—绝缘法兰；2—进气管；3—放散管；4—旁通管；5—清管器发送装置；6—球阀；7—清管器指示器；8—外输气管；9—压力表；10—清管器输气管；11—汇气管；12—调压阀；13—孔板流量计；14—温度计；15—多管除尘器；16—笼式节流阀；17—除尘器排污管；18—电节点压力表

输气站站址选择（区域布置）与总平面布置按《石油天然气工程设计防火规范》GB 50183 与《石油天然气总图设计规范》SY/T 0048 要求执行。输气站与清管装置设计按《输气管道工程设计规范》GB 50251 要求执行。输气管道应设清管装置，宜与输气站合并建设。

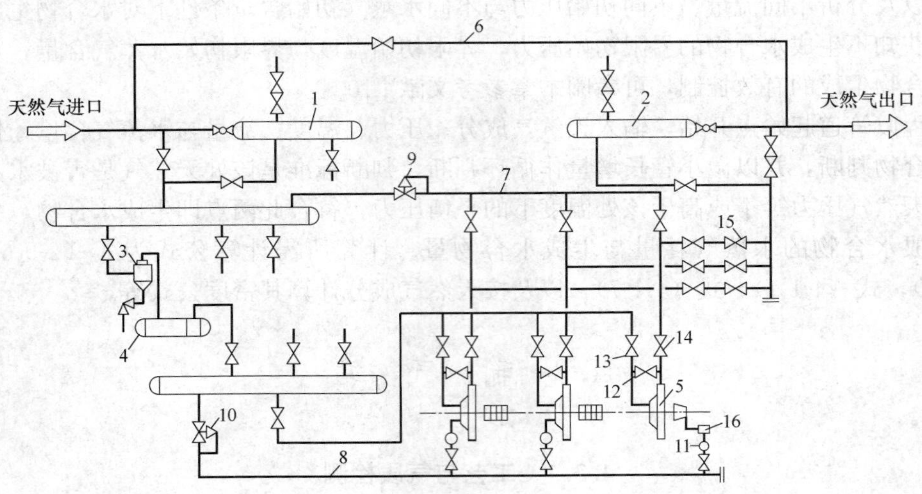

图 4-3-2　压气站工艺流程

1—清管器接收装置；2—清管器发送装置；3—多管除尘器；4—过滤器；5—燃气轮机—离心式压缩机机组；6—旁通管；7—站内循环管；8—燃料气管；9—减压阀；10—调压器；11—流量计；12—循环阀；13—机组进口阀；14—机组出口阀；15—止回阀；16—燃烧室

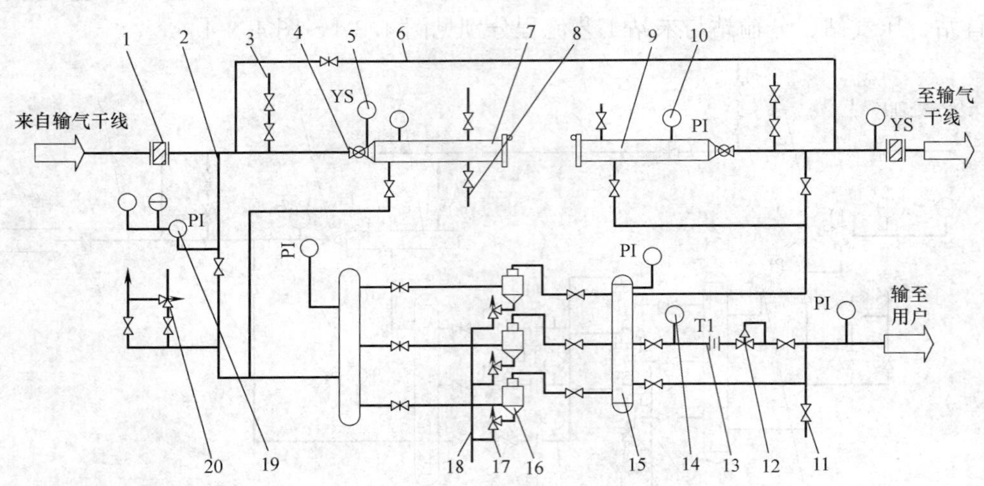

图 4-3-3　分输站工艺流程

1—绝缘法兰；2—进气管；3—放空管；4—球阀；5—清管器指示器；6—旁通；7—清管器接收装置；8—排污管；9—清管器发送装置；10—压力表；11—放散管；12—调压阀；13—孔板流量计；14—温度计；15—汇气管；16—多管除尘器；17—笼式节流阀；18—除尘器排污管；19—电节点压力；20—安全阀

进入天然气长输管道气体应符合《进入天然气长输管道的气体质量要求》GB/T 37124 的要求。

按经济与节能的原则合理选择压气站的站压比和确定站间距。

具有分输或配气功能的输气站宜设置气体限量、限压设施。

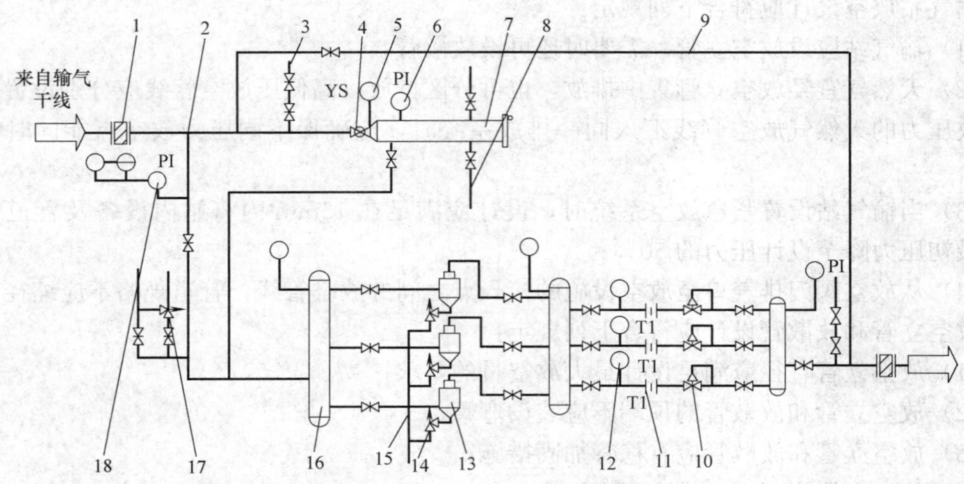

图 4-3-4 天然气管道末站工艺流程

1—绝缘法兰；2—进气管；3—放空管；4—球阀；5—清管器通过指示器；6—压力表；7—精管器接收装置；8—排污管；9—越站旁通管；10—调压阀；11—锐孔板计量装置；12—温度计；13—多管除尘器；14—笼式节流阀；15—多管除尘排污管；16—汇气管；17—安全阀；18—电接点压力表（带声光讯号）

当输气管道气源来自油气田天然气处理场、地下储气库、合成天然气（SNG）工厂或煤层气处理厂时，输气管道接收站的进气管道上应设置气体监测设施。

输气站宜设置越站旁通，进、出输气站的输气管道必须设置阀门，宜在进站阀上游和出站阀下游设置泄压放空设施。

4.3.2 安全阀与放空设施

存在超压的管道、设备和容器必须设置安全阀或压力控制设施，安全阀定压应符合下列规定：

(1) 压力容器的安全阀定压应小于或等于受压容器的设计压力；

(2) 管道的安全阀定压（p_0）应根据工艺管道最大允许操作压力（p）确定，并应符合下列规定：

① 当 $p \leqslant 1.8$MPa 时，管道安全阀定压（p_0）按式（4-3-1）计算：

$$p_0 = p + 0.18(\text{MPa}) \tag{4-3-1}$$

② 当 $1.8\text{MPa} < p \leqslant 7.5$MPa 时，管道安全阀定压（$p_0$）按式（4-3-2）计算：

$$p_0 = 1.1p(\text{MPa}) \tag{4-3-2}$$

③ 当 $p > 7.5$MPa 时，管道安全阀定压（p_0）按式（4-3-3）计算：

$$p_0 = 1.05p(\text{MPa}) \tag{4-3-3}$$

④ 采用 0.8 强度设计系数的管道设置的安全阀，定压不应大于 $1.04p$。

单个安全阀泄放管直径应按背压不大于该阀泄放压力的 10%确定，且不应小于安全阀出口管径。连接多个安全阀的泄放管直径应按所有安全阀同时泄放时产生的背压不大于其中任一个安全阀泄放压力的 10%确定，且泄放管截面积不应小于安全阀泄放支管截面积之和。

输气站放空设计应符合下列规定：

(1) 输气站应设放空立管，需要时还可设放散管；

(2) 天然气宜经放空立管集中排放，也可分区排放，高低压放空管线应分别设置，不同排放压力的天然气放空管线汇入同一排放系统时，应确保不同压力放空点能同时畅通排放；

(3) 当输气站设置紧急放空系统时，设计应满足在15min内将站内设备及管道内压力从最初压力降至设计压力的50%；

(4) 从放空阀门排气口至放空设施的接入点之间的放空管线，管道规格不应缩径。

放空立管和放散管设计应符合下列规定：

(1) 放空立管直径应满足设计最大放空量的要求；

(2) 放空立管和放散管的顶端不应装设弯管；

(3) 放空立管和放散管应有稳管加固措施；

(4) 放空立管底部宜有排除积水措施；

(5) 放空立管和放散管设置的位置应能方便运行操作和维护；

(6) 放空立管和放散管防火设计应符合《石油天然气工程设计防火规范》GB 50183的有关规定。

放空系统管道设计与背压计算可按《石油化工可燃气体排放系统设计规范》SH 3009要求执行。

4.3.3　压力控制系统

输气站压力控制系统设计应保证输气管道安全供气，并维持下游管道压力在工艺所需范围内。供气量超限可能导致输气系统失调的部位，应具有限流功能。压力控制系统可设备用管路。

当压力控制系统故障会危及下游供气设施安全时，应设置可靠的压力安全装置，其设计应符合下列规定：

(1) 当上游最大操作压力大于下游最大操作压力时，气体调压系统应设置单个的（第一级）压力安全设备；

(2) 当上游最大操作压力大于下游最大操作压力1.6MPa以上，以及上游最大操作压力大于下游管道和设备强度试验压力时，单个的（第一级）压力安全设备还应同时加上第二个安全设备，此时可选择下列措施之一。①每一回路串联安装2台安全截断设备，安全截断设备应具备快速关闭能力并提供可靠截断密封；②每一回路安装一台安全截断设备和一台附加压力调节控制设备；③每一回路安装一台安全截断设备和一台最大流量安全泄放设备。

调压应注意节流降温影响，必要时应对燃气加热。

4.3.4　可燃气体泄漏与火灾报警系统

生产或使用可燃气体的工艺装置和储运设施的区域内，应设置可燃气体检测器，并应采用两级报警，一级报警设定值小于或等于25%爆炸下限，二级报警设定值小于或等于50%爆炸下限。检测密度大于空气的可燃气体检（探）测器，其安装高度应距地坪（或楼地板）0.3～0.6m，检测密度小于空气的可燃气体检（探）测器，其安装高度应高出释放源0.5～2m。指示报警设备应安装在有人值守的控制室、现场操作室等内部，现场报警器应就近安装在检（探）测器所在区域。

压缩机厂房宜设置火焰探测报警系统，并应按《火灾自动报警系统设计规范》GB50116要求执行。

4.3.5 站内管道

站内所有工艺管道均应采用钢管及钢制管件、钢管材料同输气管道有关规定。机组的仪表、控制、取样、润滑油、离心式压缩机用密封气、燃料气、压缩空气等系统的阀门、管道及管件等宜采用不锈钢材质。钢管强度计算与设计系数选择应符合《输气管道工程设计规范》GB 50251的有关规定。

站内管道应采用地上或埋地敷设，不宜采用管沟敷设。当采用管沟敷设时，应采取防止天然气泄漏积聚的措施。

站内埋地钢质管道的防腐层宜采用加强级或特加强级，可采取外防腐层加阴极保护的联合防护措施。地面以上的钢质管道和金属设施应采用防腐层。

管道连接方式除因安装需要采用螺纹、卡套或法兰连接外，均应采用焊接。

管道安装设计应采取减少振动和热应力的措施。压缩机进、出口配管对压缩机连接法兰所产生的应力应小于压缩机技术条件的允许值。

需要保温的管道和设备应进行保温，其保温设计按《埋地钢质管道防腐保温层技术标准》GB/T 50538与《工业设备及管道绝热工程设计规范》GB 50264要求执行。

4.3.6 压缩装置

压气站设计应按《输气管道工程设计规范》GB 50251、《石油天然气工程设计防火规范》GB 50183与《石油天然气工程总图设计规范》SY/T 0048有关规定执行。

在严寒地区、噪声控制地区或风沙地区宜采用全封闭式厂房，其他地区宜采用敞开式或半敞开式厂房。压缩机房每一操作层及高出地面3m以上操作平台（不包括单独的发动机平台）应至少设置两个安全出口及通向地面的梯子。操作平台上任意点沿通道中心线与安全出口之间的最大距离不得大于25m。安全出口和通往安全地带的通道必须畅通无阻。压缩机房设置的平开门应朝外开。压缩机基础的布置和设计应符合《动力机器基础设计规范》GB 50040有关规定。

压气站宜设置分离过滤设备。压气站内总压降不宜大于0.25MPa。当压缩机出口气体温度高于下游设施、管道以及管道敷设环境允许的最高操作温度或为提高气体输送效率时，应设置冷却器。压缩机进、出口管道上应设截断阀，截断阀宜布置在压缩机厂房外，其控制应纳入机组控制系统。

压缩机组的选型与台数应根据压气站参数与备用方式进行技术经济比较后确定。压气站宜选用离心式压缩机，在站压比较高、输气量较小时，可选用往复式压缩机。离心式压缩机宜采用燃气轮机，变频调速电机或机械调速电机驱动，往复式压缩机宜采用燃气发动机或电机驱动。压缩机驱动功率按《输气管道工程设计规范》GB 50251附录G计算。

每台压缩机组应设置安全保护装置，并应符合下列规定：

（1）压缩机气体进口应设置压力高限、低限报警和低限越限停机装置；

（2）压缩机气体出口应设置压力高限报警和高限越限停机装置；

（3）压缩机的原动机（除电动机外）应设置转速高限报警和超限停机装置；

（4）启动气和燃料气管道应设置限流及超压保护设施。燃料气管道应设置停机或故障自动切断气源及排空设施；

（5）压缩机组润滑油系统应有报警和停机装置；

（6）压缩机应设置振动监控装置及振动高限报警、超限自动停机装置；

（7）压缩机组应设置轴承温度及燃气轮机透平进口气体温度监控装置、温度高限报警、超限自动停机装置；

（8）离心式压缩机应设置喘振检测及控制设施；

（9）压缩机组的冷却系统应设置振动检测及超限自动停车装置；

（10）压缩机组应设轴位移检测及超限自动停车；

（11）压缩机的干气密封系统应有泄放超限报警装置；

（12）往复式压缩机出口与第一个截断阀之间应设安全阀和放空阀，安全阀的泄放能力不应小于压缩机的最大排量；

（13）事故紧急停机时，压缩机进、出口阀应自动关闭，防喘振阀应自动开启，压缩机及其配管应自动泄压。

4.3.7　辅助生产设施

输气站用电负荷等级不宜低于重要电力用户的二级负荷，当中断供电将影响输气管道运行或造成重大经济损失时，应为重要电力用户的一级负荷。调度控制中心用电负荷宜为一级负荷。阀室用电等级不宜低于三级负荷。输气站及阀室用电单元负荷等级、应急电源、照明、雷电防护、消防与通风供热按《输气管道工程设计规范》GB 50251规定执行。

4.4　输气管道不定常流动计算

输气管道内燃气流动实际是不定常流动，本节主要介绍建立的管道内燃气不定常流动模型求解的数值方法。

4.4.1　输气管道不定常流动数学模型

考虑到管道单位面积的质量流量 $M=\rho vA$ 后，将管道内燃气流动的连续性方程、运动方程、能量方程、BWRS状态方程和实际气体焓方程联立得：

$$\frac{\partial\rho}{\partial\tau}+\frac{1}{A}\frac{\partial(M)}{\partial x}=0 \tag{4-4-1}$$

$$\frac{\partial M}{\partial\tau}+\frac{1}{A}\frac{\partial}{\partial x}\left(A^2p+\frac{M^2}{\rho}\right)+Ag\rho\sin\theta+\frac{\lambda}{2}\frac{M^2}{DA\rho}=0 \tag{4-4-2}$$

$$\frac{\partial}{\partial\tau}\left[\left(h-\frac{p}{\rho}+\frac{M^2}{2A^2\rho^2}\right)\rho\right]+\frac{1}{A}\frac{\partial}{\partial x}\left[\left(h+\frac{M^2}{2A^2\rho^2}\right)M\right]+\frac{4K(T-T_o)}{D}+\frac{mg\sin\theta}{A}=0 \tag{4-4-3}$$

$$p=p(\rho,T)=\rho RT+\left(B_oRT-A_o-\frac{C_o}{T^2}+\frac{D_o}{T^3}-\frac{E_o}{T^4}\right)\rho^2+\left(bRT-a-\frac{d}{T}\right)\rho^3$$
$$+\alpha\left(a+\frac{d}{T}\right)\rho^6+\frac{c\rho^3}{T^2}(1+\gamma\rho^2)\exp(-\gamma\rho^2) \qquad (4\text{-}4\text{-}4)$$

$$h=h(\rho,T)=\sum x_i(A_i+B_iT+C_iT^2+D_iT^3+E_iT^4+F_iT^5)$$
$$+\left(B_oRT-2A_o-\frac{4C_o}{T^2}+\frac{5D_o}{T^3}-\frac{6E_o}{T^4}\right)\rho+\frac{1}{2}\left(2bRT-3a-\frac{4d}{T}\right)\rho^2$$
$$+\frac{1}{5}\alpha\left(6a+\frac{7d}{T}\right)\rho^5+\frac{c}{\gamma T^2}\left[3-\left(3+\frac{\gamma\rho^2}{2}-\gamma^2\rho^4\right)\exp(-\gamma\rho^2)\right] \qquad (4\text{-}4\text{-}5)$$

式中 ρ——燃气的密度，kg/m^3；

x_i——燃气的摩尔成分；

τ——时间变量，s；

M——燃气的质量流量，kg/s；

A——管道的截面积，m^2；

x——沿管长变量，m；

g——重力加速度，m/s^2；

θ——燃气管道与水平面间的倾角，rad；

λ——水力摩阻系数；

D——燃气管道的内径，m；

p——管道内燃气的压力，Pa；

T——燃气的温度，K；

T_0——管道埋深处土壤温度，K；

h——燃气的焓，J/kg；

r_i——燃气中气体组分的摩尔分数；

上述共有5个方程，含有5个未知变量，即：燃气密度 ρ、质量流量 M、压力 p、温度 T、焓 h。再加上一定的初边界条件，理论上就可求解输气管道内任一位置 x、任一时刻 τ 的流动参数。

初始条件就是给定初始时刻的压力分布规律，例如：$p(x,0)=p_0(x)$。对于不定常工况的求解，可选任意已知时刻作为初始条件而对计算影响不大，但为了计算上的方便，一般计算时都将定常时的值作为初始时刻的计算值。

边界条件就是给定管道两端压力、流量或温度随时间的变化规律。根据不同的工程问题，边界条件可以取以下几种组合形式：

(1) 给定 $x=0$ 和 $x=L$ 处的压力随时间的变化规律：

$$p(0,\tau)=p_0(\tau),p(L,\tau)=p_1(\tau)$$

(2) 给定 $x=0$ 和 $x=L$ 处的流量随时间的变化规律：

$$M(0,\tau)=M_0(\tau),M(L,\tau)=M_1(\tau)$$

(3) 给定 $x=0$ 和 $x=L$ 处的温度随时间的变化规律：

$$T(0,\tau)=T_0(\tau),T(L,\tau)=T_1(\tau)$$

(4) 在管道一端给定压力（或流量）随时间的变化规律，而另一端给定流量（或压力）随时间的变化规律：

$$p(0,\tau)=p_0(\tau), M(L,\tau)=M_1(\tau)$$

或

$$M(0,\tau)=M_0(\tau), p(L,\tau)=p_1(\tau)$$

4.4.2　输气管道不定常流动数学模型的求解

对输气管道中的不定常流动，可采用解析法或数值法求解。

如采用数值法中的中心隐式有限差分格式进行模型的求解，可将管长变量和时间变量离散化，设网格比 $r=\Delta\tau/\Delta x$，则上述不定常数学模型中的式（4-4-1）～式（4-4-3）变成如下形式：

$$F_1(i)=\rho_{i+1,j+1}-\rho_{i+1,j}+\rho_{i,j+1}-\rho_{i,j}+\frac{\gamma}{A}(M_{i+1,j+1}-M_{i,j+1}+M_{i+1,j}-M_{i,j}) \tag{4-4-6}$$

$$\begin{aligned}F_2(i)=&M_{i+1,j+1}-M_{i+1,j}+M_{i,j+1}-M_{i,j}+\frac{\gamma}{A}[M^2_{i+1,j+1}/\rho_{i+1,j+1}+A^2p(\rho_{i+1,j+1},T_{i+1,j+1})]\\&+\frac{\gamma}{A}[-M^2_{i,j+1}/\rho_{i,j+1}-A^2p(\rho_{i,j+1},T_{i,j+1})+M^2_{i+1,j}/\rho_{i+1,j}+A^2p(\rho_{i+1,j},T_{i+1,j})]\\&+\frac{\gamma}{A}[M^2_{i,j}/\rho_{i,j}-A^2p(\rho_{i,j},T_{i,j})]+\frac{\Delta t\lambda}{4AD}\left[\frac{M^2_{i,j}}{\rho_{i,j}}+\frac{M^2_{i,j+1}}{\rho_{i,j+1}}+\frac{M^2_{i+1,j}}{\rho_{i+1,j}}+\frac{M^2_{i+1,j+1}}{\rho_{i+1,j+1}}\right]\\&+\frac{A\Delta tg\sin\theta}{2}(\rho_{i+1,j+1}+\rho_{i,j+1}+\rho_{i+1,j}+\rho_{i,j})\end{aligned} \tag{4-4-7}$$

$$\begin{aligned}F_3(i)=&h(\rho_{i,j+1},T_{i,j+1})\rho_{i,j+1}-p(\rho_{i,j+1},T_{i,j+1})+\frac{1}{2A^2}\frac{M^2_{i,j+1}}{\rho_{i,j+1}}-h(\rho_{i,j},T_{i,j})\rho_{i,j}\\&+p(\rho_{i,j},T_{i,j})-\frac{1}{2A^2}\frac{M^2_{i,j}}{\rho_{i,j}}+h(\rho_{i+1,j+1},T_{i+1,j+1})\rho_{i+1,j+1}-\\&p(\rho_{i+1,j+1},T_{i+1,j+1})+\frac{1}{2A^2}\frac{M^2_{i+1,j+1}}{\rho_{i+1,j+1}}-h(\rho_{i+1,j},T_{i+1,j})\rho_{i+1,j}\\&-p(\rho_{i+1,j},T_{i+1,j})+\frac{1}{2A^2}\frac{M^2_{i+1,j}}{\rho_{i+1,j}}+\frac{\gamma}{A}[h(\rho_{i+1,j+1},T_{i+1,j+1})M_{i+1,j+1}\\&+\frac{M^3_{i+1,j+1}}{2A^2\rho^2_{i+1,j+1}}-h(\rho_{i,j+1},T_{i,j+1})M_{i,j+1}-\frac{M^3_{i,j+1}}{2A^2\rho^2_{i,j+1}}+h(\rho_{i+1,j},T_{i+1,j})M_{i+1,j}\\&+\frac{M^3_{i+1,j}}{2A^2\rho^2_{i+1,j}}-h(\rho_{i,j},T_{i,j})M_{i,j}-\frac{M^3_{i,j}}{2A^2\rho^2_{i,j}}+\frac{2K\Delta t}{D}(T_{i+1,j+1}+T_{i,j+1}+T_{i+1,j}\\&+T_{i,j}-4T_o)+\frac{g\Delta t}{2A}\sin\theta(M_{i+1,j+1}+M_{i,j+1}+M_{i+1,j}+M_{i,j})\end{aligned} \tag{4-4-8}$$

以上非线性方程组式（4-4-6）～式（4-4-8）可以采用常用的牛顿-拉夫逊法进行迭代求解，其求解步骤为：

（1）进行稳态（定常态）模拟，确定初始时刻压力、温度和流量分布，并将其做为计算迭代初值。

（2）确定管道时间步长和管段步长，划分数值计算网格。

（3）在每一时间步长内，解上述非线性方程组：

$$J(\rho_{i,j},\ T_{i,j},\ M_{i,j})\begin{bmatrix}\delta\rho_{i,j}\\\delta T_{i,j}\\\delta M_{i,j}\end{bmatrix}=-\begin{bmatrix}F_1(i)\\F_2(i)\\F_3(i)\end{bmatrix}$$

其中 $J(\rho_{i,j},\ M_{i,j},\ T_{i,j})$ 为雅可比矩阵。

(4) 令 $\begin{bmatrix}\rho_{i,j+1}\\T_{i,j+1}\\M_{i,j+1}\end{bmatrix}=\begin{bmatrix}\rho_{i,j}\\T_{i,j}\\M_{i,j}\end{bmatrix}+\begin{bmatrix}\delta\rho_{i,j}\\\delta T_{i,j}\\\delta M_{i,j}\end{bmatrix}$，重新根据式（4-4-4）、式（4-4-5）计算压力 p，焓 h；

(5) 若 $|\delta\rho_{i,j}\ (\delta T_{i,j}\ \delta M_{i,j})|<1\times10^{-6}$，输出 $\rho_{i,j+1}$，$M_{i,j+1}$，$T_{i,j+1}$，进入下一步计算，否则下转（6）；

(6) 令 $j=j+1$，返回（4）。

根据以上分析编制输气管道不定常流动仿真程序，程序流程图如图 4-4-1 所示。

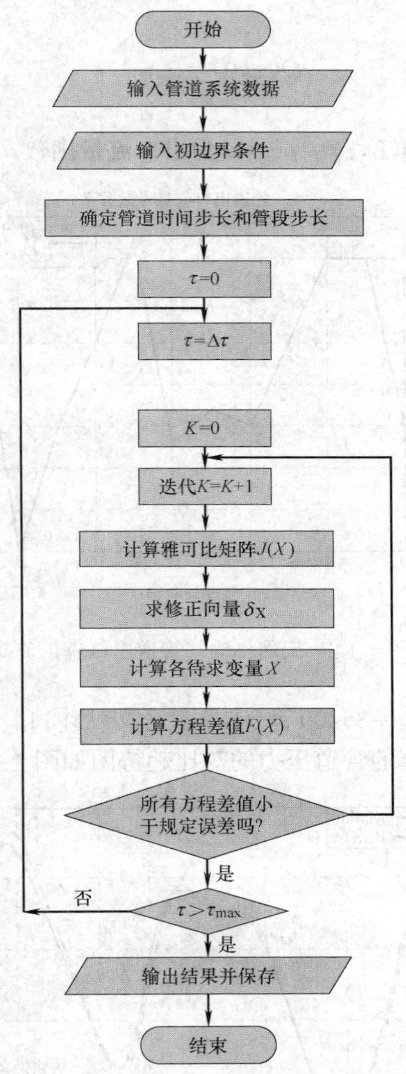

图 4-4-1 输气管道不定常流动计算流程图

4.4.3 算例验证及分析

【例 4-4-1】 天然气输气管道长度 $L=100000$m，管道直径 $D=0.6$m，管道入口压力为

4MPa；管道首端温度与环境温度同时保持288K不变，总传热系数为1.2W/(m²·K)；管材为钢管，其当量粗糙度为0.046mm；燃气等温流动，其温度为T=288K。燃气为西气东输天然气，其物性参数（标准状态）如表4-4-1所示。

天然气（西气东输）物性参数　　表4-4-1

临界压力(MPa)	密度(kg/m³)	临界温度(K)	动力黏度(Pa·s)	摩尔容积(m³/kmol)	无因次系数C	绝热指数k
4.7136	0.7527	194.3635	11.71	22.36	166.9	1.3087

（1）初始条件：

$$Q(x,0)=50\text{m}^3/\text{s}$$

（2）边界条件：

$p(0,t)=p_0=4\text{MPa}$；$Q(L,\tau)=f(\tau)$，为出口流量函数，如图4-4-2所示。

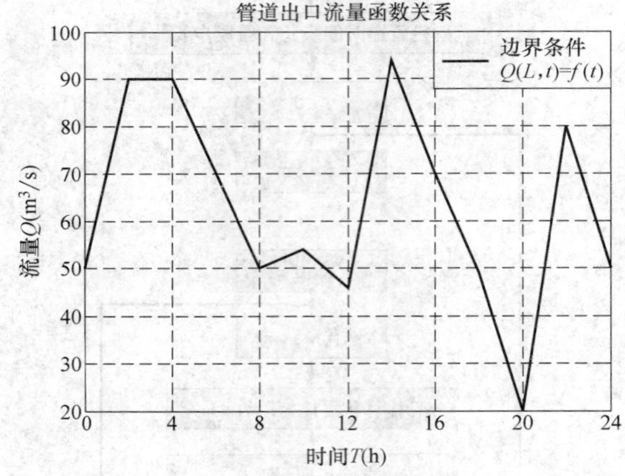

图4-4-2　天然气输气管道出口流量负荷

模拟时间为1d，取$\tau_{\max}=86400$ s，本章参考文献［14］作者采用PLS软件仿真结果及采用Matlab编程模拟计算的管道压力的对比趋势图如图4-4-3。

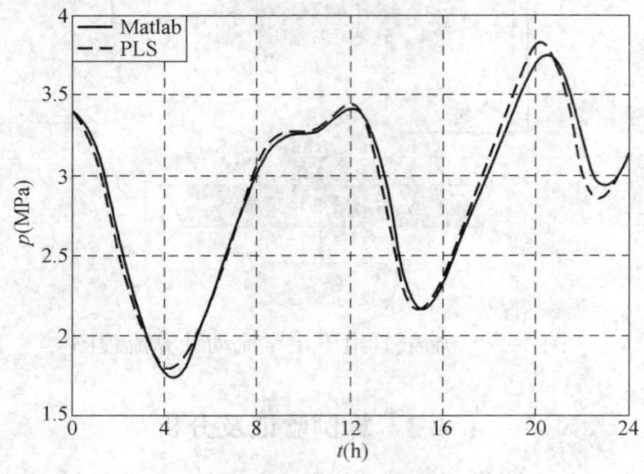

图4-4-3　本章参考文献［14］所得管道末端压力对比趋势图

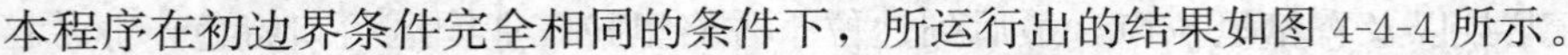

本程序在初边界条件完全相同的条件下，所运行出的结果如图 4-4-4 所示。

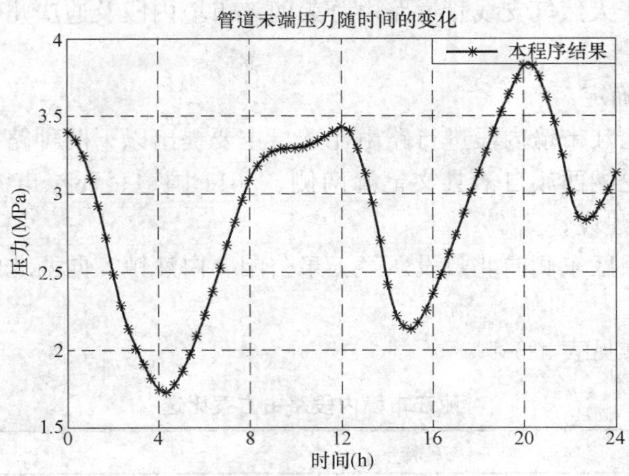

图 4-4-4 本程序运行所得管道末端压力随时间的变化图

4.5 天然气支线管道工程案例

4.5.1 项目概况

迪庆天然气支线管道起点为中缅天然气管道丽江支线丽江末站，终点为迪庆州香格里拉合建站，设计压力 6.3MPa，管道规格为 $DN300$，线路总长 165km，共设置场站 4 座，合建强加电流阴极保护站 3 座，阀室 6 座，年输气规模为 $2.23\times10^8m^3/a$。其流程框图如图 4-5-1。

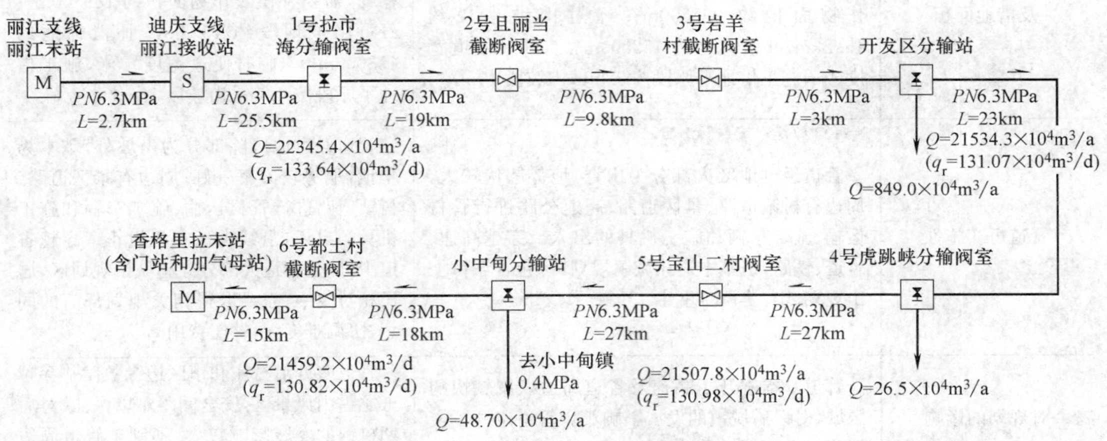

图 4-5-1 迪庆天然气支线流程图

线路概况。

1. 线路总体走向

迪庆天然气支线管道起点为中缅天然气管道丽江支线丽江末站，线路依次经过丽江市古城区、玉龙县以及香格里拉市，最后到达位于香格里拉工业园区箐口特色产业片区的香格里拉合建站。迪庆天然气支线管道路由分为丽江市境内段及迪庆州香格里拉市境内段两部分。

2. 路由比选及确定

本工程主要对丽江市境内段进行路由比选，主要提出以下两种路由方案。

方案一：沿玉龙纳西族自治县文笔峰南侧、5611国道、环拉市海景区东北侧（规划区外）、金沙江东侧建设；

方案二：沿主城区东侧向北敷设，经玉泉公园、白沙镇、向西北敷设后沿金沙江东侧建设。

路由比选情况详见表4-5-1。

丽江市境内段路由方案比选 **表4-5-1**

线路方案	方案一	方案二
管道长度	管道全长60km	管道全长57km
穿跨越工程量	穿越5611国道1次，穿221、308省道各1次，穿越284县道1次，穿越村庄道路约15次，穿越金沙江1次，穿越溪流1次，穿越已建设铁路1次，穿越沟渠约3次，穿越长度约590m	穿越308省道1次，穿越等级公路2次，穿越村庄道路22次，穿越金沙江1次，穿越已有沟渠约5次，管道总穿越长度约470m
管道沿线自然条件	经过区域地势起伏不大，基本沿山坡平缓处敷设有村庄道路、5611国道等道路相通，交通条件较好。经过地区基本为林地、农田、旱地，与居民村庄相聚较远	基本沿着村庄道路、景区道路建设，穿越城市建成区，交通条件良好。地势较为平缓，部分地方从村庄中间或边上穿过，居民较为集中
管道施工便道及借地面积	沿线管道运输利用村庄道路、景区道路、5611国道，管道施工基本需要修建施工通道。管线经过农田约14.9km，基本为普通作物，需要补偿农作物面积约968500m^2；经过山坡地段约15.2km，补偿林地约152000m^2。（临时便道宽度4m，施工借地平原段按6.5m，山坡段10m）	沿线管道运输可以利用102省道、村镇道路，管道施工局部地段需要修建施工通道。管线经过农田约29.2km，基本为普通作物，需要补偿农作物面积约189800m^2；经过山坡地段约15.3km，补偿林地约153000m^2。（临时便道宽度4米，施工借地平原段按6.5m，山坡段10m）
管道可实施性	管道经过地区大部分为山脊，地势起伏较大，周边有村镇道路、景区道路、高速公路进行管材运输、施工车辆和施工机具的出入。穿越高速、省道、铁路，但基本避让城镇规划区（包含城镇上山规划区），协调难度小	管道经过地区除部分为山坡外，基本为旱地，地势较方案一好；周边有景区道路、村镇道路进行管材运输、施工车辆和施工机具的出入，沿线拆迁工程量小。穿越省道少，但是管道大部分穿越城镇规划区，居民相对集中，需要取得相关规划部门的同意，协调难度大，补偿费用高
对规划的影响	管道基本避开了高速及省道周边发展较快的区域，对以后城镇的发展影响小。管道避开了文笔峰风景区和拉市海坝区，对周边环境影响较小	管道多处沿村庄和镇区边缘敷设并穿越玉龙雪山风景区，安全间距难以保证，对后期村镇的发展影响较大，不利于管道周边区域的规划发展及土地利用
管道安全性	管道沿线建筑物和构筑物较少，不经过冲沟软土和积水、浅水地带、滑坡、崩塌、泥石流等危险地段。避开了村镇集中区，距离建筑安全间距容易保证。同时交通较为便利，对管道的抢险、抢修及巡检较为容易	管道沿线村镇较多，建筑物和构筑物较多，安全间距较难保证，交通条件较方案一好，便于管道的抢险、抢修及巡检

根据路由实地踏勘及路由方案详细对比，方案一在沿线协调、补偿、穿越长度、对后期的影响以及安全运行等方面都较方案二具有很大的优势，因此推荐方案一为本工程的路由实施方案。

3. 路由总体情况

本线路位于云南省西北部、青藏高原南东缘之横断山脉中段，地势总体北西高南东低，沿线境内山峦纵横，地形险峻，山地、峡谷、高原、盆地交错分布，管道沿线高程在1857～3681m之间，沿线落差达到1824m。主要为高原山地区、高原盆地区、高原雪山地区、山间沟谷区，沿线高差与坡度较大。

线路主要经过了二级地区及三级地区，局部为一级地区。线路经过的地区等级详见表4-5-2。

各种管径的地区类别长度统计表 表 4-5-2

序号	所在地市	地区等级/线路长度(km)			
		一级一类地区	一级二类地区	二级地区	三级地区
1	丽江市	0	27.2	16.6	2.6
2	香格里拉市	29.982	25.1	44.75	2
3	合计	29.982	52.3	61.35	4.6

地貌类型主要为深切割高山峡谷地貌。地类主要为林地、坡耕地、旱地、草地、坡耕地、梯坪地、水田、园地等。线路所经区域森林植被覆盖总体较好，丽江—俄迪属亚热带植被，俄迪—香格里拉—下卡属温带植被。

线路避开了丽江古城保护区、玉龙雪山5A级国家风景名胜区、虎跳峡国家4A级旅游风景名胜区、哈巴雪山自然保护区、拉市海湿地自然保护区、世界自然遗产云南三江并流保护区。

(1) 交通情况

迪庆天然气支线管道途经丽江市古城区、玉龙县，迪庆州香格里拉市开发区、虎跳峡镇、小中甸镇与建塘镇，由于管道所处地理位置不同，交通条件差异较大。

(2) 沿线地层岩性

沿线地层从新生界到古生界，除白垩系、侏罗系外均有出露，期间发生过多次岩浆岩侵入。在中生界与古生界、侵入岩与其周围岩层接触带受接触变质作用影响，形成了铜矿、铁矿、金矿、锰矿、铅锌矿及银矿等矿点，线路绕避了沿线的工矿点。

(3) 沿线断裂带

区域内活动断裂及深大断裂十分发育，均属于特提斯－喜马拉雅断裂体系。主要为北西－北北西向、北东向、北北东向和近南北向断裂。其中许多断裂规模巨大，切割深，发展历史复杂。由于所处大地构造、新构造部位的不同，它们的活动方式、活动时间、活动强度具有明显差异。根据区域地质资料和野外地质调查，迪庆天然气支线管道沿线的主要活动断裂带包括：丽江－小金河断裂带、丽江－大具断裂带、龙蟠－乔后断裂带、丽江盆地东缘断裂和中甸断裂带等。

(4) 地震

本工程管道经过的丽江市、迪庆州香格里拉市主要分布地震断裂带有4处。本工程可能经过的地震断裂带为中甸—永胜断裂带及丽江—剑川断裂带，局部沿龙蟠—剑川断裂带敷设。由于本工程管线经过地区为地震多发区域，本工程应做详尽的地勘资料、地质灾害以及地震评价报告，在穿越地震断裂带地区采取必要的保护措施。

（5）不良地质情况

本项目主要的不良地质现象及工程地质问题主要有：冲沟、岩溶、软土、膨胀土、滑坡、泥石流。

本项目管道工程沿线冲沟较发育，多处于山地与谷地交汇的斜坡地带，或山地区坡度由陡变缓的转折部位，这些地区坡度一般10～25°，植被覆盖较差。区内冲沟规模普遍较小，以侧蚀、面蚀为主，沟底冲蚀作用较弱，对拟建管道工程的危害小。

线路周边滑坡、错落、重力变形、岩堆、危岩落石发育，主要分布于开发区至唐木纳村段，集中分布于金沙江、冲江河河谷及其支沟，本项目线路规划已考虑绕避以上不良地质地段。

金沙江、冲江河的绝大部分支沟都发育泥石流，大部分沟谷泥石流处于发育旺盛期。规模大、破坏力强的泥石流沟，本项目线路规划已考虑避让泥石流易发地段。

4.5.2　管道计算情况

1. 管径选择

根据本工程设计规模、管径、线路长度进行计算，选择管径为*DN*300（表4-5-3）。根据末端CNG加气母站的最低进口压力要求，末端最低压力不小于1.6MPa。

DN300输气工艺计算表　　表4-5-3

序号	流量 q_v ($10^4m^3/d$)	起点压力 p_1(MPa)	管道外径 d(mm)	管道壁厚 (mm)	管道长度 L (km)	高差(m)	燃气温度 T(K)	终点压力 p_2(MPa)
1	133.64	6.300	323.9	7.1	52.60	−550	278.15	5.73
2	131.07	5.650	323.9	7.1	21.10	+300	278.15	5.50
3	130.98	5.390	323.9	7.1	58.30	+1100	278.15	4.80
4	130.82	4.726	323.9	7.1	26.30	+100	278.15	4.44

在满足本工程输气能力的同时，管道的储气能力达到$18.31\times10^4m^3$。

2. 线路用管

（1）直管段壁厚计算及选择

本工程输气干线选用目前常用的L245N、L290N、L360N三种管材进行比较，强度计算及壁厚计算结果、管材耗量对比参见表4-5-4。

D323.9强度计算及壁厚计算结果表　　表4-5-4

地区等级	长度(km)	管径(mm)	L245N			L290N			L360N		
			计算壁厚 δ_c(mm)	设计壁厚 δ_d(mm)	钢材用量 G(t/km)	δ_c (mm)	δ_d (mm)	G (t/km)	δ_c (mm)	δ_d (mm)	G (t/km)
一	1	*D*323.9	5.78	8.0	62.54	4.89	7.1	55.47	3.94	7.1	55.47
二	1		6.94	8.5	66.35	5.86	8.0	62.54	4.72	7.1	55.47
三	1		8.33	10	76.08	7.04	9.0	70.14	5.67	7.1	55.47

综合钢材造价、钢材性能及同类工程的使用情况，本工程主要选用 $D323.9\times7.1$ L360N PSL2 螺旋缝双面埋弧焊钢管。在穿越金沙江及局部居民建筑集中处采取壁厚加厚至 8.0mm 的处理措施。

（2）线路弯管强度计算及选择

1）热搣弯管

当线路转弯角度大于 15°时，使用热搣弯管以适应地形的变化。为方便清管器通过和管道安装，本工程线路热搣弯管曲率半径定为 $R=6D$，材质与所在输气管道一致。考虑弯管的应力增大系数及 10%的减薄余量，本工程输气管道选择热搣弯管壁厚为 8mm。

2）冷弯弯管

冷弯弯管的最小曲率半径 $R=40D$，平面转角在地形条件许可且经济的情况下，在施工中可以考虑采用多个冷弯连接的方式改变线路走向。线路冷弯弯管管型与线路保持一致。$DN300$ 的冷弯管制作、使用调整为 13.5°，即在干线线路转弯角度不大于 13.5°的场合，采用管型与所在地区直管段管型相同，曲率半径为 $R=40D$ 的冷弯弯管。

3. 管道强度校核

对于埋地管道必须进行当量应力校核，本工程管道强度校核详见表 4-5-5。

管道强度校核计算结果表 **表 4-5-5**

序号	管 径	钢管壁厚	σ_L(MPa)	σ_h(MPa)	σ_E(MPa)	$0.9\sigma_s$(MPa)
1	323.9	7.1	65.22	137.40	202.62	324
2	323.9	8	60.37	121.24	181.61	324

从上表可以看出，本工程所用钢管均满足强度要求。

4. 管道稳定性校核

（1）管道圆截面稳定性校核

当管子径厚比 $D/\delta>100$ 时，才会在管子正常运输、铺设、埋管情况下出现圆截面失稳，经过计算本工程各种管径下直径与厚度比远小于 100，因此，在本设计中各种管径钢管不存在圆截面失稳问题。

（2）径向稳定性校核

钢管水平方向最大变形量（Δx）$\leqslant0.03D$（D 为管道外径）时，用管均满足径向稳定要求。本工程管道径向稳定性校核详见表 4-5-6。

径向稳定校核计算结果表 **表 4-5-6**

D_n(m)	δ_n	I	E_s	K	W	ZZ	Δx	判别	$0.03D$
0.3239	0.0071	2.98E-08	0.8	0.103	6065.76	11.5	0.0005	$<$	0.0092
0.3239	0.008	2.98E-08	0.8	0.103	6065.76	11.5	0.0004	$<$	0.0093

经上表验算，在管道设计埋深及外载荷情况下，用管均满足径向稳定要求。

5. 抗震校核计算

按照《油气输送管道线路工程抗震技术规范》GB/T 50470 的规定，应对位于设计地震动峰值加速度大于或等于 $0.2g$ 地区的管道进行抗震校核。根据《中国地震动参数区划图》GB 18306，管道沿线所在的丽江市抗震设防烈度均为 8 度，设计地震基本加速度值为0.30g，反应谱特征周期为0.45s；香格里拉抗震设防烈度均为8度，设计地震基本加速度值为0.20g，反应谱特征周期为0.45s。因此，需对管道进行抗拉伸和抗压缩校核。

（1）直管段抗震校核计算

本工程管道抗震计算详见表4-5-7。

直管段抗震计算结果表　　**表4-5-7**

地区	壁厚(mm)	ε_{max}	ε_a	$\varepsilon_{max}+\varepsilon_a$	$[\varepsilon_t]_v$	$[\varepsilon_c]_v$	备注
丽江市	7.1	0.000526	0.000198	≥0	0.01	0.007672	满足要求
香格里拉	7.1	0.000312	0.000198	≥0	0.01	0.007672	满足要求

由此可见，本工程输气直管道选择的管材及壁厚满足抗震要求。

（2）弯管抗震校核计算

本工程弯管抗震计算详见表4-5-8。

弯管抗震计算结果表　　**表4-5-8**

地区	壁厚(mm)	ε_{max}^b	ε_a	$\varepsilon_{max}^b+\varepsilon_a$	$[\varepsilon_t]_v$	$[\varepsilon_c]_v$	备注
丽江市	8.0	0.002520	0.000165	≥0	0.01	0.008645	满足要求
香格里拉	8.0	0.001341	0.000165	≥0	0.01	0.008645	满足要求

由此可见，本工程弯管选择的管材及壁厚满足抗震要求。

4.5.3　特殊工程处理措施

1. 滑坡

滑坡是管道通过山区所遇到的主要灾害，对滑坡的工程处理，难度高且耗资大，本工程在线路选择时已尽量绕避。对确实不能避让的小型滑坡体，要在滑坡上缘修筑截水堤和排水沟，对滑坡体采取适当的减载措施。对水田地段，宜选择在地下水位较低时结合排水处理进行施工。

2. 高陡斜坡

输气管道经过山区，易受崩塌等不良地质灾害影响。施工时用小药量爆破或人工开挖，管道置于稳定基岩内，管顶可采取现浇混凝土的方式护管。对于较陡的地段立管较长时，应采取锚固的方式予以稳管。同时，在设计时考虑提高管道自身的安全性和稳定性，如适当加大壁厚、增大焊口探伤照片比例等。在管道上、下山段，通过高陡斜坡时，首先应采取局部降坡和斜坡管道锚固措施，搞好护坡堡坎，排水等设施的设计和施工，以保证管道安全。

3. 崩塌

崩塌灾害的预防可参照滑坡灾害的预防，其较滑坡灾害的发生更突然，前兆更不明显，因此监测预报难度更大一些。一些对工程施工和运营威胁较大的崩塌和危岩，一定要定点定时监测，防患于未然。

岩土工程措施：治理崩塌灾害采用的方法主要有遮挡、拦截、支顶、镶补勾缝等。根据本次实际调查，对位于基岩崩塌和危岩的治理，应选用支顶、镶补勾缝及清理危岩后，对基岩面采取喷锚，防止风化，或在坡下修筑护墙、护沟等拦截措施，限制崩积物的堆积范围，以保证管线安全不受威胁。针对斜坡坡面冰碛漂石的滚落，采取先清理坡面后开挖的办法消除安全隐患。

4. 穿越引水渠

引水渠主要是作为农田灌溉期间引水灌溉之用，除每年农历 3～4 月农田灌溉期间之外，引水渠基本上处于无水状态，施工阶段应合理安排施工时间，在引水渠断流期间采用大开挖的方式进行穿越，施工时应严格按照设计要求做好护坡、护岸以及穿越稳管措施。

5. 穿越已建地下管线

管线在中缅天然气丽江支线丽江末站出站后的 AK2＋450～AK3＋300 号桩之间穿越地下已建中缅天然气管线 2 次。在该段敷设管线时应采用人工开挖管沟方式，不得进行放炮施工，在开挖前应请管线主管部门现场指导，在发现已建管线时应加强对管线的保护，做好支撑等工作，并不得擅自处理埋地管线。

6. 穿越林区地段的施工要求及防火预案

对于林区内的管道施工，应预先编制施工安全预案，确保林区内的施工安全。

管沟开挖严禁采用爆破方式进行。管沟成型组焊前，应清除管沟附近的树枝、树叶，组焊建议采用沟下焊方式。焊接过程中，应对焊接区一定范围设置临时的隔阻材料（如钢板），防止电弧和火花进入林区。严禁在树林边或树林内吸烟、引弧。对于材料中的易燃物质，应设置于空旷的场地且远离焊接区。

施工中应配备一定数量的移动灭火器。

4.5.4 重要穿跨越

线路穿越铁路 4 次，高速公路 4 次，穿越二级以上公路 12 次（214 国道 4 次、老 214 国道 5 次、308 省道 1 次、221 省道 1 次、关丽路 1 次），穿越乡村道路、机耕道 346 次，穿越军事光缆 9 次，穿越金沙江 1 次，小型河流 11 次。

1. 小型河流穿越

按穿越设计规范，河流小型穿越应按 20 年一遇洪水设计。河流小型穿越可根据不同地质条件，采用混凝土加重块连续覆盖或现浇水下不分散混凝土稳管。在有冲刷的河流，管顶埋深应在设计洪水冲刷线以下大于 0.5m。无冲刷水域应在河床底下大于 1m。河床为基岩时，嵌入基岩深度大于 0.5m，现浇水下不分散砼稳管。两岸护坡及护岸的宽度应大于被松动过的地表宽度，以确保管线运行安全。

2. 金沙江穿越

(1) 穿越概况

金沙江水面宽约 200～300m，属于大型穿越，水深 13～27.5m，最大洪水位约 1825m，按百年一遇的洪水频率设计。

(2) 穿跨越方式比选及确定

适合本工程的穿跨越的方式有大开挖、定向钻、斜拉索、盾构等方式。各穿越方式比选详见表 4-5-9。

穿越方式比选表　　表 4-5-9

序号	穿跨越方式	长度(m)	优点	缺点
1	大开挖穿越	300	施工相对简单、技术成熟	需要采取稳管措施;需要导流,受河流条件限制较大
2	定向钻穿越	785	施工人员少、占地省、工期短、效率高;不受季节、天气影响,自然环境影响小;操作灵活,精确度高	对两边地形情况要求较高,需要有摆设钻机、托管位置;对河流地形条件要求较高
3	悬索管道跨越	400	跨度小,管道安全可靠,设计、施工技术成熟,适用于大跨距的管道跨越;设置专用检修通道,跨越管道检修方便;对河流泄洪没有影响	投资大,造价高,施工难度大;跨越纵向刚度相对较小,对应跨越平面内竖向变形大;现场运输工作量大;后期维护工作量大
4	斜拉索管道跨越	400	其竖向刚度较大,变形较小;管道检修相对方便	跨越纵向平面外刚度低,抵御风荷载和地震作用的能力差,变形大;施工场地要求较高,其度也较大,施工费用较高;后期维护工作量大
5	盾构穿越	500	无需进行顶管;隧道内部不需要人工操作	设备运输、就位难度大,竖井施工难度大,投资大
6	泥水平衡顶管	500	设备较小,隧道内不需要人工操作	竖井施工难度大,江底地质复杂风险大;顶管长度长,难度大,风险大

跨越方式工程造价高、后期运行维护较为麻烦，对水利交通、周边景观影响大，而且近年来在天然气管道施工方面基本较少采用跨越的施工方式。穿越处水流较为湍急，导流困难，采用大开挖时对后期管道影响较大，容易将管道冲刷出来，因此暂不考虑大开挖穿越。定向钻管道埋设较深，穿越施工工艺成熟、简单，施工速度快，对管道、河道、航运的安全性都有利，对存在挖沙的河段也能保障管道安全，施工条件受气候、水流等外部条件影响小，投资相对较小。

根据拟穿越处的实际情况及地层岩性，本次金沙江穿越采用定向钻穿越，穿跨越方式需要报请水利部长江水利委员会批准。对穿越金沙江处的管道采用加厚壁厚的处理措施，结合本次输气管线的管道及壁厚选择，采用 $D323.9\times8.0$ 的无缝钢管。

(3) 回拖力计算

785m 的管道回拖力为119kN，实际最大回拖力按计算值的1.5～3.0倍选取，本工程取3.0的安全系数，实际最大回拖力 $F=119\times3=366.9\text{kN}=357\text{t}$。

(4) 回拖强度计算

经计算得 $F/A=46\text{MPa}$；$\sigma_b=68\text{MPa}$；

轴向应力代数和 $\Sigma\sigma_a=F/A+\sigma_b=114\text{MPa}$；

穿越管段计算各单项应力后，当量应力 $\sigma_e=\Sigma\sigma_h-\Sigma\sigma_a\leqslant0.9\sigma_s$。此时，$\Sigma\sigma_h=0$，则 $-114\leqslant0.9\sigma_s$，壁厚 $\delta=8\text{mm}$ 满足要求。

3. 公路穿越

本工程穿越高速公路及二级以上公路时均采用顶管穿越。穿越其他一般道路采用开挖穿越。

4. 铁路穿越

本工程输气管道采用顶钢筋混凝土箱涵和顶管方式穿越铁路。

5. 已经建设天然气管道穿越

为避免管道沉降不能满足间距要求，以及避免管道防腐层受损伤而发生交叉管道电气短路，采用绝缘材料垫隔（如汽车废外胎衬垫）。

6. 军事光缆穿越

当管道穿越军事光缆时，管道从电缆下方通过，且与军事光缆的净间距不小于0.5m，并采用角钢或聚乙烯管等方式包裹军事光缆，进行保护，管沟回填时并在军事光缆顶部设置警示带。

4.5.5 水土保持保护措施

本工程对各种地形区域都进行了施工期间的土地保护措施，工程的水工保护措施，水土流失防治措施等水土保持保护设计，以及提出了水土保持管理与监控方法。

其中水土保持措施和水工保护设施保护的保护对象虽然不同，但对环境而言，却同样有保护作用。因此，将两者有机地加以结合，可有效减缓环境影响，提高管道安全性能。由于管道工程穿越多种地貌类型，地形条件复杂多变，水土保持措施和水工保护措施要因地制宜，工程措施和生物措施相结合，分区布局。

4.5.6 管道防腐

1. 管道防腐总方案

为保证本工程管道长期安全运行，抑制电化学腐蚀的发生，站外埋地钢质管道防腐采取外防腐层加阴极保护的联合保护方案。

2. 阴极保护站设置

(1) 计算参数

管道自然电位：−0.55V（相对于饱和 $Cu/CuSO_4$参比电极）；

最大保护电位：−1.15V；

最小保护电位：−0.85V；

保护电流密度：$10\mu A/m^2$；

干线管道钢管电阻率：$0.224\Omega \cdot mm^2/m$。

(2) 计算结果（表 4-5-10）

管道线保护计算成果 **表 4-5-10**

序号	管道规格(mm)	单侧保护长度(km)	管道线电阻(Ω/m)	保护电流(A)	备注
1	$D323.9\times7.1$	43.12	3.17×10^{-5}	0.439	

为方便管道的运行管理，结合表 4-5-10 的计算结果，在迪庆支线丽江接收站、开发区分输站、小中甸分输站各建设 1 座阴极保护站，满足本次设计的管道阴极保护要求。

1. 管道外防腐层方案

三层 PE 外防腐层分普通级、加强级，本工程干线管道的管道均采用三层 PE 加强级防腐层。

2. 站场防腐

(1) 总体方案

站内管道、设备只采取防腐涂层外防腐，不采取阴极保护。

(2) 埋地管道

站内 $D323.9$ 管径的埋地管道采用三层 PE 加强级防腐层。站内除 $D323.9$ 管径外的其他埋地管道、三通以及异形管件推荐采用现场施工方便、操作简单，防水、防腐性能优异的聚乙烯胶粘带加强级防腐。

(3) 露空管道、设备外防腐

站场内露空管道及设备外防腐推荐采用涂装附着力强、耐候性优异、防腐性能好、不易褪色、装饰性好、使用寿命长的氟碳涂料防腐。

(4) 埋地阀门

站场内埋地阀门防腐采用无溶剂液体环氧涂料防腐层外包矿酯油带进行防腐。

4.5.7　站　　场

1. 站场设计参数

本工程共设计场站 4 座，各站设置参数详见表 4-5-11。

站场主要设计参数表　　**表 4-5-11**

站名	进站气量 ($10^4m^3/h$)	进站压力 (MPa)	出站气量 ($10^4m^3/h$)	出站压力 (MPa)	备注
丽江首站	6	5.0～6.3	6	5.0～6.3	贸易计量
开发区分输站	0.2	4.26～6.3	0.2	0.36	分输站含门站
小中甸分输站	0.05	2.88～6.3	0.05	0.36	分输站含门站
香格里拉合建站	6	2.25～6.3	6.05	2.25～6.3	去香格里拉市区
			0.75	3.6	去 CNG 加气母站及常规站
			0.2	0.36	去工业园区

2. 开发区分输站

开发区分输站分输迪庆支线天然气管道来气，经分输、过滤、计量、调压、加臭后向下游管道供气。具备以下功能：

① 接收干线来气功能。

② 分输干线天然气。

③ 对分输的天然气过滤、加热、调压、计量及加臭功能。

④ 干线天然气紧急截断功能。

⑤ 站内及干线天然气放空功能。

(1) 工艺流程

干线来气经分输阀组分输进入一级汇管，由过滤器过滤后进入电加热器加热，经一级调压后进入二级汇管，再由二级调压至 0.36MPa，经计量、加臭后，出站进入中压市政管网，为下游供气。

为保证安全、稳定供气，站场中过滤、调压、计量装置均 1 用 1 备，站内各级调压后均设有超压放散装置。图 4-5-2 为开发区分输站流程图。

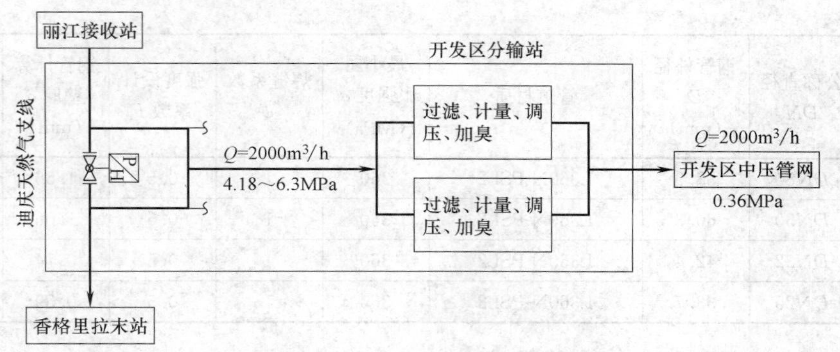

图 4-5-2 开发区分输站流程图

1）计量系统

各站在有进气和分输去下游的管路上均设置有计量装置。

2）排污系统

过滤设备、清管器接收装置、各类容器、压缩机、脱水装置上设手动排污，站内所有污物集中排入排污罐，在经专业公司进行外运集中处理。

3）安全泄放系统

进站上游和出站下游设有干线事故放空，该放空为手动。为方便设备的检修，站内也设有多处手动放空。放空采用双阀，前端为具有截断作用的阀门，后端均设为具有节流截止功能的放空阀，正常操作时只有放空阀受到气流冲刷。放空时可以通过调节放空阀的开度来控制放空时间，以减小放空时的气体流速，降低噪声。调压后均设有安全阀，若调压后的压力大于设定值，安全阀会自动泄放，保证下游管道系统的安全。站场外设立放空立管。

4）紧急截断

为了确保管道系统的安全运行，站场进出站总管上均设有紧急截断阀，当站内或干线发生事故时该阀自动关闭、切断气源，以实现事故状态下干线与站内工艺设施的快速隔离，提高了管道系统抗风险的能力。

（2）工艺管道材质选择及壁厚计算

根据站场所在地气温以及站场设计压力、功能，开发区分数在采用 L360N-PSL2 材质的无缝钢管（表 4-5-12）。

开发区分输站站内管线壁厚 **表 4-5-12**

设计压力 p (MPa)	公称直径 DN	钢管外径 D (mm)	管道材质	最小屈服强度 σ_s (MPa)	焊缝系数 ψ	强度设计系数 F	钢管计算壁厚 δ (mm)	钢管名义厚度 T_n (mm)
1.6	*DN*150	168.3	L360N-PSL2	360	1	0.5	0.75	4.5
1.6	*DN*80	88.9	L360N-PSL2	360	1	0.5	0.40	4.5
1.6	*DN*50	60.3	L360N-PSL2	360	1	0.5	0.27	4.5
1.6	*DN*32	42.4	L360N-PSL2	360	1	0.5	0.19	4.5
1.6	*DN*25	33.7	L360N-PSL2	360	1	0.5	0.15	4.5
6.3	*DN*300	323.9	L360N-PSL2	360	1	0.5	5.67	7.1
6.3	*DN*100	114.3	L360N-PSL2	360	1	0.5	2.00	5.6

续表

设计压力 p (MPa)	公称直径 DN	钢管外径 D (mm)	管道材质	最小屈服强度 σ_s (MPa)	焊缝系数 ψ	强度设计系数 F	钢管计算壁厚 δ (mm)	钢管名义厚度 T_n (mm)
6.3	DN80	88.9	L360N-PSL2	360	1	0.5	1.56	5.6
6.3	DN50	60.3	L360N-PSL2	360	1	0.5	1.06	5.0
6.3	DN32	42.4	L360N-PSL2	360	1	0.5	0.74	4.5
6.3	DN25	33.7	L360N-PSL2	360	1	0.5	0.59	4.5

(3) 主要设备选型

1) 流量计量

由于本站流量较小，选用两组涡轮流量计，一备一用。

2) 过滤器

选用自带差压计、排污口的高效过滤器。

3) 加臭装置

加臭机为流量随动加注，安装于中压出站总管上，并与流量计信号连锁，每立方天然气加入四氢噻吩 20mg。燃气管道供气时，控制系统采集流量仪表 4～20mA 电流信号或通过 RS232、RS485 通信方式，取得天然气瞬时流量信号，控制系统根据流量大小，自动输出脉冲电流控制计量泵工作。

4) 调压装置

调压单元采用一级调压。站内调压系统采用超压切断阀＋工作调压器＋监视调压器的形式。本工程选用调压精度高、通过能力大、噪声小的间接作用、轴流式调压器。调压系统设置两路，一开一备。

5) 加热装置

加热装置采用电加热，入口温度 4.84℃，调压后出口温度设为 2℃，设计流量为 2000m^3/h，则电加热器功率为 30kW。

6) 阀门的选择

站内工艺管道及设备进出口均需设置阀门。作为站内设备及管路启闭的设备，根据阀门特点及其作用不同选择不同的阀门。

气液联动阀：本工程在高压进站总管上设置气液联动阀，设计压力 PN7.0MPa，管径 DN300。

高压进口设电动球阀，其他均为手动球阀。手动阀门选用全通径、固定球、上下游双密封、火灾安全型的设计结构。阀杆具有在线检修及防飞出功能。

安全放散阀：安全放散阀设置在工艺管线上，是站内重要的运行安全保证设备，选用先导式安全阀，该设备为指挥器控制的突跳式安全阀。

4.6 本章有关标准规范

《输气管道工程设计规范》GB 50251

《油气输送管道线路工程抗震技术规范》GB 50470
《中华人民共和国石油天然气管道保护法》中华人民共和国主席令（第三十号）
《油气输送管道线路工程穿越工程设计规范》GB 50423
《油气输送管道工程水平定向钻穿越设计规范》SY/T 6968
《油气输送管道跨越工程设计标准》GB/T 50459
《铁路工程设计防火规范》TB 10063
《石油天然气工业管线输送系统用钢管》GB/T 9711
《高压化肥设备用无缝钢管》GB 6479
《输送流体用无缝钢管》GB/T 8163
《钢制管道外腐蚀控制规范》GB/T 21447
《埋地钢质管道阴极保护技术规范》GB/T 21448
《埋地钢制管道交流干扰防护技术标准》GB/T 50698
《埋地钢制管道直流干扰防护技术标准》GB 50991
《油气输送管道线路工程水土保护设计规范》SY/T 6793
《油气管道线路标识设置技术规范》SY/T 6064
《石油天然气工程设计防火规范》GB 50183
《进入天然气长输管道的气体质量要求》GB/T 37124
《石油化工可燃气体和有毒气体检测报警设计规范》GB 50493
《埋地钢质管道防腐保温层技术标准》GB/T 50538
《中国地震动参数区划图》GB 18306

参考文献

[1] 郑津洋．长输管道安全［M］．北京：化学工业出版社，2004.

[2] 严铭卿，宓亢琪，黎光华．天然气输配技术［M］．北京：化学工业出版社，2006.

[3] 宓亢琪．天然气长输管道中水化物生成的分析与控制［J］．煤气与热力，2002（7）：34-37.

[4] 严铭卿等．燃气储存与储备：储备［J］．煤气与热力，2012（11），A24-A28

[5] 严铭卿，宓亢琪等．燃气输配工程学［M］．北京：中国建筑工业出版社，2014

[6] 严铭卿等．天然气区域管网的结构功能与规划［J］．煤气与热力，2015（12）A：30-A36.

[7] 姚光镇．输气管道设计与管理［M］．东营：石油大学出版社，1991.

[8] 江茂泽，徐羽镗，王寿喜等．输配气管网的模拟与分析．北京，石油工业出版社，1995.

[9] 张涵信，沈孟育．计算流体力学：差分方法的原理和应用［M］．北京，国防工业出版社，2003.

[10] 廉乐明，李力能，吴家正等．工程热力学（第四版）［M］．北京，中国建筑工业出版社，1999.

[11] 吴玉国，陈保东．BWRS方程在天然气物性计算中的应用［J］．油气储运，2003，22（10）：16-21.

[12] 刘燕．燃气管网计算理论分析与应用的研究［博士学位论文］．天津大学，2004，01.

[13] 王喜安，刘雯等．国内外天然气管道绝对当量粗糙度的设计取值［J］．油气储运，2000，19（10）8：10，48.

[14] 冯良，亢金波．城市燃气高压管道瞬态流动模型的有限差分解法［J］．上海煤气，2005，（3）：16-20.

第 5 章　地下储气库与区域管网

5.1　地下储气库的分类及参数

5.1.1　地下储气库的分类

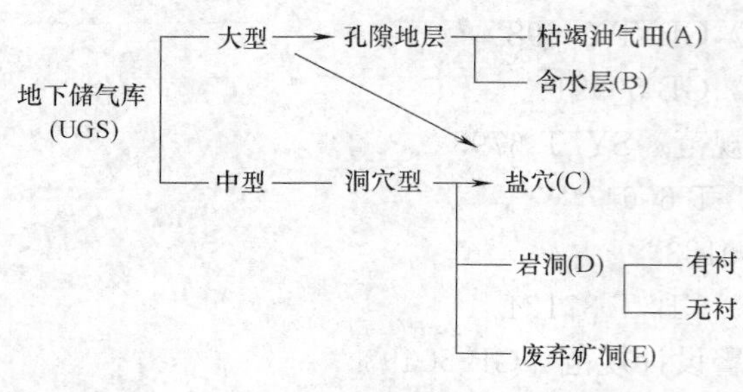

图 5-1-1　天然气地下储气库的种类

地下储气库（Underground Gas Storage，UGS）是天然气系统的主要储气设施，其分类示意如图 5-1-1。

现今全球各类型地下储气库的工作气容量是以枯竭气田 UGS 为主，其次为含水层 UGS，再次为盐穴 UGS。表5-1-1列出了各种 UGS 的特征和对它们的优缺点的比较。

各种 UGS 的比较[3]　　**表 5-1-1**

类型	储存空间	储库注采工作过程	优点	缺点
枯竭油气藏	孔隙性渗透地层	天然气压缩或膨胀，弹性水驱或压头水驱；地层中渗流	储存容量大，可利用油气田原有设施	储气的地面处理要求高，部分垫层气不能回收
含水层	孔隙性渗透地层	天然气压缩或膨胀，弹性水驱或压头水驱；地层中渗流	储存容量大	有勘探风险，垫层气不能完全回收，需新建气井及地面处理设施
盐穴	用水溶出全容积空间	天然气压缩或膨胀，热力及传热过程	工作气比例大，采气强度相对较大	要有卤水利用或处置方案
岩洞	开挖出全容积空间	天然气压缩或膨胀，热力及传热过程	工作气比例大，采气强度大	容量较小
废矿洞	原有矿洞空间	天然气压缩或膨胀，热力及传热过程	工作气比例大	容量较小，有渗漏危险

采用地下储气库的首要问题之一是地下储气库的地理位置，它与用气中心的距离，这是有关经济性的问题。

据 IGU 资料，2015 年全世界天然气地下储库约有 693 座，工作气容量 $3589\times10^8\,m^3$（所以平均工作气容量为 $5.2\times10^8\,m^3$/座），如表 5-1-2 所示。

全世界天然气地下储库工作气容量 表 5-1-2

地下储气库类型	工作气容量{WG}b(cm)	占比（%）
枯竭气田	272.7	76
枯竭油田	18.2	5
含水层	45.7	13
盐穴	22.2	6
岩洞	0.1	<1
合计	358.9	100

表 5-1-3 给出了欧洲一些国家地下储气库的数据。

欧洲若干国家地下储气库数据 表 5-1-3

国家	盐穴 UGS			枯竭气田 UGS			含水层 UGS		
	UGS数（井数）	WG/CG（WG/CG）	VG（VG/WG）	UGS数（井数）	WG/CG（WG/CG）	VG（VG/WG）	UGS数（井数）	WG/CG（WG/CG）	VG（VG/WG）
澳大利亚	—	—	—	4（160）	2100/1900（1.10）	31.2（1.48）	—		
加拿大	—	—	—	15(121)	3291/1319（2.50）	49.4（1.50）	—	—	—
丹麦	1（6）	300/300（1）	10.8（3.6）	—	—	—	1（15）	300/500（0.6）	7.2（2.4）
法国	2（27）	652/418（1.56）	60（9.2）	—	—	—	12（326）	9010/11790（0.76）	136.2（1.51）
德国	5（59）	2030/710（2.86）	66（3.25）	8（126）	4130/2810（1.47）	61.9（1.5）	6（90）	545/780（0.70）	12.4（2.27）
英国	—	—	—	1（31）	2800/—（—）	42.5（1.52）	—	—	—
意大利	—	—	—	8（265）	13850/11637（1.19）	248（1.79）	—	—	—
捷克	—	—	—	3（143）	1470/1793（0.82）	16.7（1.13）	1（61）	70/80（0.87）	2.0（2.85）

注：WG—工作气容量，10^6m^3；CG—垫层气容量，10^6m^3；VG—最大生产能力，$10^6m^3/d$。

5.1.2 孔隙地层地下储气库

5.1.2.1 孔隙地层地下储气库与储集层

孔隙地层地下储气库包括枯竭油气田地下储气库（Depleted Oil/Gas Field UGS, DGF UGS）和含水层地下储气库（Aquifer UGS, AQF UGS）。它们属于大型储气库，是天然气系统的骨干储气设施，用于提供季节调峰容量，也为系统提供日调峰或应急供气；同时它们是国家天然气战略储备的载体。

孔隙地层天然气地下储库主要由地下储集层（圈闭）、气井及地面设施组成。

圈闭被定义为：储集层中被非渗透性遮挡、高等势面单独或联合遮挡而形成的低势区，或者说，储集层中被高势面封闭而形成的低势区。圈闭分为：构造圈闭、地层圈闭、水动力圈闭和复合圈闭四大类。任一圈闭都包含储集层和封闭条件这两个基本要素。因而可以利用枯竭油气田或含水层圈闭建设天然气地下储气库。

地面设施包括压缩机站、集输系统、气体处理和计量站。其中天然气处理与对气田天然气的要求一样，区别是有较宽的压力范围和较高的变化率，即对设备突然开停及流量的剧烈变化有适应能力。

天然气地下储库的主要技术特征有：

总容量（Total reservoir capacity）、运行气量（资用气量）（Working gas）、垫层气量（Cushion gas）、产气能力、注气能力、最高允许压力（AMP）、储存天数、储气深度、储集层厚度等。对UGS的使用寿命一般要求大于20年，能经受很高的日采气量/注气量双向流量。利用枯竭油气田作为UGS的问题之一是要防止砂化，以保持气井构造不遭受破坏。另一个问题是控制压力，保持不超过AMP，以防止漏气。

可以利用作为天然气地下储库的各种地层需要具备一定的条件，具有符合储气要求的技术特性，主要的包括：

良好的顶部岩石及密闭条件；

较高的生产能力和输送能力（良好的渗透性）；

良好的位置；

弱的水驱。

5.1.2.2　储集层与渗流基本原理

1. 储集层地质特性

对于枯竭油气田及含水层的地下储库的储集层其地质特性体现在：枯竭油气田及含水层为多孔性构造。原油、气田的储集层都是由沉积生成的沉积岩。最一般的包括砂岩、碳酸盐岩和页岩。砂岩系由砂粒组成的碎屑岩，其主要矿物成分是石英及不同程度的黏土矿物、长石、方解石及其他岩石碎屑，约占世界沉积岩的25%。砂岩的孔隙一般为粒间孔隙。碳酸盐岩以方解石为主，并带有次生矿物黏土，如石英。碳酸盐岩可以同时是碎屑岩及沉积岩石。此外，地下储库有关的还有页岩。它是由压实的层状黏土和其他细粒矿物所组成，一般为致密的不渗透岩石。页岩一般构成油气田储集层的上部盖层。也可能以薄夹层形式存在于烃类储集层之中，对储集层中流体的流动特性有很大影响。

储集层多孔性构造是地下储气库（UGS）的储气空间和流动通道。孔隙度是多孔性的度量，一般孔隙喉道的量级是μm，一般有工业价值的烃类储集层孔隙度为10%～25%。对碳酸盐岩储集层来说孔隙度很小，其多孔性主要由岩块裂缝形成。宏观裂缝宽度的量级为1mm左右，微裂缝的张开度则为1～100μm。

用储集层作为天然气的储库，主要的工艺过程即是发生在这些孔隙、裂缝之中的天然气及地层水等介质的流动。因此，天然气地下储库的功能一方面与天然气的热力流体性质（压力、密度、黏度等）有密切的关系，另一方面与储集层本身的物性密切相关，例如岩性（孔隙砂岩/致密砂岩/碳酸盐岩）、埋深、孔隙度、渗透率等。

孔隙地层中有大量的相互连通的孔隙或裂缝。天然气在其中的运动称为渗流。属于沉积岩的砂岩的孔隙大小约为几微米至几十微米。碳酸盐岩的孔隙空间则更为复杂，其原生孔隙体系更加不均一，还存在后生裂缝通道和孔洞。在研究孔隙地层的渗流时宏观地将其看为尺度足够大、孔隙介质和流体具有平均特性的一种连续介质。

我们所关心的地下储气库问题属于气藏工程范围。UGS 因此涉及地下储集层地质、储集层岩石的力学特性、天然气、地层水等流体介质在岩石孔隙或岩块裂缝中的运移。运移的主要方式是渗流而非扩散，渗流的基本规律是只考虑牛顿黏滞力的线性流动，也可能有需要考虑流动惯性的非线性流动。

运移的动力包括基本的气驱（弹性驱）与水驱或反过来的驱替—人工的注气。

运移在时间上的区分有稳定（定常）或不稳定（不定常）渗流，特别对地下储气库，有注气与采气两种基本工况。在空间上，在储集层中的运移流动区域可能有不同的几何特性。例如从无限大边界与井排之间的直线平行流，以单井为源或汇的平面径向流以及球状流。实际的空间关系则是井网与不规则的气藏边界构成的系统。

水在储集层中的占据形式可能是边水，也可能是底水。

在储气工艺中也可能要考虑到储集层的温度及注/采气工艺中外界对储集层的热作用，它将导致非等温渗流。这包括地层流体在孔隙介质中运动时产生的热动力效应（焦耳—汤姆逊效应或绝热膨胀），相转移效应（气的溶解和逸出）注入气体温度与储集层温度不同等。

2. 孔隙地层主要特性与参数

（1）孔隙度

孔隙度是重要的特性参数，定义为：

$$\phi=V_{\phi}/V \tag{5-1-1}$$

式中 ϕ——孔隙度；

V_{ϕ}——单元孔隙介质中孔隙的体积；

V——单元孔隙介质的总体积。

（2）渗透率

渗透率，有效渗透率，相渗透率或绝对渗透率 k。

储库岩石完全为某种流体所饱和时，岩石与流体之间不发生化学作用，在压力作用下，岩石允许流体在其中通过的能力大小称为岩石的绝对渗透率。对各种不同的单相流体通过多孔介质流动的研究表明：绝对渗透率 k 只与多孔介质本身的结构特性有关，而与单相牛顿流体的特性无关。也就是说，用不同的单相牛顿流体通过同一多孔介质流动时，k 值保持不变。

（3）达西定律

孔隙地层的渗流的最基本关系式是表明渗流速度与引起渗流的压力场关系的达西定律。达西定律的应用是有一定条件的，即：①流体为牛顿流体；②流体速度和流体密度必须在适当的范围内。在大部分储库区域内的流动都符合达西定律：

$$w=\frac{k}{\mu}\frac{\Delta p}{L} \tag{5-1-2}$$

$$w=\phi\, w_{\mathrm{r}}$$

式中 w——渗流速度，是相对于所考虑地层断面面积的视速度；

w_r——实际平均渗流速度，是相对于所考虑地层孔隙断面面积的实际速度；

k——渗透率，与孔隙介质结构有关，在国际单位制中单位为 m^2，对大多数岩石其值很小［粗粒砂岩：$10^{-12}\sim10^{-13}\,m^2$，致密砂岩：$10^{-14}\sim10^{-15}\,m^2$，另有单位：1达西（D）$=0.987\mu m^2$］；

μ——流体动力黏度；

Δp——渗流压力；

L——渗流路程长度。

在解决渗流实际问题时，往往需要考虑流体密度、流体动力黏度、渗透率以及孔隙度与压力的关系。

（4）天然气地层体积系数和膨胀系数

在天然气地下储气库工程计算中，经常用真实气体状态方程描述碳氢化合物气体地面体积与地下体积的关系，这可用气体地层体积系数 B_g 或气体膨胀系数 E_g 来表示。气体地层体积系数 B_g 是指1标准立方米的天然气在地层中所占据的体积，即在地层中的气体体积与它在标准状态下的体积之比。气体膨胀系数 E_g 是气体地层体积系数的倒数。

根据定义及实际气体方程式有：

$$B_g=\frac{p_b ZT}{pZ_b T_b} \tag{5-1-3}$$

$$E_g=\frac{1}{B_g}=\frac{pZ_b T_b}{p_b ZT} \tag{5-1-4}$$

式中 B_g——气体地层体积系数；

E_g——气体膨胀系数；

p_b——压力和温度为标准状态下的气体压力；

T_b——压力和温度为标准状态下的气体温度；

Z_b——压力和温度为标准状态下气体的压缩因子；

p——气体压力；

T——气体温度；

Z——气体的压缩因子，通常标准状态下的压缩因子，$z=1.0$。

类似有水的地层体积系数 B_w 和膨胀系数 E_w。由于水的压缩性很小，及地层的温度条件，可近似取为 $B_w=1$。

（5）饱和度

对含水层储库来说，储层的孔隙空间最初完全被水充满。在储库开发的过程中，要通过注气井将天然气注入储库中，并将水驱替，当达到储气量时，关井停止注气，此时气、水在储库中的分布处于平衡状态。由于储层性质、孔隙结构及大小的不同，天然气和水在储层孔隙中所占的体积比例也不同。另外在采气时，因地层压力下降，除储库中气、水体积比例要发生变化外，储库的边、底水将侵入储库孔隙空间，此时气、水体积的变化不仅关系着储库储量的计算，而且直接影响储库回采效果评价。为了描述流体在孔隙空间中所占的比例大小和变化，引入了流体饱和度这一重要参数。

关于饱和度的参数，包括流体饱和度、束缚水饱和度和残余气饱和度。在此只讲解流体饱和度。

岩石中流体饱和度系指岩石中所含某种流体的体积与岩石总孔隙体积之比值，在含水层储库中主要为气、水两相流体，所以气、水饱和度可分别用下式表示；

$$S_g = \frac{V_g B_g}{V_p} \tag{5-1-5a}$$

$$S_w = \frac{V_w B_w}{V_p} \tag{5-1-5b}$$

式中 S_g，S_w——分别为含气和含水饱和度；

V_g，V_w——分别为岩石孔隙中天然气和地层水所占的体积；

V_p——岩石的孔隙体积；

B_g，B_w——分别为气、水的体积系数。

且有

$$S_g + S_w = 1 \tag{5-1-6}$$

若不考虑地层温度和地层压力的条件，则 $B_g = 1$，$B_w = 1$。

5.1.2.3 孔隙地层地下储气库建设

孔隙地层地下储气库设计应遵循《地下储气库设计规范》SY/T 6848 有关规定。按该规范的要求，对孔隙地层地下储气库设计及建设全程有必要进行数值模拟分析。关于地下储气库建设，有如下要点：

(1) 明确输气管道或区域管网燃气系统的储气需求。

输气管道上游燃气总产量及供出量，质量及压力，在系统中担负的供气份额及调节供需不平衡的功能要求。区域管网的上游供气源的气量、质量与压力，下游区域、城镇的用气需求量，用气工况（月及日工况）。气源方向供气及用气方向需用燃气的规划和预测。

(2) 相关输气管道系统及功能现状与规划。区域管网系统及运行现状与规划。

(3) 目标地带枯竭油气田规模、油气井数量及分布以及地面设施生产档案资料；油气田地层地质（地质构造类型，圈闭，岩层性质，标高，储层厚度，盖层状况，储层孔隙率，渗透率，底水与边水），储层温度等档案资料。或含水地层范围及地层地质（构造类型，圈闭，岩层性质，标高，含水层厚度，盖层状况，含水层孔隙率，渗透率，含水层边界）资料。

(4) 确定地下储气库压力（最大，最小）（表 5-1-4）。

地下储气最大压力梯度[8] **表 5-1-4**

UGS类型	最大压力梯度(MPa/10m)
DGF	0.17
AQF	0.15

最大压力 AMP≤原油气地层压力。也有提高的，例如德国采取提高 8.3%～24.0%（表 5-1-5）。

(5) 计算地下储气库总容量，工作气容量，垫层气容量，最大采气强度，最大注气强度，设计运行周期。

(6) 工程设计。包括：

（生产井，观测、控制井或收水井等）井位设计；

气井设计（包括防砂设计）；

德国提高最高允许储气压力　表 5-1-5

油气田	原油气田压力	最高允许储气压力(MPa)	提高率(%)
Dotlingen	39	46	18.0
Bierwang	14.1	16	13.5
Stochstadt	5	6.2	24.0
Kirchheilingen	12	13	8.3
Lauchstadt	10.5	11.8	12.3

地面设施设计（燃气净化，干燥，加压，计量，集输管道）。储库区平面设计；

气水置换设计（对 AQF UGS）；

(7) 储库安全，生产环境保护，节能与劳保设计。

(8) 需要有油气田开发地质专业人员与油气储运及城镇燃气专业人员一起工作。

5.1.3　洞穴型地下储气库

洞穴型地下储气库指具有较大储气容量和性能的一定规模的地下容积空间。包括盐穴地下储气库（Salt Cavern UGS，SCV UGS），有衬岩洞（Lined Rock Cavern，LRC），无衬洞（Non-Lined Rock Cavern，NRC），废弃矿洞（Abandar Mine UGS，ABM UGS）等。洞穴型地下储气库一般为中型规模，在天然气系统中用于季节调峰以及日（和小时）调峰。由于具有一定的储气规模，又因这种类型储库一般采气强度（采气率）高，便于提供应急供气。

盐穴地下储气库是从盐岩开发出的洞库，与从岩体开发出的岩洞洞库、废弃矿洞库三者的形成方式是不相同的，但相同处是储气空间都是大容积空间。在解决储气工艺的热工学、流体力学问题的同时，建造和运行都涉及储库的岩石力学问题。因此，无论是规划或设计都需要有构造地质、岩石力学专业人员与油气储运及城镇燃气专业人员一起工作。

5.2　枯竭油气田地下储气库

5.2.1　简　述

枯竭油气田是具有孔隙结构的地层，油气田开采枯竭后，其孔隙地层可以用作为天然气的储存，原有采油（特别是采气）井可用作注采天然气的通道。枯竭油气田储气库（DGF UGS）的储气容量分为两种，一部分是工作气，一部分是垫层气。难于回收的垫层气保持储气地层一定的压力。

枯竭气田地质剖面和枯竭气田 UGS 一般构造见图 5-2-1。

枯竭油气田 UGS 的特性指标［以德国雷登（Rehden）储气库部分数据为例］，包括：平均厚度，25～45m；深度，1850m；储集地层类型，Hauptdolomit；平均孔隙度，10%～15%；渗透率，0.1～5mD；压力范围，11.0～28.2MPa；工作气容量，$42\times10^8m^3$；垫层气气量，$28\times10^8m^3$；注气强度，$3360\times10^4m^3/d$；采气强度，$5760/\times10^4m^3/d$；井数，16；压缩机安装功率，88MW。

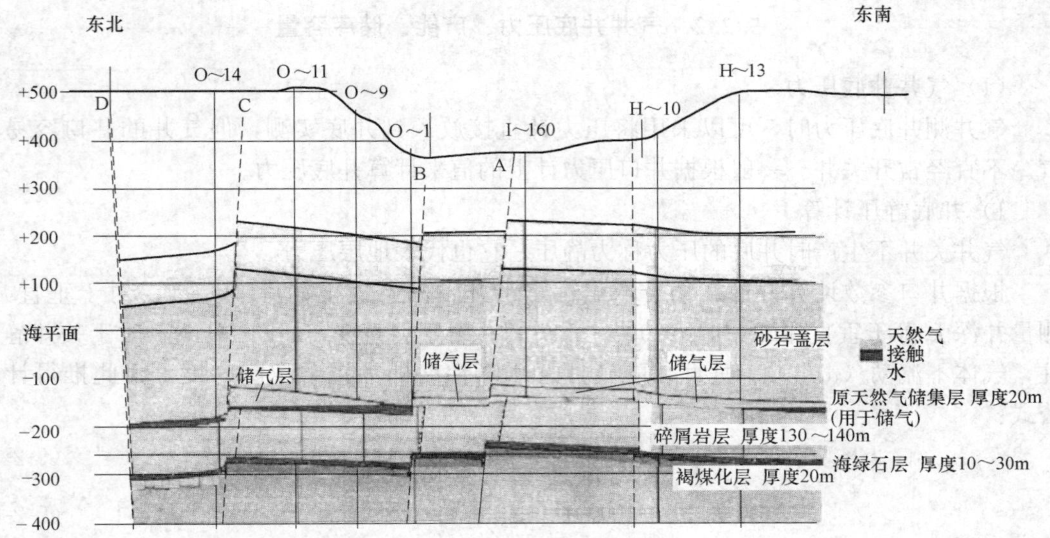

图 5-2-1 枯竭气田 UGS 剖面

UGS 系统注气运行时，需对天然气进行冷却，采气时需对天然气进行加热干燥，在运行过程中对地层（储层），井筒及地上设施集气管道、加压站等的压力流量参数进行监测。对 UGS 系统需按照负荷预测的供气或储气量对各气井进行调度。

地下储气库注入天然气时，储库压力不断提高。天然气地下储气库最大所能允许的压力，一般控制为气田未开采时的静态压力，即原始地层压力（p_{AMP}），以防天然气溢失及破坏地层结构。

在采出天然气时，气体的最大采出量要受到最小压力的限制，对于纯气驱枯竭气藏，这一最小压力由系统中注采井采气能够进入集输管线的最小井口压力（p_{wmin}）决定。

由于储库地层是孔隙结构，在地层中可能还有底水或边水的存在，所以注气或采气强度也都受到一定限制。水的存在可能在注、采气强度太大时对气流通道形成封堵。

枯竭油气田 UGS 的优点是：

（1）有盖层、底层、无水驱或弱水驱，具备良好的封闭条件，密闭性好，储气不易散溢漏失，安全可靠性大。

（2）了解完整的地层构造（断层、岩性尖灭、油水关系等）和地层岩性（砂岩或石灰岩、多孔隙介质、地层厚度、孔隙度、渗透率、气水、油水饱和度）等情况。

（3）有很大的天然气储气容积空间。对枯竭气田 UGS，不需或仅需少量的垫层气，注入气利用率高。

（4）注气库承压能力高，储气量大。一般注气井停止注气，压力最高上限可达原始关井压力的 90%～95%，而且调峰有效工作气量大，一般调峰工作气量为注气量的 70%～90%。

（5）对枯竭气田 UGS，有较多现成采气井可供选择利用，作为注采气井，有完整配套的天然气地面集输、水、电、矿建等系统工程设施可供选择，建库周期短、试注、试采运行把握性大，工程风险小，有完整成套的成熟采气工艺技术。

5.2.2　气井井底压力、产能、储库容量

(1) 气井井底压力

气井测井底压力时，可以采用将压力计直接放入到井底实测，但气井的井口容易漏气，不宜经常开关井。一般根据井口压力计上的值来计算井底压力。

1) 井底静压计算

气井关井不生产时井底的压力称为静压，它也代表地层压力。

根据井口参数计算井底压力，取坐标 z 沿井轴向下为正，井口 $z=0$。对于垂直井，测量井深 L 等于垂直深度 H，$\theta=90°$，$\sin\theta=1$；对于斜直井，$\sin\theta=H/L$。对于关井静气柱，气体不流动（$w=0$）。垂直井静气柱总压降梯度即为重力压降梯度，由此推得计算公式：

$$p_{ws}=p_{wh}e^{s} \tag{5-2-1}$$

$$s=\frac{0.03418\Delta_g H}{\overline{T}\overline{Z}} \tag{5-2-2}$$

$$\overline{T}=(T_{wh}+T_{ws})/2$$

式中　p_{ws}、p_{wh}——气井井底、井口静压，Pa；

H——井口到气层中部深度，m；

Δ_g——天然气相对密度；

$\overline{T}$——井筒气柱平均温度，K；

T_{ws}，T_{ws}——气井井底、井口温度，K；

$\overline{Z}$——井筒气柱平均压缩因子；

s——指数。

由于压缩因子 Z 中隐含所求井底静压 p_{ws}，需要采用迭代法求解 p_{ws}。其计算步骤如下：

① 设 p_{ws} 初值值 p_{ws}^0，此值与井口压力 p_{wh} 和井深 H 有关，建议取

$$p_{ws}^0=p_{wh}(1+0.00008H)$$

② 计算平均参数 $\overline{T}$，$\overline{p}=\frac{p_{ws}^0+p_{wh}}{2}$，$\overline{Z}$（$\overline{T}$，$\overline{p}$）；

③ 按式（5-2-1）计算 p_{ws}；

④ 若 $|p_{ws}-p_{ws}^0|/p_{ws}\leqslant\varepsilon$（给定误差），则 p_{ws} 为所求值，计算结束；否则取 $p_{ws}^0=p_{ws}$，重复②至④步迭代计算，直到满足精度要求为止。

2) 井底流压计算

流体在井筒内处于流动状态下的井底压力称为井底流压，因此，要考虑沿井筒的动能损耗。仍以井口为计算起点，沿井深向下为 z 的正向。忽略动能压降梯度，通过建立垂直气井的压力梯度方程，推得井底流压计算公式：

$$p_{wf}=\sqrt{p_{wh}^2e^{2s}+1.324\times10^{-18}f(q_{sc}\overline{TZ})^2(e^{2s}-1)/D^5} \tag{5-2-3}$$

式中　p_{wf}、p_{wh}——气井井底、井口流压，MPa；

f——$\overline{T}$、$\overline{p}$ 下的摩阻系数；

$\overline{T}$——井筒平均温度，K；

$\overline{Z}$——井筒平均压缩因子；

q_{sc}——标准状态下天然气体积流量，m^3/d；

D——井筒内径，m。

s 为式（5-2-2）表示的无因次量。其他符号及其单位与静压计算公式相同。

上述流压计算仍采用迭代法，其基本计算步骤与上述静压计算相同。式中摩阻系数 f 可用下式计算

$$\frac{1}{\sqrt{f}}=1.14-2\lg\left[\frac{\Delta}{D}+\frac{21.25}{Re^{0.9}}\right] \tag{5-2-4}$$

$$Re=\frac{wD}{\mu}$$

$$w=5.077\times10^{-9}q_{sc}\frac{\overline{Z}\,\overline{T}}{\overline{p}}\frac{1}{D^2} \tag{5-2-5}$$

$$\overline{p}=\frac{p_{wf}+p_{wh}}{2}$$

式中 Δ——管道绝对粗糙度，对新油管，一般推荐 $\Delta=0.016$mm；

Re——雷诺数；

w——井筒内流速，m/s；

μ——动力黏度。

（2）气井产能

关于枯竭油气田 UGS 的利用，很重要的一个问题是 UGS 的气井产能。对气井的注气或采气都是一种不定常过程，因而计算气井产能（注气或采气的流率）是一个复杂课题。在油气业界，当前采取将其作为定常过程处理。罗林斯和谢尔哈特根据大量的经验观察，提出了产量与压力之间的经验关系式：

$$q_{sc}=C(\overline{p_R^2-p_{wf}^2})^n \tag{5-2-6}$$

式中 q_{sc}——标准条件下气体产量，m^3/d；

p_R——关井到完全稳定时得到的平均气藏压力，MPa；

p_{wf}——井底流动压力，MPa；

C——流动系数；

n——指数，描述稳定产能曲线斜率的倒数。

通常 n 在 0.5 与 1.0 之间。$n=1.0$ 时，产量与压力平方差之间呈线性关系，此时为达西流动状态。$n=0.5$ 时，压力平方差与产量平方成正比，处于完全紊流状态。当 n 在 0.5 与 1.0 之间，为非达西流动状态。

C 和 n 并不总是常数，它们取决于与压力有关的流体性质。如果压力没有稳定，C 值可以如下求得：

$$C=\frac{Kh}{1.27\times10^{-6}\overline{\mu_g}\,\overline{Z}T\left(\lg\frac{r_e}{r_w}+S\right)} \tag{5-2-7}$$

$$S=\left(\frac{k}{k_a}-1\right)\ln\frac{r_a}{r_w}$$

式中　K——地层有效渗透率，m^2；

h——气层有效厚度，m；

$\overline{\mu_g}$——平均压力下的地层气体黏度，Pa·s；

$\overline{Z}$——平均压力下的压缩因子；

T——地层温度，K；

r_e——供给半径，m；

r_w——井底半径，m；

S——表皮效应，表达井底附近岩层渗透性受到改变；

k，k_a——原地层，改变了的地层渗透率，$10^{-3}mm^2$；

r_w，r_a——井底半径，受影响区半径，m。

（3）地下储气库容量

地下储气库的容量可以从枯竭（油）气田的原有气藏储量进行推算。气藏储量计算是气藏开发中一项十分重要的工作，处在不同勘探与开发阶段的气藏，所取得的资料不同，对气藏的认识程度也不相同，因此所采用的储量计算方法也有所不同。现介绍由类比资料法，用容积法计算天然气气藏储量。

容积法计算气藏储量是气田勘探、开发全过程中最广泛应用的一种方法。它由储层孔隙体积，含气饱和度的乘积计算天然气原始地质储量：

$$V_G = 0.01Ah\phi(1-S_{wi})\frac{T_{sc}p_i}{p_{sc}TZ_i} \tag{5-2-8}$$

式中　V_G——天然气（地面基准温度、基准压力下）原始地质储量，10^8m^3；

A——气藏含气面积，km^2；

h——气藏平均有效厚度，m；

ϕ——气藏平均有效孔隙度；

S_{wi}——气藏平均原始束缚水饱和度；

p_i——气藏原始地层压力，MPa；

T_{sc}——地面基准温度，293.15K；

p_{sc}——地面基准压力，0.101MPa；

T——气层温度，K；

Z_i——原始天然气压缩因子。

由式（5-2-8）可看出，只要气藏的含气面积、有效厚度、孔隙度、含水饱和度、原始地层压力、天然气组分等资料为已知，即可计算天然气地质储量。拥有较准确的气藏平均参数，是提高容积法储量计算精度的重要条件。

（4）气井产能的理论计算公式

将枯竭油气田地下储气库的固定采气率（或注气率）工况简化为平面径向渗流问题，通过储气库地层天然气径向渗流连续性方程，径向渗流运动方程（达西方程）和天然气状态方程建立平面径向渗流气井产能模型，求解得到气井产能的理论计算公式：

$$p^2 = p_B^2 - \left(\frac{q_{at}\mu p_{at}}{2\pi kh}\ln\frac{2.25\chi t}{r_W^2}\right) \tag{5-2-9}$$

$$\chi = \frac{kp_B \times 10^6}{\mu\phi_0} \tag{5-2-10}$$

式中 p——井底压力，MPa；

p_B——储库采气期开始，均衡的储气地层压力，MPa；

q_{at}——储库采气期固定采气率（注气率取为负值），m^3/s（基准状态）；

t——储库采气（注气）时间，s

k——储集层地层平均渗透率，m^2；

h——储集层地层厚度，m；

p_{at}——大气压力（基准状态），=0.1013MPa；

μ——天然气动力黏度，Pa·s；

Z——天然气平均压缩因子；

ϕ_0——地层孔隙度；

r_w——气井半径，m。

式（5-2-9）同样适用于固定注气，其时 q_{at} 为负值。

对天然气储库，一个采（注）气周期，对储库（单井）的理论固定采（注）气率。可由固定采（注）气平面径向渗流方程式（5-2-9）的导出式（5-2-11）计算。

$$q_{at}=(p_B^2-p_{wmin}^2)\frac{10^6\times2\pi kh}{p_{at}\mu Z\ln\dfrac{2.25\chi t_{WT}}{r_w^2}} \tag{5-2-11}$$

式中 p_{wmin}——采（注）气期终了井底压力，MPa；

t_{WT}——储库采（注）气期，s。

【例 5-2-1】 设 $h=40m$，$r_w=0.075m$，$\phi_0=0.25$，$k=0.01\times10^{-12}m^2$，$\mu=10.4\times10^{-6}Pa\cdot s$，$Z=0.95$，$p_B=6MPa$，$p_{wmin}=3MPa$，持续采气 50d 即 $t_{WT}=50\times8.64\times10^4s$。计算固定采气率。

$$q_{at}=(6^2-3^2)\frac{10^6\times2\times3.14\times40\times0.01\times10^{-12}}{0.1013\times10.4\times10^{-6}\times0.95\times\ln\dfrac{2.25\times0.023\times8.64\times10^4\times50}{0.075^2}}=3.873m^3/s$$

$$q_D=q_{at}\times8.64\times10^4=3.873\times8.64\times10^4=33.46\times10^4m^3/d$$

若有 20 口采气井，持续采气 50 天，采气率为：

$$q_{sum}=20q_D=20\times33.46\times10^4=669\times10^4m^3/d$$

注意：

① 式（5-2-9）是由采气率等于常量的条件推导出来的，适用于储层边界压力始终保持为 p_B，即有足够大储气容量的储库；从图 5-3-2 高峰供气率与供气总量的关系可以看到随着储库供气总量的增加，即储库容量的减少，实际供（采）气率会减小。

② 式（5-2-11）是关于参数 q_{at} 的计算式，q_{at} 不是函数。

5.2.3 枯竭气田 UGS 地面设施流程

下面列举一个阿根廷某枯竭油气田地下储气库（DGF UGS）地面设施的资料。

由图 5-2-2 看到，DGF UGS 的地面系统包括：储库计量单元（双向超声流量计），调压单元，注气单元，采气单元，分离设备，1500kW 压缩机站，三甘醇（TEG）脱水装置，供气调压计量单元及计量调压站。对注气用孔板流量计系统进行控制，对采气设有色谱仪和湿度计进行质量控制。全系统设有 SCADA。在本流程图中注气是不加压的。

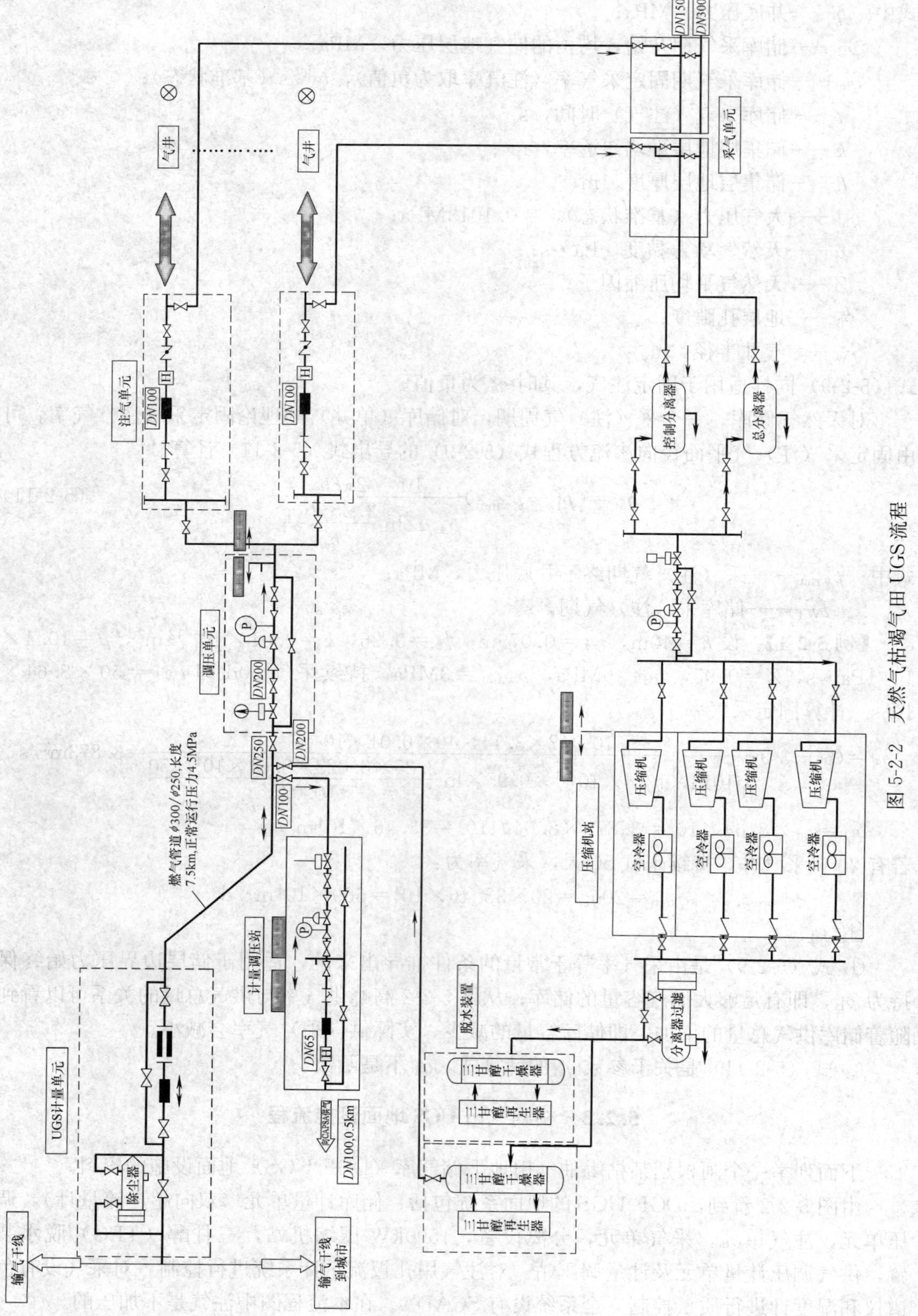

图 5-2-2　天然气枯竭气田 UGS 流程

管道。有 $DN250\sim DN300$，压力为 6.5MPa 管道分别连向输气干管和城市输气管道，还有一条管道向 CAPSA 供气。与地下储库的 7 个气井用管径为 $DN250\sim DN300$ 管道相连。站内管道系统设有阴极保护。

注/采气运行。注气能力 300000m^3/(d·井)，注气压力 2.8MPa。采气能力 600000m^3/(d·井)，采气压力 0.7～1.5MPa，供出压力 6.0MPa。

采出气经三甘醇（TEG）脱水，计量及调压。

基于对气田特性和储库模拟研究的结果，在项目开始前已考虑了几个注采方案，对其模拟了运行状况，如注气压力、采气量等。

原有 5 口气井，新加钻 2 口。原气田剩余储气量很少。开始注入气量 50Mm^3，第一次采气 2Mm^3，只持续 2 周。接着注气 220Mm^3。然后正常采气 5 个月 67Mm^3，用于冬季供气。证实了本 DGF UGS 有足够的储气容量用于当前的需求，而且井数及井位也符合供气要求。

本 UGS 的正常注/采循环为 5 月到 9 月注气，10 月到 3 月采气，具体情况与冬季气候条件有关。

5.2.4 枯竭气田 UGS 实例

重庆相国寺储气库位于距离重庆市区约 60km 的华蓥山南麓，埋深超 2000m，整个储气库的长宽分别为 22.5km 和 4km。其盖层和断层封闭性好，储层分布稳定、渗透性好，储气空间大、水体封闭、距离目标市场近等。设计库容为 42.6$10^8m^3$，工作气容量为 $22.8\times10^8m^3$，季节调峰采气能力 $1393\times10^4m^3/d$，最大应急能力 $2855\times10^4m^3/d$。储气主要来自土库曼斯坦和乌兹别克斯坦。经西二线后到达中卫，再经中卫-贵阳联络线注入相国寺储气库。供气的 60%以上通过宁夏中卫至重庆管道输送到京津冀地区。

2011 年 10 月开工，于 2013 年 6 月试注投运，总投资 144 亿元。是中国首座碳酸盐岩气藏型储气库，也是全国第三大储气库。图 5-2-3 为相国寺储气库空间示意图，可见储层为片状。

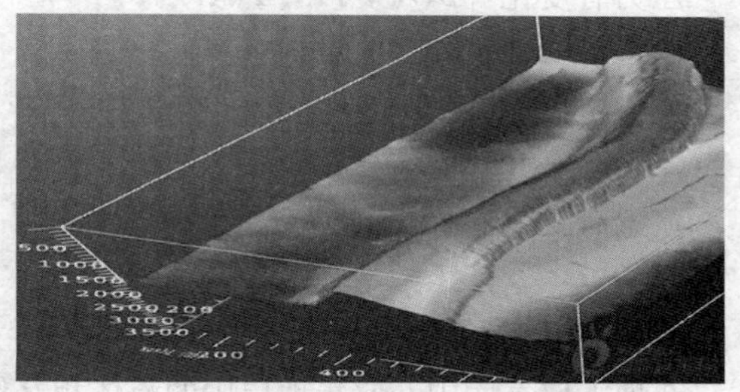

图 5-2-3 相国寺储气库空间示意图

5.2.5 枯竭气田 UGS 数值模拟

天然气、水等在储集层中的渗流运动用达西定律［式（5-1-2）表达］。

在可变形的空隙介质中，可压缩流体运动的连续性方程也是一个基本方程：

$$dtv(\rho\overline{w})+\frac{\partial(\rho\Phi)}{\partial t}-f_a=0$$

即质量渗流速度的散度与孔隙体积中的质量变化率的物质平衡关系。

采用气体压缩系数 $Z(p)$，实际气体方程为：

$$\frac{p}{\rho}=Z(p)\frac{p_a}{\rho_a}$$

实际气体的不稳定渗流方程可由上述各基本方程导出：

$$\frac{\partial}{\partial x}\left[\frac{p\rho_a}{Z(p)p_a}\left(-\frac{k\delta\partial p}{\mu\,\partial x}\right)\right]+\frac{\partial}{\partial y}\left[\frac{p\rho_a}{Z(p)p_a}\left(-\frac{k\delta\partial p}{\mu\,\partial y}\right)\right]+\frac{\partial}{\partial z}\left[\frac{p\rho_a}{Z(p)p_a}\left(-\frac{k\delta\partial p}{\mu\,\partial z}\right)\right]$$

$$+\frac{\partial}{\partial t}\left[\frac{\Phi\rho_a p}{p_a Z(p)}\right]-f_a=0$$

考虑空隙度的变化比气体密度的变化小得多，采取 $\phi=\text{const}$，忽略惯性力，即 $\delta=1$。上述方程变为：

$$\frac{\partial}{\partial x}\left[\frac{p\rho_a}{Z(p)p_a}\left(-\frac{k}{\mu}\frac{\partial p}{\partial x}\right)\right]+\frac{\partial}{\partial y}\left[\frac{p\rho_a}{Z(p)p_a}\left(-\frac{k}{\mu}\frac{\partial p}{\partial y}\right)\right]+\frac{\partial}{\partial z}\left[\frac{p\rho_a}{Z(p)p_a}\left(-\frac{k}{\mu}\frac{\partial p}{\partial z}\right)\right]$$

$$+\frac{\Phi\partial}{\partial t}\left[\frac{\rho_a p}{p_a Z(p)}\right]-f_a=0$$

记[1] $b(p)=\dfrac{pk(p)}{Z(p)\mu(p)}$，$b(p)$ 简记为 b，有下列抛物型非线性微分方程：

$$\Phi\frac{\partial}{\partial t}\left(\frac{p}{Z(p)}\right)=\frac{\partial}{\partial x}\left(b\frac{\partial p}{\partial x}\right)+\frac{\partial}{\partial y}\left(b\frac{\partial p}{\partial y}\right)+\frac{\partial}{\partial z}\left(b\frac{\partial p}{\partial z}\right)+f_a$$

它是气藏单相气体渗流的基本方程。

地下储气库的储集层可以用若干界面划分出来，即储集层（气藏）是有边界的空间区域。不同的边界对储集层的流动给出了不同的边界条件。最主要的类型有：

外边界压力不变：$p(r,t)=p_c=\text{const}$

或 $\text{Lim}_{x\to\infty,y\to\infty}\,p(x,\ y,\ t)=p_e=\text{const}$

外边界是闭合的：$\dfrac{\partial p}{\partial n}=0$

内边界（井壁处）压力：

压力不变：$p(r_w,\ t)=p_w=\text{const}$

压力有变化：$p(r_w,\ t)=\Psi_w(t)$

内边界（井壁处）流量：

流量不变：$Q=\dfrac{k}{\mu}\dfrac{\partial p}{\partial r}2\pi r_w h=f_t=const$

流量有变化：$r\dfrac{\partial p}{\partial r}=f_t(t)$

关井：$r_w\dfrac{\partial P}{\partial r}=0$

在地下储气库中，储集地层中的流体相互作用以及它们与孔隙不均质结构间由于毛细管现象而产生不完全、不均匀驱替。在地层中形成几种流体同时渗流的区域，即发生多相渗流，形成非均质系统。在不同的点，物理化学性质因而不同。

非均质系统由不同的若干相组成。或者相可能是多组分的，但相是均质的。多相体（非均质系统）的渗流的主要特性是每相的饱和度及相渗流速度。

对地下储气库的储气层，可以简化为只研究两相渗流（例如气-水）。一般采取假设：每一相只沿着它所占据的空隙空间，在它“自己”的压力下运动，而与其他相无关。

地下储气库运行中，储集层可能发生温度变化，因而渗流是非等温的。此时在模拟时

[1] 本手册作者采用。

需增加温度这一新的变量。

面临非等温渗流情况需引入热力学第一定律（能量守恒定律）。设流体与岩石格架温度一致（因为接触面积大），$T=T_r$。

及流体热容为 C，岩石热容为 C_r，且 $C=\text{const}$，$C_r=\text{const}$，$\lambda=\text{const}$

则有：

$$(\Phi\rho C+(1-\Phi)\rho_r C_r)\frac{\partial T}{\partial t}=-\rho Cdtv(\bar{u}T)+\lambda\nabla^2 T$$

上面列述的各方面就是储气库储集层与工艺有关的若干基本物理原理。

现在讨论经一定简化的储气库情况。设储气库的储集层是水平等厚度的，采、注气井钻穿产层整个厚度，井底是裸眼的，即是水动力学完善井，在储集层内发生平面渗流。因此在空间上储气库可看成二维的。

设储集层有均匀一致的孔隙度 Φ，但渗透率是非均匀的，其变化主要取决于压力，所以有 $k=k(p)$。燃气是实际气体，其黏滞系数 μ 是压力的函数，$\mu=\mu(p)$。

储气库四周完全封闭，在天然气的采气中，储集层中的气体渗流完全是气体弹性驱动，而注气时由注气井向地层加压（注气）则地层中气体弹性力则是阻滞力，储集库地层边界见图 5-2-4，储集地层计算网格见图 5-2-5。

对上述非均质储集地层中弹性天然气不稳定渗流的二维问题的数学模型，有下列基本形式：

设在一水平面（x，y）上有域 De，该域中含有天然气，且有点源或点汇。

设域 De 形状为矩形，$X_1\leqslant x\leqslant X_2$，$Y_1\leqslant y\leqslant Y_2$

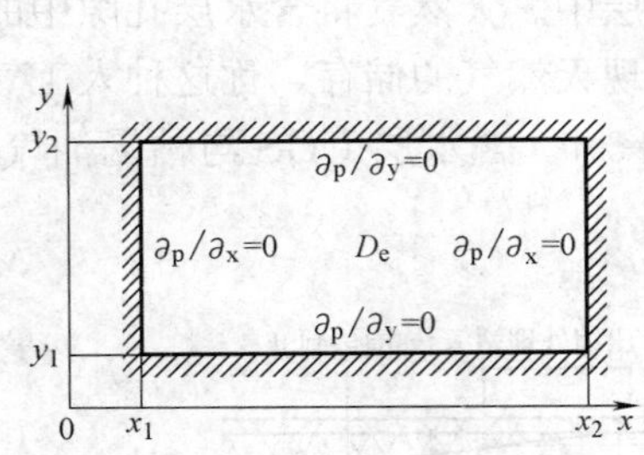

图 5-2-4 储集库地层边界

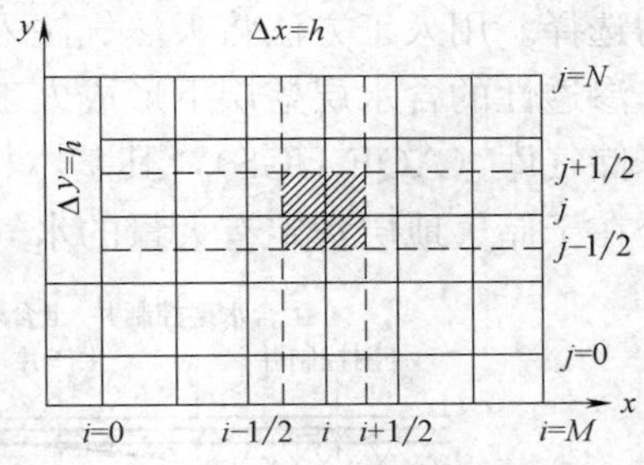

图 5-2-5 储集地层计算网格

在渗流域的四个边界上，$x=X_1$，$x=X_2$，$y=Y_1$，$y=Y_2$，都不渗流，压力梯度都为 0。

即边界条件为：$\frac{\partial p}{\partial x}=0$，$x=X_1$，$x=X_2$；$\frac{\partial p}{\partial y}=0$，$y=Y_1$，$y=Y_2$

初始条件为：$t=t_0$，$p=\Psi(x,y)$

采、注气过程中的储集地层压力分布问题为变系数抛物型偏微方程，其通式为：

$$\Phi\frac{\partial}{\partial t}\left[\frac{p}{Z(p)}\right]=\frac{\partial}{\partial x}\left(b\frac{\partial p}{\partial x}\right)+\frac{\partial}{\partial y}\left(b\frac{\partial p}{\partial y}\right)+f_a$$

采用 Crank-Nicholson 格式：

$$\frac{\Phi}{z(P^n)\tau}(P_{ij}^{n+1}-P_{ij}^{n})=b_{i+1/2j}^{n}\frac{P_{i+1j}^{n+1}-P_{ij}^{n+1}}{h^2}-b_{i-1/2j}^{n}\frac{P_{ij}^{n+1}-P_{i-1j}^{n+1}}{h^2}$$

$$+b_{ij+1/2}^{n}\frac{P_{ij+1}^{n+1}-P_{ij}^{n+1}}{h^{2}}-b_{ij-1/2}^{n}\frac{P_{ij}^{n+1}-P_{ij-1}^{n+1}}{h^{2}}+f_{ij}^{n+1}$$

$i=1，M-1\quad j=1，N-1$

$n=0，p_{ij}^{n}=\psi_{ij}\quad i=0，M，j=0，N$

$i=0，p_{-1j}^{n}=p_{0j}^{n}\quad j=1，N-1，n=1，2，\cdots\cdots$

$i=M，p_{Mj}^{n}=p_{M+1}^{n}\quad j=1，N-1，n=1，2，\cdots\cdots$

$j=0，p_{i,-1}^{n}=p_{i,0}^{n}\quad i=1，M-1，n=1，2，\cdots\cdots$

$j=N，p_{i,N+!}^{n}=p_{i,N}^{n}\quad i=1，M-1，n=1，2，\cdots\cdots$

对得到的差分形式的数学模型，采用适当的算法编程求解。

对已建立的模型可以进行一系列关于储库运行性能的模拟。模型研究的关键问题有两个方面，一是物理模型对实际过程的描述准确程度。要做到这一点，需要对地下储集层的流动特点及过程尽可能准确地表达；另一方面是参数的准确程度，包括地层物性和天然气等流体介质的物性。在模型准确性的基础上，其他建模环节，离散格式，数值算法及编程技巧等的质量和效率才有意义。

5.3　含水层地下储气库

5.3.1　简　　述

对一些不具备枯竭油气藏地质条件的地区，利用适宜的地下含水层建造储气库不失为一种好的选择。用人工方法将天然气注入地下含水层中。天然气将含水层孔隙中的水体驱替，在非渗透性的含水层盖层下形成人工气藏，实现天然气的储存，称这种人工气藏为含水层地下储气库（AQF UGS），其基本构造见图5-3-1。含水层UGS与枯竭油气田UGS不同之处在于储气地层肯定有大量的水气界面。

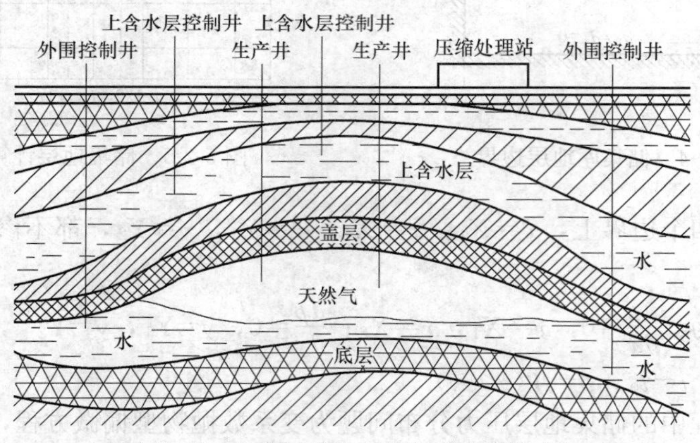

图5-3-1　含水层型地下储气库形成示意图

含水层也是孔隙结构的地层，天然气或水在其中的流动，也可由达西定律描述。

建造含水层UGS需要完全进行气井建设和地面设施建设。

含水层UGS的特性指标［以法国鲁沙纳（Lussagnet）储气库部分数据为例］，包括：

平均厚度，40～60m；深度，545m；储集地层类型；平均孔隙度，20%～25%；渗透率 2～3mD；压力范围，4.4～6.8MPa；储气量，$30\times10^8m^3$；工作气量，$11.50\times10^8m^3$；垫层气气量，$12.50\times10^8m^3$；注气强度，$1500\times10^4m^3/d$；采气强度，$1700\times10^4m^3/d$；单井采气强度，30×10^4～$50\times10^4m^3/d$；井数，44处；压缩机安装功率，20MW。

适合做储气库的地下含水层应具备如下条件：①有完整封闭的地下含水层构造，无断层。含水岩层有较大的孔隙度、渗透率。②含水岩层上下有良好的盖层及底层。密封性好，储气后不会发生漏失，与城市生活用水等水源不相互连通。③含水岩层埋藏有一定深度，能承受高储气压力。

5.3.2 含水层地下储气库的储气能力与生产特性

从地质构造及储气的物理原理可知有效的原含水孔隙储气容量 V_p 与原始地层压力，即与深度 H 有近似直线关系。储气库的储气能力也可按式（5-2-8）进行计算。

天然气采气率与储库的供气总量（或当前容量）有关，即与地层压力状况有关，可按经验关系式（5-2-6）计算。也可通过建立数学模型分析计算。

意大利 Minerbio 含水层储库的实测资料如图 5-3-2，图 5-3-3。

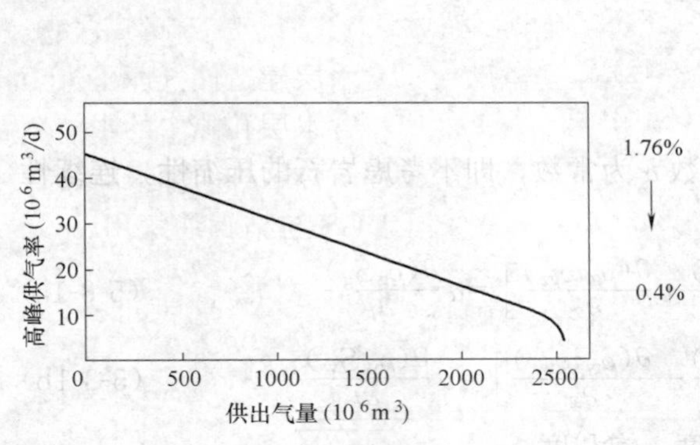

图 5-3-2 高峰供气率与供气总量的关系

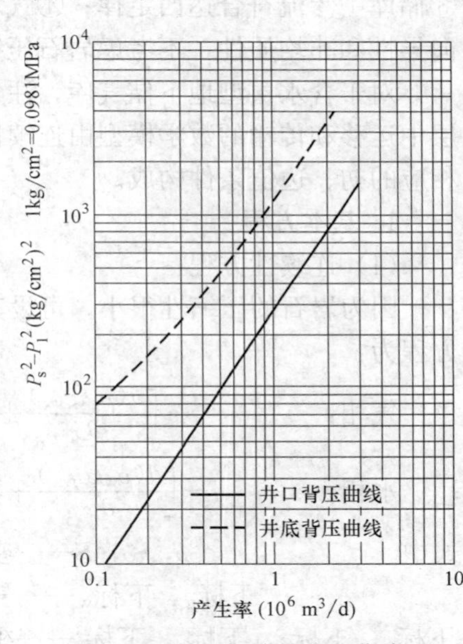

图 5-3-3 一般井的背压曲线

由图 5-3-2 可见，在一个储库工作周期内，随储库内供气总量的增加，高峰供气率接近直线地下降。

IGU 的报告提到，某储库：气层厚度 $b=33$m，气层孔隙容积 $V_p=57.5\ 10^6m^3$，气/水分界面 $H=808$m，在平均压力 $p_m=9.1$MPa 与平均气体饱和度 $S_g=50\%$时，气体储量 $V_G=3.17\ 10^9m^3$。

关于天然气的采气率有一种 Minski 方程形式（图 5-3-4）：

$$\frac{\Delta p^2}{\dot{V}_G}=a+b\dot{V}_G$$

$\dot{V}_G$——天然气采气率，$10^3m^3/d$；

Δp^2——地层压力与井底压力的平方差❶，MPa^2；

a，b——测定得出的方程系数，$a=10^{-2}MPa\cdot d/10^3m^3$，

$b=10^{-4}\ (MPa\cdot d/10^3m^3)^2$。

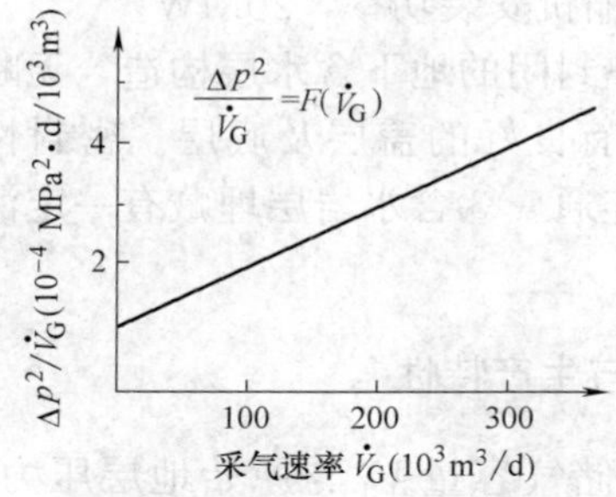

图 5-3-4 采气率的 Minski 方程

5.3.3 含水层地下储气库数值模拟

含水层地下储气库的建造是一项投资大、时间长的工程，通过对其建立数学模型进行研究是一种有效的分析方法。但描述储库中气水运移过程的数学模型相当复杂，无法获得解析解。因而寻求用数值模拟方法描述地下储库中气，水流动规律，了解地下储库中的压力、流量、储量状况。地下储气库数值模拟成果可用于分析、指导地下储气库的建造、运行和调度。

本节中讲到的储库数学模型基于以下条件和假设：①储库中流体和介质都是连续分布的，每一种都充满着整个地层空间；②将渗流视为等温过程，忽略地层温度变化的影响；③储库中渗流符合达西定律；④气水互不相溶，仅考虑非混相流动；⑤储库中岩层具有各向异性和非均质性，不考虑岩石压缩性；⑥考虑重力及毛管力的影响。

对于含水层型地下储气库，注气时天然气驱水，采气时水驱替气。两种流体同时在岩层中运移和传输的数学模型由连续性方程、运动方程、饱和度平衡方程、毛管力方程以及相应的初、边值条件构成。

1. 基本方程

(1) 连续性方程

因为岩石的压缩性很小，可设其压缩系数 α 为常数，即不考虑岩石的压缩性，连续性方程为：

气相：
$$-\left[\frac{\partial(\rho_g w_{gx})}{\partial x}+\frac{\partial(\rho_g w_{gy})}{\partial y}+\frac{\partial(\rho_g w_{gz})}{\partial z}\right]=\alpha\frac{\partial(\rho_g S_g)}{\partial t} \tag{5-3-1a}$$

水相：
$$-\left[\frac{\partial(\rho_w w_{wx})}{\partial x}+\frac{\partial(\rho_w w_{wy})}{\partial y}+\frac{\partial(\rho_w w_{wz})}{\partial z}\right]=\alpha\frac{\partial(\rho_w S_w)}{\partial t} \tag{5-3-1b}$$

式中 ρ，w，S——密度，速度，饱和度；

下标$_g$，下标$_w$——气体，水。

下标$_x$，下标$_y$，下标$_z$，下标$_t$——坐标 x，y，z，时间 t。

以下符号表示相同。

(2) 运动方程

设气、水相流动时分别服从达西定律，并考虑重力和毛管力影响。

对气相：

$$w_{gx}=-\frac{K_g}{\mu_g}\left(\frac{\partial p_g}{\partial x}+\rho_w g\sin\alpha\right) \tag{5-3-2a}$$

$$w_{gy}=-\frac{K_g}{\mu_g}\left(\frac{\partial p_g}{\partial y}+\rho_w g\sin\alpha\right) \tag{5-3-2b}$$

❶ 原文未说明，本手册作者估计。

同理，对水相：

$$w_{wx}=-\frac{K_w}{\mu_w}\left(\frac{\partial p_w}{\partial x}+\rho_w g\sin\alpha\right) \tag{5-3-3a}$$

$$w_{wy}=-\frac{K_w}{\mu_w}\left(\frac{\partial p_w}{\partial y}+\rho_w g\sin\alpha\right) \tag{5-3-3b}$$

（3）气水饱和度平衡方程

根据饱和度的定义可得到下面的方程式

$$S_g+S_w=1 \tag{5-3-4}$$

（4）毛管力方程

岩石的毛管力是把岩石中的孔隙系统设想为一束管径不同的毛细管，在毛细管内两种不同的流体相接触的弯月面两侧所存在的非润湿相压力和润湿相压力之间的差值。在油水两相渗流计算中，因油水的毛管力作用较小而常常被忽略，但实践表明在气水渗流中，毛管压力的量级是较大的，不能忽略。

实验证明岩石的毛管力为岩石中流体饱和度的函数，气水两相系统毛管力为：

$$p_c=p_g-p_w=f(S_w) \tag{5-3-5}$$

毛管力与饱和度的关系呈高度非线性，在含水层储库模拟计算中毛管力与饱和度的函数关系 $p_c=f(S_w)$ 也是造成渗流方程非线性的因素之一。

（5）边界条件

含水层储库的边界条件可分为内边界条件与外边界条件两类，内边界条件是指生产井或注入井所处的状态，外边界条件是指储库外边界所处的状态。

1）内边界条件。内边界条件是指生产井或注入井所处的状态，储库有注气井和采气井，由于井的半径与井距或储库的范围相比极小，所以可以把井作为点汇或点源来处理(如为剖面模型则为一线汇或线源)。如给定井的产量为 q，则可在以后的渗流基本方程内加一产量项 q，可写为：

$$\nabla\cdot\left(\frac{K}{\mu}\nabla\Phi\right)+q=0 \tag{5-3-6}$$

$$\Phi=\Phi(x,y,z)$$

式中 Φ——压力分布函数；

$\nabla\cdot$——div，散度算子；

∇——grad，梯度算子；

q——井的产量，生产井 $q<0$，注入井 $q>0$，关井 $q=0$。

另一种内边界条件是定压条件，所给出的井底压力 p_{wf} 可表示为：

$$p|_{rw}=p_{wf}(x,y,z,t) \tag{5-3-7}$$

如 p_{wf} 为常数，可简化为：

$$p|_{rw}=p_{wf}(x,y,z)=C_3 \tag{5-3-8}$$

2）外边界条件 一般外边界条件考虑有以下两类：

① 给出外边界 G 上的压力为某一已知函数

$$p_G=f_p(x,y,z,t) \tag{5-3-9}$$

上式表示 G 上的任一点（x，y，z）在时间 t 时的压力 p 为给定的函数 f_p（x，y，z，t）。这种边界条件在数学上称为第一类边界条件，或称 Dirichlet 边界条件。若边界上压力为

一常数 C_1，则边界条件可简化为：$p_G = C_1$。

② 外边界 G 上有一流量通过。若这个流量为一给定的已知函数，这时的边界条件为：

$$\left.\frac{\partial p}{\partial n}\right|_G = f_q(x, y, z, t) \tag{5-3-10}$$

式中 n 表示法线方向，$f_q(x, y, z, t)$ 为已知函数，它与给定的流量函数差一常数因子。这在数学上称为第二类边界条件或 Neumann 边界条件。

当流过边界上的流量为常数时，则可简化为：

$$\left.\frac{\partial p}{\partial n}\right|_G = C_2 \tag{5-3-11}$$

当储库边界为不渗透边界，如尖灭或有断层遮挡时，也可以认为是这种边界条件。但这时：$C_2 = 0$。

简化后的数学模型如下，

$$\nabla \cdot (a_g \nabla p_g) + Q_g = -r_g \frac{\partial S_w}{\partial t} + l_g \frac{\partial p_g}{\partial t} \tag{5-3-12a}$$

$$\nabla \cdot (a_w \nabla p_g) - \nabla \cdot (b_w \nabla S_w) + Q_w = r_w \frac{\partial S_w}{\partial t} + l_w \frac{\partial p_g}{\partial t} \tag{5-3-12b}$$

式中，$a_g = H\dfrac{KK_{rg}}{\mu_g B_g}$；$r_g = H\dfrac{\alpha}{B_g}$；$l_g = H\dfrac{\alpha}{B_g}(1-S_w)C_g$；

$a_w = H\dfrac{KK_{rw}}{\mu_w B_w}$；$b_w = H\dfrac{KK_{rw}}{B_w \mu_w}p'_c$；$r_w = H\dfrac{\alpha}{B_w}(1-S_w C_w p'_c)$；

$l_w = H\dfrac{\alpha}{B_w}S_w C_w$；$Q_g = \dfrac{H\delta q_g}{\rho_{gs}}$；$Q_w = \dfrac{H\delta q_w}{\rho_{ws}}$

H——维数因子，引入维数因子是为了在坐标系中使渗流物质守恒方程在一维、二维和三维空间中具有统一的形式，当一维时 $H(x, y, z) = \Delta y(x)\Delta z(x)$；二维时 $H(x, y, z) = \Delta z(x, y)$；三维时 $H(x, y, z) = 1$。

q——产量项，当将微分方程式（5-3-12）推广到包含有注采井的渗流区域时，在方程等号的左边加上一个产量项 q，注入井 q 取正值，生产井取负值。

δ——δ 函数，在井点处 $\delta = 1$，在非井点处 $\delta = 0$。

2. 有限元法求解

微分方程式（5-3-12）所表达的为不定常的气水渗流问题，可采用 Galerkin 方法建立有限元方程。方程中含有对时间的导数项，即压力和饱和度不仅是空间域的函数，而且还是时间域的函数。但是时间和空间两种域并不耦合，因此建立有限元格式时可以采用部分离散的方法，把基函数仅表示成空间坐标的函数，而节点的函数值则是时间 t 的函数。对同一个单元内来说，型函数只与三角网格的形状或者说与节点的坐标有关，与要求解的物理量无关，所以压力和饱和度的型函数是相同的，

含水层的厚度与其面积相比较小，且一般性质较均匀，垂向物性变化小，所以在本节中主要研究二维问题，这样会使问题得到简化。一般含水层储库的井半径在 100～150mm 左右，而储库的几何尺度量级都在几公里甚至数十公里，相差非常悬殊，没有必要按井的实际尺寸划分网格，所以在油气藏工程中一般都将井视为点源或点汇，Galerkin 有限元法的权函数选取为：

$$W_l=\frac{\partial p}{\partial p_l}=N_l \quad V_l=\frac{\partial S}{\partial S_l}=N_l,\ l=i,\ j,\ m$$

式中 N_l——单元插值函数，用于表达单元内温度与单元节点温度关系的函数，是单元内点坐标的函数。

为了书写方便将求解变量 p_g、S_w 的下标去掉，对单元写出 Galerkin 法的基本表达式：

$$\iint_\Omega\left[\nabla\cdot(a_g\nabla p)+r_g\frac{\partial S}{\partial t}-l_g\frac{\partial p}{\partial t}\right]\cdot W_l\mathrm{d}\Omega=0 \tag{5-3-13a}$$

$$\iint_\Omega\left[\nabla\cdot(a_w\nabla p)-\nabla\cdot(b_w\nabla S)-r_w\frac{\partial S}{\partial t}-l_w\frac{\partial p}{\partial t}\right]\cdot V_l\mathrm{d}\Omega=0 \tag{5-3-13b}$$

将式（5-3-13）改写为二维形式，并将权函数代入

$$\iint_G\left[\frac{\partial}{\partial x}\left(a_g\frac{\partial p}{\partial x}\right)+\frac{\partial}{\partial y}\left(a_g\frac{\partial p}{\partial y}\right)+r_g\frac{\partial S}{\partial t}-l_g\frac{\partial p}{\partial t}\right]N_l\mathrm{d}x\mathrm{d}y=0 \tag{5-3-14a}$$

$$\iint_G\begin{bmatrix}\frac{\partial}{\partial x}\left(a_w\frac{\partial p}{\partial x}\right)+\frac{\partial}{\partial y}\left(a_w\frac{\partial p}{\partial y}\right)-\\ \frac{\partial}{\partial x}\left(b_w\frac{\partial S}{\partial x}\right)-\frac{\partial}{\partial y}\left(b_w\frac{\partial S}{\partial y}\right)-r_w\frac{\partial S}{\partial t}-l_w\frac{\partial p}{\partial t}\end{bmatrix}N_l\mathrm{d}x\mathrm{d}y=0 \tag{5-3-14b}$$

利用 Green 公式❶将式（5-3-14）改写，得：

$$\oint_\Gamma N_la_g\frac{\partial p}{\partial n}\mathrm{d}s-\iint_G\left\{\frac{\partial N_l}{\partial x}\left(a_g\frac{\partial p}{\partial x}\right)+\frac{\partial N_l}{\partial y}\left(a_g\frac{\partial p}{\partial y}\right)\right\}\mathrm{d}x\mathrm{d}y$$
$$+\iint_G r_g\frac{\partial S}{\partial t}N_l\mathrm{d}x\mathrm{d}y-\iint_G l_g\frac{\partial p}{\partial t}N_l\mathrm{d}x\mathrm{d}y=0\quad(i,j,m) \tag{5-3-15a}$$

$$\oint_\Gamma N_la_w\frac{\partial p}{\partial n}\mathrm{d}s-\iint_G\left\{\frac{\partial N_l}{\partial x}\left(a_w\frac{\partial p}{\partial x}\right)+\frac{\partial N_l}{\partial y}\left(a_w\frac{\partial p}{\partial y}\right)\right\}\mathrm{d}x\mathrm{d}y-\oint_\Gamma N_la_w\frac{\partial S}{\partial n}\mathrm{d}s$$
$$+\iint_G\left\{\frac{\partial N_l}{\partial x}\left(b_w\frac{\partial S}{\partial x}\right)+\frac{\partial N_l}{\partial y}\left(b_w\frac{\partial S}{\partial y}\right)\right\}\mathrm{d}x\mathrm{d}y$$
$$-\iint_G r_w\frac{\partial S}{\partial t}N_l\mathrm{d}x\mathrm{d}y-\iint_G l_w\frac{\partial p}{\partial t}N_l\mathrm{d}x\mathrm{d}y=0\quad(l=i,j,m) \tag{5-3-15b}$$

式中 N_l 为单元插值函数（或称型函数、基函数）。

$$N_l=\frac{1}{2\Delta}(a_l+b_lx+c_ly)\quad(l=i,j,m)$$
$$p=N_ip_i+N_jp_j+N_mp_m$$

式中 a_l，b_l，c_l（$l=i$，j，m）由三角形单元的顶点坐标计算，又称为广义坐标；x，y 是三角形单元内的坐标；Δ 是三角形单元的面积；p_l（$l=i$，j，m）是三角形单元顶点的压力（水饱和度 S 也类似）。

式（5-3-15）即为二维气水渗流有限单元法计算的基本方程。其中的线积分项可把边界条件代入，从而使式（5-3-15）满足边界条件。对含水层型储库工程来说一般考虑为第

❶ 格林公式：记 $\frac{\partial p}{\partial x}=Y,\frac{\partial p}{\partial y}=X,\iint_G\left[\frac{\partial Y}{\partial x}-\frac{\partial X}{\partial y}\right]\mathrm{d}x\mathrm{d}y=\oint(X\mathrm{d}x+Y\mathrm{d}y)$

以及有：$X\mathrm{d}x+Y\mathrm{d}y=\frac{\partial p}{\partial n}\mathrm{d}s$，$s$——边界线；$n$——边界线外法线矢量。

二类边界条件。即外边界上的流量已知，对封闭含水层来说可将水体纳入边界范围内，属此类边界条件，这样边界流量为零，即式（5-3-15）中沿边界Γ的线积分项为0。

对式（5-3-15）进行积分整理，得到单元矩阵方程：

$$[R]^{e}\{S\}^{e}-[E]^{e}\{p\}^{e}=[F]^{e}\left\{\frac{\partial S}{\partial t}\right\}^{e}+[O]^{e}\left\{\frac{\partial p}{\partial t}\right\}^{e} \tag{5-3-16}$$

式中的 $[K]^e$、$[R]^e$、$[E]^e$ 矩阵在有限单元法中习惯上被称为单元刚度矩阵。

将每个单元刚度矩阵叠加成总体刚度矩阵，其过程主要由计算机程序完成。

对上式中的时间导数项采用向后差分格式离散，在整个空间域内对各个单元的离散方程总体合成后的方程可简写为下面的形式，

$$[KN]^{n+1}\{p\}^{n+1}-[G]^{n+1}\{S\}^{n+1}=[N]^{n+1}\{p\}^{n}-[G]^{n+1}\{S\}^{n} \tag{5-3-17a}$$

$$[EO]^{n+1}\{p\}^{n+1}-[RF]^{n+1}\{S\}^{n+1}=[O]^{n+1}\{p\}^{n}+[F]^{n+1}\{S\}^{n} \tag{5-3-17b}$$

若将（5-3-17a）和（5-3-17b）两式联立，合写为下式：

$$M(U^{n+1})U^{n+1}=b(U^{n}) \tag{5-3-18}$$

式中　$M=\begin{bmatrix}[KN]^{n+1} & -[G]^{n+1}\\ [EO]^{n+1} & -[RF]^{n+1}\end{bmatrix}$，$b=\begin{bmatrix}[N]^{n+1} & -[G]^{n+1}\\ [O]^{n+1} & [F]^{n+1}\end{bmatrix}$，$U^{n+1}=\begin{bmatrix}\{p\}^{n+1}\\ \{S\}^{n+1}\end{bmatrix}$，$U^{n}=\begin{bmatrix}\{p\}^{n}\\ \{S\}^{n}\end{bmatrix}$

则联立后的方程有 $2N$ 个方程，$2N$ 个未知数，采用适当的迭代解法即可解出所有节点上的未知数。

【例 5-3-1】 天然气地下储气库单井注采（有限元法）数值模拟。

本节假设了一个理想储库，封闭边界条件含水层储库的平面几何尺寸为 4000m×4000m×5m（长×宽×厚）。预定储库范围为 4000m×4000m×5m（长×宽×厚），深度均为 1000m，盖层与地层均符合要求。在最大压力限制（AMP）下不会发生渗漏。含水层为均质各向同性，初始时地层完全为水所充满，地层压力处于平衡状态。初始地层压力 p_i=8.4MPa，AMP 取为 12.6MPa（据国外经验），初始地层温度 T_i=21℃=294.15K，渗透率 k=270md，有效孔隙度 ϕ=0.125，地面基准条件为 p_{sc}=1atm=0.101325MPa，T_{sc}=20℃=293K。

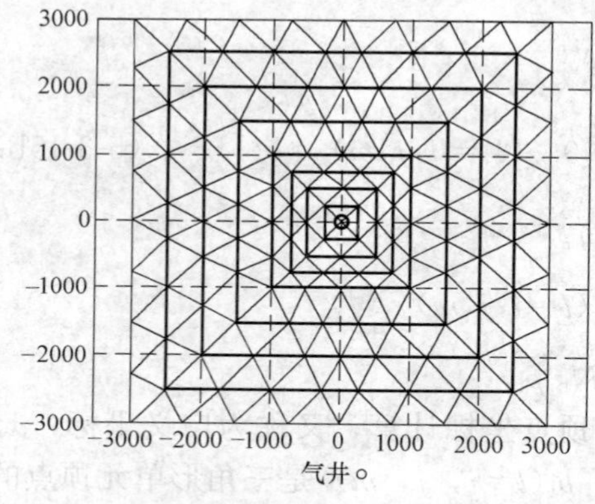

图 5-3-5　储库网格剖分

讨论封闭含水层单井注采的情况。设目标注气量为 0.5×10^8m³。封闭边界条件下的储库网格划分情况见图 5-3-5，共 145 个节点，256 个三角形单元。

本节仅列举连续注气工况的计算，注气流量为 8.64×10^4m³/d。停止注气时的压力分布和饱和度分布见图 5-3-6 和图 5-3-7。

地层平均压力随注入量变化情况见图 5-3-8。从图 5-3-9 可以看出，到第 56 天时累积注气量达到 4838400m³，远远未达到预定的注气量。从图5-3-8可以看出，此时地层平均压力已超过最大压力（AMP）限制达到 13.47MPa。对储库压力的控制是很严格的，在储库操作过程中是绝对不允许超过压力极限的，除非经过缜密的研究为扩大库容量才会提高

储库最大压力（p_{AMP}），所以必须停止注气。到停止注气时注气点压力达到 14.47MPa（图 5-3-10）。图 5-3-11 表明注气点饱和度下降在初期较快，后期较缓，这是由于含水饱和度与气水相对比率的非线性关系造成的。此计算结果表明水的压缩性很小，不能保证在不超过最大压力限制条件下压缩出足够空间来储气，所以必须采取有效措施控制储库平均压力的上升速度，否则储库的平均压力会很快超过最大压力限制。

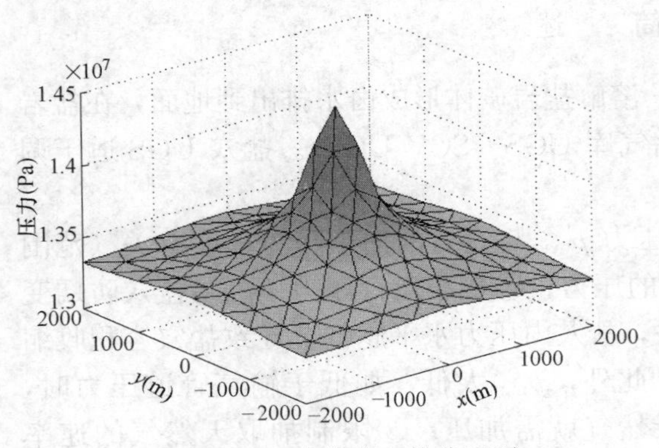

图 5-3-6 压力分布立体曲面图

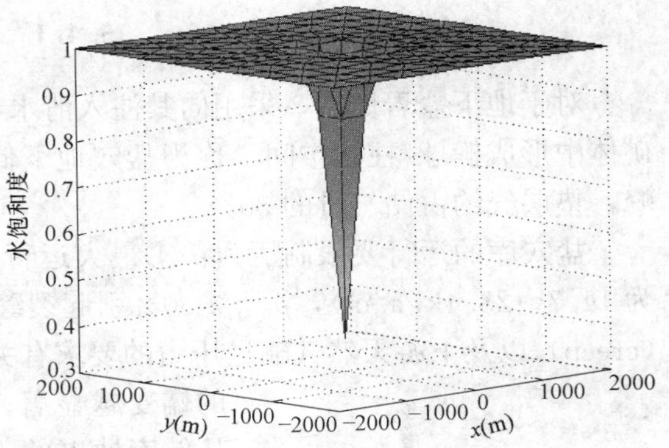

图 5-3-7 饱和度分布立体曲面图

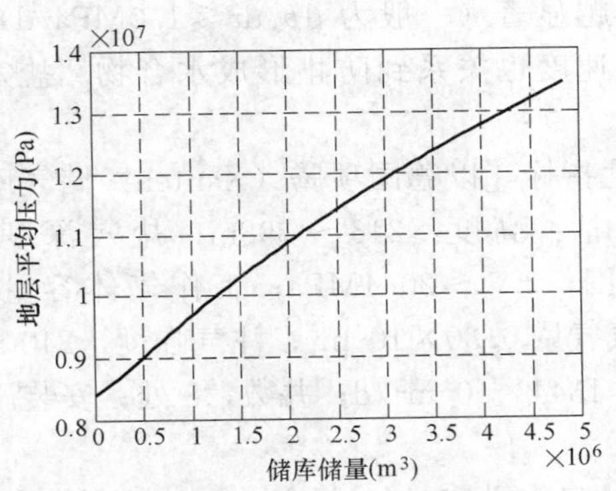

图 5-3-8 地层平均压力随储量变化图

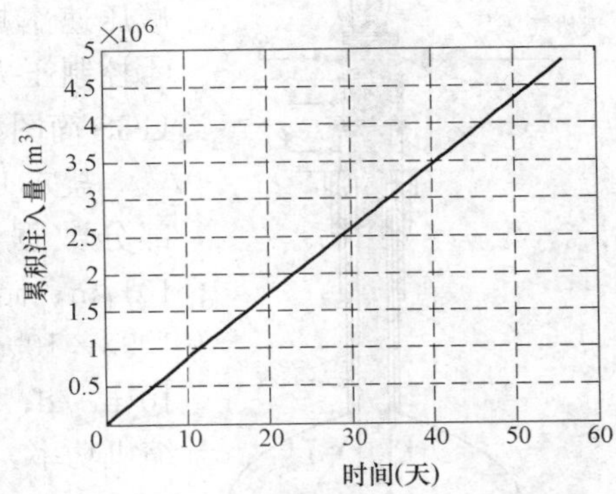

图 5-3-9 累计注入量随时间变化

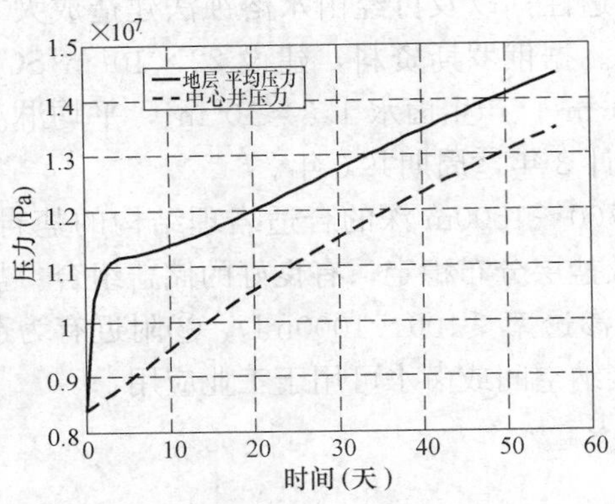

图 5-3-10 注气点压力和地层平均压力变化

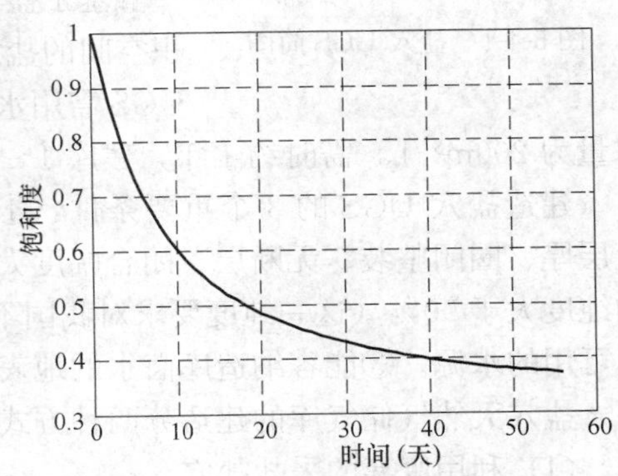

图 5-3-11 注气点饱和度变化

借助对模型的有限元法计算可以对储气库其他运行工况进行模拟。可参看本章参考文献［14］［15］。

5.4　盐穴地下储气库

5.4.1　简　述

对于地下盐岩地层，采用向其注入清水，溶解盐岩矿体形成卤水排出到地面，在盐岩矿体中形成椭球/柱状空间，称为盐穴地下储气库 UGS（SCV UGS）。盐穴 UGS 适于调峰，垫层气约占储气量的 30%。

盐穴库的运行要限制压力：①最大运行压力 p_{max} 与盐岩的向下压力梯度有关（范围为 14.7～23.4kPa/m），$p_{max}\leqslant$50%引起裂缝的压力；②最小运行压力 p_{min} 与盐穴防蠕变（creep）以及下游天然气输送压力的要求有关，盐穴内压力水平越低，导致盐穴容积收缩的蠕变越显著；此外，p_{min} 太低，如低于输气管道压力时，从储库抽出的天然气就需加压；③限制抽取天然气的速率（即减压速率 $dp/d\tau$），由于盐岩的蠕变特性，抽取天然气的减压速率越大，蠕变越显著（一般为 $dp/d\tau\leqslant$1.0MPa/d）。④控制压力或注采气速度也关系到防止形成水合物。盐穴 UGS 简图如图 5-4-1。

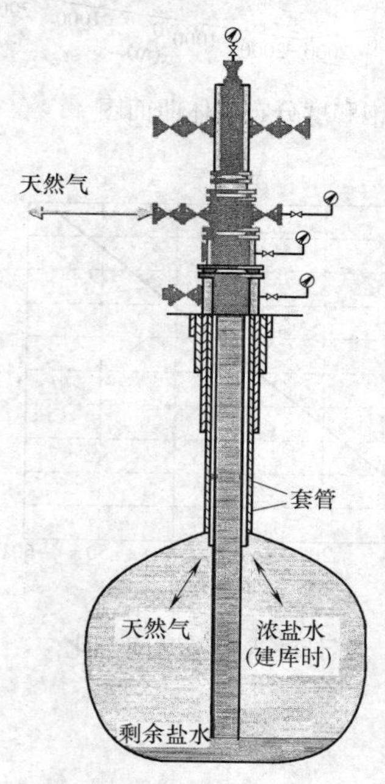

图 5-4-1　盐穴 UGS 简图

盐穴 UGS 的特性指标［以德国项腾（Xanten）储气库部分数据为例］，包括：高度：246～398m；盐穴深度，1017m；储气压力范围，3.3～20.4MPa；工作气体容量，$1.93\times10^8m^3$；垫层气气量 $0.30\times10^8m^3$；注气强度，$240\times10^4m^3/d$；采气强度，$1344\times10^4m^3/d$；井数，8 处；安装压缩机功率，7.7MW。

已有尺度最大的盐穴达到 $500\times10^3m^3$。

5.4.2　盐穴 UGS 的建造

基于盐岩的低渗透性，以及可经由水溶蚀法建造成大容积空间的盐穴储气库。据俄罗斯资料，建设 $22\times10^4m^3$ SCV UGS 需用水 $1.6\times10^6m^3$，产生卤水 $1.8\times10^6m^3$，平均淋洗水量为 $200m^3/h$，需时约 1 年，建库 1～2 年，设计 3 年，周期共 6 年。

建造盐穴 UGS 的 3 个重要条件：①有位于 700～1500m 深的合适岩理结构的盐岩，盐层厚、圈闭整装、无断层、闭合幅度大，围岩及盐层分布稳定，有良好的储盖组合。盐的纯度大于 90%（这一纯度要求对我国不适用），渗透率≤100～1000mD。②附近有为造库可用的水源。③能容纳造库卤水的地表或地下接纳空间或卤水可用于工业应用。

盐穴天然气储气库的建造分两种方式。

（1）利用废弃的采盐盐穴

为采盐在地面打井，钻开岩层，下套管固井，再下水管，从环形空间注入淡水，以水溶解岩盐，待水中含盐饱和后，用泵从水管采出盐水制盐，再注入淡水，采盐，经若干次循环，地下盐体被溶蚀成大洞穴，当停止采盐，盐穴被废弃后，改建为天然气地下储气库。

（2）新建盐穴储库

按储气量要求，选定气库井位，井数、地层、地层盐岩厚度及盐穴几何形状，容积大小，进行有计划的溶蚀造穴。

盐穴储库的特点为：单个盐岩空间容积大，最大可达 $500\times10^3 m^3$ 左右，储气量可达 $1\times10^8 m^3$，开采气量大，调速快，调峰能力强，储气无泄漏。

5.4.3 盐穴地下储气库盐岩的蠕变、疲劳损伤

盐岩存在显著的蠕变①的流变②特性，同时具有一定的损伤自我恢复性；由于盐岩的突出蠕变特性以及在盐穴储气库的注气—高压储气—采气—低压待储的工作循环模式中，盐穴主要受到蠕变损伤作用，会发生不可忽视的容积收缩。图 5-4-2 是一个储气盐穴容积收缩的实测例子。

盐岩与一般岩石相比较，突出的特性就是具有良好的流变特性，使得盐穴在一定的载荷作用下能持续工作，其蠕变应变一般能达到 39%～40%。

通过单三轴压缩、直剪、单三轴蠕变实验研究盐岩的力学特性，可得到蠕变损伤模型在数值计算中所需要的参数。图 5-4-3 是层状盐岩的电镜扫描片，可以看到盐岩和泥岩的交界面。

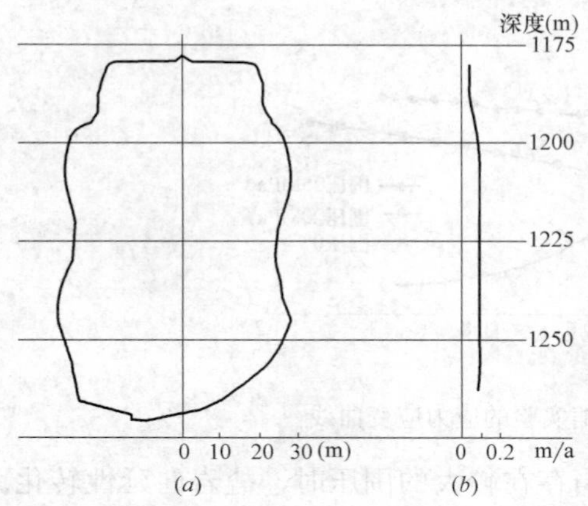

图 5-4-2 盐穴的容积收缩[20]

（a）垂直截面；（b）年平均壁位移

图 5-4-3 层状盐岩的电镜扫描片

1. 盐岩的基本物理力学特性

盐岩的基本物理力学特性与盐岩的含盐量，成岩年代，晶体的结构，应力状态有关，举例如表 5-4-1。

① 蠕变：在应力保持恒定条件下，应变随时间增长而增大的现象。

② 流变：岩石的应力-应变关系随时间而变化的性质。岩石的流变性包括蠕变、松弛和弹性后效。

盐岩的基本物理力学特性　　表 5-4-1

地点	抗剪强度 C(MPa)	弹性模量 E(GPa)	泊松比 ν
Morsleben	2.95	16.5～28.1	0.23～0.35
江苏金坛	1.3	15.8～18.9	0.31
湖北云应	4.36	5.15	0.31
湖北潜江	2.42	5.71	0.234

我国大部分为层状盐岩（例如含有硬石膏层，泥岩层或钙芒硝层），抗剪强度 C、内摩擦角 φ、弹性模量 E 和国外盐丘型盐岩相比相对偏低。江苏金坛盐岩与湖北云应和湖北潜江比较，抗剪强度参数 C 值较小，弹性模量 E 较大。云应盐岩弹性模量 E 最小，但 C 值最大。潜江盐岩内摩擦角 φ 最大，但泊松比 ν 最小。

室内和现场流变实验是研究岩石时效特征和变形规律的重要手段，也是研究流变本构模型以及确定流变参数的基础。

从图 5-4-4 实验的全过程曲线可以看出，由于盐岩是一种微观非均质、多天然缺陷、微断裂的物质。在开始施加轴向压力时，岩石被压密，部分裂隙闭合，从而产生瞬间轴向压缩变形。

① 在侧向应力不大的条件下，岩石表现出明显的线弹性；当围压[1]为 0 时，盐岩表现为具有一定的脆性特性和应变软化特性。当岩石被瞬时压密之后，增加轴向应力，变形继续发展，应力、应变关系曲线转为下降，弹性模量为负值，且逐渐负向增大并趋于零，岩石的变形不断积累，以至于试件中出现贯通的破坏面，强度减弱到残余强度。

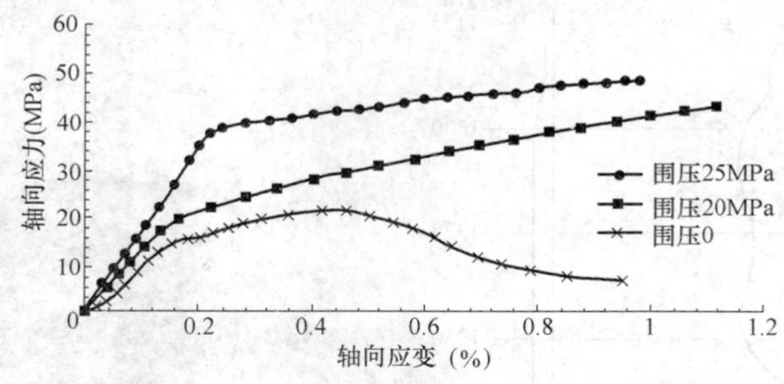

图 5-4-4　常温下盐岩压缩实验的应力应变曲线

② 围压对盐岩的强度具有较大的影响。当存在较大的围压时，盐岩向延性转化。当围压大于 3.5MPa（金坛盐矿盐岩约为 5MPa）时，盐岩的应变软化现象不再出现，而且随着围压的增高，盐岩表现为明显的应变硬化特性。这一现象反映盐岩在高的围压条件下，岩石内部碎屑颗粒之间发生滑动，在屈服点之后，应力—应变曲线呈上升趋势，说明碎屑颗粒在应力作用下滑到新的位置后，岩石被压密，颗粒间相嵌、挤紧，从而形成应变硬化现象。盐岩的三轴强度也得以提高。

③ 在（有围压时的）三轴压缩应力状态下，盐岩的应力应变曲线具有阶段性。随着围压增大，盐岩的弹性模量增大，线弹性变形阶段增长；盐岩表现出明显的塑性流动。当

[1] 围压：指试件的侧向压力，形成三轴应力。

盐岩试样达到峰值应力后，盐岩不像其他脆性岩石呈现突然的崩裂，而是仍然具有较大的承载能力，试样并不出现明显的破裂面，而是出现膨胀破坏，也就是说其破坏不再是纯剪切破坏。

2. 盐岩的蠕变

较之一般岩石，盐岩具有明显的蠕变特性。

单轴蠕变实验❶设定加载应力为 11MPa，得到了图 5-4-5 所示的盐岩应变 $\varepsilon(t)$ 与时间 t 的关系曲线。总体上分成三个阶段：初始蠕变阶段、稳态蠕变阶段和加速蠕变阶段。初始蠕变阶段的时间很短，稳态蠕变阶段持续时间较长，约 60h，后期进入加速蠕变阶段，其蠕变速率逐步增大。单轴应力状态下，其加速蠕变时间较短。

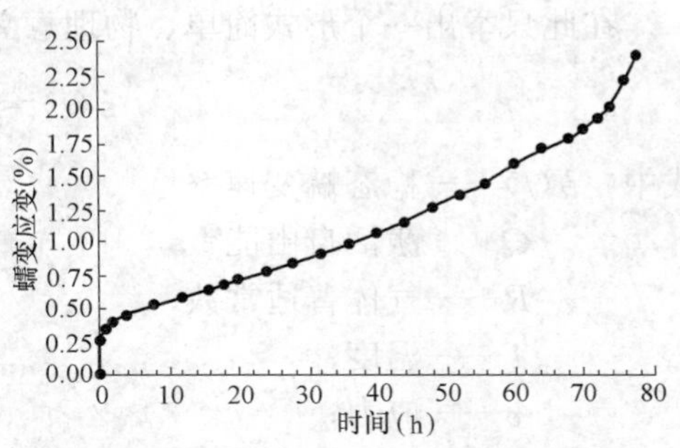

图 5-4-5 盐岩单轴蠕变应变时间曲线[18]

图 5-4-6 为盐岩试样三轴蠕变试验❷（实际构成盐穴储气库的盐岩是处于真三轴应力状态），围压 $\sigma_3=10$MPa，偏压 $\sigma_1-\sigma_3=20$MPa。蠕变率为 3.64×10^{-5}/h。图 5-4-7 是相同偏应力（21.5MPa），不同围压下盐岩蠕变曲线

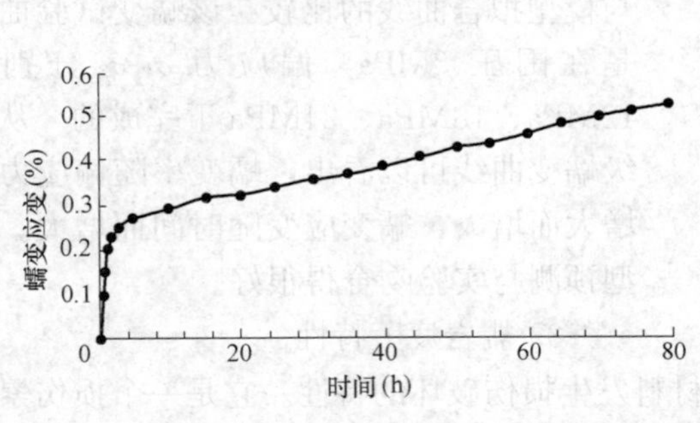

图 5-4-6 盐岩的三轴蠕变曲线[18]

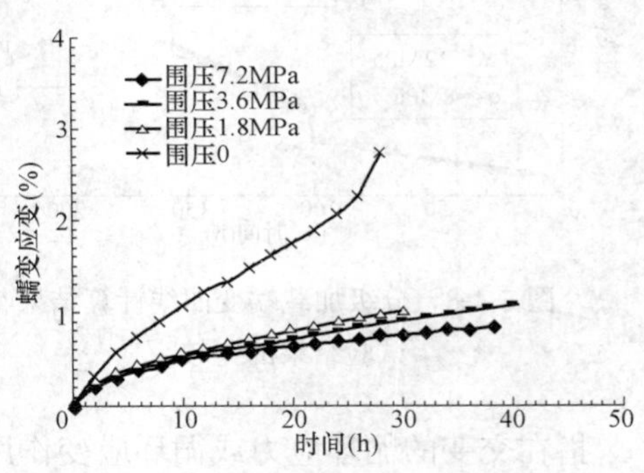

图 5-4-7 不同围压下盐岩蠕变曲线[17]

实验结果表明盐岩的三轴蠕变曲线具有以下特征：

① 盐岩的三轴蠕变实验应变与时间的关系曲线总体上分为两个阶段，初始蠕变阶段和稳态蠕变阶段。盐岩在有围压的情况下，稳态蠕变时间很长，特别是在较低应力偏量作用下盐岩的稳态蠕变可以持续很长的时间。

② 围压对蠕变曲线产生影响，即岩样的变形快慢与岩石所受侧向压力有关，围压越大，进入稳态蠕变和加速蠕变的时间越晚，稳态蠕变越明显，越不容易进入加速蠕变阶段。

③ 轴向压力也对蠕变曲线产生影响，轴向压力越大，应变率越大，进入稳态蠕变和加速蠕变的时间就越早，稳态蠕变经历的时间越短，盐岩试样越容易进入加速蠕变阶段。

❶ 只对岩石试件施加单向的压应力的试验。

❷ 对岩石试件除在一个轴向施加压产生应力 σ_1 外，在试件两个方向侧面同时加压产生应力 σ_2，σ_3 的试验。

④ 用本构模型❶来描述盐岩的蠕变特性。

基于盐岩的实验结果、流变理论以及盐岩的弹性、黏性和塑性特征提出了大量的盐岩本构方程。对于盐岩，在其变形阶段中蠕变速率为常数的稳定的蠕变变形是持续时间最长的阶段（参见图 5-4-5，图 5-4-6），对盐穴储气库最具实际意义。

在此只举出一个形式简单、物理意义明显的 Carter 蠕变本构模型，表达式为：

$$\dot{\varepsilon}(t)=A\exp\left(-\frac{Q}{RT}\right)\sigma^{\mathrm{n}}$$

式中　$\dot{\varepsilon}(t)$——稳态蠕变速率

Q——激活自由能❷；

R——气体普适常数；

T——温度；

σ——应力；

A，n——材料参数。

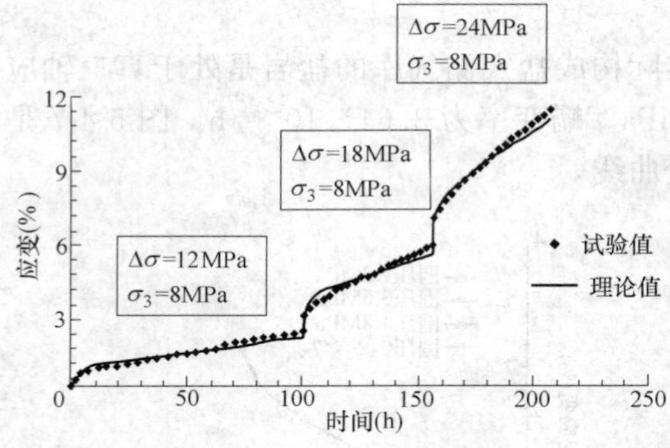

图 5-4-8　分级加载蠕变曲线计算结果与试验结果的比较[17]

在经典的 Norton Power 蠕变模型基础上，中科院武汉岩土力学研究所提出损伤蠕变率模型[17]，用其对江苏金坛盐矿拟建储气库的蠕变损伤预测，见图 5-4-8。

图 5-4-8 中有盐岩多级蠕变试验数据与模型拟合曲线的比较。该蠕变试验曲线是在围压 8MPa，偏应力 σ_1-σ_3 分别为 12MPa、18MPa、24MPa 下完成的。从多级蠕变曲线可以看出，蠕变率随偏应力的增大而增大，蠕变应变随时间而增大。模型预测与实验吻合得很好。

3. 盐岩疲劳特性

指在交变的循环应力或循环应变作用下材料发生损伤破坏的特性。它是一个损伤累积过程。通常认为，这个累积过程包括微裂纹的生成与扩散、宏裂纹的形成与扩展、最后导致材料的断裂破坏。

疲劳破坏带有局部性。微裂纹群的发展、聚集和宏裂纹的形成，造成疲劳损伤的非均匀性与局部性。

① 盐岩的疲劳阈值效应。周期荷载作用下岩石的疲劳特性受到阈值的影响，当周期荷载的上限应力值低于阈值时，无论荷载作用多少个周期，岩石都不会发生破坏。试验验证了岩石材料疲劳阈值的存在，指出阈值略低于常规三轴试验的所谓“屈服值”。

由实验结果看盐岩的阈值效应，随着上限应力比❸的降低，疲劳寿命增大很快，当上限应力比为 75%，盐岩在循环 14789 次后仍然没有明显破坏。可以认为盐岩的疲劳阈值

❶ 材料的应力-应变模型或本构方程：描述材料的力学特性（应力-应变或强度-时间关系）的数学表达式。最熟知的如反映纯力学性质本构关系的胡克定律、牛顿内摩擦定律（牛顿黏性定律）等。

❷ 激活内部盐岩颗粒的位错运动所需的能量。

❸ 三轴疲劳应力应变曲线的上限应力与静力静态应力应变曲线的上限应力之比。

在静态强度的 75%左右。

② 塑性变形规律。盐岩在周期荷载作用下，塑性变形可分为三个阶段：初始变形阶段、等速变形阶段和加速变形阶段。即开始塑性变形较快，然后趋于稳定，最后试样加速破坏。

以单轴应力为上限应力的 90%为例，如图 5-4-9，可以了解到：初始阶段变形较快，37 个循环后，进入等速变形阶段，1024 个循环后进人加速变形阶段，1041 个循环后岩样破坏。

设开始循环时，岩样变形量为零，变形等速率过程占了疲劳寿命的绝大部分时间，等速率过程中累积变形量占变形量的 1/3 左右；其余两个阶段经历的时间比较短，累积的变形却很大。

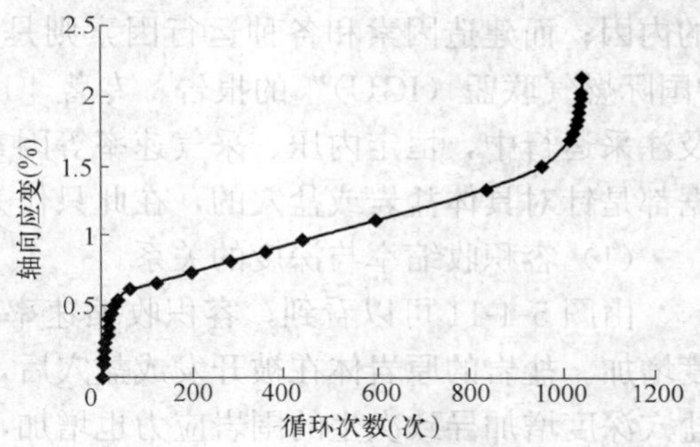

图 5-4-9 轴向应变与循环次数的关系

从塑性变形规律来看，在疲劳破坏过程中盐岩累积应变可以达到 2%～3%左右（脆性岩石为 0.5%左右，两者不在一个数量级上）。

在三轴疲劳试验中，只得到了塑性变形的两个阶段：初始变形阶段、等速变形阶段，开始塑性变形较快，然后趋于稳定，基本呈线性缓慢增长，一直到 7435 个循环，应变达到 2.6%（从开始循环计算）。在盐岩储气库中，正是盐岩这种疲劳特性，使盐岩能在反复加载的情况下，很长时间内处于稳定的等速变形过程。这是盐穴储气库稳定性的基础。

③ 疲劳损伤规律。随着循环的进行，循环塑性变形逐渐导致材料内部产生损伤，从而使材料更容易发生塑性变形。用应力—应变曲线间接反应循环塑性的积累。S_0 表示无损时的应力—应变曲线面积，S_N 表示 N 个循环时应力—应变曲线面积，用式 $D=1-S_0/S_N$ 表示损伤因子。

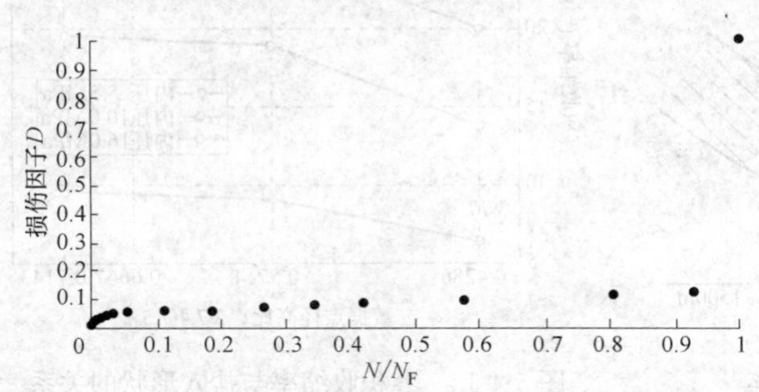

图 5-4-10 损伤因子与 N_F/N 的关系

以上限应力为 90%时的单轴疲劳试验为例，得到图 5-4-10。

从图 5-4-10 看到，经过很少的循环，盐样中微裂纹压密闭合；损伤变量缓慢增大，损伤累积到一定程度裂纹开始连接贯通（损伤因子达到 0.13 左右）；损伤加速，盐岩试样在很少的循环后破坏。

综合上述，结合盐穴储气库的具体情况：

a. 在储气库的运营中，盐岩不发生低周疲劳损伤❶。

b. 注采期间盐穴盐岩所受偏应力一般在 12～20MPa 之间。但如果应力水平在阈值以下，则可能不产生疲劳破坏。

本手册作者从文献的论述理解，考虑上述两方面理由，对盐穴储库可以不考虑疲劳破坏。

❶ 当循环应力或应变超过材料的屈服极限，材料的疲劳寿命较短，即材料破坏只经受了较短的循环周次（一般小于 10^4～10^5），常称为低周疲劳（表现为应变）损伤。

5.4.4　盐穴地下储气库容积收缩与运行

1. 影响盐穴地下储气库容积收缩的因素

对于盐穴地下储气库，盐岩的显著的蠕变性质（和疲劳性质），是盐穴发生容积收缩的内因；而建造因素和各种运行因素则是盐穴发生容积收缩的外因。下面我们通过来自“国际燃气联盟（IGU）”的报告、专著［17］及文献［18］、［19］等资料观察建造因素以及注采运行中，恒定内压、采气速率等因素对储气库容积收缩规律的影响。这些资料的数据都是针对具体盐岩或盐穴的，在此只作为一种数量级参考。

（1）容积收缩率与深度的关系

由图5-4-11可以看到，容积收缩速率随深度增加而加大。盐穴上部的自重应力随深度增加。盐岩的原岩体在被开发成盐穴后，盐穴周围发生应力重新分布，即形成围岩。随盐穴深度增加导致次生的围岩应力也增加，从而使容积收缩速率增加。

（2）容积收缩率与盐穴形状的关系

由图5-4-12可以看到，椭球状盐穴形状径高比愈大，容积收缩率愈大。一般采用径高比为4/6=0.667。它综合考虑了盐穴围岩❶中应力分布与盐穴几何形状的关系以及盐穴容积的几何特点的经济性。

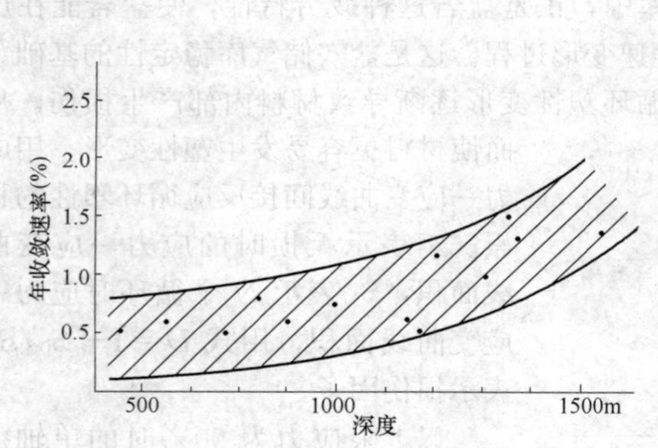

图5-4-11　容积收缩率与深度的关系

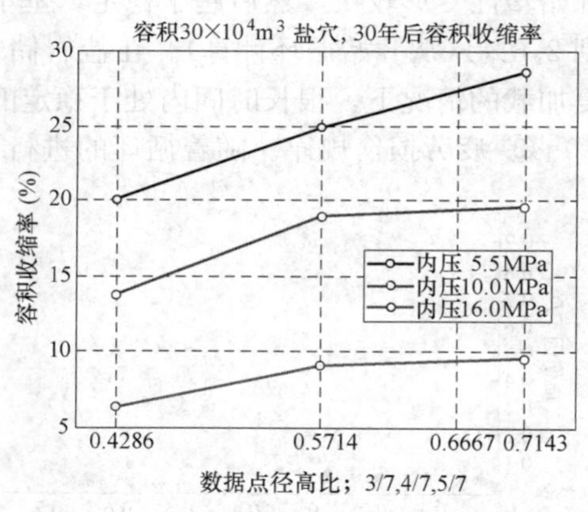

图5-4-12　容积收缩率与盐穴形状的关系

（3）运行中恒定内压对储气库容积收缩规律的影响

图5-4-13是文献［18］对某测试盐穴按蠕变损伤本构模型计算的一个算例。从中可以看出，在恒定内压下，溶腔体积收缩百分比随腔体内压的增大而减小，随时间增大而增加，由此表明了增加内压对腔体的容积减少有明显的抑制作用。

用图5-4-13的数据做出表5-4-2。

在内压为8MPa时，各腔体在流变30年后容积收缩百分比不到15%，在内压为14.5MPa时，各腔体在流变30年后容积收缩百分比不到3%。若按此制定储气库最低、最高运行压力，即可满足长期工作要求。

---

❶ 采动过的岩体会出现应力重新分布，出现应力重新分布的岩体称为围岩。

不同恒定内压下的容积收缩速率 表 5-4-2

恒定内压	8	9	11	13	14.5
30 年容积收缩率（%）	10.707	8.094	4.636	2.660	1.730
平均容积收缩速率（%/a）	0.357	0.270	0.155	0.089	0.058

（4）容积收缩率与采气压降速率的关系

由图 5-4-14 可以看到，采气压降速率越大，蠕变的容积收缩速率越大。这不仅是由于压降速率对盐穴内压的积分效应，也由于压降速率本身导致的应力变化的影响。

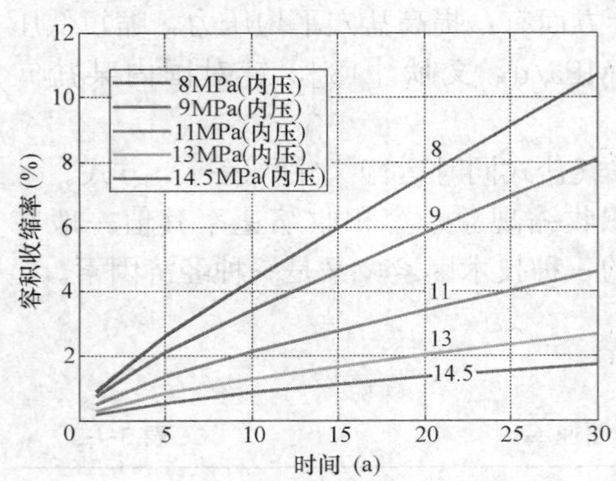

图 5-4-13 不同恒定内压下盐穴容积随时间流变曲线[18]

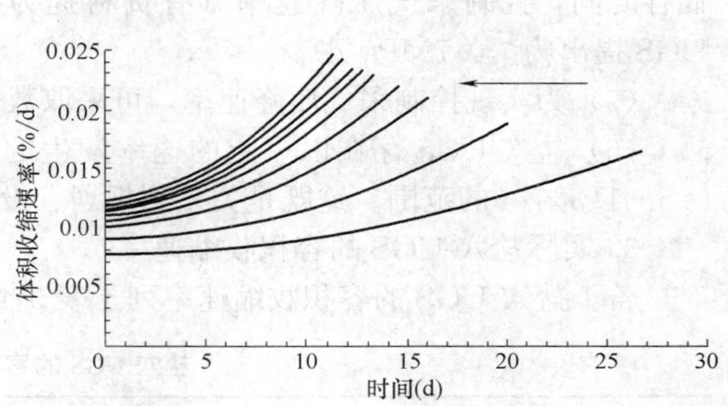

图 5-4-14 不同压降速率下体积收缩速率曲线[17]

图中曲线自下向上方向，压降为：0.3MPa/d，0.4MPa/d，0.5MPa/d，0.55MPa/d，0.6MPa/d，0.63MPa/d，0.65MPa/d，0.68MPa/d，0.7MPa/d

图 5-4-15 是采用数值模拟方法，模拟七种不同采气速率相应的压降速率（分别为 0.2MPa/d、0.3MPa/d、0.4MPa/d、0.5MPa/d、0.6MPa/d、0.7MPa/d、0.8MPa/d），盐穴内压为由 14.5MPa 降至 8MPa，盐穴群各盐穴同步降压下，储库盐穴的容积收缩速率。可见采气速率（压降速率）越大，盐穴的容积收缩速率越大。

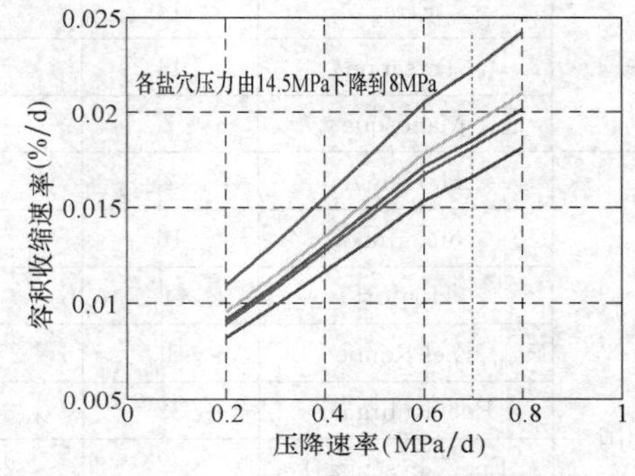

图 5-4-15 容积收缩速率与采气压降速率的关系
（5 条曲线分别对应 5 个盐穴）

（5）容积收缩率的连续叠加关系

笔者认为，盐岩的显著的蠕变性质，表现为蠕变应变随时间而增大；因而导致盐穴发生的容积收缩具有连续叠加性质。

由图 5-4-8 可以看到，盐岩在连续三级偏应力的情况下，盐岩应变有叠加的关系。从而可以推论，盐穴运行中，在荷载变化的过程中，蠕变导致的容积收缩也会是叠加的。按这一（本手册作者提出的）假定，可以制定盐穴储库的容积收缩预测计算方法。

2. 盐穴储气库的设计与运行

综合关于盐岩的基本物理力学性质，特别是蠕变（和疲劳）损伤特性以及对影响盐穴地下储气库容积收缩的因素的讨论，认识到它们与盐穴储库的结构稳定性、完整性的关系，可以得到下列关于盐穴储库建造工艺设计和运行的要点：

（1）在储库设计中，为使盐穴有较小的容积收缩率，对盐穴的形状需结合经济性进行优化考虑；

（2）为控制盐穴壁面应力水平，应保持盐穴 $p_{max} \leqslant 0.5 \times (14.7 \sim 23.5)\ H$（kPa）（$H$ 为洞穴深度，单位 m）。升压速率<0.75MPa。

（3）盐岩的疲劳阈值（例如文献［18］讲到）在静态强度的75%左右。这给出了设计盐穴的一种应力指标。

（4）为减小盐穴容积收缩率，从储库工况设计方面有：提高盐穴平均压力，缩短低压储存时间，控制采气压降速率（有资料提为≤1MPa/d，文献［18］，针对国内某盐穴UGS提出为≤0.7MPa/d）。

（5）为实现控制采气压降速率，可采取数个采气盐穴同时运行（并联运行）方式。

（6）盐穴UGS存在以一定的速率发生的容积收缩现象，容积收缩速率其值一般在0.5～1.3%/a的范围。这既是关系到规划、设计的一种技术因素，又是一种经济因素。

3. 实际盐穴UGS的容积收缩速率

若干盐穴UGS的容积收缩速率列于表5-4-3。

盐穴UGS的容积收缩速率　　　　表5-4-3

	盐穴UGS	盐穴数量	初始容积（10^3m^3）	总收缩率（%）	使用年限（a）	收缩速率（%/a）	
加拿大	Fort Saskatchewan	6	110	5～10	11	0.45～0.9	*
	Transgas	24			16		
丹麦	Torup	6		7.5	3.9	1.5	
法国	Etrez	14	200	1.8	8	0.1～0.3	
	Tersanne	14	165	3.0	18	1～2	
	Manosque	7			2		
德国	Harsefeld	2			3	0.2～0.8	
	Nuttermoor	16			12	0.5	
	Hontorf	4			20	0.5	
	Kiel-Ronne	1	27.4	15	25	0.6	
	Epe(Ruhrgas)	32	313	2.9	6	0.5	
	Epe(Thysengas)	4	203	6.0	5	1.2	
	Krummhorn	3	260	7.6	18	0.54	
	Xanten	7	118.6	1.6	8	0.2	
	Burnburg	28			18	0.5	
	Bad Lauch-stadt	13			8	0.5	
英国	Hornsea	9	250	4.3	6	0.86	
美国	Bethel	3			19		
	Marysville	6			38		

注：*本手册作者核算的收缩速率。

5.4.5 盐穴储气库地面工程实例

以国内某盐穴地下储气库工程为例，介绍地下储气库地面场站设计的主要内容。

盐穴地下储气库以盐穴井场的采气树作为界面分为地下工程和地面工程；地下工程包括钻井工程、造腔工程、盐腔试验、安装井口设备等；地面工程主要包括注采站、盐穴井场、注采站与井场之间的集输管道等；其中：

(1) 注采站为储气库工程的核心场站，承担着过滤、计量、调压及调配等功能。注采站为注气或采气的单工况运行场站，注气时不进行采气作业，采气时不进行注气作业。

(2) 盐穴井场为以井口装置为主要装置的井口工艺设备区域，主要包括采气树、过滤分离器、调压装置等。

(3) 集输管线为连接井场与注采站的管线和其他配套设施。

储气库地面场站由注采站经长输管线连接气源和下游用户。

5.4.5.1 工艺系统

注采站主要包括注气系统、采气系统、脱水及再生系统、调压计量系统、放散系统；盐穴井场主要包括井场系统及放散系统[2]。

1. 注气系统

注气系统是指从气源经长输管线的天然气进入注采站，经过滤去除杂质和水分后，经流量计计量，压缩增压、冷却后经过集输管线进入各单井井场注入盐穴。注气系统工艺流程示意图见图 5-4-16。

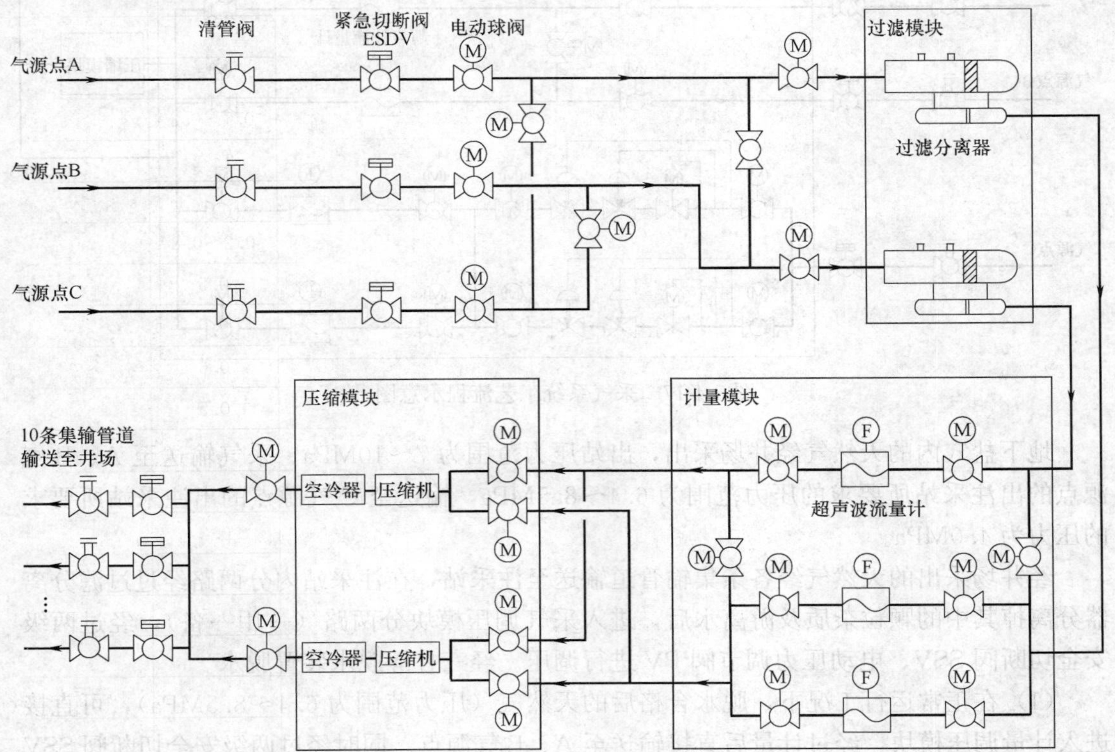

图 5-4-16 注气系统工艺流程示意图

注气阶段，从气源压力不同的A、B、C三处气源点经输气管道输送天然气进入注采站，然后经清管阀、两台过滤分离器（一用一备）分离出天然气中的颗粒杂质及游离水分等；随后分为三路（两用一备），利用超声波流量计进行计量，计量后分两路经往复式压缩机两级压缩，压力达到16.0MPa，再经过空冷器冷却后温度不超过55℃送到汇管分配，通过各集输管道分别输送到各个井场后注入地下盐穴。其中：A、B、C三处气源点来气，A处气源点压力范围为4.11～7.86MPa，B处气源点压力范围为5.6～7.4MPa，C处气源点压力范围为2.0～2.5MPa。

2. 采气系统

采气系统是指从各单井采出的天然气，进入注采站后经过滤、调压、脱水、计量后通过长输管线输配给下游管网。采气系统工艺流程示意图见图5-4-17。

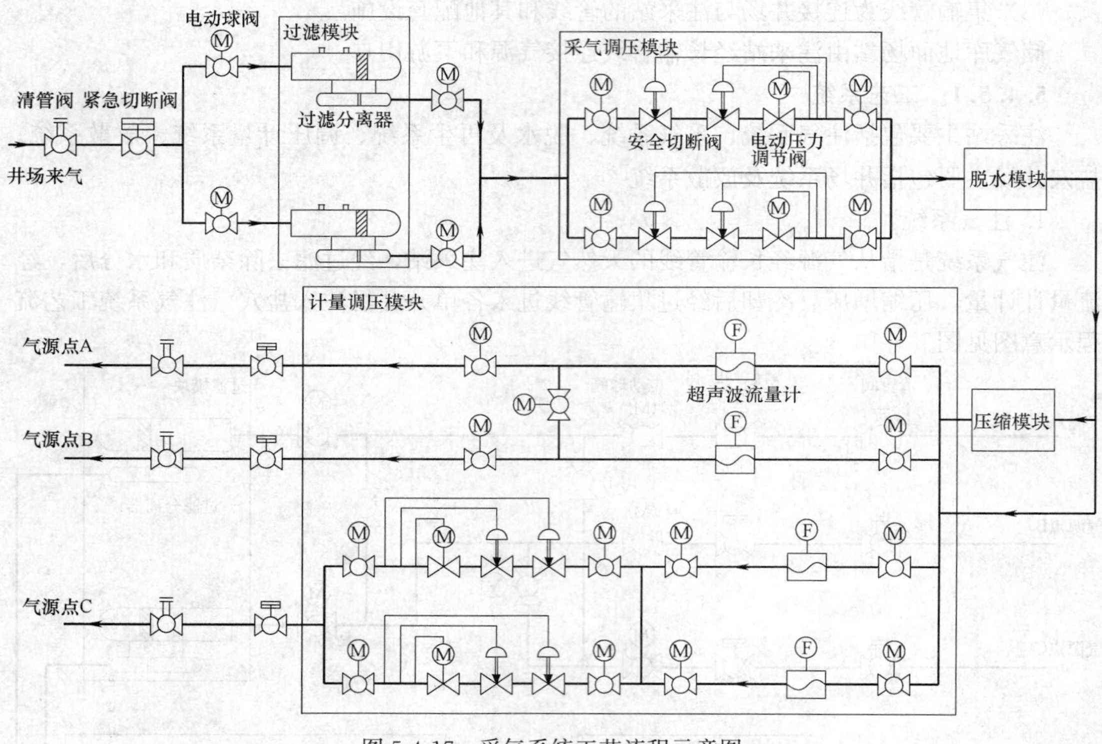

图5-4-17 采气系统工艺流程示意图

地下盐穴内的天然气经井场采出，出站压力范围为7～10MPa。采气输送至A、B气源点的出注采站所要求的压力范围为6.4～8.5MPa，输送至C气源点的出注采站所要求的压力为4.0MPa。

经井场采出的天然气经各条集输管道输送至注采站，在注采站内分两路经过过滤分离器分离掉其中的颗粒杂质及游离水后，进入采气调压模块分两路（一用一备），经过两级安全切断阀SSV、电动压力调节阀PV进行调压。经三甘醇脱水装置脱水。

(1) 在正常运行工况下，脱水合格后的天然气（压力范围为6.4～8.5MPa），可直接进入计量调压模块，经过计量后直接输送至A、B气源点。同时经过两级安全切断阀SSV及电动流量调节阀PV调压，经输气管道输送至C气源点。

(2) 在采气末期，当脱水合格后的天然气压力低于 6.4MPa 时，则需利用压缩机进行增压，并经过计量调压模块，经输气管道输送至各气源点。

3. 脱水及再生系统

脱水及再生系统为采气系统中的脱水模块，脱水及再生系统由天然气脱水及三甘醇（以下简称 TEG）再生循环两部分组成。其工艺流程示意图见图 5-4-18。

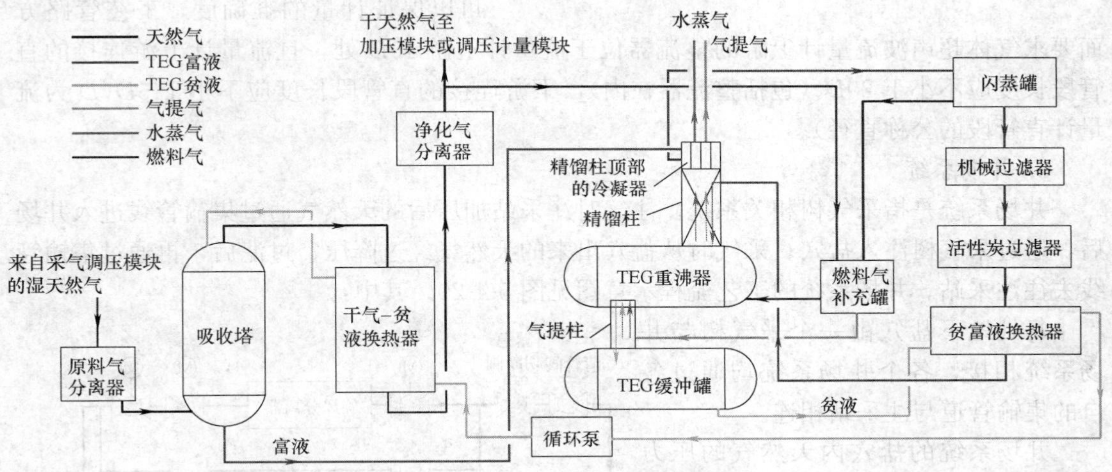

图 5-4-18 脱水及再生系统工艺流程示意图

湿天然气首先经过原料气分离器进行分离过滤，将其中的凝液分离出来；然后进入吸收塔底部，TEG 贫液将天然气中的大部分饱和水吸收。脱水后分别经干气-贫液换热器与 TEG 贫液换热，经净化气分离器分离出其中的 TEG 富液后达到合格的脱水标准，随后进入后面的压缩模块及计量调压模块。

TEG 贫液在吸收塔内吸收大量饱和水后变成 TEG 富液，送至精馏柱顶部的冷凝器与 TEG 重沸器的尾气进行间接换热，将尾气中的三甘醇蒸气以大部分三甘醇溶液的形式回收，以减少三甘醇的损失。TEG 富液经升温后经过 TEG 闪蒸罐，在约 0.4～0.5MPa 的闪蒸压力下将闪蒸出 TEG 富液中溶解的烃类，烃类气体送至燃料气补充罐作燃料气用。经闪蒸后的 TEG 富液依次通过机械过滤器和活性炭过滤器进行物理过滤分离，分别过滤掉其中的固体杂质、凝析油、液烃等。经贫富液换热器换热升温经精馏，与重沸尾气接触换热后将大量的水分以水蒸气形式带出，此时 TEG 富液被提浓成贫液，其后进入 TEG 重沸器的顶部，通过高温受热重沸作用将贫液中的水分及部分烃类分离出来，在气提柱内被气提气携带脱出贫液中的水分，最终可将 TEG 贫液的浓度质量分数进一步提高至 99.96%。完成 TEG 再生过程。

4. 调压计量系统

调压计量系统主要指注气系统与采气系统中所包含的调压模块和计量模块。

(1) 调压模块

调压模块采用安全切断阀、电动调节阀的设计，见图 5-4-19，安全切断阀的信号取自电动调节阀的下游，正常情况下，安全切断阀处于全开位置，由电动调节阀对下游压力进行控制。当电动调节阀出现故障，无法控制下游压力时，安全切断阀则自动切断气源。

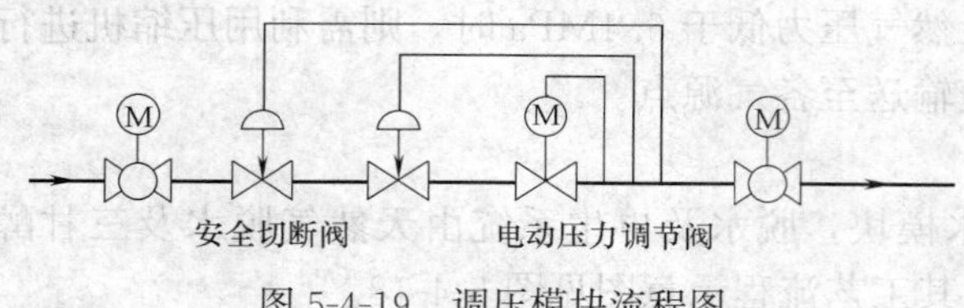

图 5-4-19　调压模块流程图

(2) 计量模块

计量模块采用气体超声波流量计及流量计算机配套使用，对注气或采气量分别单向进行计量，选用四声道(或六声道)、对射式或反射式型号，可以保证计量的准确度。工艺管路方面要求气体超声波流量计上游的整流器位于流量计上游 $10D$ 处，且流量计上游连接的直管段长度应不小于 $20D$（包括整流器在内），下游连接的直管段长度应不小于 $5D$(D 为流量计直管段的公称直径)。

5. 井场系统

井场系统是指采气树相关系统。注气时注采站加压后的天然气通过集输管线进入井场后，通过采气树注入盐穴；采气时从盐穴出来的天然气经过降压、过滤后，再通过集输管线去往注采站。井场系统的工艺流程示意图见图 5-4-20。其中：

每处地下盐穴由一个采气树与井场系统相接，各个井场系统均通过各自的集输管道与注采站相连。

井场系统的盐穴内天然气的压力为 7.0～16MPa，设计压力为 17MPa。

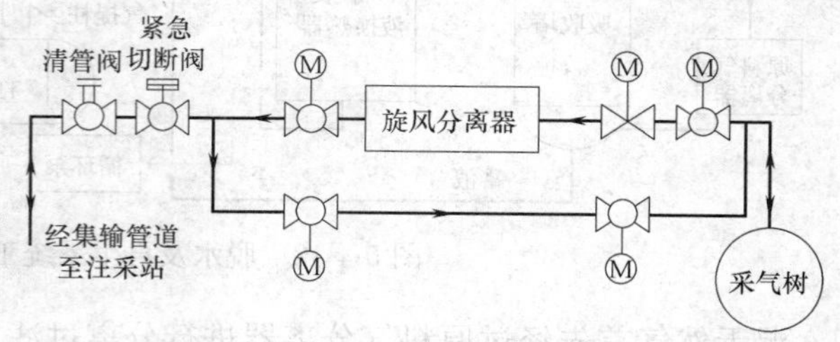

图 5-4-20　井场系统工艺流程示意图

各个井场系统的功能为注气时接收注采站的来气并注入地下盐穴，采气时地下盐穴采出的天然气含有大量卤水、杂质颗粒及游离水分，同时考虑到运行阶段各盐穴内压力的变化，设置电动压力调节阀，采气时将地下盐穴的天然气由电动压力调节阀调压至 10MPa，其中当盐穴的天然气压力低于 10MPa 时可不调节。天然气经过电动压力调节阀节流降压后其压力和温度均会降低，天然气游离水分等凝结成液态水，然后通过旋风分离器分离出部分杂质颗粒及水分，再经各自集输管道输送至注采站。另外，采气阶段还可通过电动压力调节阀获取井场来气的压力信号，以实现紧急切断阀的连锁控制。

6 放散系统

注采站及井场内的放散系统主要实现输气管道、集输管道、站内设备及管道的燃气放散，采用集中统一放散。事故、维修等紧急情况下进行安全放散。

5.4.5.2　地面工程关键设备

地面工程的关键设备主要包括压缩机、脱水装置、自动控制系统、工艺安全设备、过滤及清管设备。

1. 压缩机组

压缩机机组是注采站工程的核心设备，压缩机的配置应能满足不同注气采气工况要求，其选型须考虑气源进气压力区间、地下盐穴所能储存承受的压力区间，根据储气库设计规模计算压缩机设计总排量。

(1) 压缩机机组可采用燃气发动机驱动和电机驱动两种驱动方案，方案的选择主要取决于注采站的现场条件和各项技术经济指标。

在运行管理方面，电机驱动与燃气轮机驱动相比，具有运行可靠，管理简单，维护工作量小，维护费用低等优点；

在能源消耗方面，采用电机驱动耗电量大，费用高，而储气库具有用气比较便利，气价比较稳定的优势。

（2）压缩机机组及空冷器运行时产生的噪声值往往高于《工业企业厂界环境噪声排放标准》GB 12348 的要求，因此需对压缩机机组和空冷系统进行降噪环保处理。

2. 脱水装置

由于盐穴主要系采用淋盐溶腔而成，加上后期投产时进行注气排卤，不可避免含有水分，在采气工艺中须配置能力较强的脱水装置。脱水装置的规模确定应根据采气量的大小区间进行配置，目前储气库项目多使用三甘醇脱水装置。

三甘醇脱水是一个物理过程，流程见 5.4.5.1 工艺系统。

3. 自动控制系统

盐穴储气库项目的储气规模大、运行压力高以及井场分布分散等特点，需配置一套注采站自动控制系统，以保障整个注采系统得以安全、可靠、有效运行。

自动控制系统主要是由过程控制系统（Distributed Control System，DCS）、安全仪表系统（Safety Instrumented System，SIS）、大屏显示系统、通信及报警系统、防雷接地系统所组成的高度集成的自控系统。其中：

（1）DCS 系统采用冗余可编辑逻辑控制器 PLC 模式进行搭建，关键信号采用冗余 I/O 模块进行采集。可实现设备仪表的监测、计量等数据收集，进一步实现设备仪表进行切换调度运行的自动控制。

（2）SIS 系统实现注采站与井场安全仪表的压力、温度等信号的安全连锁，一般硬件条件需要满足安全完整性等级 SIL2 或以上的标准认证，可以实现信号联锁自动超压切断，紧急停车等功能，及时阻断危险情况发生，保护人员和设备。

4. 工艺安全设备

（1）安全切断阀：输气管道进出注采站、集输管道进出注采站或井场、注采站集气汇管的出入口均设置气动紧急切断阀（ESDV），以实现超压、泄漏等紧急情况下的联锁切断。

（2）电动球阀及电动执行机构：在过滤、脱水、计量、调压、汇管等模块出入口均设置电动球阀，并配备电动执行机构。

（3）过滤模块、计量模块、调压模块均设置备用线路，以提供系统运行的安全性。

5. 过滤、清管设备

（1）清管阀。在输气管道的气源站出口与注采站入口处设置一对清管阀以及每条集输管道的井场入口与注采站入口处设置一对清管阀，以实现对输气管道与集输管道的清管，代替天然气场站中常用的收发球筒，可以高效实现管道的清洁及杂质排出，从而保障设施的运行安全。

（2）过滤设备。注气及采气阶段的天然气中均含有颗粒及水分等杂质，为降低杂质对输送管道的堵塞及腐蚀，并考虑到不同阶段的处理气量及气体组分，选择不同的过滤设备。

1）注气阶段是天然气中的游离液体较少，可选用卧式过滤分离器，通过滤芯可以将极小的颗粒物过滤掉。

2）由于盐穴内卤水的存在，导致采气阶段天然气中同时含有较多的水分及颗粒杂质，因此在井场内设置旋风分离器进行一级初步分离；在注采站内再经过过滤分离器二次分离，达到较高过滤分离精度。

6. 井场系统紧急切断装置

井场系统中一般需配置气动紧急切断阀和电动压力调节阀，接收注气和采气阶段盐穴压力信号等，异常状态下可自动连锁报警，实现紧急切断。

（1）井场系统气动紧急切断阀一方面通过控制采气压降速率以稳定盐穴的采气流量范围，一旦采气速率过快即进行紧急切断，另一方面当集输管道发生第三方破坏时，盐穴内压力会降低，其压降速率的突变也将引发气动紧急切断联锁，以避免造成采气树后的漏气损失。

（2）注气阶段，井场电动球阀可接收采气树的盐穴压力变送器的压力信号，当盐穴压力接近其允许承受的注气压力时，一般储气库盐穴的注气升压速率须小于0.75MPa/d，通过控制系统自动压力报警，电动球阀可进行紧急切断。

（3）电动压力调节阀一方面考虑到储气库盐穴承压能力各异，另一方面实际生产运营过程中盐穴的储存压力也不同，因此在采气阶段设置电动压力调节阀的出口压力。当盐穴贮存压力高于出口压力时，可依靠其进行调压，当盐穴贮存压力低于出口压力时，不需要进行调压，可依靠注气段作为旁通支路进行反向输出采气，从而实现各井场同时采气（亚联运行方式），有利于减小盐穴容积收缩，进一步提高储气库盐穴的综合利用率。

5.5　岩洞地下储气库

5.5.1　有衬岩洞（LRC）

典型的有衬岩洞储库（Lined Rock Cavern，LRC）由2～4个对称布置的岩洞组成，岩洞中心距约130m。每个岩洞是直径约40m，高度约100m的圆柱空间。岩洞顶位于深度100～150m处。每个岩洞都有特殊工程的整体钢衬。钢衬使天然气与周围岩体隔绝因而防止天然气逸出，同时防止水分侵入（图5-5-1）。

构造。岩洞体由岩石、混凝土层、钢衬及排水系统构成。岩石：承受压力；混凝土层：传递压力，防止变形，为内衬钢板提供平整面；钢衬用于密封气体，钢衬材料可为厚0.4mm不锈钢板；排水系统由管道等组成，当岩洞卸压时，排水系统将地层水排出，防止其对钢衬产生极大的外压（图5-5-2）。

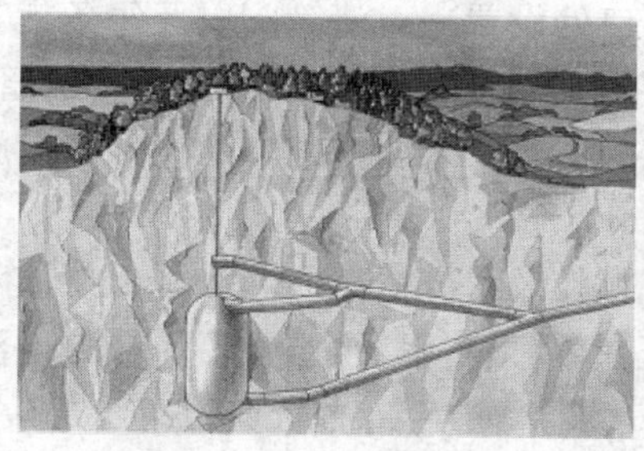

图5-5-1　LRC储气库

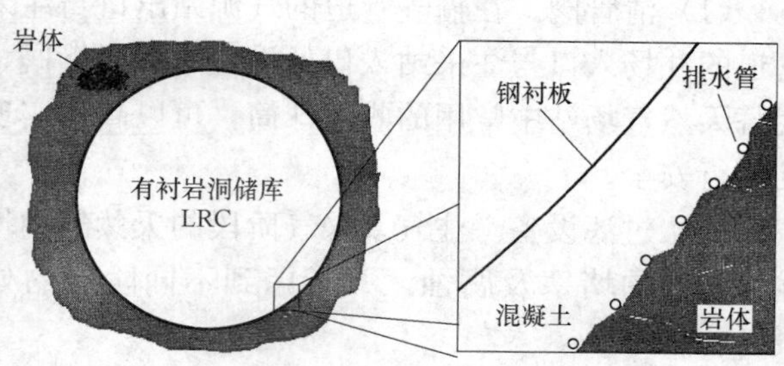

图5-5-2　有衬岩洞（LRC）壁面构造

建造过程。采用现成的高级开矿技术。首先开一通行隧道（tunnel），然后由通行隧道开出各洞库，洞库完成后，为每一洞库开出带有管道的通向地面的竖井（shaft with piping）。LRC 储库技术参数见表 5-5-1。

LRC 储库技术参数 **表 5-5-1**

	示范储库	商业储库
总储量(m^3)	10×10^8	$20\times10^6\sim25\times10^6$
几何容积(m^3)	40000	80000
直径(m)	37	40
高度(m)	50	100
压力(MPa)	20.0	23
岩石盖层(m)	115	130
注气(d)	20	20
采气(d)	10	10

LRC 储库举例。储库由地上设施、连到天然气管网的 3.2km 管道及 80000m^3 地下岩洞组成。80000m^3 岩洞容积是整个商业 LRC 洞库的 1/3。地上设施主要是运行机械设备，包括冷却器、加热器、压缩机以及监控装置。这些设施设在山顶上。天然气加热或冷却系统是用于通过减小岩洞中的温度变化来增加工作气量并降低储气的单位费用。

安全与环境友好及竞争力。可具有超过 $60\times10^6m^3$ 的工作气量。在一个基地可建设多座储库，提供需要的大储气容量。LRC 可与 LPG/LNG 设施竞争。LRC 一年中可进行多次工作循环。

天然气储存：LRC 储气与 LNG 储气的经济指标比较见表 5-5-2。

LRC 储气与 LNG 储气的经济指标比较 **表 5-5-2**

名　　称		LRC 储气	LNG 储气
储气量(10^8m^3)		1	1
储库或储罐规格(10^4m^3)		5×10	2×10
注气量(10^4m^3/d)		100	100
采气量(10^4m^3/d)		100	1000
储库或储罐投资(10^4元)		86750	80000
其他投资(10^4元)(地上部分)		32600	40000(液化) 5000(汽化)
工程总投资(10^8元)		11.935	12.5
占地(亩)	(地上部分)	50	260
	(地下部分)	260	0
运行费用(10^4元/10^4m^3)		0.3	0.35

5.5.2 无衬岩洞（NRC）

无衬岩洞储库（Non-lined Rock Cavern，NRC）在岩洞开凿后不加内衬，依靠地下水压对岩洞中的气体形成密封作用（称为水密封法）。可知，当岩洞地层无水源环境时，需围绕岩洞人工安设分布水管形成密封水压（图 5-5-3）。

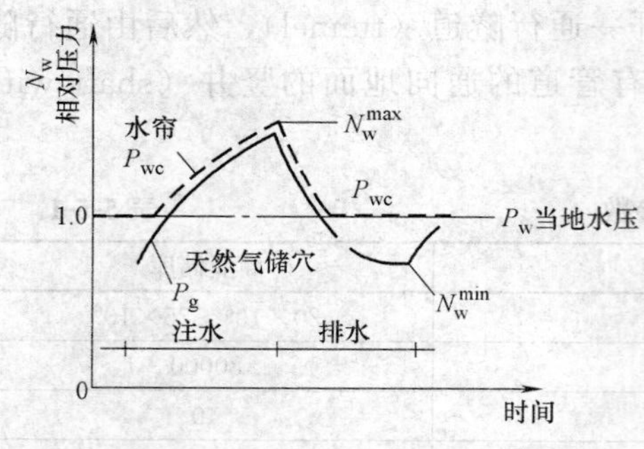

图 5-5-3　无衬岩洞水帘的工作[24]

挪威的 NRC 为地表下 1000m 处 18m×32m（高）（断面 $A=540m^2$），长 1500m 隧洞型。设计压力 10MPa。由于无内衬，在岩洞四周建有水帘用以密封洞库。距洞库边 20m，间隔 5m 设水帘管。维持水压略高于洞内气压。

5.5.3　废弃矿洞 UGS

利用开采过的废弃地下矿井及巷道容积，经过改造修复后作地下储气库。优点是废物利用，建库费用小。缺点是通常矿井裂缝发育，密封性差，高压注入天然气易漏失，导致灾害发生，危及安全。因此需做较长时间的试注、观察、监测，建库周期长，经营运行成本高。洞穴用标准地下采矿技术修建，通过竖井或斜井可达到洞穴入口。

5.6　洞穴型地下储气库热力分析

洞穴（洞腔）型 UGS 会经历注气、储气、采气、待储等的周期性工况的过程，在洞腔空间中导致天然气压力和温度发生变化，是单纯的热力过程；同时在洞腔空间天然气与岩体之间发生经过岩体壁面换热的传热过程；在岩体中发生导热过程。因而洞穴型 UGS 系统存在不定常的热力变化。

掌握洞腔中天然气状态变化在技术和安全上具有重要的实际意义，也直接关系到对储库的运行调度。例如注采运行应该满足洞腔温度、压力、压力变化率和防止水合物生成等限制条件。为此需要对其进行全面的热力分析。

1. 洞腔中天然气热力分析

将洞腔简化为圆筒状，顶面和底面折算为圆筒的柱面，以便将洞腔与岩体的换热简化为一维换热问题。柱面折算高度设为：$\Delta h=\frac{3}{4}\pi d^2/\pi d=\frac{3}{4}d$（$d$——洞腔圆筒直径，$\Delta h$——洞腔顶面和底面折算为圆筒的柱面高度）。

注气：

$$d(V\rho_1 c_p T_1)=\rho_{in}q_{in}T_w dt-A\alpha(T_1-T_2)dt \tag{5-6-1}$$

式中　V——洞腔几何容积，m^3；

T_1，ρ_1——洞腔中天然气的温度，K，密度，kg/m^3；

c_p——洞腔中天然气平均定压比热容，J/(kg·K)；

T_{in}，ρ_{in}——天然气长输管道的温度，K，密度，kg/m^3；

q_{in}——天然气注气的流率，近似取为常数，m^3/h

T_w——注气进入洞腔的温度，K；

A——洞腔壁面积，m^2；

α——天然气与洞腔壁面的换热系数，$J/(m^2\cdot s\cdot K)$；

T_2——洞腔壁面的温度，K；

ρ_b，p_b——天然气基准状态的密度，kg/m^3，压力，$p_b=101325Pa$；

$$V\rho_1 c_p dT_1 + V c_p T_1 d\rho_1 = \rho_{in} q_{in} c_p T_w dt - A\alpha(T_1 - T_2)dt \tag{5-6-2}$$

考虑到 $\rho_{in} q_{in} = \rho_b q_b, d\rho_1 = \pm \dfrac{\rho_b q_b dt}{V}$（注气取+号，采气取−号）

得到
$$a\ dT = b(T_w - T_1) - (T_1 - T_2) \tag{5-6-3}$$

式中
$$a = \frac{V\rho_1 c_p}{A\alpha dt},\quad b = \frac{\rho_b q_b c_p}{A\alpha}$$

天然气由管道终点状态加压注入洞腔，经压缩机多变压缩及井管降压及换热进入洞腔，按多变过程（多变指数 n）考虑，进入洞腔的温度近似有

$$T_w = \theta T_1 \tag{5-6-4}$$

$$\theta = \left(\frac{\rho_1}{\rho_{in}}\right)^{\frac{n-1}{n}} \left(\frac{T_{in}}{T_1}\right)^{\frac{1}{n}}$$

采气：
$$d(V\rho_1 c_p T_1) = -\rho_1 q T_1 dt - A\alpha(T_1 - T_2)dt \tag{5-6-5}$$

采气流率 q，考虑到 $\rho_1 q = \rho_b q_b$，以及微时间段内的平均温度 $\overline{T}_1$

$$V\rho_1 c_p dT_1 + V c_p \overline{T}_1 d\rho_1 = -\rho_b q_b c_p T_1 dt - A\alpha(T_1 - T_2)dt \tag{5-6-6}$$

得到
$$a\ dT = -b(T_1 - \overline{T}_1) - (T_1 - T_2) \tag{5-6-7}$$

式（5-6-3）、式（5-6-7）即是描述注气、储存、采气、待储的洞腔能量平衡方程。

2. 岩体导热过程

通过岩体是不定常导热过程。在洞腔壁面处则主要是与燃气进行对流换热。将有洞腔的岩体导热看为有内园筒的一维问题，可以列出关于岩体温度场的偏微分方程：

$$\frac{\partial T}{\partial t} = \chi\left(\frac{\partial^2 T}{\partial r^2} + \frac{1}{r}\frac{\partial T}{\partial r}\right) \tag{5-6-8}$$

$$\chi = \frac{\lambda}{c_s \rho_s}$$

边界条件 BC1
$$\rho_s c_s \frac{dr}{2}\frac{\partial T}{\partial t} = \lambda \left.\frac{\partial T}{\partial r}\right|_{r=r_c} + \alpha(T_1 - T_2) \tag{5-6-9}$$

边界条件 BC2
$$T(r_{ot}, t) = T_B \tag{5-6-10}$$

初始条件 IC
$$T_1(0,0) = T_B,\quad T(r,0) = T_B \tag{5-6-11}$$

式中 T，ρ_s，c_s——岩体的温度，K，密度，kg/m³，比热容，J/(kg·K)；

λ——岩体的导热系数，J/(m·s·K)；

r_c——洞腔的半径，m。

式（5-6-3），式（5-6-7）～式（5-6-11）即构成洞穴型地下储气库热力分析基本数学模型。

对这一分析模型，用有限差分法进行计算，采用 Crank-Nicholson 格式列出求解方程组。

对空间坐标作变换：$\xi = \ln r$，式（5-6-8）变为：

$$\frac{\partial T}{\partial t} = \chi \frac{\partial^2 T}{r^2 \partial \xi^2} \tag{5-6-12}$$

时间步长为 Δt，空间步长为 $\Delta\xi$。

注气：
$$[2a - b(\theta-1) + 1]T_{1,j+1} - T_{2,j+1} = [2a + b(\theta-1) - 1]T_{1,j} + T_{2,j} \tag{5-6-13}$$

$$BiT_{1,j+1} - \left(1 + Bi + \frac{1}{Fo_2}\right)T_{2,j+1} + T_{3,j+1} = -BiT_{1,j} + \left(1 + Bi - \frac{1}{Fo_2}\right)T_{2,j} - T_{3,j} \tag{5-6-14}$$

$$T_{i-1,j+1}-2\left(1+\frac{1}{Fo_i}\right)T_{i,j+1}+T_{i+1,j+1}=-T_{i-1,j}+2\left(1-\frac{1}{Fo_i}\right)T_{i,j}-T_{i+1,j} \tag{5-6-15}$$

$$T_{n+1,j}=T_{\mathrm{B}}\quad j=1,2\cdots m \tag{5-6-16}$$

$$T_{i,0}=T_{\mathrm{B}}\quad i=1,2\cdots n \tag{5-6-17}$$

$$Fo_i=\frac{\chi\Delta t}{(\Delta\xi)^2 r_i^2},\quad Bi=\frac{\alpha r_{\mathrm{c}}\Delta\xi}{\lambda}$$

采气：

$$[2a-b+1]T_{1,j+1}-T_{2,j+1}=[2a-b-1]T_{1,j}+T_{2,j} \tag{5-6-18}$$

以及式（5-6-14）～式（5-6-17）。

【例 5-6-1】 盐穴地下储气库热力分析算例。

储气库顶位于地下 $H=1800\mathrm{m}$，洞腔半径 $r_{\mathrm{c}}=20\mathrm{m}$，洞腔高 $h=60\mathrm{m}$，几何容积 $V=0.113\times10^6\mathrm{m}^3$，储库地层边界 $r_{\mathrm{ot}}=200\mathrm{m}$，盐岩地层温度 $T_{\mathrm{bd}}=318.15\mathrm{K}$，储气压力 5.0～18MPa，最大储气量 $V_{\mathrm{wk}}=0.16\times10^8\mathrm{m}^3$，工作气量 $V_{\mathrm{wk}}=0.19\times10^8\mathrm{m}^3$，储气库年运行周期：注气 85d—储存 130d—采气 25d—待储 125d。

盐岩密度 $\rho=1800\mathrm{kg/m^3}$，盐岩比热容 $c=900\mathrm{J/(kg\cdot K)}$，盐岩导热系数 $\lambda=30\mathrm{J/(m\cdot s\cdot K)}$，洞腔壁换热系数 $\alpha=60\mathrm{J/(m^2\cdot s\cdot K)}$。多变指数 $n=1.3$。

计算结果：

（1）洞腔内温度和压力

在一个注采周期中洞腔内温度和压力变化列于图 5-6-1。可以看到，温度在注气过程一直基本按等速率上升，上升幅度为 3.4℃（盐穴内温升不高是由于从输气管道的来气温度为 25℃）。停止注气后温度连续下降。从储气到采气阶段下降速率逐渐变小。经待储工况末，温度趋于初始状态。

洞腔内压力在注气过程一直基本按等速率上升，上升幅度直达储库最高储气压力。停止注气后压力略有下降，这是由于洞腔温度下降所导致的。采气过程压力基本按等速率下降直至采气结束达到待储工况的储库压力，该压力接近储库初始压力，也是储库垫层气压力。近似压力等速率上升或等速率下降可用于近似描述注、采过程储库压力的变化。

由图 5-6-1 所示数据可知，本洞腔最高压力 $p_{\max}=17.28\mathrm{MPa}$，需针对当地地层校核应有 $p_{\max}\leqslant0.5\times(14.7\sim23.5)H$（kPa）；洞腔降压平均速率 $\frac{\Delta p}{\Delta t}\approx(17.28-5.01)/25=0.49\mathrm{MPa/d}$，满足 $\frac{\Delta p}{\Delta t}\leqslant1.0\mathrm{MPa/d}$ 的一般要求，可见洞腔降压速率一般都是满足要求的。

需要指出，无论由于注气或采气，温度或压力的升降速率都与注气或采气的强度（$\mathrm{m^3/s}$）有关。

（2）岩体温度场

考察储库的不同工况阶段岩体温度场。由图 5-6-1 可见，注气过程终了，由洞腔壁面到岩体外边界，靠近洞腔壁面温度场有显著的温度梯度，但在距洞腔壁面一定距离后，温度梯度变得很小。储气终了、采气终了、温度梯度很小，待储过程终了温度梯度接近于零。岩体温度场的形态取决于洞腔温度状态及岩体导热特性参数。由于运行工况引起的洞腔温度变化导致的岩体温度场变化传导范围不大，因此，在对储库洞群进行热力分析时，可不考虑洞间相互干扰。

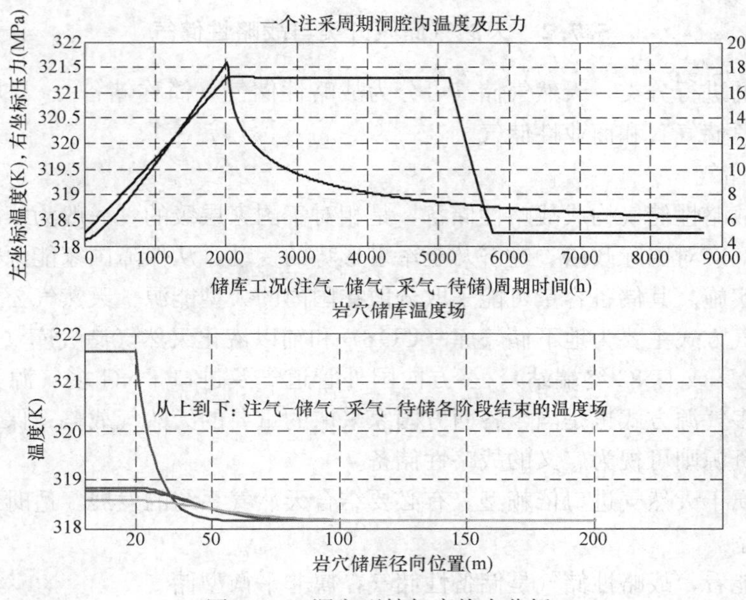

图 5-6-1 洞穴型储气库热力分析

5.7 储气容量

5.7.1 天然气系统的储气要求

天然气工业链由生产、输送和分配三个环节构成。在天然气工业系统中，这三个环节俗称上、中、下游。在油气田进行的天然气开采和生产由于气藏的渗流力学特性，生产的规模性和开采、集输、处理、加压流程的连续性，需要保持相对稳定的生产强度，供出的天然气流量不要有太大的波动。经过中间环节的输气管道向下游分配系统供气。而下游分配系统所联接的终端用户，用户结构多样，数量众多，有规定的压力要求，用气量随时间变化范围大，变化存在随机性，周期性和某种趋势性，以及存在突变性。

可见，在天然气工业系统中，从天然气气流平衡看，在供需总量平衡的条件下，系统的实时天然气流是不平衡的，这是天然气工业系统技术上的固有矛盾。为解决这一矛盾，在系统中需设置储气设施对其加以调节，即一般的调峰储气。

按储气平衡的周期，调峰储气可分为平衡小时不均匀性的日调峰、（近似的）平衡日不均匀性的周调峰，和平衡全年的日不均匀性的（一般称为的）季节调峰。前两种调峰在本手册第 3 章 3.5 讨论，本章只讨论季节调峰，简称调峰。

从大的范围看，即考察一个国家的天然气工业系统，可能存在供需总量的不平衡。对此，则需与其他系统间建立补充关系。这种关系可能是国内范围的储存容量保证，也可能是与其他国外、境外的天然气系统的关系。为解决这类矛盾，对天然气系统需安排多气源供应和储存设施的结构，达到供需总量的平衡。

缩小范围看，对一个区域或城镇输配系统，也存在供需总量平衡以及实时平衡问题。为应对这些问题，需尽可能采取多气源供气结构并为系统配置储气设施。

5.7.2　天然气储气分类与战略性储气

按储气目的进行分类，天然气储气可分为战略性储气（简称储备），常规储气（运行调峰储气、应急储气）和商业性储气。

1. 战略性储气

天然气的战略性储气构成战略性储备，是相对于国家层级的，一般为依靠国家级的大规模储气设施，应对国际政治、经济乃至军事形势的变动，从保障国家能源安全出发进行规划、建设和实施。其储备容量可能采取分散在国内的大型能源—天然气公司的储库系统中。战略性储气方式主要为地下储气库（UGS）和辅以液化天然气储气库（LNG 储气库，位于 LNG 液化厂或 LNG 终端站）。多方向国外管道气及进口 LNG 多气源方式可视为准战略性储气，多气源方式也是当今各西方国家采取的重要的天然气战略；保留或低强度开采天然气气藏资源则可视为广义的战略性储备。

我国能源属于天然气进口依赖型。有必要结合天然气系统的发展，适时地建立起天然气安全储备体系。

从储气功能看，战略性储气是储备性储气，属非平衡型储气。

2. 天然气的储备水平

对一个国家，天然气的总储存容量即构成了天然气储备量。天然气的储备水平[1]是国家能源安全的重要组成因素。从欧洲的实际现状看，作为天然气主要储存方式的天然气 UGS 储库的基本储备水平 R_B（基本储备水平等于最大工作气容量对总年需用量之比）与天然气的进口依存度 r_i（进口依存度等于进口气量对总年需用量之比）有一种实际的关系：

$$R_B = 0.25 \times r_i \tag{5-7-1}$$

式中　R_B——基本储备水平，a；

r_i——进口依存度。

0.25——系数，由英国、德国、法国、罗马尼亚等欧盟 27 国的 R_B 和 r_i 数据拟合得出。

储备水平应综合考虑供给方面和需求方面的因素。因此，将天然气在能源需用中的份额 f_G 因素以及天然气的进口依存度 r_i 都考虑进来，参考式（5-7-1）数据，作者提出基本储备水平公式（5-7-2）及图 5-7-1 供参考：

$$R_B = 0.01 f_G^{1/n} \times b^{1+r_I} \tag{5-7-2}$$

式中　f_G——天然气占能源需用的份额，%；

n——方根常数（取正整数），$n=8$；

b——常数，$b=5.5$；

$$V_B = q_a \times R_B \tag{5-7-3}$$

式中　V_B——基本储备容量，$10^8 m^3$；

q_a——天然气需用量，$10^8 m^3/a$；

---

[1] 2018 年 8 月 30 日国务院发布《关于促进天然气协调稳定发展的若干意见》指出“供气企业到 2020 年形成不低于其年合同销售量 10%的储气能力。”

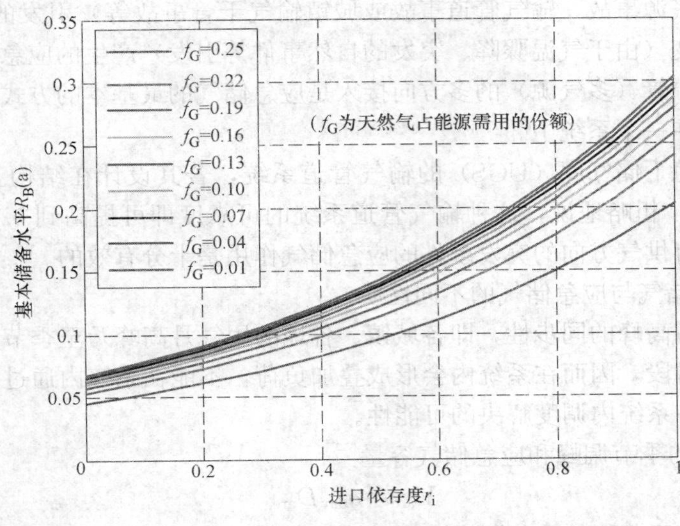

图 5-7-1 基本储备水平

公式（5-7-2）中的 n，b 常数是参考欧洲若干国家的现有相关数据（经提高约 10%）初步给出的，中国能源资源条件和所处能源环境与他们有很多区别，因而需经过进一步研究对其作出修正。

【例 5-7-1】 由式（5-7-2）、式（5-7-3），若预测我国到 2020 年天然气需用量为 $q_a=3000\times10^8 m^3/a$，设需进口 $1200\times10^8 m^3/a$，即 $r_I=0.40$，天然气占能源需用的份额 $f_G=10\%$，因而计算得 $R_B=0.01\times10^{1/8}\times4.5^{1+0.40}=0.11$。即需 UGS 工作气容量为 $V_B=3000\times0.11=330\times10^8 m^3$。

5.7.3 常规储气

对区域管网系统，也存在供需总量平衡和实时平衡问题。

区域管网系统和城镇输配系统储气属于常规储气❶，指解决燃气系统在供需总量平衡的条件下，实现实时平衡的储气。所以常规储气属平衡型储气。按功能，常规储气可分为调峰和应急两类。本节主要讨论区域管网系统层面的常规储气。

1. 调峰储气

区域管网系统调峰储气覆盖时间为季节调峰和日调峰，调峰储气是为平衡供、用气不均匀性（一般主要是用气不均匀性）进行的储气。其考虑的用气不均匀性为（季节性的）月不均匀性，日不均匀性。平衡日不均匀性所需的储气容量需要按时间过程的周期，对供、用气量，用代数方法进行累积（累积法）计算得出；平衡季节不均匀性所需的储气容量也可用累积法计算得出；由于区域管网系统的供、用气量的复杂性，累积法计算有一定难度。有鉴于此，本手册还提供了一种近似计算方法。

2. 应急储气

应急储气是为应对突发事件的储气。按突发事件的发生方向区分，又可分为：①因供

❶ 2018 年 8 月 30 日国务院发布《关于促进天然气协调稳定发展的若干意见》指出："城镇燃气企业到 2020 年形成不低于其年用气量 5%的储气能力，各地区到 2020 年形成不低于保障本行政区域 3 天日均消费量的储气能力。"

气事故（天然气气源事故，输气管道事故或城镇输气干管事故等）引发的应急储气需求；或②需用气量骤变（由于气温骤降、突发的自然事件等引发）产生的应急储气需求。

从多条输气干管（多气源）的多方向接入是应急储气的最基本的方式。应急储气一般和调峰储气结合在一个系统中。

对一个设有地下储气库（UGS）的输气管道系统，若其设计在结构上可实现管道与UGS并联式供气，粗略地说，这种输气管道系统的可靠度即可提高到0.999。可见UGS对于作为应对来自供气方向的突发事件的应急储气作用是十分有效的。

3. 季节调峰储气与应急储气的不同性质

由于用气季节高峰的同步性，即各城镇、各地的用气月高峰乃至季节高峰基本上都会出现在冬季同一时段，因而在系统内会形成叠加负荷，不能在系统内通过调度来削峰。但是应急储气存在在系统内调度解决的可能性。

4. 地区范围的季节调峰和应急储气容量

$$V_{\mathrm{are}}=q_{\mathrm{dav}}D_{\mathrm{are}} \tag{5-7-4}$$

式中　V_{are}——地区范围的季节调峰和应急储气容量，$10^4\mathrm{m}^3$；

q_{dav}——地区范围的年的日平均用气量，$10^4\mathrm{m}^3/\mathrm{d}$；

D_{are}——地区范围的季节调峰和应急储气天数，d；

（1）应急储气容量。

1）为应对供气事故引发的应急储气天数，按天然气供给方面的经验和规定❶确定，一般为：$D_{\mathrm{es}}\geqslant 3\sim 5\mathrm{d}$。

以地区范围的年的日平均用气量 q_{dav} 计算需要的储气容量，则需乘以一个系数 η_{s} 考虑供气事故影响的只是对部分地区的供气 q_{s}，因为：

$$q_{\mathrm{s}}=\eta_{\mathrm{s}}q_{\mathrm{dav}}$$

$$\eta_{\mathrm{s}}=\frac{q_{\mathrm{s}}}{q_{\mathrm{dav}}}$$

2）为应对需用气量骤变的应急储气天数为：

$$D_{\mathrm{ec}}=(k_{\mathrm{demg}}-k_{\mathrm{mmax}})\times d_{\max} \tag{5-7-5}$$

同理，以地区范围的年的日平均用气量 q_{dav} 计算需要的储气容量，则需乘以一个系数 η_{c} 考虑只是对部分地区需用气量骤变事故的供气 q_{c}，因为：

$$q_{\mathrm{c}}=\eta_{\mathrm{c}}q_{\mathrm{dav}}$$

$$\eta_{\mathrm{c}}=\frac{q_{\mathrm{c}}}{q_{\mathrm{dav}}}$$

应急储气天数：

$$D_{\mathrm{e}}\geqslant\max(\eta_{\mathrm{s}}D_{\mathrm{es}},\eta_{\mathrm{c}}D_{\mathrm{ec}}) \tag{5-7-6}$$

式中　D_{es}——应对供气事故引发的应急储气天数，d；

D_{ec}——应对需用量骤变的应急储气天数，d；

D_{e}——采用的应急储气天数，d；

k_{demg}——需用气量超额系数，例如 $k_{\mathrm{demg}}=1.47$；

❶《城镇燃气规划规范》GB/T 51098的7.2.3条规定，城镇燃气应急储备设施的储备量应按3～5d城镇不可中断用户的年均日用气量计算。

k_{mmax}，$d_{\max}$——最大月不均匀系数，天数，d。

η_s，η_c——供气事故及需用气量骤变都可能发生在局部，因此 $\eta_s \leqslant 1, \eta_c \leqslant 1$。

（2）季节调峰储气容量。

按全年以日平均量供气❶，全年存在日不均匀用气，用累计法求出调峰年储气容量：

全年平均日的日不均匀系数：

$$k_{\mathrm{dav}} = k_{\mathrm{d}i_j} k_{\mathrm{m}j}$$

$$i_j = 1,2,3 \cdots \mathrm{d}_j, \quad j = 1,2,3 \cdots 12, \; v = 1,2,3 \cdots 365 \qquad (5\text{-}7\text{-}7)$$

式中 k_{dav}——相对于全年平均日的日不均匀系数；

$k_{\mathrm{d}i_j}$——相对于 j 月平均日的日不均匀系数；

$k_{\mathrm{m}j}$——j 月的月不均匀系数；

v——全年的日序号。

（全年$\sum k_{\mathrm{dav}}$应该$=365$，由于计算的舍入有可能有1‰左右的误差）。

表 5-7-1 为正常年各月天数。

全年的日序号：

$$v(i_j, j) = \sum_{r=1}^{j} d_{r-1} + i_j, \quad d_0 = 0 \qquad (5\text{-}7\text{-}8)$$

正常年各月天数 **表 5-7-1**

月序号 j	0	1	2	3	4	5	6	7	8	9	10	11	12
月份		4	5	6	7	8	9	10	11	12	1	2	3
当月天数 d_j(d)		30	31	30	31	31	30	31	30	31	31	28	31

日的供气量与用气量之差的累计系数及平衡年的日不均匀性需要的储气天数：

$$A_{\mathrm{kc}} = c - \left(\sum_{v=1}^{c} k_{\mathrm{dav}}\right), \quad c = 1,2,3 \cdots 365 \qquad (5\text{-}7\text{-}9)$$

$$D_{\mathrm{d}} = \max(A_{\mathrm{kc}}) - \min(A_{\mathrm{kc}}) \qquad (5\text{-}7\text{-}10)$$

式中 A_{kc}——从计算开始日到第 c 日的供气量与用气量之差的累计系数值；

D_{d}——需要的储气天数（供气与需用不平衡系数差累计的最大值）。

平衡年的日不均匀性需要的储气容量：

$$V_{\mathrm{ev}} = D_{\mathrm{d}} \cdot q_{\mathrm{dav}} \qquad (5\text{-}7\text{-}11)$$

$$q_{\mathrm{dav}} = Q_{\mathrm{a}}/365 \qquad (5\text{-}7\text{-}12)$$

式中 V_{ev}——平衡一年的日用气不均匀性需要的储气容量，$10^8\mathrm{m}^3$；

q_{dav}——年的日平均用气量（供气量），$10^8\mathrm{m}^3/\mathrm{d}$；

Q_{a}——年用气量（供气量），$10^8\mathrm{m}^3/\mathrm{a}$。

（3）应对季节调峰和应急储气，需要的储气天数：

$$D_{\mathrm{are}} \geqslant D_{\mathrm{e}} + D_{\mathrm{d}} \qquad (5\text{-}7\text{-}13)$$

式中 D_{are}——区域燃气系统需要的储气天数，d。

【例 5-7-2】 某区域年用气量 $Q_{\mathrm{a}} = 60 \times 10^8\mathrm{m}^3/\mathrm{a}$，$\eta_1 = 1$，$\eta_2 = 1$；

❶ 对考虑非全年以日平均量供气，只需在累计法中修改有关日的供气量系数（>1，或<1）。

用气月不均匀系数：

k_{mj} = 1.02，0.93，0.90，0.87，0.84，0.87，0.91，1.04，1.14，1.21，1.19，1.08。

（上述用气月不均匀系数是以4月为第1个月）

各月用气日不均匀系数见参考文献［29］“附录B. 表B-13-3 香港2001～2002年度用户用气日不均匀系数”。

【解】 计算得到：

max（A_{kc}）=20.7044，min（A_{kc}）=−0.7542，D_d=21.5d。

$q_{dav}=Q_a/365=60\ 10^8/365=0.1644\ 10^8 m^3/d$。

$V_{ev}=D_d \cdot q_{dav}=21.4586\times0.16438=3.5274\times10^8 m^3$。

计算结果示于图5-7-2。

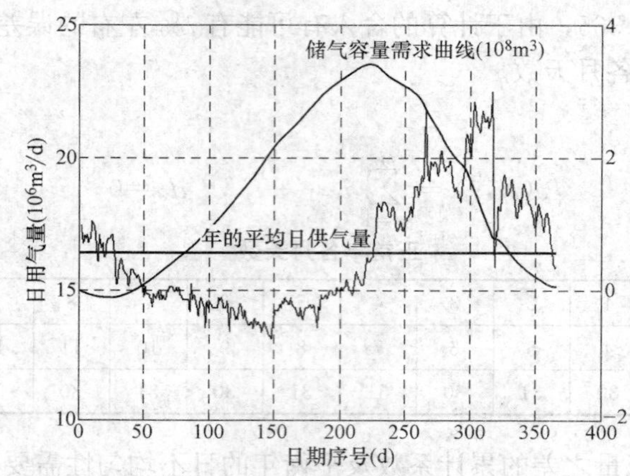

图5-7-2　某区域平衡年的日用气量不均匀性需要的储气容量

采用D_{es}=5d，由式（5-7-4）～式（5-7-6）知：

$$D_{ec}=(k_{deng}-k_{mmax})\times30=(1.47-1.21)\times30\approx8d$$

$$D_e\geqslant\max(\eta_s D_{es},\eta_c D_{ec})=\max(1\times5,1\times8)=8d$$

所以可以设定应急储气（相对于年平均日用气量的）天数为$D_e\geqslant$8d。

区域需要的储气容量：

$$D_{are}\geqslant D_e+D_d=8+21.5=29.5d$$

$$V_{are}=q_{dav}D_{are}=0.1644\times10^8\times29.5=4.85\times10^8 m^3$$

5. 地区范围的季节调峰近似估算方法

考虑到某些区域暂时缺乏全年各月用气的日不均匀系数资料，特提出一个近似估算方法：

$$D_d=\theta\times[(k_{mor}-1)\times d_{mor}+(k_{max}-1)\times d_{max}+(k_{mgrt}-1)\times d_{grt}] \tag{5-7-14}$$

式中　D_d——采用的季节调峰储气天数，d；

k_{mmor}，d_{mor}——较大月不均匀系数，天数，d；

k_{mmax}，d_{max}——最大月不均匀系数，天数，d；

k_{mgrt}，d_{grt}——次大月不均匀系数，天数，d；

θ——校正系数，取1.15～1.25。

【例 5-7-3】 试确定地区范围的季节调峰和应急储气容量，该地区年用气量 60×10^8 m^3/a。

【解】 $q_{dav}=60\times10^8/365=0.1644\times10^8 m^3/d$。

采用 $D_{es}=5d$，由式（5-7-4）～式（5-7-6）知：

$$D_{ec}=(k_{demg}-k_{mmax})\times30=(1.47-1.21)\times30=8d$$

$$D_e\geqslant\max(\eta_s D_{es},\eta_c D_{ec})=\max(1\times5,1\times8)=8d$$

所以可以设定应急储气（相对于年平均日用气量的）天数为 $D_e\geqslant8$ d。

$$D_d=\theta\times[(k_{mor}-1)\times d_{mor}+(k_{max}-1)\times d_{max}+(k_{mgrt}-1)\times d_{grt}]$$
$$=1.2\times[(1.14-1)\times31+(1.21-1)\times31+(1.19-1)\times28]=21.3d$$

$$D_{are}\geqslant D_e+D_d=8+21.3=29.3d$$

$$V_{are}=q_{dav}D_{are}=0.1644\times10^8\times29.3=4.8\times10^8 m^3$$

即地区范围的季节调峰和应急储气容量应为 $4.8\times10^8 m^3$。

在区域管网系统中，不排除设有商业性储气容量。

5.7.4 储气结构

调峰方式或解决储气最一般的工程技术原理是：①将系统构造为多气源（例如对天然气系统，综合多来源管道气与 LNG，包括天然气田），②在系统中按储气规模，工程技术条件，运行要求等配置适当的储气设施，③设置必要的可中断用户（缓冲用户）；④对输气网络或输配管网就气源点，输气干管或管网主干网、储气设施进行合理结构的配置，达到可灵活调度[1]，保证可靠供气、节省投资的效果。从系统结构看，工程技术的焦点是确保对主要用气区域可以多方向保证供气。特提出三级储气结构。

在国家一级，需实现战略性储气，由干线输气管道系统的地下储气库组成。其基本储备水平在综合分析国家能源和天然气形势下，可参考式（5-7-2）进行计算。

在省或跨省区域范围建立担负天然气输送功能的地区天然气公司；以其为投资主体，多元融资，建设（相对于全国范围的输气干线管网的，与多于一条国家级输气干线相连的）第二级输气干线管网即区域管网。在此管网中建立相应规模的天然气储存容量（即建立第二级储存），其功能同时兼具补充由中游方向进行的季节调峰、应急供气以及补充提供下游地方天然气公司的日调峰需求。其储气量水平可按式（5-7-8）计算；一般储存规模可小于年需用量的 7%。（相当于 25d 用气量）。在此第二级的储存设施可以考虑为中小型枯竭油气田地下储气库、中小型盐穴储库、岩洞（LRC）储库，或沿海地区的 LNG 终端站。

第三级的城镇燃气输配系统则主要建设平衡日和小时不均衡性的储气设施。应充分利用输气管道的高压能利用本系统的输气管道储气。

本手册作者认为，考虑到储气的规模，需要的资金、运行费用，以及相关建设与运营单位的承受能力，采取第二、三级结构模式，是实现系统储气资源配置优化（功能合理性，建设的技术经济可行性、合理性）应有之义。

5.8 天然气区域管网

在省区或更大范围有必要着手建设区域干管网络（区域管网，或称省网）。它是上连输气干线、下连城镇输配管网的新型输配管网。即在两级管网之间增加的输配管网，相应由区域（省区）一级的燃气输配公司经营。区域管网系统起着承上启下的输配作用，因而一般为高压或超高压系统，且本身具有一定的储气容量。

5.8.1 区域管网的条件和必要性

（1）由于干线输气管道（简称干线）的增加，很多省区得以获得从1个以上的干线输气管道供气的可能性；此外由于大型天然气地下储气库的建设，也使干线输气管道增加了供气方向。实现将多条干线输气管道及地下储气库的供气送进区域内的城镇输配管网，需要借助区域管网这一中间平台。

（2）干线输气管道沿途经分输站向各城镇输配管网供气，对于离干线输气管道相对很远的地区往往不能顾及。对此有必要在两者之间搭建中间的输配管网。

综合上述两点，即是构造一种气源多点—区域管网—用气城镇多点的 m-1-n 系统结构。

（3）实现系统季节调峰、应急供气或调度，需要区域管网中间环节。我国现有天然气输气管道系统及运营体制不能提供天然气用气负荷的季节调峰。一般来说，相互临近区域的季节用气负荷具有同步性，以及冬季月用气量与夏季月用气量之比甚至可达到2.5～3。区域范围的天然气系统需要有区域储气容量用以应对季节调峰或应急供气。

按签订的供气合同，干线输气管道对城镇供气，其日输量可以达到年的日平均量的1.1倍；但是，按有关规定，城镇用气量（用气负荷）的季节调峰需由长输管线供气解决，这显然是矛盾的。可见，我国当前的天然气系统结构，不能够满足城镇燃气管网季节调峰或应急供气要求。

具体地说，干线输气管道有一种基本属性：干线输气管道提供调峰规模的气量，但不实现季节调峰气量的完全实时输送。因此，为实现季节调峰气量的实时输送需要借助于有适当储气容量的区域管网系统中间平台。由此对全国范围的天然气系统结构，应得出结论：实现季节调峰、应急供气或调度，需要兼具输气、储气与分配作用的区域管网中间环节。

（4）区域管网在市场整合中提供通道。区域管网是国家天然气系统的一部分，其上一环节是天然气干线以及大型储气设施（UGS，LNG），在市场环境中，需要形成有法律基础的整合的市场体系。对干线资源和储气设施可以在市场机制下实现无歧视的调用(Third Party Access，TPA)；并有合理的价格机制。

所谓市场整合（Market Integration），其内容与必要性可以这样加以阐述：天然气供应需要经过调度，特别是季节调峰和应急用气调度；而调度需要使用管网系统以及有大中型储气设施的储气容量的支持；调度气成本、价格都有更多的市场因素，此其一。在宏观系统中，用气负荷包括季节负荷，在时间上具有同步性；而天然气的气田生产及干线输气管道供气与终端的用气具有不同步性，生产及运输不能对用气作实时响应。因此，需要通过市场，运用管网和储气设施进行平衡，在这种情况下，所有参与者处于一个统一的、有健全规则的有序的市场中，就能获得优化，此其二。

为此，需要区域管网在市场整合作用中提供通道。

5.8.2　区域管网系统结构

区域管网是一种具有自身特性的系统，与国家干线输气管道有充分的连接；区域管网本身需具有一定的储气容量（注意：储气容量指能力，可以由区域内的或区域外的大中型储气设施如地下储气库（UGS）或LNG的储气容量供气）；具有输、配、储的完整功能，特别是应能担负季节调峰、应急供气的任务。在这种系统中，城镇管网在仍然通过门站从干线输气管道分输站接入的同时，也由区域管网系统的分配站（分输站）接入。可见区域管网系统起着承上启下的输配作用。同时区域管网需要与输气管道系统（包括区域内的或虚拟的区域外的储气设施）在结构上和运营上进行整合。

若区域管网系统担负下游季节调峰的任务，则储气需有（相对于年平均日用气量的）约25d的容量（见本章5.7）。

在区域管网的 m-1-n 系统结构中，1表示某区域管网，m 表示若干天然气输气管道的供气点，n 表示区域内的城镇用气接入点；m 和 n 还应包括储气设施。同时也不排除在区域管网之间的互联，即形成如
$$\begin{array}{ccccc} m & \longrightarrow & 1 & \longrightarrow & n \\ \updownarrow & & \updownarrow & & \\ m & \longrightarrow & 1 & \longrightarrow & n \end{array}$$
等等关系的系统结构。

其供气可靠性应主要依赖多气源点供气。

其运行工况会呈现出多样性，管道需有双向流动的能力。

5.8.3　区域管网的型式及技术特性

（1）对于区域管网，其供气可靠性应主要依赖多气源点供气，因而具有两个（包括两个）以上的上级管网供气点是区域管网的核心技术特性。当有两个或两个以上供气点时，并不要求管网成环；其中两个供气点最好形成对置形式。同时，与之相应的一个发展趋势是，多气源点供气要求改体积计量为热值计量。

（2）区域管网的多气源点接入，其接入压力可能会有差异。在一般情况下，管网可按绝大多数气源接入压力的最大值来确定设计压力。

无疑需要因地制宜地经全面技术经济比较确定区域管网设计压力。

同时作者认为从压力能有效利用和管网系统综合发展考虑，区域管网设计压力应尽量采用干线输气管道设计压力。

（3）对于管网中天然气存在双流向性的管道，宜根据区域管网系统最高压力设计为等管径，采用双向全通径阀门。

（4）关于管线路由的设计原则。宏观的管网整体路由属于决策层面，需要规划的指导和控制；落实气源条件与负荷预测是重要的前提条件。干管路由要依据供气点位置和负荷地分布、尽量避开不良地质地段、森林风景文物保护区、特殊园区，尽可能少穿越河流、交通线路，临近既有交通和供电设施条件等，选择较短路线；微观的过境城镇局部路由属于技术层面，在符合避让要求的同时，不必拘泥于路由路径最短。

从管网整体布局看，基本的思路是用干管连接一串城市，辅以支管接向若干城镇。

要全面处理好区域管网上述4方面技术特性，不能将区域管网当作干线输气管道的自然延伸，狭义地只担负向若干城镇输气任务。而应充分认识由于其输气、配气、调峰储气

功能要求而需具备的工程技术特性的复杂性。无论规划或设计都需细致且深入的考虑与分析。

5.8.4 区域管网的水力分析

区域管网的运行工况不同于干线输气管道单纯的输气工况，也不同于城镇输配管网的对于一个固定地域的配气工况。区域管网有输、配并重的工况，主要起源于区域内天然气调度。正如前述，是在 m-1-n 结构管网系统中的运行。规划与设计工作需要着力对区域管网进行详细的工况分析。其必要前提是区域管网（省网）是独立的，因而对管网可以进行整体设计、建设和运营调度。而工况分析要借助于管网水力计算，因此：

（1）对区域管网有必要进行多点供气、多点用气的组合工况水力分析；在水力分析的基础上调整管径配置，优化设计。

（2）核算管网系统对于平衡各城镇的小时及日用气不均匀性的能力（进行不定常流动计算分析）；核算系统的调峰能力、应急调度能力；确定管网的输配气潜力等等。

（3）区域管网的储气容量按定常流动计算所得结果只有参考作用。因为不能从区域管网的总的储气容量确定它在各城镇分气点上如何分配。正确的提法是：通过对管网的定常流动或不定常流动计算，确定区域管网的储气容量水平；通过考察各城镇门站点的流量和压力是否符合要求，确定储气容量是否得到有效的分配。

（4）进行这种分析时，可以分别采用各门站或向下分输站（分配站）用气负荷以及各上级分输站供气量作为区域管网水力计算的边界条件。

5.8.5 区域管网建设

（1）由于区域管网是全国天然气系统中的一个组成部分，因此，建设区域管网需要具有相应的外部环境。（2）它是区域燃气规划的中心内容，需要密切地结合气源发展条件、用气市场预测、用气负荷分布和地理特征等。宏观的管网整体路由属于决策层面，需要区域规划的指导和控制。（3）规划工作需要有包括对供气资源、干线输气管道、储气设施、气源性场站（广义的储气设施，如LNG）及关于各城镇经济社会发展、用气需求等等的全局筹划。（4）由于区域管网中燃气流动的多种流向，其规划有别于干线输气管道或城镇管网的设计；需进行详细的工况分析。

5.8.6 区域管网经营

区域管网需有独立的运营权力。分为几种层次。最低是运营管理独立性；高一级是独立法人地位；更高一级是拥有资产所有权。

区域管网应在管网设施结构、功能上和设计建设、运营上具有独立性。

5.8.7 区域管网实例

本节给出一个区域（省）管网实例。

（1）管网气源：西气东输一线（CX站）、西气东输二线（CZ站、JH站、ZJ站、JD站、PH联络线站），川气东送（HZ站、JX站）、东海36-1气（WD站）、东海气（CX站）、进口LNG（NBZZ LNG接收站）

(2) 现状输气管道：长度、管道管径、压力、设计输气量等参数详见表 5-8-1 省网管道简况，图 5-8-1 省管网简图。

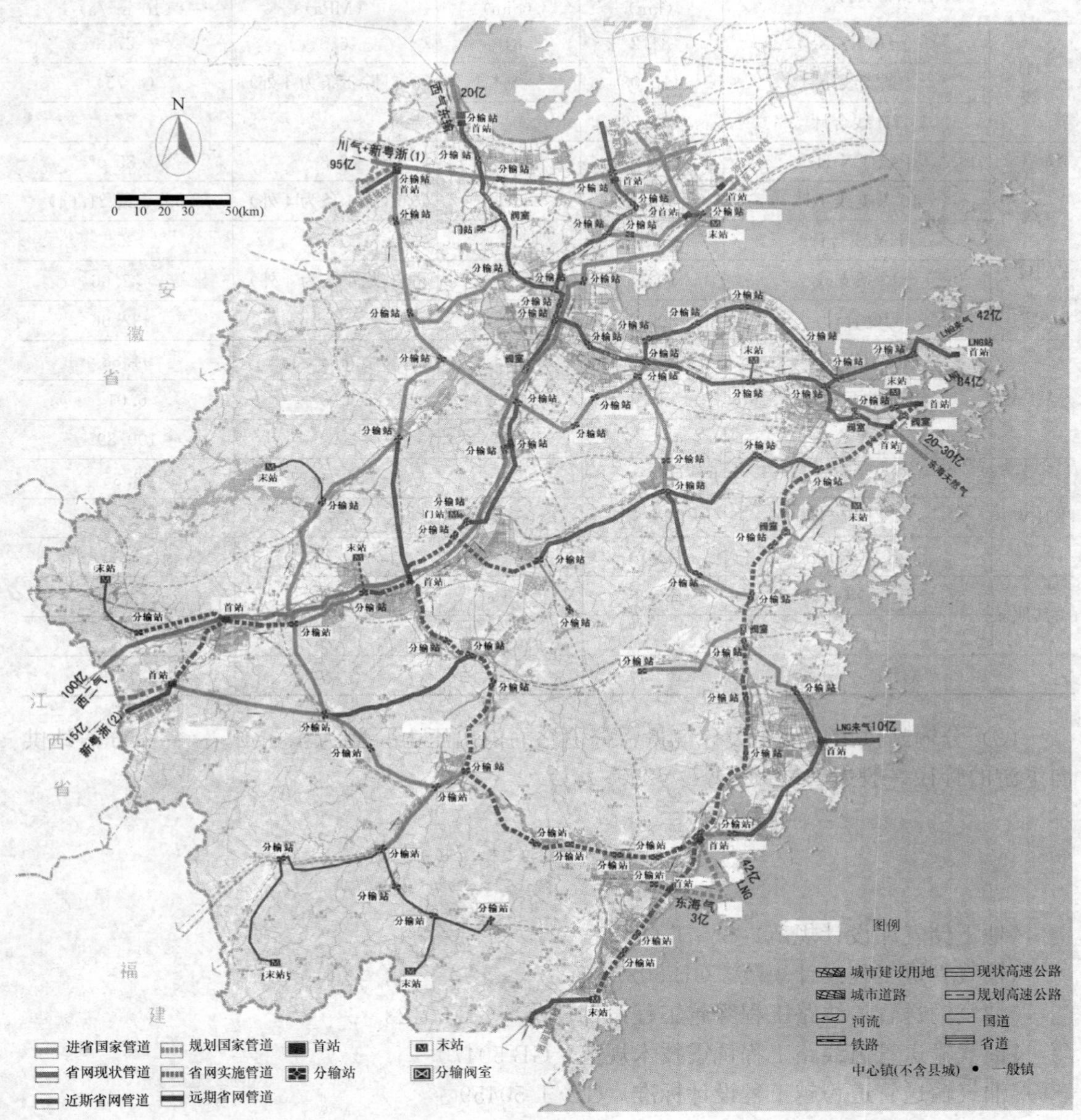

图 5-8-1　省管网简图

省网管道简况　　**表 5-8-1**

工程项目名称		里程 (km)	管径 (mm)	设计压力 (MPa)	设计输量 ($10^8m^3/a$)
HH 线	干线(CX-HZ)	78.86	813	6.3	19.2
	3 条支线小计	17.9		6.3	
	HH 线合计	96.76			19.2

续表

工程项目名称		里程(km)	管径(mm)	设计压力(MPa)	设计输量($10^8m^3/a$)
HJ线	干线(XZ-XS)	84.2	813	6.3	27
	4条支线小计	110.03		6.3(除1条为4外)	(4.75)
	HJ线合计	194.23			27
HY线	干线(CX-HZ)	246.73	813	6.3	35
	10条支线小计	87.11	355.6	6.3(除1条为4外)	(部分支线21.64)
	HY线合计	333.84			35
JQ地区	13条支线	300.5		6.3(除1条为4外)	>32.66
	JQ合计	300.5			>32.66
YTW	干线CX-TZ)	190.14	813	6.3	94.88
	LW电厂支线	4.9	457	6.3	6.01
	YTW合计	462.07			100.89
JLW	JH站-LS	139.3	813	6.3	13.35
	ZJ-WZ	86.6	813		
	JLW合计	225.9			13.35
其他	NB LNG管道	33.2	1016	7	42(一期)
	ZJ支线	5.7	660	6.3	(4)
总计		1652.2			270.29

(3) 分输站供出压力与设计气量：分输站的供出压力一般为4.0MPa，各个分输站供向下游的管径一般为*DN*200或*DN*250。

5.9 本章有关标注规范

《地下储气库设计规范》SY/T 6848

《输气管道工程设计规范》GB 50251

《油气输送管道线路工程穿越工程设计规范》GB 50423

《油气输送管道线路工程抗震技术规范》GB 50470

《油气输送管道跨越工程设计标准》GB/T 50459

《城镇燃气规划规范》GB/T 51098

参考文献

[1] 严铭卿等. 燃气的储存与储备：储备［J］. 煤气与热力，2012（11）A24-A28.

[2] 严铭卿，宓亢琪等. 燃气输配工程学［M］. 北京：中国建筑工业出版社，2014.

[3] 宋德琦等. 天然气输送与储存工程［M］. 北京：石油工业出版社，2004.

[4] ［IGU/A2-2015］天然气与地下储存报告［A］，第26届世界燃气大会（WGC）报告及论文集［D］. IGU，2015.

[5] [IGU/A2-1994] 天然气与地下储存报告 [A]，第 19 届世界燃气大会（WGC）报告及论文集 [D]. IGU，1994.

[6] K. C. 巴斯宁耶夫等. 地下流体力学 [M]. 北京：石油工业出版社，1992

[7] Hagoort J. 气藏工程原理 [M]. 北京：石油工业出版社 1992.

[8] [IGU/A2-2006] 天然气与地下储存报告 [A]，第 23 届世界燃气大会（WGC）报告及论文集 [D]. IGU，2006.

[9] Juan José Rodriguez. Diadema，the First Underground Storage Facility for Natural Gas in Argentina. Considerations Regarding Environmental Protection，Safety and Quality [A]. 22nd WGC Report & Paper [D]. IGU，2003.

[10] Juan José Rodriguez et al. Integrated Monitoring Tools in Diadema Underground Gas Storage—Argentina [A]. 24th WGC Report & Paper [D]. IGU，2009.

[11] 严铭卿，廉乐明. 天然气输配工程 [M]. 北京：中国建筑工业出版社，2005.

[12] 严铭卿，廉乐明等. 枯竭油气田天然气地下储气库模拟研究导论 [J]. 城市煤气，1997 (1)：5-10，14.

[13] IGU/A5-88 在各种地质构造中伴生天然气的长期储存 [A]，第 17 届世界燃气大会（WGC）报告及论文集 [D]. IGU，1988.

[14] 展长虹. 含水层型天然气地下储气库的模拟研究（工学博士学位论文）[D]. 哈尔滨：哈尔滨工业大学，2001.

[15] 展长虹，严铭卿，廉乐明. 含水层天然气地下储气库的有限元数值模拟 [J]. 煤气与热力，2001 (4)，294-298.

[16] S. A. Khan，et al. Experience Problem and Perspectives for Gaseous Helium Storage in Salt Caverns on the Territory of Russia [A]，24th WGC Report & Paper [D]. IGU，2009.

[17] 杨春和等. 层状盐岩力学理论与工程 [M]. 北京：科学出版社，2009.

[18] 赵克烈. 注采气过程中地下盐岩储气库可用性研究（博士学位论文）[D]. 北京：中国科学院研究生院，2009.

[19] 矿山岩石力学 [M]. 徐州：中国矿业大学，2015.

[20] IGU/A9-88 用回声测量技术监测高压天然气贮穴的会聚性和稳定性 [A]，第 17 届世界燃气大会（WGC）报告及论文集 [D]. IGU，1988.

[21] IGU/A11-94 在盐穴中天然气的地下储存—最佳盐穴尺寸和操作范围 [A]，第 19 届世界燃气大会（WGC）报告及论文集 [D]. IGU，1994.

[22] IGU/A2-97 天然气地下储存分会报告 [A]，第 20 届世界燃气大会（WGC）报告及论文集 [D]. IGU，1997.

[23] L. Mansson，Sydkraft，P. Marion. The LRC Concept and The Demostration Plant in Sweden - A New Approach to Commercial Gas Storage [A]. 23nd WGC Report & Paper [D]. IGU，2006.

[24] IGU/A2-88 天然气地下储存分会报告 [A]，第 17 届世界燃气大会（WGC）报告及论文集 [D]. IGU，1988.

[25] 严铭卿等. 洞穴型地下储气库热力分析 [J]. 煤气与热力 2015 (2)，B01-B07.

[26] Hans-Peter Floren，Ulrich M. Duda. European Storage Capacity Demand and future Development [A]，IGU/A-2009，24th WGC Report & Paper [D]. IGU2009.

[27] Jean-Marc Lercy. The Role of Gas Undergroung Storage in the Changing Gas Market Landscape [A]，24th WGC Report & Paper [D]. IGU，2009.

[28] 严铭卿等. 天然气区域管网的结构功能与规划 [j]. 煤气与热力 2015 (12)，A30-A36.

[29] 严铭卿，宓亢琪等. 燃气工程设计手册 [M]. 北京：中国建筑工业出版社，2009.

第 6 章　城镇燃气输配系统

6.1　燃气输配系统的构成与压力级制

城镇燃气输配系统是指自门站或人工燃气气源厂至用户的全部设施构成的系统，包括门站或气源厂压缩机站、储气设施、调压装置、输配管道、计量装置等，其中储气、调压与计量装置可单独或合并设置，也可设在门站或气源厂压缩机站内。本章主要讲解城镇天然气输配系统。

门站具有过滤、计量、调压与加臭等功能，有的兼有储气功能。储气设施有储气罐、储气管束或两者兼有。

输配管道可按设计压力分类，见表 6-1-1。

输配管道按设计压力分类　　**表 6-1-1**

名　称		压力(表压 MPa)
高压燃气管道	A	$2.5<p\leqslant4.0$
	B	$1.6<p\leqslant2.5$
次高压燃气管道	A	$0.8<p\leqslant1.6$
	B	$0.4<p\leqslant0.8$
中压燃气管道	A	$0.2<p\leqslant0.4$
	B	$0.01\leqslant p\leqslant0.2$
低压燃气管道		$p<0.01$

输配管道按其功能可分为输气干管、配气干管、配气支管。输气干管系指入网前及入网后主要起输气作用的管道。配气干管指市政道路上的环状或支状管道。配气支管则指庭院、户内管道。分配干管与庭院管为室外管。室内管包括立管及分支水平管。目前立管与水平管也有安装在室外的。

输配管网的压力级制是按管道设计压力划分的，一般有高中低压、高中压、中低压及单级中压系统。对于天然气，由于长输管道供气压力较高而多采用高中压或单级中压系统，前者适用于较大城镇，其中高压管道可兼作储气装置而具有输、储双重功能。此两系统中的中压管道供气至小区调压装置（柜）或楼栋调压箱，天然气实现由中压至低压的调压后进入低压庭院管和室内管。也可中压管道直接进入用户调压器调压，用户用具前的压力更为稳定。

当原有人工燃气输配系统改输天然气时，原有人工燃气大多采用中低压系统且为中压B级，一般加以改造后可予以利用，天然气经区域中低压调压站调压后进入低压分配干管、低压庭院管与室内管。中低压系统与单级中压系统的区别在于中低压系统具有区域调压站与低压分配干管，其低压管网的覆盖面大，有的路段同时出现中压管道与低压分配干管，且区域调压站供应户数多于小区调压柜与楼栋调压箱，用户燃具前压力波动大。当中压A系统向中压B系统供气时，须设置中中压调压器。为便于比较，把几种不同压力级制的输配系统绘成综合流程示意图。图6-1-1中包括高（次高）中低压、高（次高）中压、中低压与单级中压四种输配系统。

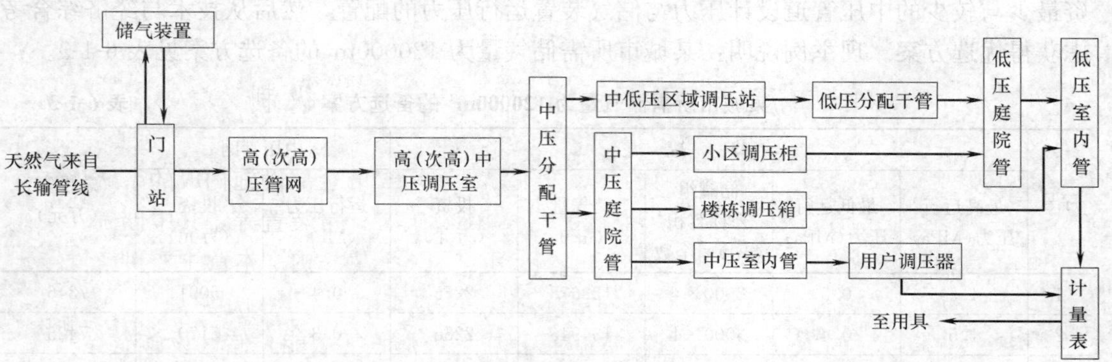

图6-1-1 不同压力级制输配系统综合流程示意图

确定输配系统压力级制时，应考虑下列因素：

①气源；②城镇现状与发展规划；③储气措施；④大型用户与特殊用户状况。

由长输管道送至城镇的天然气具有压力高的特点，应充分利用此压力采用技术先进，运行安全与经济合理的储气与输气措施。对天然气的压力不仅要考虑在长输管道投产初期因未达到设计流量而出现较低压力供气的现状，更应结合长输管道设计压力以及其增压可行性，确定城镇输配系统的压力级制。国内长输管道设计压力见表6-1-1。

国内长输管道设计压力 **表6-1-2**

名称	陕京	川渝	西气东输	川汉
压力(MPa)	6.4	6.0 4.0	10.0	6.4

对于大中型城市，由于用气量多、面广，为安全供气，在城市周边设置高压或次高压环线或半环线，经多个调压站向城市供气。该高压或次高压管道往往兼作储气，即具有输、储双重功能。

当天然气压力大于2.0MPa时，因储罐最高运行压力一般为1.6MPa，采用管道储气较储罐储气经济，除长输管道末段可储气外，也可设置高压管道或管束储气。由于四级地区地下燃气管道压力不宜大于1.6MPa，高压管道一般设置在中心城区边缘。对于要求供气压力较高的用户如天然气电厂等可由高压或次高压管道直接供气。

城区输配系统一般为单级中压。该系统避免了中、低压管道并行敷设、减少低压管长度而获得较好的经济性。单个调压箱（柜）的供气户数较少，燃具前压力有更好的稳定性。因此单级中压系统成为城区天然气输配系统的首选。

综上所述，城镇天然气输配系统结合管道储气或储罐储气可采用的压力级制一般为高（次高）中压与单级中压。

当部分城区因道路、建筑等状况，特别是未经改造的旧城区，从安全考虑可采用中低压输配系统。原有人工燃气中低压输配系统改输天然气时需经改造，但压力级制不变，大多为中压B与低压。因此同一城区有可能存在两种压力级制。

中压系统设计压力的确定须结合储气设施的运行作技术经济比较进行优选。由于中压管道的天然气来自储罐或高（次高）压管道，降低中压管道设计压力可提高储气装置利用率、节省其投资，但由于中压管道可资利用的压降减少而增加投资，通过计算可获得总投资最少与较少的中压管道设计压力与储气装置运行压力的配置，然后从技术与经济综合考虑获得优选方案。现举例说明：某城市所需储气量为120000m^{3}的备选方案见表6-1-3。

某城市所需储气量为120000m^3 的备选方案　　　　**表6-1-3**

序号	球罐					中压管网		总投资（万元）
	最高运行压力(MPa)	最低运行压力(MPa)	储罐组公称容积(m^3)×个数	储气量(m^3)	投资(万元)	运行压力(MPa)	投资(万元)	
1	1.5	0.5	3000×4	122678	2255	0.4	5091	7346
2	1.5	0.4	3000×4	134946	2255	0.3	5170	7425
3	1.5	0.3	3000×4	147214	2255	0.2	5522	7777
4	1.5	0.5	2000×6	122678	2275	0.4	5091	7366
5	1.5	0.4	2000×6	134946	2275	0.3	5170	7445
6	1.5	0.3	2000×5	122678	1896	0.2	5522	7418
7	1.5	0.5	5000×2 3000×1	132902	2345	0.4	5091	7436
8	1.5	0.4	5000×2 2000×1	134946	2165	0.3	5170	7335
9	1.5	0.3	5000×2	122678	1786	0.2	5522	7308

由表6-1-3可知，按总投资最少排列的前三位是方案9、8、1，此3方案经济性最佳，若5000m^{3}球罐整体处理有难度、也可采用1方案。上述三个方案中压管网运行压力各不相同。可见储罐组合与运行工况对中压管网压力级制的确定有显著影响。对于管道储气同样可进行如表6-1-3的方案比选。

6.2　门　　站

门站接收长输管道上分输站或末站的供气，对天然气进行过滤、计量、调压、检测与加臭等，并宜设置自动化控制系统，也可设置储气装置。门站出口可直接连接城镇中压管网；当城镇另设储配站或高中压调压器时，天然气在门站经过滤、计量与检测后供入高压或次高压管道。当站内需耗用天然气发电或其他用途时，可另设专线供应。

门站站址应符合城镇规划要求，并结合长输管道位置确定；同时考虑少占农田、节约用地、与周围建筑物与构筑物有符合设计规范要求的安全间距；以及适宜的地形、工程地质、供电、给水排水、通信等条件，并应与城镇景观协调。

关于门站的内容详见第7章。

6.3 城镇燃气输配管网系统的方案

燃气输配管网系统在此主要是指城镇燃气的分配管网系统。如何才能设计出满足功能要求（向用户供应符合压力和流量要求的燃气量），经济合理，可靠性好，便于运行和维护的一个系统。从总体上讲，要依据城镇的气源条件，城镇的燃气用户的分布和燃气需求（负荷量和用气工况）；从制定方案的内容来讲，则需要从管网结构因素分别加以考虑。管网结构因素包含如下几方面：网络图式，压力级制，气源及调压站设置，路由、管网形式（及环网密度），管段管径配置，截断阀门配置。而管网设计水平的高低，则可由方案的可实施性（路由，施工条件等建设条件），综合经济性（综合造价与管网的压力储备），方案的供气可靠性水平等予以衡量。

6.3.1 网络图式

管网的网络图式是指管网的轮廓形式。它首先取决于气源和燃气用户的分布，表观上与城镇规模及城镇区域地理特征有密切关系。城镇区域可归结为几种基本形态。

① 矩型。如北京 4 环以内的城区，杭州等多数城市；

② 狭长型。如兰州、荆州、十堰等基于江河谷地的城市；

③ 分区型。如武汉、襄阳等受江河等地形条件影响形成的城市；

④ 主区-卫星区型。如包括通州、昌平、大兴、房山等卫星城区的北京，以及上海、天津等多数特大型城市。

管网的网络图式在一定程度上是一种被动选择，受城区地理条件制约，与城镇区域形态相对应。此外，网络图式与用气负荷分布有关。网络图式需适应用气负荷重心偏移特点。气源点位置要考虑网络图式特征。

在研究管网的网络图式时，图论方法是应充分加以利用的工具，例如应用某种算法提供管网主干管道方案。

6.3.2 压力级制

燃气管网的网络形式的先决问题是决定管网的压力级制。关于管网压力级制已经有十分丰富的工程经验和共识。主要取决于燃气类别，也与城镇规模有关。

对于气源为天然气，则与分输管道提供的压力和城镇规模有关。最一般的是采用高中压两级或高—次高—中压三级系统。对于大型城市或较大型城市，有条件采用三级系统。高压管道可兼作储气设施而具有输储双重功能，因此管网方案要尽量利用天然气的压力能量。

系统中的中压管道供气至小区调压柜或楼栋调压箱，经中低压调压后进入低压街坊管与室内管。也可用中压管道直接进入用户由用户调压器调压，可使用户用具前的压力更为稳定。关于压力级制详见本章 6.1 节。

6.3.3 气源及调压站设置

气源指天然气门站或上一级管网调压站。对于各种城镇区域形式，可能有很多的设置方案，即气源设置与网络图式有关。天然气门站的设置取决于天然气输气管道的线路。门站一般即设在供气线路与城区之间靠近城区的位置。门站数量与城镇天然气负荷有关。大型城市可能设置不少于2个门站，而中小城镇则一般只设一个门站。对于设两个以上门站的大型管网，门站最佳设置方式是相对等角度分布（两个门站即是对置）。这对于各种城区类型都是一样的。

门站设置的原则是：①考虑天然气干线及分输站条件；②靠近负荷中心；③接近环城区相对等角度分布；④符合城镇规划和发展要求；⑤具有建设条件。

调压站（高—中压调压站）的设置有数量和位置问题。数量：主要取决于调压站负荷。比较经济合理的调压站负荷是一个研究课题。实际工程中高中压调压站的负荷一般在2×10^4～$6\times10^4 m^3/h$范围。

位置：高中压调压站的位置主要受城区高压管道的敷设条件限制，向调压站供气的高压、次高压管道不能深入市中心区。在采取比较均衡的高中压调压站负荷量的条件下，高中压调压站的供气范围会相应比较均衡。

6.3.4　管网路由、管网形式及环网密度

管网路由及管网形式是管网设计的重要结构因素。关于管网路由，详见本章6.4.2管道配置与敷设。

为提高管网的供气可靠性，燃气分配管网一般需设计为环型。从单纯造价经济性方面考虑，枝状管网优于环网。但从供气可靠性考虑则环网优于枝状管网。关于枝状管网与环网在供气可靠性方面的差别可通过对图6-3-1（*a*）、图6-3-1（*b*）的简单例子的分析作出比较。同为一个气源，3个用户。

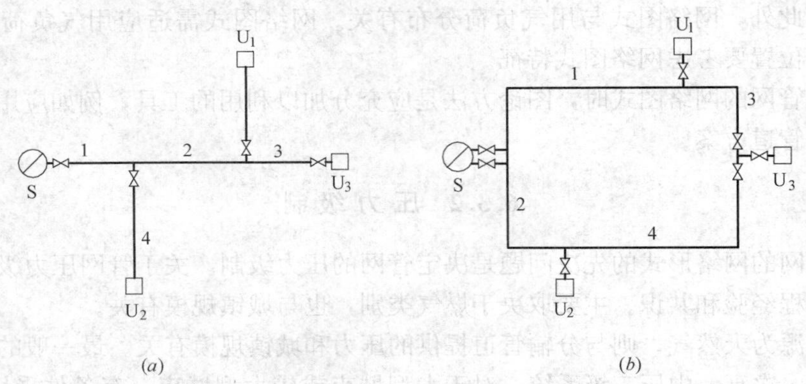

图6-3-1　管网的两种形式
（*a*）枝状管网；（*b*）环网管网
S—气源，U_1—用户1，U_2—用户2，U_3—用户3

对上面两个图的简单例子，只考虑单一故障事件，则供气可靠性分别为：

枝状管网供气可靠度：$R(t)=0.96079$

环状管网供气可靠度：$R(t)=0.99846$

供气可靠度：环状$R(t)$>枝状$R(t)$近3.8个百分点。环状管网供气可靠度满足要求（$R(t)\geqslant0.99$）。

但枝状管网比环状管网在造价上较节省，采用$\sum(l\cdot D)$作造价指标，则造价指标环状是枝状的 7.6/4.28=1.78 倍。

由上述简单列举中可以看到，用管网供气可靠度来衡量，环状管网较枝状管网供气可靠度高，但管网造价会显著增加。

环网的作用在于当环网供气通路[1]上某一管段故障时，经由其他通路可以补偿性地提高燃气流量，以部分满足各用气点的用气需要。但管网中的管段在输送气量上是不等效的，管段的输气能力取决于所在输送通路。所以环网的具体成环方案会产生不同的效果。

在管网成环方面归纳有如下几点：

① 管网成环有助于提高管网的供气可靠性，提高管网供气的有效性。

② 管网成环会加大管网造价。

③ 不同的管网成环方案对供气可靠性有不同的作用。

④ 一般管网的主干管成环位置在管网中部最好，即管网主干管环处于中环位置较好。

⑤ 主干管环可对管网全局发挥作用；次级小管径环只能局部发挥作用。

⑥ 环网密度不宜过多。

关于管网供气可靠性见本手册第 13 章 13.5。

6.3.5 管段的管径配置

相对于环形管网，枝状管网是造价最低的管网。

一般管网什么情况下可能是造价最高的管网呢，下文给出答案。

管网管段的管径配置可以从节点管段配置的特性得到启发。从节点管段的流量分配与造价的关系对节点管段配置的特性进行讨论。

以从一个节点分出的各管段的合计造价为目标函数。采用动态规划方法得到，对连有 k 根管段的节点，接出的 k 根管段合计造价有极大值时，管段流量分配为：

$$q_{\mathrm{k}j}=r_{\mathrm{k}j}q_{(\mathrm{k})}\quad(k=2,3,j=1\cdots k)\tag{6-3-1}$$

$$r_{\mathrm{k},j}=\frac{l_{\mathrm{eq},j}^{\Delta}}{\sum\limits_{i=1}^{k}l_{\mathrm{eq}i}^{\Delta}}\tag{6-3-2}$$

$$l_{\mathrm{eq}j}=\frac{l_j}{(\delta p_j)^{\omega}}\tag{6-3-3}$$

高中压管段 $\delta p_j=\dfrac{\Delta p_j^2}{l_j}$

低压管段 $\delta p_j=\dfrac{\Delta p_j}{l_j}$

$$\Delta=\frac{n}{n-1},\omega=\frac{1}{2n},\theta=\frac{2n+1}{2(n-1)}$$

式中 $q_{(\mathrm{k})}$——连有 k 根流出燃气管段的节点，k 根管段的合计流量；

$q_{\mathrm{k},j}$——第 j 管段的流量；

$r_{\mathrm{k},j}$——连有 k 根流出燃气管段的节点，第 j 管段的流出流量与节点流出流量的

[1] 图中有限的交替顶点和边的序列且边互不相同称为链，顶点也不相同的链称为通路。

比值；

$l_{\mathrm{eq},j}$——管段 j 当量长度；

l_j——管段 j 长度；

δp_j——管段 j 单位压降；

Δp_j^2——（高中压）管段 j 单位压降；

Δp_j——（低压）管段 j 单位压降；

Δ、ω、θ——指数；

n——指数，当对摩阻系数 λ 采用谢维列夫新钢管公式，$n=2.613$。

即对一个节点，相连管段流量 $q_{\mathrm{k},j}$（按管段当量长度的 Δ 次方的比例）"均分"时，设计的管段管径配置造价最大。

① 若取对该节点各管段 δp_j＝定值，则：

$$r_{\mathrm{k},j}=\frac{l_j^{\Delta}}{\sum_{i=1}^{k} l_i^{\Delta}} \tag{6-3-4}$$

即对一个节点，相连管段流量 $q_{\mathrm{k},j}$（按管段长度的 Δ 次方的比例）"均分"时，设计的管段管径配置造价最大。

② 若取对该节点各管段 Δp_j^2＝定值（或 Δp_j＝定值），则：

$$r_{\mathrm{k},j}=\frac{l_j^{\theta}}{\sum_{i=1}^{k} l_i^{\theta}} \tag{6-3-5}$$

即对一个节点，相连管段流量 $q_{\mathrm{k},j}$（按管段长度的 θ 次方的比例）"均分"时，设计的管道的管径配置造价最大。

但是，从供气可靠性来看，管段流量"均分"的管网供气可靠度更高。

所以在设计管网时，对全管网的管径配置需从供气功能要求、环[1]和主干路结构要求、经济性以及供气可靠性等多方面综合考虑。

6.3.6　分配管网的阀门配置

6.3.6.1　概述

管网最基本的构件是管道与阀门。阀门中量最大，应用最普遍的是截断功能的阀门，简称阀门。在管网维修或应对管道泄漏、火灾爆炸事故以及地质灾害中，阀门发挥重要的作用。

传统的煤气输配系统一般为中低压两级系统。即使是中压，也不会超过 0.2MPa 的供气压力。在低压管网中出现管道或部件故障时，一般可以用简易方法进行堵漏或截断管道系统，也可以带气进行某些维修工作。因此在低压管网上只在主干管道或关键部位设置有限数量的截断阀门。

对于天然气为气源的城镇输配管网，由于压力级制普遍为中、高压，对燃气管网设置阀门的要求具有更加的重要性。

城镇燃气管网有数百乃至数千个管段，其上安装的阀门占有相当量的工程投资。从全

[1] 不含有回路的连通图称为树，连接树上任意两节点的不与其他边相交的边形成一个基本回路，即输配管网中的环。

面的技术经济来考虑，管网中阀门的设置方式和设置密度都需有适当的安排。从管网发生故障时管网功能降低尽量小考虑，希望暂时被隔离的管段涉及的用户范围尽量少，即管网供气可靠度要高，因而设置的阀门数量愈多愈好；从减少阀门工程费用考虑，希望设置的阀门数量愈少愈好。因此需对管网阀门进行适当的配置，达到较好的技术经济效果。

6.3.6.2 阀门规则配置

若定义对管网采用的阀门数与管网总长度之比值为阀门密度（记为符号 k_{LP}，单位为：个/km），则我国现有燃气管网，一般阀门密度 $k_{LP}=0.4\sim1.5$。阀门密度与隔离范围不是简单的反比关系。

① 阀门将管网的管段分为若干管段组。管段组内的管段数称为级别数。

② 管网按一定的级别进行阀门配置称为阀门规则配置。相应于管段平均长度约为1km，一般采用级别为 $m=2$，$m=3$ 的阀门规则配置。

③ 管网按级别为 $m=1$ 进行阀门配置称为阀门理论配置。

④ 管网阀门规则配置时，所有的管段数少于级别数的管段组其管段总数仍小于级别数，则称为阀门完全规则配置。

⑤ 只有一个管段的枝管称为支管；支管端头的阀门称为端阀。

理论上，对管网进行阀门完全规则配置可以产生的管段组数为：

$$Z=\left\lfloor\frac{B-T}{m}\right\rfloor \tag{6-3-6}$$

式中 Z——m 级完全规则配置，理论上可以得到的管段组数；

B——管网管段总数

T——管网中的支管数；

m——规则配置级别，自然数：2，3…。

$\lfloor x\rfloor$——地板函数，即取小于或等于实数 x 的最大正整数。

图 6-3-2 为管网阀门规则配置（$m=3$ 级）的示意图。管网管段数 $B=67$，环数 $H=14$，支管数 $T=18$。

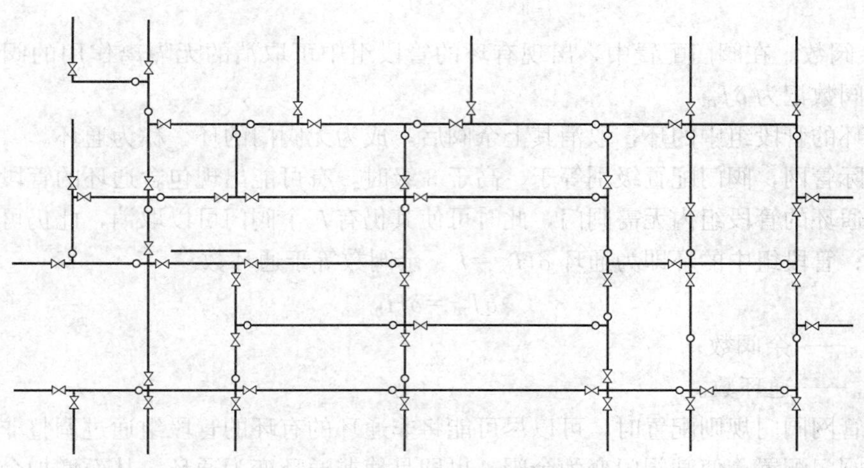

图 6-3-2 按 3 级规则配置的管网

1. 管网规则配置的阀门数

对管网规则配置的阀门数为：

$$J_{\mathrm{m}}=J-\Delta J_{\mathrm{m}}-\Delta J_{\mathrm{R}}-\delta J_{\mathrm{m}}+\Delta J_{\mathrm{Z}} \tag{6-3-7}$$

式中　J_{m}——级别为 m 规则配置的阀门数

J——理论配置阀门数；

ΔJ_{m}——完全规则配置减阀数；

ΔJ_{R}——孤立管段组减阀数；

δJ_{m}——余阀数；

ΔJ_{Z}——相对于完全规则配置未取消的阀门数。

① 理论配置阀门数（理论配置定理）

$$J=B+H-1 \tag{6-3-8}$$

式中　B——管网管段总数

H——管网环数。

② 完全规则配置减阀数

$$\Delta J_{\mathrm{m}}=(m-1)\left\lfloor\frac{B-T}{m}\right\rfloor \tag{6-3-9}$$

③ 孤立管段组减阀数

在阀门配置中出现管段数少于配置级别数的管段组，称为孤立组。

孤立组中可取消的阀门数为：

$$\Delta J_{\mathrm{R}}=\sum_{i=1}^{n}(R_i-1) \tag{6-3-10}$$

式中　R_i——管段数少于（配置级别）m 的第 i 个孤立管段组的管段数；

n——孤立组数。

图 6-3-2 管网阀门 3 级配置有 1 个孤立组：旁边标有虚线的管段，

$$\Delta J_{\mathrm{R}}=\sum_{i=1}^{1}(R_i-1)=(1-1)=0$$

④ 余阀数。在阀门配置中，出现有环的管段组中可取消的无隔离作用的阀门，称为余阀。余阀数记为 δJ_{m}。

对有环的管段组中的环，取消其上余阀后，成为无阀门的环，称为通环。

对实际管网，阀门配置级别等于、高于 3 级时，有可能出现包含通环的管段组。

包含通环的管段组内无需阀门，此时可使其仍有 h 个阀门可以取消，此仍可取消的阀即为余阀；管段组中的环即为通环 $\delta H_{\mathrm{m}}=h$。余阀数等于通环数。

$$\delta J_{\mathrm{m}}=\delta H_{\mathrm{m}} \tag{6-3-11}$$

式中　δJ_{m}——余阀数；

δH_{m}——通环数。

实际管网阀门规则配置时，可以尽可能将非通环的有环的管段组通过调整非通环中相关节点的阀门配置，使某阀门变为余阀，也即是使非通环变为通环。从而增加余阀数。例如设想图 6-3-3 若左上角节点左侧阀原设于节点右侧，则图中该节点下的余阀不能取消，因而是非余阀；当将节点右侧的阀门改设在节点左侧时，即如图 6-3-3 所示，该节点下方处的阀门即成为一个余阀，可以取消，使此 $m=7$ 管段组内无阀门。

⑤ 规则配置相对于完全规则配置未取消的阀门数为：

$$\Delta J_Z=\left\lfloor\frac{B_R}{m}\right\rfloor\times(m-1) \tag{6-3-12}$$

$$B_R=\sum_{i=1}^{n}R_i \tag{6-3-13}$$

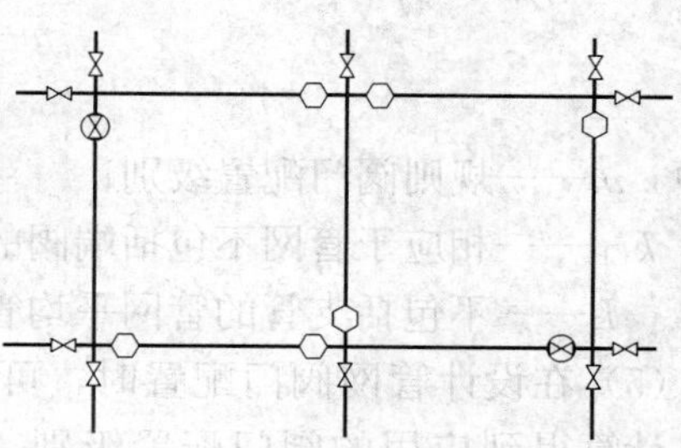

图 6-3-3　规则减阀及余阀

($b=m=7$，$J=m+h-1=7+2-1=8$，$\Delta J_m=6$，$\delta J_m=h=2$，$\therefore J_m=J-\Delta J_m-\delta J_m=0$)

⋈—组外规则配置阀门；⬡—规则减阀；⊗—余阀

式中　B_R——管网中孤立管段数；

R_i——第 i 孤立组中孤立管段数；

n——孤立管段组数。

将式（6-3-8）～式（6-3-12）代入式（6-3-7），得出管网规则配置阀门计数公式：

$$J_m=B+H-1-(m-1)\left\lfloor\frac{B-T}{m}\right\rfloor-\Delta H_m-\sum_{i=1}^{n}(R_i-1)+(m-1)\left\lfloor\frac{B_R}{m}\right\rfloor \tag{6-3-14}$$

包括端阀的阀门总数：

$$J_S=J_m+T \tag{6-3-15}$$

式（6-3-14），式（6-3-15）称为规则配置阀门计数公式。

就图 6-3-2 所示管网（管段数 $B=67$，环数 $H=14$，支管数 $T=18$），为 $m=3$ 级规则配置。规则配置阀门数：

$$J_m=B+H-1-(m-1)\left\lfloor\frac{B-T}{m}\right\rfloor$$

$$=67+14-1-(3-1)\left\lfloor\frac{67-18}{3}\right\rfloor=67+14-1-32=48$$

包括端阀的阀门总数：

$$J_S=J_m+T=48+18=66$$

2. 对管网进行阀门规则配置

(1) 形成规则配置，可以按任意自然数 2，3…B 隔离，即级数可以是直到 B 的任意自然数。形成 B 级配置。即管网中除端阀外无任何阀门；

(2) 规则配置不是唯一的，能有多种形式。

(3) 对一个管网可以采用混合级别配置。即对一个管网分为若干部分，每部分采取不同的配置级别；

(4) 对实际管网，规则配置在不大于 3 级（$m\leqslant3$）时，一般余阀数为 0。实际的管网阀门配置一般都将不大于 3 级，因而这一性质更便于我们利用规则配置阀门计数公式。

配置级别与阀门密度的关系：

$$k_{LP}\approx\frac{(B-T)\frac{1}{m}+H-1}{BL} \tag{6-3-16}$$

$$m=\frac{1-\frac{T}{B}}{k_{\mathrm{LP}}L-\left(\frac{H-1}{B}\right)} \tag{6-3-17}$$

式中　m——规则阀门配置级别；

k_{LP}——相应于管网不包括端阀的阀门密度，个/km；

L——不包括支管的管网平均管段长度，km。

（5）在设计管网阀门配置时，可以按管网规模采用某一阀门密度值，按公式（6-3-17）计算得到应用的阀门配置级别。或者对管网采用某一阀门配置级别，然后用公式（6-3-16）核算阀门密度是否恰当。

3. 管网阀门规则配置的各因素之间的关系

以下讨论管网阀门规则配置的各因素之间的关系，见图 6-3-4～图 6-3-7。

（1）管网形状。在配置级别、管段平均长度相同的条件下，有不同的阀门密度；枝状管网阀门密度最小，接近方形的环形管网阀门密度最大，见图 6-3-4。

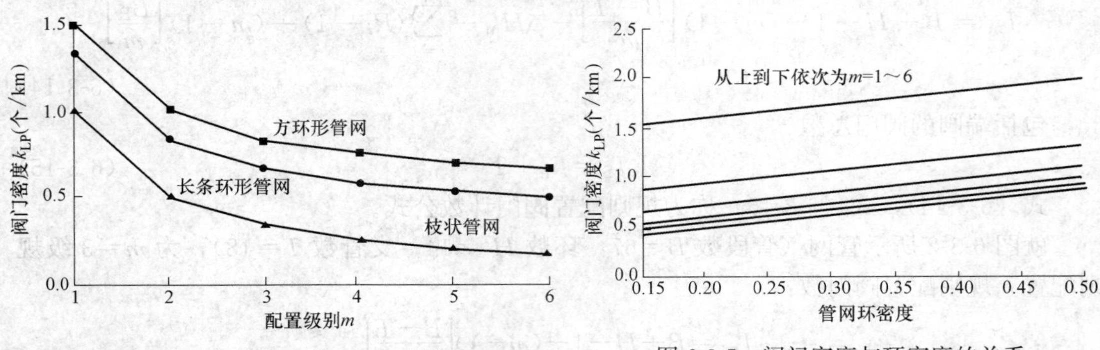

图 6-3-4　阀门密度与管网形状的关系

图 6-3-5　阀门密度与环密度的关系

（2）管网环密度。管网环数与管段数的比值称为管网环密度。环密度（H/B）愈大，阀门密度愈大，见图 6-3-5。

（3）管段平均长度。管段平均长度愈长，阀门密度愈小；L＝0.8，1.0，1.5 分别采用 m＝3，2，1 级，都对应于 $k_{\mathrm{LP}}\approx$0.6，见图 6-3-6。

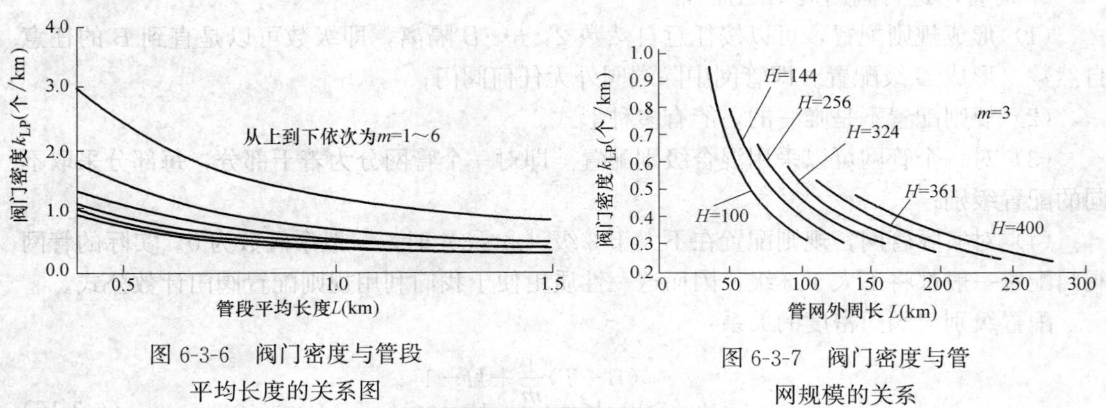

图 6-3-6　阀门密度与管段平均长度的关系图

图 6-3-7　阀门密度与管网规模的关系

（4）管网规模。对同一配置级别，管网规模愈大，阀门密度愈小，见图 6-3-7。

（5）配置级别。配置级别愈大，阀门密度愈小；但对 $m \geqslant 4$，这种变化即不显著，见图 6-3-5、图 6-3-6。

4. 管网阀门规则配置要点

（1）从规则配置可以看到，任一阀门故障都会影响到 $2m$ 根管段。因此规则配置级别不能太大，相应于管段平均长度约为 1km，一般采用 $m=2$，3；

（2）使管网尽量接近完全规则配置；调整节点处阀门配置使产生尽可能多的余阀，都可导致减少管网阀门配置数量。

（3）对一个管网可以采用多于一种配置级别；

（4）对较长管段，可按管段平均长度将其分为若干段考虑；

（5）配置阀门的注意点。配置的优先原则是：对一节点各相关管段，优先在较小管径的管段上设阀门；使管段组尽量靠近为一小区进行阀门配置，以便于管理；可对实际配置方案作若干调整，以尽量接近完全规则配置。

【例 6-3-1】由第 13 章【例 13-2-1】的管网数据，考察管网供气可靠度、工程总估价、配置阀门数、阀门工程估价与阀门配置级别的关系。可见本例表明取阀门配置级别 $m=2$ 能满足供气可靠性要求。

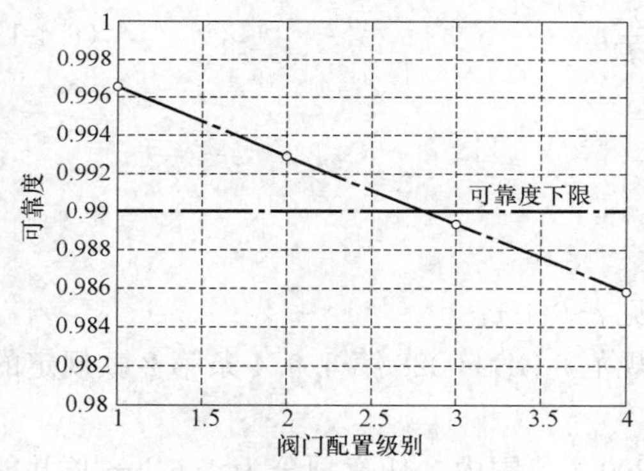

图 6-3-8　管网供气可靠度与配置级别的关系

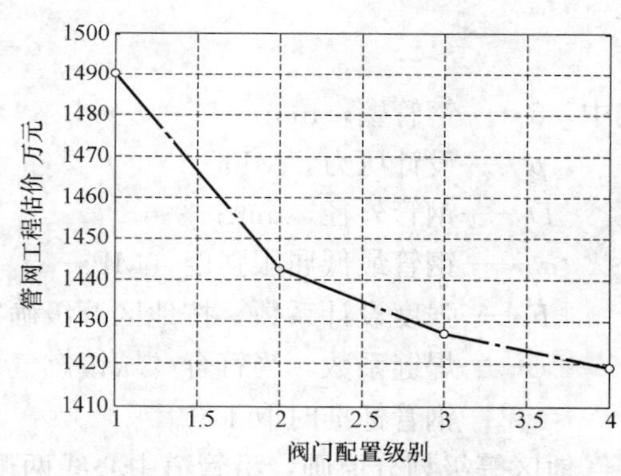

图 6-3-9　工程总估价与配置级别的关系

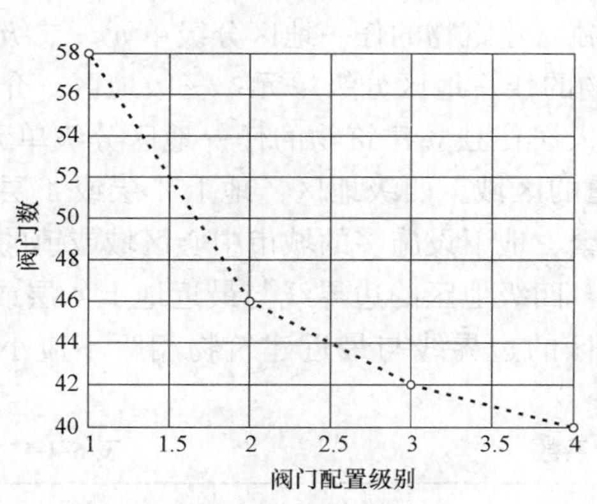

图 6-3-10　配置阀门数与配置级别的关系

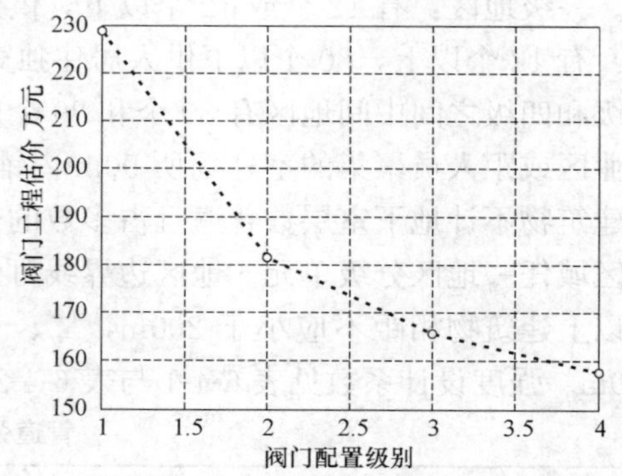

图 6-3-11　阀门工程估价与配置级别的关系

以上各节即是从管网结构学的角度指明管网设计方案的思考途径。

6.4　城镇燃气管网

6.4.1　管材选用与比较

6.4.1.1　高压与次高压管道选用

高压与次高压管道直径大于150mm时，一般采用焊接钢管；直径较小时采用无缝钢管，应通过技术经济比较决定钢种与制管类别。

选用的焊接钢管应符合《石油天然气工业管线输送系统用钢管》GB/T 9711的规定，次高压B也可采用Q235B焊接钢管并应符合《低压流体输送用焊接钢管》GB/T 3091的规定，无缝钢管应符合《输送流体用无缝钢管》GB/T 8163的规定。三、四级地区高压管道钢级应不低于L245。

为确定钢种，可通过直管段壁厚计算，比对钢管最小公称壁厚、确定采用壁厚，并按不同材质的壁厚值进行分析比较后确定采用钢种。

钢管壁厚按下式计算：

$$\delta=\frac{PD}{2\sigma_s\varphi F} \tag{6-4-1}$$

式中　δ——钢管壁，mm；

p——设计压力，MPa；

D——钢管外径，mm；

σ_s——钢管最低屈服强度，MPa；

F——强度设计系数，按地区等级确定，见表6-4-1；

φ——焊缝系数，当符合《城镇燃气设计规范》GB 50028第6.9.4条第2款规定的钢管标准时取1.0。

地区等级划分原则：沿管道中心线两侧各200m范围内，任意划分为1.6 km长并能包括最多供人居住的独立建筑物数量的地段，按地段内房屋建筑密集程度划分为4个等级。一级地区：有12个或12个以下，供人居住独立建筑物的任一地区分级单元。二级地区：有12个以上，80个以下供人居住独立建筑物的任一地区分级单元；三级地区：介于二级和四级之间中间地区有80个和80个以上供人居住独立建筑物的任一地区分级单元；工业区或距人员聚集的室外场所90m内铺设管道的区域。四级地区：地上4层或4层以上建筑物不计地下室层数普遍且占多数的交通频繁、地下设施多的城市中心区域或镇的中心区域任一地区分级单元。地区边界线可作调整，四级地区的边界线与最近地上4层或4层以上建筑物相距不应小于200m，二、三级地区的边界线与最近建筑物相距不应小于200m。强度设计系数见表6-4-1与表6-4-2。

管道强度设计系数　　表6-4-1

地区等级	F	地区等级	F
一级	0.72	三级	0.40
二级	0.60	四级	0.30

穿越铁路公路与人员聚集场所的管道以及门站、储配站内管道的强度设计系数　表 6-4-2

<table>
<tr><th rowspan="3">管道及管段</th><th colspan="4">地区等级</th></tr>
<tr><th>一</th><th>二</th><th>三</th><th>四</th></tr>
<tr><th colspan="4">强度设计系数 F</th></tr>
<tr><td>有套管穿越Ⅲ、Ⅳ级公路的管道</td><td>0.72</td><td>0.6</td><td rowspan="5">0.4</td><td rowspan="5">0.3</td></tr>
<tr><td>无套管穿越Ⅲ、Ⅴ级公路的管道</td><td>0.6</td><td>0.5</td></tr>
<tr><td>有套管穿越Ⅰ、Ⅱ级公路、高速公路、铁路的管道</td><td>0.6</td><td>0.6</td></tr>
<tr><td>门站、储配站、调压站内管道及其上、下游各 200m 管道，截断阀室</td><td>0.5</td><td>0.5</td></tr>
<tr><td>人员密集场所的管道</td><td>0.4</td><td>0.4</td></tr>
</table>

钢管最小公称壁厚由表 6-4-3 确定。

钢管最小公称壁厚　表 6-4-3

公称直径 *DN*	最小公称壁厚(mm)	公称直径 *DN*	最小公称壁厚(mm)
*DN*100～*DN*150	4.0	*DN*600 ～ *DN*700	7.1
*DN*200～*DN*300	4.8	*DN*750 ～ *DN*900	7.9
*DN*350～*DN*450	5.2	*DN*950 ～ *DN*1000	8.7
*DN*500～*DN*550	6.4	*DN*1050	9.5

埋地钢管直管段当量应力校核、弯头组合应力计算、弯头与弯管壁厚计算等按输气管道系统章节相应内容计算。

设计时，应选用不同钢种进行壁厚计算，确定采用壁厚，经技术经济比较选定采用钢种。表 6-4-4 是某工程设计压力为 1.6MPa、公称管径 200mm 的焊接钢管，按《石油天然气工业管线输送系统用钢管》GB/T 9711 的要求，对四级地区进行钢种比较的结果。

选用不同钢种采用壁厚的比较结果　表 6-4-4

材 质	L245	L290	L360
计算壁厚(mm)	2.3	1.98	1.6
采用壁厚(mm)	6.6	4.8	4.8

根据表 6-4-4 数据考虑管道稳定性、抗断性与抗震性等因素，并结合钢材价格，采用 L245。

在确定钢种的基础上进一步选用焊接钢管的类型，其分为两类，即螺旋缝钢管和直缝钢管。

螺旋缝双面埋弧焊钢管（SAW）的焊缝与管轴线形成螺旋角、一般为 45°，使焊缝热影响区不在主应力方向上，因此焊缝受力情况良好，可用带钢生产大直径管道，但由于焊缝长度长使产生焊接缺陷的可能性增加。

直缝焊接钢管与螺旋缝焊接钢管相比具有焊缝短，在平面上焊接因此焊缝质量好、热影响区小、焊后残余应力小、管道尺寸较精确、易实现在线检测以及原材料可进行 100% 的无损检测等优点。

直缝焊接钢管又分为直缝高频电阻焊钢管（ERW）和直缝双面埋弧焊钢管（LSAW）。高频电阻焊是利用高频电流产生的电阻热熔化管坯对接处、经挤压熔合，其特点为热量集中，热影响区小，焊接质量主要取决于母材质量，生产成本低、效率高。

直缝双面埋弧焊钢管一般直径在 DN400mm 以上采用 UOE 成型工艺，单张钢板边缘预弯后，经 U 成型、O 成型、内焊、外焊、冷成型等工艺，其成型精度高，错边量小，残余应力小、焊接工艺成熟，质量可靠。

直缝双面埋弧焊钢管价格高于螺旋缝埋弧焊钢管，而价格最低的是直缝高频电阻焊钢管。

天然气输配工程中采用较普遍的高（次高）压管道是直缝电阻焊钢钢管，直径较大时采用直缝埋弧焊钢管或螺旋埋弧焊钢管。高压管道的附件不得采用螺旋焊缝钢管制作，严禁采用铸铁制作。

6.4.1.2　中压与低压管道选用

室外地下中压与低压管道有钢管、聚乙烯复合管（PE 管），钢骨架聚乙烯复合管（钢骨架 PE 复合管）、球墨铸铁管。目前非穿越段采用聚乙烯复合管（PE 管）是主流。

钢管具有高强的机械性能，如抗拉强度、延伸率与抗冲击性等。焊接钢管采用焊接制管与连接，气密性良好。其主要缺点是地下易腐蚀、需防腐措施，投资大，且使用寿命较短，一般为 25 年左右。钢管采用焊接钢管、镀锌钢管或无缝钢管时应分别符合《低压流体输送用焊接钢管》GB/T 3091 与《输送流体用无缝钢管》GB/T 8163。

聚乙烯管是近年来广泛用于中、低压天然气输配系统的地下管材，具有良好的可焊性、热稳定性、柔韧性与严密性，易施工，耐土壤腐蚀，内壁当量绝对粗糙度仅为钢管的 1/10，使用寿命达 50 年左右。聚乙烯管的主要缺点是重载荷下易损坏，接口质量难以采用无损检测手段检验，以及大管径的管材价格较高。目前已开发的第三代聚乙烯管材 PE100 较之以前广泛采用的 PE80 具有较好的快，慢速裂纹抵抗能力与刚度，改善了刮痕敏感度，因此采用 PE100 制管在相同耐压程度时可减少壁厚，或在相同壁厚下增加耐压程度。聚乙烯管道应符合《燃气用埋地聚乙烯（PE）管道系统 第 1 部分：管材》GB 15558.1 与《燃气用埋地聚乙烯（PE）管道系统 第 2 部分：管件》GB 15558.2 的规定。

聚乙烯管道按公称外径与壁厚之比、即标准尺寸比 SDR 分为两个系列：SDR11 与 SDR17，其设计系数 C 取值表见表 6-4-5，工作温度对管道工作压力的折减系数见表 6-4-6。

聚乙烯燃气管道的设计压力不应大于管道最大允许工作压力（p_{max}），管道最大允许工作压力（p_{max}）可按下列公式计算：

$$p_{max}=\frac{MOP}{D_F} \tag{6-4-2}$$

$$MOP=\frac{2\times MRS}{C\times(SDR-1)} \tag{6-4-3}$$

$$MOP\leqslant\frac{P_{RPC}}{1.5} \tag{6-4-4}$$

式中　p_{max}——最大允许工作压力（MPa）；

MOP——最大工作压力，以 20℃为参考工作温度，MPa；

MPS——最小要求强度，PE80 取 8.0，PE100 取 10.0，MPa；

C——设计系数，聚乙烯管道输送不同种类燃气的 C 值按表 6-4-5 取值；

SDR——标准尺寸比；

P_{RCP}——耐快速裂纹扩展的临界压力 MPa；P_{RCP}数值由混配料供应商或管材生产厂商提供；

D_F——工作温度下的压力折减系数，按表 6-4-6 取值；

设计系数 C 值取值表力 **表 6-4-5**

燃气种类		设计系数 C 值取值
天然气		≥2.5
液化石油气	混空气	≥4.0
	气态	≥6.0
人工煤气	干气	≥4.0
	其他	≥6.0

工作温度下的压力折减系数 **表 6-4-6**

工作温度 t	−20℃	20℃	30℃	40℃
工作温度下的压力折减系数 D_F	1.0	1.0	1.1	1.3

注：表中工作温度为考虑了内外环境的管材的年度平均温度。对于中间的温度，可使用内插法计算。

聚乙烯燃气管道应沿管道走向设置有效的示踪、警示装置。警示带、地面标志的设置应符合现行行业标准《城镇燃气输配工程施工及验收规范》CJJ 33 和《城镇燃气标志标准》CJJ/T 153 的有关规定。

设计压力大于 0.4MPa 的聚乙烯燃气管道上方应设置保护板，保护板上应具有警示标识。设置保护板的聚乙烯燃气管道，可不敷设警示带。

聚乙烯管道应采用热熔连接，即由专用连接板加热接口到 210℃使其熔化连接，或采用电熔连接，即由专用电熔焊机控制管内埋设的电阻丝加热使接口处熔化而连接（承插、鞍形）。不同级别和溶体质量流体速率差值不小于 0.5g/10min（190℃，5kg）的聚乙烯原料制造的管材、管件和管道附属设备，以及焊接端部标准尺寸比 SDR 不同的聚乙烯管道连接时，必须采用电熔连接。聚乙烯管道与金属管道或金属管件连接应采用法兰或钢塑转换接头，采用法兰连接时，宜设检查井，公称直径小于 90mm 的聚乙烯管道宜采用电熔连接。连接质量由外观检查、强度试验与气密性试验确定。

钢骨架聚乙烯复合的钢骨架材料有钢丝网与钢板孔网两种。管道分为普通管与薄壁管两种，按《聚乙烯燃气管道工程技术标准》CJJ 63、《燃气用钢骨架聚乙烯塑料复合管及管件》CJ/T 125、《埋地钢骨架聚乙烯复合管燃气管道工程技术规程》CECS 131 要求执行。

球墨铸铁管采用离心铸造，接口为机械柔性接口，目前已应用至中压 A 的输配系统。与钢管相比的主要优点是耐腐蚀，管材的电阻是钢的 5 倍，加之机械接口中的橡胶密封圈的绝缘作用，大大降低了埋地电化学腐蚀。同时，其机械性能较灰铸铁管有较大提高，除延伸率外与钢管接近，具体数值见表 6-4-7。此外，柔性接口使管道具有一定的可挠性与伸缩性。

球墨铸铁管的密封性取决于接口的质量，而接口的质量与使用寿命取决于橡胶密封圈的质量与使用寿命，一般采用丁腈橡胶制作。

球墨铸铁管按《水及燃气用球墨铸铁管、管件和附件》GB/T 13295 采用。

球墨铸铁管宜用于中压与低压的燃气管网。

管材机械性能　　表 6-4-7

管材	延伸率(%)	压扁率(%)	抗冲机强度(MPa)	强度极限(MPa)	屈服极限(MPa)
灰铸铁管	0	0	5	140	170
球墨铸铁管	10	30	30	420	300
钢管	18	30	40	420	300

对于管材的选用，应作技术经济比较。

由于各种管材内壁当量绝对粗糙度的不同，以及相同公称管径下内径的不同，造成不同管材管道输送燃气能力的差异，即在相同管长与压力降下输送流量不同或在相同管长与流量下压力降不同。表 6-4-8 表示不同管材在相同管长与流量下压力降的比例，由于按中压设定即为压力平方差比例，其中设定钢管为 1。

管材在相同管长与流量下压力降比　　表 6-4-8

公称直径(mm)	聚乙烯管(SDR11)	钢管	球墨铸铁管
100	1.15	1	1.56
200	1.0	1	1.47
250	1.01	1	1.58
300	0.72	1	1.49
400	0.75	1	1.12

由表 6-4-8 可见，聚乙烯管尽管内径较同公称直径的钢管小，但由于其内壁当量绝对粗糙度仅为钢管的 1/10，当公称管径大于 200mm 时输送能力优于钢管，球墨铸铁管由于较大的内壁当量绝对粗糙度而使输送能力下降。考虑管材使用年限与输送能力的综合比值见表 6-4-9。综合比值为两个比值的乘积。

管材使用年限与输送能力的综合比值　　表 6-4-9

公称直径(mm)	聚乙烯管(SDR11)	钢 管	球墨铸铁管(k9)
100	0.420	1	0.920
200	0.545	1	0.676
250	0.556	1	0.758
300	0.482	1	0.671
400	0.675	1	0.454

由表 6-4-9 可见，考虑使用年限与输气能力两因素影响的综合比值中公称直径 400mm 以下的聚乙烯管占有优势。

钢骨架聚乙烯复合管的价格高于聚乙烯复合管，价格比约为 1.1～1.6 倍，随着管径增大，倍数减小，两者使用年限相同。

随着技术进步、生产规模发展等因素的影响，各种管材的价格与使用年限均会发生变化，上述数据仅作宏观参照，重要的是提供管材选用的技术经济比较思路与方法。

管网各管段压力降分配可进行经济压力降分配与等压力降分配，并作经济性比对后择优采用。资料表明采用经济压力降分配，对于低压与中压环网钢管的金属节约率分别为17.08%～−4.4%与8.92%～−1.06%（负值为不节约），详见参考文献［22］。

6.4.1.3 用户管管道选用

用户管道选用按《城镇燃气设计规范》GB 50028执行，当燃气表安装在室内时，从建筑物引入管开始即为用户室内管（习惯称为户内管），随着燃气表户外集中安装方式的出现，燃气表前与部分燃气表后的管道敷设在户外，因此以“用户管”的名称统称用户处室内外管道。

对于低压室内管，镀锌钢管是室内管道普遍采用的管材，其为丝扣连接，用于天然气时应采用聚四氟乙烯带作丝扣的密封材料。可按《低压流体输送用焊接钢管》GB/T 3091选用，低压宜采用普通管，中压应采用加厚管，中压和次高压管道宜选用无缝钢管，其质量应符合《输送流体用无缝钢管》GB/T 8163的规定，其壁厚不得小于3mm，用于引入管时不得小于3.5mm。近年来铝塑复合管也应用于室内管道，它是在焊接铝管的内外侧覆盖聚乙烯材料，采用热熔胶、经挤压成型。英、美等国在20世纪80年代已用于室内管。铝塑复合管的优点是易弯曲定型、接口少、便于室内安装，其环境温度不应高于60℃、工作压力应小于10kPa。应按《铝塑复合压力管 第1部分：铝管搭接焊式铝塑管》GB/T 18997.1与《铝塑复合压力管 第2部分：铝管对接焊式铝塑管》GB/T18992.2选用，且应安装于户内计量装置（燃气表后）。此外铜管也可用作室内管材，选用时应符合《城镇燃气设计规范》GB 50028的规定。

对于低压室外管一般采用镀锌钢管。

当采用中压进户方式时，中压室内外管宜采用钢管，且接口为焊接。

中压软管应采用符合《波纹金属软管通用技术条件》GB/T 14525、《在2.5MPa及以下压力下输送液态或液化石油气（LPG）和天然气的橡胶软管及软管组合件 规范》GB/T 10546或同等性能以上的软管。低压软管应采用符合《家用煤气软管》HG 2486或《燃气用具连接用不锈钢波纹软管》CJ/T 197规定的软管。

6.4.2 管道配置与敷设

管道布置（路由）是燃气输配系统工程设计的主要工作之一，在可行性研究、初步设计与施工图设计中均有不同的深度要求。

由于天然气长输管道至城镇边缘的压力一般为高压或次高压，因此，天然气城镇输配系统一般采用高（次高）中压两级系统或单级中压系统。

高压或次高压管道主要用于向门站与高（次高）中压调压站供气，也可起储气作用，其管道布置主要取决于门站与调压站的选址，以及供气安全性与储气要求、城镇地理环境等。门站与调压站的选址主要由长输管道走向、城镇用气负荷分布、供气安全性等因素确定。中压管道向城区内中低压调压箱（柜）或用户调压器供气，大型工业用户直接由中压管道供气，中压配气干管一般在中心城区形成环网、城区边缘为支状管道，即采用环支结合的配气方式。由配气管网接出支管向街区内调压箱（柜）或用户调压器供气。因此中压管道的布置主要取决于城镇道路与地理环境状况、用户分布、中低压调压箱的选址以及供气安全性要求等因素。

管线在道路与庭院内的配置应按《城市工程管线综合规划规范》GB 50289执行。在确定管道路由后主要工作是按规范要求确定管道平面与纵、横断面管位与进行穿越障碍物设计。纵断面图内容应包括地面标高、管顶标高、管顶深度、管段长度、管段坡度、测点桩号与路面性质，并在图上画出燃气管道，标明管径，与燃气管道纵向交叉的设施、障碍等的间距。横断面图上应标明燃气管道位置、管径以及与建筑物、其他设施等的间距。

管道标志应按《城镇燃气标志标准》CJJ/T 153 执行。

压力不大于1.6MPa的地下燃气管道与构筑物、相邻管道之间所要求的最小水平净距（m）和最小垂直净距（m），分别见表6-4-10与表6-4-11。聚乙烯管道和钢骨架聚乙烯复合管道与热力管道之间的水平净距和垂直净距分别见表6-4-12与表6-4-13。

压力不大于1.6MPa地下燃气管道与建筑物、构筑物、相邻管道之间的最小水平净距

表6-4-10

项目		地下燃气管道压力(MPa)				
		低压<0.01	中压		次高压	
			B≤0.2	A≤0.4	B≤0.8	A≤1.6
建筑物	基础	0.7	1.0	1.5	—	—
	外墙面(出地面处)	—	—	—	5	13.5
给水管		0.5	0.5	0.5	1.0	1.5
污水、雨水排水管		1.0	1.2	1.2	1.5	2.0
电力电缆(含电车电缆)	直埋	0.5	0.5	0.5	1.0	1.5
	在导管内	1.0	1.0	1.0	1.0	1.5
通信电缆	直埋	0.5	0.5	0.5	1.0	1.5
	在导管内	1.0	1.0	1.0	1.0	1.5
其他燃气管道	DN≤300m	0.4	0.4	0.4	0.4	0.4
	DN>300mm	0.5	0.5	0.5	0.5	0.5
热力管	直埋	1.0	1.0	1.0	1.5	2.0
	在管沟内(至外壁)	1.0	1.5	1.5	2.0	4.0
电杆(塔)的基础	≤35kV	1.0	1.0	1.0	1.0	1.0
	>35kV	22.0	2.0	2.0	5.0	5.0
通信照明电杆(至电杆中心)		1.0	1.0	1.0	1.0	1.0
铁路路堤坡脚		5.0	5.0	5.0	5.0	5.0
有轨电车钢轨		2.0	2.0	2.0	2.0	2.0
街树(至树中心)		0.75	0.75	0.75	1.2	1.2

压力不大于1.6MPa地下燃气管道与构筑物、相邻管道之间的最小垂直净距（m）

表6-4-11

项目	最小垂直净距(当有套管时以套计)	项目		最小垂直净距(当有套管时以套管计)
给水管、排水管、其他燃气管	0.15	电缆	在导管内	0.15
热力管、热力管的管沟底或顶	0.15	铁路(轨底)		1.20

续表

项目		最小垂直净距（当有套管时以套计）	项目	最小垂直净距（当有套管时以套管计）
电缆	直埋	0.50	有轨电车(轨底)	1.00

注：1. 当次高压燃气管道压力与表中数不相同时，可采用直线方程内插法确定水平净距。

2. 如受地形限制不能满足表 6-4-10 和表 6-4-11 时，经与有关部门协商，采取有效的安全防护措施后，表 6-4-10和表 6-4-11 规定的净距，均可适当缩小．但低压管道不应影响建（构）筑物和相邻管道基础的稳固性，中压管道距建筑物基础不应小于 0.5m 且距建筑物外墙面不应小于 1m，次高压燃气管道距建筑物外墙面不应小于 3.0m。其中当对次高压 A 燃气管道采取有效的安全防护措施或当管道壁厚不小于 9.5mm 时。管道距建筑物外墙面不应小于 6.5m；当管壁厚度不小于 11.9mm 时。管道距建筑物外墙面不应小于 3.0m。

3. 表 6-4-10 和表 6-4-11 规定除地下燃气管道与热力管的净距不适于聚乙烯燃气管道和钢骨架聚乙烯塑料复合管外，其他规定均适用于聚乙烯燃气管道和钢骨架聚乙烯塑料复合管道。聚乙烯燃气管道与热力管道的净距应按国家现行标准《聚乙烯燃气管道工程技术标准》CJJ 63 执行。

4. 地下燃气管道与电杆（塔）基础之间的水平净距，还应满足地下燃气管道与交流电力线接地体的净距规定。

聚乙烯管道和钢骨架聚乙烯复合管道与热力管道之间的水平净距（m） 表 6-4-12

项目			燃气管道			
			低压	中压		次高压
				B	A	B
热力管	直埋	热水	1.0	1.0	1.0	1.5
		蒸汽	2.0	2.0	2.0	3.0
	在管沟内(至外壁)		1.0	1.5	1.5	2.0

聚乙烯管道和钢骨架聚乙烯复合管道与热力管道之间的垂直净距（m） 表 6-4-13

项目		燃气管道(当有套管时，以套管计)(m)
热力管	燃气管在直埋管上方	0.5(加套管)
	燃气管在直埋管下方	1.0(加套管)
	燃气管在管沟上方	0.2(加套管)或 0.4
	燃气管在管沟下方	0.3(加套管)

四级地区管道压力不宜大于 1.6MPa，不应大于 4.0MPa。高压管道当受条件限制需进入或通过四级地区、县城、卫星城、镇或居民居住区时应遵守下列规定：高压 A 地下燃气管道与建筑物外墙面之间的水平净距不应小于 30m，高压 B 地下燃气管道与建筑物外墙面之间的水平净距不应小于 16m。当管道材料钢级不低于《石油天然气工业 管线输送系统用钢管》GB/T 9711 标准规定的 L245、管道壁厚 $\delta \geqslant 9.5$mm，或对燃气管道采取行之有效的保护措施时，高压 A 不应小于 20m，高压 B 不应小于 10m。

地下高压管道与建筑物的水平净距应根据所经地区等级、管道压力、管道公称直径与壁厚加以确定。表 6-4-14 是一级或二级地区所要求的最小水平净距（m），表 6-4-15 是三级地区所要求的最小水平净距（m）。当燃气管道设计系数不大于 0.4 时，一级或二级地区地下燃气管道与建筑物之间水平净距可按表 6-4-14 确定。水平净距指管道外壁至建筑物出地面处外墙面的距离。

一级或二级地区所要求的最小水平净距（m）　　表 6-4-14

公称直径 DN(mm)	压力（MPa）		
	1.61	2.50	4.00
900＜DN≤1050	53	60	70
750＜DN≤900	40	47	57
600＜DN≤750	31	37	45
450＜DN≤600	24	28	35
300＜DN≤450	19	23	28
150＜DN≤DN300	14	18	22
DN≤150	11	13	15

三级地区所要求的最小水平净距（m）　　表 6-4-15

管道壁厚 δ(mm)	压力（MPa）		
	1.61	2.50	4.00
A:δ＜ 9.5	13.5	15.0	17.0
B:9.5≤δ≤11.9	6.5	7.5	9.0
C:δ≥11.9	3.0	3.0	3.0

注：当对燃气管道采用有效保护措施时，δ＜ 9.5mm 的燃气管道也可采用表中 B 行的水平净距。

高压管道与构筑物或相邻管道的水平和垂直净距不应小于表 6-4-10 与表 6-4-11 次高压 A 的规定。但高压 A 和高压 B 管道与铁路路堤坡脚的水平净距分别不应小于 8m 和 6m，与有轨电车钢轨的水平净距分别不应小于 4m 和 3m。

地下燃气管道在敷设时的覆土层（从管顶算起）最小厚度（m）见表 6-4-16。

地下燃气管道覆土层最小厚度（m）　　表 6-4-16

埋地处	覆土层最小厚度
车行道	0.9
非车行道(含人行道)	0.6
机动车不可能到达地方	0.3
水田	0.8

注：1. 覆土层从管顶算起。
2. PE 管在机动车不可能到达处为 0.5m。

在高压干管上应设置分段阀门，并应在阀门两侧设置放散管，其最大间距（km）取决于管段所处位置为主的地区等级，见表 6-4-17，高压支管起点处也应设置阀门。

高压干管分段阀门最大间距（km）　　表 6-4-17

管段所处地区等级	四级	三级	二级	一级
最大间距	8	16	24	32

次高压与中压干管上，应设置分段阀门，并应在阀门两侧设置放散管。在支管起点处，应设置阀门。

市区外地下高压管道应设置里程桩、转角桩、交叉和警示牌等永久性标志；市区内地下高压管道应设立警示标志，在距管顶不小于 500mm 处应埋设警示带。聚乙烯管道应设置示踪（带）和警示带。

6.4.2.1 高压管道敷设

对于大、中型城市按输气或储气需要设置高压管道，其布置原则如下：

（1）服从城市总体规划，遵守有关法规与规范，考虑远、近期结合，分期建设。

（2）结合门站与调压站选址管道沿城区边沿敷设，避开重要设施与施工困难地段。不应进入城市四级地区。

（3）尽可能少占农田，减少建筑物等拆迁。除管道专用公路的隧道、桥梁外，不应通过铁路或公路的隧道和桥梁。

（4）对于大型城市可考虑高压线成环，以提高供气安全性，并考虑其储气功能。

（5）为方便运输与施工，管道宜在公路附近敷设。

（6）应作多方案比较，选用符合上述各项要求，且长度较短、原有设施可利用、投资较省的方案。

6.4.2.2 次高压管道敷设

次高压管道的作用与高压管道相同，当长输管道至城市边缘的压力为次高压时采用，一般也不通过中心城区。

地下次高压管道与建筑物、构筑物、相邻管道之间所要求的最小水平净距（m）见表 6-4-10。最小垂直净距（m）与地下敷设的覆土层最小厚度要求同见表 6-4-11、表 6-4-12。

6.4.2.3 中压管道敷设

中压管道在高（次高）—中压或单级中压输配系统中都是输配气主体。随着经济发展，特别是道路与住宅建设的水平和质量大幅度提高，这两种天然气输配系统成为城镇天然气输配形式的主流。中压管道向数量众多的小区调压箱（柜）与楼栋调压箱，以及专用调压箱供气，从而形成环支结合的输气干管以及从干管接出的众多供气支管至调压设备。显然调压箱（柜）较区域调压站供应户数大大减少，从而减小了用户前压力的波动，而中压进户更使用户压力恒定。对于此种中压干管管段由于与众多支管相连，支管计算流量之和为该管段途泄流量。

高（次高）—中压与单级中压输配系统的中压管道布置原则如下：

（1）服从城镇总体规划，遵守有关法规与规范，考虑远近期结合。

（2）干管布置应靠近用气负荷较大区域、以减少支管长度并成环，保证安全供气，但应避开繁华街区，且环数不宜过多。各高中压调压站出口中压干管宜互通。在城区边缘布置支状干管，形成环支结合的供气干管体系。

（3）对中小城镇的干管主环可设计为等管径环，以进一步提高供气安全性与适应性。

（4）管道布置应按先人行道、后非机动车道、尽量不在机动车道埋设的原则。

（5）管道应与道路同步建设，避免重复开挖。条件具备时可建设地下综合管廊。

（6）在安全供气的前提下减少穿越工程与建筑拆迁量。

（7）避免与高压电缆平行敷设，以减少地下钢管电化学腐蚀。

（8）可作多方案比较，选用供气安全、正常水力工况与事故水力工况良好、投资较省，以及原有设施可利用的方案。

中低压输配系统很少采用于城镇新建的天然气输配系统，但常见于人工煤气输配系统，且多为中压B系统。

中低压输配系统的中压管道，向区域调压站与专用调压箱供气，其调压站数量远远少于上述两系统的小区调压柜、楼栋调压箱与用户调压器，因此中压管道的密度远比上述两系统低，其布置原则同上述两系统。中低压区域调压站应选在用气负荷中心，并确定其合理的作用半径，结合区域调压站选址布置中压干管，中压干管应成环，干管尽可能接近调压站、以缩短中压支管长度。但往往出现中压管道与低压干管敷设在同一街道，管道密度大。

6.4.2.4 低压管道敷设

低压管道在高（次高）中压或单级中压输配系统中一般起始于小区调压箱或楼栋调压箱出口至用户引入管或户外燃气表止，属街坊管范围。低压街坊管呈支状分布，布置时可适当考虑用气量增长的可能性，并尽量减少长度。中低输配系统采用区域调压站时，其供应户数多，出口低压管道分布广、其分为干管与街坊管，前者主要功能是向众多街坊支管供气，因此其布置类似于前述中压干管，即形成环支结合的供气干管。该干管管段连接支管的计算流量之和为该管段的途泄流量。当出现多个区域调压站时，它们出口的低压干管如地理条件许可宜联成一片，以保证供气安全。此种低压干管的布置原则，可参照前述高（次高）中压与单级中压输配系统的中压管道布置原则。

6.4.2.5 户内管敷设

居民用户的户内管又称用户管，按压力分类为低压进户与中压进户两类。中压进户的压力在燃气表前由用户调压器调至燃具额定压力，避免了用气高、低峰时燃具前压力波动。管径大于 $DN50$ 或压力大于 10kPa 的管道宜焊接。用户管按燃气表设置方式分类为分散设表与集中设表两类。分散设表即燃气表设在用户内，建筑物引入管与室内立管连接，再由立管连接各层水平支管向用户供气。立管也可设在外墙上，此种立管一般由围绕建筑物外墙上的水平供气管接出。集中设表一般燃气表集中设在户外、即在一楼外墙上设集中表箱，由各燃气表引出室外立管与水平管至各层用户。户外集中设表方式具有方便管理与提高安全性的优点，但由于各户分设立管使投资增加，且投资随建筑楼层增高而上升。对于高层建筑不宜集中户外设表，但可把燃气表分层集中设置在非封闭的公共区域内。

关于户内管的内容见本章6.11节。

6.4.3 阀门设置及管道附属设施

6.4.3.1 阀门的设置位置

（1）中压燃气干管道每1.5～2km宜设分段阀门，并在阀门两侧设置放散管。中压分配管网的阀门配置原则见本章6.3.6分配管网的阀门配置。

在燃气支管的起点处，应设置阀门。穿越或跨越重要河流的燃气管道，在河流两岸均应设置阀门。中压楼栋引入管应在伸出地面1.5m高处安装架空阀门；

（2）低压燃气管道阀门

1）低压分支管供应户数超过500户时，在低压分支管的起点处；

2）区域调压站的低压出口处；

（3）调压设施的阀门设置

1）高压与次高压调压站室外进出口管道上必须设置阀门，中压调压站室外进口管道上应设置阀门；

2）调压站室外进出口管道上阀门距调压站距离：当为地上单独建筑时，不宜小于10m，当为毗邻建筑时，不宜小于5m，当为调压柜时，不宜小于5m，当为露天调压装置时，不宜小于10m；

3）当通向调压站的支管阀门距站小于100m时，室外支管阀门与进口阀门可合为一个。

（4）阀门井位置的选择

1）阀门井应尽量避开车行道，设置在绿化带或人行道上；

2）阀门井应选择在地势较高处，不宜选择在积水或排水不畅处；

3）阀门井应尽量避开停车场范围；

4）在有可能扩建或改建道路的地方设置阀门井时，阀门井的标高应考虑满足未来道路的改建或扩建需要。

6.4.3.2 阀门井

为管网阀门便于操作，地下燃气管道上的阀门一般都设置在阀门井中。阀门井应坚固耐久，有良好的防水性能，并保证检修时有必要的空间。考虑到人员的安全，井筒不宜过深。阀门井的构造如图6-4-1、图6-4-2所示。

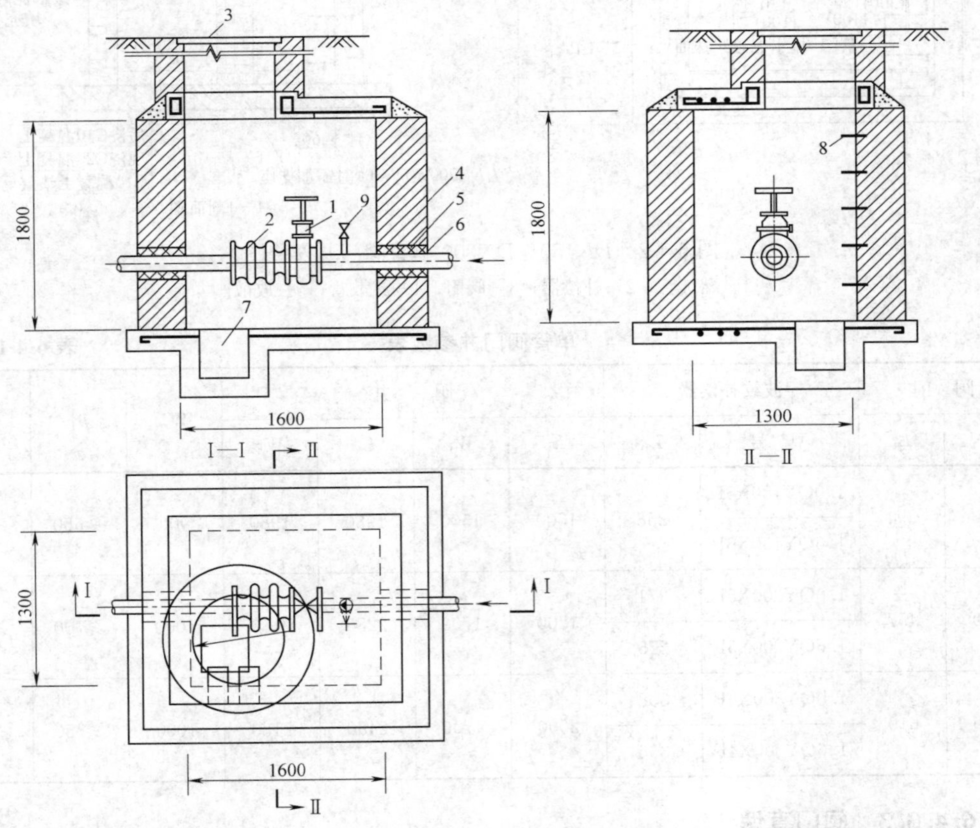

图6-4-1 *DN*100单管阀门井安装图

1—阀门；2—补偿器；3—井盖；4—防水层；5—浸沥青麻；6—沥青砂浆；7—集水坑；8—爬梯；9—放散管

常见的 $DN100$ 单管阀门井见图 6-4-1，$DN150$～$DN300$ 单管阀门井见图 6-4-2。其组成有截断阀、波纹管补偿器、放空阀、连接管及阀门井构筑物。阀门井的尺寸应能满足操作阀门和拆装管道零件所需的最小尺寸（表 6-4-18）。阀门井盖板及底座为现浇钢筋混凝土结构，井壁为砖混结构（在特殊地区也可用钢筋混凝土结构），当阀门井位于地下水位以下时，外墙采用五层防水做法：井外第一层用 107 胶水拌纯水泥抹面 2～3mm，第二层同第一层；井内第一层用 1：2 水泥砂浆抹面 10mm 找平，第二层用 107 胶水拌纯水泥抹面 2～3mm，第三层同第二层。

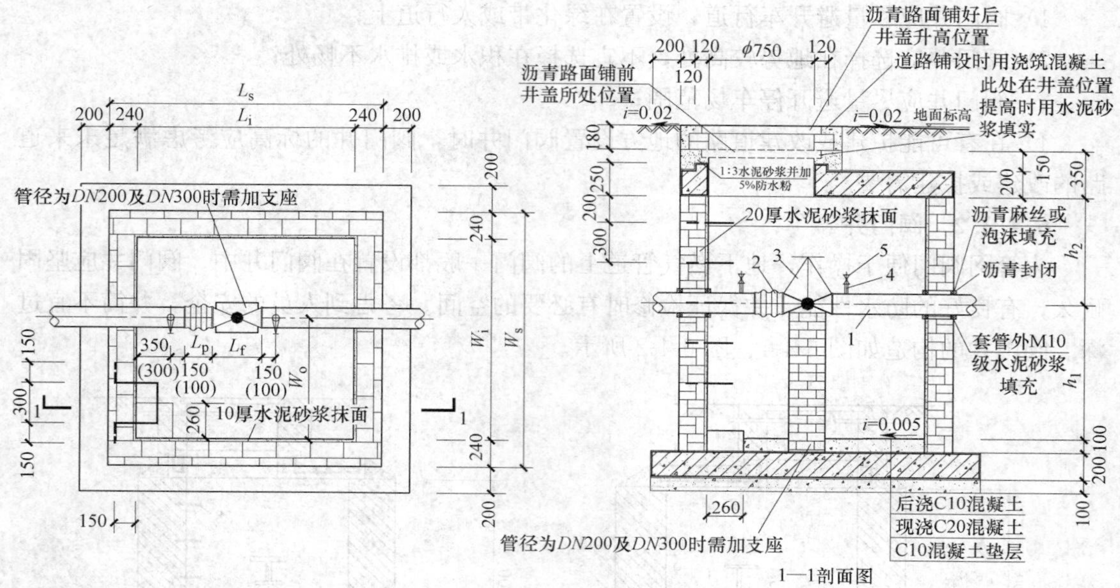

图 6-4-2 $DN150$～$DN300$ 单管阀门井安装图

1—燃气管；2—补偿器；3—阀门；4—放散管；5—放散阀

单管阀门井参数表 表 6-4-18

阀门		波纹补偿器		阀井				W_o	h_1	h_2
DN	L_f	型号	L_p	L_i	W_i	L_s	W_s			
150	394	1.0QY150X6F	258	1500	1500	1980	1980	900	≥650	≥850
		1.6QY150X6F								
200	457	1.0QY200X5F	271	1800	1700	2280	2180	1000	≥700	≥900
		1.6QY200X5F	275							
300	610	1.0QY300X4F	358	2000	1700	2480	2180	1000	≥750	≥950
		1.6QY300X4F	366							

6.4.3.3 阀门直埋

阀门直埋有占地小、安装简单、免维护等优点，在城镇中应用广泛，其安装如图 6-4-3所示。

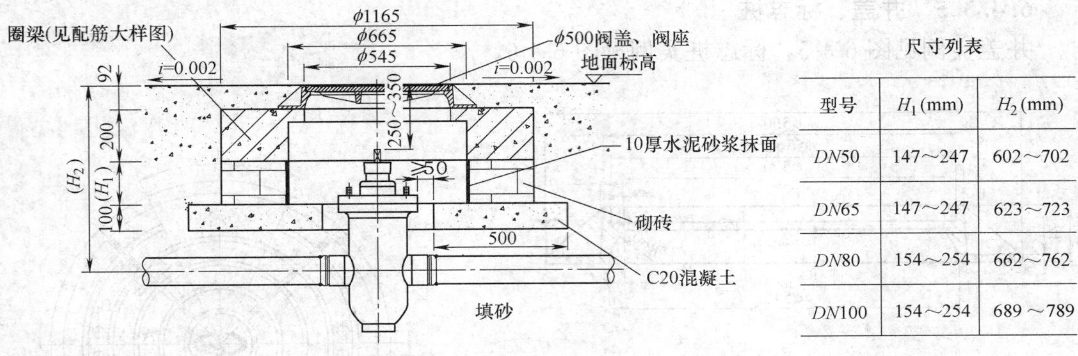

尺寸列表

型号	H_1(mm)	H_2(mm)
DN50	147～247	602～702
DN65	147～247	623～723
DN80	154～254	662～762
DN100	154～254	689～789

图 6-4-3 直埋阀门安装图

6.4.3.4 凝液缸

凝液缸是收集燃气冷凝液的装置，一般用于气源为湿气的管道，气源为干气时可不设凝液缸。凝液缸在管道坡向改变时安装于管道低点，间距一般为 200～500m；距气源厂近的管线，采用较小的间距；距气源厂远的管线采用较大间距，使抽水周期大致相同。管道坡向不变时．间距一般为 500m 左右。设计时应根据管道的工作压力分别选用高压、中压或低压凝液缸。凝液缸分为冻土地区和非冻土地区使用的凝液缸，冻土地区的凝液缸比非冻土地区多一根回液管，设计时应根据当地气候条件区别选用。凝液缸主要由缸体、放散管、放散阀组成，缸体通常是用较燃气管大号的钢管制作。某中压非冻土地区用的凝液缸安装见图 6-4-4。

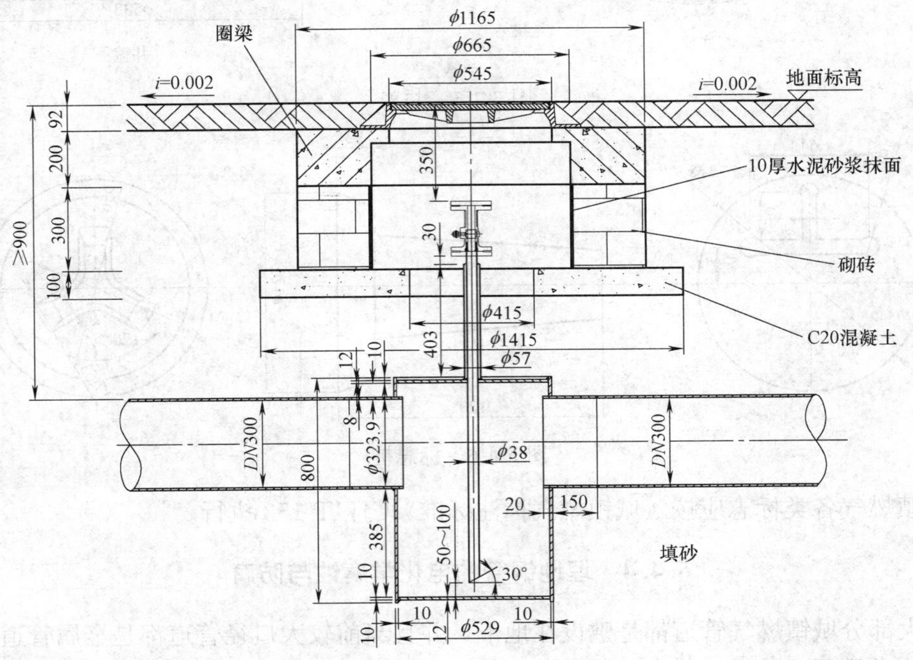

图 6-4-4 中压凝液缸（非冻土）安装

6.4.3.5　井盖、标志桩

井盖实例见图 6-4-5，标志桩实例见图 6-4-6。

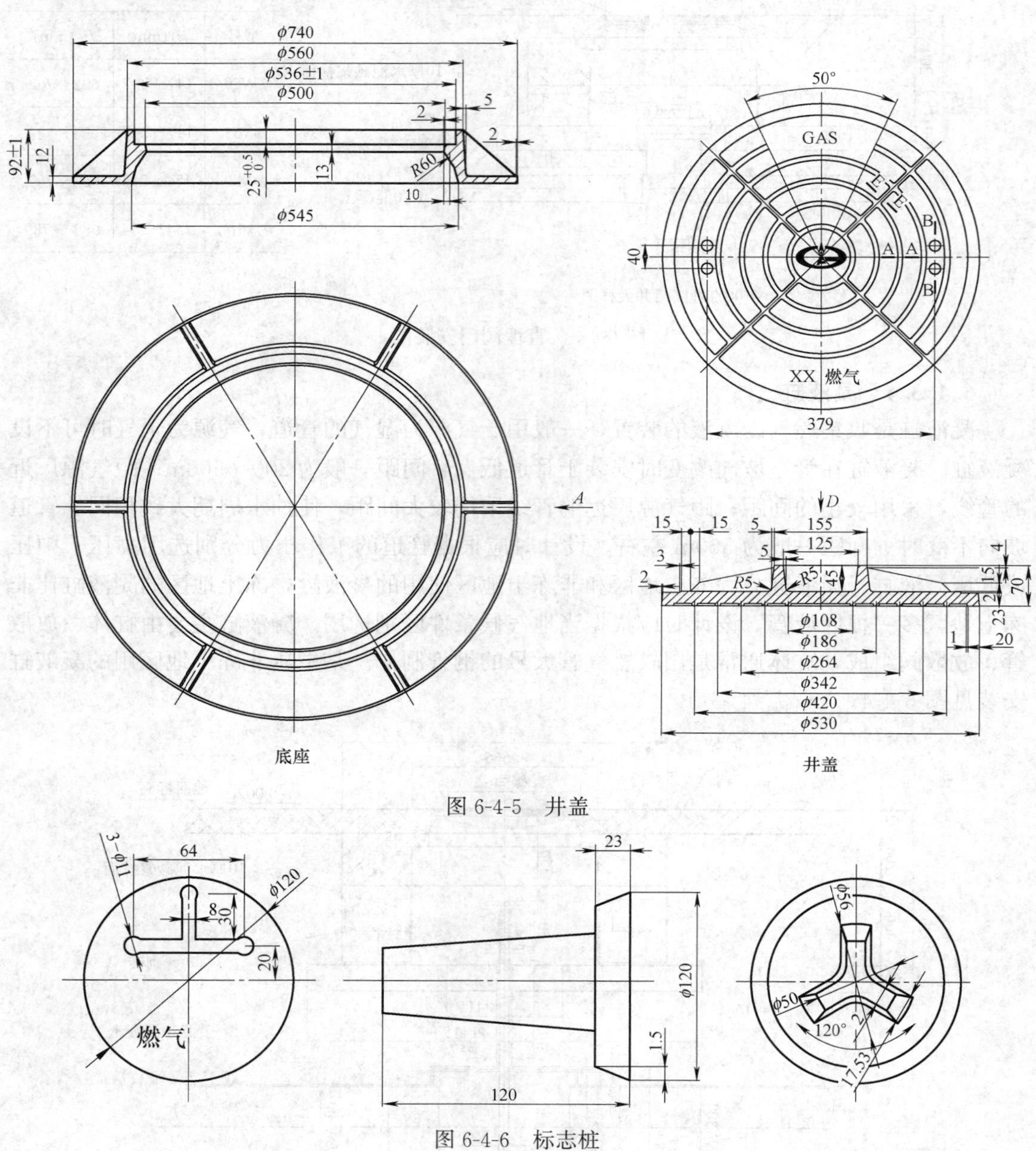

图 6-4-5　井盖

图 6-4-6　标志桩

城镇燃气各类标志应按《城镇燃气标注标准》CJJ/T 153 执行。

6.4.4　埋地钢管的电化学腐蚀与防腐

绝大部分城镇燃气管道都是敷设在地下，并且当前较大口径管道都是金属管道。对地下金属管道最严重的挑战是腐蚀问题。作好金属管道防腐关系到燃气输配管网的安全及功能完整，也极大地关系到系统的经济性。

金属可能发生的腐蚀有化学腐蚀、电化学腐蚀与物理腐蚀。化学腐蚀是金属表面与非电解质发生化学反应而导致腐蚀；电化学腐蚀是金属表面接触电解质而发生阳极反应、阴极反应，并产生电流，由于阳极区金属正离子进入电解质而形成腐蚀；物理腐蚀是金属与某些物质接触而发生溶解而导致的腐蚀。地下钢管所发生的腐蚀主要是电化学腐蚀。

钢质管道必须进行外防腐，其防腐设计应符合《城镇燃气埋地钢质管道腐蚀控制技术规程》CJJ 95 的规定。地下燃气管道防腐设计，必须考虑土壤电阻率。对高、中压输气干管宜沿燃气管道途经地段选点测定其土壤电阻率。应根据土壤的腐蚀性、管道的重要程度及所经地段的地质、环境条件确定其防腐等级。地下燃气管道的外防腐涂层的种类，根据工程的具体情况，可选用石油沥青、聚乙烯防腐胶带、环氧煤沥青、聚乙烯防腐层、氯磺化聚乙烯、环氧粉末喷涂等。当选用上述涂层时，应符合国家现行的有关标准的规定。

现在常用的外防腐是聚乙烯防腐层和聚乙烯胶粘带防腐层，聚乙烯防腐层应符合现行行业标准《埋地钢质管道聚乙烯防腐层》GB/T 23257 的规定，聚乙烯胶粘带防腐层应符合现行行业标准《钢质管道聚烯烃胶粘带防腐层技术标准》SY/T 0414 的规定。

采用涂层保护埋地敷设的钢质燃气干管宜同时采用阴极保护。

市区外埋地敷设的燃气干管，当采用阴极保护时，宜采用强制电流方式，其设计应符合现行行业标准《埋地钢质管道阴极保护技术规范》GB/T 21448 的规定。

市区内埋地敷设的燃气干管，当采用阴极保护时，宜采用牺牲阳极法，其设计应符合现行行业标准《埋地钢质管道阴极保护技术规范》GB/T 21448 的规定。

对钢质管道外腐蚀以及埋地钢质管道交、直流干扰防护应按《钢质管道外腐蚀控制规范》GB/T 21447、《埋地钢质管道交流干扰防护技术标准》GB/T 50698 与《埋地钢质管道直流干扰防护技术标准》GB 50991 要求执行。

关于埋地钢管的电化学腐蚀与防腐详见本手册第 10 章。

6.5 管道穿跨越工程

在城镇区域范围，有大量的河、湖水面，密布铁路公路、桥梁。在城镇区域中敷设天然气管道需要大量的穿跨越工程，在这一方面与天然气长输管道所处情况是十分类似的。关于管道穿跨越工程技术问题，本节将作系统性的讲述。

管道穿跨越工程应按《城镇燃气设计规范》GB 50028 与《城镇燃气管道穿跨越技术规程》CJJ/T 250 执行。

燃气管道穿跨越位置应根据工程具体情况选择，宜垂直穿跨越铁路、公路、河流等障碍物。

穿跨越燃气管道的材料应根据输送介质、设计压力、设计温度、设计使用寿命以及环境条件等因素确定，并应符合下列规定：

（1）高，次高压燃气管道应采用钢管，管材性能应符合现行国家标准《石油天然气工业管线输送系统用钢管》GB/T 9711，三级和四级地区，高压燃气管道材料钢级不应低于 L245。管径小于等于 *DN*300 的钢管，可采用符合现行国家标准《输送流体用无缝钢管》GB/T 8163、《高压化肥设备用无缝钢管》GB 6479 和《高压锅炉用无缝钢管》GB/T 5310 规定的无缝钢管。

（2）当中压和低压燃气管道采用钢管时，管材性能应符合现行国家标准《输送流体用无缝钢管》GB/T 8163、《高压化肥设备用无缝钢管》GB 6479、《高压锅炉用无缝钢管》GB/T 5310、《低压流体输送用焊接钢管》GB/T 3091 的有关规定。

(3) 当中压和低压燃气管道采用 PE 管时，管材性能应符合现行国家标准《燃气用埋地聚乙烯（PE）管道系统　第1部分：管材》GB 15558.1 的有关规定。

穿跨越段燃气管道通过地区等级的划分和强度设计系数的选取应符合现行国家标准《城镇燃气设计规范》GB 50028 的有关规定。强度设计应根据管段所处地区等级和运行条件，按可能同时出现的永久荷载和可变荷载的组合进行设计。

穿跨越工程所采用钢管的壁厚应符合现行国家标准《城镇燃气设计规范》GB 50028 的有关规定，穿越管道的强度和稳定性计算应符合现行国家标准《输气管道工程设计规范》GB 50251 的有关规定。跨越管道的强度和稳定性计算应符合现行国家标准《油气输送管道跨越工程设计标准》GB/T 50459 的有关规定，且钢管的径厚比不应大于100。

当穿跨越管段位于抗震设防烈度为6度及高于6度地区时，燃气管道、管道附件及支撑结构等设施应进行抗震设计，并应符合现行国家标准《室外给水排水和燃气热力工程抗震设计规范》GB 50032 的有关规定。

6.5.1　穿越工程

燃气管道穿越铁路、公路、城镇道路、河流时，穿越位置的选择应满足管道穿越施工和维护对空间和环境的要求。

燃气管道穿越铁路、高速公路时，应加设套管。当采用水平定向钻穿越时，在征得铁路或高速公路管理部门同意后，可不加设套管。

燃气管道穿越水域的位置和方案应征得航务管理部门同意，管道至规划河床的覆土厚度应根据水流冲刷、防止冒浆、疏浚和抛锚等确定。

燃气管道穿越采用的套管宜为钢管或钢筋混凝土管，套管内径应比燃气管道外径大100mm以上。

当燃气管道利用现有铁路、公路、涵洞穿越时，应征得相关管理部门的批准。

燃气管道不得在铁路站场、有人值守道口、变电所、隧道设施的下方穿越。穿越铁路、道路应避开土石方区、高填方区、路堑、道路两侧为同坡向的陡坡等地段。

燃气管道穿越铁路、公路、城镇道路、河流时，与周围建筑物、构筑物或其他管线的水平和垂直净距应符和现行国家标准《城镇燃气设计规范》GB 50028 的有关规定。

燃气管道穿越城镇道路、河流时，燃气管道或套管的最小覆土厚度应符合现行国家标准《城镇燃气设计规范》GB 50028 的有关规定。

当燃气管道穿越公路时，燃气管道或套管最小覆土厚度应符合下列规定：

(1) 距路面不得小于1.2m；

(2) 距公路边沟底不得小于1.0m；

(3) 当不能满是以上要求时，应采取有效的防护措施。

当燃气管道穿越铁路、地面轨道交通设施时，燃气管道或套管顶部最小覆土厚度应符合下列规定：

(1) 距铁路路肩、地面轨道交通设施轨底不得小于1.7m；

(2) 距自然地面或者边沟河底不得小于1.0m；

（3）当不能满足以上要求时，应采取有效的防护措施。

当燃气管道采用加设套管穿越铁路、电车轨道、城镇主要干道时，套管端都距铁路堤坡脚、电车道边轨的净距不应小于 2m，距路边缘的净距不应小于 1m。套管两端应密封，重要地段，套管宜安装捡漏管。

当燃气管道采用加设钢套管的方式穿越时，钢质套管的设计应符合现行国家标准《油气输送管道穿越工程设计规范》GB 50423 的有关规定。钢质套管的壁厚应考虑腐蚀余量。

当穿越段燃气管道采用钢质管道时，应核算无内压状态下管道的径向稳定性，并应符合现行国家标准《输气管道工程设计规范》GB 50251 的有关规定。

燃气管道不得在穿越管段上设置弯头或弯管。

当穿越段燃气管道采用钢质管道时，宜设置阴极保护测试装置，并应符合现行行业标准《城镇燃气埋地钢质管道腐蚀控制技术规程》CJJ 95 的有关规定。

当钢质燃气管道穿越位置处于直流干扰源影响范围内或交流电力系统接地体的附近时，应对管道采取防护措施、并应符合现行行业标准《城镇燃气埋地钢质管道腐蚀控制技术规程》CJJ 95 有关规定

6.5.1.1 水域开挖法穿越

燃气管道水域开挖法穿越工程等级划分应符合表 6-5-1 的规定，并应采用与工程等级相应的设计洪水频率。

燃气管道水域开挖法穿越工程等级与设计洪水频率 **表 6-5-1**

工程等级		穿越水域的水文特征		设计洪水频率 f(%)
		多年平均水位水面宽度 W(m)	相应水深 h(m)	
大型		$W \geqslant 200$	不计水深	1
		$200 > W \geqslant 100$	$h \geqslant 5$	
中型		$200 > W \geqslant 100$	$h < 5$	2
		$100 > W \geqslant 40$	不计水深	
小型	小型河流或通航运河	$40 > W \geqslant 20$	不计水深	2
	水渠或不通航运河	$40 > W \geqslant 20$	不计水深	—
	水沟	$W < 20$	不计水深	—

采用非大型机具开挖法穿越水域时，应符合中、小型等级的要求，且穿越管段与桥梁的水平净距应符合下列规定：

（1）高压 A 燃气管道与桥梁基础之间的水平净距不应小于 30.0m；

（2）高压 B 燃气管道与桥梁基础之间的水平净距不应小于 16.0m；

（3）次高压 A 与燃气管道与桥梁基础之间的水平净距不应小于 13.5m；

（4）次高压 B 与燃气管道与桥梁基础之间的水平净距不应小于 5.0m；

（5）中压和低压燃气管道与桥梁基础之间的水平净距不应小于 1.5m；

（6）应满足桥梁检修和燃气管线施工、维修所需空间，且不应影响桥梁墩台安全；

（7）除满足上述要求外，还应征得桥梁等管理部门的批准。

穿越水域的燃气管道的最小覆土厚度，应根据工程等级与相应设计洪水冲刷深度或疏浚深度要求确定，并符合下列规定：

（1）穿越水域的燃气管道的最小覆土厚度应符合表6-5-2。

穿越水域的燃气管道的最小覆土厚度（m）　表6-5-2

水域情况	工程等级		
	大型	中型	小型
有冲刷或疏浚的水域，应在设计洪水冲刷线下或设计疏浚线下，取其深者	≥1.5	≥1.2	≥1.0
无冲刷或疏浚的水域，应埋在水床地面以下	≥1.5	≥1.3	≥1.0
河床为基岩，并在设计洪水下不被冲刷时，管段应嵌入基岩深度	≥0.8	≥0.6	≥0.5

（2）当水域有抛锚或疏浚作业时，管顶最小覆土厚度应达到防腐层不受机械损伤的要求；

（3）以下切为主的河流上游，最小覆土厚度应从累积冲刷线算起；

（4）基岩段所挖沟槽应用满槽混凝土覆盖封顶，应达到基岩标高；

（5）当管道有配重或稳管结构物时，最小覆土厚度应从结构物顶面算起；

（6）基岩内管道最小覆土厚度应根据岩性、风化程度确定，强风化岩、软岩最小覆土厚度应加大。

穿越水域的燃气管道的位置宜远离现有橡胶坝消力池和其他水工建筑物，不得对其基础产生扰动。

穿越水域的燃气管道的稳定和防护工程应符合现行国家标准《油气输送管道穿越工程设计规范》GB 50423的有关规定。

6.5.1.2　水平定向钻法穿越

水平定向钻法穿越宜在黏土、砂土、粉土、风化岩等地质条件采用，不宜在卵石地质条件采用。当出土或入土侧有卵石层时，可采取注浆固化、开挖换土、加设套管等措施。

采用水平定向钻法穿越时，穿越管段与桥梁的水平净距应符合下列规定：

（1）穿越管段与桥梁墩台冲刷坑外边缘的水平净距不宜小于10m，且不应影响桥梁墩台安全；

（2）当穿越小型水域（水沟），且燃气管道设计压力小于等于0.4MPa时，在保证桥梁和燃气管道安全情况下，穿越管段与城镇桥梁墩台冲刷坑外边缘不应小于4.5m，并应征得桥梁等管理部门的同意。

水平定向钻穿越的管材选择应符合下列规定：

（1）当穿越管道的管径大于*DN*400或长度大于300m时，宜采用钢管，并应符合现行国家标准《城镇燃气设计规范》GB 50028的有关规定；

（2）当采用PE管材时，应采用SDR11系列管材，并应符合现行国家标准《燃气用埋地聚乙烯（PE）管道系统　第1部分：管材》GB 15558.1的有关规定。

水平定向钻穿越时，燃气管道至规划河床的覆土厚度不宜小于3m。

水平定向钻穿越的入土角和出土角，应根据穿越长度、穿越深度和管道弹性敷设条件等综合确定。入土角宜为8°～18°，出土角宜为4°～12°。

水平定向钻穿越的钻孔轨迹可由入土直线段、入土弧线段、水平段、出土弧线段、出土直线段等组成。轨迹计算可按《城镇燃气管道穿跨越工程技术规程》CJJ/T 250附录A的有关规定执行。

水平定向钻穿越的曲率半径应符合下列规定：

(1) 当采用钢管时，曲率半径不宜小于钢管管径的1500倍，且不应小于1200倍；

(2) 当采用PE管时，曲率半径不应小于PE管管径的500倍。

水平定向钻穿越的入土直线段和出土直线段的长度不宜小于10m。

当采用钢管穿越时，应对管道外防腐层进行防护，并应符合下列规定：

(1) 防护层材料宜与管道防腐层兼容；

(2) 当防腐层为三层聚烯烃类材料时，防护层宜采用改性环氧玻璃钢或玻璃纤维增强类材料；

(3) 当防腐层为环氧粉末材料时，防护层宜采用改性耐磨环氧类涂料。

6.5.1.3　顶管法穿越

顶管法穿越的顶进方法选择应符合现行国家标准《油气输送管道穿越工程设计规范》GB 50423的有关规定，下列情况不宜采用顶管法穿越：

(1) 土体承载力小于30kPa；

(2) 岩体强度大于40MPa；

(3) 土层中砾石含量大于30%或粒径大于200mm的砾石含量大于5%；

(4) 江河中覆土层渗透系数大于或等于1mm/s。

顶管法穿越顶进轨迹的选择应符合下列规定：

(1) 顶进轨迹应符合线路总走向，并应根据水文、地质、地形、水土保持、环境、气象、交通、地下及地上其他建构筑物和管线的情况、施工工艺及管理条件确定；

(2) 宜在淤泥质黏土、黏土、粉土及砂土中顶进；

(3) 应避开地下障碍物；

(4) 不应在活动性地震断裂带通过；

(5) 顶管穿越河道时的埋置深度应满足河道的规划要求，并应在河床的最大冲刷线以下；

(6) 曲线顶进轨迹的曲率半径不宜小于管道直径的1200倍。

顶进管道上部的覆土层厚度，应根据建（构）筑物、地下管线、水文地质条件等因素确定，不宜小于管道外径的3倍，且应符合现行国家标准《城镇燃气设计规范》GB 50028的有关规定。

顶进管道材料的选择应符合下列规定：

(1) 顶进管道应采用钢筋混凝土管或钢管，管道规格及接口形式应符合设计要求；曲线顶管宜采用钢筋混凝土管。

(2) 当采用钢筋混凝土管时，管材宜符合国家现行标准《混凝土和钢筋混凝土排水管》GB/T 11836的有关规定，管壁厚度宜为公称直径的1/8～1/10。

(3) 当采用钢管时，管材应符合《城镇燃气管道穿跨越工程技术规程》CJJ/250第3.0.5条的有关规定。外防腐层应符合设计要求，且在顶进时不得损坏。

(4) 单根顶进管道的长度不宜超过顶管机或微型隧道掘进机的机身长度。钢筋混凝土管的长度宜为2～3m，钢管的长度宜为6m。

(5) 当顶进管道内需要进人施工时，顶进管道的内径不宜小于800mm。

顶进管道的接头应符合下列规定：

(1) 顶进管道的密封性能应满足设计文件要求。

（2）顶进管道的接头在最大允许偏斜的情况下应保持密封性能。

（3）在剪切力（剪切运动）作用下，管道接头应保持密封性能。

（4）当管道之间使用垫环传递轴向力时，垫环的宽度不宜大于管壁厚度

（5）当采用钢筋混凝土管时，宜采用钢承口的管道接口形式（F形管接口形式）；当曲线顶管采用钢筋混凝土管时，应加长钢套环的长度，木垫衬应采用松木。

（6）当采用钢管时，应采用焊接连接。焊口处应进行等级不宜大于低于燃气管道补口的防腐处理。

顶管法穿越的燃气管道应在顶进套管内安装绝缘支撑架，顶进套管和内穿燃气管道之间应设检漏管。套管两端应采用柔性的防腐、防水材料将顶进套管和燃气管道的间隙密封，密封长度应大于200mm。

当顶进套管对内穿燃气管道的阴极保护产生屏蔽作用时，燃气管道的阴极保护方式宜采用牺牲阳极。

穿越工程勘探、工作井、作业设备所需穿越力与配置等按《城镇燃气管道穿跨越工程技术规程》CJJ/T 250执行。

6.5.1.4　直埋管段或套管受荷载的应力计算

穿越公路直埋管段或套管，以及穿越铁路套管所受土壤荷载，与车荷载所产生的应力可按下式计算。

土壤荷载产生的压力：

$$w_{\mathrm{f}}=\rho g H \tag{6-5-1}$$

式中　w_{f}——土壤荷载产生的压力，MPa；

ρ——土壤单位体积质量，kg/mm^3，砂土 $\rho=20\times10^{-6}kg/mm^3$；

g——重力加速度，m/s^2；

H——管顶埋深，mm。

汽车荷载产生的压力：

$$p=\frac{3F}{200\pi H^2}\cos^5\theta \tag{6-5-2}$$

$$\cos\theta=\frac{H}{\sqrt{H^2+X^2}} \tag{6-5-3}$$

式中　p——汽车荷载产生的压力，MPa；

F——汽车荷载，一般以后轮荷载计算，N；

H——管顶埋深，cm；

θ——当车荷载不在埋管截面中心线上方时，沿车荷载作用线自轮胎与土壤接触点与管顶中心的夹角，当车荷载在埋管截面中心线上方时，$\cos\theta=1$；

X——车荷载不在埋管截面中心上方时，轮胎与土壤接触点与计算处埋管截面中心线的水平间距，见图6-5-1，cm。

当一辆车位于埋管中心线垂直上方，另一辆车不在，两车后轮与土壤接触间距为 X，且须考虑行车时荷载的冲击作用，以冲击系数 i 表示，两辆汽车荷载产生的压力由下式表示。

$$w_{\mathrm{t}}=\frac{3F(1+i)}{200\pi H^2}+\left[1+\left(\frac{H}{\sqrt{H^2+x^2}}\right)^5\right] \tag{6-5-4}$$

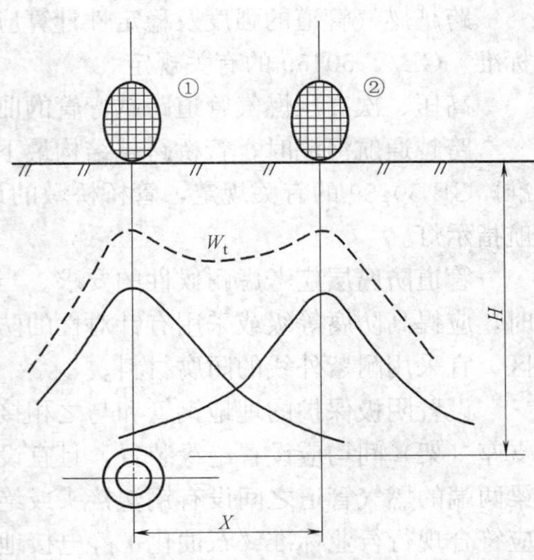

图 6-5-1 汽车荷载图

式中 w_t——取前后两车作计算状况，且考虑冲击系数时，汽车荷载产生的压力，MPa；

F——汽车荷载，可取 20t 载货车后轮荷载，$F=78453$N/辆（相当于 20t 货车后轮质量 8000kg/辆）；

i——冲击系数，一般 $i=0.5$。

由上述两种压力产生的最大弯矩发生在管段顶部或底部，可采用下列简化公式计算最大弯曲应力，其应力不大于许用应力。

$$\sigma_b=\frac{6(k_f w_f+k_t w_t)D^2}{t^2} \tag{6-5-5}$$

式中 σ_b——最大弯曲应力，MPa；

k_f、k_t——系数，见表 6-5-3；

D——管段外径，mm；

t——管段壁厚，mm。

k_f、k_t 系数 表 6-5-3

管的部位	k_f	k_t
管顶	0.033	0.019
管底	0.056	0.003

对于穿越铁路的荷载计算，土壤产生的荷载同穿越公路，作为简略估算，可利用上述汽车行驶荷载公式代入火车荷重，并取冲击系数为 0.75。

6.5.2 跨越工程

燃气管道跨越工程等级应按表 6-5-4 的规定划分。

燃气管道跨越工程等级 表 6-5-4

工程等级	总跨度长度 L(m)
大型	$L\geqslant 300$
中型	$100\leqslant L<300$
小型	$L<100$

燃气管道跨越工程设计应考虑温度引起变形的补偿。补偿量应按下式计算：

$$\Delta L=L\times\alpha(t_2-t_1) \tag{6-5-6}$$

式中 ΔL——补偿量，mm；

L——计算管长，m；

α——管道的线膨胀系数，mm/(m·℃)；

t_2——管道运行时可能达到的极限温度，℃；

t_1——管道安装时的环境温度，℃。

跨越燃气管道的强度及稳定性计算应符合现行国家标准《油气输送管道跨越工程设计标准》GB/T 50459的有关规定。

高压、次高压燃气管道跨越弯管的曲率半径不得小于管道直径的4倍。

跨越通航河流时，管桥跨越结构最下缘的净空高度应符合现行国家标准《内河通航标准》GB 50139的有关规定，管桥桥墩的设置不得影响通航、泄洪要求，并应设置夜间通航指示灯。

管道防腐层应考虑耐候性的要求。当跨越部位为海水环境或受侵蚀性物质影响的环境时，应提高防腐等级或采用有针对性的防腐材料。在日照强、跨越部位受日照时间长的地区，宜采用耐紫外线的防腐材料。

设置阴极保护的埋地钢管和与之相接的随桥敷设管道之间、随桥敷设管道与桥梁金属支座（架）间均应设置绝缘装置，且宜设置在桥梁范围外。当随桥梁敷设的燃气管道与桥梁两端的燃气管道之间设有钢塑接头或绝缘接头时，跨越管道应设置防静电接地设施，并应符合现行行业标准《石油化工静电接地设计规范》SH/T 3097的有关规定。

跨越管道及其附属金属支撑结构等应设置防雷和防静电接地设施，且应符合现行国家标准《建筑物防雷设计规范》GB 50057的有关规定。

跨越管道两端出入地面的位置宜设置保护隔离和防船撞设施，并应设置安全警示标志。管桥跨越通航河流时应采取防船撞措施，并应设置安全警示标志。

管桥结构采用的钢材和水泥应符合现行国家标准《混凝土结构设计规范》GB 50010和《钢结构设计标准》GB 50017的有关规定。

6.5.2.1　管桥跨越

管桥结构形式的选择应符合下列规定：

(1) 管道跨越长度在管道刚度允许范围之内时，宜采用单管拱跨越；

(2) 管道跨越长度超出管道刚度允许范围时，宜采用轻型托架或桁架等形式跨越；

(3) 当跨度较大的大、中型河流的两岸基岩埋深较浅时，宜采用桁架或组合管拱跨越结构。

管桥结构计算时，应根据跨越形式、环境条件、运行条件及可能发生的工作状况进行荷载组合，并应按最不利效应进行设计。

管桥跨越的高度应根据燃气管道使用、检修的要求确定，且不得妨碍交通。管桥（架）底与铁路、道路、其他管线交叉时的垂直净距应符合表6-5-5的规定。

跨越管桥（架）底与铁路、道路、其他管线交叉时的垂直净距　　表6-5-5

建筑物和管线名称	最小垂直净距	
	燃气管道下	燃气管道上
铁路轨顶	6.5	—
等级公路与城市道路路面	6.5	—
厂区道路路面	5.0	—
人行道路路面	3.5	—
电汽化铁路	11.0	—
荒山山顶	0.2～0.3	—

续表

建筑物和管线名称		最小垂直净距	
		燃气管道下	燃气管道上
架空电力线	3kV 以下	—	1.5
	3～10kV	—	3.0
	35～66kV	—	5.0
其他管线、管径	≤300mm	同管道直径，但不小于 0.1	
	>300mm	0.3	

注：1. 跨越通航河流的燃气管道、管桥及管道的标高应符合通航净空要求；
2. 架空电力线与管桥的交叉垂直净距尚应考虑导线的最大垂度。

当采用单管拱跨越时，燃气管道的设计计算应按《城镇燃气管道穿跨越工程技术规程》CJJ/T 250 附录 C 的规定执行。

管桥跨越结构应符合下列规定：

（1）结构应有明确的计算简图；

（2）管桥跨越结构应根据受力情况，对构件进行受拉、受压、受弯强度计算，并应符合现行国家标准《钢结构设计标准》GB 50017 的有关规定；

（3）采用钢结构时，除按现行规范进行强度、刚度计算外，必要时尚应对结构进行稳定性计算。

管桥钢结构防腐蚀采用的涂料、钢材表面的除锈等级以及防腐蚀对结构的构造要求等，应符合现行国家标准《涂覆涂料前钢材表面处理　表面清洁度的目视评定　第 1 部分：未涂覆过的钢材表面和全面清除原有涂层后的钢材表面的锈蚀等级和处理等级》GB/T 8923.1 的有关规定。

管桥结构的设计使用年限不应低于燃气管道的设计使用年限。

管桥的地基与基础设计应符合下列规定：

（1）基础形式应按工程水文、地质条件、结构形式等要求确定；

（2）地基应进行地基承载力、变形和稳定性计算；

（3）基础设计和地基承载力、变形、稳定性计算，应符合现行国家标准《建筑地基基础设计规范》GB 50007 的有关规定。

6.5.2.2　随桥跨越

当燃气管道随既有桥梁敷设时，其管道的输送压力不应大于 0.4MPa，可架设在桥墩、牛腿、桥梁侧壁、桥板底等处。

当桥梁设计考虑预留燃气管沟时，管沟两侧应采用隔墙与其他管线隔开，沟内应填砂，并应设置活动盖板。管沟盖板应满足承重要求，且应便于检修。

随桥敷设的燃气管道与其他管道的间距应符合现行国家标准《工业企业煤气安全规程》GB 6222 的有关规定。

当燃气管道随桥敷设跨越大型或重要河流时，应设置检修通道，并应在河流的两岸设置阀门。

燃气管道的支座（架）应采用不燃烧材料制作。

随桥敷设的管道应采取必要的补偿和减振措施。

燃气管道随桥敷设时，应采取安全防护措施，并应符合下列规定：

（1）敷设于桥梁上的燃气管道应采用加厚的无缝钢管或焊接钢管，应减少焊缝，对焊缝进行100%无损探伤；

（2）跨越通航河流的燃气管道，管底及支吊架底标高应符合通航净空要求；

（3）在桥底吊管或桥侧设支架的随桥敷设方式，应考虑桥下通车、通航可能对管道的破坏，并应设置防撞保护和限高警示牌；

（4）桥侧敷设的管道应采取防止侧滑的措施。

6.6　城镇燃气输配工程抗震设计

应按《室外给排水和燃气热力工程抗震设计规范》GB 50032 规定作抗震设计与采取防震措施。抗震设防烈度为6度及高于6度地区的燃气输配工程设施必须进行抗震设计。该规范适用于抗震设防烈度6度至9度。厂站中的贮气罐、变配电房、泵房、贮瓶库、压缩间、超高压至高压调压间等宜按本地区抗震设防烈度提高一度采取抗震措施（不作提高一度抗震计算），当抗震设防烈度为9度时，可适当加强抗震措施。对于设防烈度为6度地区的燃气工程设施，可不作抗震计算，如无特别规定，抗震措施应按7度设防的有关要求采用。建（构）筑物抗震设计按《建筑抗震设计规范》GB 50011 执行。

本节主要讲解整体连接的埋地燃气焊接钢管的抗震计算。

埋地管道的地震作用，一般情况可仅考虑剪切波行进时对不同材质管道产生的变位或应变，应不大于允许值；可不计算地震作用引起管道内的动水压力。计算步骤如下。

1. 计算土体弹性抗力

$$K_1 = A_p k_1 \tag{6-6-1}$$

式中　K_1——沿管道方向单位长度的土体弹性抗力，N/mm^2；

A_p——管道单位长度外缘面表积，mm^2/mm；对无刚性管基的圆管 $A_p = \pi D_1$（D 为管外径）；当设置刚性管基时，即为包括管基在内的外缘面积；

k_1——沿管道方向土体的单位面积弹性抗力，N/mm^3，应根据管道外缘构造及相应土质试验确定，当无试验数据时，一般可采用 $0.06N/mm^3$。

2. 计算剪切波波长

$$L = u_{sp} T_g \tag{6-6-2}$$

式中　L——剪切波波长，mm；

u_{sp}——管道埋设深度处土层的剪切波速（mm/s），应取实测剪切波速的2/3值采用，各类土层波速范围见表6-6-1；表中 f_{ak} 为地基静承载力特征值，kPa；u_s 为岩土剪切波速，m/s；

T_g——管道埋设场地的特征周期，s，见表6-6-2。

土的类型划分和剪切波速范围　　**表6-6-1**

土的类型	岩土名称和性状	剪切波速范围(m/s)
坚硬土或岩石	稳定岩石，密实的碎石土	$u_s > 500$
中硬土	中密、稍密的碎石土，密实、中密的砾、粗、中砂，$f_{ak} > 200$ 的黏性土和粉土，坚硬黄土	$500 \geqslant u_s > 250$

续表

土的类型	岩土名称和性状	剪切波速范围(m/s)
中软土	稍密的砾、粗、中砂，除松散外的细、粉砂，$f_{ak}\leqslant200$ 的黏性土和粉土，$f_{ak}\geqslant130$ 的填土，可塑黄土	$250\geqslant u_s>140$
软弱土	淤泥和淤泥质土，松散的砂，新近沉积的黏性土和粉土，$f_{ak}<130$ 的填土，新近堆积黄土和流塑黄土	$u_s\leqslant140$

特征周期值（s） **表 6-6-2**

场地类别 / 设计地震分组	Ⅰ	Ⅱ	Ⅲ	Ⅳ
第一组	0.25	0.35	0.45	0.65
第二组	0.30	0.40	0.55	0.75
第三组	0.35	0.45	0.65	0.90

表 6-6-2 中场地类别见表 6-6-3。表中 u_{se} 为土层等效剪切波速（m/s），按《室外给水排水和燃气热力工程抗震设计规范》GB 50032 有关规定确定。

场地类别划分 **表 6-6-3**

场地 覆盖层厚度(m) u_{se}(m/s)	Ⅰ	Ⅱ	Ⅲ	Ⅳ
$u_{se}>500$	0			
$500\geqslant u_{se}>250$	<5	≥5		
$250\geqslant u_{se}>140$	<3	3～50	>50	
$u_{se}\leqslant140$	<3	3～15	16～80	>80

3. 计算土体最大水平位移标准值

剪切波行进时管道埋深处的土体最大水平位移标准值按式（6-6-3）计算：

$$U_{ok}=\frac{K_H g T_g}{4\pi^2} \tag{6-6-3}$$

式中 U_{ok}——土体最大位移标准值，mm；

K_H——水平地震加速度（设计基本地震加速度）与重力加速度比值，按表 6-6-4 确定，表中 g 为重力加速度；

g——重力加速度，m/s^2。

抗震设防烈度与设计基本地震加速度对应关系 **表 6-6-4**

抗震设防烈度	6	7	8	9
K_H	0.05	0.10(0.15)	0.20(0.30)	0.40

4. 计算沿管道方向的位移传递系数

$$\zeta_t=\frac{1}{1+\left(\frac{2\pi}{L}\right)^2\frac{EA}{K_1}} \tag{6-6-4}$$

式中　ζ_t——位移传递系数；

E——管道材质弹性模量，N/mm^2；

A——管道壁横截面积，mm^2。

5. 计算水平地震作用下管道最大应变量标准值

轴向最大应变标准值有拉伸应变与压缩应变，分别为正值与负值，由下式计算：

$$\varepsilon_{sm,k}=\pm\zeta_t U_{ok}\frac{\pi}{L} \tag{6-6-5}$$

式中　$\varepsilon_{sm,k}$——最大应变量标准值。

6. 计算内压与温度变化产生的管道轴向应变：

$$\varepsilon=\frac{\sigma_\alpha}{E} \tag{6-6-6}$$

式中　ε——内压与温度变化产生的轴向应变；

σ_α——内压与温度变化产生的轴向应力，N/mm^2，按《输气管道工程设计规范》GB 50251。

7. 确定钢管允许应变量标准值

$$[\varepsilon_{at,k}]=1.0\% \tag{6-6-7}$$

式中　$[\varepsilon_{at,k}]$——拉伸允许应变量标准值。

$$[\varepsilon_{ac,k}]=0.35\frac{t_p}{D_1} \tag{6-6-8}$$

式中　$[\varepsilon_{ac,k}]$——压缩允许应变量标准值。

t_p——管道壁厚，mm；

D_1——管道外径，mm。

8. 判断管道抗震安全性

符合下列条件为安全。

当 $\varepsilon_{sm,k}+\varepsilon>0$ 时：

$$\varepsilon_{sm,k}+\varepsilon\leqslant\frac{[\varepsilon_{at,k}]}{\gamma_{PRE}} \tag{6-6-9}$$

当 $\varepsilon_{sm,k}+\varepsilon\leqslant 0$ 时：

$$|\varepsilon_{sm,k}+\varepsilon|\leqslant\frac{[\varepsilon_{ac,k}]}{\gamma_{PRE}} \tag{6-6-10}$$

式中　γ_{PRE}——抗震调整系数，可取0.9。

埋地弯头的抗震计算应按《室外给排水和燃气热力工程抗震设计规范》GB 50032执行。

6.7　调压计量设施

在城镇燃气输配系统中，调压器是用来调节降低和稳定控制管网下游及其燃气用户前压力工况的关键设备。在门站（储配站）需有调压计量间，在不同压力级制管道之间需设置调压装置（调压站，调压箱、柜）；工业企业、商业用户供气管道入口需设置调压计量装置；小区居民用户楼栋前需设置调压箱、柜，对居民用户分别计量。或在用户用气设备前直接安装调压计量装置。

调压计量设施的技术内容不仅是包括调压器和计量仪表，并且要设置燃气调压过程的预处理设备，构成一个系统，以保证调压器（及计量）的正常运行。根据输配系统运行管理上的需要，围绕这些设备进行必要的参数测量与控制。

燃气调压过程的预处理工序主要是燃气调压前的过滤和防节流降温预热以及调压之后消声和加臭。调压过程中测量与控制的参数内容有：压力（压差）、流量、密度、热值、温度、噪声和气味等等。从调压设施的安全技术上考虑，在工艺流程中必须设置调压器的安全切断装置和放散装置。

调压设施的工艺流程根据在输配系统中的功能和参数（压力、流量）调节范围，其繁简程度有所不同，但在消防设计要求上是一致的，并要严格遵守现行国家标准《城镇燃气设计规范》GB 50028 及建筑、电气、暖通、环保等相关专业规范的各项规定。根据气候条件、设备维护与仪表检测、操作人员巡视要求等，调压计量装置可安置在合格的建筑物或箱体内，甚至采取露天设置，但一般以地上布置为宜；若采取地下、半地下设置时，应有良好的通风、防爆条件。

关于调压计量装置内容详见本手册第 8 章。

6.8 城镇天然气管道入综合管廊设计

天然气管道进入综合管廊在防止第三方破坏、方便管道外观检查及管道维护保养、降低杂散电流的腐蚀影响、避免道路开挖等方面都有好处。但综合管廊属密闭空间，天然气管道入廊后一旦泄漏，后果严重，天然气管道安全、经济地入廊及入廊后的安全运行管理是目前天然气企业急需解决的问题。目前国内天然气管道入廊主要执行的规范是《城市综合管廊工程技术规范》GB 50838。

6.8.1 概　　述

综合管廊工程建设应以综合管廊工程规划为依据，统一规划、设计、施工和维护，并应满足管线的使用和运行维护要求。当遇到下列情况之一时，宜采用综合管廊：

（1）交通运输繁忙或地下管线较多的城镇主干道以及配合轨道交通、地下道路、城镇地下综合体等建设工程地段；

（2）城镇核心区、中央商务区、地下空间高强度成片集中开发区、重要广场、主要道路的交叉口、道路与铁路或河流的交叉处、过江隧道；

（3）道路宽度难以满足直埋敷设多种管线的路段；

（4）重要的公共空间；

（5）不宜开挖路面的路段。

综合管廊工程设计应包含总体设计、结构设计、附属设计等，纳入综合管廊的天然气管线应进行专项管线设计。天然气管道应在独立舱室内敷设。

综合管廊根据其所容纳的管线不同，其性质及结构亦有所不同，大致可分为干线综合管廊、支线综合管廊、缆线管廊等三种，天然气应在独立舱室内敷设。

（1）干线综合管廊：用于容纳城镇主干工程管线，采用独立分舱方式建设的综合管廊，见图 6-8-1。一般设置于机动车道或绿化带下方，一般不直接服务沿线地区。天然气管道可以纳入干线综合管廊。如图 6-8-1。干线管廊的断面通常为圆形或多格箱形，管廊

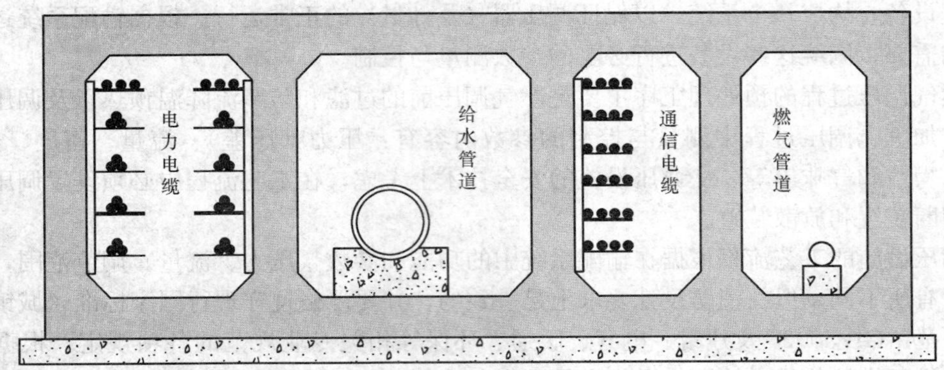

图 6-8-1　干线综合管廊

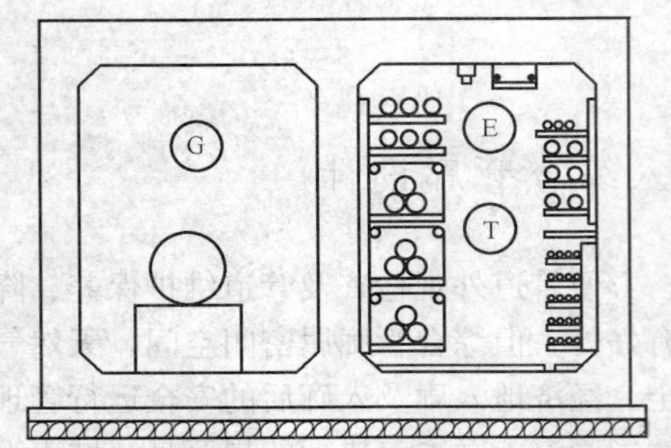

图 6-8-2　支线综合管廊

内一般要求设置工作通道及照明、通风等设备。

（2）支线综合管廊：用于容纳城镇配给工程管线，采用单舱或双舱方式建设的综合管廊。将各种供给从干线综合管廊分配、输送至各直接用户。其一般设置在道路绿化带、人行道或非机动车道下，容纳直接服务于沿线地区的各种管线，如图 6-8-2。支线综合管廊的截面以矩形较为常见，一般为单舱或双舱箱形结构，管廊内一般要求设置工作通道及照明、通风等设备。

（3）缆线管廊：采用浅埋沟道方式建设，设有可开启盖板，但其内部空间不能满足人员正常通行要求，用于容纳电力电缆和通信电缆的管廊。

6.8.2　天然气入管廊的技术要求

压力管道在纳入综合管廊的处理上，要比雨、污水管道相对简单，但是考虑到天然气管道输送介质的危险性，所以天然气管道在入廊处理上要比雨、污水重力流管道更为复杂。

6.8.2.1　总体设计

综合管廊的一般布置于道路一侧或中央的绿化带下。天然气综合管廊平面中心线宜与道路、铁路、轨道交通、公路中心线平行。综合管廊分支口应满足预留数量、管线进出、安装敷设作业的要求。含天然气管道舱室的综合管廊不应与其他建（构）筑物合建。天然气管道舱室与周边建（构）筑物间距应符合现行国家标准《城镇燃气设计规范》GB 50028 的有关规定。天然气管道进出综合管廊时，应在综合管廊外部设置阀门。管廊设计时，应预留管道排气阀、补偿器、阀门等附件安装、运行、维护作业所需要空间。天然气管道舱室地面应采用撞击时不产生火花的材料。

综合管廊的断面设置形式与断面尺寸的确定，直接关系管廊的安全、功能、造价，是综合管廊设计中的首要问题和重要技术关键。目前，综合管廊还没有通用的标准断面形式，其断面的确定与施工方法、容纳的管线种类和地质条件等因素有关，其断面尺寸的确定与其中收纳的管线所需空间有关，管廊标准断面内部净高应根据容纳天然气管线的规格、数量、安装要求等综合确定，不宜小于 2.4m，综合管廊的管道安装净距（图 6-8-3）不宜小于表 6-8-1 的规定。根据《城市综合管廊工程技术规范》GB 50838 规定，并且含天然气管道舱室的综合管廊不应与其他建（构）筑物合建；当管廊为三舱室及以上断面时，天然气舱室与高压电力舱宜分开布置在综合舱两侧（如图 6-8-4）。综合管廊结构的设计使用年限为 100 年，而天然气管道设计使用年限一般为 30 年。考虑到未来发展的不可预见性，天然气舱室内应考虑设置一个预留管位。对于需要额外预留一个管位的天然气舱室，为方便今后从吊装口检修，应在舱室两侧设置管道，检修通道位于当中，这种情况下舱室的尺寸也要相应变大。

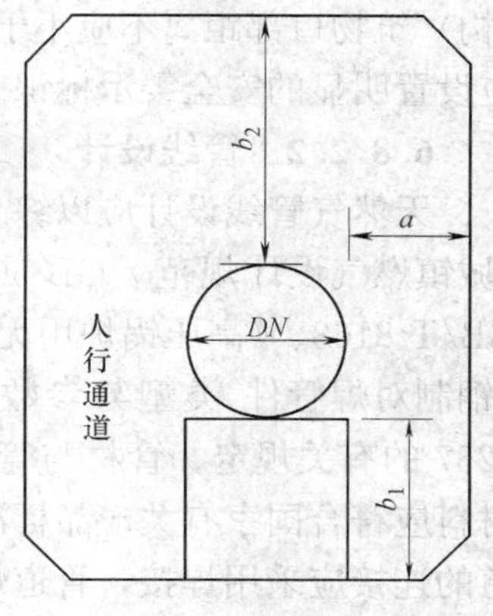

图 6-8-3 管道安装净距

综合管廊的天然气管道安装净距 表 6-8-1

管径	a	b_1	b_2
$DN<400$	500	500	800
$400\leqslant DN<800$			
$800\leqslant DN<1000$			
$1000\leqslant DN<1500$	600	600	
$\geqslant 1500$	700	700	

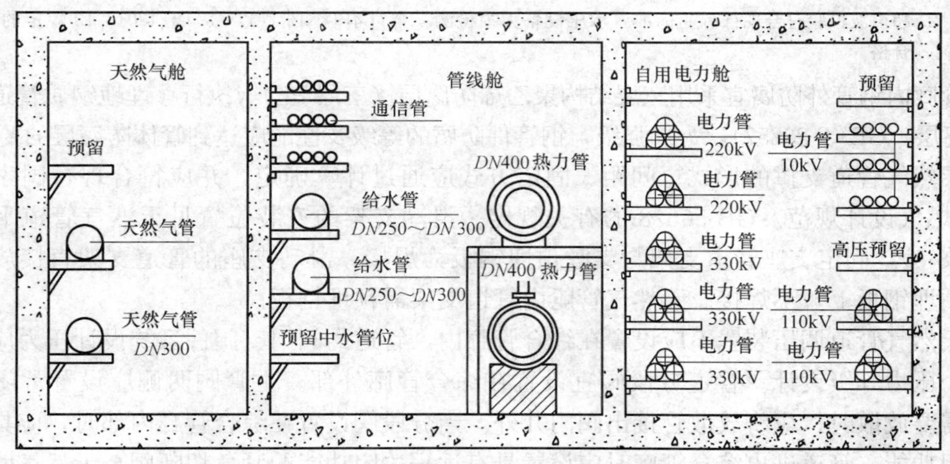

图 6-8-4 三舱室断面布置图

综合管廊通道净宽，应满足管道、配件及设备运输的要求，并应符合下列规定：①综合管廊内两侧设置支架或管道时，检修通道净宽不宜小于 1.0m；单侧设置支架或管道时，检修通道净宽不宜小于 0.9m。②配备检修车的综合管廊检修通道宽度不宜小于 2.2m。

综合管廊的每个舱室应设置人员出入口、逃生口、吊装口、进风口、排风口、管线分支口等。人员出入口、逃生口、吊装口、进风口、排风口等露出地面的构筑物应满足城镇防洪要求，并应采取防止地面水倒灌及小动物进入的措施。人员出入口宜与逃生口、吊装口、进风口结合设置，且不应少于 2 个。敷设天然气管道的舱室，逃生口间距不宜大于 200m。天然气管道舱室的排风口与其他舱室排风口、进风口、人员出入口以及周边建

(构)筑物口部距离不应小于10m。天然气管道舱室的各类孔口不得与其他舱室连通，并应设置明显的安全警示标识。

6.8.2.2 管线设计

天然气管线设计应以综合管廊总体设计为依据，在设计的过程中应符合现行国家标准《城镇燃气设计规范》GB 50028。管材应选用无缝钢管，符合《输送流体用无缝钢管》GB/T 8163、《高压锅炉用无缝钢管》GB/T 5310、《高压化肥设备用无缝钢管》GB 6479、《钢制对焊管件 类型与参数》GB/T 12459 及《油气输送用钢制感应加热弯管》SY/T 5257 的有关规定。管材与管件均应符合国家产品标准并应具备出厂合格证。选用设备、材料应符合国家有关产品标准，具有出厂合格证，并应满足供气单位抢险、维修要求。管道的连接应采用焊接，管道焊缝位置、坡口形式及加工、对接焊件的组对要求等均应符合《工业金属管道工程施工规范》GB 50235，焊接检测要求符合表6-8-2的要求。

焊缝检测要求 **表6-8-2**

压力级别(MPa)	环焊缝无损检测比例	
$0.8<p\leqslant1.6$	100%射线检验	100%超声波检验
$0.4<p\leqslant0.8$	100%射线检验	100%超声波检验
$0.01<p\leqslant0.4$	100%射线检验或100%超声波检验	—
$p\leqslant0.01$	100%射线检验或100%超声波检验	—

注：1. 射线检验符合现行行业标准《承压设备无损检测［合订本］》NB/T 47013.1～47013.13 规定的Ⅱ级（AB级）为合格。
2. 超声波检验符合现行行业标准《承压设备无损检测［合订本］》NB/T 47013.1～47013.13 规定的Ⅰ级为合格。

管廊内钢管外防腐宜采用三层结构聚乙烯防腐层（三层PE）(执行《埋地钢质管道聚乙烯防腐层》GB/T 23257)，为加强级，钢管件防腐的等级及性能应达到管体防腐层的要求。

天然气管道支撑的形式、间距、固定方式应通过计算确定，并应符合现行国家标准《城镇燃气设计规范》GB 50028的有关规定。滑动支架的安装位置见天然气管道平面图(图6-8-5)，固定支座管道支架与支墩预埋钢板为焊接，滑动支座的管道支架直接放置在支墩预埋钢板上，不焊接。天然气管舱内管道支架需预埋钢板。

天然气管道调压装置不应设置在综合管廊内。管道的阀门、阀件系统设计压力应按提高一个压力等级设计。管道分段阀宜设置在综合管廊外部。主管阀两侧应设置常闭放散阀，需要放散时，应将放散管接出阀门井外。当分段阀设置在综合管廊内部时，应具有远程关闭功能。管道进出综合管廊时应设置具有远程关闭功能的紧急切断阀。天然气舱内应全线设置接地带，将天然气管道与舱内接地带跨接，进出综合管廊附近的埋地管线、放散管、天然气设备等均应满足防雷、防静电接地的要求。含天然气管道舱室的接地系统应符合现行国家标准《爆炸危险环境电力装置设计规范》GB 50058的有关规定。

天然气管道施工及验收应符合现行国家标准《城镇燃气输配工程施工及验收规范》CJJ 33的有关规定，焊缝的射线探伤验收应符合现行行业标准《承压设备无损检测［合订本］》NB/T 47013.1～47013.13的有关规定。

6.8.2.3 附属设施设计

入廊内天然气管道舱室火灾等级为甲级危险类别，舱室应每隔200m采用耐火等级不低于3.0h的不燃性墙体进行防火分隔。防火分隔处的门应采用甲级防火门，管线穿越防

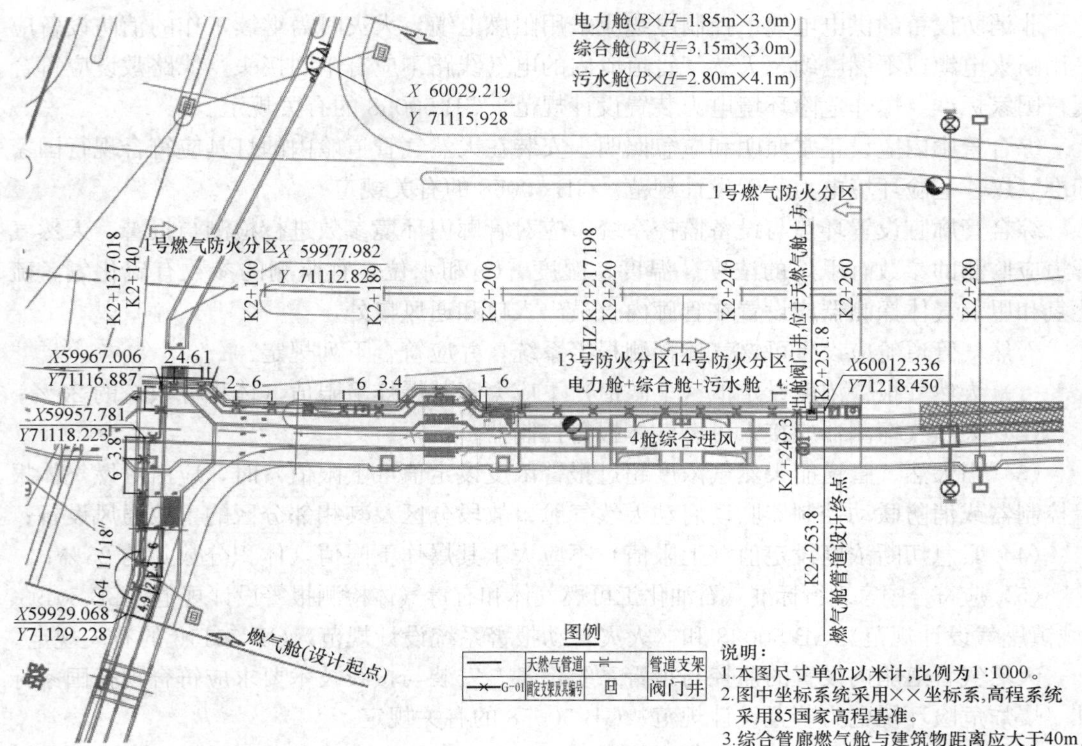

图 6-8-5 天然气管道平面图

火隔断部分应采用阻火包等防火封堵措施进行严密封堵。

综合管廊的通风量应根据通风区间、截面尺寸并经计算确定，天然气管道舱正常通风换气次数不应小于 6 次/h，事故通风换气次数不应小于 12 次/h，舱内天然气浓度大于其爆炸下限浓度值（体积分数）20%时，应启动事故段分区及其相邻分区的事故通风设备。

综合管廊的消防设备、监控与报警设备、应急照明设备应按现行国家标准《供配电系统设计规范》GB 50052 规定的二级负荷供电。天然气管道舱的监控与报警设备、管道紧急切断阀、事故风机应按二级负荷供电，且宜采用两回线路供电：当采用两回线路供电有困难时，应另设置备用电源。其余用电设备可按三级负荷供电。天然气管道舱内的电器设备应符合现行国家标准《爆炸危险环境电力装置设计规范》GB 50058 有关爆炸性其他环境 2 区的防爆规定。

综合管廊附属设备配电系统应符合下列规定：

(1) 综合管廊内的低压配电应采用交流 220V/380V 系统，系统接地形式应为 TN-S 制，并宜使三相负荷平衡；

(2) 综合管廊应以防火分区作为配电单元，各配电单元电源进线截面应满足该配电单元内设备同时投入使用时的用电需要；

(3) 设备受电端的电压偏差：动力设备不宜超过供电标称电压的±5%，照明设备不宜超过+5%、−10%；

(4) 应采取无功功率补偿措施；

(5) 应在各供电单元总进线处设置电能计量测量装置。

非消防设备的供电电缆、控制电缆应采用阻燃电缆，火灾时需继续工作的消防设备应采用耐火电缆或不燃电缆。天然气管道舱内的电气线路不应有中间接头，线路敷设应符合现行国家标准《爆炸危险环境电力装置设计规范》GB 50058 的有关规定。

综合管廊内应设正常照明和应急照明。安装在天然气管道舱内的灯具应符合现行国家标准《爆炸危险环境电力装置设计规范》GB 50058 的有关规定。

综合管廊宜设置环境与设备监控系统，应对管廊内环境参数进行检测与报警。天然气管道应监测的参数有甲烷的浓度、温度、湿度、O_2和水位，宜监测的参数有硫化氢。硫化氢和甲烷气体探测器应设置在管廊内人员出入口和通风口处。

天然气管道舱应设置可燃气体探测报警系统，并应符合下列规定：

（1）天然气报警浓度设定值（上限值）不应大于其爆炸下限值（体积分数）的 20%；

（2）天然气探测器应接入可燃气体报警控制器；

（3）当天然气管道舱天然气浓度超过报警浓度设定值（上限值）时，应由可燃气体报警控制器或消防联动控制器联动启动天然气舱事故段分区及其相邻分区的事故通风设备；

（4）紧急切断浓度设定值（上限值）不应大于其爆炸下限值（体积分数）的 25%；

（5）应符合国家现行标准《石油化工可燃气体和有毒气体检测报警设计规范》GB 50493、《城镇燃气设计规范》GB 50028 和《火灾自动报警系统设计规范》GB 50116 的有关规定。

天然气管道舱内设置的监控与报警系统设备、安装与接线技术要求应符合现行国家标准《爆炸危险环境电力装置设计规范》GB 50058 的有关规定。

天然气管道舱内应设置独立集水坑。

综合管廊工程建设涉及部门较多，协调工作量大，有必要由政府出台相关政策法规以及运行管理规则，对管廊的建设、移交、收费等问题予以明确界定，为管廊的建设与运营提供政策支持；应紧密结合道路建设或改造计划实施；在设计过程中应用 BIM 技术，优化设计，提高工程建设质量，最大限度地发挥管廊工程的实际价值。

6.9 城镇燃气输配系统方案设计示例

1. 大型城市

某大型城市远期规划人口 980 万人，燃气化人口 784 万人，燃气化率为 80%。由 4 条长输管线从 4 个气源供应天然气，其中一个气源为备用气源，共设 4 个门站。远期需求预测见表 6-9-1。城市输配系统为高中压与高中低压系统，后者主要为原人工煤气已形成的中低压系统转供天然气。

各类用户年用气量　　表 6-9-1

用户	居民	商业	小工业	大工业	供暖	汽车	电厂	未预见量	总计
年用气量($10^4 m^3$)	44800	33600	5700	152000	15600	41900	57400	15000	366000
比例(%)	12.24	9.18	1.56	41.53	4.26	11.45	16.68	4.10	100.0

远期平衡日与时不均匀性所需储气量为 $272.0\times10^4 m^3$、占计算月平均日供气量的 22.7%，其由城市高压管道储气解决。

高压管道由内外两半环线构成，近期建设内环，远期建设外环，见图 6-9-1。高压内环线长123.52km，设计压力2.5MPa，采用ϕ711×11螺旋缝埋弧焊钢管，穿越特大型河流（如长江等）采用ϕ711×14.2 UOE直缝钢管，穿越大中型河流采用ϕ711×11 UOE直缝钢管，材质均为L290。高压内环的储气能力为89.0×10^4m^3。大型工业用户由高压内环直接供气。高压外环全长195km，考虑储气功能须对运行压力进行技术经济分析，见表6-9-2，所列方案为高压外环独立运行状况，当内外环统一调度时，储气量将增加。高压外环材质同内环。

外环储气量技术经济比较 **表6-9-2**

序号	运行压力(MPa)	管径与壁厚(mm)	储气量(10^4m^3)	单位储气量投资比率
1	1.7～6.0	ϕ610×14.3	198	1.14
2	1.7～6.0	ϕ711×16.9	283	1.0
3	1.7～6.0	ϕ813×17.5	379	0.91
4	1.7～4.0	ϕ813×14.3	192	1.54
5	1.7～4.0	ϕ914×16.9	248	1.48
6	1.7～4.0	ϕ1016×17.5	310	1.43

按表6-9-2投资比率与考虑高压外环将来对城市圈供、储气的功能，采用方案3，ϕ813×17.5钢管的设计压力为6.3MPa。

高压钢管采用挤压聚乙烯三层结构加强级外防腐与强制电流阴极保护。穿越特大型河流时还须采用内防腐，材料为改性环氧类涂料，总干膜厚度应大于300μm。

中压管网具有两种压力级制，即中压A（0.2MPa＜p≤0.4MPa）与中压B(0.01MPa≤p≤0.2MPa)，后者为原有人工燃气中压管网。新建中压管网采用PE管，穿越段采用钢管或PE管。钢管防腐采用挤压聚乙烯三层结构防腐层，为加强级，同时埋地钢管置以牺牲阳极保护下。主要工程量见表6-9-3。

主要工程量 **表6-9-3**

门站	高压管线	高中压调压站	高高压调压站	中压管线	压缩天然气母站
供高压内环2座 供高压外环2座	高压内环ϕ711mm×11mm 123.52km 高压外环ϕ813mm×17.5mm 195km，内外环连接管线ϕ711mm×11mm 40km	高压内环供11座	高压外环供4座	干管（管径不小于150mm）1437km，支管(管径小于150mm) 1095km	2座

2. 中型城市

某中型城市由天然气长输管线向门站供气，输配系统为单级中压系统，按远期用气量设计，见图6-9-2。

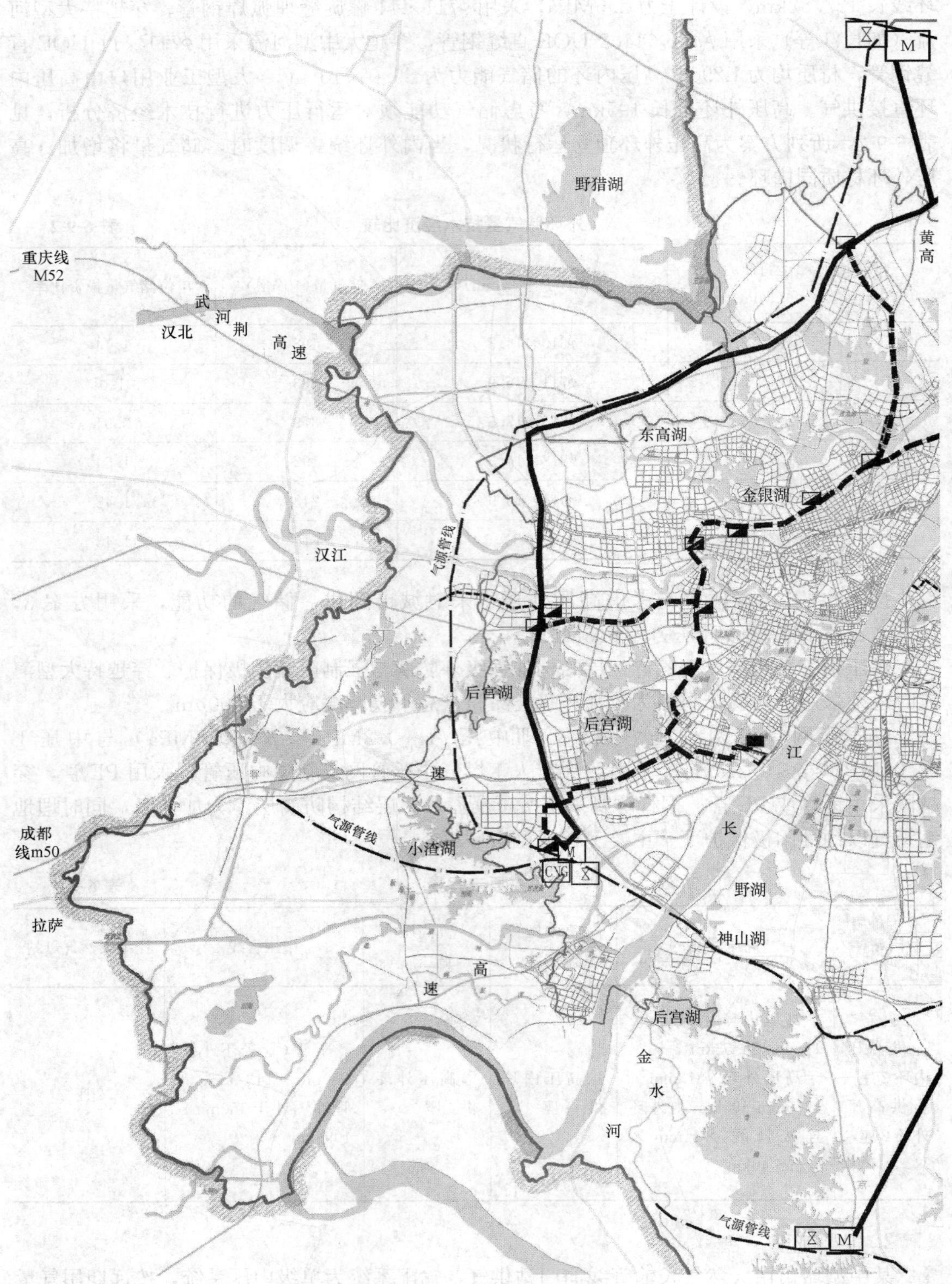
野猎湖
重庆线
M52
汉北
武
河
荆
高
速
黄
高
东高湖
金银湖
汉江
气源管线
后宫湖
后宫湖
江
速
长
成都
线m50
气源管线
小渣湖
M
CNG
野湖
拉萨
神山湖
高
速
后宫湖
金
水
河
气源管线
M

图 6-9-1　某大型城市

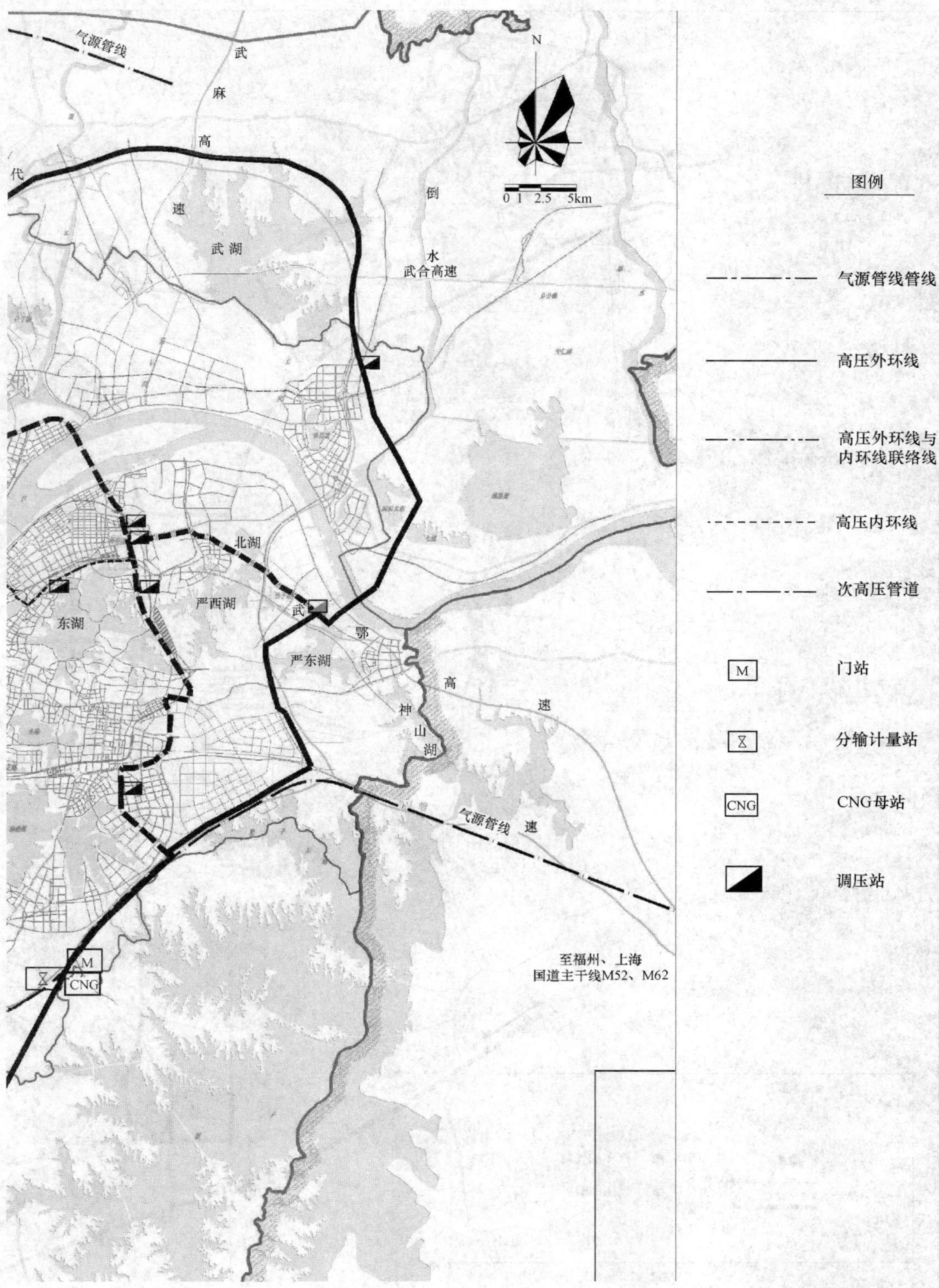

气源管线
武
麻
高
代
速
武湖
倒
水
武合高速
N
0 1 2.5 5km
北湖
严西湖
东湖
武
鄂
严东湖
高
速
神
山
湖
气源管线
速
M
CNG
至福州、上海
国道主干线M52、M62
图例
气源管线管线
高压外环线
高压外环线与内环线联络线
高压内环线
次高压管道
门站
分输计量站
CNG母站
调压站

天然气高压环网图

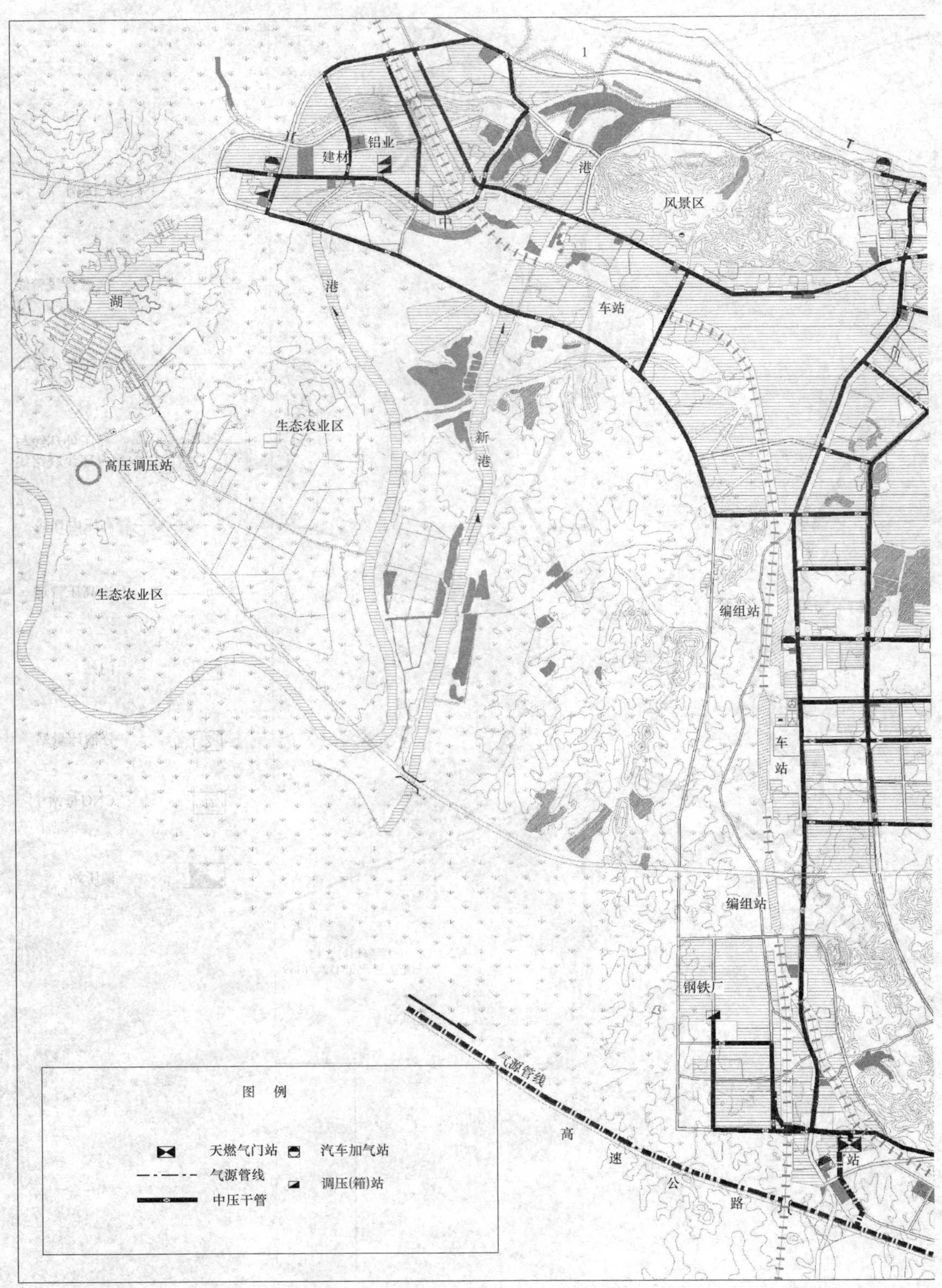

1
铝业
建材
港
风景区
中
港
湖
车站
生态农业区
新
港
高压调压站
生态农业区
编组站
车
站
编组站
钢铁厂
气源管线
高
速
公
路
站
图 例
天燃气门站
汽车加气站
气源管线
调压(箱)站
中压干管

图 6-9-2 某中型城市

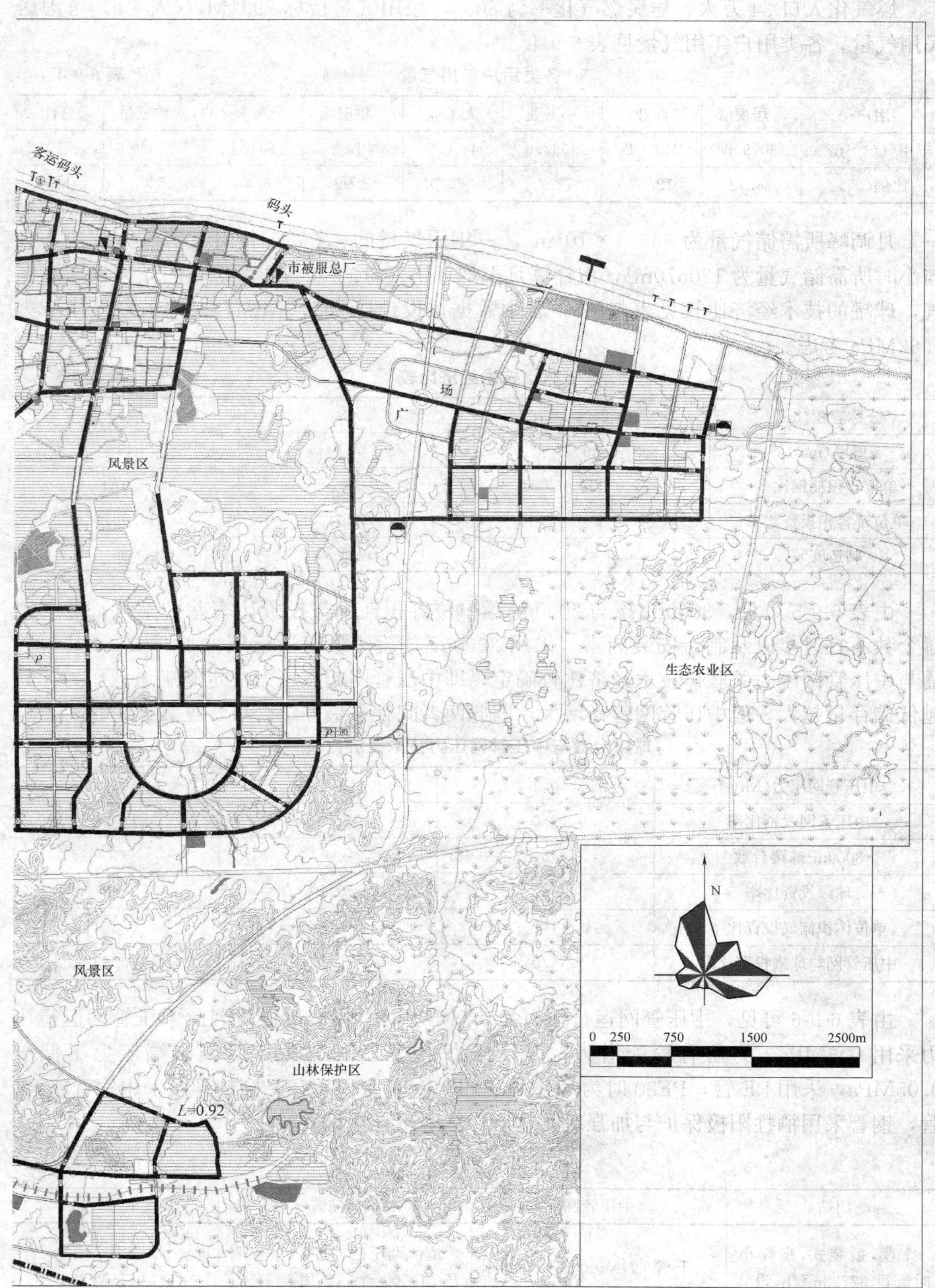
客运码头
码头
市被服总厂
广
场
风景区
生态农业区
风景区
山林保护区
L=0.92
N
0 250 750 1500 2500m

天然气中压管网图

燃气化人口34万人，居民燃气化率为80%，按用气量指标2931MJ/(人·a)考虑居民用气量。各类用户年用气量见表6-9-4。

各类用户年用气量　　表6-9-4

用户	居民	商业	小工业	大工业	供暖	汽车	未预见量	总计
年用气(10^4m^3)	3019.9	1573.2	1533.6	4456.9	499.2	811.4	626.0	12519.2
比例(%)	24.12	12.57	12.25	36.59	3.99	6.48	5.0	100

月调峰所需储气量为$563.4\times10^4m^3$，占年用气量的4.5%，其由上游供方解决。日与小时所需储气量为$120670m^3$，占计算月平均日用气量的30%，考虑在门站内设球罐储气，球罐的技术经济比较见表6-9-5，表中数据按设计压力1.7MPa，允许最高工作压力1.62MPa考虑。

球罐技术经济比较　　表6-9-5

公称容积(m^3)	2000	3000	5000
壁厚(mm)	36	40	48
单位容积耗钢比率	1.0	0.975	0.975
单位罐容积投资比率	1.0	0.997	0.961
制造安装	易	较难	难

由表6-9-5可见，$3000m^3$罐与$2000m^3$罐单位容积耗钢与投资比率差别不大，考虑储罐个数不宜过多以及制造安装因素，采用$3000m^3$球罐，最高运行压力1.6MPa，其台数需与中压管网压力关联作技术经济比较确定，即中压管网起点压力决定储罐最低压力，其越低储存量越大，但中压管网管径增大，因此两者间存在最佳结合点，见表6-9-6。

球罐台数与中压管网压力技术经济比较　　表6-9-6

中压管网压力(MPa)	0.4	0.3	0.2
中压管网投资比率	1.0	1.015	1.085
$3000m^3$球罐台数	5	4	4
球罐投资比率	1.0	0.80	0.80
单位体积储气投资比率	1.0	0.909	0.834
中压管网与球罐投资比率	1.0	0.939	0.983

由表6-9-6可见，中压管网运行压力为0.3MPa时总投资最低，因此中压管网运行压力采用0.3MPa，为留有输配潜力，设计压力为0.4MPa，中压管网末端压力不低于0.05MPa，采用PE管，PE80时为SDR11、PE100时为SDR17。穿越管段采用钢管或PE管，钢管采用牺牲阳极保护与加强级防腐层。主要工程量见表6-9-7。

主要工程量　　表6-9-7

门站	中压管网	调压装置	汽车加气站
1座，撬装式，高峰小时流量$37723m^3/h$，设4台$3000m^3$球罐	干管（*DN*100～*DN*400）92.5km，支管23km	庭院调压柜120个，楼栋调压箱500个，专用调压箱10个	6座，供车辆880台

3. 小型城市

某小型城市近期由压缩天然气槽罐车供气，建供气站一座，远期由长输管道供天然气，建门站一座，输配管网为单级中压。居民年用气量与各类用户年用气量分别见表6-9-8与表6-9-9。

居民年用气量 **表 6-9-8**

年　限	近　期	远　期
人口数(万人)	20	25
燃气化率(%)	50	70
燃气化人口数(万人)	10	17.5
用气指标[MJ/(人·年)]	1884.1	2302.7
用气量(万 m^3/年)	523.26	1119.19

各类用户年用气量 **表 6-9-9**

年限	用气量与比例	居民生活	商业	工业	汽车	未预见量	总用气量
近期	用气量(万 m^3/a)	523.26	78.49	26.16	18.25	34.01	680.17
	比例(%)	77	11.5	3.8	2.7	5	100
远期	用气量(万 m^3/a)	1119.19	336.76	56.96	36.5	81.44	1628.85
	比例(%)	68.8	20.6	3.4	2.2	5	100

平衡时不均匀性与平衡日、时不均匀性所需储气量见表6-9-10。考虑远期由长输管道末端储气，近期由罐车供气平衡不均匀性。由于远期长输管道与门站位置不确定性，以及城市干管须保证水力工况稳定，中压干管采用等管径，并形成两个环，见图6-9-3。管网按远期气量设计，设计压力0.4MPa，采用PE管，PE80时为SDR11、PE100时为SDR17。主要工程量见表6-9-11。

所需储气量 **表 6-9-10**

方式	年　限	近期	远期
平衡时	储气量(m^3)	7970	18924
	占计算日用气量比例(%)	30	30
平衡日与时	储气量(m^3)	14372	34457
	占计算周平均日用气量比例(%)	65	65

主要工程量 **表 6-9-11**

门　站	中压管网	调压装置	汽车加气站
1座，撬装式，高峰小时流量7719m^3/h	D_e16012.672km	庭院调压柜10个，楼栋调压箱50个	1座，供车辆200台

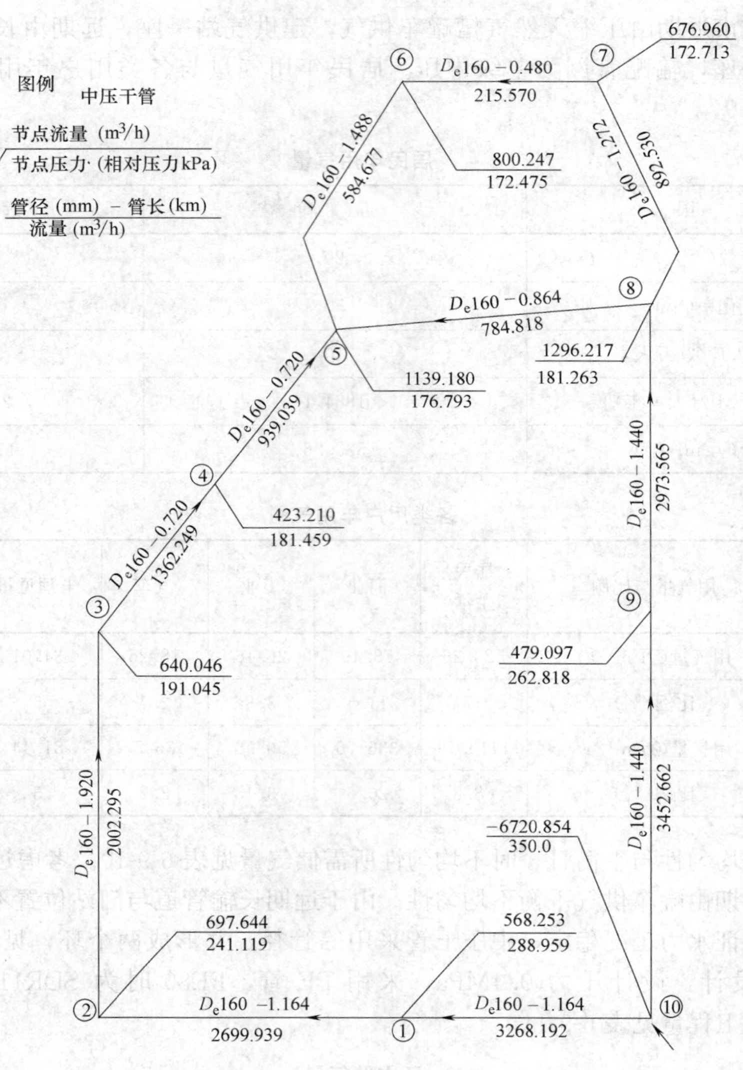

图 6-9-3　某小型城市天然气中压干管水力计算图

6.10　原有燃气输配系统的改造与利用

随着天然气资源的开发和利用，一些城镇需要把原有燃气输配系统改造为天然气输配系统，实现燃气用户的天然气转换。对于原有城镇，若燃气的气源以人工燃气为主，特别是煤制气，在诸多性质上与天然气存在较大区别：

（1）品质不同

人工燃气含有焦油、尘砬、硫化氢、氨与萘等杂物，易积沉在管道与设备中，影响运行、造成隐患。而天然气是干气，仅含少量硫与硫化氢杂质，可认为是洁净燃料。

（2）压力不同

人工燃气气源的供气压力一般不高于 0.2MPa，即中压 B；而天然气供气压力可达 4.0MPa，甚至更高。

（3）热值不同

人工燃气的热值低于天然气，如焦炉煤气的热值仅为天然气热值的 1/2 左右。

（4）燃烧性质、参数不同

人工燃气与天然气的密度、火焰传播速度、导热系数，以及华白数、燃烧势等均存在较大差异。

基于上列四方面的区别，原有输配管网系统以及用户表具、燃具等设施只有在经必要更新改造后方可利用。

6.10.1 燃气输配系统改造的原则

原有燃气输配系统改造的基本原则是在技术经济合理性的基础上充分利用原有系统、包括各种设施，同时根据原有系统质量、规模以及用气发展规划，也可因地制宜分期分批淘汰原有系统。此外，应考虑下述有关问题。

（1）原有燃气输配系统引入天然气后的运行压力不高于原设计压力。此时新建天然气中压管网可采用中压 A 级制，而原有人工燃气的中压管网一般为中压 B 级制，即一个城镇存在两种中压压力级制，它们之间可由中一中压调压室连接。

（2）原有燃气输配系统改输天然气必须完成三个阶段的工作：①包括燃气漏泄与管道缺陷检测的安全性检查；②管道与设备的修复、改造与更新，并按规范规定进行压力试验；③管网与用户用气设施的天然气转换。同时，应采用非开挖的检测与施工方法，以减少对交通与环境的影响，提高效率。当原有管道需要更换时，宜采用 PE 管内插，以减少开挖，且不另占用管位。

（3）原有低压储气罐可用作负荷调峰的过渡性装置，在达到使用年限前予以利用。宜设置引射器利用高压或次高压天然气引射罐内低压天然气外供中压管网，以节省能耗。天然气进入湿式储罐有加湿效果，如需保持干气，可采用塑料浮球隔湿。

（4）当原有人工燃气输配系统为设有区域调压室的中低压两级系统时，可改造利用原有区域调压室。由于天然气热值高于人工燃气，使低压管网流量减少而压降降低，因此，可维持较低的调压室出口压力。但由于天然气燃具额定压力高于人工燃气燃具的额定压力，因此，室外与室内低压管道的运行压力必然高于原运行压力，必须对管道，表具与燃具等加强安全性检测。

（5）对于原有采用麻丝与铅或麻丝与水泥为密封材料的承插接口灰铸铁管，当接口改造量大时，可采用天然气加湿作过渡性措施，以避免因天然气为干气引起麻丝干燥收缩而漏气。

（6）当转输干天然气时，原有人工燃气输配管网设有的凝水缸可部分保留，在天然气转换作业时用作排气口。

（7）当原有人工燃气输配系统改造量大，又需尽快利用天然气，且具有经改造后适用于天然气改制的设备，此时可考虑采用天然气改制的方法生产人工燃气，从而避免输配系统和用户燃具的改造与转换。天然气改制的方法有低压间歇循环催化法与加压蒸气转化法。

6.10.2　管道及设施的改造

6.10.2.1　管道接口的改造

1. 铸铁管承插接口

早期的人工燃气输配系统采用承插接口的灰铸铁管，其密封材料为麻丝与铅或麻丝与水泥。当输送干天然气时，将使麻丝收缩而造成漏气，因此除对天然气进行加湿处理外，必须对接口进行改造。

（1）外加机械接口。割去原有承插接口，采用机械接口短管加套管使原管道相连接。

（2）热收缩带。采用热收缩带在接口处外包，加热固化收缩带而密封接口。

（3）管内接口密封圈。由丁腈橡胶密封圈与碳钢箍构成，采用特殊设计的凹边密封沿使接口两侧防漏，由液压膨胀器把钢箍压在密封圈上，使密封圈紧贴接口内表面。

（4）接口处开孔注入密封剂。在接口最里层的麻丝上方钻直经 8mm 的孔，用手动灌注器注入树脂。由于采用嫌气性树脂，可在无氧状况下固化。密封性取决于接口全周是否浸透树脂，其影响因素是树脂固化时间与黏度，以及麻丝的疏密程度等。树脂按黏度高低分为三类，按不同的麻丝疏密程度配用。本方法仅需在接口上方挖掘土壤，土方量最少。

（5）管内注入密封剂。在管道上开孔，插入带有传感器的注射装置。由传感器确认接口位置后，注射装置向接口喷射丙烯酸树脂。一个工作坑单侧施工长度为 30～50m，施工时间约 3h。

2. 镀锌钢管螺纹接口

镀锌钢管一般用作室内管，其接口密封有麻丝白漆与聚四氟乙烯带两种方式，前者须更换成聚四氟乙烯带或作适用于天然气的密封处理。

（1）采用压固带的密封剂密封。在不停止供气状况下，在接口处缠卷碳质纤维的多孔材料，并在其上喷涂水溶性丙烯酸 — 硅系密封剂，该材料具有良好的渗透性、无臭且对人体无害。然后缠绕保持带与加压带，加压带表面印有正方形标记，把带拉伸压紧至正方形标记延长 4 倍为长方形。10min 后取下加压带与保持带，并剥离纤维材料。适用管径为 15～150mm 的螺纹接口。

（2）双层密封。采用嫌气性密封剂使其渗浸入接口螺牙间，粘合固化而起密封作用，然后在其外部采用环氧树脂封堵。密封剂固化时间约 2h，使其可充分渗入螺纹间隙。适用于管径 100mm 以下的螺纹接口。

3. 钢管法兰接口

法兰接口漏泄一般是密封衬垫老化破损所致，不停气修复的方法是剪去衬垫的外周部分，用两种粗细不同的金属丝混杂包覆衬垫的外周，用树脂填充金属丝间隙，树脂固化后形成密封层，适用于中、低压管道的法兰接口。

6.10.2.2　管道的修复与更新

对于腐蚀或损坏严重的管道以及需提高输气压力的管道，可加以修复或更新，其发展的方向是实现不开挖施工，以期降低费用，减少噪声与对交通的妨碍，并使用新材料与新管材，内层喷涂材料多为树脂，内插管材多为 PE 管。详见本手册第 9 章。

6.10.2.3 设施的改造

1. 调压室的改造

原有人工燃气多采用中低压输配系统，而调压室多装有雷诺式调压器。改输天然气时，除对出口压力进行调整外，须在进口处加装过滤器，过滤精度为 20μm，以防干天然气使原有管道壁上附着的杂质剥离后带入调压器；设置紧急切断阀与出口压力自动记录仪，取消安全水封与脱萘装置，并注意调压器皮膜应为丁腈橡胶制成，以及旋塞阀密封油应适用于天然气。

2. 凝水缸的利用

原有人工燃气输配管网设有凝水缸，部分保留，在天然气转换作业时用作排气口。

3. 低压储气罐的利用

原有人工燃气输配系统的储气设施一般为湿式储罐，可作过渡性利用。原则上只用于原有人工燃气管网。在新的天然气系统中，天然气若降至低压储存，再由压缩机升压输入中压管网，将造成电力消耗。因此是否利用原有人工燃气输配系统的储气设施需权衡利弊。利用原有燃气低压储气设施，可增设引射器，由高压天然气引射罐内低压天然气至中压管网。此外，天然气进入湿式储罐会受到加湿。新的天然气输配系统如需保持干气，应对此有相应措施，例如对湿式储罐采用塑料浮球隔湿等。

4. 计量表的更换

当天然气与原有燃气因热值差异而影响流量范围，导致计量表不适用时，应予以更换。如为皮膜式计量表，应采用丁腈橡胶膜。

6.10.3 天然气加湿

人工燃气含有水蒸气和芳香烃等杂质成分。曾经长期用于输送人工燃气的铸铁管输配系统改输干天然气将导致接口因麻丝或橡胶干缩而漏气。可采用加湿方法防止泄漏或修复泄漏。国外从 20 世纪 60 年代开始即进行了加湿剂与加湿装置的开发。

输送人工燃气用铸铁管承插式接口的密封材料一般为麻丝与水泥或麻丝与铅，也有添加橡胶圈作密封件，而机械接口的密封件是橡胶圈。由于人工燃气含有水蒸气和芳香烃，麻丝接触水蒸气膨胀而起密封作用，橡胶圈也因吸附芳香烃而膨胀。因此人工燃气以自身成分对密封件进行加湿。加湿机理为：麻丝长链纤维素分子结构中含有羟基团，使之具有吸附水或醇类后纤维素分子相互排斥而呈蓬松状；芳香烃蒸气作为溶剂扩散至橡胶内而使之膨胀，但芳香烃过量也会导致橡胶溶解或过度松胀移位而失去密封作用。因此燃气对麻丝密封与橡胶密封促成的物质是各不相同的，前者为水与醇类，后者为芳香烃。

对加湿剂有两方面的要求，一是处理效率高，即燃气中的低加湿剂含量达到密封要求，且价格低廉；二是无危害性，即对人体无毒，且燃烧后不产生有害物，对环境无污染，对管道无腐蚀等。

麻丝最易吸附水，其次是醇类、苯类。气相接触的初期吸附率大于后期。麻丝膨胀 30%以上才能达到密封效果，此时天然气中水蒸气相对湿度须在 80%左右，因此水耗量大、运行费高、设备庞大、冬季水易冷凝，且天然气因含水蒸气而降低热值。与此相反，乙二醇对麻丝加湿显示了优越性，首先其在天然气中的饱和质量仅为水的 1%左右，加之加湿量仅需达到天然气中相对湿度 50%以上，因此乙二醇的用量仅为水的 1%以下，所以设备体积与运行费用大大下降，加之冬季不冷凝、热值也接近天然气等优点，使乙二醇成为麻丝加湿剂的首选。

橡胶最易吸附苯类，其次是溜出油。气相接触的初期吸附率小于后期。而对水和醇类吸附极少。机械接口的密封材料一般为丁腈橡胶，一般用于干天然气不发生收缩，但长期使用后，有出现收缩现象而导致漏气。此时可采用三甲基苯或溜出油作加湿剂。由于橡胶对芳香烃特别敏感，因此三甲基苯的加湿量控制要求极严格，不易操作。溜出油是石油初期处理的柴油系馏分，芳香烃含量为10%～20%，加湿量控制较易，所需饱和度为10%左右。

加湿方法有雾化法、鼓泡法与喷淋法。

雾化法是利用高、中压载气天然气的压力通过引射器引射加湿剂，形成载气天然气和雾状加湿剂的混合物送入管道，雾化加湿剂在管道中迅速挥发。设备由载气天然气调压器、引射器、雾化喷头、加湿剂罐、加湿剂抽吸管以及控制装置等构成。雾化法的优点是不消耗外界能源。加湿量控制可由控制装置控制开、停实现，也可控制流经引射器的天然气流量实现。

鼓泡法是载气天然气由喷管以细小气流自下而上流经加湿剂液层，并形成鼓泡，以增大天然气与加湿剂接触面积，并加剧加湿剂蒸发。加湿剂由电加热蒸发至载气天然气中达饱和。稀释用天然气流经设置在加湿剂中的盘管被加热，并与载气天然气混合后送入管道，达到提高载气天然气温度与降低加湿剂饱和程度，以避免混合气进入管道前因冷却而析出加湿剂。设备由载气天然气喷管、加湿剂罐、电浴式加湿剂加热器、电加热器控制装置、天然气混合器、加湿量控制装置等构成。加湿量的控制是通过控制加湿剂的温度，达到控制饱和程度而实现，控制依据是测得的天然气流量和温度。

喷淋法是一种适合大流量天然气加湿的方法。载气天然气加热后进入喷淋塔自下而上经填料层接受加湿剂喷淋达饱和，并经除雾器除去雾滴后进入管道。加湿剂从储罐由计量泵送入喷淋塔喷淋，并被载气天然气加热蒸发。设备由载气天然气调压器、流量表、电加热器、喷淋塔（包括填料层、除雾器）、加湿剂储罐、计量泵以及控制装置构成。加湿量的控制是通过加湿剂计量泵实现的，控制依据是测得的天然气流量和温度。

6.10.4 天然气转换

在对原有燃气输配系统各个环节进行安全性检查，修复、改造、与更新，以及压力试验的基础上，对输配管网与用户设施进行天然气转换，即实施对原有燃气系统用天然气置换的作业。

6.10.4.1 转换方式

根据供气规模大小与原有燃气种类等因素，可以采取不同的转换方式。

1. 天然气直接转换

天然气直接转换是输配系统与用户直接输入天然气替代原有燃气，是最常采用的方式。对于规模不大的输配系统可整体转换，对于规模较大的输配系统可分割成若干小区，逐区转换。小区的大小可按输配管网与气源的分布状况，以及作业人员数量与熟练程度等，可从数千户至数万户不等；随着作业效率的提高，也可逐渐扩大转换小区的规模。

2. 采用过渡气源

采用过渡气源的目的是使用户不因气源转换而影响使用，同时在用户使用过渡气源期间，可以进行用户燃气用具改造和管网转换，但采用过渡气源有较大的局限性。

(1) 采用中间气源

中间气源是指在已改造与未改造的燃气用具上均可使用的气源，因此，在原有气源与转换气源在燃烧性能相差不大的状况下采用，一般局限于同类燃气之间的转换时采用，选择同类燃气或配制燃烧性能相近的中间气源。如液化石油气和空气混合可配制与各种天然气燃烧性能相同或相近的天然气；液化石油气、氢与空气混合或液化石油气和低热值人工燃气混合可配制与多种人工燃气燃烧性能相同或相近的燃气，这些混合燃气可用作中间气源。

(2) 采用并装液化石油气

对于液化石油气管道输配系统，在进行天然气转换时，可采用并装液化石油气作过渡气源。对其他人工燃气输配系统，当向用户提供瓶装液化石油气与液化石油气用具时，也可以此作过渡气源。

6.10.4.2 转换准备

转换工作分为准备阶段与实施阶段两部分，准备阶段的主要工作包括制定计划、建立工作机构与培训人员、分区转换设计、工程施工与压力试验以及燃气用具调查与转换技术准备等，大城市需要一年左右时间完成。实施阶段主要完成室内外管网与室内燃气用具的转换，并进行安全检测，一般宜三天完成一个小区的转换工作，第一天进行燃气用具转换的准备，第二天进行管网与燃气用具转换，第三天进行安全复查与收尾工作等。

(1) 制定计划

计划内容包括转换方式、规模与日程、作业机构、人员培训与考核，以及费用等。

(2) 组建转换工作机构与培训人员

应建立专门的工作机构进行转换工作的准备与实施，人员培训按室外管网与室内设施转换两部分考虑，经考核合格后方可上岗工作。

(3) 输配系统分区转换设计

当进行输配系统分区转换时，须按小区规模、管网与阀门分布确定转换分区与顺序，并按转换顺序对已转换区与未转换区作水力工况计算与分析。当发现水力工况不能保证正常供气时，须调整供气分区或转换顺序，也可加设管道满足供气要求。同时确定放散地点，进行小区转换工况的水力模拟计算，在此基础上确认放散选点的合理性，并预测转换所需时间。图 6-10-1 与图 6-10-2 为某地区人工燃气中压管网转换天然气的两个初选方案，方案一气源 $D700$ 出口管道供天然气，$D500$ 出口管道供人工燃气，储罐站两根出口管在未被转换前均供人工燃气；方案二气源 $D500$ 出口管道供天然气，$D700$ 出口管道供人工燃气，储罐站同方案一供人工燃气。图中管道为中压干管，运行压力 120kPa，最低压力≥10kPa。区号顺序即分区转换先后顺序，并以不同线型表示管段转换分区。

在转换过程中，由于气源条件和供气范围的变化，存在已转换的天然气管网最不利工况和未转换的人工燃气管网最不利工况，必须对最不利工况进行核算，以制订水力工况可靠的转换方案。上述两个方案的最不利工况核算结果见表 6-10-1。

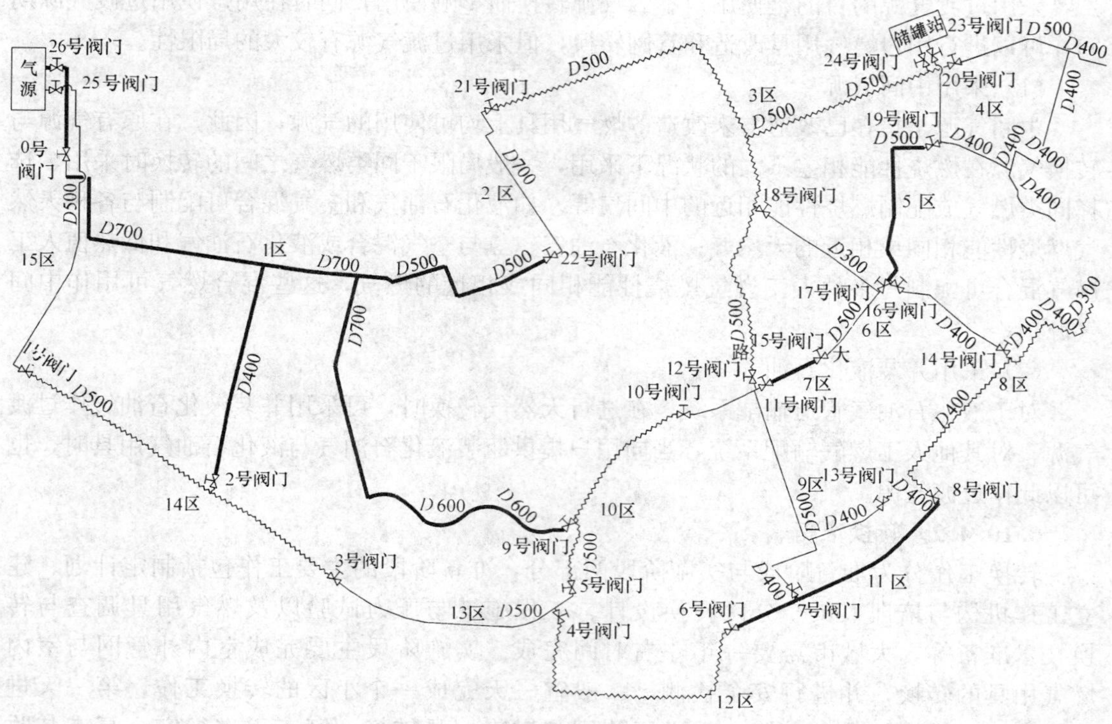

图 6-10-1　某地区人工燃气中压管网转换天然气方案（一）

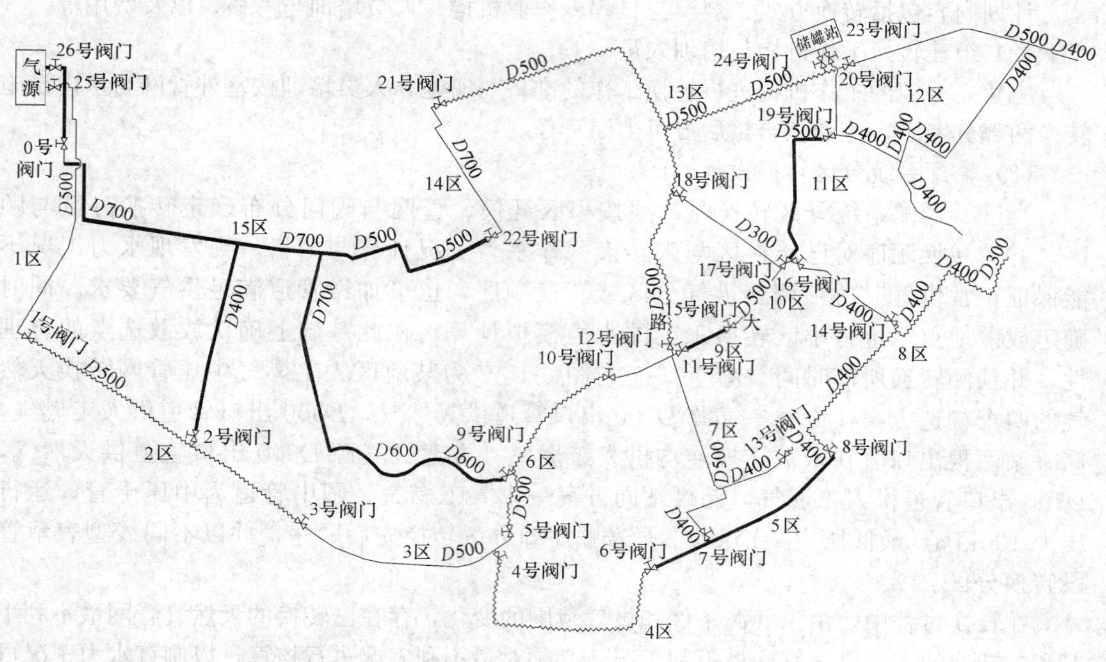

图 6-10-2　某地区人工燃气中压管网转换天然气方案（二）

转换方案最不利水力工况核算　　**表 6-10-1**

方案	最不利工况				核算结果
	气种	供气状况	供气范围	最低压力(kPa)	
1	天然气	转换 14 区时为气源出口单管最大供气范围	1～14 区	65	满足要求
	人工燃气	转换 1 区时为气源与储罐站双向供气最大范围	2～15 区	83.5	满足要求
		转换 4 区时为气源出口单管最大供气范围	5～15 区	<10	不满足要求
2	天然气	转换 9 区时，首次出现最低压力小于 10kPa	1～9 区	<10	不满足要求
	人工燃气	转换 1 区时为气源与储罐站双向供气最大范围	2～15 区	86.1	满足要求
		转换 13 区时为气源出口单管最大供气范围	14 与 15 区	116	满足要求

由表 6-10-1 可见，在转换过程中方案 1 出现人工燃气最低压力不满足要求，而方案 2 出现天然气最低压力不满足要求，因此，必须在分析上述转换方案基础上制定可行转换方案。方案 1 在转换初期即出现储罐站停供人工燃气，由气源单管供应人工燃气，造成严重的压力不足；方案 2 在转换后期出现天然气供气压力不足，而人工燃气压力工况由双向供气至单向供气始终满足要求。因此针对天然气供气压力不足状况，利用储罐站两出口管道中 D500 管道在转换后期改供天然气，即按方案 2 转换至 8 区后，由储罐站出口 D500 管道依次转换 12 区，11 区与 10 区，而在转换 9 区时，开始由气源与储罐站双向供应天然气，依次转换 9 区、13 区、14 区与 15 区。按上述顺序重新编排的转换分区见图 6.10-3，最不利工况核算见表 6.10-2。

管网转换工况核算　　**表 6-10-2**

气种	最不利工况			核算结果
	供气状况	供气范围	最低压力(kPa)	
天然气	转换 14 区时为双向供气，且气源出口为单管最大供气范围	1～14 区	87.5	满足要求
	转换 11 区时为储罐站出口单管供气最大范围	9～11 区	106.5	满足要求
人工燃气	转换 9 区时为气源与储罐站双向供气最大范围	10～15 区	97.3	满足要求
	转换 13 区时为气源出口单管供气最大范围	14 与 15 区	116	满足要求

(4) 输配系统分区工程施工

按输配系统分区转换设计进行分区工程施工，主要内容是在利用原有阀门的基础上，

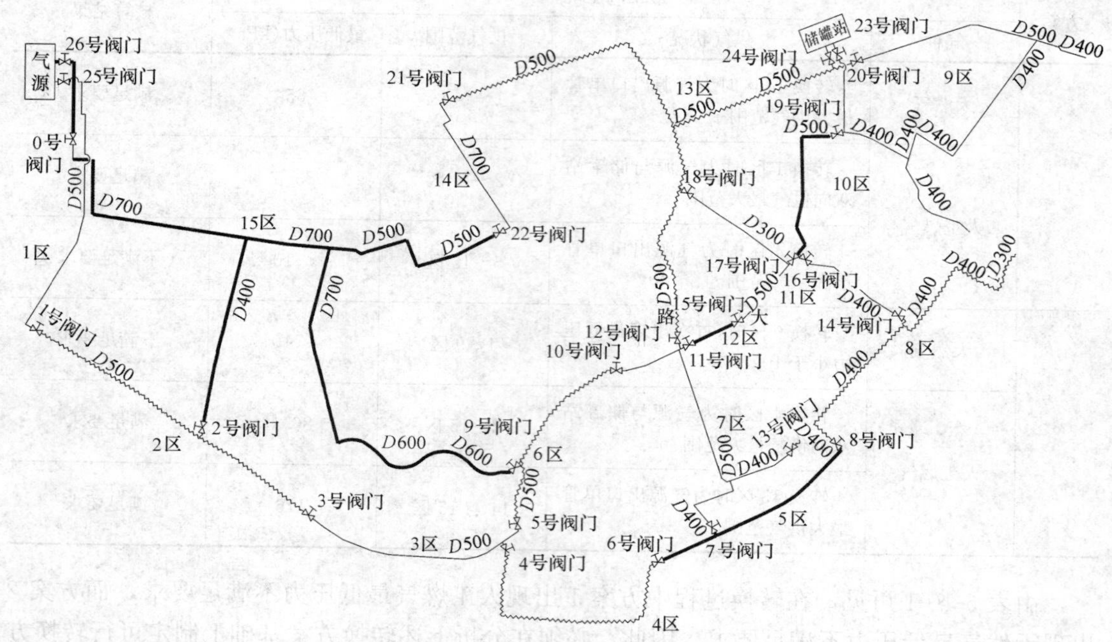

图 6-10-3　某地区人工燃气中压管网转换天然气可行方案

设置必要的分区截断阀与为改善水力工况而加设管道。同时进行放散准备，一般利用凝水缸和阀作为放散点，在城区采用燃烧放散。

（5）分区压力试验

在原有输配系统改造过程中已对管网按规范要求进行压力试验的前提下，分区压力试验的目的是检测分区截断阀的严密性。一般在深夜用气低峰关闭截断阀后分析各测压点压力变化，对比日常压力工况，以判断截断阀是否漏气。

（6）燃气用具的调查与转换技术准备

对用户的燃气用具应逐户登记其型号、数量、技术参数与使用年限。一般应更换燃气用具。对超过或接近使用年限时，陈旧或损坏的用具必须更换。对数量较大的炊事灶与热水器的转换应制定技术方案与进行更换部件设计，并按国家有关规范测试合格后方可实施转换。

民用炊事灶与热水器均采用低压引射式燃烧器，必须改造燃烧器的喷嘴与火孔，按规范规定的天然气燃具公称压力进行设计，并按规范进行压力试验。

6.10.4.3　实施转换

（1）室外管网系统的转换

转换前须再次确认截断阀的严密性，然后进行转换作业。关闭截断阀后，由于用户已停止用气，各测压点压力应无变化，即截断阀处无漏泄。此时可供入天然气进行转换。在各放散点进行仪器检测或观察燃烧火焰，以确定转换程度。转换结束后打开截断阀，与相邻的已转换小区实现管网连通。

（2）燃气用具的改造

按用户调查资料与燃气用具转换技术方案进行部件设计与更换，或用具更换，并按规范要求进行压力试验。同时在用具上封贴允许使用的时间等警示内容。

（3）室内管线的转换

室内管线的转换由燃气灶进行燃烧放散，并由仪器检测或观察燃烧火焰确定转换程度。转换结束后对管线、计量表与燃气用具进行严密性试验，以及燃气用具的燃烧检测。

6.11 燃气庭院户内管道、调压与进排气设施

6.11.1 庭 院 管

庭院管一般指自市政管道开口接往用气建筑物的庭院或小区内的管道。按气体压力等级可分为中压庭院管道和低压庭院管道，按敷设的方式可分为埋地庭院管道和架空庭院管道。

6.11.1.1 压力级制与调压方式

庭院管道的压力与输送至用气建筑红线范围处的压力级制相关。若输送压力为低压，则庭院管道为低压；若输送压力为中压、采用庭院调压的方式，则庭院管道为低压；若输送压力为中压、采用楼栋调压的方式，则庭院管道为中压。庭院管道为中压时，输送能力大，经济性好，但安全性差；庭院管道为低压时，安全性好，但输送能力小，经济性差。

因中压进户对管道的安全性要求较高，技术经济性欠佳，目前国内外城镇天然气大多采用低压进户的方式。《城镇燃气设计规范》GB 50028 将低压管道的压力上限由 0.005MPa 提高到 0.01MPa，为今后提高低压管道供气系统的经济性和为高层建筑低压管道供气解决高程差的附加压头问题提供方便。

庭院管道设计最首要的问题是确定庭院管的压力级制和调压方式，设计者应根据建筑小区的用气量、分布特点和安全要求等条件，经过水力计算确定各方案，对各方案进行技术经济分析后，选择最优方案。常见的调压方式及其适用范围见图 6-11-1 及表 6-11-1。

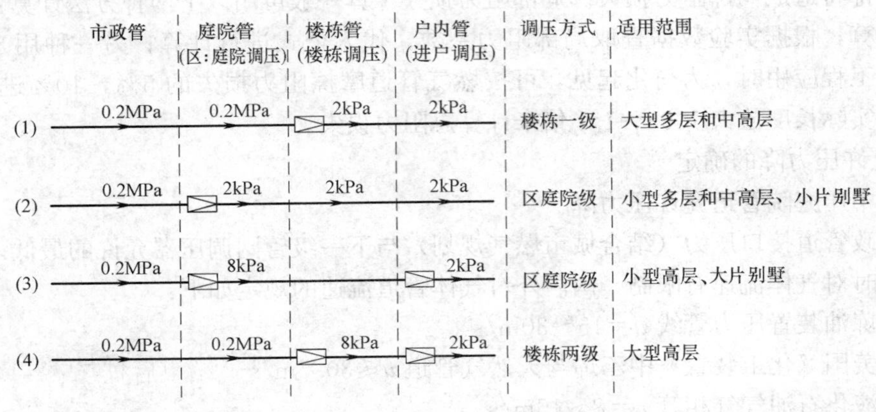

图 6-11-1 调压方式及其适用范围

各调压方式的比较　表 6-11-1

调压方式	(1)	(2)	(3)	(4)
特点	楼栋一级调压	庭院一级调压	庭院两级调压	楼栋两级调压
安全性	一般	很好	好	好
增容性	较好	差	一般	好
管材费用	较少	多	少	较少
设备数量	多	少	较多	较多
灶具压力	较稳定	不稳定	很稳定	很稳定
适用场合	大型多层和中高层建筑	小型多层和中高层建筑、小片别墅	小型高层建筑、大片别墅	大型高层建筑

6.11.1.2　管道水力计算

1. 计算原则

庭院管道一般是枝状管道，其水力计算过程较为简单，原则是管道始端至末端的压力降不能超过允许压力降。

(1) 计算公式

燃气管道摩擦阻力损失见本手册第12章12.1.2.1的式（12-1-4）～式（12-1-9），手算时可利用本手册第12章图12-1-1～图12-1-10进行水力计算。

(2) 附加压力

低压庭院管还需考虑附加压力的影响，附加压力按下式计算：

$$\Delta p=10\times(\rho_a-\rho_g)\times h \tag{6-11-1}$$

式中　Δp——燃气的附加压力，Pa；

ρ_a——空气的密度，kg/m^3；

ρ_g——燃气的密度，kg/m^3；

h——燃气管道终、起点的高程差，m。

(3) 局部阻力损失

当燃气在管道内改变气流方向或气流断面变化时，如分流、管径变化、气流转弯和遇阀门等，都将造成局部阻力损失。局部阻力损失计算一般可用以下两种方法计算：一种是用公式计算，根据实验数据查取局部阻力系数，代入公式进行计算；另一种用当量长度法。实际工程应用时，为简化起见，可按燃气管道摩擦阻力损失的5%～10%进行计算，即将管道实际长度放大1.05～1.1倍来计算总阻力损失。

2. 允许压力降的确定

(1) 中压庭院管道允许压力降

为市政管道接口压力（结合城市燃气规划）与下一级管网调压器允许的最低入口压力之差。同时对气体流速有限制，国内外对气体管道流速的规定如下：

炼油装置压力管线 $u=15\sim30m/s$

美国《化工装置》中乙烯与天然气管道 $u\leqslant30.5m/s$

液化石油气气相管 $u=8\sim15m/s$

焦炉气管 $u=4\sim18m/s$

现在一般将液化石油气气相管和天然气管道的最大流速统一规定为20m/s。中压庭院管道的下一级管网调压器一般为中低压调压器，其允许的最低入口压力为0.03～0.05MPa。

如南方某城市气源为液化石油气，管道出站压力为0.07MPa，根据中压庭院管道与市政管道的接口处的规划压力不同，设计时允许压力降取为0.01～0.02MPa，同时保证气体流速不超过20m/s。若某城市气源为天然气，出站压力为0.2MPa，根据中压庭院管道与市政管道的接口处的规划压力不同，设计时允许压力降取为0.02～0.04MPa，同时保证气体流速不超过20m/s。

(2) 低压庭院管道压力降

低压庭院管应和楼栋、户内管道作为一个系统计算压力降。

1) 一级调压方式

一般可按下式计算：

$$\Delta p_d = 0.75 p_n + 150 \tag{6-11-2}$$

式中 Δp_d——从调压站到最远燃具的管道允许阻力损失，Pa；

p_n——低压燃具的额定压力，Pa。

某城市的一级调压方式的管道允许总压力降按表6-11-2采用：

一级调压方式的允许压力降 表6-11-2

项目		天然气	液化石油气
燃具额定压力 p_n(Pa)		2000	2800
燃具压力允许波动范围(Pa)		±500	±500
一般调压器出口额定压力(Pa)		2500	3300
允许总压力降 Δp(Pa)		1000	1000
调压方式(1)、(2)的压降分配	室内(含表)(Pa)	300	200
	立管(Pa)	300	500
	环管、庭院管(Pa)	400	300

注：为使燃具获得较好的燃烧效果，缩小了规范所允许的范围。

2) 两级调压方式

两级调压方式的低压庭院管道允许压力降为一级调压器的出口压力与二级调压器的允许的最低入口压力之差。某城市的两级调压方式允许压力降按表6-11-3采用：

两级调压方式允许压力降 表6-11-3

项目	天然气	液化石油气
燃具额定压力 p_n(Pa)	2000	2800
燃具前允许的最低压力(Pa)	1500	2100
燃具前允许的最高压力(Pa)	3000	4200
一级调压器的出口压力(Pa)	8000	8000
二级调(稳)压器允许的最低进口压力(Pa)	5000	5000
二级调(稳)压器的出口压力	2000～2300	2800～3100
一、二级调压器之间管道系统允许总压降(Pa)	3000	3000

3. 计算流量的确定

(1) 居民用户

1) 计算区域的居民用户规模≥2000 户。

燃气管道小时计算流量宜按不均匀系数法计算，见本手册第 3 章 3.4.1 式 (3-4-1)。

2) 计算区域的居民用户规模<2000 户。

燃气管道小时计算流量宜按同时工作系数法计算，见本手册第 3 章 3.4.2 式 (3-4-4)。

(2) 单位用户

包括商业和工业用户等，在庭院管设计阶段，一般已知用气设备的额定热负荷和使用规律，则可按同时工作系数法确定燃气计算流量，表 6-11-4 列出了一些商业用户的燃气具额定热负荷。

如果无法得知单位用户的用气设备额定热负荷和使用规律，则可按用气量指标和不均匀系数确定。商业用户的用气量指标见本手册第 3 章表 3-2-1，部分工业用户的用气量指标见本手册第 3 章表 3-2-2。

一般商业用户燃气具额定热负荷　　表 6-11-4

燃气具名称	总热负荷(kW)	燃气具名称	总热负荷(kW)
单头小炒炉	50	双头小炒一蒸三头炉	50×3
双头小炒炉	50×2	一小炒两大锅三头炉	50+60×2
三头小炒炉	50×3	单头肠粉炉	50
ϕ700～ϕ1200 中锅炉	60	双头肠粉炉	50×2
ϕ700～ϕ1200 双头中锅炉	60×2	单头蒸炉	50
ϕ700～ϕ1200 三头中锅炉	60×3	双头蒸炉	50×2
单头大锅灶(鼓风式)	35	三头蒸炉	50×3
双头大锅灶(鼓风式)	70	三门海鲜蒸柜	50
单头矮仔炉	50	单门蒸饭(消毒)柜	50
双头矮仔炉	50×2	双门蒸饭(消毒)柜	50×2
三头矮仔炉	50×3	四眼平头炉	12
单头汤炉	60	六眼平头炉	18
双头汤炉	60×2	八眼平头炉	24
三头汤炉	60×3	烤乳猪炉	57
一小炒一蒸双头炉	50×2	烤鸭炉	14
一小炒一大锅双头炉	50+60	燃气沸水器	19～47

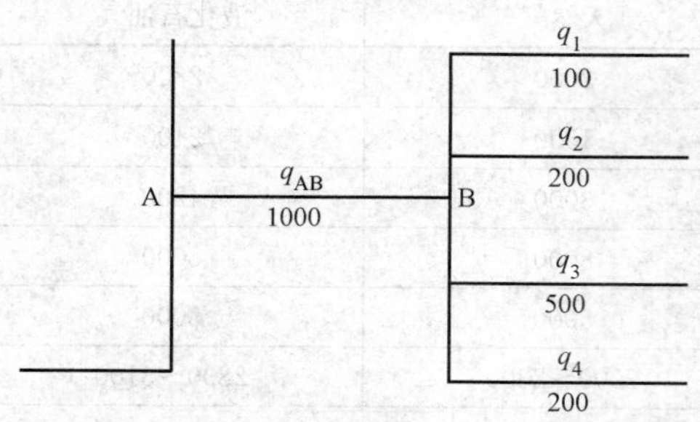

图 6-11-2　支管管道计算流量

(3) 燃气支管或庭院管计算流量的不连续性

在应用同时工作系数确定燃气支管或庭院管的计算流量时，要注意在这一局部性燃气管道的节点，各管段计算流量之间不满足流量的连续性。这一现象用【例 6-11-1】及图 6-11-2 加以说明。

【例 6-11-1】 设有一小区，共有 1000 户居

民用户，AB为分配管网通向小区的支管，计算各管段的计算流量。

【解】 各支管的同时工作系数分别为：

$K_{t1}(100)=0.17$，$K_{t2}(200)=0.16$，$K_{t3}(500)=0.14$，

$K_{t4}(200)=0.16$，$K_{AB}(1000)=0.13$

各管段的计算流量分别为：

$q_1=K_{t1}\times100q_N=17q_N$，$q_2=K_{t2}\times200q_N=32q_N$

$q_3=K_{t3}\times500q_N=70q_N$，$q_4=K_{t4}\times200q_N=32q_N$

$q_{AB}=K_{tAB}\times1000q_N=130q_N$

由上述可知，$q_{AB}\neq q_1+q_2+q_3+q_4$，因为$q_1$、$q_2$、$q_3$、$q_4$不发生在同一时刻，因而不能将它们当成同一时刻的负荷值进行叠加作为q_{AB}。

6.11.1.3 管道与阀门

（1）管材

按《城镇燃气设计规范》GB 50028，中压和低压庭院燃气管道可采用聚乙烯管、钢管、钢骨架聚乙烯塑料复合管或机械接口球墨铸铁管。关于管材详见本手册第9章

（2）管道壁厚

庭院的设计压力一般≤0.4MPa，只考虑内压，按强度理论计算出的管道壁厚很小，实际上埋地的庭院管还受到土壤荷载、地面荷载、地基不均匀沉降引起的应力等复杂作用，同时需考虑到刚度要求，设计时一般按经验选择常用的壁厚，某设计院的管道壁厚选用见表6-11-5。

常用管材、管件规格 **表6-11-5**

名称及标准	管外径×壁厚(mm)	管件壁厚(mm)(规格)	重量(kg/m)	管道材质
无缝钢管(GB/T 8163) 管件(GB/T 12459)	D38×3.5	3.6(Sch40)	2.98	20号
	D57×3.5	4.0(Sch40)	4.62	
	D89×4	4.5(Sch20)	9.38	
	D108×5	5.9(Sch40)	12.7	
	D159×5	5.6(Sch20)	18.99	
	D219×7	7.1(Sch30)	36.6	
	D325×8	8.8(Sch30)	62.54	
直缝钢管(GB/T 9711) 管件(GB/T 12459)	D159×5	5.6(Sch20)	18.99	Q235B L245
	D219.1×6.4	7.1(Sch30)	33.57	
	D323.9×8.4	8.8(Sch30)	65.35	
镀锌钢管(GB/T 3091) （普通钢管） 管件(GB/T 12459)	D21.3×2.8(DN15)	2.9(Sch40)	1.28	Q235B
	D33.7×3.2(DN25)	3.2(Sch40)	2.41	
	D48.3×3.5(DN40)	3.6(Sch40)	3.87	
	D60.3×3.8(DN50)	4.0(Sch40)	5.29	
	D76.1×4.0(DN65)	4.5(Sch20)	7.11	
	D88.9×4.0(DN80)	4.5(Sch20)	8.38	
	D114.3×4.0(DN100)	5.0(Sch20)	10.88	
	D168.3×4.5(DN150)	5.0(Sch20s)	18.18	

续表

名称及标准	管外径×壁厚(mm)	管件壁厚(mm)(规格)	重量(kg/m)	管道材质
聚乙烯管　SDR11 (GB 15558.1) 管件　SDR11 (GB 15558.2)	DE40×3.7			PE80
	DE63×5.8			
	DE90×8.2			
	DE110×10			
	DE160×14.6			
	DE200×18.2			
	DE315×28.6			

(3) 阀门选型

阀门应选择符合现行国家标准及行业标准的燃气专用阀门，一般开关情况下应首选闸阀。*DN*≤40 的闸阀宜采用明杆支架式楔式固定闸板结构形式；*DN*≥50 的闸阀宜采用明杆支架式楔式弹性闸板结构形式。

对要求有一定调节作用的开关场合（如调压器旁路），宜选用截止阀；截止阀宜采用明杆支架形式。截止阀一般适用于 *DN*200 及以下尺寸。

常用的庭院管阀门的型号见表 6-11-6。

阀门的型号　　**表 6-11-6**

名　称	型号规格
楼栋用放散螺纹球阀(全通径)	Q11F-16T　*DN*15
楼栋用法兰球阀	Q41F-16C　*DN*32～*DN*100
埋地管用闸板阀	Z67F-16C　*DN*65～*DN*500
埋地管用法兰球阀	Q41F-16C　*DN*150～*DN*300

6.11.1.4　管道的敷设与布置

1. 一般要求

(1) 庭院燃气管道应按当地规划部门的规划位置布置，并优先考虑敷设在人行道、绿化草地、非车行道下，尽量避免敷设在车行道下。

(2) 根据《城市工程管线综合规划规范》GB 50289 中 4.1.4 工程管线在庭院内由建筑线向外方向平行布置的顺序，应根据工程管线的性质和埋设深度确定，其布置次序宜为：电力、通信、污水、雨水、给水、燃气、热力、再生水。

(3) 根据《城市工程管线综合规划规范》GB 50289 中 4.1.12 中当工程管线交叉敷设时，管线自地表面向下的排列顺序宜为：通信、电力、燃气、热力、给水、再生水、雨水、污水、给水、再生水和排水管线应按自上而下的顺序敷设。

(4) 地下燃气管道与建筑物、构筑物或相邻管道之间的水平净距见表 6-11-7，垂直净距见表 6-11-8。

地下燃气管道与建筑物、构筑物或相邻管道之间的水平净距（m） 表 6-11-7

项目		地下燃气管道		
		低压	中压	
			B	A
建筑物的	基础	0.7	1.0	1.5
	外墙面(出地面处)	—	—	—
给水管		0.5	0.5	0.5
污水、雨水排水管		1.0	1.2	1.2
电力电缆（含电车电缆）	直埋	0.5	0.5	0.5
	在导管内	1.0	1.0	1.0
通信电缆	直埋	0.5	0.5	0.5
	在导管内	1.0	1.0	1.0
其他燃气管道	$DN \leqslant 300$mm	0.4	0.4	0.4
	$DN > 300$mm	0.5	0.5	0.5
热力管	直埋	1.0	1.0	1.0
	在管沟内(至外壁)	1.0	1.5	1.5
电杆(塔)基础	≤35kV	1.0	1.0	1.0
	>35kV	2.0	2.0	2.0
通信照明电杆(至电杆中心)		1.0	1.0	1.0
铁路路堤坡脚		5.0	5.0	5.0
有轨电车钢轨		2.0	2.0	2.0
街树(至树中心)		0.75	0.75	0.75

地下燃气管道与构筑物或相邻管道之间的垂直净距（m） 表 6-11-8

项目		地下燃气管道（当有套管时，以套管计）
给水管、排水管或其他燃气管道		0.15
热力管的管沟底(或顶)		0.15
电缆	直埋	0.50
	在导管内	0.15
铁路轨底		1.20
有轨电车轨底		1.00

注：1. 如受地形限制无法满足时，经与有关部门协商，采取行之有效的防护措施后，规定的净距均可适当缩小，但中压管道距建筑物基础不应小于 0.5m 且距建筑物外墙面不应小于 1.0m，低压管道应不影响建（构）筑物和相邻管道基础的稳固性。

2. 以上两表除地下燃气管道与热力管的净距不适于聚乙烯燃气管道和钢骨架聚乙烯塑料复合管外，其他规定也均适用于聚乙烯燃气管道和钢骨架聚乙烯塑料复合管道。聚乙烯燃气管道与各类地下管道或设施的水平净距和垂直净距应按表 6-11-9 和表 6-11-10。

聚乙烯燃气管道与市政热力管道之间的水平净距（m）　　表 6-11-9

项目			地下燃气管道			
			低压	中压		次高压
				B	A	B
热力管	直埋敷设	热水	1.0	1.0	1.0	1.5
		蒸汽	2.0	2.0	2.0	3.0
	管沟内敷设（至管沟外壁）		1.0	1.5	1.5	2.0

聚乙烯燃气管道与各类地下管道或设施的垂直净距　　表 6-11-10

名　　称		净距（m）	
		聚乙烯管道在该实施上方	聚乙烯管道在该实施上方
给水管燃气管	—	0.15	0.15
排水管	—	0.15	0.2 加套管
电缆	直埋	0.5	0.5
	在套管内	0.2	0.2
热力管	直埋（有套管时以套管外径计）	0.5 加套管	1.0 加套管
	管沟（至管沟外壁）	0.2 加套管或 0.4（无套管）	0.3 加套管
铁路轨底	—	—	1.2 加套管

注：1. 套管敷设要求应与现行国家标准《城镇燃气设计规范》GB 50028 的规定一致；
2. 当采取措施，保证土壤温度小于 40℃，可适当减少管道与热力管道之间垂直间距。

(5) 室外架空的燃气管道，可沿建筑物外墙或支柱敷设，并应符合下列要求：

1) 中压和低压燃气管道，可沿建筑耐火等级不低于二级的住宅或公共建筑的外墙敷设；次高压 B、中压和低压燃气管道，可沿建筑耐火等级不低于二级的丁、戊类生产厂房的外墙敷设。

2) 沿建筑物外墙的燃气管道距住宅或公共建筑物中不应敷设燃气管道的房间门、窗洞口的净距：中压管道不应小于 0.5m，低压管道不应小于 0.3m。燃气管道距生产厂房建筑物门、窗洞口的净距不限。

3) 架空燃气管道与铁路、道路、其他管线交叉时的垂直净距不应小于表 6-11-11 的规定。

4) 管桥跨越的高度应根据燃气管道使用、检修的要求确定，且不得妨碍交通。管桥（架）底与铁路、道路、其他管线交叉时的垂直净距应符合《城镇燃气管道穿越工程技术规程》CJJ/T 250 中表 6.23 的规定要求。

5) 输送湿燃气的管道应采取排水措施，在寒冷地区还应采取保温措施。燃气管道坡向凝液缸的坡度不宜小于 0.003。

6) 工业企业内燃气管道沿支柱敷设时，尚应符合现行的国家标准《工业企业煤气安全规程》GB 6222 的规定。

(6) 地下燃气管道埋设的最小覆土厚度（路面至管顶）应符合下列要求：

1) 埋设在机动车行道下时，不得小于 0.9m；

架空燃气管道与铁路、道路、其他管线交叉时的垂直净距 **表 6-11-11**

建筑和管线名称		最小垂直净距(m)	
		燃气管道下	燃气管道上
铁路轨顶		6.00	—
城市道路路面		5.50	—
厂区道路路面		5.00	—
人行道路路面		2.20	—
架空电力线,电压	3kV 以下	—	1.50
	3～10kV	—	3.00
	35～66kV	—	4.00
其他管道,管径	≤300mm	同管道直径,但不小于 0.10	同管道直径,但不小于 0.10
	＞300mm	0.30	0.30

注：1. 厂区内部的燃气管道，在保证安全的情况下，管底至道路路面的垂直净距可取 4.5m；管底至铁路轨顶的垂直净距，可取 5.5m。在车辆和人行道以外的地区，可在从地面到管底高度不小于 0.35m 的低支柱上敷设燃气管道。

2. 电气机车铁路除外。

3. 架空电力线与燃气管道的交叉垂直净距尚应考虑导线的最大垂度。

2）埋设在非车行道（含人行道）下时，不得小于 0.6m；

3）埋设在机动车不可能到达的地方时，钢管不得小于 0.3m，PE 管不得小于 0.5m；

4）埋设在水田下时，不得小于 0.8m。

注：当采取行之有效的安全防护措施后，上述规定均可适当降低。

（7）地下燃气管道穿过排水管沟、热力管沟、联合地沟、隧道及其他各种用途沟槽时，应将燃气管道敷设于套管内。套管伸出构筑物外壁不应小于本章表 6-11-7 中燃气管道与该构筑物的水平净距。套管两端应采用柔性的防腐、防水材料密封。

（8）燃气管道的套管公称宜按表 6-11-12 采用，钢套管与钢内管的外防腐等级应相同，套管端部也应有防腐措施。

套管公称直径 **表 6-11-12**

内管 *DN*	15	20	25	32	40	50	65	80	100	150	200	300
套管 *DN*	32	40	50	65	65	80	100	150	150	200	300	400

（9）地下燃气管道的有效保护措施

指受道路宽度、断面以及现状工程管线位置等因素限制难以满足净距或埋深要求时，根据现场实际情况而采取的有效安全保护措施。对于不同情况，可采取不同的保护措施，包括加套管、砌砖墙、焊缝内部 100 %无损探伤、提高防腐等级或加盖板等。

2. 管道穿跨越

（1）燃气管道穿越铁路、高速公路、电车轨道或城镇主要干道时的设计要求，参见本手册第 6 章 6.5。

（2）燃气管道通过河流时，可采用穿越河底或采用管桥跨越的形式，其设计要求，参见本手册第 6 章 6.5。

（3）埋地燃气管道跨越排水加盖板保护的方案参见本手册第 6 章图 6-4-1、埋地燃气管道穿越排水加套管、盖板、检漏保护的方案参见本手册第6章图6-4-2。

3. 阀门的设置

(1) 中压燃气管道每1.5～2km宜设分段阀门，并在阀门两侧设置放散管。在燃气支管的起点处，应设置阀门。穿越或跨越重要河流的燃气管道，在河流两岸均应设置阀门。中压楼栋引入管应在伸出地面1.5m高处安装架空阀门；

(2) 低压燃气管道阀门：

1) 低压分支管供应户数超过500户时，在低压分支管的起点处；

2) 区域调压站的低压出口处；

(3) 阀门井位置的选择：

1) 阀门井应尽量避开机动车车行道，设置在绿化带或人行道上；

2) 阀门井应选择在地势较高处，不宜选择在积水或排水不畅处；

3) 阀门井应尽量避开停车场范围；

4) 在有可能扩建或改建道路的地方设置阀门井时，阀门井的标高应考虑满足未来道路的改建或扩建需要；

6.11.1.5　管道的补偿

对于建筑外立管，需考虑管道的温差补偿，实际应用中常用的办法是利用管道的自然弯曲形状所具有的柔性以补偿，如L型补偿。对于跨越建筑伸缩缝的管道，需考虑建筑伸缩对管道的影响，一般采用方形补偿器。

1. 外立管L形补偿

外立管为钢管，温差70℃时的L形补偿可参照图6-11-3。

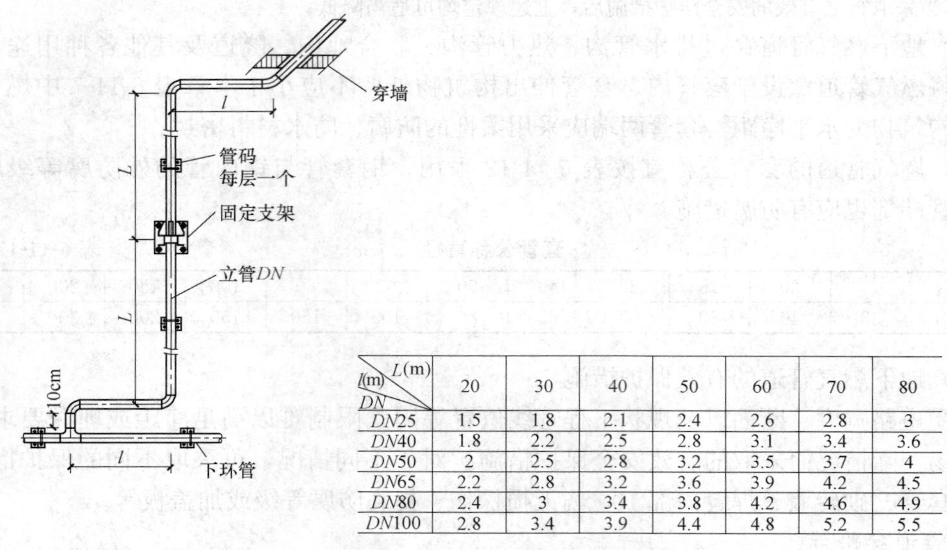

L(m) / l(m) / DN	20	30	40	50	60	70	80
DN25	1.5	1.8	2.1	2.4	2.6	2.8	3
DN40	1.8	2.2	2.5	2.8	3.1	3.4	3.6
DN50	2	2.5	2.8	3.2	3.5	3.7	4
DN65	2.2	2.8	3.2	3.6	3.9	4.2	4.5
DN80	2.4	3	3.4	3.8	4.2	4.6	4.9
DN100	2.8	3.4	3.9	4.4	4.8	5.2	5.5

图6-11-3　L形自然补偿

2. 方形补偿器

方形补偿器宜用无缝钢管揻弯而成，方形补偿器可参照按图6-11-4制作，固定支架与方形补偿器的焊口距离应不小于2.5m，若两固定支架的间距不超过管道固定件的最大允许间距，可不在水平臂处设置导向支架。方形补偿器的垂直臂处不应设置支架。

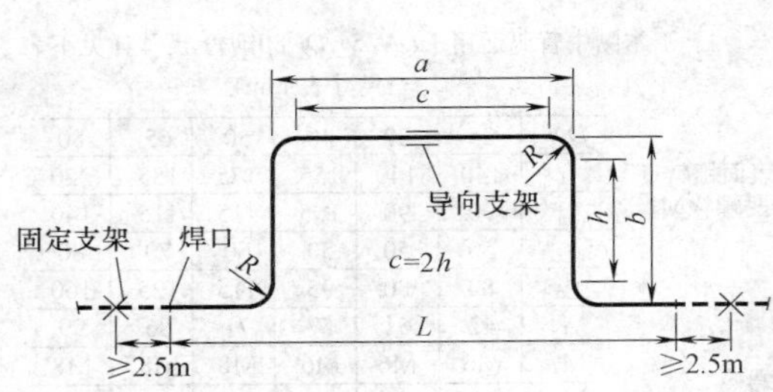

说明

1. 方形补偿器一般用在天面跨伸缩缝处，按管径及伸缩缝补偿量选择尺寸；
2. 方形补偿器宜用无缝钢管(GB/T 8163)摵弯而成，若采用对焊弯头，R 尺寸与表中数据不符，此时应保证 a、b 和 L 尺寸；
3. 若两固定支架的间距不超过管道固定件的最大允许间距，可不在水平臂处设置导向支架。方形补偿器的垂直臂处不应设置支架。

尺寸表

补偿量 / 管径、弯曲半径	ΔL=100mm(mm)		ΔL=150mm(mm)		ΔL=200mm(mm)		ΔL=250mm(mm)	
DN25 R=134mm	a	1750	a	2150				
	b	1000	b	1200				
	c	1482	c	1882				
	h	732	h	932				
	L	2218	L	2618				
	展开	3988	展开	4788				
DN40 R=192mm	a	1920	a	2420	a	2860		
	b	1150	b	1400	b	1620		
	c	1536	c	2036	c	2467		
	h	766	h	1016	h	1236		
	L	2504	L	3004	L	3444		
	展开	4474	展开	5474	展开	6354		
DN50 R=240mm	a	2020	a	2520	a	3020		
	b	1250	b	1500	b	1750		
	c	1540	c	2040	c	2540		
	h	770	h	1020	h	1270		
	L	2700	L	3200	L	3700		
	展开	4788	展开	5788	展开	6788		
DN65 R=304mm	a	2000	a	2600	a	3100	a	3500
	b	1300	b	1600	b	1850	b	2050
	c	1392	c	1992	c	2492	c	2892
	h	692	h	992	h	1242	h	1442
	L	2808	L	2408	L	3908	L	4308
	展开	4886	展开	6086	展开	7084	展开	7886
DN80 R=356mm	a	2130	a	2790	a	3390	a	3900
	b	1420	b	1750	b	2050	b	2300
	c	1418	c	2078	c	2678	c	3188
	h	708	h	1038	h	1338	h	1588
	L	3042	L	3702	L	4302	L	4812
	展开	5271	展开	6591	展开	7791	展开	8801
DN100 R=432mm	a	2350	a	2950	a	3550	a	4050
	b	1600	b	1900	b	2200	b	2450
	c	1486	c	2086	c	2686	c	3186
	h	736	h	1036	h	1336	h	1586
	L	3414	L	4014	L	4614	L	5114
	展开	5872	展开	7072	展开	8272	展开	9272
DN150 R=636mm	a	2650	a	3550	a	4350	a	4950
	b	1950	b	2400	b	2800	b	3100
	c	1378	c	2278	c	3078	c	3678
	h	678	h	1128	h	1528	h	1828
	L	4122	L	5022	L	5822	L	6422
	展开	6930	展开	8730	展开	10330	展开	11530

图 6-11-4 方形补偿器

6.11.1.6 管道支吊架

*DN*25～*DN*100 钢立管固定支架可参照图 6-11-5，*DN*25～*DN*80 管码支架参照图 6-11-6。

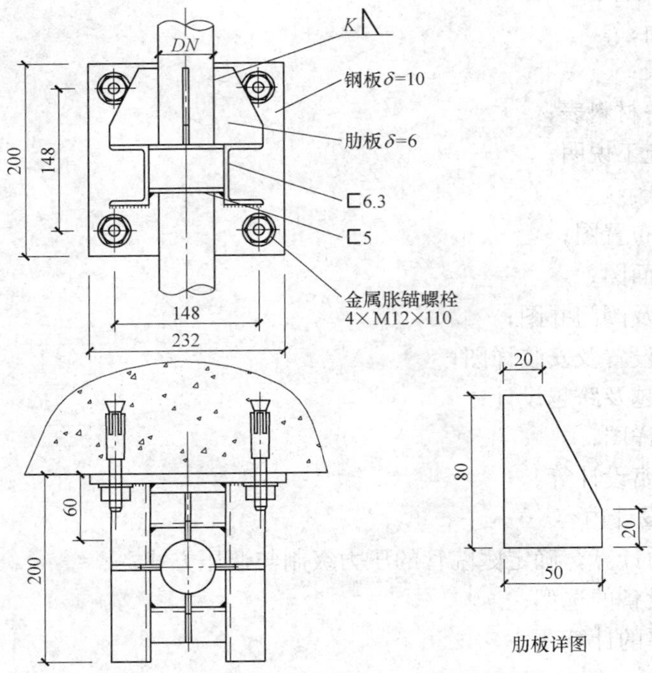

图 6-11-5 钢立管固定支架

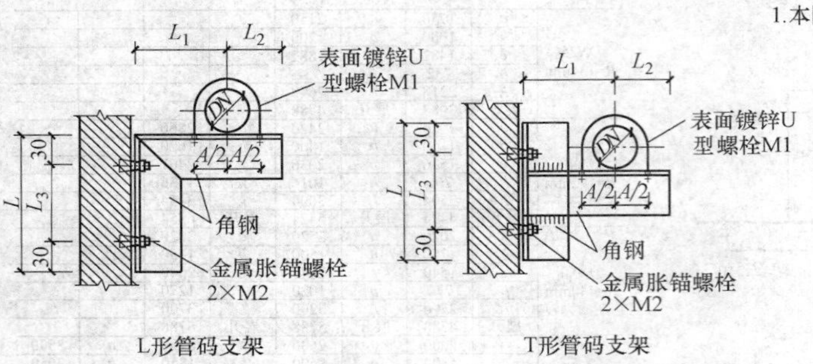

说明

1.本图中管码适用于$DN25$～$DN80$钢管,尺寸详见下表。

尺寸表(mm)

DN	25	32	40	50	65	80
L	140	140	155	175	185	220
L_1	90	90	105	115	115	140
L_2	50	50	50	60	70	80
L_3	80	80	95	115	125	160
A	42	51	57	71	86	99
M_1	M6	M6	M6	M8	M8	M8
M_2	M8×90	M8×90	M8×90	M10×110	M10×110	M10×110
角钢	∠30×3			∠50×5		

L形管码支架　　T形管码支架

图6-11-6　L型、T型管码支架

6.11.2　庭院管道设计

1. 庭院管道设计基础资料

（1）现状管道的位置、接口位置、燃气压力；

（2）燃气的成分及物性参数；

（3）供气区域的规划平面图和现状平面图（管线综合图）；

（4）其他地下管道布置的规划图和现状图；

（5）供气区域用户分布、用气量调查资料；

（6）土壤性质及其腐蚀性能；

（7）当地气候（气温、地温、地下水位线、冰冻线）。

2. 庭院管道设计文件组成

（1）图纸封面；

（2）图纸目录；

（3）主要设备材料表；

（4）设计、施工说明；

（5）施工图纸：

1）管道平面布置图；

2）管道纵断面图；

3）阀门设置及阀门井图；

4）管道附件设置及安装详图；

5）管道的穿越及跨越设计；

6）其他节点详图；

7）管线的防腐设计等。

3. 庭院管道设计内容

（1）通过水力计算，确定庭院管的压力级制与调压方式；

（2）管材与设备的选型；

（3）管道壁厚的计算；

（4）防腐设计；

（5）管道的敷设与布置；

（6）施工图纸的设计。

4. 施工图纸的设计

（1）平面布置图

1）标明管线的准确位置，管线的起止点、拐点均应标明该点的城市 X、Y 坐标，或区域坐标（设计者先定 $X=0$，$Y=0$ 的基准点）；

2）准确标明阀门井、凝液缸、检查井、标志柱和指示牌等各管道附件的平面位置；

3）准确标明管道穿越障碍物的位置；

4）标明管线与相邻建（构）筑物、相邻管道的距离；

5）阀门井详图；

6）凝液缸安装详图；

7）管道穿跨越障碍物的详细设计等；

8）管道平面图应在城市或区域规划图或现状图上绘制（图上应标有地面标高）；

9）图面比例一般以 1∶500 为宜，局部放大图可以是其他符合制图标准的比例；

10）绘制必要的图例、符号和图纸说明。

（2）纵断面图

管道纵断面图一般包括以下内容：

1）管道路面的地形标高；

2）管道平面布置示意图；

3）燃气管道走势及埋深；

4）相邻管线、穿越管线及穿越障碍物的断面位置；

5）管道附件的安装深度；

6）管道的坡向及坡度；

7）绘制纵断面图时应在图纸左侧绘制标尺，图面中管道高程和长度方向应采用不同的比例。

（3）交叉点标高表

因庭院管道的分支较多、布置比较复杂，其他管道的资料一般不是很完备，纵断面图在实际应用中参考价值不高，很多设计院不再绘制庭院管道的纵断面图，而简化为交叉点标高表。交叉点标高表表达了燃气管道与其他管道交叉处的高程、垂直净距和保护措施，一般格式见图 6-11-7。若埋深不足或垂直净距不足需做保护措施，可写在交叉点编号下方，如“加套管”、“加盖板”等。

（4）阀门井及直埋阀门的设计

阀门井的设计见本手册第 6 章 6.4.3.2。直埋阀门的设计见手册第 6 章 6.4.3.3。

（5）工艺计算实例

某小区燃气管道平面图、系统图见图 6-11-8。每个家庭装双眼灶一台、快速热水器（11 升）一台，额定小时用气量为 $2.95\text{m}^3/\text{h}$，气源为天然气，密度为 0.802kg/m^3，运动黏度为 12.6 ×

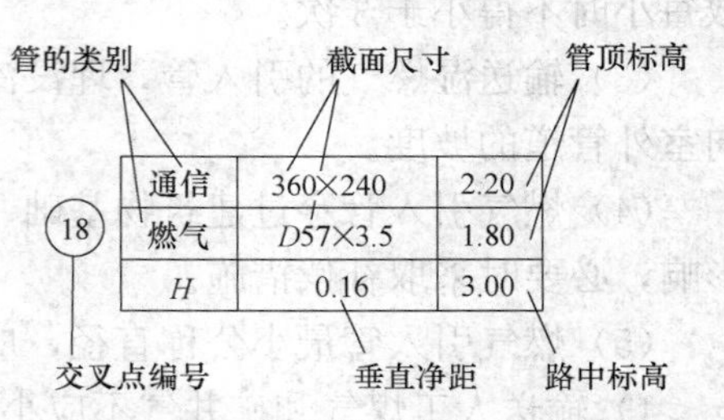

图 6-11-7 埋地管道交叉点标高表

$10^{-5}m^2/s$，当量绝对粗糙度 0.2mm，设计温度 20℃，允许压力降为 1000Pa，将管道实际长度放大 1.1～1.2 倍来计算总阻力损失。现在常用的水力计算工具一般采用 EXCEL 电子表格，利用 EXCEL 强大的函数和自动计算功能，可以免除手工反复试算的麻烦。管径确定和压力降结果见表 6-11-13。

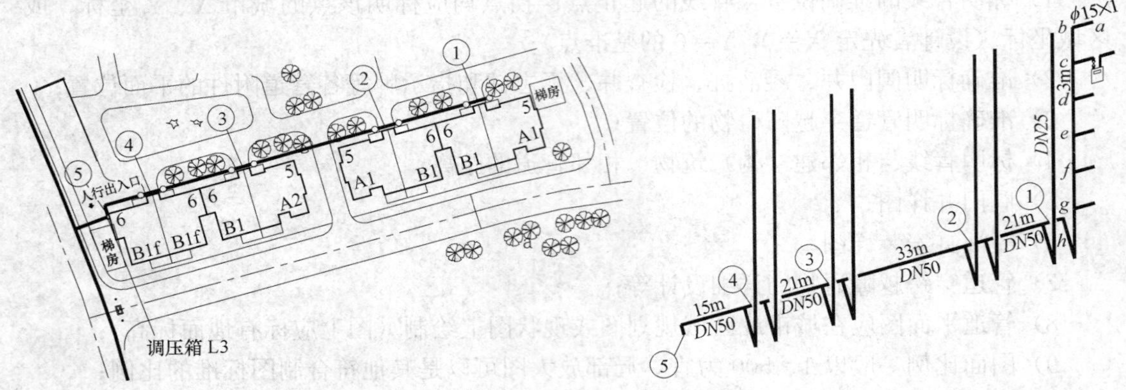

图 6-11-8　某小区燃气管道平面图、系统图

6.11.3　户　内　管

对于中压至楼栋的情况，户内管一般指楼栋阀后的管道及设备；对于庭院调压的情况，一般指引入管（包括引入管，见 6.11.3.1）以后管道及设备。

户内管的设计按管道系统划分，一般包括引入管、调压箱（柜）、楼栋及室内管道几部分；户内管按用户类型划分，一般分为居民住宅户内管、工商业用户户内管。

6.11.3.1　引入管

引入管指室外配气支管与用户室内燃气进口管总阀门（当无总阀门时，指距室内地面 1m 高处）之间的管道。引入管一般可分地下引入法和地上引入法两种。

1. 引入管设计原则

（1）燃气引入管不得敷设在卧室、卫生间，易燃或易爆品的仓库、有腐蚀性介质的房间，发电间、配电间、变电室、不使用燃气的空调机房、通风机房、计算机房、电缆沟、暖气沟、烟道和进风道、垃圾道等地方。住宅燃气引入管宜设在厨房、走廊、与厨房相连的封闭阳台内（寒冷地区输送湿燃气时阳台应封闭）等便于检修的非居住房间内。当确有困难，可从楼梯间引入，但应采用金属管道和且引入管阀门宜设在室外。

（2）燃气引入管进入密闭室时，密闭室必须进行改造，并设置换气口，其通风换气次数每小时不得小于 3 次。

（3）输送湿燃气的引入管，埋没深度应在土壤冰冻线以下，并宜有不低于 0.01 的坡向室外管道的坡度。

（4）燃气引入管穿过建筑物基础、墙或管沟时，均应设置在套管中，并应考虑沉降的影响，必要时采取补偿措施。

（5）燃气引入管最小公称直径，应符合下列要求：

1）输送人工煤气和矿井气不应小于 25mm；

水力计算表 **表 6-11-13**

NG参数	ρ(kg/m^3)	运动黏度 ν(m^2/s)	绝对粗糙度 K(mm)	设计温度(℃)	额定压力(Pa)	11L 热水器	双眼灶	单户流量(m^3/h)						
	0.802	0.0000126	0.2	20	2000	2.19	0.76	2.95						
管段号	初选管内径(mm)	始末端高程差 H(m)	管段长度 L(m)	计算管段长度 L(m)	户数	同时工作系数	计算流量 Q(m^3/h)	流速 u(m/s)	雷诺数 Re	压降 ΔP(Pa)	附加压头(Pa)	实际压降(Pa)	附注	环管压降(Pa)
①～②	50	0	21	25.2	12	0.238	8.4	1.19	4730	12.52	0	13	埋地盘管	
②～③	50	0	33	39.6	24	0.202	14.3	2.02	8029	51.44	0	51	埋地盘管	
③～④	50	0	21	25.2	36	0.184	19.5	2.76	10970	58.11	0	58	埋地盘管	
④～⑤	50	0	15	18	48	0.1784	25.3	3.57	14182	66.85	0	67	埋地盘管	189
a～b	13	0	5	6	1	1	2.95	6.17	6370	335.56	0	436	户内管含表)	立管压降(Pa)
b～c	27	−3	3	3.6	1	1	2.95	1.43	3067	4.73	−15	−10	主立管	
c～d	27	−3	3	3.6	2	0.56	3.30	1.60	3435	6.10	−15	−9	主立管	
d～e	27	−3	3	3.6	3	0.44	3.89	1.89	4048	8.91	−15	−6	主立管	
e～f	27	−3	3	3.6	4	0.38	4.48	2.18	4662	11.54	−15	−3	主立管	
f～g	27	−3	3	3.6	5	0.35	5.16	2.50	5367	14.95	−15	0	主立管	
g～h	27	−3	7	8.4	6	0.31	5.49	2.66	5704	39.03	−158	24	主立管	433
													总压降	622

2）输送天然气不应小于20mm；

3）输送气态液化石油气不应小于15mm；

（6）燃气引入管总管上应设置阀门和清扫口，阀门应选择快速式切断阀。阀门的设置应符合下列要求：

1）阀门宜设置在室内，对重要用户尚应在室外另设置阀门；

2）地上低压燃气引入管的直径小于或等于75mm时，可在室外设置带丝堵的三通，不另设置阀门；

3）地下室、半地下室（液化石油气除外）地下室、半地下室（液化石油气除外）或地上密闭房间内时，在引入管处应设手动快速切断阀和紧急自动切断阀；紧急自动切断阀停电时必须处于关闭状态；

2. 地下引入法

（1）如图6-11-9所示，室外燃气管道从地下穿过房屋基础或首层厨房地面直接引入室内。在室内的引入管上，离地面0.5m处，安装一个$DN20$～$DN25$的斜三通作为清扫口。引入管管材采用无缝钢管，套管可采用普通钢管；外墙至室内地面之管段采用加强级防腐；本图若用于高层建筑时，燃气管在穿墙处预留管洞或凿洞。管洞与燃气管顶的间隙不小于建筑物的最大沉降量，两侧保留一定间隙，并用沥青油麻堵严。

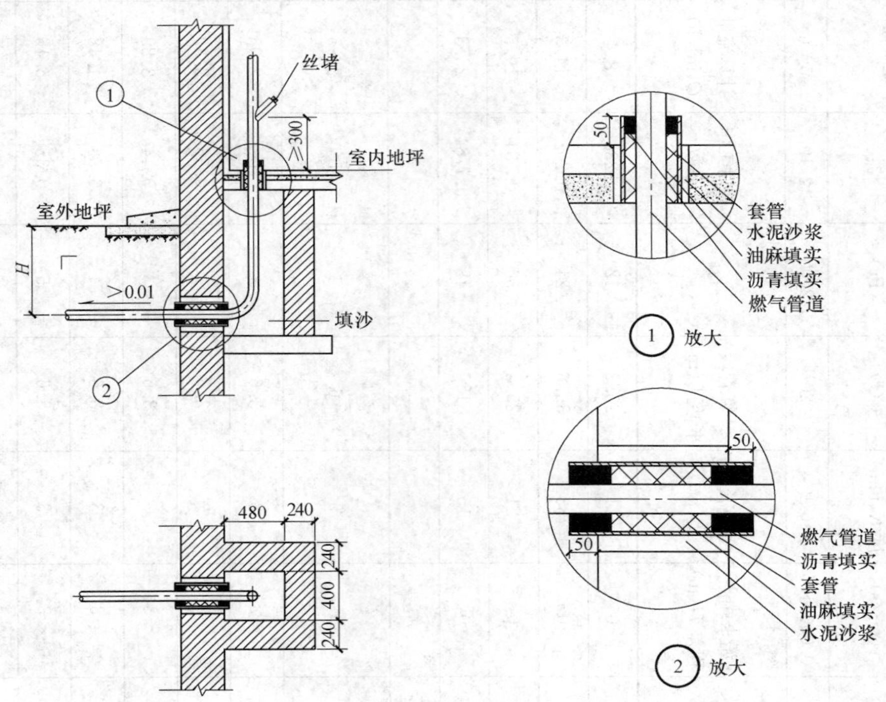

图6-11-9　地下引入法（a）

（2）图6-11-10为地下引入管通过暖气沟或地下室的作法大样，地下管道一律采用无缝钢管揻弯，地上部分亦可采用镀锌钢管管件连接。引入管室外做加强级防腐，并填充膨胀珍珠岩保温和砌砖台保护。砖台内外抹75号砂浆，砖台与建筑物外墙应连接严密，不能有裂纹，盖板保持 3°倾斜角。引入管进入地上后应设置快速切断阀。

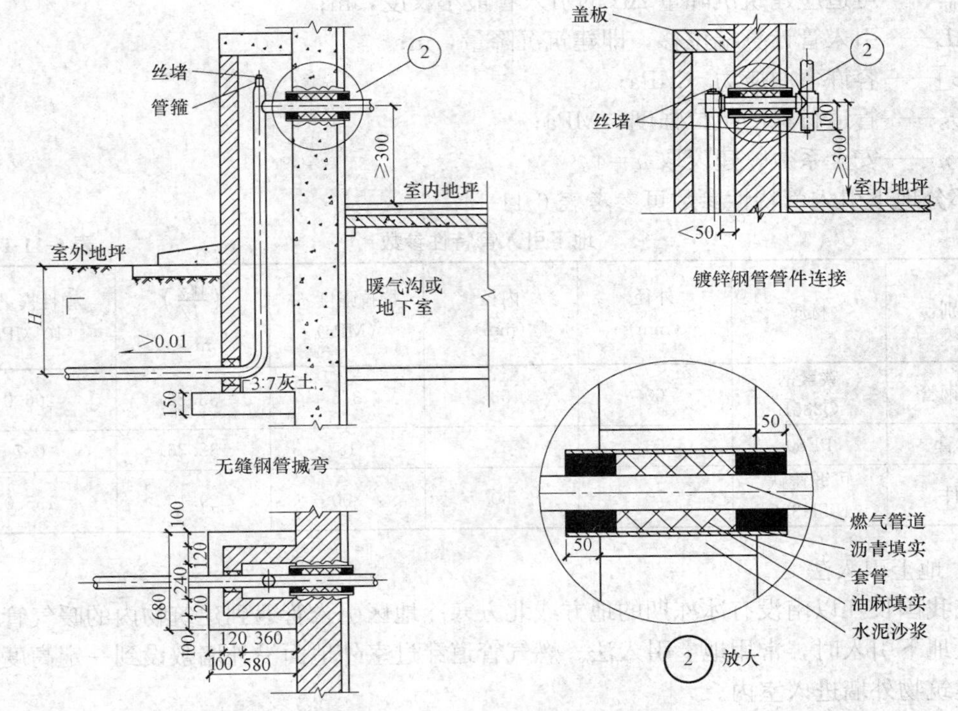

图 6-11-10 地下引入法（b）

（3）地下引入法的管道应力分析。穿过建筑物的地下引入管会因建筑物发生沉降时作用于其上的力产生应力。特别对高层建筑的引入管有必要进行应力分析。可将引入管看为受到沉降建筑集中力 F 作用的悬臂梁 AD（见图 6-11-11)。最不利点 D 的弯曲应力 σ；可适应建筑沉降量 ΔL 的引入管最小长度 $L_{\min}$；或可承受的建筑沉降量 ΔL 分别由式（6-11-3）～式（6-11-5）计算：

$$\sigma=\frac{3EI_Z}{L^2W_Z}\Delta L \qquad (6\text{-}11\text{-}3)$$

$$L_{\min}\geqslant\sqrt{\frac{3E}{[\sigma]\left(\frac{W_Z}{I_Z}\right)}\Delta L} \qquad (6\text{-}11\text{-}4)$$

$$[\sigma]=\frac{\sigma_S}{n}$$

$$\Delta L=\frac{[\sigma]}{3E}\left(\frac{W_Z}{I_Z}\right)L^2 \qquad (6\text{-}11\text{-}5)$$

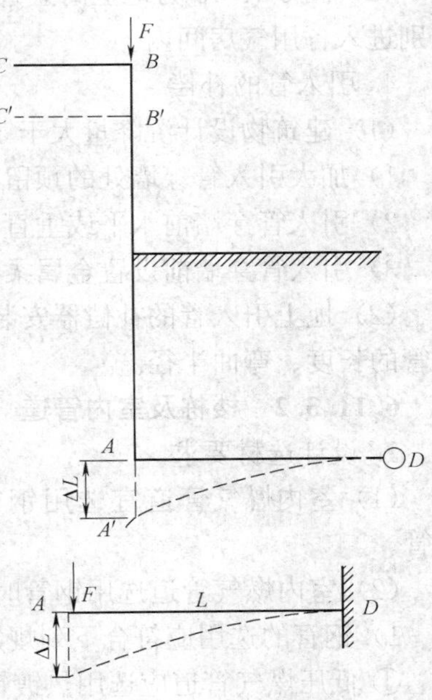

图 6-11-11 地下引入管受力分析

式中 σ——引入管最不利点的弯曲应力，MPa；

E——管道材料的弹性模量，MPa；

I_Z——管道横截面对中性轴的惯性矩，m^4；

W_Z——管道横截面抗弯截面系数，m^3；

L——引入管计算长度，m；

L_{min}——可适应建筑沉降量 ΔL 的引入管最小长度，m；

ΔL——引入管计算端位移，即建筑沉降量，m；

$[\sigma]$——容许弯曲应力，MPa；

σ_S——管道材料的抗拉强度，MPa；

n——安全系数，建议取 $n=4$。

部分地下引入管特性参数可参考表 6-11-14。

地下引入管特性参数　　**表 6-11-14**

类别	材质	外径（mm）	内径（mm）	抗拉强度 σ_S（MPa）	$\left(\frac{W_Z}{I_Z}\right)$ m^{-1}	弹性模量 E（10^3MPa）
镀锌钢管	碳素钢 Q235B	60	53	375	33.86	206.0
PE 管	PE80	63	51	18	32.36	0.7
管件	可锻铸铁 KTH330	70	60	300	29.10	155.0

3. 地上引入法

在我国长江以南没有冰冻期的地方或北方寒冷地区引入管遇到建筑物内的暖气管沟而无法从地下引入时，常用地上引入法。燃气管道穿过室外地面沿外墙敷设到一定高度，然后穿建筑物外墙进入室内。

（1）图 6-11-12 为地上低立管引入管大样，离室外地面 0.5～0.8m 处引入室内。此种设计引入管可采用无缝钢管摵弯，或用镀锌钢管管件连接，但不管采用何种方式，地上部分管道必须具有良好的保护设施，确保安全。

（2）图 6-11-13 为地上高立管引入管大样，燃气立管完全敷设在外墙上，各用户支管分别进入各用气房间内。

4. 引入管的补偿

（1）建筑物设计沉降量大于 50mm 时，可对燃气引入管采取如下补偿措施：

1）加大引入管穿墙处的预留洞尺寸；

2）引入管穿墙前水平或垂直弯曲 2 次以上；

3）引入管穿墙前设置金属柔性管或波纹补偿器；

（2）地上引入管的补偿器安装形式见图 6-11-14，设计时应根据所需补偿量确定金属软管的长度、弯曲半径。

6.11.3.2　楼栋及室内管道

1. 设计选材要求

（1）室内燃气管道宜选用钢管，也可选用铜管、不锈钢管、铝塑复合管和连接用软管。

（2）室内燃气管道选用钢管时应符合下列规定：

1）钢管的选用应符合下列规定：

① 低压燃气管道应选用热镀锌钢管（热浸镀锌），其质量应符合现行国家标准《低压流体输送用焊接钢管》GB/T 3091 的规定；

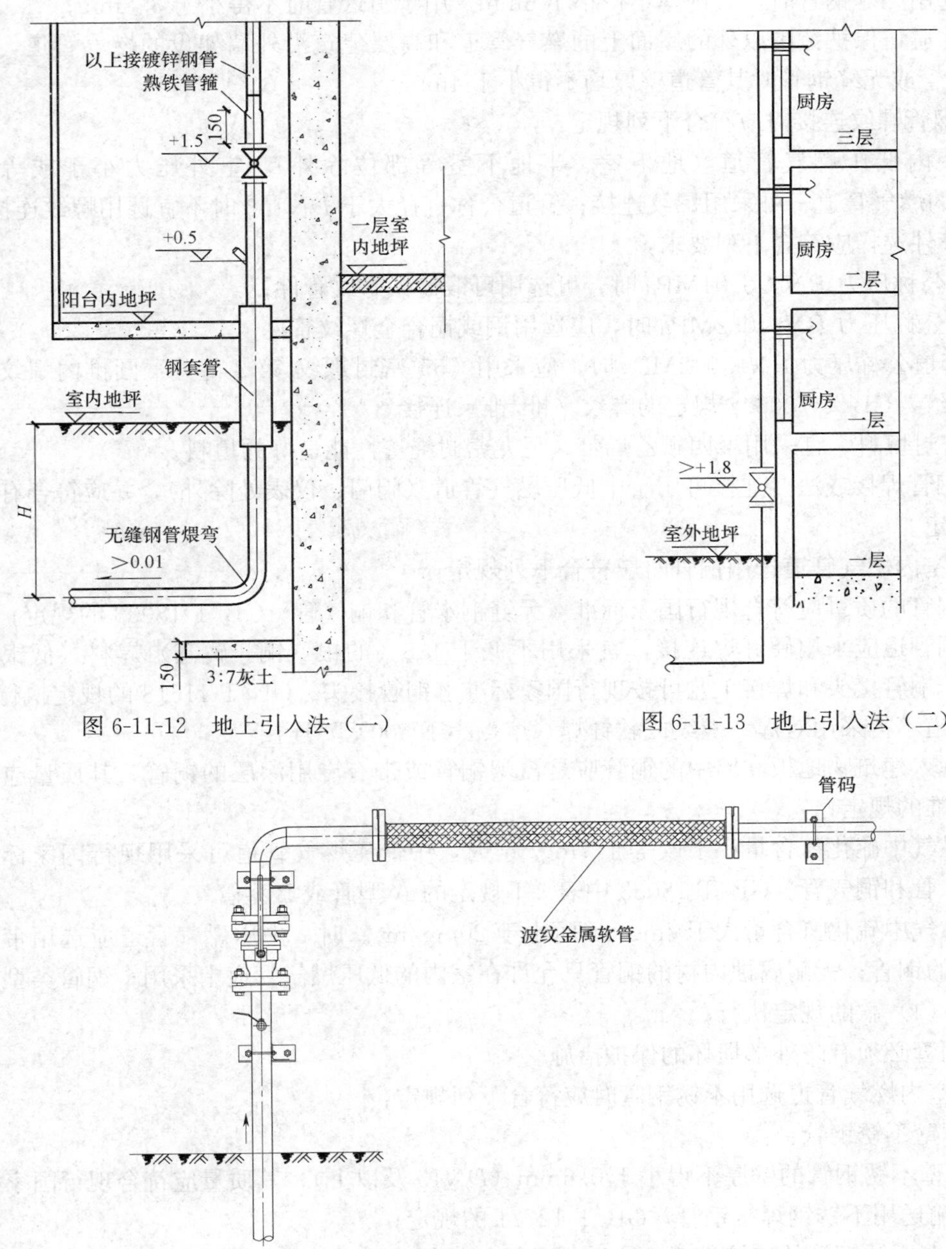

图 6-11-12　地上引入法（一）

图 6-11-13　地上引入法（二）

图 6-11-14　地上引入的补偿

② 中压和次高压燃气管道宜选用无缝钢管，其质量应符合现行国家标准《输送流体用无缝钢管》GB/T 8163 的规定；燃气管道的压力小于或等于 0.4MPa 时，可选用本款第 1）项规定的焊接钢管。

2）钢管的壁厚应符合下列规定：

① 选用符合《低压流体用无缝钢管》GB/T 3091 标准的焊接钢管时，低压宜采用普通管，中压应采用加厚管；

② 选用无缝钢管时，其壁厚不得小于 3mm，用于引入管时不得小于 3.5mm；

③ 在避雷保护范围以外的屋面上的燃气管道和高层建筑沿外墙架设的燃气管道，采用焊接钢管或无缝钢管时其管道壁厚均不得小于 4mm。

3）钢管螺纹连接时应符合下列规定：

① 室内低压燃气管道（地下室、半地下室等部位除外）、室外压力小于或等于 0.2MPa 的燃气管道，可采用螺纹连接；管道公称直径大于 *DN*100 时不宜选用螺纹连接；

② 管件选择应符合下列要求：

管道公称压力 *PN*≤0.01MPa 时，可选用可锻铸铁螺纹管件；

管道公称压力 *PN*≤0.2MPa 时，应选用钢或铜合金螺纹管件。

③ 管道公称压力 *PN*≤0.2MPa 时，应采用《55°密封螺纹 第 2 部分：圆锥内螺纹与圆锥外螺纹》GB/T 7306.2 规定的螺纹（锥/锥）连接。

④ 密封填料，宜采用聚四氟乙烯带、尼龙密封绳等性能良好的填料。

4）钢管焊接或法兰连接可用于中低压燃气管道（阀门、仪表处除外），并应符合有关标准的规定。

（3）室内燃气管道选用铜管时应符合下列规定：

1）铜管的质量应符合现行国家标准《无缝铜水管和铜气管》GB/T 18033 的规定；

2）铜管道应采用硬钎焊连接，宜采用不低于 1.8%的银（铜—磷基）焊料（低银铜磷钎料）。铜管接头和焊接工艺可按现行国家标准《铜管接头》GB/T 11618 的规定执行；

铜管道不得采用对焊、螺纹或软钎焊（熔点小于 500℃）连接；

3）埋入建筑物地板和墙中的铜管应是覆塑铜管或带有专用涂层的铜管，其质量应符合有关标准的规定；

4）燃气中硫化氢含量小于或等于 7mg/m^3 时，中低压燃气管道可采用现行国家标准《无缝铜水管和铜气管》GB/T 18033 中表 3-1 规定的 A 型管或 B 型管；

5）燃气中硫化氢含量大于 7mg/m^3 而小于 20mg/m^3。时，中压燃气管道应选用带耐腐蚀内衬的铜管；无耐腐蚀内衬的铜管只允许在室内的低压燃气管道中采用；铜管类型可按本条第（4）款的规定执行；

6）铜管必须有防外部损坏的保护措施。

（4）室内燃气管道选用不锈钢管时应符合下列规定：

1）薄壁不锈钢管：

① 薄壁不锈钢管的壁厚不得小于 0.6mm（*DN*15 及以上），其质量应符合现行国家标准《流体输送用不锈钢焊接钢管》GB/T 12771 的规定；

② 薄壁不锈钢管的连接方式，应采用承插氩弧焊式管件连接或卡套式管件机械连接，并宜优先选用承插氩弧焊式管件连接。承插氩弧焊式管件和卡套式管件应符合有关标准的规定。

2）不锈钢波纹管：

① 不锈钢波纹管的壁厚不得小于 0.2mm，其质量应符合现行行业标准《燃气用具连接用不锈钢波纹软管》CJ/T 197 的规定；

② 不锈钢波纹管应采用卡套式管件机械连接，卡套式管件应符合有关标准的规定；

③ 薄壁不锈钢管和不锈钢波纹管必须有防外部损坏的保护措施。

(5) 室内燃气管道选用铝塑复合管时应符合下列规定:

1) 铝塑复合管的质量应符合现行国家标准《铝塑复合压力管 第1部分:铝管搭接焊式铝塑管》GB/T 18997.1或《铝塑复合压力管 第2部分:铝管对接焊式铝塑管》GB/T 18997.2的规定;

2) 铝塑复合管应采用卡套式管件或承插式管件机械连接,承插式管件应符合现行业标准《承插式管接头》CJ/T 110的规定,卡套式管件应符合现行行业标准《卡套式铜制管接头》CJ/T 111和《铝塑复合管用卡压式管件》CJ/T 190的规定;

3) 铝塑复合管安装时必须对铝塑复合管材进行防机械损伤、防紫外线(UV)伤害及防热保护,并应符合下列规定:

① 环境温度不应高于60℃;

② 工作压力应小于10kPa;

③ 在户内的计量装置(燃气表)后安装。

(6) 室内燃气管道采用软管时,应符合下列规定:

1) 燃气用具连接部位、实验室用具或移动式用具等处可采用软管连接;

2) 中压燃气管道上应采用符合现行国家标准《波纹金属软管通用技术条件》GB/T 14525、《在2.5MPa及以下压力下输送液态或气态液化石油气(LPG)和燃气的橡胶软管及软管组合件 规范》GB/T 10546或同等性能以上的软管;

3) 低压燃气管道上应采用符合现行行业标准《家用煤气软管》HG2486或现行行业标准《燃气用具连接用不锈钢波纹软管》CJ/T 197规定的软管;

4) 软管最高允许工作压力不应小于管道设计压力的4倍;

5) 软管与家用燃具连接时,其长度不应超过2m,并不得有接口;

6) 软管与移动式的工业燃具连接时,其长度不应超过30m,接口不应超过2个;

7) 软管与管道、燃具的连接处应采用压紧螺帽(锁母)或管卡(喉箍)固定。在软管的上游与硬管的连接处应设阀门;

8) 橡胶软管不得穿墙、顶棚、地面、窗和门。

(7) 敷设在地下室、半地下室、设备层和地上密闭房间以及竖井、住宅汽车库(不使用燃气,并能设置钢套管的除外)的燃气管道应符合下列要求:

1) 管材、管件及阀门、阀件的公称压力应按提高一个压力等级进行设计;

2) 管道宜采用钢号为10号、20号的无缝钢管或具有同等及同等以上性能的其他金属管材;

3) 除阀门、仪表等部位和采用加厚管的低压管道外,均应焊接和法兰连接;应尽量减少焊缝数量,钢管道的固定焊口应进行100%射线照相检验,活动焊口应进行10%射线照相检验,其质量不得低于现行国家标准《现场设备、工业管道焊接工程施工规范》GB 50236中的Ⅲ级;其他金属管材的焊接质量应符合相关标准的规定。

2. 布置要求

(1) 燃气水平干管和立管不得穿过易燃易爆品仓库、配电间、变电室、电缆沟、烟道、进风道和电梯井等。

1) 燃气水平干管宜明设,不宜穿过建筑物的沉降缝,当建筑设计有特殊美观要求时可敷设在能安全操作、通风良好和检修方便的吊顶内,管道应符合要求;当吊顶内设有可能产生明火的电气设备或空调回风管时，燃气干管宜设在与吊顶底平的独立密封∩形管槽内，管槽底宜采用可卸式活动百叶或带孔板；

2）燃气立管不得敷设在卧室或卫生间内。立管穿过通风不良的吊顶时应设在套管内。燃气立管宜明设，当设在便于安装和检修的管道竖井内时，应符合下列要求：

① 燃气立管可与空气、惰性气体、上下水、热力管道等设在一个公用竖井内，但不得与电线、电气设备或氧气管、进风管、回风管、排气管、排烟管、垃圾道等共用一个竖井；

② 竖井内的燃气管道应符合《城镇燃气设计规范》GB 50028 规定的要求，并尽量不设或少设阀门等附件。竖井内的燃气管道的最高压力不得大于 0.2MPa；燃气管道应涂黄色防腐识别漆；

③ 竖井应每隔 2～3 层做相当于楼板耐火极限的不燃烧体进行防火分隔，且应设法保证平时竖井内自然通风和火灾时防止产生“烟囱”作用的措施；

④ 每隔 4～5 层设一燃气浓度检测报警器，上、下两个报警器的高度差不应大于 20m；

⑤ 管道竖井的墙体应为耐火极限不低于 1.0h 的不燃烧体，井壁上的检查门应采用丙级防火门。

（2）燃气支管宜明设。燃气支管不宜穿过起居室（厅）。敷设在起居室（厅）、走道内的燃气管道不宜有接头。燃气支管暗埋及暗封时应分别满足如下要求。

1）住宅内暗埋的燃气支管应符合下列要求：

① 暗埋部分不宜有接头，且不应有机械接头。暗埋部分宜有涂层或覆塑等防腐蚀措施；

② 暗埋的管道应与其他金属管道或部件绝缘，暗埋的柔性管道宜采用钢盖板保护；

③ 暗埋管道必须在气密性试验合格后覆盖；

④ 覆盖层厚度不应小于 10mm；

⑤ 覆盖层面上应有明显标志，标明管道位置，或采取其他安全保护措施；

2）住宅内暗封的燃气支管应符合下列要求：

① 暗封管道应设在不受外力冲击和暖气烘烤的部位；

② 暗封部位应可拆卸，检修方便，并应通风良好。

3）商业和工业企业室内暗设燃气支管应符合下列要求：

① 可暗埋在楼层地板内；

② 可暗封在管沟内，管沟应设活动盖板，并填充干砂；

③ 燃气管道不得暗封在可以渗入腐蚀性介质的管沟中；

④ 当暗封燃气管道的管沟与其他管沟相交时，管沟之间应密封，燃气管道应设套管。

（3）室内燃气管道与电气设备、相邻管道之间的净距不应小于表 6-11-15 的规定。

4）地下室、半地下室、设备层和地上密闭房间敷设燃气管道时，应符合下列要求：

1）净高不宜小于 2.2m；

2）应有良好的通风设施，房间换气次数不得小于 3 次/h；并应有独立的事故机械通风设施，其换气次数不应小于 6 次/h；

3）应有固定的防爆照明设备；

4）应采用非燃烧体实体墙与电话间、变配电室、修理间、储藏室、卧室、休息室隔开；

室内燃气管道与电气设备、相邻管道之间的净距 表 6-11-15

管道和设备		与燃气管道的净距(cm)	
		平行敷设	交叉敷设
电气设备	明装的绝缘电线或电缆	25	10（注）
	暗装或管内绝缘电线	5（从所做的槽或管子的边缘算起）	1
	电压小于 1000V 的裸露电线	100	100
	配电盘或配电箱、电表	30	不允许
	电插座、电源开关	15	不允许
相邻管道		保证燃气管道和相邻管道的安装和维修	2

注：1. 当明装电线加绝缘套管且套管的两端各伸出燃气管道 10cm 时，套管与燃气管道的交叉净距可降至 1cm。
2. 当布置确有困难，在采取有效措施后，可适当减小净距。

5）应按《城镇燃气设计规范》GB 50028 中第 10.8 节规定设置燃气监控设施；

6）燃气管道应符合《城镇燃气设计规范》GB 50028 中第 10.2.23 条要求；

7）当燃气管道与其他管道平行敷设时，应敷设在其他管道的外侧；

8）地下室内燃气管道末端应设放散管，并应引出地上。放散管的出口位置应保证吹扫放散时的安全和卫生要求。

注：地上密闭房间包括地上无窗或窗仅用作采光的密闭房间等。

（5）工业企业用气车间、锅炉房以及大中型用气设备的燃气管道上应设放散管，放散管管口应高出屋脊（或平屋顶）1m 以上或设置在地面上安全处，并应采取防止雨雪进入管道和放散物进入房间的措施。当建筑物位于防雷区之外时，放散管的引线应接地，接地电阻应小于 10Ω。

（6）工商业用气设备设置在地下室、半地下室（液化石油气除外）或地上密闭房间内时，用气房间应设置燃气浓度检测报警器，可选择集中燃气报警控制系统；对面积小于 80m^2 的场所，也可选择独立燃气报警控制系统。并由管理室集中监视和控制。《城镇燃气报警控制系统技术规程》CJJ/T 146 中要求，当任意两点间的水平距离小于 8m 时，可设 1 个探测器并应符合表 6-11-16 的规定；否则可设置两个或多个可燃气体气体探测器并应符合表 6-11-17 的规定。

单个探测器的设置 表 6-11-16

燃气种类或相对密度	探测器与释放源中心水平距离 L_1	探测器与地面距离 H	探测器与顶棚距离 D	探测器与通气口及门窗距离 L_2
液化石油气或相对密度大于 1 的燃气	$1m \leqslant L_1 \leqslant 4m$	$H \leqslant 0.3m$	—	$0.5m \leqslant L_2$
天然气或相对密度小于 1 的燃气	$1m \leqslant L_1 \leqslant 8m$	—	$D \leqslant 0.3m$	$0.5m \leqslant L_2$
一氧化碳	$1m \leqslant L_1 \leqslant 8m$	—	$D \leqslant 0.3m$	$0.5m \leqslant L_2$

多个探测器的设置　　表 6-11-17

燃气种类或相对密度	探测器与释放源中心水平距离 L_1	两探测器间的距离 F	探测器与地面距离 H	探测器与顶棚距离 D	探测器与通气口及门窗距离 L_2
液化石油气或相对密度大于 1 的燃气	$1m \leqslant L_1 \leqslant 3m$	$F \leqslant 6m$	$H \leqslant 0.3m$	—	$0.5m \leqslant L_2$
天然气或相对密度小于 1 的燃气	$1m \leqslant L_1 \leqslant 7.5m$	$F \leqslant 15m$	—	$D \leqslant 0.3m$	$0.5m \leqslant L_2$
一氧化碳	$1m \leqslant L_1 \leqslant 7.5m$	$F \leqslant 15m$	—	$D \leqslant 0.3m$	$0.5m \leqslant L_2$

（7）可燃气体的检测系统应采用两级报警，可燃气体的一级报警设定值小于或等于25%爆炸下限，可燃气体的二级报警设定值小于或等于 50%爆炸下限。指示报警设备应安装在有人值守的控制室、现场操作室等内部。

3. 工艺计算

在管道布置确定后，利用水力计算公式（12-1-4）～式（12-1-9）或见本手册第 12 章图 12-1-1～图 12-1-10 和表 6-11-2、表 6-11-3 的允许压力降进行计算，确定各管段的管径。

（1）在进行压力降计算前，应绘制室内燃气管道平面图和管道系统图。并进行计算管段编号和标上计算管段长度；

（2）确定各用户燃具的额定小时用气量（包括燃气灶具及燃气热水器等）；

（3）确定燃气压力降计算参数（燃气密度、运动黏度、当量绝对粗糙度等）；

（4）根据管段长度和流量计算，凭经验初定各管段的管径；

（5）算出各管段的局部阻力系数，求出其当量长度，可得管段的计算长度，实际工程应用时，为简化起见，可按燃气管道摩擦阻力损失的 10%～20%进行计算，即将管道实际长度放大 1.1～1.2 倍来计算总阻力损失；

（6）计算各管段的附加压头，注意按流向和高程差确定正负号；

（7）各管段的实际压力损失为沿程阻力损失与附加压头之和，校核调压器出口至最不利点（通常是离调压器最远处）的压力降是否小于允许总压力降。如果计算数值大于允许总压力降，则分析压力损失较大的管段，根据情况放大管径；如果计算数值小于允许总压力降，则分析压力损失较小的管段，根据情况缩小管径。

（8）对于高层用户，则还应着重分析附加压头的影响，如果层数太高，附加压头很大，立管最末端可能超出灶具的最高允许压力；也可能小于灶具的最低压力要求，此时需考虑两级调压。

4. 工艺计算实例

某商业用户共两层用气，见图 6-11-15。气源为天然气，密度为 0.802kg/m^3，运动黏度为 12.6×10^{-5}m^2/s，当量绝对粗糙度 0.2mm，设计温度 20℃，允许压力降为 800Pa，将管道实际长度放大 1.1～1.2 倍来计算总阻力损失，该商业用户的同时工作系数取为 1。因首层用气量比二层大，且燃气密度比空气小，所以只需校核首层末端的压力。因灶台底管道开口较多，管道不长，为简化起见，通常按所有用气量全部加在管道末端考虑。管段编号后输入 EXCEL 表格进行计算，结果见表 6-11-18。利用 AUTOCAD 与 AUTOLISP 编制软件，实现管道设计与绘图自动化。可参阅参考文献［23］室内管线设计管位自动确定方法与计算程序。

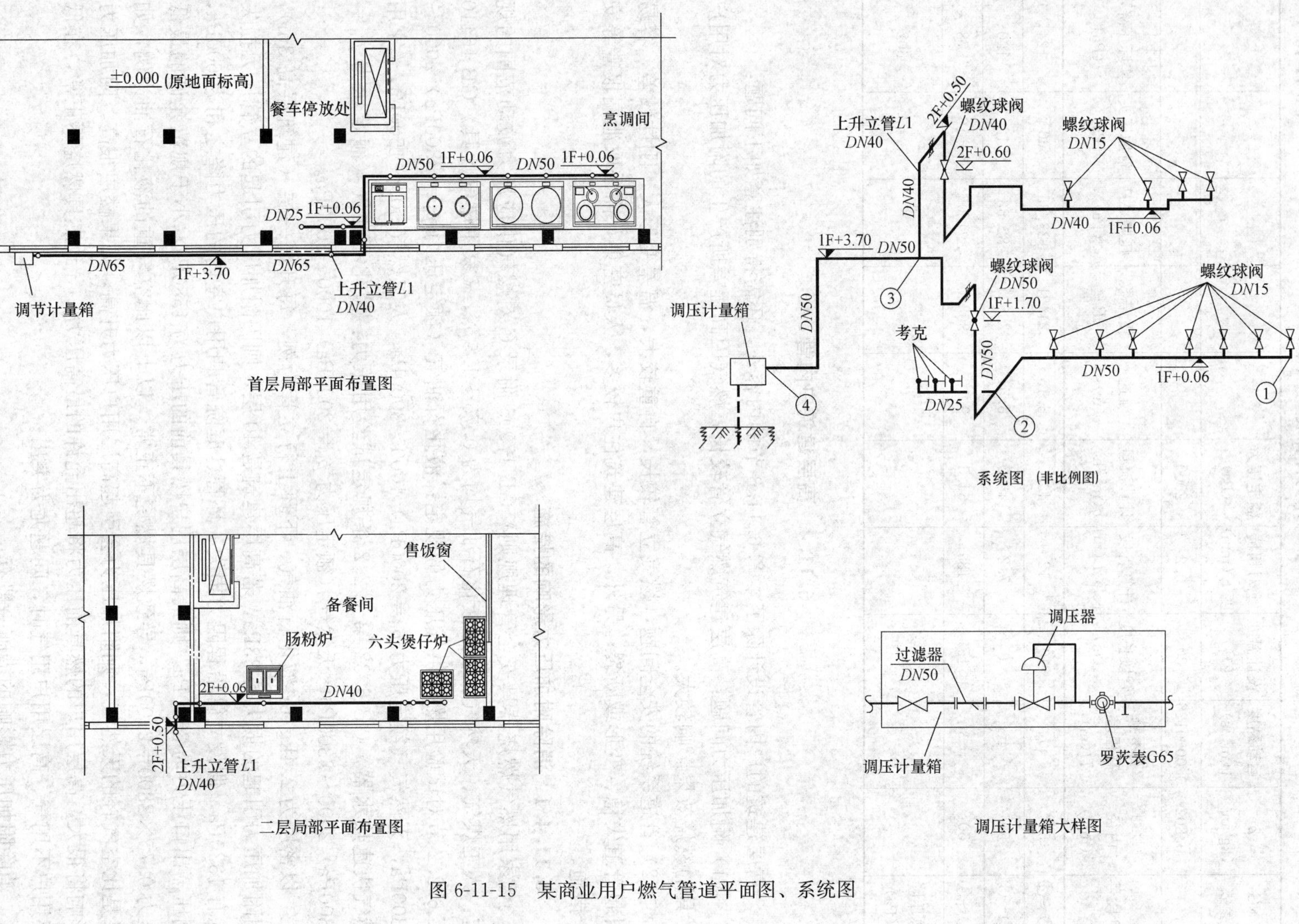

图 6-11-15 某商业用户燃气管道平面图、系统图

水力计算表　　**表 6-11-18**

NG参数	ρ (kg/m^3)	运动黏度 ν(m^2/s)	设计温度 (℃)	绝对粗糙度 K(mm)	额定压力 (Pa)					
	0.802	0.0000126	20	0.2	2000					
管段号	初选管内径 (mm)	始末端高程差 H(m)	管段长度 L(m)	计算管段长度 L(m)	计算流量 q(m^3/h)	流速 v(m/s)	雷诺数 Re	压降 ΔP (Pa)	附加压头 (Pa)	实际压降 (Pa)
①～②	50	0	10	12	43.5	6.15	24421	123.85	0	124
②～③	50	4	6	7.2	46.0	6.51	25824	82.63	18	100
③～④	50	−3	15	18	64.5	9.12	36210	394.05	−16	378
总压降 (Pa)										602

6.11.4　高层建筑户内管

高层建筑的户内管设计除了本章6.11.3节的内容外，还需特别注意如下问题：

（1）附加压力问题：高层建筑燃气立管较长，燃气因高程差所产生的附加压力对用户燃具的燃烧效果影响较大。

（2）管道系统的安全问题：燃气立管较长，自重较大，温差变形大，刚性较差，容易引起管道失稳、变形或断裂；另外，高层建筑住户较多，人员密集，需采取泄漏报警等安全措施。

6.11.4.1　消除附加压力影响的措施

《家用燃气燃烧器具安全管理规则》GB 17905附录C对燃气供应压力波动范围的规定：人工煤气、天然气、管道液化石油气均为0.75～1.5p_n。《家用燃气灶具》GB 16410第6.2.2节对试验用燃气供气压力的规定：液化石油气（额定压力 p_n＝2800Pa）2000～3300Pa，天然气（额定压力 p_n＝2000Pa）1000～3000Pa，人工燃气500～1500Pa。《家用燃气快速热水器》GB 6932第7.2.2条规定试验用压力：液化石油气（额定压力 p_n＝2800Pa）2000～3300Pa，天然气（额定压力 p_n＝2000Pa）1000～3000Pa。

以密度为2.4kg/m^3液化石油气、下环上行立管为例，每升高一层（建筑层高3m），因附加压力引起的损失是33Pa，若高层建筑是40层，则因附加压力引起的立管压力损失就有1320Pa，假设立管沿程阻力损失、环管、庭院管和用户室内的压力降之和为600Pa，调压器出口压力为3500Pa，则最高层用户燃具前的压力为1580Pa，小于规范允许的最低压力0.75×2800＝2100Pa，导致燃具燃烧不正常。以上以比空气重的液化石油为例，如果是比空气轻的天然气，则附加压力会引起高层用户压力升高，如果楼层很高，附加压力影响将很大，高层用户的燃具前压力将超出允许的最高压力，导致燃具燃烧不正常，在低层用户不用气、高层用户用气时，问题尤为突出。

消除附加压力影响的措施一般有：

（1）通过水力计算和压力降分配，增加管道阻力。通过水力计算和压力降分配来选择适当的燃气立管管径或在燃气立管上增加截流阀来增加燃气管道的阻力。这种方法的优点是简便、经济、易操作。但缺点是浪费了压力能。同时，燃气管道内的燃气流量随用户用气的多少而变化，由于流量的变化使燃气立管的阻力也随之变化，造成用户燃具前压力的波动，影响燃具的正常燃烧。

（2）在燃气立管上设置低—低压调压器。这种方法比较可行，但较少采用。根据水力计算，当燃气立管在某处的压力达到 1.5p_n时，在此处设置一个低—低压调压器，将低—低压调压器的出口压力调整到燃气具的额定压力。当燃气立管继续升高，管道内压力再次达到 1.5p_n时的高度，则再次设置一个低—低压调压器，如此类推。（如图 6-11-16 所示）。采用此种方法，可以使燃具前的燃气压力稳定在额定工作压力范围内，但缺点是当低—低压调压器出现故障时，其后的许多用户燃气压力将受影响。而且，此法采用的低—低压调压器进出口压差为 0.5p_n，范围很窄，市场上难以找到这类产品。

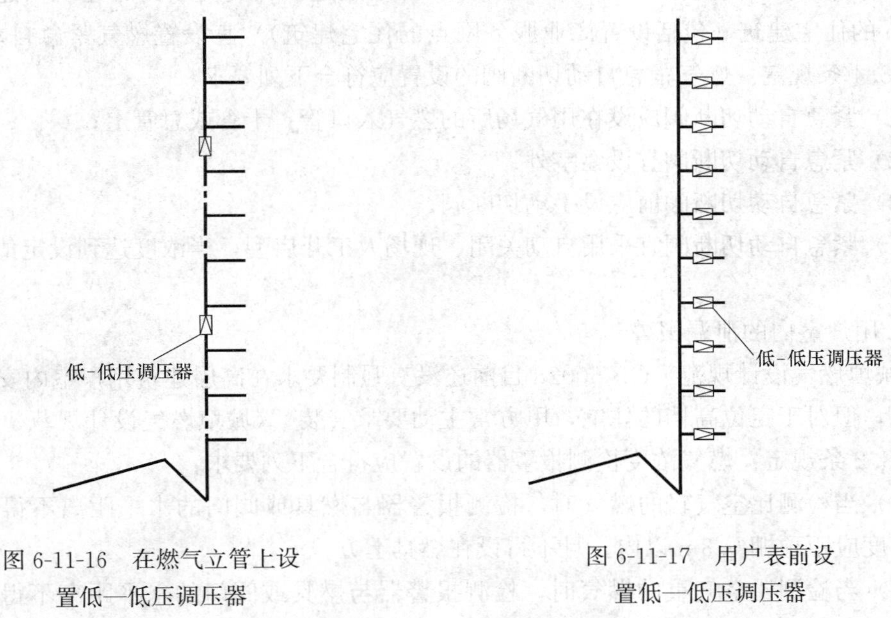

图 6-11-16　在燃气立管上设置低—低压调压器

图 6-11-17　用户表前设置低—低压调压器

（3）用户表前设置低—低压调压器。这种方法现在被广泛采用。温哥华、中国香港、悉尼和东京采用 7kPa 低压进户，由于管道压力比原先低压管道压力提高不多，故仍可在室内采用钢管丝扣连接，该工艺需在用户燃气表前设置低-低压调压器，用户燃具前压力较稳定，也有利于提高热效率和减少污染。为与国际接轨，《城镇燃气设计规范》GB 50028（2006 年修订版）把低压管道的压力上限由 0.005MPa 提高到 0.01MPa，为今后提高低压管道供气系统的经济性和为高层建筑低压管道供气解决高程差的附加压头问题提供方便。该方法见图 6-11-17。

6.11.4.2　高层建筑燃气管道的安全措施

1. 燃气立管的安全设计

燃气立管较长，自重较大，温差变形大，刚性较差，容易引起管道失稳、变形或断裂。高层建筑的燃气立管应有承受自重和热伸缩推力的固定支架和活动支架。燃气水平干管和高层建筑立管应考虑工作环境温度下的极限变形，当自然补偿不能满足要求时，应设置补偿器；补偿器宜采用Π形或波纹管型，不得采用填料型。补偿量计算温差可按下列条件选取：

（1）有空气调节的建筑物内取20℃；

（2）无空气调节的建筑物内取40℃；

（3）沿外墙和屋面敷设时可取70℃。

补偿器的设置参照6.11.1.5，固定支架和活动支架结构形式参照6.11.1.6。

《城填燃气设计规范》GB 50028第10.2.4条规定：在避雷保护范围以外的屋面上的燃气管道和高层建筑沿外墙架设的燃气管道，采用焊接钢管或无缝钢管时其管壁厚均不得小于4mm。

2. 管道的紧急自动切断

《城填燃气设计规范》GB 50028第10.8.3条规定：一类高层民用建筑（建筑高度大于54m的住宅建筑（包括设置商业服务网点的住宅建筑））宜设置燃气紧急自动切断阀。第10.8.4条规定：燃气紧急自动切断阀的设置应符合下列要求：

（1）紧急自动切断阀应设在用气场所的燃气入口管、干管或总管上；

（2）紧急自动切断阀宜设在室外；

（3）紧急自动切断阀前应设手动切断阀；

（4）紧急自动切断阀宜采用自动关闭、现场人工开启型，当浓度达到设定值时，报警后关闭。

3. 用户室内的泄漏报警

《城填燃气设计规范》GB 50028目前还没有强制要求在高层建筑用户室内安装泄漏报警系统，但对于定位高档的住宅，甲方常主动要求安装。《城填燃气设计规范》GB 50028第10.8.2条规定：燃气浓度检测报警器的设置应符合下列要求：

（1）当检测比空气轻的燃气时，检测报警器与燃具或阀门的水平距离不得大于8m，安装高度应距顶棚0.3m以内，且不得设在燃具上方；

（2）当检测比空气重的燃气时，检测报警器与燃具或阀门的水平距离不得大于4m，安装高度应距 地面0.3m以内；

（3）燃气浓度检测报警器的报警浓度应按现行行业标准《家用燃气报警器及传感器》CJT 347的规定确定；

（4）燃气浓度检测报警器宜集中管理监视；

（5）报警系统应有备用电源。

6.11.5 施工图设计文件

室内燃气管道施工图设计文件由以下几部分组成：

（1）图纸封面。

（2）图纸目录。

包括设计图纸和通用图的全部图纸目录。

（3）材料目录。

包括过滤器、燃气表、调压器及管道材料等；分类、分项列出。

(4) 平面布置图。

1) 准确表示引入管的位置，标明与建筑物的相对位置；

2) 室内管道，燃气表．燃具的平面位置，标明与建筑物轴线的相对尺寸；

3) 与相邻管道和构筑物的平面相对位置，标明间距；

4) 标明安装阀门的平面位置及特殊管道附件（如放散管等）的平面位置等。

(5) 管道系统图。

管道系统图是室内燃气管道的主要设计图纸。它表示了管径，管道走向、坡向、高程、平面位置（包括阀门、管件布置），由于是三向视图，一目了然。

6.11.6 调压设施

6.11.6.1 调压器的选型

城镇燃气中低压调压器一般是直接作用式，具有反应迅速，结构简单，性价比高和精度较差的特点。现在大多调压器自带一体式的超高（低）压切断阀，以保证下游用气的安全。城镇燃气中低压调压器的选型，应根据中压管网的压力、用户燃气具额定压力和用户高峰小时用气量等参数确定。这些参数分别对应着调压器的进口压力 p_1、出口压力 p_2 和额定流量 V_n。

(1) 进口压力

调压器有最大进口压力 p_{1max} 和最小进口压力 p_{1min} 两个参数，中压管网的压力应在这两个值之间。中压管网在出站处和末端处压力相差较大，近期管网和远期管网输配压力也不一样，所选调压器均应能满足这些进口压力要求。

(2) 出口压力

调压器同样有最大出口压力 p_{2max} 和最小出口压力 p_{2min} 两个参数，由额定出口压力（设定压力）和稳压精度确定。我国标准规定 $p_1 \leqslant 0.2$MPa 时稳压精度为±15%，欧洲标准为±5%。额定出口压力应根据用户燃气具额定压力和允许波动范围、调压器后管网工况确定，如对于天然气，居民燃气具额定压力为 2000Pa，允许波动范围一般为±500Pa，对于楼栋调压，我国标准规定额定出口压力为 2400Pa，应用时应根据实际情况确定。出口压力由主弹簧设定，因此，选定了额定出口压力，也就可以根据产品选型手册选择适合的主弹簧型号。

(3) 额定流量

额定流量 V_n 指当进口压力为 p_{1min} 时，出口压力达到 p_{2min} 时的流量。因此，额定流量应按管网最不利点压力为进口压力来查表或计算。为获得良好的使用工况，调压器后管网的高峰小时流量 V 应处于 V_n 的 20%～80% 范围内，即 $V=(20\%\sim80\%)V_n$。

关于调压器的选型详见本手册第 8 章 8.2.3.3，调压设施的设置详见本手册第 8 章 8.2.2。

6.11.6.2 调压设施

1. 调压箱

调压箱一般是悬挂式，包括控制阀、过滤器、调压器、放散阀等部件，其结构见图 6-11-18。调压器是自动调节燃气出口压力，使其稳定在某一压力范围的降压设备。在北方供暖地区，如果将调压箱装在室外，则燃气必须是干燥的或者调压箱有供暖设施，否则冬季就会在管道中形成冰塞，影响正常供气。

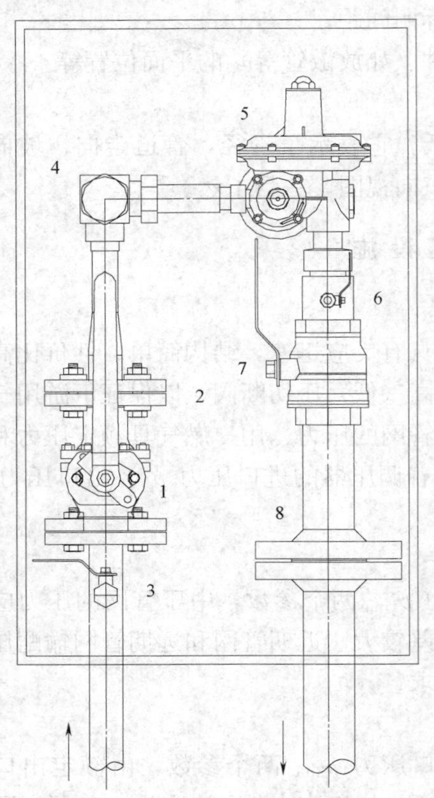

技术参数	
进口压力	10～600kPa
出口压力	3.3kPa
工作介质	天然气(相对密度：0.6)
流量	75m^3/h
进出口口径	DN32×DN50
外形尺寸	680mm×450mm×300mm
箱体材质	不锈钢

构件

序号	名称及规格	数量	备注
8	法兰DN50	1	
7	螺纹球阀DN50	1	
6	螺纹球阀DN8	1	
5	调压器	1	
4	方形过滤器FT–25/25	1	
3	螺纹球阀DN15	1	
2	平焊法兰DN32	1	
1	法兰球阀DN32	1	

图 6-11-18　调压箱结构图

2. 调压柜

调压柜为落地式调压设施。中低压调压柜进口管道上应设置阀门，且阀门距调压柜间距不宜小于 5m，调压柜的安全放散管口距地面的高度不应小于 4m。

现城镇燃气输配系统中居民及商业综合体用气大多采用庭院调压和户内低低压调压方式相结合。居民及商业中中低压庭院调压设施的防雷保护主要依附于建筑主体的防雷系统，现阶段燃气设计主要于建筑主体设计后期介入，而前期的建筑设计能否为燃气调压设施的防雷提供了足够的防雷安全保护接入条件未知。为保证庭院调压柜的防雷防静电的可靠性，宜设置调压柜独立的防雷、防静电保护措施。以某设计院采用某厂家“2＋0”形式的中低压调压柜，用气量为 1000m^3/h 为例来说明。工艺流程图见图 6-11-19，防雷防静电措施见图 6-11-20，调压柜（包括柜内金属管道等）均应可靠接地；放散管应与接地系统形成可靠的电气通路；避雷引下线在距地 0.3m 处设断接线卡；接地极实测电阻不大于 10Ω；接地极与接地线焊接处采用环氧煤沥青作防腐处理。

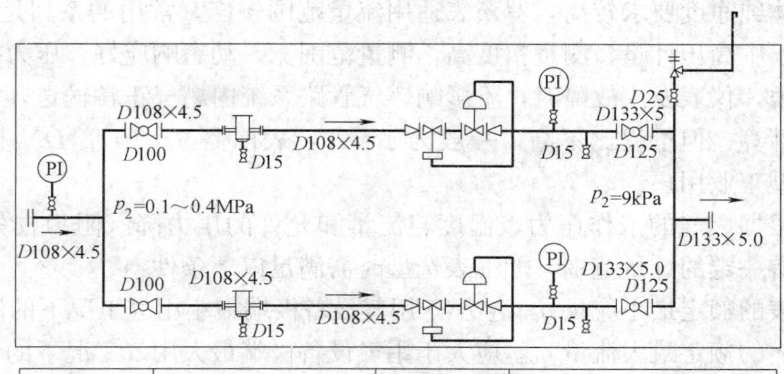

符号	名称	符号	名称
	调压器		法兰连接
			圆筒形滤芯过滤器
	螺纹球阀		安全阀
	法兰球阀	PI	压力表
▷	异径		切断阀

图 6-11-19　调压柜工艺流程图

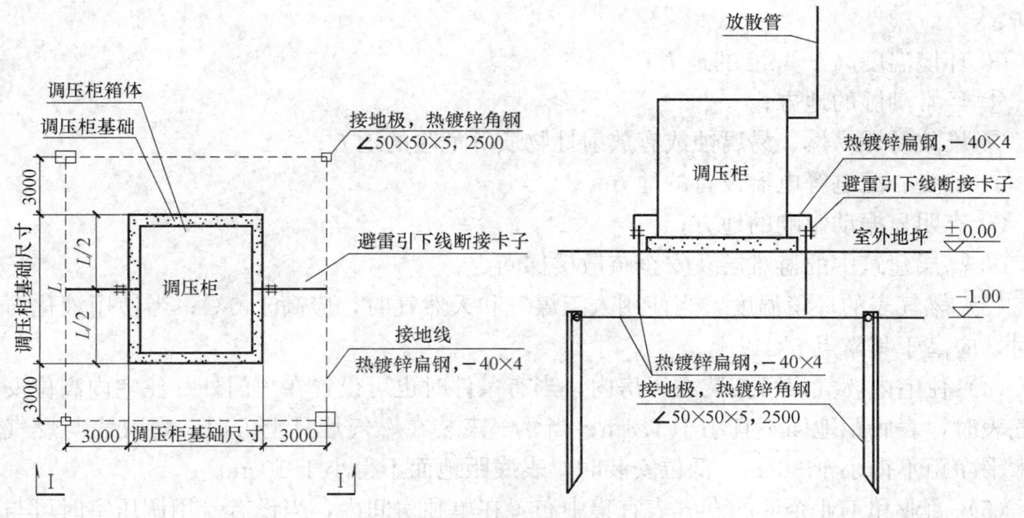

图 6-11-20　防雷防静电图

6.11.7　燃 气 计 量

6.11.7.1　工商业用户燃气表的选型

工商业常用的燃气表有皮膜表、罗茨表和涡轮表。皮膜表和罗茨表属体积型，涡轮表属速度型。皮膜表一般用于低压计量，其结构简单，不易损坏，受杂质影响较小，价格便宜，始动流量和最小流量很小，但测量范围小，且占用空间大，适用于一般商业用户，常用的流量范围是 1.6～100m^3/h，即 G1.6～G65。罗茨表既可用于低压计量也可用于中压计量，入口无须直管段，体积小，量程比可达 1∶160，始动流量和最小流量很小，但价格较贵，对气体纯净度要求较高，罗茨表适用流量范围较广，常用的系列是G16～G250。涡轮表一般用于中高压计量，测量精度高，测量范围宽，动态响应好，压力损失小，能耐较高的工作压力，仪表发生故障时，不影响燃气管路系统内燃气正常输送，可实现流量的指示和总量的计算，但量程比不高，一般为1∶20，表前需5～10倍*DN*直管段或整流器，适用于大型工业用户。

燃气表应根据燃气的工作压力、温度、流量和允许的压力降（阻力损失）等条件选择。因燃气表有一定的计量范围，燃气表选型时需满足以下条件：

（1）燃气表的额定最小流量q_{min}应小于用气设备极端最小用气工况下的流量；

（2）燃气表的额定最大流量q_{max}应大于用气设备极端最大用气工况下的流量。

6.11.7.2 燃气用户计量要求

（1）燃气用户应单独设置燃气表。燃气表应根据燃气的工作压力、温度、流量和允许的压力降（阻力损失）等条件选择。

（2）用户燃气表的安装位置，应符合下列要求：

1）宜安装在不燃或难燃结构的室内通风良好和便于查表、检修的地方。

2）严禁安装在下列场所：

① 卧室、卫生间及更衣室内；

② 有电源、电器开关及其他电器设备的管道井内，或有可能滞留泄漏燃气的隐蔽场所；

③ 环境温度高于45℃的地方；

④ 经常潮湿的地方；

⑤ 堆放易燃易爆、易腐蚀或有放射性物质等危险的地方；

⑥ 有变、配电等电器设备的地方；

⑦ 有明显振动影响的地方；

⑧ 高层建筑中的避难层及安全疏散楼梯间内。

（3）燃气表的环境温度，当使用人工煤气和天然气时，应高于0℃；当使用液化石油气时，应高于其露点5℃以上。

（4）住宅内燃气表可安装在厨房内，当有条件时也可设置在户门外。住宅内高位安装燃气表时，表底距地面不宜小于1.4m；当燃气表装在燃气灶具上方时，燃气表与燃气灶的水平净距不得小于30cm；低位安装时，表底距地面不得小于10cm。

（5）商业和工业企业的燃气表宜集中布置在单独房间内，当设有专用调压室时可与调压器同室布置。

（6）燃气表保护装置的设置应符合下列要求：

1）当输送燃气过程中可能产生尘粒时，宜在燃气表前设置过滤；

2）当使用加氧的富氧燃烧器或使用鼓风机向燃烧器供给空气时，应在燃气表后设置止回阀或泄压装置。

6.11.8 设置燃气用具房间的通风换气与燃气用具的排烟

在厨房与浴室设置燃气灶、热水器等燃气用具时，由于部分燃气用具使用时的室内耗氧、排烟效果不良或向室内直接排放烟气使空气含氧量下降、二氧化碳、一氧化碳等害气体增加而危及人体健康，因此排烟与通风换气是不容忽视的任务，必须掌握正确的排烟方法、了解室内空气状况的变化与保障人体健康所必需的通风换气量。本节技术要求主要取材于国外文献资料。

6.11.8.1 设置燃气用具房间的通风换气

1. 换气次数

换气次数指 1h 进入室内的空气量为房间容积的倍数，由式（6-11-6）表示。自然换气次数是指从房间门、窗等的开口处与缝隙自然进入的空气量，一般钢混建筑的自然换气次数约 0.5～1.0，密闭性好的为 0.25～0.7。

$$n=\frac{q}{V} \tag{6-11-6}$$

式中 n——换气次数，次/h；

q——换气量，m^3/h；

V——房间容积，m^3。

2. 燃烧耗氧及其产物对人体的影响

空气中氧含量对人体的影响 **表 6-11-19**

O_2含量(%)	对人体影响
21	正常空气
18	日本劳动基准法规定的最小限度
17～19	必要的最小限度
14	加以注意的限度
10	呼吸困难
7	有窒息危险

燃烧过程需耗氧，燃烧产物主要是二氧化碳，当不完全燃烧时产生一氧化碳。室内空气中氧、二氧化碳与一氧化碳含量对人体的影响分别见表 6-11-19～表 6-11-21。

空气中二氧化碳含量对人体影响 **表 6-11-20**

CO_2含量(%)	对人体影响
0.04	正常空气
0.1	卫生学认定的最大含量
2.0～2.5	呼吸深度较正常增加 50%，数小时吸入尚无症状
4.0	呼吸深度较正常增加 2 倍，出现头疼、耳鸣
7.0	呼吸困难、头疼、出汗、血压增高、意识丧失

空气中一氧化碳含量对人体影响 **表 6-11-21**

CO 含量(%)	对人体影响
0.02	吸入 2～3h 出现前额部轻度头疼
0.04	吸入 1～2h 出现前额部头疼、呕吐，吸入 2.5～3.5h 出现后脑部头疼
0.08	吸入 45min 出现头疼、头晕、呕吐、痉挛、吸入 2h 死亡
0.16	吸入 20min 出现头疼、头晕、呕吐、吸入 2h 死亡
0.32	吸入 5～10min 出现头疼、头晕，吸入 30min 死亡
0.64	吸入 1～2min 出现头疼、头晕，吸入 15～30min 死亡
1.28	吸入 1～3min 死亡

3. 燃烧时室内空气的氧与燃烧产物含量

室内空气中氧与燃烧产物（如 CO_2 等）含量多少与燃气耗量、燃烧产物量、房间容积、换气次数、燃烧时间有关，其由式（6-11-7）与式（6-11-8）计算。

$$r_{O_2}=r_{O_0}-\frac{q}{V}rk \tag{6-11-7}$$

$$k=\frac{100}{n}(1-e^{nt})$$

式中　r_{O_2}——空气中氧含量，%；

r_{O_0}——空气中初期氧含量，%；

q——燃气耗量，m^3/h；

r——单位容积燃气燃烧耗氧量，m^3/m^3；

k——系数；

n——换气次数，次/h；

t——燃烧时间，h。

$$C=C_0+\frac{q}{V}r_f k \tag{6-11-8}$$

式中　C——空气中燃烧产物含量，%；

C_0——空气中初期燃烧产物含量，%；

r_f——单位容积燃气燃烧产物量，m^3/m^3。

当室内使用燃气用具达一定时间后，空气中氧与燃烧产物含量达稳定状态，即其与换气量达到平衡，稳定状态的氧与燃烧产物含量由式（6-11-9）与式（6-11-10）计算。

$$r_{O_c}=\frac{21(nV-Aq)}{nV+q} \tag{6-11-9}$$

$$n=\frac{q(21A+19)}{2V}$$

$$q=\frac{2nV}{21A+19}$$

式中　r_{O_c}——稳定状态下空气中氧含量，%；

A——燃气燃烧理论空气量，m^3/m^3。

由式（6-11-9）代入室内空气中最小氧含量为 $r_{O_c}=19\%$，可得出所需换气次数 n 计算式。此时若设定换气次数 n，可得出允许燃气耗量 q 计算式。

$$C_S=\frac{B}{nV} \tag{6-11-10}$$

式中　C_S——稳定状态下空气中燃烧产物含量，%；

B——燃烧产物量，m^3/h。

燃烧物产 CO_2 量可以理论空气量的燃烧反应式计算，CO 量由不完全燃烧产生，可以 $CO/CO_2=0.01$ 估算。

4. 厨房必需换气量与换气设施

设置燃气炊事灶的厨房必需换气量由式（6-11-11）计算。

$$q_n=Er_f q \tag{6-11-11}$$

式中　q_n——必需换气量，m^3/h；

E——系数，对于仅设置炊事灶的厨房，无油烟排气罩、但有机械排气扇与进气口 $E=40$，有排油烟罩（图 6-11-21）Ⅰ型 $E=30$、Ⅱ型 $E=20$。

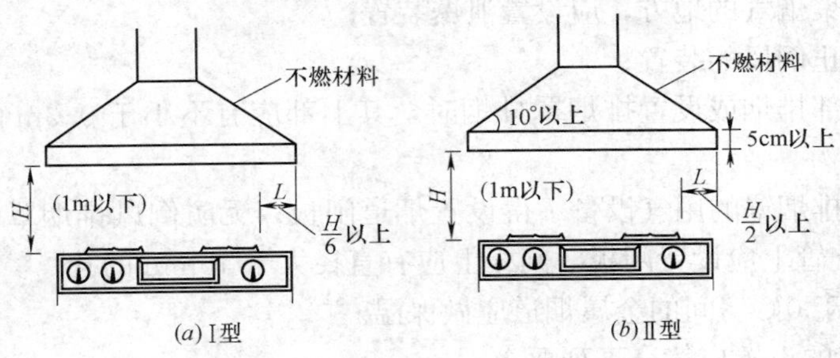

图 6-11-21 排油烟罩

如图 6-11-21 所示排油烟量罩距灶面高度 H 为 1m 以下，但从安全考虑，应为 800mm 以上，对于设有油过热防止装置等的炊事灶，由于安全性能较高，可为 600mm 以上。

对于高密闭的住宅，厨房的换气应同时考虑给气与排气，推荐具有给排气双重功能的排油烟罩，见图 6-11-22。

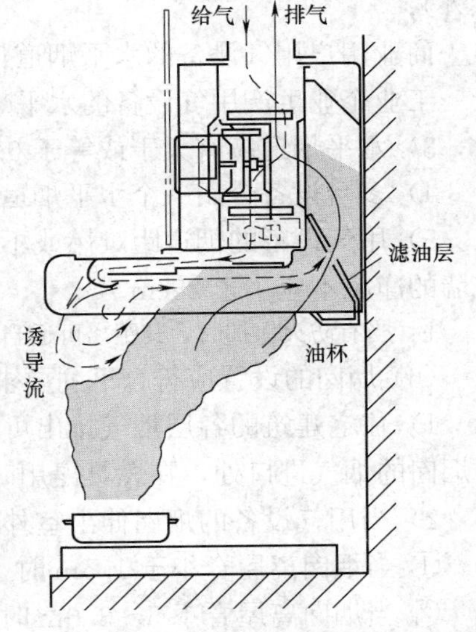

图 6-11-22 给排气双重功能排油烟罩

当厨房内直排式燃气灶具总热负荷不大于 5.8kW 时须采用排气扇或排油烟罩，并达到必需换气量，不允许总热负荷大于 5.8kW。直排式小型热水器已禁止销售与使用。

6.11.8.2 燃烧烟气的排除

燃气燃烧所产生的烟气必须排出室外。设有直排式燃具的室内容积热负荷指标超过 207W/m^3 时，必须设置有效的排气装置将烟气排至室外。

注：有直通洞口（哑口）的毗邻房间的容积也可一并作为室内容积计算。

(1) 家用燃具排气装置的选择应符合下列要求。

1) 灶具和热水器（或供暖炉）应分别采用竖向烟道进行排气。

2) 住宅采用自然换气时，排气装置应按国家现行标准《家用燃气燃烧器具安装及验收规程》CJJ 12 中 A.0.1 的规定选择。

3) 住宅采用机械换气时，排气装置应按国家现行标准《家用燃气燃烧器具安装及验收规程》CJJ 12 中 A.0.3 的规定选择。

(2) 浴室用燃气热水器的给排气口应直接通向室外，其排气系统与浴室必须有防止烟气泄漏的措施。

(3) 商业用户厨房中的燃具上方应设排气扇或排气罩。

(4) 燃气用气设备的排烟设施应符合下列要求：

1) 不得与使用固体燃料的设备共用一套排烟设施；

2）每台用气设备宜采用单独烟道；当多台设备合用一个总烟道时，应保证排烟时互不影响；

3）在容易积聚烟气的地方，应设置泄爆装置；

4）应设有防止倒风的装置；

5）从设备顶部排烟或设置排烟罩排烟时，其上部应有不小于 0.3m 的垂直烟道方可接水平烟道；

6）有防倒风排烟罩的用气设备不得设置烟道闸板；无防倒风排烟罩的用气设备，在至总烟道的每个支管上应设置闸板，闸板上应有直径大于 15mm 的孔；

7）安装在低于 0℃房间的金属烟道应做保温。

（5）水平烟道的设置应符合下列要求：

1）水平烟道不得通过卧室；

2）居民用气设备的水平烟道长度不宜超过 5m，弯头不宜超过 4 个（强制排烟式除外）；

商业用户用气设备的水平烟道长度不宜超过 6m；

工业企业生产用气设备的水平烟道长度，应根据现场情况和烟囱抽力确定；

3）水平烟道应有大于或等于 0.01 坡向用气设备的坡度；

4）多台设备合用一个水平烟道时，应顺烟气流动方向设置导向装置；

5）用气设备的烟道距难燃或不燃顶棚或墙的净距不应小于 5cm；距燃烧材料的顶棚或墙的净距不应小于 25cm。

注：当有防火保护时，其距离可适当减小。

（6）烟囱的设置应符合下列要求：

1）住宅建筑的各层烟气排出可合用一个烟囱，但应有防止串烟的措施；多台燃具共用烟囱的烟气进口处，在燃具停用时的静压值应小于或等于零；

2）当用气设备的烟囱伸出室外时，其高度应符合下列要求：

① 当烟囱离屋脊小于 1.5m 时（水平距离），应高出屋脊 0.6m；

② 当烟囱离屋脊 1.5～3.0m 时（水平距离），烟囱可与屋脊等高；

③ 当烟囱离屋脊的距离大于 3.0m 时（水平距离），烟囱应在屋脊水平线下 10°的直线上；

④ 在任何情况下，烟囱应高出屋面 0.6m；

⑤ 当烟囱的位置临近高层建筑时，烟囱应高出沿高层建筑物 45°的阴影线；

3）烟囱出口的排烟温度应高于烟气露点 15℃以上；

4）烟囱出口应有防止雨雪进入和防倒风的装置。

（7）用气设备排烟设施的烟道抽力（余压）应符合下列要求：

1）热负荷 30kW 以下的用气设备，烟道的抽力（余压）不应小于 3Pa；

2）热负荷 30kW 以上的用气设备，烟道的抽力（余压）不应小于 10Pa；

3）工业企业生产用气工业炉窑的烟道抽力，不应小于烟气系统总阻力的 1.2 倍。

（8）用排气装置的出口位置应符合下列规定：

1）建筑物内半密闭自然排气式燃具的竖向烟囱出口应符合本《城镇燃气设计规范》GB 50028 中第 10.7.7 条第 2 款的规定。

2）建筑物壁装的密闭式燃具的给气排气口距上部窗口和下部地面的距离不得小于 0.3m。

3）建筑物壁装的半密闭强制排气式燃具的排气口距门窗洞口和地面的距离应符合下列要求：

① 排气口在窗的下部和门的侧部时，距相邻卧室的窗和门的距离不得小于 1.2m，距地面的距离不得小于 0.3m；

② 排气口在相邻卧室的窗的上部时，距窗的距离不得小于 0.3m；

③ 排气口在机械（强制）进风口的上部，且水平距离小于 3.0m 时，距机械进风口的垂直距离不得小于 0.9m。

(9) 高海拔地区安装的排气系统的最大排气能力，应按在海平面使用时的额定热负荷确定，高海拔地区安装的排气系统的最小排气能力，应按实际热负荷（海拔的减小额定值）确定。

6.11.8.3　半密闭式燃气用具的排烟

半密闭式燃气用具指由烟囱或排烟管排烟，分为自然排烟与强制排烟两类，而燃烧需要的空气来自室内，因此仍须设置空气换气口，对于自然排烟式其面积不小于烟囱截面积。

1. 自然排烟

自然排烟的半密闭式单个燃具热负荷为 20.93kW 以下时，可设置排烟管向室外排烟气，自然排烟式小型热水器即属此类。一般排烟管由生产厂家配制。单个燃具热负荷为 20.93kW 或以上 41.87kW 时，且设备用房单位面积热负荷不超过 8.14kW/m^2，则须设置单独烟囱，其有下列要求。

（1）烟囱设计要点

1）烟囱材料应为不可燃、耐热与耐腐蚀。

2）烟囱应设置倒风防止装置与顶罩。倒风防止装置可防止室外空气倒流入燃气用具，并可防止烟囱抽力过大引起燃烧熄灭与热效率降低，其工作状态见图 6-11-23。由倒风防止装置至燃具烟气出口的距离应短，且少弯曲。顶罩位于烟囱顶部，其构造应减小烟气阻力，并防止鸟类与风雨进入，其构造见图 6-11-24。顶罩位置应高于屋檐面 600mm 以上，当水平间距 1m 内有相邻建筑物时，应距该建筑物屋檐 600mm 以上，见图 6-11-25。顶罩至倒风防止装置间烟囱直径不小于燃具与烟囱接口处直径。

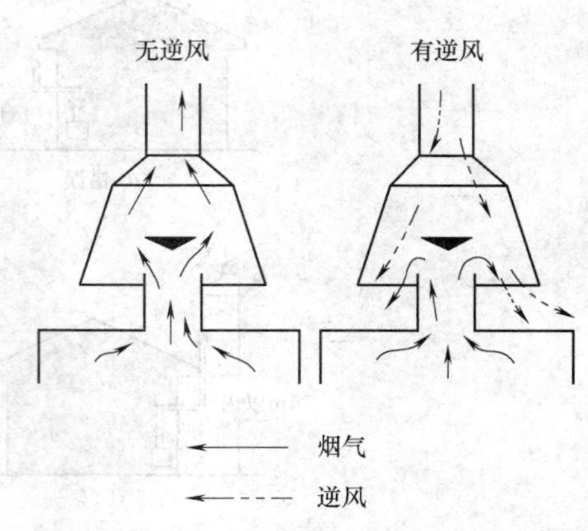

图 6-11-23　倒风防止装置

3）烟囱最小内径可按燃气用具热负荷参照表 6-11-22 确定，但不得小于燃气用具排烟连接口直径，烟囱水平段应尽量短，避免坡度与中间下陷。

烟囱最小内径　　表 6-11-22

热负荷（kW）	11.16 以下	12.79 以下	15.70 以下	18.61 以下	22.10 以下	26.75 以下	30.24 以下	41.87 以下
烟囱最小内径(mm)	80	90	100	110	120	130	140	160

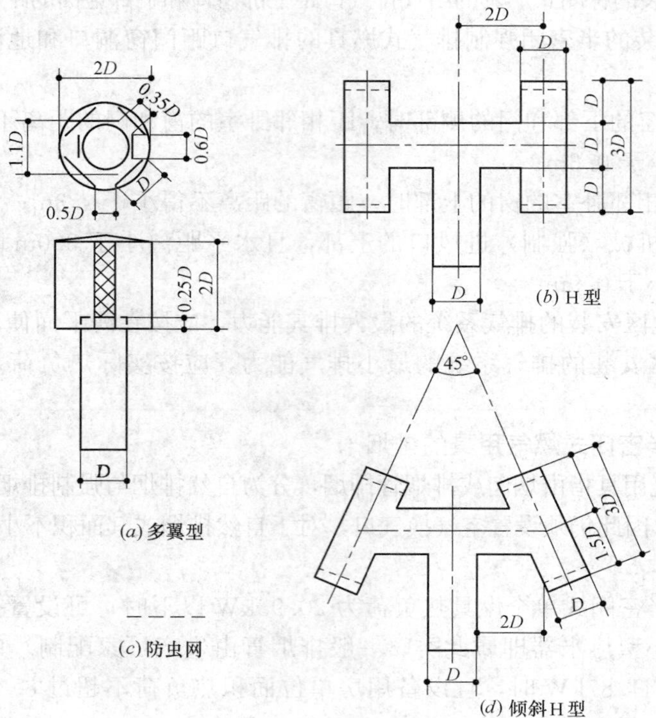

图 6-11-24　顶罩构造

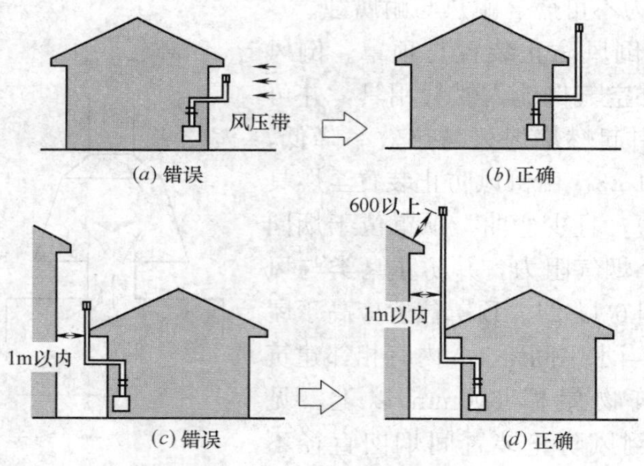

图 6-11-25　顶罩位置

4）烟囱弯曲应尽量少，不得超过 4 处，其高度应大于图 6-11-26 所示最小界限高度 h 值，并由式（6-11-12）与式（6-11-13）计算，取两值中大值为最小界限高度。

$$h=\frac{0.5+0.4n_{\mathrm{t}}+0.1l}{\left(\dfrac{A_{\mathrm{V}}}{5.16H}\right)^2} \tag{6-11-12}$$

式中　h——烟囱最小界限高度，m；

n_{t}——烟囱弯头数；

l——烟囱长度，为倒风防止装置下端口至烟囱顶端孔口的长度，m；

A_V——烟囱截面积，cm^2；

H——燃气用具热负荷，kW。

$$h=1.4l'+12D(n_t-2) \tag{6-11-13}$$

式中 l'——水平段长度 m，按表 6-11-23 中水平段前垂直高度 h'（倒风防止装置至水平段高度）取值，见图 6-11-27。

D——烟囱直径，m。

烟囱水平段长度 **表 6-11-23**

h'(m)	$h'\geqslant1.2$	$0.9\leqslant h'<1.2$	$0.6\leqslant h'<0.9$	$h'<0.6$
l'(m)	$\leqslant5$	$\leqslant3$	$\leqslant2$	$\leqslant1$

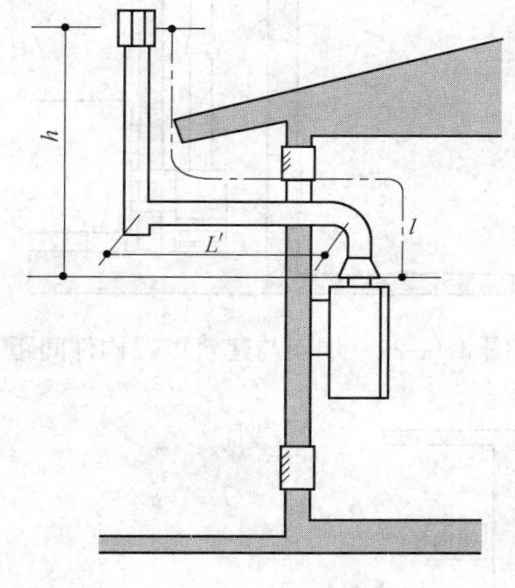

图 6-11-26 烟囱尺寸图

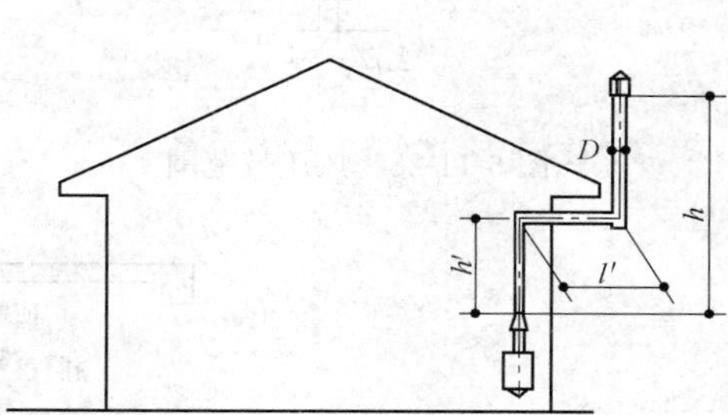

图 6-11-27 烟囱水平段长度

当烟囱长度超过 8m 时，将使排烟温度降低而影响烟气排出引力，因此超过 8m 部分对应的高度不计入最小界限高度比对值，但烟囱长度不超过 10m。

5）烟囱应设置在建筑物顶部形成的风压带外，风压带范围见图 6-11-28。

6）烟囱与建筑可燃构件的间距见图 6-11-29。当穿越可燃性壁面时，包覆厚度 100mm 以上的隔热材料。

（2）带外廊专用房

把自然排烟半密闭式燃气用具设置在带有开放式排烟外廊的燃具专用房内更为安全，见图 6-11-30，此种方式适于中、高层住宅。

这种带排气外廊专用房的特点是保障燃烧安全。设有空气进气通道，由隔板构成，避免了排气与进气的混合，烟气出口处设有防风板。设计上有如下要求。

1）专用房对浴室、厨房、卧室等应无通道与开口。设有通向外廊的地面泄水口，如需要可在隔板上设点火孔口。

2）专用房的壁、挡板、顶板与地板，以及进排气口周围 600mm 以内材料应为不燃与耐腐蚀材料。烟囱与进排气口材料应为耐热，耐腐蚀材料。

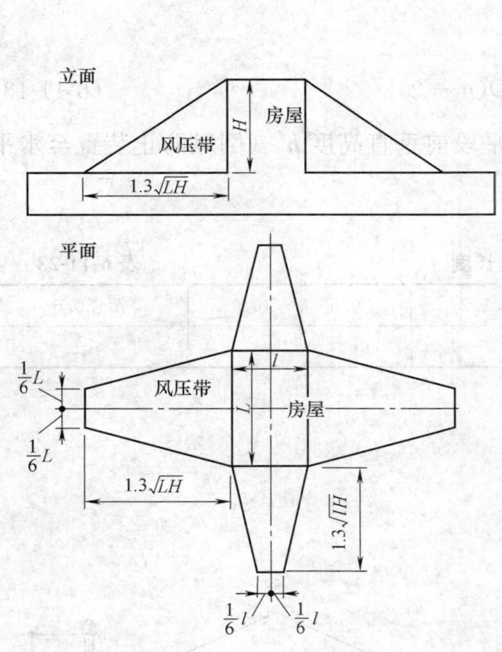

图 6-11-28　风压带范围

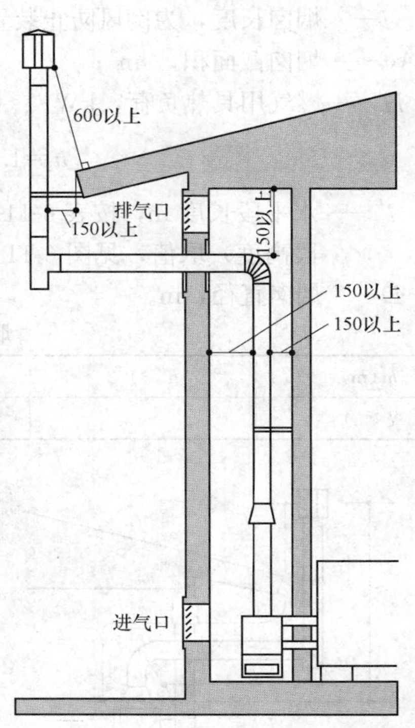

图 6-11-29　烟囱与建筑可燃构件间距

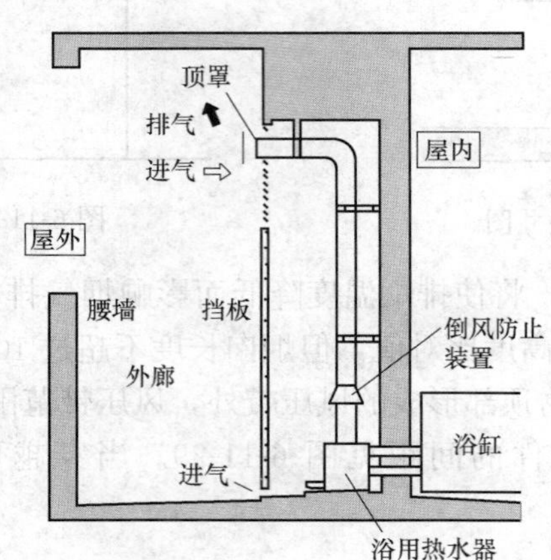

图 6-11-30　带外廊燃具专用房

3）专用房内不得设置计量计等仪表。

4）进气口、排气口与进气通道的有效面积相同，见表 6-11-24，其中排气口面积含烟囱面积。当烟囱高度为水平段长度 1.4 倍以上时，有效面积可为表 6-11-24 数值的 80%。

进气口、排气口与进气通道有效面积　　表 6-11-24

燃具热负荷(kW)	<12.79	<17.45	<22.10	<26.75	<31.40	<36.05
面积(cm^2)	400	500	600	700	800	900

5）外廊与专用房设备布置要求见图 6-11-31。

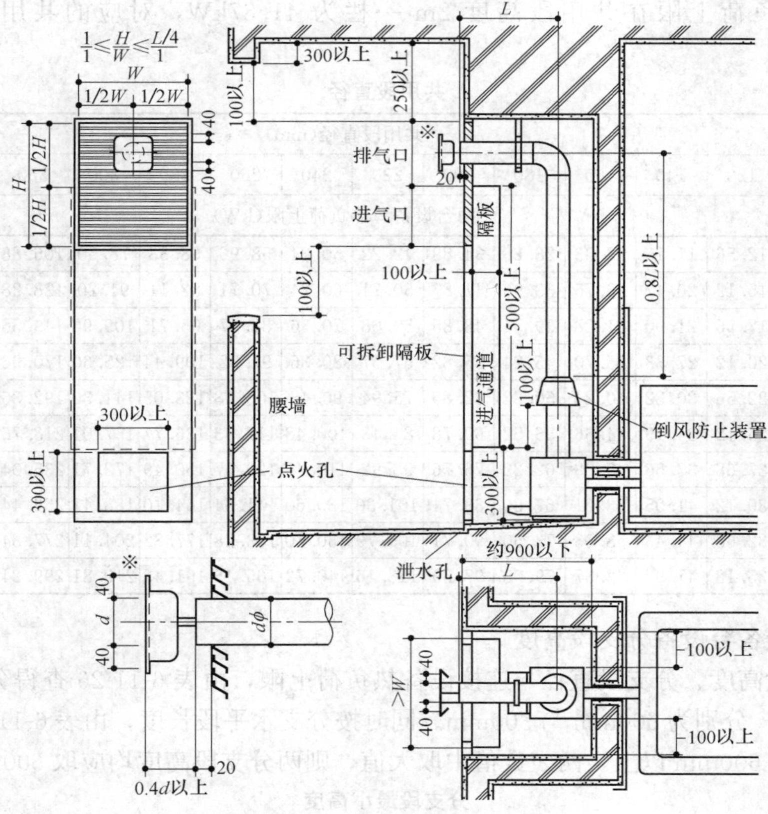

图 6-11-31　带外廊专用房尺寸要求

(3) 共用烟囱

一般自然排烟半密闭式燃气用具为一台设备设置一个独立烟囱，当有必要在同一室内设有两台用具时，可考虑共用烟囱。共用烟囱的设计步骤由图 6-11-32 所示实例说明。

设计热水器与浴用热水器的共用烟囱，热负荷分别为 22.1kW 与 14kW，连接两台设备烟囱分支段直径分别为 120m 与 100mm。设备与共用烟囱布置如图 6-11-32 所示，其中烟囱水平共用段 BC 长度为 1.3m。

1) 共用段高度。共用段最小高度为水平共用段长度的 1.4 倍，即 1.3×1.4＝1.82m，取共用段高度 AD＝2m。

2) 共用段直径。按共用段高度与总热负荷对应上限值，由表 6-11-25 查得共用段直径。按共用段高度 AD＝2m，两台设备热负荷总和为 22.1＋14＝36.1kW，由表 6-11-25 查得，该热负

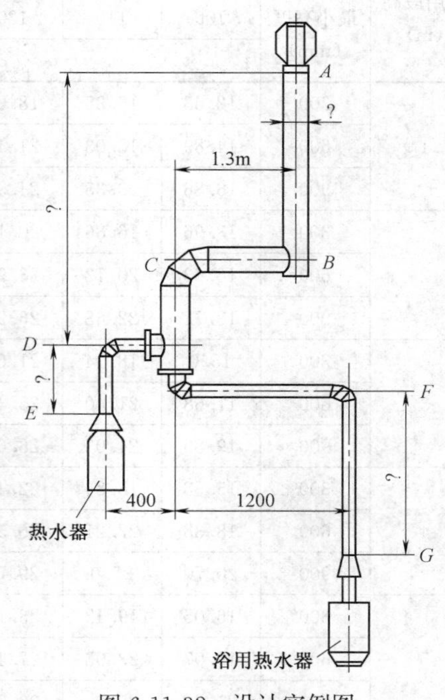

图 6-11-32　设计实例图

荷所对应热负荷上限在共用段高度 2m 一栏为 41.87kW，对应的共用段 AD 直径为 200mm。

共用段直径　　表 6-11-25

共用段高(m)	共用段直径(mm)													
	100	120	140	160	180	200	220	240	260	280	300	350	400	450
	两台设备总热负荷上限(kW)													
1	8.72	12.56	17.10	22.33	28.26	34.89	42.22	50.24	58.96	68.38	78.50	106.88	139.56	176.66
2	10.47	15.12	20.47	26.75	33.96	41.87	50.71	60.24	70.71	82.11	94.20	128.28	167.47	212.01
3	12.21	17.56	21.90	31.28	39.54	48.85	59.08	70.36	82.57	95.71	109.90	149.56	195.38	247.25
4	13.96	20.12	27.33	35.70	45.24	55.82	67.57	80.36	94.32	109.44	125.60	170.96	223.30	282.61
5	15.70	22.56	30.82	40.24	50.82	62.80	75.94	90.48	106.18	123.05	141.30	192.36	251.21	317.96
6	17.45	25.12	34.19	44.66	56.52	69.78	84.43	100.48	117.93	136.77	157.01	213.76	279.12	353.32
7	19.19	27.68	37.56	49.08	62.22	76.76	92.92	110.49	129.67	150.49	172.71	235.04	307.03	388.56
8	20.93	30.12	41.05	53.61	67.80	83.74	101.30	120.60	141.54	164.10	188.41	256.44	334.94	423.91
9	22.68	32.68	44.43	58.03	73.50	90.71	109.79	130.60	153.28	177.82	204.11	277.84	362.86	470.90
10	24.42	35.12	47.92	62.57	79.08	97.69	118.16	140.72	165.15	191.43	219.81	299.24	390.77	494.62

(4) 连接各台设备分支段高度

按共用段高度、分支段直径与连接设备热负荷上限，由表 6-11-26 查得分支段最小高度，DE 与 GF 分别为 600mm 与 300mm。同时按分支水平段长度，由表 6-11-27 查得分支段高度 GF 为 600mm 以上，两表数值中取大值，则两分支段高度均应取 600mm 以上。

分支段最小高度　　表 6-11-26

共用段高(m)	分支段最小高度(mm)	分支段直径(mm)								
		100	110	120	130	140	150	160	180	200
		连接设备负荷上限(kW)								
1	300	12.68	15.35	18.26	21.40	24.89	28.49	32.45	41.05	50.01
	600	14.89	18.03	21.40	25.12	29.19	33.49	38.15	48.26	59.55
	900	16.86	20.35	24.31	28.49	33.03	37.91	43.15	54.66	67.45
2	300	13.96	16.86	20.12	23.61	27.33	31.40	35.70	45.24	55.82
	600	16.63	20.12	23.96	28.14	32.56	37.45	42.57	53.85	66.52
	900	18.72	22.68	26.98	31.63	36.75	42.10	47.92	60.71	74.90
3	300	15.0	18.14	21.63	25.35	29.42	33.73	38.38	48.61	60.01
	600	17.68	21.40	25.47	29.89	34.66	39.77	45.24	57.22	70.71
	900	19.89	24.07	28.61	33.61	38.96	44.78	50.94	64.43	79.55
4	300	15.58	18.84	22.45	26.28	29.72	35.12	39.89	50.47	87.37
	600	18.38	22.21	26.52	31.05	36.05	41.40	46.99	59.55	73.50
	900	20.70	25.0	29.77	35.01	40.59	46.64	53.03	67.11	82.81
5	300	16.05	19.42	23.14	27.10	31.40	36.17	41.05	51.99	64.20
	600	19.07	23.03	27.45	32.22	37.33	42.91	48.85	61.76	76.29
	900	21.52	26.05	30.94	36.40	42.22	48.38	55.13	69.66	86.06

续表

共用段高(m)	分支段最小高度(mm)	分支段直径(mm)								
		100	110	120	130	140	150	160	180	200
		连接设备负荷上限(kW)								
6	300	16.63	20.12	23.96	28.14	32.56	37.45	42.57	53.85	66.52
	600	19.65	23.73	28.26	33.26	38.50	44.19	50.36	63.73	78.62
	900	22.21	26.87	31.98	37.56	43.50	50.01	56.87	71.99	88.85
7	300	16.98	20.59	24.42	28.73	33.26	38.26	43.50	55.01	67.92
	600	20.12	24.31	28.96	33.96	39.43	45.24	51.52	65.13	80.48
	900	22.68	27.45	32.68	38.38	44.43	51.06	58.03	73.50	90.71
8	300	17.33	20.93	25.0	29.31	33.96	38.96	44.31	56.17	69.31
	600	20.47	25.77	29.42	34.54	40.12	46.05	52.45	66.29	81.88
	900	23.14	28.03	33.38	39.08	45.36	52.10	59.20	75.01	92.57
9	300	17.68	21.40	25.47	29.89	34.66	39.77	45.24	57.22	70.71
	600	20.93	25.35	30.12	35.36	41.05	47.10	53.61	67.80	83.74
	900	23.49	28.38	33.84	39.66	46.05	52.92	60.13	76.01	93.97
10	300	18.03	21.86	25.93	30.47	35.36	40.59	46.17	58.38	72.11
	600	21.28	25.70	30.70	35.94	41.75	47.92	54.43	68.97	85.13
	900	23.73	28.73	34.19	40.12	46.52	53.38	60.71	76.87	94.90

分支段最小高度 **表 6-11-27**

分支水平段长度(m)	≥1～<2	≥2～<3	≥3～<5
分支段最小高度(m)	>0.6	>0.9	>1.2

2. 强制排烟

强制排烟是指通过排烟风机与排烟管将烟气排至室外，见图 6-11-33。

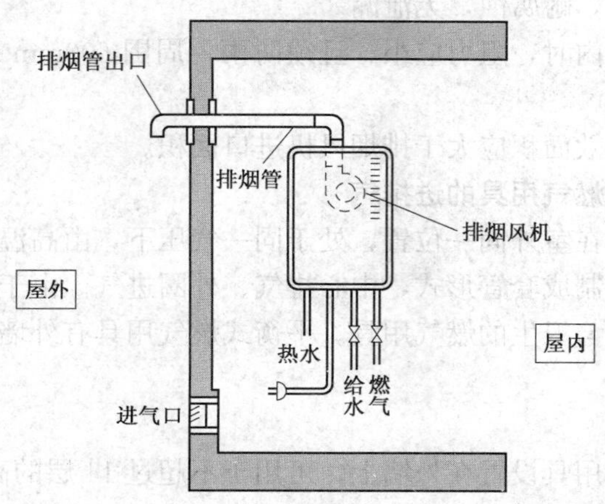

图 6-11-33 强制排烟燃气用具

由于通过风机排烟，排烟管长度、高度以及排烟口是否在风压带内均不构成对排烟影响，但对排烟风机与排烟管有如下要求。

1）排烟风机按所需风量与风压选用。排量按燃气用具热负荷确定：每 1kW 热负荷所需风量 2.58m³/h 以上。风机压力应不小于排烟管阻力、室外风压与防风装置阻力之和。排烟管阻力包括直管阻力、弯头阻力与出口阻力。

$$p_f \geqslant 1.2\Delta p_p + p_w + \Delta p_d \tag{6-11-14}$$

式中　p_f——所需风机压力，Pa；

Δp_p——排烟管阻力，Pa；

p_w——室外风压，Pa，风压带外 $p_w \geqslant 20$Pa，风压带内 $p_w \geqslant 120$Pa；

Δp_d——风机防风装置阻力，Pa，由风机样本查得。

$$\Delta p_p = 0.0156\frac{u^2(l_1 + l_2 + l_3)}{d} \tag{6-11-15}$$

式中　u——烟气流速，m/s，按风机风量计算；

l_1——排烟管长度，m；

l_2——表示排烟管弯头局部阻力的折算长度，m，$l_2 = 40d \times n$；

n——弯头个数；

l_3——表示出口阻力的折算长度，$l_3 = 60d$；

d——排烟管直径，m。

当排烟管处于强风地带，可按式（6-11-16）计算室外风压。

$$p_w = C\frac{u_w^2}{16} \tag{6-11-16}$$

式中　C——系数，$C = 6 \sim 7$；

u_w——室外风速，m/s。

（2）排烟风机故障、停电等事故时，设置的连锁装置应自动切断燃气供应，并由手动复位。

（3）排烟管应耐热，耐腐蚀，无泄漏。

（4）顶罩在风压带内时，阻力应小、且须防雨，周围 600mm 以内无可燃物，排烟口 1m 以内无换气口。

（5）室内进气口有效面积应大于排烟风机进口面积。

6.11.8.4　平衡式燃气用具的进排气

平衡式指进、排气在室外同一位置，处于同一气压下，由高温烟气抽力吸气，故称平衡式。一般进排气装置制成套管形式，中心排气、外圈进气。由于进排气在室外，属密闭式燃气用具，是最安全与卫生的燃气用具。平衡式燃气用具有外墙型、外廊型与共用给排气道型三类。

1. 外墙型

外墙型平衡式燃气用具设置在外墙上，可用于不超过 14 层的高层建筑，如图 6-11-34 所示。

由于建筑物外墙的外壁面有柱、檐等各种对气流形成障碍的构件存在，为保证安全，外墙型平衡式燃气用具的设置有下列要求。

(1) 外墙外须有总高度1500mm以上、至用具两侧各应有800mm宽度的对外空间。其中用具上沿向上应有600mm以上空间，此范围内的建筑材料应为不燃材料，用具下沿向下应有200mm以上空间。

对外空间前方障碍物距进排气口端面的间距：对于可燃材料≥600mm，对于不可燃材料≥150mm。

(2) 进气口一般应突出外墙面20～50mm，不宜超过此距离。

2. 外廊型

外廊型为进排气管设置于专用房内，通过外廊进排气，见图6-11-35，适用于不超过14层的建筑。

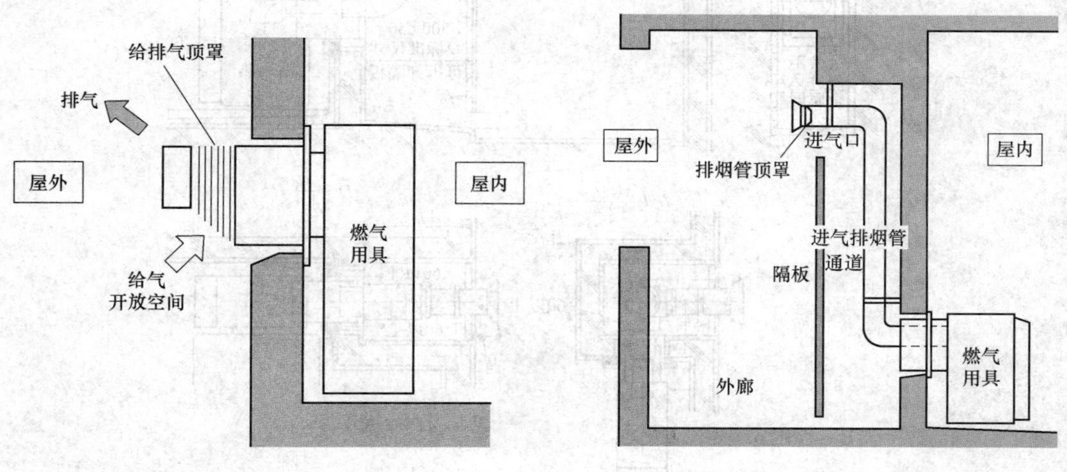

图6-11-34 外墙型　　图6-11-35 外廊型

根据燃气用具种类，外廊型有不同的安装方式，图6-11-36为较普遍使用的立式热水器的安装尺寸要求，表6-11-28为进气口必需有效面积，为有效开口面积与排气管面积之差值。

进气口有效面积　　表6-11-28

热水器热负荷(kW)	<12.79	<17.45	<22.10	<26.75	<31.40	<36.05
进气口有效面积(cm^2)	1050	1200	1350	1500	1650	1800

3. 共用给排气道型

共用给排气道适用于高层住宅，可解决风压对高层的影响，但有三个要求应严格遵守，一是厨房燃气灶具的排烟、浴室与厕所的排气等不可通向共用给排气道，应另设通道。二是使用共用给排气道的燃气用具必须是适合低氧浓度燃烧的器具，应有专用说明标志。三是必须保证最上层用户用具安全燃烧。共用给排气道有U型与SE型两类，分别见图6-11-37与图6-11-38。前者不能用于密度大于空气的燃气、占地较大，但进排气口均在顶部、风压平衡而不受风影响；后者受风、地形条件影响，顶部须在风压带外，底部进气口位置也须易于进气，且地下室难以使用。

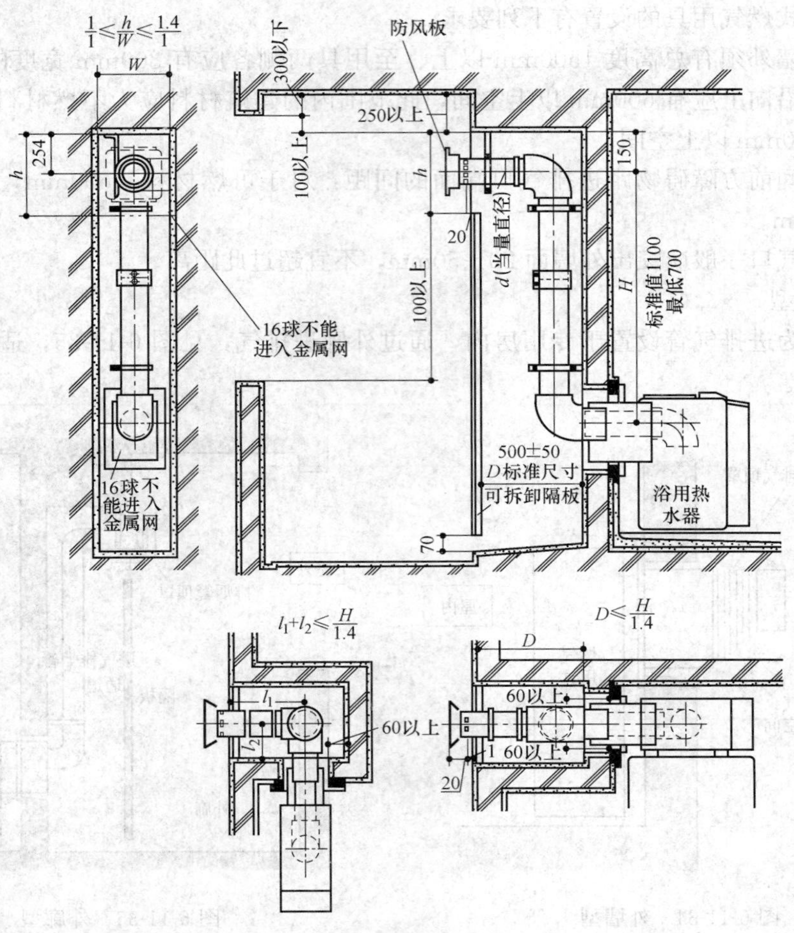

图 6-11-36　外廊型尺寸图

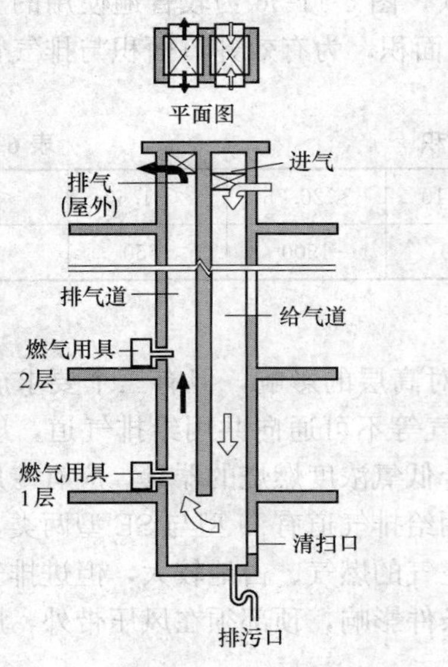

图 6-11-37　U 型共用给排气道

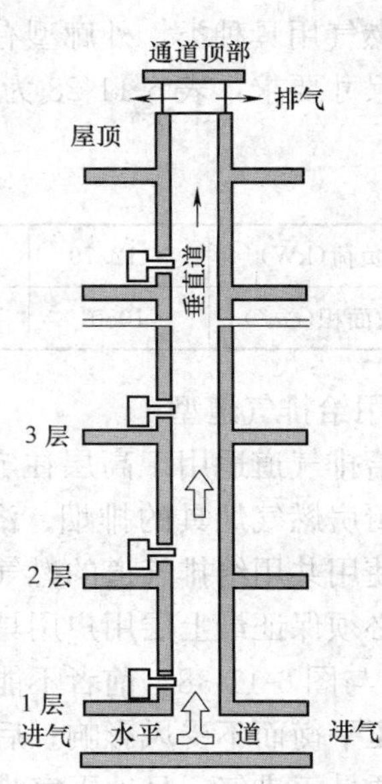

图 6-11-38　SE 型共用给排气道

（1）U 型给排气道设计点

1）通道有效截面积。给气通道与排气通道有效截面积相等，对于密度小于空气的燃气可由式（6-11-17）计算单个通道截面积 A，总截面积为 2 倍 A。

$$A = ZF\frac{q}{1000} \tag{6-11-17}$$

式中 A——单个通道截面积，cm^2；

Z——截面系数，cm^2/kW，由表 6-11-29 查得；

F——用具同时工作系数，如无测试数据，可参考表 6-11-30；

Q——U 形给排气道连接用具热负荷总和，kW。

截面系数（适用于每层高 2.5～3.0m） **表 6-11-29**

楼层	3	4	5	6	7	8	9	10	11	12	13	14	15	16	17	18	19	20
Z	18.57	20.89	21.84	22.10	22.44	22.44	22.53	22.61	22.53	22.53	22.44	22.36	22.27	22.27	22.18	22.10	22.01	22.01

同时工作系数 **表 6-11-30**

连接用具数	1	2	3	4	5	6	7	8	9	10	11
热水器、浴用炉	1.0	1.0	1.0	0.90	0.83	0.77	0.72	0.68	0.65	0.63	0.61
供暖用具	1.0	1.0	1.0	0.95	0.92	0.89	0.86	0.84	0.82	0.81	0.80

连接用具数	12	13	14	15	16	17	18	19	20	20 以上
热水器、浴用炉	0.60	0.59	0.58	0.57	0.56	0.55	0.54	0.53	0.52	0.50
供暖用具	0.80	0.80	0.79	0.79	0.78	0.78	0.77	0.76	0.76	0.75

单个矩形通道边长为 a 与 b，其比例为：

$$\frac{1}{1.4} \leqslant \frac{b}{a} \leqslant \frac{1.4}{1} \tag{6-11-18}$$

$$A \leqslant a \times b \tag{6-11-19}$$

2）顶部结构尺寸。顶部排气口下沿至最上层用具上沿的垂直距离应为 3m 以上，以保证最上层用具的给气量，且进排气口必须上下错开，以免排气吸入进气口内，此外进气排气口应设置规格为 16mm 直径球状物不能进入的防鸟网。按顶部结构可分为开放型与分隔型两类，结构尺寸分别见图 6-11-39 与图 6-11-40。

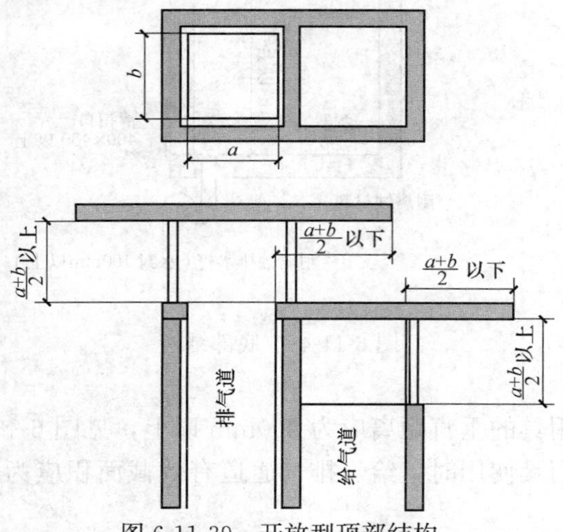

图 6-11-39 开放型顶部结构

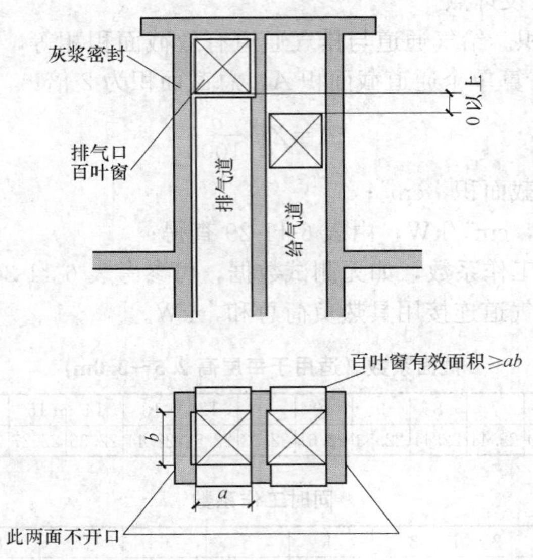

图 6-11-40　分隔型顶部结构

3）底部结构尺寸。底部结构与尺寸见图 6-11-41，图中 W 为矩形通道两边之和或圆形通道直径的 2 倍。

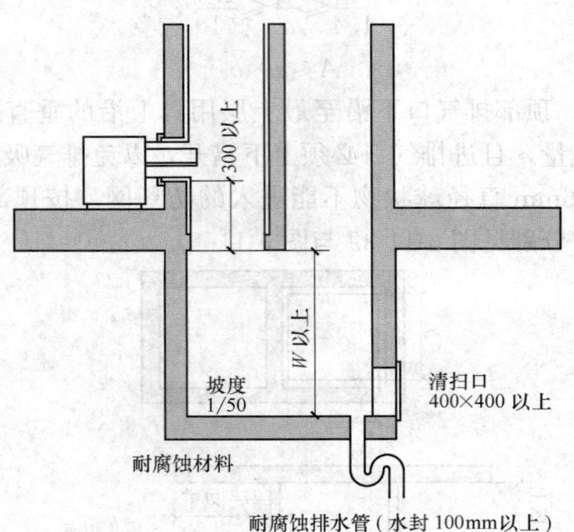

图 6-11-41　底部结构

4）上下相邻两台用具的垂直距离应为 800mm 以上，见图 6-11-42。

5）同一层有 2 台用具使用时，给气排气通道有效截面积应为 1 台用具时的 2 倍，其布置见图 6-11-43。

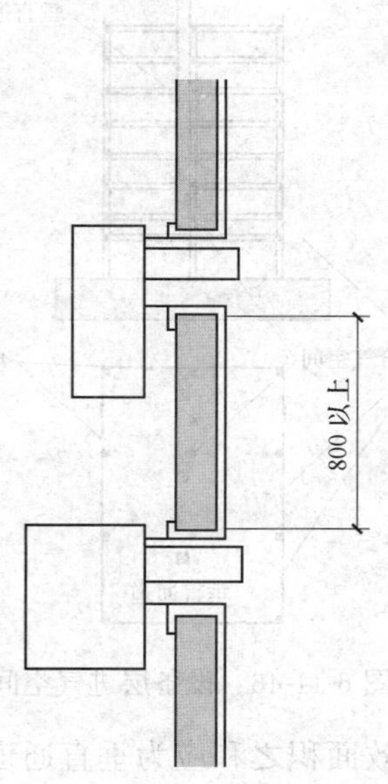

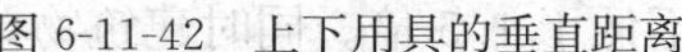

图 6-11-42 上下用具的垂直距离

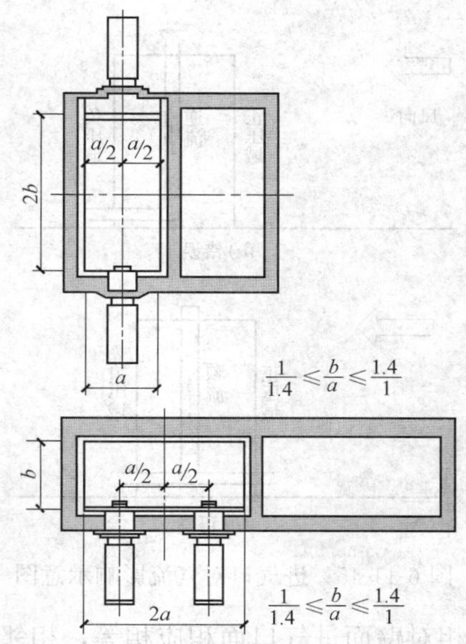

图 6-11-43 同一层 2 台用具使用时的布置

6）用具排气口突出通道壁面的长度应为 40～50mm，且不得安装进排气平衡顶罩，见图 6-11-43。

7）排气通道材料应为耐热与耐腐蚀，一般采用不锈钢板。通道的装置件应采用金属构件。

8）不可用于密度大于空气的燃气燃烧。

9）通道应为直通形，不允许有弯曲，内部不允许设置管道与防火隔板，但对于给气通道在充分保证有效截面积时，可设置给排水管。

10）给排气通道、特别是与用具的连接部分应具有良好的气密性。排气通道应充分保温。与其他给排气通道不得连通。

（2）SE 型给排气道设计要点

1）通道有效截面积。通道有效截面积计算同 U 形。

2）进气口位置。进气口在建筑物的位置选择是 SE 通道设计中最重要的问题。由于处于建筑物下部的进气口与建筑物上部排气口分离而引起风压不平衡，进气口易出现负压而形成气体逆流。如图 6-11-45 所示，L 形引起逆流，倒 T 形状况良好。

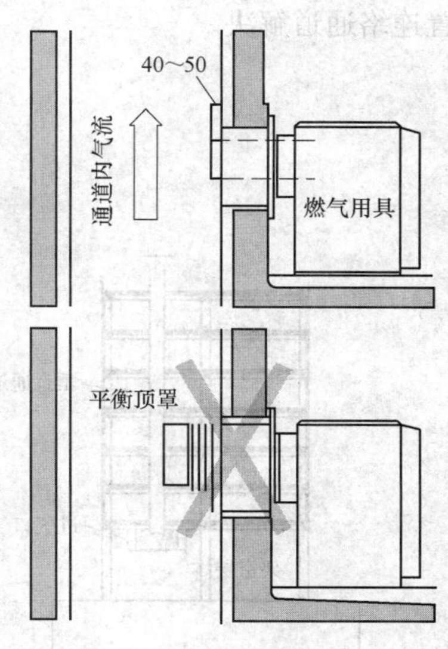

图 6-11-44 排气口安装位置

进气口的设置有如下几种方式。

① 设备层设置。当建筑物下部存在设备层，可形成一层进气空间，其可连通数个 SE 型共用通道，进气口在外墙均匀布置，如图 6-11-46 所示。

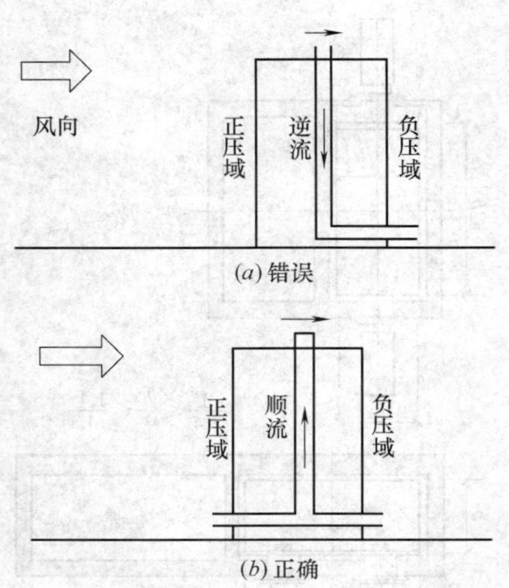

图 6-11-45　进气口对气流影响示意图

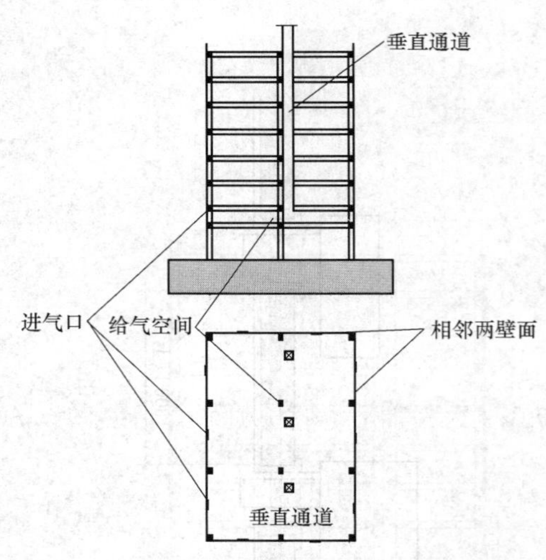

图 6-11-46　设备层进气空间

相对壁面进气口面积应相等，相邻两壁面进气口有效面积之和应为垂直通道截面积之和的 2 倍以上，如设备层内无影响通风的障碍物，可不低于 1.5 倍。同时建筑物单个长边壁面进气口有效面积之和不应小于垂直通道截面积之和。

② 架空层设置。在建筑物下部架空层内设置四面敞开的进气口，从而不需水平通道，如图 6-11-47 所示，各面进气口有效面积之和应大于垂直通道截面积。

③ 水平通道设置。建筑物下部相对壁面贯通的水平通道的两端设置进气口，如图 6-11-49所示。由于进气口仅设置建筑物相对两面，可能形成风压不平衡，可通过后述设置连络通道解决。

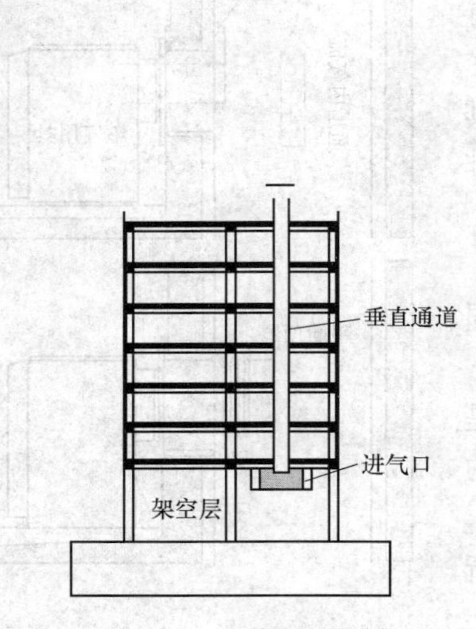

图 6-11-47　架空层给气口

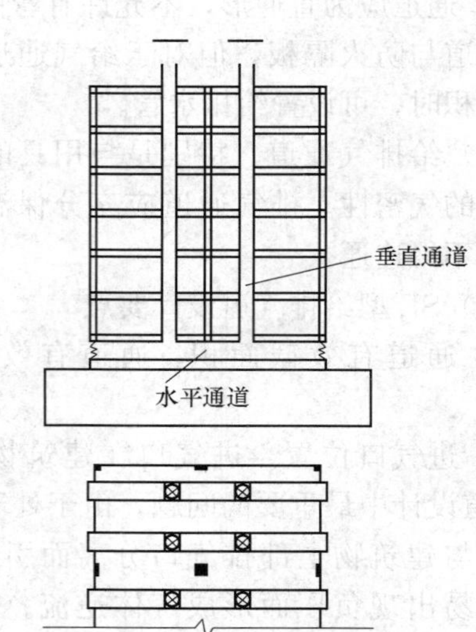

图 6-11-48　水平通道给气口

水平通道有效截面积应为连接的垂直通道截面积之和的 2 倍以上，如水平通道内无弯曲与突出物等形成通风阻力，可不低于 1.5 倍。进气口的有效面积应大于连接的水平通道截面积，其必须设置在建筑物相对两面，且应高于地面 1m 以上。图 6-11-49 所示构造，增大了水平通道阻力。

④ 连络通道设置。当垂直通道处不能设置水平通道时，可在建筑物下部设置水平通道与连络通道用作进气通道，由于在建筑物的各面都设置进气口，改善风压平衡，如图6-11-50所示。

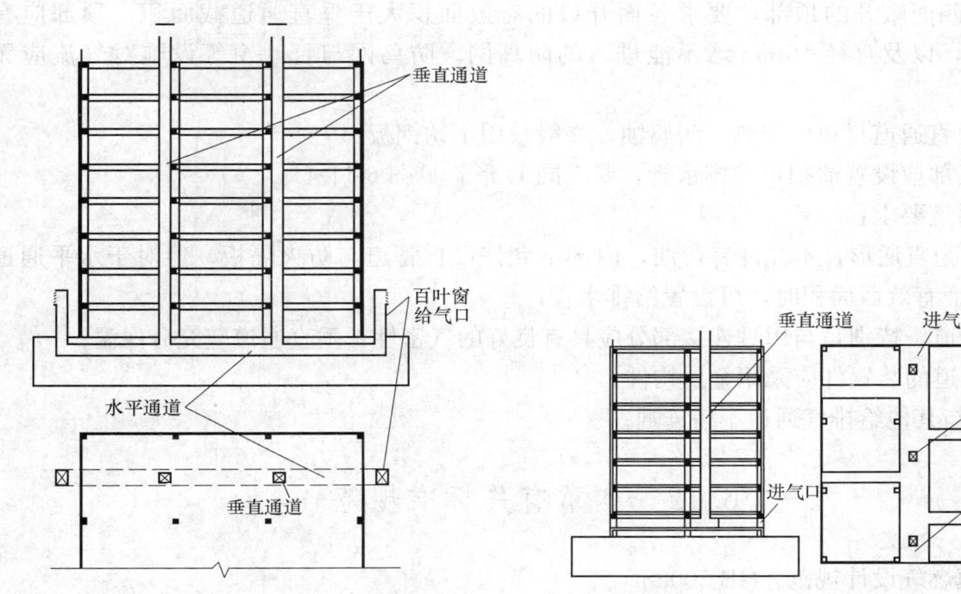

图 6-11-49　水平通道阻力增大　　　图 6-11-50　连络通道与水平通道进气口

垂直通道可设在各水平通道上，也可设在连络通道上。连络通道有效截面积应为最大水平通道有效截面积的2倍以上。当连络通道两端设有进气口时，水平通道的有效截面积应为所连接垂直通道截面积的1.5倍以上。

如图6-11-51左图所示状况，出现水平通道间风压不平衡时，可以增设连络通道方式（右图）改善风压平衡。

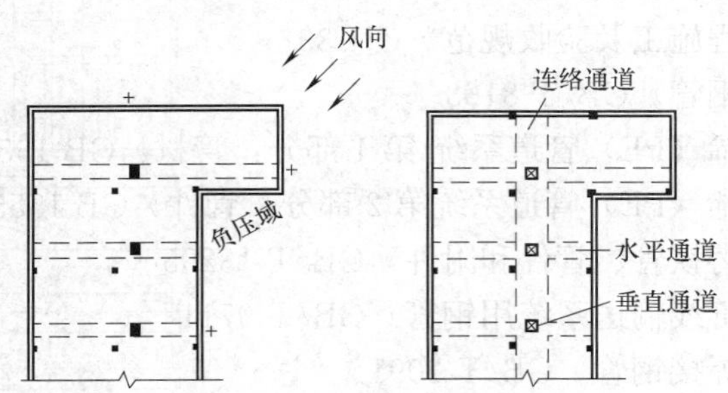

图 6-11-51　设置连络通道改善风压平衡

3）垂直通道上部排气口下沿至最上层用具上沿的垂直距离应为3m以上，上下相邻两台用具的垂直距离应为800mm以上，此两点要求与U型相同，见图6-11-39与6-11-42。

4）同一层有2台用具使用时，垂直通道有效截面积应为1台用具时的2倍，其布置要求与U形相同，见图6-11-43。

5）用具排气口突出通道壁面的长度应为40～50mm，且不得按装进排气平衡顶罩，此要求与U形相同，见图6-11-44。

6）顶部构造。要求顶部构造在任何风向下均能顺利排气，且不能设置在风压带内。对于四面敞开的顶部，要求各面开口的有效面积大于垂直通道截面积。顶部应有防雨设施，以及直径16mm球不能进入的防鸟网。防鸟网与百叶窗等设施对气流应无阻力。

7）垂直通道材料应耐热、耐腐蚀，一般采用不锈钢板。

8）底部应设置清扫口与排水管，要求同U形，见图6-11-41。

9）通道要求：

① 应为直通形，不允许有弯曲，内部不允许设置管道与防火隔板，但对于水平通道在充分保证有效截面积时，可设置给排水管；

② 通道，特别是与用具连接部分应具有良好的气密性，垂直通道应充分保温；

③ 通道的装置件应采用金属构件。

10）与其他给排气通道不得连通。

6.12 本章有关标准规范

《城镇燃气设计规范》GB 50028

《城市工程管线综合规划规范》GB 50289

《城市综合管廊工程技术规范》GB 50838

《输气管道工程设计规范》GB 50251

《室外给水排水和燃气热力工程抗震设计规范》GB 50032

《建筑抗震设计规范》GB 50011

《油气输送管道穿越工程设计规范》GB 50423

《油气输送管道跨越工程设计标准》GB/T 50459

《城镇燃气输配工程施工及验收规范》CJJ 33

《输送流体用无缝钢管》GB/T 8163

《燃气用埋地聚乙烯（PE）管道系统 第1部分：管材》GB 15558.1

《燃气用埋地聚乙烯（PE）管道系统第2部分：管件》GB 15558.2

《水及燃气用球墨铸铁管、管件和附件》GB/T 13295

《石油天然气工业管线输送系统用钢管》GB/T 9711

《低压流体输送用焊接钢管》GB/T 3091

《城镇燃气标志标准》CJJ/T 153

《聚乙烯燃气管道工程技术标准》CJJ 63

《燃气用钢骨架聚乙烯塑料复合管及管件》CJ/T 125

《埋地钢骨架聚乙烯复合管燃气管道工程技术规程》CECS 131

《铝塑复合压力管 第1部分：铝管搭接焊式铝塑管》GB/T 18997.1

《铝塑复合压力管 第2部分：铝管对接焊式铝塑管》GB/T 18992.2

《城镇燃气埋地钢质管道腐蚀控制技术规程》CJJ 95

《家用燃气燃烧器具安装及验收规程》CJJ 12

《钢质管道外腐蚀控制规范》GB/T 21447

《埋地钢质管道交流干扰防护技术标准》GB/T 50698

《埋地钢质管道直流干扰防护技术标准》GB 50991

《埋地钢质管道聚乙烯防腐层》GB/T 23257

《钢质管道聚烯烃胶粘带防腐层技术标准》SY/T 0414

《埋地钢质管道阴极保护技术规范》GB/T 21448

《城镇燃气管道穿跨越技术规程》CJJ/T 250

《波纹金属软管通用技术条件》GB/T 14525

《在 2.5MPa 及以下压力下输送液态或气态液化石油气（LPG）和天然气的像胶软管及软管组合件 规范》GB/T 10546

《家用煤气软管》HG 2486

《燃气用具连接用不锈钢波纹软管》CJ/T 197

《高压化肥设备用无缝钢管》GB 6479

《高压锅炉用无缝钢管》GB 5310

《混凝土和钢筋混凝土排水管》GB/T 11836

《内河通航标准》GB 50139

《石油化工静电接地设计规范》SH/T 3097

《建筑物防雷设计规范》GB 50057

《供配电系统设计规范》GB 50052

《爆炸危险环境电力装置设计规范》GB 50058

《涂覆涂料前钢材表面处理 表面清洁度的目视评定 第 1 部分：未涂覆过的钢材表面和全面清除原有涂层后的钢材表面的锈蚀等级和处理等级》GB/T 8923.1

《混凝土结构设计标准》GB 50010

《钢结构设计标准》GB 50017

《建筑地基基础设计规范》GB 50007

《工业企业煤气安全规程》GB 6222

《钢制对焊管件 类型与参数》GB/T 12459

《油气输送用钢制感应加热弯管》SY/T 5257

《工业金属管道工程施工规范》GB 50235

《承压设备无损检测［合订本］》NB/T 47013.1～47013.13

《石油化工可燃气体和有毒气体检测报警设计规范》GB 50493

《火灾自动报警系统设计规范》GB 50116

《无缝铜水管和铜气管》GB/T 18033

《流体输送用不锈钢焊接钢管》GB/T 12771

《燃气用具连接用不锈钢波纹软管》CJ/T 197

《承插式管接头》CJ/T 110

《卡套式铜制管接头》CJ/T 111

《铝塑复合管用卡压式管件》CJ/T190

《波纹金属软管通用技术条件》GB/T14525

《现场设备、工业管道焊接工程施工规范》GB 50236

《城镇燃气报警控制系统技术规程》CJJ/T 146

《家用燃气燃烧器具安全管理规则》GB 17905

《家用燃气灶具》GB 16410

《家用燃气报警器及传感器》CJ/T 347

参考文献

[1] 严铭卿，宓亢琪，黎光华. 天然气输配技术 [M]. 北京：化学工业出版社，2006

[2] 严铭卿. 燃气输配管网结构分析-意义与结构因素 [J]. 煤气与热力，2007，(3) 13-17

[3] 严铭卿. 燃气输配管网结构分析-指标与分析技术 [J]. 煤气与热力，2007，(5) 9-11

[4] 严铭卿. 燃气输配管网可靠性燃气输配管网可靠性 [J]. 煤气与热力，2014，(1) B1-B5

[5] 严铭卿，李军. 燃气管网供气可靠度计算中的减供气量 [J]. 煤气与热力，2017，(4) B10-B14

[6] 严铭卿等. 燃气输配工程分析 [M]. 北京：石油工业出版社，2007

[7] 严铭卿. 燃气管网综合优化原理 [J]. 煤气与热力，2003，(12) 741-745

[8] 严铭卿. 燃气管网阀门规则配置 [J]. 煤气与热力，2009，(10) B01-B07

[9] 米琪等. 管道防腐蚀手册 [M]. 北京：中国建筑工业出版社，1994.

[10] 日本カス协会，都市カかス工业概要（供给篇）[M]. 东京：日本カス协会，1998.

[11] 宓亢琪，荣庆新. 武汉市燃气输配系统在改输天然气状况下提高工期能力与安全性的研究报告. [M]. 武汉市科研项目，2003

[12] 蔡莹. 综合管廊中纳入天然气管道的设计思考 [J].《上海煤气》，2016 (2)：27-31

[13] 刘应明等. 城市地下综合管廊工程规划与管理 [M]. 北京：中国建筑工业出版社，2016.

[14] 王宏伟 等. 燃气引入管的敷设与应力分析 [J]. 煤气与热力，2005，(8)：49-53.

[15] 李彤. 城镇燃气中低压调压器的选型 [J]. 上海煤气，2005，(6)：21-22.

[16] 袁国汀. 建筑燃气设计手册 [M]. 北京：中国建筑工业出版社，1999.

[17] 刘松林. 高层建筑燃气系统设计指南 [M]. 北京：机械工业出版社，2004.

[18] 日本瓦斯の协会. 都市ガス工業概要 [M].（消费机器编）. 东京：日本瓦斯の協会，1997.

[19] 東邦ガス株式会社. 给排气と瓦斯机器设置 [M]. 名古屋：東邦ガス株式会社，1977.

[20] 日本海外技术者研修协会等. 城市燃气高效应用技术 [M]. 北京：中国城市燃气协会，1998.

[21] 严铭卿，宓亢琪等. 燃气输配工程学 [M]. 北京：中国建筑工业出版社，2014

[22] 宓亢琪. 燃气环网经济压力降与经济管径 [J]. 煤气与热力，1991，(5)：41-45.

[23] 宓亢琪. 室内管线设计管位自动确定方法与计算程序 [J]. 武汉城市建设学院学报，1996 (03).

第 7 章　门站与储配站

7.1　天然气门站

整个天然气供应系统分为上、中、下游三大部分。上游指天然气开采、集气、天然气净化，或用原煤，经过汽化工艺来制造合成天然气；天然气中游指长输管道输送和大规模储存；下游指天然气的分配、储存以及应用。门站则是燃气经过长输管道输送到达下游系统的第一个工程设施。

7.1.1　门站的功能

门站设于城市燃气管道的起点，接收由气源经长输管道输送来的燃气。正常情况下，从长输管道输送的天然气，在进入城市燃气输配管网之前，需要在门站对其进行成分分析，经分离器和过滤器除去杂质，通过稳压后，再经计量，加臭出站，进入下一级输配系统。它具有过滤、调压、稳压、计量、加臭等门站必须具备的一般功能。此外，为了可靠性、管理和安全的需要，门站在功能设置上还应该考虑以下需要：

（1）主要阀门启闭、流量、温度、压力信息通过通信设备送往站内控制中心和输配调度中心；

（2）当站场处于事故工况时，开启过站旁通阀门，以保证正常输气；

（3）为避免瞬时超压对下游设备的不利影响，在进、出气管上设置安全放散阀，保护站内设备；在进、出气管道上设有手动放散阀，便于检修及应急放空。

门站投入运行后应能以稳定的压力、流量满足城镇用气，并保证城镇及郊区发展的用气量。门站内设置 SCADA 终端单元设施可以对站内的全部运行过程进行控制和监视，为正常的运行和管理提供可靠的保证。

门站也是两种不同类别压力管道转换的地点。进站前天然气管道属 GA 类压力管道，出站后天然气管道属 GB 类压力管道。

7.1.2　门站的设置与总平面设计

1. 门站的设置

由长输管道供给城市的天然气，一般经分输站通过分输管道送到城市门站。对于区域面积较大的城市，为了保证供气的可靠性，适应城市区域对天然气的需求，可以通过敷设两条分输管道达到以上目的。同时对满足长输管道储气方面的需要也是有利的。一座城市建立两座接受长输管道来气的门站的情形也是较为常见的。

分输站与门站分属天然气长输管道公司与天然气城市分配管网公司。依天然气长输管道的位置与城市天然气压力级制和管网形式的相对关系不同，分输站与门站有小距离邻近或相当距离相接两种情况。

对分输站与门站邻近的情况，从国家整体利益考虑，应提倡分输站与门站两站合一。这样可节省建站投资及用地，并有利于充分利用长输管道天然气的压力能量以及相应的储气能力。

对分输站与门站分建的情况，应考虑在分输站不进行调压，以充分利用长输管道天然气的压力能量以及相应的储气能力。

考虑长输管道送来的天然气压力一般在1.6～6.3MPa之间进入门站，应通过除尘、过滤、进站计量后，经调压器调压再计量出站，同时，需要对加臭情况进行检测，站内还设有清管球接收设备。

门站设置进站计量装置，既利于燃气公司管理，也便于对比上游公司计量数据。

对站内主要参数如流量、压力等数据进行采集，并设置远传装置进行监控，确保正常运行。

2. 门站的选址

参照城市燃气管网有关站点地址选择的一般规定，门站选址的一般要求是：

（1）必须与当地规划部门密切协商，并得到有关主管部门的批准；

（2）避免废水和漏气对农业、渔业的污染；

（3）避免布置在不良地质的地区或紧靠河流，或容易被大雨淹灌的地区；

（4）应避开油库、危险化学品储存仓库、铁路枢纽站、飞机场等重要目标，宜远离居住区、学校、医院、大型商场和超市等人员密集的场所；

（5）结合城市燃气远景发展规划，站址应留有发展余地；

（6）结合经济上的可行性，尽可能利用长输管道的储气能力；

（7）门站位于市郊，按照规范留有一定的安全距离。

3. 门站的平面布置

现有天然气门站站内包括如下设施：进、出站截断阀区、工艺区、废液处理区、维修间及发电机房、办公（值班）室，有的还配有锅炉房，消防池（房）等。

站内应建有通信、办公和生活设施，以及配备车库和必需的交通工具。

门站总平面应分区布置，即分为生产区和辅助区。

门站内的各建、构筑物之间以及站外建筑物的耐火等级不应低于现行的国家标准《建筑设计防火规范》GB 50016（2018版）的有关规定。站内建筑物的耐火等级不应低于现行的国家标准《建筑设计防火规范》GB 50016“二级”的规定。

门站的工艺设施与站外建筑物间距可参照《石油天然气工程设计防火规范》GB 50183五级站场的相关规定执行。

站内工艺设施的防火间距按《城镇燃气设计规范》GB 50028规定执行。站内露天工艺装置区边缘距明火散发地点不应小于20m，距办公、生活建筑不应小于18m，距围墙不应小于10m。与站内生产建筑的间距按工艺要求确定。

门站的占地面积一般为400～8000m^2。

门站的总平面布置示意图如图7-1-1。

7.1.3　门站的工艺流程与设备选型

7.1.3.1　门站的工艺流程

根据长输管道末段和下游管网系统的压力、流量波动范围、调峰方式以及压力级制确定

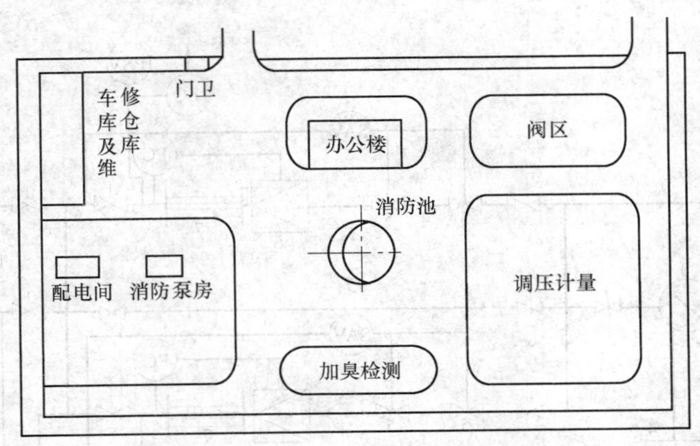

图 7-1-1 天然气门站的平面布置示意图

门站工艺基本流程。设计内容包括：气质检测、调压计量、加臭和清管球收发装置的设置，并按拟定的设备选型，充分考虑系统运行的安全、控制、数据采集以及设备检修与备用等。

门站工艺管道系统包括调压计量区、进站阀门区、出站阀门区等几部分。工艺管道安装分埋地与地面敷设两种方式。

门站的工艺流程设计应该考虑：

（1）门站内主要设备应设备用；

（2）门站内主要设备可遥控（主要指进出口阀门等）；

（3）门站的通信、遥控信息通过电话电缆和专用电缆传输；

（4）门站内一般设有高、中压调压装置。

图 7-1-2 是较为通用的门站工艺流程图。

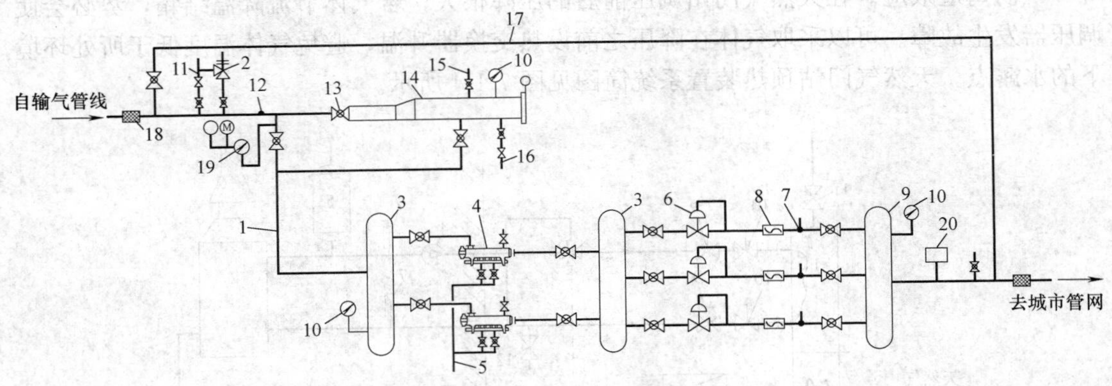

图 7-1-2 门站的工艺流程图

1—进气管；2—安全阀；3、9—汇气管；4—除尘器；5—除尘器排污管；6—调压器；7—温度计；8—流量计；10—压力表；11—干线放空管；12—清管球通过指示灯；13—球阀；14—清管球接收装置；15—放空管；16—排污管；17—越站旁通管；18—绝缘接头；19—电接点式压力表；20—加臭装置

根据门站工艺的要求，比较完善的天然气门站单级调压计量装置工艺流程设计参见图 7-1-3。该装置不仅可设在建筑物内，也可根据气候、环境条件选用适于高/次高压或高/中压压力调节的撬式集成装置。

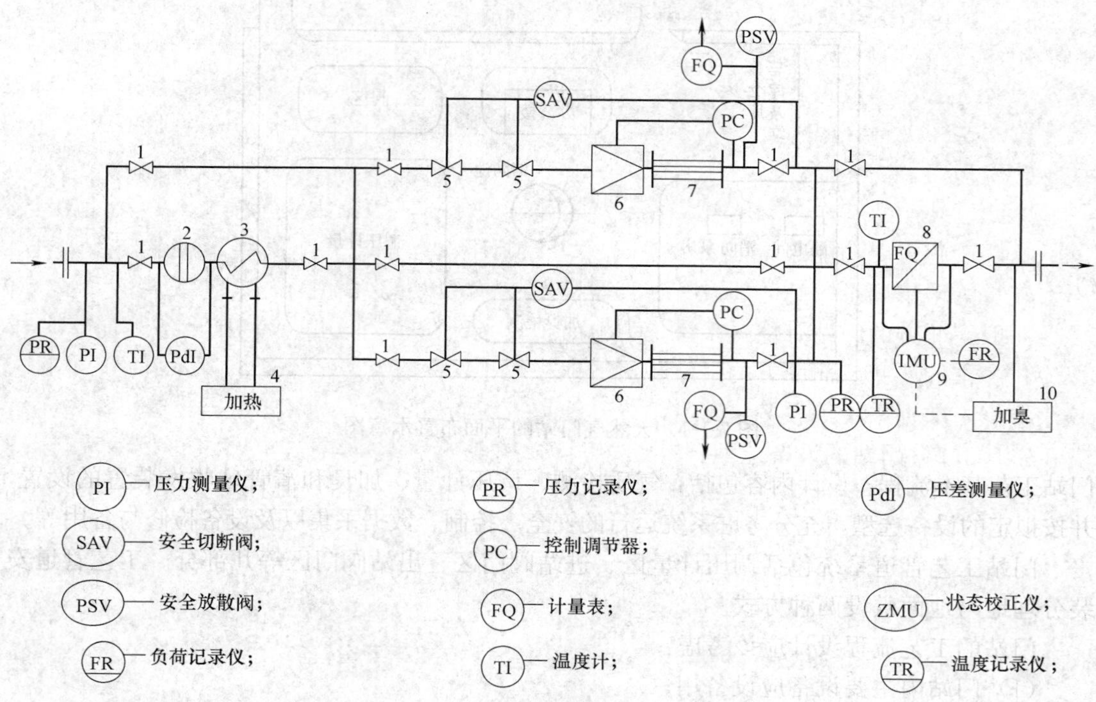

图 7-1-3　天然气门站单级调压计量装置系统简图

1—切断阀；2—过滤器；3—预热器；4—热媒发生器；5—超压保护装置；
6—调压器；7—消声器；8—计量表；9—状态校正仪；10—加臭装置。

天然气中的低碳氢化合物和水蒸气组分，在绝热节流降压过程中会发生降温，即焦耳——汤姆逊效应。在天然气门站调压前后的压降很大，若气体节流降温结霜，势必会使调压器发生故障。可以采取气体在降压之前设热交换器升温，避免气体温度低于所处环境下的水露点。天然气门站预热装置系统简图见图 7-1-4 所示。

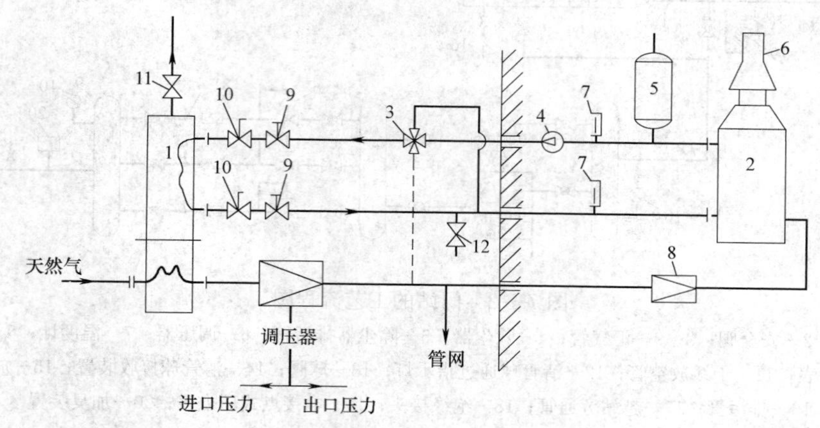

图 7-1-4　天然气门站预热装置流程简图

1—热交换器；2—锅炉；3—带温度传感器的温度调节器；4—循环泵；5—膨胀罐；6—排烟管；7—热水温度计；
8—小气量调压与计量站；9—切断装置；10—热水的往、返流的安全切断装置；11—安全阀；12—加水阀

一般门站的工艺流程中设有清管球接收装置。对大中城市天然气供应系统若门站与分输站相邻，门站的天然气需要进入较长的城市天然气外环输气管道，考虑在长输管道的分输站中设有清管球接收装置，门站的工艺流程中不安装清管球接收装置，而安装清管球发送装置，这样更符合实际。其工艺流程见图 7-1-5。它是带仪表控制节点的城市天然气门站工艺流程。

除此之外，门站作为天然气接收站，还设有成分、热值分析装置以及天然气加压预留等。这些设施主要功能是：对来气进行除尘、调压、计量、分配供气，对主要参数如压力、流量等采集记录。站内还设有清管器接发装置，以及必需的无线、有线通信设备。

一般在北方的门站有供热系统，占地面积较大，约在 $7000m^2$。调压设备多置于室内、以应付冬季的严寒。而南方的门站相对占地积较小，只有北方的一半，除了办公，值班或仪表维修，数据采集等设备位于室内，其他均露天布置，且较为紧凑。

7.1.3.2 门站的设备选型

门站的主要设备大多可以国产。一般高中压调压器为自力式调压器，阀门多为球阀，也可采用闸板阀。在计量方面多已从传统的差压计量，且温度、压力修正方式简单，发展成安装简单、计量精度高的超声波、速度式等计量装置。大中型站场应采用较为先进的遥测遥控的信息传输系统及自动化控制程度较高的系统。站内的调压设备，计量设备都应该随着科技的发展而得到更新，如计量方面使用的计量表均配以较精确的压力、温度修正，使计量更为准确。而调压器也从原来占地面积大、自身构件笨重，转变为体积小、噪声低、工作可靠性强，更具稳定性和安全性的新型装置。

门站内的主要设备及管道、附件包括：除尘装置、清管器、计量装置、调压器、阀门、安全阀、技术参数及信号传送的遥测设备系统和现场数据显示、控制的 SCADA 终端。门站内各种设备的要求和选型比较如下。

1. 除尘器

为了保证输出气体的含尘要求，减少气体本身带有的杂质，排除管道内遗留的焊渣、管道内壁腐蚀产物以及气体凝析等各种杂质。在输气管道的门站以及各调压计量站等场所安装除尘装置，确保调压设备、阀门和输配管网、燃具正常运行。

按工作方式除尘器可分为干式和湿式两种。

干式除尘装置有旋风除尘器、重力除尘器和过滤器。

湿式除尘器则利用油液洗涤气体中的尘粒，用过的油液经再生净化后，可重复使用。

对除尘装置的一般要求是：结构简单，分离效果好气流压力损失小，不需要经常更换和清洗部件等。

常规的除尘器有：

旋风除尘器：主要用于除去天然气中夹带的较大粒径固体粉尘的立式分离设备，由筒体、封头、旋风子组件、检查孔、工艺开口等组成。多用于大流量输气管道上。切向入口的旋风除尘器的直径很大，效率却不高。而多管式旋风除尘器已取代切向进口的旋风除尘器，使工作时噪声降低，外壳不易磨损，具有工作安全可靠等特点。常用的旋风除尘器有轴流式和涡流式两种。其中轴流式旋风除尘器，气量分配比较均匀稳定，有利于增加旋风子的布置密度，能提高单台除尘器的除尘处理能力。涡流式旋风子的流动阻力小，旋转后含尘气流远离出口管，利于避免尘粒逸出和对出口管壁的磨损。

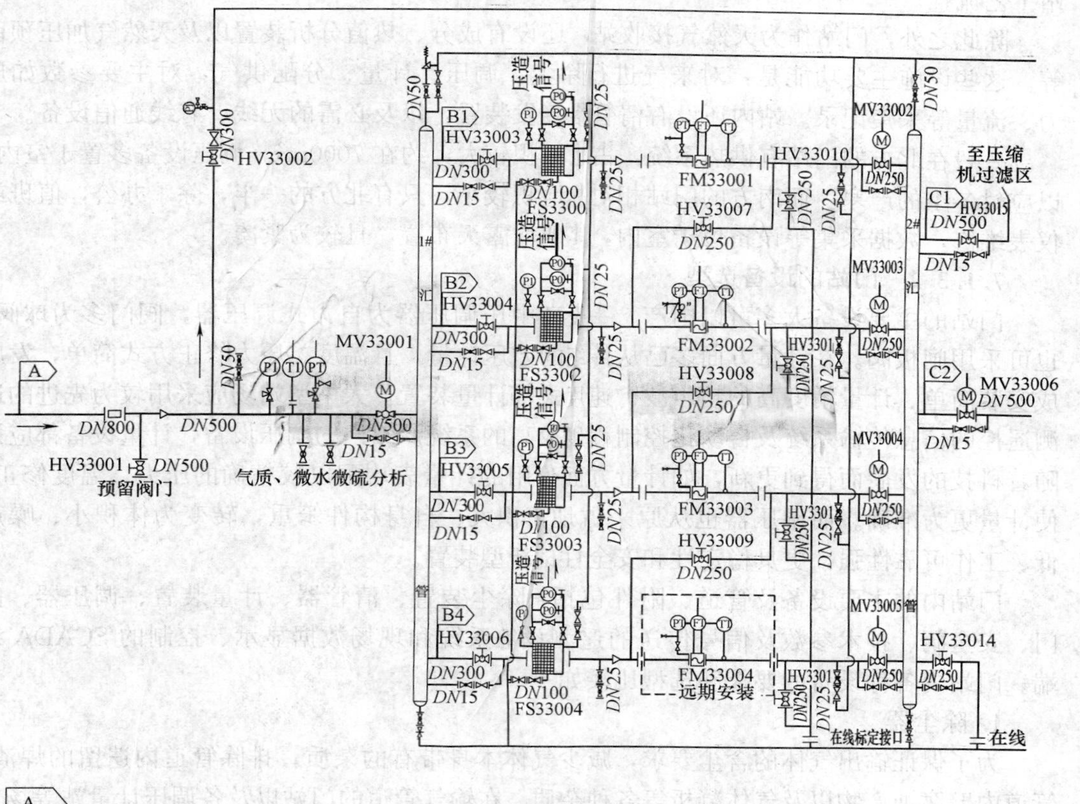

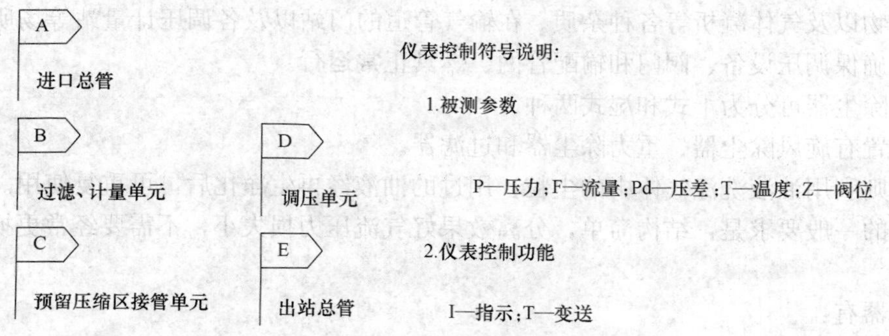
A
DN800
HV33001
DN500
预留阀门
DN500
DN300
HV33002
DN50
PI
TI
PT
气质、微水微硫分析
MV33001
DN500
DN15
1#
汇
管
B1
HV33003
DN300
DN15
DN100
FS3300
压差信号
DN50
DN25
B2
HV33004
DN300
DN15
DN100
FS3302
B3
HV33005
DN300
DN15
DN100
FS33003
B4
HV33006
DN300
DN15
DN100
FS33004
FM33001
FM33002
FM33003
FM33004
远期安装
HV33007
HV33008
HV33009
DN250
HV33010
HV33014
MV33002
MV33003
MV33004
MV33005
2#
至压缩机过滤区
C1
HV33015
DN500
DN15
C2
MV33006
DN500
DN15
在线标定接口
在线
进口总管
B
过滤、计量单元
C
预留压缩区接管单元
D
调压单元
E
出站总管
仪表控制符号说明:
1.被测参数
P—压力；F—流量；Pd—压差；T—温度；Z—阀位
2.仪表控制功能
I—指示；T—变送

图 7-1-5　天然气门

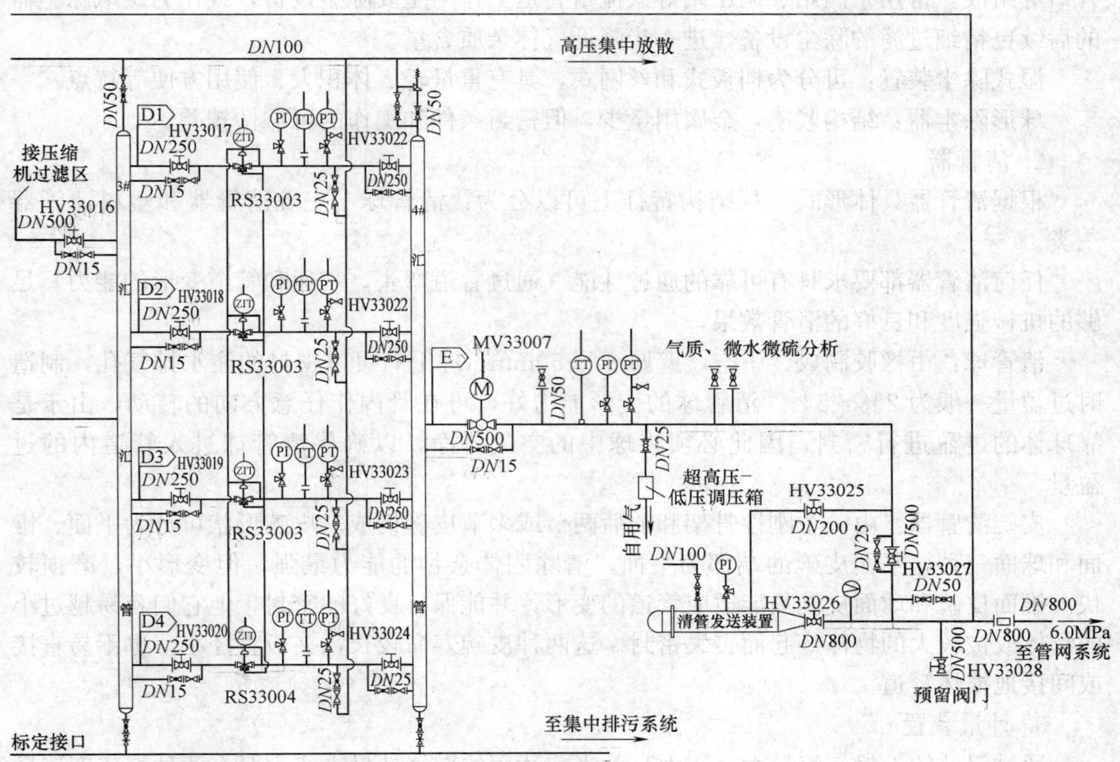

图例

图例	名称	图例	名称	图例	名称	图例	名称
(M)	进口电动球阀		国产手动球阀		进口手动球阀		过滤器
	调节装置(带压力或流量调节)		手动截止阀		法兰连接		
~	超声波流量计		安全放散阀		绝缘接头		

站的工艺流程图

多管旋风除尘器有较高的分离效率（一般为99%以上），分离的最小粒度在10μm以上。它具有处理能力大，管理方便，无消耗性材料等优点，适合输气管道的各种场合。

卧式过滤分离器：采用过滤滤芯作为分离元件，主要用于除去天然气中夹带的较小粒径的固体粉尘和粒径较大液滴的分离，由筒体、封头、快开盲板、滤芯组件、工艺及仪表开口等组成。常用于门站、调压站等大流量管道上作为主要除尘设备，或作为旋风除尘器的后续更精细过滤的除尘设备，进一步降低气体杂质含量。

湿式除尘装置：可分为档板式和丝网式，具有重量轻、体积大、使用方便等特点。

球形除尘器：结构紧凑，金属用量少，但密封条件和工作的可靠性较差。

2. 清管器

根据清管器具体形式，从结构特征上可以分为：清管球、皮碗清管器和塑料清管器三类。

任何清管器都要求具有可靠的通过性能（通过管道弯头，三通和管道变形的能力）足够的机械强度和良好的清管效果，

清管球：由橡胶制成，中空，壁厚30～50mm，球上有可以密封的注水排气孔，制造时过盈量一般为2%～5%。清管球的变形能力好，可在管内作任意方向的转动，由于是靠球体的过盈进行密封，因此必须将球中的空气排净，以确保清管球进入管道内的过盈量。

皮碗清管器：由一个刚性骨架和前后两节或多节皮碗构成。皮碗形状可分为平面、锥面和球面三种，平面皮碗的端部为平面，清除固体杂物的能力最强，但变形小，磨损较快。锥面皮碗和球面皮碗很能适应管道的变形，并能保持良好的密封，但它们容易越过小的物体或被较大的物体垫起而丧失密封。这两种皮碗寿命较长，夹板直径小，也不易直接或间接地损坏管道。

3. 计量装置

通过门站的天然气流量大、压力高。当前适用的燃气计量方式主要有两种：速度流量计和差压流量计。

速度流量计常用的有超声流量计、涡轮流量计、涡街流量计。涡轮根据叶轮的形式可分为平叶轮式和螺旋叶轮式两类。

速度流量计有良好的计量性能．其测量范围宽，误差小、惰性小。涡轮流量计及涡街流量计 $q_{max}/q_{min}=10\sim15$，超声流量计可达到 $q_{max}/q_{min}=30\sim50$（100～200）。超声流量计价格较贵，多用于大流量燃气站场的计量。

超声流量计是利用超声波在流体中的传播特性来测量流量。天然气管道上用的是传播时间差法气体超声流量计。传播时间差法气体超声流量计是通过测量高频声脉冲传播时间得出气体流量。传播时间是通过在管道外或管道内成对的换能器之间传送和接收到的声脉冲进行测量的。声脉冲沿斜线方向传播，顺流传送的声脉冲被气流加速，而逆流传送的声脉冲则会被减速。其传播时间差与气体的轴向平均流速有关，从而计算出气体轴向平均流速和流量。只有一个声道的流量计称为单声道气体超声流量计，有两个或两个以上声道的流量计称为多声道气体超声流量计。超声换能器与气体直接接触时，称为插入式。超声换能器不与气体直接接触时，称为外夹式。

超声流量计组件由流量计、配套使用的上下游直管段、测温孔、取压孔以及流动调整

器组成。

涡轮流量计是以流动流体的动力驱使涡轮叶片旋转，其旋转速度与体积流量近似成比例。通过流量计的流体体积示值是以涡轮叶轮转数为基准的。

涡街流量计利用卡门涡街原理。在流体中安放旋涡发生体，流体在旋涡发生体下游两侧交替地分离释放出两列有规律的交错排列的旋涡，在一定雷诺数范围内，该旋涡的频率与旋涡发生体的几何尺寸、管道的几何尺寸有关，旋涡的频率正比于流量，此频率可由探头检出。

差压式流量计又称为节流流量计，有孔板件，通过测量孔板前后的压力差变化来测量燃气流量，具有测量范围大的特点。

由于天然气计量装置通常测量的对象压力、温度不是标准状态，在大流量、高压力的天然气计量中，流量计还需配用压力、温度修正器。

天然气的压力、温度和流量计的数据通过传感器输入压力温度修正器，压力、温度修正器，经计算后自动记录并显示标准体积流量。

4. 调压器

调压器的设置应满足最大设计流量的要求，并应适应进口燃气的最高、最低工作压力的工况，调压管路和调压装置的配置还应适应供气高峰、低峰的流量变化和供气初期的低流量工况。宜采用自力式调压器，不得采用手动装置节流减压。

当上游最大操作压力大于下游最大操作压力 1.6MPa 以上，以及上游最大操作压力大于下游管道和设备强度试验压力时，单个的（第一级）压力安全设备还应同时加上第二个安全设备。可选择下列措施之一：

（1）每一回路串联安装 2 台安全截断设备，安全切断设备应具备快速关闭能力并提供可靠截断密封；

（2）每一回路安装 1 台安全截断设备和 1 台附加的压力调节控制设备，即采用自力式安全切断阀＋自力式监控调压器＋主调压器串联设置的方式；

（3）每一回路安装 1 台安全截断设备和 1 台最大流量安全泄放设备。

门站通常采用的两种较典型的调压器为：

通用型高—中压调压器。

调压器的最高进口压力可达 8.5MPa。出口压力的范围为 0～6.0MPa。调压器底部带有一个安全阀，一旦调压器发生故障，出口压力升高至安全阀的动作压力（事先设定的）时，安全阀会自动切断主调压器并发出报警信号，重新启动时需人工开启。

静声式高—中压调压器。

调压器进口压力最高可达 2.5MPa，出口范围为 0.002～1.6MPa，运行时噪声小于 70dB。静声式调压器是在通用型的基础上改进而成的，将通用型调压器的平衡活塞改为弹性皮膜，又在阀口处增加多孔模块，这样就大大降低了气流通过时的噪声，但进口承受的压力也相应降低了。

5. 切断阀

切断阀在门站中的作用是在当调压器发生故障、出口压力超过其允许值时，自动切断调压器进口管路的气源，从而使下级管网及其设备不受破坏，保证输气安全。

较为合理的做法是将切断阀直接与调压器连为一体，切断阀体积小，可靠性好，操作管理简便，较广泛地在高—中压调压站内使用。

由于静声式调压器本身已装有安全切断装置，故可在过滤器后直接安装。值得注意的是，天然气节流降压的过程会产生汤姆逊效应，压力每降 0.1MPa，气体温度约降 0.4℃，有些高压门站内，干燥的天然气压降一般在 6MPa 以上，此时调压器出口管的外壁会出现较严重的结冰现象。为防止过冷气体流经计量设备，造成误差，故多将计量设备移至调压器之前，也可以在门站配备加热设备，以确保设备的正常运行。

如果天然气进站压力不高，出口压力不低，如进口为 2.0MPa，出口压力为 1.5MPa，其降压后造成的温降只有 2℃左右，在门站内便不需设置加热设备。

6. 预热装置

有关绝热节流降压过程中天然气的热力参数变化及热交换器热功率计算见本手册第 15 章 15.9.7.1 换热器。

热交换器的形式很多，但一般选用热水箱循环介质为宜，热源的设置方式依门站规模而定，大站宜选站内集中供热源，具体的热交换器结构及其热水循环参数均需参阅相关说明书。

7. 阀门

对于门站阀门的选择，要求符合下列条件：

有良好的气密性；强度可靠；耐腐蚀；具有可靠的大扭矩驱动装置；与管道通径相同；可以自动控制。

天然气常用的两种阀门类型：球阀和平板阀（通孔板式闸阀）。球阀按阀芯的安装方式分为浮动式和固定式，浮动式的球心可自由向左右两侧移动，是属于单自动密封，开启力矩大。固定式结构通过阀杆和径向轴承将阀心固定在阀体上，可实现球体两侧强制密封，其启闭力小，适用于高压大口径球阀。

平板阀是一种通孔闸阀。闸板的下方有一个与管径相同的阀孔，关闭时形成单面密封。

球阀与闸板阀相比，结构复杂，体积和宽度大，但高度降低，球阀的动作力矩大、时间短。它们均有全启时压力损失小，可以通过清管器和制成高压大口径等优点，均被大量采用。气体管道上球阀开关速度快，密封条件好，更受使用者青睐。

门站内重要部位应选用球阀，其余可选用价格便宜的平板闸阀。

8. 管道

门站管道包括管径选择和管型选择。

管径对站场工艺系统噪声及投资有较大影响，原则上宜控制气体流速不超过 15m/s。

为保证站内管道美观，站内地上管道应选用无缝钢管或直缝管。根据压力等级不同采用《输送流体用无缝钢管》GB/T 8163 或《石油天然气工业管线输送系统用钢管》GB/T 9711。

9. SCADA 终端单元

在门站中遥讯的参数有压力和流量这两大主要参数。流量和压力的测点分别位于进口总管的稳流处和进出口总管处、安全放散装置前。

对站内设备需要进行遥控的有：所有参加运行的调压器相关位置的阀门，如站外旁通阀，进口总阀及二路支阀、调压器前的进口阀等。

7.2 天然气储配站

7.2.1　天然气储配站功能

单一的天然气储配站是很少的，工程上往往通过在门站增加储气和加压的系统来实现储气调峰的功能。用气低峰时，天然气存入储罐中。用气高峰时，储罐中的气体进入城市管网，补充高峰用气不足。如果来自管网的天然气压力不能满足储气设施的压力要求，可以通过加压实现，而采用高压引射的方式也可以提高储气设施的利用效率(容积利用系数)。采用储罐储气的储配站，通常作为平衡小时不均匀性的调峰设施，一般具有高—中压调压站功能。对于用气量较大的城市，其储罐总体容积较大，且多为成组布置。

储配站不仅具备调峰功能，同时还具有调压功能。调压站控制中心通过对进站压力、流量，球罐压力、温度，引射器前后压力、流量以及过滤器前后的压差等参数进行监视和分析，从而对进出站总阀门、进出球罐阀门、进出引射器阀门、各调压计量系统阀门以及站内外旁通阀门进行控制。

7.2.2　天然气储配站的总平面布置

储配站应设在城市全年最小频率的上风侧或侧上风侧，远离居民稠密区、大型公共建筑、重要物资仓库以及通信和交通枢纽等重要设施，同时应避开雷击区、地裂带和易受洪水侵袭的区域。储配站平面布置时应该注意以下问题：

1. 防火间距

依据《建筑设计防火规范》GB 50016（2018 版）和《城镇燃气设计规范》GB 50028 的有关要求，根据天然气储罐容积大小、可燃气体存量多少以及具有爆燃的危险性等特点，防火间距应从严要求。

2. 功能分布

储配站区域分为生产区和辅助区，布置时生产区与辅助区应用围墙或栅栏隔开。

3. 消防车道

罐区周围应设环形车道，方便消防车辆通过。环形车道与罐区应保证一定间距，中间设置绿化带。

4. 消防水池

根据天然气储罐的特性，消防水池及消防水泵房应与储罐适当拉开距离，设在储配站远离罐区的一侧。

7.2.3　天然气储配站的设施

1. 加压设施

通过长输管道进入储配站的天然气通常压力较高，能够满足储罐的储气压力要求，特殊情况下，当来气压力较低而不能满足储气压力要求时，需要设置加压设施，建设压缩机室，选用适当的压缩机对来气进行加压。

储配站的加压设备选择应根据吸排气压力、排气量及气体净化程度，选用活塞式、罗茨式、离心式等型号的压缩机，或者选用几种类型的压缩机。所选压缩机应便于操作维护，安全可靠，并符合节能、高效、低振、低噪的要求。压缩机应设置备用，压缩机出口管道应设止回阀和截断阀。

压缩机宜按独立机组配置进、排气管，阀门，旁通，冷却器，安全放散，供油及供水等各项辅助设施。

压缩机宜按单排布置，压缩机之间及压缩机与墙壁之间的净距应大于1.5m，重要通道应大于2m。

压缩机室宜采用单层建筑，并应按现行的《建筑设计防火规范》GB 50016（2018版）规定的"甲类生产厂房"设计。其建筑耐火等级不低于"二级"，室内应设有检修用的起重设备。

2. 建筑结构

（1）储配站内建、构筑物的耐火等级不应低于二级。

（2）储罐的承重支架应进行耐火处理，使其耐火极限不低于1.5h。

（3）压缩机房属易发生爆炸危险的建筑物，应设防爆泄压构件，泄压面积应满足泄压比要求。

3. 消防设施

（1）可燃气体检测报警和火灾自动报警装置

在引射间、工艺装置区、罐区应设置可燃气体泄漏装置，并且应与房间上方通风设施联动控制，报警后即时启动，将可燃气体排出室外。在工艺装置区、仪表间、引射间、发电机房、变配电室及生活区应设感烟或感温探测器，将报警信号传送至消防控制室，确保及时报警。

（2）消火栓系统

储配站内设室外消防管网，同时设置消防水泵房以保证消火栓水量和压力。

4. 电气

（1）储配站供电系统应按二级负荷设计。

（2）压缩机房、引射间调压计量室等应按防爆1区设计电气防爆等级。

（3）罐区可不设照明系统。在辅助区设探照灯，以解决罐区照明问题。

（4）储气罐的防雷接地设施，其接地电阻应小于10Ω。压缩机房等的防雷等级应符合《建筑物防雷设计规范》GB 50057"第二类"的要求。

5. 监视系统

设置视频监视系统和入侵报警系统可使工作人员在控制室监控生产区全貌，以达到对生产区全方位监控，随时发现问题，对于特定时期的人为破坏也能起监控作用。视频监控系统应能有效地采集、显示、记录与回放现场图像。图像存储时间大于等于30d。入侵报警系统应能有效地探测各种入侵行为，报警响应时间小于等于2s。入侵报警系统应与视频监控系统联动，联动时间小于等于4s，联动图像应长期保存。

6. SCADA终端单元

储配站应建立自动控制系统，对站内设施进行全方位量化监控，进行在线分析，将各种参数进行归纳处理，并将控制状态及参数送至控制室显示屏。

7.2.4 天然气储配站的工艺流程

在用气低谷时，由长输管道来的天然气一部分经过一级调压进入高压球罐，另一部分经过二级调压进入城市；在高峰时，高压球罐的天然气经过调压后和经过二级调压的来气汇合进入城市管网。为提高储罐的利用系数，在站内安装引射器，当储罐内的天然气压力接近管网压力时，可以利用高压管道的高压天然气从压力较低的储罐中将天然气引射出来以提高整个储配站的储罐容积利用系数。高压储配站的工艺流程如图 7-2-1 所示。

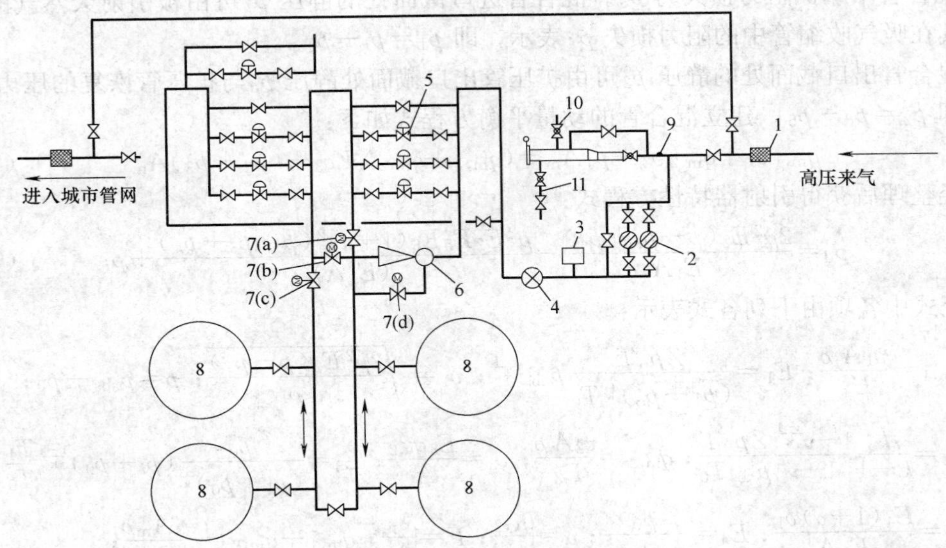

图 7-2-1 天然气高压储配站工艺流程图

1—绝缘法兰；2—除尘装置；3—加臭装置；4—流量计；5—调压器；6—引射器；7—电动球阀；8—储罐；9—清管球接收装置；10—放散装置；11—排污装置

7.3 天然气引射器

天然气引射器是利用较高压力天然气引射较低压力天然气，以获得所需压力，一般用于抽吸储罐中天然气，以提高储罐利用率或达到所需供气压力，也可用于储罐检修时抽气。由于利用了高压天然气可能损耗于调压器中的压力、不需其他能源，是一种节能装置，一般在门站或储配站中设置。

引射器由高压天然气喷嘴、收缩管、混合管与扩压管四部分构成，见图 7-3-1。由于

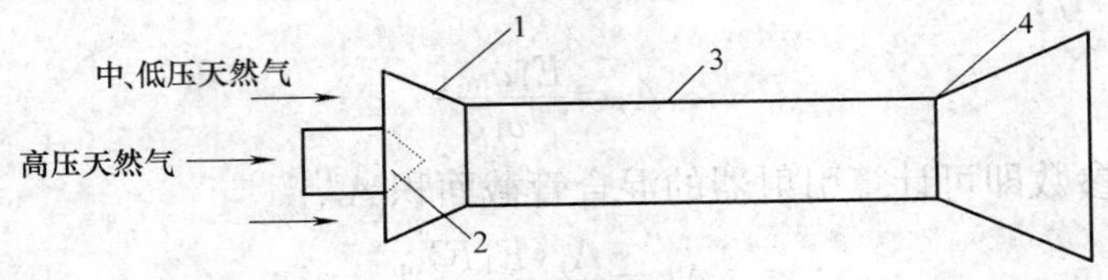

图 7-3-1 天然气引射器

1—收缩管；2—喷嘴；3—混合管；4—扩压管

天然气在其中流速高而产生较大噪声，一般须采取隔声降噪措施。

7.3.1　特性方程式与最佳工况的结构设计

7.3.1.1　特性方程式

引射器的特性方程式是在混合管的进出口两截面上建立动量平衡关系求得的。

在混合管进口截面处具有高压引射天然气的动量 $q_{m,1}v_1$、低压被引射天然气的动量 $q_{m,2}v_2$ 以及静压 p_1，在混合管出口截面处具有混合天然气动量（$q_{m,1}+q_{m,2}$）ψv_3 与静压 p_2、混合管中摩擦阻力损失为 p_3。混合管进口截面处的静压 p_1 可由被引射天然气的压力 p_i 与其在吸气收缩管中的阻力损失 p_4 表示，即 $p_1=p_i-p_4$。

混合管出口截面处的静压 p_2 可由扩压管出口截面处静压 p_d 与扩压管恢复的压力 p_5 表示，即 $p_2=p_d-p_5$。建立混合管的动量平衡方程式如下：

$$q_{m,1}v_1+q_{m,2}v_2+p_1A_m=(q_{m,1}+q_{m,2})\Psi v_3+(p_2+p_3)A_m \tag{7-3-1}$$

经整理后获得引射器特性方程式：

$$p_d=\frac{2\mu^2E_2(p-p_i+p_4)}{E_1A}-\frac{\mu^2E_2E_5E_6(1+\alpha)^2(p-p_i+p_4)}{(E_1A)^2}+p_i \tag{7-3-2}$$

上式中各项由下列各式表示：

$$q_{m,1}=\frac{v_1A_j\rho}{E_1}；E_1=\frac{Zp_o T}{(p_1+p_o)^{\frac{1}{k}}T_0}p_{abs}{}^{\frac{1-k}{k}}；v_1=\sqrt{\frac{2\mu^2E_2(p-p_1)}{\rho}}；p=p_{abs}-p_0；$$

$$E_2=\frac{k}{k-1}\frac{1-\nu^{\frac{k-1}{k}}}{1-\nu}\frac{Zp_0T}{p_{abs}T_0}；q_{m,2}=\frac{v_2A_i\rho}{E_3}；v_2=\frac{E_3q_{v,2}}{A_i}；E_3=\frac{p_0}{(p_1+p_0)^{\frac{1}{k}}}(p_i+p_0)^{\frac{1-k}{k}}\frac{T_1}{T_0}；$$

$$v_3=\frac{E_4(1+\alpha)v_1}{E_1A}；E_4=\frac{p_0}{p_2+p_0}；\alpha=\frac{q_{v,2}}{q_{v,1}}；F=\frac{A_m}{A_j}；q_{m,1}+q_{m,2}=\frac{v_3A_m\rho}{E_4}；$$

$$p_3=\frac{\xi_m\rho}{2}\left[E_4\frac{(1+\alpha)v_1}{E_1F}\right]^2；p_4=\frac{\rho}{2\mu_1^2}\left[E_4\frac{(1+\alpha)v_1}{E_1F}\right]^2；p_5=\frac{v_3^2\rho}{2}\left(\frac{n^2-1}{n^2}-\xi_d\right)；$$

$$n=\frac{A_d}{A_m}；E_5=2\psi E_4+E_4^2(\xi_m-\frac{n^2-1}{n^2}+\xi_d)；E_6=1-\frac{\alpha^2}{E_5(1+\alpha)^2}(\frac{2\mu_1^2E_3-E_3^2}{\mu_1^2})$$

7.3.1.2　最佳工况设计的结构参数

为获得最高出口压力，应按最佳工况进行结构设计，即求 p_d 对（E_1F）的一阶导数，且令其为零，从而解得最佳结构参数（E_1F）$_{op}$：

$$(E_1F)_{op}=E_5E_6(1+\alpha)^2 \tag{7-3-3}$$

最佳结构参数代入特性方程式即求得最佳出口压力 $P_{d,op}$：

$$p_{d,op}=\frac{\mu^2E_2(p-p_i+p_4)}{E_5E_6(1+\alpha)^2}+p_i \tag{7-3-4}$$

喷嘴截面积 A_j：

$$A_j=\frac{E_1q_{m,1}}{v_1\rho} \tag{7-3-5}$$

由最佳结构参数即可计算引射器的混合管截面积 A_m：

$$A_m=\frac{A_j(E_1F)_{op}}{E_1} \tag{7-3-6}$$

扩压管出口截面积 A_d：

$$A_d = nA_m \tag{7-3-7}$$

喷嘴压力比 ν：

$$\nu = \frac{p_1 + p_0}{p_{abs}} \tag{7-3-8}$$

喷嘴临界压力比 ν_c：

$$\nu_c = \left(\frac{2}{k+1}\right)^{\frac{k}{k-1}} \tag{7-3-9}$$

当压力比 ν 小于临界压力比 ν_c 时采用渐缩渐扩喷嘴（拉伐尔喷嘴）。天然气的临界压力比 ν_c 为 0.546。渐缩渐扩喷嘴的临界截面积 A_c：

$$A_c = \xi_c A_j \tag{7-3-10}$$

$$\xi_c = \left(\frac{k+1}{2}\right)^{\frac{1}{k-1}} \sqrt{\frac{k+1}{k-1}(1-\nu^{\frac{k-1}{k}})\nu^{\frac{2}{k}}} \tag{7-3-11}$$

式中 F——无因次面积；

A_c——渐缩渐扩喷嘴临界截面积，m^2；

A_d——扩压管出口截面积，m^2；

A_i——被引射天然气吸入口截面积，m^2；

A_j——喷嘴出口截面积，m^2。

A_m——混合管截面积，m^2；

D_c——渐缩渐扩喷嘴临界截面直径，m；

D_j——喷嘴出口截面直径，m；

E_1——校正系数；

(E_1F)、$(E_1F)_{op}$——分别为结构参数与最佳结构参数；

E_2——校正系数；

E_3——校正系数；

E_4——校正系数；

E_5——校正系数；

E_6——校正系数；

k——天然气绝热指数，$k=1.3$；

T——引射天然气在喷嘴前温度，K；

T_0——标准状态温度，$T_0=273$K；

T_1——被引射天然气在引射前温度，K；

n——扩压管扩张度；

p——引射天然气在喷嘴前压力，Pa；

p_0——大气压，$P_0=101325$Pa；

p_1、p_2、p_3——分别为混合管进、出口截面处静压与混合管中摩擦阻力损失，Pa；

p_4——吸气收缩管的阻力损失，Pa；

p_5——扩压管恢复的压力，Pa；

p_{abs}——引射天然气在喷嘴前压力（绝压），Pa；

p_d、$p_{d,op}$——分别为扩压管出口截面处压力与最佳压力，Pa；

p_i——被引射天然气压力，Pa；

$q_{m,1}$、$q_{m,2}$——分别为引射天然气与被引射天然气的质量流量，kg/s；

$q_{v,1}$、$q_{v,2}$——分别为引射天然气与被引射天然气的体积流量，m^3/s；

v_1、v_2、v_3——分别为引射天然气喷嘴出口，被引射天然气进口与混合管出口处天然气流速，m/s；

Z——天然气压缩因子；

α——引射系数；

μ——喷嘴流量系数；

μ_1——被引射天然气吸入口流量系数；

ν——引射天然气在喷嘴前后的压力比；

ν_c——引射天然气在喷嘴前后的临界压力比；

ρ——天然气密度，kg/m^3；

ξ_c——渐缩渐扩喷嘴临界截面积校正系数；

ξ_d——扩压管摩擦阻力系数；

ξ_m——混合管摩擦阻力系数；

Ψ——混合管速度场不均匀系数。

引射器其他结构参数与计算系数可参照本手册第25章燃气高压引射器部分。

7.3.2　运行工况

根据引射器特性方程式与最佳工况参数编制计算机软件进行工况分析。分析中采用符号同前。天然气的成分为：CH_4 98%、C_3H_8 0.3%、C_4H_{10} 0.3%、C_mH_n 0.4%、N_2 1.0%；除注明外，扩张管的扩张度 $n=3$，天然气温度为20℃。

7.3.2.1　变化引射天然气压力

变化引射天然气压力，而被引射天然气压力与引射系数不变的工况见表7-3-1。

变化引射天然气压力的计算结果　　表7-3-1

$p\times10^{-6}$	$p_i\times10^{-6}$	α	$p_{d,op}\times10^{-6}$
7.0	0.2	0.56	0.3591
5.0			0.3409
2.5			0.3054
1.6			0.2837

由表7-3-1可见，当引射天然气压力由1.6MPa至7.0MPa作大幅度变化、即提高4.38倍，而被引射天然气压力保持0.2MPa不变，扩压管出口压力有小幅度升高，即引射系数为0.6时出口压力仅在被引射天然气压力的1.42～1.80倍间变化，其随着引射天然气压力的提高，有较小幅度提高。

因此引射器出口压力受到被引射天然气压力的制约，大幅度提高引射天然气压力对提高引射器出口压力的效果是极其有限的。

7.3.2.2　变化被引射天然气压力

变化被引射天然气压力，而引射天然气压力与引射系数不变的工况见表7-3-2。

变化被引射天然气压力的计算结果 表 7-3-2

$p\times10^{-6}$	$p_i\times10^{-6}$	α	$p_{d,op}\times10^{-6}$
1.6	1.1	0.6	1.1620
	0.8		0.8864
	0.5		0.5967
	0.2		0.2837

由表 7-3-2 可见，当被引射天然气压力由 0.2MPa 提高至 1.1MPa，而引射天然气压力保持 1.6MPa 不变，当引射系数为 0.6 时，出口压力在被引射天然气压力的 1.06～1.42 倍间变化，该幅度随被引射天然气压力的提高而降低。但很显然，出口压力随被引射天然气压力的提高而同步提高。

7.3.2.3 变化引射系数

变化引射系数，而被引射天然气压力不变的工况见表 7-3-3。

变化引射系数的计算结果 表 7-3-3

$p\times10^{-6}$	$p_i\times10^{-6}$	α	$p_{d,op}\times10^{-6}$
5.0	0.2	1.5	0.2636
		1.0	0.2926
		0.6	0.3409
		0.2	0.4804
2.5		1.5	0.2493
		1.0	0.2708
		0.6	0.3054
		0.2	0.3970
1.6		1.5	0.2403
		1.0	0.2570
		0.6	0.2839
		0.2	0.3510

由表 7-3-3 可见，引射系数的降低对引射器出口压力的提升有较显著的影响，其程度大于引射天然气压力的升高。同时绝大多数场合，引射器出口压力不超过被引射天然气压力的 2 倍。

7.3.2.4 符合中压管网压力要求的运行参数

当引射器用于抽吸储罐内天然气向中压管网供气时，其出口压力应符合中压 A 或 B 对压力的要求，计算结果见表 7-3-4。

符合中压管网压力要求的运行参数 表 7-3-4

$p\times10^{-6}$	$p_i\times10^{-6}$	α	$p_{d,op}\times10^{-6}$
7.0	0.2	0.440	0.4006
		1.030	0.3006

续表

$p\times10^{-6}$	$p_i\times10^{-6}$	α	$p_{d,op}\times10^{-6}$
7.0	0.1	0.20	0.3594
		0.720	0.2007
5.0	0.2	0.363	0.4002
		0.910	0.3006
	0.1	0.20	0.3259
		0.650	0.20
2.5	0.2	0.192	0.4006
		0.645	0.3001
	0.1	0.20	0.2651
		0.470	0.2003
1.6	0.2	0.077	0.4003
		0.450	0.3007
	0.1	0.20	0.2318
		0.345	0.2003
0.8	0.2	0.20	0.2958
	0.1	0.20	0.1939

按实用的引射系数须大于0.2的工况进行分析。由表7-3-4可见，当被引射天然气压力为0.1MPa时，引射天然气压力提高至7MPa仍不能使引射器出口压力达中压A最高压力0.4MPa，但除引射天然气压力为0.8MPa外各种工况均可保持引射器出口压力在中压A的范围内，并以不小于0.345的引射系数使引射器出口压力达中压B的最高压力0.2MPa。当被引射天然气压力为0.2MPa时，引射天然气压力为5MPa与7MPa可使引射器出口压力达到0.4MPa，但除引射天然气压力为0.8MPa外，各种工况可在引射系数不小于0.45获得不小于0.3MPa的引射器出口压力。在引射系数大于0.2状况下，上述各种压力工况均可向中压管网供气，除引射天然气压力为0.8MPa、被引射天然气压力为0.1MPa外，均可向中压A管网供气。

7.3.2.5　低压天然气被引射

一般低压储气罐内压力不低于0.001MPa。按引射系数为0.2与被引射天然气压力为0.001MPa进行分析，计算结果见表7-3-5。

引射低压天然气的计算结果　　**表7-3-5**

$p_i\times10^{-6}$	α	$p_{d,op}\times10^{-6}$				
		$p\times10^{-6}=10.0$	$p\times10^{-6}=7.0$	$p\times10^{-6}=5.0$	$p\times10^{-6}=2.5$	$p\times10^{-6}=1.6$
0.001	0.2	0.1856	0.1653	0.1477	0.1154	0.0972

由表7-3-5可见，大幅度提高引射天然气压力至10MPa，即使在引射系数为0.2状况下，引射器出口压力仍在中压B范围内，但引射压力为1.6MPa时达不到此要求。

7.3.2.6 变化扩压管扩张度

变化扩压管扩张度、而天然气压力与引射系数不变的工况见表 7-3-6。

变化扩压管扩张度的计算结果 表 7-3-6

$p\times10^{-6}$	$p_i\times10^{-6}$	α	$p_{d,op}\times10^{-6}$						
			$n=2$	$n=3$	$n=4$	$n=5$	$n=6$	$n=7$	$n=8$
5.0	0.2	0.5	0.3587	0.3613	0.3621	0.3626	0.3628	0.3630	0.3631

由表 7-3-6 可见，随着扩张度的增加，引射器出口压力增加倍率减少。扩张度大于 4 出现出口压力增长极小状况，即此时扩张度每增加 1，出口压力增长率在 0.2%以下，因此，扩张度大于 4 无实用价值。实际上扩张度大于 4 以后，扩压段的阻力损失会显著增大，引射器出口压力会小于表 7-3-6 所示的 $P_{d,op}$ 值。

7.3.2.7 引射天然气压力对喷嘴结构的影响

喷嘴前后压力比决定喷嘴形式，按天然气临界压力比推算，当引射天然气压力为 1.6MPa、2.5MPa、5.0MPa 与 7.0MPa 时，相应喷嘴后压力若不大于 0.4136MPa、0.9050MPa、2.270MPa 与 3.3620MPa 须采用渐缩渐扩喷嘴（拉伐尔喷嘴）。

当采用引射器引射储罐内天然气以达到中压供气压力时，一般须采用渐缩渐扩喷嘴。当被引射天然气压力为 0.2MPa、引射器出口压力达 0.4MPa 时的计算结果见表 7-3-7。

引射天然气压力对喷嘴结构的影响 表 7-3-7

$p\times10^{-6}$	$p_i\times10^{-6}$	$q_v\times3600$	α	ν	$D_c\times1000$	$D_j\times1000$
7.0	0.2	10000	0.440	0.041	15.88	30.41
5.0			0.363	0.058	18.73	32.09
2.5			0.192	0.115	26.23	36.27
1.6			0.077	0.177	32.44	39.70

7.3.2.8 工况分析小结

（1）引射器出口压力受被引射天然气压力的制约，提高引射天然气压力的效果是极其有限的；引射器出口压力随被引射天然气压力的提高会同步提高；降低引射系数使出口压力有显著提高。

（2）在引射系数大于 0.2 状况下，采用所讨论的引射天然气压力与被引射天然气压力均可引射储罐内天然气向中压管网供气，且被引射天然气压力不小 2 于 0.2MPa 时可使出口压力在中压 A 的范围内；但引射压力为 0.001MPa 的低压天然气时，即使引射天然气压力高至 10MPa，也不能使出口压力达中压 A 范围。

（3）扩压管扩张度不应大于 4。对于各种向中压管网供气的工况一般须采用渐缩渐扩喷嘴（拉伐尔喷嘴）。

7.4 燃 气 加 臭

7.4.1 燃气加臭量

燃气易燃易爆。燃气泄漏后与空气混合，当其浓度处于一定范围时，遇火即发生着火或爆炸。爆炸浓度极限范围越宽，爆炸下限浓度越低，则着火或爆炸危险性就越大。天然气的爆炸极限范围约为5%～15%，人工煤气的爆炸极限范围约为6.5%～36.5%。

城市燃气有毒性。天然气为烃类混合物，属低毒性物质，但长期接触可导致神经衰弱综合症状。天然气中的甲烷属“单纯窒息性”气体，高浓度时人会因缺氧而引起中毒，当空气中的甲烷浓度达到25%～30%时人会出现头昏、呼吸加速、运动失调。人工煤气中的CO为剧毒物质，人吸入后，造成人体组织缺氧，神志不清，甚至危及生命。空气中CO含量超过0.3%体积时，人不到10min就会感到头痛，呕吐，继续吸入半小时会导致死亡。

因此，必须提高燃气输配与应用过程中的安全性，防止燃气泄漏。燃气一旦发生泄漏，应该能够及时被发觉，如通过燃气泄漏报警仪提示等。但更多的情况下，是通过人的嗅觉感知的。这就要求燃气必须具有一定的“异味”或“臭味”。

臭味强度和人的嗅觉能力有关。臭味强度等级国际上燃气行业一般按嗅觉分级，见表7-4-1。嗅觉能力一般的正常人，在空气-燃气混合物臭味强度达到2级时，能察觉空气中存在燃气。

臭味强度等级 **表7-4-1**

臭味强度等级	sales 等级	人的嗅觉反应
0级	0级	无气味
1级	0.5级	非常微弱的气味(气味觉察下限)
2级	1级	微弱的气味
3级	2级	中等气味(警示气味等级)
4级	3级	强烈气味
5级	4级	非常强烈气味
6级	5级	最大气味(气味感觉上限)

燃气经过净化处理，一般没有明显的异味，因此，燃气在经过输配管网向用户供应时，需要在燃气中注入一定的加臭剂，如四氢噻吩或硫醇。空气中的四氢噻吩为0.08mg/m^{3}时，可达到臭味强度2级的报警浓度。

城镇燃气加臭剂的添加必须通过加臭装置进行，燃气中加臭剂的最小量应符合下列规定：

(1) 无毒无味燃气泄漏到空气中，达到爆炸下限的20%时应能察觉；

(2) 有毒无味燃气泄漏到空气中，达到对人体允许的有害浓度时，应能察觉；对于含有CO的燃气，空气中CO含量达到0.02%(体积分数)时，应能察觉。

对于天然气和气态液化石油气的加臭剂用量，一般规定在燃气泄漏到空气中，达到爆炸下限的20%时，应能察觉。如，天然气的爆炸下限为5%，则空气中的天然气含量达到1%(5%×20%=1%)时应能察觉，如要达到臭味强度2级的报警浓度，则在天然气中应加注四氢噻吩8mg/m^3，实际加入量尚需考虑管道长度、材质、腐蚀情况和天然气成分等因素，增加1～2倍的量。

但对于人工燃气，特别是煤制气，含有比较多的CO，CO对人体毒性很大，一旦漏入空气中，尚未达到爆炸下限的20%时，人体早就中毒，故对有毒燃气，应按在空气中达到对人体允许的有害浓度之时应能察觉来确定加臭剂用量。空气中的CO体积百分数达到0.02%时，应能察觉。

我国目前常用的加臭剂主要有四氢塞吩（THT）和乙硫醇（EM）等。

以下是有关国家天然气加臭剂量的规定：

比利时：加臭剂为四氢噻吩（THT）18～20mg/m^3；

法国：加臭剂为四氢噻吩（THT）低热值天然气 20mg/m^3，高热值天然气 25mg/m^3。当燃气中硫醇总量大于5mg/m^{3}时，可以不加臭；

德国：加臭剂为四氢噻吩（THT）17.5mg/m^3；加臭剂为硫醇（TBH）4～9mg/m^3；

荷兰：加臭剂为四氢噻吩（THT）18mg/m^3。

据介绍，国内几个大中城市在天然气中加入四氢噻吩（THT）的量：北京为25±5mg/m^3，上海为18～22mg/m^3，天津为25mg/m^3，广州为25mg/m^3，齐齐哈尔为16～20mg/m^3。

根据上述国内外加臭剂用量情况。对于爆炸下限为5%的天然气，取加臭剂用量约为15～20mg/m^3。

当不具备试验条件时，对于几种常见的无毒燃气，由燃气在空气中达到爆炸下限的20%时，可达到臭味强度2级的空气中的四氢噻吩浓度为0.08mg/m^3，确定加臭剂用量。

新建管网投入使用时应加大用量至正常耗用量的2～3倍，因可能发生管壁沉积物或锈斑吸收加臭剂。冬季耗用量大于夏季，可为正常耗用量的1.5～2倍。加臭浓度应保证管道末端的加臭剂浓度大于最小检测量。当管道末端的加臭剂浓度低于最小检测量时，一般要在加臭点加大加臭量或增加加臭点。

我国城镇燃气加臭剂的常用检测方法有气相色谱分析仪法和加臭剂检测仪法。而人工检测法在国外采用得较为普遍。人工检测法常用于检漏和试验，对有毒燃气不应采用人工检测法。

7.4.2 加臭剂应有特性

加臭剂应符合下列要求：

（1）与燃气混合后应具有特殊臭味，与一般气味如厨房油味、化妆品气味等有明显区别，且气味消失缓慢；

（2）应具有在空气中能察觉的含量指标；

（3）在正常使用浓度范围内，加臭剂不应对人体、管道或与其接触的材料有害；

（4）能完全燃烧，燃烧产物不应对人体呼吸系统有害，并不应腐蚀或伤害与燃烧产物经常接触的材料；

（5）溶解于水的程度不应大于2%（质量分数）；

（6）具有一定的挥发性，在管道运行温度及压力下不应冷凝；

（7）较高温度下不易分解；

（8）土壤透过性良好；

（9）价格低廉。

目前对天然气普遍采用的加臭剂是四氢噻吩（THT），它具有煤制气臭味，分子式为：

$$\begin{array}{ccc} CH_2 & — & CH_2 \\ | & & | \\ CH_2 & & CH_2 \\ & \diagdown\ \diagup & \\ & S—S & \end{array}$$

硫醇（DMS）曾是使用较多的加臭剂，以乙硫醇为代表，它具有洋葱腐败味，分子式为：$H_3C—S—CH_3$。

四氢噻吩比乙硫醇有较多的优点；四氢噻吩的衰减量为乙硫醇的1/2，对管道的腐蚀性为乙硫醇的1/6，但价格比乙硫醇高。四氢噻吩的性质见表7-4-2。

四氢噻吩的性质　　　　**表7-4-2**

分子量	含硫量	沸点	凝固点	热分解温度	水中溶解度	腐蚀性	毒性
88	36.4%	119～121℃	−101℃	480℃以上	0.07%(体积分数)	无	无

7.4.3　加臭装置布置及安装

加臭装置宜设置在气源厂、门站等处。根据气源情况对气源进气口较多的燃气输配系统，应从多个地点进行加臭。加臭装置的工作环境温度宜为−30～+50℃，通风应良好，且不得有强磁场干扰。在特殊环境工作的加臭装置，应采取相应措施确保装置安全稳定工作。

加臭装置宜设置独立工作间，工作间的门应向外开，开启后应能保持全敞开状态，关闭后应能从内、外侧手动开启。工作间应通风良好，且入口处应设置警示标志。当加臭装置布置在室外时，应采取遮阳、避雨等保护措施。

加臭装置工作间的地面应对加臭剂具有耐腐蚀性，且不得渗透；室外加臭装置应牢固地设置在基础上，基础应采用钢筋混凝土基础，且高于地面标高100～200mm。

加臭装置的供电系统设计应符合现行国家标准《供配电系统设计规范》GB 50052中“二级负荷”的要求。

加臭装置应与场站的防雷和静电接地系统相连接，且接地电阻应小于10Ω。

加臭剂储罐的容量以3～6个月用量为宜；对于供气量大于$50\times10^4 m^3/d$的用户，加臭剂储量可缩减至1个月或2个月。加臭装置旁应设置加臭剂意外泄漏集液池，集液池容积应大于加臭剂储罐的容积。站内应有防止泄漏的加臭剂流入下水道、排洪沟的措施。同时，配置硅胶、活性炭及其他多功能吸附剂，减少加臭剂意外泄漏对周边的影响。

加臭泵输出加臭剂的压力应高于被加臭的燃气管道最高工作压力，宜为燃气管道最高工作压力的1.2～1.5倍；加臭剂输送管线应采用不锈钢管道，且应符合现行国家标准《流体输送用不锈钢无缝钢管》GB/T 14976和《流体输送用不锈钢焊接钢管》GB/T 12771的规定；最小内径应大于4mm；管线连接宜采用机械连接。

加臭剂注入喷嘴的安装位置宜结合站场调压、计量工艺管道布置综合考虑。考虑加臭点附近加臭剂浓度大或有未汽化的液滴，防止加臭剂对这些设备上的皮膜或塑料件等造成侵蚀；同时，防止设备维护时站内气味大。推荐加臭剂注入喷嘴设置在燃气成分分析仪、调压器、流量计后的水平钢质燃气管道上。

加臭剂注入喷嘴上部应安装止回阀；喷嘴的接口尺寸不应小于*DN*15，压力级别应与燃气管道设计压力相同且不应小于 $PN1.6$MPa。注入喷嘴插入燃气管道内的长度应大于燃气管道直径的 60%。

燃气加臭常用的加臭装置有两种，简易滴定式加臭装置和单片机或微电脑控制注入式加臭装置；此外还有一类应用差压原理加臭技术的加臭装置。随着《城镇燃气加臭技术规程》CJJ/T 148 颁布实施，对加臭精度提出了±5%的要求，微电脑控制注入式加臭装置得到更为广泛的应用。

7.4.4 简易滴定式加臭装置

简易滴定式加臭装置由加臭剂储存机构，气相平衡管，连接阀和针形阀构成，加臭剂依靠重力和滴定管的毛细作用，使加臭剂滴定进入燃气输送管中并在燃气中蒸发，据此达到加臭的效果（图 7-4-1）。

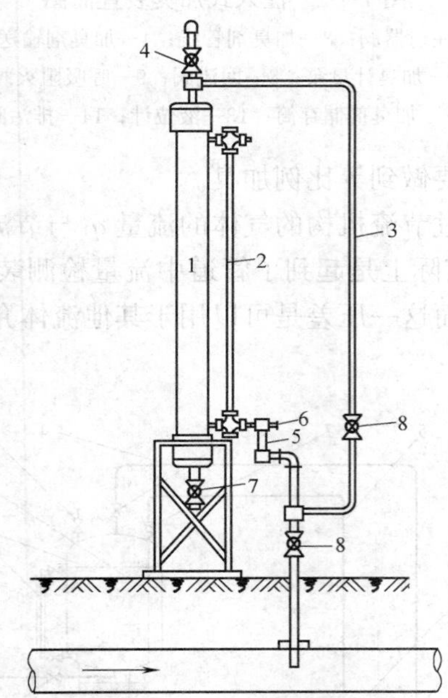

图 7-4-1 滴定式加臭装置

1—加臭剂储槽；2—液位计；3—压力平衡管；4—加臭剂充填管；5—观察管；6—针形阀；7—泄出管；8—阀门

7.4.5 单片机或微电脑控制注入式加臭装置

如图 7-4-2 所示，单片机或微电脑控制注入式加臭装置由加臭剂储存机构、控制器、计量加臭泵、注射器阀构成，加臭剂储存筒中的加臭剂由计量加臭泵导入加臭剂输送管，再由注射器阀将加臭剂注入燃气输送管中与燃气混合进行加臭，加臭剂的流量由计量加臭泵调节，调节依据来源于控制器，控制器根据从燃气输送管中的燃气流量数据来决定计量加臭泵的输出。达到随流量等比例加臭的目的。

7.4.6 应用差压原理的加臭技术

加臭装置的加臭量是需要与管道中流动的天然气流量相适应的，当流量大时加入的量

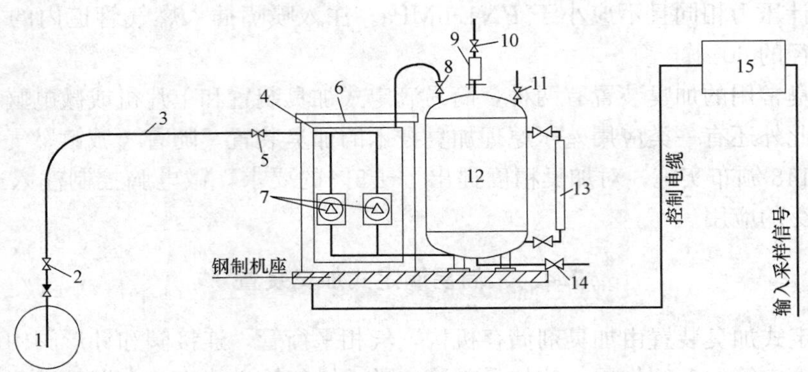

图 7-4-2　注入式加臭装置简图

1—燃气管道；2—注射器阀；3—加臭剂管线；4—加臭剂输送管道；5—加臭阀；6—加臭机柜；7—加臭计量泵；8—回流阀；9—呼吸阻火阀；10—防空阀；11—进料阀；12—加臭剂储存筒；13—液位计；14—排污阀；15—控制器

要多，反之要减少，也就是要做到等比例加臭。

根据气体节流原理，通过节流机构的气体的流量 q_1 与节流机构前后的压差 Δp 之间的关系如式（7-4-1），该装置实际上是起到了管道中流量检测装置的作用，流量的大小反映在节流装置前后的压差上，而这一压差是可以用于其他流体介质流动的动力的。具体的结构示意如图 7-4-3 所示。

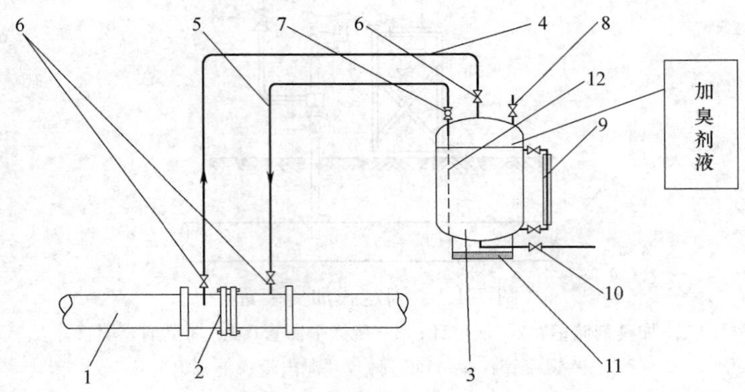

图 7-4-3　利用差压原理的加臭装置结构示意图

1—燃气输送管；2—连接管；3—加臭剂储存筒；4—气相平衡管；5—加臭剂输送管；6—连接阀；7—针形阀；8—加料阀；9—液位计；10—排污阀；11—机座；12—加臭剂导液管

由于加臭剂储存筒的上部气相空间与燃气输送管通过气相平衡管相连通，气相压力与燃气输送管的节流前是相同的，因此，加臭剂储存筒中的加臭剂液相便在差压的作用下通过加臭剂导液管经加臭剂输送管流入燃气输送管。

燃气输送管中的燃气流量 q_1 与节流机构前后的压差 Δp 之间的关系为：

$$q_1 = k_1 \Delta p^{1/2} \tag{7-4-1}$$

加臭剂流量 q_2 与节流机构前后的压差 Δp 之间的关系为：

$$q_2 = k_2 \Delta p^{1/2} \tag{7-4-2}$$

k_1 是只与节流机构的结构和管内流体性质参数有关的，而 k_2 也只与加臭剂输送管的结构参数有关，且主要是与加臭剂输送管道的面积有关，则：加臭剂输送管中的加臭剂流量 q_2 与燃气输送管中的燃气流量 q_1 之比实际上就是加臭浓度，若加臭浓度用 C 表示，有：

$$C = q_2 / q_1 = k_2 / k_1 \tag{7-4-3}$$

由于 k_1 在节流机构制造过程中已经标定，只要通过针形阀调整加臭剂输送管的管路阻抗（k_2 与之有关），便可以保持加臭浓度到某一设定值，达到流量自动加臭的目的。

7.5 低压储配站

通常在使用人工燃气的城市需要建设低压储配站。受到气源因素制约，使用人工燃气的城市一般气源压力较低，如果采用高压储气则需要增加较高的加压成本，利用低压储气具有较为明显的技术经济优势。

在城镇人工燃气系统中一般在气源厂设置低压储配站。当系统中有两个或两个以上低压储配站时，往往将另外的低压储配站设置在管网系统的末端，构成对置储配站。储配站对置形式对改善管网运行工况，减少管网工程投资都是有利的。

7.5.1 低压储配站的功能

低压储配站利用容积式储罐（干式罐或湿式罐）进行常压储气，作为日和小时调峰使用，储气罐体积比较庞大。对于采用低压一级管网供气的小规模城镇，用气低峰时管网的燃气直接进入储罐储存，而用气高峰时则可以由储罐直接将燃气输送到城镇管网中。如果是在采用中压燃气管网供气的城市，则用气高峰时储罐向管网的供气是需要进行加压的。

7.5.2 低压储配站的总平面布置

储配站通常是由低压储气罐、压缩机室、辅助间（变电室、配电室、控制室、水泵房、锅炉房、消防水池、冷却水循环水池，及生活间（值班室、办公室、宿舍、食堂和浴室等）所组成。

图 7-5-1 是储配站的平面布置示意图。储配站平面布置时，应该遵循以下基本原则：

（1）储罐应设在站区年主导风向的下风向；

（2）两个储罐的间距等于相邻最大罐的半径，储罐的周围应有环形消防车道；

（3）有两个通向站区的通道；

（4）锅炉房、食堂和办公室等有火源的建筑物应布置在站区的上风向或侧风向；

（5）站区布置要紧凑，同时各构筑物之间的间距应满足《建筑设计防火规范》GB 50016（2018 版）的要求。

7.5.3 低压储配站的工艺流程

常见的低压储配站的工艺流程有两种。一种是低压储气、中压输送工艺流程，如图 7-5-2 所示。另一种是低压储气、中、低压分路输送工艺流程，如图 7-5-3 所示。

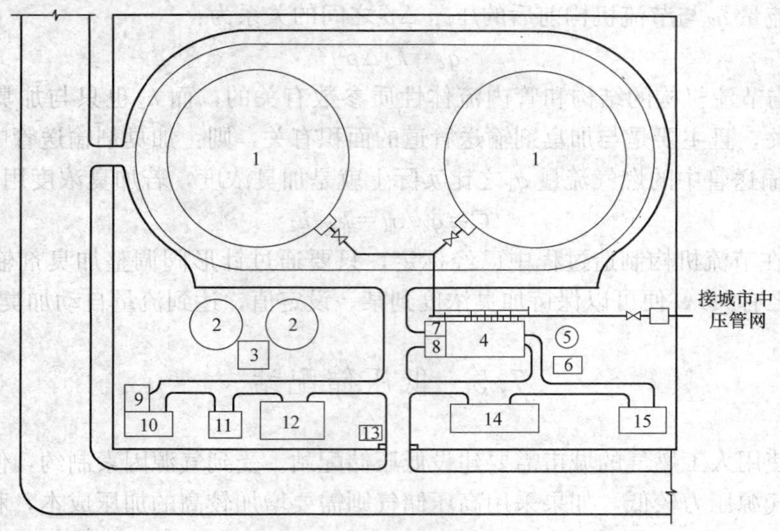

图 7-5-1　低压储配站平面布置图

1—低压储气罐；2—消防水池；3—消防水泵房；4—压缩机室；5—循环水池；6—循环泵房；7—配电室；8—控制室；9—浴池；10—锅炉房；11—食堂；12—办公楼；13—门卫；14—维修车间；15—变电室

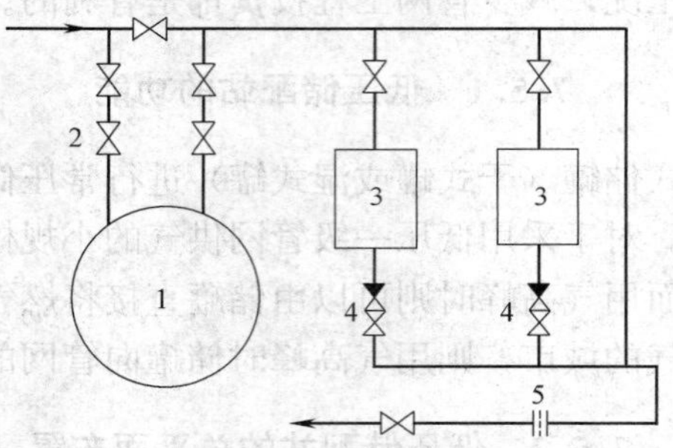

图 7-5-2　低压储存、中压输送储配站工艺流程

1—低压储气罐；2—水封阀；3—压缩机；4—单向阀；5—流量计

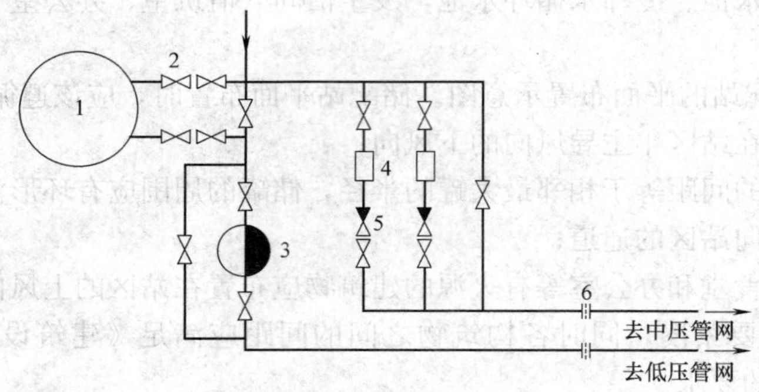

图 7-5-3　低压储存、中低压输送储配站工艺流程

1—低压储气罐；2—水封阀；3—稳压器；4—压缩机；5—单向阀；6—流量计

对于低压气源储配站，调压计量装置的流程可根据站内选用的调峰储气压力和低压气源所配置的压缩机排气压力以及管网系统起点输气压力设计成两级调压的流程，以适应管

网流量工况不断变化的需要，见图 7-5-4。

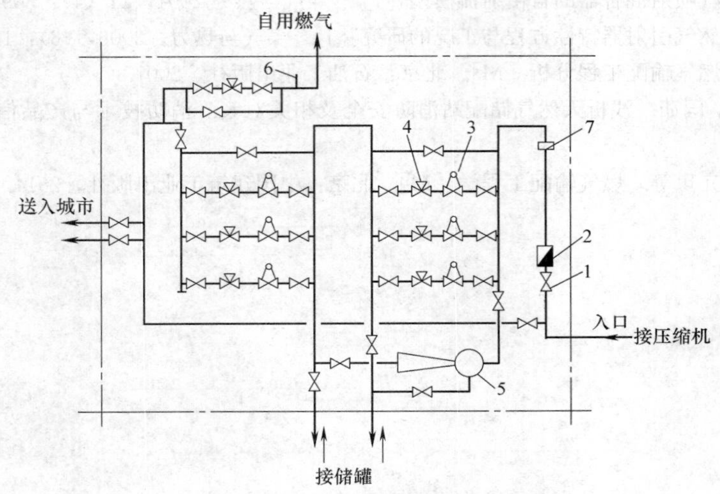

图 7-5-4 储配站、两级调压计量装置系统简图

1—切断阀；2—止回阀；3—安全阀；4—调压器；5—引射器；6—安全水封；7—流量孔板

7.6 本章有关标准规范

《城镇燃气设计规范》GB 50028

《输气管道工程设计规范》GB 50251

《输气管道工程过滤分离设备规范》SY/T 6883

《涡街流量计检定规程》JJG 1029

《超声流量计检定规程》JJG 1030

《涡轮流量计检定规程》JJG 1037

《用气体超声流量计测量天然气流量》GB/T 18604

《城镇燃气加臭技术规程》CJJ/T 148

参考文献

[1] 严铭卿，廉乐明等. 天然气输配工程 [M]. 北京：中国建筑工业出版社，2005.

[2] 严铭卿，宓亢琪，黎光华等. 天然气输配技术 [M]. 北京：化学工业出版社，2006.

[3] 杜建梅，姜东琪等. 庭院户内燃气管道水力计算图表的绘制 [J]. 煤气与热力，2004，24 (5)：269-272.

[4] 霍俊民，罗维昆. 天然气调压与安全的探讨 [J]. 煤气与热力，2004，24 (6)：315-317.

[5] 王泽. 长输管道分输站与门站合建的探讨 [J]. 煤气与热力，2006，24 (9)：1-3.

[6] 姜正侯. 燃气工程技术手册 [M]. 上海：同济大学出版社，1993.

[7] 石宇熙. 天然气门站工艺管道安装技术. 上海煤气，2002，(2)：14-17.

[8] 吴钢. 天然气储配站若干消防问题的分析. 消防技术与管理，2004，(6)：51-52.

[9] 姚志强，天然气门站智能监控系统的实现 [J]. 甘肃科技，2003 (12)：51-53.

[10]　宓亢琪. 高压引射式燃烧器的计算与工况分析的研究 [J]. 煤气与压力，1995，(2)：32-37.
[11]　严铭卿. 燃气喷射混合器的自由射流模型 [J] . 煤气与热力 2001，21 (4)：309-312，314.
[12]　宓亢琪. 天然气引射器特性方程与工况的研究 [J]. 煤气与热力，2006，(6)：1-5.
[13]　严铭卿等. 燃气输配工程分析 [M]. 北京：石油工业出版社，2007.
[14]　吴钢，吴隽，闫茹. 浅析天然气储配站消防安全及相关对策. 消防技术与产品信息，2007，(2)：55-56.
[15]　严铭卿，宓亢琪等. 燃气输配工程学 [M]. 北京：中国建筑工业出版社，2014.

第 8 章　调压与计量

8.1　调　压　器

城镇燃气输配系统的压力工况是利用调压器来控制的，其作用是根据需用情况将管道上游的压力降至下游各种不同燃气用户所需的操作压力。通常，各种不同调压范围的调压器可设置在如下场所：

(1) 天然气门站或其他气源储配站的调压装置；

(2) 管网系统中不同压力级别管道之间连接的调压站、调压箱（或柜）和调压装置；

(3) 单独居民、商业和工业用户的调压箱（或柜）。

8.1.1　调压器的原理与分类

调压器是由敏感元件、控制元件、执行机构和阀门组成的压力调节装置。调压器可按操作原理分为两大类型，即直接作用（自力）式和间接作用（指挥器操纵）式。前者，其执行机构动作所使用的全部能量是直接通过敏感元件由被调介质提供的；后者，则是将敏感元件的输出信号（由被调介质传递）加以放大使执行机构动作，而传感器（如指挥器）放大输出信号的能量源于被调介质本身或外供介质。工程上应用的各种形式的调压器都是从上述两种调压器的原理和技术拓展出来的产品。

从自控原理分析，可将调压器与其连接的管网看成是一个自调系统。调压器在自调系统中的作用就是当调压器出口压力（p_2）因燃气用户用气工况发生波动时，通过传感器（敏感元件）把出口压力与给定装置的设定值（如指挥器的弹簧力）进行比较，所产生的偏差信号按一定的调节规律带动执行机构的阀门动作，使调压器上游管道进口处压力为 p_1 的燃气引入一个增量（或正或负），最终使调压器出口压力（p_2）恢复稳定。由于管网系统中用气工况（流量与压力）随时间而变化，所以压力自调系统通过不断进行微量调节来保持管网压力相对稳定，该动态调节过程应是一个衰减振荡过程，且最终静差（余差）要小。

在实际工程应用中，经常遇到调压器下游流量增加而引起管网瞬时压力突降的情况，该压力降大小，取决于流量变化的干扰作用快慢和调压器本身的流量特性。同一流量特性的调压器，如果遇到较快的流量变化（近似阶跃式干扰），则其出口压力就会发生较大波动；但是，调压器响应速率比流量变化速率较快者，则其出口的压力波动就会相对较小。

1. 直接作用（自力）式调压器

具有较高稳定性（p_2 波动不大）和适应性好（克服干扰作用）的直接作用（自力）式调压器都附设有时滞控制装置，如设通气孔或外加稳压阀、设脉冲管和补偿膜片，其构造简图见图 8-1-1。

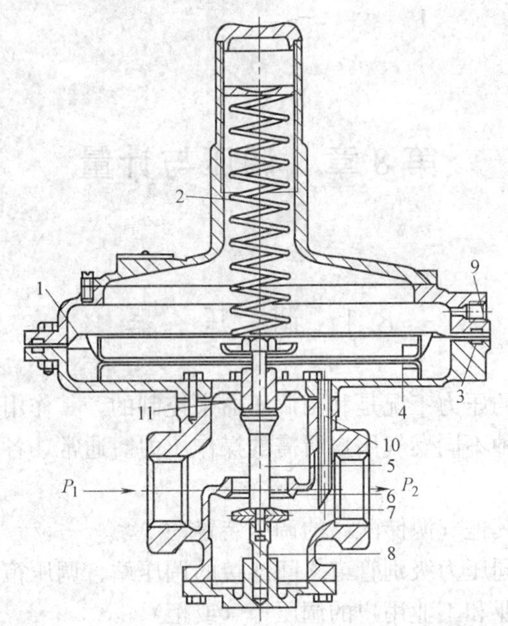

图 8-1-1　直接作用（自力）式调压器

1—主膜片；2—弹簧；3—外壳密封圈；4—膜盘；5—阀杆；6—阀座；7—阀盘；8—导向杆；9—通气孔；10—脉冲管；11—补偿膜片

2. 间接作用（指挥器操纵）式调压器

间接作用（指挥器操纵）式调压器通常应用于需要精确控制和调节用气压力的管网系统中，其构造简图见图 8-1-2。

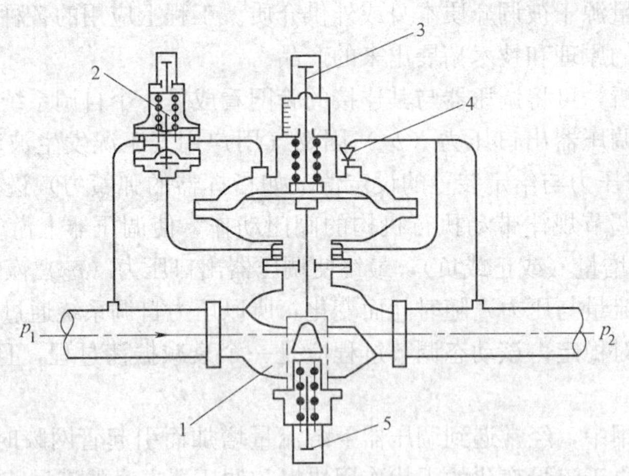

图 8-1-2　间接作用（指挥器操纵）式调压器

1—主调节阀；2—指挥器；3—手控给定装置；4—阻尼嘴；5—手控限流装置

3. 切断式调压器

切断式调压器属直接作用式调压器，其构造分为调压器与切断阀两部分。按阀口启闭动作方式，安全切断装置可分为位移式（见图 8-1-3）和旋启式。

用调压弹簧 5 设定出口压力 p_2。通过内置信号管 18 将出口压力 p_2 的信号反馈到调

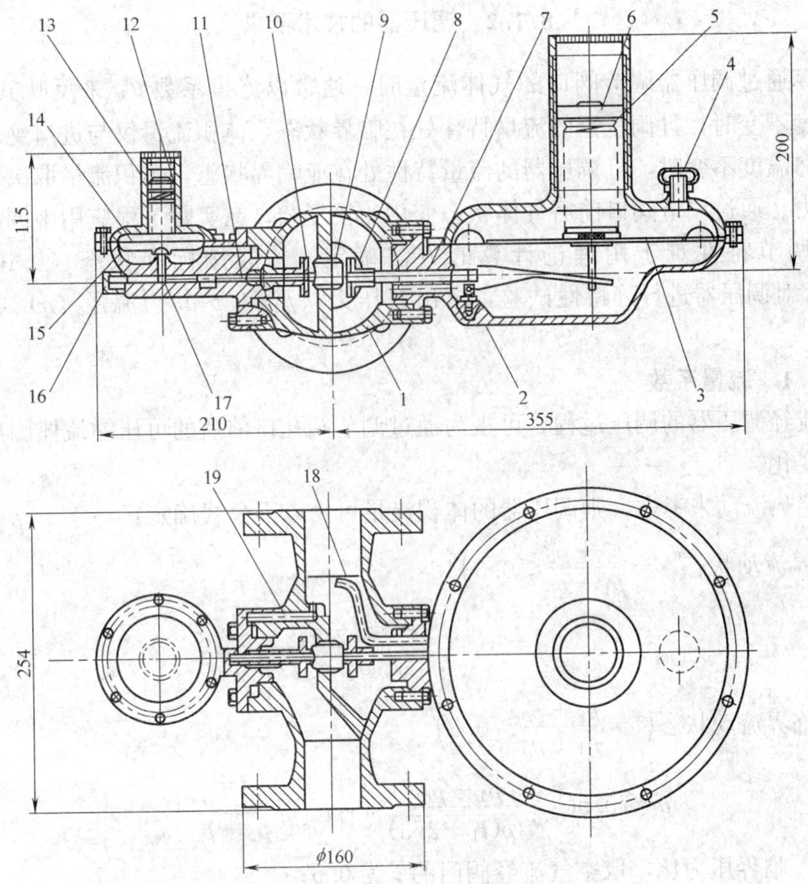

图 8-1-3 切断式调压器构造简图

1—主阀体；2—调压器壳体；3—调压器薄膜；4—呼吸孔；5—调压弹簧；6—调压螺母；7—调压阀杆；8—调压阀座；9—阀口；10—切断阀座；11—切断阀杆；12—切断调节螺母；13—切断调节簧；14—切断阀薄膜；15—切断阀壳体；16—切断阀丝堵；17—止动杆；18—内置信号管；19—取压管

压器薄膜 3 下腔，与调压弹簧 5 的设定压力进行比较。若 p_2 降低，它作用在薄膜 3 下腔的力低于薄膜上腔弹簧的设定压力，调压器薄膜 3 向下移动，带动调压阀杆 7 向右移动，将阀口 9 开度增加，燃气流量增大，出口压力 p_2 回升至设定值。

若调压器调节失灵，出现超压情况，切断阀可立即将气流切断，避免事故发生。切断阀的工作过程是：通过取压管 19 将 p_2 引入切断阀薄膜 14 下腔，用切断调节簧 13 调定切断压力。调压器正常工作时，切断阀座 10 处于完全开启状态。超压事故情况下 p_2 升高，当 p_2 升至切断压力时，止动杆 17 被抬起，切断阀杆 11 向右移动将阀口 9 关闭，即从进口端将气源关断。

根据《城镇燃气调压器》GB 27790 的规定，调压器出厂前必须做如下检验：

(1) 外观；(2) 外密封；(3) 静特性；(4) 流量系数；(5) 极限温度下的适应性；(6) 耐久性；(7) 承压件液压强度；(8) 膜片成品耐压试验；(9) 膜片耐城镇燃气性能试验；(10) 膜片成品耐低温试验。

调压器的流量系数和静特性是调压设施工艺设计与调压器选用的主要参数。

8.1.2　调压器的技术要求

在计算通过调压器调节阀口的气体流量时，通常以流量系数 C_g 来反映其阻力特性。若进口温度不变时，且调压器的流量特性处在临界状态，体积流量仅与进口绝对压力成正比；若进口温度不变时，且调压器的流量特性处在亚临界状态，体积流量取决于进口和出口绝对压力。通过调节阀口前后气体状态变化比较复杂，在实际工程应用中调压器的通过能力及其调节特性难于用理论计算的方法确定，一般按标准状态（0.101325MPa，273.16K）对调压器进行静特性试验，求出其压力（p_1 和 p_2）与流量（q）之间的关系曲线。

8.1.2.1　流量系数

燃气流经调压器的调压过程，可视为通过调节阀孔口前后的可压缩流体因局部阻力而发生状态变化。

若按绝热流动来考虑，则调压器的体积流量可由以下公式确定：

1. 临界流动状态$\left(\nu=\dfrac{p_2+p_0}{p_1+p_0}\leqslant 0.5\right)$

$$q=70.9C_g\frac{p_1+p_0}{\sqrt{\rho(t_1+273)}} \tag{8-1-1}$$

2. 亚临界流动状态$\left(\nu=\dfrac{p_2+p_0}{p_1+p_0}>0.5\right)$

$$q=70.9C_g\frac{p_1+p_0}{\sqrt{\rho(t_1+273)}}\sin\left[K_1\sqrt{\frac{p_1-p_2}{p_1+p_0}}\right]_{\deg} \tag{8-1-2}$$

式中　ν——临界压力比，取空气流经阀门的 ν 为 0.5；

q——通过调压器的基准状态（0.101325MPa，20℃）下的气体流量，m^3/h；

p_0——标准大气压力，0.101325MPa；

p_1、p_2——调压器进、出口处气体的表压力，MPa；

t_1——调压器前气体的温度，℃；

ρ——基准状态下气体的相对密度，空气 $\rho=1$；

C_g——流量系数，指调压器全开启时，进口压力为 1psia（0.00689MPa），温度为 60°F（15.6℃），在临界状态下所通过的以 ft^3/h（$0.02875m^3/h$）为单位的空气流量；按测试工况下 C_g 的平均值由厂家提供；

K_1——形状系数，按测试工况下 K_1 的平均值由厂家提供。

第一次测试（空气作介质）的 K_1 可由以下公式求得：

（1）临界流动状态

$$\frac{p_2+p_0}{p_1+p_0}\leqslant\frac{K_1^2-8100}{K_1^2} \tag{8-1-3}$$

（2）亚临界流动状态

$$K_1=\frac{\sin^{-1}\left[\dfrac{q\sqrt{t_1+273}}{70.9Cg(p_1+p_0)}\right]\deg}{\sqrt{(p_1-p_2)/(p_1+p_0)}} \tag{8-1-4}$$

公式（8-1-4）中 C_g 值由公式（8-1-1）得：

$$C_g=\frac{q\sqrt{t_1+273}}{70.9(p_1+p_0)} \tag{8-1-5}$$

调压器通过流量大小与调节阀的行程（开启度）一般呈直线、抛物线和对数曲线关系。为了求得调压器在不同开启度下的流量系数（C_{gx}），可通过相关阀门流量特性曲线图求出，见图 8-1-4。

部分开度下的流量系数通常表示为全开时流量系数的百分数 Y，而调节元件位置则以最大行程（由机械限位器限制）的百分数 X 表示。图 8-1-4 给出三种不同类型调压器的流量特性示例。

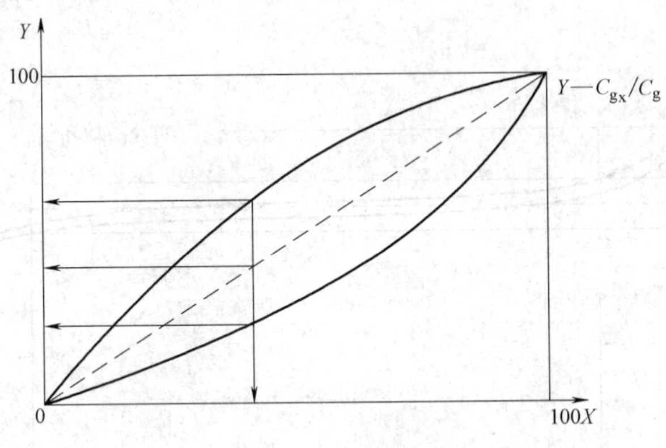

图 8-1-4 流量特性

为了选用方便，调压器厂家一般都按公称通径（DN）相应列出 p_1、p_2 和 q 关系表（数表或图表），此中 q 只能视为调压器在可能的最小压降和调节阀完全开启条件下的额定流量。

在流体力学研究与测试技术中，以水为介质测试流量参数亦广泛被采用。若调压器调节阀的容量以流通能力 C 值表示，则 C 可定义为 1000kg/m^3，压力降为 0.0981MPa 时，介质流经调节阀的小时流量（m^3/h）。实际选用调压器时，就可用如下公式确定流通能力 C 值。

1. 临界流动状态$\left(\nu=\frac{p_2+p_0}{p_1+p_0}\leqslant 0.5\right)$

$$C=\frac{q}{3365.1}\sqrt{\frac{\rho_0 Z(t+273)}{p_1+p_0}} \tag{8-1-6}$$

2. 亚临界流动状态$\left(\nu=\frac{p_2+p_0}{p_1+p_0}>0.5\right)$

$$C=\frac{q}{3874.9}\sqrt{\frac{\rho_0 Z(273+t)}{(p_1+p_0)^2-(p_2+p_0)^2}} \tag{8-1-7}$$

式中 C——调节阀的流通能力，t/h；

q——在基准状态下（P_0=0.101325MPa，T=293.16K）时的气体流量，m^3/h；

t——气体流动温度，℃；

ρ_0——在基准状态下气体的密度，kg/m^3；

p_1、p_2——调压器前后气体的表压力，MPa；

p_0——标准大气压力，0.101325MPa；

Z——气体的压缩因子。

8.1.2.2　静特性

静特性是表述调压器出口压力 p_2 随进口压力 p_1 和流量 q 变化的关系。在进口压力（p_1）和设定出口压力（p_{2S}）为定值时，通过先增加流量后降低流量进行往返检测，就可得到出口压力（p_2）随流量变化的曲线，并要求该曲线具有较高的重复性。若改变进口压力（p_{1min}～p_{1max}）重复上述试验步骤，则可以得到调压器在同一设定出口压力（p_{2S}）时各不相同进口压力（p_1）下的许多静特性线簇，并可绘出静特性曲线簇 q-p_2 坐标图，见图8-1-5。

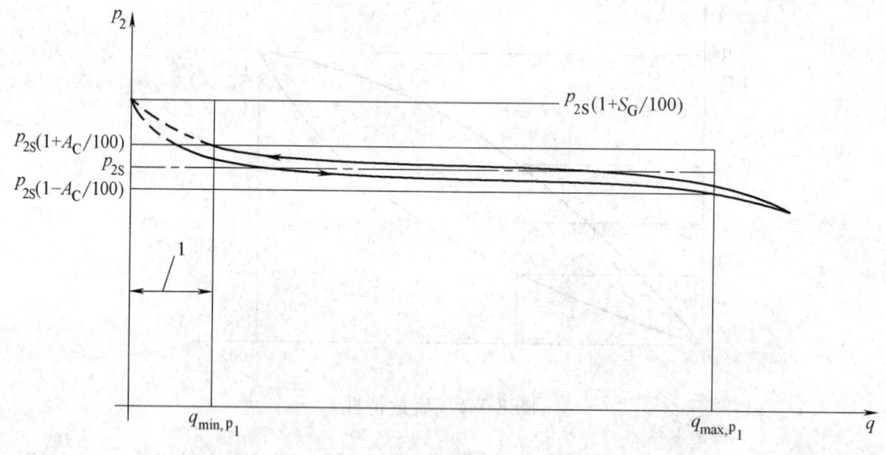

图8-1-5　调压器静特性曲线

根据上述测试，按照《城镇燃气调压器》GB 27790所规定的方法进行分析，就可以得到调压器以下指标：稳压精度（A），稳压精度等级（A_C）、关闭压力（p_b）、关闭压力等级（S_G）、关闭压力区和关闭压力区等级（S_Z）。上述指标的定义如下文。

1. 稳压精度（A）

在一簇静特性线的工作范围（q_{min}～q_{max}）内，出口压力实际值与设定值（p_{2S}）之间正偏差 Δ_+ 和负偏差 Δ_- 的最大绝对值之平均值对设定值（p_{2S}）的百分数定义为稳压精度，即：

$$A=\frac{\frac{|\Delta_+|_{max}+|\Delta_-|_{max}}{2}}{p_{2S}}\times 100\% \tag{8-1-8}$$

式中　Δ_+——出口压力实际值与设定值的正偏差，MPa；

Δ_-——出口压力实际值与设定值的负偏差，MPa；

p_{2S}——设定压力，MPa。

2. 稳压精度等级（A_C）

$$A_C=A_{max}\times 100。$$

式中　A_C——稳压精度等级；

A_{max}——稳压精度的最大允许值。

3. 关闭压力（p_b）

调压器调节元件处于关闭位置时，静特性线上 $q=0$ 处的出口压力。此时，流量从 q 减少至零所用的时间应不大于调压器关闭的响应时间。

4. 关闭压力等级（S_G）

实际关闭压力 p_b 与设定出口压力 p_{2S}之差对设定出口压力 p_{2S}之比的最大允许值乘以 100 定义为关闭压力等级，即：

$$S_G=\frac{p_b-p_{2S}}{p_{2S}}\times 100 \tag{8-1-9}$$

5. 关闭压力区

每一相应进口压力（p_1）和设定出口压力（p_{2S}）的静特性线上，在 $q=0$ 与最小流量 q_{min,p_1}之间的区域。

6. 关闭压力区等级（S_Z）

每一相应进口压力（p_1）和设定出口压力（p_{2S}）静特性线上，最小流量 q_{min,p_1} 和最大流量 q_{max,p_1} 的比值之最大允许值乘以 100 即

$$S_Z=\frac{q_{min,p_1}}{q_{max,p_1}}\times 100 \tag{8-1-10}$$

8.1.3 调压器的型号和规格

8.1.3.1 调压器的型号

调压器产品都在标牌上按《标牌》GB/T 13306 的规定明显标志出型号类别，其内容包括：产品型号和名称、许可证编号、公称通径（DN），进口连接法兰公称压力（p_N）、工作介质、进口压力范围（p_1），出口压力范围（p_2）、工作温度范围、设定压力、稳压精度等级、关闭压力等级、流量系数、厂名与商标、出厂日期与产品编号。调压器的型号图 8-1-6 的符号与其含意如下。

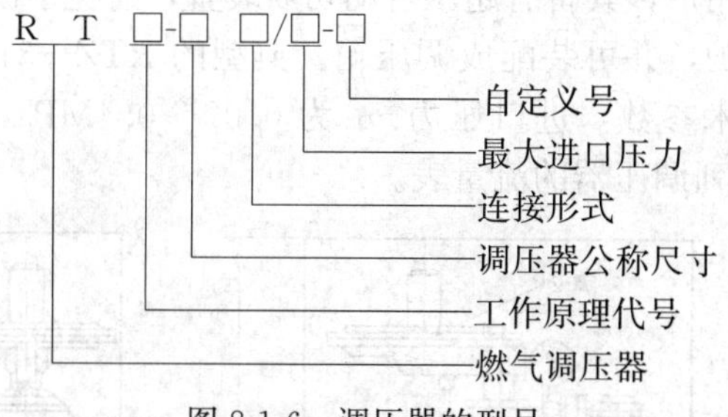

图 8-1-6 调压器的型号

（1）燃气调压器代号为汉语拼音字头 RT。

（2）调压器的工作原理代号分别为：直接作用式——Z 和间接作用式——J。

（3）调压器公称通径（DN）在以下数中选用：15、20、25、32、40、50、65、80、100、150、200、250、300、350、400、450、500。

（4）最大进口压力按 0.01、0.2、0.4、0.8、1.6、2.5、4.0 分 7 级选用，单位为 MPa。

（5）连接标准，参照《城镇燃气调压器》GB 27790 中相关内容。

法兰——其连接尺寸及密封面形式按《钢制管法兰、垫片、紧固件》HG/T 20592～20635 和《钢制管法兰 类型与参数》GB/T 9112；

管螺纹——只适用于公称通径≤DN50的调压器，按《55°密封管螺纹 第1部分：圆柱内螺纹与圆锥外螺纹》GB/T 7306.1、《55°密封管螺纹 第2部分：圆锥内螺纹与圆锥外螺纹》GB/T 7306.2。

法兰公称压力 p_N 应不小于调压器设计压力 p（MPa），并在1.0、1.6、2.0、2.5、4.0、5.0系列值中选用。

高压法兰密封面应采用突面形式。

调压器的结构长度要求参见《城镇燃气调压器》GB 27790的相关规定。

为对燃气输配系统进行规范的管理，要求安装在调压设施的所有国内外调压器产品，其出厂检验方法及指标均应按国标规定的相关规则执行。

8.1.3.2　调压器的产品规格

选用调压器产品时，需要考虑三个主要参数：调压器进口压力范围（p_{1max}～p_{1min}）、出口压力范围（p_{2max}～p_{2min}）和标准状态下的流量（m^3/h）。此外，根据安装条件所需的功能，包括具有在恶劣工作条件下的安全保护功能等，要求选择有特定能力的调压器。一般最常用的功能有以下几方面：

（1）安全放散——出口压力高到设定值时燃气排放到大气的能力，并考虑泄放量对环境的影响；

（2）超压切断——出口压力超出设定值切断供气的能力，并考虑供气区范围内对用户连续供气的影响；

（3）欠压切断——出口压力低于设定值切断供气的能力，并考虑用户恢复供气的方式；

（4）远程监控——在调压器下游某一特设点控制/监控压力参数的能力。

1. 直接作用式调压器

（1）切断式调压器

小流量范围的中/低压切断式调压器广泛用于楼栋或单元调压箱，也可用于小型炉窑及燃气锅炉等单独工业用户，其备有超压自动切断装置，避免下游用气引发事故，采用人工复位方式，可在线维护，并可装配成调压箱。典型的RTZ—31（21）Q切断式调压器（见图8-1-7）的主要技术参数：进口压力 p_1 为0.02～0.4MPa，出口压力 p_2 为1.0～10kPa。表8-1-1为该系列调压器的流量表。

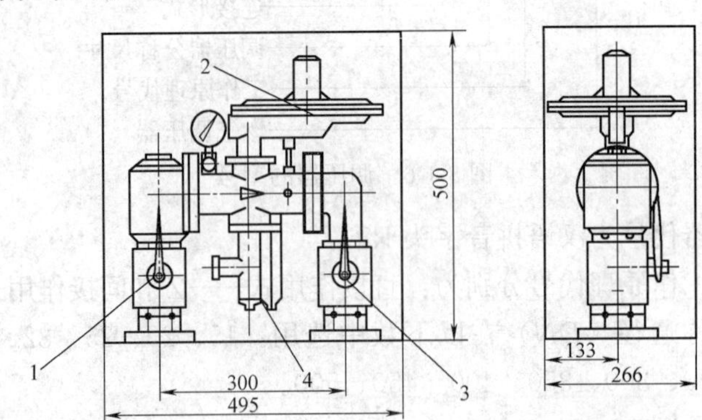

图8-1-7　RTZ—31（21）Q系列切断式调压器

1—进口阀；2—调压器；3—出口阀；4—超压切断阀

注：图中外框尺寸为调压器箱体基本尺寸。

RTZ-31（21）Q 系列切断式调压器流量（m^3/h） **表 8-1-1**

规格与型号	通径 DN(mm)	出口压力 p_2(kPa)	进口压力 p_1(MPa)					
			0.02	0.05	0.1	0.2	0.3	0.4
RTZ-21/50Q RTZ-31/50Q	50	1.5	32	50	64	88		
		2.5		48	62	85	146	220
RTZ-21/40Q RTZ-31/40Q	40	1.5	16	45	59	75		
		2.5		42	56	71	106	180
RTZ-21/25Q RTZ-31/25Q	25	1.5	14	27	41	52		
		2.5		26	39	48	71	120

适用于居民小区、燃气锅炉、工业炉窑，宾馆饭店的大流量范围 RTZ-NL 系列切断式调压器（图 8-1-8），除了具有内置人工复位（触动式）超压切断功能外，还可与电磁阀配套使用，可装配成调压箱（柜）。其主要技术参数：进口压力（p_1）范围为 0.05～0.4MPa，出口压力（p_2）范围为 1.0～30kPa，稳压精度（δ_{p_2}）为±10%，关闭压力 $p_b \leqslant 1.2p_2$，工作温度（t）为－40～＋60℃。其结构尺寸和流量表列于表 8-1-2 和表 8-1-3。

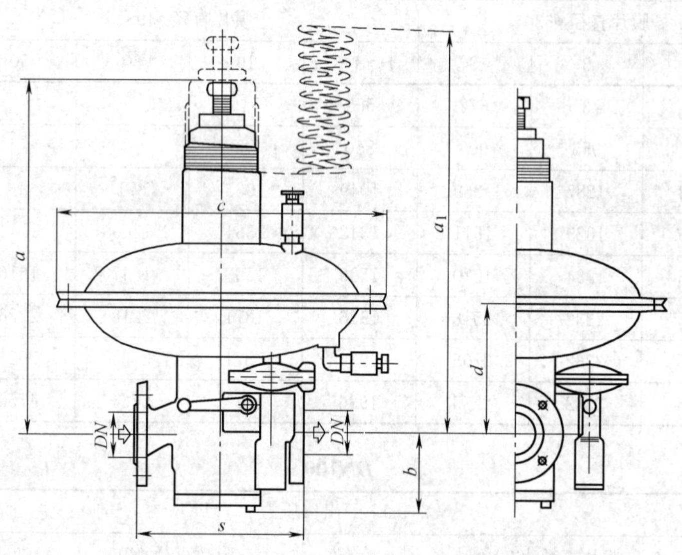

图 8-1-8 RTZ-NL 系列切断式调压器

RTZ-NL 系列切断式调压器结构尺寸表（mm） **表 8-1-2**

C				φ817			φ658			φ630			φ495			φ375		
DN		S	b	a	a_1	d	a	a_1	d	a	a_1	d	a	a_1	d	a	a_1	d
50	2	254	120										475	820	190	435	620	165
80	3	1140								540	860	220	500	700	210	455	620	190
100	4	352	180							640	960	310	600	800	300	555	720	275
150	6	451	220	760	1000	400	720	980	380	675	1015	380	670	1010	375			

RTZ-NL 系列切断式调压器流量表（m^3/h）　　**表 8-1-3**

***DN*50**

进口压力 p_1(MPa)	出口压力 P_2(kPa)						
	膜片直径 ϕ495			膜片直径 ϕ375			
	2	5	8	8	10	30	50
0.02	350	350	317	243	248		
0.03	451	446	424	341	345		
0.05	575	595	588	504	493	449	
0.075	684	769	760	652	646	674	538
0.1	684	881	907	777	774	849	755
0.15	684	881	1087	906	923	1091	1099
0.2	684	881	1087	906	923	1091	1426
0.4	684	881	1087	906	923	1091	2014

***DN*80**

进口压力 p_1(MPa)	出口压力 p_2(kPa)							
	膜片直径 ϕ630			膜片直径 ϕ495				膜片直径 ϕ375
	2	5	8	8	10	30	50	50
0.02	798	739	672	559	516			
0.03	996	955	908	850	728			
0.05	1313	1287	1259	1049	1033	871		
0.075	1645	1629	1611	1342	1331	1309	1141	951
0.1	1735	1934	1920	1599	1593	1647	1616	1347
0.15	1735	2232	2518	1936	1871	2218	2326	1939
0.2	1735	2232	2755	1936	1871	2764	3021	2518
0.4	1735	2232	2755	1936	1871	2764	4750	3189

***DN*100**

进口压力 p_1(MPa)	出口压力 p_2(kPa)					
	膜片直径 ϕ630		膜片直径 ϕ495			膜片直径 ϕ375
	2	5	10	30	50	50
0.02	1090	1018	775			
0.03	1391	1315	1094			
0.02	1808	1783	1551	1190		
0.075	2265	2214	2002	1787	1428	1428
0.1	2676	2661	2393	2250	2023	2023
0.15	2710	2790	2923	3029	3782	3782
0.2	2710	2790	2923	3211	3782	3782
0.4	2710	2790	2923	3455	3986	4982

DN150

进口压力 p_1(MPa)	出口压力 p_2(kPa)						
	膜片直径 ϕ817		膜片直径 ϕ658		膜片直径 ϕ630		膜片直径 ϕ495
	2	5	10	30	30	50	50
0.02	2285	2117	1611				
0.03	2851	2732	2273				
0.05	3759	3685	3225	2473	2473		
0.075	4708	4661	4158	3716	3716	2969	2969
0.1	5561	5483	4973	4676	4676	4206	4206
0.15	6099	6279	6555	6585	6203	6053	6053
0.2	6099	6279	6568	7773	7861	7851	7861
0.4	6099	6468	6578	7773	9717	11212	11212

(2) 内置超压切断与安全放散式调压器（图8-1-9）

该系列调压器不适用于液化石油气介质。其主要技术参数：进口压力（p_1）范围为0.02～0.4MPa，出口压力（p_2）范围为1.5～30kPa，稳压精度（δ_{p_2}）为±5%，关闭压力（p_b）≤1.2p_2，工作温度为−40～+60℃，内置超压切断阀（人工复位）切断精度≤±5%，反应时间≤1sec。

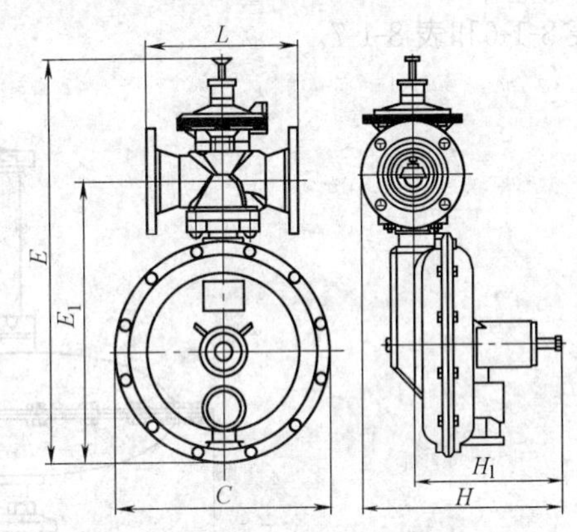

图8-1-9 RTZ-FQ系列内置超压切断与安全放散式调压器

内置安全放散阀可按需要换成不同阀口直径（DN12、DN16、DN20、DN25），以满足不同进口压力和流量要求。RTZ-FQ系列（弹簧负载直接作用式）内置超压切断与安全放散调压器的连接形式为法兰连接（PN1.6MPa），其结构尺寸表和流量表见表8-1-4和表8-1-5。

RTZ-FQ系列内置超压切断与安全放散式调压器结构尺寸（mm） **表8-1-4**

型号	L	C	E	E_1	H	H_1
40FQ	222	325	595	415	310	250
50FQ	254	325	595	415	330	250
80FQ	298	325	595	415	350	250

RTZ-FQ系列内置超压切断与安全放散式调压器流量（m³/h） **表8-1-5**

规格型号	通径 (mm)	出口压力 (kPa)	进口压力(MPa)						
			0.03	0.05	0.1	0.15	0.2	0.3	0.4
RTZ-31/40FQ	40	3	49	68	93	135	162	209	310
RTZ-31/50FQ	50	3	60	80	110	151	182	243	400
RTZ-31/80FQ	80	3	105	160	230	290	480	620	860

续表

规格型号	通径(mm)	出口压力(kPa)	进口压力(MPa)						
			0.03	0.05	0.1	0.15	0.2	0.3	0.4
RTZ-31/40FQ	40	10	47	66	90	133	162	209	310
RTZ-31/50FQ	50	10	55	72	100	151	182	243	400
RTZ-31/80FQ	80	10	102	153	217	360	480	620	860

（3）大流量RTZ-SN系列弹簧负载直接作用式调压器

该系列调压器采用顶部装入结构，可方便在线维修，适用于流量剧变和上游压力常有波动的燃气锅炉，工业窑炉及其他工业用户，并可装配成柜式，其主要技术参数：进口压力（p_1）范围为0.05～0.4MPa，出口压力（p_2）范围为1.0～30kPa，稳压精度δp_2为±10%，关闭压力$p_b \leqslant 1.2p_2$，工作温度为－40～＋60℃。

RTZ-SN系列弹簧负载直接作用式调压器见图8-1-10，其结构尺寸表和流量见表8-1-6和表8-1-7。

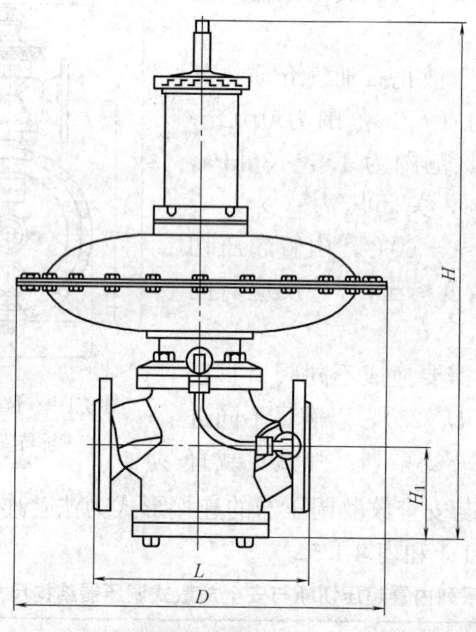

图8-1-10　RTZ-SN系列弹簧负载直接作用式调压器

RTZ-SN系列弹簧负载直接作用式调压器结构尺寸表（mm）　　**表8-1-6**

调压器型号	主要尺寸				进、出口法兰
	L	H	H_1	D	
RTZ-50	254	640	108	330/436	DN50
RTZ-80	298	650	118	330/436	DN80
RTZ-100	352	800	148	436/510	DN100
RTZ-150	451	900	193	436/510	DN150
RTZ-200	451	900	210	436/510	DN200

RTZ-SN 系列弹簧负载直接作用式调压器流量（m^3/h） **表 6-1-7**

出口压力(kPa)	进口压力(MPa)														公称通径(mm)
	0.02	0.03	0.04	0.05	0.06	0.07	0.08	0.1	0.13	0.15	0.18	0.2	0.3	0.4	
2	192	240	280	315	345	375	400	450	517	562	630	675	900	1125	
3	188	237	277	313	344	374	400	450	517	562	630	675	900	1125	
5	178	230	272	310	340	371	399	450	517	562	630	675	900	1125	
8	162	220	264	303	337	368	396	448	517	562	630	675	900	1125	
10	149	210	258	298	333	365	394	447	517	562	630	675	900	1125	*DN*50
15	108	183	240	285	324	357	389	445	517	562	630	675	900	1125	
20	—	155	220	270	312	348	381	440	517	562	630	675	860	1025	
25	—	—	195	250	297	337	373	435	517	562	630	675	790	950	
30	—	—	162	230	280	324	362	430	517	562	630	675	790	900	
2	300	374	435	489	538	582	624	700	805	875	980	1050	1400	1750	
3	292	369	432	487	536	681	623	700	805	875	980	1050	1400	1750	
5	277	358	424	481	532	578	621	700	805	875	980	1050	1400	1750	
8	252	341	411	471	524	572	617	697	805	875	980	1050	1400	1750	
10	223	328	400	464	520	568	614	696	805	875	980	1050	1400	1750	*DN*80
15	75	290	375	340	503	556	605	692	805	875	980	1050	1400	1750	
20	—	242	342	335	484	542	594	685	805	875	980	970	1365	1564	
25	—	—	300	330	436	525	580	677	805	875	980	950	1350	1560	
30	—	—	252	330	437	504	564	620	805	875	980	940	1300	1615	
2	642	800	933	1049	1154	1249	1338	1500	1725	1875	2100	2250	3000	3750	
3	627	792	926	1043	1149	1246	1335	1500	1725	1875	2100	2250	3000	3750	
5	595	768	909	1031	1140	1239	1331	1500	1725	1875	2100	2250	3000	3750	
8	540	730	880	1010	1124	1227	1322	1495	1725	1875	2100	2250	3000	3750	
10	497	700	860	995	1112	1218	1316	1492	1725	1875	2100	2250	3000	3750	*DN*100
15	360	623	800	950	1079	1192	1296	1483	1725	1875	2100	2250	3000	3750	
20	—	520	734	900	1039	1161	1272	1469	1725	1875	2100	2250	3000	3750	
25	—	—	649	838	992	1125	1243	1452	1718	1875	2100	2250	3000	3750	
30	—	—	540	765	936	1081	1209	1430	1710	1875	2100	2250	3000	3750	
2	1714	2137	3490	2798	2076	3330	3567	4000	4600	5000	5600	6000	8000	10000	
3	1674	2110	2469	2783	3065	3322	3562	4000	4600	5000	5600	6000	8000	10000	
5	1587	2050	2425	2750	3040	3304	3550	4000	4600	5000	5600	6000	8000	10000	
8	1440	1950	2350	2694	2997	3273	3527	3987	4600	5000	5600	6000	8000	10000	
10	1326	1876	2298	2653	2966	3249	3510	3980	4600	5000	5600	6000	8000	10000	*DN*150
15	959	1660	2145	2537	2877	3181	3458	3955	4600	5000	5600	6000	8000	10000	
20	—	1385	1960	2400	2770	3098	3394	3919	4600	5000	5600	6000	8000	9000	
25	—	—	1732	2230	2646	3000	3316	3815	4582	5000	5600	6000	6900	8000	
30	—	—	1442	2040	2498	2884	3287	3815	4560	5000	5600	6000	5800	7000	

注：表中流量为基准状态下天然气相对密度 0.61 时的流量（m^3/h），用于其他介质时，以上数据应乘以下列相应的系数——人工燃气为 1.17、CH_4 为 1.05、C_2H_6 为 0.76、C_4H_{10} 为 0.55、C_3H_8 为 0.63、CO_2 为 0.63、N_2 为 0.79 和空气为 0.78。

(4) RTZ-21/15 中压进户表前调压器（图 8-1-11）

这种调压器适于高层建筑燃气（天然气、液化石油气）附加压头的稳压调节，一般安装在单独用户计量表前。

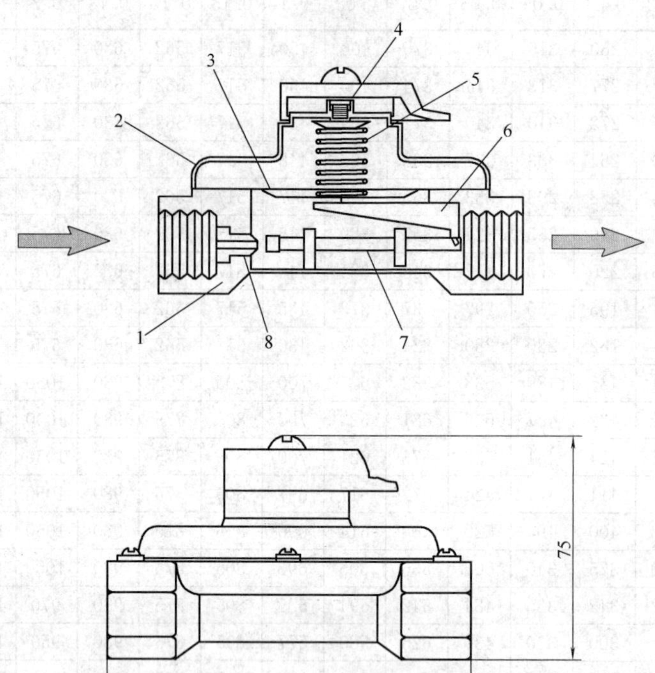

图 8-1-11　RTZ-21/15 中压进户表前调压器

1—下壳体；2—上壳体；3—膜片；4—调节螺母；5—弹簧；6—转动杆；7—阀杆；8—阀口

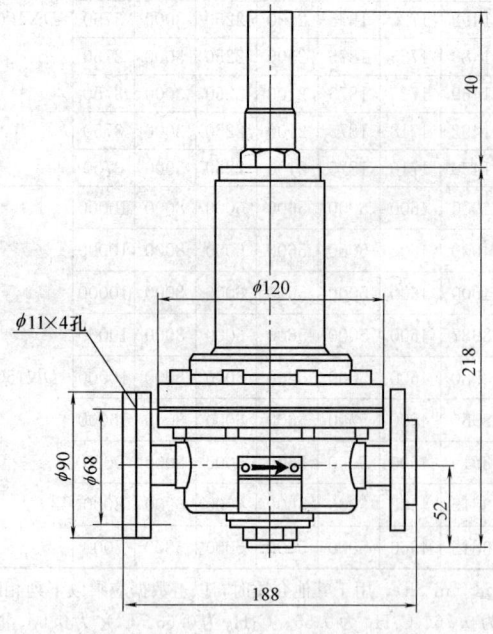

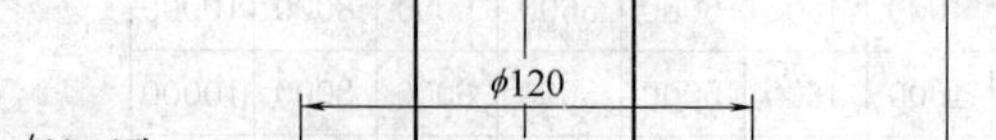

图 8-1-12　RTZ-52/20 高压调压器

*DN*15　RTZ-21/15 中压进户表前调压器的主要技术参数如下：

进口压力（p_1）范围为 0.005～0.2MPa，出口压力（p_2）范围为 1.0～5.0kPa，稳压精度 $\delta_{p_2} \leqslant \pm 5\%$，关闭压力 $p_b \leqslant 1.25p_2$，额定流量（天然气）为 6m^3/h。

(5) RTZ-52/20 高压调压器（图 8-1-12）

这种调压器适用于工矿企业高/中压小规模的液化石油气（或其他燃气）自动调压的独立输配系统。

RTZ-52/20 高压调压器的主要技术参数如下：

进口压力 $p_1 \leqslant 1.6$MPa，出口压力（p_2）范围为 20～90kPa，稳压精度 $\delta_{p_2} \leqslant \pm 10\%$，工作温度为 −40～+60℃，额定流量为 40m^3/h（空气）。

2. 间接作用式调压器

(1) RTJ-FK 系列间接作用式调压器（图 8-1-13）

这种调压器别称 HRT 衡量式调压器，可选用较高压力或低压指挥器，适用于中压（$p_1 \leqslant$ 0.4MPa）管网系统区域调压站，也可用于对城镇燃气压力有不同要求的锅炉、工业炉窑等大用户大流量范围的调压。其结构尺寸和主要技术参数分别列于表 8-1-8 和表8-1-9。

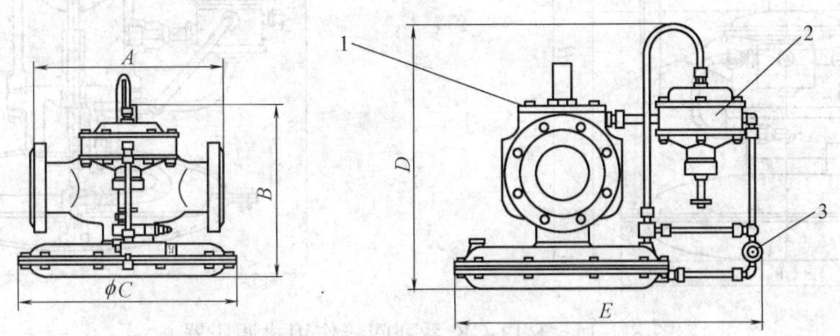

图 8-1-13 RTJ-FK 系列间接作用式调压器

1—主调压器；2—指挥器；3—针形阀（在信号管上）

RTJ-FK 系列间接作用式调压器的结构表（mm） **表 8-1-8**

规格	A(mm)	B(mm)	φC(mm)	D(mm)	E(mm)	重量(kg)
DN50	254	382	300	360	490	38
DN80	298	376	350	420	540	45
DN100	352	415	400	460	590	60
DN150	451	507	450	540	640	100
DN200	543	587	470	600	760	150

RTJ-FK 系列间接作用式调压器的主要技术参数 **表 8-1-9**

压力		额定流量(m^3/h)									
进口	出口	天然气					焦炉煤气				
(MPa)	(kPa)	DN50	DN80	DN100	DN150	DN200	DN50	DN80	DN100	DN150	DN200
0.05	2.0	370	1360	2300	3480	5900	420	1550	2630	4000	6800
0.10	2.0	480	1920	3240	4920	8300	550	2190	3700	5620	9500
0.05	10	320	1290	2180	3300	5600	360	1470	2500	3780	6400
0.10	10	460	1900	3230	4900	8300	520	2170	3700	5600	9500
0.30	100	850	3820	6460	9780	16600	970	4370	7380	11200	19000
0.50	100	1260	5730	9680	14600	24800	1440	6550	11000	16700	28400
0.80	300	2100	8580	14500	22000	37400	2400	9800	16600	25100	42600
稳压精度		低压≤15%,中压≤±10%,次高压≤5%									
连接方式		1.6MPa 标准法兰									
工作温度(℃)		0～50									

(2) RTJ-GK 系列间接作用式调压器（图 8-1-14）

这种调压器的调节机构采用全平衡式阀结构，动作灵敏，响应速度快，出口压力准确，可显示阀位，广泛应用于次高/中压（≤0.8MPa）区域调压站或较高压力工业用户的压力调节。

RTJ-GK 系列间接作用式调压器的主要技术参数如下：最大进口压力（p_{1max}）为 0.8MPa，进口压力（p_1）范围为 0.02～0.8MPa，出口压力（p_2）范围为 0.002～0.4MPa，稳压精度 $\delta_{p_2} \leqslant \pm 3\%$，关闭压力 $p_b \leqslant 1.1p_2$，工作温度为－40～＋60℃。其结

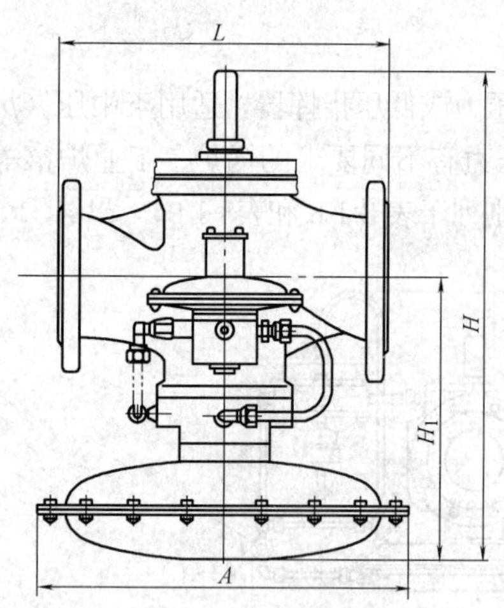

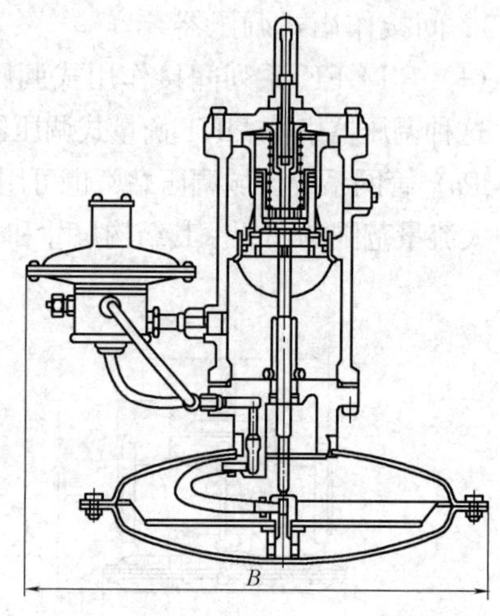

图 8-1-14　RTJ-GK 系列间接作用式调压器

构尺寸和流量表分别列于表 8-1-10 和表 8-1-11。

RTJ-GK 系列间接作用式调压器结构尺寸表（mm）　　**表 8-1-10**

代号 规格	L	A	B	H	H_1	进、出口法兰
RTJ-50GK	254	330	405	430	220	*DN*50
RTJ-80GK	298	430	485	505	298	*DN*80
FTJ-100GK	352	430	485	550	320	*DN*100
RTJ-150GK	451	430	485	550	350	*DN*150

RTJ-GK 系列间接作用式调压器流量表（m^3/h）　　**表 8-1-11**

规格型号	通径(mm)	出口压力(MPa)	进口压力(MPa)			
			0.3	0.4	0.6	0.8
RTJ-42/50GK	254	0.1	860	1180	1780	2460
RTJ-42/80GK	298	0.1	1540	2010	2530	4820
RTJ-42/100GK	352	0.1	3130	4870	6320	8950
RTJ-42/150GK	451	0.1	4370	8280	8190	12000

(3) RTJ-54/100F 高压燃气调压器（图 8-1-15）

该调压器（*DN*100）专门为城镇中小型天然气门站、管网级间调压站设计，其主要技术参数如下：

进口压力（p_1）范围为 0.8～1.6MPa，出口压力（p_2）范围为 0.4～0.8MPa，稳压精度 $\delta_{p_2} \leqslant \pm 5\% p_2$，关闭压力 $p_b \leqslant 1.15 p_2$，其流量表见表 8-1-12。

RTJ-54/100F 高压燃气调压器流量表　　**表 8-1-12**

输出压力 p_2 输入压力 p_1	1.2MPa	1.0MPa	0.8MPa	0.6MPa	0.4MPa
1.6MPa	44707	51666	55963	58508	59485
1.2MPa		28824	37775	42605	449638
1.0MPa			26164	33753	37359
0.8MPa				23208	29230
0.6MPa					19832

注：使用介质-天然气的相对密度为 0.6。

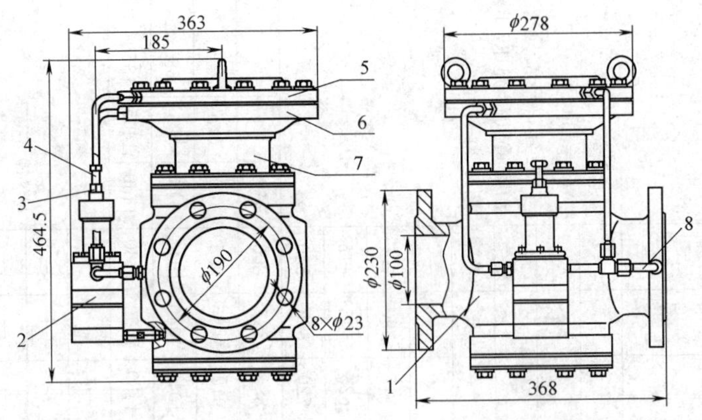

图 8-1-15 RTJ-54/100F 高压燃气调压器

1—主调压器；2—指挥器；3—锁紧螺栓；4—调整螺栓；5—上膜壳；6—下膜壳；7—过渡套；8—信号管

(4) RTJ-FP 系列轴流式调压器（图 8-1-16）

这种调压器适用于长输系统、城镇高压输配系统的单级或串接两级压力调节，可布置在天然气门站或高压调压柜，其流量范围很大，主要技术参数如下：最大进口压力（p_{1max}）为 10MPa，进口压力（p_1）范围为 0.01～10MPa，出口压力（p_2）范围为 0.001～4.0MPa，稳压精度 $\delta_{p_2} \leqslant \pm 1\%$，关闭压力 $p_b \leqslant 1.1p_2$，工作温度为－40～＋60℃，压力等级（适于城镇输配系统）为 PN1.6MPa、PN2.5MPa 和 PN4.0MPa。

RTJ-FP 系列轴流式调压器的结构尺寸表和流量表见表 8-1-13 和表 8-1-14。

3. 其他

为了安全的需要，在中压进户家用燃气表前要求设置有安全切断功能的调压器，基本上有两种类型，分述如下。

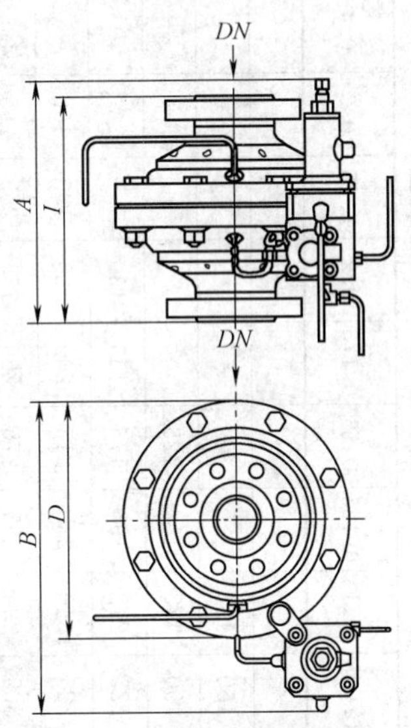

图 8-1-16 RTJ-FP 系列轴流式调压器

RTJ-FP 系列轴流式调压器结构尺寸表（mm） **表 8-1-13**

RTJ-FP	DN	I	A	B	D
RTJ-FP	25	184	270	445	285
RTJ-FP	40	222	295	470	306
RTJ-FP	50	254	310	500	335
RTJ-FP	65	276	325	530	370
RTJ-FP	80	298	345	560	400
RTJ-FP	100	352	370	610	450
RTJ-FP	150	451	—	860	700

RTJ-FP 系列轴流式调压器流量表（m³/h） 表 8-1-14

p_1 \ p_2	0.005	0.01	0.02	0.03	0.04	0.05	0.075	0.1	0.125	0.15	0.175	0.2	0.25	0.3	0.4	0.5	0.75	1	1.25	1.5	1.75	2	2.5	3
0.1	160	160	150	140	130	120	—	—	—	—	—	—	—	—	—	—	—	—	—	—	DN25 C_g=500 注：建议经常检查下游管道气体流速，不能超过 20～25m/s。			
0.15	200	195	190	185	175	170	150	125	—	—	—	—	—	—	—	—	—	—	—	—				
0.2	230	225	220	215	210	205	190	175	150	125	—	—	—	—	—	—	—	—	—	—				
0.25	255	255	250	245	240	235	225	210	195	175	155	130	—	—	—	—	—	—	—	—				
0.3	280	280	275	270	265	260	225	240	230	215	200	180	130	190	—	—	—	—	—	—				
0.4	320	320	320	315	315	310	305	295	285	275	265	255	255	265	195	—	—	—	—	—				
0.5	360	360	355	355	350	350	345	340	330	325	315	310	290	390	360	315	—	—	—	—				
0.75	440	440	440	440	435	435	435	430	425	420	420	415	405	485	465	445	345	—	—	—				
1	515	515	515	515	510	510	510	510	505	505	500	500	495	565	555	540	480	370	—	—				
1.25	585	585	585	585	585	585	585	585	585	580	575	575	570	646	635	625	585	515	390	—				
1.5	650	650	650	650	650	650	650	650	650	650	650	650	650	650	710	700	675	625	545	415				
1.75	715	715	715	715	715	715	715	715	715	715	715	715	715	715	715	715	755	720	665	580				
2	780	780	780	780	780	780	780	780	780	780	780	780	780	780	780	780	780	885	885	800	435			
2.5	910	910	910	910	910	910	910	910	910	910	910	910	910	910	910	910	910	910	1015	985	740	685		
3	1040	1040	1040	1040	1040	1040	1040	1040	1040	1040	1040	1040	1040	1040	1040	1040	1040	1040	1040	1040	945	885	685	
4.5	1430	1430	1430	1430	1430	1430	1430	1430	1430	1430	1430	1430	1430	1430	1430	1430	1430	1430	1430	1430	1430	1405	1350	1250
0.1	450	440	420	395	365	340	—	—	—	—	—	—	—	—	—	—	—	—	—	—	DN40 C_g=1350 注：建议经常检查下游管道气体流速，不能超过 20～25m/s			
0.15	550	545	530	510	495	475	415	345	—	—	—	—	—	—	—	—	—	—	—	—				
0.20	635	630	615	605	590	575	535	485	425	355	—	—	—	—	—	—	—	—	—	—				
0.25	710	705	695	680	670	660	625	590	545	495	435	360	—	—	—	—	—	—	—	—				
0.30	775	770	760	750	740	730	705	675	640	605	560	505	370	—	—	—	—	—	—	—				
0.40	890	885	880	870	865	860	840	820	795	770	740	705	630	530	—	—	—	—	—	—				
0.50	990	985	980	975	970	965	950	935	920	900	880	855	800	735	550	—	—	—	—	—				

续表

p_1 \ p_2	0.005	0.01	0.02	0.03	0.04	0.05	0.075	0.1	0.125	0.15	0.175	0.2	0.25	0.3	0.4	0.5	0.75	1	1.25	1.5	1.75	2	2.5	3
0.75	1205	1205	1205	1200	1200	1195	1190	1180	1170	1165	1150	1140	1115	1080	1000	885	—	—	—	—	*DN*40 C_g=1350 注：建议经常检查下游管道气体流速，不能超过20～25m/s			
1	1400	1400	1400	1400	1395	1395	1390	1390	1385	1380	1375	1365	1355	1335	1290	1225	960	—	—	—				
1.25	1580	1580	1580	1580	1580	1580	1580	1580	1580	1575	1570	1565	1560	1550	1525	1485	1330	1025	—	—				
1.5	1755	1755	1755	1755	1755	1755	1755	1755	1755	1755	1755	1755	1755	1745	1730	1710	1610	1425	1090	—				
1.75	1930	1930	1930	1930	1930	1930	1930	1930	1930	1930	1930	1930	1930	1930	1925	1910	1850	1730	1520	1155	—	—	—	—
2	2105	2105	2105	2105	2105	2105	2105	2105	2105	2105	2105	2105	2105	2105	2105	2105	2065	1980	1840	1605	1210	—	—	—
2.5	2455	2455	2455	2455	2455	2455	2455	2455	2455	2455	2455	2455	2455	2455	2455	2455	2455	2415	2345	2225	2045	1755	—	—
3	2810	2810	2810	2810	2810	2810	2810	2810	2810	2810	2810	2810	2810	2810	2810	2810	2810	2810	2770	2705	2605	2450	1915	—
4.5	3860	3860	3860	3860	3860	3860	3860	3860	3860	3860	3860	3860	3860	3860	3860	3860	3860	3860	3860	3860	3860	3825	3700	3455
0.1	755	740	705	665	620	570	—	—	—	—	—	—	—	—	—	—	—	—	—	—	*DN*50 C_g=2150 注：建议经常检查下游管道气体流速，不能超过20～25m/s			
0.15	925	910	885	855	825	795	700	585	—	—	—	—	—	—	—	—	—	—	—	—				
0.2	1060	1050	1030	1010	985	960	895	815	720	595	—	—	—	—	—	—	—	—	—	—				
0.25	1175	1170	1150	1135	1115	1100	1045	958	915	835	735	610	—	—	—	—	—	—	—	—				
0.3	1280	1275	1260	1245	1230	1215	1175	1125	1070	1010	935	850	625	—	—	—	—	—	—	—				
0.4	1460	1455	1445	1435	1425	1415	1385	1355	1320	1280	1230	1180	1055	890	—	—	—	—	—	—				
0.5	1615	1610	1605	1600	1590	1585	1565	1540	1515	1490	1455	1420	1335	1230	925	—	—	—	—	—				
0.75	1950	1945	1945	1940	1940	1935	1930	1920	1910	1895	1880	1865	1830	1780	1660	1475	—	—	—	—				
1	2235	2235	2235	2235	2235	2235	2235	2235	2230	2225	2220	2215	2195	2175	2115	2020	1600	—	—	—				
1.25	2515	2515	2515	2515	2515	2515	2515	2515	2515	2515	2515	2515	2510	2500	2475	2425	2200	1720	—	—				
1.5	2795	2795	2795	2795	2795	2795	2795	2795	2795	2795	2795	2795	2795	2795	2790	2765	2640	2370	1830	—				
1.75	3075	3075	3075	3075	3075	3075	3075	3075	3075	3075	3075	3075	3075	3075	3075	3070	3010	2845	2525	1935	—	—	—	—
2	3355	3355	3355	3355	3355	3355	3355	3355	3355	3355	3355	3355	3355	3355	3355	3355	3335	3235	3035	2675	2035	—	—	—
2.5	3915	3915	3915	3915	3915	3915	3915	3915	3915	3915	3915	3915	3915	3915	3915	3915	3915	3895	3820	3660	3385	2950	—	—

续表

p_1 \ p_2	0.005	0.01	0.02	0.03	0.04	0.05	0.075	0.1	0.125	0.15	0.175	0.2	0.25	0.3	0.4	0.5	0.75	1	1.25	1.5	1.75	2	2.5	3
3	4470	4470	4470	4470	4470	4470	4470	4470	4470	4470	4470	4470	4470	4470	4470	4470	4470	4470	4460	4395	4260	4045	3205	—
4.5	6150	6150	6150	6150	6150	6150	6150	6150	6150	6150	6150	6150	6150	6150	6150	6150	6150	6150	6150	6150	6150	6140	6015	5685
0.1	1640	1600	1520	1430	1330	1225	—	—	—	—	—	—	—	—	—	—	—	—	—	—	$DN100$ $C_g=8300$ 注：建议经常检查下游管道气体流速，不能超过20～25m/s			
0.15	2015	1985	1925	1860	1790	1720	1510	1250	—	—	—	—	—	—	—	—	—	—	—	—				
0.2	2325	2305	2255	2205	2150	2095	1940	1760	1545	1280	—	—	—	—	—	—	—	—	—	—				
0.25	2600	2580	2540	2500	2455	2410	2285	2145	1985	1800	1580	1310	—	—	—	—	—	—	—	—				
0.3	2845	2830	2795	2760	2725	2685	2580	2470	2340	2195	2030	1840	1335	—	—	—	—	—	—	—				
0.4	3280	3270	3245	3220	3190	3165	3090	3005	2915	2815	2700	2580	2290	1355	—	—	—	—	—	—				
0.5	3670	3660	3645	3625	3600	3580	3520	3460	3390	3315	3230	3140	2935	2690	1990	—	—	—	—	—				
0.75	4530	4520	4510	4500	4490	4475	4445	4410	4370	4325	4280	4230	4120	3990	3665	3225	—	—	—	—				
1	5290	5290	5285	5275	5270	5265	5245	5220	5200	5175	5145	5115	5050	4970	4775	4520	3490	—	—	—				
1.25	6025	6025	6025	6025	6025	6025	6025	6025	6025	5940	5925	5905	5865	5815	5690	5520	4890	3740	—	—				
1.5	6695	6695	6695	6695	6695	6695	6695	6695	6695	6695	6695	6695	6695	6590	6505	6395	5965	5235	3970	—				
1.75	7365	7365	7365	7365	7365	7365	7365	7365	7365	7365	7365	7365	7365	7365	7265	7190	6890	6385	5560	4190	—	—	—	—
2	8035	8035	8035	8035	8035	8035	8035	8035	8035	8035	8035	8035	8035	8035	8035	8035	7735	7365	6780	5875	4400	—	—	—
2.5	9375	9375	9375	9375	9375	9375	9375	9375	9375	9375	9375	9375	9375	9375	9375	9375	9375	9065	8735	8235	7510	6450	—	—
3	10710	10710	10710	10710	10710	10710	10710	10710	10710	10710	10710	10710	10710	10710	10710	10710	10710	10710	10400	10095	9655	9035	6980	—
4.5	14730	14730	14730	14730	14730	14730	14730	14730	14730	14730	14730	14730	14730	14730	14730	14730	14730	14730	14730	14730	14730	14385	13785	12765

(1) 内置欠压切断功能（UPCO）表前稳压阀（图 8-1-17）

这种调压器适用于各种燃气，可与燃气表接头直角式内螺纹（$DN20$）连接，最大进口压力（p_{1max}）为 20kPa，正常出口压力（p_2）可调到 2800Pa，切断压力 1500Pa，最大流量（Q_{max}）为 12.5m³/h，阀体重量 340g。

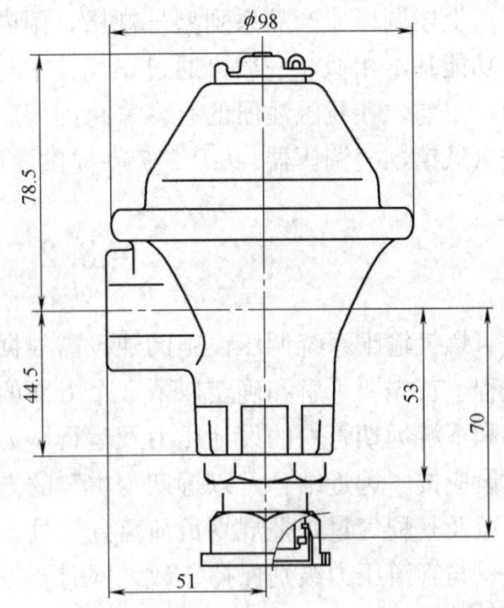

图 8-1-17 内置欠压切断功能表前稳压阀

(2) 二段压力调节器（图 8-1-18）

这种调压器接口为 $DN20$ 内螺纹，可与燃气表接头按需要的角度进行连接，具有独立的过压切断（OPSS）和独立的欠压切断（UPSS）功能。另外，还设内置微量放散阀，可提前预设放散压力 5600Pa；过压切断压力为 7500Pa；欠压切断压力为 2500Pa。供气的进口压力（p_1）范围为 0.06～0.4MPa，出口压力（p_2）范围为 3200～4200Pa，流量范围为 0.6～6m³/h。

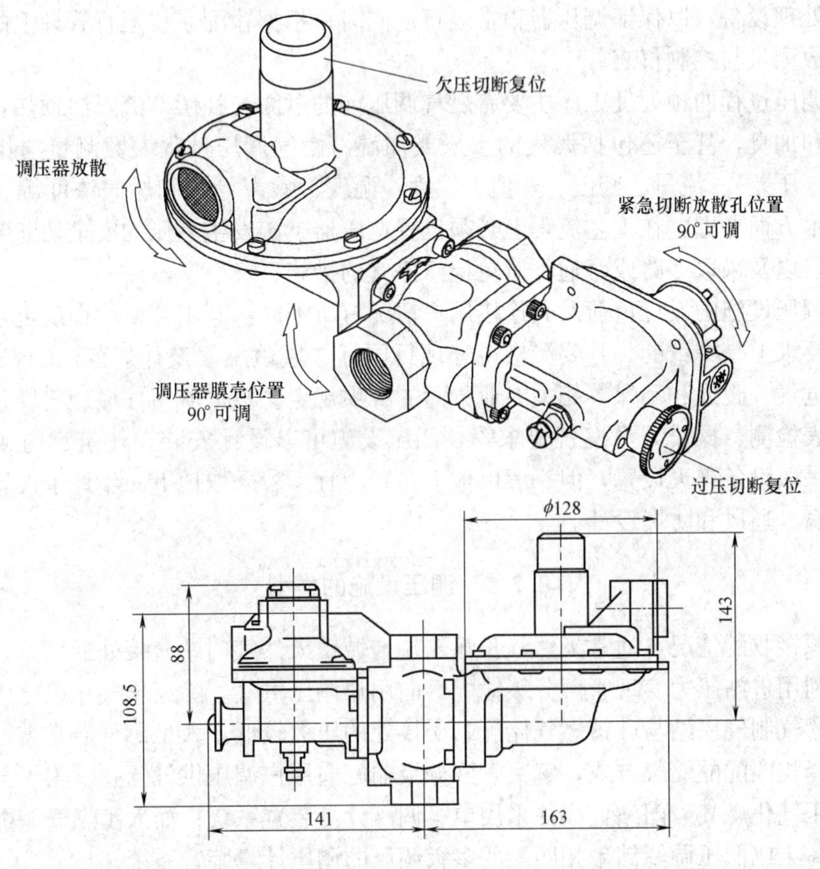

图 8-1-18 二段压力调节器

上述调压器产品系列型号规格，国内外厂家所编制的符号不尽相同，但性能参数和结构功能基本相似，一般可通过燃气技术与设备展览会查询或索取相关产品样本进行对比选用。目前，在我国注册的有多家跨国调压器专业设备经销商。在与有关厂商订合同时，应按《城镇燃气调压器》GB 27790 提供设计参数和确认相关的检验与认证要求。

8.2　调压设施

燃气输配系统调压设施的建设需根据不同气源及其输配范围和功能而采用不同的工艺流程。首先要了解和确定以下 3 个方面的因素：(1) 下游近期和远期的用气负荷；(2) 上游和下游远期管网的设计压力及运行压力；(3) 上游和下游管网的建设情况。调压设施的建设应按“远近结合，以近期为主”的方针，根据管网结构平衡合理地划分调压设施供气区域及其配气量，把规划负荷落到实处。调压设施的设计压力应与输配系统压力级制相匹配、与管道压力级别保持一致，同时要根据实际用气负荷发展和管网水力工况，考虑实施调整其运行压力。

调压设施在围绕调压器等设备的选择方面应力求性能可靠、功能完善，并优先考虑其安装、维护和管理方便以及零部件供应有保障的系列产品。

调压设施的技术内容不仅只有调压器，还涵盖了围绕燃气压力的变化及其效应而必需设置的预处理设备，以保证调压器正常运行。同时，根据输配系统运行管理上的需要配置必要的参数测量与控制仪表。

燃气调压过程的预处理工序主要有燃气调压前的过滤与补偿节流降温预热，以及调压后减噪声和加臭，甚至还包括燃气的干燥或加湿。燃气调压过程参数测量与控制的内容有：压力（压差）、流量、密度、热值、温度、湿度、噪声等级和燃气浓度等。从调压设施安全技术方面考虑，在工艺流程上必须设置调压器下游发生超压的安全切断装置和安全放散装置，以及采取多路或旁通等避免检修停气的措施。

尽管调压设施的设计负荷及其连接用户情况有所不同，其工艺繁简程度也各异，但在消防设计要求上是一致的，并要严格遵守现行国标《城镇燃气设计规范》GB 50028 在建筑结构、电气、暖通和环保等相关专业方面的各项规定。根据城镇环境、气候条件、设备维护与仪表检测、操作人员巡视要求等，调压设施可以设计安装在建筑物内或金属箱体中，甚至采取设备露天设置，但一般以地上布置为宜；若采取地下、半地下设置时，应有良好的防腐、通风和防爆设计。

8.2.1　调压设施的类型

按气源接收的情况，通常天然气长输末端与城镇天然气门站交接处的压力较高，天然气可直接利用进站压力实现管网分级输配，向用户调压供气。除高压气化燃气生产工艺之外，人工燃气制气厂站与城镇燃气储配站交接处的压力较低，人工燃气通常需通过压缩机升压和选择相匹配的储气方式，解决管网分级输配向用户调压供气问题。为了节能，天然气（或高压气化燃气）门站，往往采用单级调压计量装置系统；而人工燃气储配站则采用压缩机与高压或低压调峰储罐相匹配的多级调压的调压计量装置系统。

按管网输气压力区分，调压设施可分成高/次高压调压站、次高/中压调压站、中/低压调压站。由于管道压力级别中高压、次高压和中压又分为A、B两级压力，故实际工程中调压站分类可再细分。

按调压站作用功能分，有区域调压站和专用调压站、调压柜和调压箱之分。当区域调压站用于中/低压两级管网系统时，调压站出站管道与低压管网相连；当箱式调压装置用于中压一级管网系统时，调压箱出口管与小区庭院管道（或楼前管）相连。调压柜既可作管网级间调压，也可用于中压一级管网系统调压直供居民小区或其他用户；居民小区的配气管道限在小区范围内布置，并可根据用户数配置调压柜的大小（流量）或数量。

对独立用户，无论是专用调压站还是调压箱（柜），设定其出口压力（p_2）时，必须考虑所连接用户室内燃气管道的最高压力或用气设备燃烧器的额定压力，并符合《城镇燃气设计规范》GB 50028 相关规定，详见表 8-2-1 和表 8-2-2。

用户室内燃气管道的最高压力（表压 MPa） **表 8-2-1**

燃气用户		最高压力
工业用户	独立、单层建筑	0.8
	其他	0.4
商业用户		0.4
居民用户（中压进户）		0.2
居民用户（低压进户）		<0.01

注：1. 液化石油气管道的最高压力不应大于 0.14MPa；
2. 管道井内的燃气管道的最高压力不应大于 0.2MPa；
3. 室内燃气管道压力大于 0.8MPa 的特殊用户设计应按有关专业规范执行。

民用低压用气设备燃烧器的额定压力（表压 kPa） **表 8-2-2**

燃气 / 燃烧器	人工燃气	天然气		液化石油气
		矿井气	天然气、油田伴生气、液化石油气混空气	
民用燃具	1.0	1.0	2.0	2.8 或 5.0

《城镇燃气调压器》GB 27790 推荐区域和用户调压器的额定出口压力（见表 8-2-3），可供与调压器出口相连的管道进行水力计算时作参考。

区域和用户调压器的额定出口压力（表压 kPa） **表 8-2-3**

序号	工作介质	区域	楼栋	表前
1	人工燃气	1.76	1.40	1.16
2	天然气	3.00	2.40	2.16
3	液化石油气	3.80	3.04	2.96

8.2.2 调压设施的设置

不同压力级别管道之间设置的调压站，其布置大致可按高/中压和中/低压区分类别进行设计，配置原则简述如下。

1. 高/中压调压站配置原则

由于高/中压调压站输气压力高、供气量大，小则几个小区，大则数平方千米区域供气范围，流量可达每小时数千乃至数万立方米。配置时，要按远期规划负荷和选定调压器的最大流量控制调压站数量，同时还要兼顾低峰负荷时调压器仍处在正常开启度（15 %～85 %）范围工作。布置要点包括：

（1）符合城镇总体规划的安排；

（2）布置在区域内，总体分布较均匀；

（3）布局满足下一级管网的布置要求；

（4）调压站及其上、下游管网与相关设施的安全净距符合规范要求。

2. 中—低压调压站配置原则

（1）力求布置在负荷中心，即在用户集中或大用户附近选址；

（2）尽可能避开城镇繁华区域，一般可在居民区的街坊内、广场或街头绿化地带或大型用户处选址；

（3）调压站作用半径在 0.5km 左右，供气流量约 2000～3000m^3/h 为宜；

（4）要考虑相邻调压站建立互济关系，以提高事故工况下供气的安全可靠性。

《城镇燃气设计规范》GB 50028 对不同压力级别管道之间设置的调压站、调压箱（柜）和调压装置提出了下列要求：

（1）自然条件和周围环境许可宜露天设置，但应设置围墙、护栏或车挡。

（2）设置在地上单独的调压箱（悬挂式）内时，对居民和商业用户燃气进口压力不应大于 0.4MPa；对工业用户（含锅炉房）燃气进口压力不应大于 0.8MPa。

（3）设置在地上单独的调压柜（落地式）内时，对居民、商业用户和工业用户（含锅炉房）燃气进口压力不宜大于 1.6MPa。

（4）设置在地上单独的建筑物内时，对建筑物的设计应符合下列要求：

1）耐火等级不低于二级；

2）调压室与毗连房间相隔应满足防火要求；

3）调压室采取自然通风措施，换气次数每小时 2 次以上，并按现行国标《建筑设计防火规范》GB 50016（2018 版）设有泄压措施；

4）无人值守调压站按现行国标《爆炸危险环境电力装置设计规范》GB 50058“1”区作电气防爆设计；

5）调压站地面选用不发火花材料；

6）调压站应单独设置避雷装置，接地电阻小于 10Ω；

7）重要调压站宜设保护围墙，其门窗设防护栏（网）。

（5）地上调压箱（悬挂式）的设置要求：

1）箱底距地坪的高度宜为 1.0～1.2m，可安装在用气建筑物（耐火等级应不低于二级）的外墙或悬挂于专用的支架上，所选用的调压器宜不大于 *DN*50；

2）调压箱不应安装在窗下、阳台下和室内通风机进风口墙面上，其到建筑物门、窗或通向室内其他孔槽的水平净距（*S*）：当调压器 p_1＜0.4MPa 时，*S*＞1.5m；当 p_1＞0.4MPa 时，*S*＞3.0m；

3）调压箱应有自然通风孔

（6）调压柜（落地式）的设置要求：

1）调压柜应单独设置在坚固的基础上，柜底距地坪高度宜为 0.30m；

2）体积大于1.5m³的调压柜应有泄爆口（通风口计入在内），并设在盖面，其面积不小于上盖或最大柜壁面积的50%（取较大者）；

3）自然通风口的设置要求：当燃气相对密度大于0.75时，应在柜体上、下各设1%柜底面积的开口，其四周应设护栏；当燃气相对密度不大于0.75时，可仅在柜体上部设4%柜底面积的通风口，其四周宜设护栏；

（7）调压箱（或柜）的安装位置应满足调压器安全放散的安装要求，开箱（柜）操作不影响交通或不被碰撞。

（8）当受到地上条件限制时，进口压力不大于0.4MPa的调压装置可设置在地下单独的建筑物内或地下单独的箱体内，并符合以下要求：

1）地下建筑物宜整体浇筑，地面为不发火花材料，留集水坑，净高低于2m，防水防冻，顶盖上设有两个对置人孔；

2）地下调压箱上设自然通风口，选址应满足安全放散的安装要求，方便检修，箱体有防腐保护。

（9）液化石油气和相对密度大于0.75燃气调压装置不得设于地下室、半地下室内和地下单独的箱体内。

（10）调压站（含调压柜）与其他建筑物、构筑物的水平净距应符合表8-2-4的规定。

调压站（含调压柜）与其他建筑物、构筑物水平净距（m） **表8-2-4**

设置形式	调压装置入口燃气压力级制	建筑物外墙面	重要公共建筑、一类高层民用建筑	铁路（中心线）	城镇道路	公共电力变配电柜
地上单独建筑	高压(A)	18.0	30.0	25.0	5.0	6.0
	高压(B)	13.0	25.0	20.0	4.0	6.0
	次高压(A)	9.0	18.0	15.0	3.0	4.0
	次高压(B)	6.0	12.0	10.0	3.0	4.0
	中压(A)	6.0	12.0	10.0	2.0	4.0
	中压(B)	6.0	12.0	10.0	2.0	4.0
调压柜	次高压(A)	7.0	14.0	12.0	2.0	4.0
	次高压(B)	4.0	8.0	8.0	2.0	4.0
	中压(A)	4.0	8.0	8.0	1.0	4.0
	中压(B)	4.0	8.0	8.0	1.0	4.0
地下单独建筑	中压(A)	3.0	6.0	6.0	—	3.0
	中压(B)	3.0	6.0	6.0	—	3.0
地下调压箱	中压(A)	3.0	6.0	6.0	—	3.0
	中压(B)	3.0	6.0	6.0	—	3.0

注：1. 当调压装置露天设置时，则指距离装置的边缘；
2. 当建筑物（含重要公共建筑）的某外墙为无门、窗洞口的实体墙，且建筑物耐火等级不低于二级时，燃气进口压力级别为中压A或中压B的调压柜一侧或两侧（非平行），可贴靠上述外墙设置；
3. 当达不到上表净距要求时，采取有效措施，可适当缩小净距。

（11）单独用户的专用调压装置还可设置在用气建筑物专用单层的毗连房间内，并符合下列要求：

1）商业用户进口压力不大于0.4MPa，工业用户（含锅炉房）进口压力不大于0.8MPa；

2）建筑结构、室内通风、电气防爆以及与其他建（构）筑物的水平净距均同于上述对调压站的相关要求；

3）当调压装置进口压力不大于0.2MPa时，可设在公共建筑物的顶层房间内，该房间靠外墙，不与人员密集房间相邻、连续通风换气次数每小时不少于3次，设有声光报警和信号连锁紧急切断阀门装置以及调压装置超压切断保护装置；

4）当调压装置进口压力不大于0.4MPa，且调压器进出口管径不大于*DN*100时，可设置在用气建筑物的平屋顶上，但屋顶承重结构受力应在允许范围内，有楼梯，耐火等级不低于二级、调压箱（柜）与建筑物烟囱的净距不小于5m；

5）当调压装置进口压力不大于0.4MPa时，可设置在车间、锅炉房和其他工业用气房间内；或当调压装置进口压力不大于0.8MPa时，可设置在独立、单层建筑的生产车间或锅炉房，应满足建筑耐火等级不低于二级、通风换气次数不小于每小时2次，宜设非燃烧体护栏，调压器进出口管直径不大于*DN*80，并在室外设引入管阀门、室内设进口阀。

（12）调压箱（柜）或调压站的噪声应符合《声环境质量标准》GB 3096的规定。

（13）设置调压器场所的环境应符合下列要求：

1）当输送干燃气时，无供暖的调压器的环境温度应能保证调压器的活动部件正常工作；

2）当输送湿燃气时，无防冻措施的调压器环境温度应大于0℃；当输送液化石油气时，其环境温度应大于液化石油气的露点。

（14）调压站、调压箱（柜）和调压装置地上进出口管道与埋地管网之间的连接为绝缘连接，设备必须接地，接地电阻应小于100Ω。

《城镇燃气设计规范》GB 50028还对门站或储配站的调压、计量装置的设置提出了以下原则要求：

1）站内调压、计量装置根据工作环境要求可露天或在厂房内布置，寒冷或风沙地区宜采用封闭式厂房，厂房设计按《建筑设计防火规范》GB 50016(2018版)“甲类生产厂房”相关规定执行；

2）厂房消防灭火配置按《建筑灭火器配置设计规范》GB 50140的相关规定设计；

3）厂房防雷接地设施按《建筑物防雷设计规范》GB 50057“第二类防雷建筑物”的相关规定设计；

4）静电接地设计按《化工企业静电接地设计规程》HG/T 20675的相关规定实施；

5）厂房边界的噪声应符合《工业企业厂界环境噪声排放标准》GB 12348的相关规定。

8.2.3 调压设施的工艺设计

8.2.3.1 设计原则与调压监控流程

《城镇燃气设计规范》GB 50028规定输配系统压力不大于4.0MPa，各种压力级别燃气管道之间的压力调节尽可能按规定的上一级设计压力范围确定调压设施工艺流程。当有可能超过最高允许压力时，需设置防止管道超压的安全保护设备。

调压设施基本工艺流程主要参数是：调压器进口压力（p_1）、出口压力（p_2）和流量波动范围（q_{max}～q_{min}）。设计时，在满足调节参数的基础上，要考虑以下几个原则：

（1）在当地应具备保证调压设施正常工作的环境；

（2）设施内设备及相关零部件便于操作和维护，并建立有章可循的巡检或值守维护制度；

（3）工艺流程中各支路之间可以通过切断阀门来分离阻断；

（4）工艺流程所有供气线路（含旁通）均符合功能性要求；

（5）供气线路应充分考虑安装地基沉陷、管路腐蚀等不利因素，并采取有效的预防措施。

（6）大幅度调压时伴随焦耳-汤姆逊效应，会出现温度降低现象，通常压力每降低1MPa，温度约降低4～5℃，具体温降值可根据焦耳-汤姆逊系数进行计算。当温降值较大时，在调压器前要增设热交换器，对燃气进行预热，确保调压后燃气温度高于露点温度5℃以上。

通常典型的调压工艺流程可由三个部分构成：

（1）进口管段，作为调压设施的上游管路应设有总的主开关阀、上游绝缘接头、各上游主引出接管和其上的开关阀等；

（2）主管段，由各功能性管路组成，即调压和计量功能的管路集成，可再分成气体预处理功能段、调压段和计量段，此部分的设备仪表包括：过滤器、上游压力表、温度计及上游采样管（带阀）、换热器、切断阀、超压保护装置、监控调压器、主调压器、中间各测点压力表、减噪声器、超压安全放散装置和流量计等；

（3）出口管段，作为调压设施的下游管路设有：下游主引出接头、下游开关阀和下游绝缘接头。

监控调压器实质上是一个应急备用调压器，当主调压器出口压力由于下游燃气参数的波动而达到监控调压器预定的介入压力时，监控调压器就会替代主调压器投入工作状态，以保证连续供气。监控方式可区分为串联式监控调压器（图8-2-1）和并联式监控调压器（图8-2-2）。

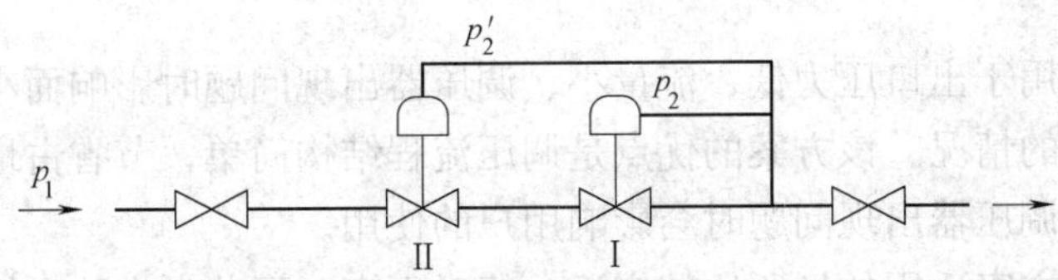

图8-2-1 串联式监控调压器

Ⅰ—主调压器；Ⅱ—监控调压器；p_1—进口压力；
p_2—主调压器的出口设定压力；p_2'—监控调压器的出口设定压力；

串联式监控压力设定为：

$p_2' > p_2$，且p_2'大于p_2的关闭压力。

这种系统正常运行时，由于主调压器的正常出口压力p_2低于p_2'，所以监控调压器的阀口处于全开状态。当主调压器发生故障出口超压达到p_2'时，监控调压器则进入工作状态，出口压力变为p_2'。

并联式监控压力设定为：

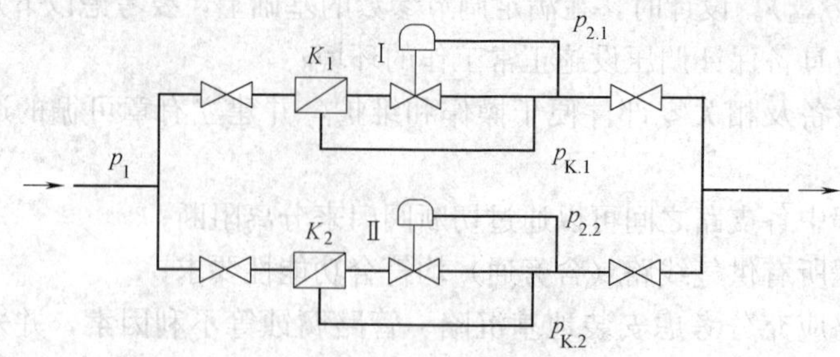

图 8-2-2　并联式监控调压器

Ⅰ—主调压器；Ⅱ—监控调压器；K_1、K_2—调压器Ⅰ、Ⅱ的切断阀；
p_1—进口压力；$p_{2.1}$—主调压器的出口设定压力；
$p_{2.2}$—监控调压器的出口设定压力；$p_{K.1}$—主调压器切断阀设定的切断压力；
$p_{K.2}$—监控调压器切断阀设定的切断压力；

$p_{2.2}<p_{2.1}$，$p_{2.2}$小于$p_{2.1}$波动的最小值（即小于其稳压精度范围的最低值）；

$p_{K.2}>p_{K.1}$，$p_{K.1}$大于$p_{2.1}$的关闭压力。

这种调压器系统运行时，一台正常工作，另一台备用。当主调压器Ⅰ正常工作时，最小出口压力为$p_{2.1}$，由于$p_{2.1}>p_{2.2}$所以监控调压器Ⅱ呈现关闭状态。当调压器Ⅰ发生故障使出口超压达到$p_{K.1}$时，则切断阀K_1关断致使出口压力下降；当出口压力下降到$p_{2.2}$时，监控调压器Ⅱ开始进行工作，出口压力变为$p_{2.2}$。

此系统适用于流量相对稳定时使用。

有的调压器装有内置切断阀，因而无需设置外置切断阀K_1和K_2。$p_{K.1}$和$p_{K.2}$的信号便直接与内置切断阀信号口连接。

在调压站的调压流程设计中可简明扼要归纳为以下几种方案：

①单台调压器；②两台调压器串联监控；③单台调压器＋外置切断阀（或双切断阀）；④两台调压器并联监控＋外置切断阀；⑤单台内置切断式调压器；⑥主调压器＋内置切断式监控调压器。

第①种方案适用于出口压力低、流量小、调压器出现问题时影响面小、长期有运行人员值守或定期巡检的情况。该方案的优点是调压流程结构简单，节省占地和投资，缺点是供气可靠性不高，调压器出现问题时会影响用户的使用。

第③，⑤两种方案适用的场所比较广泛，相对而言，可节省占地和投资，并且对用户不会造成安全隐患。双切断适用于必须确保安全供气的重要用户。这两种方案的主要缺点是，一旦调压器工作失灵，将迅速切断下游用户燃气供应。运行人员必须随时了解调压器工作情况，一旦发现切断装置动作，必须尽快查明原因，检修故障，使切断装置复位。

第②种方案兼顾了上述3种方案的优点，适用的场所更加广泛，只要监控系统正常或运行人员定期巡检，发现问题及时解决，既可保证下游用户的供气安全，也不会影响用户的使用。

第④，⑥两种方案调压流程相对复杂，投资也较高，但与第②种方案相比，供气安全可靠性更高，适合于高压力、大流量、重要用户和重要场所的情况。如果监控系统正常或运行人员巡检到位，处理问题及时，这两种方案是可靠性较高的方案。

《城镇燃气设计规范》GB 50028 对调压站（调压箱或调压柜）的工艺设计还提出了如下要求：

（1）连接未成环低压管网的区域调压站和供连续生产使用的用户调压装置宜设置备用调压器。

（2）高压和次高压燃气调压站室外进、出口管道上必须设置阀门；中压燃气调压站室外进口管道上，应设置阀门。

（3）调压站室外进、出口管道上阀门距调压站的距离：

当为地上单独建筑时，不宜小于 10m，当为毗连建筑物时，不宜小于 5m；当为调压柜时，不宜小于 5m；当为露天调压装置时，不宜小于 10m；当通向调压站的支管阀门距调压站小于 100m 时，室外支管阀门与调压站进口阀门可合为一个。

（4）在调压器燃气入口处应安装过滤器；调压器及过滤器前后应设置指示式压力表，调压器后应设置自动记录式压力仪表。

（5）调压站放散管管口应高出其屋檐 1m 以上。调压柜的安全放散管管口距地面的高度不应小于 4m；设置在建筑物墙上的调压箱的安全放散管管口应高出该建筑物屋檐 1m；地下调压站的安全放散管管口按地上调压柜安全放散管管口的规定设置。

当调压站上游最大操作压力大于下游最大操作压力 1.6MPa 以上，以及上游最大操作压力大于下游管道和设备强度试验压力时，调压站的安全保护装置还应满足《输气管道工程设计规范》GB 50251 的要求：单个的压力安全设备应同时加上第二个安全设备。此时可选择下列措施之一：

（1）每一回路串联安装 2 台安全截断设备，安全截断设备应具备快速关闭能力并提供可靠截断密封。

（2）每一回路安装 1 台安全截断设备和 1 台附加的压力调节控制设备。

（3）每一回路安装 1 台安全截断设备和 1 台最大流量安全泄放设备。

8.2.3.2 场站调压设施工艺流程

1. 天然气门站、燃气储配站调压计量装置

天然气门站、燃气储配站的调压计量装置设计见本手册第 7 章。

2. 区域调压站

城区室外燃气管道压力不大于 1.6MPa，按输配系统的压力级制，原则上中压-低压或次高压-中压或次高压-低压的调压站和调压柜可布置在城区内，而高压-次高压调压站和调压柜应布置在城郊。调压站的最佳作用半径大小主要取决于供气区的用气负荷和管网密度，并需经技术经济比较确定；根据供气安全可靠性的原则，站内可采取并联多支路外加旁通系统。调压站（含调压柜）与其他建筑物、构筑物的水平净距应符合现行国标的相关规定。

调压站内的主要设备是调压器，为了保证调压器正常运行，还设置过滤器、安全阀（或安全水封）、旁通管、进出口阀门及压力检测仪表等。次高压-中压调压站有的要设计量装置，但中压-低压调压站不设计量装置。在中压-低压调压站内设置的安全水封，多数情况下因放散量不够，不能起到调压器超压保护作用，因此在中压-低压调压站内应尽量采用切断式调压器，一旦调压器出口超压，切断装置就起作用，保护下游低压管道系统及用户安全。

(1) 次高压-中压调压站工艺流程（图 8-2-3）。在城镇高压（或次高压）环网向中压环网连接的支线管道上设置区域调压站，为防止发生超压，应安装防止管道超压的安全保护设备。高压-次高压或次高压-中压调压站输气量和供应范围较大，应按输气量决定调压器台数，并依压力范围选用合适的计量装置。供重要用户的专用线还得设置备用调压器。为适应用气量波动，可设置多个不同规格的调压器的组合方式。

当调压器出口管径小于 *DN*80、进口压力又不大于 0.4MPa 时，可将其设置在单层建筑的生产车间、锅炉房或其他用气房间内；当调压器出口压力大于 0.8MPa 时，可设置在单独、单层建筑物的生产车间或锅炉房内，而建筑物的耐火等级不应低于二级。

(2) 中压-低压调压站的工艺流程（图 8-2-4）。城镇大多数燃气用户直接与低压管网连接。由城镇中压环网引出的中压支线上可设置单个或连续设置多个中压-低压调压站。调压站出口所连接的低压管网一般不成环，但可在相邻两个中压-低压调压站出口干管之间连通，以提高低压网供气的可靠性。调压站进、出口管道之间应设旁通，可间歇检修的调压站不必设备用调压器。使用安全水封作为调压器出口超压保护装置的调压站，应保证冬季站内温度高于 5℃。

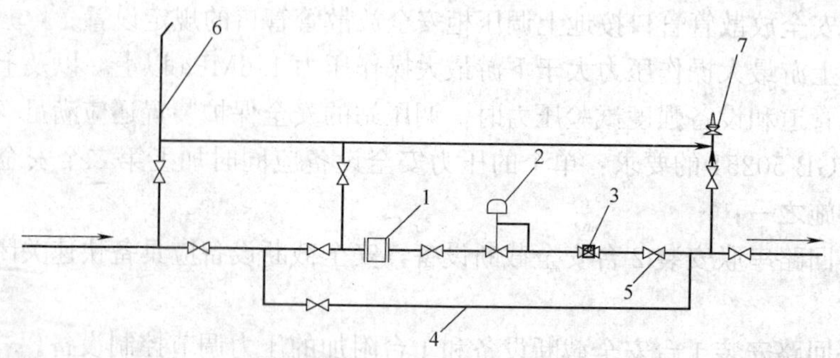

图 8-2-3　次高/中压调压站工艺流程示意图

1—过滤器；2—调压器；3—安全切断阀；4—旁通管；5—阀门；6—放散管；7—放散阀

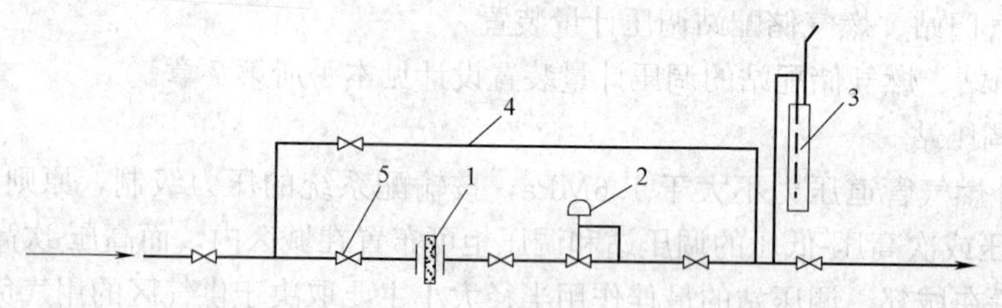

图 8-2-4　中/低压调压站工艺流程示意图

1—过滤器；2—调压器；3—安全水封；4—旁通管；5—阀门

3. 调压箱（调压柜）（图 8-2-5）

向工业企业、商业和小区用户供应露点很低的燃气（如天然气）时，可通过调压箱（调压柜）直接由中压管道接入。小型的调压箱可挂在墙上；大型的落地式调压柜可设置在较开阔的供气区庭院内，并外加围护栅栏，适当备以消防灭火器具。供居民和商业的燃气进口压力不应大于 0.4MPa；供工业用户（含锅炉房）燃气进口压力不应大于 0.8MPa。调压箱应有自然通风孔，而体积大于 1.5m^3 的调压柜应有爆炸泄压口，并便于检修。

调压箱（调压柜）结构紧凑、占地少、施工方便、建设费用省，适于在城镇中心区各种类型用户选用。

调压箱（调压柜）结构代号分为A、B、C、D四类，是指调压流程的支路数及旁通的设置情况，即：A——单支路无旁通、B——单支路加旁通、C——双支路无旁通和D——双支路加旁通。RX150/0.4A（B）指调压箱（调压柜）代号为RX，公称流量为150m³/h，最大进口压力为0.4MPa，单支路无旁通（单支路加旁通）的调压箱。

调压箱（调压柜）产品应按《城镇燃气调压箱》GB 27791的相关规定进行出厂检验，其内容包括：①外观及外形尺寸；②无损检测；③强度试验；④气密性试验；⑤压力设定值；⑥公称流量；⑦工作/备用支路的切换；⑧绝缘性能。

选用RTZ-25Q（或40Q、50Q、80Q）切断式调压器的RX系列单支路无旁通的壁挂式调压箱流程示意图，如图8-2-6所示。

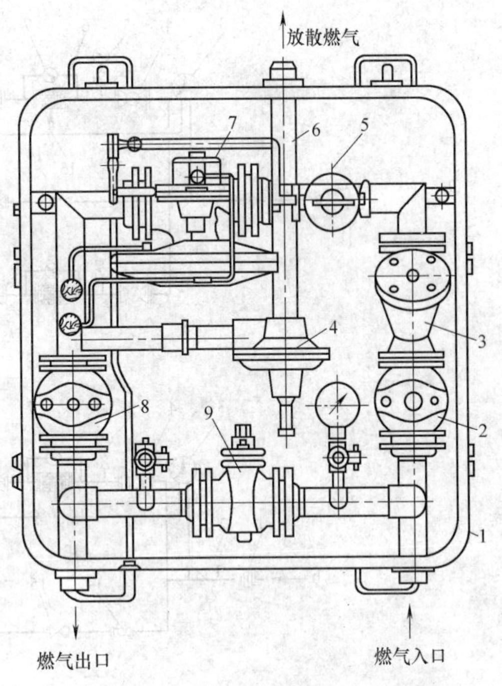

图8-2-5 燃气调压箱

1—金属壳；2—进口阀；3—过滤器；4—安全放散阀；5—安全切断阀；6—放散管；7—调压器；8—出口阀；9—旁通阀

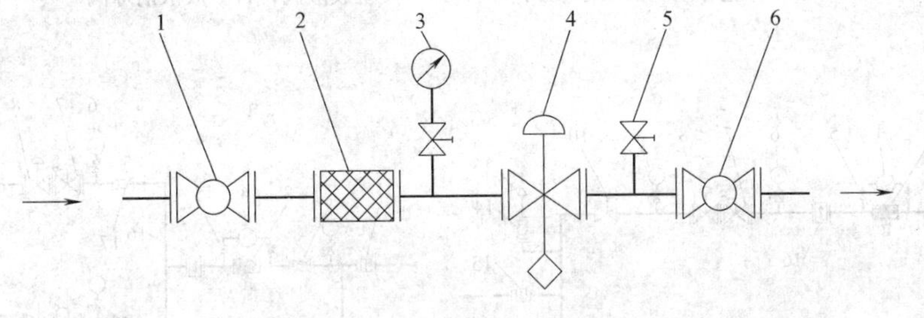

图8-2-6 RX系列壁挂式调压箱流程示意图

1，6—阀；2—过滤器；3—压力表；4—切断式调压器；5—测试嘴

图8-2-7为RX系列区域调压柜（无计量装置）流程示意图，其功能较完善，可根据用户要求选择调压支路数量或增设燃气报警遥测遥控功能。

图8-2-8为RX系列锅炉专用标准型调压柜流程示意图，附带计量装置，适用于中压（≤0.4MPa）天然气或人工燃气，可根据锅炉组热负荷选择额定流量100～3000m³/h的调压柜型号。

4. 地下调压站

为了考虑城镇景观布局，又要求调压站安全、防盗和环保，与RX系列调压箱（调压柜）一样将各具不同功能的设备集成为一体，一般做成筒状的箱体，并埋设在花园、便道、街坊空地等处的地表下，谓之地下调压站。在维护检修时，可启开操作井盖，利用蜗

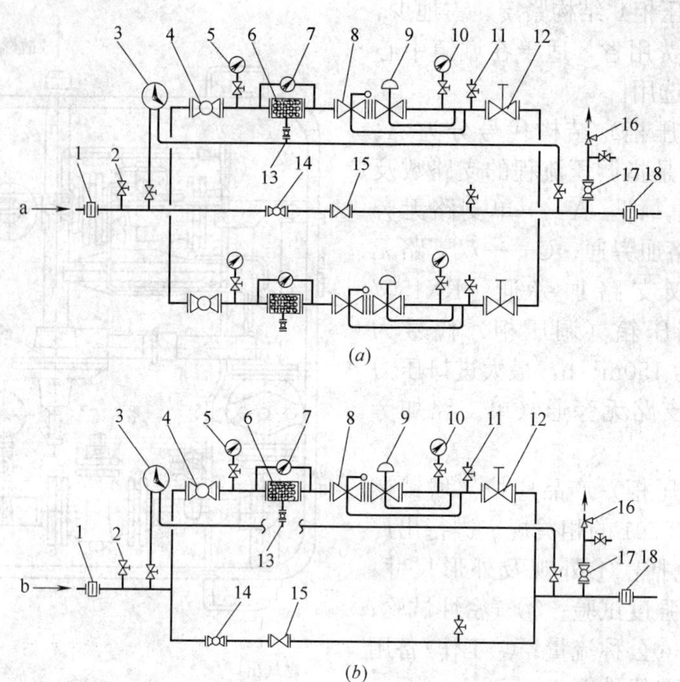

图 8-2-7　RX 系列区域调压柜流程示意图

（a）双支路加旁通流程；（b）单支路加旁通流程

1，18—绝缘接头；2—针形阀；3—压力记录仪；4—进口球阀；5，10—进口压力表；6—过滤器；7—压差计；8—超压切断阀；9—调压器；11—测试阀口；12—出口蝶阀；13—排污阀；14—旁通球阀；15—手动调节阀；16—安全放散阀；17—放散前球阀

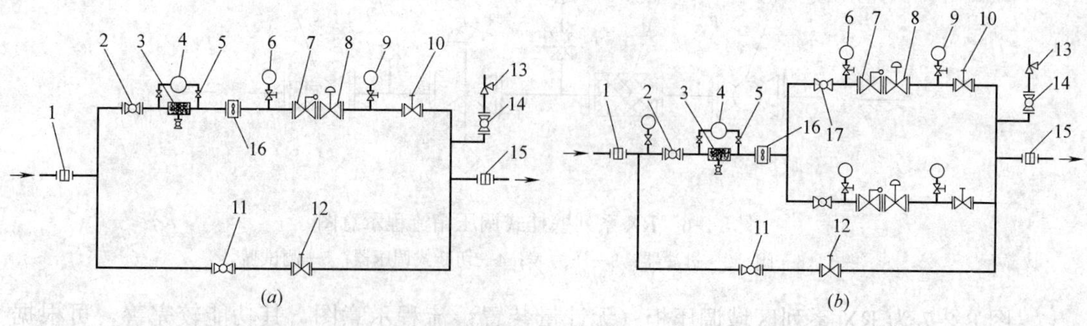

图 8-2-8　RX 系列锅炉专用标准型调压柜流程示意图

（a）单支路调压加旁通；（b）双支路调压加旁通

1—气体进口绝缘接头（选配）；2—气体进口阀门；3—气体过滤器；4—压差表（选配）；5—压差表前后阀门（选配）；6—气体进口压力表；7—紧急切断阀；8—调压器；9—气体出口压力表；10—气体出口阀门；11—旁通进口阀门；12—手动调节阀（选配）；13—安全放散阀；14—球阀；15—气体出口绝缘接头（选配）；16—气体流量计；17—球阀

轮蜗杆传动装置打开调压设备筒盖，筒芯内需检修和拆卸的设备、零部件和仪表均在操作人员的视野范围，并可提升到地表面。该装置需要坚实、光滑的基础，箱体需有良好的防腐绝缘层。图 8-2-9 为 RTJ-FP 系列轴流式调压器串接两级调压的地下调压站布置图。

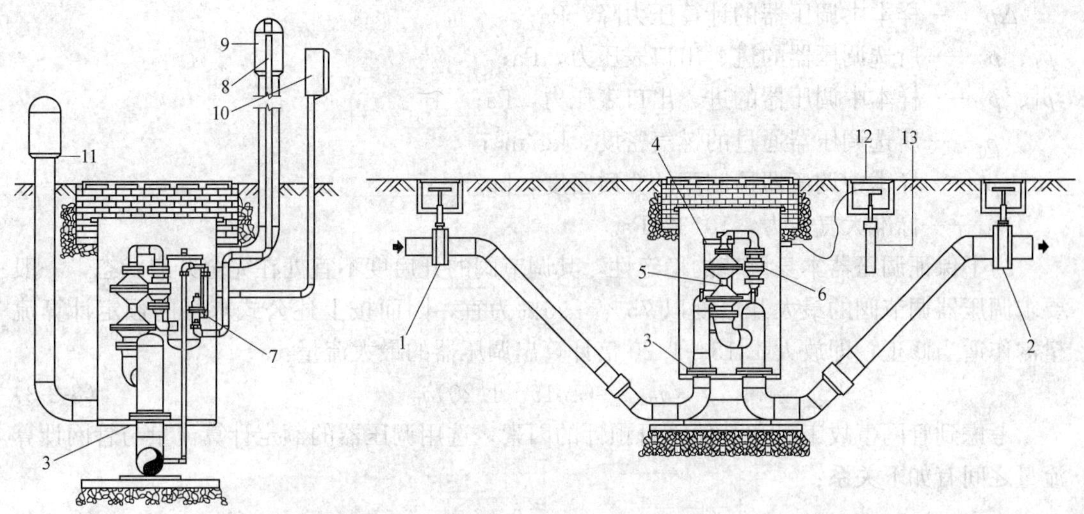

图 8-2-9 RTJ-FP 系列轴流式调压器地下调压站布置

1，2—进、出口阀；3—绝缘接头；4—过滤器；5—串接两级轴流式调压器；6—超压切断阀；7—安全放散阀；8—放空管；9—高位放空管罩；10—控制工具板；11—低位放空管罩；12—检查孔；13—镁制阳极包

这种调压站按轴流式调压器的型号、规格参数对应编成系列；按供气规模，中—低压地下调压站流量范围 800～30000m^3/h，高—中压地下调压站流量范围 2600～118000 m^3/h，连接口公称直径（*DN*）为 50、80、100、150、200 和 300。

8.2.3.3 调压设施主要设备的选用

1. 调压器

在实际工作中，调压器产品用空气（或燃气）作介质按规定的标准和方法进行过性能检测，即调压器产品样本明示了一定通径（*DN*）的调压器，在进口压力（p_1）和出口压力（p_2）时相应的额定流量（标准状态：101325Pa，273.16 K）q_n。因此，根据设计要求的工况参数可以很容易地应用以下公式进行换算，确定实际所需调压器的型号规格。

如果产品样本中给出的调压器参数是 q'(m^3/h)、ρ_0'(kg/m^3)、p_1'(表压力)、p_2'(表压力) 和 $\Delta p'$，则换算公式的形式如下：

亚临界流动状态，即当 $\nu=\left(\frac{p_2+p_0}{p_1+p_0}\right)>0.5$ 时，

$$q=q'\sqrt{\frac{\Delta p(p_2+p_0)\rho_0'}{\Delta p'(p_2'+p_0)\rho_0}} \tag{8-2-1}$$

临界流动状态，即当 $\nu=\left(\frac{p_2+p_0}{p_1+p_0}\right)\leqslant 0.5$ 时，

$$q=50Q'(p_1+p_0)\sqrt{\frac{\rho_0'}{\Delta p'(p_2'+p_0)\rho_0}} \tag{8-2-2}$$

式中 q——所求调压器的额定流量，m^3/h；

q'——样本中调压器的额定流量，m^3/h；

Δp——所选调压器时的计算压力降，Pa；

$\Delta p'$——样本中调压器的计算压力降，Pa；

p_1、p_2——所选调压器的进、出口表压力，Pa；

p_1'、p_2'——样本中调压器的进、出口表压力，Pa；

ρ_0——所选调压器通过的燃气密度，kg/m³；

ρ_0'——样本中调压器检测用的介质密度，kg/m³；

p_0——标准大气压力，101325Pa。

为了保证调压器本身调节的稳定性，其调节阀的开启度不宜处在完全开启状态，一般要求调压器调节阀的最大开启度以75%～95%为宜，因而按上述公式求得的额定计算流量需作适当修正，即放大1.15～1.20倍计算出调压器的最大流量：

$$q_{max}=(1.15\sim1.20)q_n \tag{8-2-3}$$

考虑到管网事故工况和其他不可预计的因素，选用调压器的额定计算流量与管网计算流量之间有如下关系：

$$q_n=1.20q_j \tag{8-2-4}$$

式中 q_n——选用调压器的额定计算流量，m³/h；

q_j——管网计算流量，m³/h；

因此，选用调压器的最大流量q_{max}为：

$$q_{max}=(1.15\sim1.20)q_n=(1.38\sim1.44)q_j \tag{8-2-5}$$

值得注意的是，调压器的调节范围与所选配的指挥器有直接关系，指挥器更换不同型号的压缩弹簧可得到调压器不同的调节范围。调压器压差过小会影响调节性能；压差过大也会影响调节性能和阀芯的使用寿命，因而必须采取二级调压。调压器具体的调节范围及压差应按产品使用说明书正确选择。

2. 过滤器

按照现行国标规定的燃气气质标准：《天然气》GB 17820、《液化石油气》GB 11174和《人工煤气》GB 13612中规定的杂质含量指标可知，天然气和液化石油气无游离水和其他杂质，而人工燃气的允许杂质含量中含有焦油灰尘、氨和萘，这些杂质甚至是饱和水蒸气组分，对调压器、流量计及其他仪表会有腐蚀、污染和堵塞的作用。为了保证调压、计量系统的正常运行，必须根据不同燃气气质选择相应的过滤器，在调压、计量之前把固体颗粒和液态杂质截留和排除。

过滤器的除尘效果可用净化率（η）和透过率（D）来表示，即：η为过滤器后除尘量与过滤器前未除尘气体绝对含尘量之比；D为过滤器后被除尘气体含尘量与过滤器前未除尘气体含尘量之比。不同的仪表和设备允许或可以接受的颗粒物粒度范围有所不同。例如，不同形式的流量计对颗粒物的要求有很大的不同，一般为5～50μm，其中涡轮流量计对粒度要求比较高，为5～20μm，而超声波流量计允许粒度可放宽至50μm或以上。又如，调压器（间接作用式）根据阀口的形式和材料以及消声器结构的不同，其粒度要求一般为20～50μm，其中指挥器的要求高一档次，为2～5μm，自身还带有过滤网。当然，颗粒物清除的指标愈高对设备和仪表的保护愈有利，但是增加了除尘设备容量和过滤器的阻力，为此检修频繁、工作量大。所以，应根据设备情况合理地确定固体杂质的清除精度和过滤效率。

在调压设施中，调压器前一般选用精度为5～100μm的过滤器形式有两类，即填料式和滤芯式，通常可由调压器生产厂商配套供货。

(1) 填料式过滤器（图 8-2-10）

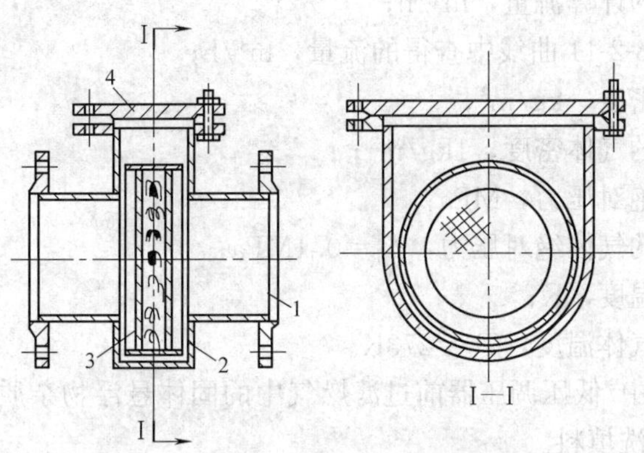

图 8-2-10 填料过滤器结构示意图

1—过滤器外壳；2—填料盒；3—填料；4—盖

该过滤器应选用纤维细而长、强度高的材料作为填料，如玻璃纤维、马鬃等。这些填料在装入前应浸润透平油，以提高过滤效果。过滤器的直径一般是按流经燃气的压降不超过 5000Pa 选定的。图 8-2-11 为气体密度 $\rho_0=1\text{kg/m}^3$、大气压力 $p_0=0.1\text{MPa}$ 和温度 $t=0℃$ 的条件下绘制的各直径填料过滤器的压力降曲线，应用此曲线和作简单计算可选用不同规格的填料过滤器。

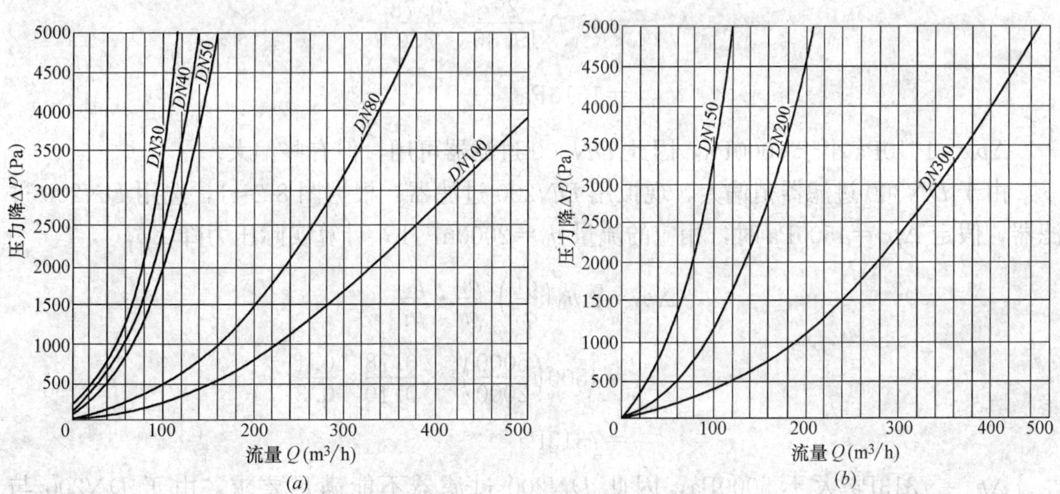

图 8-2-11 过滤器压力降曲线

(a) $DN32$～$DN100$ 过滤器的压力降曲线；(b) $DN150$～$DN300$ 过滤器的压力降曲线

若设计条件与图 8-2-11 绘制曲线的条件不符时，则实际压力降 Δp_1 可按以下公式计算：

$$\Delta p_1=\Delta p_0\left(\frac{q_1}{q_0}\right)^2\frac{\rho_1 p_0}{\rho_0 p_1}\cdot\frac{T_1}{T_0} \tag{8-2-6}$$

式中　Δp_1——填料过滤器实际压力降，Pa；

Δp_0——选过滤器时设定的压力降，Pa；

q_1——燃气的计算流量，m^3/h；

q_0——以图 8-2-11 曲线中查得的流量，m^3/h；

ρ_1——燃气密度，kg/m^3；

ρ_0——设定的气体密度，$1kg/m^3$；

p_1——燃气绝对压力，MPa；

p_0——设定的气体绝对压力，$p_0=0.1MPa$；

T_1——燃气温度，K；

T_0——设定气体温度，$T_0=273K$。

填料过滤器用在中/低压调压器前过滤燃气中的固体悬浮物杂质，一般当阻力损失达到 10000Pa 时必须清洗填料。

【例 8-2-1】 天然气的小时流量 $q_1=5000m^3/h$，天然气密度 $\rho_1=0.78kg/m^3$，天然气的压力 $p_1=0.2MPa$，天然气温度 $t=0℃$，试选择填料式过滤器的直径。

【解】 根据图 8-2-11 试选 $DN300$ 过滤器，假定 $\Delta p_0=4500Pa$

$$\Delta p_1=\Delta p_0\left(\frac{q_1}{q_0}\right)^2\frac{\rho_1}{\rho_0}\cdot\frac{p_0}{p_1}$$

$$=4500\left(\frac{5000}{4400}\right)^2\times\frac{0.78}{0.10}\times\frac{0.1}{0.3}$$

$$=4500\,\frac{25}{19.36}\times\frac{0.78}{3.0}$$

$$=1510Pa$$

$\Delta p_1=1510Pa$ 小于 5000Pa，因此 $DN300$ 过滤器可用，但有些偏大。

由于 $DN300$ 过滤器稍偏大，现拟用 $DN200$ 过滤器：根据图 8-2-11，选用 $DN200$ 过滤器，假定 $\Delta p_0=4500Pa$ 时，相应的流量 $q_0=2000m^3/h$，计算实际压力降 Δp_1

$$\Delta p_1=\Delta p_0\left(\frac{q_1}{q_0}\right)^2\frac{\rho_1}{\rho_0}\cdot\frac{p_0}{p_1}$$

$$=4500\left(\frac{5000}{2000}\right)^2\times\frac{0.78}{0.10}\times\frac{0.1}{0.3}$$

$$=7313Pa$$

$\Delta p_1=7313Pa$ 大于 5000Pa，因此 $DN200$ 过滤器不能满足要求，由于 $DN200$ 与 $DN300$ 之间没有标准规格的过滤器，故仍采用 $DN300$ 过滤器。

（2）滤芯式过滤器

滤芯式过滤器由外壳和滤芯构成。外壳多为圆筒形，能截留较多的液态污物，并设有排污口，可定期在线排污。滤芯是一定规格网目的防锈金属丝网，其阻力或过滤效果与网目疏密度有关。一般通过滤芯材料的阻力：初状态时为 250～1000Pa，终状态时可取 10000～40000Pa，通过测压口测量压力降判定是否需要清洗滤芯。图 8-2-12 为圆筒形滤芯式过滤器产品系列简图，表 8-2-5（a）和表 8-2-5（b）为其相应的结构尺寸表。

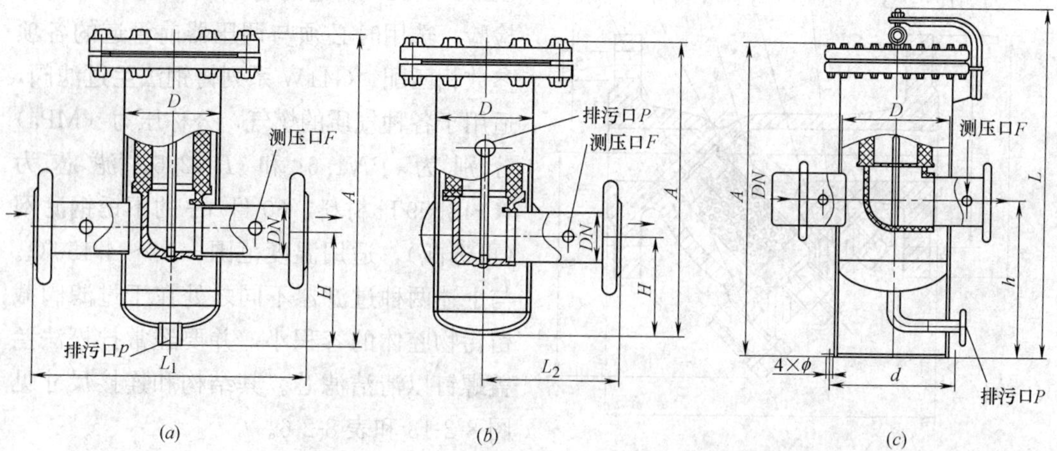

图 8-2-12 RXG 系列圆筒形滤芯式过滤器

(a) RXG-Z 型，进口和出口水平连接；(b) RXG-J 型，进口和出口直角平连接；

(c) RXG-L 型，带立式支座，进口和出口水平连接

RXG-Z RXG-J 型滤芯式过滤器结构尺寸表（mm） 表 8-2-5 (*a*)

型号	*DN*	L_1	L_2	*D*	*H*	*A*	*P*	*F*	滤芯
GL-1	50	350	175	133	197/167	460/430	G1/2″	G3/8″	G1
GL-1.3	65	400	200	159	198/168	465/435	G1/2″	G3/8″	G1
GL-1.5	80	450	225	159	207/177	540/510	G1/2″	G3/8″	G1.5
GL-2	100	500	250	219	236/206	643/613	G1/2″	G3/8″	G2
GL-2.5	125	550	275	273	276/246	715/685	G1″	G3/8″	G2.5
GL-3	150	600	300	325	284/254	780/750	G1″	G3/8″	G3
GL-4	200	800	400	450	447/417	1110	G1″	G3/8″	G4

RXG-L 型滤芯式过滤器结构尺寸表（mm） 表 8-2-5 (*b*)

型号	*DN*	L_1	*D*	*A*	*P*	*F*	*h*	*L*	*d*	ϕ	滤芯
GL-2.5	125	550	273	920	*DN*40	G3/8″	490		326	20	G2.5
GL-3	150	600	325	990	*DN*40	G3/8″	500		376	20	G3
GL-4	200	800	450	1365	*DN*50	G3/8″	700	1680	520	24	G4
GL-5	250	960	600		*DN*80	G3/8″	850	2160	690	24	G5
GL-6	300	1050	650		*DN*80	G3/8″	900	2370	740	24	G6

RXG 系列滤芯式过滤器的设计压力为 1.6MPa，按连接口公称直径（*DN*）配置不同尺寸的滤器（G1～G6）；过滤精度可根据过滤要求向厂家提出，共有 5 种精度分别为：5μm、10μm、20μm、50μm 和 100μm；相应的过滤面积为 0.125～4.2m²，过滤效率可达 98%。

(3) 管道过滤器

管道过滤器实际上就是滤芯式结构的过滤器又称过滤阀，按《工业阀门 压力试验》

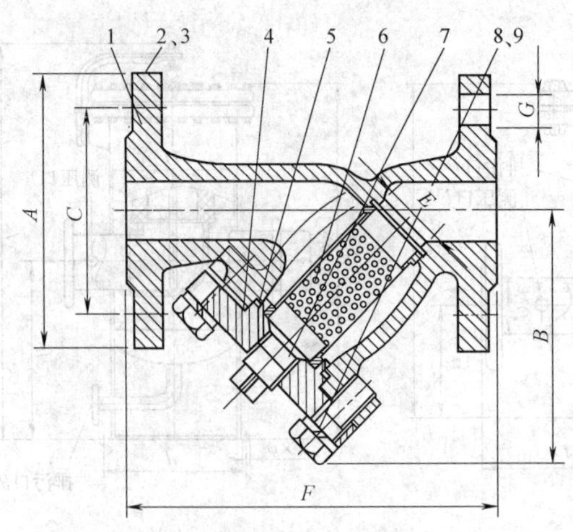

图 8-2-13　G41W 系列过滤阀的结构

1—阀体；2、3—标牌、铆钉；4—阀盖；5—密封圈；6—滤芯；7—六角法兰西螺栓；8、9—六角螺栓、弹簧垫圈

GB/T 13927 规定的各项要求对阀体进行检验，选用时必须与调压器前管道的各项参数相匹配。G41W 系列铸钢法兰过滤阀，适用于各种气质的燃气，公称压力（MPa）分别为 $PN1.6$ 和 $PN2.5$，滤芯为 1Cr18Ni9Ti 材料，60 目/m^2 的不锈钢滤网（可选配），适用温度范围－30～＋150℃。与上述两种过滤器不同之处在于过滤阀截留污物腔体的容积小，并要经常拧松法兰盖螺钉以清洁滤芯。其结构和连接尺寸见图 8-2-13 和表 8-2-6。

3. 燃气超压切断阀

调压站或调压箱（调压柜）的工艺设计，应在调压器进口（或出口）处设防止燃气出口压力过高的超压切断阀（除非调压器本身自带可不设），它属于非排放式安全保护装置，并且宜选人工复位型。

超压切断阀是一种闭锁机构，由控制器、开关器、伺服驱动机构和执行机构构成，信号管与调压器出口管路相连，在正常工况下常开。一旦安全保护装置内的压力高于或低于设定压力上限（或下限）时，气流就会在此处自动迅速地被切断，而且关断后又不能自行开启，它始终要安装在调压器的前面。图 8-2-14 为超压切断装置的一种形式。图中阀瓣 4 处在实线位置表示开启状态，处在虚线位置则表示切断状态。

G41W 系列过滤阀的结构尺寸（mm）　　**表 8-2-6**

规格	*A*	*B*	*C*	*E*	*F*	*G*
25	115	100	85	25	160	4-14
50	165	151	125	50	250	4-18
80	200	182	160	80	310	8-18
100	220	220	180	100	365	8-18
150	280	400	240	150	450	8-22

其工作原理如下：反馈信号通过连接管将调压器出口压力引到切断阀薄膜 7 下腔。在正常供气情况下，切断阀执行系统 2 处于开启状态，即薄膜下腔 6 压力与弹簧 1 作用力平衡。在出现超压的异常情况下，调压器出口压力升至切断阀设定压力时，薄膜 7 上下腔受力平衡状态被破坏，薄膜向上移动，执行杆 3 往下滑动，阀挂钩 5 脱落，阀瓣 4 在弹簧的作用下关闭阀口，气流就被切断。

从确保安全的角度出发，切断阀的复位须待事故排除后，采用人工手动方式复位。

超压安全保护装置的选择，应遵循在任何情况下，都不使压力超过限定值的原则。调压器监控（串联式或并联式）出口压力的允许值 MOP 与系统控制下的临时工作压力 TOP 有关，而超压安全保护装置启动的允许压力值与系统在安全状态下瞬间的最大突发工作压力有关。决定超压安全保护装置设定启动压力值，应考虑系统的反应时间，以保证该压力值不超过系统在安全状态下瞬间的最大突发工作压力。欧洲标准 EN12186 给出了安全状态下调压系统各时段工作压力之间的关系，见表 8-2-7。

《城镇燃气设计规范》GB 50028 规定，调压器安全保护装置必须设定启动压力值，并且有足够的通过能力。启动压力应根据工艺要求确定，当工艺上无特殊要求时要符合下列要求：

（1）当调压器出口为低压时，启动压力应使与低压管道直接相连的燃气用具处于安全工作压力以内；

（2）当调压器出口压力小于 0.08MPa 时，启动压力不应超过出口工作压力上限的 50%；

（3）当调压器出口压力等于或大于 0.08MPa，但不大于 0.4MPa 时，启动压力不应超过出口工作压力上限 0.04MPa；

（4）当调压器出口压力大于 0.4MPa 时，启动压力不应超过出口工作压力上限的 10%。

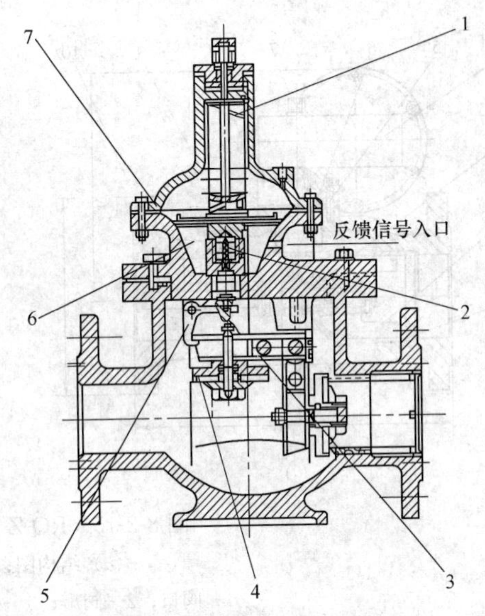

图 8-2-14 超压切断阀构造简图
1—弹簧；2—执行系统；3—执行杆；4—阀瓣；5—挂钩；6—薄膜下腔；7—薄膜

MOP、OP 峰值、TOP 和 MIP 的关系 **表 8-2-7**

MOP(1) (10^5Pa)	OP 峰值≤	≤TOP	MIP≤
MOP＞40	1.025MOP	1.1MOP	1.5MOP
16＜MOP≤40	1.025MOP	1.1MOP	1.20MOP
5＜MOP≤16	1.050MOP	1.2MOP	1.30MOP
2＜MOP≤5	1.075MOP	1.3MOP	1.40MOP
0.1＜MOP≤2	1.0125MOP	1.5MOP	1.75MOP
MOP≤0.1	1.125MOP	1.5MOP	1.5MOP(2)

注：

(1) MOP≤DP，但上表只有在 MOP＝DP 时才成立。如果 MOP＜DP，OP、TOP、MIP 均为与 DP 的关系。

(2) MIP 为系统在安全装置允许状态下瞬间的工作压力。如果燃具的气密性在 15kPa 下测试，最后一行调压器的 MIP 不应超过 15kPa。

DP：设计压力。

OP：工作压力。

MOP：最大工作压力，系统在正常工作状态下可持续工作的压力。

TOP：临时工作压力，系统在调压装置控制下的临时的工作压力。

MIP：最大突发压力，系统在安全装置允许状态下瞬间的工作压力。

图 8-2-15 为 RQ-Z 系列超压切断阀结构简图。其主要技术性能如下：进口压力 p_1 为 0.02～1.0MPa；切断压力 p_q 为 1.5～30kPa；切断精度 $\delta_{p_2} \leqslant \pm 2.5\ \%$；工作温度为 −20～50℃；连接方式为 PN1.6MPa 标准法兰。RQ-Z 系列超压节断阀的产品规格及其主要结构尺寸见表 8-2-8。

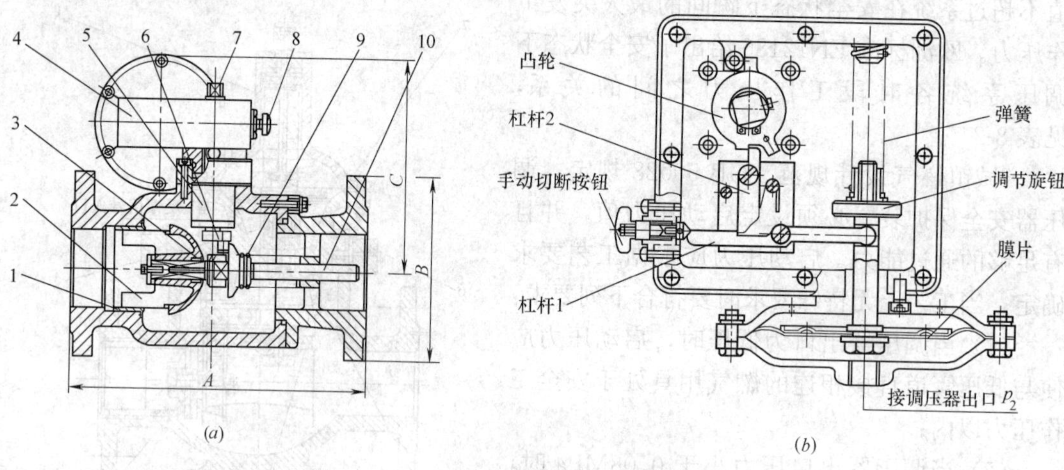

图 8-2-15　RQ-Z 系列超压切断阀结构简图

（a）结构图；（b）控制器零部件图

1—阀口；2—阀瓣；3—小阀口；4—控制器；5—轴承座；

6—偏心拨块；7—方柄复位轴；8—手动切断；9—弹簧；10—阀杆

RQ-Z 系列超压切断阀结构尺寸表（mm）　　表 8-2-8

DN	50	80	100	150	200	250	300
A	254	298	352	451	500	674	736
B	165	200	220	285	340	423	460
C	116	146	163	202	230	273	342

4. 燃气超压放散阀

在调压工艺中，燃气超压放散阀是属于排放式安全装置。鉴于排入大气的燃气不仅污染环境，也浪费了资源，因此，规范上只许采用微启泄压部分排放方式。

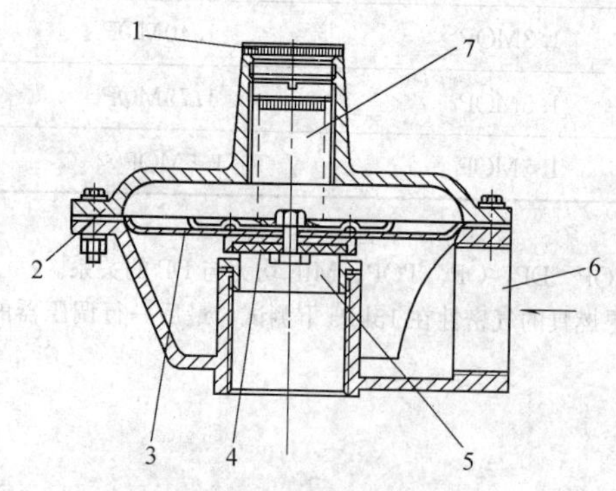

图 8-2-16　安全放散阀构造简图

1—上盖；2—上壳体；3—薄膜；4—阀垫；

5—阀口；6—下壳体；7—弹簧

超压放散阀，由控制器、伺服驱动机构和执行机构构成，必要时还加上开关器。正常工况下常闭，一旦在其所连接的管路内出现高于设定上限压力时，执行机构动作，将超压气体自动泄放经放空管排入大气。当管路的压力下降到执行机构动作压力以下时，超压放散阀就自动关闭。通常，将其安装在调压器下游出口管路上。

该装置的设计压力、放散最大流量必须符合相关规范的规定。图 8-2-16 为安全放散装置的一种形式。

安全放散阀的工作原理如下：用调节弹簧 7 设定所需放散压力。在正常工况下，燃气压力低于放散压力，即薄膜 3 下腔压力低于弹簧的预紧力，放散阀处于关闭状态。若出现异常情况，燃气压力过高，达到或超过放散阀的泄压设定值时，薄膜下腔压力上升，并高于弹簧预紧力时，放散阀开始排放超压燃气，以确保下游用户的安全。一旦事故排除，薄膜下腔压力回落，放散阀又自动关闭。

小型安全放散装置通过内阀口放散到大气的流量（q）与放散压力（p_0）的关系见图 8-2-17。

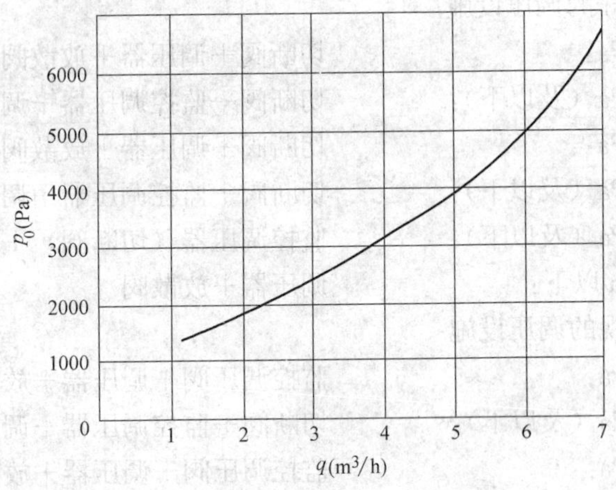

图 8-2-17 小型安全放散装置的放散量

超压放散阀的排放量一般为出口管段最大流量的 1%～5%，它的作用是在非故障引起的出口压力升高的情况下，排出气体，以避免超压切断阀误动作而切断调压线路。当真正的故障发生时，超压气体来不及放散，超压切断阀才会按正常的方法切断调压线路，这是目前普遍采用的安全装置基本组合模式。为了保证连续供气，调压设施选择上述安全装置组合模式的同时，建议采用具有自动切换功能的一备一用监控式调压流程。

现行欧洲标准 EN12186 推荐采用超压切断阀（第一安全装置）加上超压放散阀（第二安全装置）组合模式，规定如下：

(1) 调压器入口最大上游工作压力 $MOP_u \leqslant 0.01$MPa 或 $MOP_u \leqslant (MOPd)_{max}$ 调压器出口事故压力时，可不使用安全装置；

(2) 调压器入口 $MOP_u > (MOPd)_{max}$ 时，只装一个无排气的安全装置，即可选用超压切断阀和监控式调压器，若再选超压放散阀则只许微启排放；

(3) 调压器入口 MOP_u 与调压器出口最大下游工作压力 MOP_d 的压差大于 1.6MPa，并且 MOP_u 大于出口管道强度试验压力 STP_d 时，应安装两套安全装置，即超压切断阀加上超压放散阀（全流量排放），其目的是为了增加安全性。

某燃气集团公司对于入口压力不超过 0.4MPa 的调压设施，其安全装置组合规定如下：

(1) 规定超压放散阀放散量不得超过管道发生故障时出口流量的 1%；

(2) 调压器入口压力不大于 0.4MPa，安全装置组合方式为超压切断阀＋监控调压器＋主调压器＋超压放散阀；

(3) 入口压力不大于 0.24MPa，安全装置组合方式为：

监控调压器＋主调压器＋超压放散阀；

超压切断阀＋调压器＋超压放散阀；

内置切断式调压器＋超压放散阀；

(4) 入口压力不大于 7.5kPa，安全装置组合方式为：

单一调压器＋超压放散阀（如果需要）。

【例 8-2-2】 国内某设计院按调压设施的操作制度不同，提出安全装置的组合方式：

(1) 对于长期值守的调压设施

4.0MPa→2.5MPa：	切断阀＋调压器＋放散阀
4.0MPa→1.0MPa（及以下）：	切断阀＋监控调压器＋调压器＋放散阀
2.5MPa→1.0MPa：	切断阀＋调压器＋放散阀
2.5MPa→0.4MPa（及以下）：	切断阀＋监控调压器＋调压器＋放散阀
1.0MPa→0.4MPa（及以下）：	监控调压器（切断阀）＋调压器＋放散阀
0.4MPa→5.0kPa 以下：	调压器＋放散阀

(2) 对于定期巡视的调压设施

4.0MPa→2.5MPa：	监控调压阀＋调压器＋放散阀
4.0MPa→1.0MPa（及以下）：	切断阀＋监控调压器＋调压器＋放散阀
2.5MPa→1.0MPa：	监控调压阀＋调压器＋放散阀
2.5MPa→0.4MPa（及以下）：	切断阀＋监控调压器＋调压器＋放散阀
1.0MPa→0.4MPa（及以下）：	监控调压器＋调压器＋放散阀
0.4MPa→5.0MPa 以下：	调压器＋放散阀

超压放散阀的操作条件是指整定压力（开启压力）p_s与管道或设备最高操作压力 p 之间的关系，可参考如下规定：

(1) p_s必须等于或稍小于管道或设备的设计压力；

(2) 当 $p \leqslant 1.8$MPa 时，$p_s = p + 0.18$；

(3) 当 $1.8 < p \leqslant 7.5$ MP 时，$p_s = 1.1p$；

(4) 当 $p > 7.5$MPa 时，$p_s = 1.05p$。

超压放散阀气体排放的积聚压力 p_a，一般取为 $0.1p_s$；其最高泄放压力 p_m，一般为 $p_m = p_s + p_a$。超压放散阀出口背压 p_z是指开启前泄压总管的压力与开启后介质流动阻力之和，p_z不宜大于 $0.1p_s$。超压放散阀的回座压差必须小于 p_s和操作压力之差；若 p_s高于操作压力的 10%时，则回座压差规定为操作压力的 5%。

图 8-2-18 为常用的 RAF 系列超压放散阀，其主要技术性能参数为：开启压力（两种

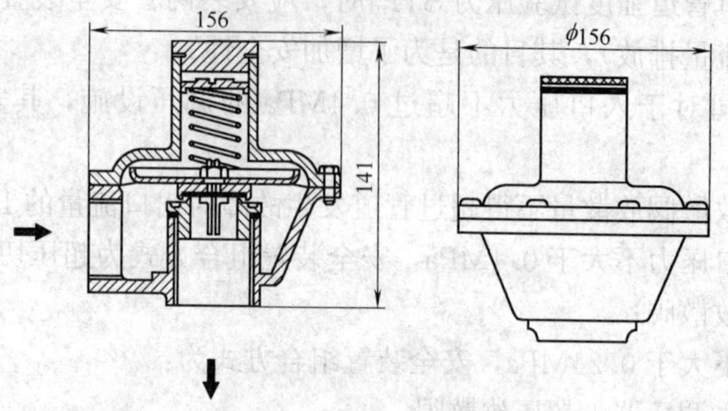

图 8-2-18　RAF 系列超压放散阀结构图

型号）分别为 p_s＝0.001～0.02MPa 和 p_s＝0.002～0.6MPa；公称口径为 DN25、DN40 和 DN50；工作温度为－20～＋60℃。

8.3 调压器的噪声与消声器

8.3.1 概　　述

高压燃气流经调压器产生的噪声有两种形式，即气体动力噪声和零部件机械噪声。

调压器的机械噪声主要来自调节阀的阀芯、阀杆及其活动零部件。由于流体冲击力的作用使有间隙配合的零部件发生振动，彼此互相摩擦和碰撞，导致刚性金属发出噪声，这种连续声谱频率范围很宽，噪声波的振幅大小取决于振动体碰撞的能量、质量、刚度及其阻尼情况，一般振动频率小于1500Hz，属于低频噪声。若振动体的振动频率与结构（阀体和管道）的固有频率相同或相近，则会产生谐振，发出的噪声频率可高达3000～7000Hz，并会造成次生破坏或零部件疲劳破坏。这类干摩擦振动所产生的高频噪声令人刺耳。

调压器的动力噪声源于高压高速气流经调节阀口节流，其流速达到音速甚至超音速而处于临界状态，节流前后气体的状态参数发生变化，即发生不可逆的绝热熵增容积膨胀过程。然而，在调压器下游管道中，当气流速度降为亚音速时，压力就突然回升，引发与气流反方向的冲击波，冲击波又再次产生压力波并以接近音速依次传播。伴随压力波逐次传递过程，压力能一部分转换成热能，另一部分则转换成2000～8000Hz的声能，这就是调压器噪声的主要来源。当然，调压器中气体的湍流扰动也会产生非周期性的1000～4000Hz的噪声。调压器的噪声与流速分布的关系见图8-3-1。

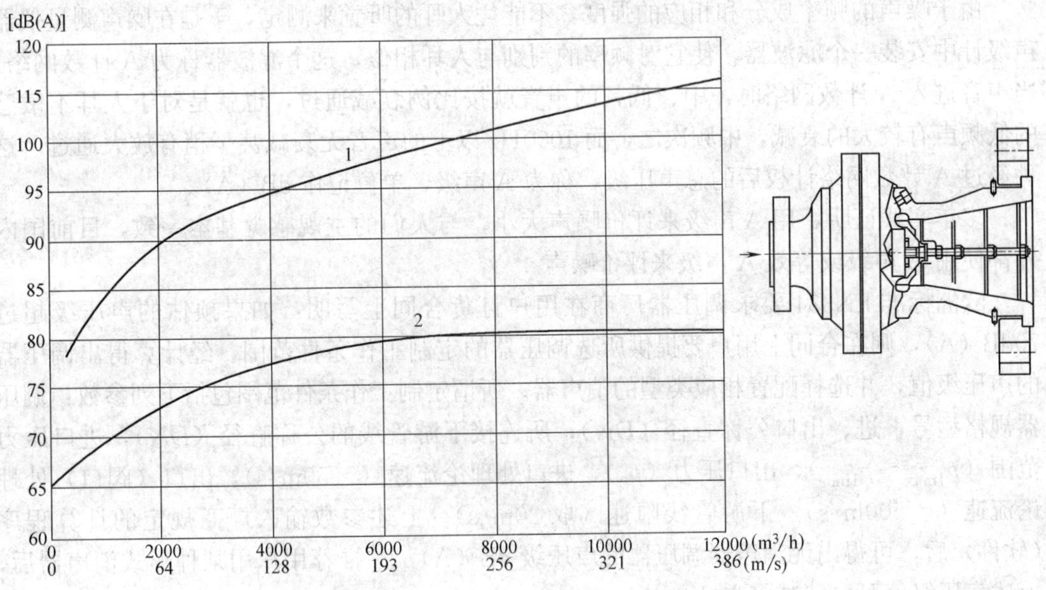

图 8-3-1 某调压器的噪声与流速分布的关系

1—调压器无消声器；2—调压器后采用两次多孔分流和两段渐扩管混合式消声器

使人耳有听觉的声压约为 2×10^{-5} Pa，人耳不堪忍受的声压为 2×10^{2} Pa，此二声压的绝对值相差数百万倍，显然以声压来表示声音强弱变化是很不方便的。为了实用方便，考虑到人耳对声音响度的感觉与声强的对数成比例，则可用对数法将声压分为一百多个声压级。所谓声压级，就是声压与基准声压（2×10^{-5}Pa）之比的以 10 为底的对数乘以 20，其单位为分贝，记作 dB。其表达式为

$$L_P = 20\lg\frac{p}{p_0} \tag{8-3-1}$$

式中 L_P——声压级，dB；

p——声压，Pa；

p_0——基准声压，$p_0 = 2\times10^{-5}$Pa。

噪声的声压级和它的倍频带频谱是工业噪声的基本参数。声压级是在整个声频范围内用声级计而不加计数网络（计数网络含义见后段文字）测得的分贝数。

声音的能量强度称为声强，单位为 W/m²。声强与基准声强之比的以 10 为底的对数乘以 10，称为声强级，以分贝（dB）计。

用同样的方法，声强级的表达式为：

$$L_I = 10\lg\frac{I}{I_0} \tag{8-3-2}$$

式中：L_I——声强级，dB；

I——声强，W/m²；

I_0——基准声强，$I_0 = 10^{-12}$ W/m²。

由于在自由传播的平面波或球面波中 $I=\frac{p^2}{\rho_0 C_0}$，所以声强级和声压级的数值相等，其中 p 为有效声压（Pa）；$\rho_0 C_0$ 为特性阻抗（Pa·s/m³），常温下 $\rho_0 C_0$ 为 416Pa·s/m³。

由于噪声的频率成分和相应的强度，不能凭人耳的听觉来测定，于是在噪声测量仪器声级计中安装一个滤波器，使它对频率的判别与人耳相似，这个滤波器称为 A 计数网络。当声音进入 A 计数网络时，中、低频的声音就按比例衰减通过，也就是对于人耳不敏感的低频声有较大的衰减，中频次之，而 1000Hz 以上的声音无衰减甚至稍有放大通过。这种经过 A 计数网络计权后的总声压级，称为 A 声级，单位记作 dB（A)。

多年实践证明，用 A 声级来评价噪声大小，与人们的主观感觉基本一致，目前国内外都使用 A 声级或等效 A 声级来评价噪声。

欧洲标准 EN334 要求调压器厂商在用户订货合同上写明：如果预估的声压级超过 70dB（A)，则在合同上用户要提供所选调压器的定制工作条件范围，经计算得出调压器的声压级值，并选择配置相应类型的消声器。所谓定制工作条件范围包括下列参数：调压器规格型号，进、出口公称直径（DN)，所连接下游管线的公称直径（DN)，进口压力范围（$p_{1max}\sim p_{1min}$)，出口压力（p_2)，进口处理论流速（～50m/s)，出口（阀口）处理论流速（～500m/s)，下游管线限速（取 20m/s)。上述参数输入厂商规定的计算程序（软件）后，可得出无消声器调压器的声压级 dB（A)，并推荐用户用某种形式消声器后，上述声压级值可以消减多少 dB（A)。

上述标准对调压器产品声压级规定测试基本方法：以调压器为中心，在调压管线方向两侧水平面上（高出地面 0.8～1.2m)，与调压器相距 1m 处各布置 3 个测点（彼此相距

1m)，共 6 个测点被包容在只有调压器为唯一噪声源的密闭室内，用声压计测得 6 点的声压级，并取最大声压级 dB（A)$_{max}$。一般要求测量（或计算）的声压级精度（误差）不大于 5dB（A)。流速测试还规定，管线直径不小于调压器连接管直径，全开启阀口操作条件下，调压器出口连接管线的流速不应超过以下值：

$p_2 \geqslant 0.05$MPa 时，$v_{max}=50$m/s；

$p_2 < 0.05$MPa 时，$v_{max}=25$m/s。

噪声的允许标准分为两大类：一是产品允许噪声标准；二是听力和环境噪声允许标准。前者除个别机电产品外，国内未发布过。后者有《工业企业噪声控制设计规范》GB/T 50087、《工业企业厂界环境噪声排放标准》GB 12348、《声环境质量标准》GB 3096。一般认为，长年 8h 工作的生产场所，现有企业允许噪声不大于 90dB（A)，新企业要求允许噪声不大于 85dB（A)，对人的听觉作用时间越短，该标准可适当放宽。

8.3.2 调压器消声方法及原理

从事设计与生产的阀门厂商长期实践经验积累证明，引起噪声的因素太复杂，通常可采用半经验公式计算预估与测试试验相结合的方法判别声压级的大小。国际电工协会（IEC）的相关标准应用了 Masonneiian 公司的研究成果，提出了应用参数和图表较全、计算便捷的公式，普遍得到国际同行的认可，值得调压器设计研究者分析和研究，也为调压器消声技术提供探索途径，该公式的数学模型如下：

$$L_p = 10\lg\left(30C_g f p_1 p_2 D_0^2 \eta \frac{T}{S^3}\right) + L_g \tag{8-3-3}$$

式中 L_p——噪声的声压级，dB（A)；

C_g——调压器特定流量下的流量系数；

f——调压器后压力恢复系数；

p_1——调压器进口绝对压力，kPa；

p_2——调压器出口绝对压力，kPa；

D_0——调压器阀口直径，mm；

η——音响效率，即机械能转换为声能的比例；

T——流体温度，K；

S——连接管道的壁厚，mm；

L_g——流体特性系数，dB（A)。

调压器的消声方法应首选主动式消声，即在调压器构造内部消减噪声源或在调压器下游管道处嵌入消声器。其次，按环保法规的要求，不得已选择被动式消声，即对整个调压器周围设施和调压器下游管道进行隔声。

1. 多通道分流式消声器（图 8-3-2)

这种消声器的消声原理主要是当气流经过小缝隙速度增高，使之达到音速，从而产生频率大于 8000Hz 的声波，易于被周围吸声材料所吸收，这样不致使噪声发射并传递至调压器下游。消声器安装在阀座上，他笼罩了调节阀的行程范围，一般可消减噪声 10～15dB（A)。

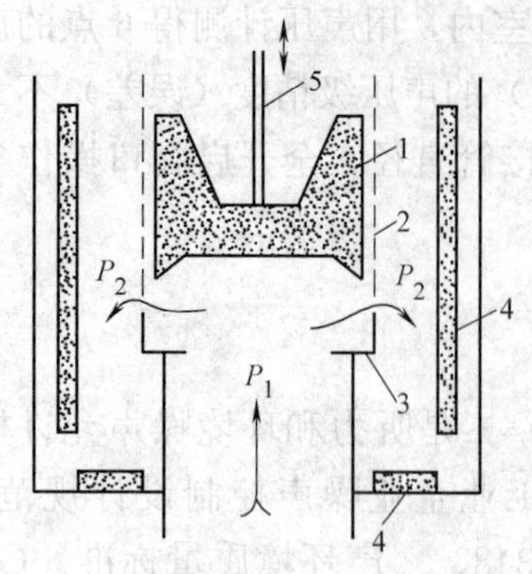

图 8-3-2　多通道分流式消声器

1、5—阀芯和阀杆；2—开缝笼状圆筒消声器；3—阀座；4—吸声材料

嵌入调压器内的笼式消声器结构最简单的如图 8-3-3 所示。

笼式消声器安装在调压器内部的阀座上，形状像一个笼子，是由固定环和两层环状消声网组成，消声网采用了高性能烧结金属丝网。它对 2～16kHz 频率范围的噪声有良好的消声效果。这种消声器的工作原理是通过消声网周围的小孔，使流出阀座的气体通道分散，增加摩擦阻力，使声能转换为热能，而且速度场分布均匀后不产生大的漩涡流，减低了噪声，使流出阀座的流体更有层次地流向阀体出口。它能使调压器后端管道向周围的辐射噪声平均降低 13.5 dB(A) 以上。

2. 扩口式消声器（图 8-3-4）

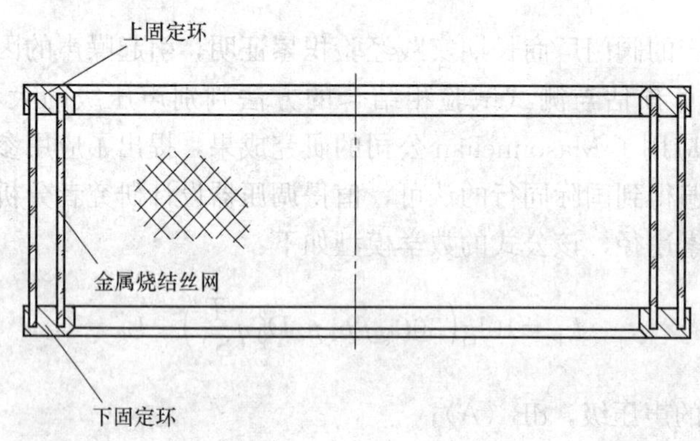

图 8-3-3　笼式消声器

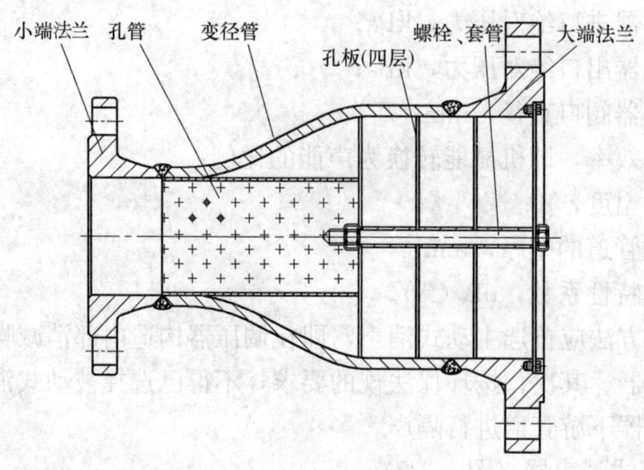

图 8-3-4　扩口式消声器

为使调压器出口流速降低，一般调压器出口管径比进口管径要大 2～3 个规格，所以取扩口式消声器的出口通径比进口通径大 2～3 个规格，扩口式消声器既是消声器又起到变径法兰的作用。

扩口式消声器的孔管、孔板部分与其外腔体形成多级小孔喷注消声器，这种消声器用于消除高速喷气射流噪声即气体动力噪声，它的原理是减少干扰噪声的发生。如果喷口直径很小，喷口辐射的噪声能量将从低频移向高频，于是低频噪声被降低，而高频噪声反而增高；如果孔径小到一定值，喷注噪声将移到人耳听觉的频率范围以外。根据这种机理将一个大的喷口改用许多小孔来代替，在保持同样流量的条件下，便能达到降低可听声的目的，因此这种结构也称为移频式消声器，它的消噪中心频率在 4kHz，这种消声器能使后端管道向周围的辐射噪声平均降低 8dB（A）以上。

3. 管道式消声器（图 8-3-5）

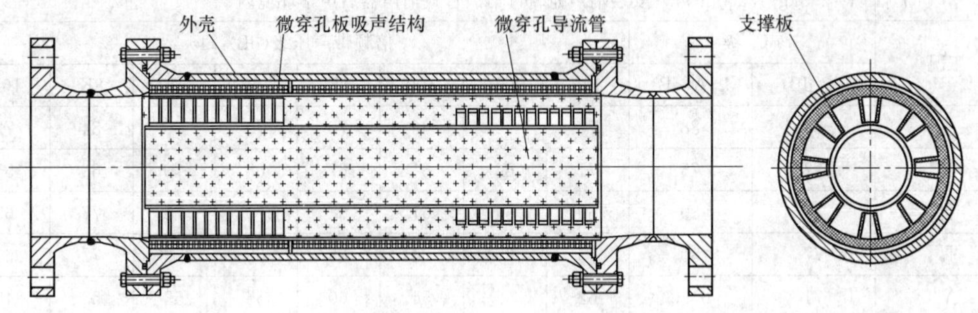

图 8-3-5 管道式消声器

管道式消声器的两端法兰大小相同，可以代替一段直管道使用，并起到消除噪声的作用，这段管道越长，消声效果越好。

管道式消声器主要采用了微穿孔板共振吸声原理，在管壳内壁有一圈双层孔板，两层孔板之间夹有 0.08mm 不锈钢钢丝做成的吸声填料，孔板与壳壁之间有一定距离，形成一个谐振腔。当噪声的频率与结构的共振频率相同时，噪声被吸收，转换为热能，它的消噪中心频率在 4kHz，这种消声器能使后端管道向周围的辐射噪声平均降低 8dB（A）以上。

显而易见，如果将上述三种消声器同时使用，能使消声器后端的管道向周围环境辐射的噪声降低得更多。上述产品可向有关调压器厂商咨询和订做配套。然而，不论新建调压设施还是旧的调压设施改造，必须优先充分考虑和核实调压器下游管道的最大通过能力，因为消声器的应用必然要增加调压器出口的阻力。

8.3.3 调压器及其管道消声测试

设备引起噪声的测试方法国内外各异，国内一般可由“劳保研究所噪声与振动控制产品检验中心”进行检验，检验依据是：《声学消声器测量方法》GB/T 4760 和《工业过程控制阀 第 8—1 部分：噪声的考虑 实验室内测量空气动力流流经控制阀产生的噪声》GB/T 17213.8。测试现场使用的测量仪器，通常是具有频谱分析功能的声级计 HS5670 及其滤波 HS5730 和 B&K4205 标准声功率源。

测试时选择部位有：①调压室环境（测本底噪声）；②调压器；③调压器进、出口变径处；④调压器下游主管道处；⑤并联调压线路出口汇管中点处。声级计放在水平方向距测点 1m 处的声学环境内。一般每点需测 3 次，自动记录打印。

例如，某 *DN*100、流量 3200m³/h 的调压器后安装了上述三种消声器后，在测试工况下得出倍频带声压级，从而可分析出人耳听觉范围内的消声效果，见消声器减噪声检验报告表 8-3-1。

消声器减噪声检验报告表　　表 8-3-1

<table>
<tr><td rowspan="5">测量工况（管道系统工作）</td><td colspan="10">Ⅰ:2.3kg　3320m³/h　空管声学环境内</td></tr>
<tr><td colspan="10">Ⅱ:2.3kg　3130m³/h　安装笼式消声器后声学环境内</td></tr>
<tr><td colspan="10">Ⅲ:2.3kg　3330m³/h　安装扩口式消声器后声学环境内</td></tr>
<tr><td colspan="10">Ⅳ:2.3kg　3170m³/h　安装管式消声器后声学环境内</td></tr>
<tr><td colspan="10">Ⅴ:2.3kg　3200m³/h　安装消声笼、扩口式、管式消声器后声学环境内</td></tr>
<tr><td rowspan="2">工况</td><td colspan="2">声　级</td><td colspan="8">倍频带声压级(dB)/Hz</td></tr>
<tr><td>L_p(dB)</td><td>L_pA(dB)</td><td>125</td><td>250</td><td>500</td><td>1K</td><td>2K</td><td>4K</td><td>8K</td><td>16K</td></tr>
<tr><td>Ⅰ</td><td>88</td><td>88</td><td>73</td><td>70</td><td>66</td><td>73</td><td>79</td><td>85</td><td>84</td><td>72</td></tr>
<tr><td>Ⅱ</td><td>77</td><td>75</td><td>71</td><td>66</td><td>61</td><td>67</td><td>68</td><td>70</td><td>66</td><td>55</td></tr>
<tr><td>Ⅲ</td><td>81</td><td>80</td><td>69</td><td>64</td><td>61</td><td>68</td><td>70</td><td>75</td><td>77</td><td>65</td></tr>
<tr><td>Ⅳ</td><td>77</td><td>80</td><td>73</td><td>69</td><td>64</td><td>68</td><td>68</td><td>72</td><td>72</td><td>61</td></tr>
<tr><td>Ⅴ</td><td>71</td><td>64.5</td><td>62</td><td>58</td><td>54</td><td>60</td><td>56</td><td>53</td><td>53</td><td>45</td></tr>
<tr><td colspan="11">插入损失</td></tr>
<tr><td rowspan="2">名称</td><td colspan="2">声级差(dB)</td><td colspan="8">倍频带声压级差(dB)/Hz</td></tr>
<tr><td>L_pA</td><td>L_p</td><td>125</td><td>250</td><td>500</td><td>1 K</td><td>2 K</td><td>4 K</td><td>8 K</td><td>16 K</td></tr>
<tr><td>笼式消声器</td><td>13</td><td>11</td><td>2</td><td>4</td><td>0</td><td>6</td><td>11</td><td>15</td><td>18</td><td>17</td></tr>
<tr><td>扩口式消声器</td><td>8</td><td>7</td><td>4</td><td>6</td><td>5</td><td>5</td><td>9</td><td>10</td><td>7</td><td>7</td></tr>
<tr><td>管式消声器</td><td>8</td><td>11</td><td>0</td><td>2</td><td>2</td><td>5</td><td>11</td><td>13</td><td>12</td><td>11</td></tr>
<tr><td>组合</td><td>23.5</td><td>17</td><td>11</td><td>12</td><td>12</td><td>13</td><td>23</td><td>32</td><td>31</td><td>27</td></tr>
</table>

8.4　燃气的计量

在城镇燃气输配系统中，燃气的计量是系统正确调度的基础，又是供需双方经济核算的依据，因此不仅要从技术上精心设计，而且在管理上还要有完善的制度。购销权益往往会左右计量装置及其控制系统的选择，计量系统的优劣将直接对企业的效益和管理水平产生深远的影响。国内外燃气行业经过长期实践和摸索，目前已普遍采用了 SCADA 系统有效进行输差分析、流量监控、系统对比、曲线分析和综合分析等计量管理工作，这些都需要通过在线计量采集从微观到宏观的可靠数据，表明计量装置设计和应用的重要性。

气体具有可压缩性和可以充满任何空间自由扩张的特性，密度也就随之变化。因此，在流量测量领域气体测量要比液体测量困难得多。在考虑满足测量精度和误差的前提下，不仅要确定最佳的测量方法，而且还要正确选用类型、功能和特性相匹配的检测仪表。计量装置由主体、测量机构和输出读出装置组成，选用时需考虑以下因素：

（1）测量机械的涡流效应、流速断面效应和密度效应；

（2）测试数据的可重复性；

(3) 精确度在标定范围内；

(4) 在满足精确度的前提下，量程比较宽；

(5) 压力损失小，输出信号与流量最好成线性关系；

(6) 符合国标的电气防爆和安全防护要求；

(7) 信号处理简便，符号使用国际通用标准；

(8) 装置先进，性能稳定可靠，使用寿命长，零部件及仪表维修检定方便。

目前，常用于调压设施和用户的计量装置类型主要有：差压式孔板流量计、涡轮流量计、超声波流量计、漩涡流量计、腰轮（罗茨）流量计和隔膜式流量计等。我国通行基准状态（101325Pa，20℃）下气体体积流量计量制，选用计量装置要遵守《石油液体和气体计量的标准参比条件》GB/T 17291 的相关规定。从用途而言，门站（储配站）计量装置用作贸易计量，区域或专用调压站的计量装置用作生产调度过程计量，用户的计量装置只作为计费的依据。门站（储配站）、区域或专用调压站作为输配数据采集监控系统的远端站，必须随时提供实时流量参数的指示、记录和累积数据，还要有压力、压差及温度的指示和记录。

流量装置及其检测仪表的厂商要严格遵守国际 ISO 9001 质量管理体系进行产品认证，远程数据传输信号及制式要符合国标的相关规定。

燃气计量装置的设置及其要求要遵守现行国标《城镇燃气设计规范》GB 50028 的相关规定。

8.4.1 差压式孔板流量计

孔板流量计是指通过测量安装在管路中的同心孔板节流元件两侧的差压，并换算成体积流量的一种检测设备。节流元件前后两侧的测压孔与差压计相连，从差压计读出的差压 Δp 的平方根与单相充满圆管连续流体通过孔口的流量大小成正比，其实用公式如下：

$$q=\alpha\varepsilon\frac{\pi}{4}d^2\sqrt{\Delta p/\rho} \tag{8-4-1}$$

$$\alpha=\frac{C}{\sqrt{1-\beta^4}} \tag{8-4-2}$$

式中 q——流体流量，m^3/s；

α——在工作状态下的实际流量系数；

ε——可膨胀性系数，对不可压缩流体 $\varepsilon=1$，对可压缩流体 $\varepsilon<1$；

d——节流元件的开孔直径，m；

ρ——节流元件上游侧在一定温度和压力下流体的密度，kg/m^3；

Δp——节流元件上、下游侧压力之差，Pa。

β——直径比，节流元件的开孔直径（d）与连接管道内径（D）之比，即 d/D；

C——流出系数。

利用不可压缩流体（液体）对标准一次装置进行校准表明，对于给定安装条件下的给定一次装置，流出系数仅与雷诺数有关。对于不同的一次装置，只要这些装置几何相似，并且流体的雷诺数相同，则 C 的数值都是相同的。因此，按国家标准或相关的国际标准选用节流元件进行流量测量要比非标设计节流元件测得的结果更准确，并且选用也方便。

关于孔板的计算实例和计算机程序化计算方法，可参见《用标准孔板流量计测量天然气流量》GB/T 21446。

国际上通用 ISO 5167 标准和美国标准《石油学会标准》ANSI/API2530，其中采用美国燃气协会第 3、8 号报告（AGA3，1990/AGA8，1992）相关标准，它涉及气体孔板流量计测量计算数学模型。AGA3 主要阐述在给定状态下求质量流量和体积流量的问题，而 AGA8 是说明求压缩因子、相对密度、单位超压缩因子和热值等问题。

孔板流量计由标准孔板节流装置、导压管、差压计、压力计和温度计组成，孔板节流装置现行安装连接要求见图 8-4-1。

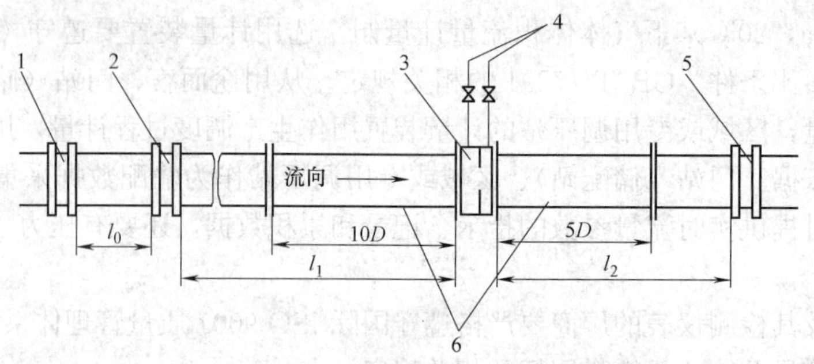

图 8-4-1　孔板节流装置安装简图

1—节流件上游侧第 2 个局部阻力件；2—节流件上游侧第 1 个局部阻力件；3—节流件和取压装置；4—差压信号管路；5—节流件下游侧第 1 个局部阻力件；6—节流件前后的测量管；l_0—节流件上游侧第 1 个局部阻力件和第 2 个局部阻力件之间的直管段；l_1—节流件上游侧和直管段；l_2—节流件下游侧的直管段

现场孔板计量装置还可与流量计算机并入 SCADA 系统构成自动化计量系统。为了更好地分析影响计量的主要因素，把整个计量系统分为 5 个部分，即现场节流装置、现场变送、信号隔离转换、A/D 转换以及数据处理与显示，各部分的功能为：

(1) 节流装置：测温，取静压和差压；

(2) 变送器：把流体的静压、差压、温度参数变送为标准输出信号（4～20mA 或 1～5V)；

(3) 信号隔离转换装置：把现场输出的标准信号进行完全隔离并转换成 I/O 模板所能接收的信号；

(4) A/D 转换装置：将模拟信号转换为中央处理器（CPU）能够接收的数字信号；

(5) 数据处理及显示器：将现场远传的各种数据在中央处理器进行数据运算和处理，并在上位计算机上实时显示或打印。

根据上述 5 个部分配置的供货情况不同，也会在计量误差上有区别，为此还应对系统计量程序是否具有参数因子补偿功能进行考量。

8.4.2　涡轮流量计

涡轮流量计是一种速度式流量计。当气体流过管道时，依靠气体的动能推动透平叶轮（转子）作旋转运动，其转动速度与管道的流量成正比。在实际情况下，转速与通道断面大小形状、转子设计形式及其内部机械摩擦、流体牵引、外部载荷以及气体黏度、密度有函数关系。

叶轮形状有径向平直形和螺旋弯曲形两种。涡轮流量计由涡轮流量变送器（传感器）、前置放大器、流量显示积算仪组成，并可将数据远传到上位流量计算机。现场安装的涡轮流量计变送器如图 8-4-2 所示。

气体涡轮流量计具有结构紧凑、精度高、重复性好、量程比宽 [$q_{min}/q_{max}=1/(10\sim15)$]、反应迅速、压力损失小等优点，但轴承耐磨性及其安装要求较高。其叶片用磁性材料制成，旋转时叶片将磁感应信号通过固定在壳体上的信号检出器内装磁钢传递出来，该磁路中的磁阻是周期性变化的，并在感应线圈内产生近似正弦波的电脉冲信号。理想情况下，当被测流体的流量和黏度在一定的范围内，该电脉冲信号的频率与流过的体积流量在一定流量范围内接近正比关系。

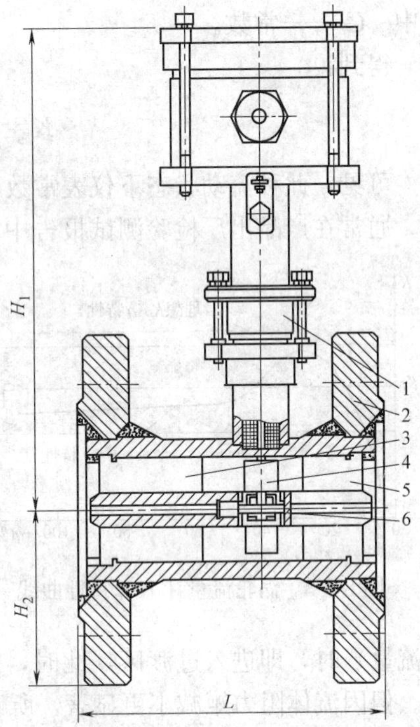

图 8-4-2 涡轮流量变送器的构造

1—磁电感应式信号检出器；2—外壳；3—前导向件；4—叶轮；5—后导向件；6—轴承

由涡轮流量计定常运动方程可得到：

理论方程❶

$$K=\frac{Z}{2\pi}\left(\frac{\mathrm{tg}\theta}{rA}-\frac{T_{rm}}{r^2\rho q^2}-\frac{T_{rf}}{r^2\rho q^2}\right) \tag{8-4-3}$$

实用方程

$$K=\frac{f}{q} \tag{8-4-4}$$

$$\omega=\frac{2\pi f}{Z} \tag{8-4-5}$$

式中 K——仪表常数；

f——脉冲频率；

q——流量计流量；

ω——涡轮的旋转角速度；

Z——涡轮叶片数；

θ——涡轮叶片与轴线的夹角；

A——流通面积；

r——涡轮叶片平均半径；

ρ——气体密度；

T_{rm}——流量计内机械摩擦阻力矩；

T_{rf}——流量计内流体阻力矩。

涡轮流量计的始动流量。涡轮克服静摩擦阻力矩所需最小流量，忽略 T_{rf}，可得：

$$q_{min}=\left(\frac{T_{rm}A}{r\rho\mathrm{tg}\theta}\right)^{1/2} \tag{8-4-6}$$

可见机械摩擦阻力矩越小，流量计的始动流量也越小。

❶ 这个公式中不需要代入压缩因子，压缩因子应在工况转标况的换算中才应代入。另外，公式（8-4-3）为涡轮流量计的理论流量方程：①国内有关规范中均无公式（8-4-3），但有公式（8-4-4）；②涡轮仪表的动力学特性（主要是气态下）仍旧很不清楚，其理论流量方程对仪表的设计有指导作用，但目前实际应用时，K 值确定还是以实流校验得出为法定方式。也就是涡轮流量计的实用流量方程公式（8-4-4）

紊流状态时的流量计特性。紊流状态时有：

$$T_{\rm rf}=C_2\rho q^2 \tag{8-4-7}$$

式中　C_2——常数。

得到：

$$K=\frac{f}{q}=\frac{Z}{2\pi}\left(\frac{\mathrm{tg}\theta}{rA}-C_2\frac{1}{r^2}\right) \tag{8-4-8}$$

可见，此种流动状态下仪表常数 K 只与本身结构参数有关，可近似为常数。

通常在产品出厂检验测试报告中给出仪表系数 K 和体积流量 q 之间的线性关系，即称 K-q 特性曲线，如图 8-4-3 所示。

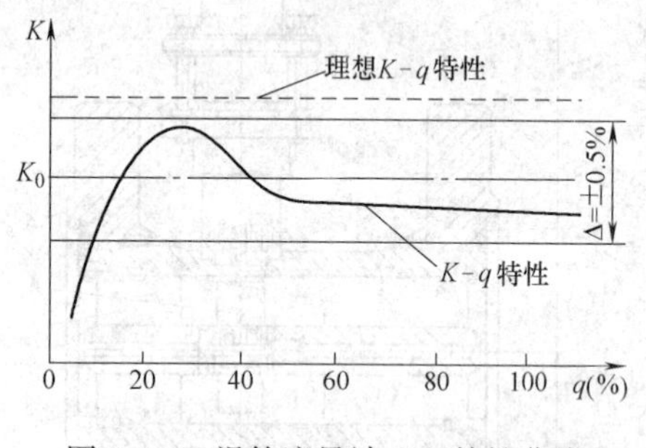

图 8-4-3　涡轮流量计 K-q 特性曲线

理想的线性特性曲线应是平行于 q 轴的一直线。但由于流体水力特性的影响和叶轮上所受阻力矩作用的结果，实际的线性特性曲线显有

“高峰”特征，“高峰”出现在变送器上限流量的 20%～30%处，即流动状态由紊流变为层流的过渡区。产生“高峰”特征的原因是：当流量减小到某一数值（通常为 20%～30%上限流量）时，即进入过渡区，此时，作用在叶轮上的旋转力矩和流体阻力矩都相应地减小。但因流体阻力矩减小更显著，所以叶轮的转速反而提高，特性曲线出现“高峰”。随流量的进一步减小，即进入层流区，作用在叶轮上的旋转力矩进一步减小，这样，使作用在叶轮上的所有阻力矩的影响相对突出，叶轮转速降得快，特性曲线明显下降。相反，当流量增大到超过某一值时，进入湍流区，作用在叶轮上旋转力矩增大，当与阻力矩达到平衡时，特性曲线就显得较平直。

为了获得较高的测量准确度，变送器的流量测量范围应选在特性曲线的线性段。

普通 LWQ 系列涡轮流量计可配置 DDZ 型温度、压力仪表、LGJ-02 流量计算机或 XSJ-09 型流量积算仪。选用时，除了按气体参数确定主体结构尺寸外，还应注意选配的脉冲信号发生器（感应式低、中、高频）应符合相关标准。国内已采用的进口产品多按德国标准 DIN19234 选配。LWQ 系列涡轮流量计结构尺寸（对照图 8-4-2）及其技术参数见表 8-4-1。

LWQ 系列涡轮流量计结构尺寸（mm）及技术参数表　　**表 8-4-1**

DN	最大压力	H_1	H_2	L	$q_{\min}$ (m³/h)	$q_{\max}$ (m³/h)	远传脉冲输出 LF(m³/pulse)	配置
50	1.6MPa 2.5MPa	290	70	250	6 10	65 100	0.01	IC　W
80		228	94	300	16 25	160 250	0.01	IC　W
100		254	115 115	350	40 65	400 650	0.1	IC　W
150		304 304	130 140	450 450	100 160	1000 1600	1	W
250		365 365	190 200	750 750	250 400	2500 4000	1	W

注：精度等级 1 和 1.5；配置有电话网络传输功能为 W，IC 卡型为 IC，防爆等级为隔爆型 B。

为了消除任何可能影响计量精度的流体扰动，通常在涡轮流量计上游 2 倍出口直径（2D）处安装整流器。该整流器的结构可做成管板式，如图 8-4-4 所示。

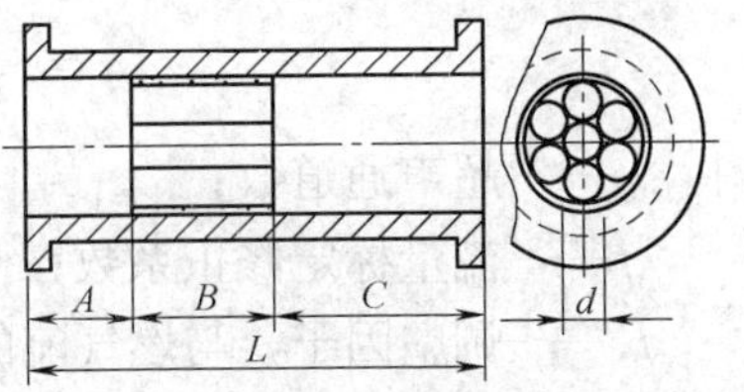

图 8-4-4 整流器的结构简图

A—上游直管段长度（2～4）D；B—整流束长度（3～4）D；C—下游直管段长度（5～7）D；L—整流器总长（10～15）D；d—整流管直径（$d \leqslant B/10$）；整流管数目（$n \geqslant 4$）

8.4.3 超声波流量计

超声波流量计是通过检测流体流动对超声束（或超声脉冲）的作用，测量体积流量的速度式流量仪表，测量原理有传播时间差法、多普勒效应法、波束偏移法、相关法、噪声法。天然气超声波流量计的测量原理是传播时间差法（见图 8-4-5）。

在天然气管道中安装两个能发送和接收超声脉冲的传感器形成声道。两个传感器轮流发射和接收脉冲，超声脉冲相对于天然气以声速传播。沿声道顺流传播的超声脉冲的速度因被测天然气流速在声道上的投影与其方向相同而增加，而沿声道逆流传播的超声脉冲的速度因被测天然气流速在声道上的投影与之方向相反而减少。这样就得到超声脉冲在/顺流和逆流方向上的传播时间：

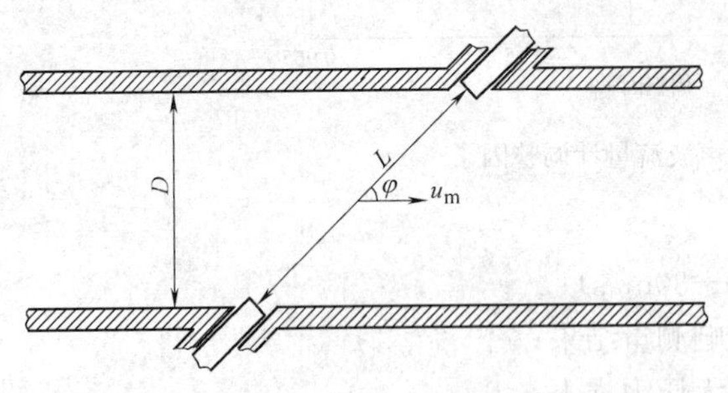

图 8-4-5 天然气超声波流量计的测量原理

$$t_1=\frac{L}{c+u_m\cos\varphi} \tag{8-4-9}$$

$$t_2=\frac{L}{c-u_m\cos\varphi} \tag{8-4-10}$$

式中 t_1——沿声道顺流传播的超声脉冲的传播时间，s；

t_2——沿声道逆流传播的超声脉冲的传播时间，s；

L——声道长度，m；

C——被测介质中超声脉冲的声速，m/s；

u_m——被测介质的流速，m/s

φ——被测介质流动方向与声道之间的夹角，rad。

由上列两式可以推导出被测介质流速的计算式：

$$u_m=\frac{L}{2\cos\varphi}\left(\frac{1}{t_1}-\frac{1}{t_2}\right) \tag{8-4-11}$$

上式中被测介质中的声速在式中被消去，说明被测介质的流速与被测介质的性质无关。

超声波流量计的关键技术在于处理速度分布畸变及旋转流等不正常流动速度场的影响问题。为此，超声波流量计皆采用了多声道测量技术，克服上述问题。（多声道）超声波流量计的测量流量为：

$$q=\frac{1}{n}f\sum_{i=1}^{n}\frac{L_i}{2\cos\varphi}AK\left(\frac{1}{t_1}-\frac{1}{t_2}\right) \tag{8-4-12}$$

式中　n——超声通道数；

f——流量标定修正系数；

K——调整因子，与燃气流的雷诺数有关，见图 8-4-6。

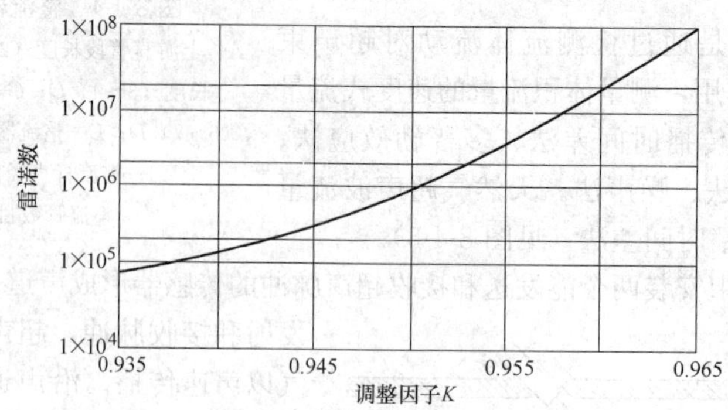

图 8-4-6　超声波流量计调整因子

超声波流量计的特点如下：

(1) 能实现双向流束的测量（−30～+30m/s）；

(2) 过程参数（如压力、温度）不影响测量结果；

(3) 无接触测量系统，流量计量过程无压力损失；

(4) 不受脉动影响；

(5) 重复性好，速度误差≤5mm/s；

(6) 量程比很宽，$q_{min}/q_{max}=1/40\sim1/160$；

(7) 传感器可实现不停气更换，操作维修方便。

德国 KROHNE 公司 GFM700 双声道超声波流量计有两种结构：即一体式系统（K 型），将传感器（一次头 S）和信号转换器（C）一起安装在管道上，如图 8-4-7 (*a*) 所示；分体式系统（F 型），把传感器（一次头 S）和信号转换器（C）分开，如图 8-4-7 (*b*) 所示。

GFM700 型双声道超声波流量计的规格型号及其主要结构尺寸见表 8-4-2，其主要技术参数：公称口径（mm）为 $DN50\sim DN600$；最高工作压力为 4.0MPa；流速范围为 2～20m/s；流量范围为 10～35600m³/h；最高工作温度为 180℃；测量精度为±1%。

GFM700 型双声道超声波流量计结构尺寸表（mm）　　**表 8-4-2**

DN	*PN*	*a*	*b*	*c*	*e*
50	4.0	500(19.69)	198(7.80)	165(6.50)	370(14.57)
65	1.6	500(19.69)	216(8.50)	185(7.28)	380(14.96)
80	4.0	500(19.69)	230(9.06)	200(7.87)	390(15.35)
100	1.6	500(19.69)	252(6.66)	220(8.66)	410(16.14)
125	1.6	500(19.69)	280(11.02)	250(9.84)	430(16.93)
150	1.6	500(19.69)	312(12.28)	285(11.22)	460(18.11)

续表

DN	PN	a	b	c	e
200	1.0	600(23.62)	365(14.37)	340(13.39)	490(19.29)
250	1.0	600(23.62)	419(16.50)	395(15.50)	570(22.44)
300	1.0	700(27.56)	470(18.50)	395(15.55)	570(22.44)
350	1.0	700(27.56)	515(20.28)	5405(19.88)	650(25.59)
400	1.0	700(27.56)	571(22.48)	565(22.24)	690(27.17)
450	1.0	800(31.50)	674(26.54)	670(26.38)	780(30.71)
500	1.0	800(31.50)	674(26.54)	670(26.38)	780(30.71)
550	1.0	800(31.50)	755(29.72)	780(30.71)	820(32.28)
600	1.0	800(31.50)	780(30.71)	780(30.71)	870(34.25)

注：括号内尺寸单位为英寸，$b'=b+210$ (8.27″)。

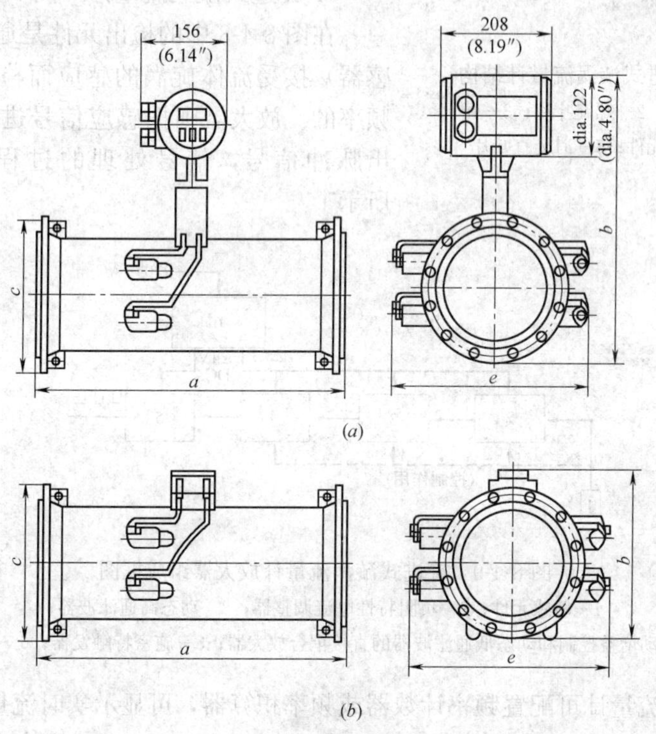

图 8-4-7 超声波流量结构简图
(a) GFM 700K；(b) GFS 700F

选用时，连接尺寸要求在超声波流量计上游预留足够长度的直管段，安装所选位置要保证测量流束水平。在电气要求上应符合国标规范的防爆等级，并提供连接电子或机电计数器的电源模式（有或无源）及其输出脉冲。GFM700 型双声道超声道流量计可接电源为 100～260V（AC），48～63Hz 或 24V（DC）；功耗为 AC≤10VA，DC≤8W；最大脉冲为 1000Hz；输出信号为 4～20mA。

8.4.4 漩涡流量计

漩涡流量计属于振荡型仪表，即在管道流束中心插入可造成漩涡的几何体检测元件，并将测得的漩涡运动规律与速度的比例关系通过检出元件传递放大，从而得到实时的管道流量参数。按漩涡的形成方式，可把流量计分为两种系列：(1) 旋进式漩涡流量计，其漩涡流谱为螺旋形漩涡旋进运动；(2) 涡街式漩涡流量计，其漩涡流谱为两列交错方向相反的漩涡运动。

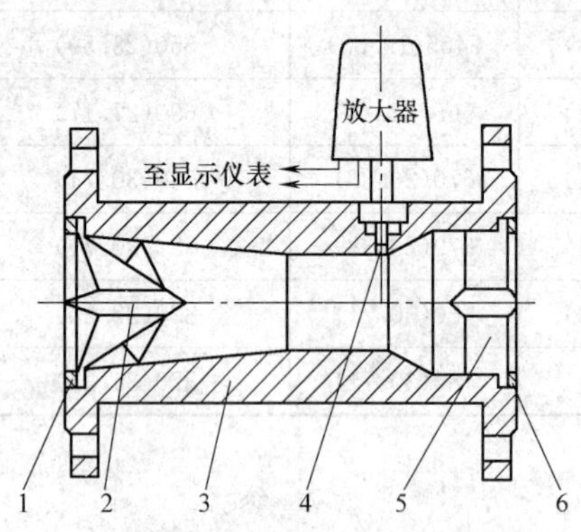

图 8-4-8　旋进式漩涡流量计结构

1、6—紧固环；2—螺旋叶片；3—壳体；4—检出元件；5—消旋直叶片

漩涡流量计最大的特点是无需安装活动零部件，使用寿命长，量程比很宽（$q_{min}/q_{max}=1/30 \sim 1/100$），输出脉冲信号与流体参数变化无关，但流束分布和流体的洁净程度对与介质相接触的检测元件的测量精度和灵敏度有直接影响。

1. 旋进式漩涡流量计（图 8-4-8）

在图 8-4-8 中的检出元件是通过敏感元件（传感器）接受流体旋涡的感应而检测出旋涡的进动频率的。放大器则把感应信号进行处理并放大输出脉冲信号，信号处理的过程框图如图 8-4-9 所示。

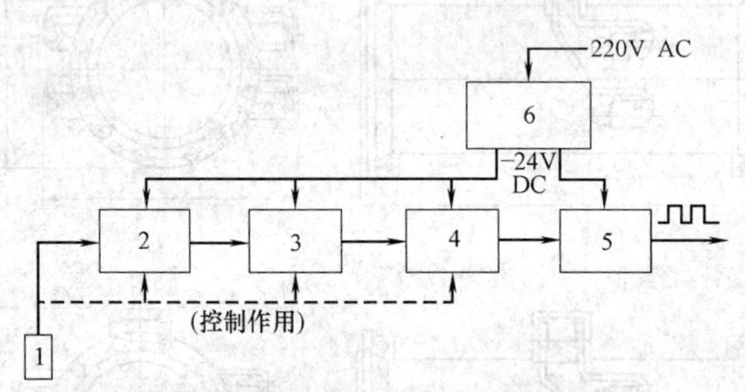

图 8-4-9　旋进式漩涡流量计放大器组成框图

1—敏感元件；2—负阻特性电流调整器；3—动态高通滤波器；
4—带自动增益控制和动态低通滤波器的直接耦合放大器；5—施密特触发器；6—稳压电源

旋进式漩涡流量计可配置频率计数器或频率积算器，可显示实时流量、累积流量，也可输出 0～10mA（DC）电信号。通常，配置仪表包括：DDZ 型温度压力仪表组合，配有 LGJ-02 型流量计或 XSJ-09 型流量积算仪，可实现多参数的显示、记录、状态补偿校正以及报警检测。

旋进式旋涡流量计的规格如下：公称通径为 *DN*50、*DN*80、*DN*100 和 *DN*150；在满足雷诺数 $Re=10^4 \sim 10^6$、马赫数 $M<0.12$、输出频率 $f=10 \sim 10^3$ Hz 的限值条件下，其精度一般为±1%。

2. 涡街式漩涡流量计（图 8-4-10）

图 8-4-10 中的检测元件 1 的几何形状呈三角形或圆柱形两种，敏感元件（传感器）

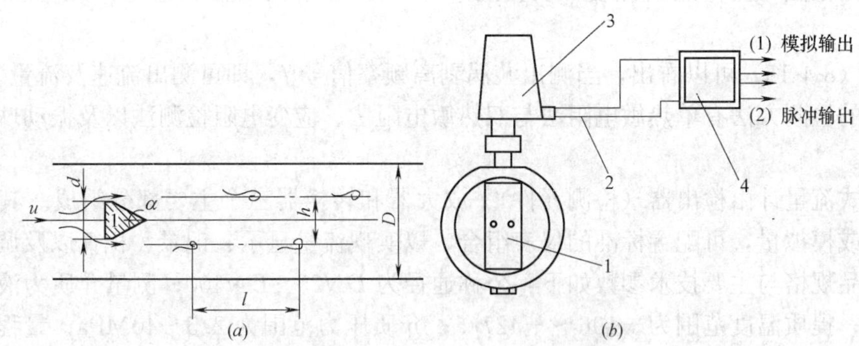

图 8-4-10 涡街式漩涡流量计结构示意图

(a) 卡门涡街示意图；(b) 三角柱涡街式旋涡流量计

1—检出器；2—屏蔽电缆；3—放大器；4—转换器

就安装在该非流线物体上，以便接收迎面流体所产生的漩涡阵列（涡街）的感应频率 f。

实验和理论分析表明，只有当涡街中的漩涡是错排时，涡街才是稳定的。此时：

$$f=S_t\frac{u}{d} \tag{8-4-13}$$

式中 f——物体单侧漩涡剥离频率，Hz；

u——流体场流速，m/s；

d——物体与流线垂直方向尺寸，m；

S_t——无因次系数，称为斯特罗哈尔数，当 Re 数大于一定值时，S_t 是常数，且大小与柱形有关。

由于漩涡之间的相互影响，漩涡列通常是不稳定的。当两漩涡列之间的距离 h 和同列的两漩涡之间的距离 l 之比能满足 $h/l=0.281$ 时，所产生的非对称漩涡列才能达到稳定。在管道中的流体场是一个三度场，漩涡阵列受边界影响，从而破坏其稳定性。为避免此种影响，可采用所谓边界层控制和采用典型的非流线型断面的检测柱方法，增加漩涡强度，以克服上述影响。管道中，$\bar{u}$ 检测柱体前方的平均流速 u 与柱侧流速是不等的，为测出通过管道的流量，必须建立 f 和 $\bar{u}$ 的关系。在三角柱流量计中，可以加大 d 的尺寸，以使漩涡尽可能波及整个管道断面，这样在尾流中漩涡的轴向速度即与 $\bar{u}$ 极为接近，从而使 f 与 $\bar{u}$ 得以建立好的线性关系。对于三角柱流量计，当尾角 $\alpha=38°$，$d/D=0.28$ 时（图 8-4-10a），$S_t=0.16$，且 f 可用平均流速 $\bar{u}$ 表示为：

$$f=S_t\frac{\bar{u}}{\left(1-1.25\dfrac{d}{D}\right)d} \tag{8-4-14}$$

当仪表的几何尺寸确定后，便有：

$$f=k'\bar{u}=kq \tag{8-4-15}$$

式中 k'——流量常数，Hz/(m/s)；

k——流量常数，Hz/(m^3/h)；

q——流量，m^3/h，当 $Re\geqslant10^4$ 时其精度为±1%；若 $Re\geqslant2\times10^4$ 时为±0.5%。

其线性范围与流体运动黏度 ν 及直径 D 有关。对于大口径流量计，可高达 100：1 以上。

从式（8-4-15）可以看出，当测出漩涡剥离频率信号 f，即可测出流速及流量。

信号的检测方法有单热敏电阻法与双热敏电阻法、应变电阻检测法以及振动球式电磁检测法等。

涡街式流量计由检出器（检测元件）、放大器和转换器三个主要部分组成。其输出信号为数字或模拟量，可配置标准的仪表组合，以实现流量显示、记录、积算以及调节控制等。其产品规格与主要技术参数如下：公称通径为 $DN25 \sim DN400$；测量介质为液体、蒸汽或气体；提质温度范围为－196～＋427℃；介质压力范围为 2.5～40MPa；量程比，对气体为 $q_{min}/q_{max}=1/30\sim1/50$，对液体为 $q_{min}/q_{max}=1/10\sim1/15$；精度为±1%，±1.5%和±2.5%；重复性为 0.2%。

安装时，要求上游管道有足够的整流段，该直管段长度一般推荐为：带整流器时取（15～20）D；无整流器时取（15～40）D。

8.4.5　质量流量计

与体积流量测量不同，用质量流量计测量气体流量，不必对其输出结果进行温度和压力补偿，因此免去了相应的辅助测量设备，为整个计量系统降低成本和减少维护费用提供了另一种选择。

根据科里奥利（Coriolis）原理设计的流量测量系统不需要直管段和整流器来防止气体扰动，因为质量流量计并不依赖于一个可预知的流体速度剖面图来测量流量，有助于节省安装空间。只要流量计的测量管不被流体介质腐蚀、磨损或淤垢，其性能不会随时间的推移而发生偏离。一般情况下，表的量程比（q_{min}/q_{max}）为 1/50 时，精度可维持在 0.35%左右；量程比为 1/100 时，可满足 1%的精度。

如果被测气体组分是不变的，用单一气体在标准状态下的密度可求出该混合气体的标准（或基础）密度，并输入到质量流量计的变送器中，便可实现质量流量和体积流量的单位换算。在某些情况下，科里奥利质量流量计除了测流量外，还可测量流体的密度，尤其用于流体组分随时变化的场合，此时所测得的流体密度亦非用于标准状态的流量计算；否则，要通过气相色谱仪和流量计的输出值在流量计算机中进行运算才可实时地计算流体的标准密度。

带多变量数字技术（MVD）的变送器是以数字信号处理技术（DSP）为基础建立起来的。质量流量计的信号处理由直接安装在传感器上的一单元来执行。变送器接收到来自信号处理单元的总线数字信号后将其转换成标准信号：4～20mA 或 10000 Hz 脉冲或 MODBUS 等。它具有抗噪声性能以及很好的重复性，并且信号的稳定与流量计的精度无关。

质量流量计是利用高速流体通过具有一定刚性的细小口径测量管使之振动，并以其产生的微振动（Micro motion）性能可测得流量计进、出口处正弦波信号之间的相位差，谓之科里奥利效应。信号源通常是电磁线圈。结构图见图 8-4-11。

在双管型质量流量计中，入口处的分流管将流入介质等分送入两根测量管中。两根测量管中由于驱动线圈的作用，产生以支点为轴的相对振动。当振动（测量）管中有流量时

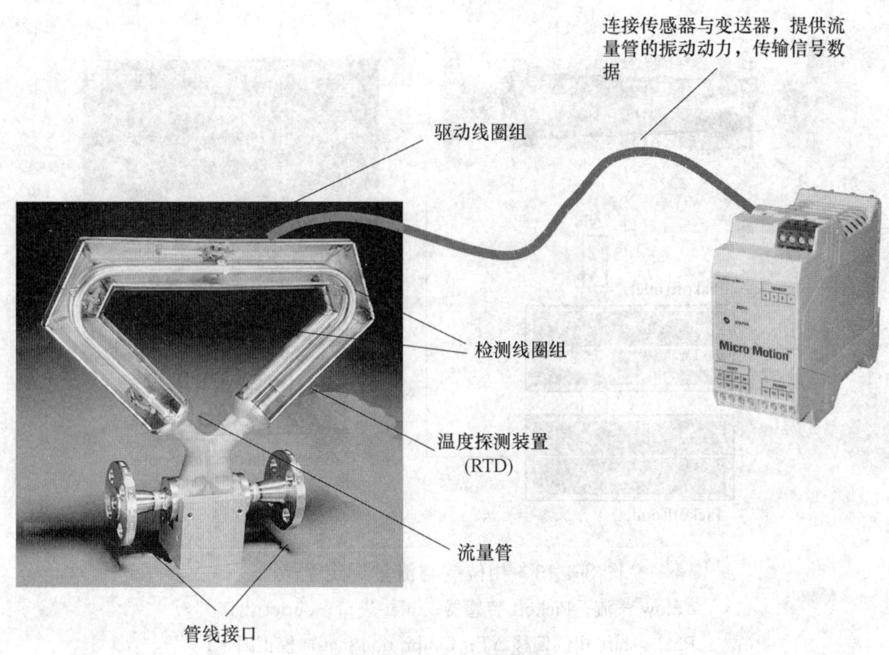

图 8-4-11 质量流量计结构图

即产生科里奥利现象，如图 8-4-12 所示。

因科氏力作用发生测量管形变引起的相位差与流体的质量成正比，如图 8-4-13 及公式（8-4-16）所示。测量科氏力引起的相位差即测出流量。

$$\delta F_C = 2\omega u \delta m \tag{8-4-16}$$

式中 F_C——科氏力；

u——流体线速度；

ω——角速度；

m——流体通过测量管的质量。

由于气体密度小，必须提高流体通过测量管的流速，才能满足仪表分辨率所要求的质量流量。质量流量计的电子部件的灵敏度取决于测量管的结构和电子部件的检测能力。例如，直管形状测量管的最大振幅只能达到 0.1mm，而摭成 U 形的测量管的最大振幅可以达到 0.8mm，在最大流量下因科氏力作用发生测量管形变产生的相位差：对于直管为 12μs，对于 U 形管为 60μs。显而易见，测量管径向距离越长的结构其形变越大，测量效果愈佳。

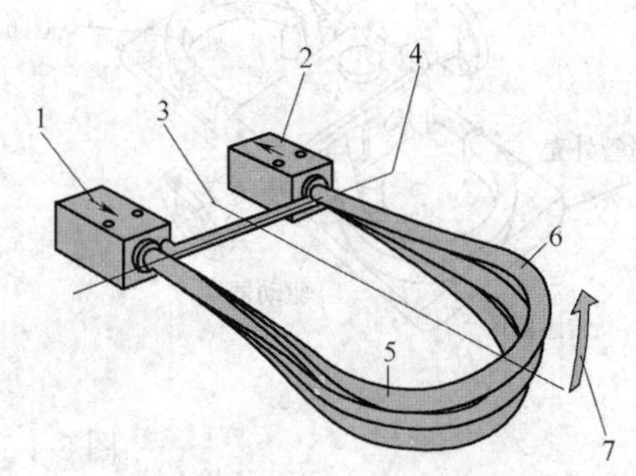

图 8-4-12 科里奥利质量流量计工作原理

1—进口；2—出口；3—扭弯轴；4—支撑轴；5—进口侧；6—出口侧；7—流体作用力

目前，EMERSON 公司 Micro Motion 质量流量计的测量管结构形式有 S、U、Ω 型等，如图 8-4-14 所示。

测量管径向距离长，形变大也就易受外界因素干扰和零点容易漂移，因此选择该流量

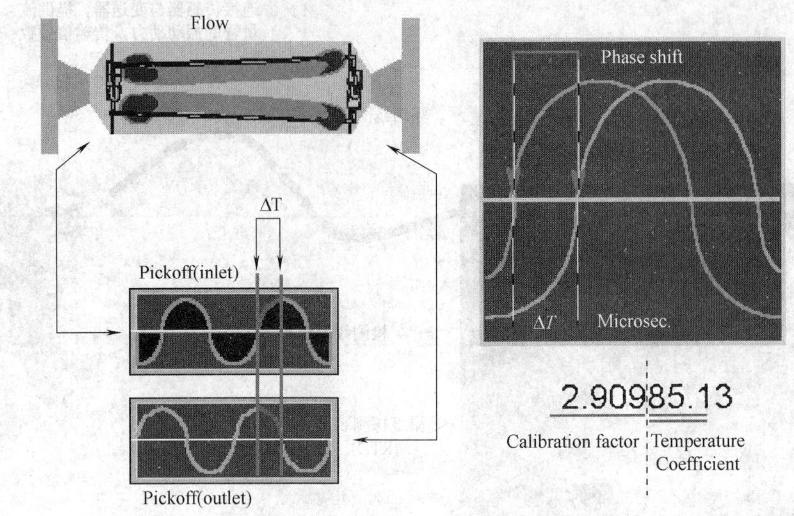

图 8-4-13　相位差与流量标定系数

Flow-气流；Pickoff-传感器；inlet-进口；outlet-出口

Phase shift-相位偏移 ΔT；Calibration factor-校正因子；

Temperature Coefficient-温度系数；Microsec-微秒

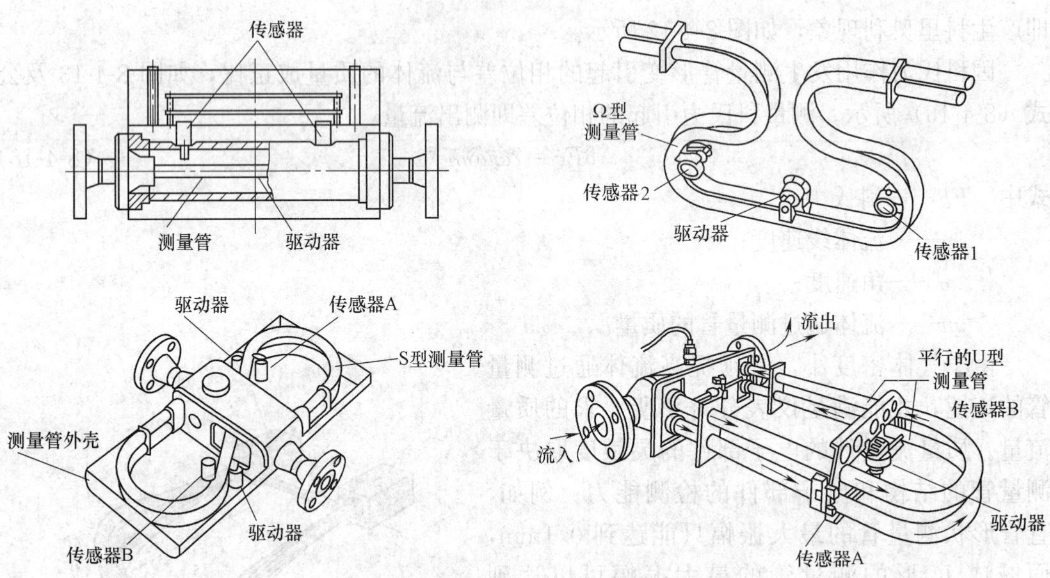

图 8-4-14　质量流量计结构图

计时要顾及仪表精度、流体性质、流速和价格等多方面的因素。实践经验表明，在达到额定精度要求的基础上，质量流量计气体限速宜为 0.5 M（马赫数），有利于减少压力损失、控制信号噪声（杂波影响）和防止气体组分发生相变。

在输送低温液态流体时，带有 MVD 技术的质量流量计，由于 MVD 电子平台包含低温杨氏模量非线性自动温度修正运算方程，因此在最小量程时的测量精度不会失准。然而，为了避免在测量管内液态流体汽化产生两相流，务必仔细计算 A、B 两端传感器的压力损失（dP）以克服闪点现象出现，一般要求出口端传感器处的压力要大于液体流动温度下介质的饱和蒸气压，并加上 3ΔP。

Micro Motion 质量流量计根据测量管（传感器）的结构形式、测量介质特性（气或液）和其选配的变送器参数功能编成产品系列。表 8-4-3 为国内已有用户选用的部分质量流量计产品系列及其主要技术参数，供气体流量计选用者参考。

Micro Motion 质量流量计技术规格 **表 8-4-3**

系列	型号	管线尺寸（mm）	气体流量指标				温度范围（℃）	流量管压力额定值（MPa）	变送器精度（%）
			A		*B*				
			（kg/h）	（m^3/h）	（kg/h）	（m^3/h）			
ELITE 系列“△”形	CMF010	3～6	8	6	30	45	−240～+204	不锈钢为 10.0；镍合金为 14.8	±0.35～±0.5
	CMF025	6～12	110	90	450	600			
	CMF050	12～25	300	230	1140	1530			
	CMF100	25～50	1300	1000	5000	6700			
	CMF200	50～80	4000	3100	15200	20500			
	CMF300	80～100	13300	10300	50500	68000			
	CMF400	100～150	34000	26250	128000	172000			
R 系列“▽”形	R025	6～12	120	90	450	600	−50～+125	10.0	±0.75～±1.0
	R050	12～25	360	275	1350	1820			
	R100	25～50	1400	1050	5200	6900			
	R200	50～75	3800	3000	15000	19500			
CNG 加气机专用“▽”形	CNG050	12	G_{max}＝6000 kg/h				−40～+125	34.5	±0.5

注：A）流量值为 20℃、0.68MPa 的空气通过流量管产生的压降 0.068MPa 时标定；

B）流量值为 20℃、3.4MPa 的空气通过流量管产生的压降 0.34MPa 时标定。

8.4.6 容积式流量计

工商与居民燃气用户计量设备可选择范围更宽，功能要求也比较简单，主要是为了计费。结构简单、性能稳定、精度高、易于直观维护管理和价格低廉的容积式流量计是这些用户的首选目标。但是，这种流量计的体形结构尺寸，随着计量值范围增加而增大，安装占用空间。一般根据实际需要（尤其小流量范围计量），将其作为就地显示流量功能的一次仪表比较实用。典型的容积式流量计，基本上分为两大类，即腰轮（罗茨）流量计和隔膜式燃气表。

1. 腰轮（罗茨）流量计（图 8-4-15）

如图 8-4-15 所示，腰轮（罗茨）流量计主要由三部分构成。

外壳的材料可以是铸铁、铸钢或铸铜，外壳上带有入口管及出口管。

转子是由不锈钢、铝或是铸铜做成的两个 8 字形转子。

带减速器的计数机构通过联轴器与一个转子相连接，转子转动圈数由联轴器传到减速器及计数机构上。

此外，在表的进出口安装差压计，显示表的进出口压力差。

流体由上面进口管进入外壳内部的上部空腔，由于流体本身的压力使转子旋转，使流体经

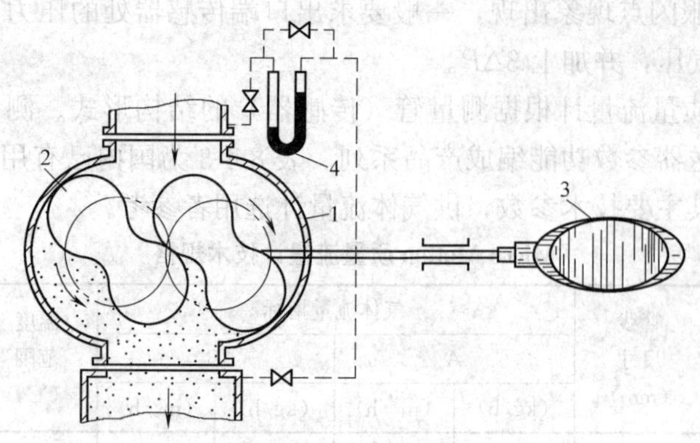

图 8-4-15　腰轮（罗茨）流量计的原理图

1—外壳；2—转子；3—计数机构；4—差压计

过计量室（转子和外壳之间的密闭空间）之后从出口管排出。8字形转子回转一周，就相当于流过了4倍计量室的体积。适当设计减速机构的转数比，可通过计数机构显示流量。

由于加工精度较高，转子和外壳之间只有很小的间隙，当流量较大时，其间隙产生的泄漏计量误差应在计量精度的允许范围之内。

通常，大口径腰轮流量计有立式和卧式安装结构，并且还分单或双腰轮结构，多用于中、低压工商用户，最大流量不超过 $3500m^3/h$。

腰轮流量计由测量部分和传动积算部分组成。测量部分包括计量室和腰轮对。大口径流量计的计量室同壳体合成一体；小口径流量计的计量室是镶嵌在壳体内的。腰轮对由腰轮轴和驱动齿轮所组成。传动积算部分包括一级、二级、三级变速器和流量积算指示器及脉冲信号发生器。由于仪表需满足安全防爆要求，制作有一定难度，目前高压、大流量、数据远传的腰轮流量计尚未得到普遍应用。图 8-4-16 为卧式单转子腰轮流量计的构造，图 8-4-17 为立式双转子腰轮流量计的构造。

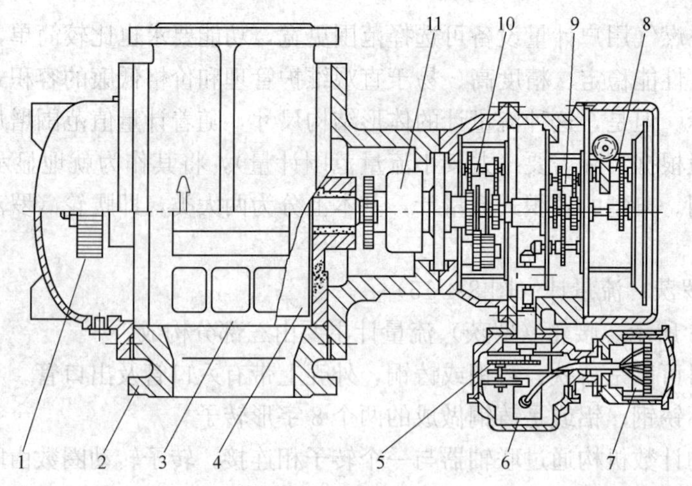

图 8-4-16　卧式单转子腰轮流量计

1—驱动齿轮；2—壳体；3—计量室；4—腰轮对；5—信号发生器的变速器（一）；6—脉冲信号发生器；7—接线板；8—积算器；9—变速器（三）；10—变速器（二）；11—磁性联轴器

腰轮流量计的规格与基本参数如下：

公称流量（m³/h）：16，25，40，65，100，160，250，400，650，1000，1600，2500，4000，6500，10000，16000，25000。

公称压力（MPa）：1.6，2.5，6.4。

累计流量精度：±1%，±1.5%，±2.5%。

量程比：（q_{min}/q_{max}）1/10～1/20。

2. 膜式燃气表

膜式燃气表普遍使用于工商居民用户小流量范围低压燃气的计量。其工作原理和性能曲线如图 8-4-18 和图 8-4-19 所示。

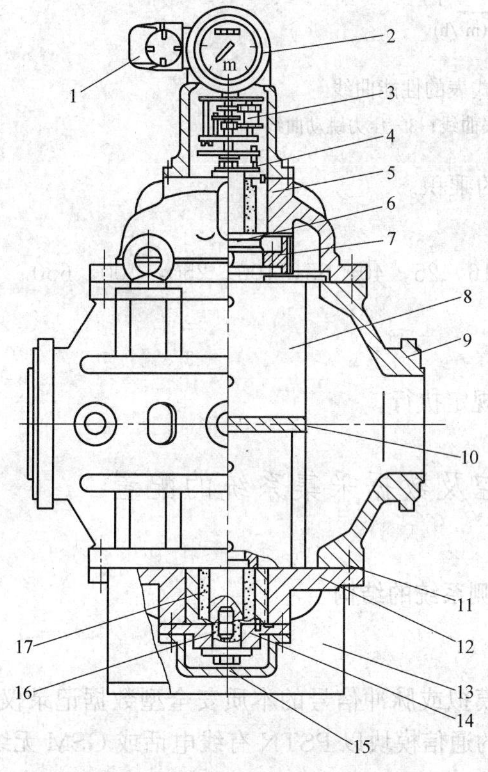

图 8-4-17 立式双转子腰轮流量计

1—脉冲信号发生器；2—积算器；3—变速器；4—拨叉；5—前端盖；6—轴；7—驱动齿轮；8—腰轮对；9—壳体；10—隔板；11—密封圈；12—后端盖；13—底架；14—轴承座；15—盖；16—止推轴承；17—石墨瓦

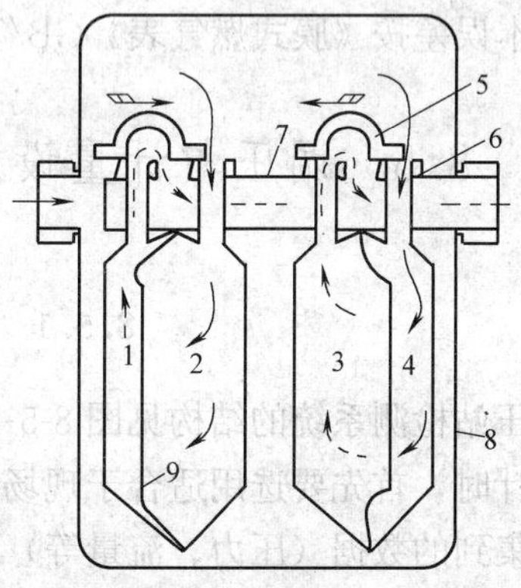

图 8-4-18 膜式表的工作原理

1、2、3、4—计量室；5—滑阀盖；6—滑阀座；7—分配室；8—外壳；9—薄膜

膜式表的工作原理如下。被测量的燃气从表的入口进入，充满表内空间，经过开放的滑阀座孔进入计量室 2 及 4，依靠薄膜两面的气体压力差推动计量室的薄膜运动，迫使计量室 1 及 3 内的气体通过滑阀及分配室从出口流出。当薄膜运动到尽头时，依靠传动机构的惯性作用使滑阀盖相反运动。计量室 1、3 和入口相通，2、4 和出口相通，薄膜往返运动一次，完成一个回转，这时表的读数值就应为表的一回转流量（即计量室的有效体积），

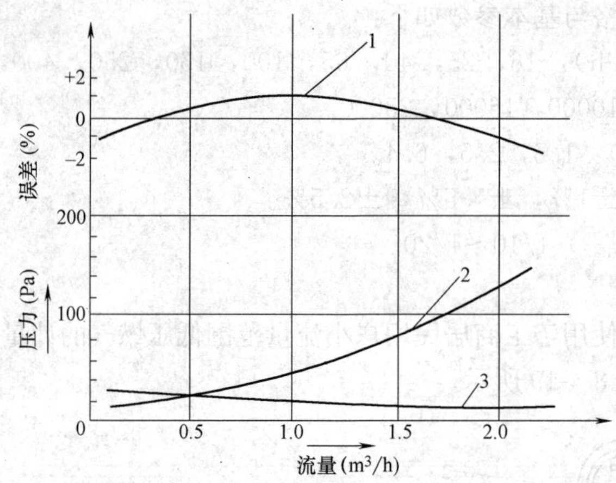

图 8-4-19　装配式膜式表的性能曲线

1—计量误差曲线；2—压力损失曲线；3—压力跳动曲线

膜式表的累积流量值即为一回转流量和回转数的乘积。

膜式燃气表的规格与基本参数：

公称流量（m^3/h）：16，2.5，4，6，10，16，25，40，65，100，250，400，650。

公称压力（kPa）：3，5，10。

量程比：（q_{min}/q_{max}）1/30～1/60。

基本误差按《膜式燃气表》GB/T 6968 的规定执行。

8.5　调压与计量设施的监控及数据采集系统的配置

8.5.1　调压站检测系统的结构

调压站检测系统的结构见图 8-5-1。

设计时，首先要选用适合于现场接受数字模拟或脉冲信号的本质安全型数据记录仪，将所采集到的数据（压力、流量等）通过相应的通信模块以 PSTN 有线电话或 GSM 无线通信方式传至上位微机进行处理和显示。从目前已达到的技术水平来看，主站可监控和管理数百个站点。也就是说，调压站检测系统结构有两种配置：

（1）数据记录仪＋有线远程通信（PSTN）模块＋上位微机；

（2）数据记录仪＋无线远程通信（GSM）模块＋上位微机。

在无线通信方式配置中，若要进行现场检测时，则可通过快速隔离装置（FBU）将掌上电脑 PDA 与记录仪相接，从而使用软件读取数据，这对无人值守调压站的管理更方便。

内置 GSM MODEM 的记录仪，可利用 SMS 技术把现场的数据传输到主站中心调度室。GSM MODEM 的频率为 900MHz（蜂窝网）和 1800MHz，外部天线可安装在 2m 以外，128K 内存，可选择与 GSM 网络时间同步，有内置可更换的锂电池供电。

为了将数据记录仪的数据通过有线通信方式传送，所用的有线专用通信模块集成有电

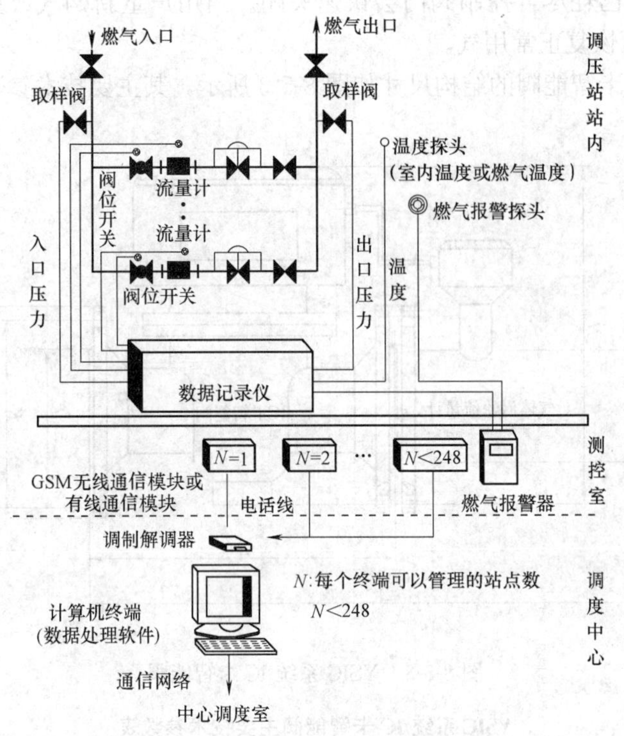

图 8-5-1 调压站检测系统结构示意图

话线动力调制解调器，可从电话线获得电力支持，无需外加电源。

8.5.2 补偿式电子体积校正仪

在商业和工业计量领域广泛采用补偿式电子体积校正仪（按 EN 12405 标准），可将机械式计量装置的气体工况转换成标准工况，其由以下几部分构成：按一定防护等级设计的壳体、内设数据处理及存储单元、输入/输出单元、LCD 显示单元以及相关软件。其结构框图如图 8-5-2 所示，此外，还设置有 RS232 通信接口，可通过外置 MODEM 进行远程数据传输。

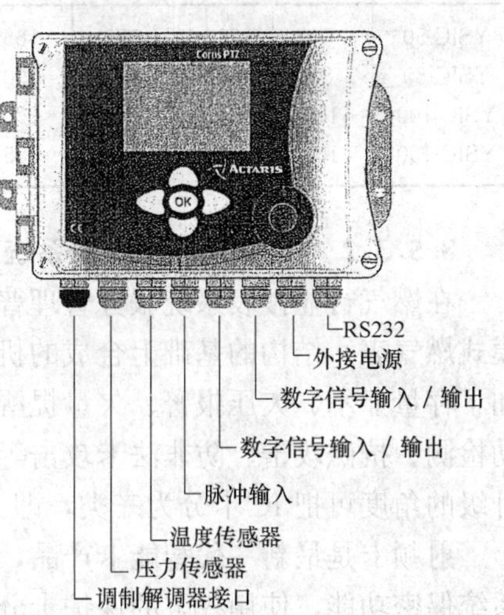

图 8-5-2 补偿式电子体积校正仪

8.5.3 IC 卡智能收费系统

8.5.3.1 IC 卡气体涡轮流量计系统

为了实现计量现代化管理，可用机械式气体涡轮流量计与 IC 卡气体流量控制阀配套组合成 IC 卡气体流量计智能收费系统。当气体流进涡轮流量计后，经导流器整流并加速，作用在气动涡轮叶片上，驱动气体涡轮转动；再经中心传动机构及磁联轴器传送到计数器，所通过气体的累计流量可直接显示。与此同时，脉冲发生器可将机械信号转变为电脉冲并传输到控制阀以实现计量管理。当用户购气用完或电池的电量已耗尽，控制阀门会快速关闭。当用户重新购气或更换新电池后，用IC卡将阀门打开可恢复正常用气。

YSIC系统IC卡智能阀的结构尺寸如图8-5-3所示，其主要技术参数见表8-5-1。

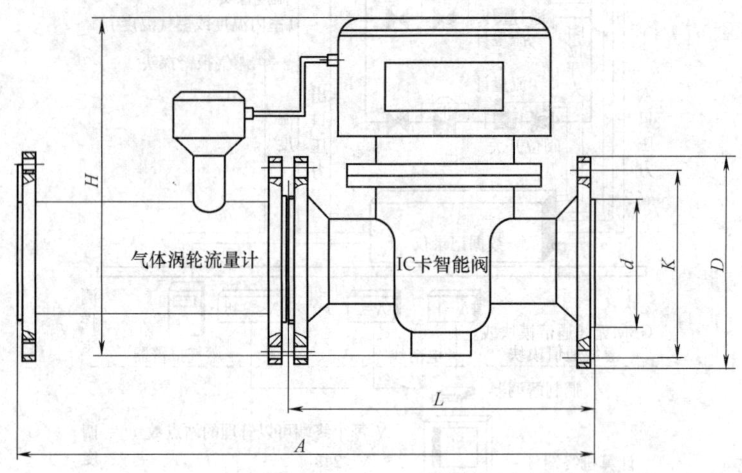

图8-5-3　YSIC系统IC卡智能阀

YSIC系统IC卡智能阀主要技术参数表　　表8-5-1

型号	DN	L	H	D	K	d	A	工作压力(MPa)	压力损失(Pa)	开阀时间(s)	关阀时间(s)
YSIC-50	50	230	331	165	125	99	430	0～0.025	0	<20	<1
YSIC-80	80	298	400	200	160	132	538	0～0.04	0	<40	<1
YSIC-100	100	365	403	220	180	156	665	0～0.08	0	<60	<2
YSIC-150	150	480	460	285	240	211	707		0	<90	<2

8.5.3.2　IC卡膜式燃气表系统

在燃气行业抄表系统服务管理普遍使用了IC卡。IC卡智能燃气表是在原有基表（如膜式燃气表）结构的基础上合成的机电一体化卡表。除原有的机械传动计数功能外，还增加了存量显示、欠压报警、欠量提醒、透支自动关闭、非法操作记录、停用关闭、阀门自动检测、抗磁攻击、防非法卡攻击等功能，便于实现燃气企业预收费和科学管理。从产品升级的角度可把IC卡分为三类，即CPU卡、逻辑加密卡和射频卡。

射频卡是最新一代智能卡产品，一方面具有机电一体化卡表的逻辑加密卡的功能，即系统保密功能，使用权限的保护十分严密；另一方面还采用了非接触式读写，整机可以完全密封免受现场环境污染。管理系统运行使用C_{++}语言编写，采用SQL Server数据管理系统，可以做到无限存储。因此，只要正确操作系统的设置和提供管理信息，就可以解决不同燃气用户所需的系统维护、日常操作的信息查询、统计分析和报表打印等连网服务。这样，省去了大量人力、物力和时间的耗费。

例如，CG-FS-16（25或40）系统射频卡智能膜式燃气表（流量为2.5m^3/h、4.0m^3/h、6.0m^3/h），机械部分和普通家用膜式燃气表毫无区别，只是在计数器部件部分将机械信号转换成脉冲信号而被射频卡读出、存储和传输。其技术参数如下：

工作电压：　DC3 V（锂电池）；
计数显示基本单位：　0.01m^3；
最小工作电流：　<2mA；
最大瞬时电流：　<160mA；
工作压力：　500～5000Pa；
阻力损失：　<200Pa。

8.6 本章有关标准规范

《城镇燃气调压器》GB 27790

《城镇燃气调压箱》GB 27791

《石油液体和气体计量的标准参比条件》GB/T 17291

《钢制管法兰 类型与参数》GB/T 9112

《钢制管法兰．垫片．紧固件》HG/T 20592～20635

《城镇燃气设计规范》GB 50028

《输气管道工程设计规范》GB 50251

《标牌》GB/T 13306

《建筑设计防火规范》GB 50016（2018 版）

《爆炸危险环境电力装置设计规范》GB 50058

《建筑灭火器配置设计规范》GB 50140

《建筑物防雷设计规范》GB 50057

《化工企业静电接地设计规程》HG/T 20675

《天然气》GB 17820

《液化石油气》GB 11174

《人工煤气》GB/T 13612

《工业企业厂界环境噪声排放标准》GB 12348

《声环境质量标准》GB 3096

《声学消声器测量方法》GB/T 4760

《工业过程控制阀 第 8-1 部分：噪声的考虑 实验室内测量空气动力流流经控制阀产生的噪声》GB/T 17213.8

《工业企业噪声控制设计规范》GB/T 50087

《通用阀门压力试验》GB/T 13927

《用标准孔板流量计测量天然气流量》GB/T 21446

《用安装在圆形截面管道中的差压装置测量满管流体流量 第 2 部分：孔板》GB/T 2624.2

《用安装在圆形截面管道中的差压装置测量满管流体流量 第 3 部分：喷嘴和文丘里喷嘴》GB/T 2624.3

《用安装在圆形截面管道中的差压装置测量满管流体流量 第 4 部分：文丘里管》GB/

T 2624.4

ISO 5167 标准

《石油学会标准》ANSI/API2530，其中采用美国燃气协会第 3、8 号报告（AGA3，1990/AGA8，1992）相关标准（美国标准）

参考文献

[1] 黎光华，郭全. 调压器动态特性实验与研究. 煤气与热力，1988（6）.

[2] 严铭卿，宓亢琪，黎光华等. 天然气输配技术［M］. 北京：化学工业出版社，2006.

[3] 姜正侯. 燃气工程技术手册［M］. 上海：同济大学出版社，1993.

[4] 智乃刚、许亚等. 噪声控制工程的设计与计算［M］. 北京：水利电力出版社，1994.

[5] 李永威，杨永慧，杨炯等. 燃气调压站设计有关问题的探讨［J］. 煤气与热力，2004（9）：501-504.

[6] 张涛，陈文柳，单君. 城市天然气贸易计量流量计的选型建议［J］. 城市燃气，2005（12）.

[7] 张涛. 气体涡轮流量计的精度分析［J］. 煤气与热力，2001（3）：229-232.

[8] 周伟国等. 超声流量计的应用与误差分析［J］. 煤气与热力，2001（4）：337-339.

[9] 邓峪泉，黄京森. 天然气超声流量计的应用及检定［J］. 煤气与热力，2005（5）：44-46.

[10] 严铭卿，宓亢琪等. 燃气输配工程学［M］. 北京：中国建筑工业出版社，2014.

[11] 管延文 蔡磊等. 城市天然气工程（第二版）［M］. 武汉：华中科技大学出版社，2018.

第 9 章　管道材料与阀门

9.1　管材种类及规格

9.1.1　常用管道材料

本节所述及的管道与管道材料均指输送《工业金属管道设计规范》GB 50316（2008 版）中所定义的“A1 类、A2 类、B 类”流体的管道，原《压力管道安全管理与监察规定》所定义的 GA1（1）、GA1（2）、GA2（1）、GA2（2）、GB1、GC 类管道及管道系统，不包括管道组成件中的管件、法兰、紧固件、阀门及管道特殊组件等。

1. 管道材料种类

（1）铸铁（球墨铸铁）；

（2）聚乙烯（PE）树脂；

（3）普通碳素钢；

（4）优质碳素钢；

（5）铬钼合金钢；

（6）不锈钢。

2. 常用管道种类：

（1）铸铁管；

（2）聚乙烯塑料管（PE 管）；

（3）钢管（焊接钢管、无缝钢管）。

9.1.2　常用管道材料的应用条件

1. 铸铁

铸铁管材质通常为可锻铸铁和球墨铸铁两种，工程上一般限制可锻铸铁使用在介质温度为－29～343℃的受压或非受压管道。用于输送 B 类流体管道，设计温度不应高于 150℃或表压不大于 2.5MPa；不得用于输送温度与压力循环变化或管道有振动的条件下。

球墨铸铁的应用条件与可锻铸铁相同。

2. 普通碳素钢

普通碳素钢包括沸腾钢与镇静钢，沸腾钢应限用在设计压力≤0.6MPa，设计温度为 0～250℃的范围，并不得用于易燃或有毒流体的管道以及存在应力腐蚀的环境中。

镇静钢应限用在设计温度为 0～400℃范围内，当其用于有应力腐蚀开裂敏感的环境时，本体硬度应不大于 HB160，焊缝硬度应不大于 HB200。

用于压力管道的沸腾钢和镇静钢其含碳量不应大于 0.24%。《碳素结构钢》GB/T 700

按质量要求顺次提高的排序给出了四种常用普通碳素钢牌号及适用范围：

Q235-A.F钢板：设计压力 $p \leqslant 0.6$MPa；使用温度为0～250℃；板厚不大于12mm；不得用于易燃，毒性程度为中度、高度或极度危害介质的管道。

Q235-A钢板：设计压力 $p \leqslant 1.0$MPa；使用温度为0～350℃；板厚不大于16mm；不得用于液化石油气、毒性程度为高度或极度危害介质的管道。

Q235-B钢板：设计压力 $p \leqslant 1.6$MPa；使用温度为0～350℃；板厚不大于20mm；不得用于毒性程度为高度或极度危害介质的管道。

Q235-C钢板：设计压力 $p \leqslant 2.5$MPa；使用温度为0～400℃；板厚不大于40mm；不得用于毒性程度为高度或极度危害介质的管道。

3. 优质碳素钢

优质碳素钢是压力管道中应用最普遍的碳钢，优质碳素钢的适用条件有以下几点：

(1) 在有应力腐蚀开裂倾向的环境中，应进行焊后应力消除热处理，处理后的焊缝硬度不得大于HB200，焊缝应进行100% 无损探伤。

(2) 为避免碳素钢、低合金钢在427℃以上长期工作所致碳化物石墨化的可能，应限制最高温度不得超过427℃。

(3) 用于−20℃及以下温度时，应作低温冲击韧性试验。

4. 铬钼合金钢

铬钼合金钢一般是由电炉冶炼或是由炉外精炼的材料，适用条件如下：

(1) 碳钼钢（C-0.5M_0）其最高长期工作温度限制在468℃以下，以防止其碳化物有转化为石墨化的倾向。

(2) 应避免在有应力腐蚀开裂的环境中使用。

(3) 在高温 H_2+H_2S 介质环境下工作时，应根据Nelson曲线和Couper曲线确定其使用条件。

(4) 在400～550℃ 内长期工作时应考虑回火脆性问题。

5. 不锈耐热钢

压力管道中常用不锈钢耐热材料的使用限制条件如下：

(1) 含铬12%以上的铁素体和马氏体不锈钢在400～550℃区间长期工作时，应防止回火脆性破坏，应用上述不锈钢材料时，应将其弯曲应力、振动和冲击载荷降到敏感载荷以下，或避免在400℃以上温度使用。

(2) 含铬16%以上的高铬不锈钢和含铬18%以上的高铬镍不锈钢在540～900℃内长期工作时，应考虑防止发生 σ 相析而引起的材料脆化和蠕变强度的下降。

(3) 奥氏不锈钢在加热冷却过程中，经过540～900℃区间时，应考虑防止产生晶间腐蚀倾向。当存在还原性较强的腐蚀介质时，应选用稳定型或超低碳型（C<0.03%）奥氏体不锈钢。

(4) 不锈钢应避免接触湿的氯化物，或控制物料和环境中的氯离子浓度小于 25×10^{-6}。

(5) 当奥氏体不锈钢使用温度为525℃以上时，其含碳量应不大于0.04%。

常用钢材的使用温度不应超过表9-1-1的规定。

常用钢材使用温度 表 9-1-1

钢类	钢号	使用温度(℃)
碳素结构钢	Q235-A.F	250
	Q235-A	350
	Q235-B	350
	Q235-C	400
优质碳素结构钢	10	−30～425
	20	−20～425
	20G	−20～450
低合金钢	16Mn	−40～450
	16MnD	−40～350
	09MnD	−50～350
	09Mn2VD	−50～100
	09MnNiD	−70～350
	12CrMo	≤525
	15CrMo	≤550
	12Cr1MoVG	≤575
	12Cr2Mo	≤575
	1Cr5Mo	≤600
高合金钢	0Cr13	≤400
	0Cr18Ni9	−196～700
	0Cr18Ni10Ti	−196～700
	0Cr17Ni12Mo2	−196～700
	0Cr18Ni12Mo2Ti	−196～500
	0Cr19Ni13Mo3	−196～700
	00Cr19Ni10	−196～425
	00Cr17Ni14Mo2	−196～450
	00Cr19Ni13Mo3	−196～450

6. 聚乙烯（PE）聚合物

聚乙烯高分子聚合物单体聚合形态包括无规共聚物、交替共聚物、嵌段共聚物、接枝共聚物 4 种。交联聚乙烯是利用化学方法或物理方法，使聚乙烯分子由线形分子结构变为三维网状结构，由热塑性材料变成热固性材料，工作温度和材料性能显著提高。交联聚乙烯管重要特性在于其强度和耐温性能，特别是其蠕变强度，其强度随使用时间的变化不显著，寿命可达 50 年之久，抗蠕变强度高。

交联聚乙烯管的主要交联工艺有：辐射交联、过氧化物交联、偶氮化物交联、硅烷交联等四大类。

作为燃气压力管道应用的聚乙烯管具有以下特性：

(1) 耐腐蚀、使用寿命长、溶接接头不泄漏。

(2) 聚乙烯的应力松弛特性可有效降低由于管基不均匀沉降造成的应力。

(3) 具有良好的快速裂纹传递抵抗能力。

聚乙烯混配料的分级见表 9-1-2。

聚乙烯混配料的分级 **表 9-1-2**

命名	σ_{LCL}(20℃,50年,97.5%)(MPa)	MRS(MPa)
PE80	$8.00 \leqslant \sigma_{LCL} \leqslant 9.99$	8.0
PE100	$10.00 \leqslant \sigma_{LCL} \leqslant 11.19$	10.0

9.1.3 常用压力管道材质适用标准

目前，大多数压力管道及其组件都已系列化，并有相应的标准体系予以支持。这些标准包括管子系列标准、管件系列标准、法兰及连接件系列标准、阀门系列标准等，其中以管子标准和法兰标准最具有代表性。国内常用压力管道材质标准有：

① 球墨铸铁对应的材料标准为《通用阀门 球墨铸铁件技术条件》GB 12227。

② 普通碳素钢对应的材料标准为《碳素结构钢》GB/T 700、《优质碳素结构钢和低合金结构钢热轧钢板和钢带》GB/T 3274。

③ 优质碳素钢对应的材料和制管标准主要有《优质碳素结构钢》GB/T 699、《优质碳素结构钢冷轧钢板和钢带》GB/T 13237、《锅炉和压力容器用钢板》GB 713、《输送流体用无缝钢管》GB/T 8163、《低中压锅炉用无缝钢管》GB 3087、《高压锅炉用无缝钢管》GB/T 5310、《石油裂化用无缝钢管》GB 9948、《高压化肥设备用无缝钢管》GB 6479 等。

④ 铬钼合金钢对应的制管和材料标准主要有《石油裂化用无缝钢管》GB 9948、《高压锅炉用无缝钢管》GB/T 5310、《高压化肥设备用无缝钢管》GB 6479、《合金结构钢》GB/T 3077、《耐热钢棒》GB/T 1221 等。

⑤ 不锈耐热钢对应的制管和材料标准主要有《流体输送用不锈钢无缝钢管》GB/T 14976、《不锈钢热轧钢板和钢带》GB/T 4237、《耐热钢钢板和钢带》GB/T 4238、《不锈钢棒》GB/T 1220、《耐热钢棒》GB/T 1221 等。

⑥ 燃气领域常用压力管道聚乙烯（PE）管对应的标准为《燃气用埋地聚乙烯（PE）管道系统 第1部分：管材》GB 15558.1、《燃气用埋地聚乙烯（PE）管道系统 第2部分：管件》GB 15558.2、《燃气用聚乙烯管道系统的机械管件 第1部分：公称外径不大于 63mm 的管材用钢塑转换管件》GB 26255.1、《燃气用聚乙烯管道系统的机械管件 第2部分：公称外径大于 63mm 的管材用钢塑转换管件》GB 26255.2。

⑦ 输气管线钢对应的制管标准主要有《石油天然气工业 管线输送系统用钢管》GB/T 9711。

9.1.4 低温管道材料

1. 低温管道材料的一般要求

一般碳素钢、低合金钢等铁素体钢，在韧脆转变点以下会出现韧性急剧下降，脆性上升的现象，这种现象称为材料的冷脆现象。材料发生低温冷脆，对管系将造成很大的破坏，所以用于介质温度≤－20℃的管道，其组件均应按冲击性能的要求选用。

其一般要求如下：

（1）低温压力管道采用的钢材应为镇静钢。

（2）当碳素钢和低合金钢、材质为碳素钢、低合金钢的锻钢管件用于温度≤－20℃的管道上时，应进行冲击试验。其最低冲击试验温度分别见表 9-1-3 和表 9-1-4。

（3）根据 ASME/ANSIB31.5 的规定，下列材料可不做冲击试验：

1）铝、304 或 CF8、304L 或 CF3、316 或 CF8M 以及 321 奥氏体钢、铜、紫铜、铜镍合金和镍铜合金；

2）用于温度高于－45℃的 A193、B7 级螺栓材料；

3）用于温度高于－101℃的 A320L7、L10 级、温度高于－143℃的 A320L9 级的螺栓材料；

4）用于管系的铁素体材料，其金属温度在－28.8～－101℃之间，由于内压、温度收缩、支架间的弯矩而产生的环向和纵向应力之和不大于规定的许用应力的 40%时，可不进行冲击试验。

碳素钢和低合金钢的使用状态及冲击试验温度 **表 9-1-3**

钢号	使用状态	壁厚(mm)	最低冲击使用温度（℃）
10	热轧或退火	≤20	－20
	正火	≤40	－30
20	热轧或退火	≤10	－20
	正火	≤16	－20
20G	正火	≤40	－20
16Mn	正火	≤40	－40
09Mn2V	正火	≤16	－70

锻件的热处理与冲击试验温度 **表 9-1-4**

钢 号	标准号	截面尺寸①(mm)	热处理状态②	最低冲击使用温度(℃)③
20	NB/T 47008 HG/T 20581 附录	≤100	N 或 N+T	－20
16Mn		<150	N 或 N+T	－30
		150～300		－20
		≥300	Q+T	－30
16MnD		<150	N 或 N+T	－30
		150～300		－20
		≥300	Q+T	－40
20MnMo④		≤300	Q+T	－40
20MnMoNb		—		－20
09Mn2VD		<150	N 或 N+T	－45
			Q+T	－70
		150～300		－50

续表

钢　号	标准号	截面尺寸①(mm)	热处理状态②	最低冲击使用温度(℃)③
CF-62	GB 150.1～GB 150.4 附录	≤300	Q+T	−40
12Ni3MoV	HG/T 20585 附录	≤200	Q+T 或临界区热处理	−45

① 截面尺寸是指锻件热处理时的截面尺寸。

② 热处理状态的符号意义：N—正火；N+T—正火加回火；Q+T—调质（淬火加回火）。

③ 表中的低温冲击试验温度，在订货时需要双方协议确定。

④ 用于低温的 20MnMo 锻件，其含碳量（熔炼分析）为 0.14%～0.20%，σ_0 为 510～680MPa，σ_s≥355MPa，$[\sigma]$=170MPa。

2. 低温用材料特性

常用低温钢的钢号和化学成分如表 9-1-5 所示。

常用低温钢的钢号和化学成分　　**表 9-1-5**

使用温度等级(℃)	钢　号	化学成分(%)								
		C	Si	Mn	P、S 不大于		Ni	Al	Cu	其他
−40	16Mn 16MnXt	0.12～0.20	0.20～0.60	1.2～1.6	0.04	0.05	—	—	—	X_t≤0.2
−70	09Mn2V	≤0.12	0.20～0.50	1.4～1.8	0.04	0.04	—	—	—	—
	0.9MnTiCuXt	≤0.12	≤0.4	1.3～1.7	0.04	0.04	—	Ti0.03～0.18	0.2～0.4	X_t≤0.15（加入量）
	2.5Ni	0.1	0.15～0.30	≤0.7	0.035	0.04	2.5	—	—	—
−100	06MnNb	≤0.07	0.17～0.37	1.2～1.6	0.03	0.03	—	—	—	Nb0.02～0.04
	10Ni4(3.5Ni)（ASTM A203-70D）	≤0.17	0.15～0.30	≤0.7	0.035	0.04	3.52～3.75	—	—	—
−120	06AlCu	≤0.06	≤0.25	0.8～1.1	0.015	0.025	—	0.09～0.26	0.35～0.45	—
	0.6AlNbCuN	≤0.08	≤0.35	0.8～1.2	0.02	0.035	—	0.04～0.15	0.3～0.4	Nb0.05～0.08 N0.01～0.015
−196	20Mn23Al	0.15～0.25	≤0.5	21～26	0.03	0.03	Xt0.3（加入量）	0.7～1.2	0.1～0.2	V0.06～0.12 N0.03～0.08
	1Ni9(9Ni)（ASTM A533-70A）	≤0.13	0.15～0.30	≤0.9	0.035	0.04	8.5～9.5	—	—	—
−253	15Mn26Al4	0.13～0.19	≤0.6	24.5～27	0.035	0.035	—	3.8～4.7	—	—

常用低温钢的机械性能如表 9-1-6 所示。

常用低温钢的机械性能 表 9-1-6

使用温度等级(℃)	钢　号	板厚(mm)	热处理状态	常温机械性能(不小于)			低温冲击韧性	
				σ_s,σ_b (N/mm²)		σ_s (%)	温度(℃)	α(不小于)(J/cm²)
−40	16Mn 16MnXt	6～16	热轧	343	510	21	−40	34.3
		17～25		324	490	19	−70	
−70	09Mn2V	5～20	热轧	343	490	21	−70	58.8
	0.9MnTiCuXt	≤20	正火	343	490	21	−100	58.8
−100	06MnNb	≤20	热轧	343	471	21	−100	58.8
			正火	294	432	21	−120	
	10Ni4(3.5Ni)		正火或回火＋正火	255	451～530	23	−120	21.6①
−120	06AlCu	16	正火	284	397～402	34～37.5	−190	58.8
	0.6AlNbCuN	3～14	正火＋水淬	294	392	21	−196	58.8
		>14	正火					
−196	20Mn23Al	16	热轧	402②	711②	50②	−196	52②
		16	1150℃固熔	255②	637②	66②	−196	89.2②
	1Ni9(9Ni)		淬火＋回火	588	687～824	20	−196	118
−253	15Mn26Al4	14	热轧	245	490	30	−196	118
			固熔	196	471	30	−255	118

① 夏氏 V 形缺口试样的冲击韧性。

② 均值。

9Ni 钢、奥氏体不锈钢和铝合金等适用于−100℃以下低温管道。选择时应根据装置的性质、设计条件、施工条件以及所需费用，经综合比较后确定。

9.2 钢　管

9.2.1 常用压力管道钢管种类

钢管是压力管道系统中应用最普遍、用量最大的元件，其重量约占压力管道系统的 2/3，因此管道的选用是至关重要的；尤其是管子的应用标准又是决定压力管道其他元件应用标准的基础。目前，‘大外径系列’标准（标准体系有：SY、SH、GB、ANSIS、API5L）代表着国内压力管道应用标准的潮流。

压力管道常用的钢管有下述各种。

9.2.1.1 无缝钢管

无缝钢管是采用穿孔热轧等加工方法制造的不带焊缝的钢管。必要时，热加工后的管子还可以进一步冷加工至所要求的形状、尺寸和性能。

无缝钢管生产工艺较成熟，规格为：*DN*15～*DN*600，但对于大直径（*DN*≥500）、大壁厚的管子，国内生产能力有限。

1. 碳素钢无缝钢管

常用的碳素钢无缝钢管标准有：《流体输送用无缝钢管》GB/T 8163、《石油裂化用无缝钢管》GB 9948、《高压化肥设备用无缝钢管》GB 6479、《低中压锅炉用无缝钢管》GB 3087、《高压锅炉用无缝钢管》GB/T 5310 五种标准。

《流体输送用无缝钢管》GB/T 8163 标准是应用最多的一个钢管制造标准，其制造方法有热轧、冷拔、热扩三种方式。其规格范围为 *DN*6～*DN*600，壁厚从 0.25～75.0mm 共 66 种规格，材料牌号有 10 号、20 号、Q345、Q390、Q420、Q460，共 6 种，适用于输送普通流体。

《石油裂化用无缝钢管》GB 9948 是一个包括碳素钢、铬钼钢、不锈钢等多种材质的钢管制造标准，制造方法有热轧、冷拔两种方式。其规格范围为 *DN*6～*DN*250 壁厚从 1.0～20mm 共 16 个规格，包含的碳素钢材料牌号有 10、20 共 2 种。通常，它应用于不宜采用《流体输送用无缝钢管》GB/T 8163 钢管的场合。

《化肥设备用高压无缝钢管》GB 6479 是一个包括碳素钢、铬钼钢、不锈钢等多种材质的钢管制造标准，制造方法有热轧、冷拔两种方式。其规格范围为 *DN*8～*DN*250，壁厚从 2.0～40.0mm 等多种规格，包含的碳素钢材料牌号有 10、20G、16Mn 共 3 种。一般情况下，它适用于设计温度为－40～400℃、设计压力为 10～32.0MPa 的油品、油气介质。

《低中压锅炉用无缝钢管》GB3087 标准的钢管制造方法有热轧、冷拔两种方式，其规格范围为 *DN*6～*DN*400，壁厚从 1.5～26.0mm 等多种规格，包含的碳素钢材料牌号有 10、20 共 2 种，适用于低中压锅炉的过热蒸汽、沸水等介质。

《高压锅炉用无缝钢管》GB/T 5310 标准是一个包括碳素钢、铬钼钢、不锈钢等多种材质的钢管制造标准，制造方法有热轧、冷拔两种方式。其规格范围为 *DN*15～*DN*500，壁厚从 2.0～70.0mm 等多种规格，包含的碳素钢材料牌号只有 20G 一种，适用于高压锅炉过热蒸汽介质。

从制造质量角度来讲，GB/T 8163 和 GB 3087 标准的钢管多采用平炉或转炉冶炼，其杂质成分与内部缺陷相对较多。GB 9948 标准的钢管多采用电炉冶炼，虽然 GB 9948 标准中没有要求必须进行炉外精炼，但部分厂家为保证在苛刻条件下的使用质量，均超标准加入了炉外精炼工艺；因此，其杂质成分和内部缺陷相对较少。GB 6479 和 GB/T 5310 标准本身就规定了应进行炉外精炼的工艺要求，故其杂质成分和内部缺陷最少，材料质量最高。

上述无缝钢管标准的制造质量等级由低到高的排序为：GB/T 8163＜GB 3087＜GB 9948＜GB/T 5310＜GB 6479。

2. 碳素钢无缝钢管的适用条件

通常，GB/T 8163 标准的钢管适用于温度小于 350℃、压力低于 10.0MPa 的油品、油气和公用介质条件下。

当设计温度超过 350℃或设计压力大于 10.0MPa 时，宜选用 GB 9948 或 GB 6479 标准的钢管。对于临氢操作的管道，或者再有应力腐蚀倾向环境中工作的管道，也宜使用GB 9948或GB 6479标准的钢管。对于温度小于−20℃条件下使用的碳素钢无缝钢管，应采用规定了能满足对材料低温冲击韧性要求的GB 6479标准的钢管。

3. 铬钼钢和铬钼钒钢无缝钢管

石油化工生产装置中常用的铬钼钢和铬钼钒钢无缝钢管标准有GB 9948、GB 6479、GB/T 5310三个标准。

GB 9948标准包含的铬钼钢材料牌号有12CrMo、15CrMo、1Cr2Mo、1Cr5Mo共4种。

GB 6479标准包含的铬钼钢材料牌号有12CrMo、15CrMo、1Cr5Mo共6种。

GB/T 5310标准包含的铬钼钢和铬钼钒钢材料牌号有15MoG、20MoG、12CrMoG、15CrMoG、12Cr2MoG、12Cr1MoVG共6种。

4. 不锈钢无缝钢管

石油化工生产装置中常用的不锈钢无缝钢管标准有GB/T 14976、GB 13296、GB 9948、GB 6479、GB/T 5310共5个标准。

通常，由于GB 9948、GB 6479、GB/T 5310标准仅列出了不常用的2～3个不锈钢材料牌号，工程上选用不锈钢无缝钢管基本上采用《流体输送用不锈钢无缝钢管》GB/T 14976和《锅炉、热交换器用不锈钢无缝钢管》GB 13296标准钢管。

《流体输送用不锈钢无缝钢管》GB/T14976标准是一个通用的不锈钢钢管制造标准，其制造方法有热轧、冷拔两种方式，规格范围为*DN*6～*DN*400，壁厚包括从0.5～15.0mm共33种规格。材料牌号有0Cr18Ni9（ASTM对应材料牌号为TP304）、00Cr19Ni10（ASTM对应材料牌号为TP304L）、0Cr17Ni12Mo2（TP316）、00Cr17Ni14Mo2（TP316L）、0Cr18Ni10Ti（TP321）、0Cr18Ni11Nb（TP347）、1Cr18Ni9Ti（不推荐使用）、0Cr25Ni20（TP310）等19种，适用于一般流体的输送。

《锅炉、热交换器用不锈钢无缝钢管》GB 13296是一个锅炉和热交换器专用的不锈钢钢管制造标准，制造方法有热轧、冷拔两种方式。规格范围为*DN*6～*DN*100，壁厚包括从1.2～13.0mm等规格，包含的不锈钢材料牌号有0Cr18Ni9（TP304）、00Cr19Ni10（TP304L）、0Cr17Ni12Mo2（TP316）、00Cr17Ni14Mo2（TP316L）、0Cr18Ni10Ti（TP321）、0Cr18Ni11Nb（TP347）、1Cr18Ni9Ti（不推荐使用）、0Cr25Ni20（TP310）等25种。

上述不锈钢材料牌号中，超低碳不锈钢（00Cr19Ni10、00Cr17Ni14Mo2）具有良好的抗腐蚀性能，在一定条件下，可替代稳定型不锈钢（0Cr18Ni10Ti、0Cr18Ni11Nb）用于抗介质的腐蚀。但超低碳不锈钢高温机械性能较低，一般仅用于温度低于525℃条件下。

稳定型奥氏体不锈钢即具有较好的抗腐蚀性能，又具有较高的高温机械性能，但0Cr18Ni10Ti中的Ti在焊接过程中易被氧化而失掉，从而降低其抗腐蚀性能，0Cr18Ni11Nb因其价格较高一般用于较为重要场合。

5. 材料的牌号

无缝钢管和管件材料的牌号和执行的标准如表9-2-1。

无缝钢管和管件材料的牌号和执行的标准　　表 9-2-1

<table>
<tr><th>材料牌号</th><th>标准号</th><th>材料牌号</th><th>标准号</th><th>材料牌号</th><th>标准号</th></tr>
<tr><td rowspan="4">10</td><td rowspan="4">GB 3087
GB/T 8163
GB 6479
GB 9948</td><td>12Cr1MoV</td><td>GB/T 5310</td><td rowspan="2">1Cr19Ni9
1Cr19Ni11Nb</td><td rowspan="2">GB/T 5310
GB 9948</td></tr>
<tr><td>09MnV</td><td>GB/T 8163</td></tr>
<tr><td rowspan="3">12CrMo</td><td rowspan="3">GB/T 5310
GB 6479
GB 9948</td><td rowspan="9">0Cr18Ni9
00Cr19Ni10
0Cr17Ni12Mo2
00Cr17Ni14Mo2
0Cr18Ni10Ti
0Cr18Ni11Nb</td><td rowspan="9">GB/T 14976</td></tr>
<tr></tr>
<tr><td rowspan="3">20</td><td rowspan="3">GB 3087
GB/T 8163
GB 9948</td></tr>
<tr><td rowspan="3">15CrMo</td><td rowspan="3">GB/T 5310
GB 6479
GB 9948</td></tr>
<tr></tr>
<tr><td rowspan="2">20G</td><td rowspan="2">GB/T 5310
GB 6479</td></tr>
<tr><td rowspan="3">1Cr5Mo</td><td rowspan="3">GB 6479
GB 9948</td></tr>
<tr><td rowspan="2">16Mn</td><td rowspan="2">GB 6479
GB/T 8163</td></tr>
<tr></tr>
</table>

注：《低中压锅炉用无缝钢管》GB 3087。
《高压锅炉用无缝钢管》GB/T 5310。
《化肥设备用高压无缝钢管》GB 6479。
《输送流体用无缝钢管》GB/T 8163。
《石油裂化用无缝钢管》GB 9948。
《输送流体用不锈钢无缝钢管》GB/T 14976。

9.2.1.2　焊接钢管

目前，常用的焊接钢管根据其生产过程中焊接工艺的不同分为连续炉焊（煅焊）钢管、电阻焊钢管和电弧焊钢管3种。

1. 连续炉焊钢管

连续炉焊钢管是在加热炉内对钢带进行加热，然后采用机械加压方法使其焊接在一起而形成的具有一条直缝的钢管。其特点是生产效率高，生产成本低，但焊接接头冶金熔合不完全，焊缝质量差，综合机械性能差。

《低压流体输送用焊接钢管》GB/T 3091标准对电阻焊钢管和埋弧焊钢管的不同要求分别作了标注，未标注的同时适用于电阻焊钢管和埋弧焊钢管。规格范围为公称外径ϕ48.3～大于ϕ508，壁厚有普通级和加厚级两种，相应的材料牌号为Q195、Q215A（B）、Q235A（B）、Q275A（B）、Q345A（B）；适用于设计温度0～350℃、设计压力不超过0.6～2.5　MPa的水、污水、空气、燃气和供暖蒸汽的低压系统。

2. 电阻焊钢管（ERW）

电阻焊钢管是通过电阻焊或电感应焊的方法生产加工的、带有一条直焊缝的钢管，其特点是生产效率高，自动化程度高，焊接无需焊条及焊药，焊后变形和残余应力较小。由于接头处不可避免的杂质存在，焊后接头处的塑性与冲击韧性较低，一般规定电阻焊钢管应使用在不超过200℃的情况下。

常用的电阻焊钢管标准有《普通流体输送管道用直缝高频焊钢管》SY/T5038，钢管公称外径范围为$D\geqslant10.3$mm，钢管公称壁厚范围为$t\geqslant1.7$mm；材料牌号为Q195、Q215、Q235；适用介质为水、污水、空气和供暖蒸汽等流体。

3. 电弧焊钢管

电弧焊钢管是通过电弧焊接方法生产的，其特点是焊接接头达到完全的冶金融合，接头的机械性能完全达到或接近母材的机械性能。电弧焊钢管可分为直缝管和螺旋缝管，根据焊接所采用保护方法的不同，电弧焊钢管又可分为埋弧焊钢管和熔化极气体保护焊钢管。

螺旋缝双面埋弧焊钢管（SAW）的焊缝与管轴线形成螺旋角，焊缝长度与直缝管相比要长，焊缝的受力为二维拉应力。

直缝焊接钢管与螺旋缝焊接钢管相比具有焊缝质量好、热影响区小、焊后残余应力小、管道尺寸较精确、易实现在线检测以及原材料可进行100%的无损检测等优点。

直缝焊接钢管又分为直缝高频电阻焊钢管（ERW）和直缝双面埋弧焊钢管（LSAW）。大口径直缝埋弧焊钢管的成形方法多为外控成型法，主要有：UOE法、RBE法、JCOE法、Hu-METAL卷板成形法等。UOE是将单张钢板边缘予弯后，经U成型压力机、O成型压力机成型，焊接成管后整体扩径。以提高尺寸精度和屈服极限、消除内应力，质量可靠。

常用的钢管标准有《普通流体输送管道用埋弧焊钢管》SY/T 5037，钢管公称外径范围为$D \geqslant 219.1$mm，公称壁厚范围为$t \geqslant 3.2$mm；材料牌号为Q195、Q235、Q295三种；适用介质为水、空气和供暖蒸汽等流体。

直缝电弧焊钢管常用标准有《流体输送用不锈钢焊接钢管》GB/T 12771、《奥氏体不锈钢焊接钢管选用规定［合订本］》HG 20537.1～20537.4等。其中，GB 12771标准的规格范围为*DN*6～*DN*560，壁厚从0.3～14.0mm共29种规格，材料牌号为12Cr18Ni9、06Cr19Ni10、022Cr19Ni10、06Cr25Ni20、06Cr17Ni12Mo2、022Cr17Ni12Mo2、06Cr18Ni11Ti、06Cr18Ni11Nb、022Cr18Ti、019Cr19Mo2NbTi、06Cr13Al、022Cr11Ti、022Cr12Ni、06Cr13等14种。

9.2.1.3 钢管的外径系列

目前世界各国的钢管尺寸系列尚不统一，各国都有各自的钢管尺寸系列标准。

在中国现行标准中，对于同一公称直径的钢管外径尺寸还不统一。因此，在配管时，应根据进口设备、阀门等管道器材的接口选择适应的管道外径系列。

表9-2-2为中国主要配管用标准外径与ISO及各国标准的对照。

9.2.2 城市天然气适用钢管

1. 高压/次高压燃气钢管

城市天然气高压A/B与次高压A输送管道所用管材根据现行国家标准《城镇燃气设计规范》GB 50028的强制规定，应选用L210（含L210）以上级别的管材；三级和四级地区高压燃气管道产品规范水平不应低于PSL 2，钢级不应低于L245。城市高压/次高压燃气管道所用钢管，应符合现行国家标准《石油天然气工业 管线输送系统用钢管》GB/T 9711；或符合不低于上述标准相应技术要求的其他钢管标准。

《石油天然气工业 管线输送系统用钢管》GB/T 9711规定了石油天然气工业管线输送系统用无缝钢管和焊接钢管的制造要求，其包括两个产品规范水平（PSL1、PSL2）。PSL1提供标准质量水平的管线钢管，PSL2增加了包括化学成分、缺口韧性、强度性能和补充无损检测的强制性要求。

PSL1与PSL2主要区别在于：

PSL1钢管等级与钢级（钢名的牌号）相同，钢管等级由字母或字母与数字混排的牌

中国主要配管用标准外径（mm）与ISO及各国标准的对照 表 9-2-2

公称直径①DN		中国				日本	ISO		英国		德国		美国 ANSI/ASHE B36.10M/B36.19M
		石化	化工	HG/T 20553									
A(mm)	B(in)	SH/T 3405	$Ⅰ_a$②	$Ⅰ_b$	Ⅱ	JIS	ISO 4200 系列Ⅰ	ISO 65	BS 3600	BS 1387	DIN 2448 DIN 2458	DIN 2440 DIN 2441	
6	1/8		10.2	10		10.5	10.2	(10.2)	10.2	(10.2)	10.2	10.2	10.3
8	1/4		13.5	14		13.8	13.5	(13.6)	13.5	(13.6)	13.5	13.5	13.7
10	3/8	17	17.2	17	14	17.3	17.2	(17.1)	17.2	(17.1)	17.2		17.1
15	1/2	22	21.3	22	18	21.7	21.3	(21.4)	21.3	(21.4)	21.3	21.3	21.3
20	3/4	27	26.9	27	25	27.2	26.9	(26.9)	26.9	(26.9)	26.9	26.9	26.7
25	1	34	33.7	34	32	34	33.7	(33.75)	33.7	(33.8)	33.7	33.7	33.4
(32)	1¼	42	42.4	42	38	42.7	42.4	(42.45)	42.4	(42.5)	42.4	42.4	42.2
40	1½	48	48.3	48	45	48.6	48.2	(48.35)	48.3	(48.4)	48.3	48.3	48.3
50	2	60	60.3	60	57	60.5	60.3	(60.25)	60.3	(60.3)	60.3	60.3	60.3
(65)	2½	76	76.1	76	76	76.3	76.1	(75.95)	76.1	(76.0)	76.1	76.1	73
80	3	89	88.9	89	89	89.1	88.9	(88.75)	88.9	(88.8)	88.9	88.9	88.9
(90)	3½					101.6			101.6		101.6		101.6
100	4	114	114.3	114	108	114.3	114.3	(114.05)	114.3	(114.1)	114.3	114.3	114.3
(125)	5	140	139.7	140		139.8	139.7	(139.65)	139.7	(139.7)	139.7	139.7	141.3
150	6	168	168.3	168	159	165.2	168.2	(165.2)	163.3	(165.1)	168.3	165.1	168.3
(175)	7					190.7			193.7		193.7		
200	8	219	219.1	219	219	216.3	219.1		219.1		219.1		219.1
(225)	9					241.8							
250	10	273	270.0	273	273	267.4	273.0		273.0		273.0		273.0
300	12	325	323.9		325	318.5	323.9		323.9		323.9		323.8
350	14	356	355.6		377	355.6	355.6		355.6		355.6		355.6
(375)													
400	16	406	406.4		426	406.4	406.4		406.4		406.4		406.4
(425)											419.0		
(450)	18	457	457.0		480	457.2	457		457		457.2		457.00
500	20	508	508.0		530	508.0	508		508		508.0		508.00

续表

公称直径① DN		中国				日本	ISO		英国		德国		美国 ANSI/ASHE B36.10M/ B36.19M
		石化	化工	HG/T 20553									
A(mm)	B(in)	SH/T 3405	$Ⅰ_a$②	$Ⅰ_b$	Ⅱ	JIS	ISO 4200 系列Ⅰ	ISO 65	BS 3600	BS 1387	DIN 2448 DIN 2458	DIN 2440 DIN 2441	
(550)	22	559	559.0			558.8			559		558.8		559.00
600	24	610	610		630	609.6	610		610		609.6		610.00
(650)	26	660	660			660.4			660		660.4		660.00
700	28	711	711		720	711.2	711		711		711.2		711
(750)	30	762	762			762.0			762		762.0		762
800	32	813	813		820	812.8	813		813		812.3		813.0
(850)	34	864	864			863.6			864		863.6		864.0
900	36	914	914		920	914.4	914		914		914.4		914.0
(950)	38	965	965										965.0
1000	40	1016	1016		1020	1016.0	1016		1016		1016		1016.0
(1050)	42		1067										1067.0
(1100)	44	1118	1118			1117.8							1118.0
(1150)	46		1168										1168.0
1200	48	1220	1219			1219.2	1220						1219.0
(1250)	50		1270										
1300	52	1321	1321										1321.0
(1350)	54		1372			1371.6							
1400	56	1420	1422		1420		1420						1422.0
(1450)	58		1473										
(1500)	60	1524	1524			1524.0							1524.0
1600	64	1620			1620	1625.6	1620						1626.0
(1700)	68	1727											1727.0
1800	72	1820			1820	1828.8	1820						1829.0
(1900)	76	1930											1930.0
2000	80	2020			2020	2032.0	2020						2032.0
2200	88						2220						

① 外径体系根据 ANSI/ASME B36.10M/B36.19M-1996 版。

② GB 50316 中没有 $Ⅰ_a$，仅有 $Ⅰ_b$、Ⅱ系列。

号构成，以识别钢管的强度水平，而且强度水平与钢的化学成分有关。PSL2 钢管等级由字母或字母与数字混排的牌号构成，以识别钢管的强度水平。钢名（表示为钢级牌号）与钢的化学成分有关，其后缀单个字母（R、N、Q 或 M）表示钢管的交货状态。

交货状态：对每一订货批，除合同规定了特殊交货状态外。PSL1 钢管的交货状态应由制造商选择。PSL2 钢管的交货状态应符合订货合同中钢名所规定的状态。

制造工艺：对所供应的钢管提出了可接收的制造工艺和产品规范水平，同时对 PSL2 钢管提出了可接收的制造工序。

原料：明确 PSL2 钢管原料应为细晶粒镇静钢。对钢级不低于 L485/X70 抗延性断裂扩展的 PSL2 钢管，若协议，购方可规定原料的带状组织、晶粒度和夹杂物要求。同时规定用于制造 PSL2 钢管的钢带（卷）或钢板不应带有任何补焊焊缝。

追溯性：对于 PSL1 钢管，制造商应建立并遵守文件化程序来保持：a）熔炼炉标识；b）试验批标识，直到所有相关化学分析试验/力学试验完成，且试验结果符合规定的要求。

对于 PSL2 钢管，制造商应建立并遵守文件化程序，以保持所有这类钢管的熔炼炉标识和试验批标识。这些程序应提供从任意一根钢管追溯到其试验批及相关化学成分分析、力学性能试验结果的方法。

化学成分：对 $t\leqslant$25mm PSL1 钢管和 $t\leqslant$25mm PSL2 钢管，其标准钢级的化学成分分别予以规定。另外明确了 PSL2 钢管产品分析的碳含量≤0.12%时，碳当量 CEPcm 计算公式。

拉伸性能：对 PSL1 钢管和 PSL2 钢管的拉伸性能分别作了规定，PSL2 钢管的拉伸试验中增加了屈强比要求。

冲击试验：仅对 PSL2 钢管夏比 V 形缺口（CVN）冲击试验作了规定，明确了钢管焊缝和热影响区试验要求。对 PSL2 焊管落锤撕裂（DWT）试验作了规定，明确了 PSL2 钢管管体的 CVN 吸收能要求。

对 PSL2 钢管的焊接性作了要求，提出如果协议，制造商应提供相关钢的焊接性数据，否则应进行焊接性试验，合同应规定进行焊接性试验的细节和验收极限。PSL1 和 PSL2 钢管的特定检验的频次要求不同。

2. 压缩天然气钢管

目前国内压缩天然气加气站与供应站的工作压力通常不大于 25MPa（表压），压缩天然气管道应采用高压无缝钢管，视所采用的规范其材质不同。

压缩天然气高压无缝钢管其技术性能应符合现行国家标准《高压锅炉用无缝钢管》GB/T 5310、《流体输送用不锈钢无缝钢管》GB/T 14976、《化肥设备用高压无缝钢管》GB 6479 和《锅炉、热交换器用不锈钢无缝钢管》GB 13296 的技术规定。

压缩天然气高压无缝钢管依据上述规范所涉及的材质：

《高压锅炉用无缝钢管》GB/T 5310 对应材料牌号有 20G、20MnG、25MnG、15MoG、20MoG、12CrMoG、15CrMoG、12Cr2MoG、12Cr1MoVG、12Cr2MoW VTiB、07Cr2MoW2 VNbB、12Cr3MoSiTiB、15Ni1MnMoNbCu、10Cr9Mo1VNbN、10Cr9MoW2VNbBN、10Cr11MoW2VNbCu1BN、11Cr9Mo1W1VNbBN、07Cr19Ni10、10Cr18Ni9NbCu3BN、07Cr25Ni21、07Cr25Ni21NbN、07Cr19Ni11Ti、07Cr18Ni11Nb、

08Cr18Ni11NbFG，《流体输送用不锈钢无缝钢管》GB/T 14976 对应材料牌号有 12Cr18Ni9、06Cr19Ni10、022Cr19Ni10、06Cr19Ni10N、06Cr19Ni9NbN、022Cr19Ni10N、06Cr23Ni13、06Cr25Ni20、06Cr17Ni12Mo2、022Cr17Ni12Mo2、07Cr17Ni12Mo2、06Cr17Ni12Mo2Ti、06Cr17Ni12Mo2N、022Cr17Ni12Mo2N、06Cr18Ni12Mo2Cu2、022Cr18Ni14Mo2Cu2、06Cr19Ni13Mo3 等；

《化肥设备用高压无缝钢管》GB 6479 对应的铬钼材料牌号有 12CrMo、15CrMo、12Cr2Mo、12Cr5Mo、10MoWVNb、12SiMoVNb。

《锅炉、热交换器用不锈钢无缝钢管》GB 13296 对应的不锈钢材料牌号有 12Cr18Ni9、06Cr19Ni10、022Cr19Ni10、07Cr19Ni10、06Cr19Ni10N、022Cr19Ni10N、16Cr23Ni13、06Cr23Ni13、20Cr25Ni20、06Cr25Ni20、06Cr17Ni12Mo2、022Cr17Ni12Mo2、07Cr17Ni12Mo2、06Cr17Ni12Mo2Ti、06Cr17Ni12Mo2N 等；

3. 液化天然气钢管

目前国内分布式液化天然气气化站作为城镇燃气的补充气源尤其是中小城镇，已开始投入使用。液化天然气从接收、储存到气化前与气化相变后的温度为低温－162℃，储存及工作压力为≤0.7MPa。因而工艺设备及管道材质的选择均应参照低温工况、加工性能和焊接等条件进行选用。不锈钢管道及组成件应选用双认证奥氏体不锈钢材料，涉及 L-CNG 工艺的气化前不锈钢管道连接件尚应满足低温高强度要求。

液化天然气无缝钢管其技术性能应符合《液化天然气低温管道设计规范》GB/T 51257、《低温管道用无缝钢管》GB/T 18984、《输送流体用不锈钢无缝钢管》GB/T 14976、(ASME B36.19)、(ASME B36.10)、《锅炉、热交换器用不锈钢无缝钢管》GB 13296、《奥氏体不锈钢焊接钢管选用规定》HG/T 20537.1 的相关技术规定；并应优先选用双证不锈钢材料。

液化天然气无缝钢管依据上述规范所涉及的材质有：相应材料牌号为 0Cr18Ni9 (ASTM 对应材料牌号为 TP304)、00Cr19Ni10 (TP304L)、0Cr17Ni12Mo2 (TP316)、00Cr17Ni14Mo2 (TP316L)、0Cr18Ni10Ti (TP321)、ASME0Cr18Ni11Nb (TP347)、0Cr25Ni20 (TP310)、Gr304/304L CL.1 等。

常用 ASME 标准 LNG 不锈钢管道材料见表 9-2-3。

常用 ASME 标准 LNG 不锈钢管道材料 **表 9-2-3**

<table>
<tr><th>管径(mm)</th><th>材　质</th><th>壁厚等级</th><th>管端形式</th><th>钢管类型</th><th>采用标准</th></tr>
<tr><td>12</td><td rowspan="9">ASTM　A312
双认证
TP304/304L</td><td rowspan="3">SCH40S</td><td rowspan="9">坡 口</td><td rowspan="7">无缝管</td><td rowspan="9">ASM
B36.19</td></tr>
<tr><td>20</td></tr>
<tr><td>25</td></tr>
<tr><td>25</td><td>SCH80S</td></tr>
<tr><td>40</td><td rowspan="2">SCH40S</td></tr>
<tr><td>50</td></tr>
<tr><td>50</td><td>SCH80S</td></tr>
<tr><td>75</td><td rowspan="2">SCH10S</td><td rowspan="2">焊管
(SAW)</td></tr>
<tr><td>100</td></tr>
</table>

续表

管径(mm)	材 质	壁厚等级	管端形式	钢管类型	采用标准
150	ASTM A312 双认证 TP304/304L	SCH10S	坡 口	焊管(SAW)	ASME B36.19
150		SCH80S		无缝管	
200		SCH10S		焊管(SAW)	
200		SCH80S		对焊(SAW)	
250		SCH10S		焊管(SAW)	
250		15.88		对焊(SAW)	
300		SCH10S		焊管(SAW)	
350					
350		19.05		对焊(SAW)	
400		SCH10S		焊管(SAW)	
450					
450		22.23		对焊(SAW)	
600		SCH10S		焊管(SAW)	
650	ASTM A358 双认证 Gr304/304L CL.1	7.92			ASME B36.19/ASME B36.10
700					
750					
900		9.52			
1000					

9.3 球墨铸铁管

球墨铸铁管采用离心铸造，接口为机械、自锚式柔性接口，目前已应用于中压A的输配系统。与钢管相比的主要优点是耐腐蚀，管材的电阻是钢的5倍，加之机械自锚式接口中的橡胶密封圈的绝缘作用，大大降低了埋地电化学腐蚀。除延伸率外与钢管接近，铸铁管机械性能见表9-3-1。此外柔性界面使管道具有一定的挠性与伸缩性。

铸铁管机械性能 **表9-3-1**

管材	延伸率(%)	压扁率(%)	抗冲击强度(MPa)	强度极限(MPa)	屈服极限(MPa)
球墨铸铁管	10	30	30	420	300
钢管	18	30	40	420	300

球墨铸铁管的密封性取决于自锚接口和机械柔性接口的质量，而自锚接口和机械柔性接口的质量与使用寿命取决于橡胶密封圈的质量与使用寿命，一般采用丁腈橡胶制作。

球墨铸铁管的接口主要有N1型与S型，其结构见图9-3-1与图9-3-2。S型较N1型在内侧多设置一个隔离胶圈，以防止密封胶圈受燃气侵蚀，且钢制支撑圈设在凹槽内可防止管道纵向抽出。

球墨铸铁管自锚柔性接口和机械柔性接口应符合《球墨铸铁管线用自锚接口系统 设计规定和型式试验》GB/T 36173、《水及燃气用球墨铸铁管、管件和附件》GB/T 13295的相关要求。

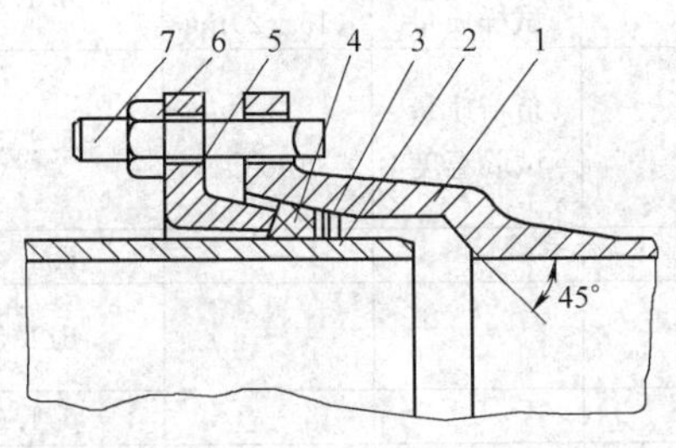

图 9-3-1 N1 型柔性机械接口

1—承口；2—插口；3—塑料支撑圈；4—密封胶圈；5—法兰；6—螺母；7—螺栓

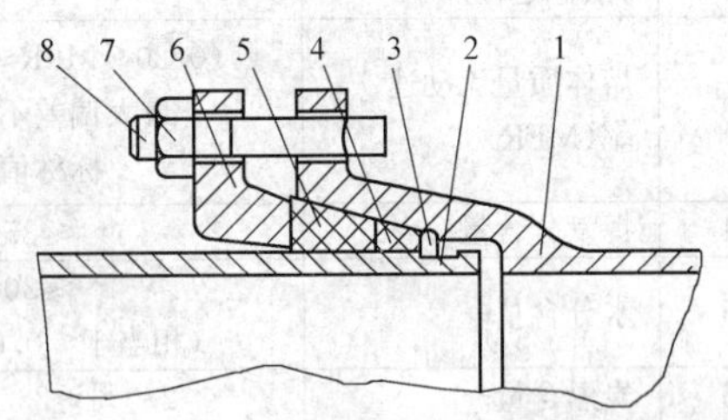

图 9-3-2 S 型柔性机械接口

1—承口；2—插口；3—钢制支撑圈；4—隔离胶圈；5—密封胶圈；6—压兰；7—螺母；8—螺栓

球墨铸铁管适用标准为：《水及燃气用球墨铸铁管、管件及附件》GB/T 13295。

9.4 塑料管材

塑料管材主要指以石油为原料制得的一类高分子材料，作为主要材料经挤出成型所制造的管道，塑料材料按其受热呈现的基本行为划分为热固性塑料和热塑性塑料两大类。绝大多数的塑料管道都是热塑性塑料管道。

本节所述塑料管材均指以聚乙烯（PE）树脂为主要原料，采用挤出成型制得的单一材质的聚烯烃实壁管，用于燃气压力管道的塑料管材简称燃气用塑料管或燃气用 PE 管。

聚烯烃材料，其粘弹性性能表现随温度呈玻璃态、高弹态、粘流态变化，在其通常使用温度范围内，是一种弹性材料；其力学性能受到力、形变、温度和时间四个因素的影响。明确强调，工程设计中选用的材料力学性能为“管材形式的原料性能”；聚乙烯压力管道的力学破坏行为具有很强的时间相关性，其承载能力取决于长期静液压强度。聚乙烯管是粘弹材料，具有蠕变和松弛特性，水压试验时管材蠕变导致压力随时间连续降低；试验压降具有不同含义。

9.4.1 聚乙烯（PE）管的分类及规格

通常根据聚乙烯树脂的密度将聚乙烯管分为低密度及线型低密度聚乙烯管（密度为 0.900～0.930g/cm^3），中密度聚乙烯管（密度为 0.930～0.940g/cm^3）和高密度聚乙烯管（密度为 0.940～0.965g/cm^3）。

目前 ISO 标准组织，根据聚乙烯管材料的长期静液压强度的置信下限 σ_{LCL}（20℃，50 年，97.5%），对管材及原料进行分类与命名。通常有 PE32、PE40、PE63、PE80 和 PE100 五个等级，其中 PE32、PE40、PE63 等级的低密度或线型低密度聚乙烯管常用于灌溉；输送燃气使用 PE80 和 PE100 等级的中或高密度聚乙烯管。

用以表征聚乙烯（PE）混配料性能的参量，通常以颗粒形式测定或管材形式测定，设计选用的材料力学性能均为“管材形式的原料性能”；混配料应符合表 9-4-1、表 9-4-2 的要求。

聚乙烯（PE）混配料的性能——以颗粒形式测定　　表 9-4-1

序号	项　目	要　求[a]	试验参数		试验方法
1	密度	≥930kg/m^3	试验温度	23℃	6.1.1
2	氧化诱导时间 (热稳定性)	>20min	试验温度 试样质量	200℃ (15±2)mg	6.1.2
3	熔体质量流动速率(MFR)	(0.20≤MFR≤1.40)g/10min[b,f] 最大偏差不应超过混配料标称值的±20%	负荷质量 试验温度	5kg 190℃	6.1.3
4	挥发分含量	≤350mg/kg	—	—	6.1.4
5	水分含量[c]	≤300mg/kg (相当于≤0.03%，质量分数)	—	—	6.1.5
6	炭黑含量[d]	2.0%～2.5%(质量分数)	—	—	6.1.6
7	炭黑分散 颜料分散[e]	≤3级 外观级别：A 1，A 2，A 3或B	—	—	6.1.7

注：黑色混配料的炭黑的平均（初始）粒径范围为10～25min。

a. 混配料制造商应证明符合这些要求。

b. 标称值，由混配料制造商提供。

c. 本要求应用于混配料制造商在制造阶段及使用者在加工阶段对混配料的要求（如果水分含量超过要求限值，使用前需要预先烘干），为应用目的，仅当测量的挥发分含量不符合要求时才测量水分含量，仲裁时，应以水分含量的测量结果作为判定依据。

d. 仅适用于黑色混配料。

e. 炭黑分散仅适用于黑色混配料料，颜料分散仅适用于非黑色混配料。

f. 当出现0.15g/10min≤MFR<0.20g/10min的材料时，应注意聚乙烯（PE）混配料的熔接兼容性（4.6），基于标称值的最大下偏差，最低的MFR值不应低于0.15g/10min。

g. 试验方法6.1.1～6.1.7详见GB 15558.1第6章试验方法。

聚乙烯（PE）混配料的性能——以管材形式测定　　表 9-4-2

序号	项　目	要　求[a]	试验参数		试验方法
1	耐气体组分	无破坏、无渗漏	试验温度 环应力 试验时间	80℃ 2.0MPa ≥20h	6.1.8
2	耐候性[b]	气候老化后应符合以下要求：	累计太阳能辐射	≥3.5GJ/m^2	6.1.9
	(1)电熔接头的剥离强度 (d_n 110mm，SDR11)	(1)试样按GB/T 19807制备，连接条件1：23℃；脆性破坏的百分比≤33.3%			
	(2)断裂伸长率	(2)应符合GB 15558.1表8的要求			
	(3)(80℃、1000h) 静液压强度	(3)应符合GB 15558.1表8的要求			
3	耐快速裂纹扩展(RCP) (e≥15mm)	$p_{C,FS}$≥MOP/2.4-0.072[c] (MPa)	试验温度	0℃	6.1.10
4	耐慢速裂纹增长 (d_n110mm.SDR11)	无破坏，无渗漏	试验温度 内部试验压力： PE 80 PE 100 试验时间 试验类型	80℃ 0.80MPa 0.92MPa ≥500h 水—水	6.1.11

a. 混配料制造商应证明符合这些要求。

b. 仅适用于非黑色混配料。

c. 按GB/T 19280试验时，若S4试验不能达到要求，应按照全尺寸试验重新进行测试，以全尺寸试验的结果作为最终判定依据。在此情况下，p_{CFS}≥1.5×MOP。

d. 试验方法6.1.8～6.1.11详见GB 15558.1第6章试验方法

9.4.2 聚乙烯（PE）管的应用范围与适用条件

2019年3月1日实施的新版《聚乙烯燃气管道工程技术标准》CJJ 63，修订了最大工作压力，由0.7MPa提高到0.8MPa；明确适用于工作温度在－20～40℃，工作压力不大于0.8MPa，公称外径不大于630mm的埋地聚乙烯燃气管道。聚乙烯管道按公称外径与壁厚之比、即标准尺寸比SDR分为两个系列：SDR11与SDR17，聚乙烯燃气管道的设计压力不应大于管道最大允许工作压力，管道最大允许工作压力可按下式计算：

$$p_{max}=MOP/D_F$$

$$MOP=(2\times MRS)/(C\times(SDR-1))$$

$$MOP\leqslant p_{RCP}/1.5$$

式中 p_{max}——最大允许工作压力，MPa；

MOP——最大工作压力，以20℃为参考工作温度；

MRS——最小要求强度，MPa，PE 80取8.0MPa；PE 100取10.0MPa；

C——设计系数，聚乙烯管道输送不同种类燃气的C值可按表9-4-3选取；

SDR——标准尺寸比；

p_{RCP}——耐快速裂纹扩展的临界压力，MPa，由混配料供应商或管材生产厂商提供。

D_F——工作温度下的压力折减系数，应符合表9-4-4的规定。

设计系数 *C* 值取值表 表9-4-3

燃气种类		设计系数 *C* 值取值
天然气		≥2.5
液化石油气	混空气	≥4.0
	气态	≥6.0
人工煤气	干气	≥4.0
	其他	≥6.0

工作温度下的压力折减系数 表9-4-4

工作温度 t	－20℃	20℃	30℃	40℃
温度对压力折减系数 D_F	1.0	1.0	1.1	1.3

9.4.3 聚乙烯管技术经济指标

根据原建设部颁布于2007年12月1日正式实施的《市政工程投资估算指标》（燃气分册）HGZ47-107-2007的指标定额，就中压管道 *DN*300～*DN*150 的钢管与聚乙烯（PE）管相应级别管道的每公里建安工程总费用比较如表9-4-5。

每公里中压钢管/PE管工程建安费用（10^4元/km） 表9-4-5

管道＼管径	*DN*300	*DN*250	*DN*200	*DN*150
PE管	106.4500	77.0200	54.6500	39.6100
钢管	73.5800	59.2500	53.3400	41.2020

注：1. 钢管材质为普通碳素钢，壁厚为规范要求的最小壁厚。

2. 管道埋深均为1.2m，PE管为端面对熔焊接。

由表 9-4-5 可见，中压级别管径为 $DN200$ 时钢管与 PE 管工程建安费用几乎相等，管径在 $DN150$ 以下时，PE 管道具有价格优势，管径在 $DN200$ 以上时钢管具有价格优势。若考虑到使用年限的不同，PE 管相对于钢管会有显著的年费用小的优势。

9.5 阀　门

在城镇燃气的制气、净化、储存、输配和应用过程中，凡是需要切断、调节、变向、止回、分流、泄压、稳压以及旁通之处，必须安装具有相应功能的阀门或阀门组。阀门的应用很广泛，根据石化行业的权威统计，管材、管件和阀门在工程项目总投资中的比重各占 8%左右。

燃气是甲类火灾危险性特征的易燃易爆物质，见《建筑设计防火规范》GB 50016（2018 版），要求选用的阀门在管线上不允许出现“跑、冒、滴、漏”现象，保证在运行周转中安全可靠并满足工艺操作标准（规程）。因此，从技术上要求阀门其阀体的机械强度高，转动部件灵活，密封部件严密耐用，对输送介质的抗腐蚀性强，同时零部件的通用性好。燃气阀门必须进行定期检查和维修，以便掌握其腐蚀、堵塞、润滑、气密性以及零部件的损坏程度，及时排除故障。阀门的设置达到足以维持正常安全运行即可，不应盲目重复设置。

9.5.1 阀门的选用

阀门的工艺参数、结构和材质决定了其价格的高低，选用阀门时不仅应谨慎考虑其安全因素，还应从设计上考虑在其整个寿命期内按工艺运行参数操作方便，和管材、管件匹配合理，以减少漏气点和额外投资。

城镇燃气管网的压力一般较高，在燃气微量杂质中仍含沙质粉尘、不饱和水分、硫化物、焦油、苯和萘等，介质对阀门内腔加工面和密封件形成较强的冲击力。因此，要求埋地管道上的阀门零部件在承受各种外力作用时不发生变形和动作失灵，同时应选择密封面与介质不接触的密封方式，或采取内外多重封密方式，以防内漏而不许外漏。城镇埋地管网选用阀门要点如下。

1. 通用阀门选型要求

（1）尽可能降低阀门的高度（即阀门流通断面中心线到阀顶的高度），减少管道埋深。

（2）阀门顶部应装有全封闭的启闭指示器，便于操作者确定阀门的状态，保证安全操作。

（3）阀门采用全通径设计降低阻力，便于通过管道清扫器或管道探测器。

（4）可靠的密封性。软密封阀门在 1.1 倍额定压力下不允许有任何内泄漏；硬密封冷门在 1.1 倍额定压力下，内泄漏量要小于规定值；外泄漏是绝对不允许的。

（5）地下管网燃气阀门的壳体要耐腐蚀，建议其壳体根据管道燃气的成分和压力采用不同的材质。

（6）阀门的零部件设计采用少维护或免维护结构，尽可能减少维护的工作量。

（7）地下管网的阀门大多为人工启闭，要求阀门启闭的扭矩小，全程转圈数少，事故发生后能够尽快切断气源。

(8) 我国城市地下管网错综复杂，不宜设置地下阀门井，因此推荐直埋式阀门。

2. 阀门壳体材质的选用

根据输气管网的压力，选用合适的阀门壳体材质。既要满足管道安全运行，又要降低成本，选用时要注意以下几点：

(1) 对中压B级及以下的输气管网，建议采用铸铁阀门，其最大优点是防腐蚀性能好，价格便宜，适用于地下管网。

(2) 对次高压B级及以下的管网，建议选用球墨铸铁或铸钢阀门，推荐选用前者。球墨铸铁的机械性能与铸钢相近，而其防腐蚀性能和铸造工艺都优于铸钢，价格也低于铸钢（一般是铸钢价格的70%左右）。因此，上述压力范围内应尽可能选用球墨铸铁阀门，但要注意对球墨铸铁材质的质量监控。

(3) 对次高压A级及以上的输气管网，建议选用铸钢阀门。

(4) 由于各地天然气公司对0.4MPa压力级别及以下的聚乙烯输气管网PE管的广泛应用，相应压力级别的直埋PE球阀，由于其耐腐蚀、密封性能好等特点，某些管径范围内配套压力级别的PE球阀也得到了一定程度的推广使用。

随着聚乙烯燃气管道，最大工作压力由0.7MPa提高到0.8MPa，与之配套的直埋PE球阀的工程表观性能，有待应用的实践检验与反馈。工程实践中聚乙烯输气管网通常采用工厂内成套的钢制直埋阀门配以聚乙烯管节与聚乙烯管道的连接方式。

(5) 压缩天然气（CNG）、液化天然气（LNG）和液化石油气（LPG）管路系统宜选用专用阀门和管件。

我国工业及市政管线用阀门、法兰及其管件系列是参照苏联国家标准（ГОСТ）制订成JB标准体系的，目前尚未淘汰。随着科技的发展，燃气行业也引进了不少欧美技术设备，因此有必要考虑按美国ANSI、ASME、API标准，德国DIN标准，英国BS标准以及日本JIS标准设计、制造的阀门在国内生产及推广应用，促进国标GB阀门标准体系日臻完善。根据从国际市场引进按欧美标准体系制造的阀门实用情况分析来看，同类型的欧美阀门比JB阀门结构长度短、重量轻、占空间小、寿命长、操作填料密封结构较优且不易发生内、外漏。从订货角度而言，欧美阀门变动订货项目内容较灵活，质量认证和检验较严格而细致。

国产钢管标准有两套外径系列管道规格，即“小外径系列”和“大外径系列”。从阀门与管材、管件的匹配看，JB标准系列接近欧洲法兰体系而不能与美国法兰体系（ANSI）的法兰尺寸彼此互换。为了指导用户正确选用阀门及合理匹配管材、管件，列出阀门的公称直径系列及钢管匹配表（表9-5-1）和阀门常用标准体系选择匹配表（表9-5-2），以避免在设计和施工中由于混淆上述标准体系的差异而产生差错。

选用国内外通用阀门的步骤可归纳如下：

(1) 确定管线内介质的工艺操作参数、介质的性质及其质量；

(2) 明确阀门设置的用途、工作环境条件及位置；

(3) 按工艺要求的功能选择阀门的类型和操作方式；

(4) 根据工艺管道设计参数所敷设管道，应确认其管材、管件的应用标准体系，一般情况下“小外径系列”管材应与JB或HG法兰管件相匹配，“大外径系列”管材、管件应与API（美国石油学会标准）、ANSI（美国国家标准）、ISO（国际标准）以及GB（国标）法兰管件相匹配，然后确定阀门的公称压力和公称直径；

阀门的公称直径系列及钢管匹配表 表 9-5-1

公称直径	匹配管子外径		公称直径	匹配管子外径	
	大外径系列外径	小外径系列外径		大外径系列外径	小外径系列外径
*DN*15	ϕ22	ϕ18	*DN*125	ϕ140	ϕ133
*DN*20	ϕ27	ϕ25	*DN*150	ϕ168	ϕ159
*DN*25	ϕ34	ϕ32	*DN*200	ϕ219	ϕ219
*DN*32	ϕ42	ϕ38	*DN*250	ϕ273	ϕ273
*DN*40	ϕ48	ϕ45	*DN*300	ϕ324	ϕ325
*DN*50	ϕ60	ϕ57	*DN*350	ϕ356	ϕ377
*DN*65	ϕ76	ϕ73	*DN*400	ϕ406	ϕ426
*DN*80	ϕ89	ϕ89	*DN*450	ϕ457	ϕ480
*DN*100	ϕ114	ϕ108	*DN*500	ϕ508	ϕ530

常用阀门法兰、垫片和紧固件标准体系选择匹配表 表 9-5-2

标准 管件名称	小外径系列		大外径系列		
	JB 标准	HGJ 标准	SH 标准	GB 标准	ANSI 标准
阀门	JB系列	JB系列	API 600 API 602 API 603 API 608 API 609 API 594	GB/T 12232～ GB/T 12247	API 600 API 602 API 603 API 608 API 609 API 594
法兰	JB/T 74～ JB/T 86	HG/T 20592～ HG/T 20635	SH 3406	GB/T 9112～ GB/T 9124	ANSI B16.5
垫片	JB/T 87 JB/T 88 JB/T 89 JB/T 90	HG/T 20592～ HG/T 20635	SH 3401 SH 3402 SH 3403 SH 3407	GB/T 539 GB/T 3985 GB 4622.1 GB 4622.2	ANSI B16.20 ANSI B16.21
紧固件 螺栓、螺母	GB/T 5780～ GB/T 5782 GB/T 41 GB/T 6170	GB/T 75	SH 3404	GB/T 5780～ GB/T 5782 GB/T 41 GB/T 6170	ANSI B16.5

注：1. JB系列阀门是指按JB标准生产的阀门，现在大多数阀门厂家仍按该标准生产阀门。

2. GB/T 12232～GB/T 12247 标准生产阀门并没有真正推广应用，市场上只有标准而无产品，可用相应的API标准阀门代替。

（5）管法兰应根据工艺条件、管径按PN系列（欧洲系列）或CLASS系列（美洲系列）选择配伍，管法兰工作温度下的最高无冲击工作压力和管法兰材质应满足相应标准的规定；螺栓预紧扭矩值应与垫片、紧固件材料和尺寸，法兰压力等级相适配。

（6）按介质的腐蚀性、工作压力、工作温度选择阀体和零部件材料及其密封材料；

（7）确定阀门与管道的连接形式；

（8）查阅阀门的样本资料，按阀门型号确定所选阀门的几何参数，为现场安装提供基础数据，其内容包括：结构长度，连接形式及尺寸，启闭阀门高度，连接紧固件尺寸及数量，阀门外形尺寸及重量等。

9.5.2 阀门的分类、型号及其标志

9.5.2.1 阀门的分类

阀门按通用的分类方法分为：闸阀、截止阀、球阀、蝶阀、止回阀、旋塞阀和安全阀等。国产阀门一般用汉语拼音字母作为分类代号命名上述阀门类型。根据分类型号查阅阀门样本时，用户可以一目了然弄清编列代号所寓意的阀门规格、内部零部件结构、主要功能及操作方式。然而，由于燃气行业的特殊要求。有些阀类，如调压器、超压切断阀和安全放散阀等已列入专用设备系列。

《燃气输送用金属阀门》CJ/T 514，适用范围：最大允许工作压力 $p \leqslant 10$MPa，$DN50 \sim DN1000$，$t=-20 \sim 60$℃的球阀；最大允许工作压 $p \leqslant 1.6$MPa，$DN50 \sim DN1000$，$t=-20 \sim 60$℃的闸阀和最大允许工作压力 $p \leqslant 0.4$MPa，$DN50 \sim DN300$，$t=-20 \sim 60$℃的蝶阀；在城镇燃气的制气、净化、储存和输配过程中作为切断或调节用的阀门。

9.5.2.2 国产通用阀门型号及标志

国产通用阀门的型号编制方法按《阀门型号编制方法》JB/T 308 和《工业阀门 标志》GB/T 12220（修改采用 ISO 5209-1977 标准）执行阀门的型号编制由 7 个单元组成(由左至右)，含义如下：

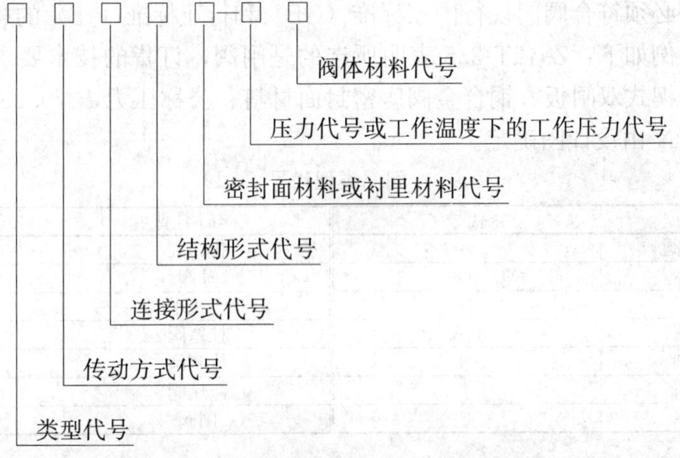

通用阀门必须使用的和可选择使用的标志项目如表 9-5-3、表 9-5-4 所示。

阀门必须使用的标志（GB/T 12220） **表 9-5-3**

项目	标志	项目	标志
1	公称尺寸 DN 或 NPS	7	阀盖材料成型的铸造炉号或锻造批号
2	公称压力 PN 或压力级 class[a]	8	依据的产品标准号
3	制造商的厂名或商标	9	介质允许流向[c]
4	阀体材料牌号[b]	10	手轮或手柄启闭标志
5	阀体材料成型的铸造炉号或锻造批号	11	制造年、月
6	阀盖材料牌号		

[a] 电站阀门可标记最高使用温度和对应的最大允许工作压力，如 $P_{54}100$。

[b] 铜合金、铝合金材料的阀体、阀盖上可不标注材料牌号，材料牌号在铭牌上予以标记。

[c] 单向阀门必须标记介质流向允许箭头。

阀门的其他标志（GB/T 12220） 表 9-5-4

项目	标志	项目	标志
1	阀门的型号、规格	10	流动特性
2	阀门最高使用温度(℃)和对应的最大允许工作压力(MPa)；或最低使用温度(℃)；或工作温度范围	11	流量系数
		12	工位号
		13	最大允许工作压差
3	最大允许工作压力(MPa)	14	减压阀的进口端、出口端的工作压力范围
4	生产厂产品编号或批号	15	螺纹代号
5	密封副配对材料牌号	16	整定压力
6	主要内件材料牌号(阀芯、阀杆)	17	流道面积或流道直径
7	法兰连接环号	18	额定排量或额定排量系数
8	衬里材料牌号	19	开启高度
9	适用介质		

注：1. 项目7适用于环形密封法兰阀门。
2. 项目8适用于衬里阀门。
3. 项目10～11适用于控制（调节）阀。
4. 项目13适用于有工作压差限制的阀门。
5. 项目14适用于减压阀。
6. 项目16～19适用于安全阀。

通常，用户应遵照产品样本要求填写阀门型号和项目标志的内容去订货，以满足设计意图。阀门型号和代号所含的技术内容见表9-5-5至表9-5-16。上述技术内容的各项技术措施和技术条件必须符合阀门现行国家标准（GB）和行业标准（JB）的相关规定。

阀门选型示例如下：Z942T-2.5表明所选的是闸阀，订货的技术要求为：电机传动；法兰连接、明杆楔式双闸板、铜合金阀座密封面材料、公称压力 *PN*0.25MPa，灰铸铁阀体材料。规格 *DN* 由设计图确定。

阀门类型代号 表 9-5-5

阀门类型	代号	阀门类型	代号
弹簧载荷安全阀	A	排污阀	P
蝶阀	D	球阀	Q
隔膜阀	G	蒸汽疏水阀	S
杠杆式安全阀	GA	柱塞阀	U
止回阀和底阀	H	旋塞阀	X
截止阀	J	减压阀	Y
节流阀	L	闸阀	Z

阀门驱动方式代号 表 9-5-6

驱动方式	代号	驱动方式	代号
电磁动	0	锥齿轮	5
电磁-液动	1	气动	6
电-液动	2	液动	7
蜗轮	3	气-液动	8
正齿轮	4	电动	9

注：代号1、代号2及代号8是用在阀门启闭时，需有两种动力源同时对阀门进行操作。

阀门连接端连接形式代号 表 9-5-7

类型	代号	类型	代号
内螺纹	1	对夹	7
外螺纹	2	卡箍	8
法兰式	4	卡套	9
焊接式	6		

闸阀结构形式代号 **表 9-5-8**

结构形式				代　号
阀杆升降式(明杆)	楔式闸板	弹性闸板		0
		刚性闸板	单闸板	1
			双闸板	2
	平行式闸板		单闸板	3
			双闸板	4
阀杆非升降式(暗杆)	楔式闸板		单闸板	5
			双闸板	6
	平行式闸板		单闸板	7
			双闸板	8

截止阀、节流阀和柱塞阀结构形式代号 **表 9-5-9**

结构形式		代号	结构形式		代号
阀瓣非平衡式	直通流道	1	阀瓣平衡式	—	6
	Z形流道	2		—	7
	三通流道	3		—	—
	角式流道	4		—	—
	直流流道	5		—	—

球阀结构形式代号 **表 9-5-10**

结构形式		代号	结构形式		代号
浮动球	直通流道	1	固定球	直通流道	7
	Y形三通流道	2		四通流道	6
	L形三通流道	4		T形三通流道	8
	T形三通流道	5		L形三通流道	9
	—	—		半球直通	0

蝶阀结构形式代号 **表 9-5-11**

结构形式		代号	结构形式		代号
密封型	单偏心	0	非密封型	单偏心	5
	中心垂直板	1		中心垂直板	6
	双偏心	2		双偏心	7
	三偏心	3		三偏心	8
	连杆机构	4		连杆机构	9

旋塞阀结构形式代号 **表 9-5-12**

结构形式		代号	结构形式		代号
填料密封	直通流道	3	油密封	直通流道	7
	T形三通流道	4		T形三通流道	8
	四通流道	5		—	—

止回阀结构形式代号　　表 9-5-13

结构形式		代号	结构形式		代号
升降式阀瓣	直通流道	1	旋启式阀瓣	单瓣结构	4
	立式结构	2		多瓣结构	5
	角式流道	3		双瓣结构	6
—	—	—	碟形止回式		7

安全阀结构形式代号　　表 9-5-14

结构形式		代号	结构形式		代号
弹簧载荷弹簧封闭结构	带散热片全启式	0	弹簧载荷弹簧不封闭带且扳手结构		3
	微启式	1		微启式	7
	全启式	2		全启式	8
	带扳手全启式	4		—	—
杠杆式	单杠杆	2	带控制机构全启式		6
	双杠杆	4	脉冲式		9

密封面或衬里材料代号　　表 9-5-15

密封面或衬里材料	代号	密封面或衬里材料	代号
锡基轴承合金(巴氏和金)	B	尼龙塑料	N
搪瓷	C	渗硼钢	P
渗氮钢	D	衬铅	Q
氟塑料	F	奥氏体不锈钢	R
陶瓷	G	塑料	S
Cr13 系不锈钢	H	铜合金	T
衬胶	J	橡胶	X
蒙乃尔合金	M	硬质合金	Y

阀体材料代号　　表 9-5-16

阀体材料	代号	阀体材料	代号
碳 钢	C	铬镍钼系不锈钢	R
Cr13 系不锈钢	H	塑料	S
铬钼系钢	I	铜及铜合金	T
可锻铸铁	K	钛及钛合金	Ti
铝合金	L	铬钼钒钢	V
铬镍系不锈钢	P	灰铸铁	Z
球墨铸铁	Q	—	—

注：CF3、CF8、CF3M、CF8M 等材料牌号可直接标注在阀体上。

值得注意的是，绝大多数国产阀门均采用统一规定的型号作为订货号，但国内外合资厂或代理商编制的产品型号有所不同，其差异简略说明如下：

(1) 在阀门类型代号前要标注阀门规格：磅级制阀门以英寸为单位，公制阀门以毫米为单位。

(2) 阀门结构形式，凡采用螺栓连接阀盖、外螺纹支架式可省略代号，而压力自紧密封阀盖式由以“p”表示。

(3) 连接方式代号隐含所采用的设计标准，例如 ANSI 标准：RF 以 A 表示，RJ 以 R 表示，BW 以 W 表示；MSS 标准：RF 以 M 表示；JIS 标准：RF 以 K 表示；GB 标准：RF 以 G 表示。

(4) 密封面形式还包含阀杆材料、填料、垫片等。

总之，订货时，必须预先细致阅读产品样本内容及其质量认证检验结论。对于新增主体材料和内件材料的国标阀门应按国内规定的常用阀门材质牌号及其标准使用，对于国外阀门材料的使用可通过‘国内外阀门用材料对照’相关资料进行比对。

9.5.2.3 阀门图例

通常，在工程设计图纸中，为了施工方便尽可能使用统一的图例以表示：阀门的位置、类型、连接方式及其标准以及介质流向等，为此推荐阀门安装图例见表 9-5-17。

阀门图例 表 9-5-17

阀类	图例	备注	阀类	图例	备注
闸阀	法兰连接 螺纹连接	注明型号	电动阀		注明型号
截止阀	法兰连接 螺纹连接	注明型号 介质流向	直通调节阀	法兰连接 螺纹连接	注明型号 手轮者注出
止回阀	法兰连接 螺纹连接	注明型号 箭头表示 介质流向	三通调节阀	法兰连接 螺纹连接	注明型号
旋塞阀		注明型号	密封式 弹簧安全阀	法兰连接 螺纹连接	注明型号
蝶阀		注明型号	开放式 弹簧安全阀	法兰连接 螺纹连接	注明型号
球阀		注明型号	密封式 重锤安全阀	法兰连接 螺纹连接	注明型号
角式截止阀	法兰连接、螺纹连接	注明型号	开放式 重锤安全阀	法兰连接 螺纹连接	注明型号
液动阀 （气动阀）	法兰连接	注明型号			

9.5.3　阀门的性能

阀门本质上是一个节流机构，当介质通过节流机构时产生压力损失，其大小取决于部件摩擦阻力和局部阻力以及不断变化的流向。如果介质通过阀门的总阻力小、压降不大时，阀门前后介质密度（或体积膨胀因素）的变化可忽略不计（$\frac{\Delta p}{p_1} \leqslant 0.08$），则在计算时可视为不可压缩流体。在湍流的情况下，开启着的结构相同的阀门，其阻力系数值是定值，其压降也只与节流机构的水力阻力有关。计算通过节流机构的流量可用公式（9-5-1）或公式（9-5-2）表示：

$$q=509\frac{A}{\sqrt{\xi}}\sqrt{\frac{\Delta p}{\rho}} \tag{9-5-1}$$

$$q=C\frac{5.04A}{\xi} \tag{9-5-2}$$

式中　q——流量，m^3/h；

A——节流机构连接的断面面积，cm^2；

Δp——节流机构前后压力（p_1，p_2）降，MPa；

ρ——介质密度，kg/m^3；

C——流通能力系数或流量系数；

ξ——节流机构的阻力系数。

式中C值反映的是节流机构的流量特性，其概念为：密度$\rho=1000kg/m^3$、压降$\Delta\rho=0.0981MPa$时，流经节流机构的小时流量（m^3/h）。国外有些阀门流量大小的确定条件为：阀全开启时，水温为15℃，在0.1MPa压力降时的流量（m^3/h）。

至于，在节流机构前后产生的压力降很大时，其计算流量的物理模型一定要考虑介质的可压缩性，相关内容可参阅本手册第6章。作为阀门的关键性能指标，阀门制造商应在产品样本或其质量认证检验书中提供流量系数值。不同类型的阀门其有不同的结构特点及其使用条件，阀门结构的设计及其材料的选择，直接会影响其使用性能。例如，在城镇中压埋地管网上配置常温、耐腐蚀、价格低的通用铸铁启闭用闸阀，一般能保证阀体等构件不变形，密封材料的选择余地很广且寿命长；在次高和高压管网和液化石油气系统上则必须使用铸钢阀门，埋地防腐和自密封连接要求也大大提高。然而，在低温下铸铁和碳素钢会发生冷脆现象，必须选择合金钢作为结构部件材料，见本章9.5.4。

随着聚乙烯（PE）管材在天然气输配系统的广泛应用，按ISO 10933/EN 1555-4标准制造的PE80和PE100等级球阀也大量引进。与SDR11和SDR17.6PE管材、管件系列相匹配的可直埋PE球阀，因其使用寿命可达50年，投资效益很高，聚乙烯阀门应符合现行国家标准《燃气用埋地聚乙烯（PE）管道系统 第3部分：阀门》GB 15558.3的相关规定。

以下按阀门的基本分类简述阀门的主要性能。

9.5.3.1　闸阀

在闸阀中由于气流是沿直线通过阀门的，所以阻力损失小，闸板升降时所引起的振动也很小；但当存在杂质或异物时，关闭受到阻碍，使应该停气的管段不能完全关闭。

闸阀有单闸板与双闸板之分。根据闸板形状不同，又有平行闸板与楔形闸板之分。此外，还有阀杆随闸板升降和不升降的两种，分别称其为明杆闸阀和暗杆闸阀；一般，明杆闸阀可从阀杆升降高度去判断其启闭状态，多用于站房内。

闸阀的主要性能特点如下：

(1) 适用于含砂质粉尘，黏性微量杂质和腐蚀性较强的气体；

(2) 阻力小、调节容易，适用于大口径管线用，一般处于常开和常闭为好；

(3) 可双向流，必须水平安装；

(4) 外形尺寸较大，开闭操作慢，启动杆提升转数多；

(5) 密封面若磨损不易修复，其加工也复杂；

(6) 遇有高温易结焦介质的场合，宜选结构较简单的楔形单闸板阀；

(7) 密封要求高的场合宜选双闸板阀；

(8) 压力、温度较低、密封要求不高的场合宜选平行式闸阀，其闸板、阀座密封面检修相对容易，零部件可靠性好。

9.5.3.2　截止阀

截止阀是依靠阀瓣的升降以达到启闭和节流的目的，其水力阻较大，作为切断管道气流的工具，其可靠性很高，见图 9-5-1～图 9-5-3。

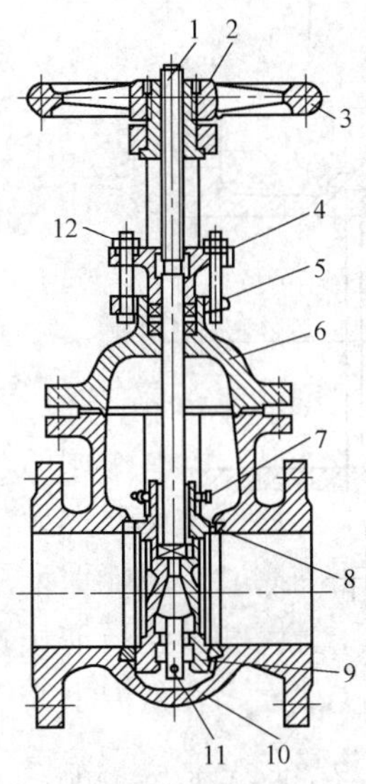

图 9-5-1　明杆平行式双闸板闸阀

1—阀杆；2—轴套；3—手轮；4—填料压盖；5—填料 6—上盖；7—卡环；8—密封圈；9—闸板；10—阀体；11—顶楔；12—螺栓螺母

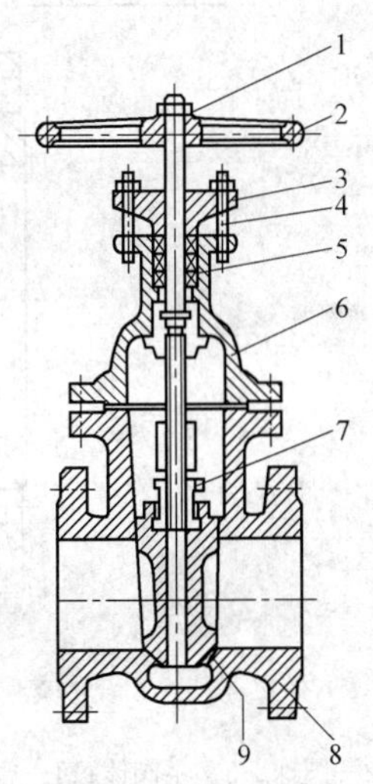

图 9-5-2　暗杆单闸板闸阀

1—阀杆；2—手轮；3—填料压盖；4—螺栓螺母；5—填料；6—上盖；7—轴套；8—阀体；9—闸板

截止阀的主要性能特点如下：

① 启闭扭矩较大，通常适于口径 $DN<200$ 的阀门；

② 结构比闸阀简单，调节性能也较好，阀杆升降高度很小，启闭时间短，与手轮操作转数少，但不易调量；

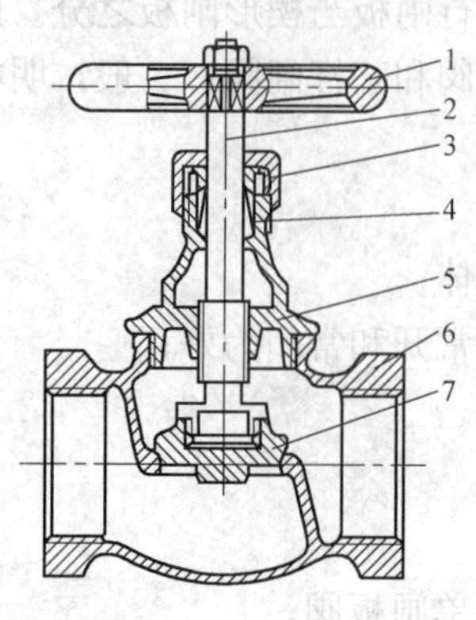

图 9-5-3 截止阀

1—手轮；2—阀杆；3—填料压盖；4—填料；5—上盖；6—阀体；7—阀瓣

③ 密封性一般比闸阀差，密封面也易被机械杂质划伤；

④ 价格虽然较低，但不宜作为放空阀和低真空系统的启闭阀。

9.5.3.3 球阀

与同径管道断面的闸门截止阀相比较，球阀的结构尺寸和体积都小，转动部件灵活且阻力很小，适用于切断、变向和分配气流。球阀按结构形式可分为：浮动球球阀、固定球球阀、带浮动球和弹性活动套筒阀座的球阀、变孔径球阀、升降杆式球阀以及气动V形调节球阀（图 9.5-4）。

球阀的主要性能特点如下：

(1) 球阀通道平整光滑，水力阻力小，启闭迅速，手柄旋转（90°）扭矩小，操作方便；

(2) 结构简单，密封面加工要求较高，但比旋塞阀更易加工，而阀杆填料密封部不易破坏，密封严密性随介质压力而提高；

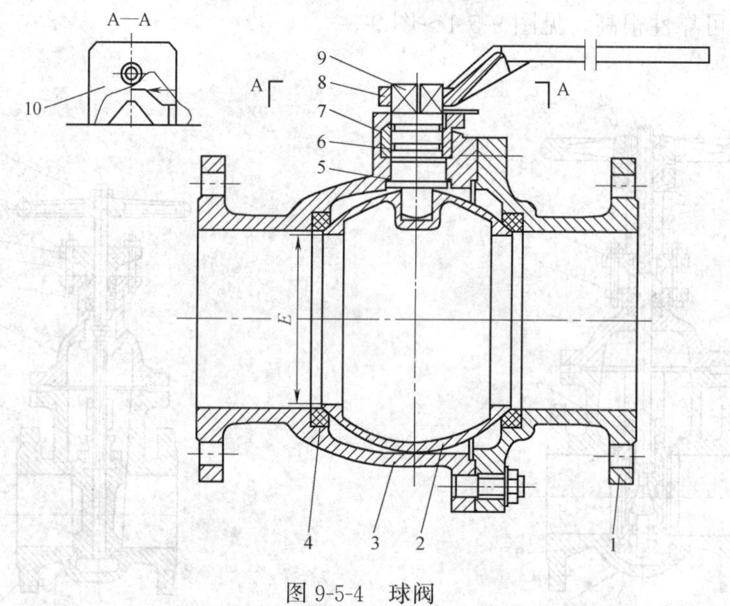

图 9-5-4 球阀

1—副阀体；2—圆球；3—主阀体；4—密封垫；5—垫片；6—O形圈；7—套；8—手柄；9—阀柄；10—填料压板

(3) 除了V形开口球阀外，其他球阀不能作为调节用阀；

(4) 适于高温、高压和低温以及黏性较大的介质；

(5) 为了应对易气化液体，可在结构上设置中腔自动泄压装置和弹簧-柱塞式防静电结构；

(6) PE球阀适用于中、低压埋地天然气PE管线上，与金属球阀相比强度低，耐高温性能差些，但寿命长、投资效益高。

9.5.3.4 旋塞阀

旋塞阀按阀芯结构形状可分为圆柱形和圆锥形。常用的圆锥形旋塞阀又有两种：一是利用阀芯尾部螺母的压紧作用，使阀芯与阀体可紧密接触不致漏气，称其为无填料式旋塞阀；二是利用填料堵塞阀体与阀芯之间的间隙而避免漏气，称其为填料式旋塞阀。前者只适用于低压管道，而后者可用在中压管道上，选用规格不大于 $DN50$。此种阀可设计成多分流通道，即所谓两通、三通和四通旋塞阀（图 9-5-5、图 9-5-6）。

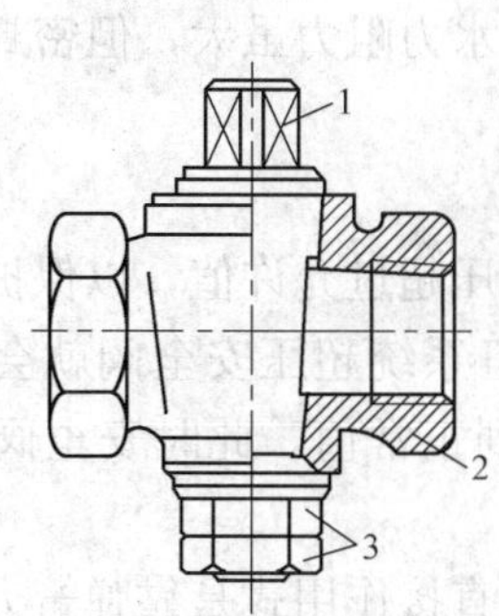

图 9-5-5 无填料旋塞阀

1—阀芯；2—阀体；3—拉紧螺母

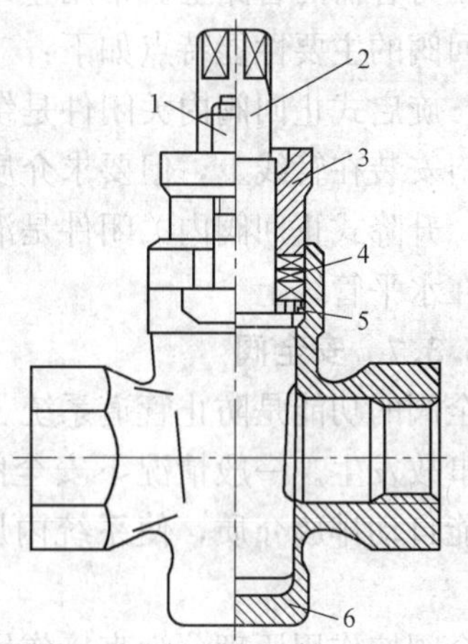

图 9-5-6 填料旋塞阀

1—螺栓螺母；2—阀芯；3—填料压盖；4—填料；5—垫圈；6—阀体

旋塞阀的主要性能特点如下：

(1) 启闭灵活，阀杆只需旋转 90°即可，零件少，阻力小；

(2) 杂质沉积造成的影响比闸门和截止阀小；

(3) 不宜用在高温高压和需要调量的管道上；

(4) 适于户内安装，维修方便。

9.5.3.5 蝶阀

蝶阀的关闭件是个圆盘形阀瓣，他绕阀体内一固定轴旋转达到启闭的目的，也可起节流的作用。按结构形式可分中心密封式、单偏心密封式、双偏心密封式和三偏心密封式；新研发的偏心密封结构比老式中心密封结构要复杂（图 9-5-7）。

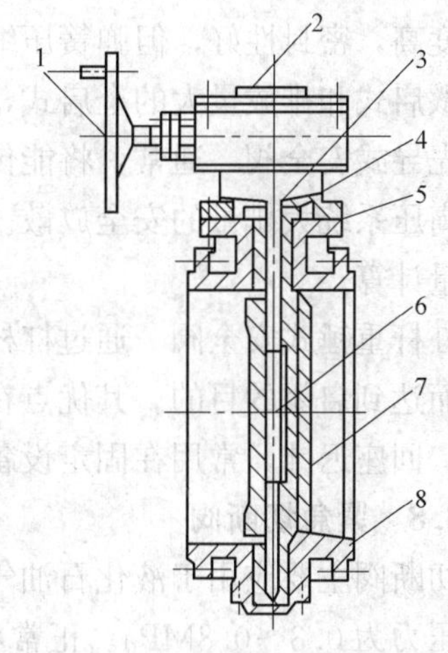

图 9-5-7 蝶阀

1—手轮；2—传动装置；3—阀杆；4—填料压盖；5—填料；6—转动；阀瓣；7—密封面；8—阀体

蝶阀的主要性能特点如下：

(1) 与同规格的闸阀相比，其连接尺寸短、结构简单且重量轻；

(2) 具有良好的流量调节功能和关闭严密性；

(3) 启闭迅速、扭矩小、操作方便；

(4) 大口径偏心密封结构蝶阀的密封性

能优良，耐压力高，寿命长，有取代闸阀、截止阀和球阀的趋势；

(5) 必须水平安装。

9.5.3.6　止回阀

止回阀的功能主要是防止介质倒流，又称单向阀或逆止阀，通常安装在液泵、气体压缩机和压力容器的管路上。常用止回阀的结构形式主要有：旋启式和升降式等。

止回阀的主要性能特点如下：

(1) 旋启式止回阀内关闭件是绕固定轴转动的，水力阻力小，密封性差，可水平，垂直或倾斜安装在管线上，但要求介质由下向上流，一般适于选大口径的场合；

(2) 升降式止回阀内关闭件是沿阀座中心线移动的，水力阻力虽大，但密封性好，必须安装在水平管线上。

9.5.3.7　安全阀

安全阀的功能是防止管道系统、设备和压力容器的内压超过允许值，以保护设备和防范安全事故发生。一般情况下安全阀处于常闭状态，一旦系统超压安全阀就会有开启动作，并能自动排放介质，使系统内压立刻下降而回恢复到正常值，此时安全阀就会自动关闭。

安全阀按作用原理分为直接作用式和先导式。通常，直接作用式是靠弹簧力或重锤的重力去克服作用在阀瓣下方的介质内压；而使先导式是需要由一个机构间接释放关闭的外力安全阀阀瓣启闭。

由于燃气的易燃易爆的特性，选择安全阀时必须考虑介质能否在所设置的场合下排放及排放量多少的问题。如液化石油储罐必须选用封闭式安全阀，要求安全阀开启时排放的介质通过排放管排掉或通过火炬烧掉；又如燃气管网上调压站内防下游管道超压所选用的安全阀（微启式)，允许燃气就地少量排放。

安全阀的主要性能特点如下：

(1) 弹簧式安全阀　按其结构有内、外弹簧形式之分，前者弹簧暴露在介质内部，而后者弹簧与介质隔开，通常弹簧力通过阀瓣反作用于介质内压力；这种安全阀安装位置灵活，灵敏度高，密封性好，但弹簧压缩力会随弹簧变形而有所变化；根据排放场合可选排放量小的微启式和排放量大的全启式，需作安全评估。

(2) 先导式安全阀　通常，将能传导脉冲信号的辅助阀和执行启闭动作的主阀连体合一，适于高压系统大排量的安全放散。值得注意的是，选用全排放型安全阀需按相关规范进行放散量计算。

(3) 杠杆重锤式安全阀　通过杠杆原理将重力放大后加载于阀瓣，经与介质内压进行动态比较而达到启闭的目的。其优点在于重锤加载重力始终是恒定的，但机构笨重，对振动较敏感，回座迟钝，常用在固定设备上。

9.5.3.8　紧急切断阀

紧急切断阀主要应用于液化石油气等的气相和液相管道上的快速闭止。传动方式为气动，气缸压力为0.3～0.8MPa。正常状态时压缩空气作用于气缸底部，阀门常开；出现紧急情况时压缩空气被卸压，使阀门在10s内快速关闭。

紧急切断阀示于图9-5-8，系统连接如图9-5-9。

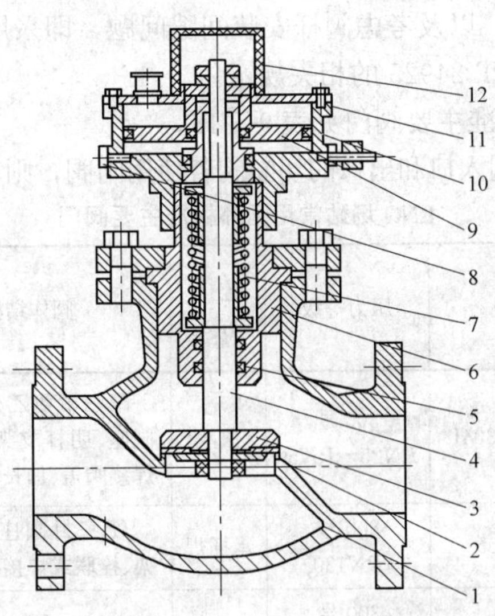

图 9-5-8 紧急切断阀

1—阀体；2—下密封圈；3—阀瓣；4—阀杆；5—O形圈；6—导向套；7—弹簧；8—易熔塞；9—活塞；10—气缸；11—气缸盖；12—防护罩

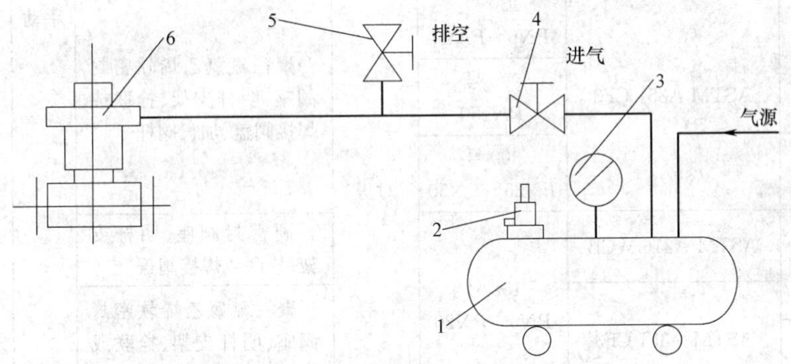

图 9-5-9 紧急切断阀系统连接

1—储气罐；2—安全阀；3—压力表；4—截止阀（球阀）；5—卸压阀（球阀）；6—紧急切断阀

9.5.4 低温阀门

低温阀门由于工作温度低，用于输送易燃、易爆、渗透性强的介质，所以在结构设计、材料选用和制造上都有一些特殊要求。

一般铁和碳素钢在低温时会发生冷脆现象，不宜用作低温阀用材。合金钢的最低使用温度为：

镍钢（2.5%）　　≥−56℃

镍钢（3.5%）　　≥−100℃

18-8 不锈钢　　≥−196℃

低温管道阀门一般采用截止阀、闸阀、止回阀、安全阀，不宜采用旋塞阀、球阀和蝶阀。而且要求使用特殊的密封结构及材料。

为了操作的需要，在加长低温阀门阀杆结构时，应考虑用弹簧加载阀体螺栓，以补偿阀门零部件造成的热收缩，以及考虑阀杆安装间隙问题，即采用防涨出阀杆结构，并符合《低温阀门技术条件》GB/T 24925 的相关规定。

LNG 场站常用国外标准主要阀门见表 9-5-18。

设备和管道上的安全阀入口和出口的切断阀若使用闸阀，则其阀杆必须处于水平位置。

LNG 场站常用国外标准主要阀门 **表 9-5-18**

名称	公称直径 (*DN*)(in) (mm)	材质	压力等级	连接方式	阀体结构	操作方式	采用标准
截止阀	15	ASTM A182 F304L	300 号 *PN*25～*PN*50	法兰	聚三氟氯乙烯软密封阀座、明杆支架、拴联或焊接阀盖、加长阀杆	手动	BS 5352
	20						
	25	ASTM A105	800 号 *PN*130	承插焊	硬密封阀座、明杆支架、拴联或焊接阀盖、		
	25	ASTM A182 F304L	300 号 *PN*25～*PN*50	法兰	聚三氟氯乙烯软密封阀座、明杆支架、拴联或焊接阀盖、加长阀杆		
	25		1500 号 *PN*250				
	50	ASTM A351 CF3	150 号 *PN*6～*PN*20	对焊	聚三氟氯乙烯软密封阀座、明杆支架、拴联或焊接阀盖、加长阀杆		ASME B16.10/ ASME B16.34
	50		900 号 *PN*150				
	75		300 号 *PN*25～*PN*50				
	100	ASTM A216 WCB	150 号 *PN*6～*PN*20		硬密封阀座、明杆支架、拴联或焊接阀盖		
	100	ASTM A351 CF3			聚三氟氯乙烯软密封阀座、明杆支架、拴联或焊接阀盖、加长阀杆		
	200						
	300						
球阀	20	ASTM A182 F304L	300 号 *PN*25～*PN*50	法兰	缩径式、固定阀球、阀腔泄放、2 瓣阀体、杠杆操作、加长阀杆		BS 5351
	20		1500 号 *PN*250		缩径式、固定阀球、阀腔泄放、2 或 3 瓣阀体、杠杆操作、加长阀杆		
	25	ASTM A105	800 号 *PN*130	承插焊	缩径式、固定阀球、阀腔泄放、2 或 3 瓣阀体、杠杆操作、具有平端面管接头		
	25		1500 号 *PN*250				
	25	ASTM A182 F304L	300 号 *PN*25～*PN*50	法兰	缩径式、固定阀球、阀腔泄放、2 瓣阀体、杠杆操作、加长阀杆		
	25		1500 号 *PN*250				
	40	ASTM A105	800 号 *PN*130	SW	缩径式、固定阀球、阀腔泄放、2 或 3 瓣阀体、杠杆操作、具有平端面管接头		

续表

名称	公称直径(DN)(in)(mm)	材质	压力等级	连接方式	阀体结构	操作方式	采用标准
球阀	50	ASTM A216 WCB	150号 $PN6 \sim PN20$	BW	全通经或缩径、浮动球、双阻塞与双泄放、阀球顶装、杠杆操作		ASME B16.10/ ASME B16.34
	50	ASTM A351 CF3			全通经或缩径、带枢销阀球顶装、杠杆操作、加长阀杆		
	50		900号 $PN150$		全通经或缩径、带枢销、双阻塞与双泄放、顶装阀球、杠杆操作、加长阀杆		API6D/ ASME B16.34
	50	ASTM A216 WCB					
	75		150号 $PN6 \sim PN20$		全通经或缩径、带枢销阀球顶装、杠杆操作、加长阀杆		ASME B16.10/ ASME B16.34
	75	ASTM A351 CF3	900号 $PN150$		全通经或缩径、带枢销、双阻塞与双泄放、顶装阀球、齿轮箱操作、加长阀杆		API6D/ ASME B16.34
	100		150号 $PN6 \sim PN20$		全通经或缩径、带枢销阀球顶装、齿轮箱操作、加长阀杆		ASME B16.10/ ASME B16.34
	100	ASTM A216 WCB	900号 $PN150$		全通经或缩径、带枢销、双阻塞与双泄放、顶装阀球、齿轮箱操作		API6D/ ASME B16.34
	100	ASTM A351 CF3			全通经或缩径、带枢销、双阻塞与双泄放、顶装阀球、齿轮箱操作、加长阀杆		
	150	ASTM A216 WCB	150号 $PN6 \sim PN20$		全通经或缩径、带枢销、双阻塞与双泄放、顶装阀球、齿轮箱操作		ASME B16.10/ ASME B16.34
	150				全通经或缩径、带枢销阀球顶装、齿轮箱操作、加长阀杆		
	150	ASTM A351 CF3	900号 $PN150$		全通经或缩径、带枢销、双阻塞与双泄放、顶装阀球、齿轮箱操作		
	200		150号 $PN6 \sim PN20$		全通经或缩径、带枢销阀球顶装、齿轮箱操作、加长阀杆		

续表

名称	公称直径(DN)(in)(mm)	材　质	压力等级	连接方式	阀体结构	操作方式	采用标准
球阀	200	ASTM A351 CF3	900号 PN150	BW	全通经或缩径、带枢销、双阻塞与双泄放、顶装阀球、齿轮箱操作、加长阀杆		API6D/ ASME B16.34
	250		150号 PN6～PN20		全通经或缩径、带枢销阀球顶装、齿轮箱操作、加长阀杆		ASME B16.10/ ASME B16.34
	300		900号 PN150		全通经或缩径、带枢销、双阻塞与双泄放、顶装阀球、齿轮箱操作、加长阀杆		API6D/ ASME B16.34
	350						
	450						
	500		15号 PN6～PN20		全通经或缩径、带枢销阀球顶装、齿轮箱操作、加长阀杆		ASME B16.10/ ASME B16.34
止回阀	20	ASTM A182 F304L	300号 PN25～PN50	法兰	柱塞或阀球、水平或垂直流、螺纹阀盖		BS 5352
	25						
	25		1500号 PN250				
	50	ASTM A216 WCB	150号 PN6～PN20	BW	旋启式、阀芯顶装、栓接阀盖		ASME B16.10/ ASME B16.34
	50	ASTM A351 CF3			回转阀、旋启式、阀芯顶装、栓接阀盖		
	75						
	100						
	150						
	150		900号 PN150				
	200		150号 PN6～PN20				
	200		900号 PN150				
	250		150号 PN6～PN20		对焊缓闭式止回阀		ASME B16.34
	300		900号 PN150				
	600		150号 PN6～PN20				

续表

名称	公称直径(DN)(in)(mm)	材质	压力等级	连接方式	阀体结构	操作方式	采用标准
蝶阀	150	ASTM A351 CF3	150号 PN6～PN20	BW	高性能回弹金属阀座、便于维修的拴接侧装式、阀杆加长、齿轮箱操作		API609/ ASME B16.34
	200						
	200		900号 PN150				
	300		150号 PN6～PN20		高性能回弹金属阀座、便于维修的拴接侧装式、齿轮箱操作		
	300	ASTM A216 WCB	900号 PN150				
	350	ASTM A351 CF3	150号 PN6～PN20		高性能回弹金属阀座、便于维修的拴接侧装式、阀杆加长、齿轮箱操作		
	400						
	500						
	600						
	700						
	750						
	900	ASTM A351 CF3	150号 PN6～PN20	BW			API609/ ASME B16.34
	1000						

LNG场站项目选用国产低温阀门尚应符合（但不限于）以下标准：

《低温阀门技术条件》GB/T 24925。

本标准规定了低温阀门的术语、结构形式、技术要求、试验方法、检验规则、标志、装运及贮存。

本标准适用于公称压力 *PN*16～*PN*420，公称尺寸 *DN*15～*DN*600，介质温度－196～－29℃的法兰、对夹和焊接连接的低温闸阀、截止阀、球阀和蝶阀。其他低温阀门亦可参照使用。

《液化天然气阀门　技术条件》JB/T 12621。

本标准规定了液化天然气用闸阀、截止阀、止回阀、球阀和蝶阀的术语和定义、技术要求、检验、试验方法、检验规则、标志、涂漆、包装、运输和储存。

本标准适用于公称压力 *PN*16～*PN*250、公称尺寸 *DN*15～*DN*1200 和压力等级 class150～class1500、公称尺寸 NPS1/2～NPS48，工作介质为液化天然气的法兰和焊接连接的阀门。

其他温度高于－162℃的低温阀门亦可参照使用。

《液化天然气用阀门　性能试验》JB/T 12622。

标准规定了液化天然气用阀门性能试验的术语和定义、试验项目、常温性能试验、低温性能试验、试验方法、试验程序以及泄漏率等要求。

本标准适用于公称压力 *PN*16～*PN*250、公称尺寸 *DN*15～*DN*1200 和压力等级 Class 150～Class 1500、公称尺寸 NPS1/2～NPS48，工作介质为液化天然气的法兰和焊接连接的闸阀、截止阀、止回阀、球阀和蝶阀。其他类型的阀门亦可参照使用。

《液化天然气用蝶阀》JB/T 12623

本标准规定了液化天然气用钢制蝶阀的结构型式、技术要求、试验方法和检验规则、标志、包装、贮存、运输和供货。

本标准适用于公称尺寸 *DN*80～*DN*1200，公称压力 *PN*16～*PN*100 和公称尺寸 NPS3～NPS48，压力等级 Class150～Class600 的液化天然气用蝶阀。其他温度高于－162℃的低温蝶阀亦可参照使用。

《液化天然气用截止阀、止回阀》JB/T 12624

本标准规定了液化天然气用截止阀、升降式止回阀和旋启式止回阀的结构形式、技术要求、试验方法、检验规则、标志、包装及贮运。

本标准适用于工作介质为液化天然气的法兰和焊接连接的截止阀、升降式止回阀和旋启式上回阀。其他温度高于－162℃的截止阀和止回阀亦可参照使用。

《液化天然气用球阀》JB/T 12625

本标准规定了液化天然气用球阀的结构形式、技术要求、试验方法、检验规则、标志、包装及贮运。

本标准适用于公称压力 *PN*16～*PN*250，公称尺寸 *DN*15～*DN*700，压力等级 Class150～Class1500，公称尺寸 NPS1/2～NPS28，工作介质为液化天然气的法兰和焊接连接球阀。其他温度高于－162℃的低温球阀亦可参照使用。

《液化天然气用闸阀》JB/T 12626

本标准规定了液化天然气用闸阀的结构形式、技术要求、试验方法和检验规则、标志、包装、运输和贮存。

本标准适用于公称压力 *PN*16～*PN*250，公称尺寸 *DN*25～*DN*600 和压力等级 Class150～Class1500，公称尺寸 NPS1～NPS24，工作介质为液态天然气的法兰和焊接连接的闸阀。其他温度高于－162℃的低温闸阀亦可参照使用。

《低温介质用紧急切断阀》GB/T 24918

本标准规定了低温介质用紧急切断阀（以下简称紧急切断阀）的术语、技术要求、试验方法、检验规则、外观、标志和供货要求。

本标准适用于公称尺寸 *DN*15～*DN*200、公称压力 *PN*16～*PN*63，工作温度－196～－29℃，紧急自动切断温度 70±5℃，适用于低温介质为氧、氮、天然气、乙烯（O_2、N_2、Ar、CNG、C_2H_4）等气、液体。

《低温介质用弹簧直接载荷式安全阀》GB/T 29026

本标准规定了低温介质用弹簧直接载荷式安全阀（以下简称“安全阀”）的术语和定义、结构形式和结构长度、技术要求、检验方法、检验规则、标志、防护、包装、运输及贮存。

本标准适用于公称压力 *PN*16～*PN*100、公称尺寸 *DN*15～*DN*200、温度不低于－196℃、最低整定压力为 0.1MPa 的低温气体介质用安全阀。

9.6 管道连接附件

各种规格的金属阀门及设备，其端部连接不外乎采用三种方式：法兰连接结构、螺纹连接和焊接连接。当管道与阀门及设备连接时应采用相匹配的管道连接附件，管件及其连接的技术要求应符合我国相关标准的规定。

9.6.1 法 兰

管道法兰按与管道的连接方式可分为五种基本类型：螺纹、平焊、对焊、承插焊和松套法兰；输送燃气介质的压力管道应采用带颈对焊法兰。

螺纹法兰用于不易焊接或不能焊接的场合，在温度反复波动或温度高于 260℃和低于－45℃的管道上不宜采用。

平焊法兰一般用于压力温度要求不高，不太重要的管道上，常用于公用工程管道系统中。

对焊法兰施工比较方便，法兰强度高，用于法兰处应力较大、压力温度波动较大以及高温、高压以及低温管道上。

承插法兰焊接结构与平焊法兰相似，一般用于小口径管道。

松套法兰适用于腐蚀性介质的管道上，由于法兰本体不与介质接触，可以节省不锈钢、有色金属等耐腐蚀材料。

低温管道用法兰的材质宜与连接的管道材质相同，在设计中应根据管道压力等级选取合适的法兰类型、密封面形式。

法兰连接标准

钢制法兰连接尺寸及密封面形式应符合如下标准的相关规定。

(1)《钢制管法兰类型与参数》GB/T 9112；

(2)《钢制管法兰、垫片、紧固件》HG/T 20592—20635。

9.6.2 垫 片

1. 分类和性能要求

钢制管道法兰用垫片有非金属平垫片、聚四氟乙烯包覆垫片、柔性石墨复合垫片、金属包覆垫片、缠绕式垫片、齿形组合垫、金属环垫等。

垫片选用应根据垫片的密封性能、操作压力、操作温度、工作介质特性及密封要求等因素确定。

垫片材料的性能应符合下列要求：

(1) 具有较好的物理机械性能；

(2) 不污染被密封介质、不腐蚀密封表面，耐工作介质腐蚀；

(3) 具有良好的压缩、回弹性能；

(4) 具有较小的应力松弛率；

(5) 泄漏率低。

2. 垫片及使用条件

低温会造成法兰与螺栓之间较大的温差应力，另外由于低温介质渗透性强，容易造成法兰面密封不严，因此要求使用富有弹性的垫片，比如聚四氟乙烯和不锈钢材质的缠绕式垫片；或直接采用焊接方法来连接阀门和管道等附件。

(1) 非金属平垫片

非金属平垫片的使用条件应符合表 9-6-1 的规定。石棉橡胶垫片用于一般工艺介质管道的法兰密封。

非金属平垫片的使用条件　　**表 9-6-1**

类　别	名　称		代　号	使用条件	
				压力等级 p(MPa)	温度 t(℃)
橡胶	天然橡胶		NR	≤1.6	−50～90
	氯丁橡胶		CR		−40～100
	丁腈橡胶		NBR		−30～110
	丁苯橡胶		SBR		−30～100
	乙丙橡胶		EPDM		−40～130
	氟橡胶		Viton		−50～200
石棉橡胶	石棉橡胶板		XB350	≤2.5	≤300
			XB450	$P \cdot t \leqslant 650$MPa·℃	
	耐油石棉橡胶板		XB400		
合成纤维橡胶	压制板	无机	—	≤4.0	−40～290
		有机			−40～200
聚四氟乙烯	改性或填充的聚四氟乙烯板		—	≤4.0	−196～260

（2）聚四氟乙烯包覆垫片

聚四氟乙烯包覆垫片适用于耐腐蚀、防粘结和要求清洁度高的管道。

（3）金属包覆垫片

金属包覆垫片适用于较高温度介质及形状复杂的垫片。其最高使用温度见表 9-6-2 所示。

金属包覆垫片的最高使用温度　　**表 9-6-2**

包覆金属材料	填充材料	最高使用温度(℃)
纯铝板 L3	石棉橡胶板	200
纯铜板 T3		300
镀锡薄钢板		400
镀锌薄钢板		400
08F		400
0Cr18Ni9 00Cr19Ni10 00Cr17Ni14Mo2		500

（4）缠绕式垫片

缠绕式垫片适用于极度危险介质、高度危害介质、可燃介质或温度高、温差大、受机械振动或压力脉动的管道。

缠绕式垫片是半金属垫片中比较理想的一种，垫片的主体由 V 型或 M 型金属带填加不同的软填料用缠绕机螺旋绕制而成。为加强垫片主体和准确定位，设有金属制内环和外环。在低温行业常用的金属带为不锈钢带，软填料为特殊石棉、柔性石墨、聚四氟乙烯等。

1）材料的使用范围

金属带材料使用温度范围见表 9-6-3，非金属带材料使用温度范围见表 9-6-4。

金属带材料使用温度范围 **表 9-6-3**

金属带材料	使用温度(℃)	金属带材料	使用温度(℃)
0Cr13	−20～540	0Cr25Ni20	−196～810
0Cr18Ni9	−196～700	00Cr17Ni14Mo2	−196～450
0Cr18Ni9Ti		00Cr19Ni10	
0Cr17Ni12Mo2			

非金属带材料使用温度范围 **表 9-6-4**

非金属带材料	使用温度(℃)	非金属带材料	使用温度(℃)
特制石棉	−20～540	聚四氟乙烯	−196～200
柔性石墨	−196～800(氧化性介质不高于 600)		

2）垫片形式和代号

垫片形式及代号见表 9-6-5、表 9-6-6。

垫片形式 **表 9-6-5**

垫片形式	代号	图例
基本型	A	
带外环型	B	
带内环型	C	
带内、外环型	D	

垫片的材料代号　表 9-6-6

外环材料		金属带材料		非金属带材料		内环材料	
名称	代号	名称	代号	名称	代号	名称	代号
无	0	0Cr18Ni9	2	特制石棉	1	无	0
低碳钢	1	0Cr17Ni12Mo2	3	柔性石墨	2	低碳钢	1
0Cr18Ni9	2	00Cr17Ni14Mo2	4	聚四氟乙烯	3	0Cr18Ni9	2
				特制非石棉	4	0Cr17Ni12Mo2	3
						00Cr17Ni14Mo2	4

示例：公称直径 $DN50$、公称压力 $PN2.5$、外环材料为 0Cr18Ni9、金属带材料为 0Cr18Ni9、非金属带材料为聚四氟乙烯的带内环型的缠绕垫片，其标记一般为：HG/T 20610 缠绕垫 C50-2.5 2232

3）缠绕式垫片的选用

① 凸面法兰应采用带外环型的缠绕式垫片；

② 凹凸面法兰应采用带内环型的缠绕式垫片；

③ 榫槽面法兰应采用基本型的缠绕式垫片；

④ 公称压力大于或等于 15.0MPa 的凸面法兰应采用带内外环型的缠绕式垫片。

（5）齿形组合垫片

齿形组合垫片由金属齿形环和上下两面覆盖柔性石墨或聚四氟乙烯薄板等非金属平垫材料组合而成，其最高使用温度见表 9-6-7 所示。

齿形组合垫片的最高使用温度　表 9-6-7

金属齿形环材料	覆盖层材料	最高使用温度(℃)
10 或 08	柔性石墨	450
0Cr13	柔性石墨	540①
0Cr18Ni9、0Cr17Ni12Mo2	柔性石墨	650①
	聚四氟乙烯	200

① 当用于氧化性介质时，最高使用温度为 450℃。

（6）金属环垫

金属环垫适用于高温、高压管道。当低温管道选用金属垫片时，其使用温度范围如下：

奥氏体不锈钢垫　　使用温度：<－196℃

铜垫　　使用温度：－40～－70℃

铝垫　　使用温度：－40～－70℃

金属环垫中常用的是椭圆形和八角形金属环垫，金属垫材料硬度宜比法兰材料硬度低 30～40HB。

9.6.3 紧 固 件

9.6.3.1 紧固件的使用规定

1. 商品级六角螺栓的使用条件

（1）$PN \leqslant 1.6$MPa；

（2）非剧烈循环场合；

（3）配用非金属软垫片；

（4）介质为非易燃、易爆及毒性危害不大的场合。

2. 商品级双头螺柱及螺母的使用条件

（1）$PN \leqslant 4.0$MPa；

（2）非剧烈循环场合；

（3）配用非金属软垫片。

3. 其他规定

除上述 1. 和 2. 外，应选用专用级螺柱（双头螺柱或全螺纹螺柱）和专用级螺母。缠绕垫、金属包覆垫、齿形组合垫、金属环垫等半金属或金属垫片应使用 35CrMoA 或 25Cr2MoVA 等高强度螺柱（双头螺柱或全螺纹螺柱）。

9.6.3.2 紧固件使用温度和压力要求

按紧固件的形式、产品等级、采用的性能等级和材料牌号，确定其使用的公称压力和工作温度范围，应符合表 9-6-8 的规定。

根据使用条件选配的紧固件机械性能尚应满足《紧固件机械性能　螺栓、螺钉和螺柱》GB/T 3098.1、《紧固件机械性能　螺母》GB/T 3098.2、《紧固件机械性能　紧定螺钉》GB/T 3098.3、《紧固件机械性能　不锈钢螺栓、螺钉和螺柱》GB/T 3098.6、《紧固件机械性能　−200℃～＋700℃使用的螺栓连接零件》GB/T 3098.8 等相关要求。

9.6.3.3 配用要求

螺母与螺柱、螺母与螺栓的配用应符合表 9-6-9 的规定。

9.6.4 螺纹连接

适合于中、低压金属管道密封管螺纹形式及其连接尺寸应符合如下标准的相关规定。

（1）《55°密封管螺纹 第 1 部分：圆柱内螺纹与圆锥外螺纹》GB/T 7306.1，适于 $p \leqslant 0.1$MPa 可锻铸铁螺纹管件连接；

（2）《55°密封管螺纹 第 2 部分：圆锥内螺纹与圆锥外螺纹》GB/T 7306.2，适于 $0.1 < p \leqslant 0.2$MPa 钢或铜合金螺纹管件连接；

（3）《可锻铸管路连接件》GB/T 3287；

（4）《铜管接头 第 1 部分：钎焊式管件》GB/T 11618.1，《铜管接头 第 2 部分：卡压式管件》GB/T 11618.2；

（5）《建筑用承插式金属管管件》CJ/T 117。

当采用上述螺纹连接时，宜选用聚四氟乙烯带、尼龙密封绳等性能良好填料产品。

对于 L-CNG 工艺中涉及的低温高强螺栓机械性能，应满足《紧固件机械性能　−200℃～＋700℃使用的螺栓连接零件》GB/T 3098.8 的相关要求。

9.6.5 焊接连接

工业金属管道与设备的焊接连接应符合如下标准的相关规定。

（1）《工业金属管道工程施工规范》GB 50235，适用于压力不大于 42MPa、设计温度不超过材料允许使用温度的工业金属管道工程的施工及验收，但不适用于长输管道。

紧固件使用压力和温度范围 表 9-6-8

螺柱、螺栓的形式（标准号）	产品等级	规格	性能等级（商品级）	公称压力 PN（MPa）	使用温度（℃）	材料牌号（专用级）	专用级公称压力 PN（MPa）	使用温度（℃）
六角头螺栓（GB/T 5782 粗牙）（GB/T 5785 细牙）	A 级和 B 级	M10～M27（粗牙）M30×2～M56×4（细牙）	8.8	≤1.6	>－20～250			
			A2—50		－196～500			
			A2—70		－196～100			
双头螺柱（GB/T 901 商品级）（HG/T 20592—20635 专用级）	B 级	M10～M27（粗牙）M30×2～M56×4（细牙）	8.8	≤4.0	>－20～250	35CrMoA	≤10.0	－100～500
			A2—50		－196～500	25Cr2MoVA		>－20～550
			A2—70		－196～100	0Cr18Ni9		－196～600
						0Cr17Ni12MoA		－196～600

六角螺栓、螺柱与螺母的配用 表 9-6-9

等级	规格	六角螺栓、螺柱		螺母		公称压力 PN（MPa）	使用温度（℃）
		形式及产品等级（标准号）	性能等级或材料牌号	形式及产品等级（标准号）	性能等级或材料牌号		
商品级	M10～M27（粗牙）M30×2～M56×4（细牙）	六角螺栓 A 级和 B 级（GB/T 5782、GB/T 5785）	8.8	Ⅰ型六角螺母 A 级和 B 级（GB 6170、GB 6171）	8	≤1.6	>－20～250
		双头螺柱 B 级（GB/T 901）				≤4.0	
专用级	M10～M27（粗牙）M30×2～M56×4（细牙）	双头螺柱 B 级（HG/T 20592～20635）	35CrMoA	六角螺母（HG/T 20592—20635）	30CrMo	≤10.0	－100～500
			25Cr2MoVA				>－20～550
			0Cr18Ni9		0Cr18Ni9		－196～600
			0Cr17Ni12MoA		0Cr17Ni12MoA		

(2)《现场设备、工业管道焊接工程施工规范》GB 50236，适用于碳素钢、合金钢、铝及铝合金、铜及铜合金、工业纯钛、镍及镍合金的手工电弧焊、氩弧焊、CO_2气体保护焊、埋弧焊和氧乙炔焊接工程施工及验收。

9.6.6 聚乙烯（PE）管件连接

聚乙烯（PE）管道、管件与设备的连接应符如下标准的相关规定。

(1)《燃气用埋地聚乙烯（PE）管道系统 第2部分：管件》GB 15558.2，适用于中低压天然气管道系统的PE80和PE100管件连接方式可采用热熔对接或电熔插口上连接；

(2)《燃气用钢骨架聚乙烯塑料复合管及管件》CJ/T 125，适于常温中、低压天然气钢骨架聚乙烯塑料复合管（CJ/T 125）的连接；普通管类（*DN*50～*DN*125）的连接可采用两种方式：法兰连接或电熔连接式接头。

(3)《燃气用聚乙烯管道系统的机械管件 第1部分：公称外径不大于63mm的管材用钢塑转换管件》GB 26255.1、《燃气用聚乙烯管道系统的机械管件 第2部分：公称外径大于63mm的管材用钢塑转换管件》GB 26255.2；适用于聚乙烯（PE）管道与钢质管道相接时采用的钢塑转换管件。

9.6.7 软管连接

室内用户低压燃气管道与设备连接可采用软管，以便于拆卸和补偿变形，软管连接件应符合如下标准的相关规定。

(1)《燃气用具连接用不锈钢波纹软管》CJ/T 197；

(2)《波纹金属软管通用技术条件》GB/T 14525；

(3)《家用煤气软管》HG 2486；

(4)《在2.5MPa及以下压力下输送液态或气态液化石油气（CPG）和天然气的橡胶软管及软管组合件 规范》GB/T 10546。

不锈钢波纹软管和波纹金属软管应采用卡套连接或机械套筒插入式连接。

9.7 管道运行附件

1. 补偿器

补偿器是作为补偿管段胀缩量的管道附件，常用于架空管道和需要进行蒸气吹扫的管道上。此外，补偿器常安装在阀井中阀门的下游侧（按气流方向），利用其伸缩性能，方便阀门的拆卸和检修，但不能用于解决管道安装偏差。在埋地燃气管道上，多用钢制波形补偿器（图9-7-1），其补偿量约为10mm。为防止其中存水锈蚀，由套管的注入孔灌入石油沥青，安装时注入孔应在下方。补偿器安装时，不应调节补偿器拉杆的螺母（即不冷紧），安装检验合格后应拆除拉杆或拧松拉杆螺母使其不影响管道的轴向伸缩；否则，不但不能发挥其补偿作用，反使管道或管件受到不应有的应力。

国外还使用一种橡胶-卡普隆补偿器（图9-7-2）。它是带法兰的螺旋波纹软管，软管是用卡普隆布作夹层的胶管，外层则用粗卡普隆绳加强。其补偿能力在拉伸时为150mm，压缩时为100mm。这种补偿器的优点是纵横方向均可变形，多用于通过山区、坑道和多

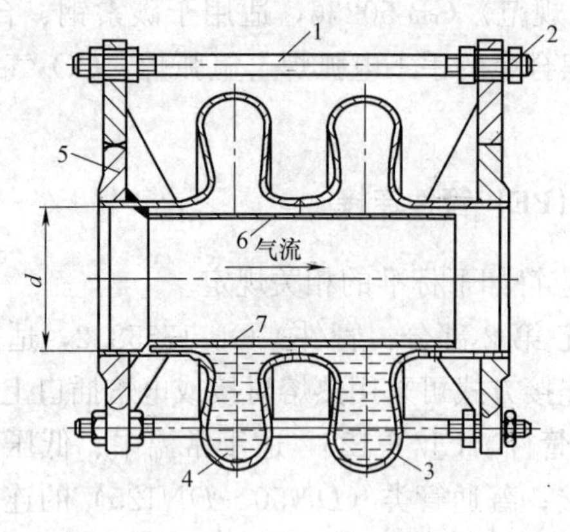

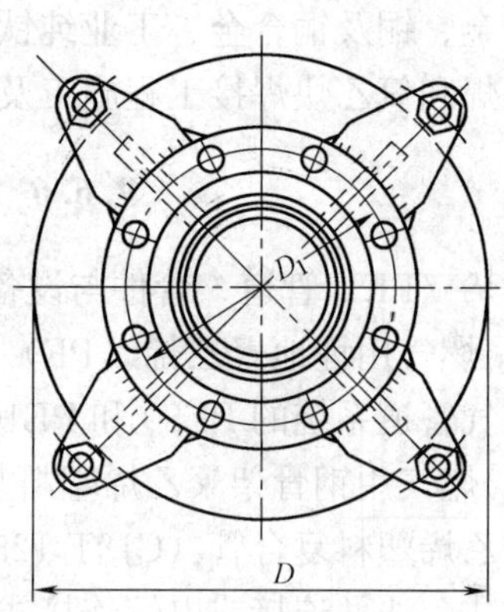

图 9-7-1　钢制波形补偿器

1—螺杆；2—螺母；3—波节；4—石油沥青；5—法兰盘；6—套管；7—注入孔

地震地区的中、低压燃气管道上。

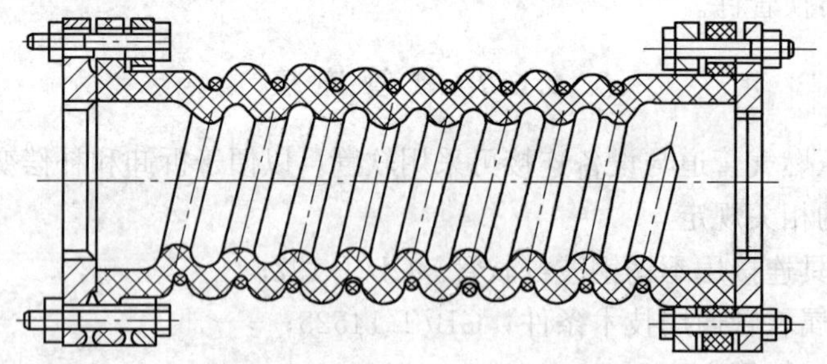

图 9-7-2　橡胶-卡普隆补偿器

2. 排水器

为排除燃气管道中的冷凝水和天然气管道中的轻质油，管道敷设时应有一定的坡度，以便在低处设排水器，将汇集的水或油排出。排水器设置视油量多少和地形而定，通常为 500m 左右。

由于管道中的燃气的压力不同，排水器有不能自喷和能自喷的两种。如管道内压力较低，水或油就要依靠手动唧筒等抽水设备来排出（图 9-7-3）。安装在高、中压管道上的排水器（图 9-7-4），由于管道内压力较高，积水（油）在排水管旋塞打开以后就能自行喷出，为防止剩余在排水管内的水在冬季冻结，另设有循环管，利用燃气的压力将排水管中的水压回到下部的集水器中，为避免燃气中焦油及萘等杂质堵塞，排水管与循环管的直径应适当加大。在管道上布置的排水器还可对其运行状况进行观测，并可作为消除管道堵塞的手段。排水器也可采用自动排水。

3. 放散管

这是一种专门用来排放管道中的空气或燃气的装置。在管道投入运行时利用放散管排空管内的空气，防止在管道内形成爆炸性的混合气体。在管道或设备检修时，可利用放散管道排空管道内的燃气。放散管一般也设在闸井中，在管网中安装在阀门的前后，在单向供气的管道上则安装在阀门之前。

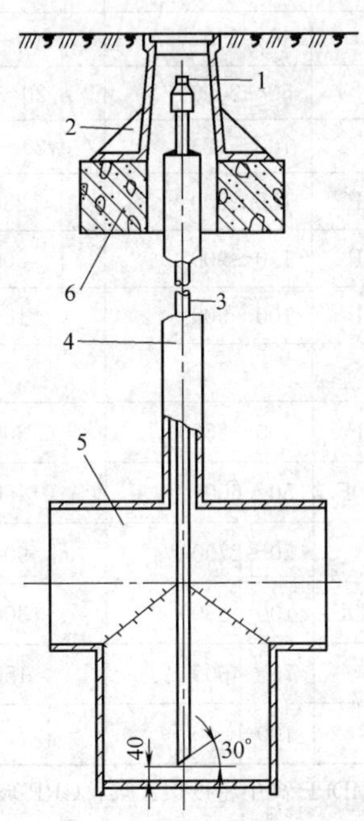

图 9-7-3 低压管道排水器

1—丝堵；2—防护罩；3—抽水管；4—套管；5—集水器；6—底座

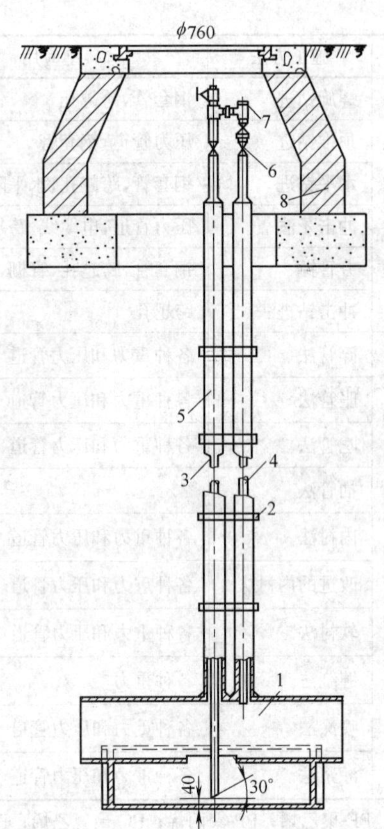

图 9-7-4 高、中压管道排水器

1—集水器；2—管卡；3—排水管；4—循环管 5—套管；6—旋塞；7—丝堵；8—井圈

9.8 管道非开挖施工及管道内衬与修复

9.8.1 管道非开挖施工

管道非开挖施工是指基本在地面以下，地层中进行的管道敷设施工。在现代燃气管道施工中得到广泛的应用，并创新拓展了定向钻常规入、出土角度的工程应用，常规入土角宜为 6°～20°，常规出土角宜为 4°～12°。

非开挖地下管线施工法的分类及应用如表 9-8-1。

非开挖地下管线施工法的分类及应用 表 9-8-1

		施工方法	典型应用	管材	适用管径(mm)	施工长度(m)
非开挖施工方法	管线铺设	顶管法	各种大口径管道，跨越孔	混凝土，钢，铸铁	＞900	30～1500
		隧道施工法	各种大口径管道		＞900	
		小口径顶管法	小口径管道、管棚，跨越孔	混凝土，钢，铸铁	150～900	30～300
		导向钻进	压力管道，电缆，短跨越孔	钢，塑料	50～350	20～300

续表

		施工方法	典型应用	管材	适用管径(mm)	施工长度(m)
非开挖施工方法	管线铺设	螺旋钻进	钢套管,跨越孔	跨越孔	100～1500	20～130
		顶推钻进	压力管道,钢套管	钢,混凝土	40～200	30～50
		水平钻进	钢套管,跨越孔,水平降水井	钢套管	50～300	20～50
		冲击矛法	压力管道,电缆线,跨越孔	钢,塑料	40～250	20～100
		夯管锤	钢套管,跨越孔,管棚,打入桩	钢套管	50～2000	20～80
		冲击钻进法	跨越孔	钢管,混凝土管	100～1250	20～80
	管线更换	碎管法	各种重力和压力管道	PE,PP,PVC,GRP	100～600	230
		胀管法	各种重力和压力管道	PE,PP,PVC,GRP	150～900	200
		吃管法	各种重力和压力管道	PE,PP,PVC,GRP	100～900	180
		抽管法				
	管线修复	内衬法	各种重力和压力管道	PE,PP,PVC,GRP	100～2500	300
		改进的内衬法	各种重力和压力管道	HDPE,PVC,PVDF	50～600	450
		软衬法	各种重力和压力管道	树脂＋纤维	50～2700	900
		缠绕法	各种重力	PE,PP,PVC,PVDF	100～2500	300
		喷涂法	各种重力和压力管道	水泥浆,树脂	75～4500	150
		灌浆法	各种重力和压力管道	水泥浆,树脂	100～600	

注：PE-聚乙烯；PP-聚丙烯；PC-聚氯乙烯；PVDF-聚偏二氯乙烯；HD/MDPE-高中密度聚乙烯；GRP-玻璃纤维加强树脂（玻璃钢）。

各种非开挖施工方法的适用性如表9-8-2。

各种非开挖施工方法的适用性　　表9-8-2

施工方法	市区主管线	市区支管线	短跨越孔	长跨越孔
顶管法(Pipe Jacking)	*	×	⊙	*
小口径顶管法(Microtunnelling)	*	*	⊙	×
定向钻进(Directional Drilling)	×	×	⊙	*
导向钻进(Guided Boring)	⊙	*	*	×
水平螺旋钻进(Auger Boring)	×	×	*	⊙
顶推钻进(Thrust Boring)	⊙	*	*	×
水平钻进(Horizontal Boring)	×	⊙	*	×
冲击矛法(Impact Moling)	⊙	*	*	×
夯管法(Pipe Ramming)	×	×	*	×
碎管法(更新)(Replacement)	*	⊙	×	×
内衬法(修复)(Renovation)	*	⊙	×	×

注：*-极具竞争力；⊙-具有竞争力；×-不具有竞争力。各种非开挖修复方法的应用范围及特点如表9-8-4。

土层条件及各种非开挖施工方法的适用性列于表9-8-3。

土层条件及各种非开挖方法的适用性 **表 9-8-3**

土层条件	顶管法	小口径顶管法	螺旋钻进法	水平钻进法	气动矛法	夯管法	定向钻进法	导向钻进法	顶推钻进法	中级钻进法
极软到软的黏土层	?	?	?	?	*	*	*	*	×	×
中硬到硬的黏土层	*	*	*	*	*	*	*	*	*	*
坚硬的黏土层和高密度风化的页岩	*	*	*	*	×	?	*	?	?	*
松散的砂层	?	?	*	×	×	?	*	*	*	*
中到致密的砂层(地下水位以上)	*	*	*	*	*	?	*	*	*	*
中到致密的砂层(地下水位以下)	*	*	*	×	×	?	*	*	*	*
含卵砾石的地层(ϕ50～ϕ100mm)	*	*	*	*	?	*	*	?	?	*
含卵砾石的地层(ϕ100～ϕ150mm)	*	?	?	?	×	*	*	×	×	*
风化岩层和坚硬的土层	*	*	*	*	×	×	*	?	×	*
微风化和未风化的岩层	*	*		?	×	×	*	×	×	*

注：*-适用；? -改进后适用；×-不适用。

9.8.2 非开挖施工经济比较

1. 管线施工成本的构成

管线工程的施工成本应包括：直接成本、间接成本、社会成本。

(1) 直接成本

① 规划、设计和监理费用；

② 施工费用（支付给承包商和供应商的费用）；

③ 现有管线的改线费用；

④ 交通路线的改线费用；

⑤ 地面的复原费用。

(2) 间接成本

① 路面损坏的补偿；

② 地下管线损坏的补偿；

③ 影响商业活动的补偿；

④ 对人员伤亡的补偿。

(3) 社会成本

① 对市民生活的干扰；

② 对交通的干扰：交通堵塞、道路改线、交通事故；

③ 对商业和工业活动的干扰；

④ 增加事故的发生率；

⑤ 环境污染：破坏绿化（植被和树）、地下水、噪声、废气、振动、粉尘和污泥等。

2. 开挖施工成本

开挖施工法的成本包括可控制的成本和不可控制的成本。

（1）可控制的成本的影响因素

① 施工方法；

② 施工设备；

③ 管径和管材；

④ 结构设计。

（2）不可控制的成本由下述因素决定：

① 地下水条件；

② 埋深；

③ 地层条件；

④ 地形条件。

不考虑其他因素时，开挖施工法的成本（包括管材、开挖和铺管作业、工作坑的施工）是管径和埋深的函数，即：

$$施工成本 = f(D,h)$$

式中　D——管道的直径，mm；

h——管道的埋深，m。

3. 非开挖施工成本

为了确定非开挖施工的直接成本，必须考虑下列三个主要因素：

① 工作坑；

② 新管线；

③ 施工方法。

起始工作坑和接收工作坑的施工成本取决于所要求的尺寸大小（长宽和直径）、间距、深度、支护、降水等因素。工作坑的间距越大，则开挖和支护的成本越低。

新管线的成本主要由其内径、单根长度、壁厚、管材、接头设计以及防腐要求等因素决定。显然，单根新管线的长度越长，接头的个数越少，施工的成本就越低；但由于所要求的工作坑尺寸大，施工成本也会相应增加。

施工方法决定了所选用的设备类型，最大施工长度、埋深以及设备的利用等（图 9-8-1～图 9-8-3）。由图 9-8-2 和图 9-8-3 可以看出，与开挖施工相反，埋深对非开挖施工的成本影响不大。

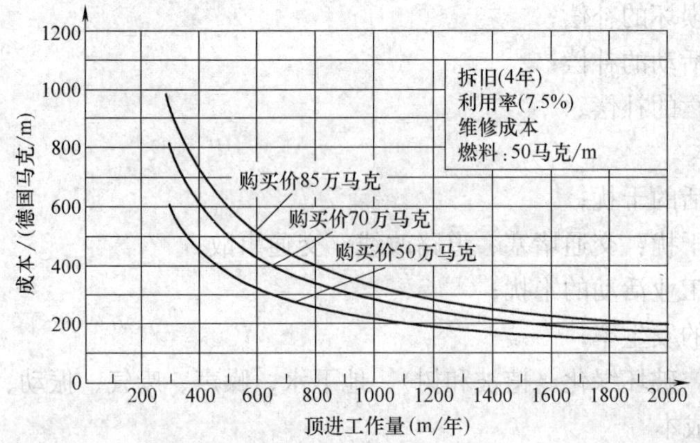

图 9-8-1　小口径顶管法的施工成本与设备的价格和利用率之间的关系

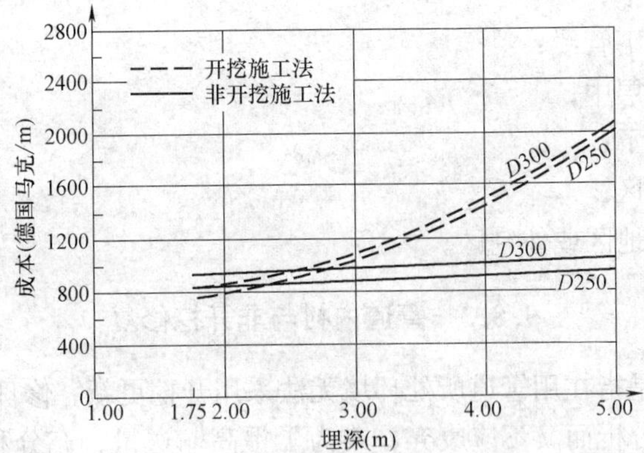

图 9-8-2　铺设 250mm 和 300mm 管道的施工成本与管径和埋深的关系

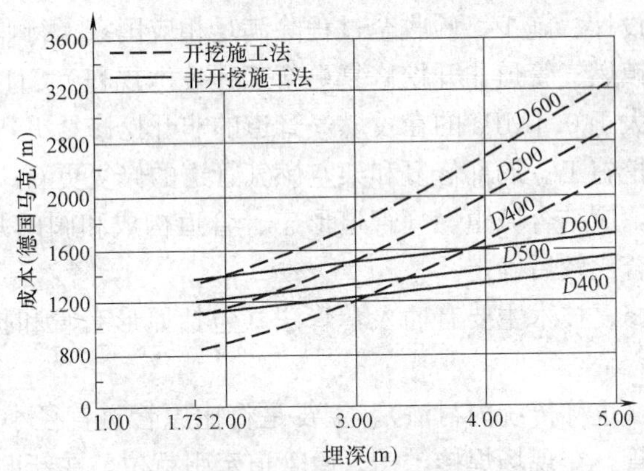

图 9-8-3　铺设 400、500 和 600mm 管道的施工成本与管径和埋深的关系

［注：上面 3 图中，马克货币单位折合欧元货币单位时，1 德国马克＝0.5113 欧元（据 2015 年 4 月 7 日公布的货币兑换率）］

4. 施工成本比较

在以下的施工成本比较中，主要考虑施工的直接成本，包括：

① 现场勘察和旧管的清洁；

② 开挖工作；

③ 设备；

④ 管材；

⑤ 地表复原。

在进行施工成本比较时，一般以道路开挖施工法的施工成本为基准（100%），其他各种施工方法与之相比较。图 9-8-2 是铺设煤气管线的施工成本比较。图 9-8-3 为更换和修复旧管的施工成本比较。

当考虑间接成本和社会成本时，在许多条件下非开挖施工的成本要比开挖施工的成本低。

当存在下述条件之一时，可以考虑采用非开挖施工方法进行地下管线的施工：

① 埋深大于 3m；

② 在繁忙的道路下；

③ 靠近现有的地下管线；

④ 在不稳定的地层中；

⑤ 在地下水位以下；

⑥ 在环境敏感地区；

⑦ 在工业和商业地区或住宅区。

9.8.3 管道内衬与非开挖修复

管道非开挖修复是指在用管道所处环境无法采用开挖更新、修理或开挖管段很不经济的情况，经综合经济分析而又不应废弃，或为了提高输送量、充分利用管材的腐蚀余量、延长使用寿命而采取的一种在线维修方式。

城镇燃气管道采用插入法、折叠管内衬法、缩径内衬法、静压裂管法和反转内衬法进行非开挖修复更新的设计、施工、验收全过程除满足相应国家、行业标准要求外，尚应符合现行行业标准《城镇燃气管道非开挖修复更新工程技术规程》CJJ/T 147 的规定。该规程适用于工作压力不大于 0.4MPa 的在役燃气管道的非开挖修复更新，不适用于新建埋地城镇燃气管道的非开挖施工、局部修复和架空燃气管道的修复更新；城镇燃气管道非开挖修复更新方案的选择，应结合城镇燃气管道形态、管道构成和阀门井、弯头（弯管）、三通及变径管数量等综合比较后确定。

目前管道非开挖修复技术主要有插入套管法（包括原形套管和折叠式套管）、内涂层法、软管翻衬法等。

(1) 插入套管法（也称传统内衬法）。主要是将比原管道直径小或等径的事先预制好的塑料管或折叠式套管，在现场焊接，插入原管道牵引就位，在新旧管道之间的环形间隙灌浆，予以固结，形成一种管中管的结构；从而使插入管固定在旧管线中的一种方法。

(2) 内涂层法。主要用于管道的防腐处理，也可用于在旧管道内形成结构性内衬。经过长期的实践改进和原材料工业的进步，已形成了如水泥砂浆衬里、树脂涂层方法等系列工艺技术。但也存在有待改进的工序，如表面处理技术、内补口技术和质量检测技术等。

内涂层法适用于管径 ϕ75mm 以上、管线长度为 150m 左右的各种管道的修复。

内涂层法的特点：

① 不存在支管的连接问题；

② 过流断面的损失小；

③ 可适应管径、断面形状、弯曲度的变化；

④ 树脂固化需要一定时间；

⑤ 施工速度快、对施工人员的技术要求较高；

⑥ 主要适用于结构完好的管道修复；

(3) 软管翻衬法（也称改进的内衬法）。该方法采用了复合增强聚酯纤维和热固型树脂，利用水压或气压翻衬，固化方式为热水或自然冷却；衬里厚度为 4～20mm，施工管径为 20～3000mm，一次施工长度可达 900m，最大施工压力为 1.72MPa，内衬层使用温度达 95℃；可适用于下水道、饮用水管道、油气输送管道以及化学工业的部分工艺管道等，其继续使用寿命可达 30 年以上。软管翻衬是当前公认的适用范围广、施工简便、辅助设施少、社会效益好、应用较广泛的方法。

具有我国独立知识产权和国际先进水平的翻衬法管道不开挖修复技术，是在借鉴国外工艺的基础上，结合我国埋地管道存在的管内多焊瘤、毛刺，旧管接口沉降错位，管壁厚度不均匀，管道内结污垢严重等常见问题，创造出的一整套适合国情的实用技术。这一技术的原理是利用现有的管道三通、阀门等地面开口，在不开挖地面的基础上，将具有防渗透耐蚀保护膜的复合纤维增强软管作为载体，浸渍环氧聚合物后，用水或气体作动力，将软管紧贴在旧管内，固化后在旧管内形成整体性强的光滑的管中管，达到对已遭腐蚀的管道进行修复，延长管道的使用寿命的目的。采用这种新技术，不仅不用大面积开挖地面，不会影响交通，而且明显地提高了管道的承压、减阻、阻垢、耐蚀等性能，强化了原管道的整体功能，修复后管道寿命可达 30 年以上，有着不可低估的社会和经济效益，特别是对环境保护也起到了积极作用。

对于工作压力不大于 0.4MPa 的在役城镇燃气输配管道，当采用插入法、折叠管内衬法、缩径内衬法、静压裂管法和翻转内衬法进行非开挖修复更新时，其设计、施工与验收应符合《城镇燃气管道非开挖修复更新工程技术规程》CJJ/T 147 的相关要求。

各种非开挖管线修复方法的比较见表 9-8-4。

各种非开挖管线修复方法的比较 **表 9-8-4**

施工方法	适用管径(mm)	最大管长(mm)	衬管材料	应用范围
原始固化法				
倒置法	100～2700	900	热固性树脂和纺织复合物	重力和压力管线
绞拉法	100～2700	100		
传统风衬法				
连续管	100～1600	300	PE,PP,PVC,EPDM	重力和压力管线
短管答	100～1400	300	PE,PP,PVC,GRP	重力和压力管线
缠绕法	100～2500	300	PE,PVC,PP,PVDF	重力管线
原位更换法				
爆管法	100～600	230	PE,PP,PVC,GRP	重力和压力管线
吃管法	600～900	100		
变形法				
折叠变形	50～600	450	HDPE,PVC	重力和压力管线
热拔变形	75～600	320	HDPE,MDPE	
冷轧法	75～600	320	HDPE,MDPE	
局部修复法	75～4500	150	环氧树脂、水泥灰浆、化学浆液	重力和压力管线
人井修复法	任何尺寸			下水道人井

注：PE-聚乙烯；PP-聚丙烯；PVC-聚氧乙烯；GRP-玻璃钢加强树脂（玻璃钢）；HDPE-高密度聚乙烯；MDPE-中密聚乙烯；PVDF-聚偏二氟乙烯；EPDM-丙烯乙脂三聚物。

各种非开挖管线修复方法的施工成本比较见图 9-8-4，图 9-8-5。

9.8.4 翻衬法管道内衬技术的指标及主要特点

1. 翻衬法管道修复技术主要工序

清管：采用机械工艺和水性清洗液，清除管内原油、结蜡结垢和除锈，达到管内壁

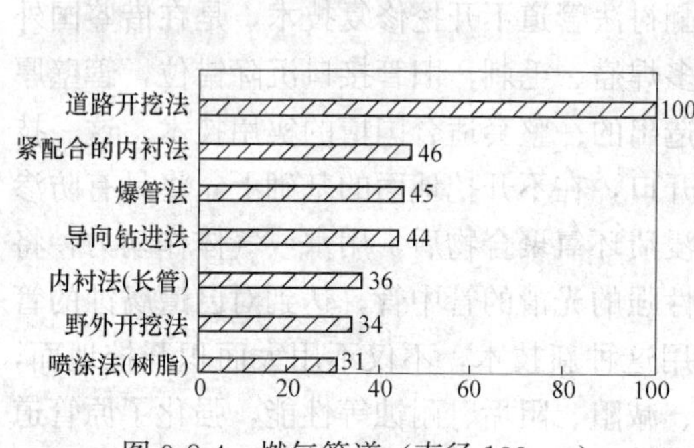

图 9-8-4　燃气管道（直径 100mm）的施工成本比较

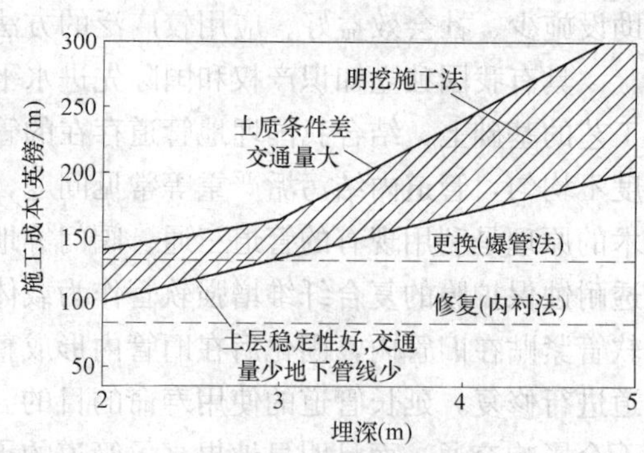

图 9-8-5　开挖施工和非开挖施工的成本比较（旧管的更换和修复）

60%见到金属为止。

CCTV 检查：采用 CCTV 管内摄录器检查清管和内衬层质量。

固化：采用加热或常温固化措施，使软管成为表面光滑而又坚硬的紧密贴在管内壁的管中管。

软管制作、基料配制及合成：采用具有知识产权的机电一体化翻衬机组实现高分子材料配比和软管输送速度自动化，保证软管厚度均匀且各项机械性能和技术指标达到设计要求。

端口处理：采用套袖式连管，保证端口的可靠性又不致于对内衬材料造成伤害。

试压连管：待完全固化后分段按管道施工规范进行试压，验收合格后连管投产。

2. 技术指标

可修复管径 50～1200mm；投资为新建钢质管的 60%以下；压力 0.6～10.5MPa；粗糙度≤5μm；介质为油气水或酸碱等腐蚀介质；内衬厚度 2～10mm；工作温度可达 95℃；线膨胀系数（1.5～1.7）$\times10^{-5}$ mm/(mm・K)；使用寿命 30～50 年；作业坑面积 2m×1.5m；可提高输送压力 3%～5%；一次翻衬长度 1000m 左右；可提高输量 10%；可选用无毒内衬材料满足食品级卫生要求；抗拉强度≥65MPa；抗弯强度≥90MPa；抗压强度≥110MPa；耐热性 105～130℃；击穿电压 3.5kV/mm。

3. 翻衬法管道内衬修复技术的主要特点

(1) 定点开挖且开挖量小，无污染，对周边环境影响小；

(2) 施工设备简单，周期短（塔里木轮南油田 6km 高压注水管线翻衬维修工程只用了 20 天）；

(3) 施工不受季节影响；

(4) 适用各类材质和形状的管线；

(5) 可提高管线的整体性能。如铸铁管道或混凝土管线承插接口的严密性得到增强，原已遭腐蚀的管道得到了补强，延长了使用寿命，增强了承压、减阻、阻垢、耐蚀的能力等。

4. 翻衬法管道内衬技术的优点及社会经济效益。

同其它管中管内衬技术（插入套管法和涂层内衬法）相比，翻衬法管道内衬技术的优势有：

作业坑小，造价低，施工周期短，对周边影响小，无污染；对管道变形和清管要求不高；内衬层薄；在管道错口处、弯头处也可施工；线膨胀系数接近钢质管道；可提高输量和输送压力、减缓结垢等。

按美国NACE的相关质量检验标准，在施工过程中对内衬材料造成的划痕深度不能超过10%，而翻衬法施工工艺的内衬管在没有固化前，翻衬进管内，衬管与钢管之间没有相对滑移现象，所以不存在划伤问题；加上选用以环氧基聚合物为骨架材料、施工膜采用耐油性能良好的聚酯型聚氨酯膜等材料和简便的施工工艺，使翻衬法管道内衬技术均能满足油田、石化和燃气领域的要求。

5. 翻衬法管道修复技术与其他修复方法比较

施工费用：小于60%。

施工时间：小于50%。

施工范围：定点开挖作业坑。

施工设备：施工器具较少。

施工材料：可在施工当日进入现场。

使用寿命：30年以上。

对周边环境影响：小。

适用管径：*DN*50以上，但*DN*300以上经济性更好。

一次施工长度：长。

适用管材：各类管材。

工程意外：无。

环境污染：无尘土、噪声、破坏植被等。

由此可见，对于主要道路、河流及对周边环境影响较大的改造路段，翻衬法管线非开挖修复技术较为简便。

9.8.5 其他非开挖管道更换与修复方法

随着城市现代化建设的不断深入，市政管线形成庞大的地下管网系统。为满足城市现代化发展的需求，需要对已到使用期限和不能满足需要的管线进行修复或更换。目前已有各种方法应用于市政管线的更换与修复，但适于燃气管线的原位更换修复的其他方法有：

9.8.5.1 爆管法

爆管法又称碎管法或胀管法，该法是使用爆管工具从进口工作坑进入旧管管口，在动力作用下挤碎旧管，并用扩管器将旧管的碎片挤入旧管周围的土层中，同时牵引等口径或更大口径的新管即时取代旧管的位置，以达到更换旧管的目的。按照爆管工具的不同，又可将爆管法分为气动爆管法、液动爆管法和切割爆管法。

爆管法的优缺点：

(1) 非开挖施工不影响地面交通和环境，破除旧管与更换新管一次完成；

(2) 可保持或增加原管道的输送能力；

(3) 可利用现有管道的阀井作为工作坑，施工速度快、对地表干扰少；

(4) 可能引起相邻管线的损坏，不适合于弯管的更换；

(5) 分支管的连接点需开挖进行；

（6）旧管碎片的去向混乱，可能影响新管的使用寿命。

9.8.5.2 挤压涂衬法

管道内挤压涂衬工艺过程是由冲洗、除油、干燥、喷砂（或机械清理）、化学清理、涂料选择制备及挤压施衬等部分构成。其中表面处理准备部分（喷砂清理除外）是利用专门规格的清管器并分别在混合去垢剂、表面除油剂、干燥氮气、15%浓盐酸的作用下完成。通常选择流动性能好、粘结性强且在施衬后不会出现流淌的涂料。在挤压涂层后，要求涂料能完全填满管线腐蚀坑点，并全部固化。

挤压涂衬法优缺点：

（1）性能可靠、进行稳定和涂层光滑；

（2）表面准备、涂料选择制备和挤压过程要求严格；

（3）仅限于同一直径的管道，若管线连接有异径管、阀门、三通等管件，需卸掉管件用临时短管替代并更换清管器规格。

9.9 本章有关标准规范

《钢铁产品牌号表示方法》GB/T 221

《钢及钢产品 交货一般技术要求》GB/T 17505

《碳素结构钢》GB/T 700

《优质碳素结构钢》GB/T 699

《合金结构钢》GB/T 3077

《耐热钢棒》GB/T 1221

《碳素结构钢冷轧薄钢板及钢带》GB/T 11253

《优质碳素结构钢冷轧钢板和钢带》GB/T 13237

《优质碳素结构钢热轧厚钢板和钢带》GB/T 711

《优质碳素结构钢和低合金结构钢热轧钢板和钢带》GB/T 3274

《优质碳素结构钢热轧钢带》GB/T 8749

《锅炉和压力容器用钢板》GB 713

《管道工程用无缝及焊接钢管尺寸选用规定》GB/T 28708

《输送流体用无缝钢管》GB/T 8163

《低中压锅炉用无缝钢管》GB 3087

《高压锅炉用无缝钢管》GB/T 5310

《高压化肥设备用无缝钢管》GB 6479

《石油裂化用无缝钢管》GB 9948

《石油天然气工业 管线输送系统用钢管》GB/T 9711

《低压流体输送用焊接钢管》GB/T 3091

《普通流体输送管道用直缝高频焊钢管》SY/T 5038

《普通流体输送管道用埋弧焊钢管》SY/T 5037

《流体输送用不锈钢无缝钢管》GB/T14976

《锅炉、热交换器用不锈钢无缝钢管》GB 13296

《流体输送用不锈钢焊接钢管》GB/T 12771

《奥氏体不锈钢焊接钢管选用规定［合订本］》HG 50237.1～50237.4

《燃气用埋地聚乙烯（PE）管道系统　第1部分：管材》GB 15558.1

《燃气用埋地聚乙烯（PE）管道系统　第2部分：管件》GB 15558.2

《燃气用埋地聚乙烯（PE）管道系统　第3部分：阀门》GB 15558.3

《燃气用聚乙烯管道系统的机械管件　第1部分：公称外径不大于63mm的管材用钢塑转换管件》GB 26255.1

《燃气用聚乙烯管道系统的机械管件　第2部分：公称外径大于63mm的管材用钢塑转换管件》GB 26255.2

《水及燃气用球墨铸铁管、管件和附件》GB/T 13295

《城镇燃气管道非开挖修复更新工程技术规程》CJJ/T 147

《埋地钢骨架聚乙烯复合管燃气管道工程技术规程》CECS131

《钢制阀门　一般要求》GB/T 12224

《通用阀门　球墨铸铁件技术条件》GB/T 12227

《石油天然气工业　管道输送系统 管道阀门》GB/T 20173

《石油、天然气工业用螺柱连接阀盖的钢制闸阀》GB/T 12234

《石油、石化及相关工业用钢制截止阀和升降式止回阀》GB/T 12235

《石油、化工及相关工业用的钢制旋启式止回阀》GB/T 12236

《石油、石化及相关工业用的钢制球阀》GB/T 12237

《工业阀门　安装使用维护　一般要求》GB/T 24919

《阀门的检验和试验》GB/T 26480

《低温阀门技术条件》GB/T 24925

《液化天然气阀门　技术条件》JB/T 12621

《液化天然气用阀门　性能试验》JB/T 12622

《液化天然气用蝶阀》JB/T 12623

《液化天然气用截止阀、止回阀》JB/T 12624

《液化天然气用球阀》JB/T 12625

《液化天然气用闸阀》JB/T 12626

《低温介质用紧急切断阀》GB/T 24918

《偏心半球阀》GB/T 26146

《球阀球体　技术条件》GB/T 26147

《安全阀　一般要求》GB/T 12241

《弹簧直接载荷式安全阀》GB/T 12243

《先导式安全阀 》GB/T 28778

《低温介质用弹簧直接载荷式安全阀》GB/T 29026

《燃气输送用金属阀门》CJ/T 514

《紧固件机械性能　螺栓、螺钉和螺柱》GB/T 3098.1

《紧固件机械性能　螺母》GB/T 3098.2

《紧固件机械性能　紧定螺钉》GB/T 3098.3

《紧固件机械性能 不锈钢螺栓、螺钉和螺柱》GB/T 3098.6

《紧固件机械性能 −200℃～+700℃使用的螺栓连接零件》GB/T 3098.8

《紧固件机械性能 有效力矩型钢锁紧螺母》GB/T 3098.9

《紧固件机械性能有色金属制造的螺栓、螺钉、螺柱和螺母》GB/T 3098.10

《紧固件机械性能 不锈钢螺母》GB/T 3098.15

《紧固件机械性能蝶形螺母 保证扭矩》GB/T 3098.20

《紧固件公差 螺栓、螺钉、螺柱和螺母》GB/T 3103.1

《紧固件公差 用于精密机械的螺栓，螺钉和螺母》GB/T 3103.2

《紧固件公差 平垫圈》GB/T 3103.3

《紧固件公差 −200℃～+700℃使用的螺栓-螺母连接副》GB/T 3103.4

参考文献

[1] 孙逊. 聚烯烃管道 [M]. 北京：化学工业出版社，2002.

[2] 岳进才. 压力管道技术 [M]. 北京：中国石化出版社，2000.

[3] 叶建良等. 非考挖铺设地下管线施工技术与实践 [M]. 武汉：中国地质大学出版社，2000.

[4] 颜纯文等. 非开挖敷设地下管线工程技术 [M]. 上海：上海科学技术出版社 . 2005.

第 10 章　管道防腐层与电保护

10.1　腐蚀类型与腐蚀评价

10.1.1　腐蚀定义与类型

金属材料受周围介质的化学或电化学作用并在物理因素和生物因素综合作用下而发生的损坏，称为金属腐蚀。其中金属的锈蚀是最常见的腐蚀形态，金属在腐蚀过程中所发生的化学变化，本质上讲即金属单质被氧化形成化合物。

国际标准化组织（ISO）对腐蚀所作的定义为："金属与环境的物理-化学的相互作用，造成金属性能的改变，导致金属、环境或由其构成的一部分技术体系功能的损坏。"

(1) 腐蚀类型，从腐蚀的形貌上划分

① 全面腐蚀（也称整体腐蚀）：是指与环境相接触的材料表面均因腐蚀而受到损耗。腐蚀的结果使金属表面以近似相同的速率变薄，重量减轻。

② 局部腐蚀：是指腐蚀的发生局限在结构的特定区域或部位上。局部腐蚀可分为：点蚀、缝隙腐蚀、浓差腐蚀电池、电偶腐蚀、晶间腐蚀、应力腐蚀、选择性腐蚀、磨损腐蚀、氢腐蚀等 9 种。

(2) 腐蚀类型，从腐蚀反应的机理划分

① 化学腐蚀：是指金属和非电解质直接发生纯化学作用而引起的金属损耗，如金属的高温氧化。

② 电化学腐蚀：是指金属和电解质发生电化学作用而引起的金属损耗。如金属在水溶液（包括土壤）中的腐蚀。电化学腐蚀是最为普遍的腐蚀现象。

(3) 按腐蚀的环境分类划分

大气腐蚀，海水腐蚀，土壤腐蚀及化学介质腐蚀。

10.1.2　腐蚀控制要求

管道腐蚀控制工程应贯穿于从基于材料和防护措施的设计、选择到施工、调试、验收、运维、评估、退役全生命周期，并应执行国家标准《腐蚀控制工程全生命周期管理工作指南》GB/T 37590、《管道腐蚀控制工程全生命周期 通用要求》GB/T 37190、《腐蚀控制工程全生命周期 风险评价》GB/T 37183 的规定。

防腐要求是针对腐蚀可能发生的类型提出控制腐蚀的技术与方法。通常在腐蚀控制过程中，抓好腐蚀控制的设计、施工、运行管理三个关键环节。

对于金属燃气管道的腐蚀控制要求包括合理的设计，正确选用金属材料，改变腐蚀环境，采用耐腐蚀覆盖层，电化学保护以及采用耐腐蚀非金属材料代替金属材料。

（1）合理设计。进行整体设计时，应尽量考虑消除或减少腐蚀条件的出现。如管道焊接，焊条应采用电位更正的金属。负载应力或残余应力可能引起应力腐蚀时，应降低负载应力或消除残余应力。不同金属材料连接时，应尽量采用电位相近的金属。

（2）正确选用金属材料。

10.1.3 腐蚀电化学机理

金属在水溶液或土壤中的腐蚀属于电化学腐蚀，其发生的腐蚀反应特征如下：

（1）金属和电解液之间存在荷电界面；

（2）正电荷由金属向溶液转移，与此同时，金属被氧化至高的价态；

（3）正电荷由溶液向金属转移时，溶液中的某种物质（电子的受体）被还原至较低的价态；

（4）电荷通过溶液和受腐蚀的金属完成转移过程。

在反应过程中，金属本身就是反应物，被氧化至较高价态（失去电子），而存在于溶液或土壤中的其他反应物，即电子的受体，被还原至较低的价态（获得电子），这正是金属腐蚀电化学原理的概括。

反应式如下：

$$2Fe+H_2O+\frac{3}{2}O_2 \longrightarrow Fe_2O_3 \cdot H_2O$$

有关腐蚀的研究表明，腐蚀反应的自由能（ΔG）变化可以作为反应自发趋势以及反应进行到何种程度的量度。如果 $\Delta G \ll 0$，腐蚀反应趋势是高的；如果 $\Delta G > 0$，金属将是稳定的；如果 $\Delta G = 0$，反应体系处于平衡，正向反应和负向反应均不能进行。另外，腐蚀反应的动力学因素影响往往超过腐蚀反应的热力学因素影响。

10.1.4 土壤腐蚀性评价与电流干扰评价

10.1.4.1 土壤腐蚀性评价

（1）土壤腐蚀性应采用检测管道钢在土壤中的腐蚀电流密度和平均腐蚀速率判定。土壤腐蚀性评价指标应符合表10-1-1的规定。

土壤腐蚀性评价 表10-1-1

指标	级别				
	极轻	较轻	轻	中	强
腐蚀电流密度（$\mu A/cm^2$）	<0.1	0.1～<3	3～<6	6～9	≥9
平均腐蚀速率[$g/(dm^2 \cdot a)$]	<1	1～3	3～5	5～7	>7

（2）在土壤层未遭到破坏的地区，可采用土壤电阻率指标判定土壤腐蚀性。土壤电阻率腐蚀性评价指标应符合表10-1-2的规定。

一般地区土壤腐蚀性评价 表10-1-2

指标	级别		
	轻	中	强
土壤电阻率（Ω·m）	>50	20～50	<20

（3）当存在细菌腐蚀时，应采用土壤氧化还原电位指标判断土壤腐蚀性。土壤细菌腐

蚀性评价指标应符合表 10-1-3 的规定。

土壤细菌腐蚀性评价指标 表 10-1-3

指　标	级　别			
	轻	中	较强	强
氧化-还原电位(mV)	≥400	200～＜400	100～＜200	＜100

10.1.4.2 干扰评价

1. 直流干扰评价

埋地钢质管道直流干扰评价应执行国标《埋地钢质管道直流干扰防护技术标准》GB 50991 并应符合下列规定：

(1) 管道受直流干扰程度应采用管地电位正向偏移指标或土壤电位梯度指标判定；

(2) 直流干扰程度评价指标应符合表 10-1-4 的规定；当管地电位正向偏移值难以测取时，可采用土壤电位梯度指标评价，杂散电流强弱程度的评价指标应符合表 10-1-5。

直流干扰程度评价指标 表 10-1-4

指　标	级　别		
	弱	中	强
管地电位正向偏移值(mV)	＜20	20～200	＞200

杂散电流强弱程度的评价指标 表 10-1-5

指　标	级　别		
	弱	中	强
土壤电位梯度(mV/m)	＜0.5	0.5～5.0	＞5.0

(3) 当管道任意点的管地电位较该点的自腐蚀电位正向偏移大于 20mV 或管道附近土壤电位梯度大于 0.5mV/m 时，可确认管道受到直流干扰；

(4) 当管道任意点的管地电位较自腐蚀电位正向偏移大于 100mV 或管道附近土壤电位梯度大于 2.5mV/m 时，应采取防护措施。

(5) 已投运阴极保护的管道，当干扰导致管道不满足保护准则时，应及时采取干扰防护措施。

(6) 可根据干扰程度和受干扰位置随时间变化的情况，判断干扰的形式属于动态干扰还是静态干扰。

2. 交流干扰评价

当埋地钢质管道上的交流干扰电压高于 4V 时，应进行评价，埋地钢质管道交流干扰评价应执行国标《埋地钢质管道交流干扰防护技术标准》GB/T 50698，并且符合下列规定：

(1) 交流电流密度可通过测量获得，其测量方法应符合国家相关标准的规定；

(2) 交流电流密度也可以按下式计算得出：

$$J_{AC}=8V/\rho\pi d \tag{10-1-1}$$

式中 J_{AC}——评估的交流电流密度，A/m^2；

V——交流干扰电压有效值的平均值，V；

ρ——土壤电阻率，Ω·m，ρ 值应取交流干扰电压测试时测试点处与管道埋深相同的土壤电阻率实测值；

d——破损点直径，m，d 值按发生交流腐蚀最严重考虑，取 0.0113。

(3) 交流干扰评价应符合下列规定：

① 管道受交流干扰程度判断指标可按表10-1-6进行判定。

交流干扰程度判断指标 表10-1-6

指标	级别		
	弱	中	强
交流电流密度(A/m^2)	<30	30～100	>100

② 当交流干扰程度判断为“强”时，应采取防护措施；当判定为“中”时，宜采取防护措施；当判定为“弱”时，可不采取防护措施。

10.1.4.3 防干扰距离

埋地管道与架空输电线路的距离宜符合下列要求：

(1) 在开阔地区，埋地管道与高压交流输电线路塔杆基脚间控制的最小距离不宜小于杆塔高度；

(2) 在路径受限地区，埋地管道与高压交流输电线路的各种接地装置之间的水平距离不宜小于表10-1-7的规定。在采取故障屏蔽、接地、隔离等防护措施后，表10-1-7规定的距离可适当减小。

埋地管道与交流接地体的最小距离 表10-1-7

电压等级(kV)	≤220	330	500
铁塔或电杆接地(m)	5.0	6.0	7.5

(3) 直埋电缆不应沿埋地管道的正上方或正下方敷设。埋地管道与直埋敷设电缆之间容许的最小距离应满足表10-1-8的要求。水下的电缆与管道之间的水平距离不宜小于50m，受条件限制时不得小于15m。

埋地管道与直埋敷设电缆之间容许的最小距离 表10-1-8

管道类别	平行	交叉
热力管沟	2m[a]	0.5m[b]
油管或易燃气管道	1m	0.5m[b]
其他管道	0.5m	0.5m[b]

[a] 特殊情况可酌减且最多减少一半值。

[b] 用隔板分隔或电缆穿管时可为0.25m。

10.1.4.4 管道防腐层、阴极保护及腐蚀损伤评价

埋地钢质管道外腐蚀控制，防腐层评价、阴极保护评价与管道腐蚀损伤评价，应执行国家与行业标准《钢质管道外腐蚀控制规范》GB/T 21447，《埋地钢质管道阴极保护技术规范》GB/T 21448、《耐蚀涂层腐蚀控制工程全生命周期要求》GB/T 37595和《城镇燃气埋地钢质管道腐蚀控制技术规程》CJJ95的相关规定。穿越区段的钢质管道外腐蚀控制尚应符合行业标准《穿越管道防腐层技术规范》SY/T 7368的要求。

10.2 管壁外防腐

10.2.1 防腐材料类型

为减少电化学腐蚀对埋地钢质管道外壁的腐蚀，通常采用外涂层方法减少或阻断腐蚀电流，进而减缓腐蚀的发生。目前，用于埋地钢质管道的外防腐层主要有：石油沥青、煤焦油瓷漆（树脂）、环氧煤沥青、熔结环氧粉末、挤压聚乙烯（二层/三层 PE）、聚乙烯胶粘带、多层矿脂包覆系统、厚质改性环氧材料等 8 种。

管道防腐层宜采用挤压聚乙烯防腐层、熔结环氧粉末防腐层、双层环氧防腐层等，普通级和加强级的防腐层基本结构应符合表 10-2-1 的规定。

下列情况应按表 10-2-1 采用加强级防腐层结构：

（1）高压、此高压、中压管道和公称直径大于或等于 200mm 的低压管道；

（2）穿越河流、公路、铁路的管道；

（3）有杂散电流干扰及存在细菌腐蚀的管道；

（4）需要特殊防护的管道。

防腐层基本结构 **表 10-2-1**

防腐层	基本结构	
	普通级	加强级
挤压聚乙烯防腐层	≥120μm 环氧粉末 +≥170μm 胶粘剂 +1.8～3.0mm 聚乙烯	≥120μm 环氧粉末 +≥170μm 胶粘剂 +2.5～3.7mm 聚乙烯
熔结环氧粉末防腐层	≥300μm 环氧粉末	≥400μm 环氧粉末
双层环氧防腐层	≥250μm 环氧粉末+ ≥370μm 改性环氧	≥300μm 环氧粉末 +≥500μm 改性环氧

外防腐管在现场焊接后、回填前应进行防腐层补口。管道补口防腐层及扣补口材料应与主体防腐层匹配，并应考虑输送介质温度、管道沿线环境特点等因素通过技术经济比较确定。补口材料选择可参考《管道外防腐补口技术规范》GB/T 51241 中 4.0.1 和 4.0.2 的相关要求。

1. 防腐材料的选择原则

（1）电性能。要求材料绝缘电阻高，绝缘性好；

（2）化学性能。化学性质稳定，在酸、碱、盐等化学介质的作用下，不易变质失效；

（3）机械性能。机械强度高，粘结力大，抗冲击，抗土壤应力，施工中不易损伤；

（4）抗阴极剥离性能好，能与电法保护长期配合使用；

（5）抗微生物侵蚀；

（6）抗老化，寿命长久；

（7）施工方法简单，易施工易修补；

（8）对环境无污染，经济、价廉。

2. 防腐材料质量指标

（1）石油沥青

管道输送介质温度不超过 80℃时，所用的管道防腐石油沥青的质量指标如表 10-2-2。

管道防腐石油沥青质量指标 **表 10-2-2**

项目	质量指标	试验方法
针入度(25℃100g)(0.1mm)	5～20	GB/T 4509
延度(25℃)(cm)	≥1	GB/T 4508
软化点(环球法)(℃)	≥125	GB/T 4507
溶解度(苯)(%)	>99	GB/T 11148

续表

项目	质量指标	试验方法
闪点(开口)(℃)	260≥	GB 267
水分	痕迹	GB/T 260
含蜡量(%)	≤7	

当管道输送介质温度低于51℃时，可采用10号建筑石油沥青，其质量指标应符合《建筑石油沥青》GB/T 494的相关规定。

中碱玻璃布应为网状平纹布，布纹两边宜为独边，玻璃布经纬密度应均匀，宽度应一致，不应有局部断裂和破洞。聚氯乙烯工业膜不得有局部断裂、起皱和破洞，幅宽宜与玻璃布相同。中碱玻璃布和聚氯乙烯工业膜的性能规格如表10-2-3～表10-2-6规定。

中碱玻璃布性能及规格　表10-2-3

<table>
<tr><td rowspan="2">项目</td><td rowspan="2">含碱量(%)</td><td colspan="2">原纱号数×股数(公股支数/股数)</td><td colspan="2">单纤维公称直径(μm)</td><td rowspan="2">厚度(mm)</td><td colspan="2">密度(根/cm)</td><td rowspan="2">长度(m)</td></tr>
<tr><td>经纱</td><td>纬纱</td><td>经纱</td><td>纬纱</td><td>经纱</td><td>纬纱</td></tr>
<tr><td>性能及规格</td><td>不大于12</td><td>22×8
(45.4/8)</td><td>22×2
(45.4/2)</td><td>7.5</td><td>7.5</td><td>0.100±0.010</td><td>8±1
(9±1)</td><td>8±1
(9±1)</td><td>200～250
(带轴芯
φ40×3mm)</td></tr>
<tr><td>试验方法</td><td colspan="9">按照如下国家标准执行。
《玻璃纤维毡试验方法　第1部分:苯乙烯溶解度的测定》GB/T 6006.1。
《玻璃纤维毡试验方法　第2部分:拉伸断裂强力的测定》GB/T 6006.2。
《玻璃纤维毡试验方法　第3部分:厚度的测定》GB/T 6006.3。
《增强材料　机织物试验方法　第1部分:厚度的测定》GB/T 7689.1。
《增强材料　机织物试验方法　第2部分:经、纬密度的测定》GB/T 7689.2。
《增强材料　机织物试验方法　第3部分:宽度和长度的测定》GB/T 7689.3。
《增强材料　机织物试验方法　第4部分:弯曲硬挺度的测定》GB/T 7689.4。
《增强材料　机织物试验方法　第5部分:玻璃纤维拉伸断裂强力和断裂伸长的测定》GB/T 7689.5。
《增强材料　纱线试验方法　第1部分:线密度的测定》GB/T 7690.1。
《增强材料　纱线试验方法　第2部分:捻度的测定》GB/T 7690.2。
《增强材料　纱线试验方法　第3部分:玻璃纤维断裂强力和断裂伸长的测定》GB/T 7690.3。
《增强材料　纱线试验方法　第4部分:硬挺度的测定》GB/T 7690.4。
《增强材料　纱线试验方法　第5部分:玻璃纤维纤维直径的测定》GB/T 7690.5。
《增强材料　纱线试验方法　第6部分:捻度平衡指数的测定》GB/T 7690.6。</td></tr>
</table>

注：玻璃布的包装均应有防潮措施。

不同气温条件下使用的玻璃布经纬密度　表10-2-4

施工气温(℃)	玻璃布经纬密度(根×根/cm²)	施工气温(℃)	玻璃布经纬密度(根×根/cm²)
<25	(8±1)×(8±1)	≥25	(9±1)×(±1)

玻璃布宽度　表10-2-5

管外径(mm)	玻璃布宽度(mm)	管外径(mm)	玻璃布宽度(mm)
>720	>600	245～426	300～400
630～720	500～600	≤219	≤200
426～630	400～500		

聚氯乙烯工业膜性能指标　表10-2-6

项　目	性能指标	试验方法
拉伸强度(纵、横)(MPa)	≥14.7	GB/T 1040
断裂伸长率(纵、横)(%)	≥200	GB/T 1040
耐寒性(℃)	≤-30	见GB/T 1040标准附录B

续表

项目	性能指标	试验方法
耐热性(℃)	≥70	见GB/T 1040标准附录C
厚度(mm)	0.2±0.03	千分尺(千分表)测量
长度(m)	200～250(带芯轴ϕ40×3)	—

注：1. 耐热试验要求：101℃±1℃，7d伸长率保留75%。
2. 施工期间月平均气温高于－10℃时，无耐寒性要求。
3. 表中引用标准全称为《塑料 拉伸性能的测定》GB/T 1040，工业膜性能指标尚可执行《软聚氯乙烯压延薄膜和片材》GB/T 3830的相关规定。

石油沥青防腐层防腐效果优异，价格低廉，但石油沥青吸水率高，不宜在高水位或沼泽地带使用。施工现场的环境温度，熬制沥青的温度和涂敷时间间隔等因素控制不好，都会影响质量。此外，由于土壤应力的影响，管道防腐层表面会出现深浅不一的凹坑。由于新型管道防腐材料的出现及环保要求，20世纪90年代起已很少使用石油沥青防腐层。

(2) 煤焦油瓷漆

煤焦油瓷漆是一种经济有效的防腐材料，已广泛的应用于保护埋地管道，但生产和施工中对环境有一定程度的污染，因而限制了其扩大应用。煤焦油瓷漆的技术标准可参照《埋地钢质管道煤焦油瓷漆外防腐层技术规范》SY/T 0379相关要求。

煤焦油瓷漆防腐材料是由底漆、煤焦油瓷漆、内缠带、外缠带、补口和修补用热缠带和施工时的附加保护材料等组成。煤焦油瓷漆配套底漆应采用合成底漆，煤焦油瓷漆分为A、B、C三种型号，其性能应符合表10-2-7的规定。

煤焦油瓷漆技术指标 **表10-2-7**

序号	项目	单位	指标			测试方法
			A	B	C	
1	软化点(环球法)	℃	104～116	104～116	120～130	GB/T 4507
2	针入度(25℃;100g;5s)	10^{-1}mm	10～20	5～10	1～9	SY/T 0379
3	针入度(46℃;50g;5s)	10^{-1}mm	15～55	12～30	3～16	SY/T 0379
4	灰分(质量)	%	25～35			SY/T 0379
5	相对密度(天平法)	25℃	1.4～1.6			GB/T 4472
6	填料筛余物(ϕ200×50/0.063 GB/T 6003.1试验筛)(质量)	%	≤10			GB/T 5211.18

煤焦油瓷漆的性能及煤焦油底漆和瓷漆的组合技术指标、内外缠带的技术指标如表10-2-8、表10-2-9要求。

缠带技术指标 **表10-2-8**

序号	项目		单位	指标		测试方法
				内缠带	外缠带	
1	单位面积质量		g/m²	≥40	580～730	SY/T 0379
2	厚度		mm	≥0.33	≥0.76	GB/T 451.3
3	拉伸强度	纵向	N/m	≥2280	6130	SY/T 0379
		横向	N/m	≥700	≥4730	

续表

序号	项目		单位	指标		测试方法
				内缠带	外缠带	
4	柔韧性			通过	通过	SY/T 0379
5	加热失重		%	—	≤2	SY/T 0379
6	撕裂强度	纵向	g	≥100	—	GB/T 16578.2
		横向	g	≥100	—	
7	透气性		Pa	5.5～18.9	—	SY/T 0379

煤焦油瓷漆和底漆组合技术指标　　表 10-2-9

序号	项目		单位	指标			测试方法
				A	B	C	
1	流淌	(71℃;90°;24h)	mm	≤1.6	≤1.6	—	SY/T 0379
		(80℃;90°;24h)	mm	—	—	≤1.5	
2	剥离试验			无剥离	无剥离	—	SY/T 0379
3	低温开裂试验	(−29℃)		合格	—	—	SY/T 0379
		(−23℃)		—	合格	—	
		(−20℃)		—	—	合格	
4	冲击试验(25℃,剥离面积)		10^4mm^2	≤0.65	≤1.03	—	SY/T 0379

煤焦油瓷漆防腐层对温度比较敏感，施工熬制和浇涂的过程中容易溢出有害物质，对环境和人体健康有影响。所以，它的应用受到了一定局限性，20世纪90年代后期，由于环境保护因素，国内已经很少使用。

(3) 环氧煤沥青

环氧煤沥青是由精制的煤沥青制造，加入低分子量树脂、蒽油和云母粉，增加了涂料的绝缘性。环氧煤沥青防腐涂料是双组分涂料，其质量关键是环氧煤沥青树脂含量最少不应低于25%。

环氧煤沥青涂料的技术指标、漆膜技术指标与防腐层技术指标如表10-2-10～表10-2-12的规定。

甲组分技术指标　　表 10-2-10

序号	项目		指标		试验方法
			底漆	面漆	
1	黏度(涂-4 黏度计)	常温型	60～100	80～150	GB/T 1723
		低温型	40～80	50～120	
2	细度(μm)		≤80	≤80	GB/T 1724
3	固体含量(%)	常温型	≥70	≥80	GB/T 1725
		低温型		≥75	

注：厚浆型涂料面漆黏度大于150s时，应建立相应的黏度测量方法。

漆膜技术指标 **表 10-2-11**

<table>
<tr><th rowspan="2">序号</th><th rowspan="2" colspan="3">项 目</th><th colspan="2">指标</th><th rowspan="2">试验方法</th></tr>
<tr><th>底漆</th><th>面漆</th></tr>
<tr><td rowspan="4">1</td><td rowspan="4">干燥时间
(25℃±1℃)(h)</td><td rowspan="2">表干</td><td>常温型</td><td>≤1</td><td>≤4</td><td rowspan="4">GB/T 1728</td></tr>
<tr><td>低温型</td><td>≤0.5</td><td>≤3</td></tr>
<tr><td rowspan="2">实干</td><td>常温型</td><td>≤6</td><td>≤16</td></tr>
<tr><td>低温型</td><td>≤3</td><td>≤8</td></tr>
<tr><td>2</td><td colspan="3">颜色及外观</td><td>红棕色、无光</td><td>黑色、无光</td><td>目测</td></tr>
<tr><td>3</td><td colspan="3">附着力(级)</td><td>1</td><td>1</td><td>GB/T 1720</td></tr>
<tr><td>4</td><td colspan="3">柔韧性(mm)</td><td>≤2</td><td>≤2</td><td>GB/T 1731</td></tr>
<tr><td>5</td><td colspan="3">耐冲击(cm)</td><td>≥50</td><td>≥50</td><td>GB/T 1732</td></tr>
<tr><td>6</td><td colspan="3">硬度</td><td>≥0.4</td><td>≥0.4</td><td>GB/T 1730</td></tr>
<tr><td rowspan="3">7</td><td rowspan="3">耐化学试剂性</td><td colspan="2">10% H_2SO_4
(室温,3d)</td><td colspan="2">漆膜完整、不脱落</td><td rowspan="3">GB/T 1766</td></tr>
<tr><td colspan="2">10%NaOH
(室温,3d)</td><td colspan="2">漆膜无变化</td></tr>
<tr><td colspan="2">10%NaCl
(室温,3d)</td><td colspan="2">漆膜无变化</td></tr>
</table>

注：漆膜应先按《管道防腐层检漏试验方法》SY/T 0063 的方法 A 进行湿海绵低压检漏，无漏点试件方可进行试验。

防腐层技术指标 **表 10-2-12**

序号	项 目	指标	序号	项 目	指标
1	剪切粘结强度(MPa)	≥4	5	吸水率(25℃,24h)(%)	≤0.4
2	阴级剥离(级)	1~3	6	耐油性(煤油、室温,7d)	通过
3	工频电气强度(MV/m)	≥20	7	耐沸水性(24h)	通过
4	体积阻率(Ω·m)	$\geqslant 1\times10^{10}$			

采用玻璃布作防腐层加强基布时，宜选用经纬密度为（10×10）根/cm^2、厚度为0.10~0.12mm、中碱（碱量不超过 12%）、无捻、平纹、两边封边、带芯轴的玻璃布卷。不同管径适宜的玻璃布宽度见表 10-2-13。

玻璃布宽度 **表 10-2-13**

管径 *DN*(mm)	≤250	250~500	≥500
布宽(mm)	100~250	400	500

由于近年来新型、性能优异防腐材料的出现以及环境保护要求日益严格，新建管道已基本上不再采用沥青类防腐层。

(4) 熔结环氧粉末

熔结环氧粉末为热固性涂料，采用静电喷涂法附着在加热的钢管外表面，熔融固化，形成坚固的防腐涂层。环氧粉末外涂层技术质量标准可参照《钢质管道熔结环氧粉末内防腐层技术标准》SY/T 0442的相关要求。

环氧粉末涂料由固体环氧树脂、固化剂、流平剂、颜料、填料等组成，经混合、预熔挤压、粉碎、筛分得到环氧粉末涂料。

管道外涂层用环氧粉末的性能指标如表10-2-14所示。

环氧粉末的性能　　**表10-2-14**

试验项目		质量指标
外观		色泽均匀，无结块
固化时间(min)	180℃	≤5
	230℃	≤1.5
胶化时间(s)	180℃	≤90
	230℃	≤30
热特性		符合环氧粉末生产厂给定特性
不挥发物含量(%)		≥99.4
粒度分布(%)		150μm筛上粉末≤3.0 250μm筛上粉末≤0.2
密度(g/cm³)		1.3～1.5
磁性物含量(%)		≤0.002

熔结环氧粉末涂层涂敷前，应通过涂敷试件对涂层的24h阴极剥离、抗3°弯曲、抗1.5J冲击及附着力等性能测试，对实验室涂敷试件进行的测试结果应符合表10-2-15的规定。

实验室试件的涂层质量要求　　**表10-2-15**

试验项目	质量指标
外观	平整、色泽均匀、无气泡、开裂及缩孔，允许有轻度桔皮状花纹
24或48h阴极剥离(mm)	≤8
28d阴极剥离(mm)	≤10
耐化学腐蚀	合格
断面孔隙率(级)	1～4
粘结面孔隙率(级)	1～4
抗3°弯曲	无裂纹
抗1.5J冲击	无针孔
热特性	符合环氧粉末生产厂给定特性
电热强度(MV/m)	≥30
体积电阻率(Ω·m)	$\geqslant 1\times10^{13}$
附着力(级)	1～3
耐磨性(落砂法)(L/μm)	≥3

熔结环氧粉末防腐层具有粘结力强、硬度高、表面光滑、不易腐蚀和磨损、抗阴极剥离等优点。但它也存在一些自身的缺点，如防水性较差，不耐尖锐硬物的冲击碰撞，施工

运输过程中很难保证涂层不被破坏，现场修补困难，涂覆工艺严格等。

（5）挤压聚乙烯（二层/三层 PE）

挤压聚乙烯防腐层分二层结构和三层结构（俗称二层 PE、三层 PE）二层结构的底层为胶粘剂，外层为聚乙烯；三层结构的底层为环氧粉末涂料，中间层为胶粘剂，外层为聚乙烯。

挤压聚乙烯防腐层的厚度应符合表 10-2-16 的规定。焊缝部位防腐层的厚度不应小于表 10-2-16 规定值的 70%。

挤压聚乙烯防腐层的厚度 **表 10-2-16**

钢管公称直径 DN(mm)	环氧粉末涂层 (μm)	胶粘剂层 (μm)	防腐层最小厚度(mm)	
			普通级(G)	加强级(S)
DN≤100	≥800	170～250	1.8	2.5
100＜DN≤250			2.0	2.7
100＜DN＜500			2.2	2.9
500≤DN＜800			2.5	3.2
DN≥800			3.0	3.7

注：要求防腐层机械强度高的地区，规定使用加强级；一般情况采用普通级。

聚乙烯层的性能检测与聚乙烯防腐层性能指标检测应符合表 10-2-17、表 10-2-18 的规定。

聚乙烯层的性能指标 **表 10-2-17**

序号	项　目		性能指标
1	拉伸强度	轴向(MPa)	≥20
		周向(MPa)	≥20
		偏差(%)①	≤15
2	断裂伸长率(%)		≥600
3	耐环境应力开裂(F50)(h)		≥1000
4	压痕强度(mm)	23±2℃	≤0.2
		50±2℃或70±2℃②	≤0.3

① 偏差为轴向和周向拉伸强度的差值与两向中较低者之比。

② 常温型：试验条件为 50℃±2℃；高温型：试验条件为 70℃±2℃。

防腐层的性能指标 **表 10-2-18**

序号	项　目		性能指标	
			二层	三层
1	剥离强度(N/cm)	20±5℃	≥70	≥100
		50±5℃	≥35	≥70
2	阴极剥离(65℃,48h)(mm)			≤8
3	冲击强度(J/mm)		≥8	
4	抗弯曲(2.5°)		聚乙烯无开裂	

由于底层 FBE 提供了涂层系统对管道基体的良好粘结，而聚乙烯则有着优良的绝缘性能和抗机械损伤性能，使得三层聚乙烯成为世界上公认的先进涂层，很快得到了广泛应用。但由于三层聚乙烯涂层只能在工厂加工，在现场施工质量难以得到保障，因而相应影响了该防腐材料的广泛使用。

(6) 聚乙烯胶粘带

聚乙烯胶粘带防腐层是由底漆、内缠带、外缠带构成，其技术质量标准可参照《钢质管道聚烯烃胶粘带防腐层技术标准》SY/T 0414。聚乙烯胶粘带防腐层的底漆、与聚乙烯胶粘带的性能指标如表 10-2-19、表 10-2-20 所示。

胶粘带底漆性能 **表 10-2-19**

项目名称	指标	测试方法
固体含量(%)	≥15	GB/T 1725
表干时间(min)	≤5	GB 1728
黏度(涂 4 杯)(s)	10～20	GB/T 1723

聚乙烯胶粘带性能 **表 10-2-20**

项目名称		防腐胶粘带(内带)	保护胶粘带(外带)	补口带	测试方法
颜色		黑	—	—	目测
厚度①(mm)	基膜	0.15～0.40	0.25～0.60	0.10～0.30	GB/T 6672
	胶层	0.15～0.70	0.15～0.25	0.20～0.80	
	胶带	0.30～1.10	0.40～0.85	0.30～1.10	
基膜拉伸强度(MPa)		≥18	≥18	≥18	GB/T 1040.1～GB/T 1040.5
基膜断裂伸长率(%)		≥150	≥150	≥200	GB/T 1040.1～GB/T 1040.5
剥离强度(N/cm)	对有底漆钢材	≥18	—	≥18	GB/T 2792
	对背材	5～10	5～10	5～10	
体积电阻率(Ω·m)		$>1\times10^{12}$	$>1\times10^{12}$	$>1\times10^{12}$	GB/T 1410
电气强度(MV/m)		＞30	＞30	＞30	GB/T 1408.1～GB/T 1408.3
耐热老化试验②(%)		＜25	＜25	＜25	SY/T 0414
耐紫外光老化(168h)(%)		—	≥80	≥80	SY/T 4013
吸水率(%)		＜0.35	＜0.35	＜0.35	SY/T 0414
水蒸汽渗透率(24h)(mg/cm²)		＜0.45	＜0.45	＜0.45	GB 1037

① 胶粘带厚度允许偏差为胶粘带厚度的±5%。

② 耐热老化试验是指试样在 100℃的条件下，经 2400h 热老化后，测得基膜拉伸强度、基膜断裂伸长率、剥离强度的变化率。

聚乙烯胶粘带具有极好的耐水性及抗氧化性，吸水率低；绝缘性好，耐阴极剥离，耐冲击，耐温度范围广。聚乙烯胶粘带一般使用机械工具在现场自然温度下缠绕施工，由于是冷施工，胶带防腐层对管体的粘接力小于三层聚乙烯，防腐层下存在气隙的可能性及数量增大。所以聚乙烯胶粘带在国内主要应用于管道防腐层的修复。

(7) 多层矿脂包覆技术

多层矿脂包覆技术是一种无毒、不含任何易挥发有机化合物的系统，由底漆、腻子、油带、外保护带四个部分组成。基于其油性矿脂憎水的防腐蚀机理，使得工件表面形成几个连续层次的油性防护层，能够迅速阻止腐蚀的产生和蔓延。它是针对最恶劣的腐蚀环境-海水飞溅区的钢桩的防腐蚀的特殊要求而发明的一种具有优异防腐蚀性能的冷施工胶带系统，特别适合最恶劣的大气环境、地下、潮湿环境和水下环境的金属表面的长期防腐蚀保护。

多层矿脂包覆技术的底漆、油带与腻子的性能指标如表 10-2-21～表 10-2-23 所示。

矿脂底漆性能指标 表 10-2-21

项目名称	指　标	测试方法
密度(g/cm^3)	0.75～1.25	GB/T 13377
稠度(mm)	10.0～20.0	GB/T 269
燃点(℃)	≥175	GB/T 3536
滴点(℃)	≥40	GB/T 8026
耐温流动性	在(50±2)℃下，垂直放置 24h 后，试样膜不流淌	GB/T 32119 附录 A
低温附着性	在(－20±2)℃下，放置 1h 后，试样膜不剥落	GB/T 32119 附录 B
不挥发物含量(%)	≥90	GB/T 1725
水油置换性	锈蚀度 A 级	GB/T 32119 附录 C，附录 D
耐盐水性	锈蚀度 A 级	GB/T 32119 附录 C，附录 E
中性盐雾试验	GB/T 32119 附录 C 中锈蚀度 A 级	GB/T 10125
腐蚀性试验(失重)(mg/cm^2)	－0.1～0.1	GB/T 32119 附录 F
耐化学品性	锈蚀度 A 级	GB/T 32119 附录 G，附录 C

矿脂油带性能指标 表 10-2-22

项目名称	指　标
厚度(mm)	1.1±0.3
面密度(g/m^2)	700～1750
拉伸强度(N/m)	＞2000
断裂伸长率(%)	10.5～25.5
剥离强度(N/m)	＞200
耐高温流动性	在 40～65℃下，不滴落
低温操作性	在－20～0℃下，不断裂，不龟裂，剥离强度保持率大于 50%
绝缘电阻率(MΩ·m^2)	≥1.0×10^2
耐盐水性能	浸泡 8d，锈蚀度 A 级
耐中性盐雾性能	1000h，锈蚀度 A 级
腐蚀性(失重法)，(mg/cm^2)	－0.2～0.2
耐化学品性	锈蚀度 A 级

矿脂腻子性能指标 表 10-2-23

项目名称		指标
密度,g/cm³		1.3～1.4
吸水率,%		≤0.45
耐化学介质(常温,7d)	10% HCl	未见明显变化
	10% NaOH	未见明显变化
	3% NaCl	未见明显变化

多层矿脂包覆技术是无毒、不含任何易挥发有机化合物的系统，且具自熄性，施工简便、具有极高的柔韧性，可适用于不规则工件的防腐蚀保护。STAC 系统可在水下作业，经过简单的表面处理即可施工。

（8）厚质环氧涂料

厚质环氧涂料为无溶剂、多功能防护涂料，由环氧基树脂基体与高阻隔性无机材料复合，并采用纳米材料增强性能而成，对水、各类离子、盐雾及二氧化碳气体等介质有极好的阻隔封闭性能，适用于高腐蚀环境下的露天、埋地金属管道的加强级腐蚀防护。厚质环氧材料的性能指标如表 10-2-24 所示。

厚质环氧材料的性能指标 表 10-2-24

项目名称	指标	测试方法
耐磨性能(500g,1000rpm)	失重≤20mg	GB/T 1768
耐弯曲(3°,常温)	合格	SY/T 0315 附录 D
拉伸强度(MPa)	≥12	GB/T 2567
断裂伸长率(%)	≥5	GB/T 2567
与金属粘结强度(MPa)	≥12.0	GB/T 5210
与混凝土粘结强度(MPa)	≥4.0	JT/T 695 附录 B,B.3
耐候性(1000h)	通过	GB/T 1865
耐盐雾性能(1000h)	通过	GB/T 1771
耐盐水性(10%NACl,7d)	通过	GB 9274
耐碱性(10%NaOH,7d)	通过	JT/T 695 附录 B,B.1
卫生检测	通过	GB/T 17291

厚质环氧涂层坚硬，且柔韧性好、耐磨性优、抗划伤性好、耐冲击性优；具有优异的耐化学品性能，耐海水，中度酸、碱、盐性能，由于不含挥发性有机溶剂，在干燥成膜过程中不会形成因溶剂挥发留下的空隙，且成膜厚，涂膜致密性极佳，能有效抵挡水、氧等腐蚀性介质透过涂层而腐蚀。厚质环氧涂层尤为适宜上述严苛腐蚀环境下，定向钻穿越段管道的防腐；但厚质环氧材料由于现场施工，固化时间与固化环境条件要求相对严格。

10.2.2 防腐层的涂装施工

10.2.2.1 石油沥青

钢管应逐根进行外观检查和测量，钢管弯曲度应小于 0.2%钢管长度，椭圆度应小于或等于 0.2%钢管外径。钢管表面如有较多的油脂和积垢，应按照《涂覆涂料前钢材表面处理 表面清洁度的目视评定 第 1 部分：未涂覆过的钢材表面和全面清除原有涂层后的钢材表面的锈蚀等级和处理等级》GB/T 8923.1、《涂覆涂料前钢材表面处理 表面清洁度的目视评定 第 2 部分：已涂覆过的钢材表面局部清除原有涂层后的处理等级》GB/T 8923.2 规定的方法处理。

钢管表面除锈处理要求应达到 Sa2 级或 St3 级，表面粗糙度宜在 40～50μm。涂刷石油沥青底漆（底漆用汽油与石油沥青配制），厚度 0.1～0.2mm。涂底漆后 24h 内连续多次浇涂热石油沥青并缠绕玻璃布，直至达到设计要求的结构和厚度，最后缠绕聚乙烯工业膜，经水冷却后下线，质检合格后出厂。

石油沥青防腐层的涂装施工步骤如图 10-2-1。

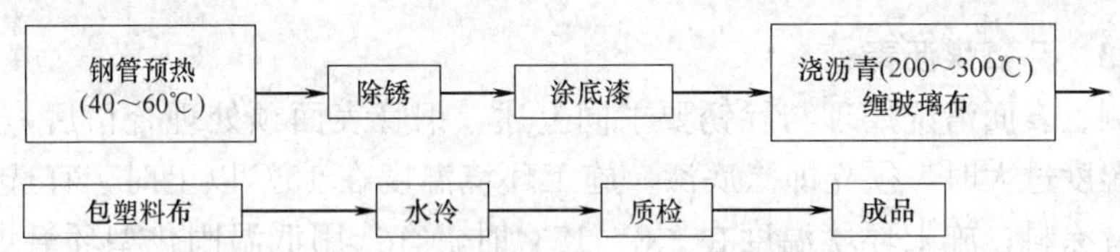

图 10-2-1 石油沥青防腐层的涂装施工步骤

按防腐等级石油沥青防腐层结构如表 10-2-25。

石油沥青防腐层结构 表 10-2-25

防腐等级	普通级	加强级	特加强级
总厚度(mm)	≥4	≥5.5	≥7
防腐层结构	三油三布	四油四布	五油五布

10.2.2.2 煤焦油瓷漆

钢管检测、表面清洗处理与除锈要求同上述，煤焦油瓷漆防腐层涂装施工步骤如图 10-2-2。

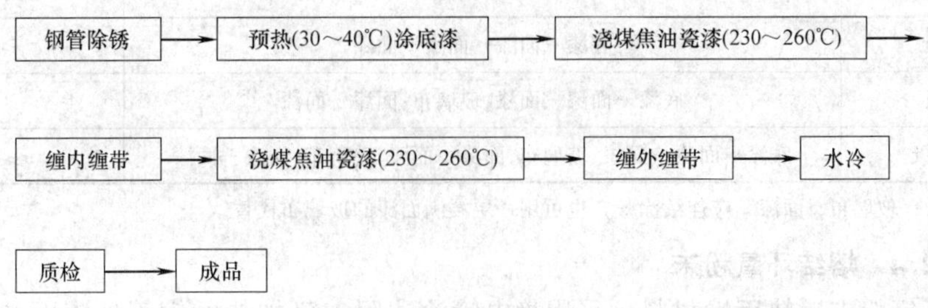

图 10-2-2 煤焦油瓷漆防腐层的涂装施工步骤

按防腐等级煤焦油瓷漆防腐层结构如表 10-2-26。

煤焦油瓷漆防腐层结构 表 10-2-26

防腐层等级		普通级	加强级	特加强级
防腐层总厚度(mm)		≥2.4	≥3.2	≥4.0
防腐层结构	1	底漆一层	底漆一层	底漆一层
	2	瓷漆一层 (厚度 2.4mm±0.8mm)	瓷漆一层 (厚度 2.4mm±0.8mm)	瓷漆一层 (厚度 2.4mm±0.8mm)
	3	外缠带一层	内缠带一层	内缠带一层
	4	—	瓷漆一层 (厚度≥0.8mm)	瓷漆一层 (厚度≥0.8mm)
	5	—	外缠带一层	内缠带一层
	6	—	—	瓷漆一层 (厚度≥0.8mm)
	7	—	—	外缠带一层

10.2.2.3 环氧煤沥青

钢管检测、表面清洗处理与除锈要求同上述，钢管表面预处理合格后，应尽快涂底漆。当空气湿度过大时，须立即涂底漆。施工环境温度在 15℃以上时，宜选用常温固化型环氧煤沥青涂料；施工环境温度在－8～15℃时，宜选用低温固化型环氧煤沥青涂料。环氧煤沥青防腐层涂装施工步骤如图 10-2-3。

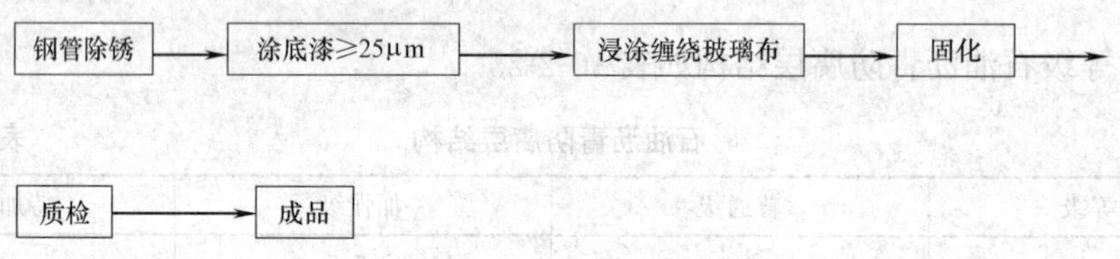

图 10-2-3 环氧煤沥青防腐层的涂装施工步骤

按防腐等级环氧煤沥青防腐层结构如表 10-2-27。

环氧煤沥青防腐层等级结构 表 10-2-27

防腐等级	结　构	干膜厚度(mm)
普通级	底漆—面漆—面漆—面漆	≥0.30
加强级	底漆—面漆—面漆、玻璃布、面漆—面漆	≥0.40
特加强级	底漆—面漆—面漆、玻璃布、面漆—面漆、玻璃布、面漆—面漆	≥0.60

注："面漆、玻璃布、面漆"应连续涂敷，也可用一层浸满面漆的玻璃布代替。

10.2.2.4 熔结环氧粉末

熔结环氧粉末属热固性材料，采用静电喷涂法附着已加热的钢管外表面，熔融固化，形成坚固的防腐涂层。熔结环氧粉末防腐涂层涂装施工步骤如图 10-2-4。

按防腐等级熔结环氧粉末防腐层结构如表 10-2-28。

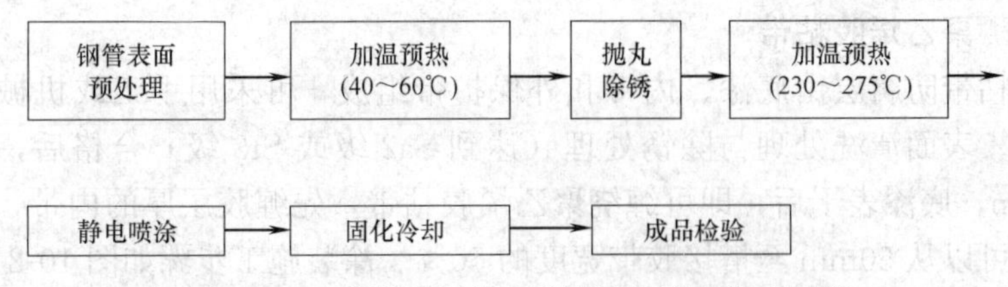

图 10-2-4 熔结环氧粉末防腐层的涂装施工步骤

熔结环氧粉末防腐结构 **表 10-2-28**

序号	涂层等级	最小厚度(μm)	参考厚度(μm)
1	普通级	300	300～400
2	加强级	400	400～500

10.2.2.5 挤压聚乙烯（二层/三层 PE）

挤压聚乙烯防腐层是由底层胶粘剂和面层聚乙烯膜组成，涂装工艺有纵向挤出和侧向缠绕两种，直径大于 500mm 的钢管，宜采用侧向缠绕工艺。

挤出缠绕法三层结构的施工工艺为：钢管检测、表面清洗合格后将钢管预热至 40～60℃，在线抛丸除锈达到 Sa2½级，锚纹深度达到 50～75μm。喷涂环氧粉末作为底漆，接着相继侧向缠绕胶粘剂层和聚乙烯层，聚乙烯挤出温度为 230～260℃，随即用压辊将防腐层在熔融态压紧，使两者相互紧密结成无气泡、无缺陷的整体，最后冷却下线。挤压聚乙烯防腐涂层涂装施工步骤如图 10-2-5。

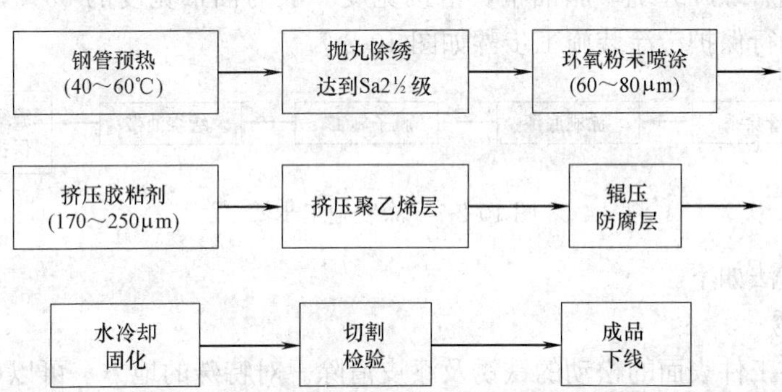

图 10-2-5 挤压聚乙烯（三层 PE）防腐层的涂装施工步骤

按防腐等级挤压聚乙烯防腐层结构如表 10-2-29。

挤压聚乙烯防腐层结构 **表 10-2-29**

钢管公称直径 DN(mm)	环氧粉末涂层 (μm)	胶粘剂层 (μm)	防腐层最小厚度(mm)	
			普通级(G)	加强级(S)
DN≤100	≥800	170～250	1.8	2.5
100<DN≤250			2.0	2.7
100<DN<500			2.2	2.9
500≤DN<800			2.5	3.2
DN≥800			3.0	3.7

注：要求防腐层机械强度高的地区，规定使用加强级；一般情况采用普通级。

10.2.2.6　聚乙烯胶粘带

聚乙烯胶粘带防腐层由底漆、内带和外保护带组成，可采用手工或机械缠绕涂装施工。钢管检测、表面清洗处理与除锈处理（达到 Sa2 级或 St3 级）合格后，涂刷配套底漆，厚度 30μm，底漆表干后，即可缠绕聚乙烯胶粘带，先缠胶层厚的内带，再缠外保护带，搭接宽度可以从 50mm 至搭接胶带宽度的 50%。涂装施工步骤如图 10-2-6。

图 10-2-6　聚乙烯胶粘带防腐层的涂装施工步骤

聚乙烯胶粘带防腐层结构如表 10-2-30。

聚乙烯胶粘带防腐层结构　　**表 10-2-30**

防腐层等级	总厚度(mm)	防腐层结构
普通级	≥0.7	一层底漆、一层内带、一层外带
加强级	≥1.4	一层底漆、一层内带、(搭接为胶带宽度的 50%～55%)、一层外带(搭接为胶带宽度的 50%～55%)

10.2.2.7　多层矿脂包覆技术

多层矿脂包覆技术由底漆、腻子、油带和外保护带组成，采用缠绕施工。钢管检测、表面清洗处理与除锈处理合格后，涂刷底漆，无需等待底漆固化，即可施工矿脂腻子，矿脂腻子施工完成后螺旋缠绕矿脂油带，搭接宽度一般为油带宽度的 55%，最后缠绕外保护带对防腐层进行保护。涂装施工步骤如图 10-2-7。

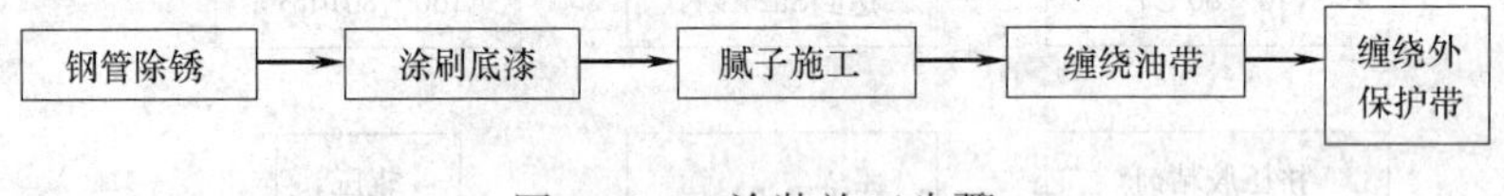

图 10-2-7　涂装施工步骤

具体施工方法如下。

1. 工件除锈

用钢丝刷将工件表面的松动的铁锈及漆皮清除。对特殊的地方，可以有选择性地用动力工具清除铁锈、旧漆皮及外来物质。除锈等级应达到国标《涂敷涂料前钢材表面处理 表面清洁度的目视评定 第1部分：未涂敷过的钢材表面和全面清除原有涂层后的钢材表面锈蚀等级和处理等级》GB/T 8923.1 中的 St2 级或国外标准中 SSPC—SP2 级手动工具清理除锈等级。

2. 施涂矿脂底漆

① 用手，刷子，戴手套或用滚子等皆可涂刷矿脂底漆。

② 在准备缠绕胶带的工件表面上均匀地涂一薄层矿脂底漆。

③ 对于工件的孔洞，肩角，缝隙及管螺纹等处应多涂一些矿脂底漆。

④ 对于一些狭窄的螺纹，缝隙等处可以适当采用刷子来涂抹。

3. 施用矿脂腻子：

① 对于诸如阀门，法兰，管接头等形状较复杂的工件，可以采用矿脂腻子对其进行造型，避免在后面缠绕胶带时产生桥连或空洞。

② 可以使用油灰刀或带手套来施用矿脂腻子。

③ 规整极不平滑的表面，清除孔洞中的空气。

④ 应该施用连接到原有防腐层上至少 100mm 的位置。

4. 缠绕矿脂油带：

① 使用矿脂油带最好采用螺旋式缠绕，每缠一道应保证与前一道有至少 25.4mm 的搭边。对于极端的环境条件，可以采用 55％宽度的搭边，以达到双层防护的效果。

② 若施工空间过于狭小，则可以考虑纵向应用胶带，正如“卷烟”似的包裹。保证至少 100mm（4″）的搭边，并应使搭接处处于管道的顶部一侧以得到类似“檐板”的防护效果。

③ 缠绕时应注意，要紧紧地按住始端，使其紧贴于工件表面，应避免将胶带放得太长，那样极易发生褶皱和产生空隙。因此要求在缠绕的过程中应始终保持一定的拉力。

④ 保持足够的拉力以得到连续平整的表面，注意不要拉长带子。随着缠绕应将出现的褶皱和气泡赶平。

⑤ 胶带接头之间应保证有至少 100mm 的搭接，且接合处应位于管道的上半部分。每缠绕一圈，应用手沿螺旋缠绕方向压平搭接处。

⑥ 对垂直方向的工件，应从底部开始向上进行缠绕以达到类似“檐板”的保护效果。

⑦ 在对胶带及搭边处进行压平时，可以在手上或手套上涂抹少许矿脂底漆，这样更便于操作且尤其适于在冷天或冷的工件。在钢结构上施用时更应采用这种方法。

5. 缠绕外保护带

① 在矿脂油带外再螺旋缠绕一层自粘性的外保护带或塑料膜。

② 建议在交通繁忙和机械接触频繁的地方应使用外保护带。

③ 对埋地及水下应用中应使用外保护带，以抵御来自土壤的压力和应力，提供机械保护，防止矿脂化合物向土壤流失并增强防护层的电绝缘性。

10.2.2.8 厚质环氧材料

厚质环氧材料的具体施工方法如下：

1. 基面清理

采用喷砂除锈方法清除金属管道表面氧化皮、铁锈及其他杂质，喷砂效果要求达到《涂敷涂料前钢材表面处理 表面清洁度的目视评定 第1部分：未涂敷过的钢材表面和全面清除原有涂层后的钢材表面锈蚀等级和处理等级》GB/T 8923.1 中的 Sa2.5 级；

2. 拌和及涂覆

厚质环氧涂料为双组分材料，在现场按比例要求进行混合后，直接在处理好的基面上涂覆；厚质环氧涂料可采用刮涂、刷涂或辊涂工艺施工。

3. 涂层养护

厚质环氧涂料应在无雨的天气施工，6h 内避免与水接触；涂层使用期应避免硬物磕碰，以免造成物理损伤（表 10-2-31）。

厚质环氧涂料涂层厚度 **表 10-2-31**

序号	涂层等级	参考厚度(μm)
1	普通级	500
2	加强级	2000

10.2.3　防腐层的技术经济对比

管道外防腐层的综合性能与技术经济指标的对比如表10-2-32。

管道外防腐层综合性能对比　　表10-2-32

材料 项目	石油沥青防腐层	聚乙烯胶粘带	挤压聚乙烯层	熔结环氧粉末层	煤焦油瓷漆层	环氧煤沥青层	厚质环氧材料	多层矿脂包覆系统
电绝缘性能	中	优	优	优	优	中	中	优
化学稳定性	中	优	优	优	优	中	中	中
机械性能	中	差	优	优	中	中	中	优
抗阴极剥离	中	中	良	良	良	良	良	优
抗微生物侵蚀	差	优	优	优	优	良	良	优
涂敷及修补	中	优	差	差	中	良	优	优
对生态环境	差	优	优	优	差	良	良	优
寿命	中	中	良	良	优	中	优	优
综合造价	低	中	(二层)中 (三层)高	高	中	低	中	中

10.3　电化学保护（阴极保护）

10.3.1　电化学腐蚀与阴极保护

1. 金属电化学腐蚀

通常金属的电化学腐蚀是金属表面接触电解质而发生阳极反应、阴极反应，并产生电流，由于阳极区金属正离子进入电解质而形成腐蚀；地下钢管所发生的腐蚀主要是电化学腐蚀。

电化学腐蚀发生在腐蚀电池系统中。它由阳极、阴极、电解质溶液与电路四个部件组成，它们形成一个回路。进行氧化反应的电极为阳极，其上金属离子因受电解质溶液中水化能的影响进入电解液成为水化离子，并使阳极电位变负，且因损失金属离子而遭受腐蚀。进行还原反应的电极为阴极，电子从阳极流向阴极，在阴极附近与氧化性物质氢离子和氧分子结合，完成还原反应；此时电子若与氢离子结合成氢原子，并合成氢分子，即从阴极处逸出，若与氧分子结合则形成氢氧根（中性或碱性溶液中）或水分子（酸性溶液中）。电子从阳极流向阴极是在金属中流动，而在电解质溶液中发生阳离子（如 H^+）流向阴极、阴离子（如 OH^-）流向阳极，因此构成腐蚀电池的电路，阳极与阴极间的金属起导线作用。

埋地钢管的氧化反应（阳极反应），与还原反应（阴极反应）反应式如下：

氧化反应（阳极反应）：$Fe \longrightarrow Fe^{2+} + 2e$

还原反应（阴极反应）：$2H^+ + 2e \longrightarrow H_2\uparrow$（酸性溶液中）

$$O_2 + 4H^+ + 4e \longrightarrow 2H_2O \text{（酸性溶液中）}$$

$$O_2 + 2H_2O + 4e \longrightarrow 4OH^- \text{（中、碱性溶液中）}$$

能够形成腐蚀电池的原因对埋地钢管而言主要是金属化学成分、金相结构或应变应力状况不均匀使金属产生电位差，从而构成微观腐蚀电池；或者因土壤中电解质溶液浓度或温度差异使金属产生电位差异，从而构成宏观腐蚀电池。

当土壤中的孔隙充满空气与盐溶液，使空气中的氧在阴极附近与电子结合成氢氧根离子。盐溶液是具有离子导电作用的电解质。当土壤缺氧时，土壤中含有硫酸盐还原菌将硫酸盐变为硫化氢，它的氢离子参与阴极还原反应。

此外，电车等轨道交通设施与电力线路、设施等形成杂散电流流入地下钢管，电流流出处形成阳极区而产生腐蚀、即形成干扰腐蚀。

2. 阴极保护原理

根据三电极模型理论与热力学理论所获得的电位—PH 图可知，当金属处于活化腐蚀状态，使其电位上升（阳极保护）或下降（阴极保护）都可实现对其保护的目的，这种使金属电位上升或下降来实现对金属的保护、防止或减轻金属腐蚀的技术，即是电化学保护。

当金属达到平衡电位后，再施加阴极电流，金属的电极电位从原平衡电位向负偏移，使金属进入免蚀区，从而实现了保护。因为施加的是阴极电流，故称之为阴极保护。阴极保护就是依靠外加能量使金属的电位充分负移，从而不被氧化。施加阴极电流的方法有强制电流和牺牲阳极两种。原理图如图 10-3-1（*c*）。

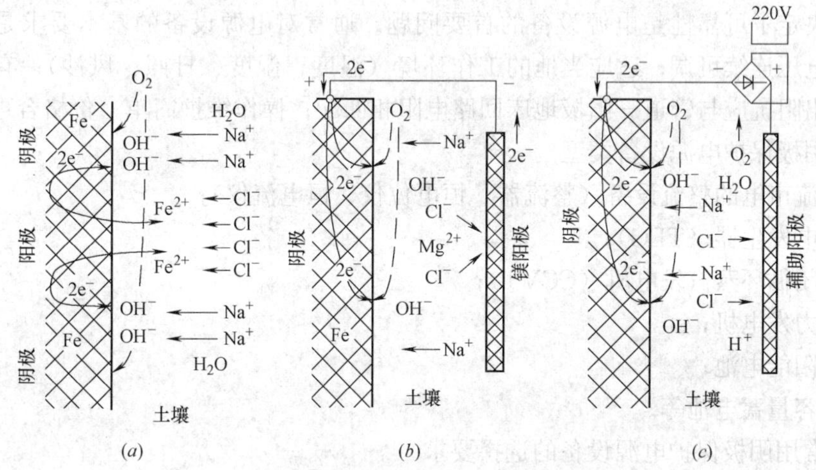

图 10-3-1 电化学腐蚀与阴极保护

（*a*）腐蚀；（*b*）牺牲阳极阴极保护；（*c*）强制电流阴极保护

10.3.2 强制电流阴极保护系统与工艺计算

10.3.2.1 强制电流阴极保护系统组成

强制电流是通过外部的直流电源向被保护金属构筑物通以阴极电流使之阴极极化，从而实现保护的一种方法。

强制电流阴极保护系统由三部分组成：极化电源、辅助阳极、被保护的阴极。埋地钢质管道强制电流阴极保护系统结构如图 10-3-2 所示。

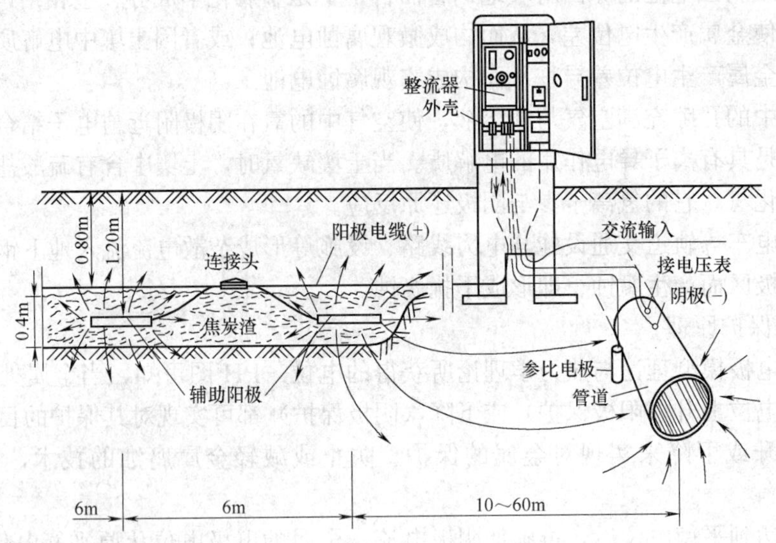

图10-3-2　强制电流阴极保护系统结构

1. 极化电源设备。

强制电流系统的电源设备担负着不断地向被保护金属构筑物提供阴极保护电流的任务。因此决定了可靠性是电源设备的首要问题。通常对电源设备的基本要求是：安全可靠；电流电压连续可调；适应当地的工作环境（温度、湿度、日照、风沙）；有富裕的电容量；输出阻抗应与管道－阳极地床回路电阻相匹配；操作维护简单；价格合理。

（1）阴极保护电源设备类型

① 交流市电的整流设备（整流器、恒电位仪、恒电流仪）；

② 热电发生器（TEG）；

③ 密闭循环蒸汽发电机（CCVT）；

④ 风力发电机；

⑤ 太阳能电池；

⑥ 大容量蓄电池等。

（2）常用阴极保护电源设备的选择要求

强制电流阴极保护电源设备，一般情况下应选用整流器或恒电位仪。当管地电位或回路电阻有经常性较大变化或电网电压变化较大时，应使用恒电位仪。

恒电位仪应在室内工作，其技术性能要求如下：

① 给定电位：－0.500～－3.000V（连续可调）；

② 电位控制精度：≤±10mV；

③ 输入阻抗：≥1MΩ；

④ 绝缘电阻：＞2MΩ（电源进线对地）；

⑤ 抗交流干扰能力：≥12V；

⑥ 耐电压：≥1500V（电源线对机壳）

⑦ 满载纹波系数：单相≤10％，三相≤8％。

恒电位仪印刷电路板尚应采取防潮、防盐雾、防细菌的措施。

阴极保护用整流器纹波系数应满足单相不大于50%，三相不大于5%的要求，最大温升不得超过70℃。在交流输入端和直流输出端应装有过流、防冲击等保护装置。

2. 辅助阳极

适宜的辅助阳极是强制电流阴极保护技术得以发挥效用所必备的组成之一。如适宜海洋环境的铂阳极、土壤环境的高硅铸铁阳极、石墨阳极。影响辅助阳极选择的因素有材料的来源、重量、尺寸、价格、应用的风险度和阳极的设计寿命等因素。

(1) 高硅铸铁阳极

高硅铸铁阳极的化学成分应符合表10-3-1的规定。

高硅铸铁阳极的化学成分（%） 表10-3-1

序号	类型	主要化学成分					杂质含量	
		Si	Mn	C	Cr	Fe	P	S
1	普通	14.25～15.25	0.5～0.8	0.80～1.05		余量	≤0.25	≤0.1
2	加铬	14.25～15.25	0.5～0.8	0.8～1.4	4～5	余量	≤0.25	≤0.1

高硅铸铁阳极的允许电流密度为5～80A/m²，消耗率应小于0.5kg/(A·a)。常用高硅铸铁阳极的规格如表10-3-2所示。

常用高硅铸铁阳极规格 表10-3-2

序号	阳极规格		阳极引出导线规格	
	直径(mm)	长度(mm)	截面积(mm²)	长度(mm)
1	50	1500	10	≥1500
2	75	1500	10	≥1500
3	100	1500	10	≥1500

阳极引出线与阳极的接触电阻应小于0.01Ω，拉脱力数值应大于阳极自身质量的1.5倍，接头密封可靠，阳极表面应无明显缺陷。

(2) 石墨阳极

石墨阳极的性能及规格应符合表10-3-3、表10-3-4的相关要求。

石墨阳极的主要性能 表10-3-3

密度(g/cm³)	电阻率(Ωmm²/m)	气孔率(%)	消耗率[kg/(A·a)]	允许电流密度(A/m²)
1.7～2.2	9.5～11.0	25～30	<0.6	5～10

常用石墨阳极规格 表10-3-4

序号	阳极规格		阳极引出导线规格	
	直径(mm)	长度(mm)	截面积(mm²)	长度(mm)
1	75	1000	10	≥1500
2	100	1450	10	≥1500
3	150	1450	10	≥1500

石墨阳极的石墨化程度不应小于81%，灰分应小于0.5%；石墨阳极宜经亚麻油或石蜡浸渍处理。阳极引出线与阳极的接触电阻应小于0.01Ω，拉脱力数值应大于阳极自身质量的1.5倍，接头密封可靠，阳极表面应无明显缺陷。

（3）柔性阳极

由导电聚合物包覆在铜芯上构成的柔性阳极，其性能应符合表10-3-5的规定。

柔性阳极主要性能 **表10-3-5**

最大输出电流(mA/m)		最低施工温度(℃)	最小弯曲半径(mm)
无填充料	有填充料		
52	82	−18	150

10.3.2.2 强制电流阴极保护工艺计算

强制电流阴极保护系统的设计参数，对新建管道可按下列常规参数选取：

（1）自然电位：−0.55V。

（2）最小保护电位：−0.85V。

（3）最大保护电位：−1.25V。

（4）覆盖电阻。

石油沥青、煤焦油瓷漆：10000Ω·m^2；

塑料覆盖层：50000Ω·m^2；

环氧粉末：50000Ω·m^2；

三层复合结构：100000Ω·m^2；

环氧煤沥青：5000Ω·m^2。

（5）钢管电阻率。

低碳钢（20号）：0.135Ω·mm^2/m；

16Mn钢：0.224Ω·mm^2/m；

高强钢：0.166Ω·mm^2/m。

（6）保护电流密度的取值（表10-3-6）。

保护电流密度的取值 **表10-3-6**

覆盖层电阻(Ω·m^2)	实例	保护电流密度(mA/m^2)
5000～10000	环氧煤沥青	0.1～0.05
10000～50000	石油沥青、聚乙烯胶粘带	0.05～0.01
>50000	聚乙烯	<0.01

对已建管道应以实测值为依据。

（7）强制电流阴极保护的保护长度计算：

$$2L=\sqrt{\frac{8\Delta V_{\mathrm{L}}}{\pi D J_{\mathrm{S}} R}} \tag{10-3-1}$$

$$R=\frac{\rho_{\mathrm{T}}}{\pi(D'-\delta)\delta} \tag{10-3-2}$$

式中 L——单侧保护管道长度，m；

ΔV_L——极限保护电位与保护电位之差，V；

D——管道外径，m；

J_S——保护电流密度，A/m^2；

R——管道线电阻，Ω/m；

ρ_T——钢管电阻率，Ω·mm^2/m；

δ——管道壁厚，mm。

（8）强制电流阴极保护系统的保护电流计算：

$$2I_0=2\pi DJ_SL \tag{10-3-3}$$

式中 I_0——单侧管道保护电流，A；

D——管道外径，m；

J_S——保护电流密度，A/m^2；

L——单侧保护管道长度，m；

（9）辅助阳极接地电阻的计算：

① 单只立式阳极接地电阻的计算：

$$R_{V1}=\frac{\rho}{2\pi L}\cdot\ln\left(\frac{2L}{d}\cdot\sqrt{\frac{4t+3L}{4t+L}}\right)(t\gg d)(d\ll L) \tag{10-3-4}$$

② 单只水平式阳极接地电阻的计算：

$$R_H=\frac{\rho}{2\pi L}\cdot\ln\frac{L^2}{td}\quad(t\ll L)(d\ll L) \tag{10-3-5}$$

③ 深埋式阳极接地电阻的计算：

$$R_{V2}=\frac{\rho}{2\pi L}\cdot\ln\frac{2l}{d}(t\gg L) \tag{10-3-6}$$

式中 R_{v1}——单只立式阳极接地电阻，Ω；

R_{v2}——深埋式阳极接地电阻，Ω；

R_H——单只水平式阳极接地电阻，Ω；

ρ——阳极区的土壤电阻率，Ω·m；

L——阳极长度（含填料），m；

d——阳极直径（含填料），m；

t——埋深（填料顶部距地表面），m。

④ 阳极组接地电阻的计算：

$$R_g=F\cdot\frac{R}{n} \tag{10-3-7}$$

$$F\approx 1+\frac{\rho}{nsR}\ln(0.66n) \tag{10-3-8}$$

式中 R_g——阳极组接地电阻，Ω；

n——阳极支数；

F——电阻修正系数，（查图 10-3-3）；

R——单支阳极接地电阻，Ω；

ρ——土壤电阻率，Ω·m；

s——辅助阳极间距，m。

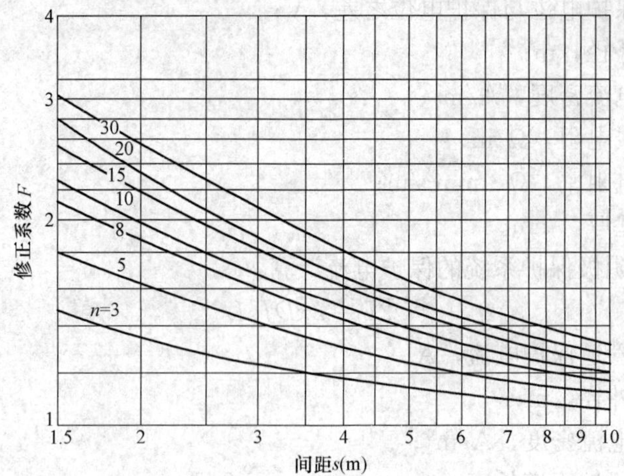

图 10-3-3　阳极组接地电阻修正系数

(10) 阳极的质量应能满足阳极最小设计寿命的要求并按下式计算：

$$G=\frac{T\cdot g\cdot I}{K} \tag{10-3-9}$$

式中　G——阳极总质量，kg；

g——阳极的消耗率，kg/(A·a)；

I——阳极工作电流，A；

T——阳极设计寿命，a；

K——阳极利用系数，取0.7～0.85。

(11) 强制电流阴极保护系统的电源设备功率按下列公式计算：

$$P=\frac{IV}{\eta} \tag{10-3-10}$$

$$V=I(R_a+R_L+R_C)+V_r \tag{10-3-11}$$

$$R_C=\frac{\sqrt{R_T r_T}}{2\text{th}(aL)} \tag{10-3-12}$$

$$I=2I_0 \tag{10-3-13}$$

式中　P——电源设备功率，W；

I——电源设备的输出电流，A；

V——电源设备的输出电压，V；

η——电源设备效率，一般取0.7；

R_a——阳极地床接地电阻，Ω；

R_L——导线电阻，Ω；

R_C——阴极（管道）/土壤界面过渡电阻，Ω；

a——管道衰减因数，m^{-1}；

r_T——单位长度管道电阻，Ω/m；

R_T——覆盖层过渡电阻，Ω·m

L——被保护管道长度，m；

V_r——地床的反电动势，焦炭填充时取 $V_r=2V$；

I_0——单侧方向的保护电流，A。

10.3.3 牺牲阳极阴极保护原理

牺牲阳极保护法是由一种比被保护金属电位更低的金属或合金与被保护的金属电连接所构成。在电解液中，牺牲阳极因较活泼而优先溶解，释放出电流供被保护金属阴极极化，进而实现保护。

由阴极保护原理可知，在相互作用的腐蚀电池体系中，接入另一电极，该电极的电位较负，此时这一电极与原腐蚀电池构成一个新的宏观电池。这一负的电极是新电池的阳极，原腐蚀电池即成为阴极。从阳极体上通过电解质向被保护体提供一个阴极电流，使被保护体进行阴极极化，实现保护。随着电流的不断流动，阳极材料不断消耗掉。这正是牺牲阳极保护法的原理所在。原理图如图 10-3-1（*b*）。

10.3.4 牺牲阳极基本要求与工艺计算

10.3.4.1 牺牲阳极基本要求与阳极选择

1. 牺牲阳基本要求

作为牺牲阳极材料的金属或合金必须满足以下要求：

（1）要有足够负的稳定电位；

（2）工作中阳极极化要小，溶解均匀，产物易脱落；

（3）阳极必须有高的电流效率，即实际电容量与理论电容量的百分比要大；

（4）电化学当量高，即单位质量的电容量要大；

（5）腐蚀产物无毒，不污染环境；

（6）材料来源广，加工容易；

（7）价格便宜。

2. 阳极种类选择

通常根据土壤电阻率选取牺牲阳极的种类；根据保护电流的大小选取阳极的规格。在水中和土壤中推荐的牺牲阳极种类见表 10-3-7。

土壤中牺牲阳极种类的应用选择　　表 10-3-7

土壤电阻率(Ω·m)	可选阳极种类	土壤电阻率(Ω·m)	可选阳极种类
＞100	带状镁阳极	＜40	镁(−1.5V)
60～100	镁(−1.7V)	＜15	镁(−1.5V)，锌
40～60	镁	＜5(含 CJ)	锌或 Al-Zn-In-Si

注：1. 在土壤潮湿情况下，锌阳极使用范围可扩大到 30Ω·m；

2. 表中电位均相对 $Cu/CuSO_4$ 电极。

若所选阳极在土壤环境中作参比电极用，宜选用高纯锌，在锌阳极的使用条件下，可使用复合阳极。为防止绝缘件的电冲击，通常可采用成双的锌阳极构成接地电池。带状阳极应用于高电阻率环境、临时性阴极保护、套管内输送管的保护及防交流干扰的接地垫。

10.3.4.2 牺牲阳极阴极保护工艺计算

1. 单支阳级接地电阻计算

$$R_{H}=\frac{\rho}{2\pi L}\left(\ln\frac{2L}{D}\left[1+\frac{L/4t}{\ln 2(L/D)}+\frac{\rho_{a}}{\rho}\ln\frac{D}{d}\right]\right)\quad (L\gg d,t\gg L/4)\tag{10-3-14}$$

$$R_{V}=\frac{\rho}{2\pi L}\left(\ln\frac{2L_{a}}{D}+\frac{1}{2}\ln\frac{4t+L_{a}}{4t-L}+\frac{\rho_{a}}{\rho}\ln\frac{D}{d}\right)\quad (L\gg d,t\gg L_{a}/4)\tag{10-3-15}$$

$$d=\frac{C}{\pi}\tag{10-3-16}$$

式中　R_H——水平式阳极接地电阻，Ω；

R_V——立式阳极接地电阻，Ω；

ρ——土壤电阻率，Ω·m；

ρ_a——填包料电阻率，Ω·m；

L——阳极长度，m；

L_a——阳极填料层长度，m；

d——阳极等效直径，m；

C——边长，m；

D——填料层直径，m；

t——阳极中心至地面的距离，m。

2. 组合阳极接地电阻计算

$$R_{T}=k\frac{R_{V}}{N}\tag{10-3-17}$$

式中　R_T——阳极组总接地电阻，Ω；

N——阳极数量，支；

K——修正系数，查图 10-3-4。

3. 阳极输出电流计算

$$I_{a}=\frac{(E_{c}-e_{c})-(E_{a}+e_{a})}{R_{a}+R_{c}+R_{w}}=\frac{\Delta E}{R}\tag{10-3-18}$$

式中　I_a——阳极输出电流，A；

E_c——阴极开路电位，V；

E_a——阳极开路电位，V；

e_c——阴极极化电位，V；

e_a——阳极极化电位，V；

R_a——阳极接地电阻，Ω；

R_c——阴极过渡电阻，Ω；

R_w——回路导线电阻，Ω；

ΔE——阳极有效电位差，V；

R——回路总电阻，Ω。

4. 阳极数量计算

$$N=\frac{fI_{A}}{I_{a}}\tag{10-3-19}$$

式中　N——阳极数量，支；

I_A——所需保护电流，A；

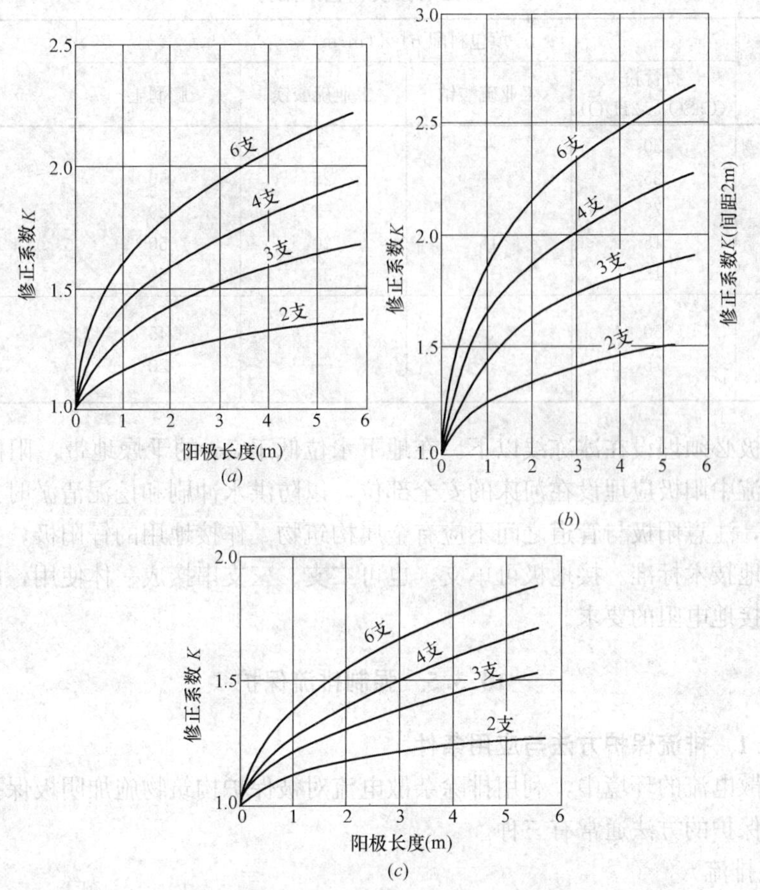

图 10-3-4 阳极接地电阻修正系数 K

(a) 间距 1m；(b) 间距 2m；(c) 间距 3m；

I_a——单支阳极输出电流，A；

f——备用系数，取 2～3 倍。

5. 阳极工作寿命计算

$$T=0.85\frac{W}{\omega I} \tag{10-3-20}$$

式中 T——阳极工作寿命，a；

W——阳极净质量，kg；

ω——阳极消耗率，kg/(A·a)；

I——阳极平均输出电流，A。

10.3.4.3 阳极地床

埋地牺牲阳极必须使用化学填料包，其配方见表 10-3-8。

10.3.4.4 阳极分布

牺牲阳极在管道上的分布宜采用单支或集中成组两种方式，同组阳极宜选用同一批号或开路电位相近的阳极。牺牲阳极埋设有立式和卧式两种，埋设位置分轴向和径向。阳极埋设位置在一般情况下距管道外壁 3～5m，最小不宜小于 0.3m，埋设深度以阳极顶部距地面不小于 1m 为宜。成组布置时，阳极间距以 2～3m 为宜。

牺牲阳极填料包的配方　　　**表 10-3-8**

阳极类型	填包料配方[%(m/m)]				适用条件
	石膏粉 ($CaSO_4 \cdot 2H_2O$)	工业硫酸钠	工业硫酸镁	膨润土	
镁阳极	50	—	—	50	≤20Ω·m
	25	—	25	50	≤20Ω·m
	75	5	—	20	>20Ω·m
	15	15	20	50	>20Ω·m
	15	—	35	50	>20Ω·m
锌阳极	50	5	—	45	—
	75	5	—	20	—

牺牲阳极必须埋设在冰冻线以下。在地下水位低于3m的干燥地带，阳极应适当加深埋设；在河流中阳极应埋设在河床的安全部位，以防洪水冲刷和挖泥清淤时损坏。在布置牺牲阳极时，注意阳极与管道之间不应有金属构筑物。作接地用的锌阳极，其分布应符合有关电力接地技术标准。接地极可单支，也可二支、三支串接成一体使用，所用接地极的数量应满足接地电阻的要求。

10.3.5　强制排流保护

10.3.5.1　排流保护方法与应用条件

在有杂散电流的环境中，利用排除杂散电流对被保护构筑物施加阴极保护，称为排流保护。排流保护的方法通常有三种。

1. 直接排流

当杂散电流干扰电位极性稳定不变时，可以将保护体和干扰源直接用电缆相连，排除杂散电流。该法简单易行，但如选择不当，会造成引流，加大杂散电流。

2. 极性排流

当杂散电流干扰电位极性正负交变时，可通过串入二极管把杂散电流排回干扰源，由于二极管具有单向导通性能，只允许杂散电流正向排出，负向保留作阴极保护用。此法目前广泛使用。

3. 强制排流

上述两种方法，只有在排流时才能对保护体施加保护，而不排流期间，保护体就处于自然腐蚀状态，因而导致强制排流方法的出现。

强制排流是通过整流器进行排流。当有杂散电流存在时利用排流进行保护，当无杂散电流时用整流器供给保护电流，使保护体处于阴极保护状态。

4. 接地排流

将被干扰管道与接地体相连。使管道内的杂散电流通过接地体流入大地，进而流回干扰源负回归网络，以实现排流目的。

常用的防护方式可按表10-3-9选用。

处于直流电气化铁路、阴极保护系统及其他直流干扰源附近的管道，应进行干扰源侧和管道侧两方面的调查测试。当管道任意点上的管地电位较自然电位偏移20mV或管道附近土壤电位梯度大于 0.5mV/m 时，确认为直流干扰。

常用的排流保护方式 表 10-3-9

方式	直接排流	极性排流	强制排流	接地排流
示意图	铁轨 排流线 管道	铁轨 排流器 排流线 管道	铁轨 排流器 管道	铁轨 接地床 管道
适用范围	适用于管道阳极区较稳定且可以直接向干扰源排流的场合，此方式使用时需征得干扰源方同意	适用于管道阳极区不稳定的场合。如果向干扰源排放，被干扰管道需位于干扰源的负回归网络附近，且需要征得干扰源方同意	适用于管道与干扰源电位差较小的场合，或者位于交变区的管道。如果向干扰源排流，被干扰管道需位于干扰源的负回归网络附近，且需征得干扰源方同意	适用于管道阳极区较稳定且不能直接向干扰源排流的场合
优点	(1)简单经济； (2)效果好	(1)安装简便； (2)应用范围广； (3)不要电源	(1)保护范围大； (2)可用于其他排流方式不能应用的特殊场合； (3)电车停运时可对管道提供阴极保护	(1)应用范围广泛，可适应各种情况； (2)对其他设施干扰较小； (3)可提供部分阴极保护电流（当采用牺牲阳极接地时）
缺点	应用范围有限，具有双向导电性，不适宜用于极性交变区	当管道距铁轨较远时，保护效果差	(1)加剧铁轨电蚀； (2)对铁轨电位分布影响较大； (3)需要电源	(1)效果稍差； (2)需要辅助接地床

当管道任意点上管地电位较自然电位正向偏移 100mV 或者管道附近土壤电位梯度大于 2.5mV/m 时，管道应及时采取直流排流保护或其他防护措施。由排流措施引起的管地电位负向偏移量，应力求使管地电位负向偏移量不超过管道所采用防腐层的阴极剥离电位。

排流保护为直流干扰防护的主要的或不可缺少的措施。但对于干扰严重或干扰状况复杂的场合，应采取以排流保护为主及其他相应措施，包括防腐层维修、更换、绝缘连接、短路连接（包括有助于均压的带串入调节电阻的金属连接）、屏蔽（包括电场屏蔽）等“综合治理”措施。必要时，干扰源侧亦应采取措施。这些措施不仅可能降低被干扰方面的干扰程度，也有助于增大排流保护效果。

应限制排流保护系统对其邻近的埋地金属构筑物的干扰影响。将受到干扰的其他管道系统或金属构筑物纳入拟定的保护系统，实施“共同防护”是最好的措施之一。当该项措施不易实施时，宜采取短路连接（匀压连接，包括串入调节电阻方式），使被干扰体的对地电位恢复到干扰前水平。

当电力电缆与管道或通信电缆实施“共同防护”时，应特别注意电力电缆故障时的异常电流、异常电压所造成的危害影响。在两者之间串入电抗器或扼流线圈，是预防其危害影响的措施方案之一。

对于某一干扰区域内，宜由被干扰方、干扰源方及其他有关方的代表组成的防干扰协调机构，按着统一测试、统一设计、统一管理、统一评价、分别实施的原则，联合设防、仲裁、处理并协调防干扰问题。

10.3.5.2　排流点选择与工艺计算

1. 排流点的选择

根据测定结果，在被干扰管道上选取一点或多点作排流点，并在该点设置排流保护设施。排流点的选择应以获得最佳排流效果为标准。排流点宜通过现场模拟排流试验确定。通常情况下，可按下述条件综合确定。

（1）管道上排流点的选择条件

① 排流点处管地电位应存在较大的正向偏移且正向偏移持续时间应较长；

② 向干扰源排流的排流点处管道与干扰源负回归网络的距离应较小；

③ 干扰源为直流牵引系统时，向干扰源排流的排流点处管轨电压应较大；

④ 排流接地地床埋设处的土壤电阻率应较低，并应便于地床的埋设；

⑤ 排流点所在的场所应便于管理。

（2）铁轨上排流线连结点的技术条件

① 扼流线圈中点或交叉跨线处；

② 直流供电所负极或负回归线上；

③ 轨地电位为负，且管轨电压较大的点；

④ 轨地电位为负，数值大（绝对值）、持续时间较长的点。

2. 排流工艺计算

（1）电流量

排流的电流量，应通过现场模拟排流试验确定。不具备条件时，可按下列公式计算。

① 当采用直接、极性、强制排流时的排流电流量按下式计算：

$$I=\frac{V}{R_1+R_2+R_3+R_4} \tag{10-3-21}$$

$$R_3=\sqrt{r_3 w_3} \tag{10-3-22}$$

$$R_4=\sqrt{r_4 w_4} \tag{10-3-23}$$

式中　I——排流电流量，A；

V——未排流时管轨电压，V；

R_1——排流线电阻，Ω；

R_2——排流器内阻，Ω；

R_3——管道接地电阻，Ω；

r_3——管道的纵向电阻，Ω；

w_3——管道防腐层漏泄电阻，Ω；

R_4——铁轨接地电阻，Ω；

r_4——铁轨纵向电阻，Ω；

w_4——铁轨道床漏泄电阻，Ω。

② 当采用接地排流方式时，所利用公式同上，但其中：

$$V=V_G-V_F \tag{10-3-24}$$

式中 V——排流驱动电压，V；

V_G——管地电位，V；

V_F——辅助接地体对地电位，V。

(2) 辅助接地体（地床）的接地电阻

辅助接地体（地床）的接地电阻为 R_4，其值宜小于 0.5Ω。

为限制排流量过大所造成的危害，首先应在保证管道上所有点正电位都得到较好的缓解情况下，可以采取限制排流量的措施，一般情况下，可通过在排流电路中串入电阻，利用调节电阻大小，来限制排流量，串入的电阻值应按下式计算：

$$R=\frac{\left(\frac{I}{I'}-1\right)V}{I} \tag{10-3-25}$$

式中 R——串入的调整电阻，Ω；

I——未串入电阻 R 时的排流量，A；

I'——限定的排流量，A；

V——管道与铁轨间电压（排流驱动电压），V。

(3) 排流器

排流器、排流线的额定电流为计算排流电流量的 1.5～2 倍。排流器应满足下列技术条件：

① 在管轨电压或管地电位波动范围内，均能可靠地工作；

② 能及时跟随管轨电压或管地电位的急剧变化；

③ 防逆流元件的正向电阻小，反向电压大；

④ 所有动接点应能承受频繁动作的冲击；

⑤ 具有过载保护机能；

⑥ 结构简单、安装方便，适应野外环境，便于维护。

排流器宜设置在室内。当室外设置时，应能适应野外环境，安装牢固并具有防护措施。排流器应作安全接地，接地电阻不应大于 4Ω。

排流线敷设应对大地绝缘。

(4) 排流线架空敷设规定

① 电缆必须采取吊挂方式，吊挂线强度不应小于 GJ2.0×7（GJ-钢绞线拼音字头，2.0×7 表示直径 2mm 钢丝 7 线捻成）的钢绞线的机械强度，并应安装接地，接地电阻不应大于 10Ω；

② 采用裸电线或绝缘电线架设时，应为最小截面积 $16mm^2$ 的铝线，或具有相等机械强度的铜线；

③ 架空线的高度，当跨越铁路和公路时不应小于 6m，跨越交、直流电气化铁路时，应高于铁路摩触线吊线 1m，其他场合不应小于 5m；

④ 当排流线与架空通信线等弱电线路同杆敷设时，应敷设在弱电线的下方，采用裸

线时，其间距为0.75m，采用绝缘线时，其间距为0.3m。

（5）排流线埋地敷设规定

①不应使用裸金属护套电缆或橡胶绝缘电线；

② 敷设方式可采用穿电缆（线）管，电缆沟或直埋；

③ 直埋时的覆土厚度，当有重物压迫危险时应大于1.2m，其他场所可为0.7m；

④ 排流线的引上线距地面2.5m以下部分，应加保护管，保护管与排流线应绝缘；

⑤ 接地排流方式的辅助接地地床，应埋设在对人、畜等不造成危害的场所；接地地床周围地面的电位梯度不应超过以下数值：

在水中设置时，10V/m；

土壤中设置时，5V/m，同时，埋深应大于0.7m，并应设置明显的标志，在人口密集地区，宜加围栅。

（6）排流线连接

排流线与管道应采用焊接连接。在焊接处宜对管道采取局部补强。排流线与铁轨的连接方式不作规定，但应符合铁路方面的要求，且连接点的接触电阻不应大于0.01Ω，机械强度不应小于排流线的机械强度。当采用接地排流时，排流线与接地地床的连接，应采用可拆卸式连接。

10.3.6 阴极保护方法的选择与适用范围

1. 阴极保护方法的选择

工程中阴极保护方法的选择，主要考虑的因素有：保护体的表面覆盖层状况；工程规模的大小；环境条件；有无可利用的电源；经济性等。

选择阴极保护应符合以下条件：

① 腐蚀介质必须是能导电的，以便能建立起连续的电路。如通常的土壤、海水、淡水及酸碱盐溶液等介质中都可进行阴极保护。而气体介质、大气以及其他不导电的介质，则不能应用阴极保护。不过在近几年的科研成果中，在气相条件下也有采用阴极保护的报道，实际上，其应用条件也是在被保护的金属表面上人为涂上一层导电的固体电解质。

② 被保护的金属材料在所处的介质中要容易进行阴极极化，否则耗电量大，不宜于进行阴极保护。常用的钢铁、铜、铝、铅等都可采用阴极保护。在阴极保护中，阴极反应会使阴极附近溶液的碱性增加。对于两性金属如铝、铅、可能会加速腐蚀，产生负效应。因此，对两性金属采用阴极保护时，负电位一般都要加以限制，防止阴极腐蚀的发生。

③ 对于复杂的金属设备或构筑物，要考虑其几何上的"屏蔽作用"，防止保护电流的不均匀性。

④ 电绝缘已成了阴极保护必不可少的条件，为了降低保护电流密度要采用覆盖层绝缘；为防止电流的流失要将保护构筑物与非保护构筑物进行电绝缘。

⑤ 和电绝缘相对应，被保护构筑物系统间的电连续性是阴极保护的又一条件。凡是法兰连接的管道必须通过焊接的电缆将其跨接，确保电流的畅通。

强制电流、牺牲阳极、排流保护三种阴极保护方法的优缺点如表10-3-10所示。

阴极保护方法的优缺点 **表 10-3-10**

方法		优点	缺点
强制电流		(1)输出电流连续可调； (2)保护范围大； (3)不受环境电阻率限制； (4)工程越大越经济； (5)保护装置寿命长	(1)需要外部电源； (2)对邻近金属构筑物干扰大； (3)维护管理工作量大
牺牲阳极		(1)不需要外部电源； (2)对邻近构筑物无干扰或很小； (3)投产调试后不需管理； (4)工程越小越经济； (5)保护电流分布均匀、利用率高	(1)高电阻率环境不宜使用； (2)保护电流几乎不可调； (3)覆盖层质量必须好； (4)投产调试工作复杂； (5)消耗有色金属
排流保护	极性排流	(1)利用杂散电流保护管道； (2)经济实用； (3)方法简单，只需简单管理； (4)有杂散电流时，可自动防止杂散电流的腐蚀	(1)对其他构筑物有干扰影响； (2)干扰源停运时，保护体得不到保护； (3)易造成过负电位
	强制排流	(1)保护范围广； (2)电压、电流连续可调； (3)以干扰源的负馈线代替辅助阳极，结构简化； (4)干扰源停运时，保护体仍被保护； (5)不存在阳极干扰	(1)对其他构筑物有干扰影响； (2)需要外部电源； (3)排流点易过保护

2. 阴极保护的适用范围。

阴极保护目前已成功应用于海船、海港码头、埋地管道、地下电缆及一些化工领域，重点在土壤和海水两种环境中的金属构筑物的保护。

采用阴极保护可以防止环境介质（土壤、海水、淡水、化工产品）的电化学腐蚀，对点蚀、应力腐蚀、腐蚀疲劳、晶间腐蚀、杂散电流、细菌等腐蚀作用也有很好的防止作用。表 10-3-11 是目前已采用阴极保护应用范围。

阴极保护应用范围 **表 10-3-11**

可防止腐蚀类型	全面腐蚀、电偶腐蚀、缝隙腐蚀、选择性腐蚀、晶间腐蚀、点蚀、应力腐蚀破裂、腐蚀疲劳、冲刷腐蚀等
可保护的金属种类	钢铁、铸铁、低合金钢、铬钢、铬镍(钼)不锈钢、镍及镍合金、铜及铜合金、锌、铝及铝合金、铅及铅合金
适用的介质环境	淡水、咸水、海水、污水、海底、土壤、混凝土、NaCl、KCl、NH_4Cl、$CaCl_2$、NaOH、KOH、H_3PO_4、HAC、NH_4HCO_3、NH_4OH、脂肪酸、稀盐酸、油水混合液等
可保护的构筑物及设备类型	船舶、压载舱、钢桩、浮坞、栈桥、水下管道、海洋平台、水闸、水下钢丝绳、地下电缆、地下油气管道、油井套管、油罐内外壁、桥梁基础、混凝土基础、换热器、复水器、箱式冷却器、水管内壁、化工塔器、容器、储槽、反应釜、泵、压缩机

3. 阴极保护系统干扰防护。

作为干扰防护措施的阴极保护系统应符合以下规定：

① 被干扰管道的现有阴极保护系统，应调整运行参数或运行方式，以适用干扰防护的需要。

② 为干扰防护增设的阴极保护系统，应设置在被干扰管道的阳极区。

③ 处于高压直流输电系统强干扰影响区的管道的阴极保护系统应满足干扰防护对保护电流输出能力的要求。

4. 在管地电位正负交变的场合使用牺牲阳极阴极保护方式时，应在管道与牺牲阳极之间串接单向导电器件。

10.3.7 交流干扰防护的一般规定

10.3.7.1 防护措施设计预测和评估

防护措施设计应根据调查与测试的结果，对下列各项进行预测和评估：

（1）干扰源在正常运行状态下对管道的交流腐蚀。

（2）故障情况或雷电状态下对管道防腐层和金属本体、阴极保护设备和干扰防护设施的损伤。

（3）操作和维护人员及公众的接触安全等影响。

10.3.7.2 防护措施

（1）对存在交流干扰的管道，在阴极保护系统设计中应给予更大的保护电流密度；在运行调试中应使管道保护电位（相对于CSE，消除IR降后）比阴极保护准则电位（一般土壤环境中－850mV；在厌氧菌或硫酸盐还原菌及其他有害菌土壤环境中－950mV）负值更大。

（2）在同一条或同一系统的管道中，根据实际情况可采用一种或多种防护措施；但所有干扰防护措施均不得对管道阴极保护的有效性造成不利影响。

（3）管道与输电线路杆塔、通信铁塔等及其接地装置间应保证足够的安全距离。在路径受限地区难以满足安全距离时，应采取故障屏蔽、接地、隔离等防护措施；宜根据工程实际情况，在分析计算的基础上进行管道安全评估。

（4）埋地管道与高压交流输电线路的距离宜符合下列规定：

① 在开阔地区，埋地管道与高压交流输电线路杆塔基脚间控制的最小距离不宜小于杆塔高度；

② 在路径受限地区，埋地管道与交流输电系统的各种接地装置之间的最小水平距离一般情况下不宜小于表10-3-12中的规定。在采取故障屏蔽、接地、隔离等防护后，表10-3-12中规定的距离可适当减小。

埋地管道与交流接地体的最小距离（m） **表10-3-12**

电压等级(kV)	≤220	330	500
铁塔或电杆接地	5.0	6.0	7.5

（5）管道与110kV及以上高压交流输电线路的交叉角度不宜小于55℃。在不能满足要求时，宜根据工程实际情况进行管道安全评估，结合防护措施，交叉角度可适当减小。

（6）阴极保护设备应配有雷电和电涌保护装置。

（7）电流干扰防护设施的所有永久性电缆连接件应确保连接点具有良好的机械强度和

导电性，并在回填前做好防腐密封。

(8) 所有交流干扰防护设施的安装中，应首先把接地电缆连接到接地极上，然后连接到受干扰的管道上。拆下的顺序相反，连接接地极的一端应最后拆卸。操作中应使用适当的绝缘工具或绝缘手套来减少电击危险。

(9) 故障和雷电干扰的防护措施规定：

① 在管道临近架空输电线路杆塔、变电站或通信铁塔、大型建筑的接地体的局部位置，可沿管道平行敷设一根或多根浅埋接地线作为屏蔽堤，减轻在电力故障或雷电情况下，强电冲击对管道防腐层或金属本体的影响。

② 屏蔽线宜通过固态去耦合器与受影响的管道连接且连接点不少于两处。

(10) 对持续干扰的防护措施可采取在长距离干扰管段的适当部位设置绝缘接头的分段隔离措施，将与交流干扰源相邻的管段与其他管段点隔离，简化防护措施。

(11) 防护系统防护效果应符合下列规定：

① 在土壤电阻率不大于 25Ω·m 的地方，管道交流干扰电压低于 4V；在土壤电阻率大于 25Ω·m 的地方，交流电流密度小于 $60A/m^2$。

② 在安装阴极保护电源设备、电位远传设备及测试桩位置处，管道上的持续干扰电压和瞬间干扰电压应低于相应设备所能承受的抗工频干扰电压和抗电强度指标，并满足安全接触电压的要求。

10.4 管壁内涂层

10.4.1 内涂层作用与效益

管道内涂层主要是为减少介质的二次污染，有利于检测、防腐蚀、提高管道输送能力，节省维修费用，延长钢质管道的使用寿命。对于干线输气管道可有效降低管壁粗糙度，减少流动摩擦阻力，从而降低输气动力消耗、节约钢材，提高管道输送的经济性。

以实际天然气的流动速度与预计流动速度相比，其结果作为流动效率。试验结果表明，做过内涂层的管道流动效率大体在 95%～103%范围内，而相应裸管的流动效率只在 81%～85%范围内。有文献报道：已观察到流速的增加可达 18%。目前国外管径在 ϕ508mm 及以上的输气管道均应用了内涂层。

10.4.2 内涂层材料与涂装施工

目前，适用于油气管道内涂层用的涂料品种很多，性能各异。在干线输气管道上应用较为广泛的内涂层材料主要有液体环氧涂料（如双组分聚酰胺固化环氧涂料）、粉末环氧涂料、酚醛环氧树脂和环氧煤焦油等。

10.4.2.1 适于管道内涂层用的涂料应有特性

① 耐压性：能承受管道的水压试验和输送介质的高压力，可承受管道在运行过程中压力的反复变化；

② 良好的粘结性及柔韧性：要求涂附着力强，在管道现场弯管、敷设及运行清管过程中不脱落、不起泡。当内涂层的粘结强度大于 1MPa 时，就能防止由于天然气压力骤变

而产生气泡或剥离现象；

③ 耐磨性和硬度：涂层应具有足够的硬度，能承受管道内沙砾、腐蚀物和清管器等造成的磨损；

④ 化学稳定性：能耐压缩机润滑油、醇类、汽油等的腐蚀，对输送天然气及可能产生的凝积物呈化学中性；

⑤ 耐热性：由于管道外防腐层（熔结环氧粉末）喷涂时，管壁温度短时间内可高达230～250℃左右，内涂层应能耐受外涂敷的短时间高温；

⑥ 涂层光滑：用于减阻作用的内涂层漆膜表面要光滑，摩阻系数要小；

⑦ 一定的抗腐蚀性：由于涂层中某些原料组分会与天然气中的 H_2S 起反应，导致涂层中硫化氢的可溶性和渗透力的提高，进而造成涂层的附着力降低，整体性能质量恶化；

⑧ 耐久性：内涂层的使用寿命应满足管线的设计要求；

⑨ 易于涂装：在常温和正常湿度条件下，采用普通的喷涂技术及可涂装施工。

10.4.2.2　内涂层用的涂料

1. 环氧粉末涂料

热固性环氧树脂粉末涂料由热固性树脂、固化剂（或交联树脂）、颜料、填料和助剂等组成。目前，环氧粉末涂料所用树脂主要有双酚A型环氧树脂、线性酚醛改性环氧树脂和脂环族环氧树脂等，软化点为80～100℃。

熔结环氧粉末涂料的质量指标如表10-4-1所示，熔结环氧粉末涂层的质量指标应满足表10-4-2的规定。熔结环氧粉末内涂层的技术质量指标与检验可参照《钢质管道熔结环氧粉末内防腐层技术标准》SY/T0442或参照《管线无底漆熔结环氧内防腐层推荐作法》API RP 5L7。

熔结环氧粉末涂料质量指标　　**表10-4-1**

序号	项目	质量指标	试验方法
1	外观	色泽均匀、无结块	目测
2	密度(g/cm³)	1.3～1.5	GB/T 4472
3	粒度分布(%)	>150μm的不大于3.0 >250μm的不大于0.2	GB/T 6554
4	不挥发物含量(%)	≥99.4	GB/T 6554
5	胶化时间(s)	≤180(180℃) ≤120(200℃) ≤60(230℃)	GB/T 6554
6	水平流动性(mm)	22～28	GB/T 6554
7	磁性物含量(%)	≤0.002	JB/T 6570

注：表中所引用的标准如下：

《化工产品密度、相对密度的测定》GB/T 4472。

《电气绝缘用树脂基反应复合物 第2部分：试验方法-电气用涂敷粉末方法》GB/T 6554。

《普通磨料 磁性物含量测定方法》JB/T 6570

钢质管道熔结环氧粉末内涂层的厚度规定 表 10-4-2

管道使用要求		内涂层厚度(μm)
减阻型管道		≥50
防腐型管道	普通级	≥250
	加强级	≥350

2. 双组分液体环氧涂料。

双组分液体环氧涂料以环氧树脂作为主要成膜物质，其环氧值为 0.18～0.22，固化剂采用胺类固化剂。目前，这种涂料主要有胺加成物（由多胺化合物与环氧乙烷、丙烯腈、甘油醚和含有与氨基易反应基团的其他化合物进行加成的物质。主要用于对脂肪固化剂进行改性）固化环氧涂料、聚酰胺固化环氧涂料、环氧沥青涂料和无溶剂环氧涂料等，其特点如下：

① 极强的附着力：环氧树脂分子结构中含有大量的羟基和醚基等极性基团，在固化过程中，活泼的环氧基能与界面金属原子反应形成牢固的化学键结合，使涂层的附着力很强；

② 优异的耐磨、耐蚀性：环氧树脂中的苯环和固化后涂膜的较高交联密度，可使涂层坚硬、柔软、防渗性强，耐水、耐溶剂性好，此外，由于主链解构中醚键的较高化学稳定，也使涂膜的抗酸和耐化学性好；

③ 适合高压输气管道，能承受压力变化：由于环氧树脂涂层固化时体积收缩小，热膨胀系数小，因此抗温度和应力作用强，分子中刚性的苯环和柔性的羟基，使得固化后的涂膜坚硬而柔软，物理力学性能好；

④ 电绝缘性好：由于环氧树脂涂膜具有稳定性和致密性的特点，因此涂层具有良好的电绝缘性。

双组分液体环氧涂料内涂层的技术质量指标可参照《非腐蚀性气体输送管道内涂层的推荐做法》API RP 5L2。

英国 COPON EP 2306HF 型涂料性能如表 10-4-3。

COPON EP 2306HF 涂料的主要性能 表 10-4-3

项目		测试值	测试方法
耐磨		90mg(cs17 转轮,1kg,1000 转)	ASTM D4060
抗冲击	直接冲击	5.0mm	BS 3900 E3
	反向冲击	2.5mm	
耐干热		100℃通过	ASTM D248
粘结强度	对拉	3.92MPa(550psi)	ASTM 4541
	剪切	13.79kg/cm^2(2000psi)	ASTM D1002
铅笔硬度		HB	ASTM D336
耐盐雾		5000h 无变化	ASTM B117
柔韧性		12.7mm(1/2in)通过	BS 3900 E1
		36%	ASTM D522-4
耐湿性		5000h 无变化	BS 3900 Part F2
抗刻划		无破坏(载荷 2.5kg)	BS 3900 Part E2

3. 耐热型硫醇加合物环氧树脂涂料。

管道内、外涂层联合施工工艺可简单分为“先外后内”和“先内后外”两种。“先内后外”工艺虽然涂敷时不存在外涂层损坏问题。但是外涂层采用环氧粉末，喷涂时由于需要高达230℃的加热，这往往会影响甚至损坏内涂层的性能。因此需采用耐热型硫醇加合物固化环氧树脂作为内涂层，其热解温度可以高达266℃，在“先内后外”工艺条件下施工，完全满足API RP 5L2标准对天然气管道内涂层材料的要求。

硫醇加合物固化环氧树脂涂料与普通胺加合物环氧涂料组分与基本性能的对比如表10-4-4、表10-4-5。

硫醇加合物固化环氧树脂涂料与普通胺加合物环氧涂料的组分对比　　表10-4-4

组分			硫醇加合物涂料	胺加合物涂料
组分A	单体树脂	型号	双酚A 双环氧甘油醚	双酚A 双环氧甘油醚
		环氧树脂当量	470	470
		相对分子质量	900	900
	填料		铁红，氯化钡，碱性硫酸铅，主体颜料	铁红，氯化钡，碱性硫酸铅，主体原料
组分B	转化物	类型	硫醇加合物	胺加合物
		活化的氢当量	476mgKOH/g	240mgKOH/g
	混合比		6∶1	5∶2

硫醇加合物固化环氧树脂涂料与普通胺加合物环氧涂料的基本性能对比　　表10-4-5

项目	性能		硫醇加合物涂料	胺加合物涂料
涂料	相对密度	组分A	1.58	1.58
		组分B	1.09	0.97
		混合物	1.51	1.45
	固体分		59.4%	54.1%
	适用期		8h以上	8h
	黏度(Ford Cup)		40～80s	40～80s
固化涂层	热解		266℃	200℃
	玻璃化转变温度		64℃	75℃
	抗拉强度		560kg/cm²	614kg/cm²
	伸长率		6.4%	5.5%

10.4.3　内涂层涂装施工与内、外涂层的联合涂装施工

10.4.3.1　内涂层涂装施工

管道内涂敷技术是决定内涂层质量的一项关键环节，管道内涂敷工艺和设备是随着各种内防腐涂料的研制与应用而相应发展的。油气管道内涂敷工艺一般分为工厂预制法和现场涂敷法两种，前者用于新建管道，后者用于在役老管道的修复。内涂敷作业线一般是由

钢管表面预处理系统、内喷涂系统和加热固化装置三部分组成，占用的场地比较小，可以整体拆装、移动，机动性好，适合野外施工作业。

管道内涂层涂装施工作业布置如图 10-4-1 所示。

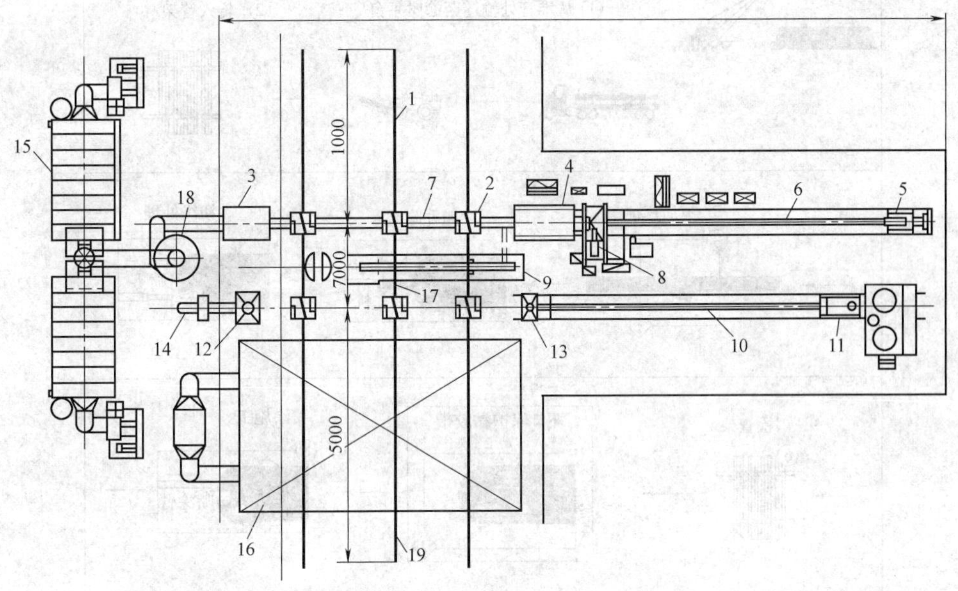

图 10-4-1 管道内涂层涂装施工作业布置图

1—进管平台；2—转管器；3—前端护罩；4—后端护罩；5—伸臂支架；6—抛丸室；7—回收传送带；8—钢丸回收系统；9—倾管支架；10—喷涂室；11—喷涂室支架；12—前端喷涂护翼；13—后端喷涂护翼；14—引风系统；15—除尘器；16—固化炉；17—中间平台；18—旋风；19—出管平台

管道内涂层的涂装施工具体工艺步骤如下：

① 钢管进厂检验。进厂的钢管应放置在专门的管架上，对可能存在的缺陷与污染物进行检查，对钢管内表面的油脂与油垢应采用可完全挥发的溶剂加以清洗，并达到相应的标准要求；

② 钢管表面预处理。钢管内表面抛丸除锈前，须将钢管预热到当地露点以上 3℃。然后进行内表面除锈，通常大口径钢管（ϕ500mm 以上）采用喷丸除锈方法，小口径钢管采用喷砂除锈方法。抛丸除锈后的钢管送往除尘清砂站，钢管边旋转边通入干燥清洁的空气将钢管内腔的浮尘与磨料吹扫干净。内表面喷涂前，在管端按设计要求对保留出的内表面空白区（一般为 40～50mm）加贴内表面保护带，以防止管道焊接时烧坏内涂层；

③ 内喷涂。喷涂前涂料须按要求的比例与黏度及进行混合搅拌后，方可注入无空气的涂料喷射器内。调整好喷嘴的形状及大小、喷射压力以使喷涂效果满足规范要求。喷涂后的钢管送往固定的管架进行湿片检查、修补及固化。涂敷后的钢管在离开涂敷平台前，由检验人员将钢管的编号及相关数据一道标示于钢管的内补口处；

④ 涂层的修补。对于小面积缺陷/斑点的修补，修补前先进行清理，修补点周围的涂层被打磨掉 12mm^{2}以上的面积，以使修补涂层与原先的涂层之间有足够的接触面积。对于大面积缺陷如：涂层大面积起丝、流延及厚度不符合设计要求等缺陷，应视为整条管道

为不合格产品，应清除掉涂层重新进行涂装。

管道内涂层涂装施工工艺流程如图10-4-2所示。

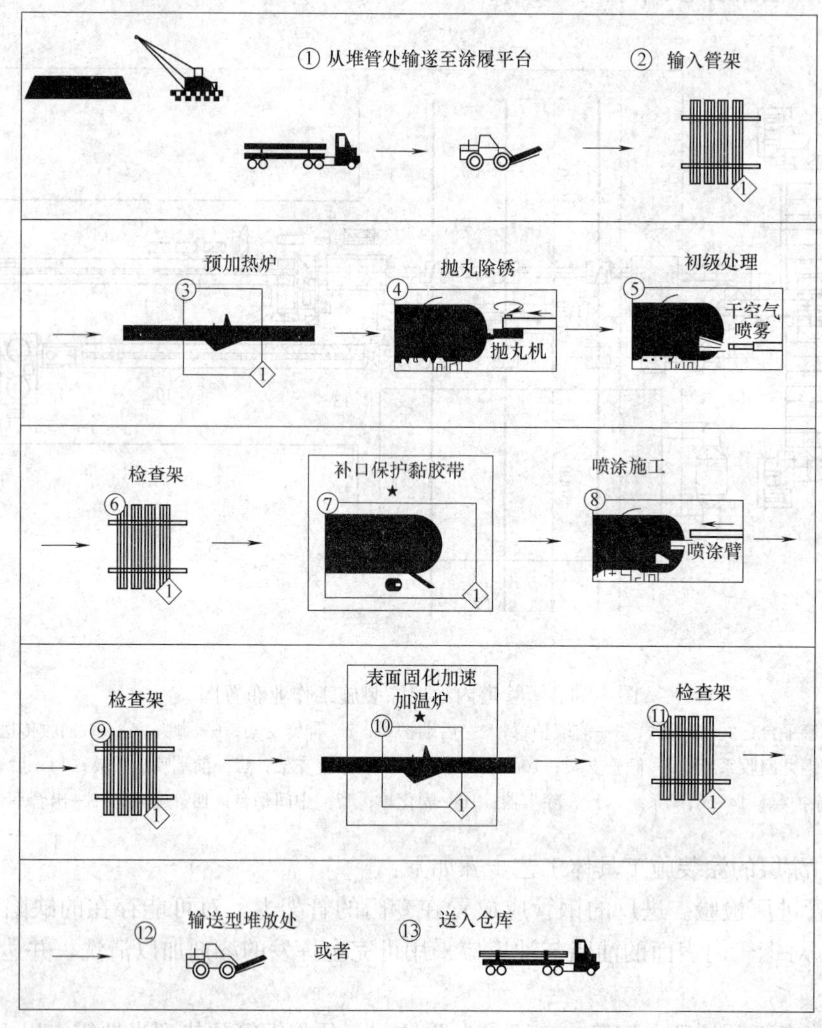

图10-4-2 管道内涂层的施工工艺流程

10.4.3.2 钢质管道内、外涂层的联合涂装施工

由于钢质管道在实际施工中还涉及外防腐问题，因此，在工厂预制过程中应根据内、外涂层所采用的涂料类型充分考虑涂敷工艺衔接问题，以使管道内、外涂层的施工进度尽量能同步进行。图10-4-3是管道内、外涂层先内后外联合涂装施工工艺流程框图，而先外后内工艺与先内后外工艺效果是相同的，只是顺序不同。

对于外防腐采用熔结环氧粉末（FBE）或三层PE，内涂层采用液体环氧涂料（减阻型）的结构，采用先内后外工艺或先外后内工艺在技术上都是可行的。所谓先内后外工艺，即先做完内涂层后，管道两端加上保护罩，然后再进行外防腐层的施工，而先外后内工艺正好相反。采用先内后外工艺虽然不会对外涂层造成任何损坏，但是对内涂层的性能质量有影响，因为外涂层FBE施工时，管体加热温度在大约几分钟的短时间高达

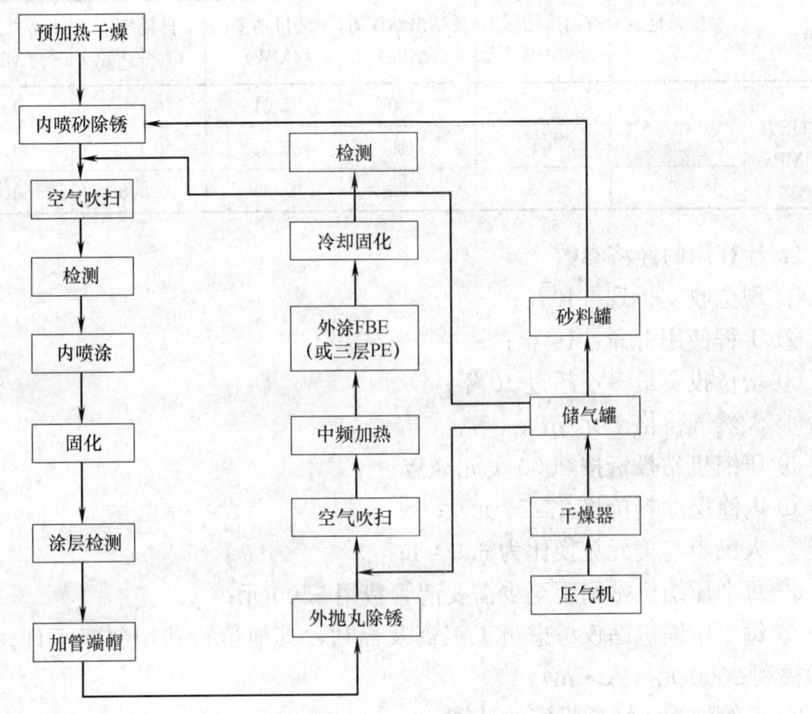

图 10-4-3 管道内、外涂层工厂预制联合施工工艺流程框图

220～230℃，已经涂装好的内涂层就涉及耐热问题，而采用先外后内的涂装工艺不存在此问题。

10.4.4 输气管道采用内涂层的经济性分析判定方法试用示例

国内某输气干线总长为 700km，管径 711mm，设计输出量为 $30\times10^8 m^3/a$，起点压力分别为 4.5MPa 和 5.8MPa。针对两种不同的起点压力，根据国外采用内涂层前后选择的粗糙度系数不同（国外商用管道裸管粗糙度的典型值为 45μm，美国一般选择 20μm，加内涂层后的最大粗糙度为 10μm），对采用内涂层前后的管道进行水力工况计算。

管输流量在其设计寿命期间内是变化的，通过管道的最大平均日输量处在安全紊流的流态下。管线压力等级为 6.4MPa，终点压力为 1.0MPa，管道进口温度为 45℃，管道埋深处平均地温为 15℃，每年输送 350d。

1. 工艺参数计算（见表 10-4-6）

工艺参数计算 **表 10-4-6**

方案	管壁粗糙度（μm）	首站进站压力（MPa）	首站出站压力（MPa）	装机功率（MW）	自耗气量（$10^8 m^3/a$）	末站进站压力（MPa）	输量（$10^8 m^3/a$）
入口压力（4.5MPa）	45	4.5	6.48	6.73	0.149	1.0	30
	20	4.5	6.14	5.69	0.124	1.0	30
	10	4.5	5.92	4.98	0.109	1.0	30

续表

方案	管壁粗糙度（μm）	首站进站压力（MPa）	首站出站压力（MPa）	装机功率（MW）	自耗气量（$10^8m^3/a$）	末站进站压力（MPa）	输量（$10^8m^3/a$）
入口压力（5.8MPa）	45	5.8	6.50	2.01	0.044	1.0	30
	20	5.8	6.16	1.04	0.023	1.0	30
	10	5.8	5.93	0.39	0.0086	1.0	30

2. 计算用的经济参数

① 现金收支折现：10%；

② 工程使用寿命：15年；

③ 增量投资最多不超过10年；

④ 天然气价格1元/m^3；

⑤ 压缩机站投资按2000美元/kW；

⑥ 内涂层涂料价格87.75元/t；

⑦ 人民币与美元兑换比为6.9：1；

⑧ 每个压缩机站间距至少需要清管费用5500元；

⑨ 每个压缩机站仅考虑员工工资及福利，其他运行费用忽略不计。按25人/站，工资和福利2000元/(人·m)。

3. 天然气管线增量投资的计算

在计算干线管道增量投资费用时，仅考虑采用内涂层后比采用前的管道线路工程投资多出部分，即：管内壁除锈费用、内涂层材料费、喷涂施工费用。利用上述介绍的有关公式，分别计算进站压力为4.5MPa、5.8MPa时不同粗糙度情况下的增量投资，计算结果见表10-4-7、表10-4-8。

进站压力在4.5MPa时，不同粗糙度的增量投资　　表10-4-7

项目名称	45μm与10μm经济比较			20μm与10μm经济比较		
	原方案	内涂敷	节约额	原方案	内涂敷	节约额
总装机功率(MW)	10.10	7.47	2.625	8.535	7.47	1.065
装机功率(MW)	6.73	4.98	1.75	5.69	4.98	0.71
备用功率(MW)	3.37	2.49	0.875	2.845	2.49	0.355
压缩机站投资(10^4元)	10892.5	8060.13	2832.4	9209.27	8060.13	1149.14
涂料单位价格(元/t)		76974.3			76974.3	
涂敷费用(10^4元)		3846.50	−3846.50		2307.90	−2307.90
除锈费用(10^4元)		2022	−2022		483	−483
涂层材料费(10^4元)		1824.49	−1824.49		1824.49	−1824.49
增量投资(10^4元)			−1014.13			−1158.77

4. 运营成本计算

干线输气管道采用内涂层后，构成运营成本的诸多因素中可变因素较多，在计算中仅考虑燃料费用、人工工资及附加费、清管费用、管理费用；其他可变费用忽略不计。由于该干线输气管道设计管线中间无压缩机站，故仅考虑燃料费用的节约（表 10-4-9，表 10-4-10）。

进站压力在 5.8MPa 时，不同粗糙度的增量投资 **表 10-4-8**

项目名称	45μm 与 10μm 经济比较			20μm 与 10μm 经济比较		
	原方案	内涂敷	增量投资	原方案	内涂敷	增量投资
总装机功率(MW)	3.02	0.59	2.63	1.56	0.59	1.07
装机功率(MW)	2.01	0.39	1.75	1.04	0.39	0.71
备用功率(MW)	1.01	0.20	0.88	0.52	0.20	0.36
压缩机站投资(10^4元)	3253.19	631.22	2621.97	1683.24	6321.22	1052.03
涂料单位价格(元/t)		76974.3			76974.3	
涂敷费用(10^4元)		3846.50	−3846.50		3846.50	−3846.50
除锈费用(10^4元)		2035	−2035		2022	−2022
涂层材料费(10^4元)		1811.46	−1811.46		1824.49	−1824.49
增量投资(10^4 元)			(1224.53)			(2794.5)

进站压力在 4.5MPa 时，不同粗糙度的成本计算 **表 10-4-9**

项目名称	45μm 与 10μm 经济比较			20μm 与 10μm 经济比较		
	原方案	内涂敷	节约额	原方案	内涂敷	节约额
总装机功率(MW)	10.10	7.47	2.63	8.54	7.47	1.07
装机功率(MW)	6.73	4.98	1.8	5.69	4.98	0.71
备用功率(MW)	3.4	2.49	0.88	2.85	2.49	0.36
自耗气量($10^8m^3/a$)	0.149	0.149	0.04	0.124	0.109	0.015
燃料消耗费用(10^4元/年)	1490	1090	400	1240	1090	150
节约清管费用(10^4元/年)	6.6	1.65	4.95	6.6	1.65	4.95
工资及附加费(10^4元/年)						
管理费(10^4元/年)						
节约成本(10^4元)			405.0			155.0

进站压力在 5.8MPa 时，不同粗糙度的成本计算 **表 10-4-10**

项目名称	45μm 与 10μm 经济比较			20μm 与 10μm 经济比较		
	原方案	内涂敷	节约额	原方案	内涂敷	节约额
总装机功率(MW)	3.02	2.88	2.50	3.89	2.88	1.07
装机功率(MW)	2.01	0.39	1.6	1.04	0.39	0.71
备用功率(MW)	1.0	2.49	0.88	2.85	2.49	0.36
自耗气量($10^8m^3/a$)	0.044	0.0086	0.0354	0.023	0.0086	0.0144
燃料消耗费用(10^4元/年)	440	86	354	230	86	144
节约清管费用(10^4元/年)	6.6	1.65	4.95	6.6	1.65	4.95
工资及附加费(10^4元/年)		0.0	0.0		0	0.0
管理费(10^4元/年)		0.00	0.0		0	0.0
节约成本(10^4元)			359.9			149.3

5. 综合经济评价指标

根据上述计算结果，计算出该干线输气管道采用和不采用内涂层两种方案在进站压力在4.5MPa和5.8MPa时，不同粗糙度的差额投资净现值、动态投资回收期、费用现值(表10-4-11，表10-4-12)。

进站压力在4.5MPa时，不同粗糙度的经济比较　　表10-4-11

项目名称	45μm与10μm经济比较			20μm与10μm经济比较		
	原方案	内涂敷	节约额	原方案	内涂敷	节约额
总装机功率(MW)	10.10	7.47	2.625	8.535	7.47	1.065
装机功率(MW)	6.73	4.98	1.8	5.69	4.98	0.71
备用功率(MW)	3.4	2.49	0.875	2.845	2.49	0.355
差额净现值(10^4元)			2075			23.6
运营费用现值(10^4元)			3451			1289
动态投资回收期(年)			2.40			14.20

进站压力在5.8MPa时，不同粗糙度的经济比较　　表10-4-12

项目名称	45μm与10μm经济比较			20μm与10μm经济比较		
	原方案	内涂敷	节约额	原方案	内涂敷	节约额
总装机功率(MW)	3.02	0.585	2.495	1.56	0.585	1.035
装机功率(MW)	2.01	0.39	1.6	1.04	0.39	0.71
备用功率(MW)	1.0	0.195	0.875	0.52	0.195	0.325
差额净现值(10^4元)			1521			−1655
运营费用现值(10^4元)			3067			1242
动态投资回收期(年)			3.10			不能回收

经过上述计算可以看出，进站压力在4.5MPa，管道内壁粗糙度在45μm时，差额净现值为2075×10^4元，运营费用现值为3451×10^4元，动态投资回收期为2.4年，该干线输气管道采用内涂层方案完全可行。当管道内壁粗糙度在20μm时，差额净现值为23.6×10^4元，运营费用现值为1289×10^4元，动态投资回收期为14年，该干线输气管道采用内涂层方案不可行。

当进站压力在5.8MPa，管道内壁粗糙度在45μm时，差额净现值为1521×10^4元，运营费用现值为3067×10^4元，动态投资回收期为3.1年，该干线输气管道采用内涂层方案完全可行。当管道内壁粗糙度在20μm时，干线输气管道采用内涂层方案不可行。

10.5　在役管道防腐层修复

10.5.1　防腐层修复材料的选择

燃气管道在下沟回填时，防腐层可能遭受到土石块的损伤，形成漏点，埋地运行之后，管道将会受到周围环境的侵蚀。为保证管道的安全运行，每隔一定的时间应该进行地面检测，以评价防腐层的性能，对检测中发现的局部漏点，应及时进行修补。

管道外防腐层修复时，所选用材料应该：①与埋设环境及运行条件相适应；②具有较好的现场可施工性，例如对表面处理的要求不能如工厂预制防腐层严格，甚至在特殊情况下需要带水作业；③操作方便，且施工设备相对简单。

常用直埋管道外防腐层修复材料包括：多层矿脂包覆系统，无溶剂厚质环氧，聚烯烃类冷缠胶带等（材料性能指标见 10.1 中的相关内容），修复材料尽量采用与原防腐层相似或相容的防腐层。3PE 防腐层及其他恶劣施工条件下（如修复施工需带水作业等）可选用多层矿脂包覆系统进行修复，熔结环氧粉末和液态环氧防腐层可采用无溶剂厚质环氧进行修复，冷缠带类聚烯烃防腐层应选用相同的冷缠带进行修复。

10.5.2 修复施工及质量控制

(1) 旧防腐层清除

剥离或失效的旧防腐层不能为管道提供有效的保护，并且会影响新防腐层对管道的粘结作用，在修复之前应将旧防腐层彻底清除干净。局部修复时，对缺陷处的防腐层进行修整，除去已剥离的防腐层，应使产生锈蚀的管体完全裸露。将缺陷四周 100mm 范围及需环包的外防腐层表面的污物清理干净，缺陷防腐层边缘一般修成 30°～45°的斜坡，以利于增强新防腐层与原防腐层的结合。

(2) 表面处理

管道重新防腐前，应进行适当的表面处理，以助于新防腐层与管体达到最好的粘结。管道外防腐层修复施工时通常不具备喷砂处理的条件，在不方便机械喷砂处理且选用防腐材料允许时，可采用电动钢丝刷进行表面处理，处理等级应达到 St3 级。

(3) 防腐层修复施工

① 多层矿脂包覆系统防腐修复施工。多层矿脂包覆系统防腐修复施工采用人工缠绕，无需高等级表面处理，甚至可以带水作业。修复施工包括底漆涂刷，防腐带施工，保护带缠绕三个部分，对于直埋管道使用自固化铠装保护带进行加强级保护。矿脂底漆采用刷涂或抹涂，形成厚度在 180～250μm 的连续防水层，确保钢管表面的凹坑、蚀坑处填满。防腐带施工采用手工方式，从左至右包裹缠绕矿脂防腐带，矿脂防腐带以饱和的惰性矿脂为主要成分，不固化、不硬化、不开裂，适合各类腐蚀环境，施工时油带之间保证 55%的搭接，形成双层叠压。外保护带采用手工方式，从左至右包裹缠绕外保护带，缠绕 2～3 层外保护带将矿脂防腐带固定并密封。自固化铠装保护带使用时沿着被保护的设施螺旋缠绕铠装外护带，缠绕过程中至少保证 55%搭边，形成双层叠压，缠绕过程中让缠绕带始终保持一定的张力，固化后形成坚硬的保护层。

② 厚质环氧涂料类防腐修复施工。防腐修复施工一般采用刮涂、刷涂或辊涂涂装，厚质环氧涂料的施工应注意环境条件，管壁温度低于露点温度 3℃以上、相对湿度超过 85%及遇扬沙及雨雪天气不建议采用此材料施工。

为了获得良好的层间结合，修补区域、搭接区域应该采用适当的打磨措施进行打毛处理，超出产品说明书推荐的最大重涂间隔时，应对上道涂层进行打毛处理。涂装过程中应采用湿膜测厚仪控制防腐层厚度，涂层均匀、无漏涂、无气泡、无凝块。

③ 冷缠带类防腐修复施工。冷缠带类防腐修复施工可采用人工机械缠绕或自动缠绕

机械缠绕，施工方法及工艺应符合材料说明书的要求。表面处理、底漆涂装及缠带施工应连续作业，不得隔夜。对于冷缠带施工采取搭接不小于55%一次成型，在原防腐层与胶带搭接处，应将原防腐层处理成斜坡，打毛整齐后用胶带缠绕，搭边长度不小于200mm。

(4) 质量检验

防腐层实施过程中和实施完工后应进行质量检验，以保证防腐层性能。通常检查的项目包括外观检查、厚度检查、漏点检测等。

① 防腐层外观检查。采用目视检查，防腐层表面应平整，色泽均匀，不应有褶皱、漏涂、流挂、龟裂、鼓泡和分层等缺陷。

② 厚度检查。采用湿膜厚度仪测量防腐层湿膜厚度。涂装过程中，施工人员应随时读取厚度数值，确保涂膜厚度达到要求，且均匀一致。

③ 漏点检测。一般情况下根据防腐层厚度计算检漏电压，一般选取矿脂类防腐层或冷缠带防腐层检漏电压为10kV，环氧类涂料防腐层检漏电压为5V/μm。

10.6 金属阀门、法兰等异形钢结构件防腐及修复

10.6.1 金属阀门、法兰腐蚀的危害

腐蚀是引起金属阀门、法兰损坏的主要原因之一。城镇燃气阀门井内的法兰、阀门较多，有些阀门井地下水位高，井内严重积水，产生严重的腐蚀损伤，成为严重的安全隐患。腐蚀导致整个法兰和阀门出现早期失效，大大缩短整个结构的寿命，甚至存在燃气泄漏的风险，带来严重的安全隐患。

10.6.2 金属阀门、法兰防腐修复材料及施工

由于金属阀门、法兰存在大量异形结构件，导致在防腐施工时不易对其进行喷砂处理或电动工具打磨，只能用钢丝刷进行简单的除锈处理。而且阀门、法兰存在大量的缝隙，涂料等防腐材料难以对其进行有效地保护。

综上，金属、法兰外防腐层施工或修复时，所选用材料应该具有以下特点：①表面处理等级要求低，由于阀井内常年积水，甚至在特殊情况下需要带水作业；②操作方便，且施工设备相对简单；③适合在异形结构等不规则表面上实施。

推荐使用多层矿脂包覆系统进行金属阀门、法兰的防腐修复（材料性能指标及材料施工方法见本章10.1中的相关内容）。如果阀门为直埋阀门，推荐在最外层上使用纤维增强水固化树脂缠带进行加强防护，材料性能指标见表10-6-1。

纤维增强水固化树脂缠带性能指标 **表10-6-1**

项目名称	性质
固化时间(h)	4～15
冲击韧性(kJ/m²)	≥30
冲击韧性保湿率(%)	≥85
剥离强度(N/25mm)	≥15

续表

项目名称		性质
抗拉强度(MPa)	经向	≥12
	纬向	≥32
压力(N)		≥300
固化后浸出液的 pH 值		6～8
碱性氧化物含量(%)		≤0.8

10.7 定向钻穿越管道防腐层防护技术

10.7.1 定向钻穿越管道防腐层防护的意义

管道定向钻穿越技术具有施工周期短、对环境扰动小的特点，适用于穿越铁路、公路、河流等区域埋地管道的铺设。是一种高效的非开挖埋地管道铺设技术，目前已广泛应用于石油天然气和市政管道的建设。定向钻穿越管道外防腐以 3PE，FBE 及热收缩带补口为主材料，具有良好的防腐和耐冲击性能，但其耐磨损、耐划伤性能较差，常由于穿越段土质坚硬、石块异物、穿越孔洞不圆滑、控向精度较低等原因使管道出现外防腐层划伤、划透、补口刮翻等严重问题，损伤处的管体失去了防腐层保护，极易出现腐蚀甚至是穿孔。由于穿越管道位置的特殊性，后期防腐层修复难度极大，因此，对穿越管道外防腐层的增强防护显得尤为必要。

10.7.2 防护材料与施工

为保护防腐涂层免遭机械损伤，针对定向钻穿越管道特点，国内外许多公司开发了机械保护材料，主要包括改性环氧树脂涂料类保护层和纤维增强复合材料缠绕带保护层。

10.7.2.1 定向钻穿越管道防护材料的一般要求

① 防护材料应具有良好的耐磨、耐划伤性能：面临地质情况比较复杂和地下结构比较坚硬的情况时，可最大限度的避免对管道防腐层的破坏，有效延长管道防腐层的使用寿命，提高管道运行的安全性、可靠性。

② 防护材料应施工方便，施工效率高。定向钻穿越管道防腐层的防护一般在管道焊接完成后在现场进行施工，应尽量提高施工效率，减少大型施工设备的使用，减少对管道穿越项目周期的影响。

10.7.2.2 环氧类防护涂料

环氧涂料类防护层性能指标应满足表 10-7-1 要求。

10.7.2.3 纤维增强复合材料缠绕带

纤维增强复合材料缠绕带的性能指标如表 10-7-2 要求。

环氧涂料类防护层性能指标 表 10-7-1

序号	试验项目	质量指标	试验方法
1	耐阴极剥离(1.5V,65℃,30d)	≤15	SY/T 0315 附录 C
3	与金属粘结强度(MPa)	≥10	GB/T 5210
4	50kg 耐划伤(划伤深度)(μm)	≤300,无漏点	SY/T 4113.1
5	硬度(邵氏)	≥80	GB/T 2411
6	体积电阻率(Ω·m)	1×10^{12}	GB/T 1410

纤维增强复合材料缠绕带的性能指标 表 10-7-2

序号	试验项目	质量指标	试验方法
1	拉伸强度(MPa)	≥190	GB/T 1447
2	巴柯尔硬度	≥30	GB/T 3854
3	耐划伤(50kg,μm)	≤500	SY/T 4113.1
4	耐磨性(CS10,1kg)(mg)	≤7	SY/T 0315 附录 J

10.7.3 纤维增强复合材料缠绕带实验研究

为了验证纤维增强复合材料缠绕带对定向钻穿越管道的防腐防护效果，在天津市武清区某管道穿越工程中进行了定向钻穿越防腐防护实验。工程所处路段地下以黏性砂土为主，穿越工程水平长 332m，设计入土角度 20°，设计出土角度 20°，所用管道 ϕ610mm，管道壁厚 8mm。

实验管段焊接在整条管线的最前端，经历穿越工程中全部恶劣条件的考验。实验管段分成 4 个部分，如图 10-7-1 所示。实验结束后，实验管段在地下穿越 332m 后最终从地面穿出。

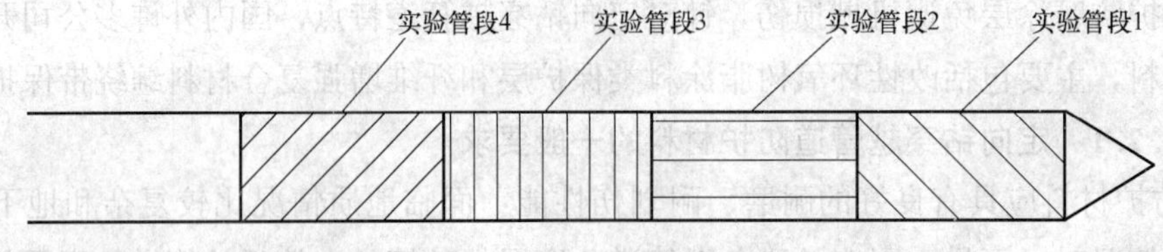

图 10-7-1 四个实验管段

实验管段 1：环氧树脂防腐层+纤维增强复合材料防护层；

实验管段 2：环氧树脂防腐层；

实验管段 3：3PE 防腐层；

实验管道 4：3PE 防腐层+纤维增强复合材料防护层。

定向钻穿越工程实验完成之后，为了进一步对实验结果进行观察和分析，将实验用管道进行运输和清洗，对实验管道进行细致的分析与研究，结果如下：

① 实验管段 1（环氧树脂防腐层+纤维增强复合材料防护层）：

由于该管段处于整条管线的最前端，并且在出地时与地面发生磨损，面临最恶劣的机械损伤，在纤维增强复合材料防护层表面留下了明显的划痕，但防护层并未撕裂破坏（图 10-7-2）。

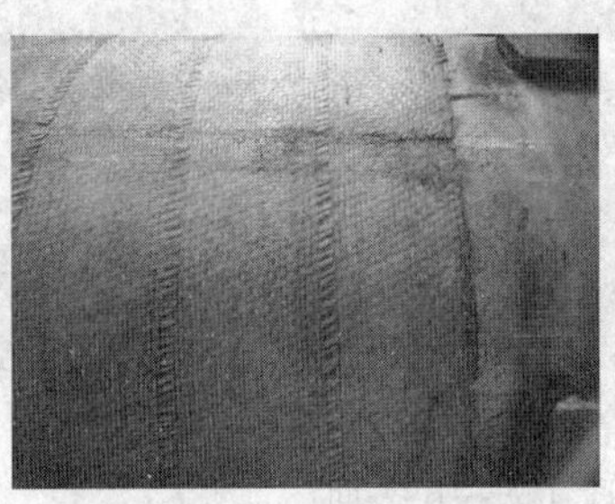
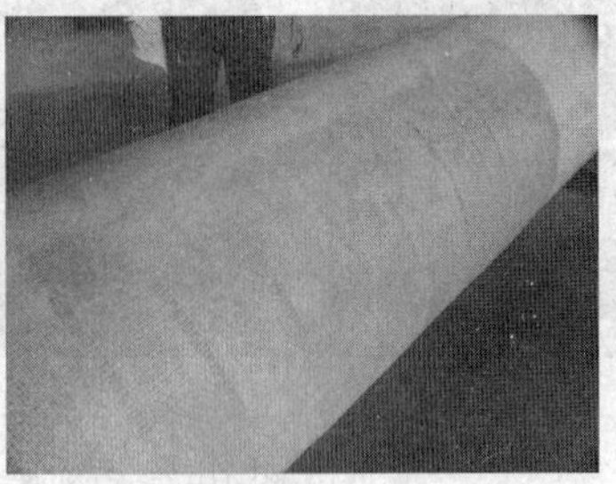

图 10-7-2 实验管段 1 防护层拖拉痕迹

② 实验管段 2（环氧树脂防腐层）：

防腐层表面产生由于拖拉留下的划痕（图 10-7-3）。

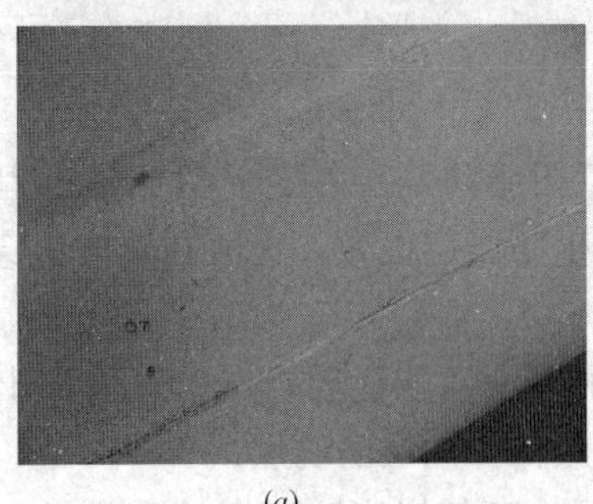
(a)

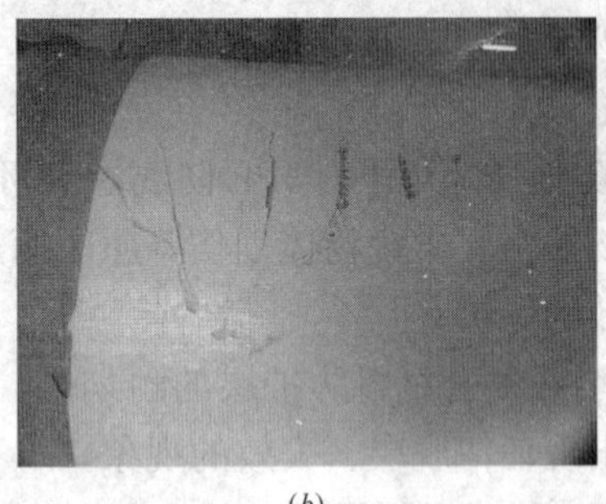
(b)

图 10-7-3 实验管段 2 防腐层表面

(a) 拖拉划痕；(b) 尖锐物体划痕

③ 实验管段 3（3PE 防腐层）：

3PE 防腐层出现明显的由于拖拉而造成的褶皱；外侧出现由于尖锐物体划伤而造成的划痕（图 10-7-4）。

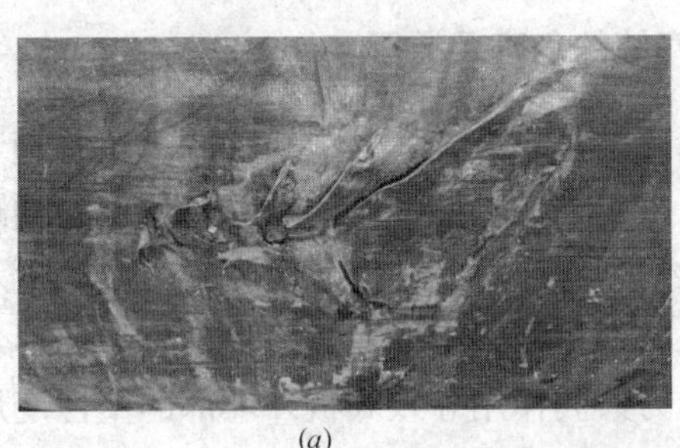
(a)

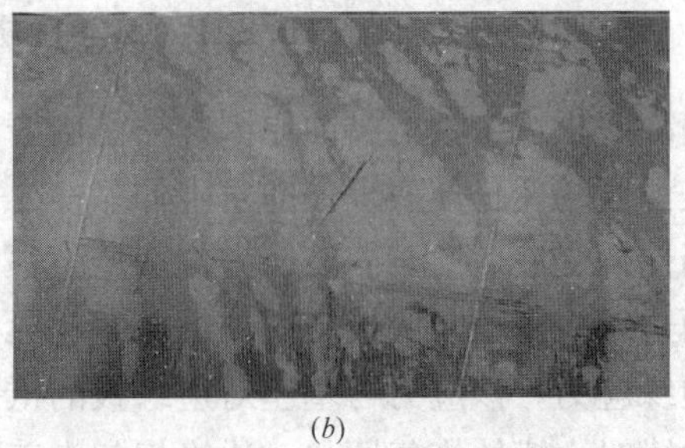
(b)

图 10-7-4 实验管段 3 防腐层表面

(a) 拖拉褶皱；(b) 划伤而造成的划痕

④ 实验管段 4（3PE 防腐层+纤维增强复合材料防护层）：

新型定向钻防护方案抗冲击、耐划伤、耐拖拉效果优异。

新型定向钻穿越防护方案边缘效果。在管道穿越回拖过程中，包覆焊口的热收缩带被

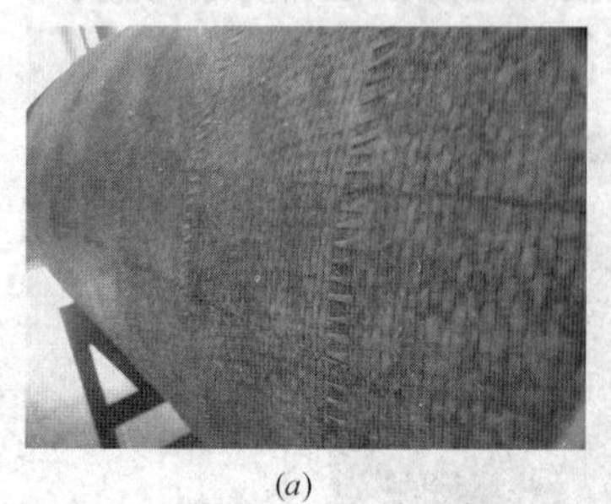
(a)

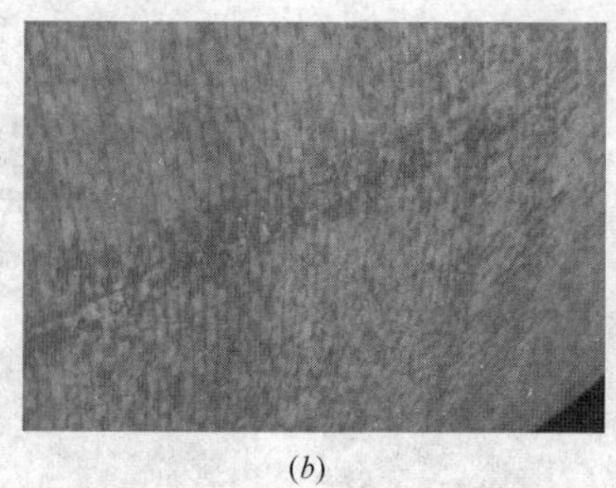
(b)

(c)

图 10-7-5 实验管段 4 防护层表面

(a) 耐磨、耐划伤效果；(b) 耐拖拉效果；(c) 边缘效果

刮翻事件经常发生，导致补口防腐失效。纤维增强复合材料防护层与 3PE 防腐层结合良好并且机械强度高，在实验管段穿出地面后，补口防护方案的边缘处未出现任何脱层、翻边、撕裂的现象，如图 10-7-5 所示。

实验结论：

① 在恶劣地质环境下，3PE 防腐层和环氧树脂防腐层在定向钻穿越过程中会因为管道拖拉、重物冲击、尖锐物体划伤等原因而产生防腐层失效，无法在定向钻穿越过程中对管道进行有效的保护；

② 纤维增强复合材料防护层的耐划伤，耐冲击性能优异，实验管段穿出地面后，防护层表面未出现任何脱层、失效的现象，可有效保护内层防腐层；

③ 纤维增强复合材料防护层与 3PE 防腐层、环氧树脂防腐层结合优异，实验管段穿出地面后，未出现边缘翻边、脱落的现象，有效延长了管道防腐层的使用寿命，提高了管道运行的安全性、可靠性。

10.8 LNG 储罐边缘板防腐技术

10.8.1 储罐底板腐蚀的危害及原因

储罐底板边缘板的腐蚀原因，一是由于储罐的基座与罐体底板结合的部位，随着环境主要是温度的变化使底板径向发生伸缩；二是由于储罐输储油量的载荷变化引起油罐的变形，当储罐受液后由于静液压力作用产生很大的环向应力，使储罐沿半径方向产生水平变位，而边缘板由于与底板牢固地焊在一起无法向外扩张，结果在边缘板处发生变形，从而产生边缘应力，该应力与基座对边缘板的抵抗力共同作用导致底板外环部的塑性变形；当储罐空罐时，罐体恢复原状，边缘板却由于塑性变形而向上翘曲。

上述因素使储罐底板外边缘处与基座形成一条裂缝，该裂缝的大小会随着储罐的运动变化不断地膨胀与收缩，结果给外界的一些腐蚀介质，如雨水、露水等的侵入提供了一条通道，这些腐蚀介质日复一日地入侵并由于缝隙很小，水不易挥发而长年积存于底板与基座之间从而发生严重的电化学腐蚀，最终导致底板下锈蚀穿孔。由于这种腐蚀发生在罐底与基座之间，一般无法观察，故最容易被人们忽视，也是最危险的。储罐底部边缘板的防

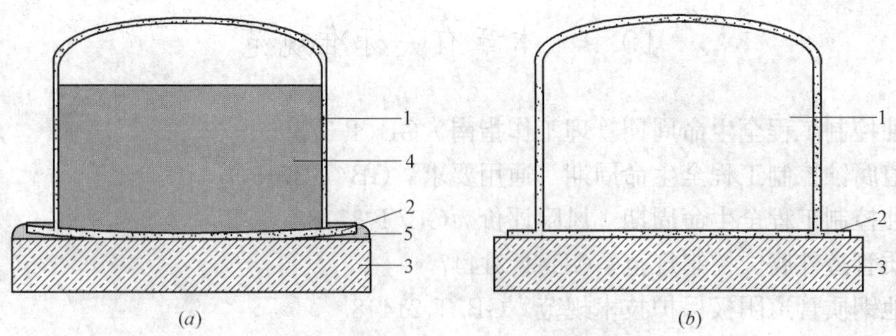

图 10-8-1 储罐基座与罐底板结合部的变形

(a) 罐底外周边变形状态（盛液）；(b) 罐底外周边塑性变形（空罐）

1—储罐；2—底板；3—基座；4—盛液；5—腐蚀介质

护，就是切断上述的入侵通道，有效防止环境因素等从罐底部四周入侵，将其与水、大气等隔离，达到保护储罐底板（特别是边缘板）的目的。

10.8.2 LNG储罐边缘板防腐技术的材料及施工

由于储罐的边缘板防腐只能在储罐建设完毕后进行后置防腐，而且由于储罐底板与混凝土基础之间的变形会导致沥青、涂料等的断裂，传统的防腐材料难以对其进行有效地保护，宜采用新型柔性防腐材料对储罐边缘板进行防腐处理。

推荐使用多层矿脂包覆技术进行LNG储罐边缘板防腐（材料性能指标及材料施工方法见本传10.1中的相关内容）。具体施工工艺如下：

① 表面预处理将水泥表面清理干净，达到无杂质、无土。把金属表面清理干净，去除浮绣，原有附着紧密的油漆不需要去除。表面处理标准参考St2级别。雨天、湿度大、风沙大时不能施工，如果边缘板翘边严重或水泥面凹凸不平严重，应提前进行找平预处理，可使用其他材料（如水泥砂浆）填充预处理。

② 油罐壁上和混凝土基础平台的上表面和混凝土基础平台的立面均匀涂覆STAC矿脂底漆一层，每公斤底漆涂刷3～5m^2表面，此底漆不会干燥。涂刷底漆和铺设油带的时间间隔不超过1h。

③ 罐壁凹角处自里向外用STAC矿脂胶泥填充过度，保证表面光滑，平整；自里向外形成一定的坡度（大于8°），以避免产生存水区域。当边缘板上翘严重或水泥面不平整时，胶泥用量将会增加。

④ 第一道油带：使用合适的STAC矿脂油带（沿着储罐水泥平面立面100mm处向水泥平面方向铺设），油带要折压挤平皱折，油带的接头不小于100mm。第二道油带：沿着储罐平面敷设，与第一道油带搭接100mm。油带竖起的部分要压实、捻平，抚平皱褶，使油带均匀与水泥面和金属面贴实。STAC矿脂油带贴覆在罐壁粘弹密封带上，竖起高度不超过50mm，油带下垂到水泥立面部分的高度应不低于50mm。

⑤ 在最外层安装外保护层，可以选用聚烯烃防腐冷缠带或者厚质改性环氧树脂涂料，使外保护层压实紧密帖附在罐壁和油带上，抚平皱褶，以辊子压实捻压，工作完成。

10.9　本章有关标准规范

《腐蚀控制工程全生命周期管理工作指南》GB/T 37590

《管道腐蚀控制工程全生命周期　通用要求》GB/T 37190

《腐蚀控制工程全生命周期　风险评价》GB/T 37183

《钢质管道外腐蚀控制规范》GB/T 21447

《埋地钢质管道阴极保护技术规范》GB/T 21448

《耐蚀涂层腐蚀控制工程全生命周期要求》GB/T 37595

《埋地钢质管道直流干扰防护技术标准》GB 50991

《埋地钢质管道交流干扰防护技术标准》GB 50698

《穿越管道防腐层技术规范》SY/T 7368

《城镇燃气埋地钢质管道腐蚀控制技术规程》CJJ 95

《管道外防腐补口技术规范》GB/T 51241

《建筑石油沥青》GB/T 494

《埋地钢质管道煤焦油瓷漆外防腐层技术规范》SY/T 0379

《管道防腐层检漏试验方法》SY/T 0063

《钢质管道熔结环氧粉末内防腐层技术标准》SY/T 0442

《钢质管道聚烯烃胶粘带防腐层技术标准》SY/T 0414

《涂覆涂料前钢材表面处理　表面清洁度的目视评定　第 1 部分：未涂覆过的钢材表面和全面清除原有涂层后的钢材表面的锈蚀等级和处理等级》GB/T 8923.1

《涂覆涂料前钢材表面处理　表面清洁度的目视评定　第 2 部分：已涂覆过的钢材表面局部清除原有涂层后的处理等级》GB/T 8923.2

《管线无底漆熔结环氧内涂层推荐做法》API RP 5L7

参考文献

[1]　胡士信等．阴极保护工程手册［M］．北京：化学工业出版社，1999

[2]　刘广文等．天然气管道内涂层减阻技术［M］．北京：石油工业出版社，2001

第 11 章　燃气储罐

11.1　球　　罐

用于储存液化石油气、天然气等的球形储罐（简称“球罐”）属于有压储存容器，在燃气工程中得到广泛的应用。

11.1.1　球罐特点及燃气球罐分类

11.1.1.1　球罐的组成及特点

1. 组成

球罐由球壳、人孔、接管、支座、梯子平台、水喷淋装置以及（用于低温或深冷球罐的）隔热和保冷设施所组成。

2. 与卧罐比较的特点

① 球罐的表面积小，即在相同容量下球罐所需钢材面积最小。

② 由于球形壁面承载能力比圆筒形壁面大一倍，在相同直径、相同压力下，采用同样钢板时球罐板厚只需卧罐板厚的一半。

③ 球罐占地面积小，且可向高度发展，有利于地表面积的利用。

④ 球罐基础简单、受风面小、外观漂亮。

11.1.1.2　燃气球罐分类

1. 燃气球罐按储存温度分类

① 常温球罐。常温球罐的设计温度大于－20℃，如液化石油气（LPG）球罐、天然气球罐。这类球罐的压力较高，取决于液化气的饱和蒸气压或天然气进罐压力。

② 低温球罐。这类球罐的设计温度低于或等于－20℃，一般不低于－100℃。压力属于中等（视该温度下介质的饱和蒸气压而定）。

③ 深冷球罐。设计温度在－100℃以下，往往在介质液化点以下储存。压力不高，有时为常压。由于对保冷要求高，常采用双层球壳。

本章主要讨论常温或低温储罐。目前国内使用的球罐，设计温度一般在－40～50℃之间。

2. 燃气球罐按结构形式分类

球形按分瓣方式分有橘瓣式、足球瓣式，混合式三种。按支撑方式分有支柱式，裙座式两类。

11.1.2　燃气球罐的设计参数

球罐的主要设计参数为设计压力和设计温度。这两个参数互相影响，对球罐的设计影响很大，对材料的选用起决定作用。

11.1.2.1　压力

1. 工作压力

指在正常工作情况下，球罐顶部可能达到的最高压力。

除注明者外，压力均指表压力，以下同。

2. 设计压力

设计压力指设定的球罐顶部的最高压力，与相应的设计温度一起作为设计载荷条件，其值不低于工作压力。

球罐上装有超压泄放装置时，应按《压力容器［合订本］》GB 150.1～150.4 附录 B“超压泄放装置”的规定确定设计压力。

液化石油气的设计压力，按国家质量技术监督局《固定式压力容器安全技术监察规程》TSG21 执行，见表 11-1-1。

液化石油气储罐的设计压力　表 11-1-1

混合液化石油气 50℃饱和蒸气压力(MPa)	设计压力(MPa)	
	无保冷设施	有可靠保冷设施
≤异丁烷 50℃饱和蒸气压力	等于 50℃异丁烷的饱和蒸气压力	可能达到的最高工作温度下异丁烷的饱和蒸气压力
＞异丁烷 50℃饱和蒸气压力 ≤丙烷 50℃饱和蒸气压力	等于 50℃丙烷的保和蒸气压力	可能达到的最高工作温度下丙烷的饱和蒸气压力
＞丙烷 50℃饱和蒸气压力	等于 50℃丙烯的饱和蒸气压力	可能达到的最高工作温度下丙烯的饱和蒸气压力

注：液化石油气指国家标准 GB 11174 规定的混合液化石油气；异丁烷、丙烷、丙烯 50℃的饱和蒸气压力应按相应的国家标准和行业标准确定。

例如，常温储存丙烷和丁烷的混合液化石油气，其 50℃的饱和蒸气压高于 50℃异丁烷的饱和蒸气压（0.68MPa），其设计压力不低于 50℃丙烷的饱合蒸气压 1.7MPa。

当液化石油气（多组分气体），在压力不太高的情况下，其饱和蒸气可视为理想气体，其平衡液相可视为理想液体，可近似适用道尔顿和拉乌尔两定律，它的饱和蒸气压可用由本手册第 2 章式（2-5-1）计算。

3. 计算压力

计算压力指在相应设计温度下，用以确定球壳各带厚度或受压元件厚度的压力，其中包括液柱静压力。

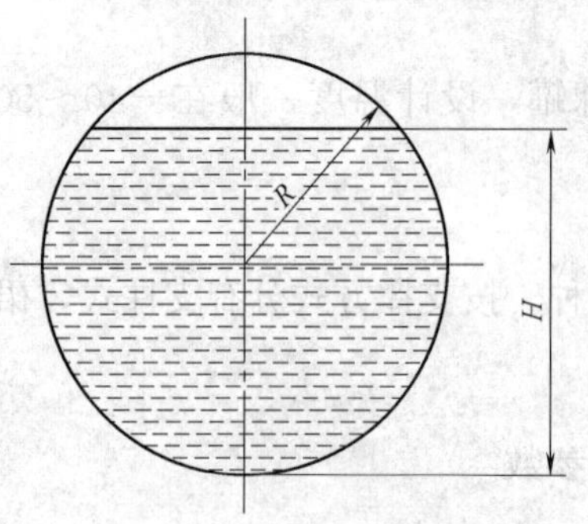

图 11-1-1　球罐液柱高度

产生球壳应力的因素很多。气体内压力、储存的液体介质的液柱静压力、球壳内外壁的温度差、安装与使用时的温度差、自重、局部外载荷以及施工等因素都会使球壳产生应力。

① 气体内压力和液柱静压力所产生的球壳应力是两个主要因素。

② 当球壳的外径与内径之比≤1.2 时，球罐可看为薄壁球壳。

③ 当充装系数为 K 的球罐（图 11-1-1）液柱高度可按式（11-1-1）计算。

$$H=K_1R \tag{11-1-1}$$

$$K_1=2\cos\frac{\sqrt{1-2(K-1)^2}+\pi}{3}(2R-1) \tag{11-1-2}$$

式中 H——液柱高度；

R——球罐半径；

K——充装系数，K 与 K_1 的关系见表 11-1-2。

K 与 K_1 的关系 表 11-1-2

K	K_1	K	K_1	K	K_1	K	K_1
0.50	1.0000	0.63	1.1751	0.76	1.3626	0.89	1.5876
0.51	1.0133	0.64	1.1889	0.77	1.3780	0.90	1.6084
0.52	1.0267	0.65	1.2028	0.78	1.3937	0.91	1.6300
0.53	1.0400	0.66	1.2167	0.79	1.4096	0.92	1.6527
0.54	1.0534	0.67	1.2308	0.80	1.4257	0.93	1.6766
0.55	1.0668	0.68	1.2449	0.81	1.4421	0.94	1.7020
0.56	1.0802	0.69	1.2591	0.82	1.4589	0.95	1.7293
0.57	1.0936	0.70	1.2735	0.83	1.4759	0.96	1.7592
0.58	1.1071	0.71	1.2880	0.84	1.4934	0.97	1.7927
0.59	1.1206	0.72	1.3026	0.85	1.5112	0.98	1.8319
0.60	1.1341	0.73	1.3173	0.86	1.5295	0.99	1.8822
0.61	1.1478	0.74	1.3322	0.87	1.5483	1.00	2.0000
0.62	1.1614	0.75	1.3473	0.88	1.5676		

4. 试验压力

试验压力指进行耐压试验或泄漏试验时，球罐顶部的压力。

5. 最高允许工作压力

在指定的相应温度下，球罐顶部所允许承受的最大压力。该压力是根据球罐各受压元件的有效厚度，考虑了该元件承受所有载荷而计算得到的，且取最小值。

注：当球罐的设计文件没有给出最高允许工作压力时则可以认为该球罐的设计压力即是最高允许工作压力。

11.1.2.2 温度

1. 设计温度

设计温度指球罐在正常工作情况下，设定的受压元件的金属温度（沿元件金属截面的温度平均值）。设计温度与设计压力一起作为设计载荷条件。

除注明者外，温度均指摄氏温度。

设计温度不得低于元件金属在工作状态下可能达到的最高温度。对于 0℃以下的金属温度，设计温度不得高于元件金属可能达到的最低温度。

低温球罐设计温度按《钢制球形储罐》GB 12337 附录 E 确定。

标志在铭牌上的设计温度应是球壳设计温度的最高值或最低值。

元件的金属温度可用传热计算求得，或在已使用的同类球罐上测定，或按内部介质温度确定。

2. 试验温度

试验温度指进行耐压试验或泄漏试验时，球壳的金属温度。

11.1.2.3　厚度

1. 计算厚度

计算厚度指按公式计算得到的厚度。需要时，应计入其他载荷所需的厚度。

2. 设计厚度

设计厚度指计算厚度与腐蚀裕量之和。

3. 名义厚度

名义厚度是指设计厚度加上钢材厚度负偏差向上圆整至钢材标准规格的厚度。即标注在图样上的厚度。

4. 有效厚度

有效厚度指名义厚度减去腐蚀裕量和钢材厚度负偏差。

5. 厚度附加量

厚度附加量按式（11-1-3）确定：

$$C=C_1+C_2 \tag{11-1-3}$$

式中　C——厚度附加量，mm；

C_1——钢材厚度负偏差，mm；

C_2——腐蚀裕量，mm。

其中钢材厚度负偏差C_1是指钢板或钢管的厚度负偏差，其值按钢材标准的规定。当钢材的厚度负偏差不大于0.25mm且不超过名义厚度的6%时，负偏差可忽略不计。

腐蚀裕量C_2是根据预期的球罐寿命和物料对金属材料的腐蚀速率确定的；球罐各元件受到的腐蚀程度不同时，可采用不同的腐蚀裕量。腐蚀裕量取不小于1mm。各国规范大多依据不同的钢种，给出不同的腐蚀裕量，如日本JIS B8270，对碳素钢按表11-1-3确定腐蚀裕量值。

一般可按下式选取：

$$C_2=kD_J \tag{11-1-4}$$

式中　k——腐蚀速度，mm/a；

D_J——球罐的设计寿命，a。

由于储存的物料不同，设计者可根据实际情况或习惯确定腐蚀裕量。

碳素钢的腐蚀裕量　　**表11-1-3**

腐蚀程度	不腐蚀	轻微腐蚀	腐蚀	重腐蚀
腐蚀速度(mm/a)	≤0.05	0.05～0.13	0.13～0.25	>0.25
腐蚀裕量(mm)	0	≥1	≥2	≥3

球壳的加工减薄量因制造单位的加工工艺不同（冷压或热压）而变化，设计者可视具体情况而定。

11.1.2.4　设计载荷

设计时应考虑以下载荷：

① 压力；

② 液柱静压力；储罐、储液的质量；

③ 球罐自重（包括内件）以及正常条件下或耐压试验状态下内装介质的重力载荷；

④ 附属设备及隔热材料、管道、支柱、拉杆、梯子、平台等重力载荷。

⑤ 风载荷、地震载荷、雪载荷；

⑥ 支柱的反作用力；

需要时，还要考虑下列载荷：

⑦ 连接管道和其他部件的作用力；

⑧ 温度梯度或膨胀量不同引起的作用力；

⑨ 冲击载荷，包括压力急剧波动引起的冲击载荷、流体冲击引起的反力等。

11.1.2.5 许用应力

许用应力是根据材料各项强度性能分别除以标准中规定的安全系数来确定。

安全系数是考虑材料性能、载荷条件、设计方法、加工制造和操作方法中的不确定因素后确定的，特别应注意到标准规范中所规定的安全系数与该规范所采用的计算方法、选材、制造和检验方面的规定是对应的，不可在各种规范之间“混用”。

在球罐设计中，确定钢材许用应力的安全系数，主要目的是使材料在受载状态下，将一次应力控制在弹性范围内，使元件的一次应力不超过材料的屈服极限造成设备的静强度失效。系数的选用与许多因素有关，如材料质量，球罐计算方法和计算公式的准确性，球罐的制造、组装、焊接、检验的技术水平和实践经验等。它是一项综合性指标，各国根据自己的技术水平与实践经验在所编制的规范中确定其可行的系数。

对材料制造要求比较严格的国家，一般取相对低的系数，如欧洲各国；对材料制造要求比较宽松的国家，一般取相对高的系数，如美国和日本。

我国球罐钢材的许用应力，按 GB 12337 的规定，如表 11-1-4、表 11-1-5 所示。

钢材许用应力 **表 11-1-4**

材料	许用应力取下列各值中的最小值(MPa)
碳素钢、低合金钢	$R_m/2.7, R_{eL}/1.5, R_{eL}^t/1.5$
奥氏体型不锈钢[a,b]	$R_m/2.7, R_{eL}(R_{p0.2})/1.5, R_{eL}^t(R_{p0.2}^t)/1.5$

注：R_m——材料标准抗拉强度下限值，MPa

R_{eL} （$R_{p0.2}$、$R_{p1.0}$）——材料标准室温屈服（或 0.2%、1.0%非比例延长强度），MPa；

R_{eL}^t （$R_{p0.2}^t$、$R_{p1.0}^t$）——材料标准室温屈服（或 0.2%、1.0%非比例延长强度），MPa；

a. 对奥氏体型不锈钢制受压元件，当设计温度低于蠕变范围，且允许有微量的永久变形时，可适当提高许用应力应力至 $0.9R_{p0.2}^t$，但不超过 $R_{p0.2}/1.5$。此规定不适用于法兰或其他有微量永久变形就产生泄漏或故障的场合。

b. 如果引用标准规定了 $R_{p1.0}$ 或 $R_{p1.0}^t$，则可以选用该值计算其许用应力。

螺栓许用应力 **表 11-1-5**

材料	螺栓直径(mm)	热处理状态	许用应力(MPa)
碳素钢	≤M22	热轧，正火	$R_{eL}^t/2.7$
	M24～M48		$R_{eL}^t/2.5$
低合金钢	≤M22	调质	$R_{eL}^t/3.5$
	M24～M48		$R_{eL}^t/3.0$
	≥M52		$R_{eL}^t/2.7$
奥氏体型钢	≤M22	固溶	$R_{eL}^t(R_{p0.2}^t)/1.6$
	M24～M48		$R_{eL}^t(R_{p0.2}^t)/1.5$

设计温度低于20℃时，取20℃时的许用应力。

11.1.3　耐压试验和泄漏试验

11.1.3.1　耐压试验

球罐在制造过程中，从选材、加工、组装、焊接，直至热处理，虽然对原材料和各工序都有检查和检验，但因检查方法或范围的局限性，必然有材料缺陷和制造工艺缺陷存在，因而有必要在球罐制造完毕后进行耐压试验，以验证球罐的整体强度、焊接接头质量、球罐基础的强度等。耐压试验可采用液压试验、气压试验或气液组合压力试验，一般采用液压试验。

1. 耐压试验压力

耐压试验压力的最低值按下述规定，工作条件内装介质的液柱静压力大于液压试验时的液柱静压力时，应适当考虑相应增加试验压力。

液压试验：

$$p_T = 1.25p\frac{[\sigma]}{[\sigma]^t} \tag{11-1-5}$$

气压试验和气液组合压力试验：

$$p_T = 1.1p\frac{[\sigma]}{[\sigma]^t} \tag{11-1-6}$$

式中　p_T——试验压力，MPa；

p——设计压力，MPa；

$[\sigma]$——球壳材料在试验温度下的许用应力，MPa；

$[\sigma]^t$——球壳材料在设计温度下的许用应力，MPa。

注：球罐铭牌上规定有最高允许工作压力时，公式中应以最高允许工作压力，代替设计压力。

2. 耐压试验应力校核

如果采用大于1. 所规定的试验压力，在耐压试验前，应校核各受压元件在试验条件下的应力水平，例如对球壳元件应校核最大总体薄膜应力σ_T。σ_T按式（11-1-7）计算：

$$\sigma_T = \frac{(p_T + p_{Ti})(D_i + \delta_e)}{4\delta_e} \tag{11-1-7}$$

式中　σ_T——试验压力下球壳的最大总体薄膜应力，MPa；

p_T——试验压力，MPa；

p_{Ti}——液柱静压力，MPa；

D_i——球壳内直径，mm；

δ_e——球壳的有效厚度，mm。

σ_T满足下列条件：

液压试验时，$\sigma_T \leqslant 0.9R_{eL}(R_{p0.2})\varphi$；

气压试验和气液组合压力试验时，$\sigma_T \leqslant 0.8R_{eL}(R_{p0.2})\varphi$。

式中　$R_{eL}(R_{p0.2})$——球壳材料在试验温度屈服强度（或0.2%非比例延伸强度），MPa；

φ——球壳的焊接接头系数。

3. 耐压试验的温度

试验温度（球罐罐壁金属温度）应比球壳板金属无塑性转变温度至少高 30℃，并符合设计图样规定。

4. 耐压试验注意要点

① 液压试验时，一般采用洁净的清水。Q345R、Q370R、07MnMoVR 制球罐进行液压试验时，液体温度不得低于 5℃，Q245R 和其他低合金钢制球罐进行液压试验时，液体温度不得低于 15℃。低温球罐液压试验的液体温度应不低于壳体材料和焊接接头的冲击试验温度（取其高者）加 20℃，如果由于板厚等因素造成材料无塑性转变温度升高，则需相应提高试验温度。

液压试验时，不宜过速升压，宜缓慢提高压力，压力逐渐升高，球壳逐渐趋圆，球壳中应力便趋向均匀。如果迅速升压，由于焊接接头等处存在形状不连续，局部应力较高，尚未来得及缓解形状不连续，应力的再分布，压力又很快升高，只会使形状不连续处局部应力继续迅速增大，对球壳的强度不利。另外，焊接接头处存在较大的焊接残余应力，压力过快升高，残余应力和液压试验应力叠加，使球罐局部进入塑性状态，对球罐使用安全极为不利。

② 气压试验时，一般采用干燥洁净的空气、氮气或者其他惰性气体。由于气体具有可压缩性，因而气压试验具有一定的危险性，必须做好安全防范措施。升压至试验压力的10%时，应进行初次泄漏检查，以便及早发现缺陷。

11.1.3.2 泄漏试验

泄露试验包括气密试验以及氨检漏试验、卤素检漏试验和氦检漏试验等。燃气球罐属于易爆介质储罐，不允许有微量泄露的球罐，应在耐压试验合格后进行泄漏试验。泄漏试验压力等于设计压力。

11.1.4 球罐材料

11.1.4.1 球罐选材性能要求

球罐用材直接关系到质量和经济性。球罐用钢的选择原则是在满足强度要求的前提下，应保证有良好的成型性、优良的焊接性能、足够好的缺口韧性值和长期可靠的使用，需考虑下列材料性能。

1. 抗拉强度

抗拉强度是材料的主要强度指标之一，是决定材料许用应力的主要依据之一。《金属材料 拉伸试验 第1部分：室温试验方法》GB/T 228.1 中给出了抗拉强度的定义和试验方法。

2. 屈服点

对于在压力容器行业中通常使用的材料，规定以残余伸长率 0.2%时的应力作为决定材料许用应力时的屈服点。GB/T 228.1 中给出了试验方法。工程上常用屈强比 R_{eL}/R_m 作为压力容器用钢安全可靠性的参考指标。对于依据弹性准则设计的压力容器元件，它表示承载能力的裕度。$R_{eL}/R_m=1$ 时，属极端情况，这时任何微小的超载都会导致元件的失效断裂，因而不能用来制造压力容器。当 $R_{eL}/R_m<0.6$ 时，虽然超载能力大，安全可靠性增大，但钢材的利用率降低。所以 R_{eL}/R_m 应在 0.6～1.0 之间。

3. 刚性

刚性是结构抗弯曲和翘曲的能力，是度量构件在弹性范围内受力时变形大小因素之一，它与钢材弹性模量和结构元件的截面形状（截面惯性矩）有关。

弹性模量是钢材在弹性极限内应力与应变的比值。

4. 韧性 球罐材料应具有足够的抗裂纹扩张的能力即良好的韧性。

衡量韧性有很多指标，因试验方法不同而异。目前各国均以夏比V形缺口冲击试验的吸收能量来衡量，以期达到简单方便的目的。冲击（吸收）功即具有一定形状尺寸的金属试样在冲击载荷下折断时所吸收的功，单位为焦耳（J）。标准试验的方法有《金属材料夏比摆锤冲击试验方法》GB/T 229。

5. 可焊性 球罐用材料对可焊性要求比通常的压力容器用材料要求更高，大量的双曲面对接焊，并处于高空全位置（平焊、仰焊、横焊、立焊）焊接，绝大部分属于隐蔽工作面，因而在材料的选择上就要严格考虑可焊性。

常用的评价高强度钢的可焊性和对接焊裂纹敏感性的指标较多，理论上一般采用钢板的碳当量 C_{eq} 和裂纹敏感性指数 P_c 来进行。

① 碳当量 C_{eq}。国际焊接学会（I I W）推荐用于低合金结构钢的碳当量计算公式：

$$C_{eq}=C+Mn/6+Cr/5+Mo/4+Cu/13+V/5+Si/24 \quad (11\text{-}1\text{-}8)$$

式中 元素含量单位为%。

一般要求屈服限为490MPa级的低合金高强钢 C_{eq} 的数值应控制在≤0.45，说明可焊性良好。国外有些标准，按钢板的强度级别和不同热处理情况，来提供 C_{eq}。

② 裂纹敏感性指数 P_c。碳当量与焊接热影响区硬度有一定关系，一般材料的强度愈高，其焊接热影响区的硬度也越高，出现裂纹的可能性就越大。但大量研究结果表明，以此判断裂纹出现的可能性还不够完全，因而将拘束度（材料厚度）和开裂性（焊中氢的含量）的因素考虑在内，则裂纹敏感性指数 P_c 的计算公式：

$$P_c=C+\frac{Si}{30}+\frac{Mn}{20}+\frac{Cu}{20}+\frac{Ni}{60}+\frac{Cr}{30}+\frac{Mo}{30}+\frac{V}{30}+5B+\frac{h}{600}+\frac{H}{60} \quad (11\text{-}1\text{-}9)$$

式中 h——钢板厚度，mm；

H——焊缝中氢含量，mL/100g。

大量的试验说明当 $P_c>0.35$ 时，裂纹产生的几率就大；当 $P_c\leqslant 0.30$ 时，裂纹发生的几率就小。

钢材的焊接性能评定是一项复杂的工作，用碳当量 C_{eq} 和裂纹敏感性指数 P_c 等经验公式评定钢材的焊接性能太过简单，此法只可对钢材的焊接性能开展初步评价，具体还需要通过相应的焊接试验进行判定。

11.1.4.2 球罐壳体一般选材

燃气球形储罐主要储存介质为气体、液体（包括液化石油气），属于压力容器。由于它储存的介质大部分是易燃易爆和有毒的物质，故球罐的使用安全性显得尤为重要；加之球罐均在现场组焊，通常采用焊条电弧焊法施焊，施工条件恶劣，且一般焊缝长度长达几百米，故随着球壳板厚度的增加，焊接缺陷产生的可能性会增加，球壳板的组装拘束应力和焊接残余应力也随之增加。因此，与常用压力容器用钢相比，球罐用钢除需足够的强度外，对其韧塑性和焊接性能也有较高要求，并且对球壳用钢板厚度方向不同部位的低温韧性也有更高要求。低、中强度钢的优点是价格低，易获得，对焊接工艺要求不苛刻，便于施工，还可以通过热处理消除焊接残余应力，有利于防止应力腐蚀，缺点是相同容积的球罐用钢材耗量大，不利于球罐大型化。高强度钢的优点是可以降低钢材的消耗量，有利于球罐的大型化，缺点是焊接工艺要求苛刻，容易产生焊接裂纹等缺陷，不易进行应力腐蚀控制。

考虑到我国球罐正在向大型化、轻量化方向发展的趋势，同时考虑到近年来建造的球壳厚度大于 40mm，特别是大于 50mm 的球罐由于失效发生的事故，故根据 GB12337 标准规定，球壳用钢板厚度不宜大于 50mm，不同钢板的厚度有一定的适用范围。球壳板厚度大于 50mm 时，设计文件应对材料、制造、组焊给出更具体的技术要求。

1. 球壳板国外有两种选材方式

① 采用中强钢　欧洲国家广泛采用屈服极限 294～441MPa 级的中强钢，属于 Mn-Si、Mn-V、Mn-Nb 和 MmNbV 系钢，厚度不加控制，当厚度超过规定的界限时，对球罐进行焊后消除应力热处理。

② 采用高强钢　如日本则选用高强钢，一般球罐容积在 6000m^3 以下采用抗拉强度 600MPa 级钢。容积超过 10000m^3 采用抗拉强度 800MPa 级钢，壁厚通常控制在不进行整体热处理的界限内。

2. 国内选材原则

根据 GB 12337 所列的 10 个球壳用碳素钢和低合金钢的钢号，基本上建立了我国建造球形储罐的常温球罐用低合金钢和低温球罐用低合金低温钢系列。即使用温度下限为 −20℃，其屈服强度分别为 245MPa、345MPa、370MPa 及 490MPa 级的钢号相应有 Q245R、Q345R、Q370R 及 07MnMoVR 等 4 个，使用温度下限为 −40℃，−45℃、−50℃及 −70℃的钢号相应有 16MnDR、07MnNiVDR、15MnNiVDR、15MnNiNbDR、07MnNiMoDR 和 09MnNiMoDR 等 6 个。

另外，球壳用奥氏体不锈钢钢板有 S30408、S30403、S31608 和 S31603 等，基本能够满足目前国内建造奥氏体型球罐的要求。

钢板的标准、使用状态及许用应力按表 11-1-6 的规定。

钢板许用应力　　**表 11-1-6**

碳素钢和低合金钢钢板

钢号	钢板标准	使用状态	厚度(mm)	室温强度指标		在下列温度(℃)下的许用应力(MPa)				注
				R_m (MPa)	R_{eL} (MPa)	≤20	100	150	200	
Q245R	GB713	热轧，控轧，正火	6～16	400	245	148	147	140	131	
			>16～36	400	235	148	140	133	124	
			>36～60	400	225	148	133	127	119	
Q345R	GB 713	热轧，控轧，正火	6～16	510	345	189	189	189	183	
			>16～36	500	325	185	185	183	170	
			>36～60	490	315	181	181	173	160	

续表

碳素钢和低合金钢钢板										
钢号	钢板标准	使用状态	厚度(mm)	室温强度指标		在下列温度(℃)下的许用应力(MPa)				注
				R_m (MPa)	R_{eL} (MPa)	≤20	100	150	200	
Q370R	GB 713	正火	10～16	530	370	196	196	196	196	
			>16～36	530	360	196	196	196	193	
			>36～60	520	340	193	193	193	180	
16MnDR	GB 3531	正火，正火加回火	6～16	490	315	181	181	180	167	
			>16～36	470	295	174	174	167	157	
			>36～50	460	285	170	170	160	150	
15MnNiDR	GB 3531	正火，正火加回火	6～16	490	325	181	181	181	173	
			>16～36	480	315	178	178	178	167	
			>36～50	470	305	174	174	174	160	
15MnNiNbDR	GB 3531	正火，正火加回火	10～16	530	370	196	196	196	196	
			>16～36	530	360	196	196	196	193	
			>36～50	520	350	193	193	193	187	
09MnNiDR	GB 3531	正火，正火加回火	6～16	440	300	163	163	163	160	
			>16～36	430	280	159	159	157	150	
			>36～50	430	270	159	159	150	143	
07MnMoVR	GB 19189	调质	10～50	610	490	226	226	226	226	
07MnNiVDR	GB 19189	调质	10～50	610	490	226	226	226	226	
07MnNiMoDR	GB 19189	调质	10～50	610	490	226	226	226	226	

高合金钢钢板								
钢号	钢板标准	使用状态	厚度(mm)	在下列温度(℃)下的许用应力(MPa)				注
				≤20	100	150	200	
S30408	GB/T 24511	固溶	6～50	137	137	137	130	1
				137	114	103	96	
S30403	GB/T 24511	固溶	6～50	120	120	118	110	1
				120	98	87	81	
S31608	GB/T 24511	固溶	6～50	137	137	137	134	1
				137	117	107	99	
S31603	GB/T 24511	固溶	6～50	120	120	117	108	1
				120	98	87	80	

注1：该行许用应力仅适用于允许产生微量永久变形之元件，对于法兰或其他有微量永久变形或产生泄漏或故障的场合不能采用。

3）引进国外球罐用钢板

引进常温球罐用钢均为一般的C-Mn系铁素体压力容器用钢，如SPV355，引进低温球罐用钢多为日本的 N-TUF490、JEE-HITEN6102L 等。设计单位若选用境外牌号的材料，在设计文件中应当注明其满足《固定式压力容器安全技术监察规程》TSG21 中的相关各项要求。化学成分和力学性能分别见表 11-1-7 和表 11-1-8。国内外部分城市燃气球罐建造实例见表 11-1-9。

化学成分 **表 11-1-7**

钢号	化学成分(质量分数)(%)														
	C	Si	Mn	Ni	V	Nb	Als	Cr	Mo	B	Cu	N	Ti	P	S
														不大于	
A537CL1(美)ASTM(法)CODAP95	≤0.24	0.15～0.50	0.7～1.35	—	—	—	—	—	—	—	—	—	—	0.035	0.04
4S3S(法)CREVS-PEISO	≤0.16	0.15～0.50	0.80～1.60	≤0.50	—	—	—	—	—	—	—	—	—	0.035	0.035
A52P1(法)NFA 36－205	≤0.20		0.90～1.60	≤0.60	—	—	—	—	—	—	—	—	—	0.05	0.05
A517(美)ASTM	0.15～0.21	0.50～0.90	0.8～1.1	—	—	—	—	0.50～0.90	0.40～0.60	≤0.0025	—	—	0.05～0.15	0.035	0.04
P460N(德)DINEN 10028－1,3	≤0.20	≤0.60	1.00～1.70	≤0.80	≤0.20	≤0.05	≥0.020	≤0.30	≤0.10	—	≤0.70	≤0.025	≤0.03	0.030	0.025
SPV355N(日)JIS G3115	≤0.20	0.15～0.55	≤1.60	—	—	—	—	—	—	—	—	—	—	0.035	0.040
SPV490Q(日)JIS G3115	≤0.18	0.15～0.75	≤1.60	—	—	—	—	—	—	—	—	—	—	0.035	0.040

力学性能 **表 11-1-8**

钢号	交货状态	钢板厚度(mm)	拉伸试验			冲击试验		冷弯试验
			抗拉强度 σ_b(MPa)	屈服点 σ_s(MPa)	伸长率 δ_5(%)	温度(℃)	V形冲击力 A_{kv}(横向)(J)	$b=2a$ 180°
				不小于			不小于	
A537CL1(美)ASTM(法)CODAP95		33～35	510～560	345	22	－55	28	$d=2a$

续表

钢号	交货状态	钢板厚度（mm）	拉伸试验			冲击试验		冷弯试验
			抗拉强度 σ_b（MPa）	屈服点 σ_s（MPa）	伸长率 δ_5（%）	温度（℃）	V形冲击力 A_{kv}（横向）(J)	$b=2\alpha$ 180°
				不小于			不小于	
34SS规定(法) CREVSELSO	调质		490～590	340	22	－34	35	$d=2\alpha$
A52P1(法) NFA36-205	正火	17～21	≥510	355	22			
A517(美)ASTM	调质	25	≥794	690	16			$d=3\alpha$
P460N(德) DINEN 10028—1.3	正火或正火＋回火	≤16 35～50	570～720	460 440	17	－20	20	$d=2.5\alpha$
SPV355N(日) JISG3115	正火	≤16 ＞34	520～637	353 333	18	0	47（纵向）	$d=1.5\alpha$
SPV490Q(日) JISG3115	调质	≤40	608～736	490	19	－10	47（纵向）	$d=1.5\alpha$

国内外部分城市燃气球罐建造实例　　表11-1-9

城市名	容积（m^3）	内径（mm）	数量	介质	球壳材料	设计压力（MPa）	球壳板厚（mm）	制造	竣工时间
北京	5000	21290	4	天然气	WEL-TEN62CF NK-HITEN62U	0.86	30	新日铁日本钢管	1986
北京	10000	26740	3	天然气	WEL-TEN62CF NK-HITEN62U	0.86	34	新日铁日本钢管	1988
北京	10000	26740	10	天然气		1.03		法国壳板国内组装	2001
上海	3500	18850	10	天然气	WEL-TEN62CF	1.53	38	新日铁	
天津	5000	21220	5	天然气	WEL-TEN62CF NK-HITEN62U	1.3	36	新日铁壳板国内组装	2000
成都	5000	21220	3	天然气	A537CILMod	1.2	29～30	CMP(法国)	1996
西安	10000	26730	4	天然气	A537CILMod	1.05	35.1～35.3	CMP(法国)	
咸阳	5000	21220	3	天然气		1.03			
宝鸡	4000	19700	4	天然气		1.05			
重庆	3300	18480	3	天然气	18G2AN6	1.3		波兰	1993
西部瓦斯	26700	37070	1	城市燃气	WEL-TEN780C	0.74	30.3	新日铁	1985
大孤	19420	33350	1	城市燃气	WEL-TEN780C	0.83	32.5	新日铁	1994

续表

城市名	容积(m^3)	内径(mm)	数量	介质	球壳材料	设计压力(MPa)	球壳板厚(mm)	制造	竣工时间
西部瓦斯	5000	21220	1	城市燃气	WEL-TEN780C	0.83	25.7	新日铁	1988
千叶	10300	27000	1	天然气	HW490	0.88	33.2	川崎重工	1996
北海道	14151	30010	1	城市燃气	HW70	0.88	31.3	川崎重工	1994
荷兰	3534	18900	2	天然气				CBI(美国)	
加拿大	7606	24400	1	工业燃气				CBI(美国)	
摩洛哥	6000	22500	2	天然气	A537CLIMod			CBP(法国)	1989

11.1.5 球罐强度计算

我国钢制球罐的设计，多采用赤道正切式，遵循《钢制球形储罐》GB 12337 的规定。计算包括：球壳计算、球罐质量计算、地震载荷计算、风载荷计算、弯矩计算、支柱计算、地脚螺栓计算、支柱底板计算、拉杆计算、支柱与球壳连接最低点 a 的应力校核、支柱与球壳连接焊缝的强度校核、外压球壳计算和球壳开孔补强的计算。需要做分析设计的球罐应符合 GB 12337 附录 D 的规定。本节仅对球壳强度计算方法作简介。

11.1.5.1 球壳应力

气体内压力、储存的液体介质的液柱静压力、球壳内外壁的温度差、安装与使用时的温度差、自重、局部外载荷以及安装施工等因素都会使球壳产生应力。本节仅讨论由气体内压力和液柱静压力所产生的球壳应力。

1. 内压力形成的球壳应力

在燃气行业中的球罐，球壳的外径与内径之比 $K\leqslant1.2$，属于薄壁球罐。只需考虑径向和周向薄膜应力：

$$\sigma_\varphi=\sigma_\theta=\frac{p_{ci}D_{cp}}{4\delta_e} \tag{11-1-10}$$

式中 σ_φ——径向薄膜应力；

σ_θ——周向薄膜应力；

p_{ci}——计算压力；

D_{cp}——球罐平均直径；

δ_e——球壳有效厚度度壁厚。

2. 液体静压力形成的球壳应力

储存液体介质的大容量球罐，由液体静压力形成的球壳应力在强度计算中一般不应忽略。若将赤道部位视为球壳的支撑带，那么，对于平均半径为 R_{cp}、厚度为 δ、储满密度为 ρ 的液体介质的球壳，由液体静压力所形成的径向和周向薄膜应力。在赤道以上区域为：

$$\sigma_\varphi=\frac{\rho R_{cp}^2}{6\delta_e}\left(1-\frac{2\cos^2\varphi}{1+\cos\varphi}\right) \tag{11-1-11}$$

$$\sigma_\theta=\frac{\rho R_{cp}^2}{6\delta_e}\left(5-6\cos\varphi+\frac{2\cos^2\varphi}{1+\cos\varphi}\right) \tag{11-1-12}$$

在赤道以下区域，由于支柱反力的存在，薄膜应力公式变为：

$$\sigma_{\varphi}=\frac{\rho R_{\mathrm{cp}}^{2}}{6\delta_{\mathrm{e}}}\left(5+\frac{2\cos^{2}\varphi}{1-\cos\varphi}\right) \tag{11-1-13}$$

$$\sigma_{\theta}=\frac{\rho R_{\mathrm{cp}}^{2}}{6\delta_{\mathrm{e}}}\left(1-6\cos\varphi-\frac{2\cos^{2}\varphi}{1-\cos\varphi}\right) \tag{11-1-14}$$

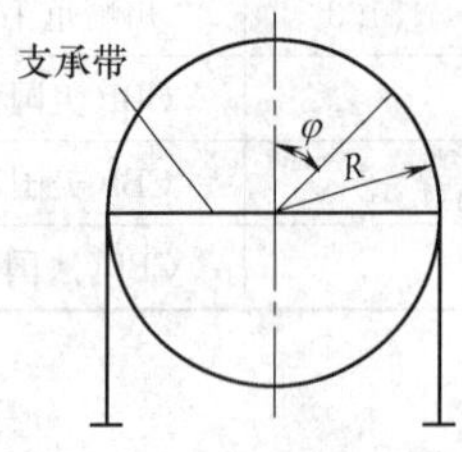

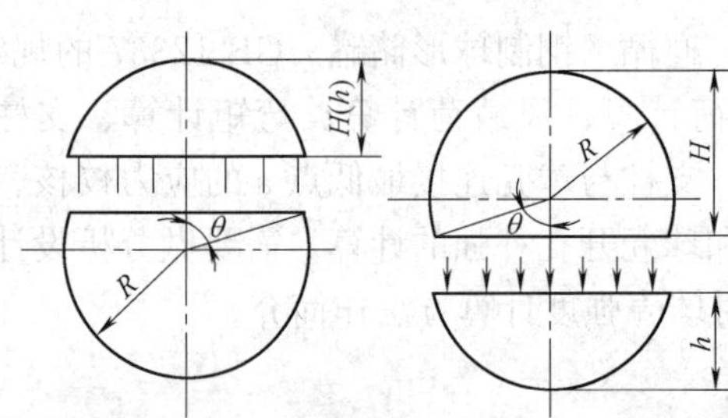

图 11-1-2 球壳液压薄膜应力分析

计算中若采用图 11-1-4 所示的几何参数，式（11-1-11）、式（11-1-12）的薄膜应力公式为：

$$\sigma_{\varphi}=\frac{\rho R_{\mathrm{cp}}^{2}}{2\delta_{\mathrm{e}}}\left[H-\frac{h(3R_{\mathrm{cp}}-h)}{3(2R_{\mathrm{cp}}-h)}\right] \tag{11-1-15}$$

$$\sigma_{\theta}=\frac{\rho R_{\mathrm{cp}}^{2}}{2\delta_{\mathrm{e}}}\left[H+\frac{(3R_{\mathrm{cp}}-h)}{3(2R_{\mathrm{cp}}-h)}\right] \tag{11-1-16}$$

$$\sigma_{\varphi}=\frac{\rho R_{\mathrm{cp}}^{2}}{2\delta_{\mathrm{e}}}\left[H+\frac{h(3R_{\mathrm{cp}}-h)}{3(2R_{\mathrm{cp}}-h)}\right] \tag{11-1-17}$$

$$\sigma_{\theta}=\frac{\rho R_{\mathrm{cp}}^{2}}{2\delta_{\mathrm{e}}}\left[H-\frac{(3R_{\mathrm{cp}}-h)}{3(2R_{\mathrm{cp}}-h)}\right] \tag{11-1-18}$$

11.1.5.2 强度条件

球壳的强度条件可按第一强度理论（最大主应力理论）建立。由于不考虑径向应力 σ_{r}，其结果与按第三强度理论所得的结果是一致的。此时强度条件可写成：

$$\sigma^{(1)}\leqslant[\sigma] \tag{11-1-19}$$

在仅承受气体内压时，当量应力 $\sigma^{(1)}$ 按式（11-1-10）计算。同时承受有液体静压力时，球壳各带的当量应力 $\sigma_{\circ}$ 按式（11-1-15）～式（11-1-18）中的大者和式（11-1-10）的叠加。在求取各带的应力值时，式中的 δ_{e} 应是各带实际名义厚度扣除厚度附加量后的数值，即球壳有效厚度。

《钢制球形储罐》GB 12337 中球壳用碳钢、低合金钢，许用应力按下式确定：

$$[\sigma]=Rm/2.7$$

$$[\sigma]=ReL/1.5$$

$$[\sigma]=R^{t}eL/1.5$$

$[\sigma]$ 取上述各值的最小值。

球罐壳体采用屈强比大、屈服极限高的高强度钢材制作，可直接减小球罐质量、提高球罐运行可靠性。据文献介绍，屈服点提高 50%，结构的重量可减轻 20%～30%。但需注意，为防止球壳应力在进入屈服限以后很快达到强度极限而造成破坏，须控制材料 $R_{\mathrm{eL}}/R_{\mathrm{m}}$ 为 0.65～0.75。

11.1.5.3 球壳厚度计算

1. 设计温度下球壳厚度计算公式

$$\delta=\frac{p_{\mathrm{ci}}D_{i}}{4[\sigma]\varphi-p_{\mathrm{ci}}} \tag{11-1-20}$$

式中 δ——球壳计算壁厚；

p_{ci}——计算压力；

D_i——球罐内直径；

$[\sigma]$——球壳材料许用应力；

ϕ——焊缝系数；

C——壁厚附加量。

2. 设计温度下球壳的计算应力校核式

$$\sigma_t=\frac{p_{ci}(D_i+\delta_e)}{4\delta_e}\leqslant[\sigma]^t\phi \tag{11-1-21}$$

式中 δ_e——球壳有效厚度，mm；

$[\sigma]^t$——设计温度下球壳的计算应力，MPa。

3. 设计温度下球壳的最大允许工作压力计算式

$$p_w=\frac{4\delta_e[\sigma]^t\phi}{Di+\delta_e} \tag{11-1-22}$$

式中 p_w——设计温度下球壳的最大允许工作压力，MPa。

11.1.6 球罐基础

球罐的基础用于支撑球罐本体、附件及操作介质和水压试验时水的重量，一般采用钢筋混凝土结构。球罐基础主要是承受静载荷的作用。

球罐一般采用赤道正切柱式支撑，每根支柱上的重量也很大。为避免地基发生局部下沉引起支柱载荷不均匀。需采用环形整体基础。有资料介绍：在1mm不均匀下沉的情况下，一根支柱就要产生比其他支柱高10%左右的应力。假如在设计支柱时，安全系数是1.7，则在7mm不均匀下沉的情况下，支柱的承载能力就会耗尽，因而会产生轴向弯曲。此外，大型球罐要在现场组焊成球，现场的组装基准是从基础上找的，因此，球罐的基础精度要求比较高。

图11-1-3是国内某1000m³液化石油气球罐的环形基础结构。该环形基础上采用预埋地脚螺栓的结构形式。

对于要求焊后整体热处理的球罐的基础，应该采用预留孔结构，不应预埋地脚螺栓。因为球罐在加热和冷却过程中支柱要随着壳体的热胀冷缩而发生位移，而露出地基表面的地脚螺栓头部会妨碍支柱的位移，因此采用预留孔结构较好。而且，预留孔结构也有利于安装过程中支柱位置必要的调整，保证球罐的安装质量。

图11-1-4是某1350m³乙烯球罐的支柱底部、地脚螺栓和预留孔基础部位的结构。由图中可看出，在每一个地脚螺栓的预留孔内都装设有一锚杆，地脚螺栓采用锚栓式结构，这样可使地脚螺栓固定得牢靠、安全。预留孔上部有一斜面，是为了二次灌浆时使孔不致被支柱底板遮盖而不能灌浆。支柱底板与基础之间的滑动板是作为球罐整体热处理时支撑球体，使支柱在其上面移动时有较小的摩擦力。当然，最好的办法是在滑动板上面再临时加若干条圆钢，便于支柱移动时因圆钢条的滚动而大大降低摩擦力。

11.1.7 球罐仪表及附件

11.1.7.1 液位计

在液化石油气储罐的应安装仪表中，最重要的是液位计。

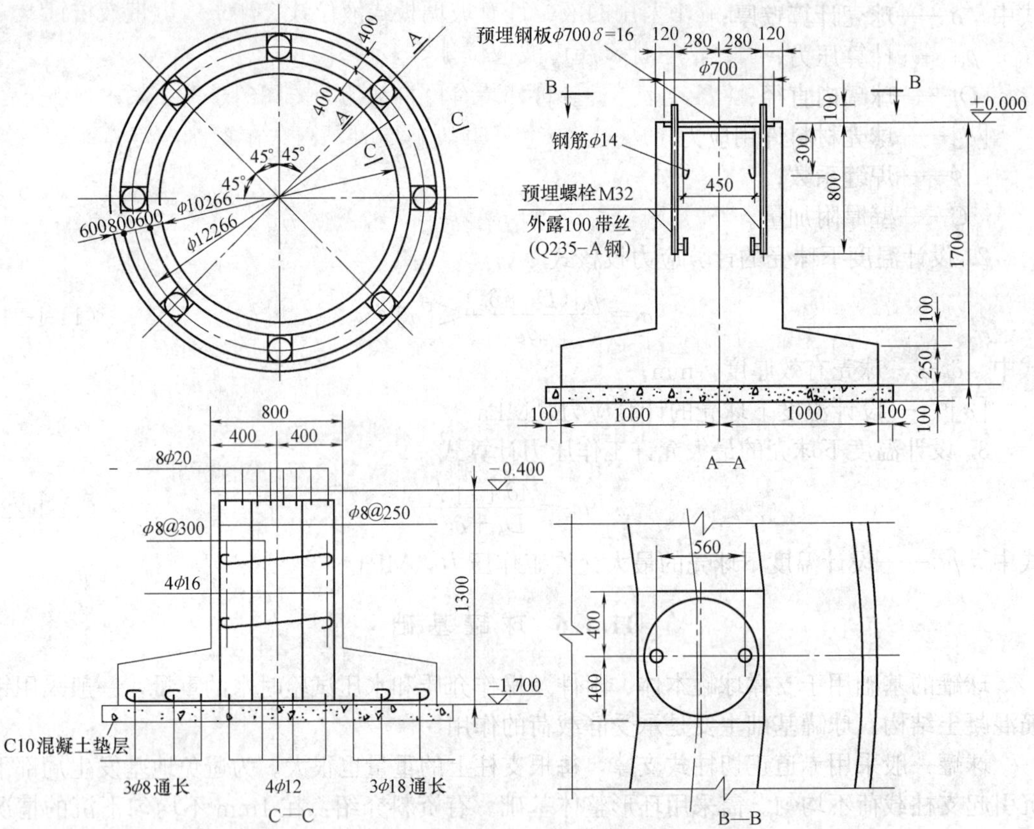

图 11-1-3　1000m³ 液化石油气球罐的环形基础

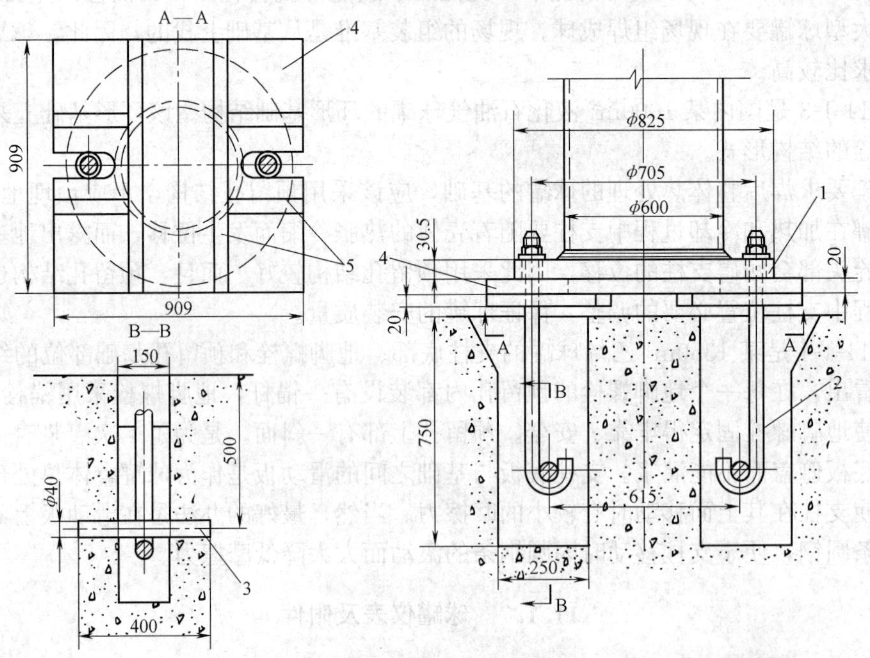

图 11-1-4　1350m³ 乙烯球罐的支柱底部、地脚螺栓和预留孔基础部位的结构

1—支柱底板；2—地脚螺栓；3—锚杆；4—滑动板；5—加强筋

液位计有多种类型。球罐中采用的液位计有玻璃板式液位计、浮子—齿带液位计（又称浮子—钢带液位计）、雷达液位计、超声波液位计等多种。

玻璃板式液位计直观性好，在上下接管处装有可自动切断的阀门，上下阀内最小通道孔径为 5mm，阀内装有钢球，当玻璃板因意外事故破坏时，钢球在容器内压力作用下堵住阀口，防止罐内液体外流。

浮子—齿带液位计，一般都敷设有可以指示高液位和低液位的玻璃板式液位计。由于浮子—齿带液位计操作安全、可靠、灵敏度高（误差±2mm）读数方便、准确，是比较理想的球罐用液位计；

雷达液位计的原理是利用超高频电磁波经天线向被探测容器内的液面发射，当电磁波碰到液面后反射回来，仪器检测出发射波及回波的时差，从而计算出液面高度。

超声波液位计的工作原理是利用罐顶发射的超声碰到液面产生反射波，测出发射波及回波的时差，从而计算出液面高度，可用于连续测量。超声波液位计也可以采用声波在不同介质中声阻抗的差异的原理测量液柱高度，在液柱中，声阻抗小，由测出不同的声阻抗而获得液位信息。

图 11-1-5 是 1900m^3 乙烯球罐上浮子—齿带液位计的装设示意。该液位计的浮子是用不锈钢薄板冲压成型再焊接成圆盘盒式，圆盘盒对称两旁各有一穿孔的耳，由穿过耳孔的球罐顶底拉紧的两条平行金属线进行上、下升降导向。齿带用不锈钢箔片制成，钢带上冲许多小孔，小孔的间距严格规定，并与测量读数表头的导轮齿距相匹配。

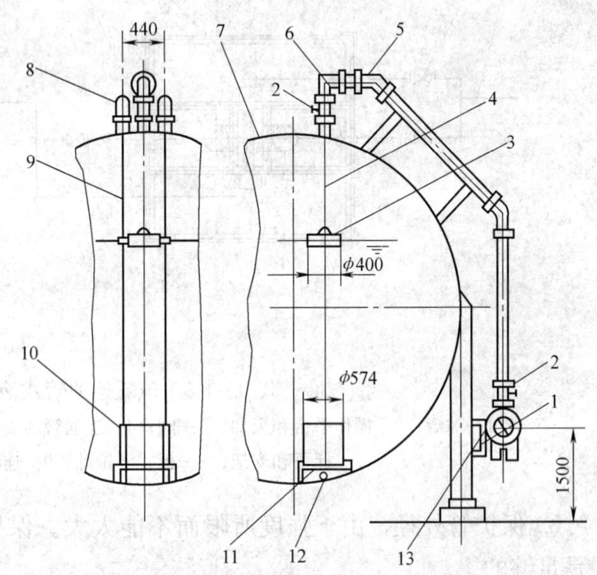

图 11-1-5 浮子—齿带液位计的装设

1—测量表头；2—特殊阀；3—浮子；4—齿带；5—135°导向弯管；6—90°导向弯管；7—球罐；8—钢丝绳调节器；9—导向钢丝绳；10—防波罩；11—水门；12—钢丝绳固定座；13—表的支撑

图 11-1-6 是国内球罐常用的一种连通管式液位计装置示意。将多个玻璃板式液位计装设在连通管上，可以测量球罐液位全程。

11.1.7.2 压力仪表

对球罐需采用就地和远传的压力测量。就地测量一般用弹性元件类型的压力表，在球罐的上下部需各设一压力表；远传测量则可采用弹性元件类型的远传压力表或基于其他物理原理的压力传感器。

在选用弹性元件类型的压力表时一般取正常操作压力处于量程的 2/3～1/3。

若测量精度要求不高，可选用远传压力表；对远距离测量或测量精度要求较高，则选用压力传感器或压力变送器。

11.1.7.3 温度计

① 球罐的温度计应装在保护管中。

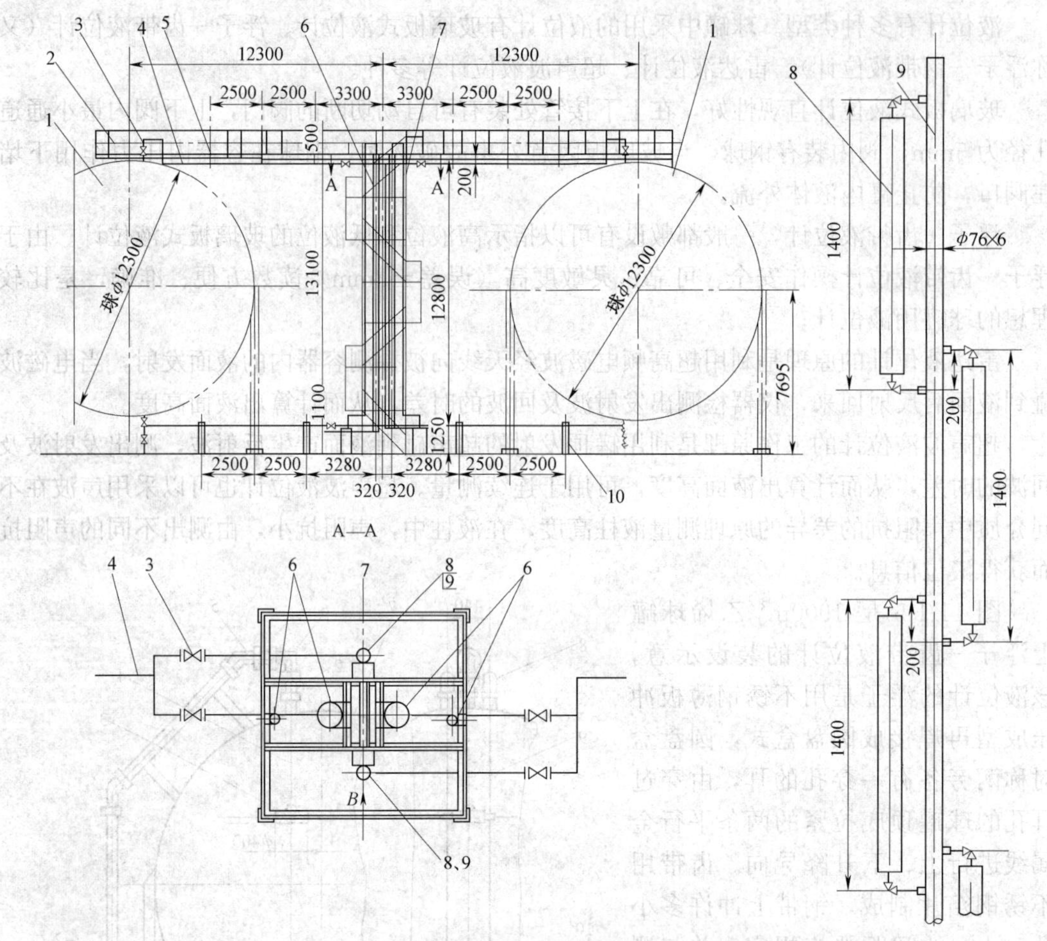

图 11-1-6　球罐连通管式液位计装置

1—球罐；2—操作平台和天梯；3—阀；4—连通管的接管；5—支撑吊架；6—远传液位计；7—梯子和支架；8—板式液位计；9—连通支撑管；10—支架

② 保护管外径，由于强度所限而不能太大。保护管的插入长度应对温度计的敏感元件是足够的。

③ 保护管的强度，应能承受设计压力外压的 1.5 倍以上，并能充分承受使用过程中所加的最大载荷（流体阻力或外部冲击）。

④ 低温球罐或在寒冷地区装设的球罐，必须防止雨水、湿气等流入测温保护管内而结冰，从而影响温度计的正常工作。

11.1.7.4　安全阀

1. 安全阀的压力设置

① 安全阀开启压力。一般：

$$p_z \leqslant (1.05 \sim 1.1) p_w \tag{11-1-23}$$

式中　p_z——安全阀开启压力，MPa；

p_w——球罐的工作压力，MPa。

当 $p_z < 0.18$MPa 时，可适当提高 p_z 对 p_w 的比值。

② 操作用安全阀的开启压力　至少有一个安全阀的开启压力不大于设计压力。

③ 火灾用安全阀的开启压力　应使容器内的超压限度不大于设计压力的16%。

2. 安全阀的排泄量

影响排泄量的因素包括：由于火灾带入的热量；液体和气体的注入而引起的压力上升；由于周围气温及太阳热所带入的热量；操作失误等。

1）液化石油气球罐的安全泄放量

无绝热保温层时：

$$W_s=\frac{2.55\times10^5 FA_r^{0.82}}{q} \tag{11-1-24}$$

有完善的绝热保温层时：

$$W_s=\frac{2.61\times(650-t)\lambda A_r^{0.82}}{\delta q} \tag{11-1-25}$$

式中　W_s——球罐的安全泄放量，kg/h；

q——在泄放压力下液化气体的气化潜热，kJ/kg；

A_r——球罐的受热面积，m²，按下列公式计算：$A_r=1.57D_o^2$或从地面起到7.5m高度以下所包括的外表面积，取二者中较大值。

D_o——球罐外直径，m；

F——系数，球罐置于地面下用砂土覆盖时，取$F=0.3$；球罐在地面上时，取$F=1.0$；对置于大于10L/(m²·min)喷淋装置下时，取$F=0.6$；

t——泄放压力下介质的饱和温度，℃；

λ——常温下绝热材料的热导率，kJ/(m·h·℃)；

δ——保温层厚度，m。

2）压缩气体用球罐的安全泄放量

① 对于压缩机储气罐的安全泄放量，应取压缩机的最大生产能力（产气量）。

② 对于气体储罐的安全泄放量，由进气管直径和气体流速决定，按下式计算：

$$W_s=2.83\times10^{-3}\rho vd^2 \tag{11-1-26}$$

式中　W_s——容器的安全泄放量，kg/h；

ρ——泄放压力下气体的密度，kg/m³；

d——容器进料管的内直径，mm；

v——气体在进料管内的流速，m/s，对一般气体$v=10\sim15$m/s。

3. 安全阀排放面积的计算

单个安全阀泄放面积的计算

① 处于临界条件，即：$\frac{p_o}{p_f}\leqslant\left(\frac{2}{k+1}\right)^{\frac{k}{k-1}}$时：

$$A=13.16\frac{W_s}{CKp_f}\sqrt{\frac{ZT_f}{M}} \tag{11-1-27}$$

② 处于亚临界条件时，即：$\frac{p_o}{p_f}>\left(\frac{2}{k+1}\right)^{\frac{k}{k-1}}$：

$$A=1.79\times10^{-2}\frac{W_s}{Kp_f\sqrt{\frac{k}{k-1}\left[\left(\frac{p_o}{p_f}\right)^{\frac{2}{k}}-\left(\frac{p_o}{p_f}\right)^{\frac{k+1}{k}}\right]}}\sqrt{\frac{ZT_f}{M}} \tag{11-1-28}$$

$$C=520\sqrt{k\left(\frac{2}{k+1}\right)^{\frac{k+1}{k-1}}} \tag{11-1-29}$$

式中　W_s——安全阀的安全泄放量，kg/h；

A——安全阀的最小排放面积，mm²，对全启式安全阀，即 $h\geqslant\frac{1}{4}d_t$，时，$A=0.785d^2$；对微启式安全阀，即 $h\geqslant\left(\frac{1}{40}\sim\frac{1}{20}\right)d_t$ 时，平面型密封面 $A=3.14d_vh$，锥型密封面 $A=3.14d_th\sin\phi$

K——安全阀额定泄放系数，取 0.9（泄放系数由安全阀制造厂提供）；

h——安全阀瓣开启高度，mm；

d_t——安全阀阀座喉部直径，mm；

d_v——安全阀阀座口径，mm；

ϕ——锥型密封面的半锥度，°；

C——气体特性系数，或按表 11-1-10；

k——气体绝热指数；

p_o——安全阀出口侧的压力（绝压），MPa；

p_f——安全阀的泄放压力（绝压），它包括设计压力和超压限度两部分，MPa；

M——气体的摩尔质量，kg/kmol；

T_1——安全阀泄放温度，K；

Z——气体的压缩系数。

气体的特性系数 C　　**表 11-1-10**

k	1.00	1.02	1.04	1.06	1.08	1.10	1.12	1.16	1.18	1.20	1.22	1.24	1.26
C	315	318	320	322	324	327	329	333	335	337	339	341	342
k	1.28	1.30	1.32	1.34	1.36	1.38	1.40	1.42	1.44	1.46	1.48	1.50	1.52
C	345	347	349	351	352	354	356	358	359	361	363	364	366
k	1.54	1.56	158	160	162	164	166	168	170	3.00	2.20		
C	369	371	371	372	374	376	377	379	380	400	412		

4. 安全阀的选用

一般安全阀的选择：由操作压力选定安全阀的公称压力，由操作温度决定安全阀的使用温度范围，由计算出的安全阀的定压值决定弹簧的调压范围，再根据操作介质决定安全阀的材质和结构形式，然后根据安全阀泄放量计算出安全阀的喷嘴面积或喷嘴直径。

盛装易爆液化气体的球罐，至少应设置 2 个安全阀，任意一个安全阀的泄放量应满足事故状态下球罐最大泄放量的要求。

安全阀应选弹簧式安全阀，不可使用低扬程安全阀。

弹簧不可与介质及大气直接接触。

5. 安全阀安装

① 弹簧的调节螺丝不能松动，应有防止随意调整的印封。

② 安全阀应垂直安装，以保证容器和安全阀之间畅通无阻。

③ 安全阀的安装位置尽可能布置在平台附近，以便检查及维修。

④ 盛装易爆气体的球罐，其对空排放的气相排放口应高于以排放口为中心的10m半径范围内的操作平台、设备3m以上。但有以下情况应考虑排入密闭系统：水平距离15m以内有加热炉等有明火的设备；如果排入密封系统比排至最高构筑物上方高2m更为经济合理。

⑤ 单独排入大气的安全阀，其出口管线管径按管线压力降不大于其定压的10%确定，但不应小于安全阀出口直径。

⑥ 在安全阀前面安装带铅封的闸阀，保证闸阀处于全开状态，并应在闸阀与安全阀之间装设一个通大气的 *DN*20 检查阀。

⑦ 有保冷设施以及设置在寒冷地区的球罐的安全阀，应选防冻结构。

⑧ 备用安全阀应有明确其为备用的标志。

⑨ 在向大气直接排放的场合，排放气应垂直向上喷出，并在端部设置保护罩，以防止雨水、锈屑、尘土等的堆积。

11.1.8 水喷淋装置

1. 概述

球罐上装设水喷淋装置是为了内盛的液化石油气、可燃性气体及毒性气体（氯、氨除外）的隔热需要，同时也可起消防的保护作用。但是，隔热和消防保护有不同的要求，一般淋水装置的构造为环形冷却水管或导流式淋水装置（图 11-1-7）。

① 降温用淋水装置的要求　液化石油气体或可燃性液化气的球罐本体采用淋水装置进行降温时，要求淋水装置可以向球罐整个表面均匀淋水，球罐本体表面积淋水强度 2L/(min·m²)。

② 消防用淋水装置的要求　作为球罐消防喷淋保护用时，要求淋水装置也能向球罐整个表面均匀淋水，球罐本体表面积淋水强度≥9L/(min·m²)。

消防用的淋水装置要求设置有能保证连续供6h以上的水源，并能在5m以上距离外的安全位置进行操作。

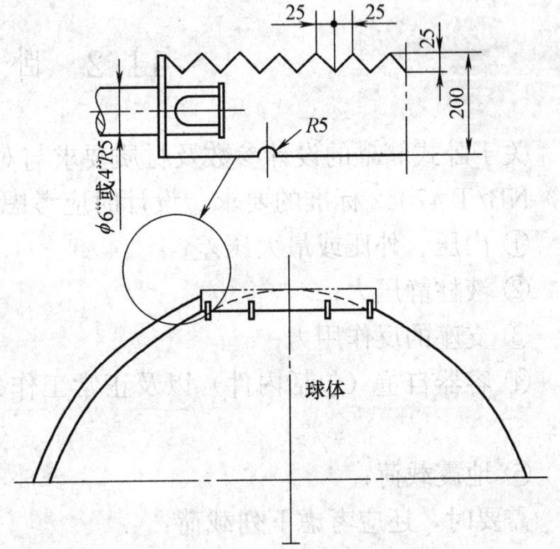

图 11-1-7　导流式淋水装置

2. 淋水管的设计

淋水管采用镀锌水管或其他钢管。

淋水管的淋水孔口径为4mm以上，以防止水垢、灰尘堵塞淋水孔。

淋水环形管淋水孔的个数按下式定：

$$N=\frac{1}{d^2}\frac{q_{\mathrm{w}}}{6.667\times10^{-2}a\varepsilon\sqrt{\rho_{\mathrm{w}}(p_1-p_2)}} \tag{11-1-30}$$

式中　N——淋水孔数；

d——淋水孔孔径，mm；

q_w——所需淋水量，kg/min；

a——流量系数，$a=0.6$；

ε——膨胀系数，$\varepsilon=1.0$；

ρ_w——水的密度，kg/m^3；

p_1——洒水孔内的压力，MPa；

p_2——洒水孔外的压力，MPa。

【例 11-1-1】 降温淋水环形管的设计。已知：500m^3 丙烷球罐，内径 9850mm，壁厚 22mm，设计压力 1.8MPa，洒水强度 2L/（min·m^2），在洒水环形管内水压为 0.1 MPa，水流速 2m/s。

【解】 所需淋水量。

球罐外表面积：$A=9.894^2\pi=307.5m^2$

所需淋水量：$q_w=307.5\times2=615L/min$

即 $q_w=615kg/min$。

水流速：$v=2m/s=120m/min$

淋水管口径：

$$d=3.162\sqrt{\frac{4q_w}{\pi v}}=3.162\sqrt{\frac{4\times615}{\pi120}}=8.08mm$$

淋水孔数：

$$N=\frac{1}{4^2}\frac{615}{6.667\times10^{-2}\times0.6\times1.0\times\sqrt{1000\times0.1}}\approx96\text{ 个。}$$

11.2　卧式储罐

关于卧式储罐的设计参数及材质要求与对球罐的要求基本相同。设计应符合《卧式容器》NB/T 47042 标准的要求。设计时应考虑以下载荷以及载荷组合：

① 内压、外压或最大压差；

② 液柱静压力；

③ 支座的反作用力；

④ 容器自重（包括内件）以及正常工作条件下或耐压试验状态下内装介质的重力载荷；

⑤ 地震载荷；

需要时，还应考虑下列载荷：

⑥ 附属设备及隔热材料、衬里、管道、扶梯、平台等重力载荷；

⑦ 风载、雪载；连接管道和其他部件的作用力；

⑧ 温度梯度或热膨胀量不同引起的作用力；

⑨ 冲击载荷包括压力急剧波动的冲击载荷、流体冲击引起的反力等；

⑩ 在运输或吊装时的作用力。

11.2.1　卧式储罐筒体壁厚计算

对燃气工程中适用的储罐壳体一般都属于薄壁容器，即：

$$K=\frac{D_o}{D_i}\leqslant 1.2 \tag{11-2-1}$$

式中 K——容器外直径与内直径之比；

D_o——容器外直径，mm；

D_i——容器内直径，mm。

卧式储罐筒体壁厚计算是按周向应力的强度条件进行的。在设计压力 p 作用下，卧式储罐所需的壁厚计算公式为：

$$\delta=\frac{pD_i}{2[\sigma]\varphi-p}+C \tag{11-2-2}$$

式中 p——设计压力，MPa；

D_i——卧式储罐筒体内直径，mm；

φ——焊缝系数；

C——壁厚附加量，mm；

$[\sigma]$——许用应力，MPa。

11.2.2 卧式储罐筒体轴向强度校核

1. 载荷情况

燃气卧式储罐的载荷包括：操作压力（内压），容器重量（罐体及附件等），物料重量（例如液化石油气，水压试验时的水重），其他如雪载荷、风载荷、地震载荷等。本节只考虑容器重量及水压试验时的水重载荷，用于校核卧式储罐两支座中点处和支座截面处的轴向应力。

卧式储罐几何尺度如图 11-2-1 所示。

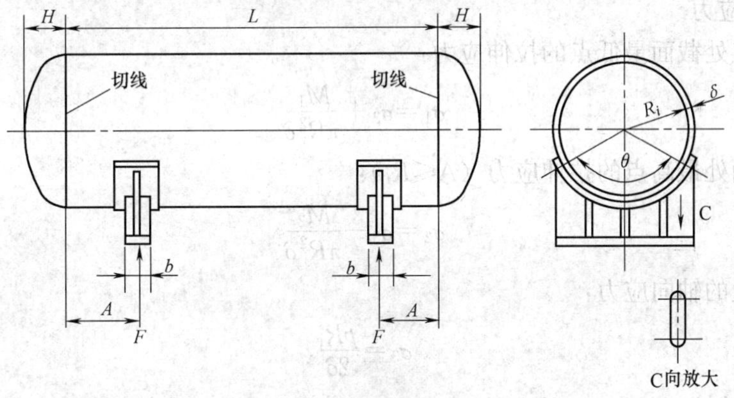

图 11-2-1 卧式储罐几何尺度

筒体内径为 R_i，壁厚为 δ。当筒体外伸端长度 $A=0.207L$ 时支座跨距中间截面处的最大弯矩和支座截面处的弯矩绝对值相等，因而筒体可设计为等强度。一般使 $A\leqslant 0.2L$，并使 $A\leqslant 0.5R_i$。图 11-2-1 中 C 向放大表示一处支座的螺栓孔开为允许支座可轴向移动。

容器总重量为 $2F$，凸形封头（椭圆形、碟形或半球形）的折算长度为 $2/3H$，其中 H 为封头的曲面高度。容器两端为凸形封头时，总长为：

$$L'=L+\frac{4}{3}H \tag{11-2-3}$$

设容器总重沿长度方向均匀分布，则均布载荷为：

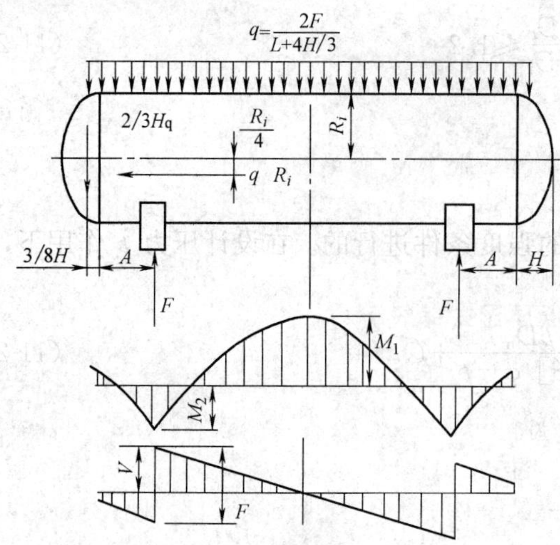

图 11-2-2　卧式储罐的受力分析

F—容器总重之半；V—支座处截面上的剪力

$$q=\frac{2F}{L+\frac{4}{3}H} \tag{11-2-4}$$

2. 卧式储罐的受力分析

图 11-2-2 示出在容器重量和物料重量总重量作用下卧式储罐的受力分析。

1）弯矩

跨距中点处截面上的弯矩：

$$M_1=F(C_1L-A) \tag{11-2-5}$$

$$C_1=\frac{1+2\left[\left(\frac{R_i}{L}\right)^2-\left(\frac{H}{L}\right)^2\right]}{4\left(1+\frac{4}{3}\frac{H}{L}\right)}$$

支座截面处的弯矩：

$$M_2=\frac{FA}{C_2}\left(1-\frac{A}{L}+C_3\frac{R_i}{A}-C_2\right) \tag{11-2-6}$$

$$C_2=1+\frac{4}{3}\frac{H}{L} \tag{11-2-7}$$

$$C_3=\frac{R_i^2-H^2}{2R_iL} \tag{11-2-8}$$

2）轴向应力

跨距中点处截面最低点的拉伸应力：

$$\sigma_1=\sigma_3+\frac{M_1}{\pi R_i^2\delta} \tag{11-2-9}$$

支座截面处最高点的拉伸应力（$A\leqslant R_i$）：

$$\sigma_2=\sigma_3-\frac{M_2}{\pi R_i^2\delta} \tag{11-2-10}$$

内压产生的轴向应力：

$$\sigma_3=\frac{pR_i}{2\delta} \tag{11-2-11}$$

3）强度校核

燃气卧罐强度校核（本节只介绍筒体轴向拉伸应力校核）可考虑下列两种工况：

① 正常运行工况。校核由燃气，筒体重量引起的轴向拉伸应力及内压引起的轴向拉伸应力叠加的轴向组合拉伸应力。

强度校核条件为：

轴向组合拉伸应力$\leqslant[\sigma]_t$

② 水压试验工况。校核由充水重量及筒体重量引起的轴向拉伸应力。

强度校核条件为：

轴向拉伸应力$\leqslant 0.9[\sigma]_s$

11.3 低压燃气储罐

低压燃气储罐在城镇燃气系统和工业燃气系统中得到广泛的应用。在城镇人工煤气或油制气燃气系统中低压燃气储罐是唯一可选的储气设施；在炼焦、化肥、炼铁等工业生产系统中是传统的储气设施。

11.3.1 低压湿式储气罐

湿式储气罐因钟罩，塔节坐落在水槽中，又叫水槽式储气罐。主要构件为水槽，塔节和钟罩。储气罐随燃气的进出而升降，按升降方式不同，分为直立式和螺旋式两种罐。

直立式低压湿式储气罐由水槽、塔节、钟罩、顶架、水封、导轨立柱、导轮、配重及防真空装置等组成。直立式低压湿式储气罐的结构见图 11-3-1，技术参数见表 11-3-1。

螺旋式低压湿式储气罐罐体靠安装在侧板上的螺旋线型的导轨与安装在平台上的导轮相对滑动旋转而升降。

螺旋罐比直立罐节省钢材 15%～30%，但不能承受强烈的风压，在风速太大的地区不宜使用。

螺旋罐的结构见图 11-3-2。低压湿式储气罐的技术经济指标见表 11-3-2。

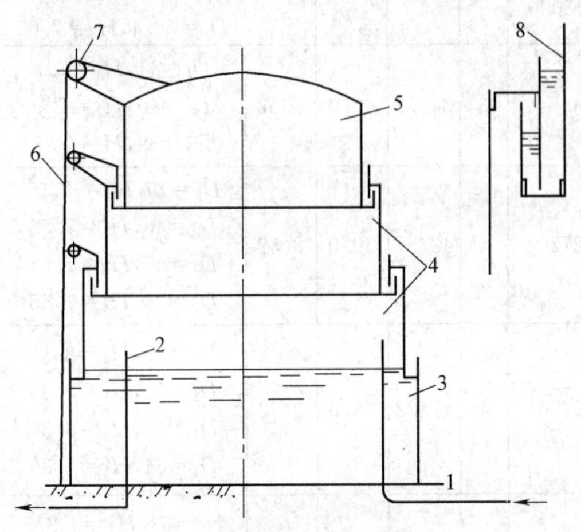

图 11-3-1 直立式低压湿式罐

1—燃气进口；2—燃气出口；3—水槽；4—塔节；5—钟罩；6—导向装置；7—导轮；8—水封

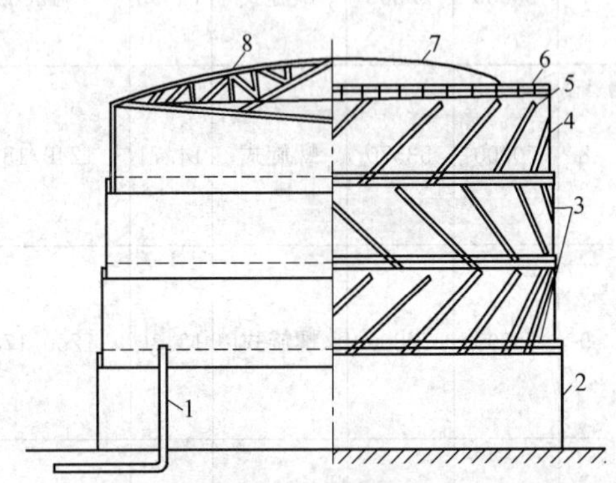

图 11-3-2 螺旋罐

1—燃气管；2—水槽；3—塔节；4—上塔节；5—导轨；6—栏杆；7—钟罩；8—顶架

直立式低压湿式储气罐技术参数 表 11-3-1

公称容积(m^3)	几何容积(m^3)	储气压力(Pa)	节数	全高(m)	水槽直径(m)	耗钢量(t)
10000	9000	2097	2	29.58	27.928	258.63
15000	14970	1225/1862/2352	3	31.52	31.5	328
30000	29190	1229/1702/2108	3	34.338	42	592.875
50000	54000	1401/1950 /2450/2881	4	49.68	46	804.427
100000	101200	1285/1706 2089/2442	4	53.92	60	1435

低压湿式储气罐技术经济技术指标 表 11-3-2

序号	公称容积(m^3)	有效容积(m^3)	形式	单位耗钢(kg/m^3)	压力(Pa)	几何尺寸(m)				塔节(m)
						节数	全高	水池直径	水池高	
1	600	630	直立式混凝土水池桩基	57.51	1960	1	14.5	17.48	7.4	$D=10.68$, $H=7.14$
2	5000	5050	螺旋式	32.9	无配重 1520/2200 有配重 3480/4000	2	23.47	25.00	8.02	$D_1=24$, $H=6.95$ $D_2=23$, $H=6.95$
3	6000	6100	直立式钢水池混凝土基础	32.39	1580	1	24.0	26.88	11.8	$D=26.1$, $H=11.45$
4	10000	10100	螺旋式	28.35	1270 1880	2	29.5	27.93	9.8	$D1=27.01$, $H=9.4$ $D_2=26.1$, $H=9.4$
5	10000	10825	螺旋式	19.97	无配重 1460/2300/2830 有配重 2810/3550/4000	3	30.67	30.00	8.02	$D_1=29$, $H_1=6.95$ $D_2=28$, $H_2=6.95$ $D_3=27$, $H_3=6.95$
6	20000	23367	螺旋式	19.53	无配重 1250/1850/2250 有配重 2100/2600/3000	3	31.67	39.1	8.02	$D_1=38.2$, $H_1=7.05$ $D_2=37.3$, $H_2=7.05$ $D_3=36.4$, $H_3=7.05$
7	30000	29200	螺旋式	15.95	1200/1850/2300	3	34.32	42.0	8.62	$D_1=41$, $H_1=7.7$ $D_2=40$, $H_2=7.7$ $D_3=39$, $H_3=7.7$
8	50000	53570	螺旋式	14.71	1240/1810/2350/2720	4	42.57	50.0	8.52	$D_1=49$, $H_1=7.55$ $D_2=48$, $H_2=7.55$ $D_3=47$, $H_3=7.55$ $D_4=46$, $H_4=7.55$
9	75000	72800	螺旋式	13.36	1250/1780/2280/2720	4	47.22	58.0	9.32	$D_1=57$, $H_1=8.35$ $D_2=56$, $H_2=8.35$ $D_3=55$, $H_3=8.35$ $D_4=54$, $H_4=8.35$
10	100000	10610	螺旋式		1180/1620/2040/2400	4	60.30	64.0	9.8	$D_1=63$, $H_1=8.875$ $D_2=62$, $H_2=8.875$ $D_3=61$, $H_3=8.875$ $D_4=60$, $H_4=8.875$
11	150000	16600	螺旋式	9.14	1060/1530/2000/2450/2800	5	68.03	67	11.28	$D_1=66$, $H_1=10.35$ $D_2=65$, $H_2=10.35$ $D_3=64$, $H_3=10.35$ $D_4=63$, $H_4=10.35$ $D_5=62$, $H_5=10.35$
12	200000	20675	螺旋式	9.26	1200/1580/1960/2330/2640	5	60.425	80	9.5	$D_1=79$, $H_1=8.875$ $D_2=78$, $H_2=8.875$ $D_3=77$, $H_3=8.875$ $D_4=76$, $H_4=8.875$ $D_5=75$, $H5=8.875$

续表

序号	公称容积(m^3)	有效容积(m^3)	形式	单位耗钢(kg/m^3)	压力(Pa)	几何尺寸(m)				塔节(m)
						节数	全高	水池直径	水池高	
13	250000	25613	螺旋式			5	73.25	80	12	$D_1=79,H_1=11$ $D_2=78,H_2=11$ $D_3=77,H_3=11$ $D_4=76,H_4=11$ $D_5=75,H_5=11$
14	300000	30430	螺旋式			5	83.25	80.5	14	$D_1=79.4,H_1=13$ $D_2=78.3,H_2=23$ $D_3=77,2,H_3=13$ $D_4=76.1,H_4=13$ $D_5=75.0,H_5=13$
15	350000	35343	螺旋式			5	85.75	86.5	14	$D_1=85.4,H_1=13$ $D_2=84.3,H_2=13$ $D_3=83.2,H_3=13$ $D_4=82.1,H_4=13$ $D_5=81.0,H_5=13$

11.3.2 低压干式储气罐

11.3.2.1 低压干式储气罐组成与特点

1. 干式储气罐的组成

低压干式储气罐由筒体、活塞、导架装置、密封机构、梯子平台、接管等组成。是压力基本稳定的储气设备。罐的筒体由钢板焊接或铆接。筒体内有一个可以上下移动的活塞，其外直径和罐筒内直径相等。活塞在燃气压力与活塞重力作用下由导架装置上下导向运动；当无进、出储罐燃气流动时，燃气压力与活塞重力保持平衡，活塞处于静止状态。

进气时活塞上升，用气时活塞下降，靠活塞自重将燃气压出，因造成燃气压力的设备是活塞自重，所以输出燃气压力基本稳定。

2. 干式罐的优点

① 在容积较大时，金属用量少，投资低，见表 11-3-3；

② 罐体对土壤压力较小，地基投资少，占地面积较小；

③ 由于没水池和水封，冬季不用采暖，管理费少；

④ 远行压力基本不变，比湿式罐稳定；

⑤ 在相同气温下罐内气体湿度变化较小。

3. 干式罐的缺点

① 储存湿气时，冬季罐内壁易结冰。影响活塞上下移动；

② 活塞与罐壁不可能绝对严密，故活塞顶部空间易存留易爆炸的混合气体；

③ 加工和安装要求和精度大大高过湿式罐，施工较复杂。

低压温式罐与曼型干式罐比较　　表 11-3-3

项　目	低压湿式罐	曼型干式罐
罐内燃气压力	随储气罐塔节的增减而改变，燃气压力阶梯状变化　储气压力稳定	储气压力稳定
罐内燃气温度	罐内温度大，出口煤气含水分高	不增加储存气体的含水量
保温蒸汽用量	寒冷地区冬季需保温，除水槽加保护墙外，所有水封部位加引射器喷射蒸汽保温，蒸汽用量大	冬季气温低于5℃时，罐底部油槽有蒸汽管加热，但耗热量少
占地	高径比一般小于1，钟罩顶落在水槽上部，空间利用降低，占地面积较大	高径比一般为1.2～1.7，活塞落下与底板间距为60mm左右，储气空间大，占地面积小
使用寿命	一般为≥20年	一般为≥50年
抗震等性能	由于水槽底部细菌繁殖，使水中硫酸盐生化还原成 H_2S，燃气中含有 H_2S，易使罐体内壁腐蚀 由于水槽上部塔节为浮动结构，在发生强地震和强风易造成塔体倾斜，产生导轮错动、脱轨、卡住等现象	由于内壁的表面经常保持一层厚约0.5mm的油膜，保护钢板不产生腐蚀 活塞不受强风和冰雪影响
罐体耗钢量	10000m^3 以下低	10000m^3 以下高，20000m^3 以上低
罐体造价	低	高(干/湿＝1.5～2.0)

11.3.2.2　低压干式储气罐分类与参数

1. 分类

按筒体形状，低压干式储气罐的外形分多角形和圆柱形两种。

按采用的密封方式，干式储气罐有三种类型：曼型，克隆型，威金斯型。主要特征见表11-3-4。

三种干式储气罐的主要特征　　表 11-3-4

类　型	曼　型	克隆型	威金斯型
外形	正多边形	正圆形	正圆形
密封方式	稀油	干油	橡胶夹布帘
活塞形式	平板木珩架	拱顶	T形挡板
最大储气压力(Pa)	6400	8500	6000

2. 规格参数

① 采用稀油密封的曼型干式储气罐见图11-3-3，表11-3-5。

② 用润滑脂（干油）密封的克隆型干式储气罐见图11-3-4。

③ 采用橡胶夹布帘密封机构的威金斯型干式储气罐见图11-3-5，表11-3-6。

曼型干式储气罐技术参数　　表 11-3-5

项　目	技术参数						
公称容积(m^3)	20000	30000	50000	75000	80000	100000	150000
几何容积(m^3)	19751	32550	53747	74330	80757	99400	157300
设计储气压力(Pa)	2300～4000	2300～4000	3922～4000	4000	2400～4500	3923	2300～4000

续表

项目	技术参数						
外接圆直径(mm)	26514	30242	37715	45201.6	45201.6	45201.6	53629
外切圆直径(mm)	25850	29661	37251	44815	44815	44815	53170
边数	14	16	20	24	24	24	24
侧壁高(mm)	43740	24360	56909	56790	60840	72990	86200
储气罐全高(mm)	50740	60413	64011	64497	67917	80067	94046
活塞行程(mm)	37000	46500	48400	46860	50910	63060	70439
侧壁边长(mm)	5900	5900	5900	5900	5900	5900	7000
上、下导轨间距(mm)	2903	4500	3525	5660	5660	5660	5196
走道平台数	3	4	4	4	4	5	5
底面积(m^2)	533.8	700	1099	1586.5	1586.5	1586.5	2233.15
高径比	1.684	1.8	1.509	1.26	1.36	1.63	1.607
钢材耗量(t)	523	731.6	1016	1251	1278	1463	2109.8
供油装置(套)	3	3	3	4	4	4	4

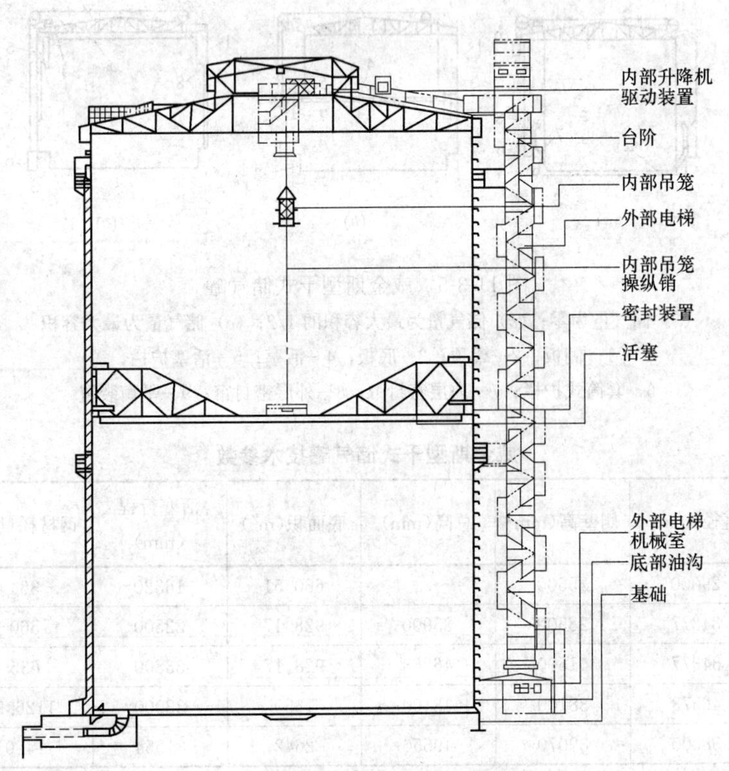

图 11-3-3 曼型干式储气罐

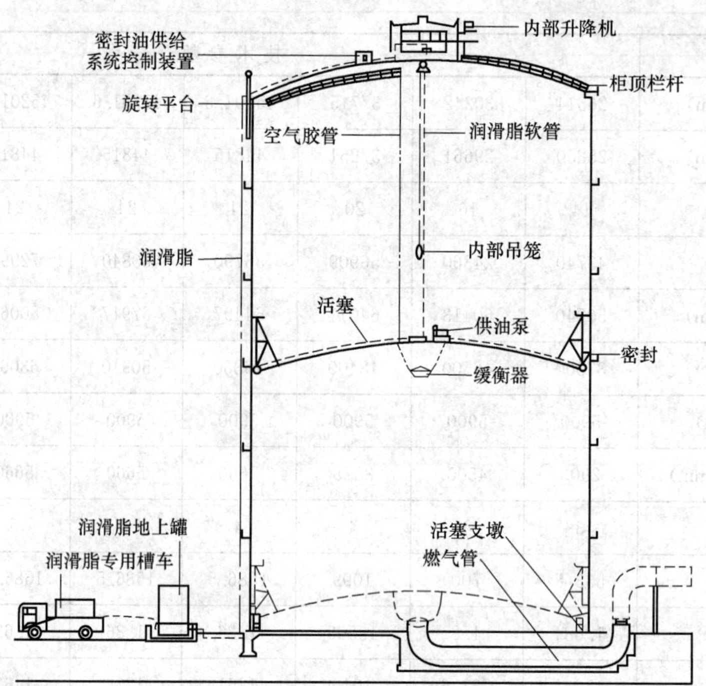

图 11-3-4　克隆型干式储气罐

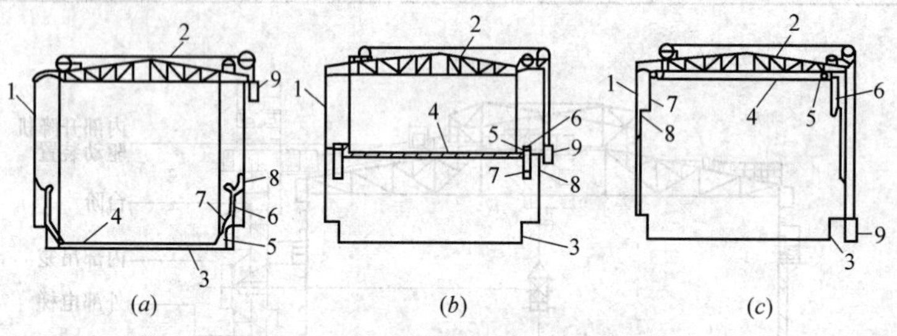

图 11-3-5　威金斯型干式储气罐

(*a*) 储气量为零；(*b*) 储气量为最大容积的 1/2；(*c*) 储气量为最大容积

1—侧板；2—罐顶；3—底板；4—活塞；5—活塞护栏；

6—套筒式护栏；7—内层密封帘；8—外层密封帘；9—平衡装置

威金斯型干式储气罐技术参数　**表 11-3-6**

公称容积(m^3)	直径(mm)	侧壁高(mm)	总高(mm)	底面积(m^2)	活塞行程(mm)	钢材耗量(t)	储气压力(Pa)
10000	29000	25500		660.51	16320	364	3000～6000
20000	34377	28500	33900	928.17	22500	560	3000～10000
30000	34377	41500	46263	928.17	33800	635	3000～10000
50000	46573	38100	48100	1650	32000	1126.9	3000～6000
80000	58000	39070	49550	2642	31554	1450	3000～6000

各国低压干式储气罐用得比较普遍、日本低压干式储气罐规格见表 11-3-7，表11-3-8。

日本曼型干式储气罐参数 表 11-3-7

容积(m^3)	角数	边长(mm)	最大直径(mm)	侧板高(mm)	供油装置数量
5000	8	6500	16985	28300	1
20000	14	5900	26514	43000	2
50000	20	5900	37715	53051	3
100000	20	7000	44747	73217	4
150000	24	7000	53629	76526	4
200000	26	7000	58073	85510	4
250000	22	8824	62003	94350	5
300000	24	8824	67603	94867	5
400000	26	8824	73206	107000	6

日本克隆型干式储气罐参数 表 11-3-8

序号	容积(m^3)	储气压力(Pa)	燃气种类	高度(mm)	直径(mm)
1	40000	5000	焦炉煤气	50028	35200
2	70000	4250	以下高炉气	56092	44800
3	80000	6500～7500		63250	44800
4	100000	4000～5000		74284	44800
5	100000	6000		76000	44800
6	150000	4000		84896	51200
7	150000	3500～8000		86750	51200
8	150000	4000～6100		84896	51200
9	150000	6000		88000	51200
10	150000	8500		87000	51200
11	150000	8000		85590	51200

11.4 本章有关标准规范

《压力容器［合订本］》GB 150.1～150.4

《钢制球形储罐》GB 12337

《固定式压力容器安全技术监察规程》TSG21

《卧式容器》NB/T 47042

参考文献

[1] 徐英，杨一凡，朱萍等. 球罐和大型储罐［M］. 北京：化学工业出版社，2005

[2] 丁伯民，蔡仁良. 压力容器设计［M］. 北京：中国石化出版社，1992

[3] 全国勘察设计注册公用设备工程师（动力专业）考试复习教材［M］. 北京：机械工业出版社，2004

第 12 章　燃气管网水力计算与分析

12.1　城市燃气管道水力计算公式和计算图表

12.1.1　城市燃气管道水力计算基本公式

大多数情况下，在城市燃气管网水力计算时，计算流量按高峰小时流量考虑，燃气流动按稳定流动（定常流动）考虑。对于稳定流动的燃气管道，在已知管段流量的情况下，设定管径，求解管段单位压力降和节点压力，《城镇燃气设计规范》GB 50028 有下列规定的公式：

在从 p_1 和 p_2 以及 $X_1=0$ 和 $X_2=L$（即管段长度为 L）的范围内，考虑 λ、T、Z 均为常数，对高中压燃气管道有：

$$\frac{p_1^2-p_2^2}{L}=1.27\times10^{10}\lambda\frac{q_0^2}{d^5}\rho\frac{T}{T_0}Z \tag{12-1-1}$$

$$\frac{1}{\sqrt{\lambda}}=-2\lg\left(\frac{K}{3.7d}+\frac{2.51}{\mathrm{Re}\sqrt{\lambda}}\right) \tag{12-1-2}$$

式中　p_1——管道起点燃气的绝对压力，kPa；

p_2——管道终点燃气的绝对压力，kPa；

λ——摩擦阻力系数；

d——燃气管道的管径，mm；

L——燃气管道的计算长度，km；

q_0——折算到标准状态时燃气管道的计算流量，m^3/h；

ρ——燃气的密度，kg/m^3；

T——燃气温度，K；

T_0——标准状态温度，273.15K；

K——管道内表面的当量绝对粗糙度，mm；

Re——雷诺数。

式（12-1-1）是燃气在等温流动时高中压燃气管道计算的基本公式。

对于低压燃气管道，可以简化。由于低压燃气管道压力小于 0.01 MPa，$Z=Z_0=1$，则有：

$$\frac{\Delta p}{l}=6.26\times10^7\lambda\frac{q_0^2}{d^5}\rho\frac{T}{T_0} \tag{12-1-3}$$

式中　Δp——燃气管道摩擦阻力损失，Pa；

d——燃气管道的管径，mm；

l——燃气管道的计算长度，m；

对低压燃气管道采用人工计算时用式（12-1-3），对天然气最大误差不超过 3.15%，人工燃气最大误差不超过 1.65%；当采用计算机进行水力计算时可采用式（12-1-1），以克服简化误差。

12.1.2　燃气管道摩擦阻力计算公式

气体管流的摩擦阻力系数在本质上与液体没有区别。它的数值与其流动状态、管道内壁的粗糙度、连接方法、安装质量以及气体的性质有关。国际上提出的计算摩擦阻力系数 λ 值的公式很多，或者是雷诺数的函数 $\lambda=f(\mathrm{Re})$，或者是管壁粗糙度的函数 $\lambda=f(\Delta/d)$，或者同时是两者的函数 $\lambda=f(\mathrm{Re}, \Delta/d)$。这些公式大多数是综合普朗特理论和尼古拉兹实验结果推出的，具有一定的适用范围，不同的公式其计算结果往往相差很大。

下面仅介绍我国目前广泛采用摩擦阻力系数 λ 值的燃气管道摩擦阻力计算公式。

12.1.2.1　低压燃气管道摩擦阻力损失计算公式

1. 层流状态（Re<2100）

$$\lambda=\frac{64}{\mathrm{Re}}$$

$$\frac{\Delta p}{l}=1.13\times10^{10}\frac{q_0}{d^4}\nu\rho_0\frac{T}{T_0} \tag{12-1-4}$$

2. 临界状态（Re=2100～3500）

$$\lambda=0.03+\frac{\mathrm{Re}-2100}{65\mathrm{Re}-10^5}$$

$$\frac{\Delta p}{l}=1.9\times10^6\left(1+\frac{11.8q_0-7\times10^4 d\nu}{23q_0-10^5 d\nu}\right)\frac{q_0^2}{d^5}\rho_0\frac{T}{T_0} \tag{12-1-5}$$

3. 紊流状态（Re>3500）

1）钢管

$$\lambda=0.11\left(\frac{\Delta}{d}+\frac{68}{\mathrm{Re}}\right)^{0.25}$$

$$\frac{\Delta p}{l}=6.9\times10^6\left(\frac{\Delta}{d}+5158\frac{d\nu}{q_0}\right)^{0.25}\frac{q_0^2}{d^5}\rho_0\frac{T}{T_0} \tag{12-1-6}$$

2）铸铁管

$$\lambda=0.102\left(\frac{1}{d}+192.2\frac{d\nu}{q_0}\right)^{0.284}$$

$$\frac{\Delta p}{l}=6.4\times10^6\left(\frac{1}{d}+5158\frac{d\nu}{q_0}\right)^{0.248}\frac{q_0^2}{d^5}\rho_0\frac{T}{T_0} \tag{12-1-7}$$

3）塑料管

燃气在聚乙烯管道中的运动状态绝大多数为紊流过渡区，少数在水力光滑区，极少数在阻力平方区，人工计算采用（11-1-6），采用计算机编程应按阻力分区计算。

式中　ν——燃气运动黏度，m^2/s；

Δ——管壁内表面的当量绝对粗糙度（mm）。钢管一般取 $\Delta=0.1$～0.2mm，塑料管一般取 $\Delta=0.01$mm；

Re——雷诺数；

Δp——管道的摩擦阻力损失，Pa；

d——燃气管道的管径，mm；

l——燃气管道的计算长度，m。

12.1.2.2 高压和中压燃气管道摩擦阻力损失计算公式

1. 钢管

$$\lambda=0.11\left(\frac{\Delta}{d}+\frac{68}{\mathrm{Re}}\right)^{0.25}$$

$$\frac{p_1^2-p_2^2}{L}=1.4\times10^9\left(\frac{\Delta}{d}+192.2\frac{d\nu}{q_0}\right)^{0.25}\frac{q_0^2}{d}\rho_0\frac{T}{T_0} \tag{12-1-8}$$

2. 铸铁管

$$\lambda=0.102\left(\frac{1}{d}+5158\frac{d\nu}{q_0}\right)^{0.284}$$

$$\frac{p_1^2-p_2^2}{L}=1.3\times10^9\left(\frac{1}{d}+5158\frac{d\nu}{q_0}\right)^{0.25}\frac{q_0^2}{d}\rho_0\frac{T}{T_0} \tag{12-1-9}$$

3. 塑料管

聚乙烯燃气管道输送燃气采用式（12-1-8）计算摩擦阻力损失。

式中 p_1——管道起点燃气的绝对压力，kPa；

p_2——管道终点燃气的绝对压力，kPa；

λ——摩擦阻力系数；

d——燃气管道的管径，mm；

L——燃气管道的计算长度，km；

q_0——折算到标准状态时燃气管道的计算流量，m^3/h。

12.1.3 燃气管道摩擦阻力损失计算图表

当采用人工进行燃气管道水力计算时，为便于燃气管道的水力计算，通常将摩阻系数 λ 值代入水力计算基本公式，利用计算公式或计算图表，进行水力计算。根据上述摩擦阻力损失计算公式制成图 12-1-1～图 12-1-14。

计算图表的绘制条件：

① 燃气密度图 12-1-1 至图 12-1-10 按 $\rho_0=1kg/m^3$ 计算，图 12-1-11 至图 12-1-14 按 $\rho_0=1.8kg/m^3$ 计算，因此，在使用图表时应根据不同的燃气密度 ρ 进行修正。

低压管道

$$\frac{\Delta p}{L}=\left(\frac{\Delta p}{L}\right)_{\rho_0}\rho \tag{12-1-10}$$

高、中压管道

$$\frac{P_1^2-P_2^2}{L}=\left(\frac{P_1^2-P_2^2}{L}\right)_{\rho_0}\rho \tag{12-1-11}$$

② 运动黏度

焦炉煤气 $\nu=25\times10^{-6}m^2/s$

天然气 $\nu=15\times10^{-6}m^2/s$

③ 对钢管，输送天然气时，当量绝对粗糙度取 $\Delta=0.1mm$；输送焦炉煤气时，当量绝对粗糙度取 $\Delta=0.17mm$。对聚乙烯（PE）管，当量绝对粗糙度取 $\Delta=0.01mm$。

④ 中压燃气管道计算图中 Z 取 1，用于高压管道时，可对查图结果乘以实际 Z 进行修正。

⑤ 计算温度取 0℃。

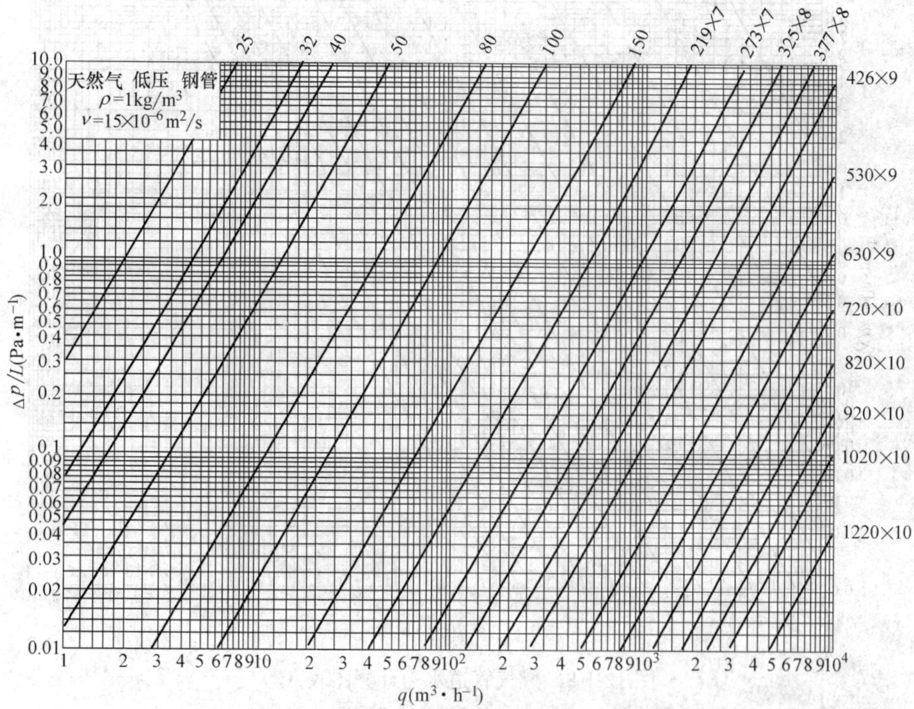

图 12-1-1 燃气管道水力计算图表（1）

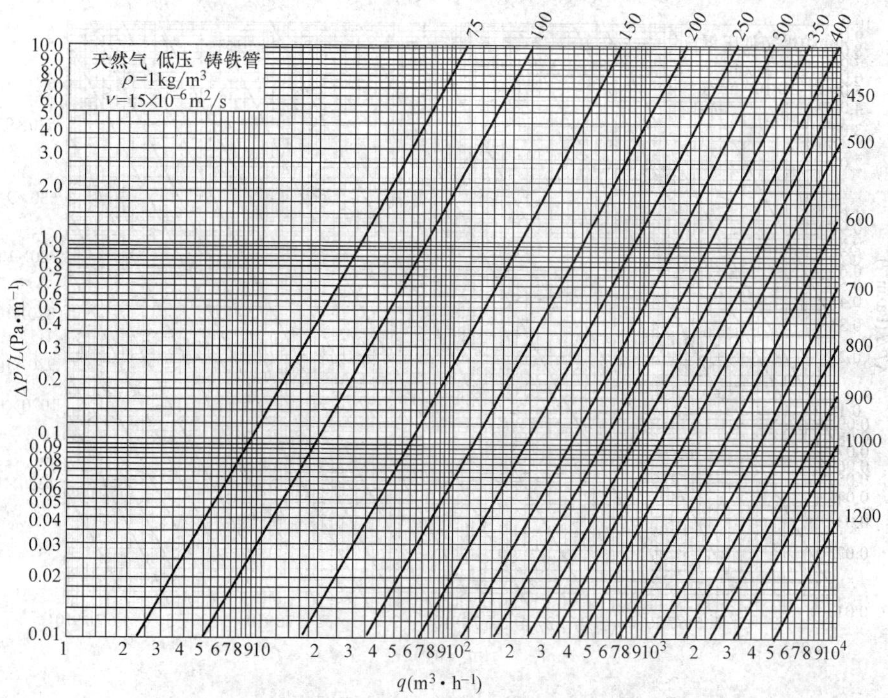

图 12-1-2 燃气管道水力计算图表（2）

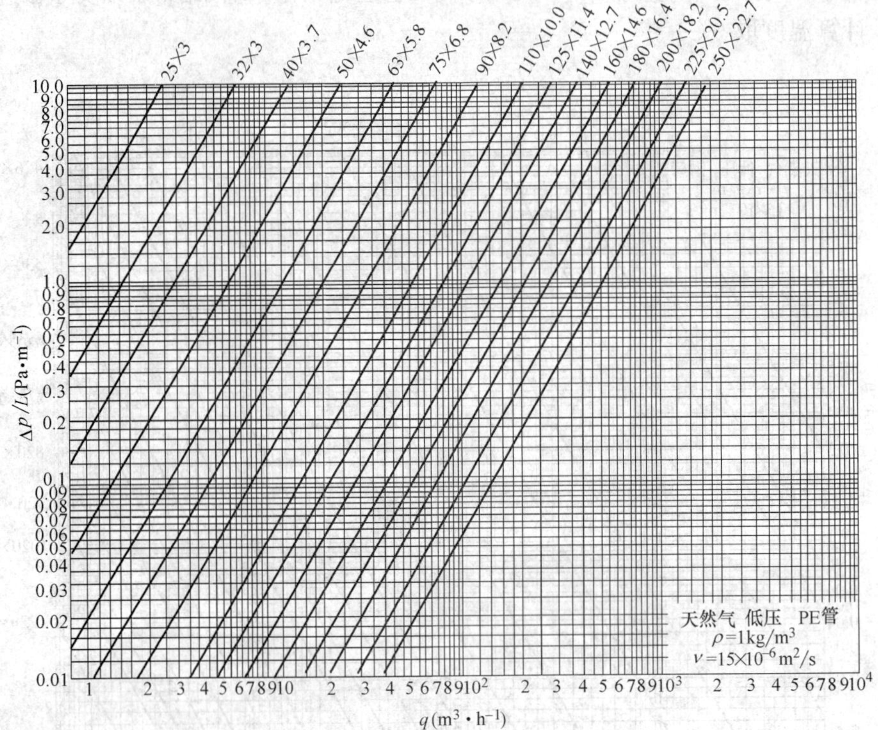

图 12-1-3 燃气管道水力计算图表（3）

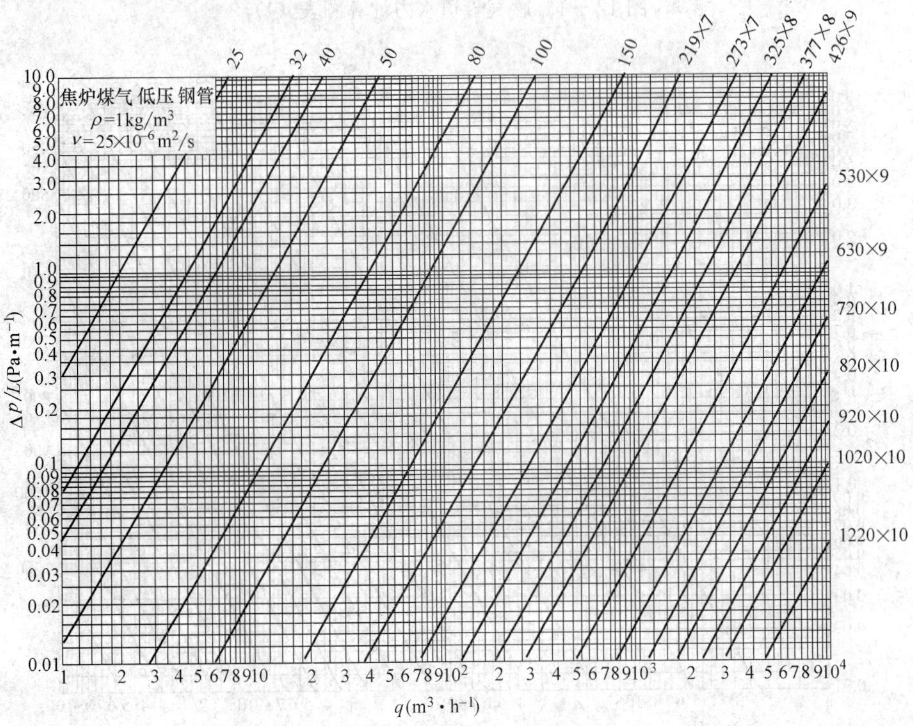

图 12-1-4 燃气管道水力计算图表（4）

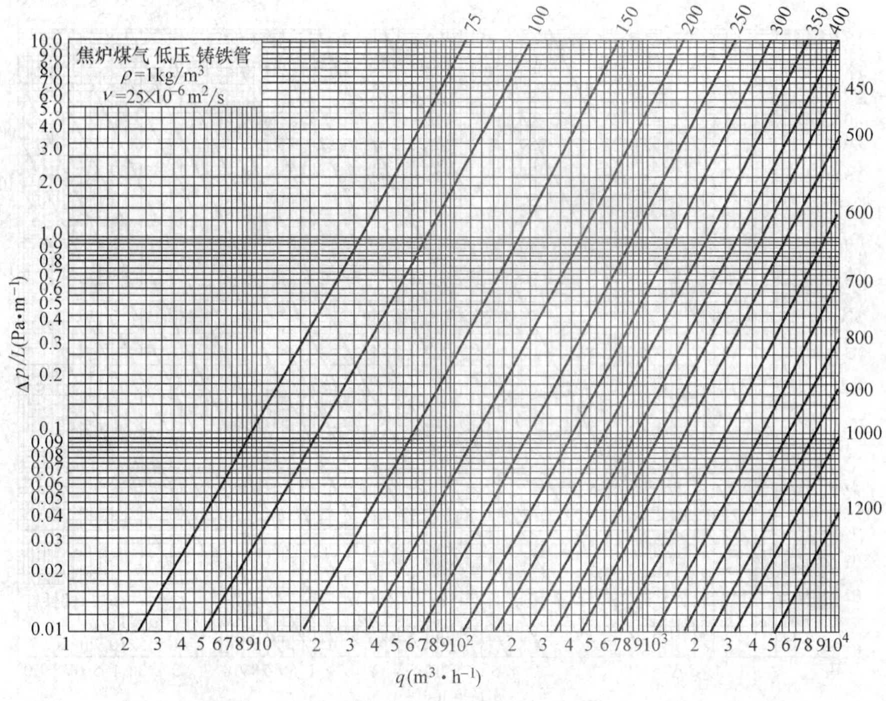

图 12-1-5 燃气管道水力计算图表（5）

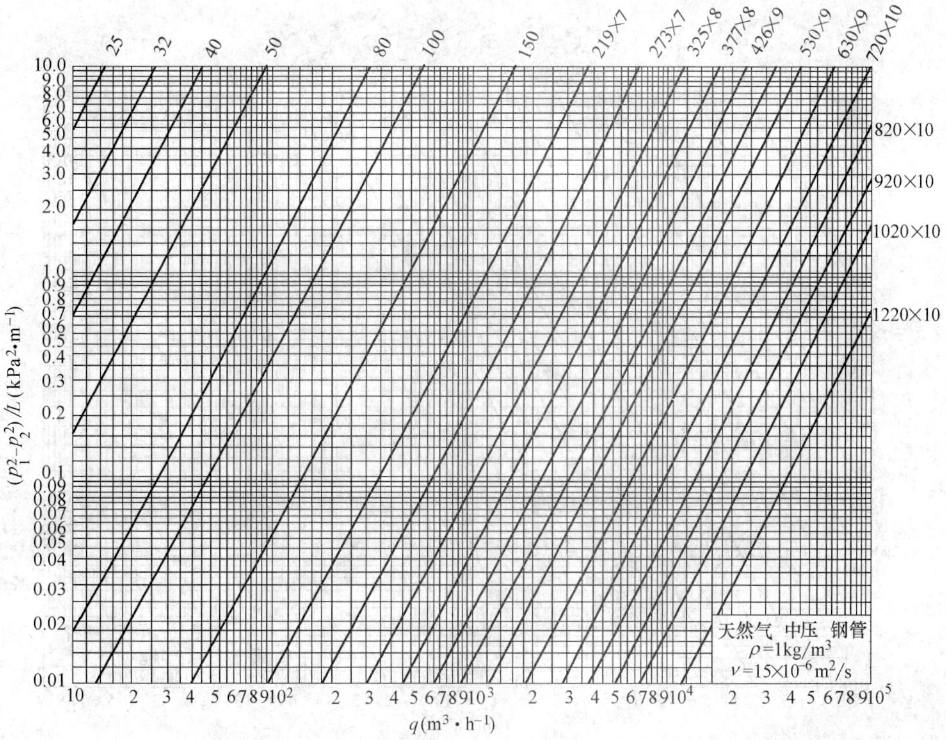

图 12-1-6 燃气管道水力计算图表（6）

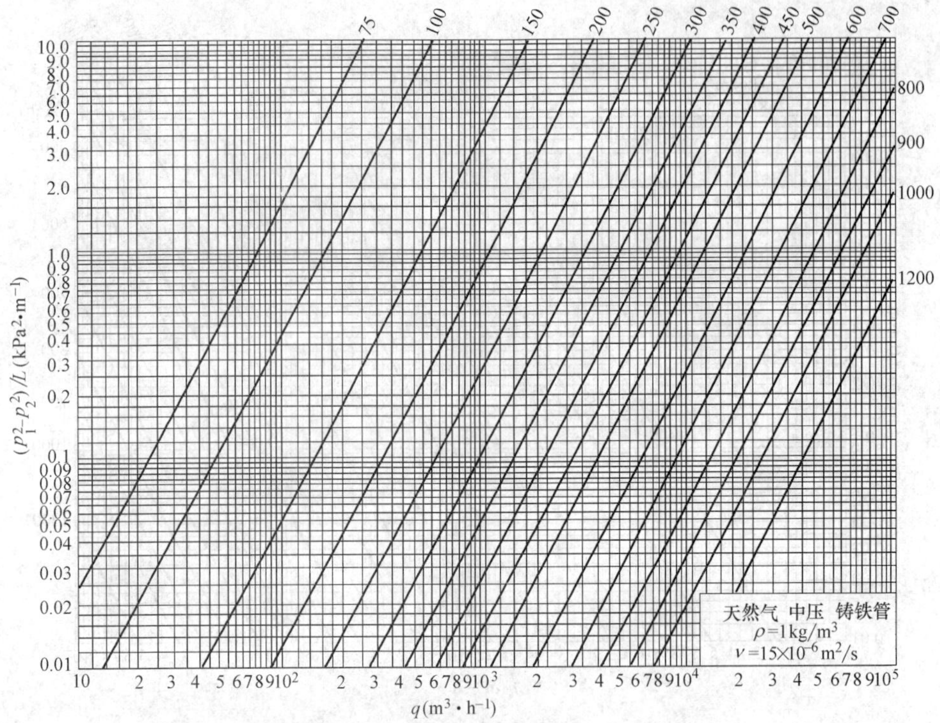

图 12-1-7　燃气管道水力计算图表（7）

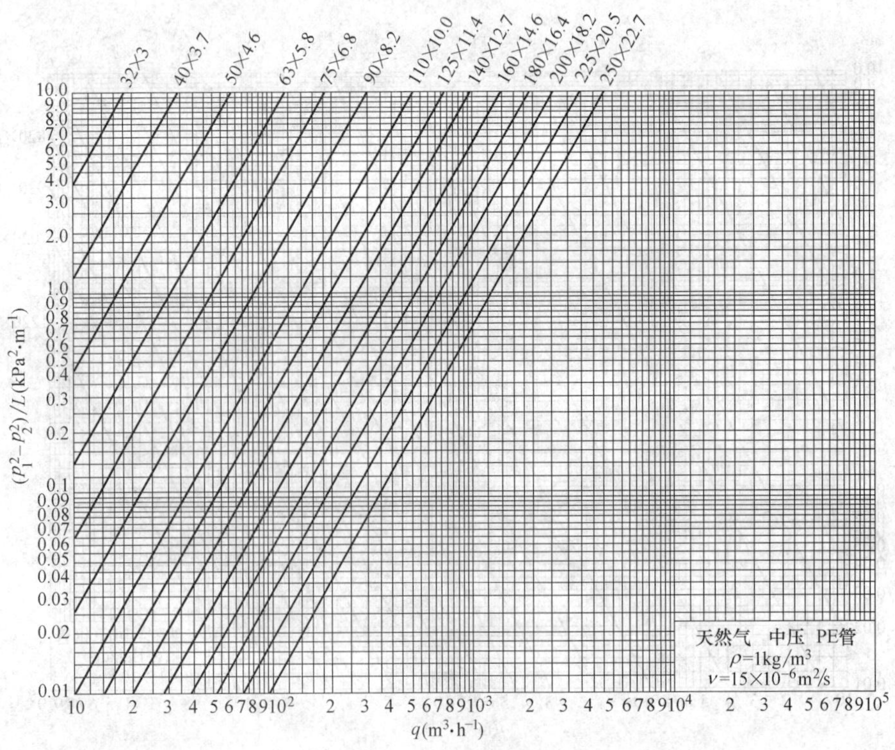

图 12-1-8　燃气管道水力计算图表（8）

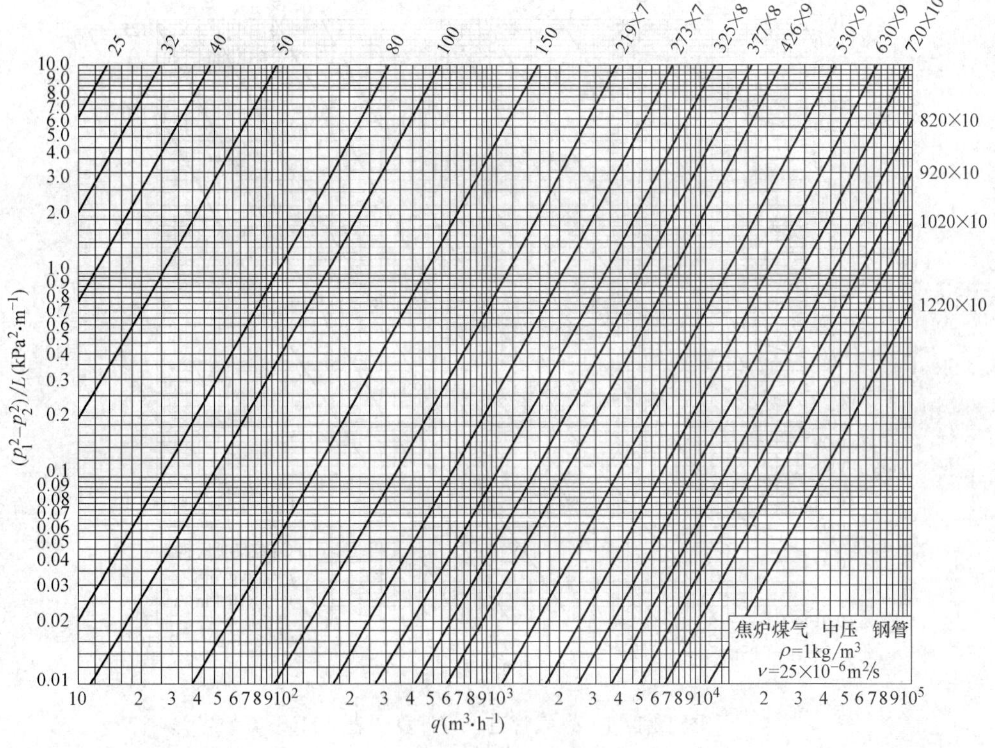

图 12-1-9　燃气管道水力计算图表（9）

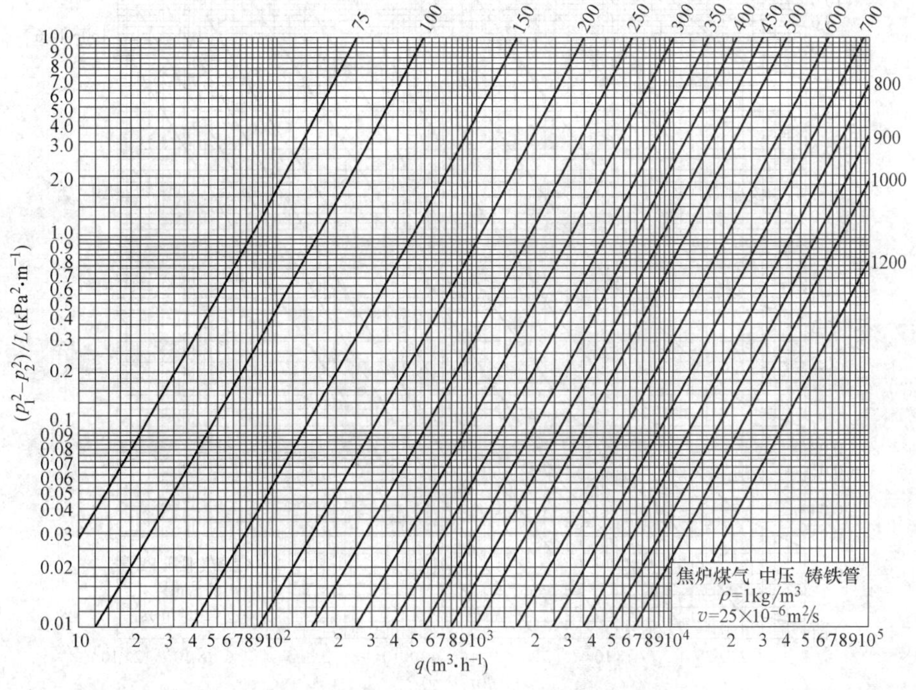

图 12-1-10　燃气管道水力计算图表（10）

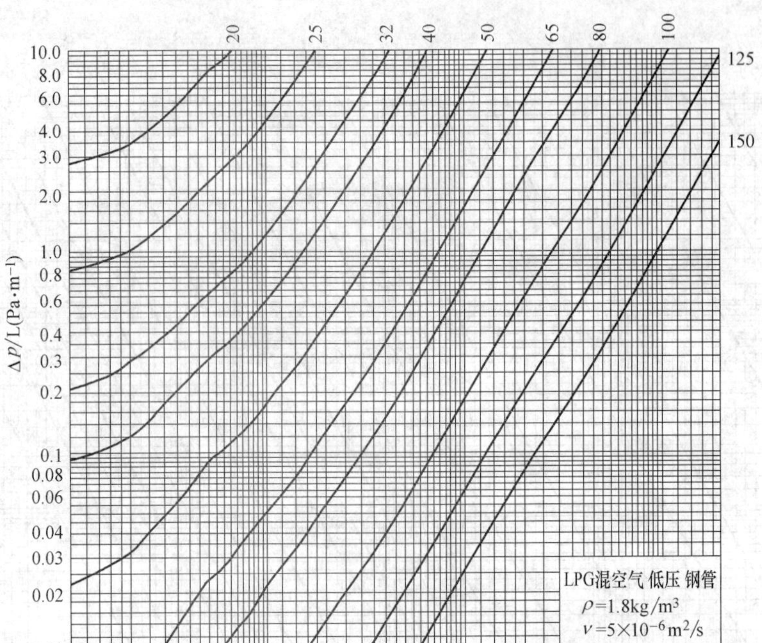

图 12-1-11　燃气管道水力计算图表（11）

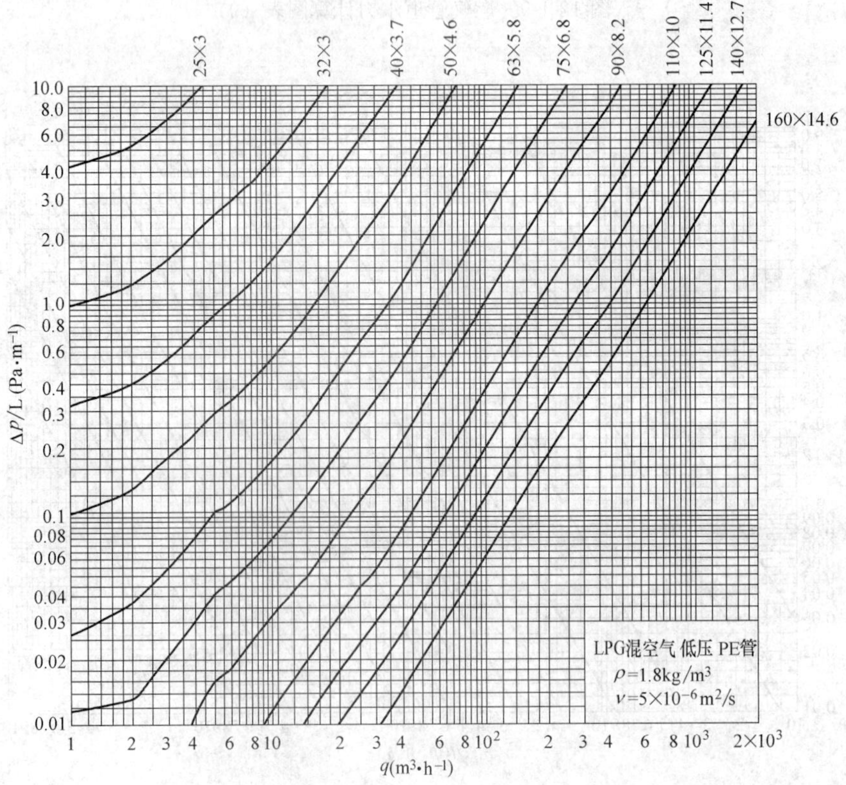

图 12-1-12　燃气管道水力计算图表（12）

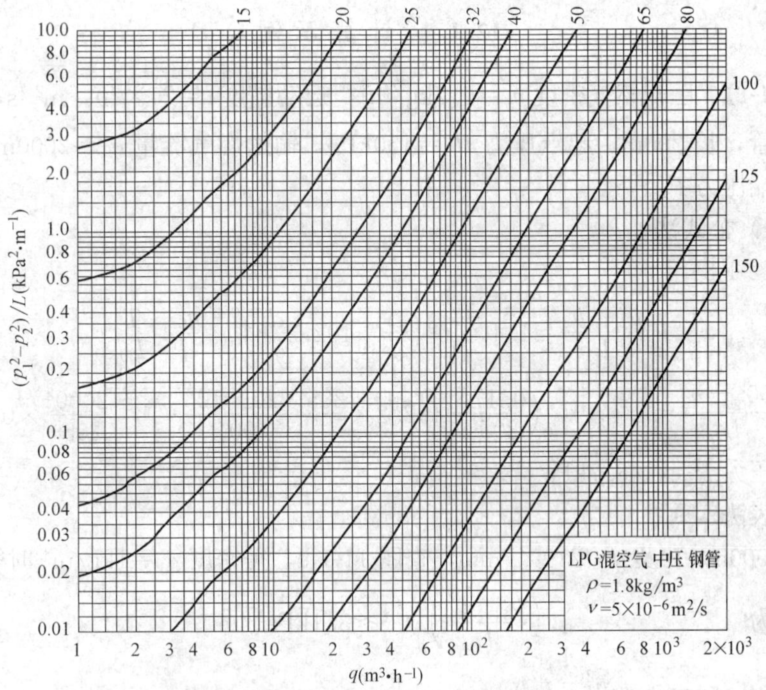

图 12-1-13 燃气管道水力计算图表（13）

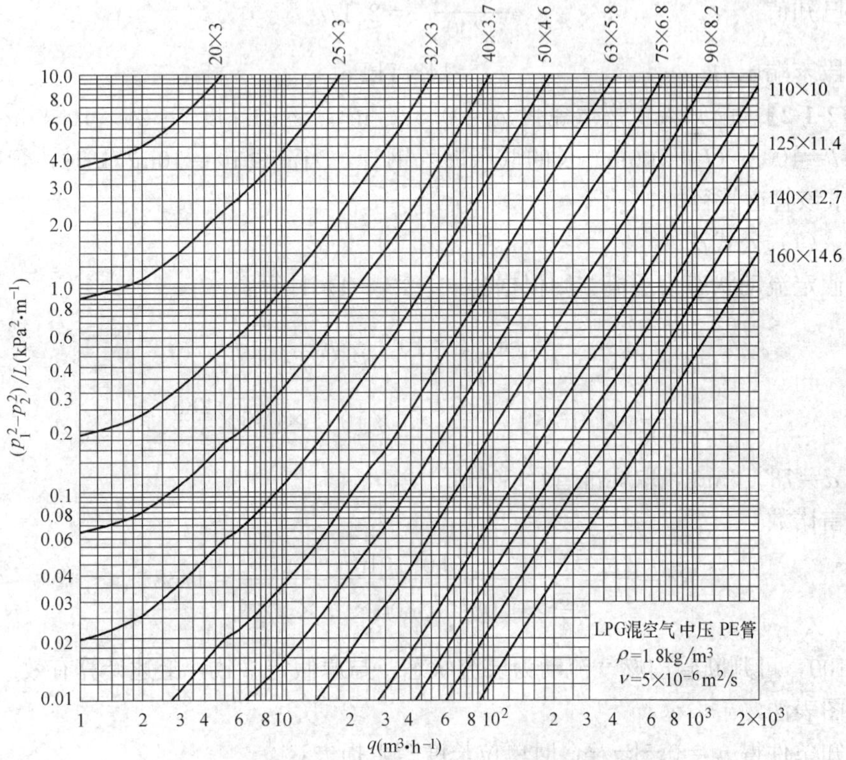

图 12-1-14 燃气管道水力计算图表（14）

12.1.4　计算示例

【例 12-1-1】 已知燃气密度 $\rho_0=0.7\text{kg/m}^3$，运动黏度 $\nu=25\times10^{-6}\text{m}^2/\text{s}$，有 $\phi219\times7$ 中压燃气钢管，长 200m，起点压力 $P_1=150\text{kPa}$，输送燃气流量 $q_0=2000\text{m}^3/\text{h}$，求 0℃时该管段末端压力 P_2。

【解】（1）公式法

按式（12-1-8）计算：

$$\frac{p_1^2-p_2^2}{L}=1.4\times10^9\left(\frac{\Delta}{d}+192.2\frac{d\nu}{q_0}\right)^{0.25}\frac{q_0^2}{d^5}\rho_0\frac{T}{T_0}$$

$$\frac{150^2-p_2^2}{L}=1.4\times10^9\left(\frac{0.17}{205}+192.2\times\frac{205\times25\times10^{-6}}{2000}\right)^{0.25}\frac{2000^2}{205^5}\times0.7$$

得管段末端压力 $P_2=148.7\text{kPa}$

（2）图表法

按 $q=2000\text{m}^3/\text{h}$ 及 $d=219\times7\text{mm}$，查图 11-1-9，得密度 $\rho_0=1\text{kg/m}^3$ 时管段的压力

平方差为　$\left(\frac{p_1^2-p_2^2}{L}\right)_{\rho_0=1}\approx3.1\text{kPa}^2/\text{m}$

作密度修正后得　$\left(\frac{p_1^2-p_2^2}{L}\right)_{\rho_0=0.7}=3.1\times0.7=2.17\text{kPa}^2/\text{m}$

代入已知值　$\frac{150^2-P_2^2}{200}=2.17$

得管段末端压力　$p_2=148.7\text{kPa}$

【例 12-1-2】 已知人工燃气密度 $\rho_0=0.5\text{kg/m}^3$，运动黏度 $\nu=25\times10^{-6}\text{m}^2/\text{s}$，15℃燃气流经 $l=100\text{m}$（$L=100\text{m}$）长的低压燃气钢管，当流量 $q_0=10\text{m}^3/\text{h}$ 时，管段压力降为 4Pa，求该管道管径。

【解】（1）公式法

若先假定流动状态为层流，则根据公式（12-1-4）计算：

$$\frac{\Delta p}{l}=1.13\times10^{10}\frac{q_0}{d^4}\nu\rho_0\frac{T}{T_0}$$

$$\frac{4}{100}=1.13\times10^{10}\frac{10}{d^4}\times25\times10^{-6}\times0.5\times\frac{288}{273}$$

解上式得 $d=78.16\text{mm}$，取标准管径 80mm。

然后计算雷诺数：

$$\text{Re}=\frac{dv}{\nu}=\frac{0.08\times10}{\frac{\pi}{4}\times0.08^2\times3600\times25\times10^{-6}}=1768$$

因 Re<2100，可判断管内燃气流动为层流状态，与原假定一致，上述计算有效。

（2）图表法

按已知条件得 $\rho_0=0.5\text{kg/m}^3$ 时单位长度摩阻损失：

$$\left(\frac{\Delta p}{L}\right)_{\rho_0=0.5}=\frac{4}{100}=0.04\text{Pa/m}$$

由式（12-1-10）得：

$$\left(\frac{\Delta p}{L}\right)_{\rho_0=1}=\frac{0.04}{0.5}=0.08\text{Pa/m}$$

据此及已知流量 $10\text{m}^3/\text{h}$，查图 12-1-4，可选取管径为 80mm 的钢管。

12.1.5 燃气管道局部阻力损失和附加压头

1. 局部阻力损失

当燃气流经三通、弯头、变径管、阀门等管道附件时，由于几何边界的急剧改变，燃气流线的变化，必然产生额外的压力损失，称之为局部阻力损失。在进行城市管网的水力计算时管网的局部阻力损失一般不逐项计算，可按燃气管道摩擦损失的 5%～10%进行估算。对于街坊内庭院管道和室内管道及厂、站区域的燃气管道，由于管路附件较多，局部阻力损失所占比例较大，常需逐一计算。

局部阻力损失，可用下式求得

$$\Delta p=\sum\zeta\frac{v^2}{2}\rho \tag{12-1-12}$$

式中 Δp——局部阻力的压力损失，Pa；

$\sum\zeta$——计算管段中局部阻力系数的总和；

v——管段中燃气流速，m/s；

ρ——燃气的密度，kg/m^3。

局部阻力系数通常由实验测得，燃气管路中一些常用管件的局部阻力系数可参考表 12-1-1。

局部阻力系数 ζ 值 **表 12-1-1**

<table>
<tr><th rowspan="2">局部阻力名称</th><th rowspan="2">ζ</th><th rowspan="2">局部阻力名称</th><th colspan="6">不同直径(mm)ζ的值</th></tr>
<tr><th>15</th><th>20</th><th>25</th><th>32</th><th>40</th><th>≥50</th></tr>
<tr><td>管径相差一级的骤缩变径管</td><td>0.35①</td><td>旋塞</td><td>4</td><td>2</td><td>2</td><td>2</td><td>2</td><td>2</td></tr>
<tr><td>三通直流</td><td>1.0②</td><td>截止阀</td><td>11</td><td>7</td><td>6</td><td>6</td><td>6</td><td>5</td></tr>
<tr><td>三通分流</td><td>1.5②</td><td rowspan="4">闸板阀</td><td colspan="2" rowspan="2">d=50～100</td><td colspan="2" rowspan="2">d=175～200</td><td colspan="2" rowspan="2">d≥300</td></tr>
<tr><td>四通直流</td><td>2.0②</td></tr>
<tr><td>四通分流</td><td>3.0②</td><td colspan="2" rowspan="2">0.5</td><td colspan="2" rowspan="2">0.25</td><td colspan="2" rowspan="2">0.15</td></tr>
<tr><td>90° 光滑弯头</td><td>0.3</td></tr>
</table>

① ζ 对于管径较小的管段。

② ζ 对于燃气流量较小的管段。

局部阻力损失也可用当量长度来计算，各种管件折成相同管径管段的当量长度 L_2 可按下式确定：

$$\Delta p=\sum\zeta\frac{v^2}{2}\rho=\lambda\frac{L_2}{d}\cdot\frac{v^2}{2}\rho$$

$$L_2=\sum\zeta\frac{d}{\lambda} \tag{12-1-13}$$

对于 $\zeta=1$ 时各不同直径管段的当量长度可按下法求得：根据管段内径、燃气流速及运动黏度求出 Re，判别流态后采用不同的摩阻系数 λ 的计算公式，求出 λ 值，而后可得：

$$L_2=\frac{d}{\lambda} \tag{12-1-14}$$

管段的计算长度 L 可由下式求得：

$$L=L_1+L_2=L_1+\sum\zeta l_2 \tag{12-1-15}$$

式中 L_1——管段的实际长度，m；

L_2——当 $\zeta=1$ 时管段的当量长度，m。

2. 附加压头

由于燃气与空气的密度不同，当管段始末端存在标高差值时，在燃气管道中将产生附加压头，其值由下式确定：

$$\Delta p=g(\rho_a-\rho_g)\Delta H \tag{12-1-16}$$

式中 Δp——附加压头，Pa；

g——重力加速度，m/s^2；

ρ_a——空气的密度，kg/m^3；

ρ_g——燃气的密度，kg/m^3；

ΔH——管段终端和始端的标高差值，m。

计算室内燃气管道及地面标高变化相当大的室外或厂区的低压燃气管道，应考虑附加压头。

12.2 燃气分配管网计算流量

12.2.1 燃气分配管段计算流量的确定

燃气分配管网的各管段根据连接用户的情况，可分为三种：

① 管段沿途不输出燃气，用户连接在管段的末端，这种管段的燃气流量是个常数，见图 12-2-1（*a*），所以其计算流量就等于转输流量。

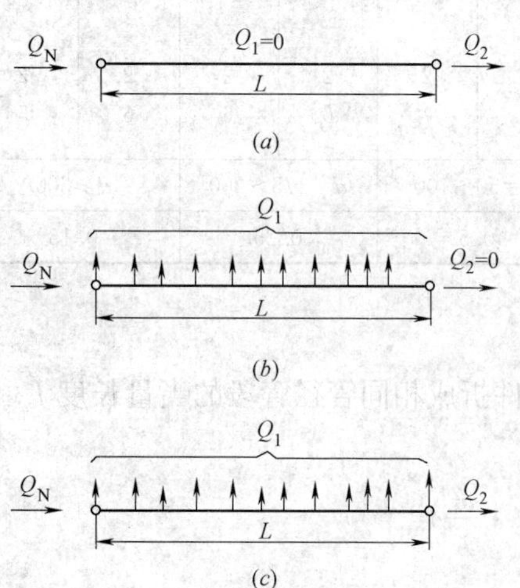

图 12-2-1 燃气管段的计算流量

（*a*）只有转输流量的管段 （*b*）只有途泄流量的管段 （*c*）有途泄流量和转输流量的管段

② 分配管网的管段与大量居民用户、小型公共建筑用户相连。这种管段的主要特征是：由管段始端进入的燃气在途中全部供给各个用户，这种管段只有途泄流量，如图 12-2-1（*b*）所示。

③ 最常见的分配管段的供气情况，如图 12-2-1（*c*）所示。流经管段送至末端不变的流量为转输流量 Q_2，在管段沿程输出的燃气流量为途泄流量 Q_1，该管段上既有转输流量，又有途泄流量。

一般燃气分配管段的负荷变化如图 12-2-2 所示。图中，A—B 管段起点 A 处的管内流量为转输流量 Q_2 与途泄流量 Q_1 之和，而管段终点 B 处的管内流量仅为 Q_2，因此管段内的流量逐渐减小，在管段中间所有断面上的流量是不同的，流量在 Q_1+Q_2 及 Q_2 两极限值之间。假定沿管线长度向用户均匀配气，每个分支管的途泄流量 q 均相等，即沿线流量为直线变化。

为进行变负荷管段的水力计算，可以找出一个假想不变的流量 Q，使它产生的管段压力降与实际压力降相等。这个不变流量 Q 称为变负荷管段的计算流量。可按下式求得

$$Q=\alpha Q_1+Q_2 \tag{12-2-1}$$

式中 Q——计算流量，m^3/h；

Q_1——途泄流量，m^3/h；

Q_2——转输流量，m^3/h；

α——流量折算系数。

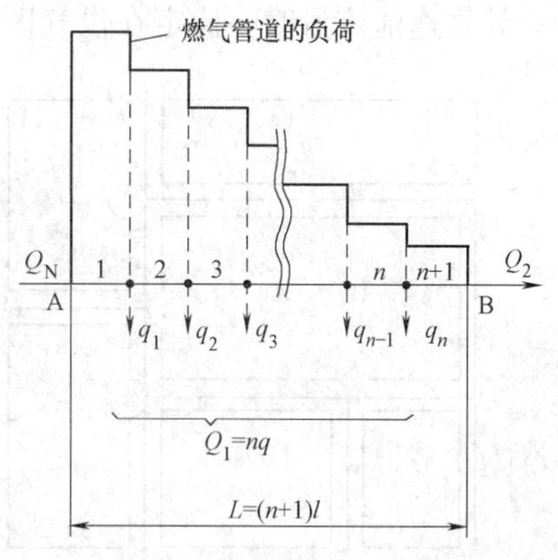

图 12-2-2 燃气分配管段的负荷变化示意图

q—途泄流量（m^3/h）；n—途泄点数

α 是与途泄流量和总流量（途泄流量和转输流量）之比 x 及沿途支管数 n 有关的系数。

取不同的 n 和 x 所得 α 值列于表 12-2-1、表 12-2-2。

水力计算公式中幂指数为 1.75 时所得 α 值 表 12-2-1

x	支管数 n			x	支管数 n		
	1	5	∞		1	5	∞
0	0.5	0.5	0.5	1	0.674	0.59	0.562

水力计算公式中幂指数为 2.0 时所得 α 值 表 12-2-2

x	支管数 n				
	1	5	10	100	∞
0	0.5	0.5	0.5	0.5	0.5
0.5	0.582	0.538	0.534	0.528	0.528
1	0.707	0.606	0.592	0.577	0.577

对于燃气分配管道，一管段上的分支管数一般不小于 5～10 个，x 值在 0.3～1.0 的范围内，从上述两表中所得数值可以看出，此时系数 α 在 0.5～0.6 之间，水力计算公式中幂指数等于 1.75～2.0 时，α 值的变化并不大，实际计算中均可采用平均值 $\alpha=0.55$。故燃气分配管道的计算流量公式为

$$Q=0.55Q_1+Q_2 \tag{12-2-2}$$

12.2.2 途泄流量的计算

途泄流量只包括大量的居民用户和小型商业用户。用气负荷较大的商业用户或工业用户应作为集中负荷来进行计算。

在设计低压分配管网时，连在低压管道上各用户用气负荷的原始资料通常很难详尽和确切，当时只能知道街坊或区域的总的用气负荷。在确定管段的计算流量时，既要尽可能精确地反映实际情况，而确定的方法又应不太复杂。

计算途泄流量时，假定在供气区域内居民用户和小型商业用户是均匀分布的，而其数值主要取决于居民的人口密度。

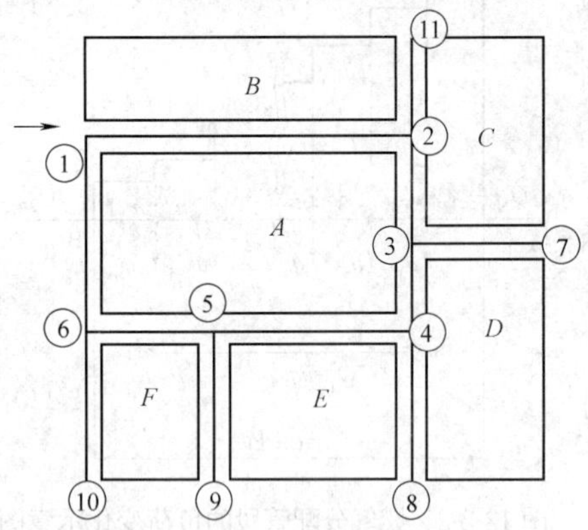

图 12-2-3　各管段途泄流量计算图式

以图 12-2-3 所示区域燃气管网为例，各管段的途泄流量计算步骤如下：

1）将供气范围划分为若干小区

根据该区域内道路、建筑物布局及居民人口密度等划分为 A、B、C、D、E、F 小区，并布置配气管道 1-2、2-3…。

2）分别计算各小区的燃气用量

分别计算各小区居民用气量、小型商业及小型工业用气量，其中居民用气量可用居民人口数乘以每人每小时的燃气计算流量 e(m³/人・h)求得。

3）计算各管段单位长度途泄流量

在城市燃气管网计算中可以认为，途泄流量是沿管段均匀输出的，管段单位长度的途泄流量为：

$$q=\frac{Q_{\mathrm{L}}}{L} \tag{12-2-3}$$

式中　q——单位长度的途泄流量，$m^3/(m \cdot h)$；

Q_{L}——途泄流量，m^3/h；

L——管段长度，m。

图 12-2-3 中 A、B、C…各小区管道的单位长度途泄流量为：

$$q_{\mathrm{A}}=\frac{Q_{\mathrm{A}}}{L_{1-2}+L_{2-3}+L_{3-4}+L_{4-5}+L_{5-6}+L_{1-6}}$$

$$q_{\mathrm{B}}=\frac{Q_{\mathrm{B}}}{L_{1-2}+L_{2-11}}$$

$$q_{\mathrm{C}}=\frac{Q_{\mathrm{C}}}{L_{2-11}+L_{2-3}+L_{3-7}}$$

其余依此类推。

式中　Q_{A}、Q_{B}、Q_{C}…——A、B、C…各小区的燃气用量，m^3/h；

q_{A}、q_{B}、q_{C}…——A、B、C…各小区有关管道的单位长度途泄流量，$m^3/(m \cdot h)$；

L_{1-2}、L_{2-3}…——各管段长度，m。

4）求管段的途泄流量

管段的途泄流量等于单位长度途泄流量乘以该管段长度。若管段是两个小区的公共管道，需同时向两侧供气时，其途泄流量应为两侧的单位长度途泄流量之和乘以管长，图 11-2-3 中各管段的途泄流量为：

$$Q_{\mathrm{L}}^{1-2}=(q_{\mathrm{A}}+q_{\mathrm{B}})L_{1-2}$$

$$Q_{\mathrm{L}}^{2-3}=(q_{\mathrm{A}}+q_{\mathrm{C}})L_{2-3}$$

$$Q_{\mathrm{L}}^{4-8}=(q_{\mathrm{D}}+q_{\mathrm{E}})L_{4-8}$$

$$Q_{\mathrm{L}}^{1-6}=q_{\mathrm{A}}L_{1-6}$$

其余依此类推。

12.2.3 节点流量

在燃气管网计算时，特别是在用电子计算机进行燃气环状管网水力计算时，常把途泄流量转化成节点流量来表示。这样，假设沿管线不再有流量流出，即管段中的流量不再沿管线变化，它产生的管段压力降与实际压力降相等。由式（12-2-1）可知，与管道途泄流量 Q_L 相当的计算流量 $Q=\alpha Q_L$，可由管道终端节点流量为 αQ_L 和始端节点流量为 $(1-\alpha)Q_L$ 来代替。

① 当 α 取 0.55 时，管道始端 i、终端 j 的节点流量分别为：

$$q_i=0.45Q_L^{i-j} \tag{12-2-4}$$

$$q_j=0.55Q_L^{i-j} \tag{12-2-5}$$

式中 Q_L^{i-j}——从 i 节点到 j 节点管道的途泄流量，m^3/h；

q_i、q_j——i、j 节点的节点流量，m^3/h。

对于连接多根管道的节点，其节点流量等于燃气流入节点（管道终端）的所有管段的途泄流量的 0.55 倍，与流出节点（管道始端）的所有管段的途泄流量的 0.45 倍之和，再加上相应的集中流量。如图 12-2-4 各节点流量为：

$$q_1=0.55Q_L^{6-1}+0.45Q_L^{1-2}$$

$$q_2=0.55Q_L^{1-2}+0.55Q_L^{5-2}+0.45Q_L^{2-3}$$

$$q_3=0.55Q_L^{2-3}+0.55Q_L^{4-3}$$

$$q_4=0.55Q_L^{5-4}+0.45Q_L^{4-3}$$

$$q_5=0.55Q_L^{6-5}+0.45Q_L^{5-2}+0.45Q_L^{5-4}$$

$$q_6=0.45Q_L^{6-5}+0.45Q_L^{6-1}$$

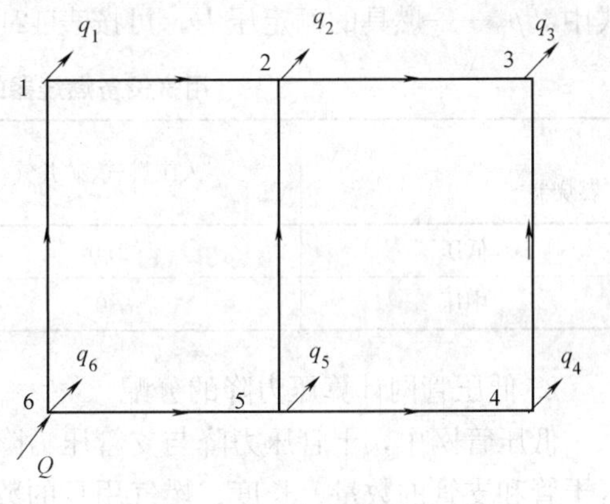

图 12-2-4 节点流量例图

管网各节点流量的总和应与管网区域的总计算流量相等：

$$Q=q_1+q_2+q_3+q_4+q_5+q_6$$

② 当 α 取 0.5 时，管道始端 i、终端 j 的节点流量均为：

$$q_i=q_j=\frac{1}{2}Q_L^{ij} \tag{12-2-6}$$

则管网各节点的节点流量等于该节点所连接的各管道的途泄流量之和的一半。

③ 管段上所接的大型用户为集中流量，也可转化为节点流量。根据集中流量离该管段两端节点的距离，近似地按反比例分配于两端节点上。

12.3 燃气管网计算压力降

12.3.1 低压管网计算压力降及其分配

1. 低压管网计算压力降的确定

当不设用户调压器时，低压燃气管网直接连接用户的燃具，为了燃具能正常工作，燃具前燃气压力只允许在一定的幅度内波动，其最大和最小的允许压力为

$$p_{max}=K_1p_n \quad (12\text{-}3\text{-}1)$$

$$p_{min}=K_2p_n \quad (12\text{-}3\text{-}2)$$

式中 p_{max}、p_{min}——燃具的最大和最小允许压力，Pa；

p_n——燃具额定压力，Pa；

K_1、K_2——最大压力系数和最小压力系数。

实验和研究工作表明，一般民用燃具的允许压力波动范围为±50%，即 $K_1=1.5$，$K_2=0.5$，相当于流量允许变化范围约为燃具额定流量的70%～120%。若超过高限，燃具的热效率降低，并产生不完全燃烧，致使燃烧产物中出现过多的CO等有害的气体；若低于低限，将导致热负荷降低，延长加热过程，或使燃烧温度达不到要求。为考虑高峰时部分燃具不宜在较低的负荷下工作，K_2 宜取0.75，则低压燃气管道的允许压力降（计算压力降）可按下式确定

$$\Delta p=p_{max}-p_{min}=(K_1-K_2)p_n=(1.5-0.75)p_n=0.75p_n \quad (12\text{-}3\text{-}3)$$

式中 p_n——燃具的额定压力，可按表12-3-1采用，Pa。

用气设备燃烧器的额定压力 p_n（kPa） **表 12-3-1**

燃气 燃烧器	人工燃气、矿井气	天然气、液化气混空气(1∶1)	液化石油气
低压	1.0	2.0	2.8或5.0
中压	30	50	100

2. 低压管网计算压力降的分配

低压管网中，干管压力降与支管压力降的分配是一个技术经济问题，它与燃气供应地区干管和支管的数量、长度、燃气用具的数量及建筑物的特点等因素有关，只有通过技术经济比较，才能求出其最经济合理的分配比例。

在城市燃气管网规划设计中采用，低压管网总计算压力降为：

$$\Delta p=0.75p_n+150\text{pa}$$

一般分配如下：

街区干管：$0.5p_n$

庭院管：$0.15p_n$

室内管：$0.1p_n$

燃气表：150pa

12.3.2 高、中压管网计算压力降的确定

高、中压管网只有通过调压器才能与低压管网或用户连接。因此，高、中压管网中的压力波动，实际上不影响低压用户的燃气压力。

高、中压管网的计算压力降根据高、中压管网的具体条件和运行工况要求而定。通常考虑以下因素：

① 确定高、中压管网末端最小压力时，应保证所连接的区域调压器能通过用户在高

峰时的用气量。当高、中压管网与中压引射式燃烧器连接时，燃气压力需要保证这类燃烧器正常工作。中压引射式燃烧器的额定压力因燃气种类而异，通常可按表 12-3-1 取。同时还要考虑专用调压器和用户管道系统的阻力损失等，一般人工燃气末端最小压力不低于 30kPa，天然气末端最小压力不低于 50kPa。

② 高、中压管网的起点最大压力与末端最小压力之差就是高、中压管网的最大计算压力降。对于环状管网，在设计时还应考虑当个别管段发生故障时，应保证一定量的供气能力，故在确定实际计算压力降时根据可靠性计算留有适当的压力储备，因此实际计算压力降一般小于最大计算压力降。

③ 对于设置对置储配站的高、中压管网系统，按高峰和低谷分别考虑：

A. 高峰计算时，计算压力降取决于管网源点的供气压力和管网终端调压器或高、中压用户的压力要求。

B. 低谷核算时，计算压力降仍取决于管网源点的供气压力和管网终端调压器或高、中压用户的压力要求，此外，因低谷部分燃气将输往储气设备储存，计算压力降须同时满足储气的压力要求。

12.4 枝状管网

12.4.1 枝状管网水力计算特点

燃气在枝状管网中从气源至各节点只有一个固定流向，输送至某管段的燃气只能由一条管道供气，流量分配方案也是唯一的，枝状管道的转输流量只有一个数值，任一管段的流量等于该管段以后（顺气流方向）所有节点流量之和，因此每一管段只有唯一的流量值。

此外，枝状管网中变更某一管段的直径时，不影响管段的流量分配，只导致管道终点压力的改变。因此，枝状管网水力计算中各管段只有直径 d_i 与压力降 ΔP_i 两个未知数。

12.4.2 枝状管网水力计算步骤

① 对管网的节点和管道编号。

② 确定气流方向，从管线末梢的节点开始，利用节点相连管段流量的代数和等于零，($\sum Q_i=0$) 的关系，求得管网各管段的计算流量。

③ 根据确定的允许压力降，计算干管单位长度的允许压力降。

④ 根据干管的计算流量及单位长度允许压力降预选管径。

⑤ 根据所选定的标准管径，求摩擦阻力损失和局部阻力损失，计算干管总的压力降。

⑥ 检查计算结果。若干管总的压力降超出允许的范围，则适当变动管径，直至总压力降在允许的范围，既不能超过允许总压降，也不能比总压降小得过多。

⑦ 计算支管，按支管等压降或全压降法计算支管。

12.4.3 燃气支管等压降和全压降设计

支管等压降设计是指不论低压支管所处位置及其起点压力如何，各支管允许压力降均取相等的数值。如图12-4-1所示，支管压力降均取200Pa，结果离调压器近的支管末端设计压力高，离调压器远的支管末端设计压力低。

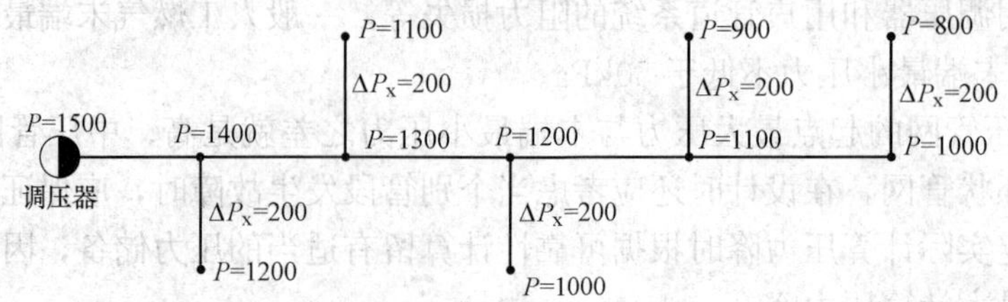

图12-4-1　支管等压降设计示意图

支管全压降设计是根据支管起点所处位置的干管压力，以可供消耗的全部允许压力降来设计每一支管。如图12-4-2所示，设计时支管压力降取值不一，使支管末端的设计压力降基本相同。图中的压力单位为Pa。

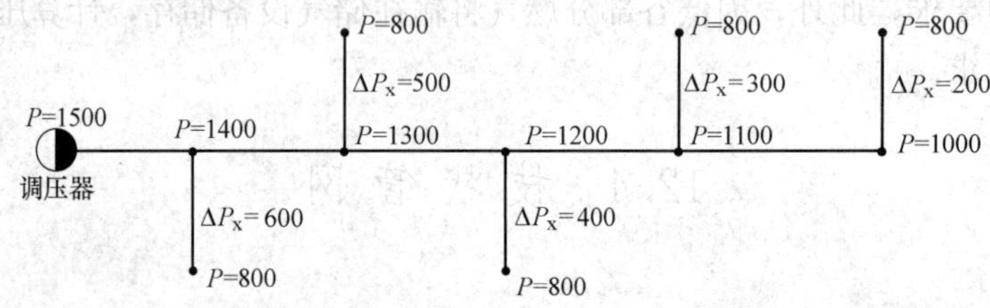

图12-4-2　支管全压降设计示意图

全压降设计能充分利用允许压力降，减小管径，提高了设计的经济性，并使管网末端用具前的燃气压力基本接近额定压力，运行工况良好。但一旦管网系统发生故障，干管压力变化，所接支管末端的压力可能低于设计要求，且施工和设计均较等压降设计麻烦。

支管采用全压降设计还是等压降设计，应根据所设计枝状管网的情况确定，目前一般均采用等压降设计，但对枝状管网采用等压降设计的压力储备不能增加可靠性。采用全压降法投资少。

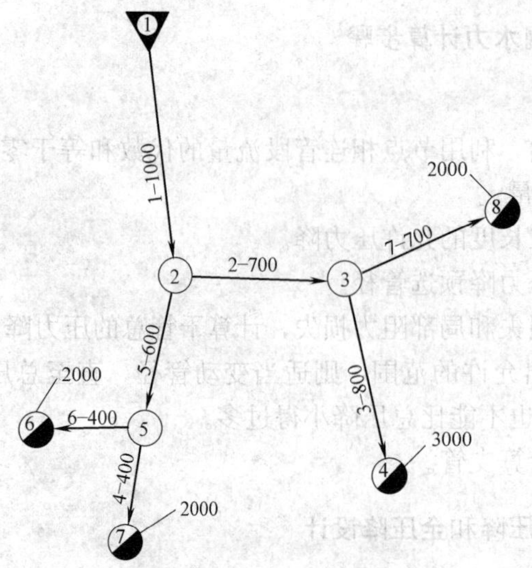

图12-4-3　枝状中压管网例图

12.4.4　计算示例

【例12-4-1】　如图12-4-3所示的中压管道，1为源点，4、6、7、8为用气点（中—低调压器），已知气源点的供气压力为200kPa（绝），保证调压器正常送行的调压器进口压力为120kPa（绝），人工燃气密度为1.0kg/m^3，运动黏度为25×10^{-6} m^2/s，各管段长度及调压器的流量如图12-4-3所示，若使用钢管，求各管段的管径。

【解】

（1）管网各节点及管段编号见图12-4-3。

（2）确定气流方向，并根据图示各调压器的输气量（中压管网的节点流量），计算各管段的计算流量：

管段 3 $Q_3=3000\text{m}^3/\text{h}$

管段 7 $Q_3=2000\text{m}^3/\text{h}$

管段 2 $Q_2=Q_3+Q_7=5000\text{m}^3/\text{h}$

管段 4 $Q_4=2000\text{m}^3/\text{h}$

管段 6 $Q_6=2000\text{m}^3/\text{h}$

管段 5 $Q_5=Q_4+Q_6=4000\text{m}^3/\text{h}$

管段 1 $Q_1=Q_2+Q_5=9000\text{m}^3/\text{h}$

(3) 选管道①—②—③—④为本枝状管网的干管，先行计算。

(4) 求干管的总长度：

$$l=l_1+l_2+l_3=2500\text{m}$$

(5) 根据气源点①的供气压力及调压器进口的最小需求压力确定干管的允许压力平方差：

$$\Delta p_{al}=200^2-120^2=25600\text{kPa}^2$$

则干管的单位长度的允许压力平方差（含 5%局部损失）为：

$$\frac{\Delta p}{l}=\frac{25600}{2500\times1.05}=9.75\text{kPa}^2/\text{m}$$

(6) 由管段单位长度的允许压力平方差及各管段的计算流量初选干管各管段的管径。查图 11-1-9 选各管段的管径及其单位长度压力平方差：

管段 1 $d_1=325\times8\text{mm}$ $\frac{\Delta p_1^2}{l_1}=7.0\text{kPa}^2/\text{m}$

管段 2 $d_2=273\times7\text{mm}$ $\frac{\Delta p_2^2}{l_2}=5.4\text{kPa}^2/\text{m}$

管段 3 $d_3=219\times7\text{mm}$ $\frac{\Delta p_3^2}{l_3}=6.3\text{kPa}^2/\text{m}$

(7) 计算干管各管段的压力平方差（含局部损失 5%）：

管段 1 $\Delta p_1^2=1.05\times7.0\times1000=7350\text{kPa}^2$

管段 2 $\Delta p_2^2=1.05\times5.4\times700=3969\text{kPa}^2$

管段 3 $\Delta p_3^2=1.05\times6.3\times800=5292\text{kPa}^2$

$$\sum\Delta p^2=\Delta p_1^2+\Delta p_2^2+\Delta p_3^2=16611\text{kPa}^2$$

(8) 计算干管上各节点压力：

节点③ $p_3=\sqrt{p_4^2+\Delta p_3^2}=\sqrt{120^2+5292}=140.3\text{kPa}$

节点② $p_2=\sqrt{p_3^2+\Delta p_2^2}=\sqrt{140.3^2+3969}=153.8\text{kPa}$

节点① $P_1=\sqrt{P_2^2+\Delta P_1^2}=\sqrt{153.8^2+7350}=176.1\text{kPa}<200\text{kPa}$

(9) 支管计算。按等压降法计算支管，查图 12-1-9 选各支管段的管径及其单位长度压力平方差：

管段 7 $d_1 = 219 \times 7\text{mm}$ $\dfrac{\Delta p_7^2}{l_7} = 3.1\text{kPa}^2/\text{m}$

管段 6 $d_6 = 219 \times 7\text{mm}$ $\dfrac{\Delta p_6^2}{l_6} = 3.0\text{kPa}^2/\text{m}$

管段 4 $d_4 = 219 \times 7\text{mm}$ $\dfrac{\Delta p_4^2}{l_4} = 3.0\text{kPa}^2/\text{m}$

管段 5 $d_5 = 273 \times 7\text{mm}$ $\dfrac{\Delta p_5^2}{l_5} = 3.5\text{kPa}^2/\text{m}$

计算支管各管段的压力平方差（含局部损失 5%）：

管段 7 $\Delta p_7^2 = 1.05 \times 3.1 \times 700 = 2279\text{kPa}^2$

管段 6 $\Delta p_6^2 = 1.05 \times 3.0 \times 400 = 1260\text{kPa}^2$

管段 4 $\Delta p_4^2 = 1.05 \times 3.0 \times 400 = 1260\text{kPa}^2$

管段 5 $\Delta p_5^2 = 1.05 \times 3.5 \times 600 = 2205\text{kPa}^2$

计算各支管上各节点压力：

节点⑧ $p_8 = \sqrt{p_3^2 - \Delta p_7^2} = \sqrt{140.3^2 - 2279} = 131.9\text{kPa}$

节点⑤ $p_5 = \sqrt{p_2^2 - \Delta p_5^2} = \sqrt{153.8^2 - 2205} = 146.5\text{kPa}$

节点⑥ $p_6 = \sqrt{p_5^2 - \Delta p_6^2} = \sqrt{146.5^2 - 1260} = 142.1\text{kPa}$

节点⑦ $p_7 = \sqrt{p_7^2 - \Delta p_4^2} = \sqrt{146.5^2 - 1260} = 142.1\text{kPa}$

（10）绘制水力计算图 12-4-4。

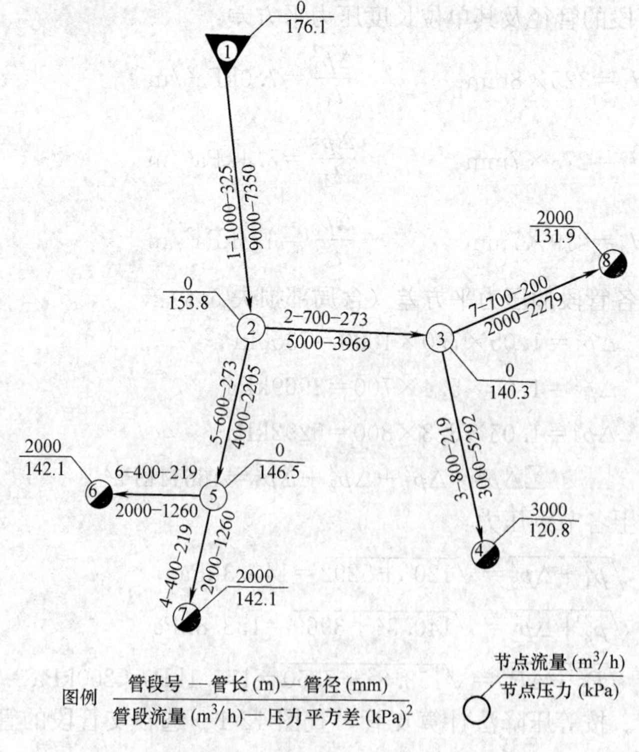

图 12-4-4 枝状管网水力计算图

12.5 环状管网水力计算

12.5.1 环状管网水力计算特点

环状管网是由一些封闭成环的输气管段与节点组成。任何形状的环状管网，其管段数 m、节点数 n 和环数 h 的关系均符合下式：

$$m=n+h-1 \tag{12-5-1}$$

环状管网任何一个节点均可由两向或多向供气，输送至某管段的燃气同时可由一条或几条管道供气，可以有许多不同的流量分配方案。分配流量时，在保证供给用户所需燃气量的同时，必须保持每一节点的燃气连续流动，也就是流向任一节点的流量必须等于流离该节点的流量。

此外，环状管网中变更某一管段的直径时，就会引起所有管段流量的重新分配，并改变管网各节点的压力值。因此，环状管网水力计算中各管段有三个未知量：直径 d_i，压力降 Δp_i 和流量 Q_i，即管网未知量总数等于管段数的 3 倍，设管段数为 m，则未知量总数等于 $3m$。

为了求解环状管网，需列出足够的方程式。

① 每一管段的压力降 Δp_j 计算公式为：

$$\Delta p_j=K_j\frac{Q_j^{\alpha}}{d_j^{\beta}}l_j\ (j=1,\ 2\cdots m) \tag{12-5-2}$$

式中 α 和 β 值与燃气流动状况及管道粗糙度有关，而常数 K_j 则与燃气性质有关。一共可得 k 个公式。

② 每一节点处流量的代数和为零。即：

$$\sum Q_i=0\ (i=1,\ 2\cdots n-1) \tag{12-5-3}$$

因为最后一个节点的方程式，在各流量均为已知值的情况下，不能成为一个独立的方程式。故所得的方程式数等于节点数减一，共可得 $m-1$ 个方程式。

③ 对于每一个环，燃气按顺时针方向流动的管段的压力降定为正值，逆时针方向流动的管段的压力降定为负值，则环网的压力降之和为零，即：

$$\sum\Delta p_j=0\ (j=1,\ 2\cdots h) \tag{12-5-4}$$

所得的方程式数等于环数，环数用 n 表示，故可得 n 个方程式。

④ 燃气管网的计算压力降 ΔP 等于从管网源点至零点各管段压力降之和 $\sum\Delta P_i$ 即：

$$\sum\Delta p_i-\Delta p=0 \tag{12-5-5}$$

所得方程式数等于管网的零点数 N_0，零点是环网最末管段的终点，是除源点外管网中已知压力值的节点。

至此，已得到 $2m+n_{p0}$ 个方程，而未知量的个数为 $3m$ 个；尚需补充（$m-n_{p0}$）个方程。为了求解，按供气可靠性原则预先分配流量，按经济性原则采用等压力降法选取管径作为补充条件求解。

12.5.2 环状管网水力计算步骤

环状管网水力计算可采用解管段方程组、解环方程组和解节点方程组的方法。不管用哪种解法，总是对压降方程（12-5-2）、连续性方程（12-5-3）及能量方程（12-5-4）的联立求解，以求得未知的管径及压力降。本章着重阐述用手工方法解环方程的计算方法。环状管网在初步分配流量时，必须满足连续性方程$\sum Q_i=0$的要求，但按该设定流量选定管径求得各管段压力降以后，每环往往不能满足能量方程$\sum \Delta p_j=0$的要求。因此，解环方程的环状管网计算过程，就是重新分配各管段的流量，反复计算，直到同时满足连续性方程组和能量方程组为止，这一计算过程称为管网平差。换言之，平差就是求解$n-1$个线性连续性方程组和m个非线性能量方程组，以得出m个管段的流量。一般情况下，不能用直接法求解非线性能量方程组，而须用逐步近似法求解。最终计算是确定每环的校正流量，使压力闭合差尽量趋近于零。若最终计算结果未能达到各种技术经济要求，还需调整管径，进行反复运算，以确定比较经济合理的管径。具体步骤如下：

① 绘制管网平面示意图，对节点、管段、环网编号，并标明管道长度、集中负荷、气源或调压站位置等。

② 计算管网各管段的途泄流量。

③ 按气流沿最短路径从供气点流向零点的原则，拟定环网各管段中的燃气流向。气流方向总是流离供气点，而不应逆向流动。

④ 从零点开始，逐一推算各管段的转输流量。

⑤ 求管网各管段的计算流量。

⑥ 根据管网允许压力降和供气点至零点的管道计算长度，局部阻力损失通常取沿程阻力损失的（5%～10%），求得单位长度允许压力降，并预选管径。

⑦ 初步计算管网各管段的总压力降及每环的压力降闭合差。

⑧ 管网平差计算，求每环的校正流量，使所有封闭环网压力降的代数和等于零或接近于零，达到工程容许的误差范围。

对高、中压环状管网，用式（12-5-6）确定各环的校正流量。

$$\Delta Q=-\frac{\sum \Delta p}{1.75\sum \frac{\Delta p}{Q}}+\frac{\sum \Delta Q_{nn}\left(\frac{\Delta p}{Q}\right)_{ns}}{\sum \frac{\Delta p}{Q}} \tag{12-5-6}$$

令
$$\Delta Q'=-\frac{\sum \Delta p}{1.75\sum \frac{\Delta p}{Q}}\qquad \Delta Q''=\frac{\sum \Delta Q_{nn}\left(\frac{\Delta p}{Q}\right)_{ns}}{\sum \frac{\Delta p}{Q}}$$

式中$\frac{\Delta p}{Q}$及$\left(\frac{\Delta p}{Q}\right)_{ns}$任何时候均为正值。$\sum \Delta p$内各项的符号由计算决定，通常气流方向为顺时针时定为正；ΔQ的符号与$\sum \Delta p$的符号相反。

对低压环状管网，用式（11-5-7）确定各环的校正流量。

$$\Delta Q=-\frac{\sum \delta p}{2\sum \frac{\delta p}{Q}}+\frac{\sum \Delta Q_{nn}\left(\frac{\delta p}{Q}\right)_{ns}}{\sum \frac{\delta p}{Q}}$$

$$=\Delta Q'+\Delta Q'' \tag{12-5-7}$$

校正流量的计算顺序如下：首先求出各环的 $\Delta Q'$，然后求出各环的 $\Delta Q''$。令 $\Delta Q=\Delta Q'+\Delta Q''$，以此校正每环各管段的计算流量。若校正后闭合差仍未达到精度要求，则需再一次计算校正流量 $\Delta Q'$、$\Delta Q''$及 ΔQ，使闭合差达到允许的精度要求为止。

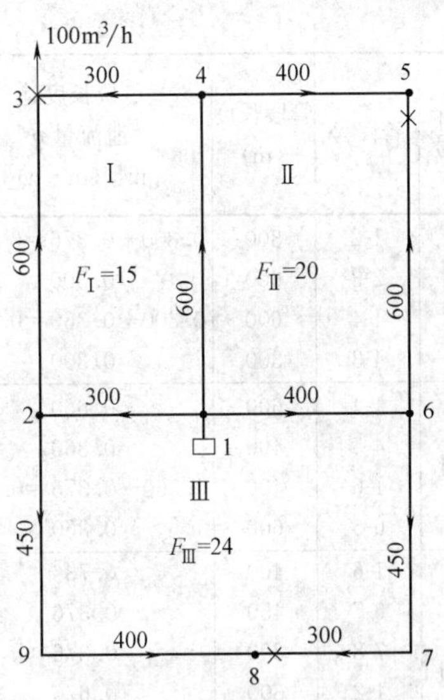

图 12-5-1 环状管网计算简图

12.5.3 环状管网的计算示例

【例 12-5-1】 试计算图 12-5-1 所示的低压管网，图上注有环网各边长度（m）及环内建筑用地面积 A（hm^2）。人口密度为每公顷为 600 人，每人每小时的用气量为 0.06m^3，有一个工厂集中用户，用气量为 100m^3/h。气源是焦炉煤气，$\rho=0.46kg/m^3$，$\nu=25\times10^{-6}m^2/s$。管网中的计算压力降取 $\Delta p=400pa$。

【解】 计算顺序如下：

① 计算各环的单位长度途泄流量。

A. 按管网布置将供气区域分成小区。

B. 求出每环内的最大小时用气量（以面积、人口密度和每人的单位用气量相乘）。

C. 计算供气环周边的总长。

D. 求单位长度的途泄流量。

上述计算可列于表 12-5-1。

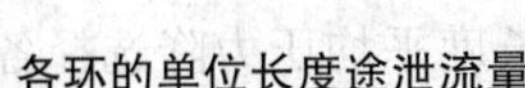
各环的单位长度途泄流量 表 12-5-1

环号	面积（hm^2）	居民数（人）	每人用气量［m^3/(人·h)］	本环供气量（m^3/h）	环周边长（m）	沿环周边的单位长度途泄流量［m^3/(人·h)］
Ⅰ	15	9000	0.06	540	1800	0.300
Ⅱ	20	12000	0.06	720	2000	0.360
Ⅲ	24	14400	0.06	864	2300	0.376
				$\sum Q=2124$		

② 根据计算简图，求出管网中每一管段的计算流量，计算列于表 12-5-2，其步骤如下：

A. 将管网的各管段依次编号，在距供气点（调压站）最远处，假定零点的位置（3、5 和 8），同时决定气流方向。

B. 计算各管段的途泄流量。

C. 计算转输流量，计算由零点开始，与气流相反方向推算到供气点。如节点的集中负荷由两侧管段供气，则转输流量以各分担一半左右为宜。这些转输流量的分配，可在计算表的附注中加以说明。

D. 求各管段的计算流量，计算结果见表 12-5-2。

各管段的计算流量　　表 12-5-2

环号	管段号	管段长度(m)	单位长度途泄流量 q [m³/(m·h)]	流量(m³/h) 途泄流量 Q_1	0.55 Q_1	转输流量 Q_2	计算流量 Q	附注
Ⅰ	1-2	300	0.300+0.376=0.676	203	112	549	661	集中负荷预定由 2-3 及 3-4 管段各供 50m³/h
	2-3	600	0.300	180	99	50	149	
	1-4	600	0.300+0.360=0.660	396	218	284	502	
	4-3	300	0.300	90	50	50	100	
Ⅱ	1-4	600	0.660	396	218	284	502	
	4-5	400	0.360	144	79	0	79	
	1-6	400	0.360+0.376=0.736	294	162	498	660	
	6-5	600	0.360	216	119	0	119	
Ⅲ	1-6	400	0.736	294	162	498	660	
	6-7	450	0.376	169	93	113	206	
	7-8	300	0.376	113	62	0	62	
	1-2	300	0.676	203	112	549	661	
	2-9	450	0.376	169	93	150	243	
	9-8	400	0.376	150	83	0	83	

校验转输流量之总值，调压站由 1-2、1-4 及 1-6 管段输出的燃气量得：

$$(203+549)+(396+284)+(294+498)=2224\text{m}^3/\text{h}$$

由各环的供气量及集中负荷得：

$$2124+100=2224\text{m}^3/\text{h}$$

两值相符。

③ 根据初步流量分配及单位长度平均压力降选择各管段的管径。局部阻力损失取摩擦阻力损失的 10%。由供气点至零点的平均距离为 1017m，即：

$$\frac{\Delta p}{L}=\frac{400}{1017\times1.1}=0.358\text{Pa/m}$$

由于本题所用的燃气 $\rho=0.46\text{kg/m}^3$，故在查图 12-1-4 的水力计算图表时，需进行修正，即：

$$\left(\frac{\Delta p}{L}\right)_{\rho=1}=\left(\frac{\Delta p}{L}\right)/0.46=\frac{0.358}{0.46}=0.778\text{Pa/m}$$

选定管径后，由图 12-3-4 查得管段的$\left(\frac{\Delta p}{L}\right)_{\rho=1}$值，求出：

$$\left(\frac{\Delta p}{L}\right)=\left(\frac{\Delta p}{L}\right)_{\rho=1}\times0.46$$

全部计算列于表 12-5-3。

④ 从表 12-5-3 的初步计算可见，两个环的闭合差均大于 10%。一个环的闭合差小于 10%，也应对全部环网进行校正计算，否则由于邻环校正流量值的影响，反而会使该环的闭合差增大，有超过 10%的可能。

先求各环的 $\Delta Q'$

$$\Delta Q'_{\text{I}}=-\frac{\sum\Delta Q}{1.75\sum\frac{\Delta P}{Q}}=-\frac{33}{1.75\times2.1}=-9.0$$

低压环网水力计算表

表 12-5-3

环号	管段			初步估算					校正流量计算			校正计算				
	管段号	邻环号	长度 L (m)	管段流量 Q(m³/h)	管径 d (mm)	单位压力降 $\Delta p/L$ (Pa/m)	管段压力降 Δp (Pa)	$\frac{\Delta p}{Q}$	$\Delta Q'$	$\Delta Q''$	$\Delta Q=\Delta Q'+\Delta Q''$	管段校正流量 ΔQ_n	校正后管段流量 Q'	$\frac{\Delta p'}{Q}$	管段压力降 $\Delta p'$	考虑局部阻力后压力损失 $1.1\Delta p'$
	1-2	Ⅲ	300	661	200	0.83	249	0.38				+5.5	666.5	0.83	249	273.9
	2-3	—	600	149	150	0.20	120	0.81	−9.0	+3.5	−5.5	−5.5	143.5	0.19	114	125.4
	1-4	Ⅱ	600	−502	200	0.51	−306	0.61				−20.6	−522.6	0.54	−324	356.4
Ⅰ	4-3	—	300	−100	150	0.10	−30	0.30				−5.5	−105.5	0.11	−33.0	36.3
									+33 (9.3%)	2.10					+6 (1.7%)	
	1-4	Ⅰ	600	502	200	0.51	306	0.61				+20.6	522.6	0.54	324	356.4
	4-5	—	400	79	150	0.065	26	0.33	+21.2	−6.1	+15.1	+15.1	94.1	0.084	33.6	37.0
	1-6	Ⅲ	400	−660	200	0.83	−332	0.50				26.1	−633.9	0.75	−300	330.0
Ⅱ	6-5	—	600	−119	150	0.13	−78	0.66				15.1	−103.9	0.10	−60.0	66.0
									−78 (21%)	2.10					−2.4 (0.7%)	
	1-6	Ⅱ	400	660	200	0.83	332	0.50				−26.1	633.9	0.75	300	330.0
	6-7	—	450	206	200	0.10	45	0.22				−11.0	195.0	0.092	41.4	45.5
	7-8	—	300	62	150	0.04	12	0.19	−14.8	+3.8	−11.0	−11.0	51.0	0.028	8.40	9.2
	1-2	Ⅰ	300	−661	200	0.83	−249	0.38				−5.5	−666.5	0.83	−249	273.9
Ⅲ	2-9	—	450	−243	200	0.14	−63	0.26				−11.0	−254.0	0.15	−67.5	74.3
	9-8	—	400	−83	150	0.070	−28	0.34				−11.0	−94.0	0.087	−34.8	38.3
					+49 (13.4%)	1.89						−1.5 (0.4%)				

$$\Delta Q'_{\text{II}}=-\frac{-78}{1.75\times 2.1}=+21.2$$

$$\Delta Q'_{\text{III}}=-\frac{49}{1.75\times 1.89}=-14.8$$

再求各环的校正流量 $\Delta Q''$：

$$\Delta Q''_{\text{I}}=-\frac{\sum \Delta Q'_{\text{nn}}\left(\frac{\Delta p}{Q}\right)_{\text{ns}}}{\sum \frac{\Delta p}{Q}}=\frac{-14.8\times 0.38+21.2\times 0.61}{2.1}=+3.5$$

$$\Delta Q''_{\text{II}}=-\frac{-9.0\times 0.61-14.8\times 0.50}{2.1}=-6.1$$

$$\Delta Q''_{\text{III}}=\frac{0.90\times 0.38+21.2\times 0.5}{1.89}=+3.8$$

由此，各环的校正流量为：

$$\Delta Q_{\text{I}}=\Delta Q'_{\text{I}}+\Delta Q''_{\text{I}}=-9.0+3.5=-5.5$$

$$\Delta Q_{\text{II}}=\Delta Q'_{\text{II}}+\Delta Q''_{\text{II}}=+21.2-6.1=+15.1$$

$$\Delta Q_{\text{III}}=\Delta Q'_{\text{III}}+\Delta Q''_{\text{III}}=-14.8+3.8=-11.0$$

共用管段的校正流量为本环的校正流量值减去相邻环的校正流量值。

在例题中经过一次校正计算，各环的误差值均在 10%以内，因此计算合格。如一次计算后仍未达到允许误差范围以内，则应用同样方法再次进行校正计算。

⑤ 经过校正流量的计算，使管网中的燃气流量进行重新分配，因而集中负荷的预分配量有所调整，并使零点的位置有了移动。

点 3 的工厂集中负荷由 4-3 管段供气 $55.5\text{m}^3/\text{h}$，由 2-3 管段供气 $44.5\text{m}^3/\text{h}$。

管段 6-5 的计算流量由 $119\text{m}^3/\text{h}$ 减至 $103.9\text{m}^3/\text{h}$，因而零点向点 6 方向移动了 ΔL_6：

$$\Delta L_6=\frac{119-103.9}{0.55q_{6-5}}=\frac{15.1}{0.55\times 0.36}=76\text{m}$$

管段 7-8 的计算流量由 $62\text{m}^3/\text{h}$ 减至 $51\text{m}^3/\text{h}$，因而零点向点 7 方向移动了 ΔL_7：

$$\Delta L_7=\frac{62-51}{0.55q_{7-8}}=\frac{11}{0.55\times 0.376}=52.7\text{m}$$

新的零点位置用记号“×”表示在图 12-5-1 上，这些点是环网在计算工况下的压力最低点。

⑥ 校核从供气点至零点的压力降：

$$\Delta p_{1\text{-}2\text{-}3}=273.9+125.4=399.3\text{Pa}$$

$$\Delta p_{1\text{-}6\text{-}5}=330+66=396\text{Pa}$$

$$\Delta p_{1\text{-}2\text{-}9\text{-}8}=273.9+74.3+38.3=386.5\text{Pa}$$

此压力降是否充分利用了计算压力降的数值，在一定程度上说明了计算是否达到了经济合理的效果。

12.6　节点法管网计算

燃气管网的水力计算是城市燃气管网新建、扩建和改建与运行调度的依据。对于大型复杂的城市燃气管网只有采用计算机技术才能快速准确的计算。节点法是目前进行燃气管网水力计算最常用的方法。

12.6.1 燃气管网拓扑关系

1. 燃气管网拓扑关系的图论表示

图 12-6-1 为由 8 个节点、10 条管段和 3 个环组成的燃气管网图。

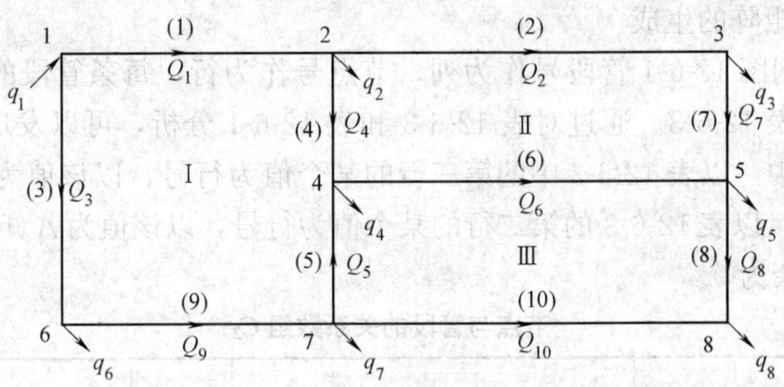

图 12-6-1 管网拓扑结构示意图

1，2…8—管网节点编号；(1)，(2) … (10)—管段编号；Ⅰ，Ⅱ，Ⅲ—环路编号

并将节点、管段和环进行编号，标在图中。

燃气管网考虑燃气的流向，从图论的角度可以看做有向图，其拓扑结构可用管段与节点的关联矩阵（在图论中也称为 A 阵）和管段与环路关联的环路矩阵（在图论中也称为 B 阵）表示。以图 12-6-1 为例进行说明，表 12-6-1 是节点与管段关联矩阵。管段和节点相联，且管段中燃气流向节点，矩阵的元素为 1；管段和节点相联，且管段中燃气流离节点，矩阵的元素为－1；管段和节点不关联，矩阵的元素为 0。

节点与管段关联的节点矩阵 **表 12-6-1**

管段号 / 节点号	(1)	(2)	(3)	(4)	(5)	(6)	(7)	(8)	(9)	(10)
1	−1	0	−1	0	0	0	0	0	0	0
2	1	−1	0	−1	0	0	0	0	0	0
3	0	1	0	0	0	0	−1	0	0	0
4	0	0	0	1	1	−1	0	0	0	0
5	0	0	0	0	0	1	1	−1	0	0
6	0	0	1	0	0	0	0	0	−1	0
7	0	0	0	0	−1	0	0	0	1	−1
8	0	0	0	0	0	0	0	1	0	1

表 12-6-2 为图 12-6-1 的管段与环的关联矩阵。管段和环相联，且管段中燃气流向为顺时针方向，矩阵的元素为 1；管段和环相联，且管段中燃气流向为逆时针方向，矩阵的元素为－1；管段和环不关联，矩阵的元素为 0。

环与管段关联的环路矩阵　　表 12-6-2

管段号	(1)	(2)	(3)	(4)	(5)	(6)	(7)	(8)	(9)	(10)
Ⅰ环	1	0	−1	1	−1	0	0	0	−1	0
Ⅱ环	0	1	0	−1	0	−1	1	0	0	0
Ⅲ环	0	0	0	0	1	1	0	1	0	−1

2. 节点关联矩阵的生成

可把燃气管网图 12-6-1 管段号作为列，节点号作为行，每条管段的起点号和终点号各占 1 行，形成表 12-6-3。通过对表 12-6-3 和表 12-6-1 分析，可以发现有以下规律：节点矩阵表 12-6-1 中，以表 12-6-3 中的第三行的某个值为行号，以该值为 A 矩阵列号的值为 1（表示起点）；以表 12-6-3 的第二行的某个值为行号，以该值为 A 矩阵列号的值为 −1（表示终点），其余为 0。

节点与管段的关系数组 C_2　　表 12-6-3

管段号 / 节点号	(1)	(2)	(3)	(4)	(5)	(6)	(7)	(8)	(9)	(10)
起点号	1	2	1	2	7	4	3	5	6	7
终点号	2	3	6	4	4	5	5	8	7	8

3. 环路矩阵的生成

环路矩阵的生成有两种方法：直接法与间接法。直接法是利用管段与环的关联关系，输入计算机经过判断运算生成环路矩阵。间接法是利用节点关联矩阵与环路矩阵的关系，对节点关联矩阵进行矩阵变换求得。

由图论知，关联矩阵 A 中线性无关的 n 列必然组成一关联树，而线性无关的 n 列可以从阶梯矩阵中经过变换得到。因此，树的寻找过程就是通过关联矩阵的阶梯化，在阶梯矩阵中寻找线性无关的 n 列的过程。对于任何矩阵进行阶梯化，常用的方法有 RE 算法。实际上就是把环状管网通过变换，去掉关联的连枝变为枝状管网。设有向连通图的关联矩阵和环路矩阵分别是：

$$A=[A_T \quad A_L] \tag{12-6-1}$$

$$B=[B_T \quad I] \tag{12-6-2}$$

式中　A_T——管网图的生成树矩阵；

A_L——对应某生成树的连枝集矩阵；

B_T——环路矩阵的生成树矩阵；

I——单位矩阵

有
$$AB^T=[A_T \quad A_L][B_T \quad I]^T=A_T B_T^T+A_L=0$$

可得
$$B_T=-A_L^T(A_T^{-1})^T \tag{12-6-3}$$

因此，可以在寻找到关联矩阵 A 的树 T 以后，按式（12-6-3）、式（12-6-2）就可以得到环路矩阵 B。对于图 12-6-1，由于最后一个节点的元素可以通过矩阵运算求得，是线性相关的，可以忽略。因此，其 A_T 和 A_L 矩阵可表示为：

A_T和 A_L矩阵表 **表 12-6-4**

节点号＼管段号	(1)	(2)	(3)	(4)	(5)	(6)	(8)	(7)	(9)	(10)
1	−1	0	−1	0	0	0	0	0	0	0
2	1	−1	0	−1	0	0	0	0	0	0
3	0	1	0	0	0	0	0	−1	0	0
4	0	0	0	1	1	−1	0	0	0	0
5	0	0	0	0	0	1	−1	1	0	0
6	0	0	1	0	0	0	0	0	−1	0
7	0	0	0	0	−1	0	0	0	1	−1
	A_T							A_L		

所用到的算法有矩阵转置，矩阵相乘和矩阵求逆，有专门的计算软件可以完成这一工作。此外还有其他间接输入法，都是利用环路矩阵与节点关联矩阵的关系，经过矩阵变换运算求得。

4. 节点关联矩阵与环路矩阵的用途

节点关联矩阵在燃气管网水力计算中，用以形成节点流量平衡方程组，用以解节点方程法进行水力计算；环路矩阵形成环状管网的环路能量方程组，用于解管段方程和环能量方程，也是环状燃气管网进行优化计算必须使用的矩阵。

12.6.2 燃气管网水力分析数学模型

在燃气管网示意图 12-6-1 中 1，2…10——节点编号；(1)，(2) … (10)——管段编号；Ⅰ，Ⅱ，Ⅲ——环编号；q_1，$q_2 \cdots q_{10}$——节点流量；Q_1，$Q_2 \cdots Q_{10}$——管段流量。由图论可知，任何环状管网在管段为 k，节点数数为 m，环数为 n 的情况下，其管段数、节点数和环数存在下列关系：

$$m=n+h-1$$

燃气管网供气时，在任何情况下均需满足管道压降计算公式，节点流量方程和环能量方程，其中后两个方程称为基本方程。

1. 管段压力降计算公式

式（12-1-2）可以用式（12-6-4）表示

$$\Delta p_j = s_j Q_j^2 \quad j=1,2\cdots m \tag{12-6-4a}$$

其矩阵表示形式为

$$[\Delta p]=[S]\cdot[Q^2] \tag{12-6-4b}$$

对于管段的绝对压力平方差还可以表示为

$$[\Delta p]=[A^{\mathrm{T}}]\cdot[p^2] \tag{12-6-4c}$$

$$s_j = 1.62\lambda \frac{\rho_0}{d^5} p_0 \frac{T}{T_0} \frac{Z}{Z_0} L$$

式中 s_j——管段的阻力系数；

Δp_j——管段的绝对压力平方差；

Q_j——管段 j 的流量；

$[\Delta p]$——管段的绝对压力平方差的列向量；

$[S]$——由 s_j 组成的对角矩阵；

$[Q^2]$——管段流量平方的列向量；

$[A^T]$——节点关联矩阵 $[A]$ 的转置矩阵；

$[p^2]$——节点压力平方的列向量。

可列出 m 个管段压降计算公式。

2. 节点流量连续方程

对燃气管网任一节点 i 均满足流量平衡，可用下式表示：

$$\sum_{j=1}^{k} a_{ij} Q_j = q_i \qquad i=1,2\cdots n \tag{12-6-5}$$

其矩阵表示形式为：

$$[A]\cdot[Q]=[q]$$

式中　a_{ij}——管段 j 与节点 i 的关联元素，由其组成的矩阵表示为 $[A]$，$a_{ij}=1$，管段 j 与节点 i 关联，且是管段的起点，$a_{ij}=-1$，管段 j 与节点 i 关联，且是管段的终点，$a_{ij}=0$，管段 j 与节点 i 不关联；

$[Q]$——管段流量的列向量；

$[q]$——节点流量的列向量。

可建立 $n-1$ 个独立的方程。

3. 环能量方程

对于燃气管网中任一环路均应满足压降之和为零，可用下式表示：

$$\sum_{j=1}^{p} b_{ij} s_j Q_j^2 = 0 \qquad i=1,2\cdots n \tag{12-6-6a}$$

其矩阵表示形式为：

$$[B]\cdot[S]\cdot[Q^2]=[0] \tag{12-6-6b}$$

式中　b_{ij}——管网环路与管段的关联元素，由其组成的矩阵表示为$[B]$。$b_{ij}=1$，管段 j 在第 i 个环中，且管段 j 的方向与环的方向一致，$b_{ij}=-1$，管段 j 在第 i 个环中，且管段的方向与环的方向相反，$b_{ij}=0$，管段 j 不在第 i 个环中。

可建立 n 个独立的环能量方程。

12.6.3　解节点方程法

以节点连续方程（12-6-5）为基础，把方程中的管段流量通过管段压降计算公式(12-6-4)，转化为用管段两端的节点压力表示，这样连续方程转化为满足能量方程，以节点压力为变量的方程组，通过求解方程组便可得各节点压力，此法称流量迭代节点法（简称节点法），该法进行管网稳态分析收敛快、精度高且基本对初值无要求。在我国，节点法应用得最广泛。

节点法按其解法分为流量迭代节点法和联立节点法。

1. 流量迭代节点法

对燃气管网进行水力计算，要求满足以下三个方程组

① 节点流量连续方程组 $[A]\cdot[Q]=[q]$

② 管段压力降方程组 $[\Delta p]=[A^{\mathrm{T}}]\cdot[p^2]$

③ 管段流量方程组 $[Q]=[C]\cdot[\Delta p]$。

由上述三式可得，求解节点压力的方程组：

$$[A\cdot C\cdot A^{\mathrm{T}}]\cdot[p^2]=[q] \tag{12-6-7}$$

式中　　C——由元素 $1/(s_j\cdot Q_j)$ 组成的节点对角矩阵。

$[A\cdot C\cdot A^{\mathrm{T}}]$——导纳矩阵，对角正定对称，一般表示为：

$$[Y]=[A\cdot C\cdot A^{\mathrm{T}}]$$

若用 $[p^{\mathrm{r}}]$ 表示 $[p^2]$，则式（12-6-7）可改写为 $[Y]\cdot[p^{\mathrm{r}}]=[q]$。

计算步骤：首先初设管段流量 $q^{(0)}$，形成方程组（12-6-7），求解节点压力 $p^{(1)}$，计算出 $q^{(1)}$；$q^{(1)}$ 不满足要求进行修正，再形成方程组（12-6-7）进行逐次逼近，直到第$k+1$次的 $q^{(k+1)}$ 与 $q^{(k)}$ 差的绝对值满足计算精度要求为止。

对于给定多个压力节点（一般为已知压力的供气点）的管网，其计算模型有一些特点。设管网除压力基准节点外还有 n_0 个已知压力节点。这些节点的流量是未知数。在节点法解管网稳态分析方程组时，有 $n-n_0-1$ 个独立方程。这可以从对节点法计算模型的矩阵分块中得到说明。

将方程（12-6-7）按节点性质（已知流量负荷或已知压力）进行分块。在对管网编号时，将压力节点都编在后部。从而将矩阵 Y 分为 4 块，节点压力平方向量 $[p^{\mathrm{r}}]$ 和节点负荷向量 $[q]$ 各分为两段。记 $n-n_0-1=a$，有：

$$\begin{matrix} a\left\{\vphantom{\begin{matrix}1\\1\\1\end{matrix}}\right. \\ m-a-1\left\{\vphantom{\begin{matrix}1\\1\\1\end{matrix}}\right. \end{matrix}\begin{bmatrix} \overbrace{Y_{11}}^{a} & \overbrace{Y_{12}}^{n-a-1} \\ Y_{21} & Y_{22} \end{bmatrix}\begin{bmatrix} p_1^{\mathrm{r}} \\ p_2^{\mathrm{r}} \\ \vdots \\ p_a^{\mathrm{r}} \\ p_{a+1}^{\mathrm{r}} \\ \vdots \\ p_{n-1}^{\mathrm{r}} \end{bmatrix}=\begin{bmatrix} q_1 \\ q_2 \\ \vdots \\ q_a \\ q_{a+1} \\ \vdots \\ q_{n-1} \end{bmatrix} \tag{12-6-8}$$

由矩阵分块乘法规则，有：

$$Y_{11}\begin{bmatrix} p_1^{\mathrm{r}} \\ p_2^{\mathrm{r}} \\ \vdots \\ p_a^{\mathrm{r}} \end{bmatrix}+Y_{12}\begin{bmatrix} p_{a+1}^{\mathrm{r}} \\ \vdots \\ p_{m-1}^{\mathrm{r}} \end{bmatrix}=\begin{bmatrix} q_1 \\ q_2 \\ \vdots \\ q_a \end{bmatrix} \tag{12-6-9}$$

$$Y_{21}\begin{bmatrix}p_1^r\\p_2^r\\\vdots\\p_a^r\end{bmatrix}+Y_{22}\begin{bmatrix}p_{a+1}^r\\\vdots\\p_{n-1}^r\end{bmatrix}=\begin{bmatrix}q_{a+1}\\\vdots\\q_{n-1}\end{bmatrix}\tag{12-6-10}$$

由（12-6-9）式：

$$Y_{11}\begin{bmatrix}p_1^r\\p_2^r\\\vdots\\p_a^r\end{bmatrix}=\begin{bmatrix}q_1\\q_2\\\vdots\\q_a\end{bmatrix}-Y_{12}\begin{bmatrix}p_{a+1}^r\\\vdots\\p_{n-1}^r\end{bmatrix}\tag{12-6-11}$$

即

$$Y_{11}\begin{bmatrix}p_1^r\\p_2^r\\\vdots\\p_a^r\end{bmatrix}=\begin{bmatrix}q_1\\q_2\\\vdots\\q_a\end{bmatrix}-\begin{bmatrix}y_{1,a+1}\cdots y_{1,n-1}\\y_{2,a+1}\cdots y_{2,n-1}\\\vdots\\y_{a,a+1}\cdots y_{a,n-1}\end{bmatrix}\begin{bmatrix}p_{a+1}^r\\\vdots\\p_{n-1}^r\end{bmatrix}$$

$$Y_{11}\begin{bmatrix}p_1^r\\p_2^r\\\vdots\\p_i^r\\\vdots\\p_a^r\end{bmatrix}=\begin{bmatrix}q_1-(y_{1,a+1}P_{a+1}^r+\cdots+y_{1,m-1}p_{n-1}^r)\\q_2-(y_{2,a+1}P_{a+1}^r+\cdots+y_{2,m-1}p_{n-1}^r)\\\vdots\\q_i-(y_{i,a+1}p_{a+1}^r+\cdots+y_{i,a+j}p_{a+j}^r+\cdots+y_{i,n-1}p_{n-1}^r)\\\vdots\\q_a-(y_{a,a+1}p_{a+1}^r+\cdots+y_{a,n-1}p_{n-1}^r)\end{bmatrix}\tag{12-6-12}$$

即在右端项中若 $y_{i,a+j}\neq0$，则表明节点 i 与压力节点 $a+j$ 之间有管段 k 相连。$y_{i,a+j}$ 即为该管段 k 的导纳。该节点 i 的流量负荷相应修改为（$q_i-y_{i,a+j}p_{a+j}$）。式（12-6-12）即为给定多个压力点（一般为给定压力的气源点）管网的节点法水力计算模型。

由式（12-6-11）可以计算出已知压力节点 $a+1$，$a+2\cdots n-1$ 的节点流量。

2. 联立节点法

联立节点法也称为牛顿——拉普森法，求解节点方程的数学模型为：

$$\sum_{j=1}^{m}a_{ij}s_j^{\frac{1}{2}}(p_i-p_1)^{\frac{1}{2}}+q_i=0\quad i=1,2\cdots n\tag{12-6-13}$$

将上式按台劳级数展开，为了简化计算，取一次项来逼近。

$$\frac{1}{2}\sum_{j=1}^{m}a_{ij}s_j^{\frac{1}{2}}(p_i-p_1)^{-\frac{1}{2}}\delta p_i+\sum_{j=1}^{k}a_{ij}(p_i-p_1)^{\frac{1}{2}}+q_i=0\quad i=1,2\cdots n$$

这就是联立节点法所求解的方程组，实际计算中应写成下述迭代形式：

$$\sum_{j=1}^{m}a_{ij}s_j^{\frac{1}{2}}(p_i^{(K)}-p_1^{(K)})^{-\frac{1}{2}}\delta p_i^{(K+1)}=-2\left[\sum_{j=1}^{m}a_{ij}(p_i^{(K)}-p_1^{(K)})^{\frac{1}{2}}+q_i\right]\quad i=1,2\cdots n\tag{12-6-14}$$

其方程组的矩阵表示形式为：

$$[A \cdot R^{(K)} \cdot A^T]\delta p^{(K+1)} = -2\left\{[A \cdot R^{(K)} \cdot \delta]\Delta p^{(K)} + q\right\} \tag{12-6-15}$$

式中 p_i，p_1——第 i 管段的起点压力和终点压力；

δp_i——节点 i 的压力修正值；

$R^{(K)}$——由 $s_j^{\frac{1}{2}}$ $(p_i^{(K)} - p_1^{(K)})^{-\frac{1}{2}}$ 形成的对角矩阵；

$\delta p^{(K+1)}$——第 $K+1$ 次求解方程组的解向量。

求解出节点压力修正值 $\delta p^{(K+1)}$ 后，按下式进行修正。

$$p_i^{(K+1)} = p_i^{(K)} + \delta p_i^{(K+1)} \tag{12-6-16}$$

按给出的迭代形式进行迭代求解，最后解得满足计算精度要求即可。

12.6.4 应用示例

首先以简单管网图（12-6-2）说明用节点法进行水力计算的过程。

1. 节点流量方程

对于图 12-6-2 所示的管网，由式（12-6-5）得其节点方程

$$\begin{aligned} Q_1 + Q_4 &= q_1 \\ Q_2 - Q_4 - Q_5 &= q_2 \\ Q_3 + Q_5 &= q_3 \\ -Q_1 - Q_2 - Q_3 &= -q_4 \end{aligned} \tag{12-6-17}$$

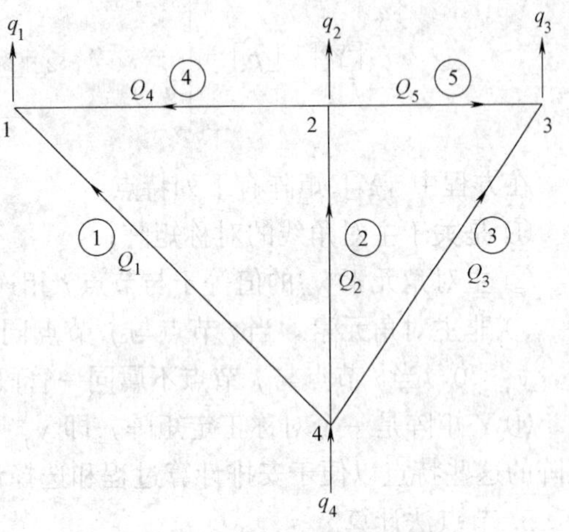

图 12-6-2 管网简图

节点 4 为气源节点，一般将其取为压力参考节点，将压力参考节点编为最大节点号。负荷 q_4 是流入管网的，它等于这个管网所有燃气负荷之和，亦即 $q_4 = Q_1 + Q_2 + Q_3$。在方程组（12-6-17）中 q_1，q_2，q_3 都是节点负荷，根据习惯，流出节点的流量（亦即用气量）为正号，因此方程组（12-6-17）的第 4 个方程中，q_4 取负号。

方程组（12-6-17）是线性相关的，要去掉其中一个方程。将作为参考节点（一般为气源点）的方程取消。

2. 管段绝对压力平方差方程

根据图 12-6-2 按式（12-6-4c）可以得到下列管段绝对压力平方差方程

$$\begin{aligned} \Delta p_1 &= -p_1^2 \qquad\qquad\qquad p_4^2 \\ \Delta p_2 &= \qquad\quad -p_2^2 \qquad\quad p_4^2 \\ \Delta p_3 &= \qquad\qquad\quad -p_3 \quad p_4 \\ \Delta p_4 &= -p_1^2 \quad p_2^2 \\ \Delta p_5 &= \qquad\quad p_2^2 \quad -p_3^2 \end{aligned} \tag{12-6-18}$$

3. 管段流量方程

$$\begin{bmatrix}Q_1\\Q_2\\Q_3\\Q_4\\Q_5\end{bmatrix}=\begin{bmatrix}1/(s_1^{\frac{1}{2}}\cdot Q_1^k) & & & & \\ & 1/(s_2^{\frac{1}{2}}\cdot Q_2^k) & & & \\ & & 1/(s_3^{\frac{1}{2}}\cdot Q_3^k) & & \\ & & & 1/(s_4^{\frac{1}{2}}\cdot Q_4^k) & \\ & & & & 1/(s_5^{\frac{1}{2}}\cdot Q_5^k)\end{bmatrix}\cdot\begin{bmatrix}\Delta p_1\\\Delta p_2\\\Delta p_3\\\Delta p_4\\\Delta p_5\end{bmatrix} \tag{12-6-19}$$

4. 节点方程

对于图 12-6-2 管网，节点方程组为

$$[Y]\cdot[p]=\begin{bmatrix}s_1+s_4 & -s_4 & \\ -s_4 & s_2+s_4+s_5 & -s_5\\ & -s_5 & s_3+s_5\end{bmatrix}\cdot\begin{bmatrix}p_1^2\\p_2^2\\p_3^2\end{bmatrix}=\begin{bmatrix}0\\0\\0\end{bmatrix} \tag{12-6-20}$$

在方程中［Y］矩阵有下列特点

① 是关于主对角线的对称矩阵；

② 主对角元素 y_{ii} 的值等于与节点 i 相连的管段导纳之和，且 $y_{ii}>0$；

③ 非主对角元素，当 i 节点与 j 节点同属一管段时，y_{ij} 的值等于该管段的导纳取负号，$y_{ij}<0$，当 i 节点与 j 节点不属同一管段时，$y_{ij}=0$；

④ Y 矩阵是一个对称正定矩阵，即 $y_{ij}=y_{ji}$，也是一个变带宽的高度稀疏矩阵。了解矩阵的这些特点以便于安排计算过程和选择计算方法。

5. 节点法计算

节点法管网稳态分析方程式（12-6-15）中的导纳矩阵中的元素都和管段流量和节点压力有关，所以是一组非线性方程，一般无法得到其精确的解析解，故只能采用迭代法求满足误差精度要求的近似解。

进行水力分析需要将式（12-6-15）线性化，将节点绝对压力平方作为变量，首先预选管径，假设管段初流量$[Q^0]$，计算形成方程式（12-6-15）的导纳矩阵，解线性方程(12-6-15)得到节点绝对压力的平方值，由式（12-6-13）计算出各管段的压降，由式（12-6-14）计算各管段流量$[Q^1]$。这样即完成了管网的一次近似计算。在计算中矩阵是作为已知的参数矩阵，其中各元素导纳都作为已知量，由管网的各管段的参数计算得到。其中含有一个迭代参数 s_jQ_j 因子。实际上，在计算开始时各管段的 Q 是未知的，Q 被赋了一个与计算结果不同的值，所以 Y 矩阵不够准确。采用迭代方法，反复由计算得出的 Q 与先赋值计算 Y 的 Q 相比较，用新的 Q 值重新为 Y 赋值，直到计算值与其接近达到精度要求为止，即完成了对管网的求解计算。此外，各管段的流态随管段流量改变而变化，管段的摩阻系数也随管段流量在迭代过程中的取值而不断变化，需要随之调整计算。所以在管网水力分析的计算过程中矩阵是要不断被刷新的。节点法管网水力分析的计算流程示于图 12-6-3。

【例 12-6-1】 某中压燃气管网见图 12-6-4，已知数据如下：节点数 18，管段数 20，

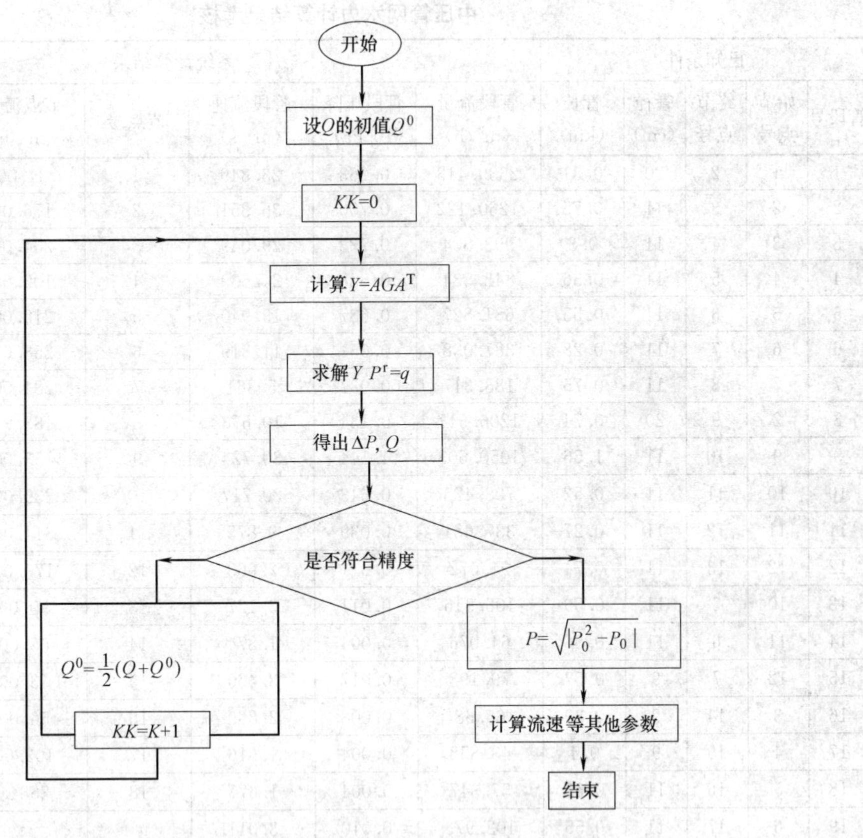

图 12-6-3 管网水力分析计算流程

给定压力气源数 1，局部阻力系数 0.1，管材为 PE 管，燃气温度 10℃，相对密度 0.57，运动黏度 $1.2\times10^{-5}\text{m}^2/\text{s}$。

【解】 利用节点法开发燃气管网水力计算系统对该中压管网进行水力计算，计算结果分别表示于表 12-6-6 和水力计算图 12-6-5。

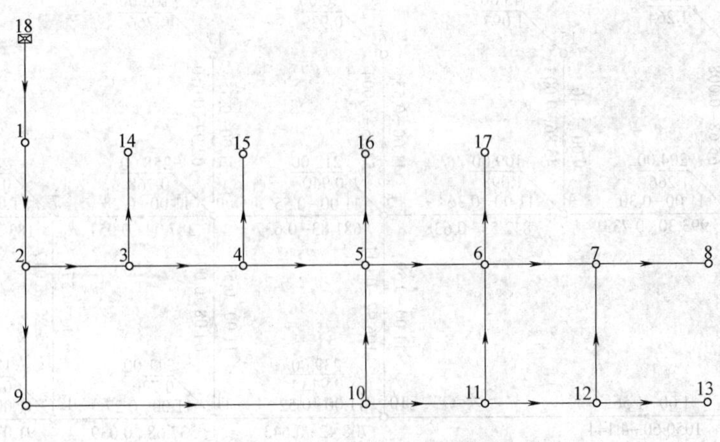

图 12-6-4 中压管网实例示意图

将中压管网水力计算结果与已知的计算结果相比较，如表 12-6-5 所示。

中压管网水力计算结果考核 **表 12-6-5**

已知条件					系统计算结果					
管段号	始节点号	终节点号	管径(cm)	管长(km)	管段流量(m^3/h)	管段压降[$(10^5Pa)^2$]	管段流速(m^3/s)	节点号	节点流量(m^3/h)	节点压力(10^5Pa)
1	1	2	20	0.31	2639.413	0.263	23.349	1	31.00	1.884
2	2	3	11	0.75	1260.122	0.750	36.851	2	176.00	1.838
3	3	4	11	0.3	993.304	0.733	29.049	3	204.00	1.266
4	4	5	11	0.36	842.534	0.638	24.639	4	109.00	1.098
5	5	6	11	0.55	681.827	0.637	19.940	5	212.00	0.94
6	6	7	11	0.28	387.038	0.051	11.319	6	258.00	0.768
7	7	8	11	0.75	183.317	0.037	5.361	7	284.00	0.754
8	2	9	20	0.74	1206.517	0.134	10.673	8	183.00	0.743
9	9	10	11	1.56	1050.603	4.144	30.724	9	153.00	1.814
10	10	11	11	0.52	708.423	0.643	20.717	10	239.00	0.943
11	11	12	11	0.27	337.681	0.039	9.875	11	311.00	0.77
12	12	13	11	0.74	91.072	0.011	2.663	12	170.00	0.759
13	10	5	11	0.59	106.916	0.011	3.127	13	90.00	0.755
14	11	6	11	0.56	64.076	0.004	1.874	14	65.00	1.264
15	12	7	9	0.57	79.198	0.017	3.460	15	43.00	1.097
16	3	14	9	0.39	65.68	0.008	2.869	16	56.00	0.939
17	4	15	9	0.4	43.858	0.004	1.916	17	102.00	0.766
18	5	16	11	0.55	57.347	0.004	1.677	18	−2684.00	2
19	6	17	11	0.55	102.973	0.010	3.011			
20	18	1	20	0.79	2670.162	0.684	23.621			

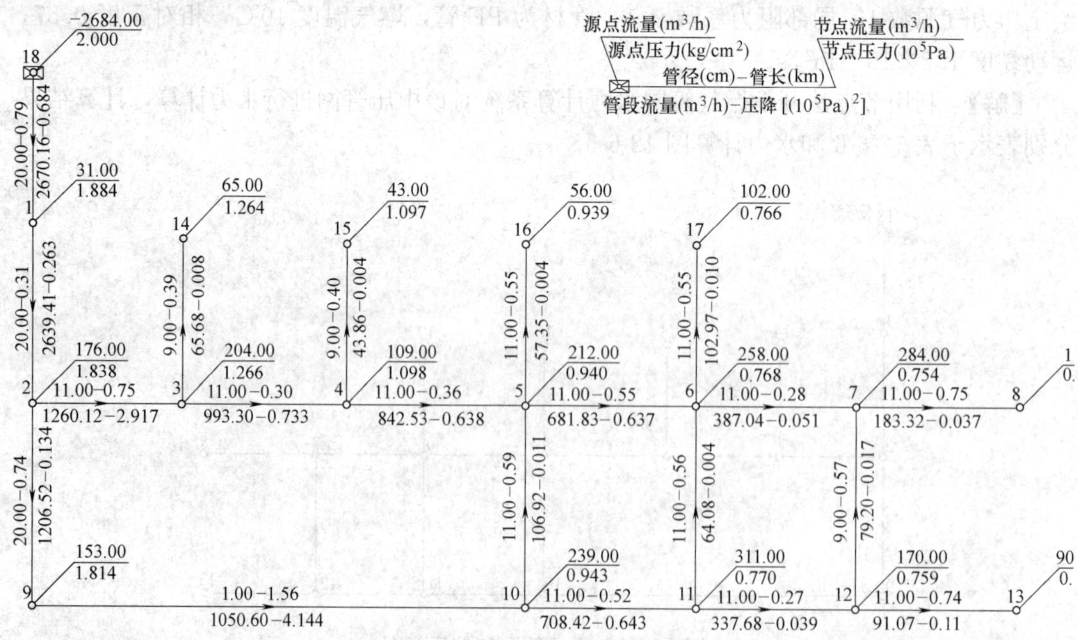

图 12-6-5 中压管网实例 1 水力计算图

12.7 管道的水力等效计算

在管网设计或水力工况分析时，对于并联、串联或计算管径的管段往往通过水力等效计算获得与其水力工况等效的一个管段或标准管径管段，以简化设计或工况分析的运算。

12.7.1 并联管段

并联管段如图 12-7-1 所示，图中始、未点为 A、B 的三根并联管段分别以 D、L、Q 表示内径、管长与流量，其水力等效管段的参数以下标 0 表示。

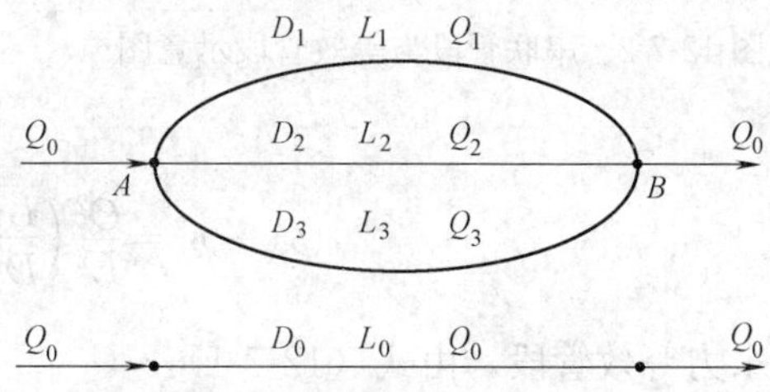

图 12-7-1 并联管段与等效管段示意图

根据水力计算公式，流量 Q 可写成下式：

$$Q=E\sqrt{\frac{(p_1{}^2-p_2^2)D^5}{L}} \tag{12-7-1}$$

式中 E——代表燃气物理参数的常数。

对于 n 根并联管段，按式（12-7-1）：

$$Q_1=E\sqrt{\frac{(p_{\mathrm{A}}^2-p_{\mathrm{B}}^2)D_1^5}{L_1}}$$

$$Q_2=E\sqrt{\frac{(p_{\mathrm{A}}^2-p_{\mathrm{B}}^2)D_2^5}{L_2}}$$

$$\vdots$$

$$Q_n=E\sqrt{\frac{(p_{\mathrm{A}}^2-p_{\mathrm{B}}^2)D_n^5}{L_n}}$$

对于水力等效管段，按式（12-7-1）：

$$Q_0=E\sqrt{\frac{(p_{\mathrm{A}}^2-p_{\mathrm{B}}^2)D_0^5}{L_0}}$$

由于

$$Q_0=Q_1+Q_2+\cdots+Q_n$$

所以

$$\sqrt{\frac{D_0^5}{L_0}}=\sqrt{\frac{D_1^5}{L_1}}+\sqrt{\frac{D_2^5}{L_2}}+\cdots+\sqrt{\frac{D_n^5}{L_n}} \tag{12-7-2}$$

由式（12-7-2）可知，根据并联管段的内径与管长，以及等效管段的管长，即可求得等效管段的内径：

$$D_0=\left[L_0\left(\sqrt{\frac{D_1^5}{L_1}+\frac{D_2^5}{L_2}+\cdots+\frac{D_n^5}{L_n}}\right)^2\right]^{1/5} \tag{12-7-3}$$

12.7.2 串联管段

串联管段如图 12-7-2 所示，图中总长度为 AD 的三根串联管段分别以 D、L 表示内径与管长，流量为 Q，其水力等效管段的参数以下标 0 表示。

对于 n 根串联管段，由式（12-7-1）：

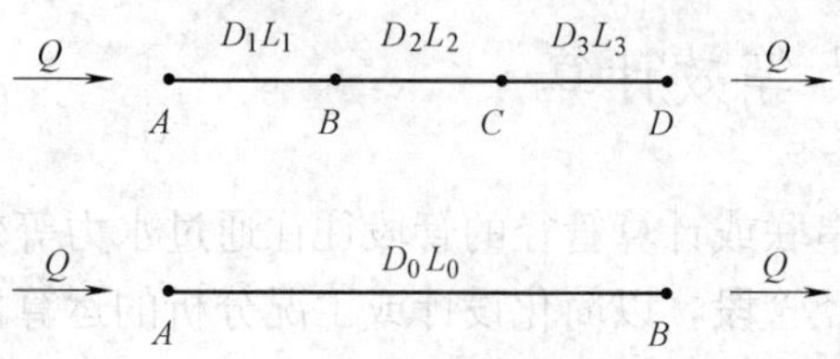

图 12-7-2　串联管段与等效管段示意图

$$p_{\rm A}^2-p_{\rm B}^2=\frac{Q^2L_1}{E^2D_1^5}$$

$$p_{\rm B}^2-p_{\rm C}^2=\frac{Q^2L_2}{E^2D_2^5}$$

$$\vdots$$

$$p_m^2-p_n^2=\frac{Q^2L_n}{E^2D_n^5}$$

上式等号两侧相加：

$$p_{\rm A}^2-p_n^2=\frac{Q^2}{E^2}\left(\frac{L_1}{D_1^5}+\frac{L_2}{D_2^5}+\cdots+\frac{L_n}{D_n^5}\right)$$

对于水力等效管段，由式（12-7-1）：

$$p_{\rm A}^2-p_n^2=\frac{Q^2L_0}{E^2{D_0}^5}$$

所以

$$\frac{L_0}{{D_0}^5}=\frac{L_1}{{D_1}^5}+\frac{L_2}{{D_2}^5}+\cdots+\frac{L_n}{{D_n}^5} \tag{12-7-4}$$

又

$$L_0=L_1+L_2+\cdots+L_n \tag{12-7-5}$$

由式（12-7-3）、式（12-7-4）可知，根据串联管段的内径与管长，即可求得等效管段的内径，等效管段的管长为串联管段管长之和：

$$D_0=\left[\frac{L_0}{\frac{L_1}{D_1^5}+\frac{L_2}{D_2^5}+\cdots+\frac{L_n}{D_n^5}}\right]^{1/5} \tag{12-7-6}$$

12.7.3　计算管径管段的管段替代

按管段中压降不变的原则，用标准内径的管段替代计算内径的管段。如图 12-7-3 所示，计算内径为 D_C 的管段，换算为等效的标准内径 D_1 与 D_2 的管段，其中 $D_2<D_C<D_1$，即 D_C 介于两个相邻的标准内径 D_1 与 D_2 之间，且换算后的管段总长度不变。

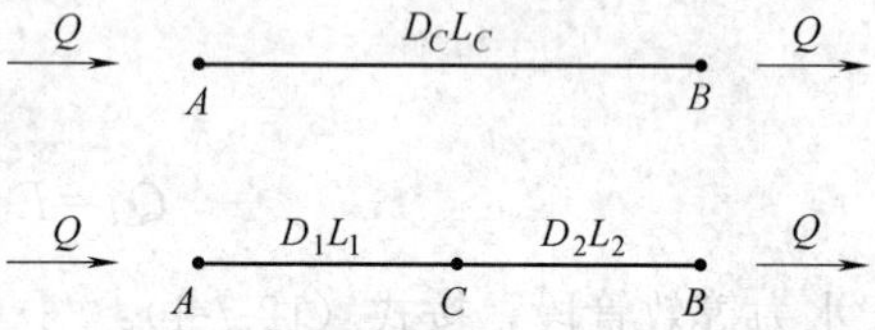

图 12-7-3　计算管径管段与等效标准管径管段示意图

对于计算管径管段，由式（12-7-1）：

$$p_{\rm A}^2-p_{\rm B}^2=\frac{Q^2L_{\rm C}}{E^2D_{\rm C}^5}$$

对于图 12-7-3 的标准管径管段，由式（12-7-1）：

$$p_{\rm A}^2-p_{\rm C}^2=\frac{Q^2L_1}{E^2D_1^5}$$

$$p_{\rm C}^2-p_{\rm B}^2=\frac{Q^2L_2}{E^2D_2^5}$$

上式等号两侧相加：

$$p_A^2-p_B^2=\frac{Q^2}{E^2}\left(\frac{L_1}{D_1^5}+\frac{L_2}{D_2^5}\right)$$

所以

$$\frac{L_C}{D_C^5}=\frac{L_1}{D_1^5}+\frac{L_2}{D_2^5}$$

又

$$L_C=L_1+L_2$$

上两式组成联立方程，解得：

$$L_1=\frac{\frac{1}{D_C^5}-\frac{1}{D_2^5}}{\frac{1}{D_1^5}-\frac{1}{D_2^5}}L_C \tag{12-7-7}$$

$$L_2=\frac{\frac{1}{D_C^5}-\frac{1}{D_1^5}}{\frac{1}{D_1^5}-\frac{1}{D_2^5}}L_C \tag{12-7-8}$$

由 L_1 与 L_2 即可确定标准管径 D_1 与 D_2 分界点 C 的位置。

12.8 管网调度水力模拟宏观模型

12.8.1 概　　述

城市各类燃气用户的用气负荷是不均匀的，随月（季节）、日、时变化。因此，在实际供气过程中不断改变燃气输配系统的供气量，以适应用户的用气不均匀性，保证用户用气设备所需压力和流量，平衡储气设施的供气量和储气量，保证高峰供气和低谷储气，提高管网的供气能力，降低管网的运行费用。还包括对事故工况、管网维修期间和供气量不足时的供气方案的制定，优先保证不允许中断供气用户和重要用户的供气。这就是燃气输配系统的供气调度。

在城市燃气管网供气调度中，欲制定经济可靠的供气方案。必须具备两个条件：一是准确预测各时刻用气负荷，二是在预测负荷下，对管网运行工况进行快速、准确的模拟计算。城市输配管网调度水力模拟有两种途径：即管网水力计算和宏观模型。用管网水力计算的方法模拟管网运行工况存在每个节点流量不能全部测量、变化的规律不能准确表达等限制。而采用宏观模型方法能达到很好的效果。

在供气调度过程中，并不是管网中所有各节点的流量、压力对调度工作都起重要作用，只有门站的供气量与供气压力，储配站的供气量与供气压力或进气量与进气压力，以及管网上那些压力较低的节点（以下称控制点）对供气调度才有实际意义。因此，在调度计算过程中只要能快速、准确地模拟出这些站点的运行参数即可。

所谓宏观模型是以城市小时总用气量、气源点（门站）的供气压力与流量、储配站进（或出）气压力与流量以及控制点的压力等宏观变量为基础，通过对实际运行资料的统计分析，建立这些宏观变量之间的回归方程。用它可不必考虑各个节点的流量与压力及各条管段流量，而从系统的角度出发直接描述出与调度方案决策有关的厂、站和控制点的压力、流量之间的相关关系。因为宏观模型是采用实际运行数据回归得出的有限个经验公式，所以它能准确而快速的模拟输配管网的运行工况，消除了管网水力计算模拟管网运行工况所存在的问题，从而可使城市燃气输配系统调度更为准确。宏观模型根据是否有反映管网在线信息分为无运行信息的宏观模型和有运行信息的宏观模型。

12.8.2　有SCADA信息的宏观模型

设城市燃气输配管网有m_1个储配站，m_2个气源点（门站），m_3个控制点（$m=m_1+m_2+m_3$），m_4个SCADA监测点，所谓控制点就是管网中压力最低的几个节点和对管网运行工况影响较大的供气节点。管网的阻力损失是由管网因素和管网供气量决定的，管网因素如管网结构、管道粗糙度、管道内径、管道长度等在一定时期内是相对稳定的，只有管网的供气量是随供气时刻发生变化的，若考虑管网的在线运行信息，建立宏观模型能较为准确的预测管网的运行工况。

随着城市燃气输配管网SCADA技术的发展，许多城市的燃气管网已安装了该系统，对输配系统中的门站、储配站、控制点的压力（有些城市甚至对流量）进行遥测。如果把遥测的反映管网运行状态的压力信息也反馈到宏观模型中去，将克服仅由预测负荷来模拟管网运行工况的缺陷。引入压力信息后宏观模型可表示为：

$$p_i^{(\mathrm{k}+1)}=A_{i0}+A_{i1}q^{\alpha(\mathrm{k}+1)}+\sum_{j=1}^{m_1+m_2}B_{ij}q_j^{\alpha(\mathrm{k}+1)}+\sum_{l=1}^{m_4}C_{il}p_l^{(\mathrm{k})}\quad i=1,2\cdots m \tag{12-8-1a}$$

$$p^{(\mathrm{k}+1)}=[p_1^{(\mathrm{k}+1)},p_2^{(\mathrm{k}+1)}\cdots p_m^{(\mathrm{k}+1)}]^T$$

令　$n=m_1+m_2+2$，　则有：

$$A=\begin{bmatrix}A_{10} & A_{11} & B_{11} & \cdots & B_{1n}\\ A_{20} & A_{21} & B_{21} & \cdots & B_{2n}\\ \vdots & \vdots & \vdots & \vdots & \vdots\\ A_{m-1,0} & A_{m-1,1} & B_{m-1,1} & \cdots & B_{m-1,n}\\ A_{m0} & A_{m2} & B_{m1} & \cdots & B_{mn}\end{bmatrix},\ Q^{(\mathrm{k}+1)}=\begin{bmatrix}1\\ q^{(\mathrm{k}+1)\alpha}\\ q_1^{(\mathrm{k}+1)\alpha}\\ \vdots\\ q_n^{(\mathrm{k}+1)\alpha}\end{bmatrix}$$

$$C=\begin{bmatrix}C_{11} & C_{12} & \cdots & C_{1m_4}\\ C_{21} & C_{22} & \cdots & C_{2m_4}\\ \vdots & \vdots & \vdots & \vdots\\ C_{m1} & C_{m2} & \cdots & C_{mm_4}\end{bmatrix},\quad P^{(\mathrm{k})}=\begin{bmatrix}P_1^{(\mathrm{k})}\\ P_2^{(\mathrm{k})}\\ \vdots\\ P_{m_4}^{(\mathrm{k})}\end{bmatrix}$$

式（12-8-1a）写为：

$$P^{(\mathrm{k}+1)}=AQ^{(\mathrm{k}+1)}+\mathrm{C}P^{(\mathrm{k})} \tag{12-8-1b}$$

式中　$p_i^{(\mathrm{k}+1)}$——当$i=1$，$2\cdots m_1$时，为第（$k+1$）时刻第i个储配站的供气压力或储气压力；当$i=m_1+1\cdots m_1+m_2$时，为第($k+1$)时刻第i个门站的计算供气压力；当$i=m_1+m_2+1\cdots m_1+m_2+m_3$时，为第（$k+1$）时刻第$i$个控制点的计算压力；

$q^{(\mathrm{k}+1)}$——第（$k+1$）时刻预计总用气量（即总供气量）；

$q_j^{(\mathrm{k}+1)}$——当$j=1$，$2\cdots m_1$时，为第（$k+1$）时刻第j个储配站的出气或进气（储气）量；当$j=m_1+1\cdots m_1+m_2$时，第（$k+1$）时刻第j个门站

的供气量；

A_{i0}，$A_{i1}\cdots B_{in}$——回归系数，通过多元线性回归或逐步回归确定；

α——流量的幂数，取 1～2。模型中所模拟的管网压力与各门站供气量和各储配站的供气量或进气量的 α 次幂有关，对于高、中压管网的阻力损失是用管道两端绝对压力的平方表示，与管道流量的平方成正比，所以可以近似的认为模型中所模拟的压力与流量成线性关系，α 值可取 1。

$p_i^{(k)}$——第 k 时刻，各门站、储配站及控制点的遥测压力；

C_{il}——回归系数，通过多元回归或逐步线性回归确定，$l=1$，$2\cdots m_4$。

有 SCADA 信息的宏观模型的特点是模拟计算第（$k+1$）时刻燃气输配系统门站、储配站及控制点的运行压力，需要有第 k 时刻这些点的实际压力状态信息，使计算结果不会偏离实际管网的运行工况。对于预测（$k+2$）及以后各时刻的运行压力，由于还不能测得前一时刻的实际压力状态，则可用前一时刻的预测压力代替运行压力，模型（12-8-1）仍然可以使用。

12.8.3 建模原始数据的来源

确定模型的回归系数，需要大量的原始数据，原始数据有两个来源。

① 对有比较详细、全面的运行数据记录资料的燃气管网，可采用实际运行数据来拟合宏观模型。在选用原始数据时应注意两点：一是选用最新的运行数据，并把不合理的或异常的数据剔除；二是选用的运行数据能够覆盖使用模型时期的管网运行工况变化范围。

② 在没有实际运行数据记录或记录运行数据不能满足拟合模型要求的条件下，也可利用管网水力计算得到的原始数据。这时管道的压降计算公式要与实际运行工况压降对比一下，并进行适当的修正，保证管网水力计算结果符合实际。利用管网水力计算提供原始数据，首先要对管网各节点流量变化进行模拟，一般采用比例负荷和非比例化负荷两种方法。

比例负荷：在各个供气时刻总供气量与各节点的供气量之比为一常数，也就是各节点的流量按预估的小时用气不均匀系数同步变化，可用下列公式进行计算：

$$q_i^{(\mathrm{k+1})}=a^{(\mathrm{k+1})}\cdot q_i/4.17 \tag{12-8-2}$$

式中 $q_i^{(\mathrm{k+1})}$——第（$k+1$）时刻，第 i 节点的模拟流量；

q_i——第 i 节点的日平均流量；

$a^{(\mathrm{k+1})}$——第（$k+1$）时刻，用气不均匀系数。

对于以居民建筑和商业用气为主的管网，由于这两类用户用气变化规律基本一致，可以采用比例负荷法，通过管网水力计算获得原始数据。

非比例负荷：对于工业、居民、商业、采暖与制冷用户都存在的供气管网，各类用户的用气规律不同，当各供气节点所负责的供气对象不同时其节点流量变化规律也不同，所以单纯采用比例负荷模拟节点流量，进行水力计算所产生的宏观模型原始数据与实际有较大的误差。尽管各节点的流量变化规律是随机的，但其变化是有一定范围的，只要使模拟的节点负荷覆盖其变化范围内的各种情况，水力计算结果就能包括管网的各种运行工况，用这样的数据作为建模原始数据所建宏观模型能准确模拟管网运行工况。管网大多数节点流量不能按比例同步变化，是在一定范围内随机变化，也就是每个节点的流量可分为不变部分和可变部分，各供气时刻各节点的流量变化范围以内的部分可通过均匀随机数来产生，节点的部分流量可用均匀随机数来产生，其流量变化可用下式表示：

$$q_i^{(k+1)}=[1-(1-f)\cdot \text{RAN}(i)]\cdot a^{(k+1)}\cdot q_i/4.17 \tag{12-8-3}$$

式中 f——节点流量随机变化的下限，f 取 0～1，当 $f=1$ 时为比例负荷，$1-f$ 表示节点流量变化范围；

RAN（i）——均匀随机数，取 0～2，均值为 1。

拟合宏观模型时只采用符合实际运行工况的结果作为宏观模型的原始数据，在水力计算过程中，只对可能的供气方案进行水力计算，以减少计算的次数，提高计算精度。

12.8.4 模型使用应注意的事项

宏观模型是根据统计学原理得出的，随管网系统的不断发展和变化，要不断地对模型进行修正，因此在使用宏观模型时要注意以下几个问题。

① 每个城市燃气管网的宏观模型宏观变量的个数是根据管网的门站、储配站和控制点的个数确定的，模型系数是根据管网运行数据或水力计算数据拟合的。因此，不同的管网宏观模型的变量个数和系数是不同的。

② 由于储配站的工作状态分储气和供气两种情况，此两种情况气流方向相反，压力相差很大，应分别拟合模型。

③ 燃气管网的宏观模型是根据现行管网结构与运行压力机制拟合的。一旦管网结构或运行压力机制发生变化，例如管网扩建或管网的运行压力提高，原来拟合的模型失效，需根据变化后的管网运行数据或水力计算结果重新拟合模型。

④ 随管网运行时间的增大，沉积到管壁上的燃气中的杂质对管网运行水力工况有影响时，模型的准确性降低，也需要不断地利用最新的运行数据拟合更新模型的系数，使模型保持较高的精度。

⑤ 宏观模型是根据管网正常运行工况统计回归得出的。对平稳变化过程适应性强，对异常状态适应性差，如节日负荷突变，管网运行工况与平时有较大差异，此时模型的准确性降低。当管网的主要管段发生故障或维修时，模型的计算精度也降低，特别是停气点附近影响比较严重，此时应采用平差计算来协助确定事故状态下的供气调度方案。

⑥ 对于季节负荷差较大的管网，例如冬季采暖负荷较大，冬季的供气负荷比夏季高得多，对这样的供气系统应该分季节拟合模型的系数。

12.8.5 实 例 分 析

图 12-8-1 所示一个具有四个门站、四个储配站，并有压力遥测系统的大型燃气中压输配管网。燃气由长输管线从东方来到城市郊区进入超高压半外环，经四个门站进入该城市的中压管网。选择了两个在管网运行中最不利（压力最低）的节点作为控制点，利用实际运行数据，采用多元回归的方法拟合出厂、站、控制点宏观模型的数学表达式。将两

个储配站、两个门站和两个控制点的宏观模型以表格形式给出，表 12-8-1 为储配站为供气时刻的宏观模型数学表达式，表 12-8-2 为储配站为进气时刻的宏观模型数学表达式，表 12-8-3 为宏观模型回归系数的复相关系数与剩余标准差，复相关系数 R 在 0.999～0.992 之间，剩余标准差 S.D. 在 0.027～0.076 之间，说明宏观模型具有较高的准确度。

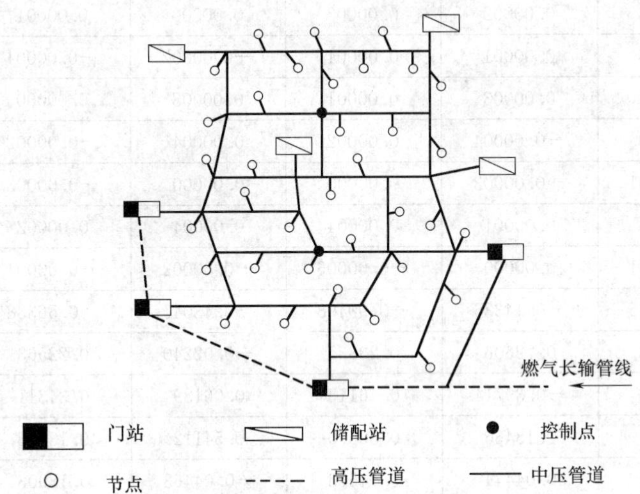

图 12-8-1 燃气输配管网示意图

储配站为供气时刻的宏观模型 **表 12-8-1**

$p_i^{(k+1)}$	$p_1^{(k+1)}$	$p_2^{(k+1)}$	$p_5^{(k+1)}$	$p_7^{(k+1)}$	$p_9^{(k+1)}$	$p_{10}^{(k+1)}$
A_{i0}	−0.13068	−0.08447	−0.15232	−0.25021	0.17340	0.10704
A_{i1}	0.00000	0.00005	0.00006	−0.00001	−0.00002	−0.00003
B_{i1}	0.00000	0.00000	−0.00004	−0.00001	0.00001	0.00009
B_{i2}	0.00005	−0.00008	−0.00008	−0.00002	0.00002	0.00000
B_{i3}	−0.00004	0.00001	−0.00006	−0.00002	−0.00003	0.00003
B_{i4}	0.00005	−0.00005	−0.00007	−0.00001	0.00007	0.00004
B_{i5}	−0.00004	−0.00006	−0.00002	0.00002	0.00005	0.00004
B_{i6}	0.00002	−0.00003	−0.00002	−0.00002	0.00001	0.00003
B_{i7}	−0.00005	−0.00008	−0.00007	0.00012	0.00006	0.00004
B_{i8}	−0.00004	−0.00003	−0.00006	−0.00004	−0.00001	−0.00001
C_{i1}	−0.83975	−0.52886	−0.40987	−0.28884	−0.42194	0.54874
C_{i2}	0.77914	0.53619	0.52249	0.57886	−0.27879	0.12014
C_{i3}	0.01014	−0.37590	0.04464	−0.29106	0.72340	0.21851
C_{i4}	0.34752	0.58819	0.58864	0.23538	−0.03896	−0.01206
C_{i5}	0.61933	0.72652	0.73740	0.34723	0.38713	0.01239
C_{i6}	−0.14106	−0.17342	−0.31473	0.31376	0.03526	−0.04089
C_{i7}	0.48838	0.36380	−0.31106	−0.44706	−0.60796	−0.07442
C_{i8}	−0.64940	0.04913	−0.04644	0.30961	0.22992	0.25633
C_{i9}	0.24289	0.15276	0.04980	0.02656	0.57397	0.19629
C_{i10}	0.35537	0.22583	0.04980	0.66510	0.23783	0.71290

储配站为进气时刻的宏观模型　表 12-8-2

$p_i^{(k+1)}$	$p_1^{(k+1)}$	$p_2^{(k+1)}$	$p_5^{(k+1)}$	$p_7^{(k+1)}$	$p_9^{(k+1)}$	$p_{10}^{(k+1)}$
A_{i0}	0.08960	0.21716	0.11121	−0.04922	0.20575	−0.09242
A_{i1}	0.00000	0.00002	0.00000	−0.00001	0.00000	0.00000
B_{i1}	0.00002	−0.00001	−0.00001	0.00003	−0.00002	−0.00001
B_{i2}	0.00002	0.00002	0.00003	0.00000	0.00001	−0.00002
B_{i3}	0.00000	0.00001	0.00001	−0.00002	−0.00001	0.00000
B_{i4}	0.00001	0.00003	0.00001	0.00003	0.00000	0.00000
B_{i5}	0.00000	−0.00004	0.00002	0.00004	−0.00002	0.00001
B_{i6}	−0.00001	−0.00003	0.00000	0.00000	−0.00003	−0.00001
B_{i7}	0.00000	0.00001	0.00004	0.00004	0.00002	0.00002
B_{i8}	−0.00001	0.00000	−0.00006	−0.00002	−0.00001	0.00001
C_{i1}	−0.49385	−0.14336	−0.90498	−0.43045	−0.56338	−0.05840
C_{i2}	0.18983	0.72606	0.23835	−0.02240	0.22563	−0.01089
C_{i3}	0.17064	−0.39714	0.46115	0.06189	0.34311	−0.08624
C_{i4}	0.27965	0.13466	0.50670	0.54112	0.13518	0.21867
C_{i5}	0.00909	0.04444	0.14673	−0.04463	0.18908	−0.26699
C_{i6}	0.28923	0.42473	0.48365	0.30083	0.05189	0.00891
C_{i7}	0.06969	−0.20005	−0.16078	0.21923	−0.07377	0.01202
C_{i8}	0.16757	0.26340	−0.04454	0.17713	−0.04787	0.34578
C_{i9}	−0.26649	0.66924	−0.10458	−0.77271	0.32428	0.21839
C_{i10}	0.38156	−0.69371	0.69344	0.09943	0.44269	0.54668

宏观模型回归系数的复相关系数与剩余标准差　表 12-8-3

名　称	储配站为供气时刻		储配站为进气时刻	
	复相关系数 R	剩余标准差 S.D.	复相关系数 R	剩余标准差 S.D.
第一储配站 $p_1^{(k+1)}$	0.996	0.043	0.997	0.041
第二储配站 $p_2^{(k+1)}$	0.996	0.046	0.992	0.046
第三储配站 $p_3^{(k+1)}$	0.998	0.036	0.996	0.042
第四储配站 $p_4^{(k+1)}$	0.998	0.044	0.995	0.054
第一门站 $p_5^{(k+1)}$	0.998	0.045	0.997	0.055
第二门站 $p_6^{(k+1)}$	0.999	0.044	0.998	0.037
第三门站 $p_7^{(k+1)}$	0.997	0.058	0.995	0.076
第四门站 $p_8^{(k+1)}$	0.999	0.034	0.998	0.038
第一控制点 $p_9^{(k+1)}$	0.994	0.054	0.998	0.027
第二控制点 $p_{10}^{(k+1)}$	0.994	0.056	0.998	0.033

根据拟合模型计算结果可知，各储配站、门站的计算压力与实测压力的误差小于两个控制点的计算压力与实测压力的误差。现分别将两个储配站、两个门站和两个控制点的压

力计算值和实测值表示在图 12-8-2 至图 12-8-7 上。由图表明：各厂、站、控制点的计算压力与实际运行压力吻合，结果比较理想。两者的最大误差为 11kPa，压力误差超过 9kPa 的次数小于 2%，误差超过 5kPa 的次数为 10%左右。个别与实际有较大误差的计算压力，一般出现在储配站的工作状态发生变化的时刻，管网各节点压力变化较大。对本实例所选控制点压力变化达到 2kPa。计算压力为计算点在这一时刻的平均值。与实际的某一个值比较，将形成一定的误差，但计算值一般都近似于实际压力的平均值，故完全可用来描述管网的运行工况。

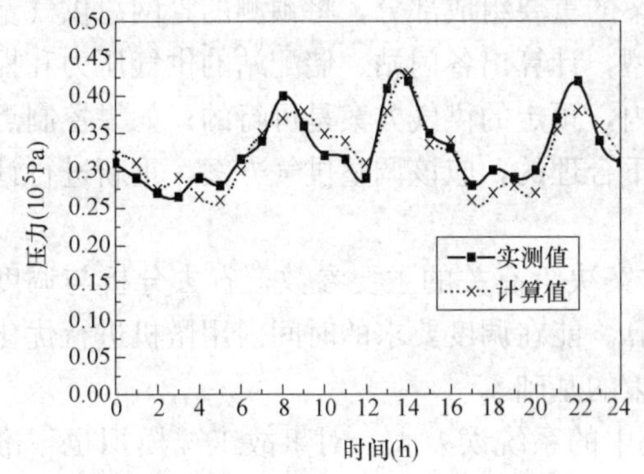

图 12-8-2 第一储配站压力变化曲线

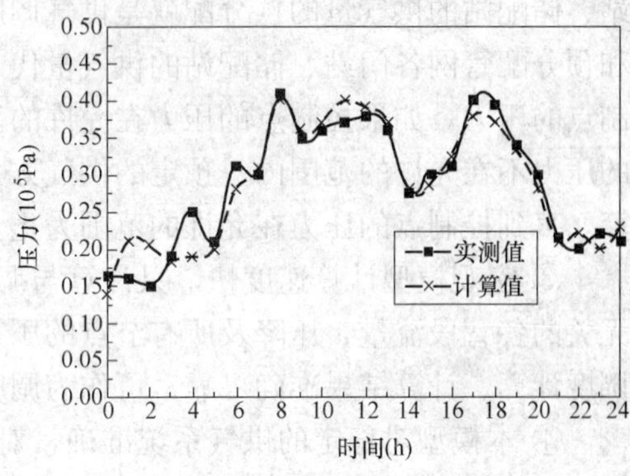

图 12-8-3 第二储配站压力变化曲线

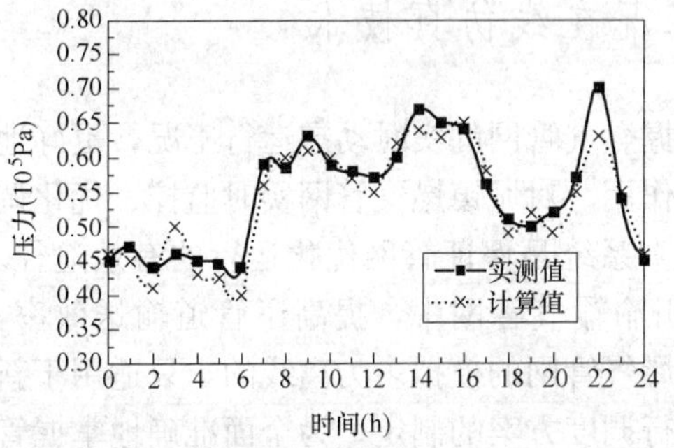

图 12-8-4 第一门站压力变化曲线

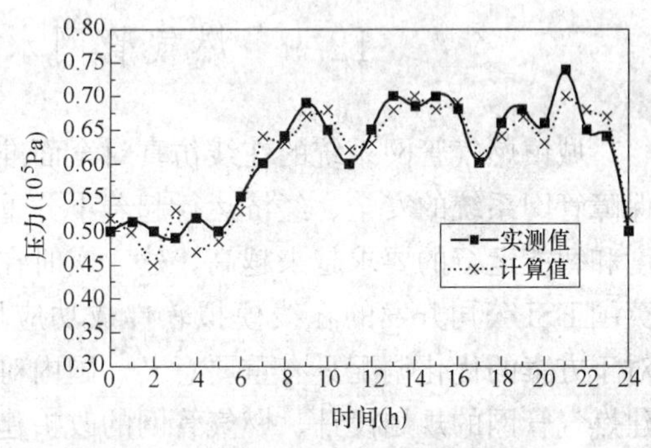

图 12-8-5 第二门站压力变化曲线

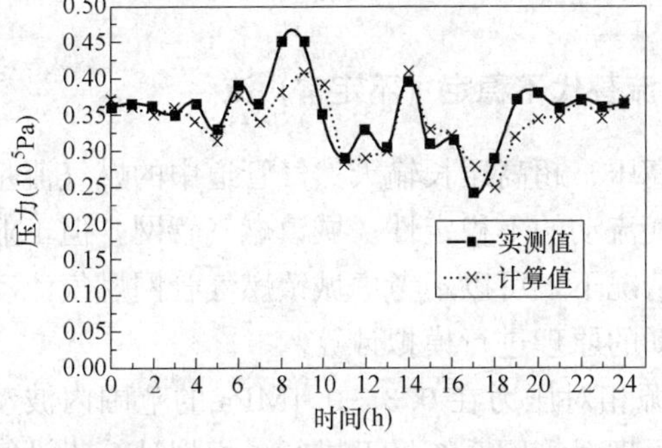

图 12-8-6 第一控制点压力变化曲线

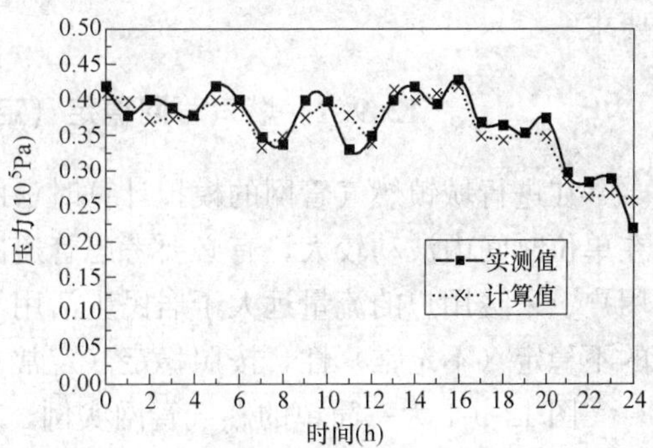

图 12-8-7 第二控制点压力变化曲线

12.8.6　模型的应用说明

① 宏观模型是根据燃气输配系统的实际运行数据统计回归得出的。因此，该模型简单可靠，不仅可以用于城市燃气输配管网的调度分析，也可以用于燃气长输管线的运行调度分析。

② 宏观模型不需要对管网各节点流量进行预测，只需预测整个管网的总供气量和对各门站、储配站的供气量进行预分配即可。而各时刻总供气量的变化是易于掌握的，各门站、储配站的供气量的预分配就是供气调度方案的重要组成部分，将预测的管网总供气量和预分配管网各门站、储配站的供气量代入模型，计算出各门站、储配站的供气压力和控制点的压力，如果控制点的压力在允许的范围内，预定的供气方案是可行的；如果控制点的压力不在允许的范围内，预定的供气方案是不合理的，应该调整供气方案，重新进行计算，直到控制点的压力在允许的范围为止。

③ 宏观模型计算速度快，只计算与调度方案决策有关的主要参数，省去分析与调度无关的各管段流量、压降及所有节点的压力计算。能在调度要求的时间内用微机进行优化调度计算。计算结果准确可靠，可作为调度决策的基础。

④ 本模型对稳定的供气系统准确，对发展中的系统误差大，对事故工况模拟也不准确，在应用工程中，应该不断用最新的运行数据重新拟合模型的系数，对季节差较大的城市供气系统应该按不同的季节分别建立宏观模型，提高计算的精度。

12.9　燃气管网水力工况在线仿真技术

城镇燃气管网系统的在线仿真对全面准确掌握燃气管网的实时动态运行工况，更好地保障管网系统的安全、经济运行起着十分重要的作用。对城镇燃气管网实时监控、优化调度和智能运行的要求越来越高，建立实时在线仿真系统是保证管网优化运行的有效途径。英国ESI公司开发的在线模拟软件成功应用在川渝输气管网中，提高了管道输送效率，对于方案的优化调配具有重要意义，国内对城镇燃气管网的模拟多为离线的，只适用于新建燃气管网的规划设计、燃气管网的改扩建和运行调度方案的制定。为全面准确地掌握管网的实时运行工况，提高城镇燃气管网实时监控系统的安全可靠性，根据最新研究成果，结合上一节内容和工程实例，实现模型与实际管网的动态同步运行，达到在线仿真的要求。

12.9.1　燃气管网稳定（定常）流替代不稳定（不定常）流

在进行城镇燃气管网的模拟计算时，由于高压、超高压长输天然气管道中的燃气流量在单位时间内波动较大，有必要考虑管道内燃气流动的不稳定性。城镇燃气管网，但工业用户、采暖用户的流量远大于居民生活用气的情况下，可以不考虑城镇燃气管网燃气流动的不稳定（不定常）性，按照稳定（定常）流动的原理进行模拟计算。

图12-9-1为一简单的燃气管网实例，对气源相对压力在0.3～0.4MPa的范围内波动时，分别利用不稳定流动的原理和稳定流动的原理对管网系统模型进行了模拟计算，计算结果如表12-9-1所示。

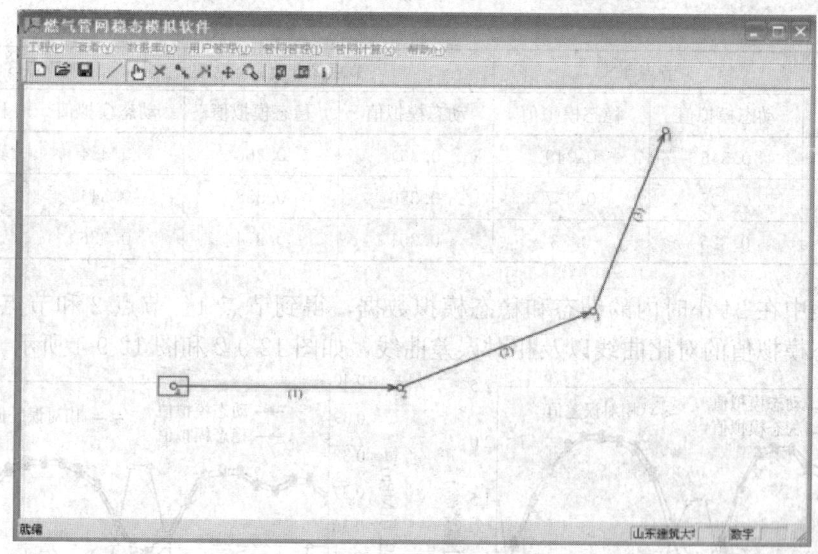

图 12-9-1 管网系统数学模型

管网各节点模拟结果 **表 12-9-1**

时间	节点 1		节点 2		节点 3	
	动态模拟值	稳态模拟值	动态模拟值	稳态模拟值	动态模拟值	稳态模拟值
0:00	0.347	0.35	0.365	0.367	0.354	0.357
1:00	0.352	0.354	0.368	0.37	0.359	0.36
2:00	0.359	0.361	0.373	0.375	0.364	0.366
3:00	0.36	0.361	0.373	0.374	0.366	0.367
4:00	0.355	0.357	0.37	0.371	0.361	0.363
5:00	0.357	0.359	0.372	0.373	0.363	0.365
6:00	0.363	0.364	0.375	0.376	0.368	0.369
7:00	0.363	0.364	0.375	0.376	0.368	0.369
8:00	0.361	0.363	0.374	0.375	0.367	0.368
9:00	0.351	0.352	0.367	0.368	0.358	0.359
10:00	0.335	0.338	0.356	0.358	0.344	0.346
11:00	0.325	0.33	0.351	0.354	0.336	0.34
12:00	0.328	0.333	0.353	0.356	0.338	0.342
13:00	0.34	0.344	0.362	0.364	0.349	0.352
14:00	0.355	0.357	0.371	0.372	0.361	0.363
15:00	0.362	0.364	0.375	0.376	0.367	0.369
16:00	0.365	0.366	0.377	0.378	0.37	0.371
17:00	0.366	0.367	0.377	0.378	0.37	0.372
18:00	0.366	0.367	0.377	0.378	0.371	0.372
19:00	0.363	0.364	0.375	0.376	0.368	0.369
20:00	0.356	0.357	0.37	0.371	0.362	0.363

续表

时间	节点 1		节点 2		节点 3	
	动态模拟值	稳态模拟值	动态模拟值	稳态模拟值	动态模拟值	稳态模拟值
21:00	0.346	0.349	0.364	0.366	0.354	0.356
22:00	0.335	0.337	0.356	0.358	0.344	0.346
23:00	0.325	0.33	0.351	0.354	0.336	0.34

根据表中在 24 小时内的动态和稳态模拟数据，得到节点 1、节点 2 和节点 3 动态模拟值和稳态模拟值的对比曲线以及相对误差曲线，如图 12-9-2 和图 12-9-4 所示。

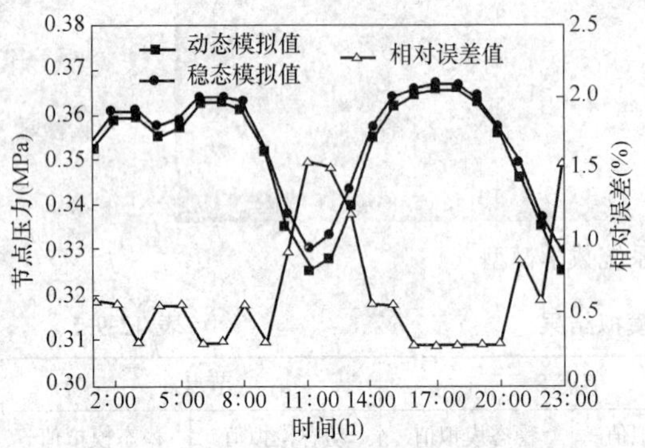

图 12-9-2　节点 1 压力模拟结果对比曲线

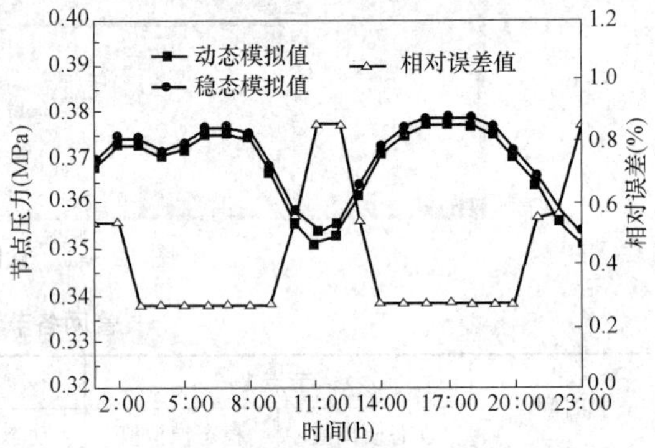

图 12-9-3　节点 2 压力模拟结果对比曲线

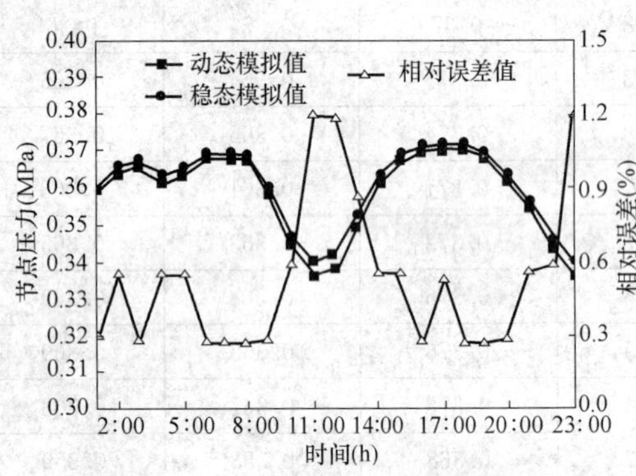

图 12-9-4　节点 3 压力模拟结果对比曲线

对于城镇燃气管网，当供气压力在整个中压范围波动时，利用稳定流动计算原理替代不稳定流动计算原理除个别时刻误差较大外，两者的计算误差均在 ±5% 以内。由此可以得出将稳定流动原理应用于城镇中压燃气管网系统是可行的，为城镇管网系统在线仿真的实现奠定了理论基础。

12.9.2　在线仿真的技术特点

随着计算机技术的快速发展，在线仿真技术已经广泛应用于国防、能源、电力和交通等领域并且发展成为具有相当规模的新型产业，燃气管网系统的在线仿真技术伴随着燃气 SCADA 系统的发展也日趋成熟。

燃气管网的在线仿真以城镇燃气管网 SCADA 系统为平台建立实时共享数据库，自动接收远端测控系统实测数据和在线仿真模拟数据，并对数据进行实时处理和分析，同时将数据存入历史数据库和实时共享数据库中，实现实测信息和模拟信息的全面共享，从而辅助燃气企业的生产运营，对燃气管网的故障进行在线预测和分析，提高管网运行的安全可靠性和经济适用性。

在线仿真技术与传统的离线模拟技术相比有了很大的改进，完成了在线仿真软件与城镇燃气管网 SCADA 系统的相互连接，实现了数据库信息的传递和共享。与传统的离线模拟仿真相比，在线仿真系统主要有以下技术特点：

① 通过实时共享数据库和历史数据库的建立，实现信息的全面在线共享和数据的实时在线分析。

② 通过对实测数据和在线仿真数据的分析，实现实测曲线与在线仿真曲线的实时对比显示。

③ 通过在线仿真软件与城镇燃气 SCADA 在线监测系统的长期在线同步运行，优化在线仿真模型，实现监测用户节点和未监测用户节点流量数据的自动实时更新，使仿真模型具有更高的精度。

④ 通过获取计算机系统的当前时间，自动调用燃气管网水力计算模型进行计算，实现非均匀时间间隔的在线动态仿真。

⑤ 通过工程项目管理对话框，实现多工程在线独立同步运行，并实时记录各工程的运行状态。

在“燃气管网稳态模拟分析软件”的基础上，从实时数据传输结构、数据库系统的完善、实时数据访问接口及仿真软件与 SCADA 系统的关联等方面对在线仿真系统的实现进行分析。

12.9.3　实时数据传输结构

实现城镇燃气管网系统实时在线仿真的关键在于建立管网仿真软件与燃气管网 SCADA 实时在线监测系统的数据传输平台，为实现燃气管网在线仿真系统节点流量数据的在线自动更新和传输创造条件。城镇燃气管网系统实时在线仿真数据传输流程如图 12-9-5 所示。

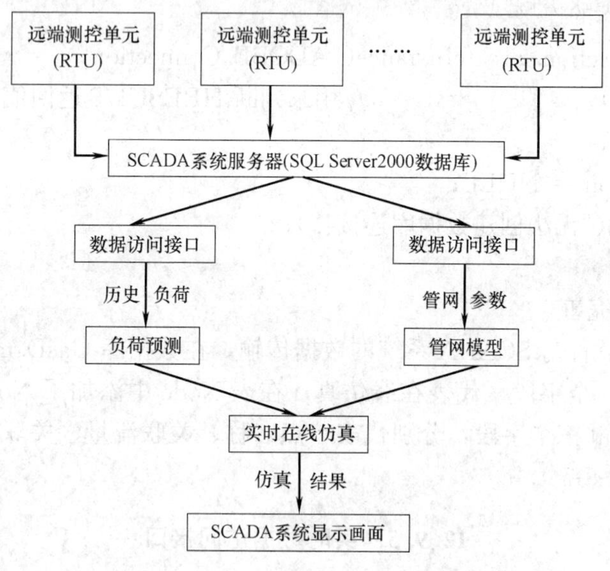

图 12-9-5　数据传输流程示意图

12.9.4　数据库系统的完善

1. 基于 ADO 的数据库访问技术

ADO 是基于 OLE DB 的应用级编程接口，并对 OLE DB 进行了封装。ADO 数据库技术具有访问速度快、方便使用、内存支出少和使用网络流量少等方面的优点，有利于提高在线仿真软件数据读取的速度。

(1) 载入ADO动态链接库

载入支持ADO编程的动态链接库文件msado.h的方法是在stdafx.h头文件中，添加如下代码：

```
#import "C:\\Program Files\\Common Files\\System\\ado\\msado15.dll"\
no_namespace rename("EOF","adoEOF")
```

(2) COM库环境的初始化

ADO是基于COM技术的，在应用程序调用ADO前，必须将COM库的运行环境初始化，调用结束后，还需关闭库，释放初始化加载的动态链接库。

① 在程序的类CSystemApp的成员函数InitInstance（）中添加如下代码：

```
CoInitialize (NULL);          // 初始化ADO组件
```

②在类CSystemApp的虚函数ExitInitInstance（）函数中return函数之前添加如下代码：

```
CoUninitialize ( );           // 释放初始化加载的ADO组件
```

(3) 创建ADO与数据库的连接

在本程序中，利用类CSystemApp中的成员函数MakeDBConnection（）建立与数据源的连接，部分代码如下：

```
HRESULT      hr;
CString      tempStr;
//建立与数据库的连接
hr = g_pConnection.CreateInstance("ADODB.Connection");
if(FAILED(hr))                    //用来判断HRESULT返回值的函数
{
  g_pConnection = NULL;
  SaveRunInfo("无法创建数据库连接!");
}
```

2. 数据库结构完善

为了实现仿真软件与SCADA系统的数据传输，在数据库GasD.mdb表Project中添加了ProjectValid一个字段，代表在线仿真；在表Node中添加了NodeName、FlowID、PressID和PressUnit三个字段，分别代表节点名称、关联流量、关联压力和单位。具体见图12-9-6和图12-9-7。

12.9.5　实时数据访问接口

SCADA系统一般由前置通信服务、实时数据库服务、人机会话、历史数据库等组成，其中前置通信服务负责与燃气监测点实时通信，实时数据库服务负责提供实时数据，人机会话可辅助燃气工艺图、地理信息图、分析报表、趋势图等直观展示监测点数据。

城镇燃气管网在线仿真系统与SCADA系统实时数据访问接口分为SCADA系统数据的获取和实时模拟结果的返回两部分。数据接口采用网络加密协议传输，既保证实时性，

Project：表

ProjectID	ProjectName	ProjectPlace	ProjectGrade	ProjectEstimate	ProjectDetail	ProjectValid
1	宝鸡市市区	宝鸡	高中压管网	0	燃气管网	0
2	岐山	宝鸡	高中压管网	0	燃气管网	0
3	陈仓	宝鸡	高中压管网	0	燃气管网	0
4	山东济华	济南	高中压管网	0	燃气管网	0
5	山东济华1	济南	高中压管网	0	燃气管网	0
6	山东济华2	济南	高中压管网	0	燃气管网	0
7	山东济华3	济南	高中压管网	0	燃气管网	0

记录：7 共有记录数：7

图 12-9-6 工程参数表

Node：表

ProjectID	CircleID	Flow	Pressure	Reference	Common	Source	bData	CircleX	CircleY	NodeName	FlowID	PressID	PressUnit
7	1	50	2.8	0	1	0	1	-6213.958	-1173.888	省安装公司	-1	-1	-1
7	2	0	2.8	0	1	0	1	613.4066	397.8966	分气点	-1	-1	-1
7	3	0	2.8	0	1	0	1	855.3905	401.2575	分气点	-1	-1	-1
7	4	0	2.79	0	1	0	1	966.2998	397.8966	分气点	-1	-1	-1
7	5	0	2.79	0	1	0	1	1107.457	411.3402	分气点	-1	-1	-1
7	6	0	2.79	0	1	0	1	1194.84	404.6184	分气点	-1	-1	-1
7	7	0	2.79	0	1	0	1	1295.667	411.3401	分气点	-1	-1	-1
7	8	0	2.79	0	1	0	1	1386.411	411.3401	分气点	-1	-1	-1
7	9	0	2.79	0	1	0	1	1490.598	414.701	分气点	-1	-1	-1
7	10	0	2.79	0	1	0	1	1614.951	424.7837	分气点	-1	-1	-1
7	11	0	2.79	0	1	0	1	1739.304	431.5055	分气点	-1	-1	-1
7	12	0	2.79	0	1	0	1	1877.1	434.8664	分气点	-1	-1	-1
7	13	200	2.8	0	1	0	1	623.4893	246.6567	光明村加气站	-1	-1	-1
7	14	50	2.8	0	1	0	1	865.4732	273.5438	伟宝粤小区	-1	-1	-1
7	15	50	2.79	0	1	0	1	1100.735	233.2131	朝阳华城西区	-1	-1	-1
7	16	50	2.79	0	1	0	1	1198.201	253.3784	朝阳华城中区	-1	-1	-1
7	17	50	2.79	0	1	0	1	1295.667	253.3784	朝阳华城东区区	-1	-1	-1
7	18	50	2.79	0	1	0	1	1507.403	266.822	应用化工厂	-1	-1	-1
7	19	50	2.79	0	1	0	1	1611.59	263.4611	烟草公司大锅灶	-1	-1	-1
7	20	50	2.79	0	1	0	1	1742.665	293.7091	公交二厂大锅灶	-1	-1	-1
7	21	50	2.79	0	1	0	1	1873.739	286.9873	铁路司机学校	-1	-1	-1
7	22	50	2.79	0	1	0	1	962.9389	518.8885	铁路电气化直燃	-1	-1	-1
7	23	50	2.79	0	1	0	1	1379.689	518.8885	应用化工厂	-1	-1	-1
7	24	0	2.79	0	1	0	1	414.443	-215.4301	分气点	-1	-1	-1
7	25	0	2.79	0	1	0	1	403.7987	-838.1219	分气点	-1	-1	-1
7	26	0	2.75	0	1	0	1	425.0873	-1492.747	分气点	-1	-1	-1
7	27	0	2.75	0	1	0	1	435.7315	-1939.807	分气点	-1	-1	-1
7	28	0	2.75	0	1	0	1	627.329	-1929.163	分气点	-1	-1	-1

记录：31 共有记录数：479

图 12-9-7 节点参数表

又保障数据的安全性、准确性。

1. SCADA 系统数据的获取

城镇燃气管网在线仿真系统在模型的建设过程中，需要将节点的 ID 与 SCADA 系统中已测量数据点（压力、流量）的 ID 关联，这些数据主要包括：各门站的总流量、出口压力，各工商业用户的总流量、入口压力，调压站的入口压力等。

从 SCADA 系统中通过订单请求方式获取数据，保障了通信的高效性和实时性，订单基于网络通信接口，并设置专门的线程管理，订单工作模式如下：在线程启动的时候，从管网模型中读取节点关联的 SCADA 数据 ID 列表，通过网络告知 SCADA 系统，SCADA 系统将按照此列表顺序发送实时数据；如果 ID 列表发生变化，需重新下订单告知 SCADA 系统。

管网模拟仿真系统与 SCADA 系统的相互通信的协议采用加密校验方式传输，在数据包中包含数据长度、数据项个数、带质量码的实时数据、16 位 CRC 校验，其中实时数据采用余三码方式加密。管网模拟仿真系统接收数据后，首先判断数据校验是否正确，然后解密数据，根据质量码来决定数据的有效与否。

2. 实时模拟结果的返回

管网模拟仿真系统依据SCADA系统的实时数据，分配未测量点的流量数据并设置相关压力基准数据和参考数据，调用水力计算模型计算，将获知未量测点的压力、流量数据，将模拟结果返回SCADA系统。

同样，模拟结果也是通过网络加密传输协议传送，协议与“获取SCADA系统数据”中类似。通信方式采用管槽方式传送，设置专门的线程管理，管网模拟仿真系统在启动时打开与SCADA系统的管槽，计算完成后，将触发通信协议组帧，并将此帧推送到管槽发送到SCADA系统，SCADA系统将判断校验后，将数据推送到实时服务模块，这样就实现了未测量点数据的测量。计算数据与实际测量数据一样，可以通过人机会话以多种方式展现，对于调度人员，这两类数据可相互参考，保障管网的安全调度和计量。

12.9.6　仿真软件与SCADA系统的关联

① 添加量测：打开数据库编辑器，添加相应量测，比如需要增加市区管网“应用化工厂”模拟压力，增加量测名称为“应用化工厂压力（模拟）”。

② 打开管网模拟分析软件所在的服务器，打开相应的管网工程，利用查找节点功能查找节点“应用化工厂”，修改节点参数，修改关联SCADA信息。如图12-9-8所示。在节点压力参数增加关联量测，选择“应用化工厂压力（模拟）”，同时选择单位MPa。

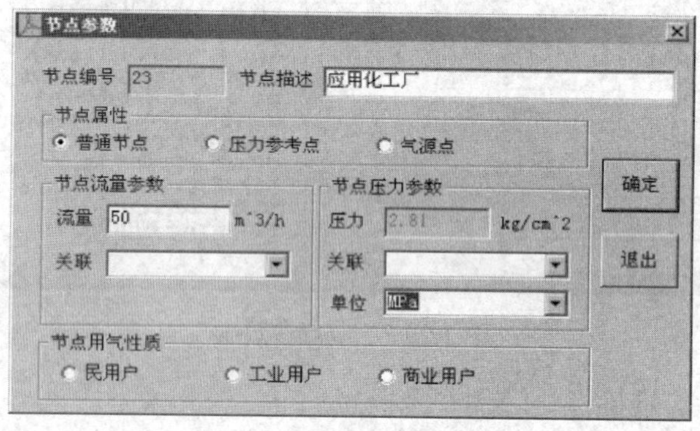

图12-9-8　节点参数对话框

③ 关联完毕后，点击确定。如果需要增加其他量测节点，可重复①和②两个步骤。

④ 关联完成后，保存模型并重新启动管网模拟分析软件，模拟计算结果将发送至实时服务RTServer.exe。

⑤ 至此，管网模拟与SCADA关联完成，可以把添加的“应用化工厂压力（模拟）”量测作为SCADA采集量测以图形和报表的形式展现。

12.9.7　仿真结果实时发布

为实现管网模型在线仿真结果的共享，在线仿真系统可以将模拟结果以画面和报表的形式实时发布，便于调度人员直观地掌握管网系统各节点的压力、流量变化，提高了在线仿真的工程实用性。

12.9.8 在线仿真的运行模式

在线仿真主要有非均匀时间间隔的在线仿真、离线模拟分析计算和在线负荷预测三种运行模式，三种运行模式的关系如图 12-9-9 所示。

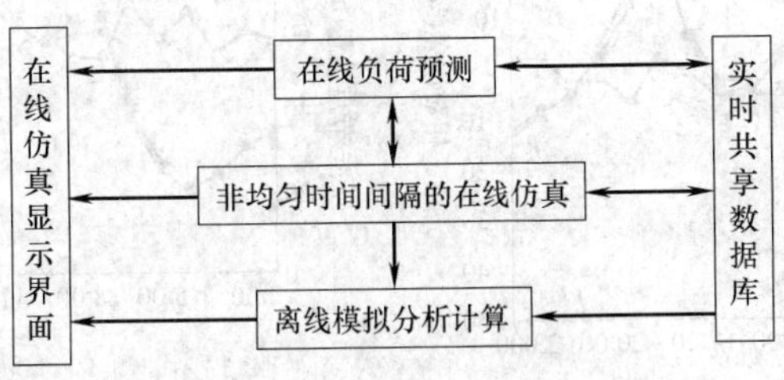

图 12-9-9 在线仿真的运行模式

12.9.9 节点在线负荷预测

在管网数学模型建立的过程中，每个节点都包含一类甚至是几类用户，然而各类用户的用气规律各不相同，因此在预测节点流量时，需要分析该节点所包含的用户类型，同时结合不同用户的用气规律及其节点流量的历史负荷数据选择合适的预测模型，采用了误差反向传播神经网络 EBP（error back propagation）对节点负荷进行预测。

对于负荷值的原始数据，在误差反向传播神经网络 EBP 的输入层利用式（12-9-1）进行［0.1，0.9］区间内的归一化处理。

$$\overline{x}_i = 0.1 + \frac{0.8(x_i - x_{\min})}{x_{\max} - x_{\min}} \tag{12-9-1}$$

对于输出层，采用式（12-9-2）转换为负荷的实际值：

$$x_i = x_{\min} + \frac{(\overline{x}_i - 0.1)(x_{\max} - x_{\min})}{0.8} \tag{12-9-2}$$

式中：$x_{\max}$、$x_{\min}$、x_i、$\overline{x}_i$ 分别表示样本中最大负荷值、最小负荷值、实际负荷值和归一化后的负荷值。

12.9.10 实例验证

12.9.10.1 实例结果

为了验证将人工神经网络预测法应用于节点流量预测的准确性，选取宝鸡市城镇燃气管网模型中某四个节点作为研究对象，对四个节点未来 24 小时各个小时的节点流量进行预测，同时将预测节点流量与实测节点流量进行了对比，图 12-9-10，图 12-9-11，图 12-9-12和图 12-9-13 是四个节点的实测节点流量、预测节点流量的对比曲线以及相对误差曲线。

通过以上各图实测节点流量和预测节点流量的对比分析，利用人工神经网络法对节点流量进行在线实时预测，除个别时刻的误差较大外，预测精度均在±5%以内，能够满足在线节点流量预测的工程实践要求。将实时节点流量的计算和在线节点负荷预测相结合同时应用于管网模型中的节点流量计算，能够进一步提高城镇燃气管网的在线仿真系统的精度。

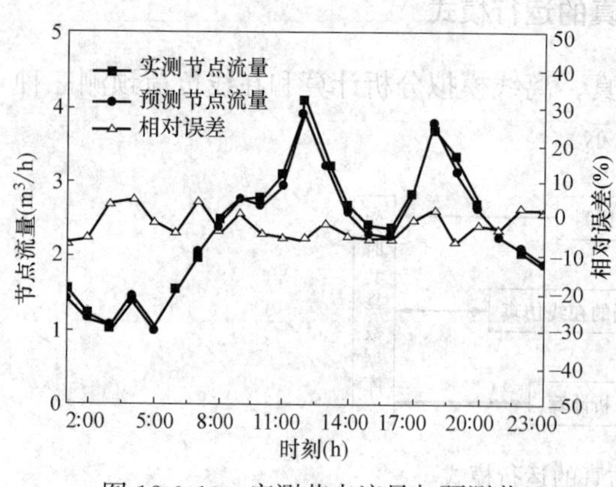

图 12-9-10　实测节点流量与预测节点流量及相对误差曲线

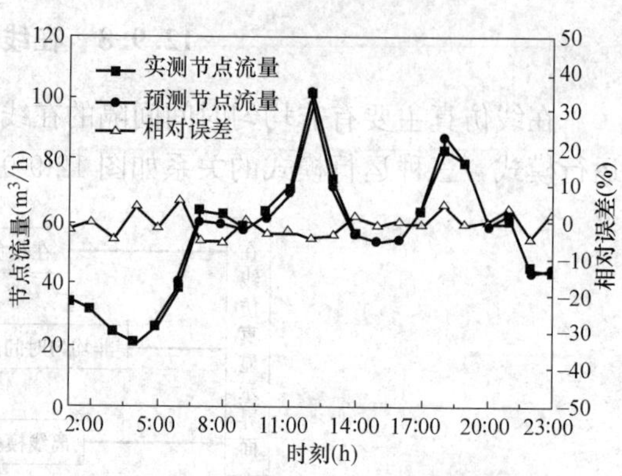

图 12-9-11　实测节点流量与预测节点流量及相对误差曲线

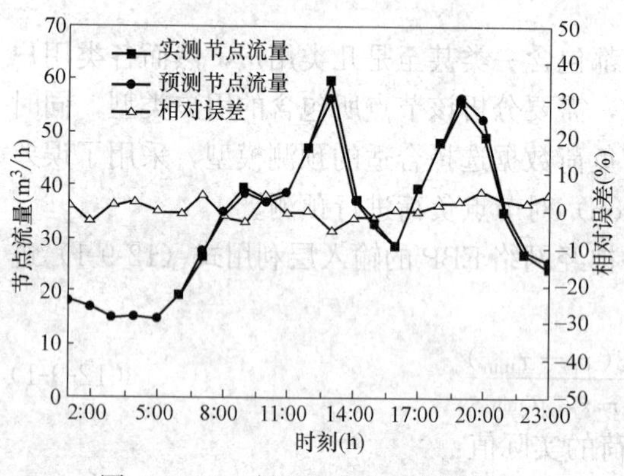

图 12-9-12　实测节点流量与预测节点流量及相对误差曲线

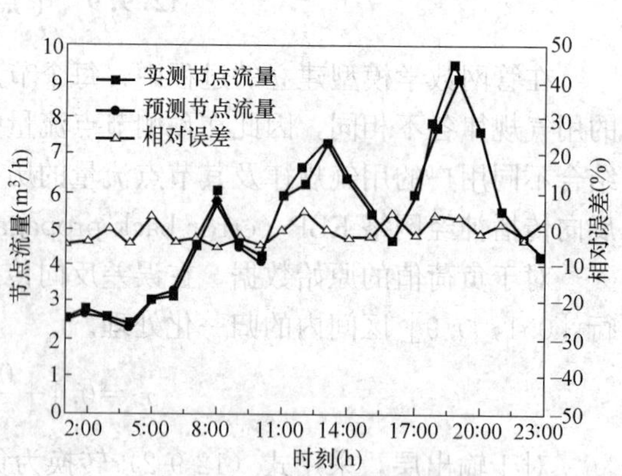

图 12-9-13　实测节点流量与预测节点流量及相对误差曲线

① 分别选取宝鸡市区和岐山县各个监测点在同一时刻的实测值和模拟值进行对比分析，具体结果如表 12-9-2 所示。

监测节点在同一时刻实测值和模拟值对比　　**表 12-9-2**

监测节点序号	市区			岐山		
	实测值	模拟值	相对误差(%)	实测值	模拟值	相对误差(%)
1	0.278	0.277	0.36	0.305	0.302	1.01
2	0.272	0.276	1.47	0.299	0.295	1.34
3	0.279	0.276	1.07	0.297	0.294	1.01
4	0.273	0.276	−1.10	0.295	0.293	0.68
5	0.274	0.270	1.46	0.311	0.308	1.01
6	0.275	0.276	−0.36	0.299	0.302	−1.00
7	0.278	0.279	−0.36	0.302	0.302	0.00
8	0.276	0.280	−1.45			
9	0.277	0.278	−0.36			

续表

监测节点序号	市区			岐山		
	实测值	模拟值	相对误差(%)	实测值	模拟值	相对误差(%)
10	0.281	0.275	2.13			
11	0.278	0.279	−0.36			
12	0.281	0.278	1.07			
13	0.273	0.276	−1.10			

根据上述分析结果，得到市区和岐山各个监测节点实测值和模拟值对比曲线，具体如图 12-9-14 和图 12-9-15 所示。

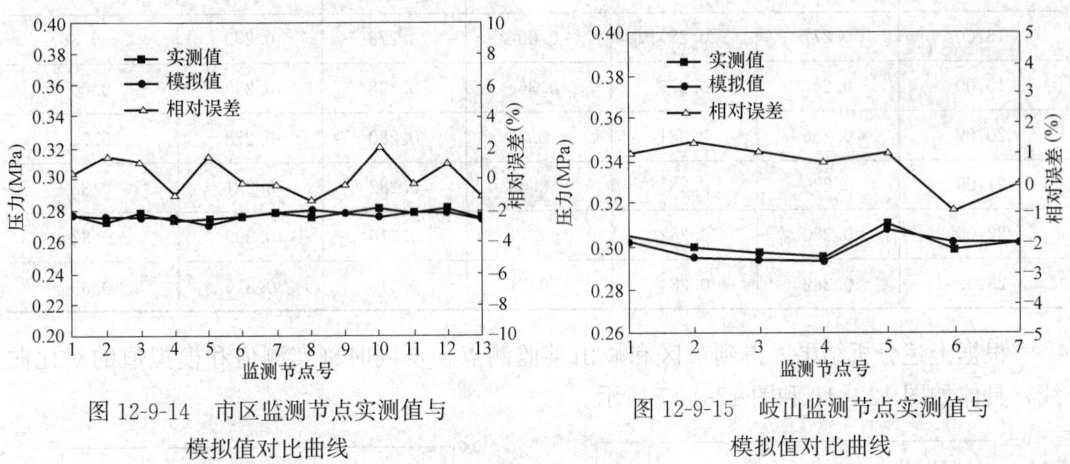

图 12-9-14 市区监测节点实测值与模拟值对比曲线

图 12-9-15 岐山监测节点实测值与模拟值对比曲线

② 选取宝鸡市区和岐山县某监测点在不同时刻的实测值和模拟值进行对比分析，具体结果如表 12-9-3 所示。

某监测点在不同时刻实测值和模拟值对比 **表 12-9-3**

时刻	市区			岐山		
	实测值	模拟值	相对误差(%)	实测值	模拟值	相对误差(%)
0:00	0.284	0.285	−0.35	0.299	0.296	1.00
1:00	0.284	0.286	−0.70	0.305	0.302	0.98
2:00	0.285	0.285	0.00	0.309	0.307	0.65
3:00	0.282	0.284	−0.71	0.307	0.304	0.98
4:00	0.285	0.284	0.35	0.299	0.298	0.33
5:00	0.285	0.286	−0.35	0.310	0.309	0.32
6:00	0.282	0.283	−0.35	0.300	0.299	0.33
7:00	0.278	0.276	0.72	0.206	0.206	0.00
8:00	0.280	0.282	−0.71	0.222	0.223	−0.45
9:00	0.279	0.282	−1.08	0.231	0.233	−0.87
10:00	0.279	0.280	−0.36	0.275	0.279	−1.45
11:00	0.276	0.278	−0.72	0.323	0.323	0.00

续表

时刻	市区			岐山		
	实测值	模拟值	相对误差(%)	实测值	模拟值	相对误差(%)
12:00	0.272	0.278	−2.21	0.237	0.238	−0.42
13:00	0.280	0.278	0.71	0.193	0.194	−0.52
14:00	0.281	0.281	0.00	0.224	0.226	−0.89
15:00	0.280	0.281	−0.36	0.214	0.217	−1.4
16:00	0.279	0.280	−0.36	0.265	0.265	0.00
17:00	0.278	0.280	−0.72	0.304	0.306	−0.66
18:00	0.277	0.277	0.00	0.278	0.279	−0.36
19:00	0.280	0.279	0.36	0.298	0.298	0.00
20:00	0.280	0.281	−0.36	0.280	0.278	0.71
21:00	0.280	0.281	−0.36	0.282	0.281	0.35
22:00	0.280	0.282	−0.71	0.310	0.309	0.32
23:00	0.282	0.284	−0.71	0.318	0.316	0.63

根据上述分析结果，得到市区和岐山某监测点在不同时刻实测值和模拟值的对比曲线，具体如图 12-9-16 和图 12-9-17 所示。

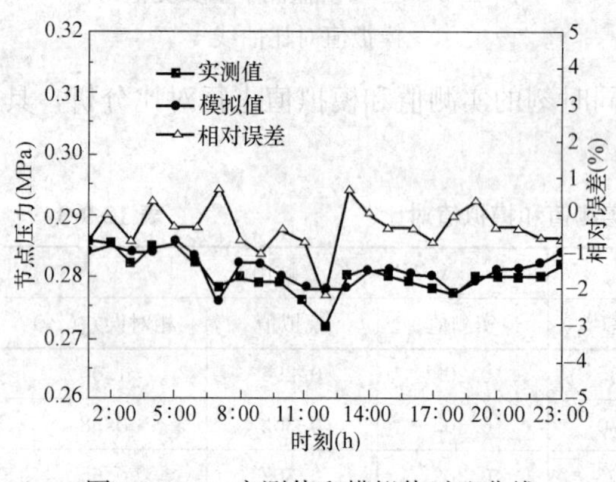

图 12-9-16　实测值和模拟值对比曲线

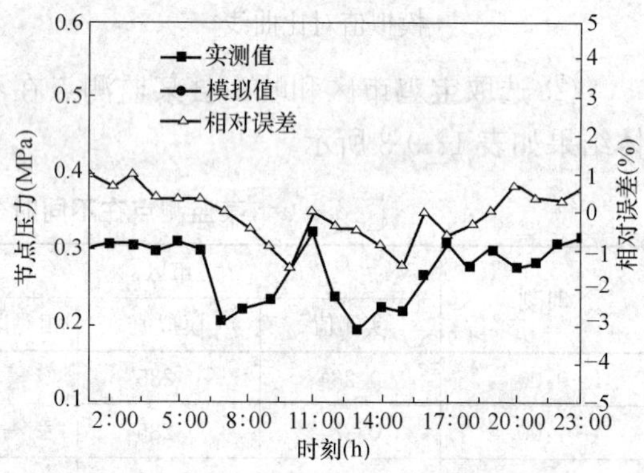

图 12-9-17　实测值和模拟值对比曲线

通过对宝鸡市区和岐山所有监测节点在同一时刻节点压力的实测值和模拟值的对比分析以及某个监测节点在全天 24 小时的节点压力的实测值和模拟值的对比分析，可以得到在线仿真的精度较高，误差均在±5%以内，能够满足城镇燃气管网优化调度和智能运行的需要。

12.9.10.2　宝鸡市区城镇中压燃气管网

1. 城镇中压燃气管网概况

宝鸡市区城镇中压燃气管网系统共设有两个气源，一个是天然气储配厂，一个是高中压调压站，其中，天然气储配厂设有 4 个几何体积为 4000m^3 的储罐，储气能力约为 16×

10^4m^3，能够对宝鸡市区的用气不均匀性进行调节，因而各类用户的压力波动相对较为平稳。该管网系统共设有17个SCADA系统监测点，通过对宝鸡市区城镇燃气管网水力工况模拟建模，市区管网模型有483个节点、500条管段，SCADA系统监测节点的覆盖率为3.52%。现以宝鸡市区城镇中压管网系统实际运行工况为例，利用在线仿真软件对17个实时监测点及所有未监测点进行了模拟计算，并对全部未监测点的模拟值进行了画面展现，其中上方数字代表实测值，下方数字代表模拟值，详细情况参见附录一，局部放大图如图12-9-18所示：

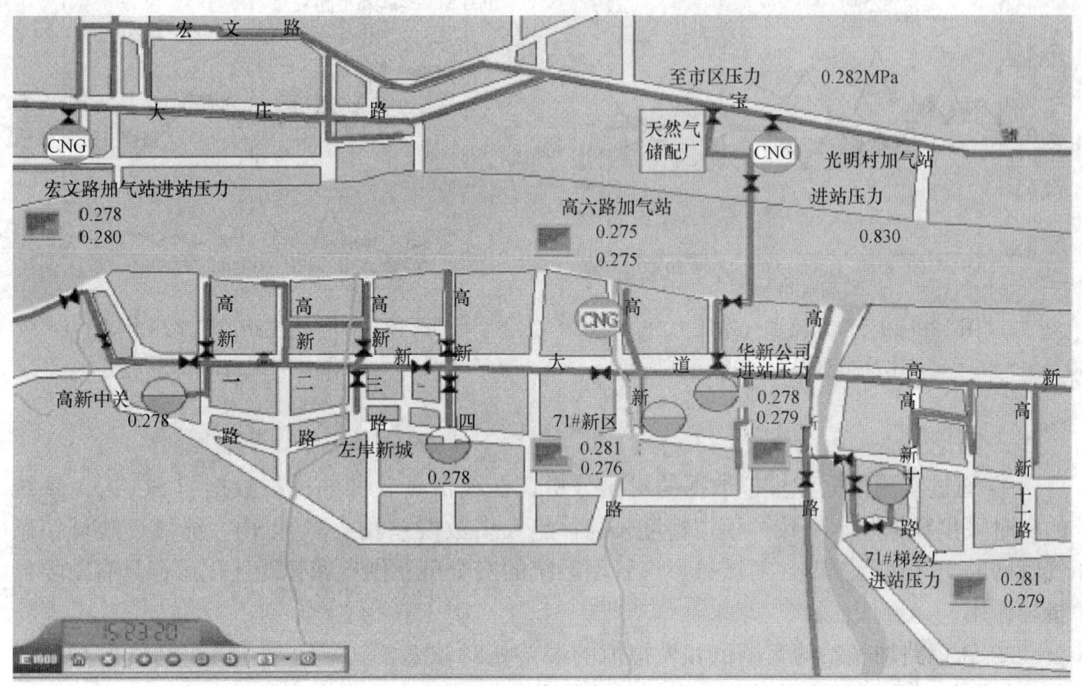

图12-9-18 宝鸡市城镇燃气管网在线仿真界面局部放大图

2. 管网仿真模型的建立

燃气管网仿真模型应包括供气系统中所有的供气设施及与之相关的基本参数（如管道的管长、管材、管径等）。一般有两种方法用于建立管网系统的仿真模型，一种是将简化的燃气管网以图文结合的方式输入燃气管网模拟软件，形成以节点和管段表示真实管网的拓扑结构；另一种方法是利用燃气管网系统的地理信息系统（GIS系统）通过特定文件格式调用供气设施的相关基本参数，进而在燃气管网模拟软件里生成管网仿真模型。但是由于目前地理信息系统在管网系统的应用不多，本文采用第一种方法建立燃气管网系统的仿真模型。

由于宝鸡市区的燃气管网系统较为复杂，燃气管网仿真模型中节点和管段的数目过多，根据实际应用的需要，我们对实际管网系统进行了一定的简化，简化的原则如下：对于连接在供气干管上用气量较小的管段，管网模型中用供气干管处节点表示该用户；对于连接在某个供气支管上大量的居民、公福和小工业用户，在管网仿真模型中作为同一个节点处理；对于大型的工业用户和加气站按独立节点处理。

3. 结果对比分析

根据宝鸡市区部分SCADA系统监测点的实时采集数据和在线仿真数据，选取某年3月1日的数据进行分析研究。各个监测点的实时采集数据和在线仿真数据见附录二，通过对数据的对比分析，绘制了实测节点压力和模拟节点压力的对比曲线和相对误差曲线，如图12-9-19，图12-9-20所示。

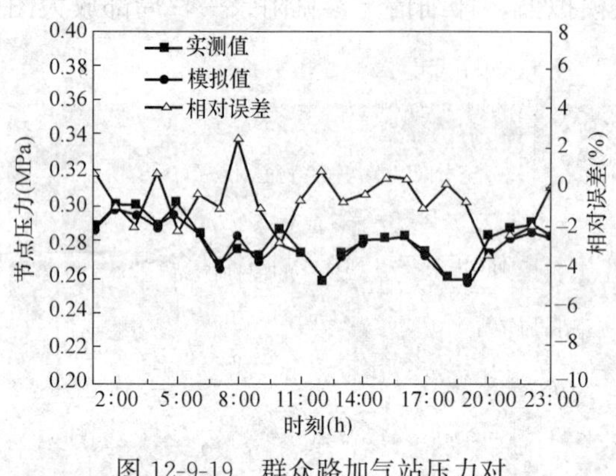

图12-9-19 群众路加气站压力对比及相对误差曲线

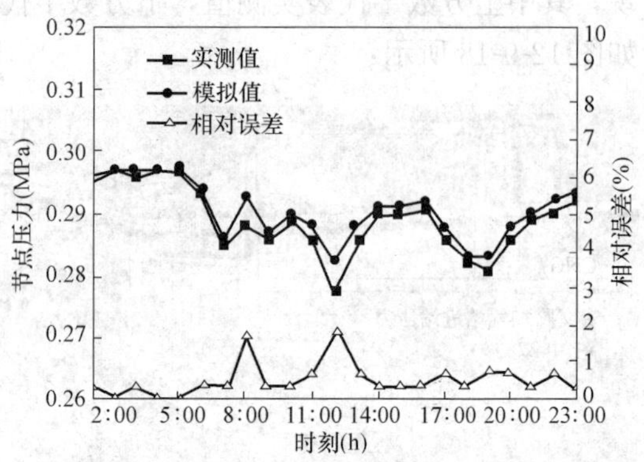

图12-9-20 宏文路加气站压力对比及相对误差曲线

4. 结论

① 通过实测数据和模拟数据的对比分析，在线仿真软件的模拟数据与SCADA系统的实时采集数据基本一致，模拟精度较高，绝大多数误差在±5%以内，能够反映城镇燃气管网的实际运行工况，对城镇燃气管网系统的安全可靠供气和智能优化运行具有重要的指导作用。

② 新福路加气站的实测值和模拟值的误差相对较大，其原因是在汽车加气的高峰时刻，加气站的压缩机启动较为频繁，造成该节点的流量突然增大，导致节点的压力骤然下降，变化幅度很大。而仿真软件对于节点流量突然增大或减小的反应并不是特别敏感，仍然按照既定的程序进行模拟分析，从而导致节点压力的实测值和模拟值误差较大。

综上所述，宝鸡市区工程实例均验证了在线仿真软件模拟仿真的准确性和工程应用的可靠性，基本可以满足我国大中城镇的城镇燃气管网系统的智能运行和优化调度，具有普遍适用的特点，具有很好的推广价值和应用前景。

12.10 本章有关标准规范

《城镇燃气设计规范》GB 50028。

参考文献

[1] 田贯三，金志刚. 燃气管网运行工况分析［J］. 煤气与热力，1991，11（6）：34-37.
[2] 严铭卿，廉乐明等. 天然气输配工程［M］. 北京：中国建筑工业出版社，2005.
[3] 姜正侯. 燃气工程技术手册［M］. 上海：同济大学出版社，1993.

[4] 严铭卿，宓亢琪，黎光华等. 天然气输配技术 [M]. 北京：化学工业出版社，2006.

[5] 严铭卿等. 燃气输配工程分析 [M]. 北京：石油工业出版社，2007.

[6] 刘巍，邓贻诵. 管网在线模拟软件在川渝输气管网的应用 [J]. 天然气与石油，2007，Vol. 25，No. 2：43-46.

[7] 甘文泉. 电力系统短期负荷预报的方法和应用研究（博士学位论文）[D]. 西安：西安交通大学，信息与控制工程系，1997.

[8] 焦文玲，严铭卿，廉乐明. 城市燃气负荷的预测 [J]. 煤气与热力，2001，21 (5)：387-389.

[9] 田贯三，张明光，王明. 城镇中压燃气管网在线动态仿真 [J]. 山东建筑大学学报，2012 年 02 期：137-140.

第13章 燃气管网优化与可靠性评价

13.1 燃气管网优化的基本原理

13.1.1 城镇燃气管网优化概述

① 燃气管网与自来水或热力管网都属于流体网络，不同于电网或其他物流网络。燃气管网是一种开放网络。在这一点上与自来水管网相同，而不同于热水热网等介质在系统内封闭循环的流体网络。

② 燃气管网优化一般指城镇分配燃气管网的优化，是在气源条件及供气要求已定的情况下进行的，包括气源点供气压力和管网零点的允许最低压力。

③ 特别对于城市天然气输配管网的优化是针对某一级管网进行。例如门站已定条件下优化高压（或中压）管网，或在高中压调压站布局条件下优化中压管网。

④ 在城市燃气管网的技术经济性质方面，供气管网的运行费用中不计算能量费用。对任何管网方案供气价格是相同的。管网相关的维修费，人工费等成本因素都以管网的工程造价为基数。所以管网的经济性基本上取决于管网的工程造价。在这一方面燃气管网优化与自来水管网优化有所不同。自来水管网有水泵等设施，因而运行费用不仅与系统的工程造价有关，而且与系统的增压体系有关。运行费用不只取决于工程投资的折旧等，还取决于运行能量费用。

因而一直以来，传统的城市燃气管网优化是一种造价单目标优化，而优化的结果则是系统管段管径的合理配置。

⑤ 与各种流体网络一样，燃气管网的各构成管段通过配置互相联系在一起，即管段的流量及压降都是互相联系在一起的。这就是管网水力工况的全局性。因此燃气管网的优化离不开管网水力分析基础。从优化的机制上说，管网的水力工况即构成了约束，而管网水力工况约束常具体化为零点压力要符合最低压力的要求。

⑥ 对于燃气管网优化的研究一般是在优化方法上的探讨和应用。国内工作取得了一定的成果，有一些论述。例如熟知的拉格朗日乘子法、遗传算法优化法、动态规划法、减径分析优化法等。

⑦ 在优化时可以认为燃气管网的布置是确定的，即各管段的走向和长度是确定的。另外，考虑到各燃气供应区域的压力限制性要求，相关区域的压力级制是确定的。我们当前只考虑就各种独立的不同压力级制燃气输配管网进行优化。

13.1.2 燃气管网优化的依据

燃气管网中每段管道两端的压力差与该管段的管径和流过该管段的流量具有下列

关系：

对于高中压管道：

$$\Delta p=p_2^2-p_1^2=k_1\frac{Q^2}{D^5}L$$

对于低压管道：
$$\Delta p=p_2-p_1=k_2\frac{Q_2}{D^5}L$$

其中 k_1 和 k_2 分别与流过该管段的燃气密度和流动阻力系数等有关，一般为常数。因此，对于给定各管段长度 L 的燃气管网，每根管段的变量有 3 个：压力降 Δp，管段流量 Q 和管段管径 D。

对于具有 m 根管段，n 个节点和 h 个环的环状燃气管网，具有 $3m$ 的变量或未知量，能够建立的方程数包括下列三个方程组：

$$\Delta p_i=k\frac{Q_i^2}{D_i^5}\quad(i=1,2,3\cdots m-1,m) \tag{13-1-1}$$

$$\sum\nolimits_{i\in j}Q_i=q_j\quad(j=1,2,3\cdots n-1) \tag{13-1-2}$$

$$\sum\nolimits_{i\in s}\Delta p_i=0\quad(s=1,2,3\cdots,h) \tag{13-1-3}$$

其中，第二组方程的求和符号中 $i\in j$ 代表与节点 j 相连接的管段号 i，并假设流进该节点的管段流量 Q 为正，流出该节点的管段流量 Q 为负，节点流量 q 的符号与之相反。第三组方程的求和符号中 $i\in s$ 代表构成 s 环的管段号 i，并假设管段流量为顺时针方向时，该管段的压力差也为正，反之，该管段的压力差为负。

综合三组方程，则方程总数为：$m+n-1+h$

根据燃气管网的拓扑结构，管段数 m 与节点数 n 和环 h 有关系：$m=n-1+h$，因此，方程总数为 $2m$。显然还缺 $3m-2m=m$ 的方程数，无唯一解。

如果给定管网中各管段的直径，则整个管网的变量或未知量就只有 $2m$ 个，因此，上述方程组就有唯一解。但是如果改变管网中任何一根管段的直径，则有不同的唯一解。也就是说，对于给定的燃气管网布置方案，在满足燃气管网水力要求的前提下，应该有一组管段直径分配方案，使得管网的投资最小。

对于枝状燃气管网而言，由于每段管段中的流量是已知的，因此，每段管段的变量或未知量为 2 个。假设具有 m 根管段和 n 个节点，则整个枝状燃气管网具有 $2m$ 的变量或未知量。

由于各管段的流量已知，又不存在环，则第二、第三个方程组就不需要了，因此，总方程数只有第一方程组的 m 个，显然，同样缺 $2m-m=m$ 的方程数，无唯一解。

同样可以给定管网中各管段的直径，这样就有唯一解了。而且在满足燃气管网水力要求的前提下，也应该有一组最经济的管段直径分配方案。

13.1.3 燃气管网优化目标函数

城市燃气输配管网优化目标是在给定的某级压力级制管网中，根据确定的管网布置，寻求最佳的管段直径分配，使得该级管网的输配成本最低。

城市燃气管网成本计算中，不同压力级制的管网其计算费用均包括管网的投资和运行费用。管网造价取决于管道价格和敷设费用。管网运行费用与管道埋设深度、土壤和路面性质、管道材料及其连接方式、施工机械化程度等有关。可以将管道敷设费用近似地分为与管径有关和无关两类，单位长度管道的造价可以表达为：

$$C_T = a + bD \tag{13-1-4}$$

式中　C_T——单位长度管道造价；

a，b——管道造价系数。

因此，管网投资费用为：

$$K_C = \sum_{i=1}^{m}(a + bD_i)L_i \tag{13-1-5}$$

式中　K_C——管网投资；

L_i——第 i 管段长度。

管网运行费用包括管网折旧（含大修）、小修和维护费用，常以占投资费用的百分数表示：

$$S_R = (f_1 + f_2)K_C \tag{13-1-6}$$

式中　S_R——管网运行费用；

f_1，f_1——分别为网折旧（含大修）和维护（含小修）费用系数。

考虑到城市燃气管网的小修与维护费用主要与管道长度有关，与管径关系很小，因此，上式可进一步表达为：

$$S_R = f_1 K_C + b_1 \sum_{i=1}^{m} L_i \tag{13-1-7}$$

式中　b_1——管道单位长度维护（含小修）费用。

如果网络的投资偿还年为 T 年，在不考虑资金时间价值的情况下，则管网年成本为：

$$Z = S_R + \frac{K_C}{T} = \left(f_1 + \frac{1}{T}\right)\sum_{i=1}^{m}[(a + bD_i)L_i] + b_1\sum_{i=1}^{m} L_i \tag{13-1-8}$$

由于这里成本计算是在管网布置确定后进行的，因而管网中各管段的长度是已知的，假设上面各方程中的系数均为常数，并考虑到函数优化结果与计算式中的常数项无关，则管网年成本目标函数可以表达如下：

$$F = \min\sum_{i=1}^{m}(D_i L_i) = \min\sum_{i=1}^{m}(k^{0.2}\Delta p_i^{-0.2}Q_i^{0.4}L_i^{0.2}) \tag{13-1-9}$$

考虑到单级燃气管网输入压力与输出压力（零点处）的要求，在设计燃气管网时需要给定一个允许计算压力降，也就是燃气管网气源输入点的燃气压力与管网燃气输出点最低允许压力间的压力差，设为 ΔP_{js} 则需要增加约束条件：

$$\textstyle\sum_{i\in l}\Delta p_i - \Delta p_{js} = 0 \quad (l = 1,2,3\cdots r) \tag{13-1-10}$$

式中，r 表示燃气管网上的零点总数，求和符号中 $i\in l$ 代表从气源点到达零点 l 路径上管段号 i。

求解由目标函数式（13-1-9）与约束条件式（13-1-10）构成的规划问题有多种解法，下面主要介绍拉格朗日乘数法和遗传算法。

13.2 拉格朗日乘数法

13.2.1 拉格朗日乘数法基本流程

拉格朗日乘数法是一种将具有约束条件规划问题转化为无约束条件规划问题的优化方法。其基本思想是引入一些待定系数，通过这些待定系数将约束条件与目标函数结合为新的目标函数，然后取目标函数对各变量的偏导数为零，建立方程组，并通过方程重组消去待定系数，组成新的方程组。这些新方程组与约束条件方程联立，可以求得原规划问题最优解所对应的变量。

设目标函数：

$$F=\min\Omega(x_1,x_2,x_3\cdots x_M)$$

约束条件（N 个方程）：

$$f_l(x_1,x_2,x_3\cdots x_M)=0\ ;\quad (l=1,2,3\cdots N)$$

按拉格朗日乘数法写出新的目标函数：

$$W=\Omega(x_1,x_2,x_3\cdots x_M)+\sum_{i=1}^{N}\lambda_i f_i \quad (\text{共有 } M+N \text{ 个未知变量})$$

式中 λ_i——待定系数。

取该目标函数对各变量进行偏导数，并分别令其为零（M 个方程）：

$$\frac{\partial W}{\partial x_i}=0;\qquad (i=1,\ 2,\ 3\cdots M)$$

这样未知变量有 $M+N$ 个，方程数也有 $M+N$ 个，可以求得满足目标函数要求的一组变量：（x_1，x_2，$x_3\cdots x_M$）。

13.2.2 拉格朗日乘数法在燃气管网优化上的应用

前面燃气管网的规划问题如下：

目标函数：

$$F=\min\sum_{i=1}^{m}(D_iL_i)=\min\sum_{i=1}^{m}(k^{0.2}\Delta p_i^{-0.2}Q_i^{0.4}L_i^{0.2}) \tag{13-2-1}$$

约束条件：

$$\textstyle\sum_{i\in l}\Delta p_i-\Delta p_{\mathrm{js}}=0\quad (l=1,2,3\cdots r) \tag{13-2-2}$$

按拉格朗日乘数法写出新的目标函数：

$$W=\sum_{i=1}^{m}(k^{0.2}\Delta p_i^{-0.2}Q_i^{0.4}L_i^{0.2})+\sum_{i=1}^{r}\lambda_l\left(\textstyle\sum_{i\in l}\Delta p_i-\Delta p_{\mathrm{js}}\right) \tag{13-2-3}$$

上式中，管段长度 L_i 是给定的。

对环状管网的管段流量 Q_i（即计算流量）可以按两种方法确定：一是与管段压力降一样作为优化变量，也就是说，式（13-2-3）的目标函数对各变量（Δp_{i} 和 Q_i）进行偏导数，并分别等于零，方程数有 $2m$，则未知变量有 $2m+r$，方程数也有 $2m+r$，因此，有闭合解，即可以得到各管段的最佳压力差 Δp_i 和相应的最佳管段流量 Q_i 分配，再按式

(13-1-1) 得到相应的管段最佳管径 D_i。但这种方法方程多，计算相对复杂。

二是 Q_i 可以预先进行分配。流量的分配可以从管网中各零点开始，根据管段的途泄流量和转输量，得到管段的计算流量，并逐步推进到气源点，完成整个管网计算流量的分配。这样，式 (13-2-3) 的目标函数只对 Δp_i 进行偏导数，并分别等于零，方程数有 p，则未知变量有 $m+r$，方程数也有 $m+r$，因此，有闭合解，即可以得到各管段的最佳压力差 Δp_i，再按式 (13-1-1) 得到相应的管段最佳管径 D_i。

无论采取哪一种方法，由于优化结果的各管段直径一般均为非标管径，而且没有范围限制，需要在优化的基础上圆整到相邻的标准管径。然后，根据得到的各管段圆整管径 $D_{i,标}$，进行水力计算以获得各管段对应的实际流量。管段管径圆整后，不但管段流量偏离原先设定的计算流量，也偏离了管段最佳压力差，因此，管段管径圆整后会偏离最小成本的目标。

例如，对于如图 13-2-1 的枝状燃气管网，管网上的末端都是零点，共有三个零点，分别为 A，B 和 C。由式 (13-1-10) 可得到：

$$\Delta p_1+\Delta p_2-\Delta p_{\rm js}=0 \tag{13-2-4}$$

$$\Delta p_1+\Delta p_3+\Delta p_4-\Delta p_{\rm js}=0 \tag{13-2-5}$$

$$\Delta p_1+\Delta p_3+\Delta p_5-\Delta p_{\rm js}=0 \tag{13-2-6}$$

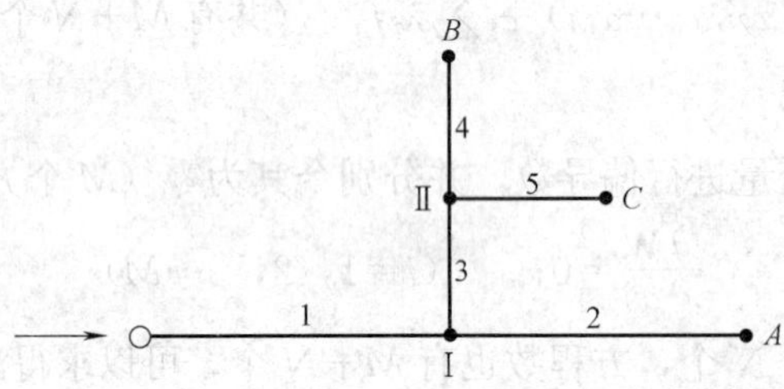

图 13-2-1　枝状燃气管网示例图

根据式 (13-2-3) 可得：

$$W=\sum\nolimits_{i=1}^{i=p}(k^{0.2}\Delta p_i^{-0.2}Q_i^{0.4}L_i^{0.2})+\lambda_1(\Delta p_1+\Delta p_2-\Delta p_{\rm js})+$$

$$\lambda_2(\Delta p_1+\Delta p_3+\Delta p_4-\Delta p_{\rm js})+\lambda_3(\Delta p_1+\Delta p_3+\Delta p_5-\Delta p_{\rm js}) \tag{13-2-7}$$

且：

$$\frac{\partial W}{\partial p_1}=-0.2k^{0.2}\Delta p_1^{-1.2}Q_1^{0.4}L_1^{0.2}+\lambda_1+\lambda_2+\lambda_3=0 \tag{13-2-8}$$

$$\frac{\partial W}{\partial p_2}=-0.2k^{0.2}\Delta p_2^{-1.2}Q_2^{0.4}L_2^{0.2}+\lambda_1=0 \tag{13-2-9}$$

$$\frac{\partial W}{\partial p_1}=-0.2k^{0.2}\Delta p_3^{-1.2}Q_3^{0.4}L_3^{0.2}+\lambda_2+\lambda_3=0 \tag{13-2-10}$$

$$\frac{\partial W}{\partial p_4}=-0.2k^{0.2}\Delta p_4^{-1.2}Q_4^{0.4}L_4^{0.2}+\lambda_2=0 \tag{13-2-11}$$

$$\frac{\partial W}{\partial p_5}=-0.2k^{0.2}\Delta p_5^{-1.2}Q_5^{0.4}L_5^{0.2}+\lambda_3=0 \tag{13-2-12}$$

由式 (13-2-8)～式 (13-2-12) 可以得到：

$$\Delta p_2^{-1.2}Q_2^{0.4}L_2^{0.2}+\Delta p_3^{-1.2}Q_3^{0.4}L_3^{0.2}-\Delta p_1^{-1.2}Q_1^{0.4}L_1^{0.2}=0 \tag{13-2-13}$$

$$\Delta p_4^{-1.2}Q_4^{0.4}L_4^{0.2}+\Delta p_5^{-1.2}Q_5^{0.4}L_5^{0.2}-\Delta p_3^{-1.2}Q_3^{0.4}L_3^{0.2}=0 \tag{13-2-14}$$

由式（13-2-4）～式（13-2-6）与式（13-2-13）和式（13-2-14）组成的方程组就可以直接得到最佳的 $\Delta p_1 \sim \Delta p_5$ 解，然后由式（13-1-1）可以得到最佳的 $D_1 \sim D_5$ 解。

所得管段管径圆整到相邻的标准管径 $D_{1,st} \sim D_{5,st}$。对于枝状燃气管网，尽管管段直径圆整后，管段流量不变，但管段压力差还是会发生变化的，不是原来最佳压力差，或者说枝状燃气管网中管段管径圆整后也会偏离最小成本的目标。

13.3 遗传算法

上述拉格朗日乘数法的一个缺点就是管段管径的优化结果往往不是标准管径，经过圆整后，会偏离优化目标。下面介绍的遗传算法就可以避开这个问题。

遗传算法的管段直径优化结果均为标准管径，而且在可取的标准管径范围内。

13.3.1 遗传算法基本流程

遗传算法是模仿自然界生物进化机制发展起来的随机全局搜索优化方法，其将规划问题中的各可选决策参数值进行编码，以此作为基因，若干个基因又组成个体的染色体，通过染色体进行选择、交叉和变异运算，在经过多次重复遗传运算后到达最后的优化结果。实现遗传算法一般涉及六个主要因素，分别为可选决策参数值编码、生成初始种群、适应度函数设计、遗传操作、算法控制参数设定和停止准则。执行遗传算法的基本步骤流程见图 13-3-1。以下列规划问题为例来说明遗传算法的基本流程。

目标函数：
$$\max f(x_1,x_2)=x_1^2+x_2^2$$
约束条件：
$$x_1\in\{0,1,2\cdots7\}$$
$$x_2\in\{0,1,2\cdots7\} \tag{13-3-1}$$

1）可选决策参数值编码

规划问题式（13-3-1）中 x_1 和 x_2 为决策变量，在进行遗传运算前必须把可选决策参数值编码为一种符号串作为基因。本问题中的参数取值范围为 1～7 之间的整数，可分别用 3 位无符号二进制整数来表示，见表 13-3-1。

可选决策参数值编码 **表 13-3-1**

变量可取值	0	1	2	3	4	5	6	7
基因	000	001	010	011	100	101	110	111

将它们两两连接在一起所组成的 6 位无符号二进制整数就形成了个体的染色体，该染色体由两个基因组成，一个染色体等同于一组决策结果，表示一个可行解。例如，（$x_1=1$，$x_2=2$）所对应的染色体：(001010)。又如：对于一个具有 100 段管道的燃气管网，每段燃气管道的可取标准管径为 6 种，将它们编码为 6 种基因，每段管段任选一个基因，则按管段编号顺序组成一个具有 100 个基因的染色体，该染色体就是该燃气管网管径分配的一个方案。

2）生成初始种群

遗传算法开始种群进化运算前需要先生成初试种群，种群尺度设置一般有两种形式：一种是一定个体数量的单个种群，所有的进化过程均在这个种群中完成；另一种是包含子

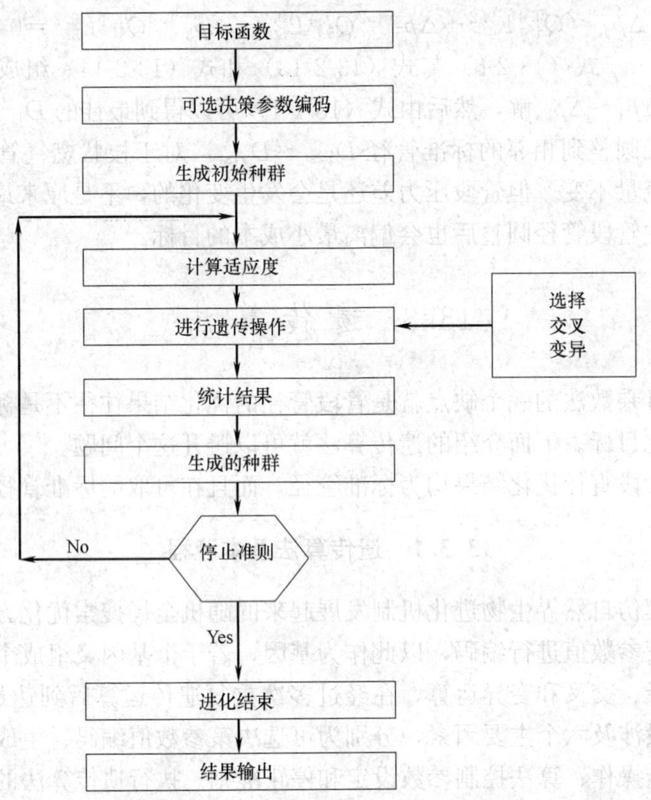

图 13-3-1　遗传算法的基本步骤流程见图

种群的种群群体，各子种群可以按照各自的进化过程发展，也可以经过个体迁移，各子种群相互借鉴优良个体再进行各自进化繁衍。以规划问题式（13-3-1）为例，由于个体总数较少，选择单个种群，随机取 4 个可行解（个体），作为初始种群。

3）适应度函数设计

遗传算法在进化搜索中基本不利用外部信息，仅以适应度函数为依据，利用种群中每个个体的适应度值来搜索。因此适应度函数的选取至关重要，直接影响遗传算法的收敛速度以及能否找到最优解。一般而言，适应度函数是由目标函数转换而成的。适应度是判别个体优劣的标准，总是非负的，而且总是越大越好。在求解有约束优化问题时，遗传算法必须将其转化为无约束优化问题，一般采用罚函数方法来实现。对于规划问题式(13-3-1)，适应度函数可取为：

$$\text{Fitness}(f(x_1,x_2))=x_1^2+x_2^2 \tag{13-3-2}$$

对于规划问题式（13-3-1）所取得的初始种群，按式（13-3-2）计算各个体的适应度，见表 13-3-2。

个体的适应度　　**表 13-3-2**

种群中个体编号	初始种群中个体染色体	x_1	x_2	适应度	概率
1	011100	3	4	25	0.17
2	101011	5	3	34	0.24
3	011101	3	5	34	0.24
4	111001	7	1	50	0.35

4）遗传操作

(1) 选择

遗传算法选择操作的主要目的是为了避免优良遗传基因的丢失，同时从当前种群中选出高适应度个体使其有更大的机会作为父代，并将优良基因传递给下一代。遗传算法使用选择算子来对种群中的个体优胜劣汰，选择算子很多，这里采用轮盘赌选择。

表 13-3-2 最右一列表示种群中各个体遗传至下一代的概率（由某个体适应度值除以 4 个个体适应度值总和得到。），以此概率分布可以画出如图 13-3-2 类似博彩游戏中轮盘，轮盘边上括号内的数字表示每个个体可能被赌中（选中）的区域大小（即概率大小）。显然，概率越大，则区域越大，个体可能被赌中（选中）遗传至下一代的可能也越大。然后产生 4 个 0～1 的随机数，如图 13-3-2 中的箭头对应位置。由给出的随机数，并根据轮盘赌规则，可选出种群新个体，见表 13-3-3。

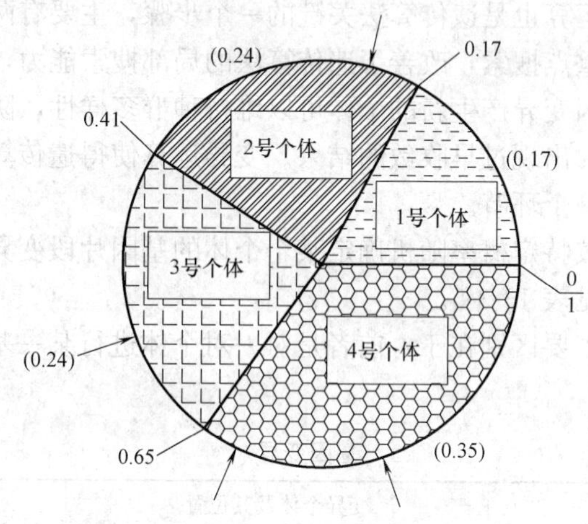

图 13-3-2

选出种群新个体 **表 13-3-3**

种群中个体编号	初始种群中个体染色体	适应度	选择概率	累积概率	个体被选择次数	选择结果
1	011100	25	0.17	0.17	0	111001
2	101011	34	0.24	0.41	1	101011
3	011101	34	0.24	0.65	1	011101
4	111001	50	0.35	1	2	111001

(2) 交叉

遗传算法的交叉操作是模仿生物进化过程中两个染色体交配重组形成新的染色体，进而产生新个体的过程。具体是从种群中选择两个个体并以一定的概率（交叉概率，该值一般取 05～0.95）交换各自的某些基因，以此产生新个体。交叉算子的设计包括确定交叉点的位置和进行部分基因交换两方面。交叉操作是产生种群新个体的主要方法，其体现了信息交换的思想，决定了遗传算法具有全局搜索能力，在遗传算法中起着关键作用和主导地位。

具体操作过程是：先对种群中的个体进行随机配对，其次随机设置交叉点位置，最后再相互交换配对染色体之间的基因片段，见表 13-3-4。

交换配对染色体之间的部分基因 表 13-3-4

选择结果	配对情况	交叉点位置	交叉结果
111001	111001	111001	111011
101011	101011	101011	101001
011101	011101	011101	011001
111001	111001	111001	111101

（3）变异

遗传算法模仿生物遗传和进化的过程中的基因变异是通过变异操作运算来实现的，其将个体染色体上的某些基因通过数学方式发生改变，从而产生新的基因，最后反映到个体上即是新的个体。变异运算也是遗传算法关键的一个步骤，主要有两个功能：一是能够对某个局部空间进行局部重点搜索，改善了遗传算法的局部搜索能力，有助于结果进一步接近全局最优解；二是基因变异产生新的个体可以维持种群多样性，防止因为种群同质化现象导致的进化过程停滞，出现过早收敛的结果。变异运算使得遗传算法兼有全局和局部搜索功能，是必不可少的一个环节。

具体操作过程是：按特定概率随机确定某个个体的基因片段变异位置，然后对该位置上的基因片段值取反，见表 13-3-5。

交叉与变异的操作主要区别在于：前者是对一对个体进行某一基因的交换；后者是对个体自身基因的改变。

基因变异 表 13-3-5

交叉结果	变异个体及其位置	变异结果
111011	111011	111111
101001	101001	101001
011001	011001	011001
111101	111101	111101

5）算法控制参数设定

遗传算法在进行过程中，由于交叉运算的存在，上一代种群中的高适应度个体有较高的概率成为父代，其自身的优良基因更容易参与交配组合从而产生下一代，然而高适应度个体内部也可能含有劣等基因，所以优质个体交配组合时下一代有一定概率发生适应度降低、适应度比上一代差的情况，如表 13-3-6 中新一代种群中编号为 3 的个体，其适应度比上一代降低。另外，变异运算也有可能使高适应度个体中的优良基因发生变异，从而导致原优质个体变差的情况。

因此第二代遗传算法通过引入精英个体的方式将上一代中适应度最高的一定数量的个体直接生存、复制到下一代，从而保证每一代种群中的最高适应度个体其适应度值随着种群进化始终不降低。

在遗传算法执行进化运算过程中，交叉率始终控制着交叉算子这一关键操作的使用频度。较大的交叉概率可使各代充分交叉，但同时种群中优良个体遭到破坏的可能性也增大，以致产生较大的代沟，从而使不确定、随机因素主导种群进化过程，进化效率降低；交叉概率越低产生的代沟越小，但同时种群中更多的个体被直接复制到下一代，参与变异的个体也会增多，进化过程也可能陷入停滞。

6）停止准则

经过遗传操作，得到了新一代的种群，见表 13-3-6。

新一代的种群 **表 13-3-6**

新一代种群中个体编号	新一代种群中个体染色体	x_1	x_2	适应度	概率
1	111111	7	7	98	0.471
2	101001	5	1	26	0.125
3	011001	3	1	10	0.048
4	111101	7	5	74	0.356

显然新一代种群经过进化后，适应度的最大值和平均值都得到了明显的改进。由于规划问题式（13-3-1）很简单，可知“111111”为最佳个体，即（$x_1=7$，$x_2=7$）为最优解。

对于一般的规划问题，需要给定进化停止的条件，也就是停止准则，其决定种群在进化过程中依据哪几项标准达到种群进化完成的目标，即遗传算法终止的判据。常用的判据主要有两类准则，一类是取决于种群特性的定量准则；一类是取决于时间的定量准则。

取决于种群特性的定量准则主要是以种群的特性参数为依据来衡量是否已经完成进化，包括：

① 最大进化代数准则：表示种群通过执行进化运算更新的代数不多于多少代，即在进化多少代之前结束进化运算。

② 适应度限定准则：表示种群最优个体适应度值到达某个值之后停止进化计算。

③ 进化停滞的代数准则：表示种群最优个体的适应度值经过多少代进化没有进一步更新的话就停止进化运算。

④ 函数容差准则：表示最佳适应度函数值的平均变化或加权变化在超过停止代数后达到某一精度值要求即停止进化运算。

⑤ 约束容差监控准则：是用来判断进化运算完成后的最终种群是否满足约束容差值设定的精度要求，输出值为满足约束容差和不满足约束容差，因此其不是种群进化完成停止的判据。

取决于时间的定量准则不仅与模型规模、遗传算法设计本身有关，还与所用的计算机资源有关，包括：

① 计算时间限定准则：表示种群从开始计算到完成计算的最长耗时。

② 停滞时间准则：表明种群最优个体的适应度值在超出一定时间仍没有得到更新，则遗传算法停止。

13.3.2 遗传算法在燃气管网优化上的应用

当管段长度给定时，则燃气管网成本目标函数和约束条件构成的规划问题如下：

目标函数：见式（13-1-9）。

约束条件：见式（13-1-10）。

首先，对变量进行编码。目标函数中的决策变量就是各管段的管径，由于实际应用中，燃气管径的选择是有限的，如表13-3-7所列8种标准管径作为燃气管网的可选管径，也就是燃气管网中各管段管径的选择范围。8种标准管径可分别用3位无符号二进制整数来分别表示各自的基因，见表13-3-7。

标准管径基因　　**表13-3-7**

管径可取值(D_i)	150	200	250	300	350	400	450	500
基因	000	001	010	011	100	101	110	111

如果可选管径为W，燃气管网的管段数为p，则燃气管网管段管径的分配方案具有W^p个。

例如，当燃气管网的管段数为：$p=6$，且假设各管段的管径分别为：

$$D_1=500,\ D_2=250,\ D_3=250,\ D_4=350,\ D_5=450,\ D_6=300$$

然后，按管段编号顺序将管网中的6个管段管径所对应的二进制整数（基因）连接在一起形成一个个体，其染色体为：111010010100110011。

则具有不同染色体的个体共有$W^p=8^6=262144$个，从中可随机取种群要求的个体数组成遗传算法的初始种群。

适应度函数构建如下：

$$\text{Fitness}(f(D_1,D_2\cdots D_p))=\frac{1}{\sum_{i=1}^{m}(D_iL_i)+\omega R} \tag{13-3-3}$$

式中

$$R=\begin{cases}0 & \text{当满足}A\text{时}\\ A & \text{当不满足}A\text{时}\end{cases} \tag{13-3-4}$$

$$A=\max\{\varphi_l,(l=1,2\cdots r)\}<\varepsilon \tag{13-3-5}$$

$$\varphi_l=\sum\nolimits_{i\in l}\Delta p_i-\Delta p_{js} \tag{13-3-6}$$

ω是确定罚函数作用强度的一个系数，$\varepsilon>0$为满足约束条件的允许误差。

因为只有满足式（13-1-10）的个体才是可能的最优解。因此，当满足式（13-3-5）时，按$\dfrac{1}{\sum_{i=1}^{m}(D_iL_i)}$计算该个体的适应度值，如果不满足式（13-3-5）时，说明该个体不满足式（13-1-10）的水力要求，通过罚函数使该个体的适应度值非常小从而便于剔除。

每个个体就是一个燃气管网管段直径配置方案，也就说管段的管径已经知道，因此，无论是环状管网还是枝状管网，可以直接进行水力计算得到唯一的Δp_i。并按式（13-3-3）计算个体适应度值。

另外，还需要选择合适的停止准则，就可以获得最佳个体，即管段管径经济配置方案。

遗传算法优化计算时，尽管每次计算结果可能都不一样，但都是接近最小成本这个目标的。

13.4 综合优化法

对于燃气管网优化的研究一般是在优化方法上的探讨和应用。都是以管网造价为优化目标函数。更进一步研究，在优化设计过程中既要考虑投资和运行费用最小这一目标，同时要考虑燃气网络供气能力的储备，确保在管网发生事故后，能通过管网自身调节特性并采取适当的调度措施，维持一定的供气能力。为此本手册主编提出了管网综合优化原理[16]，即采用适当形式将管网的压力储备因素纳入优化目标，并同时对设计管网按管网功能要求进行必要调整。

在满足水力要求的前提下，从投资和运行费用来说，枝状燃气管网肯定比环状燃气管网小。但是后者的供气可靠性显然比前者大。所以，很难直接去对比两者的优劣性。

本章节从燃气管网供气负荷确定的前提下，提出两类管网综合优化方法。第一种是结合前面两种优化方法在目标函数中增加压力储备因子，即对上述两种优化方法作修正；第二种方法是基于“边值管网”将压力储备折算为投资费用减扣值的项，形成综合目标函数。

13.4.1 增加压力储备因子的综合优化

13.4.1.1 基于拉格朗日乘数法的综合优化

前面提到由于拉格朗日乘数法优化结果的管段直径一般为非标直径，经过圆整后会偏离优化结果。由于一般燃气管网中的管段数很大，可以有不同的管段直径圆整选择。选择圆整方案的前提是管网零点压力必须大于或等于允许压力值。在此要求下，管网中零点处的压力会出现高于允许压力值的情况，相当于具有了一定的压力储备，这有利于提高在事故工况下的供气可靠性。

成本计算结果 $\sum_{i=1}^{m}(\dot{D}_iL_i)$（其中的 $\dot{D}_i$ 是圆整后的标准直径）与各零点平均压力储备效益间的关系复杂，需要根据具体的管网情况进行分析计算。

由于方案众多，又没有规律可循，实际操作比较困难。一般通过试算，在要求管段直径圆整后的管网中各零点处压力大于但尽可能接近允许压力值的前提下，选择投资增加少，而压力储备增幅大的方案，即压力储备效益最大值的方案，计算式为：

$$R = \max\left\{\frac{\Delta p_{\mathrm{r,w}}}{\sum_{i=1}^{m}(\dot{D}_iL_i)\Big|_w - \min\left[\sum_{i=1}^{m}(D_iL_i)\right]^p} \quad (w=1,2\cdots U)\right\} \tag{13-4-1}$$

式中 R——压力储备效益；

U——管网方案数。

$\Delta p_{\mathrm{r,w}}$——管段直径圆整方案 w 时，各零点节点压力平均值与零点最低允许压力值之差；

D_i——管段 i 圆整前的标准直径；

$\dot{D}_i$——管段 i 圆整后的标准直径；

U——圆整方案数。

13.4.1.2　基于遗传算法的综合优化

遗传算法优化结果的管段直径就是标准管径，不需要进行管径的圆整。不过，由于遗传算法优化结果与停止准则有关，而且，即便选用同一停止准则，每一次的计算结果也不尽相同。但是，总体而言，不管选用什么准则，每一次的计算结果都接近或等于最优结果。

由于不需进行管径的圆整，因此，可以在几次的计算结果中直接选择最小值作为最终计算结果。如果，要考虑一定的压力储备，也可以如同上面，选择压力储备效益最大者的计算结果，其压力储备效益最大值计算公式如下：

$$\dot{R}=\max\left\{\frac{\Delta p_{\mathrm{r},\dot{\mathrm{w}}}}{\sum_{i=1}^{m}(D_iL_i)\Big|_{w}-\min\left[\sum_{i=1}^{m}(D_iL_i)_{\dot{\mathrm{w}}},(\dot{w}=1,2\cdots,V)\right]}\quad(\dot{w}=1,2\cdots V)\right\}\tag{13-4-2}$$

式中　$\dot{R}$——压力储存效益；

$\Delta p_{\mathrm{r},\dot{\mathrm{w}}}$——管段直径圆整方案 $\dot{w}$ 时，各零点节点压力平均值与零点最低允许压力值之差；

V——计算结果数。

上式中的分母第二项可以采用拉格朗日乘数法的优化结果。

13.4.2　基于边值管网的综合优化

在对管网进行优化设计时，往往将管径配置与管网水力计算交替进行。经过若干次反复使管网设计的经济性不断改进。当效果改进提高到某一程度时，即认为管网达到了优化。

管网的反复优化过程要从一个初始管网开始，初始管网一般由设计人员根据经验给出。对于一个好的优化方法来说，应该对初始管网是稳定的，即对初始管网总能很快地收敛接近到优化管网。

1. 边值管网

对于一个具体的城市输配管网项目，管网实际可行的设计方案有很多种。在可行方案集合中，在管网造价上有两类极端管网，一类最经济方案，即是枝状管网方案。还有一类是最不经济方案，即是“均匀配管”环网方案。这两种配管的管网即构成了“边值管网”（严格说是“准边值管网”）。

考察一个管段，管段管径由下式计算：

$$d=K\left(\frac{1}{\Delta p}\right)^{\frac{1}{2n}}\cdot q^{\frac{1}{n}}\tag{13-4-3}$$

式中　d——管道内径，mm；

l——管段长度，km；

K——常数；

Δp——管段压降，MPa^2；

q——管段的计算流量（基准），m^3/s。

枝状管网是一类经济管网。若放弃对管网成环或其他结构上的要求，则优化的结果是管网退化为枝状管网。

另一类有极值造价的环形管网是“均匀”管网。

在工程设计中普遍采用对整个管网取 δp（$=\Delta p/l$）为平均单位压降值。而实际的管网的 δp 不是接近一个平均数，而是具有一定的分布。一般的规律是沿流向考察时，管径不变的各管段，管段流量沿流向减小时，δp 会逐渐递减；而在管径沿流向减小时，δp 会有一个增值；所以从整个管网看则是从主干到末端各级管段 δp 变化不大。这即是管网设计中一般采用的等单位压降的做法。

以下在管段单位压降作为参数的条件下给出“均匀管网”。

环形管网中包含很多由管段组成的通路。但由于管网的管段从流向看都是逐次由节点分出或汇合于节点。所以分析管网也可以从分析节点得到启发。

采用动态规划方法可以得到连有 k 管段的节点，当管段流量分配为：

$$q_{ki}=r_{ki}q \quad (k=2,3,i=1,2,\cdots k) \tag{13-4-4}$$

的时候，节点接出的 k 管段造价有极大值。

若取对该节点各管段 δp_i＝定数

$$r_{k,i}=\frac{l_i^{\Delta}}{\sum\limits_{i=1}^{k} l_i^{\Delta}} \tag{13-4-5}$$

$$\Delta=\frac{n}{n-1},\ n=2.613$$

即对一个节点，按相连管段流量 $r_{\mathrm{k},i}$ “均分”时，设计的管段管径配置造价最大。此时由（13-4-3）式，得“相当管径”：

$$d_{\mathrm{k},i}=K_0(r_{\mathrm{k},i}q)^{\frac{1}{n}},\qquad k=2,\ 3,\ i=1,2,\cdots k$$

式中
$$K_0=K\left(\frac{1}{\delta p}\right)^{\frac{1}{2n}}$$

若 l_i＝定数，则
$$r_{i,\mathrm{k}}=\frac{1}{k}$$

用这种方法配置的管网即相对造价高（高于通常实际设计）的管网。称之为“均匀管网”。而合理配管环网显然应有别于“均匀管网”。

我们得到两类具有边界值的管网。一类是枝状管网，另一类是“均匀管网”环网。这两类管网配置方案造价处于两端，显然有不同的压力工况，各零点的压力会在不同的水平上。因而零点压力高于允许最低压力的压力储备值会有不同，相应于两种压力储备边界值。利用这种造价与压力储备边界值对应关系构造另一种管网优化目标因素—压力储备目标，即是将能量利用潜力纳入优化目标。

2. 综合优化原理

① 压力储备指标概念。不同的管网管径配置方案会产生不同的管网水力工况。在设计比较合理的条件下，对于造价大的管网会有较高的零点压力水平，因而有较大的压力储备值，因此，在供气压力一定的条件下，管网零点压力水平的高低即可作为管网压力储备

大小的一种指标。

② 综合优化目标。以造价为目标函数的管网优化能获得造价相对较省的管网。而工程实践上这种管网不一定是最好的管网。原因之一即在于它可能缺乏足够的增加供气能力的储备。在目标函数中增加压力储备因素，则可使管网的优化从追求造价低的单一目标转为追求造价与压力储备协调的综合优化目标。

③ 综合约束。传统的燃气管网优化往往忽略了实际管网的功能要求。对中压管网，其主要功能要求即管段配气。因此有必要在管网优化中将管段配气要求用管段管径约束形式给出，从而形成对管网优化的综合约束。

④ 综合优化原理。基于边值管网构造压力储备函数以建立综合目标函数，加以综合约束进行燃气管网优化，即综合优化原理。据此所建立的模型即综合优化模型。

3. 压力储备效益系数

压力储备指标，指管网中压力最低的 N_{10} 个节点（也可以采用另外的数目）的平均压力与 p_0 之差。

需要使压力储备指标映射为效益价值指标。管网造价指标：

$$F=\sum_{k=1}^{m}d_{\mathrm{k}}\cdot l_{\mathrm{k}}/1000 \tag{13-4-6}$$

$$N_{10}=\left\lfloor\frac{N}{10}\right\rfloor \tag{13-4-7}$$

$$\Delta p_{\mathrm{r}}=p_{\mathrm{av}}-p_0 \tag{13-4-8}$$

$$\zeta=\frac{\Delta p_{\mathrm{r}}}{p_{\mathrm{d}}-p_0} \tag{13-4-9}$$

式中　F——管网造价指标，$10^3\mathrm{m}^2$；

d_k——第 k 管段管径，mm；

l_k——第 k 管段长度，km；

m——管段总数；

p_{av}——管网 N_{10} 个最低节点压力的平均值，MPa；

$p_{\min}$——管网最低节点压力，MPa；

p_{d}——管网设计压力，MPa；

p_0——管网设计最低压力，MPa；

Δp_{r}——压力储备，MPa；

N——管网节点数；

N_{10}——采用的管网中依次为最低节点压力的节点数；

$\lfloor\ \rfloor$——地板函数；

b——相对于枝状管网（方案1）的造价指标的比值；

ζ——压力储备 ΔP_{r} 与管网设计压降（$p_{\mathrm{d}}-p_0$）的比值，在例中 $p_{\mathrm{d}}-p_0=0.5-0.3=0.2\mathrm{MPa}$。

先考察一般管网压力储备与管网造价之间的关系。取一项工程，对其管网设计不同的管道配置方案，得到表13-4-1技术经济指标。

管道配置方案技术经济指标 表 13-4-1

方案	1(枝状)	2	3	4	5	6
F	6232.24	7977.6	7655.66	7817.56	8143.86	8763.2
b	1	1.28	1.2144	1.24	1.2918	1.39
Δp_r	0.0035	0.030	0.0416	0.066	0.0810	0.103
ζ	0.0175	0.15	0.208	0.33	0.405	0.515
p_{min}	0.3	0.329	0.3378	0.3641	0.3781	0.396
dF	89.0	763.1	1058.2	1678.8	2060.4	2620.0
F_n	6143.2	7214.5	6597.5	6138.7	6083.5	6143.2
方案排序	—	5	4	2	1	3

从表 13-4-1 可以初步看到，管网方案的压力储备与造价指标的关系。方案管径配置较大则压力储备 Δp_r 也较大。但其前提是各方案都设计比较合理。否则会出现反效果。例如比较方案 2 与 3，$\Delta p_{r3} > \Delta p_{r2}$，但 $F_3 < F_2$。显然方案 2 管径配置欠妥。

用表 13-4-1 中的边值管网的造价指标 F 与压力储备 Δp_r 得出一个压力储备效益系数，用于计算方案的压力储备价值指标；

$$f=\frac{F_{max}-F_{min}}{\Delta p_{rmax}-\Delta p_{rmin}} \tag{13-4-10}$$

方案的压力储备价值指标：

$$\Delta F=f\Delta p_r \tag{13-4-11}$$

式中 f——管网压力储备效益系数；

ΔF——压力储备价值指标；

F_{max}——造价最大管网方案（用以替代最大边值管网）的造价指标；

F_{min}——造价最省管网（枝状管网）方案的造价指标。

式（13-4-1）表明了压力储备与管网造价的关系。注意，它是由本例数据得出的，只是个例。它特别与采用的造价最大方案有关。理论上应该由枝状管网与"均匀管网"产生最小与最大边值管网。实际设计中不可能构造一个最大边值管网方案，可以认为 $\zeta \geqslant 0.5$ 的方案即是用以替代最大边值管网的造价最大管网方案。

4. 燃气管网综合优化方法

以管网造价指标值扣除压力储备价值指标值的余额（综合造价指标）最小为优化目标。即可以得出一种综合优化模型的目标函数。

管网方案综合造价指标为

$$F_n=F-\Delta F \tag{13-4-12}$$

式中 F_n——作为目标函数的方案综合指标；

F——管网方案的造价指标；

ΔF——管网压力储备价值指标。

本文的例子 F，F_n，ΔF 的图线如图 13-4-1，图 13-4-2。

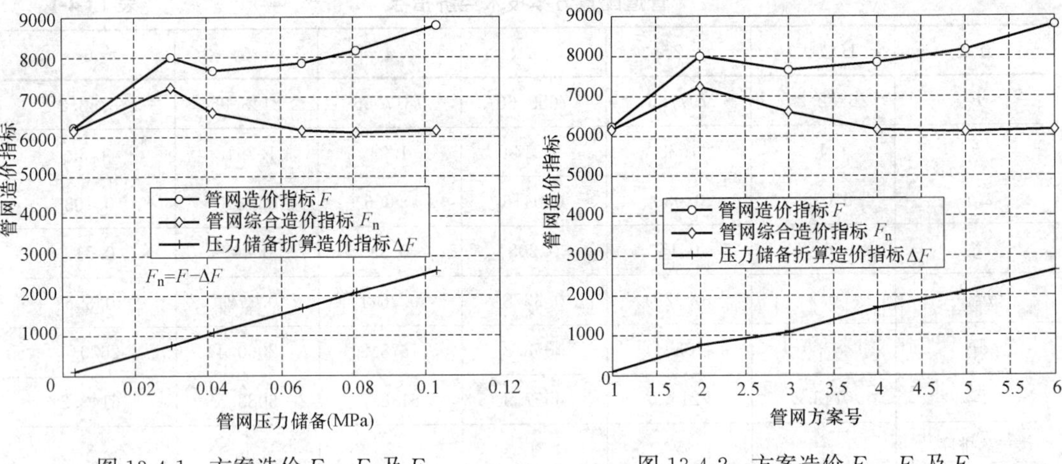

图 13-4-1 方案造价 F，F_n及 F 图 13-4-2 方案造价 F，F_n及 F

对每一个方案，都有一个 F_n 值。F_n 是管网造价指标扣除压力储备效益指标后的“净”造价，F_n 最小者即是优选方案。除上述用有限的几个方案的优选方式外，也可以采用各种行之有效的优化方法，以 F_n 为目标函数进行综合优化。

由图 13-4-2，可见在 5 个环形管网方案中，4 个是较合理方案，方案 2 是最差方案，这与表 13-4-1 比较造价指标的初步认识是一致的。方案 5 为最优。而不是传统认为方案 3 最优的结论。从表 13-4-1 中看到，没有将枝状管网方案列入比较，因为它与环形管网无可比性。只有进一步将供气可靠性因素再考虑进目标函数之后才可进行比较。

对已经研讨过的内容作一小结，以说明燃气管网综合优化实用化的方法。

解算燃气管网优化问题可按下列步骤：

① 按照工程规定的关于燃气管网的供气量和给定的供气设计压力 p_d 和节点最低压力 p_o 按常规设计方法，按管网主干环的要求以及管段途泄供气的要求设计初始管网。

② 设计边值管网。在初始管网基础上简化出一个枝状网，即“最小”边值管网（为简化出枝状网，在编程时可将要去除的连枝管管径设为 1mm）。在初始管网的基础上，适当调整若干上游管段，配置成合理的有相当压力储备的“均匀”管网，即“最大”边值管网。得出两个边值管网。

③ 对两个边值管网进行水力计算。分别得到 F 和 Δp_r 的边界值（F_{max}，F_{min}，Δp_{rmax}，Δp_{rmin}）。

④ 对枝状网应有 $\zeta \approx 0$，对大压力储备网应有 $\zeta \approx 0.5 \sim 0.6$。否则进行调整，回步骤③。

⑤ 利用一种优化算法，由管网的 F，及 Δp_r 由式（13-4-10），（13-4-11）计算 ΔF，由（13-4-12）得出目标函数 F_n，应用综合约束，从初始管网出发，对方案寻优，得出优化方案。

⑥ 实际工程中对于管网增加供气能力或压力储备的主观意向一般用综合优化方法应能很好体现。也可以采取在优化管网的基础上再进行人工调整的方法，使管网管径配置设计更符合于设计的某种意图。

13.5 燃气输配管网供气可靠性评价

13.5.1 概 述

燃气输配系统由大量管道以及阀门、部件构成。管网在建成后经过强度和气密性试验合格投入运行。此时，管网具有很好的完整性，可按设计规定的供气量工作。随着运行时间的推移，管网部件本身及施工的某些缺陷会暴露出来，需从系统中隔离开来，进行修复，此时管网的供气能力会受到一定程度的影响。在损坏部件经修复、故障被排除后，管网又恢复到完整的状态。可见管网系统是一种可修复的系统，并且是一种在个别管段或部件发生故障时系统仍有一定供气代偿能力的复杂系统。

13.5.2 可靠性基本概念

13.5.2.1 可靠性基本函数

工程系统都是由元部件组成的。系统的可靠性取决于元部件的可靠性以及元部件的系统构成方式。并且系统的可靠性是针对一定功能目标而言的。对元部件的可靠性的研究最基本的方法是通过实测获得数据，对数据进行科学的处理，作出分析得到定量的结果。

(1) 可靠性及可靠度函数

设有 N_0 个相同元件，在 $t=0$ 时刻投入运行，在 Δt 时间后有 $r(t)$ 个发生故障，$N_S(t)$ 个仍保持完好，即：

$$N_S(t)=N_0-r(t) \tag{13-5-1}$$

记

$$R(t)=\frac{N_S(t)}{N_0} \tag{13-5-2}$$

式中 $R(t)$——可靠度。

可见可靠度定义为在时刻 t，部件的完好率，可作为可靠性的指标。

(2) 故障率

为科学地表明可靠性，不能依靠一次的测量，而应该将对可靠性的评价建立在大量统计性数据的基础上。为此有必要引入故障率概念。

故障率定义为在单位时间内，发生故障的元件数与当时完好元件数的比率，即：

$$\lambda(t)=\lim_{\Delta t\to 0}\frac{r(t+\Delta t)-r(t)}{N_0-r(t)\Delta t}$$

$$\lambda(t)=\lim_{\Delta t\to 0}\frac{\Delta r(t)}{N_S(t)\Delta t}=\frac{\mathrm{d}r(t)}{N_S\mathrm{d}t} \tag{13-5-3}$$

由式 (13-5-3)：

$$\lambda(t)=\frac{N_0}{N_S}\frac{\mathrm{d}r}{N_0\mathrm{d}t}=\frac{1}{R(t)}\frac{\mathrm{d}r}{N_0\mathrm{d}t} \tag{13-5-4}$$

由式 (13-5-1) 及式 (13-5-2)：

$$R(t)=\frac{N_S}{N_0}=1-\frac{r}{N_0}$$

$$dR(t)=-\frac{dr}{N_0} \tag{13-5-5}$$

由式（13-5-4）及式（13-5-5）：

$$\lambda(t)dt=\frac{-dR(t)}{R(t)}$$

采用λ=常量，对初始条件$R(0)=1$，即开始时，可靠度为1，对上式积分，得：

$$R(t)=e^{-\lambda t} \tag{13-5-6}$$

（3）故障率分布函数

研究可靠性的一种对象，例如一批元部件，在一定使用时间测量其故障率情况，会看到它是一种随机变量。因此，作为随机变量它会有某种分布规律。

当前，对燃气管网的可靠性问题，一般采用故障率指数分布，即λ=常量。

（4）维修性

当元件故障后不可修复时，则故障即称为失效，故障率即为失效率。对于可修复元件的被修复的情况，用维修率加以表示。

实际上很多元件在发生故障后是可以修复的，特别对燃气输配系统，无论管道或阀门等部件在发生故障后都是需修复的，这里所指修复是故障件的修复或对原故障件的更换，所以修复是相对于功能来说的广义的。此外也可以对元件进行预防性更换，维修。

维修性是系统可靠性的一个很重要的问题。维修性、维修方式、维修周期、维修条件（包括人员）的配置等关系到系统的可靠性和运行的经济性。对于维修性，可以用维修度来表达。

维修度是维修难易程度的概率，维修度定义为在$t=0$时，处于完全故障状态的全部元件在t时刻前经维修后有百分之几恢复到正常的累积概率。维修度函数$M(t)$：

$$M(t)=\frac{s(t)}{D_0} \tag{13-5-7}$$

式中 $M(t)$——维修度函数；

$s(t)$——t时刻已修复的故障元件数；

D_0——修复开始时刻故障元件数。

维修率定义为：在单位时间内，修复的元件数与当时未修复的故障元件数的比率，记为μ即

$$\mu(t)=\frac{ds(t)}{[D_0-s(t)]dt}$$

$$\mu(t)=\frac{ds(t)}{D_0\,dt}\frac{D_0}{D_0-s(t)}$$

再由式（13-4-7）：

$$\mu(t)=\frac{dM(t)}{dt}\frac{1}{1-M(t)}$$

在维修率为指数分布时，$\mu(t)=\mu$（常量），且$M(0)=0$，由上式可得维修度函数：

$$M(t)=1-e^{-\mu t} \tag{13-5-8}$$

$\mu<1$，一般μ与λ相比有数量级的差别，$\mu\gg\lambda$。

燃气管网系统是一种可维修系统，在研究可靠性时需要考虑其维修性。

本节列出了关于可靠性的四个最基本的函数，即可靠度 $R(t)$、故障率 $\lambda(t)$、维修度 $M(t)$、维修率 $\mu(t)$。

13.5.2.2 系统的可靠性及状态转移

(1) 系统的可靠性

系统的可靠性与组成系统的元部件的可靠性密切相关，也取决于元部件组成系统的结构形式。研究系统的可靠性要建立起系统的模型，即确定系统与元部件之间功能的逻辑关系，由元部件可靠度可以计算得到系统的可靠度。

从可靠性角度对系统可以进行分类。燃气管网系统应属于复杂系统。

(2) 系统的状态转移

实际的系统的完整状态随时都处在改变之中，不仅直接从可靠度函数是时间函数可以看出来，而且还在于系统由很多部分所组成，并且系统可能被修复。所以系统的完整状态是种动态过程。一般系统的状态是随机地发生转移的，是一种随机过程。具有某种转移的概率。转移概率与系统的故障率和维修率都有关系。

我们要特别关注一种随机过程，即马尔柯夫过程。马尔柯夫过程是在时间 t_n，随机变量取值的概率只与 t_{n-1} 时刻随机变量取值的概率有关，而与 t_{n-1} 以前的过程历史无关。这种性质称为“无记忆性”或“无后效性”。

我们讨论的燃气管网状态变化过程即限定为状态转换率（故障率，维修率）为常数的齐次马尔柯夫过程；可以得出系统处于 j 种故障状态（即第 j 管段或阀门故障）的概率：

$$P_j(t)=\frac{\lambda_j}{\sum\limits_{j=1}^{n}\lambda_j+\mu}\left\{1-\exp\left[-\left(\sum_{j=1}^{n}\lambda_j+\mu\right)t\right]\right\},\quad j=1,2\cdots n \tag{13-5-9}$$

式中 $P_j(t)$——第 j 管段或阀门故障的概率；

n——故障模式数；

λ_j——第 j 管段或阀门故障率；

μ——管段或阀门的维修率；

t——可靠度计算时间。

13.5.3 管网供气可靠度

(1) 管网供气可靠度

燃气管网供气能力与管网的完整性状态有关。无故障的管网具有完整状态下供气能力，即完整供气量 $q_0(t)$，而在故障状态 j，管网会失去一定量供气能力 $\Delta q_j(t)$，只保持部分供气能力 $q_j(t)$。所以对一个管网，由于其状态处在随机过程中，因此其预期的供气能力与它可能有的状态的概率有关。为对其进行合理的估计，可以采用下列概率加权关系：

$$q(t)=q_0(t)P_0(t)+\sum_{j=1}^{m}q_j(t)P_j(t) \tag{13-5-10}$$

式中 $q(t)$——管网预期供气能力，m^3/h；

$q_0(t)$——无故障的管网具有的供气能力（完整供气量），m^3/h；

$P_0(t)$——管网无故障的概率；

$q_j(t)$——管网处于 j 状态（第 j 管段或阀门故障）的部分供气能力，m^3/h；

$P_j(t)$——第 j 管段或阀门故障的概率。

$$P_0(t)+\sum_{j=1}^{n}P_j(t)=1 \tag{13-5-11}$$

$$\Delta q_j(t)=q_0(t)-q_j(t) \tag{13-5-12}$$

由式（13-5-10）～式（13-5-12）有：

$$q(t)=q_0(t)-\sum_{j=1}^{m}\Delta q_j(t)P_j(t) \tag{13-5-13}$$

式中 $\Delta q_j(t)$——第 j 管段或阀门故障，管网失去的供气能力（减供量），m^3/h。

定义管网预期供气量与完整供气量之比值为管网供气可靠度，即：

$$R(t)=\frac{q(t)}{q_0(t)} \tag{13-5-14}$$

式中 $R(t)$——管网供气可靠度。

在本定义中有关量都是时间的函数，在评价设计的管网有怎样的供气可靠度水平时，有必要限定将定义固定在设计额定工况下，即 $q_0(t)$ 采用管网设计额定的供气量 q_0。$\Delta q_j(t)$ 也按相对于供气量 q_0 在管网 j 种故障模式下减少的供气量（减供量）Δq_j 确定。

需对管网所有可能的（$M+V$）种故障模式，计算出相应每一种故障模式下的减供量 Δq_j，由式（13-5-13），式（13-5-14）：

$$R(t)=1-\sum_{j=1}^{M+V}\frac{\Delta q_j}{q_0}P_j(t) \tag{13-5-15}$$

式中 M——管段故障模式数，等于管段数；

V——阀门故障模式数，等于阀门数；

Δq_j——相对于供气量 q_0 在管网 j 种故障模式下减供量，m^3/h；

q_0——管网设计额定的供气量，m^3/h。

（2）减供量 Δq_j

基于水力工况计算的燃气管网供气可靠度计算方法是提供故障管网减供量确定模式（概率意义上的减供量模型，或故障管网减供量预期值）的出发基础，在燃气管网供气可靠性评价中对故障管网的减供量计算只是一种事件估计，不应混同于管网的某一工况的实际减供量。

初步可以采用由管网水力工况计算中，用故障管段的计算流量 Q 估计故障管网减供量。但这是认为一根管段发生故障时，对整个管网的水力工况只有局部的影响。还应进一步考虑不同管段发生故障时对整个管网的水力工况的影响程度是不同的；此种影响程度和管段计算流量与管网最大管段计算流量之比相关。因此要对每一管段计算流量 Q_j 乘以 $(Q_j/Q_{jmx})^{v-1}$ 影响因子，得出在管网 j 种故障模式下的减供量：

$$\Delta q_j=Q_j(Q_j/Q_{jmx})^{v-1} \tag{13-5-16}$$

（3）管网供气可靠度计算公式

由式（13-5-9），式（13-5-16），结合管网阀门配置因素，式（13-5-15）相应为：

$$\begin{cases} R(t)=1-\dfrac{1}{Q_{jmx}^{v-1}q_0\left(\sum\limits_{j=1}^{M}\lambda_j+V\lambda_\mathrm{V}+\mu\right)}\left[m\sum\limits_{j=1}^{M}Q_j^v\lambda_j+\gamma m\lambda_\mathrm{V}\cdot\sum\limits_{j=1}^{M}Q_j^v\right]\left[1-e^{-\left(\sum\lambda_j+V\lambda_\mathrm{V}+\mu\right)t}\right] \\ \lambda_j=\breve{\lambda}\cdot l_j \\ V=M+H-1-(m-1)\left\lfloor\dfrac{M-T}{m}\right\rfloor \end{cases} \tag{13-5-17}$$

式中 M——管网管段数；

H——管网环数；

T——管网支管段数；

V——管网阀门数；

m——管网阀门规则配置级数，一般 $m=2$，3；

$\lfloor x\rfloor$——地板函数，即等于或小于实数 x 的最大整数；

$\breve{\lambda}$——管段单位长度故障率，1/(a·km)；

l_j——管段长度，km；

λ_j——管段故障率，1/a；

λ_V——阀门故障率，1/a；

μ——维修率，1/a；

γ——阀门故障相关管段数系数，$1.8<\gamma<2$。

q_0——管网设计流量，m^3/h；

Q_j——管段计算流量，m^3/h；

$Q_{j\mathrm{mx}}$——最大的管段计算流量，m^3/h；

v——影响因子指数，一般取 $v=2$。

(4) 应用

① 由燃气管网供气可靠度公式可以看到，$R(t)$ 与管网故障模式下减少的减供量有关系，所以多气源点管网的 $R(t)$ 大于单独气源管网的 $R(t)$；在单气源时将出站管由单管改为双管可提高管网的 $R(t)$；适当的环形管网较枝状管网 $R(t)$ 高。所以提高燃气管网供气可靠度有赖于合理的设计管网（包括合理配置阀门）。

② 与管网管段及管道、阀门等部件的故障率，维修恢复能力的维修率有直接关系，所以要重视燃气管网的管道、阀门等部件的质量与维修管理。

③ 从 $R(t)$ 计算式中可看到，$R(t)$ 与所采用的 t 有关，这表明采用较短的管网大修更新周期，有利于提高管网的供气可靠度。

④ 基于水力工况的燃气管网供气可靠度计算可以在管网水力计算程序中由式(13-5-17) 得出；或者利用管网水力计算结果另外由式 (13-5-17) 计算得出。

(5) 算例

对图 13-5-1 燃气管网及表 13-5-1 管段流量 q_j (m^3/h) 算例进行管网供气可靠度计算。

$\breve{\lambda}=0.0004$，$\lambda_\mathrm{v}=0.00035$，$\mu=0.85$，$\gamma=1.8$，$m=2$，

管段计算流量影响因子指数 $v=2$：计算结果为 $R(t)=0.9894$。一般要求 $R(t)\geqslant 0.99$。

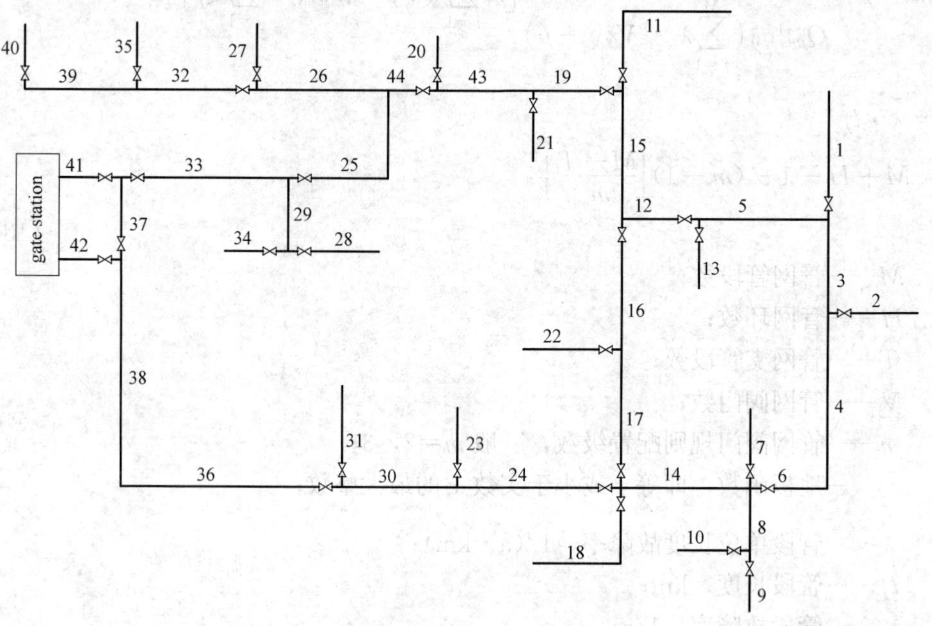

图 13-5-1　燃气管网

管段流量（m^3/h）　　表 13-5-1

1	2	3	4	5	6	7	8	9	10
8000	−5000	−515	4485	8515	4485	−2000	−2600	−600	−2000
11	12	13	14	15	16	17	18	19	20
5000	−10315	−1800	9085	−9429	885	2585	−1000	14429	3000
21	22	23	24	25	26	27	18	29	30
−200	−1700	1700	12670	19429	−1800	700	2000	−3500	14370
31	32	33	34	35	36	37	38	39	40
1500	−1100	22929	−1500	400	15870	3265	−15870	−700	700
41	42	43	44						
19664	19136	14629	17629						

附：管网供气可靠度计算函数段 MATLAB 程序

变量或参数 → 程序的变量或参数名：

$\breve{\lambda}$ →lmd0

λ_v →lmdV

μ →mu

t →t

l_j 的数组　→ L

q_0 →Q0

Q_j 的数组　→Qj

Q_{jmx} →Qjm
M →M
V →V
m →m
γ →gm
v →v

Matlab 函数段：

```
function[Rt,C3]=subRRt(lmd0,lmdV,mu,t,L,Q0,Qj,Qjm,M,V,m,gm,v)
% 本 Matlab 函数段 subRRt 用于基于管网水力分析计算管网供气可靠度。
lmdj=lmd0 * L;
sgmlmdj=sum(lmdj);   % sum(lmdj) 是对全部 lmdj 求和
C3=sgmlmdj+V * lmdV+mu;
sgmD=sum(Qj.^v. * lmdj)
sgmQjv=sum(Qj.^v)
Rt=1/(Qjm^(v-1) * Q0 * C3);
Rt=Rt * (m * sgmD+gm * m * lmdV * sgmQjv);
Rt=Rt * (1-exp(-C3 * t));
```

参考文献

[1] 谢伟光. 城市煤气管网经济管径计算 [J]. 煤气与热力，1982，(6).
[2] 吴伯良. 煤气管网的计算机辅助设计 [J]. 煤气与热力，1983，(5).
[3] 谢子超. 燃气管网设计计算机程序的研制 [J]. 煤气与热力，1985，(1) No1.
[4] 严铭卿. 城市燃气管网的计算机辅助设计 [J]. 煤气与热力，1988，(1) No1.
[5] 王训俭，赵新华，金志刚. 煤气管网优化设计程序的研究 [J]. 煤气与热力，1989.
[6] 蔡宣三. 最优化与最优控制 [M]. 北京：清华大学出版社，1982.
[7] 解可新等. 最优化方法 [M]. 天津：天津大学出版社，2001.
[8] 陈立周等. 工程离散变量优化设计方法——原理和应用 [M]. 北京：机械工业出版社，1989.
[9] 施光燕，董加礼等. 最优化方法 [M]. 北京：高等教育出版社，2002.
[10] 严铭卿等. 燃气输配工程分析 [M]. 北京：石油工业出版社，2007.
[11] 阮应君. 高压天然气管网干线输气系统的优化（硕士学位论文）[D]. 同济大学，2002.
[12] 朱文建. 燃气输配管网的优化设计（硕士学位论文）[D]. 同济大学，1999.
[13] 王小平等. 遗传算法——理论与应用 [M]，西安市：西安交通大学出版社，2002.
[14] 周明等. 遗传算法原理及其应用 [M]，北京：国防工业出版社，1999.
[15] MIRRZAZVI S K，D F JONES，M TAMIZ. A comparison of genetic and conventional methods for the solution of integer goal programmes [J]. European Journal of Operational Research，2001，132：594-602.
[16] 严铭卿. 燃气管网综合优化原理 [J]. 煤气与热力，2003 (12)：741-745.
[17] 毕彦勋. 燃气输配管网的可靠性评价 [J]. 煤气与热力，1986 (3)：27～30，35.
[18] 赵涛，林青. 可靠性工程基础 [M]. 天津：天津大学出版社，1999.
[19] 郭永基. 可靠性工程原理 [M]. 北京：清华大学出版社，施普林格出版社，2002.

［20］ 盐见弘．可靠性工程基础［M］．北京：科学出版社，1983．
［21］ 孙桂林．可靠性与安全生产［M］．北京：化学工业出版社，1996．
［22］ 何淑静，周伟国，严铭卿等．燃气输配管网可靠性的故障树分析［J］．煤气与热力，2003（8）：459～461．
［23］ 何淑静，周伟国，严铭卿等．城市燃气输配系统事故统计分析与对策［J］．煤气与热力，2003（12）：753～755．
［24］ 严铭卿．燃气管网供气可靠性评价方法［J］．煤气与热力，2014（1）B01-B 05．
［25］ 严铭卿，宓亢琪等．燃气输配工程学［M］．北京：中国建筑工业出版社，2014．
［26］ 李军．城市高压燃气管网的供气可靠性研究（博士学位论文）［D］．上海：同济大学，2016．
［27］ 严铭卿，李军．燃气管网供气可靠度计算中的减供气量［J］．煤气与热力，2017（4）B10-B14．

第 14 章　燃气输配测控与调度管理系统

燃气输配测控是指在燃气管网的门站、储配站、调压站或重要节点等输配场站实施过程检测与自动控制，对设备故障和工况报警做出快速处置，保证管网运行安全，并使输配工况稳定在给定值附近。输配调度管理是指调度室通过远程网络与各场站进行数据通信，采集存储各场站设备状况和输配工况，监控管网运行状态，预测燃气负荷变化，适时进行工况调度或应急处置，保持管网供气能力或满足重要负荷需求。

实现上述理念和功能的系统称为燃气输配测控与调度管理系统。其中结合现场测控系统、远程通信网络和计算机数据库系统，在输配场站层面实现输配测控自动化，在城镇管网层面实现调度管理数字化，在企业管理层面可与管理信息系统和地理信息系统对接，支持全面信息化系统建设。输配调度管理从数字化到自动化的发展还依赖于燃气管网动态分析计算软件的应用进程。

本章以实现燃气输配测控自动化和调度管理数字化为目标，针对燃气输配站场的过程检测与自动控制、远程通信网络、调度室服务器、调度管理工作站等主要方面，介绍系统结构、设计理念、实现方式和应用要点，并且说明了在理念和方式上与现行 SCADA 系统的差异。最后介绍了燃气输配管理信息系统 MIS、管网地理信息系统 GIS 的功能要点和系统组织结构。

具体工程项目的设计应遵循的标准规范有：

《城镇燃气自动化系统技术规范》CJJ/T 259；

《城镇燃气工程智能化技术规范》CJJ/T 268；

《城镇综合管廊监控与报警系统工程技术标准》GB/T 51274。

14.1　燃气输配调度及其系统

14.1.1　输配调度任务与功能

燃气管网输配调度的对象是燃气输配场站或测量站点。输配调度的任务是监控设备状况和输配工况，保证管网安全运行，保持输配工况合理，保持供气能力或满足重要负荷需求，力求产供耗协调。

燃气输配调度系统的基本功能应有下列方面：输配设备状态、管网运行工况等数据采集，各类数据存储和归档，数据处理与综合，报警处理和故障处理，运行报告和生产报表，储气量分析和预测，负荷分析和预测，工况分析和预测，管道泄漏分析和定位，管网工况优化与调度，关键设备设施的远程操作。

14.1.2　调度室设置与划分

对于中小规模的区域燃气管网，通常设置一个集中调度室，也称为中心调度室或调度中心，对整个管网进行运行调度和集中管理。对于较大规模的城市燃气管网，可根据管网地理或区域分布设置多个区域调度室，各区域调度室负责辖区内管网的运行调度管理并将主要数据信息上传到中心调度室，中心调度室通过各个区域调度室对整个城市管网进行区域协调或气源调度。

天然气长输管线通常沿线设置多个区域调度室。各区域调度室负责辖区内压气站、分输门站和管线运行调度和控制，并将主要数据信息上传中心调度室，中心调度室对整个长输管线进行调度和管理。

14.1.3　调度系统结构方式

燃气输配调度系统组织结构如图 14-1-1 所示。在系统结构层次上，由四大部分组成：①远端系统 RTS，②广域网 WAN，③主端系统 MTS，④调度管理工作站 DMS。

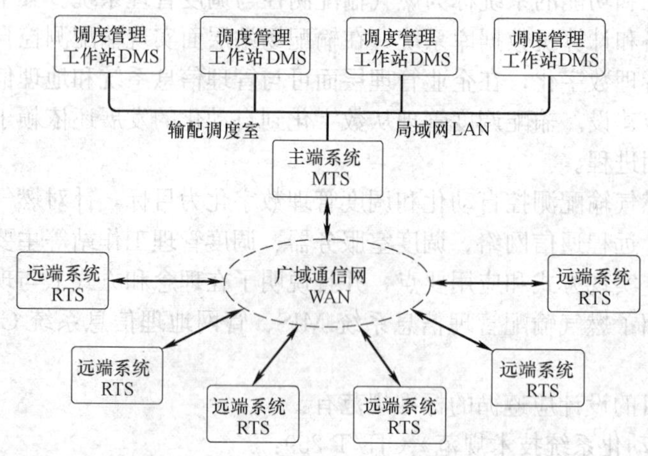

图 14-1-1　燃气输配调度系统组织结构

远端系统 RTS（Remote Terminal System），是指位于各输配场站的测控系统，它负责现场检测、设备操作与自动控制。从功能意义上看可称为场站系统，从通信角度上看可称为从站系统。

主端系统 MTS（Main Terminal System），是指位于调度中心的广域网服务器系统，它负责远程通信服务和数据库管理。从功能意义上看可称为调度服务器，从通信角度上看可称为主站系统。

广域网 WAN（Wide Area Network），是指远端系统 RTS 与主端系统 MTS 之间的数据传输网络，可以是城市有线宽带网，或者是公用无线通信网如 GSM 或 CDMA。

调度工作站 DMS（Dispatch and Manage Station），是指设置在调度室的计算机终端，通过调度室局域网 LAN（Local Area Network）连接到主端系统 MTS（或称调度服务器），其中装有燃气管网监控软件和调度管理软件，供调度室工作人员进行调度管理操作。

在功能任务划分上，远端系统 RTS、主端系统 MTS 各自具有完备的功能，执行相对独立的作业任务，它们之间通过广域网 WAN 交换数据。RTS 作为各输配场站的测控系统，接受 MTS 访问并向上提交实时数据报文，包括设备状态和工况数值等，接受 MTS

下达的调度指令例如压力控制的给定值等，能独立进行现场检测与自动控制，通常不需依赖管理层的操作。

相应地，MTS作为广域网服务器系统，能独立进行通信服务和数据管理，不需依赖现场层或工作站。它定时访问各RTS，获得现场数据例如设备状态和工况数值，形成现场数据库文件，供各调度工作站访问，接受调度工作站的调度指令例如压力控制的给定值等，形成调度数据文件并及时转发到相应的RTS。

在实际应用形式上，小型燃气管网可以使用简化的调度室系统方式。比如可以使用一个工作站DMS，只要把调度管理的各种业务软件集中安装在同一台调度工作站上。进一步简化，可以在主端系统MTS中建立一个调度工作站DMS，只要在MTS中建立一个DMS硬盘或硬盘分区，把调度管理的各种业务软件集中安装在其中，附加适合应用软件的显示器和打印机等。

14.1.4 与SCADA系统差异

监控与数据采集系统SCADA，是与上述系统相近的应用系统，但在概念和理念方面有些差异，因而造成实际系统设计和应用方式的缺点，为此特做说明。

SCADA缩写自Supervisory Control And Data Acquisition。Supervisory Control意指来自管理层的控制，俗称监管、监督或监控；Data Acquisition意指数据采集，表示数据从底层向上层传输。并且SCADA系统定义了两个主要单元：远端单元RTU（Remote Terminal Unit），主端单元MTU（Main Terminal Unit），RTU设置在现场作为数据采集单元，MTU设置在管理层作为主控单元。可见所谓SCADA系统是指“管理层控制与数据采集”系统，其行为特征表现在两个方面，一是现场层向管理层传输数据，二是由管理层对现场层进行监控。

这种由管理层对现场层的监控（Supervisory Control）系统，事实上通常是非实时或非自动的，在控制效果和可靠性等方面远不如现场层自动控制（Automatic Control）。而且把操作控制行为过多地放在管理层，结果形成了调度室集中控制式的工作方式，即使其系统硬件在结构形式上是分散方式。对于燃气输配管网这种大区域、多站点、多变量的过程控制系统，集中控制式的工作方式将显著增加调度室人工操作负担，而且不利于系统的快速性、稳定性和安全性。

为此，本章在输配调度系统的组织结构中，特别定义了远端系统RTS-Remote Terminal System，它是设置在输配场站的现场层自动控制系统，在过程控制的实时性、故障处理的及时性、系统运行的独立性和可靠性方面都有明显的优势；特别定义了主端系统MTS，它以管网运行数据库服务器为主体，为整个调度管理系统提供通信服务和信息服务。

本章在对输配场站RTS的内涵定义和功能设计上，突出了现场系统集测量、控制、通信等功能于一体的测控系统特征，原理上更接近于DCS系统的现场控制站；在对主站MTS的系统设计上，以数据库服务器为核心，突出了调度特征与管理功能，更适合调度中心的宏观作用与组织方式。国际国内自动化系统的发展趋势和应用实践表明，这样的概念体系与系统结构有利于燃气输配调度管理系统的发展。

14.2　输配调度主端系统 MTS

14.2.1　主端系统 MTS 基本功能

参见图 14-1-1 所示的燃气输配调度系统组织结构，主端系统 MTS 是整个输配调系统的核心部分，主要由广域网通信处理器、实时数据库、历史数据库、调度命令库、局域网通信接口等部分组成。MTS 的应用软件主要分为通信处理部分和数据库管理部分，可以使用标准组态软件来实现。

MTS 作为广域网服务器系统，能独立进行通信服务和数据管理，通常不需依赖现场层或工作站。它定时访问各 RTS，获得现场数据例如设备状态和工况数值，形成现场数据库文件，分为实时数据和历史数据；随时接受各调度工作站访问，提供各现场的设备状态和工况数据；接受调度工作站发送的调度性数据例如压力控制的给定值等，形成调度数据文件，并及时转发到各场站系统 RTS。

14.2.2　主端系统 MTS 冗余配置

为提高系统可靠性和数据安全性，主端系统 MTS 可以设置两台服务器构成冗余配置，即设立两个主端系统分别称为 MTS1 和 MTS2。两者安装相同的应用软件，都能够通过广域网络 WAN 与各远端系统 RTS 进行数据传输，在运行上通常可采用冗余热备工作模式。主端系统 MTS 冗余配置方式如图 14-2-1 所示。

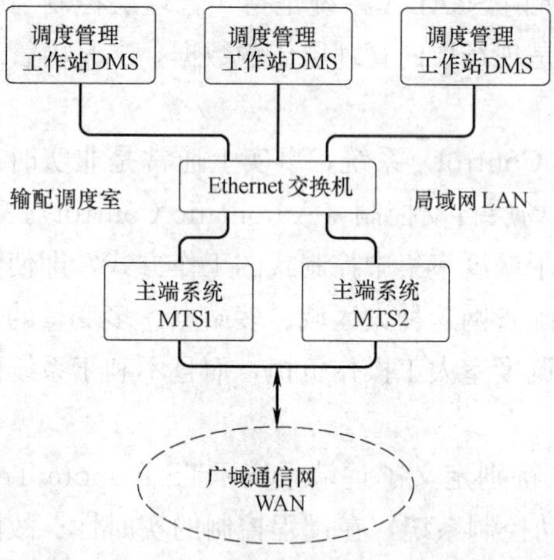

图 14-2-1　主端系统 MTS 冗余配置方式

在该模式下，主服务器掌管网路控制权并与各远端系统 RTS 进行通信和数据交换，从服务器定时向主服务器发送数据同步请求，主服务器响应这些请求使两台服务器达到时钟同步和数据同步。

MTS 冗余热备工作过程如下：起初 MTS1 与各 RTS 通信采集场站数据，MTS2 通过访问 MTS1 同步获得这些数据作为备份；当 MTS1 出现故障时，MTS2 自动接管网络控制权接替器工作。MTS1 恢复正常后再次投入运行，通过访问 MTS2 同步获得实时数据并填补缺失数据。必要时可通过手动方式将网络控制权由 MTS2 移交给 MTS1。

此外，在其他方面也可以采用冗余配置如通信网络冗余、现场控制器冗余等。应该指出，冗余配置可为系统运行提供备份，同时也增加了设备和技术的复杂性甚至导致相反的结果，在设计和应用中要注意分析故障的事件概率以及故障的可维护性，做好必要的冗余，减少不必要的冗余。

14.3 输配调度管理工作站 DMS

14.3.1 调度管理工作站 DMS 基本功能

在这里“调度管理”是一个综合称谓，实际上包括调度业务和管理业务。这两类业务概念通常不必严格区分，主要取决于用户理解或应用软件，使用综合称谓便于表达或简化枝节。

调度工作站 DMS 的基本任务是分析管网运行数据，生成调度措施，下达调度指标或命令。调度工作站的功能设计应当着眼于输配场站的设备状态和工况动态，突出安全性、快速性和预测预报，基本功能包括：

① 管网动态数据分析，生产运行数据报表。

② 工况分析和预测，负荷分析和预测，存量分析和预测。

③ 报警处理和故障处理，管网工况优化与调度，关键设施的远程操作。

④ 管道漏失监测与定位，管网运行安全管理。

14.3.2 场站监控页面和窗口设计

在燃气输配调度工作站 DMS 软件系统中，场站监测页面通常应当作为主界面，以直观简捷的方式表现各个输配场站的设备状态和主要工况。在形式上监测页面应以所辖的远程站点为主要对象，瞰视整个管网，突出管网的主要节点和主要变量，并为进入各个站点监测页面提供便捷途径。

系统监测页面一般应设计以下功能窗口：

① 主窗口，以整个管网的地理图为背景，显示各门站、储配站、调压站、流量站、压力监测点的位置和主要管网布局，并在各站点上显示主要工况数据和报警状态。

比如在计量站图标旁显示瞬时流量和累计流量；在调压站图标旁显示压力值和紧急切断阀状态，当压力越限或紧急切断阀动作时该图标闪烁并弹出报警框；在压力监测站图标旁显示压力值，当压力越限时该图标闪烁并弹出报警框；在储配站图标旁显示储配站储量、压力、压送机开机台数等关联管网调度平衡的主要工况数据，当储量或压力越限时该图标闪烁并弹出报警框。

② 站点图标窗口，集合了各个场站的图标，点击图标进入场站监控页面，在各个场站监控页面上进行专门的监视和操作。

③ 全局数据表，以实时数据表的形式总览输配管网的全局性动态变化状况。各个场站的数据记录可包含压力、流量、储量等多个数据列（字段）。

④ 全局报警表，按时间顺序记录事故报警及其操作情况，通过全局报警表，可查询所有的报警记录，也可分类查询相关的报警事件，供操作人员或维修部门检索。报警发生时，主窗口上该场站图标闪烁，计算机发出警报声，弹出报警对话框。直至调度人员确认该报警事件后解除报警。

⑤ 通信状态表，显示所有场站系统 RTS 当前通信状态和自诊断结果，并可设置为在

线或离线模式。

14.3.3　调度室计算机局域网 LAN

局域网 LAN 是较小地理范围内的计算机网络，能实现高速度高质量的数据传输，适用于机关、校园、企业单位内部计算机和数据终端等信息设备互连，通常由各单位自行建设和维护。网络连接介质可使用双绞线、光纤、无线信道等，传输速率可达到 100～1000 Mb/s 或更高。

调度室计算机局域网 LAN 的物理结构如图 14-3-1 所示，其中只给出了适合基本需要的设备配置。

在网络结构上，计算机局域网 LAN 主要采用星型拓扑和交换式以太网结构，称为交换式以太网（Switched Ethernet）。以太网交换机（Ethernet Switch）是交换式局域网的连接设备，它有多个端口，每个端口可以单独连接一个节点，端口设备之间可以建立多个并发连接，构成标准的交换式访问方式的局域网。此外，作为简单连接可以使用以太网集线器 HUB，它是一种共享式连接器，通过它可以把多个计算机或终端设备连接起来，再集中地连接到上级计算机或交换机某个端口，构成共享介质访问方式的局域网。

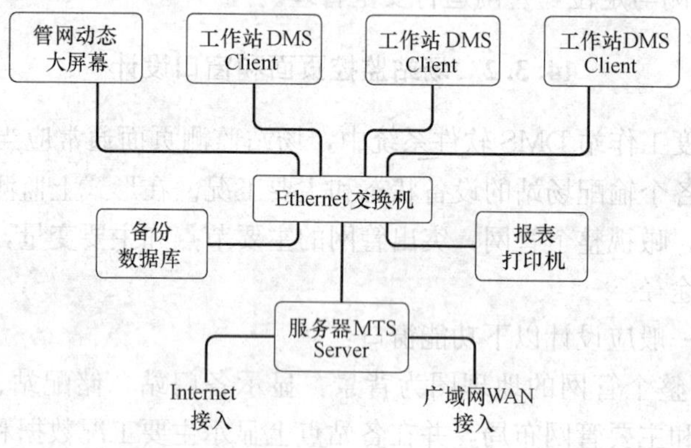

图 14-3-1　调度室计算机局域网 LAN

在任务组织上，局域网上的计算机通常分为数据服务器、业务客户机以及数据终端等。服务器主要运行数据库软件，负责数据库的存储、更新和管理；客户机主要运行业务软件，进行数据访问、表达、处理和报表；数据终端是指专门的 I/O 设备，进行信息输入或信息输出。这种方式典型地称为客户机/服务器（Client/Server）方式，简称 C/S 结构，客户机软件功能灵活，传输效率高，处理速度快，适合客户机不多的小规模计算机系统。

结合本章定义的燃气输配系统体系，调度室局域网计算机系统的主要设备与作业流程概括如下：

主端系统 MTS 作为调度室局域网服务器，对外借助于远程通信网关连接到广域网 WAN，负责与远端系统 RTS 进行通信，采集各输配场站的过程数据、设备状态和报警信息并纳入数据库；接受调度工作站 DMS 的调度指标或命令，纳入数据库并下达到各个场站系统 RTS。其远程通信网关也称通信控制器，通信协议与 RTS 协议一致。

调度管理工作站 DMS 装有燃气管网监控软件和调度管理软件，随时访问服务器 MTS 数据库，进行数据处理、信息显示、调度作业和管理报表，并把调度指标或命令、故障处理命令和必要的数据信息及时发送到服务器 MTS。服务器数据库管理软件、调度管理工作站应用软件等可使用商业化组态软件来开发。

管网动态大屏幕用于显示管网结构、工况数据、设备状态和报警信息等。大屏幕显示器属于数据终端设备，可用标准的拼接屏组合而成，其数据控制器通常具有标准以太网 Ethernet 接口。

调度中心局域网可与 Internet 网络互联，也可与燃气公司管理信息系统 MIS、地理信息系统 GIS 的服务器互联，实现调度室局域网对外部 Internet Web 访问或与公司内部业务系统的数据交换。

14.4 输配调度系统广域网 WAN

广域网 WAN（Wide Area Network）包括城域宽带网、公用无线通信网 GSM 或 CDMA。在燃气输配调度系统中，宜使用广域网实现调度室主端系统 MTS 与各场站系统 RTS 之间的远程数据传输。

14.4.1 城域宽带网基本特征

城域网 MAN（Metropolitan Area Network）是指设置在大城市区域的计算机网络，通常称为城域宽带网，或简称宽带网。城域网由城市政府和地区网络运营商规划建设，实现几十公里范围内众多的机关、事业、学校、商业、企业的多个局域网互连，满足数据、语音、视频等信息传输需求。城域宽带网已成为地区和城市的重要基础设施和公共资源，具有覆盖率高、设备先进、网络稳定和费率低等特点，用户数字业务用户可通过 DDN、ISDN 和 ADSL 等多种方式接入宽带网络。

城域宽带网 WAN 结构如图 14-4-1 所示。城域网在结构上采用路由器和大型服务器互联，数据交换原理与局域网相似。

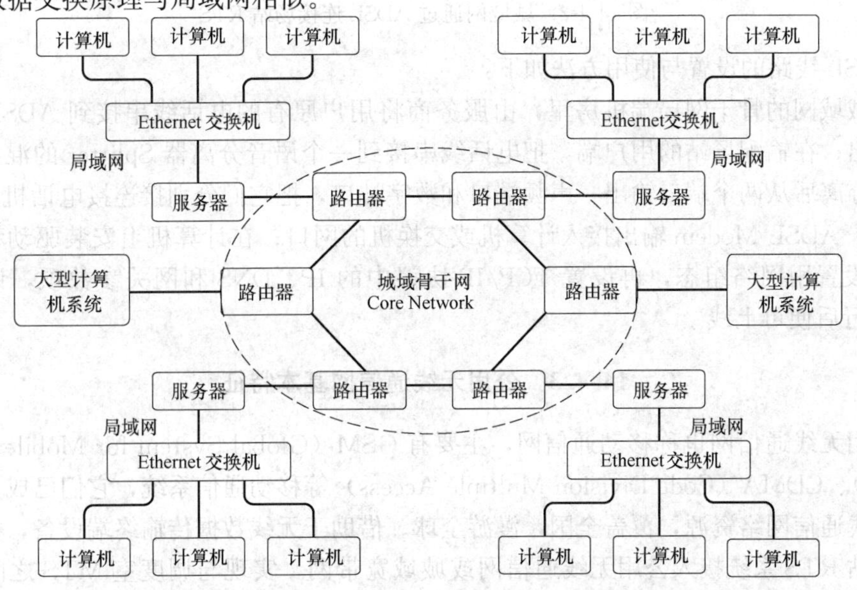

图 14-4-1 城域宽带网 WAN 结构

城域宽带网主干介质使用光纤，末端使用双绞线，不同等级网段的传输速率为100M~10Gb/s。在末端不便布线或使用无线终端的场合，可以采用无线路由器构成的小局域无线网，简称 WiFi，Wireless Fidelity Based on IEEE802.11b Standard Wireless LAN。

14.4.2 城域宽带网连接 RTS

输配场站系统 RTS 的控制器，典型如可编程序控制器 PLC（Programmable Logic Controller），应能选配以太网接口或工业以太网接口（Industrial Ethernet interface）。它们与城域宽带网 WAN 之间的连接，通常只要考虑如下两种情况：其一，若输配场站有宽带网线路，只要通过以太网交换机或集线器直接实现连接。其二，若输配场站没有宽带网线路，可以利用电话线路通过附加一个线路调制解调器（ADSL Modem）来实现连接，这里说明其原理方法。

ADSL 意指非对称用户线路（Asymmetrical Digital Subscriber Line），它采用频分复用信号传输方式，线路信号包含语音、数字上行和数字下行三个频率段，在线路两端通过信号分离器（Splitter）把复用信号分解为两类信号，语音信号接到电话机，数字信号接到数字设备，由此使电话线路可以叠加传输数字信号。ADSL 直接利用普通铜质电话线作为传输介质，只要配上专用的信号分离器和调制解调器即可实现较高速度的数据传输，下行传输速率 8Mb/s，上行传输速率 1Mb/s，有效传输距离 3～5km。

城域网通过电话线 ADSL 连接场站 RTS 如图 14-4-2 所示。

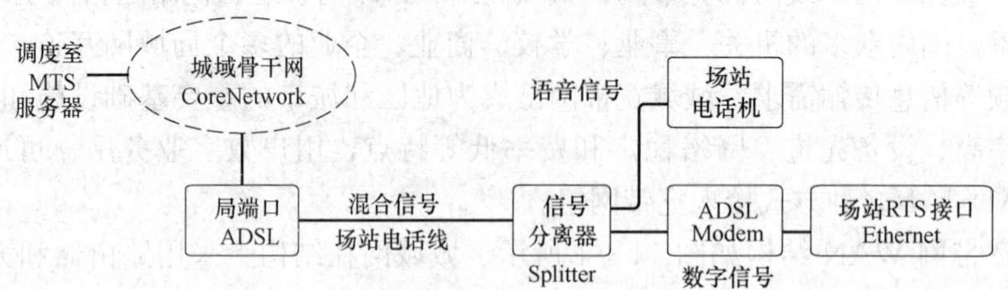

图 14-4-2 城域网通过 ADSL 连接场站 RTS

ADSL 线路的设置与使用方法如下：

在城域网的骨干网局端机房里，由服务商将用户原有的电话线串接到 ADSL 局端设备再引出；在输配场站的用户端，把电话线串接到一个语音分离器 Splitter 的混合端，在其滤波分离后从两个端口输出—声频端口和数字端口，把它们分别接连接电话机和 ADSL Modem；ADSL Modem 输出接入计算机或交换机的网口；在计算机上安装驱动程序或在 PLC 上设置用网络组态，再设置 TCP/IP 协议中的 IP、DNS 和网关参数项，计算机或 PLC 运行后便可上线。

14.4.3 公用无线通信网基本特征

公用无线通信网也称移动通信网，主要有 GSM（Global System for Mobile Communication）、CDMA（Code Division Multiple Access）等移动通信系统，它们已成为重要的公共无线通信网络资源，覆盖全国，漫游全球。借助于无线数据传输终端设备，可将燃气输配场站 RTS 系统接入公用无线通信网或城域宽带网，实现与调度室 MTS 之间的高效率数据通信。公用无线通信网适合燃气输配站场地理分布分散的特点，而且资源丰富，传输可靠，应用简便，燃气输配企业不需自建专用通信网络。

GPRS数据业务的主要技术特征：通用分组无线业务 General Packet Radio Service，简称 GPRS，它是全球移动通信系统 GSM 的扩展数据传输服务业务，其主要技术特征概括为：①数据传输信道是在 GSM 系统上扩展出来的，使用时分多址 TDMA（Time Division Multiple Access）帧结构，具有与 GSM 相同的无线调制标准、突发结构、跳频规则。②用户可通过 GPRS 系统网关 GGSN 连接到互联网，GGSN 提供相应的动态地址分配、路由、名称解析、安全和计费等互联网功能，由此可使移动通信运营商成为互联网业务提供商。③用户启动通信终端便可建立 GPRS 业务连接，并保持持续在线状态。

CDMA 数据业务的主要技术特征：码分多址无线通信方式 Code Division Multiple Access，简称 CDMA，它是基于数字扩频通信技术的一种高性能移动通信系统，其主要技术特征概括为：①每个用户具有独立的代码，同一信道上允许同时传输多个用户的数据信息，允许用户之间的相互干扰，关键在于信息编码与解扩。②可在用户数量与服务级别之间协调，具有系统容量软调节功能，运营商在话务量高峰期可将数据传输误帧率稍加提高，增加可用信道数，提高系统容量。③数据业务完全基于 IP 技术，分组网可提供多种互联网业务，支持多媒体通信业务如图像流媒体业务、视频会议业务、交互式游戏等。

14.4.4 公用无线通信网连接 RTS/MTS

公用无线通信系统 GSM 和 CDMA 都有相应标准的数据传输终端设备 DTU（Digital Terminal Unit），分别简称为 GPRS DTU 和 CDMA DTU，俗称无线数据传输模块。借助于无线数据终端 DTU，燃气输配调度系统的主端系统 MTS、远端系统 RTS 可接入公用无线通信网，实现远程数据传输。

数据终端 DTU 内部主要有处理器 CPU、存储器 ROM/RAM、有线串行通信接口 RS232/485、TCP/IP 协议栈、无线调制解调器等，通常由外接 DC9V500mA 电源供电，天线接口 SMA 阴头阻抗 50Ω。其中，串行接口速率范围 110～115200b/s，通过协议栈把串行数据与 TCP/UDP 数据相互转换，支持双向传输。在通信协议方面，无线数据终端 DTU 通常支持 TCP/IP 协议或 Modbus 协议。

使用无线数据终端 DTU，可以方便地把输配调度系统的主端系统和远端系统接入公用无线通信网 GSM 或 CDMA，实现 MTS 与各个 RTS 之间点对点的远程双向数据传输，其中只要求 MTS、RTS 具有串行通信接口 RS232 或 RS485。接入方法是：对于场站系统 RTS，选择无线数据终端 DTU 并置入相应的 SIM 卡，接上标配天线，再把其串行通信接口 RS232/485 连接到 RTS 的串行通信接口 RS232/RS485 上，接上 DTU 外部电源；对于调度室系统 MTS，按同样办法把 DTU 连接到 MTS 上；此后在 MTS 和 RTS 上设置通信协议，启动通信程序即可上线并保持在线。

另外一种接入方法是，在调度室把 MTS 服务器直接接入城域宽带网，免去无线数据终端 DTU 设备，而是在 MTS 上安装相应的 DTU 产品仿真软件，由此实现 MTS 与 RTS 的远程通信，这样传输速度可能更快。

14.5　输配调度远端系统RTS

14.5.1　远端系统RTS特征与功能

参见图14-1-1所示的燃气输配调度系统组织结构，RTS是输配场站检测与自动控制系统，应能独立地管控场站，它可以接受但不必依赖调度室的远程操作。RTS的基本任务是现场设备与工况检测、场站运行控制、发送数据信息、接受调度命令。RTS的主要功能应有下列方面：

① 接受现场仪表信号，采集工况变量数据和重要设备状态，进行就地数据存储与显示，主要包括阀位、压力、流量和温度等，在有气质指标分析的场站还应包括燃气成分、密度、湿度、H_2S含量等。

② 对工况变量按上下限或变化率判断，获得工况报警信息；对设备故障进行直接检测或间接判断，获得设备报警信息；生成场站报警记录，进行就地存储与指示，同时执行相应的故障处理措施。

③ 对输配压力等工况变量进行闭环控制，在负荷变化情况下保持工况稳定，控制给定值分为就地给定值和调度给定值；对现场设备进行既定的启动/停止过程顺序控制和联动控制，保证操控安全可靠。

④ 接受调度室MTS下传的远程调度指令，主要分为闭环控制的给定值、重要设备的启动/停止命令、故障应急预案等，及时准确地执行这些指令，保证工况安全与设备安全。

⑤ 调度室MTS传现场信息报文，包括工况变量数据、重要设备状态、工况报警信息、设备报警信息以及故障应急预案响应等信息。报文方式可为主动式或被动式。

⑥ 系统具有完备的自动控制功能，包括自动检测分析故障并自动采取合适的故障处理措施，在与调度室MTS脱离联络或无人值守情况下能够独立地管控输配场站。

应当注意，在既有的SCADA系统概念和应用中，通常把场站系统简单地视为一个数据采集单元RTU（Remote Terminal Unit），主要用于向调度室传输现场数据，自动控制功能和自主运行功能薄弱，主要由调度室人员通过远程网络对现场进行设备操作与工况调节，即所谓“遥测-遥信-遥控”方式。

在本章输配调度系统组织体系中对远端系统RTS的定义不同以往，在内涵描述和功能设计突出了现场系统集测量、控制和通信一体化的测控系统特征，原理上更接近于DCS系统的现场控制站，在过程控制实时性、故障处理及时性、系统运行独立性和可靠性方面都有明显的优势。这样做符合现代过程控制系统的观点和方法，对燃气输配调度系统的健康发展有重要意义。

14.5.2　场站特点与RTS规划设计

天然气输气管道的工艺场站主要有：首端压气站、分输站、中间气体接受站、末端站、干线截止阀室、计量站、清管站、阴极保护站等。城市燃气输配管网的工艺场站主要有：气源厂、门站、储配站、区域调压站、专用调压站或管网压力检测点等。RTS系统的规划设计应当基于对象面向一般，结合整个管线或管网运行测控和调度管理需要，突出重要输配设备和工况变量，区分信号类别，划分全局变量和局部变量。

从工艺设备、工况变量、信号数量等方面看，各种场站有较大差异；从 RTS 系统的硬件、软件、装配等方面看，希望有更多一致性和通用性，以便简化系统设计成套。为此，应当从检测与控制的角度对各种场站进行统计、对比和分类，取得物理共性和逻辑共性，统筹规划硬件和软件，力求形成模块化组合式系统设计，或形成几个分类设计，以便适应不同场站选配。对于测控规模过大的个别场站，可以特别对待，比如考虑使用两个或三个较小容量系统。这样设计的系统应用方便，而且能降低技术复杂性和硬件成本，还利于升级发展。

14.5.3　可编程控制器 PLC 用于 RTS

从硬件方面看，RTS 系统硬件宜首选可编程控制器 PLC（Programmable Logic Controller）产品。现代 PLC 系统不限于逻辑控制，已成为计算机控制系统的典型方式，也是各类自动化系统的先进方式。PLC 系统等级分为小型系统、中型系统、大型系统，比如 SIEMENS S7-200、S7-300、S7-400 系列。

PLC 产品采用模块化结构，按功能分为处理器存储器模块 CPU、通信接口模块 CP、信号模块 SM、功能模块 FM、电源模块 PS、总线接口模块 IM 等。模块之间连接采用总线连接器或总线板，中型和大型 PLC 系统还允许使用多个机架，机架之间通过总线接口模块 IM 连接。

信号模块 SM 按信号特征分为：开关量输入 DI、开关量输出 DO、开关量输入输出 DIO，通道数有 4、8、16、32；模拟量输入 AI、模拟量输出 AO、模拟量输入输出 AIO，通道数有 2、4、8。其中，DI-Digital Input，DO-Digital Output，DIO-Digital Input and Output，AI-Analog Inpu，AO-Analog Output，AIO-Analog Input and Output。信号连接采用连接器。

电源模块 PS 的外部供电可使用直流电源 DC 或交流电源 AC。在燃气输配场站应用中，应配置不间断电源 UPS，或使用蓄电池直流供电，备电时间 12 小时左右；若条件允许可采用双电源并配自动切换装置。

采用 PLC 构成场站 RTS 系统的结构原理，如图 14-5-1 所示。

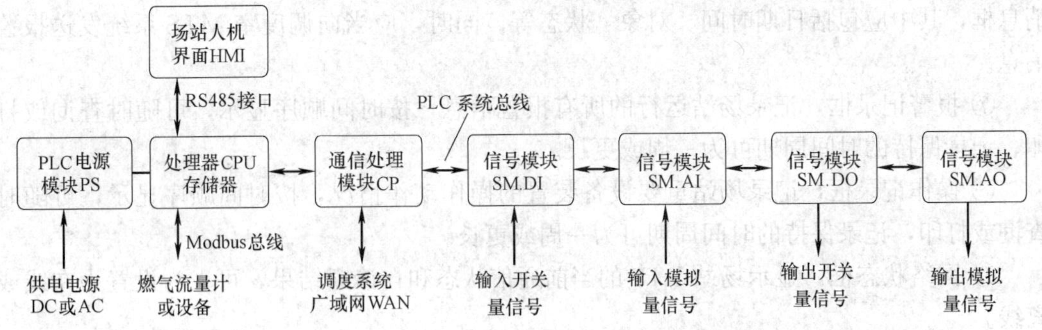

图 14-5-1　可编程控制器 PLC 构成的场站 RTS

HMI（Human Machine Interface）作为 PLC CPU 的数据终端，用于场站信息显示如工况数据、设备状态和报警信息等，而且可有触摸屏功能，便于参数设置或构造主令按钮。调度室 MTS 通过远程网络对场站的监控不是可靠的，重要场站系统 RTS 必须配接人 HMI 以便保证现场人员能够就地进行监控操作，无人值守场站也应配备适当的 HMI 以便测试、维修或事故处理之用。若 RTS 连接本地计算机，显示器、键盘或鼠标等计算机外设可以替代人机界面功能。

14.5.4　场站 RTS 运行界面设计

场站系统 RTS 应有人机界面 HMI 或计算机终端，供现场人员随时监控操作。同样，在调度室工作站上也需要有相应的软件界面和窗口供调度管理人员使用。RTS 监控界面相应于场站的工艺设备和作业流程，各场站有较多差异，为了便于设计和使用，应当进行分类与统筹，兼顾个性与共性，力求监控界面形式简捷、内容直观、易于操作，还要节省内存资源和显示资源。

一般地，在形式上 RTS 监控界面设计宜采用信息窗口和对话框，在功能要素上应当突出下列方面：

① 流程图窗口，显示场站设备与工艺流程，在图上以数字方式显示工况变量比如压力、流量、温度、储气量等，以图标方式显示压送机、切断阀等重要设备状态。

② 趋势图窗口，以实时曲线的形式显示重要工况的变化动态，比如压力、流量、储气量等过。

③ 参数值窗口，参数主要指检测仪表的量程、系数和工况报警设定值比如上限值/下限值，以及闭环控制回路的控制器参数比如 PID 控制器的系数 K_c、T_i、T_d 等，它们在相关窗口显示并可进行设置。

④ 设备操作框，是指对压送机、切断阀、调节阀等设备的直接操作比如开启或关闭，操作形式上可使用屏幕软件按钮或图形控件。对于涉及重要安全性的设备操作或急停指令，应当配备硬件按钮。

⑤ 给定值窗口，给定值是指闭环控制回路的给定值，比如压力闭环控制给定值 p_{set}，它们在相关窗口显示并可设置或按需修改，修改形式可采用数据输入对话框或图形控件。给定值应能允许按调度室下达的指令修改，但 RTS 内部应有安全限幅以防错误。

⑥ 报警消息框，发生报警事件后应立即发出声或光警报信号，并在屏幕上弹出报警消息框，其中应包括日期时间、对象、状态等。同时，应当向调度室 MTS 系统发送报警消息。

⑦ 报警记录框，记录场站运行的所有报警信息，按时间顺序显示，可随时查询或打印，记录保持的时间周期可为一周或更长。

⑧ 操作记录框，记录场站重要设备装置的操作动作情况，按时间顺序显示，可随时查询或打印，记录保持的时间周期可为一周或更长。

⑨ 网络状态框，显示场站 RTS 的当前通信状态和自诊断结果，可人为设置为在线或离线。

⑩ 界面管理，宜把场站流程图窗口作为监控界面的主页面或默认窗口，并在适当位置添加各个功能窗口的图标。点击图标可进入相应窗口，窗口操作结束时隐藏或关闭窗口。

14.6 场站信号与测控设置

14.6.1 燃气场站信号类别

燃气门站、储配站、调压站等通常有多种仪表和信号，按照变化状态分为模拟信号、开关量信号；按照被测对象分为燃气工况信号、设备状态信号、报警信号、辅助信号。信号分类分组便于设计和传输。

燃气工况信号主要有如压力、温度、流量等。

设备状态信号主要有设备转速、电机电流、气源压力、阀门开度等模拟量信号，以及接触器和热继电器动作状态、阀门启/闭动作状态等开关量信号。

报警信号主要有压力超限报警、燃气泄漏报警等，通常使用开关量信号。

辅助信号如过滤器压差、阴极保护电位和电流等，在通常情况下它们对设备和工况影响不大，在有人值守场站可只用作站内使用。

检测仪表产品包含传感器和变送器两部分。物理量比如压力，通过传感器产生相应的电阻或电势，传感输出量通常很微弱甚至不符合线性关系，还会受到温度等因素影响，必须经由变送器电路进行放大、校正和补偿，进而输出一个与物理量在一定量程内（比如－200～＋200kPa）线性对应的标准信号如 0～10VDC，为防止传输衰减与干扰，变送器通常再使其转换为 4～20mADC 作为输出信号。

压力或压差检测仪表，简称压力变送器或差压变送器，输出信号通常是 4～20mADC。

温度检测仪表，也称温度传感器。若带变送器，其输出信号通常是 4～20mADC；若不带变送器，其输出信号通常是热电阻值比如 Pt100 等，这时需要在 RTS 上配备带热电阻变送器功能的信号输入模块。

流量检测仪表，也称为流量计，常规流量计使用模拟电路变送器输出 4～20mADC 信号。燃气流量检测涉及体积流量和密度变量（压力，温度），其变送器使用微处理器，燃气流量计也称为流量计算机。燃气流量瞬时值、累计值以及压力和温度可由通信口经现场总线如 Modbus 以数字方式传输到场站 RTS，流量瞬时值也可由其变送器模拟输出端引出 4～20mADC 信号。前者连接线路简单，但要在 RTS 中写入相应的通信程序。

14.6.2 燃气输配调压装置

输配场站使用的调压器有多种名称，比如自力式调压器，曲流式调压器、轴流式调压器、雷诺式调压器等，差异主要在于主流道形态，以及能导致改变主阀流道尺度的作用力形成方式，但从调节机制上看都属于自力式调节阀。这类自力式调压器简单可靠，得到普遍采用。但是压力给定值是通过一个弹簧预紧力给定的，只能由人工旋转预紧螺钉来调整，无法使用外部信号来调整，不能适应燃气输配调度自动化应用需要。

工业气动调节阀的执行器以压缩空气为动力，结构简单，稳定可靠。在燃气输配场站设计中有必要尝试使用气动调节阀作为调压阀，由此可以构成基于信号的标准化控制系统，可以通过外部信号及时改变压力设定值，也可以通过信号人为操控阀门开度。在应用上可以省去常规阀门定位器，代之以 PLC 两个开关量输出操作两个气路来改变执行器动作，实践证明可以达到很好的闭环控制效果，这样更加简单可靠，不仅节省硬件而且便于防爆，

14.6.3　输配场站测控设置

城市天然气输配场站典型地可分为三类：门站、次高压储配与分输站、中低压调压站，其中门站在结构上具有代表性。场站测控项目的规划设计应当基于对象面向一般，结合整个管网运行测控和调度管理需要，突出重要输配设备和工况变量，区分信号类别，划分全局变量和局部变量。

图 14-6-1 给出一个天然气门站测控设置例示。其中，气源 A 和气源 B 共同接入，按一用一备切换使用；设置一路次高压输出，可供给城市储气站、分输站、加气站或次高压用户；设置两路独立可调的中压输出如中压输出 a 和中压输出 b，可分别供给城市不同区域的中压管网。

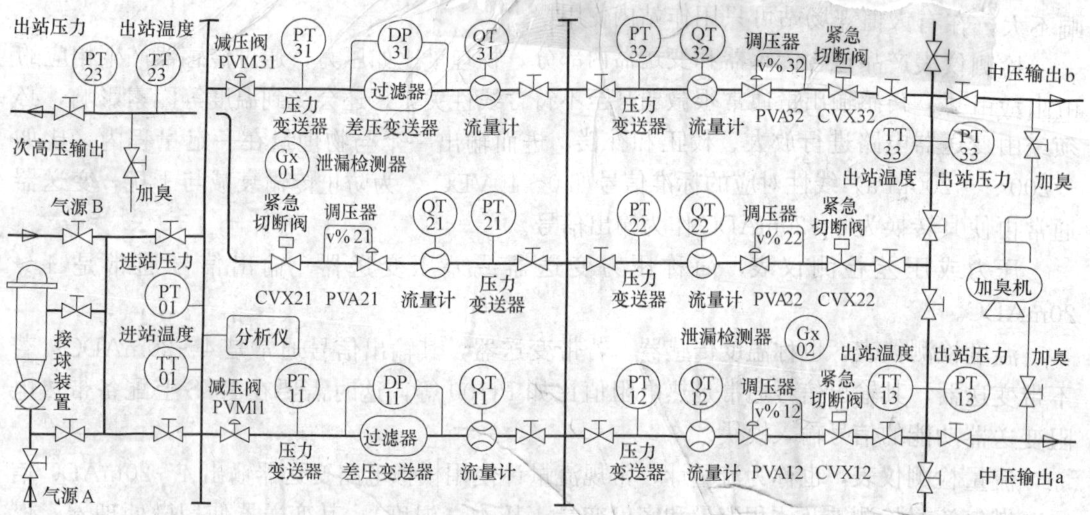

图 14-6-1　天然气门站测控设置例示

在次高压输出、中压输出 a、中压输出 b 等支路上，燃气输出的紧急切断阀设置在调压器下游，这样当切断阀关闭后调压器会自动地回到关闭状态，避免切断阀再次开启时发生流量冲击。

调压器通常使用自力式调压器，实际工作方式是稳压，因为压力控制的给定值不便改变，如上所述有必要研究尝试使用合适的调压装置，适应燃气输配调度自动化应用需要。

贸易结算流量计通常装在气源入口，图中没做表示。三个次高压支路上的流量计 QT11、QT21、QT31 可采用符合贸易结算的流量计算机，带压力温度补偿，流量瞬时值、累计值等由表盘数码显示，同时可由通信口经现场总线如 Modbus 以数字方式传输到场站 RTS。

这样，三个中压支路上的流量计 QT12、QT22、QT32 不关乎贸易结算，如果其流量测量值作为管网动态分析之用，可以采用简化的流量检测方式，比如只检测体积流量信

号，在 RTS 中借用出站压力和出站温度进行补偿计算得到标准流量。可行性在于：压力是快速传递的，测点处压力与分支出口汇合管上的压力差别不大；测点处温度与出站温度相近，而且相对于流速变化温度变化是缓慢的。由此得到的流量测量结果在精度上通常能满足管网分析的需要。特别是，通过支路截止阀切换，可使用高压管段上的流量计算机对这些流量计进行校验，修正计算系数，取得更高的测量精度。

城市天然气门站系统的基本变量及其报警状态如表 14-6-1。输配故障检测、报警与处置是场站系统 RTS 的重要功能，本章用一个部分专门论述，见后续。

城市天然气门站的基本变量及其报警状态 **表 14-6-1**

序号	变量名称	类型	数量	报警状态
1	高压进站温度 TT01	AI	1	maxT，minT
2	高压进站压力 PT01	AI	1	max$p$，min$p$，max（$-\mathrm{d}p/\mathrm{d}t$）
3	高压流量 QT11，QT31	通信	2	max$Q$，min$Q$，max（$\mathrm{d}Q/\mathrm{d}t$）
4	次高压出站温度 TT23	AI	2	max$T$，min$T$
5	次高压出站压力 PT23	AI	1	max$p$，min$p$，max（$-\mathrm{d}p/\mathrm{d}t$）
6	次高压流量 QT21	通信	1	max$Q$，min$Q$，max（$\mathrm{d}Q/\mathrm{d}t$）
7	次高压调压器开度 v%21	AI	1	maxα，minα
8	中压出站温度 TT13，TT33	AI	2	max$T$，min$T$
9	中压出站压力 PT13，PT33	AI	2	max$p$，min$p$，max（$-\mathrm{d}p/\mathrm{d}t$）
10	中压流量 QT12，QT22，QT32	通信	3	max$Q$，min$Q$，max($\mathrm{d}Q/\mathrm{d}t$)
11	中压调压器开度 v%12，v%22，v%32	AI	3	maxα，minα
12	燃气泄漏浓度 G_{x01}，G_{x02}	AI	2	maxG_x
合计			21	

注：通信类型的变量是指通过串行通信口传输的变量，如流量计或流量计算装置。

天然气次高压储配与分输站、中低压调压站等输配场站的测控设置可以参照本例，这里不再详述。

14.7 输配故障检测与处置

14.7.1 远程通信呼叫方式

在计算机通信过程中，某一方主动发起通信称为请求或呼叫，被动接受通信称为响应或应答。呼叫方式取决于通信协议。在输配调度系统远程网络上，通常有一个主端系统 MTS 和多个远端系统 RTS，呼叫方式关乎信息传输顺序，在应用上要予以考虑。

方式 1. MTS 呼叫 RTS：MTS 按照地址顺序循环呼叫各个 RTS 并发送数据报文，RTS 接受并回传数据报文。这种方式的协议比如 Modbus 协议，很多 PLC 产品标配这样的硬件接口与驱动程序。但是，由于访问过程是主站对多个从站的顺序轮询，不能保证 RTS 端的故障信息立即发送到 MTS。下文将论述解决这种呼叫方式在故障报警传输上的局限性。

方式 2. RTS 呼叫 MTS：各个 RTS 可以随时呼叫 MTS 并发送数据报文，MTS 接受并回传数据报文，其间 MTS 使用呼叫队列方式安排对有关 RTS 的通信应答处理。这种方式的协议比如 TCP/IP 协议，很多 PLC 产品带有这样的通信处理器硬件与驱动程序，未必标配但可选配，在自动化领域称为工业以太网产品。这种呼叫方式有利于 RTS 及时向 MTS 发送故障信息。

14.7.2　故障报警与响应问题

在 RTS 与 MTS 之间的故障报警与响应，常规的过程如下：①当远端系统 RTS 检测到场站设备故障状态或工况报警状态后，这些信息会在之后的通信进程中发送到调度室 MTS；②调度管理工作站 DMS 接收到故障报警信息后，先由操作人员确认故障报警信息，再将处置措施以命令形式传到服务器 MTS，进而发送到相关场站 RTS；③RTS 按照 MTS 命令输出相应的电气信号，比如关闭截止阀或停止输送设备。

实际上，按照这种方式进行故障报警与处置，即使调度人员及时地接收到了故障报警信息，也不能保证及时发出处置命令，整个过程所用的时间不是最短的，甚至会延误故障处置。因此有必要研究改进故障报警与处置的方法，提高快速性和有效性。

14.7.3　故障分类目的与方法

这里提出故障分类的观点及其方法，旨在解决上述报警响应方式存在的问题，同时化解远程通信呼叫方式在应用上的局限性。为了简化表达，在以下叙述中把工况报警也归入故障之列，统称为“故障”。

故障分类的目的：针对不同的故障类型采取适当的报警与响应方式，使更多的故障能够由场站系统 RTS 直接处置，提高快速性和有效性，同时降低对远程通信网络传输的实时性要求。

故障分类的方法：从内在特征和应用需要，站场故障可以从三个方面划分为六种基本类型：①依据故障的可测性，可分为可测故障/不可测故障；②依据故障的可控性，可分为可控故障/不可控故障；③依据故障的因果关系和涉及范围，可分为直接故障/间接故障。

下面从这三个方面阐述各种故障类型的概念和特点，给出相应的故障处置方法，提高快速性和有效性，并解决 MTS 呼叫 RTS 的通信方式在故障报警传输上的局限性。

14.7.4　故障可测性与处置

可测故障是指可能依据检测信号作出判断的故障，比如可依据电流测量信号判断电机过载故障，可依据管段压差和流量判断管道阻塞。不可测故障是不能依据检测信号作出判断的故障，比如自力式调压器失灵等。

可测故障的处置方法：对可测故障，在可控条件下制定相应的处置措施并设置在现场 RTS 中；当故障发生时 RTS 按照既定措施自动执行相应的操控，比如使某阀门关闭或开启、电机停止或启动；随后 RTS 把故障信息和处置措施代码发送到调度中心。调度室 DMS 可下达指令使 RTS 变更措施或解除措施。总之，这类故障不必立即传达给调度室，远程通信呼叫方式无关紧要。

不可测故障的处置方法：不可测故障不能被 RTS 识别，需要现场人员作出判断，并在可控条件下提出处置措施；通过人机界面 HMI 向 RTS 的故障记录区填写故障代码，填写处置措施代码；然后 RTS 按照这些措施自动执行相应的操控；随后 RTS 把故障信息和处置措施代码发送到调度中心。调度室工作站 DMS 可下达指令使 RTS 变更措施或解除措施。显然，这类故障即使立即传达给调度室也未必有用，远程通信呼叫方式无关紧要。

14.7.5 故障可控性与处置

可控故障是指可以通过设备操控使之解除的故障，比如压力过高或过低、流量过大或过小，可以通过操控相关阀门或电机使之解除。不可控故障是指不能通过设备操控制使之解除的故障，比如管道泄漏、管道阻塞、调节阀故障等。

可控故障的处置方法：对可控故障制定相应的处置措施并设置在现场 RTS 中；当故障发生时由 RTS 按照既定措施自动执行相应的操控，比如使某阀门关闭或开启、电机停止或启动；随后 RTS 把故障信息和处置措施代码发送到调度中心。调度室工作站 DMS 可下达指令使 RTS 变更措施或解除措施。这类故障不必立即传达给调度室，远程通信呼叫方式无关紧要。

不可控故障的处置方法：不可控故障不能由 RTS 操控处置，需要现场人员采取措施予以处置。之后可通过人机界面 HMI 向 RTS 的故障记录区填写故障代码；随后 RTS 把故障信息代码发送到调度中心。显然，这类故障即使立即传达给调度室也未必有用，远程通信呼叫方式无关紧要。

14.7.6 故障直接性与处置

直接故障是指由场站内部原因引起的故障。包括设备故障和工况故障，比如压气设备故障、截止阀失效、调节阀失灵以及压力或流量失调。直接故障属于场站本地故障，故障检测与处置措施都可以在本站实现。其处置方法、通信呼叫方式如同以上可测性故障和可控性故障的论述。

间接故障是指由场站外部原因引起的故障。间接故障通常表现为工况报警。比如当两个场站之间的管道发生破裂泄漏时，上游场站会产生出口压力过低/流量过高的故障报警，下游场站会产生进口压力过低/流量过低的故障报警。从可控性上看，上游站出口压力过低是不可控故障，出口流量过大是可控故障；下游站进口压力过低、流量过低都是不可控故障。

间接故障实际属于外部故障，但是不能在外部得到检测，比如两个场站之间的管段通常没有检测装置，只是有可能在相关场站上通过某些工况表现进行间接检测，因此这里定义为间接故障。提出间接故障的概念，意义在于借助场站信号与 RTS 系统（或结合其他场站信息）实现对站外管道状况的检测或判断。

间接故障的检测方法：例如图 14-6-1 天然气门站测控设置，对于次高压输出支路，检测输出流量 QT21、出站压力 PT23，以及通过调度室取得下游最近输配场站的入站压力 PT2x，计算外部管道特征量 $G2x=QT21^2/(PT23-PT2x)$，若 $G2x>G2x_{max}$（$G2x_{max}$ 是该输出支路管道特征的最大估算值），则可认为该输出支路的外部管道存在破裂泄漏。

这时应当采取检查措施，比如关闭管段该输出支路的紧急切断阀 CVX21，并通过 RTS 把这个结果以故障代码方式发送到调度室，远程通信呼叫方式无关紧要。

综上可见，要及时有效地处置燃气输配场站内部故障和外部故障，关键是现场检测信号以及 RTS 中预置的故障处置措施，其次是现场人员的行为，远程通信呼叫方式的快速性不是主要因素。如果设计合理，对于外部故障引起的场站工况故障，若满足可控性条件则能够被 RTS 处置，比如上例中次高压输出支路可由 RTS 自动关闭紧急切断阀 CVX21。

14.8　输配管理信息系统

14.8.1　输配管理信息系统特点

这里所谓输配管理是指燃气输配企业主要业务活动的组织与实施。在输配管网测控与调度系统之外，输配管理还有两个方面：一是燃气管网的地理管理，二是企业运营的行为管理。相应地，输配管理信息系统是指燃气输配管理使用的数据库与计算机系统，以及应用软件、通信网络和终端设备等。

企业运营的行为管理从属于管理信息系统 MIS（Management Information System）。MIS 涉及多个方面，主要有安全管理、生产管理、设备物资管理、用户信息管理、抄表收费管理，以及经营管理、决策支持、财务管理和人员管理等。使用 MIS 系统能够建立全面信息数据库并可持续完善，快速高效地进行信息数据收集、储存、整理、传送、应用、更新、维护等过程，通过业务终端处理数据、生成文件、输出报表，使管理活动规范化、透明化、高效率、可存储。

燃气管网的地理管理从属于地理信息系统 GIS，Geograhpic Information System。GIS 用于获取、处理、分析、管理区域地理信息与相关设备设施信息，在技术上涉及空间测量、数字通信、计算机数据库、地理与地图信息处理软件等方面。使用 GIS 系统能够建立全面信息数据库并可持续完善，快速高效地进行信息数据收集、储存、整理、传送、应用、更新和维护，通过图形图像处理软件生成适合各种需要的结果。城市基础设施地理信息系统 GIS，包含道路交通、给排水管网、电力设施、电讯设施、燃气管网、供热管网等多方面，为城市基础设施规划、建设、运行、管理、维修、抢险等提供基本信息数据支持。

14.8.2　输配管理信息系统结构

大型企业或专业机构通常设置单独的 MIS 系统或 GIS 系统。对一般燃气输配企业而言，在 MIS 业务方面进销存环节简单，主要业务是安全管理、生产管理、设备物资管理、用户与抄表管理等环节，信息量不大，作业岗位不多；在 GIS 业务方面地理范围仅限于城镇管网区域，主要对象是燃气管网，信息量不大，作业岗位不多。而且考虑到 MIS 与 GIS 业务关联较多的特点，可以把 GIS 和 MIS 的数据库设置在一个服务器上，各类工作站按需配置相应软件。这样使管理信息系统配置简化，效率提高，作业方便。

按照上述理念，输配管理信息系统的组织结构如图 14-8-1 所示。

该系统由 MIS&GIS 数据库服务器与多个工作站构成计算机局域网系统，在物理结构

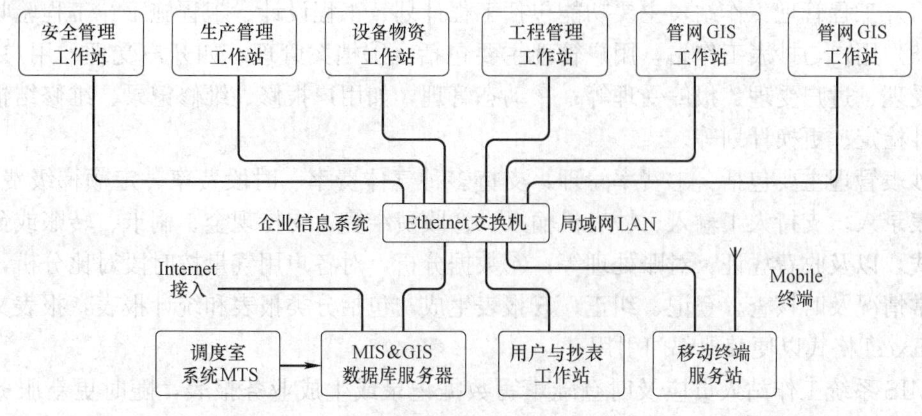

图 14-8-1 输配信息管理系统组织结构

上使用交换机连接构成交换式以太网 Switched Ethernet，端口设备之间可以建立多个并发连接，数据传输结构上属于客户机/服务器（Client/Server）方式，简称 C/S 结构。MIS&GIS 服务器可以访问输配调度室服务器 MTS 以获取燃气管网运行信息数据，可以允许 Internet 访问。

在业务关系上，由 MIS&GIS 服务器与安全管理工作站、生产管理工作站、设备物资工作站、施工管理工作站、用户与抄表工作组成燃气企业行为管理系统，以下简称 MIS 系统；由 MIS&GIS 服务器与多个 GIS 工作站组成燃气管网地理管理系统，以下简称 GIS 系统。

此外，设置移动终端服务站，以便现场作业人员使用移动通信 Mobile 终端访问输配信息管理系统，随地进行信息数据下载或上传。GIS 系统移动通信终端简称 Mobile GIS 终端，与移动终端服务站之间的数据传输宜采用 Mobile/Server 结构。Mobile GIS 终端主体是掌上电脑，内置卫星定位业务 GPS 和移动通信数据业务 GPRS 或 CDMA 等通信软件。Mobile GIS 终端的主要功能包括地图或图形浏览、信息查询、GPS 定位、现场测量、数据输入等方面。

14.8.3 MIS 系统功能

MIS 系统的数据库管理基于专门的数据库软件系统，请参考相关教程或文献。这里简要说明 MIS 系统各工作站的基本功能，具体内容与形式取决于 MIS 系统应用软件或定制补充。

(1) 安全管理工作站，主要功能包括：①安全项目，如上岗记录、安全检查记录、安全管理记录，以及隐患报告、处置记录、整改结报等；②险情项目，如险情报告、抢险预案、抢险记录、抢险结报，以及责任报告、责任处理等。

(2) 生产管理工作站，主要功能包括：①运行项目，如人员上岗记录、巡线信息记录、设备运行记录、值班记录等；②报表项目，如用气量日报、用气量周报、用气量月报等。

(3) 设备物资工作站，主要功能包括：①设备管理，如设备档案、检查记录、故障统计、维修报告、维修记录、维修结报，以及管道检定、表计检定、更新改造计划等；②物资管理，如采购计划、入库管理、库存盘点、出库管理、消耗计量、质量跟踪等。

（4）工程管理工作站，主要功能包括工程计划、工程设计、工程施工、工程验收等。

（5）用户与抄表工作站，用户管理主要包括：①档案管理，如开户受理、用户报修、搬迁受理、过户受理、报停受理等；②动态管理，如用户报修、维修记录、维修结报，以及表计检定、更换计划等。

抄表管理主要包括：①费率管理，支持多种气体费率、时段费率、定额梯级费率等；②抄表录入，支持人工输入、抄表机输入；③收费结算，支持现金、刷卡、转账或预付费等方式，以及收费凭证、对账处理等；④数据分析，对各户用气量按时段对比分析，对用气异常情况及时核查、登记、纠正；⑤报表生成，包括分类报表和统计报表，报表文件应支持 Excel 格式以便其他部门引用。

MIS 系统工作站人员应及时登陆填写数据记录或生成业务报表，随时更新服务器数据库，满足其他工作站相关业务需要。

14.8.4　GIS 系统功能

GIS 系统的数据库管理基于专门的数据库软件系统，请参考相关教程或文献。GIS 数据库信息按照对象分为两类：一类是地理地形信息，包括空间对象的几何位置及其属性；二是管线设施信息，包括它们的几何位置及其属性。对象属性信息，比如一段河流的名称、地质特征等，一个管段的代码、口径、材质、管龄、关联对象等。对象信息的表示方式称为数据结构或数据格式，在数据库软件中具有既定格式。基于 GIS 数据库对象信息，可用三维方式显示地下管线设施的空间分布、位置层次、工井结构或周边环境等，便于查询、统计对象属性信息或分析各种关系数据，辅助进行管网工程设计、维护管理、资源统筹等。

管网 GIS 工作站的软件设计应考虑下列主要方面：

① 支持《城市地下管线探测技术规程》CJJ 61 的数据格式和符号库，并能把在该标准下进行的管线探测成果数据导入生成三维空间管线模型。

② 支持 SHP（ESRI Shapefile）等主流 GIS 数据格式，并能生成三维空间管线模型。

③ 支持各种大地平面坐标系与 WGS84 经纬度坐标系的投影转换，并可在各种坐标系里进行查询或定位操作，具有管线数据维护的操作日志记录以便查询管理。

④ 支持分图层管理不同管道类型，支持可视化选择与查询，支持二维和三维显示方式。

⑤ 支持管道横断面、纵断面、剖面等显示方式，显示地下管网的埋深和相对位置。

⑥ 能够按可视化方式对管线对象进行编辑，比如增加、修改、删除等，并可添加测量标注。

⑦ 能够按照管线对象的编码、区域、管径、管长、埋深、管龄等属性要素进行查询、统计和报表。

⑧ 能够按照常用的关系进行分析，比如断面分析、净距分析，联通分析、碰撞分析、爆管分析等。

⑨ 能够进行故障隔离决策[4]，当管段泄漏时快速找到应关闭的上游阀门，给出下游相关管道以及需要隔离的相关用户群。

此外，若信息系统数据库服务器 MIS&GIS 连接调度室服务器 MTS，则 GIS 或 MIS

工作站可获取燃气输配场站工况数据和设备状态，满足某些业务需要。

鉴于数据库安全需要，输配管理信息系统的数据库服务器 MIS&GIS 可采用冗余配置，参见本章 14-2-2 所述。

14.9 本章有关标准规范

《城镇燃气自动化系统技术规范》CJJ/T 259

《城镇燃气工程智能化技术规范》CJJ/T 268

《城镇综合管廊监控与报警系统工程技术标准》GB/T 51274

《城市地下管线探测技术规程》CJJ 61

Wireless Fidelity Based on IEEE802.11b Standard Wireless LAN

参考文献

[1] Song Yongming, Zhu Zhaohu, Zhou Xu. Realtime Measurement and Control System for Urban Gas Pipelines [C], ISHVAC2011, 1189-1194.

[2] 郝冉冉，宋永明，李颜强，赵自军. SCADA 系统在城市燃气管网调度管理中的应用 [J]. 煤气与热力，2009，29 (1)：29-31.

[3] 周旭，宋永明，田贯三，赵自军，王启. 基于 OPC 标准的燃气管网分析软件接口程序 [J]. 煤气与热力，2009，29 (5)：35-38.

[4] 严铭卿. 燃气管网故障隔离决策算法 [J]. 煤气与热力，2011，31 (x).

第 15 章　压缩天然气输配

15.1 概　述

根据《压缩天然气供应站设计规范》GB 51102，压缩天然气（Compress Natural Gas，CNG）是指压缩到压力大于或等于 10MPa 且不大于 25MPa 的气态天然气。

相对天然气传统供气方式，压缩天然气供气是新发展起来的一种供气方式，已在中小城镇、城市边缘的工厂、居民和商业用供气中发挥着重要作用。

考虑运输的经济性，输气管线多辐射社会经济发达，人口密度大的地区，距离长输管线较远的中小城镇，边远山区等输气管线不便于或不经济辐射到的地域，压缩天然气输配系统发挥着重要的作用。同时，在城市规划区，中压管网未能辐射到的区域，压缩天然气输配站系统的建设投用，是解决其气源过渡的有效途径。

15.1.1 压缩天然气的气质标准

作为民用燃料的天然气，其气质标准应满足《天然气》GB 17820 规定的一类或二类气的标准，具体详见表 1-3-3（1）。

根据《压缩天然气供应站设计规范》GB 51102 规定，压缩天然气的质量应符合现行国家标准《车用压缩天然气》GB 18047 的规定，如表 15-1-1。

车用压缩天然气技术指标　　　　**表 15-1-1**

项目	技术指标
高位发热量[a]（MJ/m^3）	≥31.4
总硫（以硫计）（mg/m^3）	≤100
硫化氢[a]（mg/m^3）	≤15
二氧化碳（%）	≤3.0
氧气（%）	≤0.5
水[a]（mg/m^3）	在汽车驾驶的特定地理区域内，在压力不大于 25MPa 和环境温度不低于－13℃的条件下，水的质量浓度不大于 $30mg/m^3$
水露点（℃）	在汽车驾驶的特定地理区域内，在压力不大于 25MPa 和环境温度不低于－13℃的条件下，水露点应比最低环境温度低 5℃

注：[a]本标准中气体体积的标准参比条件是 101.325kPa，20℃。

15.1.2 压缩天然气特性参数

天然气性质在本手册中第 2 章已经进行了详细论述，并提供了系统的计算方法。本章节仅就 CNG 输配站设计过程中用到的一些性质参数进行简要论述。

15.1.2.1 压缩天然气的密度

工程中，一般按照式 15-1-1 计算天然气的密度。

$$\rho=\rho_0\frac{2694p}{Z}\cdot\frac{1}{273+t} \tag{15-1-1}$$

式中 ρ、ρ_0——天然气在实际状态、标准状态（101.325kPa，0℃）下的密度，kg/m^3；

p——天然气绝对压力，MPa；

Z——压缩因子，见表 15-1-2；

t——气体的温度,℃。

天然气的主要成分是甲烷，约占总体积的 90％以上，其余为 C_2～C_4 轻烃组分、氮气和二氧化碳，水蒸气含量很少。根据 C_2～C_4 轻烃组分的物理性质，常温下，当压力未超过 16MPa 时，就形成液态与甲烷组分分离。根据压缩天然气气质标准要求，二氧化碳体积含量不大于 3％，氮气和二氧化碳对于甲烷的压缩因子影响甚微。实际工程计算中，压缩天然气的压缩因子以甲烷的压缩因子进行近似代替。当需要精确数据时，应根据本手册第 2 章的方法和参数进行计算。

常温及不同压力下甲烷的压缩因子 Z **表 15-1-2**

温度 t(℃)	压力 p(MPa)(绝对)						
	0.1	1	5	10	15	20	25
−20	0.9967	0.9672	0.8314	0.6842	0.6482	0.6952	0.7724
0	0.9974	0.9744	0.8728	0.7674	0.7278	0.7517	0.8086
20	0.9980	0.9797	0.9017	0.8244	0.7914	0.8047	0.8476
50	0.9985	0.9853	0.9313	0.8814	0.8603	0.8692	0.9007

15.1.2.2 天然气水露点与含水量

天然气中的饱和水蒸气含量与温度和压力有关。不同压力和温度下的天然气水露点状态的含水量可在第 2 章图 2-18-3 中查得。也可通过气质组分，根据本手册第 2 章 2.18.3 节进行理论计算取得。在压缩天然气供应站实际工程计算中，天然气常用几种温度压力状态下的基态单位体积饱和含水量数据如表 15-1-3。例如，1m^3 基准状态（15.6℃，101.325kPa）下的天然气，在压力为 1MPa，温度为 20℃时，天然气饱和含水量为 2g，但当压缩至 25MPa，温度为 20℃时，天然气饱和含水量仅为 0.18g，由此，天然气如果在压缩增压前不进行脱水处理，在压缩过程中会有大量水析出。

天然气的饱和水蒸气量（g/m^3） **表 15-1-3**

温度 t(℃)	压力 p(MPa)(绝对)						
	0.1	1	5	10	15	20	25
50	95	10.5	2.2	1.4	1.05	0.92	0.81
20	18	2.0	0.47	0.29	0.23	0.2	0.18
0	4.7	0.55	0.26	0.09	0.07	0.065	0.05
−20	1.0	0.12	0.034	0.022	0.02	0.018	0.016
−40	0.16	0.022	0.0048	0.004	0.0035	0.0028	0.002
−60	0.10	0.0017	0.0006	0.0004	0.0003	0.0002	0.0002

15.1.2.3　天然气的比热容与绝热节流

压缩天然气的主要组分是甲烷，其次是乙烷和乙烯，含少量丙烷等。天然气比热有定压摩尔比热容、定容摩尔比热容、定压质量比热容、定压容积比热容。在工程计算中，常常采用定压质量比热容进行热量计算。天然气比热容可根据天然气中各组分分数进行计算。计算方法见本手册第2章2.14节内容。

天然气调压过程中存在绝热节流效应：焦耳-汤姆逊效应。天然气绝热节流后的温度可采用公式（15-1-2）进行计算❶。（由于Z的Gopal表达式中的系数是分段给出的，所以绝热节流温降也需分段计算）：

$$T_E = \frac{T_S}{1+\frac{RT_S}{c_p T_c}\left[\frac{A}{p_c}(p_S - p_E) + C\ln\frac{p_S}{p_E}\right]} \tag{15-1-2}$$

式中　p_E，T_E——绝热节流后甲烷压力，MPa，温度，K；

p_S，T_S——绝热节流前甲烷压力，MPa，温度，K；

p_c——甲烷临界压力，MPa；

T_c——甲烷临界温度，K；

A，C——甲烷压缩因子 Z 的Gopal表达式中的系数，见表15-1-4。

甲烷压缩因子Z的Gopal表达式中的系数　　**表15-1-4**

对比压力 p_r 范围	对比温度 T_r 范围	A_i	C_i
0.2～1.2	1.0～1.2	1.6643	−0.3647
	1.2^+～1.4	0.5222	−0.0364
	1.4^+～2.0	0.1391	−0.0007
	2.0^+～3.0	0.0295	−0.0009
1.2^+～2.8	1.0～1.2	−1.3570	4.6315
	1.2^+～1.4	0.1717	−0.5869
	1.4^+～2.0	0.0984	−0.0621
	2.0^+～3.0	0.0211	−0.0127
2.8^+～5.4	1.0～1.2	−0.3278	1.8223
	1.2^+～1.4	−0.2521	1.6087
	1.4^+～2.0	−0.0284	0.4714
	2.0^+～3.0	0.0041	−0.0607

15.2　压缩天然气输配站分类

本章“压缩天然气输配站”概括为两类：压缩天然气供应站（本章简称供应站）和压缩天然气汽车加气站（本章简称汽车加气站）。

❶ 由式15-1-2也可得出已知 T_E 求 T_S 的计算式

15.2.1 压缩天然气供应站类别

供应站根据其站场功能不同分为：压缩天然气加气站（本章简称加气站）、压缩天然气储配站（本章简称储配站）和压缩天然气瓶组供气站（本章简称瓶组供气站）。

(1) 加气站

气源为管道天然气，管道天然气经过净化、计量、加压后形成压缩天然气，然后通过加气柱给气瓶车、气瓶或气瓶组充气，向下游用气站场供气。加气站目标客户是储配站和瓶组供气站。

(2) 储配站

气源来自压缩天然气加气站或者输气管道。

① 压缩天然气气源的储配站，通过气瓶车转运至储配站内，经卸气柱、压缩机卸气后在站内进行高压储存、减压、计量、加臭后送入城镇燃气输配管网，为天然气用户供气；

② 管道气源的储配站，天然气经脱硫脱水等工艺处理后，通过压缩机压缩后高压储存、供气时通过减压、计量加臭后送入城镇燃气输配管网。

③ 储配站目标客户是天然气用户。

(3) 瓶组供气站

采用加气站气瓶组运来的天然气为气源，在站内进行储存、调压、计量、加臭后送入城镇燃气输配管道为下游天然气用户供气。

瓶组供气站目标客户也是天然气用户。瓶组供气站储存设施为小型 CNG 瓶组，最大储气水容积不大于 $4m^3$，供气居民用户一般不大于 1000 户。

15.2.2 压缩天然气汽车加气站类别

汽车加气站包括压缩天然气加气母站（本章简称汽车加气母站）、压缩天然气加气常规站（本章简称汽车加气常规站）、压缩天然气加气子站（本章简称汽车加气子站）。

① 汽车加气母站从站外天然气管道取气，经工艺处理并加压后，通过加气柱给为汽车加气子站的气瓶车充装压缩天然气。

汽车加气母站的气源为管道来气，目标客户是汽车加气子站。

② 汽车加气常规站是从站外天然气管道取气，经过工艺处理并加压后，通过加气机为压缩天然气汽车供气。

③ 汽车加气子站利用 CNG 气瓶车自汽车加气母站运气至站内，经过卸气加压储存后为 CNG 汽车加气。

汽车加气子站气源来自汽车加气母站，目标客户是 CNG 汽车。汽车加气常规站气源来自站外管道，目标客户是 CNG 汽车。

汽车加气子站根据压缩工艺的不同，又可分为液压压缩机加气子站、液压平推加气子站、机械压缩机加气子站。液压压缩机加气子站采用的压缩机为液压活塞式压缩机。液压平推加气子站的动力设备为液压加压橇。机械压缩机汽车加气子站采用的压缩机为曲轴联杆式压缩机。

15.2.3　压缩天然气供应站与压缩天然气汽车加气站的区别与联系

① 供应站最终供气目标是居民、商业和工业，属于城市燃气供应范畴。汽车加气站最终供气目标是CNG汽车，主要是市区内出租车、公交车、环卫车辆和少量社会车辆等。

② 供应站遵循的主要专业规范为《压缩天然气供应站设计规范》GB 51102和《城镇燃气设计规范》GB 50028。汽车加气站遵循的主要专业规范为《汽车加油加气站设计与施工规范》GB 50156。

③ 供应站和加气站的工作压力和工作温度相似，因此两类站场的天然气处理、压缩和储存等设备选型要求类似。

④ 加气站与汽车加气母站生产工艺类似，都从站外管道上取气，经过天然气处理工艺后，使天然气的质量符合现行国家标准《车用压缩天然气》GB 18047的相关规定。给压缩天然气气瓶车、气瓶或气瓶组充气。工程实际中，通常加气站和汽车加气母站共用，建设要求同时满足《压缩天然气供应站设计规范》GB 51102、《城镇燃气设计规范》GB 50028和《汽车加油加气站设计与施工规范》GB 50156三个规范的相关要求。

15.3　压缩天然气输配站等级、站址与总平面设计

15.3.1　压缩天然气输配站等级划分

根据《压缩天然气供应站设计规范》GB 51102规定，压缩天然气供应站等级划分如表15-3-1。

压缩天然气供应站的等级划分　　**表15-3-1**

级别	总储气容积 V(m³)	压缩天然气储气设施总几何容积 V_1(m³)	压缩天然气瓶车总几何容积 V_2(m³)
一级	$V \geqslant 200000$	$V_1 \geqslant 700$	$V_2 \leqslant 200$
二级	$30000 < V \leqslant 20000$	$120 < V_1 \leqslant 700$	$V_2 \leqslant 200$
三级	$8500 < V \leqslant 30000$	$30 < V_1 \leqslant 120$	$V_2 \leqslant 120$
四级	$1000 < V \leqslant 8500$	$4 < V_1 \leqslant 30$	$V_2 \leqslant 18$
五级	$V \leqslant 1000$	$V_1 \leqslant 4$	—

注：1. 总储气容积指站内压缩天然气储气设施（包括储气井、储气瓶组、气瓶车等）的储气量之和，按储气设施的几何容积（m³）与最高储气压力（绝对压力，102kPa）的乘积并除以压缩因子后的总和计算。
2. 表中"—"表示该项内容不存在。

根据《汽车加油加气站设计与施工规范》GB 50156规定，单纯的汽车加气站未做等级划分，但提出最大容积要求。具体规定如下。

① 汽车加气母站储气设施的总容积不应超过120m³。

② 汽车加气常规站储气设施的总容积不应超过30m³。

③ 汽车加气子站内设置有固定储气设施时，站内停放的气瓶车不应多于1辆。固定储气设施采用储气瓶时，其总容积不应超过18m³；固定储气设施采用储气井时，其总容

积不应超过 $24m^3$。

④ 汽车加气子站内无固定储气设施时，站内停放的气瓶车不应多于 2 辆。

⑤ 作为站内储气设施使用的压缩天然气车载储气瓶组拖车，其单车储气瓶组的总容积不应大于 $24m^3$。

CNG 汽车加气站与加油站、LNG 加气站合建时等级划分如表 15-3-2 和表 15-3-3。

LNG 加气站与 CNG 加气常规站或 CNG 加气子站的合建站等级划分　　**表 15-3-2**

级别	LNG 储罐总容积 V(m^3)	LNG 储罐单罐容积(m^3)	CNG 储气设施总容积(m^3)
一级	$60<V\leqslant120$	$\leqslant60$	$\leqslant24$
二级	$V\leqslant60$	$\leqslant60$	$\leqslant18(24)$
三级	$V\leqslant30$	$V\leqslant30$	$\leqslant18(24)$

注：表中括号内数字为 CNG 储气设施采用储气井的总容积。

加油与压缩天然气加气合建站的等级划分　　**表 15-3-3**

级别	油品储罐总容积(m^3)	常规 CNG 加气站储气设施总容积(m^3)	加气子站储气设施(m^3)
一级	$90<V\leqslant120$	$V\leqslant24$	固定储气设施总容积$\leqslant12(18)$，可停放 1 辆车载储气瓶组拖车；当无固定储气设施时，可停放 2 辆车载储气瓶组拖车
二级	$V\leqslant90$		
三级	$V\leqslant60$	$V\leqslant12$	固定储气设施总容积$\leqslant9(18)$，可停放 1 辆车载储气瓶组拖车

注：1. 柴油罐容积可折半计入油罐总容积。

2. 当油罐总容积大于 $90m^3$ 时，油罐单罐容积不应大于 $50m^3$；当油罐总容积小于或等于 $90m^3$ 时，汽油罐单罐容积不应大于 $30m^3$，柴油罐单罐容积不应大于 $50m^3$。

3. 表中括号内数字为 CNG 储气设施采用储气井的总容积。

加油与 L-CNG 加气，加油与 LNG/L-CNG 加气，以及加油与 LNG 加气和 CNG 加气合建站的等级划分见《汽车加油加气站设计与施工规范》GB 50156（2014 年版）。

15.3.2　压缩天然气输配站选址

压缩天然气输配站站址选择一般有下列要求。

① 站址选择应符合城镇总体规划和城镇燃气专项规划的要求，并与城镇的能源规划、环保规划等相结合。

② 站址选择应遵循不占或少占农田、节约用地的原则，并宜与周边环境、景观相协调。

③ 站址的选择应避开洪水、滑坡、湿陷等不良地质地段，且周边应具备交通、供电、给水排水及通信等条件。

④ 加气站、储配站、汽车加气母站和汽车加气常规站等以管道来气为气源的站场，宜靠近上游来气的管道气源或气源厂站设置。

⑤ 瓶组供气站宜靠近供气负荷设置。

⑥ 汽车加气常规站和汽车加气子站宜靠近城城市道路，但不宜选在城市干道的交叉路口附近。

⑦ 汽车加气母站不能和加油站合建。任何压缩天然气汽车加气站均不能和液化石油气加气站合建。

⑧ 城市中心区不应建设一级、二级、三级压缩天然气供应站及其与各级液化石油气混气站的合建站，不应建设四级、五级压缩天然气供应站或六级及以上液化石油气混气站的合建站。

⑨ 城市建成区不宜建设一级压缩天然气供应站及其与各级液化石油气混气站的合建站。

⑩ 城市中心区和城市建成区均不应建设一级压缩天然气汽车加气站、一级加油和加气合建站、压缩天然气加气母站。

⑪ 一级、二级压缩天然气供应站宜远离居住区、学校、医院、大型商场和超市等人员密集的场所。

⑫ 城市建成区内两个压缩天然气瓶组供气站的水平距离不应小于300m。当不能满足距离要求且必须设置时，站内压缩天然气气瓶组与站外建（构）筑物的防火间距应按照本设计手册表15-3-5中最大总储气容积小于等于10000m^{3}的规定执行。

⑬ 采用储气井作为储气设施的站址选择时，宜避开地质溶洞区。

15.3.3　压缩天然气输配站的总平面设计

15.3.3.1　输配站的总平面设计

1. 总平面布置原则

① 严格按照《压缩天然气供应站设计规范》GB 51102、《城镇燃气设计规范》GB 50028、《建筑设计防火规范》GB 50016等相关规范的要求进行总图布置，并根据生产功能和危险程度等进行分区布置。重视安全、环保和卫生等方面问题。

② 在满足建站功能的前提下，尽可能使站内布置与周围环境相协调，使现代生产建筑与环境自然融和。

③ 站内各分区之间，既要有明显的分隔带，又要相互联系，以便充分发挥站内各区的功能和整体作用。

④ 以生产为重点，分配好人流、物流，使运输畅通，既保证生产，又保障安全。

⑤ 在满足规范要求的安全间距条件下，应紧凑布置，节约用地，充分利用安全间距带来的空地布置绿化。

⑥ 预测有扩建的需求时，应充分考虑扩建预留用地建设的方便性，做到统一规划布置，分期实施，对部分共用配套设施采取一次建成。

2. 总平面布置基本要求

① 生产区和生产辅助区域宜相对独立。

② 一级、二级压缩天然气加气站应设2个对外出入口；三级压缩天然气加气站宜设2个对外出入口。

③ 压缩天然气加气站的集中放散装置宜设置在站内全年最小频率风向的上风侧。

④ 应设置气瓶车固定停车位，固定停车位应有明显的边界线，每台固定车位宽度不应小于4.5m，长度不小于气瓶车长度。每个停车位对应一个加气枪。

⑤ 气瓶车加气区依据气瓶车停车方式不同可采取两种布置方案：端头倒车式和循环顺流式。加气区大小应能满足气瓶车辆运行的回车场地。

⑥ 汽车加气站总平面布置要求

A. 汽车加气站车辆入口和出口应分开设置。

B. 加气作业区不应有明火点或散发火花地点。

3. 竖向布置

① 根据现状路面标高，结合加气站场地现状自然地面标高，为各设施提供适宜的建设场所，场地竖向布置宜采用平坡式。但是站场所在区域地形坡度较大且站场用地面积较大时，站场围墙内场地整平方式可采用台阶式。

② 设计地平坡度宜为0.3%～2.0%；在大面积地形平坦的地区，采用连续平坡式整平时，不应小于0.2%；在局部高差较大的地段，不应大于3.0%。若场地设计地面排水径流速度大于土壤的允许流速时，地面应采取植被或铺砌等措施，防止冲刷。

③ 露天布置的工艺设备区宜设在边界线内，检修和露天操作场地宜铺砌，且高于边界线外场地，露天工艺生产设备基础应高出周围地坪0.15～0.2m；

④ 根据竖向布置要求，站场平整土石方量最小为准则，减少土石方量的外运，节约投资。

⑤ 人行道路应高于其附近场区地面0.05～0.10m。

⑥ 建筑室内外设计地坪标高，宜高出室外场地设计平整标高0.2m以上。在有可能沉陷的软土地段和有特殊要求的建筑物，应适当加大室内外高差。

⑦ 站场内外道路、排水沟渠的标高应统一考虑。主要出入口的道路路面标高宜高于场区外部路面的标高。

15.3.3.2　输配站的道路

① 站场道路设计应符合总平面布置的要求，道路的布置应与竖向设计及管线布置相结合，并与场外道路顺畅方便地连接，应满足生产、运输、安装、检修、消防安全和施工的要求。

② 场内道路交叉时，宜采用正交。斜交时，交叉角不应小于45°。

③ 当站内固定式压缩天然气储气设施总几何容积不小于500m^{3}时，应设环形消防车道；

④ 当站内固定式压缩天然气储气设施总几何容积小于500m^{3}时，可设置尽头式消防车道和面积不小于12m×12m的回车场地。

⑤ 消防车道净宽度不应小于4m，并应有往返车辆错车通行的措施。消防车道的净空高度不应小于5m，其交叉口或弯道的路面内缘转弯半径不得小于12m，纵向坡度不宜大于8%。

⑥ 道路边缘至相邻建（构）物的净距应符合下列规定：

A. 当建筑（构）物外面向道路一侧无出入口时，道路边缘至相邻建（构）物的净距不应小于1.5m；

B. 当建筑（构）物外面向道路一侧有出入口，但不通行汽车时，道路边缘至相邻建（构）物的净距不应小于3.0m

C. 当建筑（构）物外面向道路一侧有出入口且通行汽车时，道路边缘至相邻建（构）

物的净距根据车型确定，且不应小于6～9m。

⑦ 根据道路相关技术规范，结合站场地质情况，确定站区道路结构层设计；防爆区和生产区地坪和道路应采用不发火花地坪和路面。

15.3.3.3 输配站的绿化

① 为营造一个优美舒适的环境，站内尽可能多地进行绿化建设，以围墙周边、大门两侧和工艺装置区与加气区隔离带作为重点绿化地区，其他区域适当建设花坛和种植树木点缀。

② 装置区不应种植油脂较多的树木，选择含水量较多的树木，站内不能种植能形成树冠的乔木，以免影响泄漏气体的扩散。围墙和道路路沿之间种植树冠小的花木，地面种植草坪。

③ 站内绿化率应满足当地规划指标要求。

15.3.3.4 围墙

① 压缩天然气供应站的四周边界应设置不燃烧实体围墙；生产区围墙应采用高度不小于2m的不燃烧体实体围墙；辅助区根据安全保障情况和景观要求，可采用不燃烧体非实体围墙；生产区与辅助区之间宜采用围墙或栅栏隔开。

② 站区四周应设置围墙，当采用非实体围墙时，底部实体部分高度不应小于0.6m。

③ 当其他供应站与汽车加气站合建时，应采用围墙将压缩天然气汽车加气区、加气服务站房与站内其他设施分隔开。

④ 汽车加气母站的四周边界应设置围墙；生产区围墙应采用高度不低于2.2m的不燃烧体实体围墙；辅助区根据安全保障情况和景观要求，可采用不燃烧体非实体围墙；生产区与辅助区之间宜采用围墙或栅栏隔开。

⑤ 汽车加气常规站、汽车加气子站站内工艺设备与站外建构筑物之间，宜设置高度不低于2.2m的不燃烧体实体围墙。当站外建构筑物距离站内工艺设备大于规范规定的安全间距的1.5倍以上且不小于25m时，可设置非实体围墙。

15.3.4 压缩天然气输配站与站外设施防火间距

压缩天然气供应站与站外设施防火间距应遵循现行国家规范《压缩天然气供应站设计规范》GB 51102、《建筑设计防火规范》GB 50016（2018版）等相关规范。如果与液化石油气混气站合建，还应遵循现行国家规范《液化石油气供应工程设计规范》GB 51142的相关规定。

（1）加气站、储配站站内储气井与站外建（构）筑物的防火间距见表15-3-4的规定。

CNG加气站、CNG储配站站内储气井与站外建（构）筑物的防火间距　表15-3-4

项目 \ 储气井总储气容积(m³)	防火间距(m)				
	$V<5000$	$5000\leqslant V<50000$	$50000\leqslant V<100000$	$100000\leqslant V<300000$	$300000\leqslant V<400000$
居住区、村镇及重要公共建筑(学校、影剧院、体育馆等)	40	50	55	60	70
高层民用建筑	30	35	40	45	50

续表

储气井总储气容积(m³) 项目		防火间距(m)				
		$V<5000$	$5000\leqslant V<50000$	$50000\leqslant V<100000$	$100000\leqslant V<300000$	$300000\leqslant V<400000$
高层民用建筑裙房、民用建筑		20	25	30	35	40
明火、散发火花地点,室外变、配电站		25	30	35	40	45
甲、乙、丙类液体储罐,甲、乙类生产厂房,甲、乙类物品库房,可燃材料堆场		25	30	35	40	45
丙、丁类生产厂房,丙、丁类物品库房		20	25	30	35	40
其他建筑(耐火等级	一、二级	15	20	25	30	35
	三级	20	25	30	35	40
	四级	25	30	35	40	45
铁路(中心线)	正线	35	35	40	40	45
	其他线	25	25	30	30	35
公路、道路(路边)	高速,一、二级城市快速路	15	20	25	25	25
	其他	12	15	15	15	15
架空电力线(中心线)		1.5倍杆高				
架空通信线(中心线)		1.0倍杆高		1.5倍杆高		

注:1. 储气井总储气容积按储气井几何容积(m³)与最高储气压力(绝对压力,102kPa)乘积并除以压缩因子后的总和计算。

2. 居住区、村镇指居住1000人或300户以上的地区。高层建筑达到居住区规模时,应按居住区对待。

3. 室外变、配电站指电力系统电压为35~500kV,且每台变压器容量在10MV·A以上的室外变、配电站,以及工艺企业的变压器总油量大于5t的室外降压变电站。低于上述规格的室外变、配电站或变压器可按丙类生产厂房对待。

4. 铁路其他线仅指企业专用线,除此之外的线路均应按正线执行。

(2)加气站、储配站站内气瓶车固定停车位与站外建(构)筑物的防火间距见表15-3-5的规定。

压缩天然气加气站、压缩天然气储配站内气瓶车固定车位与站外建(构)筑物的防火间距 **表15-3-5**

气瓶车在固定车位最大总储气容积 V(m³) 项目	防火间距(m)	
	$V\leqslant10000$	$10000<V\leqslant45000$
居住区、村镇及重要公共建筑(学校、影剧院、体育馆等)	40	60
高层民用建筑	35	40
高层民用建筑裙房、民用建筑	25	30
明火、散发火花地点,室外变、配电站	25	30
甲、乙、丙类液体储罐,甲、乙类生产厂房,甲、乙类物品库房,可燃材料堆场	25	30

续表

项目 \ 气瓶车在固定车位最大总储气容积 $V(m^3)$		防火间距(m) $V \leqslant 10000$	防火间距(m) $10000 < V \leqslant 45000$
丙、丁类生产厂房，丙、丁类物品库房		20	25
其他建筑（耐火等级）	一、二级	15	20
	三级	20	25
	四级	25	30
铁路（中心线）	正线	35	40
	其他线	25	30
公路、道路（路边）	高速，一、二级城市快速	20	20
	其他	12	15
架空电力线（中心线）		1.5倍杆高	
架空通信线（中心线）		1.0倍杆高（且与Ⅰ、Ⅱ级架空通信线距离不得少于20m）	

注：1. 气瓶车在固定车位最大总储气容积按在固定车位各气瓶车的几何容积（m^3）与最高储气压力（绝对压力，102kPa）乘积并除以压缩因子后的总和计算。
2. 居住区、村镇指居住1000人或300户以上的地区。高层建筑达到居住区规模时，应按居住区对待。
3. 室外变、配电站指电力系统电压为35～500kV，且每台变压器容量在10MV·A以上的室外变、配电站，以及工艺企业的变压器总油量大于5t的室外降压变电站。低于上述规格的室外变、配电站或变压器可按丙类生产厂房对待。
4. 铁路其他线仅指企业专用线，除此之外的线路均应按正线执行。

（3）压缩天然气加气站、压缩天然气储配站内露天固定式储气瓶组与站外建（构）筑物的安全间距要求如下。

① 当露天固定储气瓶组总几何容积大于$4m^3$且不大于$18m^3$时，与站外建（构）筑物的防火间距不小于表15-3-5中最大总储气容积小于等于$10000m^3$的规定。

② 当露天固定储气瓶组总几何容积不大于$4m^3$时，与站外建（构）筑物的防火间距不小于表15-3-8的规定。

（4）压缩天然气加气站、压缩天然气储配站内集中放散装置的放散管口与站外建（构）筑物的防火间距不小于表15-3-6的规定。

（5）压缩天然气加气站、压缩天然气储配站站内工艺处理设备、储气井、总几何容积不大于$18m^3$的固定式储气瓶组的操作放散、检修放散、安全放散、事故放散的放散口与站外建（构）筑物的防火间距按照表15-3-8执行。

CNG加气站、CNG储配站内集中放散装置的放散管口与站外建（构）筑物的防火间距　　表15-3-6

项目	防火间距(m)
居住区、村镇及重要公共建筑(学校、影剧院、体育馆等)	50
高层民用建筑	35
高层民用建筑裙房、民用建筑	25
明火、散发火花地点，室外变、配电站	30

续表

项目		防火间距(m)
乙、丙类液体储罐，甲、乙类生产厂房，甲、乙类物品库房，可燃材料堆场		30
丙、丁类生产厂房，丙、丁类物品库房		25
其他建筑（耐火等级）	一、二级	20
	三级	25
	四级	30
铁路（中心线）	正线	40
	其他线	30
公路、道路（路边）	高速，一、二级城市快速	20
	其他	15
架空电力线（中心线）	＞380V	2.0倍杆高
	≤380V	1.5倍杆高
架空通信线（中心线）		1.5倍杆高

注：1. 居住区、村镇指居住1000人或300户以上的地区。高层建筑达到居住区规模时，应按居住区对待。

2. 室外变、配电站指电力系统电压为35～500kV，且每台变压器容量在10MV・A以上的室外变、配电站，以及工艺企业的变压器总油量大于5t的室外降压变电站。低于上述规格的室外变、配电站或变压器可按丙类生产厂房对待。

3. 铁路其他线仅指企业专用线，除此之外的线路均应按正线执行。

（6）压缩天然气加气站、压缩天然气储配站内露天工艺装置区与站外建（构）筑物的防火间距应满足《建筑设计防火规范》GB 50016（2018版）中规定的甲类生产厂房的安全间距要求，详见表15-3-7。

CNG加气站、储配站内露天工艺装置区与站外建（构）筑物的防火间距　表15-3-7

项目		防火间距(m)
居住区、村镇及重要公共建筑(学校、影剧院、体育馆等)		50
高层民用建筑		50
多层民用建筑、裙房、单层		25
明火、散发火花地点、室外变配电站		30
一二级甲类厂房(仓库)		12
乙类厂房(仓库)单层、多层	一、二级	12
	三级	14
乙类厂房(仓库)高层	一、二级	13
丙丁戊类厂房(仓库)单层、多层	一、二级	12
	三级	14
	四级	16
丙丁戊类厂房(仓库)高层	一、二级	13
厂外铁路线中心线		30
厂外道路路边		15

续表

项目		防火间距(m)
厂内道路路边	主要	10
	次要	5
室外变配电站		25

注：1. 耐火等级低于四级的既有厂房，其耐火等级可按照四级确定
2. 露天工艺装置区与其他未明确的建（构）筑物的防火间距参照现行国家规范《建筑设计防火规范》GB 50016（2018版）中甲类生产厂房的相关规定执行。

（7）压缩天然气瓶组供气站的气瓶组应设置在固定地点。气瓶组、天然气放散管口及调压装置与站外建（构）筑物的防火间距不应小于表15-3-8的规定。

气瓶组、天然气放散口及调压装置与站外建（构）筑物的防火间距　　表15-3-8

项目		防火间距(m)		
		气瓶组	天然气放散管口	调压装置
重要公共建筑(学校、影剧院、体育馆等)高层民用建筑		30	30	24
高层民用建筑裙房、民用建筑		18	18	12
明火、散发火花地点，室外变、配电站		25	25	25
甲、乙、丙类液体储罐，甲、乙类生产厂房，甲、乙类物品库房，可燃材料堆场		20	25	18
丙、丁类生产厂房，丙、丁类物品库房		16	20	15
其他建筑（耐火等级）	一、二级	14	16	12
	三级	16	20	15
	四级	20	25	18
铁路（中心线）	正线	35	35	22
	其他线	25	25	15
道路（路边）	主要	10	10	10
	次要	5	5	5
架空电力线(中心线)		1.5倍杆高	1.5倍杆高	1.0倍杆高
架空通信线（中心线）	Ⅰ、Ⅱ级	1.5倍杆高	1.5倍杆高	1.0倍杆高
	其他线	1.0倍杆高	1.0倍杆高	1.0倍杆高

注：1. 室外变、配电站指电力系统电压为35～500kV，且每台变压器容量在10MV·A以上的室外变、配电站，以及工艺企业的变压器总油量大于5t的室外降压变电站。低于上述规格的室外变、配电站或变压器可按丙类生产厂房对待。
2. 表中气瓶组为露天环境设置。
3. 铁路其他线仅指企业专用线，除此之外的线路均应按正线执行。

（8）压缩天然气供应站内其他建（构）筑物与站外建（构）筑物之间的防火间距应符合现行国家标准《建筑设计防火规范》GB 50016的有关规定。

（9）压缩天然气汽车加气站与站外设施防火间距：

① 压缩天然气汽车加气站与站外建（构）物的安全间距应执行现行国家规范《汽车

加油加气站设计与施工规范》GB 50156、《建筑设计防火规范》GB 50016（2018 版）等相关规范。如果与城镇天然气储配站、城镇天然气门站、压缩天然气储配站、压缩天然气瓶组站合建时，还应遵循现行国家规范《压缩天然气供应站设计规范》GB 51102、《城镇燃气设计规范》GB 50028 的相关规定。

② 压缩天然气汽车加气站或加油加气合建站的压缩天然气工艺设备与站外建（构）筑物的安全间距，不小于表 15-3-9 的规定，压缩天然气加气站的橇装设备与站外建（构）筑物的安全间距符合表 15-3-9 规定。

③ 表 15-3-9 中，设备或建（构）筑物的计算间距起止点符合《汽车加油加气站设计与施工规范》GB 50156 附录 A 规定。

④ 表中重要公共建筑物及民用建筑物保护类别满足《汽车加油加气站设计与施工规范》GB 50156 规范定的附录 B 规定。

⑤ 架空电力线路、架空通信线路不应跨越压缩天然气的加气作业区。

压缩天然气工艺设备与站外建（构）筑物的安全间距（m）　表 15-3-9

项目		防火间距(m)		
		气瓶组	天然气放散管管口	储气井、加(卸)气设备、脱硫脱水设备、压缩机(间)
重要公共建筑		50	30	30
明火地点或散发火花地点		30	25	20
民用建筑	一类保护物			
	二类保护物	20	20	14
	三类保护物	18	15	12
甲、乙液体储罐和甲、乙类物品生产厂房、库房		25	25	18
丙、丁、戊类物品生产厂房、库房和丙类液体储罐以及单罐容积不大于 50m³ 的埋地甲、乙类液体储罐		18	18	13
室外变配电站		25	25	18
铁路		30	30	22
城市道路	快速路、主干路	12	10	6
	次干路、支路	10	8	5
架空通信线		1 倍杆高	0.75 倍杆高	0.75 倍杆高
架空电力线路	无绝缘层	1.5 倍杆高	1.5 倍杆高	
	有绝缘层	1 倍杆(塔)高	1.5 倍杆(塔)高	1.0 倍杆高

注：1. 室外变、配电站指电力系统电压为 35～500kV，且每台变压器容量在 10MV·A 以上的室外变、配电站，以及工艺企业的变压器总油量大于 5t 的室外降压变电站。其他规格的室外变、配电站或变压器可按丙类物品生产厂房确定。

2. 表中道路指机动车道路。站内 CNG 工艺设备与郊区公路的安全间距应按城市道路确定，高速公路、一级和二级公路应按城市快速路、主干路确定；三级和四级公路应按城市次干路、支路确定。

3. 与重要公共建筑物的主要出入口（包括铁路、地铁和二级及以上公路的隧道出入口）尚不应小于 50m。

4. 储气瓶拖车固定停车位与站外建（构）筑物的防火间距，应按本表储气瓶的安全间距确定。

5. 一、二级耐火等级民用建筑物面向加气站一侧的墙为无门窗洞口实体墙时，站内 CNG 工艺设备与该民用建筑物的距离，不应低于本表规定的安全间距的 70%。

15.4 压缩天然气输配站工艺设计参数

15.4.1 设计规模

压缩天然气输配站的设计规模应根据目标市场的需求量、站区大小，并结合天然气气源的稳定供气能力确定。

（1）压缩天然气加气站内气瓶车在固定车位的最大总储气容积不应大于 45000m³，总几何容积不应大于 200m³。站内固定式储气瓶组的总几何容积不宜大于 18m³。

（2）压缩天然气储配站内气瓶车都在固定车位的最大总储气容积不应大于 30000m³，总几何容积不应大于 120m³。站内固定式储气瓶组的总几何容积不宜大于 18m³。

（3）压缩天然气瓶组供气站还应满足《压缩天然气供应站设计规范》GB 51102 的规定。压缩天然气瓶组供气站内的气瓶组最大总储气容积不应大于 1000m³，总几何容积不应大于 4m³。供应居民用户的压缩天然气瓶组供气站的供气规模不宜大于 1000 户。站内气瓶组的总储气容积应按 1.5 倍计算月平均日供气量确定。

（4）按照每个气瓶车固定停车位上最大不超过 18m³ 计算，压缩天然气汽车加气母站储气设施总容积不超过 120m³，如果站内无压缩天然气储气设施，气瓶车固定停车位不应超过 6 个。

（5）压缩天然气汽车加气常规站储气设施总容积不能超过 30m³。根据加气常规站的建站地址和服务目标市场情况，一般设计日加气规模 15000～20000m³。

（6）压缩天然气汽车加气子站内设置有固定储气设施时，站内停放的气瓶车不应多于 1 辆。固定储气设施采用储气瓶时，其总容积不应超过 18m³。固定储气设施采用储气井时，其总容积不应超过 24m³。压缩天然气汽车加气子站一般设计日加气规模 10000～15000m³。

15.4.2 工艺系统设计压力和运行压力

（1）进站压力

气源进站压力：

① 气源从站外管道上接入，气源进站压力应不大于进站管线最大工作压力。

② 气源为气瓶车瓶组，进站压力为气瓶车瓶组内气体压力，一般为 20MPa。

（2）管线设计压力

① 进站管线一般为自气源点至进站紧急切断阀或调压计量设备的管段，进站管线设计压力应大于管线最大工作压力。

② 卸气柱额定工作压力为 20MPa。卸气柱至减压装置一级调压器的管线系统和卸气柱至压缩机进口的管线系统设计压力为 22MPa。

③ 调压计量设备后至压缩机前设计压力不低于调压计量设备最大出口压力。

④ 减压计量橇出口至外输管网的管线系统设计压力同减压计量橇出口设定压力。如果管线接入下游中压管网，设计压力一般为 0.4MPa。

⑤ 液压平推加气子站站内压缩天然气管道系统设计压力一般取 22MPa。

（3）压缩机后管道系统设计压力

压缩机最大排气压力 25MPa，至储气设施和储气设施至减压设备一级减压的 CNG 管道系统设计压力不应小于系统最大工作压力的 1.1 倍，即 27.5MPa。

（4）高压放散系统设计压力

高压放散系统是压缩机后管道系统、设备的紧急放散和事故放散的管道系统，其设计压力一般为 4.0MPa；

（5）低压放散系统设计压力

压缩机前管道系统和设备、压缩天然气减压后的设备和管道的紧急放散和事故放散的管道系统，设计压力同进站管道系统的设计压力且不大于 4.0MPa。

（6）高压排污系统设计压力

高压排污系统是集中压缩机和压缩机之后的设备等的高压排污管道系统，其设计压力一般为 4.0MPa。

（7）低压排污系统设计压力

压缩机和压缩机之前的设备、低压天然气处理设备等的低压排污的管道系统，其设计压力一般为同进站管线设计压力，且不大于 4.0MPa。

15.4.3 设计温度、流速、缓冲时间、压缩机工作时间

（1）设计温度

压缩天然气加气站设计温度根据工作介质的温度确定。进站天然气和压缩天然气一般为常温，所以加气站的设计温度：－20～65℃；

（2）设计流速

一般情况下，压缩机前的天然气管道系统设计流速按照 10～15m/s 计算；压缩机后压缩天然气管道系统设计流速按照 5～10m/s 计算。

（3）天然气缓冲时间

天然气进入压缩机前，应进行气体缓冲，天然气在进气缓冲罐内的缓冲时间不小于 10s。

（4）压缩机日工作时间

压缩机日工作时间按 12～16h 计算，留有一定余量。加气子站和加气常规站一般取 16h，加气母站取 12h。

15.5 压缩天然气加气站

15.5.1 平面设计

15.5.1.1 建筑物与设施组成

压缩天然气加气站应根据其建设功能设置建构筑物。站内建、构筑物主要内容：办公楼、压缩机房、脱硫脱水装置、排污罐、缓冲罐、配电及控制室、辅助用房、消防水泵房、加气柱罩棚和门卫等。整个场地一般分为两大区域：生产区和生产辅助区，两区以通透围墙和绿化带分隔。生产区布置工艺设备、压缩机房、加气岛、气瓶车固

定停车位等。生产辅助区布置配电及控制室、辅助用房、消防水泵房、办公楼、水表井和化粪池等。

压缩天然气加气站内的各建（构）筑物间应满足规范规定的安全间距要求。

（1）储气井与站内建（构）筑物的防火间距按照表 15-5-1 执行。

站内储气井与站内其他建（构）筑物的防火间距　　表 15-5-1

总储气容积（m^3） 项目	防火间距(m)				
	$V\leqslant1000$	$1000<V\leqslant10000$	$10000<V\leqslant50000$	$50000<V\leqslant200000$	$200000<V\leqslant400000$
明火、散发火花地点	20	25	30	35	40
压缩机室、调压室、计量室	5	10	15	20	25
控制室、变配电室、汽车库、值班室等辅助建筑	12	15	20	25	30
机修间、燃气热水炉间	14	20	25	30	35
办公、生活建筑	18	20	25	30	35
消防泵房、消防水池取水口	20				
站内道路(路边)	5	5	10	10	10
围墙	5	10	15	15	18

注：1. 储气井总储气容积按储气井几何容积（m^3）与最高储气压力（绝对压力，10^2kPa）乘积并除以压缩因子后的总和计算。

2. 总几何容积不大于 $18m^3$ 固定式储气瓶组与站内建（构）筑物的防火间距可按本表中总储气容积大于 $1000m^3$ 且小于等于 $10000m^3$ 的规定执行。

3. 燃气热水炉间指室内设置微正压室燃式燃气热水炉的建筑。

（2）当压缩天然气加气站与天然气储配站合建时，站内天然气储罐与储气井之间的防火间距应符合下列规定：

① 固定容积天然气储罐之间的防火间距不应小于相邻较大储罐直径的 2/3。

② 当固定容积天然气储罐的总储气容积大于 $200000m^3$ 时，应分组布置。卧式储罐组与组之间的防火间距不应小于相邻较大罐长度的一半；球形储罐组与组之间的防火间距不应小于相邻较大罐的直径，且不应小于 20m。

③ 当储气井的总储气容积大于 $200000m^3$ 时，应分组布置。组与组之间的防火间距不应小于 20m。

④ 天然气储罐与储气井之间的防火间距不应小于 20m。

（3）站内储气井与气瓶车固定车位的防火间距不应小于表 15-5-2 的规定。

储气井与气瓶车固定车位的防火间距　　表 15-5-2

气瓶车在固定车位最大总储气容积 V_2(m^3)	防火间距(m) 储气井总储气容积 V_1(m^3)		
	$V_1\leqslant50000$	$50000<V_1\leqslant200000$	$200000<V_1\leqslant400000$
$V_2\leqslant10000$	12	15	20
$10000<V_2\leqslant30000$	15	20	25
$30000<V_2\leqslant45000$	20	25	30

注：1. 储气井总储气容积和气瓶车在固定停车位最大总储气容积为标准状态的容积；

2. 当与天然气储配站合建时，站内固定容积天然气储罐与气瓶车固定车位的防火间距，应符合本表相同容积储气井的规定，且不应小于较大罐直径。

（4）站内总几何容积不大于 18m³ 固定式储气瓶组与气瓶车固定车位的防火间距不应小于 15m。

（5）当压缩天然气加气站与液化石油气混气站合建时，站内储气井或气瓶车固定车位与液化石油气储罐的防火间距不应小于表 15-5-3 的规定

储气井或气瓶车固定车位与液化石油气储罐的防火间距　　表 15-5-3

储气井或气瓶车在固定车位最大总储气容积 V_1 / 液化石油气		防火间距(m)					
总容积 V_2(m³)	单罐容积 V_3(m³)	$V_1 \leqslant 1000$	$1000 \leqslant V_1 < 10000$	$10000 \leqslant V_1 < 50000$	$50000 \leqslant V_1 < 100000$	$100000 \leqslant V_1 < 300000$	$300000 \leqslant V_1 < 400000$
$30 < V_2 \leqslant 50$	$V_3 \leqslant 20$	25	25	28	28	32	32
$50 < V_2 \leqslant 200$	$V_3 \leqslant 50$	25	25	30	30	35	35
$200 < V_2 \leqslant 500$	$V_3 \leqslant 100$	25	30	30	35	40	40
$500 < V_2 \leqslant 1000$	$V_3 \leqslant 200$	25	30	35	35	45	45

注：1. 储气井总储气容积和气瓶车在固定停车位最大总储气容积按储气设备几何容积（m³）与最高储气压力（绝对压力，10²kPa）乘积并除以压缩因子后的总和计算。

2. 固定式储气瓶组总几何容积不大于 18m³ 时，与液化石油气储罐的防火间距可按本表中总储气容积大于等于 1000m³ 且小于 10000m³ 的规定执行。

（6）站内气瓶车固定车位与站内建（构）筑物的防火间距不应小于表 15-5-4。

气瓶车固定车位与站内建（构）筑物的防火间距　　表 15-5-4

气瓶车在固定车位最大总储气容积 / 项目		防火间距(m)			
		$V \leqslant 5000$	$5000 < V \leqslant 10000$	$10000 < V \leqslant 30000$	$30000 < V \leqslant 45000$
明火、散发火花地点		25	25	30	35
压缩机室、调压室、计量室		6	10	12	15
控制室、变配电室、汽车库、值班室等辅助建筑		12	15	20	25
机修间、燃气热水炉间		14	15	20	25
办公、生活建筑		18	20	25	30
消防泵房、消防水池取水口		20			
站内道路（路边）	主要	6	10	10	10
	次要	4	5	5	5
围墙		5	6	10	10

注：1. 气瓶车在固定停车位最大总储气容积按固定停车位上气瓶车几何容积（m³）与最高储气压力（绝对压力，10²kPa）乘积并除以压缩因子后的总和计算。

2. 燃气热水炉间指室内设置微正压室燃式燃气热水炉的建筑。

（7）站内集中放散装置的放散管口、露天工艺装置区与站内建（构）筑物的防火间距不应小于表 15-5-5 的规定。

集中放散装置的放散管口、露天工艺装置区与站内建（构）筑物的防火间距　表 15-5-5

项目	防火间距(m)	
	集中放散装置的放散管口	露天工艺装置区
明火、散发火花地点	30	20
压缩机室、调压室、计量室	20	—
控制室、变配电室、汽车库、值班室等辅助建筑	25	12
机修间、燃气热水炉间	25	15
办公、生活建筑	25	18
消防泵房、消防水池取水口	20	20
站内道路(路边)	2	4
围墙	2	10
储气井、固定式储气瓶组、气瓶组固定车位	20	—

注：1. 露天工艺装置区与压缩机室、调压室、计量室等生产建筑的间距可按工艺要求确定。
2. 露天工艺装置区与储气井、固定式储气瓶组、气瓶车固定车位的间距可按工艺要求确定。
3. 露天工艺装置区与集中放散装置的放散口的间距不应小于 20m。
4. 燃气热水炉间指室内设置微正压室燃式燃气热水炉的建筑。

（8）站内加气柱与气瓶车固定车位的距离一般为 2～3m。加气柱距围墙不应小于 6m，距压缩机室、调压计量室不应小于 6m，距燃气热水炉间不应小于 12m。

（9）未提及的压缩天然气加气站内建（构）筑物的安全间距要求，按照现行国家标准《压缩天然气供应站设计规范》GB 51102 和《建筑设计防火规范》GB 50016（2018 版）的规定执行。

15.5.1.2　加气站总图布置示例

总图布置示例如图 15-5-1 所示。

压缩天然气加气站的四周边界应设置围墙；生产区围墙应采用高度不小于 2m 的不燃烧体实体围墙；辅助区根据安全保障情况和景观要求，可采用不燃烧体非实体围墙；生产区与辅助区之间宜采用围墙或栅栏隔开。

当压缩天然气加气站与压缩天然气汽车加气站合建时，应采用围墙将压缩天然气汽车加气区、加气服务站房与站内其他设施分隔开。

15.5.2　工 艺 设 计

15.5.2.1　工艺流程

1. 主工艺流程

压缩天然气加气站主工艺流程框图如图 15-5-2 所示。

从管道输送来的天然气进站后先经过滤、稳压、计量，进入脱硫装置，脱去超标的硫组分，再进入脱水装置，脱去其中的水分，使气体露点达到或低于国家车用气标准（即标准状态下水露点－55℃），然后经缓冲罐缓冲后进入天然气压缩机组增压至 25MPa 形成压缩天然气。级间气体通过冷却器和油水分离器后进入下一级。压缩机系统的 PLC（可编程序控制器）对整个系统进行信号采集、故障诊断、故障显示、顺序启动/停机等全过程

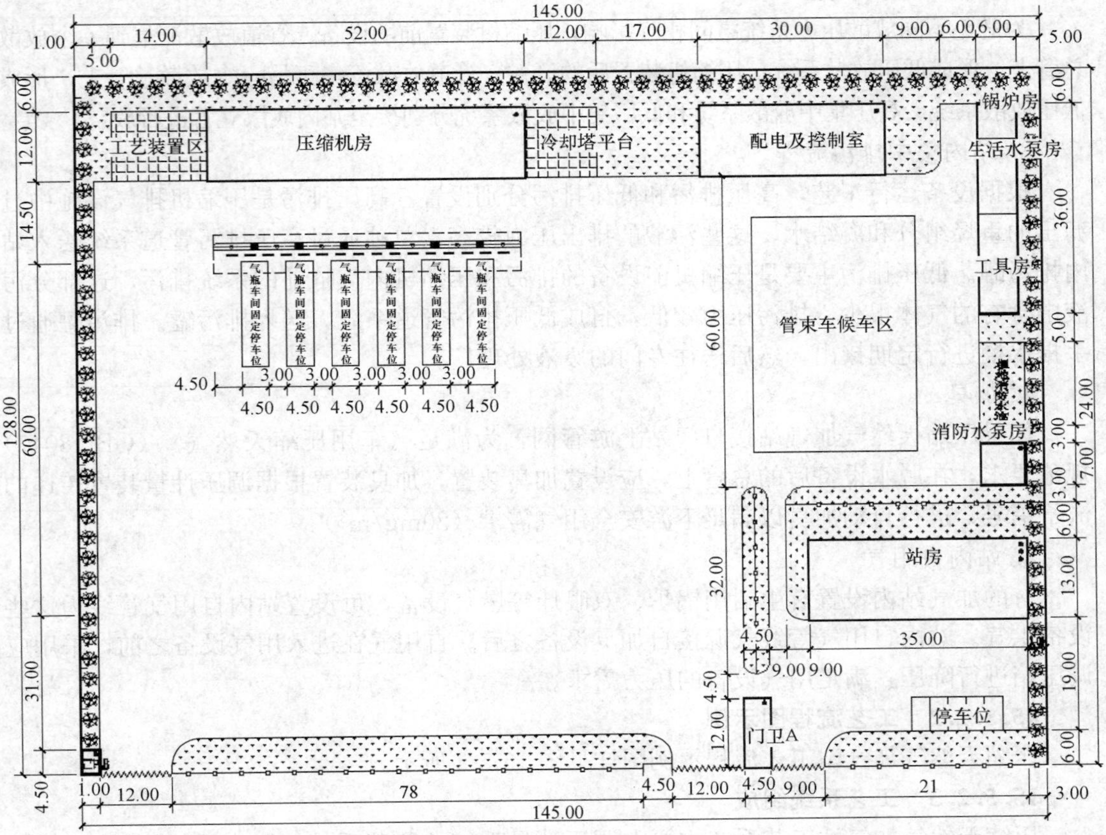

图 15-5-1 压缩天然气加气站总图布置示例（单位：m）

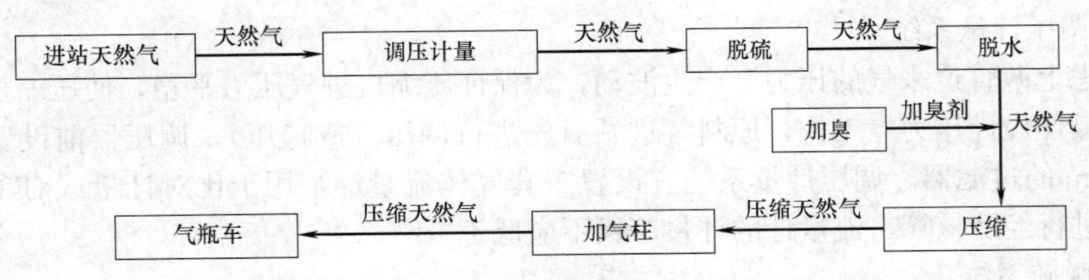

图 15-5-2 压缩天然气加气站工艺流程框图

管理。压缩天然气经过滤分离和高压缓冲后排出压缩机组，然后通过加气柱实现对气瓶车瓶组的充气。

当进站压力大于 1.0MPa 时，脱水装置出口至压缩机之间设置有直充管线，可不通过压缩机直接给 CNG 管束车充气，最大限度地利用上游来气压力，减少电能消耗。

2. 气体安全放散流程

为了使加气站安全运行，站场管线系统和设备设有安全放散和事故放散设施。工艺流程中进站管线、调压计量、脱水设备、压缩机橇等管道、设备上均设有安全放散和事故放散阀门。脱硫设备较高，放散口置于设备操作平台以上 2m，脱硫设备的安全事故放散可就地放空，但是放空口与周边建（构）筑物的安全间距应满足《压缩天然气供应站设计规范》GB 51102 的规定。

为避免不同放散压力系统之间相互影响，压缩机装置前的设备、管道放散汇集到一个放散总管上，形成低压放散系统；压缩机装置后的设备、管道放散汇集于另一个放散总管上，形成低压放散系统。高压集中放散系统和低压集中放散系统分别接至站内放散立管进行放空。

3. 站内集中排污流程

根据设备运行工艺，高压排污和低压排污分别设置。高压排污是压缩机排气设施中过滤出的重烃组分和凝结水，这些污液的排出压力较高，单独通过高压排污管道系统送入站内排污罐。低压排污主要是压缩机前设备的排污和压缩机内气缸前的系统排污，这部分污液中含有的气体很少，排污压力较低，自成低压排污管道系统，送入排污罐。排污罐通过手提水桶进行定期接出，然后送往专门的废液处理厂。

4. 加臭

如果压缩天然气加气站接自门站上游管网，为满足《车用压缩天然气》（GB 18047）规范要求，在脱水设备后的总管上，应设置加臭装置，加臭装置根据调压计量装置传递的流量信号，进行自动加臭以满足下游安全用气需求（20mg/m^3）。

5. 站内自用气

有的加气站内设置有生活用锅炉、双眼灶等燃气设备，可设置站内自用气管线为这些设备供气。站内自用气管线气源接自加臭设备之后。自用气在进入用气设备之前，采用应调压箱进行降压，满足用气设备的压力需求。

15.5.2.2　工艺流程图示例

压缩天然气加气站工艺流程示例图详见图 15-5-3 所示。

15.5.2.3　工艺系统组成

压缩天然气加气站工艺系统主要由调压计量系统、脱硫系统、脱水系统、压缩系统、充气系统和辅助系统六部分组成。

1. 调压计量系统

考虑上游管道来气的压力会产生波动，为保证压缩机进气压力平稳，使压缩机能尽可能在其最佳设计压力点工作，原料气进站后先进行调压（或稳压），调压器前设置过滤精度为 5μm 的过滤器。调压计量系统宜设置一套气体流量计，用于比对计量或对项目的生存能力进行经济核算，流量计的计量等级不应低于一级。

2. 脱硫系统

管线输送天然气的气质标准均满足《天然气》规定的Ⅱ类气要求，气质组分要求H_2S含量大于 20mg/m^3，但是压缩天然气输配站气质组分要求满足《车用压缩天然气》GB 18047 标准，即气质组分中 H_2S 含量不大于 15mg/m^3。设计中要根据上游供气气质组分情况，确定是否设置脱硫系统。脱硫装置选用双塔结构的脱硫设备，一塔吸附，一塔再生。设备自带安全放散装置，脱硫塔装置排出的气体含硫量不得大于 15mg/m^3。根据目前国内多数天然气干线的气质组分，H_2S 均符合要求，脱硫设备可考虑预留。

3. 脱水系统

压缩天然气加气站一般设置在高压管线附近，进站压力比较高，采用前置脱水。脱水装置天然气出口设置在线微量水分析仪。整个再生过程为闭式循环，两塔切换为手动或自动，其余的工作过程自动控制。

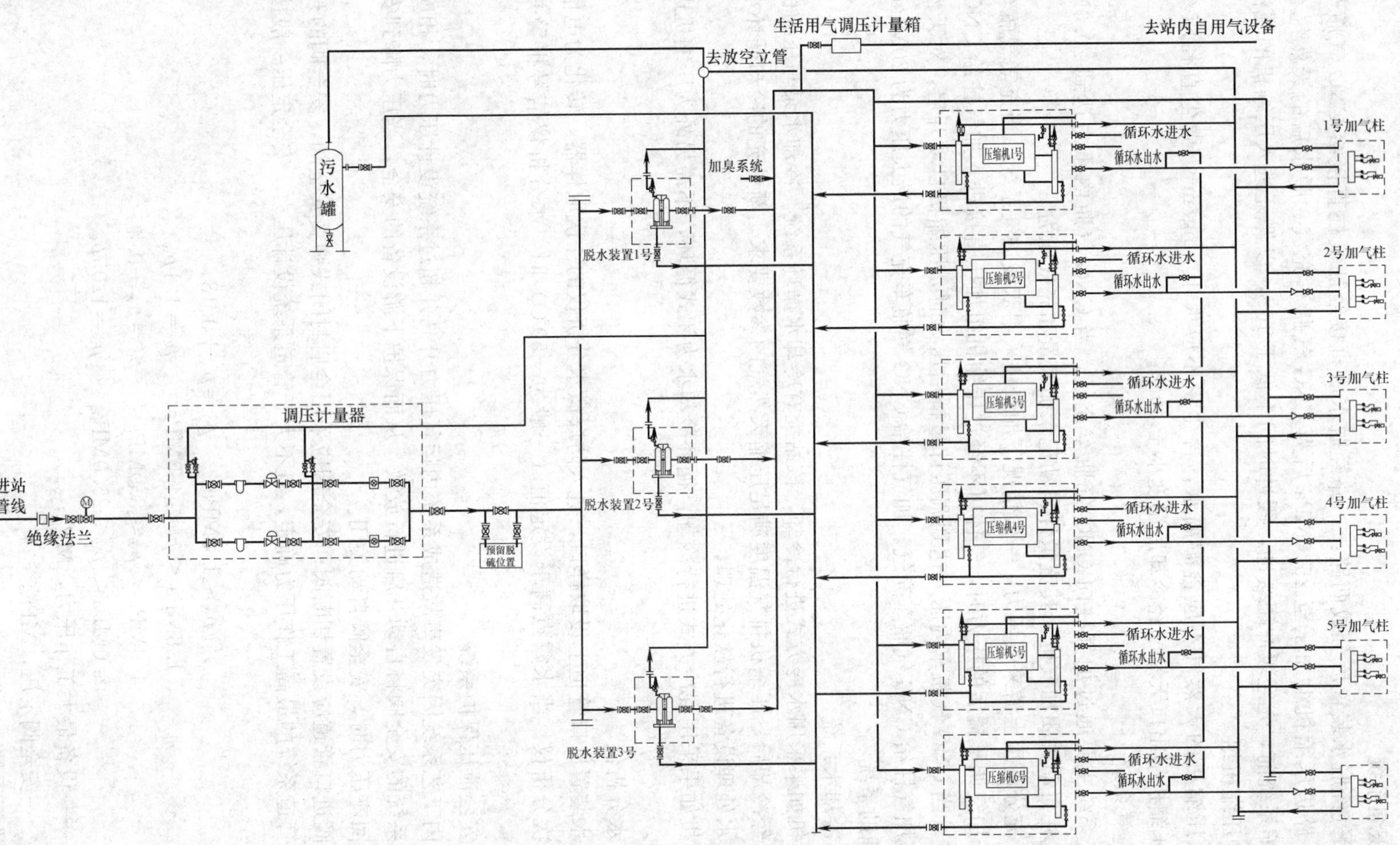

图 15-5-3 压缩天然气加气站工艺流程图示例

4. 压缩系统

天然气经脱水装置后分成两路：一路经脱水后直接经加气柱直接给CNG气瓶车充气；另一路进压缩机组加压至25.0MPa后为CNG气瓶车充气。脱水后的天然气在进CNG压缩系统前，先经缓冲罐缓冲，缓冲时间不低于10S，以保证进入压缩机的气流稳定，保护压缩机组。

进入压缩机的天然气不应含游离水，含尘量不应大于5mg/m^3，微尘直径应小于10μm。压缩机组出口天然气经冷却后温度小于40℃。

5. 充气系统

充气系统主要通过加气柱向CNG气瓶车充气。当CNG气瓶内压力达到20.0MPa时，加气柱自动关闭加气枪，其流量计自动记录加气量和充气压力。

为了充分利用上游来气压力，一般情况下加气柱采用双线进气系统。当充气气瓶车内压力低于加气调压橇后的压力时，气体可不经过压缩机组加压直接进入加气柱给CNG气瓶车充气。当CNG气瓶车内压力达到调压计量橇后压力时，压缩机自动开启，对天然气加压，经加气柱给CNG气瓶车充气。加气柱给CNG气瓶车充气的最大压力为20MPa。

6. 辅助系统

（1）冷却水系统

压缩机如果采用水冷方式进行冷却，该站配有冷却水循环系统。冷却水泵与压缩机连锁运行，经冷却后，压缩机排气温度满足压缩天然气的参数要求。新补充的冷却循环水需经自动式水处理设备进行软化处理。

压缩机如果采用混冷方式进行冷却，循环冷却水为闭式循环，不需另外为压缩机进行软化处理。

（2）水分析仪

在脱水装置出口管道上设取样口，进入防爆微水分析仪的一次取样器，转化为电信号后传入二次分析仪。当水露点高于设定值（一般为－50℃）时，水分析仪信号报警并作记录。

（3）安全泄压保护系统

当站内工艺系统因突发事故造成系统内运行压力升高并超过系统设计压力时，相应设备及管路系统的安全阀将自动开启进行放散，从而保护下游设备的安全，当压力降到安全阀设定的回座压力时，安全阀自动关闭。

安全阀进口管道应设置切断阀；安全阀应采用全启封闭式弹簧安全阀，安全阀的开启压力根据管道系统的最高工作压力确定，且不大于管道系统设计压力。安全定压一般按照下列确定：

$$p_w \leqslant 1.8\text{MPa} \qquad p_0 = p_w + 0.18$$

$$1.8\text{MPa} < p_w \leqslant 4.0\text{MPa} \qquad p_0 = 1.1p_w$$

$$4.0\text{MPa} < p_w \leqslant 8.0\text{MPa} \qquad p_0 = p_w + 0.4$$

$$8.0\text{MPa} < p_w \leqslant 25.0\text{MPa} \qquad p_0 = 1.05p_w$$

式中　p_w——设备最大工作压力，MPa；

p_0——安全阀定压，MPa。

（4）排污系统

为避免不同压力系统的管道进行排污时，产生相互影响，应采取高压排污和低压排污分别进入排污罐。加气站内的排污均为间断性排污，排污罐收集的污水集中运至有污水处理资质的处理厂进行处理。

（5）加臭系统

压缩天然气加气站气源一般来自门站上游国家输气干管，进入站内的天然气未进行加臭。未经加臭的天然气进入压缩天然气加气站经调压计量、脱硫、脱水等工艺处理后进行加臭。加臭量根据计量装置实测的流量数据来确定。加臭剂可选用 THT（四氢噻吩），加臭量应为 20mg/m^3。

15.6 压缩天然气储配站

15.6.1 平面设计

15.6.1.1 建筑物与设施组成

压缩天然气储配站根据其建设功能设置建构筑物。根据上游气源的不同，压缩天然气储配站有管道来气压缩天然气储配站和气瓶车来气储配站。

管道来气储配站站内建、构筑物主要内容：办公楼、压缩机房、脱硫脱水装置、排污罐、缓冲罐、配电及控制室、辅助用房、消防水泵房和门卫等。整个场地一般分为两大区域：生产区和生产辅助区，两区以通透围墙和绿化带分隔。生产区布置压缩机房、脱硫脱水等天然气处理装置、减压计量装置、固定储气瓶组或储气井等。生产辅助区布置配电及控制室、辅助用房、消防水泵房、办公楼、锅炉房、水表井和化粪池等。

气瓶车来气储配站站内建、构筑物主要内容：办公楼、配电及控制室、辅助用房、消防水泵房、卸气柱罩棚、压缩机房、减压计量装置、固定储气瓶组或储气井和门卫等，如果采用水浴式加热器，还要有热水锅炉房等。整个场地一般分为两大区域：生产区和生产辅助区，两区以通透围墙和绿化带分隔。生产区布置工艺设备、压缩机房、卸气柱、储气瓶组或储气井、气瓶车固定停车位等。生产辅助区布置配电及控制室、辅助用房、热水锅炉房、消防水泵房、办公楼、水表井和化粪池等。

压缩天然气储配站设计应满足规范规定的安全间距要求，见表 15-5-1～表 15-5-5。

（1）当压缩天然气储备站与天然气储配站合建时，站内天然气储罐与储气井之间的防火间距应符合下列规定。

① 固定容积天然气储罐之间的防火间距不应小于相邻较大储罐直径的 2/3。

② 当固定容积天然气储罐的总储气容积大于 200000m^3 时，应分组布置。卧式储罐组与组之间的防火间距不应小于相邻较大罐长度的一半；球形储罐组与组之间的防火间距不应小于相邻较大罐的直径，且不应小于 20m。

③ 当储气井的总储气容积大于 200000m^3 时，应分组布置。组与组之间的防火间距不应小于 20m。

④ 天然气储罐与储气井之间的防火间距不应小于 20m。

（2）站内总几何容积不大于 18m^3 固定式储气瓶组与气瓶车固定停车位的防火间距不应小于 15m。

(3) 站内卸气柱与气瓶车固定车位的距离一般为 2-3m。卸气柱距围墙不应小于 6m，距压缩机室、调压计量室不应小于 6m，距燃气热水炉间不应小于 12m。

(4) 未提及的压缩天然气储配站内建（构）筑物的安全间距要求，按照现行国家标准《压缩天然气供应站设计规范》GB 51102 和《建筑设计防火规范》GB 50016（2018 版）的规定执行。

15.6.1.2　储配站总平面布置示例

一般储配站理想总平面布置示例详见图 15-6-1。

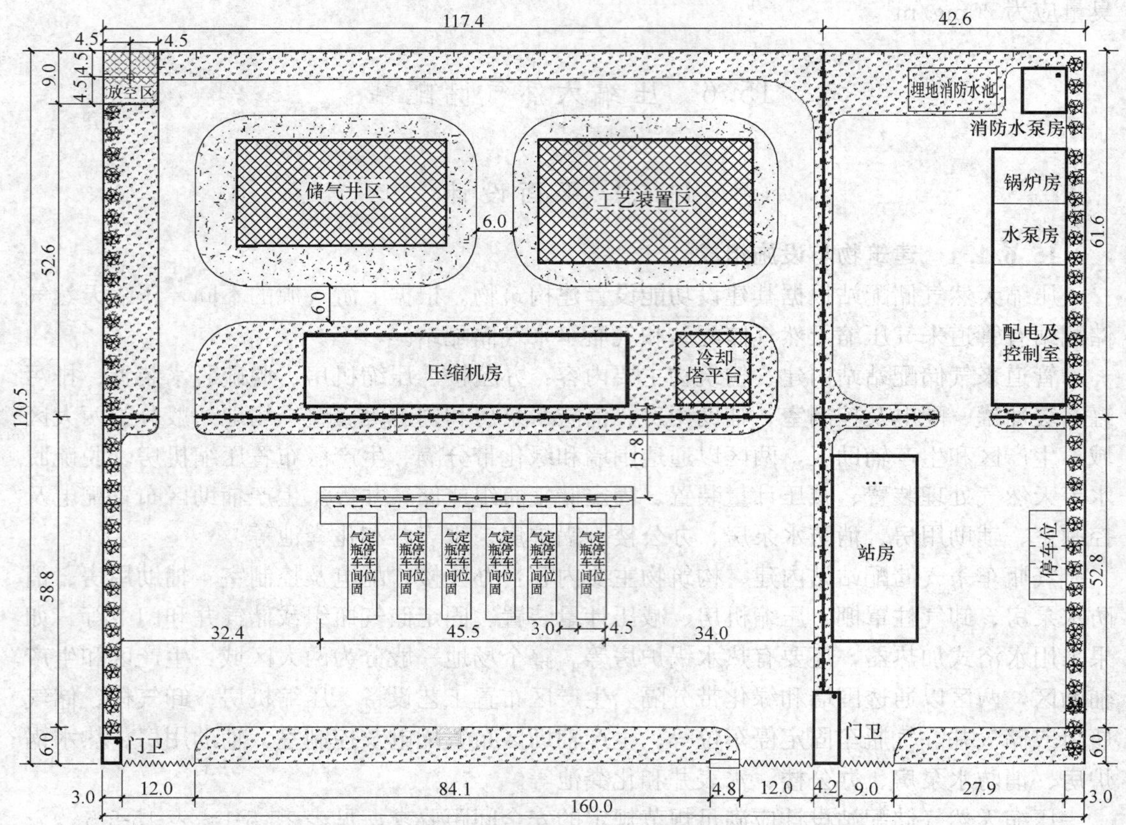

图 15-6-1　压缩天然气储配站总平面布置图示例（单位：m）

15.6.2　工 艺 设 计

15.6.2.1　工艺流程

1. 主工艺流程

压缩天然气储配站主工艺流程有两类：管道气源工艺流程和气瓶车转运气源工艺流程。两类工艺流程的流程框图如图 15-6-2 和图 15-6-3。

(1) 管道气源主工艺流程

用气低谷时，为实现对天然气的有效储存，压缩天然气储备站从上游管道取气，经过滤、稳压、计量后先后进入脱硫脱水装置，脱去超量的硫分和水分，然后经压缩机缓冲罐缓冲后进入压缩机组增压，使天然气压力达到 25MPa 形成压缩天然气。级间气体通过冷

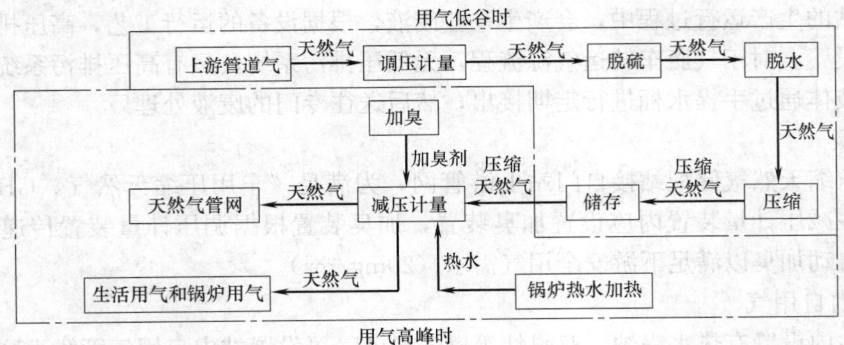

图 15-6-2 管道气气源压缩天然气储配站

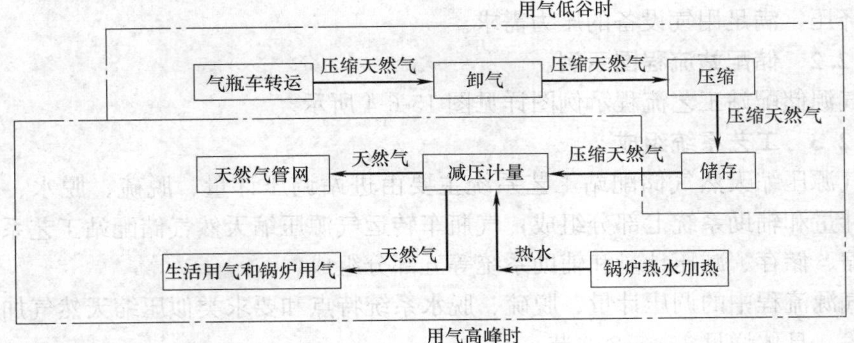

图 15-6-3 气瓶车气源压缩天然气储配站

却器和油水分离器后进入下一级，压缩机系统的 PLC（可编程序控制器）对整个系统进行信号采集、故障诊断、故障显示、顺序启动/停机等全过程管理。压缩天然气经过滤分离和高压缓冲后排出压缩机组，进入站内固定储气设施，完成储气过程。用气高峰时，为了满足下游管网供气需求，压缩天然气储配站从固定储气设施内取气，经减压、加热、计量、加臭后送入燃气管网，为下游管网补充天然气。

（2）气瓶车转运气源主工艺流程

用气低谷时，气瓶车从压缩天然气加气站转运压缩天然气至储配站进行卸气，通过压缩机组加压后向站内固定储气设施充气，完成储气过程。用气高峰时，为了满足下游管网供气需求，压缩天然气储配站从站内固定储气设施取气，经减压、加热、计量后送入燃气管网，为下游管网补充天然气。

2. 气体安全放散流程

为了使储配站安全运行，站场管线系统和设备设有安全放散和事故放散设施。工艺流程中进站管线、调压计量、脱水设备、压缩机橇等管道、设备上均设有安全放散和事故放散阀门。脱硫设备较高，放散口置于设备操作平台以上 2m，脱硫设备的安全事故放散可就地放空，但是放空口与周边建（构）筑物的安全间距应满足《压缩天然气供应站设计规范》GB 51102 的规定。

为避免不同放散压力系统之间相互影响，高压集中放散系统和低压集中放散系统分别接至站内放散立管进行放空。

3. 站内集中排污流程

加气站的生产运行过程中，会产生一些废液，根据设备的运行工艺，高压排污和低压排污分别设置。对于气瓶车转运气源流程，无低压排污系统，只有高压排污系统。排污罐内沉积的液体通过手提水桶进行定期接出，然后送往专门的废液处理厂。

4. 加臭

如果压缩天然气储配站接自门站上游管网，为满足《车用压缩天然气》GB 18047 规范要求，在减压计量装置内应设置加臭装置，加臭装置根据调压计量装置传递的流量信号，进行自动加臭以满足下游安全用气需求（20mg/m^3）。

5. 站内自用气

储配站内设置有热水锅炉、双眼灶等燃气设备，可设置站内自用气管线为这些设备供气。站内自用气管线气源接自减压计量设备之后。自用气在进入用气设备之前，应采用调压箱进行降压，满足用气设备的压力需求。

15.6.2.2　储配站流程图示例

管道气源储配站工艺流程示例图详见图 15-6-4 所示。

15.6.2.3　工艺系统组成

管道气源压缩天然气储配站工艺系统主要由进站调压计量、脱硫、脱水、压缩、储气、减压计量和辅助系统七部分组成；气瓶车转运气源压缩天然气储配站工艺系统主要由卸气、压缩、储存、减压计量和辅助系统等五部分组成。

管道气源流程中的调压计量、脱硫、脱水系统特点和要求类似压缩天然气加气站，在此不再赘述，具体详见 15.5.2.3 节。

1. 压缩系统

（1）管道气源的压缩系统

压缩系统主要由压缩机进气缓冲罐、压缩机组等设备组成。脱水后的天然气在进 CNG 压缩系统前，先经缓冲罐缓冲，以使进入压缩机的气流稳定，保护压缩机，天然气经过压缩机缓冲罐的缓冲时间不小于 10s。天然气经压缩机压缩至 25MPa 后可为储气设施充气。进入压缩机的天然气不应含游离水，含尘量不应大于 5mg/m^3，微尘直径应小于 10μm。压缩机出口天然气经冷却后温度不大于 40℃。

（2）气瓶车转运气源的压缩系统

气瓶车转运气源流程的压缩系统主要由压缩机组和顺序控制盘等设备组成。该流程的压缩系统不需要缓冲罐进行缓冲。压缩机进口压力与气瓶车气瓶组的压力有直接关系，一般为 3～20MPa。压缩天然气经压缩机组加压后通过顺序控制盘按照高中低压的顺序给储气设施充气。进入压缩机的天然气不应含游离水，含尘量不应大于 5mg/m^3，微尘直径应小于 10μm。压缩机出口天然气经冷却后温度不大于 40℃。

2. 卸气系统

卸气系统主要设备为卸气柱，气瓶车气瓶组与卸气柱软管连接，可直接给储气设施充气。如果压力不够高，将压缩天然气通过管道送入压缩机组，利用压缩机加压送入储气设施。

3. 储气系统

压缩天然气储配站储气系统主要包括储气设施和相应配置的阀门和安全保护设施。压缩天然气的储气设施一般为储气井或者储气瓶组。储气设施的储气压力为 25MPa，储气温度为常温。

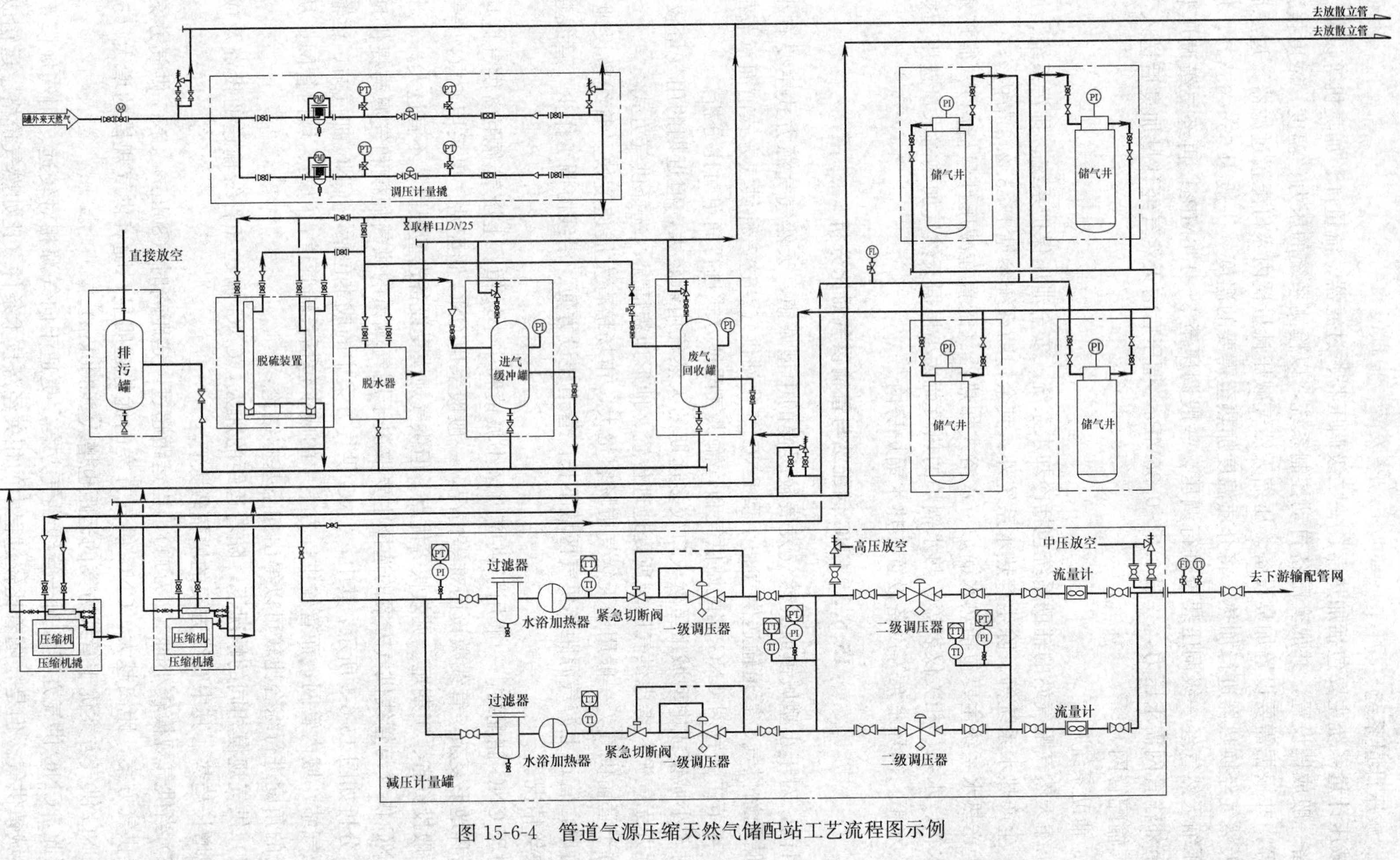

图 15-6-4 管道气源压缩天然气储配站工艺流程图示例

4. 减压计量系统

减压计量系统主要包括加热器、一二级调压器、过滤器、流量计、加臭机等设备。这些设备一般成橇设置，并成套配备自动控制系统，以检测系统的压力、温度、浓度报警和流量等，并根据需要设置加臭设备。压缩天然气减压计量橇内入口配置过滤器，过滤后的压缩天然气经换热器进行加热，将介质温度加热至需要的温度（一般为55～65℃），加热后的压缩天然气经一级调压装置进行调压，一般调压至3～1.6MPa；再经二级调压装置调压至外输管网需求压力，一般0.2～0.35MPa，调压后的天然气经计量加臭后送入下游天然气输配管网。

5. 辅助系统

压缩天然气配气站的辅助系统包括冷却水系统、安全泄压保护系统、排污系统、加臭系统、生产热水系统等。除生产热水系统外，其余辅助系统参见15.5.2.3节内容。

生产热水系统主要包括热水锅炉、水浴式加热器（配置在减压计量橇内）、循环水管线、水箱、水泵、相关仪表等。热水锅炉的热负荷大小根据天然气加热需求量选用。热水锅炉、水箱、循环水泵等设备设置在热水锅炉房内。

15.6.3　CNG储配站与管输供气对比分析

目前，对于小型城镇或天然气发展较缓慢的中型城镇，天然气气源方式主要有小型CNG储配站供气、管道输送供气和小型LNG气化站供气。这三种供气方式前面章节都有介绍。本节主要针对CNG储配站供气和管输供气两种方式进行简单对比分析。

对于小城镇或中型城市虽然人口较多远期的天然气用量较大，但近期的用气量较小，且附近并无气源。考虑供气区域所处地理位置、地形地貌情况，选择供气方式。

对于管输供气，一般用于天然气市场容量大，市场培育发展速度快。管线敷设地形、地貌简单，管道上游气源距离供气区域不长。管道建设方便、沿线协调工作少，管线建设速度快等情况。

对于CNG储配站，一般用于供应山区小城镇和中小城镇。上游气源距离供气区域较长，沿程地形复杂，管线敷设困难等情况，一般般采用CNG储配站。果采用CNG供气方案，一般投资省、工期短、见效快等优点。但供气规模受设备选型限制，不宜过大。

CNG供气与管线供气方案的选择主要取决于用气城镇的供气规模和气源与提供地的距离。分析如图15-6-5所示，其中，CNG供气方案中的成本包括了CNG加气站、运输槽车、配气站、城内管网；而管输供气方案中的成本包括长输管道、门站、城内管网。从建设投资的角度进行综合比较可以得出如下基本结论：

（1）供气规模相同的情况下，随着运距的加大，CNG输送和管线输送的投资及成本均呈现增长趋势，其中管线方案的增幅较大；

（2）当供气规模较小时（2万户），当运距超过一定距离时（80km）CNG供气方案优于管线供气方案，距离越大，CNG供气方案的优势越明显；随着供气规模的增大（5万户），CNG供气方案优于管线方案的运距也增大（300km）。

因此，CNG供气方案相对于管线供气方案，更适于向气源相对较远、用气规模不大的中小城镇供气。但是，随着比较过程中的相关经济技术条件（比如燃气价格、运输成本

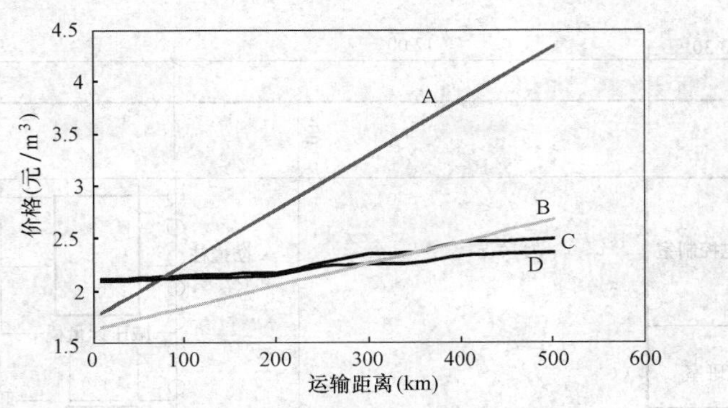

图 15-6-5 CNG 与管输供气成本比较

A—管输供气方案（2 万户）的燃气成本；B—管输供气方案（5 万户）的燃气成本；
C—CNG 供气方案（2 万户）的燃气成本；D—CNG 供气方案（5 万户）的燃气成本

等）发生变化，比较所得出的细节性结论会有差别。

15.7 压缩天然气瓶组供气站

15.7.1 平面设计

15.7.1.1 站内建筑物与设施组成

压缩天然气瓶组站根据其建设功能设置建构筑物，站内建、构筑物主要内容：配电控制室、值班室、卸气柱、减压计量橇、储气瓶组等。整个场地一般分为两大区域：工艺装置区和辅助区。工艺装置区与值班室之间通过气瓶车回车场地隔开。工艺装置区布置储气瓶组、减压计量橇、储气瓶组等工艺设备。辅助区主要是配电控制室和值班室。

1）气瓶车卸气区应设置 12m×12m 回车场地。

2）站内气瓶组宜露天设置，需要时可加设罩棚保护。

3）站内各建（构）筑物间应满足规范规定的安全间距要求。

① 站内卸气柱与气瓶车固定车位的距离宜为 2～3m。卸气柱距离围墙不应小于 6m，距燃气热水炉间不应小于 12m。

② 站内气瓶组应设置在固定地点，其与围墙的间距不应小于 4.5m，与站内其他建（构）物的防火间距按表 15-5-5 中露天工艺装置区的规定执行。

③ 站内气瓶组与减压计量装置之间的防火间距应按工艺要求确定。

④ 未提及的站内建（构）筑物的安全间距，按照现行国家标准《压缩天然气供应站设计规范》GB 51102 和《建筑设计防火规范》GB 50016（2018 版）的规定执行。

15.7.1.2 瓶组供气站总平面布置图示例

压缩天然气瓶组供应站总图布置示例如图 15-7-1 所示。

15.7.2 工艺设计

15.7.2.1 工艺流程

1. 主工艺流程

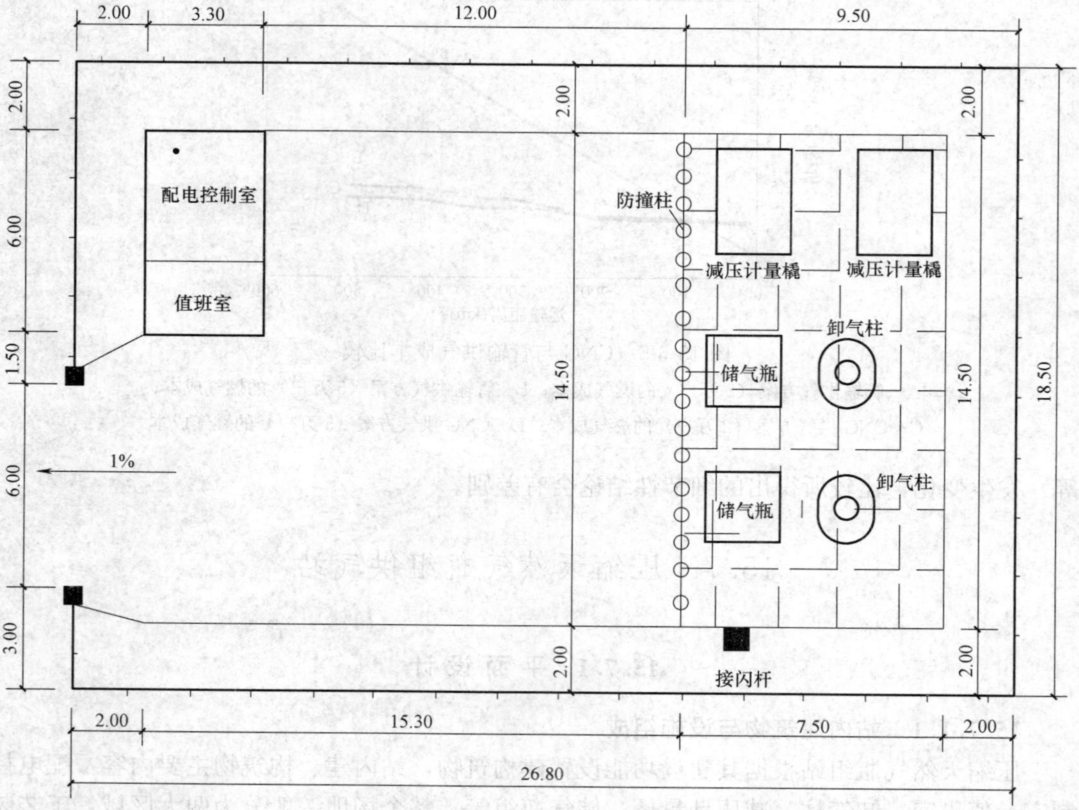

图 15-7-1　压缩天然气储气瓶组供气站总平面布置示例图

压缩天然气瓶组供气站主工艺流程框图如图 15-7-2。

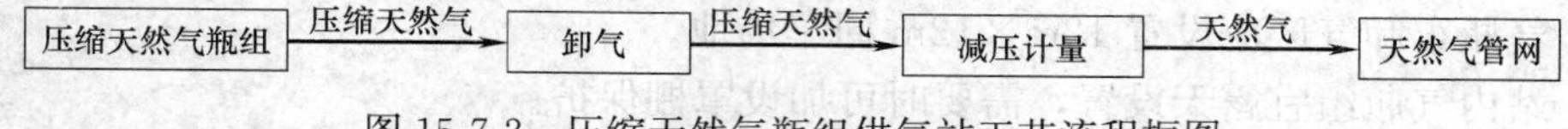

图 15-7-2　压缩天然气瓶组供气站工艺流程框图

利用运输车辆将压缩天然气气瓶组运这压缩天然气瓶组供气站后，气瓶组与站内卸气柱连接，压缩天然气通过卸气柱卸气至减压计量装置，减压计量装置通过对压缩天然气加热和分级减压至用户所需压力，然后通过天然气管网送至天然气用户。压缩天然气瓶组供气站具有工艺流程简单，工艺设备少，建站规模小的特点。

2. 气体安全放散流程

为了使瓶组站安全运行，站内管线、设备均设有安全放散和事故放散设施。由于瓶组供气站具有供气规模小、储气量小的特点，为简化工艺流程，设备和管线系统的放散均采用就地放散设计。卸气柱、减压计量橇等设备在设备供应时均设置放散管。放空口与周边建（构）筑物的安全间距应满足《压缩天然气供应站设计规范》GB 51102 的规定。

为避免不同放散压力系统之间相互影响，高压集中放散系统和低压集中放散系统分别进行放空。

15.7.2.2　压缩天然气瓶组供气站流程图

压缩天然气瓶组供气站流程图示例详见图 15-7-3 所示。

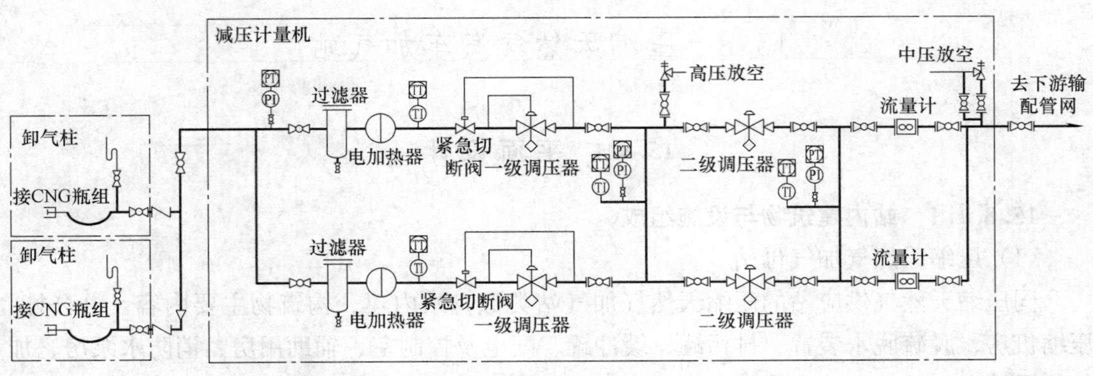

图 15-7-3 压缩天然气瓶组供气站工艺流程图示例

15.7.2.3 工艺系统组成

压缩天然气瓶组供气站工艺系统主要由瓶组储气系统、卸气系统和减压计量系统三部分组成。

1. 瓶组储气系统

瓶组储气系统主要是压缩天然气储气瓶组，储气瓶组是由几个高压不锈钢瓶组成，储气瓶组总的最大几何容积不超过 $4m^3$。储气瓶组在压缩天然气加气站内充满后，利用载运车辆将储气瓶组运至瓶组供气站，将储气瓶组置于站内固定位置，然后与卸气柱连接，进行压缩天然气卸气。

2. 卸气系统

卸气系统主要设备为卸气柱，自加气站转运来的气瓶组与卸气柱软管连接，将压缩天然气通过管道送入减压计量系统进行加热、降压、计量后外输。

3. 减压计量系统

减压计量系统主要包括加热器、一二级调压器、过滤器、流量计等设备。这些设备一般成橇设置，并成套配备自动控制系统，以检测系统的压力、温度、浓度报警和流量等。压缩天然气减压计量橇内入口配置过滤器，将系统管路中的杂质过滤，过滤后的压缩天然气经换热器进行加热，将介质温度加热至需要的温度（一般为 55～65℃），加热后的压缩天然气经一级调压装置进行调压，一般调压至 3～1.5MPa；再经二级调压装置调压至外输管网需求压力，一般 0.2～0.35MPa，调压后的天然气送入下游天然气输配管网。外输天然气的温度不应低于管线允许的最低温度，天然气出站温度一般不低于 0℃。

4. 辅助系统

（1）安全泄压保护系统

站内安全泄压保护系统主要包括安全阀、根阀和放散管道等。压缩天然气瓶组供气站的储气容积较小，供气规模小。安全泄压保护系统一般设计成就地放散。高压放散系统和低压放散系统分别进行放散。

（2）加热系统

减压计量设备中设置加热器，考虑瓶组供气站的供气规模较小，减压计量橇的设计流量小，一般加热器选用电加热器，不考虑采用锅炉热水供热模式。

15.8　压缩天然气汽车加气站

15.8.1　平面设计

15.8.1.1　站内建筑物与设施组成

（1）压缩天然气加气母站

同压缩天然气供应站的压缩天然气加气站类似，站内建、构筑物主要内容：办公楼、压缩机房、脱硫脱水装置、排污罐、缓冲罐、配电及控制室、辅助用房、消防水泵房、加气柱罩棚和门卫等。整个场地一般分为两大区域：生产区和生产辅助区，两区以通透围墙和绿化带分隔。生产区布置工艺设备、压缩机房、加气岛、气瓶车停车位等。生产辅助区布置配电及控制室、辅助用房、消防水泵房、办公楼、水表井和化粪池等。

（2）压缩天然气汽车加气常规站

内建、构筑物主要内容：办公楼、压缩机房、脱硫脱水装置、排污罐、缓冲罐、储气设施、加气机、加气罩棚、配电及控制室、辅助用房等。站场一般分为三个区域：工艺设备区、生产辅助区和加气区，工艺装置区与生产辅助区通常以绿化带分隔。加气区正对站前道路，便于加气车辆进出。工艺装置区内主要布置工艺设备、压缩机房等。生产辅助区布置配电及控制室、辅助用房、站房等。加气区内设置加气岛和加气罩棚。

（3）压缩天然气汽车加气子站

液压平推加气子站内建构筑物主要内容：液压增压橇、加气机、加气罩棚、站房等。整个站场分两个区域：工艺设备区、加气区。工艺装置区内设置液压增压橇、气瓶车固定停车位，加气区内设置加气机、加气岛、加气罩棚和站房等。工艺装置区与加气区分区不明显。

压缩机加气子站内建构筑物主要内容：压缩机橇、排污罐、卸气柱、放散立管、储气设施、站房、加气机和加气罩棚。整个站场一般分三个区：工艺装置区、气瓶车停车区和加气区。工艺装置区内主要为压缩机橇、排污罐、放散立管、储气设施等，气瓶车固定停车区设置卸气柱和气瓶车固定停车位。加气区主要是加气机、加气岛、加气罩棚和站房。工艺装置区与加气区、气瓶车停车区采用绿化带或防撞栏分开，分区明显。

（4）防火防爆

加气站内设置的经营性餐饮、汽车服务等非站房所属建筑物或设施，其与站内工艺设备的防火间距按照站外三类保护物考虑。如果经营性餐饮、汽车服务等设施内有明火设备，应按照明火地点或散发火花地点考虑。

站内设备的爆炸危险区域不应超出站区围墙和可用地界线。

压缩天然气汽车加气站内的各建（构）筑物间应满足现行国家标准《汽车加油加气站设计与施工规范》GB 50156、《建筑设计防火规范》GB 50016（2018 版）规定的安全间距要求。如果汽车加气站与天然气储配站、天然气门站合建，还应满足现行国家规范《城镇燃气设计规范》GB 50028 的规定。如果汽车加气站与压缩天然气供应站合建，则同时应满足《压缩天然气供应站设计规范》GB 51102 的规定。

15.8.1.2 汽车加气站总平面布置示例（图 15-8-1～图 15-8-4）

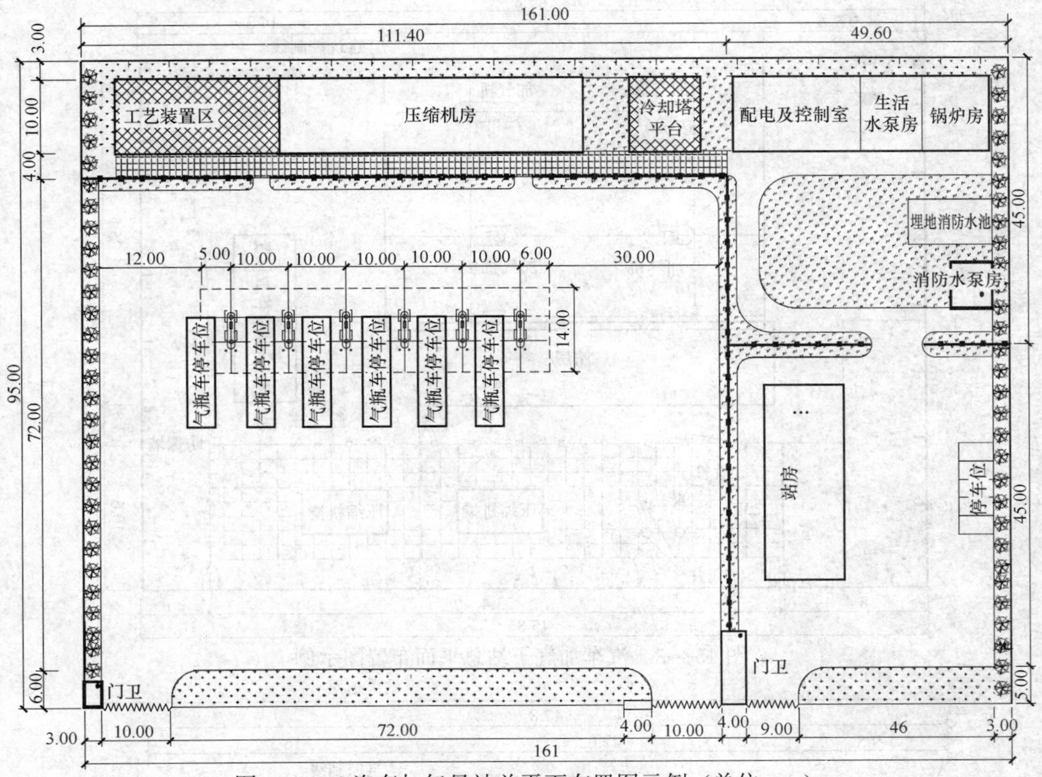

图 15-8-1 汽车加气母站总平面布置图示例（单位：m）

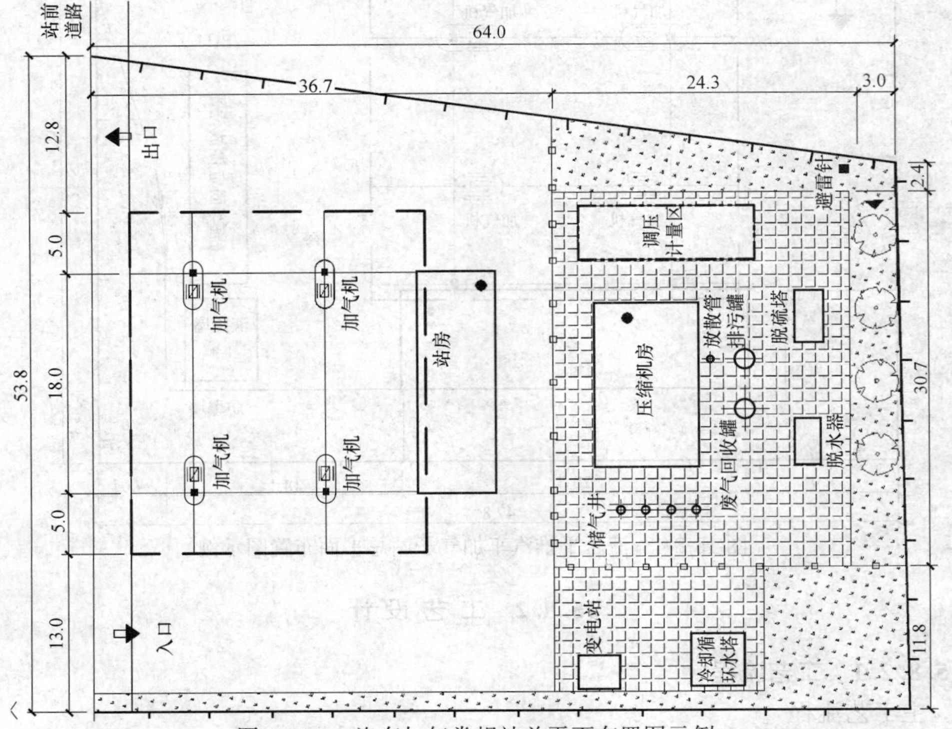

图 15-8-2 汽车加气常规站总平面布置图示例

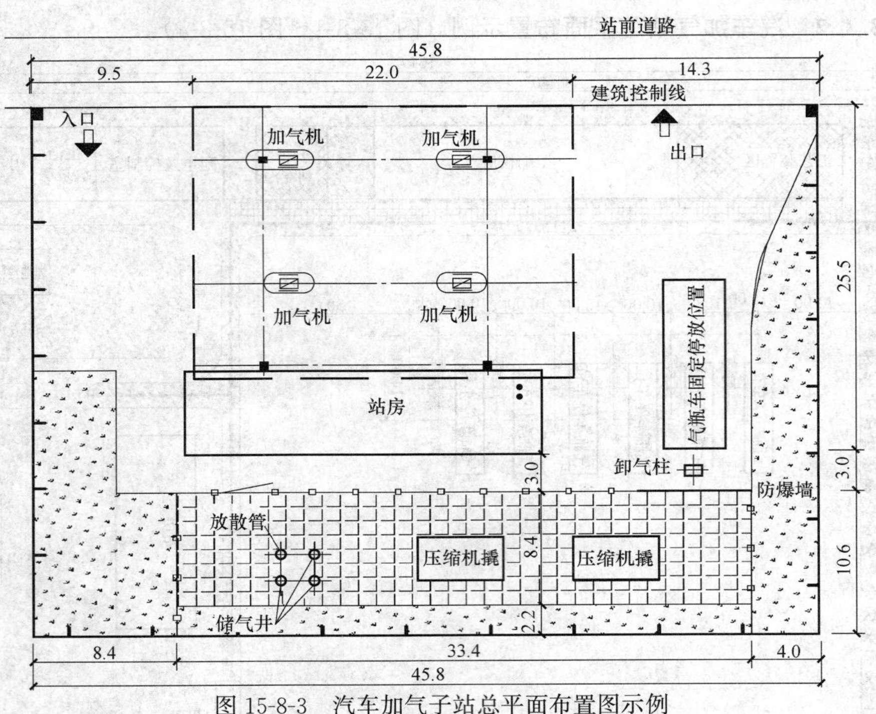

图 15-8-3　汽车加气子站总平面布置图示例

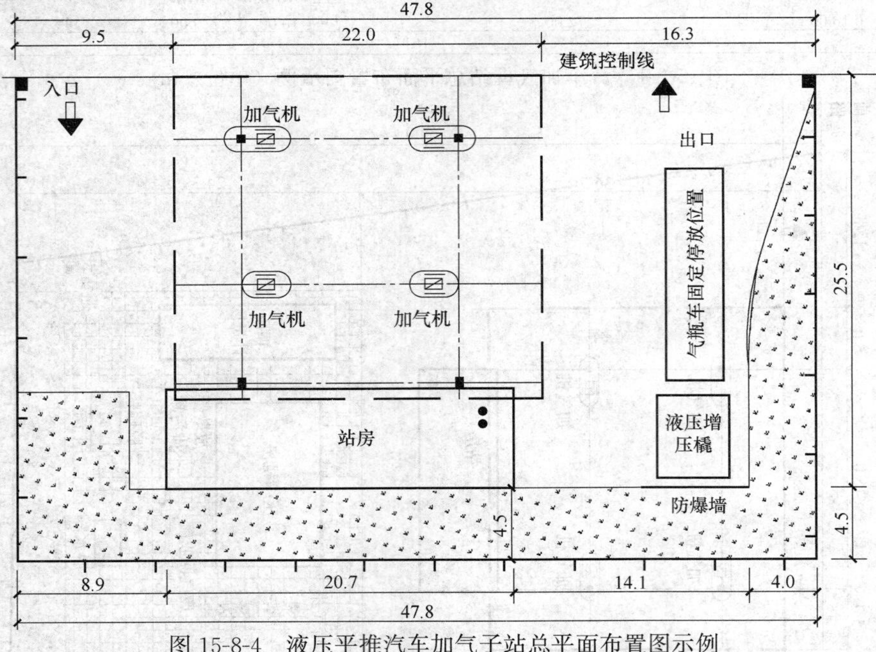

图 15-8-4　液压平推汽车加气子站总平面布置图示例

15.8.2　工艺设计

15.8.2.1　工艺流程

1. 主工艺流程

（1）压缩天然气汽车加气母站主工艺流程（图 15-8-5）

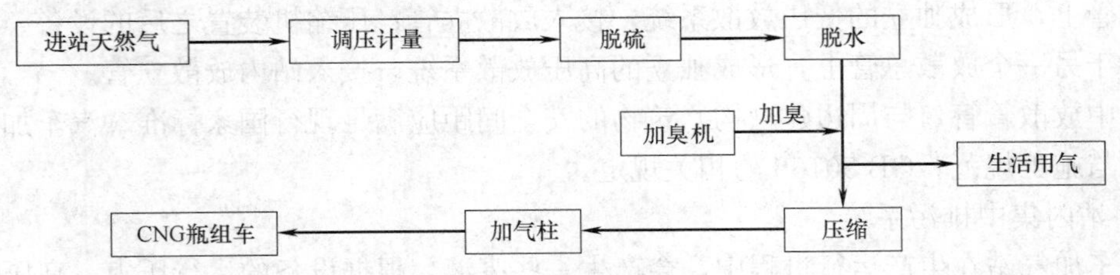

图 15-8-5 汽车加气母站工艺流程框图

管道输送来的天然气进站后先经过滤、稳压、计量，进入脱硫装置，脱去超出的硫组分，再进入脱水装置，脱去其中的水分，使其露点达到或低于国家汽车用标准（即标准状态下水露点－55℃），然后经缓冲罐缓冲后进入天然气压缩机组增压，使天然气压力达到25MPa。级间气体通过冷却器和油水分离器后进入下一级，压缩机系统的 PLC 对整个系统进行信号采集、故障诊断、故障显示、顺序启动/停机等全过程管理。压缩天然气经过滤分离和高压缓冲后排出压缩机组；然后通过加气柱实现对天然气气瓶车的充气。

当进站压力大于 3.0MPa 时，脱水装置出口至压缩机之间设置有直充管线，可不通过压缩机直接给气瓶车充气，最大限度地利用上游来气压力，减少电能消耗。

（2）压缩天然气汽车加气常规站主工艺流程（图 15-8-6）

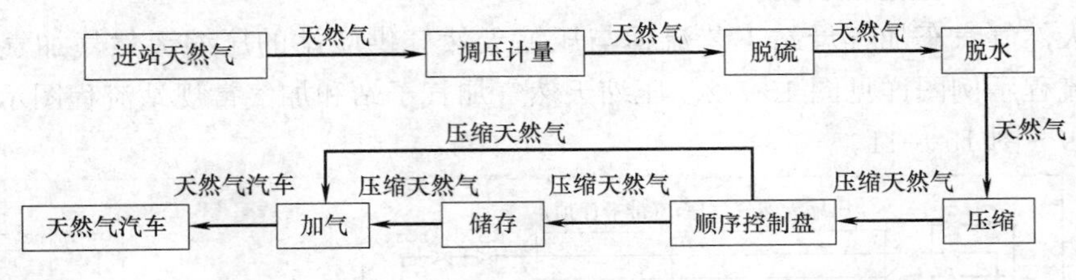

图 15-8-6 汽车加气常规站工艺流程框图

（3）压缩天然气汽车加气子站主工艺流程（图 15-8-7、图 15-8-8）

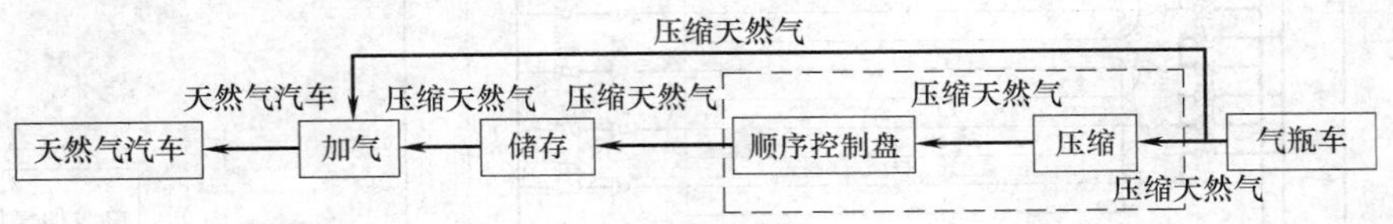

图 15-8-7 压缩天然气汽车压缩机加气子站工艺流程框图

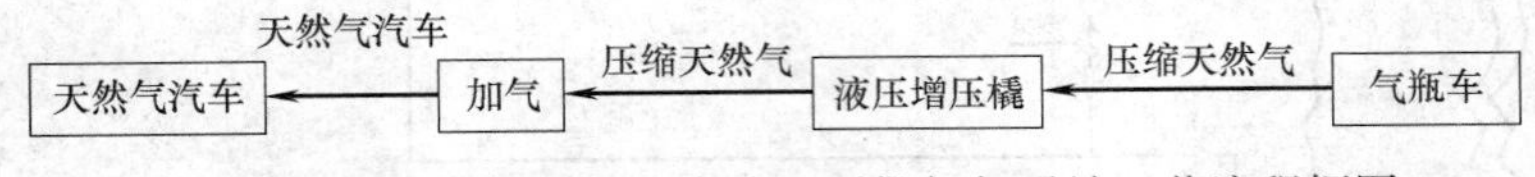

图 15-8-8 压缩天然气汽车液压平推加气子站工艺流程框图

2. 气体安全放散系统

为了使加气站安全运行，站场管线系统和设备设有安全放散和事故放散设施。工艺流程中进站管线、调压计量、脱水设备、压缩机橇等管道、设备上均设有安全放散和事故放散阀门。脱硫设备较高，放散口置于设备操作平台以上 2m，脱硫设备的安全事故放散可就地放空。

为避免不同放散压力系统之间相互影响，压缩机装置前的设备、管道放散汇集到一个放散总管上，形成独立的低压放散系统，接入放散立管；压缩机装置之后的设备、管道放散汇集于另一个放散总管上，形成独立的高压放散系统，接入站内放散立管。

集中放散管管口与周边建（构）筑物的安全间距应满足现行国家标准《汽车加油加气站设计与施工规范》GB 50156 的相关规定。

3. 站内集中排污系统

汽车加气站在生产运行过程中，会产生一些废液，根据设备的运行压力，高压排污和低压排污分别设置。高压排污是压缩机排气设施和压缩天然气储气设施中的重烃组分和凝结水，这些污液的排放压力较高，形成独立的高压排污管道系统送入站内排污罐。低压排污主要是压缩机前设备的排污和压缩机进气压缩前设备的排污，这部分污液中含有少量气体，排放压力较低，形成独立的低压排污管道系统，送入排污罐。排污罐内沉积的液体通过手提水桶进行定期接出，然后送往专门的废液处理厂。

4. 加臭

如果压缩天然气汽车加气站接入的气源未进行加臭，为满足《车用压缩天然气》规范要求，在脱水设备后的总管上，应设置加臭装置，加臭装置根据调压计量装置传递的流量信号，进行自动加臭以满足下游安全用气需求（20mg/m^3）。

15.8.2.2　工艺流程示例

压缩天然气汽车加气母站工艺流程与压缩天然气供应站的压缩天然气加气站流程类似，工艺流程示例图详见图 15-5-2。压缩天然气加气子站和加气常规站流程图示例分别详见图 15-8-9～图 15-8-11。

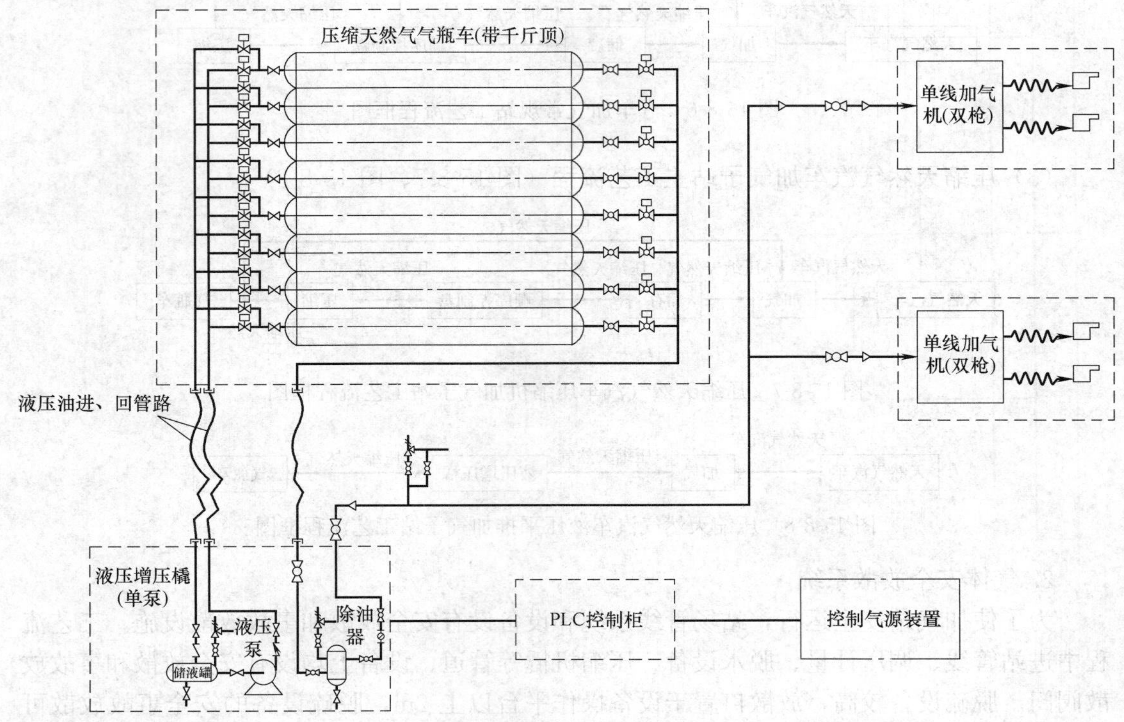

图 15-8-9　液压平推汽车加气子站工艺流程图示例

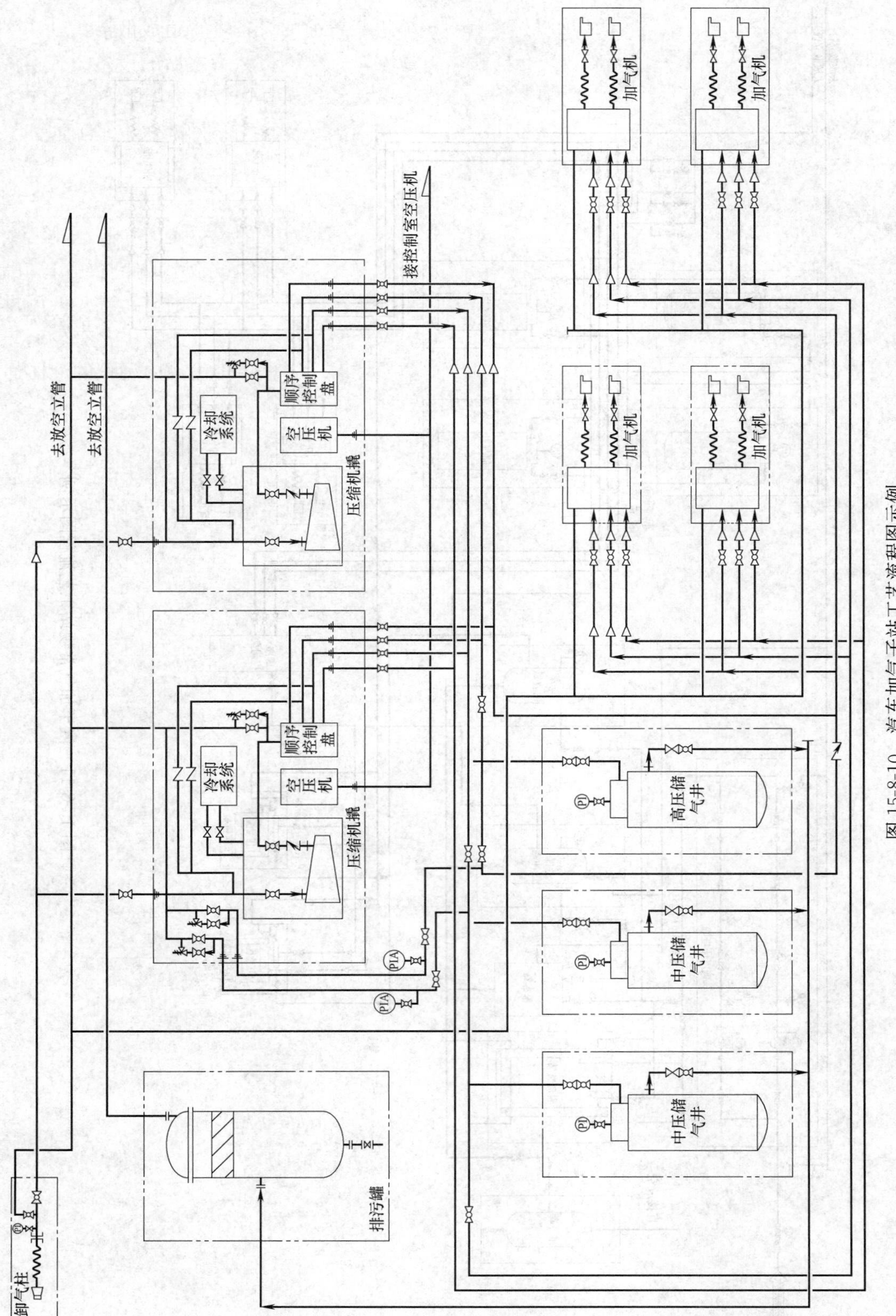

图 15-8-10 汽车加气子站工艺流程图示例

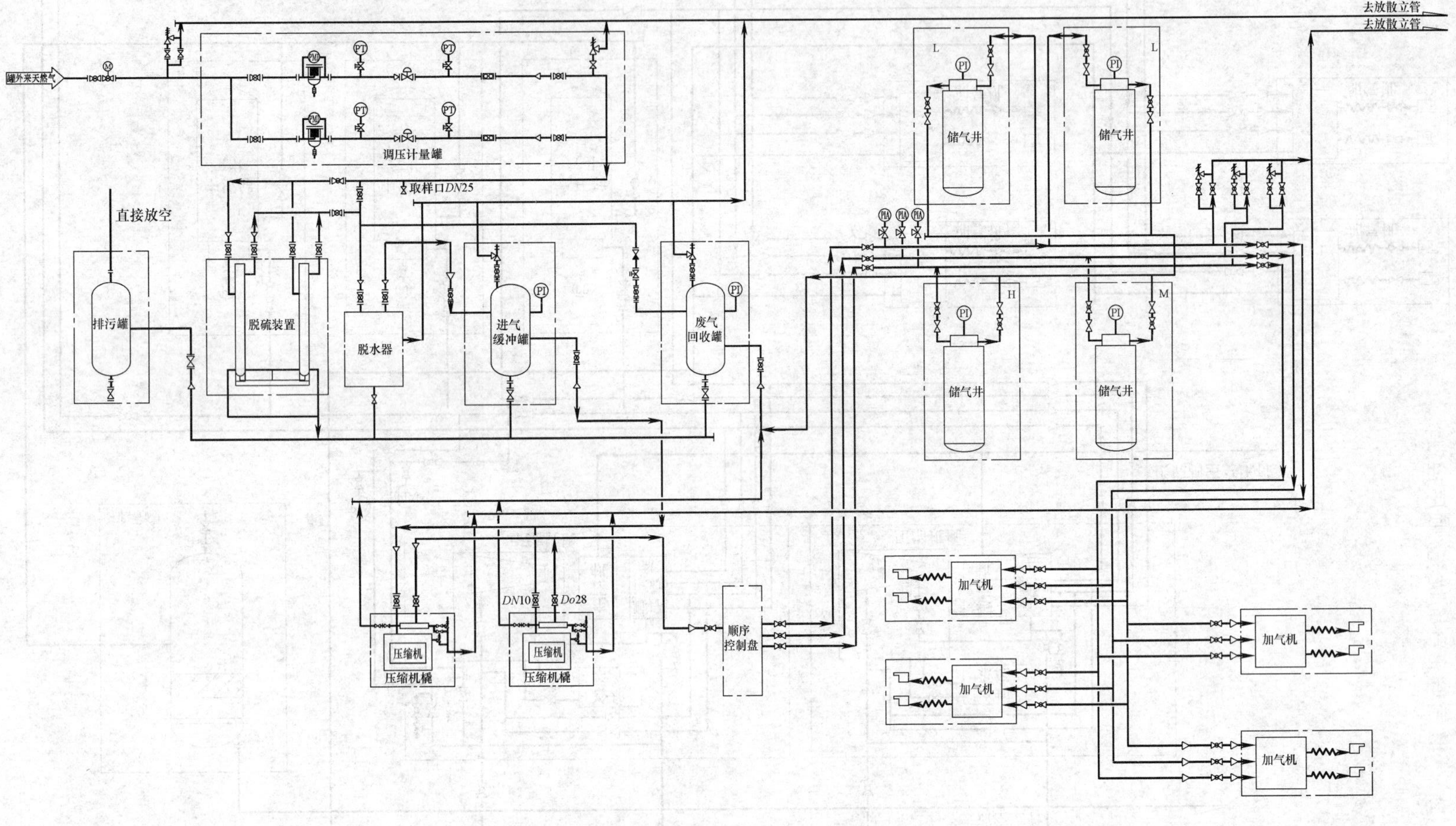

图 15-8-11 汽车加气常规站工艺流程图示例

15.8.2.3 储气与充气的优先/顺序控制

在汽车加气站中一般需设置储气装置提供部分气量。对于负荷大而不均匀的大型站，需要设置容积较大的储气装置。对储气装置一般采取分区方式，按某种容积比例将储气装置的容积分成高、中、低压力区，与压缩机共同构成储气与充气的优先/顺序系统。对这种系统采取（储气/取气）优先/顺序控制。

采取储气与取气的优先/顺序控制可有效提高储气装置的容积利用率，同时也有利于降低充气压差，减小节流效应。

储气与充气的优先/顺序控制是指对站内储气装置在压缩机向其储气时，通过优先程序控制气流先充高压级、后充中、低压级直至都达到 25MPa，压缩机即可停机；而车载气瓶由储气装置取气时，则采取顺序控制取气方式，即通过顺序程序控制气流，先从低压区取气，后从中、高压区取气。最后用压缩机向车载气瓶充气。即当储气装置对车载气瓶快充加气到一定压力时，由压缩机直接供气，使气瓶压力达到规定值（20MPa）。只当取气过程完毕后，压缩机才向储气装置补气。这样的优先/顺序气流分配系统，能提高储气装置容积利用率，一般可达 32%～50%。

优先/顺序控制系统按采用的控制设备、仪表的不同可以分为以下三种类型。

（1）电子优先/顺序控制系统

采用电子控制盘操作阀门实现优先/顺序控制。适用于公用加气站和采用电子卡售气的加气站。它可以采用 PLC 进行控制，其功能不仅能控制有关设备运行参数进行修改设定、设置报警和停机点。这些内容都可以实时显示在用户界面的显示屏上提供观察或者选择菜单进行控制操作。

（2）自动优先/顺序控制系统

在该系统流程中用优先阀实现储气的优先控制，用顺序阀实现取气的顺序控制，适用于快速充气的加气站，如图 9-2-4 所示。

优先阀（PV）是一种用弹簧定压的开闭阀，它有一个信号口、一个 CNG 入口和一个 CNG 出口。在某设定压力（p_X）以下，PV 是常闭的。当信号压力超过 p_X时，优先阀开启，压缩机（CP）供出的 CNG 可以通过。PV 用在给储气装置充气的管线上。

顺序阀（SEQ）是一种弹簧给定压差的开闭阀，它有两个信号口，一个接向不同压力（p_S）的储气区，另一个接向压力为 p_C的车载气瓶取气管线，该压力信号口的面积分别为 A_S和 A_C，而且 $A_S=0.9A_C$。当车载气瓶取气点压力 p_C的信号力略大于某储气区压力 p_S的信号力加上弹簧力$\triangle F$ 时，即 $p_C A_C \geqslant p_S A_S + \triangle F$，顺序阀将开启，压力高一级的储气区的 CNG 便可以通过，为车载气瓶取气。顺序阀安装在取气线上，一般与其他阀门及仪表一起包装在加气机壳内。

在如图 15-8-12 的三区四线制（储气三个压力区，及三管线+压缩机直充管线）系统中，设起始状态是储气装置高压区的压力 p_1降到了设置压力 p_X以下，需继续为车辆快速充气，即高中低三区压力 p_1、p_2、p_3均小于 p_X，其工作过程将是：加气机由压缩机 CP 直接通过止回阀 CV1 为车辆加气。车载气瓶取气完毕时，p_1压力上升可达 p_X，优先阀 PV1 开启，CNG 通过 CV2 为高压储气区 SH 充气，而 CV1 和 CV4 可防止倒流。

当 SH 达到 p_X，即 p_2的压力达到 p_X，PV2 开启，CNG 通过 CV3 为中压储气区 SM 充气，而 CV1、CV3 和 CV4 可防止 CNG 倒流。

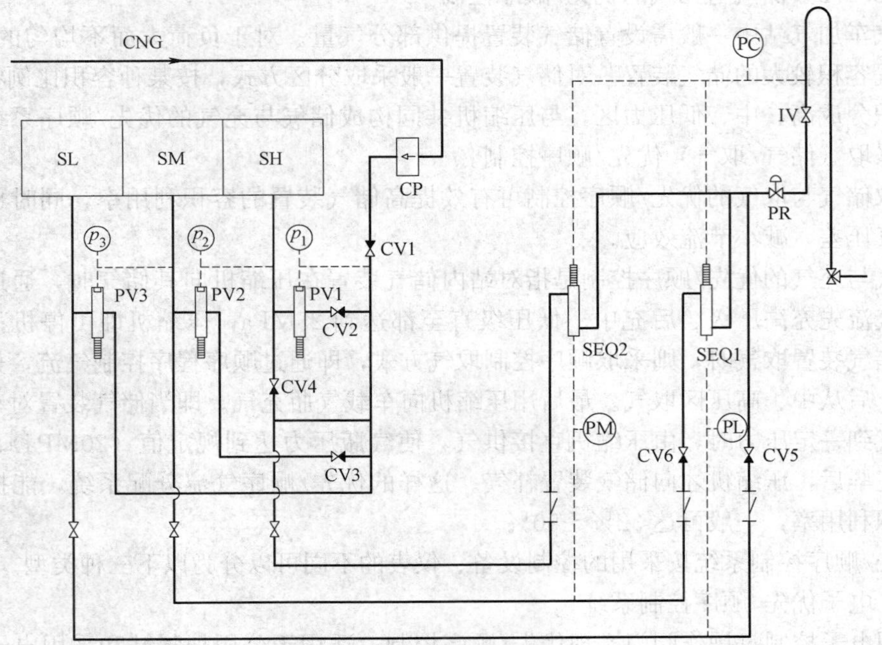

图 15-8-12 自动优先/顺序控制系统简图

当 SM 达到 p_X，即 p_3 达到 p_X，PV3 就开启，CNG 直接为低压储气区 SL 充气，而 CV1、CV2、CV3 和 CV4 可防止 CNG 倒流。

当 SL 达到 p_X，由于 PV1、PV2、PV3 都处于开启状态，压缩机可以向 SH、SM、SL 充气，使整个储气装置达到最高压力（25MPa），然后停机。

当有车载气瓶取气时，p_2、p_3 有可能降低，PV2、PV3 会关闭，因而维持储气区的充气优先次序。

在进行车载气瓶取气的操作过程中，加气枪连接了气瓶，打开加气机的主阀 IV，顺序阀 SEQ1、SEQ2 的两信号口压力分别为 p_C、p_L 和 p_C、p_M。由于 p_C 很小，SEQ1 和 SEQ2 的 CNG 通道关闭。CNG 则由 SL 通过 CV5 流入气瓶。

随着气瓶取气进程，p_C 逐渐上升，p_L 下降，p_L 与 p_C 的压力差小到给定值时 SEQ1 的 CNG 通道被打开，CNG 则由 SM 通过 CV6 流入气瓶。此时 SL 的 CNG 不会通过 CV5。随气瓶取气进程的继续，p_C 进一步上升，p_M 下降，p_M 与 p_C 的压力差小到给定值时，SEQ2 的 CNG 通道被打开，CNG 则由 SH 流入气瓶。同理，SM 的 CNG 不会通过 CV6。这样就实现了车载气瓶顺序取气的全过程。

调压阀 PR 的作用在于防止加气过流，并可在顺序阀的两个信号口之间产生一定的压差。

（3）人工优先/顺序控制系统

在这种流程中可以采用优先阀实现储气优先级控制，但车载气瓶取气则靠人工来实现顺序操作。如果采用电子控制车载气瓶顺序取气，它就变成电子优先/顺序控制系统的另外一种产品形式。

15.8.2.4 汽车加气站储气容积与分区计算方法

为使储气容积充分利用，一般需采取加气站储气容积分区配置方式。此时需设定分区的容积比例，确定每一储气分区的起补压力（即容器的最低工作压力）。对典型的三区四线制汽车加气站 CNG 储气库的设计，需按加气站所负担的汽车气瓶加气量确定储气容器的容积及分区，各分区起补压力以及加气作业压缩机的排量。可按如下步骤计算：

① 给定需加气的汽车气瓶容积 V_{cyl}（每天的总量，m^3）；

② 给定储气容器最高工作压力 p_t，温度 T_t，汽车气瓶加气额定压力 p_f，温度 T_f，空瓶起充压力 p_0，温度 T_0，若不另取值时，即默认为：

$p_t=25.1\text{MPa}$，$T_t=323.15\text{K}$，$p_f=20.1\text{MPa}$，$T_f=293.15\text{K}$

$p_0=1.1\text{MPa}$，$T_0=293.15\text{K}$，$t_f=12\text{h}$，$t_{st}=7\text{h}$；

③ 选定一种分区比 $m:n:1$（低压区储气容积：中压区储气容积：高压区储气容积，建议取 3：2：1）。高压区储气相对容积 $v_3=1\text{m}^3\cdot\text{m}^{-3}$；

④ 由储气总容积与加气汽车气瓶总容积之比 β（β 取值范围见图 15-8-13）计算低、中、高三区的储气容积 V_{g1}，V_{g2}，V_{g3}。

$$V_{g1}+V_{g2}+V_{g3}=\beta V_{cyl}$$

$$mV_{g3}+nV_{g3}+V_{g3}=\beta V_{cyl}$$

$$V_{g3}=\frac{\beta V_{cyl}}{m+n+1},V_{g2}=nV_{g3},V_{g1}=mV_{g3} \tag{15-8-1}$$

式中 β——储气总容积与加气汽车气瓶总容积之比；

V_{cyl}——加气汽车气瓶总容积，m^3；

V_{g3}——高压区储气容积，m^3。

V_{g2}——中压区储气容积，m^3。

V_{g1}——低压区储气容积，m^3。

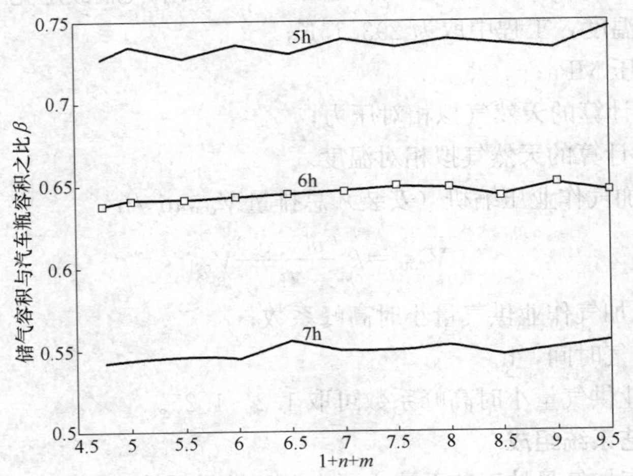

图 15-8-13 储气容积与充气汽车气瓶容积之比（t_{st}=5h，6h，7h）

t_{st}—压缩机向储气容器补气作业时间，h

⑤ 按（$m+n+1$），由图 15-8-14 确定各级起补压力 p_1，p_2，p_3

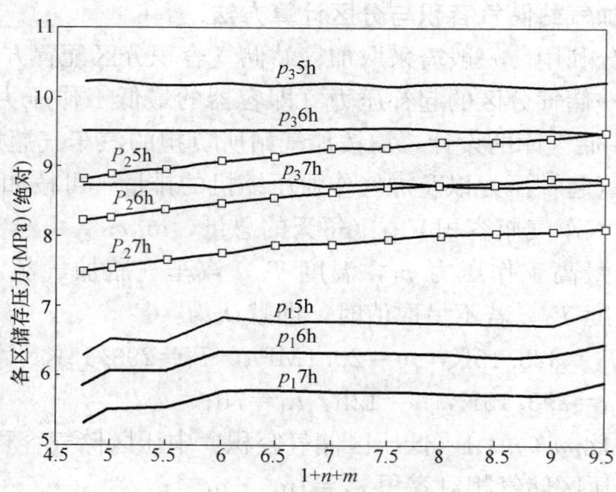

图 15-8-14　分区储气的（起补）压力（t_{st}=5h，6h，7h）

t_{st}—压缩机向储气容器补气作业时间，h

⑥ 由 p_f，T_f，p_3，T_3用下两式分别计算出 v_f，v_3，再得出压缩机总排量

$$v_i=\frac{p_i}{Z_i}\frac{1}{0.101325}\frac{T_b}{T_i} \tag{15-8-2}$$

$$Z=1-\frac{0.274p_{pr}}{10^{0.981T_{pr}}}+\frac{0.72p_{pr}}{10^{0.817T_{pr}}}$$

式中　v_i——储气相对容量 $m^3 \cdot m^{-3}$

p_i——储气压力 MPa；

T_i——储气温度 K；

Z_i——压缩因子；

i——下标，高压储气容器储气状态的 $i=3$。汽车气瓶额定充气状态 $i=f$。

T_b——基准温度，工程中取为 293.15K；

0.101325——大气压 MPa；

p_{pr}——由 p_i计算的天然气拟相对压力；

T_{pr}——由 T_i计算的天然气拟相对温度。

计算得到所需加气作业压缩机（安装）总排量 V_{com} m^3/h

$$V_{com}=k\frac{(v_f-v_3)}{t_f}V_{cyl} \tag{15-8-3}$$

式中　k——压缩机加气作业供气量小时高峰系数；

t_f——汽车加气时间，h。

压缩机加气作业供气量小时高峰系数可取 1.2～1.25。

15.8.2.5　工艺系统组成

压缩天然气汽车加气母站工艺系统主要由调压计量系统、脱硫系统、脱水系统、压缩系统、充气系统和辅助系统六部分组成；压缩天然气汽车加气常规站工艺系统主要由调压计量系统、脱硫系统、脱水系统、压缩系统、储气系统、汽车加气系统和辅助系统七部分组成；压缩天然气汽车压缩机加气子站工艺系统主要由卸气系统、压缩系统、储气系统、汽车加气系统和辅助系统五部分组成；压缩天然气汽车液压平推加气子站工艺系统主要液压平推系统、汽车加气系统和放散系统三部分组成。

压缩天然气汽车加气母站工艺系统与压缩天然气供应站中的压缩天然气加气站类同，具体详见 15.5.2.3 节；压缩天然气汽车加气常规站中的调压计量系统、脱硫系统、脱水系统、辅助系统类似于管道气源的压缩天然气储配站，具体详见 15.5.2.3 节和 15.6.2.3 节。压缩天然气汽车压缩机加气子站中的卸气系统类似于气瓶车转运气源的压缩天然气储配站，具体详见 15.6.2.3 节。

1. 压缩系统

主要由压缩机进气缓冲罐、压缩机组和顺序控制盘等设备组成。脱水后的天然气在进入 CNG 压缩系统前，先经缓冲罐缓冲，以保证进入压缩机的气流稳定，保护压缩机，天然气经过压缩机缓冲罐的缓冲时间不小于 10s。天然气经压缩机压缩至 25MPa 后通过顺序控制盘按照高、中、低压的顺序给储气设施充气。进入压缩机的天然气不应含游离水，含尘量不应大于 5mg/m^3，微尘直径应小于 10μm。压缩机出口天然气经冷却后温度小于 40℃

2. 汽车加气系统

汽车加气系统主要通过加气机向天然气汽车加气的系统。

压缩天然气压缩机加气子站和压缩天然气加气常规站的汽车加气系统相同。加气机为高、中、低压三线进气。天然气汽车进站加气，通过加气软管与加气机连接，通过加气机内的电磁阀按照低、中、高的压力控制顺序给汽车加气。当天然气汽车上的压缩天然气气瓶内压力达到 20.0MPa 时，加气机自动关闭，加气机内的流量计自动记录加气量和充气压力。

压缩天然气液压平推加气子站加气机为单线加气机，液压平推橇以 20MPa 的稳定压力通过加气机给天然气汽车加气。

3. 液压平推系统

压缩天然气液压平推加气子站液压平推系统主要包括液压增压橇、压缩天然气管道、输油输气软管、相应气动阀门等。具有千斤顶的气瓶车到站后与液压增压橇利用软管连接，液压增压橇内的介质油泵将介质油以 20MPa 压力泵送至气瓶车的瓶组内，将瓶组内的天然气推出送至液压增压橇内的油气分离装置，通过油气分离后的气体送入站内管道系统，经单线加气机给汽车加气。

4. 储气系统

压缩天然气加气常规站和压缩机加气子站设置压缩天然气储气设施，是为了使生产量与加气量之间的不均匀性得以平衡，具有一定的削峰平谷的作用。当加气低谷时，为减少压缩机频繁启动次数，降低压缩机零部件磨损速度，延长压缩机使用寿命，在不开启压缩机的情况下，通过取用储气设施内的压缩天然气满足汽车加气需求。当加气高峰时段，汽车加气时首先取用储气设施内的气体，当储气设施内的气体不能满足需求时，开启压缩机，通过压缩机直接给汽车加气，提高加气速度。当加气车辆逐渐减少时，压缩机排出的多余气体进入储气设施储存，直至储气设备储满，此时亦无车辆加气的情况下，压缩机停止运行。至此，加气站完成一个加气时段低谷-高峰-低谷周期。

为了最大限度利用压缩天然气储气或取气压差，节约压缩机电能、压缩天然气供应站常采用储气和取气分级制度。即在生产管理运行上，利用自动控制设施设定储气设施储气和取气压力限制，将天然气储气设施分为高压储气设施、中压储气设施和低压储气设施。高压储气设施充气取气限值一般为20MPa，中压储气设施充气取气限值一般为18MPa，低压储气设施取气限值一般为12MPa。

当压缩机感知高压储气设施储气压力达到20MPa时，压缩机启动给高压储气设施充气，当充至21～22MPa时，中压控制阀门自动打开，然后压缩机同时给中压和高压储气设施充气，当中压储气设施压力达到21～22MP后，低压控制阀门自动开启，压缩机同时给高、中、低压三类储气设施充气，直至所有储气设施均达到25MPa，压缩机自动关闭，完成储气过程。

三线加气机内设有高压、中压、低压控制阀门。当采用储气设施内气体直接给汽车加气时，加气机首先开启加气机内的低压控制阀门，利用低压储气设施给汽车加气，随着充气进行，压差逐渐的降低，加气速度减慢，当加气速度低于加气机设定的速度值时，低压控制阀门自动关闭，同时开启中压控制阀门，中压储气设施给汽车加气，依次类推，然后时高压储气设施给汽车加气，直至将汽车充满至20MPa或者加气机输入的气量限定数额。

为了提高储气设施利用效率，高、中、低压储气设施的储气几何容积较佳分配为1∶2∶3。为节约投资，充分利用站内设备资源，压缩机加气子站一般将气瓶车瓶组作为低压储气设施用，站内不再设置低压固定储气设施。（关于储气容积的分区原理可参见文献[6]）。

15.9　主要设备选型与配置

15.9.1　压　缩　机

1. 压缩机简介

1）压缩机的级数

目前压缩天然气输配站常用的压缩机为往复式压缩机。受气缸承受的压缩比限制，压缩机一般分为二级压缩、三级压缩机和四级压缩。压缩机进口压力越小，选用的压缩机级数越多。通常压缩机进口压力3MPa以上的，选用二级压缩机组，0.8～3.0MPa的选用三级压缩机组，低于0.8MPa时，选用四级压缩机组。

2）压缩机气缸安装形式

根据压缩机气缸在空间的布置，压缩机分为立式（Z）、卧式（P）、对称平衡式（H、M、D）、角度式（L、W、V、X）。工程上，压缩天然气输配站用得较多的压缩机有W型、L型和D型。D型压缩机具有排量大，设备受力均衡，振动小，运行稳定的特点，多用于大排量的压缩天然气加气站、压缩天然气汽车加气母站和压缩天然气加气子站。W和L型压缩机多用于排量不大的压缩天然气常规站，压缩机气缸中心线位置分类见图15-9-1。

3）压缩机冷却方式

根据压缩机的冷却方式，压缩机分为水冷、空冷和混冷。风冷压缩机内空气冷却器以环境空气作为冷却介质，对高温天然气、气缸、填料、润滑油等进行冷却。压缩机组外冷空气从热端进口进入管束后，经冷却器时，热量通过冷却器传递给冷空气，冷空气变成热

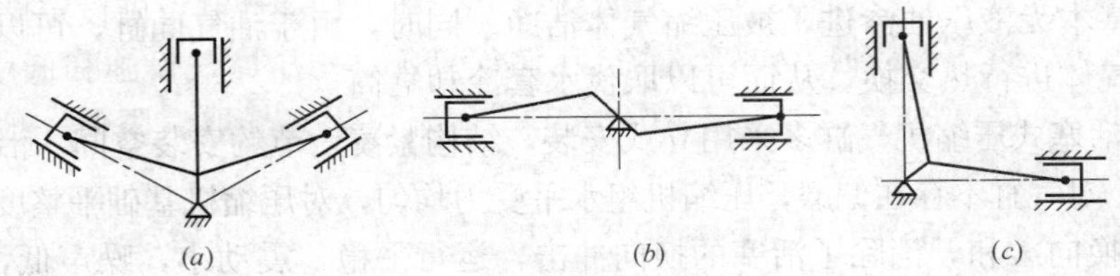

图 15-9-1 压缩机气缸中心线位置分类

(a) D型；(b) W型；(c) L型

气，通过风机运转形成热气流排出压缩机，从而达到降低压缩天然气、气缸、填料和润滑油温度的效果。风冷式压缩机冷却系统包括鼓风机、空气盘管、冷却器。风冷式压缩机组与冷却系统设备橇装，形成压缩机橇。空气冷却器一般应用于如下条件下：①热流体出口温度与空气进口温度之差（即接近温度）⩽15℃；②热流体出口温度 50～60℃，其允许波动范围 3～5℃；③空气的设计气温＜35℃；④管侧热流体的允许压降＞10kPa。

水冷压缩机的压缩天然气、气缸与润滑油采用开式循环水冷却。冷却循环水因冷却气体、气缸与润滑油而升温后，再送至压缩机橇外的冷却塔，使升温后的水在环境空气中冷却降温，然后通过水泵进行循环使用。水冷压缩机冷却系统包括水管、冷却器、水塔、水池和循环水泵。其中水塔、水池和循环水泵均在压缩机组外，形成开式循环。

水冷压缩机多用于水源充足，环境温度高的地区。空冷压缩机用于水源匮乏，环境温度低的地区。混冷压缩机多为橇装，在风机上设置水箱，通过水循环冷却压缩机部件，循环水利用风机进行散热。压缩天然气汽车加气子站的压缩机常选用混冷压缩机。

4）液压活塞式压缩机

对于压缩机加气子站内的压缩机，根据驱动压缩机活塞方式的不同，市场上又分为液压活塞式压缩机和传统机械压缩机（曲轴联杆活塞式压缩机）。液压活塞式压缩机是继液压平推加气子站之后推出的一种新型压缩机，随着近年来的投入使用，液压活塞式压缩机得到不少建设业主的认可。本手册对液压活塞式压缩机做简单介绍。

（1）液压活塞式压缩机组工作原理

液压活塞式压缩机组将液压系统原理与活塞式压缩机原理有机地结合起来，液压系统由电机驱动液压泵，将液压油加压，送入气缸推动气缸内活塞运动实现对天然气压缩，完成气缸内天然气的“吸气—压缩—排气”过程。天然气的吸气和排气动作由设置在气缸两端的进、排气阀控制。活塞在接近开关结合防爆电磁阀控制下准确实现及时换向，完成对气体的吸气、压缩做功并排气。

压缩机组为两级压缩，各级气缸压缩后均经由空气冷却器冷却，降低气体温度，再进入下一级气缸压缩，或进入储气罐储存。系统设置各级气体压力、温度检测变送器和液压油压力、温度变送器，实时监测系统气体和液压油工作压力和温度。并与 PLC 控制系统连锁，实现超温、超压报警及紧急自动停车，确保产品系统的平稳、安全、经济地运行。

（2）液压活塞式压缩机组的特点

① 利用液体代替曲轴推动活塞运动，实现软转向，压缩机组，机械振动小，运行平稳可靠。

② 采用两级气缸，液压油与被压缩气体同缸并采用活塞分隔，实现油气完全分开，

压缩气体内基本无液压油渗进，被压缩气体洁净。同时，由于油气同缸，可以实现循环液压油对压缩气体进行热交换，从而可以取代水套冷却缸筒

③ 液压活塞式压缩机气缸多采用立式安装，结构紧凑，节约安装空间。活塞推动受力沿轴向传递，对气缸不存在偏磨，压缩机组水平受力均匀，对压缩机基础平整度要求不高。

④ 活塞换向柔和，消除了活塞的换向冲击，运行平稳，震动小，噪声低，防止撞缸，保护设备正常运行。

2. 压缩机选择原则

压缩机是站内的核心设备，压缩机的选择应根据各类气站的设计规模、气源条件、供应负荷特点、气站的生产制度、扩建计划等情况，进行综合分析，经济比较后，确定压缩机的型号和数量。

① 天然气压缩过程具有排气压力高、排气量大的特点，压缩机尽量选用活塞式压缩机。

② 压缩机的排气压力应不大于 25MPa，排气温度不宜大于 40℃。

③ 压缩机排量应满足生产规模的需要。

④ 对于加气站、管道气源的储配站和汽车加气母站的压缩机要求单台排量大、日工作时间长，压缩机宜选用水冷压缩机，在北方寒冷地区可考虑混冷。对于以气瓶车转运为气源的储配站和汽车加气子站宜选用空冷或者混冷压缩机组。

⑤ 考虑压缩机生产运行的稳定性，对于要求排气量比较大的加气站、管道气源储配站、汽车加气母站的压缩机宜选用动力平衡性好的 D 型压缩机。对于汽车加气常规站多选用 W 型或 L 型压缩机；对于汽车加气子站和气瓶车转运气源储配站，可选用进口压力较大的小排量 D 型压缩机。

⑥ 压缩机生产技术在我国已基本成熟，考虑运营期维护管理的方便和经济，宜优先选用国产压缩机。

⑦ 所选设备应便于操作维护、安全可靠，并应符合节能、高效、低振和低噪声的要求。

⑧ 为减少压缩机生产过程中对天然气污染，应选用无油或少油润滑的压缩机。

⑨ 站内装机台数不宜过多，且压缩机的型号宜一致，宜考虑备用 1 台压缩机组。

3. 压缩机的数量确定

压缩机设置数量可按照式 15-9-1 计算

$$N=\frac{Q}{qhk_1} \tag{15-9-1}$$

式中　N——计算压缩机台数，台；

Q——加气站日加气规模，m^3/d；

q——单台压缩机额定排量，m^3/h；

h——压缩机日工作时间，h；

k_1——压缩机同时工作流量折减系数（$k_1=0.8\sim0.85$）；

4. 压缩机基本技术参数

设计应提出压缩机组的基本技术参数要求。见表 15-9-1 和表 15-9-2。

传统机械压缩机基本技术参数项目表 表 15-9-1

序号	项目		技术参数	备注
1	天然气压缩机主机	压缩介质	天然气	
2		机型	D型、W型、L型	
3		吸气压力(MPa)	与站场气源压力有关	
4		排气压力(MPa)	不大于 25MPa	
5		排气量(m^3/h)		标准状态时的量
6		工艺出口温度	不大于 40℃	
7		冷却方式	水冷、空冷、混冷	
8		汽缸润滑方式	传动部件采用强制润滑、汽缸采用少油润滑或无油润滑	
9		传动方式	电机直联	
10		橇装机组外形尺寸	不大于____mm	
11		噪声	≤65dBa(距压缩机 3m 处)	
12		振动烈度	≤11.2mm/s	
13		控制方式	全自动 PLC 控制	
14		安装方式	室内或隔声罩内,固定	
15		冷却水循环量	不大于____t/h	水冷压缩机
16		气损率	≤0.3%	
17	防爆电机	额定电压	380V	
18		防爆等级	EX DⅡ BT4	
19		防护等级	IP54	
20		绝缘等级	F	
21		安装形式		
22		电机质量	不大于____kg	
23	润滑、注油电机	防爆等级	EX DⅡ BT4	
24		绝缘等级	F	
25	压缩机橇	功率	小于 280kW(220kW)	

液压活塞式压缩机组基本技术参数 表 15-9-2

序号	项目		技术参数	备注
1	机组名称		液压活塞式压缩天然气橇装压缩机组	
2	机组型号			
3	机组用途		CNG 加气站增压	
4	冷却方式		全空冷	
5	机组工作介质		天然气	
6	机组总功率		≤85kW	
7	性能指标	进气压力范围	3.0～20.0MPa.G	
		排量范围	630～3350m^3/h (20℃、0.1013MPa)	

续表

序号	项　目	技术参数	备注
8	平均排气量	1200～1600m³/h	
9	传动方式	压力油驱动	
10	排气压力	25.0MPa.G	
11	进气温度	30℃	
12	排气温度(冷却后)	不高于环境温度15℃	
13	主机噪声	≤75dB(A)	隔声房外1m处
14	机组外形尺寸		

5. 压缩机配置要求

① 压缩机宜按独立机组配置进、出气管道及阀门、旁通、冷却器、安全放散、供油和供水等设施。

② 压缩机进气管道应设置手动和自动（电动或气动）控制阀门。

③ 压缩机主机出口设置止回阀和手动切断阀，压缩机出口与第一个截断阀之间设安全阀，各级汽缸设置安全放散系统，且安全阀的泄放能力不应小于压缩机的安全泄放量。

④ 压缩机组宜成橇设置，橇内应配置：压缩机主机、冷却系统、防爆电机、润滑系统、降噪箱体、泄漏气体检测装置、气体回收系统、进气缓冲装置、出口缓冲装置、级间冷却系统、分离系统、过滤系统、除油系统、仪表系统、控制系统、橇体接地装置。对于液压活塞式压缩机组，还应配置液压油系统。

6. 压缩机控制系统功能

压缩机控制系统应具有如下控制功能：

各级气缸排气压力超高报警并停机；油压偏低、超高报警并停机；进气压力超高及偏低报警并停机；水压偏低报警并停机（水冷或混冷压缩机）；各级排气温度超高报警并停机；冷却系统应设温度报警，并停机保护；润滑油温度自动保护；润滑油压力自动保护；主电机过载报警并停机；系统压力超高自动停机；气体浓度超高报警并停机；风机过载报警并停机；ESD紧急停机按钮；压缩机宜采用变频启动。

15.9.2　脱硫装置

规范《进入天然气长输管道的气体质量要求》GB 37124中明确提出进入天然气长输管道的气体中硫化氢含量不大于6mg/m³。该规范于2019年7月1日实施，但对高位发热量、总硫含量、硫化氢含量、二氧化碳含量和水露点引入过渡期要求，过渡期至2020年12月31日，其中过渡期内，硫化氢含量不大于20mg/m³。因此2020年12月31日前投运站场，需考虑脱硫工艺。

脱硫装置多选用常温干法脱硫工艺，故多采用塔式脱硫设备。天然气通过脱硫装置的流速宜为150～200mm/s，天然气与脱硫剂接触的时间宜为20～40s，脱硫塔装置排出的气体含硫量不得大于15mg/m³。脱硫装置宜采用固体脱硫剂。脱硫装置宜选用双塔结构的脱硫设备，一塔吸附，一塔再生。设备自带安全放散装置。寒冷地区的脱硫设备应采取保温措施。

脱硫装置的配置数量应能满足系统在检修周期内不间断工作的需要。一般根据压缩机的排量计算脱硫装置的设置数量。如式 15-9-2 计算。

$$N_S = \frac{N_c q_c}{q_s} \tag{15-9-2}$$

式中 N_S——脱硫装置的数量，台；

N_c——压缩机设计台数，台；

q_c——选用压缩机的排量，m^3/h；

q_s——脱硫装置单台处理能力，m^3/h。

脱硫装置的设计、制造满足规范《压力容器［合订本］》GB 150.1～150.4 的规定，并接受国家质量技术监督局《固定式压力容器安全技术监察规程》TSG21 的监督。脱硫装置的性能参数详见表 15-9-3。

脱硫装置性能参数 **表 15-9-3**

序号	项　目	技 术 参 数
1	工作介质	天然气
2	工作压力	与气源压力有关
3	单塔处理量	
4	进气 H_2S 含量	同进站天然气气质组分
5	排气 H_2S 含量	不大于 $15mg/m^3$
6	工作温度	常温
7	结构形式	双塔立式
8	进出口公称管径	与单塔处理量和设备工作压力有关
9	安全放散装置	设备自带安全放散装置
10	脱硫塔排污管	双塔排污管连通后接出
11	工作方式	一塔生产一塔再生
12	脱硫剂	高效固体脱硫剂
13	容器类别	Ⅱ类

15.9.3 脱 水 装 置

一般进站气源压力较高，采用压缩机前脱水。对于气源进站压力较低的压缩天然气汽车加气常规站，也可选用压缩机后脱水工艺。脱水装置的选择要求如下：

① 脱水装置的设置和选型应根据压缩机的性能和天然气的含水量确定。

② 脱水工艺宜采用固体吸附法。压缩机前脱水宜采用分子筛二级脱水，压缩机后脱水宜采用分子筛一级脱水。

③ 脱水装置的配置数量应能满足系统在检修周期内不间断工作的需要。

④ 天然气通过压缩机前段脱水装置的流速宜为150～200mm/s，天然气与脱水剂的接触时间宜为 40～60s。寒冷地区脱水装置的流速宜为 150mm/s，接触时间宜为 60s。

⑤ 脱水后天然气常压下露点温度降至－60℃以下。

⑥ 脱水器的设计、制造满足规范《压力容器［合订本］》GB 150.1～150.4 的规定，并接受国家质量技术监督局《固定式压力容器安全技术监察规程》TSG21 的监督。

⑦ 脱水装置要配置的系统：吸附系统、冷却系统、电加热元件、控制元件、设备安全阀、再生系统、再生 PLC 控制系统。

⑧ 脱水装置宜选用双塔结构，一塔生产，一塔再生。

⑨ 脱水装置的处理能力与压缩机的排气能力相匹配，脱水装置的配置数量根据压缩机的排气能力和单塔脱水装置的处理量进行确定。

$$N_W = \frac{N_c q_c}{q_W} \tag{15-9-3}$$

式中 N_W——脱水装置的数量，台；

N_c——压缩机设计台数，台；

q_c——选用压缩机的排量，m^3/h；

q_W——脱水装置单台处理能力，m^3/h。

⑩ 脱水器的基本技术要求见表 15-9-4。

脱水器基本技术参数表 **表 15-9-4**

序号	项 目	技术参数	备注
1	工作介质	天然气或者压缩天然气	
2	工作压力	压缩机前脱水与气源压力有关，压缩机后脱水大于 25MPa	
3	设备压降	≤0.05MPa	
4	脱水剂	一般为 4A 分子筛	
5	单塔处理量		
6	成品气常压露点	≤－60℃	
7	控制方式	PLC 半自动控制	
8	再生控制方式	PLC 自动控制	
9	入口过滤器精度	5μm	滤芯可以在线更换
10	出口过滤器精度	1μm	滤芯可以在线更换
11	脱水剂接触时间	40～60s	
12	电功率	≤45kW	
13	再生方式	闭式循环电加热再生	
14	水分析仪	配置在线水分析仪	根据工艺流程要求
15	进出口管外径	脱水装置的工作压力和单塔处理能力有关	

15.9.4 加气柱和卸气柱

在 CNG 加气站中，加气柱要通过主气流阀向气瓶转运车加气。操作时加气柱上的卡套快装接头（加气枪）必须与位于转运车瓶框操作仓侧的气瓶（或管束）装卸主控阀紧密连接好，充气至规定压力（20MPa）即告充满。根据需要，加气柱一般安装质量流量计显示，快充加满整车（约 2500m^3）需时约 45min。

1. 加气柱数量确定

站内加气柱数量应根据站场的设计规模、气瓶车充气时间、单车单次充气量综合确定。

对于压缩天然气加气站，其固定停车位总容积应满足现行国家标准《压缩天然气供应站设计规范》GB 51102 有关固定停车位总容积不大于 45000m^3 的规定。工程设计中，一般按照一个固定停车位 4500m³ 计算，固定停车位数量不应超过 10 个，即压缩天然气加气站加气柱（单枪）一般不大于 10 台。

对于压缩天然气加气母站，固定车位总容积应满足现行国家标准《汽车加油加气站设计与施工规范》GB 50156 有关固定停车位总容积不大于 30000m³ 的规定。按照一个固定停车位 4500m³ 计算，工程设计中，固定停车位数量不应超过 6 个，即压缩天然气汽车加气母站加气柱（单枪）一般不大于 6 台。

2. 卸气柱数量确定

站内卸气柱数量应根据站场的设计规模、气瓶车停车区大小、上游气源站场距离本站的远近综合确定，并符合现行相应国家标准规定。

对于压缩天然气气瓶车气源储配站，其固定停车位总容积应满足现行国家标准《压缩天然气供应站设计规范》GB 51102 有关固定停车位总容积不大于 30000m³ 的规定。工程设计中，一般按照一个固定停车位 4500m³ 计算，固定停车位数量不应超过 6 个，卸气柱一般不大于 10 台。

对于压缩天然气汽车压缩机加气子站，卸气柱一般为 1 台，对于液压平推加气子站，气瓶车直接与液压平推橇连接，不需要设置卸气柱。

3. 技术参数要求

加气柱和卸气柱技术参数基本为标准要求，见表 15-9-5 和表 15-9-6。

加气柱技术参数要求 **表 15-9-5**

1	流量范围	3000～5000m³/h；
2	计量精度	±0.5%；
3	耐压强度	37.5MPa
4	形式	单枪单线(单枪双线)
5	额定压力	20MPa
6	最大工作压力	25MPa
7	环境温度	−45～+55℃
8	读数最小分度值	0.01m³；0.01 元
9	单次计量范围	0～9999.99m³或元
10	累计计数范围	0～999999.99m³或元
11	单价预制范围	0.01～99.99 元/m³
12	密度预制范围	0.0001～0.9999
13	预制定量范围	1～9999.99m³元 kg
14	液晶显示屏双面显示	单价(元/m³)、气量(m³)、金额(元)
15	质量流量计	
16	额定功率	＜200W
17	防爆等级	ExdemibⅡAT4
18	工作电源	220V±15%　50±1Hz　两相
19	电磁阀	防爆等级 ExdemibⅡAT4
20	拉断阀拉断力	≤400N
21	安装方式	橇装固定

卸气柱技术参数要求　**表 15-9-6**

1	流量范围	3000～5000m³/h;
2	耐压强度	37.5MPa
3	形式	单枪单线
4	额定压力	20MPa
5	最大工作压力	25MPa
6	质量流量计	Q=0～0.5m³/min(工作状态)PN32MPa
7	环境温度	−45℃～+55℃
8	液晶显示屏单显示	单价(元/m³)、气量(m³)、金额(元)
9	额定功率	<200W
10	防爆等级	ExdemibⅡAT4
11	工作电源	220V±15%　5±1Hz　两相
12	电磁阀	防爆等级 ExdemibⅡAT4
13	拉断阀拉断力	≤400N
14	安装方式	橇装固定

4. 加气柱/卸气柱安全配置要求

① 加气枪/卸气枪软管上应设安全拉断阀。安全阀的分离拉力宜为 600～900N。软管长度不应大于 6m。加气（卸气）软管上的拉断阀在外力作用下自动分开，分开后必须保证两段立即密封，且分开的两部分可以重新连接。

② 加气柱/卸气柱不应设置在室内，并满足室外工作环境温度的要求。

③ 加气柱/卸气柱上应配置紧急切断阀和安全放空阀。紧急切断阀应与站内紧急切断系统连锁。

④ 加气柱/卸气柱内的流量计前，必须设置过滤器，过滤器的过滤精度不能大于 5μm。过滤器滤网眼面积之和必须大于管道截面面积的 5 倍以上。

⑤ 加气柱/卸气柱内的卸气管道上设置单向阀。

⑥ 与加气柱/卸气柱配套的管路材质选用 316S 不锈钢，设计压力 27.5MPa。

15.9.5　加　气　机

1. 加气机数量确定

汽车加气常规站和加气子站内设置加气机。站内加气机数量应根据站场的设计规模、服务车辆的类型、单车单次加气量和加气时间综合确定。一般情况下，加气站内加气机数量最大不超过 6 台，一般为 2～4 台。

2. 加气机技术参数要求

加气机技术参数基本也为标准要求，见表 15-9-7。

加气机技术参数要求　**表 15-9-7**

序号	项目	技 术 参 数	备注
1	工作介质	天然气	
2	工作压力	20～25MPa	

续表

序号	项目	技术参数	备注
3	加气机流量	1～30m³/min/枪	
4	结构	双枪三线或双枪单线	
5	计量精度	0.5级	企业标准
6	工作温度	－30～50℃	
7	耐压强度	37.5MPa	
8	读数最小分度值	0.01m³；0.01元	
9	防爆等级	ExidbmeⅡAT4	
10	单次计量范围	0～9999.99m³或元	
11	累计计数范围	0～999999.99m³或元	
12	单价预制范围	0.01～99.99元/m³	
13	密度预制范围	0.0001～0.9999	
14	预制定量范围	1～9999.99m³元 kg	
15	液晶显示屏双面显示	单价(元/m³)、量(m³)、金额(元)	
16	拉断阀拉断力	400～600N	加气机配置
17	加气软管工作压力	20MPa	
18	加气软管长度	6m	
19	流量计	一般为质量流量计	带温度传感器
20	供气方式	三线供气或单线供气	

3. 加气机工艺安全配置要求

① 加气机附属的加气软管上应设拉断阀。加气机安全拉断阀的分离拉力为400～600N。软管的长度不应大于6m。

② 加气软管上的拉断阀在外力作用下应自动分开，分开后必须保证两段立即密封，且分开的两部分可以重新连接。

③ 加气机内应设安全阀。

④ 加气机内的流量计前，必须设置过滤器，过滤器的过滤精度不能大于5um。过滤器滤网眼面积之和必须大于管道截面面积的5倍以上。

⑤ 加气机内各级进气管须设单向阀。

⑥ 加气机高、中、低压进气管道上应设置电磁阀，其开关灵活、可靠，无内漏和外漏，从全开至全关快速切断，手柄旋转角度不应大于90°，且电磁阀与站内紧急切断系统关联。

⑦ 加气机出口处应设置限压传感器，用以检测气体出口处压力，保证充装压力接近20MPa，自动停止加气。

⑧ 与加气机配套的管路材质选用316S不锈钢，设计压力27.5MPa。

4. 加气机具有的基本功能

（1）取气自动切换

① 压缩天然气汽车加气常规站和压缩机加气子站的加气机具有三线压力自动切换

功能；

② 可调整加气压力及气体密度；

③ 具有断电数据保护，数据延时显示功能。

(2) 计量及压力显示

① 加气过程自动控制，在加气过程中能双面自动显示加气量、加气金额及单价（带夜光显示）；

② 加气机加气计价显示："加气量"、"单价一元/m³"、"金额一元"，

③ 带有压力显示功能；

④ 在加气机上能查询历史加气数据，若接上电脑管理系统，可查询历史的每次加气数据，并能网络上传加气数据至总部服务器电脑统一管理；

⑤ 可以随时查询总累计量；

⑥ 具有定气量，定金额的预置加气功能；

⑦ 可复显最近的加气数据，以备查检；

⑧ 在加气过程中能直接显示压力，且可调整最终加气压力；

(3) 安全连锁及保护

① 设置安全联锁系统：当加气软管失压、过压、过流时可自动切断气源；

② 压力保护功能：当加气压力超过 20MPa，自动停止加气；

③ 配置手动紧急切断阀；

④ 具有自动检测故障功能，能自动显示故障代码；

⑤ 计量信号线断线后，自动关机；

(4) 管理

① 配加气机 IC 卡电脑管理系统；

② 配小票打印功能；（打印系统符合防爆要求）；

③ 加气机 IC 卡装置安全防爆；

④ 设置通信接口，可与计算机连接，具备远传功能和税控功能。

15.9.6 天然气进站调压计量装置

调压计量装置包括过滤器、调压器、流量计。调压器和流量计的选用详见本手册第 8 章调压计量章节内容。

压缩天然气输配站配置的调压计量装置基本技术参数要求详见表 15-9-8。

调压计量系统基本技术参数要求 **表 15-9-8**

序号	项目	技术参数	备注
1	工作介质	天然气	
2	进口压力	气源进站压力(最大、最小压力范围值)	
3	出口压力	调压后的压力(设定压力点)	
4	流量范围	压缩机开启 1 台时最小流量至工作压缩机全部开启时的最大流量	
5	橇体进出口公称管径	根据最大工作流量进行经济管径计算	

续表

序号	项 目	技术参数	备注
6	双路调压计量	根据加气站的日工作时间确定，一般选用双路，一用一备	
7	环境工作温度		

15.9.7 储气设备

压缩天然气供应站储气均为高压储气，最高储气压力 25MPa，储气温度为常温。供应站常用的储气设备有储气井和储气瓶组两种。

1. 储气设施几何容积计算

储气设施的几何容积根据站场要求的储气规模，通过计算所得。通常工程设计储气规模是指天然气在标准状态（0℃，1.01×10^5Pa）下的体积。压缩天然气储配站的储气状态一般是指常温、储存压力为 25MPa 时的体积，容器的几何容积要将标准状态下的设计规模换算为储存状态下的储存容积。具体计算公式详见式 15-9-4。

$$V=3.45\times10^{-4}KV_{0j}\frac{273+t}{p}Z+V_c \tag{15-9-4}$$

式中 V——储气设施储气几何容积，m^3；

K——生产及储存安全操作系数，可取 1.1～1.2；

V_{0j}——供应站计算储气体积，m^3（0℃，1.01×10^5Pa）；

t——天然气储存温度，℃；

p——压缩天然气的最高储存绝对压力，MPa；

Z——天然气在储存状态下的压缩因子；

V_c——储气设备工程容积系列所需最小圆整值，m^3（储存状态 t，p）。

2. 储气规模计算

压缩天然气供应站储气规模应根据选定的储气设施几何容积进行标准状态的换算。储气规模的计算如式 15-9-5。

$$V_0=2901\times\frac{pV}{(273+t)Z} \tag{15-9-5}$$

V_0——压缩天然气供应站储气规模，m^3（0℃，1.01×10^5 Pa）。

3. 储气井

(1) 储气井设计安装

压缩天然气储气井管是竖井式高压储气管的简称。储气井最高工作压力 25MPa，工作温度为常温。

储气井建造选用的材料必须满足其最大工作压力、工作温度和工作介质的要求。储气井的工程设计和建造，应符合现行行业标准《高压气地下储气井》SY/T 6535 和国家现行标准的规定。储气井结构详见图 15-9-2。

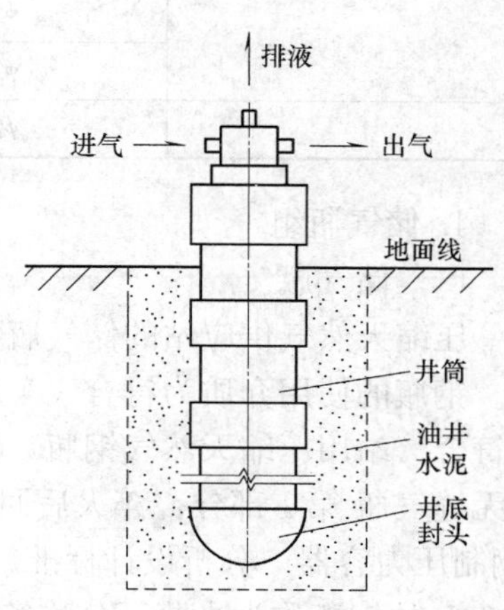

图 15-9-2 储气井井管结构形式

储气井应设置排污装置、压力监测装置和安全放散装置。排污管道应设置限位和支撑装置，并从储气井口应便于开启检测。储气井不宜建在地质滑坡带及溶洞等地质构造上。井管深度宜为80～150m。井口应高出地面300～500mm。在土质疏松的地表应设置导管，并应注入水泥浆封固。井管之间及井管与封头之间螺纹连接的密封材料应性能可靠，且应耐天然气及土壤腐蚀。井管与井底、井壁的间隙应采用硅酸盐水泥填充。井管、管箍和管底封头的外表面应进行防腐处理。储气井四周地坪宜进行硬化和排水处理。

(2) 储气井规格尺寸

工程中常用储气井规格参数详见表15-9-9。

井管基本参数 表15-9-9

公称容积(m^3)	井筒外径(mm)	壁厚(mm)	井管长(深)度(m)
1	ϕ177.8	6.71～10.16	50
	ϕ191.1	6.71～10.16	40
2	ϕ177.8	6.71～10.16	100
	ϕ191.1	6.71～10.16	80
	ϕ244.5	7.92～10.03	50
3	ϕ177.8	6.71～10.16	150
	ϕ191.1	6.71～10.16	120
	ϕ244.5	7.92～10.03	100
	ϕ273.1	7.09～11.43	60
4	ϕ177.8	6.71～10.16	200
	ϕ191.1	6.71～10.16	160
	ϕ244.5	7.92～10.03	135
	ϕ273.1	7.09～11.43	80
5	ϕ191.1	6.71～10.16	200
	ϕ244.5	7.92～10.03	125
	ϕ273.1	7.09～11.43	100
6	ϕ244.5	7.92～10.03	200
	ϕ273.1	7.09～11.43	120
10	ϕ273.1	7.09～11.43	200

4. 储气瓶组

(1) 储气瓶

压缩天然气供应站的储气瓶为公称压力25MPa（表压），设计温度常温的专用储气钢瓶。钢瓶的使用介质为符合《车用压缩天然气》GB 18047的天然气。钢瓶的设计、制造应符合《站用压缩天然气钢瓶》GB 19158、《压力容器［合订本］》GB 150.1～150.4、《钢制无缝气瓶 第1部分：淬火后回火处理的抗拉强度小于1100MPa的钢瓶》GB/T 5099.1、《钢制压力容器 分析设计标准》JB4732等的规定。工程上，习惯常用的公称容积小于等于80L的钢瓶称为小瓶，公称容积500～1750L的钢瓶称为大瓶。储气瓶有钢制气瓶和具有防火功能的树脂缠绕气瓶。树脂缠绕气瓶符合现行国家标准《车用压缩天然气钢质内胆环向缠绕气瓶》GB 24160 的规定。

（2）储气瓶成组

压缩天然气供应站中，将数只至数十只储气瓶连接成一组，组成较大容积的设备形成储气瓶组。一般小瓶宜 20～60 只为一组，每组工程容积为 1.0～4.08m^3。大瓶一般以 3、6、9 只为一组，每组公称容积可为 1.5～16.0m^3。小瓶组多用于压缩天然气瓶组站，大瓶组多用于压缩天然气储配站、汽车加气常规站和压缩机加气子站。对于汽车加气站储气瓶组，根据其限压储气取气要求，瓶组内的气瓶应设置高压、中压和低压储气瓶。

（3）储气瓶组成橇

储气瓶组的气瓶集中设置在瓶框上，并采取可靠的固定和限位措施。储气瓶组的每个钢瓶应分别设置进、出气口。对于有限压储气取气要求的汽车加气常规站和压缩机加气子站内的高、中、低压储气瓶进出气口，应单独汇总形成独立的高压瓶组、中压瓶组和低压瓶组进出气总管。每条进出气总管上应分别设置总切断阀、安全阀、放散管及压力检测装置。同组内的单个储气瓶排污管道应汇总连接形成储气瓶组排污总管。

固定式储气瓶组宜选用同一种规格型号的气瓶。移动式储气瓶组应采用钢制气瓶或具有防火功能的树脂纤维缠绕气瓶，储气瓶组内气瓶与固定和限位支架之间宜垫厚度不小于 10mm 的橡胶垫板，不得硬性施力固定气瓶，连接各气瓶进、出气口的短管应具有一定的伸缩性，管道连接形式应考虑对气瓶振动、晃动所产生位移的补偿。储气瓶结构形式示意图见图 15-9-3。

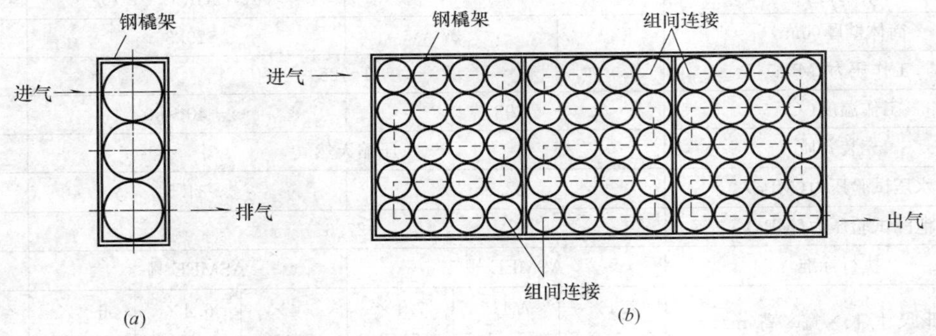

图 15-9-3 储气瓶组结构形式示意图

(*a*) 大瓶（单）组结构形式；(*b*) 小瓶（多）组结构形式

（4）常用储气瓶组规格参数（表 15-9-10、表 15-9-11）

部分储气小瓶组规格及性能参数 **表 15-9-10**

项 目	公称容积(实际容积)(m^3)			
	1.0	2.0	3.0	4.0
钢瓶数量(只)	5×4=20	7×4=28	10×5=50	10×5=50
钢瓶容积(L)	50	70	60	80
钢瓶外尺寸(mm)	ϕ232×1640	ϕ279×1759	ϕ279×1555	ϕ279×1963
筒体壁厚(mm)	7.3	7.8	7.8	7.8
工作温度(℃)	−40～60			
工作压力(MPa)	25.0			

续表

项　目	公称容积(实际容积)(m³)			
	1.0	2.0	3.0	4.0
钢瓶材质	30CrMo			
充装介质	压缩天然气,压缩空气,氮气,氩气,氧气等			
水压试验压力(MPa)	37.5			
泄漏试验压力(MPa)	25.0			
执行标准	GB 19158			
外形尺寸/长×宽×高(mm)	1600×2000×1200	2500×2200×1350	3450×2000×1590	3450×2400×1590
空态总质量(t)	1.87	3.27	5.08	6.42

储气大瓶组规格及性能参数　　**表 15-9-11**

项　目	公称容积(m³)						
	1.3	2.2	3.3	4.0	8.0	12.0	16.0
钢瓶数量(只)	1	2	3	3	6	9	
钢瓶容积(L)	1330	1100		1350			
钢瓶外尺寸(mm)	ϕ610×610	ϕ590×6100		ϕ610×6100			
钢瓶材质	SA372Gr. E. Cl. 70						
筒体壁厚(mm)	29	27		29.3			
工作压力(MPa)	1～25						
工作温度(℃)	93			－40～60			
充装介质	压缩天然气						
水压试验压力(MPa)	32.5			34.5			
泄漏试验压力(MPa)	27.6						
执行标准	ASMEE Ⅷ-1			ASMEE Ⅷ-2			
外形尺寸/长×宽×高(m)	7.1×0.7×0.7	7.1×0.7×1.5	7.1×0.7×2.2	6.4×2×1	6.4×2×1.8	6.4×2×2.5	
空态总质量(t)				10.35	20.79	31.05	

15.9.8　压缩天然气减压橇

压缩天然气减压橇由换热器、调压器、流量计、加臭机、过滤器、管道阀门组装成橇，具有卸气、调压、计量、加臭、过滤、加热、超压切断等功能，同时可对温度、压力/差压等信号进行远传。

压缩天然气减压橇入口配置高压过滤器，过滤后的天然气经换热器进行加热，把压缩天然气的温度加热至55～65℃；加热后的压缩天然气分别经一级调压器和二级调压器调压后经过计量、加臭，最后输入燃气输配管网。

压缩天然气减压橇设置控制系统，通过中央控制台对设备的安全运行进行保护。在设备的入口、一级调压后和二级调压后设置压力传感器；在换热器和燃气的出口管道设置温度传感器；橇内安装燃气报警探头。将所有的压力、温度、报警、计量的信号传送到中央控制柜，控制柜采集以上的各个信号，一旦有任何一个设定的参数超出，控制柜将给设备入口的紧急切断阀信号，将入口的紧急切断阀切断，达到保护设备的目的。

15.9.8.1 换热器

1. 换热器功率计算

CNG 储配站对天然气的加热，是为了消除气体发生焦耳—汤姆逊效应引起的降温。热交换器所提高的热功率可按下式计算：

$$Q=q_{n}C_{p}(\mu_{J}\Delta p+\Delta t) \tag{15-9-6}$$

式中 Q——热功率，kJ/h；

q_{n}——标准体积流量，m^3/h；

c_{p}——气体定压比热，$kJ/(m^3 \cdot ℃)$；

Δt——附加温度，℃；

Δp——节流前后的压力差，MPa；

μ_{J}——焦耳—汤姆逊系数，℃/MPa。

式（15-9-6）中，μ_{J}是作为常数来计算，根据气体的性质和工况就可确定其所需的热功率。CNG 的 μ_{J} 值可以根据天然气的状态图来确定。在其初态参数 p_1、T_1 已知时，可确定初状态点的焓值 h_1。按焦耳—汤姆逊系数（μ_{J}）的定义的条件：绝热节流其焓不变，由终状态的焓 $h_2=h_1$ 和节流后的压力（p_2）参数就可确定终温 t_2 值。焦耳—汤姆逊系数平均值的定义是：

$$\mu_{J}=\frac{dt}{dp} \tag{15-9-7}$$

式中 t_2——节流后的温度，℃；

t_1——节流前（设备进口处）的温度，℃。

在工程界，传统把焦耳—汤姆逊系数近似取为常数，第 2 种方法是对于天然气，取常数值约为 4℃/MPa。根据天然气的参数可确定计算热功率 Q（kJ/h），以便选用热交换器设备。

【例题 15-9-1】 有一通过能力 $4000m^3/h$ 的 CNG 储配站专用调压箱，试估算其换热器按两级换热所需的热负荷。设定 CNG 参数：第一级调压参数为 $p_1=20MPa$，$p_2=7.5MPa$；第二级调压参数为 $p_1=7.5MPa$，$p_2=1.6MPa$；焦耳—汤姆逊系数取 $\mu_{J}=4℃/MPa$；平均定压比热 $c_{p}=1.65kJ/(m^3 \cdot ℃)$；每级降压前后 CNG 的附加温差取 5℃。

根据式 15-9-6：

（1）第一级换热器所需的热负荷 Q_1

$$\begin{aligned}Q_1&=q_{n}C_{p}(\mu_{J}\Delta p+\Delta t)\\&=4000\times1.65[(20-7.5)\times4+5]\\&=4000\times1.65\times55\\&=363000kJ/h\end{aligned}$$

（2）第二级换热器所需的热负荷 Q_2

$$
\begin{aligned}
Q_2 &= q_n c_p\left(\Delta p\frac{dt}{dp}+\Delta t\right)\\
&=4000\times1.65[(7.5-1.6)\times4+5]\\
&=4000\times1.65\times28.6\\
&=188760\text{kJ/h}
\end{aligned}
$$

(3) 总热负荷 Q

$$Q=Q_1+Q_2=363000+188760=551760\text{kJ/h}$$

由于焦耳—汤姆逊系数并不是常数，而是天然气压力和温度的函数，计算节流过程的温降应该用积分方法。因而，这种传统的对节流全过程用一个焦耳—汤姆逊系数大概值，由式 15-9-6 进行计算得出结果，会有较大偏差。

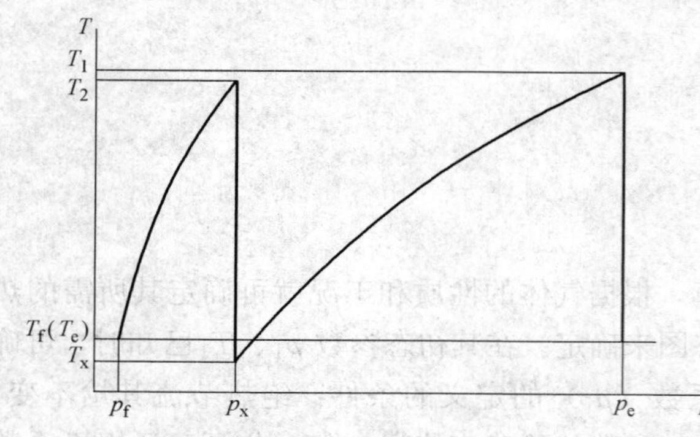

图 15-9-4　供气调压的等压加热与等焓减压

对绝热节流过程，经严格推导得出节流温降计算公式（式 15-1-2），并对 CNG 储配站加热、调压过程及热交换器热负荷进行了深入分析。建议按这一新研究成果进行绝热节流过程计算。

从整个系统考虑调压过程，用图 15-9-4 说明。

进站 CNG 压力及温度分别为 p_e，T_e，经第 1 级等压加热，温度升为 T_1，减压等焓节流，压力和温度分别降为 p_x，T_x；经第 2 级加热温度升为 T_2，减压等焓节流，压力和温度分别降为 p_f，T_f。

按 CNG 供气调压工程实际，一般采用两级加热、减压模式，两级加热中换热强度基本相同。

绝热节流温降按式（15-9-8）计算

$$T_E=\frac{T_S}{1+\dfrac{RT_S}{c_p T_c}\left[\dfrac{A}{p_c}(p_S-p_E)+C\ln\dfrac{p_S}{p_E}\right]} \tag{15-9-8}$$

由于甲烷压缩因子 Z 的 Gopal 表达式是分段函数形式，其系数压力及对比温度为：

$$p_r=\frac{p}{p_c}$$

$$T_r=\frac{T}{T_c}$$

式中　p_c，T_c——甲烷临界压力，临界温度；

p_r，T_r——甲烷对比压力，对比温度；

天然气理想比热容用美国石油学会（API）数据手册公式

$$c_p=B+2CT+3DT^2+4ET^3+5FT^4$$

式中　c_p——甲烷比热容。

T——天然气绝对温度减 144K；

B，C，D，E，F——系数，对甲烷：

$B=2.39359$，$C=-22.18007\times10^{-4}$，$D=57.4022\times10^{-7}$，

$E=-372.7905\times10^{-11}$，$F=85.49685\times10^{-12}$。

【例题 15-9-2】 对 CNG 供气调压系统，通过能力 4000m³/h，计算其换热器按两级换热的热负荷。按甲烷考虑，$\rho=0.716\text{kg/m}^3$。进调压系统压力 $p_e=20.1$MPa（绝对），温度 $T_e=283.15$K，经第 2 级减压后压力 $p_f=0.4$MPa（绝对），温度 $T_f=288.15$K，两级加热，设两级加热负荷相同，计算两级调压的参数。

【解】 给定第 1 级温升 $\Delta T_1=24.5$K，$\Delta H_1=56.1$，第 1 级调压试设压力降到 $p_x=8$MPa。

考虑到 Gopal 表达式是分段函数，在第 1 级减压中，

在计算压力由 20.1MPa 节流到 12.9MPa 时，对比压力和对比温度分别为：

$$p_r=\frac{20.1}{4.604}=4.344,\ T_r=\frac{312.65}{190.55}=1.64$$

记为 $k=1$，采用：$A_1=-0.0284$，$C_1=0.4714$

在计算压力由 12.9MPa 节流到压力 8MPa 时，对比压力和对比温度分别为：

$$p_r=\frac{12.9}{4.604}=2.8,\ T_r\approx\frac{290}{190.55}=1.52$$

记为 $k=2$，采用：$A_2=0.0984$，$C_2=-0.0621$

考虑到 Gopal 表达式是分段函数，在第 2 级减压中，

在计算压力由 8MPa 节流到压力 5.52MPa 时，对比压力和对比温度分别为：

$$p_r\approx\frac{8}{4.604}=1.74,\ T_r\approx\frac{307}{190.55}=1.61$$

仍属于第 2 段，$k=2$，采用：$A_2=0.0984$，$C_2=-0.0621$

在计算压力由 5.52MPa 节流到压力 0.4MPa 时，对比压力和对比温度分别为：

$$p_r=\frac{5.52}{4.604}=1.198,\ T_r\approx\frac{304}{190.55}=1.6$$

记为 $k=3$，采用：$A_3=0.1391$，$C_3=-0.0007$

逐段计算节流温降。对第 1 级以压力 $p_m=12.9$MPa 为分界点分两段计算。

由 p_e 节流到 p_m

$$T_m=\frac{T_1}{1+\frac{RT_1}{c_p T_c}\left[\frac{A_1}{p_c}(p_e-p_m)+C_1\ln\frac{p_e}{p_m}\right]}$$

由 p_m 节流到 p_x

$$T_x=\frac{T_m}{1+\frac{RT_m}{c_p T_c}\left[\frac{A_2}{p_c}(p_m-p_x)+C_2\ln\frac{p_m}{p_x}\right]}$$

对第 2 级以压力 $p_n=5.52$MPa 为分界点分两段计算，由节流终点反推起点温度。

由 p_n 节流到 p_f

$$T_n=\frac{T_f}{1-\frac{RT_f}{c_p T_c}\left[\frac{A_3}{p_c}(p_n-p_f)+C_3\ln\frac{p_n}{p_f}\right]}$$

由 p_x 节流到 p_n

$$T_2=\frac{T_n}{1-\frac{RT_n}{c_pT_c}\left[\frac{A_2}{p_c}(p_x-p_n)+C_2\ln\frac{p_x}{p_n}\right]}$$

计算得到：$T_x=282.85K$，$T_2=307.3K$，即 $\Delta T_2=24.4K$，$\Delta H_2=55.9$，$\Delta T_1\approx\Delta T_2$。

两级加热的热负荷（每级附加温差 5K）分别为：

$$\Delta Q_1=4000\times0.716\times56.1\times\frac{24.5+5}{24.5}=193460.3kJ/h,$$

$$\Delta Q_2=4000\times0.716\times55.9\times\frac{24.4+5}{24.4}=192904.5kJ/h。$$

$$\Delta Q=\Delta Q_1+\Delta Q_2=193460.3+192904.5=386364.8kJ/h$$

实际设计时可按此 ΔQ 值乘以 1.1～1.2 的系数。

（可对比【例题 15-9-1】,【例题 15-9-2】的计算结果，看到有较大差别，【例题 15-9-1】若不各附加 5℃，则总热负荷 $Q=485760kJ/h$）。

在计算中，定压比热容 c_p 都按节流前后的平均温度取值。计算时可通过设不同的 ΔT_1 及 p_x 试算得到 $T_x\approx T_e$ 及 $\Delta T_1\approx\Delta T_2$ 时即可。

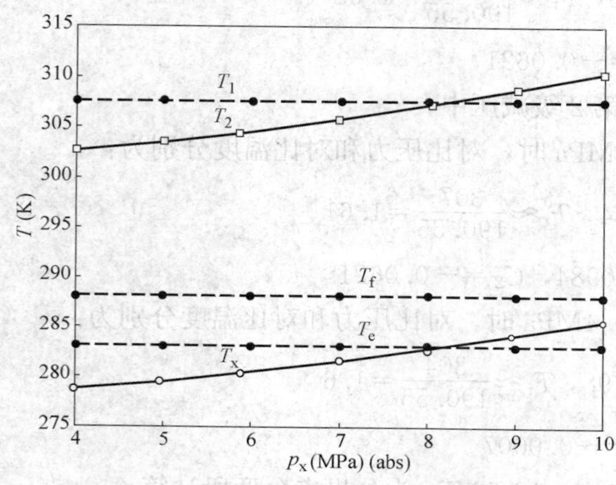

图 15-9-5　供气调压的热力参数关系

对储配站加热、调压过程的设计和运行需考虑：

① 第 1 级与第 2 级的加热温升基本相同；

② 任何一级调压后天然气温度要高于空气露点；

③ 当燃气管网采用 PE 管时，经调压出站的天然气温度不高于 15℃；

④ 两级调压的级间压力 p_x 可在一定的范围内选择，从图 15-9-5 中可看到这一规律。

2. 换热器选择

工程中常用的换热器一般为水浴管壳式换热器。水浴管壳式换热器换热介质为热水，热水充满换热器壳体，加热壳体内布置的管束，被加热的天然气在壳体内的管束中流过。根据提供热源的方式不同，压缩天然气换热器又分为电加热式水浴换热器和锅炉供热水水浴式换热器。电加热式水浴换热器一般为盘管水浴式结构，利用电源加热换热器壳体内的热水介质，然后给管束内的天然气加热。锅炉供热水水浴式换热器通过锅炉提供热水，热水换热器壳内循环流动，加热壳体内的管束天然气。根据热负荷的大小选择电加热式水浴换热器和锅炉供热水水浴式换热器，一般供气规模不大于 2000m^3/h 的供气站采用电加热式水浴换热器。

3. 换热器技术参数

① 换热器壳体设计压力常压，管程设计压力：≥25MPa。

② 换热器的天然气入口温度：−20～10℃，天然气出口温度：50～65℃ ；

③ 天然气工作压力：0.6～25.0MPa。

④ 换热器设有水温水位现场显示和远传仪表，控制系统根据水温和水位自动控制电

加热器/锅炉的启停。

⑤ 换热器的换热能力不应小于计算换热量的1.25倍。

15.9.8.2 加臭装置

减压橇内设置加臭装置，形式一般采用泵给式，自动加臭装置与流量计联动。加臭泵采用防爆型，防爆等级不低于BT4级。加臭泵的工作压力与二级调压后压力一致。

15.9.8.3 调压器

减压橇的两级调压器均采用自力式调压器。调压器的稳压精度一般为±10%，关闭压力等级：±15%。一级调压器的进口压力20MPa，出口压力1.6～3.0MPa，二级调压器进口压力为一级调压器出口压力，二级调压器出口压力可为中压，也可为次高压。

15.9.8.4 高压过滤器

过滤器能有效地将天然气中的脏物、尘土、管垢和其他固体杂质滤出。为保护橇内计量、调压设备，气体进橇调压计量前，先经过过滤器过滤杂质。过滤器工作压力为20MPa，过滤组件耐介质腐蚀、抗冲刷、易于清洁；过滤效率：≥99%；过滤精度：50μm；过滤组件在新的状态及最高流量下最大允许压力降为：0.015MPa；单台额定流量：在最低工作压力时满足减压橇的设计流量。

15.9.8.5 流量计

减压橇内的流量计与一般调压站流量计选用要求相同，见本手册第8章。

15.9.9 液压增压橇

对于压缩天然气汽车液压平推加气子站，液压增压橇是站内的核心设备。按照液压增压橇的排气能力进行划分，目前液压增压橇主要有2000型和1000型，排气量分别为2000m³/h和1000m³/h。2000型液压增压橇配置2台37kW电机，可以根据站内加气车辆情况，有选择的开一台电机还是两台同时开启，以满足汽车加气速度的需求。液压平推加气子站一般只配置一套液压增压橇。

1. 液压增压橇基本技术参数

设计应提出液压增压橇的基本技术参数要求。具体详见表15-9-12。

液压增压橇基本技术参数 表15-9-12

序号	项目	技术参数		备注
		1000型	2000型	
1	压缩介质	压缩天然气	压缩天然气	
2	工作压力(MPa)	20	20	
3	排气量(m³/h)	1000	2000	
4	电机功率(kW)	≤37(主电机)	≤74(主电机)	
5	系统总功率(kW)	≤55(含加热)	≤95(含加热)	
6	高压气出口(mm)			同站内配管管径
7	排气温度(℃)	环境温度	环境温度	
8	适应环境温度(℃)	-40～+50℃	-40～+50℃	
9	取气率(%)	≥95	≥95	
10	卸气后钢瓶余压(MPa)	≤1	≤1	

续表

序号	项　目	技术参数		备注
		1000 型	2000 型	
11	设备噪声(dB(A))	≤75	≤75	设备隔声罩 1m 处
12	成品气含油(ppm)	≤10	≤10	
13	正常情况下液压油损耗(L/10000m³)	≤0.3	≤0.3	
14	含尘粒径(μm)	≤5	≤5	
15	控制方式	PLC 可编程自动控制	PLC 可编程自动控制	
16	防爆等级	dIIBT4	dIIBT4	
17	冷却方式	强制风冷	强制风冷	
18	液压油加热系统	配带	配带	

2. 液压增压橇配备

① 液压增压橇主要由壳体、增压介质油系统、卸气系统、仪表风系统、PLC 控制系统和浓度报警系统等。

② 液压增压橇壳体采用阻燃、吸声、隔声材料制成。

③ 壳体内设有强制排风装置、防爆接线箱、防爆照明灯、介质油储罐和压缩天然气过滤装置等均设置于橇体内。

④ 增压介质油系统配置吸油过滤器、高压油泵、压力控制阀、卸载阀、高压阀门及管件等组成。

⑤ 介质油不应为甲类或乙类可燃液体，液体的操作温度应低于液体的闪点至少 5℃。介质油不能与压缩天然气相溶或者发生化学反应，同时介质油应为无毒液体。

⑥ 液压增压橇卸气系统主要由注/回油软管、压缩天然气快接管路、顶升软管、控制气管路、安全阀、排气过滤器以及高压阀门和高压管件等组成；

⑦ 与气瓶车连接的软管端头安装快装接头，便于液压增压橇与气瓶车快速连通；

⑧ 液压增压橇压缩天然气出口设置过滤器，过滤精度 5μm。

⑨ 油管路、气管路和缓冲罐上均设置安全阀。

⑩ 仪表风系统主要包括空压机、过滤器和深度脱水设备等，环境温度应不低于 5℃，一般安装在加气子站控制室内；仪表风气源系统工艺参数：

仪表风气源压力：0.65～0.8MPa；排量：≥0.1m³/min；含水露点：－40℃；含尘粒径：≤1μm；含油：≤1mg/m³。

3. 液压增压橇控制系统功能

① 实时显示设备的压力、温度、电机电流等参数和设备注、回油等工作状态，并可通过控制自动阀开闭进行卸气和回油控制；

② 橇体设置紧急切断按钮（ESD），当紧急切断按钮激活后应能够自动切断动力源，使设备安全停机。

③ 能够实现气路和液压油系统压力超压报警和停机。

④ 液压油液位过低和过高报警和停机。

⑤ 液压增压橇软启动故障报警和停机。

⑥ 液压油温度超高报警和停机。

⑦ 电机温度超高报警和停机。

⑧ 注油时间超长报警和停机。

⑨ 回油时间不足报警。

⑩ 换车超时报警。

⑪ 进油、回油过滤器前后压差过高报警停机。

15.10 管道管材、管件与阀件

15.10.1 管 道

1. 管材选择

(1) 天然气管道管材选择

天然气管道根据管道的设计压力确定采用的管材：当设计压力大于 4MPa 时，可选用《石油天然气工业 管线输送系统用钢管》GB/T 9711 有关规定的钢管；当设计压力小于 4MPa 可采用 20 号无缝钢管，其技术性能符合现行国家标准《流体输送用无缝钢管》GB/T 8163 的有关规定；当设计压力不大于 0.4MPa 时，也可采用技术性能符合现行国家标准《低压流体输送用焊接钢管》GB/T 3091 有关规定的钢管。

(2) 压缩天然气管道管材选择

压缩天然气管道设计压力 27.5MPa，工程设计中常选用材质为 316S 或 304S 不锈钢无缝钢管，其技术性能符合现行国家标准《流体输送用不锈钢无缝钢管》GB/T 14976 的规定；也可选用现行国家标准《高压锅炉用无缝钢管》GB/T 5310 或者《高压化肥设备用无缝钢管》GB 6479 规定的钢管。

(3) 排污管、放空管

站内天然气压缩前的排污系统管道和放空系统管道选用材质和标准与进站天然气管道的要求一致。压缩后的排污系统管道和放空系统管道及放散立管均采用 20 号无缝钢管，其技术性能符合现行国家标准《流体输送用不锈钢无缝钢管》GB/T 1497 的有关规定。

2. 管径

管径计算公式：

$$D=(4Q/\pi v)^{0.5} \tag{15-10-1}$$

式中 Q——工作状态流体流量，m^3/s；

v——流体流速，天然气管道流速一般取 15～20m/s，压缩天然气管道流速一般取 5～10m/s。

3. 管道壁厚

管道壁厚根据计算公式：

$$\delta=pD/(2\sigma\varphi-p)+C_1+C_2 \tag{15-10-2}$$

式中 δ——钢管计算壁厚，mm；

p——设计压力，MPa；

σ——管材屈服极限，MPa；

φ——焊缝系数，无缝钢管取 1；

D——钢管内径，mm；

C_1——钢管负偏差，mm；（根据管道制作标准允许的负偏差选取）

C_2——钢管腐蚀裕量，mm；（不锈钢管可不考虑，无缝钢管取 0.5）

钢管选取的壁厚不得小于钢管计算壁厚，且不得小于《工业金属管道设计规范》GB 50316 2008 版规定的最小壁厚。

15.10.2　阀　　门

天然气管道阀门、放散系统根阀均采用球阀。阀体材质根据阀门的公称压力确定：当阀门公称压力大于等于 4MPa 时，选用锻钢；当阀门公称压力小于等于 2.5MPa 时，可选用碳钢；连接方式：直径小于等于 $DN32$ 的球阀采用螺纹连接，直径大于 $DN32$ 的球阀采用法兰连接。压缩天然气管道阀门采用高压对焊锻制球阀，材质为 316S 不锈钢。

排污阀门采用截止阀。直径小于等于 $DN32$ 的截止阀采用螺纹连接，直径大于 $DN32$ 的截止阀采用法兰连接。

超压放散安全阀采用全启式封闭安全阀。压缩天然气安全阀选用材质为 316S 的不锈钢锻制阀门，连接方式为带球头短接的对焊连接；低压安全阀采用碳钢阀门，连接方式采用法兰连接。

压力表根阀采用带放散的三通针型阀。压缩天然气管道上的压力表根阀采用不锈钢 316S 锻制阀门，连接方式一般采用锥管螺纹连接，也可采用双卡套连接或对焊连接；天然气管道上的压力表根阀采用碳钢或锻钢阀门，连接方式采用螺纹连接。

15.10.3　法　　兰

阀门、设备法兰均采用带颈对焊法兰，法兰密封面为突面，法兰公称压力等级与设备、阀门公称压力等级对应。法兰材料采用锻件Ⅱ级，材质同母管材质。法兰尺寸系列为 B 系列。法兰制作满足现行标准《钢制管法兰、垫片、紧固件》HG/T 20592～20635 的要求。

法兰垫片应满足法兰接头在工作条件下的密封性能。法兰垫片一般采用带内环和对中环形金属缠绕垫片，垫片尺寸系列为 B 系列。垫片制作满足现行标准《钢制管法兰、垫片、紧固件》HG/T 20592～20635 的规定。

法兰紧固件采用全螺纹螺栓和Ⅱ型六角螺母，螺栓材质为 35CrMo 钢，螺母材质为 30CrMo 钢。螺栓螺母的制作满足《钢制管法兰、垫片、紧固件》HG/T 20592～20635 的规定。

15.10.4　管　　件

压缩天然气管道系统的连接管件选用高压不锈钢锻制管件，管件材质同母管材质，采用对焊连接，管件制作标准满足《钢制对焊管件 类型与参数》GB/T 12459 的相关规定。如果高压不锈钢管件采用进口管件，制作要求应满足 ASME 相关标准的规定；

根据《工业金属管道设计规范》GB 50316（2008 年版）规定，外径小于 25mm 弯管可采用现场制作的弯管。弯管制作应满足《工业金属管道设计规范》GB 50316（2008 版）的规定。

外径大于等于 25mm 的高压不锈钢弯头采用锻制成品弯头。外径大于 25mm 的碳钢或合金钢弯头可采用冲压弯头。

15.11 设备与管道安装

① 设备布置和安装应满足规范规定的距离要求外，还应考虑维护维修空间。

② 设备安装应满足设备厂商提出的设备安装要求；

③ 设备吊装前，应确认设备与基础尺寸的一致性，确定设备的正确方位；

④ 设备安装后，应确保设备静电接地良好；

⑤ 压缩机设备安装的其他要求：

A. 压缩机宜按独立机组配置进、出气管道及阀门、旁通、冷却器、安全放散、供油、供水等设施。

B. 压缩机进、出气管道宜采用直埋或管沟敷设，并宜采用减振降噪措施。压缩机房内的压缩机进出气管道应采用管沟敷设，管沟内应填满沙。

C. 压缩机应单排布置，压缩机之间净距不应小于 1.5m；采用隔声罩的压缩机，还应考虑隔声罩门开闭空间和维修维护空间。

D. 置于压缩机房内的压缩机与墙壁之间净距不应小于 1.5m，重要通道的宽度不应小于 2m。

E. 压缩机紧急停车启动装置应设在机组近旁。

⑥ 管道布置和安装应符合下列要求：

A. 管道布置设计应符合管道及仪表流程图的要求；

B. 管道布置统筹规划，做到安全可靠、经济合理、满足施工、操作要求。维护等方面的要求，并力求整齐美观；

C. 在确定进出装置的管道方位与敷设方式时，应做到内外协调统一，前后工作单元管线标高、管线标号一致；

D. 管道集中成排布置时，应不妨碍设备、装置等内部构件的安装、检修和操作等；

E. 管道除阀门、设备等需要用法兰和螺栓连接外，其余均应采用焊接或卡套连接；

F. 在易产生振动的管道和转弯处，应采用弯曲半径不小于 1.5 倍公称直径的弯头；

G. 管道穿越建筑物时，应加套管，套管与管道之间空隙应密封；

H. 高压管道布置时，应避免法兰、螺纹、密封等造成泄漏对人体和设备的危害，压缩机和加气柱应设安全防护；

I. 由于站内设备较多，为操作方便，一般站内硬化路面下的管道采用管沟敷设，工艺装置区的工艺管道采用直埋和低架空敷设；

J. 管沟内管道由钢支架固定，每隔 2m 设一支架，在有弯头及三通处应增设支架，支架距管沟沟底 0.2m；

K. 直埋敷设的管道，管顶覆土深度不小于 0.8m；

L. 低架敷设的管道，管底与地面净距不应小于 0.3m。

15.12 压缩天然气输配站公用工程

15.12.1 土 建

① 压缩天然气加气站、储配站内主要建（构）筑物的设计使用年限不应小于50年。

② 压缩天然气输配站内生产厂房、站房及附属建筑物的耐火等级不应低于现行国家标准《建筑设计防火规范》GB 50016（2018版）中耐火等级二级的有关规定。当罩棚顶棚的承重构件为钢结构时，其耐火极限可为0.25h，顶棚其他部分不得采用燃烧体建造。

③ 压缩天然气输配站内甲、乙类生产厂房、有爆炸危险的建筑物，应按《建筑设计防火规范》GB 50016（2018版）的有关规定，采用泄压措施，门窗应向外开，爆炸危险区域内的房间应采用不发火花地面。

④ 天然气压缩机室宜为单层建筑，净高不宜低于4.0m。当压缩机的控制室毗邻压缩机室设置时，控制室门窗应位于爆炸危险区范围外，控制室与压缩机室之间应采用无门窗洞口的防火墙分隔。当必须在防火墙上开窗用于观察设备运转时，应设置非燃烧材料密闭隔声的固定甲级防火窗。

⑤ 站内不应建地下和半地下室。位于爆炸危险区域内的操作井、排水井应采取防渗漏和防火花发生的措施。

⑥ 压缩天然气设备的罩棚应采用避免天然气积聚的结构形式。

⑦ 对于压缩天然气汽车加气站，站房的一部分位于加气作业区内时，该站房的建筑面积不宜超过300m²，且该站房内不得有明火设备。

⑧ 压缩天然气输配站内的控制室设计应符合现行行业标准《控制室设计规范》HG/T 20508的有关规定。

15.12.2 供暖通风

① 输配站内的各类房间应根据站场环境、生产工艺特点和运行管理需要进行采暖设计。供暖通风设计应符合现行国家标准《工业建筑供暖通风与空气调节设计规范》GB 50019的有关规定。

② 压缩天然气供应站内具有爆炸危险的封闭式建筑物应采取通风措施。工作通风的换气次数不应少于6次/h，事故通风的换气次数不应少于12次/h。

③ 压缩天然气汽车加气站内，爆炸危险区域内的房间或箱体应采取通风措施：当采用强制通风时，工作通风的换气次数不小于12次/h，非工作期间的换气次数不小于5次/h；采用自然通风时，通风口总面积不应小于300cm²/m²（地面），通风口不应少于2个，且应靠近可燃气体积聚的部位设置。

④ 压缩天然气输配站防爆区内的通风设备应防爆，并与可燃气体浓度报警器连锁。

⑤ 压缩天然气供应站内天然气加热装置用供热管道的设计应符合现行国家标准《工业金属管道设计规范》GB 50316的有关规定。当属于压力管道时，尚应符合现行国家标准《压力管道规范 工业管道》GB/T 20801及有关安全技术的规定。

⑥ 站内属于压力容器的供热设备的设计应符合现行国家标准《压力容器［合订本］》

GB 150.1～150.4 和《热交换器》GB/T 151 及有关安全技术的规定。

15.12.3 消防与给排水

1. 消防

① 压缩天然气汽车加气站可不设消防给水系统；压缩天然气加气站、压缩天然气汽车加气母站和压缩天然气储配站在同一时间内的火灾次数应按 1 次考虑，室外消防用水量按照储气井、固定储气瓶组及固定车位气瓶车的一起火灾灭火消防用水量确定。站区消防用水量不应小于《压缩天然气供应站设计规范》GB 51102 的规定。

② 当设置消防水池时，消防水池的容量应按火灾延续时间不小于 3h 计算确定。当消防水池采用两路供水且在火灾情况下连续补水满足消防要求时，消防水池的有效容积可减去火灾延续时间内补充的水量，但消防水池的有效容积不应小于 $100m^3$；当仅设有消火栓系统时，不应小于 $50m^3$。

③ 采用消防系统的压缩天然气输配站，消防给水管网应采用环形管网，给水干管不应小于两条，当其中一条发生故障时，其余的进水管应能满足消防用水总量的供给要求。寒冷地区的消防给水管网应采取防冻措施。

④ 站内室外消火栓宜选用地上式消火栓。

⑤ 压缩天然气汽车加气站内，每 2 台加气机应配置不少于 2 具 4kg 手提式干粉灭火器，加气机不足 2 台应按 2 台配置；CNG 储气设施应配置 2 台不小于 35kg 推车式干粉灭火器；压缩机操作间（棚）应按照建筑面积每 $50m^2$ 配置不少于 2 具 4kg 手提式干粉灭火器。

⑥ 压缩天然气供应站内应根据储气规模配置干粉灭火器，每 25 个储气井配置 8kg 干粉灭火器的数量不得少于 2 个；工艺装置区配置 8kg 干粉灭火器的数量不得少于 2 个；加气柱、卸气柱配置 8kg 干粉灭火器的数量不得少于 2 个。

⑦ 建筑物灭火器的配置应符合现行国家标准《建筑灭火器配置设计规范》GB 50140 的有关规定。

2. 给水排水

① 站内水冷式压缩机的冷却系统设计应符合压缩机对水量、水压、水温、水质的要求，且宜循环使用。

② 生产生活用水量应按照生产用水量、生活用水量、浇洒及绿化用水量之和计算。用水指标应根据生产设备要求和现行国家标准《建筑给水排水设计规范》GB 50015（2009 年版）的有关规定确定。

③ 站内雨水和污水应分流。雨水可散排，当采用明沟排放时，出站前，应设置水封装置，含油污水不应直接进入排水管道。

④ 排出站外的污水应符合国家现行标准《污水综合排放标准》GB 8978 有关规定。

15.12.4 电　　气

① 可间断供气的压缩天然气输配站生产用电、生活用电的供电系统的供电负荷等级可为三级。站内消防用电和自控系统用电的供电系统的供电负荷等级为二级。

② 不可间断供气的压缩天然气输配站生产用电、消防用电和自控用电等供电系统的

供电负荷等级为二级。

③ 爆炸危险区域内的电气设备选型、安装、电力线路敷设等应符合现行国家标准《爆炸危险环境电力装置设计规范》GB 50058 的有关规定。

④ 站内配电电缆应采用阻燃型，控制电缆宜采用阻燃型；消防系统的配电和控制电缆宜采用耐火型。

⑤ 电力线路宜直埋。当采用电缆沟敷设时，电缆不得与油、气、热管道同沟敷设，电缆沟内必须充沙填实。爆炸危险区域0区和1区的电缆一般选用耐火电缆，其他场所一般选用阻燃电缆。

⑥ 站内建筑物照明设计应符合现行国家标准《建筑照明设计标准》GB 50034 的有关规定。站内消防泵房、变配电室、控制室、加气柱及卸气柱等生产区域和重要办公区域应设置应急照明，应急照明和疏散指示标志的设置应符合现行国家标准《建筑设计防火规范》GB 50016 2018 版的有关规定。

15.12.5　防雷防静电

① 压缩天然气输配站内压缩天然气气瓶车停放场地，应设两处临时用固定防雷接地装置。

② 站内生产区罩棚、有封闭外壳的橇装工艺设备和压缩机间、调压计量室等有爆炸危险的生产厂房应有防雷接地设施。

③ 站内建筑物防雷装置的接地（独立接闪装置的接地装置除外）、防静电接地、电气和电子信息系统接地等应共用接地装置，接地电阻应取其中最小值，且不宜大于4Ω。单独设置的工艺装置，接地电阻不宜大于10Ω。地上或管沟符合的金属管道始末端应做接地连接，接地电阻不宜大于10Ω。

④ 站内爆炸危险区域内的所有钢制法兰及金属管道上非良好导电性连接管道的两端应采用金属导体跨接。

15.12.6　自　　控

① 站内应设置自控系统，压缩天然气供应站的自控系统宜作为燃气输配数据采集监控系统的远端站。自控系统应包括工艺过程控制系统、可燃气体检测报警系统和紧急切断系统。

② 根据工艺控制要求，应能实现全站紧急切断。紧急切断系统应只能手动复位。

③ 在生产、使用可燃气体的场所和有可燃气体产生的场所应设置可燃气体探测报警系统，并应符合国家现行标准《城镇燃气报警控制系统技术规程》CJJ/T 146 和《石油化工可燃气体和有毒气体检测报警设计规范》GB 50493 的有关规定。

15.13　本章有关的标准规范

《天然气》GB 17820。

《车用压缩天然气》GB 18047。

《压缩天然气供应站设计规范》GB 51102。

《汽车加油加气站设计与施工规范》GB 50156（2014 年版）。
《城镇燃气设计规范》GB 50028。
《建筑设计防火规范》GB 50016（2018 版）。
《石油天然气工程设计防火规范》GB 50183。
《石油天然气工程总图设计规范》SY/T 0048。
《城镇燃气规划规范》GB/T 51098。
《建筑抗震设计规范》GB 50011。
《城镇燃气加臭技术规程》CJJ/T 148。
《工业金属管道设计规范》GB 50316。
《输送流体用无缝钢管》GB/T 8163。
《输送流体用不锈钢无缝钢管》GB/T 14976。
《高压气地下储气井》SY/T 6535。
《站用压缩天然气钢瓶》GB 19158。
《汽车用压缩天然气钢瓶》GB 17258。
《车用压缩天然气钢制内胆环向缠绕气瓶》GB 24160。
《压力容器［合订本］》GB 150.1～150.4
《室外给排水和煤气热力工程抗震设计规范》GB 50032
《建筑物防雷设计规范》GB 50057
《建筑灭火器配置设计规范》GB 50140
《建筑给水排水设计规范》GB 50015
《供配电系统设计规范》GB 50052
《爆炸危险环境电力装置设计规范》GB 50058
《石油化工可燃气体和有毒气体检测报警设计规范》GB 50493
《城镇燃气报警控制系统技术规程》CJJ/T 146
《城镇燃气标志标准》CJJ/T 153

参考文献

［1］ 严铭卿，廉乐明等．天然气输配工程［M］．北京：中国建筑工业出版社，2005.
［2］ 严铭卿等．燃气输配工程分析［M］．北京：石油工业出版社，2007.
［3］ 压缩空气站设计手册［M］．北京：机械工业出版社，1993.
［4］ 郁永章等，天然气汽车加气站设备与运行［M］．北京：中国石化出版社，2006.
［5］ 樊宝德，朱焕勤．加油加气站设计与技术管理．北京：中国石化出版社，2009.
［6］ 严铭卿，压缩天然气储气分区原理［J］．煤气与热力，2005（12）：6-9.
［7］ 严铭卿．压缩天然气供气调压热力学原理与参数［J］．煤气与热力，2006（10）：11-15.
［8］ 严铭卿，宓亢琪等．燃气输配工程学［M］．北京：中国建筑工业出版社，2014.

第 16 章　液化天然气运输与储存

16.1　概　述

LNG 是以甲烷为主要组分的烃类混合物，通常还包含少量的乙烷、丙烷、氮等其他组分。气化后天然气的爆炸极限体积浓度约为 5%～15%。

一般情况下，LNG 中甲烷的含量应高于 75%，氮的含量应低于 5%。

① LNG 的密度取决于其组分，通常在 430～470kg/m^3 之间，但某些情况下可高达 520kg/m^3。密度还是液体温度的函数，其变化梯度约为 1.35kg/(m^3·℃)。

② LNG 的沸腾温度取决于其组分，在大气压力下通常在－166～－157℃之间。沸腾

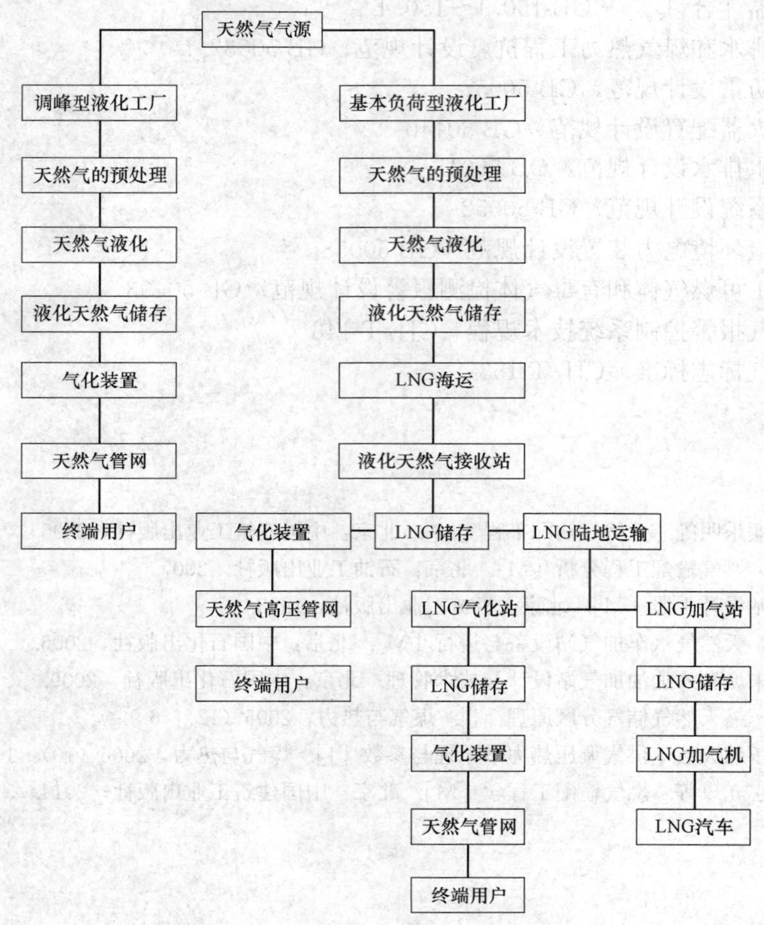

图 16-1-1　液化天然气产业链

温度随蒸气压力的变化梯度约为 1.25×10⁻⁴℃/Pa。

液化天然气（LNG）从生产到供给终端用户是一个完整的系统——LNG 产业链。

在产业链中主要包括天然气液化、运输、LNG 接收站、调峰站以及 LNG 气化站等环节。

液化天然气产业链如图 16-1-1 所示。

16.2 液化天然气储存

16.2.1 LNG 储存特性

1. LNG 蒸发气（BOG）

（1）蒸发气的物理性质

LNG 作为一种沸腾液体大量存放在绝热储罐中，任何传导至储罐中的热量均将导致蒸发气的产生。当 LNG 蒸发时，氮和甲烷首先从液体中气化出来，这些气体不论温度低于−113℃的纯甲烷，还是温度低于−85℃含 20%氮的甲烷，它们都比周围的空气重。在标准条件下，其密度约是空气密度的 0.6 倍。

单位体积的 LNG 液体生成的气体体积（即气液比）约为 600 倍，具体的数据取决于 LNG 的组分。

（2）闪蒸

当 LNG 已有的压力降至其沸点压力以下时，部分液体产生蒸发，液体温度将降到此时压力下的新沸点。LNG 闪蒸气体的组分和剩余液体的组分不一样。

精确计算 LNG 闪蒸所产生的气体数量和组分是比较复杂的。可以采用有效的热力学或装置模拟软件，结合适当的数据库进行闪蒸计算。

2. 翻滚现象

LNG 是一种液态烃类混合物，因不同组分和温度造成 LNG 密度不同。

在储存 LNG 的储罐中可能存在两个稳定的分层，这是由于新注入的 LNG 与储罐底部储存的 LNG 混合不充分造成的。在每个分层内部液体密度是均匀的，但是底部液体的密度大于上层液体的密度。

之后，由于热量输入到储罐中而产生层间的传热、传质及液体表面的蒸发，层间的密度将达到均衡并且最终混为一体，这种自发的混合称之为翻滚，而且与经常出现的情况一样，如果底部液体的温度过高，翻滚将伴随着蒸汽逸出的增加，有时这种增加速度快且量大，将引起储罐超压。

为防止翻滚现象的发生，应根据 LNG 来源和密度不同，决定储罐进液方式。长期储存时应定期进行倒罐循环作业。

3. 快速相变现象

两种温差极大的液体接触时，若热液体温度（单位为 K）比冷液体沸点温度高 1.1 倍，则冷液体温度上升极快，表面层温度超过自发成核温度（当液体中出现气泡时），在某些情况下，过热液体将通过复杂的链式机制在短时间内蒸发，而且以爆炸的速率产生蒸气，出现快速相变现象。

当LNG与水接触时，这种称为快速相变（RPT）的现象就会发生。尽管不发生燃烧，但是这种现象具有爆炸的所有其他特征。LNG洒到水面上而引发的RPT是罕见的，而且影响也有限。

16.2.2 LNG储罐类型

在液化天然气液化工厂、接收站、调峰站、气化站以及LNG的运输中，根据工艺要求均需要设置一定数量的储罐，用于储存液化天然气。

液化天然气储罐一般按储罐的单罐容积、绝热方式以及储罐形状、储罐储存压力以及储罐的围护结构等方式进行分类。

1. 按单罐容积分类

（1）小型储罐

单罐容积一般在5～45m³。常用于LNG加气站、小型LNG气化站或橇装气化装置、LNG运输槽车中。

（2）中型储罐

单罐容积一般在50～150m³，用于常规LNG气化站中。

（3）大型储罐

单罐容积一般在200～5000m³，常用于较大的工业用户、城市燃气或电厂LNG气化站中，也常用于小型LNG液化工厂。

（4）特大型储罐

单罐容积一般在10000～40000m³，常用于基荷型或调峰型LNG液化装置中。

（5）超大型储罐

单罐容积一般在40000m³以上，常用于LNG接收站、调峰站中。

2. 按储罐夹层的绝热方式分类

（1）真空型粉末或纤维绝热储罐

常用于LNG运输槽车、中小型LNG储罐。

（2）包装绝热储罐

广泛应用于大型、特大或超大型LNG储罐中。

（3）高真空多层绝热

很少采用，限用于小型LNG储罐中，如LNG汽车车载钢瓶。

3. 按储罐的形状分类

（1）球形罐

一般用于中小容积的储罐。

（2）圆柱形罐

应用非常广泛。

4. 按储罐储存压力分类

（1）压力储罐

储存压力一般在0.4MPa以上，一般包括圆柱型储罐以及子母储罐、球形储罐以及LNG钢瓶等。

(2) 常压储罐

一般储存相对压力在 $n\times(10\sim100)$Pa 不等。

5. 常压储罐按储罐的围护结构分类

(1) 单容罐。指单壁储罐或者由内罐和外部容器组成的储罐，但只有内罐的设计和建造满足其储存低温液体产品的低温延展性要求。

(2) 双容罐。在设计和建造上使其内罐和外罐都能单独容纳所储存的低温液体产品的双层储罐。在正常工作条件下，低温液体产品储存在内罐中。当内罐中有液体泄漏时，外罐或罐墙可用来容纳这些泄漏出的低温液体产品，但不能用来容纳因液体泄漏而产生的蒸发气。

(3) 全容罐。内罐和外罐都能单独容纳所储存的低温液体产品的双层储罐。在正常工作条件下，内罐储存低温液体产品。外罐支撑罐顶。外罐既能够容纳低温液体产品，也能够容纳因液体泄漏而产生的蒸发气。

(4) 薄膜罐。由金属薄膜内罐、绝热层及混凝土外罐共同形成的复合结构的储罐。金属薄膜内罐为非自支撑式结构，用于储存液化天然气，其液相荷载和其他施加在金属薄膜上的荷载通过可承受荷载的绝热层全部传递到混凝土外罐上，其气相压力由储罐的顶部承受。

(5) 地下式储罐。地下式储罐通常采用圆柱结构设计，其大部分位于地下。地下式储罐由罐体、罐顶、薄膜内罐、绝热层、加热设备等组成。

16.2.3 中小型压力 LNG 储罐

目前，LNG 储罐常用的结构有以下几种：立式 LNG 储罐、卧式 LNG 储罐、立式 LNG 子母罐以及常压储罐。

部分常用的 LNG 储罐见表 16-2-1。

LNG 储罐参数表 **表 16-2-1**

公称容积 (m^3)	全容积 (m^3)	最大充装系数	外壳直径 (mm)	内容器直径(mm)	总高(总长) (mm)	报警高度①(mm)				形式
						高报	低报	高高报	低低报	
50	52.60	0.95	2500	2000	12725	9890	1200	10455	725	立式
50	52.60	0.95	2500	2000	12680	2110	380	2250	240	卧式
100	105.30	0.95	3500	3000	16983	13690	1660	14440	960	立式
100	111.12	0.90	3500	3000	16985	2530	490	2700	300	卧式
150	157.90	0.95	4000	3500	22185	17990	2130	18923	1200	立式
200	210.60	0.95	4000	3500	24530	20040	2370	21080	1320	立式

① 报警高度仅为参考值，实际设防高度应根据储罐制造厂家提供的准确资料确定。

1. 立式 LNG 储罐

100m^3 立式储罐的结构示意图如图 16-2-1 所示。其技术特性见表 16-2-2。

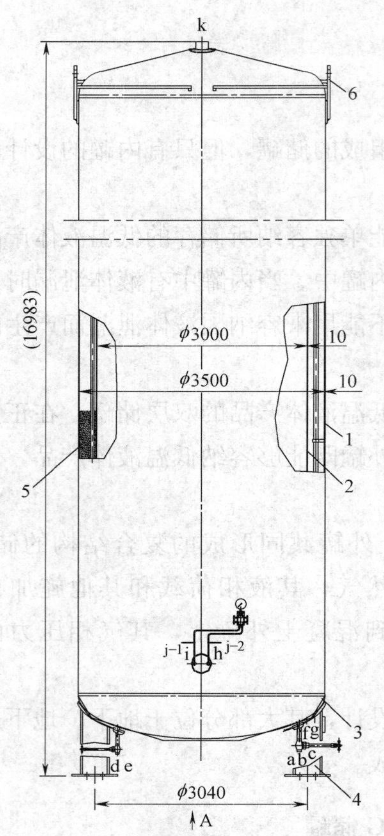

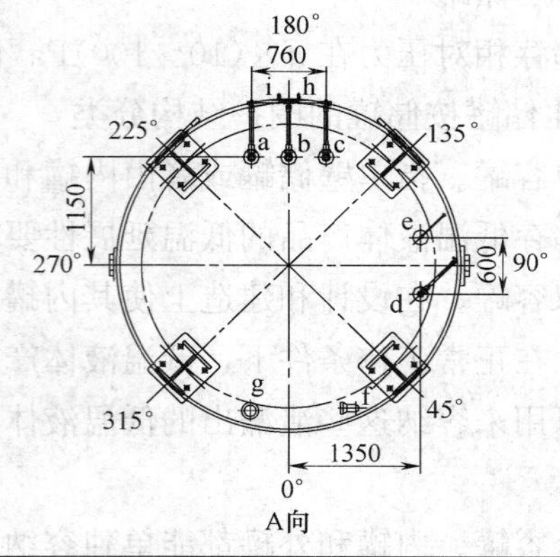

管口表

符号	公称规格	用途或名称	管子尺寸	伸出长度
a	*DN*50	出液口	ϕ57×3.5	200
b	*DN*50	底部进液口	ϕ57×3.5	200
c	*DN*50	顶部进液口	ϕ57×3.5	200
d	*DN*40	气相口	ϕ45×3	200
e	*DN*15	溢流口	ϕ18×2	200
f	*DN*50	抽真空口	—	—
g	1/8″NPT	测真空口	—	—
h	*DN*10	液位计液相口	ϕ14×2	—
i	*DN*10	液位计气相口	ϕ14×2	—
k	ϕ127	防爆口	—	—

图 16-2-1　100m³ 立式 LNG 储罐结构示意图

1—外壳；2—内容器；3—封头；4—支腿；5—珠光砂；6—吊耳

0.6MPa 100m³ 立式 LNG 储罐技术特性　　**表 16-2-2**

技　术　参　数

—	内容器	外壳	—	内容器	外壳
工作压力(MPa)	≤0.60	真空	容器类别	三类	
设计压力(MPa)	0.66	−0.1	物料名称	LNG	膨胀珍珠岩
气压试验压力(MPa)	0.8	—	物料密度(kg/m³)	0.426×10³	50～60
工作温度(℃)	−162	环境温度	质量(kg) 空重	37380	
设计温度(℃)	−196	50	质量(kg) 充满后总重	79980	
全容积(m³)	105.3	46(夹层)	—		
主要受压元件材料	0Cr18Ni9	16MnR	—		
腐蚀裕度(mm)	0	1.0	—		
焊接接头系数 A类	1.0	0.85	充装系数	≤0.95	—
焊接接头系数 B类	1.0	0.85	绝热材料	膨胀珍珠岩	
安全阀开启压力(MPa)	0.64	—	油漆、包装及运输标准	JB/T 4711—2003	
爆破片爆破压力(MPa)	0.68	—	封结真空度≤5Pa		

部件	材料	标准号
内容器	0Cr18Ni9	GB/T 4237
外壳	16MnR	GB 713

2. 卧式 LNG 储罐

100m³ 卧式储罐的结构示意图如图 16-2-2 所示。其技术特性见表 16-2-3。

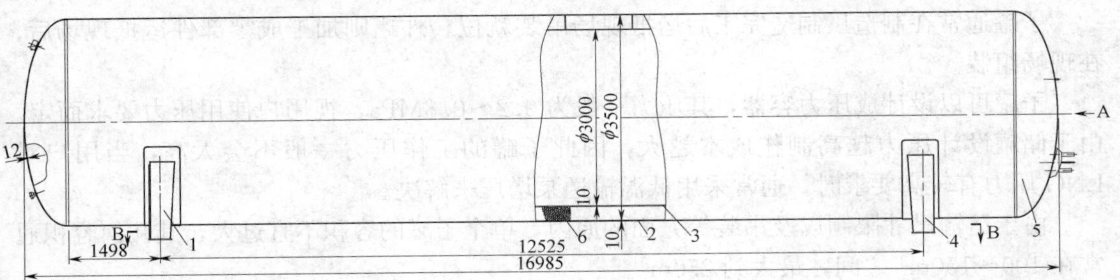

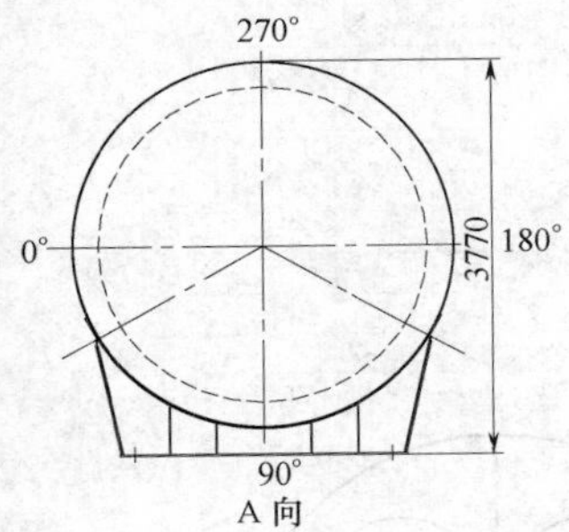

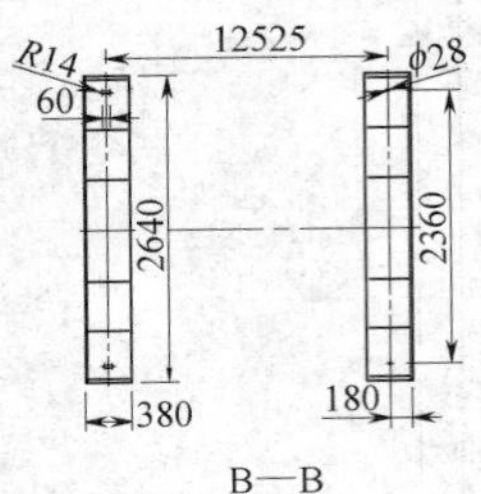

管口表

公称规格	用途或名称	管子尺寸	伸出长度
DN50	顶部充装口	φ57×3.5	200
DN50	底部充装口	φ57×3.5	200
DN50	排液口	φ57×3.5	200
DN10	液位计液相口	φ14×2	—
DN65	气体口	φ72×3	200
DN10	液位计气相口	φ14×2	—
DN15	溢流口	φ18×2	200
DN20	排液口	φ25×2.5	200
φ60	抽真空口	φ60	—
1/8″NPT	热电偶	1/8″NPT	—
φ127	防爆口	φ127	—

图 16-2-2 100m³ 卧式 LNG 储罐结构示意图

1—活动鞍座；2—内容器；3—外壳；4—固定鞍座；5—封头；6—珠光砂

0.6MPa 100m³ 卧式 LNG 储罐技术特性表 **表 16-2-3**

技术参数表					
—	内容器	外壳	—	内容器	外壳
工作压力(MPa)	0.6	真空	容器类别	三类	—
设计压力(MPa)	0.66	−0.1	物料名称	LNG	珍珠岩
计算压力(MPa)	0.76	−0.1	物料密度(kg/m³)	0.447×10³	50～60
气压试验压力(MPa)	0.76	—	质量(kg) 空重	38350	
工作温度(℃)	−162	环境温度	质量(kg) 充满后总重	83050	
设计温度(℃)	−196	50	主要受压元件材料	0Cr18Ni9	16MnR
全容积(m³)	111.12	47(夹层)	充装系数	0.9	—
设计数据					
腐蚀裕度(mm)	0	0	绝热材料	膨胀珍珠岩	
焊接接头系数 A类	1.0	0.85	油漆标准	JB/T 4711	
焊接接头系数 B类	1.0	0.85	—		
安全阀开启压力(MPa)	0.63	—	—		
爆破片爆破压力(MPa)	0.68	—	—		

3. LNG 子母式储罐

子母式储罐是指由多个子罐并联组成的内罐，以满足大容量储液的要求，多个子罐并列组装在一个大型外罐（即母罐）之中。绝热方式为粉末（珠光砂）堆积绝热。子罐的数量通常为 3～7 个，一般最多不超过 12 个。

子罐通常为立式圆筒形，主体材质为0Cr18Ni9不锈钢。外罐为立式平底拱盖圆筒形，材质为16MnR。由于外罐形状尺寸过大等原因不耐外压而无法抽真空，外罐为常压罐。夹层应充干氮气保护。外罐设置呼吸阀和防爆装置。

子罐通常在制造厂制造完工后运抵现场吊装就位，外罐则加工成零部件运抵现场后，在现场组装。

子罐可以设计成压力容器，其压力一般为0.2～0.8MPa，视用户使用压力要求而定。由于储罐设计压力越高制作成本越大，因此子罐的工作压力一般不会太高，当用户对LNG压力有较高要求时，通常采用低温输送泵增压来解决。

由于运输尺寸限制以及吊装等方面的原因，单个子罐的容积不宜过大，其几何容积通常在100～150m³之间，最大到250m³。

1000m³子母式储罐的结构示意图如图16-2-3所示。其技术特性见表16-2-4。

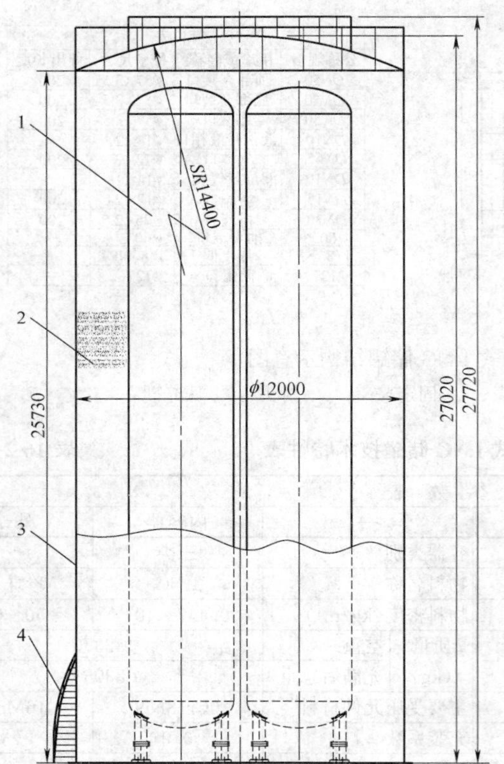

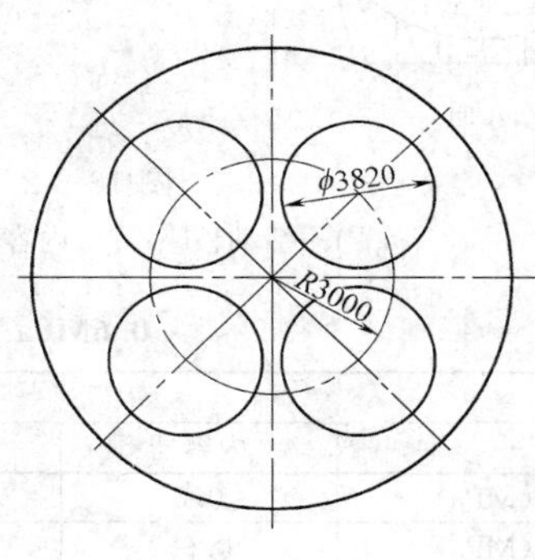

图16-2-3 1000m³ LNG子母式储罐的结构示意图

1—内罐；2—珠光砂；3—外壳；4—盘梯

1000m³ LNG子母式储罐技术特性表 **表16-2-4**

制造所遵循的规范及检验数据	设计参数	内罐	外壳
1.《压力容器[合订本]》GB 150.1～150.4	容器类别	三	常压
2.《固定式压力容器安全技术监察规程》TSG 21	设计压力(MPa)	0.63	1.2kPa
3.《钢制焊接常压容器》NB/T 47003.1	工作压力(MPa)	0.6	1.0kPa
4.《粉末普通绝热贮槽》JB/T 9077	设计温度(℃)	−196	−19

续表

制造所遵循的规范及检验数据			设计参数	内罐	外壳
5.《承压设备无损检测[合订本]》NB/T 47013.1～47013.13			工作温度(℃)	−162	≥−19
6.《低温液体贮运设备 使用安全规则》JB/T 6898			物料名称	LNG	珠光砂＋N_2(夹层)
7.《低温绝热压力容器试验方法 静态蒸发率测量》GB/T 18443.5			腐蚀裕度(mm)	0	1
	内槽	外槽	焊缝系数	1	0.8
气压试验压力(MPa)	0.725		焊缝探伤要求 NB/T 47013.1～47013.13	100%RT_{II}	10%RT_{III}
气密性试验压力	0.63MPa	1.5kPa	主要受压元件材料	0Cr18Ni9	16MnR
罐底焊缝致密性(真空度)(kPa)		27	全容积(m^3)	263.2×7	1980(夹层)
设计风速(m/s)		29	充装系数	0.95	
安全阀启跳压力(MPa)	0.63		设备净重(t)	～358	
地震烈度	7		充满液后总重量(t)	～828(密度按 0.47t/m^3)	

16.2.4 LNG 常压储罐

LNG 储罐按操作时的最高工作压力可划分为常压储罐和压力储罐。容量在 2000m^3 以上的储罐通常选用常压储罐，最高工作压力在 20kPa 左右，小型储罐多选用带压的 LNG 子母罐。

低温常压液化天然气储罐的设置方式及结构形式可分为地下储罐及地上储罐。地下储罐主要有埋置式和池内式；地上储罐根据国家规范《石油化工钢制低温储罐技术规范》GB/T 50938 LNG 常压储罐主要有球形罐、单容罐、双容罐、全容罐及膜式罐等多种形式。其中单容罐、双容罐及全容罐均为双层罐，即由内罐和外罐组成，在内罐和外罐间填有保冷材料。与单容罐相比双容罐的辅助容器则是在内容器外围设置的一层高度与罐壁相近，并与内容器分开的圆柱形混凝土防护墙（或不锈钢挡墙）。全容罐内壁为 9%镍钢（或 304 不锈钢），外壁为预应力混凝土或不锈钢。因此全容罐外壁不仅可防止罐内 LNG 泄漏时外溢，也起到了辅助容器的作用。

根据规范要求，双容罐达到《液化天然气（LNG）生产、储存和装运》GB/T 20368 的 5.2.4 规定的要求防护堤可为双壁罐外壳，但仍需要较大的安全防护距离。

这三种储罐各有优缺点，选择罐型时应综合考虑技术、经济、安全性能、占地面积、场址条件、建设周期及环境等因素。单容罐成本低廉，技术成熟，施工周期短，但其安全防护间距大，占地面积大；全容罐投资成本最高，施工周期长，但其防火间距小，安全可靠，内罐泄漏之后仍能维持 2～3 周 LNG 的存储，直到周转完储存的物料；双容罐造价介于单容罐与全容罐之间，较接近全容罐，安全间距大于全容罐。

16.2.4.1 单容罐

单容罐是常用的形式，分为单壁罐和双壁罐。出于安全和绝热考虑，单壁罐未在 LNG 中使用。双壁单容罐的内罐一般为含镍 9%合金钢（或 304 不锈钢），外罐为碳钢，外罐不能承受低温的LNG，也不能承受低温的气体。而辅助容器只是由较低防护堤围成的拦蓄堤，用于防止在内容器发生事故时LNG外溢扩散。单容罐一般适宜在远离人口密集区，不容易遭受灾害性破坏，如火灾、爆炸和外来飞行物碰击的地区。

单容罐的投资相对较低，施工周期较短；但易泄漏是单容罐的一个较大的问题，根据规范要求单容罐罐间安全防护距离较大，并需设置防火堤。典型LNG单容罐如图16-2-4所示。

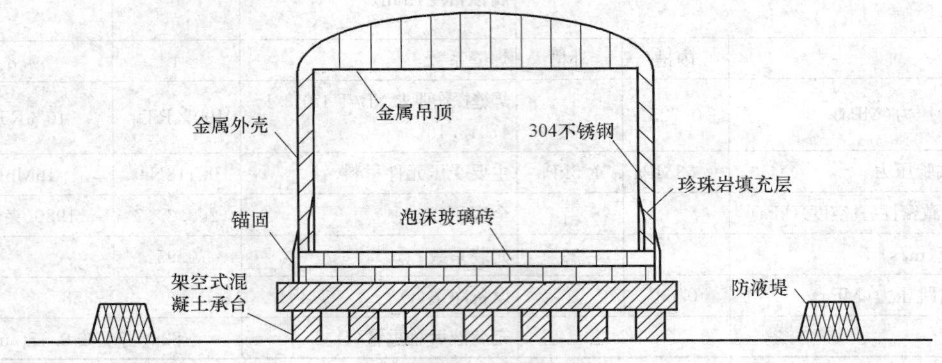

图16-2-4 LNG单容罐

(1) 储罐结构

储罐为内罐吊顶、外罐拱顶结构形式的双金属壁单容罐，液体输送采用潜液泵，所有接管都从罐顶进出罐体。采用珍珠岩填充层绝热，主要由内罐、外罐、绝热层、平台梯子、阀门仪表及基础平台等组成。

储罐基础采用架空式，整个设备坐落在钢筋混凝土基础承台之上，基础承台底部采用混凝土立柱支撑，设备基础具有通风、隔潮等功能。

(2) 储罐安全设计

LNG单容罐采取了多项安全设计：

储罐周围的混凝土防火堤至少能容纳110%的LNG储罐存储量。

储罐的所有液体输入和输出管线的开口以及仪表安装都穿过顶盖，即在内罐底部没有任何开口。

压力和液位变送器以及温度热电偶检测储罐的各个部位。任何不正常的运行状态都将被检测和报警，全厂运行联锁设计来防止储罐不安全工作、过满以及超压。

设计有压力控制阀和破真空阀用以保障在所有自动化设施失效的情况下，储罐依然是安全的。

在储罐顶部设计有消防喷淋，保护储罐在周围即使发生大型火灾的情况下，不会因为热辐射发生2次灾害。

在储罐安全阀口等可能对大气泄放处设计有干粉灭火系统，保护储罐安全泄放，在任何情况下都不会再次被点燃，而扩大灾害。

LNG单容罐的操作压力一般设置为15kPa (g)，依靠BOG压缩机处理在正常进料速度下的LNG闪蒸气体和系统漏热蒸发气体，并维持LNG储罐的安全操作。

LNG进入储罐分两种方式，一种是上部进料，另一种是通过内部插入管从下部进料，以保证在LNG组分发生变化时以不同方式进入储罐混合减少分层的可能性。

在正常操作条件下，储罐的压力是通过 BOG 压缩回收储罐的闪蒸气的方式进行控制。正常状态储罐的操作压力不超过 15kPa（g）。

储罐实行超压保护。第一级超压保护气体排放，第二级超压保护直接排大气；同时对储罐实行负压保护，第一级负压保护依靠控制储罐增压气化器的气化量，第二级负压保护，当压力降低到－0.45kPa（a）时打开呼吸阀补偿空气来保证储罐的安全。

16.2.4.2 全容罐

全容罐包括了主容器和次容器，LNG 由主容器泄漏时，次容器需将泄漏物料进行有效接纳，因此其安全防护距离较小。根据次容器的不同，全容罐分为金属全容罐和混凝土全容罐。

1）金属全容罐（图 16-2-5）

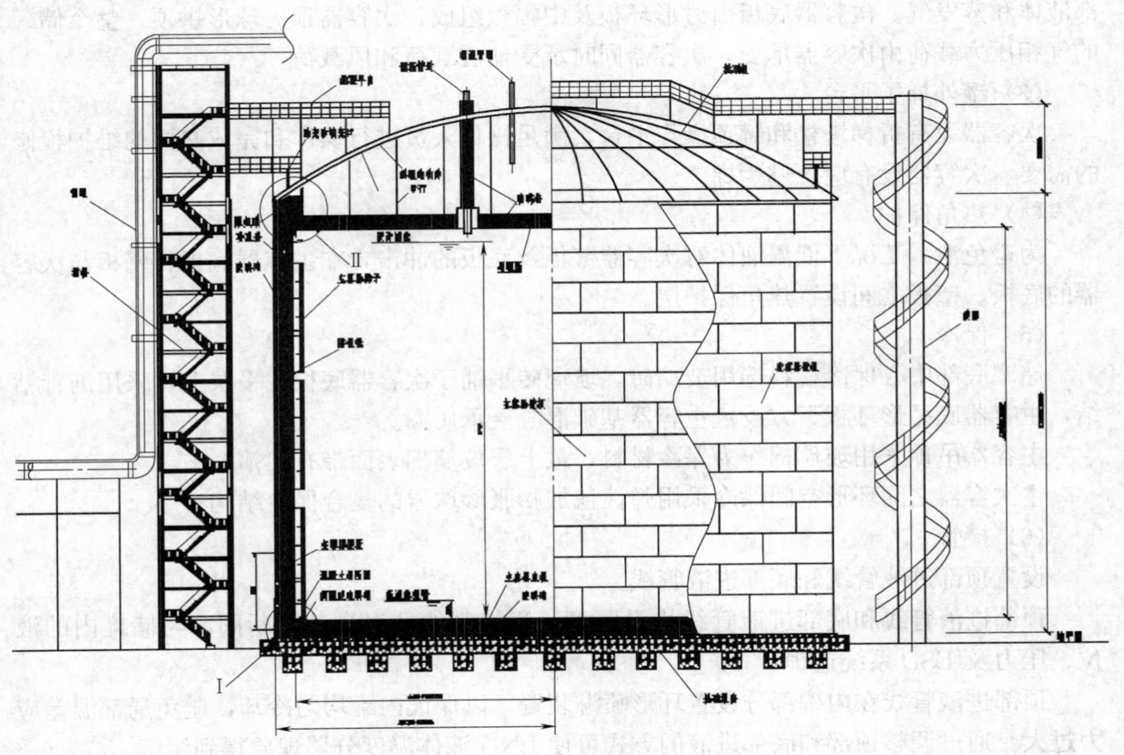

图 16-2-5 LNG 金属全容罐

地面式平底圆筒形金属全容罐，储罐的主要设计标准为《现场组装立式圆筒平底钢质液化天然气储罐的设计与建造 第 1 部分：总则》GB/T 26978.1，《现场组装立式圆筒平底钢质液化天然气储罐的设计与建造 第 2 部分：金属构件》GB/T 26978.2，《现场组装立式圆筒平底钢质液化天然气储罐的设计与建造 第 3 部分：混凝土构件》GB/T 26978.3，《现场组装立式圆筒平底钢质液化天然气储罐的设计与建造 第 4 部分：绝热构件》GB/T 26978.4，《现场组装立式圆筒平底钢质液化天然气储罐的设计与建造 第 5 部分：试验、干燥、置换及冷却》GB/T 26978.5。

正常工况下，LNG 液体储存于 LNG 储罐主容器中，次容器用于盛装蒸发气体及保冷材料；泄漏工况下，次容器可容纳内罐泄漏时的全部液体，阻止气相介质的泄漏。主、次容器均为平底、圆筒形金属储罐，主容器顶为吊顶形式，通过吊杆悬挂于次容器拱顶支撑结构，次容器顶为球形拱顶，顶部支撑结构为肋环形网架。在主容器底部与次容器底部之间设置热角保护。

（1）主容器

主容器筒体用于盛装LNG液体，主容器底板由弓形环板及中幅板组成，主容器吊顶位于罐壁上沿下方200mm，用于盛装吊顶保冷材料。吊顶与主容器筒体间不完全密闭，吊顶甲板设置通气孔与次容器相通，用于平衡主次容器气相压力，主容器不承受气相压力载荷。

（2）次容器

正常工况下次容器筒体用于盛装LNG蒸发气体及保冷材料，泄漏工况下应能容纳全部液体和蒸发气。次容器底板由弓形环板及中幅板组成，次容器顶为球形拱顶，整个储罐的气相压力载荷由次容器承受，次容器同时承受地震载荷和风载荷。

（3）罐外梯子平台

次容器设有折梯塔楼和罐顶操作平台，满足操作人员进行操作和完成必要的维护检修的需要。次容器设有应急逃生梯。

（4）热角保护

为避免泄漏工况下低温液体对次容器壁板及底板的冲击，在主容器底板、壁板与次容器的底板、壁板之间设置热角保护层。

（5）保冷

储罐底部中心保冷材料选用玻璃砖，玻璃砖平铺于次容器底板找平层上，采用沥青粘结，主容器底弓形环板下方设置主容器基础混凝土承压圈。

主容器吊顶采用玻璃棉作为保冷材料，最上层玻璃棉表面带有铝箔。

主次容器之间环形空间保冷采用弹性毯加膨胀珍珠岩的复合保冷结构。

（6）接管

设置顶部进液管线和底部进液管线。

顶部进液管线和底部进液管线均设置可远程控制的低温自动切断阀，与储罐内的液位、压力及ESD系统连锁。

顶部进液管线在内罐部分设置环形喷淋装置，以保证内罐均匀冷却，避免局部温差应力过大。通过调整顶部和底部进液的方式可使LNG液体温度分层现象得到缓解。

（7）防腐

由于储罐的次容器筒体和底板采用了不锈钢材料，因此对筒体和底板不做表面防腐处理，施工时应对焊缝进行酸洗。施工完成后筒体和底板表面清洁无油污、灰尘等污物。储罐的主容器全部为不锈钢材料，不做表面防腐处理。

2）混凝土全容罐（图16-2-6）

（1）整体结构

储罐包括低温金属内罐、预应力混凝土外罐，两者共同组成一体式的储罐。液体输送采用潜液泵，所有接管都从罐顶进出罐体。储罐壁可采用聚氨酯喷涂绝热或珍珠岩堆积绝热，底部采用多层底绝热，主要由内罐、外罐、绝热层、平台梯子、阀门仪表及基础平台等组成。

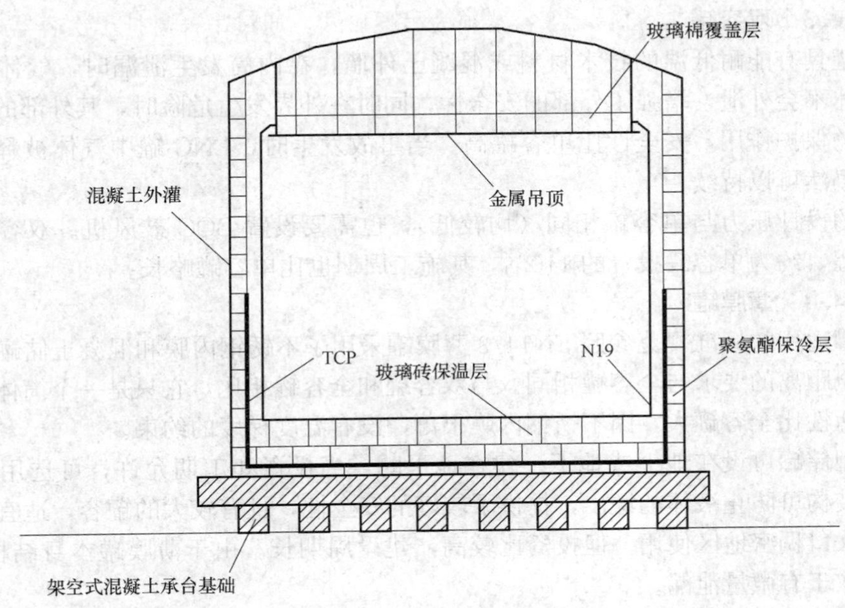

图 16-2-6 LNG混凝土全容罐

全容罐罐底承台也可采用架高设计，而不设置加热系统。

(2) 储罐的内罐体

内罐主体材料的确定：全容罐的内罐与全容罐的外罐一样，但因其建造规模一般超过5万 m^3，基于强度考虑大多采用9%镍钢板。

内罐顶盖采用开放式吊顶，由吊顶板、加强环板及吊杆等组成，通过吊杆与外罐拱顶连接，吊顶板、加强圈及吊杆等采用铝合金钢板。吊顶板仅承受自身重量、保冷材料、接管套筒以及施工中的临时载荷等。

(3) 储罐的外罐体

外罐采用钢筋混凝土罐底承台，由后张拉式钢筋混凝土罐壁、罐顶组成。外罐承担着承装泄漏 LNG 和密封作用，故表面全部内衬钢板（或抗渗透涂层），形成隔气层。其中罐顶内衬钢板是罐顶混凝土的支模，同时可作为罐顶钢筋混凝土的组成结构。

(4) 热角保护装置 TCP

由9%镍钢二层底、壁和保温材料组成。当内罐发生 LNG 泄漏时，保护罐底和外罐混凝土壁的下面部分。TCP 的顶部要锚固到混凝土外罐壁中。

(5) 夹层及底部绝热层

内罐顶部的保冷设计。因保冷材料覆盖在吊顶之上，无须承受设备和蒸发气体的压力，仅承受保冷材料自身的重量，因此保冷材料选用导热系数低、密度小的玻璃棉。

储罐壁保冷是在外罐内衬钢板内侧喷涂聚氨酯泡沫，施工时需要使泡沫保持较高密度和均匀性，以保证保冷层的质量。如采用珍珠岩堆积绝热就和金属全容罐施工相类似。

设备底部绝热层采用高强度、绝热性能优良的泡沫玻璃砖进行隔热，同时铺设高强度、耐低温的负荷分配板（环形边缘板）。内罐底采用多层底结构。

16.2.4.3 双容罐

双容罐具有能耐低温的技术材料或混凝土外墙，在内筒发生泄漏时，气体会发生外漏，但液体不会外泄，增强了外部的安全性；同时在外界发生危险时，其外部的混凝土墙也有一定的保护作用，安全性比单容罐高。当事故发生时，LNG罐中气体被释放，但装置的控制仍然可以持续。

储罐的设计压力与单容罐相同（均较低），也需要设置BOG鼓风机。双容罐的投资高于单容罐，约为单容罐投资的110%，其施工周期也比单容罐略长。

16.2.4.4 薄膜罐

薄膜罐适用的标准规范参照EN1473薄膜罐采用了不锈钢内膜和混凝土储罐外壁，对防火和安全距离的要求与全容罐相同。与双容罐和全容罐相比，它只是一个筒体。薄膜罐的操作灵活性比全容罐大，因不锈钢内膜很薄，没有温度梯度的约束。

该类型储罐可设在地上或地下。建在地下时，当投资和工期允许，可选用较大的容积。这种结构可防止液体的溢出，提供了较好的安全性，且有较大的罐容，适宜在地震活动频繁及人口稠密地区使用。但投资比较高，建设周期长。由于薄膜罐本身结构的特点，它的缺点在于有微量泄漏。

16.2.4.5 地下式储罐

地下式储罐通常采用圆柱结构设计，其大部分位于地下。地下式储罐由罐体、罐顶、薄膜内罐、绝热层、加热设备等组成。

地下式储罐是一种安全的结构，具有以下特点：

① 由于整个储液存在于地下，液体不会泄漏到地面上来，安全性最好；

② 在储罐的拱顶周围可进行绿化，环境协调性较好；

③ 由于不需要防液堤，用地效率高；

④ 储罐投资较大，且建造周期长。

16.2.4.6 日蒸发率

单容罐、双容罐和全容罐日蒸发率不宜大于0.08%，薄膜罐的日蒸发率不宜大于0.1%。

目前国际上常用的全容罐和薄膜罐的设计日蒸发率参见下表16-2-5。

全容罐和薄膜罐的设计日蒸发率　　表16-2-5

储罐日蒸发率储罐容积(m^3)	全容罐	薄膜罐
80000	0.08%	—
100000～140000	0.075%	0.1%
160000～200000	0.05%	0.075%
270000	0.04%	—

16.2.5 LNG储罐绝热结构和绝热材料

16.2.5.1 绝热结构和材料

目前LNG储罐常用的绝热结构和材料见表16-2-6。

适用于 LNG 储罐的绝热材料 表 16-2-6

常选用的绝热结构	常用材料
高真空多层结构	玻璃纤维(布)+铝箔,绝热纸+铝箔(或喷铝薄膜)
真空粉末(或纤维)	珠光砂或玻璃纤维
包装绝热	珠光砂、泡沫玻璃、泡沫水泥

最常用的珠光砂和玻璃纤维制品的规格和性能见表 16-2-7 和表 16-2-8。

珠光砂在大气压下的基本性能 表 16-2-7

珠光砂类别	密度(kg/m^3)	有效导热系数[W/(m·K)]	比热容[kJ/(kg·K)]	适用温度(℃)
特级膨胀珠光砂	<80	0.0185~0.029	0.67	-200~410
轻级膨胀珠光砂	80~120	0.029~0.046	0.67	-256~800
普通膨胀珠光砂	120~300	0.034~0.062	0.67	
膨胀珠光砂水泥制品	250~450	0.052~0.087		650 以下
膨胀珠光砂水玻璃制品	200~400	0.058~0.093		650 以下

玻璃棉及其制品的技术参数 表 16-2-8

材料名称	密度(kg/m^3)	有效导热系数[W/(m·K)]	纤维直径(μm)	吸湿率(%)	适用温度(℃)	长×宽×高(mm×mm×mm)
玻璃棉		0.0384			-250~300	5000×900×(20~50)
沥青玻璃棉毡	<80	0.0349~0.0465	<13	<0.5	-20~250	5000×900×(20~50)
沥青玻璃棉缝毡	<85	0.0407	<13	<0.5	<250	5000×900×(20~50)
沥青玻璃棉贴布缝毡	≤90	0.0407	<13	<0.5	<250	5000×900×(20~50)
酚醛玻璃棉毡、贴布缝毡	50~90	0.0407	<13	0.1	-120~300	1000×500 1000×(30~100)
酚醛玻璃棉板	120~150	0.0349~0.0465	<15	1	-20~250	1000×(100~200)×(45~80)
酚醛玻璃管壳	120~150	0.0349~0.0465	<15	<1	-20~250	1000×(100~200)×(45~80)
玻璃棉板	100~120	0.0349~0.0465			-100~350	600,1000,1100×45,500×(25~100)
玻璃棉板、管壳	100~120	0.0349~0.0465			-250~350	650,700×(15~600)×(20~50)
超细玻璃棉			4		-250~300	
酚醛超细玻璃棉毡、缝毡	20~30	0.0349	3~4	<1	<400	2400~3000×(600~1000)×(10~50)
酚醛超细玻璃棉板、管壳	<60	0.0349	<6	<1	300	板(1000,800)×600×(40~140)
有碱超细玻璃棉	18~30	0.0326~0.0349			-100~450	

续表

材料名称	密度(kg/m³)	有效导热系数[W/(m·K)]	纤维直径(μm)	吸湿率(%)	适用温度(℃)	长×宽×高(mm×mm×mm)
有碱超细玻璃棉毡	18～30	0.0326～0.0349			＜300	(850,2550)×600×300
有碱超细玻璃棉板	40～60	0.0326～0.0349			－100～450	板 600×500×(20～50)
酚醛中级玻璃纤维板管壳	80～130	0.0407	15～25	1	＜300	管 650×(20～600)×(20～150)

16.2.5.2 真空粉末（或纤维）低温储罐的绝热计算

1. 有效导热系数

因粉末和纤维中的传热相当复杂，精确计算这类材料的导热系数或传热量相当困难。为简化计算，通常采用有效导热系数来表征。这类材料的有效导热系数 λ_e 可近似地以式(16-2-1) 表示。这类材料的有效导热系数 λ_e 主要由实验测得，一些真空多孔绝热材料的有效导热系数 λ_e 见表 16-2-9 和表 16-2-10。

$$\lambda_e=\lambda_t+\lambda_r+\lambda_c \tag{16-2-1}$$

式中 λ_e——有效导热系数；

λ_t——气体或固体导热系数；

λ_r——辐射导热系数；

λ_c——固体接触导热系数；

绝热材料在不同压力下的有效导热系数 **表 16-2-9**

材料名称	密度(kg/m³)	粒度(网目)	温度(K)	有效导热系数[10⁻³W/(m·K)] 1.33×10⁵Pa	1.33×10⁴Pa	1.33×10³Pa	1.33×10²Pa	1.33×10¹Pa	1.33 Pa
膨胀珍珠岩	73～77	20～40	310～77	27.9	27.0	22.2	17.1	1.78	1.72
	130	40～80		29.5	26.5	4.11	1.60	1.21	1.02
碳酸镁	210		310～77	33.7	30.2	20.1	4.95	3.39	
气凝胶	290	80～120	310～77	30.0	6.54	1.27	1.16	1.14	1.10
常压气凝胶	120	粉状	310～77	26.7	6.77	2.58	1.71	1.64	1.43
	170			26.7	12.56	1.67	1.53	1.23	1.21
高压气凝胶	104	40～80	310～77	15.11	8.56	3.09	2.33	1.53	1.49
	124			15.35	9.88	3.63	2.09	1.32	1.31
硅胶		＜20	298～77	61.7	32.55	15.64	5.85	4.92	
		40～80	308～77	59.8	18.99	7.14	4.15	3.58	3.49
		＞100	298～77	9.23	2.80	2.59	2.56	2.24	2.19
		＞100	298～77	10.62	2.33	2.11	2.08		1.55
蛭石	290	40～80	310～77	54.4	41.5	4.25	1.59	1.58	1.51
	300	80～120	310～77	53.4	31.6	9.16	1.21	1.26	1.08
	25		284～77	21.55	15.25	18.48	11.46	6.68	5.53
脲醛泡沫塑料	40		285～77	21.50	19.76	18.25	13.66	4.86	4.23
	63		283～77	21.22	19.70	17.09	10.90	8.02	6.27
	23		308～90	37.47	25.70	24.49	15.86	6.93	6.93

几种常用的低温绝热材料性能 表 16-2-10

绝热材料	密度(kg/m³)	真空度(Pa)	温度区间(K)	有效导热系数[W/(m·K)]
珠光砂(>80 目)	140	<0.13	300～76	1.06×10^{-3}
珠光砂(30～80 目)	135	<0.13	300～76	1.26×10^{-3}
珠光砂(>30 目)	106	<0.13	300～76	1.83×10^{-3}
珠光砂	80～96	<0.13	300～20.5	0.7×10^{-3}
珠光砂	80～96	充氦气	300～20.5	0.1004
珠光砂	80～96	充氮气	300～20.5	0.032
硅气凝胶	80	<0.13	300～76	2.72×10^{-3}
硅气凝胶(掺铝粉 15%～45%)	96	<0.13	300～76	0.61×10^{-3}
玻璃纤维	118	0.26	422	0.57×10^{-3}
玻璃纤维毡	63	1.30	257	1.44×10^{-3}
玻璃纤维毡	128	0.13	297	1.00×10^{-3}
玻璃纤维毡	128	1.46	297～77	0.71×10^{-3}
聚苯乙烯泡沫	32	常压	300～76	0.027
聚苯乙烯泡沫	72	常压	283	0.040
泡沫玻璃	128～160	常压	200	0.057
硅藻土	320	<0.13	278～20.5	1.11×10^{-3}
聚氨酯泡沫	26	常压	297	0.021
聚氨酯泡沫	96	常压	297	0.038
聚氨酯泡沫	80	常压	297	0.035

在这类绝热结构中，由于多孔材料的颗粒大小或纤维直径不等，分布也比较紊乱，采用公式求解有效导热系数比较烦琐，再加上实际使用中，多孔材料本身又是一种很好的吸气剂，会使该类绝热结构中的真空度进一步提高。因此，多孔材料是一种以辐射传热为主导的绝热结构，其有效导热系数 λ_e 可用式（16-2-2）表示：

$$\lambda_e = B(T_1+T_2)(T_1^2+T_2^2) \tag{16-2-2}$$

式中 B——系数，对于膨胀珍珠岩约为 2.61×10^{-11}；硅胶为 2.1×10^{-11}；气凝胶为 3.0×10^{-11}。不同的绝热材料，可以通过实验得到 B 值。

计算出或实际求得有效导热系数之后，只要知道绝热层的厚度和两壁面的温度，便可以根据式（16-2-3）计算出单位面积的传热量。

$$q = \frac{\lambda_e}{\delta}(T_1 - T_2) \tag{16-2-3}$$

式中　q——单位面积的传热量，W/m²；

λ_e——有效导热系数，W/(m・K)；

δ——绝热层厚度，m；

T_1，T_2——绝热层的热、冷壁温，K。

2. 绝热厚度

LNG 储罐中的传热工况非常复杂，包括参与气体分子的传热、绝热空间及管口的辐射传热、通过绝热体的传热、机械构件的漏热等。

为简化设计，工程上一般作如下假设：绝热层为一维温度场，只在垂直方向存在温度梯度，内罐和外壳的热阻忽略不计，储罐内的介质处于饱和均质状态。

按照储罐设计要求的日蒸发率，由式（16-2-4）可以推算出储罐的最大漏热量值，然后根据式（16-2-5）可以计算绝热层的厚度。

$$Q=\alpha \cdot V_e \cdot \rho \cdot r \tag{16-2-4}$$

式中　Q——储罐日漏热量，kJ/d，包括绝热层漏热、管口漏热以及支承件漏热；

α——储罐设计日蒸发率，%；

V_e——储罐的有效容积，m³；

ρ——LNG 的密度，kg/m³；

r——LNG 的气化潜热，kJ/kg。

$$\delta=\frac{\lambda_e \cdot A_m \cdot \Delta T}{Q_s} \tag{16-2-5}$$

式中　δ——储罐的绝热层厚度，m；

λ_e——绝热层有效导热系数，W/(m・K)；

A_m——绝热层传热计算面积，m²；

ΔT——传热温差，K；

Q_s——漏热量，W。

16.2.6　大中型常压 LNG 储罐工艺流程及举例

大中型 LNG 常压储罐通常指的是立式平底拱盖双金属圆筒结构的内外罐。

内罐采用常压来储存 LNG，材质为奥氏体耐低温不锈钢；外罐则为常压容器，材质为优质低合金钢；顶盖采用径向带肋拱顶结构。整个设备座落在水泥支承平台上，平台底部应通风、隔潮。设备四周及顶部夹层空间填充隔热性能良好的珠光砂绝热，同时加以充装干燥氮气保护。设备底部绝热层采用高强度、绝热性能优良的泡沫玻璃砖进行隔热，同时铺设高强度、耐低温的负荷分配板，将整个内筒的重量均匀分配到基础平台上。

在内外筒体顶部及底部设置人孔，外顶部及筒体下部设置珠光砂充填口及卸料口。

外部设置操作平台，外部阀门及就地显示仪表集中配置于平台之上，便于操作。

工艺流程见图 16-2-7：

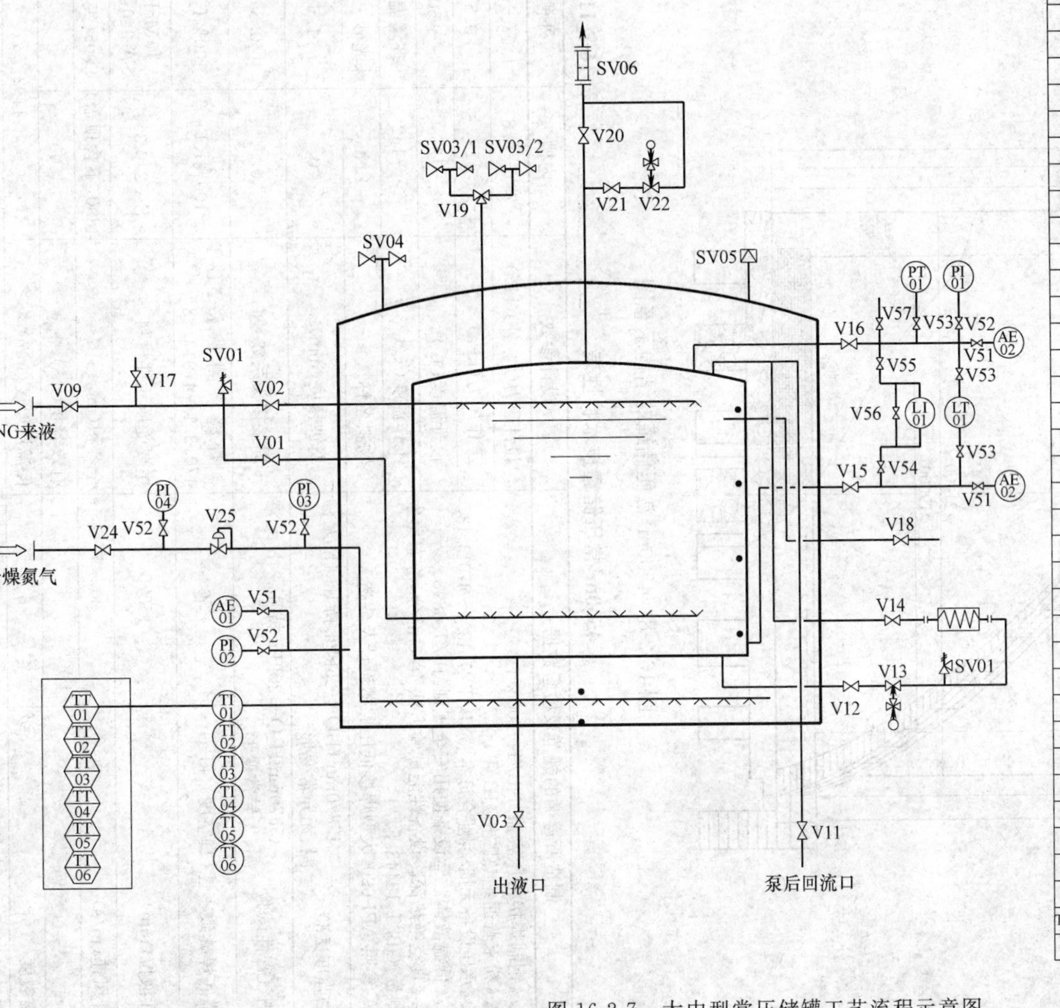

位号	名称	数量	用途	备注
V01	低温截止阀	1	贮槽底部进液	
V02	低温截止阀	1	贮槽顶部进液	
V03	低温截止阀	1	排液阀	
V09	低温截止阀	1	进液阀	
V11	低温截止阀	1	泵后回流阀	
V12	低温截止阀	1	增压液相阀	
V13	低温气动开关阀	1	增压调节阀	
V14	低温截止阀	1	增压气体阀	
V15	低温截止阀	1	液相根部阀	
V16	低温截止阀	1	气相根部阀	
V17	低温截止阀	2	残液排放阀	
V18	低温截止阀	1	测满阀	
V19	三通阀	1	三通切换阀	
V20	低温截止阀	1	手动放空阀	
V21	低温截止阀	1	超压放空阀	
V22	低温气动开关阀	1	放空调节阀	
V24	常温截止阀	1	夹层氮气通过阀	
V25	自力式调节器	1	夹层氮气调节阀	
V51	分析取样阀	3	分析取样阀	
V52	压力表阀	5	接压力表	
V53	仪表阀	3	接变送器	
V54	仪表阀	1	液位计下阀	
V55	仪表阀	1	液位计平衡阀	
V56	仪表阀	1	液位计上阀	
V57	仪表阀	1	备用头	
SV01	低温管道安全阀	3	管道安全阀	
SV03	内槽呼吸阀	2	内槽安全	
SV04	外槽呼吸阀	1	外槽安全	
SV05	外槽紧急泄放装置	1	外槽安全	
SV06	阻火器	1		
PI01	膜盒压力表	1	贮槽气相压力显示	
PI02	膜盒压力表	1	夹层氮气压力显示	
PI03	膜盒压力表	1	减压阀后氮气压力显示	
PI04	压力表	1	氮气源压力显示	
TI/TT01-06	双支式铂热电阻温度计	6	测贮槽温度	
LG01	液位计	1	贮槽液位显示	

图 16-2-7 大中型常压储罐工艺流程示意图

16.2.6.1　4500m³ 常压储罐

其结构示意图和技术特性分别见图 16-2-8 和表 16-2-11。

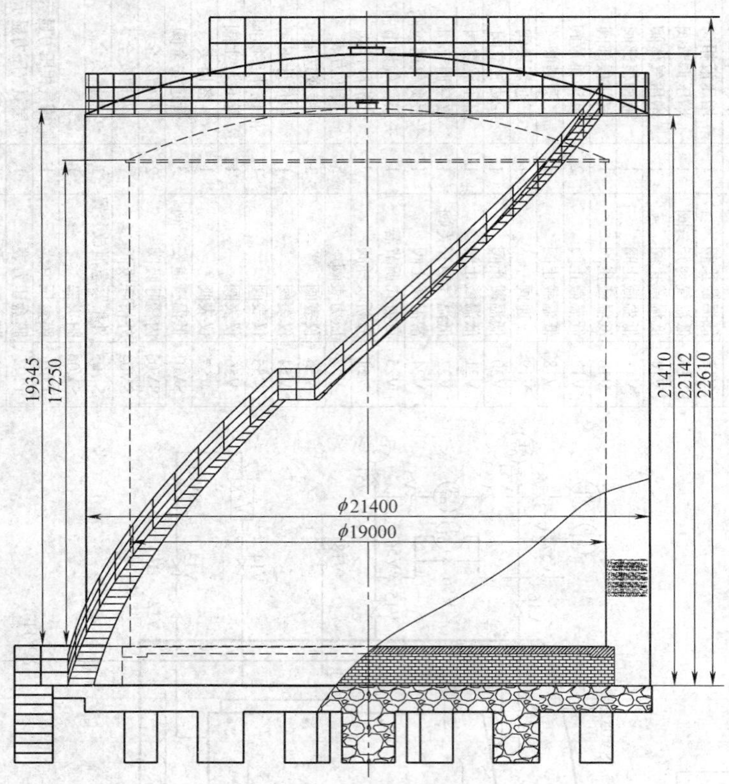

图 16-2-8　4500m³ 常压储罐的结构示意图

4500m³ 常压储罐技术特性表　　　　**表 16-2-11**

制造所遵循的规范及检验数据		设计参数	内槽	外槽
1.《钢制焊接常压容器》NB/T 47003.1。 2.《粉末普通绝热贮槽》JB/T 9077。 3.《承压设备无损检测[合订本]》NB/T 47013.1～47013.13。 4.《低温液体贮运设备使用安全规则》JB/T 6898。 5.《真空绝热深冷设备性能试验方法 第 5 部分:静态蒸发率测量》GB/T 18443.5。 6. 参照 API-620《大型焊接低压贮槽设计及建造》		设计压力(内/外)(kPa)	20/−0.8	1.0/−0.5
		工作压力(kPa)	≤15	0.5
		设计温度(℃)	−196	+50
		工作温度(℃)	＞−162	环境温度
		物料名称	LNG	珠光砂＋氮气
内槽强度试验	15870mmH_2O＋25kPa 持压 1h 无渗漏、无异常变形	腐蚀裕度(mm)	0	1.5
内槽气密性试验	15870mmH_2O＋20kPa 持压 24h 无渗漏、无异常变形	焊接接头系数	0.9	0.85
内罐底焊缝致密性(真空度)(kPa)	50	焊缝检测要术 NB/T 47013.1～47013.13	100%$RT_{Ⅱ}$	100%$PT_{Ⅰ}$
设计液位(mm)	15870	主要受压元件材料	SA-240 304	16MnR; SA-240 304
设计风速(m/s)	30	全容积(m³)	4890(不含顶盖)	2005(夹层)
		有效容积(m³)	4500	
地震裂度　级	6	保温层厚度(mm)	1192	
内槽呼吸阀呼气压力(kPa)	18	设备净重(t)	～600	

16.2.6.2 特大型 LNG 常压储罐

1. $16\times10^4 m^3$ 常压储罐

其结构以及管口示意图如图 16-2-9 和图 16-2-10 所示。其管口明细见表 16-2-12。储罐技术特性见表 16-2-13。

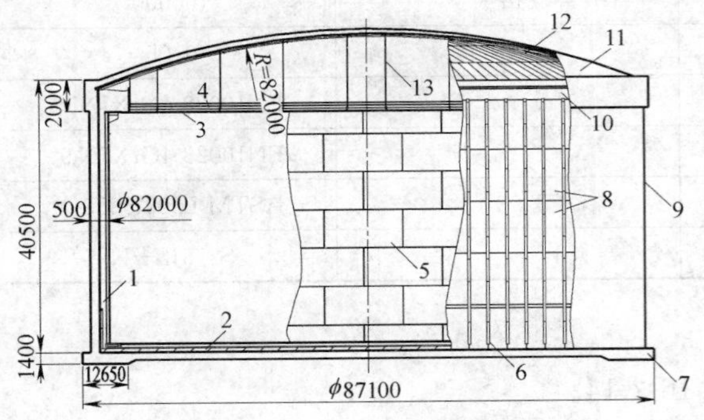

图 16-2-9 16×10⁴ m³ 常压储罐的结构示意图

1—夹层绝热层；2—底部绝热层；3—吊顶；4—吊顶绝热层；5—内罐壁；6—内罐锚固件；7—混凝土底板；8—内罐墙板；9—混凝土墙；10—承压环；11—混凝土顶；12—钢质穹顶；13—悬吊杆

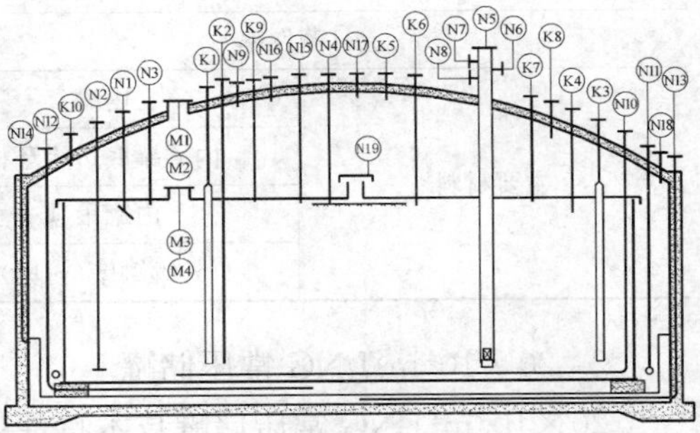

图 16-2-10 16×10⁴ m³ 常压 LNG 储罐管口示意图

$16\times10^4 m^3$ 常压 LNG 储罐管口参考表 表 16-2-12

编号	数量	直径 *DN*	名 称	编号	数量	直径 *DN*	名 称
N1	1	750	上进液	N18		150	珍珠岩填充口
N2	1	750	下进液	N19			悬挂放空口
N3	1	600	蒸发气出口	K1	2	150	液面计
N4	1	80	冷却管	K2	2	50	多点温度变送器
N5	3	600	泵柱	K3	1	150	液位温度密度测量装置
N6	3	200	出口	K4	1	150	液位开关
N7	3	50	泵柱放空	K5	1	50	外罐温度
N8	3	50	排污	K6	1	50	内罐温度
N9	1	200	罐顶放空	K7	1	50	内罐压力
N10	1	150	排污口	K8	1	50	外罐压力
N11	2	100	环内排污	K9	1	300	预留口
N12	1	50	底部排污	K10	2	400	外罐温度变送器
N13	1	50	底部排污	M1	1	900	人孔
N14	4	50	压力平衡	M2	1	1300	设备吊装孔
N15	1	600	安全阀	M3	1	900	检修通道
N16	1	50	安全阀导管	M4	1	1300	设备通道
N17	1	600	真空断开阀				

$16\times10^4m^3$ LNG 储罐技术特性表　　表 16-2-13

		单位	参数
设计压力		kPa. G	−1～29
设计温度		℃	−165/65
工作容积		m^3	160000
日蒸发率		%	0.05
主要材料	内罐		EN10028-4GrX7Ni9
	内罐罐底边缘环板		EN10028-4GrX7Ni9
	内罐吊顶		ASTM B209 5083-0
	外罐罐壁(衬里)		S275J2+N

2. $20\times10^4m^3$ LNG 常压储罐

$20\times10^4m^3$ LNG 常压储罐技术特性见表 16-2-14。

$20\times10^4m^3$ LNG 储罐技术特性表　　表 16-2-14

	单位	参数
设计压力	kPa. G	−1.5～29
设计温度	℃	−168
操作压力	kPa. G	8～25.5
操作温度	℃	−165
工作容积	m^3	200000
日蒸发率	%	0.05
外罐直径(内表面)	m	86.00
内罐直径	m	84.00
外罐高度	m	43.70
内罐高度	m	40.82
最大操作液位(LAH)	m	38.550
最大设计液位(LAHHH)	m	39.517
最低操作液位(LAL)	m	1.523
最小额定泵操作液位(LALLL)	m	1.400(由厂家泵性能确定)

3. $22\times10^4m^3$ LNG 常压储罐

$22\times10^4m^3$ LNG 常压储罐技术特性见表 16-2-15。

$22\times10^4m^3$ LNG 储罐技术特性表　　表 16-2-15

	单位	参数
设计压力	kPa. G	−0.5～29
设计温度	℃	−168
操作压力	kPa. G	9～24
操作温度	℃	−165

续表

	单位	参数
工作容积	m^3	220000
日蒸发率	%	0.04～0.05
外罐直径(内表面)	m	91.00
内罐直径	m	89.00
外罐高度	m	43.27
内罐高度	m	40.32
最大操作液位(LAH)	m	37.550
最大设计液位(LAHHH)	m	38.310
最低操作液位(LAL)	m	2.000
最小额定泵操作液位(LALLL)	m	1.800(由厂家泵性能确定)

16.2.7 LNG储罐基础

基础的设计应满足设计载荷的要求。储罐基础应能承受得起与LNG直接接触的低温，在意外情况下万一LNG发生泄漏或溢出，LNG与地基直接接触，地基应不会损坏。

常用的LNG储罐基础有两种形式：桩柱基础和夯土基础。

1. 桩柱基础

储罐被支撑在众多柱上，桩柱间流通空气，不需要设置加热盘管。

采用桩柱基础，储罐的直径应尽可能小，以减少桩柱和顶盖的费用，提高储罐的设计内压力。

2. 夯土基础

将储罐下部的土层夯实，直接支撑储罐，需要在储罐与基础间设置带有加热盘管的混凝土环墙。

一般来讲夯土基础较桩柱基础要经济得多，在土壤承载能力等自然、地质条件许可的情况下，应优先采用夯土基础；否则应改用桩柱基础或另选建设用地。

3. 储罐基础加热系统

当储罐下部的土壤温度过低、土壤冻结、土壤中形成冰层（主要对于黏土类土壤）以及土壤中这些冰层的增大都会引起巨大的膨胀力，这些膨胀力产生的举升力会危害储罐或其部件（如储罐底部的连接）。为防止此类现象的发生，储罐夯土基础以及带土堤的立式储罐的外墙需要设置加热系统。加热系统应有100%的冗余。

加热系统可以采用循环热水加热或采用电加热方式。

储罐加热系统设一个自动开关系统以确保储罐基础最冷处的温度处于5～10℃之间，其他位置的温度可以稍高一些。

整个加热系统的工作性能宜通过均匀分布于整个储罐基础上的传感器进行监测。可能的话，外墙上也宜安装传感器。在这些传感器中，至少有一个具备报警功能，通常其“低温报警温度”设置为0℃，“高温报警温度”设置为50℃。

对储罐基础和外墙上加热系统适当合理地控制和监测至关重要，应能首先显示出储罐泄漏的最初迹象。当储罐泄漏时，泄漏点附近的传感器温度会突然下降，因此建议每天记录储罐基础所有传感器的读数。

储罐异常的另一个显示是加热系统工作负荷循环或加热电耗指标变化，这会表现为加热装置开关时间的变化。通常，加热系统加热启动的时间为总时间的40%～60%，如果突然变为100%，则表明加热系统存在问题或储罐存在泄漏。因此，建议每天对加热系统进行加热启动检查并记录其工作状态。

16.3　液化天然气运输

16.3.1　LNG 槽车

LNG 槽车作为 LNG 陆地运输的最主要的工具，因其具有很强的灵活性和经济性，已得到了广泛的应用。

目前我国使用的液化天然气槽车主要有两种形式：LNG 半挂式运输槽车和 LNG 集装箱式罐车。

常用的运输槽车形式见表16-3-1所示。

常用的运输槽车形式　　**表 16-3-1**

形式	规格(m^3)	有效容积(m^3)
半挂式运输槽车	40	36
	49	44
LNG 集装箱式罐	40	36
	43	40

16.3.1.1　半挂式运输槽车

半挂式运输槽车主要由牵引车、槽车罐和半挂车组成。

1. 牵引车

国内配用的重型汽车牵引车有进口和国产两类。

进口车型有：沃尔沃、奔驰、三菱等。国产车型有：北方奔驰、斯太尔、东风日产柴等。

梅赛德斯－奔驰 Actros 2040 型 LNG 汽车牵引车，其主要性能和特点：配备 OM501 LA V6 增压中冷智能控制柴油发动机，转速在 1800r/min 时输出 290kW（394HP）的功率。Actros 采用的 V6 或 V8 两种型号智能电控柴油发动机，动力强劲，最大功率 230～420kW，最大输出扭矩 1530～2700N·m，低转速下输出高功率和大扭矩，可靠性高，耗油低，使用寿命和维修周期长，而且环保、低排放，见表16-3-2。

Actros 牵引车性能参数　　**表 16-3-2**

内　　容	2040S	3340S	3343S
允许牵引总重(t)	50	70	70
最大时速(km/h)	104	97	97
最大功率(kW)(2200rpm)	290	290	315
发动机	OM 501LA V6		
排量(L)	11946		

沃尔沃在国内市场上有两款新型牵引车：全新一代 FM12 4×2 牵引车，全新一代 FH12 6×4 超豪华牵引车。全新一代沃尔沃 FM12 4×2 牵引车，带卧铺驾驶室，配置新型 12L 发动机，最大输出功率为 250kW、285kW 和 310kW。全新一代沃尔沃 FH12 6×4 超豪华牵引车，带卧铺驾驶室，配置新型 12L 发动机，最大输出功率可以达到 338kW 和 368kW。最大输出功率 368kW 的沃尔沃 D12 型车主要用于山区的长途运输和其他条件苛刻的任务，见表 16-3-3。

沃尔沃牵引车性能参数 表 16-3-3

内　容	FH12 4×2	FM12 4×2	FM12 6×4
准挂拖车总质量(t)	56	56	65
最大时速(km/h)	102.5	102.5	99.5
最大爬坡能力(%)	23	23	26
最大功率(kw)(2200rpm)	279	279	279
发动机	VOLVO D12	VOLVO D12D380	VOLVO D12
油箱容积(L)	410	410	410
排量(L)	12000		

国内有三个厂家生产斯太尔牵引车：重庆重型汽车集团有限责任公司（重汽斯太尔）、陕西汽车集团有限责任公司（陕汽斯太尔）、中国重型汽车集团（济南斯太尔）。各厂家生产的牵引车性能参数见下表 16-3-4。

斯太尔牵引车性能参数 表 16-3-4

内　容	济南斯太尔	重汽斯太尔	陕汽斯太尔
准挂拖车总质量(t)	33.5、37.4、46、55	42、44	55～58
最大时速(km/h)	93	85	92
最大爬坡能力(%)	24～28	27、28	27
最大功率(kW)(2200r/min)	225、226、266、309	225	225
百公里油耗(L)	35～41	42	45
发动机	潍柴、杭柴	潍柴	潍柴、康明斯
油箱容积(L)	380	380	400

包头北方重型汽车有限责任公司（北方奔驰）和东风日产柴汽车有限公司（东风日产柴）所主要生产的重型汽车牵引车性能参数见表 16-3-5：

北方奔驰和东风日产柴重型汽车牵引车性能参数 表 16-3-5

内　容	北方奔驰	东风日产柴
准挂拖车总质量(t)	33.5、37.4、46、55	33.5、49.5
最大时速(km/h)	93	89～109
最大功率(kW)(2200r/min)	225、226、266、310	213、250、257
发动机	潍柴、道依茨、奔驰	日产柴
百公里油耗(L)	42	42
油箱容积(L)	400	400

2. LNG 槽车罐的结构

(1) 国产 30m³/0.8MPa LNG 半挂运输槽车。

1) 主要技术特性。

主要技术参数见表 16-3-6。

LNG 半挂运输车技术特性　　　　**表 16-3-6**

设备	项目名称	内筒	外筒	备　注
储槽	容器类别	三类	—	
	充装介质	LNG	—	
	有效容积(m^3)	27*	—	*容积充装率 90%
	几何容积(m^3)	30	18*	*夹层容积
	最高工作压力(MPa)	0.8	−0.1*	"—"指*"外压"
	设计压力(MPa)	1		
	最低工作温度(℃)	−196	常温	
	设计温度(℃)	−196		
	主体材质	0Cr18Ni9*	16MnR**	*GB/T 4237 **GB 713
	安全阀开启压力(MPa)	0.88	—	
	隔热形式	真空纤维		简称:CB
	日蒸发率(%/d)	≤0.3*	—	*LNG
	自然升压速度(kPa/d)	≤17*	—	*LNG
	空质量(kg)	～14300		
	满质量(kg)	～25800		LCH4
牵引车	型号	ND1926S		北方-奔驰
	发动机功率(kW)	188		
	最高车速(km/h)	86.4		
	最低油耗(g/kW·h)	216		
	制动距离(m)	6.45		30km/h
	百公时油耗(L)	22.8		
	轴距(mm)	3250		
	允许列车总重(kg)	38000		
	鞍座允许压重(kg)	12500		
	自重(kg)	6550		
半挂车	底架型号	THT9360 型		
	自重(kg)	4100		
	允许载总质量(kg)	36000		
	满载总质量(kg)	30700		
列车	型号	KQF9340GDYBTH*		*不含牵引车
	充装质量(kg)	12500		LN_2
	整车整备质量(kg)	～25100		
	允许载总质量(kg)	38000		LNG
	满载总质量(kg)	～37600		LN_2

2）结构。

图 16-3-1 为半挂 LNG 运输车示意图。

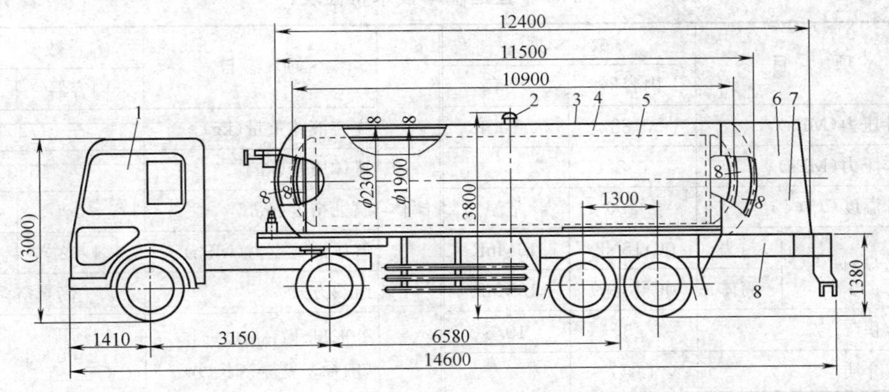

图 16-3-1 30m³ 半挂 LNG 运输车示意图

1—牵引车；2—外筒安全装置；3—外筒（16MnR）；4—绝热层真空纤维；5—内筒（0Cr18Ni9）；6—操作箱；7—仪表，阀门，管路系统；8—THT9360 型分体式半挂车底架

① 牵引汽车及半挂车架。牵引汽车底盘采用定型的北方一奔驰 ND1926S 型带卧罐汽车底盘。半挂车架选用分体式双轴半挂车车架，由挂车厂按整车设计要求定制。

② 储槽。储槽型号为 TCB-27/8 型低温液体储槽。金属双圆筒真空纤维隔热结构；尾部设置操作箱，主要的操作阀门均安装在操作箱内集中控制。操作箱三面设置铝合金卷帘门，便于操作维护。前部设有车前压力表，便于操作人员在驾驶室内就近观察内筒压力。两侧设置平台，便于阻挡泥浆飞溅。平台上设置软管箱，箱内放置输液（气）金属软管。软管为不锈钢波纹管。

③ 整车。列车整车外形尺寸（长×宽×高）≈14500mm×2500mm×3800mm，符合《机动车运行安全技术条件》GB 7258 标准规定。整车按《汽车及挂车侧面和后下部防护要求》GB 11567 标准规定，在两侧设置有安全防护栏杆，车后部设置有安全防护装置，并按《汽车及挂车外部照明和光信号装置的安装规定》GB 4785 标准规定设置有信号装置灯。

（2）国产 45m³/0.8MPa LNG 半挂运输槽车

1）LNG 半挂运输车（图 16-3-2）

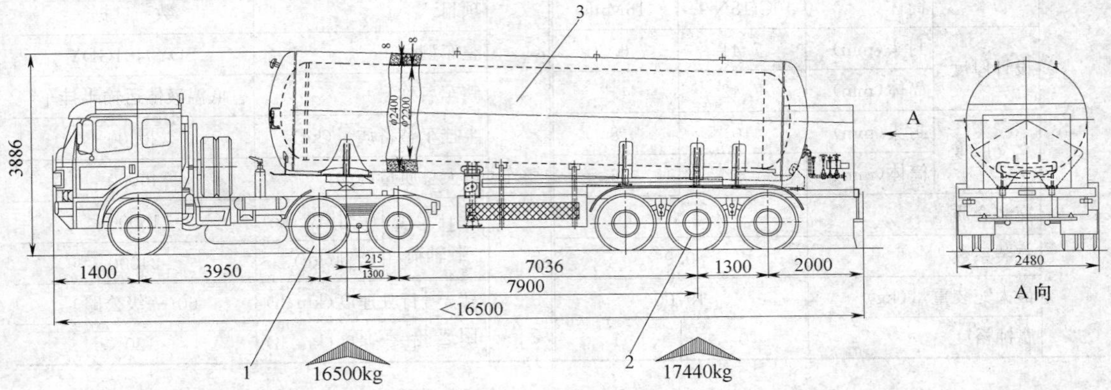

图 16-3-2 LNG 半挂运输车示意图

1—牵引车；2—半挂车；3—槽车罐

2）45m³ LNG半挂运输槽车罐主要技术特性（表16-3-7）

LNG半挂运输车技术特性表　　**表16-3-7**

	项目		数据 内容器	数据 夹套
罐体	设计压力(MPa)		0.88	−0.1
	工作压力(MPa)		0.8	
	设计温度(℃)		−196	常温
	主体材料	封头	0Cr18Ni9	16MnR
		筒体	0Cr18Ni9	16MnR
	全容积(m³)		45	10.8
	充装介质		LNG	

	项目	数据 内容器	数据 夹套
罐体	充装液体重量(kg)	17253	
	罐体质量(kg)	15300	
	腐蚀裕度(mm)	0	0
	气压试验压力(MPa)	1.02	
	绝热方式	高真空多层	
	外形尺寸(mm)(内径×壁厚×长度)	2400×8×12596	

(3) 国产50m³/0.7MPa LNG半挂运输槽车

1）主要技术特性

主要技术参数见表16-3-8。

LNG半挂运输车技术特性　　**表16-3-8**

	项目		数据 内容器	数据 外壳
罐体	容器类别		三类	
	工作压力(MPa)		0.7	≤−0.1
	设计压力(MPa)		0.77	−0.1
	计算压力(MPa)		0.87	−0.1
	设计温度(℃)		−196	50
	工作温度(℃)		−162	常温
	全容积(m³)		51.06	8.82
	主体材料	封头	0Cr18Ni9	16MnR
		筒体	0Cr18Ni9	16MnR
	设计厚度	封头(mm)	7.41	6.3
		筒体(mm)	7.42	4.2
	名义厚度	封头(mm)	10	8
		筒体(mm)	8	6
	充装介质		LNG	
	充装系数		0.9	
	最大充装重量(kg)		19700	
	腐蚀裕度		0	1

	项目		数据 内容器	数据 外壳
罐体	气压试验压力(MPa)		0.89	
	致密性测试		氦检漏	
	绝热方式		高真空多层绝热	
	罐体外形尺寸(mm)(长度×内径×壁厚)		12850×2480×6	
	安全附件	安全阀规格	DN25低温全启式安全阀	
		安全阀开启压力(MPa)	0.75	
		爆破片爆破压力(MPa)		
	项目		数据	
整车	整车型号		SDY9401GDY	
	整车名称		低温液体运输半挂车	
	半挂车整备质量(kg)		20300	
	最大总质量(kg)		40000	
	半挂车满载轴荷	牵引销处(kg)	16000	
		后轴(kg)	24000	
	罐车限速	行驶速度(km/h)	60(一级公路)	
		转弯速度(km/h)	20	

2）结构（图16-3-3）

3. LNG槽车工艺流程

图 16-3-4 为 LNG 槽车工艺流程示意图。其中符号见表 16-3-9。

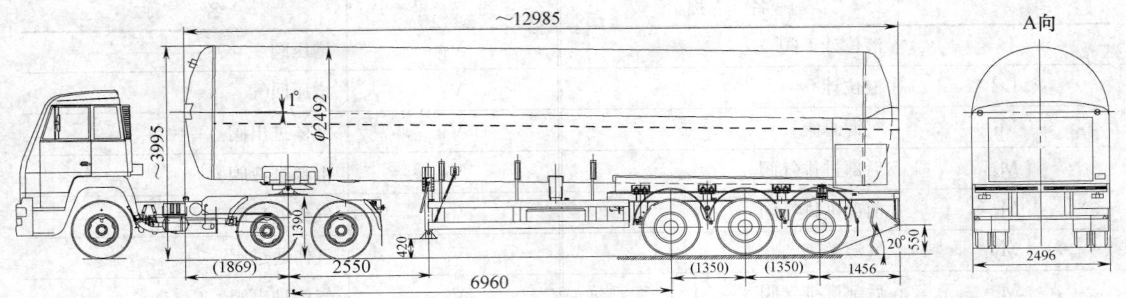

图 16-3-3 50m³ LNG 半挂运输车示意图

1—牵引车；2—半挂车；3—槽车罐

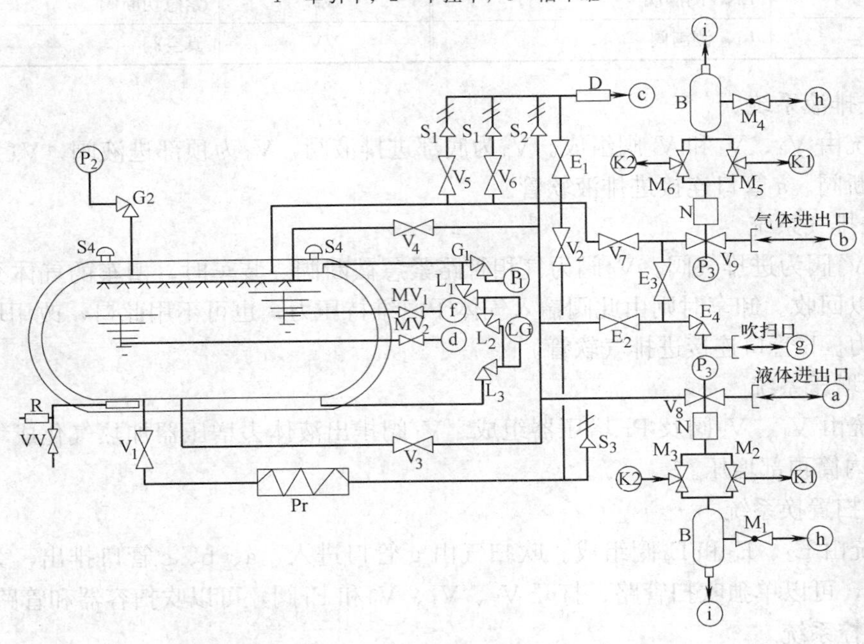

图 16-3-4 LNG 槽车工艺流程图

LNG 槽车工艺流程符号 表 16-3-9

编 号	名 称	编 号	名 称
B	平衡罐	N	易熔塞
D	阻火器	P_1	压力表
E_1	放空阀	P_2	压力表
E_2	液相吹扫阀	P_3	压力表
E_3	气相吹扫阀	Pr	增压器
E_4	吹扫总阀	R	真空规管
G_1	压力表	S_1	安全阀
G_2	压力表阀	S_2	安全阀
L_1	液位计上阀	S_3	安全阀
L_2	平衡阀	S_4	外筒防爆装置

续表

编　　号	名　　称	编　　号	名　　称
L_3	液位计下阀	V_1	增压阀
LG	液位计	V_2	增压回气
M_1	气源总阀	V_3	液体进出阀
M_2	后部进排气阀	V_4	上部进液阀
M_3	前部进排气阀	V_5	气体通过阀
M_4	气源总阀	V_6	气体通过阀
M_5	后部进排气阀	V_7	气体进出阀
M_6	前部进排气阀	V_8	紧急切断阀
MV_1	LNG 测满阀	V_9	紧急切断阀
MV_2	LN_2 测满阀	VV	真空阀

1）进排液系统

此系统由 V_3、V_4 和 V_8 阀组成。V_3 为底部进排液阀，V_4 为顶部进液阀，V_8 为液相管路紧急截断阀。a 管口连接进排液软管。

2）进排气系统

V_7、V_9 阀为进排气阀。V_9 阀为气相管路紧急截断阀。装车时，槽车的气体介质经此阀排出予以回收。卸车时则由此阀输入气体予以维持压力。也可不用此口，改用增压器增压维持压力。b 管口连接进排气软管。

3）自增压系统

此系统由 V_1、V_2 阀及 Pr 增压器组成。V_1 阀排出液体去增压器加热气化成气体后经 V_2 阀返回内筒顶部增压。

4）吹扫置换系统

此系统由 E_2、E_3 和 E_4 阀组成。吹扫气由 g 管口进入，a、b、c 管口排出，关闭 V_3、V_4、V_9 阀，可以单独吹扫管路；打开 V_3、V_4、V_9 和 E_1 阀，可以吹扫容器和管路系统。

5）仪控系统

仪控系统由 P_1、P_2、LG 仪表和 L_1、L_2、L_3、G_1、G_2 阀门组成。P_1 压力表和 LG 液位计安装在操作箱内；P_2 安装在车前。L_1～L_3 及 G_1、G_2 阀为仪表控制阀门。

6）紧急切断阀与气控系统

在液相和气相进出口管路上，分别设有下列紧急切断装置。

（1）液相紧急切断装置：V_8 为液相紧急切断阀，在紧急情况下由气控系统实行紧急开启或切断作用，它也是液相管路的第二道安全防护措施；V_8 阀为气开式（控制气源无气时自动处于关闭状态）低温截止阀，且具有手动、气动（两者只允许选择一种）两种操作方式；M_1、M_2、M_3、B、N、P_3 为气控系统；M_1 为气源总阀；M_2、M_3 为三通排气阀，一只安装在 V_8 阀上，另一只安装在汽车底盘空气罐旁的储气罐 B 上；N 为易熔塞；P_3、P_4 为控制气源压力表，气源由汽车底盘提供。V_8 阀在 0.1MPa 气源压力下可打开，低于此压力即可关闭。

（2）气相紧急切断装置：V_9 阀为气相紧急切断阀。

7）安全系统

此系统由安全阀 S_1、S_2、S_3 及控制阀 V_5、V_6、阻火器 D 组成。S_1 为容器安全阀；S_2、S_3 为管路安全阀，此为第一道安全防护措施；S_4 为外筒安全装置；阻火器 D 用于阻止放空管口处着火时火焰回窜。

8）抽真空系统

VV 为真空阀，用于连接真空泵。R 为真空规管，与真空计配套可测定夹层真空度。

9）测满分析取样系统。

MV_1～MV_3 阀为测满分析取样阀。管口 f 喷出液体时，则液体容量已达设计规定的最大充装量，该阀并可用于取样分析 LNG 纯度。

16.3.1.2 罐式集装箱

目前 LNG 罐式集装箱的规格主要有 $35m^3$、$40m^3$、$50m^3$ 等几种规格，其技术要求、试验方法、检验规则以及定期检验应符合规范规定。

LNG 罐式集装箱适用于公路、水路和铁路运输以及这些运输方式之间的联运。

国产的一种罐式集装箱外形见图 16-3-5，其技术性能参数见表 16-3-10。

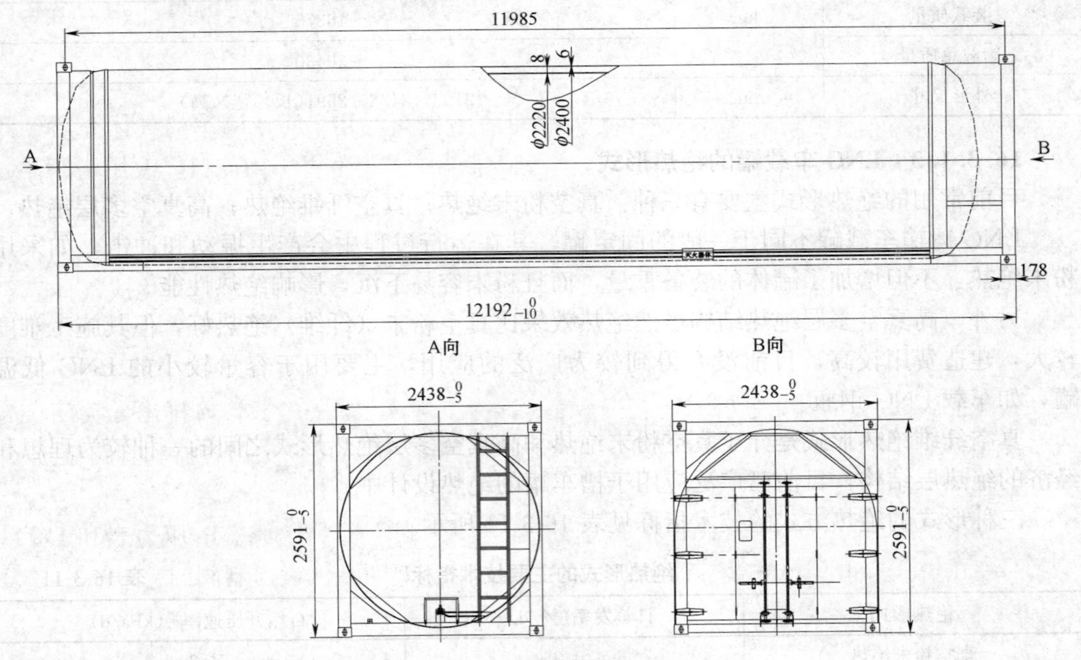

图 16-3-5 LNG 罐式集装箱外形图

LNG 罐式集装箱主要技术参数 表 16-3-10

项目名称	单位	指标(参数)		备注
		内筒	外筒	
容器类别		三类		
充装介质		LNG		
有效容积	m^3	37.7		
几何容积	m^3	41.95	9.1	夹层容积

续表

<table>
<tr><th rowspan="2">项目名称</th><th rowspan="2">单位</th><th colspan="2">指标(参数)</th><th rowspan="2">备注</th></tr>
<tr><th>内筒</th><th>外筒</th></tr>
<tr><td>最高工作压力</td><td rowspan="5">MPa</td><td>0.7</td><td rowspan="2">−0.1</td><td rowspan="2">外压</td></tr>
<tr><td>计算压力</td><td>0.8</td></tr>
<tr><td>气压试验压力</td><td>1.04</td><td></td><td></td></tr>
<tr><td>安全阀开启压力</td><td>0.74</td><td></td><td></td></tr>
<tr><td>安全阀回座压力</td><td>≥0.67</td><td></td><td></td></tr>
<tr><td>工作温度</td><td>℃</td><td>−162</td><td>−19~50</td><td></td></tr>
<tr><td>设计温度</td><td>℃</td><td>−196</td><td>50</td><td></td></tr>
<tr><td>罐体材质</td><td></td><td>0Cr18Ni9</td><td>16MnR</td><td></td></tr>
<tr><td>绝热形式</td><td></td><td colspan="3">高真空多层绝热</td></tr>
<tr><td>日蒸发率</td><td>%/d</td><td colspan="3">≤0.19</td></tr>
<tr><td>空箱质量</td><td rowspan="3">kg</td><td colspan="3">~14105</td></tr>
<tr><td>装载质量</td><td colspan="3">~16375</td></tr>
<tr><td>满载总质量</td><td colspan="3">~30480</td></tr>
<tr><td>外形尺寸</td><td>mm</td><td colspan="3">12192×2438×2591(长×宽×高)</td></tr>
</table>

16.3.1.3　LNG车载罐的绝热形式

目前常用的绝热形式主要有三种：真空粉末绝热；真空纤维绝热；高真空多层绝热。

LNG运输车载罐不同于一般的固定罐，其在运行过程中会产生振动和冲击，如采用粉末绝热，不但增加了罐体的装备重量，而且粉末容易下沉，影响绝热性能。

另外，高真空多层绝热结构虽然绝热效果比真空粉末（纤维）绝热好，但其施工难度较大，建造费用较高，目前没有得到较为广泛的应用，主要用于容量较小的LNG低温罐，如车载LNG钢瓶。

真空纤维绝热形式是介于真空粉末绝热和高真空多层绝热形式之间的一种较为理想和经济的绝热层结构，目前已广泛应用于槽车罐的绝热设计中。

三种形式的绝热方式的技术指标见表16-3-11所示。

绝热形式的主要技术指标[1]　　**表16-3-11**

绝热形式	日蒸发率(%/d)②	自然升压速率③(kPa/d)
真空粉末绝热	≤0.35	≤20
真空纤维绝热	≤0.30	≤17
高真空多层绝热	≤0.28	≤14

① 试验介质为LNG；

② 日蒸发率为环境温度为20℃，压力为0.1MPa时的标准值；

③ 自然升压速率为环境温度为5℃，初始充装率为0.9，初始压力为0.2MPa（表压）升至为0.8MPa（表压）条件下的平均值。

16.3.2　LNG运输船

LNG运输船是指将LNG从液化厂运往终端站的专用船舶。在该船舶的设计中，考虑的主要因素是能适应低温介质的材料，对易挥发/易燃物的处理。船只尺寸通常受到港口码头和接收站条件的限制。LNG 船的使用寿命一般为 35～40 年。

16.3.2.1 LNG 运输船形式

LNG 运输船的主体是货舱。目前有三种货舱围护系统，即法国的 Gaz Transport 和 Technigaz（GTT 型），挪威的 Moss Rosenberg（MOSS 型）和日本的 SPB 型。SPB 型的前身是棱形舱 Conch 型。

目前，LNG 运输船的液货舱主要为 GTT 型和 MOSS 型。

图 16-3-6 为 LNG 运输船围护系统的分类法。

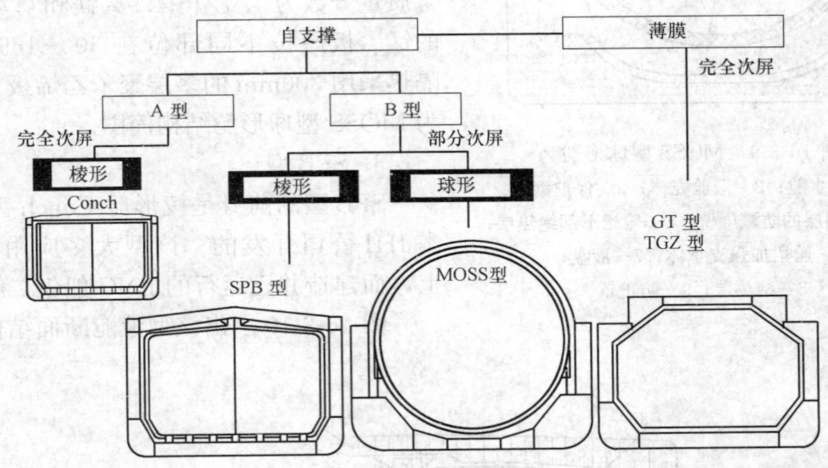

图 16-3-6 LNG 运输船货舱围护结构分类

1. GTT 型

薄膜型 LNG 船的开发者 Gaz Transport 和 Technigaz 已合并为一家，故对该型船称为 GTT 型。GT 型和 TGZ 型薄膜舱结构示意分别见图 16-3-7 和图 16-3-8。

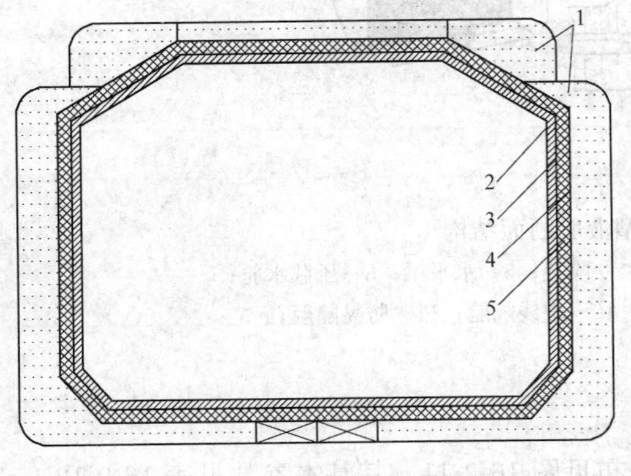

图 16-3-7 GT 型薄膜舱

1—压载水舱；2—镍钢薄膜主屏壁；3—镍钢薄膜次屏壁；4—内壳；5—绝热层

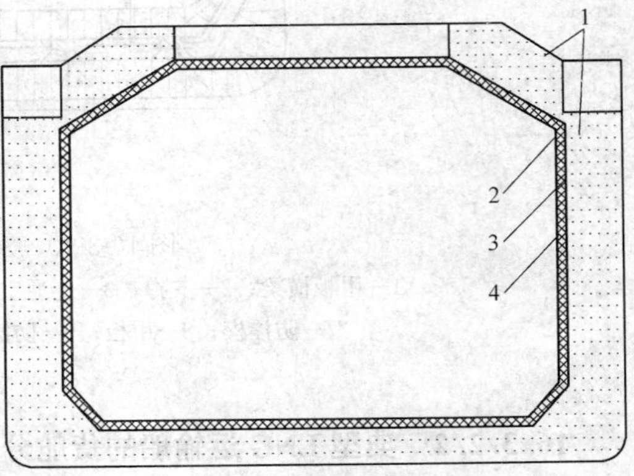

图 16-3-8 GTZ 型薄膜舱

1—压载水舱；2—镍钢薄膜主屏壁；3—内壳；4—绝热层

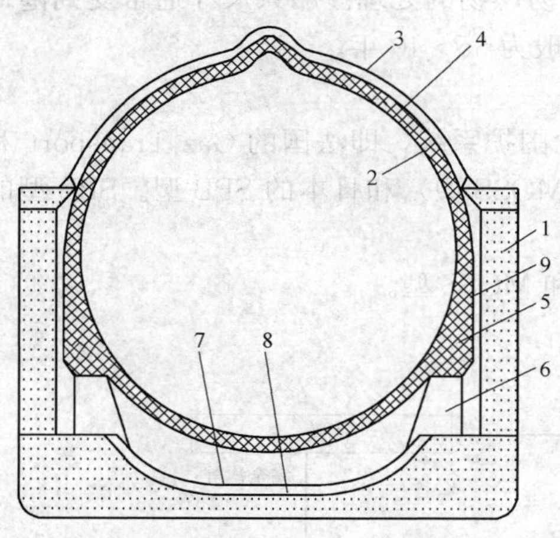

图 16-3-9　MOSS型球形舱

1—压载水舱；2—液舱壳体；3—保护钢罩；4—带绝热层的防溅屏壁；5—舱裙下部绝热层；6—舱裙加强支承体；7—液盘；8—绝热层；9—防护罩

薄膜舱的特点是用一种厚度为1.2～2.0mm，表面起波纹的3.6Ni钢作主屏，起到允许膨胀和收缩的作用。隔热板起着支撑膜的作用。它是一种由两层聚合木加上中间一层泡沫材料组成的三明治式的组合结构。在每一个薄膜波纹中心与隔热组合固定。

2. MOSS型

球罐采用铝板制成，牌号为5038。组分中含质量分数为4.0%～4.9%镁和0.4%～1.0%的锰。板厚按不同部位在30～169mm之间。隔热采用300mm的多层聚苯乙烯板。图16-3-9为MOSS型球形舱结构简图。

3. SPB型

SPB型的前身是棱形舱Conch型，是由日本IHI公司开发的。该型大多应用在LPG船上，而建造并已运行的LNG船仅二艘。

图16-3-10示出该型液舱断面结构。

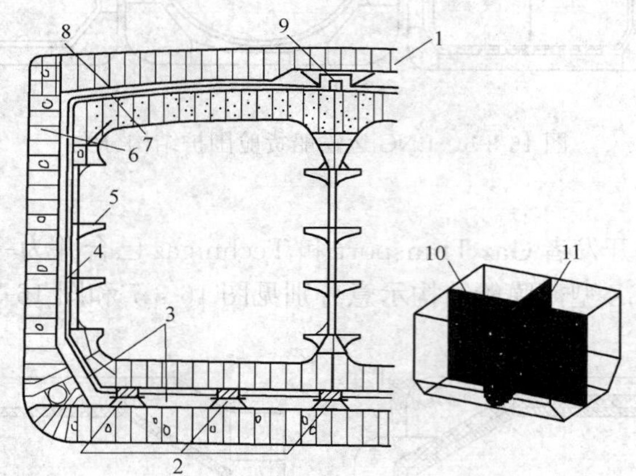

图 16-3-10　SPB型液舱断面结构

1—甲板横梁；2—支撑；3—连通空间；4—隔热；5—水平梁；6—压载水舱；7—防浮楔；8—甲板；9—防滚楔；10—中线隔舱；11—防晃隔舨

16.3.2.2　典型LNG运输船的货舱分布

125000m³ LNG船的上甲板平面和液货舱分布见图16-3-11，其基本参数见表16-3-12。日本145000m³ SPB型LNG船货舱分布见图16-3-12，其基本参数见表16-3-13。其他几种容量的LNG运输船主要基本参数见表16-3-14所示。

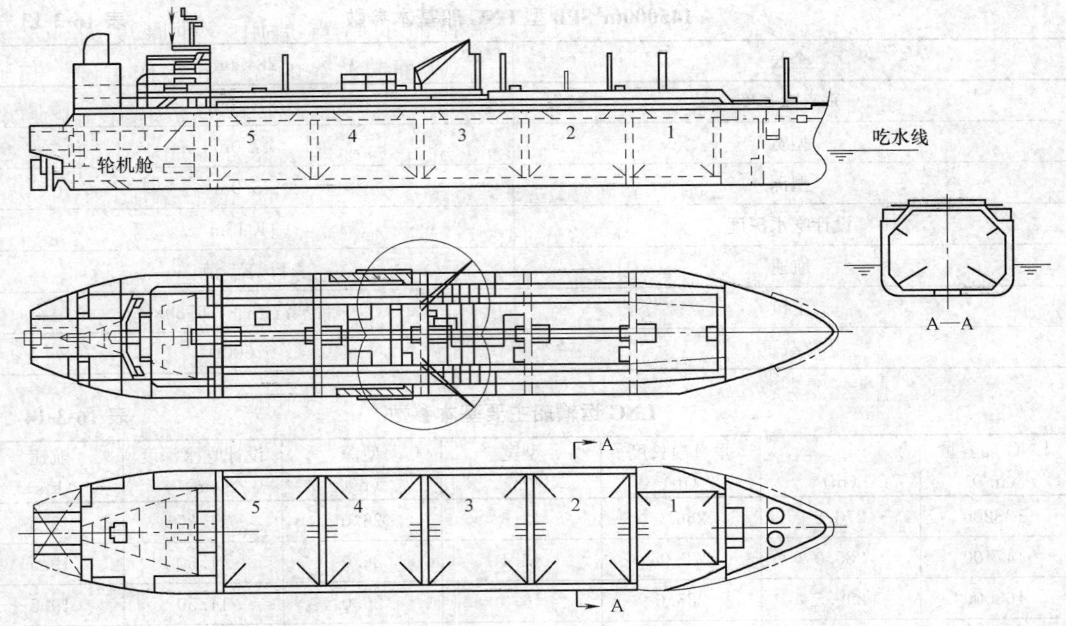

图 16-3-11 125000m³ LNG 船的上甲板平面和液货舱分布图

125000m³ LNG 船基本参数 **表 16-3-12**

全长	约 196m	液舱容量	约 45000m³
垂直净长度	184.0m	液舱围护	Technigaz 薄膜型
型宽	31.5m	主机	1 台
型深	18.0m	蒸气透平	13500HP
设计吃水深度	8.0m	发电机	2 台主透平，1 台辅助柴油机
自重	约 22000t	液舱蒸发率(标称)	0.2%/d
总载重	约 33000t	可选择项	柴油机驱动，提供再液化装置。
航速	约 16.5 节		

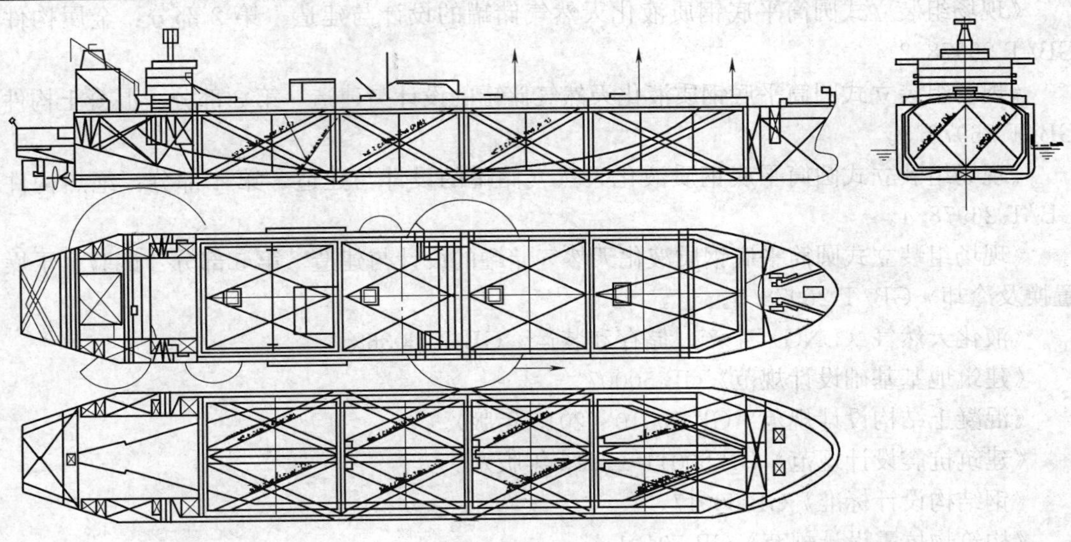

图 16-3-12 由日本 IHI 公司建造的 145000m³ SPB 型 LNG 船货舱分布图

145000m³ SPB 型 LNG 船基本参数 表 16-3-13

全长	284.0m
垂直净长度	270.0m
型宽	47.0m
型深	25.9m
设计吃水深度	11.45m
航速	110×5 节
主机	一台蒸汽透平，26730kW
总载重	97300t

LNG 运输船主要基本参数 表 16-3-14

LNG 船容量 (m^3)	全长 (m)	垂直净长度 (m)	型宽 (m)	型深 (m)	设计吃水深度 (m)	航速 (kts)
138200	278.8	266.0	42.6	26.0	11.35	19.5
147400	285.0	272.04	43.4	26.0	11.50	19.5
165000	299.5	286.0	46.0	26.0	11.50	19.5
205300	315.0	302.0	50.0	27.0	12.00	19.5
225000	337.0	323.0	50.6	27.0	12.00	19.5
250000	332.0	318.0	51.0	30.0	13.50	19.5

16.4 本章有关标准规范

《现场组装立式圆筒平底钢质液化天然气储罐的设计与建造 第1部分：总则》GB/T 26978.1。

《现场组装立式圆筒平底钢质液化天然气储罐的设计与建造 第2部分：金属构件》GB/T 26978.2。

《现场组装立式圆筒平底钢质液化天然气储罐的设计与建造 第3部分：混凝土构件》GB/T 26978.3。

《现场组装立式圆筒平底钢质液化天然气储罐的设计与建造 第4部分：绝热构件》GB/T 26978.4。

《现场组装立式圆筒平底钢质液化天然气储罐的设计与建造 第5部分：试验、干燥、置换及冷却》GB/T 26978.5。

《液化天然气（LNG）生产、储存和装运》GB/T 20368。

《建筑地基基础设计规范》GB 50007。

《混凝土结构设计规范》GB 50010（2015 年版）。

《建筑抗震设计规范》GB 50011（2016 年版）。

《钢结构设计标准》GB 50017。

《构筑物抗震设计规范》GB 50191。

Design and manufacture of site built, vertical, cylindrical, flat-bottomed steel tanks for the storage of refrigerated, liquefied gases with operating temperatures between 0℃ *and* −165℃ EN 14620.

Installation of equipment for liquefied natural gas - Design of onshore installations EN 1473.

Structural Seismic Design EN 1998.

Flat products made of steels for pressure purposes EN 10028-4.

Hot rolled products of structural steels EN 10025-2.

Design and Construction of Large Welded Low-Pressure Storage Tanks API 620.

Tank System for the Storage of Freezing Liquefied Natural Gas API 625.

Welded Tanks for Oil Storage API 650.

Standard for the Production, Storage and Handling of Liquefied Natural Gas NFPA 59A.

Process Piping ASME B31. 3.

参考文献

[1] 严铭卿，廉乐明等. 天然气输配工程 [M]. 北京：中国建筑工业出版社，2005.

[2] 顾安忠等. 液化天然气技术 [M]. 北京：机械工业出版社，2006.

[3] 邹宁宇，鹿成滨，张德信. 绝热材料应用技术 [M]. 北京：中国石化出版社，2005.

[4] 徐文渊，蒋长安. 天然气利用手册 [M]. 北京：中国石化出版社，2002.

[5] 手册编写组. 工艺管道安装设计手册 [M]. 北京：中国石化出版社，2005.

第 17 章　液化天然气接收站

17.1 概　述

液化天然气接收站（LNG Terminal，又称终端站）是对船运 LNG 进行接收、储存、气化和外输等作业的场站，接收站内可建适合公路、铁路、驳船或小型 LNG 运输车的装车设施。

液化天然气的接收站内建有专用码头，用于运输船的靠泊和卸船作业；储罐用于容纳从 LNG 船上卸下来的液化天然气；气化装置则是将液化天然气加热使其变成气体后，经管道输送到最终用户，液化天然气接收站实景见图 17-1-1。

图 17-1-1　液化天然气接收站实景

LNG 接收站内一般主要由工艺系统、公用工程和辅助工程三大部分组成，各部分主要内容见表 17-1-1 所示。

LNG 接收站主要工程项目一览表　　**表 17-1-1**

序　号	项　目　名　称	序　号	项　目　名　称
一、接收站工艺系统		5	生活污水处理系统
1	LNG 卸料系统	6	含油污水分离器
2	BOG 返回系统	7	供配电系统
3	LNG 储罐	三、辅助工程	
4	BOG 压缩机	1	行政办公楼
5	BOG 再冷凝器	2	中央控制室

续表

序号	项目名称	序号	项目名称
6	LNG 低压输送系统	3	总变电所
7	LNG 高压输送系统	4	码头控制及配电室
8	LNG 汽化系统	5	维修间及仓库
9	天然气计量及送出系统	6	储油库
10	LNG 装车系统	7	化学品库
11	火炬系统	8	废品库
12	燃料气系统	9	消防站及医疗中心
13	工艺海水系统	10	食堂
二、公用工程系统		11	门卫
1	生产水系统	12	压缩厂房
2	生活水系统	13	计量分析室
3	仪表空气及压缩空气系统	14	装车控制室
4	氮气系统	15	装车棚

17.2　接收站站址选择和总平面布置

17.2.1　站址选择

① 液化天然气接收站的选址应根据液化天然气接收站所在地区的地形、地质、水文、气象、交通、消防、给水排水、供电、通信、可利用土地和社会生活等条件，对可供选择的具体站址进行技术、经济、安全、环境、征地、拆迁、管理等方面的综合评价，选择最优建站地址。

② 液化天然气接收站的站址应符合当地城镇规划、工业区规划和港区规划，宜选择在自然条件有利于废气扩散、废水排放的地区，并宜远离其他环境敏感目标。

③ 液化天然气的站址应根据液化天然气码头的位置和陆域用地面积确定，并宜选择在天然气需求量大、用户集中的地区。

④ 液化天然气接收站应具有人员疏散条件。

⑤ 液化天然气接收站宜位于临近城镇或居民区全年最小频率风向的上风侧。

⑥ 公路、地区架空电力线路、地区输油（输气）管道不应穿越液化天然气接收站。

⑦ 液化天然气接收站应位于不受洪水、潮水或内涝威胁的地区，当不可避免时，应采取可靠的防洪、排涝措施。

⑧ 液化天然气接收站防洪标准应按重现期不小于 100 年设计。

⑨ 液化天然气接收站不应设在下列地区和区段内：

有土崩、活动断层、滑坡、沼泽、流沙、泥石流的地区和地下矿藏开采后有可能塌陷的地区；以及其他方面不满足工程地质要求的地区；

抗震设防烈度为 9 度及以上的地区；

蓄（滞）洪区；

饮用水水源保护区；

自然保护区；

历史文物、名胜古迹保护区。

⑩ 液化天然气接收站不宜建在抗震设防烈度为8度的Ⅳ类场地地区。

⑪ 液化天然气接收站与相邻工厂货设施的防火间距应按现行国家标准《石油天然气工程设计防火规范》GB 50183 中液化天然气站场区域布置的有关规定执行。

⑫ 液化天然气接收站同军事设施、机场、重要物品仓库和堆场的距离应同有关部门协商确定。

17.2.2　总平面布置

17.2.2.1　布置原则

① 液化天然气接收站总平面应在码头、栈桥、陆域形成的总体布置的基础上，根据接收站的规模、工艺流程、交通运输、环境保护、防火、安全、卫生、施工、生产、检修、经营管理、站容站貌及发展规划等要求，结合当地自然条件进行布置。

② 液化天然气接收站总平面应按功能分区布置。

③ 液化天然气接收站总平面布置应合理划分街区和确定通道宽度，街区、工艺装置区和建筑物、构筑物的外形宜规整。

④ 液化天然气接收站总平面布置的防火间距应按《石油天然气工程设计防火规范》GB 50183、《液化天然气（LNG）生产、储存和装运》GB/T 20368 和《建筑设计防火规范》GB 50016（2018 版）的有关规定执行。

17.2.2.2　总平面布置

接收站应根据不同的功能进行分区布置。一般可分为：码头区、LNG 储罐区、工艺装置区、LNG 槽车装车区、火炬区、公用工程及辅助生产区、外输计量区、行政办公区及生活服务区、海水取排水区、冷能利用区等。各功能区应布置紧凑并与毗邻功能区相协调。可能散发可燃气体的区域和设施，宜布置在人员集中场所及明火或散发火花地点的全年最小频率风向的上风侧。接收站的出入口不宜少于2个，且宜位于不同方向，人流、货流出入口应分开设置。接收站周界应采用永久性围墙封闭，围墙高度不应低于2.5m。

码头区、罐区、工艺装置区、火炬放空区和装车区属甲类危险区，应集中布置，并宜布置在工程地质良好的地段。辅助生产区和行政办公区应远离罐区布置。行政办公区及生活服务设施，宜根据其使用功能综合布置。

1. 码头区

液化天然气接收站码头区布置应与接收站陆域布置统筹考虑，码头布置应符合《液化天然气码头设计规范》JTS165-5 的有关要求。

码头及栈桥的布置应符合下列规定：

① 码头平台的大小应满足阀门及装卸臂的操作、检修要求；

② 栈桥布置应满足管廊的宽度及检修车辆通行等功能要求，栈桥宽度不宜小于15m。

码头区包括卸船码头以及码头到陆地的栈桥。在卸船码头布置 LNG 装卸船设施。装卸船设施应与设计船型相匹配。在码头上布置码头控制室和码头配电室。

某 LNG 接收站码头区的平面布置示意见下图 17-2-1

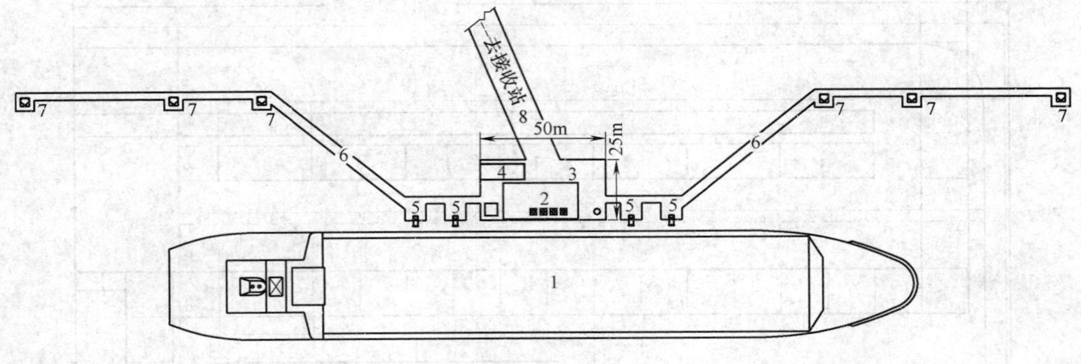

图 17-2-1 某 LNG 接收站码头区的平面布置图

1—LNG 船；2—卸船臂及操作平台；3—码头平台；4—码头配电室；
5—靠船墩；6—通道；7—系船墩；8—栈桥

2. LNG 储罐区

LNG 储罐区宜靠近码头布置，与码头的净距应符合现行行业标准《液化天然气码头设计规范》JTS 165-5 的有关规定。储罐区宜远离液化天然气接收站外的居民区和公共福利设施，宜布置在接收站人员集中活动场所和明火或散发火花地点全年最小频率风向的上风侧，并宜避免布置在窝风地带，储罐区不应毗邻布置在高于工艺装置区、接收站重要设施或人员集中场所的阶梯上。与罐组无关的管线、输电线路严禁穿越拦蓄区区域。

储罐区应设有环行通道，以便施工及检修车辆通行。

3. 工艺装置区

工艺装置区一般布置气化器、LNG 高压输送泵、BOG 压缩机和再冷凝器、海水泵、海水泵棚以及气体计量、管道清管器收发装置等，并预留出发展空间。

工艺区四周应设环形消防车道。

某接收站工艺装置区布置见下列示意图 17-2-2。

4. LNG 槽车装车区

LNG 槽车装车区宜位于接收站边缘或接收站外，并应避开人员集中活动的场所、明火和散发火花的地点及厂区主要人流出入口布置，宜设围墙独立成区，宜设置 2 个出入口，宜设置停车场。地面应采用水泥混凝土路面。

装车区布置应使槽车回转流畅。槽车装车贸易计量宜采用地衡计量，槽车装车宜采用定量装车控制方式，应采用装车臂密闭装车，并应配置氮气吹扫及置换设施并设装车控制室。汽车衡宜位于称量汽车主要行驶路线的右侧，进出车辆的平坡直线段长度不应小于一辆车长，且不应影响其他车辆的正常行驶。

LNG 槽车装车设施的布置应符合下列规定：

① 装车鹤位到储罐、控制室、办公室、维修间重要设施的间距不应小于 15m；

② 装车车位宜采用通过式，当受场地条件限制时，也可采用旁靠式；

③ 装车台面的高度，应根据槽车的形式、装车方式确定；

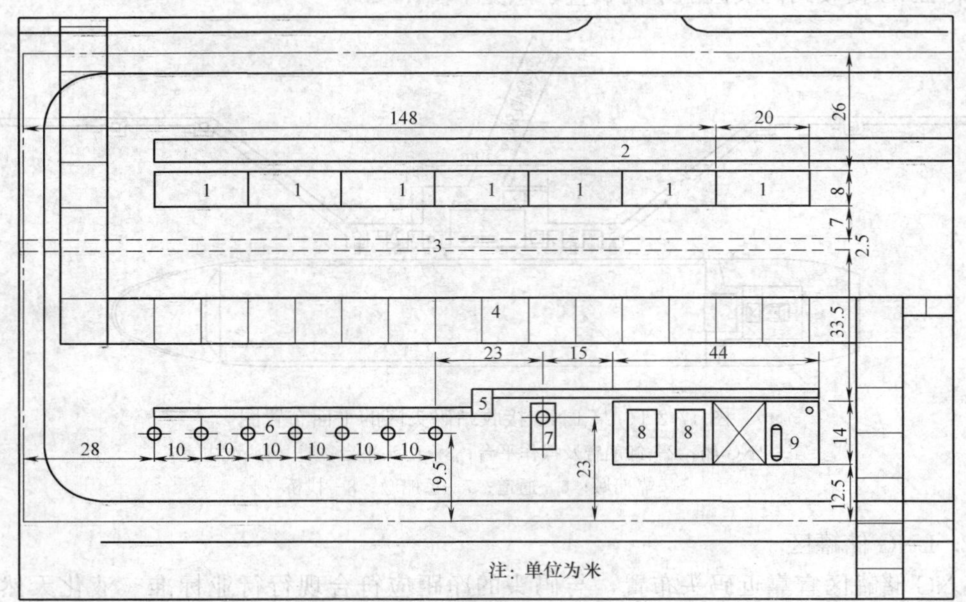

图 17-2-2　某接收站工艺装置区布置示意图

1—高压开架式气化器；2—海水排放渠；3—海水管线；4—管廊；5—工艺区收集池；6—LNG 输送泵；7—BOG 再冷凝器；8—BOG 压缩机；9—吸入罐

④ 装车鹤位之间的距离不应小于 4m；

⑤ 装车台应设遮阳（雨）罩棚；罩棚顶应不影响散发可燃气体的溢出；

⑥ 装车台处应设置导静电的接地设施。

装车系统流程示例见下列示意图 17-2-3。

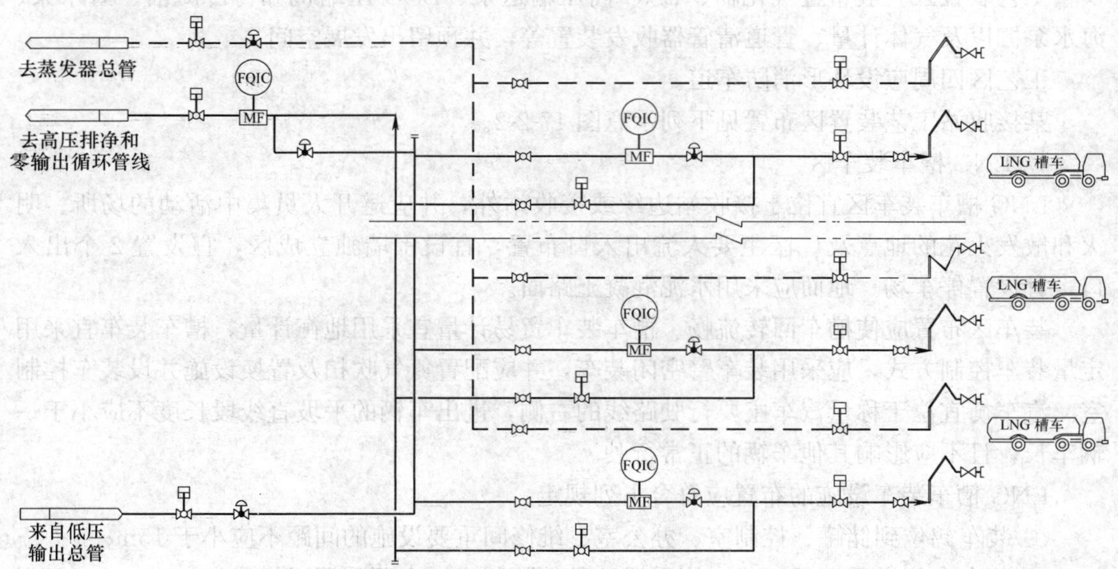

图 17-2-3　装车系统流程见下列示意图

某 LNG 接收站内槽车装车区的平面布置示意见图 17-2-4

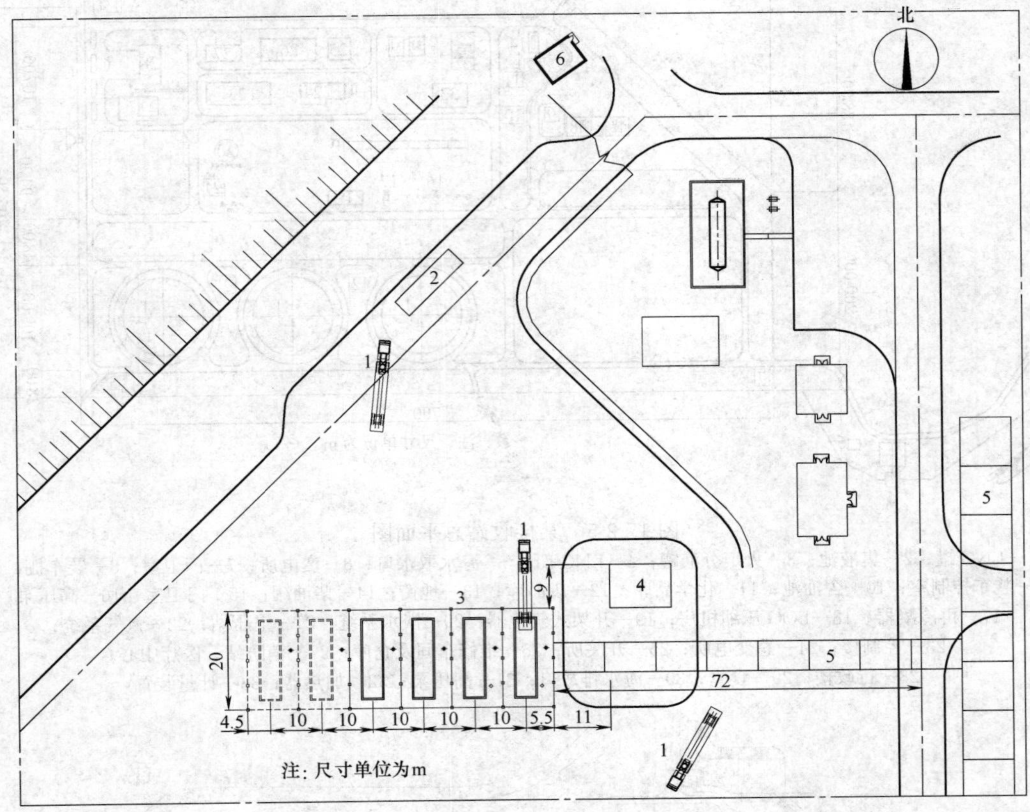

图 17-2-4 某 LNG 接收站槽车装车区平面布置图

1—LNG 槽车；2—地衡；3—装车位；4—装车控制室；5—管廊；6—门卫室

5. 火炬区

火炬布置应符合下列规定：

① 高架火炬宜位于生产设施全年最小频率风向的上风侧；

② 地面火炬宜位于生产设施全年最小频率风向的下风侧；

③ 火炬布置的防火间距应符合《石油天然气设计防火规范》GB 50183 的有关规定。

17.2.3 接收站总平面示例

示例 1：

某接收站总平面布置见图 17-2-5

示例 2：

某接收站总平面布置见图 17-2-6

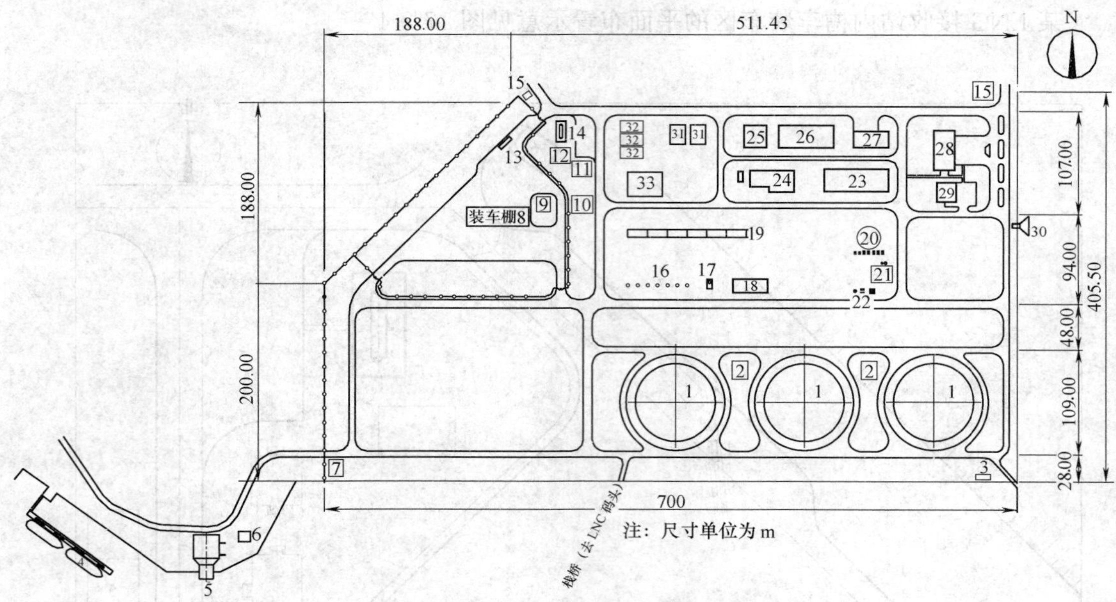

图 17-2-5　某接收站总平面图

1—LNG罐；2—集液池；3—火炬分液罐；4—LNG船；5—海水取水口；6—变电所；7—门卫室；8—装车棚；9—装车控制室；10—含油池；11—化学品库；12—废品库；13—地衡；14—柴油罐；15—门卫室；16—高压泵；17—再冷凝器；18—BOG压缩机房；19—开架式气化器；20—淡水系统；21—空压站；22—氮气系统；23—控制楼；24—总变电所；25—开关所；26—维修车间及仓库；27—消防站、医疗中心；28—行政楼；29—食堂；30—海水排放口；31—高压泵；32—加热器；33—计量装置

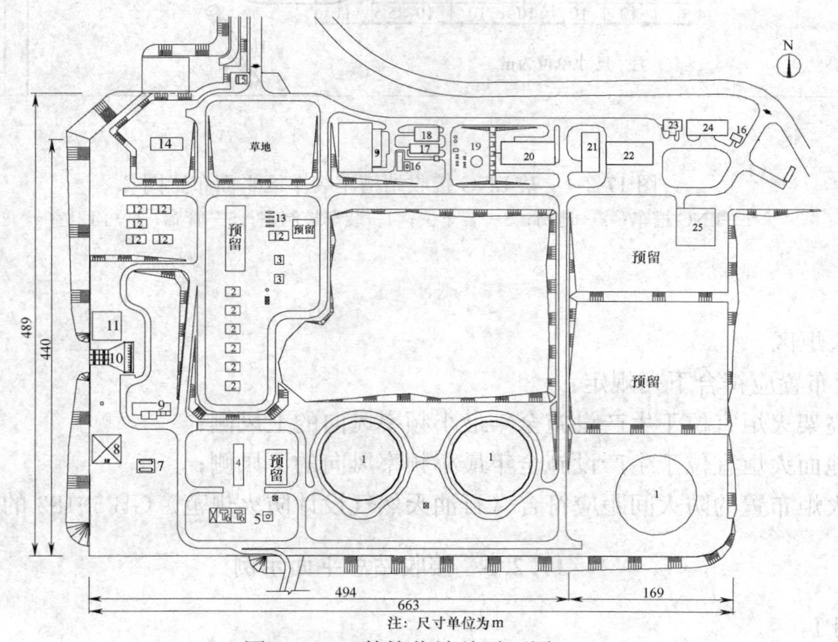

图 17-2-6　某接收站总平面图

1—LNG储罐；2—开架式气化器；3—浸没燃烧式气化器；4—LNG高压输送泵区；5—BOG加热器；6—BOG再冷凝器；7—火炬分液罐；8—火炬；9—变电站；10—海水泵及海水消防泵；11—放空塔；12—计量装置；13—天然气再加热器；14—LNG汽车装车区；15—门卫室；16—油罐；17—废品库；18—化学品库；19—公用设施区；20—控制室、实验室；21—消防站；22—车间、仓库；23—餐厅；24—行政办公楼；25—消防训练场

17.3 接收站工艺系统

17.3.1 一般规定

液化天然气接收站工艺系统设计应符合安全及环保要求，并满足接收站正常生产、开停车和检维修的要求。

液化天然气接收站的最小储存能力应根据设计船型、码头最大连续不可作业天数、正常外输及调峰要求确定，液化天然气储罐数量不宜少于2座。

液化天然气储罐及气化器出口的安全阀宜直接向大气排放，其他工艺设备及设施的安全阀出口宜接至蒸发气系统或火炬。

液化天然气泵和气化器应设置备用设备；装卸臂、蒸发气压缩机和再冷凝器等设备可不设置备用。

需要检修和维护的工艺系统和设备应设置切断阀及盲板等隔离设施。

液化天然气接收站宜设置保冷循环系统，保冷循环的液化天然气宜按其循环温升5～7℃确定。

液化天然气管道系统应进行瞬态流分析；管道的设计流速不宜大于7m/s。

可能出现真空的工艺设备和管道应采取防止真空造成损坏的措施。

17.3.2 工艺流程

根据对储罐蒸发气（BOG）处理方式的不同，LNG接收站的工艺分为再冷凝工艺和增压直接输送工艺。

1. 接收站工艺流程

LNG运输船抵达接收站码头后，LNG通过运输船上的输送泵，经卸船臂将LNG泵送到储罐储存。LNG进入储罐后置换出来的蒸发气，经过气相返回臂，送回运输船的LNG储舱中，以维持系统的压力平衡。

由储罐中的潜液泵经高压泵将LNG送到气化器中气化，气化后的天然气经计量站后送入天然气外输总管。

LNG在储罐的储存过程中或在卸船期间均将产生大量的蒸发气体（BOG），这些蒸发气体先通过BOG压缩机加压，送到再冷凝器中，在再冷凝器中与LNG过冷液体换热后被冷凝成LNG，可直接进入高压泵。

2. 再冷凝工艺

LNG在储罐的储存过程中或在卸船期间均将产生大量的蒸发气体（BOG）。BOG再冷凝工艺是将蒸发气压缩到较高的压力与由LNG低压输送泵从LNG储罐送出的LNG在再冷凝器中混合。由于LNG加压后处于过冷状态，可以使蒸发气再冷凝，冷凝后的LNG经LNG高压输送泵加压后外输，这样可以有效利用LNG的冷量，并减少蒸发气（BOG）压缩功的消耗，节省能量。再冷凝工艺流程简图见图17-3-1。

3. 增压直接输送工艺

增压直接输出工艺是将蒸发气压缩到外输压力后直接送至输气管网。

增压直接输送工艺流程简图见图17-3-2。

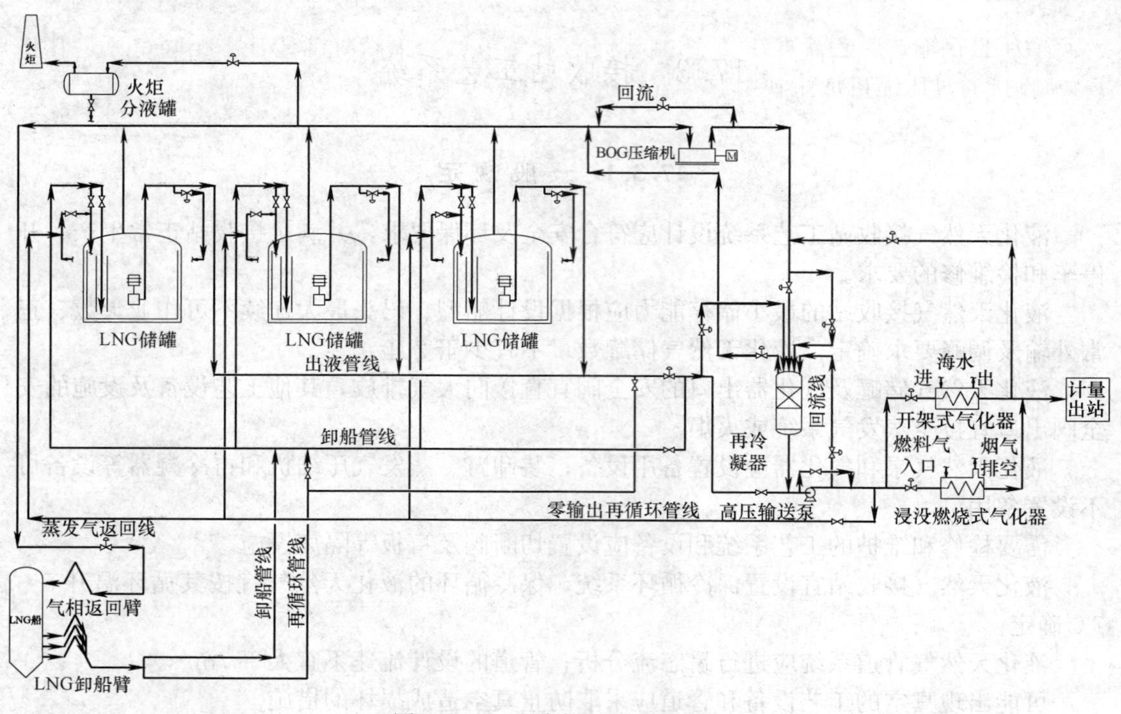

图 17-3-1　再冷凝工艺流程简图

图 17-3-2　增压直接输送工艺流程简图

增压直接输送工艺流程在LNG卸船、气化等方面与再冷凝工艺基本相同，只是其将BOG直接通过压缩机加压到用户所需的压力后，直接进入天然气外输总管。

17.3.3 装 卸 船

液化天然气的装卸船设施应与设计船型相匹配。

液化天然气装卸船管道应设置紧急切断阀，紧急切断阀宜设在栈桥根部陆域侧，距码头前沿的距离不应小于20m。

液化天然气装卸船管道上应设置在线密闭采样分析仪表。

装卸船工艺流程设计应符合下列规定：

① 工艺管道的管径应满足正常装卸的最大流量要求；

② 卸船宜采用船泵输送；

③ 装船宜采用液化天然气罐内泵输送；

④ 当装卸船不同时操作时，装卸船工艺系统宜共用；

⑤ 液相臂中应有1台能作为气相臂的备用。

液化天然气装卸船设备一般由液化天然气码头、液化天然气卸料臂、卸船管线、蒸发气回流臂、LNG取样器、蒸发气回流管线及LNG循环保冷管线组成。

每台液体卸载臂应具备在12小时内卸完船的能力。另外，应当设置1台蒸发气回流臂。LNG卸船管线宜采用双母管式设计。卸船时两根母管同时工作，各承担50%的输送量。当蒸发气回流臂由于故障不能使用，1台液体卸载臂应蒸发气回流臂的备用。

卸料臂的选型应考虑LNG卸船量和卸船时间，同时根据栈桥长度、管线距离、高程、船上储罐内输送泵的扬程等，确定其压力等级、管径及数量。蒸发气回流臂则应根据蒸发气回流量确定其管径等。卸载臂可不考虑备用。

卸料臂的旋转接头可在工作状态时平移和转动，同时还配有安全切断装置。

根据国际上LNG远洋运输的经验，LNG运输船的停靠时间一般为27h，LNG的卸船要求在12h内完成，进港时间2h，停靠时间1h，卸船准备一般为4h，离港准备至离港为8h。

17.3.4 储 存

1. 总体要求

液化天然气储罐应设置满足预冷、运行和停车操作要求的液位、压力、温度和密度检测仪表。

液化天然气储罐液位的设置应符合下列要求：

① 基于液化天然气储罐的最大充装体积流量，从最高操作液位上升至高高液位的时间不宜小于10min，达到高高液位时应连锁关闭入口阀门；

② 储罐低低液位应根据液化天然气储罐类型及罐内泵特性确定；

液化天然气储罐液位计的设置应符合下列规定：

① 应设置2套独立的液位计，达到高高液位或低低液位时应报警和连锁；

② 应设置1套独立的、用于高液位检测的液位计，达到高高液位时应报警和连锁。

液化天然气储罐应设置满足正常操作、高压、低压及负压检测需要的压力表。高压、低压及负压检测仪表应具有报警和连锁功能。

绝热层与内罐气相空间不连通时，应设置差压表或在绝热层设置压力表。

液化天然气储罐温度计的设置应符合下列规定：

① 内罐应设置多点温度计，相邻2个测温传感器之间的垂直距离不超过2m；

② 气相空间宜设置温度计；

③ 内罐管壁及底部应设置检测预冷及升温的温度计；

④ 外罐内壁下部及底部环形空间应设置检测泄露的温度计，温度达到低限值时报警。

液化天然气储罐宜设置1套液位—温度—密度（LTD）测量系统。

液化天然气储罐宜设置压力控制阀，超压排放气排放至火炬系统。

液化天然气储罐应设置安全阀及备用安全阀，并应设置补气阀和真空安全阀。补气阀的补气介质宜为天然气或氮气。真空安全阀应设置备用。

液化天然气储罐内应设置上部及下部进料管线；应设置预冷管线，预冷管线上应设置压力、温度、流量监测仪表和调节流量的阀门。

液化天然气储罐穹顶及环隙空间应设置测定气相氧含量及露点的取样口。

2. LNG储罐

(1) LNG接收站储存能力的确定

确定LNG接收站储存能力的因素是多方面的，如LNG运输船设计船型、码头最大连续不可作业天数、LNG接收站的正常外输和调峰要求、市场的天然气用量及其他计划的或不可预料事件（如LNG运输船的延期或维修、气候变化等）。

① 基荷型LNG接收站

基荷型接收站LNG储存能力按下式计算：

$$V_s=[V_t+n\cdot q_{dmax}-t\cdot q_{hmin}]/k \tag{17-3-1}$$

式中 V_s——LNG接收站储存能力，m^3；

V_t——LNG船容，m^3；

n——码头最大连续不可作业天数；

q_{dmax}——最大LNG输出量，m^3/d；

t——卸料时间，一般取12h；

q_{hmin}——最小LNG输出量，m^3/h；

k——安全系数。

② 调峰型LNG接收站

调峰型接收站LNG储存能力按下式计算：

$$V_s=V_1+V_2+V_3+V_4 \tag{17-3-2}$$

式中 V_s——LNG接收站储存能力，m^3；

V_1——LNG船装卸有效船容，m^3；

V_2——考虑最大不可作业期间的备用量，m^3；

V_3——季节调峰存储量，m^3；

V_4——呆滞存储量，可按罐容的3%考虑，m^3。

(2) LNG储罐

液化天然气储罐宜采用现场建造立式圆筒平底储罐，其设计压力不应超过50kPa（G）。

LNG储罐分为地下罐和地上罐。地上罐按其结构分为单包容式、双容式、全容式、薄膜罐式。各种接收站采用的LNG储罐比较如表17-3-1所示：

LNG储罐比较表 表17-3-1

项目 \ 罐型	单容罐	双容罐（混凝土外壁）	全容罐（混凝土顶）	薄膜式	
				地上罐	地下罐
安全性	中	中	高	中	高
技术可靠性	高	高	高	中	中
结构完整性	低	中	高	中	中
投资(罐及相关设备)	80%～85%	95%～100%	100%	95%	150%～180%
配备回气风机	需要	需要	不需要	需要	需要
占地面积	多	中	少	少	少
操作费用	中	中	低	低	低
施工周期(月)	28～32	30～34	32～36	30～34	42～52
施工难易程度	低	中	中	高	高

选择罐型时应综合考虑技术、经济、安全性能、占地面积、场址条件、建设周期及环境等因素。

接收站的最小罐容应该等于卸船期间的净进库量加上两个船次间的最大外输量。在此基础上，还要考虑季节调峰、船站维修对卸气量的影响。气体需求季节波动的存储量，是通过计算液化天然气供气量与调峰季节液化天然气卸下量的差别得到的。这时候，液化天然气供气量要大于卸下液化天然气量。

为确定罐容应综合考虑船速、液化天然气在运输途中蒸发损耗、液化天然气船返程时为保持冷冻需留下的液化天然气量、液化天然气船的装载有效系数、液化天然气船装卸时间、液化天然气船因气候停泊时间（风浪超出作业要求）、液化天然气船维修时间、地点以及液化天然气来源等条件后，初步确定罐容。原则上说，储罐越大，单位体积造价越低，蒸发损耗越小，因此，在材料和施工条件许可的前提下，应尽可能选大的罐型。

液化天然气储罐数量不宜少于2座。

（3）储罐的抗震

根据《液化天然气接收站工程设计规范》GB 51156，储罐的抗震设计应满足下列要求：

国家标准《建筑抗震设计规范》GB 50011（2016年版）所规定的反应谱是在中国国内所建项目应遵守的最低抗震设计要求，故OBE和SSE应不低于现行国家标准《建筑抗震设计规范》GB 50011（2016年版）的规定。

① OBE的超越概率为10%，现行国家标准《建筑抗震设计规范》GB 50011（2016年版）规定的抗震设防地震的超越概率为10%，两者相同，所以OBE应与抗震设防地震相对应。

② SSE的超越概率为2%，现行国家标准《建筑抗震设计规范》GB 50011（2016年版）规定的罕遇地震的超越概率为2%～3%，两者基本相同，所以SSE应与罕遇地震相

对应。

③ ALE是NFPA 59A、CSA 271、API 620和ACI 376新增加的定义，表示SSE地震后的余震。从世界范围内的地震经验来看，ALE与SSE的比值接近于0.5，故定义ALE为SSE的一半。

储罐的附属结构；在OBE工况下抗震水平应与储罐结构保持一致，这样才能满足储罐系统的抗震性能要求。

（4）拦蓄区容积设计

《石油天然气工程设计防火规范》GB 50183中关于拦蓄区容积设计须满足如下要求：

LNG储罐拦蓄区最小容积V，包括排水区域的有效容积，并为积雪、其他储罐和设备留有裕量，按下列规定确定：

① 单个储罐的拦蓄区：

A. V等于储罐液体最大容积的110%；

B. 若拦蓄设计承受储罐灾难性失事件中的水力冲击，V等于储罐液体最大容积的100%；

C. 若拦蓄高度等于或大于储罐最高液位，V等于储罐最大容积的100%；

② 多个储罐的拦蓄区：

A. V等于拦蓄区内所有储罐液体最大容积的100%；

B. 若对因低温或因拦蓄区内一储罐泄漏着火而引起拦蓄区内其他储罐泄漏，在采取了防止措施条件下，V等于拦蓄区内最大储罐液体最大容积的110%。

（5）隔热距离与扩散隔离区

根据《石油天然气工程设计防火规范》GB 50183，围堰和集液池至室外活动场所、建（构）筑物的隔热距离（作业者的设施除外），应按下列要求确定：

① 围堰区至室外活动场所、建（构）筑物的距离，可按国际公认的液化天然气燃烧的热辐射计算模型确定，也可使用管理部门认可的其他方法计算确定。

② 室外活动场所、建（构）筑物允许接受的热辐射量，在风速为0级、温度21℃及相对湿度为50%条件下，不应大于下述规定值：

A. 热辐射量达4000W/m^{2}界线以内，不得有50人以上的室外活动场所。

B. 热辐射量达9000W/m^{2}界线以内，不得有活动场所、学校、医院、监狱、拘留所和居民区等在用建筑物：

C. 热辐射量达30000W/m^{2}界线以内，不得有即使是能耐火且提供热辐射保护的在用构筑物。

③ 燃烧面积应分别按下列要求确定：

A. 储罐围堰内全部容积（不包括储罐）的表面着火；

B. 集液池内全部容积（不包括设备）的表面着火。

上述第（5）中①、②项中的室外活动场所、建筑物，以及站内重要设施不得设置在天然气蒸气云扩散隔离区内。扩散隔离区的边界应按下列要求确定：

a. 扩散隔离区的边界应按国际公认的高浓度气体扩散模型进行计算，也可使用管理部门认可的其他法计算确定。

b. 扩散隔离区边界的空气中甲烷气体平均浓度不应超过2.5%；

④ 设计泄漏量应按下列要求确定：

A. 液化天然气储罐围堰区内，储罐液位以下有未装内置关闭阀的接管情况，其设计泄漏量应按照假设敞开流动及流通面积等于液位以下接管管口面积，产生以储罐充满时流出的最大流量，并连续流动到 0 压差时为止。储罐成组布置时，按可能产生最大流量的储罐计算；

B. 管道从罐顶进出的储罐围堰区，设计泄漏量按一条管道连续输送 10min 的最大流量考虑；

C. 储罐液位以下配有内置关闭阀的围堰区，设计泄漏量应按照假设敞开流动及流通面积等于液位以下接管管口面积，储罐充满时持续流出 1h 的最大量考虑。

17.3.5 液化天然气泵

泵送设备将液化天然气从储罐内抽出，达到气化器所需的压力，然后输送到气化器。

液化天然气泵的设置应符合下列规定：

① 应设置就地启/停按钮，并在中央控制室设置紧急停车按钮；

② 应设置低流量保护线，流量达到低限值时应报警及紧急停泵；

③ 出口管道上应设置温度、压力和流量仪表；

④ 电气及仪表接线端子的氮封压力达到高限值应报警；

⑤ 电流达到高限值应报警及紧急停泵；

⑥ 应设排气系统。

罐内泵的能力应根据外输气量、装车外输量、装船外输量和保冷循环量等要求确定。

每座 LNG 储罐的罐内泵不应少于 2 台；配置应急电源的罐内泵不宜少于 1 台；罐内泵应采用安装在储罐泵井内的立式潜液泵。外输泵宜采用安装在固定专用罐内的立式潜液泵。

外输泵出口管道宜设置两种不同形式的止回阀，入口管道上应设置压力仪表及过滤器；泵罐液位达到低限值应报警。

17.3.6 气 化 器

气化器的功能是将 LNG 汽化，以便在高于烃露点以及不低于 0℃的温度下将天然气送入输气管网。

接收站内常用的气化器有下列几种形式：开架式气化器（ORV）、浸没燃烧式气化器（SCV）、中间介质气化器（IFV）。气化器的最大压降不宜大于 0.2MPa。气化器天然气的出口温度不宜低于 0℃。

每台汽化器液化天然气入口管线上应设置流量调节阀和紧急切断阀，紧急切断阀与气化器的距离不应小于 15m；出口紧急切断阀应在入口紧急切断阀关闭后延时切断。

每台气化器液化天然气入口管线上应设置温度、压力和流量监测仪表，天然气出口管线上应设温度和压力监测仪表，并应单独设置用于气化器紧急停车连锁的温度监测仪表。

气化器操作压力大于 6.3MPa（G）时，出入口均应设置双阀隔离。

气化器报警与连锁停车设置应符合表 17-3-2 的要求：

气化器报警与连锁停车设置　表 17-3-2

项目	条件	报警与连锁停车设置		
		ORV	IFV	SCV
天然气出口压力	高限值	报警并停车	报警并停车	报警并停车
	低限值	报警	报警	报警
天然气出口温度	高限值	—	—	报警并停车
	低限值	报警并停车	报警并停车	报警并停车
海水流量	低限值	报警并停车	报警并停车	—
海水出口温度	低限值	报警	报警并停车	—
燃料气压力	高/低	—	—	报警并停车
助燃空气压力	低限值	—	—	报警并停车
火焰	熄灭	—	—	报警并停车
水浴酸碱度	超限值	—	—	报警
风机	故障	—	—	报警

气化器的设计压力应大于或等于安全阀的整定压力。每台气化器天然气出口管线上应设置安全阀。

各气化器出口紧急切断阀及其上游管路系统安全阀的设计温度应与气化器设计温度一致。

气化器换热元件的材质应适用于液化天然气和加热介质。

气化器的选型应根据接收站建站地区的气候及海水条件，接收站的功能定位，可利用的热源种类、外输天然气的压力和流量，经过经济技术比较后确定。

气化器宜采用开架式气化器、浸没燃烧式气化器和中间介质气化器。

一般在海水水质较好，含砂量少的地区，可以选用海水开架式气化器。开架式气化器的海水流量通过海水管线上的流量调节阀来控制，控制海水流量满足气化热负荷要求，同时限制海水温降不应超过 5℃。要求海水取水口和排水口的距离宜在 300m 以上。

当海水质量不能满足开架式气化器的要求或接收站附近有电厂废热可以利用或需要冷能利用时，通常采用中间介质气化器。

海水开架式气化器（ORV）的优点是操作费用低，但设备比较庞大、设备投资高。而浸没燃烧式气化器（SCV）操作运行费用较高，但造价低。因此一般选择海水开架式气化器作为主气化器，而选择浸没燃烧式气化器作为备用和调峰。

（1）开架式汽化器（ORV）

开架式气化器以海水作为热源，海水自气化器顶部的溢流装置依靠重力自上而下均覆在气化器管束的外表面上，液化天然气沿管束内自下而上被海水加热气化的设备。可以在 0%～100%的负荷范围内运行，常用于基本负荷型的大型气化装置。

整个气化器用铝合金支架固定安装。气化器的基本单元是传热管，由若干传热管组成板状排列，两端与集气管或集液管焊接形成一个管板，再由若干个管板组成气化器。气化器顶部有海水的喷淋装置，海水喷淋在管板外表面上，依靠重力的作用自上而下流动。液化天然气在管内向上流动，在海水沿管板向下流动的过程中，LNG 被加热气化。气化器外形见图 17-3-3，其工作原理见图 17-3-4。

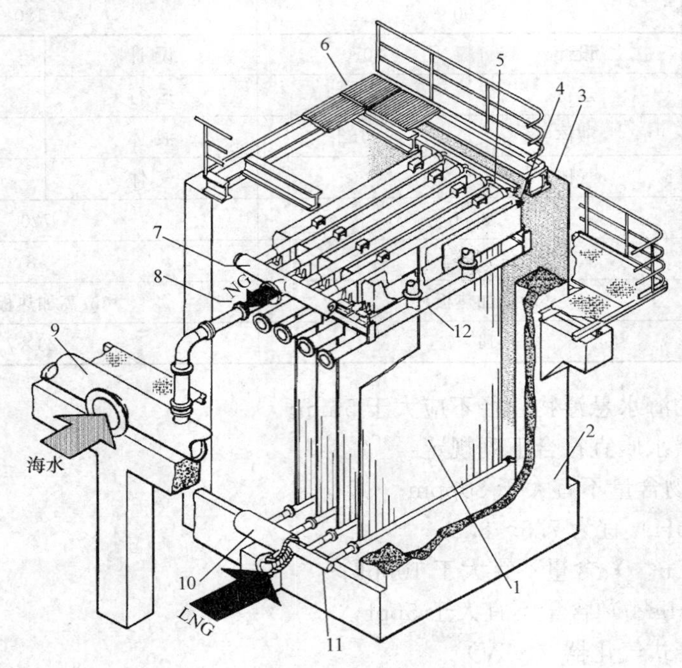

图 17-3-3 ORV 气化器外形

1—平板型换热管；2—水泥基础；3—挡风屏；4—单侧流水槽；5—双侧流水槽；
6—平板换热器悬挂结构；7—多通道出口；8—海水分配器；9—海水进口管；
10—绝热材料；11—多通道进口；12—海水分配器

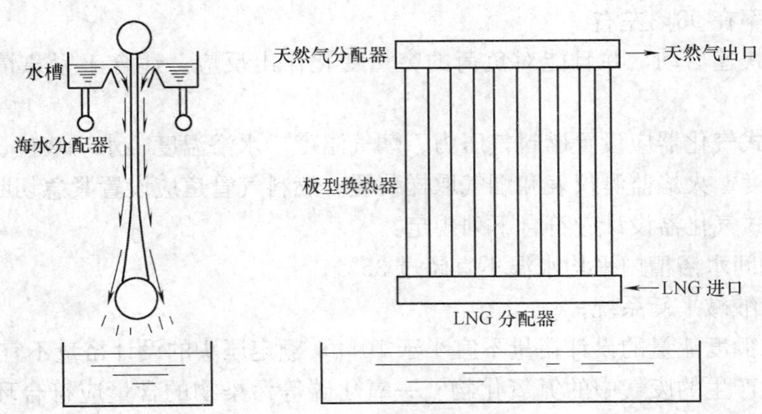

图 17-3-4 ORV 气化器工作原理

表 17-3-3 列出一些开架式海水加热型 LNG 气化器的技术参数。

当使用海水作为气化器热源时，海水温降不应大于 5℃。海水入口管道上应设置温度和流量监测仪表，出口海水应设温度监测。

一些正在运行的海水加热型LNG气化器技术参数　表17-3-3

气化量(t/h)	100		180	
压力(MPa)	设计	10.0	设 计	2.50
	运行	4.5	运 行	0.85
温度(℃)	液体	−162	液 体	−162
	气体	>0	气 体	>0
海水流量(m^3/h)	3500		7200	
海水温度(℃)	8		8	
管板数量	6m高加热板×18		6m高加热板×30	
尺寸(长×宽)(m)	14×7		23×7	

气化器使用的海水悬浮物粒径不应大于5mm。

开架式气化器水质宜符合下列规定：

① 固体悬浮物含量不宜大于80ppm；

② 酸碱度（pH）宜为7.5～8.5；

③ 铜离子（Cu^{2+}）含量不宜大于10ppb；

④ 汞离子（Hg^{2+}）含量不宜大于5ppb。

（2）浸没燃烧式气化器（SCV）

浸没燃烧式气化器是燃烧加热型气化器中使用最多的一种。是以天然气为燃料，天然气通过燃烧器燃烧产生高温烟气直接进入水浴中将水加热，液化天然气通过浸没在水浴中的换热盘管后被热水加热气化的设备。其结构紧凑，节省空间，装置的初始成本低。

在换热盘管中，高温烟气以气泡形式通过水向上运动，将热量传递给水，同时引起激烈的搅动增加了水的传热系数。水沿着气化器的管路向上流动，LNG在管路中气化，气化装置的热效率在98%左右。

燃烧器可快速启动，并且能对负荷的突然变化作出反应。适合于紧急情况或调峰时使用。

浸没燃烧式气化器应设置燃料气压力、烟气温度、水浴温度、水浴液位、天然气出口温度、水酸碱度、火焰监测仪表和烟气取样装置。燃料气管道应设置紧急切断阀。

浸没燃烧式气化器设计应符合下列规定：

① 运行期间水浴槽内平均水温不宜超过35℃；

② 应设置酸碱平衡系统；

③ 鼓风机额度流量的设计裕量不宜小于10%，额定压头的设计裕量不宜小于21%；

④ 运行时产生的废气中的氮氧化物、一氧化碳等污染物的含量应符合环保要求，并应除去99%直径超过10μm的水滴。

浸没燃烧式气化器的工作原理如图17-3-5所示。

表17-3-4为一些正在运行的浸没燃烧式LNG气化器技术参数。

（3）中间介质气化器（IFV）

中间介质气化器同管壳式热交换器类似。是利用一种中间介质蒸发冷凝的相变过程将热源的热量转递给液化天然气，使其气化的设备。

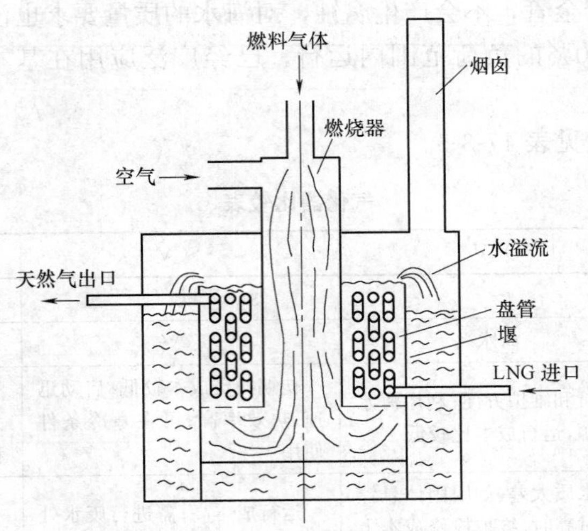

图 17-3-5 浸没燃烧式气化器的工作原理

一些正在运行的浸没式燃烧加热型 LNG 气化器技术参数 表 17-3-4

汽化量(t/h)	100		180	
压力(MPa)	设计	10.0	设计	2.50
	运行	4.5	运行	0.85
温度(℃)	液体	−162	液体	−162
	气体	>0	气体	>0
燃烧器供热能力(kW)	2.3×10^3		$2.1\times10^3\times2$ 台	
槽内温度(℃)	25		25	
空气量(m^3/h)	26,000		47,000	
尺寸(长×宽)(m)	8×7		11×10	

中间介质气化器可采用丙烷、乙二醇水溶液等作为中间介质。

图 17-3-6 为中间介质气化器结构原理图。采用中间传热流体的方法可以防止结冰带来的影响，可采用丙烷、乙二醇水溶液等介质作中间传热流体。实际使用的气化器的传热过程是由两级换热组成；第一级是由 LNG 和丙烷进行热交换，第二级是丙烷和海水进行热交换。

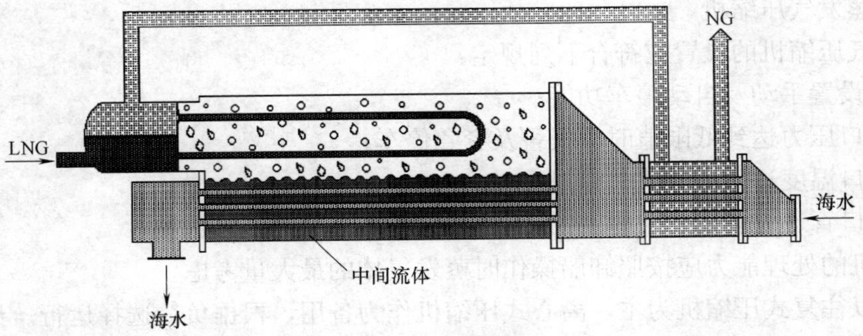

图 17-3-6 中间介质气化器结构原理图

换热管可采用钛合金管，不会产生腐蚀，对海水的质量要求也没有过多的限制。这种气化器可以在0%～100%的负荷范围内运行，已经广泛应用在基本负荷型的LNG气化系统。

三类汽化器的比较见表17-3-5。

气化器比较表 **表17-3-5**

汽化器形式	ORV	SCV	IFV
中间介质	—	水	丙烷等
热源	海水	天然气	海水
主要优点	运行和维护方便;利用海水为热源,运行成本比较低	初期投资成本较低;启动迅速;热效率高;可在寒冷条件使用	水质适应性强;利用海水为热源,运行成本较低;运行和维护较方便
主要缺点	当水质太差,如因固体悬浮含量过高时,维护检修成本上升,甚至不能作为热源	运行成本高;需进行废水处理;运行和维护较复杂	初期投资大,制造厂家少,交货周期长
适用范围	技术成熟,大量用于接收站基本负荷输出	技术成熟,大量用于接收站调峰负荷输出或作为备用	一般用于海水质量不能满足ORV或冷能利用的场合
初期投资费用指数	1	0.8～1	>2
运行费用指数	1	7～10	1

17.3.7 蒸发气处理

液化天然气接收站应设置蒸发气处理系统。

蒸发气处理系统应收集液化天然气设备及管道漏热产生的蒸发气、保冷循环产生的蒸发气和装卸船以及装车等正常操作所产生的蒸发气。蒸发气宜采用下列方式回收利用：

① 再冷凝后气化外输；

② 直接加压外输；

③ 用作燃料气；

④ 再液化。

蒸发气体回收设备设计是基于经济性方面的考虑。蒸发气体最大产生率是在液化天然气卸载中，因此，蒸发气体回收设备处理能力应按照大于或等于蒸发气体的最大产生率。

(1) 蒸发气压缩机

蒸发气压缩机的设置应符合下列规定：

① 应设置手动及自动停车功能；

② 入口压力达到低限值时应报警及紧急停车；

③ 入口温度达到高限值时宜报警；

④ 出口管道应设置止回阀。

压缩机的处理能力应按照卸船操作时蒸发气体的最大量考虑。

一般以往复式压缩机为主，离心式压缩机作为备用，根据负荷选择运行。只是在蒸发气体较大时，才启动离心式压缩机。低温蒸发气压缩机可采用卧式对称平衡型或立式迷宫活塞往复式压缩机。

压缩机的能力可以通过逐级调节来实现流量控制，其压缩能力（0%、25%、50%、75%、100%）一般通过储罐的绝压控制系统信号来调节。

蒸发气压缩机的控制可以根据要求设置为自动或手动。

当压缩机控制设置成自动模式时，LNG 储罐压力将通过一个总的绝压控制器来控制，该绝压控制器可自动选择蒸发气压缩机的运行负荷等级。

(2) 蒸发气再冷凝器

其主要功能是将经压缩后的蒸发气与送出的低温 LNG 在其内部混合，从而将蒸发气冷凝为液体。

在蒸发气再冷凝器的进出口的两端应设置旁路，并宜设置流量比例控制系统。

再冷凝器应设置压力保护和高、低液位报警系统。

17.3.8 外输及计量

外输天然气的计量宜选用体积或热值计量方式。外输气体热值调整系统应根据需要设置。外输天然气管道应设置气质监测设施，对气体组成、水露点、烃露点、硫化氢含量等进行监测。

计量系统的工艺设计应符合压力、温度、流量以及工况变化等输气工艺要求。

清管系统的设计应符合《输气管道工程设计规范》GB 50251 的有关要求。

加臭系统应根据需要设置。

17.3.9 火炬和排放

液化天然气管道泄压安全设施的设置应符合下列规定：

① 两端阀门关闭且外界环境影响可能造成介质压力升高的液化天然气管道应设置泄压安全措施；

② 减压阀后的管道系统不能承受减压阀前的压力时，应设置泄压安全措施。

液化天然气不应就地排放，严禁排至封闭的排水沟（管）内。

安全阀、放空阀、其他泄压设施和其出口管道及设备应能适应排放过程中温度变化。

火炬系统的处理能力应满足下列工况中可能产生的最大排放量。在确定最大排放量时，不应考虑任意两种工况的叠加：

① 火灾；

② 液化天然气储罐的超压排放；

③ 设备故障；

④ 公用工程故障；

⑤ 开停车和检维修。

火炬系统应设置保持正压及防止回火的措施，并应符合下列规定：

① 火炬系统防止回火措施宜采用注入吹扫气体的方式，不应采用水封罐方式，不宜采用阻火器，吹扫气体宜采用氮气；

② 高压火炬吹扫气体注入点宜设在分液罐的出口管道上，地面火炬吹扫气体注入点应设在各分级压力开关阀下游；

③ 高压火炬吹扫气体应连续供气，宜设置备用气源；

④ 吹扫气体宜设置流量指示和低流量报警仪表；

⑤ 分液罐后的火炬放空主管宜设置压力指示和低压报警仪表；

⑥ 高架火炬应设置密封器，宜采用速度密封器。

高架火炬筒体、塔架和其附属设施的设计应能适应低温气体排放条件。

封闭式地面火炬的设计应符合下列规定：

① 燃烧器宜选用自引风式，应能够充分燃烧；燃烧器应具备100％的消烟能力；

② 燃烧器应满足低温天然气燃烧的要求；

③ 管路系统应避免出现冰冻堵塞火炬排放的情况。

工艺系统放空可按以下原则进行：

① 码头液体管线上热膨胀安全阀放空排到码头收集罐，收集罐上安全阀就地放空；

② LNG储罐上压力安全阀放空可直接排到大气中，排放点应位于安全处；

③ 气化器安全阀可采用就地放空。

除上述情况外，所有安全阀排放的气体皆排到蒸发气总管，最终汇到火炬系统。

蒸发气排放总管进入火炬前宜设置分液罐。分液罐应设置加热设施，加热设施的启动及关闭应与分液罐的液位或温度信号连锁。

17.3.10　设备布置与管道

17.3.10.1　设备布置

设备布置应满足工艺流程、安全生产和环境保护的要求，并应兼顾操作、维护、检修、施工和消防的需要。

设备布置应满足液化天然气接收站总体布置的要求。设备平面布置的防火间距应符合《石油天然气工程设计防火规范》GB 50183的有关规定。

设备宜露天或半露天布置，当工艺操作要求或受自然条件限制时，可将设备布置在建筑物内。

液化天然气储罐、泵、压缩机以及其他工艺设备的布置应符合《液化天然气接收站工程设计规范》GB 51156的有关规定。

17.3.10.2　管道布置

通常将低于或等于－20℃的管道称为低温管道。

当使用温度低于－20℃时，低碳钢管道就由延性状态逐渐变为以脆性状态为主，所以碳钢管道在使用上有一定的条件限制。

低温管道主要考虑两方面的问题：

① 低温脆性，要求合理选用低温冲击韧性较高的钢材，同时在配管设计和管系制作上采取相关措施防止脆裂和脆断。

② 保冷结构设计和由于保冷需求而产生的一系列设计要求，也是非常重要的。它直接关系到能耗和设备管道的施工、操作、检修等。

液化天然气管道宜地上敷设；当采用地下敷设时，可采用管沟敷设并应采取安全措施。管沟内敷设的液化天然气管道及其组成件的保冷层外侧与管沟内壁之间的净距不应小于250mm。

液化天然气管道布置在满足管道柔性设计要求的前提下，应使管道短，弯头数量少。液化天然气管道布置宜步步高或步步低，避免袋形布置。

液化天然气管道、管廊、阀门、法兰及其附件的布置，除应符合《液化天然气接收站工程设计规范》GB 51156 的有关规定外，尚应符合《压力管道规范　工业管道》GB 20801.1～GB 20801.6、《石油化工金属管道布置设计规范》SH 3012 等相关规范、标准的要求。

17.3.10.3　低温管道的设计要求

① 低温管道的布置要考虑整个管道有足够的柔性，要充分利用管道的自然补偿，当自然补偿不能满足要求时，应设置补偿器。

② 布置低温管道时，应避免管道振动，尤其泵、压缩机和排气管必须防止整条管道的振动。若有机械的振源，应采取消振设施。此外，接近振源外的管道应设置弹性元件，如波型补偿器等以隔断振源。

③ 在低碳素钢、低合金钢的低温管道上，装有安全阀或排气、排污物的支管时，需注意该低温液体介质排出后是否立即气化，若汽化就需大量吸热，就要结霜直至结冰，使管道温度降到很低，故此类支管在容易结冰范围内应采用奥氏体不锈钢材料，使用法兰连接不同材质的支管。

④ 低温管弯头处因应力最大，所以弯头处最易脆裂，不应焊接支吊架。

17.3.10.4　管道管径

管道流速和压力降推荐值如下表 17-3-6～表 17-3-10 所示。

(1) 液相管道

① 泵吸入管道

泵入口管道的流速压降表　　表 17-3-6

	最大流速 v_{max}(m/s)				压降(kPa/km)
管道直径 D	$D \leqslant 2''$	$2'' < D \leqslant 6''$	$6'' < D \leqslant 18''$	$D > 18''$	—
LNG/丙烷	0.4	0.8	1.3	1.5	40～70
非饱和烃	0.9	1.2	1.8	2.4	60～90
水	2.5				150～350

② 泵输出管道

泵输出管道是指从泵出口至泵总管间的管道。极限流速应与泵输出管道的设计流速保持一致。

泵出口管道的流速压降表　　表 17-3-7

	泵输出管道最大流速 v_{max}(m/s)			压降(kPa/km)
管道直径 D	$D \leqslant 2''$	$2'' < D \leqslant 6''$	$D > 6''$	—
LNG/丙烷	2.0	3.5	4.5	300
水	4			250

③ 连续操作工艺/公用工程管道

管道的流速压降表 表 17-3-8

	最大流速 v_{max}(m/s)	压降(kPa/km)
LNG/丙烷	7	300
水	3	200*

*：推荐值（>8″的管道必须采用）

④ 消防水管道

消防水的最大流速应为：

主回路：$V_{max}\leqslant 3m/s$；

其他：$V_{max}\leqslant 5m/s$。

（2）气体管道

气体管道根据 ρv^2 条件进行设计（其中 v =气体流速，ρ=气体密度），通常该条件比气体流速和压降条件更严格。

最大允许 ρv^2 值根据管道的操作压力和工作条件进行划分。

① 连续操作管道（*）

管道最大允许 ρv^2 及流速表 表 17-3-9

	Max. ρv^2(kg/m·s²)	v_{max}(m/s)
$p\leqslant 2MPa$	6000	20
$2MPa<p\leqslant 5MPa$	7500	20
$5MPa<p\leqslant 8MPa$	10000	20
$p>8MPa$	15000	20

② 不连续操作管道

管道最大允许 ρv^2 及流速表 表 17-3-10

	Max. ρv^2(kg/m·s²)
$p\leqslant 5MPa$	10000
$5MPa<p\leqslant 8MPa$	15000
$p>8MPa$	25000

*：不适用于 PSV 入口管道

③ 泄放管道

泄放装置支管和出口管道的流速不超过 0.5 马赫，主管的流速不超过 0.7 马赫。

按照工艺过程的要求，可从表 17-3-6～表 17-3-10 中选定流速和允许的压力降，同时估计管道的长度（并附加管件的当量长度），再按下述方法初选管径。

① 当选定流速时，可按式（17-3-3）计算管径。

$$d_i=18.8\sqrt{\frac{q}{v}} \tag{17-3-3}$$

式中 d_i——管内径，mm；

q——在操作条件下流体的体积流量，m³/h；

v——流体的流速，m/s。

② 当选定每 100m 管长的压力降时，可由式（17-3-4）计算管径。

$$d_i=11.4\rho^{0.207}\mu^{0.033}q_v{}^{0.38}\Delta p^{-0.207} \tag{17-3-4}$$

式中 ρ——流体密度，kg/m^3；

μ——流体运动黏度，mm^3/s；

Δp——每百米管长允许压力降，kPa。

当管道的走向、长度、阀门和管件的设置情况确定后，应计算管道的阻力，然后据此确定最终管径。

17.3.10.5 管道材料选择

管道材料应根据管道设计条件、材料的耐腐蚀性能、加工工艺性能、焊接性能和经济合理性选用。

液化天然气管道应采用对焊链接，不应采用螺纹连接。

一般碳素钢、低合金钢等铁素体钢，在冰点以下会出现韧性急剧下降，脆性上升的现象，这种现象称为材料的冷脆现象。材料发生低温冷脆，对管系将造成很大的破坏，所以用于介质温度≤－20℃的管道，其组件均应按冲击性能的要求选用。

低温管道材料选择的一般要求如下：

① 低温压力管道采用的钢材应为镇静钢。

② 当碳素钢和低合金钢、材质为碳素钢、低合金钢的锻钢管件用于温度≤－20℃的管道上时，应进行冲击试验。其最低冲击试验温度分别见本手册第 9 章表 9-1-3，表 9-1-4。

③根据 ASME/ANSIB31.5 的规定，某些类别材料可不做冲击试验（见本手册第 9 章 9.1.4）。

关于低温管道材料参见本手册第 9 章 9.1.4。

17.4 接收站仪表及控制系统

17.4.1 设计要求

液化天然气接收站系统比较大且非常复杂，为了保证其能够平稳、安全的运转，必须采用高度可靠的仪表和控制系统。

仪表和控制系统的设置应满足接收站的正常生产及开停车要求。

在设计仪表和控制系统时，应满足以下要求：

① 保证运行安全、可靠；

② 保证全年连续运转操作；

③ 系统易于操作且经济；

④ 系统应有冗余能力，并在扩充系统时，不应影响系统的正常工作；

⑤ 能随天然气的输出负荷作出快速反应。

17.4.2 自动控制系统

接收站的总体控制方案应按照装置的规模、特点和生产控制的要求确定。宜采用 DCS 控制系统，以实现对整个装置的集中监视、分散控制。

液化天然气接收站内应设置分散控制系统、安全仪表系统、火灾及气体检测系统等系统。液化天然气接收站应设置紧急停车系统。

分散控制系统应具备工艺数据采集、信息处理、过程控制、过程报警、趋势记录等功能。

安全仪表系统应独立于分散控制系统设置；应采用冗余、冗错的可编程序控制器，并应按照故障安全型设计；应具备监控保护设备、触发紧急关断、记录报警事件、在线测试及维修等功能；安全仪表系统与连锁信号应硬线连接，系统连锁动作后应进行人工手动复位。

火灾及气体检测系统应能检测火灾、可燃气体及液化天然气的泄漏；该系统应独立于分散控制系统和安全仪表系统。该系统由可燃气体探测器、火焰探测器、烟雾探测器、红外线探测器、温度探测器、火灾报警按钮、声光报警装置等组成。安装地点应包括码头和接收站。

可燃气体检测和火灾报警系统应符合下列规定：

① 在可能出现液化天然气泄漏形成积液的地点应设置低温检测报警装置；

② 在工艺区、储罐区可能出现喷射火的地点应设置火焰检测报警装置；

③ 工艺设施及液化天然气储罐四周道路路边应设置手动火灾报警按钮，其间距不宜大于 100m；

④ 重要的火灾危险场所应设置电视监视系统和消防应急广播；

⑤ 接收站控制室、生产调度中心应设置与消防站直通的专用电话。

可燃气体检测报警装置的设置应符合《石油化工可燃气体和有毒气体检测报警设计规范》GB 50493 的有关要求。

火灾自动报警系统的设计应符合《火灾自动报警系统设计规范》GB 50116 的有关要求。

温度、压力、流量、液位、分析仪表以及控制阀等过程检测仪表以及成套设备仪表、控制系统等的设置要求应符合《液化天然气接收站工程设计规范》GB 51156的有关规定。

17.5　接收站消防

液化天然气接收站应根据接收站现场条件、火灾危险性、邻近单位或设施情况设置相适应的消防设施。

液化天然气接收站消防站的规模应根据接收站的规模、固定消防设施设置情况以及邻近单位消防协作条件等因素确定。公共消防站距接收站在接到火灾报警后 30min 内应能够到达，且该消防站的装备应满足接收站消防要求时，接收站可不单独设置消防站。

根据液化天然气的特性，LNG 接收站应设置包括消防站、消防水系统、高倍数泡沫灭火系统、干粉灭火系统、灭火器、火灾报警系统、可燃气体探测系统等消防设施。

消防给水系统、消防设施等的设置应符合《液化天然气接收站工程设计规范》GB 51156的有关规定。

17.6 电气、电信

液化天然气接收站的电力负荷等级应按照《供配电系统设计规范》GB 50052 的有关规定，结合接收站功能定位、工艺流程及外输气用户特点以及中断供电所造成的损失和影响程度划分。

液化天然气接收站的电力设施的设计应按照《爆炸危险环境电力装置设计规范》GB 50058的有关规定。

码头的电气设计应按照《液化天然气码头设计规范》JTS 165-5 的有关规定。

接收站中工艺设备、天然气管道、液化天然气管道以及建、构筑物的防雷、防静电设计应按照《石油化工装置防雷设计规范》GB 50650、《建筑物防雷设计规范》GB 50057 及《石油化工静电接地设计规范》SH/T 3097 的有关规定进行设计。

对于金属外罐的液化天然气储罐，其防雷设计应按照《石油化工装置防雷设计规范》GB 50650 的有关规定进行设计；对于混凝土外罐的液化天然气储罐，其防雷设计应按照《建筑物防雷设计规范》GB 50057 进行设计。

17.7 低温设备和管道的保冷

一般将保温、保冷统称为隔热。对常温以下的管道，在管道外部覆盖保冷材料，以减少外部热量向内部传入，并且保持其表面温度在露点以上，从而防止外表面结露所采取的措施叫保冷，管道外部覆盖的保温材料通常叫保冷材料。

具有下列情况之一的管道必须保冷：

① 需减少冷介质在生产或输送过程中的温升或气化的管道；

② 需减少冷介质在生产或输送过程中的冷量损失的管道；

③ 需防止在环境温度下，管道外表面结露的管道；

④ 可能对操作人员造成低温冻伤的部位。

17.7.1 保冷结构

1. 保冷结构的组成（由内至外）

① 防锈层：凡需要进行保冷的碳钢设备、管道及其附件应设防锈层；不锈钢、有色金属及其非金属材料的设备、管道及其附件不需设防锈层；

② 绝热层；

③ 防潮层；

④ 外防护层。

采用聚异三聚氰酸酯（PIR）作为 LNG 管道绝热材料的绝热结构见图 17-7-1 所示。

2. 冷桥的处理

在低温设备、管道绝热保冷工程中，支撑部位是绝热保冷中的薄弱环节。为了防止支撑部位产生冷桥，导致支撑周围绝热保冷失效，常用硬木垫块、聚异三聚氰酸酯（PIR）绝热管托以及高密度聚氨酯绝热管托支撑。

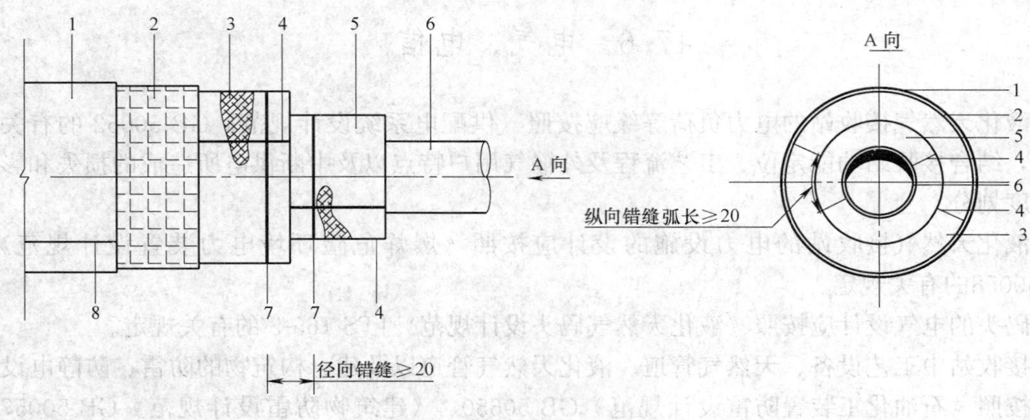

图 17-7-1　保冷结构示意图

1—外防护层；2—沥青铝箔或玛瑞脂防潮层；3—保冷管壳外层；4—纵向接缝；
5—保冷管内层；6—保冷管道；7—径向接缝；8—外防护层搭接缝

17.7.2　保冷计算

1. 保冷计算的要求

在 LNG 工程中，设备和管道保冷的目的主要是减少外部热量的侵入，防止汽化，增加存储时间，防止低温冻伤，保证管道的液相输送。

保冷计算的目的是确定合理的保冷层厚度，计算冷损失量和保冷层表面温度。

根据不同的目的和限制条件，可采用不同的计算方法。如为限定表面温度防止低温冻伤或减少冷量损失，应采用表面温度计算方法；为限定表面冷能的散失量，应采用最大允许冷能损失量计算。

通常采用防凝绝热计算方法，使求得的保冷层厚度，能保证保冷层外表面温度高于当地气象条件下的露点温度，避免保冷层外表面结露。

保冷计算包括：

① 按防凝露要求计算绝热层厚度；

② 按最大允许冷损失量计算绝热层厚度；

③ 按已知绝热层厚度计算冷损失量；

④ 按已知绝热层厚度计算绝热层表面温度；

⑤ 绝热层的冷收缩计算。

2. 保冷计算内容

1）按防凝露要求计算绝热层厚度

（1）单层结构

根据大量的工程实践和计算，当管道直径等于或大于 900mm 时，按圆筒面计算的厚度与按平面计算十分接近。所以，管道的直径大于 900mm 时，绝热层厚度按平面计算；当管道的直径小于或等于 900mm 时，绝热层厚度应按圆筒面计算。

① 平面绝热层厚度的计算：

$$\delta=\frac{\lambda}{\alpha}\times\frac{t-t_s}{t_s-t_a} \tag{17-7-1}$$

式中 δ——绝热层厚度，m；

λ——绝热材料导热系数，W/(m·℃)；

α——绝热层外表面对大气的传热系数，W/(m²·℃)；

t_a——环境温度，℃；

t——设备或管道内冷媒温度，℃；

t_s——绝热层外表面温度，℃；

② 圆筒绝热层厚度的计算：

$$D_0\ln\frac{D_0}{D_i}=\frac{2\lambda}{\alpha}\frac{t-t_s}{t_s-t_a} \tag{17-7-2}$$

$$\delta=\frac{D_0-D_i}{2}$$

式中 D_0——绝热层的外直径，m；

D_i——设备和管道的外直径，m。

式中其他符号意义同前。

(2) 多层结构

① 圆筒绝热层厚度的计算：绝热厚度分两点求取。

第 1 步：先求取绝热层总厚度，以三层结构为例，总厚度按下式计算：

$$D_3\ln\frac{D_3}{D_i}=\frac{2[\lambda_1(t_1-t)+\lambda_2(t_2-t_1)+\lambda_3(t_s-t_2)]}{\alpha(t_a-t_s)} \tag{17-7-3}$$

$$\delta=\frac{D_3-D_i}{2}$$

第 2 步：按下式计算各绝热层的厚度。

第一层（内层）

$$D_1\ln\frac{D_1}{D_i}=\frac{2\lambda_1}{\alpha}\times\frac{t_1-t}{t_a-t_s} \tag{17-7-4}$$

$$\delta_1=\frac{D_1-D_i}{2}$$

第二层

$$D_2\ln\frac{D_2}{D_i}=\frac{2\lambda_2}{\alpha}\times\frac{t_2-t}{t_a-t_s} \tag{17-7-5}$$

$$\delta_2=\frac{D_2-D_i}{2}$$

第三层

$$D_3\ln\frac{D_3}{D_i}=\frac{2\lambda_3}{\alpha}\times\frac{t_s-t}{t_a-t_s} \tag{17-7-6}$$

$$\delta_3=\frac{D_3-D_i}{2}$$

式中 D_i——设备和管道的外直径，m；

D_1——绝热第一层的外直径，m；

D_2——绝热第二层的外直径，m；

D_3——绝热第三层的外直径，m；

δ_1、δ_2、δ_3——第一、第二、第三层的绝热厚度，m；

λ_1、λ_2、λ_3——第一、第二、第三层绝热材料导热系数，W/(m·℃)；

α——绝热层外表面对大气的传热系数，W/(m^2·℃)；

t_a——环境温度，℃；

t——设备或管道内冷媒温度，℃；

t_s——绝热层外表面温度，℃。

② 平面绝热层厚度的计算：各绝热层厚度可用下式计算：

第一层（内层）

$$\delta_1=\frac{\lambda_1}{\alpha}\times\frac{t-t_1}{t_s-t_a} \tag{17-7-7}$$

第二层

$$\delta_2=\frac{\lambda_2}{\alpha}\times\frac{t_1-t_2}{t_s-t_a} \tag{17-7-8}$$

第三层

$$\delta_3=\frac{\lambda_3}{\alpha}\times\frac{t_2-t_s}{t_s-t_a} \tag{17-7-9}$$

2）按最大允许冷损失量计算绝热层厚度

当最大允许冷损失量确定后，可按下式计算绝热层厚度。

① 平面绝热层厚度的计算：

$$\delta=\lambda\left[\frac{t_s-t}{Q}-\left(\frac{1}{\alpha_1}+\frac{1}{\alpha}\right)\right] \tag{17-7-10}$$

② 圆筒绝热层厚度的计算：

$$\ln\frac{D_0}{D_i}=2\pi\lambda\left[\frac{t_a-t}{q}-\left(\frac{1}{\pi D_i\alpha_1}+\frac{1}{\pi D_0\alpha}\right)\right] \tag{17-7-11}$$

$$\delta=\frac{D_0-D_i}{2}$$

式中 δ——绝热层厚度，m；

λ——绝热材料导热系数，W/(m·℃)；

α——绝热层外表面对大气的传热系数，W/(m^2·℃)；

α_1——介质至金属内壁的换热系数，W/(m^2·℃)；

Q——单位面积的冷损失量，W/m^2；

q——单位长度的冷损失量，W/m；

t_a——环境温度，℃；

t——设备或管道内冷媒温度，℃；

t_s——绝热层外表面温度，℃。

3）按经济厚度计算法计算绝热层厚度

① 平面绝热层经济厚度的计算

$$\delta=1.8975\times10^{-3}\sqrt{\frac{B\tau\lambda(t-t_a)}{AS}}-\frac{\lambda}{\alpha} \tag{17-7-12}$$

式中 A——绝热结构单位造价，元/m³；

S——绝热工程折旧率。

② 圆筒绝热层经济厚度的计算：

$$\frac{D_0}{D_i}\ln\frac{D_0}{D_i}=\frac{3.795\times10^{-3}}{D_i}\sqrt{\frac{B\tau\lambda(t-t_a)}{AS}}-\frac{2\lambda}{D_i\alpha} \quad (17\text{-}7\text{-}13)$$

$$\delta=\frac{D_0-D_i}{2}$$

式中符号同前。

4）冷量损失计算

绝热层厚度确定后，可按下列公式计算设备和管道的冷量损失。

（1）平面绝热层冷量损失的计算

① 单层结构：

$$Q=\frac{t_a-t}{\frac{1}{\alpha_1}+\frac{\delta}{\lambda}+\frac{1}{\alpha}} \quad (17\text{-}7\text{-}14)$$

式中 Q——冷量损失，W/m²。

② 多层结构：

$$Q=\frac{t_a-t}{\frac{1}{\alpha_1}+\sum_1^i\frac{\delta_i}{\lambda_i}+\frac{1}{\alpha}} \quad (17\text{-}7\text{-}15)$$

（2）圆筒绝热层冷量损失的计算：

① 单层结构

$$Q=\frac{t_a-t}{\frac{1}{\pi D_i\alpha_1}+\frac{1}{2D_i\lambda}\ln\frac{D_0}{D_i}+\frac{1}{\pi D_0\alpha}} \quad (17\text{-}7\text{-}16)$$

② 多层结构

$$Q=\frac{t_a-t}{\frac{1}{\pi D_i\alpha_1}+\frac{1}{2D_i\lambda_1}\ln\frac{D_1}{D_i}+\frac{1}{2\pi\lambda_2}\ln\frac{D_2}{D_1}+\cdots+\frac{1}{2\pi\lambda_i}\ln\frac{D_i}{D_{i-1}}+\frac{1}{\pi D_i\alpha}} \quad (17\text{-}7\text{-}17)$$

式中符号同前。

3. 绝热计算数据的选取

1）设备和管道表面温度（t）

计算绝热层厚度时取介质的最低操作。需要进行液氮的预冷工作时应取－196℃。

2）环境温度（t_a）

常年运行时，取累计年平均温度的平均值（℃）；季节性运行时，取运行期间累计日平均温度的平均值（℃）。

3）露点温度（t_d）

取累计最热月相对湿度的平均值（℃）。

4）绝热层外表面温度（t_s）

绝热层外表面温度取年累计最热月相对湿度的平均值下的露点温度加1～2℃。

由于绝热层结构的防潮层和保护层较薄，不易计算热阻，可以用绝热层外表面温度作为绝热结构的表面温度。

5）绝热层外表面传热系数（α）

绝热层外表面向大气的传热系数，一般可取 8.141W/(m²·℃)。

6）导热系数（λ）

对于软质材料应取安装密度下的导热系数 W/(m·℃)。

几种常用材料的导热系数见表 17-7-1。

几种常用材料的导热系数［W/(m·℃)］ 表 17-7-1

材料名称	甲烷	材料名称	甲烷
温度范围	21～－162℃	珍珠岩混凝土	0.1570
9Ni 钢	24.65	珍珠岩（真空）	0.00144
304 不锈钢（0Cr18Ni9）	12.83	泡沫玻璃	0.0461
铝 3003（LF21）	157.90	聚氨酯	0.0209
铝 5083（LF5）	99.35	矿棉	0.0404
珍珠岩（氮气，干空气）	0.0324	混凝土	3.3166
珍珠岩（甲烷气氛）	0.0361	木材	0.1196～0.3360

17.7.3 保冷绝热材料主要技术性能

绝热材料是用于常温以下的隔热或 0℃以上常温以下的防露。其主要技术性能与保温材料相同。由于绝热的热流方向与保温的热流方向相反，绝热层外侧蒸汽压大于内侧，蒸汽易于渗入绝热层，致使绝热层内部产生凝结水或结冰。

绝热材料或制品中的含水，不仅无法除掉还会结冰致使材料的导热系数增大，甚至结构被破坏，因此绝热材料应选用闭孔型材料及其制品，不宜选用纤维材料或其制品，绝热材料的吸水率、吸湿率低、含水率低、透气率（蒸汽渗透系数、透气系数）低，并应有良好的抗冻性，在低温下物性稳定，可长期使用。

材料密度是绝热材料的主要技术性能指标之一，与其绝热性能有着密切的关系。通常密度越小的材料其导热系数就越小。另外，材料密度小不仅可以减轻管架荷载，而且可以增加管道支架的跨距，减少冷桥的数量和冷量损失。

1. 主要技术指标

① 27℃时导热系数 $\lambda \leqslant 0.064$W/(m·℃)；

② 密度≤200kg/m³；

③ 含水率≤1.0%（重量比）；

④ 材料应为非燃烧性或阻燃性，阻燃性绝热材料及其制品的氧指数应不小于 30；

⑤ 硬质绝热制品的抗压强度不应小于 0.15MPa；

⑥ 用于奥氏体不锈钢设备和管道上的绝热材料及其制品中氯离子含量，应符合《工业设备及管道绝热工程施工规范》GB 50126 中的有关规定。

2. 绝热材料的选择

国际上把低温工况分为低温工况（普冷）和深冷工况，一般情况下，－60～0℃之间的范围属于普通低温工况，譬如氟利昂、液氨、液态 CO_2 等介质都是工作于这个温度区间的，－60℃以下就属于深冷工况的范围，如液态乙烯、液化天然气、液氧、液氮、液氩、液氢、液氦等介质都属于深冷介质。

目前，普通低温工况常用的绝热材料主要有硬质聚氨酯泡沫塑料、高分子架桥发泡聚乙烯以及聚苯乙烯泡沫塑料，但深冷工况下主要使用聚异三聚氰酸酯（PIR）材料和泡沫玻璃，其中聚异三聚氰酸酯（PIR）是一种新型的专业深冷绝热材料，目前已广泛应用于LNG接收站以及气化站、液态乙烯（－104℃）等深冷介质的绝热。

几种绝热材料的性能比较如下表17-7-2所示。

几种绝热材料的性能 **表17-7-2**

名 称	优 点	缺 点
聚异三聚氰酸酯	(1)绝热性能和材料稳定性好； (2)抗压性强； (3)深冷状态下尺寸稳定，冷缩变形量甚微； (4)耐火性能好； (5)使用范围广，－196～130℃； (6)施工方便，施工质量能得到有效保证； (7)材料的稳定性佳，可以保障长时间稳定可靠的绝热性能； (8)在长期的使用过程中很少需要维护，因此可以大大减少使用过程中的维护成本投入	由于目前的原料只有依靠进口，因此材料价格稍高
硬质聚氨酯泡沫塑料	(1)导热系数小，绝热性能好； (2)低温性能好，可用到－65℃。其耐热性能也比较高，连续使用时可达80℃，短时间内使用还可以耐更高的温度； (3)可现场发泡，现场浇注，并可进行大面积的连续喷涂施工； (4)将预加工成型的绝热制品与现场施工配合进行可提高绝热施工的效率，从而可提高其经济性。为保持不变形，现场发泡和预制作都需要进行机械补强。与补强材料的合成制品易于加工制作	(1)因是有机物，所以尽管做了阻燃处理，还会有一定的燃烧性。用在有氧气冷凝或发生泄漏的地方有危险。其氧指数指标最高只能达B2级，不能被应用于消防等级要求高的场合； (2)在超低温工况下，有低温强度低和尺寸稳定性差的问题； (3)用于长输管道时，冷补偿处理比较困难
泡沫玻璃	(1)使用范围广，－200～500℃； (2)耐火性能高，属于不燃特性； (3)抗压强度高	(1)线性热膨胀系数非常大，因此容易因为温差的原因带来绝热层的损坏； (2)施工难度大
聚苯乙烯泡沫塑料	(1)重量轻、导热系数低 (2)价格便宜，易于施工，宜用于条件要求不太苛刻的地方	(1)使用范围小，耐热性差，对于瞬间温度骤然上升的场所，严禁使用； (2)容易受到溶剂的影响； (3)对紫外线敏感

3. 绝热材料的主要技术参数

常用的几种绝热材料的主要技术参数分别见表17-7-3～表17-7-6。

聚异三聚氰酸酯的主要技术参数　　表17-7-3

项目 / 物性	单位	技术参数
密度	kg/m³	40
导热系数	W/(m·K)	0.0231(+40℃)
		0.0218(+20℃)
		0.0212(+10℃)
		0.0205(0℃)
		0.0199(−10℃)
		0.0193(−20℃)
		0.0186(−30℃)
		0.0173(−50℃)
		0.0142(−100℃)
		0.0130(−120℃)
		0.0105(−160℃)
吸水率	%	≤2.5
抗压强度	kPa	各方向≥200(23℃)
		各方向≥280(−165℃)
线性热膨胀系数	m/(m·K)	$\leqslant 70\times10^{-6}$(23℃)
氧指数	%	≥32

注：1. 上表中的数据为常州凯诺深冷科技工程有限公司产品测试值。

2. 其余数据均符合美国ASTM和荷兰Cini标准的要求。

硬质聚氨酯泡沫塑料的主要技术参数　　表17-7-4

项目 / 物性	单位	技术参数
密度	kg/m³	≤45
导热系数	W/(m·K)	≤0.022
吸水率	%	≤0.2
抗压强度	kPa	245
使用温度	℃	−65～80

可发性聚苯乙烯泡沫塑料的主要技术参数　　表17-7-5

项目 / 物性	单位	技术参数
密度	kg/m³	20～50
常温导热系数	W/(m·K)	0.0314～0.0465
吸水率	%	0.11～0.40
抗压强度	kPa	117～176
使用温度	℃	−65～70

泡沫玻璃的主要技术参数　表 17-7-6

物性＼项目	单　位	技术参数
密度	kg/m^3	160～200
导热系数	W/(m·K)	0.05～0.07(+29.5℃)
		0.015(−52.3℃)
		0.007(−158℃)
吸水率	%	0.2
抗压强度	kPa	≥1150(5%变形)
使用温度	℃	−200～500

17.7.4　保冷层施工

1. 胶粘剂、密封剂的性能要求

① 其性能应与绝热材料和绝热物表面的特性要求相适应；

② 应能耐低温，对绝热材料不溶解，对金属不腐蚀；

③ 胶粘剂和密封剂固化时间应短，密封性能好；

④ 在使用的温度范围内应保持一定的粘结性能，其低温状态时的粘结性能应符合表 17-7-7 的要求。泡沫玻璃用的胶粘剂，在−196℃时的粘结强度应大于 0.05MPa。

低温胶粘剂性能表　表 17-7-7

项　目	指　标	备　注
低温粘结强度	＞0.05MPa	−196℃
使用温度范围	−196～50℃	
软化点	＞80℃	环球法
延伸性	＞30mm	25℃
成型时加热温度	180～200℃	
闪点	开口杯＞245℃	
针入度	52.51/10mm	25℃
密度	0.99 g/cm^3	
外观	—	黑色、韧性、固态

2. 防潮层

绝热管道的外表面必须设置防潮层，以防止大气中水蒸气凝结于绝热层外表面上，并渗入绝热层内部而产生凝结水或结冰现象，致使绝热材料的导热系数增大，绝热结构开裂，并加剧金属壁面的腐蚀。

对于埋地管道的绝热结构，也应设防潮层。

防潮层材料应具有以下主要技术性能：

① 抗蒸汽渗透性好，防潮、防水力强、吸水率不应大于1%，化学性能稳定、挥发物不得大于 30%，无毒且耐腐蚀，同时不得对隔热层和保护层产生腐蚀或溶解作用；

② 应具有阻燃性、自熄性；

③ 粘结及密封性能好，20℃时粘结强度不低于150kPa；

④ 安全使用温度范围大，有一定的耐温性，软化温度不低于65℃，夏季不软化，不起泡、不流淌，有一定的抗冻性，冬季不脆化、不开裂、不脱落；

⑤ 干燥时间短，在常温下能使用，施工方便。

在绝热工程中，常采用石油沥青或改性沥青玻璃布、石油沥青玛𤧛脂玻璃布、聚乙烯薄膜及复合铝箔等作防潮层。

3. 保护层

保冷结构的外保护层的主要作用是：

① 防止外力损坏绝热层；

② 防止雨、雪水的侵袭；

③ 美化绝热结构的外观；

④ 有防潮隔汽的作用。

依上所述，保护层应具有强度高、严密的防水防湿和抗大气腐蚀性能、有良好的化学稳定性和不燃性、强度高、不易开裂、不易老化、使用寿命长、安装方便，外表整齐美观等性能。

在LNG行业一般采用镀锌薄钢板或薄铝板、铝合金板，在特殊场合也可采用聚氯乙烯复合钢板和不锈钢板。

17.8 LNG冷能回收

17.8.1 冷能回收意义

LNG是−160℃的低温轻烃液体混合物。LNG的关键技术在于深度冷冻液化。LNG消耗的电力约为0.33kWh/kg（LNG）。使用过程中其冷能约为0.24kWh/kg-LNG。如果转换的效率为75%，则每吨LNG可发电180kWh。充分利用LNG冷能，对节能减排具有重要意义。

利用LNG冷能主要是依靠LNG与周围环境之间存在的温度和压力差，通过LNG变化到与外界平衡时，回收储存在LNG中的能量。LNG冷能可采用直接或间接的方法加以利用。LNG冷能直接利用有冷能发电、液化分离空气（液氧、液氮）、冷冻仓库、液化二氧化碳、干冰、空调等：间接利用有冷冻食品，低温粉碎冻结保存，低温医疗，食品保存等。

LNG冷能利用领域具体介绍如下：

LNG冷能发电：LNG冷能在发电方面的利用，是许多LNG接收站考虑的方案。根据天然气的送出条件可选用燃气轮机方式或直接膨胀方式。LNG冷能燃气轮机利用方式，是根据环境温度、空气密度的变化，利用LNG气化释放的冷能，增加燃气轮机组的出力和效率。LNG冷能直接膨胀利用方式，通常是以LNG经过气化、热交换后，进入透平机直接膨胀作功，驱动发电机组发电。

LNG冷能冷冻食品及仓库：在LNG接收站附近建低温冷库，可以利用LNG的冷能冷冻食品。日本LNG接收站附近所建低温冷库用来冷冻金枪鱼和其他食品。这种方式与传统低温冷库相比，具有占地少、投资省、温度梯度分明、维护方便等优点。目前在日本已实现商业化应用。

LNG冷能低温干燥与粉碎：LNG冷能可用于低温干燥，主要应用于医药和食品行业。LNG冷能还可用于低温粉碎，如废轮胎、废橡胶及废塑料等制品，在常温下很难将其粉碎。但是在低温状态下，可以粉碎成细橡胶粉，实现资源的综合利用。在日本，粉碎厂的能力可达到7000t/a。

LNG冷能液化二氧化碳：液态二氧化碳广泛地被应用在焊接、消防、冷冻食品、软饮料等方面，利用LNG冷能生产液化二氧化碳，工艺流程与制冷设备简单，可在较低压力下操作。日本泉北LNG终端站旁的液化二氧化碳厂，其建设投资节省10%，运行省电50%，生产能力为3.3×10^{4}t/a。

LNG冷能分离空气：利用LNG冷能进行空气分离，可以生产液氮、液氧和液氩。利用LNG进行预冷，能降低能耗和投资费用。日本利用LNG冷能的空气液化厂，建设投资大大低于传统空气液化厂，运行耗电降低50%，耗水降低70%。

日本LNG冷能利用进行得比较早。目前，日本有26台独立冷能利用设备，其中7台空气分离装置，其处理能力为$1\sim2\times10^{4}m^{3}$/(h·台)，其中3台制干冰装置，能力为每天100t/(d·台)：1座深度冷冻仓库，容量为3.3×10^{4}t，15台低温循环独立发电装置，单台容量达到数千千瓦级。

我国实现LNG冷能综合利用，有助于促进能源循环利用，推进节约型社会建设。

17.8.2 LNG冷能的利用

LNG冷能可广泛应用发电、空分、制干冰、冷冻、冷藏以及粉碎等领域。其中冷能发电，冷能用于空分是两个较重要的应用场合。

17.8.2.1 直接利用

1. 冷冻仓库

这种仓库利用LNG与氟利昂R-12进行热交换，并以氟利昂为冷却介质在仓库内循环冷却，这种冷却方式与传统方式相比，不用大型冷冻机，建设费用减少，电力消耗大幅度下降，节能效果显著。LNG基地一般都设在港口附近，一则方便船运，二则通常的气化都是靠与海水的热交换实现的。而大型的冷库基本设在港口附近，这样方便远洋捕获的鱼类的冷冻加工。回收LNG的冷能供给冷库是一种非常好的冷能利用方式。将LNG与冷媒（如R-12）在低温换热器中进行热交换，冷却后的冷媒经管道进入冷冻、冷藏库，通过冷却盘管释放冷能实现对物品的冷冻冷藏。这种冷库不仅不用制冷机，节约了大量的初投资和运行费用，还可以节约1/3以上的电力。日本神奈川县根岸基地的金枪鱼超低温冷库，自1976年开始营业至今效果良好。为有效地利用天然气冷能，可将食品冻结及加工装置、冷冻库、冷藏库及预冷装置等按不同的温度区域连成一串，使冷媒、管路系统化。通常，管路行程用串联的方式。这种方式是按LNG的不同温度区域，用不同的冷媒进行热交换后分别送入低温冻结库或低温冻结装置（−60℃）、冷冻库（−35℃）、冷藏库（0℃以下）以及果蔬预冷库（0～10℃），其流程图如图17-8-1所示。这样可以使LNG的冷能几乎无浪费的得以利用，其冷能的利用效率将大大提高，整个成本较之机械制冷会下

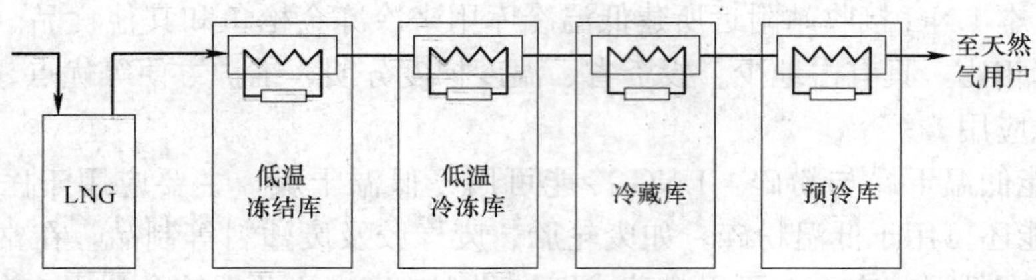

图 17-8-1　LNG冷能回收进行冷冻、冷藏流程图

降37 5%。

2．LNG冷能回收在汽车空调和汽车冷藏车中的应用

随着LNG汽车的不断发展，LNG用作汽车清洁燃料的同时，可以将其冷能回收用于汽车空调或汽车冷藏车。这样就无需给汽车单独配备机械式制冷机组，既节省了投资，又消除了机械制冷带来的噪声污染，具有节能和环保的双重意义，是一种真正意义上的“绿色”汽车，尤其适用于设在城市中心地带的商业步行街或其他有噪声污染限制的地区。

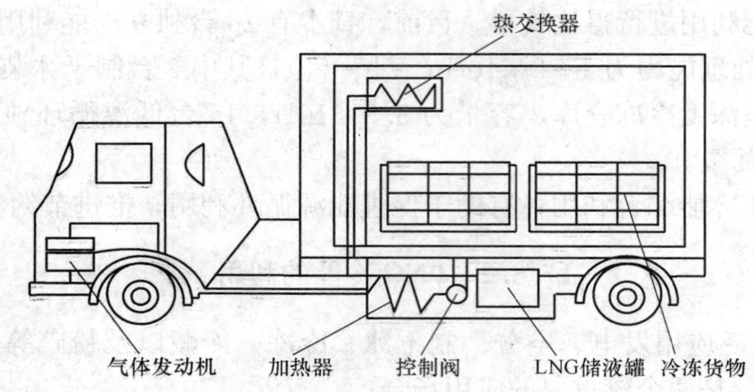

图 17-8-2　LNG冷能回收在汽车冷藏车中的应用示意图

图17-8-2为LNG冷能回收用于汽车冷藏车示意图。在炎热的夏季，货物在冷库经充分的预冷后装上冷藏车，开始不需要消耗过多的冷能，此时LNG液化后的冷能储存在蓄冷板中。随着运输时间的增加。开门次数的增多引起的负荷增大，LNG气化后产生的冷能就直接进入车厢，与蓄冷系统同时供冷，以维持车厢中的温度。按冷藏车每小时消耗12～15kg的LNG，其制冷能力为28kW，足以提供将预冷后的货物进行中短途的冷藏运输。世界上首台LNG冷藏车首先由德国的梅赛尔公司制造完成，并于1997年底在德国REWE零售连锁店投入使用。这种冷藏车经过1998年一个夏天的运输检验，以其稳定的运行工况。良好的冷藏效果以及轻污染的环保优势，得到了科隆地区政府的认可。

3．低温破碎

利用液态氮可以在低温下破碎一些在常温下难以破碎的物质，与常温破碎相比，它能把物质破碎成极小的微粒，这些微粒可以被分离，这种方法不存在微粒爆炸和气味污染，通过选择不同的低温可以有选择性地破碎具有复杂成分的混合物。因此这种方法在资源回收、物质分离、精细破碎等方面有着极好的前景。

4. 海水淡化

利用LNG冷能将海水固化，先除去大量盐分，然后经过反渗透得到淡水。比传统方法节能40%。因此LNG用于海水淡化具有经济和技术的优势。

17.8.2.2 制造液态二氧化碳

如图17-8-3的副产品二氧化碳为原料，利用回收LNG的冷能制造液态二氧化碳或干冰，和传统方法相比，可节约50%以上的电能消耗和10%的建设费。液态二氧化碳在焊接、铸造以及饮料行业的应用非常广泛，干冰的应用领域更多。利用LNG冷能制造液态二氧化碳或干冰，不但电耗小（0 2kW·h/m³），而且生产的产品的纯度高（可达99.99%）。

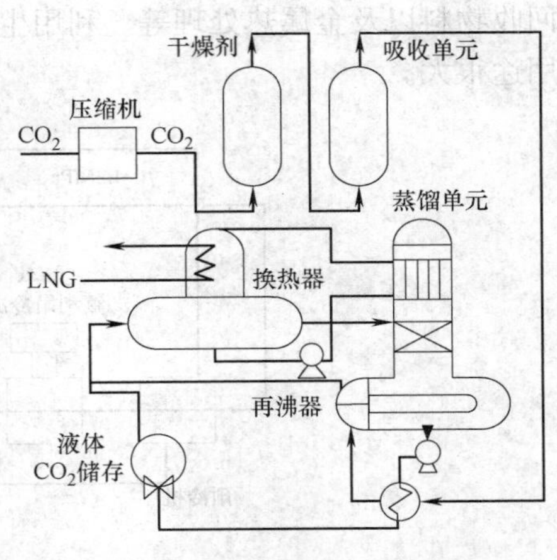

图17-8-3 利用LNG冷能进行CO_2液化

17.8.2.3 LNG冷能发电

利用LNG冷能发电属于对LNG冷能的直接利用。冷能发电以电能的形式回收LNG冷能，回收LNG冷能，依靠动力循环进行发电是目前LNG冷能回收利用的重要内容，且技术相对较为成熟。利用冷能发电的布雷敦循环介绍如下。

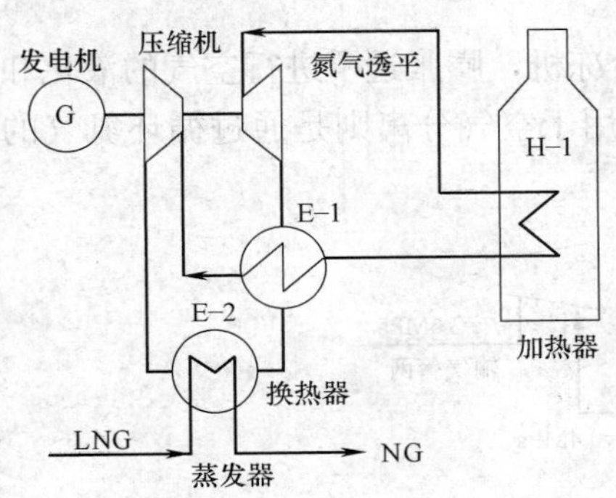

图17-8-4 利用氮气闭式循环气体透平

布雷敦循环（气体动力循环），图17-8-4所示为利用氮气闭式循环气体透平发电系统，系统由压缩机，氮气透平，热交换器等组成。系统主循环中用LNG冷能冷却压缩机进口气体，使其温度降低，压缩机在达到相同增压比情况下耗功降低，高压氮气经加热器加热进入气体透平膨胀作功，对外输出电能。

利用冷能来冷却压缩机进口气体，可使装置热效率显著提高。据理论计算，若压缩机吸入气体温度为−130℃，透平进口温度720℃，热交换器平均温差15℃，加热炉效率90%，则整个装置热效率可达53%。

17.8.2.4 LNG冷能用于空分装置

传统方式生产1m³的液化空气大约需要2721kJ的冷却能，利用LNG的低温特性不但可用减少建设费用，而且每生产1m³的液化氧气需要的电力消耗也从1.2kWh减少到0.6kWh，由于能减少大量的电力消耗，利用LNG冷能进行空气分离，冷能得到充分的应用。通常的低温环境都是由电力驱动的机械制冷产生的，由制冷原理可知，随着温度的降低，其消耗的电能将急剧增加。在一定的低温蒸发范围内，蒸发温度降低1K，能耗要增加10%。利用回收的LNG冷能和两级压缩式制冷机冷却空气生产液氮、液氧，制冷机很容易实现小型化，电能消耗也可减少50%，水耗减少70%，这样就会大大降低液氮、液氧的生产成本，具有可观的经济效益。低成本制造的液氮可以使LNG应用的温度领域扩展到更低的温度带（−196℃），如用于真空冷阱、生产半导体器件、食品速冻、低温破碎回收物料以及金属热处理等。利用生产的液氧还可以得到高纯度的臭氧，在污水处理方面用途很大。

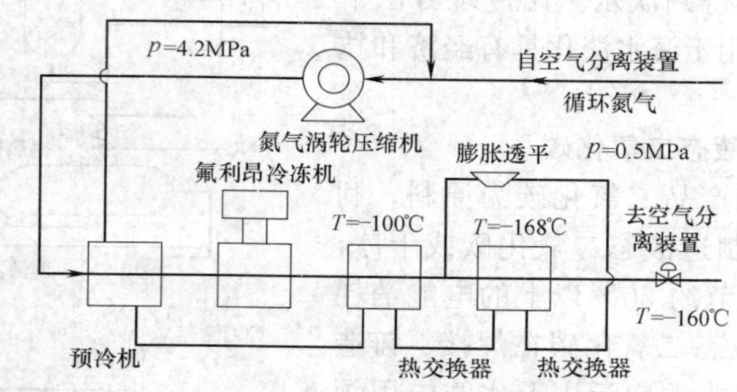

图 17-8-5 利用膨胀透平的制冷系统

在生产液氩的空分装置中，传统采用氟利昂制冷机以及氮气透平膨胀机组为空气分离装置的预冷（见图 17-8-5）。而以 LNG 作为空气分离装置的预冷剂，利用其冷能冷却和液化由下塔抽出经过复热的循环氮，可以使产品能耗平均降低 0.5kWh/m^3，装置的投资费用也可减少 10%左右，生产成本降低 20%～30%。

常用的空气分离法是将空气液化，通过氟利昂冷冻机，膨胀透平进行空气的液化和分离制成液态的氮气、氧气、氩气等。而 LNG 冷热能用于空气分离则是通过循环氮气的冷却来实现的（见图 17-8-6）。

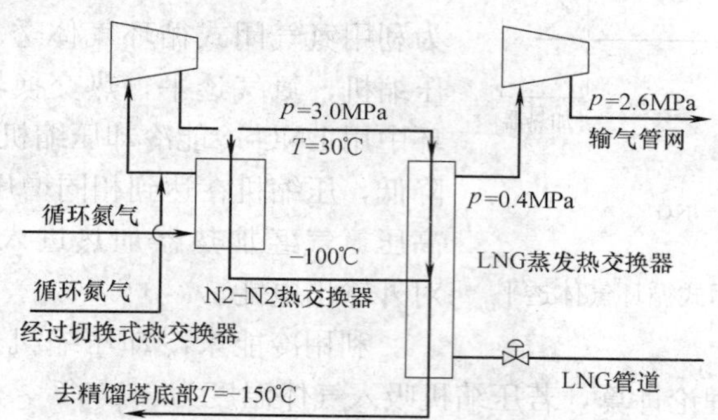

图 17-8-6 利用 LNG 的冷能进行空气液化、分离系统示意图

一般来说，生产 10^4m^3 的液态气体大约需要 2.72×10^4MJ 的冷能，利用 LNG 的冷能，循环氮气压缩机可以小型化：另外，因为不需要冷冻机，建设费用也可相应减少。同时，每生产 1m^3 液态氧气的电力消耗从 1.2kWh 减少到 0.6kWh，减少了一半。

表 18-8-1 列出了日本几个 LNG 接收基地的空气分离装置的主要技术指标，由此可见，LNG 冷能在空气分离方面有着非常广阔的前景。

17.8.2.5 LNG 冷能用于天然气富氧燃烧电厂碳捕获

全球温室效应日趋严重。CO_2 是一种典型的温室气体。其产生的温室效应占所有温室效应气体总增温效应的 63%。我国主要采用火力发电方式。电厂化石燃料燃烧排放的 CO_2 约占我国 CO_2 排放量的 82%。因此电厂碳捕获势在必行。传统的碳捕获需要消耗大

日本利用 LNG 冷能的空气分离装置 表 17-8-1

LNG 接收基地		根岸基地	泉北基地	袖浦基地	知多基地
生产能力(m^3/h)	液态氮气	7000	7500	6000	6000
	液态氧气	3050	7500	6000	4000
	液态氩气	150	150	100	100
LNG 使用量(t/h)		8	23	34	26
电力消耗(kWh/m^3)		0.8	0.6	0.54	0.57

量的能量。研究表明，对一座 440MW 的联合循环电厂要使碳捕获率达到 90%，发电量会降低 15%，冷却水量会增加 33%。利用 LNG 冷能与富氧燃烧技术相结合进行电厂碳捕获，一方面富氧燃烧可将烟气中的 CO_2 含量提高到 80%以上，另一方面 LNG 冷能的利用能显著降低传统方式制冷的电力消耗，从而实现低成本的碳捕获过程。

利用 LNG 冷能的天然气富氧燃烧电厂系统如图 17-8-7 所示。

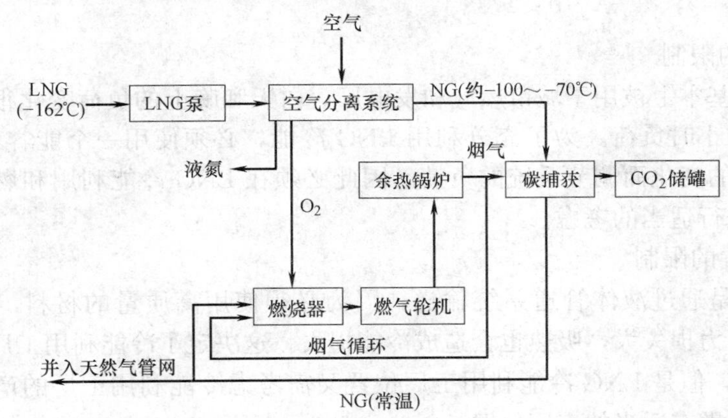

图 17-8-7 利用 LNG 冷能的天然气富氧燃烧系

该系统的流程包括：

① 空气分离需在－190～－150℃的条件下进行，此温度与 LNG 的温度（－162℃）相匹配。据此，将 LNG 冷能用于空气分离作为冷能梯级利用的第一级以充分利用 LNG 的低温特性；

② 在空分装置中，LNG 气化成低温天然气 NG，温度升高至－100～－70℃。空气分离系统排出的低温天然气含有的冷量用于碳捕获过程作为冷能利用的第二级；

③ NG 与从烟气分离出的 CO_2 换热并将其冷凝成液态后封存；

④ NG 升温至常温。此常温天然气一部分用于燃烧，另一部分则并入天然气管网。

17.8.3 冷能利用技术经济简析

LNG 冷能利用的测算：制造 1t LNG 耗电约 380kWh，液化后天然气温度为零下 160℃，在经低温换热重新气化的过程中，按 1 个大压、常温气态工况下 1t 释放 88kJ 的能量计算，1t LNG 可利用的冷能折合电量约为 250kWh。据此推算，一座 300×10^4 t/a 的 LNG 接收站，每年可利用的冷能约为 7.5×10^8 kWh 时，相当于 15×10^4 kW 装机的年发

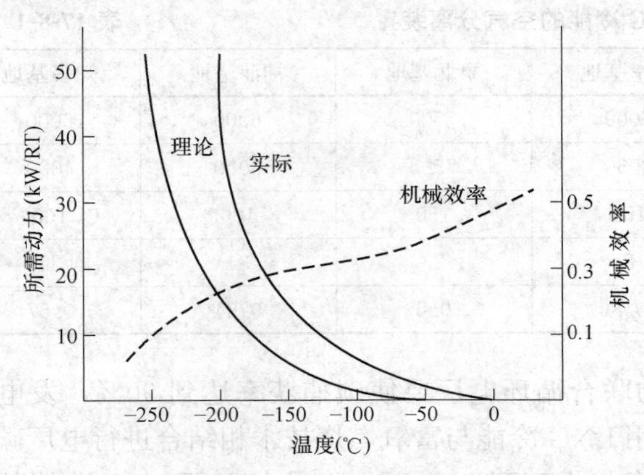

图 17-8-8　低温和产生低温所需动力

电量，根据我国 LNG 发展规划，2015 年 LNG 进口达到 $552\times10^8\mathrm{m}^3$ 即相当于 4200×10^4 t，每年可利用的冷能约为 105×10^8 kWh，相当于 210×10^4 kW 装机的年发电量。即使考虑终端站工艺自耗及热交换工作效率，可外供的 LNG 冷能还是相当可观的。

1. 利用过程的温度要求

图 17-8-8 显示了低温和产生低温所需要动力的关系，当温度越低时，要求的功将快速增加，机械效率将很低，而且，温度越低，工厂的造价将很高。因此，选择利用 LNG 冷能的工艺过程应充分利用其−160℃的低温，工艺过程温度越低越好。

2. 利用量的限制

由于 LNG 基本上被用于城市燃气和发电厂，白天和晚上的负荷变化很大，因此必须考虑每一时间的小时负荷。为了充分利用 LNG 冷能，必须使用一个能容易调节的系统，随着 LNG 负荷的变化而调节系统的负荷。因此必须在 LNG 冷能利用和燃气供应之间对燃气控制系统进行适当的考虑。

3. 工厂位置的限制

通常 LNG 是通过液体管道系统输送，因为必须使用高质量的材料，管道的成本很高，而且输送压力损失大，吸热也会造成冷能损失。这决定了冷能利用工厂必须尽可能靠近 LNG 接收站，但是 LNG 冷能利用工厂位置又需考虑冷能利用工厂的产品物流，要求交通便利，因此需有适当的工厂位置。

4. 安全限制

由于 LNG 是易燃的，处理它时，必须进行足够的安全性研究。考虑充分利用 LNG 冷能，直接用 LNG 冷却是最好的。但在许多情况下，应避免直接与空气等进行热交换，以防可能泄漏的 LNG 与空气形成爆炸性气体，如使用某种中间冷媒，则将使系统复杂和昂贵。

5. 间接利用的限制

间接利用是指利用 LNG 冷能生产液化氮和液化氧等。这些产品要由 LNG 冷能和电力来生产它们，工艺过程可以实现；但许多情况下，成本较高。

总之，LNG 冷能广泛应用于空分、发电、制造干冰、低温冷库、汽车冷藏、汽车空调等生产、生活的各个领域，可以节约大量的电力资源。

17.9　本章有关标准规范

《液化天然气接收站工程设计规范》GB 51156

《石油天然气工程设计防火规范》GB 50183

《液化天然气（LNG）生产、储存和装运》GB/T 20368

《建筑设计防火规范》GB 50016（2018 版）
《液化天然气码头设计规范》JTS 165-5
《输气管道工程设计规范》GB 50251
《压力管道规范　工业管道》GB 20801.1～GB 20801.6
《石油化工金属管道布置设计规范》SH 3012
《石油化工可燃气体和有毒气体检测报警设计规范》GB 50493
《火灾自动报警系统设计规范》GB 50116
《供配电系统设计规范》GB 50052
《爆炸危险环境电力装置设计规范》GB 50058
《石油化工装置防雷设计规范》GB 50650
《建筑物防雷设计规范》GB 50057
《石油化工静电接地设计规范》SH/T 3097
《工业设备及管道绝热工程施工规范》GB 50126

参考文献

[1] 严铭卿，廉乐明，等. 天然气输配工程 [M]. 北京：中国建筑工业出版社，2005.
[2] 顾安忠 等. 液化天然气技术 [M]. 北京：机械工业出版社，2006.
[3] 邹宁宇，鹿成滨，张德信. 绝热材料应用技术 [M]. 北京：中国石化出版社，2005.
[4] 徐文渊，蒋长安. 天然气利用手册 [M]. 北京：中国石化出版社，2002.
[5] 手册编写组. 工艺管道安装设计手册 [M]. 北京：中国石化出版社，2005.

第 18 章　液化天然气调峰站

18.1　概　　述

液化天然气（LNG）调峰站通常指为了平衡天然气用气高峰、将天然气液化后储存、供作调峰使用的设施。国内也将外购液化天然气进行储备的液化天然气储备站场称为液化天然气调峰站。本章中重点说明具有天然气液化功能的液化天然气调峰站。通常将低峰负荷时过剩的天然气储存液化，在高峰时或紧急情况下再气化使用。液化天然气调峰站在匹配峰荷和增加供气的可靠性方面发挥着重要作用，可使管网在设计负荷下运行，提高管网的经济性。与基本负荷型天然气液化装置相比，液化天然气调峰站的特点是：天然气液化生产规模较小，LNG 储存容量较大，不要求全年连续运行。

液化天然气调峰站选址通常远离天然气产地，靠近负荷中心，对城市用气量的波动进行平衡。在城市天然气的调峰方式中，液化天然气调峰站用常压低温贮罐储存液态的天然气，与用压力贮罐储存高压气态的天然气相比，储存压力低，单位容积的储存量大，所以液化天然气储存调峰更安全、单位投资更节省，是先进有效的调峰方式。

具有天然气液化功能的液化天然气调峰站内主要包括：天然气净化、液化设施，LNG 储存和气化设施，具有“小液化、大储存”的特点。

18.2　天然气液化工艺及主要设备

18.2.1　天然气液化工艺概述

液化天然气调峰站所采用的天然气液化工艺可归纳为以下三种基本类型：(1) 膨胀机液化流程；(2) 混合制冷剂液化流程；(3) 级联式液化流程。液化天然气调峰站液化流程的选择，需综合边界条件和天然气的组分、压力、温度和液化率等设计条件、液化流程技术性和经济性等因素综合确定。

18.2.1.1　带膨胀机的液化工艺

带膨胀机液化是利用高压制冷剂通过透平膨胀机绝热膨胀的克劳德循环制冷并实现天然气液化的目的。气体在膨胀机中膨胀降温的同时，能够输出功，可用于驱动流程中的压缩机。带膨胀机的液化流程分为氮气膨胀液化流程（图 18-2-1）、氮-甲烷膨胀液化流程、天然气膨胀液化流程（图 18-2-2）等❶。

---

❶　图 18-2-1，图 18-2-2，图 18-2-3 由常玉春提供。

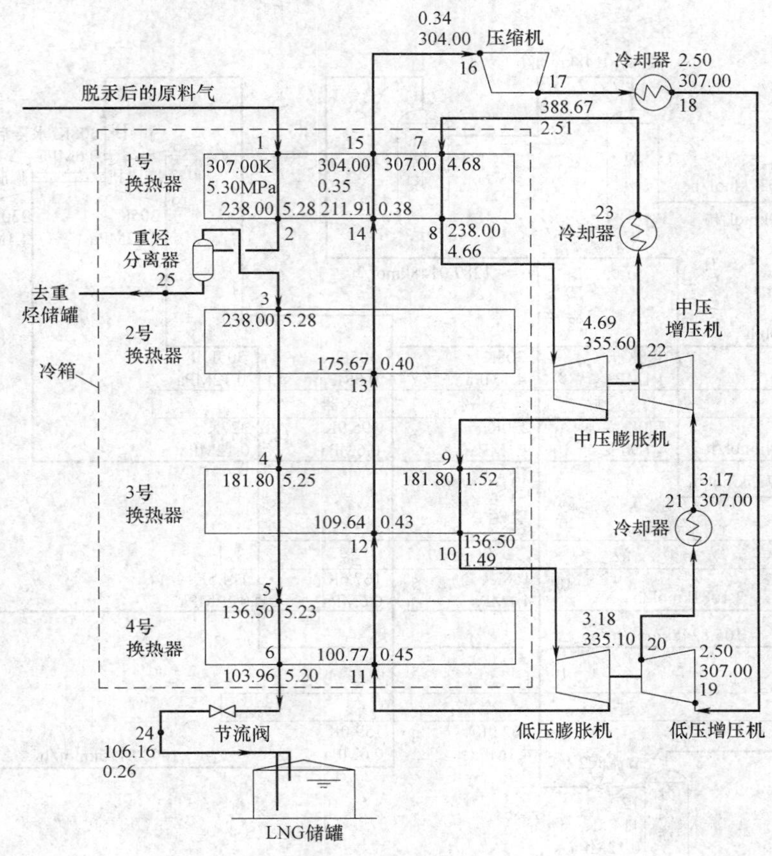

图 18-2-1 氮气膨胀液化流程

18.2.1.2 混合制冷剂液化工艺

混合制冷剂液化工艺是以 C1～C5 的烃类化合物及氮气等组分组成的混合冷剂为冷剂，进行逐级冷凝、节流制冷、蒸发，从而得到不同温位的制冷量，使天然气逐步冷却直至液化。混合制冷剂组分主要由甲烷、乙烯（或乙烷）、丙烷（或丙烯）、丁烷、戊烷及氮气中的几种组成。

丙烷预冷混合冷剂液化工艺最为典型的是美国 APCI 公司 C_3/MRC 工艺。此法的原理是分两段供给冷量。高温段通过压缩丙烷制冷，按 3～4 个温度级预冷原料天然气至 −30～−35℃。典型的工艺流程和参数见图 18-2-3。

其他典型的混合冷剂循环制冷工艺：

1. LIMUM 工艺

LIMUM 工艺是由德国 Linde 公司开发的天然气液化技术，该技术采用 CH_4、C_2H_4、N_2、n-C_4H_{10} 组成混合冷剂，主低温换热器采用冷箱时适用于年产量为 2.5×10^5t 以下的装置，主低温换热器采用绕管式时，适用于年产量为（2.5～10）$\times10^5$t 的装置。工艺流程见图 18-2-4。

2. PRICO 工艺

PRICO 工艺由美国 Black&Veatch 公司开发，液化工艺采用单循环混合制冷剂和单

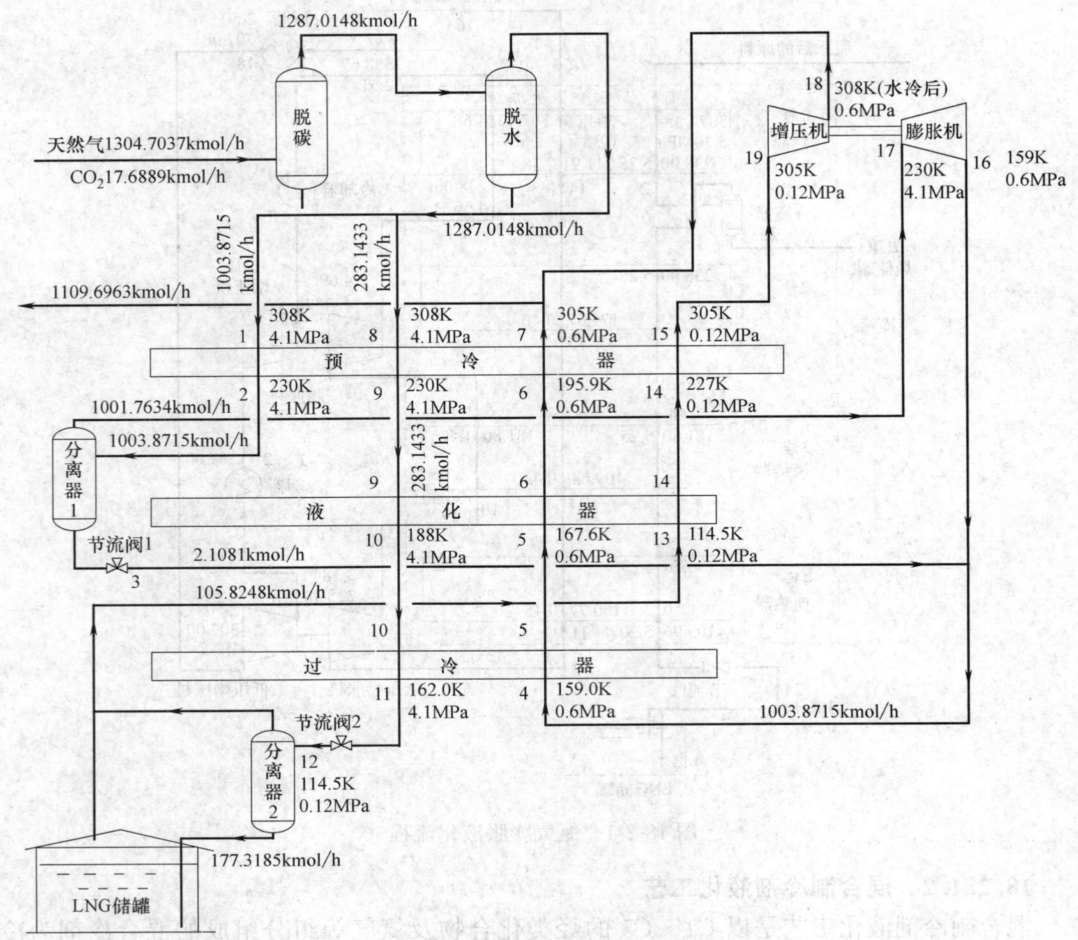

图 18-2-2　天然气膨胀液化流程

循环压缩系统，冷箱采用板翅式换热器。在该工艺中，混合冷剂由 N_2、CH_4、C_2H_4、C_3H_6、i-C_5H_{12}组成。工艺流程见图 18-2-5。

3. CII（Integral Incorporated Cascade）流程

在上海浦东建造的国内第一座调峰型天然气液化装置所采用的流程为法国索菲公司开发的 CII 流程，这是国内引进的第一套混合冷剂工艺流程装置。工艺流程见图 18-2-6。

4. LIQUEFIN 工艺

Liquefin 是由法国 Axens 公司与法国石油研究所 IFP 合作开发的天然气液化工艺，该工艺采用混合冷剂双循环工艺，混合冷剂代替传统的丙烷进行原料气的预冷，使预冷段加热冷却焓曲线较接近；预冷段与液化段之间转折点从 30℃降至－60～－80℃，在该低温度条件下，混合制冷剂完全冷凝，不需要相分离，使换热管线十分简单与紧凑。工艺流程见图 18-2-7。

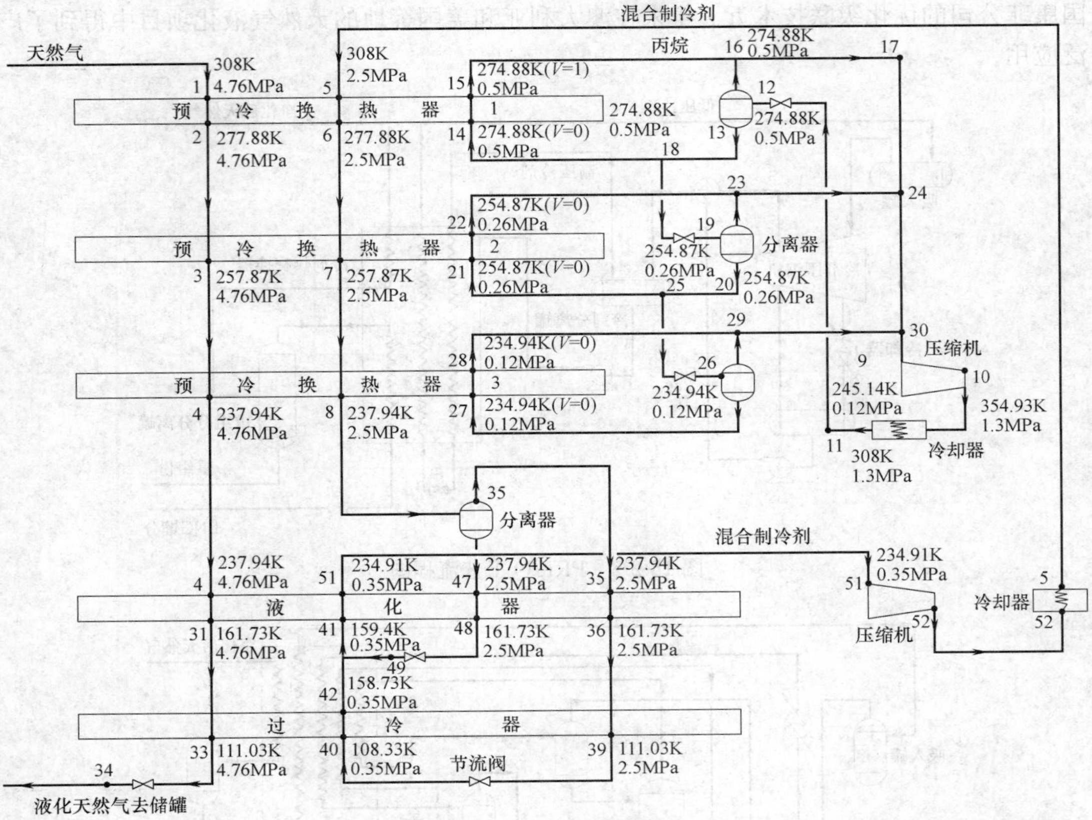

图 18-2-3　丙烷预冷混合制冷剂液化流程

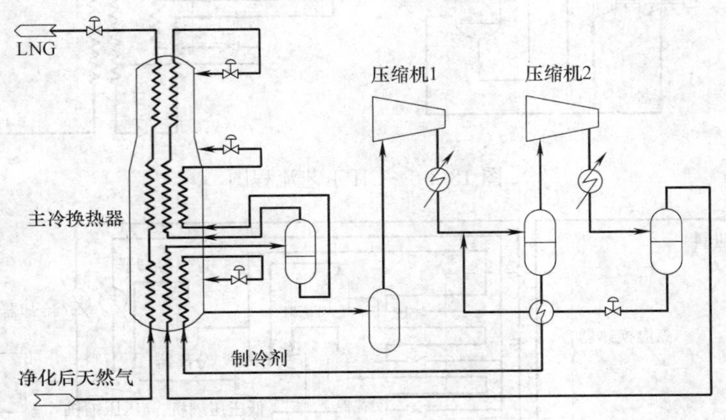

图 18-2-4　LIMUM®工艺流程图

18.2.1.3　级联式液化工艺流程

级联式天然气液化工艺是利用低温制冷剂常压下沸点不同，逐级降低制冷温度达到天然气液化目的，典型的工艺流程图如图 18-2-8 所示，该流程采用三级制冷，液化流程中各级所用的制冷剂分别为丙烷、乙烯、甲烷，每个制冷剂循环设置三个换热器。该液化流程由三级独立的制冷循环组成，第一级丙烷制冷循环为天然气、乙烯和甲烷提供冷量；第二级乙烯制冷循环为天然气和甲烷提供冷量；第三级甲烷制冷循环为天然气提供冷量。美国康菲公司的优化级联技术近 5 年来在澳大利亚和美国等地的天然气液化项目中得到了广泛应用。

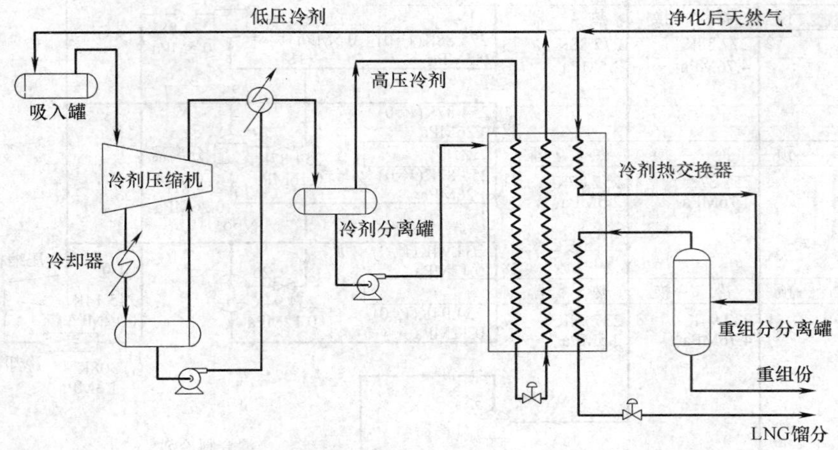

图 18-2-5 PRICO 工艺流程图

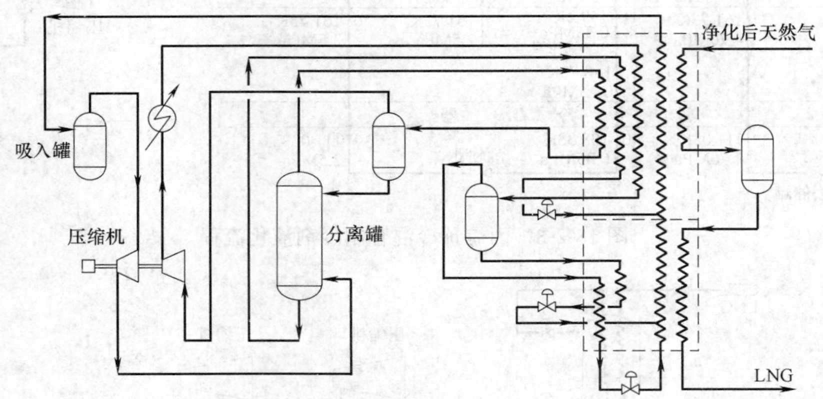

图 18-2-6 CII 工艺流程图

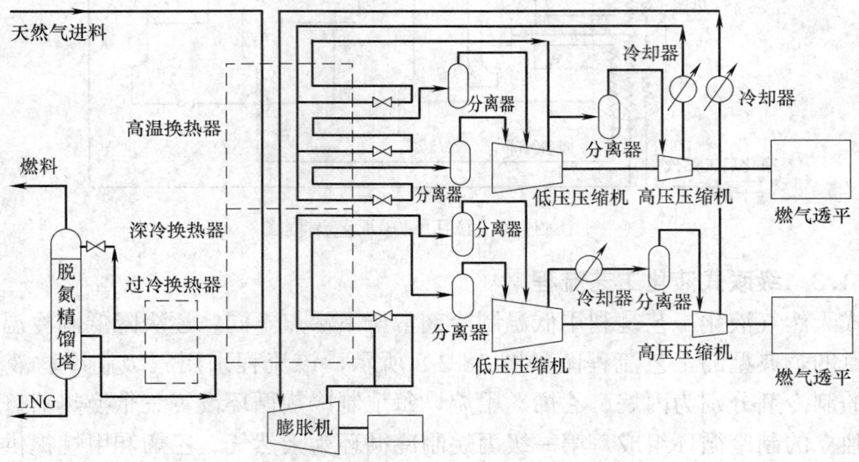

图 18-2-7 LIQUEFIN 工艺流程图

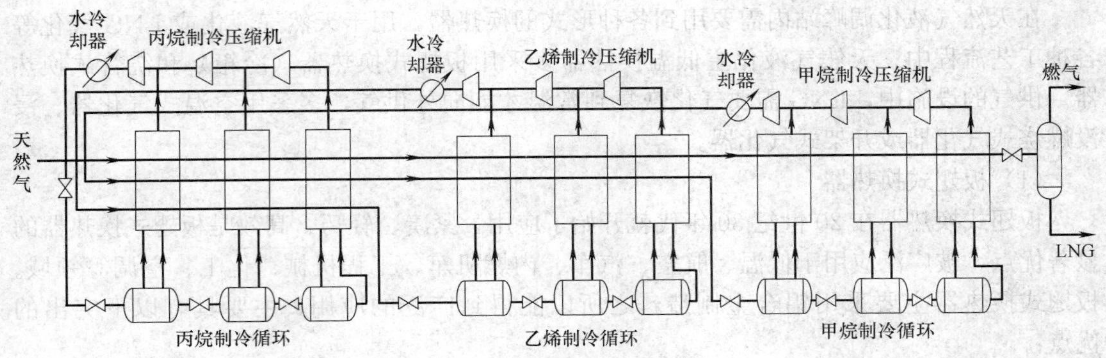

图 18-2-8 级联式天然气液化工艺流程

18.2.2 天然气液化主要设备

由于液化天然气系统中涉及的设备范围比较广，本节就一些与液化天然气相关的主要设备做一些介绍，其中包括冷剂压缩机、换热器、LNG 气化器和 LNG 泵。

18.2.2.1 冷剂压缩机

冷剂压缩机是天然气液化工艺流程中的核心动力设备，压缩机有往复式、离心式、螺杆式等多种形式。往复式和螺杆式压缩机通常用于天然气处理量比较小的液化装置，离心式压缩机在液化装置中广为采用，通常处理量在 $3\times10^5 m^3/d$ 以上的液化装置，离心式压缩机更有优势。

(1) 往复式压缩机

往复式压缩机亦称活塞式压缩机，运转速度比较慢，一般在中、低转速情况下运转。新型往复式压缩机可改变活塞行程。通过改变活塞行程，使压缩机既可适应满负荷状态运行，也可适应部分负荷状态下运行，可减小运行费用和动力消耗，提高液化系统的经济性，使运行平稳、磨损减少，不仅提高设备的可靠性，也相应延长了压缩机的使用寿命。一般，往复式压缩机需设置备机。

(2) 离心式压缩机

离心式压缩机具有转速高、排量大、操作范围广、排气均匀、运行周期长和占地面积小等优点。离心式压缩机出口压力主要取决于转速、叶轮的级数和叶轮的直径。离心式压缩机很大的优点是排量大，压缩气体是连续的，运行平稳，通常不设置备机。离心式压缩机流量减小至某一工况时，压缩机和管路中气体的流量和压力会出现周期性、低频率、大振幅的波动，这种不稳定的现象称为喘振；当压缩机的流量上升到某一临界值后，即使提高转速，流量不再继续增加，该工况称为阻塞工况。一旦发生喘振，机组就会产生强烈振动，如不及时消除或停车，有可能损坏机组。把不同转速下的喘振工况点连接起来，该曲线称为喘振线，它表示喘振区的界限。把不同转速下的阻塞工况点连接起来，表示机组的最大流量极限。从喘振工况点到阻塞工况点之间的范围，称为稳定工况区。离心式压缩机必须远离喘振线而在稳定工况区内工作。

18.2.2.2　换热器

在天然气液化调峰站内需要用到各种形式的换热器，用于天然气液化或LNG气化等各种工艺流程中。天然气液化主低温换热器多采用板翅式换热器（冷箱）和绕管式换热器。供气的设施中，LNG需要气化恢复到常温才能向外供气，多采用空温式气化器、浸没燃烧式气化器或开架式气化器。

（1）板翅式换热器

板翅式换热器在20世纪30年代就开始了应用，紧凑、轻巧、高效是板翅式换热器的显著优点，被广泛应用于低温、航空、汽车、内燃机车、工程机械、化工、空调等领域。板翅式换热器主要采用铝合金制造，之所以能得到广泛的应用，主要具有以下突出的优点：

① 传热效率高。由于翅片加强了对流换热流体的扰动和接触，因此具有较大的传热系数。制造材料导热性好，同时由于隔板和翅片的厚度很薄，传热的热阻小，因此板翅式换热器可以达到很高的效率。

② 结构紧凑。板翅式换热器具有扩展的二次表面，比表面积达到1000～2500m^2/m^3。

③ 铝合金制造，重量轻。

④ 板翅式换热器适应性强，可适用于：气-气、气-液、液-液不同流体之间的换热。改变流道布置，可以比较方便地实现：逆流、错流、多股流等不同的换热模式。换热器单元可以采用串联、并联、串并联等不同组合方式，可以用多个换热器单元组成热交换能力更大的换热器，以适应大型装置的换热需求。这种积木式组合方式扩大了互换性，容易形成规模化标准产品。

（2）绕管式换热器

绕管式换热器也是天然气液化装置中经常采用的换热器。与板翅式换热器相比，绕管式换热器有其独特的地方。它最显著的特点是易于大型化、不易冻堵。绕管式换热器制造时，先把有支撑臂的心轴和钻好孔的管板组装起来，安放在一个可以旋转的工装上，缠绕时把换热管的一端插入管板上一个确定好的孔，然后在心轴上以相同的旋转角度缠绕，缠绕另一层时改变方向。每根换热管单独缠绕，确保所有的换热管排列整齐。每层之间安装隔条，以保证各层之间的间隙，管端与孔板用特殊焊接工艺焊接。考虑到不同换热器的温度不同，各组换热器有各自的心轴、星形支架、分配器和护套。目前国内不锈钢管的绕管式换热器广泛应用到煤化工和炼油装置中，而铝管绕管式换热器还在摸索和起步阶段。

（3）LNG气化器

液化天然气需要在气化器中获得热量变为气态并恢复到常温以后才使用。气化器也是一种换热器，专门用于LNG的气化。低温的液态天然气要转变成常温的气体，必须要提供相应的热量使其气化。热量可以从环境空气和水中获得，也可以通过燃料燃烧或蒸汽产生。气化器是液化天然气调峰站中应用较为广泛的换热器，尤其是调峰供气的时候。LNG需要恢复到常温气体才能使用或向外供气，因此，以LNG作为能源的供气装置，必须配备有足够的气化器。气化量还需要可调节性。对于大型液化天然气调峰站，同时又是供气中心。因此，天然气液化调峰站通常配备两种以上的气化器。

18.2.2.3 LNG 泵

LNG 泵是液化天然气系统常见的关键性设备，主要用于液化天然气的装卸、输送和增压的目的。输送 LNG 这类易燃介质的低温泵，不仅要具备一般低温液体泵的要求，而且对泵的密封性能和防爆性能要求很高，罐内潜液泵应用较为广泛。

LNG 潜液泵通常安装在储罐的底部，常见的方法是为每一泵设置一竖管，称之为“泵井”，罐内泵安装在泵井的底部，储罐与泵井通过底部一个阀门隔开。泵的底座位于阀的上面，当泵安装到底座上以后，依靠泵的重力作用将阀门打开。泵井与 LNG 储罐连通，LNG 泵井内充满 LNG。如果将泵取出维修，阀门就失去泵重力作用，在弹簧的作用力和储罐内静压的共同作用下，使阀门关闭，起到了将储罐空间与泵井空间隔离的作用。泵井不仅在安装时可以起导向作用，在泵需要检修时，可以将泵从泵井里取出。另外，泵井也是泵的排出管，与储罐顶部的排液管连接。泵的提升系统可以将 LNG 泵安全的取出。在 LNG 泵取出时，泵井底部的密封阀能自动关闭，使泵井与储罐内的 LNG 液体隔离。然后排出泵井内的 LNG 气体，惰性气体置换后，整个泵和电缆就能用不锈钢钢丝绳一起取出井外，便于维护和修理。

18.3 站址选择和总平面布置

站址选址是液化天然气调峰站建设的一个重要环节，选址需考虑以下因素：

① 符合当地规划政策，符合国家相关规范要求；

② 交通、通信、电力，水源等配套设施比较齐全；

③ 邻近气源；

④ 离目标市场的距离在可允许范围内；

⑤ 当地安全、环境、水文、地质，气象符合厂址要求；

⑥ 满足安全、畅通、可持续发展的要求；

⑦ 满足建设工期要求；

⑧ 节省工程投资；

⑨ 具有良好的社会依托条件。

18.3.1 站址选择

18.3.1.1 场地条件

① 具有建厂所需的足够面积和较适宜的形状，这是最基本的要求。此外还需考虑如下几个方面：

A. 要为工厂的发展留有余地和可能；

B. 不应受到铁路线、山洪沟渠或其他自然屏障的切割，以保证厂区面积的有效利用和各种设施的合理布局；

② 场地的平面形状一般要避免选择三角地带、边角地带、不规则的多边地带和狭长地带。场地以边长 1∶1.5 的矩形场地比较经济合理。

18.3.1.2 地形、地质及水文地质条件

① 地形。宜选择地形简单、平坦而开阔，且便于地面水能够自然排出的地带。

不宜选择地形复杂和易于受洪水或内涝威胁等低洼地带。厂址应避开易形成窝风的地带。

② 地质及水文地质条件。厂址的地基应该具有较高的承载力和稳定性，并尽可能避开大挖大填地带，以减少土石方工程。此外，厂址应尽量选择在地下水位较低的地区和地下水对钢筋和混凝土无侵蚀性的地区。

18.3.1.3 供水排水条件

① 供水。建设场地应具备必需的、可靠的水源。无论是地表水、地下水或其他形式，如海水水源，其可供水量必须满足建设用水和生产所需的生产、消防生活和其他用水的水量和水质要求。

② 排水。厂址应具有生产、生活排污水的可靠排出地，并保证不因污水的排放使当地受到新的污染和危害。

18.3.1.4 供电条件

厂址尽可能靠近电源供应地，电源的可靠性直接影响到生产装置的安全性。

18.3.1.5 交通运输条件

厂址应有便利的交通运输条件，尽可能靠近原有的交通运输线路（水运、铁路或公路）。建设施工期间，对超长、超大或超重的生产设备，注意调查运输路线是否具备运输条件。

18.3.2 总平面布置

总平面布置原则如下：

① 严格执行国家、地方现行规范和标准，满足防火、防爆、防振、防噪的要求，有利于环境保护和安全卫生；

② 满足工艺流程要求，合理分区，方便生产管理；

③ 充分考虑当地自然条件，因地制宜；

④ 厂区道路连接短捷，顺直，满足消防、运输及设备检修的要求；

⑤ 合理绿化，营造良好的生产环境；

竖向布置原则如下：

① 竖向设计应与园区规划场地标高协调一致；

② 竖向应与道路设计相结合，在方便生产、运输、装卸的同时，还应处理好场地雨水排出；

③ 竖向设计结合道路标高、厂址地形，建（构）筑物及其地面标高符合安全生产、运输、管理、厂容要求，合理确定场地内各单元标高，尽量减少场地内土方量；

④ 竖向设计应为工厂内各种管线创造有利的通行条件，方便主要管线的敷设、穿（跨）越及交叉等，为自流管线提供自流条件；

⑤ 减少土方工程量，力求填挖平衡，节省投资；

18.3.2.1 满足生产和运输要求

① 符合各种 LNG 生产工艺流程的合理性，各生产环节具有良好的联系，保证生产作业简短便捷，避免流程交叉、迂回往复，使各种物料的输送距离最短。

② 水、电、气及其他公用工程的供应设施，在考虑对环境影响和厂外管网的联系之

后，力求靠近负荷中心，使各种公用系统介质输送距离最小。

③ 厂区道路径直短捷，LNG 运输罐车、其他车辆之间、人流与罐车之间尽量避免交叉迂回，对某些液化天然气调峰站的 LNG 工厂，LNG 罐车的进入和输出均是工厂的最大货运量且往返频繁，宜靠近厂区边缘地段和厂外道路布置。

④ 当厂区较为平坦方整时，一般采取矩形街区布置方式，这可使布置紧凑、用地节约。

18.3.2.2 满足安全与卫生要求

液化天然气生产、储存与输送过程具有易燃、易爆的特点，厂区布置应充分考虑安全布局，严格遵守防火、防爆等安全规范、标准和有关规定。尤其对于液化天然气调峰站，由于储存有大量的 LNG，因此还应考虑对周边地区的安全影响，一般布置原则有如下方面：

① 火灾危险性较大的单元、装置和场所，应布置在下风侧；

② 可能散发、需排放可燃气体的场所，例如 LNG 充装站台、放空筒、火炬等应远离各类明火源，并应布置在明火源的下风侧或平行风侧和厂区边缘。

③ 储存大量可燃、易燃液体或比空气重的液体储罐，不宜布置在人多场所及火源的上坡侧，如液化装置所需的各种冷剂储存区。当工艺需要而设置在上坡侧时，应采取有效安全措施，如设置防火墙、导流罐或沟，避免液体的可能流散危及坡下设备与人员的安全。

④ 火灾、爆炸危险性较大、散发易燃气体的车间、装置或设备，应尽可能露天或半敞开布置，以相对降低危险性和事故的破坏性，但应注意露天布置对地域条件的适应性，例如冷剂压缩机、原料压缩机和 BOG 压缩机的厂房。

⑤ 作为大功率压缩机驱动机的燃气轮机、空压站的空气吸入口位置，应布置在空气较为洁净的地段，避免有害气体或沙尘的侵入，否则应采取有效措施。

⑥ 厂区建筑物的布置应有利于自然通风和采光。

⑦ 厂区宜考虑合理的绿化，既要减轻烟尘影响，又不得使可燃气体滞留。

18.3.2.3 工厂发展的可能性考虑

由于 LNG 工艺与设备的更新、综合利用的增加和扩建等原因，工厂的布局需要有一定的弹性，即要求在工厂发展变化、厂区扩大后，现有的生产、运输布局和安全布局仍能保持相对的合理性。例如液化能力或储存能力的增加、液化天然气调峰站冷量的利用等。这些均应按具体情况在项目的发展规划中有所考虑，用以作为总图布置的依据，其注意事项包括如下：

① 分期建设时，总平面布置应使前后各期工程项目尽量分别集中，使前期尽量早投产，后期有相当的合理布局。

② 应使后期施工与前期生产之间的相互干扰尽可能小。后期工程一般不宜布置在前期工程的地段内，其外管还应避免穿过前期工程的危险区域和装置内部，以利于安全生产和施工。对扩建工程为增产而需增加设备时，应于布置上留有扩建设备的位置。

③ 在预留发展用地时，总平面布置至少应有向一个方向发展的可能。

18.3.2.4　总平面布置布置应考虑各种自然条件和周围环境的影响

① 重视风向和风向频率对总平面布置的影响，山区建设还要考虑山谷风影响和山前、山后气流的影响，要避免将工厂建在窝风地段。

② 注意工程地质条件的影响，厂房应布置在土质均匀、地耐力强的地段。一般挖方地段宜布置厂房，而填方地段宜布置道路、地坑、地下构筑物等。

③ 地震区、湿陷性黄土区的工厂布置，还应遵循有关规范规定。

④ 满足城市规划、工业区域规划有关要求。

⑤ 应为施工安装创造有利条件，满足施工和安装（特别是大型设备吊装）机具的作业要求；厂内道路布置应考虑施工安装要求。

⑥ 液化天然气调峰站与邻近企业、社区及公用设施的安全距离，应符合现行规范的规定。

18.3.3　总平面布置实例

实例 1：

某调峰站总平面布置图见图 18-3-1。

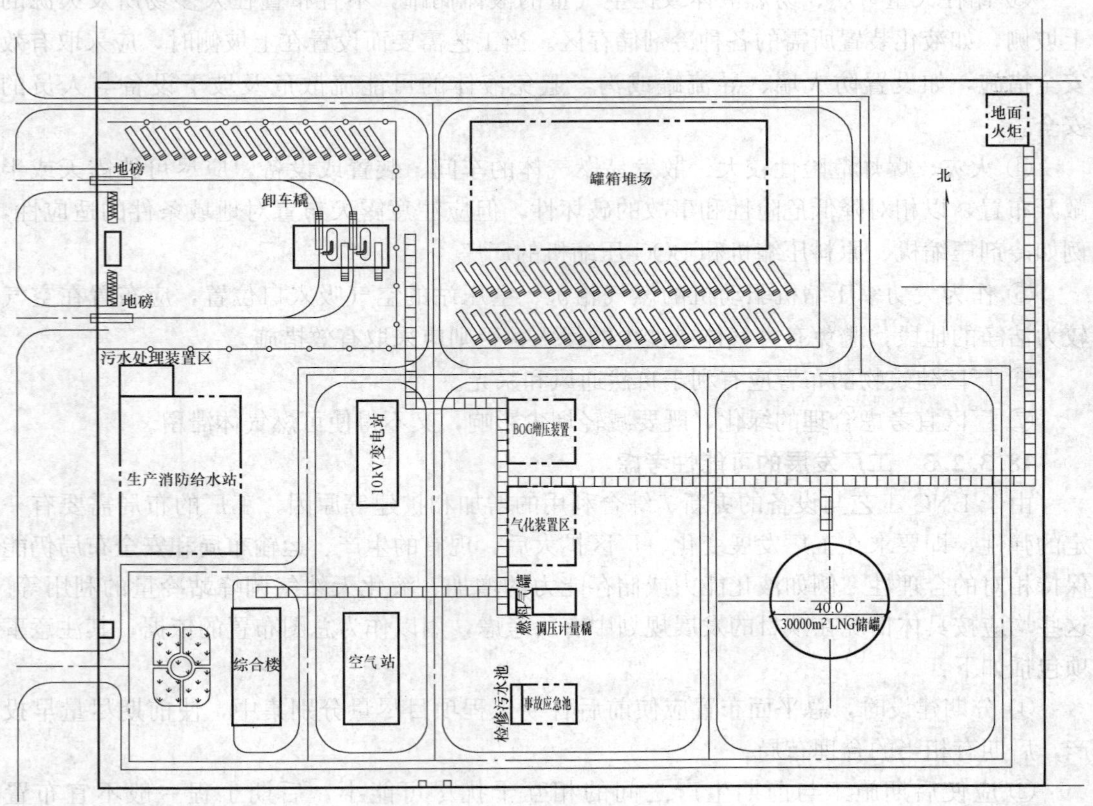

图 18-3-1　某调峰站储气设施总平面布置图

实例 2：

某液化天然气生产调峰站总平面布置图见图 18-3-2。

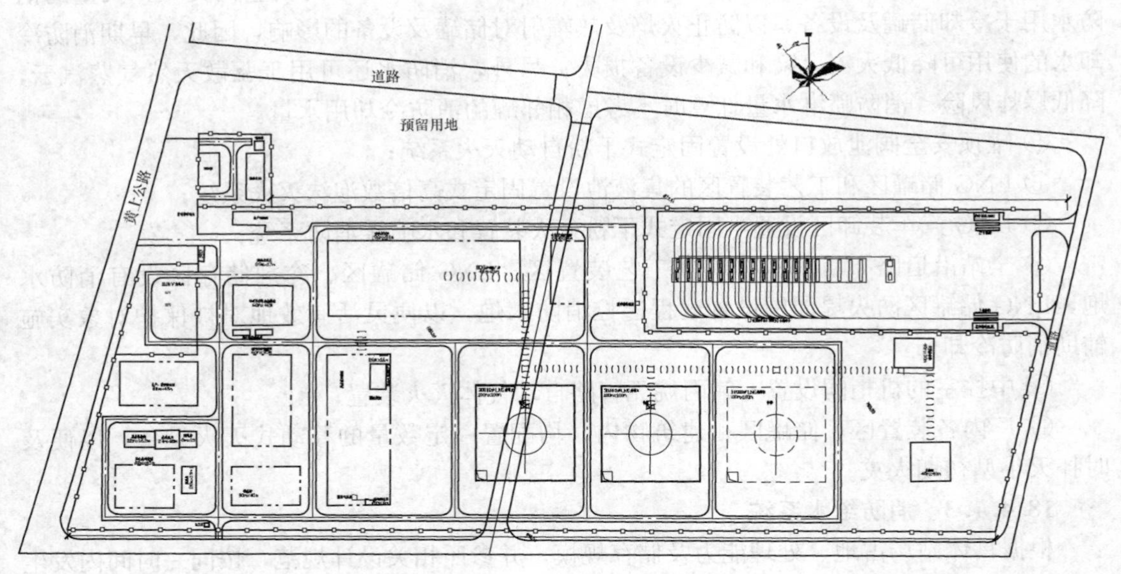

图 18-3-2 某液化天然气生产调峰站总平面布置图

18.4 公用与安全设施

18.4.1 消防设施

18.4.1.1 设计原则

严格执行有关的现行国家消防设计规范，认真贯彻“预防为主、防消结合”的方针，从全局出发，统筹兼顾，积极采取行之有效的消防措施。并充分考虑液化天然气火灾特性，做到方便使用、安全可靠、经济合理。

18.4.1.2 消防方案

消防设计严格遵照《石油天然气工程设计防火规范》GB 50183、《泡沫灭火系统设计规范》GB 50151、《建筑灭火器配置设计规范》GB 50140 和《建筑设计防火规范》GB 50016（2018 版）的规定，贯彻“预防为主，防消结合”的方针，消防方案如下：

① 针对液化天然气调峰站站场等级划分依托或独立设置相对应的消防站，用于向液化天然气调峰站提供消防安全服务；

② 控制天然气火灾的根本措施在于切断气源。工艺装置、LNG 储罐区充分考虑切断装置的可靠性和灵活性；

③ 站内应设置独立的稳高压消防给水系统（除消防水罐与生产给水罐合建外，其余消防系统均与生产、生活给水系统分开独立设置，生产、消防水罐设有保证消防水不被动用的措施），火灾时由消防泵向消防给水系统提供足够的消防水量和水压，平时依靠消防稳压设备维持消防给水管道系统的压力。

④ LNG 储罐区罐顶及罐壁设置固定式消防喷淋冷却水系统。

备注：根据欧洲标准EN1473分析，当泄漏的LNG在围堰内发生火灾时，大量的消防水用于冷却储罐及设备，以防止火焰及热辐射对储罐及设备的影响，因此，早期消防冷却水的使用可降低火灾风险和减少设备损失；另外，消防水还可用于驱散天然气蒸汽云，降低爆炸风险。消防喷淋水量计算时不考虑相邻罐的消防冷却用水量。

⑤ 罐顶安全阀泄放口处设置固定式干粉自动灭火系统；

⑥ LNG储罐区和工艺装置区的集液池设置固定式高倍数泡沫灭火系统；

⑦ LNG汽车装卸区设置半固定式干粉灭火装置和水喷雾消防系统；

⑧ 全站沿道路布置消火栓，在工艺装置区、LNG储罐区、冷剂储存区设有消防水炮，LNG储罐区防火堤周围设置远程遥控消防水炮，以便灵活有效地对被保护对象实施辅助消防冷却。

⑨ 中控室的机柜间设置七氟丙烷无管路自动气体灭火装置；

⑩ 厂内各装置区、储罐区和建筑物内，均配置一定数量的移动式灭火设备，以便及时扑灭小型初期火灾。

18.4.1.3　消防给水系统

根据具体站场占地、处理能力及储存规模，并参照相关设计规范，按同一时间内发生1次火灾进行统计，消防供水规模按最大的LNG罐区消防用水需求量设计，即发生火灾时，一次火灾消防冷却用水量和泡沫灭火系统按LNG罐区的计算值进行设计。

站内设置独立的稳高压消防给水系统，平时采用消防稳压设备稳压，稳压压力为0.5～0.6MPa。出现火情时，消火栓系统管网压力降低，联锁停运消防稳压设备稳压，消防泵启动，由消防泵提供足额消防水量和水压。

采用独立消防给水管网，消防管道沿厂内道路成环状布置。在消防管网上适当位置均设置消火栓，工艺装置区高大塔架处设置手动消防水炮，LNG储罐区设置电动遥控消防水炮，以降低消防扑救时操作人员的危险性，每个消防炮及消火栓旁设置消防水带箱。为方便检修，消防管道每隔一定距离设有控制阀，两个截断阀之间的消火栓（消防水炮）数量不超过五个。同时在压缩机房等部分建筑设置一定数量的室内消火栓，室内消防给水系统管网均与室外消防给水环网相连。

18.4.1.4　固定式泡沫灭火系统

为阻止事故时LNG扩散燃烧，需采用泡沫灭火系统对积液池内LNG进行覆盖。LNG储罐区、装车区及工艺装置区集液池配置固定式全淹没高倍数泡沫灭火系统。

18.4.1.5　干粉灭火系统

根据规范，需在每座LNG储罐罐顶安全阀泄放处设置1套固定式干粉自动灭火系统，该灭火系统由干粉储罐、干粉喷嘴、干粉输送管路、氮气驱动瓶组、火焰监测及报警系统以及相关控制系统等组成，干粉需考虑100%的备用量。

由于LNG汽车装卸区发生LNG零星泄漏几率较高，故需在LNG汽车装车区周围均匀布置一定数量的半固定式干粉灭火装置（单套装置的充装量500kg）。

18.4.1.6　消防喷淋冷却水系统

根据《石油天然气工程设计防火规范》GB 50183，需在LNG储罐及冷剂储罐上，设置固定式喷淋冷却水系统。罐上设置喷淋管和开式水雾喷头，各罐的喷淋水总管上设置远程操作的快开气动阀，在罐上或周围设置火灾探测系统（如温度探测器、火焰探测器等），当火灾信号传输至控制中心，经识别确认后，远程开启气动阀，并同时启动消防泵，对各储罐设施进行消防冷却。

18.4.1.7 气体灭火设备

厂区中控室的机柜间为全厂的显示和控制枢纽，主要设置计算机终端及仪表设备，按照工厂中控室机柜间建筑面积，根据《建筑设计防火规范》GB 50016（2018 版），在机柜间设置七氟丙烷自动气体灭火系统。

18.4.1.8 水喷雾灭火系统

LNG 汽车装卸区运行操作频繁，发生 LNG 零星泄漏几率较高，考虑在装车棚下设置水喷雾灭火系统，以便在 LNG 发生泄漏时，能及时驱散、隔绝 LNG 蒸气云，以防止其聚集发生爆炸；也可在发生火灾时对钢梁、棚内设备及管道进行降温，以免造成更大的事故。

18.4.1.9 移动式灭火器材

各生产装置、罐区以及各建筑物等均根据各自火灾危险性情况，配置相应的推车式和手提式灭火器，以便迅速扑灭初期火灾和零星火灾。

18.4.1.10 消防站

根据站场等级需要设置相对应的消防站，消防站紧邻附近围墙布置，独立建设。消防站主要包括消防综合楼、消防训练塔和露天训练场地等部分，由消防车库、消防人员宿舍、通信室、体能训练室、消防器材库和辅助用房等功能用房构成；消防训练塔专门用于对消防专职人员进行身体和心理素质训练。

18.4.2 电 气 设 施

根据《石油设施电气设备场所Ⅰ级、0 区、1 区和 2 区的分类推荐作法》SY/T 6671，进行生产设施爆炸危险场所区域的划分和范围确定。

工艺装置区和装卸区以释放源水平方向 7.5m，垂直方向 7.5m 的范围为Ⅰ类 2 区；

冷剂储存区为Ⅰ类 2 区；

压缩机厂房内为 2 区（每小时 10 次通风情况下）、压缩机厂房门（窗）外 7.5m 范围内为 2 区；

罐区内地坪下的坑、槽及罐体内部、排气孔周围 2m 范围内为Ⅰ类 1 区，罐体外 3m 的范围、防火堤高度范围内为Ⅰ类 2 区；

火炬区围墙以内的范围内为Ⅰ类 2 区，钢瓶间室内为Ⅰ类 2 区。

释放源位置未能明确的，爆炸危险区域划分平面图按照装置区边界确定，划分范围比规范界定的范围有所增加。

爆炸危险环境内电气设备的选择和线路敷设，严格执行《爆炸危险环境电力装置设计规范》GB 50058 的规定。

18.4.3 建（构）筑物的防火、防爆设施

各类用房应通风良好、尽量减少有毒气体对人体的危害，便于人员安全疏散。另外通过设置移动式灭火器材，以及时扑灭小型初期火灾，保证员工安全。生产调度楼内控制室、机柜间面向装置区侧墙体采用防爆墙。

厂区设备用房内的装修，均采用燃烧性能为A级的建筑装修材料。压缩机房用轻质墙体及屋面围护，易于泄压。厂房内设置必要的可燃气体检测系统，气源切断装置。

18.4.4 火灾及可燃气体检测系统

对有火灾、爆炸气体泄漏危险存在的设备设施场所，如冷剂压缩机、BOG压缩机等装置厂房以及天然气液化调峰站其他易燃部位，为及时发现工厂中可燃气体泄漏以及火灾的发生，在工厂中需设置火灾及可燃气体检测报警装置。

借鉴国内外石油天然气行业同类型装置采用FGS系统的实际运行情况，调峰站采用独立的并具有安全完整性等级认证的控制系统，作为火灾和气体泄漏检测报警系统控制器。

火灾和气体泄漏检测报警系统，用于在调峰站中可能出现的可燃气体泄漏情况的检测、报警，能有效预防和减少可燃气体泄漏而引起的火灾、爆炸或人员中毒等危害事故的发生，保障调峰站内的人身安全。

火灾和气体泄漏检测报警系统包括可燃气体、火灾检测设备与报警控制系统。火灾和气体泄漏检测报警系统的控制器以可编程序逻辑控制器为核心，中央控制室火灾和气体泄漏检测报警系统设置专用工程师站/操作员站。

火灾和气体泄漏检测报警系统为专用控制系统，由独立的PLC、图形处理软件、数据库软件、人机界面、打印机等组成，能将所有监控场所的设备、管线等平面布置图存入系统，并能在可燃气体泄漏和火灾发生报警时，准确地切换到相应画面，显示出报警部位和报警性质等，具有语声及图形进行操作提示功能。

18.4.5 应急照明

在正常照明故障时可能发生危险的重要场所，如变配电所、中央控制室、消防泵房、工艺装置区、压缩机厂房和消防站等装设应急照明，应急照明容量按正常照明的25%考虑。装置区变电所及装置区变电所各设置应急电源系统EPS，为应急照明提供电源。

18.4.6 通风设施

① 对可能产生有毒有害气体、爆炸性气体或散发余热的压缩机厂房设置自然进风和机械排风通风系统。通风设备选用防爆型风机，并设置进、排风消声设施，降低噪声对环境的扩散。

② 配电室电气设备散发热量，为确保电气设备的工作环境温度，及时将余热排至室外，设有轴流风机进行通风换气。

18.5 本章有关标准规范

《石油天然气工程设计防火规范》GB 50183。

《液化天然气（LNG）生产、储存和装运》GB/T 20368。

《液化天然气设备与安装 陆上装置设计》GB/T 22724。

Production，Storage and Handling of Liquefied Natural Gas NFPA 59A。

Installation and Equipment For Liquefied Natural Gas-Design of Onshore Installations EN1473。

《天然气脱水设计规范》SY/T 0076。

《爆炸危险环境电力装置设计规范》GB 50058。

《石油设施电气设备场所Ⅰ级、0区、1区和2区的分类推荐作法》SY/T 6671。

《安全防范工程技术标准》GB 50348。

《气田地面工程设计节能技术规范》SY/T 6331。

《石油天然气工程总图设计规范》SY/T 0048。

《压力容器［合订本］》GB 150.1～150.4。

《压力管道安全技术监察规程—工业管道》TSG D0001。

《固定式压力容器安全技术监察规程》TSG 21。

参考文献

［1］ 顾安忠等. 液化天然气技术［M］. 北京：机械工业出版社，2015.

［2］ 严铭卿，宓亢琪. 燃气输配工程学［M］. 北京：中国建筑工业出版社，2014.

［3］ 张周卫等. 液化天然气装备设计技术［M］. 北京：化学工业出版社，2018.

第 19 章　液化天然气气化站

19.1 概　述

液化天然气气化站其主要任务是将槽车或槽船运输的液化天然气进行卸气、储存、气化、调压、计量或加臭，并通过管道将天然气输送到燃气输配管道。

气化站也可设置灌装液化天然气钢瓶功能。

液化天然气气化站总储量不大于 2000m^3 时，应以《城镇燃气设计规范》GB 50028 为主要设计依据。当总储量大于 2000m^3 时，可执行《石油天然气工程设计防火规范》GB 50183。除此之外，还需参照执行的主要规范见 19.7 节。

本节主要针对总储量不大于 2000m^3 的气化站设计，大于 2000m^3 的气化站可参照本手册第 17 章接收站中有关内容进行设计。

19.2 基本设计参数

19.2.1 液化天然气组分

液化天然气组分是气化站工艺计算和设备选型的重要参数，准确掌握其物性参数和性质是保障生产安全的重要依据。

在进行气化站设计时，必须收集可以利用的天然气液化工厂的组分，当缺乏这方面的资料时，可参照表 19-2-1 中的液化天然气组分和物性参数进行初步计算。

部分液化天然气气源组分和物性参数　　表 19-2-1

项目		中原油田	新疆广汇	福建 LNG	大鹏 LNG
组分(mol%)	C_1	95.857	82.3	96.299	91.46
	C_2	2.936	11.2	2.585	4.74
	C_3	0.733	4.6	0.489	2.59
	iC_4	0.201	—	0.100	0.57
	nC_4	0.105	—	0.118	0.54
	iC_5	0.037	—	0.003	0.01
	nC_5	0.031	—	0.003	—
	其他碳烃化合物	0.015	1.1	0.003	—
	N_2	0.085	0.8	0.400	0.09
	华白指数(MJ/m^3)	54.43	56.70	51.06	55.71

续表

项　目		中原油田	新疆广汇	福建 LNG	广东 LNG
组分(mol%)	低热值(MJ/m^3)	37.48	42.40	34.94	39.67
	分子量(kg/kmol)	16.85	19.44	16.69	17.92
	气化温度(℃)	−162.3	−162.0	−160.2	−160.4
	液相密度(kg/m^3)	460.0	486.3	440.1	456.5
	气相密度(kg/m^3)	0.754	0.872	0.706	0.802

19.2.2 供气能力与储罐容积

液化天然气气化站的规模应符合城镇总体规划的要求，根据供应用户类别、数量和用气量指标等因素确定。

储罐的设计总容积应根据其规模、气源情况、运输方式和运距等因素确定。

气化站的液化天然气储罐的设计总容量一般应按计算月平均日用气量的3～7天的用气量计算。当气化站由两个或两个以上液化天然气气源点供气或气化站距离气源供应点较近时，储罐的设计容量可小一些；反之，储罐的设计容量应取较大值。储罐设计总容量可按下式计算：

$$V=\frac{nk_{m.max}q_d\rho_g}{\rho_L\varphi_b} \tag{19-2-1}$$

式中　V——总储存容积，m^3；

n——储存天数，d；

$k_{m.max}$——月高峰系数；

q_d——年平均日供气量，m^3/d；

ρ_g——天然气的气态密度，kg/m^3；

ρ_L——操作条件下的液化天然气的密度，kg/m^3；

φ_b——储罐允许充装率，一般取0.95。

19.2.3 设计温度和设计压力

1. 设计温度

① 储罐的最高设计温度取当地历年最高温度，最低设计温度应取−196℃，最低工作温度取其设计压力下液化天然气的饱和温度。

② 气化器的工作温度取气化器设计压力下液化天然气的饱和温度，设计温度应取−196℃。

③ 空温式气化器出口天然气的计算温度一般应取不低于环境温度8～10℃，环境温度宜取当地历年最低温度。

2. 设计压力

① 储罐的设计压力应根据系统中储罐的配置形式、液化天然气组分以及工艺流程进行工艺计算确定。

② 气化器的设计压力与气化方式有关。当采用储罐等压气化时，取储罐设计压力；

当采用加压强制气化时，应取低温加压泵出口压力。

19.3　气化站工艺设计

19.3.1　气化站工艺流程

1. 等压强制气化工艺流程

目前，我国中小城市的液化天然气气化站一般采用等压强制气化方式，气化站作为城市的主要气源站。其典型工艺流程如图19-3-1所示：

其工艺流程：

液化天然气汽车槽车进气化站后，用卸车软管将槽车和卸车台上的气、液两相管道分别连接，依靠站内或槽车自带的卸车增压器（或通过站内设置的卸车增压气化器对罐式集装箱槽车进行升压），使槽车与LNG储罐之间形成一定的压差，将液化天然气通过进液管道卸入储罐（V-101～V-104）。

槽车卸完后，切换气液相阀门，将槽车罐内残留的气相天然气通过卸车台气相管道进行回收。

卸车时，为防止LNG储罐内压力升高而影响卸车速度，当槽车中的LNG温度低于储罐中LNG的温度时，采用上进液方式。槽车中的低温LNG通过储罐上进液管喷嘴以喷淋状态进入储罐，将部分气体冷却为液体而降低罐内压力，使卸车得以顺利进行。若槽车中的LNG温度高于储罐中LNG的温度时，采用下进液方式，高温LNG由下进液口进入储罐，与罐内低温LNG混合而降温，避免高温LNG由上进液口进入罐内蒸发而升高罐内压力导致卸车困难。实际操作中，由于目前LNG气源地距用气城市较远，长途运输到达用气城市时，槽车内的LNG温度通常高于气化站储罐中LNG的温度，只能采用下进液方式。所以除首次充装LNG时采用上进液方式外，正常卸槽车时基本都采用下进液方式。

为防止卸车时急冷产生较大的温差应力损坏管道或影响卸车速度，每次卸车前都应当用储罐中的LNG对卸车管道进行预冷。同时应防止快速开启或关闭阀门使LNG的流速突然改变而产生液击损坏管道。

通过储罐增压器（E-101/1～E-101/2）增压将储罐内的LNG送到LNG空温式气化器（E-102/1～E-102/6）中去气化，再经过调压、计量和加臭进入出站天然气总管道，供中低压用户使用。

储罐自动增压与LNG气化靠压力推动。随着储罐内LNG的流出，罐内压力不断降低，LNG出罐速度逐渐变慢直至停止。因此，正常供气操作中必须不断向储罐补充气体，将罐内压力维持在一定范围内，才能使LNG气化过程持续下去。储罐的增压是利用自动增压调节阀和自增压空温式气化器实现的。当储罐内压力低于自动增压阀的设定开启值时，自动增压阀打开，储罐内LNG靠液位差流入自增压空温式气化器（白增压空温式气化器的安装高度应低于储罐的最低液位），在自增压空温式气化器中LNG经过与空气换热气化成气态天然气，然后气态天然气流人储罐内，将储罐内压力升至所需的工作压力。利用该压力将储罐内LNG送至空温式气化器气化，然后对气化后的天然气进行调压（通

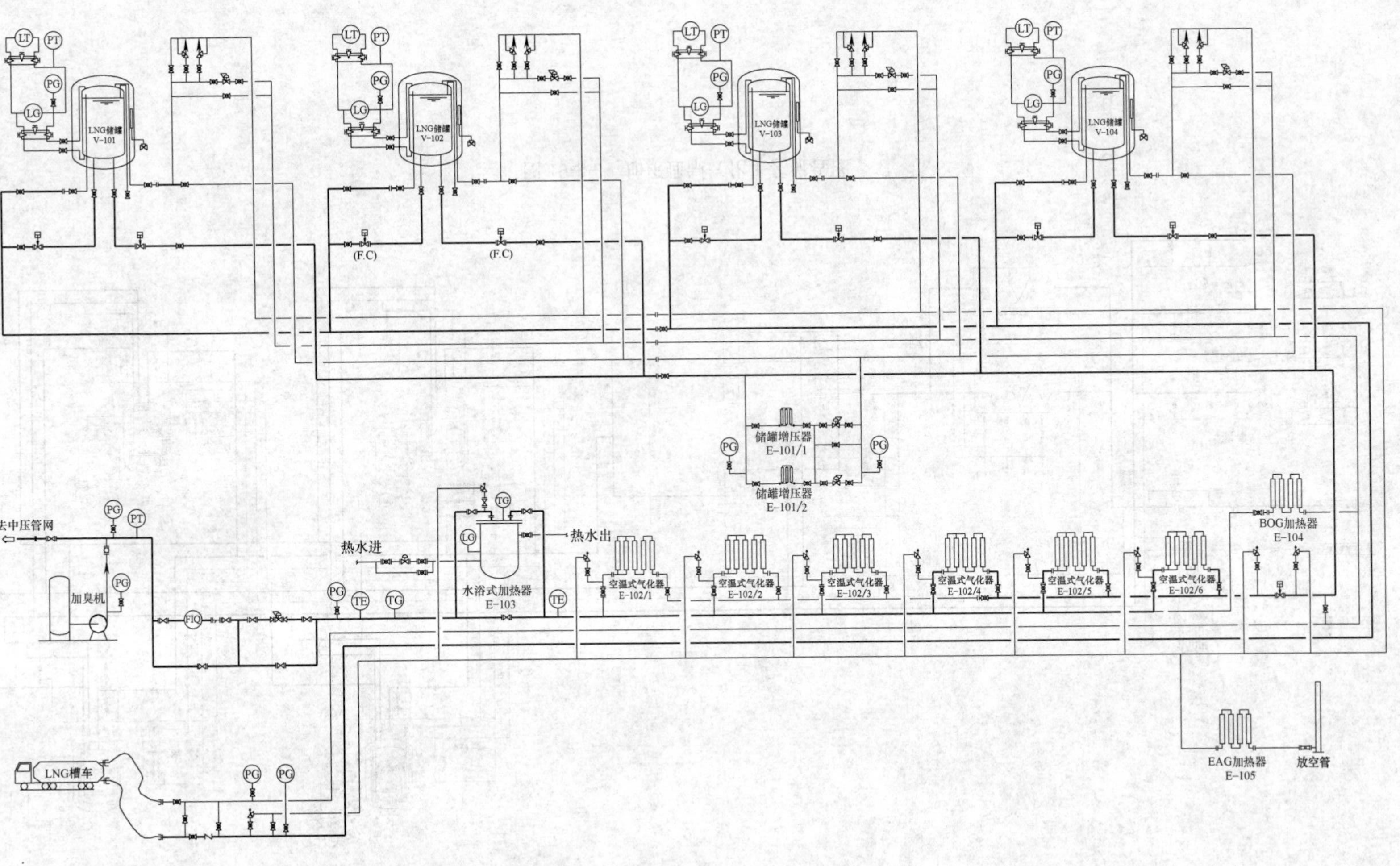

图 19-3-1 等压强制气化工艺流程

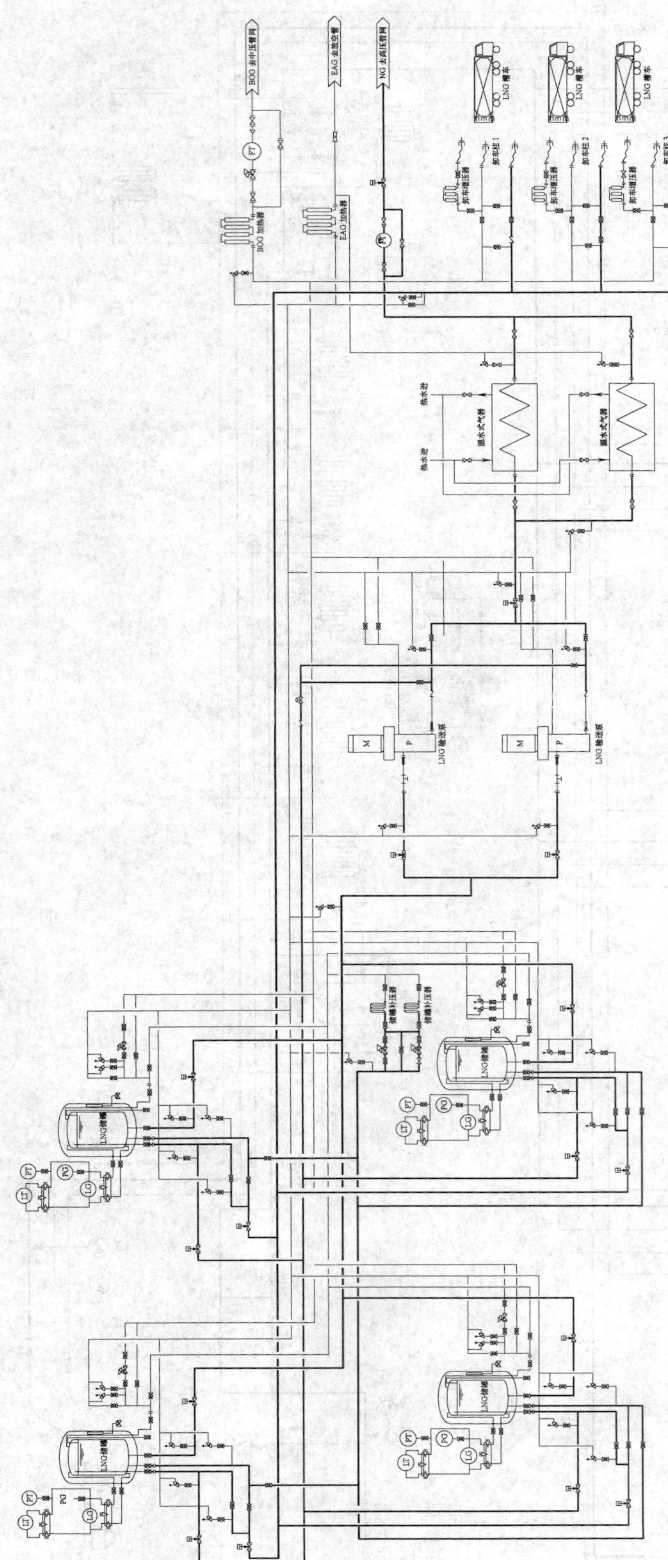

图 19-3-2　加压强制气化工艺流程图

常调至 0.4 MPa)、计量、加臭后，送入城市中压输配管网为用户供气。在夏季空温式气化器天然气出口温度可达 15℃，直接进管网使用。在冬季或雨季，气化器气化效率大大降低，尤其是在寒冷的北方，冬季时气化器出口天然气的温度（比环境温度低约 10℃）远低于 0℃而成为低温天然气。为防止低温天然气直接进入城市中压管网导致管道阀门等设施产生低温冷脆，也为防止因低温天然气密度大而产生过大的供销差，气化后的天然气需再经水浴式天然气加热器（E-103）将其温度升到 5～10℃，然后再送入城市输配管网。

通常设置两组以上空温式气化器组，相互切换使用。当一组使用时间过长，气化器结霜严重，导致气化器气化效率降低，出口温度达不到要求时，人工（或自动或定时）切换到另一组使用，本组进行自然化霜备用。

在自增压过程中随着气态天然气的不断流入，储罐的压力不断升高，当压力升高到自动增压调节阀的关闭压力（比设定的开启压力约高 10%）时自动增压阀关闭，增压过程结束。随着气化过程的持续进行，当储罐内压力又低于增压阀设定的开启压力时，自动增压阀打开，开始新一轮增压。

LNG 在储罐储存过程中，尤其在卸车初期会产生蒸发气体（BOG），系统中设置了 BOG 加热器（E-104），加热后的 BOG 直接进入管网回收利用。

在系统中必要的地方设置了安全阀，从安全阀排出的天然气以及非正常情况从储罐排出的天然气将进入 EAG 加热器（E-105）加热，再汇集到放散管集中放散。

此工艺流程一般用于中小型气化站，管网压力等级为中低压的系统中。

2. 加压强制气化工艺流程

加压强制气化的工艺流程与等压气化流程基本相似，只是在系统中设置了低温输送泵，储罐中的 LNG 通过输送泵送到气化器中去气化。其典型工艺流程如图 19-3-2 所示。

此工艺流程适合于中高压系统，且天然气的处理量相对较大；LNG 储罐可以为带压储罐，也可以为常压储罐。

3. 液化天然气钢瓶的灌装

1）灌装方式

液化天然气钢瓶一般通过储罐增压器升压灌瓶，当要求日灌瓶量大时也可以设置低温灌装泵来灌装。灌装泵的流量根据日灌瓶量确定，其灌瓶压力一般可取 0.6～1.0MPa。灌装泵一般选择离心式 LNG 泵。在泵的出口宜设置液相回流调节阀，根据灌装区液相设定压力自动调节液相回流量。

2）灌装作业

将 LNG 液相进出口阀门与 LNG 气化站低温储罐液相出口软管连接好，气相阀门接至站内 BOG 管线连接软管上。打开 LNG 进出口阀门和气相阀门，关闭其他阀门，将 LNG 自低温储罐压入钢瓶。当充入的 LNG 质量达到设置质量时应立刻停止灌装，关闭 LNG 进出口阀门和气相阀门，松开连接软管，完成灌装作业。

灌装作业可以采用半自动灌装称灌装，也可采用台秤手工灌装。每个灌装嘴应设置一台灌装称。

19.3.2　气化站检测和控制

一般气化站需要检测和控制调节的项目宜按照表 19-3-1 设置。

气化站工艺检测和控制项目　　**表 19-3-1**

项目名称		检测控制要求														
		就地					集中									
												报警				
		指示	记录	调节	累计	控制	指示	记录	调节	累计	遥控	上上限	上限	下限	下下限	连锁
储罐区	液位	√					√					√	√	√	√	√
	压力	√					√						√	√	√	√
	低温检测						√							√		
	紧急切断阀					√					√					√
储罐增压器	升压调节阀前压力	√														
	升压调节阀后压力	√														
卸车区	气相压力	√														
	液相压力	√														
气化区	NG 温度	√					√							√		√
	NG 压力	√					√									
	低温检测						√							√		√
	紧急切断阀					√					√					√
烃泵区	泵前压力	√					√									
	泵后压力	√					√									
灌装区	气相压力	√														
	液相压力	√														
出站计量		√			√		√			√						
可燃气体													√			
ESD					√						√					

注：可根据设计规范、工艺及用户要求进行适当的调整。

19.3.3　气化站主要工艺设备选择

1. 储罐

当气化站内的储存规模不超过 1000m³ 时，宜采用 50～150m³ LNG 压力储罐，可根据现场地质和用地情况选择卧式罐或立式罐。

当气化站内的储存规模在 1000～3500m³ 时，宜采用子母罐形式。

当气化站内的储存规模在 3500m³ 以上时，宜采用常压储罐形式。

为便于管理方便和运行的安全，一般不推荐采用联合储罐形式。

几种规格型号的 LNG 储罐见本手册第 16 章。

2. 增压器

液化天然气气化站内的增压器包括卸车增压器和储罐增压器。增压器宜采用卧式。

3. 增压气化器的计算及选型

LNG 气化站的增压气化器包括两类：卸车增压气化器和储罐增压气化器。两类气化器工作原理接近：LNG 液体进入气化器，被加热蒸发成为饱和气体，气体再返回至储罐，一方面用于增加储罐内部压力使其达到工作压力，另一方面将储罐内的液体压送至后部装置内，满足供气要求。

(1) 增压气化器耗液量的计算

设计中增压气化器给储罐提供的气体，一方面要维持容器顶部气相空间的压力达到工作压力，另一方面容器的补气体积应等于其输液体积，可见，增压气化器的耗液量分为两部分：预增压阶段耗液量和排液阶段耗液量。

① 预增压阶段的耗液量

预增压阶段是指在排液阀关闭的情况下，在一定时间内将罐顶气相压力增加到某一要求值的过程。在此阶段，液体经气化器气化后全部用来增压。顶部气体满足气态方程，即

$$pV=ZmRT \tag{19-3-1}$$

式中 p——气相压力，Pa；

V——气相容积，m^3；

Z——气体压缩因子；

T——气体温度，K；

R——气体常数，J/(kg·K)。

假设增压过程是稳定的，单位时间液化的液体质量为 q_a (kg/s)，则在 τ 时间内气相空间的总质量为：

$$m=m_0+q_a\tau \tag{19-3-2}$$

与其对应的体积为：

$$V=V_0+q_v\tau \tag{19-3-3}$$

将式 (19-3-2)，式 (19-3-3) 带入式 (19-3-1) 得：

$$p(V_0+q_v\tau)=Z(m_0+q_a\tau)RT \tag{19-3-4}$$

可得：

$$q_a=\frac{pV_0-Zm_0RT}{\tau\left(ZRT-\dfrac{p}{\rho_1}\right)}=\frac{V_0\left(\dfrac{p}{T}-\dfrac{p_0}{T_0}\right)}{\tau ZR\left(1-\dfrac{\rho_g}{\rho_1}\right)} \tag{19-3-5}$$

式中 q_a——单位时间内被气化的液体量，kg/s；

p_0——增压前的气相压力，Pa；

q_v——与 q_a 相对应的液体体积，m^3/s；

T_0——增压前 p_0 压力下的饱和温度，K；

ρ_1——在 p、T_0 下液体的密度，kg/m^3；

τ——增压时间，s；

ρ_g——在 p、T 下气体的密度，kg/m^3；

V_0——增压前的气相容积，m^3；

m_0——增压前气相空间的气体质量，kg。

式（19-3-5）中 p_0、T_0、p 及 τ 为已知参数，T 值由设计者自定。在确定 T 值时应考虑一定的过热度，从式（19-3-5）中可以看出：T 值大，ρ_g 值就小，q_m 也减少，有利于降低低温液体的损耗。但 T 值也不能过大，否则一方面将使气化器尺寸增大，另一方面也会引起贮罐内低温液体的严重分层现象。

② 正常排液阶段的耗液量

此阶段，排液阀打开，贮罐开始向外排液。排液量 q_c 与增压耗液量 q_a 存在如下关系：

$$q_a=\frac{q_c}{\left(\frac{\rho_g}{\rho_L}-1\right)} \tag{19-3-6}$$

式中 q_c——储罐排液量，可根据气化站小时最大供气能力确定，kg/s；

r——气化单位质量液化天然气所需的热量，kJ/kg；

ρ_g——在 p、T 下气体的密度，kg/m^3。

ρ_L——在 p、T_0 下液体的密度，kg/m^3。

在设计气化器取 q_a 的值时，应按式（19-3-5）、式（19-3-6）计算结果的较大值选取，这样既能满足预增压的需要，又能满足正常排液的需要。

储罐增压器的增压能力应根据气化站小时最大供气能力确定。增压器的传热面积按式（19-3-7）计算。

$$A=\frac{q_aQ}{k\cdot\Delta t} \tag{19-3-7}$$

$$Q=h_2-h_1 \tag{19-3-8}$$

式中 A——增压器的换热面积，m^2；

q_a——增压器的气化能力，kg/s；

Q——气化单位质量液化天然气所需的热量，kJ/kg；

h_2——进入增压器时液化天然气的比焓，kJ/kg；

h_1——离开增压器时气态天然气的比焓，kJ/kg；

k——增压器的传热系数，$kW/(m^2\cdot K)$；

Δt——加热介质与液化天然气的平均温差，K。

1）卸车增压器

卸车增压器的增压能力应根据日卸车量和卸车速度确定。卸车台单柱卸车速度一般按照1～1.5小时/车计算。当单柱日卸车时间不超过5小时，增压器可不设置备用。每个卸车柱宜单独设置卸车增压器。卸车增压器宜选择空温式结构。

空温式卸车增压器的技术参数见表19-3-2，其外形尺寸见图19-3-3所示。

空温式卸车增压器技术参数举例 **表19-3-2**

流量 (m^3/h)	L (mm)	W (mm)	H (mm)	A (mm)	B (mm)	进口	出口	计算质量 (kg)
200	2370	1360	1070	1935	1270	*DN*32	*DN*50	173
400	2990	1625	1330	2520	1535	*DN*32	*DN*50	338
800	3020	2385	1755	2520	2295	*DN*32	*DN*65	723

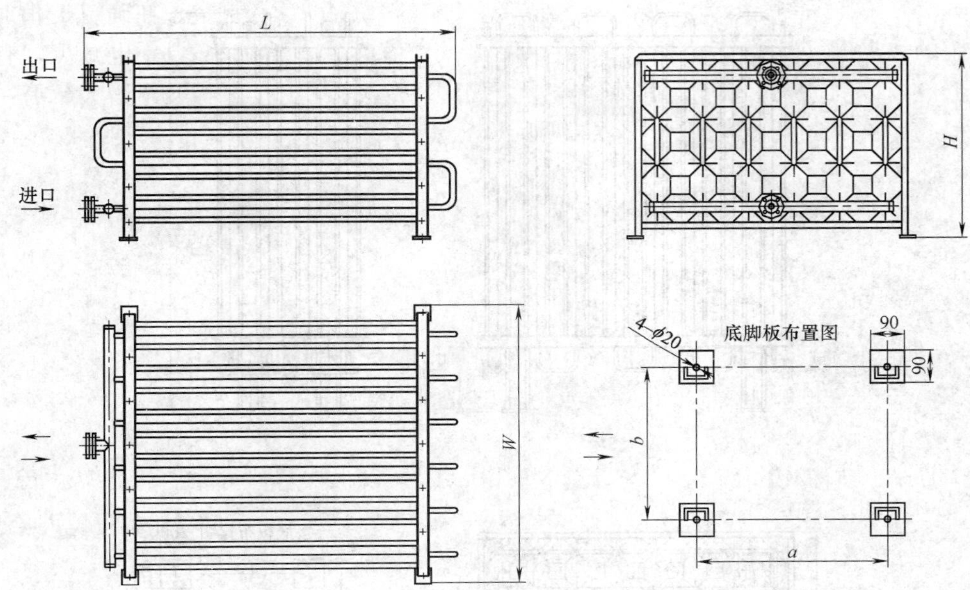

图 19-3-3 空温式卸车增压器外形尺寸图

2）储罐增压器

宜联合设置，分组布置，一组工作，一组化霜备用。储罐增压器宜采用卧式。

空温式储罐增压器的技术参数见表 19-3-3，其外形尺寸见图 19-3-4 所示。

空温式储罐增压器技术参数举例 **表 19-3-3**

流量（m^3/h）	L（mm）	W（mm）	H（mm）	h（mm）	A（mm）	B（mm）	进口	出口	计算质量（kg）
100	1015	1015	1760	150	510	510	*DN*25	*DN*25	109
400	2295	1440	1960	150	1710	855	*DN*25	*DN*40	377
800	2295	2010	2660	150	1710	1425	*DN*25	*DN*65	772

4. 气化器

气化器一般选用空温式，如站区周围有合适的蒸汽或热水资源时，在进行详细的经济技术分析后也可采用。

空温式气化器的总气化能力应按用气城市高峰小时流量的 1.5 倍确定。当空温式气化器作为工业用户主气化器连续使用时，其总气化能力应按工业用户高峰小时流量的 2 倍考虑。

气化器的台数不应少于两台，其中应有一台备用。

空温式气化器、蒸气式气化器的技术参数举例分别见表 19-3-4、表 19-3-5，其外形尺寸见图 19-3-4、图 19-3-5 所示。

强制通风型空温式气化器工作原理见图 19-5-6。

强制通风型空温式气化器外形尺寸及性能参数见图 19-3-6 和表 19-3-6 所示。其常规工作压力为 3.45 MPa（表压）、最大可为 11.4MPa（表压）。

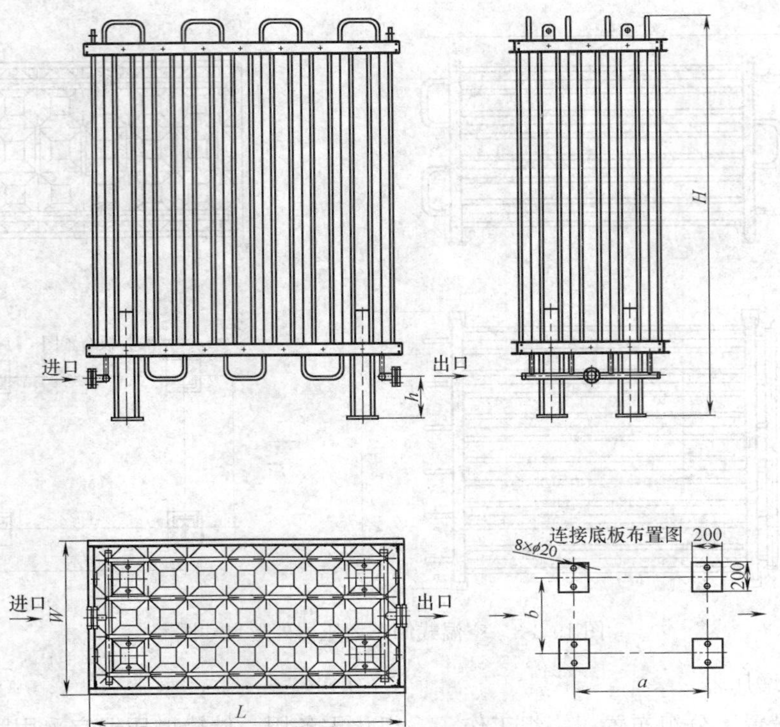

图 19-3-4　空温式储罐增压器、气化器、BOG 加热器、EAG 加热器外形尺寸

空温式气化器技术参数举例　　表 19-3-4

流量（m^3/h）	L（mm）	W（mm）	H（mm）	h（mm）	A（mm）	B（mm）	液相	气相	计算质量（kg）
50	1720	505	2910	550	765		DN25	DN25	99
1000	2295	1725	5910	550	1710	1140	DN25	DN65	1740
5000	2885	2885	12410	550	2280	2280	DN65	DN150	10523

蒸气式气化器技术参数举例　　表 19-3-5

流量（m^3/h）	A（mm）	B（mm）	C（mm）	ϕ（mm）	H（mm）	W（mm）	液相	气相	蒸气入口	计算质量（kg）
500	480	160	730	810	1950	550	DN25	DN50	DN20	635
5000	900	250	1200	1500	3750	900	DN50	DN150	DN65	2315
30000	950	250	1500	2000	7200	1150	DN150	DN350	DN150	8220

5. 加热器

液化天然气气化站内的加热器一般包括蒸发气体（BOG）加热器、放空气体（EAG）加热器和空温式气化器后置加热器（即 NG 加热器）。

BOG 和 EAG 加热器宜采用空温、立式结构，也可根据周围热源情况选用电加热式或热水循环式。

1）BOG 加热器

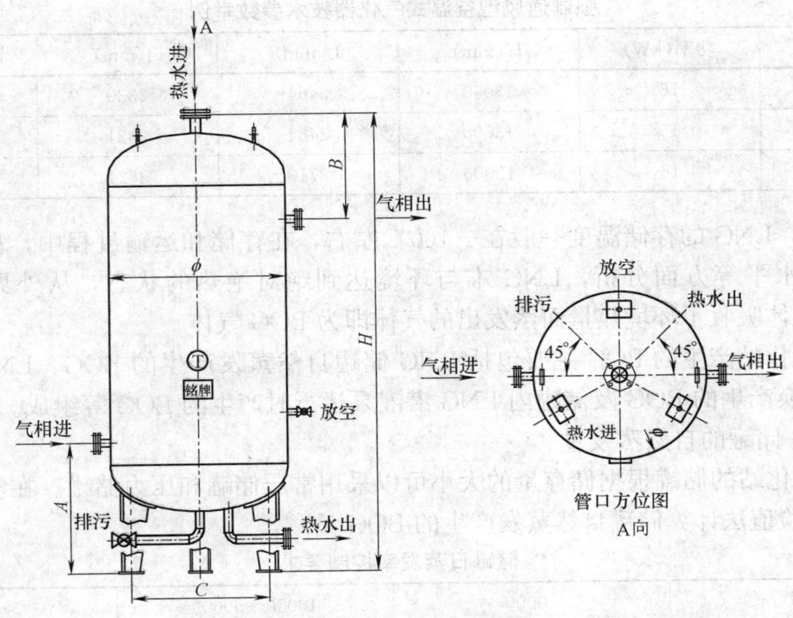

图 19-3-5 蒸气式气化器外形尺寸图

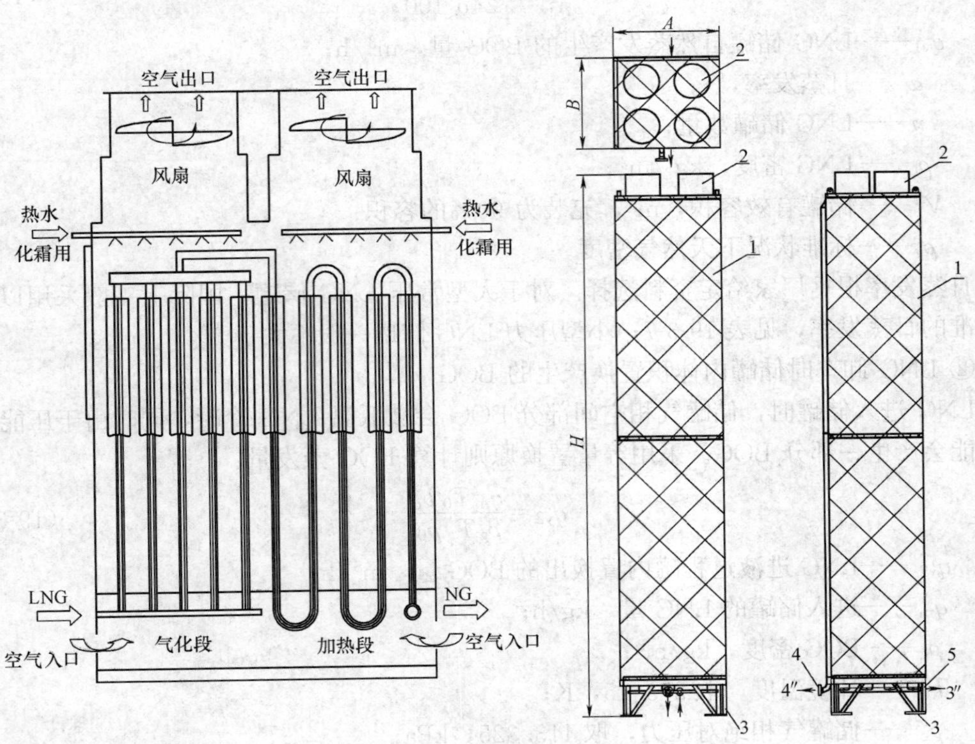

图 19-3-6 强制通风型空温式气化器工作原理及外形结构

1—气化器本体；2—防爆风机；3—支腿；4—液相进口；5—气相出口

强制通风型空温式气化器技术参数举例　　表 19-3-6

流量(m^3/h)	功率(kW)	H(mm)	L(mm)	B(mm)	计算质量(kg)
6000	16	13000	2464	2330	6400
9500	16	13000	2464	2621	10125
10400	16	13000	2710	2621	111375

常压下，LNG 的存储温度一般在－160℃左右，在存储和运输过程中，从制造设备、材料、工艺水平等方面分析，LNG 难与环境达到绝对绝热的状态，从外界吸收热量。LNG 低温液体吸收了环境热量而蒸发出的气体即为 BOG 气体。

LNG 气化站产生的 BOG 主要包括 LNG 储罐自然蒸发产生的 BOG、LNG 卸车时储罐内体积置换产生的 BOG 及储罐内 LNG 潜液泵运行时产生的 BOG 等组成。

① LNG 储罐的自然蒸发量

LNG 气化站的储罐根据储存量的大小可以采用常压储罐和压力储罐。在实际工程中，大多采用经验值法计算储罐自然蒸发产生的 BOG 量[2]。

储罐日蒸发率控制要求　　表 19-3-7

储罐容积(m^3)	10000	10000～50000	＞50000
日蒸发率(%)	≤0.1	≤0.08	≤0.05

$$q_{v1}=\frac{\alpha n\rho_l V_c}{24\rho_g 100} \tag{19-3-9}$$

式中　q_{v1}——LNG 储罐自然蒸发产生的 BOG 量，m^3/h；

α——日蒸发率，%；

n——LNG 储罐数量；

ρ_l——LNG 密度，kg/m^3；

V_c——储罐有效容积，m^3，充装为 90%的容积；

ρ_g——标准状况下天然气密度。

日蒸发率根据厂家给定资料选择。对于大型常压 LNG 储罐，国际上一般采用以满罐为基准的日蒸发率，见表 19-3-7；小型压力 LNG 储罐一般不大于 3%；

② LNG 卸车时储罐内体积置换产生的 BOG

LNG 进入储罐时，储罐气相空间部分 BOG 会被低温 LNG 冷凝，同时由于压能转化为热能会产生一部分 BOG。采用等量置换原则计算 BOG 蒸发量：

$$q_{v2}=\frac{q_m T_0 p_c}{\rho_g T_g p_0} \tag{19-3-10}$$

式中　q_{v2}——LNG 进液过程罐内置换出的 BOG 量，m^3/h；

q_m——进入储罐的 LNG 量，kg/h；

ρ_g——BOG 密度，kg/m^3；

T_0——环境温度，取 273.15，K；

p_c——储罐气相绝对压力，取 113.325，kPa；

T_g——工况下天然气的沸点，取 133.15，K；

p_0——标准状况下绝对压力，取 101.325，kPa。

③ 卸车过程热管道来的热量输入的 BOG

装卸作业时，从热管道来的热量输入；此部分热量与卸车管道的长度、管道保冷层效果有关。

在计算时可以根据保冷层厚度、保冷材料的导热系数等，利用本手册第 17.7.2 保冷计算中对应的计算公式，先计算出单位长度的传热量，再根据管道长度等数据，计算此工况下的 BOG 产生量 q_{v3}。

在缺乏相关资料的情况下，此部分蒸发气量可以按照储罐正常蒸发量的 10～20 倍近似计算。

④ 卸车过程闪蒸的 BOG

卸车时，槽车与站场储罐内 LNG 存在压力和温度差异，则在卸车时会产生瞬间气化，即发生闪蒸。当槽车内 LNG 的温度高于站场储罐内 LNG 的压力下的沸点温度时，则会在 LNG 储罐内发生闪蒸。假设槽车和储罐内的 LNG 均处于饱和状态，卸车时是从槽车内的热平衡状态变为储罐内的热平衡状态。

此时 BOG 产生量可由式（19-3-11）近似计算。

$$q_{v4}=\frac{q_m \cdot F}{100\rho_g} \tag{19-3-11}$$

$$F=1-\exp\left[\frac{c(T_2-T_1)}{r}\right] \tag{19-3-11a}$$

式中 q_{v4}——BOG 产生量，m^3/h；

q_m——进入储罐的 LNG 量，kg/h；

ρ_g——BOG 密度，kg/m^3；

c——流体的热容，J/(K·kg)；

F——闪蒸率，%；

T_2——在储罐压力下 LNG 的沸点，K；

T_1——LNG 膨胀前的温度，K；

r——LNG 气化潜热，J/kg。

由于闪蒸率 F 为 T_2 的函数，随着罐内 LNG 温度的不断接近注入 LNG 的温度 T_1，闪蒸率在不断减少，罐内闪蒸出 BOG 量也在不断减少。而式（19-3-11a）只是计算瞬时闪蒸量的公式，因此引入平均闪蒸率 $\overline{F}$，定义如式（19-3-12），此时可以计算卸车过程中闪蒸 BOG，计算方法如式（19-3-13）。

$$\overline{F}=\frac{\int_{T_2}^{T_1}\left[1-\exp\left(\frac{c_p(T_2-T_1)}{\gamma}\right)\right]dT}{T_2-T_1} \tag{19-3-12}$$

$$q_{v4}=\frac{\overline{q_m} \cdot \overline{F}}{100\rho_g} \tag{19-3-13}$$

式中 $\overline{q_m}$——充注 LNG 平均流量，kg /h；

$\overline{F}$——平均闪蒸率，%。

⑤ 常压罐内 LNG 潜液泵运行时产生的 BOG

常压罐内 LNG 潜液泵有两种作用，一是将 LNG 输送到气化器；二是将 LNG 充装到

LNG 槽车。潜液泵工作产生的 BOG 量包括两部分：一是潜液泵在运行过程中产生热量而形成的 BOG 量；二是潜液泵运行时做功转化为 LNG 的内能产生的 BOG 量。储罐内 LNG 潜液泵运行时产生 BOG 量的计算公式为：

$$q_{v5}=\frac{3600N}{\rho_g\ r} \tag{19-3-14}$$

式中 q_{v5}——LNG 潜液泵工作时机械能转化为内能产生的 BOG 量，m^3/h；

N——LNG 潜液泵的额定功率，取 20kW；

r——LNG 的气化潜热，取 523.4kJ/kg。

ρ_g——BOG 密度，kg/m^3；

BOG 加热器的加热能力应根据蒸发气的来源分别计算后确定。通常可按照卸车作业产生的 BOG 量作为设计依据。

空温式 BOG 加热器的技术参数分别见表 19-3-8，其外形尺寸见图 19-3-4 所示。

空温式 BOG 加热器技术参数举例 **表 19-3-8**

流量 (m^3/h)	L (mm)	W (mm)	H (mm)	h (mm)	a (mm)	b (mm)	进气	出气	计算质量 (kg)
100	1015	760	2910	550	510	255	*DN*25	*DN*25	120
500	2035	1015	4910	550	1275	510	*DN*50	*DN*50	602
2000	2045	2045	8410	550	1530	1530	*DN*100	*DN*100	2264

2）EAG 加热器

气化站内放空气体（EAG）主要来源于系统事故状态下的天然气泄放或安全阀超压释放。系统中产生的 EAG 宜集中放散。

泄放源通常包括 LNG 储罐、LNG 低温泵、气化器、液相管道系统两个切断阀之间安全阀的超压泄放。

EAG 加热器的加热能力应根据 EAG 气体最大的来源分别计算后确定。

液化天然气集中放散装置的汇总总管，应经加热将放散物加热成比空气轻的气体后方可排入放散总管；放散总管管口高度应高出距其 25m 内的建、构筑物 2m 以上，且距地面不得小于 10m。

空温式 EAG 加热器的技术参数举例分别见表 19-3-9，其外形尺寸见图 19-3-4 所示。

空温式 EAG 加热器技术参数举例 **表 19-3-9**

流量 (m^3/h)	L (mm))	W (mm)	H (mm)	h (mm)	a (mm)	b (mm)	进气	出气	计算质量 (kg)
100	1015	760	2910	550	510	225	*DN*25	*DN*25	120
500	2035	1015	4910	550	1275	510	*DN*50	*DN*50	602
1500	2045	2045	6910	550	1530	1530	*DN*80	*DN*80	1810

3）NG 加热器

为了满足出站天然气的温度要求，在空温式气化器后应设置天然气加热器。天然气加热器也可采用电加热式或水浴式。

在站区外部热水资源缺乏时，气化站内宜设置燃气自动热水炉生产热水，热水炉宜采用常压热水炉，其出水水温一般为80℃，回水温度一般为65℃，宜在加热器水入口设置温度调节阀，根据加热器后天然气的温度自动调节热水的供应量，以达到节能的目的。

加热天然气需要的热量可按下式计算：

$$Q=cq_{v}\Delta T \tag{19-3-15}$$

式中　Q——需要的热量，kJ/h；

c——天然气的比热容，kJ/(m³·K)；

q_{v}——通过加热器的天然气高峰小时流量，m³/h；

ΔT——进出加热器天然气的温差，K，$\Delta T=T_2-T_1$；

T_2——出加热器天然气的温度，K，可取278K；

T_1——进加热器天然气的温度，K，可取气化器出口温度，如主气化为空温式气化器，其进口温度可取低于当地极限最低温度8～10K。

电热式加热器、循环水式加热器的技术参数举例分别见表19-3-10、表19-3-11，其外形尺寸见图19-3-7、图19-3-8所示。

电热式NG加热器技术参数举例　　**表19-3-10**

流量 (m³/h)	A (mm)	B (mm)	C (mm)	ϕ (mm)	H (mm)	气相进 (mm)	气相出	电功率 (kW)	计算质量 (kg)
300	250	300	320	400	1200	DN40	DN40	6	215
3000	480	380	920	1000	2250	DN125	DN125	60	805
10000	500	500	1420	1500	2550	DN200	DN200	200	2360

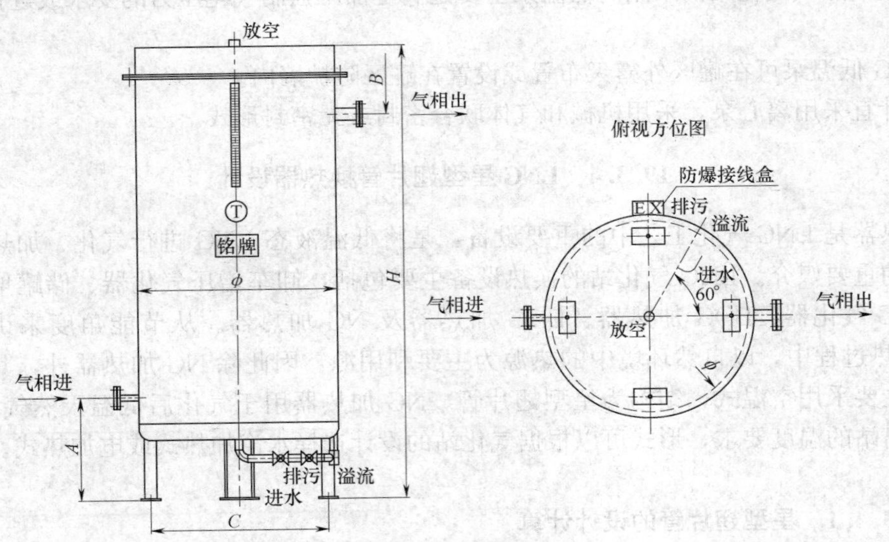

图19-3-7　电热式NG加热器外形尺寸图

循环水式NG加热器技术参数举例　　**表19-3-11**

流量 (m³/h)	A (mm)	B (mm)	C (mm)	ϕ (mm)	H (mm)	气相进	气相出	水量 (kg)	计算质量 (kg)
1000	200	250	400	500	1865	DN65	DN65	745	265
10000	930	625	950	1200	3730	DN200	DN200	7450	2725
20000	930	625	1050	1300	4150	DN300	DN300	14900	4020

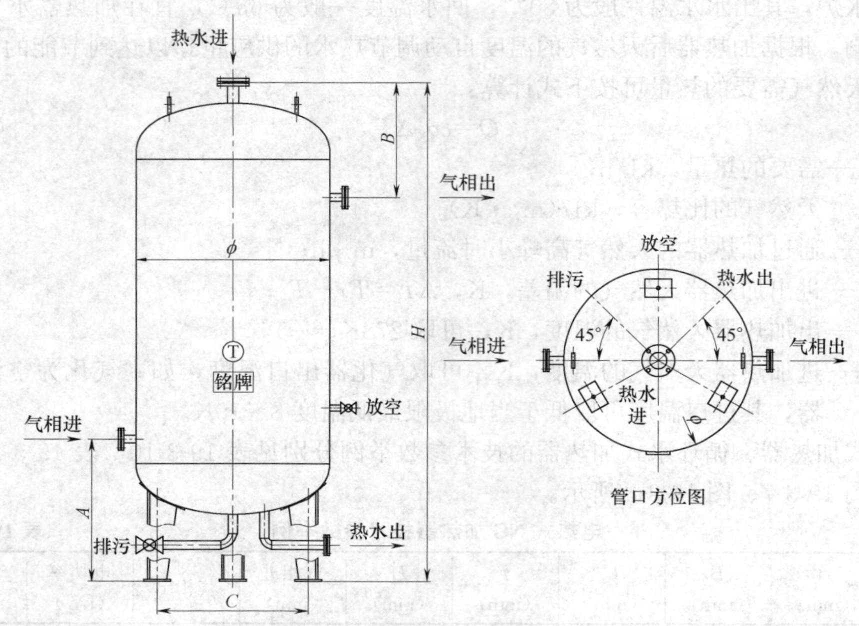

图 19-3-8 循环水式 NG 加热器外形尺寸图

6. 低温泵

液化天然气气化站内采用的低温泵主要是满足加压强制气化压力的要求或进行钢瓶的灌装。

LNG 低温泵可在罐区外露天布置或设置在罐区防护墙内。

设计宜采用离心泵，采用机械和气体联合密封或无密封形式。

19.3.4 LNG 星型翅片管换热器设计

换热器是 LNG 气化工艺中的重要设备，是将低温液态 LNG 进行气化、加热达到输送要求的重要媒介。LNG 气化站的换热设备主要包括：卸车增压气化器、储罐增压气化器、LNG 气化器、BOG 加热器、EAG 加热器及 NG 加热器。从节能角度来讲，在对 LNG 加热过程中，以自然环境中的热源为主要利用源，因此除 NG 加热器外，其他几类换热器主要采用空温式，结构为星型翅片管。NG 加热器用于气化后低温天然气的加热，以达到出站的温度要求，形式可以根据气化站的设计选择水浴加热式或电加热式。

19.3.4.1 星型翅片管的设计计算

1. 星型翅片管的传热计算

星型翅片管换热器一般由若干星型翅片管相隔一定距离排列，两端连接进液管和集气管，组成一列，多列组合成一台气化器。为了增大换热面积，翅片管多设计成星型状，有 6 翅片、8 翅片和 12 翅片结构，其中 8 翅片结构的星型翅片管最为常见，如图 19-3-9、图 19-3-11 所示，气化器实物如图 19-3-10 所示。星型翅片管是整体翅片，大多数 M 型翅片管由铝合金制成，具有传热性能良好、结构简单、重量轻便以及制造便捷等优点。

图 19-3-9 八翅片星型换热管

图 19-3-10 空温式气化器

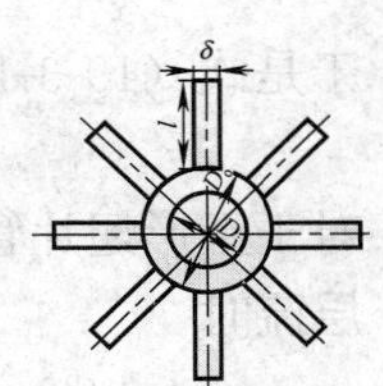
图 19-3-11 肋片管结构参数

低温 LNG 液体进入气化器，被空气源加热后，以气态离开，整个过程中吸收的热量为：

$$Q=q_m(h_2-h_1) \tag{19-3-16}$$

式中 Q——气化吸收的热量，kW；

q_m——单位时间内所气化的气体质量流量，kg/s；

h_1——进入气化器 LNG 的液体焓，kJ/kg；

h_2——离开气化器饱和 NG 的焓，kJ/kg。

气化器的传热方程如式（19-3-17）：

$$Q=kA_1\Delta T_m \tag{19-3-17}$$

$$\Delta T_m=\frac{\Delta T_{max}-\Delta T_{min}}{\ln\left(\frac{\Delta T_{max}}{\Delta T_{min}}\right)}=\frac{(T_a-T_L)-(T_a-T_G)}{\ln\left(\frac{T_a-T_L}{T_a-T_G}\right)} \tag{19-3-18}$$

式中 Q——气化器的传热量，W；

T_a——环境温度，K；

T_L——进入气化器 LNG 的温度，K；

T_G——离开气化器 NG 的温度，K。

翅片管传热系数 k 按式（19-3-19）计算：

$$k=\frac{1}{\frac{1}{\alpha_1}+\frac{\delta}{\lambda}+\frac{1}{\alpha_2\beta\eta}} \tag{19-3-19}$$

$$\eta=\frac{\tanh(ml)}{ml},m=\sqrt{\frac{\alpha_2 U}{\lambda A}},\quad U=2(\delta+L),A=\delta L$$

式中 α_1——低温液体与管壁的对流换热系数，W/(m² · K)；

λ——铝的导热系数，W/(m · K)；

α_2——空气与翅片管的自然对流换热系数，W/(m² · K)；

β——肋化系数，A_2/A_1；

A_1——翅片管的内表面积，即 LNG 侧管内径总换热面积，m²；

A_2——翅片管的外表面积，即空气侧肋壁总面积，m²；

η——肋片效率；

U——肋片截面周长，m；

A——肋片截面面积，m²。

由于肋片管内侧传热 α_1，铝的导热系数 λ 远大于管外的自然对流换热系数 α_2，故在实际计算中可将式（19-3-19）中$\frac{1}{\alpha_1}$及$\frac{\delta}{\lambda}$略去不计。

于是式（19-3-19）可简化为：

$$k=\alpha_2\beta\eta \tag{19-3-20}$$

对于星形翅片管，可按空气对平壁的自然对流换热准则方程求解：

层流时：

$$(Gr\cdot Pr)=2\times10^4\sim8\times10^6 \qquad Nu=0.54(Gr\cdot Pr)^{1/4} \tag{19-3-21}$$

紊流时：

$$(Gr\cdot Pr)=8\times10^8\sim10^{11} \qquad Nu=0.15(Gr\cdot Pr)^{1/3} \tag{19-3-22}$$

计算时定性温度取环境温度 T_a，定性尺寸为翅片高度 l

式中　Nu——努谢尔特准则数；

Gr——格拉晓夫准则数；

Pr——普朗特准则数。

2. 气化器的换热面积

根据式（19-3-17），可得：

$$A_1=\frac{Q}{k\Delta T_m} \tag{19-3-23}$$

将式（19-3-20）代入式（19-3-23）后可得：

$$A_2=\frac{Q}{\alpha_2 n\Delta T_m} \tag{19-3-24}$$

肋片管总长度：

$$L=\frac{Q}{\alpha_2 n\Delta T_m(\pi D_0+2ln)} \tag{19-3-25}$$

式中　L——肋片管的总长度；

D_0——肋片管外径；

n——肋片个数。

19.4　站址选择和总平面布置

19.4.1　站址选择

液化天然气气化站的站址选择应符合下列要求：

① 站址应符合城镇总体规划、环境保护和防火安全的要求；

② 站址应避开地震带、地基沉陷、废弃矿井等不良地段；

③ 站址周边交通应便利，并具有良好的公用设施条件。

19.4.2　总平面布置

19.4.2.1　布置原则

气化站总平面布置应遵循以下原则：

① 总平面布置严格执行国家有关现行规范；

② 合理划分功能区，达到既方便生产又便于管理的目的；

③ 满足生产安全的要求；

④ 满足消防和交通运输的要求；

⑤ 充分考虑环保及工业卫生的要求，减少环境污染；

⑥ 节约工程建设用地；

⑦ 搞好绿化设计，达到减少污染、美化站容的目的。

19.4.2.2 防火间距

① 液化天然气气化站的液化天然气储罐、集中放散装置的天然气放散总管与站外建、构筑物的防火间距应严格执行《城镇燃气设计规范》GB 50028，不应小于表 19-4-1 的规定。

液化天然气气化站的液化天然气储罐、天然气放散总管与站外建、构筑物的防火间距（m）

表 19-4-1

<table>
<tr><th colspan="2" rowspan="2">建筑物名称</th><th colspan="7">储罐总容积(m³)</th><th rowspan="2">放散总管</th></tr>
<tr><th>≤10</th><th>>10～≤30</th><th>>30～≤50</th><th>>50～≤200</th><th>>200～≤500</th><th>>500～≤1000</th><th>>1000～≤2000</th></tr>
<tr><td colspan="2">居住区、村镇和影剧院、体育馆、学校等重要公共建筑（最外侧建、构筑物外墙）</td><td>30</td><td>35</td><td>45</td><td>50</td><td>70</td><td>90</td><td>110</td><td></td></tr>
<tr><td colspan="2">工业企业（最外侧建、构筑物外墙）</td><td>22</td><td>25</td><td>27</td><td>30</td><td>35</td><td>40</td><td>50</td><td>20</td></tr>
<tr><td colspan="2">明火、散发火花地点和室外变、配电站</td><td>30</td><td>35</td><td>45</td><td>50</td><td>55</td><td>60</td><td>70</td><td>30</td></tr>
<tr><td colspan="2">民用建筑，甲、乙类液体储罐，甲、乙类生产厂房，甲、乙类物品仓库，稻草等易燃材料堆场</td><td>27</td><td>32</td><td>40</td><td>45</td><td>50</td><td>55</td><td>65</td><td>25</td></tr>
<tr><td colspan="2">丙类液体储罐，可燃气体储罐，丙、丁类生产厂房，丙、丁类物品仓库</td><td>25</td><td>27</td><td>32</td><td>35</td><td>40</td><td>45</td><td>55</td><td>20</td></tr>
<tr><td rowspan="2">铁路（中心线）</td><td>国家线</td><td>40</td><td>50</td><td>60</td><td colspan="2">70</td><td colspan="2">80</td><td>40</td></tr>
<tr><td>企业专用线</td><td colspan="3">25</td><td colspan="2">30</td><td colspan="2">35</td><td>30</td></tr>
<tr><td rowspan="2">公路、道路（路边）</td><td>高速，Ⅰ、Ⅱ级，城市快速</td><td colspan="3">20</td><td colspan="4">25</td><td>15</td></tr>
<tr><td>其他</td><td colspan="3">15</td><td colspan="4">20</td><td>10</td></tr>
<tr><td colspan="2">架空电力线（中心线）</td><td colspan="5">1.5 倍杆高</td><td colspan="2">1.5 倍杆高，但 35V 以上架空电力线不应小于 40m</td><td>2.0 倍杆高</td></tr>
<tr><td rowspan="2">架空通信线（中心线）</td><td>Ⅰ、Ⅱ级</td><td>1.5 倍杆高</td><td colspan="3">30</td><td colspan="3">40</td><td>1.5 倍杆高</td></tr>
<tr><td>其他</td><td colspan="8">1.5 倍杆高</td></tr>
</table>

注：1. 集中放散装置的天然气放散总管；
2. 居住区、村镇系指 1000 人或 300 户以上者，以下者按本表民用建筑执行；
3. 与本表规定以外的其他建、构筑物的防火间距应按现行国家标准《建筑设计防火规范》GB 50016（2018 版）执行；
4. 间距的计算应以储罐的最外侧为准。

② 液化天然气气化站的液化天然气储罐、集中放散装置的天然气放散总管与站内建、构筑物的防火间距应执行《城镇燃气设计规范》GB 50028，不应小于表19-4-2的规定。

液化天然气气化站的液化天然气储罐、天然气放散总管与站内建、构筑物的防火间距（m）　表19-4-2

<table>
<tr><th colspan="2" rowspan="2">名称
项目</th><th colspan="7">储罐总容积（m³）</th><th rowspan="2">放散总管</th></tr>
<tr><th>≤10</th><th>>10～≤30</th><th>>30～≤50</th><th>>50～≤200</th><th>>200～≤500</th><th>>500～≤1000</th><th>>1000～≤2000</th></tr>
<tr><td colspan="2">明火、散发火花地点</td><td>30</td><td>35</td><td>45</td><td>50</td><td>55</td><td>60</td><td>70</td><td>30</td></tr>
<tr><td colspan="2">办公、生活建筑</td><td>18</td><td>20</td><td>25</td><td>30</td><td>35</td><td>40</td><td>50</td><td>25</td></tr>
<tr><td colspan="2">变配电室、仪表间、值班室、汽车槽车库、汽车衡及其计量室、空压机室
汽车槽车装卸台柱（装卸口）、钢瓶灌装台</td><td colspan="2">15</td><td>18</td><td>20</td><td>22</td><td>25</td><td>30</td><td>25</td></tr>
<tr><td colspan="2">汽车库、机修间、燃气热水炉间</td><td colspan="3">25</td><td>30</td><td colspan="2">35</td><td>40</td><td>25</td></tr>
<tr><td colspan="2">天然气（气态）储罐</td><td>20</td><td>24</td><td>26</td><td>28</td><td>30</td><td>31</td><td>32</td><td>20</td></tr>
<tr><td colspan="2">液化石油气全压力式储罐</td><td>24</td><td>28</td><td>32</td><td>34</td><td>36</td><td>38</td><td>40</td><td>25</td></tr>
<tr><td colspan="2">消防泵房、消防水池取水口</td><td colspan="2">30</td><td colspan="4">40</td><td>50</td><td>20</td></tr>
<tr><td rowspan="2">站内道路（路边）</td><td>主要</td><td colspan="3">10</td><td colspan="4">15</td><td rowspan="2">2</td></tr>
<tr><td>次要</td><td colspan="3">5</td><td colspan="4">10</td></tr>
<tr><td colspan="2">围墙</td><td colspan="3">15</td><td colspan="2">20</td><td colspan="2">25</td><td>2</td></tr>
<tr><td colspan="2">集中放散装置的天然气放散总管</td><td colspan="7">25</td><td>—</td></tr>
</table>

注：1. 自然蒸发气的储罐（BOG罐）与液化天然气储罐的间距按工艺要求确定；
2. 与本表规定以外的其他建、构筑物的防火间距应按现行国家标准《建筑设计防火规范》GB 50016（2018版）执行；
3. 间距的计算应以储罐的最外侧为准。

③ 与表19-5-2和表19-5-3规定以外的其他建、构筑物的防火间距应按照现行国家标准《建筑设计防火规范》GB 50016（2018版）中相关内容执行。

19.4.2.3　分区

① 根据石油天然气火灾危险性分类，气化站生产区属甲类危险区。液化天然气气化站应设置高度不低于2m的不燃烧体实体围墙。

② 液化天然气气化站总平面应进行分区布置。一般分为生产区、生产辅助区。

生产区与辅助区之间宜采取措施间隔开，并设置联络通道，便于生产和安全管理。

③ 生产区应布置在站区全年最小频率风向的上风侧或上侧风侧。

19.4.2.4　总平面布置

1. 生产区

液化天然气气化站生产区一般分为储罐区、气化区、调压计量加臭区、卸车区和灌装区等。

储罐区、气化区、灌装区宜呈“一”字顺序排列，这样既能满足功能需要，又符合规范规定的防火间距的要求，节省用地。

① 生产区应设置消防通道，车道宽度不应小于 3.5m。当储罐总容积小于 500m³ 时，可设置尽头式消防车道和面积不应小于 12m×12m 的回车场。

灌瓶区的灌装台前应有较宽敞的汽车回车场地。

LNG 运输槽车的拐弯弯曲半径不宜小于 12m。槽车应尽量在站内卸车区回转，其回车场地面积不应小于 20m×20m；当因受场地制约无法在站内回车时，可借助站区外道路进行槽车的回转，但事先须征得当地交通主管部门的许可。

② 气化站生产区和辅助区至少应各设置 1 个对外的出入口。当液化天然气储罐的总容积超过 1000m³ 时，生产区应设 2 个对外出入口，且其间距不应小于 30m。出入口宽度不应小于 4m。

③ 生产区内宜设置 LNG 槽车电子衡，对 LNG 称重，作为结算或生产管理的依据。LNG 槽车上下电子衡应顺畅，尽量减少倒车次数。

（1）储罐区

储罐区一般包括液化天然气储罐（组）、空温式储罐增压器和液化天然气低温泵等。

① 储罐宜选择立式储罐以减少占地面积；当地质条件不良或当地规划部门有特殊要求时应选择卧罐。

② 储罐（组）四周须设置周边封闭的不燃烧体实体防护墙。防护墙的设计应保证在接触液化天然气时不被破坏，高度一般为 1m。防护墙内的有效容积（V）指的是防护墙内的容积减去积雪、墙内储罐和设备等占有的容积加上一部分余量。其有效容积应符合下列规定：

A. 对因低温或因防护墙内一储罐泄漏着火而可能引起防护墙内其他储罐泄漏，当储罐采取了防止措施时，有效容积不应小于防护墙内最大储罐的容积；

B. 当储罐未采取防止措施时，有效容积不应小于防护墙内储罐的总容积；

C. 防护墙内禁止设置液化天然气钢瓶灌装口。

③ 储罐之间的净距不应小于相邻储罐直径之和的 1/4，且不应小于 1.5m。当储罐组的储罐不多于 6 台时宜根据站场面积布置成单排；超过 6 台，储罐宜分排布置，但储罐组内的储罐不应超过两排。

地上卧式储罐之间的净距不应小于相邻较大罐的直径，且不宜小于 3m。

防护墙内不应设置其他可燃液体储罐。

④ 防护墙内储罐超过 2 台时，至少应设置 2 个过梯，且应分开布置。过梯应设置成斜梯，角度不宜大于 45°。过梯可以采用钢结构，也可以采用砖砌或混凝土结构。宽度一般为 0.7m，并应设置扶手和护栏。

⑤ 储罐增压器宜选用空温式，空温式增压器宜布置在罐区内，且应尽量使入口管线最短。

⑥ 为确保安全和便于排水，储罐区防护墙内宜铺砌不发火花的混凝土地面。

⑦ 液化天然气低温泵宜露天放置在罐区内，应使泵吸入管段长度最短，管道附件最少，以增加泵前有效汽蚀余量。

⑧ 储罐区内应设置集液池和导流槽。集液池四周应设置必要的护栏，在储罐区防护墙外应设置固定式抽水泵或潜水泵，以便及时抽取雨水。如果采取自流排水，应采取有效措施防止 LNG 通过排水系统外流。

集液池最小容积应等于任一事故泄漏源，在 10min 内可能排放到该池的最大液体体积。

储罐区布置实例见图 19-4-1。

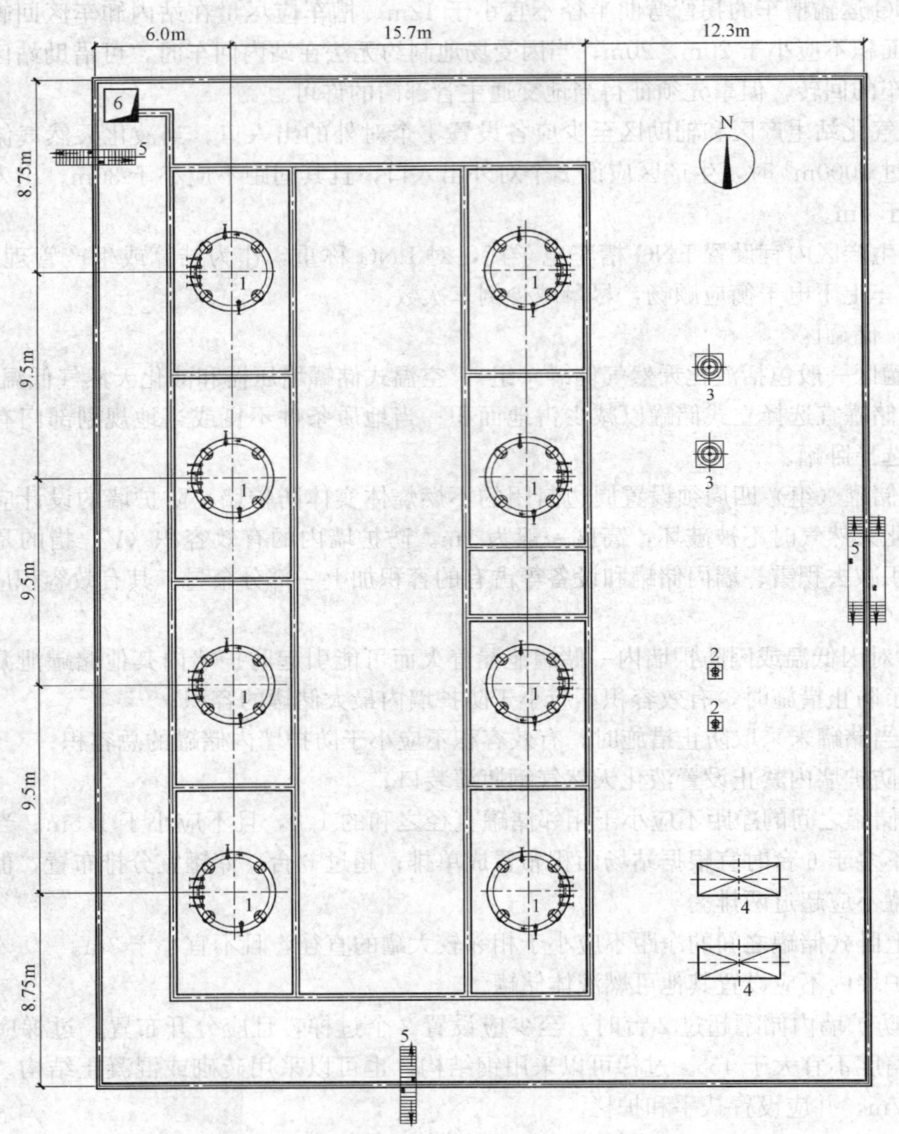

图 19-4-1 储罐区布置图实例

1—LNG 储罐；2—灌装泵；3—低温输送泵；4—储罐增压器；5—过梯；6—集液池

（2）气化区

空温式气化器或温水循环式气化器宜与储罐区相邻，以减少液相管道的长度和阻损。

与站外建、构筑物间的防火间距应符合《建筑设计防火规范》GB 50016（2018 版）中甲类厂房的规定。

浸没燃烧式或火管式气化器应远离储罐区，其与储罐的防火间距可参照表 19-4-2 中燃气热水炉间与储罐的安全距离执行。

气化器的布置应满足操作和配管方便等方面的要求，空温式气化器是利用空气加热 LNG 的设备，因此，其换热效果的好坏与风向有一定的关系，在可能的情况下，应考虑风向的影响，尤其是冬季的风向。空温式气化器宜单排布置。空温式气化器之间的间距应尽量放大，一般要求净距为 1.5m 以上，空温式气化器宜东西向布置，并尽量将气化器的气化段朝阳，以增加光照面积和光照时间。

空温式气化器还应考虑区域温度下降对周围环境的影响因素，强制通风式气化器还应考虑噪声对周围设施或人员等的危害。

各类气化器与建、构筑物之间的距离应符合《液化天然气（LNG）生产、储存和装运》GB/T 20368 中的要求。

（3）调压计量加臭区

调压计量加臭区宜与气化区临近，并应根据天然气管道出站的方位确定，力求管道较短，出站气流顺畅。装置宜露天放置或放置在简易罩棚中。

该区宜采取先调压后计量的方式，调压设施可根据用户的要求设置成“1＋1”或“1＋0”形式。

（4）卸车区

卸车区宜设置在靠近生产区 LNG 槽车主要出入口处，相邻两个卸车位之间的距离不宜小于 4.5m。槽车与卸车台之间应设置有明显标志的车挡，并应设置可靠的静电接地装置。

卸车区布置应结合站内 LNG 称重地衡的位置，充分考虑车辆的回转。

（5）灌装区

灌装区一般包括灌装台位和汽车装卸台，在灌装台位旁边宜设置空瓶区和实瓶区。钢瓶灌装台与 LNG 储罐、天然气放空管之间的防火间距不应小于表 19-4-2 中的规定。

站内设置实瓶的总容积不应大于 $2m^3$。

严禁在储罐区防护墙内设置液化天然气钢瓶灌装口。

灌装台宜高出车辆进出道路和场地 0.9m，应设置灌装罩棚。

在灌装台上应根据 LNG 钢瓶的型号和重量设置称重设施，灌装可手动或半自动作业。

灌装台两侧应设置上下台阶，四周应根据有关要求设置护栏。

2. 生产辅助区

辅助区包括生产、生活管理及生产辅助建、构筑物。

在布置辅助区时，带明火的建筑应布置在离甲类生产区较远处。凡可以合并的建筑应尽量合建，以节约用地。

（1）生产管理和生活用房

应布置在靠近辅助区对外的出入口处。一般由站长室、值班室、控制室、休息室、备品备件库、盥洗室、食堂、门卫室等组成。可根据具体情况设计成单层或多层。建筑物的外观应与建站地区的规划相协调。

如气化站占地面积较大或出于管理方面的考虑需要单独建设门卫室时，可根据站区总图布置将门卫室布置在生产区和辅助区之间或放在生产区主要出入口位置，并宜与地衡控制室合建。

（2）生产辅助用房

生产辅助用房主要包括变配电室、柴油发电机室、空压机室、热水间、消防泵房等。用电负荷较大的设施用房宜尽量靠近配电室，噪声或震动较大的设施用房应远离配电室、生产管理或生活用房。

消防泵房可根据需要设置成地下或半地下式结构。

19.4.3　总平面布置示例

（1）示例一

LNG气化站工艺主要设备见表19-4-3。总平面布置图见图19-4-2。

主要工艺设备表　　表19-4-3

序号	名称	规格或型号	单位	数量	备注
1	LNG储罐	粉末真空绝热 立式100m³	台	12	
2	空温式气化器	1500kg/h	台	8	
3	水浴式气化器	4000kg/h	台	1	
4	BOG加热器	空温式 300kg/h	台	1	立式
5	储罐增压器	空温式 500kg/h	台	3	卧式
6	EAG加热器	空温式 500kg/h	台	1	立式
7	BOG缓冲罐	100m³	台	1	卧式

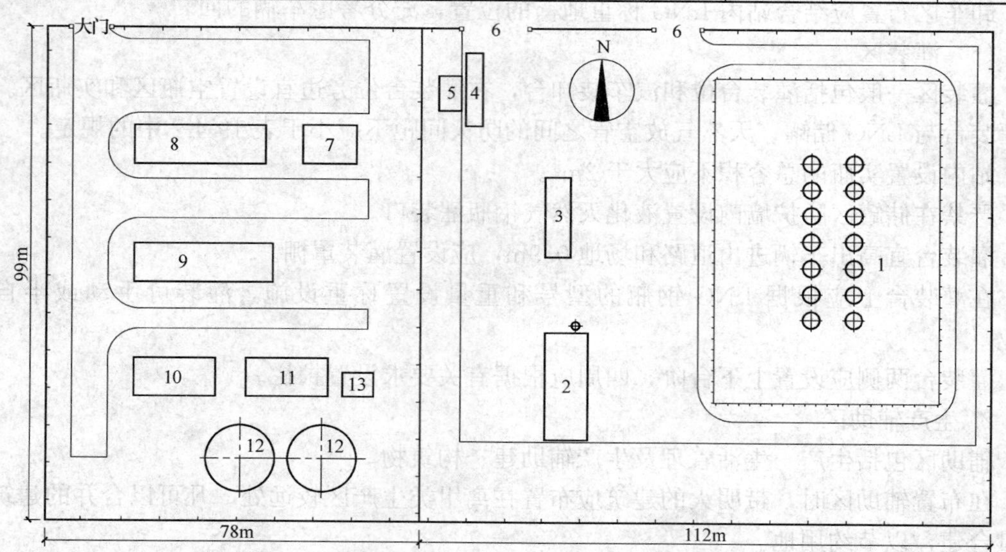

图19-4-2　示例一气化站总平面布置图

1—LNG储罐区；2—气化器区；3—卸车台；4—地衡；5—地衡控制室；6—大门；7—控制室；8—办公室；9—热水间；10—配电室；11—消防泵房；12—消防水罐；13—空压机室

(2) 示例二

LNG 气化站工艺主要设备见表 19-4-4。总平面布置图见图 19-4-3。

主要工艺设备表 **表 19-4-4**

序号	名称	规格或型号	单位	数量	备注
1	LNG 储罐	粉末真空绝热 立式 $100m^3$	台	4	
2	空温式气化器	$2000m^3/h$	台	6	
3	水浴式加热器	$8000m^3/h$	台	1	
4	BOG 加热器	空温式 $400m^3/h$	台	1	立式
5	储罐增压器	空温式 $200m^3/h$	台	2	立式
6	EAG 加热器	空温式 $400m^3/h$	台	1	立式

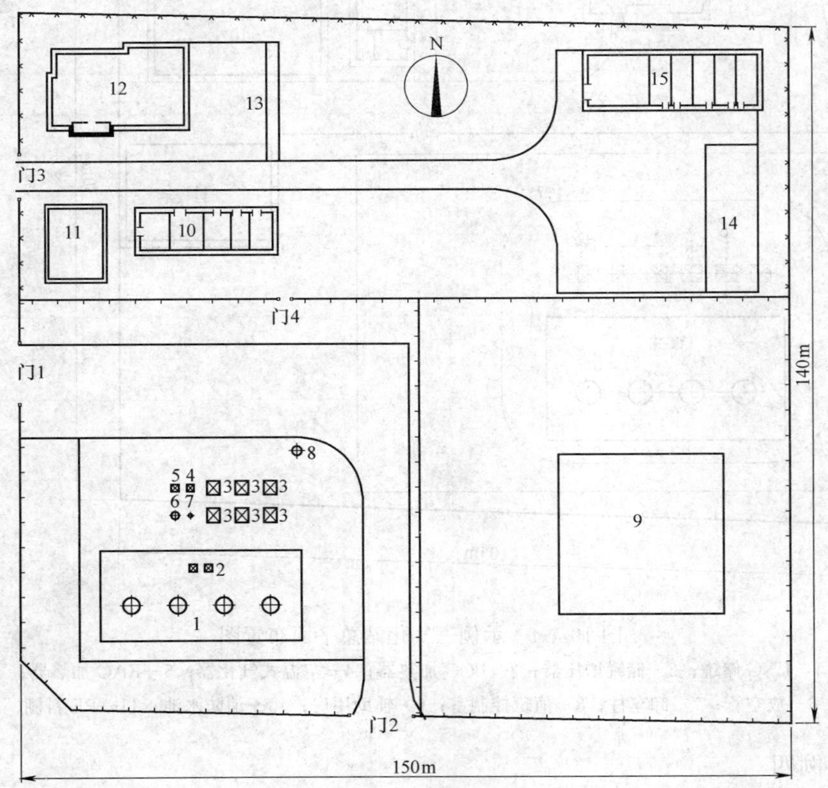

图 19-4-3 示例二气化站总平面布置图

1—LNG 储罐；2—储罐增压器；3—空温式气化器；4—EAG 加热器；5—BOG 加热器；6—水浴式加热器；7—放空管；8—卸车柱；9—加气站；10—辅助用房；11—消防水池；12—办公楼；13—车棚；14—料棚；15—备品备件库

(3) 示例三

LNG 气化站工艺主要设备见表 19-4-5。总平面布置图见图 19-4-4。

主要工艺设备表　　表 19-4-5

序号	名称	规格或型号	单位	数量	备注
1	LNG 储罐	粉末真空绝热 立式 $100m^3$	台	4	
2	空温式气化器	$2000m^3/h$	台	6	
3	水浴式加热器	$8000m^3/h$	台	1	
4	BOG 加热器	空温式 $400m^3/h$	台	1	立式
5	储罐增压器	空温式 $200m^3/h$	台	2	立式
6	EAG 加热器	空温式 $400m^3/h$	台	1	立式

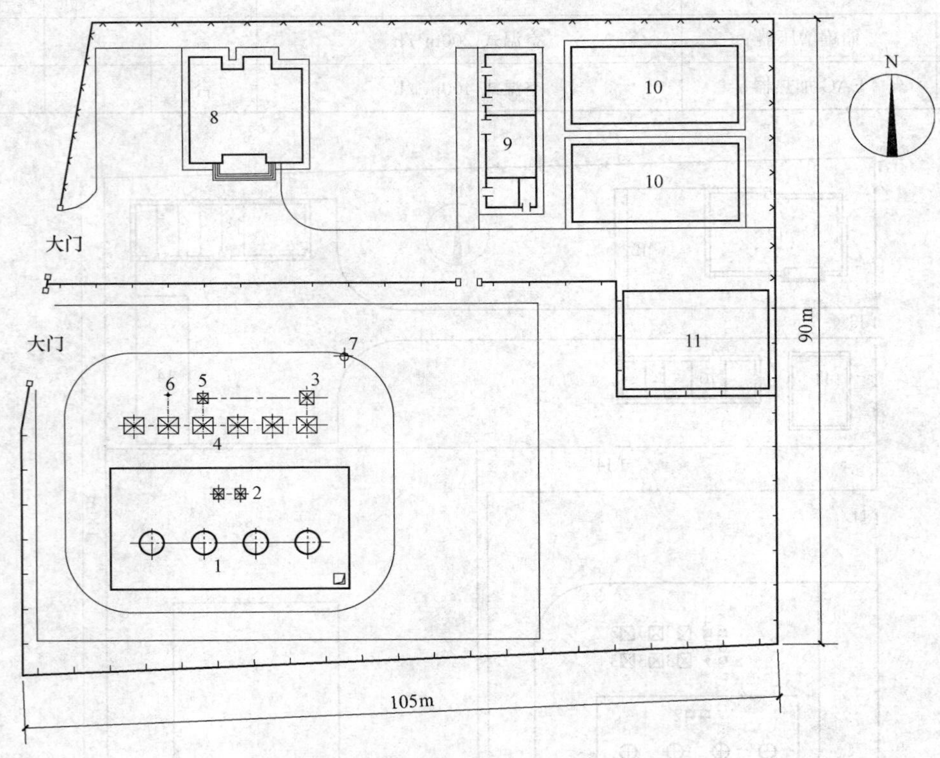

图 19-4-4　示例三气化站总平面布置图

1—LNG 储罐；2—储罐增压器；3—BOG 加热器；4—空温式气化器；5—EAG 加热器；6—放空管；7—卸车柱；8—值班控制室；9—辅助用房；10—消防水池；11—PE 料棚

（4）示例四

LNG 气化站工艺主要设备见表 19-4-6。总平面布置图见图 19-4-5。

主要工艺设备表　　表 19-4-6

序号	名称	规格或型号	单位	数量	备注
1	LNG 储罐	粉末真空绝热 $100m^3$	台	4	卧式
2	空温式气化器	$1500m^3/h$	台	6	立式
3	水浴式加热器	$1500m^3/h$	台	2	立式
4	BOG 加热器	空温式 $800m^3/h$	台	1	立式

续表

序号	名称	规格或型号	单位	数量	备注
5	BOG 缓冲罐	$50m^3$	台	2	卧式
6	储罐增压器	空温式 $200m^3/h$	台	2	立式
7	EAG 加热器	空温式 $400m^3/h$	台	1	立式
8	预冷加热器	空温式 $200m^3/h$	台	1	立式
9	LPG 储罐	$20m^3$	台	2	地下、卧式
10	LPG 混气机		台	2	
11	卸车压缩机		台	1	
12	LPG 泵		台	2	

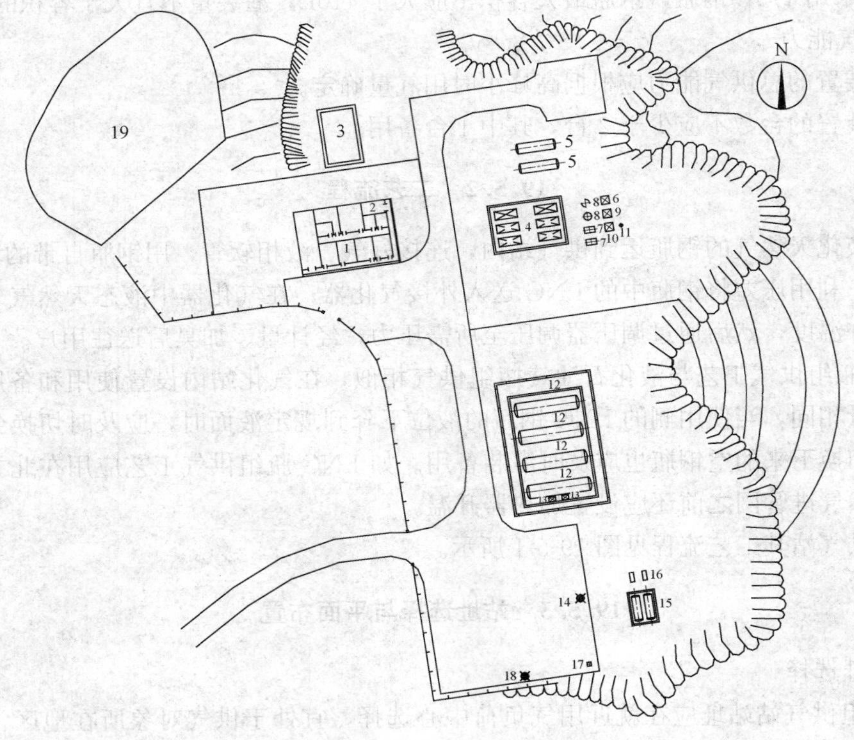

图 19-4-5 示例四气化站总平面布置图

1—辅助用房；2—热水间；3—消防泵房；4—空温式气化器；5—BOG 缓冲罐；6—BOG 加热器；7—混气机；8—水浴式加热器；9—预冷加热器；10—EAG 加热器；11—放空管；12—LNG 储罐；13—储罐增压器；14—LNG 卸车柱；15—LPG 储罐；16—LPG 泵；17—卸车压缩机；18—LPG 卸车柱；19—消防水池

19.5 瓶组供气站

液化天然气瓶组供气工艺是用 LNG 钢瓶在 LNG 供气站内灌装 LNG，而后运输到

LNG瓶组供气站内，经气化、调压、计量和加臭后直接向小区居民用户或工业用户供气的一种供气方式。

瓶组供气站站内主要设备包括：LNG瓶组、气化器、调压器、流量计、加臭装置等。

瓶组供气站具有投资省、占地面积小、建设周期短、操作简单、运行安全可靠等特点，可在较短的建设周期内向用户供气。另外也可作为城市卫星站建设、投运之前的过渡供气方案。

19.5.1　设计参数

1. 储存规模

① 瓶组供气站储气容积宜按计算月最大日供气量的1.5倍计算。

② 气瓶组总储存容积不应大于$4m^3$。

③ 宜采用175L钢瓶，钢瓶最大容积不应大于410L，灌装量不宜大于容积的90%。

2. 供气能力

气化装置的总供气能力应根据高峰小时用气量确定。

气化装置的台数不应少于2台，其中1台备用。

19.5.2　工艺流程

盛装液化天然气的钢瓶运到供气站内，连接好气、液相软管，用钢瓶自带的增压器给钢瓶增压，利用压差将钢瓶中的LNG送入外接气化器；在气化器中液态天然气气化并被加热至允许温度，然后通过调压器调压至所需压力，经计量、加臭后送往用户。

LNG瓶组供气工艺与液化石油气瓶组供气相似，在气化站内设置使用和备用两组钢瓶，且数量相同，当使用侧的LNG钢瓶的液位下降到规定液面时，应及时切换到备用瓶组一侧，切换下来的空钢瓶也应及时灌装备用。如LNG瓶组供气工艺应用在北方寒冷地区，在天然气进管网之前还应设置加热器升温。

瓶组供气站其工艺流程见图19-5-1所示。

19.5.3　站址选择与平面布置

1. 站址选择

① 瓶组供气站站址应在就近用气负荷中心选择，宜处于供气对象所在地区常年主导风向的下风向。

② 站周围道路畅通，便于瓶组运输车和消防车通行。

③ 周边水、电等公用设施比较齐全。

2. 平面布置

① 瓶组供气站一般由钢瓶组、气化器、调压计量和加臭等工艺装置以及生产辅助用房等组成。

② 站区周围宜设置高度不低于2m的不燃烧体实体围墙。

③ 气瓶组宜设置在罩棚内。气瓶组与建、构筑物的防火间距应遵循《城镇燃气设计规范》GB 50028的规定按表19-5-1执行。

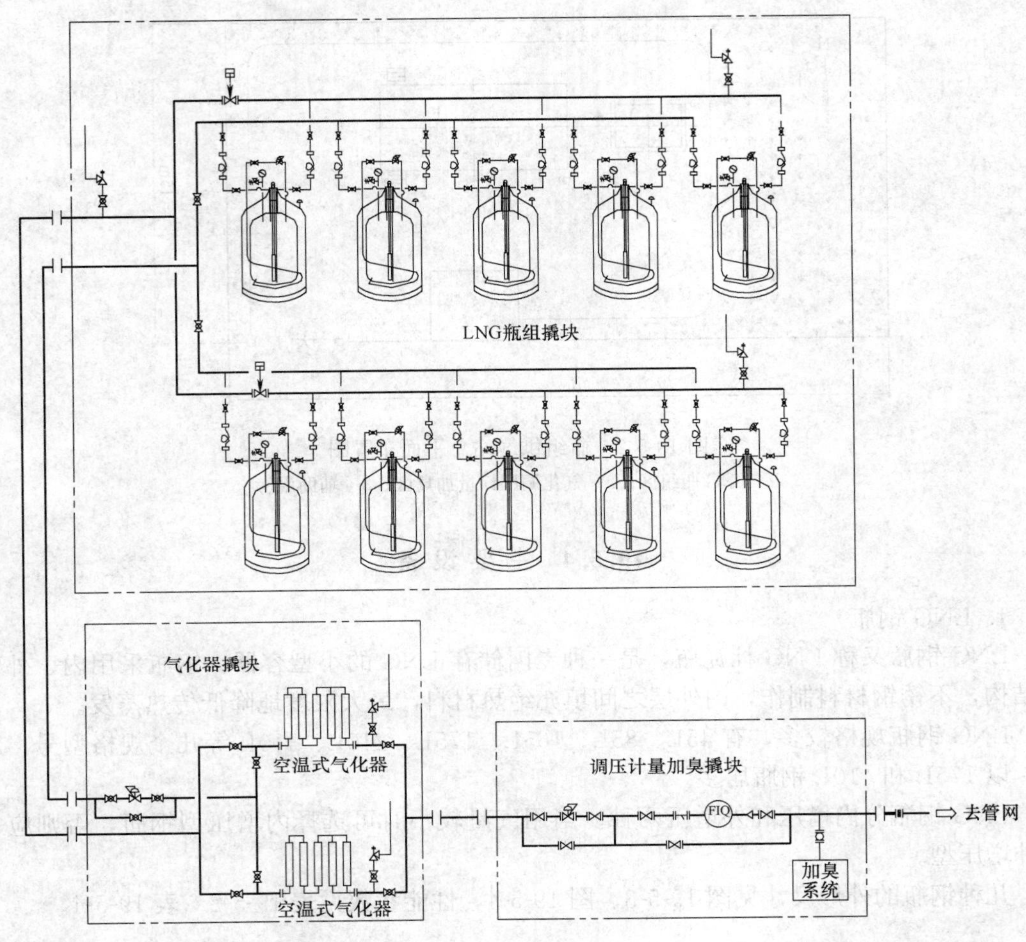

图 19-5-1 瓶组气化站工艺流程

气瓶组与建、构筑物的防火间距（m） **表 19-5-1**

		≤2	>2～≤4
明火、散发火花地点		25	30
民用建筑		12	15
重要公共建筑、一类高层民用建筑		24	30
道路(路边)	主要	10	10
	次要	5	5

注：1. 气瓶总容积应按配置气瓶个数与单瓶几何容积的乘积计算。单个气瓶容积不应大于 410L。
2. 容积大于 0.15m³ 的液化天然气储罐不应设置在建筑物内。任何容积的液化天然气容器均不应永久地安装在建筑物内。
3. 瓶组气化站的四周宜设置高度不低于 2 米的不燃烧体实体围墙。
4. 设置在露天（或罩棚下）的空温式气化器与气瓶组的间距应满足操作的要求，与明火、散发火花地点或其他建、构筑物的防火间距应符合本表中气瓶总容积小于或等于 2m³ 一档的规定。

3. 瓶组气化站示例

某瓶组气化站的总平面布置见图 19-5-2。

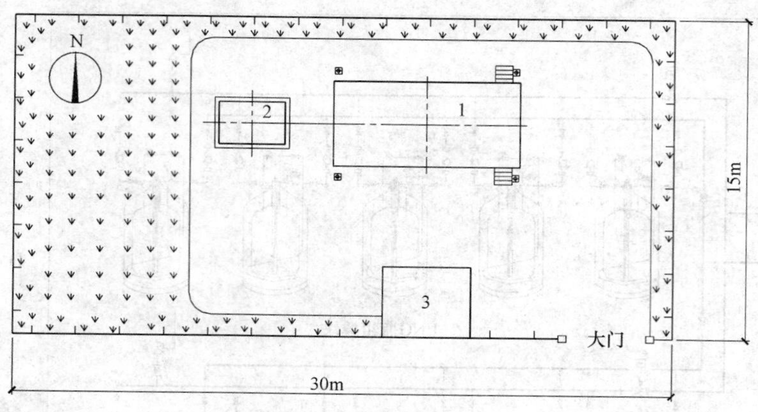

图 19-5-2　瓶组供气站总平面布置图

1—LNG 瓶组区；2—气化调压计量加臭区；3—辅助用房

19.5.4　主要设备

1. LNG 钢瓶

LNG 钢瓶又称 LNG 杜瓦瓶，是一种专门储存 LNG 的小型容器。钢瓶采用内、外双层结构，不锈钢材料制作，内外层之间填充绝热材料，最大限度地降低传热蒸发。

LNG 钢瓶规格较多，有 45L、85L、165L、175L、210L、410L 等几个规格型号。目前，以 175L 和 410L 钢瓶居多。

LNG 钢瓶分内增压和外增压两种。当用气量较小时可选择内增压型钢瓶，否则应采用外增压型。

几种钢瓶的外形尺寸见图 19-5-3、图 19-5-4，性能参数见表 19-5-2～表 19-5-4。

DPL450-175-1.37 型液化天然气焊接绝热气瓶技术参数　　**表 19-5-2**

	内胆	外壳		内胆	外壳
工作压力(MPa)	1.37	真空	物料名称	LNG	—
设计温度(℃)	−196	20	充装容量(kg)	70	
工作温度(℃)	−196	环境温度	主体材质	0Cr18Ni9	0Cr18Ni9
气压试验压力(MPa)	2.74	—	公称容积 L	175	夹层 73
气密试验压力(MPa)	1.73	—	空重(kg)	～118	
真空检漏	氦质谱检漏	氦质谱检漏	满重	188	
安全阀开启压力(MPa)	1.59	—	法规	《气瓶安全技术监察规程》TSG R0006	
绝热形式	高真空多层绝热		设计标准	《汽车用液化天然气焊接绝热气瓶定期检测规则》DB 35/T 1517	
—	—		表面处理	不锈钢内、外表面作脱脂处理	

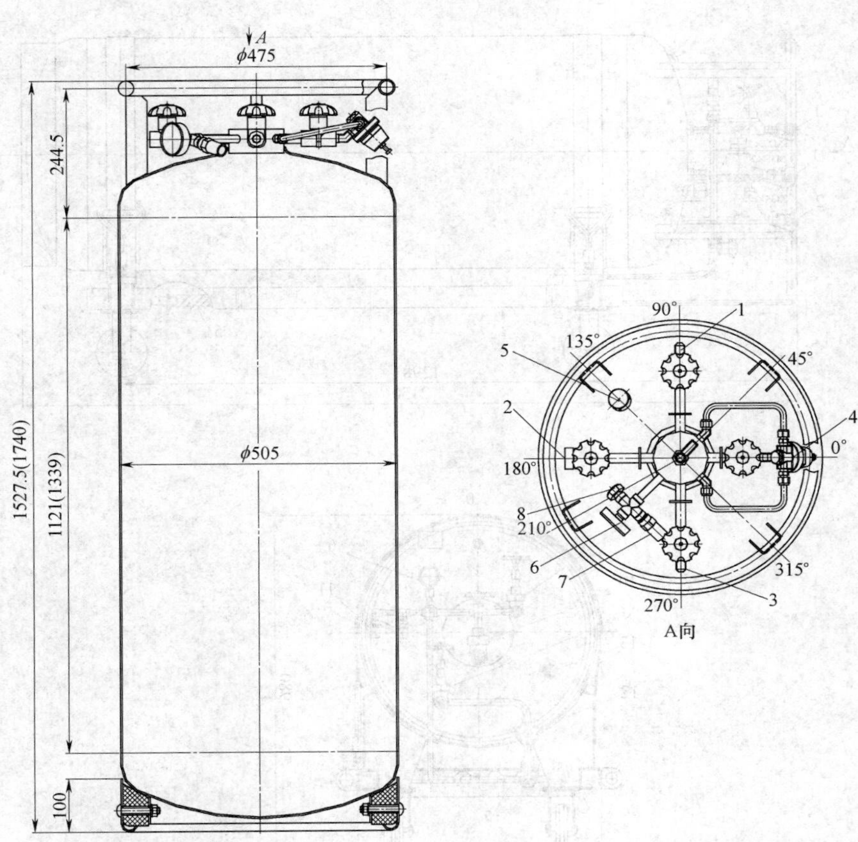

图 19-5-3 DPL450-175 (210)-1.37 型液化天然气焊接绝热气瓶外形图

1—液相接口；2—气相接口；3—排空口；4—调压阀；5—抽真空口；
6—压力表；7—安全阀；8—爆破装置

DPL450-210-1.37 型液化天然气低温绝热气瓶技术参数 **表 19-5-3**

	内胆	外壳		内胆	外壳
工作压力(MPa)	1.37	真空	物料名称	LNG	—
设计温度(℃)	−196	20	充装容量(kg)	84	
工作温度(℃)	−162	环境温度	主体材质	0Cr18Ni9	0Cr18Ni9
气压试验压力(MPa)	2.74	—	公称容积 L	210	夹层 92
气密试验压力(MPa)	1.37	—	空重(kg)	~132	
真空检漏	氦质谱检漏	氦质谱检漏	满重	216	
安全阀开启压力(MPa)	1.59	—	法规	《气瓶安全技术监察规程》TSG R0006	
绝热形式	高真空多层绝热		设计标准	《汽车用液化天然气焊接绝热气瓶定期检测规则》DB 35/T 1517	
—	—		表面处理	不锈钢内、外表面作脱脂处理	

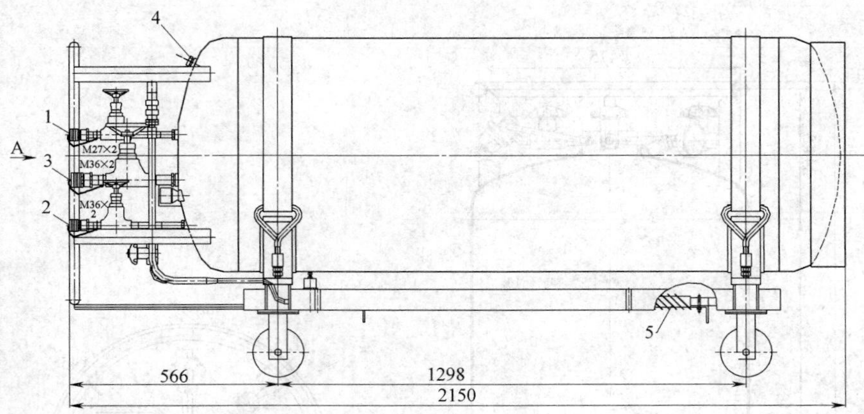

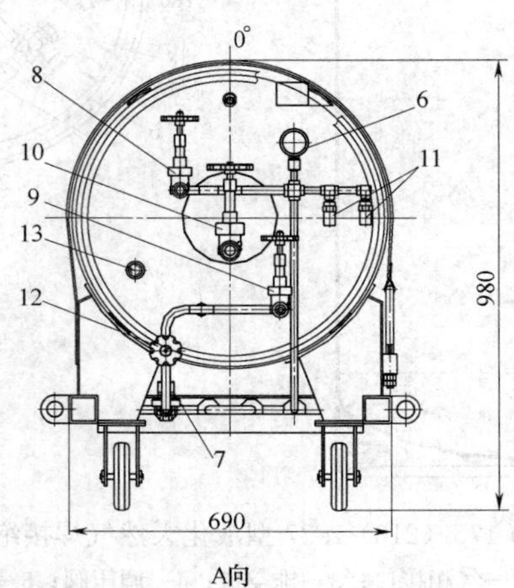

图 19-5-4　DPW580-410-1.6B 型液化天然气焊接绝缘气瓶外形图

1—气相口；2—出液口；3—进液口；4—抽真空口；5—自增压器；6—压力表；7—调压阀；8—气体阀；9—出液阀；10—进液阀；11—安全阀；12—增压阀；13—爆破装置

DPW580-410-1.6B 型液化天然气焊接绝缘气瓶技术参数　　**表 19-5-4**

	内胆	外壳		内胆	外壳
最高工作压力(MPa)	1.6	真空	物料名称	LNG	—
设计温度(℃)	−196	20	物料重度(kg/m³)	426	—
工作温度(℃)	−162	环境温度	全容积(L)	410	203
气压试验压力(MPa)	2.88	—	充装系数	0.9	—
气密试验压力(MPa)	1.6	—	空重(kg)	310	
氦质谱检漏	氦质谱检漏	氦质谱检漏	充装最大质量(kg)	～157	
腐蚀裕度(mm)	0	0	绝热形式	高真空多层绝热	

续表

	内胆	外壳		内胆	外壳
设计厚度(mm)	4.60	3.5	表面处理	不锈钢表面做脱脂处理	
安全阀开启压力	1.76	—	法规	《气瓶安全技术监察规程》TSG R0006	
外壳爆破片爆破压力(MPa)	—	0.2	设计标准	《汽车用液化天然气焊接绝热气瓶定期检测规则》DB 35/T 1517	

2. 气化器

瓶组供气站因供气规模小，宜采用空温式气化器。

气化器的配置台数不应少于 2 台，且应有 1 台备用。当因季节气温较低，空温式气化器出口天然气温度达不到要求时，应采用加热器辅助加热。天然气加热器宜采用电加热式。

19.6 公用与安全设施

19.6.1 电　　气

① 液化天然气气化站的供电系统设计应符合《供配电系统设计规范》GB 50052“二级负荷”的规定。供电系统宜采用双回路线路供电。当采用双回路供电有困难时，可另设置备用电源。

② 液化天然气气化站爆炸危险场所的电力装置设计以及用电场所爆炸危险区域等级和范围的划分应符合现行国家标准《爆炸危险环境电力装置设计规范》GB 50058 的有关规定，并应绘制爆炸危险区域划分图。

液化天然气站内卸车台、放散管、灌装台以及液化天然气泵周围爆炸危险区域等级为Ⅰ区，其他工艺装置区周围爆炸危险区域等级为Ⅱ区。

生产辅助区内建、构筑物为正常非爆炸危险环境。

③ 液化天然气气化站、瓶装供气站等具有爆炸危险的建、构筑物的防雷设计应符合《建筑物防雷设计规范》GB 50057 中“第二类防雷建筑物”的有关规定。灌瓶间应按第一类防雷要求做防雷设计，距灌瓶间 3m 处应设一个钢结构独立避雷针，并作独立接地装置，其接地电阻不大于 10Ω。

④ 液化天然气气化站、瓶装供气站等静电接地设计应符合《化工企业静电接地设计规程》HG/T 20675 中的有关规定。

站区内所有工艺设备、管线、电气设备正常不带电的金属外壳均应可靠接地，站区设统一接地网，接地电阻不大于 1Ω。

站内主要部分如液化天然气储罐和放空立管应直接接地，不能靠管道的传导。

19.6.2 供暖和通风

(1) 液化天然气站内的建、构筑物的供暖和通风应按照《工业建筑供暖通风与空气调节设计规范》GB 50019 和《民用建筑供暖通风与空气调节设计规范》GB 50736 进行设计。

（2）设有液化天然气工艺设备的建构筑物应有良好的通风措施。通风量按房屋全部容积每小时换气次数不应小于6次。在蒸发气体比空气重的地方，应在蒸发气体聚集最低部位设置通风口。

（3）在站内的控制室和机柜室应根据要求设置空调。

19.6.3 建、构筑物防火、防爆

气化站内具有爆炸危险的建、构筑物的防火、防爆设计应符合下列要求：

① 建筑物耐火等级不应低于《建筑设计防火规范》GB 50016（2018版）规定的"二级"；

② 建筑物的承重结构采用钢筋混凝土或钢框架、排架结构。钢框架和钢排架应采用防火保护层，其耐火极限应符合《建筑设计防火规范》GB 50016（2018版）的有关规定；

③ 封闭式建筑应采取泄压措施，其泄压面积及其设置应符合《建筑设计防火规范》GB 50016（2018版）的有关规定；

④ 门、窗一律外开；

⑤ 地面应采用不发生火花地面，其技术要求应符合《建筑地面工程施工质量验收规范》GB 50209的规定；

⑥ 灌瓶间、瓶库等宜采用敞开或半敞开式建筑。

19.6.4 消防给水、排水和灭火器材

1. 消防给水

气化站（瓶组气化站除外）消防给水系统由消防水池（消防水罐或其他水源）、消防泵房、储罐固定喷淋装置、消防给水管道以及消火栓等组成。

① 液化天然气气化站在同一时间内的火灾次数应按照一次考虑。一般情况下，储罐区的消防用水量最大，因此气化站的消防水量应按储罐区一次消防用水量确定。储罐区消防用水量应按储罐固定喷淋装置和水枪用水量之和计算，具体计算方法见《城镇燃气设计规范》GB 50028。

② 消防水池：消防水池的容量按6h计算确定。但总容积小于220m^{3}且单罐容积不大于50m^{3}的储罐，其消防水池的容量应按火灾连续时间3h计算确定。当火灾情况下能连续向消防水池补水时，其容量可减去火灾连续时间内的补水量。确保连续送水的条件在《建筑设计防火规范》GB 50016（2018版）条文说明中已明确定义：

A. 水池有两条补水管，且分别从环状管网的不同管段取水；

B. 若部分采用给水设备，该给水设备应设有备用泵和备用电源，能使供水设备不间断地向水池供水的输水管不少于两条时，才减去火灾延续时间内补充的数量；

③ 消防水泵房：其设计应符合《建筑设计防火规范》GB 50016（2018版）的规定。消防水泵宜采用电泵并应设置备用泵；

④ 储罐固定喷淋装置：储罐固定水喷淋装置可采用喷雾头或喷淋两种方式。立式储罐固定喷淋装置应在罐体上部和罐顶均布。

储罐喷淋装置的设计和喷雾头的布置应符合《水喷雾灭火系统技术规范》GB 50219

的有关规定；

⑤ 消防给水管道和消火栓：消防给水管道应布置成环状。向环状给水管网供水的管道不应少于 2 根，当其中 1 根管道发生事故时，其余管道仍能供给消防所需的全部水量；

⑥ 供水压力：储罐固定喷淋装置的供水压力不小于 0.2MPa。

2. 消防排水

液化天然气气化站生产区防护墙内的排水系统应采取防止液化天然气流入下水道或其他以顶盖密封的沟渠中的措施。

3. 灭火器材

为及时扑灭站内初起火灾，在站内具有火灾或爆炸危险的建、构筑物、液化天然气储罐区以及工艺装置区等必要的场所应配置足够数量的干粉灭火器，其设置数量应遵循《城镇燃气设计规范》GB 50028 的规定按表 19-6-1 执行，并应符合《建筑灭火器配置设计规范》GB 50140 的规定。

干粉灭火器的配置数量 **表 19-6-1**

场所	配置数量
储罐区	按储罐台数，每台储罐设置 8kg 和 35kg 各 1 具
汽车槽车装卸台（柱、装卸口）	按槽车车位数，每个车位设置 8kg，2 具
气瓶灌装台	设置 8kg 不少于 2 具
气瓶组（≤$4m^3$）	设置 8kg 不少于 2 具
工艺装置区	按区域面积，每 $50m^2$ 设置 8kg，1 具，且每个区域不少于 2 具

注：8kg 和 35kg 分别指手提式和推车式干粉灭火器的药剂充装量。

19.7 本章有关标准规范

《城镇燃气设计规范》GB 50028。

《液化天然气（LNG）生产、储存和装运》GB/T 20368。

《石油天然气工程设计防火规范》GB 50183。

《建筑设计防火规范》GB 50016（2018 版）。

《爆炸危险环境电力装置设计规范》GB 50058。

《建筑物防雷设计规范》GB 50057。

《化工企业静电接地设计规程》HG/T 20675。

《水喷雾灭火系统技术规范》GB 50219。

《建筑灭火器配置设计规范》GB 50140。

《建筑地面工程施工质量验收规范》GB 50209。

《工业建筑供暖通风与空气调节设计规范》GB 50019。

《民用建筑供暖通风与空气调节设计规范》GB 50736。

参考文献

[1] 严铭卿，廉乐明等. 天然气输配工程 [M]. 北京：中国建筑工业出版社，2005.

［2］ 顾安忠等. 液化天然气技术［M］. 北京：机械工业出版社，2006.
［3］ 邹宁宇，鹿成滨，张德信. 绝热材料应用技术［M］. 北京：中国石化出版社，2005.
［4］ 徐文渊，蒋长安. 天然气利用手册［M］. 北京：中国石化出版社，2002.
［5］ 手册编写组. 工艺管道安装设计手册［M］. 北京：中国石化出版社，2005.
［6］ 吴创明. LNG 站工艺设计与运行管理［J］. 煤气与热力，2006，(4)：1-7.

第 20 章　液化石油气运输

20.1　概　　述

由石油炼制厂或油气田生产的液化石油气在送到终端用户时要经过运输、储存和分配等环节。其中运输环节实现将液化石油气由产地向储存供应站的转移。运输的空间可按地域分为国外和国内两种范围。本章只涉及国内范围的运输。从运输方式及运输工具上可区分为陆路的铁路槽车（罐车）、汽车槽车（罐车）运输，液化石油气管道输送，以及水上的槽船运输。

1. 管道输送

这种运输方式一次投资较大、管材用量多（金属耗量大），但运行安全、管理简单、运行费用低，适用于运输量大的液化石油气接收站。这种运输方式要求管道两端的液化石油气供气场站与接收站点之间有较长期且稳定的供需关系。

2. 铁路槽车运输

这种运输方式的运输能力较大、费用较低；当接收站距铁路线较近、具有较好接轨条件时，可选用；而当距铁路线较远、接轨投资较大、运距较远、编组次数多，加之铁路槽车检修频繁、费用高，则应慎重选用。

3. 汽车槽车运输

这种运输方式虽然运输量小，常年费用较高，但灵活性较大，便于调度，通常广泛用于各类中、小型液化石油气站；同时也可作为大中型液化石油气供应站的辅助运输方式。

4. 槽船运输

这种运输方式运输量大，费用低，但需要有水道和装卸码头建设条件，是沿江、沿海液化石油气供应站的首选运输方式。

运输方式和运输工具的采用很大程度上与运输线路或航线条件，运输规模及运输距离有关。在具备多种可能途径的情况下，选择运输方式还需进行全面的技术经济比较。

20.2　液化石油气管道输送

20.2.1　输送管道压力分级与设计基础资料

液化石油气输送管道按设计压力（p）分为 3 级，如表 20-2-1 的规定。

设计液化石油气输送管道时，应准备以下资料：

① 已批准的工程计划任务书（或设计任务书）。

液化石油气输送管道设计压力（表压）分级　　　　表 20-2-1

管道级别	设计压力(MPa)	管道级别	设计压力(MPa)
Ⅰ	$p>4.0$	Ⅲ	$p\leqslant 1.6$
Ⅱ	$1.6<p\leqslant 4.0$		

② 液化石油气生产厂或供应站至接收站的距离和运输量。

③ 液化石油气的组分。

④ 管线经过地区的城市现状和规划图、交通和行政区划分图。

⑤ 管线经过地区的农田水利建设规划图。

⑥ 管线经过地区的道路现状和规划图（包括道路中心线、建筑红线和道路横断面图等)。

⑦ 管线经过地区的地形图：

A. 方案设计和工程全貌用的 1∶5000～1∶25000 的地形图；

B. 初步设计和施工图设计用的 1∶500～1∶2000 的地形图。

⑧ 管线经过地区的地下管线和地下建、构筑物资料。

⑨ 气象资料：包括管线经过地区的气温、地温、最大冻土深度、主导风向、风速和降雨量等。

⑩ 水文地质资料：

A. 管线经过地区的地质、地下水位，土壤腐蚀等情况；

B. 管线穿越的河流流量、流速、水位和冲刷等情况。

⑪ 管线经过地区的地震资料。

20.2.2　输送管道系统与工艺计算

20.2.2.1　输送管道系统

液化石油气管道输送系统，是由起点站储罐、起点泵站、计量站、中间泵站、管道及终点站储罐所组成，如图 20-2-1 所示。

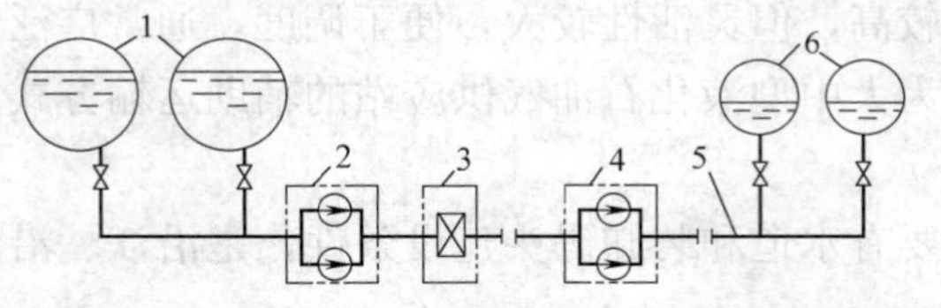

图 20-2-1　液化石油气管道输送系统

1—起点站储站；2—起点泵站；3—计量站；4—中间泵站；5—管道；6—终点站储罐

用泵由起点站储罐抽出液化石油气（为了保证连续工作，泵站内应不少于两台泵)，经计量站计量后，送到管道中，再经中间泵站将液化石油气压送到终点站储罐。如输送距离较短时，可不设中间泵站。

20.2.2.2　输送管道工艺计算

用管道输送液化石油气时，必须考虑液化石油气易于气化这一特点。在输送过程中，要求管道中任何一点的压力都必须高于管道中液化石油气所处温度下的饱和蒸气压，否则液化石油气在管道中气化形成“气塞”，将大大地降低管道的通过能力。管道工艺计算的主要内容是对已选定的管线线路按规定的液化石油气流量要求，计算选择管径以及计算出管道的设计压力以便确定管道壁厚和进行泵的选择。

1. 液化石油气管道设计压力与摩擦阻力损失

输送液化石油气的管道系统可能设有中间泵站，管道由若干管段组成。确定输送液态液化石油气管道的设计压力时，应依据管道系统中起点压力最高管段的工作压力确定设计

压力 p_D 和管道级别。管段起点工作压力可按下式计算：

$$p_q = H + (p_s - p_a) \tag{20-2-1}$$

式中 p_q——管段起点工作压力，MPa；

H——所需泵的扬程，MPa；

p_a——管道系统起点（始端储罐）大气压，MPa，可取 0.1。

p_s——始端储罐最高工作温度下的液化石油气饱和蒸气压力，MPa。

液化石油气采用管道输送时，泵的扬程 H 应大于下式计算的泵的计算扬程：

$$H_j = \Delta p_Z + \Delta p_Y + \Delta H \tag{20-2-2}$$

式中 H_j——泵的计算扬程，MPa；

Δp_Z——管段总阻力损失，可取 1.05～1.10 倍管段摩擦阻力损失 Δp，MPa；

Δp_Y——管道终点进罐余压（对管道的中间管段，$\Delta p_Y=0$），可取 0.2～0.3MPa；

ΔH——管段终、起点高程差，m。

注：液化石油气在管道输送过程，沿途任何一点的压力都必须高于其输送温度下的饱和蒸气压力。

其中液化石油气管道摩擦阻力损失，按下式计算：

$$\Delta p = 10^{-3}\lambda \frac{Lv^2\rho}{2d} \tag{20-2-3}$$

$$\frac{1}{\sqrt{\lambda}} = -2\lg\left[\frac{\Delta}{3.7d} + \frac{2.51}{\mathrm{Re}\sqrt{\lambda}}\right] \tag{20-2-4}$$

$$\lambda = 0.11\left(\frac{\Delta}{d} + \frac{68}{\mathrm{Re}}\right)^{0.25} \tag{20-2-4a}$$

式中 Δp——管道摩擦阻力损失，MPa；

L——管道计算长度，m；

v——液化石油气在管道中的平均流速，m/s；

d——管道内径，m；

ρ——平均输送温度下的液态液化石油气密度，t/m^3；

λ——管道的摩擦阻力系数，可取为 0.022～0.025；

Re——雷诺数；

Δ——钢管内表面的当量绝对粗糙度，取 0.0001～0.00015m。

注：平均输送温度可取管道中心埋深处，最冷月的平均地温。

平均流速 v 应经技术经济比较后确定，一般范围为 0.9～1.7m/s，为防静电产生，其最大允许流速应小于 3.0m/s。管道计算长度包括管线水平长度和因管线随地形纵向起伏所增加的长度。当管线水平长度为实测值或大地坐标网的坐标系推算值时，管道计算长度 L 可按测量值或推算值的 1.05 倍计；当管线水平距离为地形图上量得值时，考虑量度误差和图纸收缩率等因素，管道计算长度 L 可按量得值的 1.10 倍计。

2. 管道日输送量

管道设计流量即管道的日输送量可以按计算月用气需求量的日平均值来计算：

$$G_d = K_{m,max}\frac{G_a \times 10^4}{365} \tag{20-2-5}$$

式中 G_a——管道年设计供气规模，10^4 t/a；

G_d——管道设计日输送量，t/d；

$K_{m,max}$——月高峰系数。

不同的接收站，其下游用户的液化石油气消费水平不同，如液化石油气供应基地（储存站、储配站、灌瓶站）和各种规模的气化站以及混气站，其设计规模（G_d）千差万别。

3. 管径的计算及其设计流量

管线上各管段管径的初步选择可以参照经济流速，由管段输送流量进行计算：

$$d=1000\sqrt{\frac{4G_d}{\tau\pi\rho\upsilon\times3600}}=33.3\sqrt{\frac{G_d}{\pi\rho\upsilon\tau}} \tag{20-2-6}$$

式中 d——管道内径，mm；

ρ——液化石油气在平均输送温度下的密度（t/m^3），平均输送温度可取管道中心埋深处最冷月的平均地温；

υ——管道内液化石油气流速，m/s；

τ——管道日工作小时数，h。

管道设计流量：

$$Q_s=\frac{G_d}{3600\tau\rho} \tag{20-2-7}$$

式中 Q_s——管道设计流量，m^3/s。

4. 储罐的容量

在日输送量确定以后，要按液化石油气供给量的变动情况确定供给端储罐的容量；按需求量的变化情况来确定需求端储罐的容量。

供给端的罐容：

$$\begin{aligned}V_{T1}=&\max\left[\sum_{i=1}^{1}(V_{1i}-V_i),\sum_{i=1}^{2}(V_{1i}-V_i)\cdots\sum_{i=1}^{148}(V_{1i}-V_i)\right]\\&-\min\left[\sum_{i=1}^{1}(V_{1i}-V_i),\sum_{i=1}^{2}(V_{1i}-V_i)\cdots\sum_{i=1}^{148}(V_{1i}-V_i)\right]\end{aligned} \tag{20-2-8}$$

需求端的罐容：

$$\begin{aligned}V_{T2}=&\max\left[\sum_{i=1}^{1}(V_i-V_{2i}),\sum_{i=1}^{2}(V_i-V_{2i})\cdots\sum_{i=1}^{148}(V_i-V_{2i})\right]\\&-\min\left[\sum_{i=1}^{1}(V_i-V_{2i}),\sum_{i=1}^{2}(V_i-V_{2i})\cdots\sum_{i=1}^{148}(V_i-V_{2i})\right]\end{aligned} \tag{20-2-9}$$

式中 i——时间下标，为小时的序数；

V_{T1}——供给端的储罐容量，m^3；

V_{T2}——需求端的储罐容量，m^3；

V_{1i}——供给端在第 i 小时的供给量，m^3；

V_i——输送管道第 i 小时的输送量，m^3；

V_{2i}——需求端在第 i 小时的需求量，m^3。

供给端的计算月至少有两种情况，一种是供给端生产设备检修或液化石油气来源中断或减少最严重情况的发生月份。需用端的计算月是需用端需用量高峰月的月份。对这两种情况分别进行所需罐容计算。

5. 泵的选择

输送液态液化石油气的泵一般选用多级离心泵。根据防液化石油气泄漏的方式分成两类机型，即泵—电机分离的常规式双机械密封离心泵和泵—电机一体的两层防泄漏套无密封屏蔽式离心泵。后者的优点，免除了磁驱动常规式泵防单面泄漏隔离套无法预料的故障及机械密封大量维修工作量，并且不必为联轴器中心找正费心。此外，屏蔽式泵可根据工艺管道的布置选择立式或卧式安装，以适应泵进、出口及泵体液化石油气反向环流自冷系统连接管走向。

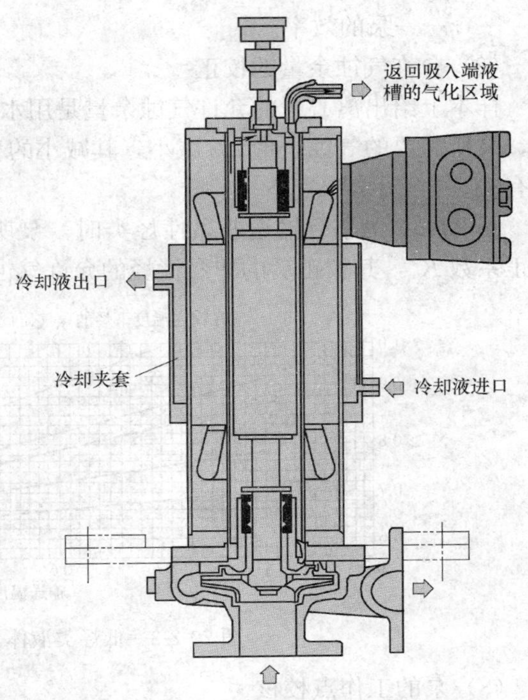

图 20-2-2　立式结构屏蔽泵的构造

图 20-2-2 为立式结构（电机置于泵体上）屏蔽泵的构造。通常，生产厂家向用户提供 H(泵扬程)—Q(流量）性能图，以便选择泵的型号和规格，并根据泵的计算扬程可确定选单级泵还是多级泵，并酌量留有扬程余量。

1）选用离心泵输送液化石油气时注意事项

① 离心泵样本或铭牌所给出的性能参数：流量、扬程、功率、效率、允许气蚀余量等系指温度为+20℃时输送清水时的参数。当输送液化石油气时应进行校核计算；

② 泵的工作点是泵的 $Q—H$ 曲线和管道的 $Q—h'$ 曲线的相交点。泵的工作点应在高效率区内。否则应重新选泵或调整管道内径。

③ 为防止液化石油气在管道中气化，应对管道敷设的最高点进行压力校核，并验算泵的出口压力。

④ 为保证安全运行和便于管理，泵的台数不应少于两台，其中一台备用。当选用多台泵时，应选用同一型号。

2）泵的参数和性能校核内容

（1）电动机功率校核。

离心泵电动机功率可按下式计算：

$$N=K\frac{Q_{\mathrm{s}}H\rho 10^{3}}{102\eta} \tag{20-2-10}$$

式中　N——电动机功率，kW；

K——电动机轴功率储备系数，一般取 1.10～1.15；

Q_{s}——泵的排量，即管道设计流量，$\mathrm{m^3/s}$；

H——泵的扬程，m（液柱）；

ρ——工作温度下液态液化石油气密度，$\mathrm{t/m^3}$。

η——泵的效率。

(2) 允许气蚀余量的校正

样本上给出离心泵的允许气蚀余量是用水做试验的数值 Δh_w。当输送非黏性烃类液体时，泵所需要的气蚀余量 Δh 减小，其减小的程度与烃的饱和蒸气压和输送温度下烃的密度有关。

图 20-2-3 为估算输送非黏性烃类时，泵所需要的允许气蚀余量修正图。从此图查出修正系数 K'，其校正后的非黏性烃的允许气蚀余量 $\Delta h = K' \Delta h_w$。

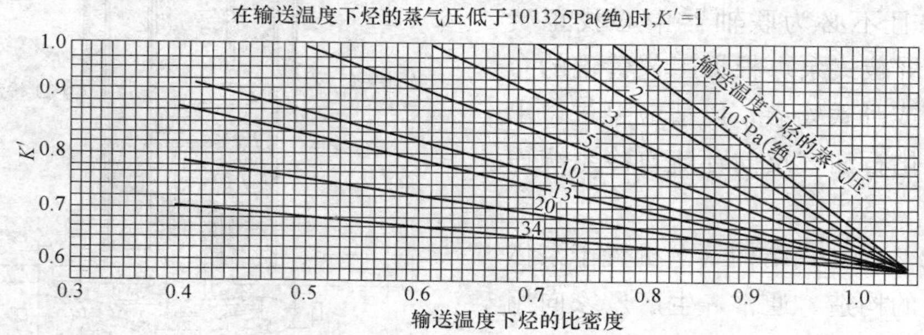

图 20-2-3 低烃类液体允许气蚀余量校正图

(3) 泵的工作点校核

找泵的工作点需在所选泵 $Q—H$ 性能图上绘出管道 $Q—h'$ 的曲线，h' 即为管道总阻力损失 $\Delta p_z(1.05\sim1.1\Delta p)$：

$$h' = \Delta p_z 10^3 / (\rho g)$$

$Q=0$ 时，在 H 坐标上取截距 $Z=\Delta p_y \rho g + \Delta H$，则 $h'=0$（起点），再按摩擦阻力计算公式在不同的 Q 下求出几个 Δp_z 即得到几个 $h' \neq 0$ 的点，将其连成曲线，与 $Q—H$ 曲线相交，该交点即为泵的工作点，见图 20-2-4 所示。由此可判断工作点是否在高效率（η）区内。

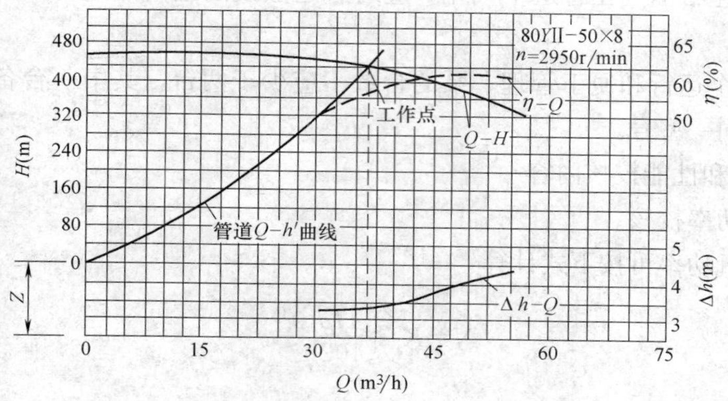

图 20-2-4 泵与管道特性曲线和工作点

6. 管道沿途最高点压力校核计算

在地形图上量出最高点的高程和泵起点到最高点的计算长度（L），求出最高点处的管道总阻力损失 Δp_z 与附加压力 $\Delta h \rho g$，由 Δp_z 和 $\Delta h \rho g$ 之和以及起点 p_q 所决定的该点管道压力，必须大于该点工作温度下液化石油气饱和蒸气压，否则应提高泵的出口压力，即重新选泵。

20.2.2.3 管道工艺计算例题

【例 20-2-1】 已知某站液态液化石油气采用管道输送。日接收量为600t/d，每天运行8h，液态液化石油气的摩尔成分：丙烷65%、正丁烷30%、正戊烷5%，管道计算长度50km，管道起点地面标高为＋10.00m，终点地面标高为＋35.00m，离起点40km处地面标高为＋45.00m，管道摩擦阻力系数λ＝0.023，管内平均输送液温＋20℃。求管道设计流量、确定管径、计算总压力降，并验算管道最高处的压力降。

【解】

1）基本参数的计算

① 根据各组分的相对分子质量和各组分液温20℃时的密度，按成分换算公式将摩尔成分（x_{yi}）换算成容积成分r_{yi}：

$$r_{yc_3}=\frac{65\times 44.097/0.5011}{65\times 44.097/0.5011+30\times 58.124/0.5789+5\times 72.15/0.6258}\times 100\%$$
$$=61.45\%$$

$$r_{yc_4}=\frac{30\times 58.124/0.5789}{65\times 44.097/0.5011+30\times 58.124/0.5789+5\times 72.15/0.6258}\times 100\%$$
$$=32.36\%$$

$$r_{yc_5}=\frac{5\times 72.15/0.6258}{65\times 44.097/0.5011+30\times 58.124/0.5789+5\times 72.15/0.6258}\times 100\%$$
$$=6.19\%$$

② 计算液态液化石油气密度：

$$\rho=\frac{61.45\times 0.5011+32.36\times 0.5789+6.19\times 0.6258}{100}=0.5340\text{t/m}^3$$

③ 由各组分在＋20℃时饱和蒸气压p_i'，根据拉乌尔定律计算液化石油气饱和蒸气压：

$$p_s=\frac{65.00\times 0.833+30.00\times 0.205+5.00\times 0.058}{100}=0.608\text{MPa}$$

2）计算管道设计流量

按式（20-2-7）计算管道设计流量：

$$Q_s=\frac{G_d}{3600\tau\rho}=\frac{600}{3600\times 8\times 0.5340}$$
$$=0.0390\text{m}^3/\text{s}$$

3）确定管径并计算管道实际平均流速

设定管内液态液化石油气平均流速1.4m/s，计算管径：

$$d=\sqrt{\frac{4Q_s}{\pi v}}=\sqrt{\frac{4\times 0.0390}{3.14\times 1.4}}=0.190\text{m}$$

选择 $D219\times6$ 无缝钢管，其内径 $d=207\text{mm}$，则实际平均流速为

$$v=\frac{4Q_s}{\pi d^2}=\frac{4\times0.0390}{3.14\times0.207^2}=1.16\text{m/s}$$

4）计算管道总阻力损失

按液态液化石油气管道摩擦阻力损失 Δp 的计算公式（20-2-3），管道总阻力损失为：

$$\begin{aligned}\Delta p_z&=1.05\times10^{-3}\lambda\frac{Lv^2\rho}{2d}=1.05\times10^{-3}\times0.023\times\frac{50\times10^3\times1.16^2\times0.534}{2\times0.207}\\&=2.096\text{MPa}\end{aligned}$$

5）计算管道最高处压力降

按前式计算管道最高点处压力降：

$$\begin{aligned}\Delta p_z'&=1.05\times10^{-3}\lambda\frac{Lv^2\rho}{2d}+(h_2-h_1)\rho g\times10^{-3}\\&=\left[1.05\times10^{-3}\times0.023\times\frac{40\times10^3\times1.16^2\times0.534}{2\times0.207}+(45-10)\times0.534\times9.81\times10^{-3}\right]\\&=1.677+0.183=1.86\text{MPa}\end{aligned}$$

【例 20-2-2】 已知条件同【例 20-2-1】，选择输送烃泵，计算所需电动机功率，并校正泵的允许气蚀余量；计算管道系统起点最高工作压力，并判别管道最高处是否会发生气化现象。

【解】

① 根据式（20-2-2）求所需烃泵扬程的计算值：

$$\begin{aligned}H_j&=\Delta p_z+p_y+\Delta H\\&=\left[\frac{(2.096+0.30)\times10^3}{0.534\times9.81}+(35-10)\right]2.096+0.3+\frac{(35-10)\times0.534\times9.81}{10^3}\\&=25.27\text{MPa}\end{aligned}$$

② 根据管道设计流量和所需烃泵扬程选择某厂生产的 150YⅢ67×8 型节段式离心油泵，主要技术参数如下：

$Q=150\text{m}^3/\text{h}(Q_s=0.0416\text{m}^3/\text{s})$，2.627MPa，$\eta=75\%$，$N=350\text{kW}$，允许气蚀余量 $\Delta h_w=5.0\text{m}$。

该泵流量和扬程与管道设计流量和所需泵的扬程接近，故其工作点在泵的高效率区内，不需绘制管道（Q—Δp_z）曲线，再求泵的工作点。

③ 电动机功率根据式（20-2-10）进行校核计算：

$$\begin{aligned}N&=K\frac{Q_sH\rho10^3}{102\eta}\\&=1.1\times\frac{0.0416\times502\times0.534\times10^3}{102\times0.75}\\&=160.35\text{kW}\end{aligned}$$

故换选电动机型号功率为 $N=175\text{kW}$。

④ 由【例 20-2-1】知+20℃时液化石油气饱和蒸气压 0.608MPa，查图 20-2-3 得烃泵允许气蚀余量修正系数 $K'=0.96$，则校正后的烃泵允许气蚀余量：

$$\Delta h = K'\Delta h_{\mathrm{w}}$$
$$= 0.96 \times 5.0$$
$$= 4.8\mathrm{m}\ (液柱)$$

⑤ 由公式（20-2-1）：计算管道起点工作压力：

$p_{\mathrm{q}} = 502 \times 0.534 \times 9.8 \times 10^{-3} + 0.608 = 3.24\mathrm{MPa}$（需按Ⅱ级管道）

$p_{\mathrm{x}} = p_{\mathrm{q}} - (\Delta p_{\mathrm{z}}' + 0.608) = 3.24 - 2.47 = 0.77\mathrm{MPa} > 0.608\mathrm{MPa}$，即管道最高处不会发生气化现象。

20.2.3 管道设计经济流速与经济规模

20.2.3.1 管道设计经济流速

计算液化石油气管道的管径，在输送流量确定的条件下取决于流速的选择。按技术经济最佳要求选择的流速称为经济流速。国内外资料提到的液化石油气输送管道经济流速值一般在1～2m/s的范围内。按本手册主编对该课题研究的结果给出了液化石油气经济流速公式：

$$v_{\mathrm{op}} = \left[\left(\frac{p_{\mathrm{d}}\sqrt{Q}}{[\sigma]} + 53.2\beta\sqrt{v_{\mathrm{op}}}\right)\frac{\eta\rho_{\mathrm{m}}\varepsilon_{\mathrm{t}}CRF_{\mathrm{t}}}{34.5\lambda\rho\left(\varepsilon_{\mathrm{p}}c_{\mathrm{N}}CRF_{\mathrm{p}} + \dfrac{\tau}{1.5}\right)}\right]^{0.2857} \tag{20-2-11}$$

$$\varepsilon_{\mathrm{t}} = \frac{c_{\mathrm{t}}}{e_0}$$

$$\varepsilon_{\mathrm{p}} = \frac{c_{\mathrm{p}}}{e_0}$$

$$c_{\mathrm{p}} = \frac{装机容量}{运行功率}$$

$$\beta = \delta_0 + \frac{r_{\mathrm{ct}}}{1.06\rho_{\mathrm{m}}}\frac{CRF_{\mathrm{c}}}{CRF_{\mathrm{t}}} \tag{20-2-12}$$

$$r_{\mathrm{ct}} = \frac{c_{\mathrm{c}}}{c_{\mathrm{t}}}$$

$$CRF_{\mathrm{s}} = \frac{(1+i)^{n_{\mathrm{s}}}i}{(1+i)^{n_{\mathrm{s}}} - 1} \tag{20-2-13}$$

式中 v_{op}——液化石油气输送管道经济流速，m/s；

p_{d}——液化石油气输送管道设计压力，MPa；

Q——管道内流量，$\mathrm{m^3/h}$；

$[\sigma]$——管道许用应力，MPa；

β——综合因子；

η——泵的总效率；

λ——摩阻系数；

ρ_{m}——管道材料的密度，$\mathrm{t/m^3}$；

ρ——液化石油气密度，$\mathrm{t/m^3}$；

ε_{t}——管道相对单价指标；

ε_{p}——泵设备相对单价指标；

e_0——电价，万元/(10^4・kW・h)；

c_t——管道工程单位造价指标，万元/t；

c_c——管道防腐工程造价指标，万元/m^2。

c_p——泵站工程单位造价指标，万元/kW；

c_N——泵安装功率的系数；

r_{ct}——管道防腐工程造价指标与管道工程单位造价指标的比值；

CRF_s——资本回收因子中下标 s 分别为 t，c，p；

CRF_t——管道建设费资本回收因子；

CRF_p——泵设备建造费资本回收因子；

CRF_c——管道防腐费资本回收因子；

i——贴现率（折现率）；

n_s——折旧年限，下标 s 分别为 t，c，p。

τ——一年内泵运行小时数，h/a；

δ_0——管道壁厚附加值，m；

r_{ct}——单位长管道费用与防腐费用的比值；

在进行经济流速计算时，要先给定管道设计压力 P_d。

为此，先确定采用的泵站数 n：

$$n=\frac{L_{km}}{L_{km0}}$$

式中　n——泵站数

L_{km}——管线总长度，km；

L_{km0}——泵站间距，km。

先设 v=1.5m/s，由式（20-2-1）、式（20-2-2）计算出泵的扬程 H 值，得到 p_q，由最大的 p_q 确定管道设计压力：

$$p_d \geqslant p_q \tag{20-2-14}$$

可利用表 20-2-2 近似确定经济流速。

经济流速 v_{op}　　　　**表 20-2-2**

ε_t \ G_d(t/d)		1.0	2.0	3.0	4.0	5.0	5.5
50	v_{op}	0.91	1.06	1.14	1.19	1.23	1.25
	D	46	43	41	40	40	40
100	v_{op}	0.97	1.13	1.22	1.27	1.31	1.33
	D	63	59	57	55	54	54
200	v_{op}	1.05	1.22	1.31	1.37	1.41	1.43
	D	86	80	77	76	74	74
300	v_{op}	1.10	1.27	1.37	1.43	1.48	1.50
	D	103	96	93	90	89	89
500	v_{op}	1.17	1.36	1.46	1.52	1.57	1.59
	D	128	120	116	113	112	111

续表

ε_t \ G_d(t/d)		1.0	2.0	3.0	4.0	5.0	5.5
800	v_{op}	1.24	1.44	1.55	1.62	1.67	1.69
	D	158	147	142	139	137	136
900	v_{op}	1.26	1.46	1.57	1.64	1.69	1.71
	D	166	155	150	146	144	143
1000	v_{op}	1.28	1.48	1.59	1.66	1.71	1.73
	D	174	162	157	153	151	150

注：D——实际计算内径。

表中计算用参数：$\rho_m=7.8\text{t/m}^3$，$p_d=4\text{MPa}$，$[\sigma]=114\text{MPa}$，$\delta_0=2\text{mm}=0.002\text{m}$，$\tau=0.5\times10^4\text{h/a}$，$\rho=0.55\text{t/m}^3$，$r_c=0.006$，$\rho_p=0.5\varepsilon_t$，$c_n=2$，对一系列的 c_t，e_0 比值，即 $\varepsilon_t=c_t/e_0$，计算得到 v_{op}。

20.2.3.2 管道输送的经济规模

管道输送的经济规模问题是指确定在经济上合理的管道输送量的界限。只有足够大的输送量，管道输送才会表现出经济上对于其他运输方式的相对优势。其衡量的尺度可以取为某种运输方式的单位吨公里的液化石油气输送成本。

若给定管道输送单位成本应小于或等于其他运输方式（例如汽车槽车、铁路槽车、槽船水运等）的单位成本 y_0，则可得出管道输送的经济规模公式：

$$G_a \geqslant \left\{\frac{13.4e_0}{y_0\tau-0.97e_0\varepsilon_t\dfrac{\rho_m}{\rho}CRF_t\dfrac{p_d}{[\sigma]v_{op}}}\left[7.7\varepsilon_t\frac{\rho_m\beta CRF_t}{\rho\sqrt{v_{op}}}+\frac{\lambda v_{op}^{2.5}}{\eta}\left(\varepsilon_p c_n CRF_p+\frac{\tau}{1.5}\right)\right]\right\}^2\rho\tau \tag{20-2-15}$$

式中 y_0——其他运输方式（例如汽车槽车、铁路槽车、槽船水运等）的单位成本，万元/(t·km)。

输送规模的界限值与输送单价的关系见图 20-2-5。

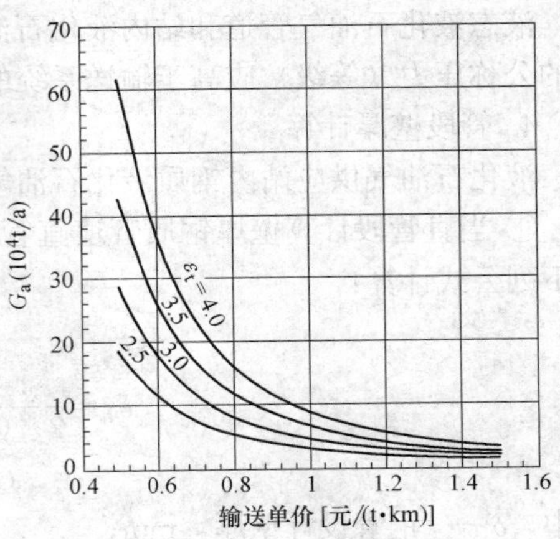

图 20-2-5 输送规模的界限值（G_a）与输送单价［元/(t·km)］的关系

注：图例曲线是基于 1999 年的物价数据；不过，计算公式采用了物价的相对值，因而计算结果可能保持较长的时效性

20.2.4 输送管道设计要求、管材及管道附件

1. 液态液化石油气输送管道设计要求

① 管道的设计压力 p_D 应高于管道系统起点的最高工作压力 p_q（见公式 20-2-14）。p_q 值是根据工程实际条件进行管道工艺计算并经过增量圆整后得出，作为下一步选用设备、管材的依据。

② 液态液化石油气输送管道强度设计应根据管段所处地区等级和运行条件，按可能同时出现的静荷载和动荷载的组合进行设计。当

管道位于地震设防烈度及 7 度以上地区时，应考虑管道所承受的地震荷载，并应进行抗震设计，符合《室外给水排水和燃气热力工程抗震设计规范》GB 50032 的有关规定。

③ 液态液化石油气管道装有安全泄放装置时，设定压力或最大标定爆破压力应小于管道的设计压力。

④ 液态液化石油气在管道内的平均流速，应经技术经济比较后确定，可取 1.0～1.7m/s，且不得大于 3m/s；平均输送温度可取管道中心埋深处最冷月的平均地温。

2.《液化石油气供应工程设计规范》GB 51142 还规定液化石油气管道采用的钢管和管道附件材料应符合下列要求：

① 应采用无缝钢管，并应符合现行国家标准《输送流体用无缝钢管》GB/T 8163 的有关规定，或采用符合不低于上述标准相关技术要求的国家现行标准的有关规定的无缝钢管；

② 钢管和管道附件材料应满足设计压力、设计温度及介质特性、使用寿命、环境条件的要求，并应符合压力管道有关安全技术要求及国家现行标准的有关规定；

③ 液态液化石油气管道材料的选择应考虑低温下的脆性断裂和运行温度下的塑性断裂；

④ 当施工环境温度低于或等于－20℃时，应对钢管和管道附件材料提出韧性要求；

⑤ 不得采用电阻焊钢管、螺旋焊缝钢管制作管件；

⑥ 当管道附件与管道采用电阻焊连接时，两者材质应相同或相近；

⑦ 锻件应符合《承压设备用碳素钢和合金钢锻件》NB/T 47008 和《低温承压设备用低合金钢锻件》NB/T 47009 的有关规定。

⑧ 液化石油气储罐、其他容器、设备和管道不得采用灰口铸铁阀门及附件，严寒和寒冷地区应采用钢质阀门及附件。

3. 材料及设备公称压力

液态液化石油气管道和站内液化石油气储罐、其他容器、设备、管道配置的阀门及附件的公称压力（等级）应高于输送系统的设计压力。

4. 管段壁厚计算

液化石油气供应站内钢质液化石油气直管段壁厚计算应符合下列规定：

① 当直管段计算壁厚钢质管道直管段计算壁厚 δ_0 小于 $D_0/6$ 时，直管段壁厚设计应按下列公式计算：

$$\delta=\delta_0+C \tag{20-2-16}$$

$$\delta_0=\frac{p\times D_0}{2\times([\sigma]^t\times E_j+p\times Y)} \tag{20-2-17}$$

$$C=C_1+C_2 \tag{20-2-18}$$

式中　δ——钢管设计壁厚，mm；

δ_0——钢管计算壁厚，mm；

p——设计压力，MPa；

D_0——钢管外径，mm；

$[\sigma]^t$——在设计温度下材料的许用应力，MPa；

E_j——焊接接头系数，按现行国家标准《工业金属管道设计规范》GB 50316（2018

版）的有关规定选取；

C——厚度附加量之和，mm；

C_1——厚度减薄附加量，包括加工、开槽和螺纹深度及材料厚度负偏差，mm；

C_2——腐蚀或磨蚀附加量，mm；

Y——系数，一般取 $Y=0.4$。

② 当直管段计算壁厚 δ_0 大于或等于 $D_0/6$ 时，或设计压力 p 与在设计温度下材料的许用应力 $[\sigma]^t$ 和焊接接头系数 E_j 乘积之比 $p/([\sigma]^t E_j)$ 大于 0.385 时，直管段设计壁厚应按断裂理论、疲劳和热应力等因素综合考虑。

③ 输送液态液化石油气管道直管段计算壁厚应按下列公式计算：

$$\delta=\frac{pD}{2\sigma_S\varphi F} \tag{20-2-19}$$

式中 δ——钢管计算壁厚，mm；

p——设计压力，MPa；

D——钢管外径，mm；

σ_s——钢管的最低屈服强度，MPa；

F——强度设计系数，按《液化石油气供应工程设计规范》GB 51142 有关规定选取；

φ——焊缝系数。当采用符合《液化石油气供应工程设计规范》GB 51142 有关规定的钢管标准时取 1.0。

④ 采用经冷加工后又经加热处理的钢管，当加热温度高于 320℃（焊接除外）或采用经冷加工或热处理的钢管煨弯成弯管时，计算钢管或弯管壁厚时，屈服强度应取该管材最低屈服强度（σ_s）的 75%。

⑤ 液态液化石油气管道的强度校核、管道的刚度和稳定校核及管道附件结构设计应符合《输油管道工程设计规范》GB 50253 的有关规定。

5. 汽车槽车装卸管道系统

液化石油气汽车槽车装卸应采用万向充装管道系统。

20.2.5 液化石油气输送管道的敷设工程

20.2.5.1 液化石油气输送管道的选线

1. 液态液化石油气输送管道选线

液态液化石油气输送管道通常采用埋地敷设。管道线路应根据沿途城镇、交通、电力、通信、水网等现状和规划，沿途地形、地质、水文、气象、地震等自然条件，并考虑施工方便、运行安全等因素进行选择。选线原则如下：

① 应符合沿线城镇规划、公共安全和管道保护的要求，并应综合考虑地质、气象等条件；

② 应选择地形起伏小，便于运输和施工管道的区域；

③ 不得穿越居住区和公共建筑群等人员集中的地区及仓库区、危险物品场区等，不得穿越与其无关的建筑物；

④ 不得穿过水源保护区、工厂、大型公共场所和矿产资源区等。

⑤ 尽量避开地质灾害多发区；

⑥ 尽量避免或减少穿跨越河流、铁路、公路和地铁等障碍和设施。

2. 液态液化石油气管道设计荷载

液态液化石油气管道应根据敷设形式、所处环境和运行条件，按可能同时出现的永久荷载、可变荷载和偶然荷载和组合进行设计，并应符合现行国家标准《输油管道工程设计规范》GB 50253 的有关规定。

3. 敷设液态液化石油气管道地区等级划分

① 管道地区等级应根据地区分级单元内建筑物的密集程度划分，并应符合下列规定：

A. 一级地区：供人居住的独立建筑物小于或等于 12 幢；

B. 二级地区：供人居住的独立建筑物大于 12 幢，且小于 80 幢；

C. 三级地区：供人居住的独立建筑物大于或等于 80 幢，但不够四级地区条件的地区、工业区，管道与供人居住的独立建筑物或人员聚集的运动场、露天剧场（影院）、农贸市场等室外公共场所的距离小于 90m 的地区；

D. 四级地区：4 层或 4 层以上建筑物（不计地下室层数）应普遍并占多数，交通频繁、地下设施多的城市中心城区或城镇的中心区域。

② 确定液化石油气管道穿过的地区等级，应以城镇规划为依据。

③ 沿管道中心线两侧各 200m 范围内，任意划分为 1.6km 长，划分等级的边界线应垂直于管道，并能包括最多供人居住的独立建筑物数量的地段，作为地区分级单元。在多单元住宅建筑物内，每个独立住宅单元按一个供人居住的独立建筑物计算。

④ 二、三级地区的边界线距该级地区最近建筑物不应小于 200m。

⑤ 划分四级地区与其他等级地区边界线时，距下一地区等级边界线最近地上 4 层或 4 层以上建筑物不应小于 200m。

⑥ 液态液化石油气管道的强度设计系数应符合表 20-2-3 的规定。

液态液化石油气管道的强度设计系数　　表 20-2-3

地区等级	强度设计系数
一级地区	0.72
二级地区	0.60
三级地区	0.40
四级地区	0.30

⑦ 穿越铁路、公路及厂站上、下游的液态液化石油气管道的强度设计系数，应符合表 20-2-4 的规定。

穿越铁路、公路及厂站上、下游的液态液化石油气管道的强度设计系数　　表 20-2-4

<table>
<tr><th rowspan="2">管道位置</th><th colspan="4">地区等级</th></tr>
<tr><th>一</th><th>二</th><th>三</th><th>四</th></tr>
<tr><td>有套管穿越Ⅲ、Ⅳ级公路的管道ⅠⅡ</td><td>0.72</td><td>0.60</td><td rowspan="4">0.40</td><td rowspan="4">0.30</td></tr>
<tr><td>无套管穿越Ⅲ、Ⅳ级公路的管道</td><td>0.60</td><td>0.50</td></tr>
<tr><td>有套管穿越Ⅰ、Ⅱ级公路、高速公路、铁路的管道</td><td>0.60</td><td>0.60</td></tr>
<tr><td>厂站上、下游各 200m 管道，阀室管道及其上、下游各 50m 管道（其距离从站和阀室边界线起算）</td><td>0.50</td><td>0.50</td></tr>
</table>

⑧ 管道不得在堆积易燃、易爆材料和具有腐蚀性液体的场地下面穿越，不得与其他

管道或电缆同沟敷设，且不得穿过各种设施的阀井、阀室、地下涵洞、沟槽等地下空间。

⑨ 埋地液态液化石油气管道与建筑或相邻管道之间的水平净距和垂直净距分别不应小于表 20-2-5 和表 20-2-6 的规定。

埋地液态液化石油气管道与建筑或相邻管道之间的水平净距（m）　　表 20-2-5

项目		Ⅰ级	Ⅱ级	Ⅲ级
特殊建筑（军事设施、易燃易爆物品仓库、国家重点文物保护单位、飞机场、火车站、码头、地铁及隧道出入口等）		100		
居民区、学校、影剧院、体育馆等重要公共建筑		50	40	25
其他民用建筑		25	15	10
给水管		2	2	2
污水、雨水排水管		2	2	2
热力管	直埋	2	2	2
	在管沟内（至外壁）	4	4	4
其他燃料管道		2	2	2
埋地电缆	电力线（中心线）	2	2	2
	通信线（中心线）	2	2	2
电杆（塔）的基础	≤35kV	2	2	2
	>35kV	5	5	5
通信照明电杆（至电杆中心）		2	2	2
公路、道路（路边）	高速，Ⅰ、Ⅱ级公路，城市快速	10	10	10
	其他	5	5	5
铁路（中心线）	国家线	25	25	25
	企业专用线	10	10	10
树木（至树中心）		2	2	2

注：1. 特殊建筑的水平净距应以划定的边界线为准；
2. 居住区指居住 1000 人或 300 户以上的地区，居住 1000 人或 300 人以下的地区按本表其他民用建筑执行；
3. 敷设在地上的液态液化石油气管道与建筑的水平净距应按本表的规定增加 1 倍。

埋地液态液化石油气管道与相邻管道或道路之间的垂直净距（m）　　表 20-2-6

项目		地下液态液化石油气管道（当有套管时，以套管计）
给水管		0.20
污水、雨水排水管（沟）		0.50
热力管、热力管的管沟管（或面）		0.50
其他燃料管道		0.20
通信线、电力线	直埋	0.50
	在导管内	0.25
铁路、有轨电车（轨底）		2.00
高速公路、公路（路面）	开挖	1.20
	不开挖	2.00

注：当有套管时，垂直净距的计算应以套管外壁为准。

⑩ 埋地液态液化石油气管道与交流电力线接地体的水平净距不应小于表 20-2-7 的规定。

埋地液态液化石油气管道与交流电力线接地体的水平净距（m）　表 20-2-7

项目	水平净距(m)			
	10(kV)	35(kV)	110(kV)	220(kV)
铁塔或电杆接地体	1	3	5	10
电站或变电所接地体	5	10	15	30

20.2.5.2　液化石油气输送管道的敷设

(1) 埋地敷设

液态液化石油气输送管道应采用埋地敷设，管道埋设的最小覆土深度应符合下列要求：

① 应埋设在土壤冰冻线以下；

② 当埋设在机动车经过的地段时，不得小于 1.2 m；

③ 当埋设在机动车不可能到达的地段时，不得小于 0.8 m；

④ 当不能满足上述规定时，应采取有效的安全防护措施。

管道的基础宜为原土层。凡可能引起管道不均匀沉降的地段，其基础应进行处理。

(2) 阀门和阀室

液化石油气输送管道一般采用截止阀，当采用清管球工艺时，应选用全通径球阀。

① 应采用专用阀门，其性能应符合国家现行标准相关规定。

② 管道分段阀门之间应设置放散阀，其放散管管口距地面不应小于 2.5m。

③ 埋地管道的阀门阀室，有地上和地下两种形式，如图 20-2-6 所示。

地下阀室应防止地下水渗入，井内应填满干砂。管道穿墙处用沥青麻刀堵严，并设置两个人孔，以利通风。阀室内的阀门前后应装设排空管，放空管管径一般为主管管径的 1/4～1/2。液化石油气管道的阀门不宜设置在地下阀门井内。

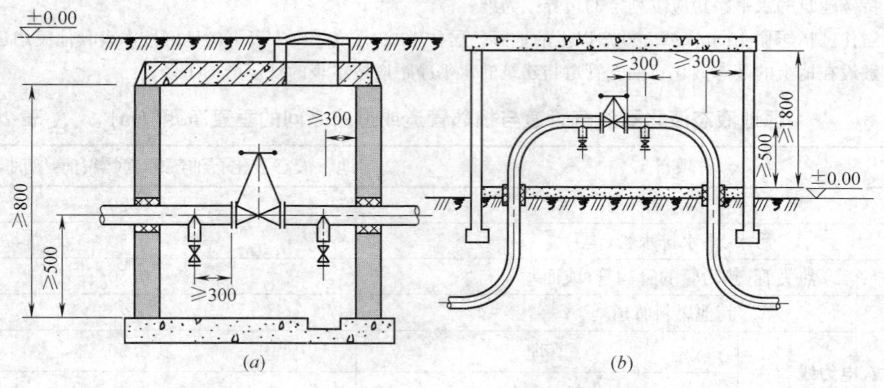

图 20-2-6　阀室

(a) 地下式；(b) 地上式

(3) 地上敷设

当受到条件限制时，液态液化石油气输送管道可采用地上敷设，并应考虑温度补偿。

除应符合管道埋地敷设的有关规定外，尚应采取有效的安全措施。地上管道两端应设置阀门，两阀门之间应设置管道安全阀，管道安全阀与管道之间应设置阀门，其放散管管口距地面不应小于 2.5m，管道安全阀的整定压力应符合现行国家标准《压力容器［合订本］》GB 150.1～150.4 的相关规定。

（4）管道的防腐与线路标志

埋地液化石油气输送管道的防腐应同时采用外防腐层加阴极保护联合防护，并应符合国家现行标准的相关规定，参见本手册第 10 章。

液化石油气输送管道沿线应设置里程桩、转角桩、交叉桩和警示性标志，并应符合国家现行标准的有关规定。

若条件许可，宜将管道位置和重要地段的参数纳入城镇燃气设施地理信息系统（GIS）。

20.2.5.3 液化石油气输送管道穿越

管道穿越工程应作单项工程安全评估和环境影响评估，选择经济合理和安全可靠的施工方案。

（1）穿越铁路和公路

液态液化石油气管道与铁路或公路交叉时，应在其下面穿越。根据不同条件可以采用开槽或顶管施工方式。液态液化石油气管道穿越铁路示意如图 20-2-7 所示。

埋地管道穿越铁路、公路时，除应符合国家现行标准的有关规定外，尚应符合下列规定：

① 管道宜垂直穿越铁路、公路。

② 穿越铁路、高速公路和Ⅰ、Ⅱ级公路的管道应敷设在套管或涵洞内。当采用定向钻穿越时，应进行技术论证，在保证铁路和公路安全运行的前提下，可不加套管。

③ 当穿越电车轨道或城镇主要干道时，管道宜敷设在套管或管沟内，且管沟内应填满中性砂。

④ 当穿越Ⅲ级及Ⅲ级以下公路时，管道可采用明挖埋设。

穿越铁路干线或Ⅰ、Ⅱ级公路应采用顶管法施工或其他非开挖施工，并做施工大样图设计。

⑤ 保护套管可以采用钢管或顶应力钢筋混凝土管。对套管的强度应进行验算。钢套管应采用焊接连接。钢筋混凝土套管接口形式有凹凸口连接和平口连接。一般在连接处内侧设置钢胀圈。套管与套管之间，胀圈与套管之间垫以柔性防水材料如油毡、沥青麻刀等。

⑥ 为防止将管道送入套管时，因摩擦而破坏管道绝缘层，管道上每隔一定距离设置一个保护支架。保护支架一般采用夹式支架，用螺栓将两个半圆固定在管道外面。在小型套管中沿周边等分焊三个支腿，即成三支点支架（图 20-2-7）。在大型套管中在底部焊两个支腿，即成双支点支架，如图 20-2-8 所示。

（2）穿越河流

液化石油气管道与河流、湖泊等交叉时，可采用架空跨越或河底埋设方式。河底埋设方式比较隐蔽和安全。但施工时往往需河流改道、导流或断流等。设计应符合《油气输送管道穿越工程设计规范》GB 50423 的相关要求。

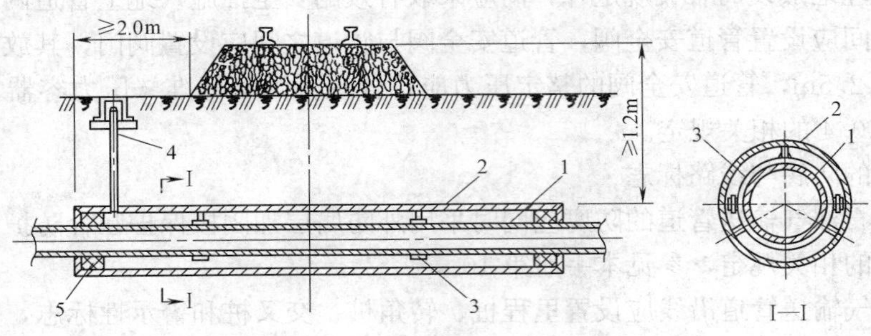

图 20-2-7　管道穿越铁路示意
1—输送管道；2—钢套管；3—夹式支架；4—检漏管；5—沥青麻刀

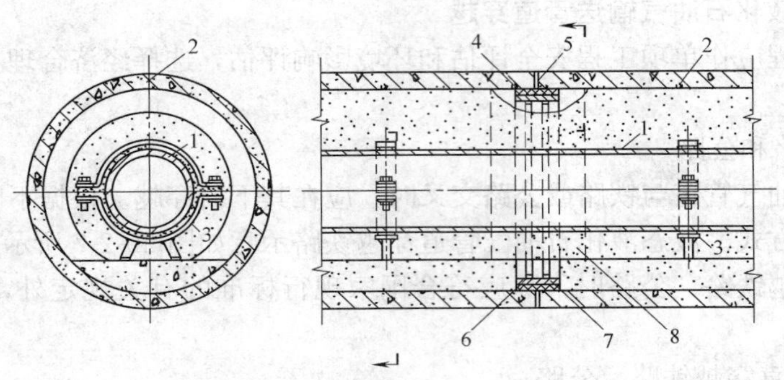

图 20-2-8　大型套管构造示意
1—输送管道；2—钢筋混凝土套管；3—双支点支架；4—沥青麻刀；
5—油毡；6—焊接钢筋肋；7—钢胀圈；8—干砂

河底埋设的设计要点如下：

① 管道穿越地点宜选择水面窄，河床稳定、平坦，河面宽度在洪水和枯水期变化较小，河床地质构造较单一的地段。

② 河底管道周围宜回填粗砂或级配砂卵石，管槽宜回填密度较大和粒度较大的物料，以防止管道外露受冲刷以及在静水浮力和水流冲击作用下失稳而遭破坏。

③ 管道壁厚宜适当加厚。管道焊缝应全部经过无损探伤检查，并应作特加强绝缘层防腐。

④ 重要的河流两侧应设置阀室和放散管。

⑤ 为防止河岸坍塌和受冲刷，在回填管沟时应分层夯实，并干砌或浆砌石护坡。

⑥ 穿越部分长度要大于河床和不稳定的河岸部分。有河床规划时，应按规划河床断面设计，穿越部分长度要大于规划河床。

⑦ 管道应埋设在稳定河床土层中。埋深应大于最大冲刷深度和锚泊深度。当有河道疏浚计划时，应按疏浚后的河床深度确定冲刷深度。对小河渠，埋深一般应超过河床底 1m。

河底敷设如图 20-2-9 所示。

(3) 架空跨越

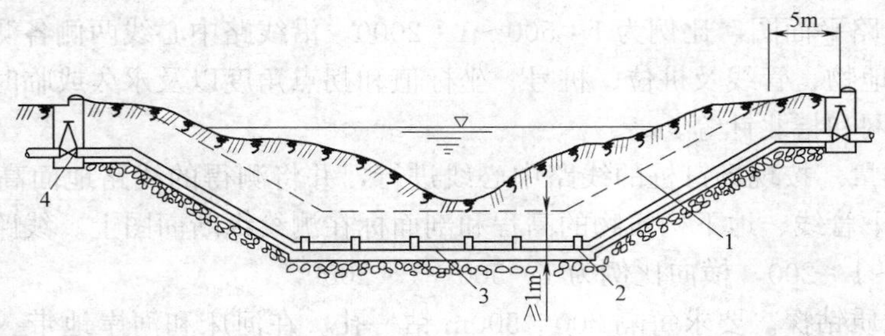

图 20-2-9　河底敷设

1—最大冲刷深度；2—配重块；3—管道；4—阀门

架空跨越可以避免水下开挖和不影响河流正常通航，但易受各种条件的影响。架空跨越一般采用管道梁式架空敷设。大型跨越可采用拱形管道、悬挂管道等方式。设计应符合《油气输送管道跨越工程设计标准》GB/T 50459 的相关要求。

架空跨越方式的设计要点如下：

① 管道跨越地点宜选择水面窄，河床稳定，两岸和河床工程地质条件有利的地方。

② 架空管道的高度应高于河流的历史最高洪水位。在通航的河道上还需满足航行的要求。

③ 架空管道支柱应采用非燃烧材料，管道应根据计算设置温度补偿器。

④ 在河两侧应设置阀室和放散管。两个阀门之间应设置管道安全阀，选用公式见本手册公式（21-4-7）选用。

⑤ 管道焊缝应全部进行无损探伤检查。

⑥ 大型跨越工程应设置管道检修步道和保护管道的安全措施。

20.2.5.4　线路勘测及管道平面、纵断面设计

液化石油气输送管道在选线原则的指导下选定最终走向之后，即可以着手决定各管段的具体位置和跨越工程施工方案。

（1）定线程序

① 在 1∶500～1∶2000 地形图上绘制现状和规划道路中心线、建筑红线及其他有关的地物，并标出管线可能通过的几个定线方案。

② 对定线方案进行现场踏勘。对重点地区，如居民稠密地区、工矿企业附近、大型穿越和地形、地物复杂的地区进行详细查对核实。

③ 搜集管线经过地段的各种地下管线和构筑物走向、位置等有关资料，并标注在地形图上。

④ 根据核实的定线方案进行技术经济比较，确定最佳定线方案。

⑤ 经过上级机关、规划管道部门及有关单位同意，确定定线方案。

⑥ 向勘测单位提出线路勘测任务书。

（2）线路勘测的要求

① 线路钉桩。要求将已定管线位置根据给定坐标或现状地物的相对关系标记在现场，并绘制在平面图上，同时在线路的起点、终点、拐点、线路直线段每隔 200～500m 的管道线中心线位置上以及大型穿跨越段和无法通视的障碍物两侧钉桩。其中控制桩要求计算

大地坐标网坐标值，并标注在栓桩图上。

② 测绘线路平面图。比例为1：500～1：2000，沿线路中心线两侧各测绘50m。图上应标明地形、地物、管线及桩位、桩号、坐标值和拐点角度以及永久或临时水准点的位置和高程、坐标网和指北针等。

③ 水准测量。按现场钉桩的线路中心线进行，并将测得的线路地面高程以及与管线交叉的其他地下管线、地下构筑物的高程和剖面标在测绘纵断面图上。线路纵断面图纵向比例为1：50～1：200，横向比例为1：500～1：2000。

④ 线路地质钻探。要求每隔300～500m钻一孔。在河床和河岸地带、铁路和公路干线附近以及地形和地质复杂地段应根据需要增加钻孔。钻孔深度一般为管线埋设深度以下3～10m。一般钻孔仅作地层描述的检查孔用，但其中的1/5～1/3和场站、穿越地段的钻孔应作为取土孔，并进行土样分析。

地质钻探报告主要内容：包括钻孔平面位置图，土壤剖面图或钻孔柱状图，土壤物理力学性质，地下水位深度（包括最高和最低地下水位），地下水化学侵蚀性，土壤腐蚀性，土层分布等特征描述及工程沿线地质状况的评价。

（3）管道平面图设计

① 安全距离。在进行管道平面设计时，应满足表20-2-5“埋地液态液化石油气管道与建筑或相邻管道之间的水平净距（m）”中各项规定。当按此安全距离布置管道有困难时，需采取防护措施并经有关部门批准后，可适当降低。当管道采用架空敷设时，可与其他管道共架，但严禁将液化石油气管道架设在铁路桥、公路桥上。

② 阀门及附件的布置。根据工艺要求和管道施工安装及维修的需要，阀门设置如下：

A. 场站进、出口；

B. 起、终点和分支管的起点；

C. 互为备用的管线分切点；

D. 穿越铁路、高速公路、公路、城市快速路、大型河流两侧和地上敷设的液态液化石油气管道；

E. 管线分段阀门，一般5km设置一个，阀门宜具有远程控制功能。

埋地管道的阀门应在阀室内。阀室应选择在地形开阔、地势较高、交通方便和便于管理的地方。场站进、出口控制阀室应在离场站10～100m的范围内设置。设有放散阀的阀室应选择在便于安全放散的地点。

架空管道两端设置阀门时，此段管道上应装设管道安全阀。

管道采用电法保护时，应在被保护管段起、终点和中间厂站的进出口管道上安装绝缘法兰。

③ 平面图的表示方法和设计示例。

平面图的比例，在城市近郊附近一般采用1：500或1：1000，在远郊可采用1：2000。

平面图的右上角绘制指北针。用粗实线绘出设计管线；用细实线绘出与设计管线平行或交叉的其他管线及建、构筑物，并注明它们与设计管线的距离。

管线应标明管径、壁厚，起点、拐点、终点和钉桩处的里程桩号或节点号，平面拐角角度以及控制点的坐标，同时标明场站位置、阀室、套管以及其他设备、附件的位置或里程桩号。

管道平面设计示例如下 20-2-10 所示。

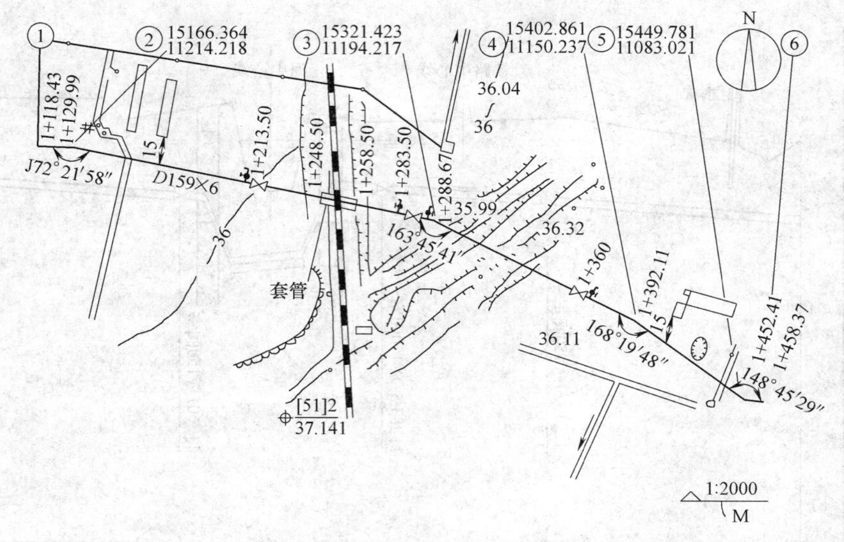

图 20-2-10 管道平面设计示例

(4) 管道纵断面设计

① 埋地液化石油气输送管道与相邻管道或道路之间的垂直净距见表 20-2-6。

② 埋地液态液化石油气管道可采用弹性敷设改变平面走向或改变纵向坡度。

③ 允许折角。两段直管段交接处的折角应不大于下式计算值：

$$\theta \leqslant 2\mathrm{arctg}\frac{6\delta\sigma_s}{p_{sy}d^2}$$

式中 θ——管道最大允许折角，如图 20-2-11 所示，°；

δ——管道有效壁厚，mm；

σ_s——管材屈服强度，MPa；

p_{sy}——管道强度试验压力，一般 $p_{sy}=1.25P_j$，MPa；

p_j——管道设计压力，MPa；

d——管道内径，mm。

管道纵向变坡处的折角应符合下列条件：

折点两侧管道的坡向相反时

$$\mathrm{arc\ tg}(i_1-i_2)<\theta$$

式中 i_1，i_2——折点处两侧管道坡度；

θ——管道允许最大折角，°。

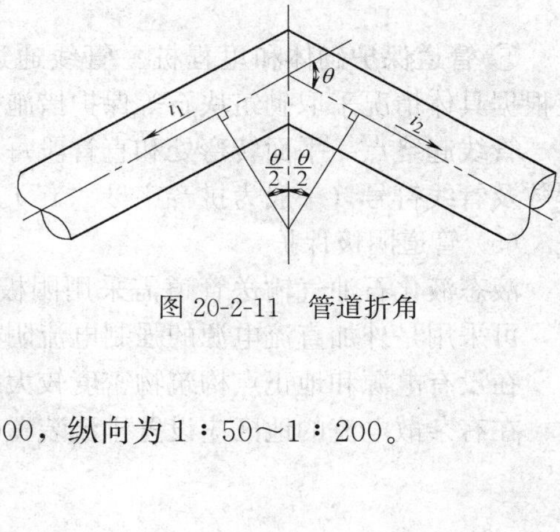

管道对接偏差不应大于 3°，管道平面或纵向折角处角度大于计算的 θ 值时，应采用煨制弯头，其弯曲半径应不小于 5 倍管径。

图 20-2-11 管道折角

④ 纵断面图的表示方法和设计示例

纵断面图比例，一般横向为 1∶500～1∶2000，纵向为 1∶50～1∶200。

纵断面图上应绘出管线和附件、交叉管道的高程和管径以及钻孔柱状图和地下水位标高等。其设计示例如图 20-2-12 所示。

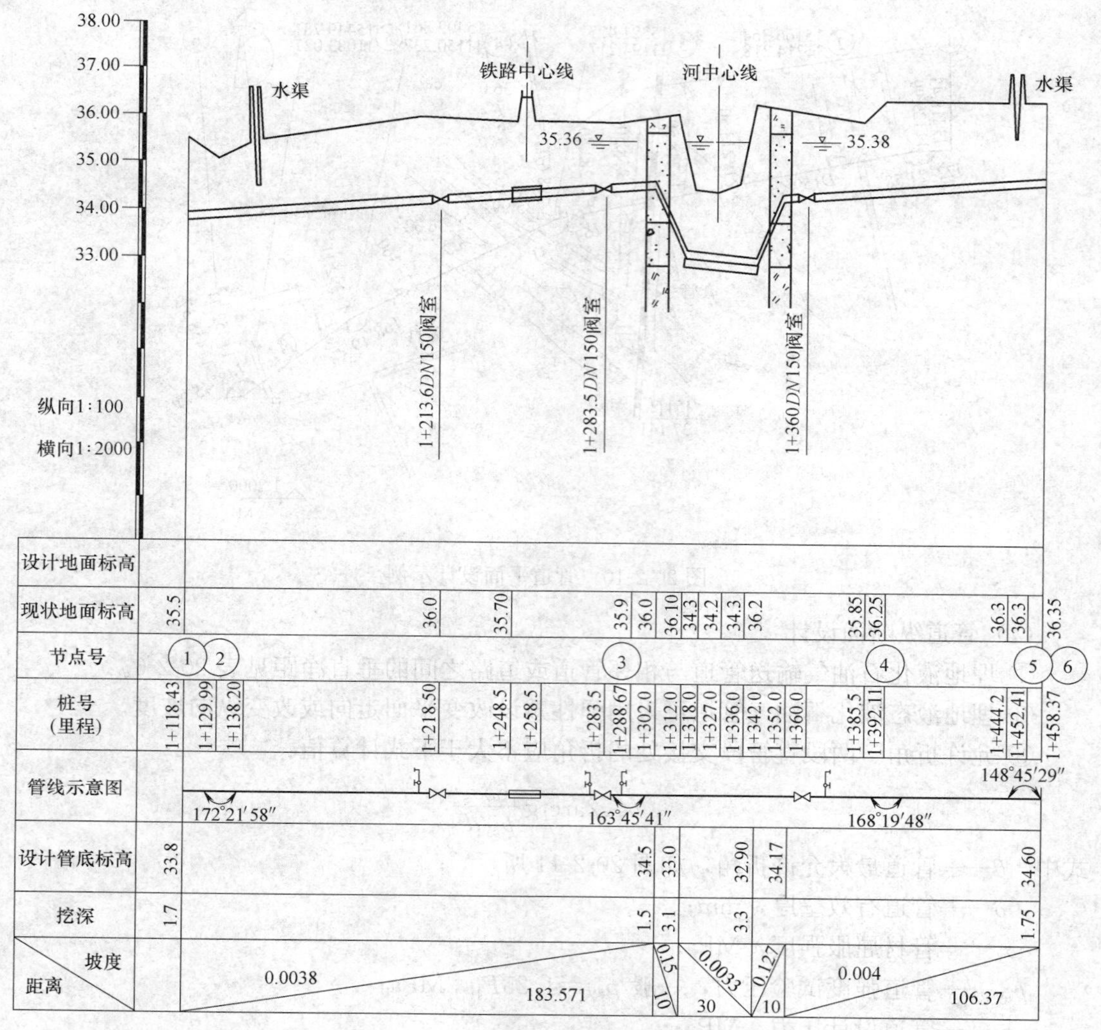

图 20-2-12 管道纵断面图设计示例

⑤ 管道保护砌体和里程桩 管线通过土坎、陡坡、河渠以及地表水流集中的地方，应根据具体情况采取砌筑块石等保护措施，以防止水土流失后管道被破坏。

管线起终点、平面转弯处和直管段每 500m 左右设置一个里程桩。里程桩上应标明里程数及管线符号（一般为拼音字母"Y"）。里程桩可以与电法保护测试点结合起来。

(5) 管道阴极保护

液态液化石油气输送管道需采用阴极保护。在有电源和非构筑物密度较大等特殊地区，可采用是外加直流电源的强制电流阴极保护

在没有电源和地正点构筑物密度较大的地区，可采用牺牲阳极的阴极保护。

在有杂散电流的地区应设置排流装置，以保护管道。

关于管道阴极保护设计，详见本手册第10章。

20.3 槽车运输

液化石油气铁路槽车和汽车槽车应选择符合国家现行标准《液化气体铁路罐车》GB/T 10478和《液化气体汽车罐车》GB/T 19905规定的质量要求的产品。

液化石油气槽车的配置数量根据接收站设计规模、运距、检修情况和槽车的几何容积等因素确定。对铁路槽车还要考虑运输过程中在铁路编组站的编组情况。

槽车的配置数量，可按下式计算。

$$N=\frac{K_1K_2G_s\tau}{V\rho} \tag{20-3-1}$$

式中 N——槽车配置数量，辆；

K_1——运输不均匀系数，可取1.1～1.2；

K_2——槽车检修时间附加系数，可取1.05～1.10；

G_s——计算月平均日供气规模，t/d；

V——槽车储罐的几何容积，m^3；

ρ——单位容积的充装质量，可取$0.42t/m^3$；

τ——槽车往返一次所需时间，d。

20.3.1 铁路槽车

铁路槽车通常是将圆筒形卧式罐固定在火车的底盘上，它由底架、罐体、装卸设备、安全阀、操作台、支座及遮阳罩等组成。

以我国常用的HG 50/20为例，铁路槽车的构造，如图20-3-1所示。

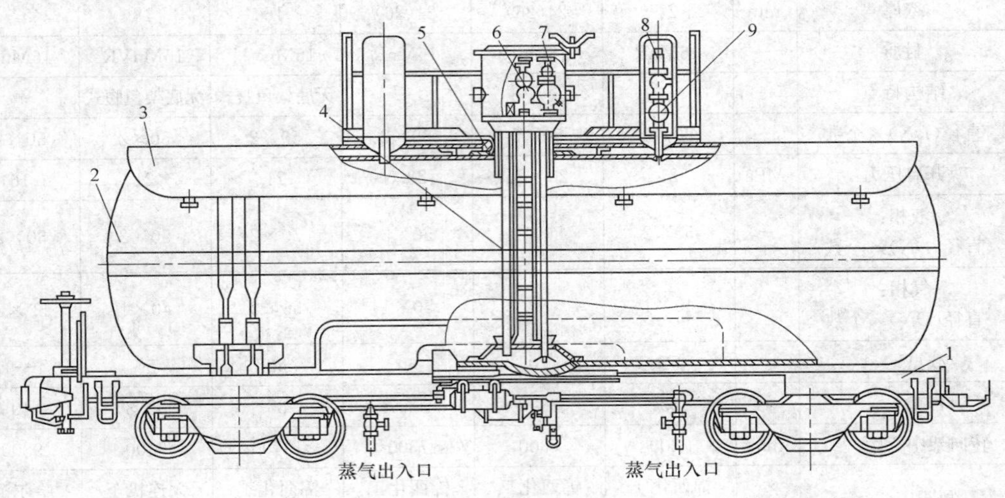

图20-3-1 铁路槽车的构造

1—底架；2—罐体；3—遮阳罩；4—外梯；5—操作台；
6—压力表；7—阀门；8—安全阀；9—阀门

在罐体上部有人孔，全部装卸阀件如液相阀、气相阀、安全阀及检测仪表如液位计、压力表、温度计均设置在人孔盖上，并用护罩保护。

为防止和减少在运输过程中日光对槽车的热辐射，槽车储罐上部设置了遮阳外罩。外罩和储罐之间的空气层可以起隔热作用。

我国常用的几种铁路槽车的型号及技术规格列于表 20-3-1。它们的构造都基本相同，其中 HG60-2 型铁路槽车是在 HG60 型基础上改进的一种新型槽车，在装卸管上装设了紧急切断装置，以防止槽车在装卸过程中因管道破坏而造成事故。

铁路槽车主要规格及技术性能 **表 20-3-1**

项目		单位	型号及名称					
			HG50-20 型液化气体槽车	HG60 型液化气体槽车	HG60-2 型液化气体槽车	HG100/20 型液化气体槽车	DLH9 型液化气体槽车	HYG2 型液化石油气槽车
总容积		m^3	51.6	61.8	61.9	100	110	74
设计压力		MPa	2.0	2.2	2.2	2.0	2.0	1.8
适用温度		℃	≤50	−40～+50	+50	≤50	−40～+50	−40～+50
充装介质		—	液氨、液化石油气	液氨、液化石油气	液氨、液化石油气	液氨、液化石油气	液氨、液化石油气	液化石油气
最大尺寸	两车钩连接线间距	mm	11968	11992	11992	17754	17467	14268
	两端梁间长	mm	—	—	—	17000	16525	
	最大宽度	mm	2892	3120	3120	3200	3136	3240
	最大高度	mm	4762	4610	4610	4350	4704	4715
罐体参数	内径	mm	2600	2800	2800	2600/3000	2800/3100	2800
	总长	mm	10608	10548	10552	16632	16225	—
	壁厚	mm	24	24(26)	24(26)	16	18	—
	材质	—	16MnR	16MnR	16MnR	15MnVN	15MnVR	16MnR
	结构特点	—	—	—	—	无底架鱼腹式	无底架鱼腹式	—
安全阀	直径(*DN*)×个数	—	50×2	50×2	50×2	50×2	50×2	50×2
	开启压力	MPa	21	20～24	23.5	21	21	16
装卸管	液相：直径(*DN*)×个数	—	50×2	50×1	50×2	50×2	50×2	50×2
	气相：直径(*DN*)×个数	—	40×1	—	50×1	50×2	40×1	50×2
载重		t	52	50	50	52	50	—
自重		t	33	33.2	33.7	35	35.3	40
转向架中心距		mm	7300	7300	7300	13100	9800	9800
制造厂		—	锦西化工机械厂	锦西化工机械厂	锦西化工机械厂	锦西化工机械厂	大连机车车辆厂	哈尔滨车辆厂
备注		设有紧急切断装置,罐体整体热处理						

槽车采用“上装上卸”的装卸方式。全部装卸阀件及检测仪表均调协在人孔盖上，并

用护罩保护。

为防止槽车在装卸过程中因管道破坏而造成事故，在装卸管上装设了紧急切断装置。该装置由紧急切断阀及液压控制系统组成。槽车装卸时，借助手摇泵使油路系统升压至3MPa，打开紧急切断阀。装卸车完毕，利用手摇泵的卸压手柄使油路系统卸压，紧急切断阀关闭，随即将球阀关闭。

20.3.2 汽车槽车

目前，我国使用的液化石油气汽车槽车多数是将卧式圆筒形储罐固定在汽车底盘上。罐体上有人孔、安全阀、液面指示计、梯子、平台、汽相管、液相管等；罐体内部装有防波隔板。汽车上还装有供卸车用的液化石油气泵，泵靠汽车发动机带动。

在阀门箱里设有压力表、温度计以及液相管和气相管的阀门。为防止槽车在装卸过程中管道破坏造成事故，在管路系统上应安装紧急切断装置。

槽车防静电用的接地链，其上端与储罐和管道连接，下端自由下垂与地面接触。

汽车槽车应该采用防爆式电气装置，并应备有两个以上干粉灭火器。

以国产黄河载重车为底盘的液化石油气汽车槽车为例，其构造如图 20-3-2 所示。

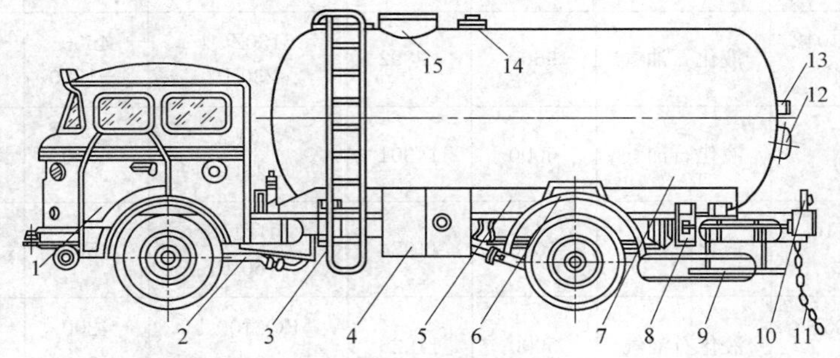

图 20-3-2 汽车槽车的构造

1—驾驶室；2—气路系统；3—梯子；4—阀门箱；5—支架；6—挡泥板；7—罐体；8—固定架；9—围栏；10—后保险杠尾灯；11—接地链；12—旋转式液面计；13—铭牌；14—内装式安全阀；15—人孔

我国常用的几种汽车槽车主要技术参数列于表 20-3-2。

槽车的装卸过程与铁路槽车基本相同，当管路系统发生事故时，可用手摇泵上的卸压阀或设在槽车尾部的卸压阀卸掉油路压力将紧急切断阀关闭。

槽车的液位检测，采用旋转管式液面计。这种液面计与玻璃板液面计相比，计量准确、不易损坏，适于汽车槽车的液位计量。

液化石油气汽车槽车主要技术参数 **表 20-3-2**

牌号	底盘标号	充装介质	充装重量（kg）	容积（L）	发动机型号、功率	轴距（mm）	整车外形尺寸长、宽、高（mm）
日野	FS2755 6×2	液化石油气	9600	22892	EK100 260 P	4595 +1350	10300×2500 ×3295

续表

牌号	底盘标号	充装介质	充装重量（kg）	容积（L）	发动机型号、功率	轴距（mm）	整车外形尺寸长、宽、高（mm）
五十铃	CXZ18QL 6×4	液化石油气	10000	23833	6RB1 258 P	4500 +1300	10310×2475 ×3328
三菱	FV415P 6×4	液化石油气	9600	22892	8DC9-2A 300 P	4620 +1300	10197×2480 ×3313
尼桑	CWA53PHL 6×4	液化石油气	9200	21951	RE6 315 P	4450 +1300	10110×2490 ×3265
奔驰-双龙	COWO16LO 6×4	液化石油气	9600	22892	OM442A 340 P	4585 +1350	10450×2481 ×3285
大宇	CXZ58R1 6×4	液化石油气	9600	22892	D. H. ID2366T 295 P	4500 +1300	10395×2480 ×3350
斯太尔	1491. 280/O43 6×4	液化石油气	10000	23833	WD615・67 280 P	4325 +1350	10285×2500 ×3294
黄河	JN1261/042 6×4	液化石油气	9600	22892	6130ZQ4 230 P	4600 +1350	10285×2500 ×3300
黄河	JN1171 4×2	液化石油气	6000	14301	×6130 215 P	4300	8438×2480 ×3044
东风	EQ1141G 4×2	液化石油气	5000	11974	6BT118 160 P	4500	7765×2470 ×2932
东风	EQ1130F 6×2	液化石油气	5000	11926	EQ6100-1 135 P	4200 +1250	8313×2400 ×2860

注：P表示马力单位。

20.4 槽船运输

液化石油气经水路用槽船可实现大运量运输且具有很好的经济性。在进行海外长距离LPG运输时一般采用全冷冻槽船，其容量达数万吨。在沿海、内河运输时一般采用全压力式液化石油气槽船或半冷冻式液化石油气槽船。槽船运输要求有适航的航道、用于装卸和贮存的港口码头设施以及陆路运输条件。

根据中华人民共和国交通部令（2016 第 79 号），液化气船运输属《散装液体危险货物运输》类别，必须遵守《国内水路运输管理规定》；液化石油气船舶码头和铁路车辆装卸的防火设计要求参见《石油化工企业设计防火规范》GB 50160。

在劳埃德船级社注册的现在液化石油气运输船舶基本上有三种类型：全压力式运输船，容量一般小于 4000m^3，通常用作沿海短距离运输；半冷冻式运输船，容量在 2000～15000m^{3}之间；而穿梭在国际公海上的远洋全冷冻式运输船容量在 12000～100000m^{3}之间。他们的构造简图见图 20-4-1 和图 20-4-2。我国有些沿海港口城市设有相应的液化石油气装卸码头和储存基地。

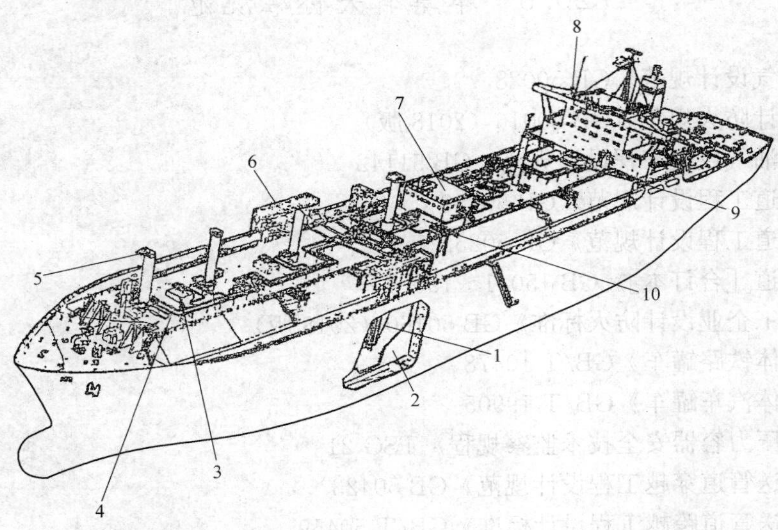

图 20-4-1 液化石油气槽船示意图

1—载油舱；2—内隔板或间隔空间；3—储罐穹顶；4—管道系统及阀门；5—桅式升降器；6—靠岸进出油管连接头；7—压缩机室；8—后勤设施；9—高压储罐平台；10—小型干粉灭火器

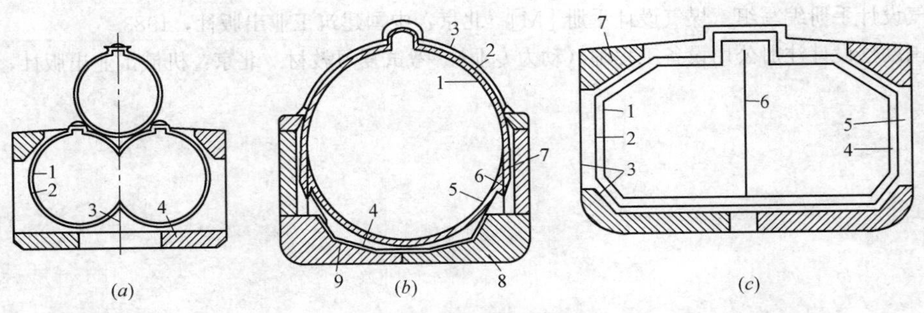

图 20-4-2 液化石油气槽船断面图

(a) 无次隔层储罐（用于半冷冻式液化石油气槽船）

1—压力容器；2—绝缘层；3—支撑空间；4—水压载舱

(b) 自撑式球形储罐（用于全压力式液化石油气槽船）

1—罐壳；2—带防溅隔板绝缘层；3—防护钢穹顶；4—滴漏槽；5—喷洒挡板；6—补强支撑裙座；7—隔离底部裙座绝缘层；8—水压载舱；9—绝缘层

(c) 棱柱形自撑式储罐（用于全冷冻式液化石油气槽船）

1—首隔层；2—包壳；3—次隔层；4—绝缘层；5—支撑空间；6—舱壁；7—水压载舱

20.5 本章有关标准规范

《城镇燃气设计规范》GB 50028
《建筑设计防火规范》GB 50016（2018版）
《液化石油气供应工程设计规范》GB 51142
《输油管道工程设计规范》GB 50253
《输气管道工程设计规范》GB 50251
《压力管道［合订本］》GB 150.1～150.4
《石油化工企业设计防火标准》GB 50160（2018版）
《液化气体铁路罐车》GB/T 10478
《液化气体汽车罐车》GB/T 19905
《固定式压力容器安全技术监察规程》TSG 21
《油气输送管道穿越工程设计规范》GB 50423
《油气输送管道跨越工程设计标准》GB/T 50459
《承压设备用碳素钢和合金钢锻件》NB/T 47008
《低温承压设备用低合金钢锻件》NB/T 47009

参考文献

［1］ 严铭卿. 液化石油气管道输送经济规模与流速的确定［J］. 煤气与热力，1999（1）：19-23.
［2］ 严铭卿，严禹卿. 液化石油气管道安全阀参数及选用［J］. 煤气与热力，1994（3）：14-18.
［3］ 姜正侯. 燃气工程技术手册［M］. 上海：同济大学出版社，1993.
［4］ 煤气设计手册编写组. 煤气设计手册［M］. 北京：中国建筑工业出版社，1983.
［5］ 全国勘察设计注册公用设备工程师（动力专业）. 考试复习教材. 北京：机械工业出版社，2004.

第21章　液化石油气储配

城镇液化石油气在气源与终端用户之间需有储配环节，在储配基地中储配工艺按其功能可分为：储存站、储配站和灌装站。其设计规模应以城镇总体规划中的燃气专业规划为主要依据，按液化石油气用户类别、户数和用气指标等因素确定。

液化石油气有多种的储存方式，包括全压力式储存（又称常温压力储存）和冷冻式储存。液化石油气冷冻式储存是相对于常温压力储存的，冷冻式储存的温度和压力受到控制并维持在某一规定状态的范围内，需采用人工制冷。按储存温度（及相应的压力）受控制情况的不同，冷冻式储存又可区分为半冷冻式（简称降压储存）与全冷冻式（简称常压储存）两类系统。降压储存的液化石油气被维持在低于某设计给定温度（压力）之下，仍具有压力储存的一些特点。而常压储存的液化石油气则被维持在其组分沸点并接近大气压力的状态，均按丙、丁烷单一组分分别储存。

降低储存温度，主要是出于工程上的技术经济考虑。可概括为如下几点：

① 储存压力的降低能使储罐的金属耗用量及造价大为减少。同时在储罐建造工艺和施工上可采用大型容积的储罐，如平底圆筒形罐等，这样也可使工程总造价降低；

② 由于储存温度受到控制，所以可以提高储罐的充装率，一般常温压力储罐充装率为0.85，低温罐可以提高到0.90以上；随着储存温度降低，液化石油气的液相密度变大，因而也改善了系统的经济性；

③ 在事故情况下较压力储存有更好的安全性；

④ 在我国纬度较高，年平均气温较低的地区，采用冷冻式储存的设备投资和运行费用可能比压力储存显著减小；

⑤ 一般情况下，半冷冻式储罐无须绝热保温层，而全冷冻式储罐必须绝热保温，前者比后者的运行费用低、罐体维护费少。

液化石油气的储存方式通常根据气源情况、规模和气候条件等因素选择，在城镇燃气储配基地储罐一般采用常温压力储存。

根据《液化石油气供应工程设计规范》GB 51142和《建筑设计防火规范》GB 50016（2018版）的规定：液化石油气储配基地是储存甲类火灾危险性物质的厂房或仓库，其布局应符合城市总体规划的要求，且应远离城镇居住区及公共设施等人员集聚的场所；液化石油气储配基地的储罐设计总容量要根据其规模、气源情况、运输方式和运距等因素确定。

21.1　液化石油气储存

从区域性液化石油气产业链的角度分析，我国液化石油气的流通渠道如图21-1-1所示。

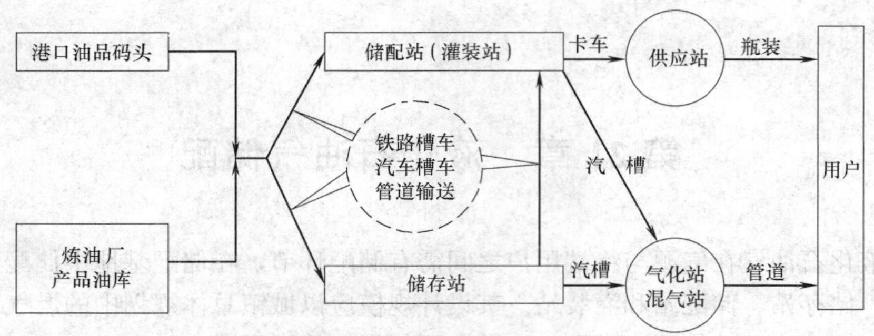

图 21-1-1 我国液化石油气的流通渠道示意图

目前，国内液化石油气来源于两个方向，即海上国际贸易港口液化石油气码头接收的单一 C_3、C_4 冷冻液，而炼油厂或油气田处理站的油品库供应的常温液化石油气。显然，前者对不同用户（或季节）供应不同规格要求的液化石油气更为合理。

液化石油气储配基地通常采用常温压力储存方式，以常温压力液化石油气储罐（简称压力储罐或储罐）作为液化石油气短期储存容器。

21.1.1 储罐设计压力

在全压力式液化石油气储存工艺中，储罐的设计压力应该根据储罐容器最高工作温度下的液化石油气饱和蒸气压确定。

按国家质量技术监督局《固定式压力容器安全技术监察规程》TSG 21 第三章的规定：储存、盛装混合液化石油气的固定式压力容器属第三类压力容器，其设计压力按不低于 50℃时混合液化石油气组分的实际饱和蒸气压来确定；若无实际组分数据，其设计压力则应不低于表 21-1-1 规定的压力。

液化石油气压力容器的设计压力 表 21-1-1

混合液化石油气 50℃饱和蒸气压力(MPa)	设计压力(MPa)	
	无保冷设施	有保冷设施
≤异丁烷 50℃饱和蒸气压力	等于 50℃异丁烷的饱和蒸气压力	可能达到的最高工作温度下异丁烷的饱和蒸气压力
>异丁烷 50℃饱和蒸气压力 ≤丙烷 50℃饱和蒸气压力	等于 50℃丙烷的饱和蒸气压力	可能达到的最高工作温度下丙烷的饱和蒸气压力
>丙烷 50℃饱和蒸气压力	等于 50℃丙烯的饱和蒸气压力	可能达到的最高工作温度下丙烯的饱和蒸气压力

注：液化石油气指国家标准 GB 11174 规定的混合液化石油气，异丁烷、丙烷、丙烯 50℃的饱和蒸气压力应按相应的国家标准和行业标准的规定确定。

国内液化石油气常温压力储罐设计压力一般按丙烷 50℃时饱和蒸气压 1.77MPa 确定。

21.1.2 储罐的结构

全压力式储罐按安装位置可分为地上罐和地下罐；按形状可分为球形罐、卧式圆筒罐和立式圆筒罐。

储罐形式的选择主要决定于单罐的容积大小和加工条件。当储罐公称容积大于 120m^3 时选用球形罐，小于及等于 120m^3 时选用圆筒罐。在液化石油气储配基地内圆筒罐大多选用卧式，只有在特殊情况下才选用立式。

与卧式罐相比，球形罐具有单位容积钢材耗量少、占地面积小等优点，但加工制造、安装比较复杂，焊接工作量大，安装费用高。

卧式罐的构造如图 21-1-2 所示。卧式罐的壳体由筒体和封头组成，在制造厂整体热处理后运到现场就位在混凝土支座上。储罐上设有：液相管、气相管、液相回流管、排污管以及人孔、安全阀、压力表、液位计、温度计等接管。

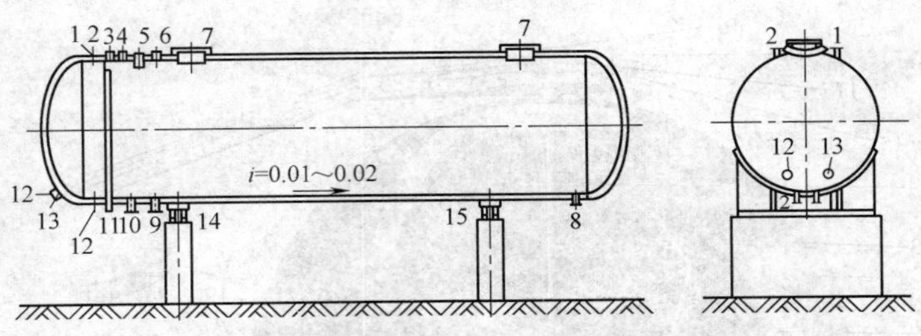

图 21-1-2 卧式罐构造

1—就地液位计接管；2—远传液位计接管；3—就地压力表接管；4—远传压力表接管；5—液相回流管接管；6—安全阀接管；7—人孔；8—排污管；9、10—液相管接管；11—气相管接管；12—就地温度计接管；13—远传温度计接管；14—固定鞍座；15—活动鞍座

为了安全和操作方便，容积较大的罐上除设有就地检测液位、压力、温度等仪表外，尚须考虑在仪表室内设置远传仪表和报警装置。当罐内液面超过容积的 85%和低于 15%或压力达到设计压力时，能发出报警信号，以便操作人员采取应急措施。

卧式罐支撑在两个鞍式支座上，一个为固定支座，另一个为活动支座。接管应集中设在固定支座的一端，但排污管设在活动支座一端。考虑接管、操作和检修方便，罐底距地面的高度一般不小于 1.5m。罐底壁应坡向排污管，其坡度为 0.01～0.02。

球形罐是按瓣片在工厂冲压成型的，成型的球壳瓣片按南北极、南北温带和赤道带分成许多块，便于试组装后运到现场拼装、焊接并热处理，其构造如图 21-1-3。

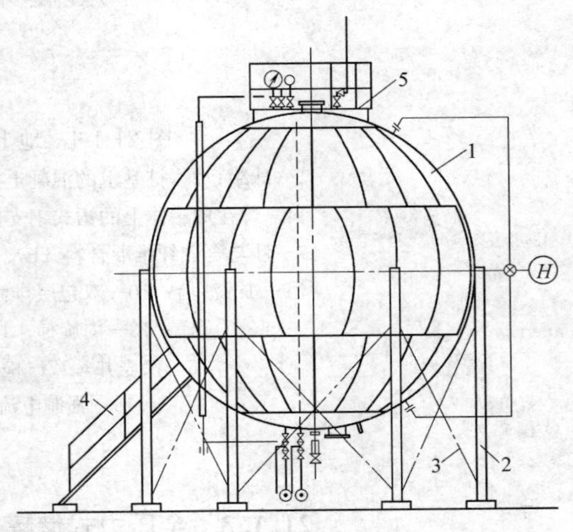

图 21-1-3 球形罐构造

1—壳体；2—支柱；3—拉杆；4—盘梯；5—操作台

球形罐的接管及附属设备与大容积的卧式罐类似，上极板布置有安全阀、放散管、就地和远传液位计接管、就地

和远传压力表接管、人孔；下极板布置有液相管、气相管、液相回流管；就地液位计接管、就地和远传温度计接管、人孔以及排污管等。球形罐一般采用柱式支座。柱式支座有赤道正切支座和非正切支座等形式。目前国内多采用赤道正切支座，其与拉杆形成支撑体系，保障球体的稳定性。

上述钢制压力容器壳体强度计算以及材料许用应力选取见本手册第 11 章。

液化石油气储罐必须设置安全阀和检修用放散管，安全阀的设置及最小阀口面积的计算应符合《压力容器［合订本］》GB 150.1～150.4 相关规定。

图 21-1-4 所示为法国丘堆式球罐，支承在裙式支座上，由沙与合成纤维混合料 TEXSOL 维护结构包裹。

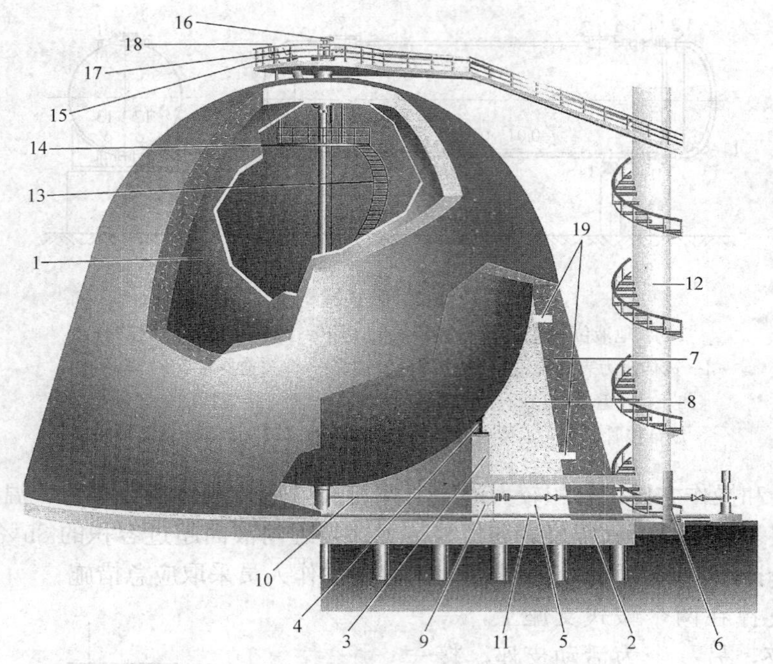

图 21-1-4 地上丘堆式球罐

1—球罐；2—桩基上的混凝土板座；3—裙式混凝土支座；
4—焊在球罐体上的裙式钢支座；5—阀门廊；6—隔墙；
7—沙与合成纤维混合料 TEXSOL 维护结构；8—填沙层；
9—1m 沙堵；10—双包层排污管；11—双包层排水管；
12—旋梯；13—内旋梯；14—内平台；15—栈桥；
16—仪表井；17—检查人孔；18—阀；
19—强制电流阴极保护

21.1.3 全压力式储罐相关的防火间距要求

液化石油气储配基地的全压力式储罐与基地外建、构筑物、堆场的防火间距不应小于表 21-1-2 的规定。

液化石油气供应基地的全压力式储罐与基地外建、构筑物、堆场的防火间距（m）

表 21-1-2

<table>
<tr><td colspan="3" rowspan="2">总容积（m³）
单罐容积（m³）
项目</td><td>≤50</td><td>>50～≤220</td><td>>220～≤500</td><td>>500～≤1000</td><td>>1000～≤2500</td><td>>2500～≤5000</td><td>>5000</td></tr>
<tr><td>≤20</td><td>≤50</td><td>≤100</td><td>≤200</td><td>≤400</td><td>≤1000</td><td>—</td></tr>
<tr><td colspan="3">居住区、学校、影剧院、体育馆等重要公共建筑（最外侧建筑物外墙）</td><td>45</td><td>50</td><td>70</td><td>90</td><td>110</td><td>130</td><td>150</td></tr>
<tr><td colspan="3">工业企业（最外侧建筑特外墙）</td><td>27</td><td>30</td><td>35</td><td>40</td><td>50</td><td>60</td><td>75</td></tr>
<tr><td colspan="3">明火、散发火花地点和室外变、配电站</td><td>45</td><td>50</td><td>55</td><td>60</td><td>70</td><td>80</td><td>120</td></tr>
<tr><td colspan="3">民用建筑，甲、乙类液体储罐，甲、乙类生产厂房，甲、乙类物品仓库，易燃材料堆场</td><td>40</td><td>45</td><td>50</td><td>55</td><td>65</td><td>75</td><td>100</td></tr>
<tr><td colspan="3">丙类液体储罐，可燃气体储罐，丙、丁类生产厂房，丙、丁类物品仓库</td><td>32</td><td>35</td><td>40</td><td>45</td><td>55</td><td>65</td><td>80</td></tr>
<tr><td colspan="3">助燃气体储罐、可燃材料堆场</td><td>27</td><td>30</td><td>35</td><td>40</td><td>50</td><td>60</td><td>75</td></tr>
<tr><td rowspan="3">其他建筑</td><td rowspan="3">耐火等级</td><td>一、二级</td><td>18</td><td>20</td><td>22</td><td>25</td><td>30</td><td>40</td><td>50</td></tr>
<tr><td>三级</td><td>22</td><td>25</td><td>27</td><td>30</td><td>40</td><td>50</td><td>60</td></tr>
<tr><td>四级</td><td>27</td><td>30</td><td>35</td><td>40</td><td>50</td><td>60</td><td>75</td></tr>
<tr><td rowspan="2">铁路（中心线）</td><td colspan="2">国家线</td><td>60</td><td colspan="2">70</td><td colspan="2">80</td><td colspan="2">100</td></tr>
<tr><td colspan="2">企业专用线</td><td>25</td><td colspan="2">30</td><td colspan="2">35</td><td colspan="2">40</td></tr>
<tr><td rowspan="2">公路、道路（路边）</td><td colspan="2">高速，Ⅰ、Ⅱ级公路，城市快速</td><td>20</td><td colspan="5">25</td><td>30</td></tr>
<tr><td colspan="2">其他</td><td>15</td><td colspan="5">20</td><td>25</td></tr>
<tr><td colspan="3">架空电力线（中心线）</td><td colspan="4">1.5 倍杆高</td><td colspan="3">1.5 倍杆高，但 35kV 以上架空电力线不应小于 40</td></tr>
<tr><td rowspan="2">架空通信线（中心线）</td><td colspan="2">Ⅰ、Ⅱ级</td><td colspan="2">30</td><td colspan="5">40</td></tr>
<tr><td colspan="2">其他</td><td colspan="7">1.5 倍杆高</td></tr>
</table>

注：1. 防火间距应按本表储罐总容积较大者确定，间距的计算应以储罐外壁为准；
2. 居住区系指 1000 人或 300 户以上者，以下者按本表民用建筑执行；
3. 当地下储罐单罐容积小于或等于 50m³，且总容积小于或等于 400m³ 时，其防火间距可按本表减少 50%；
4. 新建储罐与原地下液化石油气储罐的防火间距（地下罐单罐容积小于或等于 50m³，且总容积小于或等于 400m³ 时），可按本表减少 50% 执行。
5. 与本表规定以外的其他建、构筑物的防火间距，应按现行国家标准《建筑设计防火规范》GB 50016（2018 版）执行。

21.2 液化石油气的装卸工艺

在液化石油气储配站内液化石油气的装卸车作业通常借助于压缩机和泵来实现。

21.2.1 利用压缩机装卸液化石油气

在储配站、灌瓶站、储存站、气化站、混气站以及汽车加气站内，欲将储罐与槽车之

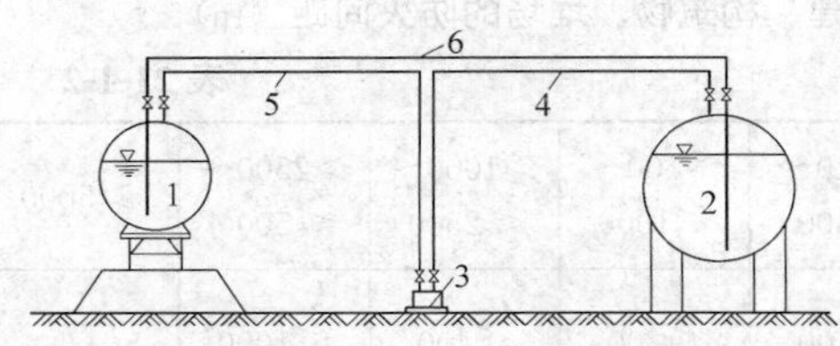

图 21-2-1　利用液化石油气压缩机卸车原理
1—铁路槽车；2—罐；3—压缩机；4—吸气管；5—压气管；6—液相管

间装卸液化石油气或在两个储罐之间倒液，可把两个容器的液相口直接互联，而把两个容器的气相口与压缩机的进、出口连通，这样能高效、大排量、短时间地进行装卸作业，如图 21-2-1所示。

利用液化石油气压缩机卸铁路（汽车）槽车，是目前国内液化石油气储配站最常用的卸车的方法。这种方法的工作原理是靠压缩机自罐抽吸气态液化石油气并压入槽车的气相空间，使槽车和罐之间形成卸车所需要的压差，将液态液化石油气卸入罐内。卸车所需要的压力应能克服气相、液相管道的总阻力，一般为 0.2MPa 左右。在卸车中整个系统处于复杂的物理—热力过程。本手册主编通过理论推导和实际测试验证给出如下液化石油气压缩机卸车公式[8]：

$$Q_m = a(5-4y)Q_L^b\left(\frac{100}{T}\right)^c \tag{21-2-1}$$

$$T = t + 273.15$$

式中　Q_m——液化石油气压缩机活塞排气量，m^3/h；

y——在计算温度下液化石油气气相中 C_2 和 C_3 体积百分组成；

Q_L——液态液化石油气卸车强度，m^3/h；

t——计算温度，见表 21-2-2，℃；

a、b、c——条件系数及幂指数，按表 21-2-1 取值。

液化石油气压缩机卸车条件系数及幂指数　　表 21-2-1

条件系数 槽车几何容积(m^3)	a	b	c	卸车强度 Q_L 范围	
				$t<0$℃时	$t\geqslant0$℃时
61.9	11.88×10^3	1.19	10.17	$Q_L\leqslant50+t$	$Q_L>20+t$
51.7	11.03×10^3	1.19	10.20	$Q_L\leqslant50+t$	$Q_L\geqslant20+t$
22.4	18.18×10^3	1.22	10.14	$Q_L\leqslant25+0.5t$	$Q_L\geqslant15+0.5t$
11.9	13.37×10^3	1.17	10.17	$Q_L\leqslant12+0.2t$	$Q_L\geqslant6+0.2t$
5.7	6.04×10^3	1.20	9.87	$Q_L\leqslant12+0.2t$	$Q_L\geqslant6+0.2t$

注：t 为计算温度 ℃。

目前压缩机已系列化、标准化和通用化，在储配站实际操作实践中，一般汽车槽车卸车时间取 30～40min，而铁路槽车卸车时间取 120～150min。适用于液化石油气储配站不同工况的各种形式压缩机，其主要技术参数举例列于表 21-2-3。

21.2.2　利用泵装卸液化石油气

在液化石油气储配站内小排量装卸车、倒罐或灌瓶作业普遍采用泵来完成。也可把压缩机作为备用机或利用压缩机增加泵的吸程。一般情况下设备之间的距离不远，所以泵的扬程不需要很高，耗能也较少。为了避免发生气蚀现象和设备振动，力求将泵吸入口贴近被卸储罐，以减少吸入段的阻力损失。利用被卸储罐与泵的高程差能有效克服吸入段管道的摩擦阻力及其局部阻力，以满足泵对气蚀余量的规定。

卸车公式计算温度 表 21-2-2

地名	t	地名	t	地名	t	地名	t
北京	−5	呼和浩特	−14	安庆	4	百色	13
上海	3	延安	−7	杭州	4	南宁	13
天津	−4	西安	−1	温州	7	韶关	10
海拉尔	−27	银川	−9	南昌	5	广州	13
嫩江	−25	西宁	−9	赣州	8	海口	17
齐齐哈尔	−19	酒泉	−10	福州	10	甘孜	−5
哈尔滨	−20	兰州	−7	永安	9	成都	6
牡丹江	−19	乌鲁木齐	−15	郑州	0	重庆	8
长春	−17	吐鲁番	−9	信阳	2	宜宾	8
沈阳	−13	济南	−1	宜昌	5	遵义	4
锦州	−9	潍坊	−4	武汉	3	贵阳	5
丹东	−9	青岛	−3	恩施	5	昆明	8
大连	−5	徐州	0	常德	5	蒙自	12
保定	−4	南京	2	长沙	5	拉萨	−2
石家庄	−3	蚌埠	1	醴陵	6	日喀则	−4
太原	−7	合肥	2	桂林	8	台北	暂缺

注：计算温度采用历年一月平均气温的平均值

液化石油气压缩机主要技术参数举例 表 21-2-3

参数 产品型号	容积流量 (m^3/min)	吸气压力 (MPa)	排气压力 (MPa)	转速 (r/min)	电机功率 (kW)	外形尺寸(mm) (长×宽×高)	全机质量 (kg)
ZW-0.4/10-15	0.4	1.0	1.5	510	5.5	1080×630×940	350
ZW-0.5/10-15	0.5	1.0	1.5	640	7.5	1080×630×940	370
ZW-1.0/10-15	1.0	1.0	1.5	900	15	1080×680×980	460
ZW-2.0/10-15	2.0	1.0	1.5	590	30	1500×850×1100	1100
ZW-1.0/16-24	1.0	1.6	2.4	1050	18.5	1080×680×960	460
ZW-2.0/16-24	2.0	1.6	2.4	590	37	1500×850×1110	1100
ZW-4.0/10-16	4.0	1.0	1.6	980	55	1980×1690×1410	1730
ZW-6.0/10-16	6.0	1.0	1.6	980	90	1980×1690×1410	2020
ZW-8.0/10-16	8.0	1.0	1.6	980	110	1980×1690×1410	2310
ZW-10.0/10-16	10.0	1.0	1.6	980	132	2400×1830×1410	2500

在液化石油气储配基地内一般可选用低扬程、大排量常规式双端面机械密封或屏蔽式液化气自冷离心泵（见第 20 章）；根据需要也可选小排量、小功率容积式叶片泵作为灌瓶泵，其结构如图 21-2-2 所示。国产 YB 系列容积式叶片泵与美国 V-521 型和 V-1021 型泵

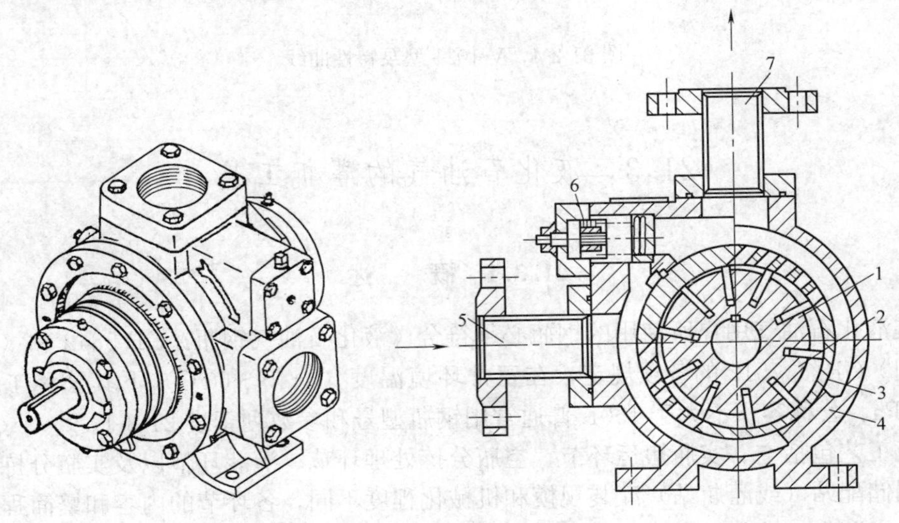

图 21-2-2 容积式叶片泵

1—转子；2—叶片；3—定子；4—泵壳；5—进口；6—安全阀；7—出口

相似，其特性曲线见图 21-2-3 和图 21-2-4。

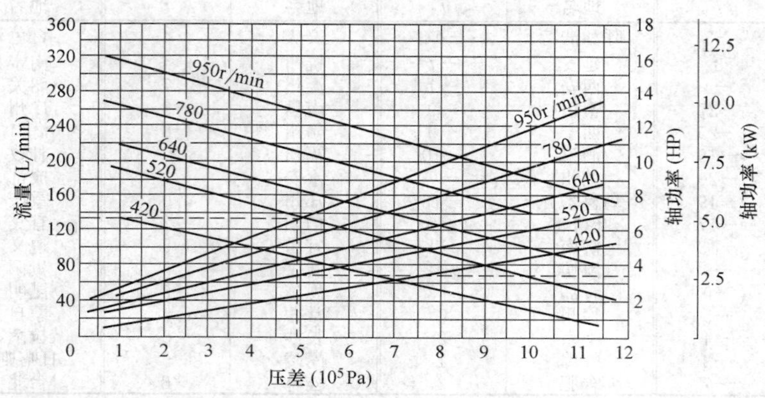

图 21-2-3　V-521 型泵特性曲线

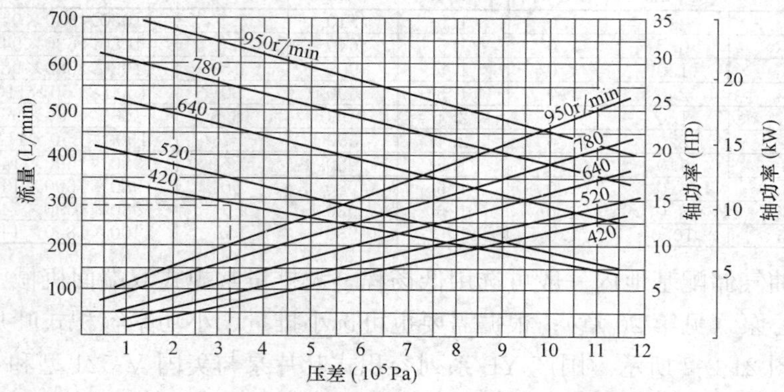

图 21-2-4　V-1021 型泵特性曲线

21.3　液化石油气的灌瓶工艺

21.3.1　概　　述

瓶装液化石油气用户所使用的钢瓶必须符合《液化石油气钢瓶》GB 5842 和《液化石油气瓶阀》GB/T 7512 的各项规定，在正常环境温度（－40～60℃）下其公称工作压力为 2.1MPa、公称容积不大于 150L 普通常用钢瓶型号和参数列于表 21-3-1。

灌瓶工艺包括空、实瓶搬运环节、空瓶分拣处理环节、灌装环节以及实瓶分拣处理环节。不同储配站（或灌瓶站）灌装规模和机械化程度不同，各环节的内容和繁简程度有差异，但对实瓶有一致的质量要求，即钢瓶按规定充装量灌装，并且任何时候都不得过量灌装。

常用钢瓶型号和参数 表 21-3-1

型号	参数				备注
	内直径（mm）	公称容积（L）	最大充装量（kg）	封头形状系数	
YSP4.7	200	4.7	1.9	$K=1.0$	
YSP12	244	12.0	5.0	$K=1.0$	
YSP26.2	294	26.2	11.0	$K=1.0$	
YSP35.5	314	35.5	14.9	$K=0.8$	俗称 15kg 家用标准瓶
YSP118	400	118	49.5	$K=1.0$	俗称 50kg 标准瓶
YSP118-Ⅱ	400	118	49.5	$K=1.0$	用于需液相导出的气化系统储存设备

注：钢瓶的护罩结构尺寸、底座结构尺寸应符合产品图样的要求。

灌瓶作业可依规模和劳动强度选择采用手工方式或机械化、半机械化方式。

1. 手工灌瓶工艺流程（图 21-3-1）

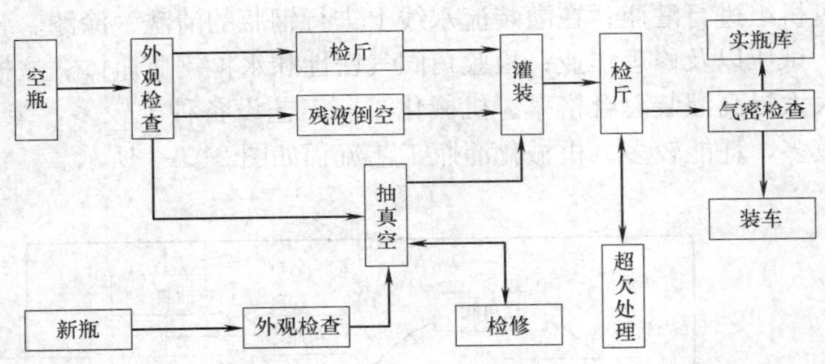

图 21-3-1 手工灌瓶工艺流程框图

灌瓶规模小、异型瓶较多的灌瓶站或储配站，采用手工灌瓶工艺流程可节省投资和运行费用，工人的劳动强度较大，但可配备手推车或直线链条式运输带来解决。一般要求手工灌瓶装卸台的高度与运瓶车货箱的高度一致，以求装卸省时省力。

空瓶分拣都按直观识别钢瓶标志及由过秤判定处理手段，一般都将需倒残液、修理及清洗喷漆的钢瓶，分送到各个相应的车间处理，只留下合格的空瓶送到灌瓶秤台上灌装。

灌装后的实瓶必须复核检斤。不合格者则应在超欠处理台或残液倒空间集中起来进行减量或加量作业。合格的实瓶还必须再检查角阀的气密性，观察瓶体有无漏气，然后方能送到瓶库存放或装车。

手工灌瓶作业钢瓶的灌装量由定点秤控制，故又称为定点式灌瓶工艺流程。其生产能力由许多因素决定，主要是灌瓶泵的排量、扬程、钢瓶容积以及主观要求的劳动强度等。以灌装 15kg 家用标准钢瓶为例，一般手工灌瓶秤以每台平均灌装能力为 30～40 瓶/h 为宜，较适用于生产能力＜1000 瓶/d 的作业强度。图 21-3-2 所示为一种国外手工作业定点秤的生产能力（瓶/h）与灌装时间（s）和选用秤位数的关系。

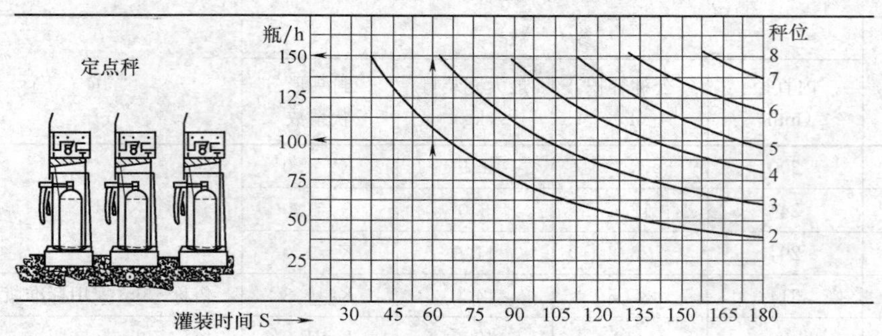

图 21-3-2 生产能力与秤位选用图（定点秤）

2. 机械化灌瓶工艺流程

国内外较完善的灌瓶工艺都采用机械化作业方式，尤其灌瓶量在 3000～9000 瓶/d 以上的储配站，机械化作业大大减轻劳动强度和提高劳动生产率。如图 21-3-3 所示。机械化作业的内容包括：采用叉车装卸钢瓶；用双链式传送带运送钢瓶；使用自动或者半自动控制灌瓶秤转盘机组进行灌瓶；在灌装流水线上进行钢瓶的清洗、涂漆、装卸角阀、倒空残液、抽真空、试压以及修理作业；检验角阀气密性和水检钢瓶瓶体。这样的流程可以大大减少定员，大大提高灌装总合格率。机械化灌瓶工艺设备种类较多，维修工作量较大，备品备件用量较多，耗能较多。机械化灌瓶工艺流程如图 21-3-3 所示。

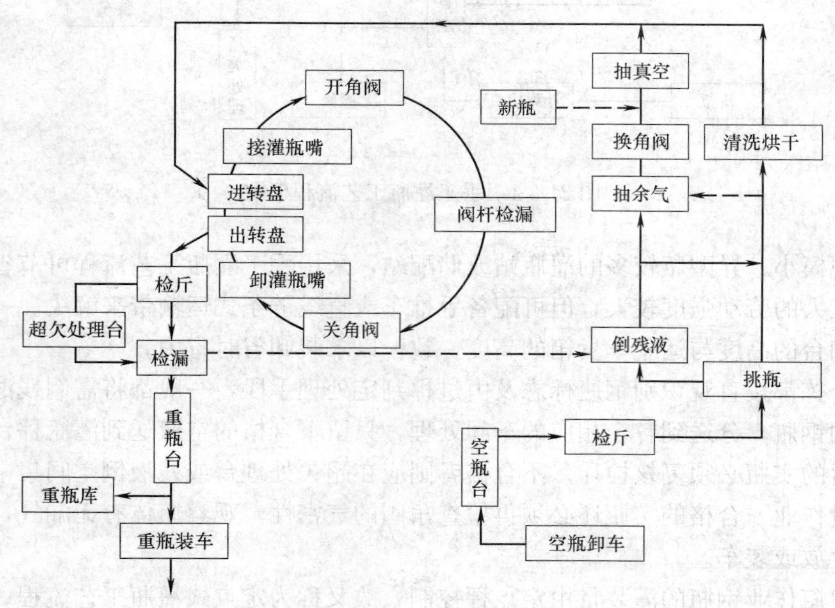

图 21-3-3 机械化灌瓶工艺流程框图

机械化灌瓶，钢瓶的灌装量是由安装在灌装转盘机上的许多位固定秤来控制的，故又称机械化转盘式工艺流程。图 21-3-4 所示为一种国外转盘机的生产能力（瓶/h）与灌装

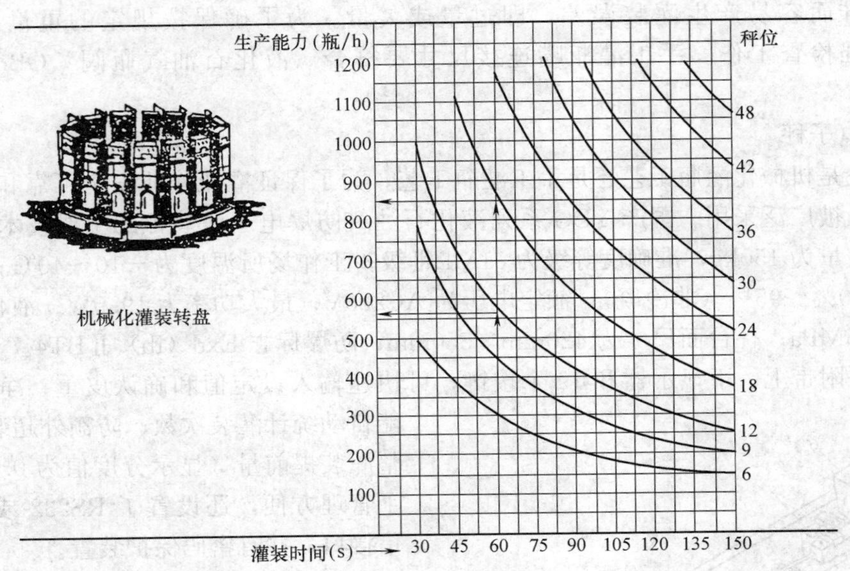

图 21-3-4 生产能力与秤位选用图（机械化转盘秤）

时间（s）和选用转盘秤位数的关系。

21.3.2 灌瓶秤和灌瓶嘴

1. 手工灌瓶秤和灌瓶嘴

当灌瓶量小于1000瓶/d时，一般采用手工灌瓶，这种灌瓶方法为简易灌瓶。灌瓶时用泵（或泵和压缩机串联）经液相管道将液化石油气送至灌瓶间的液相干管，再经支管分送到手工灌瓶嘴进行灌瓶作业。手工灌瓶系统如图 21-3-5 所示，其中选用普通台秤和手工灌瓶嘴（图 21-3-6）。

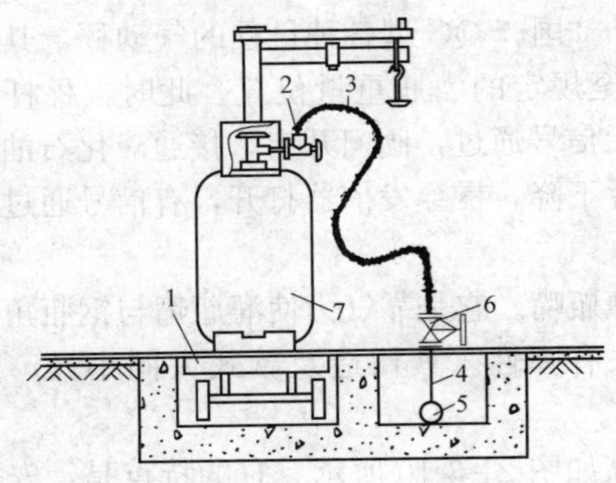

图 21-3-5 手工灌瓶系统

1—普通台板秤；2—手工灌瓶嘴；3—软管；4—液相支管；5—液相干管；6—截止阀；7—钢瓶

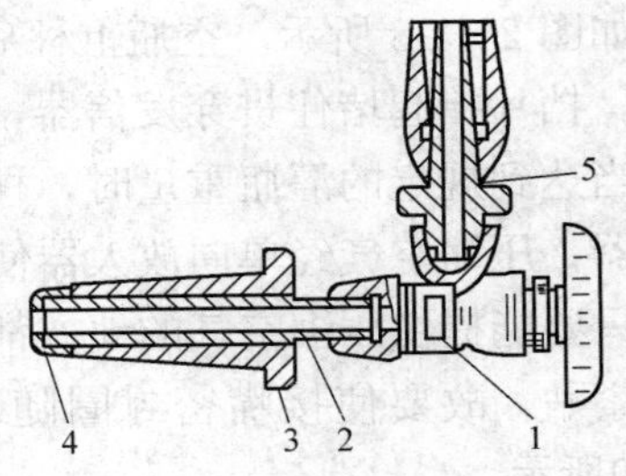

图 21-3-6 手工灌瓶嘴

1—角阀（M22×1.5左旋）；2—接嘴；3—手轮；4—O型密封圈；5—胶管接头

这类灌瓶作业操作烦琐，液化石油气漏失量较大。同时由于灌装速度较快和秤砣定位不准而容易产生灌装误差，即过量或欠量。为了确保按规定的重量准确灌装，必须加强检查工作。手工灌瓶嘴连接尺寸要符合《液化石油气瓶阀》GB/T 7512 有关规定。

2. 电子秤

无论是机械化灌瓶工艺还是手工灌瓶工艺，为了保证灌瓶作业安全可靠和称量精确，电子秤已被广泛采用。国产 YDG 系列液化石油气防爆电子灌装秤的主要技术参数如下：最大秤重量为 150kg；准确度等级为 01MLⅢ级；工作场所温度为－10～40℃；工作场所湿度为 10%～95%（非冷凝）；额定电压为 AC220V；最大功率为 19.5W；液化气压力为 1.0～1.6MPa；秤台面尺寸为 420mm×550mm；防爆标志 Exd（ib）ⅡBT4。

该秤附带上、下显示器和 19 个按键，可快速输入设定值和确认皮重、净重、总重，能自动统计灌装次数、防额外超装及自动调整灌装提前量（显示分度值为 0.05kg）。为了管理方便，还设置了 RS232 或 RS422 通信接口，并有密码保护装置。

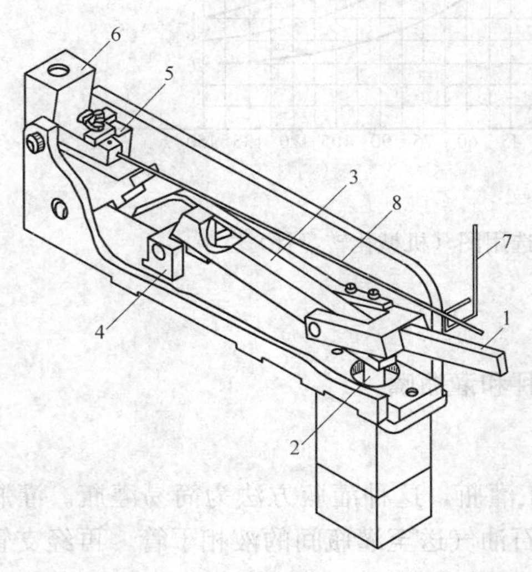

图 21-3-7 机械灌瓶秤控制原理

1—手柄；2—阀杆；3—释放杆；4—锁块；5—落块；6—卡块；7—挂钩；8—释放针

与电子秤配套的灌瓶嘴则可选用手工灌瓶嘴或气动灌瓶嘴。

3. 机械灌瓶秤

机械灌瓶秤控制原理如图 21-3-7 所示。灌瓶开始时，向下按手柄 1 使阀杆 2 下降，阀门打开。同时，使释放杆 3 抬起架在锁块 4 上，落块 5 也抬起，卡在卡块 6 上，使阀门保持开启状态进行灌瓶。当达到灌瓶重量时，秤杆抬起带动挂钩 7、释放针 8 也抬起，卡块 6 松开，落块 5 下落碰撞锁块 4，释放杆 3 落下，阀杆 2 抬起，阀门便关闭。

4. 气动秤和气动灌瓶嘴

国产 QG 型各种量程的气动秤，其控制原理如图 21-3-8 所示。空瓶上秤后，将秤砣对至规定的灌瓶重量位置。此时，秤杆处于低位，挡片抬起堵住贯穿发信器，单向放大器无信号通过，阀门开启，接通液化石油气灌瓶。当达到规定的灌瓶重量时，秤杆抬起，挡片下降，贯穿发信器打开，有信号通过单向放大器，压缩空气经单向放大器使阀门关闭。

只要能提供压缩空气的地方都可使用气动灌瓶嘴。它是靠气力使灌瓶嘴与钢瓶角阀口密封紧贴，故要使接嘴密封圈随时完好无缺并有弹性。其构造及款式大同小异，如图 21-3-9所示。

较先进的带有安全阀角阀式气动连接灌瓶嘴如图 21-3-10 所示。它的特点是：安全阀保证角阀阀口与接头接通时，才有液化石油气流通；装有双重气密圈，在有无自动夹时都可以工作；在灌装过程中，如果发生空气供应中断，一部分反应装置将使接头仍处于工作状态，从而避免漏泄危险。

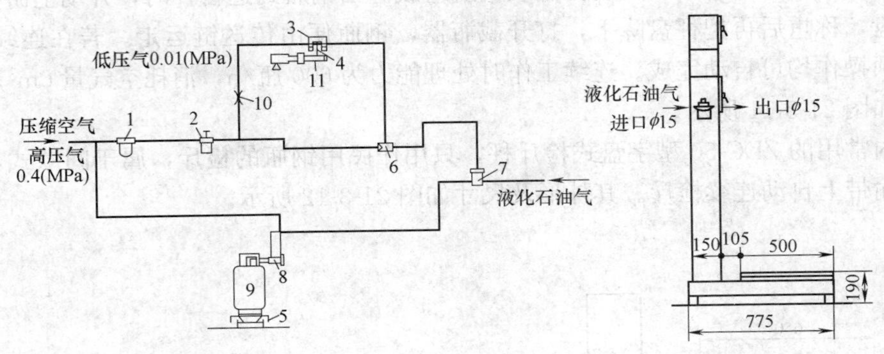

图 21-3-8 QG 型气动秤工作原理

1—分水滤气器；2—减压阀；3—贯穿发信器；4—挡片；5—秤；6—单向放大器；7—调节阀；8—气动灌瓶嘴；9—钢瓶；10—气阻；11—秤杆

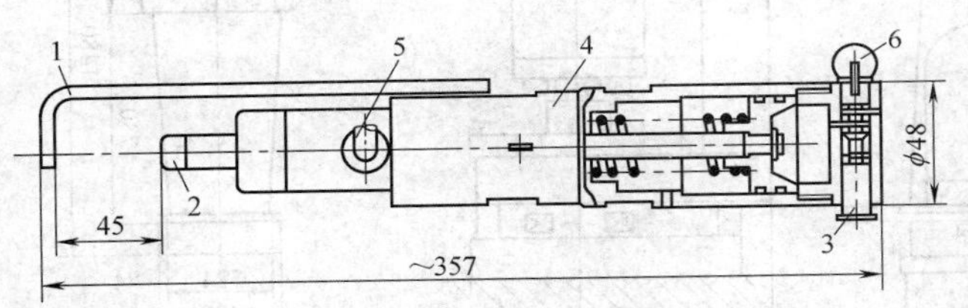

图 21-3-9 气动灌瓶嘴

1—嘴卡；2—接嘴；3—空气接管；4—外壳；5—液化石油气接管；6—按钮

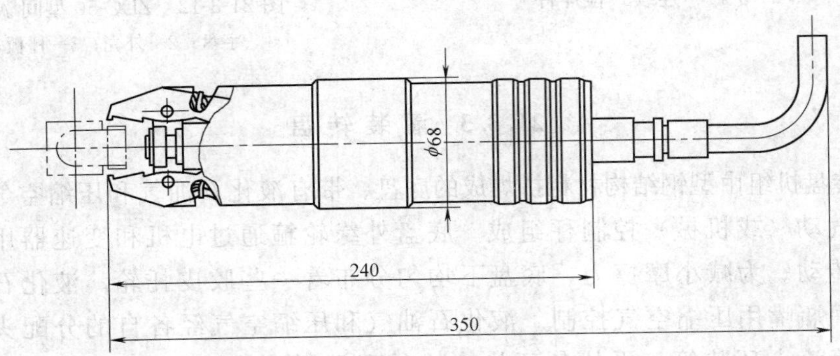

图 21-3-10 带安全阀气动灌瓶嘴

5. 检斤秤

检斤是灌瓶工艺中关乎安全的重要操作工序。检斤秤有两种形式，即连续式和间歇式。连续式检斤秤可安装在链式传送带上，可连续或断续检验瓶重，效率很高。它由台秤、升降式秤盘、截瓶器和气动控制装置所组成。当钢瓶到达台秤时，开动上游截瓶器并升起秤盘，称重后再把秤盘降下，打开截瓶器，钢瓶便由传送链运走。若在连续工作时，以上各项操作均可自动完成。连续工作时处理能力为 600 瓶/h，消耗空气量 $6m^3/h$。其结构尺寸如图 21-3-11 所示。

国内常用的 ZDC-50 型字盘式检斤秤，只用作民用钢瓶的检斤，属于间歇式，不能在链式运输带上自动连续检斤。其外形及尺寸如图 21-3-12 所示。

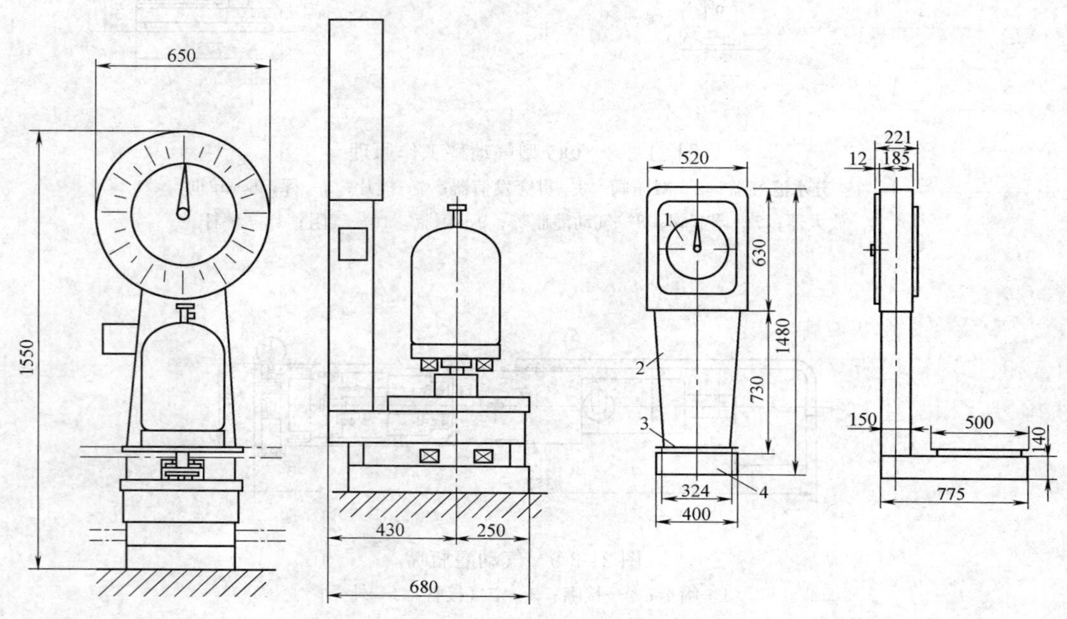

图 21-3-11　连续式检斤秤

图 21-3-12　ZDC-50 型间歇式检斤秤

1—字盘；2—外壳；3—秤板；4—秤座

21.3.3　灌装转盘

灌装转盘机组由型钢结构材料拼焊成的底盘、带有液化石油气和压缩空气分配头的中心轴和气动（或机械）控制秤组成。底盘外缘轮箍通过电机和变速器用皮带或橡胶摩擦轮传动。为减小摩擦力，底盘下均匀分布着一些胶皮托轮。液化石油气切断阀和气动灌瓶嘴用压缩空气控制。液化石油气和压缩空气经各自的分配头辐射的若干根径向管流入环状管，再从各环状管的分配阀用胶管接到秤位上的相应接头上，每个秤位依序完成灌瓶嘴与角阀的连接和自动启闭。表 21-3-2 为国产 15kg 钢瓶 8～24 秤位灌装转盘技术参数。

上述灌装转盘的驱动方式为摩擦轮传动（无级变速）配套有气动逻辑控制自动上瓶机和单臂滚动自动下瓶机，电机功率为 1.5kW，压缩空气耗量为 $0.4\sim0.6m^3/min$，灌装精度为Ⅲ级。

液化石油气 15kg 钢瓶 8～24 秤位灌装转盘技术参数 表 21-3-2

序号	秤位	转盘直径 (mm)	液化气压力 (MPa)	压缩空气压力 (MPa)	转盘转速 (s/r)	灌装量 (瓶/h)
1	8	ϕ3200	1.0～1.4	0.5～0.6	90～100	210～240
2	10	ϕ3200	1.0～1.4	0.5～0.6	90～100	280～340
3	12	ϕ3600	1.0～1.4	0.5～0.6	90～100	360～400
4	14	ϕ3700	1.0～1.4	0.5～0.6	90～100	430～480
5	16	ϕ4300	1.0～1.4	0.5～0.6	90～100	500～560
6	18	ϕ4600	1.0～1.4	0.5～0.6	90～100	570～640
7	20	ϕ5000	1.0～1.4	0.5～0.6	90～100	640～720
8	22	ϕ5300	1.0～1.4	0.5～0.6	90～100	720～800
9	24	ϕ5600	1.0～1.4	0.5～0.6	90～100	790～880

21.3.4 链式输送机

国产人字链（节距 62.3mm）能连接成较长的易拆卸的链条，可布置在灌瓶车间作为承载钢瓶的输送机。YJ-3 型链式输送机由机头、弯道、岔道、直线段、接力段、连接段、机尾以及相配套的气动元件和管路等组成。输送机线速度为 9m/min。

机头是输送机各运瓶段的驱动部分，电动机功率为 4.0kW。

机头驱动的运瓶段为直线段时，其长度不应超过 30m，非直线和局部双线时不应超过 20m。

其组合示意图见图 21-3-13。

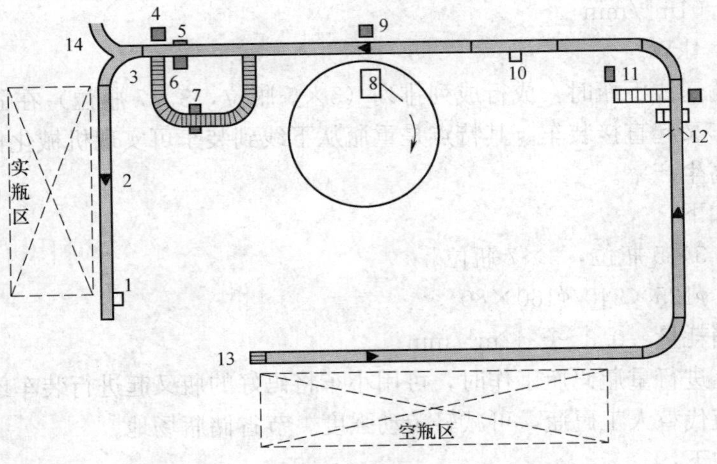

图 21-3-13 链式输送机组合示意图

1—机头；2—直线段；3—弯道；4—推瓶器；5—检斤秤；6—辊道；7—超欠处理秤；8—灌装转盘；9—上、下瓶机；10—接力段；11—倒残液机；12—挡瓶器；13—机尾；14—人字岔道

YJ系列可拆链式输送机结构尺寸参数列于表21-3-3。

可拆链式输送机结构尺寸参数（mm） 表21-3-3

序号	部件图号	名称	链导槽间距	轨道内侧宽度	轨道外侧宽度	弯道半径	高度	长度
1	YJ01B	机头	120	340	500		850	1000
2	YJ02B	接力段	60/120/80	340	500		850	3000
3	YJ03B	直线段	120	340	500		850	2000
4	YJ04B	弯道	120	340	500	1200	850	
5	YJ05B	机尾	120	340	500		850	500
6	YJ06B	连接段	75/120/215	340	500		850	1400
7	YJ07B	岔道	75/120/215	340	500	1200	850	1400
8	YJ15B	人字叉道	75/120/215	340	500	1200	850	2400
9	YJ09B	2-1接力段	75/120/215	340	500		850	3000

与链式输送机相配套的产品还有钢瓶集中上、下瓶机和码瓶机。

当采用叉车和链条输送的方式上瓶时，钢瓶在链条上行进过程中将钢瓶由梅花式排列自动改变为行列式排列，实现整组钢瓶自动上线。

特点是整个动作过程只需一人操作，降低了劳动强度，提高了生产率。

技术参数如下：

生产能力：不大于1200瓶/h

压缩空气压力：$0.4 \leqslant p \leqslant 0.6$MPa

耗气量：0.01m^3/min

电机功率：4kW。

当重瓶在输送线下瓶时，成行成列排列（5×5瓶位，3×7瓶位）在固定或移动托盘上，然后用叉车叉起直接装车。其特点是重瓶从下线到装车可实现机械化作业，大大减轻劳动强度，提高生产率。

技术参数如下：

托盘规格：5×5瓶位，3×7瓶位

气缸规格：ϕ125×240/ϕ160×80

压缩空气消耗量：0.3～0.42m^3/min。

在输送线上进行重瓶码瓶工作时，可用小车将码好的瓶叉起进行装车或储存。其特点是，用机械码瓶代替人工码瓶，可减轻劳动强度，节省储瓶场地。

技术参数如下：

气缸规格：ϕ63×800/ϕ63×100/ϕ50×60

压缩空气压力：$0.4 \leqslant p \leqslant 0.6$MPa

压缩空气消耗量：0.12～0.14m^3/min

生产率：10～12瓶/min。

21.3.5 检 漏 器

检漏是针对钢瓶角阀和瓶体进行的，其一是检查角阀是否漏气，其二是检验瓶体（包括掩蔽部位）是否有漏气。针对不同部位采取不同的检查方法，而检查角阀的气密性较为简单。

角阀部位检查范围很小，只需用肥皂水涂抹，就易于目测发现有无漏气，较好的角阀人工检漏器如图 21-3-14 所示，一般的人工操作就可检验 60 瓶/h。

瓶体一般采取浸水检漏，在流水线上宜用摇臂式水检机，它由金属水槽、水槽注水和排水附件、可作 90°翻转的金属结构架（气动摇臂）、气动抓瓶器、两个气动脉冲计数器和两个截瓶器所组成。操作时，只要紧固钢瓶，便可将摇臂翻转 90°使钢瓶浸在水中，观察有无漏气。若摇臂装有 8～10 个瓶位，其处理能力为 500～800 瓶/h，消耗压缩空气量为 13～15m³/h，图 21-3-15 所示为其外形图。与此相类似的还有转盘式水检机，如图 21-3-16所示。国外还推出处理能力可达 1200 瓶/h 的电子检漏器。

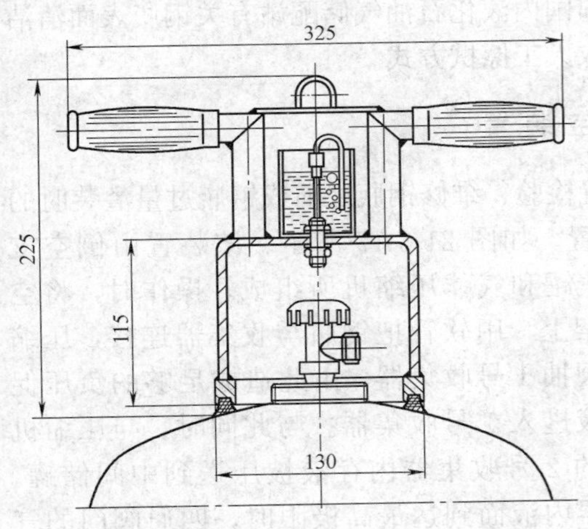

图 21-3-14 人工操作角阀检漏器

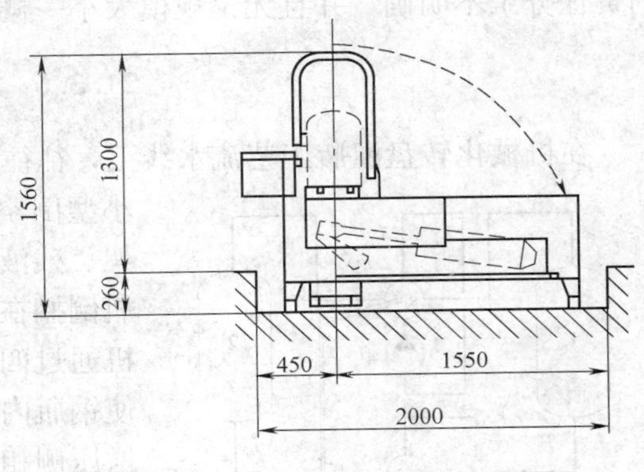

图 21-3-15 摇臂式水检机

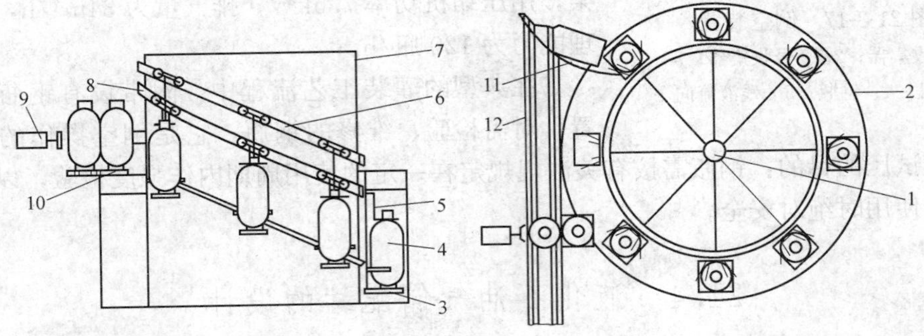

图 21-3-16 转盘式水检机

1—驱动装置；2—水槽；3—托架；4—钢瓶；5—压紧装置；6—托架导轨；7—框架；8—压紧装置导轨；9—推瓶器；10—辊床；11—下瓶装置；12—钢瓶运输机

检漏工序完成后，在链式输送机上还可配套安装自动钢瓶角阀封口机，目前有两种型号可选，即FKJ15-50（生产能力1000瓶/h）和FKX-15A（小生产能力，净封口时间5s/瓶）。其原理是利用本封口机产生的热气流加热热缩性塑料封套。设备主机按防爆要求设计，热风出口可按钢瓶高度进行调整。其主要技术参数如下：

热空气出口温度：160～200℃。

超高温切断加热器温度：200～250℃。

电源：AC380V、50Hz、6.4～8.5kW。

此外，在链式输送机运空瓶段可配套钢瓶表面清洗机，它具有在行进中清洗、漂洗、冷风吹干等功能。国产15kg家用钢瓶清洗机的技术参数如下：

生产能力：600～1000瓶/h。

线速：≥3.2m/min。

清洗液用蒸汽加热温度：45～50℃、吹干风量为4000m^3/h。

设备总功率：55kW。

值得注意的是废液处理及其环保问题。目前国内液化石油气储配站有关钢瓶表面清洁的责任分工不明确，并且无论规模大小一概采取人工擦拭方式。

21.3.6　倒空装置

在机械化转盘灌瓶工艺流水线上，往往设置检验、维修钢瓶之前或钢瓶过量灌装时的小型倒空装置。如图21-3-17所示。该装置由倒空支架、残液收集罐和气体压缩机所组成。操作时，将空瓶倒搁在支架上，用软管把钢瓶与收集器连接，压缩机通过四通阀抽1号收集器，由此造成足够的负压促使钢瓶内残液进入1号收集器。与此同时，与压缩机增压侧相连的2号收集器内存液被压送到中间储罐。当1号收集器内液面到达最高极限时，四通阀门的气控部分自动控制反向操作。若两个收集器同时已满，安全装置能自动切断压缩机的电源。有十个瓶位的支架，用压缩机功率7.5kW，排气量为34m^3/h，倒空处理能力为120瓶/h。

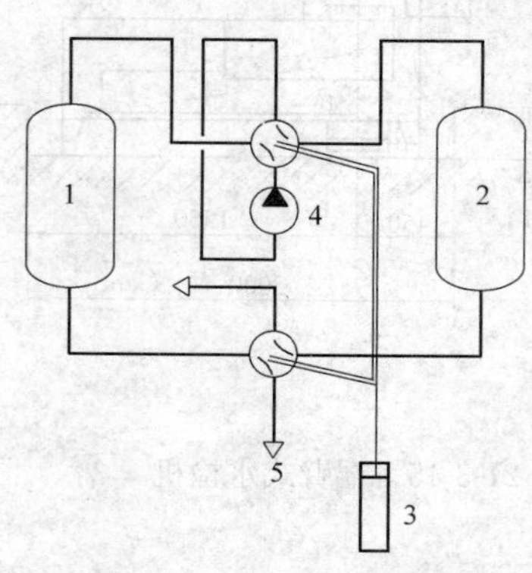

图21-3-17　倒空装置
1—1号收集器；2—2号收集器；3—压缩机；4—钢瓶；5—残液流向

在典型的灌装工艺流程中，附带设有钢瓶试压装置，对需检验、维修的钢瓶，它是倒空操作的后续工序。钢瓶试压的目的：钢瓶需按有关法规规定在一定的使用周期内作强度检验，以保证钢瓶在流通使用时绝对安全。

21.4　液化石油气储配站的设计

各种形式和规模的液化石油气储配基地以储配站的功能最为齐全。储配站的功能包括：

① 接收以各种方式进站的液化石油气并加以储存；

② 灌装钢瓶或装卸汽车槽车；

③ 接收空瓶，向供应站（销售网点）或各类用户发送实瓶；

④ 回收和处理钢瓶中剩余残液，并可供本站作燃料或外供（按合法协议）；

⑤ 检修钢瓶和储备待用新瓶；

⑥ 定期检查和日常维修站内设备。

在我国燃气行业中经营液化石油气的公司，日灌瓶量在1000瓶（年供应量约5000t/a）以下的小型储配站占多数，一般认为日灌瓶量在3000瓶（年供应量约20000t/a）以上者属于大型储配站，其间为中型储配站。

通常，小型储配站的气源依靠汽车槽车运输，多半采用简易的灌装方法；大、中型储配站气源依靠铁路槽车运输或管道输送，有条件的沿海和内河港口可考虑槽船运输，并采用机械化灌装方法和选用自控仪表，以提高生产效率和降低劳动强度。当城市液化石油气供应规模很大时，必须远离城市中心区建立区域性液化石油气储存站，并符合有关选址和防火设计规定。

21.4.1　设计规模、站址选择及总平面布置原则

1. 设计规模

液化石油气储配站的设计规模指年或计算月平均日供应量。

液化石油气储配站的设计规模应根据城镇燃气专业规划、供气对象、供气户数、用气量指标和各类用户用气量分配比（%）等参数计算确定。

1）供气对象和供气户数

供气对象包括：居民、商业、工业用户和液化石油气燃料汽车等。

供应居民生活用气户数应根据供气区域内现状、规划人口数和气化率（%）确定。每户可按3～3.5人计。

2）用气量指标和用气量

① 居民用户用气量指标可根据统计资料或参考相近城市的用气量指标经分析后确定。

居民月用气量指标在北方地区可取13～15kg/(月·户)，南方地区可取15～20kg/(月·户)。

② 商业用户的用气量可根据当地商业用户现状和城市总体规划、城镇燃气专业规划指标确定。估算时，其用气量可取居民用气量的20%～30%。

③ 其他用户用气量可根据其他燃料的消耗量折算或参考同行业的用气量指标确定。

各类用气量指标也可按第3章确定燃气用气量指标有关方法得出。

3）设计规模计算

① 液化石油气年供气量由各类用户年用气量叠加计算。

居民和商业用户年用气量可按式（21-4-1）计算

$$q_a = 12m\varphi q_{hm}(1+c/100)\times 10^{-3} \quad (21\text{-}4\text{-}1)$$

式中　q_a——居民和商业用户年用气量，t/a；

m——居民用户户数，户；

φ——居民用户气化率；

q_{hm}——居民用户月用气量指标，kg/(月·户)；

c——商业用户用气量占居民用气量的百分比，%。

② 液化石油气计算月平均日供气量由各类用户计算月平均日用气量叠加计算。

居民和商业用户计算月平均日用气量按式（21-4-2）计算。

$$q_{\mathrm{d}}=\frac{K_{\mathrm{m}}m\varphi q_{\mathrm{hm}}(1+c/100)\times 10^{-3}}{30} \tag{21-4-2}$$

式中　q_{d}——居民及商业用户计算月平均日用气量，t/d；

K_{m}——用气月高峰系数，可取 1.2～1.3。

其余符号同前式。

4）液化石油气成分

可从气源厂或供应商索取。当由多渠道供气时，应综合分析后确定其设计成分。

5）设计温度和设计压力

① 设计温度：最高设计温度和最低设计温度根据当地历年极端最高和极端最低气温确定。

② 设计压力：液化石油气系统的设计压力可根据储罐设计压力或根据最高设计温度和液化石油气成分计算确定，一般取 1.6MPa。残液系统设计压力可取 1.0MPa。

2. 站址选择

储配站作为液化石油气供应基地，其站址选择原则如下：

① 液化石油气储配站的布局应符合城市总体规划的要求，其站址应远离城市居住区、村镇、学校、影剧院、体育馆等人员集中的地区、军事设施、危险物品仓库、飞机场、火车站、码头和国家文物保护单位等。

② 宜选择在所在地区的全年最小频率风向的上风侧，且应是地势平坦、开阔、不易积存液化石油气的地段。同时，应避开地震带、地基深陷、废弃矿井和其他不良地质地段。

③ 具有较好的水、电、道路等条件。采用铁路槽车运输时，尚应有较好的铁路接轨条件。

④ 站内储罐与基地外建筑物的防火间距应符合《液化石油气供应工程设计规范》GB 51142 和《建筑设计防火规范》GB 50016（2018 版）的有关规定，见表 21-1-2。

3. 总平面布置

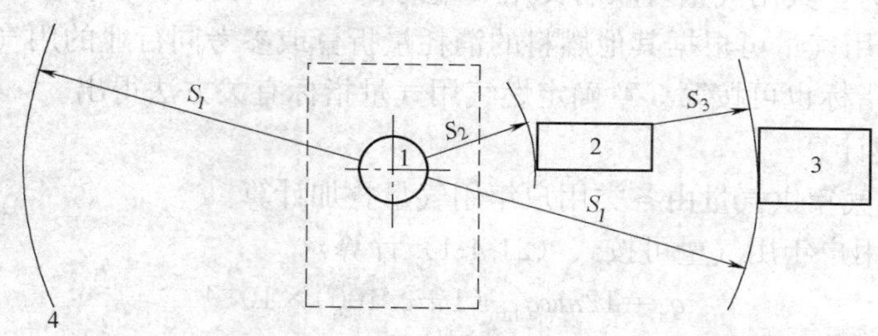

图 21-4-1　总平面分区关系示意图

1—储罐；2—灌瓶车间；3—辅助区设施；4—站外民用建筑设施界线；S_1、S_2、S_3—防火间距液化石油气储配基地的总平面布置原则如下：

① 基地的总平面必须按功能分区布置，即分为生产区和辅助区，见图 21-4-1。生产区宜布置在站区所在地区的全年最小频率风向的上风侧或上侧风侧。

总平面布置例见图 21-4-2。

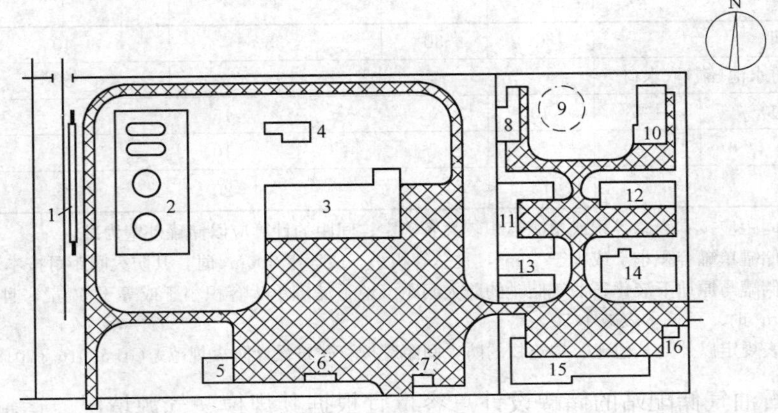

图 21-4-2 大型储配站总平面布置

1—铁路装卸线；2—罐区；3—灌瓶车间；4—压缩机、仪表控制室；5—油槽车库；6—汽车装卸台；7—门卫；8—变配电、水泵房；9—消防水池；10—锅炉房；11—空压机、机修间；12—钢瓶修理间；13—休息室；14—办公楼、食堂；15—汽车库；16—传达室

② 储罐区、灌装区和辅助区宜呈"一"字顺序排列。这样的排列既满足功能需要，又符合《液化石油气供应工程设计规范》GB 51142 和《建筑设计防火规范》GB 50016（2018 版）规定的防火间距的大小顺序要求，可节省用地，便于运行管理，又有发展余地，如图 21-4-2 所示。

③ 基地内储罐与站内建、构筑物的防火间距应符合表 21-4-1 的规定。

液化石油气储配基地的全压力式储罐与基地内建、构筑物的防火间距（m） **表 21-4-1**

总容积（m³）	≤50	>50～≤220	>220～≤500	>500～≤1000	>1000～≤2500	>2500～≤5000	>5000
单罐容积（m³） 项目	≤20	≤50	≤100	≤200	≤400	≤1000	—
明火、散发火花地点	45	50	55	60	70	80	120
天然气储罐	20	20	25	25	30	—	—
办公用房	25	30	35	40	50	60	75
灌瓶间、瓶库、压缩机室、仪表间、值班室	18	20	22	25	30	35	40
汽车槽车库、汽车槽车装卸台柱（装卸）、汽车衡及其计量室、门卫	18	20	22	25	30		40
铁路槽车装卸线（中心线）	—			20			30
空压机室、变配电室、柴油发电机房、新瓶库、真空泵房、备件库	18	20	22	25	30	35	40

续表

项目		总容积(m^3)	≤50	>50～≤200	>200～≤500	>500～≤1000	>1000～≤2500	>2500～≤5000	>5000
		单罐容积(m^3)	≤20	≤50	≤100	≤200	≤400	≤1000	—
汽车库、机修间			25	30	35		40		50
消防泵房、消防水池(罐)取水口			40				50		60
站内道路(路边)	主要		10	15					20
	次要		5	10					15
围墙			15	20					25

注：1. 防火间距应按本表总容积或单罐容积较大者确定；间距的计算应以储罐外壁为准；

2. 地下储罐单罐容积小于或等于 $50m^3$，且总容积小于或等于 $400m^3$ 时，其防火间距可按本表减少 50%；

3. 新建储罐与原地下液化石油气储罐的防火间距（地下储罐单罐容积小于或等于 $50m^3$，且总容积小于或等于 $4cm^3$ 时）可按本表减小 50%。

4. 与本表规定以外的其他建、构筑物的防火间距应按《建筑设计防火规范》GB 50016（2018 版）执行。

④ 液化石油气储配站的储罐设计总容量宜根据其规模、气源情况、运输方式和运距等因素确定。

液化石油气储配站储罐设计总容量超过 $3000m^3$ 时，宜将储罐分别设置在储存站和灌装站。灌装站的储罐设计容量宜取 1 周左右的计算月平均日供应量，其余为储存站的储罐设计容量。

储罐设计总容量小于 $3000m^3$ 时，可将储罐全部设置在储配站。

⑤ 消防措施。总平面布置应充分考虑消防措施的有效性和消防器材完备无缺。首先必须在生产区内有畅通无阻的消防通道，保证消防车灭火剂射程都能达到生产设施的各个角落。消防水源与液化石油气储罐夏季喷淋降温水可统筹安排，并满足消防取水、供水便利和满足规范所要求的与灭火时间相应的水量。

⑥ 平面交通。在生产区要有足够的迴车场地提供空、实瓶装卸运输，使行车流畅。液化石油气储配站的生产区应设置环形消防车道。消防车道宽度不应小于 4m。当储罐总容积小于 $500m^3$，可设置尽头式消防车道和面积不小于 12m×12m 的回车场。

液化石油气储配站的生产区和辅助区至少应各设置 1 个对外出入口。当液化石油气储罐总容积超过 $1000m^3$ 时，生产区应设置 2 个对外出入口，其间距不应小于 50m。对外出入口宽度不应小于 4m。

⑦ 安全保卫。由生产物品易燃易爆特性所决定，必须严格控制人流和车流，杜绝事故的发生，防患于未然。站区应设置 2m 以上的不燃烧体实体围墙，使生产区与外界和生产区与站内辅助区分隔；站内外之间或站内生产区与辅助区之间人、车过往联系必经岗哨取道，以避免因意外影响正常生产或分散生产操作人员的注意力。

⑧ 液化石油气储配站的生产区内严禁设置地下和半地下建、构筑物（寒冷地区的地下式消火栓和储罐区的排水管、沟除外）。生产区内的地下管（缆）沟必须填满干砂。站内生产过程对外界的影响，除了用安全防火间距隔离之外，还应该从设计上考虑一旦液化石油气的泄漏和逸出，能保证在城市有关消防单位的配合下，使一切事故得到有效控制，尽量缩小波及面。因此，站内外联系应考虑事故情况下车流负荷，并使外界救援手段能顺利地实施。

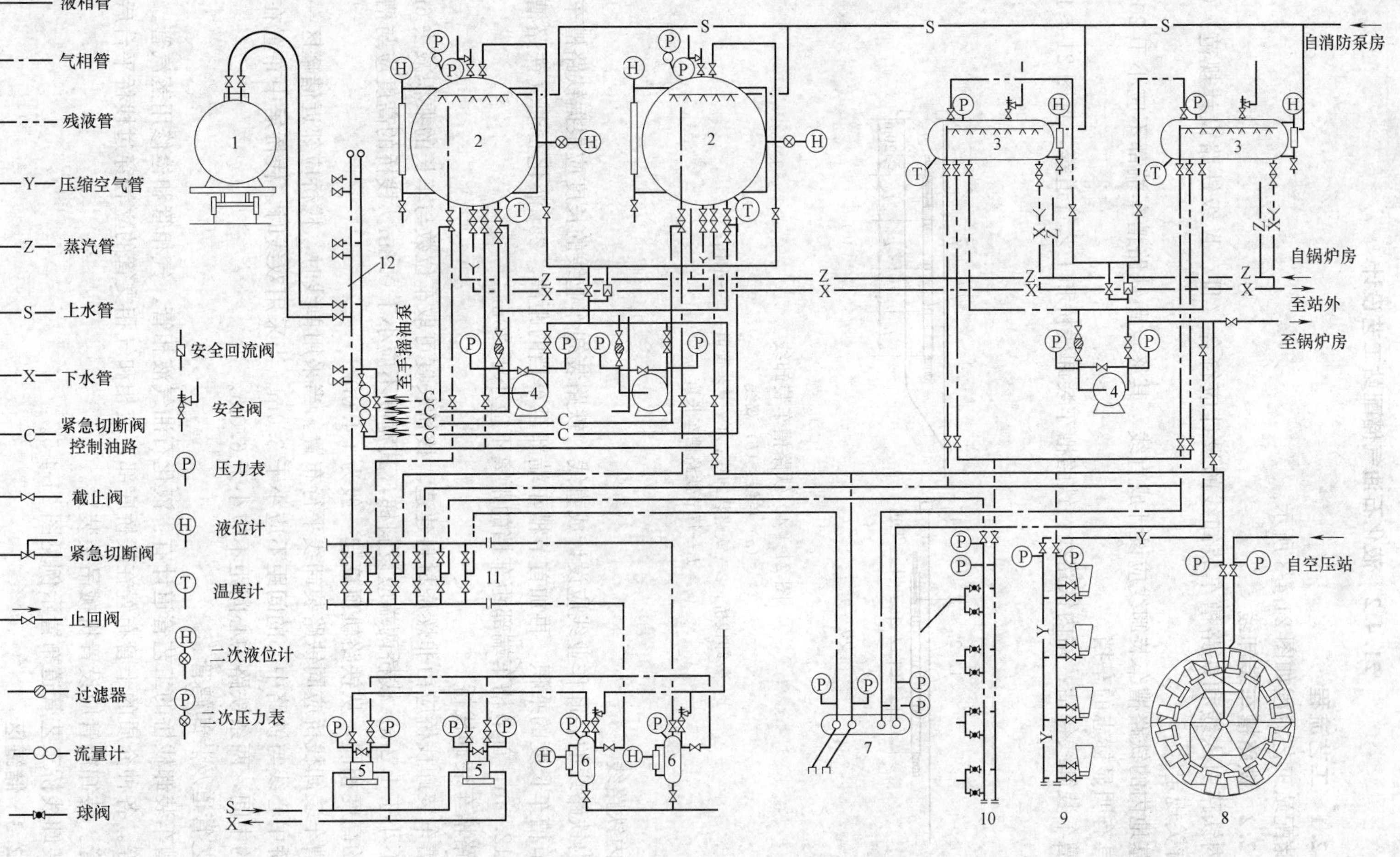

图 21-4-3　大型储配站工艺流程

1—铁路槽车；2—储罐；3—残液罐；4—泵；5—压缩机；6—分离器；7—汽车槽车装卸台；8—回转式灌瓶机；9—灌瓶秤；10—残液倒空嘴；11—气相阀门组；12—铁路槽车装卸栈桥及卸车管线

21.4.2　液化石油气储配站工艺设计

21.4.2.1　工艺流程

大型储配站工艺流程如图21-4-3所示。

21.4.2.2　铁路槽车装卸线

基地内铁路引入线和铁路槽车装卸线的设计应符合《Ⅲ、Ⅳ级铁路设计规范》GB 50012的有关规定。

储配基地内的铁路槽车装卸线应设计成直线、其终点距铁路槽车端部不应小于20m，并应设置具有明显标志的车挡。

铁路槽车装卸线包括：站内铁路线、铁路槽车装卸栈桥和工艺管道等，见图21-4-4。

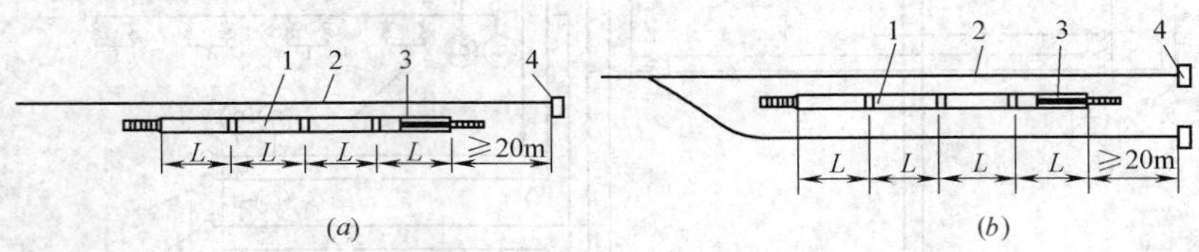

图21-4-4　铁路槽车装卸线

(a) 单线；(b) 双线

1—装卸栈桥；2—铁路装卸线；3—工艺管道；4—车挡；

L—每节铁路槽车长度

1. 站内铁路线

基地内铁路线的装卸作业线应设计成直线。铁路装卸作业线的长度应根据铁路槽车车位数和每节槽车长度的乘积，再加首节槽车端部至车挡的距离。25t液化石油气铁路槽车长度L为12.0m，首节槽车端部距车挡的距离不应小于20m。

2. 铁路槽车装卸栈桥

铁路槽车装卸栈桥应由非燃烧材料建造。栈桥长度可取车位数与车长的乘积减去6m，宽度一般不小于1.2m。栈桥两端应设斜梯，其宽度不应小于0.8m。栈桥的高度应与槽车操作平台的高度相同，从铁路轨顶算起一般为+4.0m。

铁路槽车装卸栈桥应同铁路装卸线平行布置。当采用单线时，栈桥应邻近储罐区一侧布置。栈桥中心线与铁路中心的间距不应小于3.0m。当采用双线时，栈桥居中布置在两条铁路线的中间，两条铁路中心间距不应小于6.0m。

3. 工艺管道及装卸鹤管

铁路槽车装卸栈桥的工艺管道计有：液化石油气液相管、气相管和检修用蒸汽管、压缩空气管等。各种介质的干管布置在栈桥底部，液相和气相支管的立管穿过栈桥平台后接有装卸鹤管。装卸鹤管应设置机械吊装装置。

铁路装卸栈桥工艺管道布置示例见图21-4-5。

21.4.2.3　储罐区

1. 储罐总容积、形式和台数

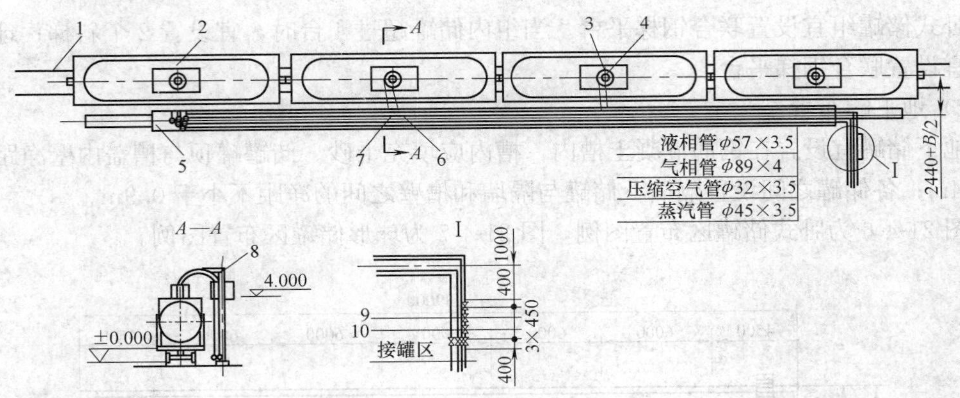

图 21-4-5 铁路栈桥工艺管道布置

1—铁路槽车装卸线；2—铁路槽车；3—液相管；4—气相管；5—装卸栈桥；6—液相鹤管；7—气相鹤管；8—鹤管吊架；9—过滤器；10—流量计

储罐设计总容积应根据设计规模、液化石油气来源和市场情况等因素确定其储存天数后，按下式计算

$$V_{\mathrm{T}}=\frac{q_{\mathrm{d}}\tau}{\rho_{\mathrm{L}}\varphi} \tag{21-4-3}$$

式中 V_{T}——储罐设计总容积；m^3；

q_{d}——计算月平均日供气量，t/d；

τ——储存天数，d；

φ——最高工作温度下储罐容积充装系数，最高工作温度为+40℃时，取 0.9；

ρ_{L}——最高工作温度下液化石油气液相密度，$\mathrm{t/m^3}$。

储罐形式和台数：全压式地上液化石油气储罐有两种形式，即球形和卧式圆筒形。

球形储罐单罐容积序列：$400\mathrm{m}^3$，$650\mathrm{m}^3$，$1000\mathrm{m}^3$，$2000\mathrm{m}^3$ 等。

卧式储罐单罐容积序列：$5\mathrm{m}^3$，$10\mathrm{m}^3$，$20\mathrm{m}^3$，$30\mathrm{m}^3$，$50\mathrm{m}^3$（$65\mathrm{m}^3$），$100\mathrm{m}^3$ 等。

采用储罐形式和台数根据设计总容积确定。为保证安全运行，节省投资和便于管理，台数不宜过多，但不应少于 2 台。

2. 储罐区的布置

1）地上罐布置

① 地上储罐之间的净距不应小于相邻较大罐的直径；

② 数个储罐的总容积超过 $3000\mathrm{m}^3$ 时，应分组布置，组与组之间相邻储罐的净距不应小于 20m；

③ 组内储罐宜采用单排布置；

④ 储罐组四周应设置高度为 1m 的非燃烧体实体防护堤；

⑤ 储罐与防护堤的净距：球形储罐不宜小于其半径，卧式储罐不宜小于其直径，操作侧不宜小于 3.0m；

⑥ 防护围墙内储罐超过 4 台时，至少应设置 2 个过梯，且应分开布置；

⑦ 地上储罐应设置钢梯平台，其设计要符合下列要求：

卧式储罐组宜设置联合钢梯平台。当组内储罐超过 4 台时，宜设置 2 个斜梯；球形储罐组宜设置联合钢梯平台。

2）地下罐布置

地下储罐宜设置在钢筋混凝土槽内，槽内应填充干砂。储罐罐顶与槽盖内壁净距不小于 0.4m；各储罐之间设置隔墙，储罐与隔墙和槽壁之间的净距不小于 0.9m。

图 21-4-6 为卧式储罐区布置图例，图 21-4-7 为球形储罐区布置图例。

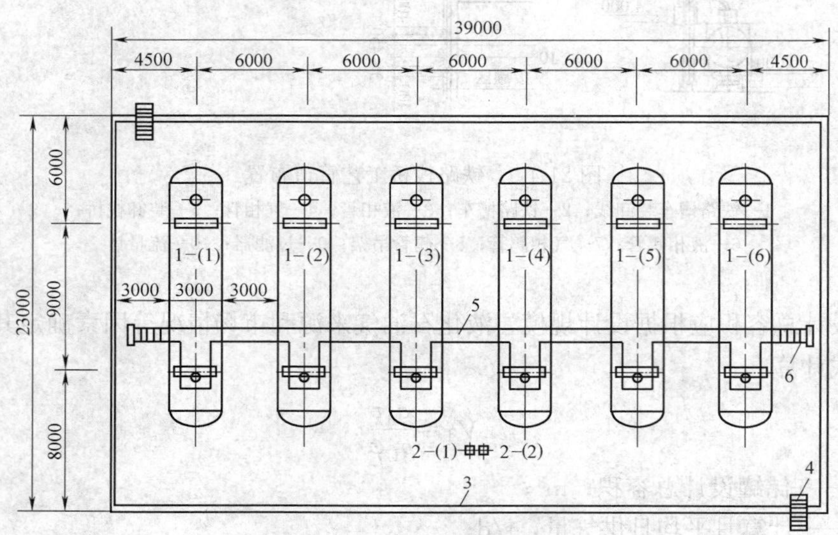

图 21-4-6　卧式储罐区布置图

1—100m³ 卧式储罐；2—烃泵；3—防护墙；4—过梯；5—钢梯平台；6—斜梯

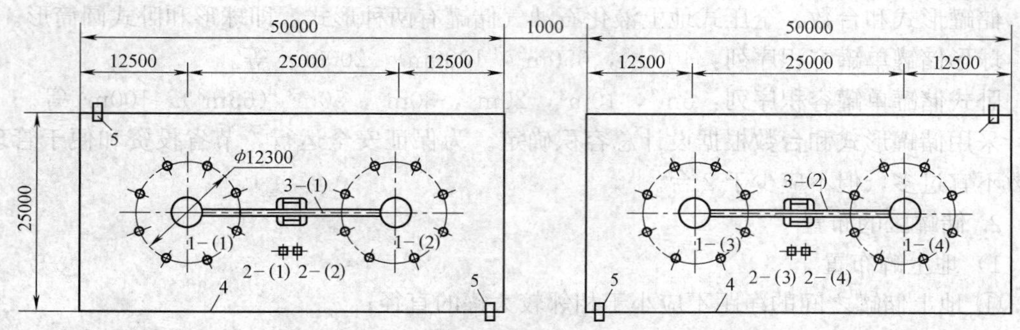

图 21-4-7　球形储罐区布置图

1—1000m³ 球形储罐；2—烃泵；3—联合钢梯平台；4—防护墙；5—过梯

3）泵的设置

液化石油气泵宜靠近储罐露天布置，当设置泵房时，液化石油气储罐与所属泵房的间距不应小于 15m。当泵房面向储罐一侧的外墙采用无门窗洞口的防火墙时，其间距可减少至 6m。

液化石油气宜采用屏蔽泵，其安装高度应保证不使其发生气蚀，并采取防止振动的措施。

液化石油气泵进、出口管段上阀门及附件的设置（见图 21-4-8）应符合下列要求：

① 泵进、出口管应设置操作阀和放气阀；

② 泵进口管应设置过滤器；

③ 泵出口管位设置止回阀，并设置液相安全回流阀。

对于灌瓶泵：大型灌瓶站一般选择离心式烃泵，其灌瓶压力一般取 1.0～1.2MPa，泵的排量根据灌瓶装置的灌瓶能力确定，而小型灌瓶站可选择容积式烃泵。

对于灌装槽车烃泵：灌装槽车所需烃泵流量较大，一般选择离心式烃泵。烃泵扬程可取 0.5MPa 左右，流量则根据同时灌装车辆数（容积）和灌装时间确定。

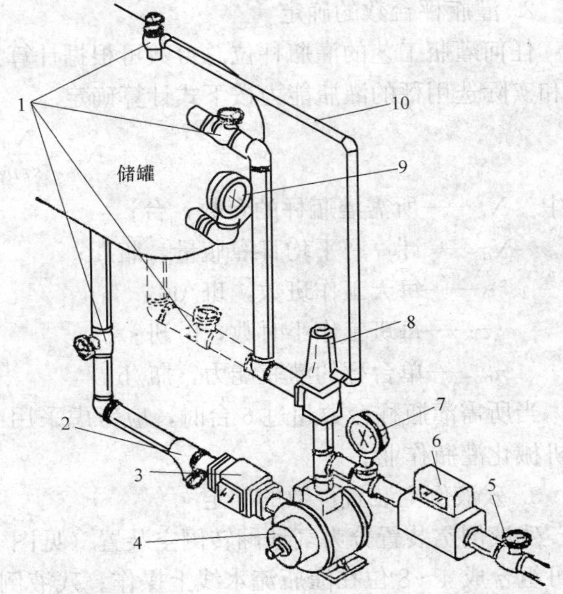

图 21-4-8 典型的泵—罐连接示意图

1—截止阀；2—过滤器；3—溢流阀；4—泵；5—出口截止阀；6—流量计；7—出口压力表；8—安全回流旁通阀；9—储罐压力表；10—平衡管

21.4.2.4 灌瓶车间和储瓶库

1. 日灌瓶量的确定

灌瓶间和瓶库的主要任务是接收空瓶，经检斤、倒残液后进行灌瓶，再经检漏、检斤合格后外运或送入瓶库。以灌装 15kg 家用标准钢瓶为例，日灌瓶量可按下式计算：

$$N_{\mathrm{d}}=\frac{K_{\mathrm{m}}mq_{\mathrm{hm}}}{30q} \tag{21-4-4}$$

式中 N_{d}——计算月平均日灌瓶量，瓶/d；

K_{m}——月用气高峰系数，可取 1.2～1.3；

m——供气户数，户；

q_{hm}——居民用气量指标，kg/(月·户)

q——单瓶灌装质量，取 15kg/瓶。

布置在灌瓶车间的主要设备有：

灌瓶秤、灌装转盘、链式输送机及其配套设备。

① 灌瓶秤：灌瓶秤按灌瓶质量区分有 50kg、15kg、5kg 和 2kg4 种。15kg 灌瓶秤灌瓶能力 30～40 瓶/h，50kg 灌瓶秤灌瓶能力 15～20 瓶/h。

② 灌装转盘：灌装转盘按计算月平均日灌瓶量和工作时数确定的小时灌装能力(瓶/h)，再根据专业厂家提供的样本选型。

③ 链式输送机及其流水线上配套设备应根据规模和资金能力确定。专业厂家配合向设计方提供技术参数和选型要求。

2. 灌瓶秤台数的确定

任何灌瓶工艺的灌瓶秤位总台数可根据计算月平均日灌瓶量、工作班次、每班工作时间和实际选用秤的灌瓶能力按下式计算确定

$$N_c=\frac{N_d}{s\tau n_p} \tag{21-4-5}$$

式中　N_c——所需灌瓶秤的台数，台；

N_d——计算月平均日灌瓶量，瓶/d；

s——每天工作班数，班/d；

τ——每班工作小时数，h/班；

n_p——单台秤的灌瓶能力，瓶/h。

当所需灌瓶秤台数超过 6 台时，应考虑采用半机化灌瓶作业。超过 12 台时，考虑采用机械化灌瓶作业。

3. 残液倒空装置位数的确定

残液倒空装置分为气动翻转倒空装置（见图 21-3-17）和简易手动翻转式倒空架，前者可组合成 4～8 位在灌瓶流水线上操作。残液倒空装置位数根据每天需进行残液倒空的气瓶数量和每位倒空架的残液倒空能力，按下式计算：

$$N_j=\frac{N_{cp}}{s\tau n_c} \tag{21-4-6}$$

式中　N_j——残液倒空装置的位数，台；

N_{cp}——日残液倒空瓶数，可根据运行经验确定。按季节不同，可取气瓶每周转 3～5 次倒空 1 次，瓶/d；

s——生产班制，班/d；

τ——每班工作小时数，h/班；

n_c——倒空架倒空能力，一般取 20～30 瓶/(h·台)。

4. 灌瓶间的工艺布置

灌瓶间的工艺应根据灌瓶设备配置情况、存瓶数量，并考虑便于灌瓶、运瓶作业等因

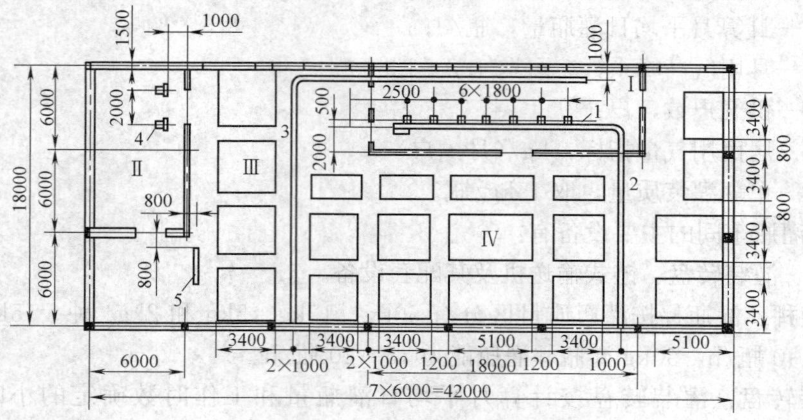

图 21-4-9　2000 瓶/d 灌瓶车间布置示例

Ⅰ—民用灌瓶间；Ⅱ—其他用户灌瓶间；Ⅲ—空瓶间；Ⅳ—实瓶区；

1、4—灌瓶秤；2—实瓶运输机；3—空瓶运输机；5—残液倒空架

素进行布置。

气瓶应按实瓶和空瓶分区、分组码放。根据运行经验可单层或双层码放。

总存瓶量可取计算月平均日供应量的 1～2d 的瓶数。当存瓶量超过 3000 瓶时，宜考虑另设置瓶库。

日灌瓶量 2000 瓶/d 的灌瓶车间布置示例见图 21-4-9。

灌瓶间的气瓶装卸平台前应有较宽敞的汽车回车场地。灌瓶间和瓶库与站内建筑物的防火间距不应小于表 21-4-2 的规定。

灌瓶间和瓶库存与站内建筑物的防火间距（m） 表 21-4-2

项目 \ 总存瓶量(t)		≤10	>10～≤30	>30
明火、散发火花地点		25	30	40
办公用房		20	25	30
铁路槽车装卸线(中心线)		20	25	30
汽车槽车库、汽车槽车装卸台柱(装卸口)、汽车衡及其计量室、门卫		15	18	20
压缩机室、仪表间、值班室		12	15	18
空压机室、变配电室、柴油发电机房		15	18	20
机修间、汽车库		25	30	40
新瓶库、真空泵房、备件库等非明火建筑		12	15	18
消防泵房、消防水池(罐)取水口		25	30	
站内道路(路边)	主要	10		
	次要	5		
围墙		10	15	

注：1. 总存瓶量应按实瓶存放个数和单瓶充装质量的乘积计算；
2. 瓶库与灌瓶间之间的距离不限；
3. 计算月平均日灌瓶量小于 700 瓶的灌瓶站，其压缩机室与灌瓶间可合建成一幢建筑物，但其间应采用无门、窗洞口的防火墙隔开；
4. 当计算月平均日灌瓶量小于 700 瓶时，汽车槽车装卸柱可附设在灌瓶间或压缩机室外墙的一侧，外墙应是无门、窗洞口的防火墙。

21.4.2.5 液化石油气压缩机室

液化石油气压缩机担负着装卸槽车、倒罐和残液倒空作业等任务。它是铁路槽车装卸栈桥、储罐区、灌瓶间和汽车槽车装卸台等气相管道的联系枢纽。为了便于操作，一般将上述各装置气相管道的操作阀门集中布置在压缩机室内组合成阀门组。

1. 压缩机的选择

按卸车公式（21-2-1）计算应有的液化石油气压缩机排气量。

根据卸车所需压缩机的排气量即可选择压缩机，参见表 21-2-3，其台数一般不少于 2 台。

2. 压缩机室的布置

压缩机室的布置主要考虑便于操作、安装、检修。

① 进、出口应设置阀门；

② 进口应设置过滤器；

③ 出口应设置止回阀和安全阀；

④ 进、出口管之间设置旁通管及旁通阀；

⑤ 压缩机机组间的净距不宜小于1.5m；

⑥ 机组操作侧与内墙的净距不宜小于2.0m；其余各侧与内墙的净距不宜小于1.2m；

⑦ 安全阀应设置放散管；

⑧ 气相阀门组设置在与储罐、设备及管道连接方便和便于操作的地点；

⑨ 压缩机室设备平面布置见图21-4-10，机房应符合建、构筑物的防水、防爆和抗震的要求，满足消防给水、排水及电气安装的相关规定。

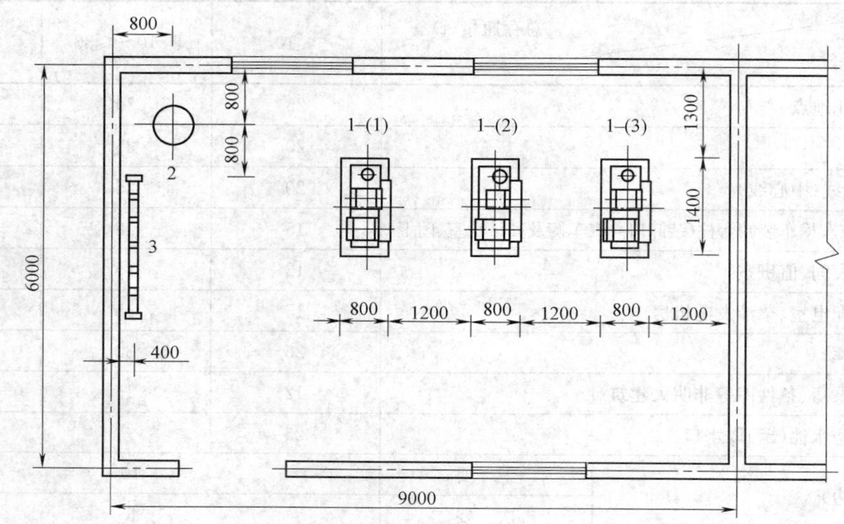

图21-4-10　压缩机室设备平面布置图

1—(1)～1—(3)—液化石油气压缩机；2—稳压罐；3—气相阀门组

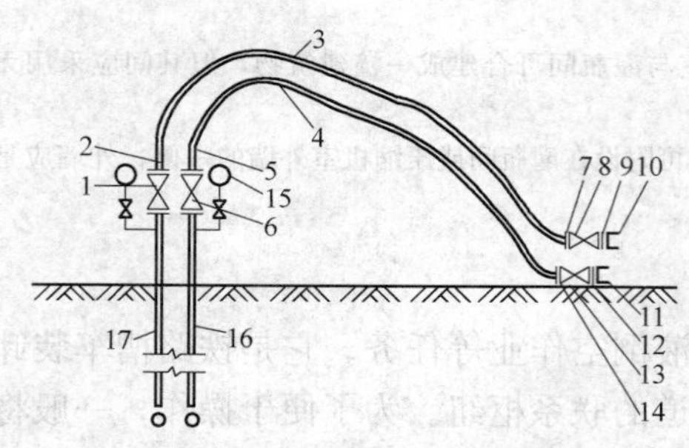

图21-4-11　装卸柱的管路连接

1—*DN*25截止阀加拉断阀；2—*DN*25高压胶管法兰接头；3—$\phi 37 \times 6$高压胶管；4—$\phi 66 \times 7.5$高压胶管；5—*DN*50高压胶管法兰接头；6—*DN*50截止阀加拉断阀；7—G1″高压胶管螺纹接头；8—*DN*25截止阀；9—G1″六角内接头；10—G1″快装接头承口；11—G2″快装接头承口；12—G2″六角内接头；13—*DN*50截止阀；14—G2″高压胶管螺纹接头；15—压力表；16—液相管；17—气相管

21.4.2.6　汽车槽车装卸台（柱）

汽车槽车装卸台通常设置罩棚，其净高度比汽车槽车高度高0.5m，每座装卸台一般设置2组装卸柱，装卸柱之间距离可取4.0～6.0m。

汽车装卸柱配置数量根据日装卸槽车数量确定。

为节约土地和便于运行，装卸台可附设在汽车槽车库外墙一侧。小型液化石油气灌站可将其设置在压缩机室外墙一侧。汽车槽车装卸柱由气、液相装卸管组成。装卸管有两种：一种是汽车槽车用装卸胶管总成，另一种是汽车槽车用装卸臂。

汽车槽车装卸台柱的装卸接头应采用与汽车槽车配套的快装接头，其接头与装卸管之间应设置阀门，装卸管上宜设置拉断阀，如图21-4-11

所示。

21.4.2.7 站区管道

1. 管材

站内液化石油气管道应采用无缝钢管，并应符合《输送流体用无缝钢管》GB/T 8163的有关规定或采用不低于上述标准相关技术要求的国家标准的有关规定的无缝钢管。站内管道管材其他设计要求参阅第 20 章 20.2.4 节内容。

2. 阀门和附件

站内液化石油气储罐、容器和管道系统上配置的阀门及附件的公称压力应高于其设计压力。

液化石油气储罐、容器、设备和管道上严禁采用灰口铸铁阀门及附件，在严寒和寒冷地区（≤−10℃）应采用钢质阀门及附件。阀门及附件应采用液化石油气专用产品。在管道系统上采用耐油胶管时，其最高允许工作压力不应小于 6.4MPa。站内阀门及附件其他设计要求参阅第 20 章 20.2.4 节内容。

3. 管道布置和敷设

站区工艺管道布置应走向简捷。尽量采用地上单排低支架敷设，其管底与地面的净距可取 0.3m 左右。跨越道路采用高支架时，其管底与地面的净距不应小于 4.5m。当采用支架敷设时，应考虑温度补偿。

管道局部埋地敷设时，其管顶距地面不应小于 0.9m，应在冰冻线以下，并进行绝缘防腐。

4. 管道安全阀配置通用公式。

对地上敷设的液化石油气管道，需在可能封闭的管段上安装管道安全阀，可按下列管道安全阀配置通用公式[10]选用：

$$d_s = 0.035\sqrt{D_m L} \tag{21-4-7}$$

式中 d_s——管道安全阀阀口直径，mm；

D_m——液态液化石油气管道内径，mm；

L——液态液化石油气管道封闭管道长度，m。

【例 21-4-1】 计算 $D_m=80$mm，$L=100$m 的液态丙烷管道管段需配置的管道安全阀阀口直径。

【解】 按（21-4-7）式：

$d_s=0.035\sqrt{80\times100}=3.13$mm。根据 d_s 可选用液相安全阀或微启式安全阀。设在液相管道封闭的管段的最高点。

21.4.3 辅助区设计

辅助区包括生产、生活管理及生产辅助建、构筑物。生产、生活管理部分包括：办公室、休息室、传达室、医务室等；维修部分包括：机修车间、电气焊、角阀和钢瓶修理、新瓶库、材料库等；动力部分包括：变配电室、水泵房、锅炉房、空压机室等；汽车队用建、构筑物包括：车库、加油设备、洗车台等。

在布置辅助区时，带明火的建筑应布置在离甲类生产区较远处。凡可以合并的应设计成一幢建筑物，以节约用地。

1. 生产管理及生活用房

可集中设计成一幢综合楼，布置在靠近辅助区的对外出入口处。

2. 维修用房

多为平房，宜建在一起，并形成统一的室外操作场地。同时要兼顾与生产区的运输联系。

大型储配站的钢瓶修理间，在有条件时，可合设于制瓶厂内；否则，宜单独布置成一个小区，并应留有充分的存放新、旧钢瓶及其他配件的场地和库房位置。

液化石油气储配站和灌装站宜配置备用气瓶，其数量可取总供应户数的2%左右。

新瓶库和真空泵房应设置在辅助区。新瓶和检修后的气瓶首次灌瓶前应将其抽至80kPa真空度以上。

3. 动力用房

宜布置在负荷中心距出入口较远、人员活动较少的地方。

① 锅炉房属于丁类建筑物，但使用液化石油气做燃料的锅炉房，并附设中间罐和气化器等甲类附属设备时，这部分房间或设备与其他建、构筑物的防火间距应按甲类厂房考虑。

使用液化石油气或残液做燃料的锅炉房，其附属储罐设计总容积不大于10m³时，可设置在独立的储罐室内，并应符合下列规定：

储罐室与锅炉房之间的防火间距不应小于12m，且面向锅炉房一侧的外墙应采用无门窗洞口的防火墙；

储罐室与站内其他建、构筑物之间的防火间距不应小于15m；

储罐室内储罐的布置可按工业企业内液化石油气气化站的规定执行；

设置非直火式气化器的气化间可与储罐室毗连，但其间应采用无门窗洞口的防火墙。

② 消防水泵房：罐的喷淋降温用水以及站内的消防用水均由水泵房供给，因此应布置在远离罐区并处于罐区上风向的地方，尽量避免受到罐区发生事故的影响。

为满足消防用水需要，一般须设消防水池。消防水池的位置应能使消防车靠近，便于直接取水。

③ 变配电室：变配电室应设在全站用电负荷中心，并便于进线的地方。站区线路一律采用地下铠装电缆敷设。站外电源引入线应选择在远离罐区的上风向一侧。当该段线路与灌装区及罐区平行并距离较近时，也应采用地下铠装电缆敷设，以保安全。如灌装区不另设配电室，总配电室可布置在贴近灌装区处，并向灌装区直接开便门，以利日常管理。

④ 空压机室：压缩空气主要供罐区仪表、气动灌瓶秤及其他用气设备等使用，为靠近负荷中心，空压机室似应设在灌装区，但由于灌装区空气易受污染，所附再生干燥系统多采用电加热，难以防爆。因此，空压机室宜设在辅助区邻近灌装区一侧。

4. 汽车库

汽车库应设回车、洗车场地和配备相应的加油、充电、洗车、修理等设施。车队在管理上有相对的独立性，应单独布置成一个小区。大型储配站也可以将车队设在站外，但位置应尽量靠近储配站。

21.4.4 液化石油气储配站的安全技术

21.4.4.1 检测仪表的设置

1. 储罐仪表的设置要求

① 应设置就地指示的液位计、压力表；

② 全压力式储罐小于 3000m³ 时，就地指示液位计宜采用能直接观测储罐全液位的液位计；

③ 应设置远传显示的液位计和压力表，且应设置液位上、下限报警装置和压力上限报警装置；

④ 宜设置温度计。

2. 气液分离器、容积式气化器仪表的设置要求

液化石油气气液分离器和容积式气化器等应设置直观式液位计和压力表。

3. 其他仪表的设置要求

液化石油气泵、压缩机、气化、混气和调压、计量装置的进、出口应设置压力表。

4. 报警器的设置要求

液化石油气供应站应设置燃气浓度检测报警系统和视屏监视系统。报警器应设在值班室或仪表间等有值班人员的场所。检测报警系统的设计应符合《石油化工可燃气体和有毒气体检测报警设计规范》GB 50493 和《城镇燃气报警控制系统技术规程》CJJ/T 146 的有关规定。

瓶组气化站和瓶装液化石油气供应站可采用手提式燃气浓度检测报警器。报警器的报警浓度值应定为可燃气体爆炸下限的 20%。

21.4.4.2 建构筑物的防火、防爆和抗震要求

1. 防火防爆要求

具有爆炸危险的建、构筑物的防火、防爆设计应符合下列要求：

① 建筑物耐火等级不应低于二级；

② 门、窗应向外开；

③ 封闭式建筑应采取泄压措施，其设计应符合《建筑设计防火规范》GB 50016 的有关规定；

④ 地面面层应采用撞击时不产生火花的材料，其技术要求应符合《建筑地面工程施工质量验收规范》GB 50209 的规定。

2. 通风要求

具有爆炸危险的封闭式建筑应采取良好的通风措施。事故通风量每小时换气不应小于 12 次。

当采用自然通风时，其通风口总面积按每平方米房屋地面面积不应少于 300cm² 计算确定。通风口不应少于 2 个，并应靠近地面设置。

3. 建筑要求

灌瓶间及附属瓶库、汽车槽车库、瓶装供应站的瓶库等宜采用敞开或半敞开式建筑。

4. 结构要求

具有爆炸危险的建筑，其承重结构应采用钢筋混凝土或钢框架、排架结构。钢框架和钢排架应采用防火保护层。

5. 储罐基础要求

液化石油气储罐应牢固地设置在基础上。

卧式储罐的支座应采用钢筋混凝土支座。球形储罐的钢支柱应采用非燃烧隔热材料保

护层，其耐火极限不应低于 2h。

6. 抗震要求

在地震烈度为 7 度和 7 度以上的地区建设液化石油气供应工程时，其建、构筑物的抗震设计应符合《建筑抗震设计规范》GB 50011（2016 年版）和《构筑物抗震设计规范》GB 50191 的规定。

21.4.4.3 站区消防

① 液化石油气储配站、储存站、灌装站、气化站和混气站在同一时间内的火灾次数应按一次考虑，其消防用水量应按储罐区一次最大小时消防用水量确定。

② 液化石油气储罐区消防用水量应按其储罐固定喷水冷却装置和水枪用水量之和计算，并应符合下列要求：

A. 储罐总容积大于 $50m^3$ 或单罐容积大于 $20m^3$ 的液化石油气储罐、储罐区和设置在储罐室内的小型储罐应设置固定喷水冷却装置。固定喷水冷却装置的用水量应按储罐的保护面积与冷却水供水强度的乘积计算确定。着火储罐的保护面积按其全表面积计算；距着火储罐直径（卧式储罐按其直径和长度之和的一半）1.5 倍范围内（范围的计算应以储罐的最外侧为准）的储罐按其全表面积的一半计算；

冷却水供水强度不应小于 $0.15L/(s \cdot m^2)$。

B. 水枪用水量不应小于表 21-4-3 的规定。

C. 地下液化石油气储罐可不设置固定喷水冷却装置，其消防用水量应按水枪用水量确定。

水枪用水量 表 21-4-3

总容积(m^3)	≤500	>500～≤2500	>2500
单罐容积(m^3)	≤100	≤400	>400
水枪用水量(L/s)	20	30	45

注：1. 水枪用水量应按本表储罐总容积或单罐容积较大者确定。
2. 储罐总容积小于或等于 $50m^3$，且单罐容积小于或等于 $20m^3$ 的储罐或储罐区，可单独设置固定喷水冷却装置或移动式水枪，其消防用水量应按水枪用水量计算。

③ 液化石油气储配站、储存站、灌装站、气化站和混气站的消防给水系统应包括：消防水池（罐或其他水源）、消防水泵房、给水管网、地上式消火栓和储罐固定喷水冷却装置等。

消防给水管网应布置成环状，向环状管网供水的干管不应少于两根。当其中一根发生故障时，其余干管仍能供给消防总用水量。

④ 消防水池的容量应按火灾连续时间 6h 所需最大消防用水量计算确定。当储罐总容积小于或等于 $220m^3$，且单罐容积小于或等于 $50m^3$ 的储罐或储罐区，其消防水池的容量可按火灾连续时间 3h 所需最大消防用水量计算确定。当火灾情况下能保证连续向消防水池补水时，其容量可减去火灾连续时间内的补水量。

⑤ 消防水泵房的设计应符合《建筑设计防火规范》GB 50016（2018 版）的有关规定。

⑥ 液化石油气球形储罐固定喷水冷却装置宜采用喷雾头。卧式储罐固定喷水冷却装置宜采用喷淋管。储罐固定喷水冷却装置的喷雾头或喷淋管的管孔布置，应保证喷水冷却时将储罐表面全覆盖（含液位计、阀门等重要部位）。

液化石油气储罐固定喷水冷却装置的设计和喷雾头的布置应符合《水喷雾灭火系统技术规范》GB 50219 的规定。

⑦ 储罐固定喷水冷却装置出口的供水压力不应小于 0.2MPa。水枪出口的供水压力：对球形储罐不应小于 0.35MPa，对卧式储罐不应小于 0.25MPa。

⑧ 液化石油气储配站、储存站、灌装站、气化站和混气站生产区的排水系统应采取防止液化石油气排入其他地下管道或低洼部位的措施。

⑨ 液化石油气站内干粉灭火器的配置除应符合表 21-4-4 的规定外，还应符合《建筑灭火器配置设计规范》GB 50140 的规定。

干粉灭火器的配置数量　　表 21-4-4

场　　所	配 置 数 量
铁路槽车装卸栈桥	按槽车车位数，每车位设置 8kg、2 具，每个设置点不宜超过 5 具
储罐区、地下储罐组	按储罐台数，每台设置 8kg、2 具，每个设置点不宜超过 5 具
储罐室	按储罐台数，每台设置 8kg、2 具
汽车槽车装卸台柱（装卸口）	8kg 不应少于 2 具
灌瓶间及附属瓶库、压缩机室、烃泵房、汽车槽车库、气化间、混气间、高压计量间、瓶组间和瓶装供应站的瓶库等爆炸危险性建筑	按建筑面积，每 $50m^2$ 设置 8kg、1 具，且每个房间不应少于 2 具，每个设置点不宜超过 5 具
其他建筑（变配电室、仪表间等）	按建筑面积，每 $80m^2$ 设置 8kg、1 具，且每个房间不应少于 2 具

注：1. 表中 8kg 指手提式干粉型灭火器的药剂充装量。
2. 根据场所具体情况可设置部分 35kg 手推式干粉灭火器。

21.4.4.4　电气要求

① 液化石油气储配站、储存站、灌装站内消防水泵、消防应急照明和液化石油气气化站、混气站的供电系统设计应符合《供配电系统设计规范》GB 50052“二级负荷”的规定，液化石油气储配站、储存站、灌装站其他电气设备的供电系统可为三级负荷。

② 液化石油气供应站具有爆炸危险场所的电力装置设计应符合《爆炸危险环境电力装置设计规范》GB 50058 的规定，其用电场所爆炸危险区域等级和范围的划分宜符合该规范附录 A 的规定。

③ 液化石油气供应站具有爆炸危险的建筑物的防雷设计应符合《建筑物防雷设计规范》GB 50057 中“第二类防雷建筑物”的有关规定。

④ 液化石油气供应站等静电接地设计应符合《石油化工企业设计防火标准》GB 50160 和《石油化工静电接地设计规范》SH/T 3097 的规定。

21.4.4.5　通信和绿化要求

① 液化石油气供应站内至少应设置 1 台直通外线的电话。

年供应量大于 10000t 的液化石油气储配站和供应居民 50000 户以上的气化站、混气站内宜设置电话机组。

② 在具有爆炸危险场所使用的电话应采用防爆型。

③ 液化石油气供应站内的绿化应符合下列要求：

A. 生产区内严禁种植易造成液化石油气积存的植物；

B. 生产区四周和局部地区可种植不易造成液化石油气积存的植物；

C. 生产区围墙2m以外可种植乔木；

D. 辅助区可种植各类植物。

21.5 瓶装液化石油气供应站及其用户

21.5.1 瓶装液化石油气供应站

① 瓶装液化石油气供应站（简称瓶装供应站）应按其气瓶总容积V分为三类，并应符合表21-5-1的规定。

瓶装液化石油气供应站的分级　　表21-5-1

名　称	气瓶总容积(m^3)
Ⅰ类站	$6<V\leqslant 20$
Ⅱ类站	$1<V\leqslant 6$
Ⅲ类站	$V\leqslant 1$

注：气瓶总容积按实瓶个数和单瓶几何容积的乘积计算。

② Ⅰ、Ⅱ类瓶装供应站的瓶库宜采用敞开或半敞开式建筑。瓶库内的气瓶应分区存放，即分为实瓶区和空瓶区。

③ Ⅰ类瓶装供应站出入口一侧的围墙可设置高度不低于2m的非燃烧体非实体围墙，其底部实体部分高度不应低于0.6m，其余各侧应设置高度不低于2m的非燃烧材料实体围墙。

Ⅱ类瓶装供应站的四周宜设置非实体围墙，其底部实体部分高度不应低于0.6m。围墙可采用非燃烧材料。

④ Ⅰ、Ⅱ类瓶装供应站的瓶库与站外建筑物及配合的防火间距不应小于表21-5-2的规定。

Ⅰ、Ⅱ级瓶装供应站的瓶库与站外建筑物及道路的防火间距(m)　　表21-5-2

项目 \ 气瓶总容积(m^3) \ 名称		Ⅰ类站		Ⅱ类站	
		$>10\sim\leqslant 20$	$>6\sim\leqslant 10$	$>3\sim\leqslant 6$	$>1\sim\leqslant 3$
明火、散发火花地点		35	30	25	20
其他民用建筑		15	10	8	6
重要公共建筑、一类高层民用建筑		25	20	15	12
道路(路边)	主　要	10		8	
	次　要	5		5	

注：气瓶总容积按实瓶个数与单瓶几何容积的乘积计算。

⑤ Ⅰ类瓶装供应站的瓶库与修理间、办公用房的防火间距不应小于10m。

营业室可与瓶库的空瓶区侧毗连，但应采用无门窗洞口的防火墙隔开。

⑥ Ⅱ类瓶装供应站由瓶库和营业室组成。两者可合建成一幢建筑，其间应采用无门窗洞口的防火墙隔开。

⑦ Ⅲ类瓶装液化石油气供应站可将瓶库设置在与建筑物（住宅、重要公共建筑和高层民用建筑及裙房除外）外墙毗连的单层专用房间，并应符合下列要求：

A. 房间的设置应按瓶组气化站的瓶组间（$V<1m^3$）的要求执行；

B. 室内地面的面层应是撞击时不发生火花的面层；

C. 相邻房间应是非明火、非散发火花地点；

D. 照明灯具和开关及其他电气设备应采用防爆型；

E. 配置燃气浓度检测报警器，报警装置应集中设置在值班室，并应有泄漏报警远传系统；

F. 至少应配置 8kg 干粉灭火器 2 具；

G. 与道路的防火间距应符合表 21-5-2 中对Ⅱ类瓶装供应站的规定；

H. 非营业时间瓶库内存有液化石油气气瓶时，应有人值班。若无人值守，应设置远程无人值守安全防护系统。

21.5.2 用　　户

① 居民用户使用的液化石油气气瓶应设置在非居住房间内，且室温不应高于 45℃。

② 居民用户室内液化石油气气瓶的放置应符合下列要求：

A. 气瓶不得设置在地下室、半地下室或通风不良的场所；

B. 气瓶与燃具的净距不应小于 0.5m；

C. 气瓶与散热器的净距不应小于 1m，当散热器设置隔热板时，可减少到 0.5m。

③ 单户居民用户使用的气瓶设置在室外时，宜设置在贴邻建筑物外墙的专用小室内。

④ 商业用户使用的气瓶组严禁与燃气燃烧器具布置在同一房间内。瓶组间的设置应符合瓶组气化站的有关规定。

21.6 液化石油气汽车加气站

21.6.1 汽车加气站规模

《汽车加油加气站设计与施工规范》GB 50156（2014 年版）规定将 LPG 加气站分为两类，即单一型 LPG 汽车加气站及汽车加油加气合建站。汽车加油加气站属危险性设施，又主要建在人员稠密地区，所以必须做到安全可靠。LPG 加气站不应与 CNG/LNG 加气站合建。

LPG 汽车可由市政统建的单一型 LPG 汽车加气站或与汽车加油加气合建站供气。通常 LPG 是按合同由附近液化石油气储配站用汽车槽车运输而来。

单一型 LPG 汽车加气站的规模大小按表 21-6-1 的规定划分，汽车加油加气（LPG）合建站的规模大小按表 21-6-2 的规定划分。

LPG 汽车加气站的等级划分　　**表 21-6-1**

级　别	液化石油气（m^3）	
	总容积	单罐容积
一级	$45<V\leqslant60$	$\leqslant30$
二级	$30<V\leqslant45$	$\leqslant30$
三级	$V\leqslant30$	$\leqslant30$

注：V 为液化石油气罐总容积。

LPG 汽车加油加气合建站的等级划分　　**表 21-6-2**

合建站等级	LPG 储罐总容积（m^3）	LPG 储罐总容积与油品储罐总容积合计（m^3）
一级	$V\leqslant45$	$120<V\leqslant180$
二级	$V\leqslant30$	$60<V\leqslant120$
三级	$V\leqslant20$	$V\leqslant60$

注：1. 柴油罐容积可折半计入油罐总容积。

2. 当油罐总容积大于 $90m^3$ 时，油罐单罐容积不应大于 $50m^3$；当油罐总容积小于或等于 $90m^3$ 时，油罐单罐容积不应大于 $30m^3$。柴油罐单罐容积不应大于 $30m^3$。

3. 液化石油气罐单罐容积不应大于 $30m^3$。

由 LPG 的性质及目前汽车运行经验表明 1L 液化石油气（液态）大致相当于 1L 汽油（PE）。因而，LPG 汽车加气站的设计规模可按下式确定：

$$V=\frac{q}{1000}SNn/\varphi$$

式中　V——LPG 汽车加气站的设计规模，m^3；

q——燃气汽车每百公里 LPG 耗量，$L/10^2km$；

S——每辆车每日行驶里程，$10^2km/(辆\cdot d)$；

φ——LPG 储罐体积充装率，取 0.8；

N——汽车数量，辆；

n——储罐储存 LPG 的天数，按液化石油气储配站下属站的中间罐考虑，取 2～3 日耗量。

例如，公共汽车专用加气站，一般每个站点平均分担铰接车 150 辆，每日满瓶充气一次，行驶的里程 250km，每百公里耗油量按 34L 计，则该 LPG 加气站的规模，可作如下简单计算：

$$V=\frac{q}{1000}SNn/\varphi=\frac{34}{1000}\times2.5\times150\times2/0.8=31.875m^3$$

由上述计算，取单罐容积 $20m^3$ 的卧式圆筒形储罐 2 个，总容积为 $40m^3$，富余储存量可适当供一定数量的出租车加气，出租车上的钢瓶一般为 40L 和 60L 的规格。由表 21-6-1可见该站即属于公共汽车专用的二级 LPG 加气站。

对 LPG/柴油两用燃料车而言，确定 q 值时要考虑柴油车具体的 LPG 替代量（%），一般不超过 40%。

21.6.2 汽车加气站的选址及总平面布置

21.6.2.1 站址选择

LPG汽车加气站的建设应按城镇总体规划的要求，首先要做好节能和环境效益评估，确定LPG替代汽油和柴油的总体规模。其次，根据市政规划，道路的车流密度及消防能力等因素，按站点等级划分原则，力求LPG汽车加气站选址安全合理、交通便利、投资较少、运营效益明显。

LPG汽车加气站站点的业务量确定了站内设置LPG罐容的大小，也就需要对其周围建、构筑物及公共设施拉开大小不同的安全防火距离和设置必备的消防设施。据了解，国外和国内已建成并投入使用的LPG加气站，日加气车次范围在100～550车次之间，按国内车载LPG钢瓶使用情况平均每车次加气量40L计，则日加气量为4～22m^{3}范围；若按2天的储存天数计，对应的罐容为9～52m^3；若按3天的储存天数计，对应罐容为14～78m^3。

综合各种因素考虑：一级站适用于气源偏远且位于城镇郊区的加气站，一般征地和选址相对容易，可选较大的单罐容积和总罐容，按每辆车次加气40L计，每日业务量为400～600次之间；二级站适用于城镇郊区且气源供应条件好，日加气量为8～16m^3，日业务量为200～400次之间；三级站仅适于在城镇建成区内，市政设施密集、人口多、防火要求很高，必须严格控制其罐容和业务量。

根据《汽车加油加气站设计与施工规范》GB 50156（2014年版）的规定，在城市建成区不应建一级LPG汽车加气站和一级加油加气站，城市建成区内的加油加气站，宜靠近城市道路，不宜选在城市干道的交叉路的附近。液化石油气储罐与站外建（构）筑物的防火距离见表21-6-3。

液化石油气储罐与站外建（构）筑物的防火距离（m） 表21-6-3

项目 \ 级别		地上液化石油气罐			埋地液化石油气罐		
		一级站	二级站	三级站	一级站	二级站	三级站
重要公共建筑物		100	100	100	100	100	100
明火或散发火花地点；民用建筑物保护类别	一类保护物	45	38	33	30	25	18
民用建筑物保护类别	二类保护物	35	28	22	20	16	14
民用建筑物保护类别	三类保护物	25	22	18	15	13	11
甲、乙类物品生产厂房、库房和甲、乙类液体储罐		45	45	40	25	22	18
丙、丁、戊类物品生产厂房、库房和丙类液体储罐，以及单罐容积不大于50m^{3}的埋地甲、乙类液体储罐		32	32	28	18	16	15
室外变配电站		45	45	40	25	22	18
铁路		45	45	45	22	22	22
城市道路	快速路、主干路	15	13	11	10	8	8
城市道路	次干路、支路	12	11	10	8	6	6

续表

项目 \ 级别		地上液化石油气罐			埋地液化石油气罐		
		一级站	二级站	三级站	一级站	二级站	三级站
架空通信线		1.5倍杆高	1倍杆高			0.75倍杆高	
架空电力线路	无绝缘层	1.5倍杆高	1.5倍杆高			1倍杆(塔)高	
	有绝缘层		1倍杆高			0.75倍杆(塔)高	

注：1. 室外变、配电站指电力系统电压为35～500kV，且每台变压器容量在10MV·A以上的室外变、配电站，以及工业企业的变压器总油量大于5t的室外降压变电站。其他规格的室外变、配电站或变压器应按丙类物品生产厂房确定。

2. 表中道路指机动车道路。LPG储罐与郊区公路的安全间距应按城市道路确定，高速公路、一级和二级公路应按城市快速路、主干路确定；三级和四级公路应按城市次干路、支路确定。

3. 液化石油气罐与站外一、二、三类保护物地下室的出入口、门窗的距离应按本表一、二、三类保护物的安全距离增加50%。

4. 一、二级耐火等级民用建筑物面向加气站一侧的墙为无门窗洞口的实体墙时，LPG储罐与该民用建筑物的距离不应低于本表规定的安全间距的70%。

5. 容量小于或等于10m³的地上LPG储罐整体装配式的加气站，其罐与站外建（构）筑物的防火距离，不应低于本表三级站的地上罐安全间距的80%。

6. LPG储罐与站外建筑面积不超过200m²的独立民用建筑物的距离，不应低于本表的三类保护物安全间距的80%，并不应小于三级站的安全间距。

液化石油气加气站以及加油加气合建站的液化石油气卸车点、加气机、放散管管口与站外建（构）筑物的防火距离，不应小于表21-6-4的规定。

液化石油气卸车点、加气机、放散管管口与站外建（构）筑物的防火距离（m） 表21-6-4

项目 \ 名称		液化石油气卸车点	放散管管口	加气机
重要公共建筑物		100	100	100
明火或散发火花地点		25	18	18
民用建筑物保护类别	一类保护物			
	二类保护物	16	14	14
	三类保护物	13	11	11
甲、乙类物品生产厂房、库房和甲、乙类液体储罐		22	20	20
丙、丁、戊类物品生产厂房、库房和丙类液体储罐，以及单罐容积不大于50m³的埋地甲、乙类液体储罐		16	14	14
室外变配电站		22	20	20
铁路		22	22	22
城市道路	快速路、主干路	8	8	6
	次干路、支路	6	6	5
架空通信线		0.75倍杆高		
架空电力线路	无绝缘层	1倍杆(塔)高		
	有绝缘层	0.75倍杆(塔)高		

注：1. 室外变、配电站指电力系统电压为35～500kV，且每台变压器容量在10MV·A以上的室外变、配电站，以及工业企业的变压器总油量大于5t的室外降压变电站。其他规格的室外变、配电站或变压器应按丙类物品生产厂房确定。

2. 表中道路指机动车道路。站内LPG设备与郊区公路的安全间距应按城市道路确定，高速公路、一级和二级公路应按城市快速路、主干路确定；三级和四级公路应按城市次干路、支路确定。

3. LPG卸车点、加气机、放散管管口与站外一、二、三类保护物地下室的出入口、门窗的距离，应按本表一、二、三类保护物的防火间距增加50%。

4. 一、二级耐火等级民用建筑物面向加气站一侧的墙为无门窗洞口的实体墙时，站内LPG设备与该民用建筑物的距离不应低于本表规定的安全间距的70%。

5. LPG卸车点、加气机、放散管管口与站外建筑面积不超过200m²独立的民用建筑物的距离，不应低于本表的三类保护物的80%，但不应小于11m。

21.6.2.2 总平面布置

LPG汽车加气站应按功能分区为储运区和营业区。储运区包括储罐（地上或地下设置），卸车、充装设备及其工艺管线（地上或埋地敷设）等设施；营业区包括：加气岛（设罩棚）和营业管理站房等设施。整个站区均设置围墙，作为本站安全消防职责范围。站区具体布置时要采取3分离原则：油罐与LPG罐分离；储罐与加气机分离；业务管理区与加气操作区分离。

1. 站内道路。

① 车辆入口和出口应分开设置。

② 加油加气作业区内停车场和道路路面不应采用沥青路面。

2. 加油岛、加气岛的设计。

① 加油岛、加气岛及汽车加油、加气场地宜设罩棚，罩棚应采用非燃烧材料制作，其有效高度不应小于4.5m。罩棚边缘与加油机或加气机的平面投影距离不宜小于2m。

② 加油岛、加气岛应高出停车场的地坪0.15～0.2m。

③ 加油岛、加气岛的宽度不应小于1.2m。

④ 加油岛、加气岛上的罩棚支柱距岛端部，不应小于0.6m。

3. 液化石油气罐的布置。

① 地上罐应集中单排布置，罐与罐之间的净距不应小于相邻较大罐的直径。

② 地上罐组四周应设置高度为1m的防火堤，防火堤内堤脚线至罐壁净距不应小于2m。

③ 埋地罐之间距离不应小于2m，罐与罐之间应采用防渗混凝土墙隔开。如需设罐池，其池内壁与罐壁之间的净距不应小于1m。

在加油加气合建站内，宜将柴油罐布置在液化石油气罐或压缩天然气储气瓶组与汽油罐之间。

4. 站内设施防火距离

加油加气站内设施之间的防火距离，不应小于表21-6-5的规定。

21.6.2.3 加气站总平面设计示例

图21-6-1为单一型LPG汽车加气站的总平面布置图。该站的站区是在原有小型民用液化石油气灌装站（内设300m^3卧式罐）西侧辅助区的范围改建的，站区以2.2m高的实体围墙与外界隔开，站内设有2×15m^3卧式地下罐，加气岛（两台双枪加气机）罩棚支柱范围面积为48.72m^2。此种加气站的特点是管理简单，征地和用地较少，可利用原有消防设施（南侧的配电室，泵房及附设地下消火栓），因此投资也较少；但其缺点在于业务单一，在LPG车辆有限的区域内该设施闲置时间长，经营效益显然较差。

21.6.3 汽车加气工艺及设施设计要点

LPG汽车加气工艺的主要设备有储罐、卸车泵（或压缩机），充装泵和加气机；并配置必要的操作控制系统及安全消防设施。对于加油加气合建站，上述工艺设施必须按“加油系统”和“加气系统”明确分开成两个相互独立的系统单元，加油加气合建站总平面图见图21-6-20。

加油加气站内设施之间的防火距离（m）

表 21-6-5

设施名称	汽油罐	柴油罐	汽油通气管管口	柴油通气管管口	液化石油气罐						CNG储气设施	CNG集中放散管管口	油品卸车点	LPG卸车点	LPG烃泵（房）、压缩机（间）	天然气压缩机（间）	天然气调压器（间）	天然气脱硫和脱水设备	加油机	LPG加气机	CNG加气机、加气柱和卸气柱	站房	消防泵房和消防水池取水口	自用燃煤锅炉房和燃煤厨房	自用有燃气（油）设备的房间	站区围墙
					地上罐			埋地罐																		
					一级站	二级站	三级站	一级站	二级站	三级站																
汽油罐	0.5	0.5	—	—	×	×	×	6	4	3	6	6	—	5	5	6	6	5	—	4	4	4	10	18.5	8	3
柴油罐	0.5	0.5	—	—	×	×	×	4	3	3	4	4	—	3.5	3.5	4	4	3.5	—	3	3	3	7	13	6	2
汽油通气管管口	—	—	—	—	×	×	×	8	6	6	8	6	3	8	6	6	6	5	—	8	8	4	10	18.5	8	3
柴油通气管管口	—	—	—	—	×	×	×	6	4	4	6	4	2	6	4	4	4	3.5	—	6	6	3.5	7	13	6	2
液化石油气罐 地上罐 一级站	×	×	×	×	D			×	×	×	×	×	12	12/10	12/10	×	×	×	12/10	12/10	×	12/10	40/30	45	18/14	6
液化石油气罐 地上罐 二级站	×	×	×	×		D		×	×	×	×	×	10	10/8	10/8	×	×	×	10/8	10/8	×	10/8	30/20	38	16/12	5
液化石油气罐 地上罐 三级站	×	×	×	×			D	×	×	×	×	×	8	8/6	8/6	×	×	×	8/6	8/6	×	8	30/20	33	16/12	5
液化石油气罐 埋地罐 一级站	6	4	8	6				2			×	×	5	5	6	×	×	×	8	8	×	8	20	30	10	4
液化石油气罐 埋地罐 二级站	4	3	6	4					2		×	×	3	3	5	×	×	×	6	6	×	6	15	25	8	3
液化石油气罐 埋地罐 三级站	3	3	6	4						2	×	×	3	3	4	×	×	×	4	4	×	6	12	18	8	3
CNG储气设施	6	4	8	6	×	×	×	×	×	×	1.5(1)	—	6	×	×	—	—	—	6	×	—	5		25	14	3
CNG放散管管口	6	4	6	4	×	×	×	×	×	×	—	—	6	×	×	—	—	—	6	×	—	5		15	14	3
油品卸车站	—	—	3	2	12	10	8	5	3	3	6	6	—	4	4	6	6	5	—	4	4	5	10	15	8	—
LPG卸车点	5	3.5	8	6	12/10	10/8	8/6	5	3	3	×	×	4	—	5	×	×	×	6	5	×	6	8	25	12	3
LPG烃泵（房）、压缩机（间）	5	3.5	6	4	12/10	10/8	8/6	6	5	4	×	×	4	5	—	×	×	×	4	4	×	6	8	25	12	2
天然气压缩机（间）	6	4	6	4	×	×	×	×	×	×	—	—	6	×	×	—	—	—	4	×	—	5	8	25	12	2
天然气调压器（间）	6	4	6	4	×	×	×	×	×	×	—	—	6	×	×	—	—	—	6	×	—	5	8	25	12	2
天然气脱硫和脱水设备	5	3.5	5	3.5	×	×	×	×	×	×	—	—	5	×	×	—	—	—	5	×	—	5	15	25	12	—

续表

设施名称	汽油罐	柴油罐	汽油通气管管口	柴油通气管管口	液化石油气罐						CNG储气设施	CNG集中放散管管口	油品卸车点	LPG卸车点	LPG烃泵(房)、压缩机(间)	天然气压缩机(间)	天然气调压器(间)	天然气脱硫和脱水设备	加油机	LPG加气机	CNG加气机、加气柱和卸气柱	站房	消防泵房和消防水池取水口	自用燃煤锅炉房和燃煤厨房	自用有燃气(油)设备的房间	站区围墙
					地上罐			埋地罐																		
					一级站	二级站	三级站	一级站	二级站	三级站																
加油机	—	—	—	—	12/10	10/8	8/6	8	6	4	6	6	—	6	4	4	6	5	—	4	4	5	6	15(10)	8(6)	—
LPG加气机	4	3	8	6	12/10	10/8	8/6	8	6	4	×	×	4	5	4	4	6	5	4	—	×	5.5	6	18	12	—
CNG加气机、加气柱和卸气柱	4	3	8	6	×	×	×	×	×	×	—	—	4	×	×	—	—	—	4	×	—	5	6	18	12	—
站房	4	3	4	3.5	12/10	10/8	8	8	6	6	5	5	5	6	6	5	5	5	5	5.5	5	—	—	—	—	—
消防泵房和消防水池取水口	10	7	10	7	40/30	30/20	30/20	20	15	12			10	8	8	8	8	15	6	6	6	—	—	12	—	—
自用燃煤锅炉房和燃煤厨房	18.5	13	18.5	13	45	38	33	30	25	18	25	15	15	25	25	25	25	25	15(10)	18	18	—	12	—	—	—
自用有燃气(油)设备的房间	8	6	8	6	18/14	16/12	16/12	10	8	8	14	14	8	12	12	12	12	12	8(6)	12	12	—	—	—	—	—
站区围墙	3	2	3	2	6	5	5	4	3	3	3	3	—	3	2	2	2	—	—	—	—	—	—	—	—	—

注：1. 表中数据分子为LPG储罐无固定喷淋装置的距离，分母为LPG储罐设有固定喷淋装置的距离。D为LPG地上罐相邻较大罐的直径。
2. 括号内数值为储气井与储气井、柴油加气机与自用有燃煤或燃气（油）设备的房间的距离的距离。
3. 橇装式加油装置的油罐与站内设施之间的防火间距应按本表汽油罐、柴油罐增加30%。
4. 当卸油采用油气回收系统时，汽油通气管管口与站区围墙的距离不应小于2m。
5. LPG储罐放散管管口与LPG储罐距离不限，与站内其他设施的防火距离可按相应级别的LPG埋地储罐确定。
6. LPG泵和压缩机、天然气压缩机、调压器和天然气脱硫和脱水设备露天布置或布置在开敞的建筑物内时，起算点应为设备外缘；LPG泵和压缩机、天然气压缩机、天然气调压器设置在非开敞的室内时，起算点应为该类设备所在建筑物的门窗等洞口。
7. 容量小于或等于$10m^3$的地上LPG储罐的整体装配式的加气站，其储罐与站内其他设施的防火距离，不应低于本表中三级站的地上储罐防火间距的80%。
8. CNG加气站橇装设备与站内其他设施的防火间距，应按本表相应设备的防火间距确定。
9. 站房、有燃煤或燃气（油）等明火设备的房间的起算点应为门窗等洞口。站房内设置有变配电间时，变配电的布置应符合《液化石油气供应工程设计规范》GB 51142第5.0.8条的规定。
10. 表中一、二、三级站包括LPG加气站、加油与LPG加气合建站。
11. 表中“—”表示无防火间距要求，“×”表示该类设施不应合建。

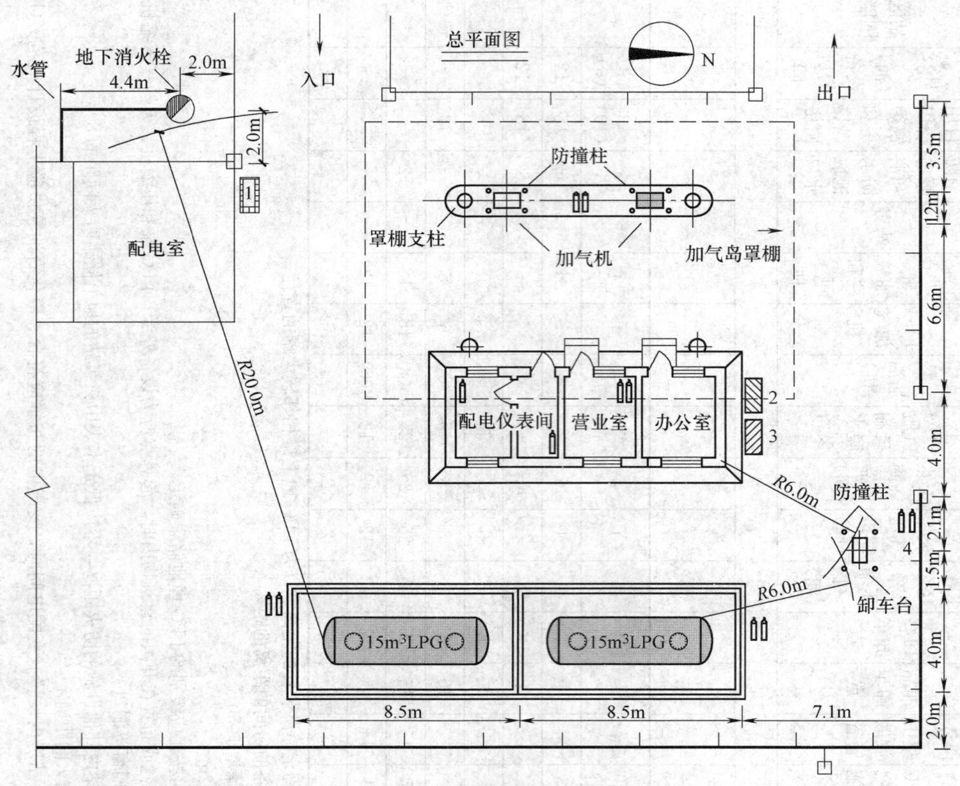

图 21-6-1　单一型 LPG 汽车加气站总平面布置

1—消防器材柜；2—消防器材架；3—35kg 手推式灭火器；4—8kg 手提式灭火器

21.6.3.1　液化石油气罐（单罐容积 $V \leqslant 30m^3$）

① 加气站内液化石油气储罐设计应符合《压力容器［合订本］》GB 150.1～150.4、《卧式容器》NB/T 47042 和《固定式压力容器安全技术监察规程》的有关规定。储罐的设计压力不应小于 1.78MPa。

② 储罐应设首级关闭阀门，储罐的进液管、液相回流管和气相回流管上应设止回阀，出液管和卸车用的气相平衡管上宜设过流阀。储罐必须设置全启封闭式弹簧安全阀。

③ 储罐的管路系统和附属设备的管路系统设计压力不应小于 2.5MPa。

④ 储罐的排污管上应设两道切断阀，阀间宜设排污箱，在寒冷和严寒地区，从储罐底部引出的排污管的根部管道应加装伴热或保温装置。

⑤ 储罐必须设置就地指示的液位计、压力表和温度计以及液位上、下限报警装置。在一、二级站内，储罐液位和压力的测量宜设远传监控系统。

⑥ 液化石油气罐严禁设在室内或地下室内。在加油加气合建站和城市建成区内的加气站，液化石油气罐应埋地设置，且不宜布置在车行道下。埋地液化石油气罐采用的罐池，应采取防渗措施，池内应用中性细沙或沙包填实，池底一侧应设排水措施。

⑦ 直接覆土埋设在地下的液化石油气储罐罐顶的覆土厚度不应小于 0.5m；罐周围应回填中性细沙，其厚度不应小于 0.9m。

⑧ 埋地液化石油气罐外表面的防腐设计应符合《石油化工设备和管道涂料防腐蚀设

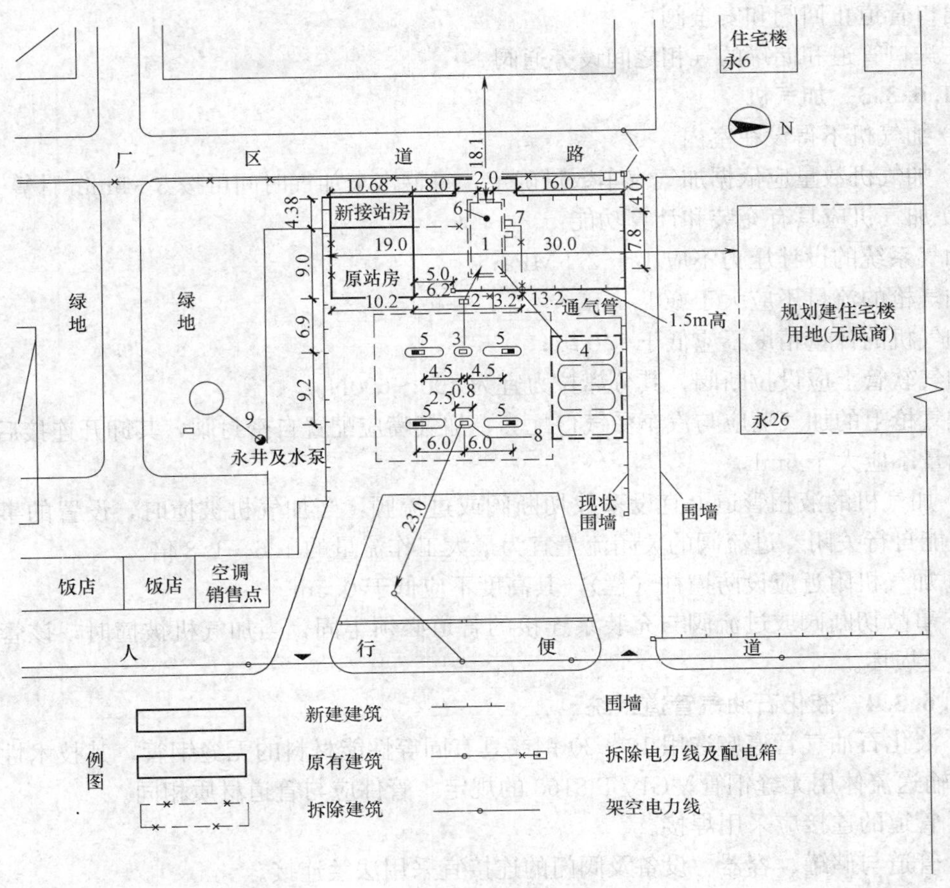

图 21-6-2 加油加气合建站总平面布置（m）

1—20m³ 罐容 LPG 地下罐；2—卸车点；3—加气岛；4—油罐区；5—加油岛；6—放散管；7—LPG 充装泵（双螺杆泵）；8—防撞柱（ϕ100 钢管灌混凝土，高出地面 1.0m）；9—地下消火栓

计规范》SH/T 3032 的有关规定，并应采用最高级别防腐绝缘保护层。此外，还应采取阴极保护措施。在液化石油气罐引出管的阀门后，应安装绝缘法兰。

21.6.3.2 泵和压缩机

① 液化石油气卸车宜选用地上或车上（站内供电）卸车泵；液化石油气罐总容积大于 30m³ 时，卸车可选用风冷式液化石油气压缩机，加气站内所设的卸车泵流量不宜小于 300L/min。

② 泵的进、出口宜安装挠性管或采取其他防震措施；从储罐引至泵进口的液相管道，应坡向泵的进口，且不得有窝存气体的地方；在泵的出口管路上应安装回流阀、止回阀和压力表。

③ 安装潜液充装泵的罐体下部宜设置切断阀和过流阀，切断阀应能在罐顶操作；潜液泵宜设超温自动停泵保护装置；电机运行温度至 45℃时，应自动切断电源。

④ 液化石油气压缩机进、出口管道应设置阀门及以下附件：

进口管道过滤器；

出口管道止回阀和安全阀；

在进口管道和储罐的气相之间设旁通阀。

21.6.3.3　加气机

① 加气机不得设在室内。

② 加气机数量应依据加气汽车数量确定。每辆汽车加气时间可按 3～5min 计算。

③ 加气机应具有充装和计算功能：

加气系统的设计压力不应小于 2.5MPa；

加气枪的流量不应大于 60L/min；

加气机的计量精度不应低于 1.0 级；

加气软管上应设拉断阀，其分离拉力宜为 400～600N。

加气枪上的加气嘴应与汽车受气口配套，加气嘴应配置自密封阀，其卸开连接后的液体泄漏量不应大于 5mL。

④ 加气机的液相管道上宜设事故切断阀或过流阀，当加气机被撞时，设置的事故切断阀应能自行关闭。过流阀的关闭流量宜为最大工作流量的 1.6～1.8 倍。

⑤ 加气机附近应设防撞柱（栏），其高度不应低于 0.5m。

⑥ 事故切断阀或过流阀与充装泵连接的管道必须牢固，当加气机被撞时，该管道系统不得受损坏。

21.6.3.4　液化石油气管道系统

① 液化石油气管道应选用 10、20 钢或具有同等性能材料的无缝钢管，其技术性能应符合《输送流体用无缝钢管》GB/T 8163 的规定。管件应与管道材质相同。

② 管道的连接应采用焊接。

③ 管道与储罐、容器、设备及阀门的连接宜采用法兰连接。

④ 管道系统上的胶管应采用耐液化石油气腐蚀的钢丝缠绕高压胶管，压力等级不应小于 6.4MPa。

⑤ 液化石油气管道宜埋地敷设。当需要管沟敷设时，管沟应采用中性沙子填实。

⑥ 埋地管道应埋设在土壤冰冻线以下，且覆土厚度（管顶至路面）不得小于 0.8m。穿越车行道处，宜加设套管。

⑦ 埋地管道防腐设计应符合《钢质管道外腐蚀控制规范》GB/T 21447 的有关规定，并应采用最高级别防腐绝缘保护层。

21.6.3.5　紧急切断系统

① 加气站和加油加气合建站应设置紧急切断系统。该系统应能在事故状态下迅速关闭重要的液化石油气管道阀门和切断液化石油气泵、压缩机的电源。液化石油气泵和压缩机应采用人工复位供电。紧急切断系统应具有失效保护功能。

② 液化石油气罐的出液管道和连接槽车的液相管道上应设紧急切断阀。

③ 紧急切断阀宜为气动阀。

④ 紧急切断阀以及液化石油气泵和压缩机电源，应能由手动启动的遥控切断系统操纵关闭。

⑤ 紧急切断系统至少应能在以下位置启动：

距卸车点 5m 以内；

在加气机附近工作人员容易接近的位置；

在控制室或值班室内。

⑥ 紧急切断系统应只能手动复位。

21.6.3.6 槽车卸车点

① 连接槽车的液相管道和气相管道上应设拉断阀。

② 拉断阀的分离拉力宜为 400～600N。拉断阀与接头的距离不应大于 0.2m。

21.6.3.7 消防设施及给水排水

① 液化石油气加气站、加油加气合建站的消防给水应利用城市或企业已建的给水系统。当已有的给水系统不能满足消防给水的要求时，应自建消防给水系统。

② 液化石油气加气站、加油加气合建站的生产、生活给水管道宜和消防给水管道合并设置，且当生产、生活达到最大小时用水量仍应保证消防用水量。液化石油气加气站、加油加气合建站的消防水量应按固定冷却水量和移动水量之和计算。

③ 采用地上储罐的加气站，消火栓消防用水量不应小于 20L/s；总容积超过 $50m^3$ 的储罐还应设置固定式消防冷却系统，其给水强度不应小于 0.15L/(m^2·s)，着火罐的给水范围按其全部表面积计算，距着火罐直径与长度之和 0.75 倍范围内的相邻储罐的给水范围按其表面积的一半计算。当液化石油气罐地上布置时，连续给水时间不应小于 3h。

④ 采用埋地储罐的加气站，一级站消火栓消防用水量不应小于 15L/s；二、三级站消火栓消防用水量不应小于 10L/s；连续给水时间不应小于 1h。

⑤ 消防水泵宜设 2 台，可不设备用泵；当计算消防用水量超过 35L/s 时，消防水泵应设双动力源。

⑥ 液化石油气加气站、加油加气合建站利用城市消防给水管道时，室外消火栓与液化石油气储罐的距离宜为 30～50m。三级站的液化石油气罐距市政消火栓不大于 80m，且市政消火栓给水压力大于 0.2MPa 时，可不设室外消火栓。

⑦ 加油加气站的灭火器材配置应符合《建筑灭火器配置设计规范》GB 50140 的规定，配置数量可参考《汽车加油加气站设计与施工规范》GB 50156 的相关规定。

⑧ 加油加气站的站内地面雨水可散流排出站外，当雨水有明沟排到站外时，在排出围墙之前，应设置水封装置，不应采用暗沟排水。

液化石油气加气站的排出建筑物或围墙的污水，在建筑物墙外或围墙内应分别设水封井；清洗油罐的污水应集中收集处理；排出站外的污水应符合国家有关的污水排放标准。

21.6.3.8 电气装置

① 加油加气站的供电负荷等级可为三级，宜采用 TN-S 供配电系统；加气站及加油加气合建站的信息系统应设不间断供电电源；供电电源宜采用电压为 380V/220V 的外接电源。

② 低压配电装置可设在加油加气站的站房内；加油加气站的电力线路宜采用电缆并直埋敷设。当采用电缆沟敷设电缆时，电缆沟内必须充沙填实。电缆不得与各种介质管道同沟敷设。

③ 一、二级加油站、加气站及加油加气合建站的消防泵房、罩棚、营业室、液化石油气泵房、压缩机间等处，均应设事故照明。

④ 当引用外电源有困难时，加油加气站可设置小型内燃发电机组。

⑤ 加油加气站内爆炸危险区域的等级范围划分应按《汽车加油加气站设计与施工规范》GB 50156（2014年版）附录C确定。爆炸危险区域内的电气设备选型、安装、电力线路敷设等，应符合《爆炸危险环境电力装置设计规范》GB 50058的规定。

⑥ 加气站、加油加气合建站应设置可燃气体检测报警系统。报警器宜集中设置在控制室或值班室内。报警系统应配有不间断电源。

可燃气体检测器报警（高限）设定值应小于或等于可燃气体爆炸下限浓度（$V\%$）值的25%。

可燃气体检测器和报警器的选用和安装，应符合《石油化工可燃气体和有毒气体检测报警设计规范》GB 50493的有关规定。

21.6.3.9　防雷、防静电

① 油罐、液化石油气罐必须进行防雷接地，接地点不应少于两处。

② 当液化石油气罐采取阴极防腐措施时，可不再单独设置防雷和防静电接地装置

③ 埋地油罐、液化石油气罐与露出地面的工艺管道相互做电气连接并接地。

④ 加油加气站的信息系统应采用铠装电缆或导线穿钢管配线。配线电缆金属外皮两端、保护钢管两端均应接地。

⑤ 地上或管沟敷设的油品、液化石油气管道的始、末端和分支处应设防静电和防感应雷的联合接地装置，其接地电阻不应大于30Ω，管道上的法兰、胶管两端等连接处应用金属线跨接。防静电接地装置的接地电阻不应大于100Ω。

⑥ 加油加气站的建构筑物防雷、防静电设计应符合：《建筑物防雷设计规范》GB 50057和《石油化工静电接地设计规程》SH3097的相关规定。

21.6.3.10　建筑与采暖通风

① 加油加气站内的站房及其他附属建筑物的耐火等级不应低于二级。当罩棚顶棚的承重构件为钢结构时，其耐火极限可为0.25h，顶棚其他部分不得采用燃烧体建造。

② 加油加气站的采暖应首先利用城市、小区或邻近单位的热源。当无上述条件，加油加气站内可设置锅炉房。锅炉宜选用额定供热量不大于140kW的小型锅炉。当采用燃煤锅炉时，宜选用具有除尘功能的自然通风型锅炉。锅炉烟囱出口应高出屋顶2m及以上，且应采取防止火星外逸的有效措施。

当采用燃气热水器采暖时，热水器应设有排烟系统和熄火保护等安全措施。

③ 加油加气站内，爆炸危险区域内的房间或箱体应采取通风措施。

采用强制通风时，通风设备的通风能力在工艺设备工作期间应按每小时换气12次计算，在工艺设备非工作期间应按每小时5次计算。

采用自然通风时，通风口总面积不应小于300cm²/m²（地面），通风口不应少于2个，且应靠近可燃气体积聚的部位设置。

④ 加油加气站室内外采暖管道宜直埋敷设，当采用管沟敷设时，管沟应充沙填实，进出建筑物处应采取隔断措施。

21.6.4　汽车加气工艺流程设计示例

图21-6-3为LPG汽车加气工艺典型流程图，此站LPG存量8.9t，日加气车次范围

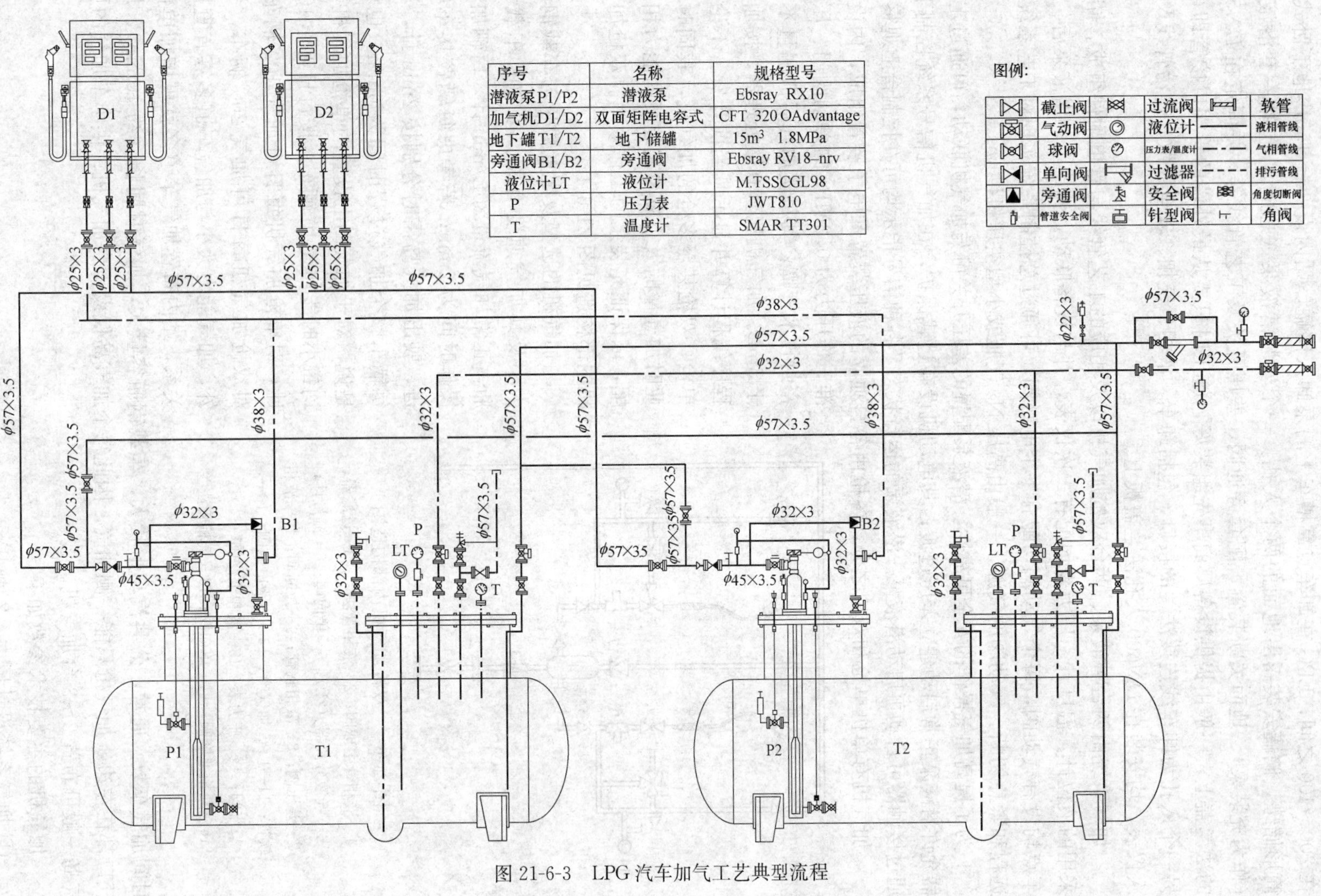

序号	名称	规格型号
潜液泵P1/P2	潜液泵	Ebsray RX10
加气机D1/D2	双面矩阵电容式	CFT 320 OAdvantage
地下罐T1/T2	地下储罐	15m³ 1.8MPa
旁通阀B1/B2	旁通阀	Ebsray RV18–nrv
液位计LT	液位计	M.TSSCGL98
P	压力表	JWT810
T	温度计	SMAR TT301

图21-6-3 LPG汽车加气工艺典型流程

在 200～400 之间；LPG 在卸车点靠槽车上的泵卸入储罐。站内设 2 台 15m^3 地下卧式圆筒形储罐，储罐安装露出地面的两个人孔。一个安装潜液泵（总成），包括一套潜液泵（作为充装泵）、地面关断装置、配套旁通阀、差压开关及工艺管线等，并固定在 DN500 的法兰盖上，一般由提供设备厂商事先组装好，施工时只要从最外端的管端口接管即可。另一个入孔为卸车线连接法兰的接口，包括卸车、液相、气相、安全放散、排污管线及一次仪表，均安装在 DN600 人孔法兰盖板上。

加气系统由两台潜液泵、两台双枪加气机以及相应的工艺管线与管道附件组成。储罐采用的液位计、温度计、压力表均配有二次仪表，并与设备联动。储罐上、潜液泵后、卸车点均设有气动阀，每个气动阀均配有一个电磁阀，可通过总控制系统实现对工艺系统的远程和紧急切断。气动阀的气源，一般由高压 N_2 气瓶或小型空压机供应。

为了提高加气操作的安全可靠性，潜液泵配置的差压开关可与加气机联动，可通过定时器允许潜液泵正常启动建立差压过渡；其电动机设有过载保护，在加气机信号系统控制下，通过接触器可自动再启动潜液泵。潜液泵的运行状态及各种信号指示均可在控制台上观察。

加气机有单机单枪和双枪之分，各枪由各自独立的液压装置和电子装置组成，内设标准工作压力为 0.2MPa 的差动阀门、压力密封技术管嘴，其每次加气后泄漏量不大于 5mL。加气机配套有微处理器，按加气程序编程计算并显示其当前计费。不论是单枪、双枪甚至多枪的加气机，其同时作业时加气量的大小应与充装泵的能力相匹配，以保证充装泵的工作效率。双枪加气机内部构造见图 21-6-4。

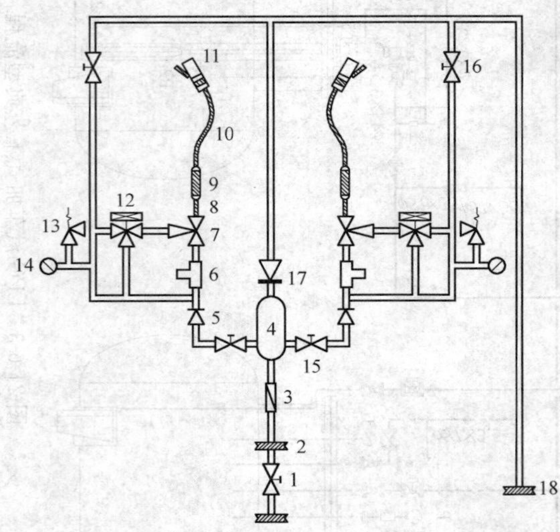

图 21-6-4　双枪加气机内部构造图

1—液相管主球阀；2—液相管法兰；3—过滤器；4—气液分离器（2L）；5—单向阀；6—流量计；7—差压阀；8—液相软管；9—拉断阀；10—液相软管；11—LPG 加气嘴；12—三级电磁阀；13—溢流阀；14—压力表；15—液相维修阀（¾）；16—气相维修阀；17—单向阀；18—气相管法兰

加气机的选型及配置数量与车载钢瓶大小及其加气速度有关。按 60L 车载钢瓶，正常加气流量 30L/min 计，每辆加气操作时间为 2min；若考虑每辆铰接车驶进、驶出加气岛需时分别按 2min 计，则每辆车整个加气过程时间为 6min。也就是说，对于加气岛上设置的单枪加气机平均每小时能加气 10 辆车；按每日工作 10h 计，对单枪加气机每日可加气 100 辆车，对双枪加气机每日可加气 200 辆车。另外，加气能力大小与加气车道多寡有直接关系，站内布置加气车道多就可增加单位时间加气车数。通常，公共汽车形状大，车载钢瓶容量大，加气时间长（约 10min），加气口都在左边，加气枪只能一侧加气，因此每个加气岛仅设 1 台加气机；供小车加气的加气岛一般可布置 2～3 台加气机。

加气机的主要技术参数如下：

① 加气系统设计压力：2.4MPa；

② 加气速度（额定压差下）：单枪不小于 30L/min，双枪不小于 50L/min；

③ 计量精度：容积活塞式计量器调速螺钉调节范围为 0.05%～0.1%；

④ 计量显示：单项计量显示范围 0～9999.99L（kg 或元），累计计数范围为 0～999999.99L（kg 或元）；

⑤ 流量预置：按业务需要预置单位为 L 或 kg 或元，预置范围为 1～9999，达到定值或车载钢瓶加满时立即自动停止加气；

⑥ 密度预置：电脑加气机可进行密度预置，其范围在 0.5～0.9999 之间，使用容积式计量器时通常以 L 为单位；

⑦ 工作环境：温度－40℃～＋50℃，相对湿度 20%～95%；

⑧ 过滤精度：可防 0.2mm 颗粒通过；

⑨ 噪声：应小于 45dB（A）；

⑩ 拉断阀：抗拉强度大于 264.6N/cm^2 时自动分离；

⑪ 电源：AC220V±10%，50Hz，小于 0.5kW；

⑫ 防爆形式：隔爆或本安混合型；

21.7 本章有关标准规范

《液化石油气供应工程设计规范》GB 51142

《建筑设计防火规范》GB 50016（2018 版）

《汽车加油加气站设计与施工规范》GB 50156（2014 年版）

《压力容器［合订本］》GB 150.1～150.4

《卧式容器》NB/T 47042

《固定式压力容器安全技术监察规程》TSG 21

《液化石油气钢瓶》GB 5842

《液化石油气瓶阀》GB/T 7512

《Ⅲ、Ⅳ级铁路设计规范》GB 50012

《石油化工可燃气体和有毒气体检测报警设计规范》GB 50493

《城镇燃气报警控制系统技术规程》CJJ/T 146

《建筑地面工程施工质量验收规范》GB 50209

《建筑抗震设计规范》GB 50011

《构筑物抗震设计规范》GB 50191

《水喷雾灭火系统技术规范》GB 50219

《建筑灭火器配置设计规范》GB 50140

《供配电系统设计规范》GB 50052

《爆炸危险环境电力装置设计规范》GB 50058

《石油化工企业设计防火标准》GB 50160

《石油化工静电接地设计规范》SH/T 3097

《石油化工设备和管道涂料防腐蚀设计规范》SH/T 3032

《输送液体用无缝钢管》GB/T 8163

《钢质管道外腐蚀控制规范》GB/T 21447

《石油化工可燃气体和有毒气体检测报警设计规范》GB 50493

《建筑物防害设计规范》GB 50057

参考文献

[1] 严铭卿等. 燃气输配工程分析 [M]. 北京：中国建筑工业出版社，2007.

[2] 煤气设计手册编写组. 煤气设计手册 [M]. 北京：中国建筑工业出版社，1983.

[3] 严铭卿. 充装率为50%的液化石油气球罐贮存压力的计算 [J]. 城市煤气，1978 (1)：11-19.

[4] 严铭卿. 液化石油气贮罐设计压力问题及实测研究方法 [J]. 煤气与热力，1986 (2)：30-40.

[5] 全国勘察设计注册公用设备工程师（动力专业）考试复习教材 [M]. 北京：机械工业出版社，2004.

[6] 严铭卿. 液化石油气低温贮存的最佳参数 [J]. 煤气与热力，1983 (2)：19-26.

[7] 严铭卿. 液化石油气降压贮存设计参数优化模型的改进 [J]. 煤气与热力，1984 (2)：13-17.

[8] 严铭卿. 液化石油气卸车用压缩机排量公式 [J]. 煤气与热力，1988 (5)：32-39.

[9] 严铭卿，曹琳，严长卿等. 液化石油气容器过量灌装危险分析 [J]. 油气储运，2006 (6)：17-19.

[10] 严铭卿，严禹卿. 液化石油气管道安全阀参数及选用 [J]. 煤气与热力，1994 (3)：14-18.

[11] 姜正侯. 燃气工程技术手册 [M]. 上海：同济大学出版社，1993.

[12] 哈尔滨建筑工程学院等. 燃气输配（第二版）[M]. 北京：中国建筑工业出版社，1994.

[13] 严铭卿，严尧卿，龚时霖等. 液化石油气贮罐设计压力合理确定的研究. 中国市政工程华北设计研究院，1990.

第 22 章　液化石油气气化与混气

22.1 概　　述

通过液化石油气罐壁湿周传热使液化石油气自然气化，其传热系数是很小的，只有 38kJ/(m^2 · h · K)或9.1kcal/(m^2 · h · K)，气化能力小。采用气化器将液态液化石油气进行间接加热，则每蒸发 1kg 的液态液化石油气约需 418kJ(或100kcal)的热量，其传热系数可达837～1674kJ/(m^2 · h · K)或200～400kcal/(m^2 · h · K)，这样强制气化的结果可以提高气化能力。

以液化石油气为原料，经气化器气化成气态后，用管道输送给用户作燃料，可分为气态液化石油气供应和液化石油气—空气混合气供应。由于多组分（或沸点高的单一组分）液化石油气，在气化器用热媒强制汽化后，向用户气态输送过程中，高沸点组分容易在管道节流处或降温时冷凝，所以在气化站生产气态液化石油气，其输送及应用范围均受到限制。在考虑燃气互换性和爆炸极限的基础上，将由气化器气化的液化石油气气体掺混空气，虽然其热值降低了，但送出混气站后的混合气在输送压力和温度下不会发生冷凝现象，即保证了混合气的露点低于环境温度。这种混合气可全天候供应，并且热值的调整可适应燃烧设备的性能，既灵活又实用。

22.2 液化石油气自然气化

在自然气化过程中，从容器不断引出气相，不对容器补充液化石油气。自然气化的第一个特点是，容器中气相不断被引出，液相不断气化（蒸发）为气相，液相不断减少。第二个特点是在其中的液化石油气气相被引出，液相不断气化以形成新的气液相平衡，这要依靠液相自身的显热转化成气化热，以及依靠从容积外部传入热量供给气化所需热量。第三个特点是气化过程只平缓地发生在液相的局部界面，而不是激烈地发生液相沸腾，但由于内部对流，液温能趋于一致。第四个特点是当液化石油气是非单一组分时，在气化过程中引出的气相或仍保留在容器内的气相和液相的组成随时间而发生改变；由于轻组分在气相中的分率大于在液相中的分率，所以随着气体的导出，液相中重组分分率愈来愈多，容器中的液化石油气饱和蒸气压愈来愈小。第五个特点是气瓶停止导出气体后，气瓶内温度会逐渐恢复到环境温度。综合上述五方面特点，可以归结为：半封闭容器内的气化过程是一个非稳态过程，即容器中液化石油气的质量、几何空间量、温度和压力状态以及液化石油气的组成都随气化过程发生改变。自然气化的物理过程十分复杂。

22.2.1　气瓶工作的约束条件

在气瓶选用中首先要知道容许温降 θ_a 值。应该限制气瓶的温降 $\theta \leqslant \theta_a$。$\theta_a$ 值应该由气瓶最低供气压力或气瓶外表不结露条件予以确定。由气瓶最低供气压力条件确定的允许温降记为 θ_p。θ_p 与液化石油气组分及环境空气温度有关，可作出下列计算用图（见图 22-2-1）。图中列有不同丁烷（B）丙烷（P）比例的参数线。使用方法是：由横坐标给出的最低 LPG 供气压力 p 向上作垂线交于所给定的液化石油气组成线，由交点向 45°线作水平线得交点，由此交点向下作垂线与空气温度线相交，由交点作水平线，在纵坐标线上得到 θ_p。

由气瓶外表不结露条件确定的允许温降记为 θ_d。θ_d 与环境空气相对湿度及空气温度有关，可利用湿空气温湿图作出计算用图 22-2-2。

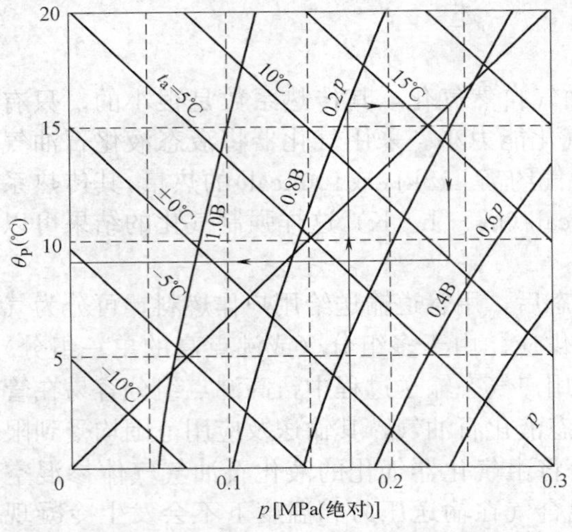

图 22-2-1　按供气压力条件的允许温降

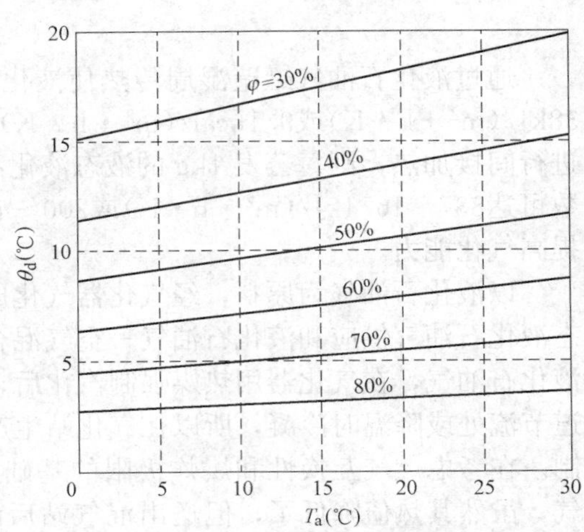

图 22-2-2　按不结露条件的允许温降

使用方法是由横坐标给出空气温度 T_a，向上作垂线交于所给定的空气相对湿度 φ，由交点向左作水平线，在纵坐标轴上得到 θ_d。

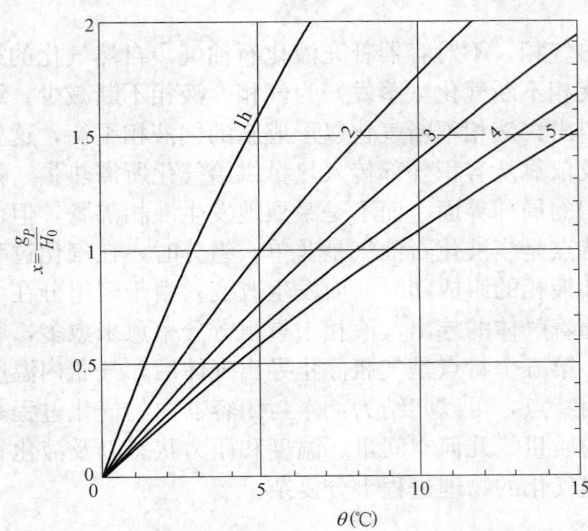

图 22-2-3　气瓶供气能力与允许温降的关系图线

曲线上所标是持续供气时间 τ_S(h)

气瓶容许最大温降 θ_a 值按下列条件得出：

$$\theta_a = \min(\theta_P, \theta_d) \qquad (22\text{-}2\text{-}1)$$

即 θ_a 取 θ_P，θ_d 中较小值。

22.2.2　定用气量气瓶工作的供气能力

商业或公共建筑用户的用气情况，一般为持续一段时间，用气量基本衡定，即定用气量，气瓶工作的供气量 g_p 为常数。图 22-2-3 给出了定用气量气瓶工作的供气能力的计算图线。

图线所用有关参数为：

LPG 气化潜热 $r=406\text{kJ/kg}$；

LPG 液相密度 $\rho=565\text{kg/m}^3$；

LPG 气相密度 $\rho_g=2.35\text{kg/m}^3$；

LPG 液相比热 $c=2.2\text{kJ/(kg·℃)}$；

气瓶内径 $D=0.4\text{m}$。

对计算题目，给定气瓶开始工作液位 H_0 及气瓶连续工作时间 τ_S；按需要的气瓶最小供气压力 p，气温 t_a，及空气相对湿度 φ 条件由图 22-2-1、图 22-2-2 及式（22-2-1）确定气瓶容许最大温降 θ_a。按 θ_a 及 τ_S 由图 22-2-3 得到单瓶供气量与气瓶开始工作液位的比 x，由式（22-2-2）计算出单瓶供气量 g_p，按供气负荷 G_s 由式（22-2-3）计算出需设置的总气瓶数 n。

$$x=\frac{g_p}{H_0}=1.1$$

$$g_p=xH_0 \tag{22-2-2}$$

$$n=2\frac{G_s}{g_p} \tag{22-2-3}$$

式中 x——单瓶供气量与气瓶开始工作液位的比；

g_p——单瓶供气量，kg/(h·个)；

H_0——气瓶开始工作液位，m；

n——总气瓶数，个；

G_s——供气负荷，kg/h。

从实际气瓶组工作看，无论是自动切换或手动切换的系统，气瓶组内各气瓶都按同一状态工作，即液位、供气量或供气延续时间都基本一致。所以在给定 H_0 时需要费心考虑，气瓶不可能都是从 $H_0=0.85\text{m}$ 开始工作(建议按 $H_0=0.5\sim0.6\text{m}$ 考虑)，气瓶最终液位是：

$$H_{end}=H_0-\frac{g_p\tau}{A}$$

$$A=(\rho-\rho_g)\cdot\frac{\pi D^2}{4}$$

式中 τ——时间；

ρ——液相密度；

ρ_g——气相密度；

D——气瓶直径（内径）。

建议采用多液位气瓶组工作方式，即组内气瓶分为 2 或 3 小组，小组间液位不同，更换气瓶相应分为 2 次或 3 次完成。这样可获得气瓶组比较稳定的供气能力。此时，计算中相应采用 2 或 3 个不同的 H_0 值。

对于所制订的气瓶组按定用气量设计计算方法，给出下例：

【例 22-2-1】 液化石油气丙丁烷比为 2∶8，供气压力 $p=0.17\text{MPa}$（绝对），计算气温 $t_a=10℃$，空气相对湿度 $\varphi=50\%$，按气瓶起始液位 $H_0=0.6\text{m}$ 连续供气 $\tau_s=4\text{h}$ 考虑，需要的小时供气量为 3.0kg/h 求需设置的气瓶数。

【解】 按 p，t_a，及 φ 条件由图 22-2-1、图 22-2-2 及式（22-2-1）可确定：

$\theta\leqslant9℃$。由 $\theta=9℃$，$\tau_s=4\text{h}$，在图 22-2-3 图线上求得 x

所以 $g_p=xH_0=1.1\times0.6=0.66\text{kg/(h·个)}$。

气瓶组由工作部分和替换部分组成，需要的气瓶数为：

$$n=2\frac{G_s}{g_p}=2\times3.0/0.66=9.09\text{ 个}$$

所以设置10个，分为两组，一用一备。

对于小型工商业用户自然气化供气系统，提高供气负荷的途径主要有：

① 把气瓶并联成瓶组；

② 选用湿面积较大的容器；

③ 设置独立气化间并保持较高的室温。

22.2.3　变用气量气瓶工作的供气能力

当供气对象是有一定数量的居民用户时，应按气瓶组安装后连续供气，用气量连续数天周期性随时间变化予以考虑。这即是变用气量供气。

最终剩余液位 H_{end} 不同的气瓶，在整个供气过程中可能出现的最低液温也不同，H_{end} 愈小，温降 θ_{max} 更大，即会出现更低的液温。

同时也看到，一般情况是气瓶平均小时供气量 g_{av} 愈大，则 θ_{max} 愈大，即用气量愈大，气瓶在供气过程中会出现更大的温降。

设计计算即可利用图22-2-4图线[3]，按给定的最终液位高度 H_{end}，由允许的气瓶温降 θ_a 值得到每个气瓶适应的平均小时供气量（简称气瓶供气量）g_{av}。所需气瓶总数为：

$$n=2\frac{G_{av}}{g_{av}}\qquad(22\text{-}2\text{-}4)$$

式中　G_{av}——平均小时用气量，kg/h；

g_{av}——单个气瓶能供给的平均小时供气量，kg/h。

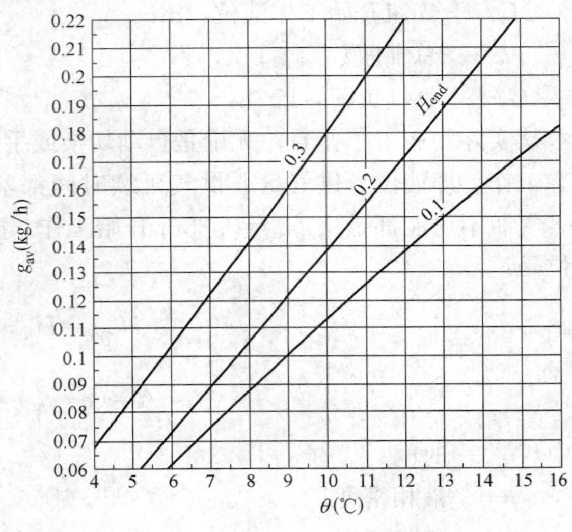

图22-2-4　气瓶供气能力与允许温降的关系

【例22-2-2】　某系统供气40户，每户日平均用气0.5kg，$C_3:C_4=60:40$，

平均日用气量为 $0.5\times40=20$kg/d，

平均小时用气量为 $\frac{20}{24}\approx0.83$kg/h，

气瓶最小液位为0.3m，

【解】　瓶组室内温度 $t_a=5$℃，空气湿度 $\phi=50\%$，由 θ_d-t_a 图（图22-2-2）得 $\theta_d=9.5$℃

供气压力要求为0.17MPa（绝对），由 θ_P-p 图（图22-2-1）得 $\theta_P=15$℃

由式（22-2-1）$\theta=\theta_a=\min(\theta_d,\theta_p)=\min(9.5,15)=9.5$℃。由 g_{av}-θ 图（图22-2-4）查得 $g_{av}=0.17$kg/h所以需瓶数为：$n=2\frac{0.83}{0.17}\approx10$ 个

取 $n=10$ 个，分为两组，每组5个50kg气瓶。

22.3 液化石油气强制气化

强制气化是指人为地加热液化石油气使其汽化的方法。

强制气化有气相导出和液相导出两种方式。气相导出方式是用热媒加热容器内的液化石油气使之气化。这种方式的气化过程中热损耗大，气化能力低，目前已很少采用。液相导出方式是从容器内将液态液化石油气送至专门的气化器气化。这种气化方式的气化能力大，同时自气化器导出的气体组分始终与罐中的液体组分相同，与罐剩液量的多少无关，可以供应组分稳定的气体，在工程中一般都采用这种气化方式。

强制气化液相导出的气化方式按其工作原理可分为三种。

22.3.1 强制气化类型

1. 等压强制气化

等压强制气化是利用罐自身压力将液化石油气送入气化器，使其在与罐压力相等的条件下气化。等压强制气化原理如图 22-3-1 所示。

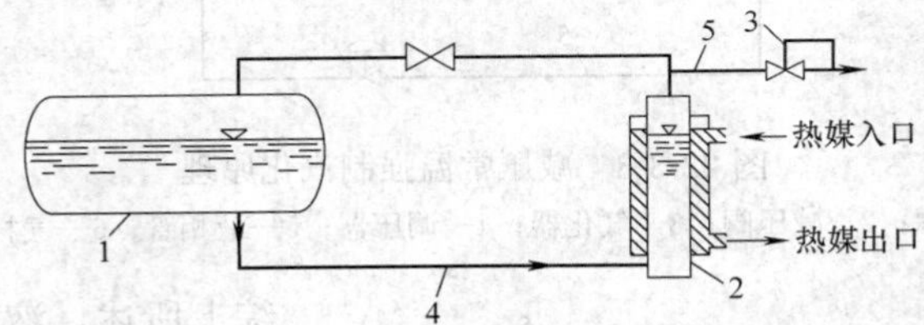

图 22-3-1 等压强制气化原理图

1—储罐；2—气化器；3—调压器；4—液相管；5—气相管

2. 加压强制气化

加压强制汽化是将储罐内的液化石油气经泵加压后送入气化器，在高于储罐压力的条件下气化。为使气化器压力稳定，在气化器前装设减压阀。加压强制气化原理如图 22-3-2 所示。

为使气化能力随用气量的变化有一定的适应性，在泵出口管上装设回流阀，当气化能力超过用气量时，气化器内压力升高，泵出口液化石油气经回流阀流回罐内。

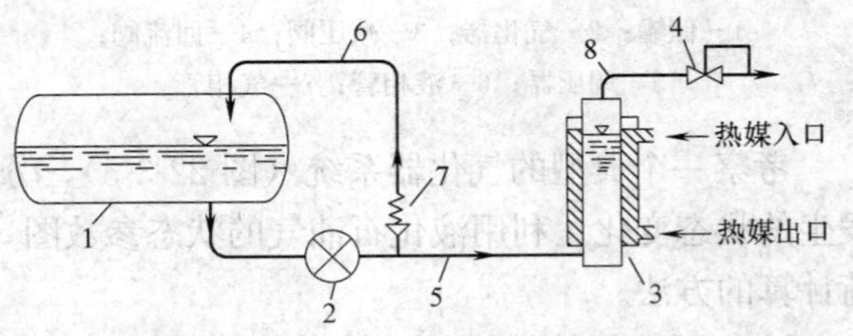

图 22-3-2 加压强制汽化原理图

1—罐；2—泵；3—气化器；4—调压器；5—液相管；6—回流管；7—回流阀；8—气相管

气化器内的液面高度随用气量的增减而升降，气化能力可以适应用气量的变化。用气量减少时气化器内压力升高，使液面高度下降，从而减少液相换热面，气化量因而减少；反之，用气量增加时，气化量增加。这即是强制加热气化器的自调节特性。

为了防止用气突然停止时，气化器内的液体继续气化而导致气化器超压，对于加压强制气化方式，还应在气化器前与减压阀并联一个（出罐方向）回流阀。当停止用气时，气化器内压力高于供液管道压力，液体经回流阀流回罐内。

3. 减压强制气化

减压强制气化是液化石油气利用自身的压力从储罐经管道、减压阀进入气化器，产生的气体经调压器送至用户。

减压强制汽化又可分为常温气化和加热气化两种。减压常温强制气化原理如图 22-3-3 所示。液态液化石油气经减压节流后，依靠自身显热和吸收外界环境热而气化。减压加热强制气化原理如图 22-3-4 所示，减压后的液化石油气依靠人工热源加热气化。

与加压强制气化的气化器一样减压强制气化的气化器也有自调节特性；为防气化器超压，也应在气化器前与减压阀并联一个回流阀。

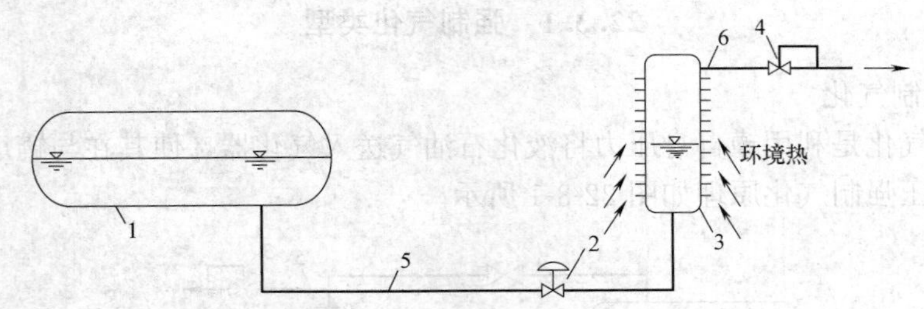

图 22-3-3　减压常温强制汽化原理

1—罐；2—减压阀；3—气化器；4—调压器；5—液相管；6—气相管

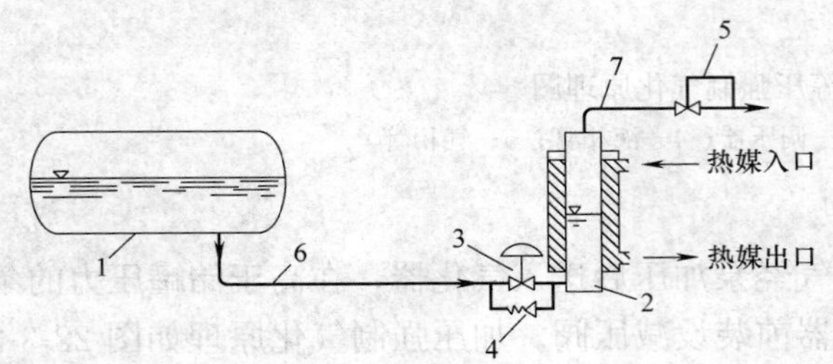

图 22-3-4　减压加热强制气化原理

1—储罐；2—气化器；3—减压阀；4—回流阀；5—调压器；6—液相管；7—气相管

综上所述，液相导出强制气化方式有适应液化石油气用量大小的气化能力自调节特性。当系统运行时，气化器内的气体压力与进入气化器的液体压力大致保持相等。

22.3.2　气化器的热负荷计算

本节给出基于稳定工况的多组分液化石油气化器的热负荷计算方法。

22.3.2.1　气化器的气化过程

考察一个典型的气化器系统（图 22-3-5），分析液化石油气经过这一气化系统的流程时发生的状态变化。利用液化石油气的状态参数图（压焓图）加以标示，从而给出气化器热负荷计算的方法。

液化石油气从储罐 1 经管道 2 由 LPG 泵 3 加压流过 LPG 气化器前的阀组 4 进入气化器 5。在气化器中由于受热发生沸腾而气化并进一步得到过热，成为有一定过热度的气态 LPG 由供气管道 6 供出。

为清晰地说明问题，设定 LPG 只由丙烷（C_3^0）和丁烷（C_4^0）组成。从热力学过程和 LPG 的状态变化来说明上述由液态变为气态的流程，应用丙烷（C_3^0）的压焓图(图 22-3-6)和丁烷（C_4^0）的压焓图（图 22-3-7）。

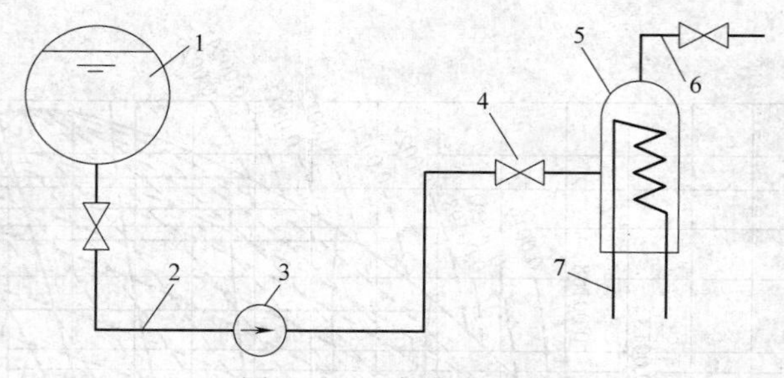

图 22-3-5 气化器系统

1—LPG 储罐；2—LPG 供液管道；3—LPG 泵；4—气化器前的阀门组；
5—气化器；6—LPG 供气管道；7—热水及回水管

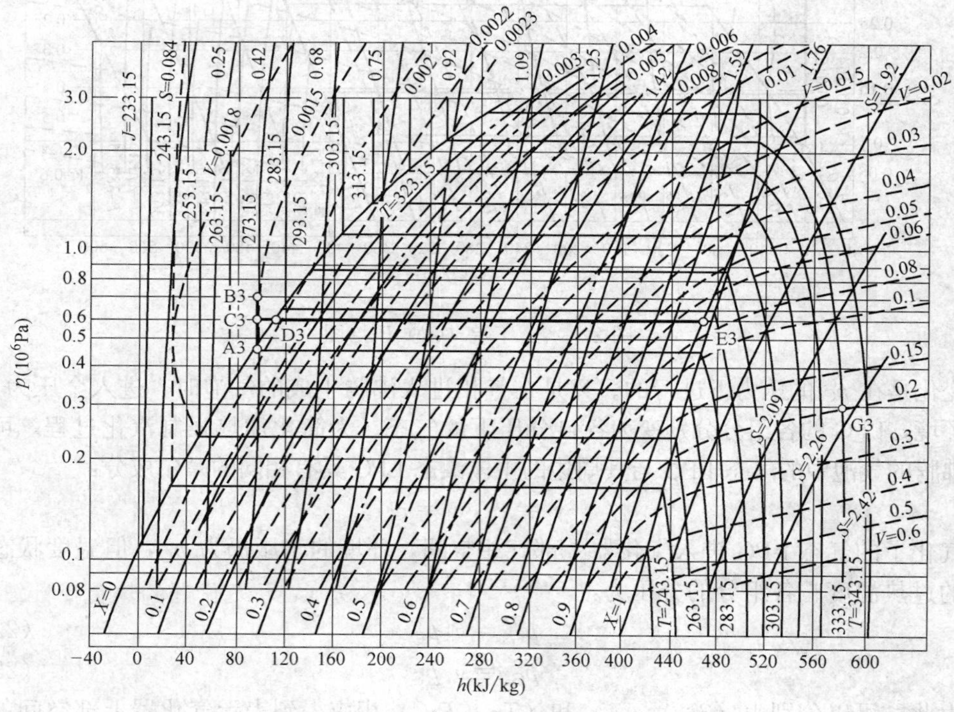

图 22-3-6 丙烷（C_3^0）压焓图

液相摩尔组成为 x_3，x_4 的 LPG 在储罐中处于自然储存的气液平衡状态。温度为 T_A（t_A），压力为 p_A。在 C_3^0 和 C_4^0 的压焓图上分别用 A_3，A_4 点表示。进入 LPG 泵，经过泵的加压，压力升高。由于压力升高值有限，并且液态 LPG 的压缩性很小，可以认为泵的加压使 LPG 经历近似等容过程，也近似于等焓过程。LPG 的状态由 p_A 升高为 p_B，成为过冷液体。分别用 B_3，B_4 点表示加压后的状态点。A_3B_3，A_4B_4 是等焓线。

在经由管道及汽化器阀门组时，液态 LPG 会产生一定程度的节流。此时，压力降到气化器的压力 p_C。在热力学上节流前后焓相等。LPG 状态点因此分别位于 C_3 及 C_4 点。

液态 LPG 进入气化器后受到热媒加热分别先达到饱和状态 D_3，D_4 点，然后即发生沸腾气化。沸腾是 LPG 由液态变为气态的相变过程。状态点分别为 E_3，E_4。需要指出，这一液

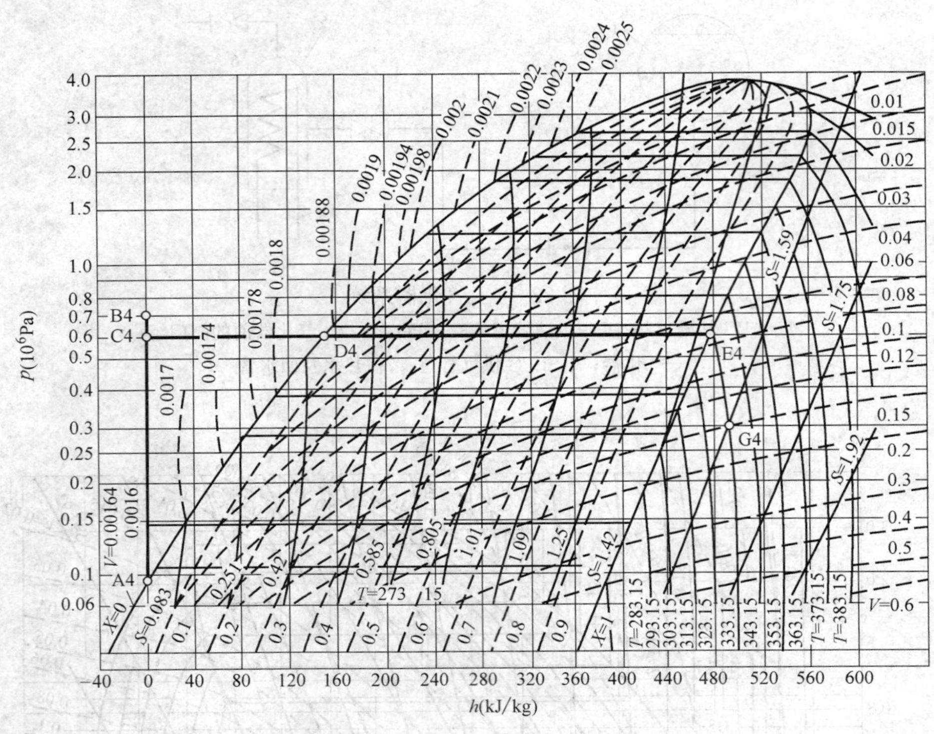

图 22-3-7　丁烷（C_4^0）压焓图

气相变化是在 p_C 的压力下进行的。只是在气相进入沸腾生成的气泡时，进入全压为 p_C 的气相环境，LPG 的各组分分别变为各自分压下的气态。为简化加热强制汽化过程，可以假定在沸腾的气泡中的气态 LPG 与其周边的主体液态 LPG 具有相同的摩尔成分：

$$y_3 = x_3, y_4 = x_4$$

气化了的气态 LPG 进入气化器上部气相空间，环境的全压仍为 p_C，但温度状态是气化器的过热温度。各组分的分压为：

$$p_{G3} = y_3 p_C \tag{22-3-1}$$

$$p_{G4} = y_4 p_C \tag{22-3-2}$$

由此，可以分别由（T_G，p_{G3}）和（T_G，P_{G4}）相应得到表示气化器上部空间的气态 LPG 的状态点 G_3 和 G_4。至此，我们得到了 LPG 气化过程在状态图上的各状态点的过程线，即是气化器的气化过程的理想模型。由其可以定量地考察气化器热负荷问题。

22.3.2.2　气化器热负荷

LPG 气化过程，对 LPG 各组成来说，单位质量 LPG 气化所需热量分别为：

$$Q_3 = (h_{G3} - h_{C3}) g_3 \tag{22-3-3}$$

$$Q_4 = (h_{G4} - h_{C4}) g_4 \tag{22-3-4}$$

式中　Q_3，Q_4——单位质量 LPG 中 C_3^0，C_4^0 的气化及过热所需热量；

h_{C3}，h_{C4}——C_3^0，C_4^0 进入气化器的焓；

h_{G3}，h_{G4}——C_3^0，C_4^0 离开气化器的焓；

g_3，g_4——C_3^0，C_4^0 的质量成分由下式求得：

$$g_3=\frac{x_3\mu_3}{x_3\mu_3+x_4\mu_4} \tag{22-3-5}$$

$$g_4=\frac{x_4\mu_4}{x_3\mu_3+x_4\mu_4} \tag{22-3-6}$$

式中 μ_3，μ_4——C_3^0，C_4^0的摩尔质量；

x_3，x_4——液体C_3^0，C_4^0的摩尔成分。

进一步区分各阶段所需热量，则有：

预热：

$$Q_{p3}=(h_{D3}-h_{C3})g_3 \tag{22-3-7}$$

$$Q_{p4}=(h_{D4}-h_{C4})g_4 \tag{22-3-8}$$

$$Q_p=q_{p3}+q_{p4} \tag{22-3-9}$$

$$I_p=Q_pG \tag{22-3-10}$$

式中 h_{D3}，h_{D4}——C_3^0，C_4^0在D点的焓；

I_p——LPG预热所需热量。

气化：

$$Q_{v3}=(h_{E3}-h_{D3})g_3 \tag{22-3-11}$$

$$Q_{v4}=(h_{E4}-h_{D4})g_4 \tag{22-3-12}$$

$$Q_v=Q_{v3}+Q_{v4} \tag{22-3-13}$$

$$I_v=Q_vG \tag{22-3-14}$$

式中 Q_{v3}，Q_{v4}——单位质量LPG中C_3^0，C_4^0的气化所需热量；

h_{E3}，h_{E4}——气体C_3^0，C_4^0的焓；

G——LPG气化质量流量；

I_v——LPG气化所需热量。

过热：

$$Q_{s3}=(h_{G3}-h_{E3})g_3 \tag{22-3-15}$$

$$Q_{s4}=(h_{G4}-h_{E4})g_4 \tag{22-3-16}$$

$$Q_s=Q_{s3}+Q_{s4} \tag{22-3-17}$$

$$I_s=Q_sG \tag{22-3-18}$$

式中 Q_{s3}，Q_{s4}——单位质量LPG中C_3^0，C_4^0的过热所需热量；

I_s——LPG过热所需热量。

利用已知的LPG各组分的状态图，由已知的储存温度，给定气化器的压力和过热温度，可以确定气化过程的需热量，从而计算出气化热负荷。

气化器的热负荷除了上述气化热负荷外，还包括经由气化器外壁面的散热损失。对这一散热负荷的计算，要按一般传热计算进行。计算时要注意到区分气化器的液体部分和气体部分。这两部分的散热损失传热系数不同，液化石油气的温度也不同。

液体部分散热：

$$I_L=K_L(t_{lav}-t_a)F_L \tag{22-3-19}$$

式中 I_L——通过气化器液体壁面的散热；

K_L——通过液体壁面的传热系数；

t_{lav}——液化石油气液体平均温度；

t_a——气化器外环境温度；

F_L——气化器液体壁面积。

$$t_{lav}=\frac{(t_{C3}+t_{D3})c_3g_3+(t_{C4}+t_{D4})c_4g_4}{2(c_3g_3+c_4g_4)} \tag{22-3-20}$$

式中　c_3，c_4——C_3^0，C_4^0的液体质量比热容。

气体部分散热：

$$I_g=K_g(t_{gav}-t_a)F_g \tag{22-3-21}$$

式中　I_g——通过气化器气体壁面的散热；

K_g——通过气体壁面的传热系数；

t_{gav}——液化石油气气体平均温度；

F_g——气化器气体壁面积。

$$t_{gav}=\frac{(t_{E3}+t_G)c_3'g_3+(t_{E4}+t_G)c_4'g_4}{2(c_3g_3+c_4g_4)} \tag{22-3-22}$$

式中　c_3'，c_4'——C_3^0，C_4^0饱和气态质量定压比热。

最终得到气化器的总的热负荷：

$$I=I_p+I_v+I_s+I_L+I_g \tag{22-3-23}$$

22.3.2.3　气化器热力设计与运行参数

在完成制订气化器计算方法的时候，还需对其中三个参数的确定给以规定。

① 气化器的计算工作压力。工作压力取决于系统对气化器提出的压力要求。例如在自动比例混合系统中，气化器工作压力一般规定为0.4～0.6MPa，气化器的压力在所谓等压系统中则是储罐的储存压力。

② 过热温度。为保证供出的气态LPG保持气态，应使其在气化器中有一定程度的过热。其依据是，使 t_G 高于气化器压力条件下LPG的露点 t_d。

计算 t_d，可以采用本手册作者提出的露点直接计算公式。（在20～55℃温度段）：

$$t_d=45\left[\left(p\Sigma\frac{y_i}{a_i}\right)^{\frac{1}{2.2}}-1\right]$$

式中　t_d——气态LPG露点，℃；

p——气化器工作压力，（绝对）；

y_i——LPG第 i 组分摩尔分数；

a_i——第 i 组分系数，见表22-3-1值。

③ 考虑到防止LPG气体中烯烃（特别是二烯烃）发生聚合反应，过热温度 t_G 应控制在60℃以下。

综合②、③明确气化器过热温度的下限与上限为：

$$t_d<t_G<60℃$$

④ 由于液态情况下烯烃聚合反应的温度界限是45℃，因此合理控制气化器中的液温也是应考虑的问题。可用气化器内液体饱和温度 t_D 作为参数，使 $t_D<45℃$。

由 t_D 的计算式可看到，对于某一给定的气化压力，若 LPG 中 C_3^0 组分较多，则会有较低的 t_D。

露点直接计算公式系数 a_i（温度段 20～55℃） **表 22-3-1**

组分	乙烷	丙烯	丙烷	异丁烷	丁烷
a_i	1.4908	0.4011	0.3409	0.1265	0.0909

组分	丁烯-1	顺丁烯-2	反丁烯-2	异丁烯	异戊烷	戊烷
a_i	0.1102	0.0807	0.0879	0.1103	0.0359	0.0274

注：当 LPG 中有乙烯以上组分时（其总摩尔分数为 y_0）则在公式中将 p 折成为 $(1-y_0)p$，
当 LPG 温度高于 35℃时，将乙烷的摩尔分数也计入 y_0，在公式中不计算乙烷项，将 p 折成为 $(1-y_0)p$。

⑤ 气化器的工作有一定的压力参数范围。曾经发生过气化器不能供气的情况，原因在于气化器没有达到应有的工作压力。例如某等压气化工作的气化器由于采用的 LPG 中 C_4 组分多，因而饱和蒸气压过低，气化器内液位抬高，超过规定值，从而切断供液电磁阀，并引起气化器停止工作。

另有一台按加压气化工作的气化器，在 LPG 泵未开动时，气化器不能供气。在泵开动使气化器升压后即可正常供气。原因在于在较低压力下，气化器内 LPG 饱和温度太低、气态 LPG 的温度低于系统规定的 45℃，从而关闭气相供出管上的电磁阀，使气化器停止供气。

⑥ 由计算过程可以看到，若 LPG 是单一组分丙烷或丁烷，在 0.6MPa 下气化，气化到相同的温度，则总焓差之比是：

$$\frac{h_{G3}-h_{C3}}{h_{G4}-h_{C4}}=\frac{482-95}{488-0}=0.79$$

因此，同一气化器热负荷对于丙烷与丁烷之比就大约是 79∶100。

22.3.2.4 气化器热负荷算例

【例 22-3-1】 对于一台 5.5t/h 的气化器进行热负荷计算。LPG 由 C_3^0，C_4^0 各半组成。储罐内储存温度为 $t_{str}=0$℃，气化器设计工作压力为 $p_C=0.6$MPa（绝压），气态 LPG 过热温度为 $t_s=60$℃，采用热水温度 75℃，回水温度 70℃。

【解】 由已知条件，计算 LPG 在设计工作压力下的露点：

$$t_d=45\left[\left[0.6\left(\frac{0.5}{0.3409}+\frac{0.5}{0.0909}\right)\right]^{\frac{1}{2.2}}-1\right]=41℃$$

① 设具有过热度：

$$\Delta t=60-41=19℃;$$

② 由 C_3 及 C_4 的状态图，由储存温度 $t_A=t_{str}=0$℃分别得到饱和液相点 A_3，A_4。储存压力为：

$$\begin{aligned}p&=x_3p_{A3}+x_4p_{A4}\\&=0.5\times0.45+0.5\times0.1=0.28\text{MPa}\end{aligned}$$

LPG 的质量组成为：

$$g_3=\frac{x_3\mu_3}{x_3\mu_3+x_4\mu_4}=\frac{0.5\times44.1}{0.5\times44.1+0.5\times58.1}=0.43$$

$$g_4=\frac{x_4\mu_4}{x_3\mu_3+x_4\mu_4}=\frac{0.5\times58.1}{0.5\times44.1+0.5\times58.1}=0.57$$

取泵加压到 $p_B=0.7\text{MPa}$。节流到气化器工作压力 $p_C=0.6\text{MPa}$，在气化器内液相预热及气化经历 C-D-E。过热经历 E-G。

$$p_{G3}=y_3p_C=0.5\times0.6=0.3\text{MPa}$$

$$p_{G4}=y_4p_C=0.5\times0.6=0.3\text{MPa}$$

$$t_G=t_s=60℃$$

分别由压焓图可得到 C_3，E_3，D_3，G_3，C_4，D_4，E_4，G_4 的焓值：

$$h_{C3}=95, h_{D3}=115, h_{E3}=470, h_{G3}=582\text{kJ/kg}$$

$$h_{C4}=0, h_{D4}=145, h_{E4}=472, h_{G4}=488\text{kJ/kg}$$

③ 气化器的气化负荷。

预热：

$$\begin{aligned}q_p&=q_{p3}+q_{p4}=(h_{D3}-h_{C3})g_3+(h_{D4}-h_{C4})g_4\\&=(115-95)\times0.43+(145-0)\times0.57\\&=91.25\text{kJ/kg}\end{aligned}$$

$$Q_v=q_vG=91.25\times5500\times10^{-3}=501.9\text{MJ/h}$$

气化：

$$\begin{aligned}q_v&=q_{v3}+q_{v4}=(h_{E3}-h_{D3})g_3+(h_{E4}-h_{D4})g_4\\&=(470-115)\times0.43+(472-145)\times0.57\\&=339.04\text{kJ/kg}\end{aligned}$$

$$Q_v=q_vG=339.04\times5500\times10^{-3}=1864.7\text{MJ/h}$$

过热：

$$\begin{aligned}q_s&=q_{s3}+q_{s4}=(h_{G3}-h_{E3})g_3+(h_{G4}-h_{E4})g_4\\&=(582-470)\times0.43+(488-472)\times0.57\\&=57.28\text{kJ/kg}\end{aligned}$$

$$Q_s=q_sG=57.28\times5500\times10^{-3}=315\text{MJ/h}$$

可见过热负荷约为气化负荷的12%。

气化合计负荷为：

$$Q_p+Q_v+Q_s=501.9+1864.7+315=2681.6\text{MJ/h}$$

④ 气化器的散热损失。在计算汽化器热负荷的时候，若没有气化器的具体尺寸，可先参照类似的气化器进行散热估算。在已有气化器资料进行设计选用时，则具有实际的计算条件。但对于如何区分气化器的气体和液体部分，则仍只能是一种估计。一般散热损失占气化器热负荷比重不大，可估算如下：

$$t_{l\,av}=\frac{(0+18)\times12\times0.43+(0+59)\times11.6\times0.57}{2(12\times0.43+11.6\times0.57)}=17.6℃$$

$$t_{g\,av}=\frac{(18+60)\times1.6\times0.43+(59+60)\times1.5\times0.57}{2(1.6\times0.43+1.5\times0.57)}=50.4℃$$

由于 LPG 各组分间，其液态比热 c 或气态比热 c' 都较接近，
所以可以采用同一值进行计算，使 $t_{L\,av}$，$t_{g\,av}$ 计算简单一些。

$$t_{L\,av}=\frac{t_A+t_{D3}g_3+t_{D4}g_4}{2}$$

$$t_{g\,av}=\frac{t_G+t_{E3}g_3+t_{E4}g_4}{2}$$

气化器中气化与过热两部分的换热面之比为：

$$\frac{A_s}{A_v}=\frac{q_sK_v\Delta t_v}{(q_p+q_v)K_s\Delta t_s}=\frac{57.28\times0.46\times(72.5-17.6)}{430.29\times0.1\times(72.5-50.4)}=1.52$$

热水及回水平均温度为 $\frac{1}{2}(75+70)=72.5℃$

因此，由 $\frac{A_s}{A_v}$ 可以估计，对于汽化器壳体体积，液体与气体部分之比约为 1∶1.5 据此估算液体与气体部分的壳表面的散热面积。

若已知 5.5t/h 汽化器直径 ϕ750mm，总高 H=2040mm，其中椭圆封头高 200mm，所以液体部分直筒高取为 700mm。

液体部分表面积为：

$$A_L=3.14\times0.75\times0.7=1.65\text{m}^2$$

气体部分的总表面积为：

$$A_g\approx3.14\times0.75\times1.3+0.44=3.5\text{m}^2$$

计算散热负荷（液、气两部分）：

液体部分：

$$\begin{aligned}Q_L&=K_Lf_L(t_{L\,av}-t_a)\\&=0.035\times3600\times1.65\times(17.6-14)=748\text{kJ/h}=0.75\text{MJ/h}\end{aligned}$$

气体部分：

$$\begin{aligned}Q_g&=K_gf_g(t_{g\,av}-t_a)\\&=0.03\times3600\times3.5\times(50.4-14)=13759\text{kJ/h}=13.8\text{MJ/h}\end{aligned}$$

可见液体与气体部分散热负荷之比约为 1∶18。

⑤ 结果。

气化总热负荷：

$$Q_{vl}=Q_p+Q_v+Q_L=501.9+1864.7+0.75=2367.4\text{MJ/h}$$

过热总热负荷：

$$Q_{sg}=Q_s+Q_g=315+13.8=328.8\text{MJ/h}$$

可见气化总热负荷与过热总热负荷之比约为 7∶1。

气化器总热负荷：

$$Q=Q_{vl}+Q_{sg}=2367.4+328.8=2696.2\text{MJ/h}$$

22.3.3 液化石油气管道供气无凝动态分析

在考虑 LPG 管道集中供气方案时，一个重要问题是：已经气化了的气态 LPG 气会不

会在输送的管道系统中重新液化，即是否存在结露的可能性。无凝结是气态 LPG 输配的先决条件。

根据所输送的液化气组成，按照设计的压力条件计算出露点，将其与管道的环境温度进行比较。这种计算属于静态计算，即液化气的温度和压力参数是给定在一个状态上。但是在实际的管道集中供气系统中，压力、温度参数是变化的。一方面气态 LPG 沿管道流动时有水力损失，因而压力逐渐降低，气体露点也是随之变化的。同时由于燃气与管道之间有热交换，气态 LPG 的温度随着流动而发生改变。管道温度不仅是作为露点比较的对象，同时要被考虑成实际使气态液化石油气温度和压力发生变化的一种外部条件。对这种气态 LPG 输送中温度和压力变化的过程和管道的传热影响，需进行综合因素的动态分析。

$$t = t_a + \Delta t e^{-Kx} \tag{22-3-24}$$

$$\Delta t = t_{st} - t_a \tag{22-3-25}$$

$$p = \sqrt{p_{st}^2 - 2\Phi\left[(t_a + 273)x + \frac{\Delta t}{K}(e^{-Kx} - 1)\right] \cdot 10^{-12}} \tag{22-3-26}$$

$$t_d = 55\left\{\sqrt{\left[p_{st}^2 - 2\Phi\left[(t_a + 273)x + \frac{\Delta t}{K}(e^{-Kx} - 1)\right] \cdot 10^{-12}\right]^{\frac{1}{2}} \cdot \sum \frac{r_i}{a_i}} - 1\right\} \tag{22-3-27}$$

$$\Phi = \lambda \frac{8m^2 R}{D^5 \pi^2} \tag{22-3-28}$$

$$K = \frac{\pi D k}{mc} \tag{22-3-29}$$

式中 D——管径，m；

c——气态液化气定压比热容，J/(kg·K)；

t——气态液化气温度，℃；

p——气态 LPG 压力，MPa；

k——通过管壁的传热系数，W/(m²·K)；

t_a——管道外侧环境温度，℃；

t_{st}——气态 LPG 起点温度，℃；

p_{st}——起点压力，MPa；

a_i——系数，见表 22-3-1；

r_i——LPG 第 i 组分容积分数；

m——LPG 质量流量，kg/s；

R——气体常数；

λ——摩阻系数。

式（22-3-27）即气态 LPG 的露点 t_d 随输送距离 x 改变的函数关系，它即是气态 LPG 在输送中露点的动态变化情况。

应该指出，这一关系只适用于管道中流动的气态 LPG 发生凝结之前的情况。

至此，我们可以利用式（22-3-24）和式（22-3-27）来判别在给定的输送距离 x 处是否会发生凝结，即进行无凝结动态分析。不发生凝结的设计条件是：

$$t \geqslant t_d + 5℃$$

【例 22-3-2】 设气态 LPG 为丙、丁烷混合物，C_3 ∶ C_4 = 50 ∶ 50，按加和规则计算得出 LPG 分子量 M=51，比热容 c=1700J/（kg·K），气体常数 R=163。输送量 m=800kg/h=0.222kg/s，输送管道长 l=1000m，直径为 D=100mm。管道起点压力 p_{st}=0.17MPa（绝对），起点温度 t_{st}=60℃，管道外壁环境温度 t_a=3℃。经过管壁（包括绝缘层）的传热系数 k=11.63W/(m^2·K)，管道摩阻系数 λ=0.03。对此管道进行无凝动态分析。

【解】 计算出：

$$K = \frac{\pi Dk}{mc} = 0.00967$$

$$\Phi = \lambda \frac{8m^2 R}{D^5 \pi^2} = 0.0196 \times 10^6$$

利用式（22-3-24），式（22-3-26）和式（22-3-27）计算沿管长 x 的 p、t、t_d 值，得到图线结果（见图 22-3-8）。

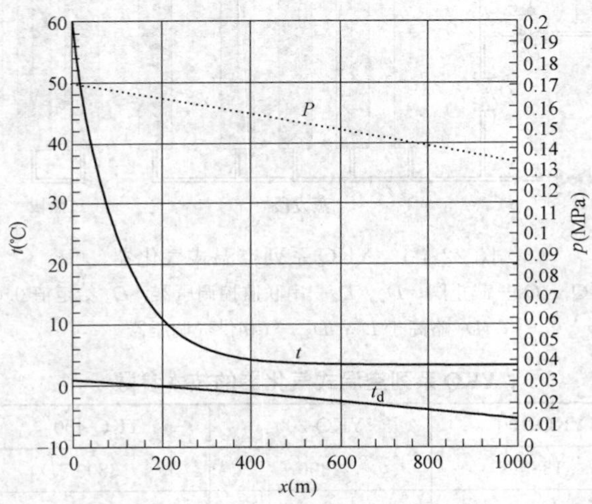

图 22-3-8 温度、压力、露点沿管长的变化

由计算结果可知：

① 沿整个管长都有 $t > t_d$，最小的温差 $(t-t_d)_{min}$=5.47℃出现在 x=480m 处；之后随着 x 增大 Δt 单调增加。

② 虽然环境温度为 3℃，气态 LPG 在起点压力 P=0.17MPa 时的露点为 1℃，按现有静态计算会认为本管道供气 $t-t_d$=3−1=2<5℃，不能采用气态 LPG 集中管道供气方式，实际上，按动态分析的结果，本例的 $(t-t_d)_{min}$=5.47℃已大于规范规定的 5℃，表明本管道供气不会有 LPG 凝结之虞。

22.4 气 化 器

气化器按其热媒类型分为空温型、电热型、热水型、蒸汽型和明火型。出于安全考虑，国内实际上禁用明火型（即火焰式气化器）。

22.4.1　空温式气化器

空温式气化器换热部件是宽幅翼翅片式耐低温铝合金不锈钢管，用超强梁式支架组合成为竖向列管阵，其整体分成蒸发段组合列管和过热段组合列管。液相在蒸发段并联沿数个列管竖向下进上出，并由液相调压器（监控器）稳压控制液相的进口压力；气相离开蒸发段后串联通过数个组合列管继续换热，并由气相调压器稳压控制供气压力。为了安全，在末端过热段出口处设置安全阀。图 22-4-1 为 YKQ 系列国产空温式气化器总成图。YKQ 系列空温式气化器的技术参数列于表 22-4-1。

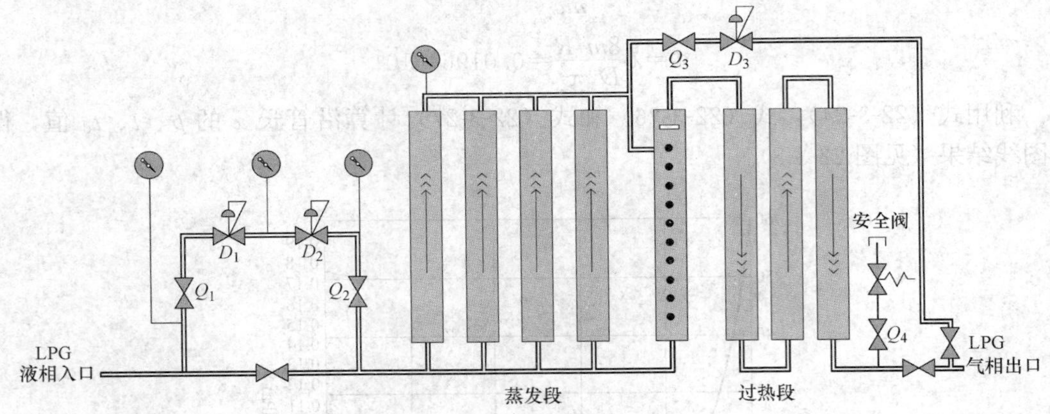

图 22-4-1　YKQ 系列空温式气化器

Q_1、Q_2、Q_3、Q_4—截止阀；D_1、D_2—串联监控调压器，D_2 给定值 0.07MPa，D_1 略高于 D_2；D_3—气相供气调压器

YKQ 系列空温式气化器的技术参数　　**表 22-4-1**

型号	YKQ-100	YKQ-200	YKQ-400	YKQ-800
长(mm)	1380	2800	3800	5800
宽(mm)	1380	1380	2200	2800
高(mm)	2700	2700	3000	3000
气化能力(kg/h)	100kg	200kg	400kg	800kg
LPG 组成	丙烷 70%			
环境温度	−5℃以上			
输入压力(MPa)	0.2～1.5			
输出压力(MPa)	0.06～0.15			
入口法兰	*DN*25		*DN*25	
出口法兰	*DN*50		*DN*100	
设计压力(MPa)	降压前 1.76			
	降压后 0.98			
耐压试验(MPa)	降压前 2.64			
	降压后 1.47			
气密试验(MPa)	降压前 1.76			
	降压后 0.98			

空温式气化器宜设置在日照辐射强度和能流密度较大、通风良好的空旷区域，安装固定基础高出地平 250mm，适于缺电等其他动力供应的小区和企事业单位气化站作集中燃气供应场所。

选空温式气化器技术参数时要结合实际应用条件，即供应的液化石油气组分和室外环境温度。为此，当使用条件与表 22-4-1 的技术参数有所不同时，可按图 22-4-2（气化能力曲线）确定所选空温式气化器的实际汽化能力（kg/h）。

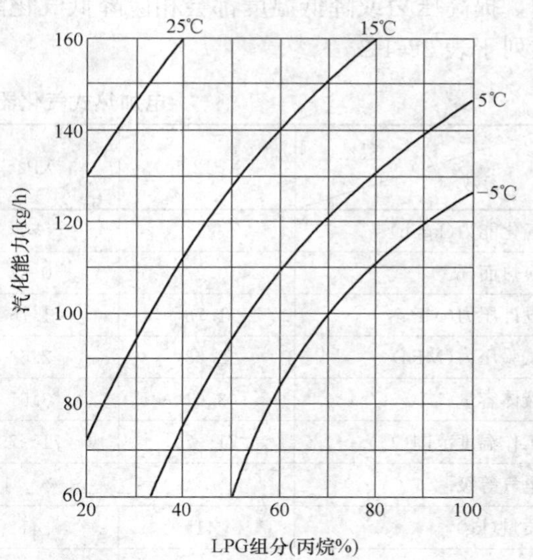

图 22-4-2 气化能力曲线

22.4.2 电热式气化器

小型无中间介质电加热式气化器其特点是电直接加热电热效率高（98%），加热元件直接与液化石油气接触因而要求有可靠的防爆和耐腐蚀性能。

表 22-4-2 所列电热式气化器的控制箱及其控制元件安全防爆、维修方便，与液化石油气接触的铝芯无腐蚀和生锈，并采用控制板、RTD（电阻式热探测器）和保险丝三重安全保护，以防止加热芯失效。此外，在液化石油气液相入口处设置了安全电磁阀，允许液相回流到储罐以防止压力过高。其构造见图 22-4-3。

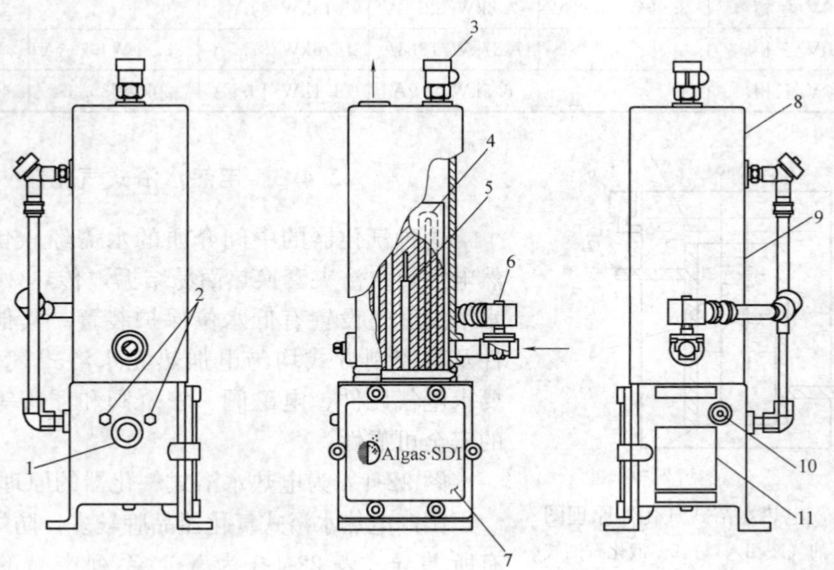

图 22-4-3 电热式气化器

1—电源接口；2—按钮开关；3—安全阀；4—加热原件；5—温度控制感应器；
6—LPG 进口安全电磁阀；7—控制箱；8—液位浮子开关；9—隔热罩；
10—远程/经济运行控制接口；11—数据板

电热式气化器的额定气化能力是按液化石油气处于饱和状态和额定全电压之下测得的，提高压力或降低温度都会相应降低气化能力。各种型号的电加热式气化器主要技术参数列于表22-4-2。

电加热式气化器的主要技术参数　　**表22-4-2**

参数＼型号	XP12.5	XP25	XP50	XP80	XP160
气化能力(kg/h)	25	50	100	160	320
换热面(m²)	0.27	0.27	0.27	0.40	0.66
设计压力(MPa)	1.76	1.76	1.76	1.76	1.76
试验压力(MPa)	2.63	2.63	2.63	2.63	2.63
液体容量(L)	3.61	3.61	3.61	6.0	8.7
工作温度范围(℃)	71～79	71～79	71～79	71～79	71～79
电气等级	1类、1区、D组				1类、2区、D组
质量(kg)	41	41	41	54	102
长×宽×高(mm)	248×232×740			248×232×902	498×387×1473
电源 120V/单相	3.9kW/32.5A				
电源 208V/单相	2.9kW/14.1A	5.9kW/28.1A	11.7kW/56.2A		
电源 208V/三相		5.9kW/16.3A	11.7kW/32.5A	17.8kW/49.6A	
电源 220V/单相	3.3kW/14.9A	6.5kW/29.7A	13.1kW/59.5A		
电源 220V/三相		6.5kW/17.2A	13.1kW/34.4A	20kW/52.4A	
电源 240V/单相	3.9kW/16.2A	7.8kW/32.4A	13kW/54A		
电源 240V/三相		7.87kW/18.8A	15.6kW/37.5A	23.8kW/57.3A	
电源 380V/三相		6.5kW/9.9A	13.1kW/19.9A	20kW/30.3A	40kW/60.5A

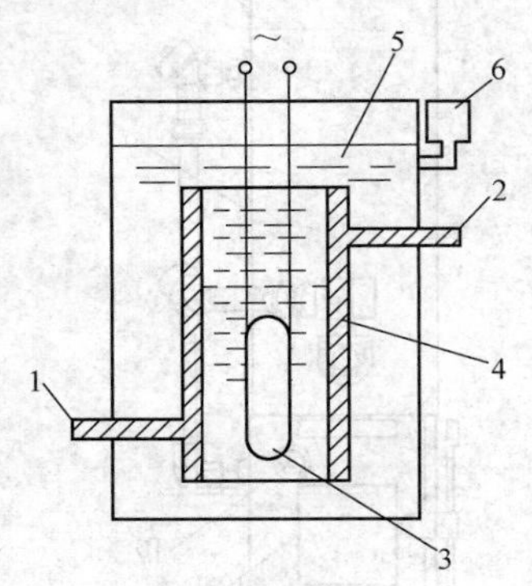

图22-4-4　电热水浴式气化器原理图

1—液化石油气液相入口；2—液化石油气气相出口；3—电加热元件；4—水浴夹套；5—水中间介质；6—液位计

22.4.3　电热水浴式气化器

这种气化器的中间介质的水需经软化处理，不然电加热水浴夹套换热面易结垢，传热效果会降低；水浴夹套还设置有低水位保护装置。其他电加热部件及其控制方式均与电加热无水浴式气化器相同。要求电气元件、电磁阀、安全阀和浮阀等具有很高的安全可靠性。

图22-4-4为电热水浴式气化器的原理图。

国产电热水浴式气化器品牌较多，防爆电控设计有所差异，表22-4-3为YSD系列产品的主要技术参数。

与YSD系列产品类似的还有VEP系列或NEV系列电加热水浴式气化器，气化能力50～600kg/h，都采用不锈钢水浴夹套和电加热元件。

YSD 系列电热水浴式气化器技术参数 表 22-4-3

型号	气化量（kg/h）	外形尺寸（mm）	质量（kg）	LPG 连接管径		功率（kW）	电源
				进液管	出气管		
YSD-30	30	ϕ360×850	90	*DN*15	*DN*20	6	380/220V
YSD-50	50	ϕ360×925	120	*DN*15	*DN*20	8	380/220V
YSD-100	100	ϕ450×1075	160	*DN*20	*DN*25	16	380V
YSD150	150	ϕ530×1130	200	*DN*20	*DN*25	24	380V
YSD-200	200	ϕ530×1250	230	*DN*20	*DN*25	32	380V
YSD-300	300	ϕ610×1460	280	*DN*20	*DN*32	48	380V

22.4.4 热水（蒸汽）循环式气化器

大型城镇液化石油气气化站或混气站一般都设集中锅炉房作为供热源，有条件使用气化能力很大的热水循环或蒸汽循环气化器。这种气化器有两种结构：

（1）蛇管式气化器

蛇管式气化器的热媒可采用蒸汽或热水，一般从蛇管的上端进入，从下端排出。在壳程中的液态液化石油气与蛇管的外表面换热后蒸发，气态液化石油气便从气相出口引出。蛇管式气化器的构造简单，气化能力较小，其构造原理如图 22-4-5 所示。

几种蛇管式气化器的技术性能列于表 22-4-4。

（2）列管式气化器

这种气化器虽然结构比较复杂，但气化能力较大，修理和清扫管束比较方便，其构造如图 22-4-6 所示。几种列管式气化器的规格尺寸列于表 22-4-5。

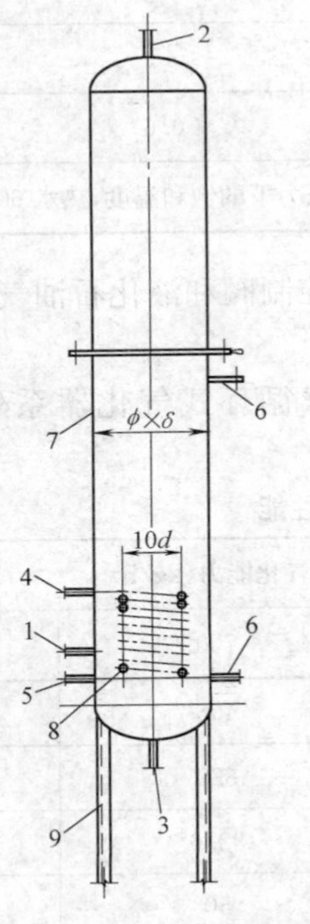

图 22-4-5 蛇管式气化器原理图

1—液相进口；2—气相出口；3—排污管；4—热媒进口；5—热媒出口；6—液位计接口；7—壳体；8—蛇形管；9—支架

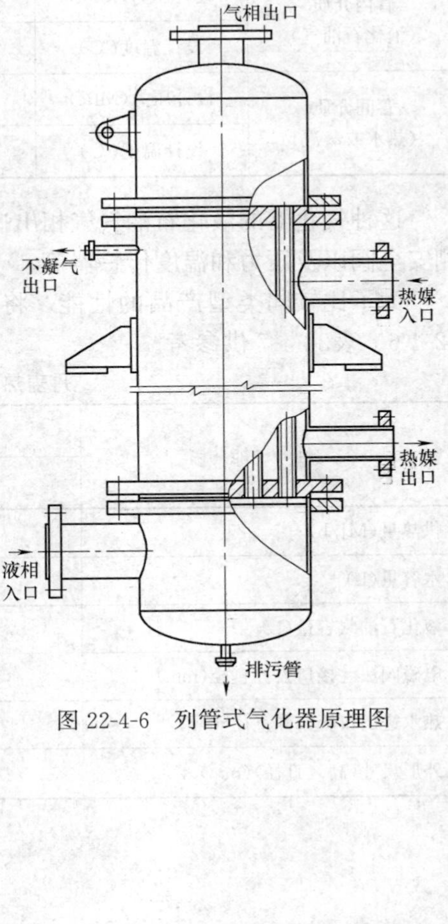

图 22-4-6 列管式气化器原理图

几种蛇管式气化器的规格 表 22-4-4

项目		换热面积(m^2)		
		0.35	0.67	1.00
主要尺寸(mm)	总高度(H)	3103	3153	3153
	壳体直径($\phi\times\delta$)	400×6	500×6	500×6
	蛇管直径($d\times\delta_1$)	19×2	25×2.5	25×2.5
管内介质(热水或蒸汽)	设计压力(MPa)	≤0.6		
	设计温度(℃)	蒸汽按其压力下的饱和温度,热水60～80℃		
管间介质(液化石油气)	设计压力(MPa)	1.77		
	设计温度(℃)	<45		

几种列管式气化器的规格 表 22-4-5

项目		换热面积(m^2)			
		2.3	3.5	9	17
主要尺寸(mm)	总高度(H)	1979	2493	3106	3792
	壳体直径($\phi\times\delta$)	273×8	273×8	325×8	400×8
	列管直径(n-$d\times\delta_1$)	33－25×2.5	33－25×2.5	55－25×2.5	110－25×2.5
管内介质(液化石油气)	设计压力(MPa)	1.77			
	设计温度(℃)	<45			
管间介质(热水或蒸汽)	设计压力(MPa)	≤0.6			
	设计温度(℃)	蒸汽按其压力下的饱和温度,热水60～80℃			

这种气化器的液化石油气气相出口必须安装恒温控制阀和液化石油气侧安全阀、热媒侧安全阀以及压力和温度传感器等。

为了比较同类型产品的性能，将丹麦和国产热水循环式气化器系列的性能列于表22-4-6、表22-4-7供参考。

丹麦热水循环式气化器的性能 表 22-4-6

性能	气化能力(kg/h)		
	500	750	1000
供热量(MJ/h)	272	408	544
水容量(L)	630	820	1200
液化石油气容量(L)	21.9	33.6	50.3
电磁阀法兰接口公称直径(mm)	40	50	80
热水进出口管公称直径(mm)	40	50	80
外形尺寸(高×直径)(mm)	1850×900	1850×1000	1850×1200

RT 系列热水（蒸汽）循环式气化器的性能 表 22-4-7

规格型号	气化量(kg/h)	尺寸(mm)			进液管 *DN*	出气管 *DN*	热水/蒸汽入口 *DN*	热水/蒸汽出口 *DN*	热水/蒸汽耗量(kg/h)
		长	宽	高					
RTHV/SV-50R	50	750	700	1175	15	25	15	20/15	200/10
RTHV/SV-100R	100	750	700	1315	15	32	15	20/15	280/20
RTHV/SV-150R	150	750	700	1315	15	32	15	20/15	570/30
RTHV/SV-200R	200	750	700	1875	20	40	20	20/15	760/40
RTHV/SV-300R	300	750	700	1875	20	50	20	25/15	1140/60
RTHV/SV-400R	400	850	800	1905	20	50	20	25/15	1520/80
RTHV/SV-500R	500	850	800	1905	25	80	25	25/15	1900/100
RTHV/SV-650R	650	850	800	1755	25	80	25	32/15	2470/130
RTHV/SV-800R	800	850	800	1755	32	80	32	32/20	3040/160
RTHV/SV-1000R	1000	850	800	2015	32	100	32	32/20	3800/200
RTHV/SV-1250R	1250	900	850	2015	32	100	32	40/20	4750/250
RTHV/SV-1500R	1500	1000	900	2235	40	100	40	40/25	5700/300
RTHV/SV-1750R	1750	1050	950	2235	40	125	40	50/25	6650/350
RTHV/SV-2000R	2000	1100	1000	2385	40	125	40	50/25	7600/400

目前，国产热水/蒸汽循环式气化器（VWP/VSP 系列）与美国 ELY 系列列管式（蒸汽）气化器相似，按 ASME 和 NFPA-58 有关标准设计制造。设计压力：壳程（LPG）1.77MPa，管程（蒸汽）1.03MPa；蒸汽温度 345℃；动力电源 AC220V、50Hz、1A。按照 C_3/C_4 组分为 2/3 的液化石油气计，其气化能力在 100～7000kg/h 之间。

22.4.5 气化器的安全控制

以下列举国外气化器制造方面的安全控制设计理念及其方法。

1. 防爆与防火

从电器安全技术要求的角度，电加热式气化器可分成两大类型，即防爆型和防火型，如图 22-4-7 所示。

在防爆型中，将气化器所有能引起火花点燃燃气—空气混合物的电源组件合在一起，放在控制箱中，置于危险区之外。防爆型气化器本体的操作控制电器元件，则都是通过本质安全型中继器来操纵的，将其放在危险区现场的电器控制箱中。以低电能量来操作，以致发出任何火花也不可能点燃燃气—空气混合物。

在防火型中，所有电器元件都置于气化器上部的耐压抗爆控制箱中。该控制箱可避免内部件爆炸时传爆至周围大气环境，其中有 2A 的保险丝可预防控制系统被烧坏。保险丝的烧断会使整流器上所有接头断开。一般为了防止上述问题经常发生，在此前设带有 1A 保险丝的小控制器，该控制器置于危险区以外。该 1A 的保险丝用以保护放在气化器上的 2A 保险丝。同时，控制箱还设有一个信号灯，信号灯亮即表示气化器需供水，在将中间介质水灌至气化器操作规定的水位后，气化器便可运行。

2. 水温控制（图 22-4-8）

热水浴中的水温是由恒温器控制的。当水温达到 60℃时，恒温器就自动关闭电加热元件的电路。当水温降到 55℃时，恒温器将电路再接通。

电加热元件是由不锈钢管制成的。对于大型的气化器（500～1000kg/h），每个电加热元件使用功率为 6.5kW，380V 电压。三个元件装在一个热交换管中心座上，上头用法兰固定。在一个开启程序里，有两个热交换管中心座一起连接到电源上，所以其安装负荷为 6×6.5kW，即 39kW。

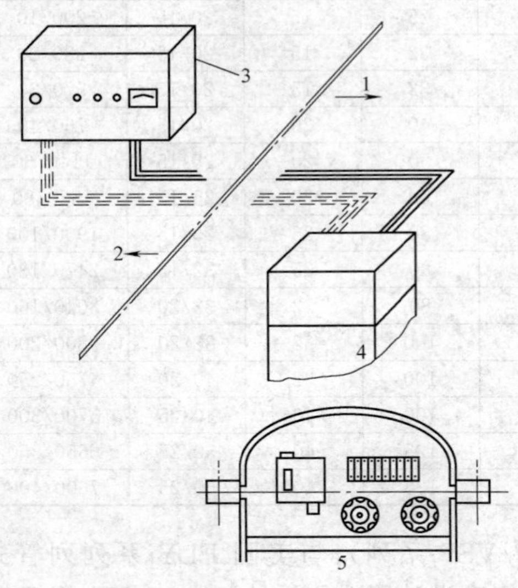

图 22-4-7　电加热式气化器类型区别示意图

1—火灾危险区；2—非危险区；3—电源控制箱；4—防爆型气化器；5—防火型气化器

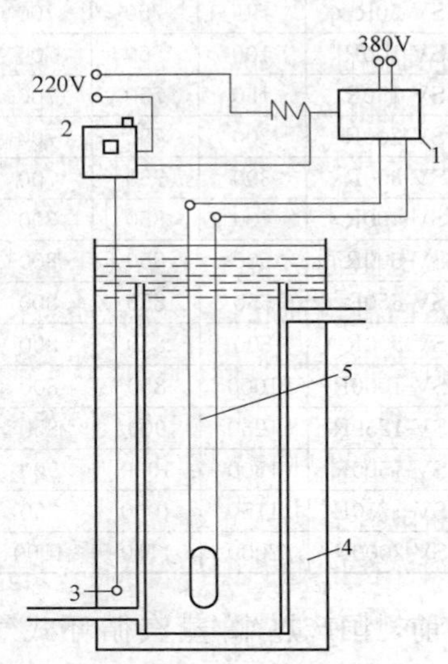

图 22-4-8　加热线路

1—自动开关；2—恒温器；3—传感器；4—水浴；5—电加热元件

3. 防止液相窜流的保护装置（图 22-4-9）

气化器处于高峰负荷时，水温无法维持在 55～60℃之间。当水温降到 45℃时，置于水浴中的传感器通过恒温器将安装在气化器气相出口的电磁阀关闭，如图 22-4-9（*a*）所示。

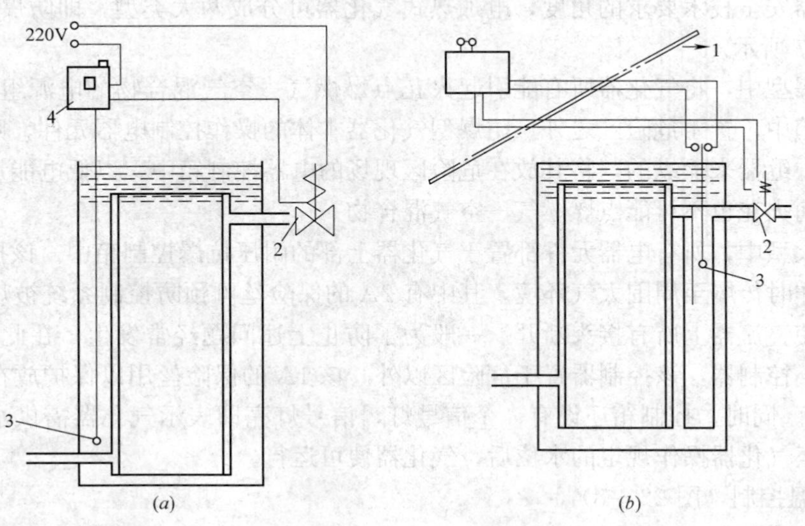

图 22-4-9　防止液相窜流保护装置

（*a*）防火型气化器；（*b*）防爆型气化器

1—危险区；2—电磁阀；3—传感器；4—恒温器

执行机构防爆型电磁阀需在水温45℃以上才开启通气，即此温度是液化石油气正常气化温度。

在防爆型气化器图22-4-9（*b*）中，防止液相窜流保护装置是由热敏电阻做成的传感器，位于气化器气相出口附近。

由控制箱提供的电流加热传感器—热敏电阻元件至160℃，该温度远低于气体的着火温度。当液相窜流，热敏电阻元件被液相包围时，其温度势必被冷却而降低，因此电阻值发生变化，并转换成电信号送到控制箱。此时，继电器就会截断通向电磁阀的电流使之关闭，因而防止了液相窜入气相管道。

热敏电阻通常置于热交换套筒或夹套延伸部位上（有气液分离器作用）。当气化器从待用状态向满负荷状态突然启动时，通过气化器的液滴将被分离出来。热交换套筒或夹套置于水浴之中，所有液滴均在其下部，将被热水加热而气化。

4. 浮阀（图22-4-10）

为了防止由于水浴缺水而使气化器过热，在水浴中放置一个浮阀，它可在水位降得太低时切断电源。当水重新灌入时，浮阀漂起，气化器电源接通，使之重新操作。

浮阀连接的电源电压通常是220V，而加热元件则用380V的电压，以便尽可能使加热元件在低电流下操作。但150kg/h以内的气化器，加热元件的电压是220V。

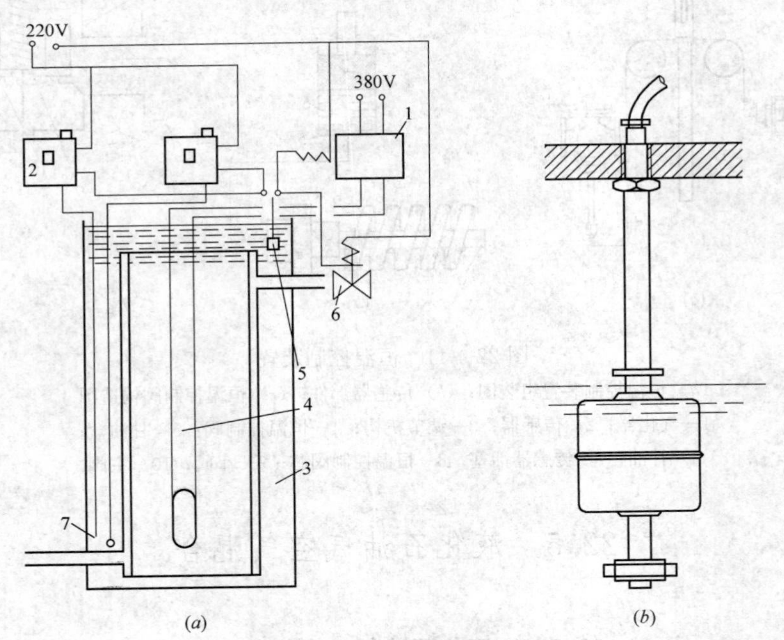

图22-4-10　浮阀及其安装线路图

（*a*）安装线路图；（*b*）浮阀的构造

1—自动开关；2—恒温器；3—热水浴；4—电加热元件；5—浮阀；6—电磁阀；7—传感器

5. 恒温控制装置（图22-4-11）

恒温控制装置由传感器2、调节机构3和恒温控制阀4所组成，用来控制和保持离开气化器的气体温度。气体出口的给定温度可通过调节机构上的旋钮确定，而调节机构内设有超负荷弹簧，当传感器中的甘油液力达到142N时，该弹簧才动作。

恒温控制阀用以保持离开气化器气体的温度。当气化器超负荷时，气体温度下降，传感器 2 中的甘油 6 收缩，使活塞 7 向下运动，随之恒温控制阀 4 中的小阀阀芯依靠内弹簧力向下移动而使阀口关小，以保持气体的温度。

传感器是由不锈钢管绕成螺旋线形的小探测头，并通过一毛细管与甘油盒 5 连通成组合件，温度变化引起探测头中甘油的热胀冷缩，可使甘油盒中的活塞移动，使恒温控制阀也随之启闭。探测头的反应时间应尽量短，一般按恒温控制阀全开或全关动作时间 20s 取定。为了防止在恒温控制阀全开启时超负荷而导致无法进一步调节，在调节机构里安装了超负荷弹簧，以保留适当的最后调节余量。

恒温控制阀 4 是铸钢件，其内主阀 10 本身带有小阀 9，当小阀开启时就泄压，以保持恒温控制阀关闭。小阀关闭后，主阀开启启动，使气体全负荷地通过该阀。液力活塞杆 7 和小阀的阀芯 8 是用铜螺栓、石棉密封垫等连接件紧固在一起的。

大多数大型气化器供气系统中，气化器之间负荷的平衡需要依靠并联的恒温控制阀来调节。

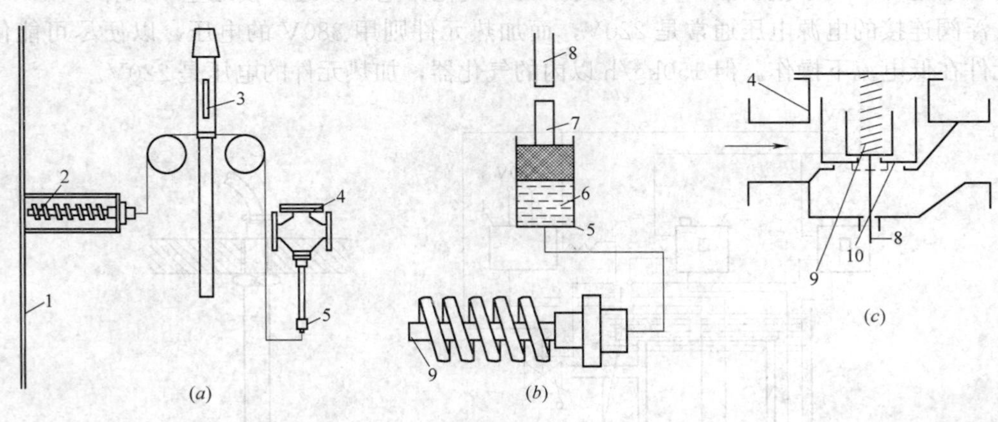

图 22-4-11　恒温控制装置

(*a*) 恒温控制装置组装图；(*b*) 传感器部件；(*c*) 恒温控制阀构造图

1—气化器；2—传感器；3—调节机构；4—恒温控制阀；5—甘油盒；6—甘油；7—传感器活塞；8—恒温控制阀芯；9—小阀；10—主阀

22.5　液化石油气空气混合

22.5.1　液化石油气-空气混合气

鉴于液化石油气与空气混合后可以降低输气的露点，解决输配系统中液化石油气组分再液化的问题。制取混合气的方法大致可分为：引射式混气系统和比例调节式混气系统。

《液化石油气供应工程设计规范》GB 51142 规定，液化石油气可与空气或其他可燃气体混合配制成所需的混合气。混气系统的工艺设计应符合下列要求：

① 液化石油气与空气的混合气体中，液化石油气的体积百分数须高于其爆炸上限的2 倍。

② 混合气作为城镇燃气主气源时，燃气质量应符合规范相关规定；作为调峰气源、补充气源和代用其他气源时，应与主气源或代用气源具有燃烧互换性。

③ 混气系统中应设置当参与混合的任何一种气体突然中断或液化石油气体积百分数接近爆炸上限的 2 倍时，能自动报警并切断气源的安全连锁装置。

④ 混气装置的出口总管上应设置检测混合气热值的取样管。其热值仪应与混气装置连锁，并应能实时调节其混气比例；混气装置的出口管段宜设置在线混合气氧含量检测装置。

⑤ 采用管道供应气态液化石油气或液化石油气与其他气体的混合气时，其露点应比管道外壁温度低 5℃以上。

22.5.2 液化石油气一空气混合气露点

液化石油气混空气后露点温度将下降，其露点温度不仅与混合物的组分及各组分的摩尔成分有关，而且与混合物的总压力及掺混空气量的多少有关。设掺混空气量在混合气体中的容积成分为 Z%，则液化石油气混合气体的分压力（绝对）可按本手册第 2 章式（2-5-9）计算。

根据道尔顿和拉乌尔定律推导的相平衡条件，由给定的液化石油气混合气体的摩尔成分及其分压力下进行试算，可求出混合气输送压力下的露点温度。露点温度也可以按本手册第 2 章 2.5.4.2 的露点直接计算公式计算。还可编制电算程序运算求解露点。

22.6 混气装置

混气装置的基本形式有三种，即引射混合器（文丘里管）、比例混合阀和随动流量混气装置。

液化石油气燃气混合气系统（例如空气混合气系统）按照供气压力可以分为中压与低压系统。低压系统一般以引射混合器作为混气装置，例如由储罐来的液化石油气经气化器加热汽化后进入引射器，经引射器与空气混合产生所要求混合比例的混合气进入低压储气罐后，进入到低压燃气管网。这种低压混气系统的特点是在混合气不同的供气量工况时能保持稳定的混合比，但供气压力一般不能超过 0.03MPa，产气量的调节可由液化石油气喷射量控制；实际工程中，系统一般不采用混气调节，而采用引射器台数组合方式调节不同的供气量。

比例混合阀是指有三个阀口，具有燃气混合比例和混合量调节的阀体形式的燃气混合装置。它具有燃气入口、空气入口和混合气出口。阀口大小的调节是通过套筒部件旋转（确定混合比）和活塞部件上下移动来实现的。

在液化石油气和压缩空气管道上分别配置液化石油气和压缩空气入口流量控制阀，使两种气体进入混合管式的混气装置时可生产高精度比例的混合气，即是随动流量混气装置。

22.6.1 引射混合器

22.6.1.1 引射混合系统

通常引射器利用高压液化石油气的压能通过喷嘴喷射造成真空或低压区，使周围空气或压力鼓风的空气经止回阀被吸入，两者进行混合后再扩压形成压力较低（低压或中压）的混合气，对此种用途的引射器可称为引射混合器，如图 22-6-1 所示。

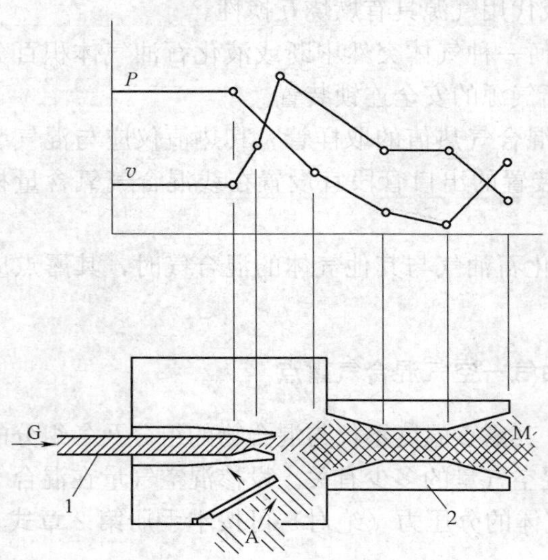

图 22-6-1 引射器工作原理

A—空气；G—液化石油气（气相）；M—混合气；

P—压力曲线；v—速度曲线；

1—喷嘴；2—引射器

利用引射器的混气系统一般操作时要么全开，要么全关。液化石油气—空气引射混合器混气系统可配置程序控制装置，根据预编系统压力和流量程序来控制大小不同的数个引射器工作，以提供混合比相当稳定的混合气，并配置储气罐，形成供气站。经验表明，以生产可互换天然气的混合气气质为准，最好的情况，据称生产丙烷—空气混合气的最高压力不大于 84kPa，而生产丁烷—空气混合气的最高压力不大于 56kPa；一般，引射混合器供出混合气的最高压力不大于 30kPa。当采用空气鼓风的系统时（即助力式引射混合器系统），可获得中压混合气。助力式引射混合器混气系统，安全和控制系统较复杂，可用于中压输配系统以及作调峰和事故备用。该系统的混合气压力一般不高于 0.2MPa。

为了适应城镇燃气需用量调峰，一般采用引射混合器台数组合方式，实现不同的供气量。即按最大用气负荷设置若干个小供气量的混气单元，例如设置 4 个单元，每个单元供气能力为 1/4，即可组成为供 1/4，2/4，3/4，4/4 负荷，并且由于低压系统的混合气一般要进入低压储气罐及低压管网，对供气量的波动有足够的缓冲容量，因而不要求对供气量进行严格的调节来适应负荷变化。

另一种可供选择的解决方案是二进制配置方法。二进制配置方法是将引射混合器系统的总设计容量按二进制方式分别配置成容量不同的引射器，并按二进制组合方式运行。例如最大供气量为 q 可以按二进制方式设计成 n 种大小不同的引射器，使之组合成具有 2^n-1 种大小按等差级数改变的供气能力。这样排列，第 1 号为$\frac{1}{2^n-1}q$，第 n 号为$\frac{2^{n-1}}{2^n-1}q$。

例如，$n=3$ 的系统的基本供气量可以组合成 0，$1q/7$，$2q/7$，…，q，共 8 种情况。三种引射器的开停组合，如表 22-6-1 所示。

两种供气量之间的用气量变化，则由引射混合器供气系统的弹性解决。显然，要实现二进制配置，在系统中要有一套开停控制系统与之配合。

二进制配置引射混合器供气量的开停组合 表 22-6-1

供气量	1号	2号	3号	供气量	1号	2号	3号
0	—	—	—	$4q/7$	—	—	+
$q/7$	+	—	—	$5q/7$	+	—	+
$2q/7$	—	+	—	$6q/7$	—	+	+
$3q/7$	+	+	—	q	+	+	+

注：+：开；—：停

22.6.1.2 引射混合器设计计算

对引射混合器的设计，要在给定喷气量 q_{Vnj}，喷射气压力 p_0，被引射气量 q_{Vni}（q_{Vnj} 与 q_{Vni} 的比例关系由对混合气的燃烧特性的要求确定），被引射气压力 p_{a}，以及两种气体的温度等条件下确定引射混合器各部分的构造尺寸。图 22-6-2 为引射混合器的结构简图。

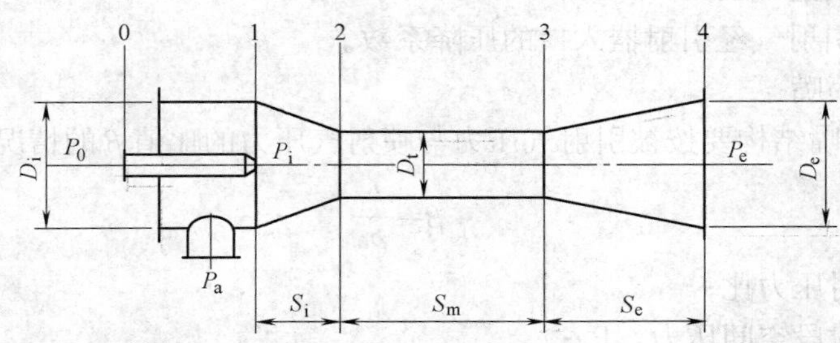

图 22-6-2 燃气引射混合器结构简图

1）混合比

标准容积混合比（即通常称的引射比）：

$$u_{\mathrm{Vn}}=\frac{q_{\mathrm{Vni}}}{q_{\mathrm{Vnj}}} \tag{22-6-1}$$

式中 u_{Vn}——标准容积混合比，一般由对混合气的燃烧特性的要求确定；

q_{Vni}——被引射气的容积流率（标准状态），$\mathrm{m^3/h}$；

q_{Vnj}——喷射气的容积流率（标准状态），$\mathrm{m^3/h}$。

质量混合比为：

$$u=\frac{q_{\mathrm{Vni}}\rho_{\mathrm{ni}}}{q_{\mathrm{Vnj}}\rho_{\mathrm{nj}}}=u_{\mathrm{Vn}}\frac{\rho_{\mathrm{ni}}}{\rho_{\mathrm{nj}}} \tag{22-6-2}$$

式中 u——质量混合比；

ρ_{ni}——被引射气标准状态下的密度，$\mathrm{kg/m^3}$；

ρ_{nj}——喷射气标准状态下的密度，$\mathrm{kg/m^3}$。

记
$$U=1+u \tag{22-6-3}$$

记
$$U_{\mathrm{V}}=(1+u)\frac{\rho_{\mathrm{j}}}{\rho_{\mathrm{t}}} \tag{22-6-4}$$

$$\rho_t = \frac{1+u}{\frac{1}{\rho_j}+\frac{u}{\rho_i}} \tag{22-6-5}$$

$$\rho_j = \rho_0 \left(\frac{p_i}{p_0}\right)^{\frac{1}{k}} \tag{22-6-6}$$

$$p_i = \psi p_a \tag{22-6-7}$$

式中　ρ_j——喷射气喷嘴出口密度，kg/m³；

ρ_i——引射器入口段密度，kg/m³；

ρ_t——引射段段末密度，kg/m³；

p_i——引射段空间压力，MPa；

p_0——喷射气压力，MPa；

k——喷射气绝热指数；

p_a——被引射气压力，MPa；

ψ——被引射气经引射器入口的压降系数。

2）混合器喷嘴

混合器的喷嘴结构要按被引射气压力与喷射气压力的比值 β 的情况分别处理。

$$\beta = \frac{p_i}{p_0} \tag{22-6-8}$$

式中　β——喷射压力比；

p_i——引射段空间压力，Pa；

p_0——进入喷嘴前的喷射气压力，Pa。

$$p_i = \psi p_a \tag{22-6-9}$$

式中　ψ——引射段压力系数，一般取 $\psi=0.98\sim0.99$，对 $p_a>0.1013$MPa 的情况可取 $\psi\approx1.0$；

p_a——进入引射段以前被引射气的压力，Pa。

临界压力比：

$$\beta_c = \left(\frac{2}{k+1}\right)^{\frac{k}{k-1}} \tag{22-6-10}$$

式中　β_c——临界压力比；

k——喷射气绝热指数。

$\beta \geqslant \beta_c$ 则气体喷射为亚音速流动；

$\beta < \beta_c$ 则气体喷射可为超音速流动；

① 对 $\beta \geqslant \beta_c$ 的情况，采用渐缩喷嘴。喷嘴出口断面积：

$$A_j = \frac{m_j}{\varphi_j \sqrt{2\frac{k}{k-1} p_0 \rho_0 \left(\beta^{\frac{2}{k}} - \beta^{\frac{k+1}{k}}\right)}} \times 10^6 \tag{22-6-11}$$

式中　A_j——喷嘴口面积，mm²；

m_j——喷射气的质量流率，kg/s；

φ_j——喷嘴流速系数，一般取，$\varphi_j=0.85$；

ρ_0——进入喷嘴前的喷射气密度，kg/m³。

② 对$\beta<\beta_c$ 的情况，仍采用渐缩喷嘴。则在渐缩喷嘴口上喷射气流将是音速。喷嘴口的压力与环境压力（p_i）的压力差只在喷嘴口截面以外降低消失，此时喷射流量为最大流量。它只取决于喷射流动的临界参数，喷嘴断面仍采用式（22-6-11）计算，且取$\beta=\beta_c$，因此也即是下面的式（22-6-12），$A_j=A_{min}$。

③ 对$\beta<\beta_c$ 的情况，采用渐缩渐扩喷嘴。若要充分利用能量，应该采用渐缩渐扩喷嘴（拉伐尔喷嘴），喷嘴口流速可大于当地音速，喷嘴喉部面积为：

$$A_{min}=\frac{m_j}{\sqrt{2\frac{k}{k+1}\left(\frac{2}{k+1}\right)^{\frac{2}{k-1}}p_0\rho_0}}\times10^6 \quad (22\text{-}6\text{-}12)$$

式中 A_{min}——喷嘴喉部面积，mm^2。

喷嘴口面积仍采用（22-6-11）式计算。

3）引射段末端喉管直径

按圆形断面的自由湍流射流，本手册主编推导出下列满足给定的容积混合比 u_{Vn} 的引射段末端喉管直径与喷嘴直径的比值的计算公式：

$$\frac{D_t}{D_j}=1.42\omega_t\sqrt{UU_V} \quad (22\text{-}6\text{-}13)$$

式中 D_t——喉管（混合段）直径，mm；

D_j——喷嘴直径，mm；

ω_t——引射段空间修正系数。

而在引射段中喷嘴口断面到喉部断面的距离为：

$$S_i=\frac{D_j}{5.65a}(1.42\omega_t\sqrt{UU_V}-1) \quad (22\text{-}6\text{-}14)$$

式中 S_i——喷嘴口断面到喉部断面的距离，mm；

a——喷嘴湍流结构系数，可取$a=0.078$。

混合器的其他结构尺寸相应为：引射段直径 $D_i=2D_t$；混合段长度 $S_m=6D_t$；扩压段出口断面直径 $D_e=1.58D_t$；扩压段长度 $S_e=3D_e$。

22.6.1.3 引射混合器工况方程

引射混合器工况方程：

$$p_e=\Psi p_a+\left[\frac{2}{F}-\frac{U_V}{F^2\varepsilon}(2\phi_m-UZ)\right]Y_jp_0 \quad (22\text{-}6\text{-}15)$$

$$F=\left(\frac{D_t}{D_j}\right)^2$$

$$\varepsilon=\frac{p_e}{\psi P_a}$$

$$Z=(1-b-\zeta_m-\zeta_e)$$

$$Y_j=\frac{k}{k-1}(\beta^{\frac{1}{k}}-\beta)\varphi_j^2$$

式中 p_e——扩压段出口断面压力，kPa；

F——喉管断面与喷嘴出口断面的比值；

ε——压力比值，在计算时需先给 p_e 初值迭代计算，手工计算时可以取$\varepsilon=1.28$；

ϕ_m——混合段中动量平均流速与体积平均流速之比，$\phi_m=1.02$；

Z——综合数；

b——混合段断面积与扩压段出口断面积之比的平方，$b=0.16$；

ζ_m——混合段的流动阻力系数，$\zeta_m=0.15$；

ζ_e——扩压段的流动阻力系数，相应于扩压段进口断面动压头，$\zeta_e=0.05$；

Y_j——综合参数。

利用方程（22-5-19）可以对已设计的燃气引射混合器的设计工况进行计算，得到混合器的供气压力值。

对于结构一定的混合器，其引射段的体积混合比 u_v 是基本保持不变的。但在运行参数改变时，质量混合比 u 及标准容积混合比 u_{V_n} 都会发生改变。

22.6.1.4　燃气引射混合器的供气压力极限与烟效率

实践表明燃气引射混合器的供气压力不是从能量平衡角度所推测的那样高，对于被引射气是大气的情况，供气压力一般只能达到接近 30kPa。原因在于能量存在品质方面的高低不同。为此考虑理想的燃气引射混合器，即假设在喷嘴中，混合段中，扩压段中都没有能量损失，即 $\varphi_j=1$，$\zeta_m=0$，$\zeta_e=0$。引射段的压力与被引射气的压力相同，即被引射气进引射段没有压力损失，即 $\Psi=1$。设在扩压段出口断面与混合段进口断面内不存在烟损失，对这样一种理想的混合器可能达到的最大供出压力（其值相应于扩压段出口滞止状态）：

$$p_e^*=p_a\exp\left(\frac{1}{U^2R_eT_{atm}\rho_j}Y_jp_0\right) \tag{22-6-16}$$

$$R_e=\frac{R_j+uR_i}{1+u}$$

$$p_a=p_{atm}$$

式中　p_e^*——理想的混合器可能达到的最大供出压力，kPa；

p_0——喷射气压力，kPa；

p_a——被引射气压力，kPa；

R_e——混合气的气体常数，kJ/(kg・K)；

R_j——喷射气的气体常数，kJ/(kg・K)；

R_i——被引射气的气体常数，kJ/(kg・K)；

T_{atm}——环境温度，K；

p_{atm}——环境压力，kPa。

由式（22-6-16）计算得到的 p_e^*，得到燃气引射混合器的理想烟效率（由供出烟对输入的喷射气烟与被引射气烟之和的比值确定）：

$$\eta_{ex}^*=\frac{UR_eT_{atm}\ln\dfrac{p_e}{p_{atm}}}{R_jT_{atm}\ln\dfrac{p_0}{p_{atm}}+uR_iT_{atm}\ln\dfrac{p_a}{p_{atm}}}$$

$$\eta_{ex}^*=\frac{\dfrac{Y_j}{UT_{atm}\rho_j}P_0+UR_e\ln\dfrac{p_a}{p_{atm}}}{R_j\ln\dfrac{p_0}{p_{atm}}+uR_i\ln\dfrac{p_a}{p_{atm}}} \tag{22-6-17}$$

【例 22-6-1】 液化石油气与空气混合，液化石油气为喷射气，标准体积混合比：u_{Vn}＝1.0，设计引射混合器。

液化石油气：

绝热指数 k＝1.154，分子量 M＝55.9，气体常数 R_j＝0.1645kJ/(kg·K)。

压力 p_0＝5×10^{2}kPa（绝对），密度 ρ_0＝11.5kg/m^3。

标准状态密度 ρ_{0s}＝2.4kg/m^3，温度 t＝45℃。

气量 V_0＝100m^3/h（标准状态）。

空气：

绝热指数 k＝1.401，分子量 M＝29，气体常数 R_j＝287J/(kg·K)。

压力 p_a＝1.013×10^{2}kPa（绝对），密度 ρ_a＝1.293kg/m^3。

标准状态密度 ρ_{ass}＝1.293kg/m^3，温度 t＝15℃。

气量 V_a＝100m^3/h（标准状态）。

取 φ_j＝0.85，ψ＝0.99，ϕ_m＝1.02，ζ_m＝0.15，ζ_e＝0.05。

【解】 利用 22.6.1.2，22.6.1.3，22.6.1.4 各节的公式计算结果：

R_e＝207.4kJ/(kg·K)。

实际供出压力：p_e＝1.234×10^{2}kPa（绝对）。

喉部与喷嘴出口断面比：F＝10.25。

计算得出引射器结构尺寸见表 22-6-2。

引射器结构尺寸 表 22-6-2

结构尺寸	D_C	D_j	S_j	D_i	S_i	D_m	S_m	D_e	S_e
mm	8.07	9.93	13.27	63.6	49.7	31.8	190.7	50.2	150.7

引射器不同工况计算结果见表 22-6-3。

引射器不同工况计算结果 表 22-6-3

p_0 [10^{5}kPa(绝对)]	5.0	5.2	5.4	5.6	5.8	6.0	6.2	6.4
p_e [10^{5}kPa(绝对)]	1.234	1.234	1.24	1.243	1.251	1.256	1.26	1.269
u_{Vn}	1.0	0.995	0.99	0.985	0.98	0.976	0.972	0.968
p_0 [10^{5}kPa(绝对)]	6.6	6.8	7.0	7.2	7.4	7.6	7.8	8.0
p_e [10^{5}kPa(绝对)]	1.273	1.277	1.282	1.286	1.29	1.294	1.298	1.307
u_{Vn}	0.964	0.96	0.956	0.952	0.949	0.946	0.942	0.939

理论最大供气压力 p_e^*＝1.580×10^{5}kPa（绝对）

理论烟效率 η_{ex}^*＝54%

22.6.1.5 引射混合器的性质

① 由（22-6-13）式和（22-6-14）式可以看到，在参与工作的气体热力学参数一定时，不同容量的引射器在结构尺寸上具有几何相似性。

② 由式（22-6-15）式看到，被引射气压力 p_a 对于混合器供出压力 p_e 有直接的影响，

几乎有同一样的增量或减量。提高被引射气压力 p_a 可直接提高供气压力 p_e。

③ 计算表明提高喷射气的压力 p_0 可使 p_e 相应有所提高，但效果很有限，同时混合气混合比 u_{Vn} 会有所降低。

④ 被引射气为大气的引射混合器的理想㶲效率略高于 50%，而实际㶲效率约为 35%。

22.6.1.6　OVM 系列引射式混气机

国产 OVM 系列引射式混气机采用单/多管 PLC 控制自动启停程序，可分阶段启动 8 个引射器配合负荷变化进行不间断的负荷调节。通常，在混合气出口总管安装一个压力传感器，可感知任何由于负荷波动引起的压力变化并发出信号传递给 PLC。PLC 按程序开/启引射器以产生与所需负荷相等的混合气流量。该混气机的生产能力为 100～20000m³/h，混气比例（LPG：Air）可在 1：1～1：4.5 范围内选择。可开架式组装或用防锈箱体组装。为了满足瞬间超出混合器正常能力的缓冲要求，一般多于三个引射器就要在现场安装一个缓冲罐。此外，对需要提高出口混气压力的输配系统还可选配风机构成助力式引射混合器系统。此混合气的出口压力分两个规格区段，分别为 0～66kPa 和70～200kPa。

22.6.2　比例混合阀

22.6.2.1　SDI 混合阀

用其作为天然气供应的调峰补充气源生产的专用成套设备，其中使用了具有调节控制压差的三通孔口混合阀。该混合装置包括一套 SDI-CVAM 遥控操纵盘，混合装置的功能全已模拟在盘内，制气装置可由远离中心的装置进行控制，其流量误差只有 2%，生产能力从 1688MJ/h（0.07MPa 压力下）至 764875MJ/h（1.05MPa 压力下）分成五种型号。混合装置的示意图见图 22-6-3。

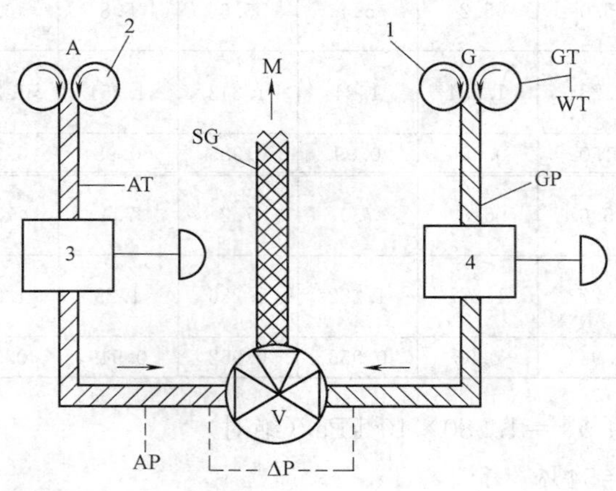

图 22-6-3　SDI 混合阀装置示意图

A—空气；G—液化石油气（气相）；M—混合气；V—混合阀；
1—气化器系统；2—空压机；3—主动阀；4—随动阀；GT—气化器气相控温；WT—气化器控水温；
AT—测空温；AP—空气压力调节；GP—液化石油气压力调节；ΔP—混合阀差压调节；SG—测混气比密度

22.6.2.2　比例混合阀

比例混合阀有三个可调阀口，它们分别为空气入口（空气调压器），燃气入口（燃气调压器）和混合阀外筒腔上的混合气出口，如图 22-6-4 所示。

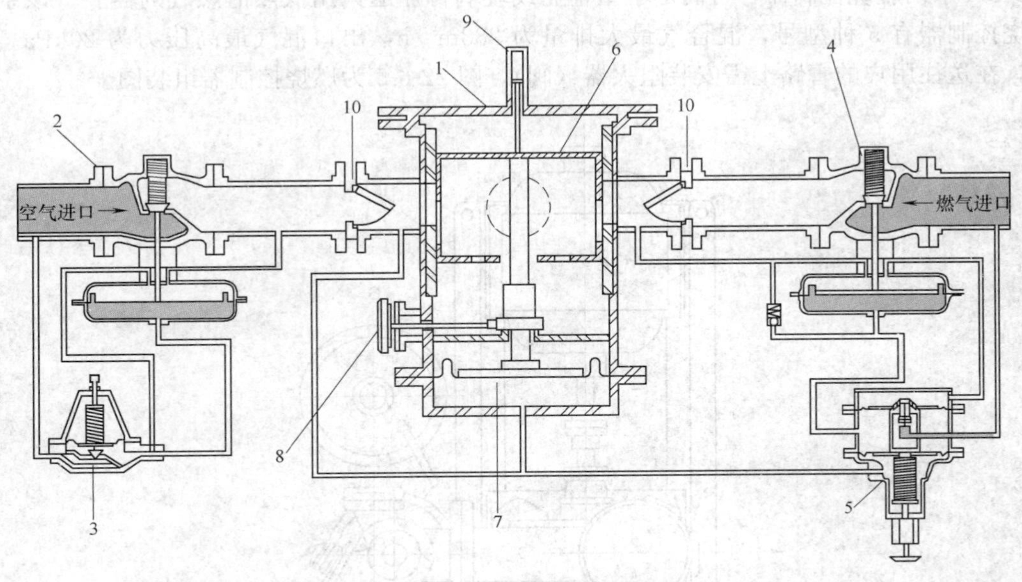

图 22-6-4　比例混合阀构造图

1—混合阀外筒；2—空气调压器；3—空气调压器的控制器；
4—LPG 调压器；5—LPG 调压器的控制器；6—活塞筒；
7—皮膜；8—比例调节器；9—活塞行程指示器；10—止回阀

比例混合阀的动作原理如下：经净化、干燥后的压缩空气和经一次调压后的气态液化石油气，通过主动调压的空气调压装置将空气和液化石油气调整成相同的设定压力进入混气阀。混合阀内设有可以上、下移动和左右旋转的空心活塞筒 6。活塞筒上左、右分别设有空气和液化石油气进口孔，后部设有混合气出口孔。混合阀的活塞筒底部皮膜将外筒腔分为上、下两部分，上部包括活塞筒和出口孔，并与其出口管相通；下部与空气调压装置后进口管相连。当管网压力低于其设计压力时，皮膜上腔压力降低，此时借助空气压力向上推动皮膜并带动活塞筒向上移动，使活塞筒后的出口孔与出口管部分重叠接通，开始向管网供气。用气量增加时，皮膜上腔压力继续下降，两开孔重叠面积增大，供气量增加。两孔口完全重叠时，供气量最大。

当混合气出口燃气热值发生变化时，将其信号送至中央控制柜后，发出指令，则混合阀上的伺服电动机驱动混合阀上的活塞筒转动，改变空气和液化石油气进口面积大小，调整进气比例，使其恢复至设定气热值。同时也可手动旋转比例调节器 8，调整燃气热值。

为了保证系统安全运行，该系统设有：混合阀进口液化石油气和空气之间的压差超限报警；空气和液化石油气调压器后压力高、低限报警等。同时，在空气和液化石油气的进口管上设有紧急切断装置，当其中一种气体中断时，自动停机。国产 OPM 系列高压比例混合阀供气能力为 200～8000m^3/h，混气比例（LPG/Air）为 1/4.5。整个装置设有双路紧急切断阀，多点全自动安全联锁，并具有 100％流量跟随特性。

22.6.3　燃烧控制器

为了取得低压、流量较少的液化石油气—空气混合气，早期美国 Selas 公司研制组装 100-CA 系列燃烧控制器，可满足小型企业或玻璃行业退火用低热值燃气的需要。该系列燃烧控制器有 5 种型号，混合气最大排量为 283m³/h，出口混气最高压力为 20kPa。通常，在送往用户的管路上需安装阻火器（阀）。图 22-6-5 为燃烧控制器组装图。

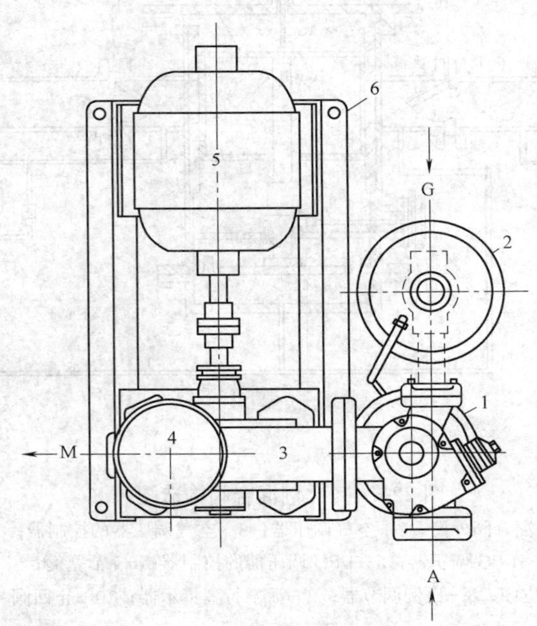

图 22-6-5　燃烧控制器组装图

A—空气入口；G—燃气入口；M—混合气出口；1—混合比例阀；
2—燃气调压器；3—滑片式空气压缩机；4—稳压器；5—电机；6—机座

22.6.4　零阀（比例阀）

在小流量用户的燃烧系统中，燃烧设备上游的燃气管路上可设置背压式调压器，亦称为零阀（或比例阀），可获取压力很低的混合气，应用很便利，但必须在混气管路和燃烧设备前设阻火器（阀）。图 22-6-6 为英国 Jeavons J48（Z/P）型零阀（比例阀）系列图。

其技术参数：

① 零阀（J48Z）入口压力为 500～1000Pa，出口压力为 75～25Pa；

② 比例阀（J48P）入口压力为 35kPa，出口压力为 500～2000Pa。

J48（Z/P）零阀和比例阀的构造尺寸见表 22-6-4。

J48（Z/P）零阀和比例阀的构造尺寸　　表 22-6-4

型号	A	B	C	D	E	质量(kg)
3/4″&1″	135	125	34	132	166	1.0
1-1/4″&1-1/2″	185	155	45	149	194	1.9
2″	234	200	52	167	219	3.1

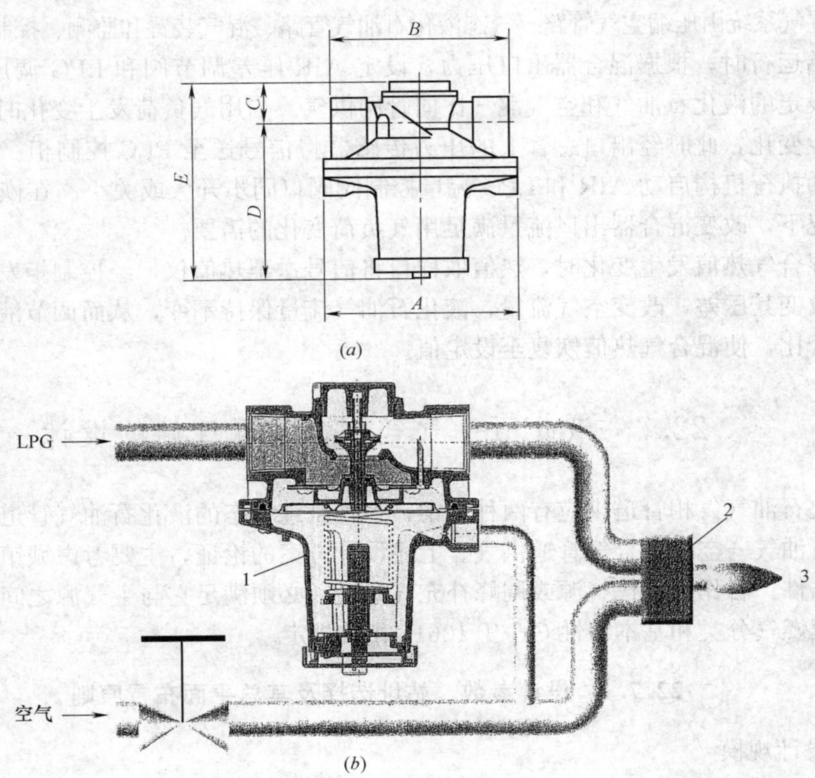

图 22-6-6 零阀（比例阀）系统图

（*a*）尺寸图；（*b*）系统图

1—零阀（比例阀）；2—阻火器；3—混合气

22.6.5 随动流量混气装置

OAM 系列随动流量混气装置是一根 *DN*50～*DN*1000 不锈钢管，内置涡流发生器能起到大比表面积折流混合作用，并配置液化石油气和压缩空气入口流量控制阀，可生产高精度比例的混合气。该混合气系统如图 22-6-7 所示。

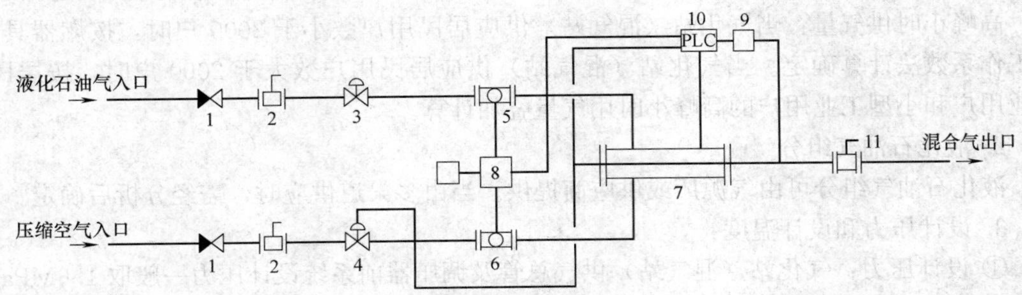

图 22-6-7 随动流量混气系统

1—止回阀；2—蝶阀；3—液化石油气调压器；4—空气压差调节阀；

5—液化石油气流量控制阀；6—空气流量控制阀；7—混气装置；

8—气动执行机构；9—热值仪；10—PLC 控制柜；11—混合气出口蝶阀

该混气系统由压缩空气管路、气态液化石油气管路、混气装置和监测、控制装置等组成。

开始运行时，根据混合器出口压力，设定AIR压差调节阀和LPG调压器出口压力，即可按设定的液化石油气和空气混气比向管网供气。当用气负荷发生变化时，混合器出口压力发生变化，此时经出口总管上的压力传感器将信号送至PLC控制柜。控制柜发出指令，气动执行机构启动AIR和LPG流量控制阀阀口同步开大或关小。在恢复正常出口压力的情况下，改变混合器出口流量满足用气负荷变化的需要。

当混合气热值发生变化时，热值取样口将信号送至热值仪，经控制柜发出指令使压差控制阀改变其压差，改变空气流量，液化石油气流量保持不变，从而调节液化石油气和空气的混合比，使混合气热值恢复至设定值。

22.7　液化石油气气化站和混气站的设计

液化石油气气相管道供应有两种方案，一种是纯气态的液化石油气管道供气，另一种是液化石油气一空气混合气管道供气。上述设计方案的论证，主要考虑城镇所在地区的地理气候条件；若作为替代气源或调峰补充气源时，必须满足它与主气源之间的互换性，并符合城镇燃气分类和基本特性GB/T 13611相关规定。

22.7.1　设计参数、站址选择及其总平面布置原则

1. 设计规模

液化石油气气化站或混气站的设计规模有年供气量、计算月平均日供气量和高峰小时供气量三种指标。

① 供气对象：主要供应对象是居民和商业用户，有时也供应部分小型工业用户。

② 用气量指标和用气量折算：居民用气量指标可参照管道燃气居民用气量指标确定，根据各地用气统计资料，可取1900～2300MJ/(a·人)。

商业用户用气量根据供气规模和当地实际情况确定。可取居民总用气量的10%～20%。

小型工业用户用气量可根据其他燃料用量折算或采用同类行业用气量指标。

③ 设计规模：年、计算月平均日供气量参照液化石油气供应基地相关计算确定。

高峰小时供气量：当气化站（混气站）供应居民用户数小于2000户时，按燃器具同时工作系数法计算确定。当气化站（混气站）供应居民用户数大于2000户时，按居民、商业用户和小型工业用户的高峰小时用气量叠加计算。

2. 液化石油气组分

液化石油气组分可由气源厂或供应商提供。当由多渠道供应时，需经分析后确定。

3. 设计压力和设计温度

① 设计压力：气化站（混气站）供气总管及调压器前系统设计压力一般取1.6MPa。调压器后系统设计压力取输气管道系统起点设计压力。

② 设计温度：最高设计温度：可取+50℃；最低设计温度：取当地极端最低气温。

4. 站址选择原则

气化站（混气站）站址的选择应符合液化石油气储存站、储配站和灌装站的相关

规定。

5. 总平面布置

气化站（混气站）应符合液化石油气储存站、储配站和灌装站的相关规定。

6. 液化石油气气化站和混气站的储罐设计总容量

① 由液化石油气生产厂供气时，其储罐设计总容量宜根据供气规模、气源情况、运输方式和运距等因素确定；

② 由液化石油气储配站、储存站供气时，其储罐设计总容量可按计算月平均日 3d 左右的用气量计算确定。

7. 安全、消防

① 气化站和混气站的液化石油气储罐与站外建筑物的防火间距应符合下列要求：

A. 总容积等于或小于 50m³ 且单罐容积等于或小于 20m³ 的储罐与站外建筑物的防火间距不应小于表 22-7-1 的规定。

B. 总容积大于 50m³ 或单罐容积大于 20m³ 的储罐与站外建筑物的防火间距不应小于本手册表 21-1-2 的规定。

C. 气化装置气化能力不大于 150kg/h 的瓶组气化混气站的瓶组间、气化混气间与建筑物的防火间距可按现行国家标准《液化石油气供应工程设计规范》GB 51142 第 6.1.3 款规定执行。

气化站和混气站的液化石油气储罐与站外建筑的防火间距（m） 表 22-7-1

<table>
<tr><td colspan="3">总容积（m³）</td><td>≤10</td><td>>10～≤30</td><td>>30～≤50</td></tr>
<tr><td colspan="3">单罐容积（m³）
项　目</td><td>—</td><td>—</td><td>≤20</td></tr>
<tr><td colspan="3">居民区、学校、影剧院、体育馆等重要公共建筑，一类高层民用建筑（最外侧建、构筑物外墙）</td><td>30</td><td>35</td><td>45</td></tr>
<tr><td colspan="3">工业企业（最外侧建筑外墙）</td><td>22</td><td>25</td><td>27</td></tr>
<tr><td colspan="3">明火、散发火花地点和室外变配电站</td><td>30</td><td>35</td><td>45</td></tr>
<tr><td colspan="3">其他建筑</td><td>27</td><td>32</td><td>40</td></tr>
<tr><td colspan="3">甲、乙类液体储罐，甲、乙类生产厂房，甲、乙类物品库房，易燃料材堆场</td><td>27</td><td>32</td><td>40</td></tr>
<tr><td colspan="3">丙类液体储罐，可燃气体储罐，丙、丁类生产厂房，丙、丁类物品库房</td><td>25</td><td>27</td><td>32</td></tr>
<tr><td colspan="3">助燃气体储罐、可燃材料堆场</td><td>22</td><td>25</td><td>27</td></tr>
<tr><td rowspan="3">其他建筑</td><td rowspan="3">耐火等级</td><td>一、二级</td><td>12</td><td>15</td><td>18</td></tr>
<tr><td>三级</td><td>18</td><td>20</td><td>22</td></tr>
<tr><td>四级</td><td>22</td><td>25</td><td>27</td></tr>
<tr><td colspan="2" rowspan="2">铁路（中心线）</td><td>国家线</td><td>40</td><td>50</td><td>60</td></tr>
<tr><td>企业专用线</td><td colspan="3">25</td></tr>
<tr><td colspan="2" rowspan="2">公路、道路（路边）</td><td>高速，Ⅰ、Ⅱ级，城市快速</td><td colspan="3">20</td></tr>
<tr><td>其他</td><td colspan="3">15</td></tr>
</table>

续表

<table>
<tr><td rowspan="2">项　目</td><td>总容积(m^3)</td><td>≤10</td><td>>10～≤30</td><td>>30～≤50</td></tr>
<tr><td>单罐容积(m^3)</td><td>—</td><td>—</td><td>≤20</td></tr>
<tr><td colspan="2">架空电力线(中心线)</td><td colspan="3">1.5倍杆高</td></tr>
<tr><td colspan="2">架空通信线(中心线)</td><td colspan="3">1.5倍杆高</td></tr>
</table>

注：1. 防火间距应按本表总容积或单罐容积较大者确定；间距的计算应以储罐外壁为准；
2. 居住区系指1000人或300户以上者，以下者按本表民用建筑执行；
3. 当采用地下储罐时，其防火间距可按本表减少50%；
4. 与本表规定以外的其他建、构筑物的防火间距应按国家标准《建筑设计防火规范》GB 50016（2018版）执行；
5. 气化装置汽化能力不大于150kg/h的瓶组汽化混气站的瓶组间、汽化混气间与建、构筑物的防火间距可按国家标准《液化石油气供应工程设计规范》GB 51142。

② 气化站和混气站的液化石油气储罐与站内建筑物的防火间距应符合下列规定：

A. 液化石油气气化站和混气站储罐与站内建筑的防火间距不应小于表22-7-2的规定；

B. 当设置其他燃烧方式的燃气热水炉时，与燃气热水炉间的防火间距不应小于30m；

C. 与空温式气化器的防火间距不应小于4m，应从地上储罐区的防护堤或地下储罐室外侧算起。

气化站和混气站的液化石油气储罐与站内建筑的防火间距（m）　　**表22-7-2**

<table>
<tr><td colspan="2" rowspan="2">项　目 ／ 总容积(m^3) ／ 单罐容积(m^3)</td><td>≤10</td><td>>10～≤30</td><td>>30～≤50</td><td>>50～≤220</td><td>>220～≤500</td><td>>500～≤1000</td><td>>1000</td></tr>
<tr><td>—</td><td>—</td><td>≤20</td><td>≤50</td><td>≤100</td><td>≤200</td><td>—</td></tr>
<tr><td colspan="2">明火、散发火花地点</td><td>30</td><td>35</td><td>45</td><td>50</td><td>55</td><td>60</td><td>70</td></tr>
<tr><td colspan="2">燃气储罐</td><td colspan="4">20</td><td colspan="2">25</td><td>30</td></tr>
<tr><td colspan="2">办公用房</td><td>18</td><td>20</td><td>25</td><td>30</td><td>35</td><td>40</td><td>50</td></tr>
<tr><td colspan="2">气化间、混气间、压缩机室、仪表间、值班室、中控室(控制室)</td><td>12</td><td>15</td><td>18</td><td>20</td><td>22</td><td>25</td><td>30</td></tr>
<tr><td colspan="2">汽车槽车库、汽车槽车装卸台柱(装卸口)、汽车衡及其计量室、门卫</td><td colspan="2">15</td><td>18</td><td>20</td><td>22</td><td>25</td><td>30</td></tr>
<tr><td colspan="2">铁路槽车装卸线(中心线)</td><td colspan="4">—</td><td colspan="3">20</td></tr>
<tr><td colspan="2">燃气热水炉间、空压机室、变配电室、柴油发电机房、库房</td><td colspan="2">15</td><td>18</td><td>20</td><td>22</td><td>25</td><td>30</td></tr>
<tr><td colspan="2">汽车库、机修间</td><td colspan="3">25</td><td>30</td><td colspan="2">35</td><td>40</td></tr>
<tr><td colspan="2">消防泵房、消防水池(罐)取水口</td><td colspan="2">30</td><td colspan="4">40</td><td>50</td></tr>
<tr><td rowspan="2">站内道路(路边)</td><td>主要</td><td colspan="3">10</td><td colspan="4">15</td></tr>
<tr><td>次要</td><td colspan="3">5</td><td colspan="4">10</td></tr>
<tr><td colspan="2">围墙</td><td colspan="3">15</td><td colspan="4">20</td></tr>
</table>

注：1. 防火间距应按本表总容积或单罐容积较大者确定，间距的计算应以储罐外壁为准；
2. 燃气热水炉间是指室内设置微正压室燃式燃气热水炉的建筑。

③ 液化石油气储罐和储罐区的布置应符合本手册第 21 章液化气储配站的相关规定。

④ 工业企业内液化石油气气化站储罐总容积小于或等于 $10m^3$ 时，可设置在独立建筑物内，并应符合下列规定：

A. 储罐之间及储罐与外墙的净距，均不应小于相邻较大罐的半径（外径），且不应小于 1m；

B. 储罐室与相邻厂房之间的防火间距不应小于表 22-7-3 的规定；

C. 储罐室与相邻厂房室外设备之间的防火间距不应小于 12m；

D. 当非直火式气化器的气化间与储罐室毗连设置时，隔墙应采用无门窗洞口的防火墙。

总容积不大于 $10m^3$ 的储罐室与相邻厂房之间的防火间距　　表 22-7-3

相邻厂房的耐火等级	一、二级	三级	四级
防火间距(m)	12	14	16

⑤ 气化间、混气间与站外建筑的防火间距应符合现行国家标准《建筑设计防火规范》GB 50016（2018 版）中甲类厂房的有关规定。

⑥ 气化间、混气间与站内建筑的防火间距应符合下列规定：

A. 气化间、混气间与站内建筑的防火间距不应小于表 22-7-4 的规定；

B. 当压缩机室与气化间、混气间采用无门窗洞口的防火墙隔开时，可合建；

C. 燃气热水炉间的门不得面各气化间、混气站；

D. 柴油发电机伸向室外的排烟管管口不得面向具有火灾爆炸危险的建筑一侧；

E. 当采用其他燃烧方式的热水炉时，防火间距不应小于 25m。

⑦ 空温式气化器与站内建筑的防火间距可按表 22-7-4 的规定执行。

气化间、混气间与站内建筑的防火间距　　表 22-7-4

项　目		防火间距(m)
明火、散发火花地点		25
办公用房		18
铁路槽车装卸线(中心线)		20
汽车槽车库、汽车槽车装卸台柱(装卸口)、汽车衡及其计量室、门卫		15
压缩机室、仪表间、值班室		12
空压机室、燃气热水炉间、变配电室、柴油发电机房、库房		15
汽车库、机修间		20
消防泵房、消防水池(罐)取水口		25
站内道路(路边)	主要	10
	次要	5
围墙		10

⑧ 液化石油气储罐小于或等于 $100m^3$ 的气化站和混气站，邻向汽车槽车卸车柱一侧的压缩机室外墙采用无门窗洞口的防火墙。其间距可不限。

⑨ 液化石油气汽车槽车库和汽车槽车装卸台、柱之间的防火间距、液化石油气汽车槽车装卸台柱与站外建筑的防火间距可按液化石油气供应储配站、储存站相关规定执行。

⑩ 燃气热水炉间与压缩机室、汽车槽车库和汽车槽车装卸台柱之间的防火间距不应小于 15 m。

8. 气化混气装置

① 气化、混气装置的总供气能力应根据高峰小时用气量确定。

② 气化、混气装置配置台数不应少于 2 台，且至少应有 1 台备用。

③ 气化间、混气间可合建成一幢建筑物。气化、混气装置亦可设置在同一房间内。

A. 气化间的布置宜符合下列要求：

a. 气化装置之间的净距不宜小于 0.8m；

b. 气化装置操作侧与内墙之间的净距不宜小于 1.2m；

c. 气化装置非操作侧与内墙之间的净距不宜小于 0.8m。

B. 混气装置的布置宜符合下列要求：

a. 混合装置之间的净距不宜小于 0.8m；

b. 混合装置操作侧与内墙的净距不宜小于 1.2m；

c. 混合装置非操作侧与内墙的净距不宜小于 0.8m。

C. 调压、计量装置可设置在气化间或混气间内。

④ 当液化石油气与空气或其他燃气混气时，应符合下列规定：

A. 混气装置应设置切断气源的安全连锁装置，当参与混合的任何一种气体突然中断或液化石油气体积分数接近爆炸上限的 2 倍时，应自动报警；

B. 混气装置的出口总管道应设置检测混合气热值的取样管，热值仪应与混气装置连锁，并应能实时调节其混气比例；

C. 混气装置的出口管段宜设置在线混合气氧含量的检测装置。

⑤ 热值仪应靠近取样点，且应设置在混气间内的专用隔间或附属房间内，并应符合下列规定：

A. 设置热值仪的房间应设置直接通向室外的门，与混气间的隔墙应采用无门窗洞口的防火墙；

B. 应配置可燃气体浓度检测、报警装置；

C. 应设置事故排风装置，并应与泄漏报警装置连锁，当室内可燃气体浓度达到爆炸下限的 20%时，应启动。

D. 设置热值仪的房间的门窗洞口与混气间门窗洞口间的距离不应小于 6m；

E. 设置热值仪的房间的地面应高出室外地面 0.6m。

22.7.2 液化石油气气化站设计及示例

1. 工艺流程

气化站工艺流程示意图见图 22-7-1。

储罐内的液态液化石油气利用烃泵加压后送入气化器。在气化器内利用来自热水加热循环系统的热水，将其加热气化成气态液化石油气，再经调压、计量后送入管网向用户供气。

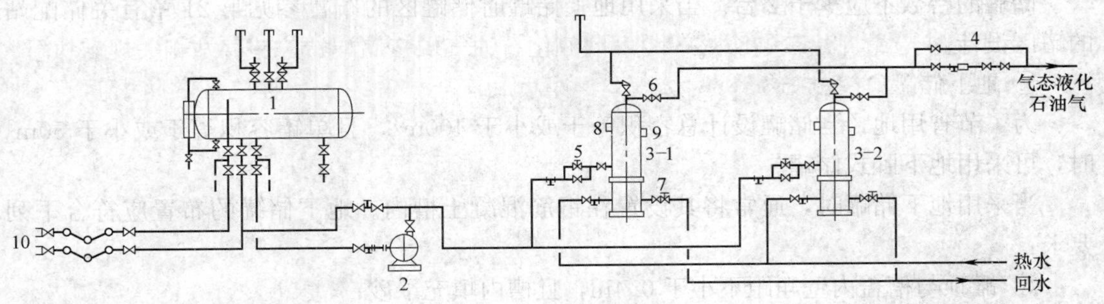

图 22-7-1 气化站工艺流程示意图

1—液化石油气储罐；2—烃泵；3—热水加热式气化器；4—调压、计量装置；
5—液相进口电磁阀；6—气相出口电磁阀；7—水流开关；8—高液位控制器；
9—低温安全控制器；10—汽车槽车装卸柱

采用加压或等压气化方式时，为防止气态液化石油气在供气管道内产生再液化，应在气化器出气管上或气化间的出气总管上设置调压器，将出站压力调节至较低压力（一般取0.05～0.07MPa 以下），保证正常供气。

在工程设计中应根据当地环境温度和出口压力按本章 22.3.3 进行液化石油气管道供气无凝动态分析。

等压强制气化和减压强制气化站（采用空温式气化器）工艺流程与加压强制气化站工艺流程类同。

2. 总平面布置

气化站总平面布置示例见图 22-7-2。

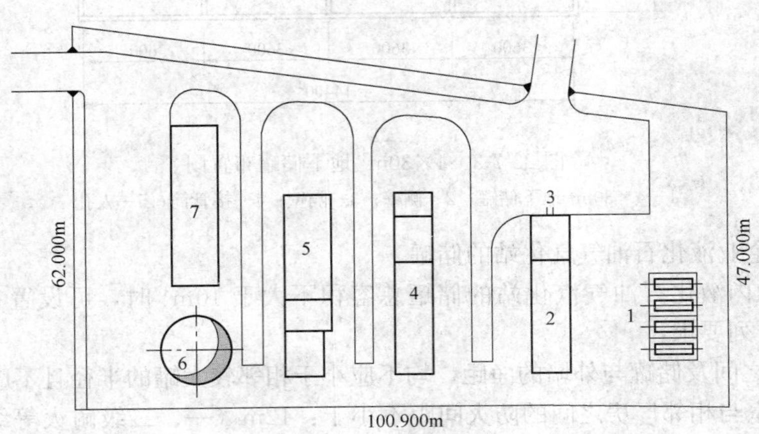

图 22-7-2 液化石油气气化站总平面布置图

1—4×30m³ 地下储罐室；2—气化间、压缩机房；3—汽车槽车装卸柱；
4—热水炉间、仪表间；5—变配电室、柴油发电机房、消防水泵房；
6—300m³ 消防水池；7—综合楼

（1）储罐区的布置

① 地上储罐

储罐的台数不应少于2台。当采用地上储罐时储罐区的布置参见第21章有关储配站的罐区设计。

② 地下储罐

为了节省用地，当储罐设计总容积等于或小于400m³，且单罐容积等于或小于50m³时，可采用地下卧式储罐。

当采用地下储罐时，通常将其设置在钢筋混凝土槽内。地下储罐的布置应符合下列要求：

A. 罐顶与槽盖内壁净距不小于0.4m，且槽内填充干砂；

B. 为便于检修储罐之间设置隔墙，储罐与隔墙和槽壁之间的净距不小于0.9m；

C. 在北方寒冷地区，当储罐内的液化石油气压力不能满足正常向气化器供应液态液化石油气时，可在储罐内设置潜液烃泵；

D. 地下储罐安全阀放散管管口应高出地面2.5m以上；安全阀与罐之间应装设阀门，且阀口应全开，并应铅封或锁定。

4×30m³ 地下储罐的布置示例见22-7-3。

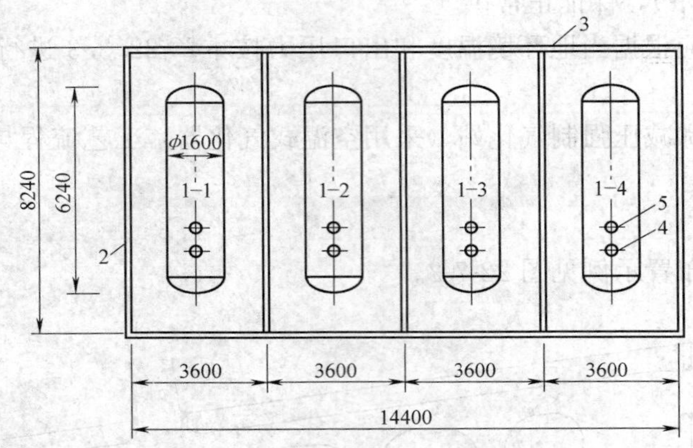

图22-7-3　4×30m³ 地下储罐布置图

1—4×30m³ 地下储罐；2—侧壁；3—隔壁；4—接管筒；5—人孔

③ 工业企业液化石油气气化站的储罐

工业企业内液化石油气汽化站的储罐总容积不大于10m³ 时，可设置在独立建筑物内，并符合下列要求：

A. 储罐之间及储罐与外墙的净距，均不应小于相邻较大罐的半径且不应小于1m；

B. 储罐室与相邻厂房之间的防火间距不小于：12m（一、二级耐火等级），14m（三级耐火等级），16m（四级耐火等级）；

C. 储罐室与相邻厂房的室外设备之间的防火间距不应小于12m；

D. 设置非直火式气化器的气化间可与储罐室毗连，但应采用无门窗洞口的防火墙隔开。

(2) 气化间

① 气化装置的选择。

气化装置根据加热热媒不同，有蒸汽、热水和电加热式气化器，此外还有空温式气化器。

蒸汽加热式气化器，其热媒温度较高，当液化石油气组分中烯烃含量较多时，可能产生聚合物，一般慎重采用。

热水加热式气化器，其热水进口温度一般为85～90℃，在我国被广泛采用。

电加热式气化器是采用化学稳定性好的油品或水做中间热媒将液化石油气加热，使其气化，通常单台气化能力小于500kg/h时，采用这种加热方式的气化器。

空温式气化器体形较大，气化能力较小，当供气量较小或用户缺电时采用。

气化装置的总气化能力根据高峰小时用气量确定，其配置台数不应少于2台，且至少应备用1台。

② 气化间的布置

气化间的工艺布置原则主要考虑运行、施工安装和检修的需要。

气化间的工艺布置示例见图22-7-4。

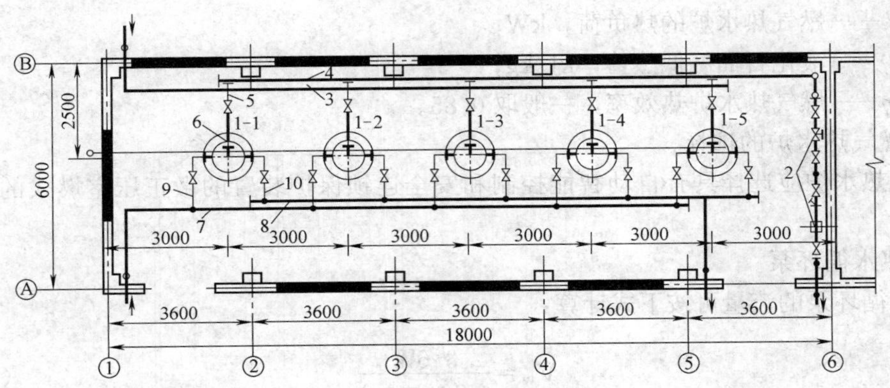

图22-7-4 气化间工艺布置图

1—气化器；2—调压、计量装置；3—进液总管；4—出气总管；5—液相支管；6—气相支管；7—热水进口总管；8—热水出口总管；9—热水进口支管；10—热水出口支管

(3) 压缩机室

气化站内液化石油气压缩机主要担负着卸汽车槽车和倒罐的任务。

为节省用地和便于运行管理可将压缩机室和气化间毗连建成一幢建筑，压缩机室的工艺布置可参见第21章的有关设计。

(4) 热水循环系统

热水加热式气化器所需热水由热水循环系统供给。该系统由燃气热水炉、循环水泵、膨胀水箱和管道等组成。燃气热水炉通常采用液化石油气做燃料。燃气热水炉和循环水泵的配置台数通常与气化器台数相同。并且燃气热水炉、循环水泵和气化器之间的热水管道配管应采用同程方式配置。

① 热水炉热负荷

燃气热水炉的热负荷根据液化石油气组分和气化器小时气化能力，按下式计算：

$$W=[Gc_{\text{lav}}(t-t_1)+Gr+Gc_{\text{gav}}(t_g-t)]/3600\eta_x \tag{22-7-1}$$

式中 W——热水炉热负荷，kW；

G——气化器小时气化能力，kg/h；

c_{lav}——液态液化石油气平均质量比热容，kJ/(kg·℃)；

c_{gav}——气态液化石油气平均定压质量比热容，kJ/(kg·℃)；

r——气化温度下液化石油气气化潜热，kJ/kg；

t——液化石油气气化温度,℃；

t_l——液化石油气进液温度,℃；

t_g——气态液化石油气出口（过热）温度,℃；

η_x——热水循环系统的热效率，可取0.8左右。

② 燃气热水炉液化石油气消耗量

燃气热水炉的液化石油气消耗量根据其热负荷，按下式计算：

$$G_R = \frac{3600W}{H_L \eta} \tag{22-7-2}$$

式中 G_R——液化石油气消耗量，kg/h；

W——燃气热水炉的热负荷，kW；

H_L——液化石油气低热值，kJ/kg；

η——燃气热水炉热效率，一般取0.85。

③ 燃气热水炉的选择

燃气热水炉应选择具有自动智能控制和安全连锁保护装置的微正压室燃式的燃气热水炉。

④ 热水循环泵

热水循环泵的流量可按下式计算：

$$V_w = \frac{3.6W}{c_w(t_1 - t_2)} \tag{22-7-3}$$

式中 V_w——热水泵流量，m³/h；

W——单台热水炉热负荷，kW；

c_w——水的平均比热容，kJ/(kg·℃)；

t_1——热水炉出口水温,℃；

t_2——热水炉回水水温,℃。

计算得出所需循环水泵流量后，根据系统所需扬程可选择水泵。泵的扬程一般取20～30m。

(5) 热水炉间的工艺布置

热水炉间工艺布置示意图22-7-5。

(6) 汽车槽车装卸台（柱）

气化站内汽车槽车装卸台的设计参见第20章的有关设计。

22.7.3　液化石油气混气站设计及示例

1. 工艺流程

混气站所采用的混气方式基本上有两种，一是引射式，二是比例混合式。

引射式混气系统主要由气化器、引射器、空气过滤器和监测及控制仪表等组成。这种混气方式工艺流程简单，投资低，耗电少，运行费用也相对低，但其出口压力较低，供气

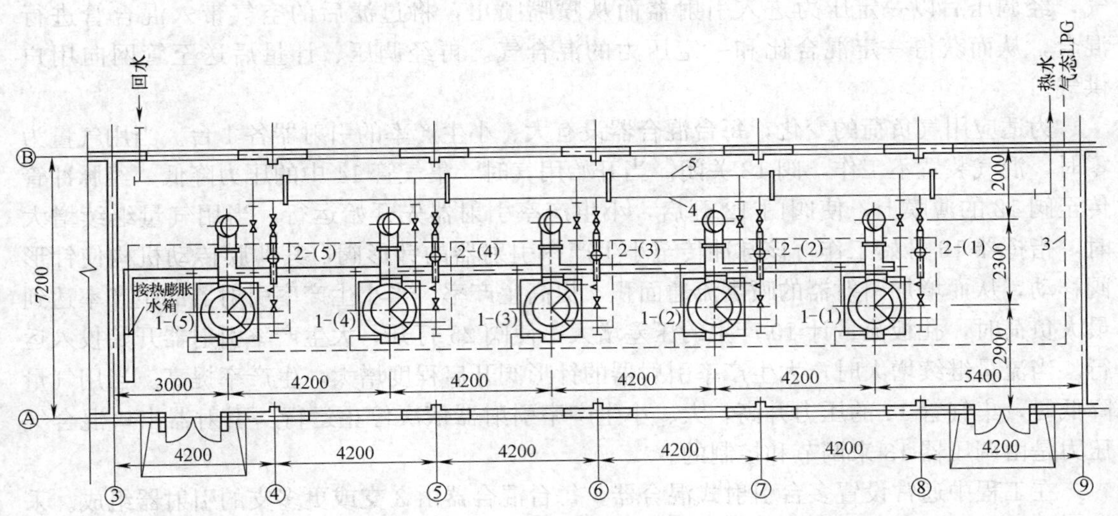

图 22-7-5 热水炉间工艺布置图

1—燃气热水炉；2—热水循环泵；3—气态 LPG 干管；4—热水干管；5—回水干管

范围受到限制，气质含湿量可能较高，管道易被腐蚀。

比例混合式系统主要由气化器、空气压缩机组、混合装置和监测及控制仪表等组成。这种混气方式工艺流程较复杂，投资较大，运行费用高，但其自动化程度较高，输配气压力可提高，混合气中含湿量可以控制。

(1) 引射式混气系统的工艺流程

引射式混气系统工艺流程见图 22-7-6。

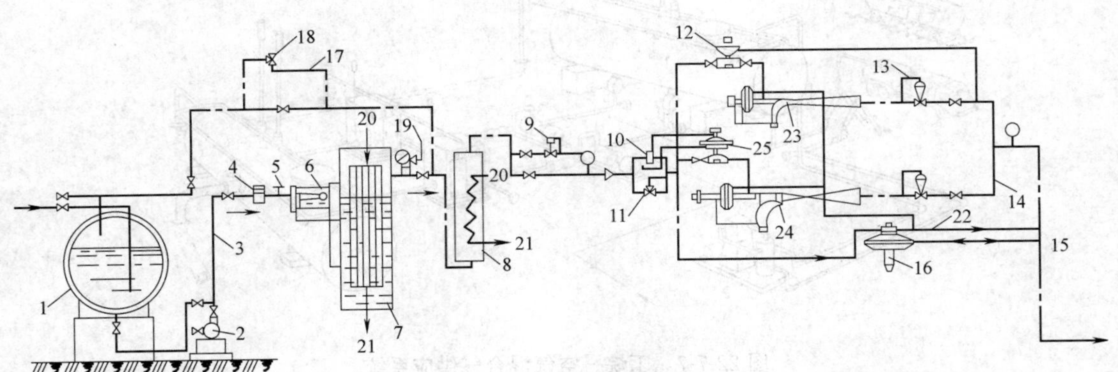

图 22-7-6 引射式混气系统工艺流程

1—储罐；2—泵；3—液相管；4—过滤器；5—调节阀；6—浮球式液位调节器；7—气化器；8—过热器；9—调压器；10—孔板流量计；11—辅助调压器；12—薄膜控制阀；13—低压调压器；14—集气管；15—混合气分配管；16—指挥器；17—气相管；18—泄流阀；19—安全阀；20—热媒入口；21—热媒出口；22—调节阀；23—小生产率引射器；24—大生产率引射器；25—薄膜控制阀

利用烃泵将储罐内的液态液化石油气送入气化器将其加热气化生成气态液化石油

气，经调压后以一定压力进入引射器而从喷嘴喷出，将过滤后的空气带入混合管进行混合，从而获得一定混合比和一定压力的混合气。再经调压、计量后送至管网向用户供气。

为适应用气负荷的变化，每台混合器设有大、小生产率的引射器各1台。当用气量为零时，混气装置不工作，阀12关闭。当开始用气时，集气管14中的压力降低，经脉冲管传至阀12的薄膜上，使阀门12开启，小生产率引射器先开始运行。当用气量继续增大时，指挥器16开始工作，该脉冲传至小生产率引射器的针形阀，其薄膜传动机构使针形阀移动，从而增加引射器的喷嘴流通面积，提高生产率。当小生产率引射器的生产率达到最大负荷时，孔板流量计10产生的压差增大，使阀25打开，大生产率引射器开始投入运行。当流量继续增大时，大生产率引射器的针形阀开启程度增大，生产率提高。当用气量降低时，集气管14的压力升高，大、小生产率引射器依次停止运行。引射器出口混合气压力是由调压器13来调节和控制的。

在工程中通常设置多台引射式混合器，每台混合器由3支或更多支的引射器组成。采用监控系统根据负荷变化启闭引射器的支数和混合器的台数，以满足供气需要。

这种混气方式的混合器出口压力一般不超过30kPa，引射器的工作原理及其台数组合方式参见本章22.6.1的内容。

引射器的生产率应按用户需用量的变化规律来确定。在引射器后无调峰储气罐时，宜选择低峰用气量作为最小引射器的生产率，按组合方式不同配置引射器，总的生产率不应小于高峰需用量。在日本，已将气化、混合及调压合成为成套系列化装置，只要按需用量选用就可组合成一整套低压混合气供应系统，见图22-7-7丁烷—空气混合供气系统。

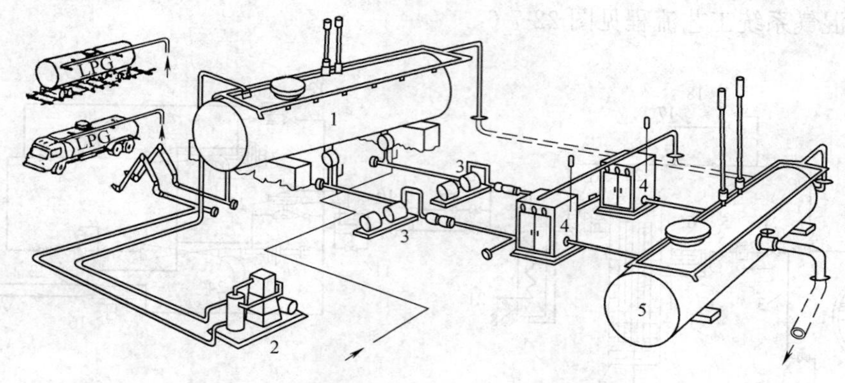

图22-7-7　丁烷—空气混合气供应系统

1—丁烷储罐；2—卸车压缩机；3—供料泵；4—汽化、混合、调压装置；5—混合气储罐

实验表明，液化石油气以0.2MPa的压力自然引射周围大气时，引射器制得混合气的压力不超过8kPa。因此，欲制取较高压力（如中压）的混合气，空气的供给需采用压力鼓风方式。

(2) 比例混合式混气系统的工艺流程

该系统的混合装置根据混合气总负荷大小和投资能力可选比例混合阀和随动流量混合装置，参见本章22.6.2的内容。

对混合器，当混合气体流经节流元件时，其通过量可用下式表示：

$$q=KA\sqrt{p_1\Delta p/T_1} \tag{22-7-4}$$

式中 q——标准状态下气体通过流量，m^3/h；

K——与节流元件孔口形状和气体雷诺数有关的常数；

A——节流孔的面积，m^2；

p_1——节流孔前气体绝对压力，MPa；

T_1——节流孔前气体温度，K；

Δp——节流孔前后压差，MPa。

从上式可以看出，当混合器的出口压力确定后，T_1 变化较小时，若忽略不计，则影响混合器通过流量主要是 2 个参数，即混合器进口压力 p_1 和流经孔口面积 A。因此，混合器在运行时，随用气负荷的变化调整上述两个参数即可改变其供气量。LPG/AIR 比例混合装置供气系统见图 22-7-8。

2. 总平面布置

混气站总平面布置原则与气化站类同。主要区别：气化间和混气间合而为一；另需设空气净化、干燥装置及空气压缩机组。液化石油气混气站总平面布置示例见图 22-7-9。

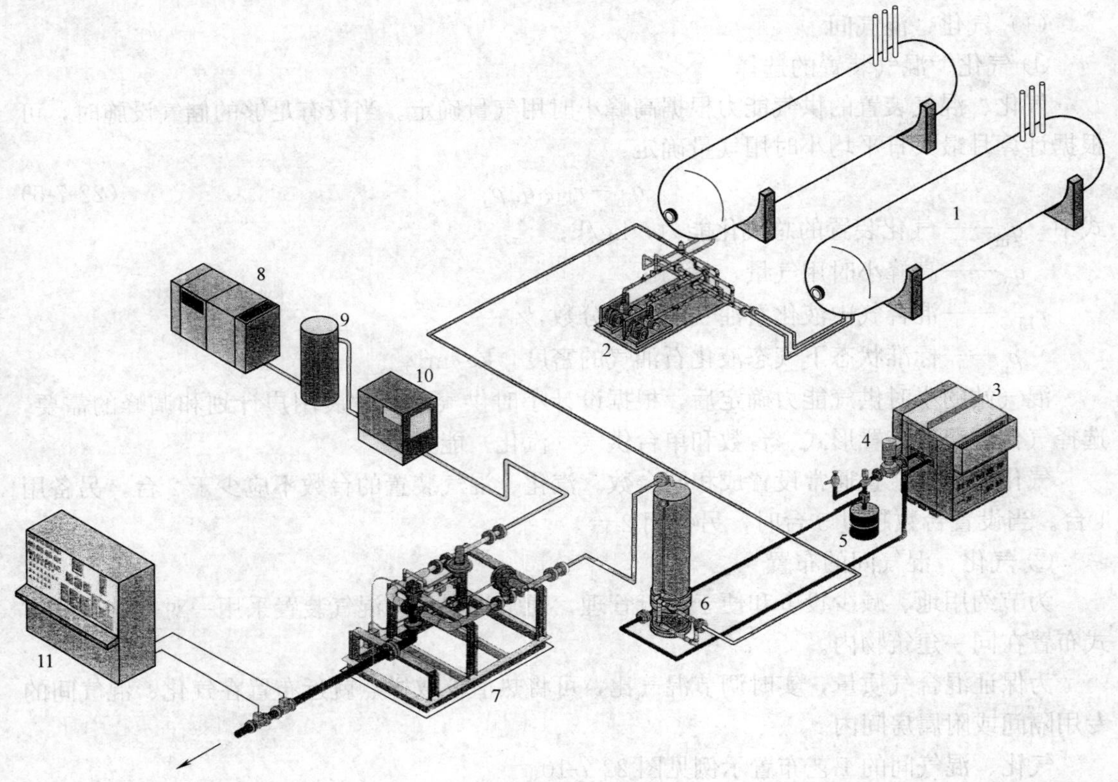

图 22-7-8 LPG/AIR 比例混合装置供气系统

1—储罐；2—烃泵；3—热水器；4—循环热水泵；5—膨胀水箱；6—气化器；7—混合装置；8—螺杆式空压机；9—空气缓冲罐；10—空气干燥器；11—控制台

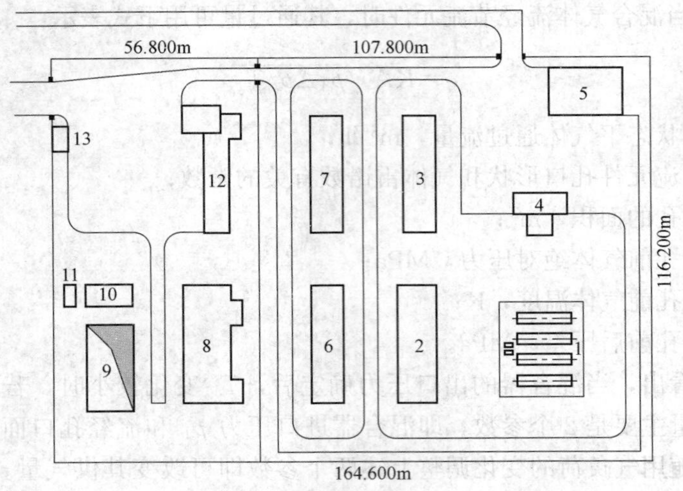

图 22-7-9　液化石油气混气站总平面布置图

1—4×100m³ 储罐区；2—气化、混气间；3—热水炉间；4—液化石油气压缩机室、汽车槽车装卸台；5—汽车槽车库；6—空气压缩机间；7—库房；8—变配电室、柴油发电机房；9—1000m³ 消防水池；10—消防循环水泵房；11—循环水池；12—办公楼；13—门卫

(1) 气化、混气间

① 气化、混气装置的选择

气化、混气装置的供气能力根据高峰小时用气量确定。当设有足够的储气设施时，可根据计算月最大日平均小时用气量确定：

$$q_m = r_{LPG} q_w \rho_g \tag{22-7-5}$$

式中　q_m——气化装置的总气化能力，kg/h；

q_w——高峰小时用气量，m³/h；

r_{LPG}——混合气中液化石油气的体积分数，%；

ρ_g——标准状态下气态液化石油气的密度，kg/m³。

混气站的小时供气能力确定后，根据设计小时供气量，发展用户计划和调峰的需要，选择气化、混气装置形式、台数和单台供气（汽化）能力。

气化和混气装置通常设置成相同台数。汽化、混气装置的台数不应少于 2 台，另备用 1 台。当设置台数超过 5 台时，另备用 2 台。

② 气化、混气间的布置

为节约用地、减少投资和便于运行管理，通常将气化、混气装置采用一对一的串联方式布置在同一建筑物内。

为保证混合气质量，实时调节混气比，可将热值仪取样点就近布置在气化、混气间的专用隔间或附属房间内。

气化、混气间的工艺布置示例见图 22-7-10。

(2) 空气压缩机组

空气压缩机组由螺杆式空压机、冷冻式空气干燥器、空气除油过滤器和空气缓冲罐等组成。空压机组的总排气量按下式计算

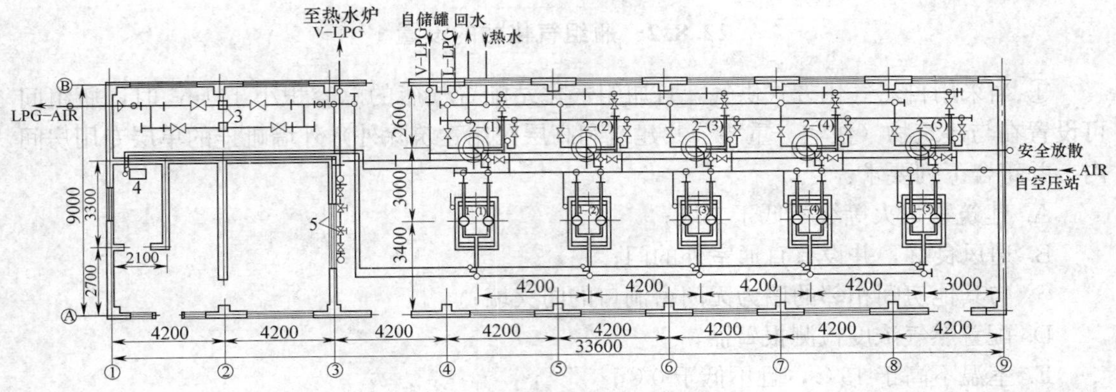

图 22-7-10 气化、混气间工艺布置图

1—混合器；2—气化器；3—流量计量装置；4—热值仪；5—高中、低压调压器

$$q_{\mathrm{air}}=\frac{r_{\mathrm{air}}q_{\mathrm{w}}}{60} \tag{22-7-6}$$

式中 q_{air}——空压机组总排气量，$\mathrm{m^3/min}$；

r_{air}——混合气中空气的体积分数，%；

q_{w}——高峰小时用气量，$\mathrm{m^3/h}$。

除空气缓冲罐外，空压机组其余各设备的配置台数通常与气化、混气装置的配置台数相同。

22.8 瓶组气化站

瓶组气化站的四周宜设置非实体围墙，其底部实体部分高度不应低于 0.6m。围墙应采用不燃烧材料。

22.8.1 瓶组气化站的气化能力

瓶组气化站气瓶的配置数量决定了其总气化能力（kg/h）宜符合下列要求；

① 采用强制气化方式供气时，瓶组气瓶的配置数量可按计算月最大日用气量的 1～2 天用气量确定。

② 采用瓶组自然气化方式供气时，瓶组宜由使用瓶组和备用瓶组组成。使用瓶组的气瓶（例如 50kg 气瓶）配置数量应按气瓶容许温降 θ_{a} 值分别由（定用气量类型的）连续工作时间、初始液位、小时用气量确定单瓶小时自然气化能力；或由（变用气量类型的）气瓶终了液位、用气日的平均小时用气量、确定单瓶小时自然气化能力，计算方法可参见本章 22.2。

备用瓶组的气瓶配置数量与使用瓶组的气瓶配置数量相同。当供气户数较少时，备用瓶组可采用临时供气瓶组代替。

③ 气化装置总供气能力应根据高峰小时用气量确定。气化装置的配置台数不应少于 2 台，且应有 1 台备用。

22.8.2　瓶组气化站的设置

① 当采用自然气化方式供气，且瓶组气化站配置气瓶的总容积小于 $1m^3$ 时，瓶组间可设置在与建筑物（住宅、重要公共建筑和高层民用建筑除外）外墙毗连的单层专用房间内，并符合下列要求：

A. 建筑物耐火等级不低于二级；

B. 通风良好，并设有直通室外的门；

C. 与其他房间相邻的墙为无门窗洞口的防火墙；

D. 配置燃气浓度检测报警器；

E. 室温不高于 45℃，且不低于 0℃；

F. 当瓶组间独立设置，且面向相邻建筑的外墙为无门窗洞口的防火墙时，其防火间距不限。

② 当瓶组气化站配置气瓶的总容积超过 $1m^3$ 时，应将其设置在高度不低于 2.2m 的独立瓶组间内。

独立瓶组间与建、构筑物的防火间距不小于表 22-8-1 的规定。

③ 瓶组气化站的瓶组间不得设置在地下室和半地下室内。

④ 瓶组气化站的气化间宜与瓶组间合建一幢建筑，两者间的隔墙不得开门窗洞口，且隔墙耐火极限不应低于 3h。瓶组间、气化间与建、构筑物的防火间距应按表 22-8-1 的规定执行。

独立瓶组间与建、构筑物的防火间距（m）　　**表 22-8-1**

项目 \ 气瓶总容积（m^3）		≤2	＞2～≤4
明火、散发火花地点		25	30
民用建筑		8	10
重要公共建筑、一类高层民用建筑		15	20
道路（路边）	主要	10	
	次要	5	

注：1. 气瓶总容积应按配置气瓶个数与单瓶几何容积的乘积计算。

2. 当瓶组间的气瓶总容积大于 $4m^3$ 时，宜采用储罐，其防火间距按表 22-7-2 和表 22-7-3 的有关规定执行。

3. 瓶组间、气化间与值班室的防火间距不限。当两者毗连时，应采用无门窗洞口的防火墙隔开。

⑤ 设置在露天的空温式气化器与瓶组间的防火间距不限，与明火、散发火花地点和其他建、构筑物的防火间距可按表 22-8-1 中气瓶总容积小于或等于 $2m^3$ 一档的规定执行。

22.8.3　瓶组气化站设计及示例

1. 自然气化瓶组（非独立瓶组间内）系统

自然气化瓶组（＜$1m^3$）供应系统应用于用气量较少用户。这种系统多采用 50kg 钢瓶，通常布置成两组，一组是使用部分，称为使用侧，另一组是待用部分，称为待用侧。瓶组供应系统，分为设置高低压调压器的系统和设置高中压调压器的系统。

（1）设置高—低压调压器的系统（图 22-8-1）

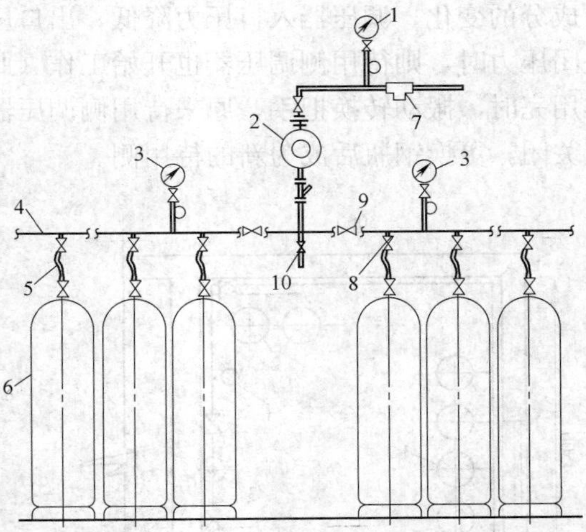

这种系统适用于户数较少的场合。一般从调压器出口到管道末端的燃烧器之间的阻力损失在 300Pa 以下（包括燃气表的阻力损失在内）。这种系统是利用集气管下部的阀门来控制系统的开闭，这种阀门之所以必须设在集气管下部，是因为夜间不用气时防止液化石油气冷凝留在集气管中。由调压器前后的压力表可以判断钢瓶内液化石油气量的多少。

图 22-8-1 设置高—低压调压器的系统

1—低压压力表；2—高低压调压器；3—高压压力表；4—集气管；5—高压软管；6—钢瓶；7—备用供气口；8—阀门；9—切换阀；10—泄液阀

（2）设置高—中压调压器的系统

本系统为中压管道输气。当瓶组使用侧的钢瓶数超过 4 个时，通常设置专用的自动切换式调压器，以便于替换瓶组。本系统形式与图 22-8-1 不同之处是系统中的调压器为高中压调压器，采用中压管道输气。

设置自动切换调压器的系统，均为二级调压。它适用于用户较多、输送距离较远（在 200m 以上）的场合，如图 22-8-2 所示。

自动切换式调压器是高—中压调压器，其构造形式及切换动作如图 22-8-3 所示。

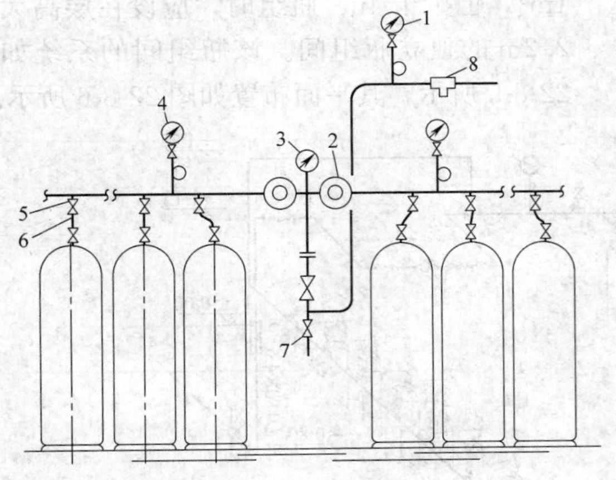

图 22-8-2 设置自动切换式调压器的系统

1—中压压力表；2—自动切换调压器；3—压力指示器；4—高压压力表；5—阀门；6—高压软管；7—泄液阀；8—备用供给口

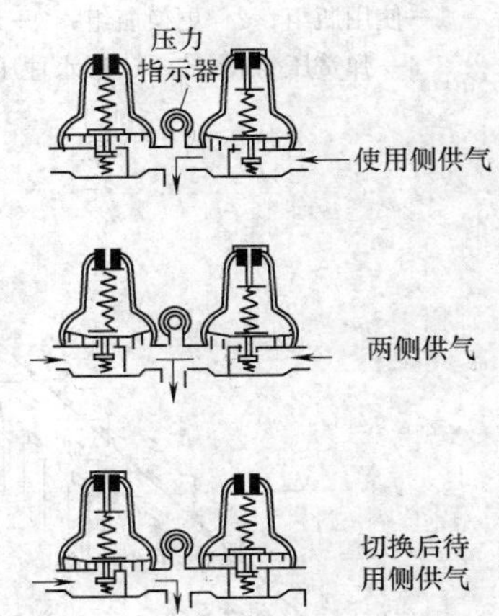

图 22-8-3 自动切换式调压器工作原理

开始工作时，首先搬动转换把手，通过凸轮的作用使一个调压器的膜上弹簧压紧，这个调压器即为使用侧调压器，另一个调压器则为待用侧调压器。由于弹簧压紧程度不同，两个调压器的关闭压力也就不同。当使用侧调压器工作时其出口压力大于待用侧调压器关闭压力，所以待用侧钢瓶不供给气体，只由使用侧钢瓶供给。随着液量的减少，液温降低及成分的变化，调压器入口压力降低，出口压力也相应下降，当降到低于待用侧调压器的关闭压力时，则待用侧调压器也开始工作（此时是两侧同时工作）。当使用侧瓶组内的液体用完时，搬动转换把手，原来待用侧调压器膜上弹簧被压紧变成使用侧，原来使用侧瓶组关闭，更换钢瓶后成为新的待用侧。

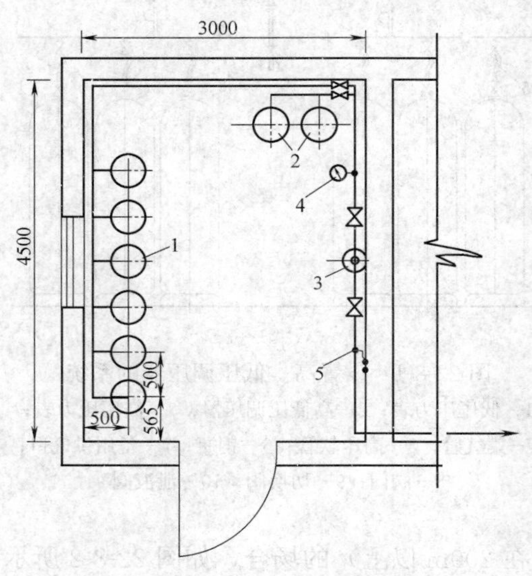

图 22-8-4　瓶组站平面布置

1—使用瓶组；2—更换瓶组；3—调压器；4—弹簧压力表；5—U 形水柱压力计

使用侧、待用侧或两侧处于工作状态时，指示器上均有标志。

(3) 自然气化瓶组间的布置

钢瓶可以单排存放，也可以多排存放。站内通道以及两排钢瓶的间距不应小于 0.8～1m。

调压设备一般设置在瓶组站内。调压器台数按调压器通过能力和最大小时用气量来计算，一组使用，一组备用。

瓶组站的照明，电气设备应符合“1 区”防爆要求。事故通风换气次数不应小于每小时 12 次。

瓶组站平面布置见图 22-8-4。

2. 自然气化独立瓶组间（站）系统

当自然气化能力要求布置总容积超过 $1m^3$，但少于 $4m^3$ 瓶组时，应设在层高大于 2.2m 的独立瓶组间。该瓶组间的系统如图 22-8-5 所示，其平面布置如图 22-8-6 所示。

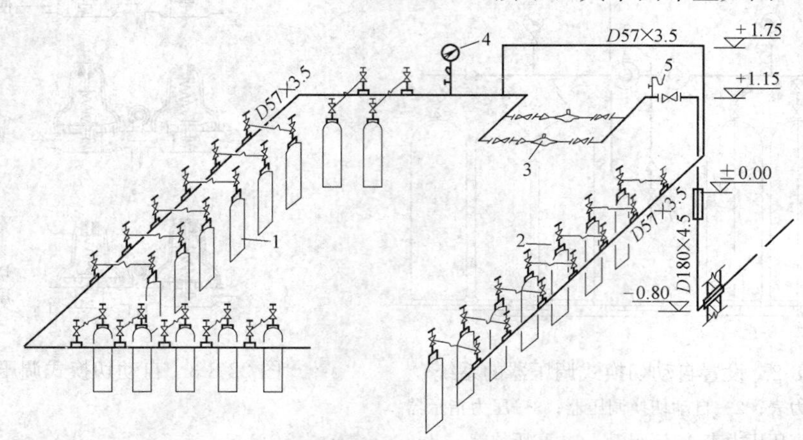

图 22-8-5　独立瓶组间系统图

1—使用瓶组；2—更换瓶组；3—调压器；4—弹簧压力表；5—U 形水柱压力计

自然气化瓶组气瓶数量很多的瓶组气化站，为了节省人力便于管理，可采用智能化管理模式。

3. 强制气化瓶组气化站

强制气化瓶组气化站的气化间与瓶组间宜合建于一幢建筑，并按表 22-8-1 的相关规定作总平面布置。气化器可根据用户高峰小时供气量确定其气化能力，按实际情况选择气化器的型号规格，但要设 1 台备用。瓶组间的气瓶配置数量按 1～2d 的计算月最大日用气量确定。

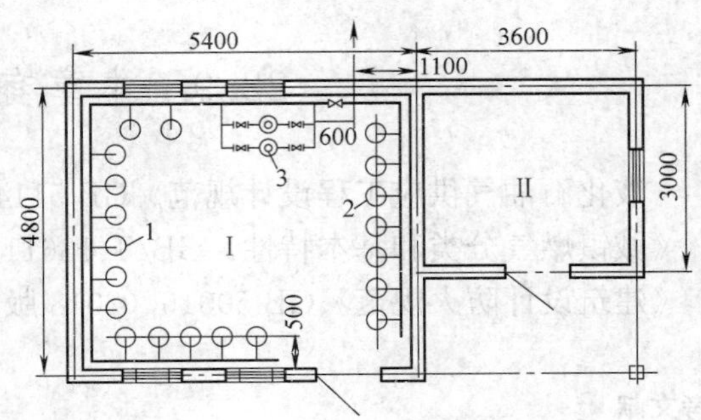

图 22-8-6 独立瓶组间的布置

Ⅰ—瓶站；Ⅱ—值班间

1—使用瓶组；2—更换瓶组；3—调压器

选用小型电加热式气化器的强制气化瓶组气化站系统如图 22-8-7 所示。

电加热式气化器的设计已趋于微型化，十分便利于瓶组气化站的应用，如一种 Z40L 型壁挂式电加热式气化器，按一级防爆设计，可应用于 1 区环境。其主要技术参数：气化能力——40kg/h，电功率——4.6kW，电源——AC220V/1A/50Hz，总重——30kg，外形尺寸——791mm×260mm×163mm。其构造原理见图 22-8-8。

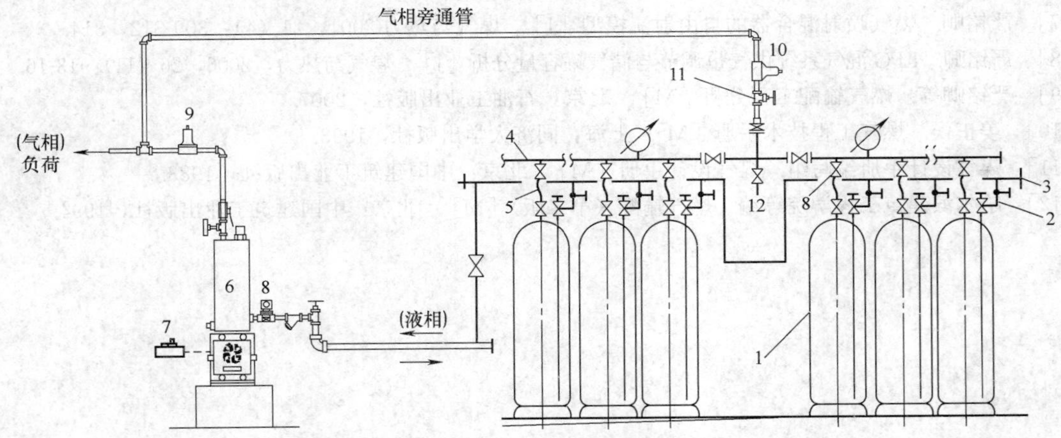

图 22-8-7 强制气化瓶组气化站系统图

1—YSP/118Ⅱ型液化石油气钢瓶；2—液相角阀高压连接胶管；3—液相汇集管；4—气相泄集管；5—气相角阀高压连接胶管；6—电加热式气化器；7—气化器电源接线盒；8—气化器液相入口电磁阀；9—气化器气相出口调压器；10—气相旁通调压器；11—切断阀；12—泄液阀

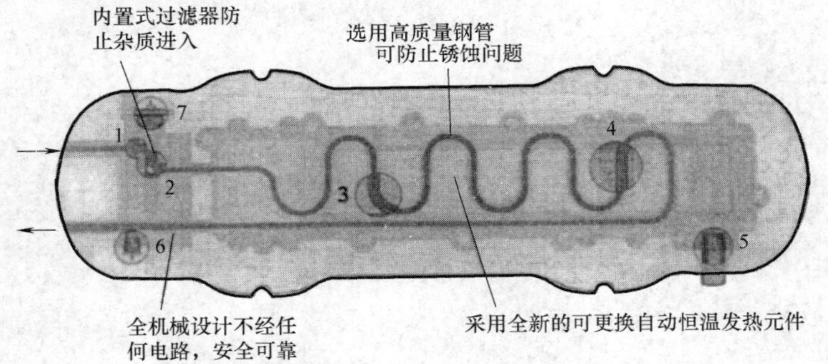

图 22-8-8 Z40L 型电加热壁挂式气化器

1—液相入口（可安全回流）；2—过滤器；3、4—蛇管与铝芯发热元件换热结构大样；5—电源接口；6—气相出口（带超压安全阀）；7—过滤排污口

22.9 本章有关标准规范

《液化石油气供应工程设计规范》GB 51142
《城镇燃气分类和基本特性》GB/T 13611
《建筑设计防火规范》GB 50016（2018版）

参考文献

[1] 严铭卿. 论LPG管道供应的关键技术［J］. 煤气与热力，1995，15（4）：18-22.
[2] 严铭卿. 液化石油气瓶组供气非稳态分析［J］. 煤气与热力，1998，18（1）：24-26，36.
[3] 严铭卿等. LPG瓶组供气能力的计算［J］. 煤气与热力，1998，18（2）：22-26.
[4] 严铭卿. 液化石油气露点的直接计算［J］. 煤气与热力，1998，18（3）：20-23.
[5] 严铭卿. 液化石油气管道供气无凝动态分析［J］. 煤气与热力，1998，18（5）：23-26.
[6] 严铭卿. LPG汽化器汽化模型及热负荷计算［J］. 煤气与热力 2000，20（1）：51-53，56.
[7] 严铭卿. 燃气喷射混合器的自由射流模型［J］. 煤气与热力 2001，21（4）：309-312，314.
[8] 严铭卿. LPG混气系统供气量调节与储气罐容量分析［J］. 煤气与热力，2006，26（11）：13-16.
[9] 严铭卿等. 燃气输配工程分析［M］. 北京：石油工业出版社，2007.
[10] 姜正侯. 燃气工程技术手册［M］. 上海：同济大学出版社，1993.
[11] 煤气设计手册编写组. 煤气设计手册［M］. 北京：中国建筑工业出版社，1983.
[12] 哈尔滨建筑工程学院等编. 燃气输配（第二版）［M］. 北京：中国建筑工业出版社，1994.

第 23 章　液化石油气冷冻式储存

23.1　概　　述

随着经济发展与生活水平的提高，液化石油气作为优质能源，其需求量日益增加，因此储存技术的开发与工程建设也日益凸现其重要性。

全压力式储存受罐容限制，即国内最大卧罐为 120m^3，最大球罐为 5000m^3，因此当储存达 20000～30000m^3 时，占地与投资均大。

液化石油气冷冻式储存是一种较经济的储存方式，分为半冷冻式储存与全冷冻式储存。

液化石油气半冷冻式储存（又称低温压力储存）和全压力式储存（又称常温压力储存）结合起来，前者作为储存罐，后者作为运行罐，形成液化石油气低温压力储存系统。半冷冻式储存工作原理与全冷冻式储存（又称低温常压储存）基本相同。

全冷冻式储存为饱和蒸气压接近常压（<10kPa）下的冷冻式储存系统。

半冷冻式储存的压力高于常压，对于北方地区经济效益更为显著。冷冻式储存与全压力式储存的经济比较见表 23-1-1。

冷冻式储存与全压力式储存的经济比较　　表 23-1-1

储存方法	全压力式	全压力式（分区设置）	半冷冻式（0.8MPa）	半冷冻式（0.4MPa）	全冷冻式
球罐	直径 12.3m，壁厚 45mm，单罐容积 1000m^3，数量 24	直径 12.3m，壁厚 45mm，单罐容积 1000m^3，数量 12×2	直径 15.7m，壁厚 35mm，单罐容积 2000m^3，数量 12	直径 15.7m，壁厚 28mm，单罐容积 2000m^3，数量 12	直径 20m，壁厚 14mm，单罐容积 4000m^3，数量 6
总投资比率	1	1.04	0.85	0.75	0.53
罐区投资比率	1	1	0.83	0.69	0.45
储存成本比率	1	1.1	0.98	0.94	1.38
年计算费用比率	1	1.04	0.86	0.76	0.57
年利润比率（售、进价比 1.32）	1	0.94	1.01	1.04	0.76
耗钢比率	1	1	0.65	0.53	0.22
占地比率	1	1.22	0.79	0.79	0.51
年耗电比率	1	1.28	1.91	2.28	10.31

由表 23-1-1 可见，全冷冻式储存投资、耗钢、年计算费用与占地最低，但储存成本

与耗电最高，而半冷冻式储存的投资储存成本与年计算费用均较全压力式储存低。

储存量大小是确定储罐类别的主要因素，同时也影响储存方式的选择，它们的关系见表 23-1-2。

储存量与储罐类别、储存方式的关系　　表 23-1-2

储存容量(m^3)	储罐容积(m^3)	储罐类别	储存方式
≤2000	≤120	卧式圆筒罐	全压力式
≤2000	>120	球罐	全压力式
2000～4000		球罐	全压力式、半冷冻式
>4000		平底储罐	全冷冻式

目前国内大型储库均采用全冷冻式储存，参见表 23-1-3。

国内大型储库概况　　表 23-1-3

名称	深圳华安公司	江苏太仓华能公司	上海金地公司	浙江舟山六横岛库
概况	储量 10^5m^3，采用美国技术，由日本新日铁总包，单罐容积 $50000m^3$，储存介质丙(丁)烷，罐材 A537Cl.2，中国化学工程深圳公司安装，安装周期 13 个月，工程建设周期 96.5～98.3，运行状况良好。	储量 $62000m^3$，采用美国技术，由日本新日铁总包，单罐容积 $30000m^3$，储存介质丙(丁)烷，罐材 A537Cl.2，中国石油天然气管道第一工程公司安装，安装周期 13 个月，工程建设周期 19 个月，1997 年运行，运行状况良好。	年周转能力 600kt，两个容积各为 $50000m^3$ 储罐，分别储存丙(丁)烷。采用吊顶双壁罐，内罐为钢制，外罐为预应力混凝土(PS 罐)。1999.5 运行。	年周转能力 360kt，两个容积各为 $40000m^3$ 储罐，分别储存丙(丁)烷(据可研报告)。

当采用半冷冻式储存时，工作压力须根据气候条件与制冷系统运行费用作技术经济分析确定。一般以参考的环境温度所对应的饱和蒸气压为工作压力。对于夏季短的北方地区可参考春秋平均温度；对于夏季为 3～4 个月的中部地区可参考夏秋平均温度，对于夏季为 4～5 个月的偏南地区可参考夏季平均温度，而对于夏季长达 5～7 个月的南方半冷冻式储存可能不适用。具体的设计参数优化方法在本章 23.2.3 介绍。

考虑到半冷冻储存式储存的储存温度不致很低，以及储罐绝热层易受潮导致储罐锈蚀且不适于储罐开罐检查，在储罐使用期内反复更换绝热层，半冷冻式储罐趋向于不设绝热层。

对半冷冻式储存，储罐形式有单壁钢结构罐、双壁钢结构罐与预应力混凝土罐（PS 罐）；按顶部结构分类，可分为吊顶单、双壁罐与双拱顶双壁罐。吊顶双壁罐保冷性能优于双拱顶双壁罐，但地震烈度大于 7 度时，须采用双拱顶双壁罐。当储存丁烷时，可采用单壁罐，其结构简单、施工周期短，造价较低，但保温层易因外层铁壳或铝壳破损而失效，保温层进水而腐蚀罐壁，使用寿命约 10 年。

当储存丙烷或丙、丁烷时，一般采用双壁罐，其造价约较单壁罐贵 15%～20%，但维修费用低，寿命为 20 年以上，是目前国内采用最多的储罐。预应力混凝土罐由低温钢内罐与预应力混凝土外罐构成，可制成吊顶型。预应力混凝土罐的优点为安全可靠，不须另建防火堤，但结构复杂，施工困难，造价较高，国内采用较少。

23.2 液化石油气半冷冻式储存

23.2.1 半冷冻式储存工艺

半冷冻式储存工艺原理如图 23-2-1 所示。

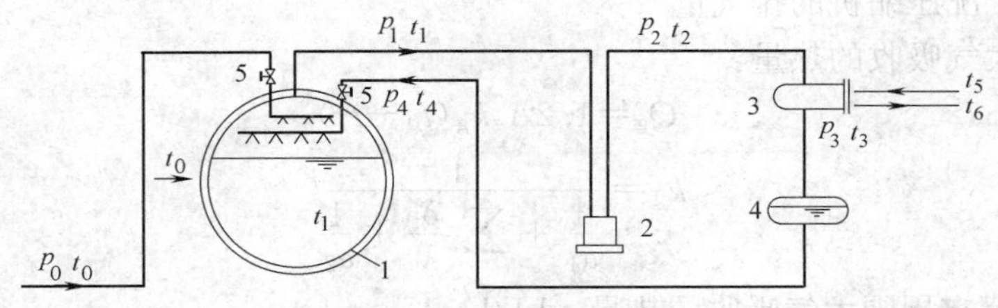

图 23-2-1 半冷冻式液化石油气储存工艺原理

1—半冷冻式储罐；2—压缩机；3—冷凝器；4—储液罐；5—节流阀

半冷冻式储存系统一般采取直接制冷形式，即由半冷冻式储罐作为蒸发器，与制冷压缩机、冷凝器、节流阀一起构成制冷循环系统。冷凝器一般用水做冷媒。半冷冻式储存系统的运行有三种工况：

1. 维持工况

在夏季，半冷冻式储罐自大气吸热，罐内的液化石油气温度升高，压力亦升高。为使罐维持在设计压力下运行，用压缩机将罐上部的气体抽出，加压后进入冷凝器冷凝并进入储液罐，然后再送至罐顶经节流、喷淋进罐。部分液体重新气化（其气化量决定于节流压差）。依此循环，保持罐内的液化石油气的温度、压力维持在设计值上。在维持工况下压缩机排量应考虑两部分：一是因罐自大气吸热而引起的气化量，另一是因回流节流所引起的气化量。

2. 卸车工况

从铁路槽车卸车时，若直接卸入储罐，卸车强度（t/h）太大，则会在经节流后产生较大的气相 LPG。为此要设置较大容量的 LPG 压缩机将其从储罐抽出，并进行冷凝，为减小制冷设备容量，可设置一座缓冲罐。卸车时，大部分液相 LPG，进入缓冲罐，少量进入储罐。LPG 压缩机从储罐抽取气相 LPG 加压后大部分送入铁路槽车用于卸车，小部分经冷凝器变为液相节流后回到储罐。

3. 灌注工况

来自气源厂的液化石油气经节流进罐时，会有部分气化，促使储罐压力升高。为维持罐的工作压力不超过设计压力，这部分气体应由压缩机抽出，经冷凝、节流、再喷淋入罐。

在灌注工况下，由于液态液化石油置换了罐内原有气体空间（等于实际灌注液体体积）。因此，在灌注工况下压缩机的排量应包括：吸热气化量及其节流气化量、灌注节流气化量和灌注液体体积。

采用半冷冻式储存应对当地全年的气温变化规律作细致的调查，进行技术经济比较后确定最经济的设计温度、设计压力、灌注强度（即进入半冷冻式储罐的进料流量）和系统的工作制度，以使投资、钢耗和常年运行管理费用最少。同时，在设计时还应尽量考虑使灌注工况和维持工况所用压缩机的型号一致，以便于运行管理。设计参数优化方法见本章 23.2.3。

4. 压缩机排气量的计算和压缩机台数的确定

半冷冻式储存系统压缩机排气量计算参数见图 23-2-1。

(1) 维持工况压缩机的排气量

罐自周围大气吸收的热量：

$$Q_g = 1.2 A_g k_g (t_0 - t_1) \tag{23-2-1}$$

$$k_g = \frac{1}{\dfrac{1}{\alpha_1} + \sum \dfrac{\delta_i}{\lambda_i} + \dfrac{1}{\alpha_2}} \tag{23-2-2}$$

式中 Q_g——罐自周围大气吸收的热量，kJ/h；

A_g——罐的外表面积，m^2；

t_0——大气温度，℃；

t_1——罐内液相温度，℃；

1.2——附加系数；

k_g——罐内液化石油气与周围大气的总传热系数，kJ/(m^2 · h · ℃)；

α_1——罐与大气的对流换热系数，kJ/(m^2 · h · ℃)；

$\sum \frac{\delta_i}{\lambda_i}$——罐的总热阻，因罐设有保温层，故钢板、涂料等热阻可以不计；

λ_i——保温材料的导热系数，kJ/(m^2 · h · ℃)；

δ_i——保温层厚度，m；

α_2——罐壁与液化石油气的对流换热系数，kJ/(m^2 · h · ℃)。

罐自周围大气吸热后，液化石油气的气化量为：

$$q'_1 = \frac{nQ_g}{r\rho_g} \tag{23-2-3}$$

式中 q'_1——罐自周围大气吸热后，液化石油气的气化量，m^3/h；

n——罐数量；

r——温度为 t_1（压力为 p_1）时的液化石油气的气化热，kJ/kg；

ρ_g——温度为 t_1（压力为 p_1）时气态液化石油气的密度，kg/m^3。

气体 q'_1 经压缩、冷凝液化，再节流降压进入罐后，部分液体气化。其节流气化量为：

$$q_1 = \frac{q'_1}{1 - x_1} \tag{23-2-4}$$

式中 q_1——维持工况下的汽化量即压缩机排量，m^3/h；

x_1——从罐前压力 p_4 降到压力 p_1 时，液化石油气的节流干度，kg/kg。

(2) 灌注工况下压缩机排气量

在灌注工况下压缩机排气量应包括两部分：一是维持工况的气化量，一是进料节流气化量和进料液体气置换的气体量。

进料节流气化量按下式计算：

$$q_2=\frac{x_2G}{\rho_g} \tag{23-2-5}$$

式中 q_2——从进料压力 p_0降至罐内压力 p_1时的节流气化量，m^3/h；

x_2——压力从 p_0降至 p_1时的液化石油气节流干度，kg/kg；

G——灌注强度（进料量），kg/h；

ρ_g——在 p_1压力（温度为 t_1）下气态液化石油气的密度，kg/m^3。

进料液体所置换的气体量：

$$q_3=\frac{(1-x_2)G}{\rho_1} \tag{23-2-6}$$

式中 q_3——被液体置换的气体量，m^3/h；

ρ_1——温度为 t_1的液态液化石油气密度，m^3/h。

于是灌注状态下压缩机排气量：

$$q=q_1+q_2+q_3 \tag{23-2-7}$$

（3）压缩机台数的确定

压缩机台数按下式确定：

$$n_c=\frac{1.2q}{q_n\eta} \tag{23-2-8}$$

式中 q_n——压缩机额定排气量，m^3/h；

η——压缩机的容积效率，可取 0.75～0.8；

1.2——附加系数。

半冷冻式储罐在设计温度下其最大允许工作压力及其壁厚计算，与全压力式储罐的强度计算方法相同。

半冷冻式储罐与基地外建、构筑物的防火间距可按表 21-1-2 的规定执行。

半冷冻式储罐与基地内建、构筑物的防火间距可按表 21-4-1 的规定执行。

23.2.2 半冷冻式储存站（基地）方案示例

1. 选择半冷冻式储存方案的原因

由于按要求建 $1000m^3\times4$ 的储罐，LPG 年供量为 6×10^4 t/a，其项目的投资较大，因而经营成本较大，应该设法提高工程的效益。

另一方面，从我国 LPG 的实践经验和已掌握的关于 LPG 储存的技术和理论知识，认识到我国 LPG 储罐储存压力从来没有超过 1.2MPa 的情况，大多在夏季最高压力为 0.8MPa，个别达到 1.0MPa。

因此，如果将储罐设计压力定为 1.0MPa，同时配置制冷降温系统。当储罐压力有可能高于设计压力 1.0MPa 时，即开动制冷系统，使储罐温度下降，维持在不高于设计压力 1.0MPa 的状态。则整个工程的建设投资和年费用可以同时减少，达到很好的经济效益。

2. 方案的内容

① 按丙烷 C_3^0考虑，将储罐设计压力定为 1.0MPa，则对应于储存温度 30℃［$C_3^0$30℃时饱和蒸汽压为 1.058MPa（绝对）］；$1000m^3$ 球罐壁厚可由 40mm 减为 24mm。

② 为确保在任何气候条件及操作工况下都保证储罐压力不高于设计压力 1.0MPa，需

设置制冷系统、卸车缓冲罐等。

③ 系统构成。系统由 1000m³ 球罐，缓冲罐，制冷 LPG 压缩机，冷凝器，节流装置，遮阳罩及相应工艺管路组成。系统流程图见图 23-2-2。

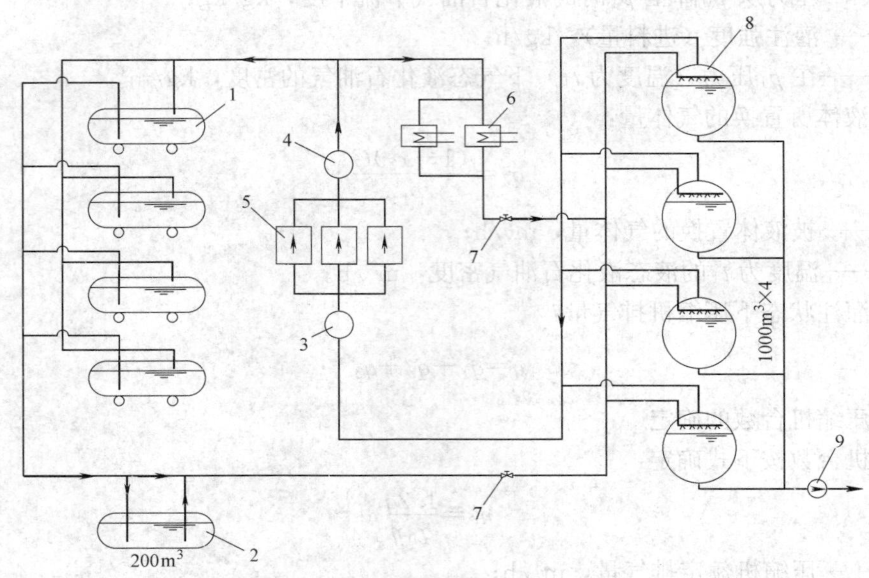

图 23-2-2　半冷冻式储存方案系统流程图

1—铁路槽车；2—缓冲罐；3—分离器；4—缓冲器；5—LPG 压缩机；
6—冷凝装置；7—节流阀；8—半冷冻式储罐；9—LPG 泵

3. 系统运行工况

（1）维持工况

由于储罐受高于储存温度（30℃）的空气传热及太阳辐射影响（储罐上半球设遮阳罩，阻挡太阳对储罐的直接加热作用），储罐内 LPG 蒸发，系统的 LPG 压缩机从储罐抽取气相 LPG，加压至 1.5MPa 进入冷凝器，气相 LPG 变为液相，经节流装置降压到 1.0MPa 及降温到 30℃成为气液相并存的混合物，进入储罐。其中约 10%的气相重新被 LPG 压缩机抽出。

当环境对储罐造成的温度等于或低于 30℃时，则不需要对储罐进行制冷，储罐处于自然储存状态。在一年中有相当大部分时间，储罐都会处于这种状态。若储存的不是纯丙烷而是丙、丁烷混合 LPG 时，则 1.0MPa 对应于高于 30℃的饱和温度（可能对应于 45～48℃），这种情况下，则几乎全年都不必对储罐进行制冷维持。

（2）卸车工况

铁路槽车卸车时，卸车强度可达 75t/h，若直接卸入储罐，则会在经节流后产生较大量的气相 LPG。为此要设置较大容量的 LPG 压缩机将其从储罐抽出，并进行冷凝，为减小制冷设备容量，可设置一台缓冲罐。卸车时，大部分液相 LPG（65t/h）进入缓冲罐，少量（10t/h）进入储罐。LPG 压缩机从储罐抽取气相 LPG 加压后大部分（122m³/h）送入铁路槽车用于卸车，小部分（46m³/h）经冷凝器变为液相节流后回到储罐。

（3）灌注工况

在无铁路槽车卸车时，可以以 10t/h 的强度将缓冲罐的液相 LPG 经节流送入储罐，制冷系统的工作负荷不会超过卸车工况时的负荷，设置 200m^3 缓冲罐，每次卸车可存 87t，在非卸车工况时间内以 10t/h 的强度，用 9 小时即可将缓冲罐存液卸入储罐。

4. 方案的经济效益

与全压力式储存方案相比较，工程内容主要变化为：

4 台 1000m^3 球罐节省钢材 252t，无需增加 LPG 压缩机。增加冷凝器两台（共 6.4m^2 换热面积）及凉水塔两台。增加 200m^3 卧罐 1 台。方案将增加运行电耗 120000kWh/a。以下比较系按 1997 年价格。

工程投资变化为：

球罐节省	262×1.5=393 万元
200m^3 卧罐及冷凝器等增加投资	85.0 万元
节省投资	308.0 万元

年费用变化为：

节省球罐折旧及维修费	39.3 万元/a
增加电费（包括冷却水用电）	6.0 万元/a
增加冷凝器及 200m^3 卧罐折旧及维修费	8.5 万元/a
增加工人工资	2.0 万元/a
节省年费用	22.8 万元/a

5. 方案选择结论

① 半冷冻式储存方案在技术上完全成熟，某地已建成 2000m^3×5 的工程，安全运行 15 年以上。

② 可以预计，半冷冻式储存方案在实际运行中，很少需制冷循环。

③ 半冷冻式储存方案，可节省大量投资（12.8%），可节省年费用支出（22.8 万元/a），有利于提高工程的经济效益。

④ 由于储罐压力降低，设计壁厚减小，有利于提高储罐的质量水平。

23.2.3 半冷冻式储存参数优化

本节分析半冷冻式储存的设计方案在技术经济上合理的设计参数，在若干条件，如气象、地质、材料设备单价、施工工程单价以及能源供应、供水单价等都是已定的前提下着重分析以下三个关键性因素的影响。

灌注强度。设缓冲罐能减小灌注强度，在缓冲储罐与灌注制冷设备的容量之间要权衡采用合适的灌注强度以使费用最省。

保冷绝热层厚度。在保冷材料选定的条件下，增加绝热层厚度会增加造价，但可以减小冷负荷。

储存温度。对半冷冻式储存，储存温度低，使维持冷负荷加大，运行费和制冷设备费增加，但可减少储罐体的金属耗量及投资；在灌注负荷增大时则会使工质节流干度增加，因而使灌注制冷设备容量增加。储存温度的选择还会影响绝热层厚度的最佳值。

这三个主要因素之间有着直接或间接的联系，所以应该综合的加以考虑，以寻求其最佳组合。

需由目标函数 E 求极小（min E），用优化方法解得（T，S，G）。

$$
\begin{aligned}
E=&(a_1+Y_1)b_1H\exp 2.3[-b/(c+T)]+\\
&(a_2+Y_2)b_2\left[M\frac{(T_e-T)(T_p-T)(T_d-T)}{(T+c)(S+S_0)}+XG\frac{(T_d-T)^2}{(T_p-T)(T+c)}\right]+\\
&(a_3+Y_3)b_3\left\{O(T_e-T)(T_p-T)\left[\Delta+\frac{\xi(T)}{T+c}\right]\frac{1}{S+S_0}+\frac{T_d-T}{T_p-T}\frac{1}{\Delta t_w}G\left[\Delta+\frac{\xi(T)}{T+c}\right]\right\}+\\
&e\left[K_mM\frac{(T_e-T)(T_p-T)(T_d-T)}{(T+c)(S+S_0)}+\beta X\frac{(T_d-T)^2}{(T_p-T)(T+c)}\right]+\\
&u\left\{K_mO(T_e-T)(T_p-T)\left[\Delta+\frac{\xi(T)}{T+c}\right]\frac{1}{S+S_0}+\beta\frac{1}{\Delta t_w}\frac{T_d-T}{T_p-T}\left[\Delta+\frac{\xi(T)}{T+c}\right]\right\}+\\
&(a_4+Y_4)\left[b_4\frac{B}{G}+b_{40}\upsilon\left(\frac{KG_a}{G}-1\right)\right]+(a_5+Y_5)b_5A_mS
\end{aligned}
\tag{23-2-9}
$$

$$H=n_TA_tR_t\exp(2.3a)/2\sigma\phi \tag{23-2-10}$$

$$M=n_TA_m\frac{\lambda}{l(T_p-T_d)\eta}\theta\frac{1}{T_d+c} \tag{23-2-11}$$

$$X=0.278\frac{\theta}{(T_d+c)\eta} \tag{23-2-12}$$

$$O=\frac{n_TA_m\lambda}{l(T_p-T_d)\Delta t_w\cdot 10^3} \tag{23-2-13}$$

$$n_T=\lceil V/V_0\rceil \tag{23-2-14}$$

$$B=\frac{3\times 24D_tG_a{}^2P_bK_b}{0.85\rho\times 2\sigma\varphi} \tag{23-2-15}$$

$$\xi(T)=-\alpha(T_0-T)+\Delta h_0''(T_0+c)\left(1+\frac{T_0-T}{T_d-T_0}\right) \tag{23-2-16}$$

$$S_0=\frac{\lambda}{\alpha_1}+\frac{\lambda}{\alpha_2} \tag{23-2-17}$$

$$G_a=\frac{D_u}{D_t}G_u \tag{23-2-18}$$

$$\upsilon=K_b\frac{24G_aD_t}{0.85\rho} \tag{23-2-19}$$

$$\beta=N_pD_pG_a/365 \tag{23-2-20}$$

$$Y=\frac{(1+i)^ni}{(1+i)^ni-1} \tag{23-2-21}$$

式中 T——液化石油气储存温度，K；

T_d——制冷循环冷凝温度，K；

T_0——制冷循环基准工况的蒸发温度，K；

T_p——假想临界温度，对丙烷：$T_p=413$K；

T_e——设计室外综合温度，K；

Δt_w——冷凝器进排水温差，K；

θ——对丙烷：$\theta=147\times10^3$；

α——对丙烷：$\alpha=297$；

$\Delta h''_0$——对丙烷：$\Delta h''_0 = 73.3$；

G——灌注强度，t/h；

G_u——卸车强度，t/h；

G_a——相应于全槽车运行周期的平均灌注强度，t/h；

a，b，c——Antoine 蒸气压方程关联常数，对丙烷分别为：$a=2.4249$，$b=1048.9$，$c=5.6$；

l——液化石油气气化热，可按 263～283K 的范围取一平均值，kJ/kg；

X——液化石油气节流后进半冷冻式球罐的干度；

0.85——缓冲罐容积充装度；

ρ——液化石油气的液相密度，t/m^3；

D_u——卸车作业时间，d；

D_p——灌注时间，d；

D_t——平均灌注作业时间，即槽车运行周期，d；

R_t——半冷冻式球罐半径，m；

A_t——半冷冻式球罐表面积，m^2；

A_m——半冷冻式球罐平均表面积（按球罐外径加保冷层厚度作计算直径）。计算时可先设一个 S 值，m^2；

V——半冷冻式球罐总容积，m^3；

V_0——单个半冷冻式球罐容积，m^3；

n_T——球罐个数，其中⌈ ⌉为天花板函数；

S——保冷材料厚度，m；

S_0——罐内外介质热阻折算厚度，m；

K_b——考虑其他因素的系数，$K_b \geqslant 1$；

a_i——年维修费率，$i=1, 2, 3, 4, 5$；

b_1——罐体单位造价，元/m^3；

b_2——制冷设备单位造价，元/kW；

b_3——冷却水设备单位造价，元/(m^3/h)；

b_4——缓冲罐单位造价，元/m^3；

b_{40}——缓冲罐其余工程，如接管、附件等安装工程随罐容增加的建造费，元/m^3；

b_5——绝热层单位造价，元/m^3；

Y_i——资本回收因子；按式（23-2-21）计算；

n——折旧年限；

i——贴现率；

e——制冷压缩机单位安装功率的电、水、油年费用，按全年 8760 小时计，元/(kW·a)；

u——冷却水单价，按全年计，元/(m^3·年)；

K——槽车运行周期与卸车作业时间的比值，可取为 5-7；

K_m——考虑实际维持冷负荷对设计冷负荷的修正，取 K_m 为常数值 0.5；

K_p——考虑灌注开车时数对全年时间的修正；

N_p——全年对储库进行灌注的期数；

V_b——缓冲罐容积，m^3；

p_b——缓冲罐设计压力，一般为 $p_b=1.8$MPa；

K_b——考虑其他因素的系数，$K_b \geqslant 1$；

λ——保冷材料热导率，kJ/(m·s·K)；

α_1，α_2——罐内、罐外表面传热系数，kJ/(m^2·s·K)。

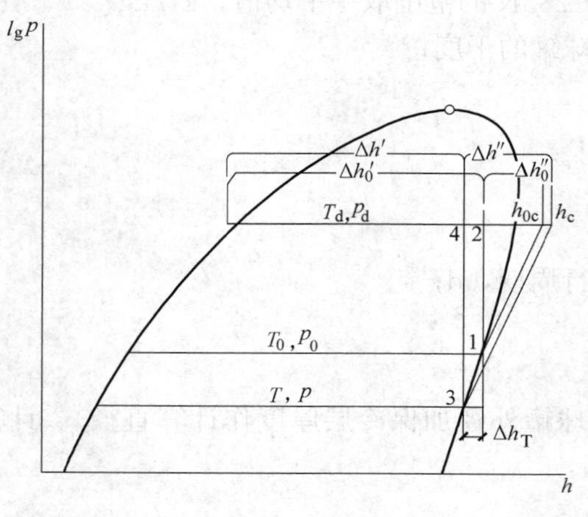

图 23-2-3　实际运行工况与额定运行工况的关系

实际运行工况与额定运行工况的关系见图 23-2-3。

对半冷冻式储存设计参数优化模型，式（23-2-9）需编制计算程序求解。

实际工程表明，有绝热层的半冷冻式储罐，若绝热层防水隔湿不好，可导致储罐外壁面腐蚀；且频繁的储罐检查需更换绝热层，要很大的费用。因而工程界倾向对温度并不太低的半冷冻式储罐不设绝热层。当半冷冻式储罐不作绝热层、只设遮阳罩时，其 $S=0$，模型只有两个优化变量。

23.2.4　半冷冻式储存优化模型算例

对半冷冻式储存优化模型编制程序，可用以得到优化的设计参数，也可以用来作经济敏感性分析。

【例 23-2-1】 某液化石油气（按丙烷设计）储库，采取半冷冻式储存方式。总储量 $V=10000m^3$，每年储进一次（$N_p=1$），半冷冻式储罐单罐容积 $V_0=2000m^3$。用铁路槽车运送进库，灌注期 30 天（$D_p=30$），铁路槽车运行周期 7 天（$D_t=7$）。半冷冻式储罐罐体单价 12500 元/t，致冷设备单价 9000 元/kW，冷却水设备单价 50 元/(m^3/h)，保温绝热材单价 600 元/m^3，缓冲罐罐体单价 17500 元/t，电价 0.60 元/度，冷却水价 0.70 元/m^3。

【解】 计算结果为：

储存温度：$T=276.3$K（3.3℃）。

灌注强度：$G=24.6$t/h。

绝热材料厚度：$S=34$cm。

储存压力：$p_t=0.4$MPa（表压）。

缓冲罐容积：$V_b=465m^3$。

维持制冷时：

压缩机功率：$W_m=5.6$kW，冷却水量：$G_m=5m^3/h$

灌注制冷时：

压缩机功率：$W_p=156$kW，冷却水量：$G_p=138m^3/h$。

23.3 液化石油气全冷冻式储存

我国能源供给国际化趋势不可避免，通过海运进口冷冻 LPG 必将有大的发展。建造大型冷冻 LPG 槽船，在沿海建设冷冻 LPG 接收终端等基础设施都将提到我国能源建设的日程上。在其中，液化石油气全冷冻式储存不可或缺。

由于全冷冻式储罐内液化石油气（C_3 或 C_4）介质饱和蒸气压很低，因此具有安全性高、建设费用低的优点。

23.3.1 工艺流程

液化石油气全冷冻式储存有两种类型。一种是常温 LPG 运入站内，LPG 经冷冻后低温储存；从储存站供出时，对冷冻 LPG 升压加热，用槽船或槽车运出，或灌瓶供出。另一种是接收由槽船运入的冷冻 LPG，在储存站保持低温储存；从储存站供出时，对冷冻 LPG 升压加热，用槽船或槽车运出，或灌瓶供出。第一种类型主要是针对 LPG 年供需很不平衡、作为季节调峰的储存站。对 LPG 大量进口的国家或 LPG 储量小的情况，很少采用这种系统。

在设计液化石油气冷冻式储存系统及工艺流程时，首先应该按原料来源、温度状态及其质量，确定储存系统、储存形式、冷冻方法及其设计条件（温度和压力）、储罐的形式、材料等。

两种站场类型原则上是相同的，都需设置维持储罐低温的系统（LPG 储罐低温维持系统）；对于常温输入的类型，需有额外的 LPG 冷冻系统（LPG 灌注冷冻系统）。对应于低温维持系统运行有维持工况；对应于 LPG 灌注系统运行有灌注工况。

（1）LPG 卸船

在接收槽船卸 LPG 的前两天，要用站内储罐内 LPG 液体冷却卸船液相管道。所产生的蒸发气经压缩、冷凝、节流回罐。在卸船液相管上设有玻璃液面计用于观察冷管情况，设有 3 处气动紧急切断阀，报警温度计（可区别 C_3，C_4）。一般采用设于槽船上的立式低温泵卸船。在泵停止工作时，经泵体传入的热量会使泵内 LPG 气化，需将其排出。在泵的排出管上可设回流管将气化的 LPG 送回槽船罐体。在卸船过程中，由卸船气相管道上的鼓风机抽取站内储罐气相送入槽船储槽的气相空间，用以补充卸船液相管道卸液产生的压降。

（2）LPG 预处理

对常温 LPG 运入情况，若液化石油气的组分不纯，则在冷冻储存之前，需经过预处理，把储液中所含的杂质（水和硫化氢）除去。

液化石油气脱水预处理工艺流程如图 23-3-1 所示。在环境温度和高压下进厂的丙烷或丁烷，经预冷器冷却至 10℃以降低其溶解水含量。在水分离器中将游离水分离出来后，丙烷或丁烷就可在干燥器中分子筛吸附剂的作用下脱除水分，以防止结冰。干燥器为双联式，一个操作时另一个再生。干燥器操作计量时间为 24h。此后，对于干燥后＋10℃的丙烷需经过过冷到－20℃以下进入丙烷储罐；对于干燥后＋10℃的丁烷，则经过过冷到－6℃以下进入丁烷储罐。

（3）全冷冻式储存

对维持运行，液化石油气的冷冻方法基本上有两种，一种是闭式循环间接冷冻法［图 23-3-2（*a*）、图 23-3-2（*b*）］，另一种是开式循环直接冷冻法［图 23-3-3（*a*）、图 23-3-3（*b*）］。后者是将液化石油气作为制冷工质、全冷冻式储罐作为制冷系统的蒸发器，全冷冻式储罐直接被制冷。这种系统为世界各国所普遍采用，尤其图 23-3-3（*a*）流程，其特点是设备简单，故障少，效率高，并且小容量与大容量具有同等效率，但对原料变化的适应性差一些。

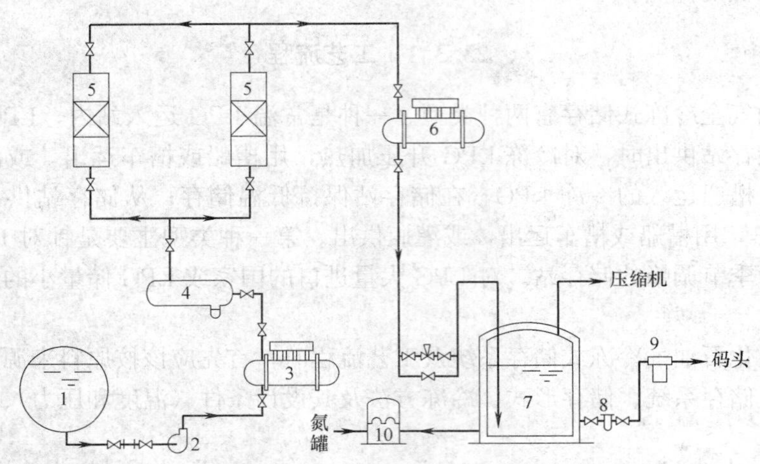

图 23-3-1　液化石油气脱水流程简图

1—全压力式丙烷（或丁烷）罐；2—丙烷（或丁烷）输送泵；3—丙烷（或丁烷）预冷器；4—水分离器；5—干燥器；6—丙烷过冷器（或丁烷制冷器）；7—冷冻丙烷（或丁烷）罐；8—泵前过滤器；9—装卸泵；10—氮呼吸罐

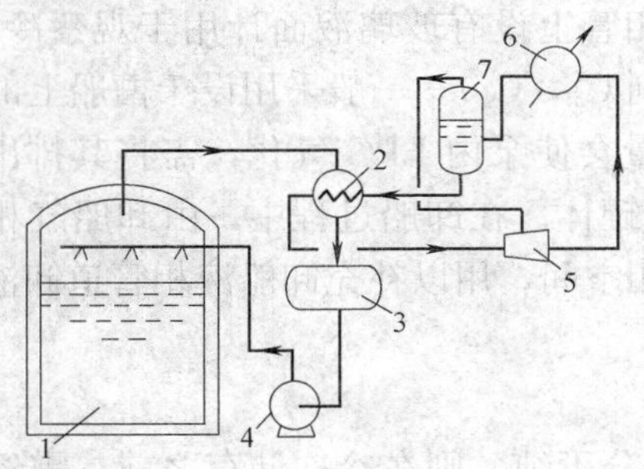

图 23-3-2　（*a*）闭式循环间接冷冻流程（气相法）

1—全冷冻式储罐；2—冷凝器；3—储液罐；4—液化石油气泵；5—压缩机；6—冷凝器；7—气液分离器

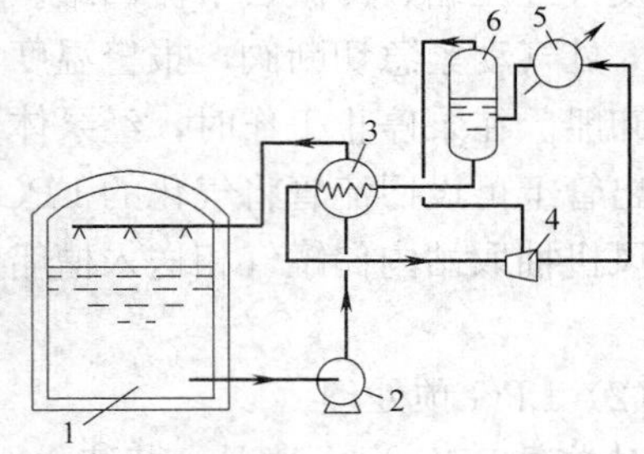

图 23-3-2　（*b*）闭式循环间接冷冻流程（液相法）

1—全冷冻式储罐；2—泵；3—换热器；4—压缩机；5—冷凝器；6—气液分离器

设计液化石油气冷冻系统时，须确切掌握储罐内介质的气化量。储罐的热量输入（Q_t）为罐顶、罐壁传入热量（Q_1）及罐底部传入热量（Q_2）之和，即：

$$Q_t = Q_1 + Q_2 \tag{23-3-1}$$

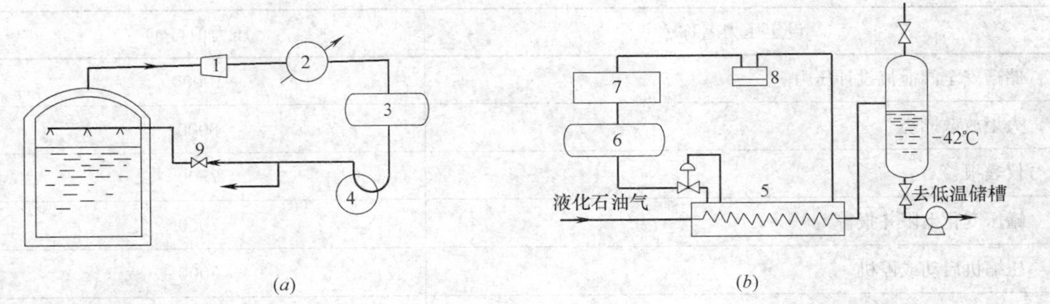

(a)　　(b)

图 23-3-3 开式循环直接冷冻流程

(a) 简式；(b) 复式

1—压缩机；2—冷凝器；3—储液槽；4—液化石油气泵；5—冷却器；6—储液槽；7—冷凝器；8—丙烷压缩机；9—节流阀

$$Q_1 = A_1 k_1 (t_1 - t) \tag{23-3-2}$$

$$Q_2 = A_2 k_2 (t_2 - t) \tag{23-3-3}$$

式中 A_1、A_2——分别为罐顶、罐壁及罐底的传热面积，m^2；

t_1、t_2——分别为大气和大地的温度，℃；

t——罐内介质温度，℃；

k_1、k_2——分别为罐顶、罐壁及罐底的传热系数，kJ/(m^2 · K · h)。

计算 Q_1 时一般要考虑太阳的辐射热，要对罐内温度进行修正。此外，从运输船接收液化石油气时，由于管道的阻力，有一定量的气相（热量记为 Q_C）产生，并与液相一起同入全冷冻式储罐。通常，卸 10000～20000t 液化石油气需 24h 左右，接收时产生的气相，用罗茨风机全部送回运输船，因此，这部分气体就可不作为冷冻系统的计算负荷。只有在装卸地与储配站相距很远而管道中压力损失很大时，由于气相不能返回运输船，需将其计入冷冻系统的计算负荷。

管道的热量输入（Q_P）及冷冻系统中经压缩、冷凝液化了的液相经过节流减压阀后发生的气量（热量记为 Q_f）等，都应算入冷冻系统的计算负荷。

通常，1000t 的丙烷（或丁烷）储罐需要配置 75kW（或 30kW）的压缩机。丙烷冷冻装置需采用二级压缩循环，丁烷冷冻装置采用一级压缩循环即可。压缩机选用往复式，系统还需配置气液分离器、冷凝器、储液罐及控制装置。

冷凝器一般采用管壳式，LPG 走壳程，冷媒可采用海水或采用循环水。

全冷冻式储罐的储存压力几乎与大气压相同，容许的压力波动为 3000～7000Pa。当储罐内压力有所升高时，检测装置能自动测得罐内压力，并逐步调节冷冻系统压缩机的制冷量。若压力降低，尤其出现真空时，需输入高压液化石油气。此外，储罐上还安装了安全阀，防止压力突然升高。

对全冷冻式储罐可参考下列压力设定值：

在日本夏季最热天气，维持工况压缩机一天开启 3～4h 即可。

全冷冻式储存工艺不但适用于液化石油气输出或输入储存站，也可用于具有分配、灌装等综合功能的储配站。

全冷冻式储罐压力设定值　　表 23-3-1

设定压力名称	压力值(Pa)
储罐安全阀泄流设计压力	10000
火炬放散燃烧	8000
仪表报警	7500
罐压变化上限并报警	7000
压缩机启动或停机	5000
罐压变化下限	3000
真空呼吸阀开启,补充高压液化石油气气体	2000

(4) LPG 的供出

储存的冷冻 LPG 可经由常温压力槽船、槽车、瓶装或在站内气化后由管道供出。

非冷冻供出时，从全冷冻式储罐经立式低温泵卸出。在泵停止工作时，经泵体传入的热量会在泵内 LPG 气化，需将其排出。在泵的排出管上可设回流管将气化的 LPG 送回储罐。低温泵卸出的 LPG 冷量可回收利用，使 LPG 得以升温；否则需对其加热，可设海水换热器。对泵入换热器的海水流加以空气鼓动，增强其换热过程。为消除海水中的杂菌，可掺用液氯，浓度为 1～2ppm。LPG 经海水换热器由－45℃被加热至－5～0℃。

供出液化石油气中丙烷和丁烷的比例可采用槽车内混合方式或管道混合方式。用槽车内混合方式时，先装灌 C_4，然后装灌 C_3。经验表明槽车开车后 1 小时 C_3、C_4 在槽车罐内即可均匀混合。用管道混合方式时，C_3、C_4 分别流经安有流量计和阀门的管道汇合实现混合。C_4 管道上的阀门是调节阀，由 C_3 管道上的流量计信号控制，以调节混合比。

(5) 加臭

通过计量泵向输出的液化石油气加臭。

(6) 冷冻速度

冷冻 LPG 储存系统开工时，需要逐渐冷却系统。冷却速度可取为 1～3℃/h。

图 23-3-4 所示为液化石油气全冷冻式储配站操作程序图。图 23-3-5 所示为某液化石油气全冷冻式储配站流程简图。

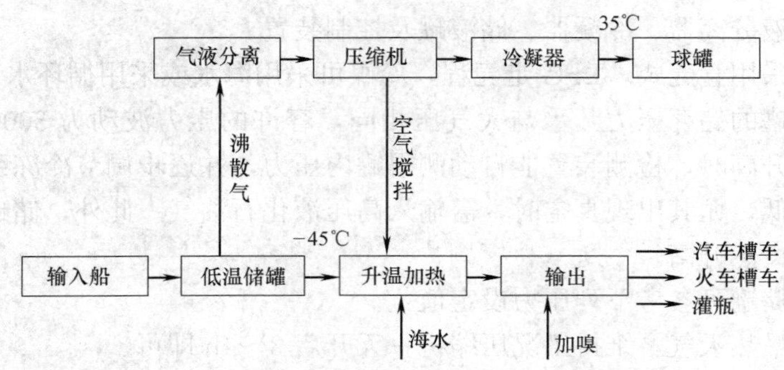

图 23-3-4　液化石油气全冷冻式储配站操作程序图

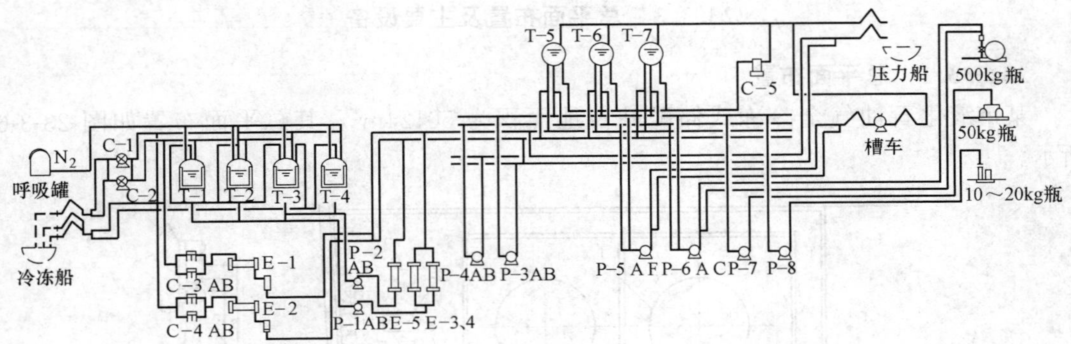

图 23-3-5　某市液化石油气全冷冻式储配站流程简图

T—1、2 冷冻丙烷罐；T-3、4—冷冻丁烷罐；T-5、7—常温丙烷罐；T-6—常温丁烷罐；C-1、2—气相回流压缩机；C-3AB—丙烷压缩机；C-4AB—丁烷压缩机；C-5—液化气回收压缩机；E-1、3、4—丙烷热交换器；E-2、5—丁烷热交换器；P-1AB—丙烷泵；P-2AB—丁烷泵；P-3AB—丙烷输出泵；P-4AB—丁烷输出泵；P-5AF—槽车灌装泵；P-6AC—500kg 瓶灌装泵；P-7—50kg 瓶灌装泵；P-8—10～20kg 瓶灌装泵

23.3.2　全冷冻式储存最佳参数

计算常温注入，全冷冻式储存最佳参数（优化变量：灌注强度（G），保冷材料厚度（S））的表达式：

$$G=\left[\frac{(a_4+Y)(b_4B+b_{40}vKG_a)}{(a_2+Y)b_2X_c+(a_3+Y)b_3Z_c}\right]^{1/2} \tag{23-3-4}$$

$$S=\left[\frac{(a_2+Y)b_2M_cA_m+(a_3+Y)b_3O_c+0.5eM_cA_m+0.5uO_c}{(a_5+Y)b_5A_m}\right]^{1/2}-S_0 \tag{23-3-5}$$

$$M_c=2K_in\lambda(T_e-T)(h_i-h)/(q\eta)$$

$$X_c=2K_iK_xxG(h_i-h)1.163/\eta$$

$$Z_c=\frac{T_d-T}{T_p-T}\frac{1}{\Delta t_w}\left[\Delta+\frac{\xi(T)}{T+C}\right]$$

$$O_c=O(T_e-T)(T_p-T)\left[\Delta+\frac{\xi(T)}{T+C}\right]$$

$$p_i=(p_dp)^{1/2}$$

式中　T——液化石油气储存温度，对全冷冻式储存是常数，K；

G——灌注强度，t/h；

S——保冷材料厚度，m；

K_i——考虑实际两级压缩的中间压力与 P_i 的偏差，对功率作修正，$K_i>1$；

K_x——考虑实际 x 与按 P_i 求得的 x 的偏差，对功率作修正，$K_x>1$；

h_i——P_i 下液化气饱和气的焓；

p_i——中间压力，MPa（绝压）；

p_d——高压级冷凝压力，MPa（绝压）。

式中其他符号见式（23-2-9）至式（23-2-21）。

23.3.3　总平面布置及主要设备

23.3.3.1　总平面布置

某市液化石油气全冷冻式储配站占地面积为 50124m²，其总平面布置如图 23-3-6 所示。

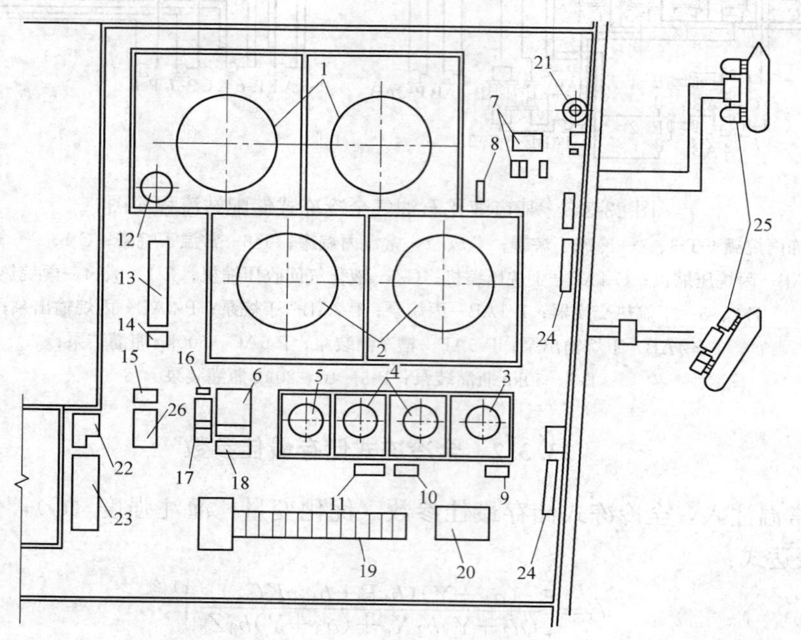

图 23-3-6　某市液化石油气全冷冻式储配站布置图

1—丙烷冷冻罐；2—丁烷冷冻罐；3—丁烷常温罐；4—丙烷常温罐；5—丁烯常温罐；6—地下水池；7—加热器；8—输送泵；9—海上装卸泵；10—汽车槽车装卸泵；11—机器房；12—氮气呼吸罐；13—压缩机室；14—换热器；15—氮气蒸发器；16—小量危险品库；17—消防泵房；18—新鲜水池；19—汽车槽车灌装台；20—灌瓶站；21—火炬；22—高压配站室；23—办公室；24—消防车吸水处；25—油轮码头；26—备用发电所

23.3.3.2　全冷冻式储配站防火间距

液化石油气全冷冻式储配站的储罐与站外建、构筑物、堆场的防火间距不应小于表 23-3-2 的规定。

全冷冻式储罐与站外建筑、堆场的防火间距　　表 23-3-2

项　目	间距(m)
居住区、村镇和学校、影剧院、体育场等重要公共建筑(最外侧建、构筑物外墙)	150
明火、散发火花地点和室外变配电站	120
工业企业(最外侧建、构筑物外墙)	75
其他民用建筑	100
甲、乙类液体储罐,甲、乙类生产厂房,甲、乙类物品仓库,易燃材料堆场	100
丙类液体储罐,可燃气体储罐,丙、丁类生产厂房,丙、丁类物品仓库	80
助燃气体储罐、可燃材料堆场	75

续表

<table>
<tr><th colspan="3">项 目</th><th>间距(m)</th></tr>
<tr><td rowspan="3">其他建筑</td><td rowspan="3">耐火等级</td><td>一级、二级</td><td>50</td></tr>
<tr><td>三级</td><td>60</td></tr>
<tr><td>四级</td><td>75</td></tr>
<tr><td colspan="2" rowspan="2">铁路(中心线)</td><td>国家线</td><td>100</td></tr>
<tr><td>企业专用线</td><td>40</td></tr>
<tr><td colspan="2" rowspan="2">公路、道路(路边)</td><td>高速,Ⅰ、Ⅱ级,城市快速</td><td>30</td></tr>
<tr><td>其他</td><td>25</td></tr>
<tr><td colspan="3">架空电力线(中心线)</td><td>1.5倍杆高,但35kV以上架空电力线不应小于40</td></tr>
<tr><td colspan="2" rowspan="2">架空通信线(中心线)</td><td>Ⅰ、Ⅱ级</td><td>40</td></tr>
<tr><td>其他</td><td>1.5倍杆高</td></tr>
</table>

注：1. 本表所指的储罐为单罐容积大于 5000m³，且设有防液堤的全冷冻式液化石油气储罐。当单罐容积等于或小于 5000m³ 时，其防火间距可按《液化石油气供应工程设计规范》GB 51142 有关总容积相对应的全压力式液化石油气储罐的规定执行；半冷冻式储罐与站外建筑、堆场的防火间距按全压力式液化石油气储罐的规定执行。

2. 居住区指 1000 人或 300 户以上的地区，居住 1000 人或 300 户以下的地区按本表其他民用建筑执行。

3. 与本表规定以外的其他建、构筑物的防火间距，应按现行国家标准《建筑设计防火规范》GB 50016（2018 版）执行；间距的计算应以储罐外壁为准。

半冷冻式储罐与站内建筑的防火间距可按全压力式储罐与站内建筑的防火间距有关规定执行。全冷冻式储罐与站内道路和围墙的防火间距可按全压力式储罐与站内建筑的防火间距有关规定执行。

23.3.3.3 储配站配置的设备及主要设施

某市全冷冻式 LPG 储配站主要设备及设施配置如下。

1. 全冷冻式储罐

冷冻丙烷罐（ϕ37500×29000mm）2 个，容量 20000t/个；

冷冻丁烷罐（ϕ37500×29000mm）2 个，容量 20000t/个。

2. 全压力式储罐

丙烷球罐 2 个，容量分别为 1000t 和 500t；

丁烷球罐 1 个，容量为 1000t；

丁烯球罐 1 个，容量为 440t。

3. 氮罐

氮气呼吸罐 1 个，包括 15t 液氮罐 1 个。

4. 泵

立式多级丙烷输出泵 2 台，每台输送能力为 150t/h；

立式多级丁烷输出泵 2 台，每台输送能力为 150t/h。

5. 压缩机

卧式二段无油润滑丙烷气体压缩机 2 台；

卧式二段无油润滑丁烷气体压缩机 2 台。

6. 液化石油气运输工具

7.5t汽车槽车13辆；150t槽船2条。

7. 自控仪表

采用气动仪表（包括紧急切断阀）。设置空压机1台；若压缩空气系统出故障，则用氮气代替。仪表室控制各个阀门的开关，以及指示、控制冷冻储罐的温度和压力。

8. 加臭装置

配用一个1140L的甲基硫醇或其他加臭剂罐。

9. 安全设施

① 火炬：为减小声、光污染，放散气燃具置于直径为3700mm外筒的底部，外筒高为20m，燃烧能力0～5t/h，它与冷冻罐的间距约为50m。

② 防溢堤：设单罐时，其容积取单罐的总容积；设两个罐时，其容积为较大罐总面积及10%较小罐容积之和。

③ 消防设施：设有低温储罐喷淋水装置，喷淋水量为2.5L/(m^2·min)；在罐区附近设置消火栓，保护半径40m，消防水量5.6m^3/min，并备有消防车（消防水量2.0～2.8m^3/min）。

④ 备用发电所：在外部供电系统停电40s内，自动开启柴油发电机，供照明，喷淋水泵、消防水泵、压缩机等设备使用。仪表带有备用电池，保证在停电40s内仪表恢复工作。

10. 输出设施

液化石油气的销售全部由电子计算机自动控制，液化石油气中丙烷和丁烷的比例按买主要求或按标准规定自动配比出售。该站可向汽车槽车、槽船灌装和直接灌瓶供应用户。

① 汽车灌装台：可同时灌装7.5t槽车13辆，灌装时间为20min。

② 槽船码头：按150t/h的灌装速度设计，可同时灌装2条船。

③ 灌瓶站：固定秤灌装，能力为500t/月。

23.3.3.4　全冷冻式储罐设计运行参数

1. 设计温度

丙烷罐　−42～−45（℃）；

丁烷罐　−5～−10（℃）；

2. 沸散率

每日0.04%～0.08%。

图23-3-7所示为某市全冷冻式储存液化石油气储配站安全设备布置图。

23.3.4　全冷冻式储罐的构造

全冷冻式液化石油气储罐分地上罐和地下罐两大类。

1. 地上储罐

地上罐为钢制和混凝土制，罐体设在地上。

图23-3-8所示为法国30000m^3液氨全冷冻式储罐，储存温度：−33℃。外罐材质为混凝土，内罐材质为碳钢。

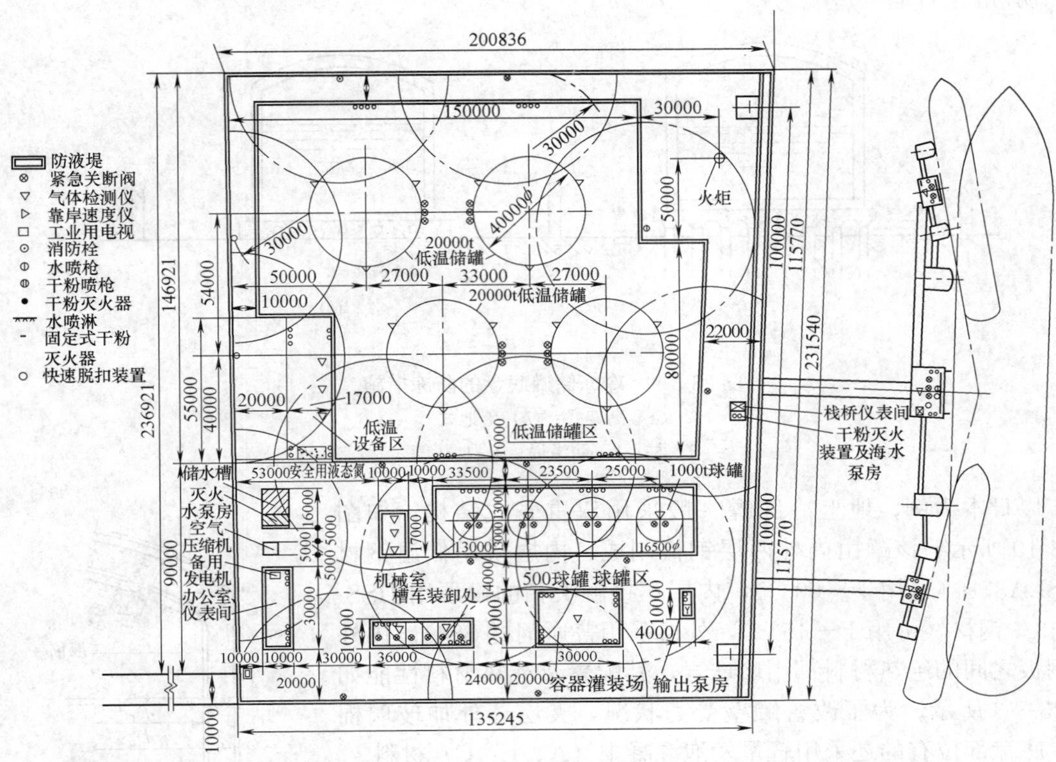

图 23-3-7 某市液化石油气储配站安全设备布置总图

图 23-3-8 法国 30000m³ 全冷冻式液氨储罐

由于罐内储存物温度低，故必须考虑底盘下地面因土壤冻结膨胀隆起而可能破坏储罐结构的危险性。地上罐的防冻结措施通常如图 23-3-9 所示。由图可见，高架式地上罐的底盘与地面之间有一定的空隙，其间空气能畅通对流，不必额外加热防冻。落地式地上罐的底盘直接坐落在地面上，此时混凝土底盘中要设置电热装置或加热管（通入热的不冻液）防冻。

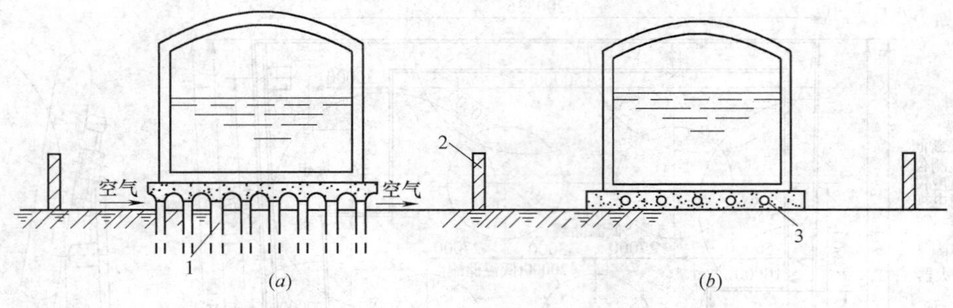

图 23-3-9　冷冻储罐底盘的防冻措施

（a）高架式；（b）落地式

1—柱；2—防溢堤；3—加热管

以日本为例，地上冷冻罐一般采用双重壳式结构，如图 23-3-10 所示。该罐由内外两层钢板制成，内层采用低温钢材 JISSLA33B（可用于－60℃），内层不接触液相的罐顶用 JISS-LA33A 钢材（可用于－45℃），外层采用普通钢材 SS41。内外层钢板之间的绝热材料都用珍珠岩，其配置及绝热材料性能如表 23-3-3 所示。为了改善罐壁受力状况，夹层还外加玻璃棉毯，底盘部位有的还采用轻量发泡混凝土（A、L、C）材料。

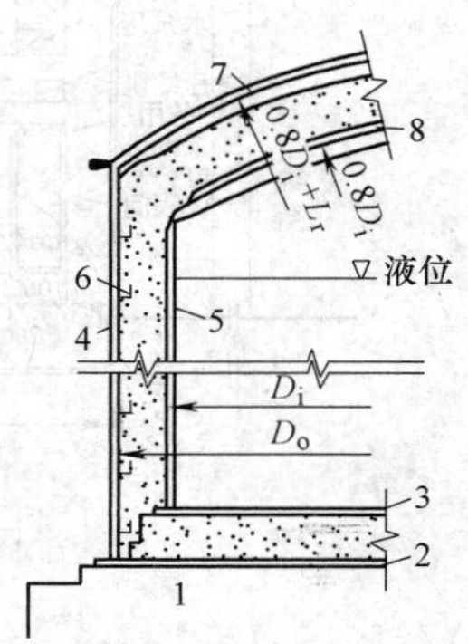

图 23-3-10　双重壳式冷冻储罐结构图

1—基座；2—外槽底板；3—内槽底板；4—外槽侧板；5—内槽侧板；6—加强圈；7—外槽拱顶；8—内槽拱顶

由于罐体外壳受气温和日照等因素影响，内壳受液面变化等影响，罐体温度总会有所波动，使夹层空间容积发生变化，为了防止夹层出现负压，所以设置氮呼吸系统，用以随时调整夹层内的压力在 300～500Pa 之间波动。

罐体的设计参数如下：

1）设计压力

工作压力：　－500～30000Pa

氮气密封压力：　－500～1000Pa

珍珠岩侧压力：　7500Pa（从壁顶算起 5m 以下）

2）设计温度

－45℃

3）气候条件

大气温度：　－15～35℃（平均 20℃）

大气压力：　96～103kPa（平均 101.4kPa）

风压：　1187 $\sqrt[4]{H}$（Pa）（H 为高度，风压系数 0.7）

降雪量：　500mm

4）地震系数

0.3[罐的径高比按 D/H＝(1.3～2)：1]

5）其他

腐蚀裕量：外罐取 1mm，内罐取 0mm。

允许应力：取 145.2MPa。

试压。耐压试验压力取 45000Pa（按 5000m³ 罐计，试水量为 3750t）；气密试验压力取 33000Pa。

冷冻罐绝热材料的性能　表 23-3-3

配置部位	材料名称	导热率 [W/(m·K)]	密度 (kg/m³)	抗压强度 (MPa)
罐顶、罐壁	珍珠岩粉	0.04245	50	
底盘	珍珠岩预制块	0.1163	550	>0.183
底盘	珍珠岩预制环	0.1163	550	>0.289

2. 地下储罐

随着储存规模的增大，地上储罐周围防溢堤和建罐的造价明显提高，同时安全设备也庞大，因而容量较大的冷冻罐倾向于采用地下式，在经济上和安全上都有优势。

地下储罐其构造如图 23-3-11 所示。地下储罐实际上是由直接与液化石油气接触的耐低温的薄膜内罐、保冷材料夹层及能承受土、液压等外力作用的外罐体所构成。该罐各部分的材料及其作用分述如下：

(1) 薄膜内罐

薄膜内罐是具有良好液密性和可挠性的低温薄钢板制成的，在日本一般选用 9%镍钢、不锈钢 SUS304、铝合金 A5083-0 作为液化天然气地下低温罐的内罐材料，而液化石油气地下低温罐的内罐材料仍用碳钢 SLA-33。为了使内罐吸收变形能力更大，即抵消来自薄膜的垂直断面负荷及温度变化引起的变形，使处于低温负荷状态的薄膜能保持最理想的形状，采取了薄膜上端悬挂在外罐的顶棚结构上的设计方法，使外罐（强度材料）与内罐（低温液体容器薄膜）处于完全分离状态，这样在强度材料受液体负荷作用时，可免受由温度变化引起的复杂约束力的作用，而且采用预应力混凝土材料，就具有更高的可靠性，如图 23-3-12所示。此外，对于由于储罐基础冻结、不均匀下沉或地震等外因造成的变形，因薄膜内罐具有挠性，而保持很高的安全性。

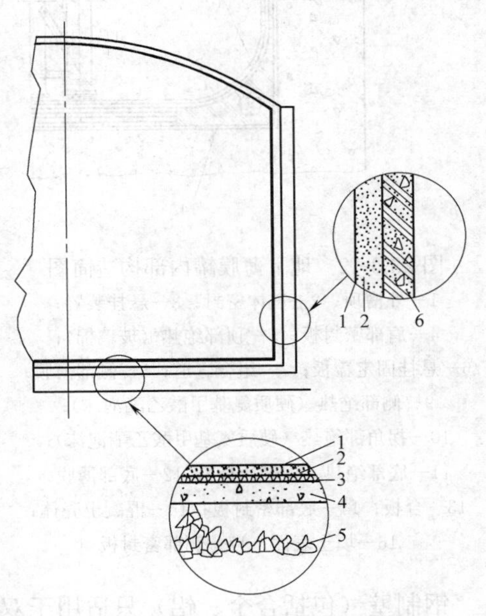

图 23-3-11　地下储罐的结构

1—金属薄膜；2—保冷材料；3—沥青防水层；4—混凝土找平；5—底部垫层；6—钢筋混凝土

另外，在装卸液化石油气时所引起的侧壁伸缩，可以设置波纹板加以吸收。

(2) 保冷材料夹层

保冷材料紧贴薄膜，起到隔绝低温液化石油气吸收罐外传递的热量，减小罐壁内外

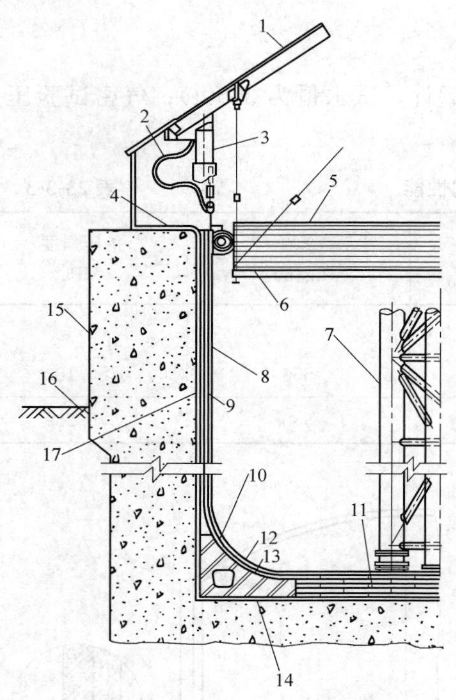

图 23-3-12　地下薄膜罐内部构造简图

1—外槽顶；2—气体密封；3—悬挂装置；4—肩部密封板；5—顶部绝热（玻璃棉）；6—悬挂固定盖板；7—组合管道；8—侧部薄膜；9—侧部绝热（硬质氨基甲酸乙酯泡沫）；10—拐角部绝热（硬质氨基甲酸乙酯泡沫）；11—底部绝热（硅轻质板）；12—底部薄膜；13—合板；14—底部密封板；15—混凝土壳体；16—填土表面；17—侧部密封板

温差、降低温度应力作用，同时通过它还将液压头传递给外罐和均匀支撑着薄膜的各个部位。故保冷材料要求导热率小，并具有足够的强度。通常可选用硬质泡沫氨基甲酸乙酯、泡沫玻璃、珍珠岩及硬质泡沫酚醛树脂等。为了提高保冷材料的绝热特性和经济性，可混合使用由粉末状、纤维状、板状等成型的保冷材料。

在运行中，冷冻罐在储液注入后内罐就会冷缩，储液完全排出后，内罐就热胀，粉末珍珠岩砂保冷夹层因反复胀缩而变得密实，会导致内罐壁受力过大而损坏。故在内罐壁外侧还必须敷设一层伸缩性保冷材料（如矿渣棉毯），其厚度与内罐壁的胀缩程度相适应，使它起缓冲作用，保持内罐壁受力不变，运行安全。

（3）罐体

罐体是承受各种负荷的外壳，必须具有足够的强度。按所用构造材料可分以下几种：冻土壁、钢制壁、钢筋混凝土壁和预应力混凝土壁。

冻土壁罐体存在施工方式、内部安装、冻土层的蠕变、冻结方法及施工质量等问题，并且这种冷冻储罐因泄漏量大，安全性能较差。

钢制壁（包括合金、铝）只适用于双重壳地上罐，若作地下罐使用，除消耗大量钢材之外，并无任何优点可言，基本上不予采用。

混凝土和预应力混凝土具有耐低温、不变脆、抗老化、不受地下水腐蚀等特性，液密性和抗震性能也很好，故广泛用作地下冷冻储罐的罐体材料。

地下冷冻储罐根据站内的土质、地下水情况，可做成全地下罐或半地下罐。无论哪一种，对罐体受力分析设计来说大致分成两类罐体。一类是让罐体周围地盘冻结起来，与冻土层构成一体化的地下罐，它比本身的结构要坚固，因为随着冻土层的扩展，冻土特有的冰胀压力将作用于罐体侧壁和底盘，所以从外形上也采用侧壁和底盘大断面结构——耐压型地下罐，如图 23-3-13 所示。另一类是为了避免冰胀压力的作用，在地层中或罐体内设置加热系统，预防土壤冻结后体积扩展挤坏罐体，称之为加热式地下罐，如图 23-3-14 所示。相比之下，显然后者的结构断面小，本身造价低，但加热设备的运行管理费用较大，低温液化石油气的气化量也较大。

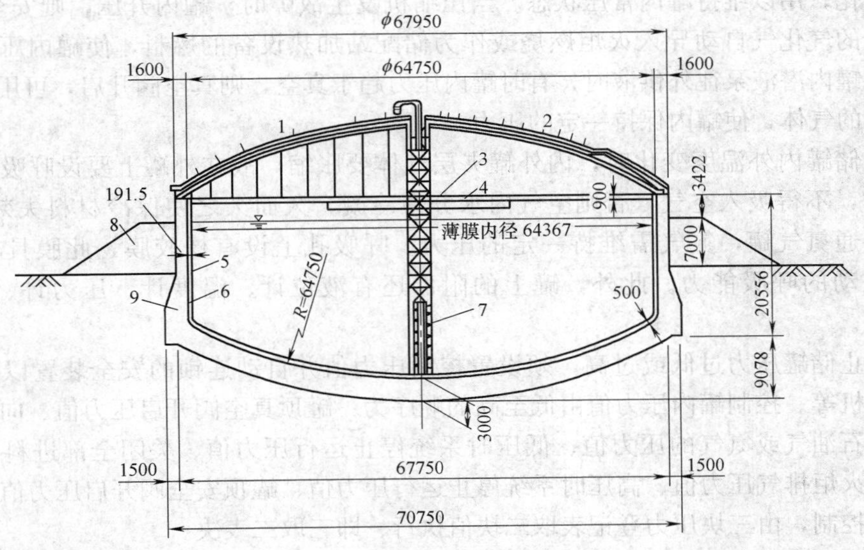

图 23-3-13 耐压型地下罐结构断面图

1—配管；2—过道；3—绝热材料；4—悬挂盖板；5—薄膜（不锈钢 304）；6—绝热材料；7—组合嘴；8—回填土；9—预应力混凝土侧壁

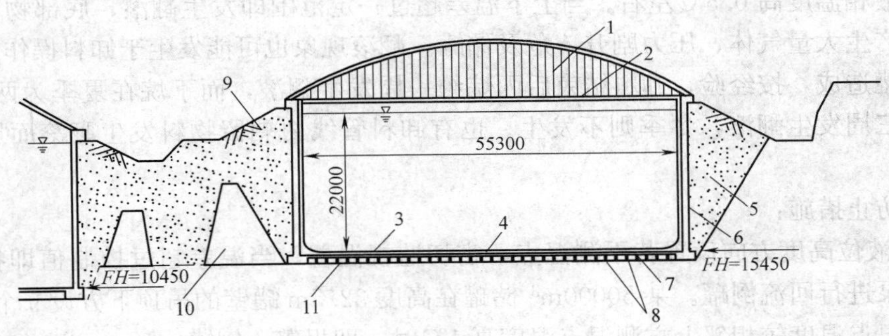

图 23-3-14 加热式地下罐结构断面图

1—钢制圆顶；2—绝热材料；3—薄膜；4—绝热材料；5—回填优质砂；6—预应力混凝土侧壁；7—基础混凝土；8—供热管；9—回填优质砂；10—地下护墙；11—砂子垫层

23.4 冷冻储存的安全设计

冷冻储存的主要安全措施除保持罐区安全间距、设置防火堤与消防装置外，有下列内容。

23.4.1 运行安全设计

1. 储罐压力控制

储罐由于内外温差影响发生热量传入使部分储液气化，通常用循环压缩机升压后再冷却使之液化，用以维持罐内常压状态。当压缩机发生故障时，罐内升压，则安全阀开启，可把多余的气化气自动导入火炬燃烧或作为储配站加热设备的燃料，使罐内压力降低复原。当用罐内潜液泵往外供液时，有时罐内压力趋于真空，则真空阀开启，可用管道导入较高压力的气体，使罐内保持一定的压力。

由于储罐内外温度变化时，内外罐夹层气体要胀缩，故在外罐上要设呼吸孔。但它在呼吸时，不得吸入空气，否则空气内水分易冷凝，久而久之使保冷材料失效。通常，呼吸孔接通氮气罐，氮气需维持一定的压力。呼吸孔上设有橡胶膜，此膜具有适应氮气体积波动的呼吸能力。此外，罐上的附件还有液位计、温度计、压力计、关断阀、大气阀等。

为防止储罐压力过低或过高，须设置控制压力值并自动连锁的安全装置以及相关阀门、压缩机等。控制罐内压力值由低至高的顺序为：罐顶真空阀开启压力值、向罐内充入气相液化石油气或氮气的压力值、低压时系统停止运行压力值、关闭全部进料阀门压力值、开放火炬排气压力值、高压时系统停止运行压力值、罐顶安全阀开启压力值。以上操作均自动控制，由三块压力登记表取二块值执行、即三取二表决。

2. 储罐高液位保护

进料管道上设置自动切断装置，当达到设定高液位时，自动停止进料。

3. 储罐滚腾现象防范

储罐内底部液相温度较低，上部液相温度较高，一般液相温差在0.5℃以下，气相温度较上部液相温度高0.5℃左右。当上下温差超过一定范围即发生翻滚，底部物料急剧向上涌动，产生大量气体、压力剧升，危及储罐。翻滚现象也可能发生于卸料操作后，即热的物料进罐造成，按经验，卸料结束后丙烷约一周发生翻滚，而丁烷在夏季为两周左右、春秋季约三周发生翻滚，冬季则不发生。也有卸料管线内剩留物料发生翻滚而影响罐内压力。

翻滚防止措施：

① 在液位高度方向设置若干测温点，密切监视温差，当温差超过控制值即报警，并启动罐内泵进行回流倒罐。某50000m^3储罐在高度32.5m罐壁的吊顶下方设9个测温点，当任一测温点温度较相邻上方测温点温度高1℃时，即报警、倒罐。

② 定期回流倒罐。

③ 卸料操作前由罐内泵向管线泵入物料进行管线预冷。

④ 卸料结束后关小卸料阀，如至10%左右，以减少对罐内压力影响。

4. 设置检测内外罐间液化石油气与排除设备

对于双壁罐，内罐可能泄漏，因此须设置检测与排除设备，同时为避免内外夹层中气温过高而引起气体膨胀或过低形成真空，须以氮气充入补偿温度引起的夹层压力变化。

5. 设置脱水装置

由于水在低温下，与碳氢化合物生成水合物，除要求来料不含水外，还须设置脱水装置。

6. 设置加臭装置

为察觉泄漏设置加臭装置。

23.4.2 安全设施设计

1. 设置装卸料臂自动脱离装置与分隔水幕

对于船输罐站由于船体波动和漂移，设置卸料臂自动脱离装置，当达到不同设定值时发出报警与自动脱离关阀。同时船与码头间须设置消防用分隔水幕。

2. 设置氮气供应装置

除储罐夹层须氮气注入控温外，作为罐站系统置换气源须设置氮气供应装置，以便对运行前所有容器与管道，以及运行中卸料管、火炬等作氮气置换。

3. 设置静电接地系统

设置静电接地系统，并与装卸料装置连锁，如接地不良立即停止物料装卸。

4. 防冻措施

当采用地上设置基础时，在基础内须设置加热装置，以防土壤中水分冻结而使地面隆起。加热装置可采用电热或热液等热源。对于放空与火炬系统出现的冻结，须排空管道中凝液与防止放空阀冻结。

5. 设置燃气泄漏、火灾与烟气报警系统

设置燃气泄漏、火灾与烟气报警系统，并与装卸料装置连锁，如报警或达到设定值立即停止物料装卸。某两个单罐容积 50000m^3 储罐区设 23 个燃气泄漏报警器、4 个火灾报警器与 6 个烟/热报警器。当火灾与烟/热报警器报警时，装置自动连锁停运，当液化石油气在空气中浓度达爆炸下限的 1/4 时，泄漏报警器报警，达 1/2 时装置自动连锁停运。

6. 设置自动喷淋装置与固定水炮

在储罐与关键管道处设置自动喷淋装置，在罐区设置水炮，当温度达到设定值或火灾时，自动启动。

23.5 本章有关标准规范

《城镇燃气设计规范》GB 50028

《建筑设计防火规范》GB 50016（2018 版）

《石油化工企业设计防火标准》GB 50160（2018 年版）

《液化石油气供应工程设计规范》GB 51142

参考文献

[1] 严铭卿. 液化石油气低温贮存的最佳参数 [J]，煤气与热力，1983（2）：19-26.

[2] 严铭卿. 液化石油气降压贮存设计参数优化模型的改进 [J]. 煤气与热力，1984（2）：13-17.

[3] 吴家正等. 液化石油气低温储存探讨 [J]. 煤气与热力，1996（7）：20～25.

[4] 傅卫华. 低温储存 LPG 工艺 [J]. 金山油化纤，2000（1）；56～58，61.

[5] 何友梅. 液化石油气的低温常压储存 [J]. 油气储运，1998（4）：11～13.

[6] 吴红梅，朱国辉. 液化石油气储存方法与关键设备技术 [J]. 化工设备设计，1999（2）：13～16.

[7] 赵琦. 浅谈大型低温液化石油气储罐设计方案的选择 [J]. 化肥设计，2003（3）：32～33，34.

[8] 张月静，李彤民. 液化石油气的储存方式及选择 [J]. 油气储运，1999（8）：1～5.

[9] 于国军. 低温常压LPG储存及布置的探讨 [J]. 化工设计，1999 (5)：28～31.
[10] 刘古卿. 低温液化石油气储存工艺探讨 [J]. 石油规划设计，1998 (2)：39～41.
[11] 许强等. 液化石油气和天然气储运装备的现状和展望 [J]. 煤气与热力，2001 (6)：530～532.
[12] 金彪. 液化气低温储存中"滚腾"现象的分析与防范 [J]. 金山油化纤，2001 (2)：51～52，56.
[13] 蒋莉华. 低温储存液化烃罐消防设计的探讨 [J]. 石油化工设计，2005 (3)：4～6.
[14] 赵雪玲. 关于LPG降温压力储存工艺的几点改进意见 [J]. 城市煤气，1997 (5)：26～28.
[15] 严铭卿，宓亢琪，黎光华等. 天然气输配技术 [M]. 北京：化学工业出版社，2006.
[16] 严铭卿等. 燃气输配工程分析 [M]. 北京：石油工业出版社，2007.
[17] 严铭卿，宓亢琪等. 燃气输配工程学 [M]. 北京：中国建筑工业出版社，2014.

第 24 章　燃气燃烧理论与参数计算

燃烧是可燃物质与氧在一定条件下的化学反应，燃气燃烧一般由着火或点火与火焰传播两个阶段实现。燃烧特性相同的燃气可在同一燃具上稳定地燃烧而实现燃气互换。在燃烧过程中重要的技术参数有燃气热值、燃烧空气需要量与烟气量，以及过剩空气系数等。

24.1　燃 烧 反 应

燃烧反应是燃气中可燃成分在一定条件下和氧发生剧烈氧化而放出热和光。此一定条件是可燃成分和氧按一定比例呈分子状态混合，参与反应的分子在碰撞时必须具有破坏旧分子和生成新分子所需的能量，以及具有完成反应所需时间。表 24-1-1 列出各种单一可燃气体燃烧反应式与产生热量，其中热量分别以热效应与热值表示，其热效应或热值的高、低之分是前者包括完全燃烧后烟气冷却至原始温度时水蒸气以凝结水状态所放出的热量。

可燃气体燃烧反应　　表 24-1-1

气　体	燃烧反应式	热效应(kJ/kmol)		热值(kJ/m³)	
		高	低	高	低
H_2	$H_2+0.5O_2 = H_2O$	286013	242064	12753	10794
CO	$CO+0.5O_2 = CO_2$	283208	283208	12644	12644
CH_4	$CH_4+2O_2 = CO_2+2H_2O$	890943	802932	39842	35906
C_2H_2	$C_2H_2+2.5O_2 = 2CO_2+H_2O$	—	—	58502	56488
C_2H_4	$C_2H_4+3O_2 = 2CO_2+2H_2O$	1411931	13213545	63438	59482
C_2H_6	$C_2H_6+3.5O_2 = 2CO_2+3H_2O$	1560898	1428792	70351	64397
C_3H_6	$C_3H_6+4.5O_2 = 3CO_2+3H_2O$	2059830	1927808	93671	87667
C_3H_8	$C_3H_8+5O_2 = 3CO_2+4H_2O$	2221487	2045424	101270	93244
C_4H_8	$C_4H_8+6O_2 = 4CO_2+4H_2O$	2719134	2543004	125847	117695
n-C_4H_{10}	$C_4H_{10}+6.5O_2 = 4CO_2+5H_2O$	2879057	2658894	133885	123649
i-C_4H_{10}	$C_4H_{10}+6.5O_2 = 4CO_2+5H_2O$	2873535	2653439	113048	122857
C_5H_{10}	$C_5H_{10}+7.5O_2 = 5CO_2+5H_2O$	3378099	3157969	159211	148837
C_5H_{12}	$C_5H_{12}+8O_2 = 5CO_2+6H_2O$	3538453	3274308	169377	156733
C_6H_6	$C_6H_6+7.5O_2 = 6CO_2+3H_2O$	3303750	3171614	162259	155770
H_2S	$H_2S+1.5O_2 = SO_2+H_2O$	562572	518644	25364	23383

表 24-1-1 所列的燃烧化学反应式只说明燃烧反应的最终结果，实际上燃烧是一个极其复杂的过程，链反应理论可以较清晰地剖析燃烧反应。链理论认为可燃气体与氧的混合

气体中存在不稳定分子，其在分子碰撞中成为化学活性强的活化中心，化学反应由活化中心实现，即一个反应链产生新的活化中心而进入下一个反应链，使反应得以继续，如新的活化中心消失，则反应中止。活化分子消失是由于其在容器壁、稳定分子或杂质上碰撞，由原子或 OH 基成为分子。链反应仅获得一个活化中心，称为直链反应，获得多个活化中心称为支链反应，燃烧反应为支链反应。图 24-1-1 为活化中心氢原子完成一个支链反应而生产三个新活化中心氢原子的示意图。

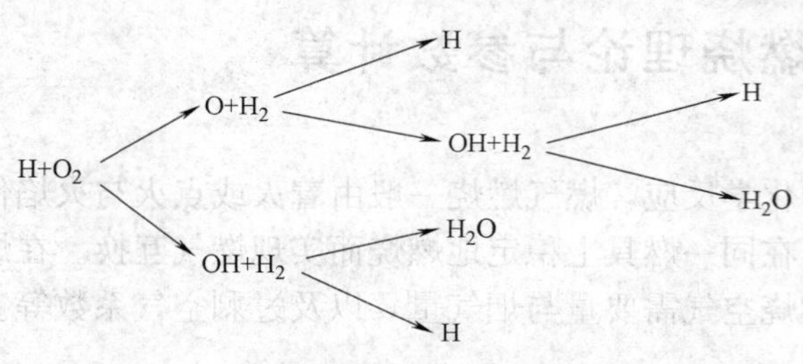

图 24-1-1　氢燃烧支链反应示意图

在氧化反应过程中如发生热量等于散失热量或活化中心产生数量等于消失数量，为稳定氧化反应，而发生热量大于散失热量或活化中心产生数量大于消失数量，为不稳定氧化反应。

24.2　着　火

由稳定氧化反应转变为不稳定氧化反应而引起燃烧的瞬间称为着火。由于热量积聚、温度上升产生的着火称为热力着火，一般燃气等工程上着火属热力着火。由于活化中心浓度增加而使反应加速的着火称为支链着火，磷在空气中闪光，以及液态燃料在低压与温度200～280℃时产生的微弱火光（冷焰）等属支链着火。可能着火的最低温度称为着火温度，其一般由实验确定，且随方法不同而有较大差异。表 24-2-1 为可燃气体在大气压与理论空气量下的着火温度。

可燃气体着火温度　　**表 24-2-1**

燃　气	CH_4	C_2H_6	C_3H_8	C_4H_{10}	C_2H_4	H_2	CO
着火温度(℃)	700	550	540	530	540	550	570

热力着火温度可由下式估算。

$$T=T_0+\frac{R_0}{E}T_0^2 \tag{24-2-1}$$

$$R_0=RM$$

式中　T——热力着火温度，K；

T_0——周围介质温度，K；

R_0——通用气体常数，J/(kmol·K)；

R——气体常数，J/(kg·K)；

M——气体公斤分子量，kg/kmol；

E——气体活化能，一般 $E=(12.5\sim25)\times10^7$ J/kmol。

着火温度受燃气空气混合物压力、可燃气体比例与散热条件的影响。由于压力升高使反应物浓度增加，反应速度加快而降低着火温度。甲烷与氢的着火温度随其在混合物中比例增加而增加，其余碳氢化合物则降低。一氧化碳在含量 20%左右出现最低着火温度。

当散热加强时，着火温度则升高。因此可采取提高压力、采取适宜的燃气含量与减少散热的方法降低着火温度。燃气含量对着火温度的影响见图 24-2-1。

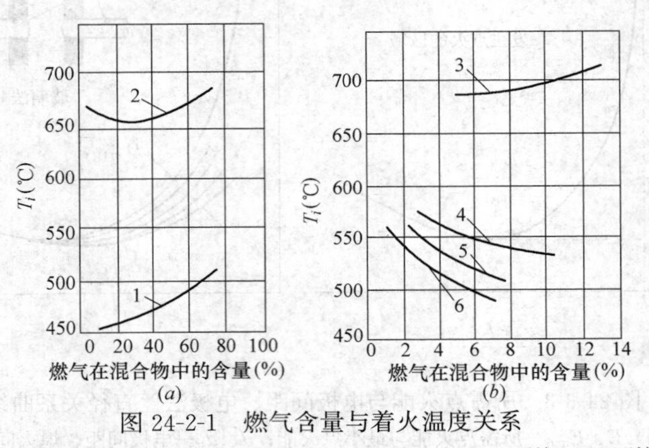

图 24-2-1 燃气含量与着火温度关系

(*a*) 1—氢；2—氧化碳；(*b*) 3—甲烷；4—乙烷；5—丙烷；6—丁烷

24.3 点 火

点火不同于着火，着火是达到着火条件下在整个可燃气体空气混合物中同时进行燃烧反应，而点火是微小热源即点火源进入可燃气体空气混合物中使周围贴近的混合物因加热和燃烧后向其余部分传热而使混合物逐步燃烧。

通常采用电火花点火，由电火花产生的能量使可燃气体空气混合物局部着火。影响电火花点火，除燃气种类外的两个因素是所需点火能与熄火电极间距，它们的数值当燃气空气混合物温度与压力一定时都随混合物中燃气比例的不同而不同，分别见图 24-3-1 与图 24-3-2。同时所需点火能又与电极间距、电极法兰直径有关，它们的关系见图 24-3-3。

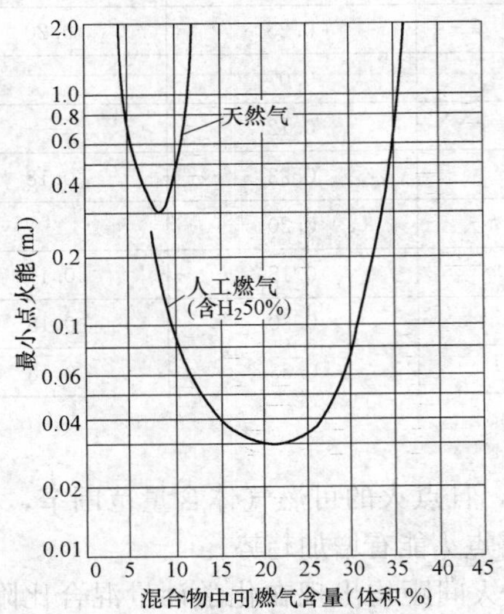

图 24-3-1 人工燃气与天然气所需点火能与燃气含量关系曲线

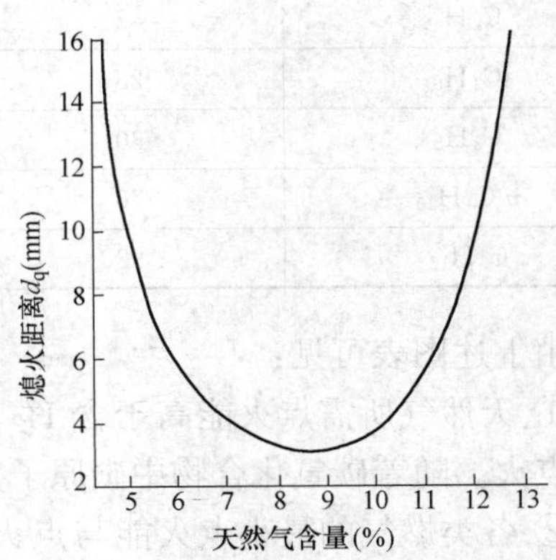

图 24-3-2 天然气电极熄火间距与燃气含量关系曲线

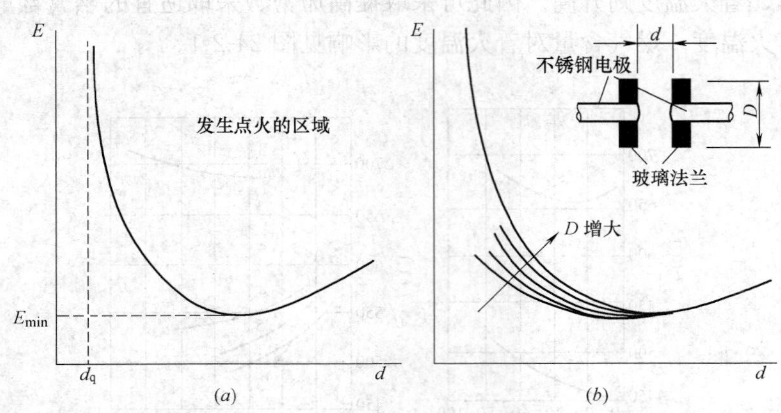

图 24-3-3 所需点火能与电极间距、电极法兰直径关系曲线

(a) E、E_{min}—所需点火能与最小点火能；d、d_q—电极间距、熄火间距；

(b) E—所需点火能；D、d—法兰直径与电极间距

最小点火能是所需点火能的最小值。当电极间隙过小时，在电极间形成的初始火焰中心对电极的散热过大而不能向周围燃气空气混合物进行火焰传播、导致熄火，此时电极间距为熄火间距或熄火距离，熄火间距也存在一个最小熄火间距。

各种燃气在燃烧化学计量成分下点火能、最小点火能，以及化学计量成分下的熄火间距与最小熄火间距见表 24-3-1。

可燃气体点火能与熄火间距 **表 24-3-1**

燃气	点火能($J\times10^{-5}$)		熄火间距(cm)	
	化学计量	最小值	化学计量	最小值
H_2	2.0	1.8	0.06	0.06
CH_4	33	29	0.25	0.20
C_2H_2	3	—	0.07	—
C_2H_4	9.6	—	0.12	—
C_2H_6	42	24	0.23	0.18
C_3H_6	28	—	0.20	—
C_3H_8	30	—	0.18	0.17
n-C_4H_{10}	76	26	0.30	0.18
C_5H_{12}	82	22	0.33	0.18

由上述图表可见：

① 天然气所需点火能高于含 H_2 的人工燃气，且点火的可燃气体含量范围窄，因此较难点火。随着碳氢化合物中碳原子数增加，所需点火能有增加趋势。

② 各类燃气的最小点火能与点火电极最小熄火间距均出现在化学计量混合比附近。最小点火能对应的熄火间距明显大于最小熄火间距，且电极法兰直径增大对最小点火能无明显影响。

此外，实验证实熄火间距 d_q 与压力 p 的乘积为常数、即 $p \cdot d_q =$ 常数，同时，最小点火能 E_{min} 与熄火间距平方值 d_q^2 的商为常数、即 $\frac{E_{min}}{d_q^2} =$ 常数。因此 $E_{min} \infty \frac{1}{p^2}$，上述关系式说明压力提高可降低最小点火能与熄火间距。

24.4 火焰传播

燃气用具一般采用点火方式点燃部分燃气空气混合物，形成薄层焰面，此焰面加热相邻混合物，层层传递而形成火焰传播。当火焰传播仅是传热作用引起，称为正常火焰传播，其又分为层流正常火焰传播与紊流正常火焰传播，即其取决于气流的流动状态，火焰传播速度又称燃烧速度。理论上认为无散热时，如燃气空气混合物在直径相当大的管中燃烧，可忽略管壁散热，此时焰面垂直管壁、沿管轴向的火焰传播速度趋近最大值，称为法向火焰传播速度。实际上由于管壁散热等因素使焰面成为曲面，此时火焰传播方向应该是该曲面上各点的法向，但焰面移动仍沿管轴向，此轴向的火焰移动速度称为可见火焰传播速度。显然可见火焰传播速度不等于法向火焰传播速度，且前者大于后者，随着管径增大使焰面弯曲度增大，其差值也越大。

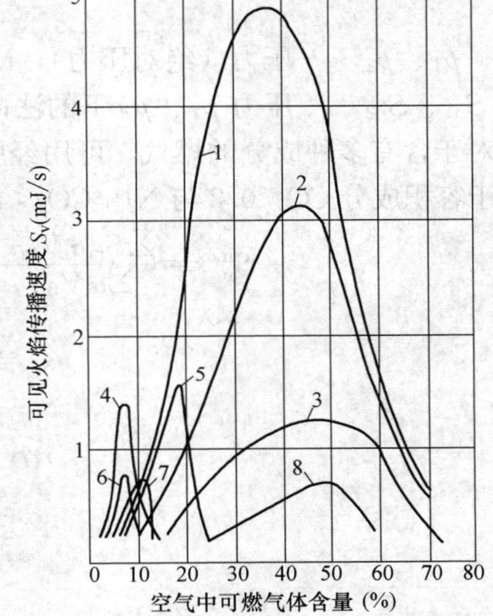

图 24-4-1 可见火焰传播速度与燃气空气混合物成分的关系

1—氢；2—水煤气；3—氧化碳；4—乙烯；5—焦炉煤气；6—乙烷；7—甲烷；8—高压富氧化煤气

火焰传播速度随测定的方法不同而有较大差别，图 24-4-1 是用管子法测得的可见火焰传播速度与燃气空气混合物关系图，其最大值见表 24-4-1。

可燃气体最大可见火焰传播速度 **表 24-4-1**

燃气	燃气容积成分(%)	最大值(m/s)	燃气	燃气容积成分(%)	最大值(m/s)
H_2	38.5	4.85	C_2H_2	7.1	1.42
CO	45	1.25	焦炉煤气	17	1.70
CH_4	9.8	0.67	页岩气	18.5	1.30
C_2H_6	6.5	0.85	发生炉煤气	48	0.73
C_3H_8	4.6	0.82	水煤气	43	3.1
C_4H_{10}	3.6	0.82			

除可燃气体混合物中可燃成分含量外，温度与压力对火焰传播速度也有较大影响，随着混合物初温升高，化学反应加剧、火焰传播速度加大。

燃气空气混合物初温的影响可由式（24-4-1）表示。

$$S_{nT_0} = A + BT_0^m \tag{24-4-1}$$

式中 S_{nT_0}——初温下的法向火焰传播速度，cm/s；

T_0——可燃混合物初温，K；

A、B——系数，由实验确定，甲烷（空气系数为 1 时）：$A=10$、$B=0.000371$；丙烷（空气系数为 1 时）：$A=10$、$B=0.000342$；

m——幂指数，$m=1.5\sim2.0$，对于甲烷与丙烷可取 2。

压力对火焰传播速度的影响取决于式（24-4-2）中的幂指数 n 的正负，对火焰传播速度较低或火焰温度较低的燃气、如碳氢化合物，n 为负值，即随压力升高、速度降低，对火焰传播速度较高或火焰温度较高的燃气，n 为正值，即随压力升高、速度加大。

$$\frac{S_{n1}}{S_{n2}}=\left(\frac{p_1}{p_2}\right)^n \tag{24-4-2}$$

式中 p_1、p_2——压力（绝对压力），MPa；

S_{n1}、S_{n2}——压力 p_1、p_2 下的法向火焰传播速度，cm/s。

对于含有多种成分的燃气，可用经验公式计算其最大法向火焰传播速度，式（24-4-3）适用于容积成分 $CO<0.2$ 与 $N_2+CO_2<0.5$（N_2 按下列公式计算）场合：

$$S_n^{max}=\frac{\sum S_{ni}\alpha_i V_{0i}r_i}{\sum \alpha_i V_{0i}r_i}\left[1-f(r_{N_2}+r_{N_2}^2+2.5r_{CO_2})\right] \tag{24-4-3}$$

$$r_{N_2}=\frac{r_{N_{2g}}-3.76r_{O_{2g}}}{1-4.76r_{O_{2g}}}$$

$$r_{CO_2}=\frac{r_{CO_{2g}}}{1-4.76r_{O_{2g}}}$$

$$f=\frac{\sum r_i}{\sum\frac{r_i}{f_i}}$$

式中 S_n^{max}——最大法向火焰传播速度，m/s；

S_{ni}——各单一可燃组分的最大法向火焰传播速度，m/s，见表 24-4-2；

α_i——各单一可燃组分相应于最大法向火焰传播速度的一次空气系数，$\alpha_i=$一次空气量/理论空气需要量，见表 24-4-2；

V_{0i}——各单一可燃组分的理论空气需要量，m^3/m^3，见表 24-4-2；

r_i——燃气容积为 1 时，各单一可燃组分的容积成分；

$r_{N_{2g}}$——燃气容积为 1 时，N_2 的容积成分；

$r_{O_{2g}}$——燃气容积为 1 时，O_2 的容积成分；

$r_{CO_{2g}}$——燃气容积为 1 时，CO_2 的容积成分；

f_i——各单一可燃组分受惰性组分的影响系数，见表 24-4-2。

可燃气体燃烧参数 **表 24-4-2**

可燃组分	H_2	CO	CH_4	C_2H_4	C_2H_6	C_3H_6	C_3H_8	C_4H_8	C_4H_{10}
S_{ni}	2.80	0.56	0.38	0.67	0.43	0.50	0.42	0.46	0.38
α_i	0.50	0.40	1.10	0.85	1.15	1.10	1.125	1.13	1.15
V_{0i}	2.38	2.38	9.52	14.28	16.66	21.42	23.80	28.56	30.94
f_i	0.75	1.00	0.50	0.25	0.22	0.22	0.22	0.20	0.18

当燃气空气混合物在管中燃烧时，管径越小、管壁散热比例越大，当管径小至某数值使火焰传播不能进行时，该管径为该燃气的临界直径。临界直径 d_0 与电极点火最小间距 d_c 存在下列关系：$d_c=0.65d_0$。利用孔径小于临界直径的金属网可阻止火焰传播、防止回火。燃气空气混合物在化学计量比时的临界直径见表 24-4-3。

燃气空气混合物临界直径 **表 24-4-3**

燃气	H_2	CH_4	焦炉煤气
临界直径(mm)	0.9	3.5	2.0

24.5 燃气互换性

燃气的互换性指以一种燃气替代另一种燃气时，不更换与改造燃具而达到燃具热负荷不变与燃烧稳定。随着天然气应用的发展，作为天然气的过渡气源或可置换气源而出现的液化石油气混空气即与天然气具有互换性。此外对燃具进行研究与测试时，在实验室或工厂所在地无该燃具的适用气源时，也需自行配制适用气源的可置换气。因此可置换气是与该燃具适用燃气燃烧性能相同、使燃具热负荷相等的可代用燃气。

燃气互换性基于两个要求，即置换气须保持原有燃具热负荷不变与稳定燃烧，它们分别由华白数或广义华白数与燃烧势控制。对于一般燃烧器的结构，燃气均由喷嘴喷射后与空气混合而燃烧，因此燃烧器的热负荷取决于喷嘴直径与燃气性质、工况，由式（1-2-1）进一步表示为式（24-5-1）：

$$Q_G=\frac{0.0035\mu H_L d_j^2}{3600}\sqrt{\frac{P}{S}} \tag{24-5-1}$$

式中 Q_G——燃烧器热负荷，kW；

d_j——喷嘴直径，mm；

μ——喷嘴流量系数，一般 $\mu=0.7\sim0.8$；

P——喷嘴前燃气压力，通常取燃烧器额定压力，Pa，见表 24-5-1；

S——燃气相对密度。

燃烧器额定压力 **表 24-5-1**

燃　气	人工煤气	矿井气、液化石油气混空气	天然气、油田伴生气	液化石油气
额定压力(Pa)	1000	1000	2000	2800 或 5000

由式（24-5-1）可见，影响热负荷的因素是喷嘴直径、燃气的热值、密度与压力，它们分属燃烧器结构参数与燃气参数，把属于燃气的参数组成“华白数”与“广义华白数”，显然它们是影响燃烧器热负荷的燃气综合参数，当燃气喷嘴直径改变时，保持燃气的华白数或广义华白数不变，则燃烧器热负荷不变，一般华白数允许变动范围为±5%～10%。广义华白数用于喷嘴前压力变化的场合，式（1-2-4）为其定义，重列于下：

保持燃气稳定燃烧的主要条件是燃气空气混合物从燃烧器火孔的出口速度应等于燃气燃烧速度，当燃气互换时，不同燃气在同一火孔处应能稳定燃烧，即它们的燃烧势应相等或控制在一定范围内变动。燃烧势是一个反映燃气燃烧速度的参数，又称燃烧速度指数。

见式（1-2-6），其中取值 $a=1$，$b=0.6$，$c=0.3$，$d=0.6$，则有下式：

$$C_P=K\frac{r_{H_2}+0.6(r_{CO}+r_{C_mH_n})+0.3r_{CH_4}}{\sqrt{S}} \tag{24-5-2}$$

式中　C_P——燃烧势；

K——与燃气中 O_2 含量有关的修正系数；

r_{H_2}、r_{CO}、$r_{C_mH_n}$、r_{CH_4}——燃气容积为 100 时，H_2、CO、C_mH_n、CH_4 的容积百分数。

在 O_2 含量不大于 17%时，修正系数 K 可由下式计算。

$$K=1+0.0054r_{O_2} \tag{24-5-3}$$

式中　r_{O_2}——燃气容积为 100 时，O_2 的容积百分数。

当两种燃气之间华白数或广义华白数与燃烧势均相等或在允许范围内变动，则该两种燃气是可互换的，但对于燃气空气予混式燃烧器有时仍需对一次空气量作适当调整，以获得稳定燃烧工况。

燃烧器结构不作改动或作局部改动条件下，适应与设计气种不同气种的能力称为燃烧器适应性。燃气互换性与燃烧器适应性可参阅本手册第 25 章与参考文献［6］第 7 章。

24.6　液化石油气混空气配比

液化石油气混空气通常用作天然气的过渡气源，补充气源或事故气源，要求它们具有互换性。

工艺计算的主要内容是确定液化石油气与空气的混合比例，根据互换性的要求，液化石油气混空气应按天然气对华白数与燃烧势的要求进行配比计算。天然气的华白数与燃烧势见表 24-6-1。

天然气华白数与燃烧势　　表 24-6-1

天然气类别	华白数(MJ/m³)		燃烧势	
	标　准	范　围	标　准	范　围
4T	18.04	16.7～19.3	25	22～57
6T	26.4	24.5～28.2	29	25～65
10T	43.8	41.2～47.3	33	31～34
12T	53.5	48.1～57.8	40	36～88
13T	56.5	54.3～58.8	41	40～94

由于液化石油气混空气往往是天然气的替补气源，因此液化石油气混空气燃烧器喷嘴前压力宜采用天然气燃烧器额定压力，且两种原料气配比仅一个未知数，因此配比计算时以华白数作互换标准，以一种原料气的比例作未知数代入华白数计算式求解，并校核燃烧势是否在允许范围内，且应符合液化石油气的容积比例应高于其爆炸上限 2 倍的要求。

液化石油气的容积比例由华白数公式（24-6-1）求解。

$$W_{NG}=\frac{r_{LG}H_{LG}}{\sqrt{r_{LG}S_{LG}+(1-r_{LG})S_a}} \tag{24-6-1}$$

式中 W_{NG}——天然气华白数，MJ/m³；

r_{LG}——混合气容积为1时，液化石油气的容积成分；

H_{LG}——液化石油气热值，MJ/m³；

S_{LG}——液化石油气相对密度；

S_a——空气相对密度，$S_a=1$。

由式（24-6-1）解得液化石油气容积成分 r_{LG}。

$$r_{LG}=\frac{W_{NG}^2(S_{LG}-S_a)+W_{NG}\sqrt{(S_a-S_{LG})^2W_{NG}^2+4H_{LG}^2S_a}}{2H_{LG}^2} \tag{24-6-2}$$

空气容积成分由式（24-6-3）计算。

$$r_a=1-r_{LG} \tag{24-6-3}$$

式中 r_a——混合气容积为1时，空气的容积成分。

如核算时发现燃烧势超出允许范围，可在允许范围内对天然气华白数作变动，再次计算配比。

24.7 城市燃气置换气的配制

当燃具研制与生产时，往往需配制该燃具适用气源的置换气，而采用的原料气应为使用普遍的单一气体或当地可供燃气，配制中一般采用空气作惰性成分，以获得所需的燃烧性能。

液化石油气与空气是易获得的原料气组分，可配制天然气与油田伴生气。对于矿井气虽可配得华白数与燃烧势相符的置换气，但因液化石油气比例未达爆炸上限两倍以上而不采用。由于是两种原料气，其计算方法同式（24-6-1）与式（24-6-2）所示，采用高热值计算华白数，计算结果见表24-7-1，表中液化石油气的开瓶气、中瓶气与底瓶气的成分简化设定丙、丁烷比例分别为100%：0、50%：50%、0：100%。液化石油气混空气的华白数同目标气，因此表中仅列出燃烧势。

液化石油气与空气配制气　　表24-7-1

燃气	华白数（MJ/m³）	燃烧势	液化石油气混空气					
			开瓶气		中瓶气		底瓶气	
			液化石油气(%)	燃烧势	液化石油气(%)	燃烧势	液化石油气(%)	燃烧势
天然气	53.28	40	60.88	45.29	54.58	42.29	49.39	39.77
油田伴生气	55.50	39	63.81	45.49	57.29	42.54	51.91	40.07
矿井气	15.90	19	16.41	24.38	14.30	21.58	12.68	19.36
	18.71	22	19.45	27.56	17.00	24.52	15.09	22.08

除上述三种燃气外，液化石油气与空气不能配制其他城市燃气的置换气，其原因为燃烧势偏低，即使调节目标气的华白数，如华白数为标准值的1.05倍与1.10倍时，其燃烧势仅分别增加2%～4%与4%～7%，且目标气的华白数越大、燃烧势增幅越小。因此调节华白数仍不能扩大液化石油气混空气的适用范围。

氮作为惰性气体与液化石油气混合是安全的，但其配制气体的燃烧势更低，仅为液化石油气与空气配制气的39%～72%，且华白数越大，燃烧势降幅越小。氢与空气、氢与氮这两组原料气因配制气的燃烧势在166以上而不能置换任何城市燃气。

甲烷与氢仅适于配制矿井气，对于华白数为15.9MJ/m^3、燃烧势为19的矿井气配得甲烷含量为36.54%，氢含量为63.46%的置换气，其华白数为15.9MJ/m^3、燃烧势为23.69。

采用直立炉煤气与液化石油气可配制焦炉煤气的置换气，其计算结果见表24-7-2，计算方法同表24-7-1。直立炉煤气高热值为18.05MJ/m^3、华白数为21.69 MJ/m^3，混合气的华白数同焦炉煤气。

直立炉煤气与液化石油气的配制气　　表24-7-2

燃气	华白数(MJ/m^3)	燃烧势	直立炉煤气混液化石油气					
			开瓶气		中瓶气		底瓶气	
			直立炉煤气(%)	燃烧势	直立炉煤气(%)	燃烧势	直立炉煤气(%)	燃烧势
焦炉煤气	41.30	121	82.81	89.04	85.35	88.69	87.25	88.45
	31.98	119	95.38	103.43	96.08	103.27	96.59	103.16
	34.91	127	91.69	98.64	92.94	98.40	93.86	98.22

当采用三种原料气配制置换气时，大大拓宽了配制气的应用范围。由于其两个成分比例是未知的，即有两个未知数须利用华白数与燃烧势两个计算式作方程联立解。采用液化石油气、氢与空气可以配制上述两种原料气可配制的置换气以外全部城市燃气的置换气，但其中出现混合煤气与压力气化煤气的配制气中，可燃成分比例在爆炸上限的两倍以下、不可采用；而采用甲烷、氢与空气配制此两种煤气置换气时可获得相同效果，且可燃成分比例均在爆炸上限两倍以上。

假设采用两种可燃气体与空气或一种惰性气体为原料气，混气容积为1时，它们的容积比例分别为r_1、r_2与r_3，相对密度分别为S_1、S_2与S_3，两种燃气热值分别为H_1与H_2，燃烧势分别为C_1与C_2。目标气的华白数为W、燃烧势为C_P。由华白数与燃烧势计算公式组成的联立方程组如下：

$$\begin{cases} W=\dfrac{H_1r_1+H_2r_2}{\sqrt{S_1r_1+S_2r_2+S_3(1-r_1-r_2)}} & (24\text{-}7\text{-}1) \\ C_P=\dfrac{100K(C_1r_1+C_2r_2)}{\sqrt{S_1r_1+S_2r_2+S_3(1-r_1-r_2)}} & (24\text{-}7\text{-}2) \end{cases}$$

记

$$r_2=Yr_1 \tag{24-7-3}$$

由式(24-7-1)及式(24-7-2)有：

$$Y=\frac{C_PH_1-100C_1WK}{100C_2WK-C_PH_2} \tag{24-7-4}$$

代入式（24-7-1），解得 r_1 的计算式如下

$$r_1=\frac{W^2[S_1+S_2Y-S_3(1+Y)]+\sqrt{W^4[S_1+S_2Y-S_3(1+Y)]^2+4(H_1+H_2Y)^2W^2S_3}}{2(H_1+H_2Y)^2} \tag{24-7-5}$$

$$r_3=1-r_1-r_2 \tag{24-7-6}$$

式（24-7-3）～式（24-7-6）即为宓亢琪推导的燃气互换性配制公式。

当采用空气作原料气时，由于 K 值计算中氧含量为未知数，因此须采用迭代法运算，即先假设氧含量进行计算，当前后两次 K 值之差的绝对值不大于 0.05 或 0.01 可终止计算，此时 C_P 值的最大相对误差分别为 2%与 0.5%。

液化石油气、氢与空气的配制计算结果见表 24-7-3，甲烷、氢与空气的配制计算结果见表 24-7-4，其中配制气与目标气的华白数误差在 5‰以下，故未列出，表 24-7-4 的目标气同表 24-7-3。

液化石油气、氢与空气的配制气 **表 24-7-3**

燃气	华白数（MJ/m³）	燃烧势	液化石油气＋氢＋空气								
			开瓶气			中瓶气			底瓶气		
			液化石油气(%)	氢(%)	燃烧势	液化石油气(%)	氢(%)	燃烧势	液化石油气(%)	氢(%)	燃烧势
混合煤气	21.10	86	12.99	37.59	87.49	11.19	38.58	87.61	9.83	39.33	87.70
	22.19	93	12.60	42.71	94.40	10.86	43.71	94.52	9.54	44.47	94.61
油制气	26.39	74	20.18	29.37	75.23	17.45	30.81	75.35	15.37	31.90	75.46
压力气化煤气	26.72	114	11.74	58.31	116.03	10.04	59.46	116.18	8.87	60.33	116.3
焦炉煤气	41.30	121	20.08	66.96	122.54	17.31	69.21	122.71	15.21	70.90	122.84
	31.98	119	13.83	64.08	123.04	11.89	65.59	123.28	10.42	66.72	123.46
	34.91	127	14.42	68.21	129.67	12.40	69.84	129.85	10.87	71.06	129.99

甲烷、氢与空气的配制气 **表 24-7-4**

燃气	甲烷＋氢＋空气		
	甲烷(%)	氢(%)	燃烧势
混合煤气	26.36	38.21	87.02
	25.51	42.39	93.89
油制气	37.94	32.31	79.81
压力气化煤气	24.19	54.52	116.38
焦炉煤气	39.93	55.22	123.97
	29.65	55.72	120.08
	30.83	58.42	127.59

24.8 燃气的热值

燃气一般为多组分的混合气体，其热值按式（24-8-1）计算。

$$H=H_1r_1+H_2r_2+\cdots H_nr_n \tag{24-8-1}$$

式中 H——燃气高热值或低热值，kJ/m³；

H_1、$H_2\cdots H_n$——各可燃组分的高热值或低热值，kJ/m³；

r_1、$r_2\cdots r_n$——燃气容积为 1 时各可燃组分的容积成分。

干、湿燃气各自高、低热值之间的换算分别见式（24-8-2）与式（24-8-3），高、低热值各自干、湿燃气之间的换算分别见式（24-8-4）与式（24-8-5）。

$$H_h^{dr}=H_L^{dr}+1959\left(r_{H_2^{dr}}+\sum\frac{n}{2}r_{C_mH_n^{dr}}+r_{H_2S^{dr}}\right) \tag{24-8-2}$$

$$H_h^w=H_L^w+\left[1959\left(r_{H_2^w}+\sum\frac{n}{2}r_{C_mH_n^w}+r_{H_2S^w}\right)+2352d_g\right]\frac{0.833}{0.833+d_g} \tag{24-8-3}$$

$$H_h^w=(H_h^{dr}+2352d_g)\frac{0.833}{0.833+d_g} \tag{24-8-4}$$

$$H_L^w=H_L^{dr}\frac{0.833}{0.833+d_g} \tag{24-8-5}$$

式中 H_h^{dr}、H_h^w——分别为干、湿燃气的高热值，kJ/m³；

H_L^{dr}、H_L^w——分别为干、湿燃气的低热值，kJ/m³；

$r_{H_2^{dr}}$、$r_{C_mH_n^{dr}}$、$r_{H_2S^{dr}}$——干燃气容积为 1 时，H_2、C_mH_n、H_2S 的容积成分；

$r_{H_2^w}$、$r_{C_mH_n^w}$、$r_{H_2S^w}$——湿燃气容积为 1 时，H_2、C_mH_n、H_2S 的容积成分；

d_g——燃气含湿量，g/m³（干燃气）。

24.9 燃烧空气需要量

燃烧空气需要量分为理论空气需要量与实际空气需要量，理论空气需要量是按燃烧化学反应计量方程式实现完全燃烧所需空气量，即完全燃烧所需最小空气量，此时过剩空气系数 $\alpha=1$（α=实际空气量/理论空气需要量）；由于燃气与空气混合不均匀而需供给过剩空气量以达到完全燃烧，实际空气需要量大于理论空气需要量；此时过剩空气系数 $\alpha>1$。

各可燃气体的理论空气需要量与理论耗氧量见表 24-9-1。

可燃气体理论空气需要量与理论耗氧量 **表 24-9-1**

燃 气	H_2	CO	CH_4	C_2H_2	C_2H_4	C_2H_6	C_3H_6	C_3H_8
理论空气需要量(m³/m³ 干燃气)	2.38	2.38	9.52	11.90	14.28	16.66	21.42	23.80
耗氧量(m³/m³ 干燃气)	0.5	0.5	2.0	2.5	3.0	3.5	4.5	5.0

燃 气	C_4H_8	n-C_4H_{10}	i-C_4H_{10}	C_5H_{10}	C_5H_{12}	C_6H_6	H_2S
理论空气需要量(m³/m³ 干燃气)	28.56	30.94	30.94	35.70	38.08	35.70	7.14
耗氧量(m³/m³干燃气)	6.0	6.5	6.5	7.5	8.0	7.5	1.5

燃气理论空气需要量与实际空气需要量的计算公式分别见式（24-9-1）与式（24-9-2）。

$$V_0=\frac{1}{0.21}\left[0.5r_{H_2}+0.5r_{CO}+\sum\left(m+\frac{n}{4}\right)r_{C_mH_n}+1.5r_{H_2S}-r_{O_2}\right] \tag{24-9-1}$$

式中 V_0——燃气理论空气需要量（m^3 干空气/m^3 干燃气）；

r_{H_2}、r_{CO}、$r_{C_mH_n}$、r_{H_2S}、r_{O_2}——燃气容积为1时，H_2、CO、C_mH_n、H_2S、O_2的容积成分。

$$V=\alpha V_0 \tag{24-9-2}$$

式中 V——燃气实际空气需要量（m^3 干空气/m^3 干燃气）；

α——过剩空气系数，工业设备：$\alpha=1.05\sim1.20$，民用燃具：$\alpha=1.3\sim1.8$。

当已知燃气热值时，可作理论空气需要量的近似计算，有如下的计算公式。

当燃气低热值不大于10500kJ/m^3时：

$$V_0=\frac{0.209}{1000}H_L \tag{24-9-3}$$

式中 H_L——燃气低热值，kJ/m^3。

当燃气低热值大于10500kJ/m^3时：

$$V_0=\frac{0.26}{1000}H_L-0.25 \tag{24-9-4}$$

对天然气、石油伴生气、液化石油气等烷烃类燃气：

$$V_0=\frac{0.268}{1000}H_L \tag{24-9-5}$$

$$V_0=\frac{0.24}{1000}H_h \tag{24-9-6}$$

式中 H_h——燃气高热值，kJ/m^3。

24.10 完全燃烧烟气量

当燃气完全燃烧发生在理论空气需要量（$\alpha=1$）时产生的烟气量称为理论烟气量，此时烟气成分为CO_2、SO_2、N_2和H_2O，其中CO_2和SO_2合称烟气中的三原子气体，通常采用RO_2表示。当燃气完全燃烧发生在过剩空气量（$\alpha>1$）时产生的烟气量称为实际烟气量。烟气中含有H_2O时为湿烟气，不含H_2O时为干烟气。

本节理论烟气量与实际烟气量按含有1m^3干燃气的湿燃气完全燃烧产生的烟气量计算，即计算基准为1m^3干燃气加上其所含的水蒸气，这部分水蒸气将进入烟气，影响烟气量，因此必须加以明确；同时水蒸气量变化不影响干燃气成分，便于统计与计算。对于前述热值与空气需要量计算，当计算基准为1m^3干燃气时，是否包括其所含水蒸气并不影响计算结果，所以未加以严格区分。

24.10.1 理论烟气量

根据理论烟气的成分，理论烟气量由三部分组成。

$$V_f^0=V_{RO_2}+V_{H_2O}^0+V_{N_2}^0 \tag{24-10-1}$$

$$V_{RO_2}=V_{CO_2}+V_{SO_2}=r_{CO_2}+r_{CO}+\sum mr_{C_mH_n}+r_{H_2S} \tag{24-10-2}$$

$$V_{H_2O}^0 = r_{H_2} + r_{H_2S} + \sum \frac{n}{2} r_{C_mH_n} + 1.2(d_g + V_0 d_a) \tag{24-10-3}$$

$$V_{N_2}^0 = 0.79V_0 + r_{N_2} \tag{24-10-4}$$

式中 V_f^0——理论烟气量，m^3/m^3（干燃气）；

V_{RO_2}——烟气中三原子气体体积，m^3/m^3（干燃气）；

V_{CO_2}、V_{SO_2}——分别为烟气中 CO_2 与 SO_2 体积，m^3/m^3（干燃气）；

r_{CO_2}——燃气容积为1时，CO_2 的容积成分；

$V_{H_2O}^0$——理论烟气中水蒸气体积，m^3/m^3（干燃气）；

d_a——空气含湿量，kg/m^3（干空气）；

d_g——燃气含湿量，kg/m^3（干燃气）；

$V_{N_2}^0$——理论烟气中 N_2 体积，m^3/m^3（干燃气）；

r_{N_2}——燃气容积为1时，N_2 的容积成分。

理论烟气量可按燃气热值作近似计算求得。

对于烷烃类燃气：

$$V_f^0 = \frac{0.239H_L}{1000} + a \tag{24-10-5}$$

式中 a——系数，天然气：$a=2$，石油伴生气：$a=2.2$，液化石油气：$a=4.5$。

对于焦炉煤气：

$$V_f^0 = \frac{0.272H_L}{1000} + 0.25 \tag{24-10-6}$$

对于低热值小于 $12600kJ/m^3$ 的燃气：

$$V_f^0 = 0.173\frac{H_L}{1000} + 1.0 \tag{24-10-7}$$

24.10.2 实际烟气量

与理论烟气量相比较，由于实际烟气量产生于过剩空气系数 $\alpha>1$ 的状态下，即空气量大于理论空气需要量，过剩空气含湿量形成的实际烟气中水蒸气量由式（24-10-8）计算。

$$V_{H_2O} = r_{H_2} + r_{H_2S} + \sum \frac{n}{2} r_{C_mH_n} + 1.2(d_g + \alpha V_0 d_a) \tag{24-10-8}$$

式中 V_{H_2O}——实际烟气中水蒸气体积，m^3/m^3（干燃气）。

同时由于空气量的增加也导致烟气中氮气量增加，并出现过剩氧，其分别由式（24-10-9）与式（24-10-10）计算：

$$V_{N_2} = 0.79\alpha V_0 + r_{N_2} \tag{24-10-9}$$

$$V_{O_2} = 0.21(\alpha - 1)V_0 \tag{24-10-10}$$

式中 V_{N_2}——实际烟气中 N_2 体积，m^3/m^3（干燃气）；

V_{O_2}——实际烟气中过剩 O_2 体积，m^3/m^3（干燃气）。

烟气中三原子气体体积 V_{RO_2} 同理论烟气量，由式（24-10-2）计算。

实际烟气量由式（24-10-11）计算：

24.12.2 燃烧热量温度

如燃烧在绝热与 $\alpha=1$ 状态下进行，燃气完全燃烧产生的化学热用于加热烟气，但不计燃气与空气的物理热，即 $t_g=t_a=0$，此时烟气温度称为燃烧热量温度，由式（24-12-2）计算：

$$t_{ther}=\frac{H_L}{V_{RO_2}c_{RO_2}+V^0_{H_2O}c_{H_2O}+V^0_{N_2}c_{N_2}} \tag{24-12-2}$$

式中 t_{ther}——燃烧热量温度，℃。

24.12.3 理论燃烧温度

当考虑因不完全燃烧而导致的热量损失包括 CO_2 和 H_2O 的分解吸热（当烟气温度低于1500℃时，可不计分解吸热），此时烟气温度称为理论燃烧温度，由式（24-12-3）计算：

$$t_{th}=\frac{H_L-Q_c+(c_g+1.20c_{H_2O}d_g)t_g+\alpha V_0(c_a+1.20c_{H_2O}d_a)t_a}{V_{RO_2}c_{RO_2}+V_{H_2O}c_{H_2O}+V_{N_2}c_{N_2}+V_{O_2}c_{O_2}} \tag{24-12-3}$$

式中 t_{th}——理论燃烧温度，℃；

Q_c——不完全燃烧损失的热量，kJ/m³（干燃气）。

24.12.4 实际燃烧温度

由于实际燃烧过程中除不完全燃烧热损失外，必然发生向周围介质的散热损失，因此同时考虑不完全燃烧热损失与向周围介质散热损失状况下烟气的温度称为实际燃烧温度，由式（24-12-4）计算：

$$t_{act}=\frac{H_L-Q_c-Q_e+(c_g+1.20c_{H_2O}d_g)t_g+\alpha V_0(c_a+1.20c_{H_2O}d_a)t_a}{V_{RO_2}c_{RO_2}+V_{H_2O}c_{H_2O}+V_{N_2}c_{N_2}+V_{O_2}c_{O_2}} \tag{24-12-4}$$

式中 t_{act}——实际燃烧温度℃；

Q_e——散热损失，kJ/m³（干燃气）。

实际燃烧温度低于理论燃烧温度，它们的差值取决于燃烧工艺、炉结构等因素，两者的关系由经验公式（24-12-5）表示：

$$t_{act}=\mu t_{th} \tag{24-12-5}$$

式中 μ——高温系数，见表 24-12-2。

燃烧设备高温系数 **表 24-12-2**

燃烧设备	μ	燃烧设备	μ
带火道无焰燃烧器	0.9	隧道窑	0.75～0.82
锻造炉	0.66～0.70	竖井式水泥窑	0.75～0.80
无水冷壁锅炉炉膛	0.70～0.75	平　炉	0.71～0.74
有水冷壁锅炉炉膛	0.65～0.70	回转式水泥窑	0.65～0.85
有炉门室炉	0.75～0.80	高炉空气预热器	0.77～0.80
连续式玻璃池炉	0.62～0.68		

24.13 城市燃气燃烧性质参数

与燃烧有关的城市燃气燃烧性质参数见表24-13-1。

城市燃气燃烧性质参数 **表24-13-1**

燃气种类名称			燃气成分(容积%)												密度(kg/m³)
			H_2	CO	CH_4	C_2H_4	C_2H_6	C_3H_6	C_3H_8	C_4H_8	C_4H_{10}	C_5^+	O_2	N_2	CO_2	
人工燃气	煤制气	焦炉煤气	59.2	8.6	23.4								1.2	3.6	2.0	0.4686
		直立炉煤气	56.0	17.0	18.0				2.0				0.3	2.0	5.0	0.5527
		混合煤气	48.0	20.0	130				1.7				0.8	12.0	4.5	0.6695
		发生炉煤气	8.4	30.4	1.8				1.7				0.4	56.4	2.2	1.1627
		水煤气	52.0	34.4	1.2				0.4				0.2	4.0	8.2	0.7005
	油制气	催化制气	58.1	10.5	16.6	5.0							0.7	2.5	6.6	0.5374
		热裂化制气	31.5	2.7	28.5	23.8	2.6	5.7					0.6	2.4	2.1	0.7909
天然气	四川干气				98.0				0.3		0.3	0.4		1.0		0.7435
	大庆石油伴生气				81.7				6.0		4.7	4.9	0.2	1.8	0.7	1.0415
	天津石油伴生气				80.1		7.4		3.8		2.3	2.4		0.6	3.4	0.9709
液化石油气	北京				1.5		1.0	9.0	4.5	54.0	26.2	3.8				2.5272
	大庆				1.3		0.2	15.8	6.6	38.5	23.2	12.6		1.0	0.8	2.5268

续表

燃气种类名称			相对密度	热值(kJ/m³)		华白数(高热值/√密度)	理论空气量(m³/m³)		理论空气量(m³/m³)	爆炸极限(空气中体积%)		理论燃烧温度(℃)
				高热值	低热值		湿	干		上	下	
人工燃气	煤制气	焦炉煤气	0.3623	19820	17618	32928	4.88	3.76	4.21	35.8	4.5	1998
		直立炉煤气	0.4275	18045	16136	27599	4.44	3.47	3.80	40.9	4.9	2003
		混合煤气	0.5178	15412	13858	21418	3.85	3.06	3.18	42.6	6.1	1986
		发生炉煤气	0.8992	6004	5744	6332	1.98	1.84	1.16	67.5	21.5	1600
		水煤气	0.5418	11451	10383	15557	3.19	2.19	2.16	70.4	6.2	2175
	油制气	催化制气	0.4156	18472	16521	28653	4.55	3.54	3.89	42.9	4.7	2009
		热裂化制气	0.6116	37953	34780	48530	9.39	7.81	8.55	25.7	3.7	2038
天然气	四川干气		0.5750	40403	36442	53282	10.64	8.65	9.64	15.0	5.0	1970
	大庆石油伴生气		0.8054	52833	48383	58871	13.73	11.33	12.52	14.2	4.2	1986
	天津石油伴生气		0.7503	48077	43043	55503	12.53	10.3	11.40	14.2	4.4	1973
液化石油气	北京		1.9545	123678	115062	88466	30.67	26.58	28.28	9.7	1.7	2050
	大庆		1.9542	122284	113780	87475	30.04	25.87	28.94	9.7	1.7	2060

参考文献

[1] 同济大学等. 燃气燃烧与应用（第二版）[M]. 北京：中国建筑工业出版社，1988.
[2] 宓亢琪. 配置城市燃气置换气的研究 [J]. 煤气与热力，1991，(1)：33-36，46.
[3] 宓亢琪. 选择可与天然气互换的过渡气源 [J]. 台湾煤气，1996，(10)：26-27.
[4] 宓亢琪. 配制城市燃气置换气的计算机应用 [J]. 中南煤气，1994，(5)：52-53，55.
[5] 宓亢琪. 液化气掺混空气的计算与解析 [J]. 中南煤气，1997，(10)：34-36.
[6] 项友谦，王启等. 天然气燃烧过程与应用手册 [M]. 北京：中国建筑工业出版社，2008.

第 25 章　燃气燃烧器

25.1　燃烧器与燃烧方法

燃气燃烧器的种类基本按燃烧方式与供气压力区分。

不同的燃烧方式由不同的燃烧器实现。在民用燃烧器领域最广泛采用的燃烧方式是大气式燃烧，又称部分预混燃烧、本生燃烧，其特点是预混一次空气，通常由引射式燃烧器实现，一次空气系数 α'（预混空气量与燃烧理论空气量之比）：$0<\alpha'<1$，此时由火焰周围空气补充燃烧所需剩余空气量，称为二次空气。由于分两次供给空气，因此火焰明显区分为内、外两焰，由内焰完成燃烧初期反应，生成复杂的不稳定中间产物，主要为一氧化碳、氢、醛类等，燃气在外焰接触二次空气而完成燃烧过程，燃烧温度达 1200～1300℃。也有称 $\alpha'<0.4$ 的燃烧为部分大气式燃烧或部分本生燃烧，其特点是内、外焰无明显区别，燃烧温度约为 1000℃，一般用于点火燃烧器。当 $\alpha'\geqslant1$ 时的燃烧称为完全预混燃烧。$\alpha'=1$，燃烧温度高，易回火；$\alpha'>1$ 将降低燃烧温度，从而抑制氮氧化物（NO_x）的生成。红外线燃烧器多采用完全预混燃烧方式，头部配以多孔陶瓷板，辐射效率为 20%～30%。

$\alpha'=0$ 的燃烧，即燃烧所需空气在燃烧过程中供给，称为扩散式燃烧，有称其为赤火色燃烧，由自然引风扩散式燃烧器或鼓风扩散式燃烧器完成。其特点为不发生回火，可使用低压燃气，燃烧过程缓慢，火焰长且呈黄红色，是由于燃气中碳氢化合物不完全燃烧而分解出碳粒所致，烟气在冷表面上易结碳，燃烧温度较低，约 900℃。

采用催化剂的燃烧称为催化燃烧。有采用含铑（Rh）的铝金属网式燃烧器，其采用完全预混方式，可获得 600℃以下低燃烧温度，从而抑制氮氧化物生成，且产生红外线辐射，使辐射效率达 42%～47%，约为一般红外线燃烧器的 1.7 倍，主要用于工业的染色装置、布匹烘干装置等，可达到 400℃的均匀加热，也用于大空间定向取暖等场合。

浓淡燃烧是由大气式燃烧与完全预混式燃烧交叉配置的燃烧方式，$\alpha'\approx0.5\sim0.7$ 为浓燃烧，$\alpha'\approx1.5\sim2.0$ 为淡燃烧。由淡燃烧抑制氮氧化物生成，浓燃烧维持燃烧稳定。

脉冲燃烧是在狭小空间内燃气与空气混合而瞬时燃烧产生膨胀压力排出燃烧产物，其产生的压力差又再次吸入燃气与空气，此过程循环进行。其特点为高效、节能，热效率达 93%～97%，并实现燃烧室高热负荷，主要用于热水锅炉、油炸炉，以及油漆、电镀等工艺中的加热处理槽等。

基于上述基本燃烧方式，以特殊的头部或火孔结构以达到不同需求的燃烧器还有：平焰燃烧器是采用大气式，完全预混式或扩散式燃烧，由设在头部与燃烧器轴线垂直的火孔进行燃烧，从而形成与轴线垂直的平面状火焰，以达到热辐射效率高，炉温均匀，减少氮氧化物生成的目的，主要用于工业。

浸没燃烧器是高温烟气喷射在液体中加热液体的燃烧器，采用完全预混空气方式，空气大多加压送入。

高速燃烧器是燃气在燃烧室燃烧后产生高温烟气以 200～300m/s 的速度喷出，以达到高效对流换热、节能与降低氮氧化物生成的效果。燃气与空气可预混或不预混，预混装置为引射器或鼓风机。高速燃烧器主要用于工业。

燃烧器燃气供气压力不小于 5000Pa 时称为高压燃烧器，供气压力小于 5000Pa 时称为低压燃烧器。

燃烧器的设计计算分工艺设计计算与结构设计计算。工艺设计计算主要是工况参数的确定或计算以及主要部件的尺寸计算，本章主要介绍工艺设计计算。结构设计计算涉及材料的选用、部件强度（壁厚）计算，必要时进行稳定性、振动等计算，可参照压力容器或压力管道计算方法进行。

25.2　引射式燃烧器

25.2.1　引射式燃烧器燃烧特性

在居民生活、商业与工业中应用最广泛的燃烧器是引射式燃烧器，家用炊事灶与热水器全部采用引射式燃烧器。引射式燃烧器由引射器与头部构成，引射器一般由喷嘴、吸气收缩管、混合管与扩压管构成，习惯上又把混合管与吸气收缩管结合处称为喉部。引射式燃烧器的基本构造见图 25-2-1。

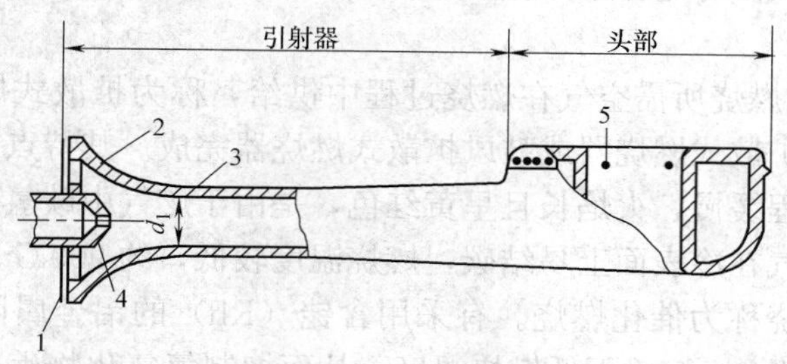

图 25-2-1　引射式燃烧器示意图
1—调风板；2—次空气入口；3—引射器喉部；
4—喷嘴；5—火孔

一般所指引射式燃烧器为头部在大气中形成直焰燃烧，而引射器配以不同头部又可演变成平焰燃烧器等，本章主要叙述前者，但引射器构造、工作原理与设计方法则相同。

在特殊状况下，如安装位置受限等，引射器可无混合管或无扩压管，称为特殊引射式燃烧器。

由于预混空气而获得良好的燃烧效果，且利用了燃气固有压力作引射动力是引射式燃烧器的特色，也是其得以广泛应用的主因。

引射式燃烧器的稳定燃烧范围由离焰极限，回火极限、黄焰极限与一氧化碳排放极限四条曲线所限，如图 25-2-2 所示，当火孔大小不变时，四个极限值随火孔热强度与一次空气系数变化而变化，在四条曲线包围范围内的燃烧器工况点可获得稳定燃烧，因此确定火孔热强度与一次空气系数时应考虑稳定燃烧工况。当不同燃烧性能燃气在同一燃烧器上的工况点都在此范围内，则燃气具有互换性，燃烧器具有适应性。各类燃气稳定燃烧范围见图 25-2-3～图 25-2-6。

一般编制计算机程序进行引射式燃烧器的设计。

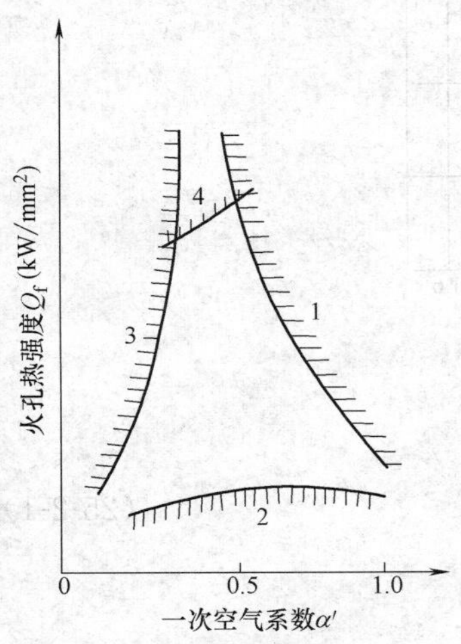

图 25-2-2 燃烧特性曲线

1—离焰极限； 2—回火极限；
3—黄焰极限； 4—CO 排放极限

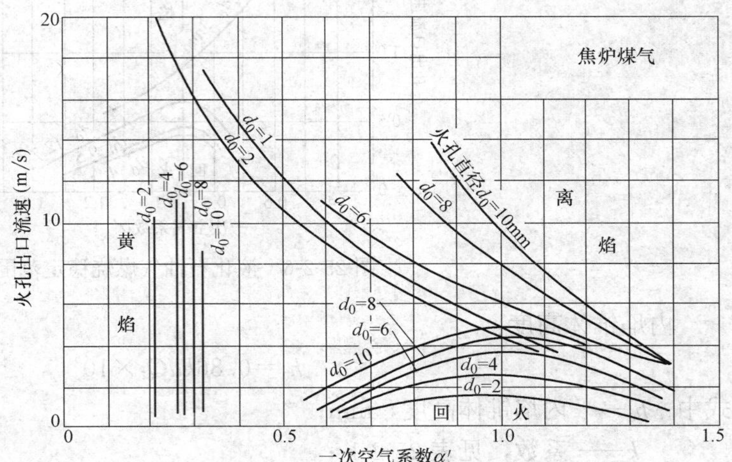

图 25-2-3 焦炉煤气燃烧稳定范围

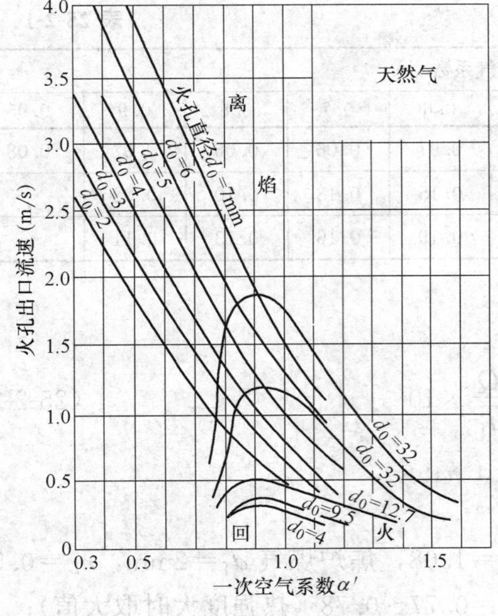

图 25-2-4 天然气燃烧稳定范围

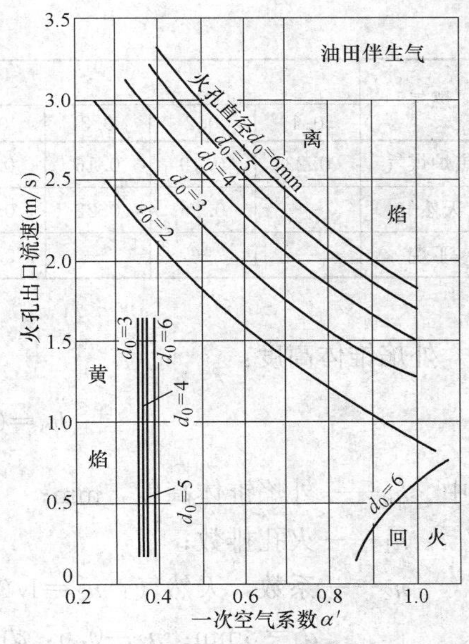

图 25-2-5 油田伴生气燃烧稳定范围

引射式燃烧器燃烧火焰特征 ：当$\alpha'<1$时出现锥形内、外焰，由预混空气使燃气燃烧形成内焰，由火焰周围供给空气（二次空气）使燃气燃烧形成外焰。当内焰接触锅底等冷表面时，出现焰面温度下降而中断燃烧，因此计算火焰高度是必要的，一般由经验公式计算。

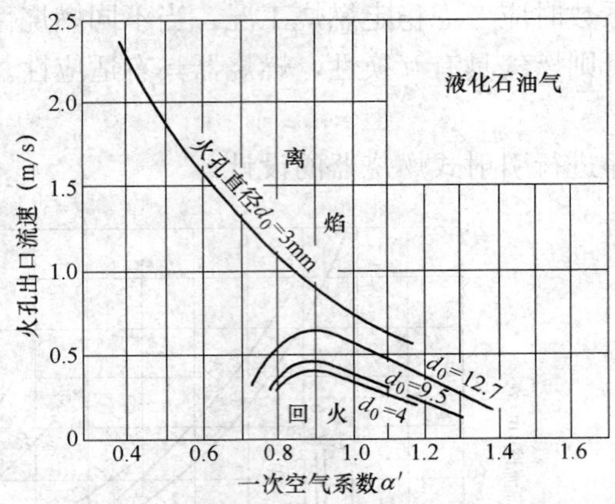

图 25-2-6　液化石油气燃烧稳定范围

内焰锥体高度：

$$h_i = 0.86kaQ_f \times 10^3 \tag{25-2-1}$$

式中　h_i——内焰锥体高度，mm；

k——系数，见表 25-2-1；

a——单个火孔面积，mm^2；

Q_f——火孔热强度，kW/mm^2。

系数 *k*　　**表 25-2-1**

燃气	一次空气系数 α'									
	0.1	0.2	0.3	0.4	0.5	0.6	0.7	0.8	0.9	0.95
焦炉煤气	0.23	0.19	0.16	0.12	0.09	0.07	0.06	0.06	0.07	0.08
天然气	—	0.26	0.22	0.18	0.16	0.15	0.13	0.10	0.08	—
丁烷	—	—	—	0.28	0.23	0.19	0.16	0.13	0.11	—

外焰锥体高度：

$$h_0 = 0.86n_1n_2\frac{s_1aQ_f}{\sqrt{d_f}} \times 10^3 \tag{25-2-2}$$

式中　h_0——外焰锥体高度，mm；

n_1——火孔排数；

n_2——系数，天然气：$n_2=1.0$，丁烷：$n_2=1.08$，焦炉煤气 $d_f=2$mm：$n_2=0.5$，$d_f=3$mm：$n_2=0.6$，$d_f=4$mm：$n_2=0.77$～0.78（热强度大时取大值）；

d_f——火孔直径，mm；

s_1——系数，见表 25-2-2。

系数 s_1　　**表 25-2-2**

火孔边距(mm)	2	4	6	8	10	12	14	16	18	20	22	24
s_1	1.47	1.22	1.04	0.91	0.86	0.83	0.79	0.77	0.75	0.74	0.74	0.74

25.2.2 低压引射式燃烧器

25.2.2.1 工作原理

低压引射式燃烧器一般为大气式燃烧器，其一次空气系数按燃气种类不同，一般为0.55～0.65。由于燃气是低压引射，因此吸入空气为常压吸气，即吸气收缩管内压力为大气压。其引射器工作原理见图 25-2-7。

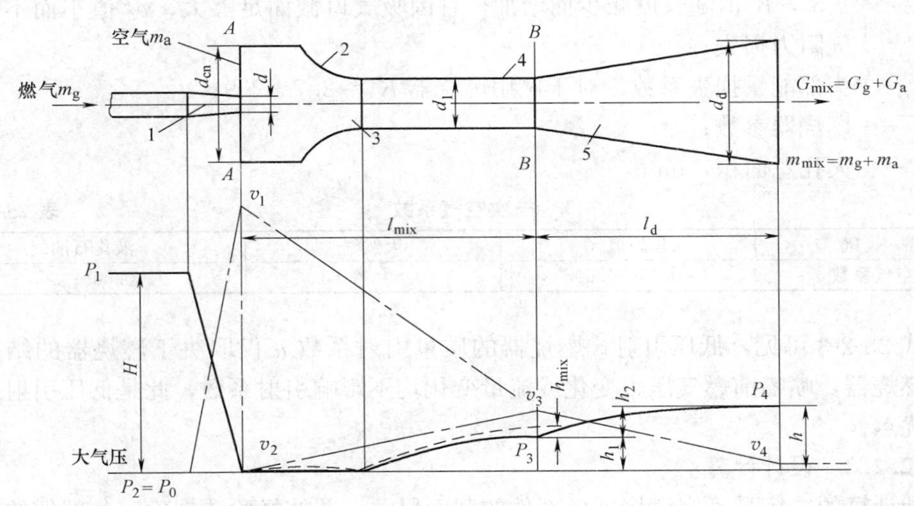

图 25-2-7 常压吸气低压引射器的工作原理

1—喷嘴；2—吸气收缩管；3—喉部；4—混合管；5—扩压管

由图 25-2-7 可见，燃气以压力 p_1 进入喷嘴后压力降至 p_2，而流速升至 v_1，高速燃气把空气以 v_2 速度吸入，在混合管内燃气与空气均匀混合，混合气体以压力 p_3、速度 v_3 进入扩压管，在扩压管内升压至 p_4，以提供头部所需静压力而流速降为 v_4。

低压引射式燃烧器的特性方程见式（25-2-3）：

$$(1+u)(1+uS)=\frac{2F}{K+K_1F_1^2} \tag{25-2-3}$$

$$u=\frac{\alpha' V_0}{S}$$

$$S=\frac{\rho_g}{\rho_a}$$

$$F=\frac{A_m}{A_j}$$

$$F_1=\frac{A_m}{A_f}$$

式中 u——质量引射系数，

α'——一次空气系数，按表 25-2-3 选取；

V_0——单位体积燃气燃烧理论空气需要量，m^3/m^3；

S——燃气相对密度，；

ρ_g——燃气密度，kg/m^3；

ρ_a——空气密度，$\rho_a=1.293$kg/m^3；

F——无因次面积；

A_m——混合管截面积，mm^2；

A_j——喷嘴出口截面积，mm^2；

K——引射器能量损失系数，$K=1.5\sim2.3$，当混合管长度为 2.5 倍直径时，$K=1.5$，K 值随长度减少而增加，且因吸气口截面足够大，v_2 值小而不计及吸气阻力损失；

K_1——头部能量损失系数，对于民用燃烧器 $K_1=2.7\sim2.9$；

F_1——燃烧器参数；

A_f——火孔总面积，mm^2。

一次空气系数　　**表 25-2-3**

燃　　气	焦炉煤气	天然气	液化石油气
一次空气系数 α'	0.55～0.60	0.60～0.65	0.60～0.65

由式 25-2-3 可见，低压引射式燃烧器的质量引射系数 u 仅取决于燃烧器的结构，因此同一燃烧器，喷嘴前燃气压力变化或流量变化均不影响引射系数，此是低压引射式燃烧器又一优点。

25.2.2.2　设计计算

设计计算的内容是确定燃烧器各部件的截面尺寸，并按经验数据确定各部件的长度等尺寸。

1. 最佳工况

引射定量空气而燃气压力损失最小的工况称为最佳工况，此时获得最高头部静压力，以下标 OP 表示最佳工况参数。一般对人工煤气按最佳工况设计；而对天然气、液化石油气等则非如此，详见 25.2.2.3 分析。

（1）计算燃气流量

$$q_g=\frac{3600H_g}{H_L} \tag{25-2-4}$$

式中　q_g——燃气流量，m^3/h；

H_g——燃烧器热负荷，kW；

H_L——燃气低热值，kJ/m^3。

（2）计算喷嘴直径

$$d_j=\sqrt{\frac{q_g}{0.0035\mu}}\cdot\sqrt[4]{\frac{S}{p}} \tag{25-2-5}$$

式中　d_j——喷嘴直径，mm；

μ——喷嘴流量系数，$\mu=0.7\sim0.8$；

p——喷嘴前燃气压力，Pa，通常取设计规范规定的燃烧器额定压力，见表 25-2-4。

燃烧器额定压力　　**表 25-2-4**

燃气	人工煤气	矿井气、液化石油气混空气	天然气、油田伴生气	液化石油气
额定压力(Pa)	1000	1000	2000	2800

(3) 计算混合管截面积与火孔总面积

$$F_{op}=\frac{A_m}{A_j}=k(1+u)(1+uS)A_j \tag{25-2-6}$$

$$A_m=F_{op}A_j=k(1+u)(1+uS)A_j \tag{25-2-7}$$

式中 F_{op}——最佳无因次面积。

$$F_{1op}=\frac{A_m}{A_f}=\sqrt{\frac{K}{K_1}} \tag{25-2-8}$$

$$A_f=\frac{A_m}{F_{1op}}=A_m\sqrt{\frac{K_1}{K}} \tag{25-2-9}$$

式中 F_{1op}——最佳燃烧器参数。

(4) 计算火孔出口速度

$$v_f=\frac{q_G(1+\alpha' V_0)}{0.0036A_f} \tag{25-2-10}$$

式中 v_f——火孔出口速度，m/s。

对于家用燃具若火孔出口速度超出表 25-2-5 所列稳定燃烧范围，为降低火孔出口速度可采取两种措施。一是保持最佳工况而降低喷嘴前燃气压力，按上述步骤再次计算火孔总面积后核算火孔出口速度，也可按表 25-2-5 所列火孔出口速度，计算必需的火孔总面积 A_f后，依次计算 A_m、A_j（d_j），并由式（25-2-5）按 d_j 已知求得喷嘴前燃气压力 p。二是喷嘴前燃气压力为规范规定的额定压力而不允许改变时，则以非最佳工况设计燃烧器，借增加燃烧器中气流阻力以降低火孔出口流速。

对于家用燃具当火孔出口速度低于表 25-2-5 所列范围时，可采取提高喷嘴前燃气压力或适当减少一次空气系数以增大火孔出口速度。

家用燃具火孔出口速度 **表 25-2-5**

燃　气	焦炉煤气	天然气	液化石油气
火孔出口速度 v_f(m/s)	2.0～3.5	1.0～1.3	1.2～1.5

对于商业与工业用燃具，稳定燃烧的火孔出口速度可按表 25-2-6 取值，当火孔直径增大时，稳定燃烧的火孔出口速度随之提高。

商业与工业用燃具火孔出口速度 **表 25-2-6**

火孔直径(mm)		5	10	15	20	25	30	40	50	60	70	80	90	100
出口速度(m/s)	焦炉煤气(α'=0.6～0.65)	4.3	5.0	5.5	6.0	6.5	7.0	7.6	8.4	9.1	9.8	10.5	11.3	12.0
	天然气(α'=0.6～0.7)	1.8	2.1	2.3	2.5	2.7	2.9	3.2	3.5	3.8	4.1	4.4	4.7	5.0
	液化石油气(α'=0.6～0.7)	2.1	2.5	2.7	3.0	3.2	3.5	3.8	4.2	4.5	4.8	5.3	5.7	6.0

此外，可采取空气或水冷却头部降低火孔出口速度，见图 25-2-8。为避免回火也可通过改变回火极限值获得稳定燃烧，如减小火孔直径或在火孔处设置金属网、格栅，以及降低一次空气系数，金属网与格栅火孔见图 25-2-9。

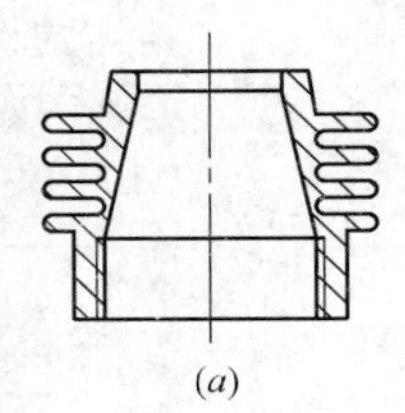
(a)

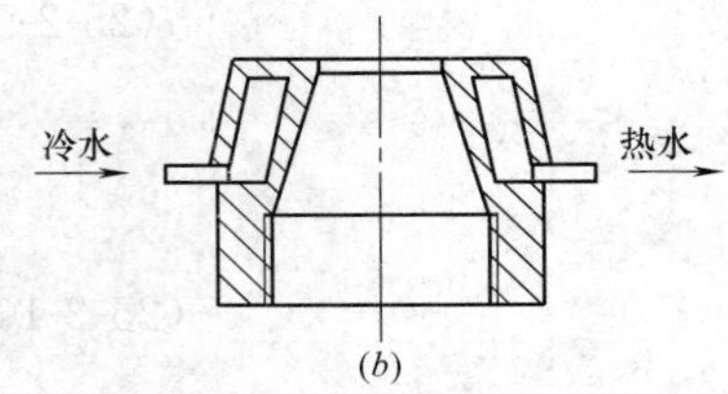

(b)

图 25-2-8　冷却头部
(a) 翅片式；(b) 水冷式

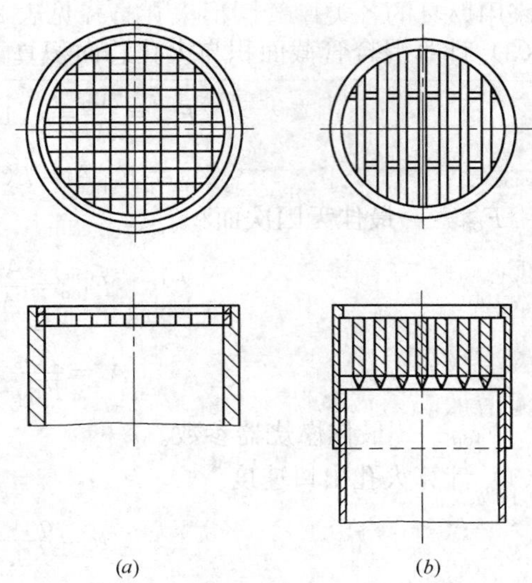
(a)　(b)

图 25-2-9　金属网与格栅火孔
(a) 金属网火孔；(b) 格栅火孔

为防止离焰可设置稳焰孔加热火焰根部，见图 25-2-10，也可减小火孔间距或火孔设凸缘，以及在火孔出口设置火道或稳焰体。

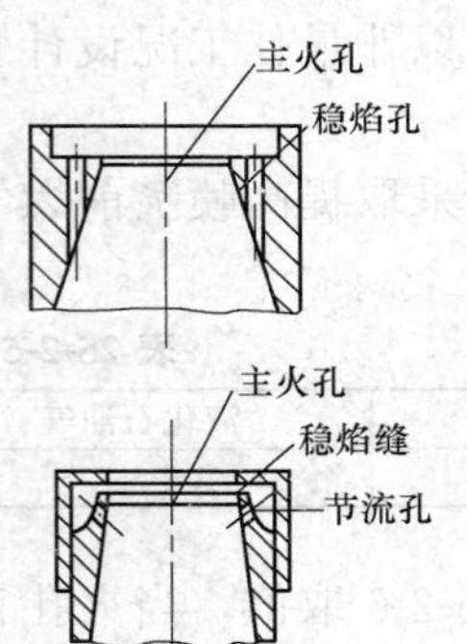

图 25-2-10　带稳焰孔的火孔

(5) 核算最佳工况

在最终确定混合管截面积与火孔总面积后，由此两个主要结构参数进行最佳工况核算。工况判别数 A 可判别引射式燃烧器工况，当 $A=1$ 为最佳工况，当 $A<1$ 为非最佳工况，A 不可能大于 1。

$$A=\frac{2}{\frac{A_{\mathrm{f}}}{A_{\mathrm{m}}}\sqrt{\frac{K}{K_1}}+\frac{A_{\mathrm{m}}}{A_{\mathrm{f}}}\sqrt{\frac{K_1}{K}}} \tag{25-2-11}$$

(6) 确定火孔尺寸与个数

圆火孔最易加工，被广泛采用。孔深增加可减少回火与离焰，在圆火孔周沿制成凸缘形状，不但增加孔深，还利于二次空气供给与冷却头部，一般孔深与火孔中心距为 2～3 倍孔径，凸缘圆孔孔深大于 12mm 时易出现黄焰。

火孔排数不宜大于两排，且各排间火孔交叉排列，当两排以上时，每增加一排，一次空气系数需增加 5%～7%。

条形火孔可配置在多种形状的头部，且利于在面积不大的头部布置总面积较大的火孔。孔宽宜不超过圆火孔直径的 2/3，其在圆管形头部上的切口圆心角宜为 135°。条形火孔可连续或不连续。

大部分家用炊事灶的头部为火盖形式，由火盖与底座形成方形、梯形或矩形火孔，其火孔面积与孔中心距可参考条形火孔与圆火孔确定。此外有采用不锈钢波状带两条中间隔以不锈钢板、并嵌入头部槽内的槽形火孔，其各孔间隔相近而易产生黄焰。

家用燃具的各类燃气圆形火孔直径见表 25-2-7。

家用燃具圆火孔直径 **表 25-2-7**

燃　气	焦炉煤气	天然气	液化石油气
圆火孔直径(mm)	2.5～3.0	2.9～3.2	2.9～3.2

当火孔为非连续型时，已知火孔总面积与单个火孔面积，即可求得火孔个数。火孔深度对极限一次空气系数的影响见图 25-2-11。

由图 25-2-11 可见，增加孔深可提高离焰极限一次空气系数，但孔深过大因增加阻力而影响引射能力，一般宜保持 3.2～9.5mm。此外增加孔深也可减少黄焰。

各类火孔形状见图 25-2-12～图 25-2-15。

(7) 计算扩压管尺寸

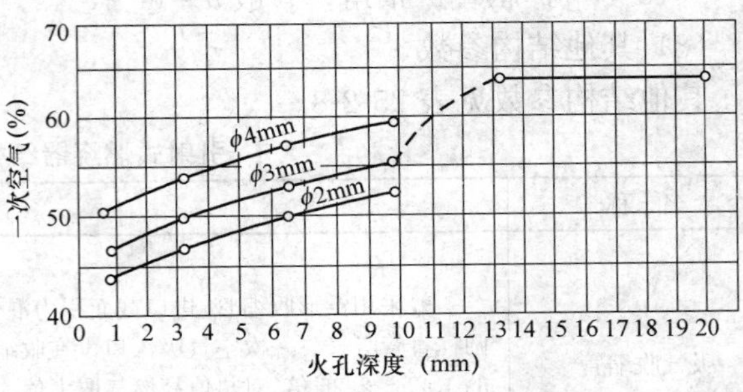

图 25-2-11　孔深对离焰极限一次空气系数的影响曲线

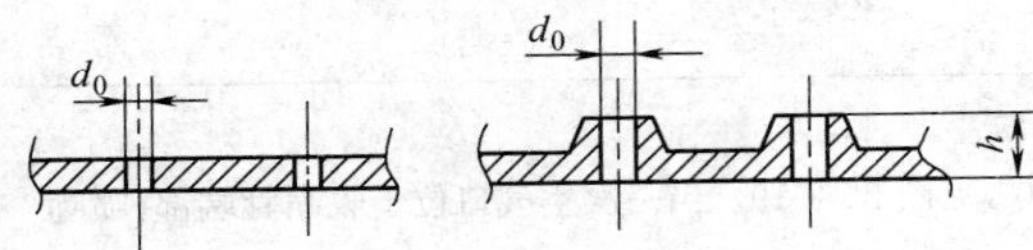

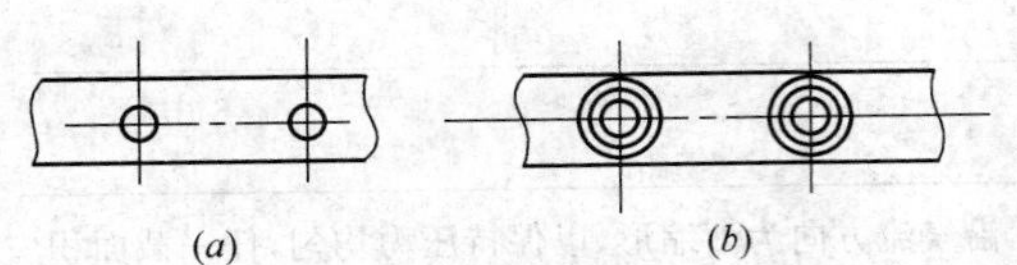

图 25-2-12　圆形火孔

(a) 普通式；(b) 塔式

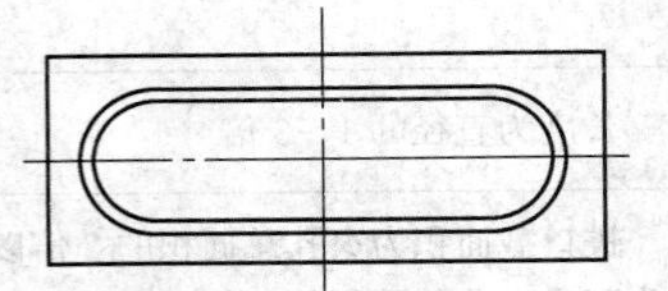

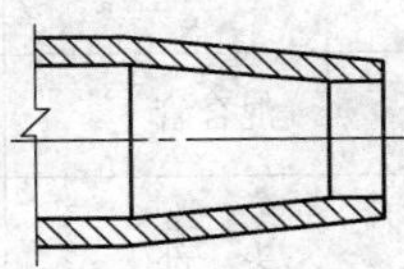

图 25-2-13　条形火孔

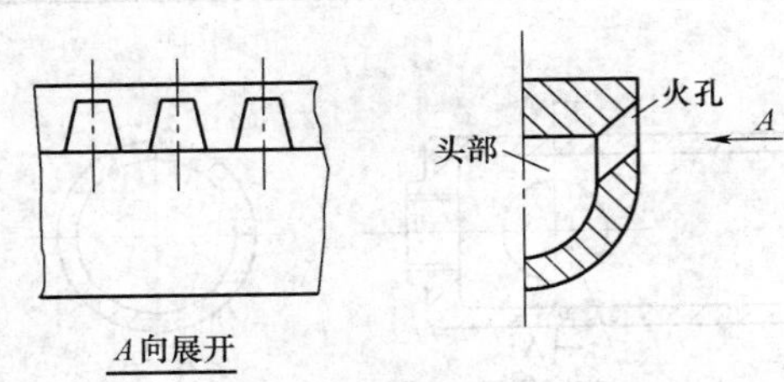

图 25-2-14　矩形火孔

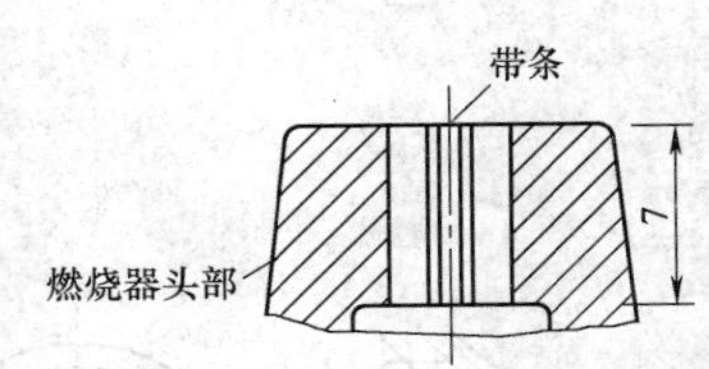

图 25-2-15　槽形火孔

扩压管进口截面积与混合管截面积相同，出口截面积按式 (25-2-12) 计算：

$$A_d = nA_m \tag{25-2-12}$$

式中　A_d——扩压管出口截面积，mm^2；

n——扩压管扩张度，$n=2\sim3$。

扩压管长度取决于扩张角，长度按式 (25-2-13) 计算：

$$L_d=\frac{\frac{D_d-D_m}{2}}{\text{tg}\,\frac{a}{2}} \tag{25-2-13}$$

式中　L_d——扩压管长度，mm；

D_d——扩压管出口截面直径，mm；

D_m——混合管截面直径，mm；

a——扩压管扩张角，一般 $a=6°\sim8°$。

（8）其他结构参数

其他结构参数见表25-2-8。

引射式燃烧器结构尺寸　　**表 25-2-8**

名　称	结　构　参　数
吸气收缩管	一般采用锥形收缩管，进口截面积为混合管截面积的4～6倍，人工煤气或天然气也有采用圆柱直管吸气。一次空气吸入口设在收缩管的端部、直管设在侧面，吸入口面积为火孔总面积的1.25～2.25倍，对热值高燃气取大值。一次空气吸入口处一般装有调风板。收缩管长度由喷嘴安装要求确定。吸气口与调风板见图25-2-16～图25-2-18
燃气喷嘴	直径与孔深之比 $\frac{d}{l}=0.5\sim1.0$，$\beta=60°$，见图25-2-19。当一次空气口位于收缩管端部，喷嘴出口至混合管进口距离为混合管直径1.0～1.5倍，一次空气口位于侧面时，喷嘴出口至空气口中心距离为空气口直径的0～0.5倍。喷嘴轴线应在混合管轴线上
混合管	长度为直径的1～3倍
头　部	进口截面积为火孔总面积的2倍以上，沿气流方向为渐缩形，以保持压力均匀，任一截面积为其后火孔总面积的2倍以上
二次空气流通截面积	直接在火孔外参与燃烧的空气为二次空气，其流通截面积可按每千瓦热负荷取2000mm^{2}左右

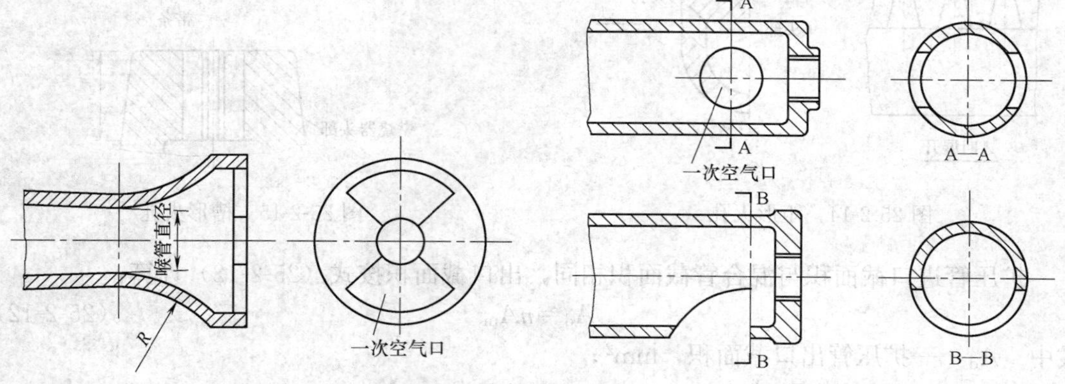

图25-2-16　锥形吸气缩管　　　图25-2-17　圆柱形吸气直管

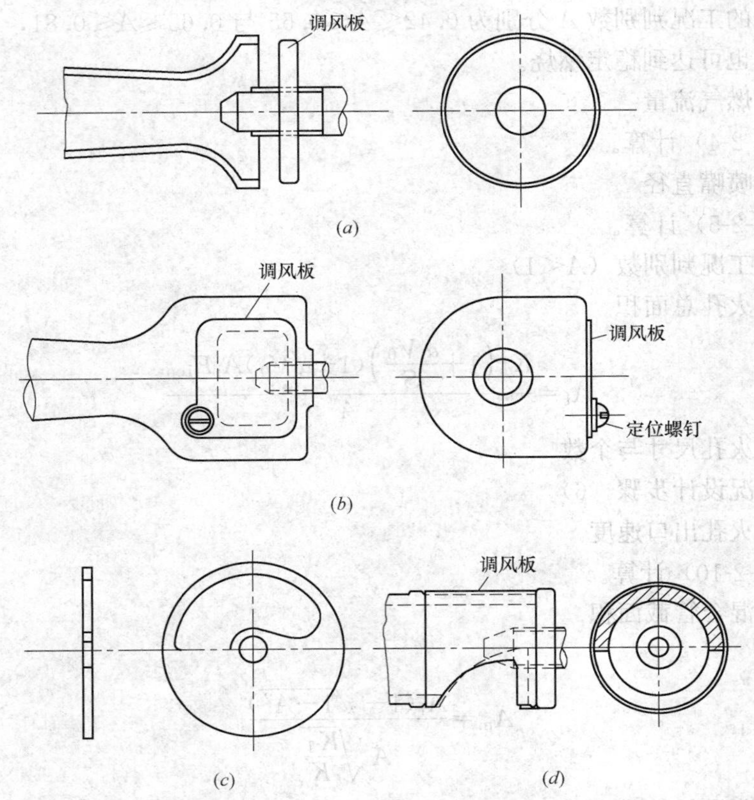

图 25-2-18 调风板

(a) 圆形调风板；(b) 以定位螺钉为轴的侧面调风板；
(c) 以喷嘴为轴的圆形调风板；(d) 侧面弧形调风板

(9) 核算一次空气系数

设计计算中一次空气系数作为已知的设计参数出现在质量引射系数中，其影响燃烧器结构尺寸，因此当燃烧器结构尺寸正确时，由燃烧器结构尺寸计算而求得的一次空气系数应与事先确定的数值一致，由式（25-2-14）核算。

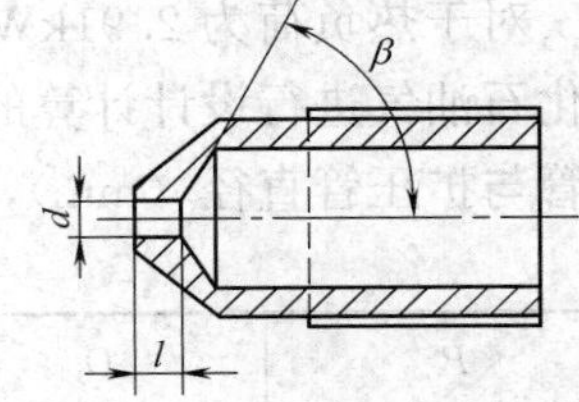

图 25-2-19 燃气喷嘴

$$\alpha'=\frac{-\dfrac{V_0}{S}-V_0+\sqrt{\left(\dfrac{V_0}{S}+V_0\right)^2-\dfrac{4V_0^2}{S}\left(1-\dfrac{2}{\dfrac{KA_j}{A_m}+\dfrac{K_1A_jA_m}{A_f^2}}\right)}}{\dfrac{2V_0^2}{S}} \tag{25-2-14}$$

2. 非最佳工况

当按最佳工况设计时，因火孔出口速度过大而达不到稳定燃烧要求时，可按非最佳工况设计，即通过结构尺寸变化增大阻力以降低火孔出口速度。因此非最佳工况设计应首先按稳定燃烧要求确定火孔出口速度。一般对天然气与液化石油气按非最佳工况设计，它们达到稳定燃烧的工况判别数 A 分别为 $0.42 \leqslant A \leqslant 0.55$ 与 $0.65 \leqslant A \leqslant 0.81$，焦炉煤气当 A 不小于 0.7 时也可达到稳定燃烧。

（1）计算燃气流量

按式（25-2-4）计算。

（2）计算喷嘴直径

按式（25-2-5）计算。

（3）选定工况判别数（$A<1$）

（4）计算火孔总面积

$$A_{\mathrm{f}}=\frac{K_1\left(1+\frac{\alpha' V_0}{S}\right)(1+\alpha' V_0)A_{\mathrm{j}}F_{1\mathrm{op}}}{A} \tag{25-2-15}$$

（5）确定火孔尺寸与个数

同最佳工况设计步骤（6）。

（6）计算火孔出口速度

按式（25-2-10）计算。

（7）计算混合管截面积

$$A_{\mathrm{m}}=\frac{A_{\mathrm{f}}(1-\sqrt{1-A^2})}{A\sqrt{\frac{K_1}{K}}} \tag{25-2-16}$$

（8）核算非最佳工况

按式（25-2-11）计算 A，应与选定值一致。

扩压管尺寸计算、其他结构参数确定与一次空气系数核算同最佳工况设计计算。

25.2.2.3 设计工况分析

对应用最广泛的家用炊事灶低压引射式燃烧器进行设计工况分析示例。

1. 最佳工况

（1）变化喷嘴前燃气压力

对于热负荷为 2.91kW、一次空气系数为 0.6 的燃烧器，分别以焦炉煤气、天然气与液化石油气进行设计计算的结果见表 25-2-9～表 25-2-11。表中 D_{j}、D_{m} 与 D_{d} 为喷嘴、混合管与扩压管直径（mm），v_{f} 为火孔出口速度（以下同）。

焦炉煤气计算结果　　表 25-2-9

P	D_{j}	D_{m}	D_{d}	F_{f}	v_{f}
300	2.73	17.42	27.70	335.40	1.74
400	2.54	16.30	25.78	290.46	2.01
500	2.18	15.93	25.19	277.35	2.10
600	2.37	15.22	24.07	253.19	2.30
700	2.28	14.65	23.16	234.41	2.49

续表

P	D_j	D_m	D_d	F_f	v_f
800	2.20	14.17	22.40	219.27	2.66
900	2.14	13.75	21.75	206.73	2.82
1000	2.11	13.40	21.18	193.12	2.97
1100	2.04	13.08	20.68	186.99	3.12
1200	1.99	12.80	20.24	179.03	3.26
1300	1.95	12.55	19.84	172.01	3.39
1400	1.92	12.32	19.47	165.75	3.52
1500	1.88	12.11	19.14	160.13	3.64
1600	1.85	11.91	18.83	155.05	3.76
1700	1.83	11.73	18.55	150.42	3.87
1800	1.80	11.57	18.29	146.18	3.99

天然气计算结果 **表 25-2-10**

P	D_j	D_m	D_d	F_f	v_f
300	2.20	22.95	36.29	575.52	0.94
400	2.05	21.36	33.77	498.42	1.09
500	1.94	20.20	31.94	445.80	1.21
600	1.85	19.30	30.51	406.96	1.33
700	1.78	18.57	29.36	376.77	1.44
800	1.72	17.96	28.40	352.43	1.54
900	1.67	17.44	27.57	332.28	1.63
1000	1.63	16.98	26.86	315.23	1.72
1100	1.59	16.58	26.22	300.56	1.80
1200	1.56	16.23	25.66	287.76	1.88
1300	1.53	15.91	25.15	276.47	1.96
1400	1.50	15.61	24.69	266.42	2.03
1500	1.47	15.35	24.27	257.38	2.10
1600	1.45	15.10	23.88	249.21	2.17
1700	1.43	14.87	23.52	241.77	2.24
1800	1.41	14.66	23.19	234.96	2.30
1900	1.39	14.47	22.87	228.69	2.37
2000	1.37	14.28	22.58	222.90	2.43
2100	1.35	14.11	22.31	217.53	2.49
2200	1.34	13.95	22.05	215.53	2.55

液化石油气计算结果　表 25-2-11

P	D_j	D_m	D_d	F_f	v_f
1200	1.21	19.15	30.28	400.66	1.17
1300	1.18	18.77	29.68	384.94	1.21
1400	1.16	18.42	29.13	370.94	1.26
1500	1.14	18.11	28.63	358.36	1.30
1600	1.12	17.82	28.18	346.98	1.35
1700	1.10	17.55	27.75	336.62	1.39
1800	1.09	17.30	27.36	327.13	1.43
1900	1.07	17.07	26.99	318.41	1.47
2000	1.06	16.85	26.65	310.35	1.51
2100	1.05	16.65	26.32	302.87	1.54
2200	1.04	16.46	26.02	295.90	1.58
2300	1.02	16.27	25.73	289.40	1.61
2400	1.01	16.10	25.46	283.35	1.65
2500	1.0	15.94	25.20	277.58	1.68
2600	0.99	15.78	24.95	272.19	1.72
2700	0.98	15.63	24.72	267.10	1.75
2800	0.98	15.49	24.50	262.29	1.78
2900	0.97	15.36	24.28	257.73	1.81
3000	0.96	15.23	24.08	253.40	1.84
3100	0.95	15.10	23.88	249.28	1.87

火孔出口速度是判断燃烧稳定性的主要指标，而混合管直径是燃烧器的特性尺寸。由表 25-2-9～表 25-2-11 可见，随着喷嘴前燃气压力的增加，火孔出口速度增大、混合管直径减小。同时，由上述数据可获得对应最佳工况下，稳定燃烧的喷嘴前压力范围（见表 25-2-12），对于天然气与液化石油气低于规范规定的额定压力，即采用此额定压力导致火孔出口速度过高而燃烧不稳定，因此必须采用非最佳工况以降低火孔出口速度。

稳定燃烧的喷嘴前燃气压力　表 25-2-12

燃气种类	焦炉煤气	天然气	液化石油气
最佳工况下稳定燃烧［喷嘴前压力(Pa)］	400～1800	350～600	1300～2000

（2）变化一次空气系数

当喷嘴前额定燃气压力与燃烧器热负荷不变时，改变一次空气系数将引起最佳无因次面积与火孔出口速度的变化。其变化趋势是随着一次空气系数的减小，最佳无因次面积减小，从而减小燃烧器尺寸，并引起火孔出口速度增大。对上述三种燃气的燃烧器进行计算，喷嘴前额定燃气压力分别为：焦炉煤气 1000Pa，天然气 2000Pa、液化石油气 3000Pa，计算结果见表 25-2-13。

变化一次空气系数计算结果 表 25-2-13

α'		1	0.9	0.8	0.7	0.6	0.5	0.4	0.3	0.2	0.1
焦炉煤气	F_{op}	96.80	80.76	66.17	53.02	41.32	31.06	22.25	14.88	8.96	4.48
	D_m	20.50	18.73	16.95	15.18	13.40	11.62	9.83	8.04	6.24	4.41
	v_f	1.88	2.07	2.30	2.59	2.97	3.48	4.20	5.29	7.14	10.99
天然气	F_{op}	273.35	225.13	181.58	142.70	108.50	78.97	54.12	33.94	18.43	7.60
	D_m	22.67	20.57	18.48	16.38	14.28	12.18	10.09	7.99	5.89	3.78
	v_f	1.51	1.67	1.86	2.11	2.43	2.83	3.48	4.45	6.17	10.03
液化石油气	F_{op}	657.86	538.66	431.37	335.97	252.48	180.89	121.19	73.41	37.52	13.53
	D_m	24.58	22.24	19.90	17.57	15.23	12.89	10.55	8.21	5.87	3.53
	v_f	1.15	1.27	1.42	1.60	1.84	2.17	2.63	3.35	4.61	7.38

由表 25-2-13 可见，就稳定燃烧而言，对于焦炉煤气，仅当 $\alpha'=1$ 时有回火趋向，因此一次空气系数 α' 的变化范围甚宽。但天然气与液化石油气的火孔出口速度均处于离焰区，说明在最佳工况下，变化一次空气系数仍不能维持稳定燃烧。

2. 非最佳工况

由上述分析可知，为保持稳定燃烧的火孔出口速度，当采用规范推荐的喷嘴前额定燃气压力时，对于天然气与液化石油气燃烧器设计可在非最佳工况下进行。对于前述焦炉煤气、天然气与液化石油气燃烧器采用额定燃气压力，且一次空气系数为 0.6 时的非最佳工况计算结果见表 25-2-14。

非最佳工况计算结果 表 25-2-14

A		0.9	0.8	0.7	0.6	0.5	0.4	0.3	0.2	0.1
焦炉煤气	D_m	11.18	10.59	10.23	9.99	9.81	9.68	9.58	9.52	9.48
	v_f	2.67	2.38	2.08	1.78	1.49	1.19	0.89	0.59	0.30
天然气	D_m	11.92	11.29	10.91	10.65	10.46	10.32	10.22	10.15	10.11
	v_f	2.18	1.94	1.70	1.46	1.21	0.97	0.73	0.49	0.24
液化石油气	D_m	12.71	12.04	11.63	11.35	11.15	11.0	10.89	10.82	10.78
	v_f	1.66	1.48	1.29	1.11	0.92	0.74	0.55	0.37	0.18

由表 25-2-14 可见，对于焦炉煤气，当工况判别数 $A<0.7$ 时，有回火倾向，即 $0.7\leqslant A\leqslant 1$ 为焦炉煤气燃烧器的非最佳工况下工况判别数 A 的稳定燃烧范围；而对于天然气与液化石油气相应的范围分别为 $0.42\leqslant A\leqslant 0.55$，$0.65\leqslant A\leqslant 0.81$。

25.2.2.4 校核计算

对现有低压引射式燃烧器通过校核计算可判断产品性能的合理性或判断不良燃烧原因，并确定改良方案，也可通过校核计算确定改良效果与燃烧性能。校核计算可按燃烧器额定压力或额定热负荷进行。在校核计算前，须准确地测量燃烧器部件直径与长度，并计算截面积。

1. 按额定压力校核

(1) 计算燃气流量

$$q_g = 0.0035\mu d_j^2\sqrt{\frac{p}{S}} \tag{25-2-17}$$

(2) 计算一次空气系数

按式（25-2-14）计算。

(3) 计算无因次面积

$$F = \frac{A_m}{A_j} \tag{25-2-18}$$

式中　F——无因次面积。

(4) 计算燃烧器参数

$$F_1 = \frac{A_m}{A_f} \tag{25-2-19}$$

(5) 计算工况判别数

按式（25-2-11）计算。

(6) 计算火孔出口速度

按式（25-2-10）计算。

2. 按额定热负荷计算

(1) 计算燃气流量

按式（25-2-4）计算。

(2) 计算喷嘴前燃气压力

$$p = \left(\frac{q_g}{0.0035\mu}\right)^2 \frac{S}{d_j^4} \tag{25-2-20}$$

其余校核计算同按额定燃气压力校核计算 2)～6)。

25.2.2.5　燃烧器适应性与改造

当前我国城市燃气处于人工煤气向液化石油气、液化石油气混空气以及天然气的转变期。面临这一气源变动的形势，对燃气用具的改造是一个急迫的任务，为此必须研究燃烧器的适应性，在此基础上确定改造方案。

1. 燃烧器适应性

燃烧器适应性是指燃烧器结构不作改动或作局部改动的条件下，适应与原设计气种不同气种的能力。对低压引射式燃烧器的适应能力作解析基础上，提出改造措施。

为准确地进行燃烧器的设计、校核以及考察变化气种、结构参数与工况参数后的燃烧稳定性，必须开发计算软件。开发的软件包括两部分，首先按原气种设计或校核燃烧器，然后按变换的气种在结构与工况不变动的或变动的状况下，解析燃烧的稳定性，从而提出气种变换状况下对燃烧器改造的措施。

对应用最广泛的家用炊事灶的低压引射式燃烧器在气种变化时，保持热负荷不变与变动，变动火孔热强度、额定燃气压力以及空气吸入管阻力等作设计算例，考察燃烧的稳定性。作为燃烧稳定性的控制参数是可燃混合物的火孔出口速度与一次空气系数。

以焦炉煤气与液化石油气燃烧器为气种变化对象，其中焦炉煤气变换为液化石油气、天然气或液化石油气混空气；液化石油气变换为天然气或液化石油气混空气。液化石油气混空气是按所采用的天然气燃烧特性配制的，即为天然气的可置换气。

(1) 保持热负荷不变

保持热负荷不变仅需按变换气种改变燃气喷嘴直径。喷嘴前燃气压力按所变换气种的规范规定值重新确定。计算结果如表 25-2-15 所示，表中 Q_f 为火孔热强度（kW/mm^2）。

保持热负荷不变计算结果 **表 25-2-15**

项目	燃 气	燃烧器工况	H_g	P	D_j	α'	F_f	Q_f	v_f
变换前	焦炉煤气	最佳工况	2.91	1000	2.08	0.60	201.75	0.0144	2.89
变换后	液化石油气	最佳工况	2.91	3000	0.96	0.53	201.75	0.0144	2.06
	天然气	最佳工况	2.91	2000	1.37	0.57	201.75	0.0144	2.55
	液化石油气混空气	最佳工况	2.91	2000	1.39	0.62	201.75	0.0144	2.42
变换前	液化石油气	非最佳工况 $A=0.7$	2.91	3000	0.96	0.60	363.25	0.008	1.29
变换后	天然气	非最佳工况 $A=0.7$	2.91	2000	1.37	0.65	363.25	0.008	1.59
	液化石油气混空气	非最佳工况 $A=0.7$	2.91	2000	1.39	0.70	363.25	0.008	1.52

由表 25-2-15 可见，对于焦炉煤气与液化石油气燃烧器，当变换气种时如仅改变燃气喷嘴直径以保护热负荷不变，由于火孔出口速度偏高，均不能获得稳定燃烧，其中焦炉煤气燃烧器变换后的火孔出口速度偏离正常值更大。焦炉煤气燃烧器变换后的一次空气系数有所升降，变动范围为－12%～3%，而液化石油气燃烧器变换后的一次空气系数上升，最大升幅为 16%。

(2) 变化热负荷

当变化热负荷时，也仅需按变换气种改变燃气喷嘴直径，但喷嘴前燃气压力按变换气种的规范规定值重新确定。根据前述热负荷不变的解析结果，为改变火孔出口速度偏高而导致燃烧不稳定，采取低热负荷以求降低火孔出口速度。计算结果如表 25-2-16 所示。

变化热负荷计算结果 **表 25-2-16**

项目	燃气	燃烧器工况	H_g	P	D_j	α'	F_f	Q_f	v_f
变换前	焦炉煤气	最佳工况	2.91	1000	2.08	0.60	201.75	0.0144	2.89
变换后	液化石油气	最佳工况	2.33	3000	0.86	0.60	201.75	0.0115	1.85
			1.74	3000	0.74	0.70	201.75	0.0086	1.60
	天然气	最佳工况	2.33	2000	1.23	0.64	201.75	0.0115	2.27
			1.74	2000	1.06	0.75	201.75	0.0086	1.96
	液化石油气混空气	最佳工况	2.33	2000	1.24	0.70	201.75	0.0115	2.17
			1.74	2000	1.07	0.82	201.75	0.0086	1.89
变换前	液化石油气	非最佳工况 $A=0.65$	2.91	3000	0.96	0.6	391.19	0.0070	1.19

续表

项目	燃气	燃烧器工况	H_g	p	D_j	α'	A_f	Q_f	v_f
变换后	天然气	非最佳工况 $A=0.65$	2.33	2000	1.23	0.73	391.19	0.0059	1.31
			1.86	2000	1.10	0.83	391.19	0.0048	1.17
			1.40	2000	0.95	0.97	391.19	0.0036	1.01
	液化石油气混空气	非最佳工况 $A=0.65$	2.56	2000	1.30	0.76	391.19	0.0065	1.32
			2.33	2000	1.24	0.80	391.19	0.0059	1.26
			1.74	2000	1.07	0.93	391.19	0.0045	1.10

由表 25-2-16 可见，对于焦炉煤气燃烧器，变换气种时，即使热负荷下降 40%，即 $H_g=1.74$kW，火孔出口速度仍超出稳定燃烧范围。并且一次空气系数均增大，最高增幅达 37%。

对于液化石油气燃烧器，通过降低热负荷的手段，可以使变换使用的天然气与液化石油气混空气进入稳定燃烧范围，其热负荷降低范围分别为 20%～52%与 12%～40%。同时随着热负荷的降低，一次空气系数有明显的增加，其增加幅度随热负荷下降而升高，液化石油气燃烧器尤为剧增，增幅范围为 22%～62%，致使稳定燃烧范围变窄。由此可知，降低热负荷的手段，对焦炉煤气燃烧器无效，对液化石油气燃烧器虽可获得稳定燃烧，但过分降低热负荷对用户不利，而且随着一次空气系数的明显增加，对燃烧稳定性不利。因此降低热负荷是得不偿失的。

（3）变化火孔热强度

在保持热负荷不变前提下，为降低火孔出口速度，可采取降低火孔热强度，即增大火孔面积的措施。喷嘴前燃气压力按所变换气种的规范规定值重新确定。计算结果如表 25-2-17 所示。

变化火孔热强度计算结果 **表 25-2-17**

项目	燃气	燃烧器工况	H_g	p	D_j	α'	A_f	Q_f	v_f
变换前	焦炉煤气	最佳工况	2.91	1000	2.08	0.60	201.75	0.0144	2.89
变换后	液化石油气	非最佳工况 $A=0.88$	2.91	3000	0.96	0.66	342.06	0.0085	1.48
		非最佳工况 $A=0.82$	2.91	3000	0.96	0.68	387.67	0.0075	1.35
		非最佳工况 $A=0.75$	2.91	3000	0.96	0.75	447.31	0.0065	1.20
	天然气	非最佳工况 $A=0.67$	2.91	2000	1.37	0.77	528.64	0.0055	1.28
		非最佳工况 $A=0.57$	2.91	2000	1.37	0.79	646.11	0.0045	1.07
	液化石油气混空气	非最佳工况 $A=0.71$	2.91	2000	1.39	0.83	484.58	0.0060	1.33
		非最佳工况 $A=0.62$	2.91	2000	1.39	0.86	581.50	0.0050	1.13
		非最佳工况 $A=0.57$	2.91	2000	1.39	0.86	646.11	0.0045	1.03

续表

项目	燃气	燃烧器工况	H_g	p	D_j	α'	A_f	Q_f	v_f
变换前	液化石油气	非最佳工况 $A=0.70$	2.91	3000	0.96	0.60	363.25	0.0080	1.29
变换后	天然气	非最佳工况 $A=0.60$	2.91	2000	1.37	0.66	447.31	0.0065	1.32
		非最佳工况 $A=0.56$	2.91	2000	1.37	0.67	484.58	0.0060	1.23
		非最佳工况 $A=0.48$	2.91	2000	1.37	0.68	581.50	0.0050	1.03
	液化石油气混空气	非最佳工况 $A=0.62$	2.91	2000	1.39	0.71	415.36	0.0070	1.33
		非最佳工况 $A=0.55$	2.91	2000	1.39	0.72	484.58	0.0060	1.16
		非最佳工况 $A=0.51$	2.91	2000	1.39	0.73	528.64	0.0055	1.07

由表 25-2-17 可见，降低火孔热强度可使各类变换气均控制在稳定燃烧范围内，且一次空气系数的增幅低于降低热负荷所引起的变化，焦炉煤气燃烧器的增幅大于液化石油气燃烧器。因此保持热负荷不变（改变燃气喷嘴直径），降低火孔热强度是切实可行的。当焦炉煤气燃烧器变换为采用液化石油气、天然气或液化石油气混空气时，火孔热强度分别为 0.0065～0.0085kW/mm²、0.0045～0.0055kW/mm²、0.0045～0.0060kW/mm²，当液化石油气燃烧器变换为采用天然气或液化石油气混空气时，火孔热强度分别为0.0050～0.0065kW/mm²、0.0045～0.0070kW/mm²。由于火孔面积增加，使燃烧器的工况判别数下降。

（4）变化喷嘴前燃气压力

喷嘴前燃气压力的降低可使火孔出口速度下降。保持热负荷不变时其对火孔出口速度与一次空气系数变化的影响见表 25-2-18。

变化喷嘴前燃气压力计算结果 **表 25-2-18**

项目	燃气	燃烧器工况	H_g	p	α'	v_f
变换前	焦炉煤气	最佳工况	2.91	1000	0.60	2.89
变换后	液化石油气	最佳工况	2.91	1500	0.44	1.72
		最佳工况	2.91	1000	0.39	1.55
	天然气	最佳工况	2.91	1500	0.52	2.35
		最佳工况	2.91	1000	0.46	2.16
	液化石油气混空气	最佳工况	2.91	1500	0.57	2.25
		最佳工况	2.91	1000	0.51	2.03
变换前	液化石油气	非最佳工况 $A=0.65$	2.91	3000	0.60	1.19
变换后	天然气	非最佳工况 $A=0.65$	2.91	1500	0.59	1.31
		非最佳工况 $A=0.65$	2.91	1000	0.53	1.24
	液化石油气混空气	非最佳工况 $A=0.65$	2.91	1500	0.65	1.31
		非最佳工况 $A=0.65$	2.91	1000	0.58	1.18

由表25-2-18可见，对于焦炉煤气燃烧器，即使将天然气或液化石油混空气的喷嘴前压力降至1000Pa，仍不能获得稳定燃烧，而对于同样状况下的液化石油气，由于一次空气系数有明显的下降而可能避免离焰，但导致燃烧不完全。对于液化石油气燃烧器，将两种变换气的喷嘴前压力降至1500Pa以下时，可获得稳定燃烧，且一次空气系数变化不大。但燃气燃烧器的额定压力由规范规定，不宜作变动。

(5) 增大吸气收缩管阻力

增大空气吸入的收缩管阻力可降低火孔出口速度与一次空气系数。保持热负荷不变时，增大吸气收缩管阻力系数 K 的解析结构见表25-2-19。喷嘴前压力按所变换气种的规范规定值重新确定。

增大吸气收缩管阻力计算结果 表25-2-19

项目	燃气	燃烧器工况	H_g	p	K	α'	v_f
变换前	焦炉煤气	最佳工况	2.91	1000	0.0	0.60	2.89
变换后	液化石油气	非最佳工况 $A=0.86$	2.91	3000	3.0	0.36	1.43
		非最佳工况 $A=0.82$	2.91	3000	4.0	0.33	1.32
	天然气	非最佳工况 $A=0.86$	2.91	2000	3.0	0.37	1.82
		非最佳工况 $A=0.82$	2.91	2000	4.0	0.34	1.69
	液化石油气混空气	非最佳工况 $A=0.86$	2.91	2000	3.0	0.41	1.68
		非最佳工况 $A=0.86$	2.91	2000	4.0	0.37	1.55
变换前	液化石油气	非最佳工况 $A=0.70$	2.91	3000	0.0	0.60	1.29
变换后	天然气	非最佳工况 $A=0.60$	2.91	2000	0.7	0.53	1.34
		非最佳工况 $A=0.49$	2.91	2000	2.0	0.41	1.09
		非最佳工况 $A=0.44$	2.91	2000	3.0	0.36	0.97
	液化石油气混空气	非最佳工况 $A=0.60$	2.91	2000	0.7	0.58	1.27
		非最佳工况 $A=0.49$	2.91	2000	2.0	0.45	1.00
		非最佳工况 $A=0.44$	2.91	2000	3.0	0.39	0.90

由表25-2-19可见，增加吸气收缩管阻力，对焦炉煤气燃烧器变换气种后，火孔出口速度不能达到稳定燃烧范围。而对液化石油气燃烧器，当阻力系数增大至0.7～3.0时火孔出口速度可进入稳定燃烧范围，但一次空气系数下降剧烈，引起不完全燃烧。因此增加吸气收缩管阻力不可作为主要调整手段。一次空气系数保持允许范围前提下，当液化石油气燃烧器的气种变换时，可配合火孔热度强度改变等措施作为辅助手段。

综上所述，对于焦炉煤气或液化石油气燃烧器，如不作结构或工况参数的调整，不能变换气种使用，原因是火孔出口速度高于稳定燃烧范围。对于其他人工煤气燃烧器亦如此。

研究5种调整措施后，认为保护热负荷不变（按变换气种的规定喷嘴前燃气压力改变喷嘴直径）并降低火孔热强度是改造燃烧器的有效措施，而增加吸气收缩管阻力的方法可作为辅助手段。

2. 燃烧器改造

在进行燃气气种转换时，对用户现有燃烧器分别进行更换或改造，对改造后的燃烧器应进行校核计算与检测，以确定燃烧工况是否符合要求。

燃烧器改造的原则是：气种转换后燃烧器热负荷不变且燃烧稳定、有害物排放合格。改造的主要技术手段是变化喷嘴直径与火孔总面积，并辅以调整一次空气入口调风板。

(1) 计算喷嘴直径

由式（25-2-5）可知，保持燃烧器热负荷不变时，喷嘴直径与华白数或广义华白数的平方根成反比，即：

$$d'_j = d_j\sqrt{\frac{W}{W'}} \tag{25-2-21}$$

$$d'_j = d_j\sqrt{\frac{W_1}{W'_1}} \tag{25-2-22}$$

式中　d'_j——改燃新气种时的喷嘴直径，mm；

d_j——原有喷嘴直径，mm；

W'、W'_1——分别为新气种华白数，MJ/m^3，与广义华白数，$MJ \cdot Pa^{1/2}/m^3$；

W、W_1——分别为原有燃气华白数，MJ/m^3，与广义华白数，$MJ \cdot Pa^{1/2}/m^3$。

如燃气转换时额定压力不变，采用式（25-2-21）。如额定压力变化，采用式（25-2-22），人工煤气与液化石油气燃烧器转换使用天然气，即属此种情况。

(2) 计算火孔总面积

为获得稳定燃烧与有害排放物符合要求，燃气转换时一般须改变火孔热强度。当人工煤气与液化石油气燃烧器转换使用天然气或液化石油气混空气时，应降低火孔热强度，此时可按表 25-2-5，表 25-2-6 推荐的火孔出口速度按由式（25-2-23）计算火孔总面积：

$$A_f = \frac{q_g(1+\alpha' V_0)}{0.0036 v_f} \tag{25-2-23}$$

也可以按火孔热强度 Q_f 由式（25-2-24）计算火孔总面积：

$$A_f = \frac{H_g}{Q_f} \tag{25-2-24}$$

当焦炉煤气燃烧器转换采用液化石油气、天然气与液化石油气混空气时，火孔热强度分别为 $0.0065 \sim 0.0085kW/mm^2$、$0.0045 \sim 0.0055kW/mm^2$ 与 $0.0045 \sim 0.0060kW/mm^2$。当液化石油气燃烧器转换采用天然气与液化石油气混空气时，火孔热强度分别为 $0.0050 \sim 0.0065kW/mm^2$ 与 $0.0055 \sim 0.0070kW/mm^2$。一般此两种燃烧器作上述气种转换时，火孔热强度均有所下降。

(3) 核算一次空气系数

当火孔热强度降低时，往往引起一次空气系数增大，使稳定燃烧范围变小，可适当调整一次空气入口调风板，当进风口调小时，使引射器能量损失系数 K 增大，从而一次空气系数降低。进风口阻力影响可按前述 K 值增加 0.06～0.12 考虑。按式（25-2-14）核算一次空气系数。

(4) 核算工况判别数

当火孔热强度降低而使火孔总面积增加时，工况判别数下降，按式（25-2-11）核算。

25.2.3 高压引射式燃烧器

25.2.3.1 工作原理

高压引射式燃烧器主要用以工业与商业，包括燃气锅炉与餐饮灶等。由于热负荷大，火孔出口速度高，为避免脱火，往往配有火道与燃烧室，以提高燃烧速度、获得稳定燃烧。利用燃气压力高的特点，一般设计成完全预混空气式，即一次空气系数等于或大于1，即形成无焰燃烧，称为无焰燃烧器；同时空气吸入速度高而形成吸气收缩管内负压，即属负压吸气式，并考虑空气动量参与能量平衡、认为空气吸入口面积近似为混合管截面积与喷嘴出口面积之差。根据上述特点，其设计计算中必须考虑喷嘴压缩比、燃气压缩性、吸气收缩管与火道阻力损失，以及炉膛背压影响等因素。

高压引射式燃烧器的特性方程见式（25-2-25）：

$$(1+u)(1+uS)=\frac{2F}{K+K_1F_1^2}\frac{\varepsilon_f X''}{X'} \tag{25-2-25}$$

式（25-2-26）中 ε_f、X'与X''分别由下列各式表示：

$$\varepsilon_f=\nu^{\frac{k-1}{k}} \tag{25-2-26}$$

式中 ν——喷嘴前、后绝对压力比，$\nu=\frac{p_2}{p_1}$；

p_1、p_2——喷嘴前、后绝对压力，Pa；

k——绝热指数，空气 $k=1.4$，天然气 $k=1.3$，焦炉煤气 $k=1.37$，液化石油气$k=1.15$。

$$X'=1-\frac{K_2}{K+K_1F_1^2}B \tag{25-2-27}$$

$$K_2=\frac{2\mu_{en}^2-1}{\mu_{en}^2}$$

$$B=\frac{u^2S}{(1+u)(1+uS)}$$

$$X''=1-\frac{\varepsilon_f F h_{ba}}{2\mu^2\varepsilon_h P'_1} \tag{25-2-28}$$

$$\varepsilon_h=\frac{k(1-\nu^{\frac{k-1}{k}})\nu}{(k-1)(1-\nu)}$$

$$p_1'=p_1-101325$$

式中 K_2——系数；

μ_{en}——次空气吸入口流量系数，当喷嘴外表面加工良好，吸入段曲率半径，$R=(0.3\sim0.7)D_m$时，$\mu_{en}=0.85\sim0.90$；

B——系数；

h_{ba}——燃烧室背压，正压为正值，负压为负值；

ε_h——系数；

p_1'——喷嘴前压力，Pa。

式（25-2-25）中头部能量损失系数 K_1 由头部火孔出口与火道阻力损失确定，并受头部气体温度 t_P影响。当无火道时见表 25-2-20，有火道时由式（25-2-29）计算。

无火道时头部能量损失系数 表 25-2-20

t_P(℃)	250	200	150	100	50
K_1	3.61	3.25	2.88	2.51	2.15

$$K_1=b+\left(\frac{A_f}{A_c}\right)^2\left(c+\frac{eL_c}{D_c}\right)-g\left(\frac{A_f}{A_d}\right)^2 \tag{25-2-29}$$

式中 A_c——火道出口截面积，mm^2；

D_c——火道平均直径，mm；

L_c——火道长度，mm；

b、c、e、g——系数，见表 25-2-21。

系数 *b*、*c*、*e*、*g* 表 25-2-21

t_P(℃)	150			100			50		
燃气	焦炉煤气	天然气	液化石油气	焦炉煤气	天然气	液化石油气	焦炉煤气	天然气	液化石油气
b		2.55			2.23			1.89	
c	13.28	13.65	14.77	13.46	13.83	14.95	13.65	14.02	15.14
e	0.33	0.34	0.37	0.33	0.34	0.37	0.33	0.34	0.37
g		1.55			1.37			1.18	

由式（25-2-25）可见，高压引射式燃烧器的质量引射系数 u 除取决于燃烧器结构外，还与火道结构、喷嘴前、后压力，以及燃烧室背压有关，这是与低压引射式燃烧器的显著区别。

火道的主要作用是稳定和强化燃烧，防止脱火，由耐火材料制成。多孔火道适用于大型燃烧器，单孔火道适用于热负荷不超过 2.3×10^3 kW 的小型燃烧器。火道内烟气流速一般为 30～40m/s，按烟气量即可计算火道总截面积。

如图 25-2-20，对于多孔火道，分火道隔墙厚度一般为 100～125mm，分火道高度不应超过隔墙厚度 7 倍。火道截面积与高度由式（25-2-30）与式（25-2-31）计算。

$$A_c=\frac{q_c}{3600v_c} \tag{25-2-30}$$

式中 A_c——火道截面积，m^2；

q_c——火道内烟气总流量，m^3/h；

v_c——火道内烟气流速，m/s。

$$h_c=\frac{A_c}{ib} \tag{25-2-31}$$

式中 h_c——火道高度，m；

b——分火道宽度，m；

i——分火道数。

为保证完全燃烧，火道必须有足够长度，由式（25-2-32）计算。

$$L_c=\left(\frac{b}{2S}+\tau\right)v_c \tag{25-2-32}$$

式中 L_c——火道长度，m；

S——火焰传播速度，m/s；

τ——燃烧反应所需时间，s。

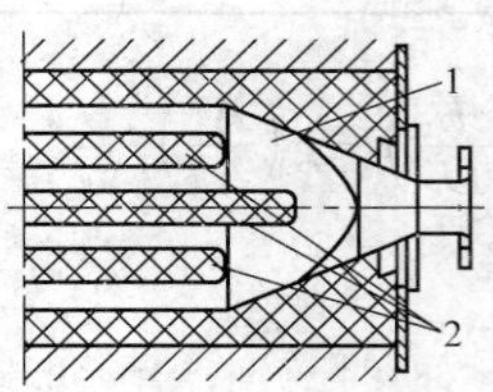

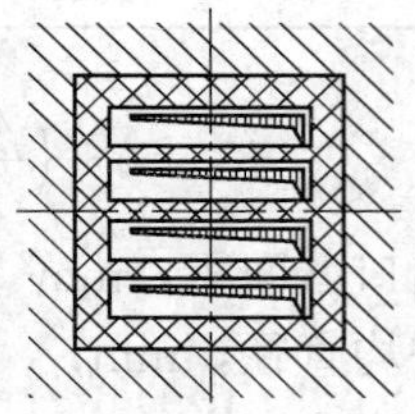

图 25-2-20　多孔火道示意图

1—入口；2—隔墙

对于有燃烧室的火道，其长度按分火道宽度确定，当宽度为 115～135mm 时，长度为 465～500mm，当宽度为 185～235mm 时，长度为 700～760mm。

单孔火道尺寸见图 25-2-21，取值如下：$D'=(1.25\sim1.35)\ D_p$，$D_c=(2.4\sim3.0)\ D_p$，$L_c=(2.4-2.7)\ D_c$，$L'=10\sim25$mm。当火孔直径较大时，火道长度可减短，如 $D_p=86\sim134$mm 时，$L_c=1.5D_c$，$D_p=154\sim270$mm 时，$L_c=500\sim700$mm。

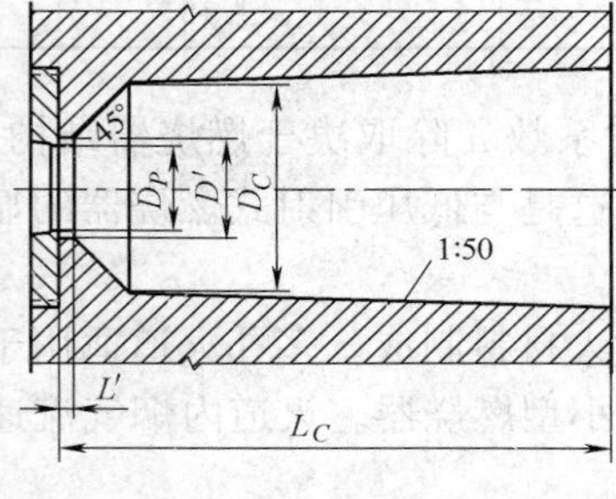

图 25-2-21　单孔火道简图

25.2.3.2　设计计算

1. 最佳工况

为充分利用燃气压力，高压引射式燃烧器一般采用最佳工况设计。

（1）按已知燃气压力设计的主要计算项目

① 计算燃气流量

按式（25-2-4）计算。

② 计算吸气阻力损失

$$h_{en}=\mu_{en}\frac{v_2^2}{2}\rho_a \tag{25-2-33}$$

$$v_2=\frac{\alpha' V_0}{A_a}$$

式中　h_{en}——吸气阻力损失，Pa；

v_2——空气流速，m/s,；

A_a——吸气口截面积，m^2；

ρ_a——空气密度，$\rho_a=1.293\text{kg/m}^3$。

③ 计算喷嘴出口截面积与临界截面积

燃气喷嘴的绝对压力比$\frac{p_2}{p_1}$（p_1—喷嘴前绝对压力，p_2—喷嘴后绝对压力。）大于临界压力比时，采用渐缩喷嘴；小于或等于临界压力比时，采用渐缩渐扩喷嘴（拉伐尔喷嘴）。喷嘴后绝对压力 $p_2=101325-h_{en}$（Pa）。

临界压力比由式（25-2-34）计算：

$$\nu_c=\left(\frac{2}{k+1}\right)^{\frac{k}{k-1}} \tag{25-2-34}$$

式中 ν_c——临界压力比。

喷嘴出口截面积由式（25-2-35）计算。

$$A_j=\frac{2.23\varepsilon_f q_g}{\mu}\sqrt{\frac{S}{\varepsilon_h(p_1-101325+h_{en})}} \tag{25-2-35}$$

式中 q_g——燃气流量，m^3/h。

渐缩渐扩喷嘴的渐缩与渐扩部分连接处的截面称为临界截面，其面积由式（25-2-36）计算：

$$A_L=\varepsilon_c A_j \tag{25-2-36}$$

式中 A_L——临界截面积，mm^2；

ε_c——系数，由式（25-2-37）计算。

$$\varepsilon_c=\left(\frac{k+1}{2}\right)^{\frac{1}{k-1}}\sqrt{\frac{k+1}{k-1}\left(1-\nu^{\frac{k-1}{k}}\right)\nu^{-\frac{2}{k}}} \tag{25-2-37}$$

渐缩渐扩喷嘴构造见图 25-2-22，图中 d_z 与 d_x 分别为临界截面直径与喷嘴出口直径。其余尺寸为：

$$D=(4\sim5)d_x,\ r=3d_x,\ \beta=6°\sim10°,\ L=\frac{d_z-d_x}{2\text{tg}\frac{\beta}{2}}$$

④ 计算混合管截面积与火孔总面积

$$F_{op}=\frac{A_m}{A_j}=\frac{K(1+u)(1+uS)X'''}{\varepsilon_f} \tag{25-2-38}$$

$$A_m=F_{op}A_j=\frac{K(1+u)(1+uS)X'''A_j}{\varepsilon_f} \tag{25-2-39}$$

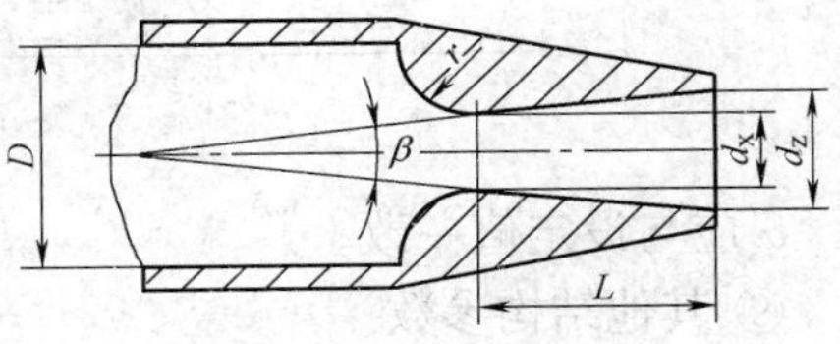

图 25-2-22 渐缩渐扩喷嘴

$$X'''=1-\frac{K_2}{K}B$$

$$F_{1op}=\frac{A_m}{A_f}=\sqrt{\frac{KX'''(2X''-1)}{K_1}} \tag{25-2-40}$$

$$A_f=\frac{A_m}{F_{1op}}=A_m\sqrt{\frac{K_1}{KX'''(2X''-1)}} \tag{25-2-41}$$

式中 X'''——系数。

⑤ 计算火孔出口速度

按式（25-2-10）计算。

火孔出口速度 v_f 应大于回火极限速度。高压燃烧器一般制成单个圆形孔，即制成头部圆形出口，又称喷头出口，其直径影响回火极限速度。回火极限速度见表 25-2-22。

回火极限速度（m/s） **表 25-2-22**

火孔直径(mm)	5	10	20	30	40	50	60	70	80	90	100	110	120	130	140	150
天然气	0.3	0.7	1.1	1.5	1.8	2.1	2.4	2.6	2.8	3.0	3.1	3.3	3.4	3.5	3.7	3.8
液化石油气	0.4	0.9	1.4	2.0	2.3	2.7	3.1	3.4	3.6	3.9	4.0	4.3	4.4	4.6	4.8	5.0
焦炉煤气	1.2	2.8	4.4	6.0	7.2	8.4	9.6	10.4	11.2	12.0	12.4	13.2	13.6	14.0	14.8	15.2
发生炉煤气	0.35	0.8	1.3	1.7	2.1	2.4	2.8	3.0	3.2	3.4	3.6	3.8	3.9	4.0	4.3	4.4

按最佳工况设计的高压引射燃烧器当不设置火道时，由于火孔出口速度高，稳定燃烧范围很小或难以稳定燃烧，脱火是主要危险。

对于焦炉煤气与液化石油气，仅当燃气压力在 500Pa 左右可获得稳定燃烧，而天然气则难以达到。采用非最佳工况设计与设置火道均可有效降低火孔出口速度，而火道还可提高火焰传播速度。火道设置使阻力损失增加，当能量损失系数 K_1 由 2.88 增至 3.34，可使火孔出口速度下降 7%左右。冷却头部可降低火焰传播速度，并降低头部阻力损失，提高火孔出口速度，此两因素均有利防止回火。温度每下降 50℃，头部能量损失系数 K_1 可减小 13%～14%，而火孔出口速度 v_f 可增加 7%～8%。

⑥ 核算最佳工况

$$A=\frac{2}{\left(\frac{A_f}{A_m}\sqrt{\frac{K}{K_1X'''(2X''-1)}}+\frac{A_m}{A_f}\sqrt{\frac{K_1}{KX'''(2X''-1)}}\right)\frac{X'}{X''}} \tag{25-2-42}$$

对于最佳工况，$A=1$。

⑦ 计算扩压管尺寸

按式（25-2-12）与式（25-2-13）计算。

⑧ 核算一次空气系数

$$\alpha'=\frac{-\left(\frac{V_0}{S}+V_0\right)+\sqrt{\left(\frac{V_0}{S}+V_0\right)^2-\frac{4V_0^2}{S}1-\left[\frac{2\varepsilon_f X''}{\left(K\frac{A_j}{A_m}+K_1\frac{A_jA_m}{A_f^2}\right)X'}\right]}}{\frac{2V_0^2}{S}} \tag{25-2-43}$$

α'应与设定值一致。

⑨ 其他结构参数

可参考表 25-2-8 确定。

当设置火道时，由于头部能量损失系数 K_1 计算须已知 A_f，而 A_f 的计算又须已知 K_1，因此须采用计算机编程进行逐次渐近迭代计算，即求得 F_{1op}以计算 A_f，迭代计算程序框图如图 25-2-23。

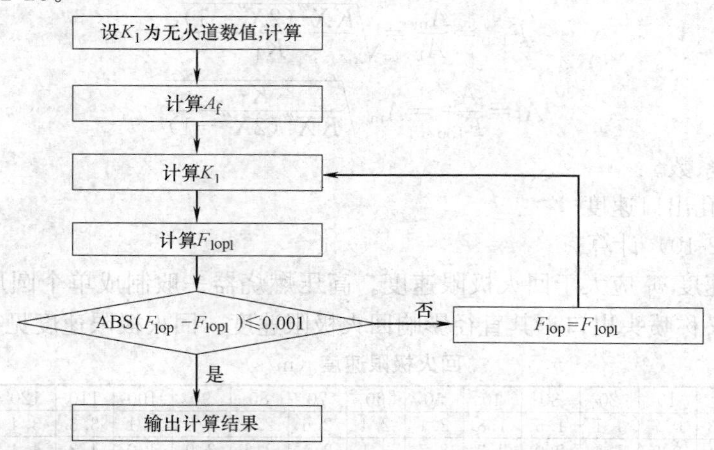

图 25-2-23　设有火道时，最佳工况下已知燃气压力计算 A_f 的程序框图

按已知火孔流速设计：

由于高压引射式燃烧器的燃气压力有可能按所需火孔流速或火孔热强度选定，因此可在最佳工况下按所需火孔流速设计。

(2) 按已知火孔流速设计的主要计算项目

① 计算燃气流量

按式（25-2-4）计算。

② 计算火孔总面积

按式（25-2-15）计算

③ 计算混合管截面积

由式（25-2-41）计算，即：

$$A_m = A_f F_{10p} = A_f \sqrt{\frac{KX'''(2X''-1)}{K_1}}$$

④ 计算喷嘴出口截面积

由式（25-2-39）计算喷嘴出口截面积，即：

$$A_j = \frac{A_m}{F_{op}} = \frac{\varepsilon_f A_m}{K(1+u)(1+uS)X'''}$$

⑤ 计算吸气阻力损失

按式（25-2-33）计算。

⑥ 计算喷嘴前燃气压力（绝压）

由式（25-2-35）计算，即：

$$p_1 = \left(\frac{2.23\varepsilon_f q_g}{\mu A_j}\right)^2 \frac{S}{\varepsilon_h} - h_{en} + 101325$$

⑦ 计算喷嘴临界截面积

当采用渐缩渐扩喷嘴时，计算喷嘴临界截面积。按式（25-2-36）与式（25-2-37）计算。

⑧ 计算扩压管尺寸

按式（25-2-12）与式（25-2-13）计算。

⑨ 核算最佳工况

按式（25-2-42）计算，对于最佳工况，$A=1$。

⑩ 核算一次空气系数

按式（25-2-43）计算，α'应与设定值一致。

⑪ 其他结构参数

可参考表 25-2-8 确定。

由于所需燃气压力 p_1 是由喷嘴出口截面积 A_j 确定后方能求得，而计算 A_j 又须由 A_m 与 F_{op}求得，但 F_{op}计算公式中的 ε_f 又须由 p_1 求得，因此须采用计算机编程进行逐次渐近迭代计算；同时当设置火道时，K_1 的计算也须迭代。迭代计算程序框图如图 25-2-24。

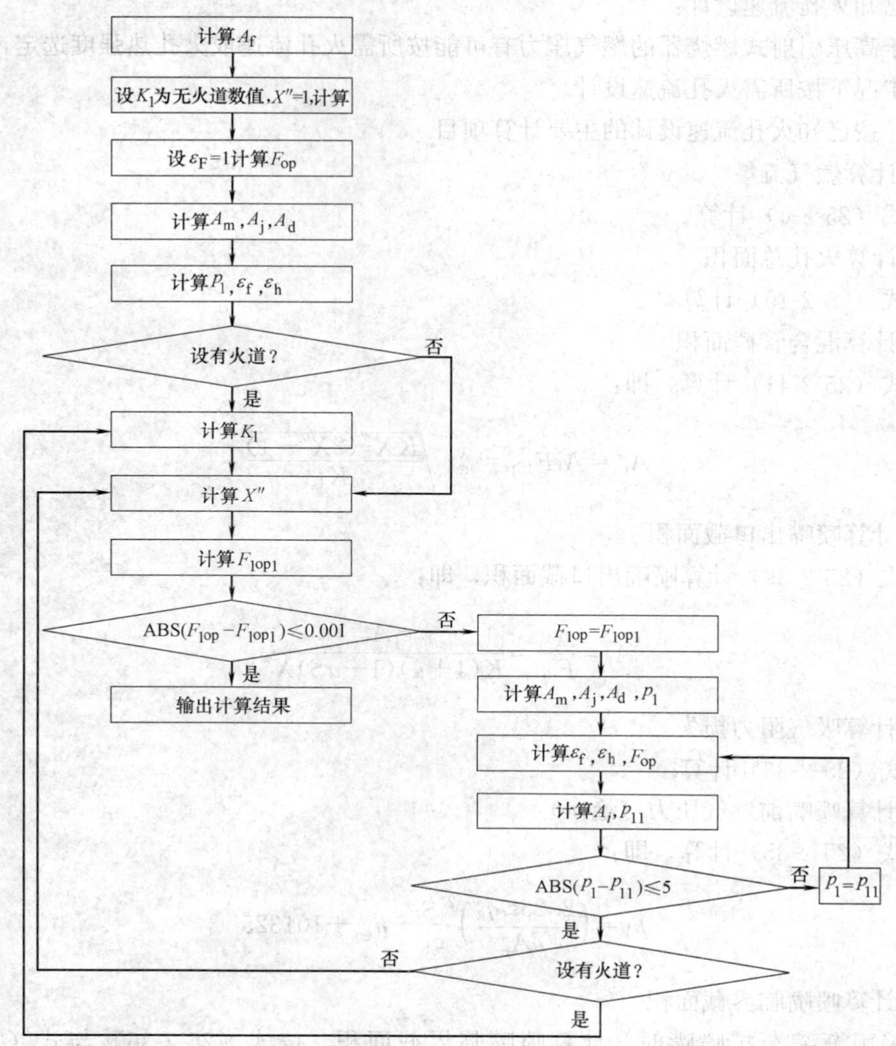

图 25-2-24　最佳工况下，已知火孔出口速度计算程序框图

2. 非最佳工况

采用非最佳工况也可降低火孔出口速度。在无火道状况下，对于焦炉煤气与液化石油气，当燃气压力 p>5000Pa 与 A<0.9 时，可获多组稳定燃烧的 p—A 值范围；对于天然气，当燃气压力 p>5000Pa 与 A<0.5 或 p<5000Pa 与 A>0.5 时，也可获多组稳定燃烧的 p—A 值范围。

按已知燃气压力设计的主要计算项目：

(1) 计算燃气流量

按式 (25-2-4) 计算。

(2) 计算吸气阻力损失

按式 (25-2-33) 计算。

(3) 计算喷嘴出口截面积与临界截面积

按式(25-2-34)、式(25-2-35)、式(25-2-36)与式(25-2-37)计算。

(4) 选定工况判别数($A<1$),并计算燃烧器参数比 X 与燃烧器参数 F_1

$$X=\frac{F_1}{F_{1op}}=\frac{1-\sqrt{1-A^2}}{A} \tag{25-2-44}$$

$$F_1=\frac{A_m}{A_f}=XF_{1op} \tag{25-2-45}$$

式中 X——燃烧器参数比;

F_1——燃烧器参数。

(5) 计算火孔总面积

$$A_f=\frac{K_1\left(1+\frac{\alpha' V_0}{S}\right)(1+\alpha' V_0)A_j F_{1op}}{\varepsilon_f A} \tag{25-2-46}$$

(6) 计算火孔出口速度

按式(25-2-10)计算。

(7) 计算混合管截面积

由式(25-45)计算,即 $A_m=F_1A_f$

(8) 计算扩压管尺寸

按式(25-2-12)与式(25-2-13)计算。

(9) 核算非最佳工况

按式(25-2-42)计算,对于非最佳工况,$A<1$。

(10) 核算一次空气系数

按式(25-2-43)计算,α'应与设定值一致。

(11) 其他结构参数

可参考表(25-2-8)确定。

与最佳工况下已知燃气压力设计相同的原因,当设置火道时,须采用计算机编程进行逐次渐近迭代计算求得 A_f。迭代计算程序框图如图 25-2-25。

25.2.3.3 设计工况分析

1. 最佳工况

(1) 变化喷嘴前燃气压力

对热负荷为 116.3kW、一次空气系数为 1.1、头部温度为 150℃的无火道燃烧器,分别以焦炉煤气、天然气与液化石油气进行设计计算的结果见表 25-2-23~表 25-2-25。

焦炉煤气计算结果 表 25-2-23

p_1'(kPa)	D_j	F_{op}	D_m	D_d	A_f	v_f
20	6.41	74.2	55.29	87.42	4386.58	8.56
30	5.81	75.88	50.60	80.00	3674.02	10.21

续表

p_1'(kPa)	D_j	F_{op}	D_m	D_d	A_f	v_f
50	5.13	78.81	45.57	72.06	2980.57	12.59
80	4.59	82.71	41.76	66.03	2502.54	14.99
120	4.16	87.25	39.04	61.72	2186.81	17.16
200	3.57	94.78	36.27	57.34	1887.33	19.88
300	3.09	102.36	34.51	54.57	1709.32	21.95
500	2.53	114.13	32.76	51.80	1540.31	24.36
800	2.07	127.29	31.51	49.82	1424.68	26.33

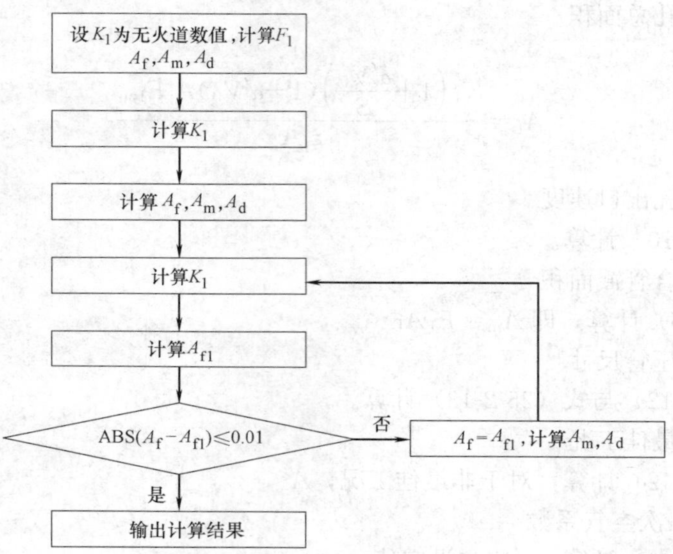

图 25-2-25　设有火道时，非最佳工况下已知燃气压力计算 A_f 的程序框图

天然气计算结果　　**表 25-2-24**

p_1'(kPa)	D_j	F_{op}	D_m	D_d	A_f	v_f
20	5.05	185.41	68.81	108.79	7103.75	5.21
30	4.58	188.78	62.95	99.53	5945.35	6.23
50	4.06	194.99	56.69	89.58	4816.74	7.69
80	3.64	203.21	51.87	82.02	4037.39	9.17
120	3.30	212.70	48.45	76.60	3521.56	10.51
200	2.83	228.29	44.94	71.06	3030.85	12.22
300	2.45	243.82	42.72	67.54	2738.08	13.52
500	2.04	267.58	41.15	65.07	2541.26	14.57
800	1.69	293.72	40.16	63.50	2419.90	15.30

液化石油气计算结果 **表 25-2-25**

p_1'(kPa)	D_j	F_{op}	D_m	D_d	A_f	v_f
20	3.93	420.76	80.72	127.62	10001.60	3.34
30	3.58	425.07	73.77	116.64	8354.44	3.99
50	3.13	432.91	66.29	104.81	6745.24	4.95
80	2.88	443.14	60.55	95.74	5629.27	5.93
120	2.61	454.71	56.42	89.21	4886.74	6.83
200	2.31	473.26	53.88	85.20	4457.49	7.49
300	2.0	491.20	51.05	80.71	4000.31	8.34
500	1.64	517.71	48.15	76.14	3559.63	9.38
800	1.34	545.71	46.03	72.78	3252.31	10.26

由表 25-2-23～表 25-2-25 可见，燃气压力 p_1'相同时，喷头出口速度 v_f 以焦炉煤气最高，液化石油气最低，皆随压力增加而增大。对于焦炉煤气和液化石油气当压力在 5000Pa 左右可获稳定燃烧，而天然气在表列压力范围内均发生脱火。因此高压引射式燃烧器在不设置火道与采用最佳工况的状况下，稳定燃烧范围很小或难以稳定燃烧，且脱火是主要危险。

（2）火道的影响

设置火道可显著提高火焰传播速度，并产生水力阻力影响。对于天然气的分析结果见表 25-2-26（火道平均直径 $D_c=2.7D_f$，火道长度 $L_c=2.5D_c$，D_f——按火孔总面积计算的直径（mm），其他条件同前）。

比较表 25-2-24 与表 25-2-26 可见，由于设置火道使最佳燃烧器参数 F_{1op}与喷头出口速度 v_f下降，而最佳无因次面积 F_{op}无变化。其原因是火道设置后造成头部（包括火道）的能量损失增加，能量损失系数由 2.88 增至 3.34。v_f 下降的比率约 7%。

设置火道计算结果 **表 25-2-26**

p_1'(kPa)	F_{op}	F_{1op}	v_f	K_1
20	185.41	0.49	4.84	3.34
30	188.78	0.49	5.79	3.34
50	194.99	0.49	7.14	3.34
80	203.21	0.49	8.52	3.34
120	212.70	0.49	9.77	3.34
200	228.29	0.49	11.35	3.34
300	243.82	0.49	12.56	3.34
500	267.58	0.49	13.53	3.34
800	293.72	0.49	14.21	3.34

（3）头部可燃混合物温度的影响

不同头部可燃混合物温度下的工况解析结果见表 25-2-27（喷嘴前燃气压力为 5000Pa，其他条件同前）。

冷却头部不但降低火焰传播速度，且使可燃混合物在头部因加热而引起加速所产生的阻力损失降低，从而提高了喷头出口速度，这两个因素均有利于防止回火。由表 25-2-27 可见，温度每下降 50℃，头部能量损失系数 K_1 可减小 13%～14%，而喷头出口速度 v_F 可增加 7%～8%。

不同头部温度计算结果　　**表 25-2-27**

t_p	焦炉煤气			天然气			液化石油气		
	F_{1op}	v_f	K_1	F_{1op}	v_f	K_1	F_{1op}	v_f	K_1
150	0.5473	12.59	2.88	0.5234	7.69	2.88	0.5116	4.95	2.88
100	0.5863	13.48	2.51	0.5607	8.23	2.51	0.5480	5.30	2.51
50	0.6334	14.57	2.15	0.6058	8.90	2.15	0.5921	5.73	2.15

（4）背压的影响

燃气燃烧器在工业炉内运行时，一般炉内维持正压，而在锅炉内运行时，一般维持负压。背压 h_{ba} 的影响见表 25-2-28（喷嘴前燃气压力为 5000Pa，其他条件同前）。

不同背压计算结果　　**表 25-2-28**

h_{ba}(Pa)	焦炉煤气		天然气		液化石油气	
	F_{1op}	v_f	F_{1op}	v_f	F_{1op}	v_f
30	0.5227	12.02	0.4624	6.79	0.3627	3.51
20	0.5310	12.21	0.4836	7.10	0.4182	4.04
10	0.5392	12.40	0.5039	7.40	0.4673	4.52
5	0.5433	12.49	0.5138	7.54	0.4899	4.74
0	0.5473	12.59	0.5234	7.69	0.5116	4.95
−5	0.5513	12.68	0.5339	7.83	0.5324	5.15
−10	0.5553	12.77	0.5423	7.96	0.5524	5.34
−20	0.5631	12.95	0.5605	8.23	0.5904	5.71
−30	0.5709	13.13	0.5781	8.49	0.6261	6.05

由表 25-2-28 可见，背压由正压变化至负压时，最佳燃烧器参数 F_{1op} 与喷头出口速度 v_f 不断增大，但增大比率却不同。背压由正至负每变化 10Pa 时，v_f 的增加率 I 为：焦炉煤气 1.4%～1.6%、天然气 3.1%～4.6%、液化石油气 6.0%～15.0%。若背压变化范围比表列范围更大，则增加率的上下限差距也随之加大。

随着喷嘴前燃烧压力的增加，背压对喷头出口速度的影响减小。天然气在背压为－10Pa 时，与背压为零相比较的 v_f 增加率受喷嘴前压力影响状况见表 25-2-29（其他条件同前）。

变化喷嘴前燃气压力计算结果　　**表 25-2-29**

p_1'(kP$_a$)	20	30	50	80	120	200	300	500	800
v_F	5.61	6.57	7.96	9.40	10.72	12.39	13.68	14.71	15.44
I(%)	7.58	5.46	3.51	2.51	2.00	1.39	1.18	0.96	0.92

2. 非最佳工况

变化工况判别数 A 状况下对于前述焦炉煤气、天然气、液化石油气的无火道燃烧器的非最佳工况计算结果见表 25-2-30（喷嘴前燃气压力为 5000Pa，其他条件同前）。

非最佳工况计算结果 **表 25-2-30**

A	v_f		
	焦炉煤气	天然气	液化石油气
0.9	11.33	6.92	4.45
0.8	10.07	6.15	3.96
0.7	8.81	5.38	3.46
0.6	7.55	4.61	2.97
0.5	6.29	3.84	2.47
0.4	5.04	3.07	1.98
0.3	3.78	2.31	1.48
0.2	2.52	1.54	0.99
0.1	1.26	0.77	0.49

由表 25-2-30 可见，随着工况判别数 A 的下降，喷头出口速度急剧下降。对于焦炉煤气与液化石油气当 $A=0.9$ 时可获稳定燃烧，其余 A 值下均发生回火，由此可推定：当 $p>5000\text{Pa}$ 时，若 $A<0.9$，可获多组稳定燃烧的 p—A 值范围。对于天然气 $A=0.5$ 左右可获稳定燃烧，由此可推定：当 $p>5000\text{Pa}$ 时，若 $A<0.5$，当 $p<5000\text{Pa}$ 时，若 $A>0.5$，也可获多组稳定燃烧 p—A 值范围。

25.2.4 鼓风引射式燃烧器

25.2.4.1 工作原理

鼓风引射式燃烧器的加压空气由中心喷嘴喷出，低压燃气由中心喷嘴外层的环状喷口供入，常压空气由吸气收缩管被引射进入。其主要优点是在低压燃气条件下实现高强度燃烧，并由于燃气夹于内外两层空气间，混合均匀，提高了燃烧质量。这是一种可广泛用于工业、餐饮业以及供热锅炉等设备的燃烧器。

鼓风引射式燃烧器的动量包括加压空气动量、被引射空气动量与低压燃气动量三部分。由动量方程式推导其特征方程式，见式（25-2-47）。

$$(1+u_g+u_a)\left(1+\frac{u_g}{S}+u_a\right)=\left(\frac{2B}{A_m}-C-\frac{h_{ba}}{\varepsilon_{ha1}\mu^2 H_{A1}A_{a1}^2}\right)\frac{\varepsilon_{fa1}^2 A_f^2 A_m^2}{K_1 A_m^2+KA_f^2} \tag{25-2-47}$$

$$u_G=\frac{m_g}{m_{a1}}=\frac{q_g S}{q_{a1}}$$

$$q_{a1}=\alpha' V_0 q_g R_a$$

$$u_a=\frac{m_{a2}}{m_{a1}}=\frac{q_{a2}}{q_{a1}}=\frac{1}{R_a}-1$$

$$q_{a2}=(1-R_a)\alpha' V_0 q_g$$

$$B=\frac{1}{\varepsilon_{fa1}}\left(\frac{u_g^2}{A_g S\varepsilon_{fa1}}+\frac{1}{A_{a1}}+\frac{u_a^2}{A_{a2}\varepsilon_{fa1}}\right)$$

$$\varepsilon_{fa1}=\nu_{a1}^{\frac{K-1}{K}}$$

$$\nu_{a1}=\frac{p_{2a1}}{p_{1a1}}$$

$$C=\frac{u_a^2}{\mu^2\varepsilon_{fa1}^2 A_{a2}^2}$$

$$\varepsilon_{ha1}=\frac{k(1-\nu_{a1}{}^{\frac{k-1}{k}})\nu_{a1}}{(k-1)(1-\nu_{a1})}$$

$$H_{a1}=p_{1a1}-101325$$

式中　u_g——加压空气引射燃气的质量引射系数；

m_g——燃气质量流量，kg/s；

q_g——燃气体积流量，m^3/s；

m_{a1}——加压空气质量流量，kg/s；

q_{a1}——加压空气体积流量，m^3/s；

R_a——加压空气量占一次空气量的比例；

u_a——加压空气引射被引射空气的质量引射系数；

m_{a2}——被引射空气质量流量，kg/s；

q_{a2}——被引射空气体积流量，m^3/s；

B——计算因子；

ε_{fa1}——与加压空气有关系数；

ν_{a1}——加压空气在喷嘴前后绝对压力比；

p_{1a1}、p_{2a1}——加压空气在喷嘴前后绝对压力，Pa；

A_g——燃气环行喷口截面积，mm^2；

A_{a1}——加压空气喷嘴出口截面积，mm^2；

A_{a2}——被引射空气吸入口截面积，mm^2；

C——计算因子；

ε_{ha1}——与加压空气有关系数；

H_{a1}——加压空气在喷嘴前的压力，Pa；

μ——加压空气喷嘴流量系数，$\mu=0.7\sim0.8$。

由式（25-2-47）可知，加压空气对低压燃气与被引射空气的质量引射系数取决于燃烧器结构，加压空气在喷嘴前、后压力，燃烧室背压，以及火道结构等，和高压引射式燃烧器基本相似。

25.2.4.2　设计计算

为充分利用加压空气，一般采用最佳工况设计，空气与燃气压力以及被引射空气吸气口截面积为已知。

随着加压空气压力或加压空气量占一次空气量比例的增加，燃烧器尺寸减小，火孔出口速度提高，且幅度较大。增加燃气压力也有相同效果，但幅度较小。采用非最佳工况，设置火道，保持炉内正压或不冷却头部均可降低火孔出口速度，其中以采用非最佳工况效果最为显著。

1. 最佳工况

(1) 计算燃气流量

由式 (25-2-4) 计算。

(2) 计算被引射空气吸气阻力损失

由式 (25-2-33) 计算，其中：

$$V_2=\frac{\alpha''V_0}{A_{a2}} \tag{25-2-48}$$

$$\alpha''=\alpha'(1-R_a)$$

式中 α''——按被引射空气量计算的一次空气系数。

(3) 计算燃气环形喷口截面积

$$F_G=\frac{224.4L_g}{\mu}\sqrt{\frac{S}{p}} \tag{25-2-49}$$

(4) 计算加压空气喷嘴出口截面积与临界截面积

按高压引射式燃烧器燃气喷嘴计算方法计算，但计算用参数均为加压空气参数，其中喷嘴后压力：

$$p_{2a1}=p_{1a1}-h_{en}$$

(5) 计算混合管截面积

$$A_m=\frac{D}{B} \tag{25-2-50}$$

$$D=\frac{K}{\varepsilon_{fa1}^2}(1+u_g+u_a)\left(1+\frac{u_g}{S}+u_a\right)$$

式中 D——计算因子。

(6) 计算扩压管尺寸

按式 (25-2-12) 与式 (25-2-13) 计算。

(7) 计算火孔总面积与火孔出口速度

无火道时，按式 (25-2-51) 计算：

$$A_f=\sqrt{K_1E} \tag{25-2-51}$$

$$E=\frac{(1+u_g+u_a)\left(1+\frac{u_g}{S}+u_a\right)}{\varepsilon_{fa1}^2\left(\frac{B^2}{D}-C-\frac{h_{b\alpha}}{\varepsilon_{ha1}\mu^2H_{a1}A_{a1}^2}\right)}$$

式中 E——计算因子。

有火道时，由于 K_1 计算式中含有 A_f，除由计算机程序以逐次渐近迭代计算外，也可组成一元方程解出 A_f，如式 (25-2-52) 所示：

$$A_f=\sqrt{\frac{bE}{1-\frac{CE}{A_c^2}-\frac{eEL_c}{D_cA_c^2}+\frac{gE}{A_d^2}}} \tag{25-2-52}$$

火孔出口速度按式 (25-2-10) 计算。

(8) 核算最佳工况

$$A=\frac{\frac{2B}{A_m}-\frac{D}{A_m^2}-C-G}{\frac{B^2}{D}-C-G} \tag{25-2-53}$$

$$G=\frac{h_{ba}}{\varepsilon_{ha1}\mu^2 H_{a1} A_{a1}^2}$$

式中 G——计算因子。

最佳工况 $A=1$。

(9) 核算被引射空气量的质量引射系数

$$u_a=\frac{-j-\sqrt{j^2-4IL}}{2I} \tag{25-2-54}$$

$$j=2+u_g+\frac{u_g}{S}$$

$$I=1-\frac{2M}{\varepsilon_{fa1}^2 A_m A_{a2}}+\frac{M}{\mu_{en}^2 \varepsilon_{fa1}^2 A_{a2}^2}$$

$$M=\frac{\varepsilon_{fa1}^2 A_f^2 A_m^2}{K_1 A_m^2+K A_f^2}$$

$$L=u_g+\frac{u_g}{S}+\frac{u_g^2}{S}+1-M\left(\frac{2u_g^2}{\varepsilon_{fa1}^2 A_m A_g S}+\frac{2}{\varepsilon_{fa1} A_m A_{a1}}-G\right)$$

式中 j、I、L、M——计算因子。

u_g以设定值代入计算，u_a应与设定值一致。

(10) 其他结构参数

可参考表(25-2-8)确定。

2. 非最佳工况

采用非最佳工况是降低火孔出口速度的措施之一，工况判别数 A 应小于 1，其变化幅度较大。A 的极限值，即火孔出口速度趋于零时的值，对于炼焦炉煤气、天然气与液化石油气分别为 0.001、0.0005 与 0.0013。

非最佳工况设计计算除混合管截面积与火孔总面积外均与最佳工况相同。

(1) 确定工况判别数 A ($A<1$)

(2) 计算混合管截面积

$$A_m=\frac{2BD-\sqrt{4B^2D^2-4(AB^2-ACD-ADG+CD+DG)D^2}}{2(AB^2-ACD-ADG+CD+DG)} \tag{25-2-55}$$

(3) 计算火孔总面积

$$A'_f=\frac{A_f}{F^{0.5}} \tag{25-2-56}$$

式中 A'_f——非最佳工况下火孔总面积，mm^2；

A_f——最佳工况下火孔总面积，mm^2。

25.2.4.3 设计工况分析

1. 最佳工况

(1) 变化加压空气压力

对热负荷为29.8kW无火道燃烧器，分别以焦炉煤气、天然气与液化石油气进行设计计算，计算结果见表25-2-23～表25-2-25。表中D_{A1}为加压空气喷嘴出口直径（mm）。一次空气系数为1.1，加压空气占一次空气比例为30%，头部温度为150℃，燃气压力分别为800Pa、2000Pa与3000Pa。

焦炉煤气计算结果 **表25-2-31**

H_{a1}	D_{a1}	D_m	D_d	D_f	v_f
0.5×10^4	6.55	24.02	37.98	31.59	11.97
1×10^4	5.51	20.78	32.86	27.33	15.99
2×10^4	4.64	17.99	28.44	23.65	21.34
4×10^4	3.92	15.67	24.78	20.61	28.11
10×10^4	3.14	13.35	21.11	17.56	38.75
20×10^4	2.57	12.10	19.13	15.91	47.15

天然气计算结果 **表25-2-32**

H_{a1}	D_{a1}	D_m	D_d	D_f	v_f
0.5×10^4	6.82	23.26	36.77	31.09	12.19
1×10^4	5.74	20.08	31.75	26.84	16.36
2×10^4	4.83	17.36	27.44	23.20	21.89
4×10^4	4.08	15.11	23.89	20.20	28.89
10×10^4	3.27	12.86	20.33	17.19	39.90
20×10^4	2.68	11.65	18.42	15.57	48.58

液化石油气计算结果 **表25-2-33**

H_{a1}	D_{a1}	D_m	D_d	D_f	v_f
0.5×10^4	6.66	22.25	35.18	29.99	11.81
1×10^4	5.61	19.13	30.25	25.79	15.97
2×10^4	4.72	16.49	26.07	22.23	21.50
4×10^4	3.99	14.32	22.65	19.31	28.50
10×10^4	3.20	12.17	19.24	16.40	39.50
20×10^4	2.62	11.02	17.42	14.85	48.18

由表25-2-31～表25-2-33可见，随着加压空气压力的增加，燃烧器尺寸减小、v_f增加，且加压空气喷嘴出现须采用渐缩渐扩喷嘴状况。

(2) 变化加压空气量

对焦炉煤气燃烧器采用加压空气量与一次空气量比例为20%～100%、压力为20000Pa进行设计计算，其他条件同前，计算结果见表25-2-34。

由表25-2-34可见，随着R_a的增加，燃烧器尺寸减小，v_f增加，幅度都较大。因此，要获得高的喷头出口速度，除提高加压空气压力外，可在加压空气压力与一次空气系数不变前提下，增加加压空气量。

变化加压空气量计算结果　　表 25-2-34

R_a	D_{a1}	D_m	D_d	D_f	v_f
20	3.79	20.40	32.26	28.0	15.23
40	5.36	16.45	26.02	20.96	27.19
60	6.56	14.44	22.83	17.63	38.43
80	7.58	13.00	20.55	15.52	49.56
100	8.47	11.79	18.64	13.98	61.70

（3）变化燃气压力

对焦炉煤气燃烧器变化燃气压力进行设计计算，其他条件同表 25-2-31，计算结果见表 25-2-35。

变化燃气压力计算结果　　表 25-2-35

P	$H_{a1}=2000$				$H_{a1}=20000$			
	D_m	D_d	D_f	v_f	D_m	D_d	D_f	v_f
500	29.56	46.74	38.88	7.90	18.14	28.69	23.86	20.98
1000	28.55	45.14	37.55	8.47	17.90	28.31	23.54	21.55
1500	27.84	44.02	36.62	8.91	17.72	28.02	23.31	21.98

由表 25-2-35 可见，随着燃气压力增加，燃烧器尺寸减小，v_f 增大，但幅度较小，且绝对幅度与空气压力无关。

（4）背压的影响

对焦炉煤气燃烧器变化背压进行设计计算，其他条件同表 25-2-31，计算结果见表25-2-36。

变化背压计算结果　　表 25-2-36

h_{ba}	$H_{a1}=2000$		$H_{a1}=20000$	
	D_f	v_f	D_f	v_f
−80	33.27	10.79	23.07	22.44
−50	34.70	9.92	23.28	22.04
−10	37.22	8.62	23.58	21.48
10	38.90	7.89	23.73	21.20
50	43.94	6.19	24.06	20.63
80	51.54	4.50	24.32	20.18

由表 25-2-36 见，随着背压由负值至正值递增，D_f 与 v_f 变化，前者增大而后者减小，对燃烧器的其他尺寸无影响。同时在高空气压力下，背压的影响不明显。

（5）火道的影响

以焦炉煤气燃烧器配以不同尺寸火道进行设计计算，其他条件同表 25-2-31 计算结果见表 25-2-37。

不同火道尺寸计算结果 表 25-2-37

$D_c \times L_c$	$H_{a1}=10000$		$H_{a1}=20000$	
	D_f	v_f	D_f	v_f
40×100	40.13	7.42	25.47	18.41
40×200	44.32	6.08	26.01	17.66

比较表 25-2-31 与表 25-2-37 可见，由于设置火道，D_f 与 v_f 出现变化，前者增大而后者减小，这是由于 L_c/D_c 直接影响头部能量损失系数 K_1 所致。加压空气压力较火道尺寸影响大。

(6) 头部温度的影响

对焦炉煤气燃烧器出现不同头部温度进行设计计算，加压空气压力为 20000Pa，其他条件同表 25-2-31，计算结果见表 25-2-38。

变化头部温度计算结果 表 25-2-38

t_p	D_f	v_f
500	21.99	24.70
100	22.86	22.86
150	23.65	21.34

由表 25-2-38，随着 t_p 提高，D_f 增大，而 v_f 减小，因此冷却头部可减小头部尺寸与提高 u_f。燃烧器其他尺寸不受影响。

(7) 变化热负荷

对焦炉煤气燃烧器以不同热负荷进行设计计算，加压空气压力为 20000Pa，其他条件同表 25-2-31 计算结果见表 25-2-39。

变化热负荷计算结果 表 25-2-39

H_g	D_{a1}	A_g	D_m	D_d	D_f	v_f
11.63	2.94	14.09	11.38	17.99	14.96	21.34
23.26	4.15	28.17	16.09	25.44	21.16	21.34
46.52	5.87	56.34	22.75	35.97	29.92	21.34
93.04	8.30	112.69	32.18	50.88	42.31	21.34
174.45	11.37	211.29	44.06	69.67	57.94	21.34

由表 25-2-39，热负荷仅影响燃烧器尺寸，而对 v_f 无影响。

2. 非最佳工况

对焦炉煤气、天然气与液化石油气燃烧器进行设计计算，加压空气压力为 20000Pa，其他条件同表 25-2-31～表 25-2-33，计算结果见表 25-2-40。

由表 25-2-40 可见，在非最佳工况下，随着 A 的减小，出现 v_f 幅度较大的下降，v_f 可达脱火极限速度以下。

非最佳工况计算结果　表 25-2-40

燃烧类型	A	D_m	D_d	D_f	v_f
焦炉煤气	0.5	14.47	22.88	28.13	15.09
	0.1	13.56	21.44	42.06	6.75
	0.01	13.40	21.19	74.80	2.13
天然气	0.5	14.07	22.25	27.59	15.48
	0.1	13.19	20.86	41.26	6.92
	0.01	13.04	20.62	73.37	2.19
液化石油气	0.5	13.42	21.23	26.43	15.20
	0.1	12.59	19.90	39.53	6.80
	0.01	12.44	19.67	70.29	2.15

25.2.5　特殊引射式燃烧器

特殊引射式燃烧器是指无混合管或无扩压管的引射式燃烧器，一般由于燃气用具对燃烧器的安装空间受限或其他特殊要求下采用，且多为低压引射式。

25.2.5.1　无混合管型

无混合管型低压引射式燃烧器的特性方程式（25-2-57）：

$$(1+u)(1+uS)=\frac{2nF_2}{K+K_1F_3{}^2} \tag{25-2-57}$$

$$F_2=\frac{A'_d}{A_j}=\frac{A_d}{nA_j};$$

$$F_3=\frac{A_d}{A_f}$$

式中　F_2——无因次面积；

A'_d——扩压管进口截面积，mm^2；

F_3——燃烧器参数，；

K_1——引射器系数

K——引射器能量损失系数，对于无混合管型引射式燃烧器，由于速度场不均匀而能量损失增大，$K=2.3\sim2.8$。

由式（25-2-57）可见，混合管型低压引射式燃烧器的质量引射参数仅取决于燃烧器结构，这是低压引射式燃烧器的共同特点。按已知燃气压力的最佳工况与非最佳工况进行设计计算。燃气流量、喷嘴直径与火孔出口速度计算，以及火孔个数确定同低压引射式燃烧器。

1. 最佳工况

（1）计算扩压进、出口截面积

$$F_{2op}=\frac{A'_d}{A_j}=\frac{K(1+u)(1+uS)}{n} \tag{25-2-58}$$

$$A'_d=F_{2op}A_j \tag{25-2-59}$$

$$A_d=nA'_d$$

式中 F_{2op}——最佳无因次面积。

(2) 计算火孔总面积

$$F_{3op}=\frac{A_d}{A_f}=\sqrt{\frac{K}{K_1}} \tag{25-2-60}$$

(3) 核算最佳工况

$$A=\frac{2}{\frac{A_f}{A_d}\sqrt{\frac{K}{K_1}}+\frac{A_d}{A_f}\sqrt{\frac{K}{K_1}}} \tag{25-2-61}$$

最佳工况 $A=1$。

(4) 核算一次空气系数

$$\alpha'=\frac{-\frac{V_0}{S}+V_0+\sqrt{\left(\frac{V_0}{S}+V_0\right)^2-\frac{4V_0{}^2}{S}\left(1-\frac{2}{\frac{KA_j}{A_d}+\frac{K_1A_jA_d}{A_f^2}}\right)}}{\frac{2V_0{}^2}{S}} \tag{25-2-62}$$

α'应与设定值一致。

(5) 其他结构参数

其他结构参数见表 25-2-8。

2. 非最佳工况

非最佳工况的采用同低压引射式燃烧器。

(1) 选定工况判别数($A<1$)

(2) 计算火孔总面积

$$A_f=\frac{K_1(1+u)(1+uS)A_jF_{3op}}{A} \tag{25-2-63}$$

(3) 计算扩压管尺寸

按式(25-2-60)计算扩压管出口截面积,即:

$$A_d=A_fF_{3op}$$

$$A_d'=\frac{A_d}{n}$$

(4) 核算非最佳工况

按式(25-2-61)计算 A,应与选定值一致。

其他结构参数确定与一次空气系数核算同最佳工况设计计算。

25.2.5.2 无扩压管型

无扩压管型低压引射式燃烧器的特性方程式同低压引射式燃烧器,即式(25-2-3)。由于无扩压管而增加能量损失,能量损失系数有所增大,$K=2.1\sim2.3$。按已知燃气压力的最佳工况与非最佳工况进行设计。设计采用计算公式同低压引射式燃烧器,仅增大 K 值,并不进行扩压器计算。

25.2.5.3 设计工况分析

1. 喷嘴前燃气压力的影响

最佳工况下焦炉煤气，天然气或液化石油气特殊低压引射式燃烧器稳定燃烧的喷嘴前压力 p 的范围见表 25-2-41。

稳定燃烧的喷嘴前燃气压力（Pa）　　表 25-2-41

燃烧器类型	焦炉煤气	天然气	液化石油气
无混合管型	1200～3600	850～1400	3150～4900
无扩压管型	700～2150	500～850	1900～2950

比较表 25-2-9、表 25-2-10、表 25-2-11 与表 25-2-41 可见，特殊低压引射式燃烧器的稳定燃烧喷嘴前压力较低压引射式燃烧器高，且范围有所扩大，其中无混合管型高于无扩压管型。这是由于特殊低压引射式燃烧器能量损失较大所致。

2. 能量损失系数的影响

在最佳工况下，焦炉煤气燃烧器喷嘴前压力为 1000Pa 时，无因次压力［h/p，h—头部静压力（Pa）］与火孔出口速度见表 25-2-42。

能量损失系数的影响　　表 25-2-42

燃烧器类型	K	h/p	v_f
无混合管型	2.8	0.0052	1.85
无扩压管型	2.2	0.0086	2.38
普通型	2.0	0.130	2.89

由表 25-2-42 可见，能量损失系数 K 对燃烧工况影响显著，其与无因次压力和火孔出口速度大致成反比。

3. 燃烧器类型对构造尺寸的影响

在最佳工况下，热负荷为 2.91kW 的焦炉煤气燃烧器在喷嘴前燃气压力为 1000Pa 时的构造尺寸见表 25-2-43。

燃烧器类型对构造尺寸的影响　　表 25-2-43

燃烧器类型	D_j	D_m	D_d	A_f
无混合管型	2.08	—	21.33	316.11
无扩压管型	2.08	16.54	—	245.12
普通型	2.08	13.61	21.52	201.75

由表 25-2-43 可见，喷嘴直径相同，无混合管型扩压管出口直径 D_d 与普通型大致相同，而无扩压管型混合管直径 D_m 大于普通型。火孔总面积大致与能量损失系数成正比。热负荷为 2.91kW 时，特殊型燃烧器总长度较普通型可短 40～70mm。

4. 工况判别数的影响

在最佳工况下有脱火倾向或喷嘴前燃气压力过高的情况下，为获得稳定燃烧而采用非最佳工况设计。焦炉煤气、天然气或液化石油气喷嘴前压力分别为 1000Pa、2000Pa 与 3000Pa 时，稳定燃烧的工况判别数 A 的范围见表 25-2-44。

非最佳工况下稳定燃烧的工况判别数 表 25-2-44

燃烧器类型	焦炉煤气	天然气	液化石油气
无混合管型	—	$0.07 \leqslant A \leqslant 0.84$	—
无扩压管型	$0.84 \leqslant A < 1$	$0.50 \leqslant A \leqslant 0.65$	$0.80 \leqslant A \leqslant 0.98$
普通型	$0.70 \leqslant A < 1$	$0.42 \leqslant A \leqslant 0.55$	$0.65 \leqslant A \leqslant 0.81$

由表 25-2-44 可见，非最佳工况下，无混合管型仅适用于天然气，无扩压管型可适用于三种燃气、且 A 值范围大于普通型，即调节燃烧状态的余地较大。当喷嘴前燃气压力继续提高将出现稳定燃烧的 A 值下降。

25.2.6 引 射 器

引射器是引射式燃烧器的主要部体，但也装配在其他类型的燃烧器上，实现燃气引射空气的目的，并结合其他部件，组成高速燃烧器、平焰燃烧器、浸没燃烧器、辐射燃烧器等。此时引射器需单独设计，并对扩压管出口压力有所要求，以满足各类形式的燃烧。

25.2.6.1 低压引射器

低压引射器的特性方程见式（25-2-64）：

$$\frac{h}{p}=\frac{2\mu^2}{F}-\frac{K\mu^2(1+u)(1+uS)}{F^2} \tag{25-2-64}$$

式中 h——扩压管出口压力，Pa。

1. 最佳工况

燃气流量、喷嘴直径、最佳无因次面积、混合管截面积与扩压管的计算均同低压引射式燃烧器。其他结构参数见表 25-2-8。最佳扩压管出口压力按式（25-2-65）计算：

$$h_{\mathrm{op}}=\frac{\mu^2 p}{F_{\mathrm{op}}}=\frac{\mu^2 p}{K(1+u)(1+uS)} \tag{25-2-65}$$

式中 h_{op}——最佳扩压管出口压力，Pa。

2. 非最佳工况

当按最佳工况设计而获得的最佳扩压管出口压力过高时，可降低燃气压力以降低扩压管出口压力，也可采用非最佳工况设计，此时 $h<h_{\mathrm{op}}$。燃气流量、喷嘴直径与扩压管计算同最佳工况。由特性方程解得无因次面积 F：

$$F=\frac{\mu^2 p-\sqrt{\mu^4 p^2-\mu^2 Khp(1+u)(1+uS)}}{h} \tag{25-2-66}$$

由无因次面积 F 可计算混合管截面积 A_{m}：

$$A_{\mathrm{m}}=A_{\mathrm{j}}F$$

其他结构参数见表 25-2-8。

25.2.6.2 高压引射器

高压引射器的特性方程见式（25-2-67）：

$$\frac{h}{\varepsilon_{\mathrm{h}}P_1'}=\frac{2\mu^2}{\varepsilon_{\mathrm{f}}F}-\frac{\mu^2 K}{(\varepsilon_{\mathrm{f}}F)^2}(1+u)(1+uS)X''' \tag{25-2-67}$$

1. 最佳工况

燃气流量、吸气阻力损失、喷嘴出口截面积与临界截面积、混合管截面积、扩压管的计算均同高压引射式燃烧器。其他结构参数见表 25-2-8。

最佳扩压管出口压力按式（25-2-68）计算

$$h_{op}=\frac{\mu^2\varepsilon_h p_1'}{\varepsilon_f F_{op}}=\frac{\mu^2\varepsilon_h p_1'}{K(1+u)(1+uS)X'''} \tag{25-2-68}$$

2. 非最佳工况

当要求扩压管出口压力小于 h_{op} 时，可降低燃烧气压力或采用非最佳工况设计。

燃气流量、吸气阻力损失、喷嘴出口截面积与临界截面积同最佳工况。

由特性方程解得无因次面积 F：

$$F=\frac{\mu^2\varepsilon_f\varepsilon_h p_1'-\sqrt{\mu^4\varepsilon_f^2\varepsilon_h^2 p_1'^2-\mu^2 K\varepsilon_f^2\varepsilon_h(1+u)(2+uS)X'''hp_1'}}{\varepsilon_f^2 h} \tag{25-2-69}$$

由无因次面积 F 可计算混合管截面积 A_m：

$$A_m=F_jF$$

其他结构参数见表 25-2-8。

25.2.6.3　燃烧器头部或燃烧板所需压力

引射器用于各类燃烧器时，扩压管出口压力应等于燃烧器头部或燃烧板所需压力，以克服阻力，获得所需出口速度：

$$h'=K\frac{v_{ou}}{2}\rho_g \tag{25-2-70}$$

$$K=\zeta_0+2\left(\frac{273+t}{273}\right)-1$$

式中　h'——燃烧器头部或燃烧板所需压力，Pa；

K——头部或燃烧板能量损失系数；

ζ_0——头部或燃烧板阻力系数；

t——燃气空气混合物温度，℃；

v_{ou}——头部或燃烧板出口速度，m/s；

ρ_g——燃气密度，kg/m^3。

25.3　扩散式燃烧器

扩散式燃烧器多用于工业，按空气供给方式不同，分为自然引风式与鼓风式。

25.3.1　自然引风扩散式燃烧器

25.3.1.1　构造

自然引风扩散式燃烧器的构造一般分为管式、薄焰式、孔罩式与多缝式等。

管式扩散燃烧器为在燃气分配管上开设火孔，分配管一般由钢管或铜管制成，其形状可按炉膛形状或被加热产品形状设计，以达到均匀有效加热。分配管可制成单根直管、多根直管横向或纵向并排、环管或涡卷管等。两根分配管上设置对冲式火孔，以加强气流扰动，达到稳定与强化燃烧的目的，也称冲焰式扩散燃烧器，对冲火孔中心线的夹角一般为50°～70°。当分配管设置在炉膛火道中时，又称炉床扩散燃烧器，分配管上部有轴线成90°的两排火孔，以使燃气流接触火道壁面，强化燃烧。图 25-3-1 为各种形式的管式扩散燃烧器。

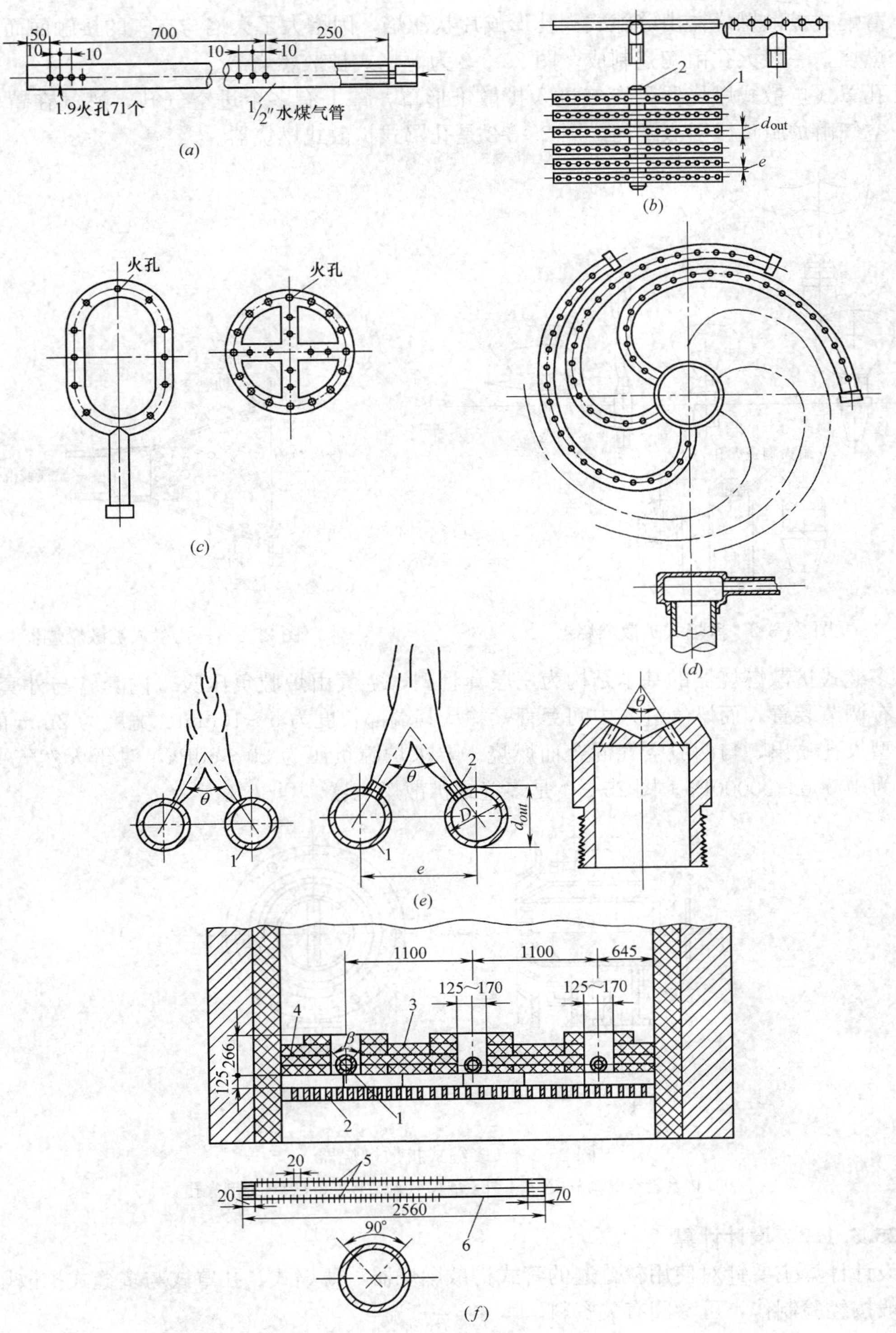

图 25-3-1 各种形式的管式扩散燃烧器

(a) 直管式；(b) 排管式；(c) 环管式；(d) 涡卷式；(e) 对焰式；(f) 炉床式

1—燃烧器；2—炉箅；3—耐火砖；4—石棉；5—火孔；6—燃气管

薄焰式扩散燃烧器由缝隙式火孔形成片状薄焰，因增大了火焰与空气的接触面而达到完全燃烧，一般火孔由陶瓷制成。图 25-3-2 为薄焰式扩散燃烧器。

孔罩式扩散式燃烧器是燃气进入扩散锥形罩，罩上有多个进空气孔，燃气在罩内燃烧。空气由炉膛负压引入罩内。图 25-3-3 是孔罩式扩散式燃烧器。

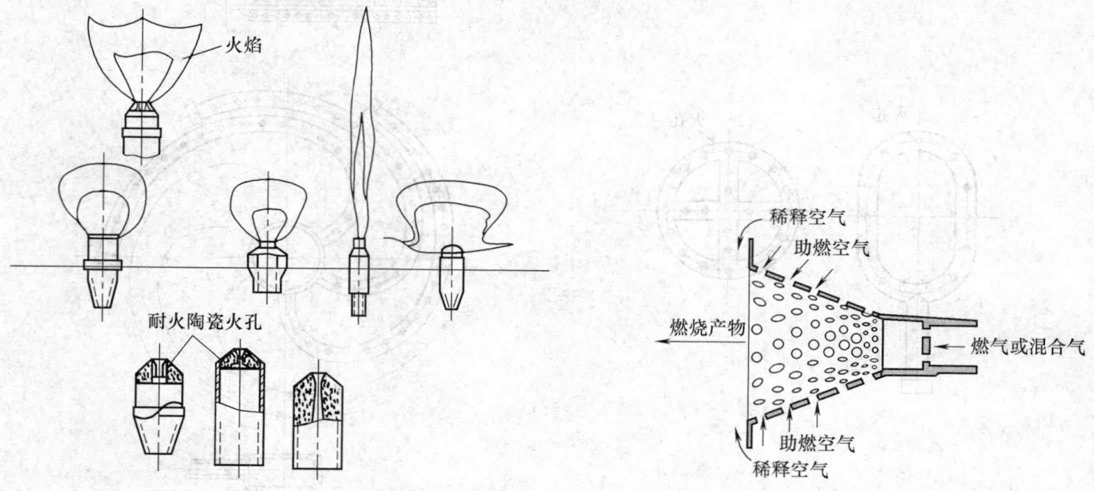

图 25-3-2　薄焰式扩散燃烧器

图 25-3-3　孔罩式扩散燃烧器

多缝式扩散燃烧器的基本结构为三层套管型，空气由炉膛负压吸入内套管与外套管，并设有调节装置，而燃气进入中间套管，并从其端部长度为 5～10mm、宽度为 2mm 的切向缝型火孔喷出，与两股空气混合而燃烧。要求炉膛负压为 20～60Pa，对于天然气要求压力为 10000～30000Pa。图 25-3-4 是多缝式扩散燃烧器。

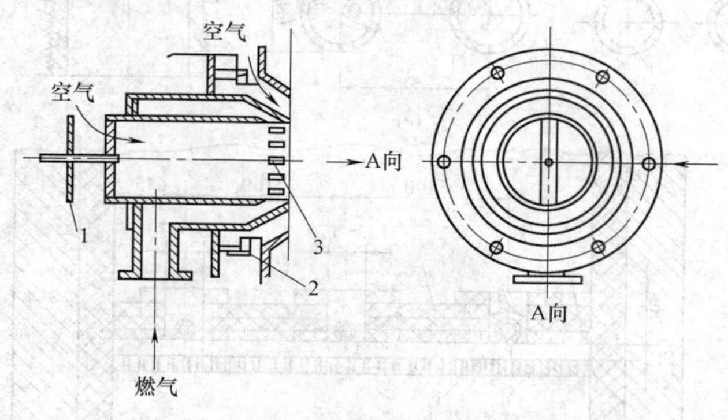

图 25-3-4　多缝式扩散燃烧器

1—内套管空气调节板；2—外套管空气调节环；3—燃气缝型火孔

25.3.1.2　设计计算

设计计算主要针对使用较普遍的管式扩散燃烧器，薄焰式、孔罩式与多缝式扩散燃烧器一般按经验制作，可参阅有关资料。

1. 计算火孔出口速度

$$v_f = \frac{Q_f}{H_L} 10^6 \tag{25-3-1}$$

式中 v_f——火孔出口速度，m/s；

H_L——燃气低热值，kJ/m³；

Q_f——火孔热强度，kW/mm²。

2. 确定火道尺寸

当燃烧器设置在锅炉内时，往往须构筑火道，以强化和稳定燃烧。

火道宽度由空气流经火道最小截面的速度确定，空气流速在火道长度方向差值不大于5%，此时炉膛背压 h_{ba} 应为负压：

$$v'_a=\mu_a\sqrt{\frac{2h_{ba}}{\rho_a}} \tag{25-3-2}$$

式中 v'_a——空气流经火道最小截面的速度，m/s；

μ_a——空气流量系数，$\mu_a=0.7$；

ρ_a——空气密度，$\rho_a=1.293kg/m^3$；

h_{ba}——炉膛背压，Pa。

$$b=\frac{1}{3600}\frac{\alpha V_0 q_g}{l_{di}v'_a}\frac{T_a}{273}+d_{di} \tag{25-3-3}$$

式中 b——火道宽度，m；

α——过剩空气系数，$\alpha=1.2$；

V_0——理论空气需要量，m³/m³；

q_g——单个燃烧器燃气流量，m³/h；

l_{di}——分配管长度，m；

T_a——空气温度，K；

d_{di}——分配管外径，m。

火道长度一般较分配管长 30～50mm。

3. 确定火孔尺寸

火孔直径 d_f 由火孔热强度 Q_f 按表 25-3-1 确定，火孔中心距为 8～13d_f，火孔深度为 1.5～20d_f。

火孔直径 **表 25-3-1**

燃气种类	人工燃气				天然气				液化石油气			
Q_f(kW/mm²)	0.93～1.05	0.46～0.58	0.23～0.28	0.17～0.23	0.46	0.35	0.23	0.12	0.12	0.03	0.017	0.009
d_f(mm)	1	2	3	4	1	2	3	4	1	2	3	4

对于锅炉也可按下列数据确定火孔尺寸。

小型供暖锅炉 $d_f=1.3～2.0$mm，火孔中心距 13～20mm，工业锅炉 $d_f=2～4$mm，火孔中心距 20～30mm。

当燃烧器设置在火道内时，分配管上设两排轴线成 90°火孔，此时应按保证燃气与火道壁接触的穿透深度 h 计算火孔直径 d_f：

$$h=0.364(b-d_{di}) \tag{25-3-4}$$

式中 h——燃气射流穿透深度，m。

$$d_f=\frac{1}{K_s}\frac{v_a}{v_f}\sqrt{\frac{\rho_a}{\rho_g}}$$

$$A_{\mathrm{f}}=\frac{(q_{\mathrm{g}}+q_{\mathrm{a}})10^{6}}{v_{\mathrm{f}}} \tag{25-3-5}$$

$$K_{\mathrm{s}}=0.02142\left(\frac{S_{\mathrm{f}}}{d_{\mathrm{f}}}-5\right)+1.6429$$

式中 K_s——系数，或按表 25-3-2 确定；

S_f——火孔中心距，mm；

d_f——火孔直径，mm；

q_g——燃气流量，m^3/h；

q_a——空气流量，m^3/h；

ρ_a——空气密度，kg/m^3；

ρ_g——燃气密度，kg/m^3。

计算中，一般$\frac{v_a}{v_f}=10\sim15$。由于 S_f取决于 d_f，因此须假设$\frac{S_f}{d_f}$试算。

系数 K_S **表 25-3-2**

S_f/d_f	4	8	16	∞
K_s	1.6	1.7	1.9	2.2

火孔总面积按式（25-2-23）计算。已知单个火孔直径与火孔总面积即可求得火孔个数。

4. 确定分配管截面积与长度

分配管截面积应不小于其上火孔总面积的 2 倍。

分配管长度一般由加热工件或加热炉炉膛尺寸确定，对于锅炉一般可按长度热负荷（kW/m）控制：小型采暖锅炉 230～460、燃烧室高度不大于 3m 的小型工业锅炉 1150～1750、燃烧室高度大于 3m 的中型工业锅炉 2300～3500，分配管长度一般比炉箅短 100～600mm。按长度热负荷与按火孔中心距计算的分配管长度之差应小于两者平均值的 10%。燃烧器间距通常为 500～1200mm。

5. 计算所需燃气压力

$$p=\frac{1}{\mu_{\mathrm{f}}^{2}}\frac{v_{\mathrm{f}}^{2}}{2}\rho_{\mathrm{g}}\frac{T_{\mathrm{g}}}{273}+h_{\mathrm{ba}} \tag{25-3-6}$$

$$\frac{h_f}{d_f}=0.75：\mu_f=0.77，$$

$$\frac{h_f}{d_f}=1.5：\mu_f=0.85，$$

$$\frac{h_f}{d_f}=2\sim4(\text{管嘴})：\mu_f=0.75\sim0.82$$

式中 p——燃气压力，Pa；

μ_f——火孔流量系数，分配管直接钻孔：$\mu_f=0.65\sim0.70$；

h_f——火孔深度，mm；

T_g——火孔前燃气温度，K；

h_{ba}——炉膛背压，Pa。

当设置火道时，所需燃气压力由式（25-3-7）计算。

$$p=\left[\frac{1}{\mu_f^2}+\sum\zeta\left(\frac{A_f}{A_{di}}\right)^2\right]\frac{v_f^2}{2}\rho_g \quad (25\text{-}3\text{-}7)$$

式中　$\sum\zeta$——从燃气阀门至火孔的总阻力系数，通常$\sum\zeta=2.5$；

A_f——火孔总面积，mm^2；

A_{di}——分配管截面积，mm^2。

25.3.2　鼓风扩散式燃烧器

25.3.2.1　构造

鼓风扩散式燃烧器的构造分为使鼓风进入燃烧器中不形成旋流的套管式燃烧器，见图25-3-5；形成旋流的旋流式燃烧器，其又可分为蜗壳式、轴向叶片式与切向叶片式，分别见图25-3-6、图25-3-7与图25-3-8。

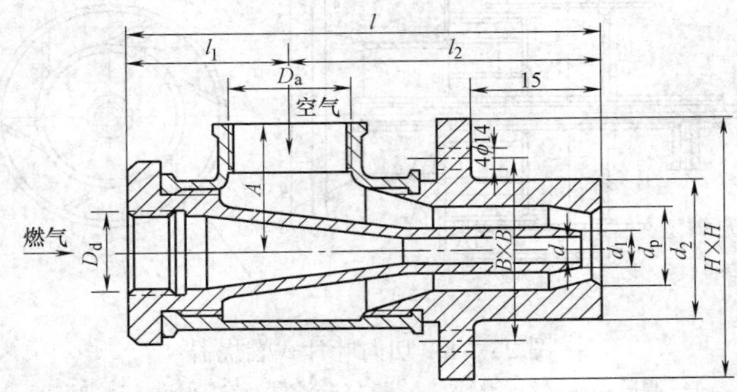

图25-3-5　套管式燃烧器

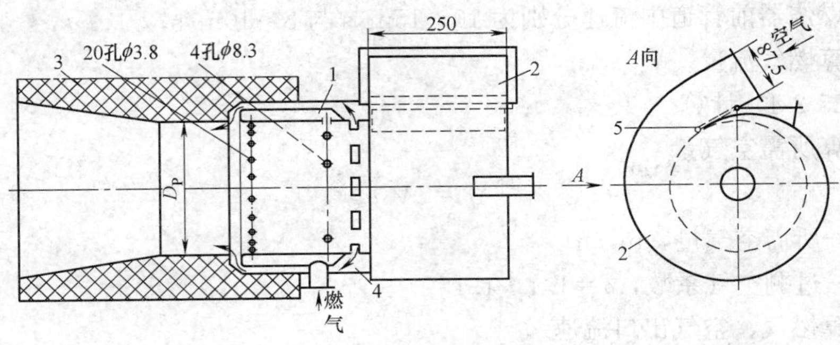

图25-3-6　蜗壳式燃烧器

1—燃气分配室；2—蜗壳；3—火道；4—冷空气室；5—空气调节板

25.3.2.2　设计计算

1. 套管式燃烧器

套管式燃烧器的设计以燃气、空气及其混合物流速作为设计依据。燃气喷口的流速不大于80～100m/s（相应燃烧器前燃气压力不大于6kPa），环形喷口空气出口流速约为燃气流速的1/2，即不大于40～60m/s（相应燃烧器前冷空气压力1～2.5kPa），燃气空气混

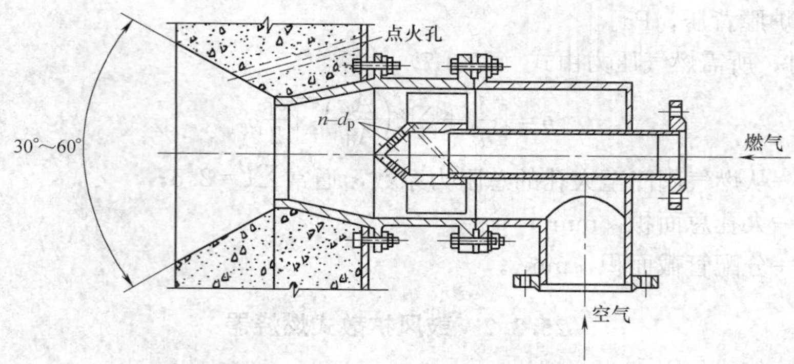

图25-3-7　轴向叶片式燃烧器

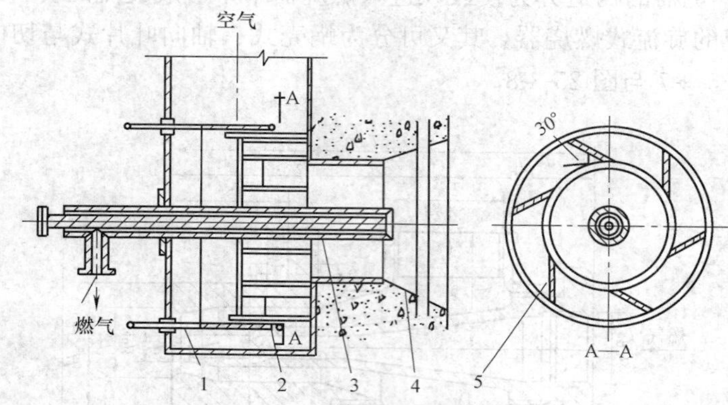

图25-3-8　切向叶片式燃烧器

1—调风手柄；2—滑轴；3—燃气分流器；4—火道；5—叶片

合物在燃烧器出口速度为20～30m/s。燃气在喷口前燃气通道中流速可取20～25m/s，燃气与空气在燃烧器前管道中流速分别为10～15m/s与8～10m/s。

（1）计算燃气流量

按式（25-2-4）计算。

（2）计算所需空气量

$$q_a = \alpha V_0 q_g \tag{25-3-8}$$

式中　q_a——所需空气量，m^3/h；

α——过剩空气系数，$\alpha=1.1\sim1.15$。

（3）计算燃气、空气出口流速

由式（25-3-9）与式（25-3-10）按已知燃气、空气压力计算流速、并核对是否在允许范围内，也可按允许的出口速度计算所需压力。

$$v_g = \sqrt{\frac{2p_g T_0}{\zeta_g \rho_g T_g}} \tag{25-3-9}$$

$$v_a = \sqrt{\frac{2p_a T_0}{\zeta_a \rho_a T_a}} \tag{25-3-10}$$

式中　v_g、v_a——燃气、空气出口速度，m/s；

p_g、p_a——燃烧器前燃气、空气压力，Pa；

ζ_g、ζ_a——燃气、空气阻力系数，$\zeta_g=1.5$，$\zeta_a=1.0$；

T_g、T_a——燃气、空气温度，K。

（4）计算燃气喷口截面积与空气环形喷口截面积

$$A_g=278\frac{q_g}{v_g} \tag{25-3-11}$$

$$A_a=278\frac{q_a}{v_a} \tag{25-3-12}$$

式中 A_g、A_a——燃气喷口与空气环形喷口截面积，mm^2。

（5）计算燃烧器出口截面积

$$A_f=278\frac{(q_g+q_a)}{v_f} \tag{25-3-13}$$

式中 v_f——燃气空气混合物在燃烧器出口流速，m/s。

2. 蜗壳式燃烧器

蜗壳式燃烧器的主要特点是空气在蜗壳中形成旋转状气流以强化与燃气的混合。燃烧器主要部件为蜗壳与三层圆柱形套筒。旋转空气由蜗壳进入内筒，小部分空气从内筒进口处的矩形孔流入外筒，并由头部流出。燃气进入中间筒，并从内筒上小孔高速喷射至沿内筒壁的空气旋流中。内筒中心部存在回流烟气，其加热并点燃燃气空气混合物。燃气空气混合物在出口混合外筒空气、进入火道完成燃烧全过程。蜗壳式燃烧器构造见图 25-3-6。也有燃气供入内筒，空气供入外筒的结构。两种结构设计方法相同。

空气通道分为等速供气蜗壳型与切向供气蜗壳型两种，见图 25-3-9。后者旋流强度低、阻力大、气体断面流速不均匀，且火焰稳定性差。本节设计方法针对等速供气蜗壳型燃烧器。

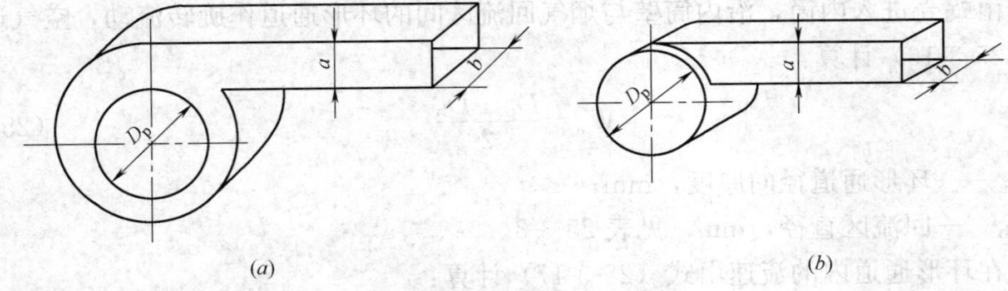

图 25-3-9 空气通道的形式

（a）等速供气蜗壳型；（b）切向供气蜗壳型

（1）计算内筒截面积

内筒截面积是蜗壳燃烧器的主要结构参数之一，其与燃烧器火孔（喷口）截面积相等：

$$A_p=\frac{H_g}{Q_p} \tag{25-3-14}$$

式中 A_p——内筒截面积（mm）；

Q_p——对于内筒截面的假想热强度，$Q_p=0.035\sim0.040kW/mm^2$。

（2）确定蜗壳结构比

蜗壳结构比为$\frac{ab}{D_p^2}$，符号意义见图 25-3-9。结构比确定供入空气旋转程度，即其值越小，气流对燃烧器中心轴的力矩越大，旋转程度越大、与燃气混合程度也越好、火焰越短，但阻力损失增大。通常$\frac{ab}{D_p^2}=0.70\sim0.78$，且$0.4\leqslant\frac{a}{b}\leqslant0.6$。

(3) 确定内筒内回流区直径

回流区直径取决于旋流强度，且向内筒纵深有扩展趋势。见表 25-3-3。旋流强度为气流切向旋转动量矩与轴向动量矩之比，当定性尺寸按 $\pi D_p/8$ 取值时，由式（25-3-15）计算：

$$n=\frac{2(D_p^2-D_1^2)l}{abD_p} \tag{25-3-15}$$

式中 n——旋流强度；

D_1——内筒内中心管（看火管或供燃气管）直径，如无中心管，$D_1=0$mm；

l——蜗壳进口偏心距，即内筒轴线与矩形进口轴线的垂直距离，mm。

回流区直径 D_b 与内筒直径 D_p 之比见表 25-3-3。

回流区直径与内筒直径之比 **表 25-3-3**

旋流强度 n	回流区直径与内筒直径比之 D_b/D_p	
	距内筒出口 $0.4D_p$ 处	距内筒出口 $0.7D_p$ 处
2.67	0.35～0.36	0.39～0.40
3.22	0.36～0.37	0.40～0.41
3.86	0.36～0.38	0.40～0.41
5.0	0.37～0.39	0.41～0.48

(4) 计算内筒空气环形通道的径向宽度与流速

空气由蜗壳进入内筒，沿内筒壁与烟气回流区间的环形通道作旋转流动，空气通道宽度由式（25-3-16）计算：

$$W_a=\frac{D_p-D_b}{2} \tag{25-3-16}$$

式中 W_a——环形通道径向厚度，mm；

D_b——回流区直径，mm，见表 25-3-3。

空气在环形通道内的流速由式（25-3-17）计算：

$$v_a=\frac{3.537\alpha V_0 q_g}{D_p^2-D_b^2}\frac{1}{\sin\beta}\frac{T_a}{273} \tag{25-3-17}$$

式中 v_a——空气作旋转流动的实际速度，m/s；

β——空气旋转运动的平均上升角，即气流轴线与燃烧器轴线的交角为 $90°-\beta$，β 由表 25-3-4 确定。

空气旋转运动的平均上升角 **表 25-3-4**

等速供气蜗壳	蜗壳结构比	0.6	0.45	0.35
	β	33°	31°	29°
切向供气蜗壳	蜗壳结构比	0.35	0.25	0.20
	β	35°	25°	22°

(5) 计算空气所需压力

$$H_{a}=\frac{v_{a}^{2}}{2}\rho_{a}+(\zeta-1)\frac{v_{in}^{2}}{2}\rho_{a} \tag{25-3-18}$$

$$v_{in}=\frac{1}{0.0036}\frac{\alpha V_{0}q_{g}}{ab}\frac{T_{a}}{273}$$

式中　H_a——空气所需压力，Pa；

ζ——空气入口阻力系数，$\frac{ab}{D_{p}^{2}}=0.35$ 时等速供气蜗壳：$\zeta=2.8\sim2.9$，切向供气蜗壳：$\zeta=1.8\sim2.0$，结构比减小，ζ 值增大；

v_{in}——蜗壳入口空气流速，m/s；

a、b——蜗壳入口尺寸，mm；

q_a——空气流量，m^3/h。

(6) 计算燃气环状分配室截面积

燃气分配室是介于内筒与中间筒之间的环形空间，其截面积由式（25-3-19）计算：

$$A_{g}=\frac{1}{0.0036}\frac{q_{g}}{v_{g}'} \tag{25-3-19}$$

式中　A_g——燃气环状分配室截面积，mm^2；

v_g'——燃气在分配室内流速，一般 $v_g'=15\sim20m/s$。

(7) 确定燃气射流直径与穿透深度

燃气自内筒壁孔口喷射入旋转空气流中，形成如图 25-3-10 所示的弯曲射流，其穿透深度 h 为燃气孔口截面至射流方向与空气旋流一致时射流中心的距离。由式（25-3-5）可见，由于燃气速度相同，因此穿透深度与燃气孔口直径成正比，即$\frac{d_1}{d_2}\approx\frac{h_1}{h_2}$。

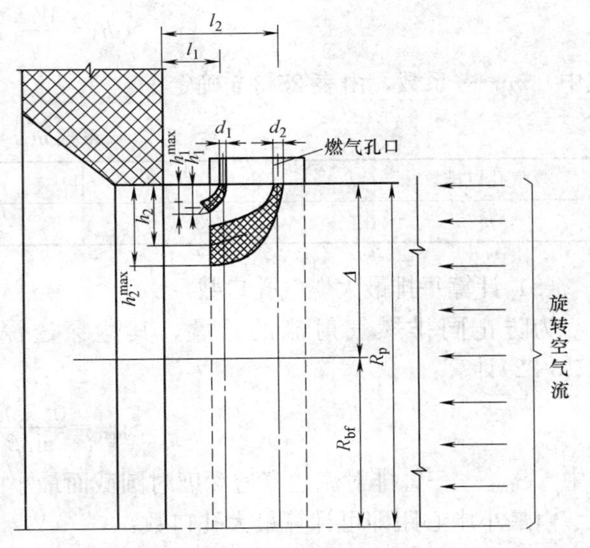

图 25-3-10　旋转空气流中燃气射流穿透状况

由图 25-3-10 可见，由于内筒内空气通道为内筒壁与烟气回流区间的环形通道，显然燃气射流应限制在此通道内。可以设想当燃气孔口沿内筒壁圆周分布，且为多排时，穿透深度顺序由小增大，燃气射流把空气通道分割成若干与燃气孔口排数相同的环状截面。环状截面宽度由内筒壁至内筒中心轴线方向，随穿透深度的增大而逐渐增大，因射流达到穿透深度时的直径与穿透深度成正比：

$$D=0.75h \tag{25-3-20}$$

式中　D——燃气射流达到穿透深度时的直径，mm。

达到穿透深度时环状截面宽度由内筒壁向中心轴方向顺序排列以 W_1、W_2、W_3…表示：

$$W_1=h_1+\frac{0.75h_1}{2}=1.375h_1;\ W_2=0.75h_2;\ W_3=0.75h_3;\ W_4=0.75h_4\cdots$$

以燃气射流达到穿透深度时各环状截面射流边界依次相重合定义为最小射流深度与最小环状截面宽度，添加下标 min 表示，它们有如下关系：

$$h_{2\min}-\frac{0.75h_{2\min}}{2}=1.375h_1;\ 即\ 0.625h_{2\min}=1.375h_1;$$

同理：

$$0.625h_{3\min}=1.375h_{2\min};\ 0.625h_{4\min}=1.375h_{3\min}\cdots$$

因此，

$$h_{2\min}=2.2h_1;\ h_{3\min}=4.84h_1;\ h_{4\min}=10.634h_1\cdots$$

$$W_{1\min}=1.375h_1;\ W_{2\min}=1.65h_1;\ W_{3\min}=3.63h_1;\ W_{4\min}=7.98h_1\cdots$$

由表 25-3-3 可见，回流区直径与内筒直径之比为 0.35～0.48，由于空气通道宽度为内筒直径与回流区之差的 1/2，空气通道宽度与内筒直径之比为 0.325～0.26，同时约 80%的空气量又集中在内筒外圈 $0.2D_p$宽的环形空间内，因此燃气射流穿透深度应与空气通道位置、空气气量分布相适应，当由内筒外喷入燃气时，燃气穿透深度应不大于空气通道宽度的 1/2、即内筒半径与回流区半径之差的 1/2。一般取 2～4 排燃气孔口、即形成 2～4 个燃气环状截面。其中最靠近燃烧器出口的燃气孔口为第一排燃气孔口，其喷出的第 1 排燃气射流（最靠近内筒壁）穿透深度 h_1 由式（25-3-21）计算。

$$h_1=\frac{W_a}{m}\tag{25-3-21}$$

式中 m——系数，由表 25-3-5 确定。

系数 m **表 25-3-5**

燃气孔口排数	2	3	4
m	3.025	6.655	14.641

（8）计算每排最大燃气孔口数

为防止同排燃气射流的重叠，其达穿透深度时，射流圆截面最小中心距由式(25-3-22)计算：

$$S_{\min}=\frac{0.75h}{\sin\beta}\tag{25-3-22}$$

式中 $S_{\min}$——每排射流达穿透深度时圆截面最小中心距，mm。

由最小中心距即可计算最大孔口数：

$$n_{\max}=\frac{\pi D_0}{S_{\min}}\tag{25-3-23}$$

式中 $n_{\max}$——每排最大燃气孔口数；

D_0——每排燃气射流达穿透深度时环状截面宽度中心形成圆的直径（mm），$D_{01}=D_p-2h_1$，$D_{02}=D_p-2h_2\cdots$；

D_p——空气内筒直径，mm。

（9）计算燃气孔口出口速度

按式（25-3-24）计算中须预先确定 K_{s1} 与 n_1 试算：

$$v_g=\frac{1}{354q_g}\left(\frac{h_1V_a}{K_{s1}}\right)^2\frac{\rho_a}{\rho_g}\frac{\sum A}{A_1}n_1 \qquad (25\text{-}3\text{-}24)$$

式中 h_1——第1排燃气射流穿透深度，mm；

K_{s1}——由第一排孔口中心距与孔径求得的系数，按表25-3-2查出。

$\sum A$——燃气环状截面面积之和，mm²；

A_1——第1排燃气环状截面面积，mm²；

n_1——第1排燃气孔口数。

（10）计算燃气孔口直径

$$d=\frac{h}{K_s\sin\alpha}\frac{v_a}{v_g}\sqrt{\frac{\rho_a}{\rho_g}}$$

式中 d——孔口直径，mm；

h——射流穿透深度，mm；

K_s——系数，见表25-3-2；

α——喷射角；

其他符号同前。

其余各排孔径按穿透深度比例求得，即：

$$\frac{d_1}{d_2}=\frac{h_1}{h_2};\ \frac{d_2}{d_3}=\frac{h_2}{h_3}\cdots$$

各排孔口排列次序为：小直径孔设在近火孔侧，并依次由火孔侧向空气进口侧按从小到大排列。

（11）计算燃气孔口总面积与各排孔口数

$$\sum A_g=278\,\frac{q_g}{v_g} \qquad (25\text{-}3\text{-}25)$$

式中 $\sum A_g$——燃气孔口总面积，mm²。

由各排燃气孔口截面积与同排燃气射流环形截面积之比相等的关系计算各排燃气孔口截面积，即：

$$\frac{A_{g1}}{A_1}=\frac{A_{g2}}{A_2}=\frac{A_{g3}}{A_3}\cdots=\frac{\sum A_g}{\sum A} \qquad (25\text{-}3\text{-}26)$$

F_1由已确定的n_1与计算求得的d_1求得，即：

$$A_{g1}=n_1\frac{\pi d_1^2}{4} \qquad (25\text{-}3\text{-}27)$$

F_{g1}、F_{g2}…则由式（25-3-26）求得。已求得各排孔口直径，则可计算各排孔口数，即：

$$n_2=\frac{4A_{g2}}{\pi d_2^2};\ n_3=\frac{4A_{g3}}{\pi d_3^2}\cdots \qquad (25\text{-}3\text{-}28)$$

（12）校核计算

对各排燃气射流穿透深度、射流环状截面宽度与孔口数分别对照各自允许最小值或最大值进行比对校核，K_{s1}允许误差不超过2.5%。若上述数值超过允许范围，须进行逐次渐近迭代计算，并修正燃气孔口出口流速，宜编制计算机程序进行。

（13）确定内筒燃气孔口中心至燃烧器火口距离

燃气孔口至火口距离越大且孔径越小，燃气与空气混合越均匀、获得较短不发光火焰，反之获得较长、发光火焰。燃气与空气均不预热混合时，获得基本混合均匀的距离 ℓ 为：当 $\frac{v_g}{v_a}=5$ 时，$\ell=30d$；当 $\frac{v_g}{v_a}=10$ 时，$\ell=50d$。

(14) 计算所需燃气压力

$$P=\frac{1}{\varepsilon_h}\frac{1}{\mu_g^2}\frac{v_g^2}{2}\rho_g \tag{25-3-29}$$

式中　ε_h——系数，同式（25-2-28）中 ε_h 的计算；

μ_g——流量系数，同式（25-3-6）中 μ_f 的确定。

(15) 燃气系统迭代计算部分程序框图（图 25-3-11）

由于 K_{S1} 由燃气孔口中心距与孔口直径之比确定，须在孔口直径与孔口数计算前预设，同时第 1 排孔口数 n_1 也须预设，且射流穿透深度、射流形成环状截面宽度与孔口数等均有数值要求，因此须采用逐次渐近迭代计算，宜编制计算机程序完成。

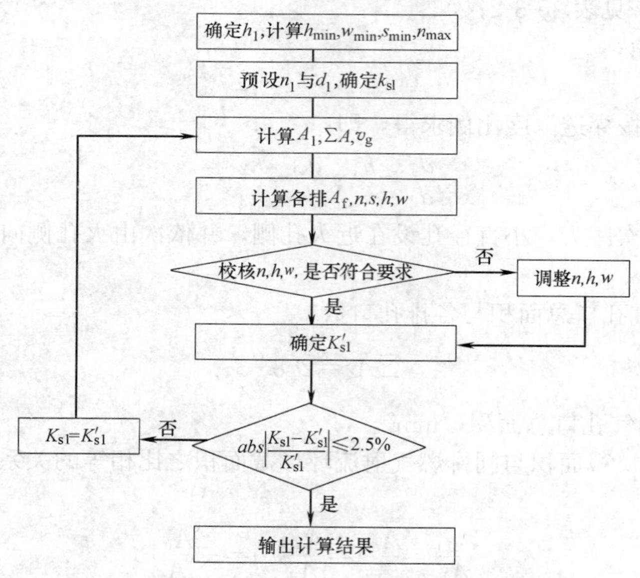

图 25-3-11　蜗壳式燃烧器燃气系统计算程序框图

(16) 火道

当燃烧器出口为旋转流时，其火道形式如图 25-3-12 所示。其所配置的旋流式燃烧器可经外套管供燃气或经内套管供燃气。

燃气空气混合物在缩口处的流速为 18～30m/s，火道出口烟气平均轴向流速为 15～20m/s。

(17) 蜗壳几何曲线画法

如图 25-3-13 所示，取坐标原点 0，以原点 0 为圆心，作直径 d_0 等于内筒直径 D_p 的圆，并以 $\frac{a}{b}$ 为半径作辅助圆。辅助圆与 X 轴交点作起点六等分辅助圆，如图分点标以数字 1 至 6，连接相邻分点作六条辅助线：122′、233′、344′、455′、566′与 611′。取 611′与过原点 0 的纵坐标（Y 轴）的交点为 C 点，使 $B_1C=\frac{d_0}{2}$，$A_1B_1=a$。矩形进风管为图中

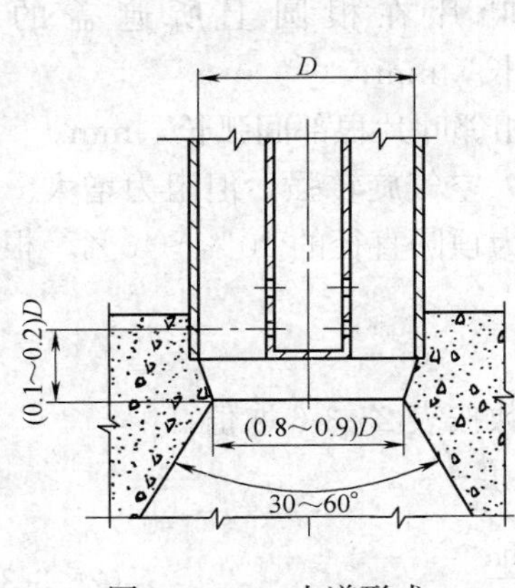

图 25-3-12 火道形式

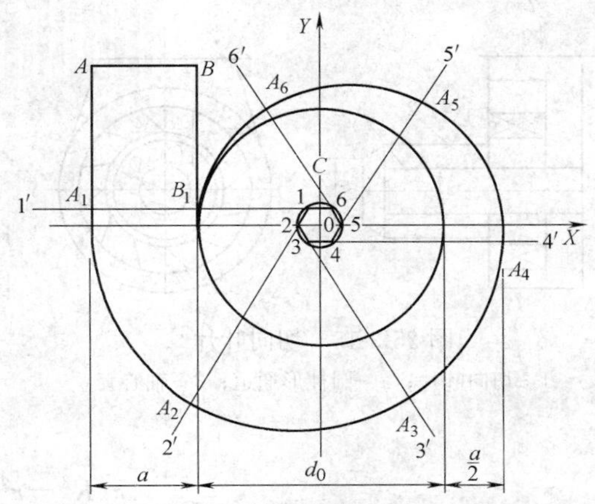

图 25-3-13 蜗壳几何曲线画法

A_1ABB_1 构成。分别以 1 至 6 各点为圆心，$\left(\frac{d_0}{2}+\frac{11}{12}a\right)$为半径作圆，与各条辅助线分别交于 A_1、A_2、A_3…A_6、B_1，此圆弧即构成蜗壳。

3. 叶片式燃烧器

叶片式燃烧器有轴向叶片与切向叶片式两种，鼓风空气通过叶片产生旋转流。两种叶片分别见图 25-3-14 与图 25-3-15。图 25-3-14 所示轴向叶片为最常用的弯曲叶片，进出口端各有直线段，进口端直线长度一般为 15～20mm，进出口端之间为过渡圆弧形，图中 α 为出口端与轴线、即进口气流方向间的夹角，称为倾斜角。此外，也有直叶片，其为直线形，与进口气流方向成 α 角，以及成螺旋形的螺旋叶片，其沿高度方向倾斜角变化，顶部角度大、而根部角度小，使阻力减少，但加工成型难而少见采用。轴向叶片有制成后移动调节形式。图 25-3-15 所示切向进口的空气经切向叶片后形成旋转气流进入圆柱形通道，叶片倾斜，切向倾斜角为 α，也有制成倾斜角可调节的形式。燃气可中心供气或周边供气，一般燃气在火道入口喷入空气旋流，也有空气分成直流一次风与旋转二次风的形式。

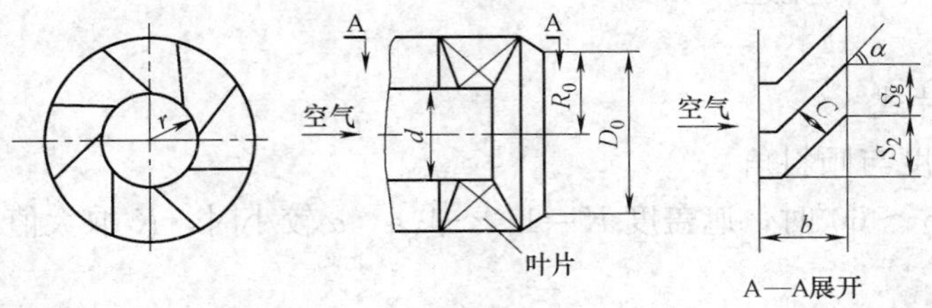

图 25-3-14 轴向叶片

空气部分主要计算项目如下。

(1) 轴向叶片式

① 叶片遮盖度与长度

$$K=\frac{S_z}{S_g} \tag{25-3-30}$$

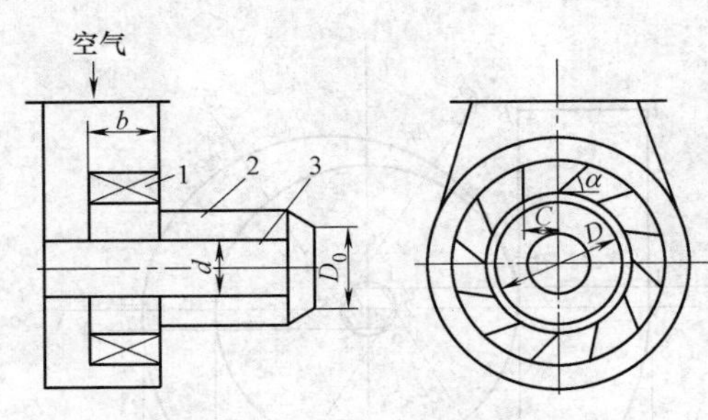

图 25-3-15 切向叶片

1—切向叶片；2—圆柱形通道；3—轴心套

式中 K——叶片遮盖度，一般 $K=1.1\sim1.5$；

S_z——叶片在根圆上所遮盖的弧长，mm；

S_g——相邻叶片根部间弧长，mm。

遮盖度大，空气旋转强，但阻力增大。叶片顶部长度 b 为顶圆直径的 20%～40%，根部长度较 b 短。

② 叶片数

轴向叶片数按表 25-3-6 取值。

③ 旋流强度

$$\Omega=\frac{4\pi(R_0^3-r^3)\sqrt{D_0^2-d^2}\sin\alpha}{3nC(R_0^2-r^2)(D_0-d)} \tag{25-3-31}$$

轴向叶片数 **表 25-3-6**

根圆顶圆直径比	0.33	0.50	0.60	0.67
叶片数 n	12	18	24	30

式中符号见图 25-3-13 与表 25-3-6。

④ 阻力系数与阻力

弯曲叶片：

$$\zeta=0.7\Omega+1 \tag{25-3-32}$$

（2）直叶片

$$\zeta=2.5\Omega \tag{25-3-33}$$

式中 ζ——阻力系数。

$$\Delta p=\zeta\frac{v_a^2}{2}\rho_a \tag{25-3-34}$$

式中 Δp——阻力，Pa；

v_a——空气平均流速，m/s。

（3）切向叶片式

① 叶片遮盖度与倾斜角

倾斜角 $\alpha=45°\sim60°$时，遮盖度 $K=1.2\sim1.4$，α 较小时，K 取大值。

② 旋流强度

$$\Omega=\frac{\pi\sqrt{D_0^2-d^2}\cos\alpha}{2nb\sin\frac{180}{n}\sin\left(\alpha+\frac{180}{n}\right)} \tag{25-3-35}$$

式中符号见图 25-3-14 与表 25-3-6。

③ 阻力系数与阻力

当雷诺数 $Re>2\times10^5$，且 $2\leqslant\Omega\leqslant5$ 时：

$$\zeta=1.1\Omega+1.4 \tag{25-3-36}$$

阻力计算同轴向叶片式。

燃气部分计算与火道构造同蜗壳式燃烧器。

25.4　高速燃烧器

25.4.1　分　　类

高速燃烧器是以高温高速烟气实现高效均匀对流换热的工业用燃烧器，一般烟气流速达 100～300m/s、甚至更高。高温高速气流经加热工件使对流换热系数增大，从而提高对流传热量的比例，使其达总传热量的 80%～85%。由于高速而强化换热使烟气温度快速下降，因此氮氧化物生成量少。此外，高速燃烧器负荷调节比可高达 1∶50，空燃比大，使炉内气氛可任意调节等优点，但存在噪声大的缺点。高速燃烧器由火道（又称燃烧室）完成燃烧过程，因此火道成为燃烧器的一部分，其形状一般为圆柱形或圆锥形，内衬耐火材料。火道容积负荷一般为 $0.6\times10^5\sim2.1\times10^5 kW/m^3$，有高达 $6.4\times10^5 kW/m^3$。

高速燃烧器有燃气空气预混型与非预混型两类。预混型采用引射器或比例混合装置，前者适用于烟气流速不大于 150m/s 场合。非预混型一般为燃气进入火道、空气由火道壁孔口喷入或燃气与空气在火道入口成交叉状（如成 90°角）喷射混合等方式实现混合与燃烧。当炉膛为正压而不能供二次空气时，燃烧所需全部空气量由鼓风机或引射器供入。此外，高速燃烧器可按空气预热与非预热分类，前者有外部预热式与内部预热式两类。也可按燃烧室渐缩变径与不变径分类。

图 25-4-1 为 SGM 型高速燃烧器，为非预混型，适用于低压混合城市燃气（低热值 14026kJ/m³、压力 800～10000Pa）与低压空气（压力 2000～2500Pa），燃气与空气成 90°角相混合，其流速比为 1∶1.5，火道出口烟气流速约 100m/s，过剩空气系数 1.02～3.40。该燃烧器外形尺寸见表 25-4-1。

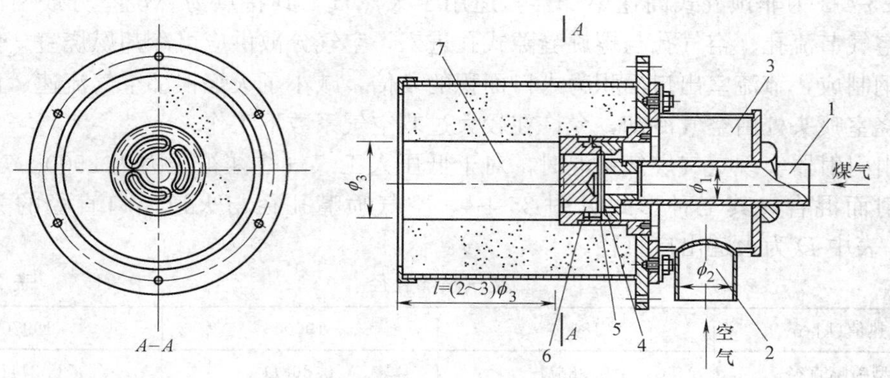

图 25-4-1　SGM 型高速燃烧器

1—燃气入口；2—空气入口；3—空气分配室；4—空气通道；5—燃气通道；6—燃气空气混合气通道；7—火道

SGM 型高速燃烧器外形尺寸 表 25-4-1

燃气流量 (m^3/h)	ϕ_1(mm)	ϕ_2(mm)	ϕ_3(mm)	燃气流量 (m^3/h)	ϕ_1(mm)	ϕ_2(mm)	ϕ_3(mm)
6	15	25	24	85	50	100	96
12	20	40	36	120	70	125	115
20	25	50	47	160	80	125	133
30	32	70	57	220	100	150	156
50	50	80	74	300	125	200	182

图 25-4-2 为预混式高速燃烧器，适用于液化石油气，其外形尺寸见表 25-4-2。

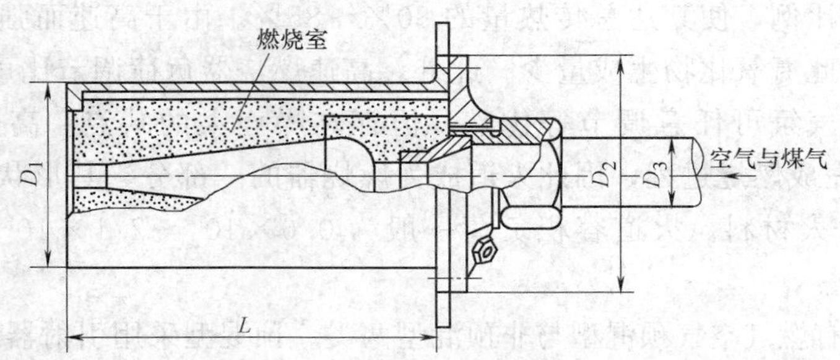

图 25-4-2 预混式高速燃烧器

预混式高速燃烧器外形尺寸 表 25-4-2

热负荷(kW)	D_1(mm)	D_2(mm)	D_3(mm)	L(mm)
76.76	103	200	32	226
127.93	163	220	50	293
255.86	204	245	70	352
383.79	220	265	80	387
511.72	244	295	100	422

图 25-4-3 为非预混式高速燃烧器，适用于天然气，其特点为燃烧室分成两段，空气分别由空气节流孔、空气孔与螺旋缝隙式孔进入，空气分散供应可冷却燃烧室，使其由普通耐热钢制成，节流室出口面积为入口面积的 4 倍，减小了火焰根部空气流速、使火焰稳定。燃烧室喷头处由空气冷却，允许在较大过剩空气系数下工作。

当由引射器实现空气燃气预混时，对于低压人工煤气往往被压力为 2500～7500Pa 的空气引射而混合，其三种形式见图 25-4-4，空气喷嘴孔径与火道出口直径的关系见表 25-4-3，表中 D 为火道出口直径。

空气喷嘴孔径 表 25-4-3

燃气热值(kJ/m^3)	18000	19000	19970
A 型喷嘴直径	0.366D	0.368D	0.371D
B 型喷嘴直径	0.287D	0.289D	0.291D
C 型喷嘴直径	0.406D	0.409D	0.412D

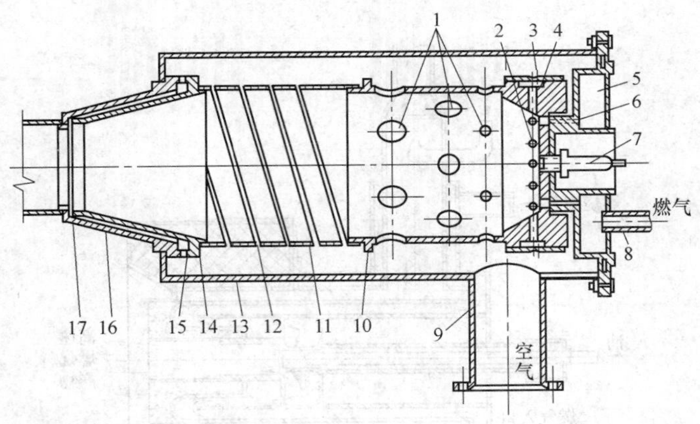

图 25-4-3 非预混式高速燃烧器

1—空气孔；2—节流室空气出口；3—节流室空气入口；4—节流室；
5—燃气分配室；6—燃气孔；7—点火器；8—燃气入口；9—空气入口；
10—第一段燃烧室；11—螺旋缝隙式孔；12—第二段燃烧室；13—外壳；
14—燃烧室缩口；15—冷却空气入口；16—喷头；17—冷却空气出口

图 25-4-5 与图 25-4-6 为两种由烟气预热空气的高速燃烧器，前者空气管外侧设有散热片或空气管制成波形，后者采用喷射空气引射烟气排出。由于预热空气，可使燃料节约 30%～50%。

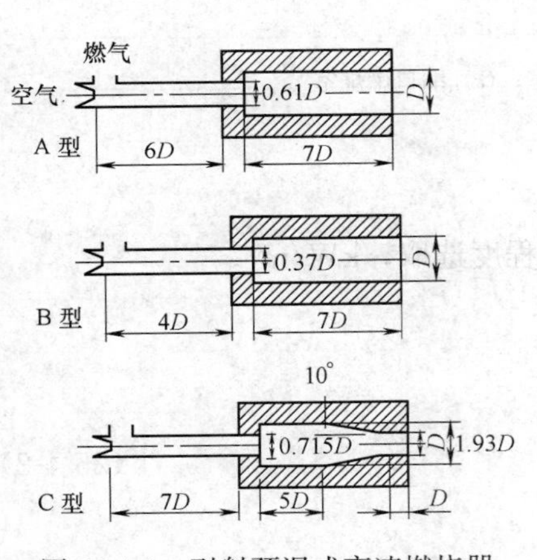

图 25-4-4 引射预混式高速燃烧器

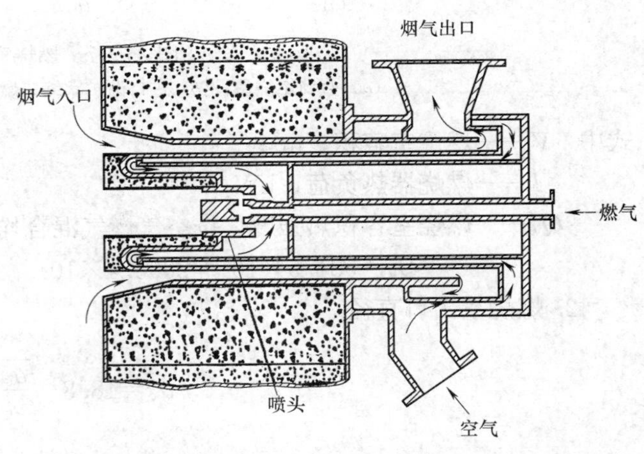

图 25-4-5 空气预热式高速燃烧器

25.4.2 设计计算

25.4.2.1 燃烧室（火道）

燃烧室的形式见图 25-4-7，当空气与燃气压力较低时选用直筒燃烧室，而要求烟气出口速度较高时选用缩口燃烧室，此时空气燃气预混不均匀状况下采用进口为渐扩状缩口燃烧室。

1. 燃烧室容积

$$V=\frac{I}{Q_{\mathrm{v}}} \tag{25-4-1}$$

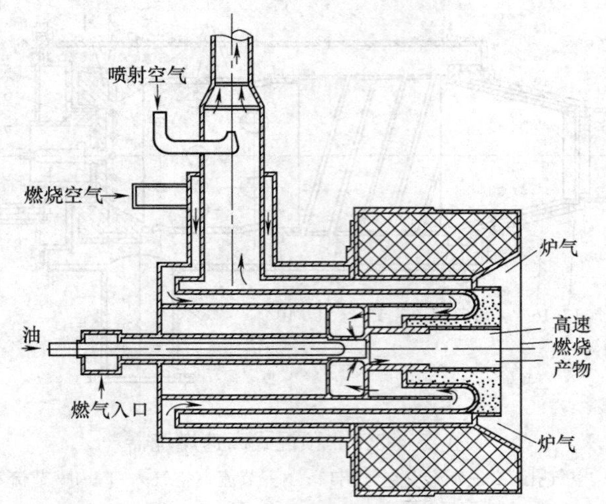

图 25-4-6　空气预热式高速燃烧器

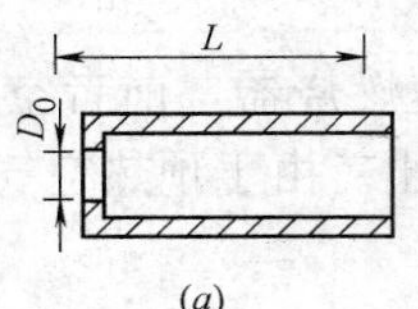

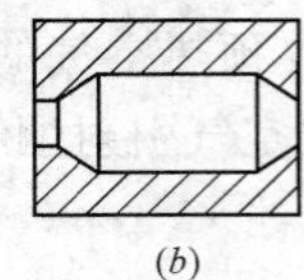

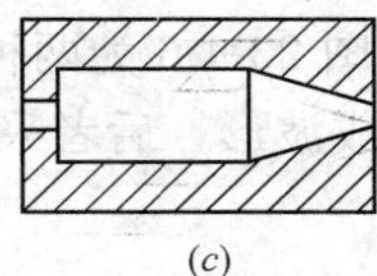

图 25-4-7　燃烧室

(a) 直筒燃烧室；(b) 进口渐扩状缩口燃烧室；(c) 缩口燃烧室

式中　V——燃烧室容积，m^3；

I——燃烧器热负荷，kW；

Q_v——燃烧室容积热强度，按空气燃气混合均匀程度选取，kW/m^3。

$$Q_v = 581.5\times10^5 \sim 2093.4\times10^5$$

2. 燃烧室出口直径

$$d_c = 18.8\sqrt{\frac{q_c}{v_c}} \tag{25-4-2}$$

$$q_c = q_g V_c \frac{273+t_c}{273}$$

式中　d_c——燃烧室出口直径，mm；

q_c——烟气流量，m^3/h,；

q_g——燃气耗量，m^3/h；

V_c——实际烟气量，m^3/m^3 燃气；

t_c——烟气温度，℃

v_c——烟气出口流速，m/s。

3. 燃烧室长度

燃烧室长度一般为 $(2\sim3)d_c$。

25.4.2.2 燃气与空气出口截面积

对于非预混型高速燃烧器，燃气与空气可在头部成交角喷入燃烧室混合燃烧。为加强混合，喷口可制成环缝状，也可在燃烧室前设混合气室或通道。一般空气压力高于燃气压力，对燃气有引射作用。

1. 气出口流速

$$v_{\mathrm{g}}=4.43\mu_{\mathrm{g}}\sqrt{\frac{p_{\mathrm{g}}-h_{1}}{10\rho_{\mathrm{g}}}} \qquad (25\text{-}4\text{-}3)$$

式中 v_g——燃气出口流速，m/s；

μ_g——流量系数，见表 25-4-4；

p_g——燃气压力，Pa；

h_1——炉膛压力，Pa；

ρ_g——燃气密度，kg/m^3。

流量系数 μ_g 表 25-4-4

燃气出口形式	单个喷口	多个喷口	缝隙喷口
直筒燃烧室	0.84	0.80	0.64
缩口燃烧室	0.70	0.67	0.53

2. 燃气出口截面积

$$A_{\mathrm{g}}=\frac{278q_{\mathrm{g}}}{v_{\mathrm{g}}} \qquad (25\text{-}4\text{-}4)$$

式中 A_g——燃气出口截面积，mm^2；

q_g——燃气流量，m^3/h。

3. 空气出口流速

$$v_{\mathrm{a}}=4.43\mu_{\mathrm{a}}\sqrt{\frac{p_{\mathrm{a}}-h_{1}}{10\rho_{\mathrm{a}}}} \qquad (25\text{-}4\text{-}5)$$

式中 v_a——空气出口流速，m/s；

μ_a——流量系数，见表 25-4-4；

p_a——空气压力，Pa；

ρ_a——空气密度，kg/m^3。

4. 空气出口截面积

$$A_{\mathrm{a}}=\frac{278q_{\mathrm{a}}}{v_{\mathrm{a}}} \qquad (25\text{-}4\text{-}6)$$

式中 A_a——空气出口截面积，mm^2；

q_a——空气流量，m^3/h。

5. 混合气室或通道截面积

当设置混合气室或通道时，其截面积按式（25-4-7）计算。

$$A_{\mathrm{m}}=278\,\frac{q_{\mathrm{m}}}{v_{\mathrm{m}}} \qquad (25\text{-}4\text{-}7)$$

式中 A_m——混合气室或通道截面积，mm^2；

q_m——燃气空气混合气体流量，m^3/h；

v_m——燃气空气混合气体流速，一般 $v_m=20\sim25$ m/s。

25.5　平焰燃烧器

平焰燃烧器的火焰径向扩展成平面状，在平焰砖上作附壁流动。其优点是炉膛体积小、炉温均匀、升温较快，且产生氮氧化物量小。不足之处为一般安装在炉顶部、热负荷较小。主要应用于各类工业炉，特别是要求均匀加热场合。

25.5.1　工作原理与典型燃烧器

平焰燃烧器分为直流型与旋流型两种。平焰为平面火焰简称，其在引射器出口（直流型）与火道出口（旋流型）设置的炉壁平焰砖上形成。为使平焰扩大，燃气与空气不需十分均匀混合。

直流型平焰燃烧器的燃气与空气直流混合，而燃烧器头部火孔一般设置于侧面四周，呈直缝形或曲线缝形，使燃气空气混合物的喷出方向平行于炉壁的平焰砖，即呈放射扩展状。由于平焰砖制成凹凸状（梅花砖）或存在砖缝沟槽（直形砖缝或环形砖缝），不仅强化了气流的紊动，延长气流停留时间，也形成点火源而使燃烧稳定。一般采用引射器实现燃气与空气混合，当炉膛为负压时可采用大气式燃烧，否则须采用完全预混式燃烧，引射器设计参见本章 25.2.6 引射器。

旋流型平焰燃烧器可由引射器实现燃气引射空气后经旋流器叶片形成旋流，且一般设置两个对称的引射器以使平焰分布均匀。也可采用空气鼓风方式，并经旋流叶片或蜗壳后

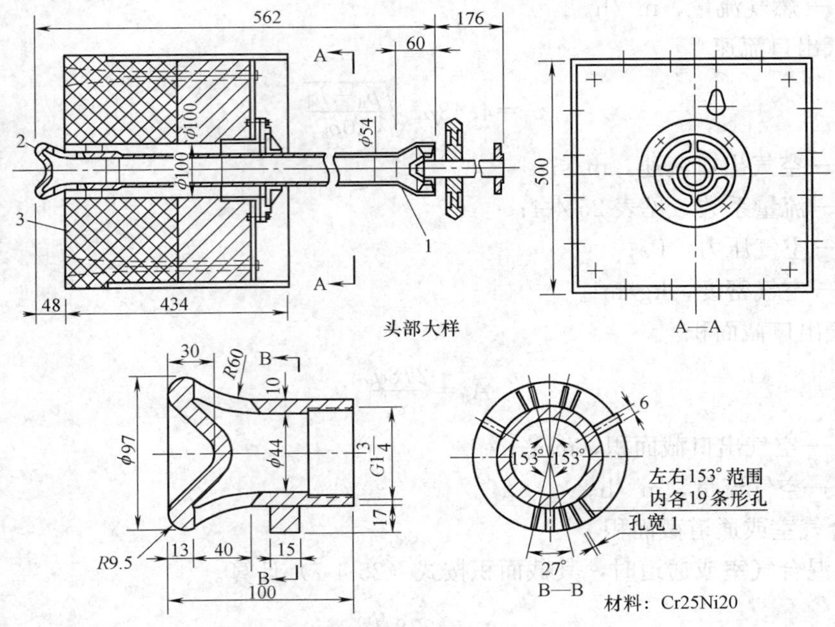

图 25-5-1　完全预混直流型平焰燃烧器

1—引射器；2—头部；3—平焰砖

与喷入燃气混合，也有空气与燃气均形成旋流后混合。旋流形成平焰的关键部件是设置扩张形火道的平焰砖。火道有喇叭形与突扩形两种，具有点火源作用以稳定燃烧。蜗壳与旋流器叶片的设计参见本章 25.3 扩散式燃烧器。

图 25-5-1 是完全预混直流型平焰燃烧器，天然气以 0.18 MPa 压力引射空气，天然气空气混合物从头部四周缝隙火孔喷出。其负荷为 232.6 kW。

图 25-5-2 是大气式直流型平焰燃烧器，由引射器扩压管流出的燃气空气混合物经头部缝隙火孔喷出，二次空气由炉膛负压引入。

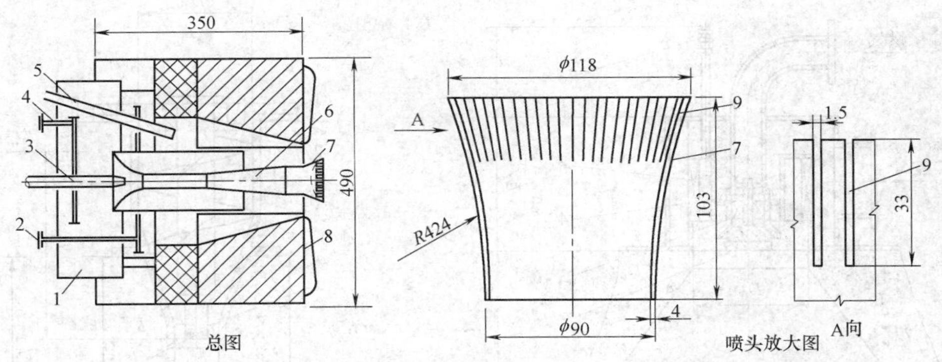

图 25-5-2 大气式直流型平焰燃烧器

1—消声器；2—二次空气调节杆；3—燃气喷嘴；4—一次空气调节杆；5—点火器；6—引射器；7—头部；8—梅花型平焰砖；9—缝隙火孔

图 25-5-3 是配置双引射器的完全预混旋流型平焰燃烧器，其在平焰砖上设有突扩形火道。

图 25-5-4 为双旋流型平焰燃烧器，切向旋流叶片倾斜角可调节，燃气与空气形成旋流后混合，压力分别为 200Pa 与 4000Pa，空气流量为 $240m^3/h$，热负荷为 209.34kW，适用于油田伴生气。平焰砖上设置喇叭形火道，平焰直径可达 1.2m，厚度约 150～200mm。

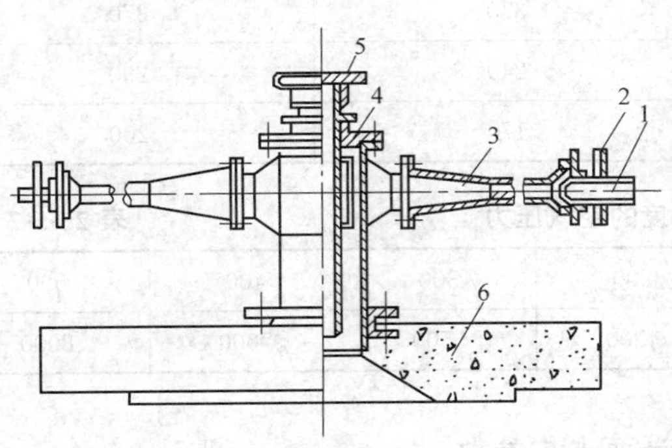

图 25-5-3 配置双引射器的完全预混旋流型平焰燃烧器

1—燃气喷嘴；2—空气调节板；3—引射器；4—旋流器；5—中心管；6—平焰砖

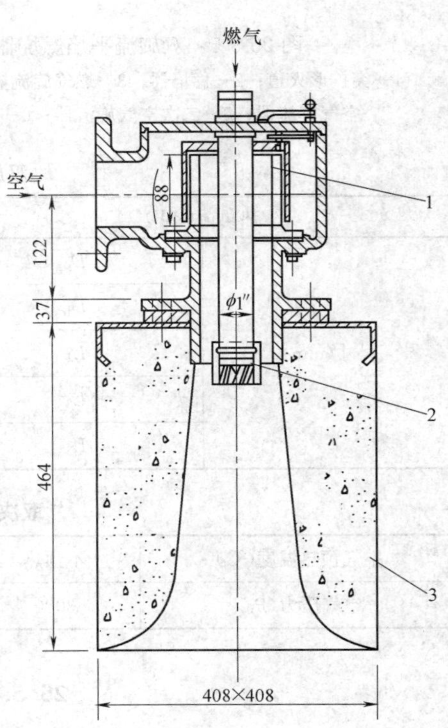

图 25-5-4 双旋流型平焰燃烧器

1—空气旋流器；2—燃气旋流器；3—平焰砖

图 25-5-5 为另一双旋流型平焰燃烧器，与前者的主要差别是配置扩张角为 70°～80°的突扩形火道与稳焰器，且一次空气与二次空气分别设旋流器，适用于压力为 500Pa 的焦炉煤气，空气预热温度为 450℃，其压力为 2300Pa。燃烧器尺寸见表 25-5-1。

图 25-5-6、图 25-5-7 为旋流型平焰燃烧器，适用于天然气，其压力为 20kPa，热负荷调节比可达 1∶4，过剩空气系数为 0.7～2.0，平焰砖上设喇叭形火道。当过剩空气系数为 1.05 时取决预热温度的空气压力见表 25-5-2，燃烧器尺寸分别见表 25-5-3、表 25-5-4。

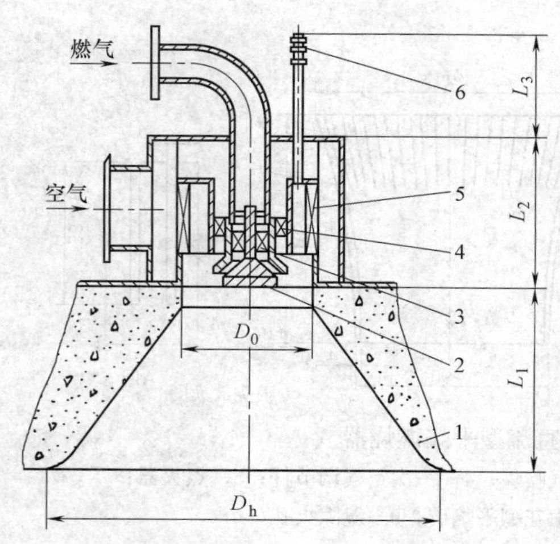

图 25-5-5 双旋流平焰燃烧器

1—突扩形火道；2—稳焰器；3—燃气旋流器；4——次空气旋流器；5—二次空气旋流器；6—窥视镜

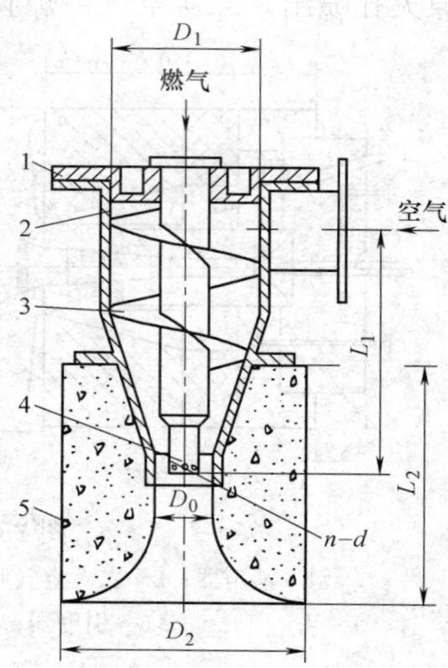

图 25-5-6 螺旋叶片旋流型平焰燃烧器

1—盖板；2—外壳；3—螺旋叶片；4—燃气喷头；5—平焰砖

双旋流平焰燃烧器尺寸 表 25-5-1

热负荷(kW)		407.05	755.95
尺寸(mm)	D_0	180	250
	D_h	700	745
	L_1	370	370
	L_2	240	290
	L_3	170	200

取决预热温度的空气压力 表 25-5-2

空气预热温度(℃)	不预热	200	300	400	500
空气压力(Pa)	3000	4500	5500	7000	8000

25.5.2 设计要点与参数

引射器与旋流装置（蜗壳与旋流叶片）设计分别参见本章 25.2.6 与 25.3。为扩大平焰面积，燃气与空气的混合可不充分均匀。

螺旋叶片旋流型平焰燃烧器尺寸 表 25-5-3

热负荷(kW)		49.428	98.855	197.710	395.420	790.840	1235.106	1584.680
天然气流量(m^3/h)		5	10	20	40	80	125	160
尺寸(mm)	d	1.5	2.0	2.7	3.8	5.4	4.8	5.4
	n(个)	6	6	6	6	6	12	12
	D_1	85	116	170	220	280	350	400
	D_0	25	35	50	75	105	140	165
	D_2	145	195	260	315	405	470	535
	L_1	175	220	325	375	440	550	625
	L_2	95	110	125	205	240	255	280
质量(kg)		35	53	135	184	375	560	622

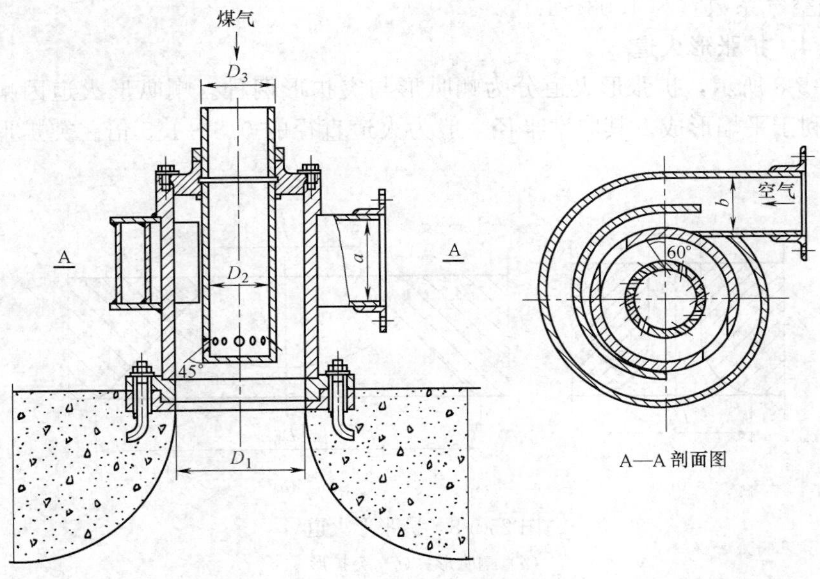

图 25-5-7 蜗壳旋流型平焰燃烧器

蜗壳旋流型平焰燃烧器尺寸 表 25-5-4

燃气流量(m^3/h)		12	20	30	50	75	100	120	160
尺寸(mm)	D_1	48	60	72	90	110	120	130	155
	D_2	19	26	30	40	48	55	60	70
	a	30	40	46	60	75	90	90	105
	b	29	35	46	59	70	70	70	105
	D_3	25	40	45	50	65	65	80	100

25.5.2.1　引射式直流型平焰燃烧器

① 燃烧器头部火孔布置于侧面四周，呈直缝或曲线缝形，且头部成渐扩状，使火孔气流成角度射向平焰砖。燃气空气混合气体火孔出口速度 15m/s 以上，并据此计算所需扩压管出口压力。

② 一般适用于负压炉膛，并考虑设置空气量调节装置。

③ 一般适用于广义华白数不大于 100 的燃气。

25.5.2.2　引射式旋流型平焰燃烧器

① 一般为完全预混空气，一次空气系数约为 1.05。扩压管出口压力应满足旋流要求。

② 旋流器宜采用双进气方式，单个进气口的结构比应大于 0.2。

③ 一般适用于广义华白数不大于 80 的燃气。

25.5.2.3　鼓风式旋流型平焰燃烧器

① 空气旋流强度不宜小于 2.5。对于蜗壳旋流器宜采用双进气方式，单个进气口结构比可在 0.8 以上。

② 燃气由径向孔口喷出，可有与空气旋转方向一致的倾斜角。

③ 过剩空气系数宜为 1.03～1.05。

25.5.2.4　扩张形火道

如图 25-5-8 所示，扩张形火道分为喇叭形与突扩形两种。喇叭形火道因喇叭出口为圆弧角，更利于平焰形成。其曲率半径一般为火道直径的 0.8～1.5 倍。突扩形火道的扩张角为 90°～120°。

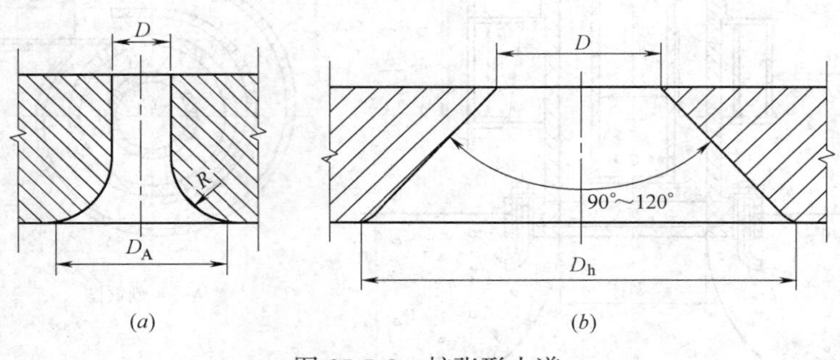

图 25-5-8　扩张形火道

(a) 喇叭形；(b) 突扩形

25.6　浸没燃烧器

25.6.1　特点与典型燃烧器

浸没燃烧器是燃烧烟气在液体中以鼓泡方式实现气液两相接触，发生传热与传质，因此其适用于工业与商业等的水加热与溶液浓缩等场合。由于气液两相直接接触的特点使热效率高达 90%～95%，且液体温度均匀；因烟气水蒸气共存、水蒸气分压降低使水沸点下降，而有利浓缩；无传热面而可用于加热腐蚀性或易结晶液体；但同时具有需较高压力燃气与空气，烟气污染液体，不易点火，噪声大等缺点。由于无法供入二次空气，均采用无焰燃烧方式。此外，在加热水的过程中，当水温高于烟气气泡内水蒸气露点时，气泡内水蒸气分压小于水容积内水蒸气分压，气泡外水蒸气进入气泡，出现逆向传热与传质，使热效率下降。

浸没燃烧器的基本形式有三种：管式、板式与旋流式，一般配有火道或燃烧室，以及鼓泡器。此外，为控制烟气温度可导入稀释空气。图 25-6-1、图 25-6-2 与图 25-6-3 分别为其构造图。

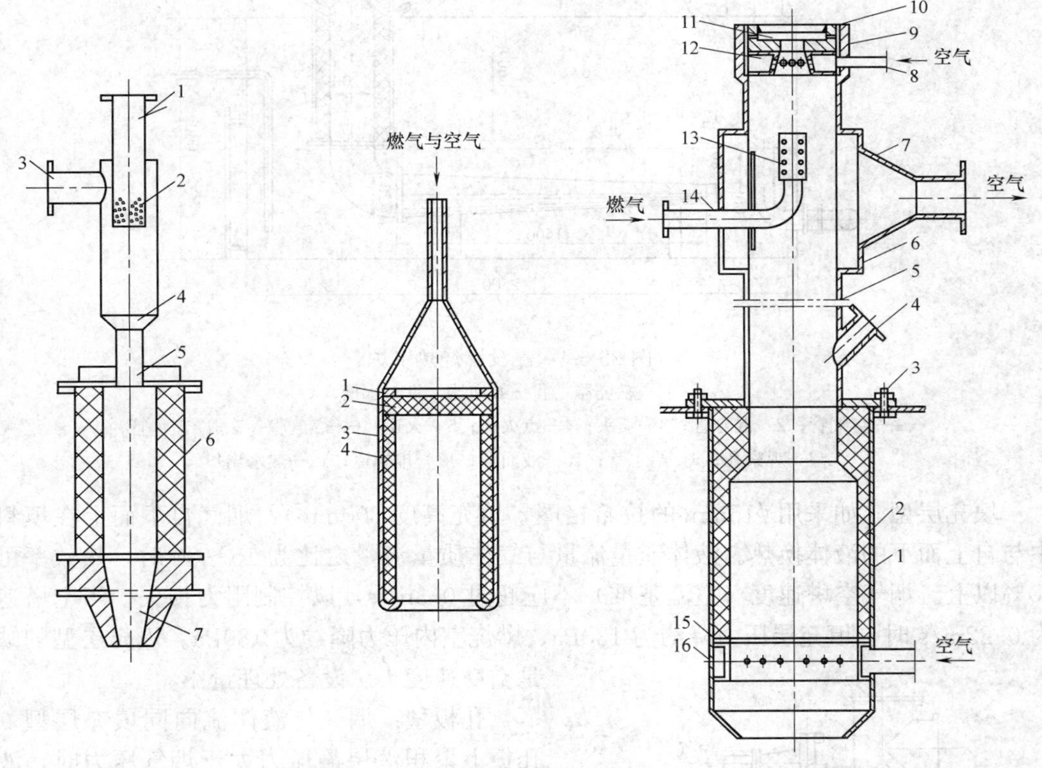

图 25-6-1 管式浸没燃烧器
1—燃气管；2—燃气喷孔；3—空气管；4—混合室；5—速度管；6—火道；7—鼓泡器

图 25-6-2 板式浸没燃烧器
1—压环；2—多孔陶瓷板；3—筒体；4—火道

图 25-6-3 旋流式浸没燃烧器
1—筒体；2—火道；3—螺栓；4—电点火套筒；5—混合室；6—蜗壳；7—空气入口；8—观察镜冷却空气入口；9—观察镜套；10—锁紧螺母；11—观察镜；12—冷却空气环套；13—多孔燃气喷嘴；14—燃气管；15—支撑环；16—稀释空气环室

图 25-6-4 为浸没燃烧热水炉，鼓泡由渐缩管底部小孔实现，为使小孔喷出烟气流速一致，鼓泡器制成渐缩管状。

图 25-6-5 为浸没燃烧浓缩溶液设备，其需有较大的气相空间与蒸发表面，因此底部往往制成圆锥形，并设有除沫器。

采用填充层，孔板与气液两相流动从而增强换热是浸没燃烧装置的改进形式。其缺点是设备复杂，且可能被液体腐蚀。

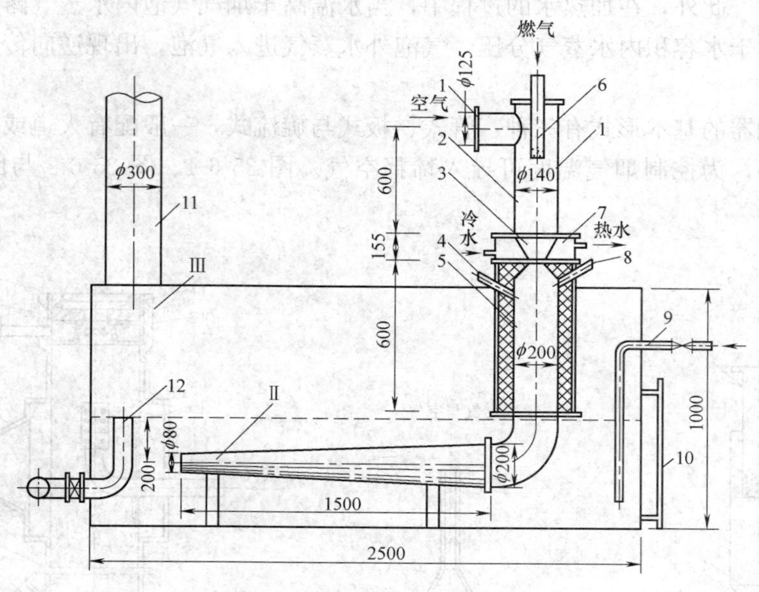

图 25-6-4　浸没燃烧热水炉

Ⅰ—燃烧器　Ⅱ—鼓泡器　Ⅲ—水槽

1—空气管；2—混合管；3—喷头；4—点火孔；5—火道；6—燃气管；7—冷却水管；8—观察孔；9—给水管；10—液面计；11—排烟道；12—热水出口

填充层型（如采用 $\phi15$mm 的拉希格圈，填充高度 300mm）：烟气自下而上在填料圈中与自上而下的液体换热。液体质量流量与气体质量流量之比为 15～30 时，热效率可达 90%以上。烟气空塔速度（室温基准）不应超过 0.3m/s，以控制阻力损失。当空塔速度为 0.22m/s 时，填充层压力降约为 130Pa，燃烧室内压力降约为 180Pa。填充层型的缺点是空塔速度小、设备处理量小。

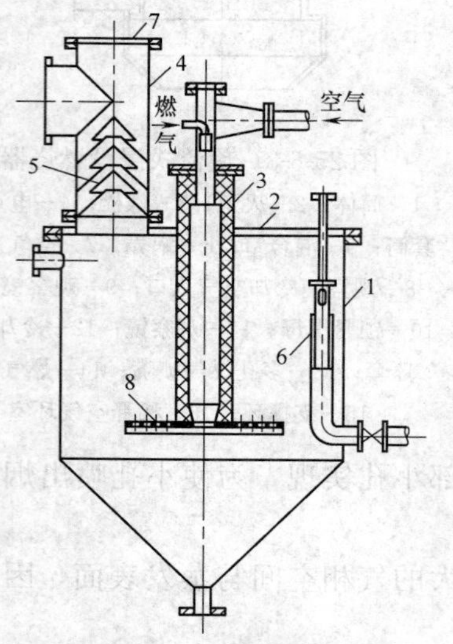

图 25-6-5　浸没燃烧浓缩溶液设备

1—筒体；2—盖板；3—燃烧器；4—排烟管；5—除沫器；6—溢流管；7—防爆膜；8—鼓泡器

孔板型：烟气与液体流向同填充层型，在孔板上聚积液层静压力大于烟气压力时，液体下流，否则烟气上流，各孔处顺次改变流向，气液两相在孔板处直接接触而实现换热。多孔孔板孔径一般为 4mm、6mm 或 8mm，开孔率为 50%；单孔孔板孔径为 92.5～109.4mm，开孔率为 50%～70%。液体质量与烟气质量流量之比为 10～20 时，热效率可达 60%以上。烟气空塔速度（室温基准）为 1m/s，烟气在液层的阻力为 400～600Pa。孔板型的缺点是气液量调节范围小。

两相流动型：液体从垂直方向或旋转与烟气在混合室混合后进入两相流管，由两相接触而产生换热。液体质量流量与烟气质量流量之比为 20～30 时，热效率可达 85%～90%。混合室与两相流管烟气空塔速度（室温基准）分别不超过 2.5m/s 与 9m/s，阻力约 200～2000Pa。

25.6.2 设计计算

25.6.2.1 燃气燃烧计算

1. 燃气耗量

$$q_g=\frac{Q_1+Q_2}{\eta H_L} \tag{25-6-1}$$

式中 q_g——燃气耗量，m^3/h；

Q_1——液体升温所需热量，kJ/h；

Q_2——液体蒸发所需热量，kJ/h；

η——设备热效率，$\eta=85\%\sim90\%$；

H_L——燃气低热值，kJ/m^3。

2. 所需空气量

$$q_a=\alpha V_0 q_g \tag{25-6-2}$$

式中 q_a——所需空气量，m^3/h；

α——过剩空气系数，$\alpha=1.05\sim1.15$；

V_0——理论空气量，m^3/m^3。

3. 烟气量

$$q_y=q_g[V_{y0}+(\alpha-1)V_0] \tag{25-6-3}$$

式中 q_y——烟气量，m^3/h；

V_{y0}——理论烟气量，m^3/m^3。

4. 燃烧温度

$$t_g=0.9t_{g0} \tag{25-6-4}$$

式中 t_g——燃烧温度，℃；

t_{g0}——理论燃烧温度，℃。

25.6.2.2 液体蒸发计算

当为蒸发或结晶目的加热溶液时，需考虑所需蒸发面积与气相空间。

1. 所需蒸发面积与设备直径

$$A=\frac{G}{\sigma} \tag{25-6-5}$$

式中 A——所需蒸发面积，m^2；

G——蒸发水量，kg/h；

σ——蒸发强度，$kg/(m^2\cdot h)$，一般 $\sigma=150\sim200kg/(m^2\cdot h)$，对于易起泡沫，且泡沫不易破碎时 $\sigma=100\sim150kg/(m^2\cdot h)$。

按蒸发面积可确定设备直径：

$$D=1.13\sqrt{A} \tag{25-6-6}$$

式中 D——设备直径；m。

2. 所需气相空间

气相空间高度应不小于1.5m，对于易起泡沫的溶液为2.5～3m，蒸发强度越大，气相空间高度应越大。气相空间容积为气液总容积的40%～60%。

25.6.2.3　鼓泡器计算

1. 鼓泡器类型

鼓泡器有圆筒形、盘形与筛板形三种基本形式，如图25-6-6所示。圆筒形出口加设卷边圆盘形成盘形，其有效扩大了气泡流直径，即倒锥形气泡流至液面的直径，但圆盘上方存在无气泡区。在圆盘上开孔即构成筛板形，从而避免无气泡区出现。

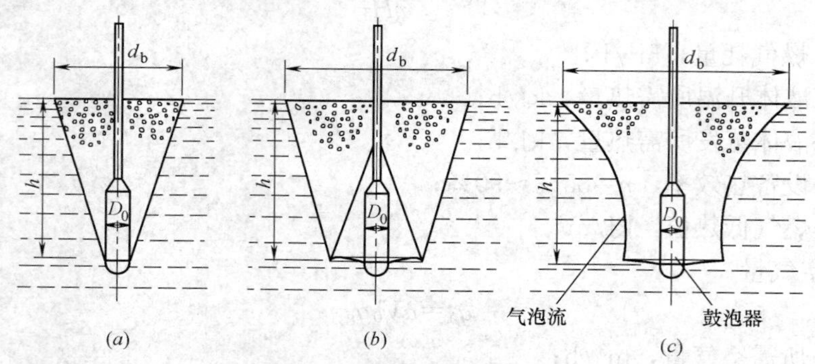

图25-6-6　鼓泡器及其气泡流

(*a*) 圆筒形；(*b*) 盘形；(*c*) 筛板形

2. 出口直径

出口直径按燃烧温度下烟气出口流速确定，出口流速为80～120m/s。火道与鼓泡器间成30°收缩角。

3. 浸没深度

浸没深度是鼓泡器出口至液体表面的高度，最佳浸没深度应使气泡流充满液体断面，即气泡流直径与设备直径相等，达到理想换热效果。浸没深度小使热交换不充分，而浸没深度过大使气泡流直径增大而过度搅动、甚至发生燃烧不稳定，且动力也因阻力增大而增加。当鼓泡器出口处烟气流的雷诺数Re＝1000～50000时，圆筒形鼓泡器的最佳浸没深度由式（25-6-7）计算。

$$\frac{h_0}{D}=85\,\frac{\left(\frac{D}{D_0}\right)^2}{\mathrm{Re}} \tag{25-6-7}$$

式中　h_0——最佳浸没深度，m；

D——设备直径，m；

D_0——鼓泡器出口直径，m。

盘形与筛板形鼓泡器的最佳浸没深度由式（25-6-8）计算。

$$\frac{h_0}{D}=100\,\frac{\frac{D^2D_0}{d}}{\mathrm{Re}} \tag{25-6-8}$$

式中　d——鼓泡圆盘直径；m。

4. 核算溶液体积热强度

每小时由鼓泡烟气传给单位容积溶液的热量称为溶液体积热强度，其值为377～

419MJ/(m³·h)。

$$Q_{\mathrm{v}}=\frac{C\lambda\Delta t}{D^2} \tag{25-6-9}$$

$$C=0.01\mathrm{Re}^{1.25}\left(\frac{h_0}{D}\right)^{0.25}$$

式中 Q_{v}——溶液体积热强度，MJ/(m³·h)；

C——热强度准则；

λ——溶液导热系数，MJ/(m·h·℃)；

Δt——气液间平均温差，一般 $\Delta t=400\sim430$℃。

5. 鼓泡层平均温度

$$t_{\mathrm{m}}=\frac{t_1-t_2}{\ln\dfrac{t_1}{t_2}} \tag{25-6-10}$$

式中 t_{m}——鼓泡层平均温度，℃；

t_1——鼓泡器出口烟气温度，一般 $t_1=0.9t_t$℃；

t_t——燃气理论燃烧温度，℃；

t_2——烟气离开溶液时温度，一般高于溶液沸点 1～5℃。

6. 鼓泡阻力

$$\Delta p_1=(1.1-1.2)g\rho h_{\mathrm{i}}+p \tag{25-6-11}$$

式中 Δp_1——鼓泡阻力，Pa；

g——重力加速度，$g=9.81\mathrm{m/s^2}$；

ρ——溶液密度，kg/m³；

h_{i}——浸没深度，m；

p——气相空间压力，Pa。

7. 出口局部阻力

$$\Delta p_2=\frac{1}{\mu^2}\frac{v_{\mathrm{y}}^2}{2}\rho \tag{25-6-12}$$

式中 Δp_2——出口阻力，Pa；

μ——流量系数，$\mu=0.8$；

v_{y}——烟气温度下出口速度，m/s；

ρ——烟气温度下烟气密度，kg/m³。

25.6.2.4 管式燃烧器构件设计

1. 燃气管

燃气管直径按燃气流速确定，燃气流速为 8～10m/s。燃气管端部管壁设直径为 1～5mm 喷孔，其个数按喷孔总面积确定，喷孔总面积为燃气管截面积的 60%～80%。

2. 空气管

空气管直径按空气流速确定，空气流速为 8～15m/s。空气入口应在燃气喷口以上 20mm 左右。

3. 混合管

混合管直径按燃气空气混合物流速确定，其流速为 8～12m/s。混合管长度为直径的

4～8 倍。

4. 速度管

速度管直径按燃气空气混合物出口速度确定，为便于调节热负荷，该出口速度应为回火极限速度的 10～15 倍，但回火极限速度又取决于速度管直径，因此须先设定速度管直径进行逐次渐近迭代计算，可由计算机完成。速度管长度为直径的 3～5 倍，与混合管连接处应制成 30°左右的锥形过渡管段。速度管一般设有水冷却夹套，以防止回火。

5. 速度管出口局部阻力

$$\Delta p_3=\zeta\frac{v_0^2}{2}\rho_0 \tag{25-6-13}$$

式中 Δp_3——速度管出口局部阻力，Pa；

ζ——阻力系数，$\zeta=1.5$；

v_0——速度管出口流速，m/s；

ρ_0——燃气空气混合物密度，kg/m^3。

6. 燃气喷口局部阻力

$$\Delta p_4=\frac{1}{\mu_g^2}\frac{v_g^2}{2}\rho_g \tag{25-6-14}$$

式中 Δp_4——燃气喷口局部阻力，Pa；

μ_g——流量系数，$\mu_g=0.62$；

v_g——喷口燃气流速，m/s；

ρ_g——燃气密度，kg/m^3。

7. 所需燃气压力

$$p_g=1.1(\Delta P_1+\Delta P_2+\Delta P_3+\Delta P_4) \tag{25-6-15}$$

式中 p_g——所需燃气压力，Pa。

8. 空气进口局部阻力

$$\Delta p_5=\zeta_a\frac{v_a^2}{2}\rho_a \tag{25-6-16}$$

式中 Δp_5——空气进口局部阻力，Pa；

ζ_a——阻力系数，$\zeta_a=1.5$；

v_a——空气进口流速，m/s；

ρ_a——空气密度，$\rho_a=1.293kg/m^3$。

9. 所需空气压力

$$p_a=1.1(\Delta p_1+\Delta p_2+\Delta p_3+\Delta p_5) \tag{25-6-17}$$

式中 p_a——所需空气压力，Pa。

25.7 辐射燃烧器

25.7.1 特点与典型燃烧器

辐射式燃烧器因辐射红外线而又称红外线燃烧器。其主要特点是红外线不被大气吸收而损失热量，因此适用于大空间采暖与干燥、焙烤、热定型等工艺。同时辐射表面温度可在 300～1100℃范围内调节，燃烧器的烟气与加热件不接触而利于控制炉内气氛等特点，使辐射式燃烧器有较广的应用范围。燃气与空气供应可采用引射器，也有采用扩散式燃烧。

辐射式燃烧器主要有辐射管型与辐射板（网）型。后者又有陶瓷板、金属网、金属网—陶瓷板、催化板、气孔陶瓷板与耐火砖板等类型。此外有烟气加热碗形或环槽形耐火砖方式的辐射式燃烧器。

辐射管型的特点除燃烧烟气仅在管内流动外，可按加热工艺与加热炉型要求把辐射管制成直管、套管、U 形、W 形、O 形、P 形与三叉形等形式。燃烧器由燃气喷嘴、辐射管与废热利用装置构成，并采用烟气再循环、分段燃烧、烟气干扰等多种措施，以提高热效率、降低氮氧化物、防止火焰喷出等。空气由鼓风供入，也有负压吸入。辐射管类型与燃烧方式分别见表 25-7-1 与表 25-7-2。辐射管烟气排出后可利用于加热燃烧用空气，由废热利用装置实现，见表 25-7-3。

辐射管类型 **表 25-7-1**

类型	形状	表面负荷		热效率（%）	特点	用途
		kcal/（cm²·h）	kJ/（cm²·h）			
直管		4～5	16.7～20.9	40～50	结构简单，使用方便，效率低	用于炉温 1000℃以下的室式或连续式炉，垂直安装
套管		4～5	16.7～20.9	60～75	结构复杂，内管材料要求高，造价高，热效率高	用于炉温 1000℃以下室式、井式、连续式炉，垂直安装
U 形	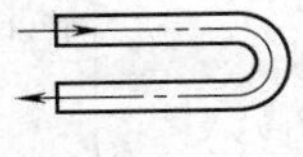	3～4	12.6～16.7	55～65	结构较简单，使用方便，空气燃气便于预热，效率较高	用于炉温 1000℃以下的各种炉型，水平安装
W 形	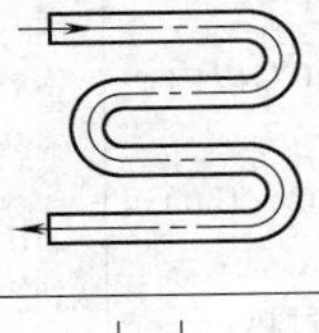	3～3.5	12.6～14.7	55～65	用一个烧嘴可得到较大的传热面积，热效率较高	一般用于炉温 900℃以下的立式炉、转盘炉等，水平安装
O 形	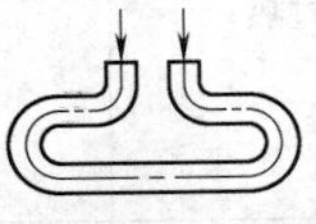	3～3.5	12.6～14.7	50～60	其结构随炉型而定，制造复杂，温度分布不均	用于炉温 900℃以下的罩式炉，水平安装
P 形	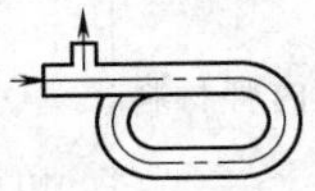	3～4	12.6～16.7	50～60	废气再循环，结构复杂，制造困难，热应力大，寿命较低	同 U 形，较少使用
三叉形	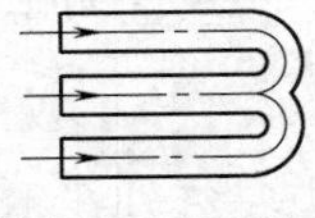	4～5	16.7～20.9	60～65	二个烧嘴共用一个排气管，燃烧能力强，温度分布较均匀，是新型的辐射管	同 U 形，加热能力强

辐射管燃烧方式 表 25-7-2

名称	燃烧方法	热效率(%)	特点	使用对象
吸入式燃烧	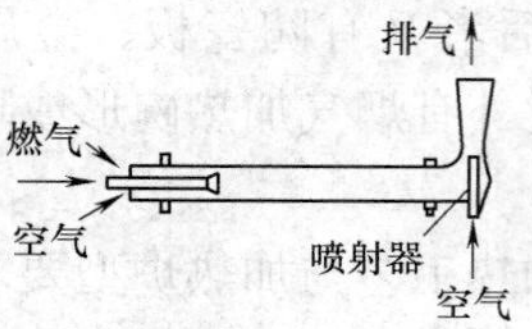 排气 燃气 空气 喷射器 空气	40～50	(1)辐射管内为负压,即使产生裂纹也可继续操作; (2)燃烧用空气量由排气压力决定,空气、燃气的比例调节困难; (3)喷射器噪声大; (4)使用预热器时要求压力损失小	用在P形、直管、O形辐射管上
压入式燃烧	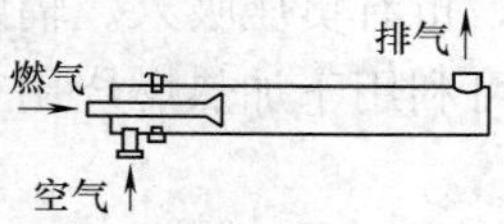 排气 燃气 空气	50～55	普通烧嘴燃烧方式,调节不困难	可用于各种辐射管
中心带干扰物	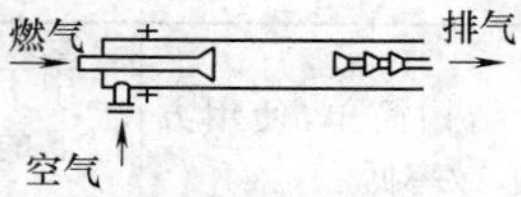 燃气 排气 空气	50～55	(1)对于高负荷或短辐射管,能实现在管内完全燃烧; (2)干扰物使用耐火材料或耐热钢; (3)可防止从辐射管出口端喷出火焰; (4)增加辐射管的内压力	多用在直管也用于U形辐射管上
烟气再循环式燃烧	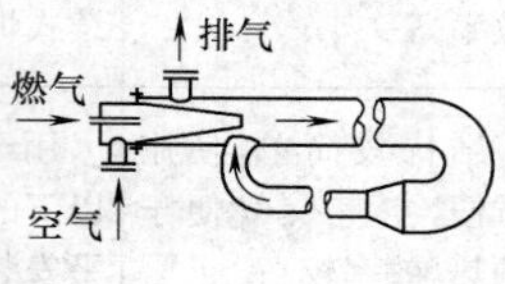 排气 燃气 空气	50～55	(1)因产生再循环,故温度分布良好; (2)易在内部装设预热器; (3)热效率有所提高; (4)有降低 NO_x 的效果; (5)辐射管形状复杂,价格高; (6)必须考虑不使辐射管产生热应力	用在P形、直管、O形辐射管上
套管型再循环式燃烧	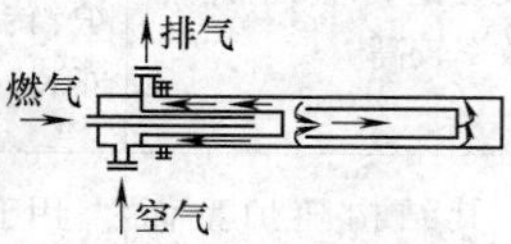 排气 燃气 空气	60～75	(1)温度分布均匀,可在10℃以内; (2)热效率高; (3)内管比外管温度高50～150℃,因此内管材料要求好; (4)辐射管变形引起局部过热; (5)炉内装拆容易; (6)价格高、制造麻烦	用在套管型辐射管上
管内分段燃烧	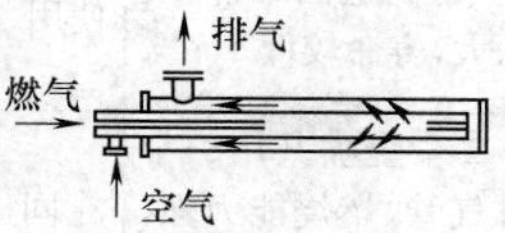 排气 燃气 空气	50～60	(1)温度分布良好; (2)内管比外管温度高,内管材料要好; (3)辐射管变形时产生局部过热; (4)有降低 NO_x 的效果; (5)热效率较高; (6)价格较高	用于套管型辐射管

废热利用装置 **表 25-7-3**

形 式	结构示意	炉温 900℃时空气预热温度(℃)
辐射对流式	炉内 热空气 排气 冷空气 辐射管	250～350
辐射式	炉内 冷空气 热空气 排气 辐射管	150～250
对流式	炉内 排气 热空气 冷空气 辐射管	200～300

辐射板（网）型燃烧器为表面燃烧产生红外线辐射，一般采用引射器实现完全预混燃烧。

多孔陶瓷板型是燃气空气混合物以 0.1～0.14m/s 的速度由陶瓷板火孔喷出，在板表面燃烧而产生红外线。板温度达 850～900℃时辐射效率最高，温度超过 1050℃时可能发生回火。图 25-7-1 为多孔陶瓷板型燃烧器，图 25-7-2 是其辐射光谱。

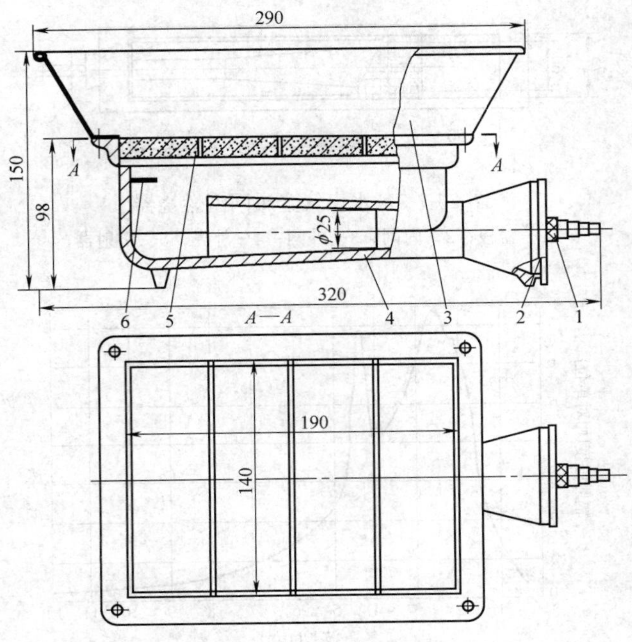

图 25-7-1 多孔陶瓷板型燃烧器

1—燃气喷嘴；2—调风板；3—反射罩；4—主体；5—多孔陶瓷板；6—气体分流板

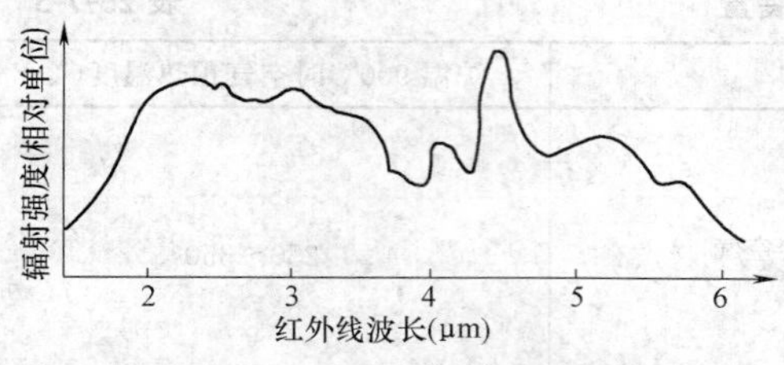

图 25-7-2　多孔陶瓷板型燃烧器辐射光谱

对多孔陶瓷主要性能的最低要求为：抗弯强度 3.5MPa，导热系数 0.58W/(m·℃)，密度 1g/cm³。

多孔陶瓷板的质量成分为黏土 55%，滑石粉 30%，三氧化二铬 5%，石棉 10%。为了增加透气性与减轻重量，可添加木炭或木屑。

多孔陶瓷板尺寸为 65mm×45mm×12mm，按热负荷要求采用胶粘剂或紧密拼合实现多块组装。单块孔数与孔径见表 25-7-4。

多孔陶瓷板孔数与孔径　　**表 25-7-4**

燃　　气	孔数(个)	孔径(mm)
人工燃气	1270～1005	0.85～0.90
液体石油气、天然气	1086～570	1.00～1.50

金属网型有内外两层网与托网，燃气空气混合物在网间燃烧，内外网与高温烟气产生红外线辐射。图 25-7-3 为水煤气金属网型燃烧器，图 25-7-4 是其辐射光谱。

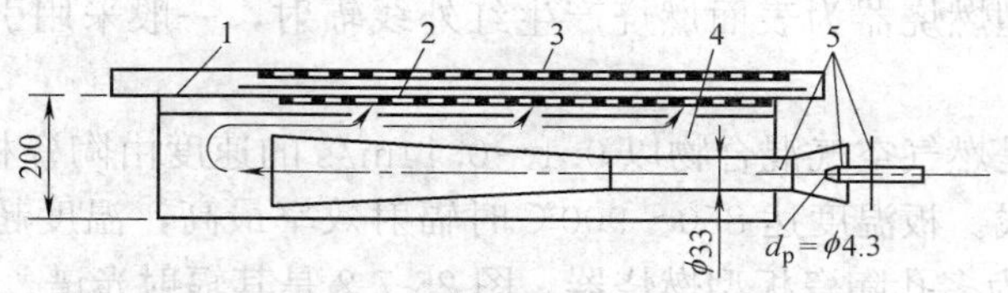

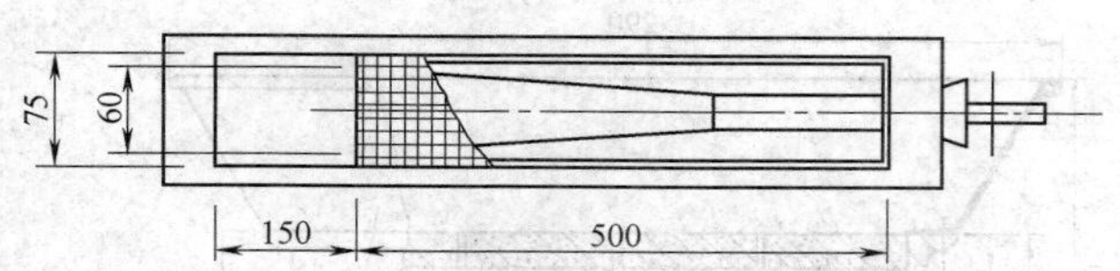

图 25-7-3　水煤气金属网型燃烧器

1—盖板；2—内网；3—外网；4—外壳；5—引射器

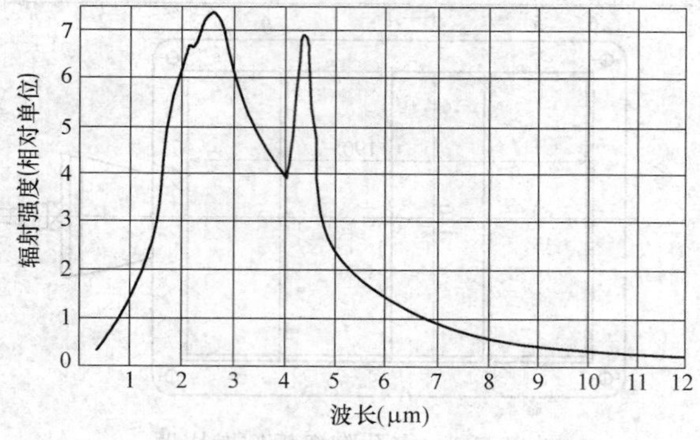

图 25-7-4　金属网型燃烧器辐射光谱

金属网规格见表 25-7-5。内外网间距为 8～12mm，内网孔径应小于燃气火焰传播的临界孔径。对于火焰传播速度较快的燃气可采用两层 44 目/英寸叠合内网。

金属网规格　　表 25-7-5

名　称	丝径(mm)	网目(目/英寸)	材　料
内网	0.213～0.350	44～33	铁铬铝丝
外肉	0.8～1.0	10～8	铁铬铝丝
托网	1.8～2.0	4	铁丝

金属网—陶瓷板型的构造是金属网覆盖在陶瓷板上 8～12mm 处，以提高燃烧温度，提高幅度可达 100～130℃，从而使辐射效率提高 10%左右。同时对于防风燃烧器，由于提高了头部压力，加设金属网可防止脱火。图 25-7-5 为金属网—陶瓷板型燃烧器，图 25-7-6为金属网—陶瓷板型燃烧器辐射光谱。

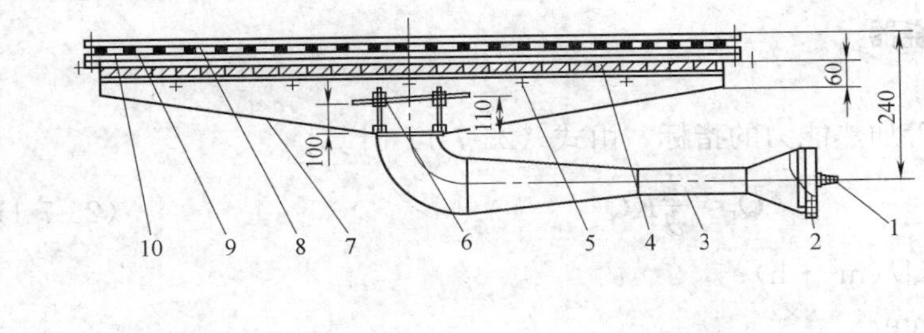

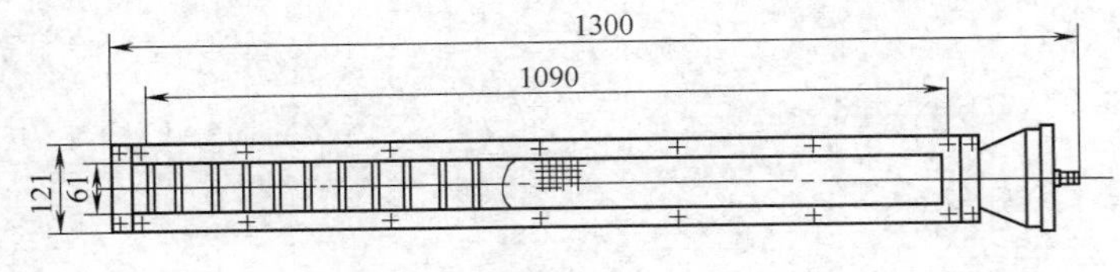

图 25-7-5　金属网—陶瓷板型燃烧器

1—喷嘴；2—调风板；3—混合管；4—多孔陶瓷板；5—加强筋；6—气体分流网；7—外壳；8—金属网；9—下压框；10—上压框

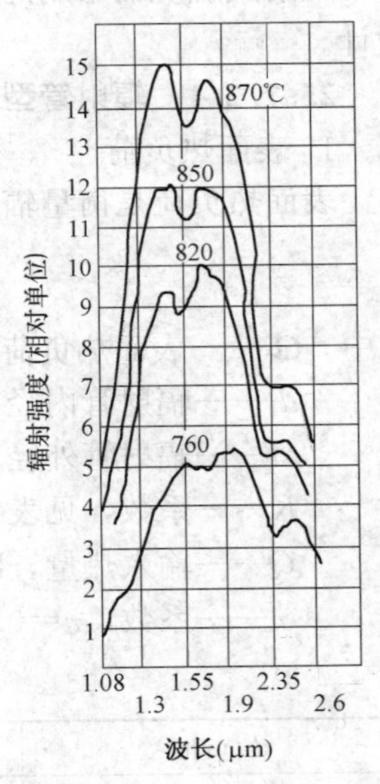

图 25-7-6　金属网-陶瓷板型燃烧器辐射光谱

催化板型的特点是经多相催化反应实现低温、低氮氧化物与低一氧化碳排放量燃烧，烟气中氮氧化物含量可降至 0.15ppm 以下，一氧化碳含量降至 100ppm 以下，燃烧温度可低于燃气闪点，主要应用于烘干等工艺。催化板由催化剂、助催化剂与载体组成。常用的催化板有铂钴催化板、铂铬催化板与钯铬催化板。助催化剂有钴等，其作用为提高催化活性，促进燃烧完全并延长催化板寿命。载体主要有氧化铝纤维、硅酸铝纤维、高硅纤维与石棉织物等类型，经成型后制成 8～15mm 厚纤维毯或多孔基板。催化板型燃烧器可采用自然供风扩散式燃烧或燃气引射器引射空气两种方式，并设电加热器预热燃气以点火和加速燃烧反应，分别如图 25-7-7 与图 25-7-8 所示。

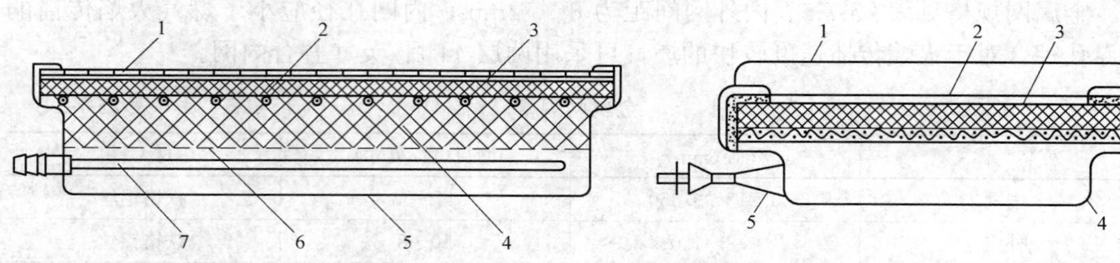

图 25-7-7　扩散式催化板型燃烧器

1—保护网；2—催化板；3—电加热器；4—隔热层；5—外壳；6—燃气均布板；7—燃气分配管

图 25-7-8　引射式催化板型燃烧器

1—保护网；2—催化板；3—电加热器；4—隔热层；5—外壳

25.7.2　设计要点与参数

辐射式燃烧器采用的引射器与扩散式燃烧装置分别按本章 22.2.6 与 22.3 有关内容设计。

25.7.2.1　辐射管型燃烧器

1. 表面热负荷

表面热负荷是衡量辐射管加热能力的指标，由式（25-7-1）计算：

$$Q_r=\frac{d_i}{d}KQ^n \tag{25-7-1}$$

式中　Q_r——表面热负荷，kJ/(m^2·h)；

d_i——辐射管内径，mm；

d——辐射管外径，mm；

K——系数，见表 25-7-6；

Q——输入热量，kJ/h；

n——系数，n=0.94。

系数 *K* 值　　　　表 25-7-6

d_i(mm)	150	140	100	60
K	0.78	1.03	1.20	1.50

2. 辐射管尺寸与材质

辐射管外径一般为 80～120mm，长度一般为 1～7m。管壁之间最小间距为外径的两倍，最大间距为外径的 10 倍。辐射管材质为耐热合金钢，有采用碳化硅等陶瓷材料。

25.7.2.2　辐射板（网）型燃烧器

1. 辐射面面积

$$A=\frac{I}{Q_{re}} \tag{25-7-2}$$

式中　A——辐射面面积，cm^2；

I——燃烧器热负荷，kJ/h；

Q_{re}——辐射面热强度，kJ/(cm^2·h)，见表 25-7-7。

辐射板（网）型燃烧器辐射面热强度 **表 25-7-7**

辐射面	陶瓷板	金属网	催化板	一般
辐射面热强度 Q_{re}[kJ/(cm^2·h)]	46.05～58.62	50.24～66.99	3.4～10.50	4.18～6.30

2. 引射器出口处头部截面积

当采用引射器时，扩压管出口处所连接的头部截面积应为扩压管出口截面积的1.2倍。

3. 气体分流板

辐射板型燃烧器，当采用引射器时可设置气体分流板，它的功能是使燃气空气混合均匀进入辐射板，其形状见图 25-7-9，Ⅰ型用于引射器侧向进气矩形辐射板，Ⅱ型用于引射器侧向进气方形辐射板，Ⅲ型用于引射器中间进气。

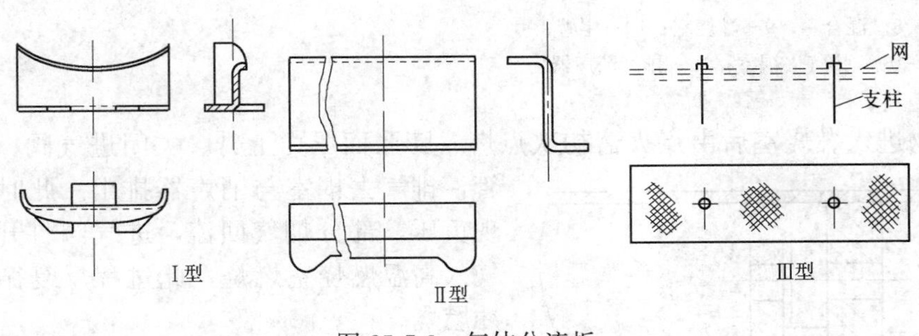

图 25-7-9 气体分流板

4. 反射罩

为使辐射热量集中于一定区域内，可设置反射罩，其为梯形外形，并采用反射率高的材料制作，反射面与辐射面的夹角为 60°～65°。

25.8 脉冲燃烧器

25.8.1 特点与基本构造

初次问世于 20 世纪 50 年代的脉冲燃烧器的燃烧特点是燃烧过程中产生压力脉冲，从而形成正压排烟气、负压吸入燃气空气的周期性燃烧过程。由于压力脉冲强化了燃气空气混合与燃烧，以及与外界的热交换；同时负压吸气时部分烟气回流降低燃烧温度，使温度型氮氧化物减少。因此传热系数较普通加热设备提高达一倍以上；用作暖风机时热效率可达 96%；氮氧化物排量比一般燃烧器低 50%；燃烧室热强度是一般燃烧器三倍以上。脉冲燃烧器的主要缺点是运行噪声大与负荷调节比小。

脉冲燃烧器的基本构造如图 25-8-1 所示，燃烧室内压力如图 25-8-2 所示。

由图 25-8-1 可知，空气与燃气分别经去耦室与瓣阀入混合室与燃烧室。去耦室作用是隔离燃烧室的压力脉冲，并有降噪功能。瓣阀结构如图 25-8-3 所示，阀瓣在前、后阀板间因燃烧室正、负压力而往复移动，从而闭、开通道。运行初的空气由风机供入，燃气

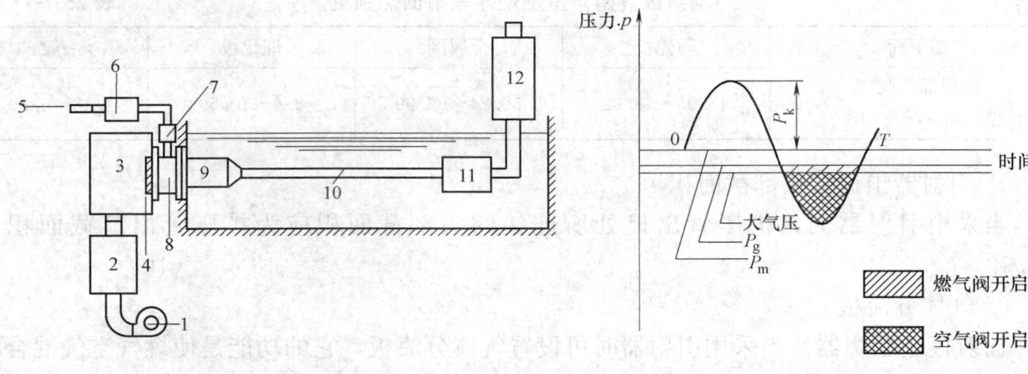

图 25-8-1　脉冲燃烧器的构造

1—风机；2—过滤器；3—空气去耦室；4—空气瓣阀；5—燃气管；6—燃气去耦室；7—燃气瓣阀；8—混合室；9—燃烧室；10—尾管；11—排气去耦室；12—排气消声器

图 25-8-2　燃烧室压力脉冲

空气混合物进入燃烧室后由点火器初次点燃、膨胀而压力上升、关闭进气阀、烟气经尾管，排气去耦室与消声器排出。此时燃烧室出现负压，部分烟气回流，进气阀打开，燃气空气入高温燃烧室燃烧，此过程反复循环形成脉冲燃烧。

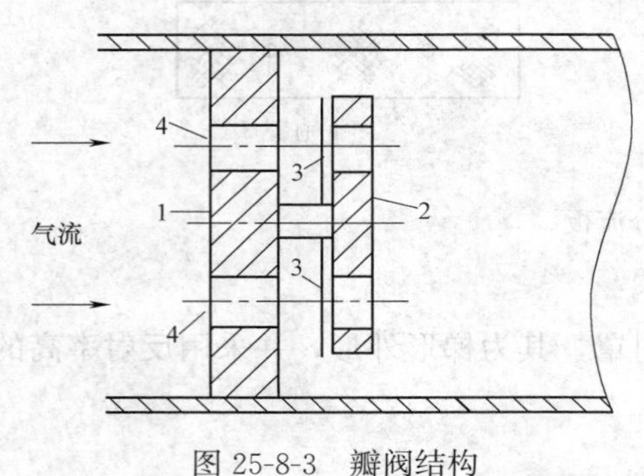

图 25-8-3　瓣阀结构

1—前阀板；2—后阀板；3—阀瓣；4—阀孔

脉冲燃烧器主要对外放热部位是燃烧室与尾管，同时其尺寸影响脉冲频率、决定运行稳定性。

附设的风机与点火器除运行初所需外，前者还具有点火前、点火失败或故障后吹扫系统、保证安全的功能。为降低烟气中一氧化碳含量可采用由排气去耦室向空气去耦室引入烟气，回流量不超过 15％，一氧化碳含量由 180ppm 降至 15ppm。

25.8.2　设计要点与参数

脉冲燃烧器的理论研究尚未达成熟阶段，燃烧器的设计与制造主要依据于实验数据。脉冲燃烧器稳定运行主要取决于脉冲频率与各部件尺寸的配合，设计的主要依据是脉冲频率、燃烧室热强度以及尾管尺寸等。

1. 脉冲频率

脉冲频率是影响燃烧器稳定运行的主要因素之一，其越高，每一周期内燃烧的燃气空气量越少，有利于燃气空气的均匀混合与完全燃烧，但过高则发生各周期燃烧放热相互影响，以及与燃烧反应速度不协调，而出现燃烧不稳定。脉冲频率一般人工煤气为 100～130Hz，天然气与液化石油气为 60～80Hz。一般以试验数据为依据确定燃烧室、尾管、混合室等尺寸的合理匹配。

2. 燃烧室容积

可按燃烧室容积热强度确定燃烧室容积，其数据由实验获得，天然气燃烧室容积热强度小于人工燃气。

3. 尾管尺寸

确定尾管尺寸的依据是其对烟气阻力应不大于燃烧室平均压力的三分之一，且直径不小于 30mm。燃烧室平均压力及其振幅见表 25-8-1。

燃烧室平均压力与振幅 表 25-8-1

燃气	平均压力(Pa)	压力振幅(Pa)
天然气	2000～2500	7500～7800
人工煤气	700～800	3000～5000

4. 校核计算

当尾管容积远小于燃烧室容积时，燃烧室与尾管尺寸符合式 22-8-1 所示亥姆霍兹共振器频率计算公式，因此可应用其作校核计算或当两个设计参数设定后确定第三个设计参数。

$$f=\frac{C}{2\pi}\sqrt{\frac{A}{LV}} \tag{25-8-1}$$

$$C=\sqrt{kRT}$$

式中 f——脉冲频率；

C——当地音速，m/s；

k——绝热指数；

R——气体常数，J/(kg·K)；

T——气体温度，K；

A——尾管截面积，m^2；

L——尾管长度，m；

V——燃烧室容积，m^3。

5. 去耦室容积

燃气去耦室容积参照空气去耦室容积按燃气与空气量比例确定。空气去耦室容积与燃烧室容积的比，应不小于 2 倍。

排气去耦室容积尽可能大，宜为燃烧室容积的 5 倍，至少应大于燃烧室容积的 2 倍。

上述各去耦室的形状与进出口位置无明确要求，可按装置状况确定。

6. 混合室容积与进口布置

燃气空气混合室容积不宜过大，其形状无明确要求，但燃气与空气进口的位置对燃烧工况影响较大，一般两进口成直角对冲撞击型。也有采用小于直角交叉的进口布置，且在内壁进口处设障碍物，使气流向中心形成紊流，以利混合，见

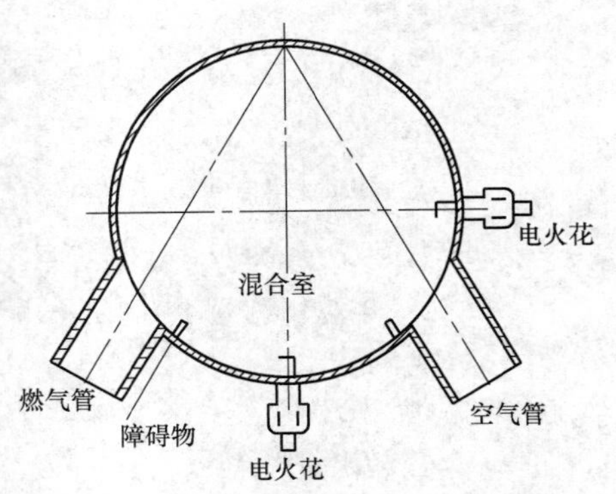

图 25-8-4 混合室进口布置

图 25-8-4。

7. 空气进气管尺寸

空气进气管位于混合室与空气阀之间，其尺寸对燃烧稳定性有较大影响。为利于燃烧室脉冲压力波向空气阀传播，宜采用直径较大，长度较短的空气进气管，对于燃烧室负压较小的人工煤气尤应注意。

8. 空气阀与燃气阀

空气阀是脉冲燃烧器稳定运行的关键部位之一，其振动频率不应过高于燃烧室脉冲频率，因此必须选用密度小的膜片材料，并保持小的膜片振动间隙，同时减小空气进气装置阻力。

燃气阀对燃烧器工况的影响很小，有的装置不设置燃气阀。

参考文献

[1] 同济大学等. 燃气燃烧与应用（第二版）[M]. 北京：中国建筑工业出版社，1988.

[2] 严铭卿等. 燃气输配工程分析 [M]. 北京：石油工业出版社，2007.

[3] 宓亢琪. 低压引射式燃烧器最佳工况与优化计算 [J]. 煤气与热力，1992，(3)：37-42.

[4] 宓亢琪. 低压引射式燃烧器适应性的研究. 煤气与热力 [J]. 1999，(6)：35-38.

[5] 宓亢琪. 应用微机进行引射式燃烧器设计的开发. 中南煤气 [J]. 1995，(2)：21-22.

[6] 宓亢琪. 运用电脑设计引射式燃烧器. 台湾煤气 [J]. 1996，(9)：24-25.

[7] 宓亢琪. 城市燃气专用计算机软件的开发. 城市煤气 [J]. 1996，(7)：22-25.

[8] 宓亢琪. 特殊低压引射式燃烧器的计算与工况分析 [J]. 煤气与热力. 1993，(5)：29-31.

[9] 宓亢琪. 高压引射式燃烧器的计算与工况分析 [J]. 煤气与热力，1995，(2)：32-37.

[10] 宓亢琪. 鼓风引射式燃烧器的计算. 煤气与热力 [J]. 1998，(6)：38-41.

[11] 姜正侯. 燃气工程技术手册 [M]. 上海：同济大学出版社，1993.

[12] 煤气设计手册编写组. 煤气设计手册（下册）[M]. 北京：中国建筑工业出版社，1987.

[13] 张同等. 人工煤气脉冲燃烧器结构特性的实验研究 [J]. 煤气与热力，1997，(1)：18-26.

第 26 章　节能与低氮氧化物燃烧技术

26.1　节能燃烧技术

节能燃烧不仅具有经济效益，部分技术还可减少有害气体排放，对环境保护至关重要。对于工业与商业广泛应用的燃气燃烧炉，应采用节能的燃烧方法与装置充分利用排烟余热，并加强炉内传热与炉壁隔热。

26.1.1　低空气比燃烧

低空气比燃烧使烟气量减少而降低排烟热损失，并抑制氮氧化物生成。

在考虑节能同时，应注意过低的过剩空气系数可能导致燃烧不完全的问题，而过高的过剩空气系数又使燃料效率下降与氮氧化物生成增加，因此应针对燃烧器特性求得最佳过剩空气系数控制范围，一般按烟气中氧含量与未完全燃烧程度控制至最低限为准。

26.1.2　排热利用

充分利用燃气燃烧排烟余热是提高燃烧效率的有效途径，利用换热器是较简易的手段，获普遍应用。低温烟气可用于热泵或热管供热。

26.1.2.1　换热器的构造与性能

燃烧炉烟气排热一般用于预热燃烧用空气或加热材料、以及用于加热低等热值燃气，但对于液化石油气等含重碳氢化合物的燃气，若预热会发生可燃成分热分解。对于燃气燃烧装置，采用换热器预热燃烧用空气是排烟利用的主要途径。

空气预热器的种类很多，换热方式有对流换热与辐射换热；冷、热气流相对流向有顺流与逆流；以及蓄热与换热回转交替方式。一般烟气换热器效率为 50%左右，而蓄热式可达 70%～80%。换热部件有金属管、金属板、陶瓷砖、热管等。其中利用陶瓷砖换热可用于烟气温度高达 1300℃场合，而热管换热适用于低温烟气换热。管状换热器一般采用无缝钢管，空气在管内流动，流速为 5～10m/s，烟气在管外流动，流速为 2～4m/s，传热系数为 11.6～23.3W/(m^2·K)。为加强换热，钢管可制成外部针状或片状换热肋片，图 26-1-1 为钢管换热器。

当烟气温度高于 1000℃时，可采用辐射换热器，如图 26-1-2 所示。烟气在直径大于 500mm 的内管流动，对管壁辐射传热，流速为 1～3m/s，空气在内外管间流动，对管壁作对流换热，流速为 20～30m/s。传热系数可高达 93.2W/(m^2·K)。

回转蓄热式换热器如图 26-1-3 所示，蓄热板为 0.5mm 厚钢板制成，以 3/4～2½ r/min速度旋转。烟气与空气流速为 8～12m/s。

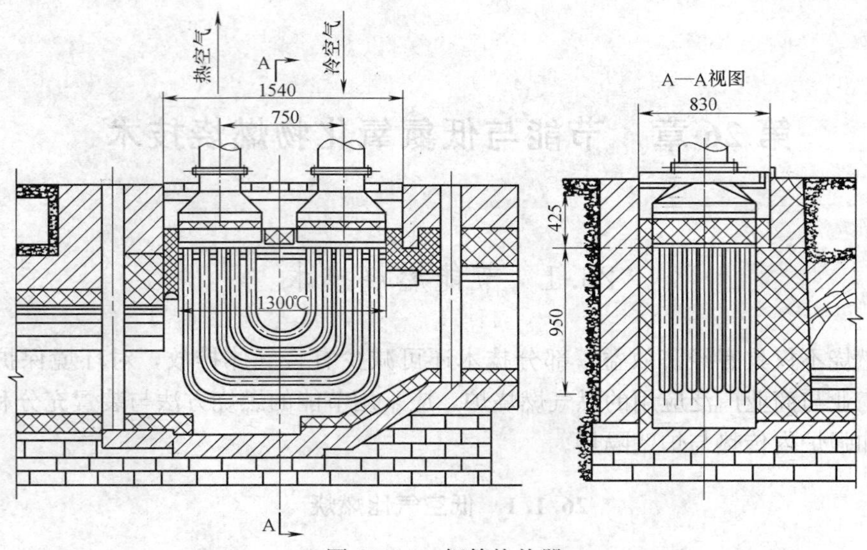

图 26-1-1　钢管换热器

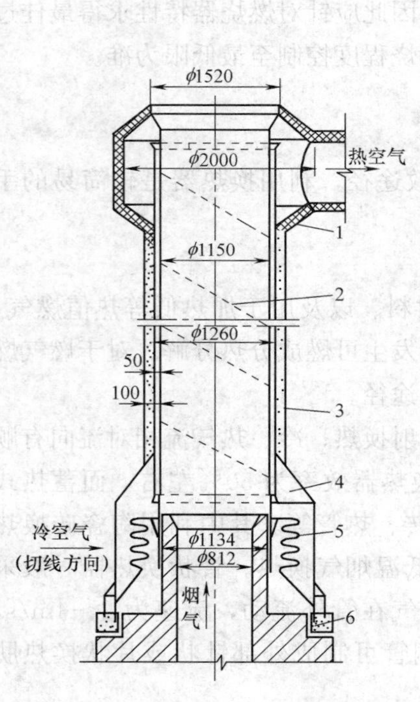

图 26-1-2　辐射换热器

1—上风包；2—导向叶片；3—玻璃棉；4—下风包；5—波形膨胀器；6—砂封

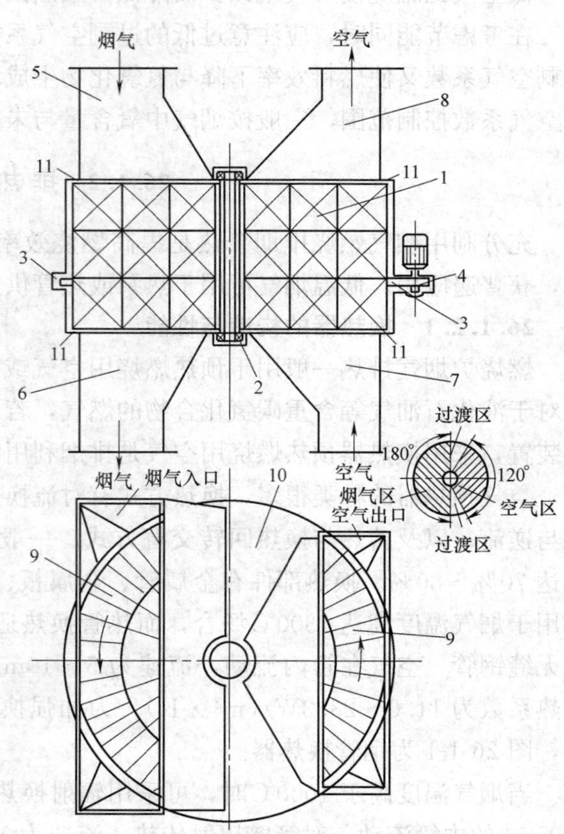

图 26-1-3　回转蓄热式换热器

1—转子；2—中心轴；3—环形齿条；4—齿轮；5—烟气入口；6—烟气出口；7—空气入口；8—空气出口；9—径向隔板；10—过渡区；11—密封装置

英国公司与美国公司开发的烟气蓄热加热空气的装置是在加热炉（钢板连续加热炉、合金熔解炉等）两端各设置燃烧器与蓄热体，交替燃烧、蓄热与换热。即向燃烧端供入被蓄热体预热的空气参与燃烧，此时烟气经非燃烧端蓄热体蓄热后排出，交替间隔为 20s，其性能见表 26-1-1。

蓄热装置性能　　表 26-1-1

炉温(℃)	1400	1200	1000
预热空气平均温度(℃)	1298	1082	926
烟气排出温度(℃)	220	180	155
蓄热装置热效率(%)	75	77	79
预热空气的节能效率(%)	65	52	42

日本开发的燃气辐射管加热装置中设置烟气蓄热预热空气，其构造为在 U 形辐射管两管口各设置燃烧器与陶瓷蓄热体，交替燃烧、蓄热与换热，燃气与空气均由多向阀自动控制。

日本中外炉工业社开发的燃烧器与蓄热装置一体化的空气预热方式，又称复热型燃烧器。在燃烧室出口设置环状烟气回流换热管预热空气，被预热空气供入燃料室，空气压力 5kPa，预热空气量为燃烧所需空气量。空气预热温度与炉内温度关系由式（26-1-1）所示，燃烧器性能见表 26-1-2。

$$t_a = 0.625 t_b - 75 \qquad (26\text{-}1\text{-}1)$$

式中 t_a——空气预热温度，℃；

t_b——炉内温度，℃，400℃≤t_b≤1000℃。

复热型燃烧器性能　　表 26-1-2

燃烧器型号	RMG-12N	RMG-25N	RMG-40N	RMG-65N
最大空气量(m^3/min)	2.5	5.2	8.4	13.6
最大/最小燃烧量(MJ/h)	502/84	1047/176	1670/276	2720/448

26.1.2.2 换热器参数计算

1. 流体流动方向与温度变化

顺流与逆流换热器冷热流体温度变化见图 26-1-4。

2. 已知流体流量与进出口温度，计算换热量与传热面积

(1) 计算换热量

换热量由式（26-1-2）计算，式中大写字母为高温流体，小写字母为低温流体，下标 1 为进口参数，下标 2 为出口参数，下同。

$$Q = WC(T_1 - T_2) = wc(t_2 - t_1) \qquad (26\text{-}1\text{-}2)$$

式中 Q——换热量，kW；

W、w——流量，kg/h；

C、c——比热，kJ/(kg·℃)；

T、t——温度，℃。

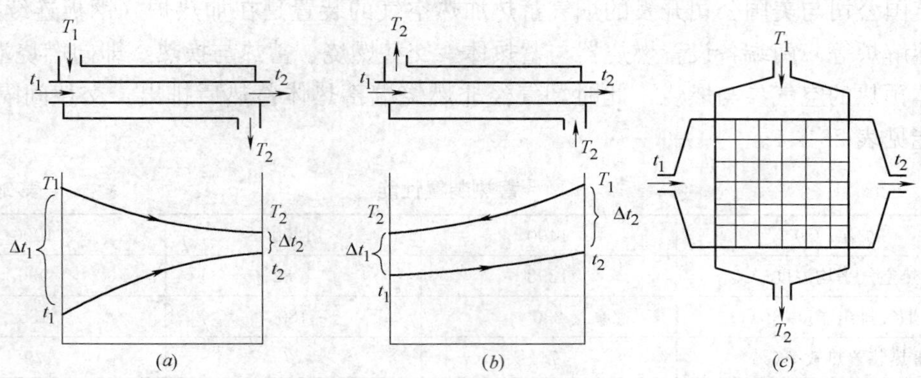

图 26-1-4 换热器流体流向与温度变化

(a) 顺流；(b) 逆流；(c) 直交式

(2) 计算传热面积

$$A=\frac{Q}{k\Delta t_{\mathrm{m}}} \tag{26-1-3}$$

式中 A——传热面积，m^2；

k——传热系数，$\mathrm{kW/(m^2 \cdot ℃)}$；

Δt_{m}——高低温流体平均温差，℃。

平均温差指换热器进出口温度差的对数平均值，由式（26-1-4）计算：

$$\Delta t_{\mathrm{m}}=\frac{\Delta t_2-\Delta t_1}{\ln(\Delta t_2/\Delta t_1)} \tag{26-1-4}$$

式中 Δt_1、Δt_2——进出口温度差℃，见图 26-1-6。

当 $0.5<\Delta t_2/\Delta t_1<2$ 时，平均温差可由算术平均值计算，其误差在 4%以内，见式（26-1-5）：

$$\Delta t'_{\mathrm{m}}=\frac{\Delta t_1+\Delta t_2}{2} \tag{26-1-5}$$

式中 $\Delta t'_{\mathrm{m}}$——算术平均温差，℃。

工程中多管式与直交式换热器常采用温差校正系数由算术平均温差计算对数平均温差，见式（26-1-6）：

$$\Delta t_{\mathrm{m}}=\varphi_{\mathrm{T}}\Delta t'_{\mathrm{m}} \tag{26-1-6}$$

式中 φ_{T}——温差校正系数，见图 26-1-5 与图 26-1-6。

3. 已知流体流量、进口温度与传热面积，计算流体出口温度与换热量

为求得流体出口温度与换热量，若应用式（26-1-2），则需对出口温度作假设后试算，较复杂。可采用下述"热效率法"计算。

(1) 计算最大换热量

$$Q_{\max}=W_{\mathrm{C,min}}(T_1-t_1) \tag{26-1-7}$$

式中 $Q_{\max}$——最大换热量，kW；

$W_{\mathrm{C,min}}$——W_{C}与w_{c}中值小者；

W_{C}、w_{c}——流体热容量速度，kW/℃，$W_{\mathrm{C}}=WC$，$w_{\mathrm{c}}=wc$，对于蒸气冷凝或液体蒸

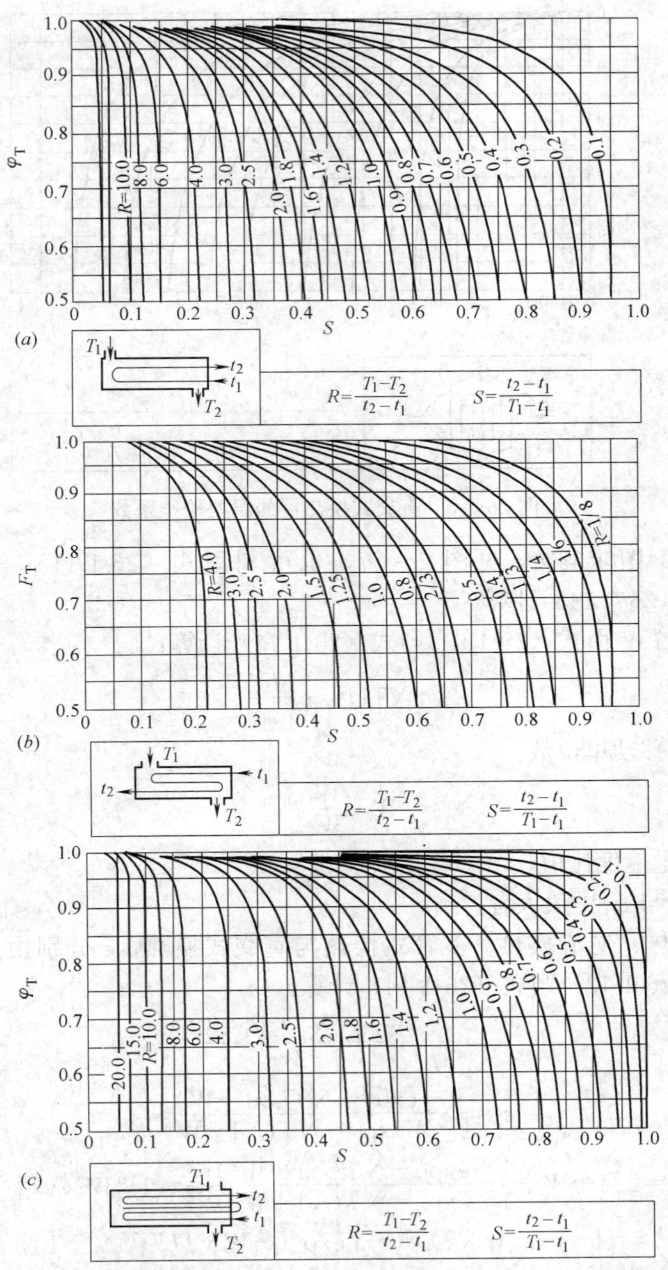

图 26-1-5 多管式换热器的温差校正系数

发，由于其温度不变，认为其值为∞。

(2) 求热效率

热效率的定义由式（26-1-8）表示：

$$\varepsilon=\frac{Q_a}{Q_{max}} \tag{26-1-8}$$

式中 ε——热效率。

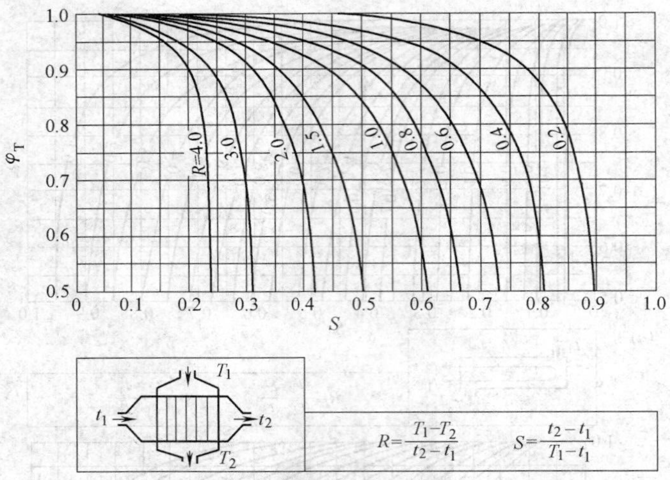

图 26-1-6　直交式换热器的温差校正系数

利用 ε-*NTU* 图求得 ε，见图 26-1-7，也可利用式（26-1-11）、式（26-1-12）、式（26-1-13）与式（26-1-14）计算。

图中 *NTU* 与 *W* 由式（26-1-9）与式（26-1-10）计算：

$$NTU=\frac{kF}{W_{C,\min}} \tag{26-1-9}$$

式中　*NTU*——移动单位数。

$$W=\frac{W_{C,\min}}{W_{C,\max}} \tag{26-1-10}$$

式中　*W*——容量速度比值；

$W_{C,\max}$——W_C 与 w_c 中值大者。

对于顺流换热、逆流换热、多管式换热与直交式换热，ε 分别由式（26-1-11）、式（26-1-12）、式（26-1-13）与式（26-1-14）计算：

$$\varepsilon=\frac{1-\exp[-NTU(1+W)]}{1+W} \tag{26-1-11}$$

$$\varepsilon=\frac{1-\exp[-NTU(1-W)]}{1-W\exp[-NTU(1-W)]} \tag{26-1-12}$$

$$\varepsilon=2\left\{1+W+\frac{1+\exp[-NTU(1+W^2)^{1/2}]}{1-\exp[-NTU(1+W^2)^{1/2}]}(1+W^2)^{1/2}\right\}^{-1} \tag{26-1-13}$$

$$\varepsilon=1-\exp\{WNTU^{0.22}\ [\exp\ (-WNTU^{0.78})\ -1]\} \tag{26-1-14}$$

（3）计算换热量

换热量由式（26-1-8）计算，即 $Q=\varepsilon Q_{\max}$。

（4）计算流体出口温度

流体出口温度由式（26-1-2）计算，即：

$$T_2=T_1-\frac{Q}{WC}$$

$$t_2=\frac{Q}{wc}+t_1$$

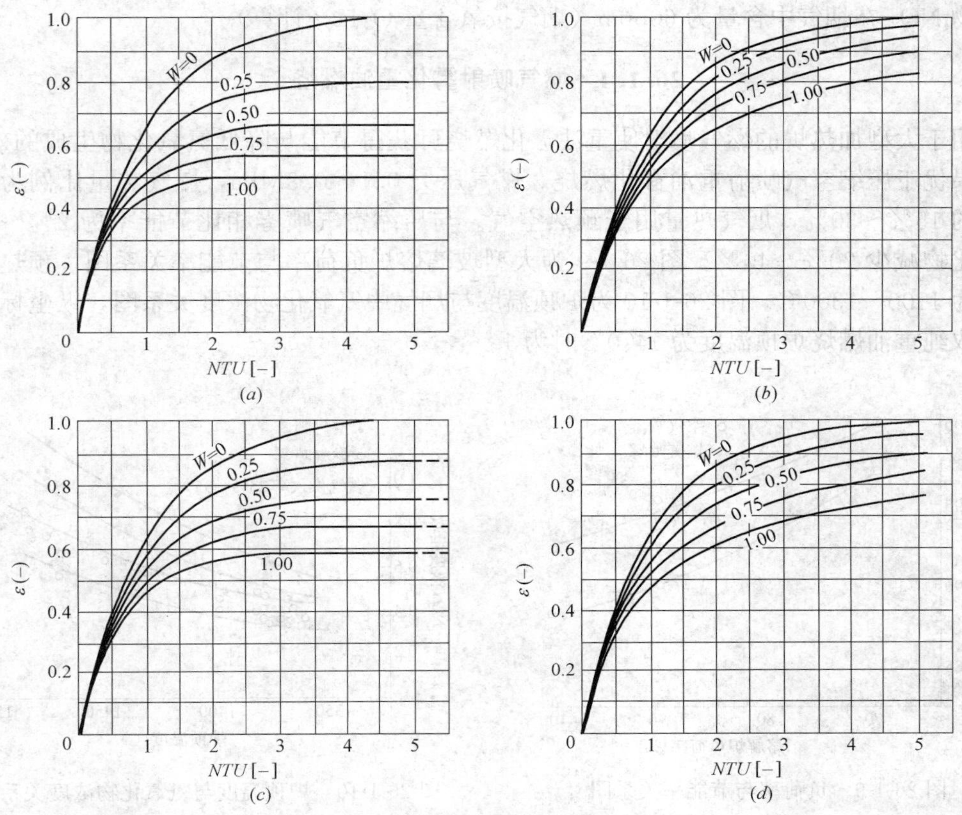

图 26-1-7 ε-NTU 图

（a）顺流换热；（b）逆流换热；（c）多管式换热；（d）直交式换热

26.1.3 辉炎燃烧

当加热炉炉温达 1000℃以上时，炉内传热量的90%以上为辐射传热。火焰辐射率的提高使热效率提高，与排热利用相结合，效益更增，三者间的关系见图 26-1-8。

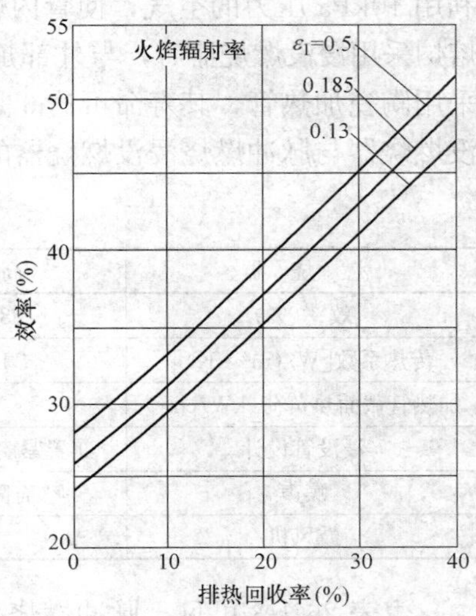

图 26-1-8 火焰辐射率与排热利用对热效率的影响

燃气燃烧的辐射率取决于燃气成分中的 C∶H 比例。C∶H 比例低的燃气在燃烧时几乎不生成碳粒，仅由燃烧生成物二氧化碳与水蒸气的辐射，辐射率低。为提高辐射率，需采用辉炎燃烧器。

辉炎燃烧器的原理是：低的一次空气系数（α'=0.1～0.4）使燃气中可燃成分热分解而生成碳粒，炉内气体与供入的二次空气混合，形成低氧浓度燃烧。辉炎燃烧的火焰特性显示，可获得大致与重油燃烧相等的辐射率，且由于火焰温度较低而获得低氮氧化物生成的效果。炉温 1300℃、空气预热温度 45℃时，氮

氧化物 NO_x 在烟气中含量为 60ppm（烟气按氧含量 $O_2$11%计算）

26.1.4　燃气喷射雾化重油燃烧

用于大型加热炉的燃气喷射使重油雾化燃烧可获得节能与降低氮氧化物生成的效果，且效果优于压缩空气喷射重油雾化燃烧。燃气压力 0.1～0.3MPa，燃气热量比例为重油热量的 15%～30%，烟气热量用于预热空气。与压缩空气喷雾相比节能率为 2%～8%，氮氧化物减少 20%～40%。图 26-1-9 为大型玻璃熔炉负荷率与节能率关系图，预热空气温度为 1100～1300℃。图 26-1-10 为炉顶温度与烟气中氮氧化物浓度关系图，纵坐标浓度指数取纯重油燃烧炉顶温度为 1470℃时为 1。

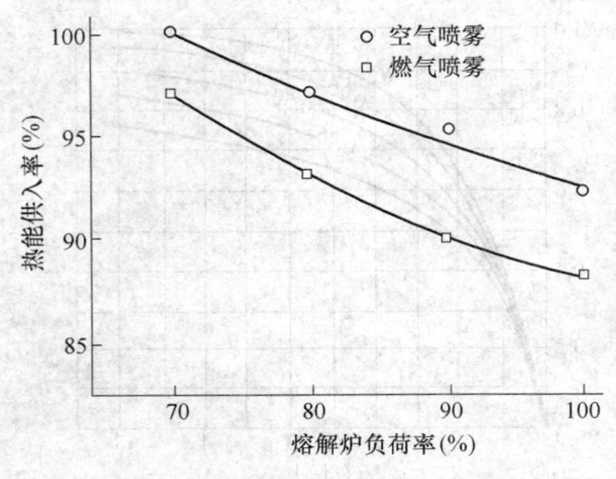

图 26-1-9　负荷率与节能率关系图

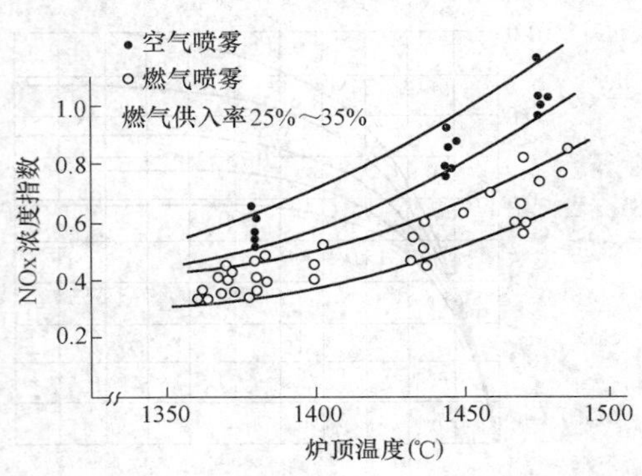

图 26-1-10　炉顶温度与氮氧化物浓度关系图

26.1.5　浸没燃烧

对于液体加热（包括金属熔化），浸没燃烧具有热效率高的优势。高强度浸没燃烧器利用 10kPa 压力的空气，使管内燃烧强度与烟气流速增大，达到提高传热效率的目的。锌熔炉采用浸没燃烧器后，与外部加热方式相比较，产品耗热量由 750MJ/t 降至 550MJ/t，采用陶瓷加热管，其寿命可达 6 月～1 年以上。表 26-1-3 为高热强度浸没燃烧器，一般浸没燃烧器与脉冲燃烧浸没燃烧器的性能比较。

浸没燃烧器性能　　表 26-1-3

燃　烧　器	高热强度	一　般	脉冲燃烧
效率(%)	88%～97%	60%～70%	90%～95%
传热系数[W/(m²·K)]	110～130	50	110～140
加热管截面热负荷(kW/cm²)	4.64	1.75	2.92
浸没管设计	布置紧凑、管形状可任意	管长度与管径受限制	布置紧凑，但附件多
噪声	需简单消声器	无噪声	需消声器
鼓风机	需要	一般不需要	超动时需要

由表 26-1-3 可见，脉冲燃烧浸没燃烧器性能最佳，但受噪声与设备复杂影响，使用受到限制，而高热强度浸没燃烧器性能与其接近，设置较简易。浸没燃烧器设计参照本手册第 25 章。

26.1.6 红外线加热

红外线不被空气吸收而易被水吸收，宜加热含水物质、有机物、薄膜状物体，并用于体育馆等大空间采暖与桑拿房，以及食品、油脂、木材、涂料等的加热与干燥，从而达到节能目的。红外线辐射燃烧器按辐射面分为表面燃烧型与辐射面（管）内燃烧型，前者应用较多。设计参照本手册第 25 章。

26.1.7 催化燃烧

催化燃烧是燃气在催化剂作用下发生低于着火温度的无焰燃烧，且燃烧可发生于理论空气量状况下，因此达到节能目的。同时，因低温燃烧而降低氮氧化物排放。催化燃烧也适用于热值 $900kJ/m^3$ 左右的低等热值燃气。

家用炊事灶采用普通头部、多孔陶瓷板与载催化剂多孔陶板的热效率分别为 50.60%～51.92%、52.82%～60.41%与 59.66%～61.56%。

26.1.7.1 催化剂

按催化剂种类的不同，燃烧可发生于 250～600℃的低温范围内，也可发生于 1000～1400℃的高温范围内。但对每种催化剂而言，提高温度可使反应率增加。

对催化剂的要求是：高反应活性，对中毒的高抵抗力与高机械强度，小的气体流动阻力，以及低的价格。催化剂反应活性的度量是空间速度 SV（Space Velocity），其定义是催化剂处理气量为催化剂体积的倍数。铂类蜂窝状催化剂 $SV=3\times10^4h^{-1}$，铂类粒状催化剂 $SV=2\times10^4h^{-1}$、易氧化金属类粒状催化剂 $SV=1\times10^4h^{-1}$。目前大部分燃烧器采用铂类催化剂。

催化物质种类因燃气成分与催化反应温度范围不同而不同，对其分为（按反应活性大小排列）：

（1）用于一氧化碳

对于室温至 180℃：

$$CoO>Cu_2O>NiO(灰黑色)>\alpha-Mn_2O_3>Cr_2O_3$$

对于 180℃至 400℃：

$$CuO>Pb_3O_4>Fe_2O_3>SnO_2>NiO(绿色)>ZnO>CeO_2>BaO>TiO_2>ThO_2>V_2O_5$$

对于 500℃以上：

$$MgO>Al_2O_3>CaFe$$

上述金属氧化物催化物质中加入其他金属氧化物可使化学活性提高，如在 NiO 中添加 Li_2O。

（2）用于碳氢化合物

对于甲烷：

$$Pd>Pt>Co_3O_4>PdO>Cr_2O_3>Mn_2O_3>CuO>CeO_2>Fe_2O_3>V_2O_5>NiO>MnO_3>TiO_2$$

对于丙烷：

$$Pt>Pd>Ag_2O>CO_3O_4>CuO>Mn_2O_3>Cr_2O_3>CdO>V_2O_5、$$
$$Fe_2O_3、NiO>CeO_2>Al_2O_3>ThO_2$$

由于催化剂的使用，使着火温度与完全氧化温度显著降低。以甲醇为例，无催化剂时着火温度为 464℃，有催化剂时着火温度与完全氧化温度分别为 20℃与 150℃。

为使催化剂长期有效使用，防止催化剂中毒是首要任务，必要时需对燃气作预处理后进入催化燃烧装置。铂系催化剂中毒原因、防中毒措施与催化剂中毒处理见表 26-1-4。

铂类催化剂中毒原因、防中毒措施与中毒处理　表 26-1-4

中　毒　原　因	防中毒措施	对中毒催化剂处理
物理性覆盖（尘埃、铁锈屑、土壤）	设置气体除尘器	不含磷的洗涤剂洗涤
物理性吸附（焦油、高分子物质）	冷凝或气化杂质	高温加热
与卤素等生成化合物（Br_2、Cl_2、F、I_2 等）	采取适当反应温度	除去发生源物质
化学中毒（Hg、Pd、Sn、Zn、As、P、Si）	吸收法预处理气体	撤换中毒催化剂
半融现象（高温下与混入金属生成低融点合金而减少活性表面）	温度控制在 700℃以下	撤换中毒催化剂

催化剂制作需在上述催化物质中添加载体与助剂。载体的主要作用是分散催化物质以增加比表面积，同时可提高催化剂机械强度、耐热程度、抗毒性能与反应活性。载体材料以陶瓷材料为主，分为纤维状与蜂窝状两种。此外有合金载体，如 Fe—5Al—20Cr，优点为热容量小，但价高、不耐冲击。表 26-1-5 与表 26-1-6 为两种载体的性能。

纤维状载体性能　表 26-1-5

材料	主要成分	使用温度（℃）	直径（μm）	密度（kg/m^3）	弹性恢复系数（%）	比表面积（m^2/g）	导热系数［W/(m·℃)］
氧化铝	Al_2O_3＞95%SiO_2＜4%	750～850	3～5	40～50	78	100 左右	0.244～0.349
高硅氧	SiO_2≥95%	900～1000	3-～4	80～90	—	1～10	—
硅酸铝	$Al_2O_3$51.7%$SiO_2$47.6% $B_2O_3$0.15%	900～1000	1～10	70～90	≥80	1～10	0.0547～0.238

蜂窝状载体性能　表 26-1-6

材　料	最高使用温度（℃）	热膨胀系数（cm/℃）
氧化铝（Al_2O_3）	1450	8×10^{-6}
钛酸铝（$Al_2O_3\cdot TiO_2$）	1800	2×10^{-6}
氧化硅（SiO_2）	1100	0.55×10^{-6}
碳化硅（SiC）	1650	—
亚硝酸硅（Si_3N_4）	1540	—
莫来石（$3Al_2O_3\cdot 2SiO_2$）	1700	2×10^{-6}
锆石（$ZrO_2\cdot SiO_2$）	1550	4×10^{-6}
堇青石（$2MgO\cdot 2Al_2O_3\cdot 5SiO_2$）	1400	1×10^{-6}
Fe、Cr、Al、Y 合金	1350	—

助剂的作用是提高催化剂活性与延长使用寿命，表 26-1-7 是适用于烃类燃气燃烧的几种催化剂组成。

催化剂成形取决于燃烧器种类。催化燃烧器分为辐射式燃烧器与绝热式燃烧器。辐射式燃烧器的催化剂制成催化燃烧辐射板，当采用扩散燃烧时载体（又称基板）一般采用纤维状物质如氧化铝、硅酸铝、高硅氧与石棉等，经成形为厚度 8～15mm 的纤维毯或多孔板，氧化铝载体成形后的性能见表 26-1-8。

几种催化剂的组成 表 26-1-7

载　体	催化物质(与载体质量比)	助剂(与载体质量比)	适应燃气
$SiO_2$40% $Al_2O_3$60%	Pt0.00705～0.0105	Al_2O_3　0.32～0.125	甲烷、丙烷、丁烷、庚烷
	Pt0.0024～0.00705	$Cr_2O_3$0.050～0.052　Co_2O_3　0.050	丙烷、丁烷、庚烷
	Pt0.012	$CeO_2$0.043	甲烷
	Pt0.0008	Pd0.0071　$CeO_2$0.0228	甲烷
	Pt0.0076	$CeO_2$0.0028	甲烷
	Pt0.0024～0.00705	$Cr_2O_3$0.103	甲烷

氧化铝纤维毯与多孔板的性能 表 26-1-8

形状	晶　相	比表面积(m^2/g)	孔容(mL/g)	孔径(Å)	孔隙率(%)	真密度(g/mL)
纤维毯	r-Al_2O_3	100～200	0.15	29～30	85～90	3.5
多孔板	r-Al_2O_3	30～40	0.711	421	60～70	3.02

进行预混空气燃烧的催化辐射板一般采用蜂窝状陶瓷板为载体，其由热压铸法或挤压法成形。为增加比表面积，可采用两重载体，如堇青石蜂窝状陶瓷表面涂敷活性氧化铝。

催化物质与助剂一般由浸渍法附敷在载体上，此外有共沉淀法、离子交换法等。

绝热型燃烧器采用预混空气燃烧，催化剂制成多孔圆柱形，在圆柱形燃烧室内形成催化燃烧层。

衡量催化剂催化效果的指标，是按燃烧完全程度以燃气转化率衡量。其定义为反应成分摩尔数与总摩尔数之比，即它们容积成分之比。由式（26-1-15）计算。

$$\eta_0=1-\frac{X(r_{CO'}+r_{CH_4'}+r_{H_2'}+r_{C_mH_n'}+r_{H_2S'})}{Y(r_{CO}+r_{CH_4}+r_{H_2}+r_{C_mH_n}+r_{H_2S})} \tag{26-1-15}$$

$$X=r_{CO_2}+r_{CO}+r_{CH_4}+r_{H_2S}+r_{mC_mH_n}r_{N_2}+(\alpha-1)V_0+$$
$$\frac{79}{21}\left[0.5r_{H_2}+0.5r_{CO}+2r_{CH_4}+\left(m+\frac{n}{4}\right)r_{C_mH_n}+1.5r_{H_2S}-r_{O_2}\right]$$

$$Y=1-0.5r_{CO'}-2r_{CH_4'}-1.5r_{H_2'}-\left(1+\frac{n}{4}\right)r_{C_mH_n'}-1.5r_{H_2S'}$$

式中 η_0——燃气转化率；

$r_{CO'}$、$r_{CH_4'}$、$r_{H_2'}$、$r_{C_mH_n'}$、$r_{H_2S'}$——干烟气中可燃物容积成分；

X——计算因子；

r_{CO_2}、r_{CO}、r_{CH_4}、r_{H_2}、$r_{C_mH_n}$、r_{H_2S}——燃气容积成分；

Y——计算因子；

α——过剩空气系数；

V_0——燃气理论空气量，m^3/m^3；

几种催化辐射板的燃气转化率见表 26-1-9，表中百分比为载体质量百分比。

几种催化剂用于甲烷燃烧的催化效果见表 26-1-10，其中列出新催化剂与老化催化剂分别达到转化率 10%与 90%时的温度（即起燃温度与完全转化温度）时的比较。

由表 26-1-10 可见，起燃温度与转化温度最低为 12%Co_3O_4＋3%Fe_2O_3＋3%MnO_2，其用于天然气强制鼓风冷凝式家用热水器的热效率为 101.1%、一氧化碳排放量为 0.014%、氮氧化物排放量为 0.003%、热水器功率为 19.9kW、热水产量 11.5kg/min。

几种辐射板的燃气转化率　　　　表 26-1-9

催化物质用量		载体	燃气	转化率
Pt0.25%　$Cr_2O_3$0.26%		石棉	甲烷	80%
Pt0.25%　$Cr_2O_3$0.26%		硅酸镁石棉	甲烷	86.8%
Pt0.4%　$Cr_2O_3$3.14%		玻璃纤维	甲烷	94.7%
Pd1.0～3.0g/m^2	$Cr_2O_3$0.26%～3.14%	硅酸铝纤维	一氧化碳	99.92%
		氧化铝纤维	人工燃气	94.2%
			人工燃气	98.2%
Pd0.4%		氧化铝纤维	天然气	97.1%
Pd0.4%		氧化铝纤维	甲烷	96.1%

几种催化剂用于甲烷燃烧的催化效果　　　　表 26-1-10

新催化剂中催化物质质量成分	新催化剂		老化催化剂	
	起燃温度（℃）	完全转化温度（℃）	起燃温度（℃）	完全转化温度（℃）
18%$C_{O3}O_4$	470	490	510	530
18%Fe_2O_3	502	517	560	582
15%Co_3O_4+3%Fe_2O_3	480	500	510	547
15%Co_3O_4+3%MnO_2	400	416	450	480
12%Co_3O_4+3%Fe_2O_3+3%MnO_2	358	378	390	425
9%Co_3O_4+3%Fe_2O_3+6%MnO_2	390	416	435	460
9%Co_3O_4+6%Fe_2O_3+3%MnO_2	380	398	420	450

26.1.7.2　催化燃烧

1. 辐射式催化燃烧

辐射式催化燃烧分扩散燃烧与预混空气燃烧，后者一般由引射器预混空气，燃烧器基本结构与设计方法参见第 25 章。设计参数见表 26-1-11。

辐射式催化燃烧器的设计参数　　　　表 26-1-11

射面积（m^2）		辐射面热强度[kW/(m^2·h)]	引射器引射空气系数	辐射效率（%）	辐射面温度（℃）	转化率（%）					
						r-Al_2O_3 载体			硅酸铝纤维载体		
预混空气	扩散燃烧					天然气	人工燃气	液化石油气	天然气	人工燃气	液化石油气
0.03～0.10	0.20～0.50	11.6～17.5	1.5～2.0	45～55	300～500	90～95	95～98	95 以上	不适用	90 以上	90 以上

对于扩散燃烧，与一般扩散式燃烧器燃气通过分配管孔口燃烧不同，燃气通过分配管孔口进入辐射板燃烧，因此计算分配管孔口流速时需考虑隔热层与辐射板阻力，由式(26-1-16）计算，流速一般控制在 3～8m/s 范围内。

$$v_g=\mu\sqrt{\frac{2(H-\Delta p_1-\Delta p_2)}{(1+\mu^2)\rho_g}} \tag{26-1-16}$$

式中　v_g——孔口流速，m/s；

μ——孔口流量系数，$\mu=0.7\sim0.85$；

H——燃烧器前燃气压力，Pa；

Δp_1——分配管阻力，Pa，$\Delta p_1=5\sim10$Pa；

Δp_2——隔热层与辐射板阻力，Pa，当采用纤维类隔热材料与辐射板载体时，$\Delta p_2=350\sim450$Pa；

ρ_g——燃气密度，kg/m^3。

孔口总面积与孔口数由式（26-1-17）与式（26-1-18）计算：

$$\sum A=\frac{q}{3600v_g} \tag{26-1-17}$$

$$n=\frac{\sum A}{A} \tag{26-1-18}$$

式中 $\sum A$——孔口总面积，m^2；

q——燃气流量，m^3/h；

n——孔口数；

A——孔口面积。

上述一般辐射板燃烧器多为低温催化燃烧，板面温度在500℃以下，用于采暖炊事灶与烘干工艺等。高温辐射催化燃烧用于透平发电设备与锅炉等工业装置。催化物质为Pt－Ir，载体为Al_2O_3，并添加防催化剂烧结与散发的金属氧化物作助剂，用于燃烧室负荷为11630kW/m^3的火管锅炉时。燃气空气预混后进入圆柱形催化层燃烧，气体空间速度SV为$3\times10^5\sim1\times10^6h^{-1}$，燃烧温度由混合比与空气预热温度确定可在1000～1500℃范围内调节，催化层外有陶瓷辐射筒包覆，形成整体燃烧器置于锅炉火管内。

2. 绝热式催化燃烧

（1）燃气轮机燃烧系统

燃气轮机的燃烧系统是典型的绝热式预混空气催化燃烧，即在燃烧过程中不发生热交换，分为单独的催化燃烧方式，与混合催化燃烧方式，即催化燃烧后进入气相燃烧。单独方式由于完全燃烧发生在催化层，因此需耐高温材料，排气温度不小于1154℃。混合方式由于完全燃烧发生在气相燃烧区，可获得不小于1500℃的排气温度，而其催化燃烧区温度在1000℃以下。混合方式中也有气相燃烧由二次供入燃气实现。

（2）废气处理装置

对油漆干燥炉、印刷机等设备废气处理，即脱臭，可利用催化剂在低温下使其燃烧达到废气利用。与非催化燃烧相比，预热燃料费仅1/3～1/10，即使计入价格较高的催化剂成本，总费用仅1/2至1/3。为防止催化剂中毒，废气需预先除去重金属与粉尘，流程如图26-1-11。

图26-1-11 废气处理装置流程图

如废气中含有较多的可燃成分，催化层温度超过700℃，催化剂易失效，此时可考虑以空气稀释排气或采用使燃烧温度降低的催化剂，一般贵金属催化剂较非贵金属催化剂使燃烧温度低 100～200℃。例如对于氨的着火温度，无催化剂、铜系催化剂与铂系催化剂状况下分别为 651℃、450℃与 250℃。贵金属催化剂价格为非贵金属催化剂的 2～6 倍，但燃料费为 1/4～2/3、设备费为 4/5～2/3，因此总费用仍有节约。

（3）惰性气体制造装置

为营造金属热处理炉炉内气氛，需供入不含氧的惰性气体。其可由人工燃气或液化石油气以过剩空气系数为 0.9～1.0 状况下燃烧，并除去水蒸气与二氧化碳制得。为有效节能，由热处理炉内燃气辐射加热管排气经预热升温后由鼓风机送入催化燃烧装置。由于排气中氧含量仅 2%～4%，需在 800℃以上方能燃烧，但其温度仅 250℃左右，因此采用催化剂促成燃烧反应，并添入 1%～3%的碳氢化合物助燃，添加量应按氧化反应计量严格控制，因此需在线检测排气氧含量。催化层入口部分为低温，采用一般催化剂，后半部分采用耐高温催化剂，气体的空间速度 SV 为 $2.5\times10^4h^{-1}$。工艺流程如图 26-1-12。

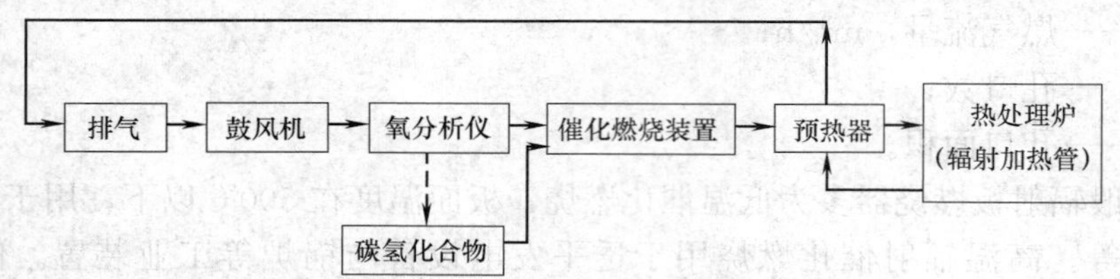

图 26-1-12　惰性气体制造装置流程图

26.1.8　富氧燃烧

空气中的氧含量为 20.95%，当氧含量大于此自然含量的空气作为助燃空气时的燃烧，称为富氧燃烧。它的特点是燃烧温度高、空气需用量少与烟气量少，从而获得高的热效率，达到节能目的。同时由于燃烧温度的上升也导致燃烧器与加热设备材料的易损坏，以及氮氧化合物生成量增加等不利点。

富氧燃烧获得高温的另一原因是烟气释放离解潜热。在 2000℃以上发生离解，并具有离解潜热，其随温度升高而增加。当烟气遇 2000℃以下的被加热物件表面将进行离解反应的逆反应而释放离解潜热。烟气离解反应如下：

$$CO_2 \rightleftharpoons CO+\frac{1}{2}O_2 \qquad H_2O \rightleftharpoons H_2+\frac{1}{2}O_2$$

$$H_2O \rightleftharpoons \frac{1}{2}H_2+OH \qquad \frac{1}{2}H_2 \rightleftharpoons H \qquad \frac{1}{2}O_2 \rightleftharpoons O$$

$$\frac{1}{2}O_2+\frac{1}{2}N_2 \rightleftharpoons NO$$

改变空气中氧浓度时，甲烷的燃烧特性与排烟损失分别见表 26-1-12 与表 26-1-13。表 26-1-13 数据为理论空气量下完全燃烧，甲烷高热值为 35719kJ/m³，不考虑离解。

富氧空气的制取除利用深度冷冻制液氧外，主要是膜法与吸附法（Pressure Swing Adsorption，PSA）。膜法是利用硅系橡胶或聚四氟乙烯等的氧富化膜，可获得氧含量 23%～28%的富氧空气。吸附法是利用分子筛的吸附作用，可获得纯度为 80%～90%的氧，与空气按要求比例混合进行富氧燃烧。

氧浓度变化条件下甲烷（CH_4）的理论燃烧特性值 表 26-1-12

空气中氧浓度（%）	理论空气量（m^3/m^3）	理论燃烧产物量（m^3/m^3 甲烷）				理论火焰温度（℃）
		CO_2	H_2O	N_2	合计	
100	2.00	1.00	2.00	0.00	3.00	2711
90	2.22	1.00	2.00	0.22	3.22	2683
80	2.50	1.00	2.00	0.50	3.50	2652
70	2.86	1.00	2.00	0.86	3.86	2612
60	3.33	1.00	2.00	1.33	4.33	2561
50	4.00	1.00	2.00	2.00	5.00	2492
40	5.00	1.00	2.00	3.00	6.00	2390
30	6.67	1.00	2.00	4.67	7.67	2222
29	6.90	1.00	2.00	4.90	7.90	2199
28	7.14	1.00	2.00	5.14	8.14	2174
27	7.41	1.00	2.00	5.41	8.41	2147
26	7.69	1.00	2.00	5.69	8.69	2119
25	8.00	1.00	2.00	6.00	9.00	2087
24	8.33	1.00	2.00	6.33	9.33	2053
23	8.70	1.00	2.00	6.70	9.70	2016
22	9.09	1.00	2.00	7.09	10.09	1976
21	9.52	1.00	2.00	7.52	10.52	1932
20	10.00	1.00	2.00	8.00	11.00	1884
19	10.53	1.00	2.00	8.53	11.53	1832
18	11.11	1.00	2.00	9.11	12.11	1775
17	11.76	1.00	2.00	9.76	12.76	1713
16	12.50	1.00	2.00	10.50	13.50	1646
15	13.33	1.00	2.00	11.33	14.33	1755
14	14.29	1.00	2.00	12.59	15.59	1499
13	15.38	1.00	2.00	13.38	16.38	1419
12	16.67	1.00	2.00	14.67	17.67	1335
11	18.18	1.00	2.00	16.18	19.18	1248

氧浓度变化条件下甲烷（CH_4）燃烧时排气损失所占的比例（%） 表 26-1-13

排气温度（℃）	助燃空气中的氧浓度（%）												
	13	14	15	16	17	18	19	20	21	22	23	24	25
600	35.4	33.2	31.2	29.5	28.0	26.7	25.5	24.4	23.4	22.5	21.7	21.0	20.3
700	41.9	39.2	36.9	34.9	33.1	31.6	30.1	28.9	27.7	26.7	25.7	24.8	24.0
800	48.4	45.3	42.7	40.4	38.3	36.5	34.9	33.4	32.1	30.9	29.8	28.7	27.8
900	55.0	51.6	48.6	45.9	43.6	41.5	39.7	38.0	36.5	35.1	33.9	32.7	31.7
1000	61.7	57.8	54.4	51.5	48.9	46.6	44.5	42.6	40.9	39.4	38.0	36.7	35.6
1100	68.7	64.4	60.6	57.3	54.4	51.9	49.6	47.5	45.6	43.9	42.4	40.9	39.6
1200	75.7	70.9	66.8	63.2	60.0	57.2	54.7	52.4	50.3	48.4	46.7	45.2	43.7
1300	82.6	77.4	72.9	69.0	65.5	62.4	59.7	57.2	54.9	52.9	51.0	49.3	47.7
1400	89.8	84.2	79.3	75.0	71.3	67.9	64.9	62.2	59.8	57.6	55.5	53.7	52.0
1500	96.7	90.7	85.4	80.8	76.8	73.2	69.9	67.0	64.4	62.0	59.9	57.9	56.0
1600	—	97.8	92.1	87.2	82.8	78.9	75.5	72.3	69.5	66.9	64.6	62.4	60.4
1700	—	—	98.4	93.2	88.5	84.4	80.6	77.3	74.3	71.6	69.0	66.8	64.6
1800	—	—	—	99.1	94.1	89.8	85.8	82.3	79.1	76.2	73.5	71.1	68.8

续表

排气温度（℃）	助燃空气中的氧浓度(%)											
	26	27	28	29	30	40	50	60	70	80	90	100
600	19.7	19.1	18.5	18.0	17.6	14.2	12.1	10.7	9.8	9.0	8.5	8.0
700	23.3	22.6	22.0	21.4	20.8	16.8	14.4	12.8	11.6	10.7	10.1	9.5
800	27.0	26.2	25.4	24.7	24.1	19.5	16.7	14.8	13.5	12.5	11.7	11.1
900	30.7	29.8	29.0	28.2	27.5	22.2	19.0	16.9	15.4	14.3	13.4	12.7
1000	34.5	33.5	32.5	31.6	30.8	24.9	21.4	19.0	17.4	16.1	15.1	14.3
1100	38.4	37.3	36.2	35.3	34.4	27.8	23.9	21.2	19.4	18.0	16.9	16.0
1200	42.4	41.1	40.0	38.9	37.9	30.7	26.4	23.5	21.4	19.9	18.7	17.7
1300	46.3	44.9	43.7	42.5	41.4	33.6	28.8	25.7	23.5	21.8	20.5	19.4
1400	50.4	48.9	47.6	46.3	45.1	36.6	31.5	28.0	25.6	23.8	22.3	21.2
1500	54.3	52.8	51.3	49.9	48.7	39.5	34.0	30.3	27.7	25.7	24.2	23.0
1600	58.6	56.9	55.3	53.9	52.5	42.6	36.7	32.7	29.9	27.7	26.1	24.8
1700	62.7	60.9	59.2	57.7	56.2	45.6	39.3	35.1	32.1	29.8	28.0	26.6
1800	66.8	64.8	66.1	61.4	59.9	48.6	41.9	37.4	34.2	31.8	30.0	28.5

富氧燃烧器有两段燃烧型，高速燃烧型与杯型等，其结构分别见图26-1-13、图26-1-14与图26-1-15，热效率见表26-1-14，它们均使用天然气13A。两段型用于金属加热炉，热负荷290kW，燃气与空气压力3000Pa，调节一、二次空气量比例可控制火焰长度。高速型热负荷116kW，燃气压力6500Pa，空气压力5000Pa，燃气与空气在燃烧器内混合，在火道内燃烧，烟气以130m/s速度从火道口喷出。杯型以多个组合方式形成燃烧系统，空气与燃气预混后供入燃烧器，其压力为6000Pa，单个燃烧器热负荷5.9kW。

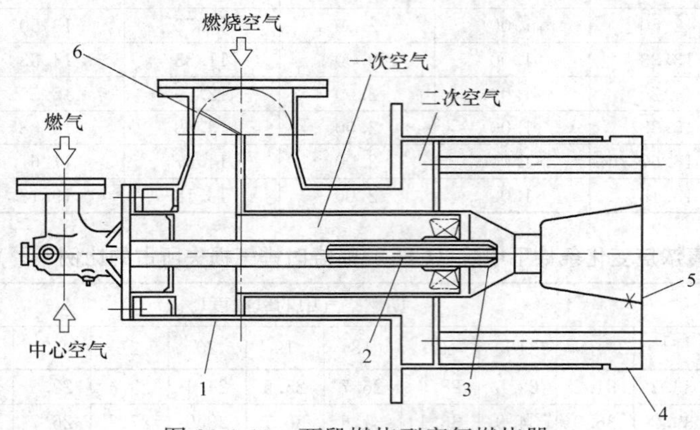

图26-1-13 两段燃烧型富氧燃烧器

1—本体；2—中心空气喷管；3—燃气喷嘴；4—火道；5—测温点；6—火焰长度调节阀

富氧燃烧器热效率（%） **表26-1-14**

富氧空气含氧量（%）	两段型		高速型	杯型
	长火焰	短火焰		
21	22	22	23	23
24	26	26	25	25
26	27	27	26	27
28	30	31	31	—

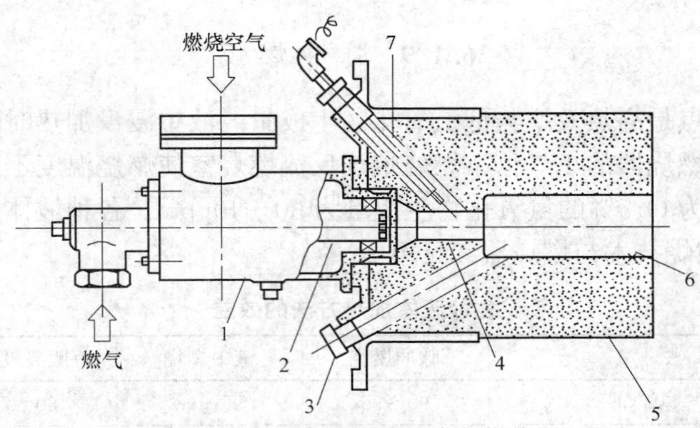

图 26-1-14 高速燃烧型富氧燃烧器

1—本体；2—燃气管；3—观火孔；4—喉部；5—火道；6—测温点；7—点火器

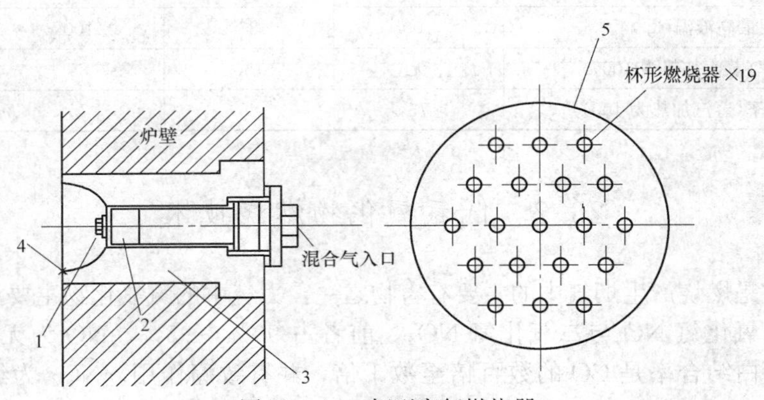

图 26-1-15 杯型富氧燃烧器

1—喷嘴口；2—喷嘴；3—火道砖；4—测温点；5—固定板

一般富氧燃烧的热效率随氧浓度的提高而提高，也随炉温或排烟温度的提高而提高。同时富氧燃烧需考虑氧的成本，即经济性，可以价格比衡量，由式（26-1-19）表示。对一定的燃气在不同炉温下有一个界限价格比，即超过比值，富氧燃烧不经济。随着炉温升高，界限价格比提高。

$$C=\frac{C_O}{H} \tag{26-1-19}$$

式中 C——价格比，燃气按热量折算价格，元/MJ；

C_O——氧的价格，元/m^3；

H——燃气热值，MJ/m^3。

富氧燃烧不利之处是随着氧浓度增加，燃烧温度提高而增加氮氧化物生成量。上述三种类型富氧燃烧器的试验数据表明了这一趋势，当空气氧含量为 21%～28%（其中杯型氧含量为 21%～26%）且换算为 21%时，两段型长火焰、短火焰、高速型与杯型燃烧器的一氧化氮（NO）的生成量（ppm）分别为 15～41、27～110、23～77 与 32～46。

富氧燃烧器设计可参照第 22 章内容。由于富氧易引起钢或铁质部件与管道的锈蚀，因此富氧空气流速控制在 15m/s 以下，高速部分可采用铜或不锈钢。填料采用聚四氟乙烯。安装结束需脱脂处理。

26.1.9　脉冲燃烧

脉冲燃烧的优点是高热效率与低氮氧化物生成量。液中浸没加热时的热效率达90%～95%，为一般浸没燃烧器的1.5倍。燃烧烟气反流燃烧室使燃烧温度不致过高而降低氮氧化物生成量，换算为$O_2$5%的氮氧化物生成量为30～40ppm。各种液体加热方法的效益见表26-1-15。脉冲燃烧技术与燃烧器参见第25章。

各种液体加热方法的效益　　表26-1-15

加热方法	脉冲燃烧	液中燃烧	一般浸没燃烧	蒸气加热
热效率(液温40～60℃,%)	90～95	95～98	60～70	60～70
综合传热系数[kW/(m²·℃)]	0.116～0.140	—	0.047	—
氮氧化物NO_x生成量($O_2$5%,ppm)	30～40	60～70	70～80	50～60
实用最高液温(℃)	100	87	100	100
耗电比率(蒸汽加热为100)	无	150	85	100
设备费比率(蒸汽加热为100)	75	85	75	100

26.2　低氮氧化物燃烧技术

氮氧化物是燃烧产生烟气中的主要有害物之一，大气中的氮氧化物主要源于燃烧。其主要成分为一氧化氮NO与二氧化氮NO_2，前者占90%～95%。NO为无色无臭气体，与人体血红蛋白结合率是CO的数百倍至数千倍，并有致癌作用。NO_2为红棕色，有刺激性气味，毒性为NO的4～5倍，空气中含90～100ppm时3h致人死亡，与CO共存时更剧，在紫外线照射下与HC生成强氧化性物质的光化学烟雾，具有强刺激性与毒性。

由于氮氧化物的严重危害性，各国极重视研究低氮氧化物燃烧技术并对燃气燃烧器制订氮氧化物排放标准。《家用燃气快速热水器》GB 6932中对排放等级作出规定，见表26-2-1。

家用燃气快速热水器氮氧化物排放标准　　表26-2-1

排放等级	1	2	3	4	5
天然气、人工燃气	150ppm	120ppm	90ppm	60ppm	40ppm
液化石油气	180ppm	150ppm	110ppm	70ppm	50ppm

26.2.1　氮氧化物生成机理

通常把燃烧产生的氮氧化物写成NO_x，其包括四部分，即热力型NO（ThermalNO、T-NO）、快速型NO（PromptNO、P-NO）、燃料型NO（FuelNO、F-NO）与NO_2。

26.2.1.1　热力型NO

热力型NO是在燃烧温度高状况下生成，NO占绝大部分，可认为热力型NO为NO。NO生成所需活化能大于燃烧反应活化能，所以生成反应滞后于燃烧反应而发生在火焰下游。

当空气过剩燃烧时，NO生成反应为：$O+N_2 \rightleftharpoons NO+N \rightleftharpoons N+O_2 \rightleftharpoons NO+O$。

当燃气过剩燃烧时，增加下述反应：$N+OH \rightleftharpoons NO+H$。

NO的生成与火焰温度、氧浓度以及烟气在高温区停留时间有关，见图26-2-1。由图可知，温度1700K以下几乎不生成NO。

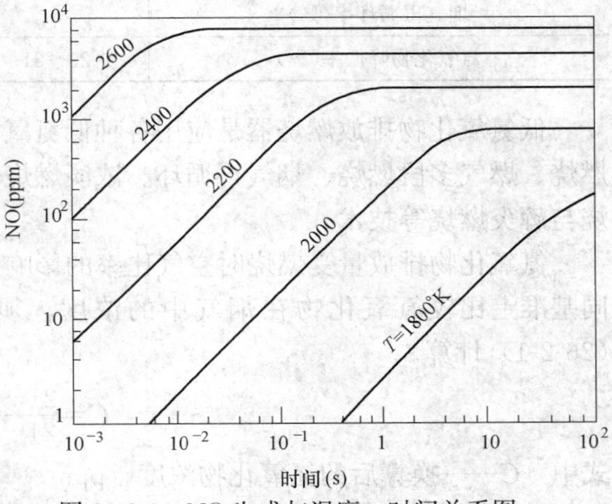

图26-2-1 NO生成与温度、时间关系图（空气系数为1）

26.2.1.2 快速型NO

快速型NO是由碳氢化合物燃料燃烧时在焰面附近急速生成，燃料过剩时更显著。生成反应为：

$$CH_2+N_2 \rightleftharpoons HCN+NH$$
$$CH+N_2 \rightleftharpoons HCN+N$$
$$HCN+O \rightleftharpoons NCO+H$$
$$NCO+O \rightleftharpoons NO+CO$$
$$NH+O \rightleftharpoons NO+H$$

26.2.1.3 燃料型NO

气体燃料成分中HCN、NH_3氮化合物的氮元素较空气中氮更易在燃烧时生成NO，称为燃料型NO，但对于气体燃料燃烧，其量微小，可忽略不计。

26.2.1.4 NO_2

NO_2由NO氧化生成：$NO+HO_2 \rightleftharpoons NO_2+OH$

26.2.2 降低氮氧化物生成量的措施

根据氮氧化物生成机理，降低其生成量的对策为降低燃烧温度、降低氧浓度与缩短烟气在高温区停留时间。具体措施有炉内喷射蒸汽或水，烟气再循环以及采用低氮氧化物排放的燃烧器。由于喷射蒸汽或水将降低热效率，因此首选低氮氧化物排放燃烧器，如达不到要求，可增设烟气再循环，喷射蒸气或水作为最后的补救措施。

喷射蒸汽对于锅炉氮氧化物降低仅取决于蒸汽量，而与锅炉结构、负荷、燃气种类无关，而排气损失随蒸汽量减少与锅炉效率增加而降低，具体数据见表26-2-2。

锅炉喷射蒸汽的氮氧化物降低率与排气损失 表26-2-2

蒸汽量(kg/100MJ)		0.5	1.0	1.5	2.0
氮氧化物(NO_x)降低率(%)		30	45	57	60
排气损失(%)	锅炉效率 90%	1.5	3.0	4.5	5.9
	锅炉效率 85%	1.7	3.2	4.8	6.3
	锅炉效率 80%	1.8	3.5	5.3	7.0

烟气再循环是在燃烧所需空气中混入烟气，由于降低燃烧温度而减少氮氧化物生成量，其效果较显著。过大的循环率将恶化火焰稳定性，循环率宜控制在20%以下。锅炉烟气再循环氮氧化物降低率见表26-2-3。

由于受锅炉负荷，燃烧器类型以及空气预热等因素影响，氮氧化物降低率在表26-2-3所列数据范围变动。

燃气锅炉烟气再循环氮氧化物降低率　　表 26-2-3

烟气再循环率(%)	5	10	15	20
氮氧化物降低率(%)	25～31	39～51	57～64	68～74

低氮氧化物排放燃烧器是应用各种低氮氧化物排放技术研制的燃烧器，包括空气多段燃烧、燃气多段燃烧、烟气再循环、浓淡燃烧、内焰燃烧、预混合稀薄燃烧、分散薄膜燃烧与辉炎燃烧等技术。

氮氧化物排放量受燃烧时空气比率的影响，烟气中的氧含量反映了空气比率。为在相同基准上比较氮氧化物在烟气中的浓度，须换算成同一烟气氧含量下的浓度，由式(26-2-1)计算。

$$C=\frac{21-O_n}{21-O_s}C_s \tag{26-2-1}$$

式中　C——换算后的氮氧化物浓度，ppm；

O_n——烟气体积为 100 时，作基准的氧浓度；

O_s——烟气体积为 100 时，实际的氧浓度；

C_s——实际的氮氧化物浓度，ppm。

26.2.3　燃烧器运行参数对氮氧化物生成的影响

① 空气比率。加大空气比率，由于氧增加而使 NO_x 增加；继续加大空气比率，由于燃烧温度下降而 NO_x 量开始下降，即存在一个拐点。

② 空气预热温度。提高空气预热温度使燃烧温度上升而增加 NO_x 生成量。

③ 炉内温度。炉内温度提高使 NO_x 生成量增加。

④ 炉内容积热负荷。增大容积热负荷使 NO_x 生成量增加。

⑤ 燃气理论燃烧温度。理论燃烧温度高的燃气所产生的 NO_x 量也大。

⑥ 燃气含氮量。燃气含氮量越多，产生的 NO_x 量越大。

⑦ 燃烧器热强度。燃烧器热强度高使燃烧温度升高而增加 NO_x 生成量。

⑧ 燃气与空气压力差。压力差大使混合良好，燃烧温度升高而增加 NO_x 生成量。

⑨ 炉内压力。炉内压力大即火焰中氧成分分压大，使燃烧温度上升而增加 NO_x 生成量。

⑩ 喷射蒸汽量。喷射蒸汽使燃烧温度降低而减少 NO_x 生成量，蒸汽量越大 NO_x 量越少。

⑪ 循环烟气量。烟气再循环使火焰中氧分压小而燃烧温度下降，NO_x 生成量减少，烟气量越大，NO_x 量越少。

26.2.4　低氮氧化物燃烧器

26.2.4.1　VGSA 燃烧器

VGSA 燃烧器构造如图 26-2-2 所示，性能见表 26-2-4。采用烟气再循环与两段燃烧的组合使氮氧化物降低。一次空气从中心燃气管外周环缝喷出而引射回流烟气，以降低一次空气的氧含量，使火焰温度降低而氮氧化物减少，同时在外周喷射二次空气，实现两段燃烧。燃烧器负荷调节范围为 10∶1，较多见用于 1.6～40t/h 火管与水管锅炉。

VGSA 燃烧器性能 表 26-2-4

负荷率(%)	20	40	60	80	100
空气系数	1.15	1.08	1.09	1.08	1.06
空气压力(kPa)	<0.15	0.15	0.40	0.70	1.0
烟气 NO_x 含量(ppm,$O_2$5%)	24	24	31	34	35

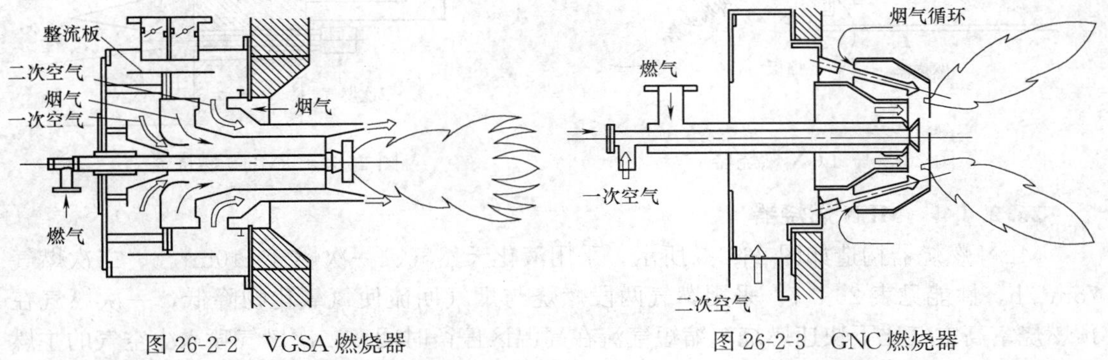

图 26-2-2 VGSA 燃烧器　　图 26-2-3 GNC 燃烧器

26.2.4.2 GNC 燃烧器

GNC 燃烧器构造如图 26-2-3 所示，用于 5t/h 火管锅炉时，性能见表 26-2-5。采用烟气再循环与两段燃烧的组合使氮氧化物降低。一次空气从中心管供入，出口呈圆锥状，使火焰成扩散状。燃气供入中心管外套管。二次空气分成两部分，一部分由最外层分布的喷嘴喷出引射烟气回流，使二次空气氧含量降低而减少氮氧化物生成，同时再循环烟气具有稳焰作用。燃烧器负荷调节范围为 8∶1，用于 1.2～20t/h 火管与水管锅炉。

GNC 燃烧器性能 表 26-2-5

负荷(kW)	1388.89	2777.78	4166.67
烟气 O_2 含量(%)	5	3.1	2.5
烟气 NO_x 含量(ppm,$O_2$5%)	38	38	40

26.2.4.3 LGX 燃烧器

LGX 燃烧器构造如图 26-2-4 所示，用于 0.75t 直流式锅炉时，性能见表 26-2-6。采用一、二次空气两段燃烧与烟气回流，形成分散薄膜燃烧，使氮氧化物降低。燃气由中心供入，由收缩形头部的斜向火孔喷出，先后与被挡板分隔的一次空气混合，形成薄焰燃烧，缩短气流高温区停留时间，同时烟气向中心回流与二次空气由边沿喷出，使燃气由浓变淡实现分散的浓淡燃烧。LGX 燃烧器具有结构简单、造价低、维护方便的特点，并能达到 3138.89kW/m^3 炉膛热负荷，负荷调节范围为 6∶1。

LGX 燃烧器性能 表 26-2-6

负荷率(%)	25	40	60	80	100
烟气 O_2 含量(%)	1.6	1.9	2.0	2.1	2.2
烟气 NO_x 含量(ppm,$O_2$5%)	33	37	42	44	48

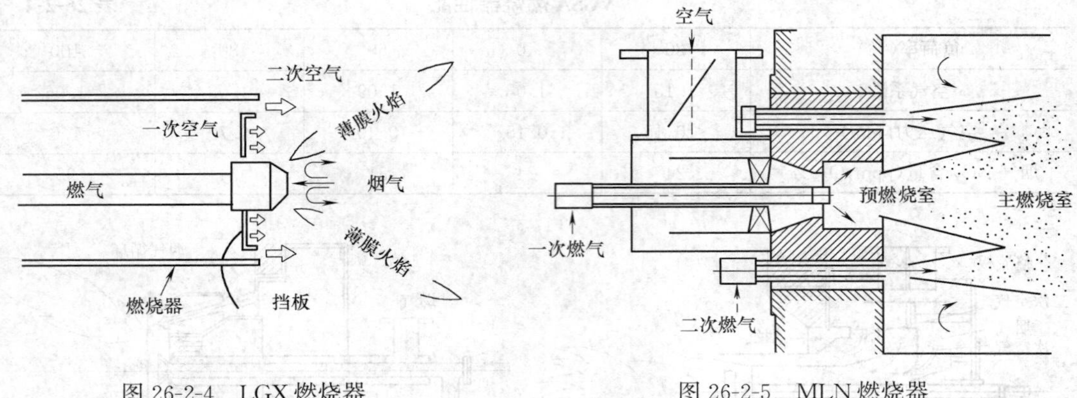

图 26-2-4　LGX 燃烧器　　　图 26-2-5　MLN 燃烧器

26.2.4.4　MLN 燃烧器

MLN 燃烧器构造如图 26-2-5 所示，采用液化天然气、一次燃气 110m³/h、二次燃气 75m³/h，性能见表 26-2-7。采用燃气两段燃烧与烟气回流使氮氧化物降低。一次燃气在预燃烧室高空气比下快速燃烧，缩短气流在高温区停留时间，二次燃气喷入少空气的主燃烧室，进行缓慢的低温燃烧，并以自身动能吸引炉内烟气回流，使燃气稀薄而进一步促使低温燃烧。

MLN 燃烧器性能　　　**表 26-2-7**

烟气 O_2 含量(%)	1	2	3	4	4.5
烟气 NO_x 含量(ppm,$O_2$5%)	20.5	33	40	37	35

26.2.4.5　预混空气浓淡燃烧燃烧器

当空气预混时，氮氧化物生成在过剩空气系数为 1.1 时最高，形成高峰拐点，利用燃气浓或淡可减少氮氧化物的规律开发浓淡燃烧燃烧器。一般由一组分别为浓与淡燃烧的燃烧器构成，即分为高、低过剩空气系数两种。一次空气系数与氮氧化物生成关系见图 26-2-6。由图 26-2-6 可见，当浓火焰一次空气系数小于 0.7，而淡火焰大于 1.5 时，氮氧化物降低显著。浓淡火焰间隔布置或对冲布置。

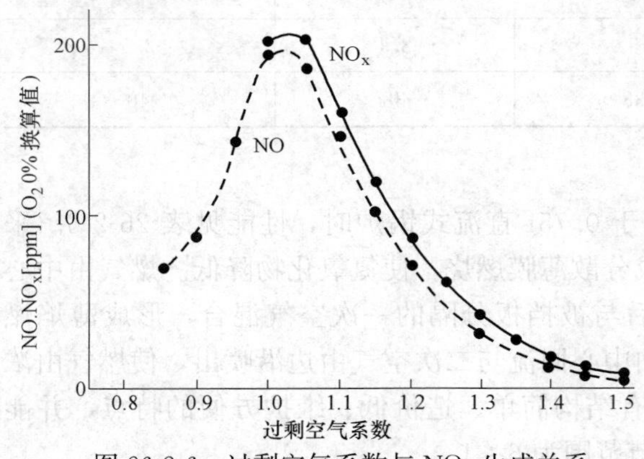

图 26-2-6　过剩空气系数与 NO_x 生成关系

26.2.4.6　预混稀薄燃烧燃烧器

由图 26-2-6 可知，当过剩空气系数为 1.3 以上时，氮氧化物生成量仅为过剩空气系数为 1.05 时的 1/10。对于高温加热炉，高过剩空气系数将导致热效率降低，但对于低温燃烧设备，几乎不影响热效率，预混稀薄燃烧器已应用于热风装置、小型锅炉等场合，但稀薄燃烧易产生不完全燃烧、振动燃烧，并难以用于大型设备。

26.2.4.7 加热炉用低氮氧化物燃烧器

加热炉比锅炉要求高的炉温，且一般采用预热空气，因此炉温与空气预热温度直接影响火焰温度，即影响热力型 NO 的生成。空气预热温度、炉温与过剩空气系数对氮氧化物生成影响分别见图 26-2-7、图 26-2-8 与图 26-2-9。

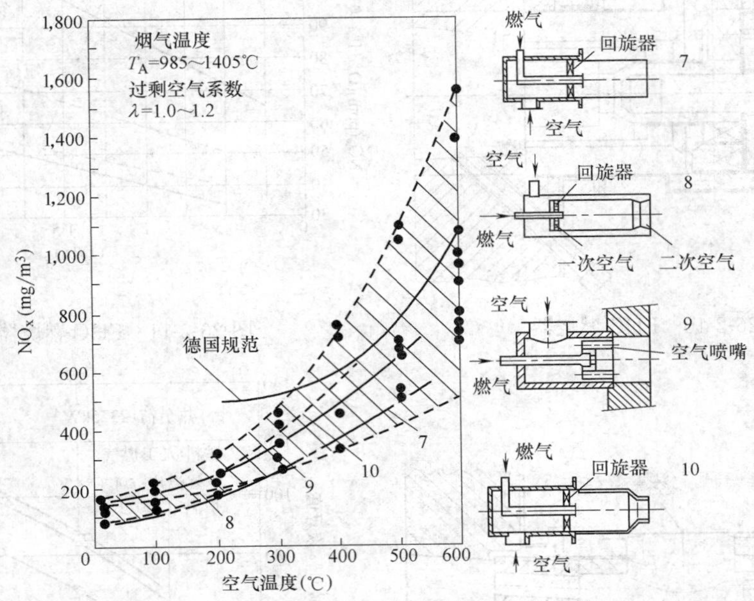

图 26-2-7 空气预热温度对氮氧化物生成影响

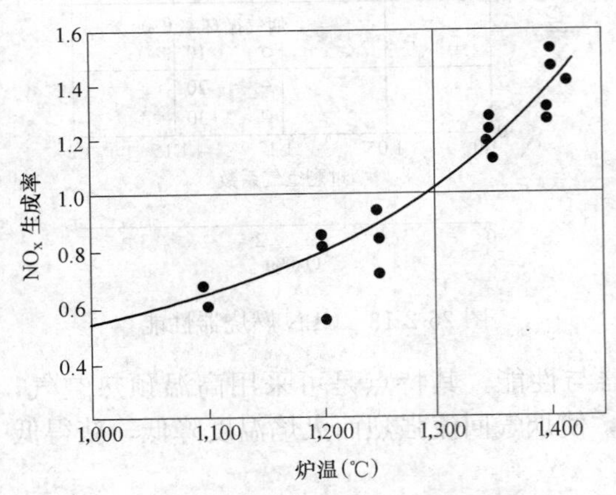

图 26-2-8 炉温对氮氧化物生成影响

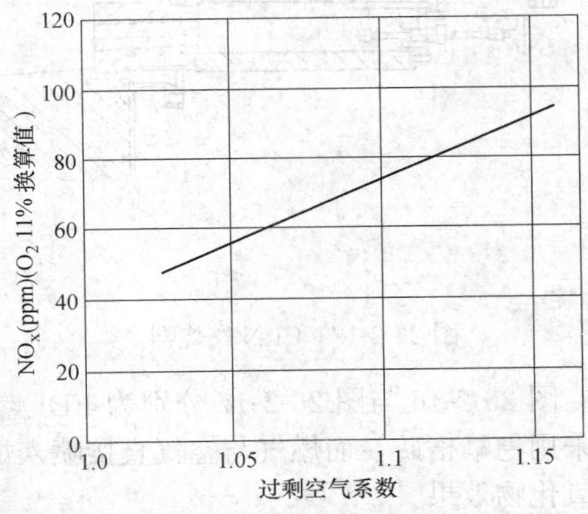

图 26-2-9 过剩空气系数对氮氧化物生成影响

图 26-2-10～图 26-2-13 分别为 FHC 燃烧器与 CLN 燃烧器构造与性能。它们都采用空气两段燃烧，且二次空气出口分隔，其功能是用以吸引烟气再循环，使降低氮氧化物生成效果更好。

图 26-2-14 与图 26-2-15 分别为 SSC 燃烧器构造与性能。采用空气两段燃烧，二次空气出口分隔以及一次空气在出口回旋，因此即使富氧燃烧，也能获得低氮氧化物效果。

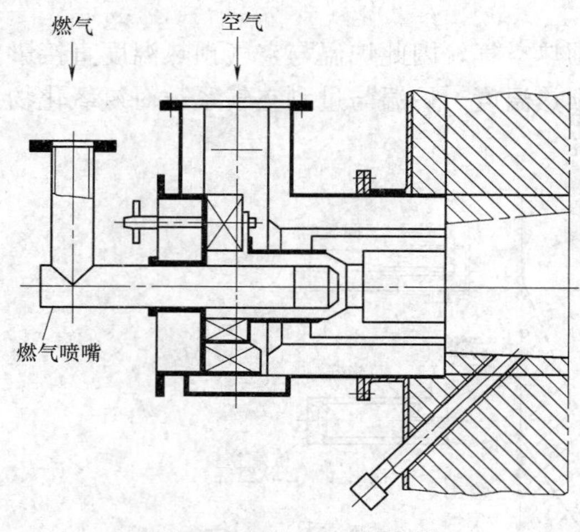

图 26-2-10　FHC 燃烧器

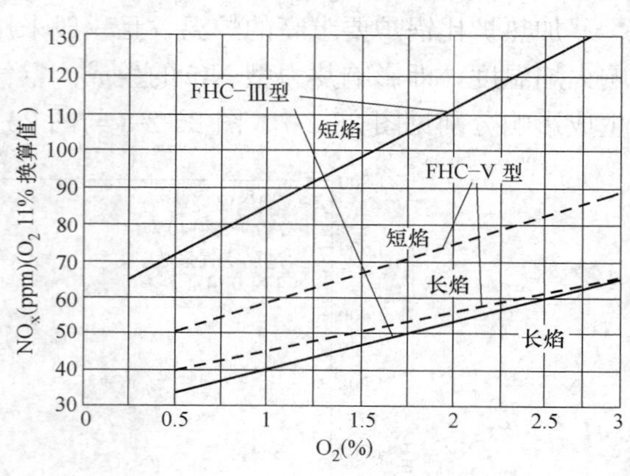

图 26-2-11　FHC 燃烧器性能

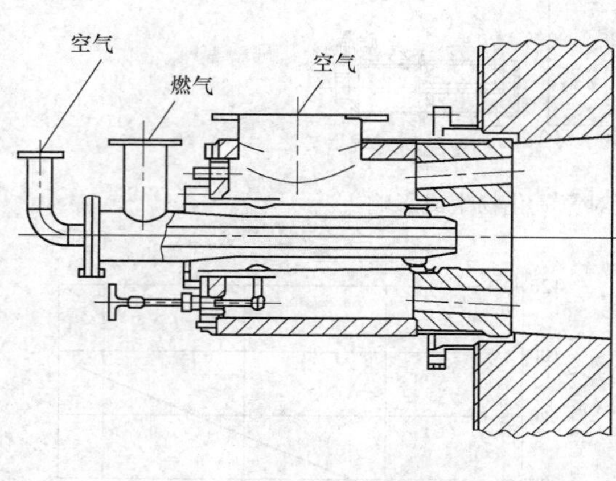

图 26-2-12　CLN 燃烧器

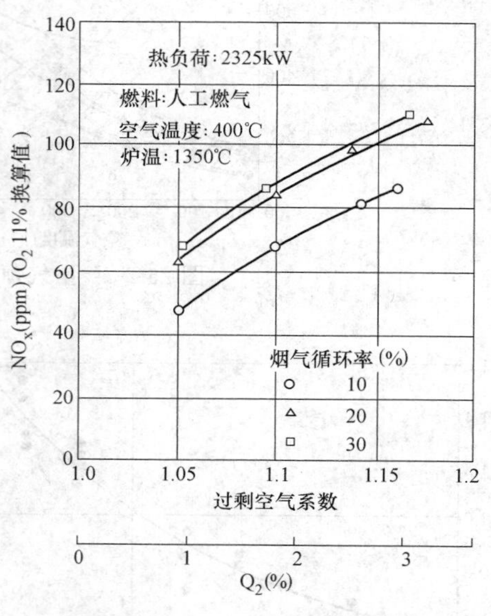

图 26-2-13　CLN 燃烧器性能

图 26-2-16 与图 26-2-17 分别为 FDI 燃烧器与性能，其特点是可采用高温预热空气，不采用稳焰格砖，而燃气与空气直接喷入炉内，使烟气回流强烈而火焰温度降低，获得低氮氧化物效果。

26.2.4.8　民用低氮氧化物燃烧器

民用燃烧器一般指家用炊事灶与热水器，以及餐馆炒菜灶蒸锅灶等。

内焰燃烧是民用燃烧器不需外加设施而降低氮氧化物的新燃烧方法，其方法是预混燃烧在底部封闭的圆筒状头部进行，缝隙形或圆形火孔分布在圆筒内壁上，而圆筒内外壁间构成头部供气空间，见图 26-2-18。据日本东邦燃气株式会社资料，用于餐馆灶具时氮氧化物生成量下降 50%，热效率提高 10%，辐射热减少 25%，从而使厨师操作时感受最高温度由使用一般灶具的 65℃下降至 48℃。由华中科技大学宓亢琪主持研制的鼓风引射式内焰燃烧中餐灶样机测试性能见表 26-2-8。

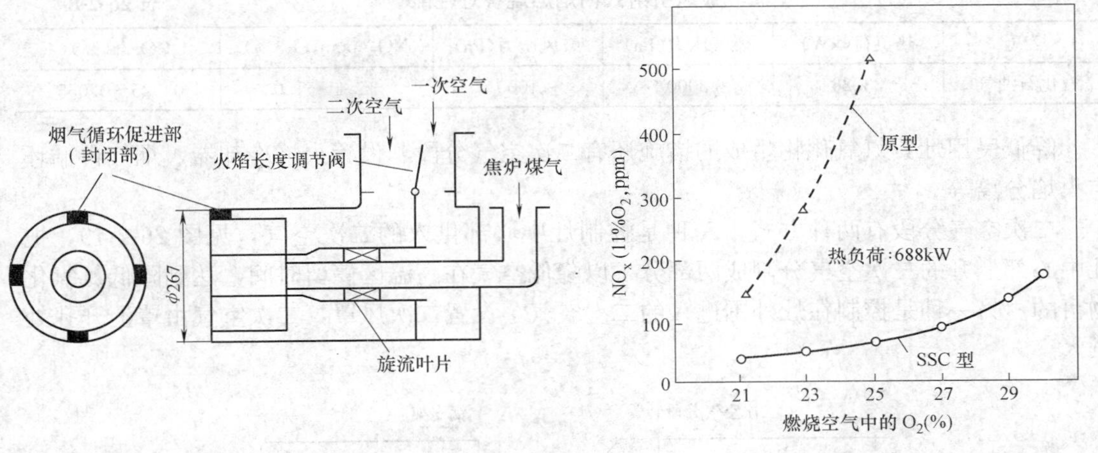

图 26-2-14　SSC 燃烧器　　　　图 26-2-15　SSC 燃烧器性能

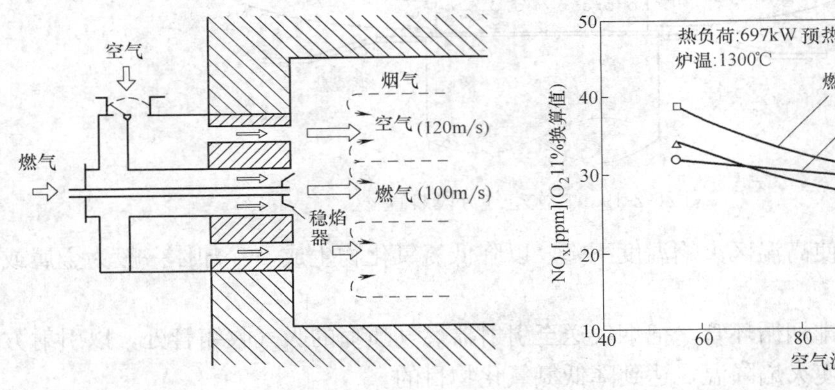

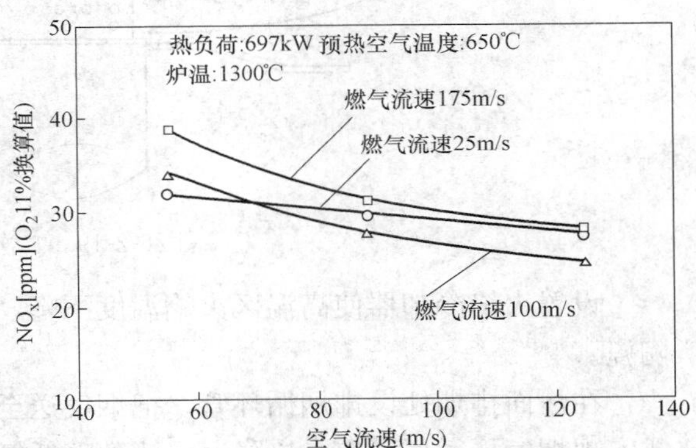

图 26-2-16　FDI 燃烧器　　　　图 26-2-17　FDI 燃烧器性能

图 26-2-18　内焰燃烧器

鼓风引射式内焰燃烧餐灶性能　　表 26-2-8

燃气	热负荷(kW)	燃气压力(Pa)	鼓风压力(Pa)	NO_x(ppm,$O_2$5%)	$CO_{\alpha=1}$(%)
液化石油气	23.26	3000	1000	35.4～51.0	0.025～0.055

降低民用灶具氮氧化物生成的措施还有二次空气分段、设置火焰冷却器、烟气再循环与火焰分离等。

二次空气分段有两种方式，一种是控制灶中心部供入的二次空气，见图 26-2-19，把灶中心部上升的二次空气分割成两部分，以降低空气在高温区停留时间，达到降低氮氧化物目的。另一种是控制在灶外围进入的二次空气，设置二次风罩，二次空气由罩上开孔处供入。

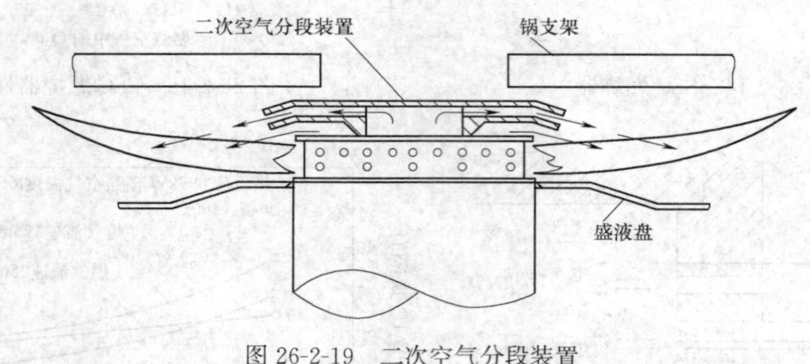

图 26-2-19　二次空气分段装置

设置火焰冷却器使高温区火焰温度下降，以降低氮氧化物生成，冷却体一般为金属或陶瓷。

在灶面排烟处设排烟循环管，把烟气送至引射器燃气喷嘴的吸气收缩管处，以引射方式实现烟气再循环，使火焰降温，达到降低氮氧化物目的。

火焰分离是使用分离器将外焰分割成两部分，既分段接触二次空气，又拉伸了火焰、加强散热，这两者均降低氮氧化物生成。炊事灶的火焰分离器设置在外圈火孔处，对应火孔呈短槽形排列，火焰穿越短槽被分割。

参考文献

[1]　姜正侯. 燃气工程技术手册 [M]. 上海：同济大学出版社，1993.

[2]　同济大学等. 燃气燃烧与应用（第二版）[M]. 北京：中国建筑工业出版社，1988.

[3]　新倉隆. 省エネルギー. 燃烧技術 [M]. 东京：省エネルギーセンター. 1984.

[4]　吉田邦夫. ガスの燃える理論と実際 [M]. 东京：省エネルギーセンター. 1992.

[5]　架谷昌信，木村淳一. 燃烧的基础と應用 [M]. 东京：共立出版株式会社，1986.

[6]　张晓玉等. 高性能甲烷催化燃烧催化剂的制备及其在天然气催化燃烧热水器上的应用 [J]. 催化学报，2006 (9)：823-826.

[7]　谭炯等. 燃气炉低温催化研究 [J]. 西南民族学院学报（自然科学版），2002 (2)：236-238.

[8]　宓亢琪. 鼓风引射式燃烧器的计算 [J]. 煤气与热力，1998 (6)：38-41.

[9]　宓亢琪. 陈伟. 低氮氧化物排放量高燃烧强度燃气燃烧器的研制 [J]. 湖北燃气，2001 (4).

第 27 章　民用燃气器具

民用燃气器具（“燃气器具”可简称“燃具”）主要用途为人们的生活和烹饪提供必需的热量，其产品包括：家用燃气灶具、燃气热水器、燃气取暖器、燃气冰箱、燃气空调等家用器具和燃气中餐炒菜灶、燃气大锅灶、燃气蒸箱等大负荷燃具以及室外燃气取暖器、燃气烤炉，燃气壁炉、空间加热器、车载或便携式等其他燃具。由于大多民用燃具的热负荷不是很高，且燃烧强度不能太高和太低，故其燃烧方式主要为部分预混式。但随着需求的多元化，如独立别墅的中央供热，家庭集中供热水的需要，以及燃具的安全安装因素，一些高强度的燃烧方式、大热负荷燃具不断被研发成功，投入市场，如全预混鼓风式燃烧器。

民用燃具随着新材料、新技术、机电一体化及电子技术的发展，出现了很多高效、节能、安全、环保、智能操作的产品，如冷凝式燃气热水器、遥控供暖燃气热水炉，红外或催化燃烧的节能燃气灶等科技含量高的新产品。因此，国家对于产品的安全性、经济性及环保节能的要求越来越高，指导和约束产品的技术法规和产品标准也更加体系化、完整化和科学化，对产品的评价也更规范和严格。

民用燃具因其功能和用途产品分类很多，但其设计和制造都应遵循以下几个原则。

① 体现以人为本的理念，安全第一，使用操作方便，设计和制造过程应充分考虑燃具的安全要求，保证燃具在正常使用和异常情况下具有较高的安全系数。

② 充分考虑能源的有效利用，燃具应能在满足设计功能的同时具有更高的加热或换热效率。

③ 充分考虑燃烧废气排放对环境造成的污染。

④ 在机电一体化的产品中应满足电气及燃气同时使用的双重安全要求。

27.1　家用燃气炊事灶具

家用燃气炊事灶具按其功能和结构划分为：家用燃气灶、烤箱、烤箱灶、烘烤器、饭锅等产品。燃气灶是用本身带的支架支撑烹调器皿（锅等），并用火直接加热烹调器的燃具；烤箱为食品放在固定容积的箱内（加热室），以对流或辐射对食品进行半直接或间接加热的燃具；烘烤器为用火直接烘烤食品的敞开式燃具；饭锅为能自动检测饭的生熟，能自动关断主燃烧器的燃具；烤箱灶为灶和烤箱组合在一起的产品。

27.1.1　家用燃气灶

现在市场的主导产品为台式单眼灶、双眼灶、嵌入式单眼灶、双眼灶和多眼灶，20世纪80年代末的铸铁灶已基本消失。燃气灶在材料、工艺、性能上日趋成熟。同时，在功能上也更进一步，有的产品上增加了定时控制、遥控控制、燃气流量自动调节及油温的自动控制等功能。几种常见的燃气灶见图 27-1-1～图 27-1-5。

图 27-1-1 台式单眼灶

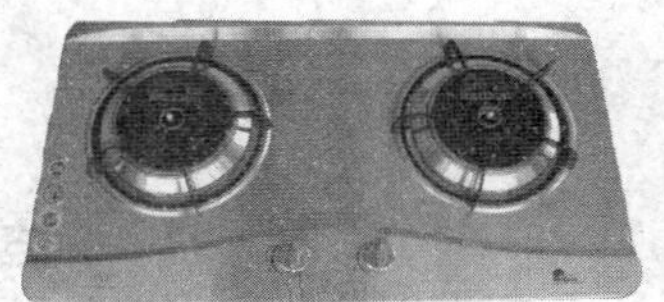

图 27-1-2 嵌入式红外线双眼灶

图 27-1-3 嵌入式三眼灶

图 27-1-4 气电两用灶

图 27-1-5 集成灶

1. 家用燃气灶结构

一般有下壳体、面板、燃气导管、燃气阀门、燃烧器（引射管和燃烧器头部）、锅支架、承液盘、点火装置、熄火保护装置等。

灶面板的材料主要为不锈钢、钢化玻璃、陶瓷等，燃烧器材料有铸铁、铜、铝合金、不锈钢等。随着产品的发展，将有更多新的材料运用在灶具上。

2. 家用燃气灶的燃烧系统

主要是由进气管、阀体、引射管、燃烧器头部及分火器组成。燃烧器由引射器和燃烧器头部组成（见图 27-1-6）。有的为分体式，有的为整体，可锻铸铁铸造或锻压，也可用不锈钢拉伸压模或铝合金压铸，根据不同的材料和结构要求，采取不同的加工方式。

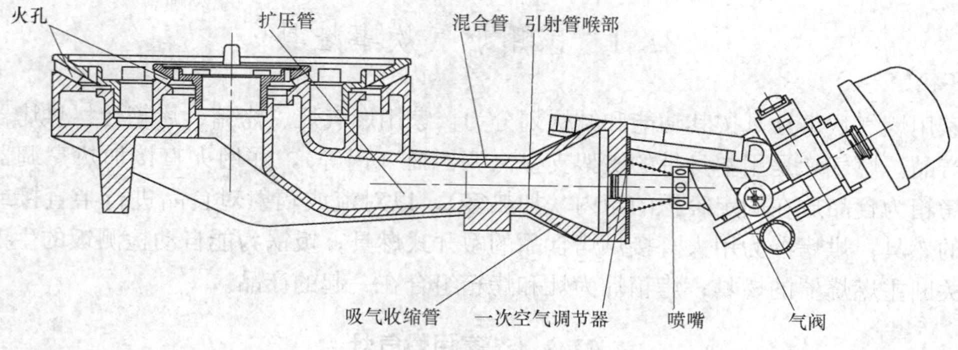

图 27-1-6 阀体—燃烧器系统

头部结构也有整体和分体结构，整体结构一般是铸铁钻孔、铜锻压钻孔、车加工或不锈钢压模，形成各种各样结构尺寸的燃烧器或分火器，如多孔陶瓷板构成的头部（图

27-1-2中即是一种堇青石多孔陶瓷板）。由于家用燃气灶主要的燃烧方式是部分预混式（大气式）和全预混式，故引射器应保证足够的引射能力。对部分预混式一次空气系数在冷态应保证在 0.5～0.8 之间，热态为 0.4～0.65 之间，对全预混的红外线辐射燃烧器的一次空气系数在冷态应保证在 1.1～1.30 之间，热态应保证在 1.1～1.15 之间，燃烧才可能充分。对部分预混式燃烧器，引射器和头部结构尺寸，是燃烧器设计的核心内容，因此引射器的喉部、扩压段、收缩段、混合段的尺寸十分重要。引射器结构、压力分布在本手册第 22 章已有详细阐述。

民用燃气灶由于多是燃气引射空气，要求燃烧器引射管与燃气引射喷嘴的相对位置应准确、牢靠，且喷嘴的中心线应与引射管的中心线一致，确保能够引射燃烧所需的一次空气。

燃气灶在实际使用时，要求对不同气源条件和压力条件具有一定的适应性，故一般在引射管的入口段增加可以调节的一次空气调节器，在燃气性质发生变化时对进空气量进行调节，保证其良好的燃烧火焰状态，全预混式燃烧，则不需要设置一次空气调节器。

3. 燃气阀门

燃气系统的阀门可分为几类，一类是旋塞阀，一类是电磁阀，另一类是电动阀。

燃气旋塞阀是灶具燃气通路中最重要的一道手动阀门。其一般带有压电陶瓷点火装置或脉冲点火组件，或者是带热电式熄火保护装置的电磁阀。图 27-1-7 是一种带热电式熄火保护装置的燃气阀门。

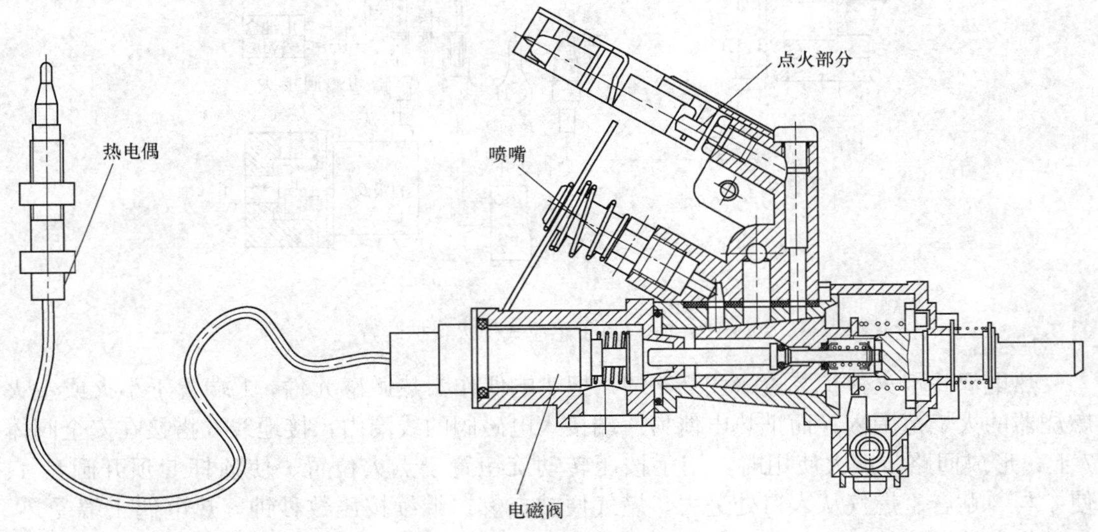

图 27-1-7 带熄火保护的燃气阀

带压电陶瓷点火装置的阀体在使用过程中，按压旋塞阀进行点火操作；带有热电式熄火保护装置的，还应压下阀体的旋钮一段时间，保证热电偶获得足够的热电势，使电磁阀处于开启状态；带脉冲点火装置的，点火时旋转按钮，接通微动开关，使脉冲点火器工作，进行灶具点火。

电磁阀是燃气灶上的自动控制阀门，一般有两种，一种为热电式电磁阀，另一种为自吸式电磁阀，热电式电磁阀可独立控制燃气管路的通断，自吸式电磁阀则往往和点火控制器协同工作，控制燃气管路的通断。

电动阀是由电带动阀门进行调节燃气流量的阀门。

喷嘴多数安装在阀体上，其孔径大小对器具的热负荷起决定作用。

4. 家用燃气灶的安全装置

燃气泄漏或出现回火、熄灭等都可能引起安全事故，因此在燃气灶要求有安全装置。主要有熄火保护装置、再点火装置、防回火装置、定时装置、超温切断装置等，最常见的安全装置是熄火保护装置。

熄火保护装置根据其工作原理分为两类：一类是离子感应式，另一类为热电偶式。

离子感应式熄火保护装置（图 27-1-8）是利用高温火焰的晶体二极管特性，在燃烧的火焰中，安置耐高温的火焰感应金属电极，在火焰感应金属电极上加交流或脉冲电压，此电压经火焰整流后通过与地连接的燃烧器形成电流回路进入点火控制器，此电流信号经控制器内部的放大电路处理后维持自吸电磁阀的开启状态，当遇到意外熄火时，火焰感应电路回路被切断，自吸电磁阀因失去维持电压而关闭，从而切断燃气通路，保证了使用者的安全。

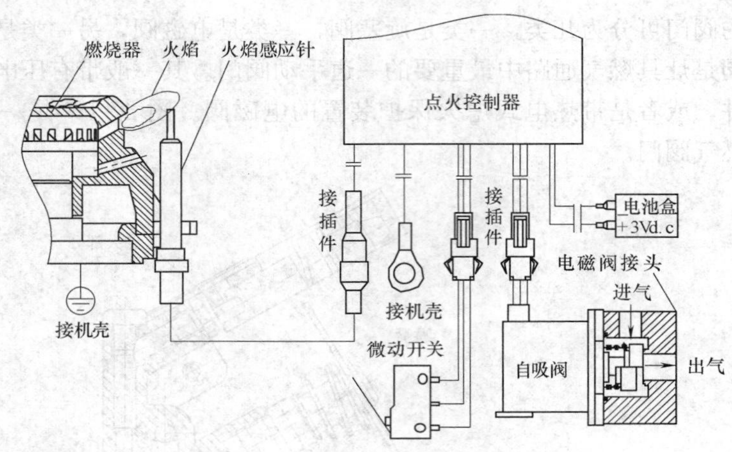

图 27-1-8　离子感应式熄火保护装置

热电偶式熄火保护装置（图 27-1-9）把热电偶作为热敏感元件，1 端置于小火或主火燃烧器的火焰范围内；而把热电偶另一端接入电磁阀的线圈内，接地线 6 搭接在安全阀体 7 上，形成回路。点火使用时，用手按压转动旋钮置于点火位置、使顶杆 5 顶开圆盘 4、使 4 与 3 贴合、燃气从入口处进去，燃气便被点燃。继续按压数秒钟，热电偶 1 端受热，产生热电动势。热电动势通过线圈激励磁芯 3 产生磁场、吸住圆盘 4，并处于保持状态。松开旋钮，主燃气道打开，燃气灶处于正常燃烧状态。当遇风吹或汤溢出而使火焰熄灭时，热电偶引出线端的热电动势因温度降低而急剧下降，电磁阀线圈无电，磁场消失，圆盘松开，在弹簧力作用下迅速复位，切断燃气通路。

家用燃气灶的再点火装置一般由点火控制器和自吸电磁阀组成。在正常工作状态中当点火控制器监测到无火焰（意外熄火）时，点火控制器会自动重新启动一次点火指令进行点火，如仍不能点燃，则点火控制器发出自吸电磁阀关闭指令切断燃气通路后进入熄火保护状态。

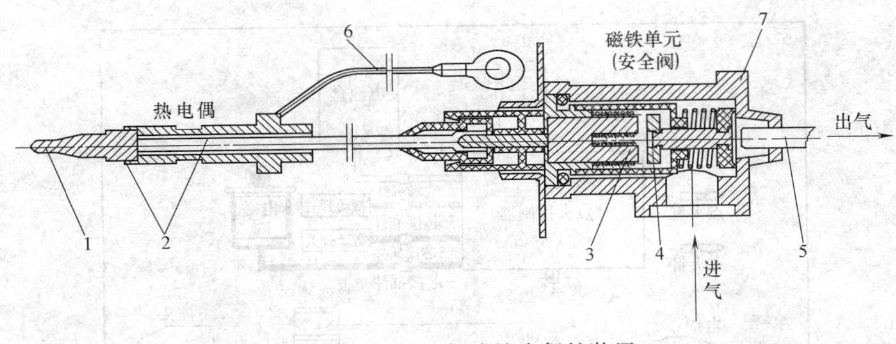

图 27-1-9 热电偶式熄火保护装置

1—端头；2—热电偶；3—连接件；4—圆盘；5—顶杆；6—接地线；7—阀体

5. 家用燃气灶的控制电路

随着电子技术和燃气灶机电一体化的迅速发展，产品不但有交流点火还有微电子电路控制的复杂功能。一种常见的带电炉盘的气电两用灶的内部结构见图 27-1-10，其电气线路见图 27-1-11。

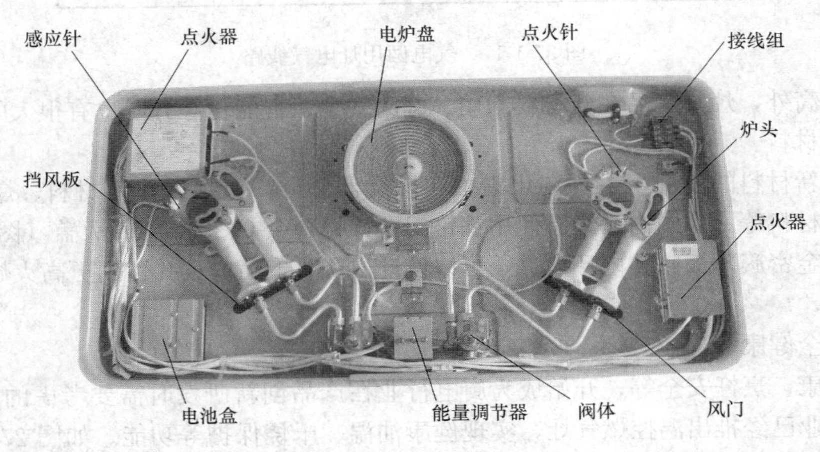

图 27-1-10 气电两用灶内部结构

6. 家用燃气灶的技术性能指标

家用燃气灶的主要技术性能指标，包括安全指标和适用性指标。安全性能指标主要有燃气系统的气密性、电气安全性能、火焰稳定性、干烟气中的一氧化碳含量等。适用性能指标主要有热负荷至少有一个燃烧器不小于 3.5kW，其精度偏差小于 10%等。灶热效率、熄火保护装置动作时间、燃烧噪声等指标要求参见表 27-6-1、表 27-6-2、表 27-6-3，结构要求、材料等要求在《家用燃气灶具》GB 16410 标准中有明确的规定。

7. 燃气灶的发展趋势

燃气灶在不断的发展中，安全性和热工性能都在持续提高。近年燃气灶的热负荷提高显著，主流产品的主火热负荷，天然气可达 4.8kW，液化气可达 4.5kW，部分产品已达到国标《家用燃气灶具》GB 16410 规定的上限（5.23kW）。随着国家标准《家用燃气灶具能效限定值及能效等级》GB 30720 的颁布实施，龙头企业加大了产品的研发，热效率大幅提高，产品的热效率超过 60%占比接近 85%，节能产品的占比已接近 80%。除热工

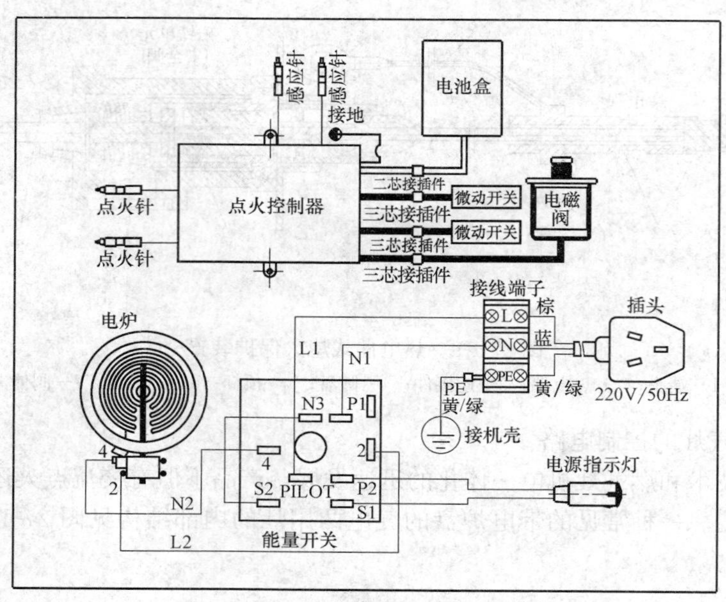

图 27-1-11　气电两用灶电气线路

性能显著提高外，灶具产品在新材料利用、健康安全、智能化等方向也有很大的发展。

(1) 新材料

燃气灶新材料的使用，主要变化集中在燃烧器部分，包括绝热新材料、燃烧器新材料、火盖新材料等。如国内已经有使用铁铬铝、镍铬合金 Cr20Ni80 做火盖（图 27-1-12）。利用镍铬合金密簇薄板网孔内环火盖，可以设计出竖直上喷的火孔达到更高火焰温度和更高效率。

(2) 安全健康

烹饪健康、烹饪安全等，开始成为厨电行业在产品创新研发时需要考虑的重要因素。国内不少企业已经推出温控燃气灶，实现健康油温、干烧保护等功能。如图 27-1-13 温控灶。此外在燃气泄漏检测和报警上也涌现诸多新技术新产品。

图 27-1-12　镍铬合金网片火盖

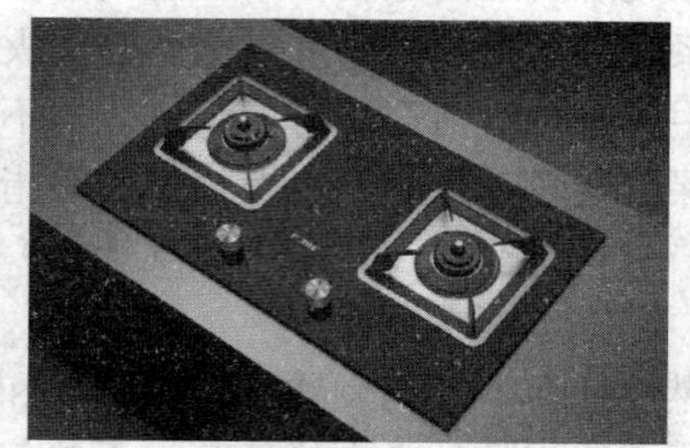

图 27-1-13　温控灶

(3) 智能化

燃气灶也紧跟智能化趋势，基于互联网技术、云计算平台等，实现远程遥控、电器互联、数据监测等功能。同时火力调节由机械控制升级为全电动控制。人机交互界面更丰富。以国内某企业推出的智能燃气灶为例（图 27-1-14、图 27-1-15），可以实现烟灶联动、智能烹饪、远程（wifi）控制等功能。

图 27-1-14　智能燃气灶

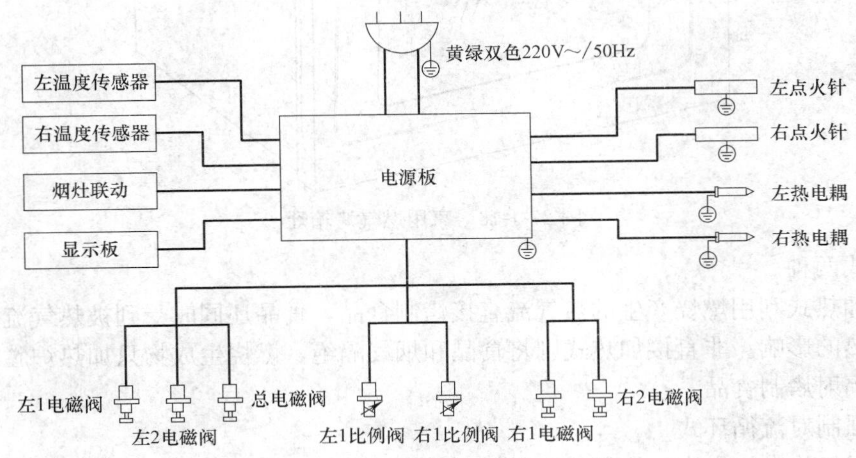

图 27-1-15　智能燃气灶电气接线图

24.1.2　家用燃气烤箱灶

烤箱和烤箱灶在结构和功能上十分相似，烤箱灶是在烤箱的基础上增加灶的功能，这里主要介绍烤箱灶。

1. 燃气烤箱灶的结构

烤箱灶由烤箱和灶两部分组成（图 27-1-16），顶部设置灶头，具有灶的功能，有单眼、双眼和多眼。烤箱部分设置在器具的中部，是一个独立的空间。烤箱设置有炉门，一般为玻璃组合结构，便于观察箱内食品的烘烤情况，且炉门便于食品的进出。在燃具的背面或侧面设置燃气阀门和燃气流量调节装置，燃烧器系统设置有燃烧器和熄火保护装置。烤箱灶上一般带有温度显示和温度控制装置。近年来出现的新型烤箱灶还配有多种功能，如时间控制功能、强制对流、自动点火和再点火、程序控制、遥控、气电两用、微波加热等。

2. 烤箱灶的加热形式

（1）自然对流循环形式

自然对流循环式是传统的加热形式，利用燃烧产生的热气流的升力在炉膛内（或外）循环，加热食品，再由烟道排出。自然对流循环式烤箱灶对食品的加热方式有直接加热和

图 27-1-16　家用燃气烤箱灶

间接加热式两种。

直接加热式利用燃烧产生的热气流直接烤制食品，食品还同时受到被热气流加热的炉膛的辐射热的影响。非直接加热式则将食品和烟气隔绝，燃烧生成物只加热炉膛外壁，利用炉膛的辐射烤制食品。

（2）强制对流循环式

利用风机将燃烧产生的热气流在炉膛内强制循环以后排出。其优点是可以充分利用炉膛的空间，大大缩短炉膛预热时间（比自然循环式所需时间缩短近 1/2）而且烤制时间也大大缩短。

3. 烤箱的主要性能要求

炉膛容积：炉膛有效容积至少应不小于 30L，在多数情况下，家用烤箱的炉膛容积在 40～55L 之间，即宽 400～500mm，深 400～500mm，高 300mm 左右。

炉门：门必须坚固，要有观察炉膛内燃烧情况的观察窗，甚至整扇门都可以是透明的，但门绝对不允许被锁。门一般采用由上向下开的形式，门打开时应大致处在水平位置，在开启的门中间放上 15kg 的荷载，门边缘的下沉不能超过 15mm。

点火：燃烧器的点火应采用自动点火方式，如果采用人工点火，则点火时必须打开门，且点火要十分方便和安全。

升温速度：应该在 20min 以内将内部不放置任何物品的炉膛升温至 200℃。升温速度与热负荷、炉膛容积的匹配关系很大。一般控制在 20min 内升温到 260℃左右。

烘烤性能：食品表面无大面积的焦痕，要求升温速度不能太快，热负荷应能控制，一个炉膛容积为 50L 的烤箱，其热负荷应不超过 3.5kW 为宜。

运行负载：运行负载是指炉膛升温至室温加 210℃后，为维持炉温（指炉膛中心温度），每单位时间所需要消耗的热量。该热量不能超过下式计算值（设周围环境温度不变)：

$$Q \leqslant 0.93V + 0.035V \tag{27-1-1}$$

式中 Q——运行负荷，kW；

V——炉膛容积，dm^3。

温度分布：烤箱内与其几何中心点的温度差应小于 20℃。

温度控制：烤箱的最高温度应低于 250℃，温度控制器的控制精度在 20℃之内。

灶部分的结构和性能：应符合家用燃气灶的要求。

27.1.3 家用气电两用灶

家用气电两用灶是将家用燃气灶和家用电磁灶或电炉组合的一种适用于两种能源的灶具，可单独工作或同时工作，满足能源形式多样化和烹饪需求的多样化。主要产品有一气一电双眼灶，还有一气两电和两气一电三眼灶，如图 27-1-17～图 27-1-19 所示。

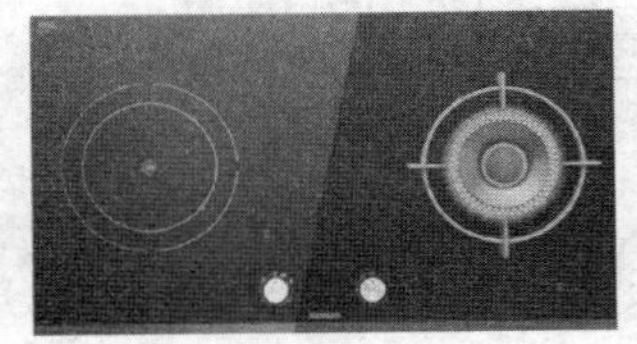

图 27-1-17 一气一电双眼灶

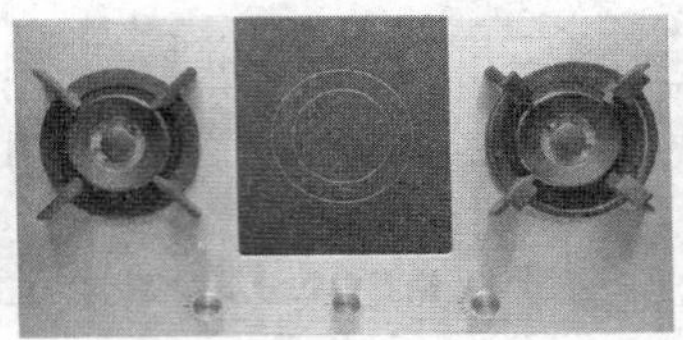

图 27-1-18 两气一电三眼灶

图 27-1-19 一气两电三眼灶

1. 家用气电两用灶结构

家用气电灶是将燃气灶的零部件和电磁灶的零部件通过结构上的组合组装在同一个底壳和面板上，其燃气灶部分一般有燃气导管、燃气阀门、燃烧器、锅支架、盛液盘、点火装置、熄火保护装置；电磁灶部分一般有功率板、控制板、电气盒、风机、线圈盘。还有一些气电灶是将一台单眼电磁灶整体嵌入到燃气灶的面板中，可作为双眼灶用也可临时将电磁灶单独拆出来放在台面上使用。气电灶的内部结构如图 27-1-20 所示。

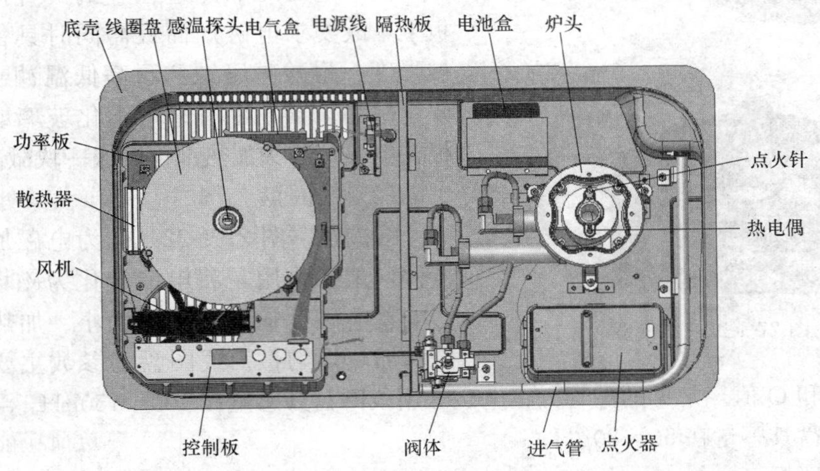

图 27-1-20 气电灶的内部结构（带电磁炉）

2. 气电两用灶工作原理

燃气灶部分的燃烧系统在家用燃气灶章节已做说明，电炉部分的工作原理就是电加热丝加热控制的工作原理，气电两用灶多是电磁灶和燃气灶的组合。下面只针对电磁灶部分工作原理作展开说明。

电磁灶工作原理

其工作过程如图 27-1-21 所示：220V 交流电经过桥式整流器转换为直流电，再经 IGBT 功率管装置使直流电转换为高频交流电，将高频交流电加在螺旋状的感应加热线圈上(LC 振荡电路)，由此产生高频交变磁场。其磁力线穿透灶台的陶瓷台板而作用于金属锅。在烹饪锅体内因电磁感应就有强大的涡流产生。涡流克服锅体的内阻流动时完成电能向热能的转换，所产生的热就是烹调的热源。

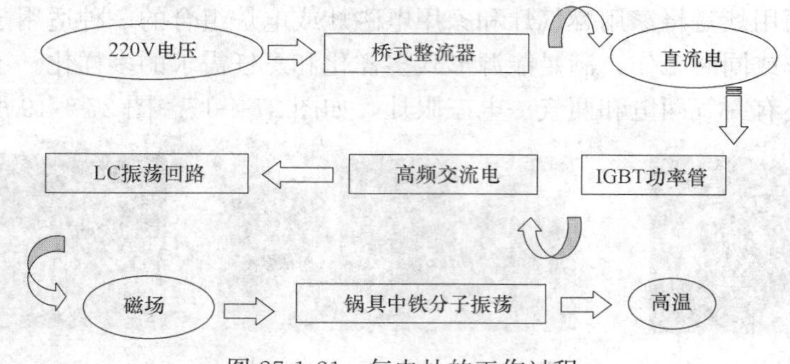

图 27-1-21　气电灶的工作过程

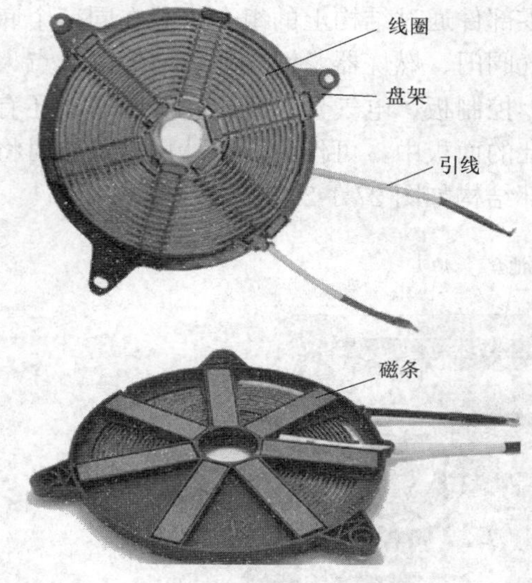

图 27-1-22　线圈盘

3. 气电灶电磁部分关键器件

燃气灶部分的关键器件在《家用燃气灶具》GB 16410 这一章节中已做说明，下面主要针对电磁灶部分关键器件做展开说明。

(1) 灶面板

由于电磁灶加热过程中锅具直接放置在面板上，故要求电磁灶面板需同时具备足够的机械强度、耐酸碱腐蚀和耐高低温冲击性能，主要用微晶玻璃，也有采用钢化玻璃或不锈钢面板在电磁灶炉头加热部位镶嵌一块微晶玻璃。

(2) 线圈盘

线圈盘（图 27-1-22）作为电磁加热的执行器件，主要作用是将电能转化为磁场能，直接影响着电磁灶输出功率的大小、加热效率的高低和加热均匀性。线圈盘的参数主要有两个方面：电感量和 Q 值。常见的单管方案电磁灶用线圈盘其感量在 100～150μH，半桥方案电磁灶用线圈盘其感量在 50～80μH。

(3) 功率板

功率板为电磁灶的核心零部件，其作用主要是提供高频的交变电场作用于线圈盘产生交变磁场，同时还兼顾炉面和 IGBT 温度检测、电压检测、电流检测、风机驱动等功能。

(4) 控制板

控制板又称显示板，其主要作用是实现人机交互，用户可通过按键控制电磁灶的火力和工作模式，同时又能通过其上的显示屏获取电磁灶的工作状态。电磁灶控制板除了具备火力加减、定时、童锁等基本功能外，还预设了一些附加功能，如煲汤、爆炒、油炸、蒸煮、保温等。

(5) 散热系统

散热系统通常包括散热器和风机。散热器通常安装在功率板上，其主要作用是给 IGBT 和整流桥堆散热，通常用铝挤出成型，其优点在于加工方便，材料成本低。较大功率的电磁灶可采用风机进行散热。

4. 气电两用灶其他特性

气电磁灶由于其组成的特殊性，它既要符合燃气灶相关技术特性要求，也要符合电磁灶相关技术特性要求，包括电气安全、电磁兼容、发热等性能要求。

27.1.4 集 成 灶

集成灶亦称作环保灶或集成环保灶，集成灶是一种集吸油烟机、燃气灶，另加消毒柜、储藏柜或蒸箱等多种功能于一体的厨房电器，具有节省空间、抽油烟效果好，节能低耗环保等优点。集成灶的组成如图 27-1-23 所示。

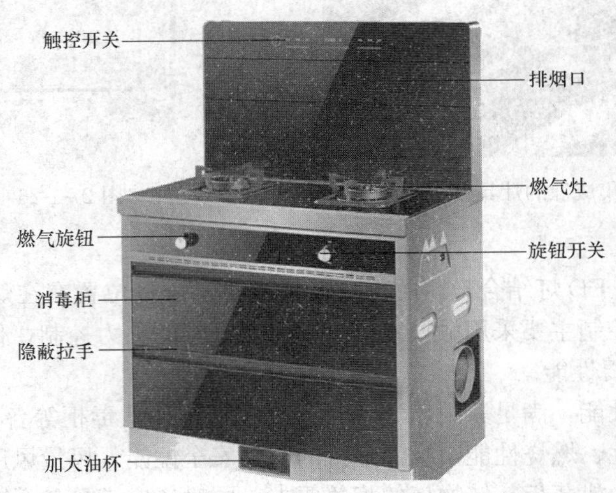

图 27-1-23 集成灶的组成

1. 集成灶的结构

集成灶是多种厨房用具功能的集成。其结构从上到下，分别为吸油烟机、灶具、消毒柜/碗栏等，也有产品采用蒸箱、烤箱等替代消毒柜/碗栏。

1) 吸油烟机模块

吸油烟机是产品的重要组件，与传统吸油烟机不同，传统吸油烟机吸烟口、风机、排烟口都在上方，而集成灶运用空气动力学原理，采用深井下排或侧吸下排，吸烟口在灶具上方，而风机和排烟口都在灶具下后方，通过下排风产生流体负压区，让油烟经吸烟口往下吸走，具体如图 27-1-24 所示。根据其排油烟的方式可基本分为环吸（深井）式、侧吸

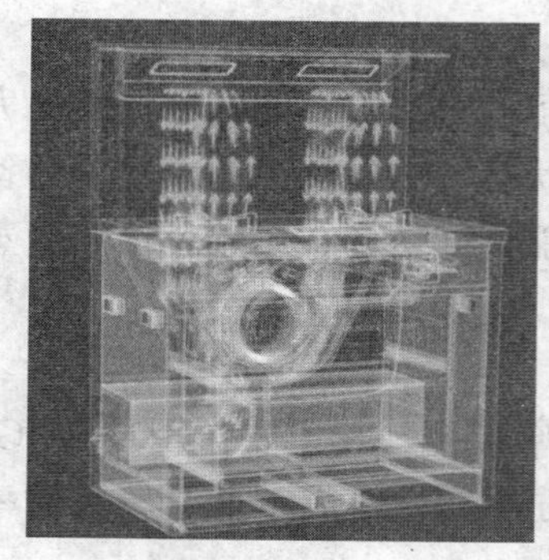

图 27-1-24　集成灶的微空气动力学原理图

式和翻盖式三种。在此基础上，因结构组成的不同，又派生出一些不同的种类，诸如：三面吸、混合吸、直立式、分体式、升降式等等。

2）灶具模块

灶具是产品的核心组件（图 27-1-25）。面板一般有玻璃和不锈钢。已不仅限于双眼燃气灶，按照燃烧方式的不同，目前已经有单眼灶、双眼灶、气电磁灶、双电磁灶、双电陶炉等。

3）碗栏区域

碗栏区域相当于下橱柜，图 27-1-26。

图 27-1-25　集成灶的灶具模块

图 27-1-26　储物柜

4）显示及控制

显示主要采用 LED 灯结合丝印的方式，采用显示屏；位置有在灶具面板上方的，也有在灶具侧面的。控制主要采用触摸按键，其中燃气灶的火力控制，仍采用旋钮调节。

2. 集成灶的主要性能

集成灶的主要性能，满足家用燃气灶具、吸油烟机、消毒柜等各个产品的性能要求，包括燃气灶的气密性、燃烧性能，吸油烟机的电气安全性能、风量风压，消毒柜的电气安全性能、消毒性能，或蒸柜、储物柜的相关要求，同时还应满足各个产品同时工作时的附加性能要求。

27.1.5　家用燃气饭锅

1. 燃气饭锅结构

家用燃气饭锅如图 27-1-27 所示，其内部结构见图 27-1-28。

燃气饭锅从整体结构来看可以分为以下两个部分。

（1）饭锅部分

它包括最外层的保温夹套、锅、内外两层锅盖以及手柄等其他一些部件。图 27-1-27 所示是一种带有保温装置的饭锅，所以还有电线、插头、指示灯、控制开关等部件。

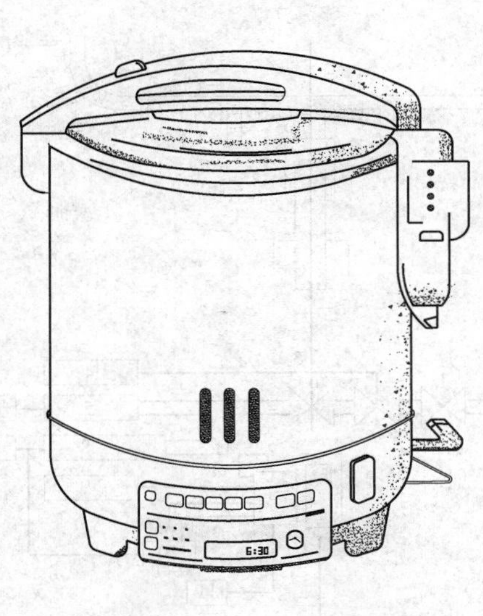

图 27-1-27 家用燃气饭锅

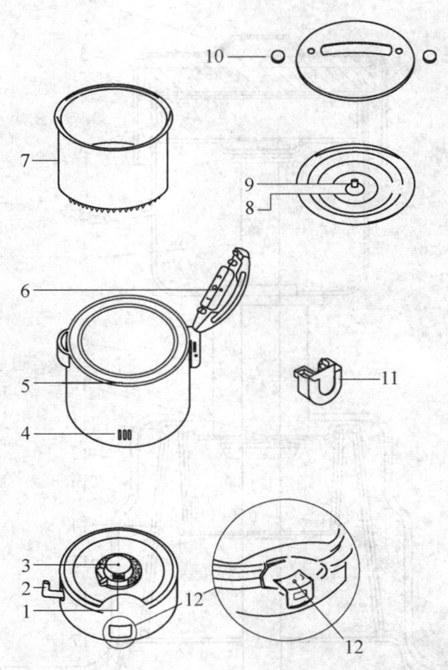

图 27-1-28 家用燃气饭锅内部结构

1—橡胶管插口；2—控制元件；3—燃烧器（带熄火安全保护装置）；4—观火孔；5—盛液盘；6—把手；7—锅；8—溢流口；9—内盖把手；10—连接螺钉；11—盛液器；12—操作按钮

（2）燃气灶部分

燃气饭锅的下半部分实际上是一台燃气单眼灶。有燃气阀门、燃气入口、燃烧器、熄火安全保护装置以及温度控制元件。温度控制元件与电饭锅的温度控制元件基本相同，比较常见的是采用双金属片，也有采用液体膨胀盒式的。为了防止温度控制元件失灵而造成事故，还设有过热保护装置（图 27-1-29）。

其工作原理是当温度上升达到铁氧磁体的居里点温度时，铁氧磁体失去磁性，磁石与铁氧磁体的吸引力消失，磁石下落，带动连杆下推，使燃气阀门关闭。

2. 燃气饭锅工作原理

燃气饭锅工作原理见图 27-1-30，现说明如下：

打开燃气入口的旋塞阀，按下旋钮，燃气阀门开启，燃气由主燃烧器和小火燃烧器流出。与点火按钮连接的微型电气开关接通，点火器产生脉冲电火花使燃气点燃，进入工作状态。在正常工作情况下，热电偶产生的热电势使安全阀门保持在开启维持状态。随着做饭过程中水分的逐渐蒸发，锅底的温度会上升，与锅底紧贴的温度控制元件在达到一定温度（143～150℃）以后，自动将熄火杆向下推，关闭燃气阀门，此时主燃烧器按钮回复原位。做饭过程中主燃烧器火焰由于某种不正常原因熄灭时，热电式熄火保护装置中的热电偶因失去热电势而无法维持安全阀门的开启状态，安全阀门通过自身的弹簧力得以复位，从而切断燃气通路；如出现温度控制元件失灵，造成锅底温度上升，过热保护装置也会切断燃气阀门。

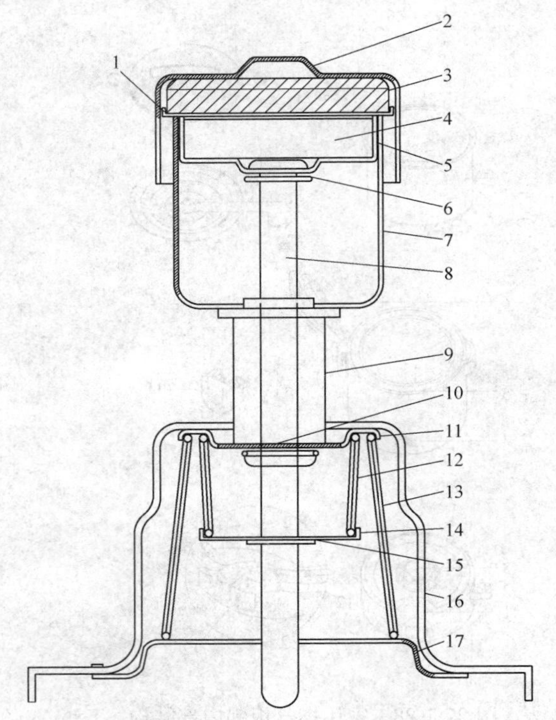

图 27-1-29 过热保护装置

1—纯铁托架；2—罩壳；3—纯铁；4—磁石；5—磁石托架；6—E型上卡簧；7—磁石外壳；8—推杆；9—导向杆；10—定位弹簧；11—弹簧支架（B）；12—安全弹簧；13—推杆弹簧；14—弹簧支架（A）；15—E型卡簧；16—推杆导向（A）；17—推杆导向（B）

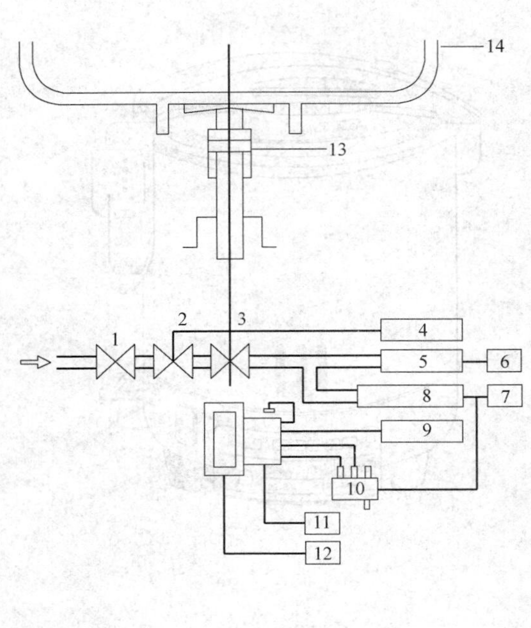

图 27-1-30 燃气饭锅工作原理

1—旋塞阀；2—安全阀；3—截止阀；4—热电偶；5—主燃烧器；6—操作按钮；7—点火按钮；8—小火燃烧器；9—放电针；10—微型开关；11—脉冲点火器；12—干电池；13—过热保护装置；14—锅

3. 燃气饭锅的性能要求

从饭锅的结构特点可以看出，其实际上是一种带固定加热锅的燃气灶，其性能应符合家用燃气灶的相关要求，同时由于其功能是煮饭，因此，要求有温度控制，米饭的中心温度在80℃以上，且具有良好的保温性能。米饭不能夹生和烧焦。

27.2 商用燃气炊事灶具

烹饪中餐菜肴、炒菜、煮饭、蒸饭或提供热水，食物烘烤都会用到大负荷的商用燃气炊事灶具。商用燃气灶具是结构体积扩大化的家用燃气灶具。其多用于饭店、宾馆和酒店。主要包括有中餐燃气炒菜灶、燃气大锅灶、燃气蒸箱、燃气沸水器、燃气烘炉、燃气烧猪炉、燃气烤鸭炉等。这些燃具的特点是热负荷高，一般带有鼓风机和排烟道，体积庞大，燃烧噪声大。中餐炒菜灶的热负荷一般不超过46kW，大锅灶不超过80kW，大型的蒸饭箱热负荷则可达到100kW。目前中餐炒菜灶和大锅灶产品在结构差异不大，多数大锅灶具有中餐灶的结构和功能，两种结构功能往往合在一套燃气设备中。现简单介绍中餐炒菜灶、大锅灶和燃气蒸箱的结构性能。

27.2.1 中餐炒菜灶

1. 炒菜灶的主要结构见图 27-2-1。

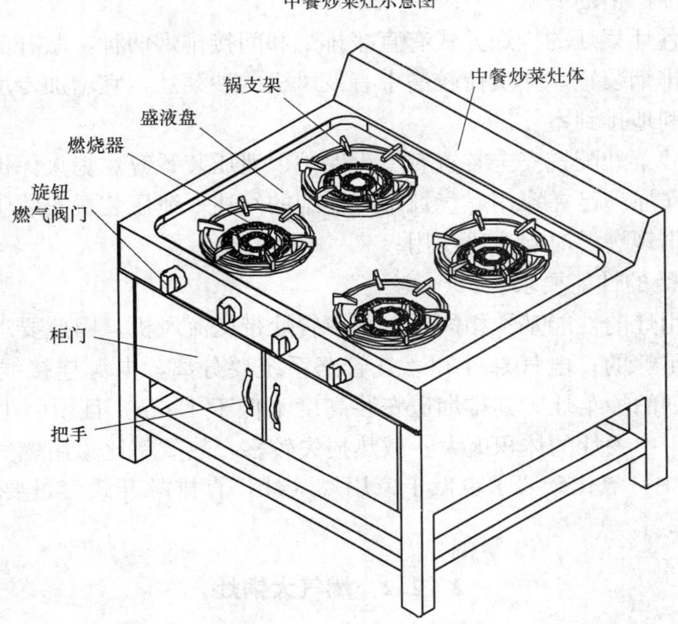

图 27-2-1 中餐炒菜灶

一般由主炒菜灶、副炒菜灶和煮汤灶（汤锅）组成主体。在灶上还配有水龙头和喷水装置，后部还可以有集中的排烟道，底部装有鼓风机。灶台下部正面设操作旋钮、观火孔和点火装置等。外壳多是不锈钢结构，炉膛有耐火泥衬里。

燃烧器：是炒菜灶的核心，一般由铸铁铸成。常用形式有圆盘形和立管形，近年的产品也有锥形或其他形状的高强度、节能的特种燃烧器被研发和使用。圆盘型燃烧器的火孔为圆孔型，为防止回火，有的燃烧器表面铸有凸台，形成稳焰钝体，锥形的燃烧器有圆火孔，也有条形孔，螺旋转火孔，其燃烧的强度更高。立管型目前仍有广泛使用，其结构较上世纪末产品，已有较大改进，如有为降低噪声的旋流燃烧器，有降氮氧化物的斜管对冲燃烧器等。热负荷超过 10kW 的中餐炒灶基本上都采用鼓风的全预混燃烧器，在一些小热负荷的煲仔炉和炒菜灶上仍采用预混式的燃烧器。装有鼓风机的中餐灶噪声大，不少厂家采用高热强度低压引射式燃烧器，取消鼓风机，既降低了噪声又提高了使用安全性。相对部分预混燃烧方式，鼓风式全预混燃烧的噪声高，其加热强度和热负荷也大大提高，燃烧废气也较易排到室外。

阀体：中餐灶的阀体和家用燃气灶相似，一般为旋塞阀，其附加功能没有家用燃气灶复杂。旋塞阀和熄火保护装置中的自动切断阀一般为独立单元，即旋塞阀控制燃气流量和燃气管路的切断，而自动切断阀（一般是安全装置上的电磁阀）只起切断作用。炒菜灶因其热负荷高，燃气消耗量大，要求燃气阀门及管路有较大的通道面积，以保证足够的燃气流量。

鼓风机：炒菜灶底部安装的风机其作用是向燃气燃烧系统提供燃烧所需空气，同时为烟道排烟提供动力。其风量应能控制且与燃气量匹配，鼓入的风量一方面保证燃烧正常，另一方面尽量减少排烟造成的热损失。炒菜灶使用交流电带动风机时，对交流电电源的安装和使用应有更加严格的要求。

排烟道：中餐灶菜灶的排烟方式有直接排烟和间接排烟两种，敞开的小热负荷炒菜灶一般不配有专用排烟装置，热负荷较高带有鼓风机的炒菜灶，宜增加专用的排烟装置，确保燃烧废气能顺利地排到室外。

安全装置：炒菜灶配置安全装置有熄火保护、泄压装置等。熄火保护装置一般采用热电偶结构，其工作原理已在家用燃气灶中有详细的阐述，泄压装置安装于密封严密的炉膛或排烟道中，当出现爆燃时起泄压作用。

2. 中餐炒菜灶的性能要求。

炒菜灶和家用灶的性能基本相同，一般中餐灶带交流风机，因此要求使用交流电的器件其电气安全是足够的；电气部件和燃气管路系统要分离，电源连接线远离灶具加热区域；安装烟道排烟的炒菜灶，其排烟道安装高度不低于 1.6m，且须引出室外，排烟口不能在正压区；由于中餐灶的体积庞大，散热损失较多，热效率比家用燃气灶低，要求不小于 20%，干烟气中一氧化碳要求也低于家用燃气灶，直排敞开式含量要求不大于 0.1%，烟道式不大于 0.2%。

27.2.2 燃气大锅灶

燃气大锅灶也称大灶，除炒菜功能以外，还有加热水产生蒸气等功能。目前的大锅灶一般还有蒸、煮、炸等更多的功能。其加热功率更大。

1. 大锅灶的结构见图 27-2-2

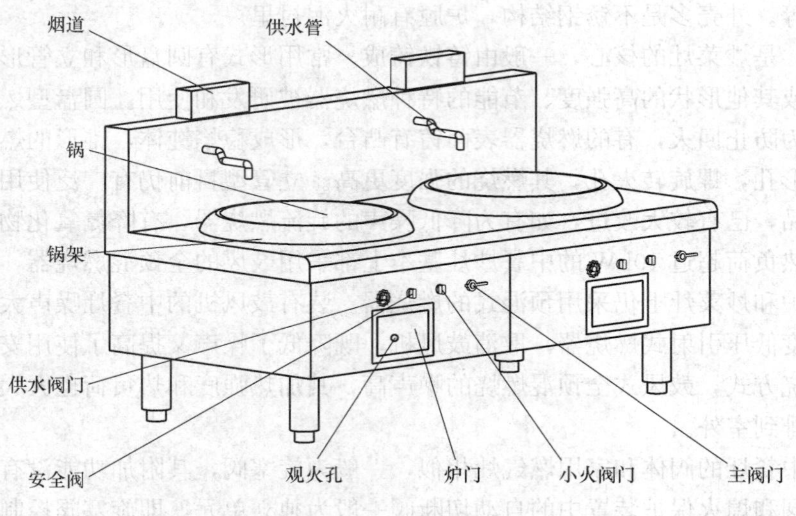

图 27-2-2 燃气大锅灶

大锅灶一般由外壳体、主燃烧器、点火燃烧器、阀门、锅、炉膛、隔热耐火材料、泄压装置、鼓风机、燃气管道、安全装置、排烟道等构成。

燃烧器：大锅灶的燃烧器分为主火燃烧器和点火燃烧器两种，主燃烧器和中餐炒菜灶燃烧器相似。一般由铸铁铸造，燃烧方式为鼓风全预混式，除圆盘式、立管式以外，还有锥形和螺旋等各种异型结构。燃烧器的火孔形状各异，这与其燃烧方式和结构相匹配。目前的燃烧器结构更呈多样化。由于大锅灶的热负荷很高，燃气消耗量很大，一旦不能即时点燃，则可造成爆燃，因此在大锅灶必须设置点火燃烧器（长明火），在操作时先引燃点火燃烧器，然后开启主火燃烧器的阀门，确保燃气流出即被点燃。

阀体：安装于灶体的下部，由不锈钢外壳围起。和中餐炒菜灶一样，多是功能单一的旋塞阀。基于和设置点火燃烧器相同的原因，大锅灶主燃烧器阀门和点火燃烧器阀门为连锁设计。

锅：大锅灶配置有固定的加热锅，锅与周围的隔垫防护机构的密封性良好。锅的深度和锅的直径的比值对加热效率有明显的影响，实验结果表明，当比值超过 0.3 时，热效率可以提高约 5 个百分点。大锅灶中的锅可以直接加热水、煮汤，也可在锅的上面加蒸笼，利用锅中水产生的蒸汽，用来蒸饭、蒸馒头，实现类似于蒸箱的功能。

炉膛：亦即燃烧室，是燃气燃烧和大锅灶加热锅换热的空间，炉膛的大小，取决于大锅灶的热负荷、加热锅径和锅深以及燃烧器的形式。大锅灶炉膛中安装有泄压装置。

隔热耐火材料。大锅灶的热负荷高，其锅底热强度高，向四周的散热也多。在炉膛的四周用耐火泥隔热材料把灶体和炉膛分开，避免大锅灶的阀等部件过热，同时也减少散热损失，其功用与工业窑炉中的耐火保温材料相同。

排烟道：大锅灶燃烧时会产生大量的废气，必须把废气排到室外。在大锅灶的炉膛后部设置有专门的排烟道，并在大锅灶台后部引出排烟管。

泄压装置：大锅灶为鼓风燃烧，其热强度很高，燃烧室为正压，为防大锅灶爆燃引起大锅灶的损伤或事故，在大锅灶上安装有泄压装置，一般设置在炉膛和烟道内，泄压装置的泄压面积和大锅灶的热负荷匹配。

安全装置：大锅灶除炉膛配置有泄压装置外，还配有熄火保护、燃气稳压、风机清扫、点火联动等安全装置。熄火保护装置一般采用热电偶结构，其工作原理已在家用燃气灶中有详细的阐述。

2. 大锅灶的安装

燃气大锅灶是体积庞大的燃气设备，正确安装对于其使用关系重大，大锅灶在安装时应注意以下几点：

（1）燃气管道的安装

大锅灶的负荷高，管道的通气能力要求很高，对城市管道供气，供气管一定要满足大燃气流量的要求，管路的燃气流量计和调压器都要选择大量程的器件，驳接管时要采用硬管连接，且支撑可靠，远离灶体加热区域，其与地面的距离不小于 200mm。

（2）鼓风机的安装

风机一般置于灶体的下部，且与燃气流量调节装置相联，便于燃气和空气在燃烧器前充分混合，交流电源的驳接严格按照电气部件相关安装要求，风机的安装应牢靠，避免运行时振动。

（3）排烟道的安装

灶体的后部有引出的专用烟道，在大锅灶安装时一般另加一段烟道，引到室外，其高度不低于1.6m，排烟口处的抽力应保证不小于10Pa，两者的接合处应牢靠，密封性良好，排烟道的材料应耐高温、阻燃。

(4) 安装完毕后检查

安装毕，应进行通气点火检查，确认点火燃烧器、泄压装置、点火燃烧器和主火燃烧器阀体互锁的工作可靠性

3. 大锅灶的性能要求

大锅灶的热负荷高，且采用鼓风全预混式燃烧方式。其结构要求有点火燃烧器，在炉膛和烟道内要安装泄压装置，必须设置观火孔。使用交流电带动风机，交流电部件的安装、符合电气安全要求，电气部件应远离灶体的加热区域；大锅灶的燃烧、熄火噪声要求比炒菜灶低，分别为75dB (A) 和95dB (A)。热效率受加热锅的深度与锅的直径影响较大，锅深与锅径比不小于0.3时，热效率要求不小于45%。

27.2.3 燃气蒸箱

燃气蒸箱（图27-2-3）是以燃气为能源产生饱和蒸汽蒸制食品的燃具，和中餐燃气炒菜灶、燃气大锅灶一样属大型的厨房燃气设备，其热负荷一般在30kW以上，目前市场上大型的蒸饭用蒸箱热负荷可以达到100kW以上。

燃气蒸箱的分类一般可按排烟方式分为间接排烟式和烟道排烟式两类。

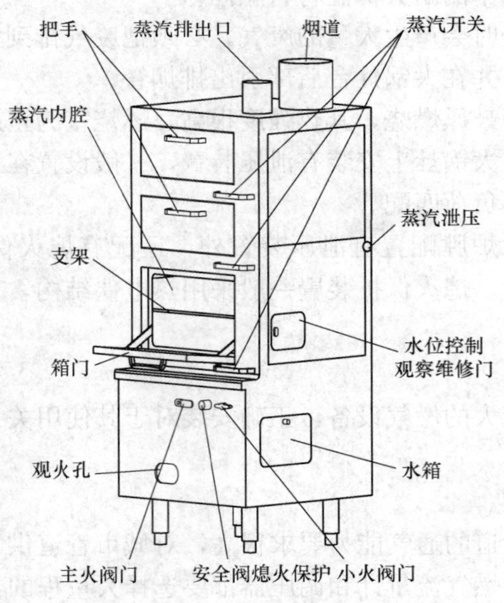

图27-2-3　燃气蒸箱

1. 燃气蒸箱的结构

燃气蒸箱主要由柜外体、箱门、燃烧器、燃气管路、燃气阀门、安全装置、鼓风机、蒸汽发生器、自动加水装置、排烟道、放置食品的屉柜等组成。

燃烧器。是燃气蒸箱的加热核心，其主燃烧器结构形式多种多样，有大锅灶的圆盘

式、立管式，也有燃气快速热水器上的多个不锈钢冲压单体燃烧器组合的燃烧器。燃气蒸箱上设置有点火燃烧器，其功用同燃气大锅灶。

燃气阀门。蒸箱燃气系统中设置的阀门有单功能的旋塞切断阀，还有起熄火保护作用的自动切断阀（电磁阀），旋塞阀结构和大锅灶的阀体相似，自动切断阀则有热电式和自吸式两种。

安全装置。燃气蒸箱上的安全装置主要有熄火保护装置、泄压装置、温度和压力安全控制装置等。熄火保护装置有热电式和离子式两种。熄火保护结构和原理同家用燃气灶，一般有热电式和离子式，采用圆盘或立管式燃烧器结构的一般为热电式，而采用燃气快速热水器通用燃烧器结构的则为离子式。泄压装置设置在炉膛和烟道内，主要起防爆作用。

鼓风机。其作用是向燃气燃烧系统提供燃烧所需的空气，一般安装在蒸箱的底部靠后的位置。

蒸汽发生器。蒸箱中的蒸汽发生器有多种形式，常见的是锅具结构，水在锅中被加热蒸发，形成蒸汽；还有高温烟气通过盘管加热盘管周围的水，在蒸箱的内部四周和中间形成蒸汽；或者是采用类似于锅炉的立管结构加热，产生蒸汽，蒸制食品。

自动加水装置。与蒸汽发生器相连有自动加水装置，当蒸汽发生器内水消耗到一定数量时，自动补水装置向蒸汽发生器充水，避免水量不足引起危险。

排烟道。蒸箱上的顶部后处引出有排烟道，如果采用间接排烟，即采用室内的其他排烟装置排出室外，则不驳接到室外的排烟管；如果采用烟道排烟，则必经驳接专用排烟管。蒸箱在出厂时，只预留排烟口，在安装时加装排烟管，形成专用的排烟道。

燃气蒸箱和大锅灶上加蒸笼蒸制食品的结构和原理有差异。主要是由于蒸箱上运行的蒸汽是有压的，在蒸箱的排蒸汽口处设置有压力监测装置，而大锅灶上蒸笼蒸制食品则不需要。

2. 燃气蒸箱的性能要求

(1) 结构要求

燃气蒸箱必须设置观火孔，必须设置手动的燃气切断阀，且要置于电磁阀前；炉膛和烟道必须设置防爆用的泄压装置，间接排烟的排烟口高度超过蒸箱顶面；蒸箱必须设置自动补水装置，该装置动作应灵活；蒸箱排气孔有防堵塞措施，排气孔排出的蒸汽不能排放到烟道，烟道式蒸箱的室外部分要设置风帽，以防止雨雪落入，其高度应高于建筑物正压区，排烟道的密封性需良好。

(2) 燃烧工况

燃气蒸箱的燃烧工况应良好，不出现回火、离焰和熄火，干烟气中的一氧化碳含量，间接排烟式应小于0.1%，烟道排烟式应小于0.2%。

(3) 电气结构

电源插座如装在蒸箱外壳上应加防水措施，且有永久性警示标志，蒸箱在正常使用时，水不能浸到带电部件。电器安全性能应符合《家用和类似用途电器的安全 第1部分：通用要求》GB 4706.1 相关要求。

(4) 热效率

不低于75%。

(5) 蒸箱内蒸汽压力

15～40Pa。

（6）水烧沸时间

不大于45min。

表27-2-1是几种蒸箱的实测结果。

几种蒸箱的实测结果 表27-2-1

型号	排烟方式	热负荷（kW）	蒸箱内压力（Pa）	水烧沸时间（min）	烟气中一氧化碳含量（%）	热效率（%）
ZXY34	烟道式	25	35	13	0.020	90.9
ZXY40	烟道式	40	37	9	0.033	89.7
ZXY65	烟道式	65	33	13	0.027	91.6
ZXY80	烟道式	80	29	12	0.041	87.4

27.2.4 商用燃气具的节能环保技术

近年随着商用燃气具发展以及国家标准《商用燃气灶具能效限定值及能效等级》GB 30531的颁布实施，商用燃气灶具节能环保技术的应用得到大力发展。以下作简单介绍。

1. 炒菜灶用节能环保技术

中餐燃气炒菜灶和炊用大锅灶的结构、燃烧方式、加热、燃气/空气比例调节、混合控制等基本相似，采用的节能环保和燃烧控制技术也基本一致，其节能环保的技术应用包括以下几个方面。

（1）节能燃烧器

图27-2-4和图27-2-5所示为节能燃烧器的结构示意图，该燃烧器由两部分组成，图27-2-4为燃烧器头部核心构件，另外一部分为双层铸钢炉腔。图27-2-6是该燃烧系统配置的燃气和空气比例调节混合装置。其节能原理为燃气/空气全预混，保证有较低的一次空气系数（$\alpha_1=1.1\sim1.4$），燃烧充分、燃烧强度高，烟气散热损失小，双层铸钢炉膛使高温火焰形成热气压，气流接触到锅具底部后返回炉墙，沿内壁回流至底部，进行二次加热，提高了热效率，同时由于燃气/空气按比例混合，均匀稳定，过剩空气系数较低，NO_x、CO排放较低。

图27-2-4 炉头

图27-2-5 双层铸钢炉腔

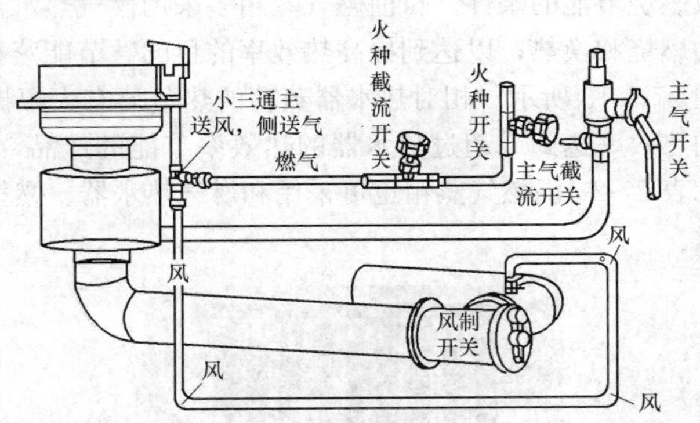

图 27-2-6 燃气和空气比例调节混合装置

图 27-2-7 所示为另外一种节能燃烧器。该燃烧器采用多管直喷火孔结构，炉膛燃烧室均匀分布，燃烧系统配置燃气和空气比例调节混合装置，实现全预混燃烧。控制较低的过剩空气系数，实现均匀加热，从而提高热效率，降低 NO_x、CO 排放。图 27-2-8，图 27-2-9所示为另外两种结构的节能燃烧器。

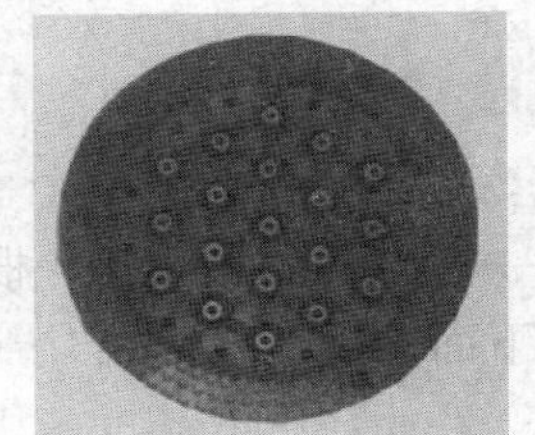
图 27-2-7 多管直喷炉头

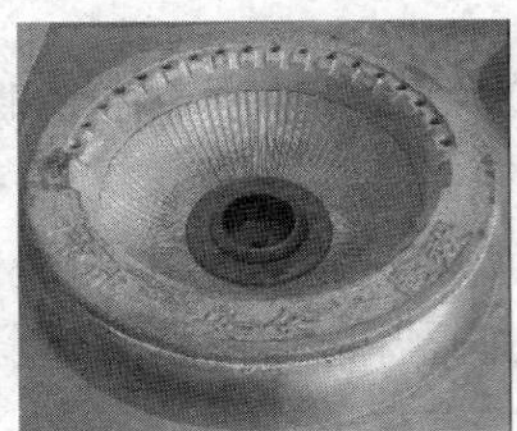
图 27-2-8 聚焰节能炉头

图 27-2-9 多环节能炉头

（2）全预混燃烧

燃气燃烧系统配置比例调节装置，实现全预混燃烧，并保证在变负荷工况条件下燃烧充分，实现节能和环保。

（3）低氮氧化物燃烧

采用火焰冷却法、浓淡火焰法或红外辐射等原理降低 NO_x 排放。商用燃气灶具配置低氮氧化物燃烧器，图 27-2-10～图 27-2-12 所示为几种低氮氧化物燃烧器。

图 27-2-10 金属纤维燃烧器

图 27-2-11 浓淡火焰燃烧器

图 27-2-12 水冷燃烧器

2. 燃气蒸箱的节能燃烧技术

燃气蒸箱和燃气热水器的燃烧系统相似，它们都有相对密封的燃烧空间和固定的换热方式，具备采用高效燃烧节能的条件。目前燃气蒸箱多采用燃气热水器的燃烧换热控制技术，实现较高强度的燃烧和换热，以达到提高热效率的目的。节能蒸箱的燃烧多采用热水器用的燃烧器，如图 27-2-13 所示。相对热水器蒸箱的热负荷有大幅提高，加热面积和换热空间增大。蒸箱的热效率达到或超过热水器的热效率节能的产品，热效率均在 90%以上，实际测试数据见表 27-2-1。燃气蒸箱也可采用和燃气热水器、燃气供暖热水炉一样的低氮氧化物燃烧技术。

图 27-2-13　高强度节能燃烧器

27.3　家用燃气取暖器

家用燃气取暖器是主要以热辐射方式向采暖空间提供热能的一种燃气加热设备，根据使用的环境分为室内燃气辐射式取暖器和室外燃气取暖器两种，下面分别简要介绍。

27.3.1　室内燃气辐射式取暖器

家用燃气辐射式取暖器具（图 27-3-1）有节能、舒适感较好、安装方便等特点。

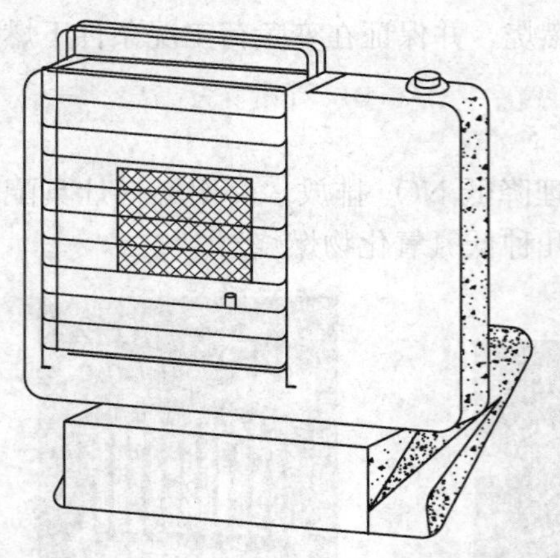

图 27-3-1　室内燃气辐射取暖器

1. 室内燃气辐射式取暖器的主要结构

主要有燃烧器、风门调节器、燃气阀门、安全装置、外壳体、底座或脚轮、金属防护网等

燃烧器。由引射管、燃烧器头部、风门调节器、喷嘴等组成。在设计计算时，辐射式取暖器的燃烧器的燃烧方式为全预混式。燃烧器是一个具有一定面积的辐射面。而这个辐射面往往是燃气的燃烧面，因此在设计时还必须保证燃气的稳定燃烧。辐射面选用材料通常有：铁铬铝丝、金属网和多孔陶瓷板。

阀门。辐射取暖器通常采用全预混空气燃烧方式，因此调节范围较小。如果负荷变化过大，对燃烧不利，因此宜采用全开、全闭式阀门，即“ON-OFF”控制方式。为了提高辐射取暖器的负荷，可以采用几个燃烧器组成一个采暖器的组合式，每个燃烧器采用“ON-OFF”控制方式，由开启或关闭燃烧器的个数来调节负荷，或者是在阀体的不同位置引出燃气管，通过旋转旋塞阀切断或者开启燃烧器的燃气供应，达到负荷调节的目的。

安全装置。通常采用熄火安全保护装置、过热保护装置、防倾倒装置、ODS 缺氧保护装置。由于辐射面温度很高，必须设置保护栅栏，防止人体直接触及。取暖器在室内使用时，其燃烧废气直接排在室内，十分危险，因此取暖器必须安装 ODS 缺氧保护装置，该装置有两种形式，一种用探头直接监测室内的 CO 或 CO_2 含量，当 CO 含量达到危险值（0.008%）或 CO_2 达到 1.5%时，控制器切断燃气通路；另一种是利用不完全燃烧时火焰的离焰原理而制成。该装置与热电式熄火保护相似，当缺氧时，火焰拉长而离焰，热电偶与火焰接触减少，热电偶温度下降，产生的热电势降低，不能维持热电式电磁阀的开启，燃气通路被关闭。

2. 家用室内燃气辐射取暖器的性能

① 由于利用了高温辐射采暖，有定向性。热量集中辐射到需要加热的人体及人体附近的局部空间，而不散射到整个空间，因此有较好的节能效果。

② 辐射取暖器的工作原理是能够发射出红外线，从而使被加热物体温度升高。

金属网辐射取暖器辐射面热强度为 0.014～0.019kW/cm²，辐射的红外线以 2～3μm 波长为主，辐射面温度可达 800～1000℃。陶瓷板辐射取暖器辐射面热强度为 0.013～0.016kW/cm²，辐射的红外线以 4～6μm 波长为主，辐射面温度可达 800～900℃。不同材料辐射的红外线光谱是不同的，辐射强度在不同温度下也有变化。图 27-3-2 是实测出的一些数据。

③ 辐射效率可达 40%～60%（其中燃烧产物辐射能占 10%～15%）。

④ 辐射取暖器燃烧器表面温度一般为 900～1050℃，能够有效地抑制 NO_x 生成，同时由于采用全预混空气燃烧方式，过剩空气系数为 1.05～1.10，燃烧产物中的 CO 含量也较低，一般为 0.01%以下，而 NO_x 含量一般为 0.003%左右。

⑤ 燃烧产物直接排在室内，会造成室内环境的恶化，使用过程中必须保持适当通风。

⑥ 金属网和陶瓷板辐射器的辐射面温度比较高，发射的红外线以 2～6μm 波长为主，因此对 NO_x 的抑制和采暖效果还达不到理想效果。为此，国内外对催化燃烧应用于辐射取暖（或加热、干燥）进行了研究。

将某些催化剂加入到辐射面表层，如陶瓷板表面，能降低燃气的燃烧温度。辐射面温度为 500～600℃，几乎没有可见光，发射的红外线以 4μm 以上的波长为主。常用的催化剂有铬、镍等金属，Al_2O_3 常用作催化剂的载体。目前的技术关键为提高催化剂的寿命。

如果以强制对流的方式将热气体输送到取暖空间，或者将室内空气与燃烧加热的热气体进行热交换后送到取暖室内空间，则该器具就成了燃气暖风机，其工作原理和作用同燃气取暖器，在结构上安装了风机，增加了电气性能的安全要求。

3. 取暖器的性能要求

取暖器在室内使用时，燃烧废气直接排在室内，因此要求干烟气中一氧化碳含量不大于 0.03%，ODS 保护装置动作时的 CO_2 浓度不大于 1.5%，一氧化碳浓度不大于 0.008%，热负荷最高不能超过 19kW，取暖器辐射效率要大于 17%，热效率大于 66%。当产品采用风机强制对流作为暖风机使用时，还应考虑产品的电气安全性能。

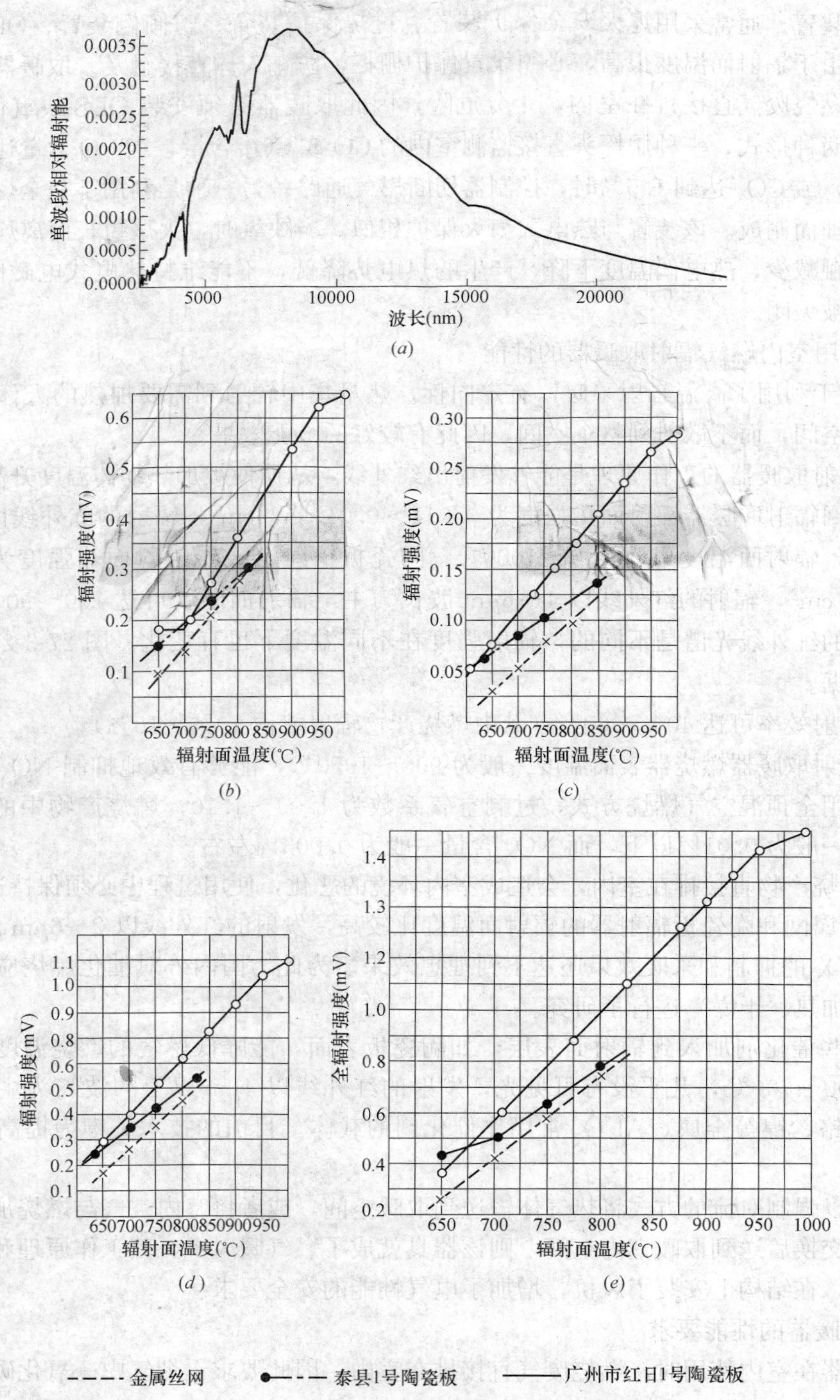

图 27-3-2　红外辐射图谱

(a) 红日陶瓷板相对能谱曲线；(b) 2.5～4.5μm 波段辐射强度；(c) 8μm～∞波段辐射强度；(d) 2.5μm～∞波段辐射强度；(e) 全辐射强度与板面温度关系

27.3.2 室外燃气辐射取暖器

室外燃气取暖器（图 27-3-3）放置于户外，是欧美常见的室外取暖燃气设备，近年国内迅速发展。室外燃气取暖器的工作原理主要是燃气燃烧加热燃烧围护四周的金属网，通过炽热的金属网，向外辐射热量，其形状呈类似于路灯的伞状结构，高度超过 2m，一般也称之为取暖灯。热负荷一般在 15～25kW 之间，远远高于室内的陶瓷板式红外辐射取暖器。

1. 室外燃气取暖器的结构

主要由防护罩、辐射金属网、燃烧器、安全保护装置、支撑架、燃气阀门、燃气导管、底座等构成。

防护罩。形状呈伞形，直径一般 1.5m，材料为铝合金或镀锌板，厚度 0.3mm，主要是防雨和反射辐射波，在取暖器的顶部。

金属网。是围在燃烧器四周的金属网格结构，其辐射面热强度一般在 0.16～0.2kW/cm^2 之间，主要是由材料性质决定。

燃烧器。取暖器的燃烧器有主燃烧器和点火燃烧器，主燃烧器一般为不锈钢冲压焊接的圆盘式或由铸铁铸造钻孔的圆盘式，燃烧器的热负荷一般为 15～25kW，根据取暖的需要选择不同的热负荷，对应选定不同结构尺寸的燃烧器。点火燃烧器一般也兼为常明火，其热负荷一般为 300～400W，其功能是点火，同时向热电式熄火保护装置的热电偶提供持续的热源。取暖器在工作时，必须先引燃点火燃烧器，待熄火保护装置中的电磁阀吸合后，方可切换点燃主燃烧器。

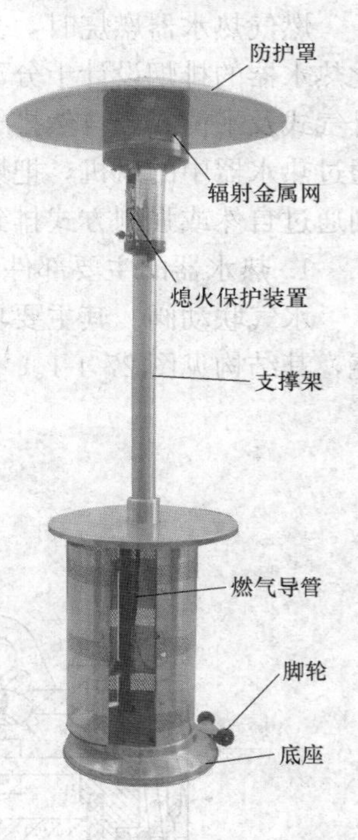

图 27-3-3 室外燃气取暖器

支撑杆架。是一种中空的金属杆，其中间有连接燃烧器和气瓶或管网燃气阀的金属管。上部固定着燃烧器、防护罩、金属辐射圈，底部和底座连成一体。

底座。取暖器的底座一般呈圆柱形或正方形，中空内部中间为放置固定气瓶和燃气阀门的固定位置，同时设置柜门、方便燃气管的连接和气瓶的放置。

2. 室外燃气取暖器的性能及要求

室外燃气取暖器的性能和室内燃气取暖器的性能十分相似，只是其用于室外，且加热的热负荷较高，对其性能要求没有室内严格。如烟气中的一氧化碳排放量为 0.08%，不需要 ODS 缺氧保护，但由于整体重心高，因此要具有一定的抗倾倒能力，同时因室外使用还需有一定的抗风能力，在 4.5m/s 的风速下，能够正常燃烧。

27.4 燃气热水器

燃气热水器是利用燃气燃烧放出来的热量加热水的一种热力设备，包括有快速热水器、容积热水器、供暖型热水炉、燃气沸水器等，这里主要介绍快速式热水器和容积式热水器。

27.4.1　燃气快速热水器

热水器的工作原理。进入热水器的冷水，通过水气联动阀，再到热交换器，在热交换器内，冷水被高温烟气加热，获得淋浴或其他用途热水；燃气通过电磁阀，水气联动阀，在燃烧室内燃烧，提供稳定的供热源。在实际的产品中，热水器往往配备各种安全装置、控制装置，实现热水器的恒温、冷热切换、冬夏调节、智能控制等功能。

燃气热水器燃烧时，会产生大量的废气，如果不能排到室外，则会引起安全事故，因此热水器的排烟设计十分重要，为此，热水器按不同的排烟方式分类有自然排气式、强制排气式及平衡式。自然排气式由自身安装的烟管自然把燃烧废气排到室外；强制排气式则通过热水器中的风机，把燃烧废气排到室外；平衡式则是燃烧所需空气取自室外，而废气则通过自然或强制方式排到室外。

1. 热水器的主要部件

水气联动阀。其主要功能是实现有水的条件下才能供给燃气，避免无水供给时的空烧，其结构见图 27-4-1。

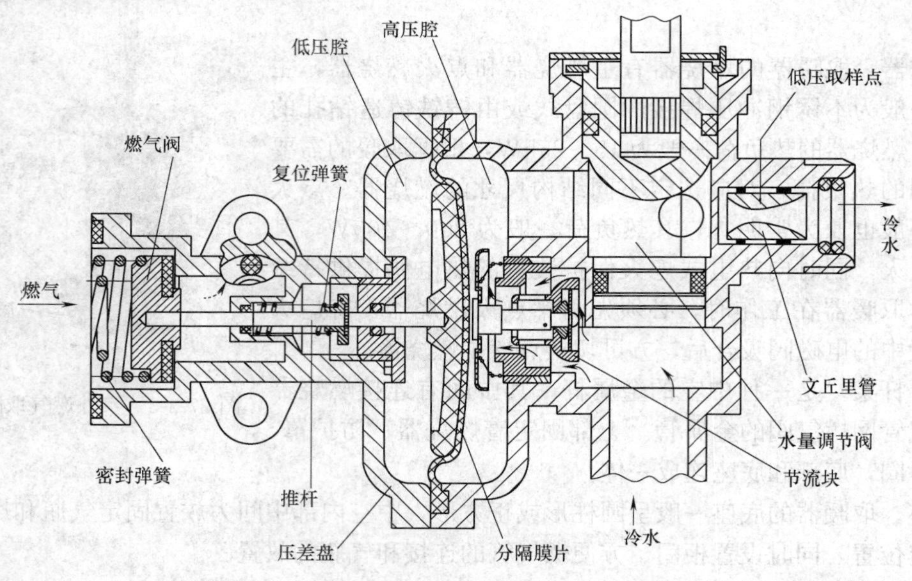

图 27-4-1　水气联动装置（压差盘式）

有水时，水压作用于压差盘，压差推动推杆，打开燃气阀体。当作用于压差盘的水力消失，则推杆复位，切断燃气。

燃气阀。在燃气管路中除水气联动阀中的燃气切断阀以外，一般还设置有自吸电磁阀或比例阀及气量调节阀。自吸电磁阀是安全保护装置的执行器，当熄火、过热，风压过大等意外时，控制器发出指令，使自吸电磁阀切断燃气，以避免安全事故发生。对安全切断阀要保证其关闭时具有良好的密封性，现行标准规定其漏气量不大于 0.55L/h。在燃气热水器中设置有手动调节阀和比例调节阀，它们一般都不是切断阀，只起调节气量作用，不能关断燃气通路。手动调节阀比较简单，使用较普通，其功能是改变燃气量以调节出水温度，一般要求燃气量调节范围约为 30%～100%，在开始端和终端调节不明显。

比例阀。在恒温式热水器上一般安装有比例调节阀，该阀的作用是通过控制器对其进行积分、微分或模糊比例控制调节，使燃气流量与出水量匹配，保证出水温度的恒定，图 27-4-2 是一种可动磁铁型比例阀的结构示意图。其工作原理是由于线圈的磁力与对面永久磁铁的反作用力，施力给橡胶膜片，使输出的燃气流量与水流量成比例，从而实现燃气流量的比例调节。

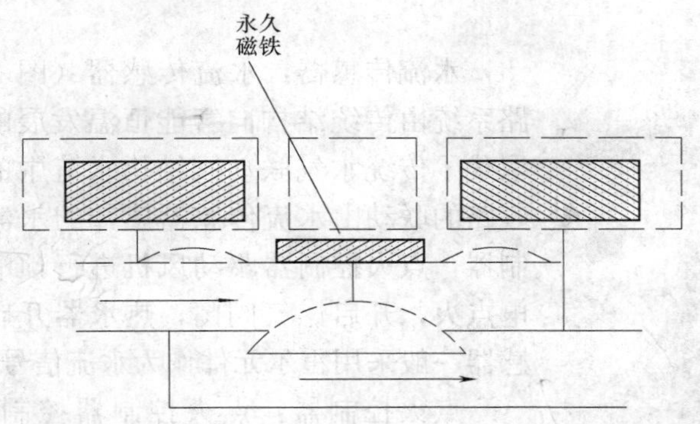

图 27-4-2 比例阀结构原理

比例阀通常还带有电磁阀，在运行时协同工作，确保燃气通路系统的气密性和流量的比例调节性。

燃烧器。热水器上使用的燃烧器分为主燃烧器和点火燃烧器，点火燃烧器俗称长明火，现在的主导产品中已取消。主燃烧器为加热冷水的核心，主要有大气式（部分预混式）和全预混式两种，在自然排气的热水器中均采用大气式，在比例调节恒温的强制排气式和平衡式中多采用全预混式。大气式燃烧器和家用燃气灶具的结构基本一致。主要是材料上有差异，几乎所有的大气式燃烧器均采用不锈钢冲压焊接工艺。多个独立的燃烧器单体连在一起形成燃烧器总成主体，单个燃烧器结构见图 27-4-3。在燃烧器总成中一般还带有分气杆，点火支架等部件。

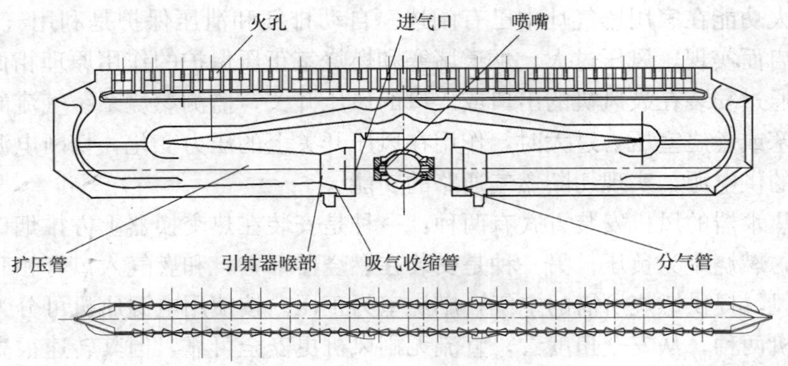

图 27-4-3 燃烧器

热交换器。热交换器是燃烧高温烟气与冷水换热的主体，主要由多层纯铜肋片、铜盘管和由铜板围成的燃烧室组成。烟气主要通过肋片进行对流换热。也有部分通过辐射和传导进行换热，在冷凝式热水器中往往还有二次热交换器，其作用是吸收烟气中水汽的汽化热和显热，提高燃气利用率。冷凝式热水器的热交换器材料除铜以外，还有耐腐蚀的铜铝合金、不锈钢等。

稳压装置：燃气热水器的稳压装置有两类：一类为燃气稳压装置，产品上必须配置，另一类为水路的稳压装置，可选配。燃气稳压装置常和比例调节阀（比例阀）结合为一体，是恒温热水器重要的组成部件。水稳压装置常和水流传感器水温传感器结为一体。

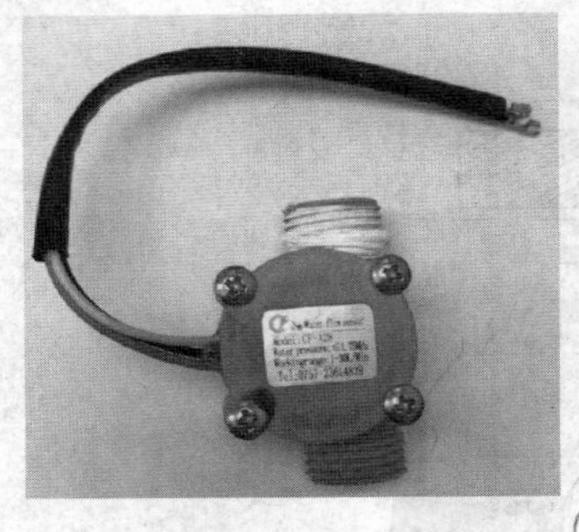

图 27-4-4　水流传感器

水流传感器：水流传感器（图 27-4-4）是热水器水路系统由传统结构向智能恒温发展的重要组成部件。它取代了传统水气联动阀结构水流中的水阀部分，水路和气路的联动由水流传感器感知的水流信号传递到点火控制器，点火控制器驱动风机进行预清扫，清扫完毕后放电点火，开启燃气阀门，热水器开启工作模式。水流传感器一般采用霍尔元件作为水流信号的采集器。

点火控制器：点火控制器控制热水器的点火运行及安全可靠工作，是热水器工作的指挥中枢。功能复杂的热水器的点火器和控制器分开。热水器供气供水供电后，按程序进行点火和正常运行，当出现意外熄火、过热、风压过大、烟道堵塞等意外情况时，控制器接收到信号，经处理后发出指令，关断燃气；或根据调节需要，增加、减少燃气量调节阀的开度，使出水温度恒定；或加大风机的转速增加排烟量。随着热水器各种使用及安全功能的增加，与交流电结合的机电一体化发展方向，电子技术在热水器中越来越被广泛运用，使得点火控制器的功能和性能变得更加复杂、重要。

安全装置：在热水器上有多种保护装置，如熄火保护、再点火保护、过热保护、风压过大保护、烟道堵塞保护、燃烧室正压保护、自动防冻保护、自动排气保护、泄水压保护等安全装置，这些装置一般都和点火控制器协同工作，使热水器的使用更安全有效。熄火保护和再点火功能在家用燃气灶中已有阐述。自动排气和泄压保护是利用气、水压过高，推动阀门开启而实现，风压过大、烟道堵塞和燃烧室正压保护的作用原理相似。风压过大保护主要是通过安装在鼓风机的出口或入口的风压开关，监测燃烧系统气流的压力，当烟道倒风、堵塞或燃烧室压力过大时，作用在风压开关上的压力变化，切断电源回路，从而切断控制器的供电源，实现切断燃气通路的功能。

风机：热水器的风机安装方式有两种：一种是安装在热交换器上方排烟口处，为强制抽风式排烟，燃烧室为负压；另一种是安装在燃烧器下方，和燃气入口管相联，向燃烧器前混合腔鼓风，提供燃烧所需的空气，燃烧室为正压。按使用电源风机可分为直流无刷风机和交流风机两种，从安全角度看，直流无刷风机更安全可靠，但其转速很高，动平衡要求更高。目前的恒温式热水器均配有可调风速的风机，通过变频或调节电压的方式实现风机转速与热负荷变化相匹配。

强制排气式、平衡式相比自然排气式，一般会引入交流电或高电压的直流电源，带动风机进行强制排气或强制给排气，因此结构上更复杂。自然排气式（烟道式）和强制排气式热水器的内部结构分别图 27-4-5、图 27-4-6。

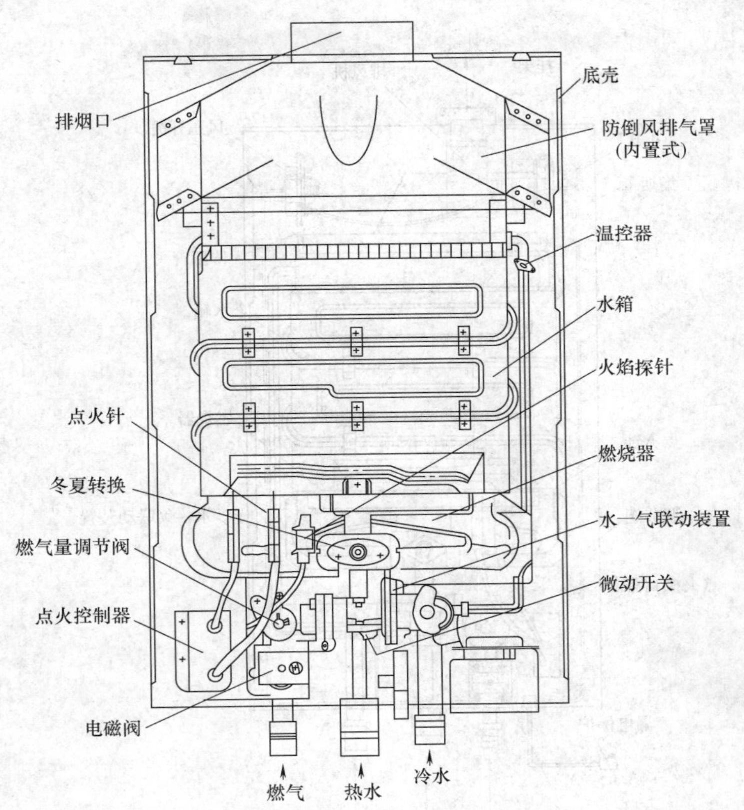

图 27-4-5 自然排气式（烟道式）热水器的内部结构

随着热水器的技术发展，现已有把冷凝技术应用到热水器上，即把燃气燃烧废气中水蒸气的显热和潜热加以利用。其结构有间接加热（干式系统）与直接加热（湿式系统）两种形式，在干式系统中又有主换热器加副换热器（二次换热器）和只有一个换热器两种结构形式。

在图 27-4-7 中，燃气与由风机送来的空气预先混合后，从布置在顶部的燃烧器喷出，点燃后在较小的燃烧空间内燃尽，高温烟气向下流动，经换热器后由排烟管排出；烟气中的水蒸气同时冷凝成水滴下落进入集水盒，再与冷水稀释后排入排水道。其特点是：具有全自动恒温功能、完全预混燃烧、强制给排气方式、可供卫生热水或供暖用。使用铝铜复合式换热器（寿命达到 8000h），排烟温度可降至露点，最低可达到 25℃。在图 27-4-8 中，燃烧产生的高温烟气向上流动，呈雾状的水从上向下流动，在流动过程中高温烟气直接加热水滴，高温水进入贮水箱供用户使用。

冷凝式热水器在设计中采用了抗酸性冷凝水腐蚀、畅通排除冷凝水、完全预混的低氧、低氮氧燃烧方式、全自动恒温控制等技术。造成在普及推广新产品上有很大困难。虽然有荷兰等欧洲国家在财政上对低污染、节能产品给予支持，但在销售上仍有较大的阻力。人们还在继续寻找一种既技术先进又较为经济合理的设计方案，所以冷凝式热水器还处在提高、完善阶段。

2. 热水器的供风方式

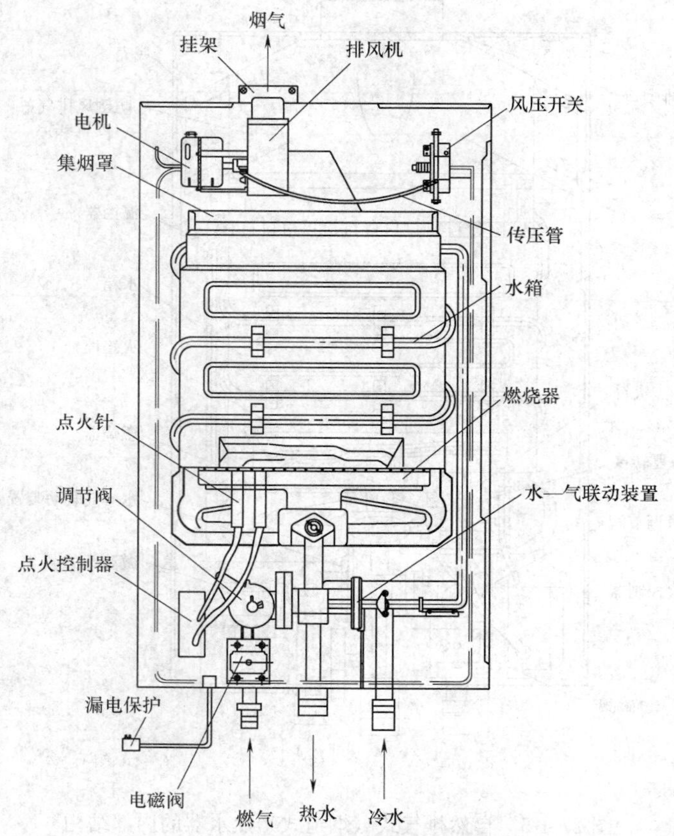

图 27-4-6　强制排气式热水器的内部结构

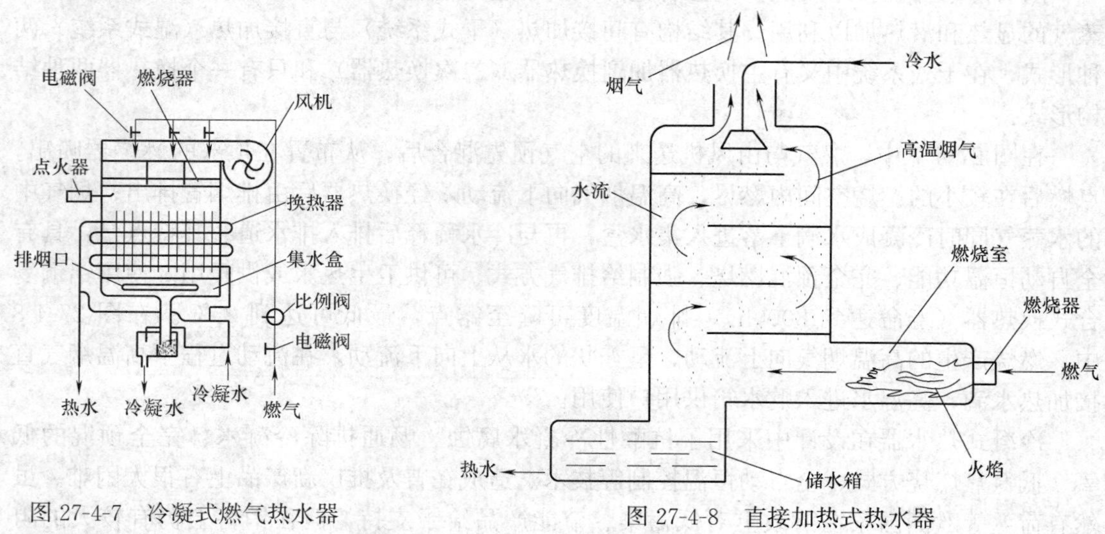

图 27-4-7　冷凝式燃气热水器　　　　图 27-4-8　直接加热式热水器

在燃气热水器上，正确组织供风是为了用尽可能少的风量满足燃气在燃烧室内完全燃烧，使烟气中的不完全燃烧物中一氧化碳体积分数降到很低的水平，同时满足一些特殊燃烧过程的要求。供风方式有自然供风与强制供风两种（见表 27-4-1）。燃烧所需空气可直接取自室内，也可直接取自室外。

供风方式 表 27-4-1

供风方式	燃烧空气	热水器形式
自然供风	直接取自室内	直排(烟道)式
	直接取自室外	平衡式
强制供风	直接取自室内	强排式
	直接取自室外	强制给排气式

3. 热水器的排烟方式

把烟气全部排到室外，对燃气热水器的安全使用具有决定性的意义。热水器排烟中含有一氧化碳、氮氧化物等多种有毒气体，一旦烟气进入室内而不能借助通风换气有效排出，就可能引发人中毒，甚至死亡的恶性事故。

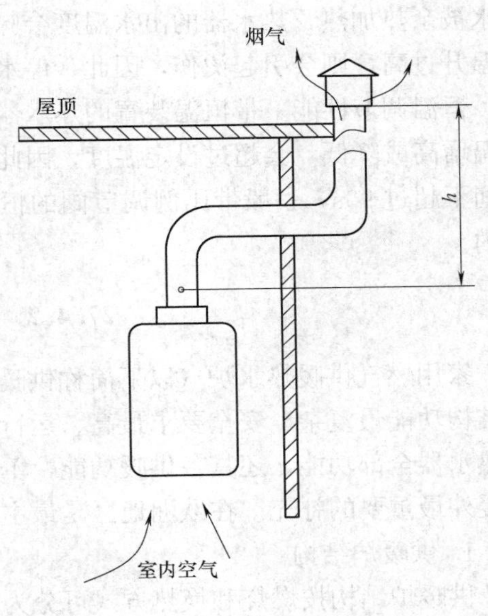

图 27-4-9 烟囱抽力

热水器采用的排烟方式有自然排烟与强制排烟两种。自然排烟是靠自然通风换气(利用空气的自然流动清洁空气吹入室内而把室内烟气排出)，直排式热水器采用这种方式；另一种是靠烟囱形成的抽力把烟气排向室外，见图 27-4-9。采用此方式的有烟道式热水器。使用烟道式热水器为要实现把烟气排向室外，排烟管的直径与高度要仔细选择。首先烟囱高度 h 不能要求过高（一般取 $h=1.5\text{m}$），推荐烟道直径见表 27-4-2。强制排气式则通过风机产生的压差将燃烧废气排到室外。

推荐烟道直径 表 27-4-2

产热水能力(kg/min)	推荐烟道直径 ϕ(mm)	产热水能力(kg/min)	推荐烟道直径 ϕ(mm)
5～6	90～100	10～12	120～130
7～8	100～110	12～16	140～160
9～10	110～120	16～20	＞160

4. 热水器的主要性能

热负荷。热负荷的大小决定了热水器加热水的多少和快慢，热负荷与产热水能力成正比。在温升为 25℃的条件下，每 1kg/min 的产热水量需要 2kW 的热负荷，热负荷的大小应与加热水量相匹配，热负荷高的热水器要求的燃烧器体积大，热水器的其他结构尺寸也会增大，燃气消耗量也增加。

热效率。燃气热水器主要采用肋片的对流换热，其换热系数越高，能量转化效率也越高，一般的热水器热效率都在 80％以上，当采用低氧预混式强化燃烧时，热效率可以达到 90%以上，当采用冷凝技术时，其热效率按低热值计算达到 103%以上，按高热值计算达到 95%以上。

热水温升。热水器的最高温升理论上可以达到沸点，但不能作为淋浴用，且高温危险，即使在 70～80℃时，也容易在热水管路系统中结垢，影响热水器寿命，所以热水器应尽量避免高温使用。经研究表明，人体洗浴的最佳温度为 40～45℃，因此，最高的出水温度宜控制在 50℃以内，温度的控制对于比例调节的恒温式热水器较易实现，对其他形式的热水器可通过气量调节，冬夏调节及水量调节的方式来实现。

停水温升。热水器在使用过程中会有临时中断的情况，当再次开机时，由于热交换器的水被余热加热，热水器的出水温度会骤然升高，此时的温度上升称为停水温升，如果停水温升过高，则会引起烫伤，因此，停水温升应控制在 18℃以下。

恒温调节性能。带恒温装置的热水器，在实现恒温的过程中会出现水温超调现象，即水温增高或降低，会超过设定温度，因此，要限定恒温装置超调幅度不能超过 5K，稳定时间不超过 90s，一般带比例调节阀的恒温热水器超调幅度在 3℃以下，稳定时间在 30s 以内。

27.4.2　燃气供暖热水炉

家用燃气供暖热水炉（以下简称供暖炉）20 世纪 90 年代末由欧洲引进，是燃气器具中结构功能最复杂、安全要求最高、运行工况最严酷的燃气用具产品。其不仅具有燃气快速热水器全部功能，还具备供暖功能，单户供暖的功能尤为卓越。是需要供暖地区除集中供暖外最重要的补充。在欧洲地区是最主要的家用燃气器具。

1. 供暖炉结构

供暖炉结构按燃烧和换热方式可分为普通大气式（包括配置低氮燃烧器）、全预混式和带二次换热器的冷凝式等。国内产品以普通大气式为主，欧盟产品几乎全部为全预混一体换热冷凝式结构的产品。图 27-4-10～图 27-4-12 所示为几种供暖炉的内部结构图。供暖炉配置有供生活用水和供暖用水两套水路系统，可通过三通阀和控制器等部件实现其功能的切换。在两套水加热系统中，供生活用水系统可通过两种方式实现，一种是通过供暖炉燃烧室上部的套管式热交换器（图 27-4-17），另一种是通过供暖炉下部的板式换热器（图 27-4-19）、三通阀，获得高温生活用水。供暖炉工作原理（参考图 27-4-13 示意图）与热水器工作原理相似。

图 27-4-10　供暖炉（普通大气式）

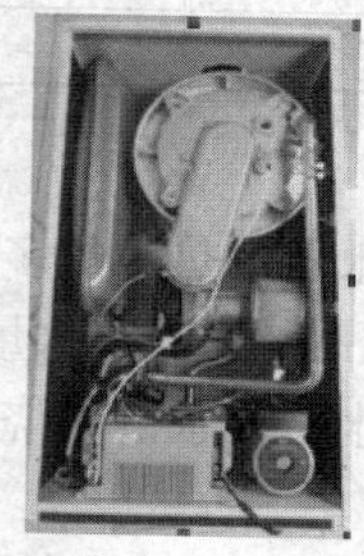

图 27-4-11　供暖炉（全预混冷凝式）

图 27-4-12　供暖炉带二次冷凝换热器）

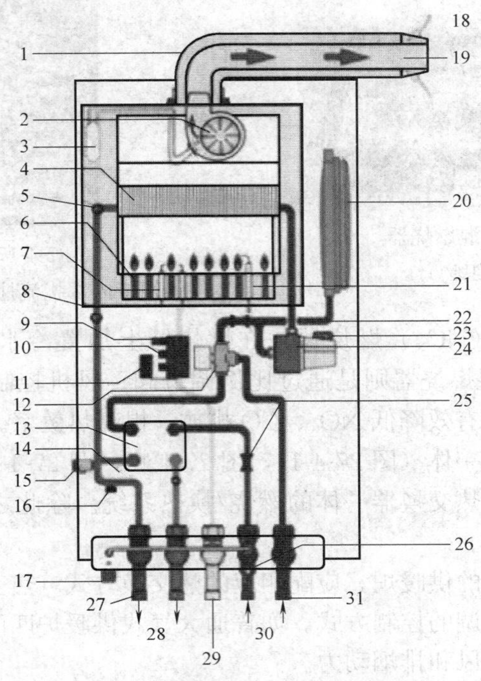

图 27-4-13 燃气壁挂炉结构图

1—平衡式烟道；2—风机；3—风压开关；4—主换热器；5—过热保护；6—燃气烟烧器；7—点火电极；8—供暖温度传感器；9—燃气调节阀；10—燃气安全电磁阀；11—高压点火器；12—三通阀；13—生活热水交换器；14—生活热水温度传感器；15—压力安全阀；16—缺水保护；17—泄水阀；18—空气进口；19—烟气出口；20—闭式膨胀水箱；21—火焰检测电极；22—供暖水水流开关；23—自动排水阀；24—循环泵；25—生活热水水流开关；26—补水阀；27—供暖供水接口；28—生活热水接口；29—燃气接口；30—冷水接口；31—供暖回水接口

2. 供暖炉主要部件

供暖炉的主要部件包括燃气热水器功能的部件和供暖功能部件如三通阀、板式换热器、水路系统缓冲和泄压的膨胀水箱等，供暖炉的部件与燃气热水器在结构功能上又有差异。现主要对以下部件作简要说明：

燃烧器：

图 27-4-14～图 27-4-17 所示为几种不同燃烧方式和结构的燃烧器。

图 27-4-14 普通大气式燃烧器
（水冷式低氮氧化物）

图 27-4-15 全预混燃烧器
（不锈钢圆柱形）

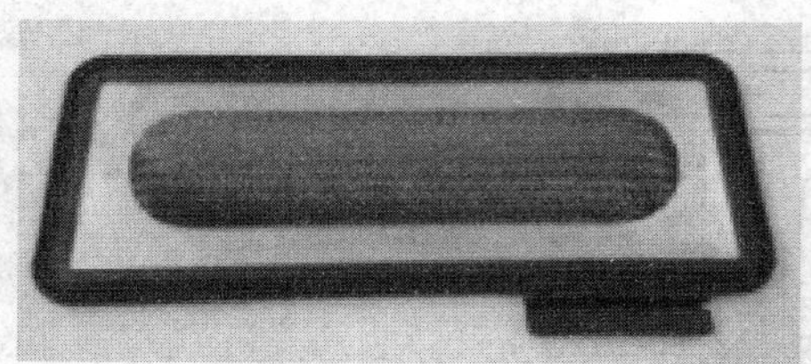

图 27-4-16　全预混燃烧器
（金属纤维编织物）

图 27-4-17　全预混燃烧器
（铸铝带内部扰流柱全预混燃烧/换热器一体）

水冷式低氮氧化物（NO_x）燃烧器是在燃烧器上加置冷水管，降低火焰温度抑制 NO_x 生成的目的。全预混燃烧器则是通过比例调节阀、风机控制一次空气系数在 1.2 左右，实现高热强度燃烧，有效降低 NO_x、CO 排放，提高热效率。全预混燃烧供暖炉燃烧器和热交换器一般组合成一体（图 27-4-11，图 27-4-18，图 27-4-24），组成一种全预混燃烧器和一次热交换器二次热交换器一体的燃烧/换热系统。除此之外还有倒置燃烧红外陶瓷全预混燃烧器等。

根据配置不同燃烧器的供暖炉，应配相应的热交换方式（热交换器）和供风、排烟系统部件，同时有与之相协调的控制方式。如普通大气式供暖炉匹配抽风的风机排烟，而全预混则由强鼓风机提供供风和排烟动力。

热交换器：供暖炉热交换器分两大类，一类为气/水换热器（高温烟气与冷水换热），主要有非冷凝的普通换热器（图 27-4-18），全预混一体式冷凝燃烧/换热器（图 27-4-19，图 27-4-24）和二次冷凝器（图 27-4-12），另一类为水/水换热器，即板式换热器（图 27-4-20）。普通热交换器和板式换热器材质一般为纯铜，而全预混一体冷凝式和二次冷凝式换热材质一般为不锈钢，个别采用铸铝（图 27-4-17）。

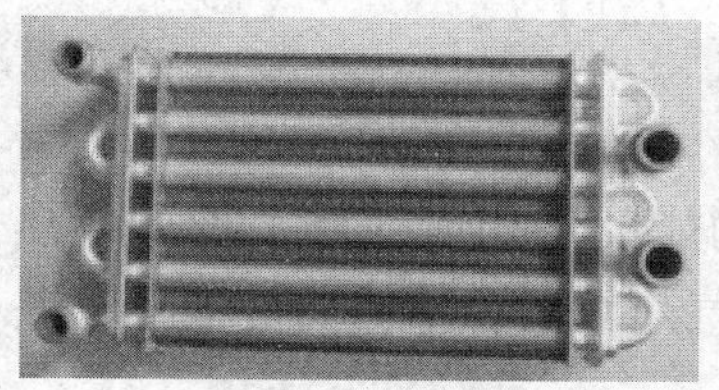

图 27-4-18　热交换器（套管式）

图 27-4-19　热交换器
（全预混一体式冷凝燃烧/换热）

图 27-4-20　板式换热器

三通阀：是供暖炉供生活用水与供暖水切换的关键部件。供生活热水采用水/水换热的板式换热器实现，则必须通过三通阀进行切换。

循环水泵：供暖炉供暖系统的动力源，该泵是高温泵。供暖炉的供暖额定工况是 80℃出水 60℃回水，极限的水温达 90℃，循环泵需要有较高耐热性。供暖炉一般采两种泵，一种为普通定频泵，另一种节能的变频泵，图 27-4-21 是一种变频循环水泵。

膨胀水箱：供暖炉供暖系统是个密闭的循环系统，当出现水体热胀冷缩等情况时，可通过膨胀水箱（图 27-4-22）进行缓冲。膨胀水箱的结构多样，可根据供暖炉的结构和负荷匹配，结构形状一般为圆形或扁体长方形，膨胀水箱的耐压等级为 0.5MPa 左右，体积为 6～10L。

控制器：控制器（图 27-4-23）是供暖炉核“芯”的控制部件，其主要功能包括器具启动前的预清扫，点火，正常运行时的安全装置监控，变工况运行时各传感器信号采集，执行器的动作以及在供暖工况下再点火启动等。因具有复杂的电子电路，因此要有抗外界干扰能力，有容错、冗余等电磁兼容（EMC）方面的严格要求。

图 27-4-21 变频循环水泵

图 27-4-22 膨胀水箱

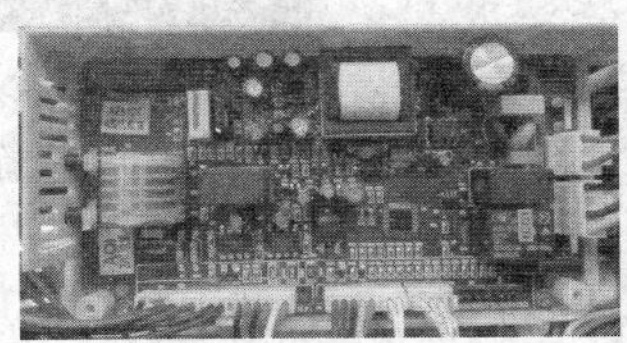

图 27-4-23 控制器（线路板）

3. 供暖炉的供风和排烟

国内供暖炉产品为欧盟产品中 C 型锅炉类型，采用平衡式空气供给和烟气排除方式（见图 27-4-13），由平衡式的给排气管供给燃烧所需空气和排除燃烧废气（烟气）。给排气管一般为同心结构，少部分采用异心双管结构。给排气管的尺寸一般由热负荷大小而定，尺寸的选择可参考 CJ/T 199 标准中的表 2。

4. 供暖炉燃烧换热应用技术

供暖炉涉及到水、燃气、交流电，在供暖季连续运行，产品结构、功能复杂，安全要求很高。其中应用了不少燃气燃烧/换热/控制等先进技术，包括安全控制、强化燃烧、高效节能、低污染排放及智能控制等。

1）安全控制

供暖炉上配置了熄火保护、风压过大、防过热、烟道堵塞、再点火、温度控制、泄压、自动排气、自动防冻等一系列安全装置的传感器和控制器，对供暖炉进行有效的安全控制，以保障其安全运行。

2）全预混燃烧

供暖炉采用的全预混燃烧系统，过剩空气系数可控制在 1.2 左右，有效提高了燃烧的容积热强度，降低了 CO、NO_x 排放；配合冷凝换热器，大幅提高了热效率。全预混燃烧器形式多变，有不锈钢圆柱形、金属纤维编织物、铸铝，还有多孔陶瓷红外辐射板等。

3）风机转速调节

供暖炉变工况运行时，燃气/空气混合比例的相当恒定可通过风机转速调节来保证。风机有单相异步交流风机和直流无刷风机。前者可通过改变可控硅导通角的方法来改变风机端电压的波形，从而达到调压调速目的。后者则通过使用脉冲宽度调变（Pulse Width Modulation 简称 PWM）信号对风机转速进行调节。

4）一体式冷凝换热器

全预混冷凝式燃气供暖热水炉，常把燃烧器和换热器（一次换热器和二次换热器）有机结合成一个整体，即为一体式全预混燃烧冷凝换热器。不再区分主换热器和冷凝换热器（二次换热器），整个换热过程由一个换热器完成。因烟气可以在换热器的任何位置产生冷凝水，整个换热器要具有良好的抗腐蚀能力。换热器按材质主要有两类，不锈钢换热器

（图 27-4-24，图 27-4-25）与铸铝换热器。

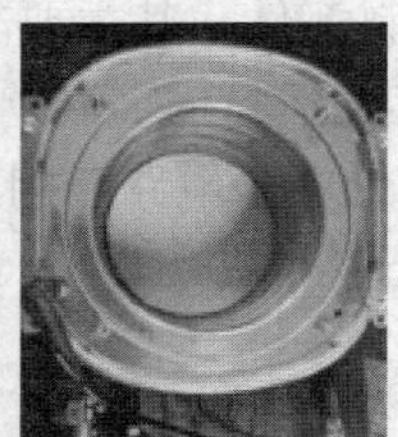

图 27-4-24　一体式冷凝换热器
（扁圆不锈钢螺旋管）

图 27-4-25　一体式冷凝换热器
（三层不锈钢管）

5）低 NO_x 燃烧

供暖炉上应用的低 NO_x 燃烧有三种：第一种为全预混燃烧，第二种为冷却火焰的低 NO_x 燃烧，第三种为浓淡火焰燃烧。全预混与冷却火焰的低 NO_x 燃烧效果较好，一般 NO_x 排放可降低到 50mg/(kW·h) 以下，浓淡火焰燃烧降低 NO_x 效果要差一些，产品上运用得也较少。

6）变频调节

欧盟供暖炉的循环水泵逐渐以变频泵取代定频泵。变频泵采用 PWM 工作模式，可根据运行工况调节泵的输出功率，达到降耗节能目的。

7）模块集成

大负荷供暖炉可以采取模块叠加、集成的方法大幅增加热负荷，提高供暖热输出。每个模块构成一套单独的燃烧/换热单元，可以独立工作，也可联合工作。单个模块的负荷一般为 25kW，50kW，较大的燃烧机一般以 100kW 或 200kW 为模块单元。

5. 供暖炉的主要性能

供暖炉性能除与燃气热水器要求相同的燃烧稳定性，热工性能、安全性能外，包括供暖系统功能的性能，主要有以下几个方面：

1）燃烧废气排放

供暖炉燃烧产物有毒物质有 CO 和 NO_x，CO 排放包括额定热负荷工况和极限工况（1.05 倍热负荷），NO_x 排放是多种负荷条件下（最小热负荷、40%、60%、70%热负荷）NO_x 的加权平均。NO_x 按排放量分为 5 级，最优级为 5 级，其排放量要求不大于 70mg/(kW·h)。

2）热效率

供暖炉具有供热水和供暖功能，其热效率分为供生活热水的热效率和供暖热水的热效率，供暖部分的热效率多数会高于供生活热水的热效率。冷凝式供暖炉的供暖部分热效率最高（按最低热值）可达 108%。

3）供暖热输出

供暖炉供暖功能最主要的热工性能，是选购供暖炉匹配供暖面积的最主要指标。简单的计算方法为额定负荷条件供暖的热负荷和热效率的乘积。

4）电磁兼容

供暖炉具有较为复杂的电子控制系统，其运行工况的条件复杂多变，因此对控制器应包括电磁兼容安全等的要求。包括电压暂降和短时中断的抗挠度性能、浪涌抗挠度性能、电快速瞬变脉冲群、抗挠度性能等要求。

27.4.3 家用燃气容积式热水器

家用燃气容积式热水器是国外常见的一种燃气用具，国内家庭应用不多，企业商用较多。

1. 容积式热水器的分类

容积式热水器的分类可以按供水方式分为水箱供水式和水道供水式两类，也可按使用压力级制分为密封式和常压式，如图 27-4-26 和图 27-4-27 所示。

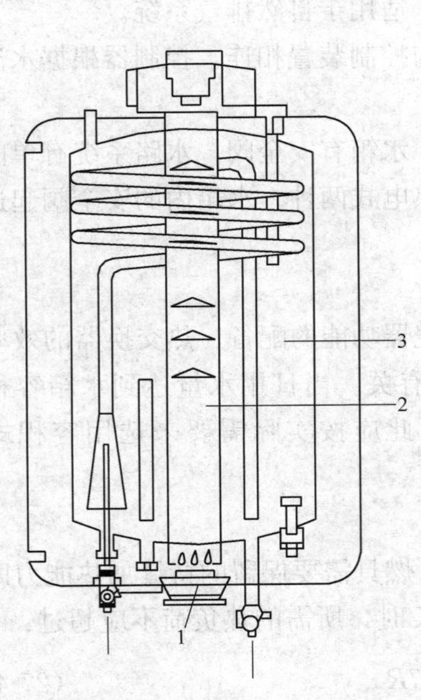

图 27-4-26 密封式家用燃气容积式热水器

1—燃烧器；2—烟囱；炉体

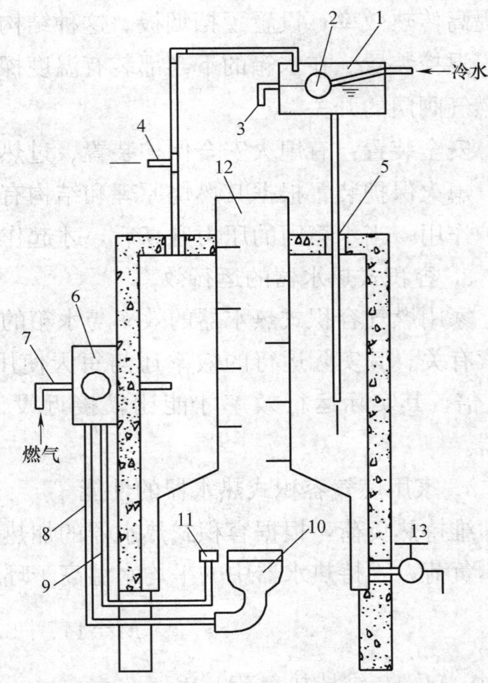

图 27-4-27 常压供热水型燃气容积式热水器

1—水箱；2—浮球阀；3—溢水口；4—热水器出水口；5—热水器入水口；6—燃气控制阀；7—燃气接头；8—燃气管；9—点火燃气管；10—主燃烧器；11—自动点火及熄火保护；12—烟道；13—放水阀

容积式热水器也可按加热速度进行分类，该方法以容积式热水器水箱注满水，然后将水箱内全部冷水加热至额定温度所需时间进行分类，这样的分类体现了水箱容积与热负荷配备之间的关系，同时也可以了解同类型设备的功率配备情况。

一般速度型：加热时间为 2～6h；

快速加热型：加热时间为 1～2h；

超快速加热型：加热时间不大于 25min。

2. 容积式热水器结构

家用燃气容积式热水器主要由水箱、热交换器、燃烧装置、温控装置及安全装置组成。

水箱：一般以圆柱形为多。材料可选用不锈钢，但价格较贵，也可选用普通钢板，但需要进行表面处理或搪瓷。冷水口设在水箱底部，热水出口应设在水箱顶部。

燃烧装置。在水箱底部设有燃烧室，燃烧器一般采用大气式燃烧器，应注意加热功率与水箱容积的匹配。目前国内外倾向于功率配备大，加热速度快。这是出于使用上的舒适性和方便性，也是为了缩小体积以节省安装空间。如有一种容积为 80L 的热水器，其功率配备为 10～15kW。

热交换器：由一根或几根管子组成，这些管子由下往上贯穿水箱。在图 27-4-26 中为了提高传热效率，设置了挡烟板。这种结构阻力较小，适用于自然排气系统。

温控装置。在水箱的下半部装有温度探测器，它与控制装置相连，控制器根据水温控制燃气阀门的开关。

安全装置：有熄火安全保护装置、过热保护装置，水箱有安全阀，水路系统有单向阀等。熄火保护装置根据其燃烧原理和结构有离子式和热电式两种。水箱内的安全阀起过压保护作用，当水箱内的压力升高后，才起作用。

3. 容积式热水器的运行效率

家用燃气容积式热水器的效率与水箱的容积、燃烧器功能的配备、热交换器的效率等因素有关。其实际运行的效率还与每天使用的热水量有关。当日用水量达到水箱容积的 1.5 倍，其实际运行效率才能比较接近设计数值，因此应按实际需要来选用容积式热水器。

4. 家用燃气容积式热水器的性能

维持热负荷：根据容积式热水器的加热使用特点，燃具需要保留的持续加热能力即维持热负荷，维持热水器中的平均水温高于环境温度 45K 时，所需的热负荷不应超过：

$$M=117+5.6V^{\frac{2}{3}}+1.67R \tag{27-4-1}$$

式中　M——维持热负荷，W；

V——热水器额定运行容量，L；

R——额定热负荷，kW。

实际产品维持热负荷一般为 300～400W。

热效率。热水器加热的能量转化率可以通过热效率进行，容积式热水器的燃烧强度比快速式低，且加热水的容器散热损失多，因此其热效率要比快速式低。一般在 70%以上，通过对加热容器采取保温措施，可以提高其热效率，采用聚氨酯保温措施的产品，其热效率可以达到 80%。

热水产率。容积式的热水产率和快速式的热水产率有一定差异。快速式为即时产水放水式，容积式为一定容积的热水加热到一定温度，一般温升为 45℃，然后测得放出的热水量。其热水产率综合反映了热水器的热负荷大小和热效率的高低。容积式热水器的热水产率不会达到 100%，而快速式则可超过 100%。

几种家用燃气容积式热水器的性能见表 27-4-3。

家用燃气容积式热水器的性能表 表 27-4-3

水箱容积 (L)	燃烧器热负荷 (kW)	加热时间 (min)	达到要求温度时热水流量(L/min)					
			35℃	45℃	55℃	65℃	75℃	85℃
50	3.000	57	130	86	65	52	44	37
100	4.400	80	190	127	95	76	63	55
150	5.900	85	255	170	128	102	85	73
200	8.800	80	200	254	190	152	126	110

27.5 室外燃气烤炉

室外燃气烤炉（图 27-5-1）与家用燃气灶具中的烘烤器具有相似的功能，只不过烤炉是用于室外，炉膛外面有罩子，食物在炉膛中进行烘烤，且其热负荷往往较大，自身可带边炉和油炸锅，体积也更庞大。

1. 室外烤炉的主要结构

由壳体、上盖、烤架、滴油盘、点火装置、阀体、旋转架、燃气分流杆、烘烤室、气瓶储存室，燃烧器、调整器、安全装置、燃气管路系统组成。多数烤炉都装有可锁定的脚轮，方便在室外移动。烤炉的功能在不断扩大。部分烤炉带有橱柜、冰箱、边炉或背炉，使烤炉的功能更加多元化。

图 27-5-1 室外燃气烤炉

燃烧器：烤炉的燃烧器有多种形式，烘烤部分的燃烧器全为部分预混式，一般由多个独立燃烧器组成，单个燃烧器的热负荷一般在 2～3kW，其材料有不锈钢、铸铁和铜三种。背炉部分的燃烧器多为多孔陶瓷板红外辐射式燃烧器。热负荷大多数为 3kW，边炉则同一般家用燃气灶用燃烧器。燃烧器一般都可单独控制。几种常见的烤炉燃烧器见图 27-5-2。

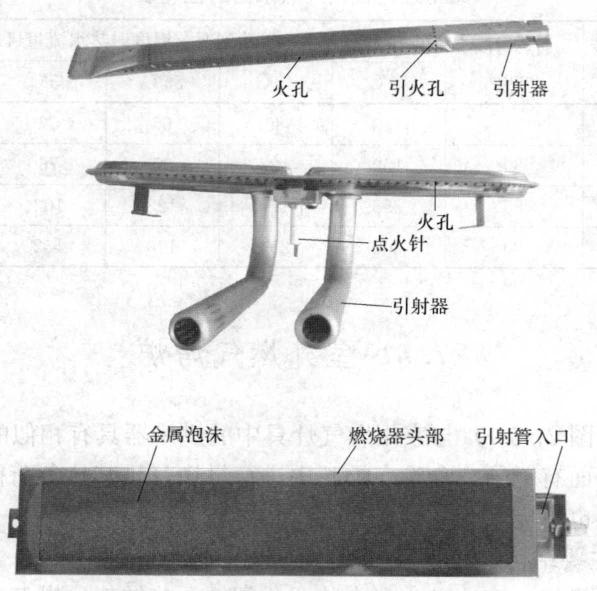

图 27-5-2 烤炉燃烧器

阀体：由于烘烤及边炉、背炉的燃烧器多为独立工作，其阀体则也是独立的。多数为铜压或铝合金的旋塞阀。其结构与灶具的旋塞阀类似。

燃气分流杆。烤炉主燃烧器一般由多个单灶燃烧器组成，燃气通过一条燃气分流杆与单个主燃烧器的阀体联接。分流杆又与进气管联接。分流杆要求有良好密封性，其与气管连接，采用锥面的刚性密封，同时分流要有足够的流管面积，以确保进入阀体的燃气压力不能损失过多，保证其热负荷。

调整器：由气瓶独立供气的烤炉，须配瓶装的压力调整器，即调压器，使燃气的供应压力符合燃具的设计压力。调压器一般还带有过流、过压保护、高温切断等功能。

点火装置。烤炉点火方式有脉冲和压电陶瓷点火两种。一般和阀体分离，也可为相联点火装置，即点燃一个燃烧器，通过引火槽点燃其他的燃烧器。

安全装置：烤炉为室外使用，安装的安全保护装置不多，一般配有熄火保护和倾倒保护装置。熄火保护装置多采用热电偶式结构，其他的安全装置如燃气过压保护和过流保护一般安装在调整器上，当出现异常时，调整器切断燃气通路。

室外烤炉一般具有独立的气源供应系统，即在烤炉的底部或侧边有放置气瓶的固定位置。气瓶放置底部时，贮存室应确保通风良好，且固定可靠，不能因移动而发生气瓶倾斜或倾倒。贮存室顶部和炉膛之间具有良好的隔热，以防气瓶的温度上升而引起气化压力太高。

2. 室外烤炉的主要技术性能指标

烤炉在室外使用，会遇到日晒雨淋的情况，烤炉要具有一定的抗风防雨能力。

抗风性能。在距烤炉 0.5m 的距离，以 4.5m/s 的风速向烤炉任何一个方向送风，不出现回火和熄火，烤炉的主炉因其置于炉膛底部，上面有烤架，风对其影响不大，不易吹熄，但背炉和边炉在遇正面、侧边吹风时，容易熄火，因此设计时应充分考虑，使吹向炉头的风不回流。

防雨性能。在烤炉上方 1m，水平方向 1m 处，向烤炉的任何方向喷淋 15min 的水，过后 10min 燃烧器不得积水，点火操作正常。积水主要是从火孔和引射管进入燃烧器，进入燃烧器的水应易排出，因此，应注意引射管安装倾斜度，或在其底下开排水孔。

升温速度：烤炉在最大热负荷条件下工作，30min 内烘烤室内温度不低于 280℃，升温过快和过慢对烘烤效果有较大影响，一般控制在 25～35min 之间达到 280℃，最高温度不宜超过 400℃。

结构稳定性。烤炉在 15°的坡面，各方向均不能出现倾倒翻转。

27.6 民用燃具的评价

27.6.1 评价的质量标准

燃具的质量优劣直接关系到人身、财产的安全，因此燃具应进行严格的质量评价。其评价的依据是产品的相关标准，评价方法则须通过对燃具各项性能指标进行测试。评价燃具质量的优劣包括以下几个方面。

1. 安全性

燃具在运行过程中，燃气不得泄漏，燃烧稳定，不出现回火、离焰、熄火等不正常现象。出现意外时，安全装置能够及时动作。使用交流电的燃气器具其电气性能，应满足电气安全要求。

2. 适用性

燃气器具具有稳定的加热能力（热负荷），产热水能力，较高的热效率、供暖性能，工作稳定可靠等。

3. 能源利用效率

即热效率。按国家划分为三级，三级为限定值，二级一级能效为节能产品，一级能效节能效果最好。

作为一个完整的工业产品，除符合国家的相关产品技术标准外，产品还应符合包装、标识等其他内容的要求。表 27-6-1、表 27-6-2、表 27-6-3 分别列出了燃气具的主要性能要求。

通用性能要求 **表 27-6-1**

序号	项目		技术要求
1	气密性		从燃气入口到燃气阀门，漏气量≤0.07L/h，自动控制阀门，漏气量≤0.55L/h，从燃气入口的燃烧器火孔无泄漏
2	燃烧工况	火焰传递	4s 着火（热水器 2s），无爆燃
		火焰稳定性	无离焰、无熄火及妨碍使用的离焰
		小火燃烧器火焰稳定性	无离焰、无熄火及妨碍使用的离焰
		火焰状态	清晰、均匀
		黑烟、接触黄焰、积炭	无

续表

序号	项目			技术要求
3	点火率			点火10次有8次以上点燃，不能连续2次失效，无爆燃
4	安全装置	熄火保护		灶：开阀时间≤15s，闭阀时间≤60s； 热水器：开阀时间≤10s，闭阀时间≤10s； 商用燃气具：阀时间≤45s，闭阀时间≤60s
		防干烧		灶：动作温度≤300℃； 热水器：动作温度≤110℃
		防不完全燃烧		≤0.03%
		风压过大	使用于燃气热水器	风压在80Pa前不能动作，在产生熄火、回火、影响使用的火焰溢出前，关闭燃气通路
		再点火		应在1s启动再点火，且不发生爆燃，10s内未点燃时，燃气供应通道应自动关断
		烟道堵塞		应在1s内关闭燃气通路，且不能自动再开启，在关闭之前应无熄火、回火、影响使用的火焰溢出
		泄压		热水器：开阀水压应大于水路系统的最大适用水压且小于水路系统的耐压值；大锅灶：封闭结构的炉膛和烟道应设泄压装置
5	电气安全	使用交流电		符合使用交流电的电气安全要求
		电子兼容		符合电子兼容及电子控制系统的控制要求
6	热负荷准确度			±10%

重要性能要求　　表27-6-2

序号	项目		家用燃气灶	家用燃气热水器	家用燃气供暖炉	炊用大锅灶	中餐燃气炒菜灶	燃气蒸箱	备注
1	热效率		台式≥58% 嵌入式≥55%	η_1≥86%， η_2≥82%	η_1≥86%， η_2≥82%	≥45%	≥25%	≥70%	仅列能效标准的限定值
2	干烟气中CO含量（$a=1$）		≤0.05%	D、Q式≤0.06%， P、G、W式≤0.1%	≤0.1%	≤0.1%	≤0.1%	间接排烟≤0.1%， 烟道排烟≤0.2%	无风状态
3	燃烧噪声		≤65dB(A)	≤65dB(A)	≤65dB(A)	≤85dB(A)	≤80dB(A)	≤80dB(A)	仅列噪声分类的限定值
4	熄火噪声		≤85dB(A)	≤85dB(A)	≤85dB(A)	≤85dB(A)	≤85dB(A)	≤85dB(A)	
5	表面温升	手必须接触的部位	金属≤35K； 非金属≤45K	≤30K	金属≤35K； 非金属≤45K	金属≤35K； 非金属≤45K	金属≤35K； 非金属≤45K	金属≤35K； 非金属≤45K	仅列手必须接触的部位
6	热水性能（仅限燃气热水器）		热水产率≥90%，供暖热输出≥95%（适用于供暖炉），热水温升≤60K，停水温升≤18K，水温波动±5℃，热水温度稳定时间60s，水温超调幅度±5℃，水温波动±3℃，加热时间（不适合供暖、两用热水器）≤35s，最小热负荷≤额定热负荷35%						

氮氧化物排放等级 表 27-6-3

产品	家用燃气灶具		家用燃气热水器	家用燃气供暖炉
	液化气	天然气		
NO_x(a=1)排放等级	NO_x(a=1)极限浓度%			NO_x(a=1)极限浓度 mg/(kW·h)
1	0.018	0.015	0.026	260
2	0.015	0.012	0.02	200
3	0.011	0.009	0.015	150
4	0.007	0.006	0.01	100
5	0.005	0.004	0.007	70

备注:对 12T 天然气 0.0001%相当于 1.7554mg/(kW·h)

随着燃气燃烧器具技术发展，产品在设计、制造、检验、安装验收等环节陆续有了明确的技术规范和标准。燃气燃烧器具在设计、制造时应参照《燃气燃烧器具安全技术条件》GB 16914、《家用燃气燃烧器具结构通则》CJ 131、《商用燃气燃烧器具通用技术条件》CJ/T 451 等标准和规范；出厂检验和交付使用时应参照《家用燃气燃烧器具合格评定程序及检验规则》CJ/T 222；大负商用燃气具除参照以上标准规范外，还应参照《商用燃气燃烧器具》GB 35848 标准。

燃气具的安全、可靠使用主要取决于安装和使用环节。器具的正确安装、使用对降低安全事故发生、保护消费者的人身生命财产安全至关最重。在安装时应特别注意器具的使用地点、环境条件、通风条件等。安装后应有专业的机构部门或技术人员验收，安装验收遵循从《家用燃气燃烧器具安装及验收规程》CJJ 12 标准要求。

27.6.2 评价的主要项目

燃具质量评价的内容，包括产品的相关标准及国家的法律法规和企业明示指标等全部内容。作为产品标准，一般评定项目为安全性和适用性指标。以下简要介绍燃气器具的燃烧工况、热负荷、热效率、温度上升、抗风、防雨、辐射效率的试验方法。

27.6.3 试验条件

1. 实验室条件

实验室的环境温度应在 20±5℃，在实验过程波动不得超过 3℃，实验室应通风良好，但无明显的对流风，电源条件，交流电源 220V，电压波动不超过 5%，直流电源，电源波动不超过 2%。

2. 燃气条件

应符合国家标准城市燃气的分类的规定，燃气管道供气应稳定，当关闭燃具后燃气压力上升不得超过额定燃气压力的 1.25 倍，见表 27-6-4、表 27-6-5。

3. 测试设备

测试试验用主要仪器仪表设备见表 27-6-6。

试验燃气压力（Pa） 表 27-6-4

燃气类别	代号	额定压力（代号为2）	最高压力（代号为1）	最低压力（代号为3）
人工燃气	5R、6R、7R、	1000	1500	500
天然气	4T、6T	1000	1500	500
	10T、12T、13T	2000	3000	1000
液化石油气	19Y、20Y、22Y	2800	3300	2000

注：对特殊气源，如果当地宣称的额定燃气供气压力与本表不符时，应使用当地宣称的额定燃气供气压力。

试验用燃气种类（Pa） 表 27-6-5

代号	试验用燃气	代号	试验用燃气
0	基准气	2	回火界限气
1	黄焰及积炭界限气	3	离焰界限气

试验用主要仪器仪表 表 27-6-6

用途（试验项目）	仪器仪表名称	规格	
		范围	精度或最小刻度
室温及燃气温度测定	温度计	0～50℃	燃气温度0.5℃；室温1℃
湿度测定	湿度计	10%～98%RH	±5%RH
大气压力测定	气压计	81～107kPa	0.1kPa
燃气压力测定	U形压力计或压力表	0～5000Pa	10Pa
时间测定	秒表	—	0.1s
燃气流量测定	气体流量计	—	0.1L
燃气相对密度测定	燃气相对密度仪	—	±2%
气密性测定	气体检漏仪	—	—
噪声测定	声级计	40～120dB	1dB
燃气成分测定	色谱仪或吸收式气体分析仪	—	—
燃气热值测定	热量计	—	—
一氧化碳含量测定	一氧化碳测试仪	0～0.2%	0.001%
二氧化碳含量测定	二氧化碳测试仪	0～15%	0.01%
氧气含量测定	氧气测试仪	0～21%	0.01%
水温	温度计	0～100℃	0.2℃
表面温度测定	热电温度计、热电偶	0～300℃	2℃
电压测定	交流电压表	—	精度1.0级
	直流电压表	—	精度1.0级
接地电阻测定	接地电阻测试仪	—	—
泄漏电流测定	电流计、电压计泄漏电流测试仪	—	—
功率消耗测定	功率表	—	—
线圈温升测定	直流低电阻测试仪	—	—
质量测定	衡器	0～15kg	10g

注：实验室应有完备的测试仪器、仪表和设备，并保证其准确可靠。

27.6.4 测试内容

1. 燃烧工况

不同燃气用具其燃烧工况的试验条件不同，同时又有无风状态和有风状态之分。有风状态的燃烧工况按抗风性能实验进行。现仅介绍燃气快速热水器无风状态的燃烧工况。试验系统见图 27-6-1。

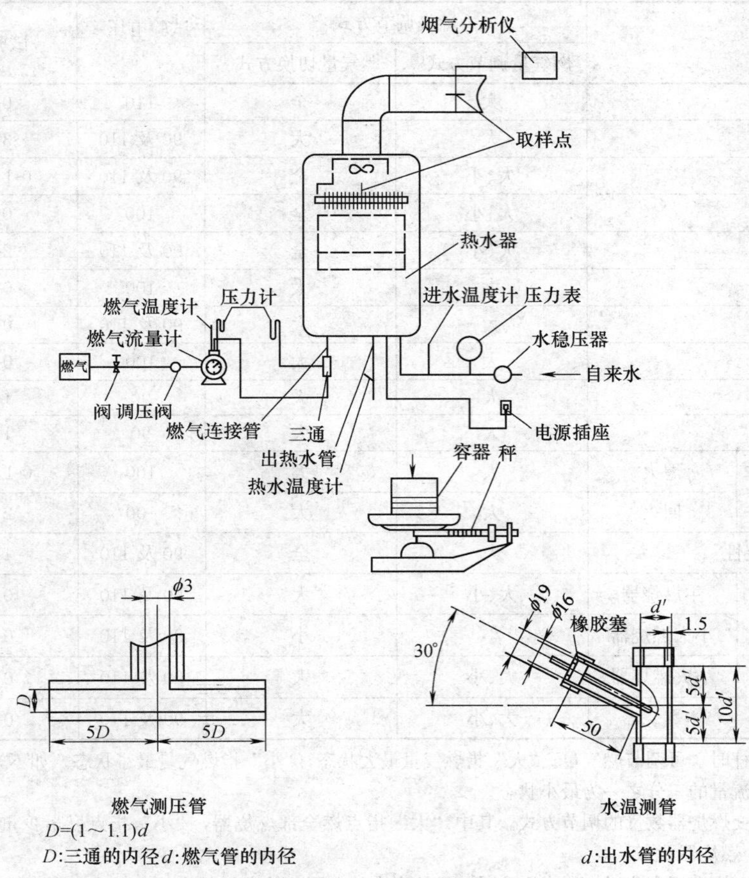

注：1. 热水器的安装为使用状态

2. 燃气连接管的长度和水温测定管与出水口连接距离应小于100 mm，不得有弯折及影响流通面积的变形

3. 试验过程中燃气测压管的压力变化为±20Pa

图 27-6-1 热水器燃烧工况/热负荷试验系统

热水器点燃后，调整燃烧系统，使燃具处于最大火焰状态，供水压力保持在0.1MPa。按照表 27-6-7 的燃烧工况试验条件、燃气条件和压力条件进行点火、离焰、回火等火焰稳定性测试，同时用烟气取样器收集燃烧排放的废气。所取烟气应保证均匀。取样器按图 27-6-2 要求，热水器根据不同烟道结构选用。如果测定烟气中的 NO_x 和 SO_2，则取样器应保证不与其发生吸附等物理化学变化。干烟气中的 $r_{CO_{\alpha=1}}$，可用下式计算。

$$r_{CO_{\alpha=1}}=r_{CO_{\alpha}}\times\frac{r_{CO_{2max}}}{r_{CO_{2f}}-r_{CO_{2a}}} \tag{27-6-1}$$

式中　$r_{CO_{\alpha=1}}$——燃气 $\alpha=1$，干烟气中的一氧化碳浓度；

r_{CO_a}——干烟气样中的一氧化碳浓度测定值；

$r_{CO_{2a}}$——室内空气（干燥状态）中的二氧化碳浓度测定值；

$r_{CO_{2f}}$——干烟气样中的二氧化碳浓度测定值；

$r_{CO_{2max}}$——理论干烟气样中的二氧化碳浓度（计算值）。

燃烧工况试验条件　　**表 27-6-7**

试验项目		燃气调节方式		试验电压③（%）	试验气
		燃气量调节方式①	燃气量切换方式②		
火焰传递		大	全	110	0-2
离焰		大	大	90 及 110	3-1
熄火		大、小	全	90 及 110	0-1、0-3
火焰均匀性		大、小	全	100	0-2
回火		大、小	全	90 及 110	2-3
燃烧噪声		大	大	100	0-1
熄火噪声		大	大	90 及 110	0-2
一氧化碳		大	大	100	0-2
接触黄焰		大	大	90	1-1
黑烟		大	大	90	1-1
小火燃烧器燃烧稳定性	熄火	大	大	100	0-1、0-3
	回火	大	大	100	2-3
使用超大型锅时燃烧稳定性		大	全	90 及 110	1-1
烤箱门关闭时燃烧稳定性	主燃烧器	大、小	大	90 及 110	0-3
	小火燃烧器	小	小	90 及 110	0-2
烤箱控温器工作时燃烧稳定性及火焰传递	小火燃烧器	大、小	大	90 及 110	0-3
	主燃烧器	大、小	大	90 及 110	0-3

① 在调节燃气旋钮或拔杆时，可调节燃气量。“大”指燃气量最大状态，“小”指燃气量最小状态。如不知最小状态，则指其最大燃气流量的三分之一为最小状态。

② 调节燃气旋钮时可改变燃烧器数量的调节方式。其中“大”指点燃全部燃烧器，“小”指点燃最少量燃烧器，“全”指逐档点燃每个燃烧器状态。

③ 使用交流电源的灶具，当电压变化对性能有影响时，应按表中的电压条件进行试验。

2. 热负荷

试验系统按图 27-6-1 热水器在额定燃气压力、供水压力 0.1MPa 条件下，使其在最大热负荷状态，调定热水器进出口水温度差为 40±1K，工作 15min 后，用燃气流量计计量单位时间内的燃气消耗量，则可计算出燃具的热负荷

$$Q=KqH_{is} \tag{27-6-2}$$

式中　Q——燃具的热负荷，kJ/h；

K——折算系数，其与燃气温度及大气压力、燃气压力、燃气华白数有关；

q——单位时间的燃气消耗量，体积流量（也可以是质量流量），m^3/h；

H_{is}——设计燃气的热值，kJ/m^3。

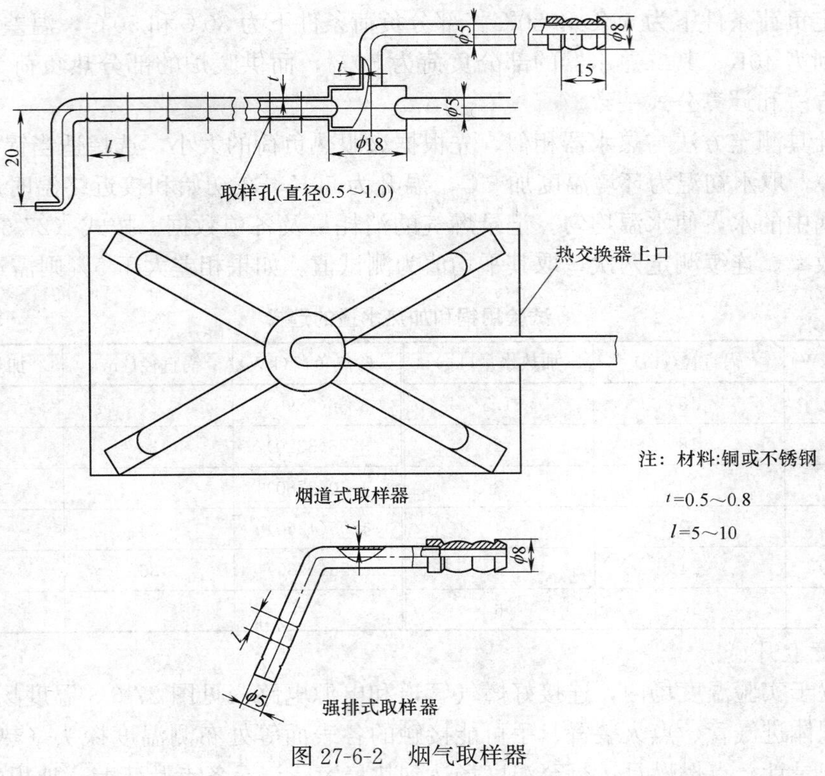

图 27-6-2 烟气取样器

3. 热效率

测试热负荷完毕后，即可进行热效率的测定。计量单位时间内的热水质量，同时计量燃气温度、大气压力等参数，按式（27-6-3）计算出热水器的热效率，连续测定两次，取其平均值为测试值。

$$\eta=\frac{Mc(t_{w2}-t_{w1})}{VH_L}\times\frac{273+t_g}{273}\times\frac{101.3}{p_{amb}+p_g-p_s}\times100 \tag{27-6-3}$$

式中 η——热效率，%；

M——加热水量，kg；

c——水的定压比热，kJ/(kg·℃)；

V——燃气消耗量，m^3；

H_L——实测燃气热值，kJ/m^3；

t_{w1}——水初始温度，℃；

t_{w2}——水终了温度，℃；

t_g——燃气温度，℃；

p_{amb}——大气压力，kPa；

p_g——燃气压力（表压），kPa；

p_s——温度为 t_g 时的饱和水蒸气压力，kPa。

测定额定热负荷条件下热效率后，调节热水器的热负荷≤50%，重复以上测试，计算出部分负荷条件下的热效率。

燃气供暖炉热效率测试条件与热水器的差异主要有两点：其一为供暖回水和供暖出水

温度，额定负荷条件下为60℃和80℃，部分负荷条件下为30℃和50℃，温差为20K，热水器温差则为40K；其二热水器的部分负荷为50%，而供暖炉的部分热负荷为30%。它们的测试方法和计算公式一致。

燃气灶具测定方法与热水器相似，先根据火眼热负荷的大小，选择适当锅和加热水量（表27-6-8），取水初温为环境温度加5℃，温升为50K，在初始和接近终温时用搅拌器搅拌试验用锅中的水，使水温均匀。记录燃气的消耗量及各项数据。按式（27-6-3）计算出灶具的热效率。连续测定两次，取其平均值为测试值。如果相差大于5%则需重测。

试验用锅和加热水量的选择　　**表27-6-8**

试验热负荷(kW)	锅直径(cm)	加热水量(kg)	试验热负荷(kW)	锅直径(cm)	加热水量(kg)
1.10(950)	16	1.5	3.36(2890)	28	8
1.40(1200)	18	2	3.86(3320)	30	10
1.72(1480)	20	3	4.40(3780)	32	12
2.08(1790)	22	4	4.95(4260)	34	14
2.48(2130)	24	5	5.56(4780)	36	16
2.91(2500)	26	6			

4. 温度上升

燃具置于实验温度场内，连接好燃气管道和电源电路（见图27-6-3温度场），在其操作旋钮、阀体进气管、点火装置、手可能接触的各表面等处布测温度探头（热电偶），连接好温度记录计。点燃燃具运行至温度场达到热稳定，记录各点及墙壁、地板的温度。

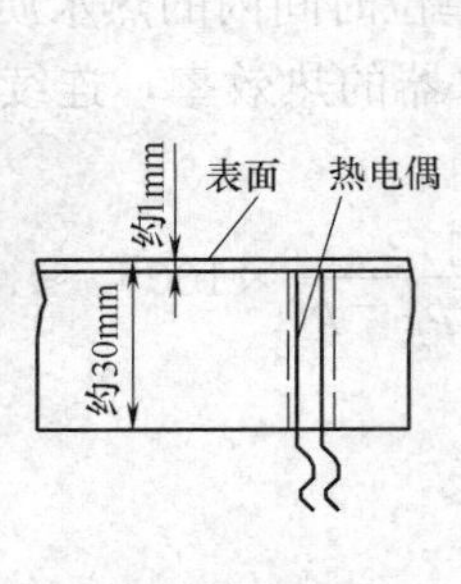

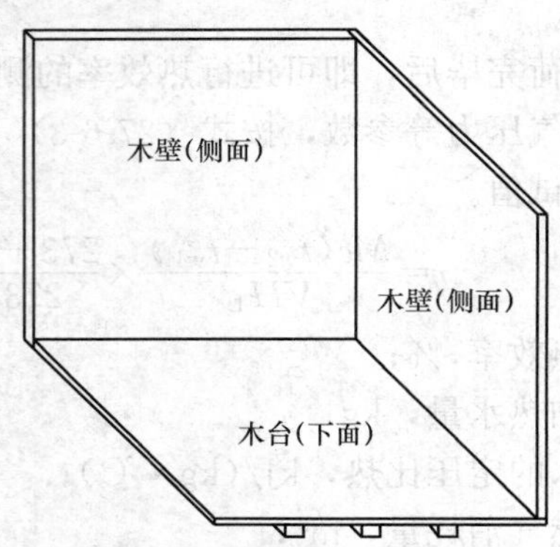

注：1. 木壁、木台的材料应使用5～7层胶合板、木台表面应涂漆，木壁表面应涂不亮的黑漆；
2. 木壁、木台的尺寸应比灶具稍大；
3. 应尽量多埋热电偶(阻)，使其成网状；
4. 热电偶(阻)应埋在木壁、木台深1mm处；
5. 热电偶(阻)应参照GB/T 1598和GB/T 2903选用。

图27-6-3　温度上升试验装置

5. 抗风性能

燃具置于可旋转、可升降的台架上（见图27-6-4），连接好各管路和电源，送风口与燃具保持固定的距离，同时送风口亦可移动。测试系统应保证送风口距燃具一定半径的半球包络面上的每个方向都能进行送风，保证器具处于送风的包围之中，可控制送风口的位置，并能调节出风口的风速。燃具燃烧稳定后，按相关要求，调整送风口与器具的角度，并控制送风速度，对燃具进行送风，检查燃具的燃烧工况是否稳定。

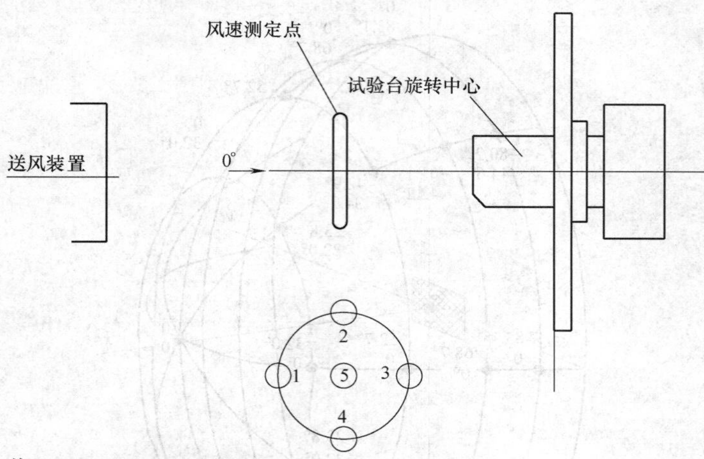
风速测定点
试验台旋转中心
送风装置
0°
2
1
5
3
4
注：1.风向试验台旋转中心输送；
2.风速测定是在距离地面1200mm处，测定环设在送风装置中心，
测定中心及上下左右5个点；
3.试验风速以5个点为平均速度，个测定点风速以试验风的±10%为标准。

图 27-6-4 燃具抗风试验

6. 防雨性能

燃具置于可固定的实验台架上（见图 27-6-5），其上方一定的位置设置喷淋龙头，其位置可变，能使喷淋的水覆盖燃具的各个方向。对平衡式和室外式热水器，燃具点燃稳定后，在其正方向、左右、上方 30℃的方向各喷淋 5min，喷水量控制在 10mm/h，检查燃具是否有积水及燃烧异常。

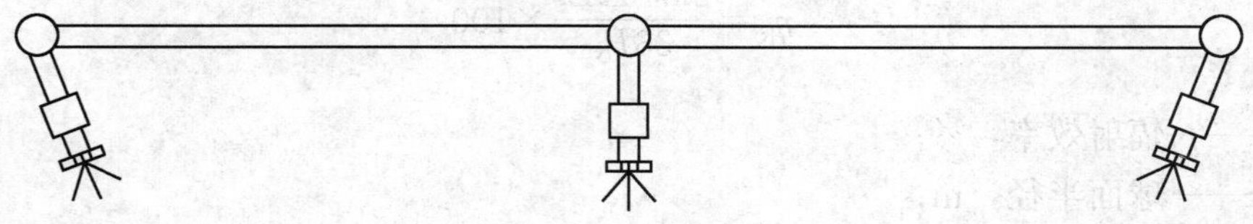

图 27-6-5 喷淋试验示意图

对室外燃气烤炉，则应距燃具上方 1m，水平 1m 方向的四周各喷淋 15min，龙头前水压控制为 0.035MPa，喷淋完毕 10min 后，检查燃烧器是否积水，并检查点火是否异常。

7. 缺氧保护

燃具置于一定容积的密封房间内，其容积与燃具热负荷匹配。密封空间的温度控制在 20±5℃范围内，且房间可进行换气，换气率为每小时 0.5～2 次。点燃燃具运行稳定后，关闭密封房间的门，开启房间内的风机，使房间内的气流均匀循环。记录不换气和不同换气率条件下的缺氧保护装置的动作值和烟气中的 CO 含量。

8. 辐射效率

对辐射式取暖器应测试其辐射效率。取暖器在额定燃气压力条件下运行 30min 后，按图 27-6-6 和表 27-6-9 中所示的半球面上的 33 个点测定接收到的辐射强度，并按式（27-6-4）计算出辐射效率。

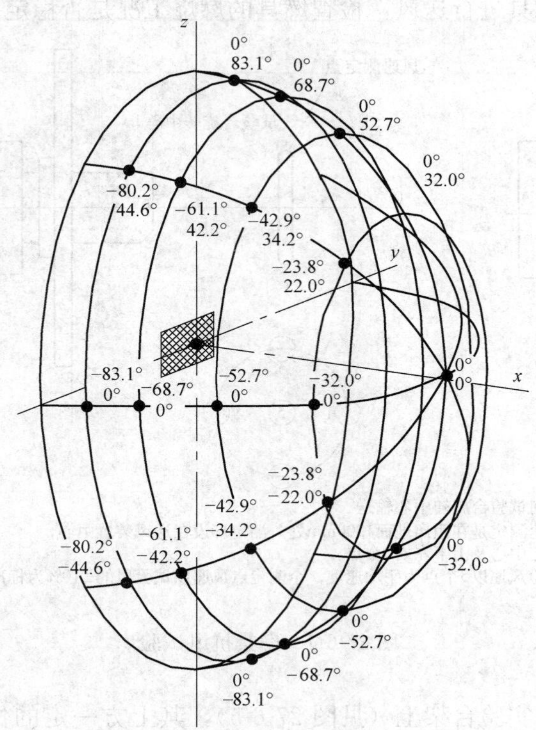

图 27-6-6　辐射式取暖器辐射效率测试测点

$$\eta_R=\frac{2\pi r^2\sum E_i}{33I_R}\times 100 \tag{27-6-4}$$

式中　η_R——辐射效率，%；

r——球面半径，m；

E_i——各点的辐射强度，kJ/(m^2·h)；

I_R——取暖器的额定负荷用热量表示，kJ/h。

测点半球面的半径 r 定为 1m。当取暖器及其反射器的最大边尺寸超过 0.5m 时，半径 r 应为最大边尺寸的 2 倍以上。

对于 360°方向辐射的取暖器，应作前后两个半球面上 66 个点的辐射强度测量，并按整个球面积分加以计算，见式（27-6-5）：

$$\eta_R=\frac{4\pi r^2\sum E_i}{66I_R}\times 100 \tag{27-6-5}$$

辐射热效率测定

除直排式取暖器外，所有取暖器均应按下列热平衡方法做热效率测定。点燃取暖器，在排烟管道出口处测得烟气温度并分析出干烟气中二氧化碳含量，然后可按式（27-6-6）计算出取暖器的热效率。

辐射式取暖器辐射效率测试测点　　表 27-6-9

经度	纬度	经度	纬度	经度	纬度
80.2°	44.6°	−80.2°	44.6°	83.1°	0°
61.1°	41.2°	−61.1°	41.2°	68.7°	0°
42.9°	34.2°	−42.9°	34.2°	52.7°	0°
23.8°	22.0°	−23.8°	22.0°	32.0°	0°
23.8°	−22.0°	−23.8°	−22.0°	−32.0°	0°
42.9°	−34.2°	−42.9°	−34.2°	−52.7°	0°
61.1°	−41.2°	−61.1°	−41.2°	−68.7°	0°
80.2°	−44.6°	−80.2°	−44.6°	−83.1°	0°
0°	83.1°	0°	32.0°	0°	−52.7°
0°	68.7°	0°	0°	0°	−68.7°
0°	52.7°	0°	−32.0°	0°	−83.1°

注：表中经度以通过取暖器辐射表面中心的垂直面 XZ 为 0°。表中纬度以通过取暖器辐射表面中心的水平面 XY 为 0。

$$\eta=\left(1-\frac{\left\{V_{H_2O}\cdot c_{H_2O}+V_{CO_2}\cdot c_{CO_2}+V_{N_2}c_{N_2}+\left[c_{O_2}\left(\frac{1}{r_{CO_{2f}}}-1\right)-V_{N_2}c_{N_2}\right]c_A\right\}(t_f-t)+V_{H_2O}\cdot r_V}{H_d}\right)\times 100 \tag{27-6-6}$$

式中　η——取暖器热效率，%；

H_d——燃气低热值，kJ/m³；

V_{H_2O}、V_{CO_2}，V_{N_2}——分别为烟气中水蒸气、二氧化碳、氮的理论产量，m³/m³ 燃气；

$r_{CO_{2f}}$——测得的干烟气中二氧化碳含量；

t——室温，℃；

t_f——烟气的平均温度，℃；

c_{H_2O}，c_{CO_2}，c_{N_2}，c_A——分别为水蒸气、二氧化碳、氮和空气从 t 到 t_f 的平均比热 c_{H_2O} 可取 1.59kJ/(m³·K)，c_{CO_2} 可取 1.63kJ/(m³·K)，c_{N_2} 可取 1.30kJ/(m³·K)，c_A 可取 1.30kJ/(m³·K)；

r_v——水蒸气的汽化潜热，取 2010kJ/(m³·K)。

燃气具的性能评价除以上介绍的参数外，其他性能参数的测试可参考 GB 16410、GB 6932、GB 25034 等标准。

27.6.5 本章有关标准规范

《家用燃气灶具》GB 16410。

《家用燃气快速热水器》GB 6932。

《商用燃气燃烧器具》GB 35848。

《燃气采暖热水炉》GB 25034。

《燃气燃烧器具安全技术条件》GB 16914。

《家用燃气燃烧器具结构通则》CJ 131。

《商用燃气燃烧器具通用技术条件》CJ/T 451。

《家用燃气燃烧器具合格评定程序及检验规则》CJ/T 222。

《家用燃气燃烧器具安装及验收规程》CJJ 12。

《家用燃气快速热水器和燃气采暖热水炉能效限定值及能效等级》GB 20665。

《家用燃气灶具能效限定值及能效等级》GB 30720。

《商用燃气灶具能效限定值及能效等级》GB 30531。

参考文献

[1] 重庆大学. 燃气热水器 [M]. 重庆：重庆大学出版社，2002.

[2] 重庆大学. 冷凝式燃气热水器 [M]. 重庆：重庆大学出版社，2008.

[3] 郭全. 燃气壁挂锅炉及其应用技术 [M]. 北京：中国建筑工业出版社，2008.

第 28 章　燃气锅炉

28.1　概　述

近年来，我国大力开发节能产品和推广节能技术，其中改造耗能和环境污染大户——工业锅炉即为途径之一。各大中型城市积极推行集中供热以解决小型燃煤锅炉引起的局部环境污染。但集中供热的热源仍以燃煤为主，不能从根本上解决粉尘、废水、废渣、有害气体的排放。因此，以燃用天然气、人工燃气、液化石油气等清洁燃料为主的环保型供热系统在城市小区供热系统中获得了广泛的应用。清洁型燃料燃烧充分，产生的有害气体少，对城市小区而言，这种环保型的燃气锅炉供热系统还可使居民自行调节供热的温度和时间。

总体上看环保型燃气锅炉是向减小体积和重量、提高效率、提高组装化程度和自动化程度的方向发展。特别是近年来采用一些新型燃烧技术和强化传热技术，燃气锅炉的体积比较原来的已大为缩小，锅壳式蒸汽锅炉的热效率已高达 92%～93%。随着工业技术的发展，人们对燃气锅炉的总体要求将更加严格。这种要求主要是解决经济性、安全性、可使用性的矛盾。

燃气锅炉具有以下几个方面的显著特点：

① 锅炉的高效率。燃气锅炉的高效率意味着可以节约日益紧张和昂贵的能源。目前，小型燃气锅炉的燃烧效率和热效率已和大型工业锅炉基本相当。

② 炉膛的容积热强度高，燃烧室容积小；受热面基本不存在结渣、污染、磨损等情况，所以可以大大提高烟气的流速（可达 40m/s），因而对流换热面面积可大大减少。

③ 无需燃料贮存、制备等设备，系统大为简化。而且不需吹灰器、出渣设备、除尘器等辅助设备，所以锅炉结构简单，节约锅炉辅助设备投资。

④ 不会发生高、低温受热面腐蚀，加上无结渣、磨损等问题，所以运行周期长。

⑤ 可实现排烟水的回收，解决淡水来源和补水问题。

⑥ 减少设备维修、保养费用。

当然燃气锅炉也存在一些需要注意的问题：

① 由于燃气是一种易燃、易爆的气体，人工燃气往往含有有毒的一氧化碳，所以要防止泄漏，防止爆燃和爆炸、中毒等事故的发生，必须采取严格的启动顺序控制和安全技术。

② 燃气中 H_2 含量往往很高，烟气中水蒸气的含量比普通锅炉高，所以当排烟温度 t_{py} 达到 100℃以上时，排烟热损失比燃煤锅炉高 2%左右。

28.2　燃气锅炉的构造

燃气锅炉与普通锅炉一样，是由“锅”和“炉”两部分组成。

所谓的锅是指吸热部分，高温烟气通过锅的受热面将热量传给锅内工质（水或气体）。锅通常由以下几部分构成：锅筒、管束、省煤器、空气预热器和再热器。

所谓的炉是指放热部分，燃料在其中燃烧，将化学能转化为热能。炉通常由以下几部分构成：炉膛、烟道、燃烧器、燃气和空气供应系统。

锅炉炉膛的大小通常是由炉膛容积热强度（q_v）决定的，燃气锅炉的炉膛容积热强度一般比燃煤锅炉的炉膛容积热强度高很多。当锅炉的蒸发量 $D>75t/h$，燃用天然气、液化石油气、焦炉煤气时，其容积热强度 q_v 一般为 350～465kW/m^3；燃用高炉煤气时为 230kW/m^3 左右。当锅炉的蒸发量 $D\leqslant75t/h$，q_v 可提高几倍。此时应对锅系统采取措施，如加强水处理，保证水冷壁和过热器安全工作。对中、小型锅炉一般采用强化燃烧技术，对油—气混烧的水管锅炉，q_v 可选取在 580～1160kW/m^3；只燃用气体燃料的水管锅炉和火管锅炉，$q_v>1160$kW/m^3。

28.2.1 锅炉加热方式简介

采用燃烧的方式对物体的加热大体上可分为直接加热和间接加热。所谓间接加热，就是高温火焰或烟气与被加热的物料不直接接触或用固定导热体隔开。锅炉就是采用间接加热原理来加热介质的。把锅直接放置在燃烧设备上方，对锅筒中的水进行加热，就是间接加热的一种，这种简单的加热方式效率较低，通常为 45%～55%，一般只能用于厨房燃具。以后在此基础上形成了火管式锅炉和水管式锅炉。所谓直接加热，就是高温火焰或烟气与被加热的物料直接接触。这种加热方式一般有三类：一类是用短火焰或高温烟气直接烘烤固体，对固体进行局部性快速加热，如热处理炉加热；第二类是高温烟气和被加热的气体物质进行混合，将低温的气体物质加热成高温介质，如直燃式的暖风机；第三类是高温烟气和被加热的液体介质进行混合加热，如浸没燃烧加热。对于一些小型的采暖锅炉，当燃用比较清洁的气体燃料时，也可直接将锅炉尾部的烟气和冷水相接触，将水加热以供应热水，同时最大限度地利用锅炉尾部余热。

燃气锅炉就其本体结构而言可分为火管锅炉和水管锅炉。火管锅炉结构简单，水及蒸汽容积大，对负荷变动适应性好，对水质的要求比水管锅炉低，多用于小型的企业生产工艺和生活热水及采暖上。水管锅炉的受热面布置方便，传热性能好，在结构上可用于大容量和高参数的工况，但对水质和运行水平要求较高。水火管锅炉是在火管锅炉和水管锅炉的基础上发展起来的，具有两者的优点，对水质要求和水管锅炉相近。火管锅炉因为容量较小，结构紧凑，一般制成快装式锅炉，容量不大的水管锅炉也可制成快装锅炉，以便于运输和现场安装。燃气锅炉如图 28-2-1 所示。

28.2.2 锅壳式（火管式）燃气锅炉

锅壳式燃气锅炉是环保锅炉的主要形式，锅壳式可分为立式和卧式两种类型。其中立式锅炉容量较小，卧式锅炉一般具有较大的容量。

28.2.2.1 立式锅壳式（LHS型）燃气锅炉

现代中小型燃气锅炉趋向于快装化、轻型化、自动化。立式锅炉由于机构简单、安装操作方便、占地面积小，应用极广。新型的立式锅炉效率可达 85%～90%，一般为蒸汽锅炉。立式锅壳式燃气锅炉容量一般在 1.0t/h 以下，蒸汽压力一般在 1.0MPa 以下。用

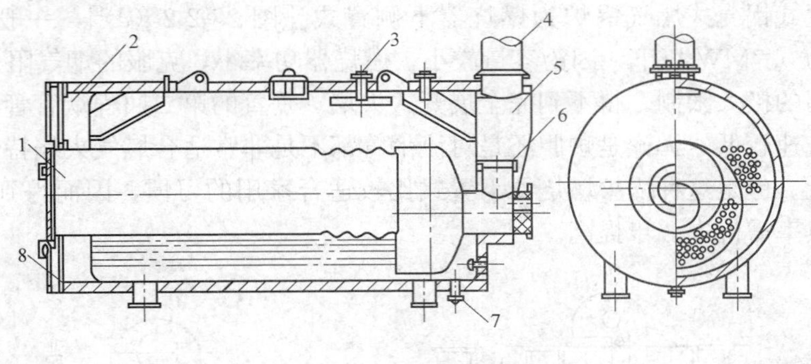

(a)

(b)

图 28-2-1 专门按照燃气的燃烧特点进行设计的燃气锅炉

(a) 专烧燃气的锅炉本体结构示意图；(b) 安装专烧燃气的锅炉现场

1—锅炉筒体；2—前烟箱；3—蒸汽出口；4—烟囱；5—后烟室；6—防爆门；7—排污管；8—热风道

于热水供应系统的锅炉容量可达 1.4MW。

比较常用的形式有燃烧器置顶式两回程套筒式无管锅炉（图 28-2-2），这种锅炉较有特色，主要依靠炉膛的高温辐射换热和强烈旋转气流的对流换热来加热工质，锅炉本体为套筒式，一般在 0.5t/h 以下炉膛采用平直炉胆，0.5t/h 以上炉膛采用波纹与平直组合炉胆。采用旋转火焰沿炉胆下行，高温烟气冲刷焊在锅筒筒体外侧的扩展对流受热面，进行均匀的对流换热；肋片均匀地焊在锅筒四周整个长度上，充分利用了烟气余热，而且对流受热面烟囱阻力不大，一般可将排烟温度降到合理的程度。该锅炉占地面积小，操作维修简便，对水质的适应能力强，没有水管锅炉爆管的危险，适宜制成蒸汽和热水锅炉，亦可制成汽水两用锅炉。这种锅炉的炉胆形状和火焰形状相匹配，可得到完全展开式火焰，结构简单流畅，且在结构上有很多的变种，无论是烟气从侧面进入锅筒外侧的扩展受热面［图 28-2-2（a）］，还是烟气从锅炉下部沿整个锅筒周长均匀冲刷受热面［图 28-2-2（b）］，它们都是一些非常有代表性的燃气锅炉。

第二种立式锅壳式燃气锅炉为燃烧器下侧置式［图 28-2-2（*c*）］，一般为热水锅炉，其容量一般为 0.7MW 以下，因为容量较小，燃烧器功率小，克服的烟气阻力较小，火焰形状受到炉胆的极大限制，得不到完全展开式火焰。垂直的第二回程烟管管径较大，管程较短，烟气流速较低，无论是炉胆还是对流烟管都不是非常适合燃气火焰特性的结构，材料的利用率低。但是这种锅炉燃烧器下置式比较适合家用的习惯，因而得到了很大发展，此种锅炉的效率需待进一步提高。

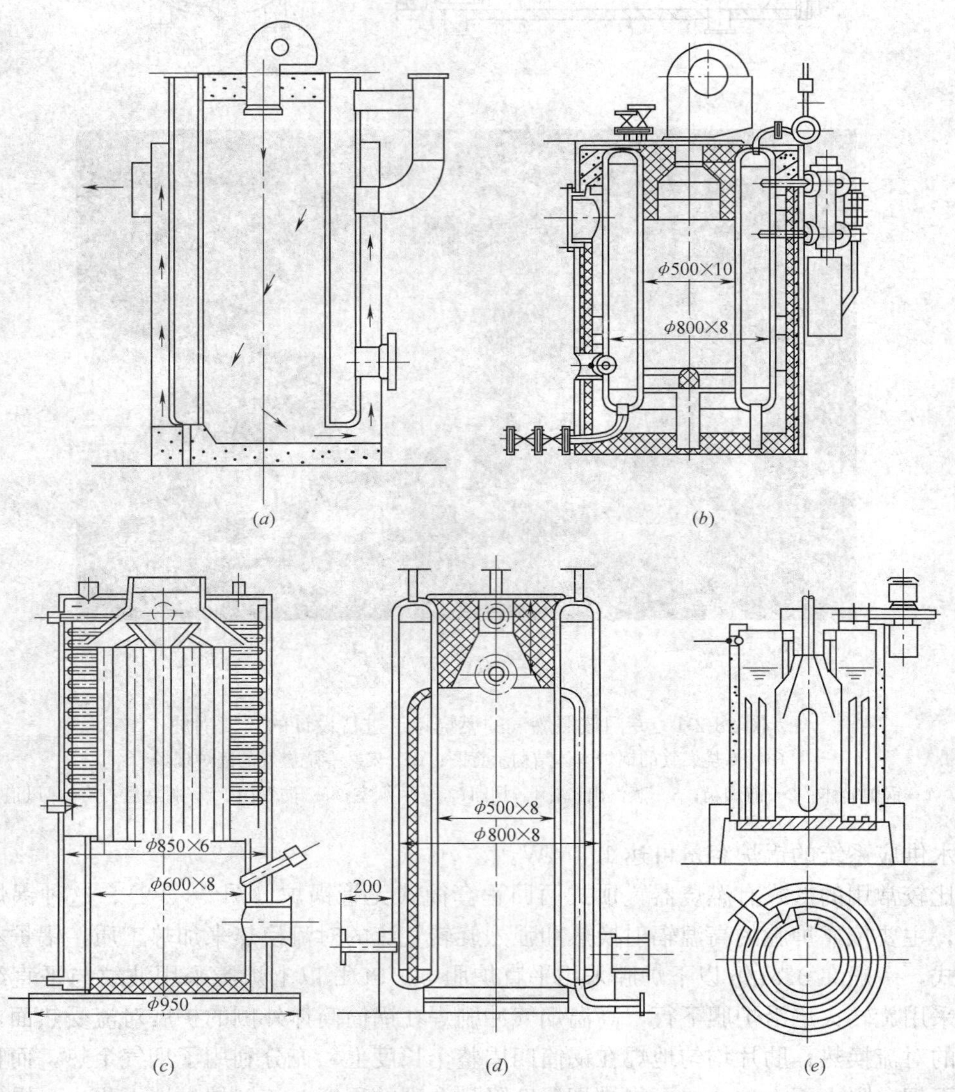

图 28-2-2　立式锅壳式（LHS 型）燃气锅炉形式

（*a*）套筒式无管锅炉（侧布式）；（*b*）套筒式无管锅炉（均布式）；
（*c*）燃烧器下侧置式；（*d*）中心回焰结构；（*e*）铸铁片式结构

第三种为回焰式炉膛的强化传热和对流烟管的组合结构［图 28-2-2（*d*）］。这种结构是在卧式中心回焰燃气锅炉的基础上，对烟管进行了符合蒸汽条件的改装后而成，因为其烟气的流动有两程均为由上下行，因而这种结构一般只能采用单回程烟管，而且对烟管必须设置扰流子或采用强化传热式烟管。这种锅炉的火焰亦可以自由伸展，且采用中心回焰燃烧，炉膛综合辐射对流换热比较强，其排烟温度也比较合理。其缺点是对燃烧器需克服的背压有一定的要求。

另外，还有一些小型立式锅炉制成板式受热面，或采用铸铁片式锅炉，这两种锅炉在小型家用采暖中广泛应用，特别是铸铁片式采暖炉，耐腐蚀，造价低，使用寿命长，很受用户欢迎。图［28-2-2（*e*）］给出的是具有悠久历史的板式受热面对流，这种锅炉在受热面的布置上有较大余度，比较适合燃用气体燃料。这类锅炉在国外应用较多，在我国也有产品销售。在北京、哈尔滨、沈阳等城市安装许多国外进口的燃气铸铁模块锅炉，有关该种锅炉的更多情况详见本章 28.3。我国用于燃气的铸铁片式的锅炉尚处在研究开发阶段，从未来的形势看，铸铁片式采暖锅炉可以部分替代一些常压的钢制锅炉。

从理论上看，小型立式锅炉要想达到较高的热效率，必须具有特殊设计的燃烧器以强化炉膛内和温度的四次方成正比的辐射换热以及增强部分对流换热。采用较大的辐射换热面积，才能最大限度地降低炉膛的出口烟温。对流受热面一般只能采用烟风阻力较低的异型受热面或直接采用光管管束，因而不能期望第二回程产生较大的温降。如果设计不当，排烟温度可能较高。对蒸汽锅炉而言，热效率一般为 85%左右；对热水锅炉而言，热效率一般为 87%以上。

28.2.2.2 卧式内燃锅壳式（WNS 系列）燃气锅炉

随着人们对节能和环保意识的增强，现代燃气小型锅炉也向着组装化、大型化、自动化方向发展，在这些方面，燃气锅炉比燃煤锅炉有突出的优点。其中，卧式锅壳式燃气锅炉颇受重视，究其原因，有以下几点：

① 高、宽尺度较小，适合组装化对外形尺寸的要求，而锅壳式结构也使锅炉的维护结构大为简化，比组装式水管锅炉具有明显的优点；

② 采用微正压燃烧时，密封问题比较容易解决，而且火筒的形状有利于燃气锅炉的火焰形状；

③ 由于采用了强化传热的异型烟管作为对流受热面，其传热性能超过一般水管锅炉的横冲管束的水平，克服了烟管采用光管传热性能差的缺点，使燃气锅炉的结构更加紧凑；

④ 这种锅炉在燃气爆炸时，锅炉本体受破坏的可能性小，因为其燃气通道的承压能力比水管锅炉高；

⑤ 对水处理要求较低，水容积较大，对负荷变化的适应性强。

这种锅炉近年来在结构上有许多改进，特别是对火筒结构上的改进。例如，采用湿背式火筒结构代替干背式结构，避免第一回程出口转向烟室难以密封的问题，这种锅炉更适于微正压燃烧。烟气通道的密封问题，也解决得很完善。采用先进的隔热保温材料减少了散热损失，进一步提高了热效率。

卧式火管锅炉常用的烟管结构形式，一般按烟气的回程数分类，生产实践中大多是三回程的，此外还有二回程和四回程，甚至五回程的。二、四回程的烟囱在炉前，安装使用不方便；五回程的结构太复杂，一般少用。卧式锅壳式燃气锅炉的结构形式见图 28-2-3。

采用卧式锅壳式锅炉较易采用微正压燃烧，密封问题比较容易解决，而且火筒的形状比较符合燃气火焰形状，炉膛和对流受热面布置起来比较容易，可采用多回程，布置适当的尾部受热面以降低排烟温度。

WNS 系列燃气锅炉容量一般在 1t/h 以上，其最大容量可达 20～25t/h，工作压力可达 1.6～2.5MPa。热负荷小（≤10MW）的锅炉采用单炉胆布置，热负荷大（≥10MW）的锅炉采用双炉胆布置。一般卧式锅壳式燃气蒸汽锅炉的热效率在 87%左右，排烟温度一般为 250℃；节能型燃气锅炉的排烟温度基本上和大容量的工业锅炉相同，可达 130～140℃。其热效率可达 93%左右。

卧式锅壳式燃气锅炉的结构比较固定，其变化主要是对前后烟箱、尾部受热面的布置进行改革，主要结构形式有干背式顺流燃烧锅炉、湿背式顺流燃烧锅炉和湿背式中心回焰燃烧锅炉（图 28-2-3）。

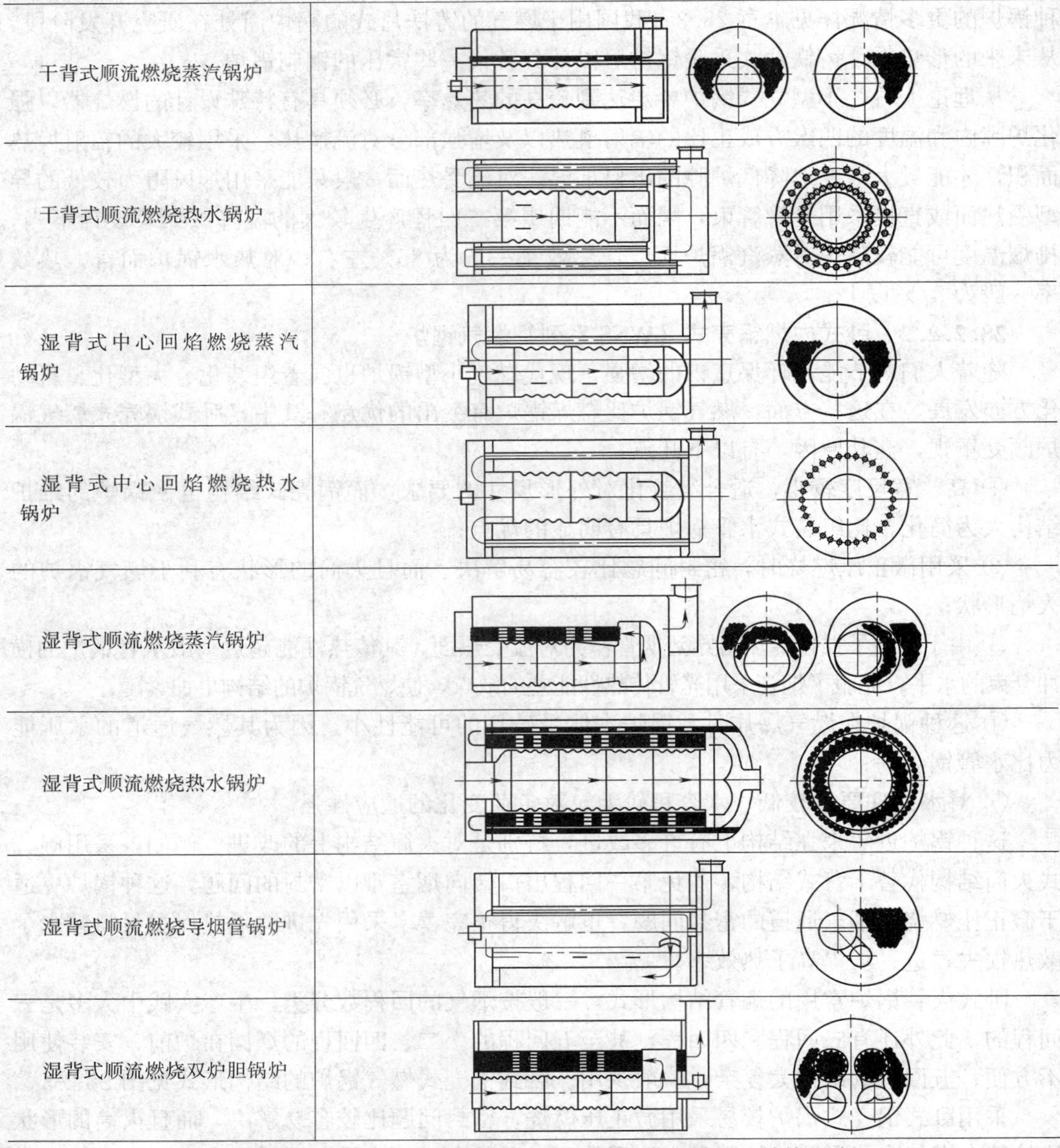

图 28-2-3　卧式内燃锅壳式（WNS 系列）燃气锅炉的结构形式

① 1t/h 以下的锅炉可以采用干背式顺流燃烧锅炉的结构。

② 2t/h 以下的蒸汽锅炉可以采用湿背式顺流燃烧锅炉结构。湿背式中心回焰燃烧热水锅炉最大容量可达 2.8MW，而其最小容量往下可延伸到 0.05MW，是 1.4MW 以下卧式热水锅炉的最佳结构。

③ 2t/h 以上的蒸汽锅炉均可采用湿背式顺流燃烧锅炉结构（见图 28-2-4）。大型燃气锅炉一般采用这种锅炉结构。这种锅炉也使其他受热面（过热器、尾部受热面）的布置更加灵活，而且可根据热负荷的大小选择单炉胆或双炉胆结构。

卧式锅壳式锅炉总体上可分为干背和湿背式结构，图 28-2-3 序号 1、2 为干背式锅炉简图。可以看出，燃气空气混合物点燃后生成的燃烧产物到达炉胆的另一端后，经耐火砖隔成的烟室折转进入烟管，多为二、三回程结构。干背式锅炉结构、制造工艺简单，制造工时省，因此采用这一结构的厂家很多，但运行暴露出来的问题很多，干背式结构锅炉的燃烧器喷出燃料点燃后生成的燃烧产物，在面积有限的炉胆内换热。炉胆出口的高温烟气直接和后烟箱盖接触并对其冲刷。后烟箱盖多为耐火砖制成，容易损坏，不得不经常停炉修理，缩短了锅炉的正常运行周期。锅炉容量越大，这一情况越严重。但随着锅炉容量的减小，炉胆的相对面积增加，炉胆出口温烟大为降低，可明显改善烟气对后烟箱盖的冲刷和破坏程度。经过计算认为，1.0t/h 以下的锅炉可采用干背式结构，而这一结构显然不适合容量较大的锅炉。

图 28-2-3 序号 5、6、7、8 是全湿背式顺流式结构，这种湿背式结构较多地用于燃气锅炉，主要是因为该锅炉的湿背式结构避免了干背式结构后烟箱盖受高温烟气直接冲刷容易损坏、不得不经常停炉修理的缺点，从而延长了锅炉的正常运行周期，大大降低了维护费用。另外经过炉胆和第一回程烟管的换热，至前烟箱时烟温已较低，使得前烟箱门的制造简单。但这一结构的回燃室制造起来比较复杂，装配起来也比较困难，要增加很多辅助部件，其制造成本包括一些模具的初投资较高。此外，焊缝数量较多，焊接工作数量大，比较适合现代大规模生产。这种锅炉在熟练制造工艺的前提下，无论是燃烧过程还是结构本身以及运行都具有很高的可靠性。这也是经常采用这种结构的一个主要理由。目前我国几家专业的燃气锅炉制造厂采用这一结构已成功地制造出 12t/h、15t/h、20t/h 的蒸汽锅炉。

图 28-2-3 序号 3、4 是全湿式中心回焰燃烧结构，这种悬浮式全湿背炉胆是英国换热器公司的一项技术革新，后来日本川崎重工的 KS 型锅炉和平川铁工所的 MP-800、东京煤气公司的 MP－2000，还有意大利 NVA 型热水锅炉也都相继采用了这种结构。该结构有如下几个特点：

① 受热面积优化。根据炉膛辐射换热量和温度的四次方成正比的原理，该炉炉膛空间大，有效辐射受热面大，炉膛辐射吸热量占总吸热量的比例大。表 28-2-1 列出了几家锅炉厂 4 t/h 的燃气锅炉的炉胆辐射吸热量和对流吸热量份额比较，可以发现这种锅炉辐射换热面的有效利用比较好。

② 炉内气流组织均匀。由于高速火焰对回流的卷吸作用，炉内的温度场极为均匀，且降低了火焰的温度，可有效抑制 NO_x 的生成，是一种有利于环境的燃烧方式。同时由于回流的紊流作用，增加了气流和壁面的对流换热，特别当在火焰中心附近设置波纹炉胆时，对流换热更加强烈。

4t/h 二、三回程燃油和燃气锅炉吸热量份额的比较　　表 28-2-1

名称 项目	全螺纹管三回程燃油锅炉	全螺纹管三回程燃气锅炉	全光管二回程燃油锅炉	全光管二回程燃气锅炉	中心回焰二程燃油锅炉	中心回焰二程燃气锅炉
辐射受热面积（m^2）	10.96	9.04	12.26	14.35	12.80	12.80
对流受热面积（m^2）	57.68	60.56	66.16	59.57	54.32	50.47
辐射吸热份额（%）	53.10	46.6	55.50	53.00	69.90	72.12
对流吸热份额（%）	46.90	53.4	44.50	47.00	30.10	27.98

③ 烟管管束为单回程，有效地降低了本体的烟风阻力。可显著降低鼓风机的运行电耗，且该炉不需要引风机，降低了对燃烧器所需克服背压的要求。

④ 散热损失少，可获得比其他结构更高的热效率。和干背式比，没有后烟箱盖的散热，和其他湿背式锅炉相比，因为本体的流阻小，其前烟箱盖可采用夹层风冷的两层结构，燃烧用的空气从耐火材料层外侧进入，一方面起冷却作用，降低烟箱盖的表面温度，另一方面被预热的空气可强化燃烧。

⑤ 结构简单，符合锅炉制造厂制造工艺的要求，也符合用户对运行和维护的要求。

⑥ 全湿背式中心回燃结构也存在一些缺点：当锅炉容量太小时，炉胆受热面积的相对增加量比较大，辐射吸热量很大，低温回流的卷吸作用将影响燃烧的稳定。故这种结构不宜在容量太小的锅炉上采用。另外这种结构对前烟室的要求较高。国外这种锅炉前烟室的耐火层都是异型浇筑，密封和固定都比较好，特别是这类锅炉中的中心对称热水锅炉，加上异型浇筑的耐火层，结构紧凑，更具有特别的魅力。

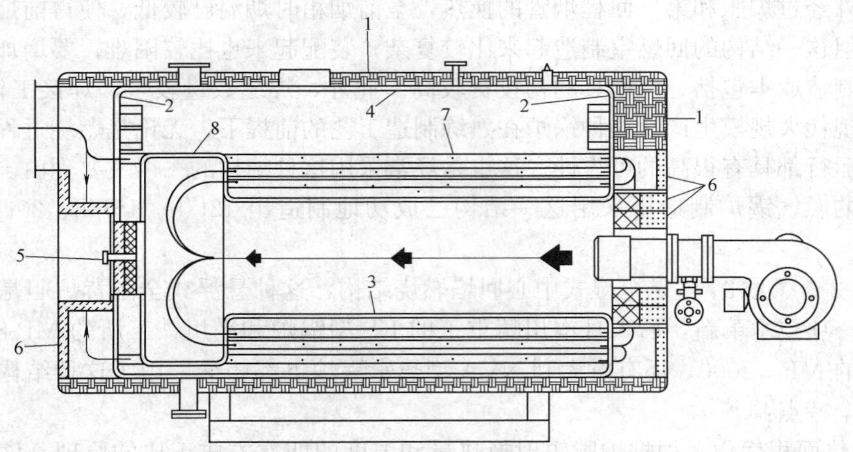

图 28-2-4　典型的全湿背式顺流燃烧式结构的（WNS 系列）燃气锅炉

1—保温层；2—前后管板；3—炉胆；4—锅壳；5—观火孔；6—保温层；7—烟管；8—回燃室

以上所谈到的三种炉型都有一些各自的变种，如干背式可采用不同的二、三回程；湿背顺流燃烧式炉胆可以偏置，也可以轴对称布置；全湿背式中心回燃结构的炉胆不仅可以轴对称布置，也可以中心对称布置，有时还可以偏置。这种偏置式的布置虽然在水循环方面有一些好处，但偏置时对燃烧气流的流动有一定的影响。图 28-2-4 示出了典型的全湿背式顺流燃烧式结构的燃气锅炉。

28.2.3 水管燃气锅炉

在中小型锅炉的范围内，水管锅炉比锅壳式锅炉在以下几方面具有明显的优势：

① 能适应锅炉参数（工质温度和压力）提高的要求。从工业生产的角度讲，更高的蒸汽温度和压力可降低工业生产机械的重量和尺寸，提高生产效率。而以炉胆和锅壳为主要受压元件的锅壳式锅炉当用于高的温度和压力时会显著增大受压元件的壁厚，不仅增加锅炉的钢耗量，而且使锅炉受热面的布置和锅炉的运行缺乏灵活性。

② 各种受热面的布置比较灵活。不仅能较方便地设置尾部的空气预热器和省煤器，还可以根据工业生产的需要，设置过热器。

③ 有更高的安全裕度。水管锅炉的汽包不承受直接的辐射和火焰冲击，安全性较高，另外其承受直接辐射和火焰冲击的受热面管件如果发生爆管事故也比锅壳式锅炉炉胆发生破裂的危害程度小。

但是，水管锅炉对水质的要求较高，生产时需要更大型、更先进的焊接、加工设备。

中小型水管燃气锅炉也有立式和卧式两种。在 2t/h 以下的范围内，立式水管锅炉得到了很大的发展。

28.2.3.1 立式水管燃气锅炉

小型立式水管燃气锅炉在国外获得了广泛的应用，形成了较有影响的且比较固定的几种结构形式。立式水管燃气锅炉占地面积小、结构紧凑，制造比较精巧；但所有这些水管锅炉对水质的要求较高，对自动控制和辅助设施的要求同样也比较高，如这些锅炉必须配备自动加药器和自动给水软化器，需要经常维护和检查。

立式水管锅炉的结构比较紧凑，炉体为燃烧器置顶式，上下矩形集箱之间焊有二圈水

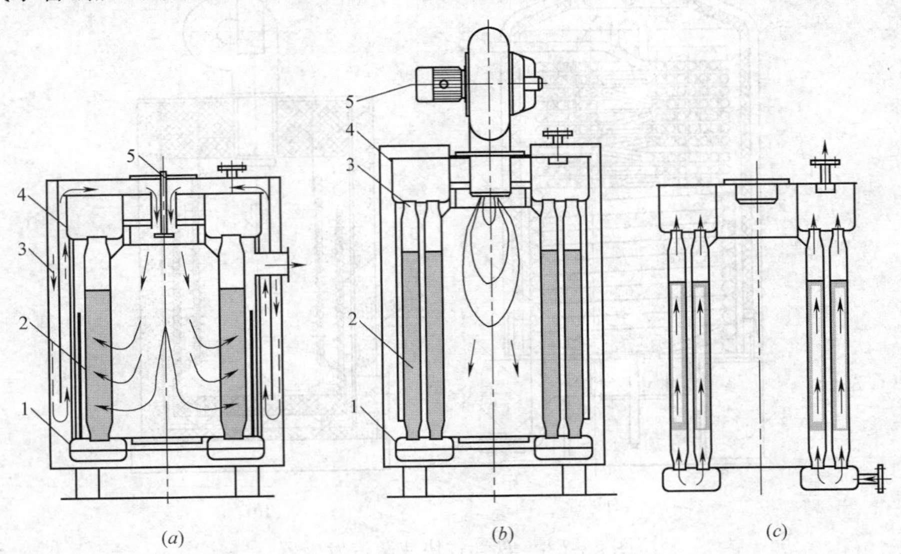

图 28-2-5 立式直水管锅炉的示意图

(a) 单圈直水管锅炉：1—下集箱；2—直水管束；3—风道；4—上集箱；5—燃气燃烧器

(b) 双圈直水管锅炉：1—下集箱；2—直水管束；3—缩径；4—上集箱；5—燃气燃烧器

(c) 双圈直水管锅炉水循环示意图

管，燃料在炉膛内燃烧后，经侧面出口进入二圈水管之间进行横向冲刷后至烟囱。这使锅炉效率大大提高，排烟温度降低。虽然大致结构相同，但还有一些类似的立式锅炉在此基础上进行了很多改进。目前这种锅炉自动控制程度高，一般容量特别小的锅炉只有一圈水管，燃料在炉膛内燃烧后经下部微隙出口上行至烟囱；容量稍大的锅炉有二圈水管，燃料在炉膛内燃烧后，经侧面出口进入二圈水管之间进行横向冲刷后至烟囱，具有较高的锅炉效率。

图 28-2-5 给出了两种比较常用的立式水管锅炉的示意图，其中图 28-2-5（*a*）为容量特别小的锅炉，只布置一圈水管，燃气在炉膛内燃烧后经下部微隙出口上行至烟囱。为了降低排烟温度，外层设置了风冷炉衣，同时也提高了热效率。容量较大的锅炉布置两圈水管，如图 28-2-5（*b*）所示。燃气在炉膛内燃烧后经侧面出口进入二圈水管之间进行横向冲刷后至烟囱。与图 28-2-5（*a*）相比，具有较低的排烟温度和较高的热效率。

还有两种立式的锅炉属采用强制循环盘管式水管直流锅炉。直流锅炉是指锅炉的给水依靠水泵的压力在受热面中一次流过产生蒸汽的锅炉。这种设计结构简洁流畅，受热面安排合理，需要比较高的制造和集成技术，对盘管的膨胀性能进行准确的计算。由于直流锅炉的工况不稳定，没有固定的气水分界线，对锅炉的控制技术要求较高。一般直流锅炉都用于大型发电机组。随着控制技术的发展，目前开始用于小容量、低参数的燃气锅炉，并获得了推广。

图 28-2-6（*a*）是美国克雷登（Clayton）公司生产的立式盘管式快速蒸汽发生器，该锅炉结构比较独特，采用了一些比较先进的制造技术，设计比较考究，但同样对水质和操作管理提出了更高的要求。该锅炉结构比较简单，主要受压元件为盘管和汽水分离器。它

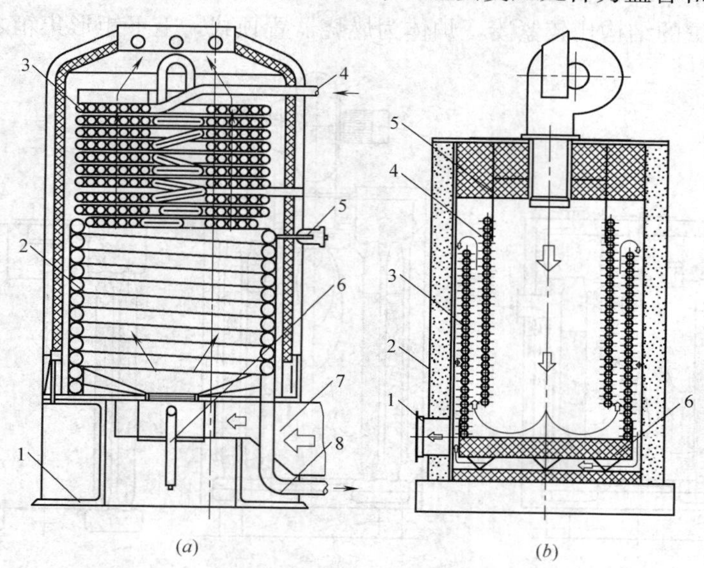

图 28-2-6　盘管式快速蒸汽发生器

（*a*）Clayton 锅炉：1—底座；2—盘管受热面；3—螺旋对流管束；4—给水；5—温控器；6—燃烧器；7—风道；8—蒸汽出口

（*b*）Garioni 锅炉：1—烟气出口；2—保温层；3—外圈螺旋管；4—内圈螺旋管；5—耐火材料；6—烟气堵头

采用单一的锅炉盘管，自给水入口至汽水分离器出口为单一的螺旋形锅炉管。盘管是由一根螺旋形的、分段放大的、不同直径的管子制成，以适应当流体流经盘管被加热后密度的变化并达到控制流体的流速。同时，强制循环的水高速通过管子可分散气泡，以利于有效的热交换。由于采用盘管，受热后能自由伸缩，所以锅炉运行后产生的热膨胀对锅炉的影响较小。

锅炉的烟气流向和盘管内水的流向采用逆流布置，锅炉烟气自下而上，水流自上而下。由于盘管进口段内的给水温度比较低，它能充分吸收烟气放出的热量，使排烟温度比较低，提高了锅炉效率。

克雷登锅炉是由于采用直流盘管结构，无大型的锅筒，传热采用逆流布置，传热效率高，并且锅炉本体、汽水分离器、水泵、风机、燃烧器、控制箱等组装在一起，因而重量轻、体积小、占地少、运输安装方便。克雷登锅炉带有蒸汽吹灰系统，锅炉的安全装置比较完善。

图 28-2-6（*b*）属烟道间隔式盘管锅炉，其结构比较简单，适宜于制造小型快速蒸汽发生器。

燃气锅炉的炉型大致相同，各种类型的锅炉都可以燃烧气体燃料，只是采用的燃烧器有所不同。有些锅炉是油、气两用炉，其燃烧器结构适用两类燃料，但操作方法有区别。因为气体燃料燃烧需要的空间较小，所以专门为气体燃料设计的锅炉，其结构将更加紧凑。

28.2.3.2 卧式水管燃气锅炉

考虑到紧凑和运输的方便，中小型燃气锅炉以卧式居多，比较常见的有 D 型、A 型和 O 型，如图 28-2-7 所示。其共同特点是燃烧器水平安装，操作和检修方便；宽、高尺寸较小，受热面的布置沿长度方向有很大的裕度，利于快装，可组装生产。但随着自动控制技术的发展，锅壳式锅炉的运行控制水平日渐提高，安全性增强，锅壳式锅炉也正向稍大的容量发展。而且有的锅壳式锅炉上也可以布置过热器，再加上烟管的强化传热技术的发展，一般来说容量在 10t/h 以下，和锅壳式锅炉相比，水管锅炉无明显的优势。但当锅炉容量大于 10t/h 或 15t/h 以上，水管锅炉的优势是很突出的。水管锅炉按锅筒布置形式又分为两种，即 SZS 双锅筒纵置式和 SHS 双锅筒横置式水管锅炉。

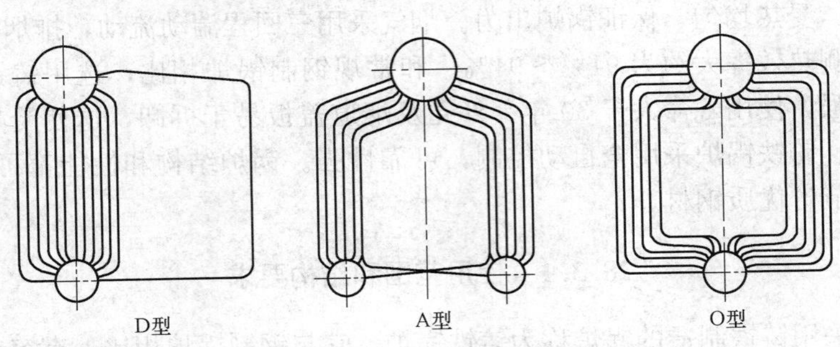

图 28-2-7 卧式水管燃气锅炉的主要三种形式

D 型、A 型和 O 型燃气锅炉中，D 型用得最多，经过了长期的使用考验。从 D 型变化出来的炉型也比较多，而且 D 型在布置过热器和省煤器方面更加灵活。图 28-2-8 所示为 D 型锅炉的一种，被称为 SZS 双纵锅筒锅炉。这种双锅筒的 D 型锅炉需要两个汽包，

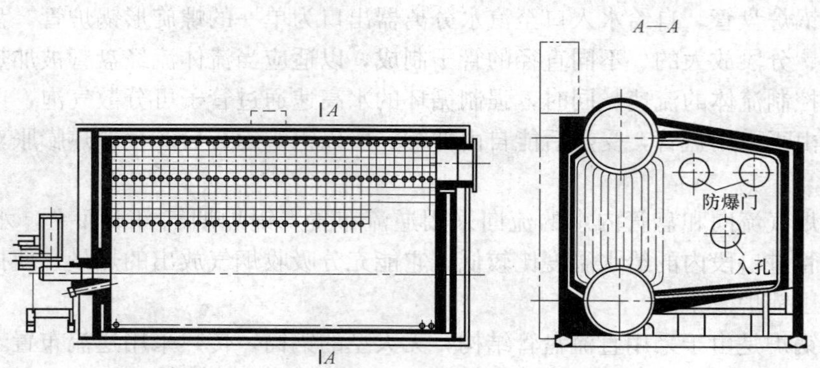

图 28-2-8　SZS 双锅筒纵置式水管锅炉

金属耗量大，除汽包外，其他受压元件还有水冷壁管、对流管束、集中下降管和集箱等。因此目前经常采用的都是一些 D 型锅炉的变种结构。D 型锅炉的变种结构在受热面的布置上更加灵活、锅炉的容量可以达到 100t/h 左右，压力可以达到次高压，即 6.5MPa，过热器的出口蒸汽温度可达 500℃左右。

28.3　组合模块式铸铁锅炉

以燃用天然气、人工燃气、液化石油气等气体燃料发展起来的燃气锅炉目前已在生活、供暖和供热领域获得广泛应用。根据市场调查，已经能够投入使用的燃气锅炉主要为钢制燃气锅炉。这些锅炉在结构和检修维护方面都存在一些问题，特别是常压钢制燃气锅炉，一些厂家制造的锅炉整个结构只是一个焊制的密闭式容器，只有一个燃烧器接口和烟气出口，锅炉中的其他受热面根本无法检修。此外，常压钢制燃气锅炉由于采用开式系统使其锅炉本体易于被水中的溶解氧腐蚀，使常压钢制燃气锅炉的运行寿命在 5 年左右，浪费材料。常压钢制燃气锅炉结构设计没有定型，使得大多数制造厂家生产的锅炉结构没有考虑到锅炉的检修和维护，也造成检修和维护困难，大多成了一次性产品。

铸铁锅炉采用整体强湍动强化传热技术，使锅炉结构紧凑，降低散热损失。受热面三面包覆水介质，受热均匀，保证锅炉出力。烟气采用三回程湍动流动，排烟温度低，锅炉热效率高，实测热效率大约为 91%～94%。和常规钢制锅炉相比，选用铸铁铸造锅炉本体，耐腐蚀性强，使用寿命大于 30 年。外壳及烟道盖板易于拆卸，这使受热面的检修和维护特别简单。铸铁锅炉采用全自动控制，可靠性强。锅炉结构和性能都可达到高水平。锅炉寿命长，节省优质钢材。

28.3.1　使用范围和结构要求

主要结构采用铸铁制造的锅炉称为铸铁锅炉。它与钢制锅炉相比，有突出的优点，如节约能源，从原材料冶炼算起的总能耗可降低 30%～40%；耐腐蚀性好，使用寿命可延长 3～4 倍；金属回收率高，可达 90%左右；结构紧凑；运输、安装方便；锅炉可安装在建筑物的地下室，节约基建投资等。因而，工业发达国家一般采用铸铁锅炉作为小容量供暖锅炉。例如，在日本的全部热水锅炉中，铸铁锅炉约占 54%。在我国，铸铁锅炉近几年也有较大的发展。由于铸铁的强度较低，各国对铸铁锅炉的使用范围做了明确的规定：

1. 使用范围

对于铸铁热水锅炉，我国规程规定：额定出口热水温度低于 120℃且额定出水压力不超过 0.7MPa 的锅炉可以用牌号不低于 HT150 灰口铸铁制造，参数超过此范围的锅炉不应采用铸铁制造。

美国 ASME《锅炉压力容器规范》IV《采暖锅炉》规定：锅炉的运行压力不应大于 1.1MPa，且锅炉出水温度不超过 250°F（121℃）；德国 TRD《蒸汽锅炉技术规范》规定：允许工作压力不大于 0.6MPa；英国 BS 标准规定：出口水温度不超过 100℃或系统中的最小压力下的饱和蒸汽温度减 17℃，并取其中的最小值，工作压力不超过 0.35MPa。日本《锅炉构造规范》规定：出水温度不超过 120℃，水柱静压高度不大于 50m。

2. 铸铁锅炉结构的要求

我国《锅炉安全技术监察规程》TSG G0001 还对铸铁锅炉的结构做了以下规定：

锅炉的结构必须是组合式的，锅片之间的连接处必须可靠地密封；锅片的最小厚度为 10mm，也可采用强度计算的方法确定最小厚度，强度计算时必须采用 GB/T 16508 的铸铁锅炉强度计算方法。

制造单位应制订经过验证的受压铸件的铸造工艺规程，宜采用退火热处理。

受压铸件不允许有裂纹，穿透性气孔，疏松，浇不到，冷隔等铸造缺陷。

28.3.2 整体结构

结构设计是保证锅炉具有优异的综合性能的关键设计步骤，在产品结构设计之前，应首先熟悉规程或标准对锅炉结构的要求。我国《锅炉安全技术监察规程》TSG G0001 第四章对钢制锅炉的结构提出了基本的要求，这些要求同样适用于铸铁锅炉，可以作为我们的基本设计原则：

① 设计时必须考虑结构各部分在运行时的热膨胀；

② 锅炉各部分受热面应得到可靠的冷却并防止汽化；

③ 锅炉各受压部件应有足够的强度。受压元件结构的形式、开孔和焊缝的布置应尽量避免或减小复合应力和应力集中；

④ 锅炉必须装有可靠的安全保护设施；

⑤ 锅炉的排污结构应利于排污；

⑥ 锅炉的炉膛结构应有足够的承压能力和可靠的防爆措施，并应有良好的密封性；

⑦ 锅炉承重结构在承受设计载荷时应具有足够的强度、刚度、稳定性及防腐蚀性；

⑧ 锅炉结构应便于安装、运行操作、检修和清洗内外部。

铸铁热水锅炉可分为整体式铸铁锅炉和组合模块式铸铁锅炉，一般采用锅壳式锅炉结构，目前应用最多的是组合模块式铸铁锅炉，它是由三个基本类型的锅片串接而成，即前锅片，一般用于固定燃烧器和控制器；中间为按锅炉容量大小增减的中锅片，是铸铁锅炉的主要的受热部件；后锅片一般为出烟口和进出水接口以及安装安全阀和压力表的接口。图 28-3-1 给出了这样一种锅炉的结构。

所谓组合模块式供热系统主要包括一台或顺序安装的多台模块锅炉组成的系统。这一系统在安装费用、效率及可靠性方面有着明显的优势。按照不同用户的采暖需求，可以很

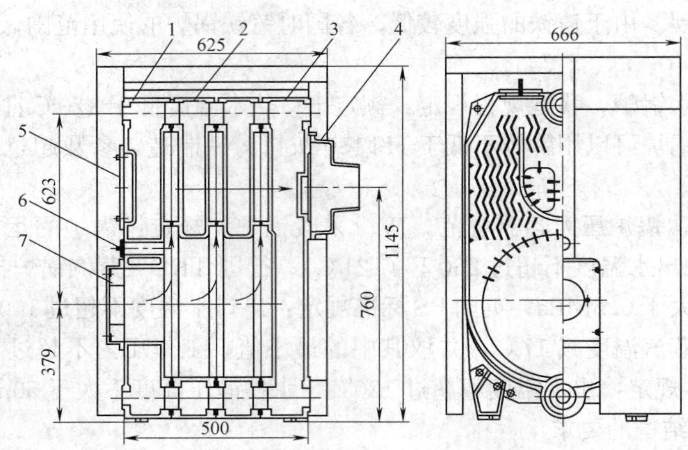

图 28-3-1　组合模块式铸铁锅炉结构简图

1—前锅片；2—中锅片；3—后锅片；4—出烟口；5—检查孔；6—观火孔；7—燃烧器接口

容易地确定一台锅炉需要几个锅片或者当需要改变供热需求时，在该系统中可以较容易地增减锅片或锅炉。铸铁锅炉本体采用锅片式整体铸造，组合式拼装。多台组合模块式铸铁锅炉可以实现“分级启动”，比单台大型锅炉节省燃料。根据需要，组合模块系统可以每次只启动一台。在每台达到满负荷时才启动下一台。

总体上看，锅壳式的燃气铸铁锅炉和钢制燃气锅炉一样，主要有中心回焰和纯三回程结构。中心回焰结构较多，炉胆有烟气分流和无分流两种。当然也有设计成四五个回程的。更有采用中心回焰结构和三、四回程混合结构的。根据前后锅片有没有水冷却也分为干背和湿背。和钢制锅炉不同的是，燃气铸铁锅炉因为铸造的优势一般很容易制造成湿背，而且锅炉前后均可以制成湿背，因此干背的情况较少。和钢制锅炉的结构设计相比，燃气铸铁锅炉提供了更多的设计机会。

基本的锅炉结构告诉我们，中心回焰二回程锅炉结构简单，易于组织铸造和生产，但回焰烟气在炉胆中有分流，烟气在炉内停留时间短，烟气纵掠平板壁面后直接经由上部出烟口排入大气，换热不充分，排烟温度高，热效率低，对燃气铸铁锅炉而言，不是一种值得推荐的结构。中心回焰的假三回程锅炉结构也较简单，但回焰烟气在炉胆中无分流，强化了炉膛辐射换热，对流受热面强制对流，且内置肋片，换热效果稍好，容量一般在70kW 以下。

中心回焰的三回程锅炉结构和中心回焰的二回程或假三回程锅炉相比，虽然回焰烟气在炉胆中有分流，但由于多了一个烟气流程，增加了烟气在炉内和对流受热面的滞留时间，烟气冲刷紧凑结构受热面，换热充分，排烟温度低，热效率高。

中心回焰的四、五回程锅炉结构比中心回焰的假三回程锅炉又多了一到二个烟气流程，显然增加了烟气在炉内和对流受热面的滞留时间，排烟温度降低，热效率更高。但也显著地增加了锅炉的烟气阻力，对燃烧器的背压提出了更高的要求，降低了燃烧器的选用余度，有时可能需要自行设计燃烧器。另外这种结构对铸造要求高，对烟气侧的密封提出更高的要求，同时也增加了锅片串接时的难度。

还有多种类型的铸铁锅炉结构，其优劣与适用性一方面取决于热工特性，另一方面决定于铸造特性。

28.4 燃气锅炉的热平衡计算

锅炉系统的热平衡计算，是为了保证送入锅炉机组的热量与有效利用热及各项热损失的总和相平衡，并在此基础上计算出锅炉机组的热效率和燃料的消耗量。

热平衡计算是在锅炉机组处于稳定的热力工况下进行的。锅炉机组热平衡方程的普遍形式为：

$$Q_r = Q_1 + Q_2 + Q_3 + Q_4 + Q_5 + Q_6 \tag{28-4-1}$$

式中 Q_r——送入锅炉系统的热量，kJ/s；

Q_1——锅炉系统的有效利用热量，kJ/s；

Q_2——排烟带走的热量，kJ/s；

Q_3——气体不完全燃烧（又称化学不完全燃烧）损失的热量，kJ/s；

Q_4——固体不完全燃烧（又称机械不完全燃烧）损失的热量，kJ/s；

Q_5——锅炉系统向周围空气散失的热量，kJ/s；

Q_6——燃料中灰、渣带走的热量，kJ/s。

对气体燃料，上式各热量值均相对于燃用 $1m^3$ 燃气，单位为 kJ/s。

因为气体燃料含灰量很小，Q_6 可以忽略。同时，气体燃料燃烧时，一般没有固体不完全燃烧现象，即 $Q_4=0$。因此，燃气锅炉的热平衡方程可简化为：

$$Q_r = Q_1 + Q_2 + Q_3 + Q_5 \tag{28-4-2}$$

各项热量用其占输入热量的百分数表示，则热平衡方程（28-4-2）可相应改变为：

$$q_1 + q_2 + q_3 + q_5 = 100 \tag{28-4-3}$$

$$q_i = \frac{Q_i}{Q_r} \times 100 \quad (i=1,2,3,5)$$

式中 Q_i——第 i 项热量，kJ/s；

q_1——锅炉系统的有效利用热量，%；

q_2——排烟热损失，%；

q_3——气体不完全燃烧热损失，%；

q_5——散热损失，%。

28.4.1 锅炉输入热量

相应于燃用 $1m^3$ 燃气送入锅炉系统的热量 Q_r（kJ/m^3）是锅炉范围以外输入的热量，可按下式计算：

$$Q_r = H_L + i_r + Q_{wl} \tag{28-4-4}$$

式中 H_L——燃气的低热值，kJ/m^3；

Q_{wl}——用锅炉系统以外的热量加热送入锅炉的空气时，相应于每立方米燃气，空气所具有的热量，kJ/m^3；

i_r——燃气的物理显热，kJ/m³。

用锅炉系统以外的热量加热空气时，随着这些空气带入锅炉（进入空气预热器或直接进入锅炉炉膛）的热量，按下式计算：

$$Q_{wl}=\beta'(H_k^0-H_{lk}^0) \tag{28-4-5}$$

式中 β'——进入锅炉系统的空气量与理论空气量之比，若没有空气预热器，β'可用过剩空气系数α代替；

$H_k{}^0$——按理论空气量计算的进入锅炉系统空气的焓，kJ/m³；

$H_{lk}{}^0$——按理论空气量计算的冷空气的焓，kJ/m³，在没有规定时，冷空气温度可取 30℃。

$H_k{}^0$ 和 $H_{lk}{}^0$ 用加热后的热空气温度和冷空气温度从烟气、空气的温焓表中查得。

燃料的物理显热 i_r，只在燃料用外界热源预热时才计算，其值为

$$i_r=c_r t_r \tag{28-4-6}$$

式中 c_r——气体燃料的平均定压比热，kJ/(m³·℃)；

t_r——用外热源预热后气体燃料的温度，℃。

当不用外界热源预热空气和燃气，也没有自用气带入锅炉的热量时，1m³/s 燃气送入锅炉系统的热量为：

$$Q_r=H_L \tag{28-4-7}$$

锅炉总热损失为：

$$\Sigma q=q_2+q_3+q_5 \tag{28-4-8}$$

锅炉的热效率为：

$$\eta=100-\Sigma q \tag{28-4-9}$$

式中 η——锅炉的热效率，%。

28.4.2 排烟热损失

在燃气锅炉中最主要的损失是排烟损失，它决定于排烟温度和排烟量。对于一定的燃料，排烟量决定于过剩空气系数的大小，而过剩空气系数又是和燃烧状况直接有关的。

排烟热损失 q_2 可用锅炉机组的排烟和冷空气的焓差计算：

$$q_2=\frac{Q_2}{Q_r}\times100=\frac{H_{py}-\alpha_{py}H_{lk}^0}{Q_r}\times100 \tag{28-4-10}$$

式中 H_{py}——在排烟过剩空气系数及排烟温度下，相应于燃烧 1m³ 燃气所排烟的焓，kJ/m³；

α_{py}——排烟的过剩空气系数；

$H_{lk}{}^0$——在送入锅炉的空气温度下，1m³ 燃气所需要的理论空气的焓，kJ/m³。

H_{py}和 $H_{lk}{}^0$ 可由烟气和空气的焓温表查得。

从式（28-4-10）可知，排烟热损失随排烟温度的升高和排烟过剩空气系数的增大而增加。在一般锅炉中，这项损失是所有热损失中最大的一项。对燃气锅炉来讲，一般情况下 q_2 小于 11%。

下列经验公式可以比较方便地估算排烟损失：

$$q_2=\frac{1}{100}[(3.5\alpha_{py}+0.45)t_{py}-3.4\alpha_{py}t_{lk}] \tag{28-4-11}$$

式中 t_{py}——排烟温度，℃；

t_{lk}——冷空气温度，℃；

其余符号的意义同前。

在不同的排烟过剩空气系数 α_{py} 和不同的排烟温度下，假定冷空气温度 30℃，按式（28-4-11）计算排烟损失得到表 28-4-1 结果。

过剩空气系数和排烟温度对排烟损失 q_2 的影响 **表 28-4-1**

排烟过剩空气系数 α_{py}	排烟温度(℃)	排烟损失 q_2(%)
1.15	150	5.54
1.15	180	6.88
1.30	150	6.17
1.30	180	7.67

从上述结果可以看出：当排烟温度在 150℃时，过剩空气系数每增加 0.15，排烟损失将增加 0.6%左右；排烟温度越高，增加得也越多；当排烟过剩空气系数为 1.3 时，排烟温度每增加 10℃，排烟损失将增加 0.5%左右。为防止低温腐蚀，排烟温度往往不能降低得很低，这时降低过剩空气系数的意义更大。降低过剩空气系数能够较多地减少排烟热损失。因此，低氧燃烧既可以提高设备的可靠性，又可以提高效率，值得推广。

28.4.3 不完全燃烧热损失

气体不完全燃烧热损失 q_3 系指排烟中未完全燃烧或燃尽的可燃气体（如 CO、H_2、CH_4 等）所带走的热量占送入锅炉输入热的份额。在设计计算时，对燃用天然气、油田伴生气和焦炉煤气的锅炉，可取 $q_3=0.5\%$；对燃用高炉煤气的锅炉，取 $q_3=1\%$。

对运行中的燃气锅炉，可以用下列经验公式计算气体不完全燃烧热损失：

$$q_3=0.11(\alpha_{py}-0.06)(30.2r_{CO}+25.8r_{H_2}+85.5r_{CH_4}) \tag{28-4-12}$$

式中 r_{CO}、r_{H_2}、r_{CH_4}——烟气中未完全燃烧气体的容积成分。

在实际运行中，中小型燃气锅炉在燃烧良好的情况下，使气体不完全燃烧热损失达到上述设计要求并不困难。不少锅炉运行中此项损失往往可接近于零。但是，在燃烧不良的情况下，此项热损失也可能很高，甚至达到 10%。而且和燃煤、燃油锅炉不同，燃气锅炉即使 q_3 值很大往往不冒黑烟，所以直观上较难判断燃烧是否恶化。正因为如此，在运行中这项热损失常常得不到重视。

气体不完全燃烧热损失的大小主要取决于燃气成分、炉膛过剩空气系数、所用燃烧器与炉膛匹配是否适当以及运行操作是否合理。一台运行的锅炉，此项热损失究竟有多大，要靠烟气分析的结果确定。

由于目前采用的烟气分析和炭黑未完全燃烧损失的测量方法还不很完善，对一般锅炉，q_3、q_4 的变化规律也还不甚清楚；一般来说，q_3、q_4 和过剩空气系数的关系如图 28-4-1 所示，当过剩空气系数低于临界值时，烟囱开始冒黑烟，q_3、q_4 很快增加，而且几乎

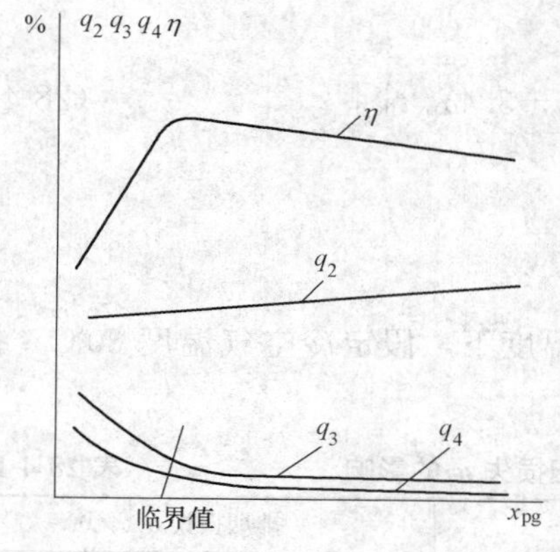

图 28-4-1　过剩空气系数对热损失的影响

是同时增加。因此，当烟囱冒黑烟时，不仅有机械未完全燃烧损失，必然同时有较大的气体未完全燃烧损失。而且这时还将加剧尾部受热面的积灰，影响规律出力、效率和安全性，同时污染大气。

在燃烧比较理想的情况下，气体不完全燃烧损失和机械不完全燃烧损失之和应当小于 1.0%。

28.4.4　散热损失

散热损失 q_5 是指锅炉围护结构和锅炉机组范围内的气、水管道以及烟风道等，受外部大气对流冷却和向外热辐射所散失的热量。它与周围大气的温度（露天布置时的室外温度、室内布置时的室内温度），风速、围护结构的保温情况以及散热表面积的大小、形状等有关，同时还与锅炉的额定容量和运行负荷的大小有关，一般根据经验数据和近似计算的方法确定。对于砖砌散装锅炉，散热损失 q_5 可从图 28-4-2 查得。

对砖砌组装和散装锅炉也可以从表 28-4-2 中查取散热损失 q_5 的数值。

锅炉的散热损失　　　　表 28-4-2

锅炉额定容量 D(t/h)		2	3	4	5	6	8	10	20	30
q_5 (%)	无尾部受热面	3.5	2.5	2.1	1.8	1.6	1.3	—	—	—
	有尾部受热面	—	3.3	2.9	2.5	2.2	2.0	1.7	1.3	1.1

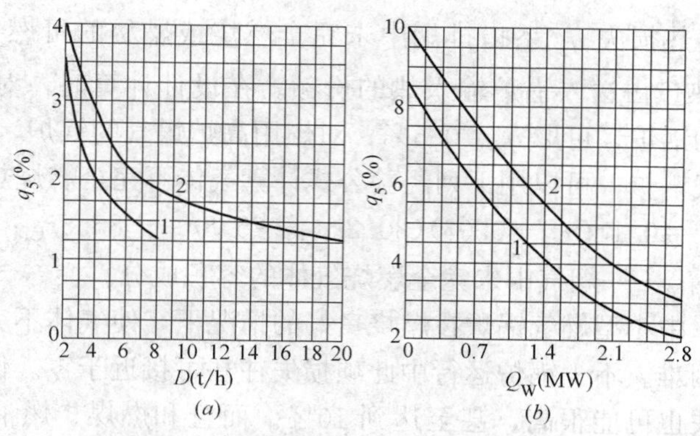

图 28-4-2　锅炉系统散热损失

(a) 蒸汽锅炉；(b) 热水锅炉

1—锅炉本体（无尾部受热面）；2—锅炉本体（包括尾部受热面）

对额定容量 $D \leqslant 2$t/h 的快装锅炉，可按下式计算散热损失 q_5：

$$q_5 = \frac{0.465A}{Q_r} \times 100 \tag{28-4-13}$$

式中　A——锅炉的散热表面积，m^2；

Q_r——送入锅炉系统的热量，kJ/s。

上式是按每平方米炉墙表面积的散热量 0.465kW 来计算的，上式只适合小型锅炉。

显然，上述确定散热损失的方法是比较粗糙的，特别对现代中小型燃气锅炉，锅炉体积已显著减小，热效率有明显提高，散热损失在各项热损失中所占份额也比较大（仅次于排烟损失）。因此，这项热损失的大小对锅炉热效率的影响不可低估。应重视锅炉的保温隔热结构，尽量减小这项热损失；另外，应探求比较准确的计算和测试方法。目前，国外一些设计较好的小型燃气锅炉，额定工况下的散热损失已能达到 1%以下。而要把一般的燃气蒸汽锅炉热效率，在不设尾部受热面的情况下提高到 90%左右，降低散热损失已成为关键的措施。

在非额定工况下，散热损失与锅炉的负荷成反比，即：

$$q_5' = q_5 \frac{D}{D'} \tag{28-4-14}$$

式中 q_5'——非额定工况下的散热损失，%；

q_5——额定工况下的散热损失，%；

D——额定工况下的蒸发量，t/h；

D'——非额定工况下的蒸发量，t/h。

中小型锅炉常在较低的负荷下运行，其散热损失对锅炉热效率的影响更为显著。这一点可从表 28-4-3 所列的数据明显看出，同时，也可进一步了解降低散热损失的重要性。

散热损失与锅炉负荷变化的关系 **表 28-4-3**

锅炉额定工况下的 q_5（%）	在下列非额定工况（%）下的 q_5（%）		
	80	50	20
2.0	2.5	4	10
1.0	1.25	2	5
0.5	0.625	1	2.5

在锅炉热力计算中为了方便起见，假定各烟道的散热量和该烟道中烟气放出热量成正比，因此可在各受热面计算中引入保热系数以考虑散热损失。保热系数可按下列公式计算：

$$\varphi = 1 - \frac{q_5}{\eta + q_5} \tag{28-4-15}$$

28.4.5 锅炉有效利用热

锅炉有效利用热 Q_1 系指锅炉供出工质的总焓与给水焓的差值，对饱和蒸汽锅炉为：

$$Q_1 = \left[(D+D_{zy})\left(H_{bq} - H_{gs} - \frac{rW}{100}\right) + D_{pw}(H_{bs} - H_{gs})\right] \tag{28-4-16}$$

对于过热蒸汽锅炉：

$$Q_1 = [D(H_{gq} - H_{gs}) + D_{zy}(H_{zy} - H_{gs}) + D_{pw}(H_{bs} - H_{gs})] \tag{28-4-17}$$

式中 D——锅炉蒸发量，kg/s；

D_{zy}——锅炉自用蒸发量，kg/s；

D_{pw}——锅炉排污量，kg/s；

H_{bq}——饱和蒸汽焓，kJ/kg；

H_{gq}——过热蒸汽焓，kJ/kg；

H_{zy}——自用蒸汽焓，kJ/kg；

H_{bs}——饱和水焓，kJ/kg；

H_{gs}——给水焓，kJ/kg；

r——蒸汽的潜热，kJ/kg；

W——蒸汽湿度，%；按饱和蒸汽的质量标准规定，对于水管锅炉，饱和蒸汽的蒸汽湿度不大于 3%；对于锅壳式锅炉，饱和蒸汽的蒸汽湿度不大于 5%。

当锅炉的排污量不大于 2%时，排污水的热耗可以忽略不计。

对热水锅炉：

$$Q_1 = Gc_s(t_{rs} - t_{hs}) \tag{28-4-18}$$

式中　Q_1——热水锅炉的输出热量，MW；

G——循环水流量，kg/s；

t_{rs}——热水温度，℃；

t_{hs}——回水温度，℃；

c_s——水的比热，一般取 0.0041868MJ/(kg·℃)。

28.4.6　锅炉的热效率和燃料消耗量

锅炉的热效率为：

$$\eta = 100 - (q_2 + q_3 + q_4 + q_5 + q_6) \tag{28-4-19}$$

锅炉燃料消耗量：

$$B = \frac{Q_1}{\eta H_L} \times 100 \tag{28-4-20}$$

式中　B——燃料消耗量，m^3/s。

28.5　燃烧器的选择与布置

在锅炉内有效地利用燃气的热量，首先要使燃气良好地燃烧。而良好燃烧，主要取决于燃烧器的性能及其与锅炉的匹配。

燃气燃烧器种类繁多，各有其特点，而现代燃气锅炉，也是各式各样，对燃烧器提出了不同的要求。锅炉和燃烧设备总是相互适应而又相互矛盾地发展着，一种适用于各种燃气锅炉的燃烧器是不存在的。因此。根据燃烧器和锅炉的具体特性，合理地进行组合，充分发挥所用燃烧器和锅炉的特长，就成为锅炉设计及其技术改造中的一个重要问题。

28.5.1　锅炉对燃烧器的要求

选择燃烧器，要根据锅炉的特点和使用条件，对可能采用的燃烧器从以下几方面进行比较。

1. 燃烧特性

表征燃烧器燃烧的标准，首先是燃烧的完全程度。也就是要求尽量降低燃气不完全燃烧热损失 q_3。

燃烧的完全程度，主要与燃气和空气混合的均匀程度及空气量是否充足有关。一般在空气量充足、混合良好的情况下，使燃气不完全燃烧热损失 $q_3=0$ 并不困难。燃用天然气和油田伴生气以及焦炉煤气等高、中等热值气体燃料时，不完全燃烧热损失不应超过 0.5%；燃用高炉煤气等低等热值燃气时，不应超过 1.5%。当采用燃气与空气预先混合的燃烧器（无焰燃烧或大气式燃烧）时，容易使不完全燃烧热损失控制得比扩散燃烧时更小些。

由式（28-4-10）可知，降低烟气中的过剩空气系数，是降低排烟损失 q_2 的有效措施。排烟中的过剩空气量主要取决于燃烧时的过剩空气量与烟气通道的漏入空气量之和。对微正压运行的锅炉，烟气通道漏入的空气量为零。因此，排烟中的过剩空气量主要取决于燃烧时的过剩空气量。在完全燃烧情况下，降低燃烧时的过剩空气量，对提高锅炉的热效率是有好处的。对采用烟气与水直接接触换热的锅炉或受热部件，降低烟气中的过剩空气量能提高烟气中水蒸气的分压力，因而能提高被加热水所能达到的温度。所以，燃烧器能否保证锅炉在尽量低的过剩空气系数下运行，就成为燃烧器燃烧性能的又一重要指标。

燃烧器产生的火焰特性，如辐射特性、射程和火焰的形状等，对炉内换热和锅炉的其他特性（如低 NO_x 特性等）关系密切。例如，采用扩散燃烧时，得到半发光火焰，比无焰燃烧时的火焰辐射能力强，对炉内传热有利。又如，采用中心回焰燃烧时，要求燃烧器喷出的气流能有较高的速度和较大的射程，以使炉内火焰充满程度较好。在四角布置燃烧器的较大的炉膛中，也要求火焰有较大的射程。另外，在火筒炉膛中，要求火焰为圆形，而在其他炉膛中，有时采用缝形燃烧器产生的扁平火焰却能改善炉内火焰的分布状况。在利用耐火材料加强炉内辐射传热时，要求火焰以较高的速度冲刷作为二次辐射装置的耐火材料，以提高辐射面的温度，因而需要与辐射面相适应的火焰形状。

提高燃烧速度是现代中小型燃气锅炉的发展趋势。高速燃烧能减小燃烧器和炉膛的尺寸，是锅炉小型化的重要措施。因而，燃烧速度就成为燃烧器的又一个特性指标。

2. 调节性能

燃烧器的调节性能（包括调节范围和在调节范围内燃烧特性的变化等）对中小型锅炉特别重要。因为这些锅炉常在负荷多变的情况下使用。

中小型燃气锅炉往往要在 25%的负荷下运行。因而要求燃烧器有很宽的调节范围。一般扩散式燃烧器均能在 25%或更低的负荷下稳定地运行。燃气与空气预先完全混合的燃烧器，低负荷时容易回火，例如，引射式无焰燃烧器，一般只能在 50%以上的负荷下稳定地运行。

大多数燃烧器在低负荷下都不能完全保证上文所述的燃烧特性。特别是过剩空气系数会随负荷降低而提高（如不提高过剩空气系数，就会使气体不完全燃烧损失增加）；火焰的射程会明显地缩短。

特别要指出的是引射式燃烧器对炉内负压的变化非常敏感。炉膛负压偏离设计工况时，会使空气量不足而引起不完全燃烧。但这种燃烧器在开始调整得较好时，随负荷变化能自动保持空气和燃气的比例，获得较好的燃烧效果。

3. 容量范围

选用燃烧器时，要考虑各种燃烧器能达到的容量范围。自然供风的各种燃烧器，单个容量太大在结构上有困难，而且使燃气与空气均匀混合也比较困难。例如，引射式无焰燃烧器在使用一个燃气喷嘴时，单个燃烧器的燃气量达到 $100m^3/h$，就会使燃烧器的长度达

1.5～2.0m，而且噪声很大。如果采用多喷嘴和矩形混合室，最大容量目前只能达到500～1000m^3/h。自然供风的扩散式燃烧器，能达到的最大容量更小，这是因为进风速度低，要得到良好的混合比较困难。

机械鼓风的各种燃烧器容量可做得很大，一般足够中小型锅炉使用。

4. 环境保护方面的要求

燃烧器运行中对环境的危害主要是噪声和有害气体。

不同燃烧器运行时发出的噪声相差很大。例如，引射式燃烧器运行中噪声就比较大。即使设计良好的这类燃烧器，运行时在距燃烧器 2m 处高频噪声也在 70dB 以上，有的则超过 85dB。扩散式燃烧器噪声较小，特别在燃气压力比较低时，其运行噪声对人没有危害。值得注意的是，选用机械鼓风的燃烧器时，鼓风机的噪声往往比燃烧器的噪声还要大，应采取必要的消声或隔声措施。

烟气对大气的污染和对锅炉本身的危害很多，防治办法中有许多直接与燃烧器的结构、形式有关。各种低氧燃烧的燃烧器和低 NO_x 燃烧器，在国内外均在大力研究和推广使用。选用燃烧器时必须考虑这方面的要求。

5. 使用条件和燃烧器结构

选用燃烧器时，必须使其适应于具体使用条件，诸如燃气的品种、压力、温度；空气的压力、温度和炉内压力等。此外，还要考虑燃烧器运行的能量消耗。如引射式燃烧器利用了燃气的压力能，能量的消耗就较省。

燃烧器结构的复杂程度、对制造安装精度的要求、外形尺寸的大小、对燃烧道和炉膛的要求等，也要综合考虑。

6. 对燃料的适应性

中小型锅炉的实际使用条件，往往要求能燃用多种燃料，如改变燃气的品种，由气体燃料改燃液体燃料或固体燃料，或两种、甚至三种燃料混烧。当然，要用一种燃烧设备轻易地切换三种状态（气体、液体和固体）的燃料几乎不可能。但采用油气两用燃烧器还是可行的。如果不要求几种燃料混烧，最好采用比较容易拆装或便于绝热保护的单一燃料的燃烧设备。这样能更好发挥各种燃烧设备的特长并容易实现自动控制。

7. 实现自动化的难易难度

燃烧的自动调节与燃烧器性能和数量关系很密切。例如引射式无焰燃烧器，在负荷变化时，随着引射气流速度的变化，一般能自动保持合适的空燃比（空气和燃气的比例），因而使调节对象减少到一个，而其他燃烧器在负荷变化时，必须同时调节风量和燃气量，调节对象是两个，调节系统就比较复杂。

28.5.2 燃烧器数目的确定

确定锅炉所用燃烧器的数目时，应考虑以下几个问题。

① 燃烧器的容量和调节范围。当单个燃烧器的调节范围较小时，为了增大锅炉运行时的调节范围，可选用多个燃烧器。这样可以用关闭部分燃烧器的方法适应低负荷的要求。例如，采用一个调节比为 1∶2 的燃烧器时，锅炉只能在 50%以上的负荷下工作；而当装设两个容量较小的这种调节比的燃烧器时，锅炉即可在 25%以上的负荷下工作。对于容量较大的锅炉，如没有大容量的燃烧器，也可采用多只较小燃烧器。

② 多燃烧器能使炉内温度比较均匀，而且每个燃烧器的燃气量较小，容易得到较完全的燃烧（空气和燃气容易混合均匀）。

③ 燃烧器的数目还受炉膛形状和布置条件的制约。例如，单火筒的火烟管锅炉，一般只能装设一个燃烧器；四角布置或对冲布置燃烧时，燃烧器的数目应成偶数；又如，保留原燃煤设备而改烧燃气时，往往只能在侧墙布置燃烧器，为使炉内温度比较均匀，常采用多燃烧器。

在有过热器的锅炉上，如果采用调整燃烧的方法调节过热蒸汽温度时，往往在炉膛上部装设调温燃烧器，使燃烧器数目增多。

④ 燃烧器数目也不宜过多。燃烧器数目过多会引起许多严重问题。首先，多燃烧器在操作上很不方便，手动操作时，很难使几个燃烧器都在最好的工况下运行。如果采用自动调节，则因调节对象多，使自动控制系统复杂化。而且，相邻燃烧器的光、热干扰，会降低熄火保护系统中感受元件（光敏或热敏元件）工作的可靠性，否则，必须采用一些特殊的保护措施。几个燃烧器同时运行时，某一燃烧器事故熄火，容易引起爆燃或炉膛爆炸。另外，锅炉低负荷运行时，停运燃烧器的冷却、漏风等问题，均难得到合理解决。

燃烧器数目多时，制造、安装费用、燃气管线和风道及其配件的制造、安装费用将大大增长。在管道和风道布置方面也将引起困难。自动调节和自动保护系统的费用会成倍增长，并使其可靠性降低。同时增加维修工作量。

因此，新设计的中小型燃气锅炉，应尽量设一个燃烧器。一般不应超过两个。近年来，国外容量 30～100t/h 的燃气锅炉，大多只装一个燃烧器，就是这个道理。

28.5.3 燃气锅炉燃烧器选用和布置

1. 燃气锅炉燃烧器选用

燃气锅炉燃烧器的选用应根据锅炉本体的结构特点和性能要求，结合用户使用条件，作出正确的比较，一般可按下列几条原则进行选择：

① 根据用户使用燃料的类别选用。人工燃气、天然气、液化石油气和沼气应有必要的分析资料：燃气成分、热值、供气压力、密度等。

② 根据锅炉性能及炉膛结构来选择燃气燃烧器的类型。

③ 燃烧器输出功率应与锅炉额定出力相匹配，选择好火焰的形状，如长度和直径，使之与炉膛结构相适应。燃气应与空气迅速均匀混合，保证燃烧完全。

对燃煤锅炉改造成燃气锅炉的情况，先确定出额定出力和锅炉效率，计算出燃料消耗量，然后按所选单个燃烧器的功率确定燃烧器的配置数量。燃烧器的数量按前节有关内容确定。

④ 燃烧器调节幅度要大，能适应锅炉负荷变化的需要，保证在不同工况下完全稳定地燃烧。

⑤ 烟气排放和噪声的影响必须符合环保标准的要求，主要是 SO_2、CO 和 NO_x 的排放量必须低于国家的规定，应选用低 NO_x 和低噪声的燃烧器。

⑥ 燃烧器组装方式的选择，燃烧器组装方式有整体式和分体式两种。整体式即燃烧器本体、燃烧器风机和燃烧系统（包括稳压器、电磁阀、伺服电动机等）合为一体；分体式即燃烧器本体（包括燃烧头、燃烧系统）、燃烧器风机和燃烧器控制系统（包括控制盒、风机热继电器、交流接触器等）三部分各为独立系统。应根据锅炉的具体情况和用户要求选择。

⑦ 应选用结构简单，运行可靠，便于调节控制和修理，易于实现燃烧过程自动控制的燃烧器。

⑧ 应对燃烧器品牌、性能、价格、使用寿命及售后服务进行综合比较。

⑨ 燃烧器的风压除要考虑克服锅炉本体的阻力外，还应考虑到烟气系统的阻力。

2. 燃气锅炉燃烧器的布置

锅炉炉膛大小和形状与燃料性质关系很大，燃气的燃烧过程比燃油简单，燃烧所需的时间较短，因而所需炉膛要小。燃烧器的布置应与炉膛形状结合起来考虑，以火焰充满度好，火焰冲刷不到水冷壁为原则。燃气锅炉一般布置一个燃烧器，这样系统简单，运行管理方便，投资省。对较大容量锅炉，可以布置两个燃烧器，通常采用上下布置方式，即使负荷减小时，停用一个燃烧器，也不致造成火焰偏离炉膛中心，影响水循环的可靠性和过热器温度偏差。

锅壳式锅炉由于受结构的限制，均采用双炉胆对称水平布置，每个炉胆各布置一个燃烧器。

燃气水管锅炉燃烧器可以布置在锅炉前墙、底部，若烟气出口处在炉膛底部，燃烧器可以布置在顶部。

燃烧器的布置，要考虑炉内、炉外两方面的情况。一方面要使炉内火焰充满度比较好，不形成气流死角；避免相邻燃烧器的火焰相互干扰；低负荷时保持火焰在炉膛中心位置，避免火焰中心偏离炉膛对称中心；未燃尽的燃气空气混合物不应接触受热面，以免形成不完全燃烧；高温火焰要避免高速冲刷受热面，以免受热面热强度过高使金属过热等。另一方面，要考虑燃气管道和风道布置合理，操作、检查和维修方便。

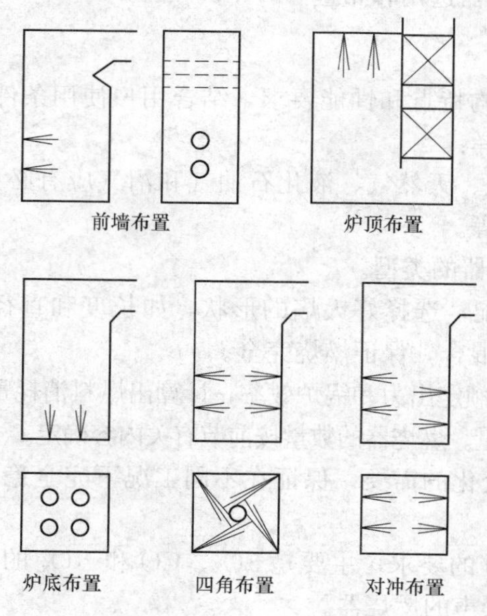

图 28-5-1　立置式水管燃气锅炉燃烧器布置方案

卧式内燃火管锅炉（见图 28-2-4）和 D 型、O 型、A 型（见图 28-2-7、图 28-2-8）布置的卧式水管锅炉；燃烧器的布置没有选择余地。火管锅炉每个筒炉膛在火筒入口处装设一个燃烧器；卧式水管锅炉总是在炉膛前墙布置燃烧器，而且多为一个；当采用两个燃烧器时，总是上下排列，而不用水平排列方案，以免一个燃烧器停运时火焰偏离炉膛中心线。

具有立置长方体炉膛的水管锅炉，当炉膛烟气出口在上部时，燃烧器布置可供选择的方案比较多（图 28-5-1）。在中小型锅炉上最常用的是炉前墙布置和炉底布置。前墙布置时火焰呈 L 形，炉内火焰充满程度较差，但操作、检修方便、管线和风道容易布置得合理。炉底布置时火焰充满程度好，但是，要在炉底留有一定的安装和检修高度，常使锅炉高度增加，四角布置和对冲布置火焰充满都比较好，炉内紊流程度高，对换热有利；但管线和风道布置杂乱，操作也不方便。特别是四角布置时，如果调整不好，火焰中心容易偏移，因而在中小型锅炉上很少采用。

当炉膛的烟气出口在下部时，燃烧器也可布置在炉顶（图 28-2-5）。这时锅炉的操作位置应在炉顶操作层。小型立式锅炉的燃烧器布置在炉底（图 28-2-6），使这种锅炉更为紧凑。

28.6 国产及进口锅炉燃烧器产品

28.6.1 国产锅炉燃烧器产品

国产锅炉燃烧器产品，尤其是全自动机电一体化产品系列均是吸收国外名牌燃烧器的优点研制而成的，其开发生产只有短短的 20 余年历史，生产厂家主要有江西航海仪器厂、贵州航空发动机研究所等五六家企业和研究机构。主要零部件由德国、美国、英国、意大利、瑞士、日本、韩国等原装进口。

在自动控制方面，具有光电火焰监控、高压自动点火、按自动控制程序进入正常工作和自动保护等功能。与锅炉配套能自动点火和燃烧控制、控压和水位控制等。自动化程度已基本达到国外同类产品水平。部分公司的产品还取得了美国、法国、日本、挪威、德国等国家的认可。广泛应用于不同控制方式、不同燃烧方式的各类工业锅炉、工业窑炉、热水锅炉、热风炉、热载体加热炉及其他燃油、燃气热工设备，具有运行安全可靠、控制功能齐备、燃料适用范围广及维护性能好等优点。其产品型号有：AWG（燃气）、AWD（油、气两用）、JQ（燃气）、JS（油、气两用）、DZR-Q 等。燃烧器外形与结构见图 28-6-1、图 28-6-2；AW 型和 J 型系列燃烧器的主要技术性能见表 28-6-1、表 28-6-2。

图 28-6-1 燃烧器外形图之一

图 28-6-2 燃烧器外形图之二

J 型燃烧器型号规格 表 28-6-1

规格型号	最大燃料消耗量			规格型号	最大燃料消耗量		
	燃油		天然气		燃油		天然气
	L/h	kg/h	m^3/h		L/h	kg/h	m^3/h
J1	25	21	24	J7	230	195	219
J2	45	38	43	J8	270	229	258
J3	70	59	66	J9	320	272	306
J4	100	85	96	J10	360	306	344
J5	140	119	134	J11	440	374	421
J6	180	153	172	J12	530	450	506

注：燃油密度 $0.85t/m^3$。

AW型和J型燃烧器的主要技术性能汇总　　表 28-6-2

主要性能参数			AW型燃烧器	J型燃烧器
燃料适用性		燃油品种	柴油、重油、渣油、原油、废油、污油	80℃运动黏度不大于 60mm^2/s的各种燃料（汽油除外）
		热值（MJ/kg）	≥25	≥30
	燃油雾化	雾化方式	转杯离心与一次风作用雾化	高压旋流喷射雾化
		雾化角	70°～146°	一般 30°、40°、50°
		雾化黏度（mm^2/s）	≤70	≤15
		雾化压力（MPa）	—	1.2～2.7
		燃气品种	天然气、人工燃气、可燃尾气废气等混合气及单一气体	天然气、人工燃气、可燃尾气废气等混合气及单一气体
		热值（kJ/m^3）	≥3800	≥5000
		燃气压力/（kPa）	1～30	1～50
主要性能参数			AW型燃烧器	J型燃烧器
燃烧效果	烟气成分（%）	O_2	≤5	≤5
		CO	≤0.1	≤0.1
		CO_2	12～14	12～14
		烟气黑度（级）	≤1	≤1
		燃烧效率（%）	＞99	＞98
燃料调节		调节方式	位式、连续及比例式	位式、连续及比例式
		空气、燃料调节	联动式	联动式
		调节比	AWO5/S型为 1：1，其余为 1：5	J1～4 为 1：1～1：1.5，J5～8 为 1：1.5～1：3，J9～12 为 1：3～1：4
		控制方式	手动/自动	手动/自动
风机		电动机功率（kW）	5.5～45	5.5～45
		风压（Pa）	一次风压 7050～11200，二次风压 2000～6800	
电源		主电源电压（V）	380	380
		控制电源电压（V）	220	220
		频率（Hz）	50 或 60	50 或 60
		点火电极电压（V）	≥8000	≥8000
		燃烧器安装方向	水平、垂直向下	水平、垂直向上、向下、斜向等

28.6.2　进口锅炉燃烧器产品

28.6.2.1　德国 WEISHAUPT 系列燃烧器

该燃烧器系列有高的燃烧效率，燃料的化学能获得充分的利用，从而大大降低了能源消耗的成本。燃烧器便于安装和保养，运行平稳低噪声，有利于环境保护。

燃烧器产品型号规格及主要技术参数见表 28-6-3；主要性能参数见表 28-6-4。

28.6.2.2　英国 Nu-Way 公司燃烧器

除一般商用燃烧器外同时设计及制造多种类型工业用燃烧设备。

1. 燃烧器种类

① 压力雾化式燃油燃烧器；

② 低压空气雾化式燃油燃烧器；

WEISHAUPT 系列燃烧器主要技术参数 **表 28-6-3**

型号	燃料②		输出功率(kW)	燃油耗量(kg/h)	调节方式
	气	油			
气体 G	N,S,F	—	60～5100	—	二级滑动式,比例调节式
油/气 GL,RGL	N,S,F	EL	60～5100	8.4～430	二级滑动式,比例调节式
气体 G	N,S,F	—	300～10900	—	二级滑动式,比例调节式
油/气 GL,RGL,RGMS①	N,S,F	M/MS	300～10900	42～965	二级滑动式,比例调节式三级(油类 GL)
WKG	N,S,F	—	300～17500	—	二级滑动式,比例调节式
WKGL	N,S,F	EL	300～17500	38～1475	二级滑动式,比例调节式
WKGMS	N,S,F	M/MS	300～17500	50～1557	二级滑动式,比例调节式

① MS、RMS 和 RGMS 型重油燃烧器达到额定功率时燃油量不低于 100kg/h。

② 燃料缩写：EL 为轻油，M/MS 为重油，N 为天然气，F 液化石油气，S 为人工燃气、液化石油气混空气。

G 气体及 GL、RGL 油/气两用系列燃烧器主要性能参数 **表 28-6-4**

型号	燃烧器输出功率(kW)		燃油耗量(kg/h)		电动机功率(kW)	本体质量(kg)	备注
	最小	最大	最小	最大			
G1 *	60	335	—	—	0.25(单相) 0.76(三相)	39	燃气型
G3 *	90	630	—	—	0.76	43	
G5	175	940	—	—	1.4	55	
G7	300	1750	—	—	2.6	76	
G8	400	2250	—	—	4	85	
G9	500	3500	—	—	6.5	130	
G10	700	3950	—	—	9	131	
G11	900	5100	—	—	12	157	
GL1 *	60	335	8.4	28.3	0.25(单相) 0.76(三相)	42	油气两用型
GL3	90	630	14.5	53	0.76	47	
GL5	200	940	17	79	1.4	55	
GL7	300	1750	25	147	2.6	82	
GL8	600	2250	50	19	4	91	
GL9	830	3500	67	295	6.5	136	
RGL3 *	90	630	14.5	53	0.76	47	比例调节式油气两用型
RGL5	200	940	17	79	1.4	55	
RGL7	300	1750	25	147	2.6	82	
RGL8	600	2250	50	190	4	91	
RGL9	830	3500	67	295	6.5	136	
RGL10	1000	3950	84	333	9	137	
RGL11	1250	5100	105	430	12	167	

注：1. 燃烧器输出功率按天然气或液化石油气列出。若燃用人工燃气、沼气等气体燃料，则最大输出功率降低 10%。

2. 带 * 的燃烧器电源可用 220V 单相或 380V 三相，其余均用 380V 三相。

3. 燃气燃烧器的最大输出功率也取决于燃烧室压力，选型根据设备烟气侧阻力和需用功率选择。

③ 蒸汽/压缩空气雾化燃油燃烧器；

④ 各类商用燃气燃烧器；

⑤ 低等热值燃气燃烧器。

英国有长久的人工燃气（城市煤气）及重油燃烧历史，上列燃烧器适合我国现今燃料供应情况。

2. 燃烧器主要特点

① 燃烧器配合锅炉设计，有多种火焰形态可供选择。

R型适合中心回燃式锅炉，S型适合短宽燃烧室立式锅炉。

T型适合传统三回程锅炉。

相同输出功率的燃烧器，有2～3种型号可供选择。

② 扩散型火焰比较粗短，大部分热能在燃烧室内释放，燃烧效率较高。

③ 风压平直，经济燃烧功率只选用风机最平直的范围，风压平稳，燃烧稳定性好。

④ 点火能量高，点火故障少。

Colt系列燃气燃烧器系列主要性能数据见表28-6-5。

Colt系列燃气燃烧器主要性能参数 表28-6-5

燃烧器型号③	燃气耗量①(m³/h)	输出功率(kW)	火力调节		进气口径②(mm)	电动机功率(W)	质量(kg)
			单级	二级			
C33NS	25～36	264～381	●	—	40	250	48
C33NT	25～36	264～381	—	●	40	250	48
C38NS	20～42	205～440	●	—	40	750	70
C38NT	20～42	205～440	—	●	40	750	70
C55NS	42～61	440～636	●	—	50	750	70
C55NT	42～61	440～636	—	●	50	750	70

① 天然气热值约37600kJ/m³ 计算，如选用其他燃气，耗气量按其热值计算。

② 按天然气设计，如选用其他燃气，进气口径或需更改。

③ 燃气燃烧器系列中，C5NS～C23NS型及C18NT～C23NT型的输出功率较小（27～264kW），表中未列出。

Lion系列燃气燃烧器见表28-6-6。

Lion系列燃气燃烧器主要性能参数 表28-6-6

燃烧器型号	燃气耗量①(m³/h)	功率(kW)	进气口径②(mm)	风机功率(kW)
L70-6N	49～81	512～849	50	1.1
L80-5N	70～92	733～965	50	1.1
L100-18N	50～111	523～1160	50	3
L110-15N	28～126	290～1310	50	2.2
L135-15N	39～150	407～1570	50	3
L150-18N	111～167	1160～1740	50	4
L160-8N	100～173	1050～1810	50	2.2

续表

燃烧器型号	燃气耗量① (m^3/h)	功率 (kW)	进气口径② (mm)	风机功率 (kW)
L190-8N	150～211	1570～2200	65	3
L200-18N	167～222	1740～2330	65	5.5
L210-15N	83～233	870～2440	65	4
L250-16N	222～278	2330～2900	65	7.5
L315-9N	278～350	2900～3660	65	7.5
L315-18N	222～350	2330～3660	65	11
L380-9N	350～422	3660～4420	80	11
L380-14N	350～400	3660～4420	80	11
L380-18N	350～422	3660～4420	80	11

① 按天然气热值约 37600kJ/m^3 计算，如选用其他燃气，耗气量按热值计算。
② 按天然气设计，如选用其他燃气，进气口径或需更改。

3. 燃烧器与锅炉的匹配

燃油/燃气燃烧器输出功率与锅炉容量及燃烧室的匹配，见表 28-6-7。

燃烧器与锅炉匹配系列 **表 28-6-7**

锅炉容量(t/h)	燃烧器输出功率(×1.163kW)	R(中心回燃燃烧室)				T(传统三回程燃烧室)				S(短火焰燃烧室)			
		直径(mm)	长(mm)	体积(m^3)	长/直径(比例)	直径(mm)	长(mm)	体积(m^3)	长/直径(比例)	直径(mm)	长(mm)	体积(m^3)	长/直径(比例)
0.5	350	480	1450	0.262	3.02	360	1570	0.16	4.360	580	1120	0.296	1.93
1	700	620	1730	0.519	2.77	470	1900	0.33	4.040	750	1350	0.596	1.8
1.5	1050	720	1920	0.782	2.67	540	2130	0.488	3.940	870	1530	0.910	1.76
2	1400	800	2080	1.046	2.6	590	2350	0.642	3.980	960	1680	1.216	1.75
3	2100	930	2330	1.583	2.51	690	2650	0.991	3.840	1100	1930	1.834	1.75
4	2800	1030	2520	2.100	2.45	760	2880	1.307	3.790	1200	2130	2.409	1.78
5	3500	1120	2670	2.630	2.38	820	3090	1.632	3.770	1310	2270	3.060	1.73
6	4200	1210	2780	3.197	2.3	880	3270	1.989	3.720	1400	2380	3.660	1.7
8	5600	1350	2950	4.223	2.19	970	3540	2.616	3.660	1560	2550	4.874	1.63
10	7000	1480	3080	5.299	2.08	1070	3690	3.318	3.450	1690	2700	6.057	1.6

4. 燃烧器的选用

燃烧器的选用可参考表 28-6-8。

燃气燃烧器的选用表 表 28-6-8

锅炉容量(t/h)	0.5			1			2			3			4		
燃烧器功率(×1.163kW)	338			675			1350			2025			2700		
燃烧种类	背压(<10^2Pa)	燃烧器选型 二段火力	燃烧器选型 滑动二级②	背压(<10^2Pa)	燃烧器选型 二段火力	燃烧器选型 滑动二级②	背压(<10^2Pa)	燃烧器选型 二段火力	燃烧器选型 滑动二级②	背压(<10^2Pa)	燃烧器选型 二段火力	燃烧器选型 滑动二级②	背压(<10^2Pa)	燃烧器选型 二段火力	燃烧器选型 滑动二级②
天然气		C38NT① C55NT①	—	4	L70-56NT		8	L135-15NT	L135-15NL						
				12	L110-15NT		8	L160-8NT	L160-8NL	5.5	L210-15NT	L210-15NL			
				20	L100-18NT		14	L210-15NT	L210-15NL	17	L200-18NT	L200-18NL	8.5	L315-9NT	L315-9NL
							20	L150-18NT	L150-18NL	17	L250-16NT	L250-16NL	16	L315-16NT	L315-16NL
人工燃气		C38MT① C55MT①	—	4	L70-6MT		8	L135-15MT	L135-15ML	5.5	L210-15MT	L210-15ML			
				12	L110-15MT		8	L160-8MT	L160-8ML	17	L200-18MT	L200-18ML	8.5	L315-9MT	L315-9ML
				20	L100-18MT		14	L210-15MT	L210-15ML	17	L250-16MT	L250-16ML	16	L315-18MT	L315-18ML
							20	L150-18MT	L150-18ML						
液化石油气		C38LT① C55LT①	—	4	L70-6LT		8	L135-15LT	L135-15LT	5.5	L210-15LT	L210-15LL			
				12	L110-15LT		8	L160-8LT	L160-8LT	17	L200-18LT	L200-18LL	8.5	L315-9LT	L315-9LL
				20	L100-18LT		14	L210-15LT	L210-15LT	17	L250-16LT	L250-16LL	16	L315-18LT	L315-18LL
							20	L150-18LT	L150-18LT						

① Colt 系列燃烧器电源 AC220V 单相 50Hz 或其他。

② “滑动二级”燃烧器可更改为“比例式”火力调节，只需要附加配套温度/压力传感器及比例调节器。

28.6.2.3　法国 C 系列燃烧器

该燃烧器分为一体式和分体式两种类型。可燃用轻油、重油、渣油、天然气、液化石油气、人工燃气。采用压力雾化的方式进行燃料雾化；燃油燃烧器采取一级、二级、三级、比例调节等四种火焰控制方式；燃气燃烧器采取一级、二级、平滑二级、比例调节等四种火焰控制方式，详见表 28-6-9，表 28-6-10。

1. 燃气燃烧器（见表 28-6-9）

① 一体式（C）：包括燃烧器风机、电磁阀组件、燃烧器控制箱。

② 分体式（CC）：燃烧器分为三大部分：燃烧器本体、燃烧器风机、燃烧器控制箱。

法国某公司气体燃烧器型号与规格　　表 28-6-9

<table>
<tr><th rowspan="2">型　号</th><th colspan="2">燃烧器功率(kW)</th><th rowspan="2">风机功率(kW)</th><th rowspan="2">控制方法</th></tr>
<tr><th>最　小</th><th>最　大</th></tr>
<tr><td>C28</td><td>150</td><td>330</td><td>0.4</td><td rowspan="2">一级</td></tr>
<tr><td>C28</td><td>170</td><td>350</td><td>0.4</td></tr>
<tr><td>C34</td><td>220</td><td>440</td><td>0.4</td><td rowspan="4">二级</td></tr>
<tr><td>C70</td><td>335</td><td>700</td><td>1.1</td></tr>
<tr><td>C100</td><td>530</td><td>1060</td><td>1.1</td></tr>
<tr><td>C135</td><td>700</td><td>1400</td><td>2.2</td></tr>
<tr><td>C200</td><td>1200</td><td>2300</td><td>3</td><td rowspan="6">二级</td></tr>
<tr><td>C280</td><td>1800</td><td>3300</td><td>3</td></tr>
<tr><td>C330</td><td>2100</td><td>3500</td><td>4</td></tr>
<tr><td>C380</td><td>2400</td><td>4200</td><td>5.5</td></tr>
<tr><td>C430.2</td><td>2800</td><td>4200</td><td>11</td></tr>
<tr><td>C430.4</td><td>3500</td><td>5000</td><td>11</td></tr>
<tr><td>CC500</td><td>2000</td><td>6000</td><td>—</td><td rowspan="2">比例</td></tr>
<tr><td>CC800</td><td>5000</td><td>10000</td><td>—</td></tr>
</table>

注：1. 天然气热值 29300～37700kJ/m³ 以上，动压 30kPa。
2. 液化石油气热值 92100kJ/m³ 以上，动压 15kPa。
3. 人工燃气热值 16720kJ/m³ 以上，动压 3～5kPa。燃用人工燃气时，燃烧器输出功率为列表值的 50%～70%。
4. 轻油燃烧器中 C3 型～C22s 型（二级控制方式）燃烧器输出功率较小（15～240kW），表中未列出。

2. 燃油（轻油）/燃气两用燃烧器（见表 28-6-10）

① 一体式（C）：燃烧器本体、燃烧器风机、燃油系统（包括油泵、电磁阀、伺服电动机等）、燃气系统（包括：电磁阀组件、AGP 系统）合为一体。燃烧器只需接上外围电源即可工作。

② 分体式（CC）：燃烧器本体（包括燃烧头、燃油系统、燃气系统）；燃烧器风机；燃烧器控制箱（包括控制盒、风机热继电器、交流接触器等），三部分为独立系统，用户

可根据自己的需要进行选择配套。

其他管道配套件，如过滤器、减压阀、压力表、截止阀等可提供配套；用户可根据需要另行选择订购。

法国某公司燃油/燃气两用燃烧器型号与规格　　**表 28-6-10**

型　号	燃烧器功率(kW)		风机功率(kW)	控制方法
	最　小	最　大		
C28	150	330	0.4	一级
C28	170	350	0.4	
C34	220	440	0.4	二级
C70	335	700	1.1	
C100	530	1060	1.1	
C135	700	1400	2.2	
C200	1200	2300	3	三级
C280	1800	3300	3	
C330	2100	3500	4	
C380	2400	4200	5.5	
C430.2	2800	4200	11	比例
C430.4	3500	5000	11	
CC500	2000	6000	—	
CC800	5000	10000	—	

28.6.2.4　意大利 BALTUR 公司燃烧器

BALTUR 系列燃烧器输出功率为 11.6～18600kW。全部产品均符合 NO_X 和其他燃烧生成物最低排放量的要求。可使用轻油、重油和燃气，也可油、气交替使用，有一段式、两段式或滑动比例式调节可供选用。燃烧器配以先进的控制系统；控制箱在出厂前已安装、连接妥当，用户只需将有关信号输入，燃烧器即能全自动操作；同时采用高压电子自动点火系统，以一组高灵敏度光敏电阻监控，配以自动燃料—空气比例控制系统，使其达到最佳燃烧效果。

1. 产品型号与规格

BALTUR 燃烧器按其使用的燃料类型可以分成轻油、重油、燃气、双燃料（油、气交替使用）4 种类型，操作方式有一段，两段和滑动比例式三种调节方式，另有工业用燃烧器可供选择。其燃气系列和双燃料系列的具体参数见表 28-6-11（燃气燃烧器系列）、表 28-6-12（双燃料燃烧器系列）、表 28-6-13（工业用燃烧器系列）。

2. 用户配套选型（表 28-6-14）。

BALTUR 燃气燃烧器系列 **表 28-6-11**

型号	燃气耗量（m³/h）				燃烧器输出功率（kW）		天然气压力（10²Pa）		电源（50Hz）		电动机额定功率（kW）	净重（kg）	操作方式	备注
	天然气		液化石油气											
	最小	最大	最小	最大	最小	最大	最小	最大	220V 单相	380V 三相				
BGN16·W	7.0	17.0	2.70	6.60	69.0	169.0	12	40	•	—	0.150	18.0		—
BGN17·W	7.0	17.0	2.70	6.60	69.0	169.0	12	40	•	—	0.150	18.0		(1)、(2)
BGN26·W	10.0	26.0	3.90	10.00	99.0	258.0	12	40	•	—	0.200	30.0	一段式	(1)、(2)
BGN34	15.0	34.0	5.80	13.00	149.0	338.0	12	40	—	•	0.370	35.0		(1)、(2)
BGN50	17.0	60.0	6.60	23.30	169.0	596.0	11	30	—	•	0.370	45.0		(1)、(2)
BGN16P·PW	7.0	17.0	2.70	6.60	69.0	169.0	12	40	•	—	0.150	19.0		—
BGN17P·PW	7.0	17.0	2.70	6.60	69.0	169.0	12	40	•	—	0.150	19.0		(2)、(3)
BGN23P·PW	10.0	23.0	3.90	9.00	99.0	228.0	12	40	•	—	0.200	32.0		(2)、(3)
BGN34P	15.0	34.0	5.80	13.00	149.0	338.0	12	40	—	•	0.370	38.0		(2)、(3)
BGN40P	18.0	40.0	7.00	15.50	178.0	397.0	12	40	—	•	0.370	51.0		(2)、(3)
BGN60P	25.0	70.0	9.70	27.20	248.0	696.0	12	40	—	•	1.100	64.0		(2)、(3)
BGN100P	50.0	100.0	19.50	39.00	497.0	994.0	15	40	—	•	1.100	66.0	两段式	(2)、(3)
BGN120P	50.0	120.0	19.50	46.60	497.0	1193.0	19	40	—	•	1.500	82.0		(2)、(3)
BGN150P	50.0	150.0	19.50	58.00	497.0	1491.0	14	40	—	•	2.200	133.0		(2)、(3)
BGN200P	120.0	200.0	46.50	77.50	1193.0	1988.0	25	40	—	•	3.000	180.0		(2)、(3)
BGN250P	120.0	250.0	46.50	97.00	1193.0	2485.0	30	40	—	•	7.500	240.0		(2)、(3)
BGN300P	180.0	300.0	70.00	116.00	1789.0	2982.0	32	40	—	•	7.500	257.0		(2)、(3)
BGN350P	150.0	350.0	70.00	136.00	1789.0	3480.0	31	40	—	•	9.000	350.0		(2)、(3)
BGN17DSPGN	7.0	17.0	2.70	6.60	69.0	169.0	12	40	•	—	0.150	18.0		(2)、(3)
BGN26DSPGN	10.0	26.0	3.90	10.00	99.0	258.0	12	40	•	—	0.200	30.0	两段渐进式	(2)、(3)
BGN34DSPGN	15.0	34.0	5.80	13.00	149.0	338.0	12	40	—	•	0.370	35.0		(2)、(3)
BGN40DSPGN	18.0	40.0	7.00	15.50	178.0	397.0	12	40	—	•	0.370	67.0		(2)、(3)

续表

型号	燃气耗量(m^3/h)				燃烧器输出功率(kW)		天然气压力(10^2Pa)		电源(50Hz)		电动机额定功率(kW)	净重(kg)	操作方式	备注
	天然气		液化石油气											
	最小	最大	最小	最大	最小	最大	最小	最大	220V 单相	380V 三相				
BGN60DSPGN	25.0	70.0	9.70	27.20	248.0	696.0	12	40	—	•	1.100	81.0	两段渐进式	(2)、(3)
BGN100DSPGN	50.0	100.0	19.50	39.00	497.0	994.0	12	40	—	•	1.100	95.0		(2)、(3)
BGN120DSPGN	50.0	120.0	19.50	46.60	497.0	1193.0	14	40	—	•	1.500	115.0		(2)、(3)
BGN150DSPGN	50.0	150.0	19.50	58.00	497.0	1491.0	20	40	—	•	2.200	150.0		(2)、(3)
BGN200DSPGN	120.0	200.0	46.50	77.50	1193.0	1988.0	25	40	—	•	3.000	210.0		(2)、(3)
BGN250DSPGN	120.0	250.0	46.50	97.00	1193.0	2485.0	30	40	—	•	7.500	260.0		(2)、(3)
BGN300DSPGN	180.0	300.0	70.00	116.00	1789.0	2982.0	35	40	—	•	7.500	282.0		(2)、(3)
BGN3507DSPGN	150.0	350.0	58.30	136.00	1491.0	3480.0	35	40	—	•	9.000	370.0		(2)、(3)
BGN17M	7.0	17.0	2.70	6.60	69.0	169.0	12	40	•	—	0.150	18.0	比例式	(3)
BGN26M	10.0	26.0	3.90	10.00	99.0	258.0	12	40	•	—	0.200	30.0		(3)
BGN34M	15.0	34.0	5.80	13.00	149.0	338.0	12	40	—	•	0.370	35.0		(3)
BGN40M	18.0	40.0	7.00	15.50	178.0	397.0	12	40	—	•	0.370	67.0		(3)
BGN60M	25.0	70.0	9.70	27.20	248.0	696.0	12	40	—	•	1.100	81.0		(3)
BGN100M	50.0	100.0	19.50	39.00	497.0	994.0	12	40	—	•	1.100	95.0		(3)
BGN120M	50.0	120.0	19.50	46.60	497.0	1193.0	14	40	—	•	1.500	115.0		(3)
BGN150M	50.0	150.0	19.50	58.00	497.0	1491.0	20	40	—	•	2.200	150.0		(3)
BGN200M	120.0	200.0	46.50	77.50	1193.0	1988.0	25	40	—	•	3.000	210.0		(3)
BGN250M	120.0	250.0	46.50	97.00	1193.0	2485.0	30	40	—	•	7.500	260.0		(3)
BGN300M	180.0	300.0	70.00	116.00	1789.0	2982.0	35	40	—	•	7.500	282.0		(3)
BGN350M	150.0	350.0	58.30	136.00	1491.0	3480.0	35	40	—	•	9.000	370.0		(3)

注：1. 在计算燃气耗量时，低热值取值为：天然气为35640kJ/m^3；液化石油气为91800kJ/m^3。

2. 备注栏中注有符号（1）表示可根据要求配备有风门自动关闭装置；（2）表示开启时燃料渐进输送；（3）表示配有风门自动关闭装置。

BALTUR 双燃料燃烧器系列

表 28-6-12

型号	天然气耗量 (m^3/h)		燃烧器输出功率 (kW)		天然气压力 (10^2Pa)		电源(50Hz)		额定功率(kW)		净重(kg)	操作方式	备注
	最小	最大	最小	最大	最小	最大	220V 单相	380V 三相	电动机	电加热器			
COMIST18	9.5	21.5	95	213	20	40	•	-	0.18+0.075	—	35	一段式	燃气/轻油
COMIST23SP	11.0	30.0	107	297	20	40	•	—	0.18+0.075	—	41		
COMIST122N	65.5	137.0	652	1364	20	40	—	•	2.2+0.37	10.5	217		燃气/中黏度油和重油
COMIST180NM	69.0	199.0	688	1981	35	50	—	•	4+1.1	15.0	344		
COMIST250NM	113.0	340.0	1127	3380	35	50	—	•	7.5+1.1	18.0	407		
COMIST300NM	131.0	390.0	1304	3878	35	50	—	•	7.5+1.1	28.5	444		
COMIST36	23.5	49.0	231	486	12	40	—	•	0.37+0.075	—	64	两段式	燃气/轻油
COMIST72	38.0	82.0	379	818	20	40	—	•	1.1+0.37	—	109		
COMIST122	65.5	137.0	652	1364	20	40	—	•	2.2+0.37	—	157		
COMIST180	69.0	199.0	688	1981	35	50	—	•	4+0.75	—	244		
COMIST250	113.0	340.0	1127	3380	35	50	—	•	7.5+1.5	—	307		
COMIST300	131.0	390.0	1304	3878	35	50	—	•	7.5+1.5	—	354		
COMIST72DSPGM	38.0	82.0	379	818	20	40	—	•	1.1+0.37	—	124	两段渐进式	燃气/轻油
COMIST122DSPGM	65.5	137.0	652	1364	20	40	—	•	2.2+0.37	—	177		
COMIST180DSPGM	69.0	199.0	688	1981	35	50	—	•	4+0.75	—	274		
COMIST250DSPGM	113.0	340.0	1127	3380	35	50	—	•	7.5+1.5	—	337		
COMIST300DSPGM	131.0	390.0	1304	3878	35	50	—	•	7.5+1.5	—	361		
COMIST180DSPNM	69.0	199.0	688	1981	35	50	—	•	4+1.1	15.0	350		燃气/中黏度油和重油
COMIST250DSPNM	113.0	340.0	1127	3380	35	50	—	•	7.5+1.1	18.0	405		
COMIST300DSPNM	131.0	390.0	1304	3878	35	50	—	•	7.5+1.1	28.5	454		
COMIST72MM	38.0	82.0	379	818	20	40	—	•	1.1+0.37	—	124	比例式	燃气/轻油
COMIST122MM	65.5	137.0	652	1364	20	40	—	•	2.2+0.37	—	177		
COMIST180MM	69.0	199.0	688	1981	35	50	—	•	4+0.75	—	274		
COMIST250MM	113.0	340.0	1127	3380	35	50	—	•	7.5+1.5	—	337		
COMIST300MNM	131.0	390.0	1304	3878	35	50	—	•	7.5+1.5	—	361		
COMIST180MNM	69.0	199.0	688	1981	35	50	—	•	4+1.1	15.0	350		燃气/中黏度油和重油
COMIST250MNM	113.0	340.0	1127	3380	35	50	—	•	7.5+1.1	18.0	405		
COMIST300MM	131.0	390.0	1304	3878	35	50	—	•	7.5+1.1	28.5	454		

BALTUR 工业用燃烧器系列 表 28-6-13

型号	天然气耗量 (m^3/h)		燃烧器输出功率 (kW)		天然气压力 (10^2Pa)	电源 (50Hz)	额定功率(kW)		净重(kg)	操作方式	备注
	最小	最大	最小	最大		三相	电动机	电加热器			
GI350DSPGN	120	480	1188	4752	150	•	15	—	370	两段渐进式	天然气
GI420DSPGN	140	560	1386	5544	150	•	18.5	—	373		
GI510DSPGN	185	740	1831	7326	150	•	18.5	—	413		
GIMIST350DSPGM	160	480	1581	4743	150	•	15+2.2	—	440		燃气/轻油
GIMIST420DSPGN	186	560	1840	5522	150	•	18.5+2.2	—	443		
GIMIST510DSPGN	245	740	2430	7316	150	•	18.5+3	—	484		
GIMIST350DSPNM	160	480	1581	4743	150	•	15+2.2	28.5	510		燃气/中黏度油(最大 109mm²/s,50℃)
GIMIST420DSPNN	186	560	1840	5522	150	•	18.5+3	28.5	553		
GIMIST510DSPNN	245	740	2430	7316	150	•	18.5+3	28.5	593		
GI350MM	—	—	1581	4743	—	•	15+2.2	—	335	滑动式	轻油
GI420MM	—	—	1840	5522	—	•	18.5+2.2	—	338		
GI510MM	—	—	2430	7316	—	•	18.5+3	—	372		
GI350MNM	—	—	1581	4743	—	•	15+2.2	28.5	400		燃气/中黏度油(最大 109mm²/s,50℃)
GI420MNM	—	—	1840	5522	—	•	18.5+3	28.5	403		
GI510MNM	—	—	2430	7316	—	•	18.5+3	28.5	442		
GI350MNM/D	—	—	1581	4743	—	•	15+2.2	28.5	415		
GI420MNM/D	—	—	1840	5522	—	•	18.5+3	28.5	418		
GI510MNM/D	—	—	2430	7316	—	•	18.5+3	28.5	457		
GI350MGN	120	480	1188	4752	150	•	15	—	370		天然气
GI420MGN	140	560	1386	5544	150	•	18.5	—	373		
GI510MGN	185	740	1831	7326	150	•	18.5	—	413		天然气
GI350MISTMM	160	480	1581	4743	150	•	15+2.2	—	440		轻油/燃气
GI420MISTMM	186	560	1840	5522	150	•	18.5+2.2	—	443		
GI510MISTMM	245	740	2430	7316	150	•	18.5+3	—	484		
GI350MISMNM	160	480	1581	4743	150	•	15+2.2	28.5	510		燃气/中黏度油(最大 109mm²/s,50℃)
GI420MISMNM	186	560	1840	5522	150	•	18.5+3	28.5	553		
GI510MISMNM	245	740	2430	7316	150	•	18.5+3	28.5	593		
TS0G	80	292	795	2900	150	•	—	—	—	风机 分立 滑动 比例式	天然气
TS1G	90	468	900	4650	150	•	—	—	—		
TS2G	110	702	1100	6980	150	•	—	—	—		
TS3G	140	1167	1400	11600	150	•	—	—	—		
TS4G	261	1760	2600	17500	150	•	—	—	—		

锅炉配套的燃烧器型号参考表 表 28-6-14

锅炉蒸发量(t/h)	锅炉型式	天然气/液化石油气	轻油/天然气（液化石油气）	重油/天然气（液化石油气）	人工燃气	轻油/人工燃气	重油/人工燃气
0.2	立式	BGN34P	COMIST36	—	BGN34P	COMIST36	—
0.3	立式	BGN40P	COMIST36	—	BGN40P	COMIST36	—
0.5	立式 卧式	BGN60P BGN60P	COMIST72 COMIST72	—	BGN60P BGN60P	COMIST72 COMIST72	—
1	卧式	BGN100P	COMIST122	COMIST122N	BGN100P	COMIST122	COMIST122N
2	卧式	BGN200P	COMIST180	COMIST180NM	BGN200P	COMIST180	COMIST180NM
3	卧式	BGN250P	COMIST250	COMIST250NM	BGN250P	COMIST250	COMIST250NM
4	卧式	BGN350P	COMIST300	COMIST300NM	BGN350P	COMIST300	COMIST300NM
5	卧式	GI510MGM	GI-MIST510MM	GI-MIST510NM	TS4G	TS4GL	TS4GN
6	卧式	GI510MGM	GI-MIST510MM	GI-MIST510NM	TS4G	TS4GL	TS4GN
8	卧式	TS3G	TS3GL	TS3GN	视锅炉规格及技术参数确定	视锅炉规格及技术参数确定	视锅炉规格及技术参数确定
10	卧式	TS4G	TS4GL	TS4GN	视锅炉规格及技术参数确定	视锅炉规格及技术参数确定	视锅炉规格及技术参数确定
12～20	卧式	TS4G	TS4GL	TS4GN	视锅炉规格及技术参数确定	视锅炉规格及技术参数确定	视锅炉规格及技术参数确定

28.7 国内外燃气锅炉选用分析

28.7.1 燃气锅炉选用原则

随着市场经济的发展，锅炉的选型除按技术与经济相结合的原则去考虑外，涉外项目还要考虑业主的意图，一般要求选用业主国家或地区的锅炉产品，这在涉外项目中占绝大多数。如日本、韩国、德国、美国等国家和我国港澳台地区的投资者，他们要求设计院选用自己属地产品，其类型和台数则由设计院作综合性筛选或方案比较，得到全面论证后，供业主抉择。

国内项目中，环保、消防、劳动等部门也提出他们的意见，首先是安全为主，以及排出烟气的污染物能达到国家标准控制范围之内。

目前国产燃气锅炉生产量呈上升趋势，价格为进口同类锅炉二分之一左右。进口锅炉4t/h以下每1t/h蒸发量约为2.5万美元（2002年价，不含税）。我国的锅炉制造工艺及其规模并不逊色于进口锅炉厂家，只是在所配置的燃烧自动化系统、自控和保护等方面存在差距，但在价格上有优势，制造质量也较好，售后服务也能使用户满意。

这里列出在进行燃气锅炉选用比较时，需注意的几条原则：

① 应能自动化运行，安全有保障，有可靠的自控和保护装置。

② 选择品牌知名度高、信誉好、售后服务好的锅炉产品厂商，所提供样本或资料较完整，要满足初步设计需要（尽可能要求提供设计手册或技术手册）。

③ 锅炉性能需与用户用汽用热特性相一致，适应性要好，用户负荷有较大变动时，敏感性要高、追踪性要快、压力要稳定。如负荷由50%增加到100%（约需25s），水容量大，能经受得起外界负荷变动。

④ 视锅炉布置位置及要求，选用立式或卧式锅炉。

⑤ 适应用户供汽时间要求，特别是应急需要，可选用快速锅炉。

⑥ 在方案比较中，宜提出三种类型锅炉。从价格、热效率、小时耗电量、小时耗气量和单位受热面积等方面供选择。

⑦ 要求用汽用户提供负荷曲线，以便核实所选用锅炉的出力和性能。厂商提供的锅炉效率通常为额定蒸发量时的锅炉效率，当负荷低到25%时，锅炉效率会下降，为达到经济运行，如用户用汽负荷有较大变动时，应结合这一因素，合理选用锅炉容量及台数。

⑧ 不能只凭厂商所提供的样本作为选择锅炉的唯一条件。同时需对已投产的类似锅炉调查研究，听取使用者意见，由实际数据来证实。

28.7.2 选用国内外燃气锅炉注意事项

① 选用进口锅炉或国产锅炉，应从技术先进和经济合理方面比选。进口锅炉一次投资高，但可能技术先进、自动化程度较高、锅炉效率高。通过正确的技术经济比较，如从节能上考虑在三年内能回收进口锅炉与国产锅炉的差价，而业主又能承受一次性投资时，宜选用进口锅炉，但应有使用过的用户和数据来证明。其中一条便是它的货真价实的效率，如有的国外厂商所提供锅炉效率＞93%，为此应从反平衡的角度来分析，证实能够达

到厂商所提供的热效率原因。也要了解其计算是以高热值，还是低热值为据，或有否其他节能装置，只有这样才能正确判断，对业主负责，对项目负责。

② 燃料类别要与燃烧设备相匹配，目前进口锅炉燃烧设备至少提供两种规格供用户匹配；以燃气作为燃料时，应提供燃气的热值、供气压力和密度。

③ 是选择大容量的锅壳锅炉还是选择多台较小容量火管锅炉或整装（组装）水管锅炉，应进行技术经济、运输等综合比较。水管锅炉效率高，维修较容易，但安装时间较长。从国外使用情况与国内宾馆选用情况看，燃气火管锅炉单台容量在10t/h以下的蒸发量范围内，与其他容量的相比有较明显的优点。

据调查，国内三星级以上的宾馆所使用的蒸汽锅炉其单台蒸发量大多在4～10t/h左右，锅炉台数2～3台，但亦有选择大容量的，其单台蒸发量为15～30t/h，如上海8万人体育场、上海急救医疗中心等。

设计人员在选择锅炉容量时，应从技术经济合理、便于管理、方便运输和少占场地等方面综合考虑。

④ 要求厂商提供锅炉尾部排烟温度及微正压的压力参数和排放锅炉烟气污染物中二氧化硫（SO_2），氮氧化物（NO_x）的含量。前者与烟道阻力有关，如果水平烟道长达数十米或上百米再接至高层附壁烟囱时，则应对烟道阻力进行核算，以便向厂商提出锅炉尾部排烟背压的具体要求。一般排烟温度为锅炉饱和蒸汽温度加40～50℃。后者要满足最近环保部门制订的新排放标准中二氧化硫（SO_2）和氮氧化物（NO_x）的最高允许排放量要求。

⑤ 关于防爆门的设置，燃油燃气锅炉因操作不当或自动控制失灵均可能引发炉膛爆炸事故，在国内外亦是常见的事故，进口锅炉虽均装置有可靠的点火程序控制及熄火自动保护装置，但在某一环节出现事故时，亦可能会导致炉膛爆炸，波及烟道系统，1996年某市曾连续发生三起燃气锅炉炉膛爆炸事故，波及烟道，为此劳动局下文要求装置防爆门。目前大部分进口锅炉也已装设防爆门，为此未装防爆门的进口锅炉，应向供货厂商提出安装防爆门的要求，以保障安全运行。

⑥ 热水锅炉按其运行工况，分有压和常压两类。有压热水锅炉的结构与蒸汽锅炉结构相类似，一般均可自动化运行，故对燃烧系统的熄火保护装置、自动点火程序装置、温度、压力、水位等控制，应确保其灵敏度和可靠性，热水锅炉和蒸汽锅炉均应有整套控制系统和安全连锁保护装置。

⑦ 注意有否配套的热交换器可选择，达到多用途使用。

⑧ 为提供无锈垢的清洁生活用热水，炉内或交换器内需有防电化学腐蚀及防垢装置。需了解所选用锅炉有否配套的水处理装置，否则应按需要进行设置。

⑨ 随锅炉配套供应各类辅机、自控装置、安全保护装置、阀门等品牌、规格和数量应有详细的清单与说明。

⑩ 需提供如下详细的技术文件及图纸：锅炉总图、外形尺寸。锅炉底座尺寸，载荷分布图；锅炉配管图，锅炉进出口接管及联结方式、方位、公称直径；锅炉汽水系统图；锅炉燃烧系统图；锅炉电气自控原理图；有关文件说明，尤其是锅炉热态运行测试报告。

进口锅炉注意事项如下：

① 进口锅炉结构的特点是管板与锅壳、炉胆采用角焊连接的结构形式，在国外非常普遍。这种结构可以节约材料，耗工时少，降低成本。除有特殊要求外，一般均按本国的规范、标准

进行制造。如美国制造符合AMSE规范，德国制造符合TRD规范、英国制造符合BS2790规范。它们是按本国的材料、质量、制造工艺水平、检测检验手段、生产与使用管理水平等诸多因素所决定的，是一种安全综合性指标。对国外这样的结构如果要选择管板与锅壳、炉胆的焊接为扳边对接焊时，其费用要增加。锅炉蒸发量大于2t/h时采用对接焊接。

② 应注意进口锅炉各管接口的规格及其联结方式是否符合我国现行有关规程、规范的要求。如对卧式锅壳锅炉的排污管规格，按我国现行规范规定，则不应小于*DN*40。

③ 应注意进口锅炉的本体尺寸及单台重量是否符合我国有关运输方面的规定。从某市已进口的200多台火管锅炉中，其单台最大蒸发量为30t/h，其中按锅炉结构，单火筒的火管锅炉最大蒸发量为23.5t/h，双火筒的火管锅炉的最大蒸发量为30t/h，但此种锅炉锅壳直径将达4.5m以上，锅壳壁厚也达到30mm左右，运输重量约为60t；如运入我国内地，汽车拖载路经的某些桥梁难以承载，如上海杨浦大桥限制通过车辆的总重量小于55t。

④ 注意锅炉是否符合国际产品质量管理通用标准（ISO 9000系列）。

⑤ 进口的国外锅炉必须取得中华人民共和国劳动部颁发的进口锅炉压力容器安全质量许可证书。

28.7.3　部分进口燃气锅炉用户名录

部分进口燃气锅炉用户名录见表28-7-1。

部分进口燃气锅炉用户名录　　**表28-7-1**

序号	用户名称	锅炉型号	台数×蒸发量(t/h)	备注
1	北京兆龙饭店	UL-3200	2×3.2	天然气
2	北京首都宾馆	UL-4005	2×4	天然气
3	上海金山石化公司	EO-60	2×0.938	沼气
4	北京长富宫中心	UL-7005	4×7	油/气两用
5	上海金茂大厦		4×10	88层，地下一层油气两用
6	上海西郊宾馆	50BHP	1×490kW	人工燃气(热水锅炉)
7	上海金都宾馆	60BHP 80BHP	1×0.94 1×1.25	人工燃气
8	太阳岛国际俱乐部有限公司	30BHP 100BHP	1×0.47 3×1.56	液化石油气 液化石油气
9	纳贝斯克食品(苏州)有限公司	50BHP	1×0.78	液化石油气
10	北京皇家大饭店		1×2	人工燃气
11	北京城市宾馆		2×2.3	人工燃气
12	北京京广中心		2×8 2×12	人工燃气/轻油 人工燃气/轻油
13	上海恒昌置业发展有限公司 上海太平洋保险公司	WOV-250 WOV-400	1×290kW 1×465kW	人工燃气 人工燃气，单回程
14	上海杨浦区人大	YT-150	1×174kW	人工燃气
15	上海证券报社	GB-60	1×69.8kW	人工燃气
16	苏州市纳贝斯克食品有限公司	ST-PLUS-650T	1×756kW	燃气
17	苏州市富士胶片映像机器有限公司	ST-PLUS-325T	1×378kW	燃气

28.8 国内典型的几种燃气锅炉产品

28.8.1 国产燃气锅炉产品的主要类型

1. WNS系列卧式内燃三回程火管锅炉

WNS系列锅炉是我国近几年集国内外先进经验与技术而改进的一种中小型燃气锅炉炉型，已广泛应用于工业、民用、宾馆、医院等部门，并已行销东南亚等地。该炉型质量稳定、技术性能良好，国内有不少锅炉制造厂均生产这种炉型，是一种应用广泛、品种齐全、效率较高的燃油燃气锅炉。WNS系列锅炉根据介质的不同，可分为蒸汽锅炉和热水锅炉两种。其主要特点如下。

① 烟气流程一般采用三回程布置，全对焊的湿背式结构，炉胆为波形管，对流区采用螺纹管与光管的优化组合形式，烟气流程长，传热效果好。

② 采用先进的燃烧器，既可以配用国产燃烧器也可以配用国外燃烧器，目前较多制造厂配备德国、法国、意大利等国的燃烧器，燃烧技术先进完善，启停快速，热效率高，烟尘及 NO_x 排放均能符合国家标准规定。

③ 配备完善的自控装置，对锅炉锅筒水位、蒸汽压力、燃烧等实现全自动控制及保护，保证锅炉安全稳定地运行。

④ 锅炉采用组合式快装结构，布局紧凑合理、重量轻、占地少、安装简便快捷。

⑤ 锅炉辅机配套齐全，除附配燃烧器、控制柜、烟囱外，根据用户要求可以成套配置供气供水系统的辅机。

⑥ 根据用户要求，锅炉可使用各类燃气，如天然气、人工燃气、液化石油气等；还可同时使用两种燃料或两种燃料互换使用。根据不同的使用要求，配置不同的燃烧器。

WNS型卧式内燃三回程火管锅炉外形见图 28-2-4。

2. SZS系列双锅筒纵置式水管锅炉

SZS系列燃气锅炉系国内自行设计的系列产品，已有多年生产、运行经验，目前被广泛应用于轻纺、化工、印染、油田等行业，也可用于宾馆、高层民用建筑、科研院校等供生产生活与采暖用汽（热），还可用作发电厂的启动锅炉。其单台锅炉容量较大，品种较多，规格较齐，是一种燃烧效率较高的燃气锅炉，SZS系列锅炉供热介质为蒸汽和热水。其主要特点如下。

① SZS系列锅炉为双锅筒纵向布置水管式燃气锅炉，炉体由上下锅筒、燃烧器、炉墙、省煤器等组成，容量较大的还配备空气预热器、过热器。有快装和组装两种形式。

② 锅炉采用机械雾化微正压（或负压）燃烧，对流管束管径较小，强化传热，提高锅炉效率。燃烧器也可根据用户燃料种类进行配置。

③ 配备完善的锅炉自控装置，可实现锅炉给水、燃烧等的自动控制及极高极低水位、超压保护。根据需要也可采用计算机控制系统。

SZS系列双锅筒纵置式水管锅炉外形见图 28-8-1。

3. SHS系列双锅筒横置式水管锅炉

SHS系列双锅筒横置式水管锅炉主要由各A级和B级锅炉制造厂生产。一般适用于

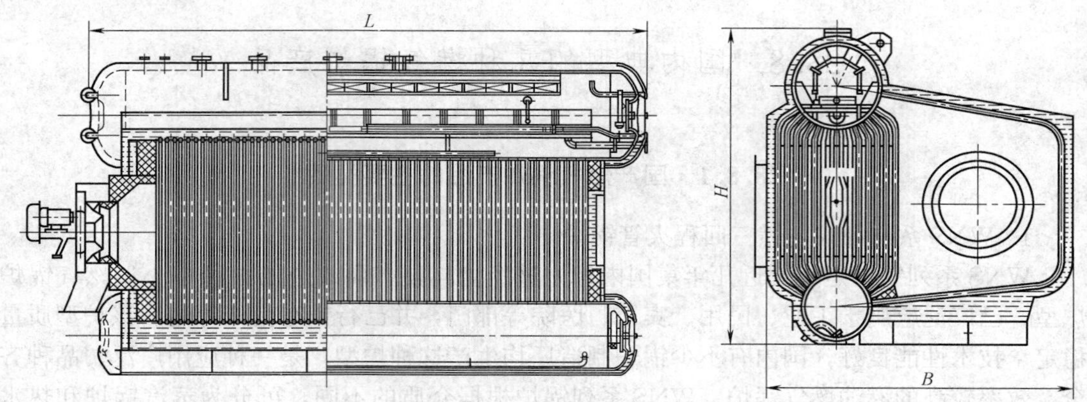

图28-8-1　典型的"D"型布置的SZS系列双锅筒纵置式燃气锅炉外形

工业企业用汽，也可供小型汽轮发电机组发电供热用。SHS系列锅炉介质均为蒸汽。其主要特点如下。

① 燃烧设备一般采用2～3台燃烧器，布置在锅炉前墙上。可通过切换燃烧器的数量来调节负荷。燃烧器根据燃料种类而配置。

② 炉膛四周布置水冷壁，根据参数不同要求布置有过热器，尾部受热面布置有省煤器和空气预热器。锅炉总体布局合理，传热效果好，燃烧效率高。

③ 配备完善的锅炉自控装置，可实现锅炉给水、燃烧的自动控制及极高极低水位、超压保护。根据需要也可采用计算机控制系统。

SHS系列双锅筒横置式水管锅炉见图28-8-2、图28-8-3。

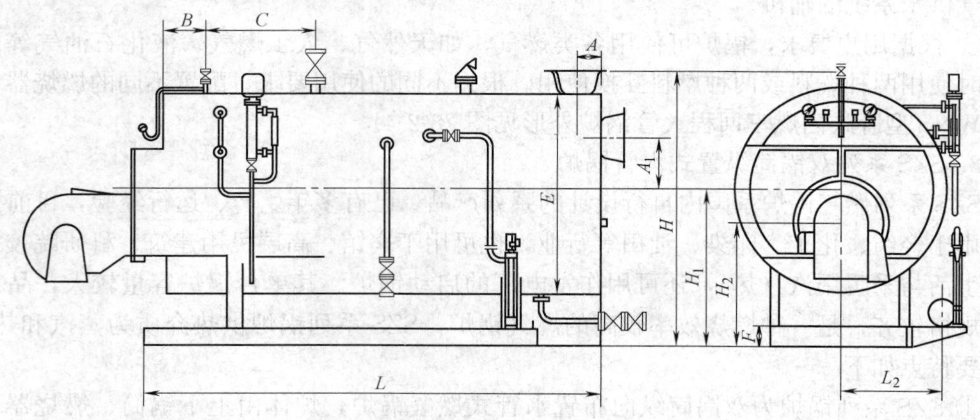

图28-8-2　SHS系列双锅管横置式水管锅炉

4. 小型立式锅炉

本系列产品的生产工厂主要以我国南方地区为主，是结合我国沿海开放地区发展需要，吸取国外先进技术而发展的一种小型高效锅炉。它具有结构新颖，外形美观，高度自控等优点，如图28-8-4所示。

其主要特点如下。

① 立式结构，占地面积少；快装形式、辅机配套、安装快捷。

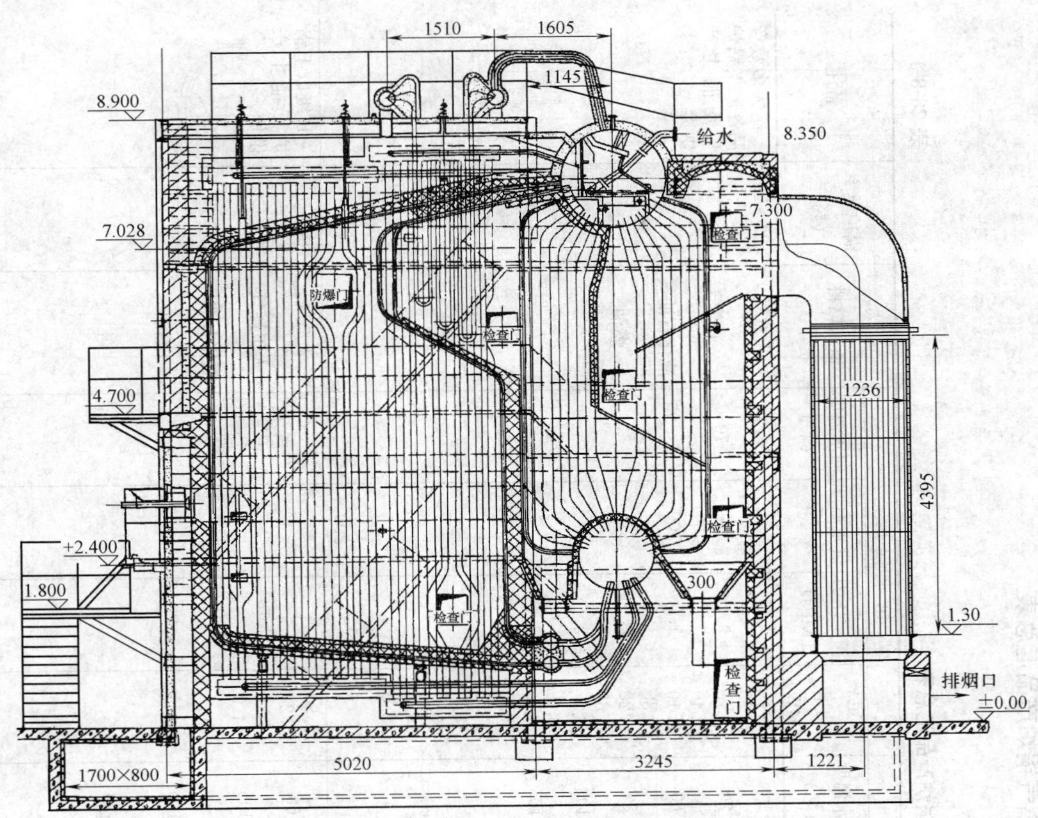

图 28-8-3 SHS20-1.25/350-Q 双锅筒横置式水管锅炉

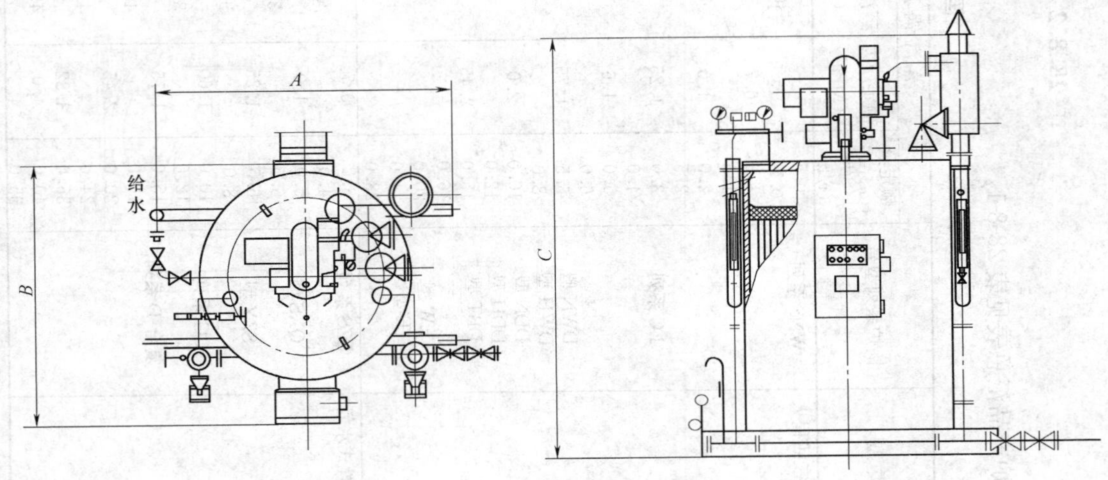

图 28-8-4 LSS 型立式水管锅炉

② 采用全自动控制，操作使用方便；配套进口燃烧器，燃烧效率高。

③ 启动迅速，热效率高，耗气量低。

小型立式系列锅炉供热介质为蒸汽和热水两种。

28.8.2 国产燃气锅炉产品汇总表

国产燃气锅炉产品汇总表见表28-8-1。

国产燃气锅炉产品汇总表 **表28-8-1**

序号	锅炉类型	锅炉系列型号	蒸汽锅炉				热水锅炉				适用燃料	锅炉效率(%)	备注
			额定蒸发量(t/h)	额定压力(MPa)	蒸汽温度(℃)	给水温度(℃)	额定热功率(MW)	额定压力(MPa)	供水温度(℃)	回水温度(℃)			
1	卧式内燃三回程火管锅炉	WNS系列 LC系列 DWN型 DWH型 DDN型 DDH型 DBT型 EW型 E型	0.5 0.75 1.0 1.5 2.0 2.5 3.0 4.0 5.0 6.0 6.5 8.0 10.0 12.0 15.0 16.0 20.0 24.0 28.0	0.7 1.0 1.25 1.6 1.75 2.0 2.45	饱和 400	20 60 80 103 105	0.35 0.53 0.70 1.40 2.10 2.80 4.20 5.60 7.0 8.0 9.0 10.5 11.2 14.0 15.2 16.0 18.0	0.7 1.0 2.0 2.5	95 100 115 120 200	70	天然气 人工燃气 液化石油气 燃油	83～89	绝大多数产品各燃气锅炉厂均能生产供货
2	双锅筒纵置式水管锅炉	SZS系列 QXS型 SZY型 CG系列 复合-D系列	3.2 4.0 5.0 6.0 6.5 8.0 10.0 12.0 15.0 16.0 20.0 24.0 35.0 40.0 65.0	0.7 1.0 1.25 1.60 1.75 2.45 3.82 4.0 4.2	饱和 300 350 370 400 410 450	60 105 140 147	2.80 4.20 7.0 14.0	0.7 1.0 1.25	95 115 130	70	天然气 人工燃气 液化石油气 燃油	87～92	B级以上锅炉厂能生产供货

续表

序号	锅炉类型	锅炉系列型号	蒸汽锅炉				热水锅炉				适用燃料	锅炉效率（%）	备注
			额定蒸发量（t/h）	额定压力（MPa）	蒸汽温度（℃）	给水温度（℃）	额定热功率（MW）	额定压力（MPa）	供水温度（℃）	回水温度（℃）			
3	双锅筒横置式水管锅炉	SHS系列 SHY型	10～40	1.25 2.45 3.82	饱和 250 350 400 450	60 105	—	—	—	—	天然气 人工燃气 液化石油气	87～90.4	几个厂家
4	单锅筒横置式水管锅炉	YG UG	25～75	3.82 4.22	450	105 150	—	—	—	—	燃油	89～90	个别厂家
5	单锅筒纵置式水管锅炉	DZS系列	2.0～75	0.7～3.85	饱和 450	20 105	1.4～2.8	0.7	95	70	天然气 人工燃气 液化石油气 燃油	87～91.5	几个厂家
6	立式水管锅炉	LSS系列 M系列 EX系列 UX系列 ST系列	0.05～4.0	0.7 1.0	饱和	20	0.06～0.93	0.6 1.0			天然气 人工燃气 液化石油气 燃油	85～88	几个厂家
7	立式内燃锅炉	LWS系列 LNS系列	0.1～0.5 0.2～4.0	1.0 0.4～1.25	饱和	20	—	—	—	—	天然气	85～86	几个厂家
8	立式火管锅炉	LHS系列	0.2～0.5	0.35～0.7	饱和	20	—	—	—	—	人工燃气	86	几个厂家
9	常压热水锅炉	CWNS系列 CLSS系列	—	—	—	—	0.4～4.2 0.14～0.70	常压	80 90	70	液化石油气	80～86	个别厂家
10	热水机组	WNJ系列 WNSQ系列 LSH系列 E、S、W、L型系列 DBJ系列 DBZ系列	—	—	—	—	0.01～5.8	常压 0.1 0.4 0.8 （换热器1.8）	90 95 温差=20	70	燃油	80～94.5	几个厂家

WNS系列燃气锅炉的外形尺寸表　　表28-8-2

锅炉型号	L	L_2	H	H_1	H_2	$A(A_1)$	B	C	E	F
WNS2-1.25-Q WNS1.4-0.7/95/70-Q	3770	1000	2560	1520	1315	305	2550	600	1781	160
WNS4-1.25-Q WNS2.8-1.0/115/70-Q	5000	1250	2864	1650	1304	215	3040	1180	2188	200
WNS6-1.0-Q WNS4.2-1.0/115/70-Q	5314	1330	3064	1750	1264	(A1) 650	1656	1950	2388	200
WNS10-1.25-Q WNS7.0-1.0/115/70-Q WNS12-1.25-Q	6060	1965	3495	1850	1465	340	3110	2180	2890	200

WNS系列燃气锅炉的主要技术参数表　　表28-8-3

参数	单位	锅炉型号								
		WNS2-1.25-Q	WNS1.4-0.7/95/70-Q	WNS4-1.25-Q	WNS2.8-1.0/115/70-Q	WNS6-1.0-Q	WNS4.2-1.0/115/70-Q	WNS10-1.25-Q	WNS7.0-1.0/115/70-Q	WNS15-1.25-Q
额定蒸发量	t/h	2		4		6		10		15
额定热功率	MW		1.4		2.8		4.2		7.0	
额定蒸汽压力	MPa	1.25		1.25		1.0		1.25		1.25
允许热水工作压力	MPa		0.7		1.0		1.0		1.0	
额定蒸汽温度	℃	194		194		183		194		194
供水温度	℃		95		115		115		115	
回水温度	℃		70		70		70		70	
给水温度	℃	20～60		105		105		105		105
锅炉受热面积	m^2	41.71	41.71	89	89	133.87	133.87	202.3	202.3	320
适用燃料		天然气、人工燃气、液化石油气								
燃料消耗量(按天然气计算,热值35530kJ/m^3)	m^3/h	189	185	326	321	484	469	837	827	1192
排烟温度	℃	250	182	240	180	230	180	270	185	240
锅炉效率	%	87.2	89.7	87.8	89	89	89.7	86.2	88.8	89
最大件运输质量	kg	5400	5400	11300	11300	14000	14000	20000	20000	33000
最大件运输尺寸	mm	4525×2402×2374		5955×2400×2950		5200×2900×3070		7694×3290×3538		
安装后外形尺寸	mm	4525×2402×2374		5955×2400×2950		5200×2900×3070		7694×3200×3538		
锅炉出厂形式		快装								

SZS系列双锅筒纵置式燃气锅炉主要技术参数表 **表 28-8-4**

参数	单位	锅炉型号										
		SZS4-1.25-Q	SZS2.8-0.7/95/70-Q	SZS6-1.25-Q	SZS4.2-0.7/95/70-Q	[K]SZS 10-1.25-Q	SZS7.0-0.7/95/70-Q	SZS10-1.25-Q	SZS10-1.25/300-Q	SZS20-1.25-Q	SZS20-1.25/350-Q	SZS20-1.25/300-Q
额定蒸发量	t/h	4		6		10		10	10	20		
额定热功率	MW		2.8		4.2		7.0					
额定蒸汽压力	MPa	1.25		1.25		1.25		1.25	1.25	1.25		
允许热水工作压力	MPa		0.7		0.7		0.7					
额定蒸汽温度	℃	194		194		194		194	300	194	350	300
供水温度	℃		95		95		95					
回水温度	℃		70		70		70					
给水温度	℃	105		105		105		104	104	104		
锅炉受热面积	m^2	127.25	94.58	177.58	126.42	208.7		264	282	542	574	557
适用燃料		天然气、人工燃气、液化石油气										
燃料消耗量(按天然气计算,热值 $35530kJ/m^3$)	m^3/h	317	341	476	508	784	831	815	828	1556	1798	1726
排烟温度	℃	160	185	160	175	170	180	165	169	153	164	162
锅炉效率	%	90.3	89.2	90.3	89.6	91	91.5	91.5	91	92	91	91
最大件运输质量	t	27.4	25.2	29.9	27	31.5	31.5	6.3	6.3	14	14	14
安装后外形尺寸	mm	5520×2592×3666		5860×2736×3516		6000×3350×3700		6262×4088×4670		6962×5178×6176	6962×5178×6070	

28.8.3　国产燃气锅炉的主要技术参数

国产燃气锅炉的生产厂家很多，这里仅列举几个有代表性的产品供设计者和使用者参考，更多更详细的技术参数可参见生产厂家的产品样本或其企业网页进行查阅。

WNS 系列燃气锅炉的外形尺寸见表 28-8-2。

WNS 系列燃气锅炉的主要技术参数见表 28-8-3。

SZS 系列双锅筒纵置式燃气锅炉为典型的“D”型布置水管锅炉，见图 28-8-1，其主要技术参数见表 28-8-4。

LSS 型立式水管锅炉外形尺寸见图 28-8-4，主要技术参数见表 28-8-5。

国外燃气锅炉的生产厂家也很多，他们的产品更是形式多样，型号编写情况各个国家也不统一，由于篇幅有限，本手册就不介绍国外产品详细的技术参数。

LSS 型立式水管燃气锅炉主要技术参数表　　**表 28-8-5**

参数		单位	锅炉型号			
			LSS0.3-0.7-Q	LSS0.5-0.7-Q	LSS1-0.7/1.0-Q	LSS2-1.0-Q
基本参数	额定蒸发量	t/h	0.3	0.5	1.0	2.0
	工作压力	MPa	0.7	0.7	0.7/1.0	1.0
	蒸汽温度	℃	170	170	170/184	184
	给水温度	℃	20	20	20	20
	设计效率	%	≥82	≥84	≥85	≥86
	受热面积	m^2	4.8	8.12	12.6	22
	排烟温度	℃	230	240	240	260
	水容积	m^3	0.2	0.32	0.43	0.63
	燃气燃烧调节方式	比例调节式				
	质量	kg	1000	1320	2300	3600
	外形尺寸 A×B×C	mm	1140×1200×2140	1460×1355×2368	1850×1600×2820	2000×1850×3200
	适用燃料	天然气、人工燃气、液化石油气				
	燃料输入热量	kW	260	430	860	1700
监视装置	水位监视	电极式				
	燃烧监视	火焰棒(离子针)				
	压力监视	压力控制器				

28.9　燃气锅炉房设计

与燃煤锅炉房相比，燃气锅炉房有下列优点：

① 燃料供应系统和燃烧设备比较简单，辅助设施和非标准设备少，因此，燃气锅炉房的设计、安装、运行和维修都比较简便。

② 燃气在输送和使用过程中没有灰渣对环境的污染，燃烧产物也比较清洁。因此，

对环境保护方面的要求比较少。

③ 燃气锅炉房不像燃煤锅炉房需要相当大的储备燃料、堆放灰渣、布置除尘设备的场所；同时，燃气锅炉本身的体积也比较小。因此，大大缩小了锅炉房的占地面积和建筑面积。

④ 燃气锅炉房操作管理简单，且容易实现自动控制和遥测。

⑤ 与同等规模的燃煤锅炉房相比，燃气锅炉房基建投资和管理费用较少，施工周期较短。

但是，燃气锅炉房的火灾及爆炸危险性比燃煤、燃油锅炉房大，所以使用燃气为燃料时对锅炉房的设计提出了新的更严格的要求。

燃气锅炉房设计与燃煤锅炉房设计的热力系统、水处理系统等具有共性；主要不同点在于燃烧系统。本节重点阐述燃气锅炉房各工艺系统的设计和布置。

28.9.1 燃气锅炉房设计的原始资料

设计的原始资料是设计新建或改建、扩建锅炉房不可少的基本资料。因此，在设计之前必须收集有关的原始资料。

28.9.1.1 新建锅炉房

1. 燃料资料

燃气的成分、性质及供气压力；燃气的供应情况及价格。

2. 热负荷资料

① 供热介质及参数要求。

② 生产、供暖、通风、制冷以及生活最大小时及平均小时用热负荷。

③ 热负荷曲线。

④ 回水率及其参数。

⑤ 余热利用的最大小时、平均小时产量及参数。

⑥ 热负荷发展情况。

3. 水质资料

① 水源种类及价格。

② 供水压力及水质全分析资料。

4. 厂址资料

① 全厂或建筑区区域总平面及地形图。

② 厂区或建筑区周围的交通情况。

③ 厂区或建筑区内有关建筑物的性质。

④ 工程地质资料：土层类别、性质、地基土允许承载力。

⑤ 水文地质资料：地下水位、地下水特性。

⑥ 地震资料：地震烈度、地区历史地震情况。

5. 水文、气象资料

① 洪水发生年份、水位及淹没范围、持续时间等。

② 气象资料，见表 28-9-1。

气象资料表　　表 28-9-1

<table>
<tr><th>序号</th><th colspan="2">项 目 名 称</th><th>单　位</th><th>数　据</th></tr>
<tr><td>1</td><td colspan="2">海拔高度</td><td>m</td><td></td></tr>
<tr><td>2</td><td colspan="2">大气压力</td><td>Pa</td><td></td></tr>
<tr><td>3</td><td colspan="2">最大冻土深度</td><td>cm</td><td></td></tr>
<tr><td rowspan="2">4</td><td rowspan="2">主导风向及频率</td><td>冬季</td><td rowspan="2">%</td><td></td></tr>
<tr><td>夏季</td><td></td></tr>
<tr><td>5</td><td colspan="2">采暖期室外平均温度</td><td>℃</td><td></td></tr>
<tr><td rowspan="3">6</td><td rowspan="3">室外计算温度</td><td>冬季采暖</td><td rowspan="3">℃</td><td></td></tr>
<tr><td>冬季通风</td><td></td></tr>
<tr><td>夏季通风</td><td></td></tr>
<tr><td rowspan="2">7</td><td rowspan="2">室外计算风速</td><td>冬季</td><td rowspan="2">m/s</td><td></td></tr>
<tr><td>夏季</td><td></td></tr>
<tr><td>8</td><td colspan="2">供暖天数</td><td>d</td><td></td></tr>
</table>

6. 设备材料资料

① 锅炉设备图纸、价格。

② 辅助设备主要图纸或样本、价格。

③ 阀门仪表等附件、钢材、保温材料的种类、性能、价格。

7. 其他有关文件

城市供电供热情况，邻厂协作供热资料及上级批文，有关协议文件，当地劳动、环保及消防部门的要求等。

28.9.1.2　扩建、改建锅炉房

除上述资料外，尚需收集以下资料：

1. 原有设备情况

原有锅炉及辅助设备的型号、规格、数量、使用年限及运行情况。

2. 锅炉房原设计资料

原工艺、土建、燃料供应系统及供水、供电、热控等施工图主要图纸及区域平面布置图。

3. 原锅炉房运行情况

存在问题及事故分析资料等。

4. 其他资料

对燃煤锅炉或燃油锅炉房改为燃气锅炉还需原锅炉设备的本体图、热力计算书、烟风阻力计算书和水动力计算书等。

28.9.2　燃气锅炉房规模的确定

28.9.2.1　锅炉房热负荷的确定

根据生产、供暖、通风、制冷及生活需要的锅炉房设计的最大计算热负荷、平均热负荷，作为选择锅炉类型、台数、确定锅炉房规模和计算各种耗量的依据。

① 根据各用户的热负荷曲线相加求得总热负荷曲线。其最大值及平均值乘以 K 值（管网热损失及锅炉房自用气系数），即得锅炉房的最大计算热负荷 Q_{max} 及平均热负荷 Q_{av}。

② 若设计时无法取得热负荷曲线，则以热负荷资料进行计算。

A. 最大计算热负荷：

$$Q_{max}=K(K_1Q_1+K_2Q_2+K_3Q_3+K_4Q_4+K_5Q_5) \quad (28\text{-}9\text{-}1)$$

式中 Q_{max}——最大计算热负荷，t/h；

Q_1，Q_2，Q_3，Q_4，Q_5——生产、供暖、通风、空调、生活最大热负荷，t/h；

K——管网热损失及锅炉房自用热系数，一般可取 1.1～1.2，锅炉房的自用蒸汽量一般应经计算求得，此时，管网热损失系数大约按 1.05 计算；

K_1——生产热负荷同时使用系数，一般可取 0.7～0.9，或分别计算；

K_2——供暖热负荷同时使用系数，一般可取 1.0；

K_3——通风热负荷同时使用系数，一般可取 0.7～1.0，或分别计算；

K_4——空调热负荷同时使用系数，一般可取 0.7～1.0；

K_5——生活热负荷同时使用系数，可取 0.5，若生产、生活热负荷使用时可完全错开，则 $K_5=0$（$Q_1>Q_5$ 时）。

B. 平均热负荷：

$$Q_{av}=K(Q_{1av}+Q_{2av}+Q_{3av}+Q_{4av}+Q_{5av}) \quad (28\text{-}9\text{-}2)$$

式中 Q_{av}——平均热负荷，t/h；

K——同前；

Q_{1av}，Q_{2av}，Q_{3av}，Q_{4av}，Q_{5av}——生产、供暖、通风、空调、生活平均热负荷，t/h。

a. 生产平均热负荷 Q_{1av}：根据各热用户的实际使用情况决定。

b. 供暖、通风及空调平均热负荷 Q_{2av}，Q_{3av}，Q_{4av} 按下式计算：

$$Q_{2av}=Q_2(t_n-t_{av})/(t_n-t_w)$$
$$Q_{3av}=Q_3(t_n-t_{av})/(t_n-t_w)$$
$$Q_{4av}=Q_4(t_n-t_{av})/(t_n-t_w) \quad (28\text{-}9\text{-}3)$$

式中 t_n——供暖或通风室内计算温度，℃；

t_{av}——供暖或通风室内平均温度，℃；

t_w——供暖或通风室外计算温度，℃。

c. 生活平均热负荷：

$$Q_{5av}=0.125Q_5 \quad (28\text{-}9\text{-}4)$$

C. 全年热负荷：

$$Q_a=K(h_1Q_{1av}+h_2Q_{2av}+h_3Q_{3av}+h_4Q_{4av}+h_5Q_{5av}) \quad (28\text{-}9\text{-}5)$$

式中 Q_a——全年热负荷，t/a；

h_1，h_2，h_3，h_4，h_5——生产、供暖、通风、空调、生活热负荷年利用小时数。

③ 热负荷调整。当热负荷波动较大时，可采用调整生产班次或错开用热时间，使用热负荷曲线趋于平稳。在有条件的地方可采用蓄热器，此时锅炉房的规模按平均热负荷来确定。

28.9.2.2 锅炉类型的选择原则

在热负荷和燃料确定后，即可综合考虑下列因素，进行锅炉类型的选择。

① 锅炉供热介质的选择，应根据供热方式、介质需要量和供热系统等因素确定，其规定如下：

A. 供暖通风用热的锅炉房，宜采用热水作为供热介质；

B. 供生产用汽的锅炉房，应采用蒸汽作为供热介质；

C. 同时供生产用汽及采暖通风和生活用热的锅炉房，经技术经济比较后，可选用蒸汽或蒸汽-热水作为供热介质。

② 锅炉供热参数的选择应满足用户用热参数和合理用热的要求：

A. 蒸汽锅炉的压力和温度，根据生产工艺和采暖通风或空调的需要，考虑管网及锅炉房内部阻力损失，结合蒸汽锅炉型谱来确定。

B. 热水锅炉水温的选择，决定于用户的要求，以供热系统的方式（如直接供用户或采用热交换站间接换热方式）和热水锅炉型谱。

对于设在高层或多层建筑物内的锅炉：蒸汽锅炉的额定蒸汽压力不得超过 1.6MPa，热水锅炉额定出口温度等于或小于 95℃。

③ 为了方便设计、安装、运行和维护、同一锅炉房内宜采用相同型号、相同热介质的锅炉。当选用不同类型锅炉时，不宜超过两种。

④ 应能保证安全及有效燃烧。

A. 对热负荷的适应性要好。

B. 配置的燃烧器及自动控制装置，要保证燃料充分燃烧、热效率高。

C. 消烟、降噪声、环保效果好。

D. 具有良好的安全保证装置。

⑤ 所选用锅炉的基建投资、运行管理费用及维修费用要低。

28.9.2.3　锅炉台数和热量的选择原则

① 锅炉台数和热量的选择，应根据锅炉房的设计容量和全年负荷低峰期锅炉机组工况等因素确定，并保证当其中最大 1 台锅炉检修时，其余锅炉应满足下列要求：

A. 连续生产用热所需的最低热负荷；

B. 暖通空调和生活用热所需的最低热负荷。

② 锅炉台数和容量的确定应考虑热效率、出力及其适应热负荷变化的能力。

③ 选择锅炉容量、台数与热负荷的大小及其发展趋势有很大关系。热负荷大者，单台锅炉容量应较大。如近期内热负荷可能较大增长者，也可选择较大容量锅炉，将发展负荷考虑进去。如仅考虑远期热负荷的增长，则可在锅炉房的发展端留有安装扩建锅炉的预留位置，或在总体上留有发展余地。

④ 锅炉台数。锅炉台数应根据热负荷的调度、锅炉的检修和扩建的可能性确定。一般锅炉房的锅炉台数不少于 2 台；新建时不宜超过 5 台；扩建或改建时，不宜超过 7 台。

⑤ 备用锅炉。以生产负荷为主或常年供热的锅炉房，可以设置 1 台备用锅炉；供暖通风或生活热负荷为主的锅炉房，一般不设置备用锅炉。

28.9.3　燃气锅炉房的布置

28.9.3.1　锅炉房位置的选择

燃气锅炉房分为两类：一类为区域性集中供热锅炉房；另一类是为某一建筑物或小建

筑群体服务的锅炉房。锅炉房位置的选择，应综合考虑以下要求：

① 应靠近热负荷比较集中的地区；

② 应便于引进管道，有利于凝结水的回收，并使室外管道的布置在技术经济上合理；

③ 应位于交通便利的地方，便于燃料的贮存运输，并宜使人流和车辆分开；

④ 应符合国家卫生标准、环保标准、建筑设计防火规范，城镇燃气设计规范及锅炉安全技术监察规程中的有关规定；

⑤ 应有利于自然通风和采光；

⑥ 应位于地质条件较好的地区；

⑦ 应有利于减少烟气和有害气体对居住区和主要环境保护区的影响。全年运行的锅炉房宜位于居住区和主要环境保护区的全年最小频率风向的上风侧；季节性运行的锅炉房宜位于该季节盛行风向的下风侧；

⑧ 应考虑给水、排水、供电方便；

⑨ 设在高层建筑内的锅炉房尽可能地设在建筑物底层或半地下层；

⑩ 应考虑锅炉房有扩建的可能性。

28.9.3.2 锅炉房布置

1. 锅炉房布置一般原则

① 锅炉一般应装在单独建造的锅炉房内，若锅炉房和其他建筑物相连或设置在其内部时，应符合《锅炉安全技术监察规程》TSG G0001、《建筑设计防火规范》GB 50016（2018 版）GB 50045 的有关规定。地下、半地下、地下室和半地下室锅炉房严禁选用液化石油气或相对密度大于或等于 0.75 的气体燃料。

② 锅炉房不应直接设在靠近人群聚集的场所（如公共浴室、教室、餐厅、影剧院的观众厅、候车室等），或在其上面、下面、贴邻或主要疏散口的两旁。

③ 锅炉房不宜设在高层或多层建筑的地下室、楼间中层或顶层，但由于条件限制需要设置时，应事先征得市、地级以上安全监察机构同意，还应符合《锅炉安全技术监察规程》TSG G0001、《建筑设计防火规范》GB 50016（2018 版）的有关规定。

④ 锅炉房不得与甲、乙类及使用可燃液体的丙类火灾危险性房间相连。若与其他生产厂房相连时，应用防火墙隔开。

⑤ 与锅炉房配套的燃气调压站应布置在离交通要道、民用建筑、可燃或高温车间较远的地段，同时又要考虑与锅炉房联系方便。

2. 建、构筑物和场地的布置。

① 锅炉房各建筑物、构筑物和场地的布置，应充分利用地形，使挖方和填方量最小，排水良好，防止水流入地下室和管沟。

② 锅炉房、燃气调压站之间以及和其他建筑物、构筑物之间的间距，均应符合国家标准《建筑设计防火规范》GB 50016（2018 版）和有关工业企业设计卫生标准的有关规定。

③ 蒸汽锅炉额定蒸发量大于或等于 35t/h、热水锅炉额定出力大于或等于 29MW 的锅炉房，其周围宜设有环行道路。

④ 独立设置的锅炉房建筑物和构筑物的室内地层标高应高出室外地坪 0.1m 以上。

⑤ 在满足工艺布置要求的前提下，锅炉房的建筑物和构筑物，宜按建筑物统一模数设计。锅炉房的柱距应采用 6m 或 6m 的倍数；跨度在 18m 或 18m 以下，应用 3m 的倍

数；大于 18m 时采用 6m 的倍数，高度应为 300mm 的倍数。

3. 锅炉房、辅助间和生活间的布置

① 锅炉房一般由以下部分组成：

A. 锅炉间：包括仪表控制室等。

B. 辅助间：包括风机间、水处理间、水泵水箱间、除氧间、化验间、检修间、材料间、调压间、贮藏间等。

C. 生活间：包括办公室、值班室、更衣室、倒班宿舍、浴室、厕所等。

② 单台蒸汽锅炉额定蒸发量为 1～20t/h、热水锅炉额定出力为 0.7～14MW 的锅炉房，其辅助间和生活间宜贴邻锅炉间的一侧。单台蒸汽锅炉额定蒸发量为 35～65t/h、热水锅炉额定出力为 29～58MW 的锅炉房，其辅助间和生活间可单独布置。

③ 辅助间楼面标高宜和其相邻的锅炉间楼面高度一致。

④ 仪表控制室宜布置在炉前适中地段。当锅炉房为多层布置时，其仪表控制室应布置锅炉操作层上，并宜选择朝向较好的部位。

⑤ 化验室应布置在采光较好、噪声和振动影响较小处，并使取样操作方便。

⑥ 锅炉间出入口不应少于 2 个；当炉前走道总长度不大于 12m，且面积不大于 200m^2 时，其出入口可设 1 个。

⑦ 多层布置锅炉房的楼层上的出入口，应有通向地面的安全梯。

⑧ 锅炉房通向室外的门应向外开启，锅炉房内的工作间或生活间直通锅炉间的门应向锅炉间内开启。

⑨ 检修设施：

A. 锅炉房应设置检修间，以对锅炉、辅助设备、管道及其附件进行维护保养和小修工作。其大修和中修工作不宜由锅炉房检修间承担，可由企业机修车间或外协解决；

B. 单台锅炉额定容量小于 6t/h 的锅炉房。可视情况设置一间约 20m^2 的检修间（兼贮藏）；

C. 单台锅炉额定容量 6～10t/h 的锅炉房，检修间面积 50～75m^2，可设钳工台、砂轮机、台钻、洗管器、电焊机、手动试压泵等基本设备；

D. 单台锅炉额定容量 20～35t/h 的锅炉房，检修间面积 75～100m^2。除上述基本设备以外，根据检修需要可设置立式钻床、车床、弯管机、空气压缩机（移动式）等设备；

E. 在必须定期检修的重量较大（0.5t 以上）的辅助设备上方，应视情况设置电动葫芦、手动葫芦或吊钩设施。锅炉上方只考虑阀门附件的重量，大件的吊装采取临时措施；

F. 高层建筑内的锅炉房其检修面积应根据具体情况而定。

⑩ 燃气调压间等有爆炸危险的房间，应有每小时不少于 3 次的换气量。当自然通风不能满足要求时，应设置机械通风装置，并应有每小时换气量不少于 8 次的事故通风装置，通风装置应防爆。

4. 锅炉房的露天布置

燃气锅炉由于操作简单，劳动强度低，又容易实现自动控制，因此，露天布置的燃气锅炉越来越多。

燃气锅炉露天布置方式的主要优点是有利于防爆、防毒、防地震，并且可以节省材料和基建投资，缩短施工周期，加快建设速度。露天布置的不足是散热损失和维修费用较高，噪声扩散影响周围环境。

锅炉房露天布置的利弊和所在地区的气候条件、周围环境的要求有重要关系。设计时是否采用露天布置，应作技术经济比较，根据具体条件确定。

① 锅炉房露天布置形式一般分为全露天布置和半露天布置两种。全露天布置是将设备及其有关的附件和管道全部布置在露天场地。半露天布置是将大型设备的一部分布置在室内，而另一部分布置在露天场地，常见半露天锅炉房的形式是锅炉炉墙三面布置在露天场地，前墙封闭在室内，锅炉的水位表、压力表、流量计及其他需要经常操作的阀门、附件均布置在室内，锅炉的操作和监视在室内执行。

② 锅炉房露天布置应满足下列要求：

A. 锅炉机组应选择适合露天布置的产品，测量控制仪表和阀门附件应有防雨、防风、防冻和防腐措施；

B. 应使运行、操作安全，并便于检修维护；

C. 应设置司炉操作室，并将锅炉水位、锅炉压力等测量控制仪表，集中设置在操作室内。

5. 锅炉房工艺设备布置要求及其基本尺寸

① 应保证设备安装、运行、检修安全和方便，使气、水、风、烟流程短，锅炉房面积和体积紧凑。

② 风机、泵类的布置应考虑尽量减少噪声和振动对操作人员和环境的影响。

③ 风机、水箱、除氧装置、加热装置、蓄热器、水处理装置等辅助设备和测量仪表露天布置时，应有防雨、防风、防冻、防腐和防噪声等措施；居住区锅炉房的风机不宜露天布置。

④ 锅炉之间的操作平台可根据需要加以连通。锅炉房内所有的辅助设施和热工监测、可视控制装置等，当有操作、维护需要时，应设置平台和扶梯。

⑤ 锅炉设备的布置尺寸。

A. 锅炉操作地点和通道的净空高度不应小于 2m，并应满足起吊设备操作高度的要求。在锅筒、省煤器及其他发热部位的上方，当不需要操作和通行时，其净空高度可为 0.7m。

B. 炉前净距：

蒸汽锅炉 1～4t/h、热水锅炉 0.7～2.8MW，不宜小于 3.0m；

蒸汽锅炉 6～20t/h、热水锅炉 4.2～14MW，不宜小于 4.0m；

蒸汽锅炉 35～65t/h、热水锅炉 29～58MW，不宜小于 5.0m。

当需要在炉前更换锅管时，炉前净距应能满足操作要求。对 6～65t/h 的蒸汽锅炉、4.2～58MW 的热水锅炉，当炉前设置仪表控制室时，锅炉前端到仪表控制室可为 3m。

C. 锅炉侧面和后面的通道净距：

蒸汽锅炉 1～4t/h、热水锅炉 0.7～2.8MW，不宜小于 0.8m；

蒸汽锅炉 6～20t/h、热水锅炉 4.2～14MW，不宜小于 1.5m；

蒸汽锅炉 35～65t/h、热水锅炉 29～58MW，不宜小于 1.8m。

D. 布置风机时，除考虑不小于 0.7m 的通道外，周围还应有检修、操作场地。

E. 水泵之间通道的有效宽度不小于 0.7m。

F. 水处理间主要操作通道的净距不应小于 1.5m，辅助设备操作通道的净距不宜小于 0.8m，所有通道均应适应检修的需要。

G. 单排布置的离子交换器前面的操作通道不应小于 1.2m，双排布置的离子交换器之间的操作通道不应小于 2.0m。离子交换器后面与墙之间的距离一般为 0.5～0.7m。离子交换器中心线之间的距离根据设备的要求和管道布置情况决定。

H. 平台、扶梯等应采用非燃烧体、防滑的材料制造，其尺寸应符合下列要求：

用网格板或栅条作平台时，其孔隙不得大于 30mm×30mm；

操作平台的宽度不应小于 0.8m，通行平台宽度不应小于 0.6m；

扶梯宽度不应小于 0.6m，踏板宽度不应小于 80mm，阶梯不应大于 0.2m，栏杆高度不小于 0.8m，扶梯斜度一般不应大于 50°，对于高度要求超过 4m 的扶梯，每隔 3～4m 应设平台。

I. 锅炉给水箱安装的高度，应使锅炉给水泵有足够的灌注头。

28.9.4　燃气系统设计

28.9.4.1　燃气供应系统

燃气供气系统是燃气锅炉房的重要组成部分，在设计时必须给予足够的重视。燃气供气系统的设计是否合理，不仅对保证安全可靠的运行关系极大，而且对供气系统的投资和运行的经济性也有很大影响。

锅炉房供气管道系统，一般是由供气管道进口装置、锅炉房内配管系统以及吹扫放散管道等组成。

1. 供气管道进口装置设计要求

① 锅炉房燃气管道宜采用单母管；常年不间断供热时，宜采用双母管。采用双母管时，每一母管的流量宜按锅炉房最大计算耗气量的 75%计算。

② 当调压装置进气压力在 0.3MPa 以上，而调压比又较大时，可能产生很大的噪声。为避免噪声沿管道传送到锅炉房，调压装置后宜有 10～15m 的一段管道采用埋地敷设，如图 28-9-1 所示。

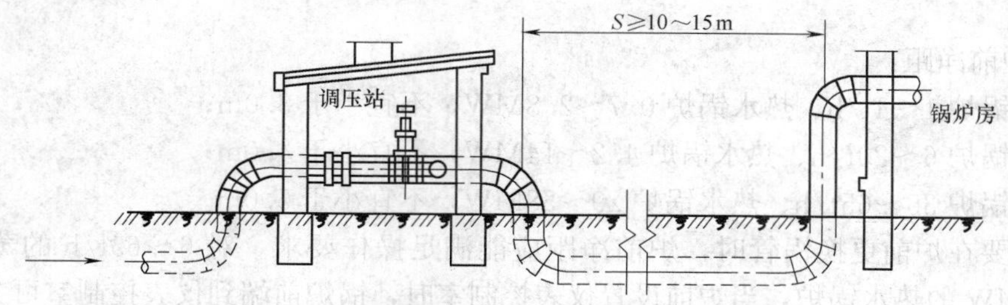

图 28-9-1　调压站至锅炉房间的燃气管道敷设

③ 由锅炉房外部引入的燃气总管。在进口处应装设总关闭阀，并装设在安全和便于操作的地点。当燃气质量不能保证时，应在调压装置前或在燃气母管的总关闭阀前设置除尘器、油水分离器和排水管。

④ 燃气管道上应装设放散管、取样口和吹扫口。

⑤ 引入管与锅炉间供气干管的连接，可采用端部连接（图 28-9-2）或中间连接（图 28-9-3）。当锅炉房内锅炉台数为 4 台以上时，为使各锅炉供气压力相近，最好采用在干管中间接入的方式。

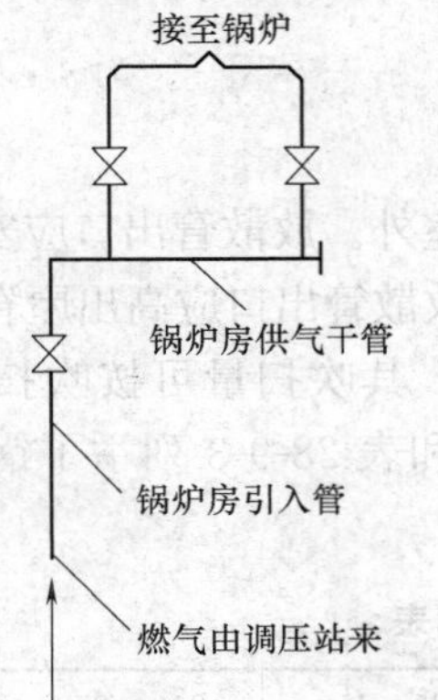

图 28-9-2 锅炉房引入管与供气干管端部连接

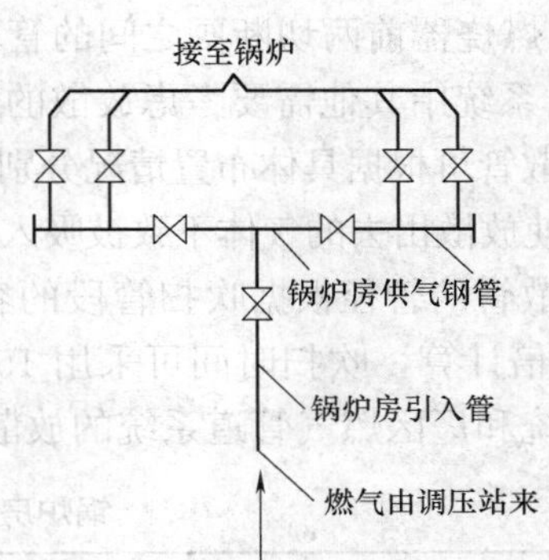

图 28-9-3 锅炉房引入管与供气干管中间连接

2. 锅炉房内燃气配管系统设计要求

① 为保证锅炉安全可靠的运行，要求供气管路和管路上安装的附件连接要严密可靠，能承受最高使用压力，在设计配管系统时应考虑便于管路的检修和维护。

② 管道及附件不得装设在高温或有危险的地方。

③ 配管系统使用的阀门应选用明杆阀或阀杆带有刻度的阀门，以便使操作人员能识别阀门的开关状态。

④ 当锅炉房安装的锅炉台数较多时，供气干管可按需要用阀门隔成数段，每段供应 2～3台锅炉。

⑤ 在通向每台锅炉的支管上，应装有关闭阀和快速切断阀（可根据情况采用电磁阀或手动阀）、流量调节阀和压力表。

⑥ 在支管至燃烧器前的配管上应装关闭阀，阀后串联 2 只切断阀（手动阀或电磁阀），并应在两阀之间设置放散管（放散管可采用手动阀或电磁阀）。靠近燃烧器的 1 只安全切断电磁阀的安装位置，至燃烧器的间距尽量缩短，以减少管段内燃气渗入炉膛的数量。当切断采用电磁阀时，不宜设置旁通管，以免操作失误造成事故。

3. 吹扫放散管道系统设计要求

在锅炉房供气系统设计中，必须设置吹扫和放散管道。这是因为燃气管道在停止运行进行修理时，为了检查工作安全，需要把管道内的燃气吹扫干净。天然气管道在较长时间停止工作后投入运行时，为防止燃气一空气混合物进入炉膛引起爆炸，先要进行吹扫，将可燃混合气体排入大气。

① 设计吹扫放散系统应注意下列要求：吹扫方案应根据用户的实际情况确定，可以考虑设置专用的惰性气体吹扫管道，用氮气、二氧化碳或蒸汽进行吹扫；也可不设专用吹扫管道而在燃气管道上设置吹扫点，在系统投入运行前用燃气进行吹扫，停运检修时用压缩空气进行吹扫。吹扫点（或吹扫管接点）应设置在下列部位：

A. 锅炉房进气管总关闭阀后面（顺气流方向）；

B. 在燃气管道系统以阀门隔开的管段上需要考虑分段吹扫的适当地点。

② 燃气系统在下列部位应设置放散管：

A. 锅炉房进气管总切断阀的前面（顺气流方向）；

B. 燃气干管的末端，管道、设备的最高点；

C. 燃烧器前两切断阀之间的管段；

D. 系统中其他需要考虑放散的适当地点。

放散管可根据具体布置情况分别引至室外或集中引至室外。放散管出口应安装在适当的位置，使放散出去的气体不致被吸入室内或通风装置内。放散管出口应高出屋脊 2m 以上。

放散管的管径根据吹扫管段的容积和吹扫时间确定。其吹扫量可按吹扫管段容积的 10～20 倍计算，吹扫时间可采用 15～20min。表 28-9-2 和表 28-9-3 列举了锅炉房内燃气管道系统和厂区燃气管道系统的放散管管径参考数据。

锅炉房燃气系统放散管直径选用表　　**表 28-9-2**

燃气管道直径(mm)	25～50	65～80	100	125～150	200～250	300～350
放散管直径(mm)	25	32	40	50	65	80

厂区燃气系统放散管直径选用表　　**表 28-9-3**

距离(m)	燃气管道直径(mm)			
	50～100	125～250	300～350	400～500
20	40	50	80	100
50	40	65	100	100
100	40	80	150	150
200	50	125	200	200
300	65	150	250	250
400	65	200	300	300
500	80	200	300	300
1000	100	200	300	300

28.9.4.2　锅炉房常用燃气供气系统

由于燃气锅炉应用的日益广泛，对燃气锅炉的安全可靠运行要求越来越高。供气系统的设计在自控方面有很大发展，燃气锅炉的自动控制和自动保护程度也大大提高，实行程序控制，供气系统都配备了相应的自控装置和报警设施。

1. 小型燃气锅炉常用燃气供气系统

如图 28-9-4 为卧式内燃燃气锅炉供气系统。由外网或锅炉房供气干管来的燃气，先经过调压器调压，再通过 2 只串联的电磁阀（又称主气阀）和 1 只流量调节阀，然后进入燃烧器。在 2 只串联的电磁阀之间设有放散管和放散电磁阀，当主气阀关闭时，放散电磁阀自动开启，避免漏入炉膛。主电磁阀和锅炉高低水位保护装置、蒸汽超压装置、火焰监测装置以及鼓风机等连锁，当锅炉在运行中发生事故时，主电磁阀自动关闭和切断供气。运行时燃气流量可根据锅炉负荷变化情况由调节阀进行调节。在两电磁阀之前的燃气管道上，引出点火管道，点火管道上有关闭阀和 2 只串联安装的电磁阀。点火电磁阀由点火或熄火信号控制。自动控制和程序控制实现燃气系统的启动和停止。

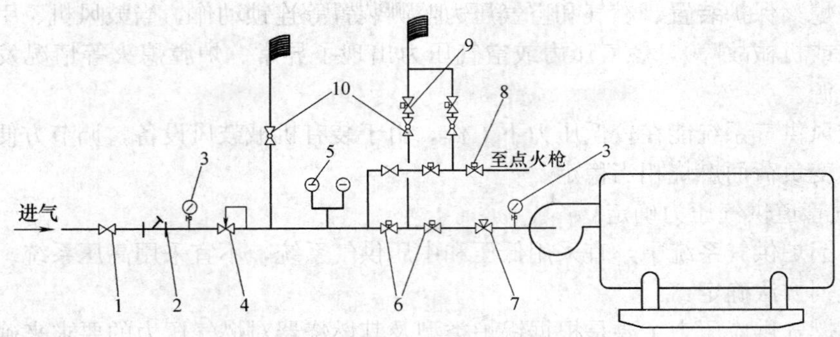

图 28-9-4 卧式内燃燃气锅炉供气系统

1—总关闭阀；2—过滤器；3—压力表；4—稳压器；5—压力上下限开关；6—安全切断电磁阀；7—流量调节阀；8—点火电磁阀；9—放散电磁阀；10—放散旋塞阀

2. 大中型燃气锅炉的供气系统

图 28-9-5 所示为强制鼓风机供气系统，该系统装有自力式压力调节阀和流量调节阀，能保持进气压力和燃气流量的稳定。在燃烧器前的配管上装有安全切断电磁阀。电磁阀与

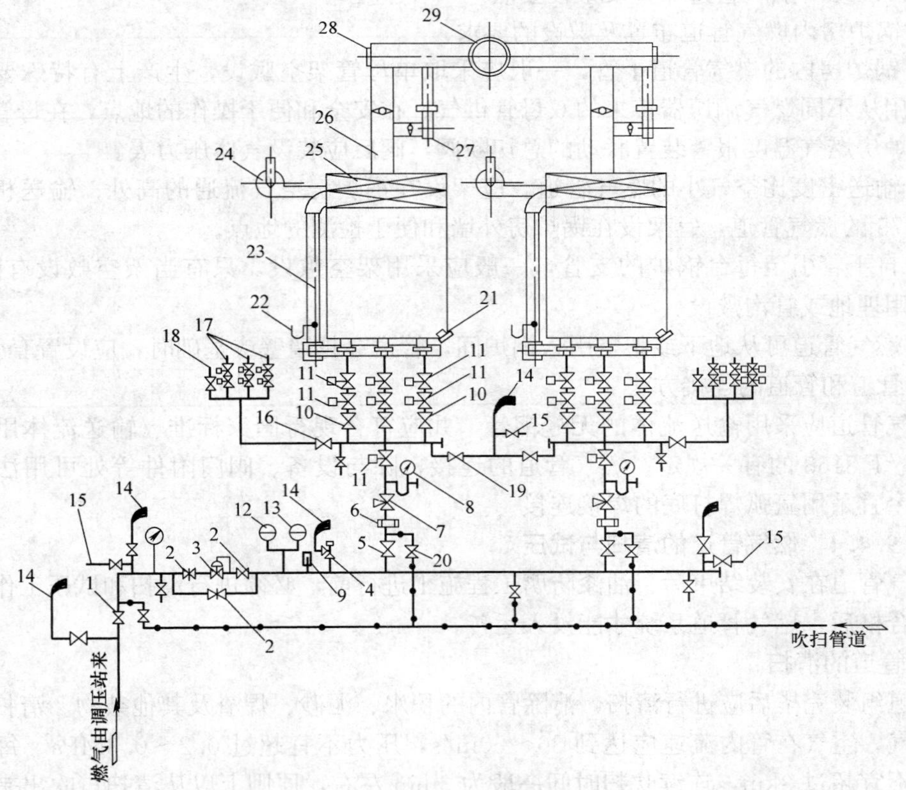

图 28-9-5 强制鼓风机供气系统

1—锅炉房总关闭阀；2—手动闸阀；3—稳压器；4—安全阀；5—手动切断阀；6—流量孔板；7—流量调节阀；8—压力表；9—温度计；10—手动阀；11—安全切断电磁阀；12—压力上限开关；13—压力下限开关；14—放散管；15—取样短管；16—手动阀门；17—自动点火电磁阀；18—手动点火阀；19—放散管；20—吹扫阀；21—火焰监测装置；22—风压计；23—风管；24—鼓风机；25—空气预热器；26—烟道；27—引风机；28—防爆门；29—烟囱

风机、锅炉熄火保护装置、燃气和空气压力监测装置等连锁动作，当鼓风机、引风机发生故障（停电或机械故障），燃气压力或空气压力出现了异常、炉膛熄火等情况发生时，能迅速切断气源。

强制鼓风供气系统能在较低压力下工作，由于装有机械鼓风设备，调节方便，可在较大范围内改变负荷而燃烧相当稳定。

3. 燃气管道供气压力确定

在燃气锅炉供气系统中，宜采用低压和中压供气系统，不宜采用高压系统。所需供气压力可按下列方法确定：

锅炉房燃气供应压力主要是根据锅炉类型及其燃烧器对燃气压力的要求来确定。当锅炉类型及燃烧器的形式已确定时，供气压力可按下式计算：

$$p = p_r + \Delta p \tag{28-9-6}$$

式中 p——锅炉房燃气进口压力，Pa；

p_r——燃烧器前所需要的燃气压力（各种锅炉所需要的燃气压力，见锅炉厂家资料），Pa；

Δp——管道阻力损失，Pa。

28.9.4.3　燃气管道布置及敷设要点

1. 锅炉房内燃气管道布置及敷设的要求

① 锅炉房内的燃气管道干管，一般应采取单母管架空敷设，生产上有特殊要求时可考虑采用从不同燃气调压器接来的双母管供气。在安全和便于操作的地点，在母管上应装设与锅炉房燃气温度报警装置联动的总切断阀，阀后应装设气体压力表。

② 输送密度比空气小的燃气管道，应架设在锅炉房空气流通的高处；输送相对密度大于 0.75 的燃气管道，宜架设在锅炉房外墙和便于检测的地点。

③ 自干管引至每台锅炉的支管，一般应采用架空敷设，只有当架空敷设有困难时，方可采用埋地或管沟敷设。

④ 燃气管道可从地下或架空引入锅炉间，管道穿越墙壁或基础时，应设置套管。

2. 管道和管道的连接方法

燃气管道应采用输送流体的无缝钢管，并应符合现行国家标准《输送流体用无缝钢管》GB/T 8163 的有关规定；燃气管道的连接，除与设备、阀门附件等处可用法兰连接外，其余宜采用氩弧焊打底的焊接连接。

28.9.4.4　燃气管道的清扫与试压

燃气管道在安装结束后、油漆防腐工程施工进行前，必须进行清扫和试压工作，清扫和试压合格后，燃气管道系统才能投入运转。

1. 管道的清扫

管道组装完毕后应进行清扫，清除管内的积水、泥砂、焊渣及其他杂物。清扫介质用压缩空气，空气在管内流速应达到 30～50m/s，压力不宜超过 0.2～0.3MPa。每段吹扫的长度不宜超过 3km，连续吹扫时间一般为 3min 左右，原则上以从清扫口吹出来的气体达到纯净时为止。

锅炉房内供气系统上的附件、设备较多，清扫、试压前必须仔细检查所有设备附件安装是否牢固。

清扫排气口装置应锚固牢靠，防止管道后座推力造成事故。清扫排气口应设置在比较空旷的地方。

2. 燃气管道试压

燃气管道清扫完毕后，应进行强度试验和严密性试验。试验工作可全线同时进行，也可分段进行。试压介质一般用压缩空气。

① 燃气管道的强度试验压力为设计压力的 1.5 倍，但钢管不得低于 0.3MPa，铸铁管不得低于 0.05MPa。

强度试验时，压力应缓慢上升，当压力升至规定值后，稳压 1h，查看压降情况，然后将压力降至相应的严密试验压力，进行外观检查。并用涂刷肥皂水的方法检查每个焊缝和连接点，如有条件，还可在管内注入"加臭剂"，帮助检查泄漏点。

② 气密性试验。气密性试验在强度试验后进行，为了使管内空气温度和周围环境温度一致，应升压至规定值后稳压 6h，然后正式开始试验记录，每小时记录一次，试验 24h。在试验时，除记录压力变化情况外，同时检查泄漏情况，其检查方法和强度试验相同。

埋地燃气管道的气密性试验宜在回填至管顶以上 0.5m 后进行。

气密性试验压力值应遵守下列规定：

设计压力 $p \leqslant 5$kPa 时试验压力为 20kPa；

设计压力 $p > 5$kPa 时，试验压力应为设计压力的 1.15 倍，但不小于 0.1MPa。

28.9.5 燃气调压系统

为了保证燃气锅炉能安全稳定地燃烧，对于供给燃烧器的气体燃料，应根据燃烧设备的设计要求保持一定的压力。在一般情况下，从气源经城市燃气管网供给用户的燃气，如果直接供锅炉使用，往往压力偏高或压力波动太大，不能保证稳定燃烧。当压力偏高时，会引起脱火和发出很大的噪声；当压力波动太大时，可能引起回火或脱火，甚至引起锅炉爆炸事故。因此，对于供给锅炉使用的燃气，必须经过调压。

调压站是燃气供应系统进行降压和稳压的设施。站内除布置主体设备调压器之外，往往还有燃气净化设备和其他辅助设备。为了使调压后的燃气压力不再受外部因素的干扰，锅炉房宜设置专用的调压站，如果用户除锅炉房之外还有其他燃气设备，需要考虑统一建调压站时，宜将供锅炉房用的调压系统和其他用气设备的调压系统分开，以确保锅炉用气压力稳定。

调压站设计应根据气源（或城市燃气管网）供气和用气设备的具体情况，确定站房的位置和形式，选择系统的工艺流程和设备，并进行合理布置。

调压系统采用何种方式要根据调压器的容量和锅炉房运行负荷的变化情况来考虑。确定的基本原则为：

① 要使通过每台调压器的流量在其铭牌出力的 10%～90%的范围以内，以保证调压器后燃气压力的稳定；

② 要适应锅炉房负荷的变化，始终保证供气压力的稳定性。

一般当调压系统进出口压差不超过 1.0MPa，调压比不超过 20，采用一级调压系统。当调压系统进出口压差超过 1.0MPa，调压比大于 20，采用二级调压系统。当锅炉台数较多或锅炉房运行的最高负荷和最低负荷相差很大时，应考虑采用多路调压系统。常年运行的锅炉房，应设置备用的调压器，备用调压器和运行调压器并联安装，组成多路调压系统。带辅助调压器的调压系统和带监视调压器的调压系统在国外调压站设计中常采用，国内很少使用。

调压系统工艺流程和附件配置、调压站的设计、调压站内的主要设备等内容详见本手册第 6 章。

28.9.6　燃气管道管径计算

锅炉房内部燃气管道直径可根据燃气流量 q_s 和选取流速来计算。对于天然气管道，管内实际流速不应大于 25m/s，对于人工燃气允许流速见表 28-9-4。

人工燃气管道允许流速表　　表 28-9-4

管径(mm)	＜80	100	200	300	400～700
流速(m/s)	4	6	7	8	10～12

当燃气管道允许流速选定后，可根据式（28-9-7）确定管道直径。

$$d=18.8\sqrt{\frac{q_s}{v}} \tag{28-9-7}$$

$$q_s=q\frac{0.1013T}{273.15p} \tag{28-9-8}$$

式中　d——管道直径，mm；

q_s——燃气在设计状态下的流量，m^3/h；

v——燃气允许流速，m/s；

T——设计中所采用的燃气热力学温度，K；

p——设计中所采用的燃气绝对压力，MPa；

q——燃气计算流量，m^3/h。

28.9.7　对燃气系统、烟道与烟囱、监控系统等的技术要求

1. 对燃气系统的部分要求

对于锅炉房燃气系统，《锅炉房设计规范》GB 50041 提出明确规定，如，燃用液化石油气的锅炉间和有液化石油气管道穿越的室内地面处，严禁设有能通向室外的管沟（井）或地道等设施；燃气调压装置应设置在有围护的露天场地上或地上独立的建、构筑物内，不应设置在地下室、构筑物内，等等。其他相关要求请参照《锅炉房设计规范》GB 50041 执行。

2. 对烟道与烟囱设计的部分要求

燃气锅炉烟道和烟囱的设计，《锅炉房设计规范》GB 50041 中规定，燃气锅炉烟囱宜单台炉配置。当多台锅炉共用 1 座烟囱时，除每台锅炉宜采用单独烟道接入烟囱外，每条烟道尚应安装密封可靠的烟道门。在烟气容易集聚的地方，应设置防爆装置，其位置应有利于泄压，当其爆炸气体有可能危及操作人员安全时，防爆装置上应装设泄压导向管。燃气锅炉不得与使用固体燃料的设备共用烟道和烟囱。水平烟道宜有 1％坡向锅炉或排水点的坡度。钢制烟囱出口的排烟温度宜高于烟气露点，且宜高于 15℃。其他相关要求请参照《锅炉房设计规范》GB 50041 执行。

3. 对锅炉监测与控制的部分要求

燃气锅炉的自动控制具有提高锅炉输出参数的稳定性，保障操作人员与设备的安全，节约能源、减少污染物排放，减轻劳动强度等优点。燃气锅炉的自动控制主要包括热工参数的检测与显示、锅炉的控制、程序点火及保护与连锁。

燃气锅炉的监测与控制内容要求，除了与燃煤、燃油相同的要求外，还要高度重视其特殊要求。比如《锅炉房设计规范》GB 50041 中，燃烧器前的燃气压力要纳入监测和控制参数之中；在燃气调压间、燃气锅炉间要设置可燃气体浓度报警装置，当室内空气中可燃气体浓度高于规定值时，自动切断燃气供应和开启事故排气扇；可燃气体浓度报警装置应与燃气供应母管总切断阀和排风扇联动，设有防灾中心时，应将信号传至防灾中心。燃气锅炉应设置电气联动装置，设置点火程序控制和熄火保护装置等；燃气压力低于规定值时，自动切断燃气供应；引风机、鼓风机故障时，自动切断燃气供应等。其他相关要求请参照 GB 50041 执行。

28.10 本章有关标准规范

《锅炉房设计规范》GB 50041

《锅炉安全技术监察规程》TSG G0001

《建筑设计防火规范》GB 50016（2018 版）

参考文献

[1] 同济大学等四院校编. 燃气燃烧与应用（第三版）[M]. 北京：中国建筑工业出版社，2000.

[2] 中小型燃气锅炉房编写组. 中小型燃气锅炉房 [M]. 北京：中国建筑工业出版社，1981.

[3] 燃油燃气锅炉房设计手册编写组. 燃油燃气锅炉房设计手册 [M]. 北京：机械工业出版社，1998.

[4] 徐通模，金定安，温龙. 锅炉燃烧设备 [M]. 西安：西安交通大学出版社，1990.

[5] 徐旭常，毛健雄，曾瑞良，陈昌和. 燃烧理论与燃烧设备 [M]. 北京：机械工业出版社，1990.

[6] 赵钦新，惠世恩. 燃油燃气锅炉 [M]. 西安：西安交通大学出版社，2000.

[7] 燃油锅炉燃烧设备及运行编写组. 燃油锅炉燃烧设备及运行 [M]. 北京：水利电力出版社，1976.

[8] 冯俊凯，沈幼庭. 锅炉原理及计算（第二版）[M]. 北京：科技出版社，1992.

[9] 傅忠诚，薛世达，李振鸣. 燃气燃烧新装置 [M]. 北京：中国建筑工业出版社，1984.

[10] 赵钦新，李卫东，惠世恩，罗正辉. 燃油燃气锅炉结构设计及图册 [M]. 西安：西安交通大学出版社，2001.

[11] 姜正侯. 燃气工程技术手册 [M]. 上海：同济大学出版社，1993.

[12] 东方锅炉厂，武汉锅炉厂等编辑. 天然气锅炉 [M]. 重庆：科学技术文献出版社重庆分社，1977.

[13] 日本煤气协会编. 煤气应用手册. [M]. 李强霖，蔡玉琢译. 北京：中国建筑工业出版社，1989.

[14] 林宗虎，张永照. 锅炉手册. 北京：机械工业出版社，1994.

[15] 林宗虎，张永照，章燕谋. 热水锅炉手册 [M]. 北京：机械工业出版社，1981.

[16] 陈学俊，陈听宽. 锅炉原理（上、下册）（第一版）[M]. 北京：机械工业出版社，1981.

[17] 同济大学等. 锅炉及锅炉房设备 [M]. 北京：中国建筑工业油版社，1985.

[18] 李公藩编著. 燃气工程便携手册 [M]. 北京：机械工业出版社，2002.

[19] 哈尔滨工业大学热能工程教研室. 小型锅炉设计与改装 [M]. 北京：科学出版社，1987.

[20] 赵钦新，章燕谋. 燃油燃气锅炉的结构与设计 [J]. 上海：工业锅炉，1997（2）：23-27.

[21] 冯维君. 燃油燃气锅炉运行与管理 [M]. 北京：中国劳动出版社，1998.

[22] 秦裕琨. 燃油燃气锅炉实用技术 [M]. 北京：中国电力出版社，2000.

[23] 张尊中，张鹏. 燃气锅炉及工业炉安全知识问答 [M]. 北京：冶金工业出版社，2000.

第29章 燃气供暖

29.1 辐射供暖

29.1.1 概 述

辐射供暖是以红外线热辐射为主的供暖方式。一般将波长为0.76～100μm的电磁波称为热射线（如图29-1-1）。热射线的传播过程称为热辐射。热射线在物体上投射能形成热效应。工业温度范围产生投射热效应的热射线波长绝大多数集中在0.76～40μm的区段，具有非色散性，能量集中，热效应显著，称为红外线或热射线。燃气辐射供暖是利用天然气、液化石油气等可燃气体，在特殊的燃烧装置-辐射管内燃烧而辐射出各种波长的红外线进行供暖的。燃气热辐射装置发出红外线的波长在3.5～5.5μm之间，正好全部在此范围之间。当红外线被物体直接吸收，将转换为热量。在房间内，通过红外线辐射，红外线对辐射到的区域进行直接加热，辐射热量能被墙体、人和物体所吸收。这些物体还可以进行二次辐射，从而进一步加热四周的其他物体。不仅如此，红外线还能穿过物体或人体表面层一定的深度，从而，从内部对物体或人体进行加热，这就是辐射供暖的基本原理。

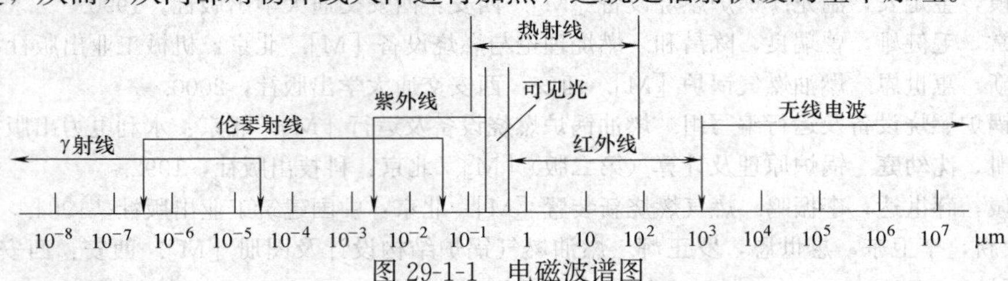

图29-1-1 电磁波谱图

辐射供暖是一种卫生条件和舒适标准都比较高的供暖方式，早在20世纪30年代，国外有些高级住宅就已经开始应用；近二十年来，应用范围已经逐步扩展，几乎各类建筑都有应用辐射供暖的实例，而且使用效果令人满意。

辐射供暖的形式有很多，如地板辐射供暖、辐射板辐射供暖、蒸汽辐射供暖、热风辐射供暖、电热膜辐射供暖、燃气辐射供暖等。本文主要介绍燃气辐射供暖的各种形式：辐射器供暖、烟气辐射供暖、燃气热源辐射供暖。其中烟气辐射供暖由于其优势，发展速度比较快。

29.1.2 辐射供暖系统分类

辐射供暖系统分类 **表29-1-1**

分类根据	名 称	特 征
表面温度	低温辐射	表面温度低于80℃
	中温辐射	表面温度等于80～200℃
	高温辐射	表面温度高于200℃
辐射版构造	管埋式	以直径32～150mm的管道埋于建筑表面内构成辐射表面
	风道式	利用建筑构件的空腔使热空气循环流动其间构成辐射表面
	组合式	利用金属板焊以金属管组成辐射板

续表

分类根据	名　称	特　征
辐射板位置	顶面式	以顶棚作为辐射供暖面，辐射热占70%左右
	墙面式	以墙壁作为辐射供暖面，辐射热占65%左右
	地面式	以地面作为辐射供暖面，辐射热占55%左右
	楼面式	以楼板作为辐射供暖面，辐射热占55%左右
热媒种类	低温热水式	热媒水温度低于100℃
	高温热水式	热媒水温度等于或高于100℃
	蒸汽式	以蒸汽（高压或低压）为热媒
	热风式	以加热后的空气为热媒
	电热式	以电热元件加热特定表面或直接加热
	燃气式	通过燃烧燃气（或用液体或液化石油气）经辐射器发射红外线

高温辐射供暖的辐射器表面温度大于200℃，多采用燃气或电加热在陶瓷或金属网燃烧板上形成500～900℃的表面温度，产生高强度热辐射。高温辐射供暖主要在高大厂房或露天使用。高温辐射供暖和中温辐射供暖辐射表面温度高，辐射强度大，需要辐射发热面积小，一般采用专门的管式、板式或聚焦辐射散热器，如高温辐射供暖有电热辐射供暖器和燃气红外线辐射供暖器；中温辐射供暖采用的辐射板和辐射管。

中温辐射供暖多以高温水或高压蒸汽作为热媒，或采用电热元件加热，辐射温度为80～200℃，辐射面一般为钢管、钢板或铝板等金属面。辐射器一般设在人员活动区附近，主要在高大工厂和大型民用建筑中作为局部区域供暖。

低温辐射供暖以中低温水、热风为热媒，或采用电热元件加热，辐射面温度低于80℃。由于辐射面温度较低，需要较大的辐射面积，一般将辐射面和建筑构件结合，以建筑内表面作为辐射发热面。低温辐射供暖主要用于住宅、办公、商业等民用建筑的全面供暖，主要形式有吊顶辐射供暖、地板辐射供暖和墙壁面辐射供暖等。

29.1.3 燃气辐射供暖的特点

29.1.3.1 特点：

辐射供暖与对流供暖相比主要有以下几方面的特点：

① 由于辐射供暖时，辐射热直接照射采暖对象，几乎不加热环境中的空气，因此辐射供暖时的空气温度比相同卫生条件下对流供暖时的空气温度低，一般可以低2～5℃，因此室内外温差小，所以冷风渗透量也较小，节约能源。

② 热量传播有很强的方向性，热效应快，可以根据使用供暖时间随时起停。可以根据不同的需要，灵活地布置，可以进行全面供暖，也可以在一个很大的空间内，在局部区域进行供暖。

③ 燃气红外线辐射器的辐射温度高达800～1400℃，所以辐射强度高、效果好。在辐射供暖的环境中，围护结构、地面和环境中的设备表面，有较高的温度，所以人体有较好的舒适感，此时人的实感温度高于环境的空气温度。

④ 燃气红外线辐射供暖尤其适用于以下场所：体育场馆、游泳池、礼堂、剧院、食堂、餐厅、工厂车间、仓库、超市、货运站、飞机修理库、车库、洗车房、温室大棚、养殖场等。

29.1.3.2 安全使用

采用燃气红外线辐射供暖时，必须采取相应的防火、防爆和通风换气等安全措施，并符合国家现行有关安全、防火规范的要求。

燃气红外线辐射供暖的燃料，可采用天然气、人工燃气、液化石油气等。燃气质量、燃气输配系统应符合《城镇燃气设计规范》GB 50028的要求。

燃气红外线辐射器的安装高度，应根据人体舒适度确定，但不应低于 3m。

燃气红外线辐射器用于局部工作地点采暖时，其数量不应少于两个，且应安装在人体的侧上方。

由室内供应空气的厂房或房间，应能保证燃烧器所需要的空气量。当燃烧器所需要的空气量超过该房间每小时 0.5 次的换气次数时，应由室外供应空气。

无特殊要求时，燃气红外线辐射供暖系统的尾气应排至室外。

29.2　燃气红外线辐射器供暖

29.2.1　概　　述

燃气红外线辐射器是 20 世纪 50 年代开始发展的一种供暖器，该供暖器是由燃气燃烧将辐射表面加热到 300～900℃左右，发出波长为 0.7～1000μm 的热射线使人感觉有烘烤感，可以应用于全面辐射供暖和局部供暖。燃气红外线辐射器，具有构造简单、外形小巧、发热量大、热效高、安装方便、价格低廉、操作简单等优点，所以，应用比较广泛，不但适用于建筑物内部的供暖，也可应用于室外露天局部供暖，还广泛应用于各种生产工艺的加热和干燥过程。

29.2.2　燃气红外线辐射器的形式

燃气红外线辐射器的形式很多，如表面燃烧式、催化氧化式、间接辐射式、直接加热耐火材料式等。适合于供暖的燃气辐射器的形式有间接辐射管式、催化氧化式和表面燃烧式，如图 29-2-1 所示，其表面温度分别为 380～1370℃、315～454℃和 850℃以上。其中表面燃烧燃气红外线辐射器（主要有金属网辐射器和多孔陶瓷板辐射器两种）特别突出地体现了燃气表面燃烧或无焰燃烧的特点，同样也非常适合燃气供暖领域。其供暖器一般由燃气红外线辐射器加上一个反射罩合成。

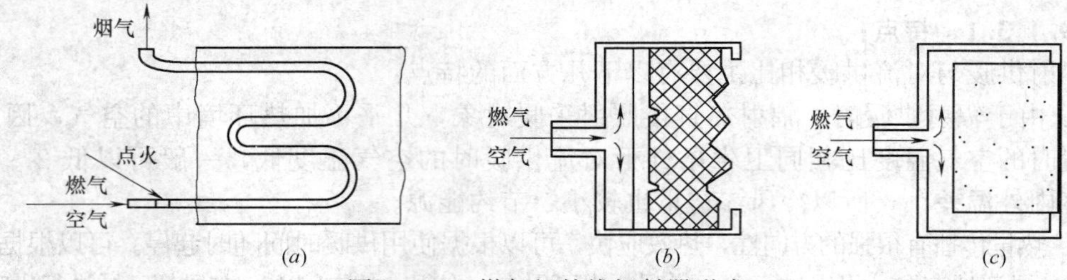

图 29-2-1　燃气红外线辐射器形式

(a) 间接辐射管式；(b) 催化氧化式；(c) 表面燃烧式

各种辐射器构造及其设计详见本手册第 27 章 27.3。

29.2.3　燃气红外线辐射器的点火与安装

29.2.3.1　点火装置

点火装置是辐射器的重要组成部分之一，它的效果，常常会影响到辐射器的正常工作。点火的方法很多，我国目前常用的大都是电阻丝点火。这种点火方式是将电阻丝绕成线圈，用 10V 左右的电压，大约 3A 电流，使电阻丝产生 1100～1400℃的高温，从而由赤红的电阻丝点燃燃气与空气的混合物。电阻丝一般采用镍铬合金丝或铁铬合金丝。

① 一定要使电阻丝先接通电源，并赤热后，才能开启供气阀门；

② 当电源和气源中任一个在瞬间中断，或由其他原因使辐射器熄灭时，自动安全装置应能自动切断供气阀门；当气源或电源恢复正常后，应立即自动点火点燃燃气辐射器；

③ 自动安全装置和线路本身任何一个元件发生故障时，应能自动切断气源；而且未修复之前，阀门不能打开；

④ 辐射器发生回火时，安全装置应能自动切断气源。

29.2.3.2 燃气红外线辐射器的安装

① 辐射器引射器的空气吸入口，务必处于通风良好的地方；

② 辐射器与被加热物体或人体之间，不允许有遮挡物体的障碍物；

③ 当辐射器在室外或半开敞的场合下工作时，在引射器与喷嘴之间，应加装挡风设备，使气流不至于直接影响到引射系统的正常工作，又可以自由地吸取新鲜空气；

④ 辐射器的头部，应尽可能根据不同的安装角度加装反射罩，使热能可较集中地射向需要的地方；

⑤ 无论是采取何种安装方式，务必使燃气进气管由下向上或水平地接入辐射器；

⑥ 在强烈冲击和较大振动的场合，不宜用多孔陶瓷板辐射器；

⑦ 辐射器的辐射面上，应防止有液体或固体粉末溅落上去，以免堵塞孔道，影响使用。

29.3 烟气辐射管供暖

29.3.1 烟气辐射管供暖原理

烟气辐射管供暖是利用可燃的气体、液体或固体，通过特殊的燃烧装置——燃烧器进行燃烧，通过辐射管发射出各种波长的热射线进行供暖。

当射线穿过空气层时，空气中的三原子气体能有选择的吸收某种波长的热射线，会导致一定程度的衰减，因此在计算热负荷的时候，应该予以修正。

29.3.2 烟气辐射管供暖类型及各系列适合场所

燃气烟气辐射管供暖设备一般分为管式、连续式两大系列。

29.3.2.1 管式系列

辐射管式系列供暖设备是市场上广泛应用的型号，具有经济、高效和低噪声的特点，它是仓库和工厂理想的供暖设备，也是其他工业和商业建筑首选的高效节能供暖设备；还可以用于低层空间，高换气次数的场所供暖；不直接加热空气，减少屋顶热损失，减少热分层，可以定时、分区域控制温度，升温快。

管式系列产品规格型号有 U 形、单体直线形、双体直线形。按排气方式又有单体和复合式之分，在设计中具体表示方法如下：

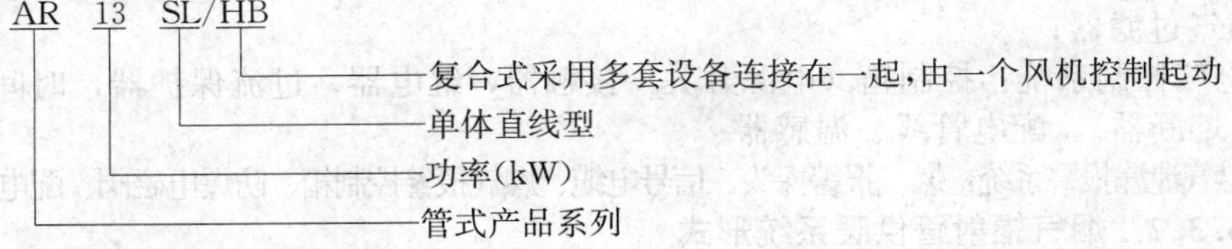

29.3.2.2 连续式系列

连续式系列烟气辐射管供暖设备，简称低阻力系统，燃烧器为轻质铸铝结构，陶瓷网盖，上面安装火焰隔离网，符合空气动力学原理，降低了压降。在辐射管底部产生足够的火焰，释放出需要的大量热量。燃烧室是辐射管的连接体。它的外部有一个安装台，用于安装燃烧室装置。空气和燃气在燃烧之前，在燃烧头中按化学式计量比例预先混合。低阻力连续式供暖系统包含一个或多个负压风机。每个风机控制一个系统，一个系统由几个串联、安装在直径 101.6mm、间距不同的辐射管上的燃烧器组成，辐射管发出的热量由反射板直接反射到地面。所谓辐射管即为燃烧器安装于其中的金属发热管，运行温度在 200～480℃。辐射管之外的发热管叫做尾管，其辐射的热量相对少。串联辐射大跨度的辐射特点，使其非常适合需要整体热覆盖的场所。

29.3.2.3 各系列适合的场所

管式系列（单体和复合式）、连续式系列设备，各自适合的场所，见表 29-3-1。

各系列产品适合场所 表 29-3-1

场所要求	系列评价		
	管式单体	管式复合	连续式
美观性：对教堂，商场，体育馆，汽车展厅来讲，美观很重要。连续式为首选	良好	可以	理想
经济性：高级场所可能不会顾及高额费用。相反，在重视效率的地方，经济可能是第一位	理想	良好	可以
安装费/安装方便快捷性：除了考虑经济外，便于安装，安装时间短，从而不影响生产，节约时间	理想	良好	可以
均衡供热：在高度低的地方，容易形成过热点和不热点，所以应特别注意。连续式的低辐射温度解决了这一点			
高强型燃烧器吊装高度(8m 以上)	理想	理想	良好
中强型燃烧器吊装高度(5～7.5m 以上)	理想	理想	理想
柔强型燃烧器吊装高度(3～4.5m 以上)	良好	良好	理想
区域控制：简单地说，置一个温感器于该区域控制该区域燃烧器。管式复合式和连续式能实现区域控制。通常来说，燃烧器在一条线上控制为一个区域	理想	良好	良好
燃烧效率：适用于燃料不充足的地方，特别是屋顶低，其对流使其更易达到舒适度	可以	良好	理想
辐射效率：在大型仓库和空气经常流动的地方很重要，因为热量绝大多数取决于地面的热量	理想	良好	可以
摆放的随意性：适用于复杂场所，不同地区要求不同温度。比如：装卸台和仓库要求不同温度	理想	良好	可以
系统加长的方便性：适合未来扩建和改建的需要	理想	良好	可以
屋顶墙壁穿孔最小化：适用于复杂多层建筑	可以	良好	理想
低噪声：符合特殊场所的需要，如教堂和商场	良好	良好	理想
风机远置及周围隔声选项：有特殊静音要求的场所	无	理想	理想
服务费用低/易维护：经济型的客户和产业	理想	良好	良好

29.3.3 烟气辐射管供暖系统

29.3.3.1 烟气辐射管供暖系统构成

① 热辐射系统：燃烧器、燃烧室、辐射管、反射板、辐射器吊架、反射板支架；

② 尾气排放系统：气流调节器、尾气管线、连接软管、冷凝水收集器、冷凝水排放管、真空风机、真空风机支架、尾气风帽；

③ 燃气供应系统：燃气管线、燃气球阀、调压箱、流量计、压力表、燃气软管、放空阀，燃气过滤器；

④ 电气控制系统：控制箱（电源开关，接触器，继电器，过流保护器，时间控制器，温控器，熔断器）、配电管线、温感器；

⑤ 燃气泄漏报警系统：燃气报警探头、信号电缆、燃气报警控制箱、防爆电磁阀、配电管线。

29.3.3.2 烟气辐射管供暖系统形式

1. 管式系列产品系统形式（图 29-3-1、图 29-3-2、图 29-3-3）。
2. 连续式系列产品系统形式（图 29-3-4）

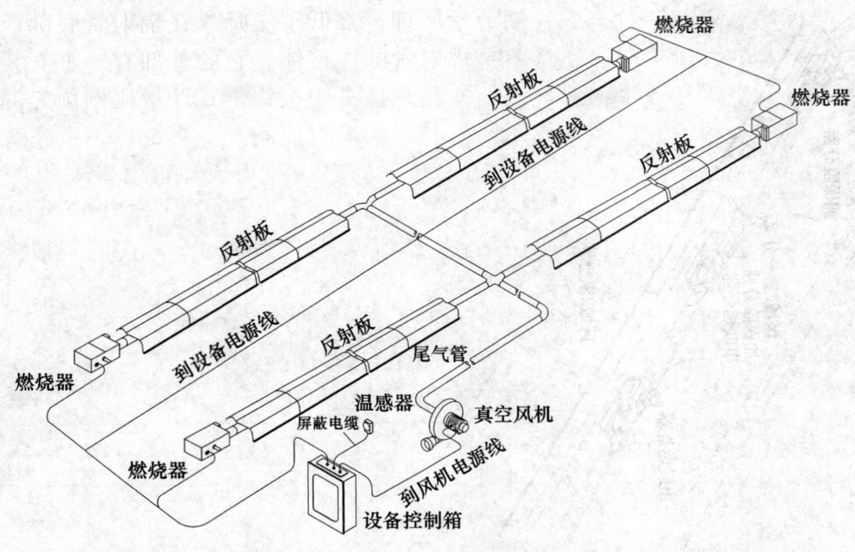

图 29-3-1 复合式辐射管供暖系统图

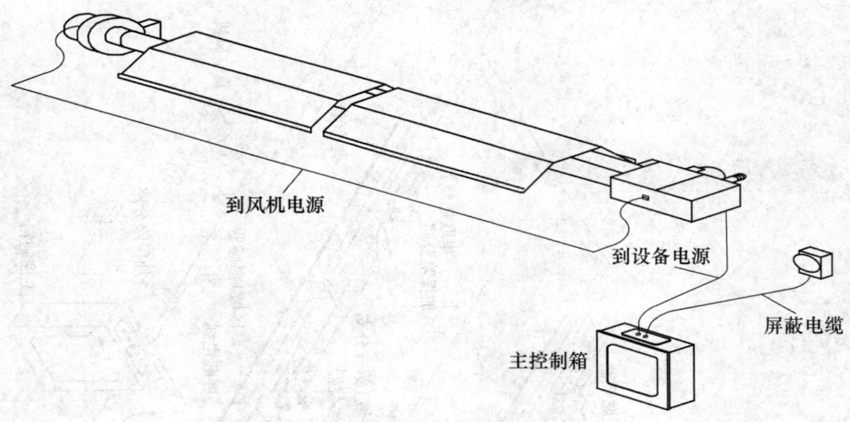

图 29-3-2 单体式辐射管供暖系统图

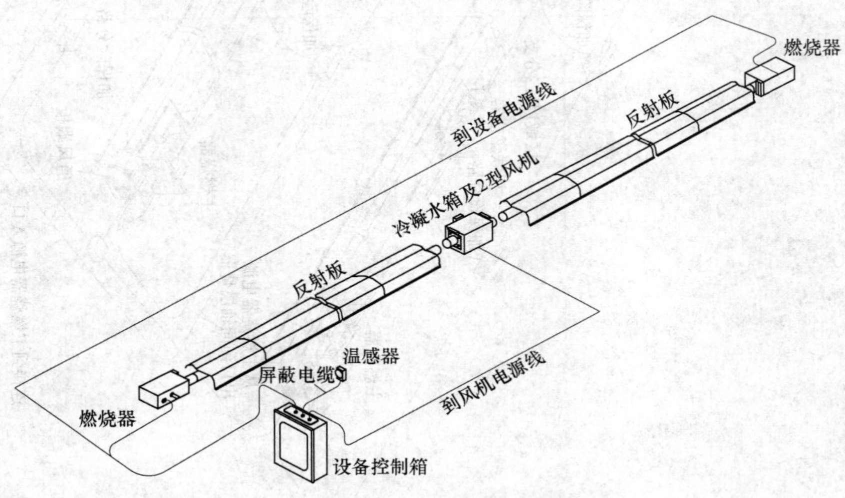

图 29-3-3 双体直线型辐射管供暖系统图

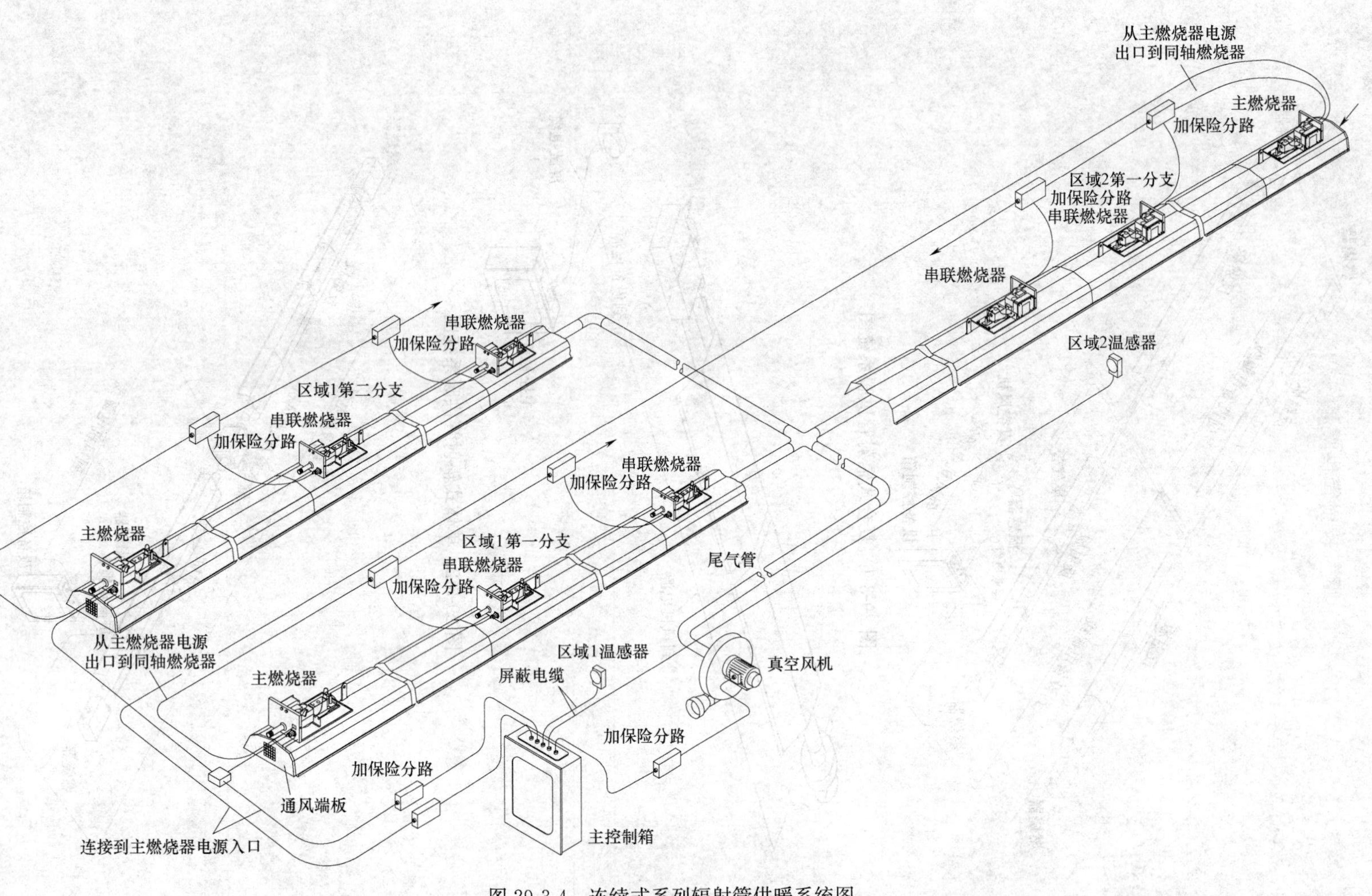

图 29-3-4　连续式系列辐射管供暖系统图

29.3.4 烟气辐射管供暖系统热负荷计算

29.3.4.1 供暖系统热负荷计算

根据建筑物类别，建筑围护结构耗热量按《工业建筑供暖通风与空气调节设计规范》GB 50019 或《民用建筑供暖通风与空气调节设计规范》GB 50736 的有关规定计算。

与对流为主的供暖形式相比，辐射供暖由于有辐射强度和温度的双重作用，比较符合人体接受热量的要求，所以有较好的舒适感。据资料表明：在建立同样舒适条件的前提下，辐射供暖时房间的设计计算温度可以低 2～5℃。但是，由于同时有对流和辐射，且二者错综复杂，致使准确计算供暖热负荷十分困难。因此，工程中国内外普遍采用近似法来估算辐射供暖系统的热负荷，常用的方法有以下两种：

1. 修正系数法

设 Q_d 为对流供暖时的热负荷，Q_f 为辐射供暖时的热负荷，则：

$$Q_f = \varphi Q_d \tag{29-3-1}$$

式中 φ——修正系数，中、高温辐射系统：φ=0.8～0.9，低温辐射系统：φ=0.9～0.95。

2. 降低室内温度法

热负荷计算仍按对流供暖时一样进行，但必须把室内空气的计算温度降低 2～5℃。对于低温辐射供暖系统，可采用下限值，对于高温辐射供暖系统宜采用接近上限的数值。

29.3.4.2 局部供暖设计热负荷

局部供暖耗热量可按全面供暖的耗热量乘以该局部面积与所在房间面积的比值，再按表 29-3-2 乘以局部辐射供暖热负荷附加系数进行计算。

局部辐射供暖热负荷附加系数 **表 29-3-2**

供暖区面积与房间面积的比值	0.55	0.40	0.25
附加系数	1.30	1.35	1.50

当局部供暖面积与所在房间面积的比值在 0.6～0.75 时，建议按全面供暖耗热量的 0.8 计算；＞0.75 时则按全面供暖耗热量计算。

29.3.5 烟气辐射管供暖系统散热量计算

29.3.5.1 辐射强度的确定

应该指出，在辐射供暖时，不管是倾斜安装还是水平安装，辐射线总是首先接触到人的头部或脸部。因此，辐射强度应以人体头部所能忍受的辐射强度为上限。人体对辐射强度的反应，如表 29-3-3 所示。

人体对辐射强度的反应 **表 29-3-3**

辐射强度(W/m^2)	人体的感觉	相应所需室温(℃)
1047	急剧难忍的痛感	—
175	很烤、不舒服*	0
154	热视觉紧张、烤痛	2.28
105	烤、长期不舒服*	7.28
70	较舒服、有微烤感*	10.86
47	温暖、较舒服*	13.2
36	感觉温暖	14.4
23	微暖、长期较冷*	15.64
12	轻微的温暖感	16.78

注：1. 凡有*者，室温均为 10～12℃；

2. 相应所需室温，按式 $E=175.85-9.77t_n$ 计算得出。E——温度为 t_n 时的辐射强度，W/m^2；t_n——室内空气温度，℃。

由于在辐射供暖时，人体各部分接受到的辐射强度是不均匀的，所以，特别需要以适当的空气温度作为补充。

国外文献表明，当室内空气温度为 10℃时，配合 63W/m² 的辐射强度是比较理想的。结合我国的具体情况，空气温度以 12～15℃，辐射强度为 30～60W/m² 比较合适。根据有关资料。推荐辐射强度的上限为 70W/m²。

29.3.5.2　散热量的计算

辐射供暖时，对流换热也同时存在，使得辐射供暖系统总散热量计算变得很复杂，本章采用以下计算方法：

$$Q_f=\frac{Q}{1+R} \tag{29-3-2}$$

$$R=\frac{Q}{\frac{CF}{\eta}(t_{sh}-t_w)} \tag{29-3-3}$$

$$\eta=\varepsilon\eta_1\eta_2 \tag{29-3-4}$$

式中　Q_f——燃气烟气辐射管供暖系统热负荷，W；

Q——围护结构耗热量，W；

R——特性值；

C——常数，11W/(m² · K)；

F——供暖面积，m²；

ε——辐射系数，据$\frac{h^2}{F}$查图 29-3-5 确定；

h——辐射管安装高度，m；

η_1——辐射供暖系统的效率，一般为系统的测定值。若无测定值，产品样本燃烧器为输入功率时，取 0.9；为输出功率时，取 1.0；

η_2——空气效率，即考虑空气中 CO_2 和水蒸气对辐射热的吸收，按表 29-3-4 选取；

t_{sh}——舒适温度，15～20℃；

t_w——室外供暖计算温度，℃。

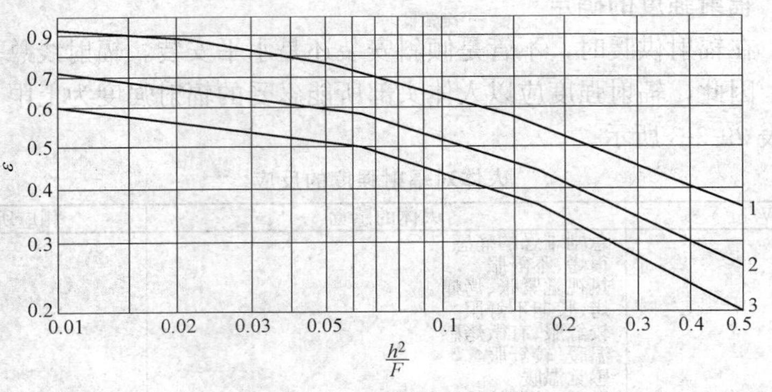

图 29-3-5　辐射系数

1—水平面；2—坐着；3—站立

h—燃烧器安装高度（m）；F—供暖面积（m²）

空气效率 η_2 表 29-3-4

辐射管与人体头部的距离(m)	η_2	辐射管与人体头部的距离(m)	η_2
2.0	0.91	5.0	0.87
2.5	0.90	6.0	0.86
3.0	0.89	8.0	0.85
4.0	0.88	≥10	0.84

此时的室内计算温度：

$$t_n=\frac{Q_f(t_{sh}-t_w)}{Q}+t_w \tag{29-3-5}$$

式中 t_n——室内计算温度，℃。

人体所需的辐射强度：

$$q_x=C(t_{sh}-t_n) \tag{29-3-6}$$

式中 q_x——人体所需的辐射强度，W/m²。

人体实际接受的辐射强度：

$$q_s=\eta\frac{Q_f}{F} \tag{29-3-7}$$

式中 q_s——人体实际接受的辐射强度，W/m²。

当 $q_x=q_s$ 时，人体有较好的舒适感。

29.3.5.3 燃烧器台数的计算

$$n=\frac{Q_f}{q} \tag{29-3-8}$$

式中 Q_f——燃气烟气辐射管供暖系统热负荷，W；

n——燃烧器的台数；

q——单台燃烧器输出功率，查表或样本。

29.3.6 烟气辐射管供暖系统设备布置原则

29.3.6.1 烟气辐射管供暖系统的布置

对于一定燃气辐射供暖系统来说，使用数量较多、功率较小的燃烧器要比使用数量少、功率较大燃烧器人员感觉更舒适，建筑物室内温度场更均匀。因此，在确定台数时应考虑系统的最低安装高度，并选择适宜的燃烧器功率。布置燃烧器和辐射管时，应注意建筑物的特点、高度。通常，靠外墙、外门处适当多布置一些燃烧器

根据所计算的厂房采暖热负荷以及设备将要安装的高度，结合实际情况，选择相应的设备。连续式系列设备，可几套串联在一起组成一个分支，几个分支并联在一起共用一个风机排放尾气。每个分支上串联的数量取决于功率。每个分支上的使用设备功率大小的分布，取决于所需要的单位气体混合量。

当供暖区域内有不同的工作区，且不同时工作或工作班制不同，则可按不同工作区布置燃烧器，这样就可以按需要开启不同工作区的燃烧器。

常用布置方式如图 29-3-6。

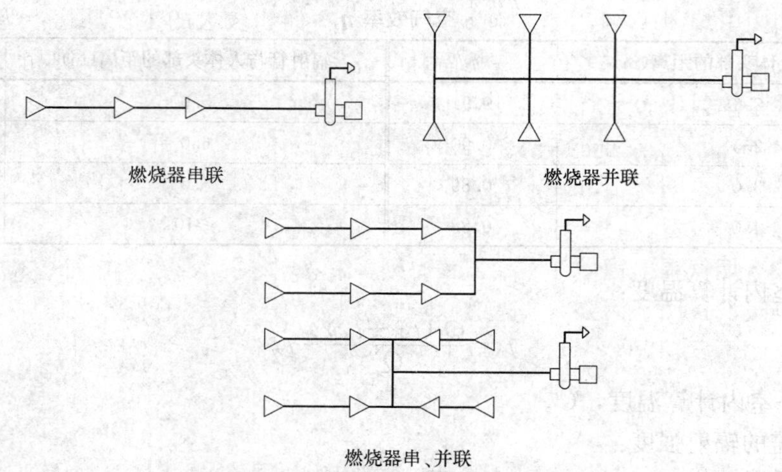

图 29-3-6　常用布置方式

29.3.6.2　烟气辐射管全面供暖布置原则

烟气辐射管供暖系统用于全面供暖时，宜按下列原则进行布置。

① 相邻辐射设备的辐射范围，在新建建筑物中搭接高度不大于 0.5m，在改造建筑物中搭接高度不大于 2m。一般情况下，不必刻意追求搭接，只需比较均匀即可。这是因为被辐射体（如人体、物体、地面、墙面）接受辐射热后，与室内空气进行对流传热和二次辐射，可以使室内空气温度均匀升高。如需搭接，搭接高度则不宜高于 1.5m，否则将引起不必要的局部辐射照度增强。设备之间的最大行距 L 是吊装高度 H 的 2.25 倍，见图 29-3-7。设备燃烧器端部最大距离 B 是吊装高度 H 的 1 倍，最大不宜超过 9m。

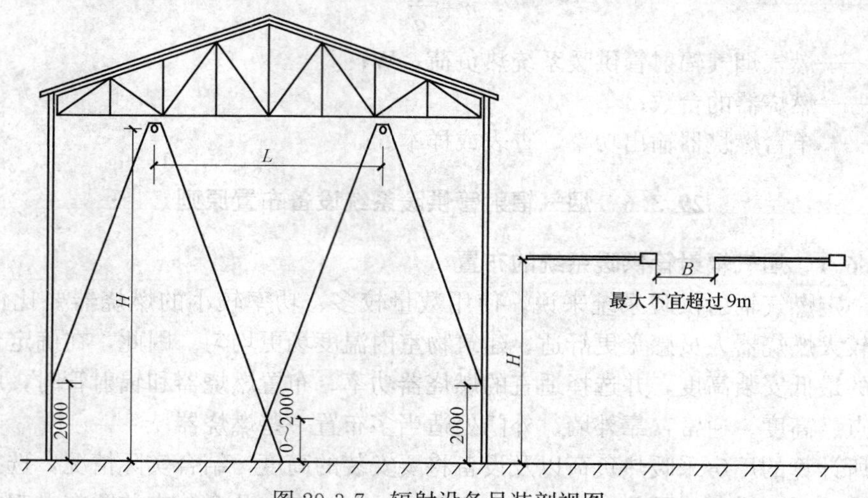

图 29-3-7　辐射设备吊装剖视图

② 沿外墙布置辐射设备的辐射范围，以使外墙受辐射的高度 2m 为宜。辐射供暖时，外墙内表面温度较低，加之外窗的冷风渗透影响，使距外墙 2m 以内的工作区温度偏低，因此需要对部分外墙进行热辐射，提高墙内表面的温度，以利于对室内空气进行二次辐射。外墙接受辐射的高度定在 2m，即可满足人员工作区的需要，再高不但对工作区无益，反而会增加热量的损失。

③ 人员集中的工作区宜适当加强辐射照度。在面积较大的生产厂房，为了节能，可以在人员比较集中的工作区多布置一些辐射设备；在人员较少或无人区则可少布置一些辐射设备。这就是辐射供暖与对流供暖相比特有的优越性。

④ 宜按不同工作区布置能单独控制的辐射设备。当车间内有不同的工作区，且不同时工作或工作班制不同，则可按不同工作区分区域布置辐射设备，这样就可以按需要开启不同工作区的辐射设备，同样可以取得满意的效果。

29.3.6.3 烟气辐射管局部供暖布置原则

当辐射供暖设备用于局部工作点的供暖时，其数量不应少于两个，且安装在人体的侧上方，以一定的角度辐射人体的胸部以下。

主要为了防止由于单侧辐射而引起人体部分受热、部分受冷而造成不舒适感。局部工作点的供暖，一般采用高强度单体辐射设备，这种表面温度很高的辐射设备照射人的头部，会引起晕眩和恶心，因此，必须根据安装高度，调整倾斜角度，使辐射范围控制在人体的胸部及其以下为宜。

29.3.6.4 安装高度

燃烧器功率不同安装高度也不同，表 29-3-5 给出了供参考的最低安装高度，有特殊用途时请厂家配合设计。

最低安装高度 **表 29-3-5**

燃烧器功率(kW)	最低安装高度(m)	燃烧器功率(kW)	最低安装高度(m)
18	2.4	30	4.2
20	3.0	35	8.0
25	3.6	40～50	14.0

29.3.6.5 距可燃物的距离

烟气辐射管供暖系统应与可燃物之间应保持一定的距离。表 29-3-6 给出了系统与可燃物之间的最小距离。

与可燃物间的最小距离（m） **表 29-3-6**

燃烧器功率(kW)	与可燃物的最小距离(m)		
	可燃物在燃烧器的下方	可燃物在燃烧器的上方	可燃物在燃烧器的两侧
≤15	1.5	0.3	0.6
20	1.5	0.3	0.8
25	1.5	0.3	0.9
30	1.5	0.3	1.0
35	1.8	0.3	1.0
45	1.8	0.3	1.0
50	2.2	0.3	1.2

29.3.6.6 尾气排放

燃气燃烧后的尾气为二氧化碳和水蒸气。国家标准《室内空气质量标准》GB/T 18883 规定，室内 CO_2 的允许浓度为 0.1%（日平均值）。当系统排出的 CO_2 不超过规定的允许浓度时，尾气可以排至室内，但 CO_2 的排放量及室内的浓度计算比较复杂，因此在一般情况下，尾气应排至室外。

农作物、蔬菜、花卉大棚、暖室因 CO_2 对植物生长有利，可以在满足通风要求的前提下，排至室内。

29.3.7　烟气辐射管供暖设备选型设计

按照适合的场所选择相应的产品系列，进行系列产品的选型设计。

29.3.7.1　产品设备参数

1. 管式系列产品的技术参数（表 29-3-7、表 29-3-8）

管式系列技术参数　表 29-3-7

燃烧器型号	AR13	AR22	AR35	AR40	AR45	AR50
输入总功率	13.0	22.0	35.0	40.0	45.0	50.0
燃气消耗(m^3/h)						
天然气	1.21	2.06	3.28	3.73	4.20	4.76
丙烷	0.5	0.83	1.44	1.55	1.74	1.93
最大工作电流	0.55A					
最大供气压力(mbar)						
天然气	30	30	30	30	30	30
液化石油气	50	50	50	50	50	50
设备重量(kg)						
U 形管	51	63	95	95	144	144
单体直管型	56	72	117	117	130	130
双体直管型	112	145	234	234	—	—
最低吊装高度(m)	3.0	3.6	4.3	4.3	5.0	5.7
距可燃物距离(mm)						
反射板上端	150	150	150	150	150	150
燃烧器风机上端	500	500	500	500	500	500
辐射管下端	1250	1250	1500	2100	2100	2100
排烟管的两端	600	600	600	600	600	600
排烟口	1200	1200	1200	1200	1200	1200

管式系列风机技术参数　表 29-3-8

风机型号	电机转数(RPM)	工况	风量(m^3/h)	静压(Pa)	全压(Pa)	电机功率(kW)	外形尺寸		
							长(mm)	宽(mm)	高(mm)
0	2900	1	880	550	600	0.55	410	332	363
		2	600	960	1080				
		3	200	1200	1600				

2. 连续式系列系列产品的技术参数（表 29-3-9、表 29-3-10）

29.3.7.2　风机选择计算

1. 风机选择

连续式系列技术参数　**表 29-3-9**

燃烧器型号	NRV12LR	NRV18LR	NRV24LR	NRV32LR	NRV38LR	NRV46LR
输入总功率	12	18	24	32	38	46
燃气消耗(m^3/h)						
天然气	1.143	1.715	2.287	3.05	3.62	4.38
丙烷	0.452	0.677	0.903	1.21	1.43	1.73
电流	0.05A					
天然气供气压力(mbar)						
最大	50	50	50	50	50	50
最小	12	12	12	12	12	12
燃烧器上通过的单位混合气体	4	6	8	11	13	15
通风口上通过的单位混合气体	8	12	16	21	25	31
串联燃烧器通过最小的单位混合气体	8	12	16	21	25	31
分支上可最多安装燃烧器数量	5	4	3	3	3	3
辐射管长(燃烧器之间)(m)						
最短	5.2	7.4	9.4	14	18	23
最长	7.2	10.2	13.1	18	23	27
重量(kg/m)	10					
与可燃物距离(辐射管下面/串联燃烧器通风口 mm)						
没有防护板	1120/1250	1120/1250	1120/1250	1440/1770	1570/2100	1700/2100
有防护板	760/850	760/850	760/850	760/850	785/1050	850/1050
辐射管上面	250	250	250	250	250	250
同一水平						
标准反射板	600/770	600/770	600/770	700/850	700/1000	700/1000
环形反射板	305/450	305/450	305/450	305/510	305/600	305/600
最低吊装高度	3000	3600	4000	4700	5300	6000

连续式系列风机技术参数　**表 29-3-10**

风机型号	在20℃运行		最高运行温度	重量(kg)	单相 240V/50Hz			三相电 415V/50Hz		
	单位气体混合量	压力(mbar)			功率(kW)	全负荷电流(A)	启动电流(A)	功率(kW)	全负荷电流(A)	启动电流(A)
B80	80	29	200	35	1.1	6.9	24.2	1.1	2.1	13.1
B160	160	29	200	38	1.5	10	55	1.5	3.2	20
B300	300	29	200	51	×	×	×	2.2	4.4	27.5
BH300	300	45	200	80	×	×	×	4.0	7.0	55

根据供暖场所设计热负荷，依据选择相应设备型号、规格和设备套数，按照均匀性布置，画出布置图，并给设备在图中定位，然后进行尾气管线系统的设计。

在设计尾气管线前，先选择风机，选择风机经验数据见表 29-3-11。

选择风机经验数据　**表 29-3-11**

设备功率	设备数量	风机型号	设备功率	设备数量	风机型号
13kW	10	O型	40kW	6	O型
22kW	8	O型	45kW	4	O型
35kW	6	O型	50kW	4	O型

根据经验数据，选择与一台 O 型风机相配套的设备数量，然后按以下步骤对风机风量及风压进行校核计算，当风机风量或风压任一项未通过校核计算时，应递减设备套数继续进行校核，直到符合风机风量及风压值为止。

2. 风机校核计算

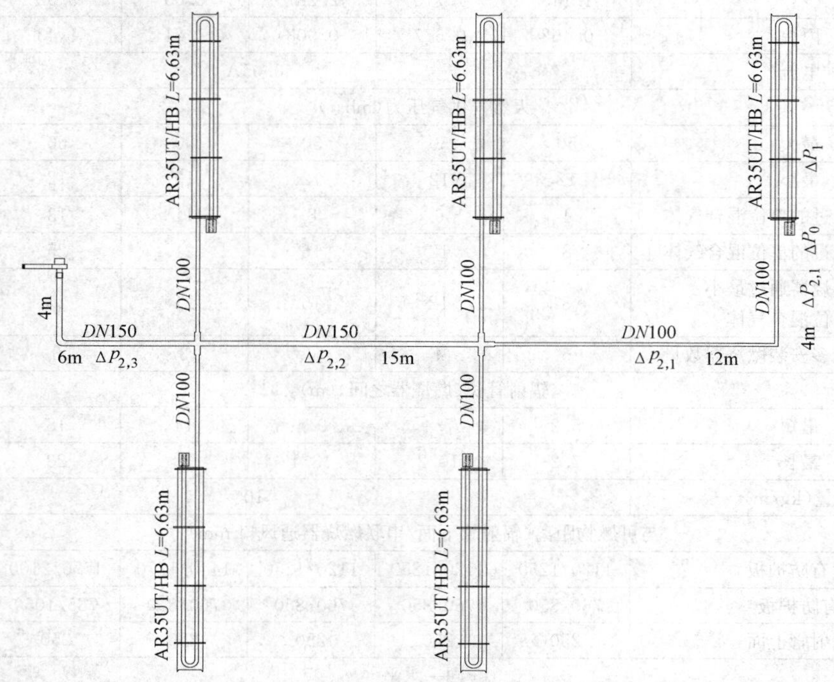

图 29-3-8　管式复合式供暖设备及尾气管线设计图

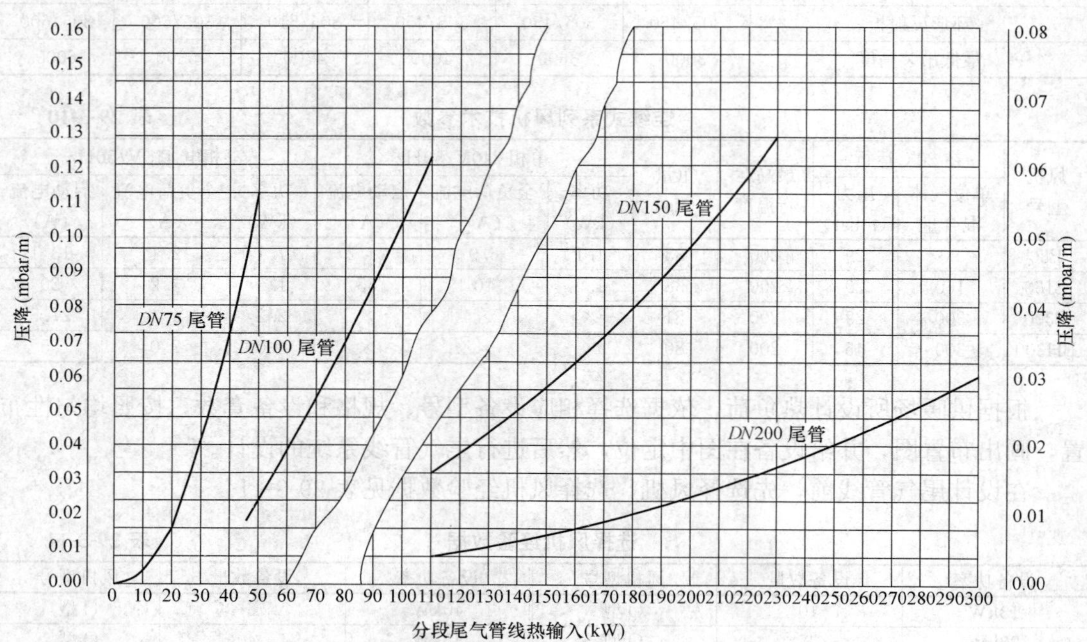

图 29-3-9　管式复合式供暖系统的热输入与压降比（$\Delta p_{2,x}$）曲线

① 风管压力损失 Δp（mbar）包括：进新风管线压降（如果由室外引新风）Δp_0（mbar），辐射管及气流调节器压降 Δp_1（mbar），气流调节器后的最不利尾气管线压降 Δp_2（mbar）。

② 如图 29-3-8 的系统，在选择尾气管线管径时，根据图 29-3-9 选择管径，然后找出最不利的管线，计算其压降 $\Delta p_2=\Delta p_{2,1}+\Delta p_{2,2}+\Delta p_{2,3}$，可以通过图 29-3-9 查到它们的单位长度压降 $\Delta p_{2,1}$等，再根据所在热输入量、管线长度 L（弯头、三通、四通、变径可以依据图 29-3-10 换算成管线长度以便于计算）计算。计算式为：

$$\Delta p_{2,\mathrm{x}}=\Delta p_{2,\mathrm{x}}L$$

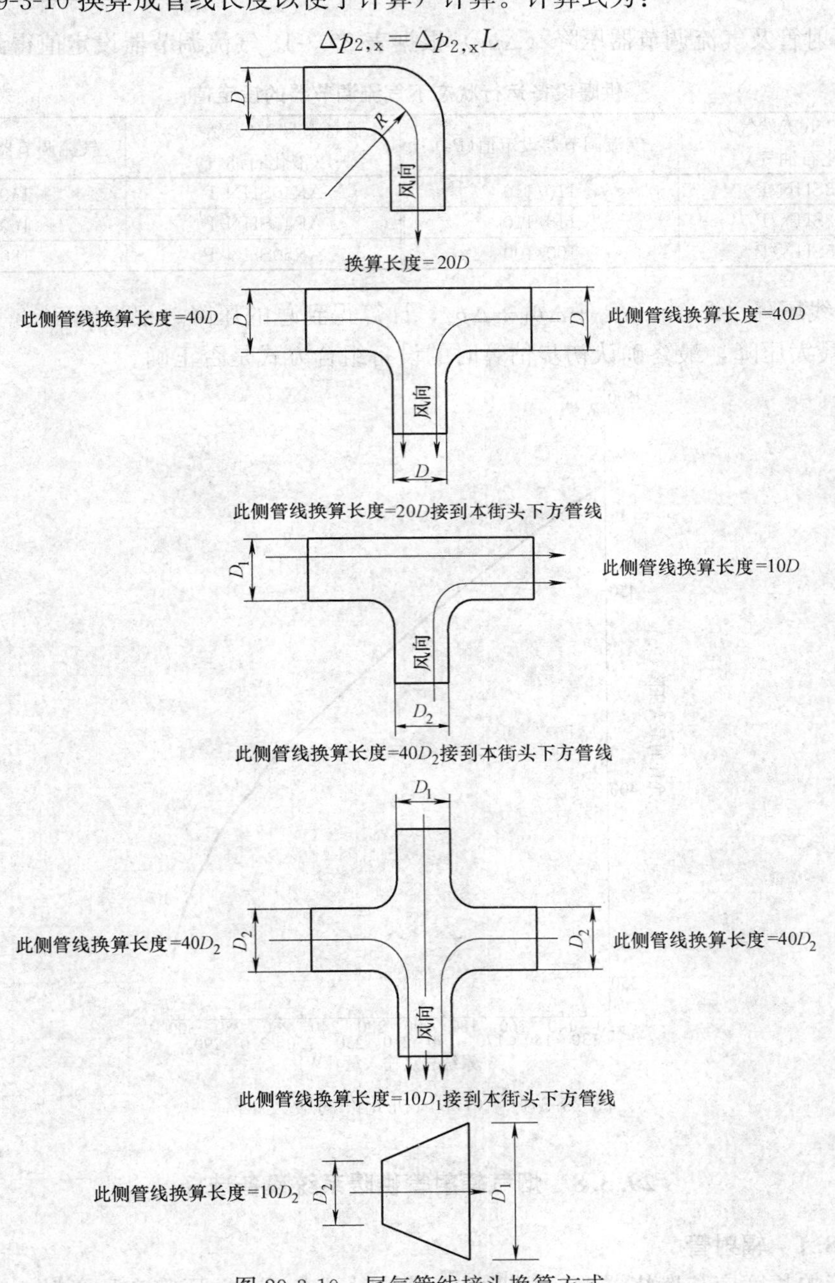

图 29-3-10 尾气管线接头换算方式

③ 进风管管线压降（如果由室外引新风）（Δp_0）由进风管压降比 Δp_0 和进风管的长度决定（见表 29-3-12）。计算式为：

$$\Delta p_0 = \Delta p_0 L$$

直径 100mm 进风管单位长度压降 Δp_0　　**表 29-3-12**

供暖设备功率	单位长度压降(Pa/m)	供暖设备功率	单位长度压降(Pa/m)
13kW	0.08	35kW/40kW	0.82
22kW	0.33	45kW/50kW	0.98

④ 辐射管及气流调节器压降（Δp_1）根据表 29-3-13 气流调节器设定值得到。

供暖设备运行状态下气流调节器的设定值　　**表 29-3-13**

设备型号 N(天然气)/P(液化石油气)	气流调节器设定值(Pa)	设备型号 N(天然气)/P(液化石油气)	气流调节器设定值(Pa)
AR13SHN/P	110/110	AR40SHN/P	140/140
AR22SHN/P	110/110	AR45SHN/P	160/160
AR35SHN/P	100/100	AR50SHN/P	180/230

⑤ 管线压降（Δp）$= \Delta p_0 + \Delta p_1 + \Delta p_2$，计算得到总的压降，根据图 29-3-11，O 型风机允许的最大压降，最终确认初步估算时的设备组合方式是否正确。

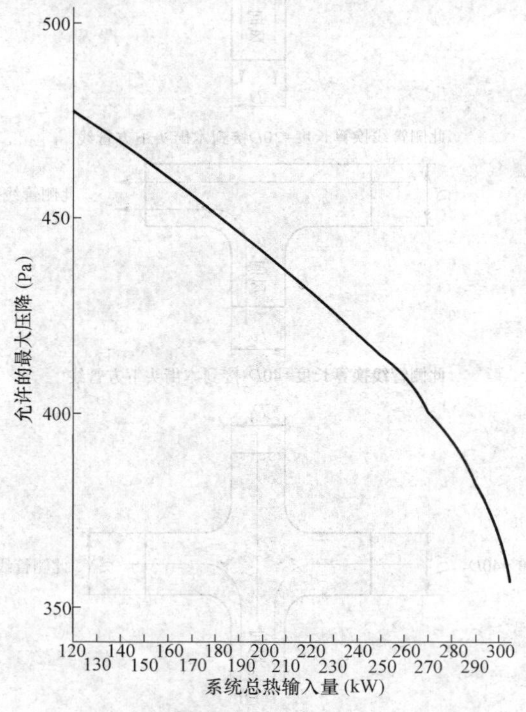

图 29-3-11　O 型风机允许的最大压降

29.3.8　烟气辐射管供暖系统设备选择

29.3.8.1　辐射管

辐射管的长度应与燃烧器功率相匹配，设计时可查阅有关厂家产品资料，当无资料可查时，可先按表 29-3-14 选择。安装前应予以核算或调整。

辐射管长度 表 29-3-14

功率(kW)	最短(m)	最长(m)	建议(m)	功率(kW)	最短(m)	最长(m)	建议(m)
20	4	12	6～9	40	10.5	21	14～18
25	6	16	9～12	45	12	22	14～18
30	6	18	12～14	50	13.5	23	16～20
35	7.5	20	12～16				

29.3.8.2 尾管

尾管的长度应根据厂家的有关技术资料进行计算，如无资料时，可按表 29-3-15 进行估算，安装前应予核算或调整。

尾管长度 表 29-3-15

燃烧器的数量	单个燃烧器的输出功率(kW)					每一分支的输出功率(kW)	每一分支的最小尾管长度(m)
1	18	—	—	—	—	18	6
1	23	—	—	—	—	23	6
1	30	—	—	—	—	30	6
1	35	—	—	—	—	35	6
1	45	—	—	—	—	45	6
1	50	—	—	—	—	50	6
2	23	18	—	—	—	41	6
3	23	18	18	—	—	59	6
4	23	18	18	18	—	77	6
5	23	18	18	18	18	95	6
2	30	23	—	—	—	53	9
3	30	23	23	—	—	76	9
4	30	23	23	23	—	99	9
5	30	23	23	23	23	122	9
2	35	30	—	—	—	65	9
3	35	30	30	—	—	95	9
4	35	30	30	30	—	125	9
5	35	30	30	30	30	155	12
2	45	35	—	—	—	80	9
3	45	35	35	—	—	115	9
4	45	35	35	35	—	150	12
2	50	38	—	—	—	88	9
3	50	38	38	—	—	126	9

① 如果在分支中使用了表 29-3-15 中规定的最短的辐射管时，最小尾管长度宜增加 50%；

② 如果有公共尾管，按以下步骤确定公共尾管最小长度：

A. 按表 29-3-15 查出单支分支管的长度；

B. 用公共尾管长度减去分支管的长度；

C. 如剩余的长度大于 12m，则公共尾管最小长度为剩余长度乘以 0.6；如剩余的长度小于 12m，则公共尾管最小长度为剩余长度乘以 0.75。

29.3.8.3 弯头与燃烧器间的距离

为保证热气流畅通，避免管道过热，弯头的位置与燃烧器间必须保持一定的距离。一般应根据有关技术资料选择，如无资料时，建议按表 29-3-16 进行选择。

弯头与燃烧器间的距离　　表 29-3-16

燃烧器功率(kW)	距下游弯头距离(m)	燃烧器功率(kW)	距下游弯头距离(m)
18～25	＞3	45～50	＞6
30～40	＞4.5		

29.3.8.4　调节风阀

使分支系统压力和流量平衡，满足整个系统合适的负压值。调节风阀设置在以下位置：

① 公共尾管前面的系统分支末端，使各不对称的各分支系统的压力和流量平衡；

② 公共尾管与风机之间，调节整个系统的负压值。

29.3.8.5　风机

为了保证系统的安全，系统管路必须预先排气，并处于负压状态。因此，风机入口处须安装一个与燃烧器电路联动的负压开关。系统负压未确认前，燃烧器不能启动。

选择风机应注意如下要求：

① 真空泵应能满足系统对流量和压力的要求，并在额定功率下运行；

② 保证公共尾管满足最小长度的要求。具体计算由设备厂家配合。

安装尾气出墙烟道时，应保证水平，为防止有冷凝水污染墙壁，烟道出墙至少 1m；垂直安装烟道穿过屋顶，一定要安装正确。要做好防水及防雪工作。

29.3.9　控制系统的选择

辐射管供暖系统根据工程实际需要，可选择以下自动控制形式或其组合：

定温控制：室温设定，按室温上下限设自动开、停；

定时控制：按班制设定开、停时间；

定区域控制：根据工作区域不同、班次不同、工作时间不同 设分区独立控制；

辐射管供暖系统操作灵活，适当的自动控制可以降低运行成本，且有利于节能。

29.3.10　室外空气供应系统的计算和配置

燃气烟气辐射管供暖系统的燃烧器工作时，需要一定比例的空气与燃气进行混合，并稀释燃烧后的尾气．当这部分空气量小于该房间换气次数 0.5 次/h 时，可由室内供给；超过 0.5 次/h 时，自然补偿已不可能满足需要，应设置室外空气供应系统。

燃烧器工作所需要的空气量应由产品资料给出。当无资料可查时，可参考以下经验公式进行计算：

$$q=\frac{Q}{293}K \tag{29-3-9}$$

式中　q——所需的最小空气量，m^3/h；

Q——总辐射热量，W/h；

K——常数，天然气取 $6.4m^3/h$，液化石油气取 $7.7m^3/h$。

燃气烟气辐射管供暖系统均带有风机，在排除燃烧尾气的同时，依靠负压作用吸入一定比例的空气。但此风机压头一般未考虑外接送排风管道，因此，设计时应注意选配送、排风机，避免由于空气量不足，而使系统发生故障。

排除的燃烧尾气一般温度较高，因此，在计算管道阻力时，应采用对应尾气温度的密度 ρ。可按下式计算：

1. 摩擦阻力

$$\Delta h_{\mathrm{m}}=A\frac{v^2}{2}\rho \tag{29-3-10}$$

$$A=\lambda\frac{l}{d}$$

$$\rho=\rho_0\frac{273}{273+t}$$

式中 Δh_{m}——摩擦阻力，Pa；

A——阻力系数；

λ——摩擦阻力系数，取 0.02；

l——管道长度，m；

d——管道直径，m；

v——尾气流速，m/s；

ρ——尾气密度，kg/m^3；ρ_0 为标准状态下的空气密度，$1.293kg/m^3$。

2. 局部阻力

$$\Delta h_{\mathrm{j}}=\zeta\frac{v^2}{2}\rho \tag{29-3-11}$$

式中 Δh_{j}——局部阻力，Pa；

ζ——局部阻力系数。

29.3.11 燃气系统设计

本章选用天然气、液化石油气为系统气源。

29.3.11.1 有关参数

1. 燃气热值

天然气 $36000\sim46000kJ/m^3$

液化石油气 $88000\sim120000kJ/\ m^3$

2. 燃气的压力

燃烧器的额定压力一般为：

天然气 2000～3000Pa

液化石油气 2800～3600Pa

由于燃气来源的不同，燃气输配系统的供气压力也不同。当供气压力高于燃烧器的额定压力时，应设置调压设备。

29.3.11.2 设计步骤

① 根据燃气的热值、供暖系统的选型和设计，推算出单个燃烧器的燃气流量及供暖系统满负荷运行的燃气流量。

② 根据供暖系统布置情况和燃烧器的位置确定燃气管道的布置及供气节点。

③ 根据建筑结构图确定燃气管道的具体位置及安装形式。

④ 根据供暖系统的燃气供气额定压力、允许压力波动范围及燃气入口压力确定各管

段的计算允许压力降。

29.3.11.3　燃气系统常用设备的选用

① 调压器。根据调压器的产品样本，选用符合压力级别和流量的型号，调压器的额定流量应为燃气系统流量的 1.2～1.5 倍。

② 流量计。有多种流量计可供选用。发展了 IC 卡付费管理和远程抄表管理等功能。可根据实际使用情况和要求选用符合压力级别和流量的流量计。

③ 电动紧急切断阀。电动紧急切断阀是系统发生燃气泄漏时快速切断燃气的设备。其控制信号来源于燃气泄漏报警系统。根据电动紧急切断阀的产品样本，选用符合压力级别和流量的型号，并选择与信号源统一的信号形式。

④ 压力表。在压力级制变化时和需要观测记录压力情况的地方应设置压力表。根据不同的压力级制，选择不同的规格的压力表。

29.3.11.4　燃气管道设计原则

① 燃气管道应连接到各个燃烧器上，布置应简洁美观，在满足使用的前提下尽量减少管道数量。

② 燃气管道应按照主管、主支管和燃烧器支管的顺序排布，主管及主支管宜布置成环状。

③ 燃气管道应布置在辐射管的上方或侧方，并与其保证一定的安全距离和检修空间。燃气管道与辐射管路可以平行敷设，也可以交叉敷设。

④ 燃气管道与燃烧器之间应使用柔性连接。

⑤ 燃气管道应与其他室内管道及管线保证一定的安全距离和检修空间。

⑥ 燃气管道宜沿墙、柱和梁布置。

⑦ 燃气管道支架应坚固，其间距的设计应不使管道产生挠度。

⑧ 燃气管道应与车辆通道、天车、铁路和可移动设备保证一定的安全距离。

⑨ 燃气管道的膨胀补偿可利用本身自然补偿或采用补偿器补偿。

⑩ 水平燃气管道应有 0.001～0.003 的纵向坡度，最低处应设置集水管。当然其为干燃气时，可水平敷设。

⑪ 燃气管道末端设置放散管排至室外。放散管的口径可根据所需置换燃气的容积及排放时间进行计算。

⑫ 燃气主管应设置总阀门，宜设置燃气紧急切断阀。各个发生器前应设置检修阀门。发散管应设置阀门。各个阀门的位置应利于操作和检修。

⑬ 流量计的设置应有利于抄表和检修。

⑭ 燃气管道的材料应采用镀锌钢管、焊接钢管或无缝钢管。

⑮ 燃气管道应通过水力计算选择各段管径。计算方法详见本手册第 12 章。

⑯ 其余未尽事宜按《城镇燃气设计规范》GB 50028 和《城镇燃气室内工程施工与质量验收规范》CJJ 94 的要求。

29.3.12　典型工程设计计算

29.3.12.1　项目概况及有关参数：

航空飞机机库供暖面积 4160m^2，辐射供暖设计温度 15℃，室外设计温度－11℃，围护结构耗热量 1260kW，η_1＝0.9，η_2＝0.84，辐射管安装高度 18m，单台燃烧器输出功率为 27kW。项目概况见表 29-3-17，技术指标见表 29-3-18。

项目概况 表 29-3-17

建筑类型	航空飞机机库	建筑类型	航空飞机机库
供暖面积	4160m^2	辐射管布置高度	18m
建筑层高	21m		

技术指标 表 29-3-18

建筑地点	兰　州	建筑地点	兰　州
室外供暖计算温度	−11℃	燃烧器供热量	1076kW
室外风速	0.5m/s	使用燃料	液化石油气
室内设计温度	15℃	燃料耗量	44m^3/h
围护结构热负荷	1260kW	供气压力	3200Pa

29.3.12.2 燃烧器台数计算

计算烟气辐射管供暖热负荷并选择燃烧器的台数。

1. 烟气辐射管供暖热负荷

先求出$\frac{h^2}{A}=\frac{18\times18}{4160}=0.78$，查表得辐射系数 $\varepsilon=0.38$，计算人体接受的辐射热量与辐射供热负荷之比 $\eta=\varepsilon\eta_1\eta_2=0.38\times0.9\times0.84=0.287$，计算特性值：

$$R=\frac{Q}{\frac{CF}{\eta}(t_{sh}-t_w)}=\frac{1260\times1000}{\frac{11\times4160}{0.287}\times(15+11)}=0.3$$

$$Q_f=\frac{Q}{1+R}=\frac{1260000}{1+0.3}=96231\text{W}$$

验算
$$q_s=\eta\frac{Q}{A}=0.287\times\frac{969231}{4610}=60\text{W/m}^2$$

此时
$$t_n=\frac{(t_{sh}-t_w)}{1+R}+t_w=9℃$$

说明 q_s 偏小，由式（29-3-2）～式（29-3-7）反算得 $Q_f=1076$kW

2. 燃烧器的台数

考虑全部选用功率为 27kW 的燃烧器，则：

$$\frac{1076}{27}=42\text{ 台}$$

29.3.12.3 主要设备选择（表 29-3-19）

主要设备表 表 29-3-19

序号	名称	型号及规格	单位	数量	序号	名称	型号及规格	单位	数量
1	燃烧器	Q=27kW	台	42	5	调节风阀	DN100	个	14
2	辐射管	DN100	m	616	6	调节风阀	DN150	个	6
3	尾管	DN100	m	230	7	反射板		m	710
4	真空泵	TY100	台	6					

29.3.12.4 辐射供暖平面图

某空间辐射供暖平面图见图 29-3-12。图中 Q 表示燃气管道。

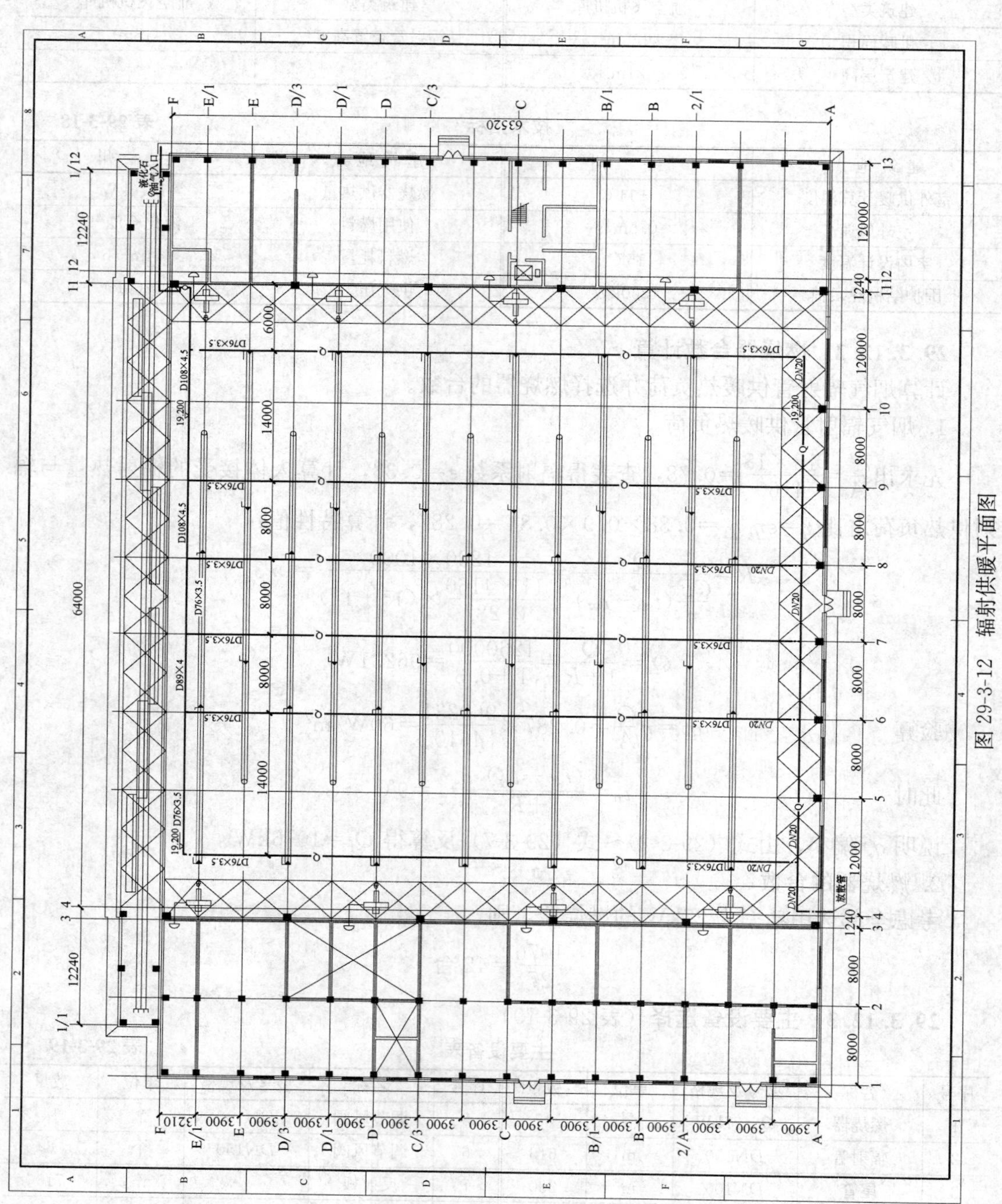

图 29-3-12 辐射供暖平面图

29.4 燃气其他供暖方式

除上述红外线辐射器供暖方式和烟气辐射管供暖方式外，还有其他多种以燃气为热源的供暖方式。

29.4.1 燃气热水供暖

1. 燃气热水供暖器的工作原理

燃气热水供暖器是燃气加热设备，将加热的热水送到散热器，散热于室内后，热水降温又回到热水器被加热，这样循环加热而供暖。同时还可以供应热水。燃气热水供暖器的工作原理如图 29-4-1 所示。

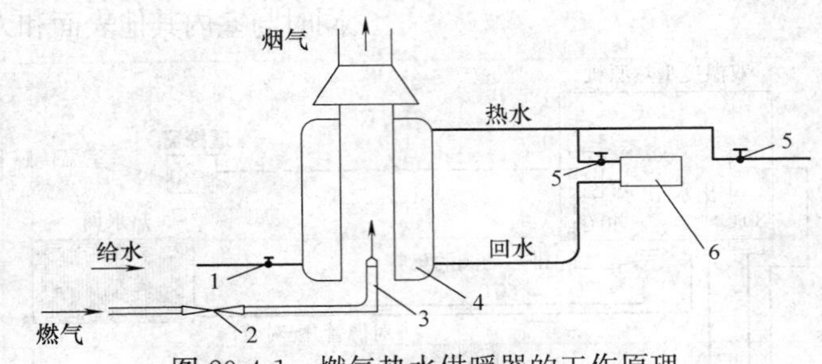

图 29-4-1 燃气热水供暖器的工作原理

1—给水阀；2—燃气阀；3—燃烧器；4—热水箱；5—热水龙头；6—暖气片

2. 燃气供暖热水炉的特点

① 一机两用。既可供暖，又可供应生活热水。可节省购买燃气热水器的费用，而且利用燃气燃烧加热水，加热速度快，可随时满足用户需求；

② 热效率高。现有的燃气供暖热水炉热效率均能达到 90% 以上；如使用冷凝式燃气炉，可充分利用燃烧产物的显热及潜热，热效率更高，并且无热网输送损失；

③ 系统组成形式灵活。以燃气供暖热水炉为热源，水为热媒，循环泵提供动力。可按常规方式通过管道连接散热器，布置在各个房间；也可将热水管道铺设在地板下，组成地板辐射供暖系统。前者安装维护更方便，且初投资略低；后者不占用房间面积，用气量省且热均匀性和热舒适性更好。此外，对于使用户式中央空调的用户，燃气供暖热水炉还可以和风机盘管组合；

④ 自动调节性能好。现有燃气供暖热水炉都配有温控器，并能实现对时间、运行周期的设定，用户可根据需要灵活调节。白天家中无人时，可降低室内设定温度，能够节省可观的运行费用；

⑤ 供暖系统启动较快，供热质量及热舒适性好；

⑥ 设备安装方便，占用空间小。燃气供暖热水炉属家用小型锅炉，一台 20kW 的燃气炉所占用空间体积不足 0.1m³，可安装于厨房或阳台；

⑦ 安全可靠。现有燃气供暖热水炉均设计了安全保护装置，能实现诸如点火确认、温度监控、燃气泄漏保护、停电安全保护等多种安全功能，保证用户安全使用；

⑧ 根据用气量和用电量计费，解决了热量作为商品难以计量和收费的问题。

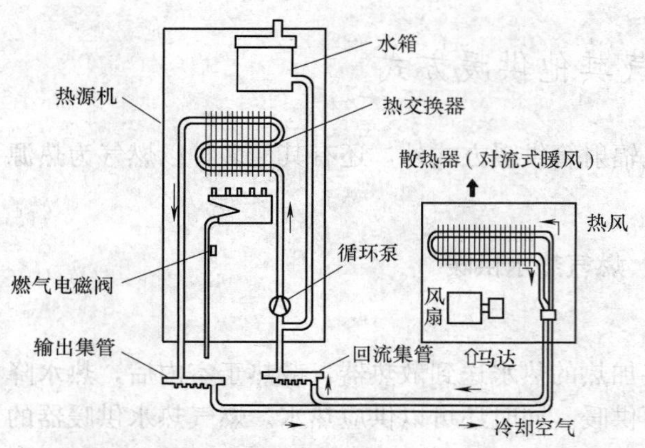

图 29-4-2 典型的燃气热水供暖系统

3. 热水热媒对流供暖

这种对流供暖系统由热源机、循环泵、热水管线、散热器等构成。由热源机加热的热水（60～80℃）通过热水管道输送到各房间的散热器，散热器放出的热量与室内空气进行热交换，降低温度的热水再经管道返回热源进行加热。图 29-4-2 是典型的燃气热水供暖系统。

4. 地板辐射供暖

地板辐射供暖是在地板中铺设发热部件，地板表面温度提高后加热环境温度，同时与室内其他表面和人体进行辐射换热。

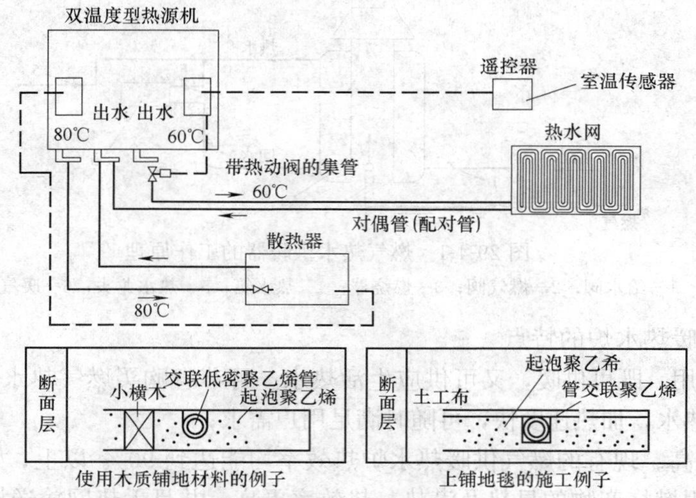

图 29-4-3 燃气热水地板辐射供暖

图 29-4-3 表示该系统的流程。循环热水由集管分配至各房间的热水管线，由带有计时功能的遥控器调节温度，最佳地板表面温度约为 27～30℃，室温控制在 20～23℃，根据建筑的用途，地板辐射采暖系统的构造层有所不同。

29.4.2 燃气热风供暖

热风供暖是一种重要供暖方式。它利用燃气燃烧产生的热量加热室内空气，从而达到供暖的目的。国外使用热风供暖比较多，尤其在北美，很多别墅建筑采用热风供暖。

1. 燃气热风供暖的工作原理

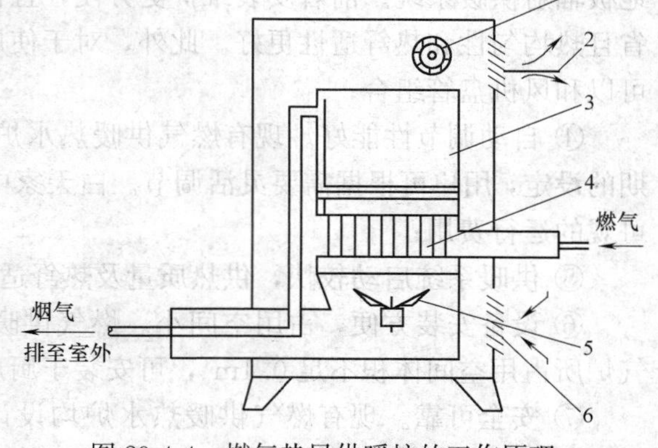

图 29-4-4 燃气热风供暖炉的工作原理

1—送风机；2—热风出口；3—烤箱；4—主燃烧器；5—燃气燃烧用风机；6—回风口

燃气热风供暖是使燃气在热风炉内燃烧，由室外（室内）从箱上百叶窗供燃烧用空气，烟气经烤箱并加热气体然后排向室外，用轴流风机加强冷热风的循环，形成对流供暖。为了安全不应把此炉放在卧室，由于表面温度较高故卫生条件稍差，一般由热风管送到房间。燃气热风采暖炉的工作原理如图 29-4-4 所示。

2. 自然循环燃气热风炉

自然循环燃气热风炉如图 29-4-5。

这是一种直接加热的简单的小型自然循环燃气热风炉。燃气通过入口 2，由喷嘴 7 喷出并吸入部分空气后进入燃烧器 8。燃气空气混合物自主火口 9 逸出后，被点火器 12 点燃的长明火 11 点燃。燃烧产物（烟气）在燃烧室 13 中上升，同时吸入一部分来自室内的空气，此空气作为二次空气保证燃气的完全燃烧。烟气继续流过 U 形烟道，最后由排烟管 17 排出到室外。热风炉外壳的上方有热风出口 15，下方有空隙，室内空气可以从此下方空隙处进入热风炉。在热风炉内空气被燃烧室及 U 形烟道加热成热空气。热空气的密度小，被尚未加热的、密度比较大的下方空气压出热风炉。这样室内空气就自下方进入热风炉，被加热后，热空气从热风出口流出，从而完成对室内供暖的任务。这种热风炉燃气管在室内，显然不能用于卧室。另外，这种加热是靠自然对流的方式，其传热系数小，需要的传热面积大，因此这种热风炉的体积比较大，同时热风出口温度也比较高。通常用于值班室、展览厅等地。

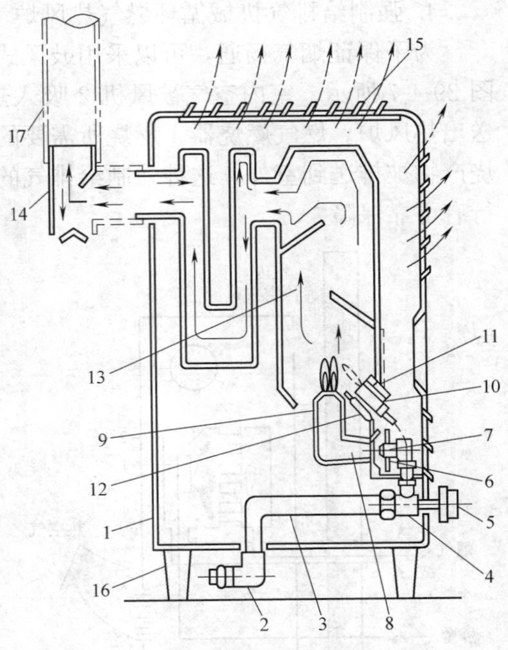

图 29-4-5 自然循环燃气热风炉

1—炉体；2—燃气入口；3—燃气管道；4—燃气流量调节阀；5—调节手柄；6—风门；7—喷嘴；8—燃烧器；9—主火口；10—熄火保护；11—长明火；12—点火器；13—燃烧室；14—防倒风烟道；15—热风出口；16—底脚；17—排烟管

3. 机械循环燃气热风炉

为了提高传热系数，减小热风炉的体积。可以采用机力循环的方式。此外为了扩大采用范围，使燃气管引自室外。此外，将烟气排出室外的同时使燃烧需要的空气也由室外引进，这样就大大地提高安全性能。

图 29-4-6 是一种机械循环的燃气热风炉。来自室外的燃气经过燃烧器 1 进行燃烧。燃烧需要的空气也引自室外。燃烧产物（烟气）靠本身压力排至室外。室内冷空气被风机 3 吸入热风炉，通过燃烧室及烟道 2 将其加热，并将热空气（热风）排出机外，回到室内，达到供暖目的。

这种热风机有如下特点：

由于空气靠机械循环，传热系数大，需要的换热而积小，可使热风炉结构紧凑；

热风由下方吹出可以使室内竖向温度场均匀；

燃气与燃烧需要的空气都来自室外，烟气也排到室外，因此比较安全，可用于卧室；

当热风炉的热负荷足够时，由于热风有压力可以将热风通过热风管道分别送到各个房间，完成对各个房间的供暖。

4. 强制给排气机械循环燃气热风炉

为了保证烟气畅通，可以采用鼓风式燃烧器形成强制给排气机力循环燃气热风炉，如图 29-4-7 所示。室内空气被风机 2 吸入热风炉，空气被燃烧室及烟道加热后，成为热风送出热风炉。燃气燃烧器 1 燃烧所需要的空气由风机 3 从室外吸入至燃烧室，燃烧后的燃烧产物被排送到室外，这种强制给排气的方式保证烟气与燃烧需要的空气畅通，对安全运行有可靠保障。

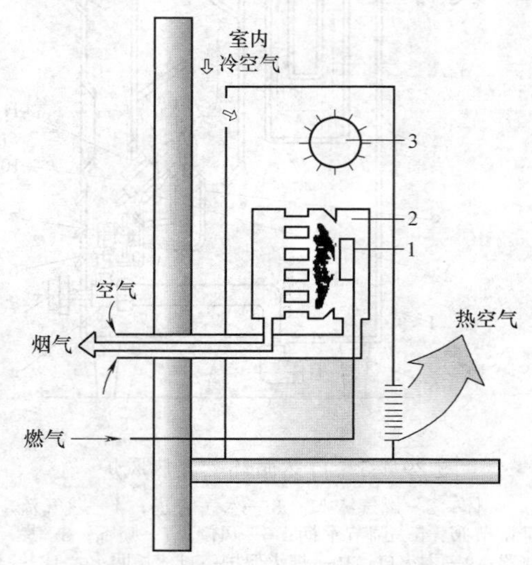

图 29-4-6　机械循环的燃气热风炉

1—燃烧器；2—烟道；3—风机

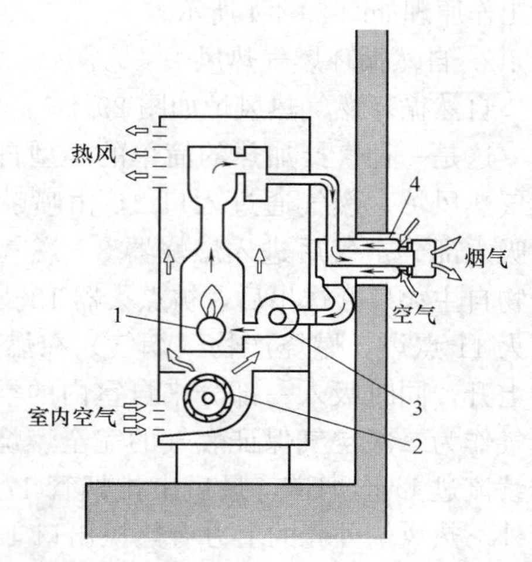

图 29-4-7　强制给排气机械循环燃气热风炉

1—燃烧器；2—风机；3—风机；4—空气预热器

5. 燃气热风供暖系统

燃气热风供暖，根据热风炉的负荷大小，可以是单室采暖，热风只供一间房间。如果负荷足够时也可以通过热风管道将热风送到各个房间。

图 29-4-8 表示了燃气热风供暖系统。热风炉 2 将室内的空气（回风）吸入热风炉。被加热的热风通过热风主管 3 及支管 4 将热风分别送到各个房间。各个房间是通过热风散流器 1 将热风吹入室内。热风管道应有保温措施，可以是建筑的结构风道，也可以是带保温的金属塑料复合管。

热风散流器是重要组成部分。它与热风出口速度、热风温度以及散流器在室内的位置有很大关系。这些因素对热风供暖的质量有直接关系。生产厂家与设计者要特别注意。图 29-4-9 是一种简单的散流器。调风杆 1 可调节风板的位置，从而可以调节热风风量及出口速度。

6. 燃气热风供暖特点

① 热风供暖不需要对流供暖所需要的散热器，可节省房间面积与空间；

② 燃气热风供暖热惰性最小，开启后，很快房间的温度就升到预定值；同时，当热风炉关闭时房间降温也快；

③ 具有与冷风合为一体的可能性；

④ 需要带保温的风道及散流器，并应与建筑密切结合；

⑤ 由于燃气热风供暖的热惰性很小，室温波动大；

⑥ 烟气直接加热空气的热交换器属于气—气热交换器。同时烟气温度很高，需要考

虑热交换器中热排管的热胀冷缩问题。

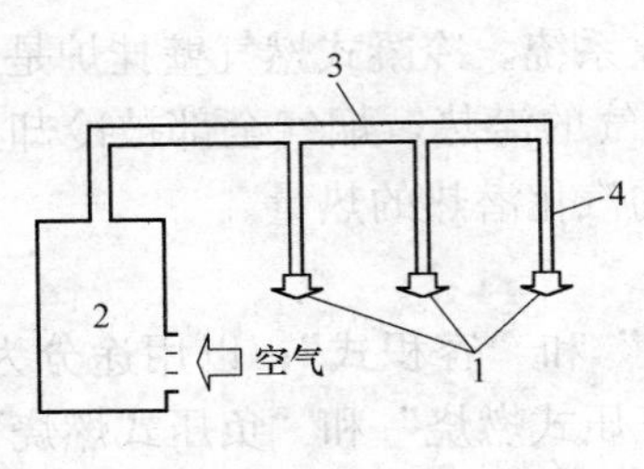

图 29-4-8 燃气热风供暖系统

1—热风散流器；2—热风炉；

3—热风主管；4—热风支管

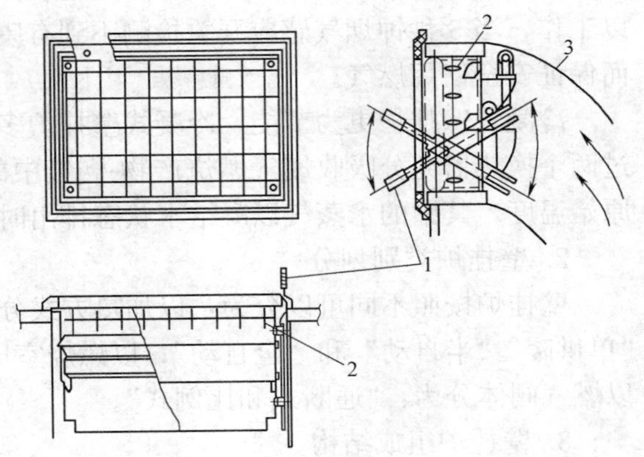

图 29-4-9 热风散流器

1—调风杆；2—叶片；3—风道

29.4.3 燃气壁挂炉供暖

燃气壁挂炉是单户供暖较理想的热源，与地板加热管、散热器、风机盘管散热末端装置结合，具有家庭供暖功能，能满足多居室的供暖需求，各个房间能够根据住户需求设定舒适温度，也可根据需要决定某个房间单独关闭供暖。同时，还可以生产家庭用生活热水。燃气壁挂炉供暖系统如图 29-4-10。

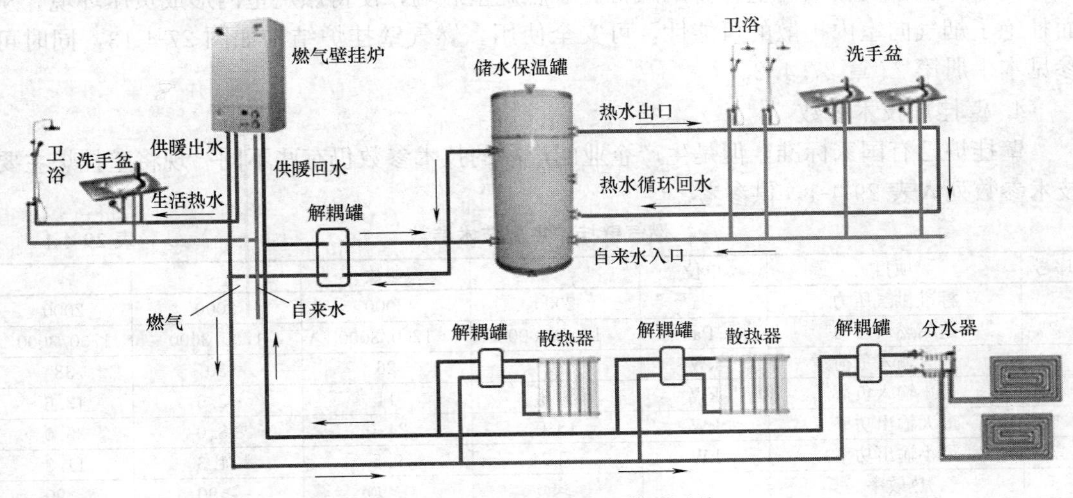

图 29-4-10 燃气壁挂炉供暖系统

1. 壁挂炉工作原理

当壁挂炉点火开关进入工作状态的时候，风机先启动使燃烧室内形成负压差，风压开关将指令发给水泵，水泵启动后，水流开关将指令发给高压放电器，其启动后指令发给燃气比例阀，燃气比例阀开始启动。由于燃烧室里面有负压存在，所以天然气没有聚集燃烧现象，从而也不会出现爆燃现象，实现平静点火超静声，也避免了危险事故的发生。燃气比例阀和风压开关以及烟气感应开关是连锁控制的，燃烧室有一定的负压燃气比例阀才可以工作，当 5 秒钟烟气感应开关检测不到有废气排出时，就切断燃气比例阀停止供气，从而保证安全使用燃气。

冷凝式壁挂炉更为节能，冷凝式壁挂炉多了一套热回收系统。冷凝式燃气壁挂炉是通过两个换热器充分吸收燃气燃烧产物-烟气中的显热及水蒸气的潜热，烟气全部被冷却至原始温度，其中的水蒸气以凝结水状态排出时放出水蒸气的汽化潜热的热量。

2. 壁挂炉类别划分

壁挂炉按照不同可以分为：以加热方式分为："即热式"和"容积式"；以用途分为："单供暖""半自动"和"全自动"；以燃烧室压力分为："正压式燃烧"和"负压式燃烧"；以燃气阀体分为："通断式和比例式"。

3. 壁挂炉组成结构

燃气壁挂炉组成是由：给气系统、燃烧系统、排烟系统、水力系统、安全保护系统、控制系统。其中，给气系统为壁挂炉的能源供给部分，因此安全性至关重要。由于给气系统能否根据功率的需求变化而调节输入量会直接影响燃气壁挂炉的燃烧效率和耗气量，因此，给气系统也最终会影响氮氧化物等有害物质的排放量。燃烧系统包括预混燃烧器和燃烧室。其中预混燃烧器的火排分布的多少决定燃气与空气的混合程度，进而决定燃烧效率。壁挂炉在燃烧过程会产生烟气，而不完全燃烧的烟气含有大量一氧化碳，一旦泄漏将直接给用户带来生命危险，因此燃烧室的密封性不容忽视。排烟系统兼顾引入空气的功能，因而烟道大多设计为同轴型结构，其中，内管用于排烟，外管用于引入燃烧需要的新空气。由于这种空气和烟气的交换系统与室内完全隔绝，因而解决了烟气回流与泄漏的隐忧。由于排烟系统在结构上将排烟风机置于燃烧室后端，使得燃烧室内形成负压环境，从而杜绝了烟气向室内扩散的可能性，可安全使用。燃气壁挂炉结构如图 27-4-13，同时可参见本手册第 27 章 27.4.2。

4. 壁挂炉技术参数

壁挂炉已有国家标准，但是生产企业的产品的技术参数仍有些不同。现将壁挂炉主要技术参数列入表 29-4-1，供参考。

燃气壁挂炉主要技术参数 **表 29-4-1**

序号	项目	单位	参数			
1	标准供气压力	Pa	2000	2000	2000	2000
2	适用燃气压力	Pa	1700/3000	1700/3000	1700/3000	1700/3000
3	最大输入负荷	kW	20	26	30	38
4	最小输入负荷	kW	8.8	11	13.6	13.6
5	最大输出功率	kW	18.0	24.0	28.0	35.0
7	最小输出功率	kW	7.2	9.5	11.3	11.3
8	热效率	%	≥90	≥90	≥90	≥90
9	最大工作压力	MPa	0.3	0.3	0.3	0.3
10	最小工作压力	MPa	0.1	0.1	0.1	0.1
11	水箱预冲压力	MPa	0.1	0.1	0.1	0.1
12	出水温度	℃	30～85	30～85	30～85	30～85
13	水泵扬程	m	6	6	6	6
14	外形尺寸(参考)	mm	740×410×370	740×410×370	800×540×390	800×540×390
15	重量(参考)	kg	38	38	46	46

5. 工程案例

住户面积 130m²，燃气壁挂炉 26kW，末端采用散热器，设计散热器系统供回水温度 80℃/60℃，室内设计温度 20℃。供暖系统平面如 29-4-11。

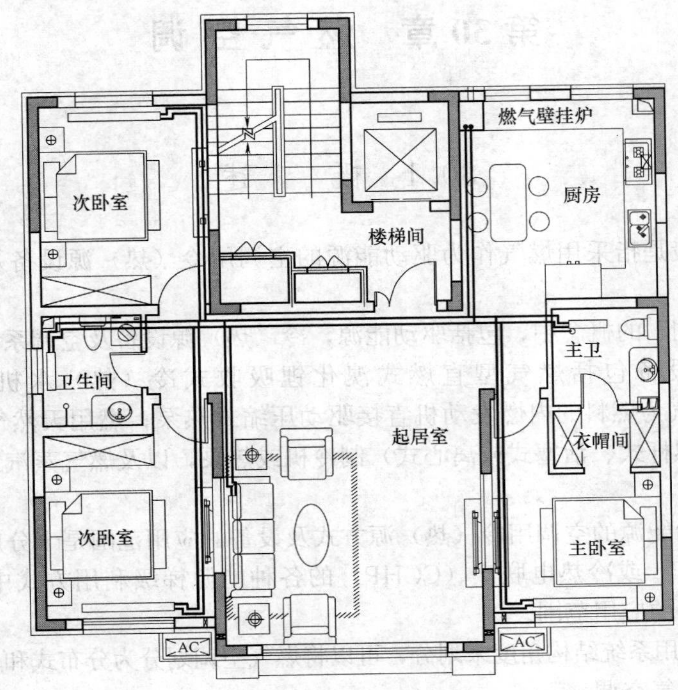

图 29-4-11 供暖系统平面

参考文献

[1] 金志刚，吴旭，洪庆华. 燃气热风采暖 [J]. 城市燃气 2003 (4)：21-25.
[2] 孙永康. 燃气采暖器的种类及其比较 [J]. 城市燃气 2001 (1)：37-39.
[3] 李先瑞. 燃气壁炉采暖市场分析 [J]. 节能与环保 2003 (10)：24-29.
[4] 陆耀庆. 供暖通风设计手册 [M]. 北京：中国建筑工业出版社 1987.
[5] 燃气红外线辐射供暖系统设计选用及施工安装 [M]. 北京：中国建筑标准设计研究院，2003.

第 30 章　燃 气 空 调

30.1　概　　述

燃气空调一般是指采用燃气作为驱动能源的空调用冷（热）源设备及其组成的空调系统。

在“燃气空调”的概念中，包括驱动能源，冷（热）源设备及空调系统，三个层面。

冷（热）源设备包括燃气型直燃式溴化锂吸收式冷（热）水机组；燃气热泵（GHP）；以天然气为燃料的内燃发动机直接驱动压缩式热泵；燃用天然气的燃气轮机直接驱动压缩式（螺杆式、活塞式或离心式）制冷机或热泵，以及燃气蒸汽锅炉＋蒸汽型冷水机组等。

以燃气为驱动能源的空调用冷（热）源方式及设备的应用范围是十分广泛的，尤其是在热电联产（CHP）或冷热电联产（CCHP）的各种能源梯级利用方式中的空调应用系统，均属燃气空调的应用范围。

从燃气能源利用系统结构角度来划分，可以将燃气空调划分为分布式和单独式两大类。

（1）分布式燃气空调

分布式燃气空调一般包含在冷热电联产系统中。在其中配置冷（热）源设备，产出的冷（热）能量主要用于空调功能。

关于冷热电联产系统，详见本手册第 31 章。

（2）单独式燃气空调形式

① 燃气型直燃机组；

② 燃气热泵；

③ 燃气型小型氨—水工质对吸收式冷水机组；

④ 燃气蒸汽锅炉＋蒸汽型溴化锂吸收式冷水机组；

⑤ 燃气蒸汽锅炉＋蒸汽透平直接驱动离心式冷水机组等方式。

30.2　燃气空调应用特点

30.2.1　单独式能源的燃气空调应用特点

（1）能源利用上的优势

① 燃气空调设备利用热能为驱动能源，可选用的燃气品种比较多，如天然气、人工燃气、液化石油气、煤层气、沼气等，不受个别能源资源紧缺的影响，具有较强的生命力。

② 设备自身耗电少，可节约高品位的电力资源。在城市舒适性空调应用中，具有缓

解城市电力短缺或负荷过重的突出作用。尤其是夏季城市空调用电高峰时，可以部分取代电力制冷，起着削峰填谷（电力高峰、燃气低谷）的双重作用。例如，2003 年 8 月 28 日公布的国家电网公司数据，中国各地夏季空调用电占高峰电力的 40%以上。同日，上海市 1360kW 的电力高峰负荷中 50%为空调用电。有人计算过，1 台 2324kW（200×10^4 kcal/h）的燃气空调设备（直燃机）比同等容量的电力空调设备节省电力 600kW · h，则 500 台上述容量的燃气空调即可节电 30×10^4kW · h。

由于直燃机（燃气空调）的耗电设备仅是机组附带的冷剂泵，溶液泵、电控系统等，故自身耗电量少。各种空调冷（热）设备每千瓦制冷量的电耗量如下：

直燃机：0.051kW。

水冷离心式机组：0.19kW。

水冷螺杆式机组：0.21kW。

水冷往复式机组：0.25kW。

风冷式热泵机组：0.31kW。

直燃机与电动离心机的耗电功率比较，见表 30-2-1。

由表 30-2-1 可知，直燃机自身的耗电功率（第 4 项）仅为电动离心机（第 1 项）的 3%～4%；考虑配套设备后的直燃机总耗电功率（第 6 项）也仅为电动离心机（第 3 项）的 22%～24%。

③ 在有条件时，蒸汽型溴化锂吸收式冷水机组可以利用低势能（余热、排热），符合能源的综合利用原则。

（2）环保性能上的优势

① 冷媒的环保特性好

燃气型直燃机（单独式能源的燃气空调设备）以溴化锂——水溶液为工质对，其中水为制冷剂（冷媒），溴化锂水溶液为吸收剂。溴化锂水溶液这种工质，无臭、无毒、不可燃，对大气环境无污染，不存在像电力空调设备中制冷剂（CFCs、HCFC 及 HFC 等）的排放和泄漏，带来的地球大气臭氧层破坏和温室效应（全球变暖）的严重恶果。

直燃机与电动离心机的耗电功率比较 **表 30-2-1**

制冷量 $\left(\frac{kW}{RT}\right)$	电动离心机电耗(kW)				直燃机电耗(kW)				耗电功率比较	
	1	2		3	4	5		6	$\frac{4项}{1项}$	$\frac{6项}{3项}$
	机组	冷却水泵	冷却塔风机	共计	机组	冷却水泵	冷却塔风机	共计	(%)	(%)
$\frac{703}{200}$	131	20	3.75	154.8	5.6	27	3.75	36.4	4.3	23.5
$\frac{1055}{300}$	207	30	3.75	240.8	6.3	40	7.5	53.8	3.0	22.3
$\frac{1406}{400}$	263	40	7.5	310.5	9.25	54	11	74.3	3.5	23.9
$\frac{1756}{500}$	327	50	7.5	384.5	9.95	67	11	88	3.0	22.9
$\frac{2110}{600}$	419	60	11	490	15.6	80	15	110.6	3.7	22.6
$\frac{2461}{700}$	464	70	11	545	15.6	94	15	124.6	3.4	22.9
$\frac{2812}{800}$	528	80	11	619	15.6	108	22.5	146.1	3.0	23.6

② 排放物的污染小

在同等条件下，采用清洁能源——天然气为驱动力的燃气空调，其各种污染物的排放系数是最低的。各种能源的污染物排放系数见表30-2-2。

各种能源的污染物排放系数 表 30-2-2

能源种类＼废气成分	CO_2 (kg/GJ)	CH_4 (g/GJ)	SO_x (kg/GJ)	NO_x (kg/GJ)	VOC (g/GJ)	CO (g/GJ)
天然气	56.4	19.1	0.005	0.111	1.51	3.1
燃油	82.4	20.2	0.99	0.193	1.59	14.7
燃煤	98.5	35.4	1.06	0.191	2.74	162.7
燃煤电力	232.6	73.0	2.57	0.47	6.3	346.7

由表30-2-2，可以看出，采用燃煤的电力能源的各种污染物排放系数最高，这是因为火力发电的汽轮机绝对效率仅30%左右，其废气排放系数为燃煤的近3倍（如CO_2、SO_x、NO_x、VOC等）。显然，天然气燃烧所产生的各种污染物排放系数最低。

但也有专家从微气候分析观点提出，燃气空调废气属低空、多点排放，较燃煤发电污染物高空排放反而更造成对人群的危害。

各制冷机运行1h的污染物排放量见表30-2-3。

各制冷机运行1h的污染物相对排放比例见表30-2-4。

各制冷机单位冷量的CO_2排放量及相对比例表30-2-5。

各制冷机运行 1h 的污染物排放量 表 30-2-3

空调类别	制冷机形式	SO_x [g/(kW·h)]	NO_x [g/(kW·h)]	TSP [g/(kW·h)]	灰渣 [g/(kW·h)]
燃气空调	燃油型直燃机	1.169	0.338	0.138	4.0
	燃气型直燃机	0.29	0.317	0.050	4.0
电力空调	某电动离心式冷水机	1.046	0.753	0.129	14.3
	某电动螺杆式冷水机	1.16	0.835	0.143	15.8
	某电动活塞式风冷热泵	1.59	1.145	0.197	21.7
	某电动螺杆式风冷热泵	1.69	1.216	0.209	23.1
	某电动涡旋式风冷热泵	1.57	1.133	0.194	21.5

各制冷机运行 1h 的污染物相对排放比例 表 30-2-4

空调类别	制冷机形式	SO_x(%)	NO_x(%)	TSP(%)	灰渣(%)
燃气空调	燃油型直燃机	403.1	106.6	276	100
	燃气型直燃机	100	100	100	100
电力空调	某电动离心式冷水机	360.7	237.5	258	357.5
	某电动螺杆式冷水机	400	263.4	286	395
	某电动活塞式风冷热泵	548.3	361.2	394	542.5
	某电动螺杆式风冷热泵	582.7	383.5	418	577.5
	某电动涡旋式风冷热泵	541.3	357.4	398	537.5

注：表中以燃气型直燃机为基础比较。

各制冷机单位冷量的 CO_2 排放量及相对比例 表 30-2-5

空调类别	制冷机形式	CO_2 排放量 [g/(kW·h)]	CO_2 排放的相对比例 [g/(kW·h)]
燃气空调	燃油型直燃机	312.1	125.6
	燃气型直燃机	248.5	100
电力空调	某电动离心式冷水机	289.3	116.4
	某电动螺杆式冷水机	320.8	129.1
	某电动活塞式风冷热泵	439.9	177.0
	某电动螺杆式风冷热泵	468.1	188.4
	某电动涡旋式风冷热泵	435.1	175.1

(3) 机组运行上的优势

① 燃气型直燃机不属于高压容器，对操作人员和安装环境均无特殊要求。操作人员无需持锅炉工操作证。若无单独机房时，该设备可安装在地下室、中间楼层或屋顶上。

② 机组中除功率很小的屏蔽泵（发生泵、冷剂泵、溶液泵）外，无其他动力部件，因而运转安静，振动小。噪声值仅 75～80dB（A），适合于环境要求比较安静的场所。

③ 机组在真空状态下运行，无高压爆炸危险，安全可靠。

④ 当外界负荷变化时，设备性能稳定。机组可在10%～100%的范围内进行冷量的无级调节。低负荷调节时，热效率几乎不下降。按《直燃型溴化锂吸收式冷（温）水机组》GB/T 18362 标准规定，其冷水出口温度为7℃，变化范围为5～10℃；其热水出口温度为60℃，变化范围为45～65℃；其冷却水进口温度为32℃，变化范围为24～34℃。工况变化的适应范围较宽。

⑤ 机组上燃烧器的天然气最大供气压力仅4kPa，属低压燃烧器，比较安全。

⑥ 在已建有燃气输配管网的城市中，采用燃气空调设备时，很容易实现天然气输供的对接，大量节约管线设施的投资费用。

(4) 机组功能上的优势

燃气型直燃机可以做到一机多能，夏季制冷，冬季供暖，并兼顾提供生活热水，使用方便。与单供冷的冷水机组或单供暖的热水锅炉比较，大大提高了设备利用率，节约设备的投资费用和设备占用的建筑面积。

30.2.2 燃气空调对城市夏季峰电负荷"削峰"

统计数据表明，2001年我国建筑能耗量已约占全国总能量的27%。而城市公用建筑的中央空调能耗量约占建筑能耗量的40%，则我国城市公用建筑的中央空调能耗量已约占全国总能耗量的11%。

若城市公用建筑的中央空调能耗量之中约有80%为煤电耗量，则城市公用建筑的中央空调的煤电耗量，已约占全国总能量的8.8%。若按我国占78%的煤电比例，则城市商业（公用）建筑的中央空调的煤电耗量应占我国总煤电耗量的约11.3%。据估计，我国民用住宅空调的煤电耗量约占我国总煤电耗量的25.6%。

假设我国夏季空调用电主要是由商业（公用）建筑的中央电力空调和民用住宅电力空调两大部分构成，则可得出夏季煤电空调耗电量应占全国煤电总耗量的11.3%+25.6%=

36.9%≈37%。

我国某城市夏季空调电力负荷占该城市夏季峰电负荷（1111.3 万 kW）的 37%，则为 411 万 kW；城市年用电峰谷差为 631 万 kW。可得城市夏季空调电力负荷（411 万 kW）占该城市年用电峰谷差（631 万 kW）的 65%。其中，中央空调电耗约为 20%；民用住宅空调电耗约为 45%。

因此，城市夏季电力"削峰"，就首先要解决占城市电力峰谷差值 65%的城市空调电力的"削峰"问题。也就是要解决 20%的中央空调耗电负荷和 45%的住宅空调耗电负荷过重的问题。

由于住宅空调耗电的负荷高峰常常是在白天下班以后，城市夏季电力使用往往出现昼夜'双峰'的状况。

因此，采用燃气空调（冷热型或热泵型）用以夏季削电、冬季补热；采用分布式能源的冷热电联产系统，减轻现有电网、热网压力，提高空调冷（热）源设备和空调系统的一次能源利用率；采用天然气燃气轮机—蒸汽轮机联合循环装置发电并综合利用余热废热排热，用于夏季电力高峰及节约燃料，逐步取代占城市用电峰值的 20%比重的中央空调电耗；采用天然气户式中央空调，逐步取代占城市用电峰值的 45%比重的住宅电力空调等，是十分现实的有力举措。

30.3　燃气型直燃机

30.3.1　燃气型直燃机的基本形式参数

燃气型直燃机，是燃气型溴化锂吸收式冷热水机组的简称。

燃气型直燃机，是以燃气（天然气、人工燃气等）为燃料，以燃料燃烧后产生的高温烟气为热源，按吸收式制冷循环原理工作的一种空调用热力制冷（热）设备，是燃气空调的典型产品之一。

在蒸汽型双效溴化锂吸收式冷水机组基础上发展起来的燃气型直燃机，以燃气为驱动能源取代燃煤，以火管锅炉（机组自带）取代蒸汽锅炉，以直接热源方式取代间接热源方式等"三个取代"，完成了溴化锂吸收式制冷机组的一次质的飞跃，在中央空调冷（热）源设备的广大市场上形成了自己产品的独特优势，开创了燃气空调产品发展的新局面。

燃气型直燃机，这种同属单独式能源的燃气空调，不仅有在能源利用上、环保性能上、机组运行上以及机组功能上等四方面的优势条件，而且在区域性冷热电联产系统中，利用燃气轮机尾气及燃料电池的高品位余（排）热方面，采用燃气型直燃型溴化锂吸收式冷热水机组，对提高系统的综合能源利用率，具有不可替代的作用。

30.3.1.1　燃气型直燃机的型号和基本参数

《直燃型溴化锂吸收式冷（温）水机组》GB/T 18362 规定如下：

1. 燃气型直燃机的型号规定

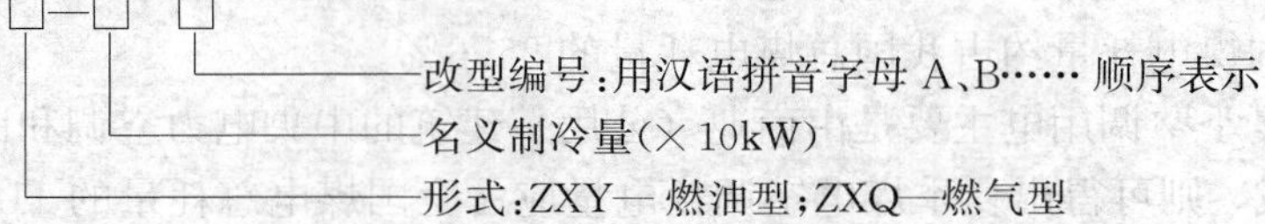

例如：制冷量 700kW，第一次改型的燃气直燃型溴化锂吸收式冷热水机组，型号为 ZXQ70A。

2. 燃气型直燃机的加热热源规定

① 人工燃气：各地区人工燃气的热值是不同的。GB/T 18362 标准规定以 101.325kPa、0℃状态为标准状态，规定人工燃气在标准状态下的高热值 16.3MJ/m^3 为基准。

② 天然气：各地生产的天然气的热值是不相同的。GB/T 18362 标准规定以 101.325kPa、0℃状态为标准状态，规定天然气在标准状态下的高热值 39.5MJ/m^3 为基准。

人工燃气、天然气的其他有关气质性质应符合《城镇燃气分类和基本性质》GB/T 13611 标准规定要求。

3. 燃气型直燃机的基本参数

① 机组名义工况制冷量按下列参数分档：

230，350，470，580，700，810，930，1050，1160，1450，1740，2040，2330，2620，2910，3490，4070，4650，5230，5810（单位：kW）。

② 机组名义工况和性能规定（见表 30-3-1）。

4. 机组性能偏差规定。

① 制冷量不小于名义值的 95%；

② 供热量不小于名义值的 95%；

③ 单位制冷（供热）量燃烧耗量不大于名义值的 105%；

④ 冷（热）水、冷却水压力损失不大于规定值的 110%；

⑤ 单位制冷量冷却水流量不大于名义值的 105%。

GB/T 18362 规定的燃气（油）型直燃机的名义工况和性能指标　　表 30-3-1

项　目		制冷	供热
冷(热)水出口温度(℃)		7	60
冷水进出口温差(℃)		5	
冷却水进口温度(℃)		32	—
单位制冷量冷却水流量[m^3/(kW·h)]		0.260	
冷(热)水、冷却水侧污垢系数(m^2·℃/kW)		0.086	
单位制冷(供热)量燃料耗量	轻柴油[kg/(kW·h)]	0.077	0.093
	重油[kg/(kW·h)]	0.079	0.095
	人工燃气[m^3/(kW·h)]	0.211	0.271
	天然气[m^3/(kW·h)]	0.091	0.112

注：1. 本标准中，标准状态（101.325kPa，0℃）下的容积单位以 m^3 表示。

2. 单位制冷（供热）量燃料耗量是指下列热值下的数值：轻柴油低热值 42.9MJ/kg；人工燃气高热值 16.3MJ/m^3；重油低热值 41.9MJ/kg；天然气高热值 39.5MJ/m^3。

30.3.1.2 燃气型直燃机变工况工作范围和部分负荷性能规定

(1) 燃气型直燃机变工况工作范围

《直燃型溴化锂吸收式冷（温）水机组》GB/T 18362 规定的燃气型直燃机变工况工作范围见表 30-3-2。

GB/T 18362 规定的机组变工况工作范围　　表 30-3-2

项　目		制　冷		供　热	
		变化范围	间隔值	变化范围	间隔值
冷(热)水出口温度	(℃)	5～10	1	45～65	5
冷却水进口温度		24～34	2	—	
冷(热)水、冷却水流量(%)		80～120	10		

机组应能在表 30-3-2 规定的工况范围内正常工作，并参照间隔值进行测试。

（2）燃气型直燃机部分负荷性能规定。

适用 GB/T 18362 规定的燃气型直燃机，应能在 100%～25%制冷（供热）量范围内正常进行调节，并按表 30-3-3 规定进行测试。

GB/T 18362 规定的燃气型直燃机部分负荷性能　　表 30-3-3

项　目	制　冷	供热
冷(热)水出口温度(℃)	7	60
冷(热)水流量	名义工况时流量	
冷却水进口温度	随负荷呈线性变化，从名义工况 100%的 32℃减少到负荷为零时的 22℃（两点以上，包括最小负荷点）	—
冷却水流量	名义工况时流量	
冷(热)水、冷却水侧污垢系数(m²·℃/kW)	0.086	

（3）污垢系数对机组性能的影响规定。

机组水侧的污垢系数对机组性能有很大影响。我国标准对污垢系数的规定如下：

① 清洁管的污垢系数：出厂试验时，经表面钝化工艺处理的蒸发器、冷凝器和吸收器清洁管内水侧的污垢系数设定为 0.043m²·℃/kW。

② 污垢系数对制冷量、供热量的影响见表 30-3-4 规定。

污垢系数对制冷量、供热量的影响　　表 30-3-4

污垢系数(m²·℃/kW)		0	0.043	0.086	0.172	0.258	0.344
制冷量	冷却水侧	108	104	100	92	85	79
	冷水侧	106	103		94	—	
供热量	热水侧	(直燃型机组未确定)					

③ 出厂试验时，名义工况的制冷量应乘以按下式计算的系数 a_1：

$$a_1 = 1.04 \times 1.03 = 1.07$$

④ 出厂试验时，名义工况的供热量应乘以系数 1.03。

（4）燃气型直燃机的噪声规定

按《直燃型溴化锂吸收式冷（温）水冷机组》GB/T 18362 标准，燃气型直燃机的声压级噪声值，不应大于表 30-3-5 规定。

机组的噪声规定 **表 30-3-5**

GB/T 18362	制冷量(kW)	<1160	1160～2330	>2330
	噪声[dB(A)]	82	84	86

30.3.2 燃气型直燃机的工作循环及结构形式

燃气型直燃机为中央空调工程中的专用冷（热）源设备，一般按吸收式的双效制冷循环制取7℃冷水，直接用制冷剂（水）蒸汽的冷凝热制取60℃热水。由于采用双效循环，驱动热源被直接和间接地二次利用，因而其热利用的热力系数（一次能源利用率）较高。

对于小容量的燃气型直燃机，现在也在向双效型发展。

燃气型直燃机的制冷循环与蒸汽型双效溴化锂吸收式冷水机组相同，但其高压发生器采用天然气或人工燃气燃烧而成的烟气，故结构形式与蒸汽型机组有所不同。与蒸汽型机组不同处在于供暖循环。

在燃气型直燃机的供暖循环系统中，由于停止了冷却水的使用，该机组的吸收器、冷凝器与低压发生器均不起作用。

30.3.2.1 燃气型直燃机的工作循环和结构形式分类

根据目前我国燃气型直燃机的产品实际应用状况，其分类情况列于表30-3-6中。

30.3.2.2 燃气型直燃机的工作循环和结构形式简介

根据表30-3-6的分类方法，对燃气型直燃机的工作循环和结构形式作一简要介绍。

燃气型直燃机的工作循环与结构形式分类 **表 30-3-6**

<table>
<tr><th>类别</th><th>机组或流程名称</th><th colspan="2">特　点</th></tr>
<tr><td rowspan="3">按使用功能分类</td><td rowspan="2">制冷与供暖交替型机组</td><td rowspan="2">交替供应冷水(夏)或热水(冬)</td><td>冷水回路切换成热水回路的机型</td></tr>
<tr><td>冷却水回路切换成热水回路的机型</td></tr>
<tr><td>同时制冷与供暖机组</td><td colspan="2">同时提供冷水和热水；也可单独提供生活热水</td></tr>
<tr><td rowspan="5">按稀溶液进入方式分类</td><td rowspan="2">串联流程</td><td colspan="2">稀溶液→高压发生器→低压发生器(采用多)</td></tr>
<tr><td colspan="2">稀溶液→低压发生器→高压发生器(采用少)</td></tr>
<tr><td rowspan="2">并联流程</td><td rowspan="2">稀溶液↗高压发生器
稀溶液↘低压发生器</td><td>在低温热交换器前分流(国内)</td></tr>
<tr><td>在低温热交换器后分流(国外)</td></tr>
<tr><td>串并联流程</td><td colspan="2">并联段：通过低温热交换器后的稀溶液→并联进入高压发生器和低压发生器(进液方式)
串联段：高温热交换器出来的浓溶液→串联进入低压发生器→低温热交换器(出液方式)</td></tr>
<tr><td rowspan="4">按机组集装方式分类</td><td>冷却塔一体型</td><td colspan="2">冷却塔、泵与燃气型直燃机一体化组装而成；制冷量70～280kW；适用于400～3000m² 的中小建筑物</td></tr>
<tr><td>模块化机组</td><td colspan="2">由1～6台小容量机组并联组装而成；机外水、烟道系统共用；制冷量70～840～6000kW</td></tr>
<tr><td>热水器一体型</td><td colspan="2">燃气型直燃机与真空式热水加热器组合成一体；一机三用；制冷、供暖、供生活热水</td></tr>
<tr><td>BCT户式燃气空调机</td><td colspan="2">分室内机、室外机；一机三用功能可选择；
制冷量16～115kW；燃气空调进入家庭住宅</td></tr>
</table>

1. 制冷与供暖交替型机组

制冷与供暖交替型机组，是采用热水和冷水同一回路、通过转换阀实现制冷工况与供暖工况的转换，以达到空调工程中夏季供冷、冬季供暖的目的。

与蒸汽型吸收式冷水机组比较，燃气型直燃机增加了供暖循环功能。在冬季，高压发生器产生的冷剂（水）蒸汽直接进入蒸发器或专设的热水器，并在传热管簇外表面上冷凝，从而制取60℃热水，用于冬季供暖。

制冷与供暖交替型机组，其稀溶液进入高、低压发生器的方式，有串联流程方式两种和并联流程方式一种。并联流程方式在我国又大多采用在低温热交换器前分流的方式，其高、低压发生器出口的浓溶液分别经高、低温热交换器流入吸收器，不需要引射装置，结构比较简单。

（1）制冷与供暖交替型机组的串联流程

其制冷循环与供暖循环的流程图如图30-3-1所示。

① 结构形式。该机组是双筒结构。其高压发生器1单独布置在右侧的一个筒体内：低压发生器11和冷凝器10并列布置在另一个主要筒体的上部；吸收器5、7和蒸发器6并列布置在主要筒体的下部。

特点：其吸收器由布置在蒸发器左右两侧的两个管簇所组成；机组运行时通过转换阀A和B实现制冷工况与供暖工况的转换，比较简单。

② 工作循环。

制冷循环：在制冷工况下，转换阀A和B处于关闭状态。溶液按串联流程流动，即从吸收器5、7流出的稀溶液，先由溶液泵8送入高压发生器1，再进入低压发生器11，最后流回吸收器5、7。稀溶液经高压发生器1和低压发生器11（中间溶液流入）两次加热浓缩后成为浓溶液，然后在吸收器5、7的管簇上直接喷淋。冷却水按并联流程流动，即在吸收器5、7和冷凝器10中平行流动。机组按双效制冷循环运行，通过蒸发器6制取空调工况所需冷水。

供暖循环：转换阀A和B开启。冷却水回路和冷剂水回路停止运行。冷水回路转换为热水回路。吸收器、冷凝器、低压发生器、高温溶液热交换器、低温溶液热交换器均停止运行。溶液在高压发生器1和吸收器2之间循环流动。稀溶液在高压发生器1中被加热浓缩。来自高压发生器1的冷剂蒸气直接进入蒸发器6，加热蒸发器管簇中流过的热水，同时凝缩后的浓溶液经阀B进入吸收器5、7，同冷剂水混合稀释成稀溶液，由溶液泵6重新送回到高压发生器1中完成制热循环。

由于高压发生器1中浓缩后的浓溶液直接进入吸收器5、7，减少了溶液侧的流动阻力，使发生压力降低，发生效果提高。

（2）制冷与供暖交替型机组的并联流程

其制冷循环与供暖循环的流程图如图30-3-2所示。

① 结构形式。该机组是三筒式结构。其特点是：蒸发器1和吸收器2为上下布置；在高压发生器筒体的顶部，有单独设置的分离器6。机组运行时，通过转换A和B实现工况的转换。

② 工作循环。

制冷循环：转换阀A和B关闭。冷却水按串联流程流动。溶液按并联流程流动，即

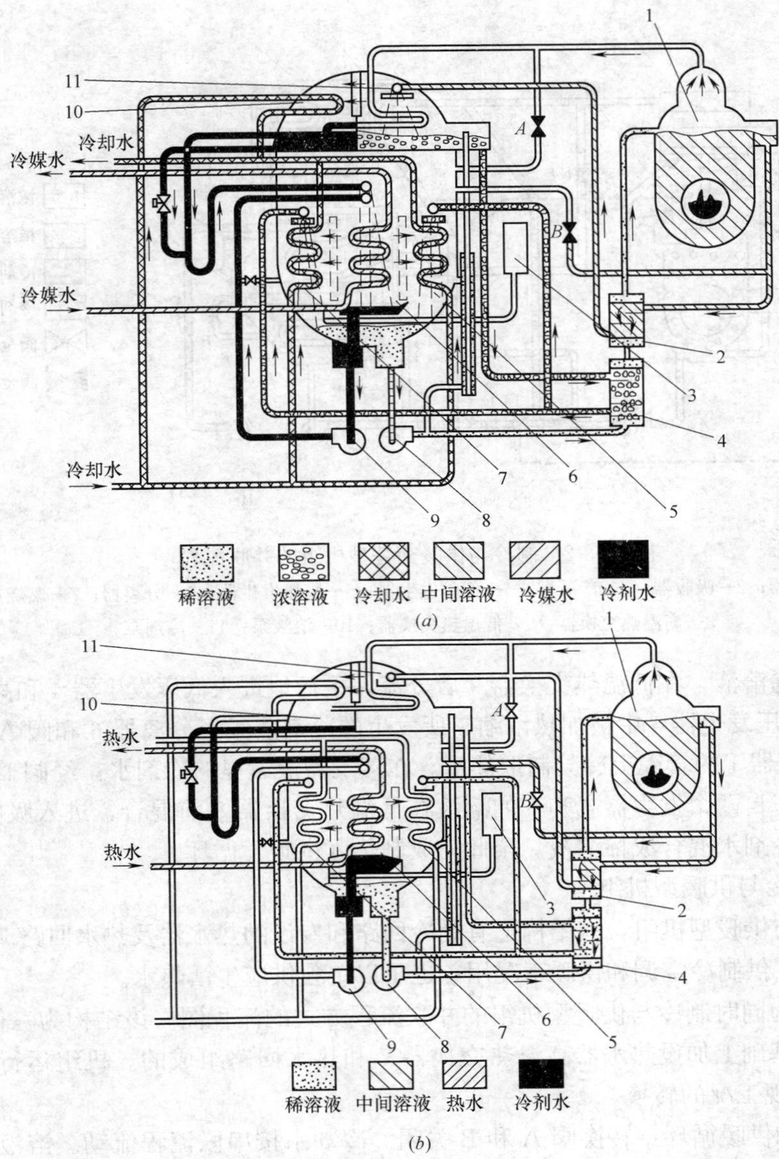

图 30-3-1 制冷与供暖交替型机组的串联流程

(a) 制冷循环；(b) 供热循环

1—高压发生器；2—高温热交换器；3—集气室（或自动抽气装置）；4—低温热交换器；5、7—吸收器；6—蒸发器；8—溶液泵；9—冷剂泵；10—冷凝器；11—低压发生器；A、B—切换阀

从吸收器 2 流出的稀释液由溶液泵 10 输送，通过低温热交换器 9 后，平行地送入低压发生器 4 和高压发生器 5，经加热浓缩后成为浓溶液，然后在吸收器 2 的管簇上直接喷淋。机组按双效制冷循环运行，通过蒸发器 2 制取空调工况所需的冷水。

供暖循环：转换阀 A 和 B 开启。冷却水回路和冷剂水回路停止运行。冷水回路转换为热水回路。吸收器 2、冷凝器 3 和低压发生器 4 停止运行。溶液按并联流程流动，从吸

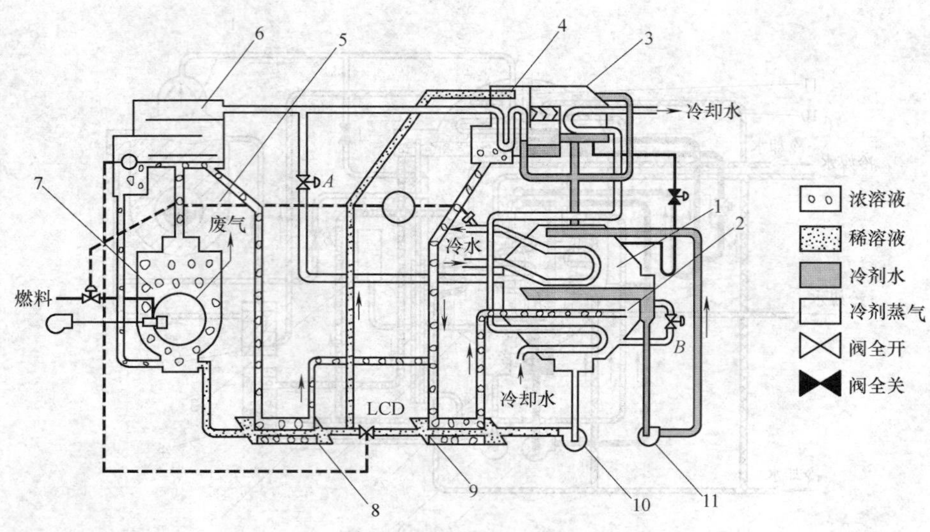

图 30-3-2　制冷与供暖交替型机组的并联流程

1—蒸发器；2—吸收器；3—冷凝器；4—低压发生器；5—高压发生器；6—分离器；7—燃烧器；8—高温热交换器；9—低温热交换器；10—溶液泵；11—冷剂泵

收器 2 流出的稀溶液，在低温热交换器 9 后分流，平行地进入低压发生器 4 和高压发生器 5。稀溶液在高压发生器 5 中被加热浓缩，所发生的冷剂蒸气经分离器 6 和阀 A 进入蒸发器 1，并在蒸发器 1 的管簇上冷凝制取热水。在蒸发器液囊里的冷剂水，经阀 B 进入吸收器 2 的液囊。来自两个发生器 4 和 5 的溶液在低温热交换器 9 前混合，进入吸收器 2 后，和进入其中的冷剂水混合成稀溶液。至此完成制热（供暖）循环。

2. 同时制冷与供暖型机组

同时制冷与供暖型机组，在结构上有制冷回路和专设的热水器及热水回路。可同时制取冷水和热水，供制冷空调和供暖工况用；也可以单独供应生活热水。

图 30-3-3 为同时制冷与供暖型机组的并联流程方式的流程图。该结构为三筒式结构，在图 30-3-2 的基础上加设热水器高温热交换器 7 和热水回路组成的。机组运行时通过转换阀 A 和 B 实现工况的转换。

同时制冷和供暖循环：转换阀 A 和 B 关闭。冷却水按串联流程流动。溶液按并联流程流动，机组按双效制冷循环运行，通过蒸发器 2 制取空调工况的冷水。同时，高压发生器 5 产生的一部分冷剂蒸气进入热水器高温热交换 7，并在热水器管簇上冷凝放热，制取热水。此时，热水温度最高可达 95℃，可供供暖或生活热水之用。

高压发生器的容量取决于制冷量与供暖量之和。因此，若 100％制冷量的同时提供供暖时，则高压发生器的容量要比冷暖交替机型的大。

图 30-3-4 所示出同时制冷和供暖工况机组运行的范围，即其制冷量、供暖量与燃料耗量的关系。如燃料耗量为 100％时，制冷量为 70％，则供暖量为 30％。如燃料耗量为 70％时，制冷量为 40％，则供暖量为 30％。

3. 集装式燃气型直燃机组

促进燃气型直燃机组更广泛的应用，特别是朝着小型化、结构紧凑化、单元化、功能

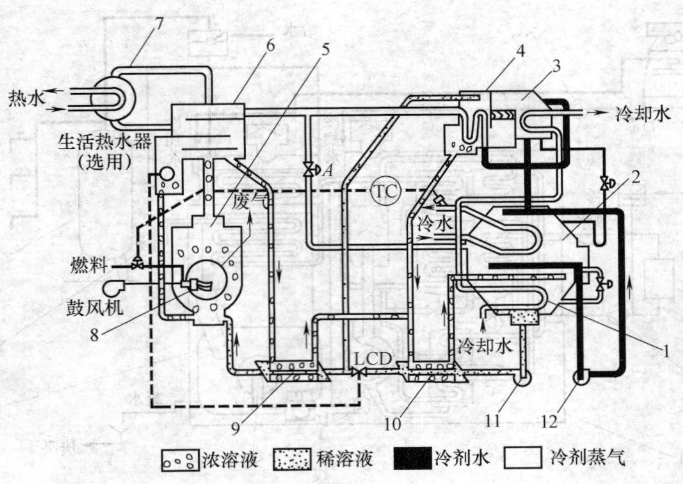

图 30-3-3 同时制冷与供暖型机组的并联方式的流程图

1—吸收器；2—蒸发器；3—冷凝器；4—低压发生器；5—高压发生器；6—分离器；7—热水器高温热交换器；8—燃烧器高温热交换器；9—高温热交换器；10—低温热交换器；11—溶液泵；12—冷剂泵

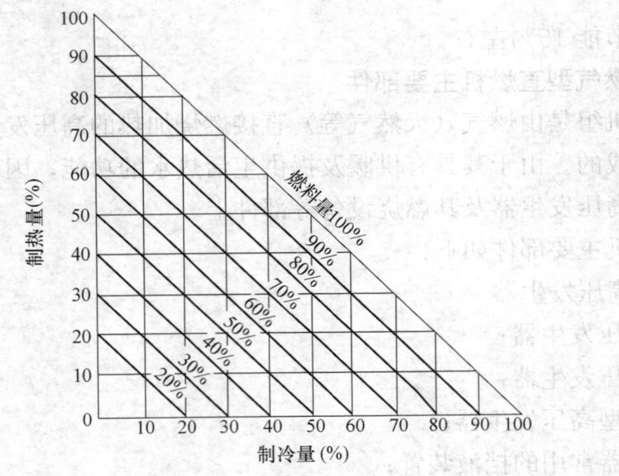

图 30-3-4 同时制冷与供暖型机组的运行范围

一体化等方向发展，是燃气型直燃机组应用的一种重大突破。尤其适用于中小型建筑物，甚至进入家庭住宅，其市场前景广阔。如前表 30-3-6 中列出的集装式燃气型直燃机组，目前进入市场的机组形式，共有 4 种。下面仅介绍其中一种，其他种可参见有关手册。

热水器与燃气型直燃机组合机型：由小容量的燃气型直燃机和真空式热水加热器组合一体的机组，可制冷、供暖和提供生活热水，一机三用。该机组流程图如图 30-3-5 所示。

机组有配套的冷却塔，通过冷热水系统向空调器提供冷水或热水，通过生活热水柜提供生活热水。

结构特点：

① 小型燃气型直燃机 1 和生活热水加热器 8 各有一套燃烧系统；

② 燃气型直燃机排出的冷却水，先进入热水加热器的壳程，加管簇内的热水后排出

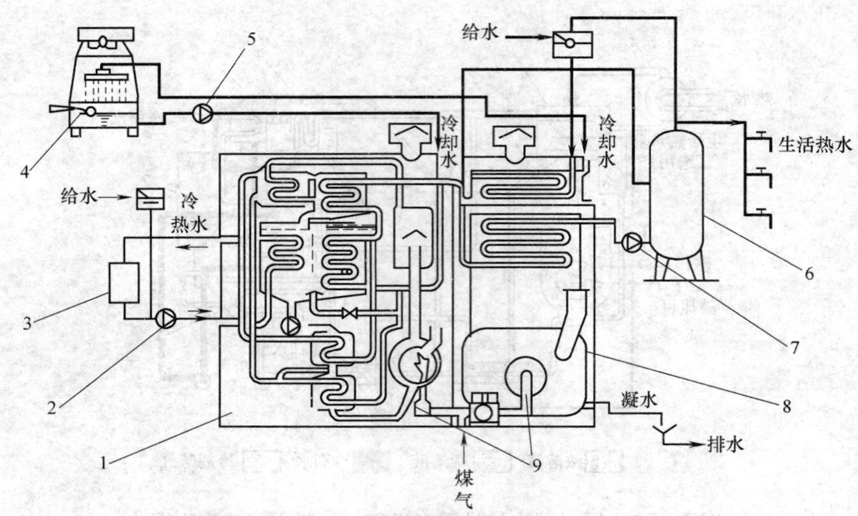

图 30-3-5　热水器与燃气型直燃机组合机型流程图

1—燃气直燃机；2—冷热水泵；3—空调器；4—冷却塔；5—冷却水泵；6—生活热水柜；7—生活热水泵；8—生活热水加热器；9—燃气燃烧器

机外。如此可以节能 15％左右。

30. 3. 2. 3　燃气型直燃机主要部件

燃气型直燃机组是由燃气（天然气等）直接燃烧加热的高压发生器和双效溴化锂吸收式制冷机组合而成的。由于其具有供暖及提供生活热水的功能，因而与蒸汽型双效机组结构的主要区别在高压发生器及其燃烧设备等部件上。

燃气型直燃机主要部件如下：

（1）直燃型高压发生器

① 液管式高压发生器；

② 烟管式高压发生器；

③ 湿燃烧室型高压发生器；

④ 高压发生器常用的挡液装置；

⑤ 高压发生器的液囊。

（2）燃气燃烧器

① 燃气燃烧器；

② 点火装置；

③ 燃气阀件：燃气安全截止阀、燃气电动球阀。

（3）低压发生器

① 沉浸式发生器；

② 喷淋式发生器；

③ 自动熔晶装置。

（4）冷凝器

① 低压发生器-冷凝器结构；

② 冷剂水的节流装置。

(5) 蒸发器

① 蒸发器—吸收器结构；

② 蒸发器和吸收器的喷嘴。

(6) 吸收器

① 喷嘴喷淋系统；

② 淋激式喷淋系统。

(7) 溶液热交换器

① 壳管式溶液热交换器；

② 板式溶液热交换器。

(8) 自动抽气装置

① 抽气集气分离型自动抽气装置；

② 抽气集气一体型自动抽气装置；

③ 钯管排氢装置（机组气密性好时，机内产生的氢气是不凝结气体的主要来源。利用钯及其合金对氢气具有选择透过性，将氢气排出机外，而外界空气不漏入至机内。）；

④ 水引射器抽气装置。

燃气型直燃机主要部件的结构与特点参见有关书籍与手册。这里仅介绍一种燃烧器的结构（见图 30-3-6）及其特点。燃气型直燃气机所用燃气燃烧器，多种多样，与燃气锅炉所用的燃烧器基本相同，更多内容参见本手册第 28 章有关资料。

这种燃气燃烧器可燃用人工燃气、天然气等。鼓风机 10 送入燃烧所需的空气。燃气经安全阀 5 和操作阀 4 引入，在燃烧器内形成混合均匀的可燃混合物，经燃烧头 1 燃烧送入炉筒内。燃烧器借助于安装法兰 3 安装在炉前的壁面上。

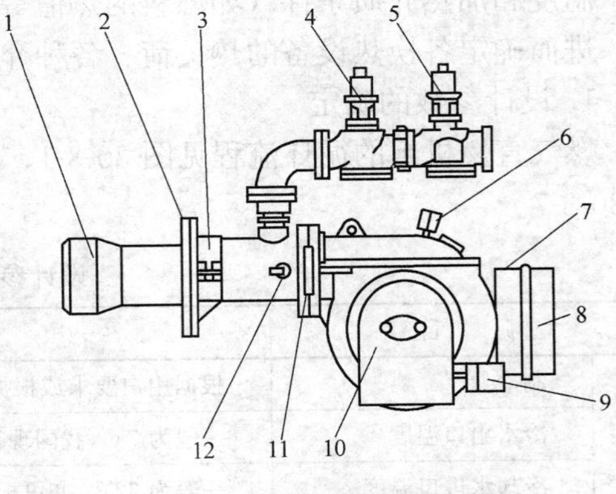

图 30-3-6 某燃烧器结构示意图

1—燃烧头；2—垫片；3—安装法兰；4—操作阀；5—安全切断电磁阀；6—空气压力开关；7—密封性控制开关；8—电控板；9—空气控制伺服电机；10—鼓风机；11—铰链；12—空气控制钮

启动鼓风机 10 先对炉膛预吹扫，20s 后打开燃气阀门，与此同时通过点火装置（见图 30-3-7）开始电点火，3s 以后主操作阀 4 和安全阀 5 打开，当点火成功后，即火焰检测装置确定火焰的存在时，点火变压器断开，点火结束。如遇熄火，则操作阀在 2s 内自动关闭，实现安全切断。

主燃烧器的空气量与燃气量的调节机构是通过自动燃气空气比例调节装置实现的。随着负荷的变化，由电动或气动机构自动改变风门和燃气阀门的开度，这样在高、中、低三种负荷下，保证相应的过剩空气系数，使燃气稳定完全燃烧。

点火燃烧器的布置见图 30-3-7。燃气经针阀 4 引入，空气由点火用空气调节器加以控制。燃气空气可燃混合物经点火板 1 喷出，并由火花塞 3 引燃。火花塞与点火板 1 之间施加的点火电压一般为 6000～12000V。

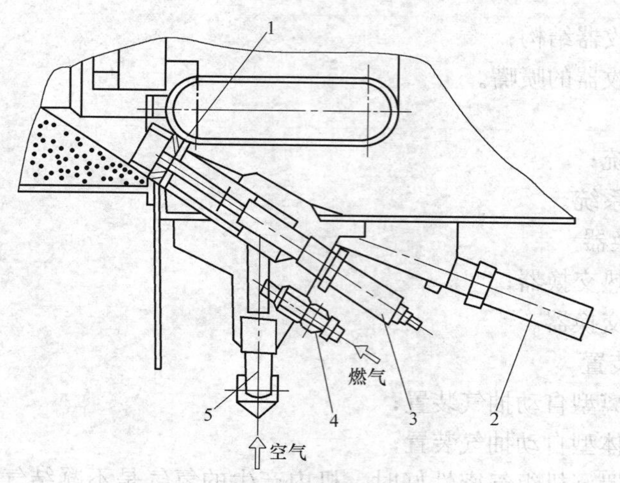

图 30-3-7 点火装置

1—点火板；2—火焰监视器；3—火花塞；4—针阀；5—点火用空气调节器

30.3.3 燃气直燃机组循环的热力计算

热力计算的任务根据用户对制冷量和冷水温度的要求，以及用户所能提供的冷却水流量、温度和加热介质条件（如燃料的热值等），合理选择某些设计参数，进行制冷循环计算，进而确定各换热设备的热负荷、各种介质的流量及机组的燃料消耗和热力系数等。

1. 设计参数的确定

燃气直燃机组的循环流程见图 30-3-1、图 30-3-2。循环中有关设计参数的确定可参阅表 30-3-7。

设计参数的确定 表 30-3-7

项目		确定原则
给定参数	制冷量	根据用户要求或根据企业的规格参数
	冷水出口温度	一般为 7℃，我国现行标准有 7℃、10℃、13℃三种名义工况参数
	冷却水进口温度	一般为 32℃，亦可根据使用场所所能提供的条件来确定
	燃料特性	燃料种类、低位热值及燃料燃烧特性
	炉膛的结构尺寸	炉膛容积、炉膛包覆面积，炉膛辐射面积，对流管束管子直径 d 及布置方式，对流受热面面积 A，烟气流通截面面积
选择参数	蒸发温度与蒸发压力	蒸发温度一般较冷水出口温度低 2～3℃。蒸发压力可由水蒸气图表查得，是与蒸发温度相对应的饱和蒸汽压力
	吸收器压力	一般为低于蒸发压力 27～80Pa(0.2～0.6mmHg)
	吸收器出口冷却水温度与冷凝出口冷却水温度	冷却水总温升一般取 5.5～6℃。吸收器与冷凝器热负荷之比一般为 2：1～2.4：1，故串联冷却方式运行时，冷却水在吸收器与冷凝器的温升大致可按此比例分配

续表

项目		确定原则
选择参数	冷凝温度和冷凝压力	冷凝温度一般高于冷凝器冷却水出口温度 2～5℃。冷凝压力可由水蒸气图表查得，是与冷凝温度相对应的饱和蒸汽压力
	低温发生器压力	近似为冷凝压力
	高温发生器压力	一般取 0.92MPa(690mmHg)左右，为提高制冷循环的热效率，燃气直燃机高温发生器压力一般选得较高，但随着压力的升高，溶液沸点升高，浓溶液温度也就升高，会给防腐带来困难
	吸收器出口稀溶液浓度	由吸收器压力及稀溶液出口温度确定，稀溶液出口温度一般比吸收器冷却水出口温度高 2.5～4℃，通常为 57%左右
	高温发生器出口溶液浓度	由高温发生器压力及溶液出口温度确定，后者通常不高于 160℃，常用的溶液出口浓度为 64%左右
	低温发生器出口溶液浓度	由低温发生器压力及溶液出口温度确定，后者一般较加热热源温度低 2～10℃，亦可根据吸收器出口稀溶液浓度与高、低温发生器的放气范围确定
	高、低温发生器的放气范围	一般低温发生器的放气范围低于高温发生器的放气范围。并联流程燃气空调高低温发生器放气范围一般在 4.0%～6.0%和 3.5%～5.0%
	高温热交换器出口浓溶液温度	并联流程一般取 50～60℃，采用板式热交换器为 43～45℃。对于串联流程通常选出口浓溶液温度近似低温发生器溶液开始沸腾的温度
	低温热交换器出口浓溶液温度	一般比吸收器稀溶液出口温度高 10～15℃，采用板式热交换器要高 5～7℃

2. 各换热设备热负荷的计算

图 30-3-8 为双效并联燃气直燃机组的理论制冷循环在 h-ξ 图上的表示。由各换热设备的热平衡式，可得出相应的热负荷计算式。

(1) 蒸发器

设进入蒸发器的冷剂水比焓为 h_3，流量为 D，在蒸发器中被管内冷水加热而蒸发。冷水放出的热流量为 Q_0，从蒸发器中流出的冷剂蒸汽量 D，比焓 h_1'。因此进入蒸发器的热流量为 Q_0+Dh_3，流出蒸发器的热流量是 Dh_1'。稳定工况下两者应相等，即：

$$Q_0+Dh_3=Dh_1' \qquad (30\text{-}3\text{-}1)$$

令 $q_0=Q_0/D$，表示在蒸发器中蒸发 1kg 冷剂水，需吸收水的热流量，被称为单位质量制冷剂的制冷能力或蒸发器的单位热负荷，式 (30-3-1) 可表示为：

$$q_0=h_1'-h_3 \qquad (30\text{-}3\text{-}2)$$

冷水被吸取的热流量，即机组的制冷量，又称为蒸发器的热负荷，可表示为：

$$Q_0=q_0D \qquad (30\text{-}3\text{-}3)$$

通常机组制冷量为已知的基本参数。因

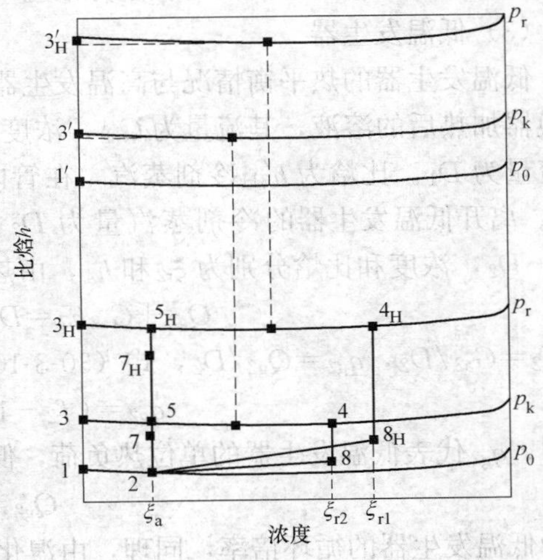

图 30-3-8 双效并联燃气直燃机组在 h-ξ 图上的制冷循环

此，根据式（30-3-3）可求出冷剂蒸汽量：

$$D = Q_0 / q_0 \tag{30-3-4}$$

（2）高温发生器

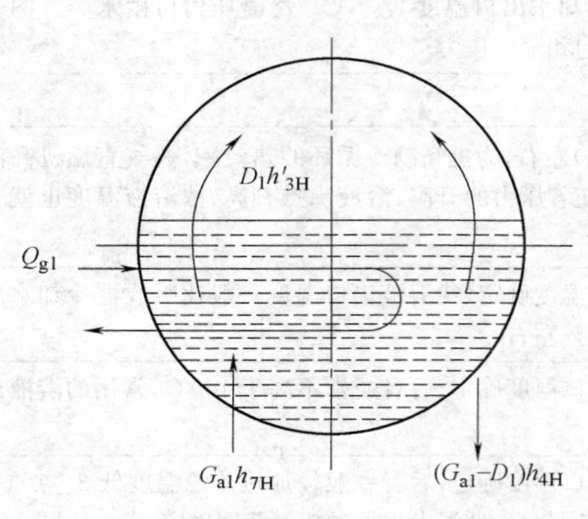

图 30-3-9　高温发生器的热平衡

高温发生器溶液侧的热平衡见图 30-3-9。达到稳定工况后，进入发生器的稀溶液是经过高温热交换器加热后的溶液，流量为 G_{a1}，浓度为 ξ_a，比焓为 h_{7H}，在其中被外部热源加热，加热量为 Q_{g1}，离开高温发生器的冷剂蒸汽量为 D_1，比焓 h'_{3H}，流出高温发生器的浓溶液量是 $G_{a1}-D_1$，浓度和比焓分别为 ξ_{r1} 和 h_{4H}。由热平衡式可列出：

$$Q_{g1} + G_{a1} h_{7H} = D_1 h'_{3H} + (G_{a1} - D_1) h_{4H} \tag{30-3-5}$$

令 $f_1 = G_{a1}/D_1$，$q_{g1} = Q_{g1}/D_1$，则式（30-3-5）可改写成：

$$q_{g1} = (f_1 - 1) h_{4H} - f_1 h_{7H} + h'_{3H} = f_1 (h_{4H} - h_{7H}) + h'_{3H} - h_{4H} \tag{30-3-6}$$

式（30-3-6）中 q_{g1} 代表高温发生器的单位热负荷，表示高温发生器中产生 1kg 冷剂蒸汽所需的加热量；高温发生器的热负荷为：

$$Q_{g1} = q_{g1} D_1 \tag{30-3-7}$$

f_1 为高温发生器的循环倍率，其物理意义为发生器中每产生 1kg 冷剂蒸汽所需要的稀溶液流量，由图 30-3-9，根据溴化锂的质平衡方程可导出：

$$G_{a1} \xi_a = (G_{a1} - D_1) \xi_{r1} \tag{30-3-8}$$

等式两边同除以 D_1，并代入 $f_1 = G_{a1}/D_1$，上式可改写为：

$$f_1 = \xi_{r1} / (\xi_{r1} - \xi_a) \tag{30-3-9}$$

式中，浓溶液与稀溶液的质量分数差（$\xi_{r1}-\xi_a$）被称为高温发生器的放气范围。

（3）低温发生器

低温发生器的热平衡情况与高温发生器类似。只是进入发生器的稀溶液是经过低温热交换器加热后的溶液，其流量为 G_{a2}，浓度为 ξ_a，比焓为 h_7。加热热源是从高温发生器来的流量为 D_1。比焓为 h'_{3H} 冷剂蒸汽，在管内凝结放热，加热稀溶液使之发生，加热量为 Q_{g2}。离开低温发生器的冷剂蒸汽量为 D_2，比焓为 h'_3，流出低温发生器的浓溶液量为 $G_{a2}-D_2$，浓度和比焓分别为 ξ_{r2} 和 h_4，由热平衡可得：

$$Q_{g2} + G_{a2} h_7 = D_2 h'_3 + (G_{a2} - D_2) h_4 \tag{30-3-10}$$

令 $f_2 = G_{a2}/D_2$，$q_{g2} = Q_{g2}/D_2$，式（30-3-10）可改写为：

$$q_{g2} = (f_2 - 1) h_4 + h'_3 - a_2 h_7 \tag{30-3-11}$$

式中，q_{g2} 代表低温发生器的单位热负荷，低温发生器的热负荷为：

$$Q_{g2} = q_{g2} D_2 \tag{30-3-12}$$

f_2 为低温发生器的循环倍率，同理，由溴化锂的质平衡方程得

$$f_2 = \xi_{r2} / (\xi_{r2} - \xi_a) \tag{30-3-13}$$

式中浓溶液与稀溶液的质量分数差（$\xi_{r2}-\xi_a$）被称为低温发生器的放气范围。

可以认为高温发生器的冷剂蒸汽量 D_1 与机组总冷剂蒸汽量 D 值比近似高温发生器中的放汽范围与机组总放汽范围之比，则式（30-3-7）中高温发生器产生的冷剂蒸汽量 D_1 可按式（30-3-14）估算：

$$D_1=\frac{\xi_{r1}-\xi_a}{(\xi_{r1}-\xi_a)+(\xi_{r2}-\xi_a)}D \tag{30-3-14}$$

D_2 代表低温发生器中产生的冷剂蒸汽量：

$$D_2=D-D_1 \tag{30-3-15}$$

由于低温发生器的外部热源是高温发生器产生的冷剂蒸汽，因此从外部热源侧计算发生器的热负荷为：

$$Q'_{g2}=D_1(h'_{3H}-h_{3H})$$

式中，h_{3H} 为与高温发生器压力相对应的冷剂水比焓。一般：

$$Q'_{g2}\approx 105\% Q_{g2}$$

否则应重新假定高温发生器与低温发生器的放气范围，调整各自的冷剂流量。

（4）吸收器

吸收器的热平衡如图 30-3-10。

进入吸收器的浓溶液有两部分：一是从高温热交换器来的浓溶液，流量为 $G_{a1}-D_1$，比焓为 h_{8H}，浓度为 ξ_{r1}，另一部分是从低温热交换器来的浓溶液，流量为 $G_{a2}-D_2$，比焓为 h_8，浓度为 ξ_{r2}。流出吸收器的稀溶液的比焓为 h_2，浓度为 ξ_a，流量为 $G_{a1}+G_{a2}$，因此，热平衡式为：

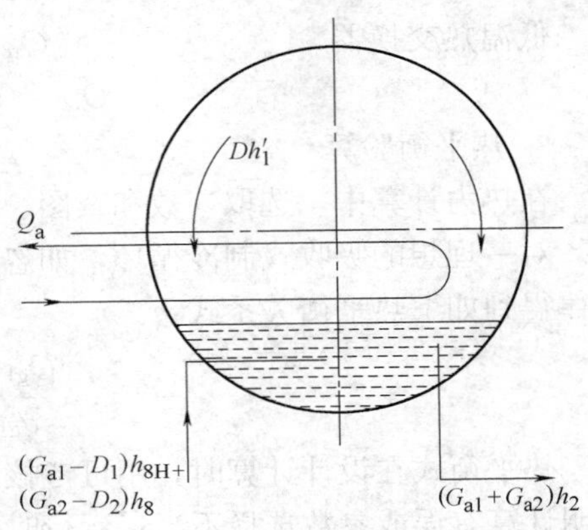

图 30-3-10 吸收器的热平衡

$$Q_a+(f_{a1}+G_{a2})h_2=Dh'_1+(G_{a1}-D_1)h_{8H}+(G_{a2}-D_2)h_8 \tag{30-3-16}$$

吸收器的热负荷：

$$Q_a=Dh'_1+D_1(f_1-1)h_{8H}+D_2(f_2-1)h_8-D_1f_1h_2-D_2f_2h_2 \tag{30-3-17}$$

（5）冷凝器

燃气直燃机组冷凝器的热负荷由两部分组成：一是由高温发生器产生的冷剂蒸汽加热低温发生器溶液后，冷却至冷凝压力下冷剂水所放出的热量 Q_{k1}；另一部分是由低温发生器产生的冷剂蒸汽凝结成冷剂水所放出的热量 Q_{k2}，即：

$$Q_k=Q_{k1}+Q_{k2} \tag{30-3-18}$$

其中：

$$Q_{k1}=D_1(h'_{3H}-h_3)-Q_{g2},\ Q_{k2}=D_2(h'_3-h_3)$$

因此，冷凝器的热负荷为：

$$Q_k=D_1(h'_{3H}-h_3)+D_2(h'_3-h_3)-Q_{g2} \tag{30-3-19}$$

（6）高、低温热交换器

燃气空调溶液热交换器的热平衡示意图如图 30-3-11。

高、低温热交换器的热负荷可以分别用浓溶液侧和稀溶液侧表示：

高温热交换器 $$Q_{t1}=G_{a1}(h_{7H}-h_2) \tag{30-3-20}$$

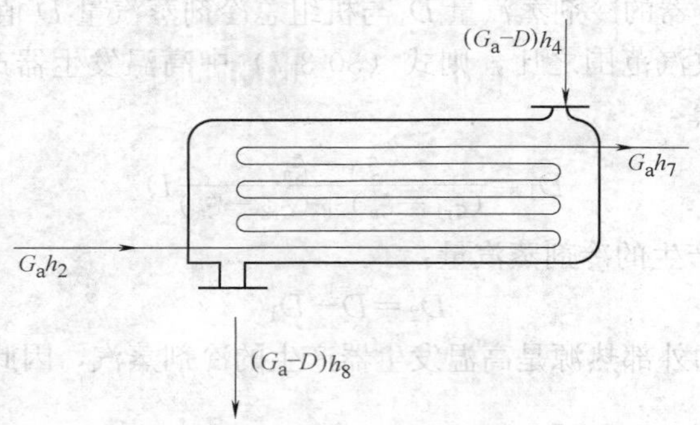

图 30-3-11　溶液热交换器的热平衡示意图

$$Q_{t1}=(G_{a1}-D_1)(h_{4H}-h_{8H}) \tag{30-3-21}$$

低温热交换器

$$Q_{t2}=G_{a2}(h_7-h_2) \tag{30-3-22}$$

$$Q_{t2}=(G_{a2}-D_2)(h_4-h_8) \tag{30-3-23}$$

3. 热平衡验算

在热力计算中，选取参数和查图、表较多，为了防止出现差错，通常用热平衡进行验算。对一理想的吸收式制冷循环，如忽略溶液泵的机械功和其他热损失，则由热力学第一定律得到如下热平衡关系式：

$$Q_{g1}+Q_0=Q_k+Q_a \tag{30-3-24}$$

或

$$q_{g1}+q_0=q_k+q_a \tag{30-3-25}$$

热平衡式在设计计算时，用可考核各换热设备负荷计算是否准确，如数值相差较大，说明计算有误或参数选择不当；运行时可用于检查所测得的热负荷是否可靠，如数值相差较大，说明测量仪表或测量方法有误。

一般设计时应使计算相对误差满足下式要求：

$$\frac{|(q_{g1}+q_0)-(q_k+q_a)|}{q_{g1}+q_0}\leqslant 1\% \tag{30-3-26}$$

运行时根据国标规定，测量的热负荷相对误差应满足下面的要求：

$$\frac{|(Q_{g1}+Q_0)-(Q_k+Q_a)|}{Q_{g1}+Q_0}\leqslant 7.5\% \tag{30-3-27}$$

4. 冷却水、冷水等介质的流量计算

（1）冷却水流量

对于图 30-3-2 所示的燃气空调机组，冷却水先通过吸收器，再通过冷凝器，冷却水量分别由吸收器和冷凝器侧的热平衡式求得。由吸收器：

$$V_{wa}=\frac{Q_a}{\rho_w c_{pw}(t_{w1}-t_w)} \tag{30-3-28}$$

式中　ρ_w——冷却水的密度，可根据冷却水的平均温度，由饱和水的物性表查得，一般可近似取 $1000kg/m^3$；

c_{pw}——冷却水的质量定压热容，亦可根据冷却水的平均温度由饱和水的物性表查得，一般可近似取 4.186kJ/(kg·K)；

t_w、t_{w1}——吸收器冷却水的进、出口温度，℃；

Q_a——吸收器的热负荷，kJ/h。

由冷凝器：

$$V_{wk}=\frac{Q_k}{\rho_w c_{pw}(t_{w2}-t_{w1})} \tag{30-3-29}$$

式中，t_{w1}、t_{w2}分别为冷凝器的冷却水进、出口温度，℃；Q_k为冷凝器的热负荷，kJ/h；V_{wa}值应该与V_{wk}值相等，否则应调整冷却水总温升在吸收器及冷凝器中的分配比例或与之有关的参数。

对于冷却水并行地分别通过吸收器和冷凝器的机组，其冷却水量分别由下文的吸收器传热面积计算式和冷凝器传热面积计算式确定。但是V_{wa}与V_{wk}之和应小于或等于能提供机组使用的总水量，否则应调整在吸收器和冷凝器中冷却水的温升或有关参数。

（2）冷水流量和热水流量

冷水流量和热水流量可按下式确定：

$$V_o=\frac{Q}{\rho_w c_p(t_{w2}-t_{w1})} \tag{30-3-30}$$

式中 t_{w1}、t_{w2}——分别为冷水或热水进、出口温度，℃；

Q——冷负荷或热负荷，kJ/h。

5. 热效率、燃料耗量及热力系数计算

（1）热源侧热平衡方程

建立热源侧热平衡方程是为了计算高温发生器的热效率和燃料消耗量。热平衡应在高温发生器稳定热力状态下以1m³气体燃料为计算基准。热平衡方程式如下：

$$q_i=q_1+q_2+q_3+q_4 \tag{30-3-31}$$

式中 q_i——送入高温发生器的总热量，kJ/m³；

q_1——有效利用热量，kJ/m³；

q_2、q_3、q_4——分别为排烟热量损失、化学未完全燃烧热量损失和高温发生器外壳散热热量损失，kJ/m³。

由于气体燃料燃烧后几乎没有灰分，更没有固体、液体燃料的机械不完全燃烧现象，因此，对于燃气空调不需要计入机械未完全燃烧损失。

（2）高温发生器的总热量

$$q_i=H_L+q_b+q_w+q_\phi \tag{30-3-32}$$

式中 q_i——高温发生器的总热量；

H_L——燃料的低热值，kJ/m³；

q_b——燃烧空气带入的物理热，kJ/m³；

q_w——燃料带入的物理显热，kJ/m³；

q_ϕ——由蒸汽雾化燃烧器等带入的热量，kJ/m³，对机械压力式燃烧器，$q_\phi=0$。

（3）排烟热损失系数

排烟热损失系数可用高温发生器的烟气在出口处的比焓h_f'与冷空气比焓h_b之差与输入高温发生器的总热量q_i之比来确定：

$$\bar{q}_2=\frac{q_2}{q_i}=\frac{h_f'-\alpha h_b}{q_i} \tag{30-3-33}$$

式中 $\overline{q_2}$——排烟热损失系数；

α——过量空气系数。

由式（30-3-33）可知，排烟热损失随排烟温度的升高和排烟过量空气系数的增大而增加。降低高温发生器炉膛内的过量空气系数可以降低烟气露点温度，从而可以达到较低的排烟温度，能够较大地减少排烟热损失。要提高温发生器的热效率必须进一步降低排烟温度。对于燃气空调，由于烟气中基本不含灰分，受热面污染小，传热效果好，同时燃气含硫量较少，烟气低温腐蚀可以得到较大改善。故发生器可以采用较低的排烟温度，从而获得较高的热效率。下列经验公式可以比较方便地估算排烟损失：

$$\overline{q_2}=[(3.5\alpha+0.45)\alpha-3.4\alpha t_{\mathrm{f}}']\frac{1}{100} \tag{30-3-34}$$

（4）化学不完全燃烧损失系数

$$\overline{q_3}=\frac{q_3}{q_i} \tag{30-3-35}$$

式中 $\overline{q_3}$——化学不完全燃烧损失系数；

q_3——残留在排烟中的未完全燃烧产物所带走的热量，$\overline{q_3}=0.005\sim0.01$。

（5）散热损失系数

散热损失是指高温发生器外壳被外界环境冷却而引起的热量损失。高温发生器的热负荷越小，散热损失系数$\overline{q_4}$越大。一般$\overline{q_4}=0.004\sim0.008$。

在烟气放热量计算中以保热系数ϕ代替：

$$\phi=1-\frac{\overline{q_4}}{\eta+q_4} \tag{30-3-36}$$

式中 $\overline{q_4}$——散热损失系数。

（6）热效率

$$\eta=1-(\overline{q_2}+\overline{q_3}+\overline{q_4}) \tag{30-3-37}$$

（7）有效利用热量

高温发生器中有效利用热量q_1是指被受热介质吸收的热量，即等于高温发生器的单位燃料热负荷q_{g1}（kJ/kg），可由式（30-3-5）计算出Q_{g1}除以燃气消耗量W_{g}而得。

（8）热流量

有绝热层情况下：

$$Q_{\mathrm{i}}=q_{\mathrm{g}}H_{\mathrm{g}}/3600 \tag{30-3-38a}$$

无绝热层情况下：

$$Q_{\mathrm{i}}=q_{\mathrm{g}}H_{\mathrm{g}}(1-L)/3600 \tag{30-3-38b}$$

式中 Q_{i}——热流量，kW；

H_{g}——燃气热值，kJ/m^3；

q_{g}——燃气流量，m^3/h；

L——本体热损失率，可由《直燃型溴化锂吸收式冷（温）水机组》GB/T 18362 附录B求得。

（9）热力系数

热力系数指制冷量（或供热量）除以热源消耗量与电力消耗量之和。

制冷时：

$$\zeta=\frac{Q_0}{Q_i+A} \tag{30-3-39a}$$

制热时：

$$\zeta=\frac{Q_h}{Q_i+P} \tag{30-3-39b}$$

式中 Q_0——制冷量，kW；

Q_h——制热量，kW；

P——消耗电力，kW。

热力系数是衡量机组的主要性能指标。在给定条件下，热力系数越大，循环的经济性就越好。

(10) 热力完善度

如定义高温热源的温度为 T_{g1}，低温热源的温度为 T_0，外界环境温度为 T_k，并忽略循环中各过程的不可逆损失，则可认为高温发生器中的发生温度就等于高温热源温度 T_{g1}，蒸发器中的蒸发温度等于低温热源温度 T_0，冷凝器中的冷凝温度和吸收器中的冷却温度等于外界环境温度 T_k，根据热力学第二定律有下式：

$$\frac{Q_0}{T_0}+\frac{Q_{g1}}{T_{g1}}=\frac{Q_a}{T_k}+\frac{Q_k}{T_k} \tag{30-3-40}$$

联立式（30-3-34）、式（30-3-39）、式（30-3-40），可以得该理想吸收式循环的热力系数：

$$\zeta_{max}=\frac{T_{g1}-T_k}{T_{g1}}\cdot\frac{T_0}{T_k-T_0}=\eta_c\varepsilon_c \tag{30-3-41}$$

式（30-3-41）中，η_c为工作在高温热源温度和环境温度间正卡诺循环的热效率；而ε_c代表工作在低温热源温度和环境温度间逆卡诺循环的制冷系数。最大热力系数随着 T_{g1} 的增高，T_k的降低以及 T_0的升高而增大。

由此可见，理想吸收式制冷循环可以看作是工作在高温热源温度和环境温度间的正卡诺循环与工作在低温热源温度和环境温度间逆卡诺循环的联合。故吸收式制冷机与由热机直接驱动的压缩式制冷机组相比，在对外界能量交换的关系上是等效的，只要外界的温度条件相同，两者的理想最大热力系数是相同的。因此，压缩式制冷机的制冷系数应乘以驱动压缩机的动力装置的热效率后，才能与吸收式制冷机的热力系数进行比较。

在实际过程中，由于各种不可逆损失的存在，吸收式制冷循环的热力系数必然低于相同热源温度下理想吸收式循环的热力系数，两者之比就被称为吸收式制冷循环的热力完善度，用 β 表示：

$$\beta=\frac{\zeta}{\zeta_{max}} \tag{30-3-42}$$

热力完善度越大，表明循环中的不可逆损失越小，循环越接近理想循环。

6. 提高热力系数的途径

对于理论循环，要提高ζ，必须尽量减小 q_{g1} 和 D_1。

(1) 减小高温发生器的单位热负荷 q_{g1}

高温发生器的单位负荷见式（30-3-6），减小 q_{g1} 的主要措施有：

① 减少高温发生器的溶液循环倍率 f_1

由于 $f_1=\xi_{r1}/(\xi_{r1}-\xi_a)$，为了减小 f_1，必须尽可能增大高温发生器的放汽范围($\xi_{r1}-\xi_a$)。其中，最有效的措施是降低吸收器出口稀溶液的质量分数 ξ_a。

② 提高高温热交换器出口稀溶液的焓值

变换式（30-3-20），得：

$$h_{7H}=\frac{Q_{t1}}{G_{a1}}+h_2 \tag{30-3-43}$$

为了提高 h_{7H}，必须增大高温热交换器的热负荷 Q_{t1}。在其他条件不变的情况下，随着 Q_{t1} 的增大，高温热交换器的面积 A_{t1} 增大。然而，随着 Q_{t1}（A_{t1}）的增大，进入吸收器的浓溶液温度 t_{8H} 降低。如前所述，为了防止浓溶液的结晶，t_{8H} 不宜过低。

（2）减小高温发生器中产生的冷剂量 D_1

在制冷量一定的前提下，若要求高、低发生器产生一定量的冷剂 D，即 $D=D_1-D_2$，则应该设法尽可能增大 D_2，以减少高温发生器产生的冷剂量 D_1。

对于燃气空调机组，低温发生器产生的冷剂量 D_2，取决于 D_1 放出的热流量。一般情况下要求：$D_1r_p=D_2q_{g2}$。式中，r_p 代表冷剂加热蒸汽的潜热。

因此，为了增大 D_2，必须减小低温发生器的单位热负荷 q_{g2}。由于

$$q_{g2}=(f_2-1)h_4-f_2h_7+h_3'=f_2(h_4-h_7)-h_4+h_3' \tag{30-3-44}$$

可知，与高温发生器相似，减小 q_{g2} 的最好办法是减小低温发生器的溶液循环倍率，即增大低温发生器的放汽范围（$\xi_{r1}-\xi_a$）。此外，也可适当增加低温热交换器的面积，以提高进入低温发生器稀溶液的焓值 h_7。

实际循环中，由于溶液热交换器不可能实现完全的能量回收，即热交换过程中存在端部温差，从而有稀溶液的预热过程。另外由于冷剂蒸汽的流动阻力和传质推动力的存在，发生压力比理论循环值高，而吸收压力则比理论循环值低，因此发生器出口浓溶液的浓度降低，而吸收器出口稀溶液的浓度升高。另外由于设备中非凝性气体的存在，以及传质过程中气液两相的接触面积和接触时间有限，即质交换过程不完全，还会使发生器出口浓溶液的浓度降低，吸收器出口稀溶液，吸收器出口稀溶液的浓度升高。这样发生过程和吸收过程就存在发生不足与吸收不足。因此为了提高热系数，应当尽量减小冷剂蒸气在设备中的流动阻力及传质推动力，减小非凝性气体等因素对质、热交换过程的影响，增大溶液热交换回收的热量等，使实际循环尽可能接近理论循环值。

30.4 BCT 户式燃气空调

30.4.1 系统的特点

我国的空调结构，主要由商业和公共建筑的中央空调和家用空调两大部分构成。

BCT 户式燃气空调系统目前能适应 150～5000m² 的住宅及小型商业、行政、公共建筑的空调负荷量。这正是当前推广 BCT 户式燃气空调系统的现实意义所在。

BCT 不是单一产品，而是一种户型或小型的中央燃气空调系统。

BCT 户式燃气空调系统的流程图如图 30-4-1 所示。以下简述该系统的特点。

① 采用优质清洁的天然气作为驱动能源，符合城市环境保护的要求，减少大气污染。

② 采用热力制冷，取代部分电力制冷，有利于城市夏季空调用电负荷的缓解；且又填补了夏季城市燃气使用的低谷，达到能源结构和使用的均衡合理分配。

③ 除夏供冷、冬供暖外，还设置了全年供应的附属卫生热水器及分布式热水罐系统，对不同使用对象和使用功能，供应不同温度档次的热水（40～80℃），减少能源浪费。其供冷、供暖和卫生热水三重功能供用户根据需求，任意选用。

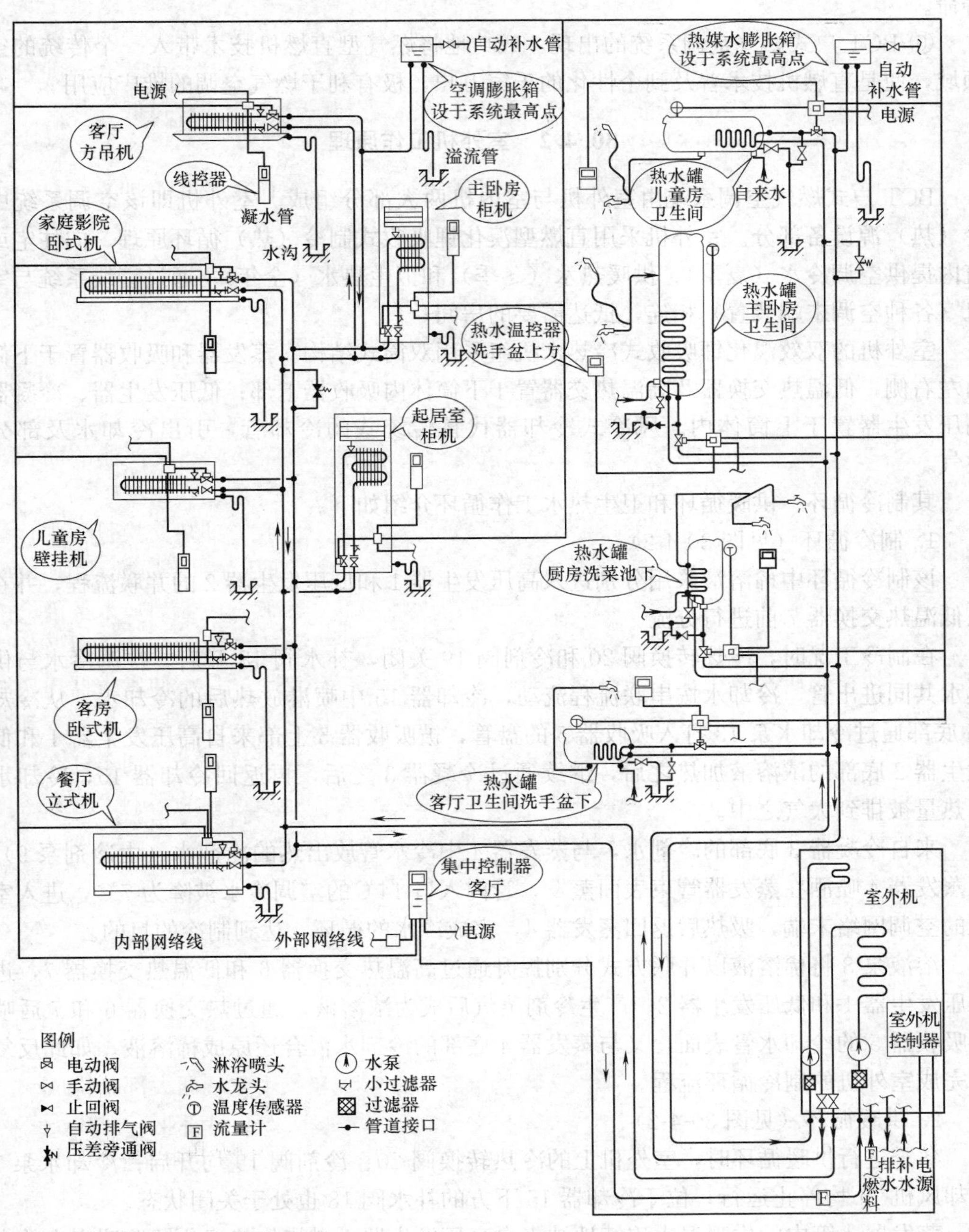

图 30-4-1 BCT户式燃气空调系统流程图

④ 采用室外机与空调末端装置的室内机系统分离式设置，室内环境安静、舒适、调控方便。室内冷、热水管路系统属低压水系统，对管材、接头件无特殊要求，可做到可靠密封，确保全系统无泄漏。也不会因局部微小泄漏而降低制冷或供热效果。

⑤ 在室外机的制冷循环和供热循环，采用已有Ⅷ型直燃机上采用的诸如套管自动融晶、上孔喷淋、落差式自动抽气等多项成熟的专有技术，确保机器的性能稳定和使用寿命。

⑥ BCT户式燃气空调系统的出现，成功地将燃气型直燃机技术带入一个传统的空调领域，使是直燃机技术普及到个性化的千家万户，极有利于燃气空调的推广应用。

30.4.2 室外机工作原理

BCT户式燃气空调系统由室外机与室内机两大部分组成。室外机即该空调系统中的冷（热）源设备部分。室外机采用直燃型溴化锂吸收式制冷（热）循环原理，向住宅或建筑内提供空调冷水（夏季）、供暖热水（冬季）和卫生热水（全年），通过管线系统与室内机（各种空调末端装置）相连，抵达需要的房间。

室外机的双效溴化锂吸收式冷热水机组采用双筒式结构。蒸发器和吸收器置于下筒体内左右侧，低温热交换器及高温热交器置于下筒体内吸收器上部；低压发生器、冷凝器与高压发生器置于上筒体内。风冷式冷却器代替传统式的冷却管，引出冷却水及部分热空气。

其制冷循环、供暖循环和卫生热水工作循环介绍如下。

1. 制冷循环（见图30-4-2）

该制冷循环中稀溶液采用分别进入高压发生器1和低压发生器2的并联流程，并在进入低温热交换器7前进行分流。

在制冷工况时，冷热转换阀20和冷剂阀19关闭，补水阀18开启。空调冷水与供暖热水共同进出管。冷却水按串联流程流动，冷却器15中喷淋放热后的冷却水，从冷却器15底部通过冷却水泵13打入吸收器5的盘管，被吸收器5上部来自高压发生器1和低压发生器2底部的浓溶液加热之后，继续通过冷凝器3之后，再返回冷却器15，冷却水放出热量被排到大气之中。

来自冷凝器3底部的冷剂水，与蒸发器4中冷水管放出热的冷剂水（由冷剂泵9）进入蒸发器4喷洒在蒸发器管束表面蒸发，管内入口14℃的空调冷水被降为7℃，进入室内机的空调网络末端，吸热后返回蒸发器4，完成冷水的循环，达到制冷的目的。

溶液泵8将稀溶液以并联方式分别提升通过高温热交换器6和低温热交换器7，进入高压发生器1和低压发生器2。产生冷剂蒸汽后成为浓溶液，通过热交换器6和7后喷洒在吸收器5的冷却水管表面，又与蒸发器4底部的冷剂水混合还原成稀溶液。如此反复连续完成室外机的制冷循环流程。

2. 供暖循环（见图30-4-2）

冬季进行供暖循环时，室外机上的冷热转换阀20、冷剂阀19均开启；冷却水泵13、冷却风机14均停止运行，位于冷却器15下方的补水阀18也处于关闭状态。

蒸发器4管内的供暖温水连续地被来自高压发生器1燃烧加热溴化锂溶液产生的水蒸气加热，管外凝结水通过冷剂阀19流回溶液中。溶液泵8又将溶液送回高压发生器1，

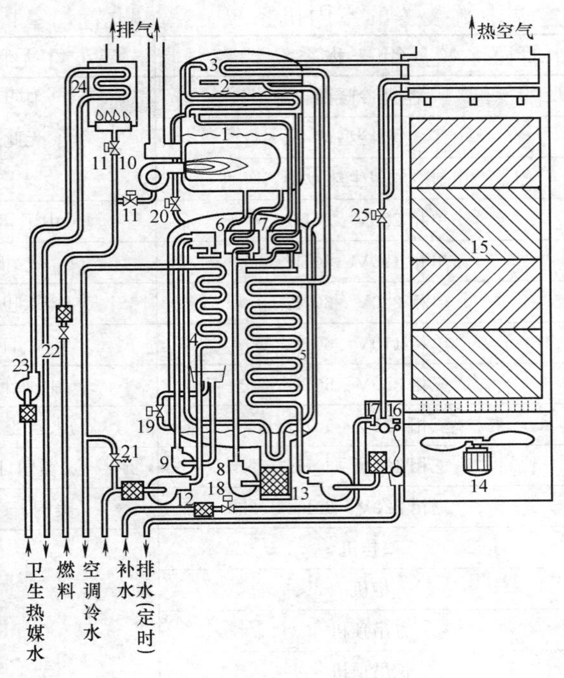

图 30-4-2 BCT 户式燃气空调系统室外机制冷循环

1—高压发生器；2—低压发生器；3—冷凝器；4—蒸发器；5—吸收器；6—高温热交换器；7—低温热交换器；8—溶液泵；9—冷剂泵；10—燃烧器；11—燃气阀组；12—空调水泵；13—冷却水泵；14—冷却风机；15—冷却器；16—排水机构；17—补水浮球阀；18—补水阀；19—冷剂阀；20—冷热转换阀；21—压差旁通管；22—主燃料阀；23—热水泵；24—生活热水器；25—冷却水旁通管

再次被加热产生水蒸气。此时，蒸发器 4 类似于制冷循环中冷凝器 3 的作用。该供暖循环中，供暖温水与制冷循环中的空调冷水为同一回路，空调冷水泵 12 同为供暖温水泵。

3. 卫生热水循环（见图 30-4-2）

由主燃料阀 22 及燃气阀组 11 向生活热水器 24 提供天然气热源，加热独立的卫生热水回路，通过热水泵 23 形成生活热水循环。生活热水回路可与制冷循环或供暖循环同时运行，也可在全年中的过渡季节中单独运行，任由用户选择。

30.4.3 产品型号代号识别及品种范围

1. 产品型号代号规定

BCT 户式燃气空调系统的室外机、室内机及热水罐的产品型号代号识别，见表 30-4-1。

BCT 户式燃气空调系统的产品型号代号识别表 **表 30-4-1**

分类	代号	名　称	备　注
能源	B	轻油(柴油、煤油等)	热值 40612～46055kJ/kg
	C	高热值燃气(液化石油气等)	热值 75362～104670kJ/m^3
	D	中热值燃气(天然气等)	热值 29307.6～502421kJ/m^3
	E	低热值燃气(人工燃气等)	热值 12560.4～20934kJ/m^3

续表

分类	代号	名　称	备　注
功能	k	空调冷暖型	无此代号即为三用型
	d	单冷型	
	w	制冷加卫生热水型	
电源	A_1	单相 220V　50Hz	中国、欧洲、印度、伊朗等
	A_2	单相 110V　50Hz	日本、巴西等
	A_3	单相 220V　60Hz	沙特、巴西、墨西哥、秘鲁等
	A_4	单相 110V　60Hz	美国、日本、加拿大、古巴等
	B_1	三相 380V　50Hz	中国、欧洲、印度、伊朗等
	B_2	三相 415V　50Hz	马来西亚、新加坡、澳大利亚等
	B_3	三相 460V　60Hz	美国、巴西、洪都拉斯等
	B_4	三相 220V　60Hz	美国、日本、加拿大、古巴等
末端	B	壁挂机	
	G	柜机	
	F	方吊顶机	
	C	长吊顶机	
	L	立式机	
	N	卧式机	
	R	热水罐	

注：无电源代号时，认可 BCT16、BCT23、室内机、热水罐均为 A_1（220V、50Hz）；认可 BCT70、BCT115 均为 B_1（380V、50Hz）

2. 产品型号代号示例

(1) 室外机型号代号

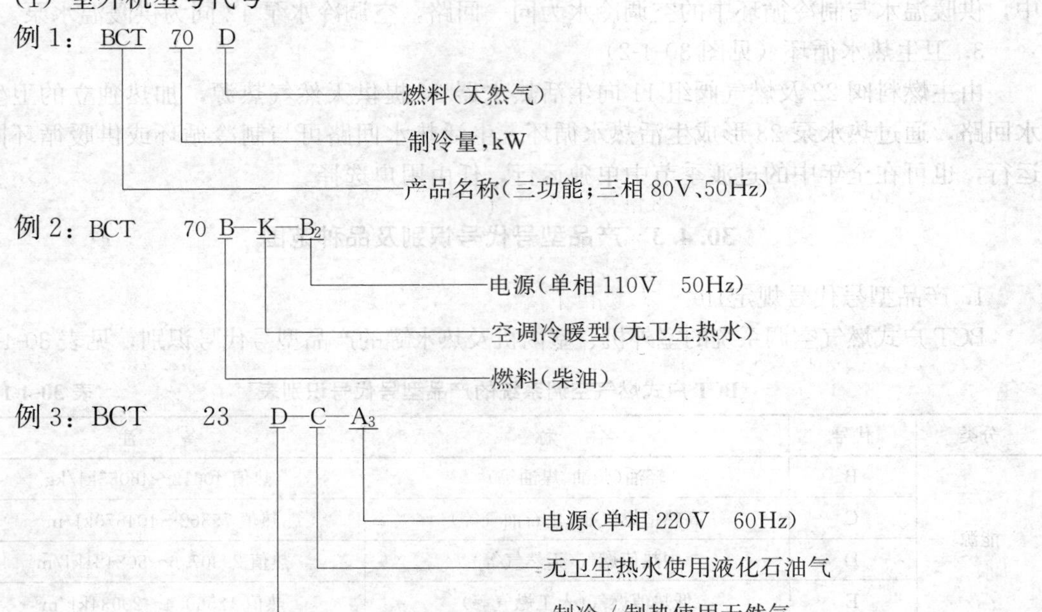

(2) 室内机型号代号

例 1：N 15

制冷量，2.9kW

产品名称 N：卧式机（电源：单相 220V 50Hz）

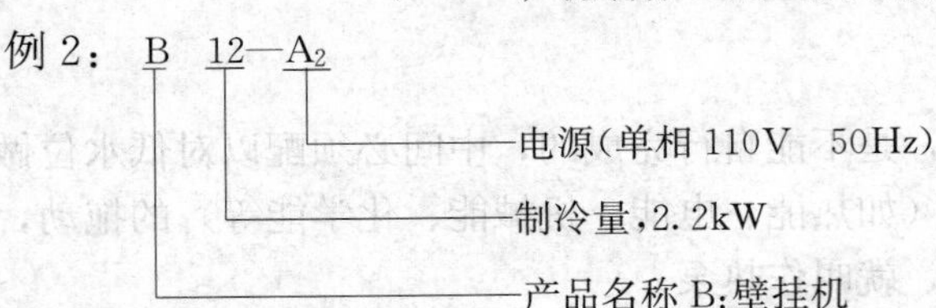

(3) 热水罐型号代号

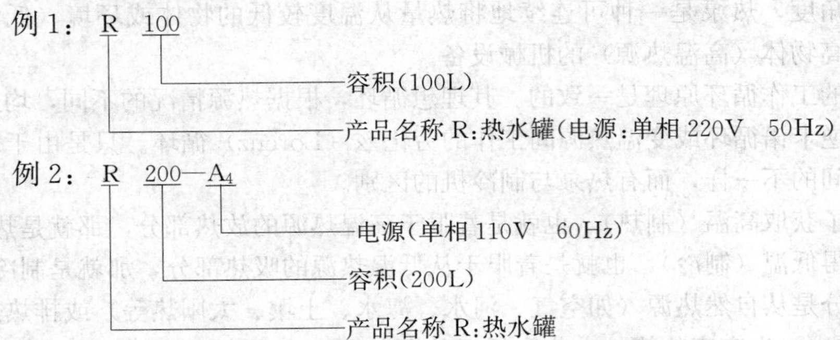

3. 品种范围

BCT 户式燃气空调系统供货的品种范围见表 30-4-2。

BCT 户式燃气空调系统供货的品种范围 **表 30-4-2**

	型号	制冷量（kW）	制热量（kW）	卫生热水能力（kW）		名称	型号	制冷量（kW）	制热量（kW）	制冷量（匹）
室外机	BCT16	16	16	7.7	室内机	壁挂机	B08	1.6	3.0	0.8
	BCT23	23	23	7.7			B12	2.2	4.1	1.2
	BCT70	70	70	39		柜机	G15	2.9	5.4	1.5
	BCT115	115	115	39			G24	4.3	8.1	2.4
热水罐	型号	容量（L）				方吊顶机	F15	2.9	5.4	1.5
							F24	4.3	8.1	2.4
	R30	30				长吊顶机	C24	4.3	8.1	2.4
	R50	50					C40	7.2	13.5	4.0
	R100	100				立式机	L12	2.2	4.1	1.2
	R200	200					L24	4.3	8.1	2.4
	R300	300					L40	7.2	13.5	4.0
	R500	500				卧式机	N12	2.2	4.1	1.2
	R1000	1000					N15	2.9	5.4	1.5
	R2000	2000					N24	4.3	8.1	2.4
	R4000	4000					N40	7.2	13.5	4.0

30.5　燃气热泵

30.5.1　热泵概述

1. 热泵定义和原理

正如低水位的水要提升到高水位，是不能自行完成的，中间必须配以对低水位做功的水泵；类似于水泵的作用，靠高位能（如热能、电能、机械能、化学能等）的拖动，使热量从低位热源传递给高位热源的装置，就叫作热泵。

以上是从能的传递原理角度，所定义的热泵概念。

从能量使用的角度，热泵是一种可连续地将热量从温度较低的物体或环境（低温热源）传递给温度较高物体（高温热源）的机械设备。

热泵与制冷机的工作循环原理是一致的。其理想循环，根据热源情况的不同，均遵循恒温热源间工作的逆卡诺循环或变温热源间工作的劳伦兹（Lorenz）循环。只是由于使用目的和工作温度区间的不一样，而有热泵与制冷机的区别。

如果目的是为了获取高温（制热），也就是着眼于高温热源的放热部分，那就是热泵；如果目的是为了获得低温（制冷），也就是着眼于从低温热源的吸热部分，那就是制冷机。

由于热泵一部分是从自然热源（如空气、河水、海水、土壤、太阳热等）或排热热源（如建筑内热量、排水、生产废热等）中获取低温热源，因而在逆卡诺热泵循环中，其向高温热源排出的热能 Q_h 与循环所耗的净功 W_0 之比值 ε（制热系数）总是大于1。因为从低温热源中获取的热量为 Q_0 时：

$$W_0=Q_h-Q_0$$

$$\varepsilon_{h,c}=Q_h/(Q_h-Q_0)>1 \tag{30-5-1}$$

在逆卡诺循环的温熵图（见图30-5-1）上，单位工质在 T_L 温度下，从低温热源中吸取的热能值为 q_0：

$$q_0=T_L(s_1-s_4) \tag{30-5-2}$$

单位工质在 T_H 温度下，向高温热源排出的热能值为 q_h（单位制热量）：

$$q_h=T_H(s_2-s_3) \tag{30-5-3}$$

若以 w_0 表示循环单位工质所耗的净功，根据热力学第一定律可得：

$$w_0=q_h-q_0=T_H(s_2-s_3)-T_L(s_1-s_4)$$

因为 $s_1=s_2$、$s_3=s_4$

故　$$w_0=(T_H-T_L)(s_2-s_3) \tag{30-5-4}$$

由此，按逆卡诺循环工作的热泵的制热系数为

$$\varepsilon_{h,c}=q_h/w_0=T_H(s_2-s_3)/(T_H-T_L)(s_2-s_3)$$
$$=T_H/(T_H-T_L) \tag{30-5-5}$$

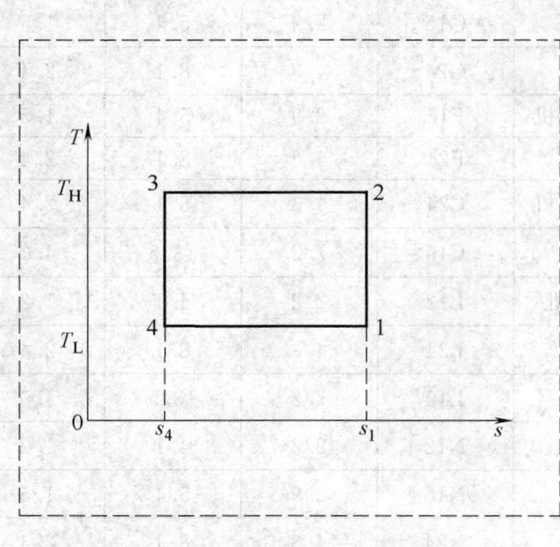

图30-5-1　逆卡诺循环温熵图

在已知热源条件下，理想的热泵循环具有

最大的性能系数（COP），因此它是同样热源条件下工作的各种实际热泵循环的比较标准。

当高温热源温度由 T_H 升高至 T'_H 时，即 $T'_H > T_H$，其工作于 T'_H、T_L 两个恒温热源间的卡诺热泵循环的制热系数为：

$$\varepsilon'_{h,c} = T'_H/(T'_H - T_L) \quad (30\text{-}5\text{-}6)$$

不难证明

$$\varepsilon'_{h,c} < \varepsilon_{h,c}$$

故卡诺热泵循环的制热系数随着高温热源温度（T_H）的升高而降低。

2. 热泵分类

(1) 按工作原理分类

常见的有：

① 蒸发压缩式：热泵工质（R22 等）在由压缩机（活塞式、螺杆式、涡旋式及离心式等）、冷凝器、节流装置及蒸发器等部件组成的封闭系统中进行热泵循环，通过热泵工质的状态变化及相变来实现将低品位热能"泵"升到高品位的温度区；

② 吸收式：消耗较高品位的热能，来实现将低品位的热能向高品位传送的目的。吸收式热泵通常由发生器、冷凝器、吸收器、蒸发器及节流阀等组成。吸收式热泵的工质对有水—溴化锂（工质为水，吸收剂为溴化锂），氨—水（工质为氨，吸收剂为水）等。

吸收式热泵按其供热温度的高低分为第一类（增热型）热泵及第二类（升温型）热泵。

(2) 按热源分类

热泵的热源（Heat Source）往往是低品位的，见表 30-5-1。

热泵的热源一览表 **表 30-5-1**

项目	自然热源						排热热源		
	空气	井水	河川水	海水	土壤	太阳热	建筑内热量	排水	生产废热
作为热源的适用性	良好	良好	良好	良好	一般	良好	良好	一般	良好
适用规模	小～大	小～大	小～大	大	小	小～中	中～大	中	小～大
利用方法	主要热源	主要热源	主要热源	主要热源	辅助热源	主要或辅助热源	辅助热源	主要或辅助热源	主要或辅助热源
注意问题	(1)供热时,热泵能力与房间所需热量不易匹配; (2)当室外温度较低时要解决蒸发器的除霜问题; (3)可考虑采用蓄热设备,小容量热泵可用变频器发送	(1)注意水垢和腐蚀问题; (2)有地面沉降之虞,受当地市政管理部门制约	(1)除有水垢和腐蚀可能外,要防止生长藻类; (2)冬季水温下降,应考虑增加水量或利用加热塔	(1)因腐蚀问题较大,可采用取水换热器; (2)冬、夏季在不同深度取水	(1)设备费用估算困难,投资较大; (2)要注意腐蚀问题; (3)故障检修困难(地下盘管)	(1)可与太阳能供暖联合应用; (2)因太阳能的间隙必须设置蓄热设备	从建筑物内区利用热泵升温提供给外区,应用时应注意匹配问题	(1)要注意水质处理(除污等); (2)温度和流量不稳定	根据工艺过程中产生的废热进行处理和应用

(3) 按用途分类

① 住宅用：制热量为 1～70kW；

② 商业及农业用：制热量为 2～120kW；

③ 工业用：制热量为 0.1～10MW；工业用的还可分为干燥、工艺过程浓缩、蒸馏等用途。

(4) 按供热温度分类

① 低温热泵：供热温度小于 100℃；

② 高温热泵：供热温度大于 100℃。

(5) 按驱动方式分类

① 电动机驱动；

② 发动机驱动：如内燃机、外燃机、蒸汽轮机、燃气轮机等驱动方式；

③ 热能驱动：如吸收式、蒸汽喷射式。

(6) 按热源与供热介质的组合方式分类

① 空气—空气热泵；

② 空气—水热泵；

③ 水—水热泵；

④ 水—空气热泵；

⑤ 土壤—空气热泵；

⑥ 土壤—水热泵等。

(7) 按热泵功能分类

① 单纯制热；

② 交替制冷与制热；

③ 同时制冷与制热。

(8) 按压缩机类型分类

① 往复活塞式；

② 螺杆式；

③ 涡旋式；

④ 滚动转子式；

⑤ 离心式等。

(9) 按热泵机组安装方式分类

① 单元式热泵机组；

② 分体式热泵机组；

③ 现场安装式热泵机组。

(10) 按热量的档次分类

① 初级热泵（Primary Heat Pump）：利用天然能源，如室外空气、地表水、地下水或土壤等为热源；

② 次级热泵（Secondary Heat Pump）：以排放的废水、废气、废热等为热源；

③ 第三级热泵（Tertiary Heat Pump）：与初级或次级热泵联合使用，将前一级热泵制取的热量再升温。

3. 热泵的省能意义

热泵依靠高位能（如热能、机械能、电能及化学能等）的拖动，使热量从低位热源传递给高位热源的转移过程中，由于吸取了低位热能，因而提高了热能利用率。在获取当量高位热能时，节约了大量燃料。

热泵本身虽不是自然能源，但它能够提供各种用途的可用热能，所以又称之为“特种能源”。

（1）供暖热泵与电加热方式的比较

举例说明：冬季供暖要求维持室温在20℃左右。如果采用电加热器供暖，将1kWh的电能全部转换为热能，也只能产生3600kJ的热量。

如果采用电动热泵（图30-5-2），设室温为20℃，室外环境温度为−5℃，设它们与工质的传热温差为5℃；则热泵工质放热时的冷凝温度：

$$T_3 = T_H + 5℃ = 20 + 5 = 25℃ = 298\text{K}$$

从低温热源吸热时的工质温度：

$$T_4 = T_L - 5℃ = -5 - 5 = -10℃ = 263\text{K}$$

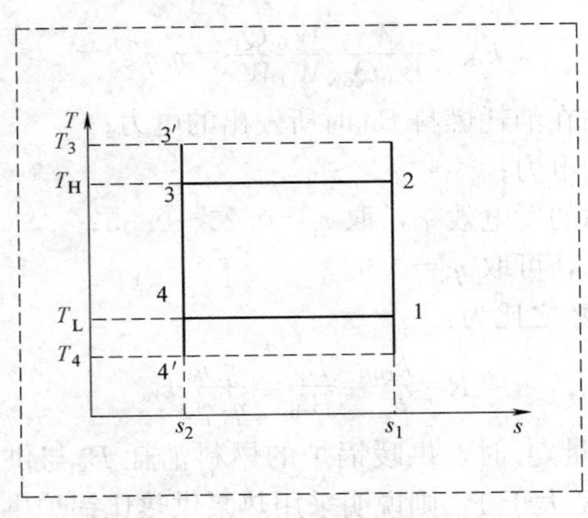

图30-5-2　热泵循环的温熵图

此时，按工质实际工作温度（$T_3 - T_4$）计算其最大制热系数，则为：

$$\varepsilon_h = T_3/(T_3 - T_4) = \frac{1}{1 - \frac{T_4}{T_3}} \tag{30-5-7}$$

代入上式，则实际制热系数：

$$\varepsilon_h' = \eta_y \varepsilon_h \tag{30-5-8}$$

式中　η_y——压缩式热泵有效系数，一般 $\eta_y = 0.45 \sim 0.75$。

将 T_3、T_4 温度值代入式（30-5-7），取 $\eta_y = 0.5$，由式（30-5-8）：

$$\varepsilon_h = \eta_y \varepsilon_h = 0.5 \times 8.51 = 4.255$$

上述条件下的计算结果表明，利用热泵可以提供消耗电力4倍多的热量；或者说，在提供相同热量时，可以节省76.5%的电力。

（2）供暖热泵与供暖锅炉方式的比较

供暖锅炉消耗燃料（如天然气、煤等）的热能，产生蒸汽或热水，向建筑物提供供暖热量。为便于与电动压缩式热泵比较，引入“供热指数”的概念：指热用户得到的热量Q_1与燃料提供的热量BQ_{dw}之比值，即：

$$k=\frac{Q_1}{BQ_{dw}} \tag{30-5-9}$$

式中　B——燃料消耗量，m^3/h；

Q_{dw}——燃料的发热量，kJ/m^3。

对于锅炉供暖，其供热指数为：

$$k_g=\frac{Q_q}{B_g Q_{dw}}\frac{Q_1}{Q_q}=\eta_g'\eta_{rw}' \tag{30-5-10}$$

式中　k_g——锅炉供热指数；

Q_q——锅炉产生的蒸汽（或热水）得到的有效热；

η_{rw}'——热网效率，可取0.9；

η_g'——供热锅炉效率，平均取0.68。

对于供暖电动热泵，由于驱动电力多数是由化石燃料（如煤、石油、天然气等）热能转换而来，所以式（30-5-9）可表示为：

$$k_{rb}=\frac{W_1}{B_{rb}Q_{dw}}\frac{W_0}{W_1}\frac{Q_1}{W_0}=\eta_f\eta_s\varepsilon_h' \tag{30-5-11}$$

式中　W_1——凝汽式电站在消耗燃料B_{rb}时所发出的电力；

W_0——热泵消耗的电力；

η_f——凝汽式电站的发电效率，取$\eta_f=0.25\sim0.35$；

η_s——输配电效率，可取$\eta_s=0.9$。

热泵与锅炉的供热指数之比为：

$$R=\frac{k_{rb}}{k_g}=\frac{B_g}{B_{rb}}=\frac{\eta_f\eta_s}{\eta_g'\eta_{rw}'}\varepsilon_h' \tag{30-5-12}$$

R表示在提供相同热量Q_1时，供暖锅炉的燃料消耗B_g与供暖热泵的一次能源（燃料）消耗B_{rb}之比。如果R大于1，则说明采用热泵供热比锅炉供热节约燃料。

把式（30-5-10）、式（30-5-11）中各项效率值代入式（30-5-12），可得：$R=0.488\varepsilon_h'$。

可见，当热泵的实际制热系数ε_h'大于2.05时，$R>1$。ε_h'越大，热泵节约燃料越多。

4. 热泵的经济性分析

在多数情况下，采用热泵系统比其他供热方式（锅炉、电热器等）可节省大量燃料。但它会增加额外的设备初投资；如果热泵替代的是热电站的供热，则会降低热电机组的热化发电效益；此外，经济性也与能源的价格有关。因此，什么条件下采用热泵系统，必须进行针对性的技术经济分析。

(1) 额外投资回收年限法

常用的技术经济比较方法是额外投资回收年限法。

采用热泵系统时，设额外投资将增加ΔK，而每年带来的节约燃料等运行费用为ΔS。假设投资回收期τ不超过允许的投资回收期τ_0，即

$$\tau=\frac{\Delta K}{\Delta S}\leqslant\tau_0 \tag{30-5-13}$$

$$\Delta K = K_{rb} - K$$

$$\Delta S = S - S_{rb}$$

式中 K_{rb}，K——热泵系统与锅炉供热系统的投资；

S_{rb}，S——热泵系统与相比较的锅炉供热系统的运行费（能源费及设备维修费等）。

如果暂不考虑维修费的差别，则运行费的差别主要是能源费的差别。如果热泵所需的电能由本单位提供，则能源费的差别可按节约的燃料费用来计算，即：

$$\Delta S = \alpha \cdot \Delta B \tag{30-5-14}$$

式中 ΔB——热泵系统每年节约的燃料量（折合成标准燃料量）；

α——标准燃料单价。

现设供热系统（热泵和锅炉）每年需向热用户提供热量 Q_1（kJ/a）。

当由锅炉供热时，每年的标准燃料消耗量 B 为：

$$B = \frac{Q_1}{35587.8\,\eta'_g \eta'_{rw}} \tag{30-5-15a}$$

$$B = \frac{Q_1}{29307.6\,\eta'_g \eta'_{rw}} \tag{30-5-15b}$$

式中 B——热泵系统每年的燃料消耗量（折合成标准天然气量），Nm^3/a；

B——热泵系统每年的燃料消耗量（折合成标准煤量），kg/a；

η'_g——供热锅炉效率；

η'_{rw}——热网效率；

35587.8，29307.6——标准天然气、标准煤低热值，单位分别为 kJ/m^3，kJ/kg。

热泵（压缩式与吸收式）系统消耗的燃料（$B_{rb,y}$与 $B_{rb,x}$）可按下式分别计算：

① 压缩式热泵

热泵每年消耗的机械功为：

$$W = \frac{Q_1}{\varepsilon'_h} \tag{30-5-16}$$

式中 W——热泵每年消耗的机械功，kJ/a；

相应于凝汽式电站发出该电力的标准煤耗为：

$$B_{rb,y} = \frac{W}{29307.6\,\eta_f \eta_s} = \frac{Q_1}{29307.6\,\eta_f \eta_s \varepsilon'_h} \tag{30-5-17}$$

式中 $B_{rb,y}$——相应于凝汽式电站发出该电力的标准煤耗，kg/a。

每年节约的标准煤量为：

$$\Delta B_1 = B - B_{rb,y} = \frac{Q_1}{29307.6}\left(\frac{1}{\eta'_g \eta'_{rw}} - \frac{1}{\eta_f \eta_s \varepsilon'_h}\right) \tag{30-5-18}$$

② 吸收式热泵

热泵每年消耗的高温位热能为：

$$Q_G = \frac{Q_1}{\zeta_h} \tag{30-5-19}$$

式中 Q_G——热泵每年消耗的高温位热能，kJ/a；

ζ_h——吸收式热泵的实际制热系数。

当热能由锅炉提供时，锅炉每年消耗的标准煤量为：

$$B_{rb,x}=\frac{Q_G}{29307.6\eta_g'\eta_{rw}'}=\frac{Q_1}{29307.6\eta_g'\eta_{rw}'\zeta_h} \tag{30-5-20}$$

每年节约的标准煤量为：

$$\Delta B_2=B-B_{rb,x}$$

$$=\frac{Q_1}{7000\times4.1868}\left(\frac{1}{\eta_g'\eta_{rw}'}-\frac{1}{\eta_g'\eta_{rw}'\zeta_h}\right) \tag{30-5-21}$$

由式（30-5-21）可见，如果提供给吸收式热泵蒸汽的锅炉效率及热网效率，与供热锅炉的相同，则只有吸收式热泵的实际制热系数 ζ_h 大于1时，$B>B_{rb,x}$，热泵才节能。

（2）热泵与能源价格的关系

热泵供热（暖）比锅炉供热（暖）在理论上是先进的。但热泵采用高位能源（如电力），锅炉采用普通燃料（如煤），而电能价格和燃料各地不同，因而对热泵的使用和发展有重要的直接影响。故应对各种加热方式的加热费用作出比较。

设相同能量的电价 X 与燃料价格 Y 之比为 m，以 β 表示实际耗能的价格比。

$$\beta=\frac{X/\eta_h}{Y/\eta_g}=m\frac{\eta_g}{\eta_h} \tag{30-5-22}$$

式中　η_g——供热锅炉的效率，取为0.7；

η_h——热泵的电机机械效率，一般为0.85。

若热泵的实际制热系数为 ε_h'，则只有 $\varepsilon_h'=\beta$ 时，供热用户获得同一热量而两种能源费用（电费与燃料费）才相等。例如 $m=4$，即电价为燃料价格的4倍时，热泵实际制热系数 $\varepsilon_h'>3.3$，才使热用户在费用上不亏。

能源价格比 m 主要随电能中水电比例的大小而异，也受燃料价格（石油、煤、燃气等）的影响而波动。在水电发达地区，m 值较小，则利用热泵的能源费一定小于燃烧其他燃料的锅炉供热（暖）的能源费。此时，电动热泵无疑会得到发展。

下面对以热泵、煤、燃气、油等多种方式供暖时，供同一热量 $Q=41868$kJ/h（10000kcal/h）时，所需的费用作比较计算。

① 采用电动热泵，所需功率：

$$N=Q/(3600\varepsilon_h')$$

设 $\varepsilon_h'=3.5$，则 $N=41868/3.5=3.32$kW。

若工业与民用（上海）的电费单价分别为每千瓦时0.6元及0.5元，上述电费为：

工业：3.32×0.6＝2元。

民用：3.32×0.5＝1.7元。

② 采用煤：所需燃料量

$B=Q/(28051.56\times\eta_g)=41868/(28051.56\times0.7)=2.13$kg。

若煤价为350元/t（0.35元/kg），则费用为2.13×0.35元＝0.75元。

③ 采用燃气：所需燃气（焦炉煤气）燃料量

$B=Q/(14653.8\times\eta)=41868/(14653.8\times0.75)=3.81\text{m}^3$。

若焦炉煤气单价为0.8元/m³，则费用为3.81×0.8元＝3.05元。

④ 采用轻油：所需油量

$B=Q/(45217.44\times\eta)=41868/(45217.44\times0.8)=1.16$kg。

若油价为2.6元/kg，则费用为1.16×2.6元＝3.02元。

由以上概算可知，上述各种供暖方式的能源费用，由高到低的顺序依次为：

燃气费＞轻油费＞热泵电费＞煤费

为方便计算和比较，图 30-5-3 给出了以不同热泵 ε_h'、煤价、燃气价、电价、燃烧效率等按以上计算所作出的动力费用线算图，以推断各种供热方式的经济性。

早在多年前，瑞典学者劳伦曾（Lorentzen）教授就指出，某一地区适宜采用热泵、电热供暖或是供热锅炉方式，不仅取决于电价 X 与燃料价 Y 之比，还和供暖期的长短有关。图 30-5-4 表示了它们之间的关系（北欧地区）。

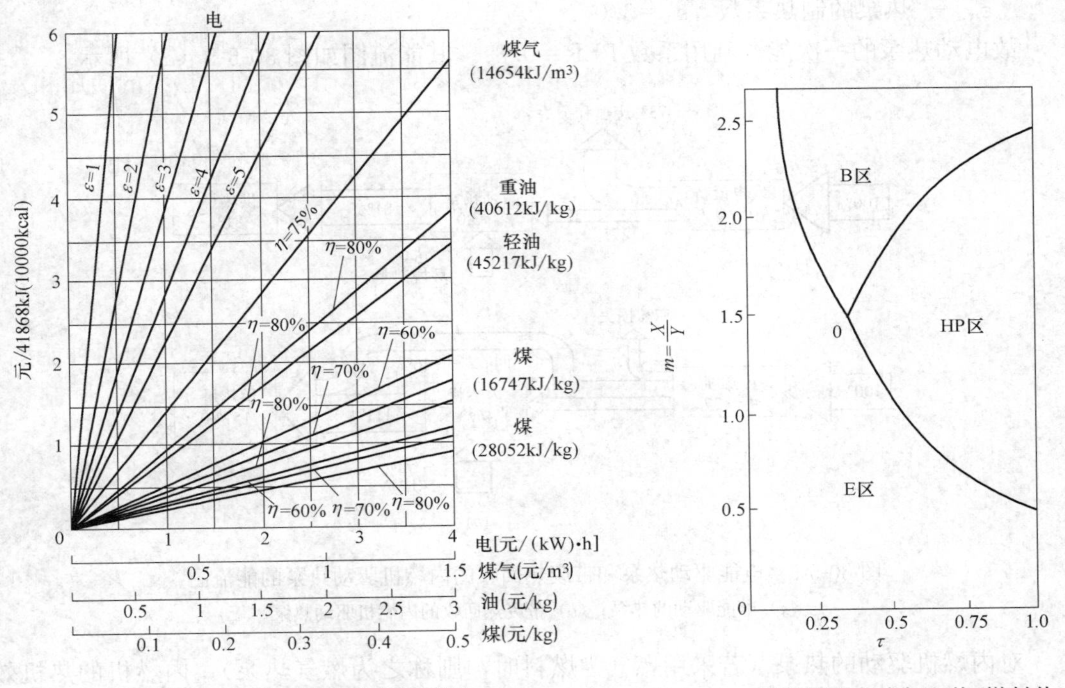

图 30-5-3 热泵动力费用线算图

图 30-5-4 三种供暖方式与电价/燃料价、供暖期的关系

图 30-5-4 中，纵坐标是电价与燃料价之比 $m=X/Y$；横坐标是供暖日数占全年天数的比例 τ；该图是热泵制热系数 ε_h' 为定值时作出的。图中 E 区表示电气供暖范围，当电价 X 低（m 值小）和 τ 值小时可采用。B 区适宜于锅炉供暖，主要适用于电价比燃料价高和供暖时间长的地方。热泵（HP）区则对于 m 值中等，供暖季节长的地方总是合适的。

对不同地点和不同类型的热泵，其图中 0 点位置以及曲线形态各不相同。

30.5.2 热泵的驱动能源方式

热泵吸取来自自然热源或排热热源（表 30-5-1）作为获取热能的低温热源，如果要提升热位就需要利用驱动能源驱动的设备。

常用的压缩式热泵驱动能源有电力（电动机）及热力（燃料发动机），均为机械驱动方式；而吸收式、蒸喷式热泵则以热能作为驱动能源。

1. 热泵的能源利用系数

采用不同的能源驱动热泵方式时，其经济性是不一样的。可以采用供热量与一次能源耗热量之比，称为该热泵的一次能源利用系数（Primary Energy Ratio，简称 PER）作比较。

对电能驱动的热泵，其一次能源利用系数：

$$PER=\eta_f\eta_s\varepsilon_h \tag{30-5-23}$$

式中 η_f——发电效率，现凝汽式火力发电厂的 $\eta_f=0.25\sim0.35$；

η_s——输配电效率，$\eta_s=0.9$；

ε_h——热泵的制热系数，$\varepsilon_h=3.0$。

故电动热泵的一次能源利用系数 PER＝0.81。其能流图如图 30-5-5（*a*）所示。

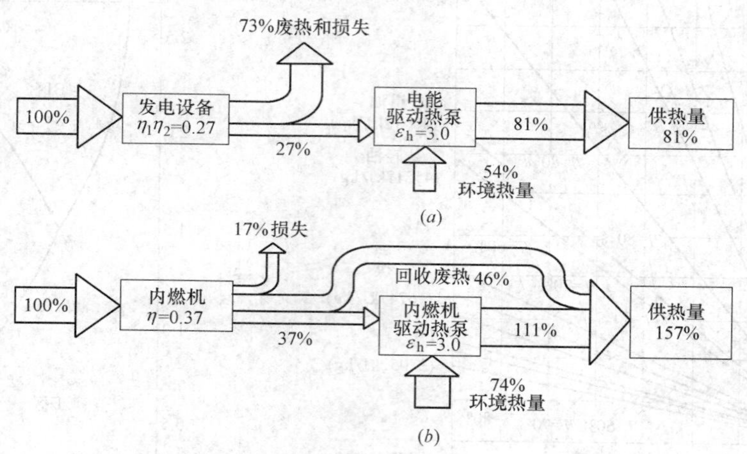

图 30-5-5 电能驱动热泵和带废热回收的内燃机驱动热泵的能流图

（*a*）电能驱动的热泵；（*b*）带废热回收的内燃机驱动热泵

对内燃机驱动的热泵（若采用燃气为燃料时，则称之为燃气热泵），内燃机的热机效率 $\eta_1=0.37$，热泵的 $\varepsilon_h=3.0$，则其一次能源利用系数：

$$PER=\eta_1\varepsilon_h=0.37\times3.0=1.11$$

此外，内燃机热泵还回收了内燃机排气废热和气缸缸套的冷却水热量，若回收废热总计为46%，则总的一次能量利用系数 PER＝1.11＋0.46＝1.57［图 30-5-5（*b*）］。

比较图 30-5-5 中的（*a*）和（*b*），从能源利用的角度来看，显然，内燃机热泵优于电动热泵，但还要考虑内燃机热泵与电站的燃料价格等因素。

2. 电动机驱动方式

这是一种常见的方便可靠的驱动方式。家用热泵均采用单相电动机。制冷剂通过电动机起冷却作用，从而提高工作效率。小型、单相的电动机效率为60%～80%；大、中型电动机效率可达到93%左右。

电动机驱动热泵存在制冷剂（如 R22 等）的逐步替代问题；大量的家用电力空调器引起城市夏季电力高峰、电网负载超限问题。

3. 燃气发动机驱动方式

发动机，按工作原理的不同，有内燃机、外燃机和燃气轮机。

内燃机、外燃机和燃气轮机采用气体燃料（如天然气、人工燃气和液化石油气等）作为驱动能源，用于驱动热泵装置时，则称之为燃气热泵。

一般燃料发动机早已在运输、电力工业中广泛应用，技术和产品十分成熟，通常效率在30%以上（图30-5-6）。

由于世界各国的天然气和液化石油气均比汽油便宜，从经济、节能和环保来看，燃气机驱动的热泵，前景十分看好。欧洲早已采用，美国、德国、日本均发展迅速。

燃气机驱动的热泵（Gas Engine-driven Heat Pump，简称GHP或GEHP），目前已被公认为一种很有发展前景的热泵形式。在欧洲的气候条件下，燃气热泵比燃煤锅炉能耗降低60%左右。试验表明，燃气热泵与燃煤锅炉相比较，按我国目前的煤、天然气的价格计算，可节约运行费用约40%。

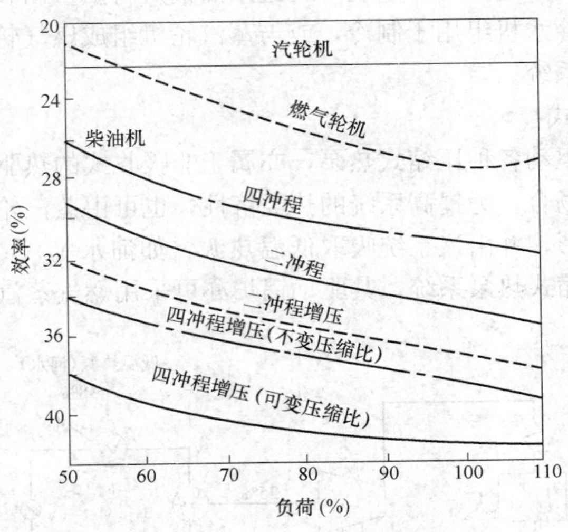

图30-5-6 内燃式发动机的热效率

燃气机驱动的压缩式热泵与电动压缩式热泵的技术经济性比较见表30-5-2。

燃气机驱动的压缩式热泵与电动压缩式热泵的技术经济性比较 **表30-5-2**

比较项目	燃气压缩式热泵	电动压缩式热泵
额定功率	按蒸发温度，变化幅度约为1：2	按蒸发温度，变化幅度约为1：3
供热温度	可大于70℃	最高55℃
发动机/压缩机调节(部分负荷)	调节发动机转速即可	分级装置才可调节，不降低效率
蒸发器体积	换热器表面积60%	换热器表面积100%
空气为低温热源时，蒸发器的除霜耗能	约占年能耗量2.5%	约占年能耗量5%
制冷	制冷同时可供余热	通过热泵逆循环运行
发电	在驱动轴另一端装一台电动机即可	不可能
燃烧废气的热量回收	露点以下，也可利用其排烟废热	无
平均制热系数ε_h	最大值：4.0～4.5	2.5～3.5
一次能源利用系数PER	1.4～1.9	0.9～1.1

续表

比较项目	燃气压缩式热泵	电动压缩式热泵
投资额度	100%～200%,不包括管路,建筑设施	100%,不包括变压器、管路、建筑设施
能耗费(燃气、电力)	45%～65%(视燃气收费标准而定)	100%
经济性效果	功率 250～400kW:与电动热泵相当 400kW 以上:比电动热泵好	功率低于 250kW 时,比燃气热泵好

燃料发动机的另一种形式是燃气轮机。燃气轮机亦可直接驱动各种压缩机，构成燃气轮机压缩式热泵。但由于燃气轮机的排烟余热温度高达 550℃，因此，燃气轮机驱动方式更多的用于燃气轮机冷热电三联产系统，通过余热锅炉将热量回收用于供热，或驱动蒸汽型双效溴化锂吸收式冷水机组用于制冷，或与蒸汽轮机组成燃气轮机—蒸汽轮机联合循环装置的冷热电三联产系统。

4. 汽轮机驱动方式

采用汽轮机直接驱动各种压缩式热泵，亦属于非吸收式的热驱动热泵。

对于无需供电的场合，为提高系统的热经济性，也可由蒸汽轮机直接驱动热泵压缩机（如容积式、离心式等），并由该系统吸取低温热源（如河水等），就构成如图 30-5-7 所示的蒸汽轮机驱动的压缩式热泵系统，其驱动锅炉亦可采用燃气蒸汽锅炉。

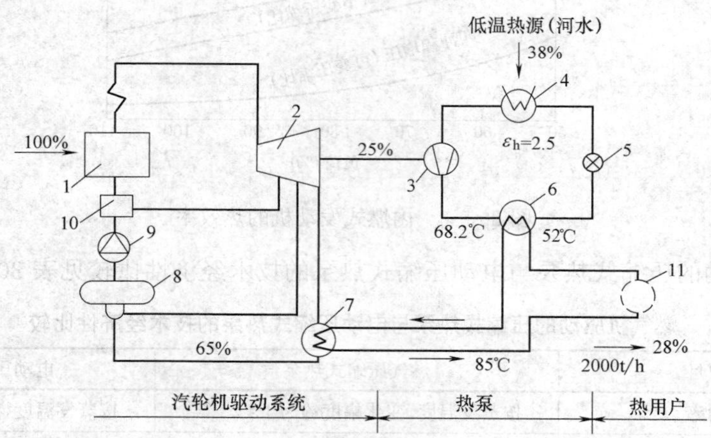

图 30-5-7 汽轮机驱动的压缩式热泵系统方案

1—燃气锅炉；2—汽轮机；3—热泵压缩机；4—蒸发器；5—节流阀；6—冷凝器；7—凝汽器；8—凝结水箱；9—水泵；10—预热器；11—热用户

由图 30-5-7 看出，供给锅炉的一次能源（如煤、天然气等）为 100%，锅炉中损失 10%，其余 90%分别为汽轮机凝汽器中回收 65%和汽轮机驱动压缩式热泵用的机械能 25%。

若该热泵的制热系数为 2.5，则热泵可以从河水中吸取相当于一次能源的 37.5%（25%×1.5）的热能。使该系统的一次能源利用系数 PER＝65%＋25%＋37.5%＝127.5%＝1.275，显然具有较好的热经济性。

但汽轮机驱动压缩式热泵的方式并不多见，在 BCHP 系统中，单独或与燃气轮机组成联合装置的冷热电三联供系统效果更佳。

30.5.3 燃气压缩式热泵的工作原理和比较特点

1. 燃气压缩式热泵的工作原理

以空气为低温热源的燃气压缩式热泵是目前比较常见的使用形式之一。其循环原理与蒸汽压缩式热泵循环原理相同；其工作原理流程如图 30-5-8 所示。

夏季制冷循环：此时空调系统的室内机 12 作为蒸发器，由天然气内燃式发动机 3 驱动容积式压缩机 2，制冷剂（液体）吸收室内热量而气化，并通过循环，带出室外机发动机 3 的排热，经压缩机增压后，由空气热交换器（冷凝器）14 将制冷剂的冷凝放热排至大气中，完成制冷循环。

冬季供暖循环：此时空调系统的室内机 12 作为冷凝器，经四通换向阀 1 转换为供热循环后，容积式压缩机 2 出口的高压制冷剂蒸汽通过气缸水冷却板式换热器 6 和发动机排（烟）气换热器 7 携带出发动机 3 的气缸水冷放热和烟气排热，至室内机 12（冷凝器）内风冷而冷凝放热。液态制冷剂经膨胀阀 13 节流后，进入室外空气热交换器 14（蒸发器）吸取室外空气热量而蒸发气化，通过四通换向阀 1 而被压缩机 2 吸入，至此，系统中的制冷剂完成热泵的供暖循环。

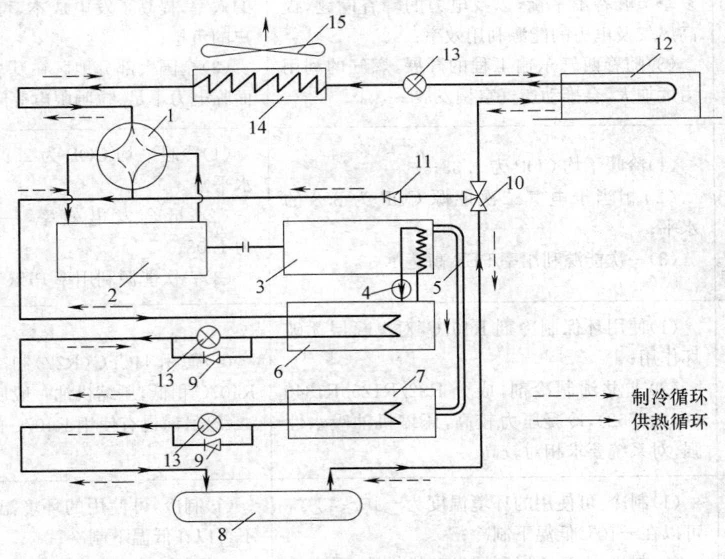

图 30-5-8 燃气压缩式热泵工作原理流程示意图

1—四通换向阀；2—容积式压缩机；3—天然气内燃式发动机；4—气缸冷却水循环泵；5—发动机排气管（烟气）；6—气缸水冷却板式换热器；7—发动机排（烟）气换热器；8—气液分离器（集液器）；9、11—止回阀；10—三通电磁阀；12—室内机；13—膨胀阀；14—空气热交换器（室外）；15—直流调整风扇

2. 燃气压缩式热泵的比较特点

（1）室外机技术特点比较。

燃气热泵（GHP）与电动热泵（EHP）的室外机技术特点比较见表 30-5-3。

GHP 与 EHP 的室外机技术特点比较 表 30-5-3

序号	室外机比较项目	燃气压缩式热泵 GHP	电动压缩式热泵 EHP
1	应用区域	(1)适用于需要冷、热的地区,能同时满足供冷供热的需求。冬季供热可利用发动机排热,供热能力大,不受外界环境温度影响,特别适用于冬季寒冷地区,无需辅助热源,无需除霜,也特别适合夏季炎热冬季湿冷地区; (2)应考虑制冷剂配管长度对容量的修正系数	(1)适用于夏热、冬季温和地区,在寒冷地区温度低时机组无法正常运转,湿冷地区冬季运转容易结霜,需经常除霜运转; (2)寒冷地区使用时需配辅助热源,系统设计复杂; (3)应考虑制冷剂配管长度对容量的修正系数; (4)供热要求高时,需要考虑 0.85～1.0 的除霜的制热容量系数
2	工作原理	制冷:利用燃气发动机驱动压缩机进行制冷吸收室内热量并排出室外,实现制冷; 制热:由燃气发动机驱动压缩机运转,吸收室外热量和燃气发动机排出的热量送入室内,暖房能力显著提高	制冷:利用电机驱动压缩机进行制冷吸收室内热量并排出室外,实现制冷; 制热:由电机驱动压缩机运转,吸收室外热量送入室内,实现制热
3	能源综合利用	(1)以清洁能源天然气、液化石油气等为热源驱动发动机,提供动能; (2)推广燃气空调,可以有效改善燃气的冬夏季节峰谷不平衡,以及电力的峰谷问题,提高燃气及电力的能源利用效率; (3)随着西气东输工程的开展,燃气的利用力度加大,会推动燃气空调发展	(1)以二次能源-电做驱动源,品位高; (2)夏季电空调的用电负荷占全部电负荷的 20%左右,加剧了电力的峰谷差,降低了发电的效率,提高了发电成本,增大了用电终端用户的负担; (3)全国大部分地区在夏季空调用电高峰时面临电力不足、拉闸限电等问题
4	机组效率 COP	(1)冷暖平均 COP 为 1.33; (2)相当于电气二次能源 COP 为 3.8 的水平; (3)一次能源利用率 PER 高达 1.33	(1)冷暖平均 COP 为 2.96(EHP 业界较高水平); (2)折合发电效率,一次能源利用率为 1.08; (3)一次能源利用率 PER 高达 1.08
5	制冷剂	(1)使用环保制冷剂 R407C,对臭氧层无破坏作用; (2)非共沸制冷剂,成分 R32/R125/R134a (23/25/52),冷凝压力较高,压缩机油吸水性强,对系统要求相对较高	(1)使用 HCFC(R22)制冷剂,冷凝压力比 R407C 稍低,压缩机油一般使用矿物油 (2)目前也有使用 R407C 的 EHP
6	宽的环境使用温度	(1)制冷:可使用的环境温度为－10～43℃,可以在－10℃低温下制冷; (2)制热:由于可以利用发动机排热,暖房的额定能力不受环境温度影响,－20℃时仍然能达到额定的暖房能力	(1)制冷:可使用的环境温度为－5～43℃,不可以在低温下制冷; (2)制热:暖房的额定能力受环境温度影响,随着环境温度的降低,暖房能力下降,到－15℃基本不制热,无法满足冬季供暖的需要
7	除霜问题	利用发动机的排热供暖,无需除霜,机组的效率高	(1)冬季室外温度低时,换热器表面要结霜,定时自动除霜要耗费机组 10%的能量,且除霜过程无法供热,有时会吹冷风,结霜严重机组则无法运行; (2)供热要求高时,需要考虑 0.85～1.0 的除霜的制热容量系数

续表

序号	室外机比较项目	燃气压缩式热泵 GHP	电动压缩式热泵 EHP
8	寒冷地区的适用性	(1)可充分利用发动机的排热，暖房能力为冷房能力的1.196，暖房能力比同时制冷量的EHP高约6%； (2)冬季不受室外温度的限制，−20℃时仍能正常启动，暖房能力不降低； (3)制热时，由于可以利用发动机排热，机组可快速启动制热(约6min)； (4)无需除霜，室温稳定； (5)不需辅助热源，可以满足寒冷地区供暖需要	(1)暖房额定能力小，暖房能力为冷房能力的1.125； (2)冬季制热受环境温度影响大，制热能力随温度下降而降低，0℃时能力降低5%，−10℃能力降低7%，温度低时(−15℃)机组无法正常启动； (3)制热时启动速度慢(约22min)，预热过程能耗大； (4)需要定时除霜，室温波动大，有时出现室内吹冷风现象； (5)在设备选用时需确定平衡点温度，在室外温度低时必须增加辅助热源，使系统设计更为复杂，增加设备投资
9	负荷控制	(1)双芯片微电脑控制无级变速发动机(通过皮带带动压缩机)； (2)特殊的容量控制装置，控制冷媒容量； (3)直流变频调节室外机的风扇和冷却水的能量调节，实现最佳节能运转	(1)单独变频调节压缩机转速(变频机组)，或者单独控制冷媒容量(变容量)； (2)一般1台变频压缩机＋多台定频压缩机，会导致压缩机的频繁启停
10	室内温度变化	通过微电脑对转速进行控制	(1)通过分段变频进行控制； (2)除霜引起室温波动大
11	压缩机的使用安全问题	(1)发动机与压缩机之间皮带传动，运转安全，能适应更大的压比范围，对环境温度低时仍旧可以制冷； (2)蒸发温度低时不会损坏发动机	(1)压比范围相对小，当压比高时，烧毁压缩机线圈； (2)蒸发温度过低时易烧毁电机
12	控制方式比较	采用较为先进的室外机主控，室内机辅助控制，控制精确，维修方便	由室内机主控，室外机辅助控制，控制的方式与维修都很不方便
13	电磁谐波	(1)耗电量极低，而且采用直流调整控制风扇电机，不会产生电磁污染； (2)通过控制发动机转速来控制压缩机转速，调节负荷，不会产生电磁干扰	(1)变频调速，易产生电磁污染； (2)变频一般会有5%的变频损失
14	系统维护	(1)由于使用燃气发动机，系统需要定期点检和维护； (2)系统维护需要检查和更换某些部件，需要一定的维护费用； (3)系统维护需要专门培训的售后服务人员	一般不需专门的维护

(2) 室内机系统特点比较。

燃气热泵（GHP）与电动热泵（EHP）的室内机系统特点比较见表30-5-4。

GHP 与 EHP 的室内机系统特点比较　表 30-5-4

序号	室内机系统 比较项目	燃气压缩式热泵 GHP	电动压缩式热泵 EHP
1	系统构成	GHP 室外机＋基本相同的室内机	EHP 室外机＋基本相同的室内机
2	室内外容量配比	50％～200％	50％～130％
3	一室外机可以连接的最多室内机台数	24 台(10PS20 台)	一般 12～16 台
4	最大容许配管长	120m 以下(等效长度 145m 以下)	一般 100m 以下(等效长度 120m 以下)
5	室内外机 之间的落差	室外机在上方时：50m 以下；室外机在下方时：35m 以下	一般 50m 以下
6	室内机间的高低差	15m 以下	一般 15m 或 30m
7	系统控制台数	室内机最多 512 台(室内机最多 480 台)	室内机最多 256(128)台
8	分户计量	可实现简单的分户计量	部分厂家可做(海尔等)
9	系统回油	(1)室外机回油系统(单台压缩机不存在压缩机间的回油控制问题)； (2)室内机回油控制(停止的室内机每停止 4 小时 15 分钟,电磁阀打开 4 分 15 秒控制室内机回油)； (3)室外机内有特殊的回油控制装置,当过热度大或者回气压力低回油不利时,打开旁通阀控制	(1)一般 1 台变频压缩机,1 台定速压缩机,各压缩机间油分配不均会造成压缩机,报废； (2)几台室外机并联,一般需要设置功能机,分配各室外机的回油
10	燃气系统	(1)需要燃气管路,燃气管路安装需要有安装资质； (2)燃气压力、成分要求较严格	只有电源,不需要燃气

30.5.4　燃气压缩式热泵的系统构成

这里的系统是指燃气压缩式热泵的室外机与室内机空调末端组成的中央空调系统。该空调系统主要包括以下主要部件和材料：

1. 室外机

如 GHP-12 系列：

制冷能力：28.0～56kW　共 4 种规格；

供暖能力：33.5～67.0kW　共 4 种规格。

GHP-ECO-4 系列

制冷能力：45.6～56.0kW　共 2 种规格。

2. 室内机

适宜于不同房间使用功能、装饰要求等，采用不同的形式。

3. 连接管路

包括气相冷媒管、液相冷媒管、冷却水水管及电气控制线路。

4. 配套系统

包括燃气系统、电力系统。

5. 补充制冷剂

使用环保制冷剂R407C。

依据燃气压缩机式热泵的使用功能和不同条件下的需求，其空调系统（末端装置）有多种多样的组合方式。

30.5.5 燃气热泵空调系统工程技术要求

《燃气热泵空调系统工程技术规程》CJJ/T 216对室内机和室外机设置、燃气系统、燃气阀门与计量、燃气管道、监控系统、安装施工、调试验收、运行管理等提出了明确要求。

1. 室内机设置

室内机的选择与配置应符合下列规定：室内机数量和容量应根据房间冷、热负荷确定，且不应超过所选用的燃气热泵机组的技术参数；室内机的形式和布置应根据使用房间的功能、布局、气流组织形式、噪声标准、空气质量标准和内部装修等因素确定；空调房间的换气次数不宜少于5次/h；室内机的位置应使送、回风气流畅通，同时应满足整体美观要求；当室内机形式采用风管式时，空调房间宜采用侧送下回或上送上回的送风方式；回风口的位置应根据气流组织要求确定，且不应设在射流区域，回风口应设置过滤网。

2. 室外机设置

室外机容量应根据室内机的总容量确定，并应根据制冷剂管道长度、室内机与室外机的高差及同时使用系数等进行修正。室外机应使用低压燃气，工作压力范围应符合下列规定：

(1) 天然气的工作压力范围应为标准压力的（0.5～1.25）倍；

(2) 液化石油气的工作压力范围应为标准压力的（0.7～1.2）倍。

室外机可设置在屋顶、地面等场所，并应符合该规程规定的安装、通风、检修、防爆、防雷等等方面的要求。具体要求见《燃气热泵空调系统工程技术规程》CJJ/T 216。

3. 燃气系统

燃气系统的范围为建筑供燃气的接入点至室外机的燃气接入口，燃气系统的设计应符合现行国家标准《城镇燃气设计规范》GB 50028的有关规定。室外机使用的燃气气质应与当地供应的城镇燃气气质一致。室外机的用气负荷应根据当地的供气能力进行校核，不得影响居民用气。当中压燃气接入燃气热泵空调系统时，应设置调压装置。燃气系统应设置手动快速切断阀和紧急自动切断阀。燃气系统应单独设置燃气计量装置。室外机与燃气管道宜采用不锈钢波纹软管连接，不得使用非金属软管。不锈钢波纹软管应符合现行国家标准《波纹金属软管通用技术条件》GB/T 14525的有关规定。燃气管道不得穿过易燃易爆品仓库、配电间、变电室、电缆沟、烟道、进风道和电梯井等。燃气管道的设置必须避开室外机的进、排风口。燃气管道连接方式应采用焊接或法兰连接。连接室外机的燃气管道上应单独设置阀门及测压仪表。当室外机设置在屋顶时，燃气管道可沿外墙明敷。

4. 监控系统

燃气热泵空调系统应设置监测与自动控制系统，并应按建筑物的功能、规模、空调系统类型、设备运行时间及节能管理要求等因素进行设计。系统规模大、室外机台数多的燃气热泵空调系统，应采用集中监控系统。

监控系统的控制器宜设置在被控系统或设备附近，当采用集中监控系统时，宜设置控制室。燃气热泵空调系统应对下列参数进行监测：①室内机、室外机等设备的运行参数；②制冷剂冷凝压力、冷凝温度；③室内温度；④ 燃气系统压力。

室内空气温度传感器应设置在不受局部冷热源影响且空气流通的地点。设有新风与排风系统的空调系统应符合下列规定：

新风与排风管道宜采用带电信号输出装置的防火阀；

新风与排风系统宜具有空气过滤器进出口静压差限报警和风机启停状态监控功能。

采用自动控制的燃气热泵空调系统应具有手动操作功能。

以上未提到的其他具体工程技术要求均按《燃气热泵空调系统工程技术规程》CJJ/T 216 执行。

30.5.6 燃气压缩式热泵的一次能源利用系数计算和分析

采用燃气内燃式发动机驱动的压缩式热泵，由于燃气内燃式发动机的排气废热和气缸散热两部分热量均可通过热交换器而加以回收利用（夏季用以制冷或供应生活热水；冬季供暖），因而提高了燃气热泵的一次能源利用系数 PER。

燃气发动机排热回收形态主要为燃料燃烧后的 400～600℃的排气与气缸缸套冷却水带来的 85～90℃的热水。燃气发动机的热效率一般为 20%～35%。

燃气发动机与柴油机工作原理相同，同属内燃式发动机（简称内燃机），为活塞式往复运动机械，通过曲轴传动，将往复运动转变为绕轴旋转的回转运动，用以驱动各类容积式（或离心式）压缩机（或发电机组）。

下面将通过对燃气内燃机工作过程的能量转换分析，求出燃气热泵的一次能源利用系数计量式。

1. 燃气发动机缸内能量转换关系

燃气热泵（GHP）在供热工况下，其一次能源利用系数 PER_h 定义为：

$$PER_h=\frac{Q_K+Q_F}{Q_B} \tag{30-5-24}$$

式中 Q_K——燃气热泵冷凝器放热量；

Q_F——燃气发动机缸体冷却水吸热量与通过废（排）气换热器回收热量之和；

Q_B——燃气发动机燃料（天然气）燃烧总热量。

Q_B的大小与燃气内燃机的性能参数有关，需通过求解缸内工作过程的热力方程求得。

（1） 简化假设：

① 气缸内各点压力、温度和浓度相等，与空间坐标无关，只是时间（曲轴转角）的函数；

② 工质看作是理想气体；

③ 进出燃气内燃机的气流为一元稳定流动；

④ 工质进出口流动动能忽略不计；

⑤ 燃气的燃烧过程由燃烧放热反应式描述。

（2） 工作过程方程

① 能量守恒方程

$$\frac{d(mu)}{d\varphi}=\frac{dQ_B}{d\varphi}+\frac{dQ_W}{d\varphi}+p\frac{dV}{d\varphi}+\frac{dm_s}{d\varphi}h_s+\frac{dm_e}{d\varphi}h_e \tag{30-5-25}$$

式中 mu——气缸内工质质量与比内能的乘积；

m_s、m_e——流入、流出气缸的工质质量；

Q_B——燃料（天然气）在气缸内燃烧时放出的总热量；

Q_W——工质通过气缸壁面同冷却水交换的散热量；

p——气缸内工质压力；

V——气缸工作容积；

h_s和h_e——气缸的进气门和排气门处工质的比焓；

φ——燃气内燃机曲轴转角。

上述能量守恒方程的物理意义为：

每单位曲轴转角内，缸内工质内能 mu 的增加等于外界输入的热量（即燃烧放热量）Q_B、进入气缸的进气焓 m_sh_s、工质对外作功 PV、缸壁散热量 Q_W 及排气焓 m_eh_e 的代数和。

② 质量守恒方程

$$\frac{dm}{d\varphi}=\frac{dm_s}{d\varphi}+\frac{dm_e}{d\varphi} \tag{30-5-26}$$

质量守恒方程表示单位曲轴转角内，气缸中工质质量等于流入和流出工质质量的代数和。

③ 理想气体状态方程

$$pV=mRT \tag{30-5-27}$$

式中 T——气缸内工质温度；

R——气体常数。

④ 其他方程

计算所需的传热方程、燃烧放热方程以及气体流量方程等（略）。

(3) 性能参数

① 循环指示功

循环指示功表示每一循环过程工质对气缸活塞所作的功：

$$W_1=i\int_{cyc}p\frac{dV}{d\varphi}d\varphi \tag{30-5-28}$$

式中 i——燃气内燃机气缸数。

② 有效燃气消耗率

有效燃气消耗率，表示燃气内燃机单位时间单位功下的燃气消耗量：

$$b_e=\frac{g_f}{W_1\eta_m} \tag{30-5-29}$$

式中 g_f——每循环过程燃气消耗量；

η_m——活塞机械摩擦效率。

③ 有效内燃机效率

有效内燃机效率，等于燃气内燃机实际输出功与燃气发热量之比：

$$\eta_1=\frac{W_1\eta_m}{H_ug_f}=\frac{W_1\eta_m}{Q_B} \tag{30-5-30}$$

式中 H_u——燃气热值。

2. PER 计算

燃气压缩式热泵的一次能源利用系数计算和分析求出以上燃气内燃机的各性能参数后，便可由定义式（30-5-24）导出 PER 的计算公式及影响 PER 的各个物理因素。

燃气热泵冷凝器放热量为：

$$Q_K = W_1 \eta_m \varepsilon \tag{30-5-31}$$

式中 $W_1\eta_m$——燃气热泵压缩机的驱动功；

ε——燃气热泵压缩机的供热系数。

供热系数 ε 的大小，反映热泵本身的制热能力，与燃气热泵选配的压缩机性能、制冷剂类别及燃气热泵所处的工况有关，可由下式求得：

$$\varepsilon = \frac{V_h \lambda n i q_v}{N_e} \tag{30-5-32}$$

式中 V_h——活塞式压缩机气缸容积；

λ——活塞式压缩机输气系数；

n——压缩机转速；

i——压缩机气缸数；

q_v——制冷剂在给定供热工况下的单位容积供热量；

N_e——压缩机的输入功率。

燃气内燃机气缸冷却水每工作循环的吸热量 Q_W 和内燃机废（排）气换热器吸热量之和为：

$$Q_F = Q_W + C_m G_e (T_r - T_0) Q_F = Q_W + c_m q_e (T_i - T_o) \tag{30-5-33}$$

式中 c_m——燃气内燃机排气的比热容；

q_e——气缸每工作循环的排气量；

T_i——废（排）气换热器中废气的进口温度；

T_o——废（排）气换热器中废气的出口温度。

T_i 可视为燃气内燃机排气管内废气的平均温度，即为燃气内燃机的排气温度，一般为 400～600℃之间。然而，通过对燃气内燃机气缸内工作过程的分析，仅能求出排气冲程中气缸排气门处的废气温度（高于 T_i）。若要求解燃气内燃机的排气温度 T_i，需建立排气管内排气工作过程的数学模型，然后通过循环计算得到任一瞬间从气缸进入排气管的排气流量和温度，再经积分最终求得排气温度。但在工程上可采用以下计算式求得 T_i 的近似结果：

$$T_i = T_b \left[1 - \frac{k-1}{k}\left(1 - \frac{P_a}{P_b}\right)\right] \tag{30-5-34}$$

式中 T_b——排气冲程开始时气缸内的工质温度；

P_b——排气冲程开始时气缸的内压力；

P_a——排气背压，通常为当地大气压力；

k——进入排气管的废气绝热指数。

T_b、P_b 和 k 值可由燃气内燃机气缸内工作过程的模拟计算求得。

将式（30-5-31）和式（30-5-33）代入式（30-5-27），可得燃气内燃机废（排）热用于热水供应时的 PER_h：

$$PER_{\mathrm{h}}=\frac{W_1\eta_{\mathrm{m}}\varepsilon+Q_{\mathrm{W}}+c_{\mathrm{m}}q_{\mathrm{e}}(T_{\mathrm{i}}-T_{\mathrm{o}})}{Q_{\mathrm{B}}} \tag{30-5-35a}$$

或者

$$PER_{\mathrm{h}}=\eta_{\mathrm{m}}\varepsilon+\eta_{\mathrm{F}}=\eta_1\mathrm{COP}_{\mathrm{ch}}+\alpha\beta \tag{30-5-35b}$$

式中 η_1——燃气内燃机效率，一般为 0.35 左右；

ε——燃气热泵压缩机的供热系数，又称为燃气热泵压缩机的供热性能系数 $\mathrm{COP_{ch}}=\varepsilon$；

η_{F}——燃气内燃机的废热利用率；反映废热回收利用的程度；

α——燃气内燃机的废热回收率，一般取 0.4；

β——燃气内燃机的废热利用率，一般取 0.8。

若将燃气内燃机的废（排）热用于单效溴化锂吸收式制冷时：

$$PER_{\mathrm{c}}=\eta_1\mathrm{COP}_{\mathrm{cc}}+\zeta\alpha\beta \tag{30-5-36}$$

式中 $\mathrm{COP_{cc}}$——燃气热泵压缩机制冷运转时的性能系数（制冷量与压缩机驱动功率之比），对螺杆式制冷压缩机一般约为 3.5～5；

ζ——单效溴化锂吸收式冷水机组的性能系数，一般取 0.7。

对于燃气热泵进行制冷运转时，与其他制冷方式的一次能源利用系数 PER_{c} 比较如表 30-5-5。

几种制冷方式的一次能源利用系数比较 **表 30-5-5**

制冷方式＼性能系数		一次能源利用系数 PER_{c} 计算式	PER_{c} 计算结果	
			$\mathrm{COP_{cc}}=3.5$	$\mathrm{COP_{cc}}=5.0$
燃气热泵的制冷运转时	排热完全不利用	$\eta_1\mathrm{COP_{cc}}$	1.23	1.75
	排热用于供热水	$\eta_1\mathrm{COP_{cc}}$	1.55	2.07
	排热用于吸收外式制冷	$\eta_1\mathrm{COP_{cc}}+\zeta\alpha\beta$	1.45	1.97
电动热泵制冷运转时		$\eta_1\mathrm{COP_{cc}}$	1.16	1.65
燃气型直燃机		ζ_z	1.1	

注：1. η_1——发电效率，取 0.33

2. ζ_z——燃气型直燃机性能系数，取 1.1。

燃气热泵在制冷工况下的热量平衡图，如图 30-5-9 所示。

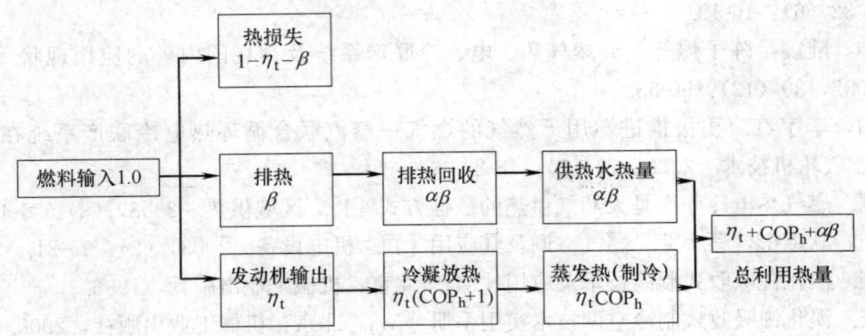

图 30-5-9 燃气热泵在制冷工况下的热量平衡图

30.6 本章有关标准规范

《直燃型溴化锂吸收式冷（温）水机组》GB/T 18362

《城镇燃气分类和基本性质》GB/T 13611

《燃气热泵空调系统工程技术规程》CJJ/T 216

《城镇燃气设计规范》GB 50028

《波纹金属软管通用技术条件》GB/T 14525

参考文献

[1] 汪寿建等. 天然气综合利用技术 [M]. 北京：化学工业出版社，2003.

[2] 汤学忠. 热能转换与利用（第二版）[M]. 北京：冶金工业出版社，2002.

[3] 周邦宁. 燃气空调 [M]. 北京：中国建筑工业出版社，2005.

[4] 谭志丘. 国内常规能源的发展趋势 [J]. 能源工程. 2000，(5)：1-3.

[5] 鱼剑琳，王沣浩. 建筑节能应用新技术 [M]. 北京：化学工业出版社，2006.

[6] 龙惟定，王长庆. 试论中国的能源结构与空调冷热源的选择取向 [J]. 暖通空调. 2000，30 (5)：27-32.

[7] 陆亚俊主编，赵荣义主审. 暖通空调 [M]. 北京：中国建筑工业出版社，2002.

[8] 龙惟定，白玮. 我国电力紧缺对空调业的挑战 [J]. 暖通空调. 2004，34 (5)：39-46.

[9] 李先瑞，任莉. 燃气空调的现状与展望 [J]. 煤气与热力，2001，(1)：51-54.

[10] 朱成章. 发展直燃式空调机对电力工业的作用 [J]. 华东电力. 2000，28 (5)：27-28.

[11] 王信茂. 关于加快发展我国天然气工业的思考 [J]. 电力技术经济. 2003，(4)：9-13.

[12] 江亿. 北京的能源规划和能源结构调整 [J]. 中国电业. 2003，(6)：5-18.

[13] 鲁德宏. 燃料电池及其在冷热电联供系统中的应用 [J]. 暖通空调，2003，33 (1)：91-93.

[14] 张泠编著. 燃气空调技术 [M]. 北京：中国建筑工业出版社，2005.

[15] 罗丽芬，张跃. 燃气空调--21世纪的住宅空调 [J]. 制冷与空调. 2002，(1)：6-12.

[16] 罗丽芬. 暖通空调领域的燃气应用 [J]. 暖通空调. 2002，32 (4)：26-28.

[17] 范存养，林忠平. 住宅环境设备的现状与发展 [J]. 暖通空调，2002，32 (4)：34-42.

[18] 付林，狄洪发，江亿. 天然气在城市供暖中的应用 [J]. 暖通空调. 2002，32 (5)：44-47.

[19] 凌云，程惠尔，李明辉. 燃气发动机驱动热泵一次能源利用系数的计算和分析 [J]. 暖通空调. 2002，32 (6)：16-19.

[20] 张万坤，陆震，陈子煜等. 天然气热、电、冷联产系统及其在国内外的应用现状 [J]. 流体机械. 2002，30 (12)：50-53.

[21] 叶大均，李宇红. 积极推进燃用天然气的燃气一蒸汽联合循环热电冷联产系统在我国的发展 [J]. 燃气轮机技术. 2000，13 (1)：18-23.

[22] 李先瑞. 燃气热电冷联产是天然气供热的最佳方式 [J]. 区域供热. 2003，(3)：36-42.

[23] 戴永庆，耿惠彬，蔡小荣. 燃气空调及其应用 [J]. 机电设备. 2003，(2)：15-21.

[24] 戴永庆. 溴化锂吸收式制冷技术及应用 [M]. 北京：机械工业出版社，1996.

[25] 戴永庆. 溴化锂吸收式制冷空调技术实用手册 [M]. 北京：机械工业出版社，2000.

[26] 蒋能照. 空调用热泵技术及应用 [M]. 北京：机械工业出版社，1999.

[27] 顾安忠等. 液化天然气技术 [M]. 北京：机械工业出版社，2004.

[28] 黄素逸，林秀诚，叶志瑾编著．供暖空调制冷手册［M］．北京：机械工业出版社，1997.
[29] 张祉佑．制冷空调设备使用维修手册［M］．北京：机械工业出版社，1998.
[30] 崔文富．直燃型溴化锂吸收式制冷工程设计［M］．北京：中国建筑工业出版社，2000.
[31] 2003年分布式能源热电冷联产研讨会．关于发展分布式能源热电冷联产的建议［C］．2003.
[32] 于碧涌，刘锋，金芳，侯根富．燃气空调的优势及对燃气和电力调峰的意义［J］．煤气与热力．2002，22（5）：426-428.
[33] 糜华，董素霞，丁玉娟等．燃气热泵GHP的经济运行和应用分析．2003年全国空调技术交流会论文集［C］．2003.
[34] 侯根富，段常贵，马最良．风冷燃气机驱动压缩式热泵冷热水机组运行特性试验研究［J］．暖通空调．2001，31（3）：5-8.
[35] 赵士杭编．燃气轮机循环与工况性能［M］．北京：清华大学出版社，1993.
[36] 金芳，段常贵，陈明．燃气直燃机的使用对季节调峰的作用［J］．暖通空调，2003，33（6）：12-15.
[37] 周邦宁主编，吴元炜主审．中央空调设备选型手册［M］．北京：中国建筑工业出版社，1999.
[38] 张跃．迎接燃气空调及分布式能源时代．空调暖通技术．2004（1）：1-3.

第31章 燃气冷热电联产

31.1 概 述

冷热电联产（Combined Cooling Heating and Power，简称CCHP）是指利用一种形式的一次能源同时生产冷量、热量、电力三种不同形式的能量来满足用户用能需求的技术，是以热电联产系统（Combined Heating and Power，CHP）为基础发展起来的新一代集成能源系统。与传统的集中供能形式不同，CCHP属于分布式能源系统，在用户处进行三种形式能量的同时生产，可避免长距离输送的损耗。天然气CCHP系统通过能量的梯级利用——将高品质的天然气优先做功，回收余热后生产冷量或热量——大大提高了一次能源利用率。对于夏季需制冷、冬季需供热的建筑，以及空调负荷很大的车间等用户，CCHP系统可提供更大的供能灵活性。

由于天然气CCHP系统具有节能、减排、运行经济、安全、削峰填谷等多元优势，近年来在全球范围内已获得越来越广泛的应用。美国自1978年起即开始提倡发展小型燃气分布式热电联产技术，目前商业建筑中，采用CCHP的已达到46%以上，截至2016年，美国分布式能源装机量约为82.5GW（包括热电联产及三联供），计划到2020年，CCHP在新建办公楼或商用楼群中和既有建筑中的使用比例分别提高到50%和15%，分布式能源装机量达到187 GW。日本政府为鼓励高效低排放CCHP系统的建设与发展，从20世纪80年代中后期颁布了一系列优惠政策，使得CCHP项目飞速发展，年均新增装机容量达到300MW，2016年日本分布式能源装机量突破10 GW，其中民用领域占21%，计划到2030年，热电联产装机容量达到16.3 GW，分布式能源系统发电量占总电力供应的20%。在欧洲，CCHP更是飞速发展，截至2013年，欧盟热电联产机组的装机总容量达到112 GW，欧盟（不含英国）CHP发电量占总发电量的11.7%。能源利用效率最高的丹麦，80%以上的区域供热能源采用热电联产方式，分布式能源发电量占总电量的61.6%。拥有欧洲最大天然气分布式能源市场的德国，目前分布式能源装机容量约20.84 GW，占总装机容量的19.8%，德国政府计划到2020年，分布式能源的装机比例增至25%。

我国天然气CCHP系统的研究起步于20世纪90年代，发展相对较晚，早期投运项目较少，且主要集中于楼宇等商业建筑的冷热电联产（Building Combined Heating and Power，BCHP）。随着我国能源结构的调整，一次能源中天然气的比例日益提高，近年来国内天然气CCHP系统的数量和规模得到明显发展。据中国城市燃气协会分布式能源专业委员会统计，截至2015年底，我国天然气分布式能源项目（单机规模小于或等于50MW，总装机容量200MW以下）共计288个，总装机容量超过11.1GW，其中已建项目127个，装机1.4GW；在建项目69个，装机1.6GW；筹建项目92个，装机

8.1GW。“十二五”以来，国家及部分省市相继出台了相关政策法规，大力扶持天然气分布式能源发展，并通过授予“示范项目”，为天然气分布式能源的进一步发展奠定了良好的基础。

天然气 CCHP 技术是最经济的能源利用方式之一，主要有燃气-蒸汽联合循环热电厂以及小型冷热电系统。典型的区域冷热电三联供系统（District Combined Heating and Power，DCHP）就是由联合循环的热电联产电厂和蒸汽吸收式制冷装置构成的，满足区域的供电、热、冷负荷，该方式随着整体煤气化联合循环的逐步商业化，为清洁煤的冷热电三联供提供了更广阔的前景。小型 CCHP 系统的分布式供能方式以其规模小、灵活性强等特点，通过不同热力循环的有机组合，可在满足用户需求的同时实现能量的综合梯级利用，并且克服了冷能和热能远距离输送的技术困难。小型 CCHP 系统主要以小型和微型燃气轮机、内燃机、燃料电池等为动力转换装置，配备余热锅炉、吸收式制冷机等实现冷热电的联合生产。

CCHP 系统包括原动机系统、发电机组、余热驱动的制冷机组以及余热驱动的供热及生活热水系统和控制系统。按照功能可分为五个部分，即：驱动系统、发电系统、供热系统、制冷系统和控制系统。图 31-1-1 为冷热电联产系统简图。

CCHP 系统使用机械能-电力转换装置——称作原动机（Primary mover），首先将天然气的化学能转化为机械功，同时对系统余热进行回收利用。这种先功后热的做法可以最大限度地提高能源利用率，避免直接燃烧造成的可用能损失；从所转化的功来看，绝大部分系统是用来驱动发电机发电，也有用来驱动制冷/制热设备工作的；功率最小的仅有 1kW，最大的机组可达几百兆瓦。

CCHP 系统所使用的燃料，包括天然气、沼气、柴油、煤油等一次能源；CCHP 使用的原动机，有天然气发动机（Gas Engine）、透平（Gas turbine，也称燃气轮机或燃机）、微型燃气轮机（Micro-Turbine，也称微燃机）、Stirling 发动机（燃气外燃机）、燃料电池（Fuel cell）等多种形式。

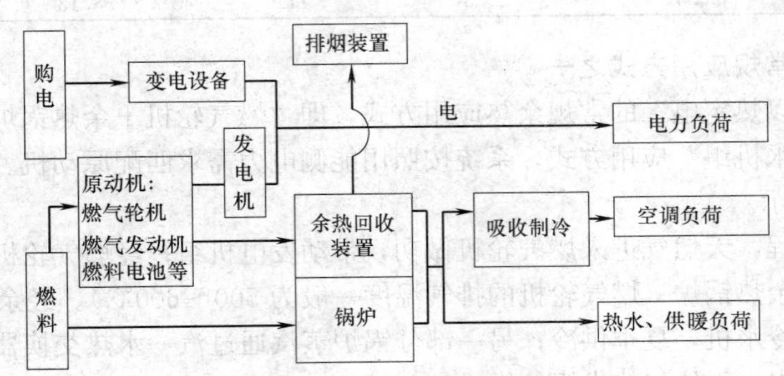

图 31-1-1 冷热电联产系统简图

本章主要介绍面向用户端的分布式冷热电联供系统，包括原动机性能与设备、系统规划与设计方法、经济技术方案比较等基本内容。

31.2　燃用天然气的冷热电联产系统

31.2.1　燃气轮机冷热电联产系统

燃气轮机是以气体（或燃油）作为工作介质，将燃料燃烧时释放出来的热量转变为有用功的一种动力机械（或称热力机械）。

燃气轮机作为一种高技术含量的发电设备，具有诸多优点：可使用多种燃料，效率高、能耗低、无环境污染、投资省、占地少、启动快、用水极少、电力高峰性能优越、自动化程度高、建设周期短、环境污染小等。国外某些典型的燃气轮机发电机组供电效率已达 40%左右，见表 31-2-1。有关资料表明，国外发达国家新增电站中，60%～70%为燃气轮机电站。如美国在 1980～1987 年间建成了 1728 座热电厂，其中 73%是天然气燃气轮机热电厂。

现将以燃用天然气的燃气轮机为驱动动力的 BCHP 冷热电联产应用方式介绍如下：

某些典型的燃气轮机发电机组的技术参数　　表 31-2-1

机组型号	ISO 基本功率(MW)	压比	燃气初温(℃)	供电效率(%)	单位售价(美元/kW)
PG9231(EC)	169.0	14.2		34.93	183
PG9331(FA)	226.5	15.0	1288	35.66	188
GT13E2	164.3	15.0	1260	35.71	210
GT26	240.0	30.0	1235	37.79	204
V64.3A	70.0	16.6	1310	36.81	
V84.3A	170.0	16.6	1310	38.00	
V94.3A	240.0	16.6	1310	38.00	198
501G	235.2	19.2	1427	39.00	180
701F	236.7	15.6	1349	36.77	187
LM6000-P-A	41.2	29.6	1160	39.78	296
Trent	51.19	35.0		41.57	304
FT8	25.42	20.3	1121	38.13	362

31.2.1.1　常规应用方式之一

这是一种“以热定电”的常规余热应用方式，即“燃气轮机＋余热锅炉＋蒸汽型双效溴化锂吸收式冷水机组”应用方式，系统按照用能侧电力需求匹配原动机。其工作流程框图如图 31-2-1 所示。

系统工作过程：天然气进入燃气轮机做功，带动发电机组；经燃气轮机做功后排出的高品位余热进入余热锅炉（燃气轮机的排气温度一般为 500～600℃）。经余热锅炉产生蒸汽并驱动吸收式冷水机，夏季供冷；另一部分锅炉蒸汽通过汽—水热交换器供应全年生活热水。冬季供热水由天然气热水锅炉供应。

其应用特点：

（1）燃气轮机发电，可作为楼宇夏季电力供应的高峰负荷，补足电力的短缺。

（2）燃气轮机废气用于蒸汽型双效吸收式冷水机在夏季供冷，起着电力削峰作用，且燃气轮机余热可充分利用；缺点是吸收式冷水机在冬季停用，全年设备利用率不高。

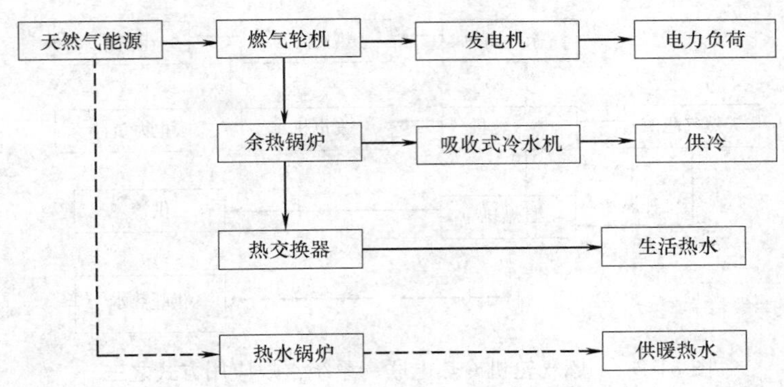

图 31-2-1 燃气轮机冷热电联产系统常规应用方式之一

(3) 冬季供暖热水按常规的天然气热水锅炉单独供应，无废（余）热利用，因而热水锅炉容量大，热负荷负担重，设备投资较大。

(4) 由于采取“以电定热”的设计原则，因而针对具体楼宇（或区域）的冷热电联产系统，根据全年冷、热、电负荷变化，确定冷、热、电设备的热电比，是该项目设计和实施的关键。

(5) 采用天然气为燃料的燃气轮机单循环发电，其发电效率尽管可高达 35%以上(单机容量 300MW 以上时)，但在楼宇（或区域）冷热电联产系统中，采用的是小型和微型燃气轮机（单机容量在 10kW～10MW 之间或以下）设备，其单循环发电效率仅18%～32%。采用冷热电联产系统后，由于对小型燃气轮机高温（500～600℃）余热的利用，其系统综合供热效率可达 80%～85%以上；若采用天然气为燃料的燃气轮机—蒸汽轮机联合循环装置，其发电效率可达 55%～60%以上。

由于该系统（图 31-2-1）采用清洁和高热值燃料—天然气，发电设备体积重量小而轻便，启动迅速，系统的自动控制容易实现，废气和噪声公害小，且一次性设备投资较少，具有见效快（建设周期短）等诸多优点，在城市中心区域作为大楼自备电与小规模冷暖供应的装置，还是很有前景的。例如日本东京芝浦区东京燃气公司高层建筑内设置了 2 台 1000kW 的燃气轮机发电机组，作为该大楼的自备电；同时把余热锅炉产生的蒸汽用来作为区域供冷供热系统（District Heating and Cooling，DHC）的热源，向周围（及自身）大楼供暖和供应热水；并安装了 2 台溴化锂吸收式冷水机，装机容量共 6000RT（约 17MW)，利用该蒸汽生产冷水，由 DHC 系统向各用户供冷。

31.2.1.2 常规应用方式之二

这是一种“燃气轮机＋天然气直燃型溴化锂吸收式冷热水机组”应用方式。其工作流程框图如图 31-2-2 所示。

系统工作过程：天然气进入燃气轮机做功，带动发电机组发电；经燃气轮机做功后排出的高品位余热（＞250℃）主要部分代替常温空气进入直燃机预热高压发生器的吸收剂溶液使天然气燃料用量大幅度降低；燃气轮机排出的多余烟气（或称尾气），通过气—水热交换器，向建筑楼宇提供生活热水，不足时由直燃机提供。直燃机夏供冷、冬供暖并可兼供生活热水，其驱动能源为天然气和部分燃气轮机排出的余热（尾气）。

其应用特点：

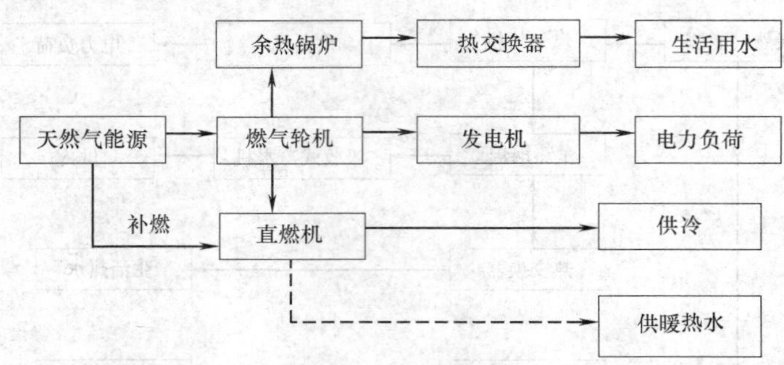

图 31-2-2 燃气轮机冷热电联产系统常规应用方式之二

(1) 燃气轮机发电，在楼宇夏季电力供应高峰负荷时补足电力短缺。

(2) 直燃机夏供冷，有电力削峰作用；又能冬供暖，设备利用率高。缺点是直燃机仅能部分采用燃气轮机排出的余热，综合热效率不高。

(3) 仍然存在采用小型或微型燃气轮机单循环发电装置时，发电效率不高的缺点。冬季电力需求减少，燃气轮机出力不足，余热量减少，发电效率更要降低，一次能源利用率相对更低。在冬季供暖高峰时（尤其是对于黄河以北的广大北方城市），为保持燃气轮机发电的满负荷运行，应考虑"以电补热"的季节措施。此时若采用电动压缩式热泵机组供暖，比采用直接电热供暖，其能效利用更为合理。

31.2.1.3 "燃气轮机＋天然气型直燃机＋电动压缩式热泵"应用方式

显然这种应用方式是较上述"常规应用方式之二"更完善的一种方式。其工作流程框图如图 31-2-3 所示。

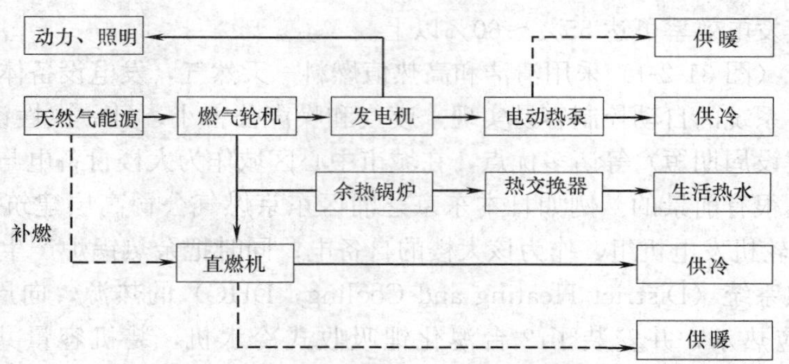

图 31-2-3 燃气轮机＋天然气型直燃机＋电动压缩式热泵的冷热电联产系统

系统工作过程：天然气进入燃气轮机做功，带动发电机发电，电力主要用于驱动电动压缩式（活塞式或螺杆式）热泵机组，部分电力用于该大楼的动力及照明。直燃机和余热锅炉吸入燃气轮机排出的高温烟气，进入直燃机的高温烟气用于吸收剂溶液进入高压发生器之前的预热，以减少天然气燃料耗量，承担夏季供冷和冬季供暖；余热锅炉内高压蒸汽经汽—水热交换器后供应生活热水。

其应用特点：

(1) 采用大楼自身燃气轮机发电电力，用于电动压缩式热泵的夏季供冷，对直燃机夏季承担的主要负荷是一种补充；冬季供暖时，利用电动压缩式供暖，可以"以电补热"，保持燃气轮机发电负荷基本不变，使机组在较高发电效率下运行，其供暖又是直燃机在冬季供暖量的一种补充，且可增可减，调节方便灵活。电动压缩式热泵在供暖时，采用水源热泵供暖（利用地下水热源），其能效系数COP可达到3.0～4.0，冬季平均供暖COP可接近2.5，较直接电热供暖合理得多。

（2）电动压缩式热泵（也包括其他吸收式热泵等）还可以吸收燃气轮机发电时排放的高温烟气中的显热及天然气燃烧过程中产生的水蒸气中的潜热，由于采用热泵使系统综合热效率提高，故冬季可减少可观比例的天然气耗量。

（3）其他应用特点与前述的“常规利用方式之二”相同。

31.2.1.4 燃气轮机＋燃气轮机驱动离心式冷水机＋蒸汽型溴化锂吸收式冷水机应用方式

这是一种采用燃气轮机双机并联动力驱动的应用方式。其工作流程框图如图31-2-4所示。

系统工作过程：这种燃气轮机双机并联的动力系统中，一台燃气轮机发电，承担大楼主电力负荷；另一台燃气轮机直接驱动离心式冷水机供冷。两台燃气轮机排出的高温烟气，均进入余热锅炉加热水产生蒸汽，其中一部分蒸汽用于驱动蒸汽型双效溴化锂吸收式冷水机供冷；另一部分蒸汽经热交换器后，供暖和供应热水。

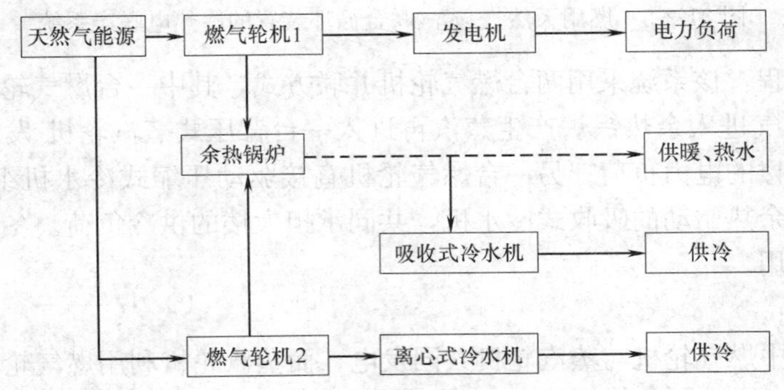

图31-2-4 燃气轮机＋燃气轮机驱动离心式冷水机＋吸收式冷水机的冷热电联产系统

其应用特点：

（1）该应用方式采用一台燃气轮机直接驱动一台离心式冷水机供冷，其能效比很高。由于离心式冷水机的性能系数COP可达5.0以上，若该燃气轮机热效率η_e＝32%，则可得燃气轮机直接驱动离心式冷水机供冷时的单机一次能效率（系数）PCOPc＝1.6。

（2）两台燃气轮机做功后排出的高温余热全部用于加热一台余热锅炉，余热得以充分利用。夏季通过吸收式冷水机供冷；冬季靠余热锅炉承担主要的供暖负荷和热水供应。从能源的有效利用角度看，该应用方式的组合系统是很合理的，但必须在设计时选择合理高效的热电比，这是至关重要的。

（3）离心式和吸收式的冷水机，仅能在夏季有限时数内运行，冬季处于停机状态，而且系统中驱动离心式冷水机的燃气轮机2也处于停机状态，缺点之一是设备利用率不高；二是冬季供暖时，仅利用一台燃气轮机排出的余热，因而有可能出现供暖热量不足的情况。而冬季多余的电力只能用于直接电热供暖，能源的利用率很低。

对于长江流域及以南地区的城市，夏季供冷需求比冬季供暖需求突出，在设计中确定比较合理的热电比后，有可能选择上述应用方式。

31.2.2　燃用天然气-蒸汽联合循环冷热电联产系统

这是一种“天然气燃料的燃气轮机＋余热锅炉＋蒸汽轮机＋各类制冷机或热泵装置”的冷热电联产的最佳应用方式之一。其工作流程框图如图 31-2-5 所示。

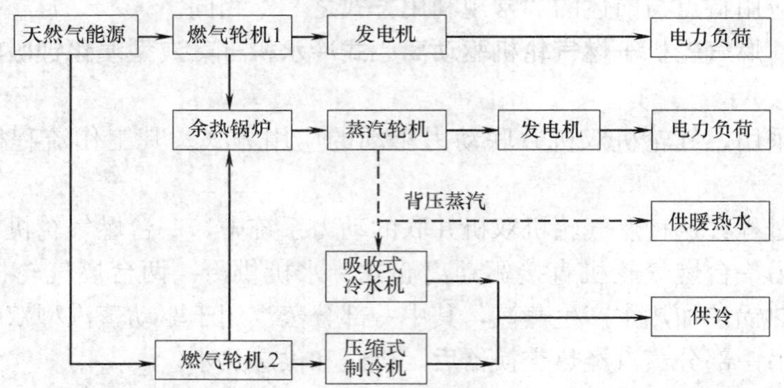

图 31-2-5　燃用天然气-蒸汽联合循环装置的冷热电联产系统

系统工作流程：该系统采用两台燃气轮机并联方式，其中一台燃气轮机发电，与该燃气轮机排出的烟气进入余热锅炉产生蒸汽再进入一台背压式蒸汽轮机-发电机所发的电一起，共同承担大楼的电力负荷；另一台燃气轮机直接驱动压缩式冷水机组（或热泵），与蒸汽轮机排出的余热驱动的吸收式冷水机，共同承担大楼的供冷负荷。冬季蒸汽轮机排出的背压蒸汽供暖用。

其应用特点：

（1）该系统中燃气轮机与蒸汽轮机共同发电，而蒸汽轮机利用燃气轮机排出的高品位余热（500～600℃）发电；蒸汽轮机的余热蒸汽或抽汽又用于驱动吸收式冷水机夏季供冷或冬季供暖，形成良性的能量梯级利用，综合热效率可达 80％～90％。相比于大型机组，以分布式的小型和微型的能源装置为动力的 DCHP 和 BCHP 冷热电联产系统更有优势。例如，25kW 燃气—蒸汽联合循环装置的冷热电联产几乎与 350MW 机组的能源转换热效率没有区别，大型机组仅能源输送损耗就是一个惊人的数值：大型火力发电厂电网的输配电损失达 8％，热力输配管网的热损失可达 10％～50％。这正是当前世界各国均大量发展小型和微型的燃气-蒸汽联合循环的冷热电联产方式的重要理由之一。

（2）燃气轮机发电后排放的高品位余热可以作为余热蒸汽轮机发电的热源，使该联合循环的发电效率高达 55％以上（甚至达到 60％也指日可待），因而电热比的考虑与该联合循环的 DCHP 和 BCHP 冷热联产的总效率关系不大。

（3）在该联合循环装置的 DCHP 和 BCHP 联合方式的策划和设计中，也应遵循“以电定热”的能量利用原则。废热型 DHC 系统的本质是回收和合理利用传统火力发电装置系统中本不该浪费的排热、余热和废热。传统的热电火力发电装置热电联产中，增加余热温度过低的低品位余热量利用的比例，即电热比小，将导致发电效率下降而总热效率的上升。在这样一种所谓“以热定电”的原则下，为了获取更多的余热利用，而与高品位的电力利用争能效，从而抑制电力，致使电网调峰压力增加，是违背冷热电联产方式的本质原则的。

如果在DHC系统中的电热供应比例太小，当供热范围大时，则管网建设投资加大；当供热范围小时，比投资又过大。此时热价若定高了，广大用户难以承受甚至因此放弃入网；热价若定低了，业主的经济效益不明显，且热网的正常运行经营也难以维持。这将不利于冷热电联产方式的推广和发展。

(4) 燃用天然气的燃气—蒸汽联合循环装置的动力方式，不仅限于图31-2-5上的一种应用方式，但基本组合是相同的。如余热蒸汽轮机的排热，也可用于吸收式热泵中，提高能源利用率，并承担部分冬季的供暖需求；辅助燃气轮机2直接驱动活塞式冷水机、螺杆式冷水机、离心式冷水机等均可。驱动离心式冷水机时，能效比最高，但设备利用率低，视具体情况分析后方可决定。

31.2.3 内燃发动机+蒸汽轮机冷热电联产系统

这是一种“内燃发动机+余热锅炉+蒸汽轮机+蒸汽型双效溴化锂吸收式冷水机+辅助锅炉”的冷热电联产的应用方案。其工作流程框图如图31-2-6所示。

系统工作流程：该系统中由天然气内燃发动机-发电机组发电提供大楼的电力负荷，其废气经余热锅炉产出高压蒸汽驱动蒸汽轮机-离心式冷水机组供冷；同时蒸汽轮机抽出的背压蒸汽用于驱动蒸汽型双效溴化锂吸收式冷水机供冷。天然气内燃发动机除排出高温(400℃)废气外，还有一部分内外套管的冷却水热量通过热交换器，直接得到普通生活热水和由余热锅炉的部分高压蒸汽减压后经热交换器提供大楼冬季的供暖热水。辅助锅炉烧天然气，补充余热锅炉的蒸汽量。也有采用天然气内燃发动机直接驱动压缩式热泵（如风冷式活塞式冷热水机组），而电力负荷由蒸汽轮机-发电机组承担，其他余热利用方式同上。

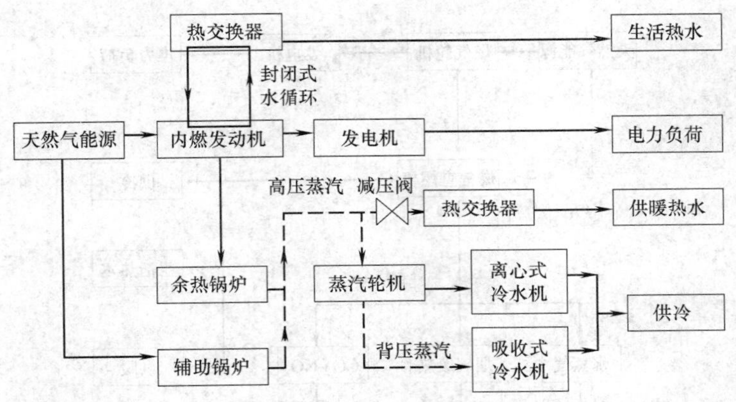

图31-2-6 天然气内燃发动机+蒸汽轮机冷热电联产系统

其应用特点：

(1) 由于天然气内燃机发电装置的发电功率与废热排量二者均比较小，适宜于高层建筑的小规模区域内的自备用电及集中供冷供热用。该系统的设备投资省，废热回收潜力大，可以满足小区内各种热需要。设备的发电效率较高，一般有32%～40%，与蒸汽轮机发电装置的效率相当。

日本对内燃发动机发电的冷热电联产系统研究及应用实例很多，通常在商业区内的 1～2 座大楼内使用。例如，日本三菱电机大船制作所采用的即是此系统方式：废热利用主要是供热水；发电机出力为 57.5kVA/200V；内燃机发电机组的冷却水得热量为 53.94kW，废气排热量为 21.46kW；故系统总热效率达 80%以上。

（2）冬季供暖负荷主要来自余热锅炉产出的蒸汽。冬季由于蒸汽轮机停止运行，其驱动的压缩式冷水机及背压蒸汽驱动的吸收式冷水机亦停止，故设备利用率不高，而且该系统的日常维护费用较大。

31.2.4　燃料电池冷热电联产系统

燃料电池（Fuel Cell）驱动的发电装置是一种无燃烧的、由燃料（天然气、甲烷等）的化学能经过电化学反应直接转化为电能的发电方式。燃料电池主要依靠氢的化学反应，在氢气和氧气反应生成水（H_2O）的同时就产生电，而没有碳的燃烧过程，对生态环境的污染最少。燃料电池被认为在 5～10 年后，会成为人类能源的主宰及建筑空调的主流能源。

31.2.5　楼宇冷热电联产系统能源利用比较

这一比较见表 31-2-2。

31.2.6　燃气空调应用的全能量利用方式—楼宇冷热电植联产系统

这样一种楼宇冷热电植联产系统（BC^2 HPGH），是指前面所述的楼宇冷热电联产（BCHP）与绿色大棚（Green House）的联合系统。

这种分布式的能源驱动方式，最适合于楼宇冷热电植联产的全能量综合利用系统，是 21 世纪当前比较理想的一种生态能源系统。

31.2.6.1　系统的工作流程框图

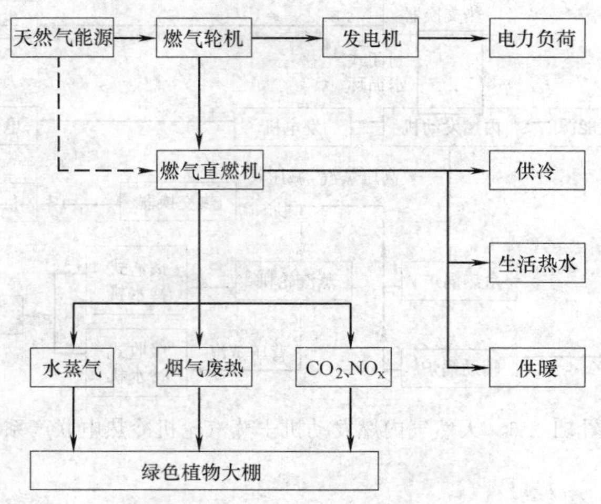

图 31-2-7　燃气空调的全能量综合利用方式—冷热电植联产系统

楼宇冷热电联产（BCHP）系统的能源利用率比较 **表 31-2-2**

组合方案	能量转换设备	能量转换形式	能量转换的能效比组成		空调冷(热)源设备的性能系数(COP)			空调冷(热)源设备的一次能源利用系数(PER)		全年一次能源利用率(PER)		全年平均一次能源利用率(PERcp)
										供冷	供热	
微型燃气轮机＋蒸汽型吸收式冷水机＋余热锅炉	微型燃气轮机(1MW)	天然气→电力	发电效率	0.3	—			—		0.56	0.63	0.6
	蒸汽型吸收式冷水机	蒸汽→冷量	高品位热能转化效率	0.7	吸收式冷水机	供冷	0.8	供冷	0.56			
	余热锅炉	烟气→供热			余热锅炉	供热	0.9	供热	0.63			
微型燃气轮机＋燃气直燃机＋余热锅炉	燃气轮机	燃气→电力	发电效率	0.3	—			—		0.60	0.63	0.615
	燃气直燃机	烟气→冷量 烟气→供热	高品位热能转化效率	0.5	燃气直燃机	供冷 供热	1.2 0.9	供冷 供热	0.6 0.45			
	余热锅炉	烟气→热水		0.2	余热锅炉	生活热水	0.9	生活热水	0.18			
微型燃气轮机＋压缩式热泵＋燃气直燃机＋余热锅炉	燃气轮机＋压缩式热泵	燃气→机械能→供冷或供热	驱动效率	0.35	压缩式热泵	供冷	3.0	供冷	1.05	1.65	1.565	1.61
						供热	2.8	供热	0.98			
	燃气直燃机	烟气→冷量 烟气→供热	高品位热能转化效率	0.5	燃气直燃机	供冷	1.2	供冷	0.6			
						供热	0.9	供热	0.45			
	余热锅炉	烟气→热水		0.15	余热锅炉	生活热水	0.9	生活热水	0.135			
微型燃气轮机＋离心式冷水机＋蒸汽型吸收式冷水机＋余热锅炉	燃气轮机	燃气→电力	发电效率	0.3	—			—		2.29	0.61	1.45
	燃气轮机＋离心式冷水机	燃气→机械能→供冷	驱动效率	0.35	离心式冷水机	供冷	5.0	供冷	1.75			
	蒸汽型吸收式冷水机	蒸汽→冷量	高品位热能转化效率	0.675	吸收式冷水机	供冷	0.8	供冷	0.54			
	余热锅炉	烟气→供热			余热锅炉	供热	0.9	供热	0.61			

续表

组合方案	能量转换设备	能量转换形式	能量转换的能效比组成		空调冷(热)源设备的性能系数(COP)			空调冷(热)源设备的一次能源利用系数(PER)		全年一次能源利用率(PER)		全年平均一次能源利用率(PERcp)
										供冷	供热	
背压式蒸汽轮机+蒸汽型吸收式冷水机+蒸汽锅炉	背压式蒸汽轮机	蒸汽→电力	发电效率	0.25	—			—		0.6	0.6	0.6
	蒸汽型吸收式冷水机	蒸汽→冷量	高品位热能转化效率	0.75	吸收式冷水机	供冷	0.8	供冷	0.6			
	蒸汽锅炉	蒸汽→供热			蒸汽锅炉	供热	0.8	供热	0.6			
微型燃气轮机+背压式蒸汽轮机+蒸汽型吸收式冷水机+离心式冷水机	燃气-蒸汽联合循环装置	燃气、蒸汽→电力	发电效率	0.4	—			—		1.11	0.45	0.78
	吸收冷水机	蒸汽→冷量	高品位热能转化效率	0.45	吸收式冷水机	供冷	0.8	供冷	0.36			
	蒸汽轮机余热	余热蒸汽→供热			背压蒸汽	—	—	供热	0.45			
	燃气轮机+离心式冷水机	燃气→机械能→供冷	驱动效率	0.15	离心式冷水机	供冷	5.0	供冷	0.75			
燃气发动机+背压式蒸汽轮机+离心式冷水机+蒸汽型吸收式冷水机+余热锅炉	燃气发动机	燃气→电力	发电效率	0.3	压缩式热泵	—		—		1.49	0.15	0.82
	蒸汽型吸收式冷水机	余热蒸汽→供冷	高品位热能转化效率	0.3	吸收式冷水机	供冷	0.8	供冷	0.24			
	余热锅炉	烟气→热水		0.15	余热锅炉	生活热水	0.9	生活热水	0.135			
	蒸汽轮机+离心式冷水机	余热蒸汽→机械能→供冷	驱动效率	0.25	离心式冷水机	供冷	5.0	供冷	1.25			

注：1. 在计算一次能源利用率时，未涉及系统的局部热损失及终端排放热损失。
2. 各空调冷（热）源设备及能量转换设备的性能系统（COP、PER）和发电（驱动）效率等值，参考有关手册、文献选取。
3. BCHP的应用系统是一个十分复杂而严密的联产系统，必须针对具体工程项目的实例，才能做详细的能源利用分析，这里只提供了几种BCHP组合方案作一相对比较，数据仅具有相对比较的意义。
4. BCHP无一确定的固定组合方案，只有针对某一工程具体项目，进行技术经济的具体可行性论证，才有实际的参考价值。

BC^2HPGH系统所构筑的是一个采用微型燃气轮机（或燃气内燃机、燃气外燃机和燃料电池等）发电供电及其排放的烟气余热利用方案，工作流程图见图 31-2-7。微型燃气轮机排出的高品位烟气余热（500～600℃）用于燃气型直燃机中高压发生器吸收剂（溴化锂）水溶液的预热，使得天然气燃料的耗量大幅度下降。直燃机向大楼夏供冷（冬供暖）及生活热水；其排出的100℃左右的低品位烟气中的废热、CO_2、NO_x和挥发的水蒸气全部注入绿色大棚，供给大棚的温室保温和植物吸收，最终实现能量和投资的完全利用和所有污染物的零排放。

31.2.6.2 系统的应用特点

(1) BC^2HPGH系统比较完善地实现了分布式能源利用的小型、微型、分散、就近化的灵活性优势。该系统将在21世纪的信息时代，与计算机、因特网和互联网系统的应用和普及同步运行，使传统能源供应的电热比例、以电定热或是以热定电、能源使用的峰谷差、废余热利用和一次能源利用率、采用电力空调或燃气空调、环境污染、冷热电供应的平衡和优化等一系列问题得以简化。系统的小型化、微型化、分散化、局部化，因地制宜，更利于方案的最佳组合和优化选择，更具针对性；改变传统的中大型火电厂、高压输电线路和多层电压网络复杂系统构成的以及各种大面积集中供热供暖的热网设施带来的巨大建设投资和惊人的能源浪费体系。

(2) 在充分利用清洁优质燃料——天然气的基础上，采用先进而成熟的各种能量转换设备和技术，比较理想地实现了“优质电力—高品位余热—供冷供暖及生活热水—低品位余热及全部排放物—用于绿色植物生长的营养”全方位、多元化、无污染或极少污染的全能量梯级利用。

(3) BC^2HPGH系统的最终废热和废烟气是否都能排入就近的绿色大棚？如果周围生态环境不具备绿色大棚的条件时，又将如何排放和处置？能否以其他模式替代？这是一些值得在应用中探讨的问题。

31.3 冷热电联产设备

31.3.1 燃气发动机（Gas Engine）

燃气发动机属内燃机，后者可按照所使用燃料来分类——汽油机、柴油机、煤油机、燃气内燃机和多燃料发动机等，也可按照点火方式分类——点燃式（Spark-ignition，SI）和压燃式（Compression-ignition，CI）。气体燃料发动机都使用点燃式。天然气发动机的历史十分悠久，世界上第一台天然气发动机由卡特彼勒公司（Caterpillar）制造于1940年。

天然气发动机CCHP的优点是发电效率较高（25%～50%），设备投资较低，且需要的燃气压力较低；在进行合理维护时，其可靠性也较好。缺点是余热回收系统复杂、余热品质较低。与汽油机和柴油机相比，燃气内燃机的污染物排放（CO、NO_x、HC、碳烟和微粒等）大大降低，是一种很有竞争力的技术。

天然气发动机将燃料与空气注入气缸混合压缩，点火引发其爆燃做功，推动活塞运行，通过气缸连杆和曲轴，驱动发电机发电。可利用的废热包括三个方面：气缸排出的废气（400～700℃）、气缸夹套冷却水（可以达到 110℃）和润滑油冷却水（如图 31-3-1）。

发动机排出的高温烟气可以进入余热锅炉产生蒸汽或热水，用来供热、提供生活热水或驱动蒸汽（或热水）吸收式制冷机供冷，也可以直接进入烟气补燃型的吸收式机组制冷、供热和提供生活热水，而气缸夹套冷却水和润滑油冷却水的低品位热量在供暖季可直接用于供热，空调季与除湿空调相结合。若余热锅炉不带补燃，则发电量与供热量具有一定的耦合关系，调节不够灵活。若余热锅炉带补燃，则发电量和供热量的调节比较灵活。

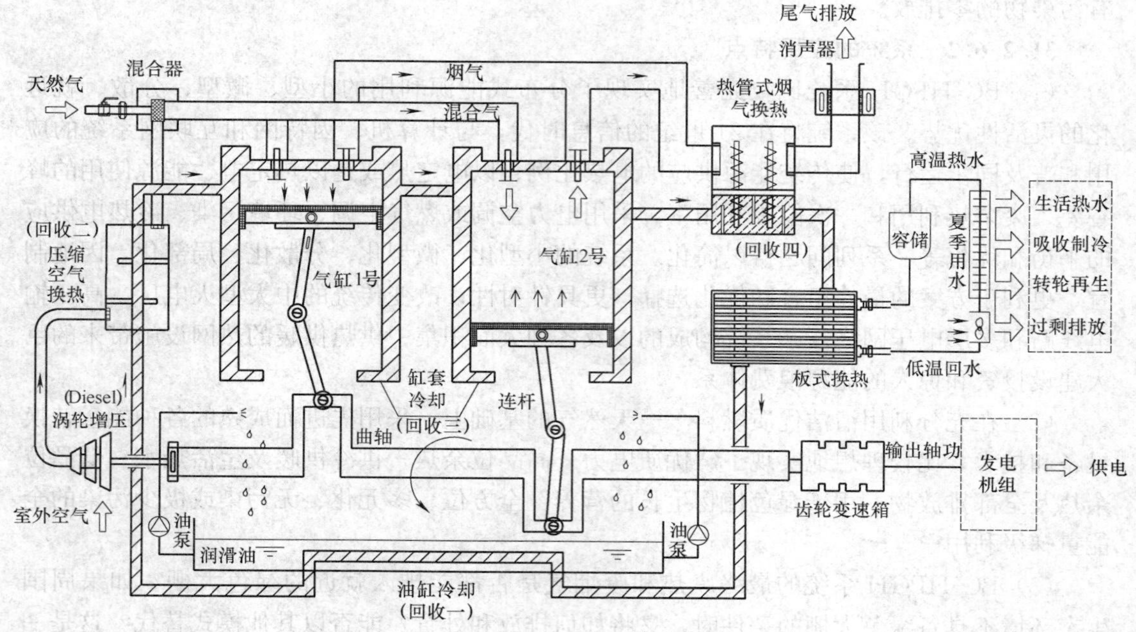

图 31-3-1　天然气发动机 CCHP 系统示意图

作为 CCHP 系统的原动机，天然气发动机的技术指标包括电力输出、燃料耗量、烟气的温度与流量、缸套冷却水、中冷器与润滑油系统回收热量、发电效率、热电比等。一些提供整套 CCHP 设备的公司，在其产品性能中还给出了利用余热产生热水和蒸汽时的指标。

世界上生产燃气发动机的公司很多，包括美国、英国、奥地利等。表 31-3-1～表 31-3-6给出了一些公司的燃气内燃机热电联产机组参数。

美国 G 型燃气发动机热电联产机组参数　　表 31-3-1

机组型号	单位	G3306TA	G3406TA	G3406LE	G3412TA	G3508LE	G3612SITA	G3616SITA
额定功率	kW	110	190	350	519	1025	2400	3385
转速	r/min	1500	1500	1500	1500	1500	1000	1000
压缩比		8.0	11.6	9.7	12.5	11.0	9.0	9.0
最小进气压力	kPa	11	11	11	11	11	302	302
能量消耗(低热值)	MJ/h	1451	2073	3758	5044	10810	23925	33381
天然气耗量	m^3/h	41.6	59.4	107.7	144.6	309.9	685.9	957.0
烟气流量	m^3/h	418	904	1278	2509	4815	37472	51928

续表

机组型号	单位	G3306TA	G3406TA	G3406LE	G3412TA	G3508LE	G3612SITA	G3616SITA
烟气温度	℃	540	415	450	453	445	450	446
烟气排热量	MJ/h	263	382	616	1166	2199	5438	7445
烟气含氧量	%	0.5	8.5	4	10.2	8.2	12.3	12.2
缸套冷却水出口温度	℃	99	99	99	99	99	88	88
缸套冷却水排热量	MJ/h	594	612	1350	936	2937	2218	2986
中冷器进口温度	℃	54	32	32	32	32	54	32
中冷器/润滑油排热量	MJ/h	18	97	83	216	695	1462	2366
发电效率	%	27.29	33.00	33.53	37.04	34.14	36.11	36.51
供热效率	%	54.27	47.37	49.07	41.36	48.55	34.30	34.50
总效率	%	81.56	80.36	82.60	78.40	82.68	70.41	71.01
热电比	%	199	144	146	112	142	95	95

注：天然气低热值按 34.88MJ/m³ 计。

美国 GF 及 GQ 型燃气发动机热电联产机组参数　　表 31-3-2

机组型号	单位	315GFBA	1160GQKA	1370GQMA	1570GQNA	1540GQMB	1750GQNB
额定发电功率	kW	315	1160	1370	1570	1540	1750
转速	r/min	1500	1500	1500	1500	1500	1500
压缩比		12	12	12	12	12	12
天然气进气压力	kPa	20～600	20～600	20～600	20～600	20～600	20～600
天然气耗量	m^3/h	89.1	298.2	364.1	408.3	405.5	455.8
千瓦发电量的燃料耗量	m^3/kW	0.281	0.257	0.266	0.262	0.264	0.260
烟气流量	kg/s	0.55	1.94	2.17	2.45	2.44	2.75
烟气温度	℃	510	469	516	510	507	505
机组余热量	kW	413	1338	1579	1759	1743	1952
机组尺寸	$L\times W\times H$ (m)	3.50×1.30×1.80	4.89×2.07×2.24	5.67×1.72×2.48	5.67×1.72×2.48	5.92×1.72×2.48	5.92×1.72×2.48
机组重量	t	3.99	15.5	19.2	19.2	21	21
最低甲烷指数		75	78	73	80	73	80
发电效率	%	36.1	39.4	38.1	38.4	38.6	38.9

注：天然气低热值按 35.53 MJ/m³ 计。

德国 ME 及 AE 型燃气发动机热电联产机组参数 表 31-3-3

机组型号	单位	ME3066D1	ME3066L1	ME3042D1	ME3042L1	AE3066L1	AE3042D1	AE3042L1	ME70112Z1	ME70116Z1	AE70112Z1	AE70116Z1
燃机出力	kW	125	190	240	370	190	240	370	1200	1600	1200	1600
发电功率	kW	119	182	232	357	182	232	357	1160	1552	1160	1552
供热功率	kW	194	279	369	529	142	210	288	1260	1677	608	808
压缩比		12	10	12	11	10	12	11	12	12	12	12
天然气进气压力	kPa	7	7	7	7	7	7	7	15	15	15	15
燃料耗量	m^3/h	34.1	52	65.5	98.7	52	64.3	98.7	282.4	376.4	282.4	376.4
千瓦电力燃料耗量	m^3/kW	0.273	0.274	0.273	0.267	0.274	0.268	0.267	0.235	0.235	0.235	0.235
混合气温度	℃	—	70	—	70	70	—	70	40	40	40	40
烟气流量	m^3/h					2528	2164	4644			13486	17975
烟气温度	℃	110	120	110	120	525	586	491	454	454	454	454
机组余热量	kW	—	—	—	—	137	159	241	—	—	652	869
机组尺寸	mm	3650×960×1875	3520×1800×2060	3550×1810×2220	3700×1810×2270	3480×1600×2060	3800×1600×2060	3960×1670×2060	6000×1800×2300	5550×1800×2300	6000×1800×2300	5550×1800×2300
净重/工作重量	kg	3500/3700	4200/4500	4500/4800	4700/5000	2500/2650	3300/3500	3300/3500	12650/13900	15000/15500	12000/12500	13500/14100
最低甲烷指数		70	70	70	70	70	70	70	80	80	80	80
发电效率	%	34.90	35.00	35.42	36.17	35.00	36.08	36.17	41.08	41.23	41.08	41.23
供热效率	%	56.89	53.65	56.34	53.60				44.62	44.55		
总效率	%	91.79	88.65	91.76	89.77				85.69	85.79		

日本 SGP、MACH 型燃气发动机热电联产技术参数（50Hz） 表 31-3-4

机组型号		SGP-280		SGP-380		SGP-500		SGP-760		SGP-1000		8MACH-30G	12MACH-30G	14MACH-30G	16MACH-30G	18MACH-30G
内燃机型号		GS6A3-PTK		GS6R-PTK		GS12A2-PTK		GS12R-PTK		GS16R-PTK		8KU30GA	12KU30GA	14KU30GA	16KU30GA	18KU30GA
余热回收方法		热水	蒸汽/热水	热水	蒸汽/热水	热水	蒸汽/热水	热水	蒸汽/热水	热水	蒸汽/热水	蒸汽/热水	蒸汽/热水	蒸汽/热水	蒸汽/热水	蒸汽/热水
发电机 额定功率	kW	230		320		415		635		845		2550	3800	4450	5100	5750
发电机 发电电压	V	6600		6600		6600		6600		6600		6600	6600	6600	6600	6600
发电机 容量	kVA	287.5		400		400		793.75		1056.25		2833	4222	4944	5667	6389
发电机 功率因素	—	0.8		0.8		0.8		0.8		0.8		0.9	0.9	0.9	0.9	0.9
效率 总效率	%	73.3		73.2		74.6		73.3		73.1		79.7	80.1	80.0	80.8	80.5
效率 发电效率 负荷率 100%	%	35.5		35.5		35.3		34.7		39.0		44.5	45.0	45.0	45.0	45.0
效率 发电效率 负荷率 75%	%	37.7		33.6		33.4		32.5		37.6		42.4	43.0	43.0	43.0	43.0
效率 发电效率 负荷率 50%	%	30.4		30.3		30.1		29.0		34.8		38.6	39.0	39.0	39.0	39.0
效率 余热回收效率 负荷率 100%	%	37.8	17.9/19.9	37.7	17.8/20.0	39.3	19.3/20.1	38.6	18.6/20.0	34.1	15.1/18.9	19.1/16.1	19.3/15.8	19.1/15.9	19.9/15.9	19.7/15.8
效率 余热回收效率 负荷率 75%	%	40.0	18.0/22.0	40.0	18.0/22.0	41.1	19.6/21.5	41.5	18.8/22.7	38.5	17.0/21.4	20.0/15.8	20.1/15.5	20.0/15.5	20.7/15.5	20.7/15.5
效率 余热回收效率 负荷率 50%	%	42.7	18.2/24.5	44.9	18.4/26.5	45.9	19.4/26.5	46.0	19.2/26.8	42.5	17.4/25.0	22.7/16.2	22.8/15.8	22.8/15.8	23.3/15.8	23.4/15.8
内燃机 转速	r/min	1500		1500		1500		1500		1500		750	750	750	750	750
内燃机 燃气供应压力	kPa	100～300		100～300		100～300		100～300		100～300		510	510	510	510	510
内燃机 燃料消耗量 负荷率 100%	m^3/h	56.1		78.1		101.9		158.4		187.7		496	731	856	981	1106
内燃机 燃料消耗量 负荷率 75%	m^3/h	44.4		61.9		80.7		127		145.8		390	573	671	768	866
内燃机 燃料消耗量 负荷率 50%	m^3/h	32.8		45.8		59.7		94.8		105.0		286	421	493	564	636
内燃机 NO_x 对策	—	稀薄燃烧		稀薄燃烧		稀薄燃烧		稀薄燃烧		稀薄燃烧		稀薄燃烧	稀薄燃烧	稀薄燃烧	稀薄燃烧	稀薄燃烧
内燃机 NO_x 排放浓度（O_2=0）	ppm	150		150		150		150		150		270	270	270	270	270
余热 余热热水 进出口温度	℃	83～88		83～88		83～88		83～88		83～88		83～88	83～88	83～88	83～88	83～88
余热 余热热水 最高出温	℃	88		88		88		88		88		88	88	88	88	88
余热 余热热水 流量	m^3/h	42.1	22.2	58.6	31	79.7	40.7	121.6	62.9	130.6	70.6	108	158	185	213	240
余热 余热热水 热量	kW	40.1		58.6		73		128		151.6		1331	1927	2257	2586	2916
余热 冷却塔冷却水 温度	℃	42～32		42～32		42～32		42～32		42～32		42～32	42～32	42～32	42～32	42～32
余热 冷却塔冷却水 流量	m^3/h	7.8		10.2		12		15		30		110	150	180	210	230
噪声级别（机侧 1m）	dB	75		75		75		75		75		110	110	110	110	110

注：燃气为日本 13A 天然气，低热值为 41.6MJ/m^3；蒸汽压力为 0.78MPa；蒸汽给水温度按 60℃计算。

日本 JMS 型燃气内燃机组热电联产技术参数（50Hz） 表 31-3-5

机组型号		JMS208GS-N. L	JMS312GS-N. L	JMS312GS-N. L	JMS316GS-N. L	JMS316GS-N. L	JMS320GS-N. L	JMS320GS-N. L	JMS620GS-N. L
内燃机型号		JMS208GS-C06	JMS312GS-C04	JMS312GS-C09	JMS316GS-C04	JMS316GS-C09	JMS320GS-C08	JMS320GS-C09	JMS620GS-E12
余热回收方法		蒸汽/热水	蒸汽/热水	蒸汽/热水	蒸汽/热水	蒸汽/热水	蒸汽/热水	蒸汽/热水	蒸汽/热水
发电机 额定功率	kW	312	550	550	735	735	920	920	2423
发电机 发电电压	V	6600	6600	6600	6600	6600	6600	6600	6600
发电机 容量	kVA	318	561	561	750	750	939	939	2423
发电机 功率因素	—	0.98	0.98	0.98	0.98	0.98	0.98	0.98	1
效率 总效率	%	76.7	80.7	77.9	79.8	77.1	80.1	80.9	83.2
效率 发电效率 负荷率 100%	%	37.6	38.7	40.0	38.8	40.1	39.1	40.2	41.6
效率 发电效率 负荷率 75%	%	36.5	37.6	38.8	37.6	38.8	37.9	38.9	40.0
效率 发电效率 负荷率 50%	%	34.0	35.4	36.5	35.3	36.5	35.5	36.4	36.9
效率 余热回收效率 负荷率 100%	%	22.0/17.0	19.6/22.5	16.4/21.5	18.5/22.4	15.5/21.5	17.3/23.7	18.6/22.1	22.9/18.8
效率 余热回收效率 负荷率 75%	%	22.0/19.2	19.8/23.4	16.8/23.9	19.0/23.4	16.0/23.9	17.4/24.3	18.7/24.1	22.9/17.2
效率 余热回收效率 负荷率 50%	%	22.4/22.5	20.4/27.2	17.5/25.0	19.9/27.1	16.9/25.0	17.5/26.5	18.7/25.8	23.0/17.5
内燃机 转速	r/min	1500	1500	1500	1500	1500	1500	1500	1500
内燃机 燃气供应压力	kPa	100～300	100～300	100～300	100～300	100～300	100～300	100～300	300～400
内燃机 燃料消耗量 负荷率 100%	m^3/h	72	123	119	164	159	203	198	504
内燃机 燃料消耗量 负荷率 75%	m^3/h	55	95	92	127	123	157	153	392
内燃机 燃料消耗量 负荷率 50%	m^3/h	39	67	65	90	87	111	108	280
内燃机 NO_x 对策	—	稀薄燃烧	稀薄燃烧	稀薄燃烧	稀薄燃烧	稀薄燃烧	稀薄燃烧	稀薄燃烧	稀薄燃烧
内燃机 NO_x 排放浓度（O_2＝0）	ppm	200	200	320	200	320	200	320	200
余热 余热热水 进出口温度	℃	80～91	80～91	80～91	80～91	80～91	80～91	80～91	70～90
余热 余热热水 最高出温	℃	91	91	91	91	91	91	91	90
余热 余热热水 流量	m^3/h	11	24.9	23.1	33.1	30.9	43.5	39.5	47.0
余热 冷却塔冷却水 热量	kW	61	45	61	59	82	114	99	148
余热 冷却塔冷却水 温度	℃	35～37.1	35～36.5	35～37.1	35～37	35～37.8	35～38.9	35～38.4	35～38.2
余热 冷却塔冷却水 流量	m^3/h	25.0	25.0	25.0	25.0	25.0	25.0	25.0	40.0
噪声级别（机侧 1m）	dB	75	75	75	75	75	75	75	75

注：燃气为日本 13A 天然气，低热值为 41.6MJ/m^3；蒸汽压力为 0.78MPa；蒸汽给水温度按 60℃计算。

日本 LAALG-NHLG 等燃气内燃机组热电联产机组参数（50Hz） **表 31-3-6**

内燃机型号					6LAALG-DT		6NHLG-ST		6NHLM-ST		AYG20L-ST		12SHLG-ST		8NHLG-ST		16SHLG-ST		12NHLG-ST		16NHLG-ST	
余热回收方式					热水	蒸汽/热水	热水	蒸汽/热水	热水	蒸汽/热水	热水	蒸汽/热水	热水	蒸汽/热水	热水	蒸汽/热水	热水	蒸汽/热水	热水	蒸汽/热水	热水	蒸汽/热水
发电机	额定发电功率			kW	200		300		300		350		360		400		500		600		800	
发电机	发电电压			V	200/400/6600		200/400/6600		200/400/6600		6600		200/400/6600		200/400/6600		200/400/6600		200/400/6600		200/400/6600	
发电机	容量			kVA	250		375		375		368.4		450		500		625		750		1000	
发电机	功率因素			—	0.8		0.95		0.95		0.95		0.8		0.8		0.8		0.8		0.8	
效率	总效率			%	76.6	75.8	72.1	70.6	79.2	78.3	75.0	73.8	75.4	74.6	74.9	73.5	75.4	74.6	73.3	71.9	70.4	69.0
效率	发电效率	负荷率	100%	%	31.7		35.3		33.7		40.5		31.6		34.9		31.6		35.3		34.3	
效率	发电效率	负荷率	75%	%	30.0		33.1		31.7		39.1		29.7		32.5		29.7		32.3		32.0	
效率	发电效率	负荷率	50%	%	26.4		29.5		28.6		35.0		26.8		29.8		26.7		28.6		29.7	
效率	余热回收效率	负荷率	100%	%	44.9	17.9/26.8	36.8	15.7/19.6	45.5	20.2/24.5	34.5	16.8/16.5	43.8	18.5/24.5	40.0	16.3/22.4	43.8	18.5/24.5	38.0	16.7/19.9	36.1	15.8/18.9
效率	余热回收效率	负荷率	75%	%	44.2	16.4/27.0	39.9	16.5/21.9	45.0	19.4/24.8	34.4	16.5/17.0	45.2	18.0/26.4	42.8	17.0/24.5	45.1	18.0/26.3	40.7	17.2/22.1	39.5	16.8/21.3
效率	余热回收效率	负荷率	50%	%	43.5	14.9/27.9	42.4	17.4/23.5	47.3	17.9/28.6	34.5	16.4/19.1	47.2	17.4/29.0	48.2	17.9/29.0	47.2	17.4/29.0	42.8	17.5/23.8	45.2	17.9/25.9
内燃机	转速			r/min	1500		1500		1500		1500		1500		1500		1000		1500		1500	
内燃机	燃气供应压力			kPa	98～196		98～196		98～196		59～290		98～196		98～196		98～196		98～196		98～196	
内燃机	燃料消耗量	负荷率	100%	m^3/h	54.6	54.6	73.5	73.5	77.2	77.2	74.7	74.7	98.4	98.4	99.2	99.2	136.8	136.8	147.1	147.1	201.5	201.5
内燃机	燃料消耗量	负荷率	75%	m^3/h	43.1	43.1	58.9	58.9	61.4	61.4	58.0	58.0	78.7	78.7	79.8	79.8	109.3	109.3	120.6	120.6	162.3	162.3
内燃机	燃料消耗量	负荷率	50%	m^3/h	32.8	32.8	44.0	44.0	45.4	45.4	43.3	43.3	58.2	58.2	58.0	58.0	81.0	81.0	90.7	90.7	116.5	116.5
内燃机	NO_x 对策			—	三元催化		稀薄燃烧		三元催化		稀薄燃烧		三元催化		稀薄燃烧		三元催化		稀薄燃烧		稀薄燃烧	
内燃机	NO_x 排放浓度（O_2＝0）			ppm	200		200		200		200		200		200		200		200		200	

续表

内燃机型号				6LAALG-DT		6NHLG-ST		6NHLM-ST		AYG20L-ST		12SHLG-ST		8NHLG-ST		16SHLG-ST		12NHLG-ST		16NHLG-ST	
余热回收方式				热水	蒸汽/热水	热水	蒸汽/热水	热水	蒸汽/热水	热水	蒸汽/热水	热水	蒸汽/热水	热水	蒸汽/热水	热水	蒸汽/热水	热水	蒸汽/热水	热水	蒸汽/热水
余热	蒸汽	热量(100%)	kW	—	109.1	—	133.4	—	180.5	—	145.3	—	210.2	—	186.5	—	292.2	—	284.0	—	367.4
	热水	热量(100%)	kW	283.2	169.1	312.1	166.3	406.1	218.4	298.1	142.6	497.8	278.5	458.7	256.5	691.9	387.0	645.9	337.9	840.5	440.5
		进出口温度	℃	80/90	80/90	80/90	76/86	80/90	81/88	80/90	84.6/88	83/93	80/90	80/90	76/86	83/93	80/90	80/90	76/86	76/92	76/86
		最高出口温度	℃	93	92	92	88	93	88	90	88	96	92	93	88	96	92	93	88	93	86
		流量	m^3/h	24.4	14.5	26.8	14.3	34.9	26.8	25.6	36.1	42.8	24.0	39.4	22.1	59.5	33.3	55.5	29.1	45.2	37.9
	冷却塔冷却水	热量	kW	47.9	47.9	70.5	70.5	28.5	28.5	70	70	103.5	103.5	89.4	89.4	143.8	143.8	122.4	122.4	153.7	153.7
		温度	℃	35	35	35	35	35	35	—	—	35	35	35	35	35	35	35	35	35	35
		流量	m^3/h	18	18	15	15	15	15	—	—	45	45	30	30	50	50	35	35	45	45
噪声级别(机侧 1m)			dB	70		75		75		70		102		75		105		75		75	
机组尺寸(长×宽×高)			mm	4850×1900×2950		7800×2200×3400		8600×2450×3620		7000×2200×3630		3950×1650×1850		8800×2200×3400		4800×1650×2110		9500×2600×4650		10200×2600×4650	
运行重量			t	9.4		13.0		23.9		16.1		8.0		17.0		11.4		22.0		29.0	
备注				排气允许背压 4.9kPa		排气允许背压 3.43kPa；燃气低压供应可以(1.96 kPa)		排气允许背压 3.43kPa		排气允许背压 4.9kPa		排气允许背压 4.9kPa		排气允许背压 3.43kPa；燃气低压供应可以(1.96 kPa)		排气允许背压 4.9kPa		排气允许背压 3.43kPa；燃气低压供应可以(1.96 kPa)		排气允许背压 3.43kPa；燃气低压供应可以(1.96 kPa)	

注：燃气为日本 13A 天然气，低热值为 41.6MJ/m^3；蒸汽压力为 0.78MPa；蒸汽给水温度按 60℃计算。

31.3.2 燃气轮机（Gas Turbine）

燃气轮机是一种以空气及燃气为工质的旋转式热力发动机，其结构与喷气式发动机一致，也类似蒸汽轮机。燃气轮机驱动系统由三部分组成：燃气轮机（透平或动力涡轮）、压气机（空气压缩机）、燃烧室，如图 31-3-2 所示。其工作原理为：叶轮式压缩机从外部吸收空气，压缩后送入燃烧室，同时燃料（气体或液体燃料）也喷入燃烧室与高温的压缩空气混合，在定压下进行燃烧。生成的高温高压烟气进入燃气轮机膨胀做功、推动动力叶片高速旋转，乏气排入大气中或再加利用。

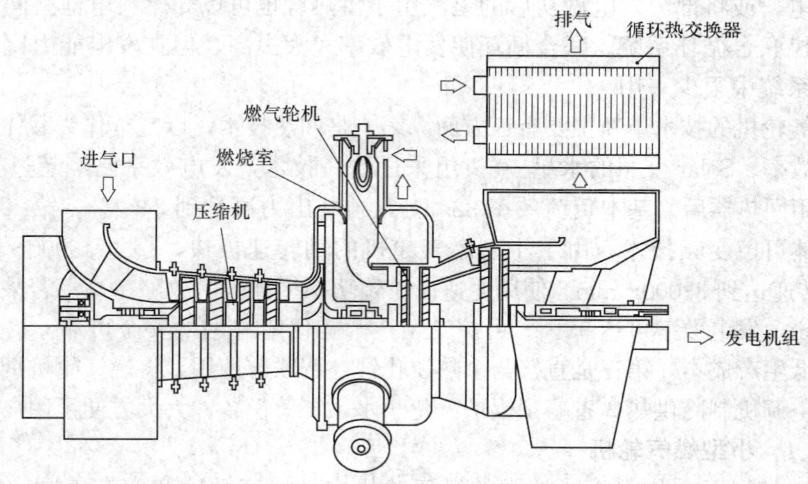

图 31-3-2 燃气轮机结构示意图

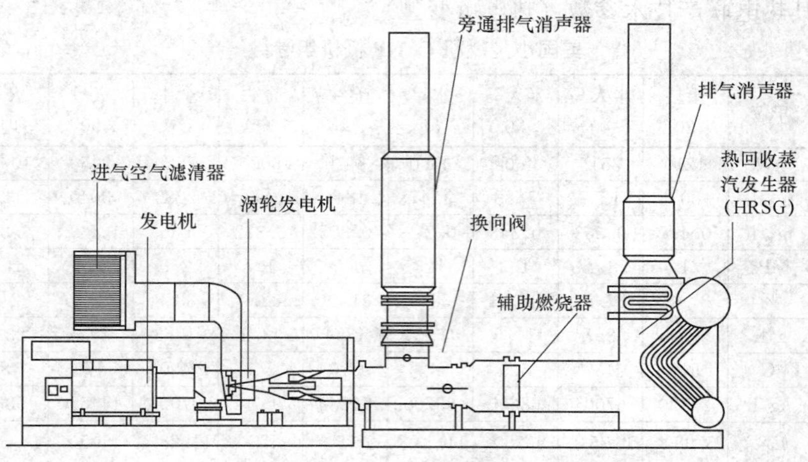

图 31-3-3 燃气轮机热电联产系统示意图

燃气轮机主要用于发电、交通和工业动力。按国际通用分类：单机容量 100MW 以上的称为大型燃机，20～100MW 为中型燃机，20MW 以下为小型燃机，300kW 以下为微型燃机。大型燃气轮机一般用于热电厂，而小型燃气轮机和微燃机比较适合用于 BCHP。小型燃气轮机最先是用于军事和航天领域，结构紧凑、重量较轻，发电效率在 30%左右。

微型燃机主要设计为商用，如果配备高效（效率为85%以上）热回收器，发电效率可达32%。

燃气轮机所排出的高温烟气可进入余热锅炉产生蒸汽或热水，用以供热、提供生活热水或驱动蒸汽（或热水）吸收式制冷机供冷，也可以直接进入烟气补燃型吸收式机组用于制冷、供热和提供生活热水。通常余热锅炉带补燃，发电量、供热量、供冷量的调节比较灵活（图31-3-3）。

燃气轮机还可以与蒸汽轮机（抽汽式或背压式）共同组成燃气轮机-蒸汽轮机联合循环系统，将燃气轮机做功后排出的高温烟气通过余热锅炉回收转换为蒸汽，再将蒸汽注入蒸汽轮机发电，或将部分发电做功后的乏汽用于供热。也可以与燃料电池共同组成燃料电池一燃气轮机联合循环系统。联合循环使发电效率大大提高，但在发电能力比较小的建筑热电冷联产系统中很少采用。

小型燃气轮机的技术革新主要有三方面。第一是回热技术，以空气作为载体，回收烟气能量、提高效率。Solar公司的水星60机组采用这一技术，发电效率已经超过39%；普惠ST5机组采用回热器后，基本负荷效率32.7%，顶峰出力可达到34.4%。第二是永磁发电机大功率晶体可控变频技术，由于小型燃气轮机的轴转速极快，超过10000r/min，ST6L-721机组的转速达到33000r/min。使用变速齿轮箱功率损耗大，故障率高。若采用永磁发电机，无需励磁，发电效率可达95%。可控变频技术能保障并网的安全可靠，提高自动化控制能力，降低生产成本。第三是直接与余热溴化锂空调联合使用，将燃气轮机烟气直接排入余热溴化锂空调机制冷供热，省略了锅炉、化学水系统等设备，大大方便了用户。

31.3.2.1　小型燃气轮机

400kW～15MW采用涡流式技术的燃气轮机中，代表性生产商有美国、日本、瑞典等国家。表31-3-7为美国小型燃机机组性能；表31-3-8是日本燃气轮机机组性能参数；表31-3-9为其热电联产技术参数（热电可变型）。

美国小型燃机CCHP机机组参数　　**表31-3-7**

项目	单位	土星20	半人马40	半人马50	水星50	金牛60	金牛65	金牛70	火星90	火星100	大力神130
燃机出力	kW	1210	3515	4600	4600	5670	6000	7520	9450	10690	14905
燃料耗量	m^3/h	504	1277	1588	1147	1844	1869	2280	3040	3375	4329
千瓦燃耗	m^3/h	0.417	0.363	0.345	0.249	0.325	0.312	0.303	0.322	0.316	0.29
天然气进气压力	MPa	1	1.4	1.7	1.6	1.7	1.7	2.0	2.4	2.4	2.7
机组效率	%	24.42	27.88	29.34	38.5	31.51	32.9	33.8	31.86	32.46	35.28
机组余热量	t/h	3.9	8.7	11.6	6.5	12.4	14.1	15.2	20.5	23.4	28.4
烟气温度	℃	516	437	509	377	510	547	490	470	485	496
烟气流量	kg/h	23220	67004	68680	63700	78280	70614	97000	144590	150390	179600
机组尺寸	$L\times W\times H$ (m)	5.98×1.73×2.13	9.75×2.44×2.59	9.75×2.44×2.59	11.13×2.95×3.66	9.75×2.49×2.95	9.75×2.49×2.95	11.28×2.93×2.74	14.5×2.8×3.6	13.87×2.93×3.56	14.02×3.33×3.30
机组重量	kg	8980	26015	27430	58831	33045	33045	50314	64698	62483	73668
压缩比		6.7	9.7	10.6	9.9	12	—	16	16	16	16
最低甲烷指数	LHV(kJ)	11808	11808	11808	11808	11808	11808	11808	11808	11808	11808
启动方式		电动马达	电动马达	电动马达	电动马达	电动马达	电动马达	电动马达	电动马达	电动马达	电动马达

日本燃气轮机 CCHP 机组参数 表 31-3-8

机组型号			PUC06	PUC07D	PUC12		PUC15D	PUC15		PUC20		PUC30D	PUC30	
燃气轮机型号			S2A-01	S7A-01	M1A-11A		M1A-13D	M1A-13A		M1A-23B		M1T-13D	M1T-13A	
发电机	额定发电功率	kW	650	650	1200		1455	1500		2135	2165	2865	2900	
发电机	发电电压	V	3300/6600	3300/6600	3300/6600		3300/6600	3300/6600		3300/6600		3300/6600	3300/6600	
发电机	容量	kVA	812.5	812.5	1500		1875	1875		2750		3625	3625	
发电机	功率因素	—	0.8	0.8	0.8		0.8	0.8		0.8		0.8	0.8	
效率	总效率	%	70.6	75.3	71.5	70.4	78.5	75.1	77.0	75.1	78.7	75.9	74.4	73.8
效率	发电效率	%	19.4	23.5	22.1	23.6	23.8	23.4	25.1	23.5	25.4	23.5	23.0	24.6
效率	余热回收效率	%	51.2	51.8	49.4	46.8	54.7	51.7	51.9	51.6	53.3	52.4	51.4	49.2
燃气轮机	主机转速	r/min	31500	34000	22000		22000	22000		22000		22000	22000	
燃气轮机	燃料消耗量	m^3/h	290	240	470	441	528	555	517	785	736	1056	1094	1020
燃气轮机	吸入空气量	$10^3m^3/h$	13.8	10.8	22.4	22.4	22.0	22.1	22.0	26.6	26.5	44.0	44.2	44.1
燃气轮机	烟气量	$10^3m^3/h$	14.0	11.2	22.8	22.9	22.2	22.6	22.7	27.5	27.4	44.3	45.3	45.4
燃气轮机	排烟温度	℃	474	479	446	439	533	511	502	567	567	533	504	496
燃气轮机	启动方式	—	空气启动	空气启动	空气启动或变频器马达驱动		空气启动或变频器马达驱动	空气启动或变频器马达驱动		空气启动或变频器马达驱动		空气式	空气式	
燃气轮机	NO_x 对策	—	水喷	预混稀薄燃烧	水喷	蒸汽喷	预混稀薄燃烧	水喷	蒸汽喷	水喷	蒸汽喷	预混稀薄燃烧	水喷	蒸汽喷
燃气轮机	NO_x 排放浓度	ppm ($O_2=0$)	150	84	84	100	75	84	100	100	150	80	100	100
燃气轮机	噪声(机侧 1m)	dB	85	85	85		85	85		85		85	85	
燃气轮机	动力	kW	55	40	65		75	75		110		145	145	
燃气轮机	出口压力	MPa	1.372	1.23	1.372		1.372	1.372		1.568		1.372	1.372	
余热锅炉	锅炉类型	—	水管式自然循环	贯流式	水管式自然循环		水管式自然循环	水管式自然循环		水管式自然循环		水管式自然循环	水管式自然循环	
余热锅炉	常用压力	MPa	0.83	0.83	0.83	1.35	0.83	0.83	1.35	0.83	1.35	0.83	0.83	1.35
余热锅炉	最高使用压力	MPa	0.98	0.98	0.98	1.56	0.98	0.98	1.56	0.98	1.56	0.98	0.98	1.56
余热锅炉	蒸汽量	kg/h	2450	2050	3830	3380	4770	4740	4400	6680	6432	9100	9290	8220
余热锅炉	蒸汽回收热量	kW	1716	1436	2683	2384	3341	3320	3102	4680	4533	6395	6506	5799
余热锅炉	换热面积	m^2	53	38	68		68	68		87		136	136	
余热锅炉	给水量	m^3/h	2.6	2.2	4.0		5.0	5.0		7.0		9.6	9.8	
余热锅炉	给水泵动力	kW	5.5	4	5.5		7.5	7.5	11	7.5	11	11	11	15

续表

机组型号			PUC40		PUC60D	PUC60		PUC70		MF-111A	MF-111B	PUC180	MF-221
燃气轮机型号			M1T-23B		M7A-01D	M7A-01		M7A-02		MF-111A	MF-111B	L20A	MF-221
发电机	额定发电功率	kW	4200		5250	5650	5750	6940	7050	14280	16250	17330	31620
	发电电压	V	3300/6600		3300/6600	3300/6600		3300/6600		6600/11000	6600/11000	11000	11000
	容量	kVA	4841		6411	6878	6989	8189	8356	17650	20000	19255	41180
	功率因素	—	0.85		0.9	0.9	0.9	0.9		85	85	0.9	85
效率	总效率	%	74.6	77.4	82.1	75.3	71.4	77.7	77.3	77.3	79.1	81.2	80.6
	发电效率	%	23.3	25.1	28.8	28.3	30.6	29.0	30.9	30.9	31.7	32.9	31.6
	余热回收效率	%	51.3	52.3	53.3	47.5	40.8	48.7	46.4	46.4	47.4	48.3	49.1
燃气轮机	主机转速	r/min	22000		14000	14000		13790		9675	9675	9420	7200
	燃料消耗量	m^3/h	1559	1446	1576	1730	1630	2080	4000	4000	4430	4558	8670
	吸入空气量	$10^3m^3/h$	53.1	53.1	59.8	59.9	59.9	73.9	132.7	132.7	154.3	161.4	302.4
	烟气量	$10^3m^3/h$	54.9	54.9	60.7	62.8	63.6	77.5	143.8	143.8	166.6	167.6	322.0
	排烟温度	℃	564	559	545	536	529	510	555	555	544	546	541
	启动方式	—	空气式		变频器马达驱动	交流电动机		变频器马达驱动		交流电动机	交流电动机	变频器马达驱动	交流电动机
	NO_x 对策	—	水喷	蒸汽喷	预混稀薄燃烧	水喷	蒸汽喷	水喷	蒸汽喷	蒸汽喷	蒸汽喷	预混稀薄燃烧	蒸汽喷
	NO_x 排放浓度	ppm ($O_2=0$)	100	150	80	150	100	185	150	105	120	100	190
	噪声(机侧 1m)	dB	85		85	85		85		85	85	85	85
	动力	kW	200		236	236		308		700	800	1000	1400
	出口压力	MPa	1.568		1.764	1.764		2.059		2.0	2.0	2.65	2.0

续表

机组型号			PUC40		PUC60D	PUC60		PUC70		MF-111A	MF-111B	PUC180	MF-221
燃气轮机型号			M1T-23B		M7A-01D	M7A-01		M7A-02		MF-111A	MF-111B	L20A	MF-221
余热锅炉	锅炉类型	—	自然循环水管式		水管式自然循环	水管式自然循环		自然循环水管式		自然循环水管式	自然循环水管式	水管式自然循环	自然循环水管式
	常用压力	MPa	0.83	1.35	0.83	0.83	1.70	0.83	2.06	2.0	2.0	1.96	2.0
	最高使用压力	MPa	0.98	1.56	0.98	0.98	1.96	0.98	2.35	2.2	2.2	3.92	2.2
	蒸汽量	kg/h	13210	12381	13850	13720	10870	16170	12920	27600	31200	36000	63300
	蒸汽回收热量	kW	9251	8734	9700	9609	7679	11325	9138	21400	24200	25476	49200
	锅炉排烟温度	℃	—		—	—		—		135	135	—	135
	换热面积	m^2	173		192	192		229		—	—	487	—
	给水量	m^3/h	13.9		14.5	14.4		17.0		33.1	37.3	40.0	71.4
	给水泵动力	kW	15	18.5	15	15	30	18.5	30	50	60	75	100

备注：

1)燃料为日本城市 13A 天然气，热效率按低热值(LHV)计算，LHV=41.6MJ/m^3；

2)空气吸气温度 15℃，湿度 60%，气压 101.3kPa，背压损失 3.43kPa(350mmH_2O=吸气侧 100mmH_2O+排气侧 250mmH_2O)；

3)NO_x 排放浓度值按烟气 O_2 浓度为 0 计算；

4)蒸汽给水温度按 60℃计算。

日本燃气轮机热电联产技术参数（热电可变型）　　**表 31-3-9**

机组型号			PUC15 Super PLUS		PUC15 PLUS	PUC60 Super PLUS		PUC60 PLUS		PUC70 PLUS	
燃气轮机型号			M1A-13CC		M1A-13A	M7A-01ST		M7A-01ST		M7A-02 ST	
热电变化形式			蒸汽优先	电优先	电优先	蒸汽优先	电优先	蒸汽优先	电优先	蒸汽优先	电优先
发电机	额定发电功率	kW	1300	2300	1600	5700	6870	5750	6500	7050	8000
	发电电压	V	3300/6600		3300/6600	3300/6600		3300/6600		3300/6600	
	容量	kVA	2875		1875	7633		7222		9422	
	功率因素	—	0.8		0.8	0.9		0.9		0.9	
效率	总效率	%	74.0	32.0	79.1	70.8	37.6	72.2	53.0	67.6	53.0
	发电效率	%	21.1	32.0	25.6	29.8	37.6	30.6	33.6	31.1	34.0
	余热回收效率	%	52.9	0.0	53.5	40.9	0	41.6	19.4	36.5	19.0
燃气轮机	主机转速	r/min	22000		22000	14000		14000		13790	
	燃料消耗量	m^3/h	533	624	542	1658	1583	1630	1680	1960	2040
	吸入空气量	$10^3m^3/h$	24.0	27.0	21.8	60.0	54.5	59.9	54.5	73.9	69.4
	烟气量	$10^3m^3/h$	24.0	27.0	22.7	63.9	65.6	63.6	65.5	78.1	80.5
	烟气温度	℃	556	590	542	528	502	529	521	507	496
	启动方式	—	空气启动或变频器马达驱动		空气启动或变频器马达驱动	变频器马达驱动		变频器马达驱动		变频器马达驱动	
	NO_x 对策	—	蒸汽喷		蒸汽喷	蒸汽喷		蒸汽喷		蒸汽喷	
	NO_x 排放浓度	ppm ($O_2=0$)	150		100	100		100		150	
	噪声(机侧 1m)	dB	85		85	85		85		85	
	动力	kW	75		75	250		236		355	
	出口压力	MPa	1.372		1.372	1.764		1.764		2.06	
余热锅炉	锅炉类型	—	水管式自然循环		水管式自然循环	水管式自然循环		水管式自然循环		水管式自然循环	
	常用压力	MPa	1.35		1.35	1.70		1.70		2.10	
	最高使用压力	MPa	1.56		1.56	1.96		1.96		2.55	
	蒸汽量	kg/h	4300	0	4753	11100	0	11100	5300	11700	6315
	蒸汽回收热量	kW	3260	0	3351	9310	0	7842	3745	8279	4469
	换热面积	m^2	79		68	192		192		229	
	给水量	m^3/h	5.0		5.0	14.4		14.4		17.0	
	给水泵动力	kW	11		11	30		30		37	
备　注			1)燃料为日本城市 13A 天然气，热效率按低热值（LHV）计算，LHV＝41.6MJ/m^3； 2）空气吸气温度 15℃，湿度 60%，气压 101.3kPa，背压损失 3.43kPa（350mmH_2O＝吸气侧 100mmH_2O＋排气侧 250mmH_2O）； 3)NO_x 排放浓度值按烟气 O_2 浓度为 0 计算； 4)蒸汽给水温度按 60℃计算。								

31.3.2.2 轻型燃气轮机

轻型燃气轮机多为航空发动机的地面改型，特点是小巧轻便、启停快，技术先进，自动化程度高（表 31-3-10）。有采用涡流技术（ST6），也有采用轴流技术（ST5）。一台 800kW 级 ST6 燃气轮机的重量仅为 104kg，长度 1346mm；一套 395kW 带回热循环的 ST5 燃机的总重也只有 816kg。

加拿大轻型燃气轮机技术性能表 31-3-10

项　目	单位	ST5R	ST5S	ST6L-721	ST6L-795	ST6L-813
发电出力	kW	395	457	508	678	848
燃料耗量	GJ/h	4.35	7.00	7.82	9.88	11.74
单位燃耗	kJ/kWh	11009	15319	15385	14575	13846
发电效率	%	32.7	23.50	23.4	24.70	26.00
排烟温度	℃	365	587	514	589	566
烟气流量	kg/h	7992	8280	10800	11664	14112
余热回收量	kW	511	1196	1337	1655	1924
热电综合效率	%	75%	85%	85%	85%	85%

轻型燃气轮机的技术已非常完善，大修寿命周期也在 30000h 以上，每次大修后可以恢复到原来的出力水平。可用于发电和直接动力，余热能够利用于热电联产或与溴化锂制冷机组冷热电联产。轻型燃气轮机还具有一个非常有用的特性就是过载顶峰能力，在瞬间出力能够迅速增加 10%～20%（表 31-3-11），适应小型电网的负荷变化。

加拿大轻型燃气轮机顶峰能力 表 31-3-11

项　目	单位	ST5R	ST5S	ST6L-721	ST6L-795	ST6L-813
基荷发电出力	kW	395	457	508	678	848
顶峰发电出力	kW	492	563	567	743	932
增幅	%	24.6%	23.2%	11.6%	9.6%	9.9%

31.3.3 微型燃气轮机（Micro-Turbine）

微型燃气轮机一般定义为功率在 300kW（这一数据随文献来源不同而有所差别）以下，以天然气、煤制气、甲烷、LPG、汽油、柴油等为燃料的超小型燃气轮机。功率为数百千瓦的燃气轮机在 1940～1960 年就已经开发并应用了，当时是将飞机发动机的燃气轮机小型化，产生高温、高压气体，用于发电和驱动，称为小型燃气轮机。但是长期以来，这种燃气轮机无法与内燃机相匹敌。到 1990 年，随着板翅式回热器在工艺及制造成本方面的突破，新的设计概念将燃气轮机与发电机设计成一个整体，不仅大大简化了结构，且使整台发电机组的尺寸显著减少，重量减轻，这种机组出现后即获得强大的生命力。

微型燃气轮机为全径流式，即用离心压气机和向心透平，基本原理是通过一个铸有叶轮并和永磁电机转子连接的转子的高速旋转来带动发电机发电，叶轮一侧为压缩机，另一侧为燃烧室和动力叶片，在转子上两者叶轮为背靠背结构。转子的速度为 70000～156000r/min。为了减少阻力，一些机组还采用空气轴承，转子是浮在空气轴承上运行。不需润滑油系统，结构更趋简化。微燃机结构见图 31-3-4，其 CCHP 系统示意图见

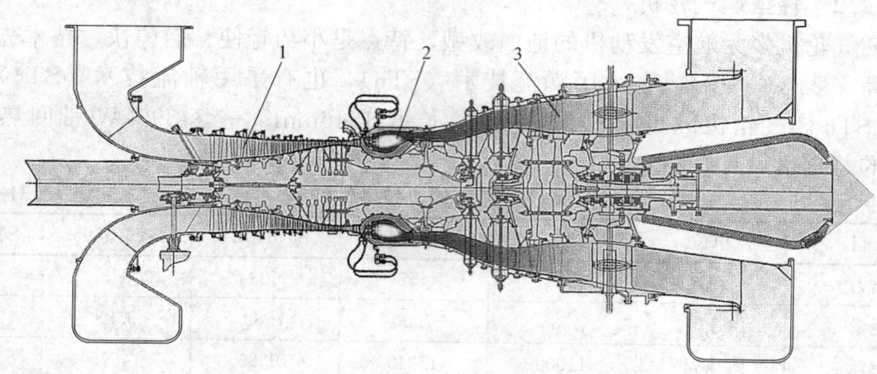

图 31-3-4 微燃机结构

1—压气机；2—燃烧室；3—动力叶片

图 31-3-5，所用回热器一般为高效板式回热器。

目前作为现场能源系统的微燃机都采用了无人值守的智能化自动控制技术、晶体变频控制技术，能自动跟踪频率调节，保证了安全运行。与其他的发电机（如柴油机）相比，微型燃气轮机发电机组至少具有以下几个鲜明优势：

① 寿命长。典型数据是达 45000h，而同功率等级的柴油机仅为 4000h；

② 移动性好、占地面积少。一台 30kW 微型燃气轮机发电机组重量小于一台 3kW 的柴油发电机组，设备大小犹如一台电冰箱；

③ 安全性高。仅有一个运动部件，故障率降到最低，内置式保护与诊断监控系统，提供了预先排除故障的手段，在线维护简单。若采用空气轴承和空气冷却，无需更换机油和冷却介质。发电机组的首次维修时间在 8000h 以后，维修费用低；具有一系列的自动超限保护和停机保护等功能。

④ 环保性好。噪声小，排气温度低，红外辐射小，排放远低于柴油机，有利于环境保护。

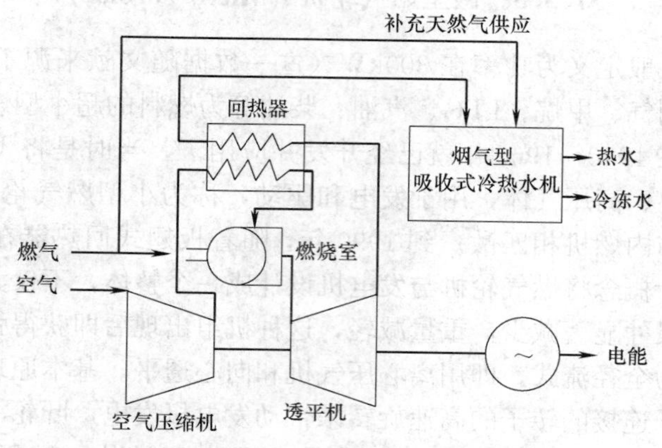

图 31-3-5 微燃机 CCHP 系统示意图

目前的微型燃气轮机 CCHP 系统在实际应用尚存在一些问题：首先，微型燃气轮机发电机组的成本高于柴油发电机组，低负荷时的热效率还低于同等功率的柴油机。随着技术的进步，其成本有望逐步接近于柴油发电机组。其次，通过回热技术等已有效地提高微燃机系统的热转功效率，其发电效率已从最初的17%～20%上升到现在的26%～30%，排烟温度降低到300℃以下，综合利用效率可达75%左右。但以微型燃气轮机作为动力的分布式能源系统的热转功效率依然低于大型集中供电电站。如何有效提高CCHP系统的能量利用效率是当前微燃机CCHP技术发展所面临的主要障碍之一。第三，微燃机均需要较高的天然气压力（最低0.2MPa），在城市建筑中往往不能满足这一要求，有时需自管网中抽气。

目前美国和日本都有多家企业在积极开发制造相应的设备。在美国已经制造出30kW级微型燃气轮机发电装置，发电效率达到26%，年产量1万台；开发成功的75kW级的发电设备，发电效率为28.5%。日本的多家企业，都在使用美国的技术开发热电联产系统。为促进这项技术的发展，日本通产省已计划减少对小型自用发电业的限制。在我国，微型燃气轮机仍处于研制阶段，部分科研机构正在展开各种有关项目的研制。

当前，微型燃气轮机的技术难点在于：高效率回热器的设计；燃烧室小流量喷嘴的设计和控制；由于高温热膨胀带来的间隙控制问题；压气机的匹配问题。

微型燃气轮机几种较常见的型号见表31-3-12～表31-3-16。

美国C系列微燃机性能指标 **表31-3-12**

项　目	单　位	C30系列			C65系列
		高压天然气型	低压天然气型	垃圾填埋气	
额定发电量	kW	30.0(+0/−1)	28.0(+0/−1)	30(+0/−1)	65.0(+0/−2)
发电效率	%	26.0(±2)	25.0(±2)	26(± 2)	29.0(±2)
燃料耗量（低热值计）	kJ/h	415000	404000	415000	807000
供热能力	kJ/(kW·h)电	13800	14400	13800	12400
烟气余热量	kJ/h	327000	327000	327000	327000
烟气温度	℃	275	275	275	309
烟气质量流量	kg/s	0.31	0.31	0.31	0.49
NO_x	ppm	<9	<9	<9	<35
外形尺寸	长×宽×高 mm	1900×714×1344			2110×762×1956
重量	kg	478			748
噪声	dB	65			70

美国TG系列微燃机技术参数 **表31-3-13**

项　目	单　位	机组型号
		TG80
燃机出力	kW	72.94
天然气进气压力	MPa	>0.55
燃料耗量	MJ/h	2042.57
单位燃料耗量	kJ/(kW·h)	28003

续表

项　　目	单　　位	机　组　型　号
		TG80
烟气流量	kg/h	3042
烟气温度	℃	615
机组余热量	kW	425
机组尺寸(长×宽×高)	mm	2000×800×1600
机组重量	kg	<800
启动方式		电启动或黑启动
发电效率	%	12.86
热电综合效率	%	87.76

美国 MT 系列微型燃气轮机技术参数　　**表 31-3-14**

项　　目	单　　位	机　组　型　号	
		MT70	MT250
燃机出力	kW	70	250
天然气进气压力	kPa	1～517	2～1379
燃料耗量	MJ/h(kW)	900(250)	3001.48(833.7)
单位发电量的燃料耗量	kJ/(kW·h)	12417	12006
烟气流量	kg/h	2614	8280
烟气温度	℃	232	242
机组余热量	kW	73.3～102.6	263.8～366.3
机组尺寸(长×宽×高)	mm	2140×1310×2910	3755×2287×4066
机组重量	kg	2270	5440
发电效率	%	28	30
热电综合效率	%	57.3～71.4	61.6～73.9

31.3.4　燃料电池

31.3.4.1　建筑冷热电联产中的燃料电池

燃料电池（Fuel-cell）具有效率高、清洁、安静、废热的再利用价值高等优点。一般来说，燃料电池的发电效率比内燃机、燃气轮机等发电设备高 1/6～1/3，以低热值定义的发电效率在 40%～55%之间，在所有的分布式发电设备中是最高的。燃料电池是名副其实的清洁能源技术，但对燃料的要求很高，有些燃料电池只能用氢气，有些燃料电池虽然能够用天然气，但必须脱硫。因此若不将燃料改制所产生的污染物排放计入的话，燃料电池可以做到"零排放"。燃料电池靠电化学反应发电，其内部没有任何活动部件，不会发出任何噪声。在尽量减低其动力装置（如泵）的噪声与振动之后，燃料电池系统在运行时的噪声和振动是非常低的。燃料电池的所产生的废热非常清洁，基本上就是水蒸气和热空气，而且高温燃料电池（如 SOFC）废热的温度很高，因此可利用价值非常高。

日本 TPC 微燃机 CCHP 系统参数 表 31-3-15

项目			单位	TPC50R-SB300	TPC50RA-HB	TPC300-SBGP (1539)	TPC300-SBGS (1469)
	吸气温度		℃	15	15	25	25
	负荷率		%	100	100	80	80
发电	额定发电功率		kW	50	51	295	295
发电	发电电压		V	200/210/220	200/210/220	440/3300/6600	440/3300/6600
效率	发电效率		%	12.4	25.5	17.9	18.4
效率	综合效率	蒸汽	%	69.2	—	82.2	77.3
效率	综合效率	冷冻水	%	86.6	48.2	—	—
效率	综合效率	热水	%	88.1	68.7	—	—
效率	型号		—	TG051	TG051R	TG311	TG311
效率	额定功率		kW	57	57	309	309
效率	转速	主机	r/min	80000	80000	40000	40000
效率	转速	减速机	r/min	—	—	1500/1800 (50Hz/60Hz)	1500/1800 (50Hz/60Hz)
效率	燃料消耗量		m^3/h	34.2	17.0	143	139
效率	烟气量		m^3/h	1330	1388	6531	6440
效率	启动方式		—	发电机马达	发电机马达	电气式	电气式
效率	NO_x 控制对策		—	—	预混稀薄燃烧	预混稀薄燃烧	蒸汽喷
外箱	噪声(机侧 1m)		dB(A)	70	70	70	70
外箱	外形尺寸	长	mm	1600	2100	4000	4000
外箱	外形尺寸	宽	mm	1000	1000	1500	1500
外箱	外形尺寸	高	mm	1850～2170	1850～2400	2600	2600
外箱	重量		t	1.3	2.5	7.6	7.6
压缩机	类型		—	螺杆式(油冷)	螺杆式(油冷)	螺杆式(油冷)	螺杆式(油冷)
压缩机	动力		kW	5.5	2.7	18.5	18.5
压缩机	进口/出口压力		kPa	1.96/650	1.96/650	98/780	98/780
余热回收设备	蒸汽回收热量		kW	230.2	—	1074	1025
余热回收设备	蒸汽压力		MPa	0.78	—	0.78	0.78
余热回收设备	烟气直接回收制冷量		USRT	85	14	—	—
余热回收设备	热水回收		kW	304.6	81.3 及 89.5	—	—
余热回收设备	热水温度	标准规格	℃	进 55～出 60	进 55～出 60	—	—
余热回收设备	热水温度	最高出口温度	℃	进 83～出 88	进 83～出 88	—	—

日本其他微燃机 CCHP 系统的技术参数　　表 31-3-16

项目			单位	TCP30LHR3	MIOSPECTRUM30	MIOSPECTRUM60	TA100
吸气温度			℃	15	15	15	15
负荷率			%	100	100	100	100
发电	额定发电功率		kW	27	27	60	95
发电	发电电压		V	200	200	200	400/440/480
效率	发电效率		%	25.0	25.0	27.0	27.0
效率	综合效率	蒸汽	%	92.0①	—	—	—
效率	综合效率	冷冻水	%	66.1	—	—	—
效率	综合效率	热水	%	73.5	73.0	72.0	73.0
燃气轮机	微燃机厂家		—	Capstone	Capstone	Capstone	Elliot Energy Systerm Inc.
燃气轮机	型号		—	C30	C30	C60	TA100
燃气轮机	额定功率		kW	30	30	60	95
燃气轮机	主机转速		r/min	96000	96000	96000	68000
燃气轮机	燃料消耗量		m^3/h	10.1	10.1	19.2	30.4
燃气轮机	烟气量		m^3/h	948	863	1310	2400
燃气轮机	启动方式		—	发电机马达	发电机马达	发电机马达	发电机马达
燃气轮机	NO_x 对策		—	预混稀薄燃烧	预混稀薄燃烧	预混稀薄燃烧	二段燃烧
外箱	噪声(机侧 1m)		dB(A)	65	65	65	68 以下
外箱	外形尺寸	长	mm	2410	2000	2650	3450
外箱	外形尺寸	宽	mm	910	800	1000	1150
外箱	外形尺寸	高	mm	2460	1900	2660	2420
外箱	重量		t	1.99	1.7	2.7	—
压缩机	类型		—	回转式	回转式	螺杆式	螺杆式
压缩机	动力		kW	—	—	2.2	4.5
压缩机	进口/出口压力		kPa	1.96/390	2.0	1～2.5	1～2.5
余热回收设备	蒸汽回收热量		kW	447	—	—	—
余热回收设备	蒸汽压力		MPa	0.8	—	—	—
余热回收设备	烟气直接回收冷量		USRT	13	4.3(—15℃时)	—	约 40
余热回收设备	热水回收		kW	59②	53.0	100.0	155
余热回收设备	热水温度	标准规格	℃	进 50～出 60	进 80～出 90	进 60～出 70	进 60～出 70
余热回收设备	热水温度	最高出口温度	℃	进 80～出 90	进 80～出 90	进 80～出 90	进 80～出 90

① 采用排烟再燃系统；

② 指热水温度为 50～60℃时。

燃料电池的价格非常昂贵，是内燃机、燃气轮机等发电设备的2～10倍。燃料电池的维护与其他的发电装置有很大的不同，一旦发生故障，需要运回生产基地进行维修，目前还无法做到现场更换电池堆。此外，燃料电池对燃料非常挑剔，往往需非常高效的过滤器，且要经常更换。在这个意义上说，燃料电池是一种尚未商业化的技术。如果燃料电池的价格能够有所降低，并且经过一段时间使其趋于成熟，它将以其高效、清洁、安静等综合优势成为各种分散式发电技术中最优的技术。

依据电解质的不同，燃料电池分为碱性燃料电池（AFC）、磷酸型燃料电池（PAFC）、熔融碳酸盐燃料电池（MCFC）、固体氧化物燃料电池（SOFC）及质子交换膜燃料电池（PEMFC）等。其主要特点如表31-3-17所示。其中AFC的工作温度很低，但对燃料和氧化剂的要求很高，适用面很窄，基本上只在航天工业中有应用。而SOFC因工作温度最高，效率也最高，并且可以直接使用天然气（CH_4）为燃料（在燃料电池内部对燃料进行改制），产生的废热利用价值很高，非常适合在建筑热电冷联产和集中热电联产中应用。SOFC的构成材料为固体陶瓷，比液体的可靠性好，但其制造工艺非常复杂，研究开发及制造的成本都非常高。关于燃料电池详见本手册第35章。

燃料电池分类及其主要特性 **表 31-3-17**

项目＼种类	低温燃料电池			高温燃料电池	
	PEMFC	AFC	PAFC	MCFC	SOFC
电解质	质子可渗透膜	氢氧化钾溶液	磷酸	锂和碳酸钾	固体陶瓷
适用燃料	氢、天然气	纯氢	天然气、氢	天然气、煤气、沼气	天然气、煤气、沼气
氧化剂	空气	纯氧	空气	空气	空气
运行温度	85℃	120℃	190℃	650℃	1000℃
发电效率	30%＋	32%＋	≈40%	≈42%	≈45%
适用范围	汽车、航天	航天	BCHP、DCHP		
总价格（包括安装费用，美元/kW电）	1400	2700	2100	2600	3000

31.3.4.2 燃料电池CCHP系统

图31-3-6所示为SOFC热电联产系统示意图。

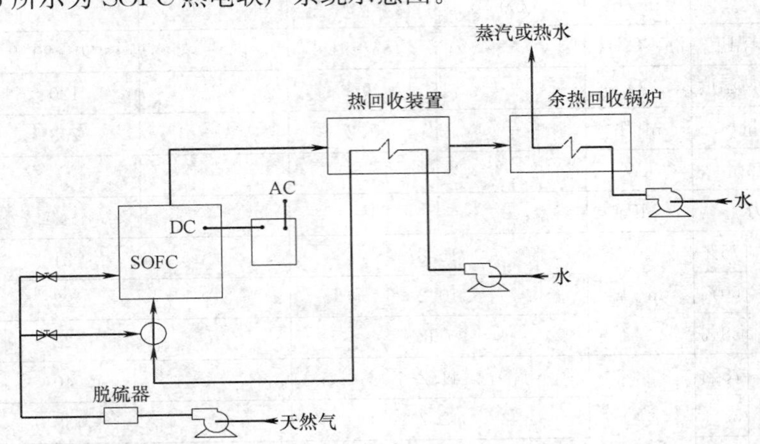

图31-3-6 固体氧化物燃料电池（SOFC）热电联产系统示意图

由 SOFC 电池堆排出的 755℃的废气并不能够直接加以利用，而要首先经过热回收装置变成 315℃的废气，然后再通入余热回收锅炉与冷水进行热交换，使其变为蒸汽或热水，用来供热、提供生活热水或驱动蒸汽（或热水）吸收式制冷机供冷。热回收装置出来的高温废气也可以直接进入排气直热或排气再燃型吸收机用于制冷，供热和提供生活热水。余热锅炉可以加补燃系统，使发电量和供热量的调节更为灵活。固体氧化物燃料电池排出的高温烟气还可以驱动燃气轮机（可以加补燃）进一步发电，形成 SOFC-燃气轮机联合循环系统，这种系统的发电效率最高可以达到 70%，燃料电池热电联产系统的技术参数见表 31-3-18。

燃料电池热电联产系统的技术参数　　表 31-3-18

类别	项目	单位	FP-100		PC25C		
余热回收方法			低温热水	低温热水·高温热水	低温热水	低温热水·高温热水	热水·蒸汽
发电	额定发电功率	kW	100		200		
发电	发电电压	V	200/210/220		400/440		
发电	容量	kVA	106		235		
发电	频率	Hz	50/60		50/60		
发电	功率因素	—	1.0		0.85,0.9		
效率	综合效率	%	87	87	81	81	81
效率	发电效率	%	40	40	40	40	40
效率	余热效率(合计)	%	47	47	41	41	41
效率	余热效率(低温)	%	47	27	41	24	29
效率	余热效率(高温)	%	—	20	—	17	12
燃料耗量		m^3/h	21.6		43.4		
余热回收	热水回收热量	kW	117.6		205	205	145
余热回收	低温热水 进出口温度	℃	40→57	40→50	27→60	27→60	27→60
余热回收	低温热水 最高出口温度	℃	57	50	70	70	70
余热回收	低温热水 流量	m^3/h	5.9	5.9	5.3	3.1	3.8
余热回收	高温热水 进出口温度	℃	—	85→91	—	80→90	—
余热回收	高温热水 最高出口温度	℃	—	95	—	120	—
余热回收	高温热水 流量	m^3/h	—	7.2	—	7.3	—
余热回收	蒸汽回收热量	kW	—	—	—	—	60
余热回收	蒸汽压力	MPa	—	—	—	—	0.64
部分负荷特性	燃料耗量 负荷率 75%	m^3/h	15.8		31		
部分负荷特性	燃料耗量 负荷率 50%	m^3/h	10.2		22		
部分负荷特性	燃料耗量 负荷率 38%	m^3/h	7.6		22		
部分负荷特性	发电效率 负荷率 75%	%	41.2		40		
部分负荷特性	发电效率 负荷率 50%	%	42.2		38		
部分负荷特性	发电效率 负荷率 38%	%	42.6		—		

续表

型号					FP-100		PC25C		
余热回收方法					低温热水	低温热水・高温热水	低温热水	低温热水・高温热水	热水・蒸汽
部分负荷特性	低温热水回收热量	负荷率	75%	kW	76.8	49.1	130	50	100
			50%		41.6	31.3	90	30	80
			38%		24.8	23.8	—	—	—
	高温热水回收热量	负荷率	75%	kW	—	27.7	—	80	—
			50%		—	10.3	—	60	—
			38%		—	1.0	—	—	—
	蒸汽回收热量	负荷率	75%	kW	—	—	—	—	30
			50%		—	—	—	—	10
			38%		—	—	—	—	—
直流电功率				kW	113		225		
电池工作温度				℃	180		约 200		
电池工作压力				kPa	常压		100		
改质器压力				kPa	常压		100		
初始启动时间				h	4		3		
外形尺寸(长×宽×高)				mm	3800×2200×2500		5500×3000×3000		
运行重量				t	10.5		20		
NO_x 排放浓度				ppm	7.5		5 以下		
排烟温度				℃	47		50		
噪声(机侧 1m)				dB	65		65		
备注					1)燃料为日本 13A 天然气,热效率按低热值(LHV)计算,LHV=41.6MJ/m³; 2)NO_x 排放浓度值按烟气 O_2 浓度为 0 计算; 3)蒸汽给水温度按 60℃计算				

31.3.5 Stirling 发动机(Stirling Engine)

燃气外燃机是古老的 Stirling 发动机的新技术革新版本,在微型热电联产和工业余热利用中具有极大的潜力。它的基本结构(图 31-3-7)为一个热腔和一个冷腔,冷腔内的介质为氢,当热腔加温使氢流动推动冷腔中的活塞运行带动一个轮盘旋转,氢在冷腔中被冷却后流回热腔再循环。

目前已商业化的燃气外燃机是美国某公司的产品,能够提供 25kW 机组,正在开发 2~5kW 和 200kW 机组,相关参数见表 31-3-19。外燃机热电联产只能提供电力和热水,但作为楼宇供应热水的设备非常经济，一台25kW外燃机每小时可以供应1261kg 50℃热水，每天30t约满足600人的生活热水。

美国STM外燃机性能 表31-3-19

项 目	单 位	参数
发电输出功率	kW	25
效率	%	29.6
供热功率	kW	44
供热效率	%	52.1
燃料消耗量	MJ/h	304.05
功率输出总量	kW	69
热电总效率	%	81.7
天然气耗量	m^3/h	8.65
转速	r/min	1800
尺寸(长/宽/高)	cm	201/76/107
NO_x	g/(kW·h)	0.05
CO	g/(kW·h)	0.25
大修周期	h	50000

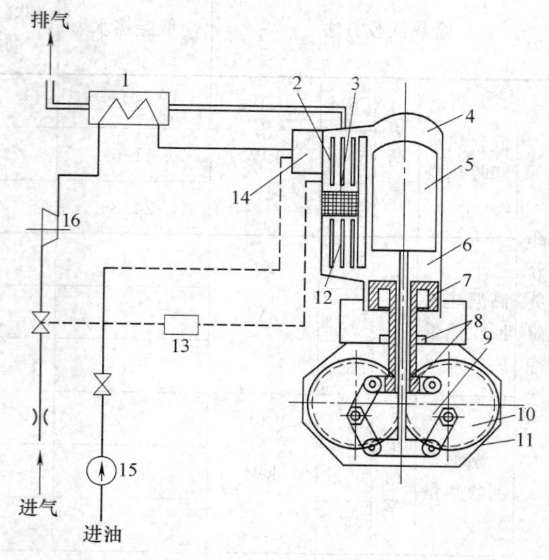

图31-3-7 Stirling发动机主要部件示意图
1—空气预热器；2—加热器；3—回热器；4—膨胀腔；5—配气活塞；6—压缩腔；7—动力活塞；8—杆密封；9—传动机构；10—同步齿轮；11—曲轴箱；12—冷却器；13—控制调节系统；14—燃烧器；15—燃油泵；16—空气鼓风机

31.3.6 供热与制冷设备

CCHP系统在产生电力的同时，也利用余热回收装置或溴化锂制冷机组产生热水（蒸汽）或空调用冷冻水。单纯热水或蒸汽的产生可使用常规的余热锅炉或热交换器等，可参见其他设计资料。从降低系统初投资的角度，CCHP系统多使用带燃气补燃的溴化锂吸收式机组，实现一套装置的冬夏两用。同时，利用补燃系统的控制来调节冬季供暖与夏季空调负荷的波动。

采用燃气动力装置的吸收式机组简称燃气型直燃机。关于燃气型直燃机详见本手册第30章30.3。

目前市场上已有适合各种原动机的溴化锂吸收式机组，其技术参数详见表31-3-20～表31-3-29。在进行CCHP系统设计、选用设备时，需注意下列问题：

① 烟气的温度水平。燃气轮机、天然气发动机、微燃机等动力装置的烟气温度相差很大。尤其是微燃机，为了降低NO_x等污染物的排放、同时考虑到降低成本所采用的涡轮材料，通过非常稀薄的燃烧机制（过剩空气系数>7），烟气温度大大下降。而类似于余热锅炉设计的吸收式机组，其换热面的设计、布置都是针对特定的烟气进口温度的。若选型不当，则机组出力不足、甚至无法正常工作。

② 设备的阻力。由于烟气温度远低于锅炉燃烧室内的温度水平，在溴化锂机组设计

时，布置了大量的对流换热面，流动阻力较大。对一些天然气发动机，余热回收系统的阻力不会对发动机的工作性能产生影响，这一阻力可忽略不计。但对燃气轮机、微燃机等，这一阻力可能会对其工作性能产生很大影响，导致出力下降。通常在微燃机的产品样本中，会给出在不同阻力下的出力修正系数。

国产 BE 型制冷设备（双效烟气冷温水机） **表 31-3-20**

设备型号	设备名称	制冷量（kW）	制热量（kW）	烟气最大耗量（kg/h）	烟气出/入口温度（℃）	冷冻水流量 A（m^3/h）	冷却水流量 a（m^3/h）	温水流量（m^3/h）	配电量（kW）	运转重量(t)
BE15	双效烟气冷温水机	174	135	1099	170/500	30	36.7	14.5	1.4	4.4
BE20	双效烟气冷温水机	233	179	1469	170/500	40	49.0	19.3	1.4	5.5
BE25	双效烟气冷温水机	291	224	1830	170/500	50	61.1	24.1	2.5	6.4
BE30	双效烟气冷温水机	349	269	2200	170/500	60	73.4	28.9	2.5	7.2
BE40	双效烟气冷温水机	465	358	2941	170/500	80	97.9	38.5	2.5	9.5
BE50	双效烟气冷温水机	582	449	3681	170/500	100	123.0	48.2	2.5	10.7
BE65	双效烟气冷温水机	756	583	4779	170/500	130	159.0	62.6	4.0	12.3
BE75	双效烟气冷温水机	872	672	5520	170/500	150	184.0	72.3	4.0	13.7
BE85	双效烟气冷温水机	989	762	6258	170/500	170	208.0	81.9	4.3	16.6
BE100	双效烟气冷温水机	1163	897	7369	170/500	200	245.0	96.4	4.3	19.1
BE125	双效烟气冷温水机	1454	1121	9202	170/500	250	306.0	121.0	6.4	23.1
BE150	双效烟气冷温水机	1745	1349	11054	170/500	300	368.0	145.0	6.4	26.7
BE175	双效烟气冷温水机	2035	1570	12906	170/500	350	429.0	169.0	6.4	30.1
BE200	双效烟气冷温水机	2326	1791	14740	170/500	400	490.0	193.0	8.4	34.9
BE250	双效烟气冷温水机	2908	2245	18440	170/500	500	613.0	241.0	8.8	41
BE300	双效烟气冷温水机	3489	2687	22143	170/500	600	736	289	8.8	50
BE400	双效烟气冷温水机	4652	3582	29537	170/500	800	981	385	10.3	61
BE500	双效烟气冷温水机	5815	4489	36881	170/500	1000	1226	483	17.4	80
BE600	双效烟气冷温水机	6978	5385	44288	170/500	1200	1472	578	17.4	90
BE800	双效烟气冷温水机	9304	7176	59076	170/500	1600	1963	771	20.4	108

续表

设备型号	设备名称	制冷量(kW)	制热量(kW)	烟气最大耗量(kg/h)	烟气出/入口温度(℃)	冷冻水流量A(m^3/h)	冷却水流量a(m^3/h)	温水流量(m^3/h)	配电量(kW)	运转重量(t)
BE1000	双效烟气冷温水机	11630	8967	73764	170/500	2000	2452	964	34.6	136
BE1200	双效烟气冷温水机	13956	10758	88578	170/500	2400	2943	1156	34.8	181
BE1600	双效烟气冷温水机	18608	14351	118148	170/500	3200	3925	1543	40.8	217
BE2000	双效烟气冷温水机	23260	17933	147530	170/500	4000	4904	1928	69.2	273
备注	制冷额定负荷COP值:1.39;制热额定负荷COP值:0.925;额定冷冻水出/入口温度:(A)7℃/12℃,(B)7℃/14℃;额定冷却水出/入口温度:(a)37℃/30℃,(b)37.5℃/32℃;额定温水出/入口温度:65℃/57℃;负荷调节范围:5%～115%;(A)、(a)为推荐参数,(B)、(b)为可选择参数									

国产BDE型制冷设备（单效烟气机）　　表31-3-21

设备型号	设备名称	制冷量(kW)	烟气最大耗量(kg/h)	烟气出/入口温度(℃)	冷冻水流量A(m^3/h)	冷冻水流量B(m^3/h)	冷却水流量(m^3/h)	配电量(kW)	运转重量(t)
BDE15	单效烟气机	174	4322	130/300	30	21.4	48.9	1.8	4.1
BDE20	单效烟气机	233	5763	130/300	40	28.6	65.2	1.8	4.5
BDE25	单效烟气机	291	7204	130/300	50	35.7	81.5	2.2	5.0
BDE30	单效烟气机	349	8644	130/300	60	42.9	97.8	2.2	5.5
BDE40	单效烟气机	465	11526	130/300	80	57.1	130	2.2	7.3
BDE50	单效烟气机	582	14407	130/300	100	71.4	163	2.2	8.1
BDE65	单效烟气机	756	18730	130/300	130	92.9	212	4.8	8.9
BDE75	单效烟气机	872	21611	130/300	150	107	245	4.8	10.1
BDE85	单效烟气机	989	24492	130/300	170	121	277	5.0	12
BDE100	单效烟气机	1163	28815	130/300	200	143	326	5.0	13.8
BDE125	单效烟气机	1454	36018	130/300	250	179	408	6.9	17.2
BDE150	单效烟气机	1745	43222	130/300	300	214	489	6.9	20.5
BDE175	单效烟气机	2035	50426	130/300	350	250	571	8.4	23.2
BDE200	单效烟气机	2326	57629	130/300	400	286	652	8.4	26.5
BDE250	单效烟气机	2908	72037	130/300	500	357	815	8.7	31.8
BDE300	单效烟气机	3489	85444	130/300	600	429	978	8.7	36
BDE400	单效烟气机	4652	115259	130/300	800	571	1304	10.5	47
BDE500	单效烟气机	5815	144073	130/300	1000	714	1630	13.5	59
BDE600	单效烟气机	6978	172888	130/300	1200	857	1956	17.2	70
BDE800	单效烟气机	9304	230517	130/300	1600	1143	2608	21	85
BDE1000	单效烟气机	11630	288147	130/300	2000	1429	3260	27.2	103
BDE1200	单效烟气机	13956	345776	130/300	2400	1714	3912	34.4	139
BDE1600	单效烟气机	18608	461035	130/300	3200	2286	5216	42	171
BDE2000	单效烟气机	23260	576293	130/300	4000	2857	6520	54.4	207
备注	额定负荷COP值:0.78;额定冷冻水出/出入口温度:(A)7℃/12℃,(B)7℃/14℃;额定冷却水出/入口温度:37℃/30℃;负荷调节范围:5%～115%。								

国产 BZE 型制冷设备（烟气直燃机） 表 31-3-22

设备型号	设备名称	制冷量(kW)	制热量(kW)	制冷/制热烟气最大耗量(kg/h)	制冷/制热烟气排气温度(℃)	制冷/制热补燃量(10^4kcal/h)	单独直燃制冷/制热燃料耗量(10^4kcal/h)	配电量(kW)	运转重量(t)
BZE15	烟气直燃机	174	135	333/386	170/145	7.7/8.8	11.1/12.5	1.6	4.6
BZE20	烟气直燃机	233	179	444/514	170/145	10.3/11.7	14.8/16.6	1.6	5.6
BZE25	烟气直燃机	291	224	556/644	170/145	12.8/14.6	18.4/20.9	2.7	6.5
BZE30	烟气直燃机	349	269	667/771	170/145	15.4/17.5	22.1/25.0	2.7	7.7
BZE40	烟气直燃机	465	358	889/1028	170/145	20.6/23.3	29.6/33.3	3.2	9.3
BZE50	烟气直燃机	582	449	1111/1289	170/145	25.8/29.2	37.0/41.7	3.8	10.5
BZE65	烟气直燃机	756	583	1444/1673	170/145	33.6/37.9	48.2/54.2	5.4	11.9
BZE75	烟气直燃机	872	672	1667/1930	170/145	38.9/43.7	55.6/62.5	5.4	13.1
BZE85	烟气直燃机	989	762	1889/2187	170/145	43.8/49.6	62.8/70.8	6.8	16
BZE100	烟气直燃机	1163	897	2222/2575	170/145	51.7/58.3	74.0/83.4	6.8	18.3
BZE125	烟气直燃机	1454	1121	2778/3219	170/145	64.4/73	92.3/104	9	23.4
BZE150	烟气直燃机	1745	1349	3333/3873	170/145	77.3/87.8	111/125	10.4	27.1
BZE175	烟气直燃机	2035	1570	3889/4508	170/145	90.4/102	130/146	12.9	30.7
BZE200	烟气直燃机	2326	1791	4444/5142	170/145	103/117	148/166	14.8	36.8
BZE250	烟气直燃机	2908	2245	5555/6445	170/145	129/146	185/209	15.3	42.2
BZE300	烟气直燃机	3489	2687	6666/7714	170/145	155/175	222/250	17.8	51
BZE400	烟气直燃机	4652	3582	8888/10285	170/145	207/233	297/333	23.8	62.7
BZE500	烟气直燃机	5815	4489	11111/12889	170/145	259/292	370/417	31.4	80.6
BZE600	烟气直燃机	6978	5385	13333/15460	170/145	310/350	445/501	35.4	91.8
BZE800	烟气直燃机	9304	7176	17777/20603	170/145	414/467	593/667	47.4	111
BZE1000	烟气直燃机	11630	8967	22221/25745	170/145	577/583	741/834	62.6	140
BZE1200	烟气直燃机	13956	10758	26665/30887	170/145	621/700	889/1000	71	184
BZE1600	烟气直燃机	18608	14351	35554/41205	170/145	828/934	1186/1334	94.8	222
BZE2000	烟气直燃机	23260	17933	44442/51490	170/145	1034/1167	1482/1667	125	280
备注	烟气额定入口温度：500℃；直燃制冷额定负荷 COP 值：1.34；非直燃制冷额定负荷 COP 值：1.39；直燃制热额定负荷 COP 值：0.925；冷冻水额定出/入口温度：(A)7℃/12℃，(B)7℃/14℃；冷却水出/入口温度：(a)37℃/30℃，(b)37.2℃/32℃；温水额定出/入口温度：65℃/57℃；卫生热水额定出/入口温度：60℃/44℃；负荷调节范围：5%～115%；单独采用烟气时制冷量、制热量为30%								

国产BZHE型制冷设备（热水烟气直燃机）　　表31-3-23

设备型号	设备名称	制冷量(kW)	制热量(kW)	制冷/制热烟气最大耗量(kg/h)	制冷热源水最大耗量(m^3/h)	制冷/制热补燃量(10^4kcal/h)	单独直燃制冷/制热燃料耗量(10^4kcal/h)	配电量(kW)	运转重量(t)
BZHE15	热水烟气直燃机	174	135	333/386	4.5	5.5/8.8	11.1/12.5	1.6	4.6
BZHE20	热水烟气直燃机	233	179	444/514	6	7.3/11.7	14.8/16.6	1.6	5.6
BZHE25	热水烟气直燃机	291	224	556/644	7.4	9.1/14.6	18.4/20.9	2.7	6.5
BZHE30	热水烟气直燃机	349	269	667/771	8.9	10.9/17.5	22.1/25.0	2.7	7.7
BZHE40	热水烟气直燃机	465	358	889/1028	11.9	14.7/23.3	29.6/33.3	3.2	9.3
BZHE50	热水烟气直燃机	582	449	1111/1289	14.9	18.3/29.2	37.0/41.7	3.8	10.5
BZHE65	热水烟气直燃机	756	583	1444/1673	19.3	23.9/37.9	48.2/54.2	5.4	11.9
BZHE75	热水烟气直燃机	872	672	1667/1930	22.3	27.7/43.7	55.6/62.5	5.4	13.1
BZHE85	热水烟气直燃机	989	762	1889/2187	25.3	31.1/49.6	62.8/70.8	6.8	16
BZHE100	热水烟气直燃机	1163	897	2222/2575	29.8	36.7/58.3	74.0/83.4	6.8	18.3
BZHE125	热水烟气直燃机	1454	1121	2778/3219	37.2	45.7/73	92.3/104	9	23.4
BZHE150	热水烟气直燃机	1745	1349	3333/3873	44.6	54.9/87.8	111/125	10.4	27.1
BZHE175	热水烟气直燃机	2035	1570	3889/4508	52.1	64.2/102	130/146	12.9	30.7
BZHE200	热水烟气直燃机	2326	1791	4444/5142	59.5	73.4/117	148/166	14.8	36.8
BZHE250	热水烟气直燃机	2908	2245	5555/6445	74.4	92/146	185/209	15.3	42.2
BZHE300	热水烟气直燃机	3489	2687	6666/7714	89.3	110/175	222/250	17.8	51
BZHE400	热水烟气直燃机	4652	3582	8888/10285	119	147/233	297/333	23.8	62.7
BZHE500	热水烟气直燃机	5815	4489	11111/12889	149	184/292	370/417	31.4	80.6
BZHE600	热水烟气直燃机	6978	5385	13333/15460	179	221/350	445/501	35.4	91.8
BZHE800	热水烟气直燃机	9304	7176	17777/20603	238	295/467	593/667	47.4	111
BZHE1000	热水烟气直燃机	11630	8967	22221/25745	298	368/583	741/834	62.6	140
BZHE1200	热水烟气直燃机	13956	10758	26665/30887	357	442/700	889/1000	71	184
BZHE1600	热水烟气直燃机	18608	14351	35554/41205	476	589/934	1186/1334	94.8	222
BZHE2000	热水烟气直燃机	23260	17933	44442/51490	595	736/1167	1482/1667	125.2	281
备注	烟气额定入口温度500℃，额定制冷排气温度170℃，制热排气温度145℃；直燃制冷额定负荷COP值：1.34，非直燃制冷额定负荷COP值：1.39，直燃制热额定负荷COP值：0.925；冷冻水额定出/入口温度：(A)7℃/12℃，(B)7℃/14℃；冷却水额定出/入口温度：(a)37℃/30℃，(b)37.5℃/32℃；温水额定出/入口温度：65℃/57℃；卫生热水额定出/入口温度：60℃/44℃；负荷调节范围：5%～115%。(BZHE适用于与燃气发动机发电配套)								

国产 YX 型烟气机 表 31-3-24

机组型号	机组名称	制冷量(kW)	制热量(kW)	名义制冷/制热工况烟气流量(kg/h)	烟气出/入口温度(℃)	名义制冷/制热工况热源水流量(m^3/h)	热源水出/入口温度(℃)	配电量(kW)	运转重量(t)
YX-35H2	烟气型	350	280	2355	170/520	—	—	3.15	8.4
YX-47H2	烟气型	470	376	3140	170/520	—	—	3.55	10
YX-58H2	烟气型	580	464	3925	170/520	—	—	3.55	11.7
YX-70H2	烟气型	700	560	4710	170/520	—	—	4.35	13.6
YX-81H2	烟气型	810	648	5495	170/520	—	—	4.35	15.2
YX-93H2	烟气型	930	744	6280	170/520	—	—	4.55	16.6
YX-116H2	烟气型	1160	928	7850	170/520	—	—	4.85	18.2
YX-145H2	烟气型	1450	1160	9813	170/520	—	—	5.25	22.5
YX-174H2	烟气型	1740	1392	11775	170/520	—	—	5.25	26.6
YX-204H2	烟气型	2040	1632	13738	170/520	—	—	6.25	30.6
YX-233H2	烟气型	2330	1864	15700	170/520	—	—	7.25	34.6
YX-262H2	烟气型	2620	2096	17663	170/520	—	—	7.25	38.9
YX-291H2	烟气型	2910	2328	19625	170/520	—	—	7.75	42.8
YX-349H2	烟气型	3490	2792	23550	170/520	—	—	8.95	51.1
YX-407H2	烟气型	4070	3256	27475	170/520	—	—	9.45	56.6
YX-465H2	烟气型	4650	3720	31400	170/520	—	—	10.45	62.2
YX-523H2	烟气型	5230	4184	35325	170/520	—	—	10.45	69.1
YX-582H2	烟气型	5820	4656	39250	170/520	—	—	11.95	75
YX-698H2	烟气型	6980	5584	47100	170/520	—	—	13.45	86.5
YX-930H2	烟气型	9300	7440	62800	170/520	—	—	17.95	108

国产 YXRB 型烟气机 表 31-3-25

机组型号	机组名称	制冷量(kW)	制热量(kW)	名义制冷/制热工况烟气流量(kg/h)	烟气出/入口温度(℃)	名义制冷/制热工况热源水流量(m^3/h)	热源水出/入口温度(℃)	配电量(kW)	运转重量(t)
YXRB-35H2	烟气热水型	350	314	1854	120/490	9.6	85/95	3.15	8.76
YXRB-47H2	烟气热水型	470	420	2472	120/490	12.8	85/95	3.55	10.42
YXRB-58H2	烟气热水型	580	521	3090	120/490	16	85/95	3.55	12.22
YXRB-70H2	烟气热水型	700	628	3708	120/490	19.2	85/95	4.35	14.22
YXRB-81H2	烟气热水型	810	728	4325	120/490	22.4	85/95	4.35	15.88
YXRB-93H2	烟气热水型	930	835	4943	120/490	25.6	85/95	4.55	17.34
YXRB-116H2	烟气热水型	1160	1042	6179	120/490	32	85/95	4.85	19
YXRB-145H2	烟气热水型	1450	1302	7724	120/490	40	85/95	5.25	23.5
YXRB-174H2	烟气热水型	1740	1563	9269	120/490	48	85/95	5.25	27.76
YXRB-204H2	烟气热水型	2040	1829	10813	120/490	56	85/95	6.25	31.92
YXRB-233H2	烟气热水型	2330	2090	12358	120/490	64	85/95	7.25	36.08
YXRB-262H2	烟气热水型	2620	2350	13903	120/490	72	85/95	7.25	40.56

续表

机组型号	机组名称	制冷量(kW)	制热量(kW)	名义制冷/制热工况烟气流量(kg/h)	烟气出/入口温度(℃)	名义制冷/制热工况热源水流量(m^3/h)	热源水出/入口温度(℃)	配电量(kW)	运转重量(t)
YXRB-291H2	烟气热水型	2910	2611	15448	120/490	80	85/95	7.75	44.62
YXRB-349H2	烟气热水型	3490	3132	18537	120/490	96	85/95	8.95	53.24
YXRB-407H2	烟气热水型	4070	3653	21627	120/490	112	85/95	9.45	59
YXRB-465H2	烟气热水型	4650	4174	24716	120/490	128	85/95	10.45	64.82
YXRB-523H2	烟气热水型	5230	4695	27806	120/490	144	85/95	10.45	72.02
YXRB-582H2	烟气热水型	5820	5222	30895	120/490	160	85/95	11.95	78.14
YXRB-698H2	烟气热水型	6980	6264	37074	120/490	192	85/95	13.45	90.54
YXRB-930H2	烟气热水型	9300	8348	49432	120/490	256	85/95	17.95	112.96
YXQ-35～930H2	烟气补燃型	350～9300	280～7440	按烟气条件确定	按烟气条件确定	—	—	按烟气条件及空调负荷确定	
YXRQ-35～930H2	烟气热水补燃型	350～9300	314～8348	按烟气条件确定	按烟气条件确定	按热源水条件确定	≥80/≥90	按烟气条件及空调负荷确定	

日本产空调机组　　**表 31-3-26**

类型	热水型吸收式冷热水机		排热利用型吸收式冷热水机		蒸汽双效吸收式冷热水机		烟气补燃型吸收式冷热水机	
系列型号	WFC-S		CH-KW		CH-KGST		CH-KE	
单位	USRT	kW	USRT	kW	USRT	kW	USRT	kW
空调制冷容量	10	35	100	352	30	105	40	141
	20	70	200	704	40	141	60	211
	30	106	300	1056	50	176		
	40	141	400	1408	60	210		
	50	176	500	1760	70	246		
	60	211			80	281		
	90	316			90	316		
	120	422			100	352		
	150	527			110	387		
					120	422		
					130	457		
					140			
					150	527		
					160	562		
					170	598		
					180	633		
备注	单体机组只有10RT、20RT、30RT三种容量，40RT以上为多台组合式；冷冻水：12.5→7℃；冷却水：31→35℃；热源水：88→83℃		单体机组只有100RT，200RT以上为多台组合式；余热热水：88→78℃满负荷运行时，燃料耗量可减少10%		单体机组只有30RT、40RT、50RT、60RT四种容量，70RT以上为多台组合式；标准蒸汽压力：686kPa		优先利用烟气排热，根据负荷要求进行补燃	

注：1USRT＝3024kcal/h＝3.52kW。

日本产空调机组（1） **表 31-3-27**

类型	热水型吸收式冷水机		排热利用型吸收式冷热水机		蒸汽双效吸收式冷水机		蒸汽单效吸收式冷水机	
单位	USRT	kW	USRT	kW	USRT	kW	USRT	kW
空调制冷容量	45	158	150	528	90	316	95	334
	60	211	180	633	105	369	110	387
	70	246	210	739	120	422	130	457
	90	316	250	879	135	475	150	527
	115	404	280	985	150	527	165	580
	145	510	320	1125	180	633	195	686
	180	633	360	1266	210	738	225	791
	235	826	400	1407	250	879	260	914
	290	1020	450	1583	280	985	295	1037
	360	1266	500	1759	320	1125	340	1195
			600	2110	360	1266	380	1336
			700	2462	400	1407	435	1530
					450	1583	490	1723
					500	1759	540	1899
					530	1864	600	2110
					600	2110	675	2373
					630	2250	740	2602
					660	2321	750	2637
					700	2461	820	2883
					800	2813	920	3235
					830	2919	1020	3586
					900	3165	1125	3956
					1000	3516	1225	4307
					1060	3727	1380	4852
					1100	3868		
					1200	4219		
					1250	4395		
					1280	4501		
					1320	4642		
					1350	4747		
					1500	5274		
					1600	5626		
					1650	5801		
					1660	5837		
					1800	6329		
					2000	7032		
					2400	8439		
					2500	8790		
					3000	10549		
备注	冷冻水：12→7℃； 冷却水：31→36℃； 热源水：88→83℃		余热热水：88→78℃； 满负荷运行时，燃料耗量可减少10%		冷冻水出口温度为7℃； 冷却水进口温度为32℃			

注：1USRT＝3024kcal/h＝3.52kW。

日本产空调机组（2）　表31-3-28

类型	热水型吸收式冷水机		排热利用型吸收式冷热水机		蒸汽双效吸收式冷水机		蒸汽单效吸收式冷水机	
单位	USRT	kW	USRT	kW	USRT	kW	USRT	kW
空调制冷容量	30	106	100	352	100	352	100	352
	40	141	120	422	120	422	120	422
	50	176	150	527	150	527	150	527
	75	264	180	633	180	633	180	633
	90	316	210	738	210	738	210	738
	110	387	240	844	240	844	240	844
	135	475	280	985	280	985	280	985
	155	545	320	1125	320	1125	320	1125
	180	633	360	1266	360	1266	360	1266
	210	738	400	1407	400	1407	400	1407
	240	844	450	1582	450	1583	450	1583
	270	949	500	1758	500	1759	500	1759
	300	1055	560	1969	560	1969	560	1969
	335	1178	630	2215	630	2215	630	2215
	375	1319	700	2461	700	2461	700	2461
	420	1477	800	2813	800	2813		
	470	1653	900	3165	900	3165		
	525	1846	1000	3516	1000	3516		
					1100	3868		
					1200	4219		
					1300	4571		
					1400	4922		
					1500	5274		
备注	冷冻水：13→8℃；冷却水：31→37℃；热源水：88→83℃		余热热水：88→78℃；满负荷运行时，燃料耗量可减少10％		冷冻水出口温度为7℃；冷却水进口温度为32℃			

注：1USRT＝3024kcal/h＝3.52kW。

日本产空调机组（3）　表31-3-29

类型	热水型吸收式冷水机		排热利用型吸收式冷热水机		超节能排热利用型吸收式冷热水机		蒸汽双效吸收式冷水机	
单位	USRT	kW	USRT	kW	USRT	kW	USRT	kW
空调制冷容量	60	211	120	422	120	422	95	334
	67.5	237	150	527	210	738	105	369
	75	264	180	633	270	949	120	422
	90	316	210	738	400	1407	145	510
	100	352	240	844	500	1758	155	545
	120	422	280	985	600	2110	190	688
	140	492	320	1125	700	2461	215	756
	150	527	360	1266			230	809
	180	633	400	1407			285	1002
	200	703	450	1582			310	1090
	225	791	500	1758			360	1266
	250	879	560	1969			380	1336
	270	949	630	2215			430	1512
	300	1055	700	2461			450	1583
	350	1231	800	2813			560	1969
			900	3165			600	2110
			1000	3516			700	2461
							800	2813
							900	3165
							1000	3516
							1100	3868
							1250	4395
							1400	4922
							1500	5274
							1600	5626
							1700	5977
							2000	7032
							2200	7735
							2500	8790
备注	冷冻水：14→9℃；冷却水：31→36℃；热源水：88→83℃		余热热水：88→78℃；满负荷运行时，燃料耗量可减少10％		余热热水：90→80℃；满负荷运行时，燃料耗量可减少25％		冷冻水出口温度为7℃；冷却水进口温度为32℃	

注：1USRT＝3024 kcal/h＝3.52kW。

31.4 系统规划

规划一个天然气 CCHP 系统，首先需了解用户的负荷特性、外部环境因素和系统组合形式。联产系统应按提高能源综合利用率、节约占地等原则进行配置。一般的应用配置方案可借鉴国外同类用户，系统配置和优化则需根据不同配置情况和当地的能源政策等综合因素予以确定，最后从节能、环保和经济三方面综合评价用户群的 CCHP 应用效果。如当用户负荷主要为空调制冷、供暖负荷时，余热利用设备宜采用吸收式冷（温）水机组；当用户负荷主要为蒸汽或热水负荷时，余热利用设备宜采用余热锅炉及换热器。当发电机组兼作备用电源时，发电机组应在公共电网故障时自动启动、运行，并宜设置负荷自动管理装置。发电机组应在联产系统供应冷、热负荷时运行，同时，供冷、供热系统应优先利用发电余热制冷、供热。经济合理时，还应结合蓄能设备使用。天然气冷热电联产系统的规划流程如图 31-4-1 所示。

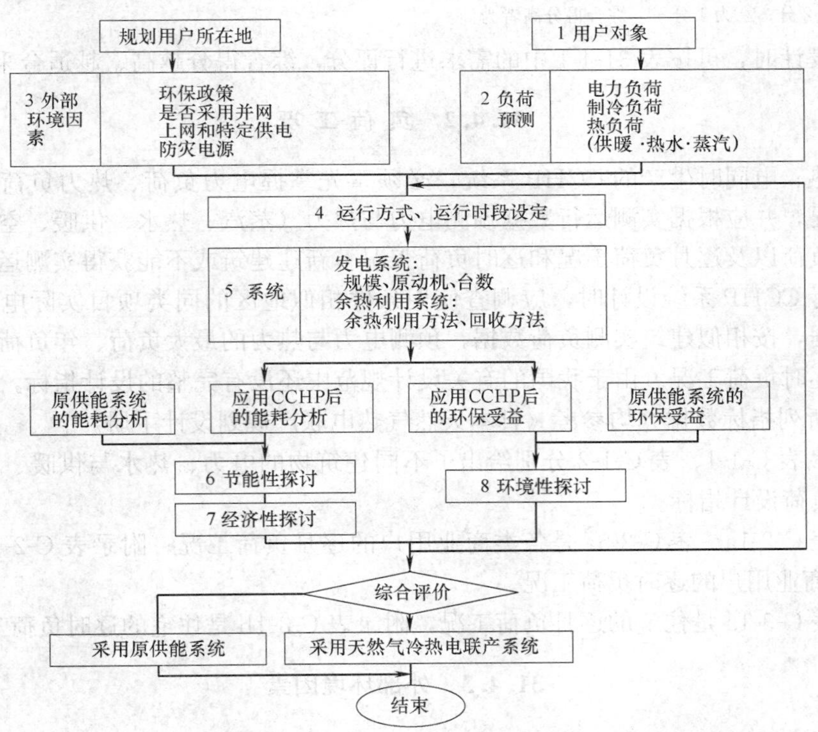

图 31-4-1 天然气 CCHP 系统的规划流程

31.4.1 用户类型

天然气 CCHP 系统的使用从长期来看经济性更加明显。除此之外，还有环境保护及供应可靠性等方面的优势。CCHP 系统的规划一方面是要把握各种用户对该系统的适用性，另一方面是确定合理的回收年限。

适合使用天然气 CCHP 系统的用户一般应具有以下特征：

① 全年电力负荷、热力负荷（供热水、空调和供暖）稳定且设备使用率高的用户；

② 电力负荷与热力负荷逐时变化类似的用户（热电比波动小）；

③ 热电比相对较高的用户（用户热电比与原动机负荷特性相匹配，综合效果好）；

④ 对供能安全性有很高要求的用户（如医院、电脑中心等）；

⑤ 需要避免超高压受电的场合。

常用 CCHP 用户对象的负荷特性情况　　**表 31-4-1**

建筑用途	热水需量大	蒸汽需量大	制冷供暖共用	热电波动小	超高压回避	需备用发电	综合评价
宾　馆	★	★	★	★	△	△	10
医　院	★	★	★	★	△	△	10
商　场	△		★	△	△	△	6
办公楼	△		★	★	△	★	8
住　宅	★				★	△	5
工　厂	△	★	△	★	△	★	9

注：★为2分；△为1分——综合得分高者为佳。

具体设计时，可按表 31-4-1 中的需求进行评分，综合得分越高、越适合采用 CCHP。

31.4.2　负荷工况

对于热、电同时生产的 CCHP 系统，必须事先掌握电力负荷、热力负荷的逐时、逐月变化情况，并应根据实测运行数据预测电力与热力（蒸汽、热水、供暖、空调）的最大负荷、年负荷以及逐月负荷工况和逐时负荷工况。新建建筑或不能获得实测运行数据的既有建筑进行 CCHP 系统设计时，应调查使用条件相似地区的同类项目实际电力负荷、热力负荷数据，按相似建筑实测负荷数据，预测电力与热力的最大负荷、年负荷以及逐月负荷工况和逐时负荷工况。由于我国的有关设计规范中还没有完整的设计指标，可参考本手册附录 C 所列指标数据（均参考《日本天然气热电联产规划设计手册》）。

附录 C 表 C-1-1、表 C-1-2 分别给出了不同建筑物的电力、热水与供暖、空调的最大负荷、年负荷设计指标。

附录表 C-2-1a～表 C-2-5a 是各类商业用户的逐月负荷工况；附录表 C-2-1b～表 C-2-5b 是各类商业用户的逐时负荷工况。

附录表 C-3-1a 是住宅的逐月负荷工况，附录表 C-3-1b 是住宅的逐时负荷工况。

31.4.3　外部环境因素

外部环境因素主要考虑以下几点：

① 当地的能源和环保政策；

② CCHP 系统与商用电网的连接情况；

③ 剩余电力上网及上网电价情况。

CCHP 系统生产的电力是否与商用电网相连，对热电联产系统的运用来说是一个很重要的因素。一般情况下系统宜采用并网运行或并网不上网运行的方式，系统所发电力应优先满足项目自身用电需求，发电机组应与公共电网自动同期。当没有公共电网或公共电网接入困难、公共电网故障时，发电机组可采用孤网运行方式，此时发电机组应自动跟踪用电负荷。表 31-4-2 对并网运行系统以及独立运行系统两种方式作了比较，后者不需要继电保护器，设备费较低，但一般只适用于规模较小、电力负荷相对稳定的用户。

并网运行系统与独立运行系统的比较 **表 31-4-2**

		并网运行系统	独立运行系统
电力系统示意图			
负荷设备	发电机对应的负荷设备	全负荷	部分负荷
	发电机的负荷率	可能 100%负荷率运行； 可采取热定电系统，综合效率高	受电力负荷波动影响大； 负荷率一般在 80%～90%
	负荷设备的单机容量	不需要细分	要细分，需设计优先顺序
	负荷切换装置	不要	需要
	运行操作	没有特别要求	切换操作时会导致瞬态停电
用电侧	保护装置	需要继电保护器	不要
发电机	种类	同步发电机(SG) 诱导发电机(IG)	只限于同步发电机
电力品质	电压、频率	受商业电力支配，质量稳定	与发电机的控制能力相关
	负荷发生急剧变动时	能被商业电网吸收	会降低电力品质

31.4.4 运行方式

前已述及，不同原动机的发电量/余热的比例不同。CCHP 系统有两种设计准则和对应的运行方式："以电定热"或"以热定电"，如图 31-4-2 所示。所谓"以电定热"是指

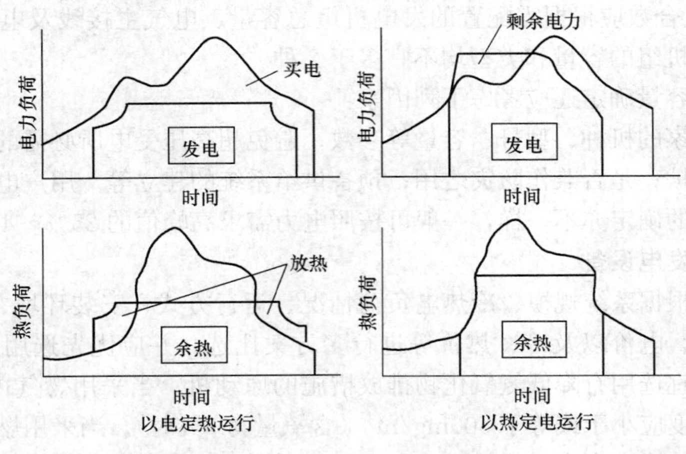

图 31-4-2 CCHP 系统的运行方式

在确定系统配置方案时，按照用能侧的电力负荷需求来选择设备，发电机组的电力出力一定，可以最大功率运行。此时，所产生的余热在某些时段无法满足热或冷负荷、而在另外的时段则需要排热放散到环境中。“以热定电”正好相反，按照系统的热或冷量需求来配置和调节，这种运行方式不产生过量余热，综合效率高，但涉及到剩余电力上网问题。

需要特别指出的是：我国现阶段的电力政策客观上不欢迎 CCHP 系统的发电上网，因此在设计 CCHP 系统时主要采用“以电定热”的方式为主。当然，在条件许可时，采用“以热定电”的方式亦无不可。

31.4.5　系统规划基本方案

31.4.5.1　确定原动机种类及余热利用系统

天然气 CCHP 系统中，可供选择的原动机种类有小型燃气轮机、天然气发动机、微型燃气轮机等几种，其系统基本构成如图 31-4-3 所示。在确定原动机种类时，必须考虑用户处的天然气管网压力、流量能否满足原动机的要求。余热利用设备应根据原动机余热参数确定。温度高于 120℃的烟气热量和温度高于 75℃的冷却水热量，应进行余热利用。当发电余热不能满足设计冷热负荷时，应设置补充冷热能供应设备。补充冷热能供应设备可采用压缩式冷水机组、热泵、锅炉、吸收式冷（温）水机组等，并宜采用蓄冷、蓄热装置。当有低温热负荷需求时，联供工程应利用低温冷却水余热及烟气冷凝余热。

31.4.5.2　确定发电机容量及台数

热电联产系统发电机组应针对不同运行方式确定设备容量，且应符合下列原则：

① 当采用并网不上网运行方式时，发电机组容量应根据基本电负荷和冷、热负荷需求确定，单台发电机组容量应满足低负荷运行要求，发电机组满负荷运行时数应满足经济性要求。

② 当采用孤网运行方式时，发电机组容量应满足所带电负荷的峰值需求，同时应满足大容量负荷的启动要求。单台发电机组容量应考虑低负荷运行的要求。

③ 当采用并网运行方式时，发电机组容量应根据发电和余热利用的综合效益最优原则确定。

④ 发电机组台数应根据需配置的发电机组总容量、电气主接线及电负荷分布情况确定，且系统发电机组的容量和类型均不宜多于 2 种。

同时发电机容量确定还应考虑下列因素：

明确生产厂家的机种、型号、容量等参数；避免超高压受电所必需的发电机容量；确保定期检查、维护；是否兼作防灾之用；预备供给系统的建立等。用户电力负荷的特点不同，发电机容量的确定亦不一样，一般可按照电力需求高峰值的 25%～40%来确定。

31.4.5.3　发电设备

发电设备应根据系统规模、冷热电负荷情况、运行方式、安装环境、燃气供应条件、发电装置的特性、电价以及冷、热价等进行多方案比选，并应优先选用发电效率高的设备。同时，系统宜选用有降低氮氧化物排放措施的原动机。当采用燃气内燃发电机组时，氮氧化物排放浓度应小于或等于 500mg/m^3（含氧量为 5%时）。当采用燃气轮机发电机组时，氮氧化物排放浓度应小于或等于 50mg/m^3（含氧量为 15%时）。

原动机和发电机组的优化选型如下：

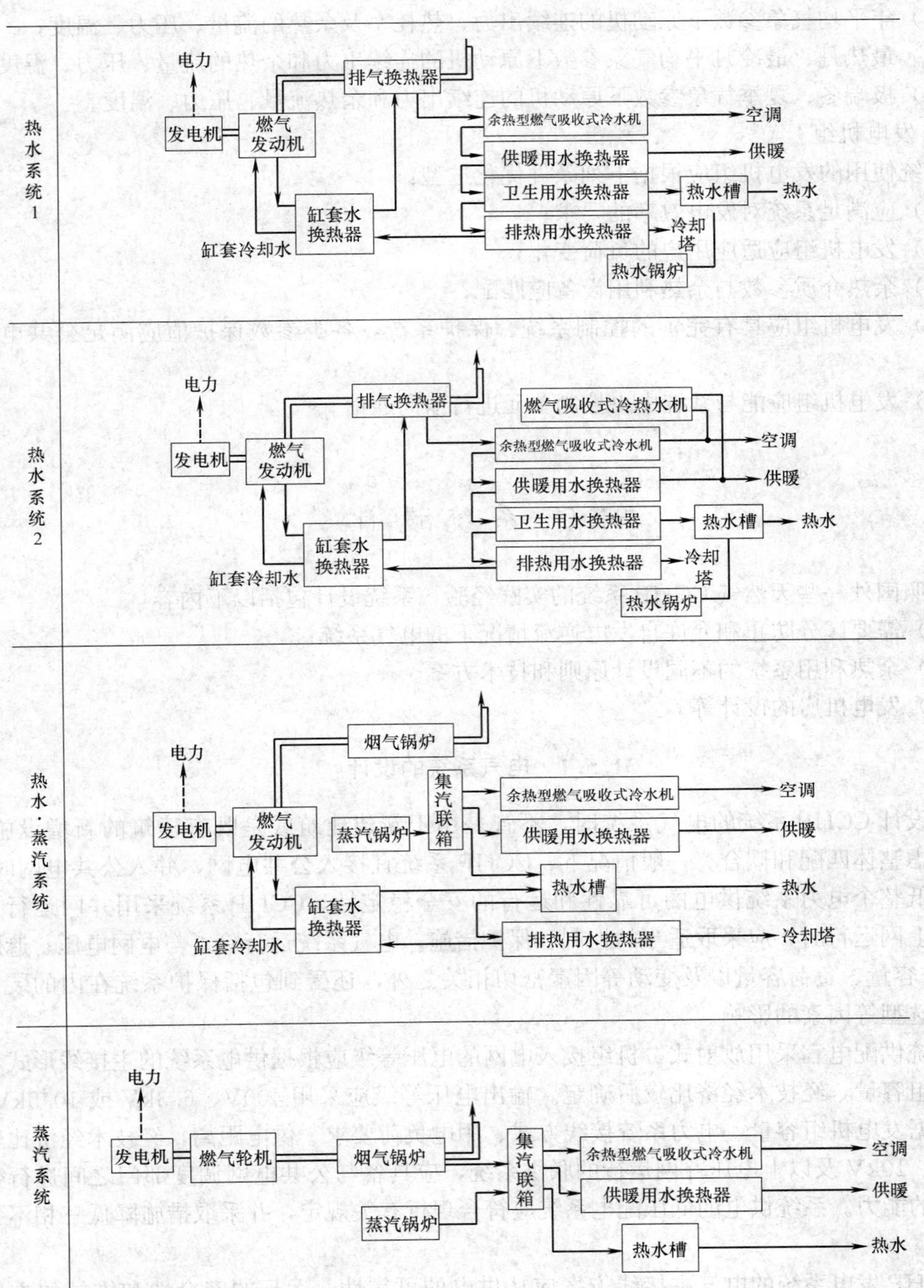

图 31-4-3 系统的基本构成

1. 原动机

系统使用的原动机，应根据下列参数进行优化选型：

（1）ISO工况参数下原动机的连续出力和余热流量、压力、温度；

（2）年平均气象参数下原动机的连续出力、热耗率及余热的流量、压力、温度；

（3）最热月、最冷月平均气象参数下原动机的连续出力和余热的流量、压力、温度；

（4）极端冬、夏季气象参数下原动机的连续出力和余热流量、压力、温度。

2. 发电机组

系统使用的发电机组应根据下列条件优化选型：

（1）应满足系统对发电效率的要求；

（2）发电机组应适应用户的负荷变化；

（3）余热介质参数与余热利用设备应匹配；

（4）发电机组应具有完善的控制系统、保护系统，各类参数保护值应满足公共电网要求；

（5）发电机组应能与系统中央控制单元进行双向通信。

31.5　系统设计

参照国外一些天然气CCHP系统的实践经验，系统设计包括以下内容：

（1）需要区分防止和允许自发电逆流情况下的电气系统；

（2）余热利用系统的不同设计原则和技术方案。

（3）发电机房的设计等。

31.5.1　电气系统的设计

在设计CCHP系统的电气系统时，不管是用于新建建筑或是既有建筑的新增设施，都应考虑整体匹配和耦合。一般情况下，CCHP系统宜接入公共电网，并入公共电网时，不应降低整个电力系统供电的可靠性和运行的安全稳定性。CCHP系统采用并网运行或并网不上网运行时，应采取适当的控制和保护措施。电气系统运行除了与电网电压、遮断（关闭）容量、负荷容量以及变动等因素密切相关之外，还受到包括保护系统在内的装置设计、选型等因素的影响。

系统供配电宜采用放射式，机组接入电网的电压等级应根据供电系统的主接线形式和发电机组容量，经技术经济比较后确定。输出电压等级应采用400V、6.3kV或10.5kV，并应根据发电机组容量、电力系统接线方式、用电负荷要求、供电距离，经技术经济比较后确定。10kV及以上电压并网运行的联供系统，应具备与公共电网调度部门之间进行数据通信的能力。系统供电的低压配电系统应符合现行有关规定，并采取措施降低三相不平衡度。

CCHP发电系统的电气主接线方案应从供电的可靠性、运行的安全性和维护的方便性等方面，经技术经济比较后确定，一般宜采用单母线或单母线分段接线方式。对确定的接线方案，应按正常运行和短路故障电流，计算、选择、校验主要设备及继电保护和自动化装置。兼作备用电源的CCHP系统，应根据整体项目的电气主接线方案，确定发电机组与配电系统的连接方式和供电负荷。

表 31-5-1 概括了 CCHP 系统的不同电气系统应用方式。

CCHP 系统的电气系统应用方式 **表 31-5-1**

	并网系统		独立系统
	防止逆电上网	允许逆电上网	—
发电容量	需要负荷以下	可额定功率运行	需要负荷以下
对应热负荷	对应发电量利用余热（以电定热）	额定功率运行下利用余热（以热定电）	对应发电量利用余热（以热定电）
CCHP 系统故障时的电力供应	商业电网替代供应	商业电网替代供应	商业电网替代供应（需要切换回路）

31.5.1.1 防止逆电上网的并网系统

CCHP 发电设备与商业电力并网，但自发电力不允许向电网输出，该应用方式称为防止逆电上网的并网系统。该方式 CCHP 联产设施以满足用户侧电力供应为目的，与热负荷相比，电力消耗占据用户侧的大部分需要，因此采用以电力供应为主、同时利用余热的"以电定热"运行方式。以下为具体防止逆电上网措施。

1. 保护继电器

防止逆电上网的并网系统，必须确保不产生由 CCHP 输出到商业电网的逆向电流。除此之外还需设置保护系统，可迅速检测出逆向电流，并及时切断 CCHP 设备与系统的联系。表 31-5-2 是防止逆电上网的并网系统的高压配电线上需设置的保护继电装置。

高压配电线防逆流并网时的保护继电装置 **表 31-5-2**

符号	名称	作用
UVR	低压继电器	发电设备发电电压异常不足时，检出低压并在时限内断开发电设备
OVR	过压继电器	发电设备发电电压异常上升时，检出过压并在时限内断开发电设备
DSR	短路继电器	为防止系统短路事故，短路发生时迅速检出并断开发电设备
OVGR	接地过压继电器	为防止系统接地事故，接地电压异常时迅速检出并断开发电设备
RPR	逆电力继电器	防逆流场合中，为防止单独运行，检出逆流后断开发电设备
UFR	低频继电器	为防止单独运行，检出低频后断开发电设备

2. 最低购电量

当用户某时段内的大部分电力都由 CCHP 系统负担时，一旦某个较大的用电负荷停止运行（例如大型泵的停止等），即使立刻减少发电机的发电量，亦会导致发电出力瞬间超过电力负荷，产生瞬态逆向流，此时受电侧的逆电继电器会启动并断开发电设备。为防止出现这种情况，可采取"购电控制"措施，在低负荷时段控制发电机的发电量，维持一定的购电量——最低购电量（图 31-5-1）。最低购电量应根据建筑内的最大负荷容量（泵等），并考虑逆电继电器的整定值等因素，最终由用户与电力公司协议确定。

3. 运行台数控制

设置多台发电机时，可根据电力负荷的实际需要来控制发电机的运行台数——即采用"运行台数控制法"。该方法随时监测购电量，当购电量为"最低购电量＋第一台发电机的发电出力"时，运行第一台机组，并在确保最低购电量的情况下逐渐增大发电机的出力，直到额定功率运行。此后，在进一步确认购电量增加之后，开始运行第二台甚至多台发电机组直到额定功率运行。

当购电量减少时，在确保最低购电量的情况下先行减小第二台机组的发电出力，当发电出力降为额定出力的30%时停止运行该机组。当购电量进一步降低，亦采取相同方法控制第一台机组运行直至停机（图31-5-2）。

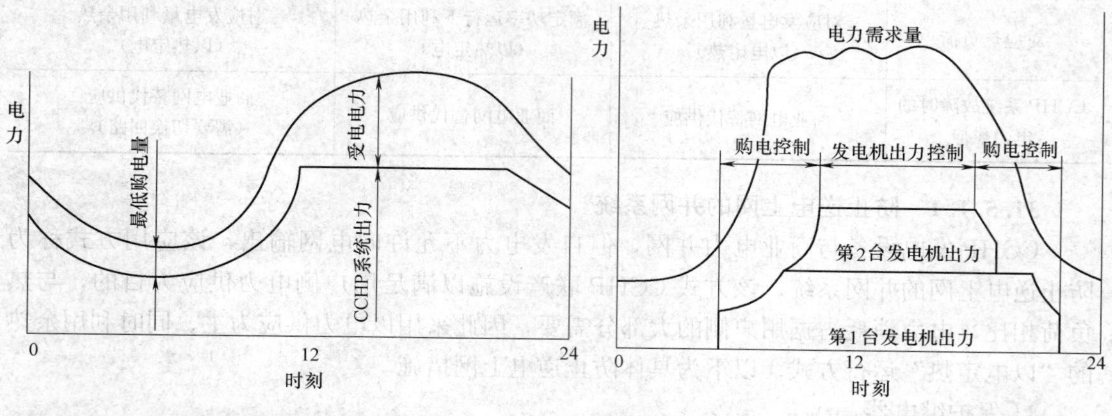

图31-5-1　最低购电量的意义　　图31-5-2　运行台数控制方法

4. 商用电力停电时的运行措施

（1）联产机组运行时

商业电力停电时，使用联产机组可保障用户重要负荷供电安全。系统通常采用保护继电器（UVR、UFR等）快速检出停电信号，并使联产发电设备与一般负荷分开（解列），以避免联产机组过负荷运行。

（2）联产机组停机时

商业电力停电时通过CCHP机组自备蓄电池进行机组启动的方式称为黑启动（图31-5-3）。黑启动后，联产发电首先用于辅机运行（热水泵、冷却水泵、冷却塔、换气风机等），再供应重要负荷。

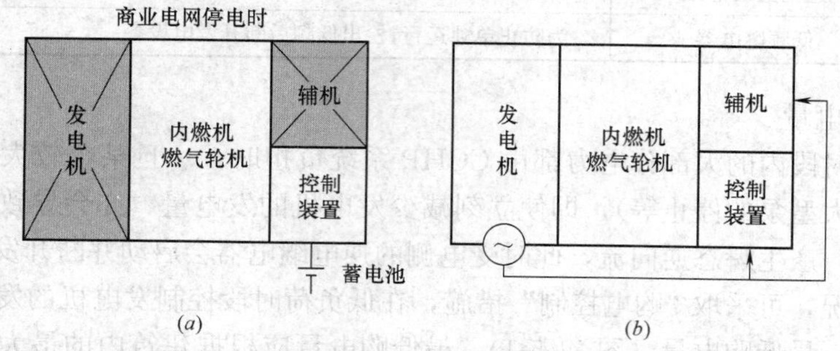

图31-5-3　CCHP机组的黑启动

（*a*）无辅机启动；（*b*）自供电运行

5. 防止高频波对策

由于负荷类型、机组振动和杂波干扰等，一般的商用电力频率（50或60Hz）内夹杂着高频波。产生高频波的机器设备主要有：电脑、电视、CVCF、UPS、VVVF（电梯等)、高频荧光灯。采用整流器方法能够消除高频波的影响。

31.5.1.2 允许逆电上网的并网方式

CCHP 发电设备与商业电力并网，自发电力可向电网送出的应用方式称为允许逆电上网的并网系统方式。这种方式 CCHP 机组可额定功率运行，产生的余热热量稳定，有利于余热利用，并可根据用户热负荷需求确定机组发电容量，因而系统运行经济性好。但该方式是否可采纳，与用能地区的电力政策相关，主要取决于与电力部门协商的送电价格、容量、时段等，目前在国内的设计中很少采用。

1. 保护继电器

为保证系统侧的电力供应品质，与防逆流情况类似需要设置保护继电器。

2. 单独运行检出装置

商业电力停电时由 CCHP 系统单独供电，称为单独运行。当商业电力恢复后，如果发电机与商业电力的周期、频率不一致，会造成设备损坏，故需及时检出单独运行状况，并配置相应继电保护。

31.5.1.3 独立系统

1. 负荷选定

负荷选定的基本原则是保证 CCHP 系统的运行时间长、小负荷运行时间短，并由实际负荷的同时使用率决定。表 31-5-3 是电力负荷的优先选定顺序。

电力负荷优先选定顺序 **表 31-5-3**

<table>
<tr><th></th><th colspan="2">负荷种类</th><th>优先顺序</th><th>参考</th></tr>
<tr><td rowspan="2">电灯</td><td colspan="2">照明</td><td>◎</td><td>常用负荷</td></tr>
<tr><td colspan="2">插座</td><td>△</td><td>同时利用少</td></tr>
<tr><td rowspan="9">一般动力</td><td rowspan="4">空调设备</td><td>通风风机</td><td>○</td><td>常用负荷</td></tr>
<tr><td>风机盘管、空调箱</td><td>△</td><td rowspan="3">根据室内利用状态而变化，过渡期负荷停止</td></tr>
<tr><td>冷却水泵</td><td>△</td></tr>
<tr><td>热源动力</td><td>△</td></tr>
<tr><td rowspan="2">卫生设备</td><td>循环水泵</td><td>○</td><td>常用负荷</td></tr>
<tr><td>给水排水泵</td><td>×</td><td>根据液面进行启停场合多，平均负荷少</td></tr>
<tr><td>CGS</td><td>辅机</td><td>◎</td><td>—</td></tr>
<tr><td colspan="2">电梯</td><td>×</td><td>启动电流大，平均负荷小</td></tr>
<tr><td colspan="2">桑拿等加热器负荷</td><td>△</td><td>ON/OFF 启停，平均负荷有小的时候</td></tr>
</table>

注：◎ 基本负荷；○ △ 需要考虑负荷率；× 不适合采用。

2. 切换方式

CCHP 发电系统与商业电力系统的切换有两种方式（图 31-5-4），一种是全部切换，配线简单、但负荷的选择精确程度不高，系统的动态匹配性差；另一种是部分切换，配线复杂、投资费用高，但中小负荷的选择精确程度高，系统的动态匹配性好。

通常的切换器能 50ms 内完成切换，能满足一般照明负荷需求，但一些电动机则需要采用 10ms 以内完成切换的高速切换器，以保证停电时电动机内部控制系统工作的连续性。

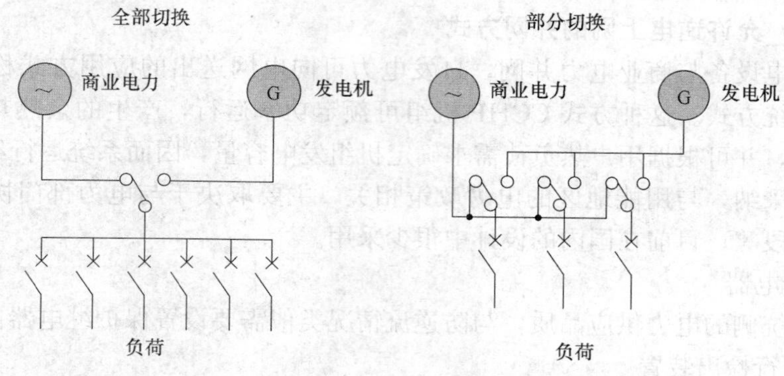

图 31-5-4 全部切换和部分切换

31.5.2 余热利用系统的设计

31.5.2.1 余热利用的原则

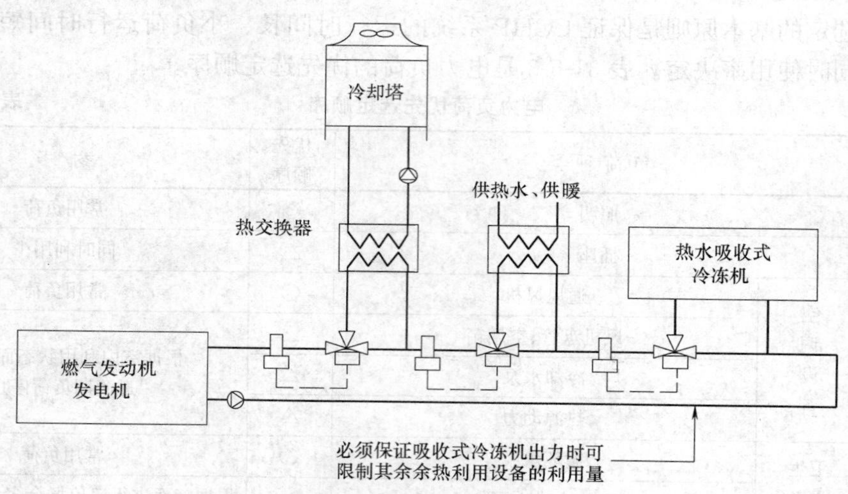

图 31-5-5 排热用冷却塔及三通阀的设置

余热的有效利用是 CCHP 系统之所以节能的核心与关键。欲提高 CCHP 系统的综合效率、设计成功的系统，重点就在于如何高效合理地利用余热。

余热利用设计应符合下列原则：

① 余热利用应做到温度对口、梯级利用；

② 余热利用的形式应根据项目的负荷情况和原动机余热参数，经技术经济比较后确定；

③ 当热（冷）负荷波动或需求时间与发电时间不一致时，宜设置蓄能装置。

设计余热利用系统时必须考虑如下因素：余热利用的优先顺序；根据 CCHP 系统排放的余热量，确定合适的余热利用设备容量；确定设备间的连接方法；布置管路系统。

1. 余热利用的优先顺序

热水形式的余热（如发动机的缸套冷却余热、Stirling 发动机余热），其利用一般以卫生热水、供暖和制冷为主。根据热力学第二定律，热能利用以从高到低的温度顺序进行梯级利用效果最好，卫生热水所需温度比供暖高，且热水负荷为常年负荷，供暖负荷为季节性负荷，因此余热利用的优先顺序为：

卫生热水＞供暖＞空调

2. 余热利用设备的设置顺序

余热利用设备的设置顺序与余热利用优先顺序不同，应按设备的用热品质而定。以串联管路为例（图 31-5-5），沿余热热水系统的上至下游、依次布置吸收式制冷机组、供暖热交换器和供热水热交换器，最后为调节热负荷的冷却塔。

3. 常见余热利用形式：

① 原动机余热直接进入余热吸收式冷（温）水机制冷、供热；

② 原动机余热经余热锅炉或换热器产生蒸汽或热水间接制冷、供热；

③ 原动机各部分余热分别利用，烟气可进入余热吸收式冷（温）水机制冷、供热；冷却水可进入换热器或热泵供热水；

④ 低温余热利用宜采用热泵机组。

余热利用系统应设置排热装置。当冷、热负荷不稳定时，应在原动机排烟及冷却水系统上设自动调节阀。

4. 余热利用设备

余热锅炉及余热吸收式冷（温）水机是常见的余热利用设备，可仅利用余热，也可加装补燃装置。设备选型应根据项目负荷及系统配置情况经技术经济比较后确定。原动机与余热利用设备宜采用一一对应配置。

余热锅炉及余热吸收式冷（温）水机的排烟热量宜配置烟气热回收装置回收利用，排烟温度不宜高于 120℃。当内燃机冷却水余热利用时，余热利用设备的出口温度不宜高于 75℃。余热利用系统的自动调节阀的调节特性应满足原动机和余热利用设备的要求，自动调节阀的动作应由余热利用设备优先控制。

31.5.2.2 余热热水系统的设计

1. 余热热水温度

余热热水温度级别由利用方式所决定。余热用于供热水、供暖场合，其温度级别可设定得较低，为 45～60℃；当用于制冷场合，由于热水温度越高效率越好，温度级别必须设定得较高。此外，为了保证热水型吸收式制冷机的出力，应确保吸收式制冷机的热水入口温度达到一定高温，所以吸收式制冷机应设置在其他余热利用设备的上游侧。

2. 排热系统的设计

除了余热利用设备外，余热热水系统还需设置调节热负荷用的冷却塔，通过该装置来释放过剩余热，使回到天然气发动机的热水温度在一定值以下（图 31-5-5），从而避免余热利用量急剧下降时、发生过高温度的热水返回发动机引发停机。因此，在冷却塔的循环水侧、余热热水侧均设置控制排热用的三通阀，并在三通阀下游附近设置响应灵敏的温度传感器。循环冷却水泵、冷却塔风扇若能根据余热热水温度、冷却循环水温度进行起停控制，可实现节能并降低运行费用。

31.5.2.3 供热水系统的设计

1. 设置预热槽

余热用于供应热水时要加热热水储槽中的热水，负荷变动较大时设置预热槽可更有效利用余热。预热槽用余热加热（图 31-5-6），温度设定稍高于热水储槽温度。由于给水先通过预热槽加热后再供给热水储槽，如此可减少锅炉的加热量，且负荷变动可通过预热槽吸收。预热槽需具备一定容量，在设置两台热水储槽时一般把其中一台作为预热槽。

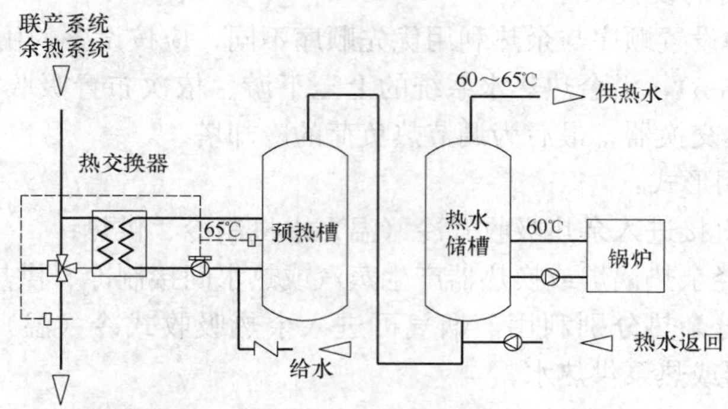

图 31-5-6　设置预热槽的供热水系统示例

2. 不设置预热槽

不设置预热槽的场合，给水通过热水热交换器被余热热水加热，余热利用侧温度设定比锅炉热水侧温度设定稍高，以此来控制锅炉的加热（图 31-5-7）。

31.5.2.4　供暖利用系统的设计

1. 供暖用热交换器串联设置

供暖用热交换器（上游侧）与燃气吸收式冷热水机串联设置时，余热可用于燃气吸收式冷热水机的预热，由于优先利用了余热，天然气 CCHP 系统的效率可获得提高，且余热量即使变动，燃气吸收式冷热水机的热水出水温度亦能保持定值（图 31-5-8）。

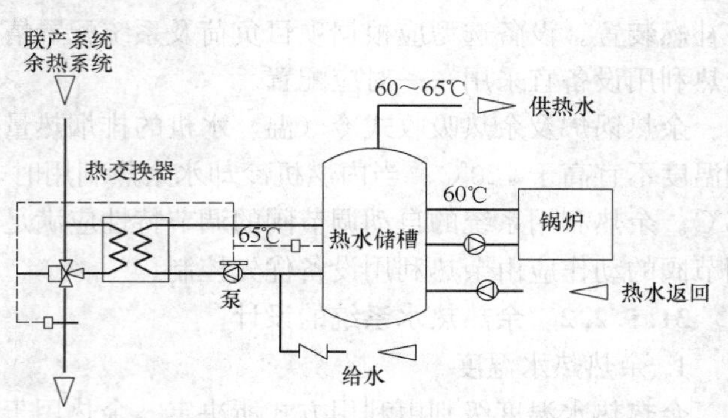

图 31-5-7　不设置预热槽的供热水系统示例

2. 供暖用热交换器并列设置

直燃式燃气空调机（直燃机）与供暖用热交换器通过热水集箱并列连接，为了有效利用余热，供暖用热交换器热水出口温度设定要高于直燃机的热水出口温度（直燃机在燃烧 OFF 时的热水出口温度与供暖用热交换器的入口设计温度值相同）（图 31-5-9）

31.5.2.5　空调利用系统的设计

1. 利用余热燃气空调机的系统设计

（1）余热燃气空调的选型

有多台热源机时，应全部用于余热燃气空调，不必限定优先机组。余热燃气空调的容量选定与常规燃气空调相同，可根据用户的空调负荷来进行选定。

（2）设计要点

设计时必须考虑以下几点：

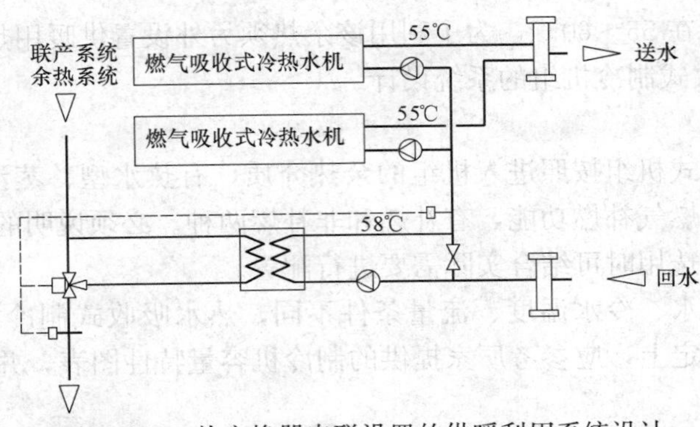

图 31-5-8 热交换器串联设置的供暖利用系统设计

① 余热热水系统的温度设定

当余热热水温度为 90℃（温度差 10℃）且稳定输出时，应用余热燃气空调可减少燃气用量 10%～25%左右，且热水温度越高，余热回收性能越好，因此在设备容许范围内，燃气内燃机侧、系统配管侧的温度设定得越高，节能效果越好。另外，余热燃气空调系统内部设有控制装置，当余热热水温度低于可利用温度时，控制三通阀将余热热水自动切换至旁通管通过。

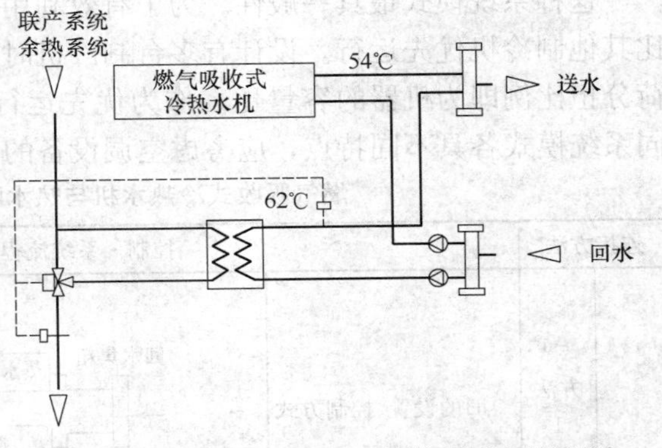

图 31-5-9 热交换器并联设置的供暖利用系统设计

② 余热热水配管的连接，流量调节阀的设置

当设有多台余热燃气空调机时，余热热水系统与空调机并列连接。当通过空调机组的余热热水量比设计水量大幅上扬时，可将多余水量从旁通管通过（图 31-5-10）。当有多台燃气内燃机时，运行台数减少，循环水量亦会减少，此时，可预先把额定输出的设计流量在空调机组系统容许范围调高；也可在余热热水系统设置双通阀，对应燃气内燃机的运行台数控制流向空调机组的余热热水。

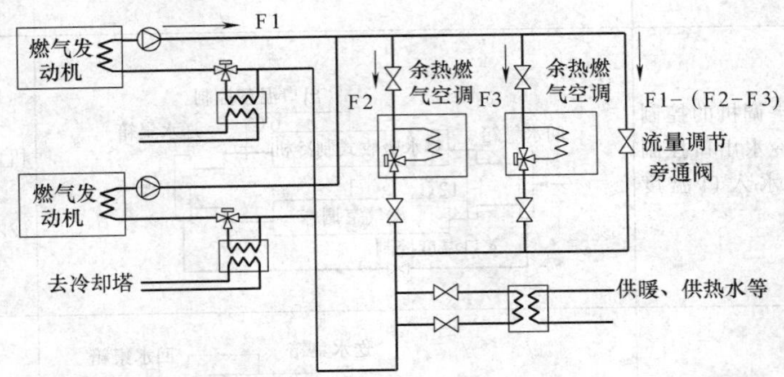

图 31-5-10 余热燃气空调应用系统中流量调节旁通管的设置

③ 供暖用热交换器的设置

空调机本身的输出温水可直接用于供暖，但水温必须降至 45℃。标准的燃气吸收式

冷温水机的温水温度在55～60℃，为了利用该余热须另外设置供暖用热交换器。

2. 利用热水吸收式制冷机组的系统设计

（1）制冷机选型

利用余热的吸收式机组按照进入机组的余热介质，有热水型、蒸汽型、烟气型三种；同时，按照是否提供燃气补燃功能，有补燃和非补燃两种。必须说明的是，不同厂家的补燃方式是不同的。在选用时可结合实际需要进行配置。

余热热水、冷却水、冷水温度、流量条件不同，热水吸收式制冷机的性能亦大不相同。因此，在容量选定上，应参考厂家提供的制冷机容量特性图表，并考虑标准样品与实际使用条件的差异。

（2）热水吸收式制冷机与燃气吸收式冷热水机（燃气空调机）组合的系统设计

这种系统模式最具一般性。为了有效利用余热，系统设计上应考虑热水吸收式制冷机比其他制冷机优先运行。设计有多台制冷机时一般采用并列设置，此时，每台制冷机的负荷分担比例即为机器的容量比。作为优先运行案例，表31-5-4罗列了各种系统模式，不同系统模式各具不同特点，应考虑空调设备的设计条件后再选择合适的系统。

燃气吸收式冷热水机与热水吸收式制冷机的控制方法 **表31-5-4**

连接方法			控制·系统流程图	特征·注意事项
并联	方法1	旧的设置、控制方式	出口温度控制 回水集箱 热水吸收式制冷机 7℃ 送水集箱 7℃ 燃气空调 出口温度控制	·空调负荷分担根据机器的容量比而定
	方法2	热水吸收式制冷机的冷水出口设定温度低于燃气空调机	出口温度控制 回水集箱 热水吸收式制冷机 6℃ 送水集箱 7℃ 燃气空调 出口温度控制	·与方法1相比，可改善热水吸收式制冷机的负荷分担率
	方法3	燃气空调机的控制方式由冷水出口控制转为冷水入口温度控制	出口温度控制 回水集箱 热水吸收式制冷机 6℃ 送水集箱 12℃ 燃气空调 入口温度控制	·热水吸收式制冷机可优先运行。 ·部分负荷运行时，冷水供给温度增高
串联		热水吸收式制冷机设置在燃气空调机的上游	送水集箱 回水集箱 燃气空调 出口温度控制 7℃ 热水吸收式制冷机 出口温度控制 7℃	·热水吸收式制冷机可优先运行； ·不能按热水吸收式制冷机的设备容量计算其功率

3. 余热燃气空调机与热水吸收式制冷机组合的系统设计要点

(1) 若余热不是定量输出，则无法确保热水吸收式制冷机的制冷能力，多台燃气发动机进行台数控制运行时可能会导致空调制冷能力不足。为此，根据燃气发动机多少台运行时可确保100%空调制冷能力来决定热水吸收式制冷机的容量。

例如，当有1台发电机停机时也必须确保100%空调制冷能力，而热水吸收式制冷机的容量若在（$N-1$）台燃气发动机余热所对应容量之下，那么剩下的空调负荷则由备用的余热燃气空调来承担。

(2) 一般1台热水吸收式制冷机的容量应在1台燃气发动机余热所对应的容量之下，因为余热不足会导致制冷机启动困难。

(3) 余热热水系统应按空调、供暖、供热水的顺序依次连接。对余热利用制冷机来说，余热进口温度越高，余热回收量越大，因此夏天的余热利用率较高。所以，热水吸收式制冷机与余热燃气空调并联连接时（图31-5-11），应尽可能提高各制冷机的余热进口温度。

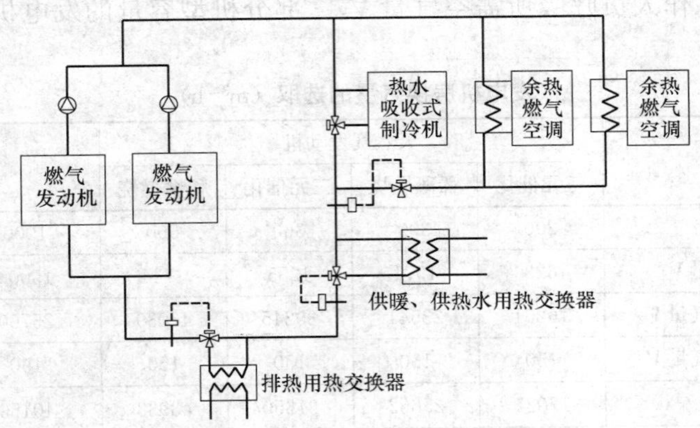

图31-5-11 余热燃气空调与热水吸收式制冷机的并联设置案例

(4) 为了确保热水吸收式制冷机的空调制冷能力，有必要对返回发动机的余热热水进行温度补偿控制。

31.5.2.6 余热蒸汽系统设计

来自燃气轮机、燃气发动机的余热蒸汽与来自蒸汽锅炉的蒸汽通过蒸汽集箱连接，作为蒸汽吸收式制冷机、供暖、供热水等的热源进行利用。为了优先利用余热蒸汽，余热蒸汽压力设定值应高于锅炉蒸汽压力设定值（图31-5-12）。

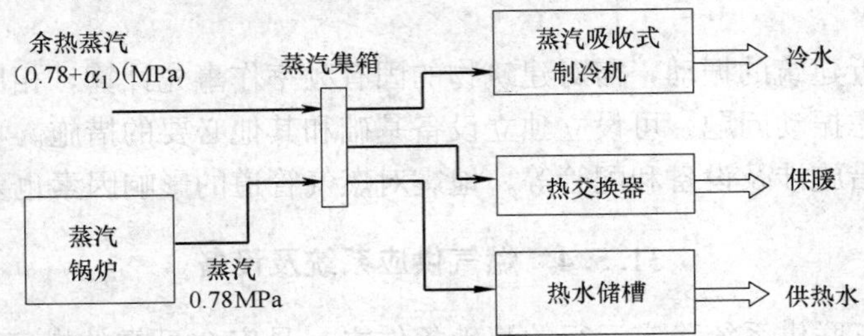

图31-5-12 蒸汽锅炉与余热蒸汽的设定压力

31.5.3　发电机房的设计

31.5.3.1　设备排气系统

发动机的排气系统由尾气热回收器、消声器、烟囱等组成，排气配管系统需考虑设备允许的背压和排气量（表 31-5-5），再根据系统布置和阻力情况设计配管口径。

设备允许的背压和排气量　　表 31-5-5

原动机		允许背压	排气量
天然气发动机	三元催化	4000～5000Pa	10～13m³/kW(烟气温度 550～650℃)
	稀薄燃烧	3500～4000Pa	13～15m³/kW(烟气温度 370～410℃)
燃气轮机		1500～3000Pa	13～20m³/kW(烟气温度 500～550℃)

31.5.3.2　发电机房换气量的确定

发电机房的换气量由三部分组成：一是燃气燃烧所需空气量 V_1，二是维持室温所需空气量 V_2，三是工作人员呼吸所需空气量 V_3。部分机型容量的发电机房换气量可按表 31-5-6 选取。

发电机房换气量的选取（m³/h）　　表 31-5-6

		天然气发动机				燃气轮机	
		三元催化	稀薄燃烧	三元催化	稀薄燃烧		
容量(kW)		200	300	360	500	1000	1500
空气量	燃烧用空气量 V_1	623	1971	1255	1744	15000	22680
	维持室温用空气量 V_2	16251	23541	30245	42039	25700	39600
	人员呼吸用空气量 V_3	150	150	150	150	150	150
吸气量		17024	25662	31650	43933	40150	62430
排气量		16942	24473	31398	43581	31700	42000

31.5.3.3　防噪防振

1. 防噪措施

燃气轮机的噪声多为高频噪声，距离机组 1m 处声强约为 90～115dB，燃气内燃机的噪声多为中低频噪声，距离机组 1m 处声强约为 90～105dB。

可采取整体遮罩、室内吸声材料、临近区域设置隔声墙、排气管道消声等方式满足相应噪声标准。

2. 防振措施

考虑避免临近建筑的振动，需对建筑物的固有频率作事先计算，相比燃气轮机，天然气发动机更需考虑振动问题，可设立独立设备基础和其他必要的措施。

典型的防振措施涉及设备和配管等，地震对燃气管道的影响因素也要考虑。

31.5.4　燃气供应系统及设备

燃气冷热电三联供系统稳定运行的基础条件之一是安全可靠的燃气供应和燃气设备，系统设计时应对周边的燃气发展状况包括：燃气管网现状、燃气供应压力、燃气流量、附属燃气设施等做详细调研，以保证燃气的成分、流量、压力等满足所有用气设备的要求。

31.5.4.1 燃气供应系统

燃气供应系统一般由调压装置、过滤器、计量装置、紧急切断阀、放散、检测保护系统、温度压力测量仪表等组成。需要增压的燃气供应系统尚应设置缓冲装置和增压机，并应设置进口压力过低保护装置。

1. 燃气供应安全及计量

燃气引入管应设置紧急自动切断阀和自动快速切断阀。紧急自动切断阀应与可燃气体探测报警装置联动。备用电源发电机组的燃气管道的紧急自动切断阀应设置不间断电源。连接用气设备的管道上应安装配套的阀组。

联供工程所有燃气设备的计量装置应独立设置，且计量装置前应设置过滤器。原动机与其他设备的调压装置应各自独立设置。

2. 燃气管道布置

（1）独立设置的站房，当室内燃气管道最高压力小于或等于 0.8MPa 时，以及建筑物内的站房，当室内燃气管道最高压力小于或等于 0.4MPa 时，燃气供应系统应符合现行国家标准《城镇燃气设计规范》GB 50028 的有关规定。

（2）独立设置的站房，当室内燃气管道最高压力大 0.8MPa 且小于或等于 2.5MPa 时，以及建筑物内的站房，当室内燃气管道最高压力大于 0.4MPa 且小于或等于 1.6MPa 时，燃气管道及其管路附件的材质和连接应符合下列规定：

① 燃气管道应采用无缝钢管和无缝钢制管件；

② 燃气管道应采用焊接连接，管道与设备、阀门的连接应采用法兰连接或焊接连接；

③ 管道上严禁采用铸铁阀门及铸铁附件；

④ 焊接接头应全部进行射线检测和超声检测，并应合格。

（3）当联供工程站房设置在屋顶时，燃气管道可敷设于管道井内或沿有检修条件的建筑物外墙、柱敷设，管道敷设应符合现行国家标准《城镇燃气设计规范》GB 50028 的有关规定，并应符合下列规定：

① 室外敷设的燃气管道应计算热位移，并应采取热补偿措施；

② 燃气立管应安装承受自重和热伸缩推力的固定支架和活动支架；

③ 管道竖井应靠建筑物外墙设置，管道竖井的墙体应为耐火极限不低 1.00h 的不燃烧体，检查门应采用丙级防火门；

④ 管道竖井的外墙上，每楼层均应设置通向室外的百叶窗；

⑤ 管道竖井内的燃气立管上不应设置阀门。

（4）燃气管道不得穿过防火墙、封闭楼梯间、防烟楼梯间及其前室、易燃易爆品仓库、变配电室、电缆沟、烟道和进风道等。燃气管道穿过楼板、楼梯平台、隔墙时，应安装在钢套管中。套管与燃气管道之间的间隙应采用柔性防腐、防水材料密封。

31.5.4.2 燃气设备

三联供系统燃气设备包括系统原动机、燃用燃气的供冷供热设备以及相应的调压计量设备，其中调压装置的压力波动范围应满足用气设备的要求，计量装置应设置温度、压力修正装置。有关前两者的详细内容见本章第 3 节。

1. 燃气增压机和缓冲装置应符合下列规定：

① 燃气增压机前后应设缓冲装置，缓冲装置后的燃气压力波动范围应满足用气设备的要求；

② 燃气增压机和缓冲装置宜与原动机一一对应；

③ 燃气增压机的吸气、排气和泄气管道应设置减振装置；

④ 燃气增压机应设置就地控制装置，并宜设置远程控制装置。

2. 燃气增压机是燃气系统中关键设备之一，也是易发生事故、存在安全隐患的设备，为保证燃气增压机自身正常、安全运行，燃气增压机应设置空转防护装置。当燃气增压机设有中间冷却器和后冷却器时，应加设介质冷却异常的报警装置。驱动用的电动机应采用防爆型结构，且润滑系统应设低压报警及停机装置。燃气增压机应设置与发电机组紧急停车的联锁装置，排出的冷凝水应集中处理。

3. 燃气增压间的工艺设计应符合现行国家标准《城镇燃气设计规范》GB 50028 的有关规定。

31.5.4.3　辅助设施

燃气管道应装设放散管、放散口、吹扫口和取样口。燃气管道吹扫口的位置应能将管道内燃气吹扫干净。燃气管道放散口应高出屋脊（或平屋顶）1m 以上，且距地面的高度不应小于 4m，并应采取防止雨雪进入管道和放散物进入房间的措施。

31.5.5　分布式能源站的设计

31.5.5.1　类别及规模

1. 能源站类别

根据能源站的供能范围及用户类别，可分为区域式能源站和楼宇式能源站。

（1）区域式能源站

区域式能源站是指为一个区域范围内的多个用户提供冷、热、电负荷的分布式供能站。独立于用户并靠近用户布置，一般布置在其供能覆盖区域之内或紧邻其供能覆盖区域布置。

区域型分布式能源站规模较大，适用于对中、大型区域进行冷热电三联供。主要供能对象为居民、公建商业集群、工业园区的多个工业用户。常规的配置方案有：

① 燃气轮机发电机组＋余热锅炉＋汽轮发电机组＋蒸汽溴化锂机组＋辅助供能设备。

② 燃气轮机发电机组＋余热锅炉＋蒸汽溴化锂机组＋辅助供能设备。

③ 内燃机发电机组＋余热锅炉＋蒸汽溴化锂机组＋辅助供能设备。

④ 内燃机发电机组＋烟气热水型溴化锂机组＋辅助供能设备。

（2）楼宇式能源站

楼宇式能源站是指布置在楼宇内，为一个或多个用户提供冷、热、电负荷的分布式供能站。

楼宇式能源站规模较小，适用于小型区域或单个用户进行冷热电三联供。主要供能对象为居民小区、公建商业建筑、单个工业用户。能源站常规的配置方案有：

① 燃气轮机发电机组＋余热锅炉＋蒸汽溴化锂机组＋辅助供能设备。

② 内燃机发电机组＋余热锅炉＋蒸汽溴化锂机组＋辅助供能设备。

③ 内燃机发电机组＋烟气热水型溴化锂机组＋辅助供能设备。

④ 微型燃机＋烟气热水型溴化锂机组＋辅助供能设备。

注：辅助供能设备是指三联供设备以外的设备配置，包含但不限于：热泵、直燃机、冷水机组、燃气（电）锅炉、蓄能设备。

2. 燃气分布式能源站规模

区域式能源站原动机单机容量一般不大于 50MW，天然气进气压力不应大于 4.0MPa。楼宇式能源站原动机单机容量一般不大于 10MW，天然气进气压力不应大于 0.4MPa，当建筑物为住宅楼时，原动机的天然气进气压力不应大于 0.2MPa。

31.5.5.2 站址选择与工艺布置

（1）分布式能源站的站址应综合考虑城市规划要求、冷（热）用户分布、燃料供应情况、机组容量、燃气管道压力、工程建设条件等因素，因地制宜进行选择。联供工程站址宜靠近热（冷）负荷中心及供电区域的主配电室、电负荷中心。

（2）站房的防火间距应符合现行国家标准《建筑设计防火规范》GB 50016（2018 版）的有关规定。燃烧设备间应为丁类厂房，燃气增压间、调压间应为甲类厂房。站房宜独立设置或室外布置。当站房不独立设置时，可贴邻民用建筑布置，并应采用防火墙隔开，且不应贴邻人员密集场所。

（3）当燃烧设备间受条件限制需布置在民用建筑内时，应布置在建筑物的首层或屋顶，也可布置在建筑物的地下室。当采用相对密度（与空气密度比值）不小于 0.75 的燃气作燃料时，燃烧设备间不得布置在地下或半地下。燃烧设备间应设置爆炸泄压设施，且不应布置在人员密集场所的上一层、下一层或贴邻。设于地下、半地下及首层的燃烧设备间应布置在靠外墙部位。

（4）当燃烧设备布置在建筑物地下一层或首层时，单台发电机容量不应大于 7MW；当布置在建筑物屋顶时，单台发电机容量不应大于 2MW，且应对建筑结构进行验算。当燃烧设备设置在屋顶上时，燃烧设备间距离屋顶安全出口的距离不应小于 6m。

（5）分布式能源站变配电室的设置应符合下列规定：

① 变配电室宜靠近发电机房及电负荷中心，并宜远离燃气调压间、计量间；

② 变配电室应方便进、出线及设备运输；

③ 变配电室不应设置在厕所、浴室、爆炸危险场所的正下方或正上方；

④ 在高层或多层建筑中，装有可燃性油的电气设备的变配电室应设置在靠外墙部位，且不应设置在人员密集场所的正下方、正上方、贴邻和疏散出口的两旁；

⑤ 室外布置的变配电设施不应设置在多尘、有水雾、有腐蚀性气体及存放易燃易爆物品的场所

（6）联供工程应合理布置噪声源，并应采取降噪、隔噪措施，噪声排放应符合周边环境要求。冷却塔、风冷散热器和室外布置的联供设施等，应与周围建筑布局、风格相协调。

（7）地上站房首层室内标高应大于室外地坪或周围地坪 0.15m。地下站房应采取防涝、排水措施。

（8）能源站布置在室外时，燃气设备边缘与相邻建筑外墙面的最小水平净距应符合表 31-5-7 的规定。

室外布置能源站燃气设备边缘与相邻建筑外墙面的最小水平净距 表 31-5-7

燃气最高压力(MPa)	最小水平净距(m)	
	一般建筑	重要公共建筑、一类高层民用建筑
0.8	4.0	8.0
1.6	7.0	14.0
2.5	11.0	21.0

(9) 站房的布置应符合冷、热、电生产工艺流程，做到设备布置紧凑合理，节约用地。机房内部设施布置紧凑、恰当，巡回检查的通道畅通。当室外布置时，应根据环境条件和设备的要求对发电机组及辅助设备设置防雨、防冻、防腐、防雷等设施。

(10) 能源站应设置消火栓，并配置固定式灭火器。消火栓的设置应符合现行国家标准《建筑设计防火规范》GB 50016（2018 版）的有关规定。固定式灭火器的配置应符合现行国家标准《建筑灭火器配置设计规范》GB 50140 对中危险级场所的规定。能源站应设置火灾自动报警装置。火灾检测和自动报警应符合现行国家标准《火灾自动报警系统设计规范》GB 50116 的有关规定。

31.5.5.3 能源站建筑与结构

(1) 联供系统站房采用独立建筑时，建筑的耐火等级不应低于现行国家标准《建筑设计防火规范》GB 50016（2018 版）中规定的二级。区域分布式能源站的主要建（构）筑物火灾危险性及耐火等级应按表 31-5-8 的规定确定。其他建（构）筑物在生产过程中的火灾危险性及耐火等级应符合相关建筑防火规范的规定。

建（构）筑物在生产过程中火灾危险性及耐火等级 表 31-5-8

序号	建筑物名称	火灾危险性	耐火等级
1	原动机房	丁	二级
2	汽机房	丁	二级
3	余热锅炉房	丁	二级
4	制冷机房	丁	二级
5	制冷站、供热站	戊	二级
6	天然气增压站、调压站	甲	二级
7	材料库、检修车间	戊	二级
8	冷却塔	戊	二级

(2) 设置于建筑物内的站房，与其他部位之间应采用耐火极限不低于 2.00h 的防火隔墙和耐火极限不低于 1.50h 的不燃性楼板隔开。在隔墙和楼板上不应开设洞口，当在隔墙上开设门窗时，应采用甲级防火门窗。建筑构造应符合现行国家标准《建筑设计防火规范》GB 50016（2018 版）的有关规定。

(3) 当燃气增压间、调压间设置在站房内时，应采用防火墙与燃烧设备间、变配电室隔开，且隔墙上不得开设门窗及洞口。增压间应布置在燃烧设备间附近。燃烧设备间和燃气增压间、调压间、计量间应设置泄压设施，且泄压面应避开人员密集场所和安全出口。

(4) 站房的泄压面积应符合下列规定：

① 燃烧设备间的泄压面积不应小于燃烧设备间占地面积的10%；

② 燃气增压间、调压间、计量间的泄压面积宜按下式计算。当厂房的长径比大于3时，宜将该厂房划分为长径比小于或等于3的多个计算段，各计算段中的公共截面不得作为泄压面积：

$$A=1.1V^{\frac{2}{3}} \tag{31-5-1}$$

式中 A——泄压面积，m^2；

V——厂房的容积，m^3。

(5) 燃气增压间、调压间、计量间应各设置至少1个安全出口。变配电室疏散门不应少于2个，且直通室外或安全出口的疏散门不应少于1个。燃烧设备间疏散门的设置应符合下列规定：

① 独立设置的站房，燃烧设备间应设置至少1个直通室外的安全出口；当燃烧设备间建筑面积不小于$200m^2$时，疏散门的数量不应少于2个；

② 设置于建筑物内的站房，燃烧设备间的疏散门数量不应少于2个，其中至少1个应设置安全出口；

③ 当疏散门数量不少于2个时，应分散设置。

(6) 燃烧设备间和燃气增压间、调压间、计量间的地面应采用撞击时不会发生火花的材料。联供工程站房内的疏散楼梯、走道、门的设置应符合现行国家标准《建筑设计防火规范》GB 50016（2018版）的有关规定。

31.5.5.4 燃烧设备间及辅机间布置

联供工程站房宜设置燃烧设备间、辅机间、变配电室、控制室、燃气计量间、备品备件间等，并可设置值班室及卫生间等生活设施。

(1) 联供工程宜设集中控制室。控制室布置应符合下列规定：

① 控制室与燃烧设备间相邻时，相邻隔墙应为防火墙；隔墙上开设的门应为甲级防火门；朝主机操作面方向开设的玻璃观察窗，应采用具有抗爆能力的固定窗；

② 当控制室上方布置设备间时，控制室的顶板应采用混凝土整体浇筑，设备间楼面应有可靠的防水措施；

③ 控制室室内环境设计应符合噪声、室温、新风等劳动保护要求。

(2) 发电机组及冷、热供应设备布置应符合下列规定：

① 应设有设备安装、检修、运输的空间及场地，机房主要通道的净宽度不应小于1.5m；

② 设备与墙之间的净距不宜小于1.0m；

③ 设备之间的净距应满足操作和设备维修要求。燃烧设备间内设备的净距不宜小于1.2m。

④ 溴化锂冷温水机组可贴邻原动机布置，也可上下层布置或单独布置在原动机房隔壁房间。

⑤ 余热利用设备宜靠近原动机布置。对于向上排气的原动机，余热利用设备可与其分层布置。

⑥ 带补燃的燃气溴化锂机组宜设置独立的燃气表间，烟囱宜独立设置，机房和燃气表间应分别设置燃气浓度报警器与防爆排风机，防爆排风机应与各自的燃气浓度报警器联锁。

⑦ 冷水机组应留出不小于蒸发器、冷凝器等长度的清洗、维修距离。制冷系统冷却

塔的布置应靠近制冷机房，并应有良好的自然通风条件。

⑧ 内燃机烟囱高度及周围居民住宅的距离按批准的环境影响报告书确定，但不应低于 15m，且需高出周围 200m 半径范围内的建筑物 3m 以上。

（3）外表面温度高于 50℃的设备和管道应进行保温隔热。对不宜保温且人可能接触的部位应设护栏或警示牌。站房内外表面易结露的设备及管道应采取隔热措施。汽水系统应装设安全泄压设施。

31.5.5.5　通风与排烟

设置燃气管道或设施的房间，应设置独立的送排风系统，其送排风装置应采用防爆电气。敷设燃气管道的地下室、半地下室、设备层和地上密闭房间应设机械通风设施。

燃烧设备间的送风量应包括燃烧设备所需要的助燃空气量、消除设备散热所需要的空气量和人员环境卫生所需要的新鲜空气量。燃烧设备间、燃气增压间、调压间、计量间、敷设燃气管道房间的通风量，应根据工艺设计要求通过计算确定，通风换气次数不应小于表 31-5-9 的规定。

通风换气次数　　**表 31-5-9**

位置	燃气压力 p（MPa）	房间	通风换气次数（次/h）		
			正常通风	事故通风	不工作时
建筑物内	$p \leqslant 0.4$	燃烧设备间	6	12	3
		燃气增压、调压、计量间	3	12	3
		敷设燃气管道的房间	3	6	3
	$0.4 < p \leqslant 1.6$	燃烧设备间	9	18	3
		燃气增压、调压、计量间	5	18	3
		敷设燃气管道的房间	5	9	3
独立设置	$p \leqslant 0.8$	燃烧设备间	6	12	3
		燃气增压、调压、计量间	3	12	3
		敷设燃气管道的房间	3	6	3
	$0.8 < p \leqslant 2.5$	燃烧设备间	9	18	3
		燃气增压、调压、计量间	5	18	3
		敷设燃气管道的房间	5	9	3

联供工程通风系统的设计及进、排风口位置应符合现行国家标准《民用建筑供暖通风与空气调节设计规范》GB 50736 的有关规定。联供工程站房的防排烟设计，应符合现行国家标准《建筑设计防火规范》GB 50016（2018 版）的有关规定。

31.5.5.6　照明及排水

联供工程的照明应设正常照明、备用照明和应急照明。照明设计应符合现行国家标准《建筑照明设计标准》GB 50034 的有关规定。不同房间或场所的照明功率密度值及对应照度值不应大于现行国家标准《建筑照明设计标准》GB 50034 规定的限定值。照明灯具应按工作场所的环境条件和使用要求进行选择，选择光源时，应选择高效、长寿命光源。

燃烧设备间、燃气增压间、调压间、计量间及燃气管道穿过的房间应采用防爆灯具及防爆开关，并应符合现行国家标准《爆炸危险环境电力装置设计规范》GB 50058 的有关规定。燃烧设备间、辅机间、配电间、控制室的备用照明有效时间不应小于 60min。

联供工程内的电缆沟应采取防水和排水措施，并应符合现行国家标准《电力工程电缆设计标准》GB 50217 的相关规定。燃烧设备间、辅机间等建筑物底层及有经常冲洗要求的楼、地面，应具有排水构造。可靠性要求高的联供工程，给水宜采用两根进水管，并应从室外环网的不同管段或不同水源分别接入。

31.5.5.7 某纸业公司热电联产分布式能源站工程设计案例

某纸业有限公司热电联产分布式能源项目，利用燃气轮机发电供给生产用电需求，同时天然气燃烧后产生的高温烟气通过热交换器加热纸机气罩的循环干燥风以降低纸机的蒸汽耗量外，同时热交换器的排气再引入余热锅炉中进行汽/水热交换而产生蒸汽用于纸机生产。项目建设 4×7.5MW 燃气轮机发电机组及配套余热回收系统，额定发电量为 30000kW，其排放的高温烟气直接经余热回收锅炉吸热后可产生约 46t/h 的蒸汽。

1. 电气系统

机组发电在厂内就地消纳，主要是满足厂内 4 条生产纸线的用电需要，发电电力不对电网其他负荷供电。4 台容量 7.5MW 的燃气发电机组，发电机出口电压为 6.3kV。本工程厂用电压等级选用 6kV。纸厂内已建有 35kV 开关站，本工程 35kV 配电装置采用单母线接线方式。设两台 10000kVA 35kV/6.3kV 主变压器，并设厂用 6kV 配电装置，采用单母线接线方式。

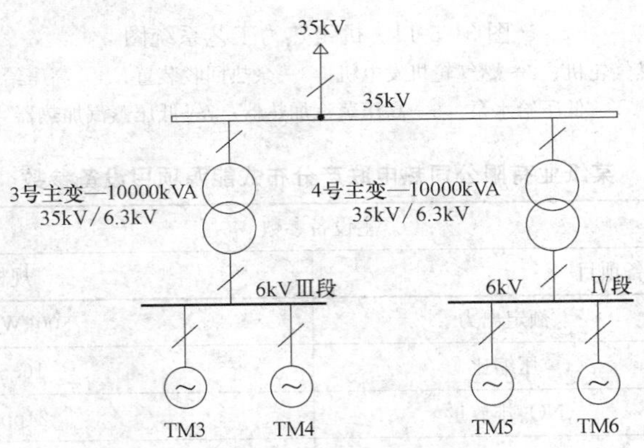

图 31-5-13 1 号～4 号机组供电系统主接线简图

工程对应每台新增纸机车间设 6kV 机压母线，每两台机组并接于同一段 6kV 母线上。6kVIII 段和 IV 段母线电源分别由 3 号和 4 号主变低压侧引接。纸厂车间内的 6kV 高压电动机及 6kV/0.69kV、6kV/0.4kV 变压器电源通过电缆接至纸机 6kV 机压母线。0.4kV 系统拟采用 PC 及 MCC 方式供电。其余子项低压电源由就近车间供电。机组供电系统主接线见图 31-5-13。

2. 热力工艺流程

机组热力工艺系统见图 31-5-14，对四条纸机生产线各配置一套燃气轮机发电机组，同时配备余热回收系统，即燃机除了发电，其天然气燃烧后产生的高温烟气通过热交换器加热纸机气罩的循环干燥风以降低纸机的蒸汽耗量外，同时热交换器的排气再引入余热回收装置中进行汽/水热交换而产生蒸汽用于纸机生产，热电联产分布式能源项目设备参数见表 31-5-10。

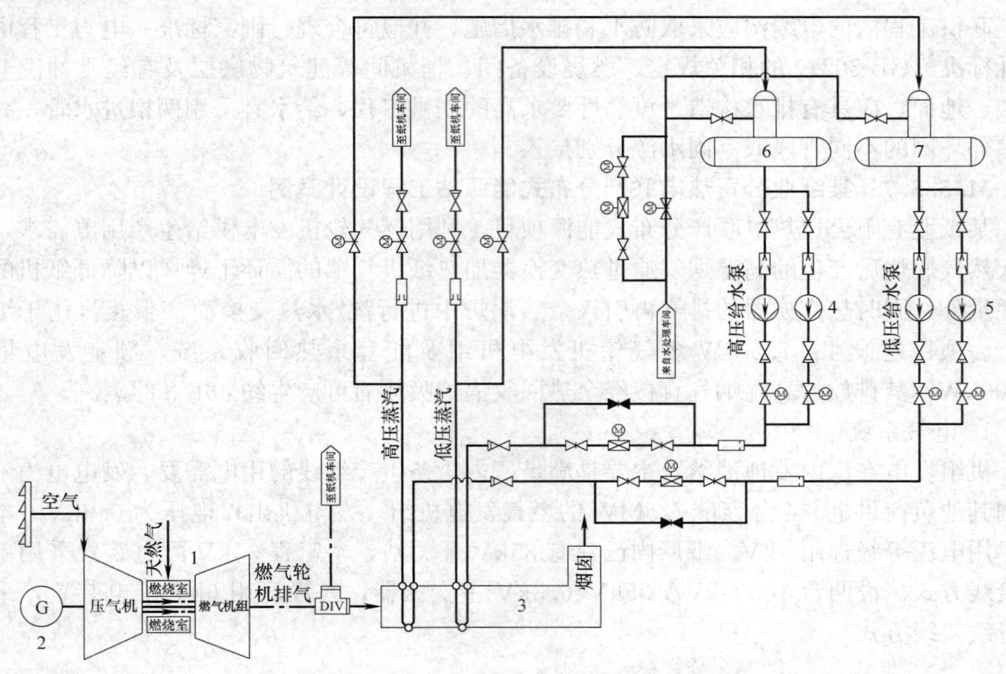

图 31-5-14　机组热力工艺系统图

1—燃气轮机；2—燃气轮机发电机；3—余热回收装置；4—高压给水泵；5—低压给水泵；6—高压蒸汽加热器；7—低压蒸汽加热器

某纸业有限公司热电联产分布式能源项目设备参数　　表 31-5-10

主设备参数		
设备项目		规格
燃气轮机	额定出力	7500kW,50Hz
	压缩比	16.5:1
	NO_X排放量	24ppmv
	尺寸	7400mm(长)×2900mm(宽)×3700mm(高)
	燃机效率(ISO)	33.086%
	燃料气进气温度	50℃
	热耗率	10879kJ/(kW·h)
	额定进气压力	2.5MPa
	燃机排气流量	95651kg/h
	燃机排气温度	491℃
燃气轮发电机	额定出力	7500kW,50Hz
	功率因素	0.8
	出线电压	6.6kV
	冷却方式	空冷
	尺寸	4500mm(长)×2900mm(宽)×3700mm(高)

续表

主设备参数		
设备项目		规格
余热回收装置	高压蒸汽流量	10t/h
	高压蒸汽压力	1.6MPa
	高压蒸汽温度	204.4℃
	低压蒸汽流量	1.5t/h
	低压蒸汽压力	0.8MPa
	低压蒸汽温度	175.4℃
	给水温度	160℃
	效率	92%
	烟气流量	101t/h
	排烟温度	420℃
	补燃天然气耗量	400m³/h
	烟囱高度	28m
	烟囱直径	2000mm

3. 能源站主要热经济指标（表 31-5-11）。

能源站主要热经济指标 **表 31-5-11**

能源	项 目	单位	数据
1	额定功率	MW	4×7.5
2	年运行小时数	h/a	7650
3	年发电量	kWh/a	2.2292×10^8
4	年供电量	kWh/a	2.1623×10^8
5	年供热量	GJ/a	92.605×10^4
6	年天然气耗量	m^3	6777.9×10^4
7	年平均发电天然气耗率	m^3/kWh	0.1790
8	年平均供电天然气耗率	m^3/kWh	0.1818
9	年平均供热天然气耗率	m^3/GJ	30.74
10	全厂热效率	%	75.68
11	热电比	%	118.96

注：体积计算基于标准状态 20℃、101.325kPa。

4. 能源站布置（图 31-5-15）

工程的布置原则主要是通过合理的设备布置来保证机组安装快捷、运行安全可靠和检修维护的方便。具体如下：

① 布局上尽可能的节省投资。

② 设备布置尽可能满足主机设备的要求，在条件允许情况下尽可能地采用模块式紧凑型设备。

③ 在设备形式的选择上，尽可能选择占地面积小且方便维护的设备。

④ 充分考虑设备和部件的检修和起吊设施及空间。

⑤ 充分考虑设备和部件的运输和维护通道。

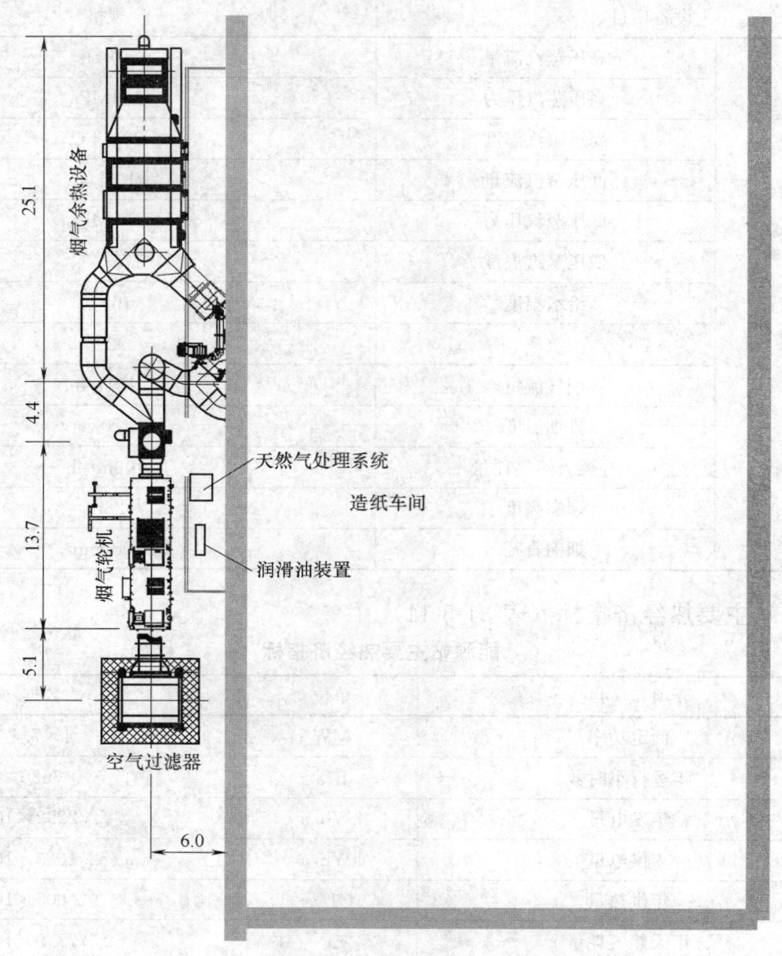

图 31-5-15　能源站设备布局

31.6　CCHP 系统评价

31.6.1　燃气三联供系统主要技术经济指标

主要技术经济指标见表 31-6-1。

主要技术经济指标表　　表 31-6-1

序号	项　目	单　位	备注
1	机组发电容量	MW	发电机组铭牌功率
2	年运行小时数	h	能源站全年运行小时数
3	发电年利用小时数	h	机组折算满负荷的运行小时数
4	年发电量	kWh	能源站原动机实际发电量

续表

序号	项 目	单 位	备注
5	年供热量	GJ	能源站对外供热量
6	年供冷量	GJ	能源站对外供冷量
7	年天然气耗量	m^3	能源站天然气消耗量
8	年平均厂用电率	%	能源站自耗电量与总发电量的比值
9	年供电量	kWh	扣除自耗电量后的对外供电量
10	外购电量	kWh	能源站从电网购入的电量
11	年平均供热天然气耗率	m^3/MJ	联供系统单位供热量的天然气耗量
12	年平均供电天然气耗率	m^3/kWh	联供系统单位供电量的天然气耗量
13	年平均能源综合利用率	%	为系统年输出能量与输入能量之比
14	年平均热电比	%	供能系统年供热量与年供电量的比值
15	年平均余热利用率	%	发电余热中用于供热和制冷的热量与可利用热量的百分比
16	节能率	%	联供系统与原来用户采用的常规供电和空调方式相比所节省的一次能源消耗量

31.6.2 能效评价

分布式能源系统的能效评价是系统设计的重要内容，也是政府给予财政补贴的主要参考指标。能耗包括电力和天然气耗量，将其折算成一次能源消耗量后可与常规供能系统的能耗数据进行对比，可得出系统的一次能源节约率。

31.6.2.1 年平均能源综合利用率

为系统年输出能量与输入能量之比，不包括补充冷热设备输出的能量和辅助系统消耗的能量，其计算公式如下：

$$v=\frac{3.6W+Q_1+Q_2}{B\times Q_L}\times 100\% \tag{31-6-1}$$

式中 v——年平均能源综合利用率，%；

W——年净输出电量，kWh；

Q_1——年有效余热供热总量，MJ；

Q_2——年有效余热供冷总量，MJ；

B——年燃气总耗量，m^3；

Q_L——燃气低位发热量，MJ/m^3。

上式中余热供热总量为余热锅炉等设备利用发电余热产生的热量，应扣除补燃产生的热量；余热供冷总量为余热吸收式制冷机等设备利用发电余热产生的冷量，应扣除补燃产生的冷量。

31.6.2.2 发电设备最大利用小时数

最大利用小时数也称满负荷时数，是判断发电设备使用率的指标，一般来说对于投资较高的燃气发电机组等设备，其满负荷时数越长，使用率越高，对于其初投资的回收、系统的经济性越有利。发电设备最大利用小时数应大于 2000h，按下列公式计算：

$$n=\frac{W_{year}}{C_{apc}} \tag{31-6-2}$$

式中 n——发电设备最大利用小时数，h；

W_{year}——发电设备全年发电量，kWh；

C_{apc}——所有发电设备总装机容量，kWh。

31.6.2.3　年平均能源节能率

节能率是指采用联供系统与原来用户可能采用的常规供电和空调方式相比所节省的一次能源消耗量，是反应联供系统先进性的一个重要指标，分布式能源系统的节能率应大于15%，并应按下式计算：

$$r=1-\frac{B\times Q_L}{\frac{3.6W}{\eta_{co}}+\frac{Q_1}{\eta_0}+\frac{Q_2}{\eta_{co}\times COP_0}}$$

$$\eta_{co}=122.9\times\frac{1-\theta}{M} \tag{31-6-3}$$

式中　r——节能率；

B——联供系统年燃气耗量，m^3；

Q_L——燃气低位发热量，MJ/m^3；

W——联供系统年净输出电量，kWh；

Q_1——联供系统年余热供热总量，MJ；

Q_2——联供系统年余热供冷总量，MJ；

η_{co}——常规供电方式的年平均供电效率；

η_0——常规供热方式的燃气锅炉平均热效率，可按90%取值；

COP_0——常规供冷方式的电制冷机平均性能系数，可按5.0取值；

M——电厂供电标准煤耗，可取上一年全国统计数据，g/kWh；

θ——供电线路损失率，可取上一年的全国统计数据。

31.6.2.4　年平均余热利用率

为保证联供系统的高效性和经济性，系统余热利用率应尽可能高。系统中温度高于120℃的烟气热量和温度高于75℃的冷却水热量应进行余热利用，有条件的项目，还可以利用热泵等设备进一步深度利用低温余热，联供系统年平均余热利用率应大于80%，但应注意不能以降低发电效率为代价。系统年平均余热利用率按下式进行计算：

$$v_1=\frac{Q_1+Q_2}{Q_3+Q_4}\times 100\% \tag{31-6-4}$$

式中　v_1——年平均余热利用率；

Q_1——联供系统年余热供热总量，MJ；

Q_2——联供系统年余热供冷总量，MJ；

Q_3——排烟温度降至120℃时烟气可利用的热量，MJ；

Q_4——温度大于或等于75℃冷却水可利用的热量，MJ；

31.6.3　经济性评价

经济性评价是分布式能源系统在实际工程应用中最重要的依据，通常采用年运行成本和增量投资回收期这两个指标，分别从投资费用和回报年限两个方面对投资分布式能源系统进行较客观的经济性评价。

31.6.3.1　年运行成本

年运行成本是指分布式能源系统正常运行时每年需要的全部费用，主要包括燃料费，系统维护费以及系统供能不足时所需的补充购电费用（假定分布式能源系统供能不足时均以电能作为补充）。年运行成本（P_a）计算如下式：

$$p_a = p_f + p_c + p_e \quad (31\text{-}6\text{-}5)$$

式中 P_f——年购买燃料费；

P_c——年系统维护修理费；

P_e——年补充购买电费。

将传统供能系统与分布式供能系统相比可得年运行成本节约率（ϕ），如式（31-6-6）：

$$\phi = \frac{P_s - P_a}{P_s} \quad (31\text{-}6\text{-}6)$$

式中 P_s——传统供能系统的年运行成本。

通过年运行成本计算，可以比较分布式能源系统与传统供能系统（或不同分布式能源系统方案之间）在正常运行时每年所需全部费用的差异，进而得到不同供能方案的经济性优劣。

31.6.3.2 增量投资回收期

增量投资回收期是指增量净收益或运行成本节约抵偿增量投资的年限，是反映系统实际应用中投资回收能力的重要指标，能从整体上比较不同系统方案的经济性。投资分布式能源项目一般分两种情况，一种是将已采用传统供能系统的建筑改建成分布式能源系统（简称改建系统），另一种是全新建筑选择一种供能方案（简称新建系统），比较采用分布式能源系统和传统供能系统的投资回收期。

改建系统的增量投资回收期（ΔN）如式（31-6-7）：

$$\Delta N = \frac{P_{r2}}{P_{a1} - P_{a2}} \quad (31\text{-}6\text{-}7)$$

式中 P_{r2}——分布式能源系统总投资；

P_{a1}——传统供能系统年运行成本；

P_{a2}——分布式能源系统年运行成本。

新建系统的增量投资回收期（ΔN）如式（31-6-8）：

$$\Delta N = \frac{P_{r2} - P_{r1}}{P_{a1} - P_{a2}} \quad (31\text{-}6\text{-}8)$$

式中 P_{r1}——传统供能系统总投资。

两种情况最大不同之处在于改建系统的增量投资就是建分布式能源系统所需投资 P_{r2}，而新建系统的增量投资是指分布式能源系统比传统供能系统的投资高出部分（$P_{r2}-P_{r2}$）。不同原动机型分布式能源系统的增量投资回收期会有差异，针对改建系统，采用内燃机型的分布式能源系统增量回收期一般为 3～5 年；采用燃气轮机型，由于进口机组初投资高，增量回收投资期较长，小型燃气轮机系统回收期为 5～6 年，微型燃气轮机系统的回收期为 8～10 年。

31.6.4 环保性评价

能源利用所引起的环境问题主要是由燃烧煤、石油和天然气等一次能源所排放的烟尘、硫化物、CO_2 和 NO_X 等造成。燃气分布式能源系统排放物主要是燃烧天然气所产生的污染物，由于天然气燃烧产生的烟尘和硫化物很少，可忽略不计，因此 CO_2 和 NO_x 排放量是分布式能源系统环保性评价的重要指标。

CO_2减排率（R_{CO_2}）如式（31-6-9）：

$$R_{CO_2}=\frac{P_{CO_2}-P_{ESC,CO_2}}{P_{CO_2}} \tag{31-6-9}$$

式中　P_{CO_2}——传统供能系统 CO_2 排放量；

P_{ESC,CO_2}——分布式能源系统 CO_2 排放量。

NO_x减排率（R_{NO_x}）如式（31-6-10）：

$$R_{NO_x}=\frac{P_{NO_x}-P_{ESC,NO_x}}{P_{NO_x}} \tag{31-6-10}$$

式中　P_{NO_x}——传统供能系统 NO_X 排放量；

P_{ESC,NO_x}——分布式能源系统 NO_X 排放量。

相比经济性评价，目前国内环保性评价还不够全面，分布式能源系统的环境效益没有得到充分认识。随着国内对环境问题的日益重视，结合我国于 2015 年做出的“到 2030 年单位国内生产总值的 CO_2 排放量比 2005 年下降 60%～65%”的减排承诺，在将来会推行碳排放交易权政策来鼓励企业节能减排，这会使得分布式能源系统的环境效益转化为经济效益，也预示着供能系统的碳排放量会成为重要的评价指标。

31.7　CCHP 系统应用实例

31.7.1　燃气发动机——Amway Japan 本部大楼

31.7.1.1　建筑概况

Amway Japan 总部大楼位于东京都涉谷区，竣工于 1999 年 5 月。大楼建筑面积 24199.82m²，建筑形式为地下 3 层，地上 13 层，楼顶小屋 1 层。其具体情况见表 31-7-1、图 31-7-1～图 31-7-3。

31.7.1.2　设备概况

见表 31-7-1。

建筑供能设备概况　　　　**表 31-7-1**

设备			规格	
电气设备		供电设备	6kV 两路高压电源，一用一备	
		合同电量	主电源：6kV，1200kW	自备发电量：300kW
CCHP 设备	燃气发动机发电机	型号	6NHLG	
		额定功率	300kW	
		电压/频率	6.6kV/50Hz	
		燃料种类	日本城市天然气 13 A（中压供应）	
		NO_x 对策	稀薄燃烧	
		余热回收	热水回收 309.8kW（266.4Mcal/h）	
		台数	1 台	

续表

设备		规格
供热、空调设备	排热利用型吸收式冷热水机	1054.9kW(300 RT)×2 台
	燃气蒸汽锅炉	116.3kW(100 Mcal/h)×1 台
	预热槽	$2m^3$×1 座

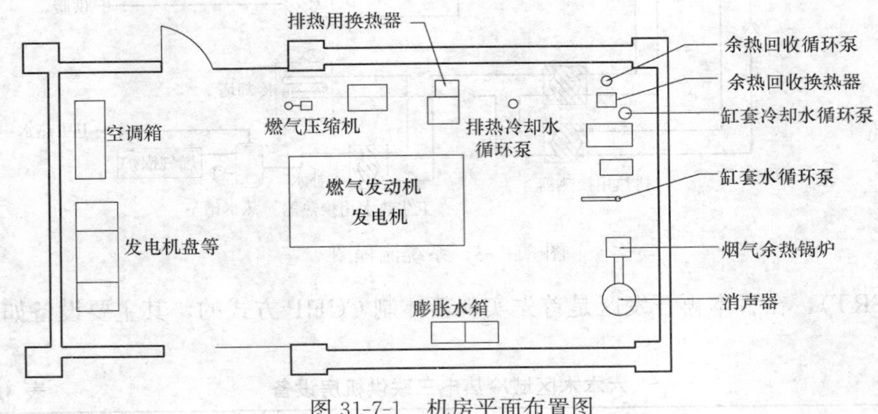

图 31-7-1 机房平面布置图

31.7.1.3 系统特征

(1) 余热利用设备：由于办公大楼热负荷需求相对较少，在进行余热利用时，选择制冷效率较好的烟气型吸收式冷热水机。

(2) 大温差冷冻水、冷却水系统：为了降低循环水泵动力消耗，进一步提高节能效果，冷冻水设计采用7～14℃、供暖热水采用38～45℃的7℃温差，冷却水设计采用32～40℃的8℃温差。

(3) 控制一定购电功率：及时检测变压器空载运行状态，通过改变发电机发电功率来改善购电功率。

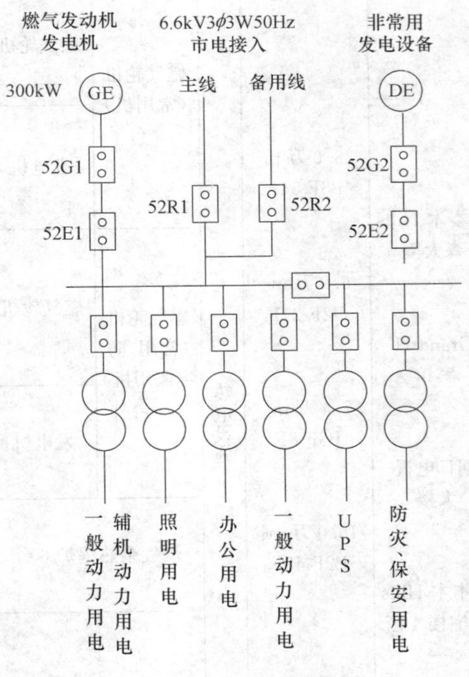

图 31-7-2 电气系统图

31.7.2 燃气轮机系统——六本木 Hills 再开发区区域三联供（DHC）

本区供能总建筑面积为72.9万 m^2（占地 $11hm^2$），供能对象为以森大厦本部大楼为主的11幢建筑。过去日本电气事业法规定：大楼热电联产的电力只能供本楼使用。1995年电气事业法改革后取消了上述限制，区域CCHP系统产生的电力供应可由“特定电力事业”单位管理。为此，森大厦公司与东京燃气公司于2000年联合成立六本木能源服务公司，管理经营其供电与供热。该工程最大电力出力为38660kW，最大制冷能力为240GJ/h

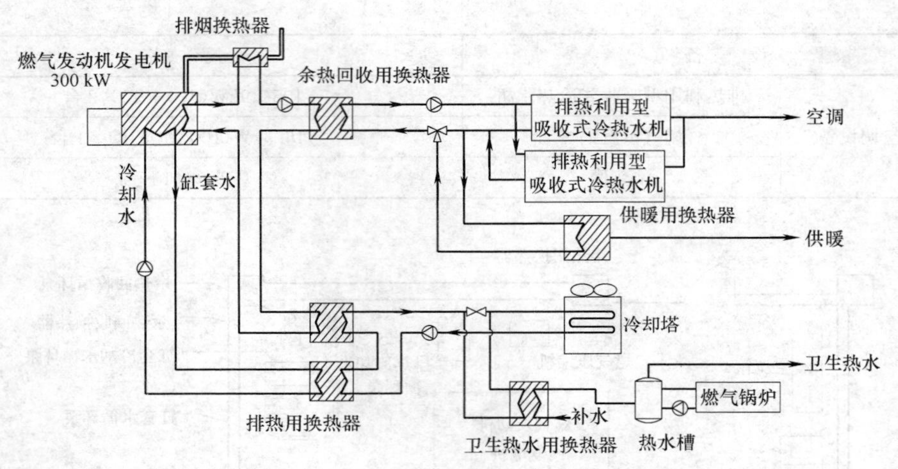

图 31-7-3　系统流程图

(19000USRT)，在日本再开发区是首先实现新体制 CCHP 方式的，其主要设备如表 31-7-2 所示。

六本木区域冷热电三联供机房设备　　表 31-7-2

<table>
<tr><th colspan="2">供能建筑概况</th><th colspan="4">CCHP 系统设备概况</th></tr>
<tr><td rowspan="7">六本木 Hills 森大厦
Grand H 宾馆
朝日电视大楼
六本木 Hills 住宅楼 4 幢</td><td rowspan="7">38.0 万 m²
B6F-54F
6.9 万 m²
B2F-21F
7.4 万 m²
B3F-8F
15.0 万 m²
B2F-43F</td><td rowspan="7">热电设施</td><td rowspan="2">燃气轮机（常用机）3 台</td><td>燃气轮机</td><td>类型:蒸汽喷射型；
燃料:天然气 13A(常时)/煤油(非常时)；
出力:6360kW(常时：13 A)/5530kW(非常时：煤油)</td></tr>
<tr><td>发电机</td><td>类型:空冷同步发电机；
出力:6360kW；
额定电压:6600kV</td></tr>
<tr><td rowspan="2">燃气轮机（常用/防灾兼用机）3 台</td><td>燃气轮机</td><td>类型:蒸汽喷射型；
启动方式:空气式(防灾时 40s 启动)；
燃料:天然气 13 A(常时)/煤油(防灾时)；
出力:与常用机同</td></tr>
<tr><td>发电机</td><td>类型:空冷同步发电机；
出力:6360kW；
额定电压:6600kV</td></tr>
<tr><td colspan="2">烟气余热锅炉 6 台</td><td>类型:自然循环水管式；
蒸汽压力:1.77MPa；
蒸发量:12.69t/h；
给水温度:60℃</td></tr>
<tr><td rowspan="2">蒸汽轮机 1 台</td><td>蒸汽轮机</td><td>类型:背压式；
额定出力:500kW；
蒸汽入口/出口压力:1.60MPa/0.78MPa；
蒸汽流量:235kg/h</td></tr>
<tr><td>发电机</td><td>类型:诱导型；
额定出力:500kW；
额定电压:AC415V</td></tr>
</table>

续表

供能建筑概况		CCHP系统设备概况		
另外还有4幢不同用途的商业建筑	分别为0.7万m^2、1.9万m^2、2.5万m^2、3.1万m^2	供热供冷设施	吸收式制冷机 6台	类型：蒸汽双效吸收式制冷机； 制冷量：8800kW(2500 RT)； 冷冻水出入口温度：13℃/6℃； 冷却水：32℃/40℃； 蒸汽压力：0.78MPa
			吸收式制冷机 2台	类型：蒸汽双效吸收式制冷机； 制冷量：7040kW(2000 RT)； 冷冻水出入口温度：13℃/60℃； 冷却水：32℃/40℃ 蒸汽压力：0.78MPa
			冷却塔 5台	水量(合计)：13500m^3/h； 冷却水出入口温度：40℃/32℃； (室外设计浸球温度：27.5℃)
			大型蒸汽锅炉 2台	类型：炉筒烟管型(燃气)； 出力：30t/h蒸汽； 常用压力：0.85MPa； 燃烧方式：低NO_x自循环方式
			蒸汽锅炉 2台	类型：炉筒烟管型(燃气)； 出力：4.8t/h蒸汽； 常用压力：0.85MPa 燃烧方式：低NO_x自循环方式
			小型蒸汽锅炉 5台	类型：小型贯流式； 燃烧方式：低NO_x燃烧器； 出力：2.0t/h蒸汽； 常用压力：0.85MPa
共11幢	共计 75.5万m^2	机房设在主体建筑六本木地下，冷却塔设在宾馆栋的裙房		

31.7.2.1 系统配置与特点

1. 电力供应设施

采用热电可变型燃气透平：该装置可随用户热电需求的变化而相应调整热电供给的比例，其方法是利用蒸汽喷射——在电力负荷较大时，将从燃机排热获得的蒸汽注入（喷射）到燃气轮机内，以增加电力产出。反之，电力需求小时，就可增加排热、生产蒸汽。

电力系统共配置了6台容量为6360kW的发电机组。此外，利用发电机的背压蒸汽驱动1台发电能力为500kW的蒸汽透平。发电机中3台可用于非常用的紧急发电（如有震灾时燃气停用而使用煤油），用户侧的配电电压为6.6kV。

2. 冷热供给方式

燃气轮机排热产生的蒸汽减压至8MPa，可用作供热介质或驱动吸收式制冷机提供冷水。由于夏季电力需求最大而蒸汽供热不足，此时由燃气锅炉产生蒸汽、进行补充。送入管网的蒸汽压力为7.8MPa，凝结水全部返回，水温为60℃。此外，设置有小型贯流锅炉用于燃气透平故障时紧急向吸收式制冷机提供蒸汽。

空调用冷水温度为6℃，回水为13℃（温差7℃）。为了节约能耗，空调水系统的二次泵采用台数控制与变频控制相结合的方式，冷冻机容量为2500USRT×6台及2000USRT×2台，冷却塔共5台，布置在旅馆幢的裙房，采用重叠式布置以节省空间。进、出水温度为32℃、40℃，温差8℃。其中2台冷却塔设防止白烟的热交换装置。防震防噪也都作了充分的考虑。

图31-7-4为该工程的能源系统流程图，本工程于2003年建成。

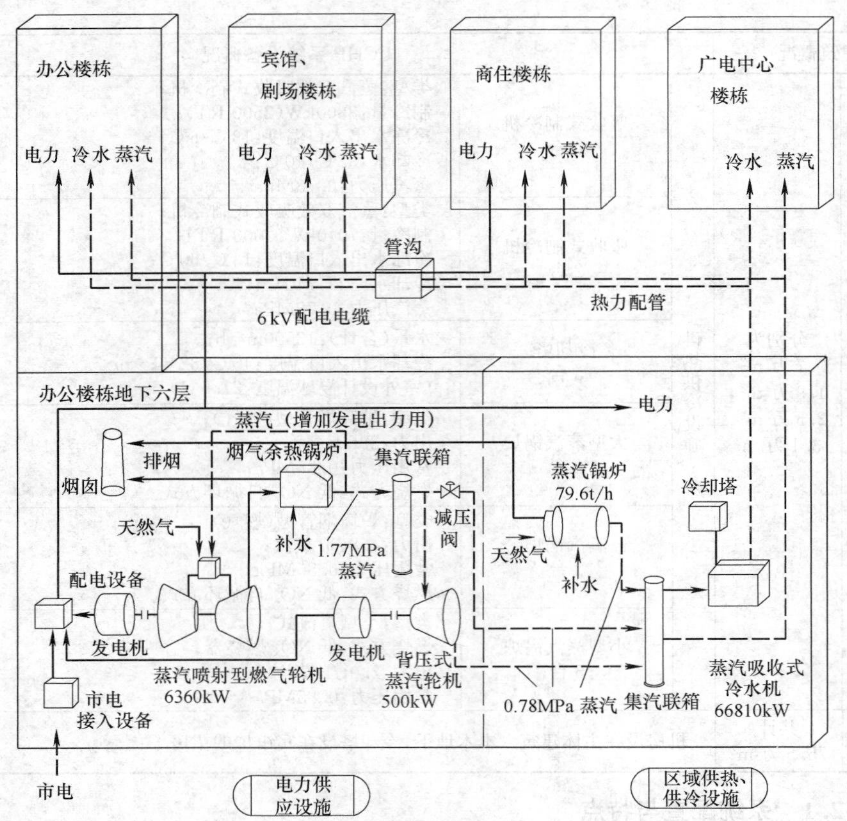

图 31-7-4　六本木能源系统流程图

31.7.2.2　CCHP 联产的效果

由于所采用的是热电比可变化的最佳运行机制，CCHP 系统与利用商业电力的单独供能方式相比，一次能耗节约 20%，相应 CO_2 与 NO_x 排放量可减少 27%～45%，对环保作出了贡献。

31.7.3　燃气轮机系统二——品川 Intercity 再开发区

31.7.3.1　建筑概况

供能对象为三幢超高层办公楼建筑，总建筑面积 33.7 万 m^2。工程于 1998 年底完成。小区供能采用 CCHP 方式，利用 2 台 2000kW 的燃气轮机，将其排热产生蒸汽、供应吸收式制冷机；另设有电动离心式制冷机（含热回收）。设冷水、热水蓄热槽，其系统流程的原理图如图 31-7-5 所示。

该供能方案中 CCHP 燃气透平发电机兼作建筑物的非常用发电机，平时采用城市燃气，发生地震等灾害时则采用柴油。项目设计按照“以热定电”型 CCHP 方式。该工程竣工一年度的实测表明，在节能方面获得了预期效果。

31.7.3.2　系统运行情况

① CCHP 发电量的比率：2 台燃气轮机运转时，夏季约 15%；过渡季节、冬季约 10%；全年总电量平均为 12%。

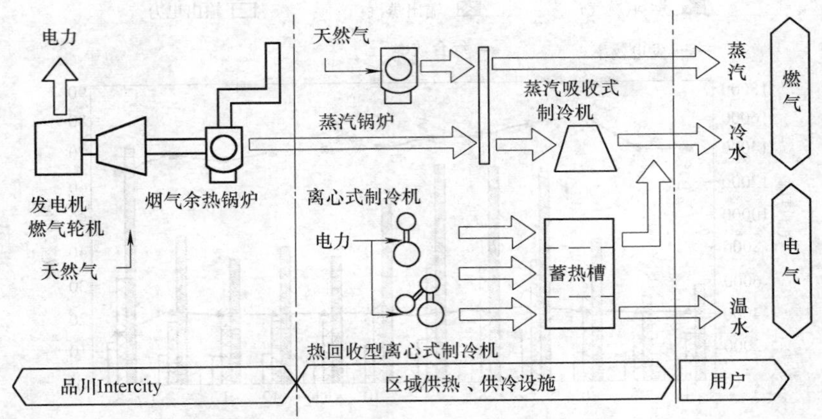

图 31-7-5 品川 Intercity CCHP 系统流程图

② CCHP 装置的排热利用率：燃气轮机排热可获得的蒸汽量占总蒸汽使用量（燃气轮机排热蒸汽与锅炉产生蒸汽之和）约为 40%。

③ 热电联产效率：各月份的发电效率无特殊变化，大致维持一定的效率，年平均效率为 19.3%，包括热利用（发生蒸汽量）在内的综合效率则达 70%～80%。

图 31-7-6 为一年内各月份发电量的变化情况；图 31-7-7 则表示该 CCHP 装置全年效率的变化。

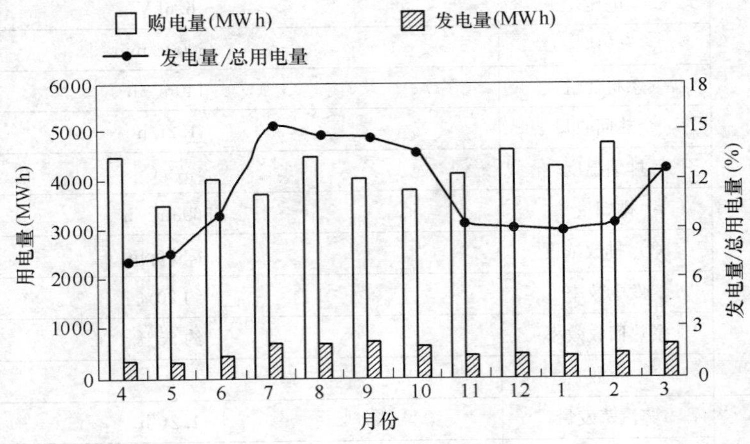

图 31-7-6 逐月发电量的变化

31.7.4 微型燃气轮机系统——豊田刈谷综合医院

31.7.4.1 建筑概况

豊田刈谷综合医院位于日本爱知县刈谷市。占地面积 24973m^2，建筑面积 46431m^2，床位 629 个，外来患者日平均 2000 人左右，合同购电量为 1900kW。用能系统具体情况见表 31-7-3、图 31-7-8。

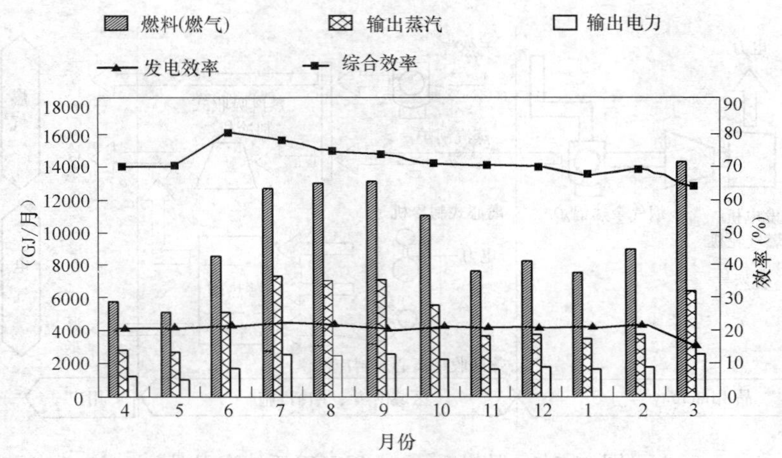

图 31-7-7　逐月用量量与发电量所占比例

31.7.4.2　设备概况

丰田刈谷综合医院 CCHP 系统的主要设备表　31-7-3

设　备		规　格	
电气设备	市电接入设备	6.6kV 两路高压电源，一用一备	
	合同电量	主电源：6.6kV，1900kW	自备发电量 580kW
微燃机发电机	额定发电功率	290kW	
	电压	6.6kV	
	转速	35000r/min	
	燃料耗量	$140m^3/h$	
	余热回收量	1.2t/h	
	排烟温度	579℃	
	排烟量	$5693m^3/h$	
	NO_x 排放浓度	＜35ppm	
	发电效率	约 20％	
	余热回收效率	约 55％	
	台数	2	
烟气余热锅炉	蒸汽蒸发量	1.2t/h	
	蒸汽压力	0.78MPa	
	台数	2	
蒸汽吸收式制冷机	功率	528kW×1 座	
		1126kW×1 座	
蒸汽-水热交换器	功率	302kW×2 座(新建建筑)	
		290kW×2 座(既有建筑)	
除湿空调机	台数	5	
燃气压缩机	形式	油冷螺杆式×2 座	
	功率	20kW	

31.7.4.3 系统特点

系统运行方式采用“以电定热”模式。原动机采用额定发电出力为290kW的微燃机2台，烟气余热全部回收为蒸汽，不仅供应新建建筑，同时亦作为既有建筑的蒸汽热源，从而最大限度提高余热利用率。二次热源系统简单，管理维护方便。

余热利用设备采用了除湿空调机（用于新风处理），不容易繁殖细菌，可防止医院内部感染，并进一步提高了余热利用率。

市电接入采用双回路系统（6.6kV），微燃机发电通过并网装置供应整座医院用电。

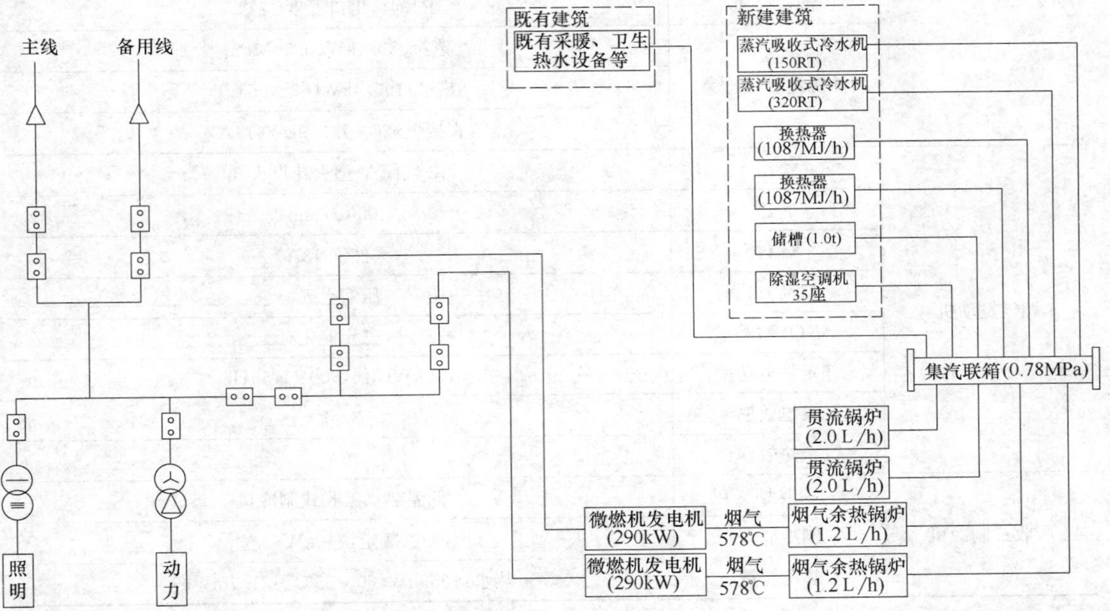

图31-7-8 豊田刈谷综合医院CCHP系统流程图

31.7.5 燃气发动机+燃料电池系统—NTT武藏野研究开发中心本馆大楼

31.7.5.1 建筑概况

NTT武藏野研究开发中心本馆大楼位于东京都武藏野市，1995年开始设计，于1999年6月竣工。本馆大楼建筑面积72561m²，建筑形式为地下2层，地上12层。中心除了本馆大楼之外，还有十几幢既有的研究大楼。

31.7.5.2 设备概况

表31-7-4列出了该建筑群用能系统的设备概况。图31-7-9为系统流程图。

建筑供能设备概况 表31-7-4

设备项目		规格
燃料电池	额定发电功率	200kW(3ϕ400V),50Hz
	燃料	天然气13A,LPG作替换燃料
	发电效率	40%(13A),39%(LPG)
	热功率	200kW(蒸汽、热水)
	尺寸	W5500mm×D3100mm×H3100mm

续表

设备项目		规格
吸收式制冷机	类型	2 热源驱动单双效用吸收式制冷机
	运行方式	2 热源驱动(蒸汽、热水)、可直燃替换
	制冷能力	额定:75.9kW(冷却水温度 32℃)
		最大:135.4kW(冷却水温度 19℃)
		燃料直接燃烧时:90.7kW
	冷媒介质	R134a,出口温度 12℃
	热源耗量(最大)	蒸汽:83.7kW(0.54MPa)
		热水:106.4kW(60～55℃)
		直接燃烧时:110.9kW(13A)
燃气发动机	类型	12 气筒 V 型火花点火式
	转速	1000 r/min
	燃料	天然气 13A
	启动方式	压缩空气
	NO_x 对策	三元催化
	额定发电功率	750kW(3ϕ6,600V),50Hz
	发电效率	32%
	余热效率	49%
吸收式制冷机	类型	低温热水吸收式制冷机
	制冷能力	额定:740kW
	热源耗量	热水:1055kW(60～55℃、181.4m³/h)

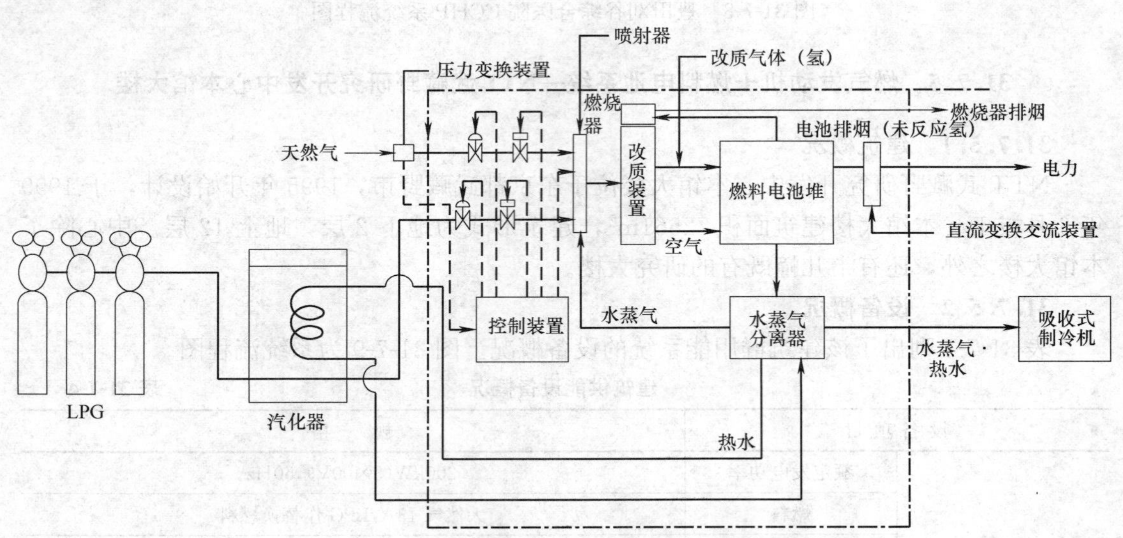

图 31-7-9 燃料电池-发动机 CCHP 系统流程

31.7.5.3 系统特征

该用户特点是电力负荷大，且需全年供冷，因而大楼内 CCHP 设备的排热全部用于制冷。其中燃料电池系统采用天然气为主燃料，在震灾导致停气时，可瞬间切换成备用的 LPG 燃料，以保证连续发电。

多燃料型燃料电池：采用的是目前最具运行实绩的磷酸型燃料电池（PAFC），额定发电功率为 200kW，运行温度在 150～200℃范围内。其排热（蒸汽、热水）通过热源驱动单双效用吸收式制冷机实现空调供冷，单独供应给与制冷机同层的位于地下二层的变电室和情报通信机械室。

双热源驱动单双效用吸收式制冷机：过去燃料电池冷却水系统的排热多采用单效吸收式制冷机制冷，采用双热源驱动单双效用吸收式制冷机有高温和低温两个发生器，可以最大限度地利用燃料电池产生的蒸汽和热水。

过去即使是温度较低的过渡期、冬季，冷却水温度也是控制在 28℃以上，现经过改进后冷却水温度可降低至 15℃运行，加上连同单双效用吸收式制冷机的效果，全年平均制冷能力提高了 50％左右。

燃料电池停运时，可直接燃烧天然气或 LPG 作为制冷机的驱动热源。

因通信机械室、变电室不适合冷水源空调，因而冷媒介质采用了不破坏臭氧层的 HFC134a。室内机共使用了 4 台 40kW 的高显热型空冷箱体式空调机。

燃气发动机热电系统：燃气发动机是该大楼的主力热电设备，共设置有 2 台，单台功率为 750kW。烟气排热全部用于生产余热热水，通过 2 台 740kW（210RT）的单效吸收式制冷机制冷，供应给大楼内部需全年供冷的研究实验室。

31.7.5.4 热电联产的效果

即使夜间、休息日，研究开发中心的电力负荷也很大。为此，燃气发动机周一至周五为 8：00～22：00 时段运行，周末若大楼电力负荷超过 800kW，则自动启动运行。燃料电池则除维护保养期间外全年连续运行。

从实际供电情况来看，燃气发动机发电量约占 40％，燃料电池约占 12％，CCHP 设备的总供电量达到 50％以上（图 31-7-10）。特别值得一提的是其中全年连续运行的燃料

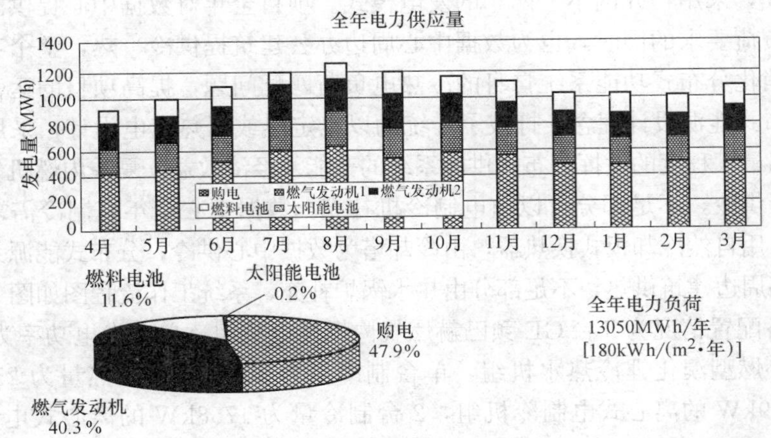

图 31-7-10 CCHP 系统的发电量以及所占比例

电池所占比例很大。从夏天某个代表日的用电数据来看（图 31-7-11），购电量与峰值负荷（约 3000kWh）相比，全天大致在 600～900kWh 左右波动。可见，热电联产系统达到了电力负荷平均化的效果。

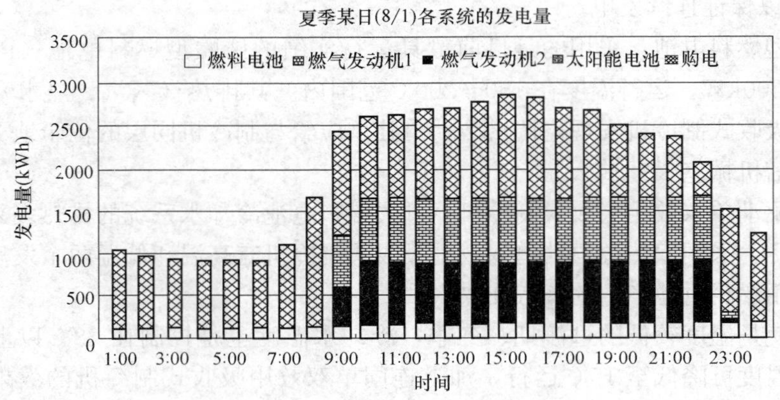

图 31-7-11　夏季某天的发电量

31.7.6　北京中国石油科技创新基地（A-29 地块）能源供应中心

31.7.6.1　项目概况

北京中国石油科技创新基地数据中心是中石油系统总部级的数据中心，属于 A 级机房，基地能源中心采用“燃气冷热电三联供＋电制冷＋锅炉”能源供应形式，为创新基地数据中心及办公楼、厂房提供电、冷、热。

能源中心共两层，建筑面积约 9373m²，主要供应创新基地的 A-29 地块内（数据中心、办公楼）所有的电、冷、热负荷，同时供应创新基地的 A-42 地块办公建筑的冷热和 A-45 地块工业厂房的热需求。项目占地面积约 4500m²，总投资约 2.1 亿元。

31.7.6.2　技术方案

创新基地能源中心项目由“燃气内燃机＋补燃型溴化锂冷热水机组＋燃气锅炉＋电制冷机”的组成，采用“并网不上网”的发电模式。项目全年对数据中心提供冷和电，在满足数据中心负荷要求的同时，也为数据中心周边办公建筑提供冷、热，整个项目供能体量较大，可以消化分布式功能系统自身的冷热电负荷匹配问题，提高项目的运营经济性。

项目分布式能源设计理念，打破了传统的以电定热或以热定电设计，采用经济最优的运营模式，以最大程度的发挥分布式供能系统的节能及经济效益。夏季内燃机发电，余热通过直燃机进行供冷，不足部分可以由电制冷机补充。数据中心全年有制冷需求，冬季工况下，能源站采用自然冷却板式换热器，由冷却塔为数据中心供冷，分布式能源系统产生的余热为数据中心周边建筑供热，不足部分由热水锅炉补充，系统工作流程图如图 31-7-12。

系统设备配置情况为 5 台 GE 颜巴赫燃气内燃发电机组，单台发电功率为 3349kW，5 台烟气热水补燃型溴化锂冷热水机组，单台制冷量为 3000kW，制热量为 2550kW；4 台制冷量为 4219kW 的离心式电制冷机组，2 台制冷量为 1758kW 的离心式电制冷机组，2 台燃气真空热水锅炉，单台功率为 4.2MW，2 台自然冷却板换。

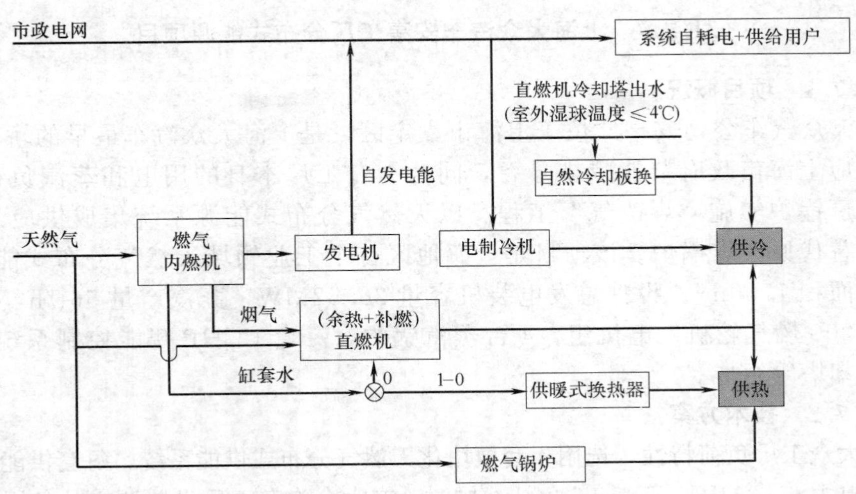

图 31-7-12 北京中国石油科技创新基地（A-29 地块）能源供应中心系统流程图

31.7.6.3 运行情况

项目于 2013 年 4 月开始建设，2014 年 9 月投产，至今稳定安全运行。项目 2015 年全年运行情况：项目发电机年运行小时数为 2702h（单台），发电效率为 38.7%，发电机自用电率 16%，年均综合能源利用效率 78%，节能率 15%，总供热量 69922GJ，余热供热量率 12%，总供冷量 139120GJ，余热供冷量率 45%，年节能量 1176t 标煤，年减排量 2522t 二氧化碳。项目详细设备参数及技术经济指标见表 31-7-5。

北京中国石油科技创新基地（A-29 地块）能源供应中心项目参数 表 31-7-5

技术经济指标	运行值	技术经济指标	运行值
原动机类型	颜巴赫燃气内燃机	燃气低位热值(MJ/m³)	35.2
发电机组装机容量(kW)	16745	发电机组年耗气量(m³)	2396728
余热供热容量(kW)	12750	总耗气量(m³)	4950000
总供热容量(kW)	21150	CCHP 气价(元/m³)	2.51
余热供冷容量(kW)	15000	常规气价(元/m³)	2.51
总供冷容量(kW)	35392	平均自用电价(元/kWh)	0.88
年余热供热量(MJ)	8575470.04	上网电价(元/kWh)	0.88
年余热供冷量(MJ)	29689680.38	热价(元/MJ)	0.06227
年总供热量(GJ)	69922	冷价(元/MJ)	0.122
年总供冷量(GJ)	139120	年毛利(万元)	610
年发电量(kWh)	9050000	总运行小时数(h)	2702
年净输出电量(kWh)	9050000	年利用小时数(h)	540
年自发自用电量(kWh)	1441300	发电效率(%)	38.7
年上网售电量(kWh)	7608700	年均能源综合利用率(%)	78
年节能量(tce/a)	1176	总投资(万元)	21066
二氧化碳减排量(t/a)	2522		

31.7.7　上海大众汽车安亭工厂分布式能源项目

31.7.7.1　项目概况

上海大众汽车公司安亭厂位于上海市嘉定区，是上海大众汽车最早的轿车生产基地。为响应上海市政府节能减排号召，同时结合工厂本身的用电和蒸汽负荷容量特点，对工厂锅炉实施“煤改气”工程。以天然气分布式能源系统集成供应工厂用电和蒸汽，替代原燃煤锅炉。该项目是上海地区首个工业领域天然气分布式能源中心。系统占地面积 1700m²，设计总发电装机容量 26.52MW，蒸汽产量 56t/h，系统由 4 台 MGT6200 燃气轮机发电机组，4 台蒸汽锅炉，一套 CCHP 智能控制系统和水泵、阀组、冷却塔等组成。

31.7.7.2　技术方案

针对大众工厂负荷特性，选用 4 套模块化天然气分布式供能系统，每套供能模块供能能力为：电力 6.63MW，蒸汽 14.3t/h。同时，在大众汽车工厂设置调峰及备用燃气锅炉房，配置 4 台 55t/h 天然气蒸汽锅炉。4 台发电机组分别并入 4 台变压器 10.5kV 低压端，以并网不上网的模式运行，与市电共同向厂区供应电力，发电机组产生的电力全部由工厂自用。余热锅炉产生的蒸汽并入工厂蒸汽管网，与常规燃气锅炉共同满足工厂蒸汽负荷需求，并保证优先使用分布式能源系统所产生蒸汽，常规燃气锅炉作为调峰及备用。燃气轮机开机时，市电和燃气锅炉作为补充供能使用；燃气轮机发电机组停机时，公共电网供应全部电负荷，全部蒸汽负荷均由燃气锅炉满足，系统流程图见图 31-7-13。

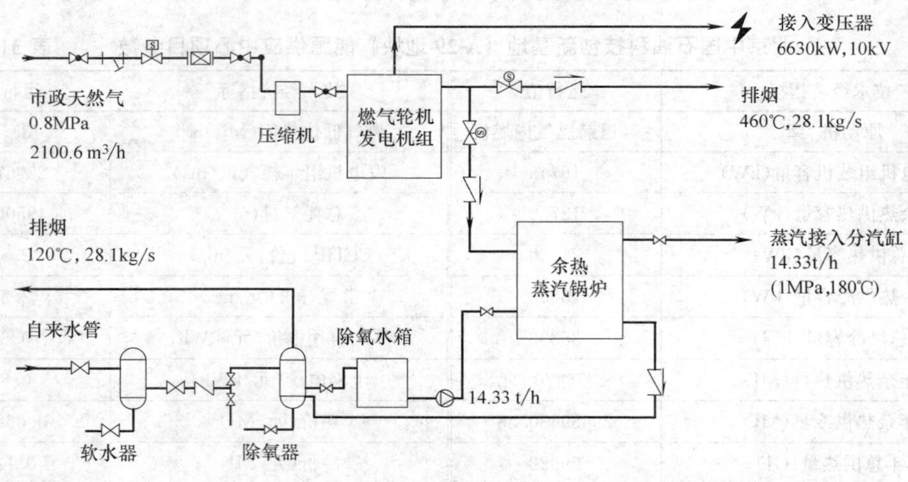

图 31-7-13　上海大众汽车安亭工厂分布式能源项目示意图

31.7.7.3　运行情况

项目于 2015 年 6 月开始建设，并于 2016 年 1 月交付投产，总投资额为 2.2 亿元。预计年发电量 140026MW 时，年产蒸汽量 338188t，与传统供能方式相比每年可节约标准煤 11594t，减少二氧化碳排放量 59308t，年节约运行费用 7000 万元以上。项目详细设备参数及技术经济指标见表 31-7-6。

上海大众汽车安亭工厂分布式能源项目参数表　　表 31-7-6

技术经济指标	运行值	技术经济指标	运行值
原动机类型	MAN 小型燃机	燃气低位热值(MJ/m^3)	33.56
发电机组装机容量(kW)	26520	发电机组年耗气量(m^3)	6663264
余热供热容量(kW)	10662	总耗气量(m^3)	6663264
总供热容量(kW)	38232	CCHP 气价(元/m^3)	2.7
余热供冷容量(kW)	0	常规气价(元/m^3)	3.57
总供冷容量(kW)	0	平均自用电价(元/kWh)	0.928
年余热供热量(MJ)	121609824	上网电价(元/kWh)	—
年余热供冷量(MJ)	0	热价(元/MJ)	0.127
年总供热量(GJ)	121609824	冷价(元/MJ)	—
年总供冷量(GJ)	0	年毛利(万元)	1298.16
年发电量(kWh)	17521200	总运行小时数(h)	660.7
年净输出电量(kWh)	16732668	年利用小时数(h)	660.7
年自发自用电量(kWh)	16732668	发电效率(%)	28.2
年上网售电量(kWh)	0	年均能源综合利用率(%)	81.3
年节能量(tce/a)	2563.67	总投资(万元)	22000
二氧化碳减排量(t/a)	6665.53		

31.7.8 广州大学城天然气分布式能源站

31.7.8.1 项目概况

广州大学城项目是广东省和广州市贯彻“科教兴粤”战略部署的重点项目，在充分考虑大学城的能源需求特点和广州市网的供电负荷规律的基础上，规划建设燃气-蒸汽联合循环的分布式能源供应系统。广州大学城分布式能源站位于番禺区南村镇，与大学城一江之隔，占地面积约为 11 万 m^2，为广州大学城 18km^2 区域内 10 所大学近 20 万人提供冷、热、电能源供应。项目总投资 6.7 亿元，系统综合能源利用率 78%，相对同容量火力电站机组，每年可减少 CO_2 排放 24 万 t；减少 SO_2 排放 6000t，经济社会效益显著。

31.7.8.2 技术方案

能源站系统配置包括：2 台 FT8-3 型燃机（60MW）＋2 台双压自然循环余热锅炉（最大 72t/h，3.82MPa，450℃）＋1 台 C15-3.43/0.7 型抽凝式汽轮机和 QF-18-2 发电机，1 台 N21-3.43/0.6 型抽凝式汽轮机和 QF-25-2 发电机组成燃气-蒸气热电冷联合循环机组，额定出力为 78MW。

系统采用自发自用多余上网的供电模式。系统工作过程中，天然气进入燃气轮机发电，排出的高温烟气进入余热锅炉，生产中温、中压蒸汽，推动蒸汽轮机做功发电，蒸汽轮机产生的低压蒸汽作为余热返回余热锅炉；余热锅炉尾部低温烟气换热产生的热水一部分用作能源站热水型溴化锂空调的热源，另一部分送往热水制备站供大学城生活热水供热。当热媒水的热量不能满足需求时，从余热锅炉抽低压蒸汽进行补充，广州大学城能源站生产工艺流程见图 31-7-14。

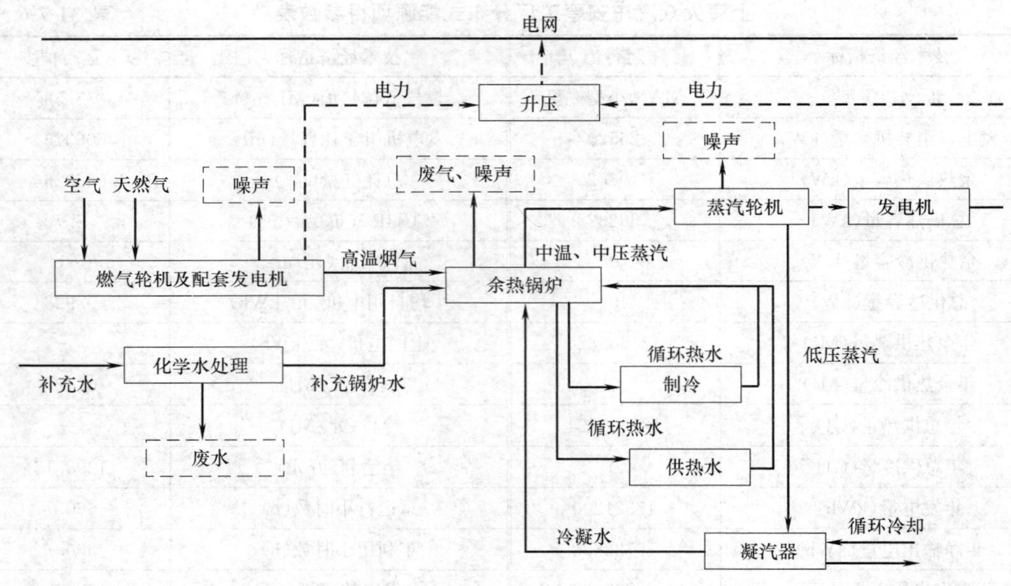

图 31-7-14　广州大学城能源站生产工艺流程

31.7.8.3　运行情况

大学城分布式能源站自用电价格 0.69 元/kWh，上网电价 1 元/kWh，供热价格 190 元/GJ，天然气价格 2 元/m^3。项目于 2009 年 10 月份投产，截至 2016 年 11 月累计运行小时数 37215h，年平均利用小时数 4206h，年供电量约 6.46 亿 kWh（其中自用电约 0.14 亿 kWh），上网电量约 6.34 亿 kWh，年供热量约 23 万 GJ。详细技术经济指标见表 31-7-7。

广州大学城分布式功能系统技术经济参数　　**表 31-7-7**

技术经济指标	实际运行值	技术经济指标	实际运行值
发电机组装机(kW)	156000	燃气低位热值(MJ/m^3)	37
供电容量及电压	80MVA×2、23.5MVA、26.5MVA，110/10kV	发电机组年耗气量(m^3)	132253213
余热供热容量(kW)	36000	总耗气量(m^3)	132253213
总供热容量(kW)	36000	CCHP 气价(元/ m^3)	2
总运行小时数(h)	37215	常规气价(元/ m^3)	2
年利用小时数(h)	4206	平均自用电价(元/kWh)	0.69
年余热供热量(MJ)	93304852	上网电价(元/kWh)	1
年余热供冷量(MJ)	0	年毛利(万元)	16587
年发电量(kWh)	646266100	总投资(万元)	67000
年净输出电量(kWh)	635880890	年节能量(tce/a)	48823
年自发自用电(kWh)	14000000	二氧化碳减排量(t/a)	126941
年上网售电量(kWh)	634438200		

31.7.9 成都燃气总部办公大楼分布式能源项目

31.7.9.1 项目概况

成都燃气总部大楼建成于2005年，建筑面积15138m²，共有116个办公及会议用房，最大可容纳600人。大楼原使用2台直燃型溴化锂吸收式冷热水机组满足空调负荷需求，单台机组制冷量582kW、制热量448kW。为响应国家节能减排号召，提高能源利用效率，实现经济效益和社会效益的统一，公司在总部大楼原有电力设施和空调设施的基础上，采用4台30kW微型燃气轮发电机为动力、改造1台直燃型溴化锂机组为燃气补燃型以充分吸收发电机烟气进行制冷/供暖，从而形成新型的天然气分布式供能系统。项目采用“自发自用、并网不上网”原则，设计年发电量38万度，制冷量17万kWh，制热量20万kWh。

该项目于2014年4月16日获得四川省发展改革委项目核准，是经四川省发展改革委核准通过的省内首个楼宇式天然气分布式能源项目。2014年4月21日项目启动，由成都城市燃气有限责任公司投资，总投资349.2万元。

31.7.9.2 技术方案

根据办公楼的用能情况，项目由4台Capstone的C30微型燃气轮机发电机、1台烟气补燃型溴化锂吸收式冷热水机组（以下简称“烟气溴化锂机组”）和1个CCHP智能系统组成。系统的余热回收可通过利用办公楼现有的2台直燃型溴化锂吸收式冷热水机组改造其中1台，增加烟气余热回收利用模块形成。4台发电机组燃烧天然气发电，所发电力并入1台500kVA的变压器，与市电一起为办公楼供电。发电机组275℃左右的烟气进入烟气溴化锂机组用于制冷/制热，机组可实现夏季空调制冷，冬季空调供暖。该分布式能源系统设计总的发电量/供冷量/供热量为120kW/213kW /164kW，如图31-7-15。

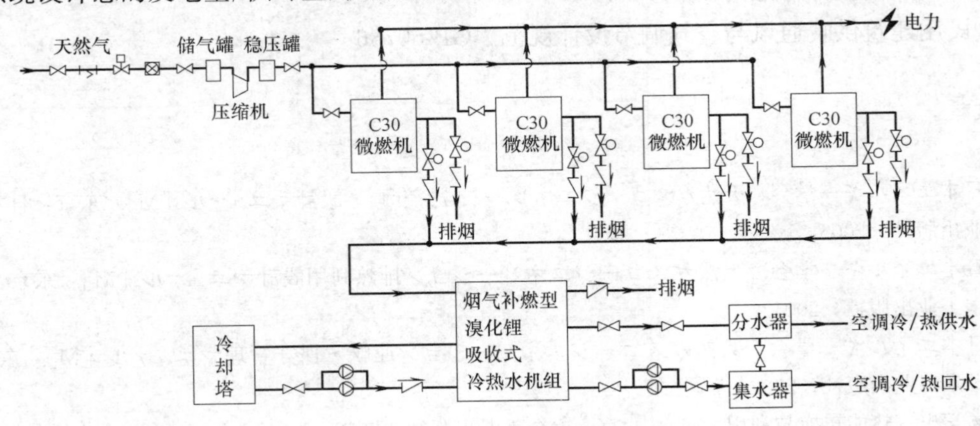

图31-7-15 成都燃气公司总部大楼分布式能源项目运行图

31.7.9.3 运行情况

成都燃气公司总部大楼分布式能源项目于2015年8月4日开始试运行，至2016年底累计运行2340h，年均利用小时数1872h，年耗气量76791.6m³，年供电量224640kWh（其中自用电量208440kWh，并网电量208440kWh），制冷量20万kWh，制热量17万kWh，发电效率26%，年均综合能源利用效率71%，详细运行指标见表31-7-8。

成都燃气公司总部大楼分布式能源项目参数　表 31-7-8

技术经济指标	实际运行值	技术经济指标	实际运行值
发电机组装机(kW)	120	燃气低位热值(MJ/m^3)	31.8
供电容量及电压	2 台 500kW 的 10kV/400V 变压器	发电机组年耗气量(m^3)	76791.6
余热供热容量(kW)	164	总耗气量(m^3)	108864
余热供冷容量(kW)	213	常规气价(元/ m^3)	3.23
总运行小时数(h)	2340	平均自用电价(元/kWh)	0.9351
年利用小时数(h)	1872	上网电价(元/kWh)	0
年余热供热量(MJ)	520200	总投资(万元)	349
年余热供冷量(MJ)	468000	年节能量(tce/a)	26.1
年发电量(kWh)	224640	二氧化碳减排量(t/a)	67.85
年净输出电量(kWh)	208440	发电效率(%)	26
年自发自用电(kWh)	208440	年均能源综合利用率(%)	71.2
年上网售电量(kWh)	0		

31.8　本章有关标准规范

《燃气冷热电联供工程技术规范》GB 51131。

《城镇燃气设计规范》GB 50028

《建筑设计防火规范》GB 50016（2018 版）

《建筑照明设计标准》GB 50034

《民用建筑供暖通风与空气调节设计规范》GB 50736

参考文献

[1]　日本エネルギー学会. 天然ガスコージエネレーション計画・設計マニュアル［M］. 东京：日本工业出版社，2005.

[2]　日本エネルギー学会. 天然ガスコージエネレーション排熱利用設計マニュアル［M］. 东京：日本工业出版社，2001.

[3]　日本エネルギー学会. 天然ガスコージエネレーション運転・保守管理マニュアル［M］. 东京：日本工业出版社，2002.

[4]　汤学忠. 热能转换与利用［M］. 北京：冶金工业出版社，2002.

[5]　秦朝葵，吴念劬，章成骏. 燃气节能技术［M］. 上海：同济大学出版社，1998.

[6]　张泠. 燃气空调技术［M］. 燃气空调技术［M］. 北京：中国建筑工业出版社，2005.

[7]　林汝谋，金红光. 燃气轮机发电动力装置及应用［M］. 北京：中国电力出版社，2004.

[8]　严俊杰，黄锦涛，何茂刚. 冷热电联产技术［M］. 北京：化学工业出版社，2006.

[9]　戴勇庆. 燃气空调技术及应用［M］. 北京：机械工业出版社，2002.

[10]　王如竹，丁国良. 最新制冷空调技术［M］. 北京：科学出版社，2002.

[11]　刁正纲．微型燃气轮机走向商业化［J］．燃气轮机技术，2000，13（4）：13-17.

[12]　冯志兵，金红光．冷热电联产系统的评价准则［J］．工程热物理学报，2005，26（5）：725-728.

[13]　黄锦涛，丰镇平，刘莉．微型燃气轮机冷热电联产系统运行模式研究［J］．热力发电，2004，（10）：1-5.

[14]　贾明生，凌长明．热电冷联产系统的集中主要评价模型分析［J］．制冷与空调，2004，4（4）：34-39.

[15]　刘道平．美国的先进微型燃气轮机规划［J］．能源研究于信息，2002，18（1）：59-60.

[16]　龙新峰．天然气冷热电联产运行模式的探讨［J］．制冷空调与电力机械，2006，27（1）：1-7.

[17]　袁春，何国库．微型燃气轮机发电技术进展［J］．移动电源与车辆，2002，4：39-41.

[18]　张宝怀，陈亚平，施明恒．天然气热电冷三联产系统及应用［J］．热力发电，2005，（4）：59-60.

[19]　朱成章．美国冷热电联产纲领及启示［J］．中国电力，2000，33（9）：91-94.

[20]　朱成章．美欧热电联产的沉浮及对我国的借鉴［J］．热点聚焦，2003，（12）：4-5.

[21]　赵玺灵，张兴梅，段常贵，邹平华．燃料电池分布式冷热电联供技术的研究及应用［J］．暖通空调，2007，37（9）：74-78.

[22]　中国城市燃气协会分布式能源专业委员会．天然气分布式能源产业发展报告（2016）［R］．2016.

[23]　2014 Fuel Cell Technologics Market Report［Online］．https：//www.energy.gov/eere/fuelcells/market-analysis-reports.

第 32 章　燃气工业炉窑

32.1　概　述

32.1.1　燃气工业炉窑的分类

1. 按用途分类

根据生产用途不同，可分为五类：

① 熔炼炉　加热目的是熔化金属等物料，之后加入其他合金元素进行精炼。如冲天炉、平炉、熔铜炉、熔铝炉和玻璃熔池窑等。

② 锻轧加热炉　加热目的是为了增大金属在轧制、锻造、冲压和拔拉前的塑性，如轧钢加热炉、锻造加热炉等。

③ 热处理炉　加热目的是为了改变金属的晶相结构，使其满足不同的热处理工艺要求，如淬火、退火、回火、渗碳及氮化等。

④ 焙烧炉　又称焙烧窑，加热目的是使物料发生物理或化学变化，以获得新的产品，如白云石、石灰石和耐火材料的焙烧等。

⑤ 干燥炉　加热目的是为了排除物料中的水分，如铸型的干燥及黏土、砂子和型煤的干燥等。

2. 按炉温分类

① 高温炉　炉温在1000℃以上，其炉内传热一般以辐射为主。

② 中温炉　炉温为650～1000℃，炉内除以辐射传热外，对流传热亦不可忽视。

③ 低温炉　炉温在650℃以下，炉内以对流传热为主。

3. 按炉子工作的连续性分类

① 连续式炉　连续性操作的炉子，炉膛内温度分段。

② 周期式炉　周期性（间歇式）操作的炉子。

4. 按加热方式分类

① 直接加热炉　又称火焰炉，指炉气直接与物料接触。

② 间接加热炉　炉气不直接与物料接触。

5. 按行业分类

① 炼铁　高炉、热风炉、烧结炉、球团炉、焦炉、焙烧炉。

② 炼钢、压力加工　转炉、电弧炉、平炉、均热炉、轧钢加热炉、锻造加热炉。

③ 钢材热处理　退火炉、正火炉、调质炉、回火炉、热压合炉、渗碳炉、软氮化炉、镀覆炉、气氛发生炉、烧结炉。

④ 铸铁、铸钢　冲天炉、电弧炉、感应熔化炉、热处理炉、干燥炉。

⑤ 有色金属 精炼炉、熔化炉、均热炉、加热炉、焙烧炉、转炉、热处理炉（退大、调质、回火、烧结等）。

⑥ 陶瓷、水泥、耐火材料 熔化炉（玻璃、耐火材料等）、烧成炉（水泥、耐火材料、陶瓷器、砖瓦、陶管、窑业原料等的烧成）、煅烧炉（窑业原料焙烧与煅烧）、热处理炉（平板玻璃、电视显像管等热处理）。

⑦ 化学工业 煤化工中的炼焦炉、煤气发生炉；石油化工中的加热炉、分解炉、转化炉。

⑧ 环境保护 工业废弃物焚烧炉、废气燃烧炉、城市垃圾与下水污泥焚烧炉。

6. 按炉型结构分类

按炉型结构分类有：室式炉、开隙式炉、台车式炉、井式炉、步进式炉、振底式炉等。

32.1.2 燃气工业炉窑的特点

工业炉窑可采用电、煤、油、气四种能源。燃煤、油、气这三种工业炉的加热方式，均是用燃料燃烧后的烟气来进行加热，通常称火焰炉。燃气工业炉是火焰炉的一种，与其他两种火焰炉比较，具有以下优点：

① 环保 气体燃料都经过脱硫处理，含氮量也较少，燃烧产物中 SO_X、NO_x 含量均比煤和油少得多，甚至于不必考虑。对于高温生成的 NO_x 也比其他燃料容易抑制。因此，燃气工业炉窑具有环保、无公害的优点。

② 易于自动控制 一般来说，燃气燃烧器的调节比范围比其他燃料燃烧装置要宽，过剩空气量比其他燃料少，微调灵敏性较快，容易实现炉温和炉压、甚至炉气成分的自动控制。

③清洁、卫生、操作方便 燃气燃烧器不存在结焦、结渣的问题，即使不完全燃烧产生炭黑也容易清理。容易实现自动点火及火焰监测等。

④ 易于实现特种加热工艺 燃气工业炉内燃烧产物的成分调节灵敏，稍变动过剩空气量，炉内气氛即发生变动。少氧化加热以及快速加热等特种工艺的实现比较容易。

但是，燃气工业炉的管理及操作要比其他燃料严格。燃气与空气形成的混合物在爆炸范围内，若操作不按规程，管理检查不严格，容易发生爆炸等事故。

32.1.3 燃气工业炉窑的技术性能

燃气工业炉窑的技术性能、指标包括以下几方面：

① 炉型及使用工艺的名称。

② 生产率（对连续式炉），或装炉量（对周期式炉）。

③ 最高炉温及常用炉温。

④ 炉膛有效容积或炉底有效面积。

⑤ 升温速度（冷炉工况），或达到最高炉温所需时间。

⑥ 炉膛有效空间内的温差。

⑦ 燃料规格名称及其最大和平均消耗量。

⑧ 排烟量及排烟方式。

⑨ 各项附属设备，如燃烧器、风机等的型号、规格、功率等。

⑩ 其他动力，如用水、压缩空气等的压力、消耗量等技术要求。

⑪ 其他特殊性能。

除以上的技术性能外，还应提供两项说明文件。第一，操作说明，包括操作程序、维修规程以及安全注意事项等；第二，施工说明，包括各个特殊部位的施工程序及验收标准，同时还应附有烘炉曲线。

32.2 燃气工业炉的炉型与构造

32.2.1 燃气工业炉窑的主要形式

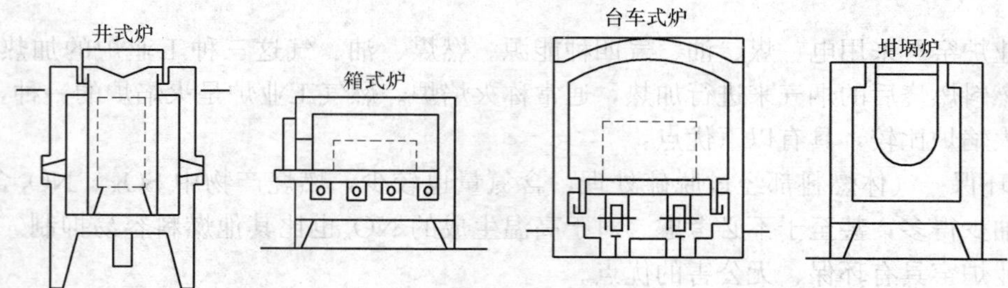

图 32-2-1　周期式炉的炉型结构

按照工作方式，燃气工业炉分为连续式炉与周期式炉（也称间歇式炉）。两者可达到同样的加热和热处理效果，采用哪种炉型要由产量和操作条件等决定。一般来说，连续式炉适于少品种、大量生产的物料加热，周期式炉适于处理批量小的物料。

32.2.1.1 周期式炉的形式和特征

周期式炉常见形式见图 32-2-1。周期式炉中，被加热物料从入炉加热到最后出炉都在炉内不运动，有时按规定的温度曲线升温、保温、降温冷却，都在一个炉膛内进行，按一定周期分批处理物料。多数情况装料口即是出料口。

常见周期式炉的炉型主要有：井式炉、箱式炉、台车式炉、罩式炉、坩埚炉和浴炉。

32.2.1.2 连续式炉及物料输送方式

连续式炉的主要形式及输送机构见图 32-2-2。连续式炉中，被加热物料从装料端装入，在炉内以一定速度连续地或按一定时间间隔移动，加热到预期的温度后，从出料端出来，这种炉型可以是连续装料，也可以是按一定规律间隔装料。对于较大物料加热，为使其表面与中心温度均匀，在出料前还设有均热段。对某些连续热处理炉（如磨料磨具烧成炉），还设有一个冷却段，使物料在规定的较低温度下出炉。

连续式炉的热工特征与物料的输送方式密切相关。物料的输送方式主要有：

① 推料式　在炉内设有传动机构，靠炉外进料口前的推料机推动炉料，一个接一个的炉料在炉底或滑道上紧密排列，推进一个料、顶出一个料。也可从侧面顶出一个料，然后推进一个料。炉料的推送方式有炉底滑轨式、辊底式、悬挂式及台车式等。

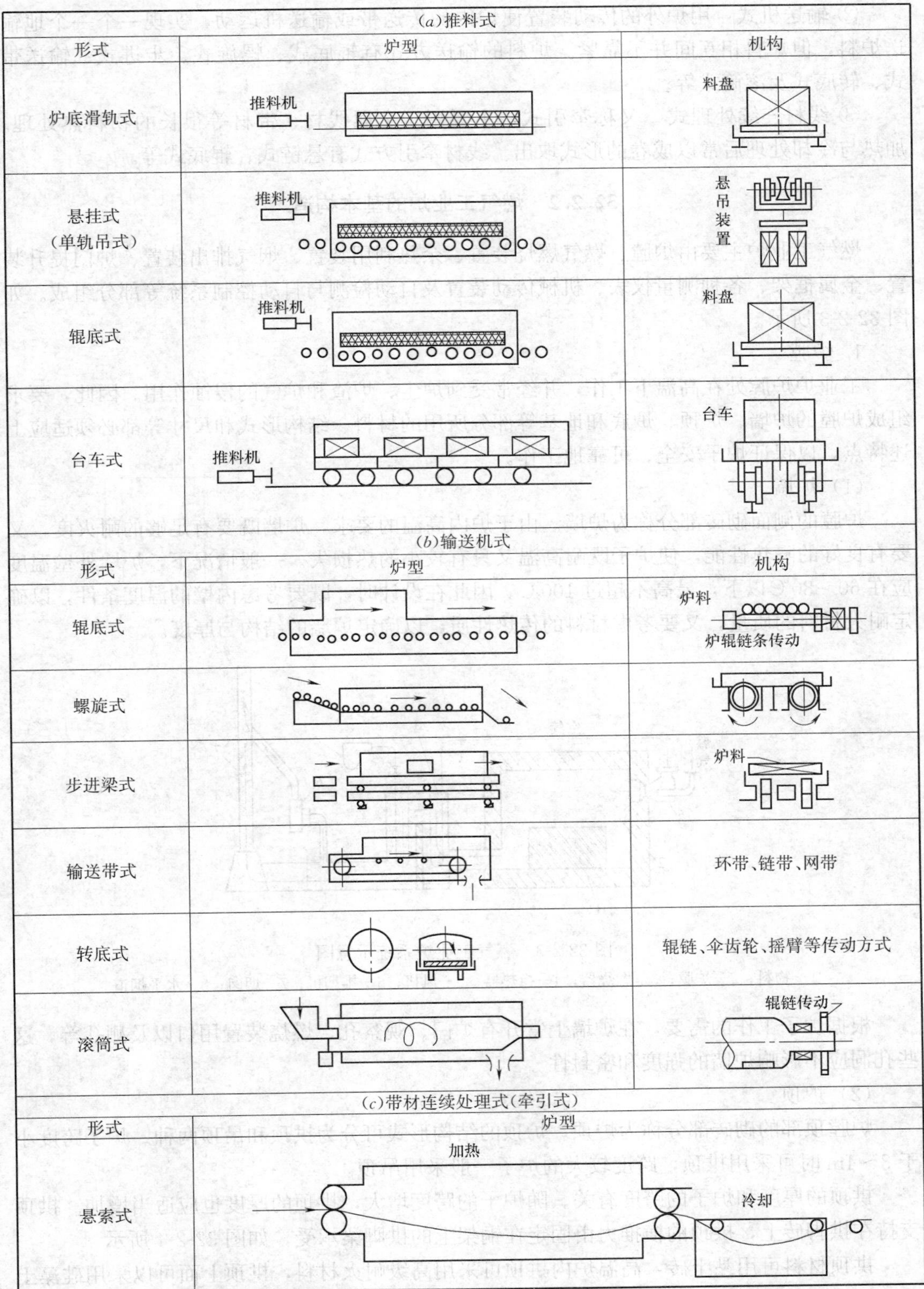

图 32-2-2　连续式工业炉工件的输送方式

② 输送机式　用炉外的传动装置使炉内的传送带或输送机运动，实现一个一个地输送炉料，但炉料相互间并不靠紧。炉料的输送方式有辊底式、螺旋式、步进式、输送带式、转底式及滚筒式等。

③ 线材连续处理式　又称牵引式，主要用于金属线材、带材等很长的物料热处理。加热与冷却处理后常以成卷的形式取出。线材牵引方式有悬链式、辊底式等。

32.2.2　燃气工业炉的基本构造

燃气工业炉主要由炉膛、燃气燃烧装置、余热利用装置、烟气排出装置、炉门提升装置、金属框架、各种测量仪表、机械传动装置及自动检测与自动控制系统等部分组成。如图 32-2-3 所示。

1. 炉膛

工业炉炉膛处在高温下工作，并经常受到炉尘、炉渣和炉气的侵蚀作用。因此，要求组成炉膛的炉墙、炉顶、炉底和地基等部分所用的材料、结构形式和尺寸等都必须适应上述特点，以保证炉子安全、可靠地工作。

（1）炉墙

炉膛的侧面砌砖部分称为炉墙。由于炉内高温的要求，炉墙既要有足够的耐火度，又要有良好的隔热性能，使炉子既耐高温又只有较小的热损失。一般情况下，炉墙外壁温度应在 60～80℃以下，最高不超过 100℃。因此在设计时，既要考虑内壁的温度条件，以确定耐火材料的质量，又要考虑材料的传热性质，以确定炉墙的结构与厚度。

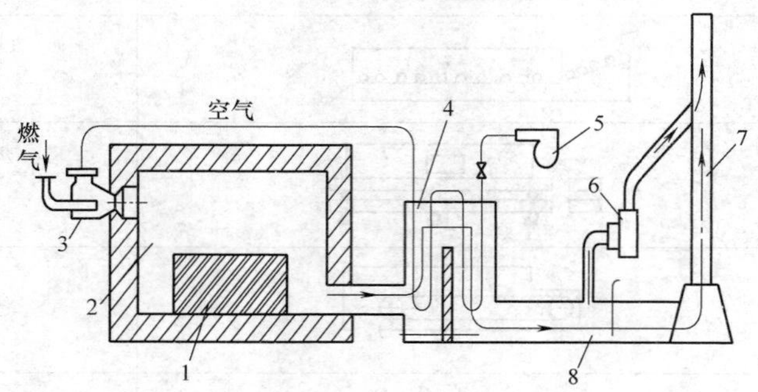

图 32-2-3　燃气工业炉系统示意图

1—物料；2—炉膛；3—燃烧器；4—换热器；5—风机；6—排烟机；7—烟囱；8—水平烟道

根据炉子工作的需要，在炉墙上常开有炉门、观察孔、燃烧装置用口以及测孔等，这些孔洞应不影响炉墙的强度和密封性。

（2）炉顶

炉膛顶部的砌砖部分称为炉顶。炉顶的结构形式可分为拱顶和吊顶两种。炉子跨度小于 3～4m 时可采用拱顶，跨度较大的炉子一般采用吊顶。

拱顶的厚度和炉子的跨度有关。随炉子的跨度增大，拱顶的厚度也应适当增加。拱顶支持在拱脚砖上，拱顶的横推力由固定在铜架上的拱脚梁承受，如图 32-2-4 所示。

拱顶材料可用黏土砖，高温炉内拱顶可采用高级耐火材料，拱顶上面可以采用硅藻土砖绝热，也可用矿渣棉等散料做绝热层。

吊顶由一些特种异形砖组成，异形砖用吊杆单独地或成组地吊在炉子的钢梁上。图 32-2-5 为两种不同的吊顶结构。

吊顶砖的材料对加热炉通常用一级黏土砖，而在熔炼炉上多采用高级耐火材料。在吊顶砖外面用硅藻土砖绝热，但砌筑时切勿埋住吊杆，以免烧坏或降低其机械强度。

吊顶不受炉子跨度的限制且易于局部修理，但它结构复杂，造价较高，所以只在大炉子上采用，而小炉子多采用拱顶。

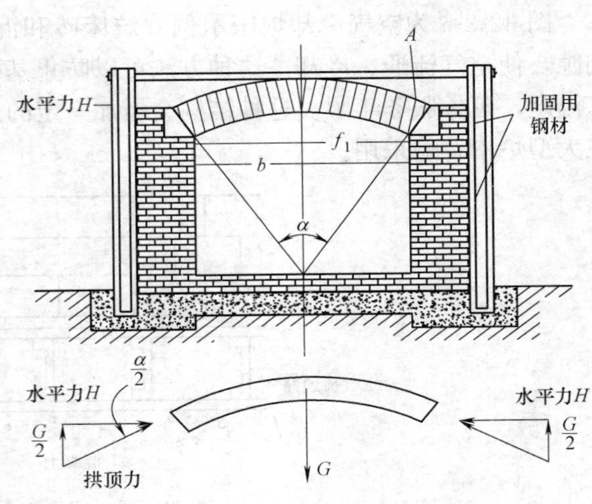

图 32-2-4　拱形炉顶的结构

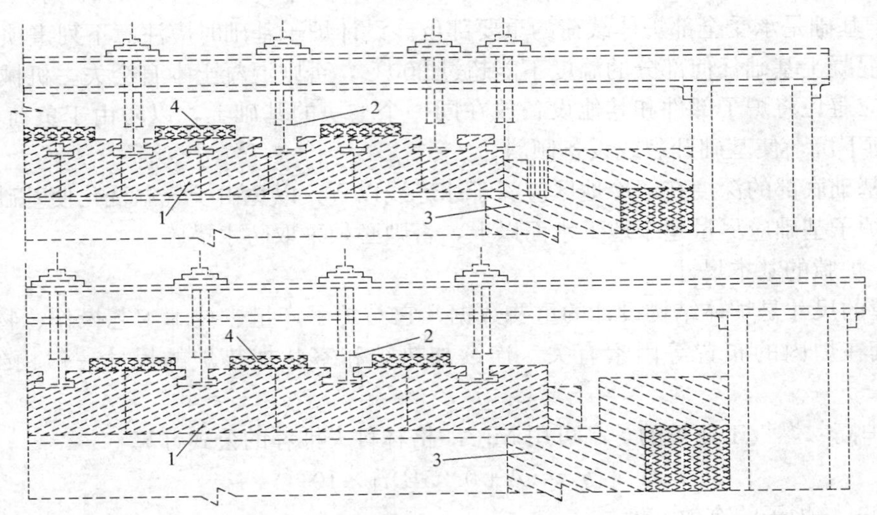

图 32-2-5　吊顶结构示意

1—炉顶异型砖；2—工字钢；3—炉子前墙；4—吊顶上硅藻土砖的绝热层

(3) 炉底

炉膛底部的砌砖部分称为炉底。炉底与其他部位不同，对砌筑材料有更高的要求，如金属加热炉的炉底，经常承受很大的机械负荷以及金属和氧化铁皮的作用。因此，要保证炉底坚固，同时炉底又应有一定的厚度，以防止基础混凝土受热后发生损坏。长时间加热时，要保持混凝土基础部分的温度不高于 300℃。炉床的标准厚度如表 32-2-1 所示。对普通的加热炉，助熔剂的侵蚀和装炉物料的磨损是影响炉床寿命的重要因素。

炉床砖的厚度　　**表 32-2-1**

炉内温度(℃)	<500	500～1000	1000～1200	>1200
炉床砖块数	2	4	5	>6
炉床砖厚度(mm)	130	260	325	390

图 32-2-6 为空气冷却炉床示例。炉床砖和混凝土基础之间要铺上槽钢或钢轨，形成间隙，使空气流通、冷却。这种方法可以防止基础混凝土过热引起损坏，同时又可降低炉床温度，延长服务年限。这种结构会增加一定的热损失，但由于它能延长炉床寿命，因此在大型炉中普遍采用。

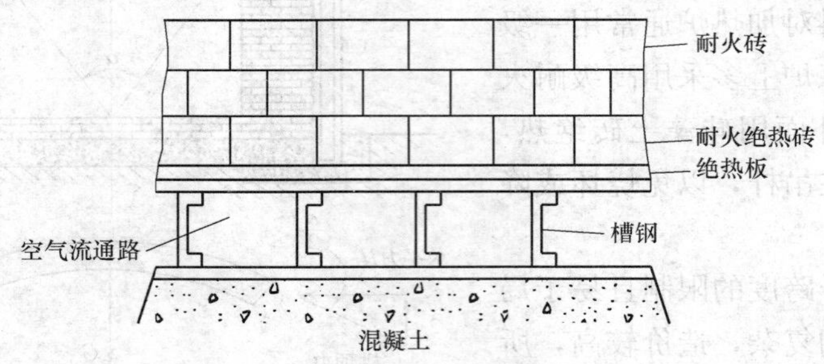

图 32-2-6　空气冷却炉床示例

（4）炉子基础

炉子基础是承受全部炉体载荷的重要部位。设计炉子基础时应注意下列事项：

① 混凝土基础任何部分的温度不能超过 300℃，否则混凝土本身会失去机械强度。

② 应避免将炉子部件和其他设备放在同一个整块的基础上，以防由于负荷不同而引起不均衡下沉，使基础开裂或设备倾斜。

③ 基础底部的深度在寒冷地区应深于冰冻线以下，以免由于气温变化使基础破坏。

④ 炉子基础应尽量建于地下水面以上，否则必须采取防水措施。

（5）炉膛的基本尺寸

炉膛的尺寸是炉体结构设计的重要数据，它与炉子产量、技术工艺操作、物料尺寸、形状及其在炉内的布置等因素有关。连续加热炉和室状加热炉的尺寸一般由经验方法确定。

① 炉高　燃气工业炉的炉高可用 M. A. 格林科夫推荐的公式计算

$$h_e=(A+0.05B)t_1\times10^{-3} \tag{32-2-1}$$

式中　h_e——炉子的有效高度，m；

B——炉膛宽度，m；

t_1——炉气温度，℃；

A——系数；当 $t_1<900$℃时，$A=0.5\sim0.55$；当 $t>1500$℃时，$A=0.65$；当 $t_1=900\sim1500$℃℃时，A 值可用内差法求出。

由此不难求出炉子的全高 h，当物料在炉内一面加热时

$$h=h_e+\delta \tag{32-2-2}$$

当物料在炉内两面加热时

$$h=2h_e+\delta \tag{32-2-3}$$

式中　δ——料坯厚度，m。

计算所得的炉高数值是设计炉高的依据。必须指出的是：最后确定炉高时要综合各种因素，使炉膛高度能保证燃烧器布置合理、炉内气体流动和传热状况正常，使整个炉膛充满炉气。

② 连续加热炉的炉膛宽度

炉内为单排放料时：

$$B=l_{m}+2\times 0.25 \tag{32-2-4}$$

炉内为双排放料时：

$$B=2l_{m}+3\times 0.25 \tag{32-2-5}$$

式中　B——炉膛宽度，m；

l_{m}——坯料长度，m。

③ 连续加热炉的炉长　连续炉的有效长度，即被物料所占据的长度，可按下式计算

$$l_{e}=\frac{G\tau b}{g} \tag{32-2-6}$$

式中　l_{e}——炉子的有效长度，m；

G——炉子的生产量，kg/h；

τ——料坯的全加热时间，h；

b——料坯的宽度，m；

g——每根料坯的质量，kg。

连续加热炉的全长为

$$l=l_{e}+(0.5\sim 1.5) \tag{32-2-7}$$

设计时注意：推料式连续加热炉的炉体不能过长，否则推料困难，并会引起料坯拱起。如果计算所得炉子长度过长，可改为双排放料或改为修建两座炉子以满足产量的要求。

④ 室状加热炉的炉长与炉宽　室状加热炉的炉长与炉宽，应按被加热件的尺寸进行排炉，并满足装炉量的要求来确定炉底的长度与宽度。料坯间的空隙一般取0.3～0.8倍的物料厚度。炉墙两侧及炉底前后端与物料之间留100～200mm的间隙，确定炉底的实际长与宽。

一般室状加热炉的炉体不宜过长，最好控制在$l<2B$的范围内，炉底面积不大于6～10m^2。若因产量过大致使计算所得炉体过长时，可改成两座或双室式炉。

2. 炉门及提升装置

(1) 炉门的作用与结构

为保持炉温，炉子的工作门及观察孔平时均需用炉门关闭起来，以减少炉内辐射和炉气逸漏所造成的热损失，以及避免因空气的吸入而恶化炉内气氛。炉门要求严密、轻便、耐用及隔热。

侧墙上的炉门通常用铸铁制成，内侧衬有耐火绝热砖，其形式按尺寸大小而定。对一些高温炉，其炉门常设有水冷装置。炉门装在炉门框上，炉门框再固定在炉子的金属构架上。炉门在安装时应使其向门框倾斜10°角，以便炉门靠自重压紧在炉门框上，保证炉门的关闭严密性。

(2) 炉门提升装置

炉门的开闭常采用垂直升降，提升都借助于滑轮和滚子的作用，可用人工、电动或气动等方式实现。当炉门的重量不大时，可采用人工操作的扇形机构提升。若炉门很重且启闭次数频繁时，可采用气动、电功或液压提升机构。

炉门及其提升机构应固定在钢架上，并使炉门和炉墙不发生碰撞。

3. 金属构架

(1) 金属构架的作用

为了使炉墙坚固并在工作情况下保持砌体形状，必须在炉子上安装由竖钢架、水平梁及连接杆等组成的金属构架。其作用是多方面的：

① 加固炉子砌体、承受炉子拱顶的侧压力或吊顶的全部重量，并把其作用力传给基础。

② 构架是炉子的骨架，在其上面安装炉子的附属设备。如炉门框、燃烧器及冷水管等配件。

③ 抵抗砌体的高温膨胀，使炉子不发生变形。

竖钢架是金属构架的主体，它用地脚螺栓固定在混凝土基础内。为使其金属构架成为一个牢固的整体，竖钢架彼此间必须用连接梁或拉杆连接起来，并将其固定。

(2) 金属构架的材料

竖钢架多采用成对设置的槽钢，有些炉子也可采用废钢轨作为钢架。连接梁多采用角钢和槽钢。连接杆用圆钢。炉底空冷层的钢梁常用工字钢和槽钢。

4. 烟道、闸门和烟囱

(1) 排烟方式

炉子的排烟方式有上、下排烟两种，它与炉子的结构形式以及周围环境条件有关。

下排烟的炉子结构比较庞大，要占据较大的地下深度，布置烟道时可能受到车间设备基础及厂房柱基的限制；但其优点是烟气被引入地下，不恶化车间卫生条件及操作环境，不妨碍车间地上管线的布置并便于吊车的运行。

下排烟方式往往是多台炉子组成一个排烟系统。这种结构布置紧凑，经济合理，但烟道系统不易严密，可能影响烟囱正常抽力，此外，当地下水位较高时，还需设计烟道防水措施。

上排烟的炉子，炉体结构比较简单，造价低，施工方便，能充分利用较高的烟气温度，在得到同样的负压条件下，烟囱高度可降低。当厂房通风条件好、炉子规模小，车间内炉子数量不多、对吊车运行妨碍不大时，或者当地下水位较高采用防水结构有困难时，均可用上排烟方式。

(2) 烟道

烟道是连接炉子与烟囱的烟气通道。设计烟道时，应正确选择其截面尺寸和结构形式，并使其具有良好的气密性。

下排烟炉子的烟道，大都布置在距地面 300mm 以下。烟道通常用砖砌筑，其底部采用混凝土基础。为了不使混凝土温度过高，上面可用硅藻土砖做绝热层，最上面再砌半砖厚的黏土砖，外部用红砖。烟道拱顶通常采用双层的半圆拱顶。

(3) 闸门

为了调节炉膛内的压力，在烟道上必须设置烟气闸门。按炉子大小、用途差异，可采用不同形式的闸门或插板。一般烟气温度低于 400～600℃时，可用灰铸铁或铸钢件制成；当温度高于 600～700℃时，则必须用水冷闸门、衬砖闸门或耐热合金钢制的闸板。

(4) 烟囱

烟囱是火焰炉常用的排烟装置，其作用是在烟囱根部产生抽力（即形成负压），利用烟囱内烟气密度比外部空气密度小产生的升力（即重力压头），使烟气排出。

5. 燃气燃烧装置

燃烧装置是燃气工业炉上重要的装置之一。根据炉子的结构形式、工作特点及燃烧器的特性，正确设计、选择及合理安装使用燃烧装置及其系统是非常重要的工作。

6. 炉用设备及其他附件

（1）测量仪器

主要是测量燃气流量、压力、温度及空气流量、压力、温度、燃气成分、烟气成分、炉内温度、压力、烟气温度、压力、空气与燃气预热温度及被加热物料温度等所需的仪器。

（2）燃烧调节装置

燃烧调节主要是控制炉内温度、炉膛压力及炉内气氛等。调节进入炉内的热量，可通过调节燃气及空气量来实现。

（3）安全装置

燃气工业炉上安装安全装置对保证安全生产及避免意外损失都是非常必要的，如防爆阀、火焰监测、紧急切断阀等。

（4）余热利用设备

主要指为了提高炉子热效率而采取的热工措施，如为了回收烟气中的热量，可设燃气预热及空气预热装置、废热锅炉以及物料预热装置。加强炉子及管道绝热保温等也能收到良好的热工效果，但对不同炉子应作经济技术分析，不能随意选用。

32.2.3 筑炉用材料

筑炉用材料包括耐火材料、保温材料、炉用金属材料和一般建筑用材料。筑炉材料的种类和品种繁多，应根据炉子的工作条件，合理选择和使用有关筑炉材料，尽量做到延长炉子寿命、降低炉子造价和燃气消耗量。

32.2.3.1 筑炉用耐火材料

凡是能抵抗高温或物理化学性质允许在高温下使用的材料统称为耐火材料。用耐火材料砌筑的炉衬，常处于高温下，因此工作条件最差，损耗最快，要经常检修，从而直接影响炉子的产量、成本及劳动条件。有的耐火制品直接和被熔炼的金属接触，它渗入金属中就成为非金属杂质、严重降低产品质量。因此，了解和正确选用耐火材料非常重要。

1. 工业炉对耐火制品的基本要求

按工业炉用途不同以及同一炉子部位的不同，对耐火制品的性能要求也有所不同。总的来说，选用材料是为了使炉子经久耐用、高产优质、节能及低耗。基本要求是：

① 耐高温并且高温下结构强度大。

② 耐急冷急热性能好。

③ 能抵抗炉渣、液体金属、烟尘及炉气的侵蚀。

④ 在长期高温工作条件下，耐火制品炉衬的体积和形状变化要小。

⑤ 外观好、尺寸公差小。

2. 工业炉选用耐火制品的原则

① 按炉子工作条件中的主要矛盾来选用材料。

② 要充分掌握材料的性能、特别是使用性能。

③ 炉体各部分的使用寿命最好十分接近。

④ 经济上节省、技术上可行。

⑤ 合理利用资源、尽量就地取材。

3. 耐火材料的性能

耐火材料的性能通常用其物理性能和工作性能来表示。前者包括体积密度、相对密度、气孔率、吸水率、透气性、耐压强度、热膨胀件、导热性、导电性及热容量等。这些物理性能影响着耐火材料的工作性能。耐火材料的工作性能包括耐火度、荷重软化点、在高温下的化学稳定性与体积稳定性、耐急冷急热性等。

32.2.3.2　炉用保温材料

在砌筑中温炉或高温炉时，均在耐火砖层之外再砌一层保温材料。保温层的作用是减少炉体散热，提高热效率，节省能源，改善劳动条件。

保温材料的主要特点是体积密度小，导热系数小，比热小等。常把导热系数小于0.3W/(m·K）的材料称为保温材料（或绝热材料）。常用的保温材料有石棉、硅藻土、矿渣棉、蛭石、膨胀珍珠岩等，另外轻质或超轻质的耐火砖、耐火纤维也可当保温材料使用。各种保温材料的性能见第33章。

32.2.3.3　不定形耐火材料

不定形耐火材料是近年来研制的新型耐火材料，是由骨料和一种或多种结合剂组成的混合料，它的特点是可制成各种预制块、便于机械化施工；可在加热炉上整体浇捣，从而加强炉体的整体性，又便于改进炉型结构。

按制作或施工方法来分，不定形耐火材料有耐火混凝土（浇筑料）、可塑料、喷涂料、捣打料、涂抹料、投射料等。

1. 耐火混凝土

耐火混凝土是由胶结料、骨料、掺合料三部分组成，有时还要加入促凝剂。

① 骨料。骨料是主要的耐火基体，应具有较高的耐火度，它与胶结料不可生成较多的低熔物。骨料的颗粒大小对制品质量有很大的影响，所以不仅对其颗粒大小有一定限制，各种颗粒大小在数量上还有一定的配比。

② 胶结料。又称结合剂，起胶结硬化作用，使制品有一定的强度。常用的胶结料有矾土水泥、硅酸盐水泥、水玻璃、磷酸等。根据胶结料不同，耐火混凝土可分为铝酸盐水泥耐火混凝土、水玻璃耐火混凝土、磷酸盐耐火混凝土及硅酸盐耐火混凝土等。

③ 掺合料。掺合料的原料与骨料相同，只是颗粒度较小。掺合料可使制品的气孔率降低，比重增加，耐压强度提高，抗渣性提高，但收缩性增加，耐急冷急热性降低。

2. 耐火可塑料

耐火可塑料是以耐火骨料、细粉料为主，另外加入适量的生黏土和化学结合剂，经过充分搅拌后形成的硬泥膏状物质，在规定时间内具有较好的可塑性。可塑料与耐火混凝土的骨料相同，只是结合剂不同，耐火可塑料的结合剂用生黏土，耐火混凝土用水泥等做结合剂。

耐火可塑料的最大特点是常温下具可塑性，能制成任何形状。缺点是常温下的强度低，施工要求质量高，不易实现机械化。未经烧成的热硬性可塑料要严格注意防水与防冻，也不要承受外力。烘炉时升温速度每小时约10～15℃，并要分段保温。

耐火可塑料制成的炉子有整体性、密封性好，导热系数小，热损失小，耐急冷急热性好，炉体不易剥落，耐高温，有良好的抗蚀性，炉子的使用寿命长等特点。它也可在炉子局部使用，例如用于加热炉水管包扎，步进式炉中步进梁的表面保护层等。

32.3 燃气工业炉的热工特性

炉子的热工作是指炉内燃料燃烧、气体流动及热交换的总和。其过程的优劣直接影响到产品数量、质量及经济指标的高低。从炉子热工作观点来说，三者是分不开的。所以，选择和设计炉型结构及运行管理，都应以保证炉子达到工艺所需要的最佳热工作为目的。

炉子热工作的好坏，炉膛部位是核心，因为物料的干燥、加热及熔炼等过程都是在炉膛内完成的。而炉膛热工作又受炉子各部位热工作状态及各种因素所影响。因此，应了解和掌握工艺对工业炉的基本要求和炉子各部位的热工特性，以便进一步提高和改进炉子的热工作。

32.3.1 炉体的热工特性

炉体构造与材料的热工性质与炉子热工状态有密切关系。为使炉子经济、合理及可靠地运行，炉子砌体构造与材料选用必须合理，其砌体的基本热工特性如下：

1. 绝热厚度与砌体温度的关系

一般砌体的作用是保证炉子空间达到工作温度，炉衬不被破坏，增加绝热层是为了减小热损失。

图32-3-1为不同绝热层厚度时，耐火炉衬厚度上的温度变化示意图。可以看出，当绝热层厚度$\delta_2=0$时，耐火炉衬温度从内表面1300℃降到外表面250℃。当$\delta_2=500$mm时，耐火炉衬温降仅为100℃。显然，加绝热层能防止热传导及减小耐火炉衬的温度降。因此，工业炉应采用适应工作温度的炉衬和较好的绝热材料以防炉子外表面过热，这也是必要的节能措施之一。

2. 绝热对升温时间的影响

炉子绝热的优劣不仅直接影响炉子燃料消耗，而且也影响炉子的升温时间（图32-3-2），绝热良好的炉子可缩短炉子的升温时间。

3. 砌体内各层的温度变化

工业炉各层炉墙是由不同材料组成的，而各层材料的导热系数与厚度都不一样，因此温度变化也各有差异（图32-3-3）。

4. 炉体表面散热量

炉内热量通过辐射、传导与对流向炉内表面传热，内表面获得热量再通过墙壁的热传导传向外表面，而外表面再通过辐射与对流将热量散失于周围空气。

工业炉外墙表面热损失的多少与表面温度有关（即与砌体厚度和材料性质有关），温度越高，则热损失量越大（图32-3-4）。

砌体应保证炉体外表面温度低，减少外表面的热损失。

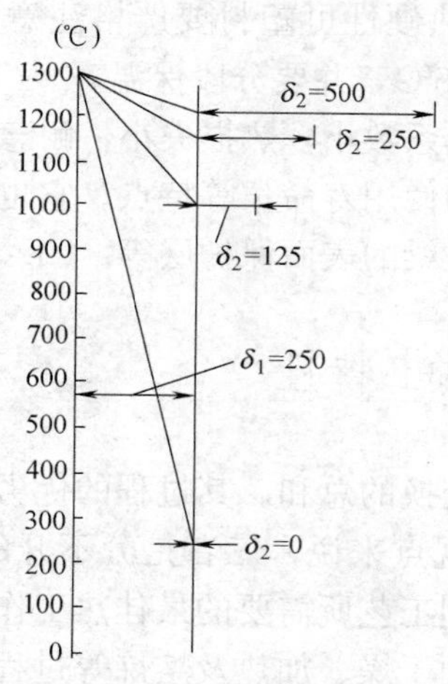

图 32-3-1　耐火砌体内温度变化示意图

δ_1—耐火材料厚度；δ_2—绝热层厚度

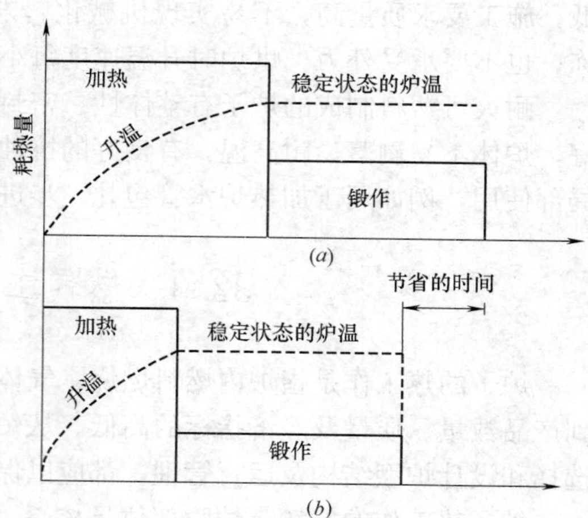

图 32-3-2　两种不同绝热情况下炉子的耗热量与升温时间

(a) 绝热不好；(b) 绝热良好

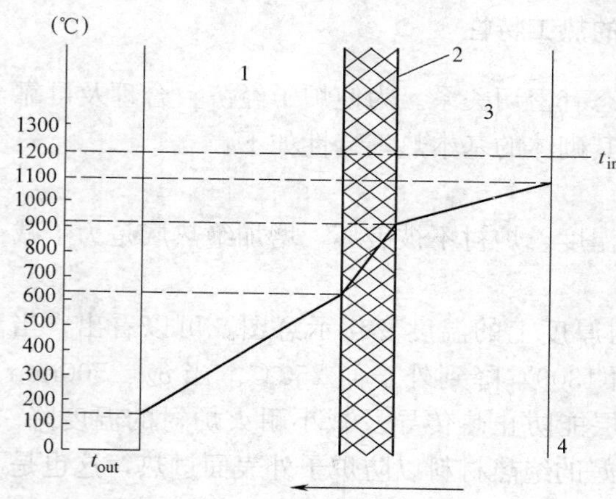

图 32-3-3　炉墙厚度上的温度分布

1—建筑砖；2—绝热层；3—耐火材料层；4—炉膛空间；t_{in}—内壁温度；t_{out}—外壁温度

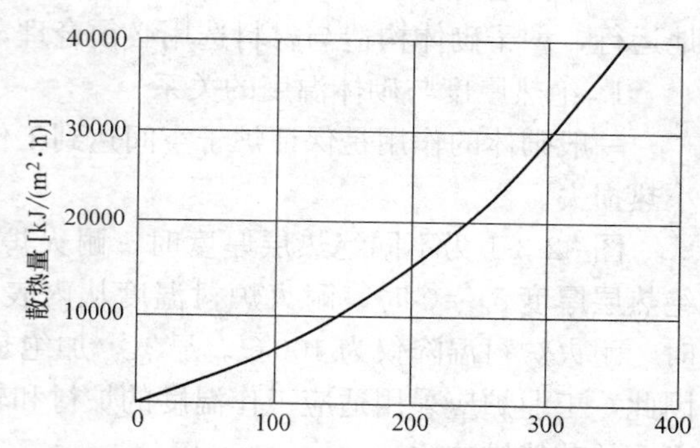

图 32-3-4　炉外墙表面温度与散热量的关系示意图

5. 炉体的蓄热能力

炉体的蓄热能力也是炉子的热工特性之一。关于炉体蓄热损失与散热损失的具体计算，见第 33 章。

由热工学可知，砌体厚度越小，蓄热能力越小、升温越快，但会导致表面散热损失增大。一般来说，长期运行的连续式炉，其砌体可选厚些，以减小散热损失，间歇运行的炉窑，砌体可选薄些，以减小蓄热损失。

6. 炉内温度的建立

如图 32-3-5 所示，当采用一定的热量加热炉子时，在单位时间内炉温增加很快，而后炉温上升逐渐缓慢，最后达到稳定的热状态 B_1，温度不再升高。这表示供热量与热损

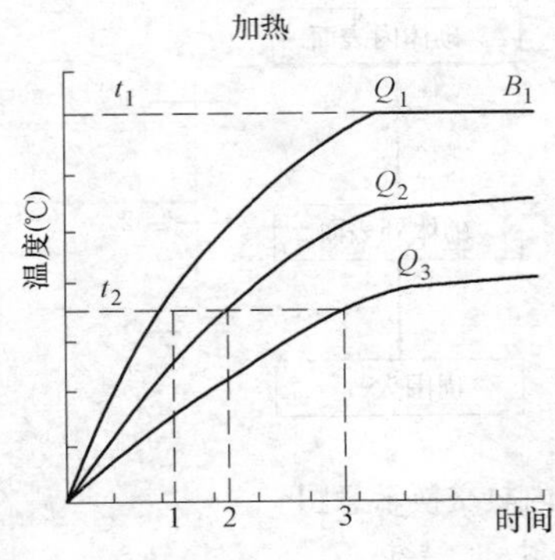

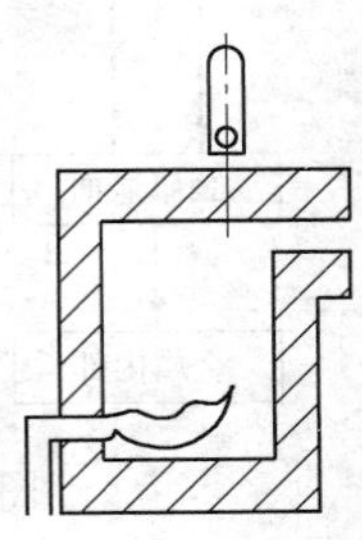

图 32-3-5 供应炉子不同热量时炉内热状态示意图

失相等，Q_1、B_1 及 t_1 不再变化。

如果从冷态重新加热炉子，且供应炉内的热量减少到 Q_2 及 Q_3，那么炉内就达不列 t_1 温度，此时炉内热状态稳定点就处于比 t_1 低的温度之下。

如炉内需要温度为 t_2，则可分别向炉内供应热量 Q_1、Q_2 及 Q_3，这时升温的时间间隔就不同，分别为 1、2 及 3。因此，炉内升温时间与热量供应成反比。

7. 采用轻质材料的节能效果

为了节约能源，在近代工业炉中，多采用轻质、导热系数小的材料作为砌体的保温材料。从图 32-3-1～图 32-3-4 可看出：砌体表面热损失与蓄热损失是和砌体表面温度和砌体材料的密度、厚度、比热及温度有关。因此，在保证炉内工作温度与砌体强度条件下，尽量采用轻质材料为宜。

32.3.2 火焰炉炉膛内的热工作过程

炉子的构造与操作对生产率有直接影响。因为其直接影响了炉子的热工作过程（燃料燃烧、气体流动及传热过程），而这些物理化学过程又影响了生产率。

热工作过程对生产指标的影响包括很多方面，下面主要讨论传热过程对生产率的影响。炉子的用途就是加热物料，在一定的工艺条件下，增强传热，就能提高生产率。

32.3.2.1 火焰炉炉膛内的热交换模型

炉子加热物料大部分是在炉膛内进行的。炉膛是由耐火材料砌筑的一个封闭空间，在其内有三种物体存在，即燃烧产物（炉气）、被加热的物料和炉膛内壁（包括炉墙、炉底及炉顶），这三种物体在炉膛内互相进行着复杂的热量交换。

炉膛内换热过程中，炉气是热源体，低温物料是受热体。燃料燃烧所产生的热量，被炉气（火焰）带入炉膛。部分热量传给被加热物料，部分热量通过炉体散失到炉外，还有部分热量通过温度降低后的炉气（烟气）排出炉膛。此外，炉壁也参加热交换，但在热交换中只起着热量传递的中间体作用，炉气传给炉壁的热量，一部分通过炉墙散失到炉外，而其余的大部分热量则又传给了物料。即炉气通过两种途径以辐射传热方式将热量传给物料：炉气→物料，炉气→炉壁→物料。除此之外，炉气还以对流方式向物料传递热量。如图 32-3-6 所示。

在生产实践中，根据工艺的需要，可在不同的炉子上采用不同的措施，使炉膛的辐射

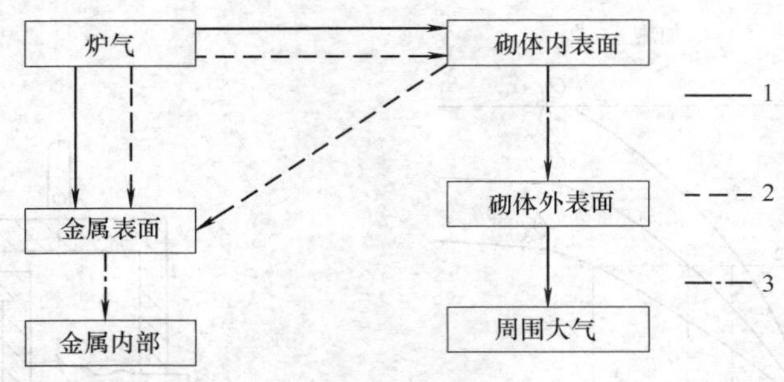

图 32-3-6　燃气炉内热交换示意图

1—对流；2—辐射；3—导热

热交换带有不同的特点。概括起来，有三种情况：

① 炉膛内炉气均匀分布。这时炉气向单位面积炉壁和物料的辐射热量相等，称为均匀辐射传热。

② 高温炉气在物料表面附近。这时炉气向单位面积物料的辐射热量大于向单位面积炉壁的辐射热量，称为直接“定向”辐射传热。

③ 高温炉气在炉壁附近。这时炉气向单位面积炉壁的辐射热量大于向单位面积物料的辐射热量，称为间接“定向”辐射传热。

均匀传热时，传给物料（金属）的总热量为：

$$Q_2=C\left[\left(\frac{T_1}{100}\right)^4-\left(\frac{T_2}{100}\right)^4\right]A_2+\alpha_c(t_1-t_2)A_2 \tag{32-3-1}$$

式中　Q_2——炉气与炉壁对物料的传热量，kJ/h；

C——炉气与炉壁对物料的导来辐射系数，kJ/(m^2·h·K^4)；

t_1——炉气温度，K；

t_2——物料表面温度，K；

A_2——物料的受热表面积，m^2；

α_c——炉气对物料的对流换热系数，kJ/(m^2·h·K)。

导来辐射系数是炉气、炉壁及炉料三者之间的总辐射系数（其推导过程见第 33 章），其值为：

$$C=\varepsilon_1\varepsilon_2\frac{20.51[1+\varphi_{32}(1-\varepsilon_1)]}{\varepsilon_1+\varphi_{32}(1-\varepsilon_1)[\varepsilon_2+\varepsilon_1(1-\varepsilon_2)]} \tag{32-3-2}$$

式中　ε_1——炉气的黑度；

ε_2——物料（金属）表面的黑度，一般可近似地认为是常数，取 $\varepsilon_2=0.8$；

φ_{32}——炉壁对物料的角系数，$\varphi_{32}=\dfrac{A_2}{A_3}$；$\dfrac{1}{\varphi_{32}}=\omega$ 称为炉围伸展系数；

A_3——炉膛的内表面积，m^2。

由式（32-3-2）可知，由于 $\varepsilon_2\approx$常数，故导来辐射系数仅与 ε_1 及 φ_{32} 有关。在炉子工作条件下，暗焰的炉气黑度较辉焰的炉气黑度为低（所谓暗焰是指不含碳粒的火焰，而辉焰是指含有碳粒的火焰），暗焰炉气黑度 ε_1 的变化对导来辐射系数影响较大。适当地加大炉膛内壁面积 A_3，以减小 φ_{32} 值也可以提高导来辐射系数 C 值，尤其当 $\varepsilon_1<0.5$ 时效果更

为显著。但是炉壁面积增大必将引起炉膛造价增加、炉壁散热损失增大和炉气不易充满炉膛，从而不利于物料的加热。

导来辐射系数与炉壁的黑度无关。这是因为当炉壁黑度较小时，炉壁辐射作用减小，但反射作用增大；当炉壁黑度增大时，炉壁辐射作用增大，而反射作用减小。故炉壁黑度对它在传热过程中起中间体的作用并无影响。

图 32-3-7 给出炉壁在炉膛辐射换热中的作用。图中实线表示炉气充满炉膛时（即 $A_4=A_3$，A_4 为包围炉气的表面积）辐射给金属的热量，当 $\varepsilon_1=0.3$ 时，所得全部热量为 $\varepsilon_1=1$ 时的 70%，其中由炉气辐射给金属的热量占 48.6%，而由炉壁传给金属的热量占 51.4%。虚线是炉气未充满炉膛时（即 $A_4<A_3$）辐射给金属的热量，$\varepsilon_1=0.3$ 时，总热量为 $\varepsilon_1=1$ 时的 64%，其中炉气辐射热占 56.2%，而炉壁辐射热则降至 43.8%。

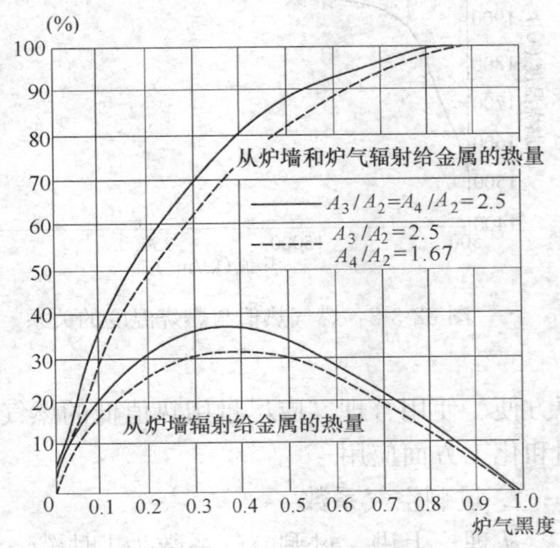

图 32-3-7 炉膛内辐射换热过程中炉壁的作用

因此，对于火焰炉炉膛内的热交换来说，在同样的炉围伸展度和炉气黑度条件下，减小炉气在炉膛中的充满度，将导致热交换量的减少，并降低炉壁在热交换中传递热量的作用。

根据封闭空间中传热理论的分析和实验证明，炉墙的形状对其传热是没有影响的，即当 ω 不变时，不论炉子是平顶或拱顶，其传热基本相同。

32.3.2.2 炉内热工过程对生产率的影响

单位时间内物料所得到的热量越多，物料的加热就越快，炉子的生产率就越高。而炉气传给物料的这部分热量增多，无用热量损失就相对减少，从而提高了炉子的总热效率。

从炉膛热交换公式 32-3-1 可看出，影响炉子生产率和燃料消耗的主要因素是导来辐射系数、物料平均温度、炉气温度和对流换热系数。具体而言：

导来辐射系数与炉气黑皮和炉围伸展度有关。

物料的平均温度与物料初温及终温有关。

炉气温度与物料平均温度、燃气理论燃烧温度及炉腔出口烟气温度有关。而理论燃烧温度又和燃气热值、过剩空气系数、燃气温度及空气温度有关。

对流换热系数主要与炉气速度有关。

综上所述，可知炉膛热交换量（物料得到的热量）与燃气热值、过剩空气系数、燃气温度、空气温度、炉膛出口烟气温度、物料起始温度、物料最终温度、炉气黑度、物料受热面积、炉壁面积及炉气速度有关。以下分别分析这些因素对炉膛热交换的影响以及如何利用这些因素来提高炉子生产率和降低燃料消耗。

1. 燃气的热值

一般来说，燃气的热值越高，理论燃烧温度也越高。但必须指出，对燃气工业炉来说，这一结论只适用于热值小于8370～9210kJ/m³的燃气。当热值较大时，再继续增大热值也不会使炉温有显著升高（图32-3-8）。这是由于燃烧产物在高温下热分解以及燃烧产物体积随热值增加而相应增加的结果。当然，采用富氧或氧气助燃，燃烧温度比用空气助燃高得多。

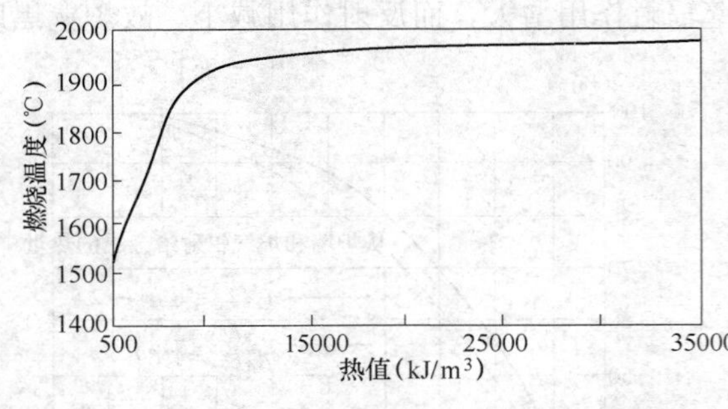

图32-3-8　燃气热值与燃烧温度的关系

对高温熔炼炉，最合理的燃气热值为8370～9210kJ/m³，因为这样既可以得到高温又可节省优质燃料。

对加热炉，炉温受到金属加热温度限制，一般地以炉气温度比物料温度高100～150℃左右为宜。由于加热炉要求炉气温度不高，所以更可选用低热值燃气，热值达6200～7500kJ/m³即可。

选用燃气时，要考虑价格便宜，来源方便、使用合理。应尽量用热值低的燃气，将热值高的优质燃气留给高温熔炼、城市民用和化工方面应用。

2. 过剩空气系数

从理论上讲，过剩空气系数为1时燃烧温度最高。但实际供给的空气量大于理论空气需要量。正确选用过剩空气系数是十分重要的。它与燃气种类、炉子用途、燃烧方式以及燃烧装置的构造等多种因素有关。

3. 燃气与空气初始温度

提高燃气与空气初始温度可提高燃气的燃烧温度，从而提高炉子的生产率。一般可采用预热的方法来提高它们的初始温度。特别是预热空气最为合理，其预热温度与节省能耗的关系如图32-3-9所示。

从图中可看出，空气温度每提高100℃，即可节约燃气5%左右（当采用炼焦煤气，过剩空气系数为1，排烟温度为800℃时）。

利用烟气预热空气和燃气能减少烟气带走的热量，降低炉子的燃气耗量，提高炉子的热效率，提高理论燃烧温度，尤其对高温炉来说，经济意义更大。因此，较完善的工业炉都应有预热装置。

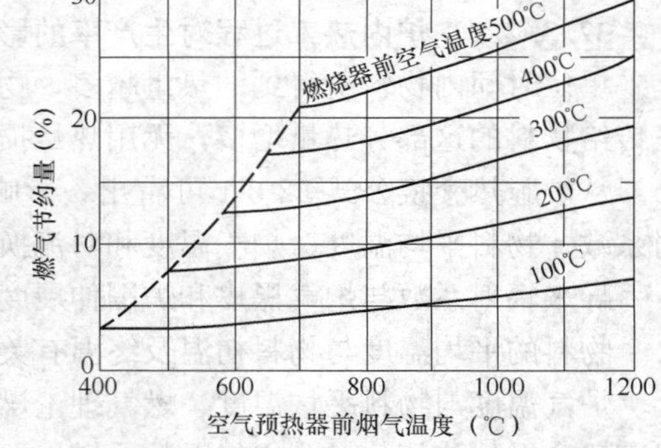

图32-3-9　用烟气预热空气的经济性

4. 炉膛出口烟气温度

由炉膛排出的烟气温度越高，炉气的平均温度也越高，炉内的热交换量也就越大，即炉子生产率越高。但这时从炉膛被烟气带走的热量增加，因而燃气耗量增加。如平炉和均热炉被高温烟气带走的热量约占送入炉内热量的50%～60%，连续式加热炉和热处理炉约占30%～50%。由此可见，在提高出炉烟气温度的同时，必须注意更好地利用烟气余热。

5. 物料加热表面的初始温度及终温

对物料加热来说，加热终温一般由工艺过程要求而定，加热初始温度一般等于室温，但也有采用热装料的，如在加热之前使金属已有一定的温度，这对提高生产率、降低燃料消耗都有利，有时也可用烟气来预热物料。

6. 炉气黑度

如前所述，炉气黑度越大，导来辐射系数就越大，热交换量也越大，炉子的生产率越高，一般可采用下列四种方法来增大炉气黑度：

(1) 采用有焰燃烧使火焰呈辉焰。这时在燃烧产物中，碳氢化合物分解所产生的碳粒，有利于炉气黑度的增大。但它可使燃烧过程减慢，甚至由于不完全燃烧造成炉气温度降低而不利于传热，导致燃气耗量提高。因此，只有在保证炉气离开炉膛前完全燃烧的前提下，采用有焰燃烧才是适宜的。

(2) 采用火焰增碳法，这种方法只有在高温下才能采用。

(3) 采用增加气层厚度的方法，但它受炉膛尺寸的限制。

(4) 用富氧或氧气助燃，以增加燃烧产物中辐射性强的气体 CO_2 及 H_2O 的浓度。

7. 物料受热面积

单位质量的物料受热面积越大，则接受炉气和炉壁传给的热量就越多，加热时间越短，炉子生产率就越高，燃料消耗量也相对越少。可采用物料的多面加热和以分散加热代替成堆加热。

8. 炉壁的内表面积

炉壁的内表面积越大，导来辐射系数就越大，传热量也越大，但靠增加炉子宽度和长度的办法来加大炉子内表面积将造成炉子体积增大，占地增多，炉底单位面积利用系数降低，炉子成本增高。过分地提高炉顶来增加内表面积，从造价及热损失观点来说也是不利的。炉膛过高，有时热炉气积聚在顶部，如炉墙不严密，将会溢出炉外。另外，在加高炉膛时还要注意组织炉气均匀地充满炉膛，如果炉气不能充满炉膛或未很好组织火焰，重力压头的作用下，炉气高温部分将靠近炉子上部，而下部靠近物料的则为低温炉气，这样反将恶化传热效果，减小热交换量。因此，应该在保证炉气充满炉膛的条件下，适当地加高炉顶，以增加内表面积。这对增大热交换量，提高炉子生产率和降低燃耗都是有益的。

9. 炉膛内的炉气速度

炉气通过被加热物料表面的速度越大，对流换热系数就越大。大多数高温炉中的传热都以辐射方式为主。因为炉气速度不大，对流传热很少。在低温炉中，由于炉温不高，辐射传热量不大，相对来说对流传热量就显得重要，这时提高炉气速度对整个传热有利。但应当指出，如果采取一些措施，在高温炉中对流传热也可以起主要作用。其方法如下：

(1) 使高速气流直接作用在加热件表面上，以强化对流传热。

(2) 炉内设置炉气再循环装置。采用低压燃烧器时，再循环气体循环倍数可达 2；采用高速燃烧器时，循环倍数可达 5～6。采用高速燃烧器和炉气再循环，既增强了对流传热，又降低了燃烧气体的温度，从而可避免加热件的过热。

(3) 采用旋风式炉膛结构，强化对流传热。

综上所述，对燃气工业炉来说，增大炉气速度、强化对流换热，也是提高炉子生产率及降低燃气耗量的一个途径。

还应指出，在实际生产中，炉气并不是均匀分布在整个炉膛内的，而且炉内温度也是不一致的，有燃烧的高温区，也有靠近加热物体处的低温区，同时炉内气流的流动状态对热交换也有直接影响，所以炉内热交换过程十分复杂。为了保证有利于炉内热交换的气流组织，不同用途的炉子对炉内气流状态也有不同的要求。这些要求是通过正确选择炉型与合理布置燃烧装置和排烟口的数量和位置来实现。

32.3.3 炉内的气流组织

在炉子工作中，为了强化炉内传热、控制炉压以及降低炉气温差，必须了解气体在炉内的流动规律，并按炉子工作需要，加以合理组织。为此，应熟悉气体浮力及重力、气体与固体之间的摩擦力、气体的黏性以及气体的引射等基本规律。

1. 炉气循环

严格地说，炉气的流动同炉气的循环是有区别的。燃烧产物可以从燃烧器（进气口）直接流向排烟口，也可以被强制在同一点上反复地通过两次或多次，后一种才是真正的炉气循环。但这里讲的“循环”既指真正的循环气流，也指一次通过的气流。

气体流动的方向和速度决定于压力差、重力差（浮力）、阻力及惯性力。在有射流作用的炉膛内，如重力差可以忽略时，炉气流动的方向和速度主要取决于压力差、惯性力和阻力。

一般炉内射流属受限射流，所以沿射流方向上的压力是逐渐升高的，而产生的压力差有使气流减速或倒流的趋势。但射流中心的速度较大，即惯性力较大，因此只能减速，难以倒流。射流边界上的气体惯性力较小，边界上和边界外面的气体将在反压的作用下向相反的方向流动，这样就形成了循环气流，也称回流。

影响炉气循环的主要因素如下：

(1) 限制空间的尺寸　主要是炉膛与射流喷口断面积之比。如比值很大，炉膛将失去限制作用，射流相当于自由射流，不产生回流；相反，如比值很小，则循环路程上的阻力很大，循环气体也将很小。在极端情况下，则变成管内的气体流动，也没有回流。

(2) 排烟口与射流喷入口的相对位置　射流喷入口与排烟口布置在同侧，将使循环气流加剧（图32-3-10），因为同侧排烟在回流的循环路程上阻力最小。

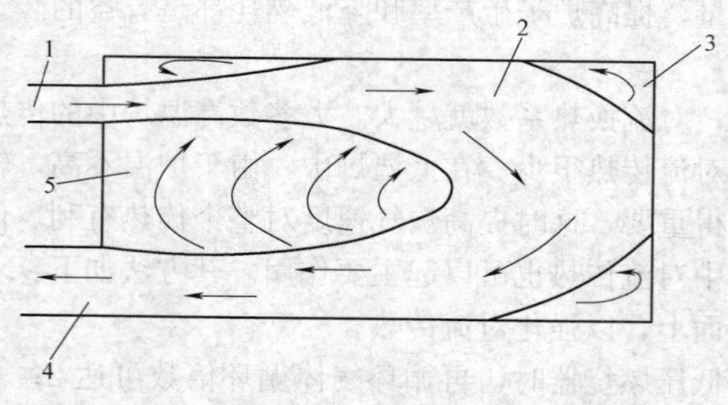

图32-3-10　同侧排烟的再循环

1—射流喷口；2—射流区；3—旋涡区；4—排烟口；5—回流

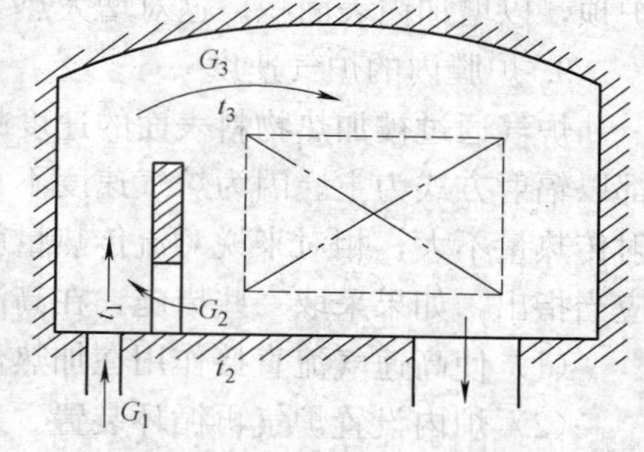

图32-3-11　外部再循环式炉

(3) 射流的喷出动量、射流与壁面的交角以及多股射流的相交情况，这些因素对循环气流的影响，需按具体情况进行具体分析和试验才能判定。

2. 炉气循环与炉内温度

炉气循环越强烈，炉膛内上下温差越小。因此在某些低温干燥炉及热处理炉上，为使炉内呈均匀气温，经常采用炉气再循环的方法。

图 32-3-11 为外部再循环式炉。由于火焰的喷射作用，将部分烟气吸入根部与新鲜燃烧产物相混合，使燃烧气流温度降低，但这时流量增大。

再循环强烈程度可用“循环倍数”来表示，其数值为：

$$K=\frac{G_1+G_2}{G_1} \tag{32-3-3}$$

式中 K——循环倍数；

G_1——射流喷射气体量，kg/s；

G_2——回流气体量，kg/s。

K 值越大，再循环越强烈，从而炉膛内上下温度差也越小，其值基本上与 K 成反比。证明如下：

假定气体比热相等，依照热平衡关系可写出下式：

$$G_1ct_1+G_2ct_2=(G_1+G_2)ct_3 \tag{32-3-4}$$

式中 t_1——射流喷射气体温度,℃；

t_2——回流气体温度,℃；

t_3——混合气体温度,℃；

c——气体比热，kJ/(kg·K)。

所以

$$t_3=\frac{G_1t_1+G_2t_2}{G_1+G_2} \tag{32-3-5}$$

则炉膛内上下温差为：

$$t_3-t_2=\frac{G_1t_1+G_2t_2}{G_1+G_2}-t_2=\frac{1}{K}(t_1-t_2) \tag{32-3-6}$$

3. 炉内旋涡区

气流流动时，遇到障碍物或突然变形，它将脱离固体表面产生旋涡。炉内旋涡主要产生在炉内死角处，产生原理和循环气流相同。

在高温火焰炉内，旋涡区的产生通常是有害的，其原因如下：

(1) 旋涡区内气流更新慢，因为温度低，对炉膛内换热不利。如果由于物料突起或堆料凹坑而产生旋涡，则对传热就更加不利。

(2) 在旋涡区里由于气流方向和速度的突然改变易于沉渣、对炉子的砌体有侵蚀作用。

(3) 由于旋涡的存在将增加气流的阻力。

4. 射流对炉膛内压力分布的影响

由受限射流理论可知，沿射流进程动量减小，压力回升。因此，通常在炉膛内射流喷出口处为低压区，射流末端为高压区。低压区（负压区）将吸入冷空气，高压区（正压区）将向外冒火，这个特点在研究炉子热工制度时必须注意。在加热金属时，不管加热速度快慢如何，加热室内的压力都必须与大气相等或略大一些。

5. 加热炉内的合理气流组织

加热工艺对炉子工作参数（温度、压力、气氛及炉气速度）的要求，除通过组织燃烧外，还可以采用不同的喷射口与排烟口的尺寸和位置，通过合理的气流组织来实现。

(1) 排烟口靠近炉底布置 如图 32-3-12 所示。它使燃烧产物在接近炉底处离开，则炉底平面处就很容易保持所需微小正压，又能使工件上温度较低的燃烧产物从排烟口顺流而出。从传热角度来看，燃烧产物的行程由上返下迂回成U形，所以它能有较长的时间在炉内放出热量，并使其离炉温度略高于工件温度。

图32-3-13所示的炉子体现了上述原理，虽酷似图32-3-12的炉体结构，但两者的气流情况则有所不同。图32-3-12适用于高温，而图32-3-13适用于900℃以下的炉温。该炉的燃烧器2喷射气流是横穿排烟道的，它能引射一部分烟气自1返回炉内经4进行再循环。工件的放置应以不妨碍炉气循环为原则，例如可以把工件垫起来。如果把图示的内壁3拆除，那么气流就会反常，此时，喷射气流只能引射顶层的炉气，而底层炉气将不能保证从顶部排烟口排除，导致炉气再循环恶化。利用高动量的高速燃烧器，可引射相当部分的烟气返回炉内进行再循环。循环的环流区位置正处于加热工件的周围，因此，极大地提高了工件的加热速度和温度的均匀性。

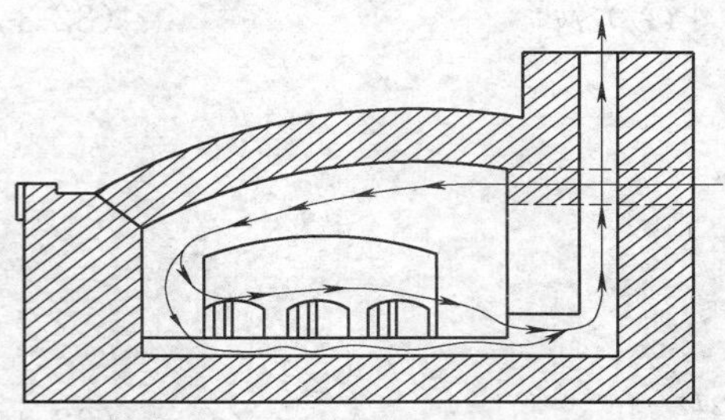

图32-3-12 布置在炉底附近的排烟口

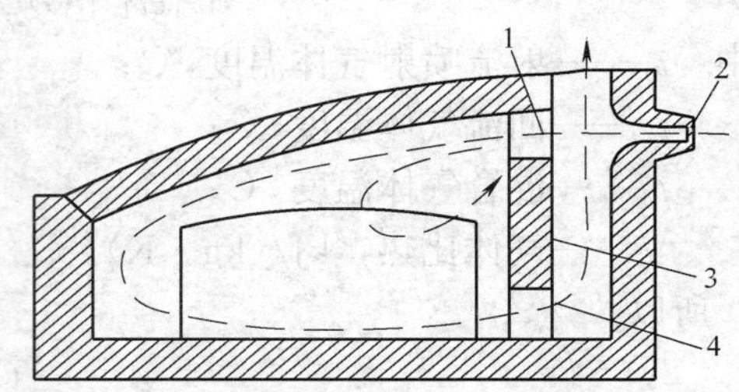

图32-3-13 使燃烧产物产生自然再循环的炉体结构
1、4—烟气流向；2—燃烧器；3—内墙

（2）排烟口布置在炉侧或炉顶　在某些炉温为700～950℃的底燃式炉内（图32-3-14），把排烟口布置在炉侧或炉顶是比较合理的。该种布置方式能使燃烧器喷射的火焰把加热室内较冷的燃烧产物抽回到底部，让冲淡了的炉气在工件上循环流通，能降低炉温并使之均匀。

（3）排烟口布置在炉底　在敞烟的井式炉内，为防止火焰直接喷向工件，燃烧器沿炉膛内壁切线方向布置，以形成旋转气流。为了加快炉气气流的旋转运动，并迫使气流靠近中间加热区域，即靠近吊挂的工件周围，同时防止火焰扩散角过大而烧损工件，常在燃烧器喷口处砌成扩张形结构。当火焰绕炉膛旋转到二层燃烧器喷口处时，在其喷口的引射下，混入下层火焰中继续绕炉膛旋转。如图32-3-15所示，除主流股在环行流动区旋转外，

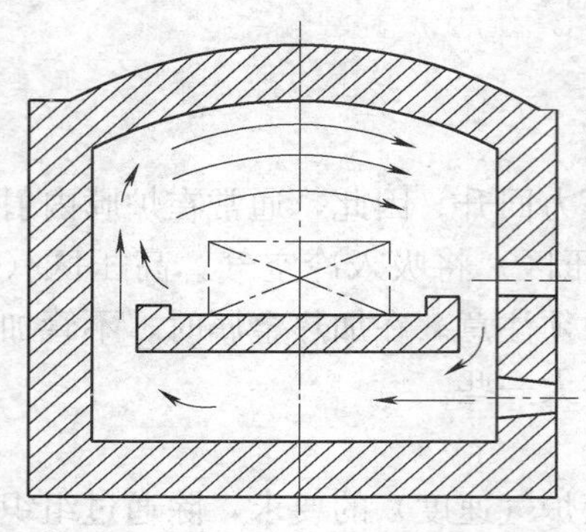

图32-3-14 底燃式炉内的
气流再循环

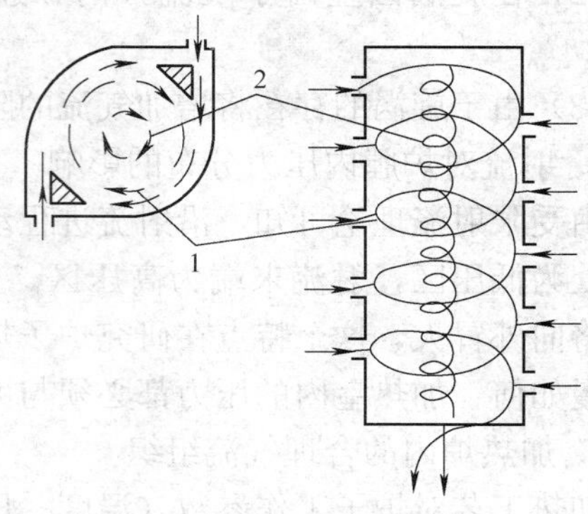

图32-3-15 井式炉炉内的气流运动
1—环形运动区；2—中心涡流区

在炉中心部分还存在着一个涡流区。炉内气流的流向与排烟口的位置有关，若排烟口位于炉子下部中心，则此旋转环流将在中心位置。这样将有利于吊挂在中间位置的工件加热的均匀性。

32.4 工业燃气燃烧系统

32.4.1 工业燃气燃烧要求与系统

工业燃气燃烧系统，指在工业生产中，以燃气为热源实现燃烧的装置。一般包括管路系统、控制系统和燃烧器。

1. 燃烧装置基本要求

各种燃烧装置应该满足以下基本要求：

① 在规定的热负荷下工作，燃气能完全燃烧；

② 具有一定的调节比，以适应生产中负荷的变化；

③ 得到工艺所需的燃烧温度、气氛和火焰形状（方向、形状、刚度、铺展性等）；

④ 整个燃烧过程必须在受控下进行，以确保安全。

⑤ 工业燃烧系统应在工业环境中，能够承受工业环境的影响，如高温、高湿、灰尘、电磁干扰、振动等。

2. 工业燃烧系统

燃烧所需助燃空气的供应有自然引射式和强制鼓风机式，工业燃烧强度大，需要对空燃比进行较大范围的调节，自然引射适应性差，难以满足要求，以强制鼓风为主。

强制鼓风式燃气燃烧器，国家标准有《工业燃油燃气燃烧器通用技术条件》GB/T 19839、《燃油（燃气）燃烧器安全技术规则》TSG ZB001—2008。此外，国内燃烧器厂家还参照欧盟标准——《自动强制鼓风燃气燃烧器》Automatic Forced Draught Burners For Gaseous Fuels EN 676—2008。

工业燃烧系统组成。一般包括燃气输送系统、助燃风系统、点火系统、火检系统、自动控制系统等。此外，根据需要还配置燃气检漏、火力调节、空燃比例调节等装置，以满足自动运行、安全和节能要求。图 32-4-1 是工业燃烧系统组成示意图。

燃气输送系统：为燃烧器提供适当流量和压力的燃气。主要由过滤、调压、电磁阀以及管路组成。

助燃风系统：为燃气燃烧提供必要风量和风压的助燃空气。主要由风机、风管组成。

点火系统：将空气和燃气混合气体在燃烧器出口处点燃。主要由点火变压器、点火电极和高压电缆等组成。

火检系统：又叫火焰监控系统，是最重要的安全监控系统。在点火阶段监控点火是否成功，在燃烧过程中监控火焰是否熄灭或出现异常，确

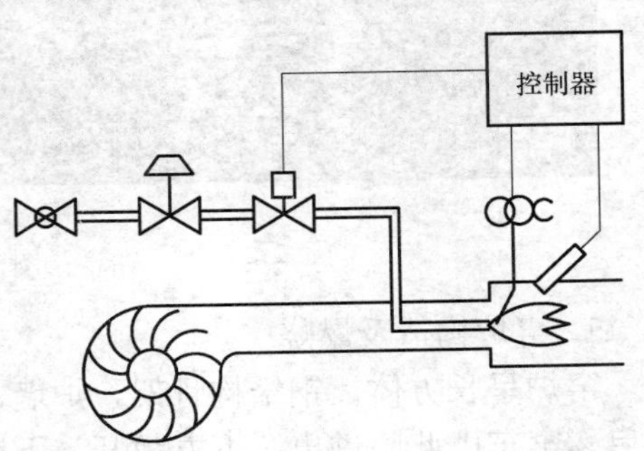

图 32-4-1 工业燃烧系统组成示意图

保燃烧过程安全持续进行，在火焰意外熄灭或异常（如脱火等）时及时切断燃气以保证燃烧安全。

控制系统：是燃烧器的控制中心。工业燃烧从点火到结束都是自动运行的。控制器得到各传感器传输来的信号，指挥和监控相关设备按设定流程运行。出现意外情况及时处理，如停机报警，确保安全。

检漏系统。按欧盟标准《自动强制鼓风燃气燃烧器》EN676 规定，燃气管路上需要配置双电磁阀以确保安全。为了防止燃烧器关闭期间，由于电磁阀故障或有颗粒杂质进入阀体，造成电磁阀失密，导致燃气泄漏。当燃烧功率大于 1200kW 时，还需要配置检漏系统进行检漏，确保两个电磁阀都不泄漏才允许点火。

火力调节系统。燃气燃烧加热介质，对介质的温度、压力是有要求的，为此需要通过对火力进行调节，达到控制温度、压力的目的。实现这种控制的系统就是火力调节系统。

空燃比例调节系统。燃气燃烧功率，在燃气热值一定的情况下，由燃气流量决定，因而火力调节实质就是对燃气流量进行调节。一定的燃气需要一定比例的空气助燃，空气少了燃烧不完全造成燃料损失，空气多了热量被烟气带走过多，增加了热损失。因此需要将空气燃气比例控制在合理范围内，空燃比例调节系统实现这个功能。

以上是对燃烧系统各个分系统进行的粗略介绍，实际应用中各个系统的有多种形式，配置灵活。

32.4.2 脉冲燃烧梭式窑举例

梭式窑是烧制陶瓷等产品的间歇式烧成窑，外形如图 32-4-2 所示。

图 32-4-2 梭式窑

1. 窑炉构造及燃烧

窑炉呈长方体，钢结构骨架，炉墙、炉顶、炉门由耐火和保温材料砌筑而成，前门可开启，窑车由此门进出。下方敞开，下置轨道，窑车在窑外装好胚料后推进窑内，关上门后点火烧制，烧成后窑车从同侧拉出。窑车如同梭子进出窑内，故称为梭式窑。梭式窑操作灵活，能烧制多种产品，适合中小规模生产。

该梭式窑容积 16m^3，使用天然气为燃料，炉温 1100℃，采用脉冲燃烧控温。这些烧嘴被分为 4 个区间进行控制。

8 个带固定小火的烧嘴交错分布在窑炉两侧，单个烧嘴功率 180kW，总功率 1440kW，与 2t 蒸汽锅炉功率相当。

每个烧嘴只有两个状态：小火、大火，开始时所有烧嘴小火被点燃，一直保持到停炉。火力控制系统按照温度要求自动计算，开启某一组烧嘴的主火阀门，此时这些烧嘴处于大火状态，工作 n 秒后大火关闭，返回小火状态，接着另外一组烧嘴大火工作 n 秒，之后返回小火状态，这样不断循环。烧嘴工作时间固定，熄火时间可变。大火工作的烧嘴数量，由控制器根据设定炉温和实际炉温进行计算控制。例如：需要 50%出力，那么就有 50%的烧嘴处于大火状态；需要 75%出力，那么 75%的烧嘴处于大火工作状态。

脉冲燃烧的优点，一是每个烧嘴在工作时有高、低火两个状态，低位只起到火种的作用，此时负荷很低。烧嘴工作在设计负荷时效率最高，因此脉冲燃烧具有很高的效率和节能意义。其次，由于烧嘴开开停停，炉气被充分搅动，不容易产生死角，有利于炉温均匀，这对实现炉温准确控制很重要。

2. 燃气管路系统

燃气管路系统图见图 32-4-3。

(1) 燃气主管路系统

梭式窑燃气管路系统分为主管路系统和支管路系统。图 32-4-4 是燃气主管路系统图。

燃气管路系统为下游燃烧设备供应合格、安全的燃气。由过滤、调压、超压切断、超压放散、电磁阀组、燃气高低压检测、助燃空气压力检测、检漏等部分组成。各部分说明如下。

① 过滤：燃气通过过滤器时，其中的固体颗粒物被滤芯阻拦，不进入下游。根据下游设备对颗粒的敏感性，可以选择不同过滤精度的滤材，总的说来，精度越大压力损失越大。

② 调压。根据需要对燃气进行减压和稳压。

③ 超压切断和超压放散。为了防止调压器故障高压燃气进入下游损坏设备造成事故，在调压器上游设置了机械超压切断，及时切断燃气供应，如果压力继续增高，超压放散阀启动排出燃气。超压切断和超压放散压力可以根据需要设定。

④ 电磁阀（组）。是最重要的安全装置，在主火管路和点火管路上都必须设置。具体的配置要求见表 32-4-1。

⑤ 燃气压力检测开关。燃烧设备正常工作，需要合适的燃气压力。为此设置了燃气高低压开关，高于或低于规定压力，电磁阀都会自动切断燃气供应。与燃气高低压开关串联起来，确保燃烧必要的空气压力和风量。

⑥ 检漏系统（VPS）

按照检漏原理，有加压型检漏和逻辑型检漏两种方式。

A. 加压型检漏，是一个独立的检漏仪，由内置的时序电机产生时序，按预定的程序启动内置的电磁阀、微型吸气泵、差压检测开关。

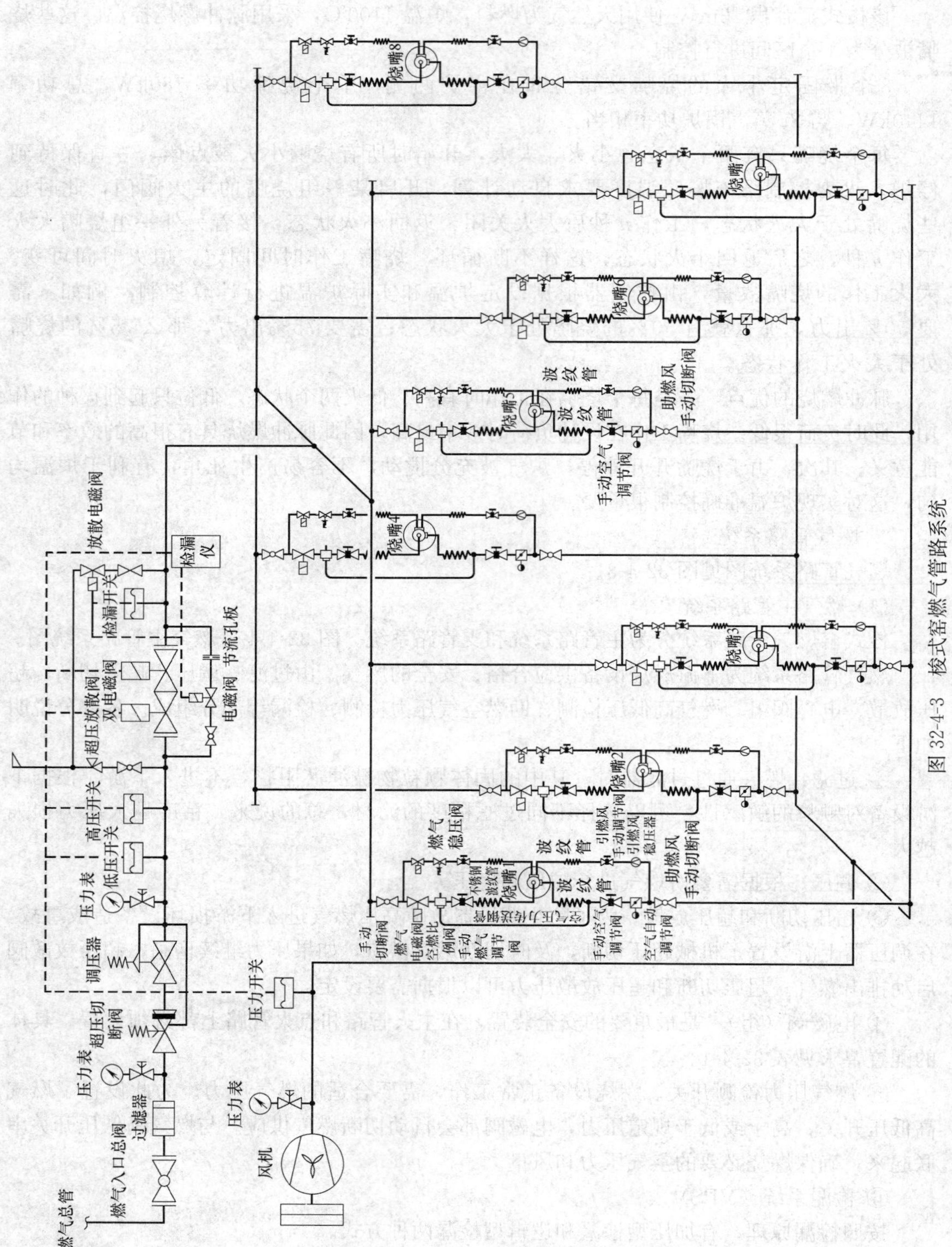

图 32-4-3　梭式窑燃气管路系统

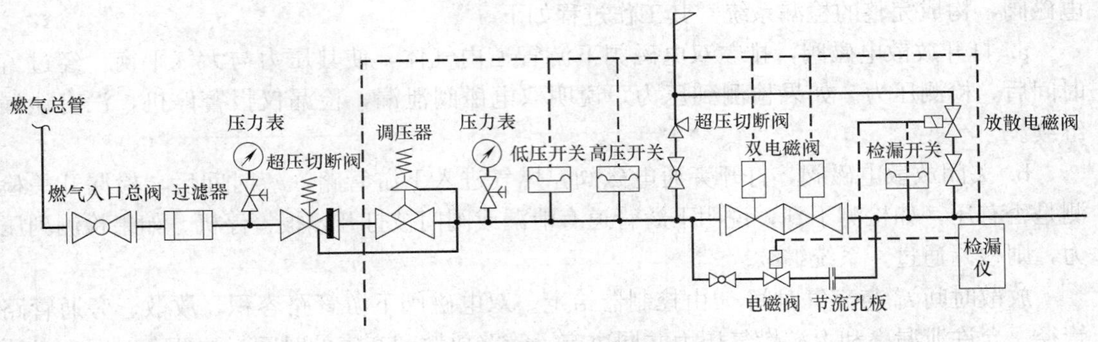

图 32-4-4　梭式窑燃气主管路系统

燃气管路安全切断阀的配置要求（EN676）　　表 32-4-1

热输入 In kW	带前吹扫			无前吹扫		
	主火管路	引火管路		主火管路	引火管路	
		≤10%	>10%		≤10%	>10%
In≤70	2× B	B①	2×B	2×A 或 2×B+VPS	A②	2×A
70<In≤1200	2×A	2×A	2×A	2×A+VPS	2×A	2×A
In>1200	2×A+VPS	2×A	2×A	2×A+VPS	2×A	2×A

① 对第三类燃气：需配置两个 B 级自动切断阀；
② 对第三类燃气：需配置两个 A 级自动切断阀；
VPS：自动切断阀组检漏系统。
A、B：A、B 级自动切断阀，是对阀门按密封性能进行的分类。

图 32-4-5 是德国 DUNGS 某型检漏仪工作过程。

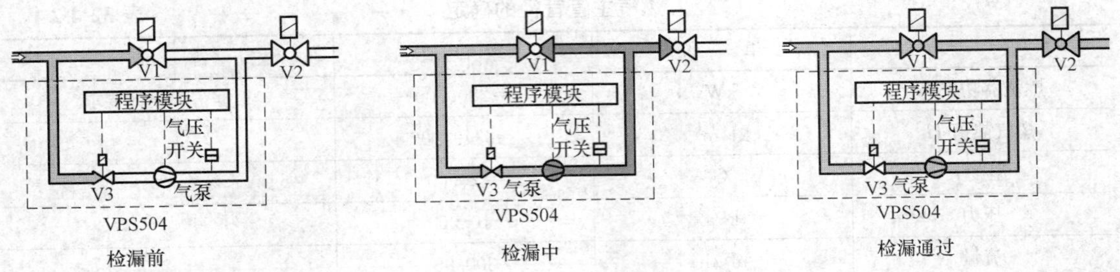

图 32-4-5　加压型检漏流程

a. 静止状态。V1、V2、V3 均关闭；

b. 保压阶段。V3 打开，吸气泵工作，V1、V2、V3 之间的管路被充入燃气，

c. 压力上升。在预定时间（根据 V1、V2 之间管道的容积而定）内差压开关动作（压差 20kPa 时），表明 V1、V2 气密性良好，检漏通过。

检漏通过后，检漏仪给控制器发出信号，进入下一步工作。

B. 逻辑型检漏，没有独立的设备，如加压泵等，系统程序控制上下游电磁阀的开关，利用燃气自有压力对阀门之间的空间进行充气和排空。还是以上述系统为例说明如下。

双电磁阀下游并联了旁通管路，有切断阀、电磁阀和节流孔板，配合检漏开关和放散

电磁阀，构成完整的检漏系统。其工作过程如下。

a. 打开放散电磁阀，排空双电磁阀下游管道内气体，使其压力与大气平衡。经过 t_1 时间后，检测压力。如果检测到压力，说明双电磁阀泄漏，检漏仪报警停机，没有泄漏继续。

b. 关闭放散电磁阀，打开旁通电磁阀，燃气进入下游管路，t_2 时间后，检漏开关检测是否有压，如检测不到，说明下游管道有泄漏或阀门被打开，报警停机。如果检测到压力，则检漏通过，系统继续。

放散时间 t_1 与充气时间 t_2 由控制器给定。双电磁阀下游管路容积，放散、旁通管路管径、允许泄漏率和上游燃气压力共同决定了管路放散和充气的时间，这两个时间，必须小于 t_1 与 t_2，是管路放散和充气时间，管路设计时必须考虑这个因素。对于充气时间，根据现场实际确定旁通孔板的尺寸进行调整。

检漏通过以后，双电磁阀通电打开，燃气被输送到下游管路。

(2) 燃气支管路系统

支管路系统即给燃烧器供气的燃气管路。系在炉体上布置，给各个烧嘴提供燃气和空气的管道和相关设备。

每个燃烧器配置一套点火管和主火管，本例中，主火燃气管和空气管配置有空燃比例调节器，将空气、燃气控制在需要的比例，满足节能和控制气氛的需要。

(3) 助燃空气管路系统

助燃空气管路相对燃气管路比较简单。由风机、（最低）风压开关、主管道、支管道组成。

为了保证燃烧必要的助燃空气量，防止因风机故障或吸风口脏污堵塞导致供风停止或不足，造成事故，在风机出口还设有（最低）空气压力开关。

燃气主管管径的确定　　**表 32-4-2**

项　目	单　位	数　值	备　注
燃烧器功率 N	kW	＝2800.00	根据窑炉设计要求
燃气热值 H	kJ/m³	＝33494.00	
温度 t	℃	＝20.00	
压力	kPa	10.00	
流量	m³/h	300.95	
工况流量	m³/h	293.98	
流速	m/s	10.40	控制在 10～20m/s
管径	mm	100.00	

燃烧器燃气主管管径控制燃气流速在 10～20m/s 内选取。根据表 32-4-2 计算结果确定管道口径，并结合设备商提供的选型图表进行阻力校核。

32.4.3　燃气燃烧器选型

燃气燃烧器是将燃气的化学能转变为热能的一种装置，通常称为烧嘴。其主要作用是将上游管路提供的一定比例的燃气和空气进行混合燃烧，满足生产工艺要求。

1. 燃气燃烧器分类

燃气燃烧器分有焰燃烧器和无焰燃烧器两大类。

(1) 有焰燃烧器

有焰燃烧器，是燃气与空气在燃烧器内部不进行混合或只进行部分混合，燃气喷出燃烧器后在炉膛内与空气边混合边燃烧。肉眼看火焰较长而且轮廓明显，其特点是：

① 燃烧速度慢，火焰较长，火焰黑度大，火焰发黄甚至发红，缺氧时火焰中出现明亮颗粒物。

② 过剩空气系数大，一般 1.1～1.25，热效率受影响，直接加热工件时，工件容易氧化，烟气中氮氧化物控制困难。

③ 不易回火，调节比大。据此可改变火焰形状，适应性强。

④ 空、燃气均可预热，且预热温度不受限制。对于节能有重要意义。

⑤ 所需燃气压力低（3～5kPa)，但需要鼓风机提供助燃风。

(2) 无焰燃烧器

无焰燃烧器有两种情况：一种是高温空气燃烧技术（HTAC)，采用极限换热技术，将助燃空气/燃气加热到 1000℃以上，排烟温度降至 200℃以下；燃烧区助燃的氧气浓度比常规空气低（小于 21%，在低至 3%时都能稳定燃烧)，在高温低氧条件下，形成整个空间弥散燃烧，没有高温炙热点，氮氧化物排放很低。另一种是完全预混燃烧技术，足量的助燃空气和燃气预先混合好，出燃烧器后直接燃烧，无需二次空气。肉眼观察，火焰短而透明、清，貌似无焰。完全预混燃烧有陶瓷板燃烧器和金属网燃烧器两种。其特点：

① 燃烧速度快，黑度小。

② 过剩空气系数低，一般 1.03～1.05，热效率高。

③ 容易回火，调节比小。

④ 空气与燃气预热温度受限，不能超过着火点。

工业应用中，有焰燃烧器因其适应性强而使用广泛。

燃烧器种类繁多，可以按不同工作方式进行组合和分类，如表 32-4-3 所示。

燃烧器组合和分类 **表 32-4-3**

混合形式	大气式	一般民用
	扩散式	喷嘴混合
	全预混式	引射预混
		强制预混
空燃比	定风量式	一般用于低负荷时(83.73 万 kJ/h 以下)
	比例式	机械连杆比例式
		零压阀比例式
		电子比调式
点火形式	直接点火	
	引导火	长明火
		遮断火

续表

火检方式	红外	
	紫外	
	离子棒	
	热电偶	有滞后，一般用于民用炉灶
加热方式	直热式	高温烟气与物料接触
	间热式	高温烟气通过间壁传热给物料
喷射速度	高速	
	中速	
	低速	
炉膛温度	高温	1000℃以上，辐射为主
	中温	650～1000℃，辐射＋对流
	低温	650℃以下，对流为主
辐射加热	金属纤维表面燃烧	红外热辐射式，蓝焰方式对流为主
	陶瓷板式	
	辐射管	直流型
		回流型
		自身预热式
空/燃预热	空气预热	高热值燃气采用
	空气燃气双预热	低热值燃气采用
	常温	

2. 燃烧器选型

因工业应用要求各异，需要各种不同的燃烧器来适应不同的工艺要求，选择合适的燃烧器成为非常重要的工作。表 32-4-4 是部分应用的燃烧器选型。

宝斯德燃烧器选型举例　　表 32-4-4

序号	行业	温度(℃)	炉膛	燃烧器型号
1	负压热风炉，干燥炉，热风循环炉等	50～400	负压连续控制	BSD-RFF
2	正压热风炉或者间接热风换热，热风循环炉等	50～500	正压连续比例控制	BSD-RFZ
3	锻造炉，热处理，退火炉，节能预热空气助燃等	500～800	正压比例或者脉冲	BSD-GWH
4	熔化炉，回火炉，焙烧炉，节能预热空气助燃等	800～1000	正压连续比例控制	BSD-GWT
5	熔炼炉，热处理，陶瓷窑，节能预热空气助燃等	900～1400	正压连续比例控制	BSD-GWN
6	垃圾焚烧，TO，RTO 废气处理，回转窑等	800～1100	正压或者微负压	BSD-GWN
7	新鲜空气补燃，加热，工业空调等	30～300	微正压或者负压	BSD-NP

续表

序号	行业	温度(℃)	炉膛	燃烧器型号
8	新鲜空气补燃，喷雾干燥，空气预热等	300～600	微正压或者负压	BSD-LV
9	镀锌炉，热浸镀锌等	400～600	正压，脉冲控制	BSD-TJ
10	有机废液焚烧，废液，燃油燃气两用，废液焚烧炉加热	800～1000	正压，腐蚀性	BSD-BM
11	液槽加热，液体盘管加热，前处理液体加热等	10～400	狭窄管道内空间	BSD-JG
12	物料表面干燥，辐射加热涂料固化等	50～800	正压，辐射加热	BSD-FS
13	滚筒加热，火排加热，需要明火长型线型火焰，金属纤维预混燃烧等	100～800	大气式或者正压	BSD-HP
14	火焰处理，物料表面毛刺处理。预混燃烧，金属纤维燃烧器等	100～1000	大气式	BSD-FB
15	辐射加热炉，间接加热高温炉等	500～1200	正压或者负压	BSD-FSG
16	需要控温精度较高的热风工况线性要求高等	50～450	正压或者负压	BSD-XX
17	有机废气混合燃烧，滚涂，电泳废气混合，低氧燃烧等	50～900	负压	BSD-IC
18	需要氮氧化物，一氧化碳排放较低的燃气加热应用等	50～1400	负压或者正压	BSD-DD
19	需要防爆型，有防爆要求，石油石化化工等	50～1400	负压或者正压	BSD-FB
20	水分干燥，食品，涂布，印刷干燥，大气引射式辐射加热	50～300	微正压或者大气式	BSD-TCFS
21	多种燃料混合燃烧，复杂工况燃烧加热定制等	100～1200	复杂工况	BSD-DZ
22	玻璃，熔铜，纯氧，富氧燃烧加热等	1200～1600	正压	BSD-CY
23	高炉煤气，焦炉煤气，沼气，煤制气，秸秆气，低热值燃料等	100～1200	正压或者负压	BSD-DR
24	甲醇，乙醇，丙酮，戊烷，异丁烯，重油等新型燃料	100～1200	正压或者负压	BSD-XN
25	丙烷，氢气等高热值燃料	100～1400	正压或者负压	BSD-GR
26	需要短火焰，平焰工况，需要减少火焰冲刷工况	100～1400	正压或者负压	BSD-PY

图 32-4-6 是燃烧器图片，编号与本表一致。

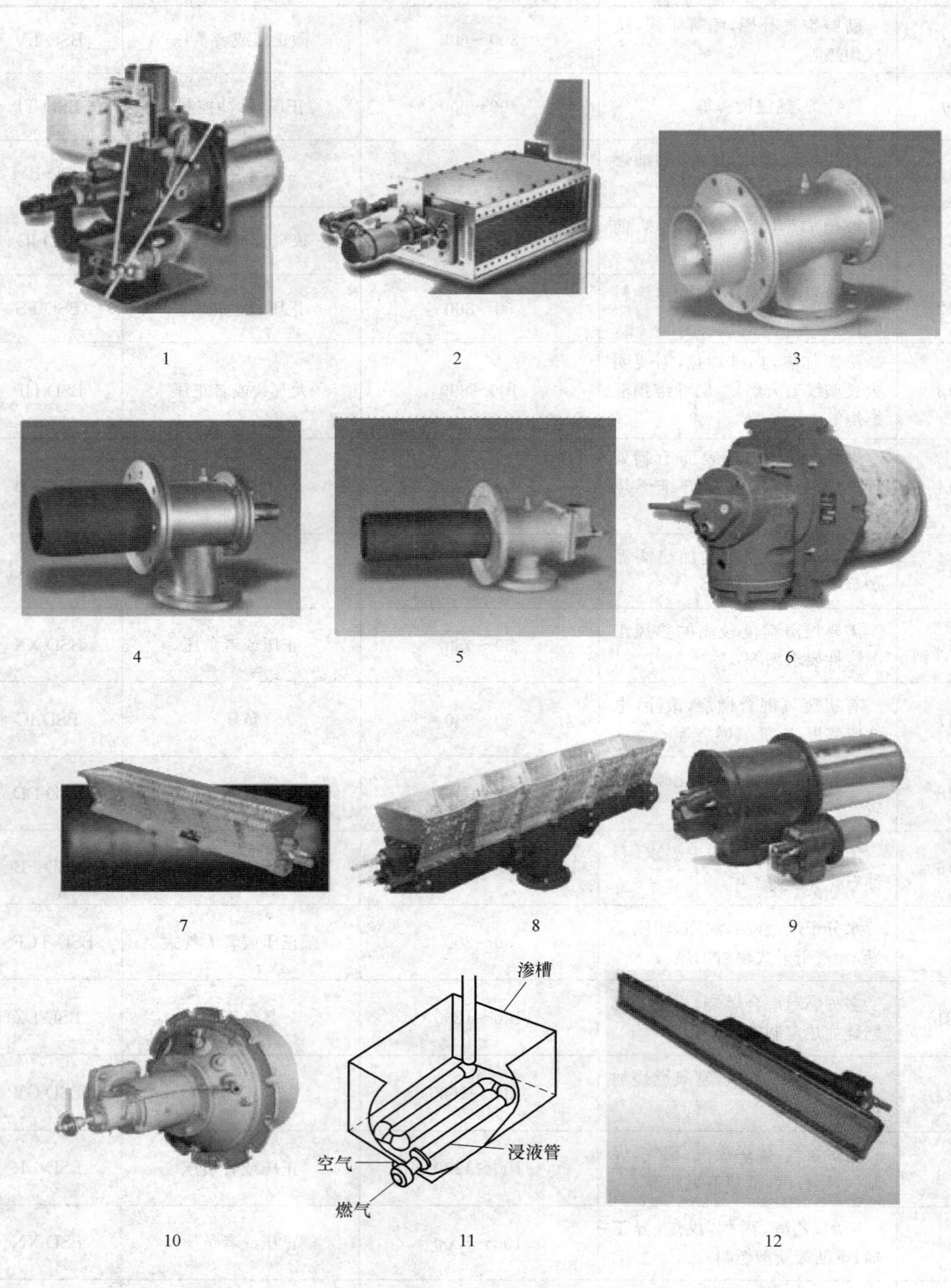

图 32-4-6 燃烧器图片（一）
（图片编号与表 32-4-4 对应）

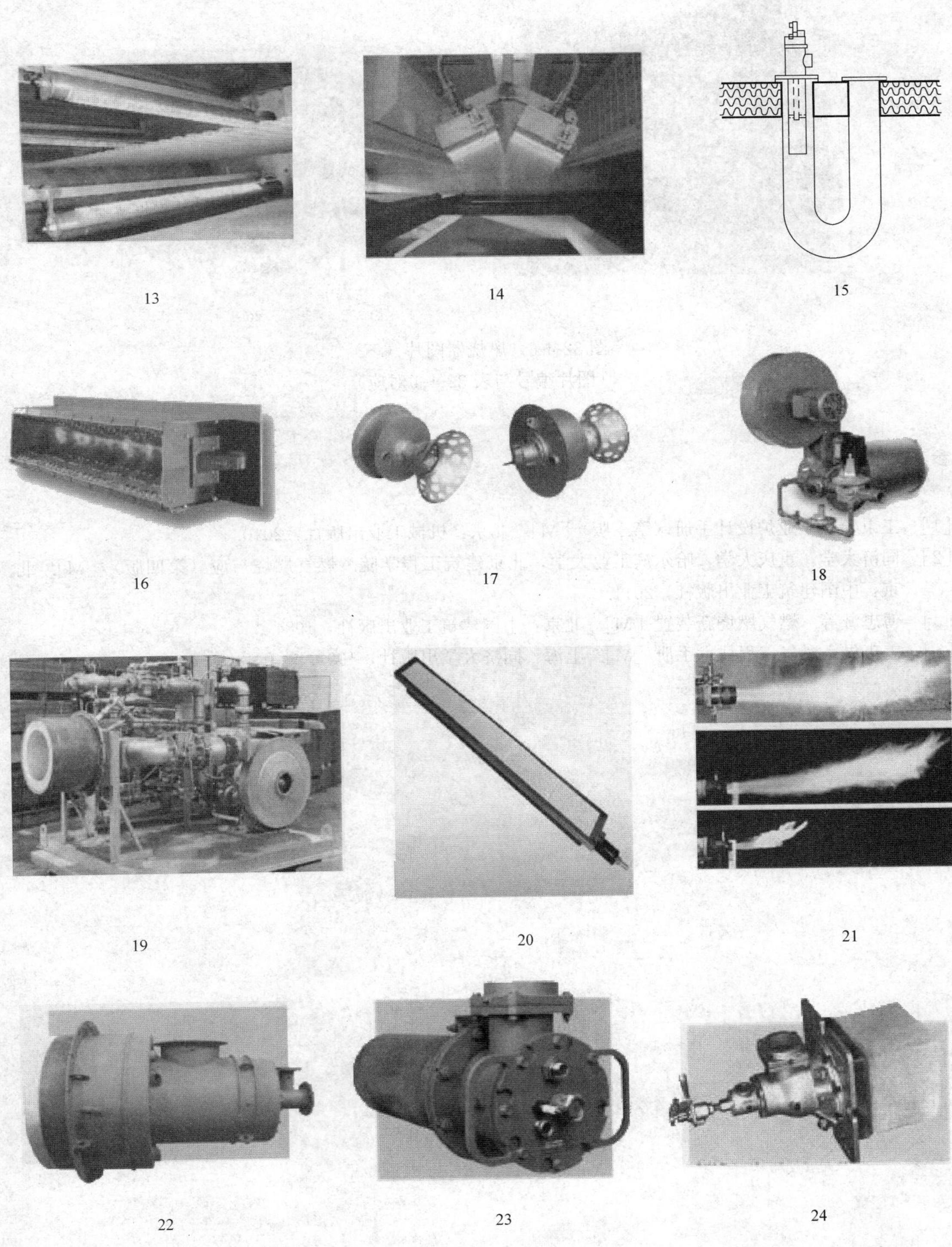

图 32-4-6　燃烧器图片（二）
（图片编号与表 32-4-4 对应）

25

26

图 32-4-6 燃烧器图片（三）
（图片编号与表 32-4-4 对应）

参考文献

[1] 王秉铨. 工业炉设计手册（第三版）[M]. 北京：机械工业出版社，2010.

[2] 同济大学，重庆大学，哈尔滨工业大学，北京建筑工程学院. 燃气燃烧与应（第四版）[M]. 北京：中国建筑工业出版社，2011.

[3] 傅忠诚等. 燃气燃烧新装置 [M]. 北京：中国建筑工业出版社，1984.

[4] 姜正侯. 燃气工程技术手册 [M]. 上海：同济大学出版社，1993.

第 33 章　燃烧设备的热工计算

33.1　热平衡、热效率与热能利用率

33.1.1 概　述

热平衡（又称能量平衡），是指以热力学第一定律（能量守恒定律）为基础，从能量转换、利用的各环节对能源利用设备或工艺过程的能量收支进行衡算，以评价其有效利用程度。

在各种工艺设备生产过程中，都伴随着一定形式的能量转换过程。当一种形式的能量转换为另一种形式的能量时，必定存在一定损失。换言之，能量的转换效率只能最大限度地接近 1，而不可能等于 1。

能量平衡是对某一用能设备（或系统）的生产过程进行分析，用以表明全部能量从何而来，随后又消失在何处。系统以外的物体统称为外界。由于能量平衡是对进入系统的能量在数量上的平衡关系进行研究，所以它是考察用能设备的能量构成、分布、流向和利用水平的极其重要而行之有效的科学手段。

根据能量守恒定律，对于某一确定的系统，应该存在如下关系式：

输入能量＝输出能量＋系统内能的变化

在正常连续工作、可看作为稳定状态时，系统内的能量不发生变化，上式可写为：

输入能量＝输出能量

输入能量是指体系所收入的全部能量，包括由工质或物料带入的能量和外界供入系统的能量等。输出能量是指系统所输出的全部能量，包括由工质或产品从系统中带出的能量和系统向外排出的能量等。使用能量平衡方框图（图 33-1-1）可清楚地表达能量平衡的概念。

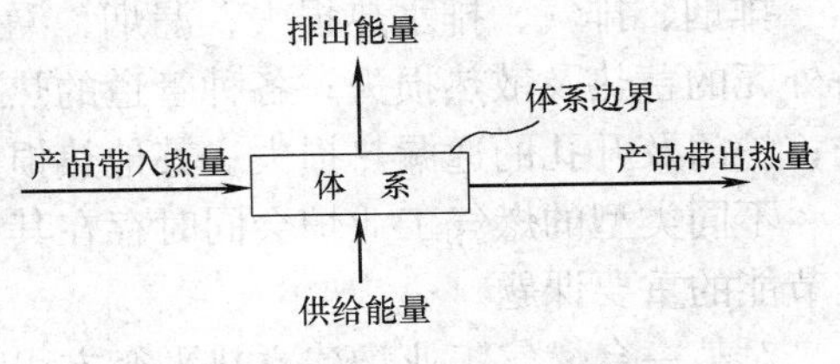

图 33-1-1　能量平衡方框图

例如，对于燃气工业炉，在分析其用能变化时可写成：

输入总能量(包括耗电等)＝输出有效能＋损失

或者写成：

输入总能量(只计热能)＝输出有效利用热量＋热损失

后者就是热平衡关系式。

燃气工业炉的热平衡关系式可更具体地表达为：

$$Q_{out}+Q_{in}-Q_{de}=Q_e+Q_{ab}+Q_l \tag{33-1-1}$$

式中 Q_{out}——设备外部输入热，kJ/h；

Q_{in}——设备内部生成热，kJ/h；

Q_{de}——烟气中的二氧化碳、水蒸气在高温下分解吸热，kJ/h；

Q_{e}——有效利用热，kJ/h；

Q_{ab}——化学反应吸热，kJ/h；

Q_{l}——各项热损失，kJ/h。

1. 输入热量（方程左边）

设备外部输入热一般由三部分组成：

① 主要输入热：燃气工业炉的主要热量来源。如燃气的燃烧热、燃气的物理热和燃气中携带水分的物理热等；

② 辅助输入热：供入主要输入热时所必须带入的热量。如燃气燃烧时所必须供给的空气所拥有的物理热等；

③ 其他输入热：从其他设备回收的余热等。

设备内部生成热是指有些设备在完成工艺过程时会发生放热化学反应。如钢材加热过程中发生氧化反应放出的热量，这部分由化学反应产生的热量应以输入热计入。

当燃气燃烧产生的烟气温度较高时，烟气中的二氧化碳和水蒸气会发生分解反应，吸收一部分热量，这部分热量称为燃气燃烧分解吸热，应从输入热中减去。

2. 输出热量（方程右边）

有效利用热，指根据工艺要求在理论上必须获得的或消耗的热量。如在冶金加热炉中，被加热的金属要求达到所必需的温度而吸收的热量；燃气锅炉的给水在锅炉内被加热后达到必需的温度与压力所吸收的热量；在干燥、蒸发等工艺中，水分等蒸发所吸收的热量。

在某些工艺过程中，伴随发生化学吸热反应，这部分被吸收的热量也是工艺过程所必需的，应作为有效利用热加以考虑。当产品或同时产生的副产品本身有部分燃料时，有效利用热应包括这部分燃料的热值。另外，还有可能存在未包括以上各项的其他有效热量。

热损失是指没有被利用的热量，一般有以下各项：

排烟、排气、排水热损失；漏烟、漏气、漏水热损失；不完全燃烧热损失；炉体及设备外壳的蓄热及散热损失；各种管道的热损失；水冷吸收热损失；炉门及开孔的辐射热损失；炉门及开孔的逸漏热损失；其他热损失等；

不同类型的燃气工业炉会同时存在其中的某些项热损失，这些热损失的减少及利用，是节能的重要课题。

对某一台燃气工业炉建立热平衡方程时，热平衡式中的因次单位要统一。对各项热量进行计算时，要注意基准温度的确定，通常选择 0℃或环境温度为基准温度。对于复杂的燃气工业炉，可以分别进行各区段的热平衡，其综合即为全炉热平衡。

对连续工作的工业炉，热平衡工作应在热稳定工况下进行。间歇作业的工业炉，一般按一个工作周期计算，若在一个周期中各段时间的炉况变化大，则要分期进行热平衡后再综合得出总的热平衡。

33.1.2 热 效 率

某一系统（或设备）的热效率是指该系统（或设备）为了达到特定的目的，输入总热量的有效利用程度在数量上的表示，等于有效利用热量占总输入热量的百分比。热效率是衡量某一系统或设备热量利用的技术水平和热量有效利用程度的一项经济性指标。在能量的转换和传递过程中，总会有一部分损失，所以有效利用热量总是小于输入总热量，也就是说热效率的数值总是小于1。

热效率可通过输入总热量、有效利用热量或损失热量的测量和计算来确定。有效利用热量等于输入总热量与损失热量之差。

热效率常用η表示。根据有效利用热量及输入总热量求得的热效率叫正平衡效率；根据热损失及输入总热量求得的热效率叫反平衡效率。

正平衡效率可以写成：

$$\eta=\frac{Q_e}{Q_0}\times 100\% \tag{33-1-2}$$

式中 Q_0——输入总热量，kJ/h；

Q_e——有效利用热量，kJ/h；

η——效率，%。

反平衡效率可以写成：

$$\eta=\left(1-\frac{Q_L}{Q_0}\right)\times 100\% \tag{33-1-3}$$

式中 Q_L——损失热量，kJ/h。

在燃气工业炉炉内进行着燃气燃烧和传热两个过程，为了分析问题方便，可以把热效率公式和这两个过程相联系。即把正平衡效率公式写为：

$$\eta=\frac{Q_e}{Q_0}=\frac{Q_e}{Q}\frac{Q}{Q_0}=\eta_1\eta_2 \tag{33-1-4}$$

式中 Q——燃气燃烧后留在炉膛内的热量，kJ/h，为炉膛内燃气燃烧放出热量与炉膛出口烟气带走的热量之差；

η_1——燃气燃烧后留在炉膛内的热量占燃气燃烧放出热量的百分比，即$\eta_1=\frac{Q}{Q_0}$；

η_2——有效利用热量占燃气燃烧后留在炉膛内热量的百分比，即$\eta_2=\frac{Q_e}{Q}$；

提高热效率η必须从提高η_1和η_2两方面着手。

1. 提高η_1的途径

① 提高空气的预热温度，可以有效地提高η_1；

② 控制过剩空气系数α，使α值等于或略大于1，可提高η_1；

③ 降低炉膛出口烟气温度，可明显提高η_1。

2. 提高η_2的途径

① 创造良好的炉内传热条件，使物料在炉内获得更多热量。在工艺允许的温升速度下，提高温升速度。

② 减少炉膛的各项热损失，如：减少孔洞逸漏和辐射热损失；采用结构合理、绝热良好的炉墙和炉顶，以减少炉体散热和蓄热损失。

33.1.3 节能评价指标及方法

33.1.3.1 节能评价指标

1. 热能利用率

热能利用率是指已得到的热量（包括余热回收和重复利用的热量），与输入总热量之比。热能利用率 ε 可用下式表示：

$$\varepsilon=\frac{Q_e+Q_w+Q_d}{Q_0} \tag{33-1-5}$$

式中 Q_w——余热回收热量，kJ/h；

Q_d——重复利用热量，kJ/h。

如果有效热量能再次得到利用，这部分热量称为重复利用热量。例如钢材被加热到所需的温度后出炉，经某种工艺过程，钢材仍有较高的温度，若能将这部分热量进行利用，则这部分热量称重复利用热量。

热能的利用情况可用图 33-1-2 表示。

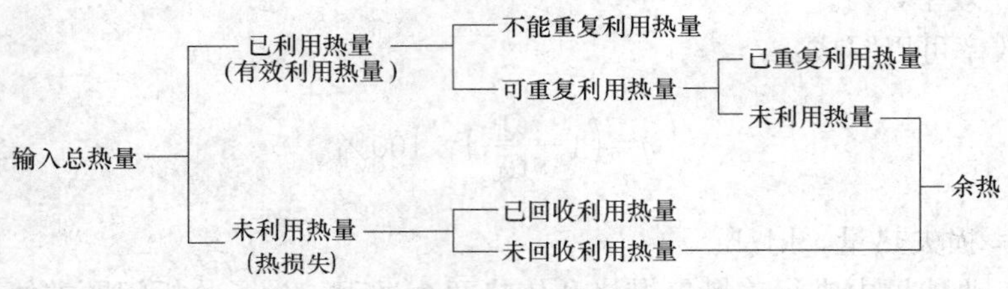

图 33-1-2 燃气燃烧设备的热能利用情况

可以看出，热能利用率将随有效利用热量、已重复利用热量和已回收利用热量的增加而提高。这三项热量之和有可能大于输入总热量，所以热能利用率有可能大于 1。

2. 燃料燃烬率

燃料燃烬率 b 按下式计算：

$$b=1-\frac{m_{rh}}{m_{rr}}\times100\% \tag{33-1-6}$$

式中 b——燃料燃烬率；

m_{rh}——燃料剩余灰渣质量，kg；

m_{rr}——燃料入窑质量，kg。

3. 余热利用率

余热利用率 η_w 按下式计算：

$$\eta_w=\frac{Q_w}{Q_{wz}}\times100\% \tag{33-1-7}$$

式中 b——余热利用率；

Q_w——余热回收热量，kJ/h，按式（33-1-8）计算；

Q_{wz}——余热总量，kJ/h，按式（33-1-9）计算。

$$Q_w=Q'_{pz}+Q'_{yh}+Q'_{qx}+Q'_{hx} \tag{33-1-8}$$

式中 Q'_{pz}——从烧成产品出窑时的热量中回收的热量，kJ/h；

Q'_{yh}——从产品出窑后炉窑系统的热量中回收的热量，kJ/h；

Q'_{qx}——从排出的高温烟气携带的热量中回收的热量，kJ/h；

Q'_{hx}——从排出的灰渣携带的热量中回收的热量，kJ/h。

$$Q_{wz}=Q_{pz}+Q_{ys}+Q_{yh}+Q_{qx}+Q_{bs}+Q_{hx} \tag{33-1-9}$$

式中 Q_{pz}——坯体达到工艺要求时的总热量，kJ/h；

Q_{ys}——炉窑系统水蒸发潜热和挥发分带走的显热，kJ/h；

Q_{yh}——炉窑系统在坯体达到烧成温度后的蓄热量，kJ/h；

Q_{qx}——干烟气带走的显热，kJ/h；

Q_{bs}——窑体表面散热损失的热量，kJ/h；

Q_{hx}——灰渣带走的显热，kJ/h。

4. 辅能消耗比

辅能消耗比是指以工程实际现场测量时各个辅能的测量数值之和与燃料完全燃烧所释放能量的比值。

5. 单位产品能耗

(1) 单位产品燃耗

单位产品燃耗按下式计算：

$$e_r=\frac{E}{G} \tag{33-1-10}$$

式中 e_r——单位产品燃耗，kgce/t 或 kgce/GJ；

E——燃料消耗量，kgce/h；

G——产品产量，t/h 或 GJ/h。

(2) 单位产品电耗

单位产品电耗按下式计算：

$$e_d=\frac{W}{G} \tag{33-1-11}$$

式中 e_d——单位产品电耗，kW·h/t 或 kW·h/GJ；

W——电力消耗量，kW·h/h。

(3) 单位产品能耗

单位产品能耗按下式计算：

$$e=e_r+0.1229e_d \tag{33-1-12}$$

式中 e——单位产品能耗，kgce/t 或 kgce/GJ。

33.1.3.2 节能评价方法

工业窑炉燃烧节能评价工作可通过审阅企业工业炉窑相关资料、盘查节能相关账目、数据审核、案例调查以及现场实际测量等方式开展，可参考具有能效检测资质的节能技术服务机构出具的能效检测、能源审计报告提供的相关信息和数据。工业炉窑的运行现场测试可通过上述热能利用率、燃料燃烬率、余热利用率、辅能消耗比、单位产品能耗等指标参量进行实际测量评估。将测试所得、审阅所得的数据资料按照被评工业炉窑的尺寸、载荷、燃烧方式、加热产品种类等进行分类、分档，对于每一类、每一档工业炉窑进行相关指标参数的测评及计算，最终汇总形成对应的工业炉窑燃烧节能评价报告。工业炉窑燃烧节能评价工作应由相关能效测评单位进行实施。

33.1.4　热平衡计算

热平衡分析包括热收入项、热支出项两部分。下面以燃气工业炉为例说明其计算方法。取基准温度为 0℃来考虑。

1. 热收入项

包括燃气的化学热、物理热和空气的物理热三部分。

（1）燃气的化学热：

$$Q_c = L_g^0 H_L \tag{33-1-13}$$

式中　L_g^0——燃气的流量，m^3/h；由测量得到的燃气温度 t_g、压力 p_g、大气压 B、流量 L_g 按下式计算：

$$L_g^0 = L_g \frac{273}{273 + t_g} \frac{p_g + B}{101325} \tag{33-1-14}$$

H_L——燃气的热值，kJ/m^3。

（2）燃气的物理热：

$$Q_g = c_g L_g^0 t_g \tag{33-1-15}$$

式中　c_g——燃气从 $0 \sim t_g$ 的平均定压比热，$kJ/(m^3 \cdot ℃)$。

（3）空气的物理热：

$$Q_a = c_a L_a t_a \tag{33-1-16}$$

式中　c_a、L_a、t_a——分别为空气自 $0 \sim t_a$（℃）的平均定压比热，$kJ/(m^3 \cdot ℃)$、流量，m^3/h、温度，℃。

2. 热支出项

包括有效利用热量、加热设备散热、排烟热损失、辐射热损失、逸漏热损失等。

（1）有效利用热量：

$$Q_e = G(c_2 t_2 - c_1 t_1) + G_w q_w \tag{33-1-17}$$

式中　G——被加热物件的产量，kg/h；

t_1、t_2——被加热物件的起始与终了温度，℃；

c_1、c_2——被加热物件在起始与终了温度下的比热，$kJ/(kg \cdot ℃)$；

G_w——加热过程中发生相变的组分，kg/h；

q_w——相变潜热，kJ/kg。

在很多加热工艺中，第二部分热量所占的比例可能大于第一部分，如干燥工艺的喷塔、饼干的烘烤等。

（2）加热设备的散热量：

$$Q_{br} = \sum_i K_i F_i (t_i - t_0) \tag{33-1-18}$$

式中　K_i——加热设备某散热表面的传热系数，$kW/(m^2 \cdot ℃)$；

t_i、t_0——该散热表面的温度、环境温度，℃；

F_i——该散热表面的面积，m^2。

散热系数取决于设备的保温情况，保温性能越好、散热量也越小。

(3) 排烟热损失：

$$Q_f = c_f L_f t_f \tag{33-1-19}$$

式中 L_f——排烟量，m^3/h；

t_f——烟气温度,℃；

c_f——烟气自 $0\sim t_f$（℃）的平均比热，$kJ/(m^3\cdot℃)$。

(4) 辐射热损失：

$$Q_r = \sum 20.41\left(\frac{T_1}{100}\right)^4 F\varphi \tag{33-1-20}$$

式中 T_1——炉门或其他高温处的炉温，K；

F——炉门或其他高温处的面积，m^2；

φ——辐射的综合角系数，可由传热学图表查得。

(5) 炉气逸漏损失：

$$Q_{do} = \sum L_{do} c_{do} t_{do} \tag{33-1-21}$$

式中 L_{do}——炉门或开孔处的炉气逸漏量，m^3/h；

t_{do}——逸漏炉气的温度,℃；

c_{do}——逸漏炉气温度下的定压比热，$kJ/m^3℃$。

炉气逸漏量可通过下式计算：

$$L_{do} = \mu H b\sqrt{\frac{2gH(\rho_a-\rho_t)}{\rho_t}}\frac{273}{273+t}\times 3600 \tag{33-1-22}$$

式中 H、b——为逸漏处零压线以上的高度和宽度，m；

t——逸漏处炉气的温度，℃；

μ——流量系数；对薄墙 $\mu=0.6$，厚墙 $\mu=0.8$；

ρ_a、ρ_t——分别为逸漏处外围的空气密度和逸漏炉气温度下的炉气密度，kg/m^3。

(6) 冷却设备吸收热量：

在很多炉窑等系统中，常使用冷却水等来促进设备散热、保持所需要的温度水平。

$$Q_w = L_w c_w (t_{w2} - t_{w1}) \tag{33-1-23}$$

式中 L_w——冷却介质的流量，kg/h；

t_{w1}、t_{w2}——冷却介质进入、离开系统的温度，℃；

c_w——冷却介质的比热，$kJ/(kg\cdot℃)$。

33.1.5 大气污染物排放标准

33.1.5.1 排放标准

工业炉窑大气污染物排放分为一级、二级、三级标准，分别与《环境空气质量标准》GB 3095 中的环境空气质量功能区相对应：一类区执行一级标准；二类区执行二级标准；三类区执行三级标准。在一类区内，除市政、建筑施工临时用沥青加热炉外，禁止新建各种工业炉窑，原有的工业炉窑改建时不得增加污染负荷。

1997 年 1 月 1 日起通过环境影响报告书（表）批准的新建、改建、扩建的各种工业炉窑，其烟尘及生产性粉尘最高允许排放浓度、烟气黑度限值，按附录 D 表 D-1-1 规定执行。

各种工业炉窑（不分其安装时间），无组织排放烟（粉）尘最高允许浓度，按附录 D 表 D-1-2 规定执行。各种工业炉窑的有害污染物最高允许排放浓度按附录 D 表 D-1-3 规定执行。

33.1.5.2　烟囱高度

各种工业炉窑烟囱（或排气筒）最低允许高度为 15m，当烟囱（或排气筒）周围半径 200m 距离内有建筑物时，还应高出最高建筑物 3m 以上。1997 年 1 月 1 日起新建、改建、扩建的排放烟（粉）尘和有害污染物的工业炉窑，其烟囱（或排气筒）最低允许高度，还应按批准的环境影响报告书要求确定。当高度达不到上述要求时，其烟（粉）尘或有害污染物最高允许排放浓度，应按相应区域排放标准值的 50%执行。工业炉窑烟囱（或排气筒）应设置永久采样、监测孔和采样监测用平台。

33.1.5.3　监测

排放测试应在最大热负荷下进行，当炉窑达不到或超过设计能力时，也应在最大生产能力的热负荷下测定，即在燃料耗量较大的稳定加温阶段进行。一般测试时间不得少于 2h。

实测的工业炉窑的烟（粉）尘、有害污染物排放浓度，应换算为规定的掺风系数或过量空气系数时的数值：冲天炉（冷风炉，鼓风温度≤400℃）掺风系数规定为 4.0；冲天炉（热风炉，鼓风温度＞400℃）掺风系数规定为 2.5；其他工业炉窑过量空气系数规定为 1.7。

熔炼炉、铁矿烧结炉应按实测浓度计。

无组织排放烟尘及生产性粉尘监测点，设置在工业炉窑所在厂房门窗排放口处，并选浓度最大值。若工业炉窑露天设置（或有顶无围墙），监测点应选在距烟（粉）尘排放源 5m，最低高度 1.5m 处任意点，并选浓度最大值。

33.1.6　工业炉窑热工测试实例

我国工业炉窑的种类繁多，功能各异，据统计，我国有各种工业炉窑约 12 万台，其中燃料炉约 6.6 万台，电炉约 5 万台。若以行业应用进行分类，机械行业炉窑近 8 万台，冶金行业约 1 万余台，陶瓷、建材、耐材行业拥有各类炉窑 1.5 万台，石油化工行业等 4000 台以上，各种炉窑的能源利用率和产量参差不齐。通过炉窑的“热效率”测定，可发现其热损失情况，据此为炉窑的设计和改造提供合理的技术支持。在此以耐火材料行业天然气工业炉窑为例，选取回转窑、隧道窑、梭式窑各一台，对其现场热平衡测试流程及相关测试设备和结果进行介绍。

33.1.6.1　回转窑测试与分析

1. 炉型介绍

回转窑是一类广泛应用于颗粒状产品加工的炉窑，利用回转体的旋转促成物料的滚动、翻转，同时烟气与物料接触进行加热。本章选取国内某耐材回转窑作为测试对象，其产品为石油支撑剂陶粒砂。如图 33-1-3 所示，该陶粒回转窑由燃烧室、回转窑体、灰斗、地下烟道和烟囱组成，窑体可分为干燥预热段、分解放热段和烧成段三个部分。回转窑的外径 2.4m，内径 1.8m，中间是耐火材料制作的保温层，窑体总长 45m。陶粒回转窑体以一定角速度进行旋转，中间安装两个传动装置。

图 33-1-4 所示为回转窑系统流程简图，陶粒砂原料自右侧灰斗的进料口加入，由高侧向低侧移动、在其中缓慢翻转；高温烟气由低侧向高侧移动，两者接触，发生传热、传质过程，烧制完成的陶粒砂在回转体的缓慢旋转作用下，翻滚着流向燃烧器所在的小室方向，以类似于瀑布的形式下落；炉箅将其中较大的、粘结在一起的块状物拦下，滚动到冷风管一侧的空地上。成品陶粒砂经漏斗形收集桶后，落入长约 10m 的冷却筒，冷却筒的布置方向与回转体垂直，缓慢转动，上方布置喷淋水，降低陶粒砂的温度。

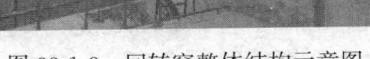

图 33-1-3 回转窑整体结构示意图

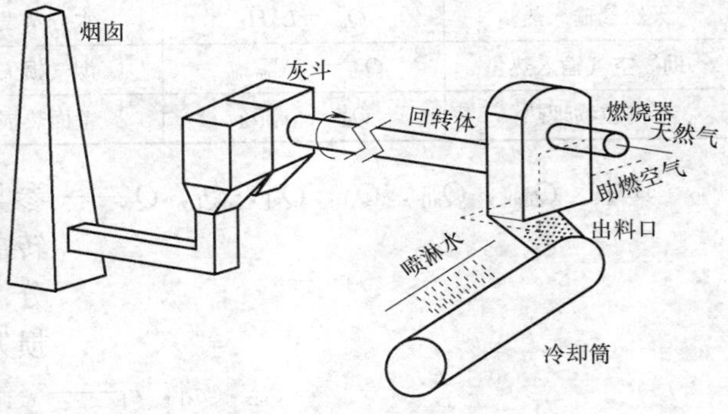

图 33-1-4 回转窑系统流程简图

燃烧器为扩散式燃烧器，其头部位于出料口上方的小室内，助燃空气自右侧管道进入到围绕小室的环形空间内，部分回收出料余热后，由左侧管道送入燃烧器。在回转体内部，燃烧器的火焰和产生的高温烟气向处于较高位置的灰斗方向流动，依次在两个灰斗内沉降、除尘后，从左侧灰斗的下方进入下排烟烟道，经烟囱排出。

2. 测试设备及流程

回转窑中的能量转换过程比较复杂，在此采用开口系统即控制容积的分析方法，根据测试参数，将控制体的边界取为排烟灰斗、回转窑窑体表面和陶粒刚出烧成段的外边界面。对陶粒回转窑热平衡分析时所需要的参数进行测试，根据测试结果，可对各项热量分别进行计算。针对不同测试参数，采用的测试仪表不同，测试中所采用的仪表见表 33-1-1。

回转窑测试参数及仪器 **表 33-1-1**

测试参数	测试仪表	测试位置
回转窑窑体表面温度	红外点温计和红外热成像仪	回转窑窑体表面(采用点温计测温,热成像仪热成像温度校正)
排烟灰斗外表面温度	红外点温计和红外热成像仪	排烟灰斗外表面(采用点温计测温,热成像仪热成像温度校正)
炉头燃烧室处温度	红外点温计和红外热成像仪	炉头燃烧室处外表面(采用点温计测温,热成像仪热成像温度校正)
烟气温度	K 分度热电偶	排烟灰斗处
陶粒出料温度	K 分度热电偶	回转窑烧成段处和陶粒进收集斗前
烟气组分	便携式烟气分析仪	取样口设置在窑尾排烟灰斗内
参与反应的燃气用量	燃气流量表和秒表	燃气进入燃烧器前的管道处
助燃空气	T 分度热电偶	助燃空气管道上

3. 热平衡分析

陶粒回转窑的能量输入项包括：参与反应的燃气输入热量和助燃空气输入热量；而输出项则包括：陶粒物理热、水分蒸发热、烟气热损失和壁面热损失。表 33-1-2 所示为各项能量的计算方法。

回转窑各项能量计算方法（计算基准温度：0℃）　　表 33-1-2

项目	计算方法	项目	计算方法
天然气输入热量	$Q_{gas}=L_g H_l$	水分蒸发热	$Q_{sf}=m_{sf}(w_{yl}h_{qr}+w_{jj}h_{jj})$
助燃空气输入热量	$Q_{air}=c_{air}V_{air}t_{air}$	烟气损失热	$Q_f=c_f L_g V_f t_f$
陶粒物理热	$Q_{tl}=c_{tl}m_{tl}t_{tl}$	壁面热损失	$Q_w=h_w A(T_w-T_\infty)+\sigma\varepsilon A(T_w^4-T_\infty^4)$

其中　Q_{gas}，Q_{air}，Q_{tl}，Q_{sf}，Q_f，Q_w——参与反应的天然气的输入热，进入陶粒回转窑的助燃空气输入热，陶粒物理热，水分（包括游离水和结晶水）蒸发热，烟气损失，壁面散热，kW；

c_{air}，c_{tl}，c_f——空气的体积比热容，陶粒的比热，烟气的比热，kJ/(kg·℃)；

m_{tl}，m_{sf}——陶粒的质量流量，水分的质量流量，kg/s；

w_{yl}，w_{jj}——陶粒中游离水和结晶水质量占比，%；

L_g——参与反应的天然气用量，m^3/s；

H_l——天然气的低热值，MJ/m^3；

V_{air}——空气的体积流量，m^3/s；

t_{air}——空气的温度，℃；

h_{qr}，h_{jj}——游离水蒸发潜热及结晶水蒸发热，kJ/(kg·℃)；

V_f——实际烟气量，m^3/m^3 天然气；

t_f——烟气的温度，℃；

h_w——壁面对流换热系数，$W/(m^2\cdot℃)$；

A——壁面面积，m^2；

σ——黑体辐射常数；

ε——实际物体的发射率；

T_w，T_∞——壁面温度和环境温度，℃；

计算过程中，考虑到陶粒的主要成分和高铝砖比较接近，为三氧化二铝，参照高铝砖的比热等物性参数，取陶粒的比热容与温度的关系如下：

$$c(T)=-3.6838+4.5655\left[1-\exp\left(-\frac{T}{100}\right)\right]+0.1458\left[1-\exp\left(-\frac{T}{500}\right)\right]$$

环境空气与回转窑窑体的对流传热过程的对流传热系数按流体横掠圆管的平均表面传热系数计算：

$$Nu=0.3+\frac{0.62Re^{1/2}Pr^{1/3}}{\left[1+(0.4/Pr)^{2/3}\right]^{1/4}}\left[1+\left(\frac{Re}{282000}\right)^{5/8}\right]^{4/5}$$

$$Re=\frac{ud}{\upsilon}$$

$$Nu=\frac{hl}{\lambda}$$

式中，定性温度为 $(t_w+t_\infty)/2$，d 为回转窑窑体的外径，Pr、υ、a、λ 分别为空气的热物理参数。

燃烧器炉头和灰斗的对流传热系数的计算可按工程计算中广泛采用的大空间自然对流实验关联式计算。

$$Nu_m=C(GrPr)_m^n$$

式中，Nu_m为由平均表面传热系数组成的 Nu 数，下脚标 m 表示定性温度采用算术平均温度。对于符合理想气体性质的气体，Gr 数中的体胀系数 $\alpha_V=1/T$。

通过陶粒回转窑热平衡分析，得出陶粒回转窑的得热项包括两项：天然气输入热量和助燃空气的输入热。陶粒回转窑的总得热为：$Q_{dr}=3456$kW。

陶粒回转窑的热支出包括陶粒回转窑壁面热损失、陶粒生成热、陶粒离开回转窑时所带出的热量、蒸发水分的热量和烟气热损失，陶粒回转窑的总热支出为：$Q_{zc}=3450$kW。回转窑具体的热支出项见表 33-1-3。

陶粒回转窑总热支出一览表 **表 33-1-3**

热支出项	陶粒带出热	水分蒸发热	陶粒有效生成热	烟气热损失	壁面对流热损失	壁面辐射热损失	合计
热量(kW)	762	138	513	815	349	873	3450
占总热支出的百分比(%)	22.1	4.0	14.9	23.6	10.1	25.3	100

在所有的热支出项中，水分蒸发热和陶粒有效生成热是生料变成成品陶粒所必须消耗的热量，这部分热量与陶粒回转窑输入热量的比值定义为回转窑的热效率，则此次所测试的回转窑热效率为：

$$\eta=\frac{138+513}{3456}\times100\%=18.8\%$$

从表 33-1-3 中可以发现，烟气热损失和壁面热损失是陶粒回转窑的主要能量损失部分，陶粒带出热也占了相当的一部分。当陶粒出料的温度为 1120℃时，陶粒带出热占了总热支出项的 22.1%，若能够将陶粒出料所带出的热量进行回收，将陶粒温度降到 200℃时，能够很大程度上提高陶粒回转窑的能源利用率。烟气的热损失所占比例较大，为 23.6%，现场燃烧器没有任何自动控制，完全依靠操作人员的经验，过剩空气系数维持在较高水平，达 1.544。此外目前烟气的排放温度为 380℃，系统对烟气余热的利用不够，烟气余热可以回收、进行物料的预热与干燥过程。回转体筒体散热量为 35.4%，包括壁面对流热损失及辐射热损失，主要原因是外壁无法保温，受回转窑结构限制，这部分热量的回收有一定的困难。

33.1.6.2 隧道窑测试与分析

1. 炉型介绍

隧道窑是一种现代化逆流操作的连续式热工设备，是我国陶瓷工业中最为常见的热工设备之一，广泛应用于耐火材料及砖瓦工业制品的焙烧，一般来讲，隧道窑包括窑体（窑墙、窑顶、窑底)、燃烧设备(燃烧室、烧嘴助燃风管机及管道等)、物料运输设备(如窑车)、通风设备(排烟设备、气幕、冷却装置等)、控制系统等基本结构。

典型的隧道窑分为干燥段、预热段、烧成段和急冷段。干燥后具有一定含水量的砖坯装载在窑车上从窑头进入窑内,首先经过预热带,受到来自烧成带的高温烟气预热,同时烟气由预热带的烟囱排出窑外;然后砖垛进入烧成带,由燃料产生的火焰和烟气对坯体直接进行加热,使其达到一定的温度发生物理化学反应;之后砖垛进入冷却带,依次经过急冷、缓冷、终冷阶段,将热量传递给从窑尾吹入的冷空气,砖垛本身降低到一定温度后从窑尾出窑,形成一个烧成周期。窑内气体流动方向与砖坯相反,空气由窑尾风机从窑门处鼓入冷却带,与经过燃烧带高温烧成的砖坯发生对流传热温度升高,被加热后的空气一部分进入烧成带作为助燃二次风用于燃料燃烧,另一部分被排烟风机抽出分别被送到预热带预热砖垛和干燥窑干燥湿坯;进入烧成带的空气参与燃料的燃烧过程,温度升高至烧成温度,烧结坯体;在窑头负压的作用下,烧成带高温气体流入预热带对进入窑内的砖垛进行预热,温度降低,并由窑头排风机抽出至烟囱排出窑外。

图 33-1-5 所示为所测隧道窑结构示意图和现场分布,该隧道窑预热段、烧成段和急冷段总长度共 72m,其中预热段为 25.2m,烧成段为 18m,急冷段 2 为 8.8m,干燥段长约 36m,高 1.6m,宽 3m。

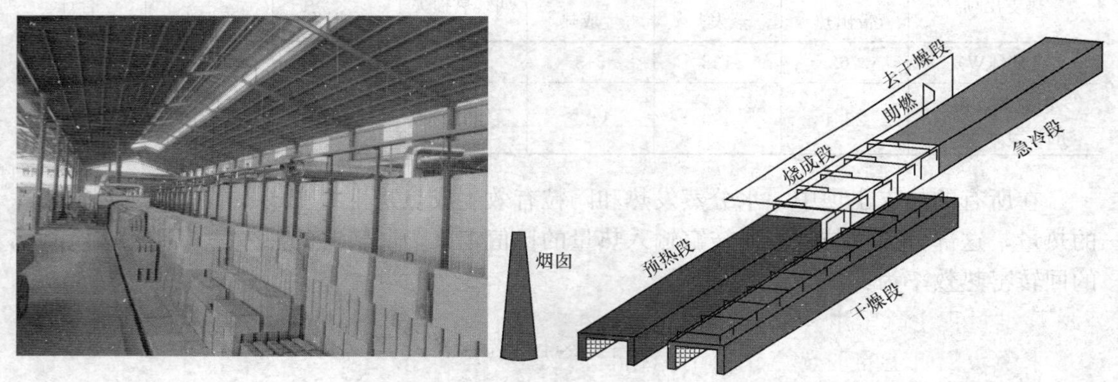

图 33-1-5　隧道窑结构示意图和现场照片

2. 测试设备及流程

根据隧道窑的特征,热平衡所需要测量的参数如表 33-1-4 所示,包括炉气温度,烟气温度、流量、组分,干燥段空气温度、流量,干燥段排气温度、流量、含湿量,炉墙及管道表面温度,物料温度、重量等。隧道窑工作时的参数基本保持稳定,不需同时测量。

隧道窑测试参数及仪表布置　　　　**表 33-1-4**

测量参数	测量仪表	测量位置
炉气温度	S、T、K 分度热电偶	炉窑各段炉墙侧面窥火孔
烟气温度、流量、组分	K 分度热电偶、毕托管+微压计、烟气分析仪	烟道口
干燥段空气温度、流量	K 分度热电偶、毕托管+微压计	急冷段出口空气管道
干燥段排气温度、流量、含湿量	T 分度热电偶、毕托管+微压计、相对湿度计	干燥段排气管道
炉墙及管道表面温度	红外辐射温度计+接触式点温计	炉墙及管道表面
物料温度、重量	红外辐射温度计、电子秤	干燥段、烧成段出口

3. 热平衡分析

连续式隧道窑的热平衡取决于炉窑本身，结合所测隧道窑实际情况可知其热收入项包括天然气燃烧热、物料及窑车带入显热；支出项包括物料及窑车出炉带出显热、物料水分蒸发吸热及矾土分解耗热、排烟损失、壁面散热、干燥段排气及逸漏损失及其他热损失等。由于助燃空气的热量属于内部循环热量，因此热平衡计算中忽略了助燃空气的物理热。表 33-1-5 所示为各项能量的计算方法。

隧道各项能量计算方法（取 0℃为计算基准，每车物料从入炉至出炉周期为 65min）

表 33-1-5

项目	计算方法	项目	计算方法
天然气燃烧热	$Q_{gas}=L_g H_l$	烟气损失热	$Q_f=c_f L_g V_f t_f$
物料及窑车带入显热	$Q_{in-br+car}=c_{in-br}M_{in-br}t_{in-br}+c_{in-car}M_{in-car}t_{in-car}$	壁面热损失	$Q_w=h_w A(T_w-T_\infty)+\sigma\varepsilon A(T_w^4-T_\infty^4)$
物料及窑车带出显热	$Q_{out-br+car}=c_{out-br}M_{out-br}t_{out-br}+c_{out-car}M_{out-car}t_{out-car}$	矾土分解耗热	见下文
物料水分蒸发吸热	$Q_{sf}=m_{sf}(w_{yl}h_{qr}+w_{jj}h_{jj})$	干燥段排气及逸漏损失	见下文

其中 Q_{gas}，$Q_{in-br+car}$，$Q_{out-br+car}$——参与反应的天然气的输入热，物料及窑车带入显热，物料及窑车带出显热，kW；

M_{in-br}，M_{in-car}，M_{out-br}，$M_{out-car}$——入炉砖坯总重（干重），入炉窑车砖结构总重，出炉砖坯总重（干重），出炉窑车砖结构总重 kg；

c_{in-br}，c_{in-car}，c_{out-br}，$c_{out-car}$——入炉砖坯及窑车砖结构的比热容，出炉砖坯及窑车砖结构的比热容，kJ/(kg·℃)；其余参数同前。

(1) 矾土分解耗热估算

烧结过程中除了水分的蒸发这类物理过程之外，还包括复杂的矾土的化学分解过程，一般来说，铝矾土的加热变化分为三个阶段：分解阶段，二次莫来石化阶段和重结晶阶段。目前对于铝矾土烧结过程中的化学反应热耗并没有比较准确的数值，一般可认为铝矾土烧结过程中的化学反应热耗约占总能量的 10%。

(2) 干燥段排气及逸漏损失计算

对隧道窑的干燥工艺段以及间歇式炉窑的起始升温阶段来说，含有一定水分的高温空气（或烟气）流量、温度、含湿量等的准确测定，对于水分平衡乃至能量平衡，显得非常重要。

假定：在管径为 d 的管道上，使用毕托管或管阵测得的平均动压为 Δp，该点的温度为 T（℃），其质量流量 G 和其焓值 H 可按如下方法进行计算。

首先，若 T 高于相对湿度计所对应的最高允许工作温度，需将其冷却到某一最低温度 T^* 之下，设此时测得的相对湿度为 φ^*。则该混合气体气流的含湿量为：

$$d=0.622\frac{\varphi^*\cdot p_s(T^*)}{B-\varphi^*\cdot p_s(T^*)}\quad(\text{kg/kg 干气})$$

由 T（℃）到 T^* 的冷却过程中，含湿量保持不变，可有：

$$d=0.622\frac{\varphi^*\cdot p_s(T^*)}{B-\varphi^*\cdot p_s(T^*)}=0.622\frac{\varphi\cdot p_s(T)}{B-\varphi\cdot p_s(T)}$$

可求出对应于 T（℃）下的相对湿度 φ。因此，对应于 T（℃）湿空气的密度为：

$$\rho=0.003484\frac{101325}{T+273.15}-0.00134\frac{\varphi\cdot p_s(T)}{T+273.15}\quad(\text{kg/m}^3)\text{湿空气}$$

按照平均动压 Δp 可计算断面平均流速 $\bar{v}$：

$$\bar{v}=\sqrt{\frac{2\Delta p}{\rho}}\quad(\text{m/s})$$

高温湿空气的质量流量为：

$$G=\rho\bar{v}\frac{\pi d^2}{4}=\frac{\pi d^2}{4}\sqrt{2\Delta p\rho}\quad(\text{kg/s})\text{湿空气}$$

其中的水分含量为：$G\frac{d}{1+d}$　(kg/s)；干空气含量为 $G\frac{1}{1+d}$　(kg/s)。

对应的比焓为：

$$h=1.01T+(2.500+0.0184T)d\quad(\text{kJ/kg 干空气})$$

总焓值为：

$$H=hG\frac{1}{1+d}=G\frac{1.01T+(2.500+0.0184T)d}{1+d}\quad(\text{kJ/s})$$

（3）对隧道窑各项数据进行测试，最终可得出该炉窑的热平衡情况如表 33-1-6 所示。

隧道窑能量平衡表　　　　**表 33-1-6**

序号	项目	收入热量（kW）	百分比（%）	序号	项目	支出热量（kW）	百分比（%）
1	燃气燃烧热	1895	97.45	1	物料及窑车带出显热	385	19.8
2	物料带入显热	22.4	1.15	2	物料水分蒸发吸热	438.7	22.56
3	窑车带入显热	27.2	1.40	3	矾土分解化学反应热耗	194.46	10.00
				4	排烟损失	235	12.08
				5	壁面散热	175.45	9.02
				6	干燥段排气及逸漏损失	341	17.54
				7	其他	172.99	8.90
	合计	1944.6	100		合计	1944.6	100

烧制过程中水分的蒸发和矾土分解的化学反应热耗为有效利用热，通过表 33-1-6 的数据可以得出，该隧道窑的效率为 32.56%，壁面散热（包括管道）占总能量的 9.02%，相对其他部分这部分是最小的，图 33-1-6 给出了炉墙表面沿长度热损失情况。

隧道窑干燥段排气和逸漏损失为 17.54%，仅次于物料和窑车带出的显热 19.8%，干燥段高温空气与砖体表面的传热传质不够充分，干燥效率较低；此外急冷段的冷却效果不佳，现场测试过程发现，出炉物料的温度分布存在较大差异，其最高温度近 400℃，而最低温度仅有 120℃，因此，急冷段的气流分布有待改善。

33.1.6.3　梭式窑测试与分析

1. 炉型介绍

梭式窑是一种以窑车做窑底的倒焰或半倒焰间歇式生产的热工设备，也称车底式倒焰窑，因窑车从窑的一端进出，也称抽屉窑，是国内近十年来发展最为迅速的窑型之一。梭

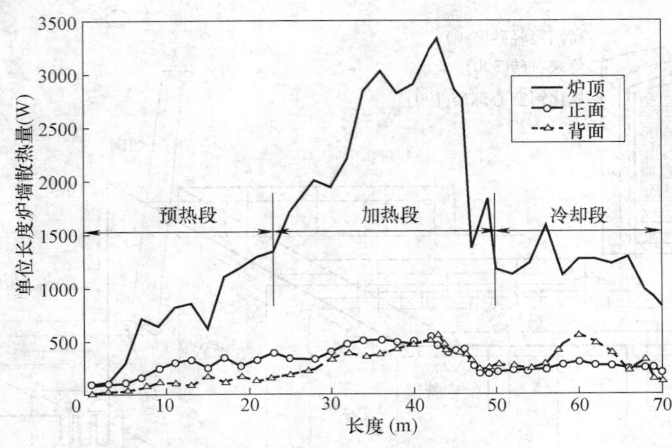

图 33-1-6　测试隧道窑炉墙表面沿长度热损失

式窑除了具有一般倒焰窑操作灵活性大，能满足多种类型产品生产等优点外，其装窑、出窑和制品的部分冷却均可以在窑外进行，既改善了劳动条件，又可以缩短炉窑的周转时间，灵活性强。此外，梭式窑还具备造价低、占地少、炉内温度分布均匀等优点，在耐材、陶瓷工业特别是在国外应用非常广泛。但由于间歇烧成，梭式窑的蓄热损失和散热损失较大，受热延程短，热交换不充分，烟气温度高，热耗量较高。

梭式窑制品的装卸都是在窑外进行，装好坯体的窑车推入窑内后开始点火煅烧，经过预热、烧成、冷却这三个阶段以后再将窑车拉出窑外，卸下烧好的产品，再准备下一个循环的烧制过程。燃料通过烧嘴燃烧产生的高温热烟气从窑车两侧与窑墙之间的缝隙流到窑车的顶部以后，在烟囱抽力的作用下再通过窑车上坯体之间的缝隙向下流动，在此过程中，热烟气把热量传给窑车上的坯体，使其烧制为产品，完成传热后的热烟气其本身变为废气，最后从排烟系统和烟囱排向大气。

本文选取国内某耐材企业的一个梭式窑作为测试对象，其产品为刚玉砖、氧化铝空心球砖等耐火砖，图 33-1-7 为梭式窑系统结构简图，该系统由 1 号窑和 2 号窑组成，两窑共用一套鼓风和排烟系统，每个窑左、右侧壁上各布置四个扩散式燃烧器，使用预热空气。每个窑下部均设三个排烟口，烟气进入耐火保温材料砌筑的地下烟道汇总后进入空气预热器，然后由烟囱排出。

实际操作时，1 号窑和 2 号窑交替工作。即 1 号窑工作时，2 号窑处于冷却降温的状态，反之亦然。1 号窑的产品烧制完成后，燃烧器停止工作，仅利用部分来自空预器的空气进行冷却降温；同时 2 号窑燃烧器点火并对炉内物料进行加热，预热后的另一部分空气参与 2 号窑的燃烧。

炉壁由三层耐火保温材料砌体组成，由内向外依次为氧化铝空心球砖、莫来石砖和高铝聚轻砖，厚度分别为 100mm、330mm 和 350mm，炉门和炉顶均为同样的三层结构，炉顶为拱形，见图 33-1-8（*a*）。窑车由自产的氧化铝空心球砖砌筑，共 5 层，每层尺寸为 1.61m×1.61m，窑车中心留有 15cm×15cm 的孔洞，见图 33-1-8（*c*），在码放产品时，留出一定尺寸的通道作为排烟通道，见图 33-1-8（*d*），与炉底的下排烟口，见图 33-1-8（*b*）相对应。

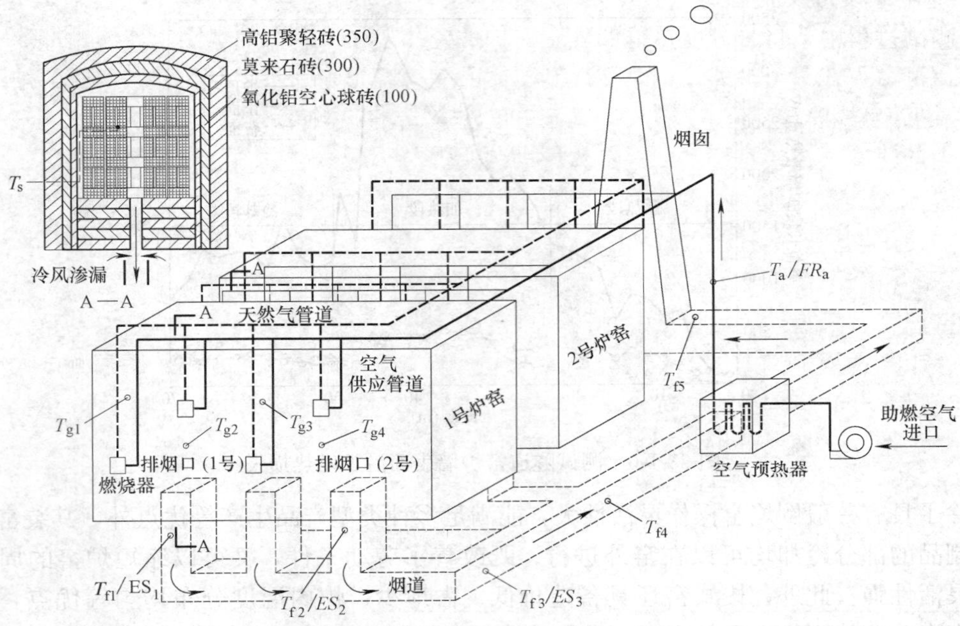

T—表示温度；ES—表示烟气取样；FR—表示流量；下标：g：天然气；f：烟气；s：固体物料；a：空气

图 33-1-7　梭式窑系统示意图

图 33-1-8　梭式窑局部示意图

(*a*) 炉窑断面（炉门）；(*b*) 排烟口；(*c*) 窑车；(*d*) 烟道

2. 测试设备及流程

测试过程中，将S分度热电偶外套保护性瓷环，埋设于待加热刚玉砖体内部，推车进窑时通过窥火孔引出炉外，记录被烧制砖体的完整温升工艺过程；在左右两侧的炉壁窥火孔（靠近燃烧器）及炉门上布置若干S分度热电偶，分别监测炉内不同位置的炉气温度和炉门内壁温度；在1号窑和2号窑的排烟口、烟道、烟囱进口、空气预热器热空气进出口均布置K分度热电偶，分别测量烟气温度和助燃空气温度；在1号窑的排烟口以及总烟道处，使用燃烧效率分析仪分析烟气组分。在空气预热器出口管道上开孔，使用毕托管测量动压，结合温度计算助燃空气的流量。用接触式热电偶、辐射温度计及高温热成像仪测量炉壁温度、管道外表面温度及炉窑周围地面温度。

在生产过程中，操作人员根据经验不时调整天然气流量，每次调整后，测试人员及时记录流量，并测量空预器空气流量、1号炉窑排烟口和总烟道处的烟气组分。同时配以一定的频率巡检，烟气分析约1h一次，壁面温度与热成像仪记录等2h一次。热工测试参数及仪表清单如表33-1-7所示。

梭式窑热工测试仪表清单 **表33-1-7**

测试参数	测试仪表	测试位置
炉内炉气温度	S分度热电偶	炉墙侧面窥火孔
炉门温度		炉门窥火孔
物料温度		埋设于物料砖内
出炉排烟温度	K分度热电偶	排烟口
出炉烟气组分	烟气分析仪	
1号炉烟气温度	K分度热电偶	烟道
1号烟道烟气组分	烟气分析仪	
空气预热器流量	毕托管＋微压计	空气预热器出口空气管道上
空气预热器温度	K分度热电偶	
炉墙各外表面温度	红外辐射温度计	炉体表面、炉顶
总烟道上方地面温度	红外辐射温度计＋高温热成像仪	总烟道上方地面
预热空气管道温度		热空气管道
助燃空气管道温度	接触式点温计	助燃空气管道
排烟温度	K分度热电偶	烟囱进口
天然气流量、温度、压力	涡轮流量计	炉前管上游总管

3. 热平衡分析

梭式窑属于周期性工作炉窑，其热平衡一般以坯体进入窑内到烧成为产品而停止供给燃料的时间段内的能量收支作为计算依据。生产过程各个阶段尤其是炉温超过800℃以后的加热阶段的热平衡对于分析每个阶段的能量损失具有比较重要的意义，在此截取点火后1625～3246min内各项测试数据，考虑该时段内的整体平衡情况。

测试过程中 1 号炉窑处于正常工作状态，2 号炉窑处于冷却降温状态，取 1 号炉窑为对象，其能量输入项包括：燃气燃烧热、预热空气带入热量；输出能量包括：物料出炉显热、烟气带走显热、砌体及窑车吸热量、壁面散热及矾土分解吸热。

在 $\tau \sim \tau+\Delta\tau$ 时段内，1 号炉窑的能量平衡可写为：

$$\frac{\Delta E_{s}+\Delta E_{br}+\Delta E_{car}}{\Delta\tau}=q_{c}(\tau)+q_{a}(\tau)-q_{f}(\tau)-q_{diss}(\tau)-q_{ch}(\tau)$$

式中　ΔE_{s}、ΔE_{br}、ΔE_{car}——被加热物料、炉窑砌体、窑车的内能变化，kJ；

$q_{c}(\tau)$、$q_{a}(\tau)$、$q_{f}(\tau)$、$q_{diss}(\tau)$、$q_{ch}(\tau)$——天然气燃烧热、助燃空气显热、排烟口排出的烟气的焓值、炉墙热损失、矾土化学分解热，kW。

根据现场测试数据，可以最终计算得出该时段内的能量平衡如表 33-1-8 所示（为方便单位均转换为 kJ），其中矾土的分解热的取值参照上一节中隧道窑的分解热。

梭式窑阶段热平衡表　　**表 33-1-8**

序号	收入项	数值（kJ）	占比（%）	序号	支出项	数值（kJ）	占比（%）
1	燃气燃烧热	98435620	92.75	1	物料出炉显热	13345222	12.57
2	热空气带入热量	7693601	7.25	2	烟气带走显热	52726603	49.68
				3	砌体及窑车吸热量	20883836	19.70
				4	壁面散热损失	1178717	1.11
				5	矾土分解热	10612922	10.00
				6	其他	7264364	6.96
合计		106129221	100	合计		106129221	100

从表 33-1-8 可以看出，梭式窑的效率为 22.6%，其中烟气损失和砌体吸热量比较大。烟气热损失占了将近 50%，因为随着炉内砌体温度的升高，传热温差减小，烟气温度越来越高，另一方面所测炉窑空气预热器的能效低下，导致大量高温烟气直接排放，助燃空气温度无法提升，火焰温度不能有效地提高，也导致热源与被加热物料砖的温差越来越小。若能有效提高烟气余热的利用，将会大幅提高炉窑的效率。

空预器两侧介质分别为高温烟气和空气，前者比热与质量流量均稍大，总的热容量也较大。空气预热器效能系数定义为热容量较小的空气侧进出口温差与烟气进口和空气进口的温差之比，即：

$$\varepsilon=\frac{T_{air-out}-T_{air-in}}{T_{flue-in}-T_{air-in}}$$

图 33-1-9 给出了测试时段内空气预热器的能效系数及相关的温度，可以看出，空气预热器的平均能效系数低于 33%，如果能将空气预热器的能效系数提高到 50%并保持入口烟气温度不变，余热空气温度将提高 100～120℃，炉窑的效率能够提高 15%左右。

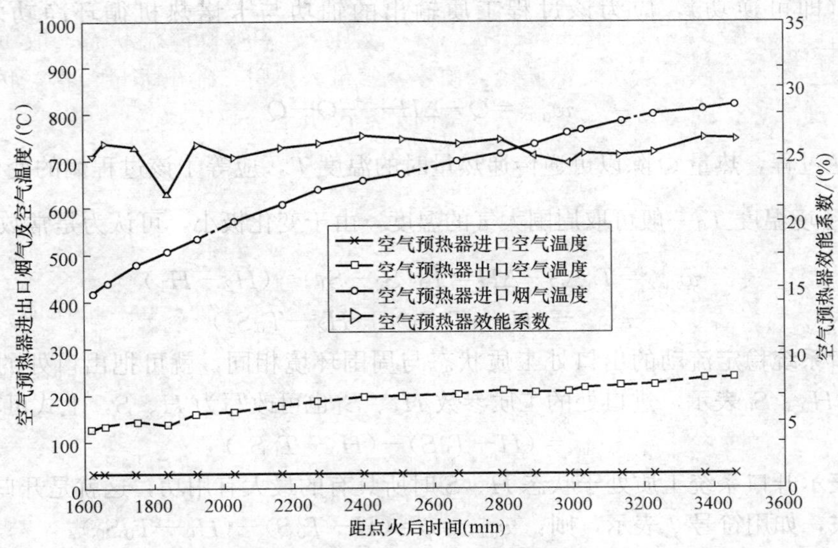

图 33-1-9 空气预热器的效能系数及相关温度示意图

33.2 㶲 平 衡

33.2.1 概 述

1. 㶲的基本概念

一个系统，只要它的状态和环境有差别，系统和环境之间就存在做功的能力，即不是系统对环境做功，就是环境对系统做功。若系统从某一已知状态，在可逆条件下变化到与环境平衡的状态，则系统对环境做出的有用功为最大值。虽然这种可逆功在实际上是不可能获得的一种理想功，但由于它给出了做功的限度，可作为做功能力的判断标准。

以开口系统的稳定流动过程为例，计算其最大有用功。如图 33-2-1 所示，工质稳定地流入和流出一个系统，此时工质对外输出轴功为 w_s，向低温热源传递热量为 $-Q$。如不考虑工质动能及位能的变化，则该系统稳定流动方程为：

$Q=H_2-H_1+w_s=\Delta H+w_s$，所以 $w_s=Q-\Delta H$。

为了实现系统内工质和周围环境之间的可逆传热，假设在温度为 T 的工质和温度为 T_0 的环境间安装一卡诺热机 E，用以回收功。当它完成一个循环时，可逆地从工质接受热量 $-Q$，并可逆地向环境 T_0 放出热量 $-Q_0$，则可生产循环净功 w_0。按可逆循环性质，该循环净功的数值为：

$$w_0=\eta_t(-Q)=\left(1-\frac{T_0}{T}\right)(-Q)$$

式中 η_t——卡诺循环的热效率；

在这个开口系统可逆的稳定流动过程中，可获得的最

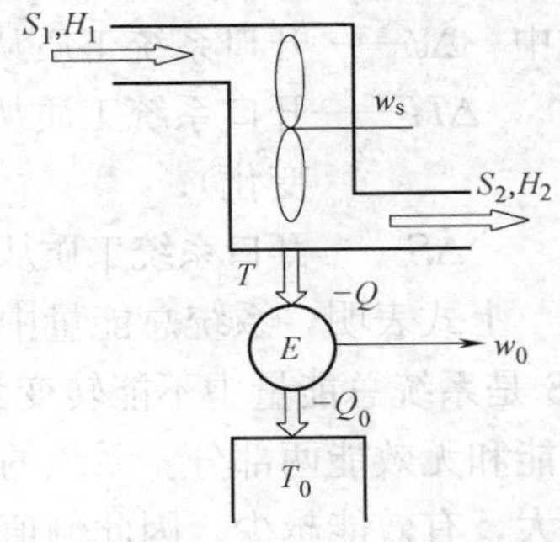

图 33-2-1 开口系统稳定流动能量图

大有用功（即可逆功），应为该过程工质输出的轴功与卡诺热机循环净功之和，即：$w_{max}=w_s+w_0$

所以：
$$w_{max}=Q-\Delta H+\frac{T_0}{T}Q-Q$$

对可逆过程，热量 Q 除以可逆传递热量时的温度 T，应等于该过程熵的变化 ΔS，即 $\frac{Q}{T}=\Delta S$；环境温度 T_0 一般可取周围大气的温度，由于变化极小，可认为是常数。故有：

$$w_{max}=T_0\Delta S-\Delta H=T_0(S_2-S_1)-(H_2-H_1)$$

所以
$$w_{max}=(H_1-T_0S_1)-(H_2-T_0S_2)$$

若开口系统稳定流动的出口处工质状态与周围环境相同，就可把出口处的工质参数 H_2、S_2 用 H_0、S_0 表示，进口处的工质参数 H_1、S_1 也可改写为 H、S，上式可写为：

$$w_{max}=(H-T_0S)-(H_0-T_0S_0)$$

上式表示开口系统工质处于状态 H、S 时所具有的最大有用功，这就是开口系统工质的㶲计算式，如用符号 ψ 表示，则：$w_{max}=\psi=(H-T_0S)-(H_0-T_0S_0)$。

当开口系统工质从状态 1 变化到状态 2 时，工质所能完成的最大有用功就等于工质的初态㶲减去终态㶲，即：

$$w_{max}=\psi_1-\psi_2=(H_1-T_0S_1)-(H_2-T_0S_2)$$

由此可知，实质上㶲表示的是工质在某一状态下做最大有用功的能力。即在开口系统稳流过程中，工质从压力 p 和温度 T 的状态开始，以可逆方式进行状态变化，最后与周围环境的状态 T_0 达到平衡时所获得的最大有用功。当环境状态 T_0 是一个无变化或变化很小的已知值时，工质的㶲仅与流动工质的初态有关，所以㶲同焓、熵一样，也是一个状态参数。工质的㶲差与状态变化的途径无关。因此，当系统的状态与周围环境处于平衡状态时，工质的㶲为零。

如果选用周围环境是大气作为基准态时，则大气的㶲为零。此时就不能利用大气来产生有用功。但如果利用温度比大气温度低或压力比大气压力小的工质，让它作为大气的周围介质，这时就能从大气中获得有用功。因此，在计算㶲时，要注意基准态的选择。通常选择 0℃或环境温度为基准温度。

由上面的分析可得：

$$\Delta\psi=\Delta H-T_0\Delta S$$

式中　$\Delta\psi$——开口系统工质从状态 1 变化到状态 2 时，工质㶲的变化；

ΔH——开口系统工质从状态 1 变化到状态 2 时，工质焓的变化（或系统总能量的变化）；

ΔS——开口系统工质从状态 1 变化到状态 2 时，工质熵的变化（或系统熵的变化）。

上式表明，系统总能量中只有 $\Delta H-T_0\Delta S$ 可转变为有用功，这是有效能部分；而 $T_0\Delta S$ 是系统总能量中不能转变为有用功的部分，这是无效能部分。即系统的总能量分为有效能和无效能两部分。系统的无效能和系统的熵变化直接有关。熵值变化越大，则无效能越大，有效能越少，因此熵值的大小也可直接衡量系统内无效能的多少。

2. 热量、电、化学能的㶲

对于处于温度 T 下的一个系统，考虑热量 Q，在高温热源 T 和低温热源 T_0 之间，热量转化为功的最大限度为：

$$w_{max}=\left(1-\frac{T_0}{T}\right)Q$$

也就是说，系统的热量 Q 中，$\left(1-\frac{T_0}{T}\right)Q$ 的热量可转变为有用功，这是热量的有效能部分，称为热量的㶲。而 $\frac{T_0}{T}Q=\Delta S$ 的热量是无法转变为有用功，必须放到周围环境中去，这是热量的无效能部分，称为热量的烬，它直接和系统熵的变化相联系。系统熵的增加意味着无效能增加，有效能减少，即热量转变为机械能的能力降低了，而排向低温热源的热量（废热）却增加了，这意味着一部分能量的浪费。

显热，热量的㶲不仅与热量的数值有关，而且与热量的质量——即包含此热量的系统（热源）所具有的温度——及周围环境的温度（冷源）有关。通常作为热力过程的周围介质，它的温度变化不大，可看作是恒定的，因此热量的㶲也可认为只是热源温度 T 的函数，热源温度越高，热量的㶲就越大，或者说降低冷源的温度可减少㶲的损失。

除了热能之外，能量还表现为电能、机械能、核能、化学能等各种不同形式。对于电能和机械能，由于它们可以全部转化为有用功，其数值就原封不动地等于㶲。对于核能，也可理解为机械能的一种，所以核能本身就可以看作㶲，但是目前还不具备直接以功的形式来利用核能的手段，还是把它看作原子反应堆的中心温度的热能。

对于化学能，不如其他能量那样单纯，特别是关于实用燃料的㶲目前还在提出种种不同的计算公式，因为还没有直接测量的手段，不得不采用近似值。对于燃气的㶲，可以近似认为等于它的低热值。

33.2.2 㶲平衡与㶲效率

根据㶲（或有效能）的概念，同样可以引出系统的㶲平衡和㶲效率。㶲平衡分析是一种热力学的分析方法，它对于生产实际过程中能量合理利用的评价和改进具有指导意义。特别是在用能流程设计方面，㶲平衡分析能够更好地揭示出工艺过程的合理性、方向性。

1.㶲平衡

㶲平衡是以热力学第一定律和第二定律为基础，从能量传递与转换的质和量方面，对系统和设备的㶲进行衡算，以评价能量的合理运用程度。设工质在某一系统或设备中进行着稳定流动过程，如图 33-2-2 所示，则进入系统的能量与从系统流出的能量是相等的。忽略进口处和出口处的动能差和位能差，可写出系统的能量方程式和熵方程式：

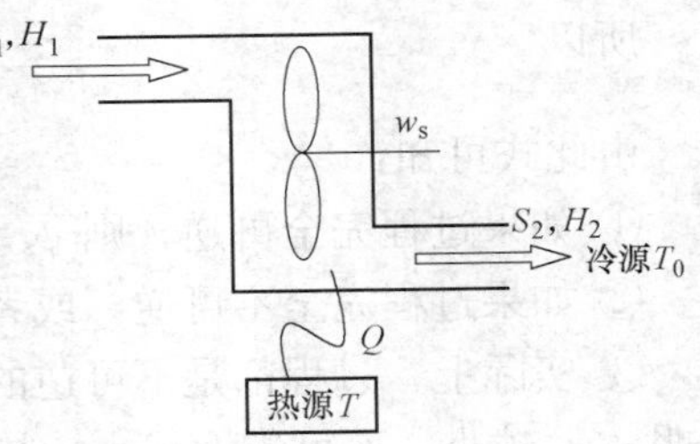

图 33-2-2 稳定流动过程的能量平衡和熵平衡图

能量方程式： $H_1+Q=H_2+w_s$

熵方程式： $S_1+\frac{Q}{T}+\Delta S=S_2$

以冷源温度 T_0（即环境温度）乘以熵方程式并减去能量方程式，有：

$$w_s-\frac{T-T_0}{T}Q=(H_1-T_0S_1)-(H_1-T_0S_1)-T_0\Delta S$$

或者：

$$\frac{T-T_0}{T}Q+[(H_1-T_0S_1)-(H_0-T_0S_0)]=[(H_2-T_0S_2)-(H_0-T_0S_0)]+w_s+T_0\Delta S$$

即：

$$\psi_0+\psi_1=(\psi_2+w_s)+\psi_s$$

最后得到：

$$\psi_0=(\psi_2-\psi_1+w_s)+\psi_s$$

输入烟=输出有效利用烟+烟损失

上式即为烟平衡式。

式中　$\psi_0=\frac{T-T_0}{T}Q$——热源输入热量的烟，称热烟，即热、冷源温度为 T、T_0 下卡诺循环的最大有用功；

$\psi_1=[(H_1-T_0S_1)-(H_0-T_0S_0)]$——进入系统工质的烟；

或者　$\psi_1=(H_1-H_0)-T_0(S_1-S_0)=c_p(t_1-t_0)-T_0c_p\ln\frac{T_1}{T_0}$；

$\psi_2=[(H_2-T_0S_2)-(H_0-T_0S_0)]$——离开系统工质的烟；

或者　$\psi_2=(H_2-H_0)-T_0(S_2-S_0)=c_p(t_2-t_0)-T_0c_p\ln\frac{T_2}{T_0}$；

$\psi_s=T_0\Delta S$——系统不可逆烟损失；

w_s——工质对外作出的轴功。

通过系统烟平衡的分析，可以求出整个系统或设备的烟损失（有效能损失），但仅确定烟损失值是不够的，因为它的大小只能说明损失的绝对量，不能反映出系统或设备的热力学完善程度。也就是说，还缺少能量利用或能量损失的比较标准，还不能据此直接地分析、比较和判断系统或设备的有效能利用情况的好坏，还不能衡量出热力学可逆性的高低以及各个工艺过程对整个系统能量利用情况的影响大小。因此有必要进一步确定系统或设备的烟效率，以此作为能量利用合理程度和热力学完善程度的经济性指标（即热力学第二定律效率）。

2. 烟效率

根据烟平衡式，烟效率 η_ψ 可定义为：$\eta_\psi=\frac{(\psi_2-\psi_1)+w_s}{\psi_0}$

而

$$(\psi_2-\psi_1)+w_s=\psi_0-\psi_s$$

所以

$$\eta_\psi=\frac{\psi_0-\psi_s}{\psi_0}=1-\frac{\psi_s}{\psi_0}$$

由此式可知：

① 如果过程完全可逆，则 $\psi_s=0$，$\eta_\psi=1$；

② 如果过程完全不可逆，或者不可逆程度非常大，则 $\psi_s=\psi_0$，$\eta_\psi=0$；

③ 实际上，过程都是不可逆的，仅不可逆程度不同而已，因此 $0<\eta_\psi<1$，η_ψ 越大，说明 ψ_s 越小，不可逆性越小、热力学完善程度越好。反之，η_ψ 越小，说明 ψ_s 越大，不可逆性越大、热力学完善程度越差。因此，η_ψ 能够准确而又定量地反映出过程的不可逆性，从而确定节能的方向和合理利用能源的措施。

以一台热水锅炉为例来说明热效率和㶲效率的不同。将水由 20℃加热到 60℃，水量为 200kg/h，燃气耗量为 $V_g=3m^3/h$，燃气低热值为 $H_l=14.84MJ/m^3$，环境温度为 $t_0=20°C$。加热水所需热量 $Q_1=33.44MJ/h$，消耗燃气所得热量为 $Q_2=44.52MJ/h$。

热效率 $\eta_e=\dfrac{Q_1}{Q_2}=\dfrac{33.44}{44.52}=75.1\%$

水由 20℃加热到 60℃，其㶲的变化为：

$$(\psi_2-\psi_1)=(H_2-T_0S_2)-(H_1-T_0S_1)=2160.4kJ/h$$

对于燃气的㶲，可以认为近似等于它的低热值，即 $\psi_0\approx Q_2=44520kJ/h$

㶲效率 $\eta_\psi=\dfrac{(\psi_2-\psi_1)}{\psi_0}=\dfrac{2160.4}{44520}=4.86\%$

由此可见，燃气热水器的㶲效率仅为 4.85%；即便将其热效率提高到 100%，它的㶲效率也仅有 6.46%；这一简单例子表明，在分析设备用能情况时，仅分析其热效率，容易使人产生误解。

关于计算燃料或原料的㶲变化，往往需要热力学特性的知识以及初、终态的参数等。这样的计算，工作量很大。在一些实际应用中，可采用近似的简化方法计算，即㶲的变化可以用一个品位因子与能量变化的乘积来表示。而品位因子作为一个某些热力学特性参数的函数，可以很方便地被计算出来。这样，㶲效率就可以写成：

$$\eta_\psi=\frac{C_1Q_1}{C_2Q_2}=\frac{C_1}{C_2}\eta_e$$

式中 C_1——所需能量的品位因子；

C_2——所消耗能量的品位因子；

许多过程的品位因子 C（C_1或C_2）的计算是很简单的。

$$CQ=\psi_1-\psi_2=(H_1-T_0S_1)-(H_2-T_0S_2)=\Delta H-T_0\Delta S$$

而

$$Q=\Delta H$$

所以

$$C=1-T_0\frac{\Delta S}{\Delta H}$$

对于定压过程，而且比热近似为定值，则：

$$\Delta H=Gc_p(T-T_0);\Delta S=Gc_p\ln\frac{T}{T_0};$$

可得：

$$C=1-\frac{T}{T-T_0}\ln\frac{T}{T_0} \tag{33-2-1}$$

对于液体或金属在环境温度 T_0 下定压加热到温度 T，则：

$$C=1-\frac{T}{T-T_0}\ln\frac{T}{T_0};$$

对于生产水蒸气，则：

$$C=1-T_0\frac{\Delta S}{\Delta H}。$$

式中 ΔH 和 ΔS 是水在环境温度 T_0 加热至指定条件下水蒸气的熵差和焓差。这些差值可由水蒸气物性表查得。

十分明显，上述例子中㶲效率低的原因是由于用高品位的燃气去完成一个只要求低品位能量的任务（即将热水由 20℃加热到 60℃），而导致有用功的损失。虽然其热效率较高

(达 75.1%)，但其㶲效率仅为 4.85%，这表明燃气的能量没有得到合理的利用。为了提高能量的合理利用程度，必须重新进行考虑，采用提高㶲效率的方案。

从上面的实例，可以具体地了解到能量的数量和质量、热效率和㶲效率是不一样的。从形式上说，㶲效率和热效率是相类似的，都是过程所得和所耗能量之比。但是从本质上说，它们是有区别的。热效率反映的只是各种不同形式的能量传递和能量转化过程的效率，所计算的仅是各种形式的能量在数量上的有效利用率，而没有考虑到各种形式能量质量的不同和品位的差别，结果是把热能与电能、热能与机械能、高品位与低品位能等，等量齐观，从而掩盖了能量利用过程中的不合理性。㶲效率表示相同品位能量（有效能）的合理利用情况，即各种形式的能量在质量上的利用率。据此，可评比用能系统或设备的优劣，提高能量的合理利用率。

目前对能量利用水平的评价，往往只注意应用热力学第一定律进行能量数量的平衡。当然，这种分析是必要的，它可以从数量上来考察能量的供求平衡关系，比较简单直观。这方面已经引起有关部门的重视，并在一些企业中开展了热平衡的调查研究。但在进行能量平衡时，仅仅考虑和分析用能设备的数量关系是远远不够的，因为这会掩盖一些不合理的用能现象，不足以判断能量使用的合理性。因而，仅以能量数量的平衡分析为依据所提出的节能措施，不一定能恰到好处地达到预期的节能效果。只有在计算能量数量平衡的同时，再研究不同形式、不同状态的载能设备所具有的能量质量的差别，才能提出满足一定工艺要求和设备要求的最优化用能系统，从而挖掘出最大的节能潜力。

33.2.3　㶲平衡计算

与热平衡一样，㶲平衡也包括㶲收入项、㶲支出项两部分。仍以燃气工业炉为例说明其计算方法。取基准温度为 0℃来考虑。

1. 㶲收入项

包括燃气的化学热、物理热和空气的物理热三部分。

(1) 燃气化学热的㶲：

$$\psi_c = Q_c = L_g^0 H_l \tag{33-2-2}$$

式中　L_g^0——标准状态下燃气流量，m^3/h；

H_l——燃气的热值，kJ/m^3。

(2) 燃气物理热的㶲：

$$\psi_g = c_g\left[(t_g - t_0) - T_0 \ln\frac{T_g}{T_0}\right] L_g^0 \tag{33-2-3}$$

式中　T_g、t_g——燃气温度，K、℃；

c_g——0～t_g（℃）的燃气平均定压比热，kJ/(m³·℃)；

(3) 空气物理热的㶲：

$$\psi_a = c_a\left[(t_a - t_0) - T_0 \ln\frac{T_a}{T_0}\right] L_a \tag{33-2-4}$$

式中　T_a、t_a——空气温度，K、℃；

c_a——0～t_a（℃）的空气平均定压比热，kJ/(m³·℃)；

总的输入项：

$$\sum\psi=\psi_c+\psi_g+\psi_a \tag{33-2-5}$$

2.烟支出项

包括有效利用热量的烟、加热设备散热烟、烟气烟损失、辐射热烟损失、逸漏热烟损失、燃烧不可逆过程的烟损失等。

（1）有效利用热量的烟；

进炉物料的烟：

$$\psi_1=G\left[c_1(t_1-t_0)-T_0c_1\ln\frac{T_1}{T_0}\right] \tag{33-2-6}$$

出炉物料的烟：

$$\psi_2=G\left[c_2(t_2-t_0)-T_0c_2\ln\frac{T_2}{T_0}\right] \tag{33-2-7}$$

式中 $T_1(t_1)$、$T_2(t_2)$——进出物料的温度，K、℃；

c_1、c_2——物料在进炉、出炉温度下的比热，kJ/(kg·K)；

G——炉子的生产能力，kg/h。

物料获得的烟：

$$\psi_e=\psi_2-\psi_1 \tag{33-2-8}$$

（2）加热设备的散热烟：

若设备内部平均的炉气温度为 t_{br}，散热总量为 Q_{br}，则对应的烟为：

$$\psi_{br}=Q_{br}\frac{T_{br}-T_0}{T_{br}} \tag{33-2-9}$$

相应的热烟损失为：

$$\psi'_{br}=Q_{br}-\psi_{br} \tag{33-2-10}$$

（3）排烟的烟损失：

在不同温度水平下混合气体的焓、熵时，可查表 33-2-1 按对应的温度水平、体积百分比加权求得。

不同温度范围内各种气体焓、熵计算公式中的系数值　　表 33-2-1

	适用温度范围及公式	系数	空气	N_2	O_2	CO	H_2O	CO_2	SO_2	H_2
0℃为基准的焓（kJ/m³）	0℃≤t≤1400℃ $H_i=a_{1i}t+b_{1i}t^2$	a_{1i}	1.285	1.273	1.327	1.281	1.465	1.788	1.892	1.273
		$b_{1i}\times10^5$	12.225	11.932	14.403	12.853	25.539	39.565	33.494	6.071
	1400℃≤t≤2000℃ $H_i=a_{2i}t+b_{2i}$	a_{2i}	1.612	1.599	1.687	1.616	2.290	2.692	2.604	1.524
		b_{2i}	−226.1	−230.3	−238.6	−226.1	−661.5	−527.5	−376.8	−234.5
	2000℃≤t≤3000℃ $H_i=a_{3i}t+b_{3i}$	a_{3i}	1.662	1.629	1.742	1.645	2.437	2.747	2.650	1.616
		b_{3i}	−326.6	−288.9	−347.5	−284.7	−954.6	−636.4	−468.9	−418.7
1atm下的绝对熵[kJ/(m³·K)]	0℃≤t≤1400℃ $S_i=A_{1i}\ln T+B_{1i}T+C_{1i}$	A_{1i}	1.218	1.206	1.248	1.210	1.327	1.570	1.708	1.239
		$B_{1i}\times10^5$	24.45	23.86	28.81	25.71	51.08	79.13	67.0	12.14
		C_{1i}	1.637	1.608	1.955	1.846	0.708	0.352	1.139	−1.269
	1400℃≤t≤2000℃ $S_i=A_{2i}\ln T+B_{2i}$	A_{2i}	1.612	1.599	1.687	1.616	2.290	2.692	2.604	1.524
		B_{2i}	−0.879	−0.917	−0.833	−0.741	−5.589	−6.665	4.396	−3.182
	2000℃≤t≤3000℃ $S_i=A_{3i}\ln T+B_{3i}$	A_{3i}	1.662	1.629	1.742	1.645	2.437	2.747	2.650	1.616
		B_{3i}	−1.269	−1.143	−1.252	−0.967	−6.720	−7.084	4.752	−3.894

按照烟气组分、温度来分别计算 T_f 与环境温度下的烟气焓 H_f、H_0、熵 S_f、S_0。再按照下式来计算烟气的热㶲损失：

$$\psi_f = (H_f - H_0) - T_0(S_f - S_0) \tag{33-2-11}$$

（4）辐射㶲损失：

若炉门、孔口等辐射处的平均温度为 t_r，辐射散热总量为 Q_r，则对应的㶲为：

$$\psi_r = Q_r \frac{T_r - T_0}{T_r} \tag{33-2-12}$$

相应的热㶲损失为：

$$\psi_r' = Q_r - \psi_r \tag{33-2-13}$$

（5）逸漏炉气的㶲损失：

若逸漏炉气的平均温度为 t_{do}，逸漏炉气总量为 L_{do}，按照式（33-2-11）来计算其对应的㶲。

（6）冷却介质带走的㶲：

$$\psi_w = G_w\left[c_w(t_{w2} - t_{w1}) - T_0 c_w \ln\frac{T_{w2}}{T_{w1}}\right] \tag{33-2-14}$$

式中　$T_{w1}(t_{w1})$、$T_{w2}(t_{w2})$——冷却介质进入、离开系统的温度，K、℃；

c_w——冷却介质的比热，kJ/(kg·℃)；

G_w——冷却介质的流量，kg/h。

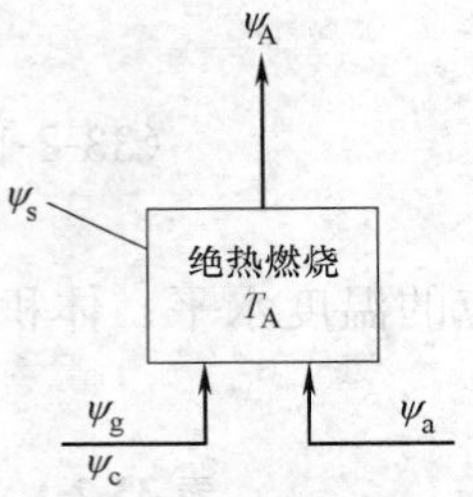

（7）燃烧不可逆的㶲损失

将燃气与空气混合后进行绝热燃烧，所产生的烟气具有一定的做功能力（图 33-2-3）。设绝热燃烧后烟气的㶲为 ψ_A，根据绝热燃烧过程的㶲收支平衡，燃烧不可逆的㶲损失为：

$$\psi_s = (\psi_c + \psi_g + \psi_a) - \psi_A \tag{33-2-15}$$

由绝热燃烧过程的热平衡式可求出绝热燃烧温度 t_A，可按照式（33-2-11）计算对应温度下烟气的㶲ψ_A。再按照式（33-2-15）计算燃烧不可逆的损失。

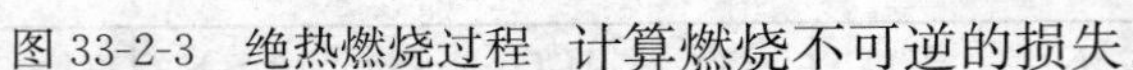

图 33-2-3　绝热燃烧过程的㶲平衡示意图

（8）热㶲损失

热㶲损失包括炉体散热、炉门/孔口等辐射的热㶲损失之和。

$$\psi_s' = \psi_{br}' + \psi_r' \tag{33-2-16}$$

（9）传热不可逆以及其他㶲损失：

$$\psi_s'' = (\psi_c + \psi_g + \psi_a) - (\psi_e + \psi_{br} + \psi_f + \psi_r + \psi_{do} + \psi_w + \psi_s + \psi_s') \tag{33-2-17}$$

【例 33-2-1】　对一个连续式铜锭加热炉，计算其热平衡与㶲平衡。经热工测试，已知：燃气低热值 $H_l = 13.854\text{MJ/m}^3$，理论空气量 $V_0 = 3.293\text{m}^3/\text{m}^3$，燃气耗量 $L_g^0 = 828\text{m}^3/\text{h}$，燃气温度 $t_g = 21$℃，炉内过剩空气系数 $\alpha = 1.03$，烟气总量为 $3709\text{m}^3/\text{h}$；铜锭入炉温度 $t_1 = 33$℃，出炉温度 $t_2 = 942$℃，产量 $G = 14371.4\text{kg/h}$；导轨需要的冷却水量 $G_w = 5800\text{kg/h}$，入炉与出炉温度分别为 $t_{w1} = 14$℃和 $t_{w2} = 37$℃；炉体散热量 $Q_{br} = 906440\text{kJ/h}$，对应的炉气平均温度为 $t_{br} = 821$℃；逸漏炉气总量为 $L_{do} = 937\text{m}^3/\text{h}$，平均温度为 $t_{do} = 924$℃；排烟温度为 $t_f = 608$℃；炉门、窥火孔等处的辐射散热总量为 $Q_r = 195530\text{kJ/h}$，平均温度为 $t_r = 1178$℃。

【解】 铜锭在入炉和出炉温度下的比热分别为 $c_1=0.3864\text{kJ/(kg·℃)}$ 和 $c_2=0.4262\text{kJ/(kg·℃)}$。忽略铜锭的氧化烧损，按照前述的热平衡计算方法，可得到表 33-2-2 的结果。

铜锭加热炉的热平衡表格 表 33-2-2

热量输入项	kJ/h	%	热量输出项	kJ/h	%
1 燃气化学热 $Q_c=L_g^0H_l$	11471110	99.0%	(1)物料吸收热 $Q_e=G(c_2t_2-c_1t_1)$	5586710	48.2%
2 燃气物理热 $Q_g=c_gL_g^0t_g$	23730	0.2%	(2)炉体散热量 $Q_{br}=\sum_i K_iF_i(t_i-t_0)$	906440	7.8%
3 空气物理热 $Q_a=c_a\alpha L_g^0V_0t_a$	87490	0.8%	(3)排烟热损失 $Q_f=c_fL_ft_f$	2497730	21.6%
			(4)辐射热损失 $Q_r=\sum 20.41\left(\frac{T_1}{100}\right)^4F\varphi$	195530	1.7%
			(5)炉气逸漏热损失 $Q_{do}=\sum L_{do}c_{do}t_{do}$	1330630	11.5%
			(6)冷却水带走热量 $Q_w=L_wc_w(t_{w2}-t_{w1})$	801350	6.9%
			(7)其他及误差	263940	2.3%
合计	11582330	100.0%	合计	11582330	100.0%

据此，可算得铜锭加热炉的热效率为：

$$\eta=\frac{Q_e}{Q_c}=\frac{5586710}{11471110}=48.7\%$$

(1) 按照前述的计算方法，分别计算㶲收入项中的各项：

① 燃气化学热的㶲： $\psi_c=Q_c=L_g^0H_l=13854\times828=1147110\text{kJ/h}$

② 燃气物理热的㶲：

$$\psi_g=c_g\left[(t_g-t_0)-T_0\ln\frac{T_g}{T_0}\right]L_g^0=1.365\times828\times\left[21-0-273\ln\frac{273+21}{273}\right]=870\text{kJ/h}$$

③ 空气物理热的㶲：

$$\psi_a=c_a\left[(t_a-t_0)-T_0\ln\frac{T_a}{T_0}\right]L_a$$

$$=1.298\times1.03\times828\times3.293\times\left[24-0-273\ln\frac{273+24}{273}\right]=3630\text{kJ/h}$$

总的输入项 $\sum\psi=\psi_c+\psi_g+\psi_a=11471110+870+3630=11475610\text{kJ/h}$

(2) 㶲支出项包括：

① 铜锭获得的㶲：

进炉铜锭的㶲：

$$\psi_1=G\left[c_1(t_1-t_0)-T_0c_1\ln\frac{T_1}{T_0}\right]=14371.4\times0.3864\times\left[33-273\ln\frac{273+33}{273}\right]=10260\text{kJ/h}$$

出炉铜锭的㶲：

$$\psi_2=G\left[c_2(t_2-t_0)-T_0c_2\ln\frac{T_2}{T_0}\right]=14371.4\times0.4262\times\left[942-273\ln\frac{273+942}{273}\right]=3273270\text{kJ/h}$$

铜锭获得的㶲：$\psi_e=\psi_2-\psi_1=3273270-10260=3263010\text{kJ/h}$

② 炉膛散热㶲：

炉体散热量 $Q_{br}=906440\text{kJ/h}$，对应的炉气平均温度为 $t_{br}=821℃$；对应的㶲为：

$$\psi_{br}=Q_{br}\frac{T_{br}-T_0}{T_{br}}=906440\times\frac{821+273-273}{821+273}=680240\text{kJ/h}$$

相应的热㶲损失为：$\psi'_{br}=Q_{br}-\psi_{br}=906440-680240=226200\text{kJ/h}$

③ 排烟的㶲损失

排烟量为燃烧产生的烟气总量减去逸漏的烟气量，$L_f=2772\text{m}^3/\text{h}$；

根据燃气组分和过剩空气系数，可计算得到烟气的体积百分比，如下：

$$r_{CO_2}=10.21\%；\quad r_{H_2O}=26\%；\quad r_{N_2}=63.39\%；\quad r_{O2}=0.4\%；$$

查表 33-2-1，可按 $t_f=608℃$对应的温度水平和上述的体积百分比加权计算焓和熵所需的系数：

$$\begin{aligned}\sum a_{1i}&=r_{CO_2}a_{1CO_2}+r_{H_2O}a_{1H_2O}+r_{N_2}a_{1N_2}+r_{O_2}a_{1O_2}\\&=0.1021\times1.788+0.26\times1.465+0.6339\times1.273+0.004\times1.327\\&=1.377\end{aligned}$$

$$\begin{aligned}\sum A_{1i}&=r_{CO_2}A_{1CO_2}+r_{H_2O}A_{1H_2O}+r_{N_2}A_{1N_2}+r_{O_2}A_{1O_2}\\&=0.1021\times1.570+0.26\times1.327+0.6339\times1.206+0.004\times1.248\\&=1.273\end{aligned}$$

$$\begin{aligned}\sum B_{1i}&=r_{CO_2}B_{1CO_2}+r_{H_2O}B_{1H_2O}+r_{N_2}B_{1N_2}+r_{O_2}B_{1O_2}\\&=(0.1021\times79.131+0.26\times51.079+0.6339\times23.865+0.004\times28.805)\times10^{-5}\\&=36.60\times10^{-5}\end{aligned}$$

$$\begin{aligned}\sum C_{1i}&=r_{CO_2}C_{1CO_2}+r_{H_2O}C_{1H_2O}+r_{N_2}C_{1N_2}+r_{O_2}C_{1O_2}\\&=0.1021\times0.352+0.26\times0.708+0.6339\times1.608+0.004\times1.955\\&=1.248\end{aligned}$$

排烟温度下的焓为：

$$\begin{aligned}H_f&=L_f(\sum a_{1i}t_f+\sum b_{1i}t_f^2)\\&=2772\times(1.377\times608+18.30\times10^{-5}\times608^2)=2508280\text{kJ/h}\end{aligned}$$

在 0℃时烟气的焓为：$H_f=0$

排烟温度下的熵为：

$$\begin{aligned}S_f&=L_f(\sum A_{1i}\ln T_f+\sum B_{1i}T_f+\sum C_{1i})\\&=2772\times(1.273\times\ln881+36.60\times10^{-5}\times881+1.248)=28280\text{kJ/K}\end{aligned}$$

在 0℃时烟气的熵为：

$$\begin{aligned}S_0&=L_f(\sum A_{1i}\ln T_f+\sum B_{1i}T_f+\sum C_{1i})\\&=2772\times(1.273\times\ln273+36.60\times10^{-5}\times273+1.248)=23530\text{kJ/K}\end{aligned}$$

排烟的㶲损失为：

$$\psi_f=(H_f-H_0)-T_0(S_f-S_0)=(2508280-0)-273\times(28280-23530)=1211530\text{kJ/h}$$

④ 辐射㶲损失

炉门、孔口等辐射处的平均温度为 $t_r=1178℃$，辐射散热总量为 $Q_r=195530kJ/h$，则辐射热损失的㶲为：

$$\psi_r=Q_r\frac{T_r-T_0}{T_r}=195530\times\frac{1178+273-273}{1178+273}=150220kJ/h$$

相应的热㶲损失为：$\psi'_r=Q_r-\psi_r=195530-150220=45310kJ/h$

⑤ 逸漏炉气的㶲损失

逸漏炉气总量为 $L_{do}=937m^3/h$，平均温度为 $t_{do}=924℃$；逸漏炉气在 924℃的焓为：

$$H_{do}=L_{do}(\sum a_{1i}t_{do}+\sum b_{1i}t_{do}^2)$$
$$=937\times(1.377\times924+18.30\times10^{-5}\times924^2)=1338590kJ/h$$

逸漏温度下的熵为：

$$S_{do}=L_{do}(\sum A_{1i}\ln T_{do}+\sum B_{1i}T_{do}+\sum C_{1i})$$
$$=937\times(1.273\times\ln1197+36.60\times10^{-5}\times1197+1.248)=10030kJ/K$$

在 0℃时的熵为：

$$S_0=L_{do}(\sum A_{1i}\ln T_0+\sum B_{1i}T_0+\sum C_{1i})$$
$$=937\times(1.273\times\ln273+36.60\times10^{-5}\times273+1.248)=7950kJ/K$$

逸漏炉气的㶲损失为：

$$\psi_{do}=(H_{do}-H_0)-T_0(S_{do}-S_0)=(1338590-0)-273\times(10030-7953)=770750kJ/h$$

⑥ 冷却水带走的㶲：

$$\psi_w=G_w\left[c_w(t_{w2}-t_{w1})-T_0c_w\ln\frac{T_2}{T_1}\right]=4.187\times5800\times\left[(37-14)-273\ln\frac{310}{287}\right]=47460kJ/h$$

⑦ 燃烧不可逆的㶲损失

首先按照绝热燃烧前后的热平衡计算绝热燃烧温度：

$$t_A=\frac{Q_c+Q_g+Q_a-L_{f0}\sum b_{2i}}{L_{f0}\sum a_{2i}}$$

式中 $\sum a_{2i}=r_{CO_2}a_{2CO_2}+r_{H_2O}a_{2H_2O}+r_{N_2}a_{2N_2}+r_{O_2}a_{2O_2}$

$=0.1021\times2.692+0.26\times2.29+0.6339\times1.599+0.004\times1.687$

$=1.892$

$\sum b_{2i}=r_{CO_2}b_{2CO_2}+r_{H_2O}b_{2H_2O}+r_{N_2}b_{2N_2}+r_{O_2}b_{2O_2}$

$=0.1021\times(-527.5)+0.26\times(-661.5)+0.6339\times(-230.3)+0.004\times(-238.6)$

$=-372.8$

L_{f0}——绝热燃烧产生的烟气量，$L_{f0}=3709m^3/h$。

可求得绝热燃烧温度为 $t_A=1847℃$（2120K）；计算烟气在该温度下的焓与熵。

$$H_A=L_{f0}(\sum a_{2i}t_A+\sum b_{2i})$$
$$=3709\times(1.892\times1847-372.8)=11578470kJ/h$$

$\sum A_{2i}=r_{CO_2}A_{2CO_2}+r_{H_2O}A_{2H_2O}+r_{N_2}A_{2N_2}+r_{O_2}A_{2O_2}$

$=0.1021\times2.692+0.26\times2.290+0.6339\times1.599+0.004\times1.687$

$=1.892$

$\sum B_{2i}=r_{CO_2}B_{2CO_2}+r_{H_2O}B_{2H_2O}+r_{N_2}B_{2N_2}+r_{O_2}B_{2O_2}$

$=0.1021\times(-6.665)+0.26\times(-5.589)+0.6339\times(-0.917)+0.004\times(-0.833)$

$=-2.717$

$S_A=L_{f0}(\sum A_{2i}\ln T_A+\sum B_{2i})=3709\times(1.892\times\ln2120-2.717)=43680\text{kJ/h}$

烟气在 0℃时的熵为：

$S_0=L_f^0(\sum A_{1i}\ln T_0+\sum B_{1i}T_0+\sum C_{1i})$

$=3709\times(1.273\times\ln273+36.60\times10^{-5}\times273+1.248)=31480\text{kJ/K}$

故得绝热燃烧后烟气的㶲：

$\psi_A=(H_A-H_0)-T_0(S_A-S_0)=(11578470-0)-273\times(43680-31480)=8247870\text{kJ/h}$

燃烧不可逆的㶲损失：

$$\psi_s=(\psi_c+\psi_g+\psi_a)-\psi_A=3227740\text{kJ/h}$$

由绝热燃烧过程的热平衡式可求出绝热燃烧温度 t_A，可按照式（33-2-11）计算对应温度下烟气的㶲ψ_A。再按照式（33-2-15）计算燃烧不可逆的损失。

⑧ 热㶲损失

热㶲损失包括炉体散热、炉门/孔口等辐射的热㶲损失之和。

$$\psi_s'=\psi_{br}'+\psi_r'=226200+45310=271510\text{kJ/h}$$

⑨ 传热不可逆以及其他㶲损失

$$\psi_s''=(\psi_c+\psi_g+\psi_a)-(\psi_e+\psi_{br}+\psi_f+\psi_r+\psi_{do}+\psi_w+\psi_s+\psi_s')=1853150\text{kJ/h}$$

表 33-2-3 列出了该铜锭加热炉的㶲平衡情况。

铜锭加热炉的㶲平衡表格　　表 33-2-3

热量输入项	kJ/h	%	热量输出项	kJ/h	%
(1)燃气化学热的㶲ψ_c	11471110	99.96%	(1)铜锭获得的㶲ψ_e	3263010	28.43%
(2)燃气物理热的㶲ψ_g	870	0.01%	(2)炉体散热㶲ψ_{br}	680240	5.93%
(3)空气物理热的㶲ψ_a	3630	0.03%	(3)排烟㶲损失 ψ_f	1211530	10.56%
			(4)辐射㶲损失 ψ_r	150220	1.31%
			(5)炉气逸漏㶲损失 ψ_{do}	770750	6.72%
			(6)冷却水带走㶲ψ_w	47460	0.41%
			(7)燃烧不可逆㶲损失 ψ_s	3227740	28.13%
			(8)热㶲损失 ψ_s'	271510	2.36%
			(9)传热不可逆㶲损失以及其他不可逆㶲损失	1853150	16.15%
合计	11475610	100.0%	合计	11475610	100.0%

可得其㶲效率为 $\eta_\psi=\dfrac{\psi_e}{\psi_c}=\dfrac{3263010}{11471110}=28.4\%$

33.3　工业炉炉内流动与传热过程

33.3.1　炉膛热交换计算

在工业炉中，由于工艺及热工制度的不同，不同炉子的炉膛热交换不同。某些炉子甚至同一炉膛内的不同地带也有不同的热交换。在间歇式炉中，同一地带因时间不同也存在着不同的热交换。因此，在热交换计算中，一定要按炉窑的实际工作情况具体分析后计算。

工业炉内热交换十分复杂，有时难以从理论上完全分析清楚。但在工程上可根据某些近似炉子工作状态下的假定条件，按传热的基本理论进行炉内热交换计算，并按实际情况进行修正。

在第 32 章讨论的炉膛热交换的基础上，本节将重点说明当炉气温度和黑度在整个炉膛中均匀分布，连续式加热炉炉膛辐射热交换的计算方法。在这种均匀辐射的情况下，炉气向单位面积炉壁或物料的辐射热量均等于 $\varepsilon_1\sigma_0 T_1^4$，其中 ε_1 为炉气黑度，T_1 为炉气绝对温度。实际上，炉气分布绝对均匀是不可能的，但是有些炉子的情况与此较为接近，或者以炉气均匀分布为其理想情况。因此，分析这种情况下的炉膛热交换是有现实意义的。为了简化起见，在分析和推导炉膛辐射热交换的计算公式时做了如下的假定：

① 炉膛是一个封闭体系；

② 炉膛内各处的气体温度是相同的；

③ 炉壁和物料表面的温度都是均匀的；

④ 炉壁和物料表面反射出来的射线密度都是均匀的；

⑤ 气体对辐射射线的吸收率在任何方向上都是一样的；

⑥ 气体的吸收率等于气体的黑度，其值仅取决于温度；

⑦ 炉壁和物料表面都具有灰体性质，即黑度不随温度而变化；

⑧ 气体以对流方式传给炉壁的热量，恰等于炉壁对外的散热量，即在辐射热交换中炉壁的热量收支相等。

在上述假定条件下，可导出炉气与物料之间的辐射热交换公式为：

$$Q_2=C\left[\left(\frac{T_1}{100}\right)^4-\left(\frac{T_2}{100}\right)^4\right]A_2 \tag{33-3-1}$$

式中 Q_2——炉气对物料的辐射热交换量（即物料所得辐射热），W；

C——导来辐射系数，W/(m^2·K^4)，其值小于 5.67；

T_1、T_2——炉气温度和物料温度，K；

A_2——物料的辐射换热面积，m^2；

炉膛热交换计算的主要任务是确定导来辐射系数。在下面的分析和推导中，公式中所用的符号统一为：T 表示温度，ε 表示黑度，φ 表示角系数，A 表示辐射换热面积，Q 表示热流量。各符号的角标 1、2、3 分别代表炉气、物料、炉壁，例如角系数 φ_{32} 表示炉壁对物料的角系数。

1. 炉气的黑度（或火焰的黑度）ε_1

温度一定时，影响炉气黑度的因素有两方面：炉气的成分；取决于炉膛形状和尺寸的有效辐射层厚度。在气体燃料炉中，影响炉气黑度的主要成分是三原子气体 CO_2 和 H_2O 以及悬浮炭颗粒。

高温气体或火焰中的悬浮碳颗粒，会放出较强的可见光，因此气体很亮，称之为亮焰或辉焰，辉焰的黑度可认为由炉气中发光部分的黑度 ε_{1l} 和不发光部分的黑度 ε_{1d} 所组成，即：

$$\varepsilon_1 = m\varepsilon_{1l} + (1-m)\varepsilon_{1d} \tag{33-3-2}$$

式中　m——发光部分所占份额，取决于炉膛热强度 q_v；当 $q_v \leqslant 400\text{kW/m}^3$ 时，$m=0.1$；当 $q_v \geqslant 1200\text{kW/m}^3$ 时，$m=0.6$。当炉膛热强度在两者之间时，用直线内插法确定。

当整个炉膛充满发光火焰或都充满不发光的三原子气体时，其黑度分别为：

$$\varepsilon_{1l} = 1 - e^{-(K_{su}r_{su}+K_{cb})PS} \tag{33-3-3}$$

$$\varepsilon_{1d} = 1 - e^{-K_{su}r_{su}PS} \tag{33-3-4}$$

式中　K_{su}——三原子气体的辐射减弱系数，1/(m·MPa)；

P——炉膛绝对压力，MPa；

K_{cb}——炭黑粒子的辐射减弱系数，1/(m·MPa)。

K_{su}可按以下经验公式确定：

$$K_{su} = 10\left[\frac{0.78+1.6r_{su}}{\sqrt{10p_{su}S}} - 0.1\right]\left(1 - 0.37\frac{T_1}{1000}\right) \tag{33-3-5}$$

式中　T_1——炉膛内烟气的平均绝对温度，K；

$r_{su}=r_{H_2O}+r_{CO_2}$——炉膛内三原子气体的总容积成分；

p_{su}——三原子气体的绝对分压力，MPa；

K_{su}的数值也可用线算图 33-3-1*a* 查得。

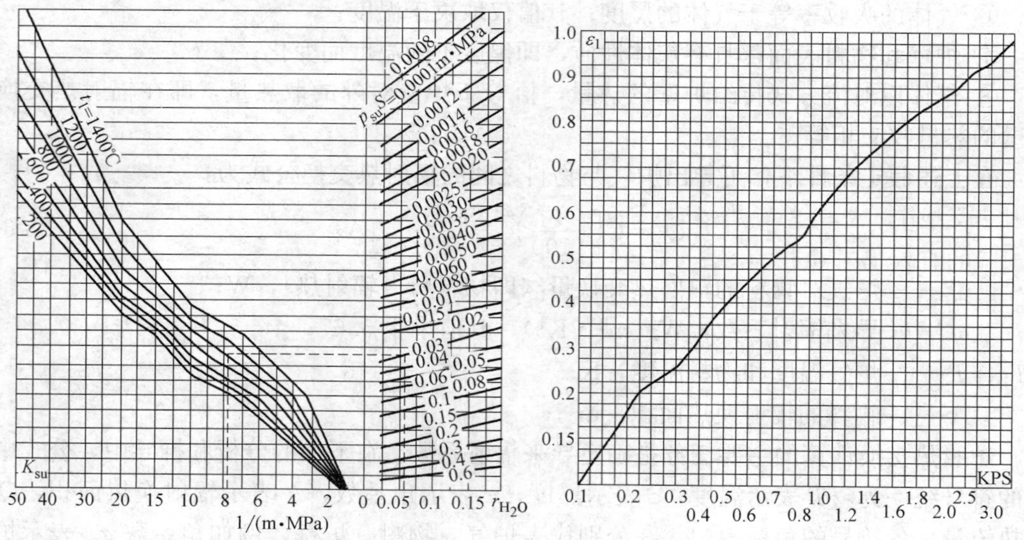

图 33-3-1*a*　三原子气体辐射减弱系数　　图 33-3-1*b*　火焰黑度

S——有效辐射层厚度；通常可用下列近似公式进行计算：

$$S = \eta\frac{4V}{A} \tag{33-3-6}$$

式中　V——炉膛的有效容积，m³；

A——包围炉膛的六个面的面积总和，m²；

η——气体辐射有效系数，一般值在 0.85～0.9 之间；计算时可近似取 0.9；

K_{cb}可用下式确定：

$$K_{cb}=0.3(2-\alpha)(1.6-\frac{T_1}{1000}-0.5)\times\frac{C}{H} \tag{33-3-7}$$

式中 $\frac{C}{H}$——燃气中C与H重量成分的比值；$\frac{C}{H}$值越大，则火焰中炭黑粒子的浓度越大，K_{cb}就越高；

α——炉膛出口过剩空气系数，α越小，火焰中炭黑浓度就越高。当$\alpha=2$时，炭黑浓度较小，不再对射线有削弱作用；此时，$K_{cb}=0$。

计算火焰黑度时所涉及的烟气成分规定以炉膛出口处的数据为准，而烟气温度为各段平均值。为了简化计算，可用线算图33-3-1（*b*）求得ε_1［对于负压或正压小于5kPa的炉膛，炉壁绝对压力$p\approx0.1$MPa;］。

2. 炉壁温度T_3

在辐射热交换中，一个物体的热量收支差额等于投来辐射与有效辐射之差。因此，炉膛的差额热量为：

$$Q_3=[\text{投来辐射}]_3-[\text{有效辐射}]_3 \tag{33-3-8a}$$

由传热学可知，一个物体的热量收支差额又可等于物体吸收投来辐射与自身辐射之差：

$$Q_3=\Lambda_3[\text{投来辐射}]_3-[\text{自身辐射}]_3 \tag{33-3-8b}$$

由上两式联立求解，可得：

$$[\text{有效辐射}]_3=\frac{[\text{投来辐射}]_3}{\Lambda_3}+\left(\frac{1}{\Lambda_3}-1\right)Q_3$$

即：

$$Q_{3e}=\frac{\varepsilon_3\sigma_0T_3^4A_3}{\Lambda_3}+\left(\frac{1}{\Lambda_3}-1\right)Q_3$$

前已假定：气体以对流方式传给炉壁的热量恰好等于炉壁向外的散热量。故在炉膛的辐射热交换中炉壁的差额热量Q_3等于零。又由于炉壁是灰体，其黑度ε_3等于吸收率Λ_3，则炉壁的有效辐射Q_{3e}为：$Q_{3e}=\sigma_0T_3^4A_3$

根据$Q_3=0$，式（33-3-8*a*）可写为：$[\text{投来辐射}]_3=[\text{有效辐射}]_3$

炉壁的投来辐射包括：炉气辐射到炉壁、物料的有效辐射到炉壁、炉壁的有效辐射到其自身三部分：

$$[\text{投来辐射}]_3=\varepsilon_1\sigma_0T_1^4A_3+Q_{2e}(1-\varepsilon_1)\varphi_{23}+Q_{3e}(1-\varepsilon_1)\varphi_{33}$$

其中σ_0为Stefan-Boltzmann常数，公式右侧第二项中的物料有效辐射又等于物料的自身辐射和反射辐射之和，即：

$$Q_{2e}=\varepsilon_2\sigma_0T_2^4A_2+\varepsilon_1\sigma_0T_1^4A_2(1-\varepsilon_2)+Q_{3e}(1-\varepsilon_1)\varphi_{32}(1-\varepsilon_2)$$

综合以上4式，并考虑到$\varphi_{23}=1$，则有：

$$\sigma_0T_3^4A_3=\varepsilon_1\sigma_0T_1^4[A_3+A_2(1-\varepsilon_1)(1-\varepsilon_2)]+\varepsilon_2\sigma_0T_2^4A_2(1-\varepsilon_1)+\sigma_0T_3^4A_3[\varphi_{23}(1-\varepsilon_1)+\varphi_{32}(1-\varepsilon_1)^2(1-\varepsilon_2)]$$

又考虑到$\varphi_{33}+\varphi_{32}=1$，整理后得到：

$$T_3^4=T_2^4+\frac{\varepsilon_1[1+\varphi_{32}(1-\varepsilon_1)(1-\varepsilon_2)]}{\varepsilon_1+\varphi_{32}(1-\varepsilon_1)[\varepsilon_2+\varepsilon_1(1-\varepsilon_2)]}[T_1^4-T_2^4]$$

上式右面分式大于0小于1，所以$T_2<T_3<T_1$。此外，若视ε_2为常数，则炉壁内表面温度T_3只取决于炉气黑度ε_1、炉气温度T_1、物料表面温度T_2以及炉围伸展系数ω。

从上式还可看出：第一，炉气温度 T_1 及物料表面温度 T_2 越高，则炉壁的温度 T_3 也越高。例如在加热炉加料时，由于物料表面温度低，炉壁温度也随之降低，平炉也是如此。第二，在炉气温度、物料温度和炉围伸展系数各因素都固定的条件下，炉气黑度越大，则炉壁内表面温度越高。因为炉气黑度越大，则炉气和炉壁的热交换程度越强，物料表面温度对炉壁影响越小，炉壁内表面温度较高且接近于炉气温度（图 33-3-2）。

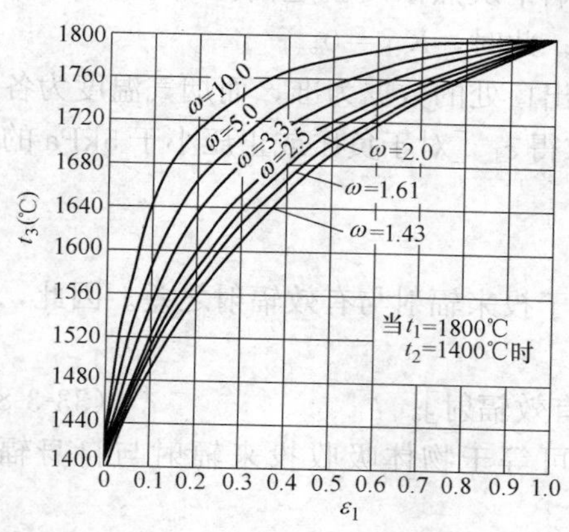

图 33-3-2　ε_1 与 ω 对炉壁内表面温度的影响

对高温炉来说，通过炉墙散失的热量以及炉气对炉壁内表面的对流换热量与炉气的强大辐射热流相比是很小的。可认为炉墙内表面温度不受炉气的对流换热量与炉墙散热损失的影响。所以，炉墙外部的绝缘层可使砌体内部的温度有所提高，即整体砌体厚度方向的平均温度有所升高。其结果也会影响砌体的使用寿命。

3. 导来辐射系数 C

物料的差额热量为：

$$Q_2=[\text{投来辐射}]_2-[\text{有效辐射}]_2$$

物料的投来辐射包括：炉气辐射到达物料表面的辐射、炉壁的有效辐射到达物料表面的辐射，即：

$$[\text{投来辐射}]_2=\varepsilon_1\sigma_0 T_1^4 A_2+Q_{3e}(1-\varepsilon_1)\varphi_{32}$$

物料的有效辐射为：

$$Q_{2e}=\sigma_0 T_2^4 A_2+\left(\frac{1}{\varepsilon_2}-1\right)Q_2$$

这样就可以得到物料的差额热量为：

$$Q_2=\varepsilon_1\sigma_0 T_1^4 A_2+Q_{3e}(1-\varepsilon_1)\varphi_{32}-\sigma_0 T_2^4 A_2-\left(\frac{1}{\varepsilon_2}-1\right)Q_2$$

当炉壁的差额热量等于零时，炉壁的有效辐射为：$Q_{3e}=\sigma_0 T_3^4 A_3$

如果物料表面为平面，则：$A_3\varphi_{32}=A_2\varphi_{23}=A_2$

整理以上 3 式后，得：

$$Q_2=\varepsilon_1\sigma_0 T_1^4 A_2+\sigma_0 T_3^4 A_2(1-\varepsilon_1)-\sigma_0 T_2^4 A_2-\left(\frac{1}{\varepsilon_2}-1\right)Q_2$$

再将炉壁温度的计算式代入上式，整理后得到物料的差额热量为：

$$Q_2=\frac{\varepsilon_1\varepsilon_2\sigma_0[1+\varphi_{32}(1-\varepsilon_1)]}{\varepsilon_1+\varphi_{32}(1-\varepsilon_1)[\varepsilon_2+\varepsilon_1(1-\varepsilon_2)]}[T_1^4-T_2^4]A_2 \tag{33-3-9}$$

由于 $\sigma_0=5.67\times10^{-8}\text{W/(m}^2\cdot\text{K}^4)$，代入上式有：

$$Q_2=\frac{5.67\varepsilon_1\varepsilon_2[1+\varphi_{32}(1-\varepsilon_1)]}{\varepsilon_1+\varphi_{32}(1-\varepsilon_1)[\varepsilon_2+\varepsilon_1(1-\varepsilon_2)]}[T_1^4-T_2^4]A_2\times10^{-8}$$

上式中物料的差额热量即为炉气与物料之间的辐射热交换量，则得导来辐射系数为：

$$c=\frac{5.67\varepsilon_1\varepsilon_2[1+\varphi_{32}(1-\varepsilon_1)]}{\varepsilon_1+\varphi_{32}(1-\varepsilon_1)[\varepsilon_2+\varepsilon_1(1-\varepsilon_2)]} \tag{33-3-10}$$

式中　φ_{32}——炉壁对物料的辐射角系数，其数值等于物料的辐射换热面积与炉膛内表面积之比，即 $\varphi_{32}=\dfrac{A_2}{A_3}$；

ε_2——物料的黑度，对于被氧化的金属，一般取 $\varepsilon_2 \approx 0.8$。

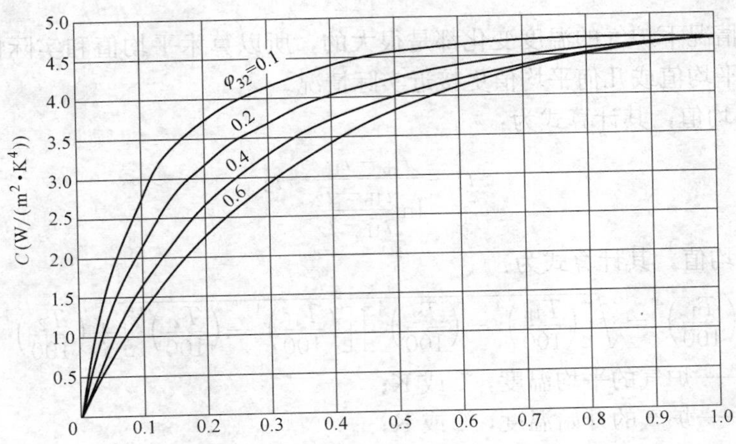

图 33-3-3 C 随 ε_1 与 φ_{32} 而变化的关系曲线

由于 ε_2 近似为常数，故导来辐射系数 C 仅是炉气黑度与炉壁对物料角系数的函数，即 $C=f(\varepsilon_1, \varphi_{32})$。在实际应用中，将该函数绘制成曲线，如图 33-3-3。根据已知的 ε_1 和 φ_{32} 之值，可非常简便地查出 C 值。

由图 33-3-3 可看出，当炉气黑度 ε_1 比较小时，增加 ε_1 可使 C 值取得比较显著的提高，从而增加物料得到的热量；但当 ε_1 比较大时，再增加 ε_1 值效果不明显。

4. 物料（金属）表面以及炉气的平均温度

金属表面温度沿炉长方向（如连续式加热炉）或随时间（如成批出料的室式加热炉）而有所变化。同样，炉气温度也相应地沿炉长或随时间而有所变化。因此，进行炉膛热交换计算时，必须决定沿炉长方向或在规定时间范围内炉气和金属表面的平均温度。

(1) 金属表面的平均温度：常用以下几种方法计算：

① 算术平均值：适用于低温炉情况，计算式为：

$$t_2=\frac{t_{2b}+t_{2f}}{2} \tag{33-3-11}$$

② 几何平均值：适用于高温炉情况，其计算式为：

$$\left(\frac{T_2}{100}\right)^4=\frac{1}{2}\left[\left(\frac{T_{2b}}{100}\right)^4+\left(\frac{T_{2f}}{100}\right)^4\right] \tag{33-3-12}$$

③ 抛物线平均值：适用于连续加热炉情况，其计算式为：

$$t_2=t_{2b}+\frac{2}{3}(t_{2f}-t_{2b}) \tag{33-3-13}$$

或者：

$$t_2=t_{2f}-\frac{1}{3}(t_{2f}-t_{2b}) \tag{33-3-14}$$

式中 $t_2(T_2)$——金属表面平均温度，℃或 K；

$t_{2b}(T_{2b})$——金属表面开始温度，℃或 K

$t_{2f}(T_{2f})$——金属表面终了温度，℃或 K

（2）炉气平均温度：常用以下集中方法计算：

① 算术平均值：适用于炉气温度变化不大或呈直线变化的情况，计算式为：

$$t_1=\frac{t_{1b}+t_{1f}}{2} \tag{33-3-15}$$

在大多数情况下炉气的温度变化都是很大的，所以算术平均值和实际情况距离较大，此时应用对数平均值或几何平均值更接近实际情况。

② 对数平均值，其计算式为：

$$t_1=\frac{t_{1b}-t_{1f}}{\ln\dfrac{t_{1b}-t_2}{t_{1f}-t_2}}+t_2 \tag{33-3-16}$$

③ 几何平均值，其计算式为：

$$\left(\frac{T_1}{100}\right)^4=\sqrt{\left[\left(\frac{T_{1b}}{100}\right)^4-\left(\frac{T_2}{100}\right)^4\right]\left[\left(\frac{T_{1f}}{100}\right)^4-\left(\frac{T_2}{100}\right)^4\right]}+\left(\frac{T_2}{100}\right)^4 \tag{33-3-17}$$

式中　$t_1(T_1)$——炉气的平均温度，℃或K；

$t_{1b}(T_{1b})$——炉气的开始温度，℃或K；

$t_{1f}(T_{1f})$——炉气的终了温度，℃或K；

若燃气在炉膛内燃烧，则求炉气平均温度时，对数平均值和几何平均值两者都可应用。在高温炉中用几何平均值更接近于实际情况。

33.3.2　对流换热面传热计算

燃气在炉内燃烧所产生的热量，有很大一部分包含在炉子排出的烟气之中。例如连续式加热炉排出烟气带走的热量可占热负荷的45%～55%，室式加热炉则更高。根据节约能源的要求，这部分热量必须加以利用。排烟中的热量首先应该用来预热入炉的物料、燃烧用的空气和燃气，使排烟带走的热量重新回到炉内，直接节约加热工业炉所需要的优质燃料。这是比较理想的热能利用方案。

为了回收烟气中的热量，在先进的工业炉尾部都设有空气预热器、燃气预热器等对流换热面。在这些换热面中，高温烟气主要以对流方式进行放热。由于烟气中含有三原子气体和炭黑粒子，它们具有一定的辐射能力，因此还有辐射传热。

1. 对流换热面的传热方程和热平衡方程

以单位时间内烟气的放热量或工质的吸热量为基础，可得出对流换热面的传热方程和热平衡方程如下：

（1）传热方程式

通过对流传热面的传热量为：

$$Q_t=3600KA\Delta t \tag{33-3-18}$$

式中　Q_t——经过对流传热面的传热量，kJ/h；

K——在某一对流传热面中，由管外烟气侧至管内工质侧的传热系数，kW/(m² · K)；

A——某一对流换热面的计算传热面积，m²；

Δt——平均温差，℃。

（2）热平衡方程式

① 烟气侧：

$$Q_{\mathrm{b}}=\varphi(L_{\mathrm{f1}}c_{\mathrm{f1}}t_{\mathrm{f1}}-L_{\mathrm{f2}}c_{\mathrm{f2}}t_{\mathrm{f2}}) \tag{33-3-19}$$

② 工质侧（为空气时）：

$$Q_{\mathrm{b}}=\frac{1+\beta}{2}L_{\mathrm{a}}c_{\mathrm{a}}(t_{\mathrm{a2}}-t_{\mathrm{a1}}) \tag{33-3-20}$$

式中 Q_{b}——在某一对流传热面中，单位时间内烟气传给传热面的热量，kJ/h；在稳定传热情况下，它等于工质的吸热量，也等于传热面的传热量 Q_{t}；

φ——考虑散热损失的保温系数；

L_{f1}、L_{f2}——烟气进入和离开此传热面时的流量，m^3/h；

c_{f1}、c_{f2}——烟气进入和离开此传热面时的平均定压容积比热，kJ/(m^3·K)；

t_{f1}、t_{f2}——烟气进入和离开此传热面时的温度，℃；

β——考虑管道不严密的漏风系数；

L_{a}——燃气燃烧需要的实际空气量，m^3/h；

c_{a}——空气的平均定压容积比热；

t_{a1}、t_{a2}——空气进入和离开此传热面的温度，℃。

式（33-3-18）～式（33-3-20）是对流传热面计算的基本方程式。当已知对流传热面的传热面积，而需要确定烟气放热后的温度时，计算的关键在于确定传热系数。

2. 传热系数

对流传热面的一侧是烟气，另一侧是工质（空气或燃气）。烟气侧的表面往往有一层灰污，增加了传热热阻；由于烟气对灰污层的放热热阻以及灰污层的热阻都难以单独测定，在计算时可用利用系数 ξ 来考虑灰污对传热的影响。

对空气（或燃气）预热器，把灰污和烟气冲刷不完全对传热的影响合并起来用利用系数 ξ 来考虑，它表示传热面实际的传热系数和无灰污并冲刷完全时的传热系数的比值，即：

$$\xi=\frac{K}{K_0'}$$

所以：

$$K=\xi K_0'=\xi\frac{\alpha_1\alpha_2}{\alpha_1+\alpha_2} \tag{33-3-21}$$

式中 ξ——空气（或燃气）预热器的利用系数；

α_1——烟气对管壁的放热系数，kW/(m^2·K)；

α_2——管壁对工质的放热系数，kW/(m^2·K)；

对于燃用气体燃料的管式空气预热器，若中间没有管板，$\xi=0.85$；若有一块中间管板，ξ 要降低 0.1；若有两块中间管板，ξ 值要降低 0.15；

必须指出：高温烟气对管壁的放热系数是由对流放热系数和辐射放热系数两部分组成的。即：

$$\alpha_1=\alpha_{\mathrm{c}}+\alpha_{\mathrm{r}}$$

式中 α_{c}——对流放热系数，kW/(m^2·K)；

α_{r}——辐射放热系数，kW/(m^2·K)。

综上，为了计算传热系数 K，必须确定烟气对管壁的放热系数 α_1 和管壁对工质的放热系数 α_2 等。下面介绍有关参数的确定方法。

33.3.3　对流传热系数

由传热学可知，受迫流动情况下传热系数的准则方程为：

$$\mathrm{Nu}=f(\mathrm{Re},\mathrm{Pr})$$

即：

$$\frac{\alpha_c d}{\lambda}=f\left(\frac{vd}{\upsilon},\frac{\mu gc}{\lambda}\right)$$

式中　$\mathrm{Nu}=\frac{\alpha_c d}{\lambda}$——Nusselt 准则；

$\mathrm{Re}=\frac{vd}{\upsilon}$——Reynolds 准则；

$\mathrm{Pr}=\frac{\mu gc}{\lambda}$——Prandl 准则。

按照相似理论整理大量的实验数据，可获得各种不同冲刷条件下的准则方程，从而可求出相应的对流换热系数 α_c；从上面的函数式可以看出，影响 α_c 的因素有：换热面的特性尺寸 d，工质的流速 v 以及物理性质，如导热系数 λ、动力黏度 μ、密度 ρ、定压比热 c 等。

1. 横向冲刷管束的对流传热系数

（1）横向冲刷管束、错列布置时的对流换热系数

$$\alpha_c=c_S c_r \frac{\lambda}{d}\left(\frac{vd}{\upsilon}\right)^{0.6}\mathrm{Pr}^{0.33} \tag{33-3-22}$$

式中　λ——工质在平均温度下的导热系数，kW/(m·K)；

υ——工质在平均温度下的运动黏度，m^2/s；

d——管子外径，m；

v——工质在最窄截面处的平均流速，m/s；

Pr——工质在平均温度下的 Prandl 准则；

c_S——管束结构特性$\left(\frac{S_1}{d}, \frac{S_2}{d}\right)$修正系数，$S_1$、$S_2$为管中心距；

c_r——管束排数 Z_2 的修正系数。

c_s值取决于图 33-3-4 中横向管间流通截面 AB 与斜向流通截面 CD 之比值 φ_σ，即：

$$\varphi_\sigma=\frac{AB}{CD}=\frac{S_1-d}{S_2'-d}=\frac{\sigma_1-1}{\sigma_2'-1}$$

而：

$$\sigma_2'=\frac{S_2'}{d}=\sqrt{\frac{1}{4}\sigma_1^2+\sigma_2^2}$$

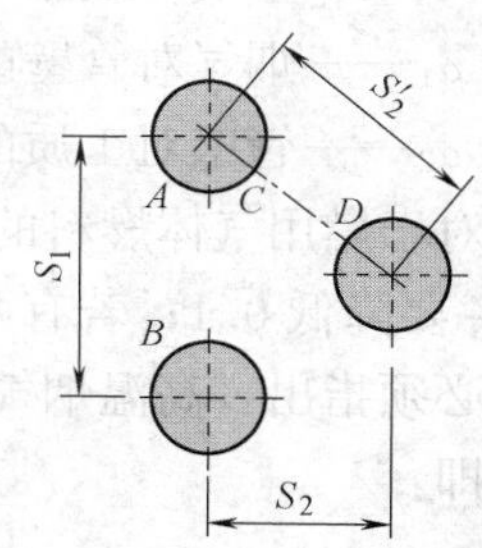

图 33-3-4　错列管的节距

式中　σ_1、σ_2、σ_2'——垂直于冲刷方向、平行于冲刷方向和对角线方向的相对节距；

当 $0.1<\varphi_\sigma\leqslant 1.7$ 时，$c_S=0.34\varphi_\sigma^{0.1}$；

当 $1.7<\varphi_\sigma\leqslant 4.5$ 时，$c_S=0.275\varphi_\sigma^{0.5}$ （$\sigma_1<3$ 时），$c_S=0.34\varphi_\sigma^{0.1}$（$\sigma_1\geqslant 3$ 时）；

由于流态不同，最初几排管子的放热系数比后几排要小，其影响用c_r修正。当沿气流方向的管排数Z_2＞10时，c_r＝1；

当Z_2＜10时，$c_r=3.12Z_2^{0.05}-2.5$（$\sigma_1<3$时）；$c_r=4Z_2^{0.02}-3.2$（$\sigma_1\geqslant3$时）。

式（33-3-22）可简化为线算图33-3-5，使用该图时的计算式如下：

$$\alpha_c=\alpha_0 c_S c_r c_m \tag{33-3-23}$$

式中 α_0——在标准烟气条件下（成分$r_{H_2O}=0.11$，$r_{CO_2}=0.13$）所得到的对流传热系数，由图33-3-5查得。

c_m——工质（烟气、空气）物理特性修正系数，由图33-3-5查得。

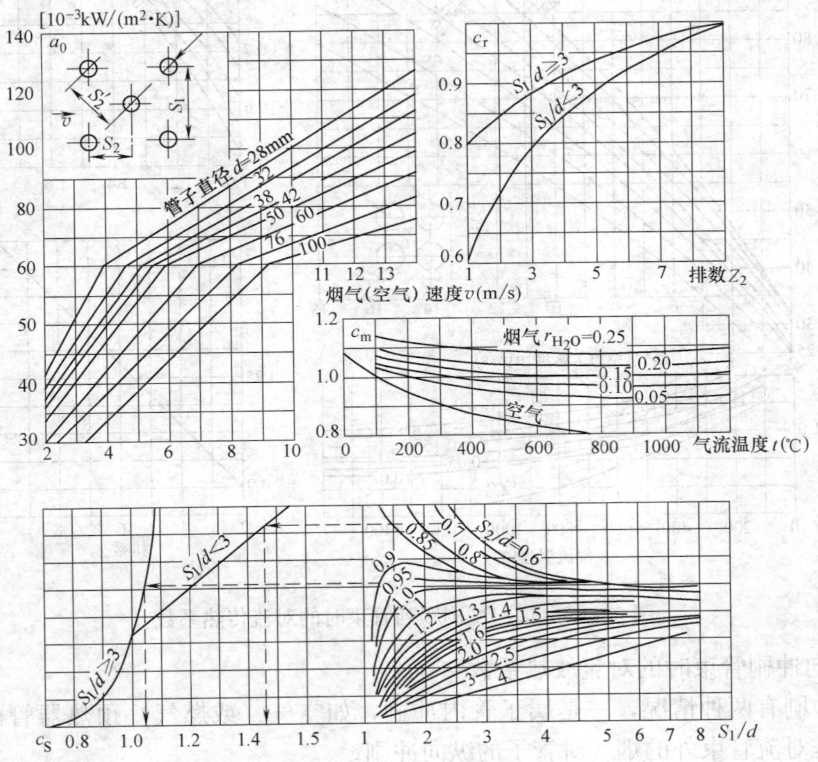

图33-3-5 横向冲刷错列管束时的对流传热系数

（2）横向冲刷管束、顺列布置时的对流换热系数

$$\alpha_c=0.2c_S c_r\frac{\lambda}{d}\left(\frac{vd}{\upsilon}\right)^{0.65}\mathrm{Pr}^{0.33} \tag{33-3-24}$$

式中符号的意义同前。

顺列管束的结构特性修正系数按下式计算：

$$c_S=\left[1+(2\sigma_1-3)\left(1-\frac{\sigma_2}{2}\right)^3\right]^{-2}$$

当$\sigma_2\geqslant2$和$\sigma_1\leqslant1.5$时，取$c_S=1$；

当$\sigma_2<2$和$\sigma_1>3$时，取$\sigma_1=3$，并由图33-3-6查得c_S。

管排数 Z_2 的修正系数 c_r 按下式计算：

当 $Z_2<10$ 时，$c_r=0.91+0.0125(Z_2-2)$；

当 $Z_2\geqslant10$ 时，$c_r=1$；

式（33-3-24）也可做成线算图 33-3-6，使用该图的计算式为：

$$\alpha_c=\alpha_0 c_s c_r c_m \tag{33-3-25}$$

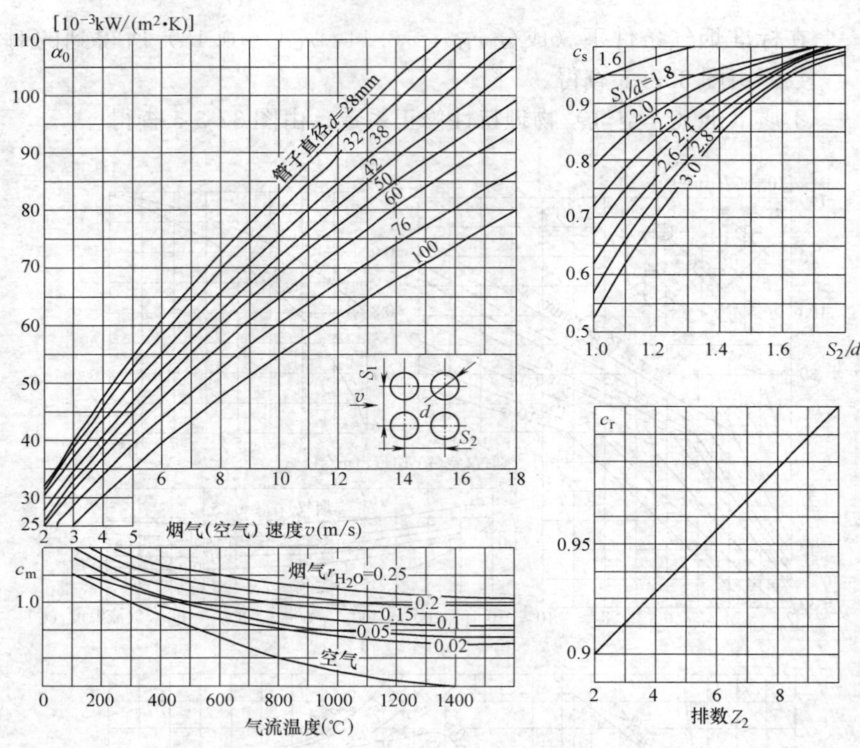

图 33-3-6　横向冲刷顺列管束时的对流传热系数

2. 纵向冲刷管束时的对流放热系数

纵向冲刷有两种情况，一是属于管内冲刷，如空气（或燃气）预热器管内的烟气流动，一种是对流管束外的烟气对管子的纵向冲刷。

纵向冲刷管子时，工质的流动通常处于紊流状态（$Re>10^4$），其传热系数可由下式确定：

$$\alpha_c=0.023\frac{\lambda}{d_e}\left(\frac{vd_e}{\upsilon}\right)^{0.8}Pr^{0.4}c_t c_l c_d \tag{33-3-26}$$

式中　d_e——当量直径，m；

c_t——热流方向的修正系数，考虑热流方向不同时对放热的影响，当空气被加热时 $c_t=\left(\frac{T}{T_b}\right)^{0.5}$，其中 T 和 T_b 分别表示空气与管壁的温度，K；当烟气被冷却时，$c_t=1$；

c_l——管束相对长度的修正系数。考虑流体在进口处放热较强的影响，其值决定于管束长度和当量直径的比值，可由图 33-3-7 查得；

c_d——管径的修正系数。

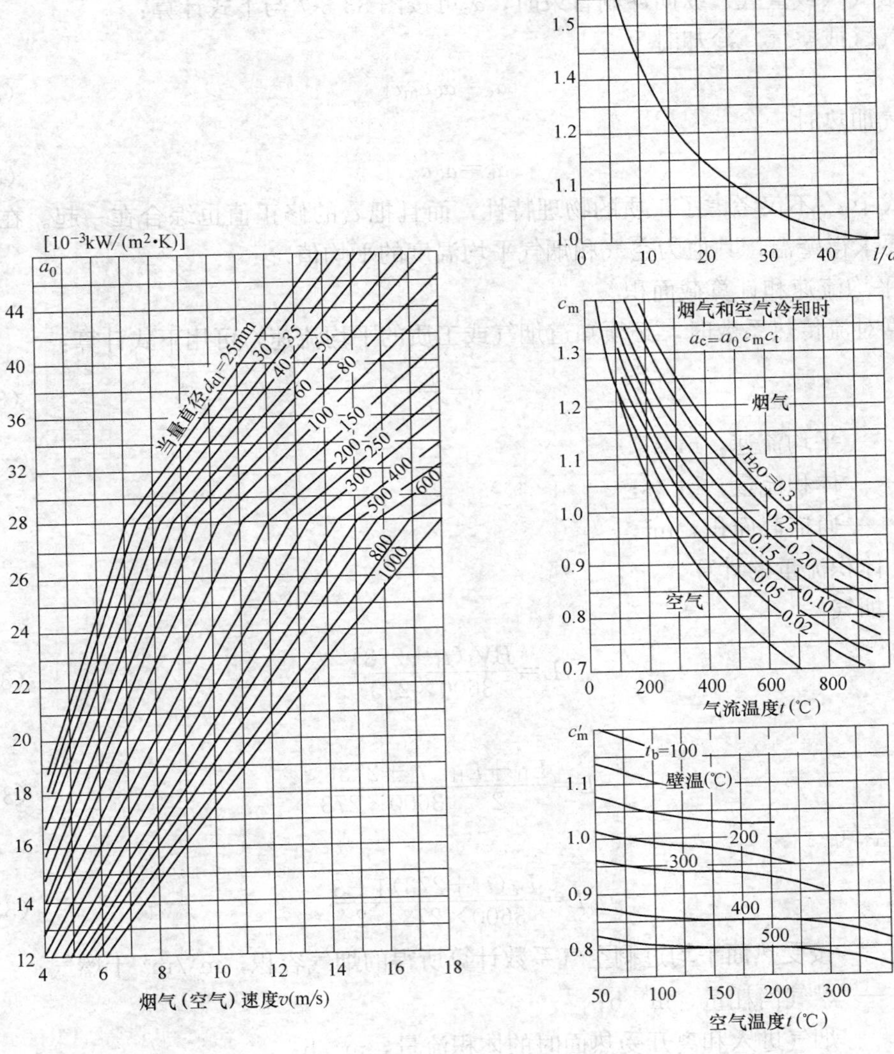

图 33-3-7　空气或烟气在纵向冲刷时的对流放热系数

当气流在圆管内流动时，当量直径即为管子的内径；当气流在非圆形管内流动时：

$$d_e = \frac{4A}{U} \tag{33-3-27}$$

式中　A——非圆形管道流通截面积，m^2；

U——湿周长（m）；

对截面尺寸为 $a \times b$ 的矩形管道：

$$d_e = \frac{2ab}{a+b} \tag{33-3-28}$$

当矩形管道内布有 Z 根管子而气流在管外纵向冲刷时，

$$d_e = \frac{4\left(ab - Z\frac{\pi d^2}{4}\right)}{2(a+b) + Z\pi d} \tag{33-3-29}$$

为了方便起见，上述计算方法可编制成线算图，如图 33-3-7 所示。

当烟气（或空气）纵向冲刷管束时，α_c可按图 33-3-7 与下式计算：

烟气（或空气）冷却时

$$\alpha_c=\alpha_0 c_m c_l \tag{33-3-30}$$

空气加热时

$$\alpha_c=\alpha_0 c_m' c_l \tag{33-3-31}$$

上式中 c_m'不仅考虑了工质的物理特性，而且把 c_t的修正值也综合在一起。在查取 c_m'时，先要求得壁温，其值为空气和烟气平均温度的平均值。

3. 平均流速和计算截面积

计算对流传热系数时，必须知道烟气或工质的平均流速，可用下式计算：

$$v=\frac{L}{f} \tag{33-3-32}$$

式中 v——平均流速，m/s；

L——体积流量，m^3/s；

f——通道截面积，m^2。

（1）体积流量的计算

对于烟气

$$L=\frac{BV_f(t_f+273)}{3600\times273} \tag{33-3-33}$$

或

$$L=\frac{L_{f1}+L_{f1}}{2}\frac{t_f+273}{3600\times273} \tag{33-3-34}$$

对于空气

$$L=\frac{L_a(t_a+273)}{3600\times273}\frac{1+\beta}{2} \tag{33-3-35}$$

式中 V_f——按受热面平均过剩空气系数计算所得的烟气容积，m^3/m^3 干燃气；

B——燃气消耗量，m^3/h；

L_{f1}、L_{f2}——烟气进入和离开受热面时的体积流量，m^3/h；

L_a——燃气燃烧所需的实际空气量，m^3/h；

β——漏风系数。

（2）通道截面积 f 的计算

① 当烟气横向冲刷光管管束时

$$f=ab-Z_1 d_{out} l \tag{33-3-36}$$

式中 a、b——烟道的长与宽，m；

Z_1——在所计算截面上的管子根数；

d_{out}——管子外径，m；

l——管子在计算截面上的投影长度。

② 当烟气纵向冲刷光管管束时：

管内纵向冲刷

$$f=Z\frac{\pi d_{in}^{2}}{4} \tag{33-3-37}$$

管外纵向冲刷

$$f=ab-Z\frac{\pi d_{out}^{2}}{4} \tag{33-3-38}$$

式中 Z——并联管子数；

d_{in}——管子内径，m。

33.3.4 辐射传热系数

当进入空气（燃气）预热器、对流管束的烟气温度较高时，在热力计算中必须考虑高温烟气的辐射影响。气体辐射换热可按下式计算：

$$q_r=\varepsilon_1\frac{\varepsilon_t+1}{2}\sigma_0(T_f^4-T_t^4)$$

式中 q_r——辐射换热量，kW/m²；

ε_1、ε_t——烟气、管壁的黑度，通常 $\varepsilon_t=0.8\sim0.9$；

T_f、T_t——烟气、管壁灰污表面的绝对温度，K。

如果将上式表示成对流换热公式的形式，则

$$q_r=\alpha_r(T_f-T_t)$$

比较以上两式，可得

$$\alpha_r=\varepsilon_1\frac{\varepsilon_t+1}{2}\sigma_0 T_f^3\frac{1-\left(\frac{T_t}{T_f}\right)^4}{1-\frac{T_t}{T_f}} \tag{33-3-39}$$

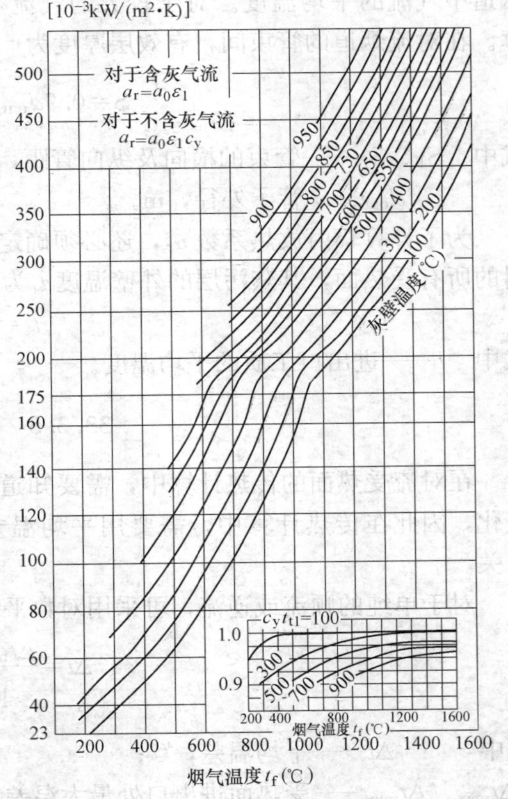

图 33-3-8 辐射放热系数

上式只适用于含灰气流。燃用气体燃料时，烟气不含灰气流。由于气体辐射能量不是与温度成四次方关系，故需对上式加以修正，这时：

$$\alpha_r=\varepsilon_1\frac{\varepsilon_t+1}{2}\sigma_0 T_f^3\frac{1-\left(\frac{T_t}{T_f}\right)^{3.6}}{1-\frac{T_t}{T_f}} \tag{33-3-40}$$

α_r亦可用图 33-3-8 与下式计算：

对含灰气流：

$$\alpha_r=\alpha_0\varepsilon_1 \tag{33-3-41}$$

对不含灰气流：

$$\alpha_r = \alpha_0 \varepsilon_1 c_y \tag{33-3-42}$$

式中　α_0——当含灰气流黑度 $\varepsilon_1 = 1$ 时的辐射放热系数；

c_y——不含灰气流的辐射修正系数，用来修正烟气中不含灰而导致烟气辐射的减弱；

ε_1——气流（烟气）的黑度（$\varepsilon_1 = 1 - e^{-KPS}$）。

气体的减弱系数 K 值可按下式求得：

$$K = K_{su} r_{su} \tag{33-3-43}$$

与前面介绍的火焰黑度计算方法一样，一般非正压炉 $p \approx 0.1$MPa，对不含灰气流，气体减弱的系数可按式 33-3-43 计算或查线算图 33-3-1。在计算或查图时，烟气温度应取烟道中气流的平均温度。对于较大的气流空间，有效辐射层厚度 S 可按式（33-3-6）计算。在对流烟道的管束间，有效层厚度为

$$S = 0.9 d_{out} \left(\frac{4}{\pi} \frac{S_1 S_2}{d_{out}^2} - 1 \right) \tag{33-3-44}$$

式中　S_1、S_2——管束的横向及纵向管距，m；

d_{out}——管子外径，m。

为了计算辐射放热系数 α_r，还必须确定管壁灰污层外表面的温度 t_t。对于燃用气体燃料的所有受热面，其灰污层的外壁温度 t_t 为：

$$t_t = t + 25 \tag{33-3-45}$$

式中　t——进出口工质的平均温度。

33.3.5　平均温差

在对流受热面的传热计算中，需要知道传热温差 Δt。由于换热介质沿受热面有温度变化，因此在传热计算中，需要用平均温差。平均温差和受热面两侧介质的相对流向有关。

对于单纯的顺流或逆流，可采用对数平均温差：

$$\Delta t = \frac{\Delta t_{max} - \Delta t_{min}}{\ln \dfrac{\Delta t_{max}}{\Delta t_{min}}} \tag{33-3-46}$$

式中　Δt——平均温差，℃；

Δt_{max}、Δt_{min}——受热面进出口处最大温差和最小温差，℃。

当 $\dfrac{\Delta t_{max}}{\Delta t_{min}} \leqslant 1.7$ 时，采用算术平均值已足够精确：

$$\Delta t = \frac{\Delta t_{max} + \Delta t_{min}}{2} = t_f - t \tag{33-3-47}$$

式中　t_f 和 t——烟气和工质的平均温度，℃。

在相同的工质进出口温度和相同的烟气进出口温度条件下，逆流具有最大的平均温差，顺流具有最小的平均温差。对任何系统，$\Delta t_{pa} \geqslant 0.92 \Delta t_{op}$ 时，则可用下式计算平均温差：

$$\Delta t = \frac{\Delta t_{pa} + \Delta t_{op}}{2} \tag{33-3-48}$$

式中 Δt_{pa}——系统为纯顺流时的平均温差，℃；

Δt_{op}——系统为纯逆流时的平均温差，℃。

33.3.6 对流受热面传热计算方法

对流受热面的传热计算以式（33-3-18）～式（33-3-20）为基础。由于对流换热的传热量与烟气放热量都与烟气温度有关，故对流传热计算需用试算法。对流受热面的传热计算通常采用校核计算的步骤，即已知受热面的结构特性、工质的入口温度、每小时燃气消耗量、烟气入口温度、漏风系数等，计算受热面的传热量和烟气、工质的出口温度。

计算时先假定受热面的烟气出口温度 t_{f2}，然后按烟气侧的热平衡方程式算出烟气的放热量 Q_f；再由工质侧的热平衡方程式求得工质的出口温度。再由传热方程式（33-3-18）算出传热量 Q_t，最后按 $Q_f = Q_t$ 的原则，检验某受热面的烟气出口温度 t_{f2} 假定的是否合理。可按下式计算烟气放热量 Q_f 和传热量 Q_t 之间的误差：

$$\delta Q = \left| \frac{Q_f - Q_t}{Q_t} \right| \tag{33-3-49}$$

当 $\delta Q \leqslant 5\%$，则可认为假定的烟气出口温度是准确的。该部分受热面的传热计算也就完成。此时温度的最终数据应以热平衡公式中的值为准。当 $\delta Q > 5\%$ 时，必须重新假定烟气出口温度 t_{f2} 再进行计算。第二次假定的 t_{f2} 和第一次的假定值相差不到 50℃，则传热系数可不必重算，只需重算平均温差以及 Q_f 和 Q_t，然后再校核 δQ 直到 $\leqslant 5\%$ 为止。

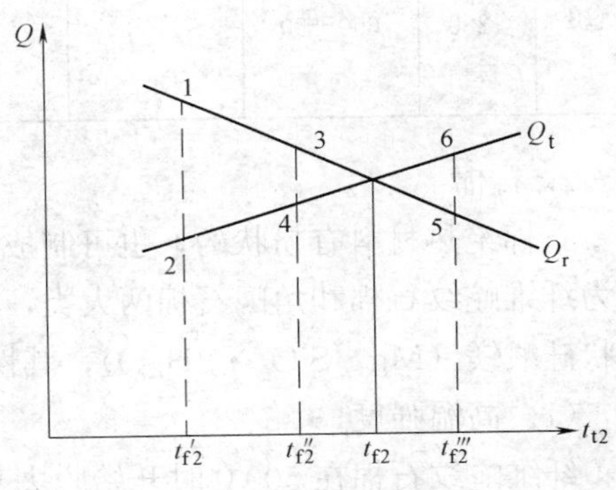

图 33-3-9 t_{f2} 的图解法

为了避免多次重算的麻烦，在实用上常采用图解法，即先假定三个烟气出口温度——t'_{f2}、t''_{f2}、t'''_{f2}，然后分别算出这三个假定温度下的 Q_f 和 Q_t 值，连接三个 Q_f 值和三个 Q_t 值可得两条直线，其交点所对应的温度即为实际的烟气出口温度 t_{f2}（图 33-3-9）。

目前，随着计算机技术的发展，已可将上述计算步骤编制为程序，能够更快捷地解决问题。

33.4 保温隔热材料的热工性能

33.4.1 常用保温隔热材料的性能

一般可按照工作温度来划分绝热材料：工作温度高于 1200℃时，称为高温绝热材料；工作温度低于 1200℃而高于 900℃时，称为中温绝热材料；工作温度低于 900℃时，称为低温绝热材料。下面简单介绍几种常用的绝热材料。

1. 硅藻土

硅藻土是硅藻的尸骸沉积在海底或湖底所形成的一种松软多孔的矿物，其主要化学成分是非晶体的SiO_2，并含有有机物质、黏土等杂质。硅藻土砖是以煅烧过的硅藻土为主，用生硅藻土或黏土结合剂制成的。硅藻土不是耐火材料，使用时不能与火焰直接接触；在工作温度低于900℃时，绝热性能良好；表33-4-1是硅藻土砖的性能指标。

硅藻土砖的性能指标　　**表33-4-1**

级别	耐火度（℃）	密度（kg/m³）	耐压强度（kPa）	不同温度下的导热系数[W/(m·℃)]			热膨胀系数
				温度(℃)	导热系数	计算公式	
A级	1280	500±50	500	50 350 550	0.081 0.143 0.174	0.072+0.000206t	0.9×10^{-6}
B级	1280	550±50	700	50 350 550	0.095 0.159 0.192	0.085+0.000214t	0.94×10^{-6}
C级	1280	650±50	1100	50 350 550	0.110 0.163 0.214	0.10+0.000228t	0.97×10^{-6}

2. 石棉

石棉绝热材料有粉状的，也可制成石棉板、石棉布、石棉纸、石棉绳等使用。石棉可分为纤维蛇纹石棉和角闪石棉两大类，用得最多的是前者，又称温石棉，其化学成分为纤维状硅酸镁（$Mg\cdot SiO_3\cdot 2H_2O$），其性能如下：

（1）高温强度

纤维蛇纹石棉在500℃时开始脱去其化学结合水并使其强度降低，在700～800℃时变脆。其熔点为1500℃。

（2）密度及导热性能

在松散状态下的纤维石棉，密度和导热系数都较小；常用石棉制品的导热系数如下：

优质石棉绒为$0.086+0.233\times10^{-3}t$　[W/(m·℃)]；

石棉水泥板为$0.070+0.174\times10^{-3}t$　[W/(m·℃)]；

石棉板为$0.163+0.174\times10^{-3}t$　[W/(m·℃)]；

（3）耐热性及化学性能

纤维石棉耐热性能良好，长期使用温度可达700℃，在高温下不燃烧，耐碱性强，耐酸性弱。

3. 蛭石

蛭石作为工业原料使用开始于20世纪初期，膨胀蛭石的普遍使用则开始于1940s年代；蛭石得名于它在受热膨胀时的形态很像水蛭的蠕动。

（1）化学成分

蛭石是一种复杂的铁、镁、含水硅酸铝盐类矿物，其矿物组成和化学成分极为复杂，且不稳定；化学组成大致如下：SiO_2：38%～42%，Al_2O_3：8%～18%，MgO：7.8%～

24.5%，CaO：0.9%～11%，Fe_2O_3：3%～23%；另外产地不同，还含有少量的K_2O、Na_2O、MnO、水分等。蛭石的化学成分变化很大，不能单从其化学成分来评价其性质。

（2）物理性质

由于水化程度的不同，蛭石的物理性质也有很大的变化。当蛭石被加热到800～1100℃时，在短时间内体积急剧膨胀，单片体积可增大15～20倍，这是它最有价值的特性。

蛭石的抗压强度不大，一般为10～15MPa，其硬度为1.0～1.8，熔点为1300～1370℃；蛭石不耐酸，即使在常温下也可被硫酸和盐酸腐蚀，腐蚀程度随温度的增高和酸浓度的加大而提高；但蛭石的耐碱性较强，苛性碱对蛭石的腐蚀也很微弱。

蛭石的电绝缘性能很差，不可用作电绝缘材料。

4. 膨胀蛭石

蛭石经过高温煅烧成为膨胀蛭石后才具有使用价值，受蛭石原料和生产工艺的影响，膨胀蛭石的性质有很大的变化。

（1）密度

密度是衡量绝热材料质量的主要指标之一。膨胀蛭石的密度一般为80～200kg/m³，这主要取决于膨胀程度、颗粒组成和杂质含量等因素。换言之，尽管蛭石的原料质量很好，若煅烧不好、未达到完全膨胀，密度也会增加；同样，若在选矿时没有很好地清除杂质，尽管煅烧得很好，由于杂质不会膨胀，其密度也会增加；另外，膨胀蛭石的颗粒组成对其密度的影响也很大，大的颗粒密度小，小的颗粒密度大。

（2）导热性

膨胀蛭石的导热系数一般为0.047～0.07W/(m·℃)。膨胀蛭石的导热性能与其结构状态、密度、颗粒尺寸、热流方向等因素有关。

① 密度对导热性能的影响。可用下式来表示密度对导热系数的影响：

$$\lambda=(0.0454+0.00128\rho)\pm0.0116[\mathrm{W/(m\cdot ℃)}]$$

式中 λ——膨胀蛭石的导热系数；

ρ——膨胀蛭石的密度；

② 所处环境的温度对导热性能的影响。高温时，由于膨胀蛭石薄层间空气的热交换作用增强，使其导热系数增大，隔热性能降低；膨胀蛭石的导热系数随其所处环境温度的提高而成正比地增大。

③ 颗粒尺寸的影响：当温度在100℃以下时，小颗粒的膨胀蛭石比大颗粒的导热系数大。而当温度更高时，就会出现与此相反的现象，因为大颗粒的对流换热作用比小颗粒要充分得多；因此，在低温环境下绝热时，可选用大颗粒的膨胀蛭石；在高温环境下绝热时，就要用小颗粒的膨胀蛭石。

④ 颗粒层面与热流的方向对导热性能的影响：膨胀蛭石的导热性能随着热流与颗粒层面的方向不同而不同，热流沿其层面流动比垂直其层面流动时的导热系数要大两倍。因此，在填充松散膨胀蛭石时，要尽可能使膨胀蛭石的层理与热流的方向垂直，这样在使用同样的膨胀蛭石的情况下，可得到最小的导热系数。

⑤ 含水量的影响：由于水的导热系数比空气大，膨胀蛭石的含水量的增大会导致其导热系数增加。当膨胀蛭石的含水量增加1%时，导热系数平均提高2%左右。故此，应防止膨胀蛭石受潮，尽量降低其含水量。

膨胀蛭石制品的性能　　表 33-4-2

指标	水泥蛭石制品	水玻璃蛭石制品	沥青蛭石制品
体积密度(g/cm³)	430～500	400～450	0～500
允许工作温度(不大于)(℃)	600	800	70～90
导热系数[W/(m·℃)]	0.093～0.140	0.081～0.105	0.081～0.105
抗压强度(MPa)	7.25	7.5	7.2

(3) 耐热性

膨胀蛭石属无机矿物，具有很高的熔点和不燃性，且还具有较好的耐热性能。其允许工作温度不大于1000℃。

膨胀蛭石制品的性能指标列于表33-4-2中；在使用时可将膨胀蛭石直接倒入炉壳与炉衬之间起绝热作用，也可用高铝水泥、水玻璃或沥青作结合剂，制成各种绝热制品使用。

5. 珍珠岩制品

珍珠岩是一种酸性玻璃制的火山喷出物，岩浆遇冷后急剧凝缩形成矿石；珍珠岩的主要特性如下：

(1) 化学组成

珍珠岩的化学组成大致为：SiO_2：68%～71.5%，Al_2O_3：11.5%～13.2%，MgO：0.04%～0.2%，CaO：0.68%～2.3%，Fe_2O_3：0.86%～1.86%，K_2O：1%～3.8%，Na_2O：3.1%～3.6%，烧失量：4.5%～11%；

(2) 物理性质

珍珠岩的相对密度为2.32～2.34，硬度为5.2～6.4，耐火度为1300～1430℃。其绝热性能比常用的膨胀蛭石和硅藻土好，详细数据见表33-4-4。

由于上述特点，珍珠岩制品目前广泛应用于工业炉的炉体绝热保温，减少砌体散热损失，有良好的节能效果。

6. 耐火纤维

耐火纤维又称陶瓷纤维，是一种新型的节能材料，密度轻、导热系数低、耐高温、抗热振、抗气流冲刷，被日益广泛地应用在各种工业炉上，在国外被誉为工业炉结构的巨大革命。

(1) 密度

硅酸铝耐火纤维散状物的密度一般小于0.1g/cm³，加工为毡或毯时为0.12～0.16，较密实的二次制品也仅为0.2；因此其重量近为普通耐火砖的1/5至1/10，为一般轻质耐火砖的1/4～1/6，在同样条件下，采用硅酸铝纤维的炉墙的蓄热量仅为普通耐火砖的

1/7～1/24，蓄热损失小，特别适用于间歇工作的热处理炉。

（2）导热系数

导热系数小、保温效果好。表 33-4-3 为硅酸铝耐火纤维的导热系数与其他保温材料导热系数的比较，不难发现，硅酸铝耐火纤维的导热系数比耐火砖低得多，1cm 的耐火纤维层的保温效果相当于 10cm 的普通耐火砖、5cm 的轻质砖或 2cm 的保温砖。

硅酸铝耐火纤维的导热系数与其他保温材料导热系数的比较［W/(m·℃)］　表 33-4-3

材料名称	密度（kg/m³）	温度(℃)	
		300	600
硅酸铝耐火纤维	105	0.062	0.105
硅酸铝耐火纤维	168	0.055	0.093
硅酸铝耐火纤维	210	0.048	0.083
膨胀珍珠岩	218	0.116	0.140
硅藻土保温砖	550	0.139	0.163
轻质泡沫耐火砖	400	0.186	0.233
普通黏土耐火砖	2040	0.919	1.00

（3）高温稳定性

硅酸铝耐火纤维在 950℃以下时，基本上是稳定的；当温度达到 1000℃时，通过 X 光检查可观察到非晶型纤维逐步发生析晶失透现象，纤维逐渐失去弹性而变脆、粉化；温度进一步升高时，会产生自然蠕变现象，使体积缩小。原料中的杂质越多，上述现象就越严重；所以，长期使用温度在 1000℃以上的工业炉，应选用高纯度的天然料、高铝料及人工合成的硅酸铝耐火纤维，以保证工业炉结构的稳定。

（4）耐化学侵蚀

硅酸铝耐火纤维的耐化学侵蚀能力比玻璃纤维和矿物棉强，在常温下不与酸作用，在高温下对液态金属及合金不浸润；但在具有高浓度氢气的热处理炉中采用硅酸铝耐火纤维，如其中含有少量杂质，它们就容易被还原，使炉内的露点升高，加剧金属材料的氧化。此外，当温度高于 1300℃时，耐火纤维也会与铁发生化学反应而生成硅铁合金。

（5）合理使用

要根据炉温和温度梯度曲线来合理地选用耐火纤维；一般在工作温度低于 1000℃时，可使用天然料硅酸铝耐火纤维；在工作温度高于 1000℃时，可选用合成纯料硅酸铝耐火纤维；对温度高于 1100℃的工业炉，必须使用高铝纯料或含铬纯料硅酸铝耐火纤维。但在下述情况下不能选用耐火纤维：与熔融液态金属和熔渣接触的部位、火焰直接接触和高速气流冲击的部位、易与被加热工件相碰撞而无法防护的内衬、当炉内气流速度超过 13m/s 而耐火纤维未经过特殊处理的、用氢气作保护气体的热处理炉。

上述不宜用耐火纤维作炉衬的工业炉，可将耐火纤维放在中间和外层作保温材料使用，同样也能收到节能效果。

表 33-4-4 中列出了常用的保温绝热材料的主要热工性能。

常用的保温绝热材料的主要性能 表 33-4-4

材料名称	密度(kg/m^3)	允许工作温度(℃)	导热系数[W/(m·℃)]
硅藻土砖	500±50	900	$0.105+0.233\times10^{-3}t$
硅藻土砖	550±50	900	$0.131+0.233\times10^{-3}t$
硅藻土砖	650±50	900	$0.159+0.314\times10^{-3}t$
泡沫硅藻土砖	500	900	$0.110+0.233\times10^{-3}t$
优质石棉绒	340	500	$0.087+0.233\times10^{-3}t$
矿渣棉	200	700	$0.700+0.157\times10^{-3}t$
玻璃绒	250	600	$0.037+0.256\times10^{-3}t$
膨胀蛭石	100～300	1000	$0.072+0.256\times10^{-3}t$
石棉板	900～1000	500	$0.163+0.174\times10^{-3}t$
石棉绳	800	300	$0.073+0.314\times10^{-3}t$
白云石石棉板	400～450	400	$0.085+0.093\times10^{-3}t$
硅藻土	550	900	$0.072+0.198\times10^{-3}t$
硅藻土石棉粉	450	800	0.070
碳酸钙石棉灰	310	700	0.085
浮石	900	700	0.254
超细玻璃棉	20	350～400	
超细无碱玻璃棉	60	600～650	0.035～0.814
膨胀珍珠岩	31～135	200～1000	0.035～0.047
磷酸盐珍珠岩	220	1000	$0.052+0.029\times10^{-3}t$
碳酸镁石棉灰	140	450	0.047
硅酸铝耐火纤维	41	1000	0.074～0.322
硅酸铝耐火纤维	105	1000	0.062～0.148
硅酸铝耐火纤维	168	1000	0.055～0.121

33.4.2 散热损失计算

工业炉炉体一般是由各种耐火材料砌筑而成，其热损失一般包括散热损失和蓄热损失两部分。散热损失是指通过炉衬传导至外炉壁面散失在炉子周围大气中的那部分热量，而蓄热损失是指在生产过程中，炉体本身被反复加热、冷却而消耗的那部分热量。一般地，连续式加热炉的散热损失所占的比例较大，而间歇式加热炉的蓄热损失比例较大。采用炉体绝热保温，就是为了减少这两部分热量的损失。

1. 炉体蓄热量的计算

耐火砖和轻质绝热保温砖的导热系数一般随温度的升高呈线性关系增大。

对由 n 层平壁炉衬所组成的工业炉，其在一个加热周期内砌体的蓄热量按下式计算：

$$Q_s=\sum_{i=1}^{n}V_i\rho_i c_i(t_i-t_0) \tag{33-4-1}$$

式中 V_i——各层砌体的体积，m^3；

ρ_i——各层砌体的密度，kg/m³；

t_i、t_0——各层砌体在加热终了和加热开始时的平均温度，℃；

c_i——砌体各层在平均温度下的比热，kJ/(kg·℃)；

显然，从上式不难发现，砌体各层的密度越小，其蓄热损失越小。

2. 炉体散热量的计算

根据炉体外壁的温度和周围大气的温度可进行炉体散热量的计算：

$$Q_d = \sum_{i=1}^{n} A_i \alpha_i (t_i - t_a) \tag{33-4-2}$$

式中 Q_d——砌体的总散热量，kW；

A_i——砌体各散热面的面积，m²；

t_i、t_a——砌体各散热面的温度和周围大气的温度，℃；

α_i——砌体各散热面的综合传热系数 $\alpha_i = \alpha_c + \alpha_r$，kW/(m²·℃)；

α_c、α_r——对流传热系数和辐射传热系数，分别如下计算：

$$\alpha_r = \frac{5.67\varepsilon}{t_i - t_a}\left[\left(\frac{T_i}{100}\right)^4 - \left(\frac{T_a}{100}\right)^4\right] \tag{33-4-3}$$

式中 ε——砌体各散热面的黑度。

在外界空气静止时，对流换热系数如下计算：

$$\alpha_c = K(t_i - t_a)^{0.25} \quad [\text{kW}/(\text{m}^2 \cdot ℃)] \tag{33-4-4}$$

对水平的平壁，散热面向上（如炉顶向外部空气的散热等），$K=3.26$，散热面向下 $K=1.74$；对竖立的平壁（如砌体的侧面等）$K=2.56$；

在外界空气流动时的对流换热系数为：

$$\alpha_c = 6.16 + 4.19\bar{\omega}_{20} \quad [\text{kW}/(\text{m}^2 \cdot ℃)] \tag{33-4-5}$$

式中 $\bar{\omega}_{20}$——外界空气温度为20℃时的流速（如空气温度不等于20℃，则应将实际流速换算为20℃时的流速）。

对于竖立的砌体散热面，也可各散热面的温度和黑度按照下面的经验公式计算其散热热流 q：

在外界空气静止，且 $t_a=0°C$ 时：

$$\varepsilon=0.8,\quad q=9.18t_i+5.33\times10^{-2}t_i^2-11.63\ (\text{W/m}^2) \tag{33-4-6}$$

$$\varepsilon=0.4,\quad q=8.02t_i+5.33\times10^{-2}t_i^2-18.56\ (\text{W/m}^2) \tag{33-4-7}$$

在外界空气静止，且 $t_a=20°C$ 时：

$$\varepsilon=0.8,\quad q=7.91t_i+5.66\times10^{-2}t_i^2-194.22\ (\text{W/m}^2) \tag{33-4-8}$$

$$\varepsilon=0.4,\quad q=6.90t_i+3.66\times10^{-2}t_i^2-169.80\ (\text{W/m}^2) \tag{33-4-9}$$

在外界空气流动，且 $\bar{\omega}_{20}=2\text{m/s}$ 时：

$$\varepsilon=0.8$$

$$t_a=0°C,\ q=16.86t_i+3.86\times10^{-2}t_i^2+18.60\ (\text{W/m}^2) \tag{33-4-10}$$

$$t_a=20℃,\ q=16.86t_i+3.86\times10^{-2}t_i^2-348.9\ (\text{W/m}^2) \tag{33-4-11}$$

在上面的计算中，砌体各散热面的温度 t_i 通常用温度计直接测量，也可利用观察与人体感觉来大致估计：

在暗中有微红色：约600℃。

1m 内人体有热的感觉：约 300℃。

在淋水时能蒸发：80℃。

手摸时感到热：60℃。

手摸时感到温：40℃。

33.5 余热回收装置

33.5.1 概　　述

余热（又称废热）是指被考察体系（某一设备或系统）排出的热载体所释放的高于环境温度的热量或可燃性废物的低发热量；如锅炉排出的烟气及炉渣中未燃烬颗粒所含的热量、冶金行业中的高炉、焦炉、转炉煤气所含的热量都可称为余热。在考察余热资源时都规定一个下限温度，该温度取决于余热利用条件、经济技术等因素；随着技术水平的不断提高，这个温度将接近其最低值——环境温度。

从对余热合理回收利用的角度，可按余热载体将余热资源划分为三种：固体载体余热资源、液体载体余热资源及气体载体余热资源。另外，按照余热载体的温度水平又可分为：高温余热（温度高于 650℃）、中温余热（温度为 300～650℃）、低温余热（温度低于 300℃）。在确定余热回收利用方案时，既要考察其数量的多少、质量的高低，又要考察其具体的特点。例如有的余热是连续、稳定的，而有的余热资源是间断的；有的余热含有大量的烟尘、颗粒，而有的余热则较为清洁。

表 33-5-1 列出了我国燃气相关行业中常见的余热资源的大致情况。

燃气相关行业中的余热资源概况　　　　表 33-5-1

工业部门	余热种类	余热温度(℃)	设备举例
钢铁工业	焦炭显热	1050	焦炉
	烧结矿显热	650	烧结矿
	燃烧烟气余热	250～300	热风炉
	低温水	50～70	高炉用冷却水
化工工业	气体余热	200～700	加热炉
	固体余热	1800	电石反应炉
工业炉窑	气体余热	900～1500	玻璃炉窑
		600～700	锻造加热炉
		400～600	热处理炉
		200～400	干燥炉、烘干炉
轻工业(食品、纺织)	气体余热	80～120	干燥机排气

33.5.2 余热利用的三种基本形式

热力学上，余热利用可分为三种基本形式：焓利用、㶲利用、全利用。下面分别介绍余热利用三种基本形式的特点。

1. 余热的焓利用

焓利用指仅与余热回收量的大小有关，而与其温度水平无关的热利用，通常根据热力学第一定律确定其利用效果。例如，在加热装置中用燃气将某一质量为 m、比热为 c_p 的物体由初温 T_1 加热至 T_2 所需要的热量为：

$$Q_1 = mc_p(T_2 - T_1)$$

若利用该加热装置排出的余热，被加热物体预热至 T_3 后再进行加热，回收的余热量为：

$$Q_2 = mc_p(T_3 - T_1)$$

其节能效果为：

$$\eta = \frac{Q_2}{Q_1} = \frac{T_3 - T_1}{T_2 - T_1}$$

由此可见，节能效果仅与温差有关，而不论其温差之比为 200/400 或 20/40，其节能效果相同。

余热的焓利用可分为装置外利用和装置内利用。例如，用空气预热器来回收工业炉排烟余热，若预热后的空气又返回工业炉，称之为装置内利用；若预热后的空气用于干燥、采暖等目的，则称之为装置外利用。

尽管余热的焓利用效果仅从回收余热的数量上进行评价，但它对高质量可用能的节省也是不容忽略的。例如，通过空气预热器加热助燃空气后再送入工业炉、对加热炉进行良好的保温等，都可达到节省燃料（即高质量可用能）的目的。

2. 余热的㶲利用

余热的㶲利用，即回收余热的㶲，使其转化为有用的动力。余热发电就是余热㶲利用的典型形式。

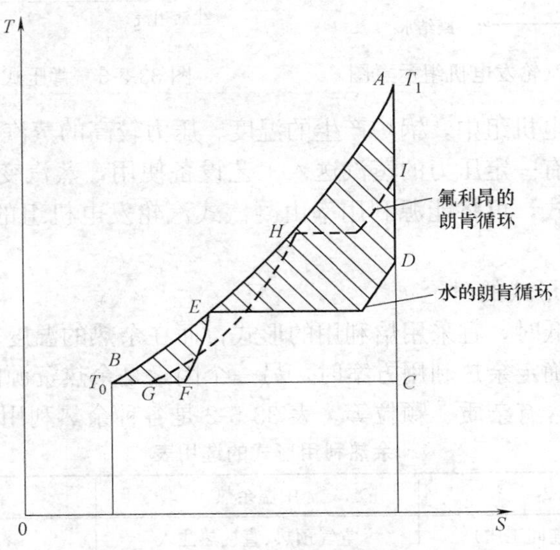

图 33-5-1　氟利昂和水的朗肯循环

如图 33-5-1 所示，在 T-S 图中面积 $ABCD$ 表示温度为 T_1 的某物质的㶲值，即最大可回收的可用能。在余热的㶲利用中，通过某种工质使其完成动力循环。从图 33-5-1 可见，若以水为工质，其朗肯循环为 $CDEFC$，面积 $CDEFC$ 即代表实际可回收的㶲，由于水的汽化潜热很大，在 T-S 图上水平段很长，㶲效率就低；若选用氟利昂作工质，由于氟利昂的气化潜热小而比热大，其朗肯循环如图33-5-1中虚线所示。

根据㶲效率的定义，以水为工质的朗肯循环的㶲效率为：$\eta_x=\frac{S_{CDEFC}}{S_{ABCA}}$

而以氟利昂为工质的朗肯循环的㶲效率为：$\eta_x=\frac{S_{GHICG}}{S_{ABCA}}$

由此可见，以氟利昂为工质与以水为工质相比，其㶲效率较高。在余热的㶲利用中，工质及循环的选择是至关重要的。

3. 余热的全利用

余热的全利用是上述两种余热利用形式的综合，既利用余热的㶲，又利用余热的焓。图33-5-2、33-5-3分别是凝汽式汽轮发电机组和背压式汽轮发电机组的示意图。前者主要用于提高电能，属于㶲利用的形式；而后者既用于发电，又提高工艺用蒸气，属于全利用形式。

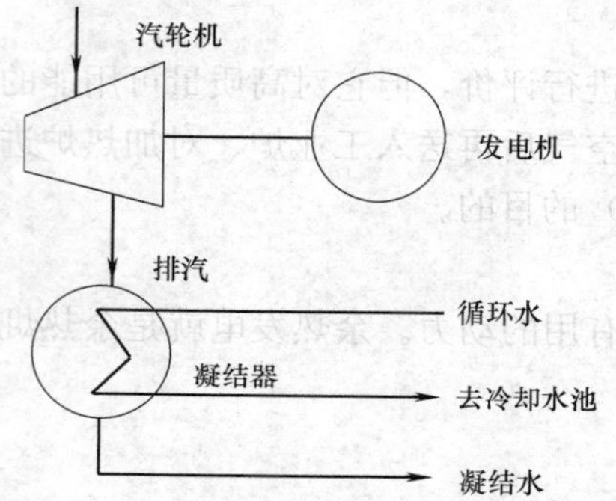

图33-5-2　凝汽式汽轮发电机组示意图

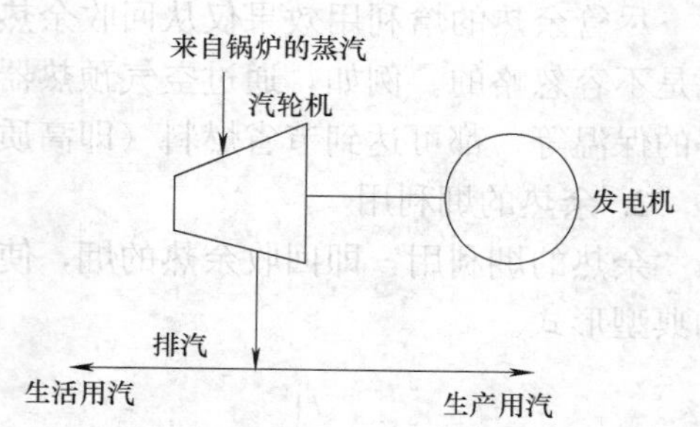

图33-5-3　背压式汽轮发电机组示意图

在背压式汽轮发电机组中，锅炉产生的温度、压力较高的蒸汽先进入汽轮机作功，发出电能，然后再将具有一定压力的蒸汽送入工艺设备使用，蒸汽变成凝结水后送回锅炉。采用这样的全利用形式，可将能源利用率由凝汽式汽轮发电机组的30%提高到背压式汽轮发电机组的85%；

4. 三种余热利用形式的讨论

在余热的温度较低时，宜采用焓利用的形式；而在余热的温度较高时，可采用㶲利用或全利用的形式；在确定余热利用方案时，另一个因素是余热资源的特点：即余热是连续的还是间断的，是否含有杂质、颗粒等。表33-5-2是各种余热利用形式的选用表。

余热利用形式的选用表　　表33-5-2

	低温余热	中温余热	高温余热(高温燃烧)
焓利用	直接热注入(连同工质)	空气预热、直接热注入	空气预热
㶲利用		动力化、氟利昂透平发电装置	动力化、蒸汽透平发电、燃气轮机
全利用	作为温度待提升的低温热源	吸收式热泵制冷、制热	机械式热泵、全热热泵、热电联产

33.5.3　余热回收的经济性问题

1. 可回收余热应满足的条件

在确定如何合理回收、利用余热时，一个必须考虑的问题是回收的经济性；当然，在能源的开发、运输、使用的全过程中，都存在着经济性问题：即从经济的角度来看所确定的技术方案是否合理？但在余热回收时，这一问题就变得更加突出。一般地，在满足下列条件时，可考虑余热的回收利用：

① 余热的数量较大、可集中起来；

② 余热的发生量相对稳定；

③ 余热具有较高的温度；

④ 回收利用的余热，从使用上看与用户的距离要近，且供应与需用在时间上要一致；

⑤ 余热载体的腐蚀性要小；

⑥ 所需的回收设备要简单、制造加工要容易；

目前一些发达国家的企业均将余热回收工作放在很重要的位置，为节能而作各种努力并取得了一定效果。以日本为例，对余热回收是特别关注的，其化学工业所回收的余热占其节能量的26%，余热回收使得加热、冷却的工艺更为合理；日本容量在30t/h以上的工业锅炉，约有80%设置了空气预热器；容量在10～30t/h的，有50%设置了空气预热器。

2. 余热回收的判断标准

从余热管理的角度，对不同的用能设备或系统，应确立一定的标准，来判断其余热利用的优劣程度；换言之，从用能设备或系统排出的余热在怎样一个水平上，就可以说该系统的余热利用情况是较好的、较合理的。国外的有关规定如下：

① 对设备允许温度、回收率、进行回收的范围制定标准，进行管理。日本标准对工业锅炉的排烟温度和工业炉的余热回收率作了规定，如表33-5-3、表33-5-4所示。

工业锅炉的标准烟气温度 **表 33-5-3**

锅炉容量	标准烟气温度(℃)			
	固体燃料	液体燃料	气体燃料	高炉气或其他副产气
电气事业用	145	145	110	200
蒸发量大于30t/h	200	200	170	200
蒸发量10～30t/h	—	200	170	—
蒸发量小于10t/h	—	320	300	—

工业炉标准余热回收率 **表 33-5-4**

排烟温度(℃)	标准余热回收率(%)	余气温度参考值(℃)	预热空气温度参考值(℃)
500	20	200	130
600	20	290	150
700	20～30	300～370	180～260
800	20～30	370～530	205～300
900	20～35	400～530	230～385
1000	25～40	420～570	315～490

② 要掌握余热的温度、数量状况，另外对余热的有效利用方法要进行周密的调查、

探讨；

③ 及时清除热交换器换热面上的污垢，并防止余热载体的泄漏，以保持较高的余热回收率；

④ 防止余热载体在运输过程中的温度下降，防止冷空气侵入，增强绝热、保温性能，改善、提高单位换热面的余热回收量；

⑤ 设置余热回收设备要考虑综合热效率；

3. 余热回收方案的确定原则

在确定余热回收利用的方案时，首先要考虑余热的温度、数量和使用回收后能量的用户的特点。例如，对高炉的高温烟气，既可用于余热燃烧用的空气，又可通过冷却水冷却、加热氟利昂、转换为动力；一般地，对余热回收可按照下述原则来进行：

① 高温余热首先用在需要高温的场合，以减少㶲损失；

② 力图直接利用，减少能量转换次数；

③ 优先用在本身的工程上，如用在其他工程上，其距离提供余热的地点要近，而且余热的供应与需用在时间上要一致；

④ 若余热热源常停止供应余热，需考虑其他后备热源；

余热回收是一个针对性很强的课题，对不同的余热热源要确定一合理的利用方案，需经过经济与技术两方面的比较、选择；在此，仅讨论几个一般性问题。

（1）关于余热排放量

为了避免建设投资的浪费，首先须了解余热热源所能提供的最低数量的余热。为此要考虑以下情况：

① 由于工艺过程的变更，使提供余热的设备变更或提供余热的数量发生变化。例如，在钢铁工业中，当采用连续铸造时，就不需要均热炉；又如锻件直接进行锻造，加热炉的负荷就会减小，所能提供的余热量也相应减少。

② 当改善操作条件尤其是空燃比时，余热量会减少。据计算，当烟气中的氧含量为5%和2%时，在设置热交换器的情况下，后者比前者在投资额上要少20%～30%；处理一吨工件所消耗的燃料量，后者比前者少20%，因而提供的余热量亦随之减少。

（2）余热回收率与设备选用

提高余热回收率是与技术、经济问题密切相关的，要做到技术上可行、经济上有较大收益，寻求余热回收率的最佳值。

例如，在回收烟气余热时，必须考虑含有硫分的燃料的燃烧产物中硫化物的低温腐蚀问题。若为提高余热回收量而将换热器出口的烟气温度将至露点以下，烟气中的水蒸气与硫化物产生硫酸而腐蚀换热面，为此要求换热面采用抗腐蚀的材料，通常采用不锈钢代替普通碳钢，增加了设备投资。若避免低温腐蚀，必须控制余热回收量。

又如，空气预热温度会影响燃烧温度，空气预热温度越高则燃烧温度越高，使烟气中NO_x的浓度增加；为降低NO_x含量，可改进燃烧器的性能来实现。

上述的两个例子说明，余热回收率与热交换器的设备费指数有关，高的余热回收率常使设备费的指数增加。不能单纯地追求高的余热回收率而安装庞大的热交换器，否则会增大投资。总之，余热回收率的高低，要通过全面的经济－技术比较，方得到合理的数值。

（3）扩大余热用途、提高回收率

余热一般是品位较低的热能，应防止其品位下降、力图扩大其用途、提高余热回收率。在余热回收过程中不能混入低温的空气或水，这样也避免了处理量的增加。为了防止有效能量的损失，要把供给与需用的温度水平（能级）匹配适当。

33.5.4 余热回收用换热器

可使用两种热工设备回收工业炉烟气的余热来预热空气或燃气，即换热器和蓄热室。在换热器中烟气和空气（或燃气）分别同时在加热面的两侧流过，烟气在流动过程中通过壁面将热量传给空气或燃气。受材质和气密性的限制，换热器还不能将燃气或压力较高的空气预热到很高的温度，故当预热温度要求很高时多采用蓄热室。

蓄热室是按照蓄热原理设计的，其主要部分是用耐火砖砌成格子砖。工作时，烟气首先流经格子砖将其加热，一定时间后格子砖被加热到一定温度。这时利用换向设备关闭烟气通道，打开空气通道，使空气由相反方向通过蓄热室，冷空气吸收格子砖的热量而被加热。为了连续加热空气，一个炉子至少应有两座蓄热室：一座被烟气加热（蓄热），一座被空气冷却（放热）。为控制烟气和空气交替地流过蓄热室，需设有特殊的换向装置。

一般的燃气加热炉常采用换热器，下面较详细地介绍换热器的构造。换热器应满足下列要求：传热系数大，避免局部过热，气密性好，流动阻力小，便于清扫，应有防胀装置等。根据制造材料不同，换热器分为金属换热器及陶瓷换热器两种。金属材料传热系数大、换热器的体积小。金属构件之间可进行焊接，气密性好，可以预热压力较高的空气或燃气。但金属所能承受的温度有限，当空气或燃气的预热温度稍高时，常采用陶瓷换热器。

1. 金属换热器

金属换热器中空气的最高预热温度和制造换热器的材料有关。碳素钢的最高使用温度在450℃以下，故空气被预热的温度不宜超过350℃。如果需要更高的预热温度，应采用合金钢或合金铸铁，或者对钢进行表面处理，如渗铝等。

金属换热器的主要形式有管状换热器、针状及片状换热器、套管式换热器、辐射换热器、喷流式换热器、回转式换热器和热管换热器。

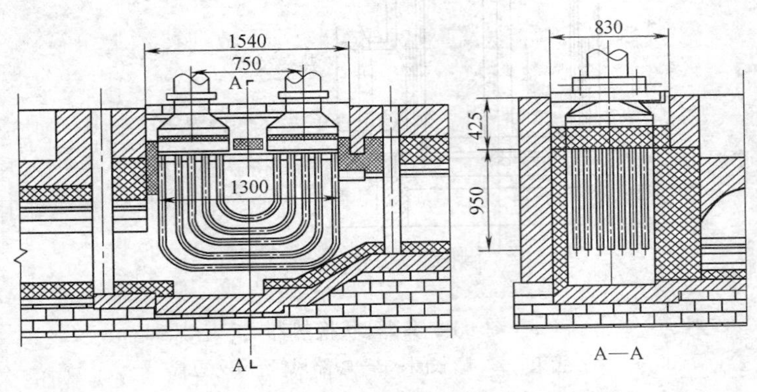

图 33-5-4 简单钢管换热器

（1）管状换热器

管状换热器由风箱及管子组成。最初管子采用铸铁管，由于接头气密性差且传热系数小，故近代多用无缝钢管焊成。通常空气在管内流动，速度为5～10m/s。烟气在管外流动，速度为2～4m/s。传热系数约为11.6～23.3W/(m²·℃)。用无缝钢管焊成的换热器，其气密性非常好，除预热空气外，还能预热燃气。换热器的管子可以水平安装或垂直安装。最好是垂直悬挂，这样管子受热可自由膨胀。为防止高温下管子弯曲，水平安装时管子长度不宜超过0.8～0.9m。为防止气流分布不匀，产生局部过热而将管子烧坏，垂直安装时管子长度不宜超过3～4m。

图33-5-4是内径50mm的钢管换热器，用于燃气锻造加热炉的烟道内，其传热系数为23.3W/(m²·℃)。其优点是结构简单，缺点是管子长度不同时换热器可能弯曲，甚至被烧坏。图33-5-5是另一种管状换热器，烟气通过许多垂直管束1向上流动，空气在管外流动。考虑到管子及壳体的膨胀不同，壳体与管子上均设有膨胀圈2。换热器的下部是烟气入口，又是热空气出口，所以该处温度最高，为延长换热器寿命，下部可用合金钢管。此外还采取了降温措施，如中间设有一根短路风管3，部分冷空气可通过短路风管3直接送入高温区，冷却底板及换热器下部，然后沿短管4向上流动与热空气混合后流出换热器。为防止底板被烧坏，底板下吊挂一层耐火材料。每根管子的入口做成渐扩管，这样可减少入口阻力。该换热器在国外被广泛采用。

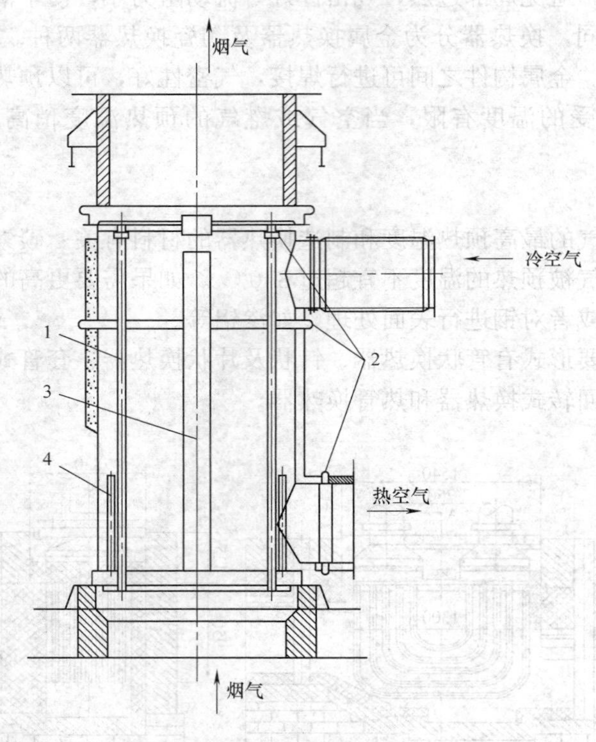

图33-5-5　管状换热器

1—管束；2—膨胀圈；3—短路风管；4—短管

图33-5-6是套管式换热器，它由两根直径不同的钢管套在一起组成，内管下端开口，外管下端封死，内管及外管均为悬挂，受热后可自由膨胀。如果风压小于1500～2000Pa，悬挂处可采用砂封，否则，应采用焊接。

该换热器的工作过程是空气由冷风箱沿内管下流，再转入内外管夹层向上流，最后经热风箱流出换热器。烟气在管外垂直于外管流动。目前较多工厂采用这种换热器。

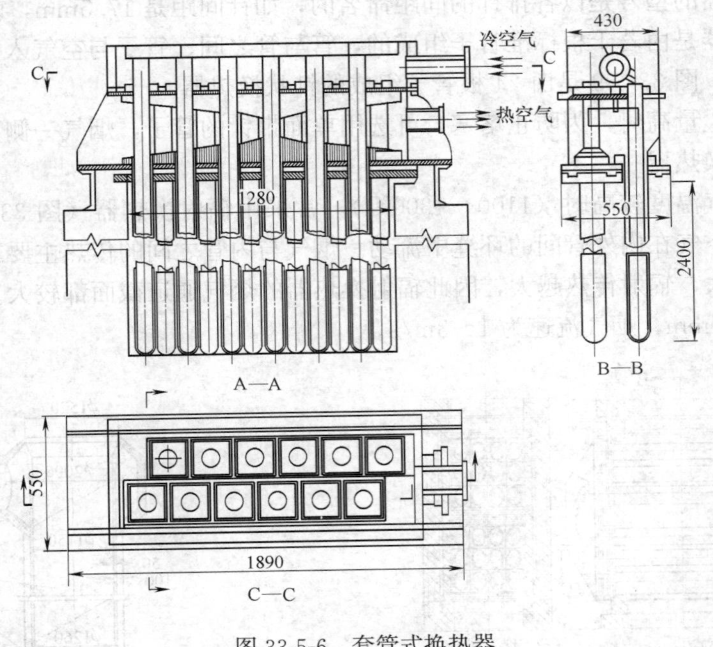

图 33-5-6 套管式换热器

(2) 针状和片状换热器

为了增加管状换热器的受热面，减少金属耗量，在光管换热器的基础上发展成管子两侧都带针状和片状凸出物的针状换热器（图 33-5-7）和片状换热器（图 33-5-8）。

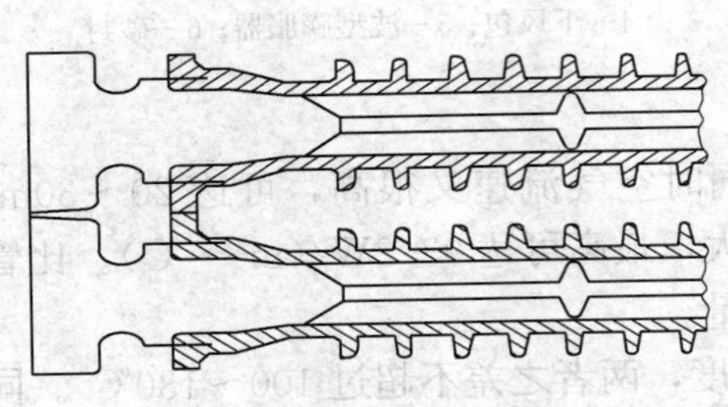

图 33-5-7 针状换热器

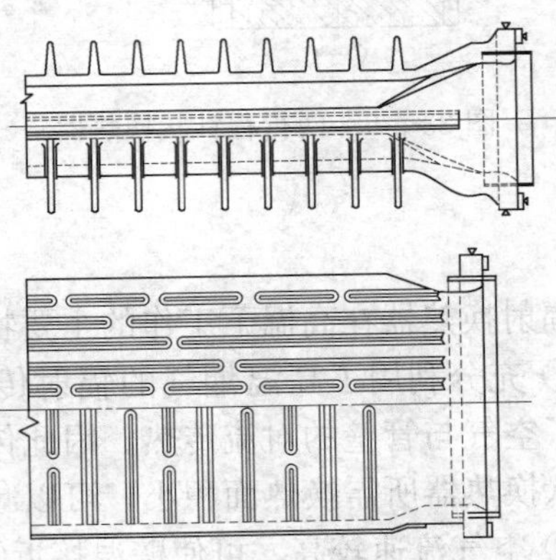

图 33-5-8 片状换热器

空气在管内流动，烟气在管外流动。针状换热器的空气流速为 4～8m/s，烟气流速为 5～10m/s。片状换热器的流速比针状换热器大，一般空气流速为 5～10m/s，烟气流速为 2～5m/s。为了减少阻力，凸出物的方向应与气流流动方向一致。

针状和片状换热器的管子通常用耐热铸铁或耐热钢浇铸而成。由于表面带针或肋片，增加了管子的实际换热面积，从而提高了传热效率。这种换热器结构紧凑，体积小，金属耗量少，是现代工业炉上应用最广的一种换热器。它常用于烟气温度为700～1000℃的中小型锅炉，可以把空气预热到300～600℃。

针状换热器的型号是以各排针的间距命名的，如针间距是17.5mm，就称为17.5型。大型针状换热器是由若干根标准管子组成的，管与管之间、管子与空气入口管及排气管之间用螺钉连接。图33-5-9是由24根管子组成的针状换热器。

当烟气含尘量高时，为防止堵塞，可选用单面带针的管子，烟气一侧为光管。

(3) 辐射换热器

当出炉烟气温度较高时（1100～1300℃），常采用辐射换热器（图33-5-10）。烟气在内管中流动，空气在内外管间的环缝中流动。烟气与内管之间的传热主要靠辐射。考虑到气体层厚度越大，辐射传热越大，因此辐射换热器的烟气通道截面都较大。通常烟气管道直径应大于500mm，烟气流速为1～3m/s。

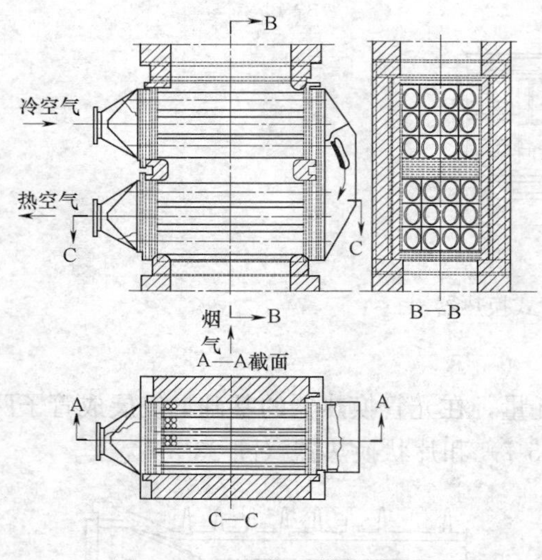

图33-5-9 两行程针状换热器

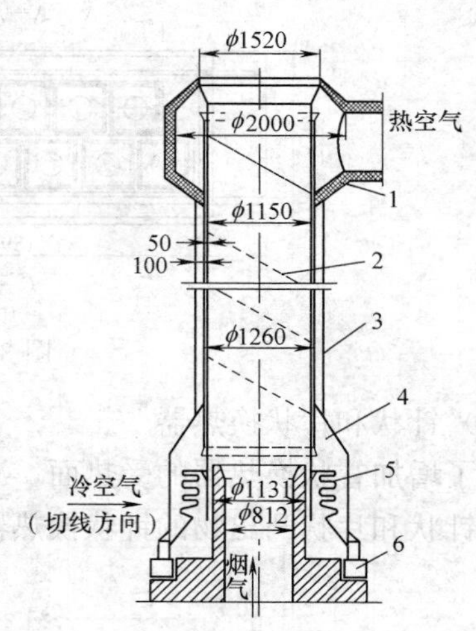

图33-5-10 辐射换热器

1—上风包；2—异向叶片；3—玻璃棉；4—下风包；5—波型膨胀器；6—砂封

辐射换热器在高温下工作的主要特点为：

① 充分利用了高温烟气的辐射传热能力。同时空气流速又很高，可达20～30m/s，增加了空气与管壁的对流传热。因此传热系数较大，最高可达93.2W/(m^2·℃)。比管状及针状换热器所需换热面积小，可以减少金属耗量。

② 空气流速较高，可使壁温接近空气预热温度，两者之差不超过100～130℃。同时也能保证壁温均匀。因此，辐射换热器可以承受较高的烟气温度。

③ 烟气通道的截面积较大，适用于含尘量高的工业炉。烟气通道的阻力小，有利于烟气的排除。

④ 适当缩小换热器烟气入口的直径，在引射作用下使得较冷烟气在入口处循环（回流），降低入口温度，可以防止换热器入口被烧坏。

辐射换热器的缺点是：空气流速高，需要较高的鼓风压力；烟气温度高，需要用耐热性能好的合金材料制造；受热面积小。

从热能利用观点出发，高温区采用辐射换热器，低温区采用对流换热器较为合理（图 33-5-11）。

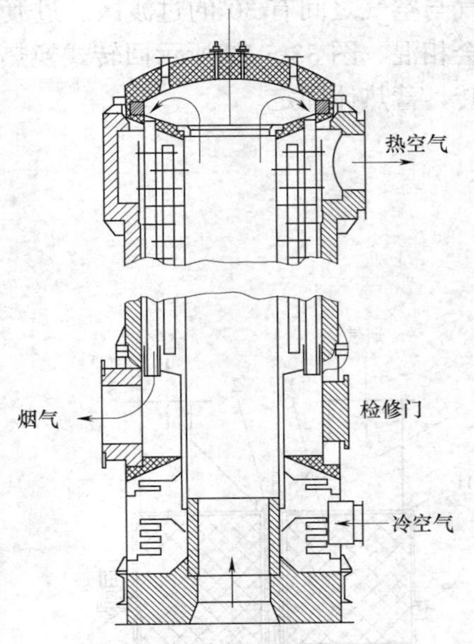

图 33-5-11 辐射-对流换热器

(4) 喷流式换热器

喷流式换热器是采用气体喷流来强化对流换热过程。一般利用空气喷流，当烟气温度不太高时，也可采用烟气喷流。图 33-5-12 所示为安装在烟道内的空气喷流式换热器。它由两根直径不同的圆筒相套而成，内筒上钻有许多小孔，外筒壁面为换热面。烟气从上向下流经换热面，而空气经小孔喷出，冲击外筒壁面，于是烟气便把空气加热，被加热的空气沿内外筒间的环形缝隙向上流出。空气与外筒壁面之间为喷流（对流）换热，烟气与外筒壁面之间主要是辐射传热。因此，这种换热器实质上属于空气喷流式辐射换热器。

冷空气从小孔喷出后，直接冲击着换热面的气体边界层，使气体边界层受到破坏，从而强化了对流换热。当 Re＝5000 时，喷流放热系数比一般纵向对流放热系数大 5 倍。比一般辐射式换热器的传热系数高 1 倍。空气喷流也是降低金属换热器壁温的有效办法。

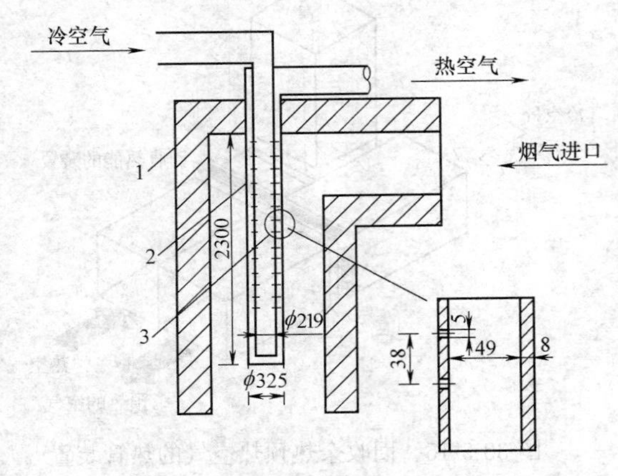

图 33-5-12 喷流式换热器

1—垂直烟道；2—换热器备；3—喷管孔

热空气沿内外筒间环形缝隙向上流动时，吹动小孔喷出的空气射流，使其向上倾斜，减小了对外筒壁面的冲击力量，降低了喷流换热的效果。这种现象在热空气出口处更为严重。因此，该换热器不宜做得细长，应尽量降低环形缝隙中热空气的上升速度。

喷流式换热器的空气喷流速度一般为 20～25m/s，$\dfrac{H}{D}\geqslant 8$（D—喷孔直径，H—环缝宽度）。

(5) 回转式换热器

回转式换热器又叫再生蓄热式换热器，其结构如图 33-5-13 所示。转子是一个扁的圆柱体，其中充满由 0.5mm 厚的钢板压成的蓄热板，在电动机带动下，以 0.75～2.5r/min 的转速绕转子中心轴 2 旋转。

烟气从烟气入口 5 进入换热器，通过转子的一半（180°）的蓄热板向下流，当烟气流经蓄热板时，把热量传给蓄热板，使其温度升高。空气从另一侧下方的空气入口流入换热器，流经旋转转子的 120°时，从已被烟气加热的蓄热板中吸取所储存的热量，温度升高。最后流出换热器。烟气、空气的流速一般为 8～12m/s。

转子被径向隔板从上到下分成互不相通的 12 个大格（每格 30°，里面还有小格），烟气与空气之间有 30°的过渡区。过渡区既不流通空气也不流通烟气，因此，烟气与空气不会相混。图 33-5-13 所示回转式换热器为蓄热体旋转，外壳固定，与此相对应的是风罩旋转，蓄热体固定。

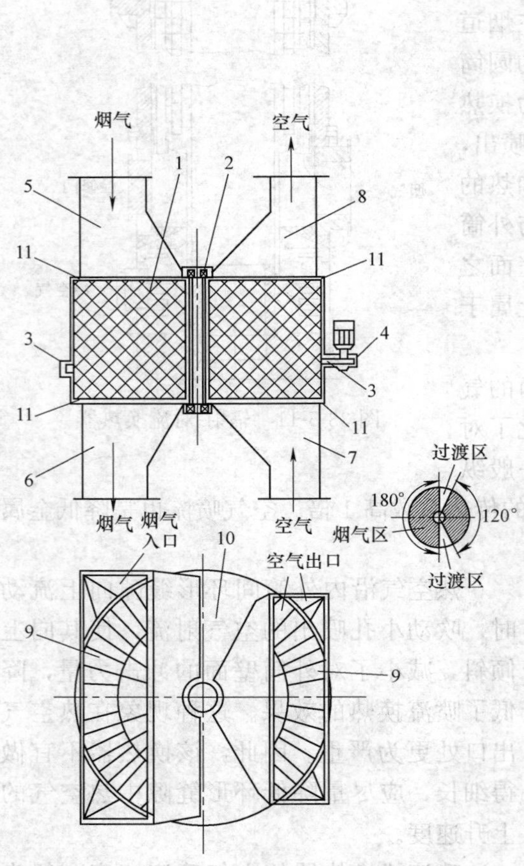

图 33-5-13　回转式换热器

1—转子；2—转子中心轴；3—环形长齿条；4—主动齿轮；5—烟气入口；6—烟气出口；7—空气入口；8—空气出口；9—径向隔板；10—过渡区；11—密封装置

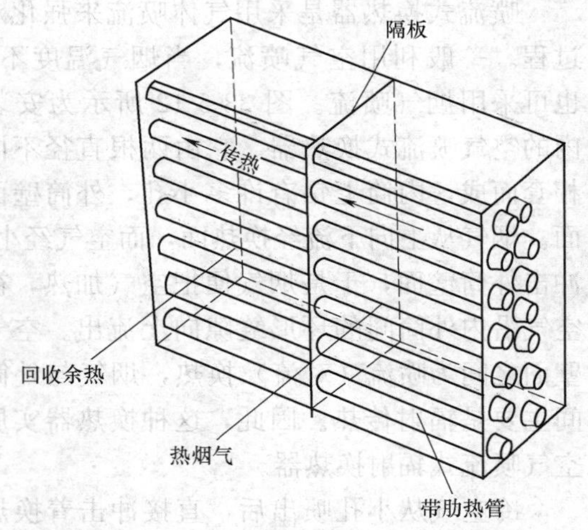

图 33-5-14　热管换热器示意图

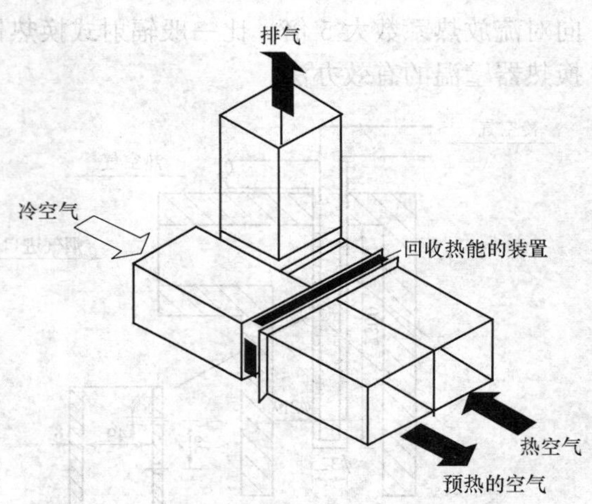

图 33-5-15　回收余热预热空气的热管装置

回转式换热器的主要优点是：

结构紧凑，体积小，节省钢材。与管式换热器相比节省钢材 1/3 左右；所占容积只有管式换热器的 1/10。布置方便。因为蓄热板的温度高，烟气腐蚀的危险性小，所以检修周期较长。

主要缺点是漏风量大。

(6) 热管换热器

热管换热器是回收锅炉及工业炉烟气余热的一种新型的、极为有效的热能回收装置。

它由一束热管组成，如图 33-5-14 所示。工质在热管的蒸发段吸收外部高温烟气的热量而气化，蒸汽进入冷凝段后，在此冷凝放热，将热量传给冷凝段外的低温待预热的空气。工质的不断循环便实现了传热过程。

由热管换热器所构成的余热回收装置如图 33-5-15 所示。

热管换热器在回收工业余热中应用，有下述优越性：

① 无运动部件，不需要外部动力，可靠性高。

② 传热效率远高于其他形式的换热器，设备紧凑，热负荷高。装置的尺寸范围很宽。

③ 能适用于较大温度范围和热负荷范围。可根据工作温度选取热管材料和工质，如在 350 ～500℃范围内，可用水作工质；在 500～650℃ 范围内，可用有机液体为工质；在更高的温度范围内，则用液态金属作工质。

④ 在冷、热流体之间有固体壁面隔开，完全消除了横向气体混渗。

⑤ 冷、热流体采用逆流时，热流体进口与冷流体出口是分开的，不会使热流体进口处温度过高，克服了常用逆流换热器的缺点，因此换热效果好。

2. 陶瓷换热器

金属换热器受所用材料的限制，不能把空气预热到较高的温度。当空气预热温度在 500～700℃以上时，常安装陶瓷换热器。

陶瓷换热器是用异型耐火黏土砖或碳化硅砖砌成。碳化硅砖比耐火黏土砖耐火度高，高温下的导热性能好，如温度为 1000℃时碳化硅砖的导热系数 $\lambda=9\sim12\mathrm{W/(m^2\cdot℃)}$。而耐火黏土砖只有 $\lambda=1.2\sim1.5\mathrm{W/(m^2\cdot℃)}$。此外碳化硅砖荷重软化点高，耐急冷急热，耐火度和机械强度等性能也好，是制造陶瓷换热器的优质材料。但碳化硅砖比耐火黏土砖价格高，如含黏土15%～25%的碳化硅砖比耐火黏土砖贵 20～25 倍，而且易受碱性炉渣腐蚀，所以其应用范围受到限制。目前在工业炉上用得最广的仍是耐火黏土砖。

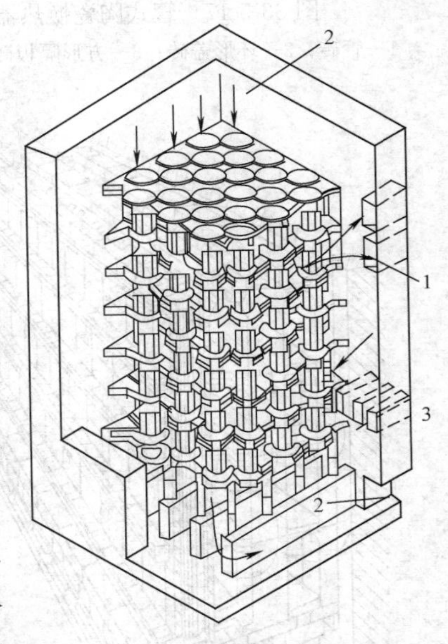

图 33-5-16 管式陶瓷换热器

1—热空气出口；2—烟气；3—冷空气入口

图 33-5-16 为均热炉用管式陶瓷换热器，烟气在管内垂直方向流动，空气在管外水平方向流动。其型砖如图 33-5-17 所示。

图 33-5-18 为方孔式换热器，空气在管内垂直流动，烟气在管外水平流动。其型砖如图 33-5-19 所示。

陶瓷换热器的最大缺点是气密性差。为了保证砌缝严密，防止因膨胀或收缩而造成漏气，砌筑时应使接缝水平分布，接缝的砖面应进行研磨，并用特殊泥浆砌筑。砌筑上的措施只能提高气密性，但不能从根本上克服陶瓷换热器气密性差的缺点。因此，陶瓷换热器内气体流速不宜过大，通常烟气流速为 0.3～1.0m/s，空气流速为 1～2m/s。由于气流速度小和耐火材料热阻大，故换热器传热系数较小。

为了减少换热器的热阻，希望器壁尽量薄些；为了增加气密性，希望器壁尽量厚些，

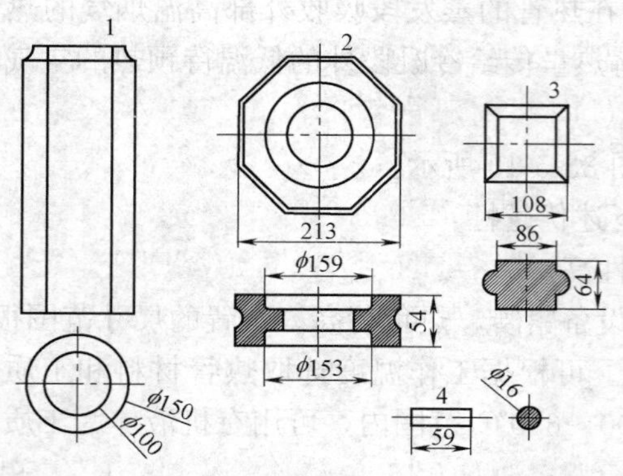

图 33-5-17　管式陶瓷换热器型砖

1—管砖；2—环形盖砖；3—方形隔板砖；4—塞棒砖

砖块尽量大些。综合考虑制造工艺及强度要求，陶瓷换热器砖壁厚度不应小于13～15mm，砖的高度不宜大于350～400mm。

陶瓷换热器的传热系数小，因而体积庞大；气密性差，不能用来预热燃气或压力较高的空气，不能安装在地基发生振动的车间里，如锻造车间等。但陶瓷换热器的优点是耐火度高，可将空气预热到900～1000℃的高温，寿命长。

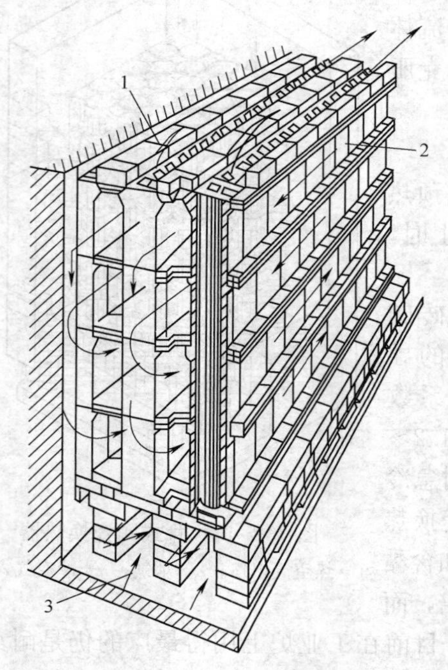

图 33-5-18　方孔式换热器

1—热空气出口；2—烟气；3—冷空气入口

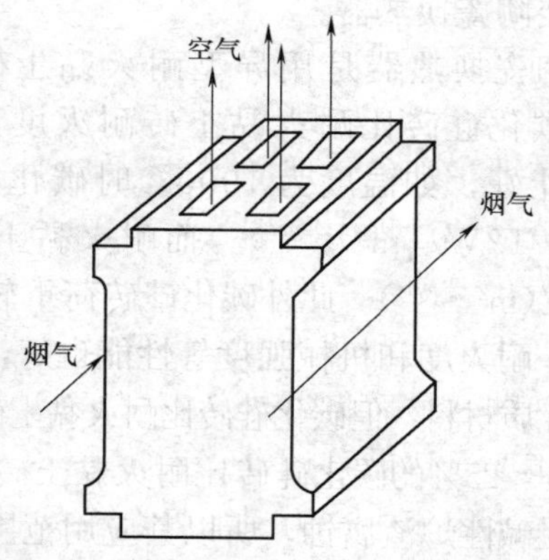

图 33-5-19　方孔异形砖

33.5.5　废热锅炉

1. 废热锅炉与锅炉的区别

废热锅炉是利用工业余热来生产蒸汽或热水的设备，其吸热部分与普通锅炉一样，包括气锅、管束、省煤器及过热器等。但由于它是利用工业余热作为热源，因此与普通锅炉有很大的区别。

普通锅炉中燃料燃烧产生的热量只用来生产蒸汽或热水，工业炉和废热锅炉联合装置中燃料燃烧产生的热量主要是加热或熔化炉内物料，其次才是生产蒸汽或热水。一般废热锅炉自身不进行燃料燃烧，进入废热锅炉的烟气温度比燃料在锅炉中燃烧的烟气温度低，因此单位体积烟气产生的蒸汽比普通锅炉少。

此外，进入废热锅炉的烟气量、烟气温度及烟气性质是不稳定的，随着工业炉的生产量、燃料性质及工艺条件而发生变化，因此废热锅炉的蒸汽或热水产量也是变化的。

为了防止有害气体的腐蚀，废热锅炉的设计参数往往取决于烟气性质。例如炼铜反射炉的烟气中含有 SO_3，为了防止 H_2SO_4 凝结，废热锅炉的压力及排烟温度就不能任意选取，而必须根据烟气中 SO_3 含量来确定。有的烟气中夹带半熔状态的粉尘或烟炱。例如锌焙烧炉的烟气中含有微矿粉，使废热锅炉在高温区或水冷壁上结灰或结焦。这种废热锅炉必须具有除灰及清渣设施，否则就无法运行。

蒸发量相同时，废热锅炉的排烟体积比普通蒸汽锅炉大 5～6 倍。因此引风机电能消耗也较大。进入废热锅炉的烟气温度低，换热面利用效率也低，当烟气温度低于 400℃时，换热面利用效率过低，应用废热锅炉是不经济的。

在热源分散时，废热锅炉的各个换热设备可分散布置在各个工艺流程上（如某些石油化学工业的废热锅炉）；在热源集中时，可在每个炉子上安装废热锅炉，也可在一组工业炉后集中安装废热锅炉。但在一些过于分散的小型工业炉上，由于布置和维护都有困难，就不适于安装废热锅炉。

2. 废热锅炉的类型

与普通锅炉一样，废热锅炉可分为烟管式及水管式两大类。

(1) 烟管式废热锅炉

图 33-5-20 为烟管式废热锅炉的示意图。工业炉烟气经烟道 1 进入锅炉，在烟管内流动的过程中将烟管外面的水加热并使其汽化。冷却后的烟气经引风机排入大气。产生的饱和蒸汽由锅筒 3 的气空间引至过热器，最后将过热蒸汽送出锅炉。锅炉的主要受热面是烟管。烟管全部浸没在锅筒的水容积中。为了加强烟气与管壁之间的对流放热，应尽量提高烟气在管内的速度，通常自然通风时取 3～5m/s，强制通风时取 20m/s。

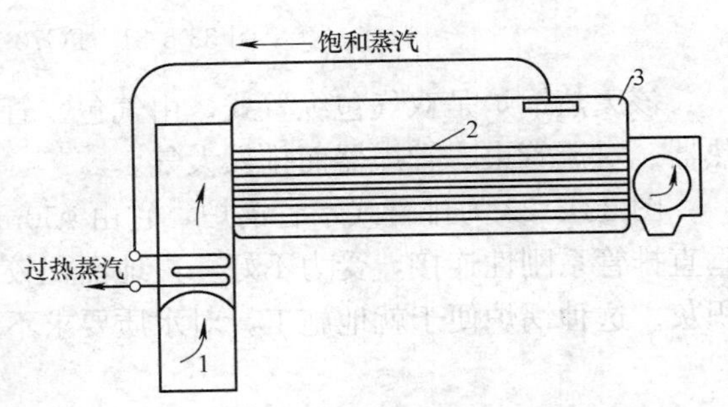

图 33-5-20 烟管式废热锅炉
1—烟道；2—烟管；3—锅筒

烟管废热锅炉的主要优点是结构紧凑，体积小；水容积大，能适应变负荷工作；对水质要求不高；气密性好，操作简单。缺点是排烟温度高，热效率低；钢材耗率较大；受热面布置在锅筒内，锅筒上部又有约 1/3 的空间是气空间，因此受热面不可能布置太多；锅炉的工作压力不能太高。

(2) 水管废热锅炉

目前用于工业炉上的水管废热锅炉形式多样。图 33-5-21 为 FG70-13/250 型废热锅炉，蒸发量为 2t/h，蒸汽压力为 1.3MPa，过热蒸汽温度为 250℃，烟气入口温度为 800℃，烟气量为 7000m^3/h，对流受热面积为 169m^2，过热器受热面积为 3.82m^2。外形尺寸是：上下锅筒中心距为 4.82m，锅炉总宽度 2.78m，总长度 6.285m。

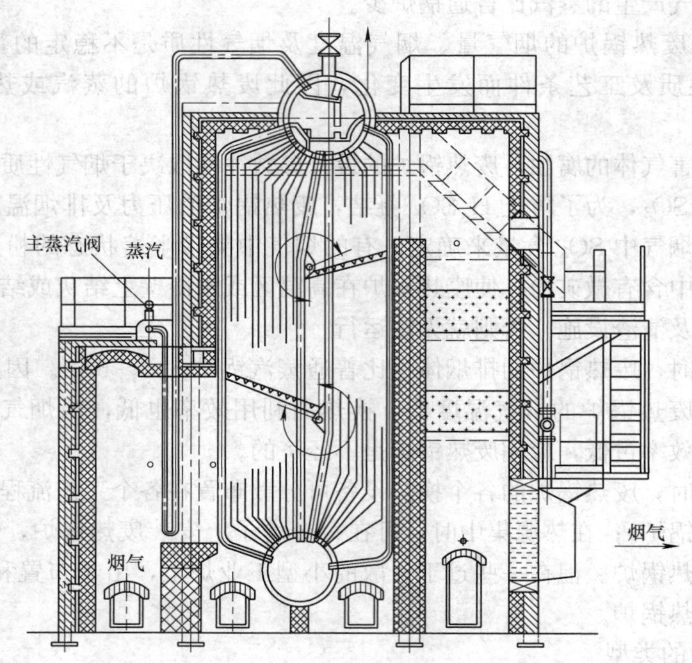

图 33-5-21　FG70-13/250 废热锅炉

该废热锅炉是双气包纵置式，由气包、管束、省煤器及过热器组成。烟气依次经过过热器、对流管束、省煤器而排入大气。

图 33-5-22 为排管式水管锅炉，它由 ϕ50mm 的钢管组成排管，再用联箱与锅筒连接。垂直排管系刚性连接，受力不好，占地面积较大。倾斜排管要求锅筒位置较高，排管容易积灰。这种锅炉便于就地施工，对水质要求不高，但焊接工作量大。

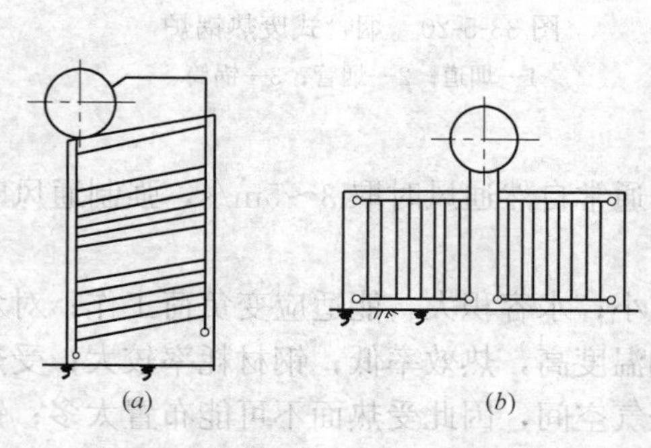

图 33-5-22　排管式水管锅炉

（a）倾斜排管；（b）垂直排管

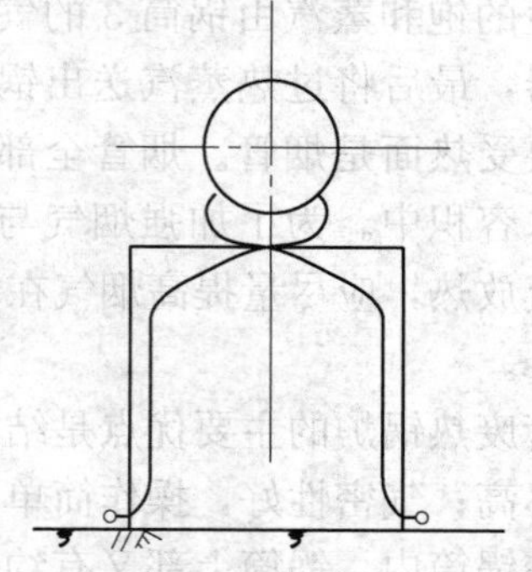

图 33-5-23　弯管式水管锅炉

图 33-5-23 为弯管式水管锅炉，它由 ϕ51mm 的弯管组成。弯管与上锅筒和下联箱连接。它结构紧凑、运行稳定、检修方便，适于布置在工业炉的炉体内作为水冷壁管。

（3）烟水管废热锅炉

图 33-5-24 为烟水管废热锅炉，其蒸发量为 0.8t/h，蒸汽压力为 0.8MPa，锅炉受热

面为 30m²。工业炉炉膛排出的烟气先经过对流管束，再进入烟管，而后排入大气。水由锅炉炉体外面的下降管向下流，经联箱进入对流管束，受热上升，在锅筒内继续受热汽化，形成了自然水循环。这种锅炉具有烟管及水管两种锅炉的特点，结构更为紧凑，便于组装。

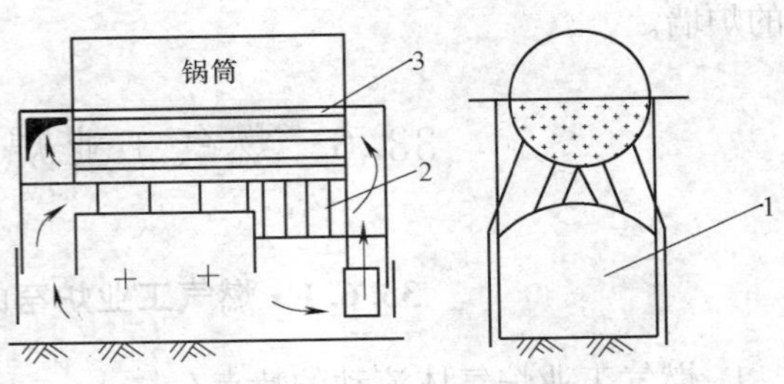

图 33-5-24 烟水管废热锅炉

1—工业炉炉膛；2—对流管束；3—烟管

(4) 强制循环废热锅炉

以上几种废热锅炉均为自然循环废热锅炉，水循环是靠自然压头实现的。强制循环废热锅炉的水循环靠泵来实现，如图 33-5-25 所示。强制循环锅炉最重要的问题是应使流量沿各管束均匀分布，流量分布不匀，会使个别管子缺水而烧坏。

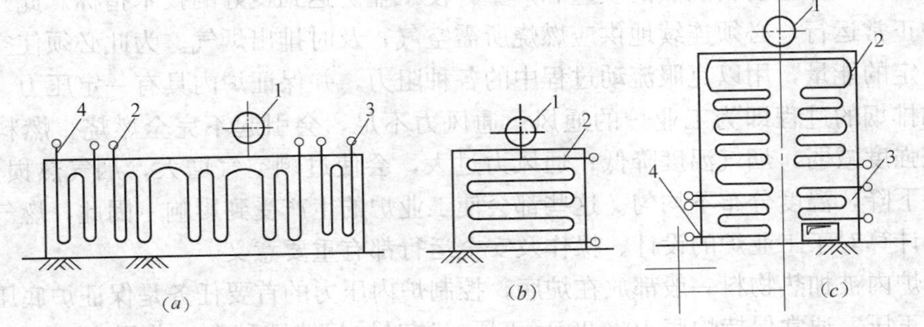

图 33-5-25 强制循环废热锅炉

(*a*) 卧式（垂直管束）；(*b*) 卧式（水平管束）；(*c*) 立式

1—汽包；2—蒸发器；3—省煤器；4—过热器

强制循环废热锅炉的优点是水循环比较稳定；受热面可用直径较小的管子，并且可布置得很紧密，结构紧凑；热效率高。缺点是投资大；清除水垢困难、水质要求高；水流阻力大，增加了循环水泵的动力消耗。

这种锅炉通常用在烟气量大（一般不小于 50000～60000m³/h）的工业炉上。

上述废热锅炉都没有燃烧室，蒸汽产量随工业炉工况而波动，甚至随工业炉停产而停产。为了提高废热锅炉供气的稳定性和可靠性，有时废热锅炉设有辅助燃烧室，以调节蒸汽产量。辅助燃烧室与废热锅炉组成一个整体，其结构形式决定于燃料种类。图 33-5-26 是以燃气或油为燃料的设有辅助燃烧室的废热锅炉。其结构简单，水循环稳定、可靠。在辅助燃烧室四周设有水冷壁管，它除吸收辐射热和保护炉墙外还可兼作工业炉与辅助燃烧室之

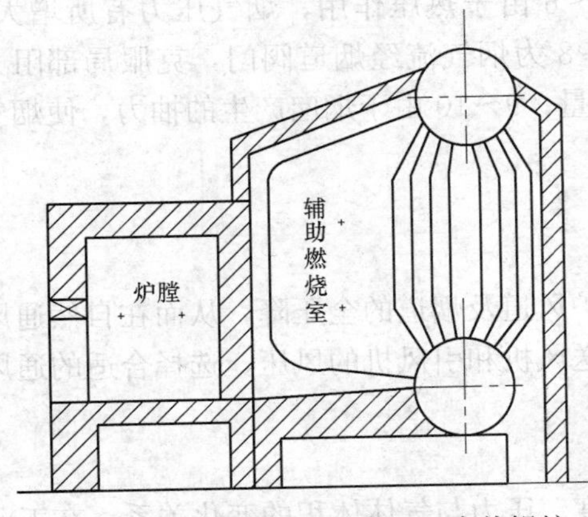

图 33-5-26 设有辅助燃烧室的废热锅炉

间的炉墙。

33.6 燃气工业炉的空气动力计算

33.6.1 燃气工业炉窑的空气动力计算任务

1. 燃气工业炉气体流动的特点

在工业炉炉膛内，燃气燃烧所生成的烟气传递给被加热物体后，经烟道及其他附属设备排入大气。若工业炉的排烟温度较高，可采用空气（或燃气）预热器等余热回收装置，回收部分热能，以提高热能利用率。

从炉内的辐射和对流换热原理可知：炉膛内温度分布和物料加热的均匀性是由烟气的流动情况来保证的，因此，必须掌握炉内气流速度分布和压力分布规律，正确组织炉膛内的气流运动，以保证物料加热的质量和产量，使工业炉达到良好的技术指标。此外，要保证工业炉正常运行，必须连续地供应燃烧所需空气，及时排出烟气。为此必须使空气和烟气具有一定的能量，用以克服流动过程中的各种阻力，并保证炉内具有一定压力。这种连续送风和排烟的过程即为工业炉的通风。通风力不足，会引起不完全燃烧，燃料损失增大，燃烧强度减弱，烟气温度降低；通风力过大，会使过剩空气增大，烟气热损失增大，炉内温度下降，温度分布不均匀。这些都会使工业炉的生产受到影响。因此，燃气工业炉空气动力计算对于工业炉的设计、操作及安全运行都有重要意义。

工业炉内被加热物料一般都放在炉底，控制炉内压力的首要任务是保证炉底压力为大气压或微正压，通常保持炉底 10～20Pa 正压。这时炉门缝隙稍有火苗冒出、没有冷空气渗入，以保持炉内气氛，使炉内不致有过多的过剩空气，不致降低炉温和恶化传热过程。此点与工业锅炉有显著差别，后者炉膛内保持负压 10～30Pa，不使烟气和灰尘从炉墙、烟道喷出。

图 33-6-1 为工业炉自然通风时，炉膛及烟道系统压力分布情况示意图。图中 1～2 为燃气及空气混合物经燃烧器后产生烟气的过程；2～3 由于热压作用烟气能量增大至正压，满足炉膛内压力要求；3～4 为烟气流动过程中克服热压作用而消耗了部分能量；4～5 为烟气流动过程中克服烟道阻力所消耗的能量；5～6 由于热压作用，烟气压力有所增大；6～7由于烟气流经热交换器，消耗较多能量；7～8 为烟气流经烟道阀门，克服局部阻力而消耗能量；8～9 为烟气克服烟道阻力而消耗能量；9～10 由于烟囱产生的抽力，使烟气能量增大而排出大气。

2. 燃气工业炉空气动力计算的任务和原理

（1）空气动力计算的任务

燃气工业炉空气动力计算的任务是确定工业炉风道及烟道的全压降，从而在自然通风情况下确定烟囱的高度；在机械通风情况下确定送风机和引风机的风压，选择合适的通风排烟设备。

（2）工业炉内气体状态参数的变化

燃气工业炉空气动力计算过程中，应注意温度、压力与气体体积的变化关系。在工业炉内，除个别情况（如高压喷嘴）外，气体压力变化不大，通常炉内压力与大气压相差很

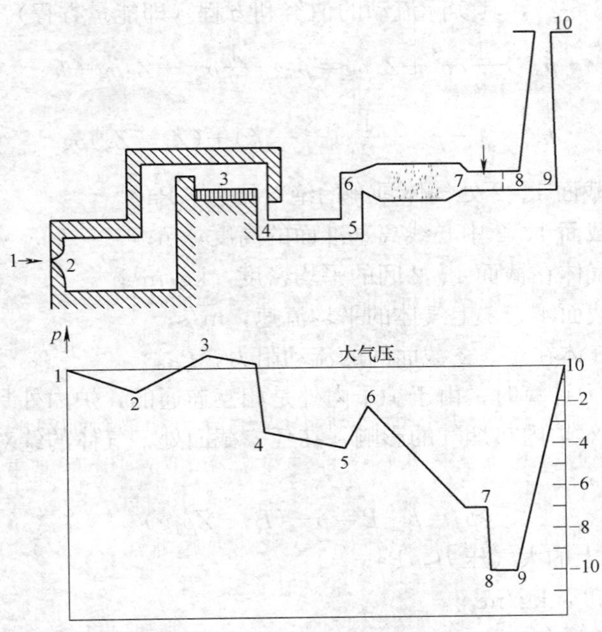

图 33-6-1 工业炉系统压力分布示意图

小。炉膛内各点压力相差仅为 20～100Pa。在空气（或燃气）预热器中，压力变化也常常只有几千帕。因此，在工业炉系统空气动力计算过程中，将气体视作不可压缩的。

在整个烟气系统中，气体温度的变化是相当大的，进行空气动力计算时必须考虑。

(3) 工业炉通风系统中热压的作用

燃气工业炉炉内烟气温度比炉外空气温度高得多，因此在空气动力计算时应特别注意热压的作用。其附加热压值按式（33-6-1）计算：

$$\Delta p = Hg(\rho_a - \rho_f) \tag{33-6-1}$$

式中 Δp——热压，Pa；

H——截面高差，m；

g——重力加速度，m/s^2；

ρ_a——外部冷空气密度，kg/m^3；

ρ_f——内部热烟气密度，kg/m^3。

附加热压值与截面高差成正比，与内外气体密度差成正比。附加热压沿高度方向呈直线分布，越靠上部该压力值越大。当热气流在烟道内由上向下运动时，该附加热压起阻止气体流动的作用；反之，当热气流在烟道内自下向上运动时，该附加热压起帮助气体流动的作用。此点在空气动力计算时应予以特别注意。

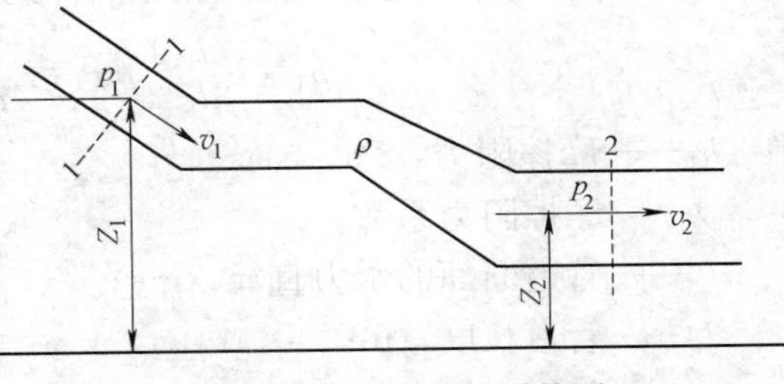

图 33-6-2 任意烟风道简图

(4) 实际流体的伯努利方程

从流体力学可知，当空气（或烟气）在风道（或烟道）中从第一截面流向第二截面时（图 33-6-2），其实际流动的伯努利方程（即能量方程）如下：

$$p_{a1}+\frac{1}{2}\rho v_1^2+Z_1\rho g=p_{a2}+\frac{1}{2}\rho v_2^2+Z_2\rho g+h$$

所以：

$$h=p_{a1}-p_{a2}+\frac{1}{2}\rho(v_1^2-v_2^2)+(Z_1-Z_2)\rho g$$

式中 p_{a1}、p_{a2}——截面 1、2 处气体具有的绝对压力，Pa；

Z_1、Z_2——截面 1、2 中心线离基准面的高度，m；

ρ——气体在截面 1、2 间的平均密度，kg/m³；

v_1、v_2——截面 1 、2 上气体的平均流速，m/s；

h——气体在 1 、2 截面间的流动阻力，Pa。

在工业炉空气动力计算时，由于炉子内外是相互连通的，炉内外是两种不同密度的气体，考虑炉外冷空气对炉内热烟气的影响，在任一截面处，气体的绝对压力等于表压力和大气压力 B 之和，即：

$$p_a=p+B=p+(B_0-Z\rho_a g)$$

式中 B_0——海平面上的大气压力，Pa；

ρ_a——空气密度，kg/m³；

Z——海拔高度，m。

故：

$$p_{a1}-p_{a2}=(p_1-p_2)+(Z_2-Z_1)\rho_a g$$

将其代入上述伯努利方程，有：

$$\begin{aligned}h&=(p_1-p_2)+\frac{1}{2}\rho(v_1^2-v_2^2)-(Z_2-Z_1)\rho_a g\\&=h_{st}+h_d-\Delta p_h\end{aligned} \tag{33-6-2}$$

式中 p_1、p_2——截面 1、2 处气体具有的相对压力，Pa；

h_{st}——截面 1、2 间气体静压差，Pa；

h_d——截面 1、2 间气体动压差，Pa；

Δp_h——工业炉内外温差形成的热压，Pa。

33.6.2 气体流动阻力计算

1. 阻力计算基本公式

燃气工业炉等设备的空气动力计算过程中，气体流动的总阻力损失主要包括摩擦阻力损失、局部阻力损失及气体冲刷管束的阻力损失。

(1) 沿程摩擦阻力（包括气流纵向冲刷管束的阻力）

气体通过等截面通道（包括气流纵向冲刷管束）时的摩擦阻力，可用下式表示：

$$h_f=\lambda\frac{l}{d_e}\frac{1}{2}\rho v^2=\lambda\frac{l}{d_e}\frac{1}{2}\rho_0 v_0^2\frac{273+t}{273} \tag{33-6-3}$$

式中 h_f——摩擦阻力，Pa；

λ——摩擦阻力系数；

d_e——管道断面的水力直径，m；

L——管道长度，m；

v_0、v——气体在标准状态及流动温度下的平均流速，m/s；

ρ_0、ρ——气体在标准状态及流动温度下的密度，kg/m³；

t——气体平均温度，℃。

式（33-6-3）中摩擦阻力系数 λ 由气体流动性质而定。当 $Re<2\times10^3$ 时为层流；$Re>5\times10^3$ 时为紊流。摩擦阻力系数 λ 如下计算：

$Re<2\times10^3$ 的光滑圆管：

$$\lambda=\frac{64}{Re} \tag{33-6-4}$$

$2\times10^3\leqslant Re\leqslant4\times10^3$ 的光滑圆管：见表 33-6-1。

2000≤Re≤5000 的光滑圆管 λ 取值 　　**表 33-6-1**

Re	2000	2500	3300	4000
λ	0.052	0.046	0.045	0.041

$4000<Re\leqslant10^5$ 的光滑圆管：

$$\lambda=\frac{0.316}{Re^{0.25}} \tag{33-6-5}$$

$10^5<Re<10^8$ 的光滑圆管：

$$\lambda=0.0032+\frac{0.221}{Re^{0.237}} \tag{33-6-6}$$

工业炉的空气动力计算中常用下列经验公式：

$$\lambda=\frac{A}{Re^n} \tag{33-6-7}$$

式中　A、n——与管壁粗糙度有关的常数，可由表 33-6-2 查得。

在计算 Re 数时，采用通道壁温下的动力黏度。

不同管道的 *A* 和 *n* 值 　　**表 33-6-2**

	光滑的金属管道	表面粗糙的金属管道	砖砌管道
A	0.32	0.129	0.175
n	0.25	0.120	0.120

（2）管路局部阻力损失

管路上发生气流方向变化（转弯）或截面变化而产生的流动阻力，称为局部阻力损失。局部阻力损失表示为：

$$h=\zeta\frac{1}{2}\rho v^2=\lambda\frac{1}{2}\rho_0 v_0^2\frac{273+t}{273} \tag{33-6-8}$$

式中　h——局部摩擦阻力，Pa；

ζ——局部摩擦阻力系数；

v_0、v——气体在标准状态及流动温度下的平均流速，m/s；

ρ_0、ρ——气体在标准状态及流动温度下的密度，kg/m³；

t——气体平均温度，℃。

局部阻力系数 ζ 由通道部件的形状而定，可在流体力学等手册中查得。

（3）横向冲刷管束阻力

当横向冲刷管束时，其流动阻力可用式（33-6-8）计算。式中的局部阻力系数 ζ 与管束的结构形式、介质流过的管子排数及 Re 数有关。计算时的气流速度按烟道有效截面确定。

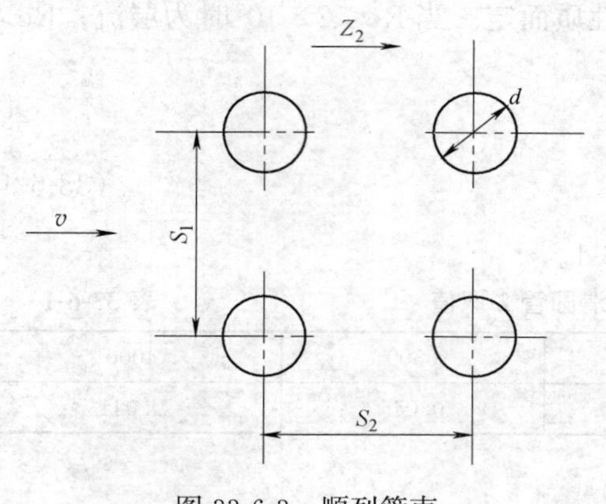

图 33-6-3　顺列管束

① 顺列管束（图 33-6-3）

ζ 可由下式计算：

$$\zeta=\zeta_0 Z_2 \tag{33-6-9}$$

式中　Z_2——沿气流方向的管排数；

ζ_0——每排管子的阻力系数，与 $\frac{S_1}{d}$、$\frac{S_2}{d}$、$\psi=\frac{S_1-d}{S_2-d}$ 以及 Re 值有关；

S_1、S_2——管束的横向、纵向管距，m；

d——管子外径，m。

ζ_0 值按下式计算：

当 $\frac{S_1}{d}\leqslant\frac{S_2}{d}$ 且 $0.06\leqslant\psi\leqslant1$ 时，

$$\zeta_0=2\left(\frac{S_1}{d}-1\right)^{-0.5}\mathrm{Re}^{-0.2} \tag{33-6-10}$$

当 $\frac{S_1}{d}>\frac{S_2}{d}$ 且 $1<\psi\leqslant8$ 时，

$$\zeta_0=0.38\left(\frac{S_1}{d}-1\right)^{-0.5}(\psi-0.94)^{-0.59}\mathrm{Re}^{-0.2/\psi^2} \tag{33-6-11}$$

当 $8<\psi\leqslant15$ 时，

$$\zeta_0=0.118\left(\frac{S_1}{d}-1\right)^{-0.5} \tag{33-6-12}$$

为了计算方便，将式（33-6-10）～式（33-6-12）制成线算图 33-6-4，可直接查得阻力系数及有关修正值。图中采用的算式为：

$\frac{S_1}{d}\leqslant\frac{S_2}{d}$ 时：

$$\zeta=c_s\zeta_s Z_2$$

$\frac{S_1}{d}>\frac{S_2}{d}$ 时：

$$1<\psi\leqslant8:\zeta=c_s c_{Re}\zeta_s Z_2;\ 8<\psi\leqslant15:\zeta=\zeta_w Z_2$$

式中　c_s——管距修正系数；

c_{Re}——Re 数修正系数；

ζ_w、ζ_s——图上查得的阻力系数。

② 错列管束（图 33-6-5）

ζ 可用下式计算：

$$\zeta=\zeta_0(Z_2+1) \tag{33-6-13}$$

式中　Z_2——沿气流方向的管子排数。

所有错列管束，除了 $\psi>1.7$，$3<\frac{S_1}{d}\leqslant10$ 的管束以外，ζ_0 值均可如下计算：

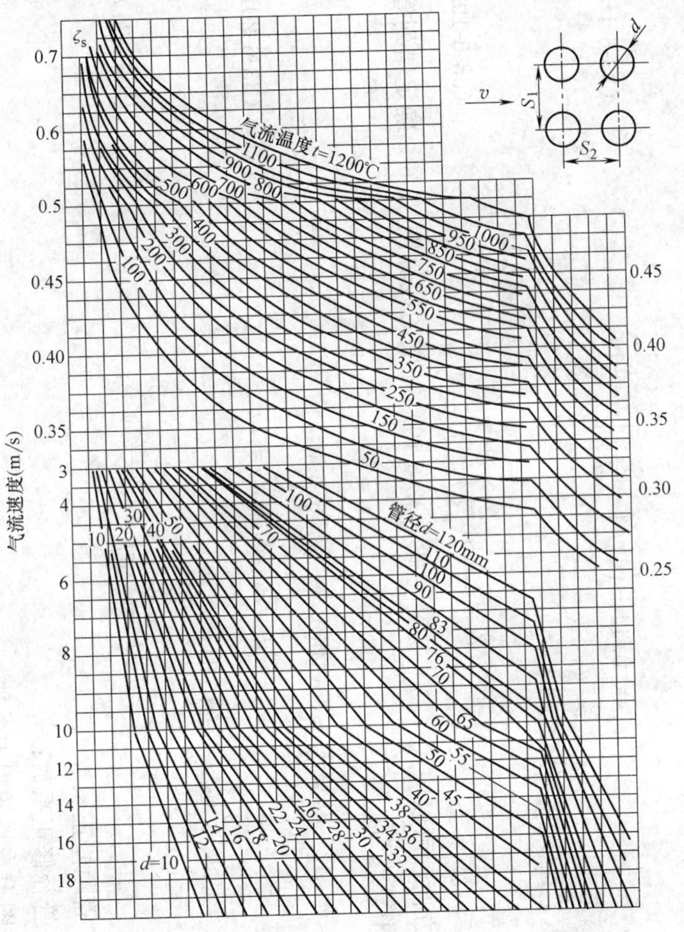

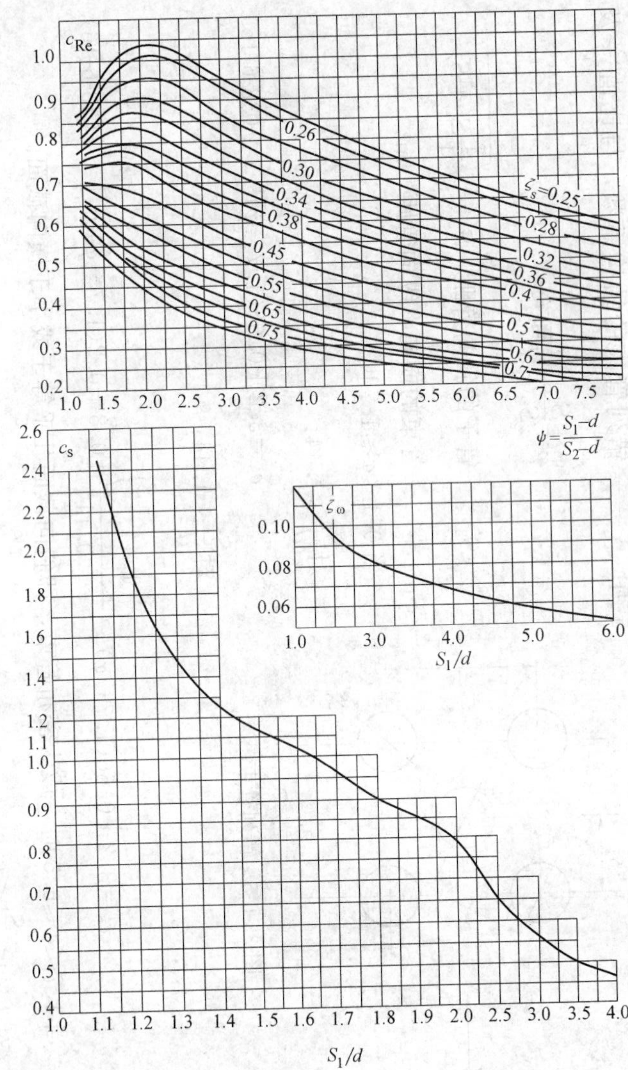

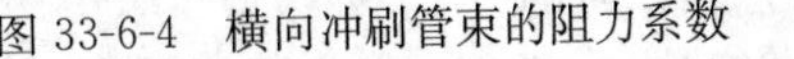
图 33-6-4 横向冲刷管束的阻力系数

$$\zeta_0=c_s\mathrm{Re}^{-0.27} \tag{33-6-14}$$

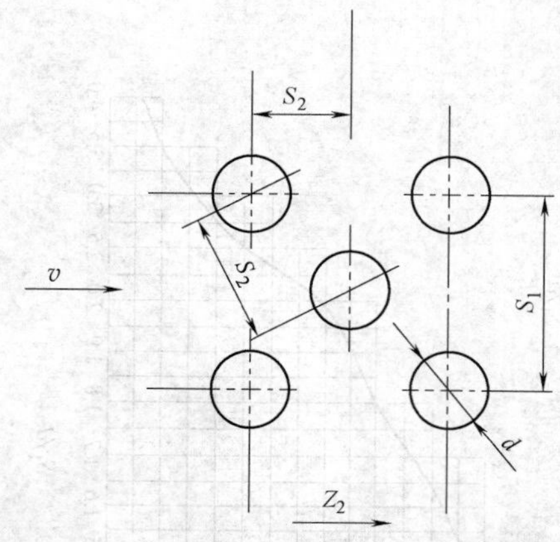

图 33-6-5 错列管束

式中 c_s——错列管束的结构系数，与比值$\frac{S_1}{d}$及$\varphi=\frac{S_1-d}{S_2'-d}$有关；

S_2'——管子的斜向管距，$S_2'=\sqrt{\frac{1}{4}S_1^2+S_2^2}$；

S_1、S_2——管束的横向、纵向管距，m。

当 $0.1\leqslant\varphi\leqslant1.7$ 时，

对$\frac{S_1}{d}\geqslant1.44$：

$$c_s=3.2+0.66(1.7-\varphi)^{1.5} \tag{33-6-15}$$

对$\frac{S_1}{d}<1.44$：

$$c_s=3.2+0.66(1.7-\varphi)^{1.5}+\frac{1.44-\frac{S_1}{d}}{0.11}\left[0.8+0.2(1.7-\varphi)^{1.5}\right] \tag{33-6-16}$$

当 $1.7<\varphi\leqslant6.5$ 时，成为密布管束，即斜向截面几乎等于或小于横向截面。

对 $1.44\leqslant\frac{S_1}{d}\leqslant3.0$：

$$c_s=0.44(\varphi+1)^2 \tag{33-6-17}$$

对$\frac{S_1}{d}<1.44$：

$$c_s=\left[0.44+\left(1.44-\frac{S_1}{d}\right)\right](\varphi+1)^2 \tag{33-6-18}$$

当 $\varphi>1.7$ 且 $3.0<\frac{S_1}{d}\leqslant10$ 时：

$$\zeta_0=1.83\left(\frac{S_1}{d}\right)^{-1.46} \tag{33-6-19}$$

为计算方便，可以按式（33-6-13）～式（33-6-19）制成的线算图 33-6-6 确定错列管束阻力。图中算式为：

当 $0.1<\varphi<1.7$ 以及$\frac{S_1}{d}\leqslant3.0$ 和 $1.7\leqslant\varphi\leqslant6.5$ 时，

$$\Delta h=c_s c_d\Delta h_0(Z_2+1) \tag{33-6-20}$$

当 $\varphi>1.7$ 以及 $3.0<\frac{S_1}{d}\leqslant10$ 时：

$$\Delta h=\zeta_w\frac{1}{2}\rho v^2(Z_2+1) \tag{33-6-21}$$

式中 c_s——管距修正系数；

c_d——管径修正系数；

ζ_w——图上查得的阻力系数；

Δh_0——图上查得的管束阻力，Pa/排。

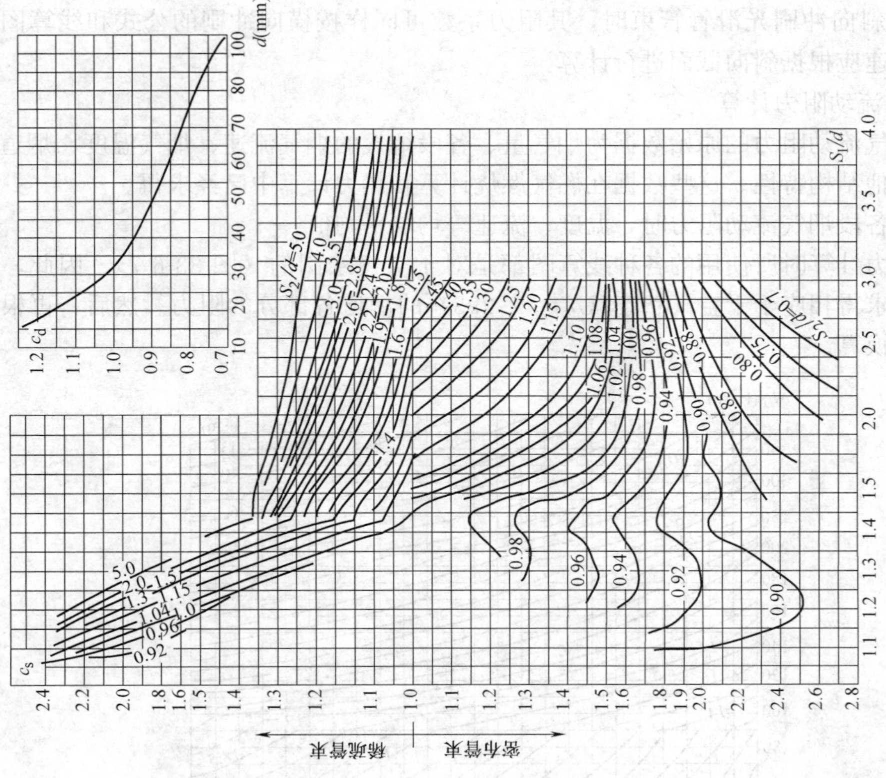

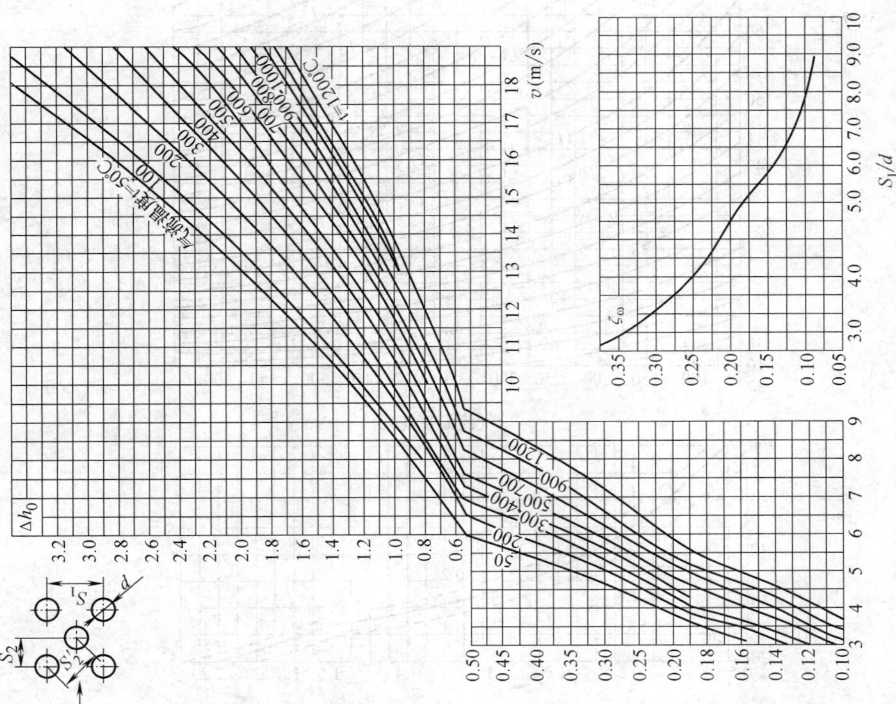

图 33-6-6 错列管束的阻力计算图

当气流斜向冲刷光滑管管束时，其阻力系数可同样按横向冲刷的公式和线算图来计算，但其流速应根据斜向截面进行计算。

2. 烟气流动阻力计算

计算烟气流动阻力的原始数据为烟气量、各段烟气的烟气流速、烟气温度、烟道的有效面积及其他结构特性。这些数据在燃气燃烧计算和热力计算中已经求得。

在计算各段烟气流动阻力时，温度、流速等均取平均值。

由于阻力计算时所使用的各种线算图都是对于空气绘制的（图 33-6-7）。因此，可以利用线算图求得相应于干空气状态（$\rho_{a0}=1.293$）的烟道各部分的阻力。然后，再根据烟气密度进行换算。

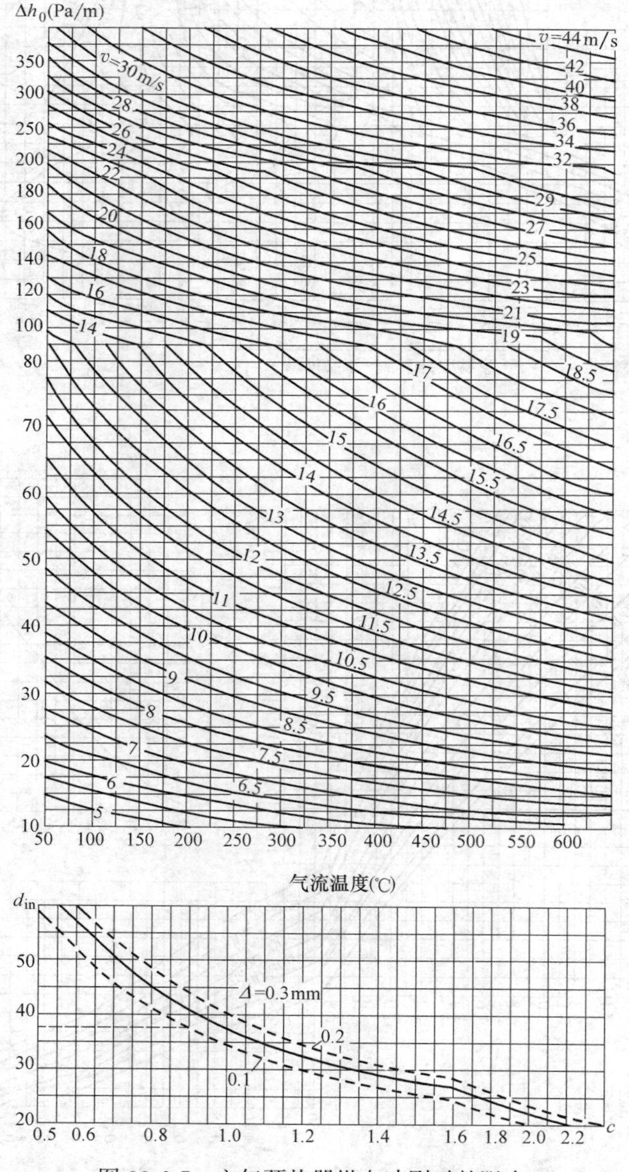

图 33-6-7　空气预热器纵向冲刷时的阻力

计算烟气流动阻力的顺序是从炉膛开始，沿烟气流动方向，依次计算空气（燃气）预热器、管道各部分的阻力。各部分阻力之和即为烟道的全压降。下面按烟气流程的次序分别阐述每一部分计算应考虑的问题。

（1）炉膛

炉膛内的摩擦阻力损失按式（33-6-3）计算，式中 v_0、t 为炉膛内平均烟气流速及平均温度。实际上由于工件在炉底上排放不整齐，故炉膛内压力损失比上述计算的结果要大。可近似认为炉膛内的压头损失等于计算值的两倍。

（2）空气（燃气）预热器

① 管式空气预热器：其基本构件是钢管。通常管内走空气，管外走烟气，但也有相反布置的。一般机械排风时，可采用烟气在管内流动，此时烟气阻力是由管中的摩擦阻力 Δh_p 和管子进出口的局部阻力 Δh_{io} 所组成。这两项阻力均按烟气在空气预热器的平均烟气流速、平均烟气温度计算。管束空气预热器的摩擦阻力可按线算图 33-6-7 求得；

$$\Delta h_p = \Delta h_0 cl \tag{33-6-22}$$

式中 Δh_0——由图上查得的每米长度的摩擦阻力，Pa/m；

c——修正系数；

l——管长，m。

预热器进出口处因截面变化而产生的局部阻力按下式计算：

$$\Delta h_{io} = (\zeta' + \zeta'')\frac{1}{2}\rho v^2 \tag{33-6-23}$$

式中 $\frac{1}{2}\rho v^2$——气流动压头，按照管内的平均烟气流速和烟气温度求得；

ζ'、ζ''——进口和出口的局部阻力系数。

管子的总流通截面：
$$A = \frac{Z\pi d_{in}^2}{4}$$

式中 A——管子有效总截面积，m^2；

Z——管子数；

d_{in}——管子内径，m。

当空气在管内流动时，一般流速为 4～8m/s；烟气则以 1～2m/s 的速度流经管子之间。空气和烟气流速之比应不小于 2.5～3.0，以防止管子烧坏。预热器内的空气阻力为 300～3000Pa；烟气阻力为 20～300Pa。

② 片状换热器：一般用经验公式计算片状换热器的阻力。片状换热器一个行程内表面空气流动阻力按下式计算：

$$\Delta h_a = Agv_{a0}^2\frac{T}{273} \tag{33-6-24}$$

式中 v_{a0}——标准状态下管内空气流速，m/s；

T——管内空气平均温度，K；

A——与长度有关的阻力系数，其值如表 33-6-3。

阻力系数 A　表 33-6-3

管道长度(mm)	1107	1550	2042
系数 A	0.20	0.25	0.30

在实际计算时应注意，由于铸铁管道的不严密性，片的尺寸与设计尺寸不完全一致，加上腐蚀增加了管道的粗糙度，因此在用式（33-6-24）计算换热器阻力时，应增加25%～30%。

片状换热器外表面烟气流动阻力按下式计算：

$$\Delta h_{\mathrm{f}}=ag(n+m)v_{\mathrm{f0}}^{2}\frac{T}{273} \tag{33-6-25}$$

式中 Δh_{f}——片状管外表面烟气阻力，Pa；

n——烟气流动方向上的管子排数；

m——烟气流动方向上的管子组数；

T——管内空气平均温度，K；

v_{f0}——标准状态下烟气流速，m/s；

a——与管道形式有关的系数。双侧式 $a=0.0145$；单侧式 $a=0.00440$。

多行程换热器空气管道转弯处的管内压头损失，一般采用片状管空气流动阻力的50%～60%。

换热器管内空气流速采用 4.0～8.0m/s。如果换热器前压力较高，则为了减小换热器尺寸，降低金属表面最高温度，也可以适当提高空气流速。

换热器管外烟气流速采用 2.0～5.0m/s。空气流速可取 5.0～10.0m/s。

③ 辐射换热器：辐射换热器的烟道截面一般比较大，直径为 0.5～3.0m。烟气流速采用 1～3m/s。预热空气的流速一般采用 20～30m/s。辐射换热器中烟气阻力损失可忽略不计。

【例 33-6-1】 计算换热器管内外阻力。

已知：采用双侧式的片状管作为换热器的元件，管长 1550mm，预热空气量 27830m³/h，经换热器的烟气量为 37180m³/h，空气进口温度 20℃，出口温度 450℃；烟气进口温度 800℃，烟气出口温度 450℃。由传热计算得出所需管子数 243 根。

【解】

计算步骤如下：

① 先假定换热器管外烟气流速 $v_{\mathrm{f0}}=4.0\mathrm{m/s}$，管内空气流速 $v_{\mathrm{a0}}=8.0\mathrm{m/s}$。

② 空气通过换热器的总截面为：

$$A_{\mathrm{a}}=\frac{27830}{3600\times 8.0}=0.966\mathrm{m}^2$$

③ 烟气通过换热器的总截面为：

$$A_{\mathrm{f}}=\frac{37180}{3600\times 4.0}=2.58\mathrm{m}^2$$

④ 决定换热器行程及管子排列：由片状换热器结构特性得知，双侧式片状换热器管长为 1550mm 时，烟气横向流动，每两根管道间烟气流通截面为 0.094m²，空气沿管道纵向流动，每根空气管截面为 0.0113m²，空气流动采用三个行程，每行程的管子排数为 3，

总排列为 9 排 27 列共 243 根双侧式片状管。

⑤ 校核实际流速：

空气的实际流通总面积为：$A_a=27\times3\times0.0113=0.92m^2$

烟气的实际流通总面积为：$A_f=27\times0.094=2.54m^2$

空气的实际流速为：$v_{a0}=\dfrac{27830}{3600\times0.92}=8.4m/s$

实际的烟气流速为：$v_{f0}=\dfrac{37180}{3600\times2.58}=4.1m/s$

⑥ 换热器管内空气流动总阻力：

换热器中空气平均温度：$t_a=\dfrac{450+20}{2}=235°C$

按公式（33-6-24）计算管内空气流动阻力：

$$\Delta h=3\times Agv_{a0}^2\frac{T}{273}=3\times9.81\times0.25\times8.4^2\times\frac{235+273}{273}=966Pa$$

换热器进出口处截面变化产生的局部阻力及三个 180°转弯的局部阻力之和近似采用等于管内阻力，所以换热器内空气流动阻力为：

$$\Delta h_a=2\times966=1932Pa$$

考虑管道不严密等因素，附加阻力 25%，所以实际空气阻力为：

$$\Delta h_a=1932\times1.25=2415Pa$$

⑦ 换热器管外烟气流动阻力：

先求换热器管外烟气平均温度

$$t_f=\frac{800+450}{2}=625℃$$

按式（33-6-25）计算管外烟气流动阻力：取 $a=0.0145$，$v_{f0}=4.1m/s$，$n=9$，$m=30$

$$\Delta h_f=ag(n+m)v_{f0}^2\frac{T}{273}=0.0145\times9.81\times(9+3)\times4.1^2\times\frac{273+625}{273}$$
$$=94.4Pa$$

附加 25%，烟气侧总阻力为

$$\Delta h_f=94.4\times1.25=118Pa$$

（3）烟道

烟道内烟气量除燃料燃烧计算求得的烟气量以外，尚需增加换热器、烟道、阀门等各设备和部件的漏风量。

考虑漏风量后的总烟量可按下式计算：

$$L_f=B(V_{f0}+\Delta\alpha V_0)\frac{273+t_f}{273} \tag{33-6-26}$$

式中 B——燃气消耗量，m^3/h；

V_{f0}——单位体积燃气燃烧所产生的烟气量，m^3/m^3；

V_0——单位体积燃气所需理论空气量，m^3/m^3；

t_f——烟气温度，℃；

$\Delta\alpha$——漏风系数。

金属管状换热器的 $\Delta\alpha=0.15$；金属辐射换热器的 $\Delta\alpha=0.15$。砖烟道的 $\Delta\alpha$，每 10m

取0.05；钢板烟道的$\Delta\alpha$，每10m取0.01。烟道闸门及孔等漏风量按具体情况而定。

在烟道计算时，往往取经济流速。若烟气流速过大，虽可节约管材，但动力消耗过大；反之，若流速过小，虽可节约动力，却浪费了管材。

矩形烟道的高度与宽度之比可取0.5～2。工业炉常用烟道系列可参考有关设计手册。

【例33-6-2】 计算图33-6-8所示连续加热炉排烟系统的阻力损失。

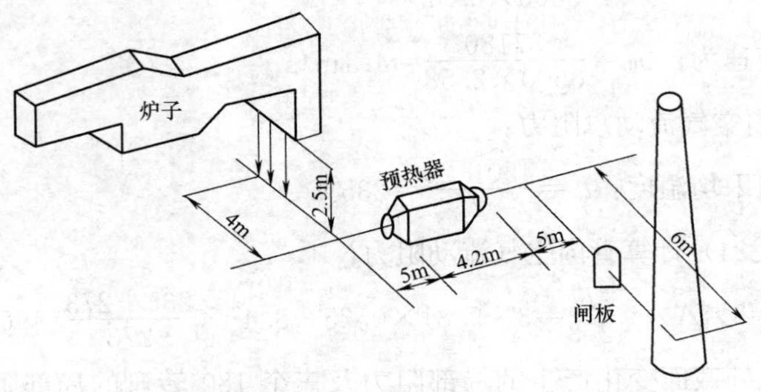

图33-6-8　连续加热炉排烟系统

已知：连续加热炉燃气消耗量$B=7200m^3/h$，烟气密度$\rho_{f0}=1.28kg/m^3$；理论空气需要量$V_0=2m^3/m^3$，炉膛出口总烟气量$L_f=20376m^3/h$，有3根下降竖烟道。

【解】 计算步骤如下：

（1）烟道截面计算

① 竖烟道。流过每根竖烟道的烟气量为

$$L_f=\frac{20376}{3}=6792m^3/h=1.89m^3/s$$

初选竖烟道中的烟气流速$v=2.59m/s$，则每根竖烟道的截面尺寸为：

$$A=\frac{6792}{3600\times2.5}=0.75m^2$$

按常用烟道系列取烟道截面尺寸1044mm×696mm，则截面$A=0.73m^2$；实际烟气流速为：

$$v=\frac{1.89}{0.73}=2.6m/s$$

② 竖烟道出口至换热器

初选流速$v=2.5m/s$，得烟道截面积：

$$A=\frac{20376}{3600\times2.5}=2.26m^2$$

按常用烟道系列取宽×高为1392mm×1716mm，则截面积$A=2.39m^2$，实际烟气流速：

$$v=\frac{20376}{3600\times2.39}=2.37m/s$$

③ 预热器，采用铸铁管状预热器预热空气。

④ 预热器至烟囱入口。中间经过一个阀门。由于预热器漏风及烟道吸风，该段的$\Delta\alpha$为0.3，故该段计算烟气量为

$$L_f = 20376 + B\Delta\alpha V_0 = 24696\text{m}^3/\text{h}$$

截面仍采用 1392mm×1716mm，烟气流速为

$$v = \frac{24696}{3600 \times 2.39} = 2.9\text{m/s}$$

(2) 烟道阻力计算

计算结果列于表 33-6-4 中。其中竖烟道至预热器段动压为：

$$h_d = \frac{1}{2} \times 2.37^2 \times 1.28 \times \frac{273+870}{273} = 15.1\text{Pa}$$

预热器到烟囱段的动压为：

$$h_d = \frac{1}{2} \times 2.9^2 \times 1.28 \times \frac{273+426}{273} = 13.8\text{Pa}$$

烟道阻力计算表 **表 33-6-4**

		分段号	1	2	3	4
		分段名称	竖烟道	竖烟道至预热器	预热器	预热器至烟囱入口
通道尺寸		长度 l(m)	2.5	9	另行计算确定	11
		截面尺寸(mm)	1044×696	1392×1716		1392×1716
		截面积 A(m²)	0.73	2.39		2.39
		周长 s(m)	3.48	6.22		6.22
		当量直径 d_e(mm)	0.84	1.54		1.54
		上升管高度 H(m)	2.5	—		—
气体参数		流量(m³/s)	1.89	5.66		6.86
		温度 t(℃)	893	870		426
		流速 v_0(m/s)	2.6	2.37		2.9
		t(℃)时的动压头 h_d(Pa)	18.5	15.1		13.8
		热压头 $\rho\Delta H$(Pa)	22.4	—		—
流道内的压力变化	局部阻力	局部阻力系数	流入尖锐边缘空洞 0.5	集流管 1.5，90°弯头 1.3		90°弯头二只 1.3
		$\Sigma\zeta$	0.5	2.8		2.6
		$\Sigma\zeta h_d$(Pa)	9.25	42.3		3.7
	沿程阻力	$\frac{\lambda l}{d_e}$	0.15	0.29		0.36
		$\frac{\lambda l}{d_e}h_d$	2.78	4.38		4.97
全段压头损失之和(Pa)			34.43	47.1	78.4	41.3
总压力损失(Pa)			201.2			

3. 空气及燃气流动阻力的计算

空气及燃气流动阻力计算的原理及步骤与烟气流动阻力计算完全相同。按工业炉额定负荷，由燃气燃烧计算确定所需燃气量及空气量。阻力计算所用原始数据，如空（燃）气

温度、在空（燃）气预热器中空（燃）气的有效截面、空（燃）气流速等都由热力计算得到。

空（燃）气风道的阻力包括：冷空（燃）气风道、空（燃）气预热器、热空（燃）气风道和燃烧设备等区段的阻力。在计算时，按管线中管道截面、流量、温度等的变化情况分段，总阻力损失等于各分段阻力损失之和，当管道分为几路并联时，管道阻力损失按阻力损失最大的一条线路计算。在其他线路上加装阀门进行调节。

33.6.3　燃气工业炉窑的通风排烟装置

燃气工业炉通风排烟装置，可分为自然通风装置和机械通风装置。前者是靠工业炉周围空气与炉内烟气的热压差使烟气流动；后者则是用鼓风机、引风机或引射器等装置供给能量，供气体流动。

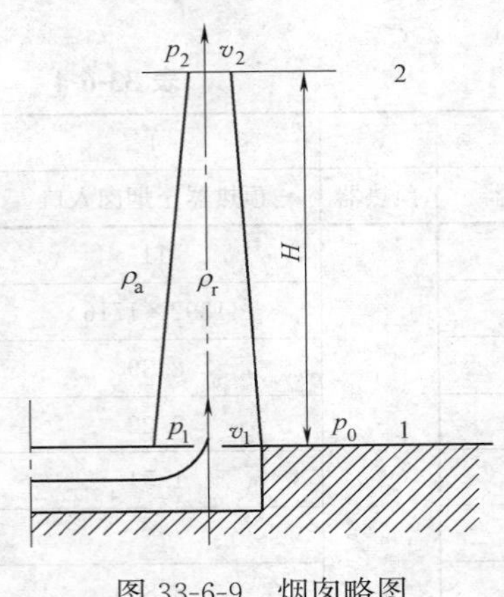

图 33-6-9　烟囱略图

在工业炉中广泛利用烟囱产生自然抽力，虽基建投资大、施工周期较长，但是它工作可靠，不需消耗动力，运转费用低廉，很少需要检修。当烟道阻力损失很大或烟气温度很低（例如排烟系统中有废热锅炉等余热利用装置）时，往往需用机械排风，此时烟囱的主要作用是保证将烟气扩散到卫生标准允许的浓度。

1. 自然通风装置（烟囱）

烟囱的吸力系由周围空气与烟气的热压差所形成（图 33-6-9），其值按式（33-6-1）计算。由于烟囱底部为负压，而工业炉炉膛尾部为一个大气压，气体自然由炉尾流至烟囱底部，之后排至大气。

小型工业炉用烟囱自然排烟时，烟囱高度可由下式计算：

$$H=\frac{1.2h_1+h_2}{(\rho_a-\rho_f)g} \tag{33-6-27}$$

式中　H——烟囱高度，m；

h_1——工业炉烟道阻力，不包括烟囱本身产生的热压差及烟囱的阻力，Pa；

h_2——烟囱的阻力，包括摩擦阻力和出口局部阻力，Pa；

ρ_a——室外空气密度，kg/m^3；

ρ_f——烟囱内烟气平均温度下的烟气密度，kg/m^3；

每米烟囱的温降可采用如下的经验数据：砖砌烟囱 1℃/m，不衬砖的金属烟囱 3～4℃/m，有砖衬的金属烟囱 2～2.5℃/m，混凝土烟囱 0.1～0.3℃/m。

在设计新烟囱时，烟囱高度 H 为未知数。计算烟囱中的烟气温降及摩擦阻力时，可先按下式估算：

$$H=(25\sim30)D_2$$

计算应在夏季最高平均温度、最低气压及最大负荷条件下进行。取用的烟囱高度不得小于 20m。若烟囱高度计算值超过 50m，应采用机械排烟。

烟囱出口流速 v_{f2}，当自然排烟时，一般取 2.5～3.0m/s 或 5～8m/s；机械排烟时，可取5.5～8.0m/s。

选定出口流速后，即可计算烟囱出口直径

$$D_2 = 1.13\sqrt{\frac{L_f}{v_{f2}}} \tag{33-6-28}$$

式中 D_2——烟囱出口直径，m；

L_f——进入烟囱的烟气量，m^3/s；

v_{f2}——烟囱出口烟气速度，m/s。

烟囱底部直径 D_1

$$D_1 = D_2 + 2iH \tag{33-6-29}$$

式中 i——烟囱的锥度，常取0.02～0.03；

H——烟囱高度，m。

一般取 $D_1 = 1.5D_2$。

2. 机械通风装置

(1) 燃气工业炉常用的鼓引风机

燃气工业炉常用的鼓引风机主要有三种：轴流式风机、离心式风机及罗茨风机。轴流风机的风量大、风压小，在工业炉上应用不广。离心风机在工业炉上应用最广。根据风机的不同，离心风机可分为高压离心风机（风压3000～15000Pa）、中压离心风机（风压1000～3000Pa）和低压离心风机（风压小于1000Pa）三类。

罗茨风机的主要特点是风量稳定，流量不受阻力影响，而只与轴转速有关。

(2) 燃气工业炉鼓/引风机的选择

① 选择鼓/引风机的基本原则

选择鼓/引风机的任务在于根据风机的用途确定风机的型号及转速，使风机产生所需要的流量 L 和压头，并在最佳工况下工作。选择风机的原则如下：

A. 风机工作点应在最佳效率范围内，即风机效率应保证具有最高效率的90%以上。一般风机产品性能表中对某一风机所列出的性能范围都符合以上要求。

B. 尽可能选择比转数较大的风机。

C. 风机的出口方向要保证风机与管路系统连接方便，阻力小。

D. 力求运转安全、可靠、性能稳定。

② 选择鼓/引风机的原始数据

原始数据包括：管路系统的最大流量 L_{max}；管路系统所需的最大压头 Δp_{max}；气体的温度；气体的密度以及工作条件下的大气压力。在实际选择时，风量要乘以安全系数1.1，风压要乘以安全系数1.2。

当采用离心式风机时，其特性通常是20℃、一个标准大气压（101325Pa）、介质为空气时的性能，故选择风机时，应根据实际工况按表33-6-5中的公式进行换算。

③ 选择方法

各种型号风机的性能均由表格及通用特性曲线可供参考，可直接用来选择风机。

选择时根据原始数据，按表33-6-5求得表示风机性能时用的 L_s、Δp_s。根据用途，从产品样本选用风机型号，然后按风机特性曲线或特性表确定风机的机号、转速及所需功率。

【例 33-6-3】 选择风机。某工业炉，需助燃空气量 1100m³/h，需空气全压 2453Pa，若地区大气压为 79993Pa，夏季最高平均温度为 35℃。

【解】 按下列步骤选择：

① 选择风机用的空气量为：

$$L=1.1\times1100\times\frac{101325}{79993}\times\frac{273+35}{273}=1729\text{m}^3/\text{h}$$

② 选择风机用的风压为：

$$\Delta P=1.2\times2453=2943.6\text{Pa}$$

③ 按表 33-6-5 换算为：

$$L_s=1729\text{m}^3/\text{h}$$

$$\Delta p_s=2943.6\times\frac{101325}{79993}\times\frac{273+35}{273+20}=3919.5\text{Pa}$$

④ 查产品样本，选 9-27-101 型 No4 型离心风机，其性能如下：全风压 $\Delta p_s=3953.4$Pa；风量 $L_s=1729\text{m}^3/\text{h}$；功率 $N_s=4.5$kW。

⑤ 此风机的实际需要电机功率为

$$N=N_s\times\frac{0.1325}{0.079993}\times\frac{273+20}{273+35}=4.5\times0.75=3.4\text{kW}$$

(3) 引射排烟装置

当烟气温度高于 250℃ 时，往往不能直接用引风机排烟，若烟囱又不能形成足够的抽力时，常采用引射排烟装置。

引射排烟的原理与引射式燃烧器相同。它是通过喷嘴高速喷出气体时产生的负压带走烟气。喷射用气体有空气、蒸汽、压缩空气等。

离心风机性能关系式 **表 33-6-5**

	改变密度 ρ、转速 n 时的换算公式	改变转速 n、大气压力 p_a、温度 t 时的换算公式
风量	$\frac{L_s}{L}=\frac{n_s}{n}$	$\frac{L_s}{L}=\frac{n_s}{n}$
风压	$\frac{\Delta p_s}{\Delta p}=\left(\frac{n_s}{n}\right)^2\frac{\rho_s}{\rho}$	$\frac{\Delta p_s}{\Delta p}=\left(\frac{n_s}{n}\right)^2\frac{p_s}{p}\frac{273+t}{273+t_s}$
功率	$\frac{N_s}{N}=\left(\frac{n_s}{n}\right)^3\frac{\rho_s}{\rho}$	$\frac{N_s}{N}=\left(\frac{n_s}{n}\right)^3\frac{p_s}{p}\frac{273+t}{273+t_s}$
效率	$\eta_s=\eta$	$\eta_s=\eta$

33.7 本章相关标准规范

《工业炉窑大气污染物排放标准》GB 9078

《工业炉窑燃烧节能评价方法》GB/T 32037

参考文献

[1] 王秉铨. 工业炉设计手册（第三版）[M]. 北京：机械工业出版社，2010.

[2] 同济大学，重庆大学，哈尔滨工业大学，北京建筑工程学院. 燃气燃烧与应用（第四版）[M]. 北京：中国建筑工业出版社，2011.

[3] 傅忠诚等. 燃气燃烧新装置 [M]. 北京：中国建筑工业出版社，1984.

[4] 姜正侯. 燃气工程技术手册 [M]. 上海：同济大学出版社，1993.

[5] 贺建刚，梁婷. 热处理设备现状及节能环保技术的展望 [J]. 工业炉. 2017（02）：21-23.

[6] 宋湛苹，史竞. 工业炉的节能与环保 [J]. 机械工人. 2006（04）：7-10.

[7] 童文辉，沈峰满，王文忠，等. 高炉常用耐火材料导热系数的测定 [J]. 金属学报. 2002（09）：983-988.

[8] 杨世铭，陶文铨. 传热学（第四版）[M]. 北京：高等教育出版社，2006.

[9] 高长贺，李勇，孙加林，等. 矾土均质料的烧结性能研究 [J]. 耐火材料. 2015（02）：91-95.

[10] 张云. 矾土回转窑热耗降低和余热利用之浅见 [J]. 耐火材料. 2008（04）：315-316.

[11] 王洪利，黄杰，刘建雄. 陶瓷厂隧道窑热平衡测试与节能分析 [J]. 中国陶瓷. 2013（02）：35-38.

第34章 燃气汽车

34.1 汽车与替代燃料

34.1.1 汽车与燃料

理论上讲，车用燃料的发展可以有很多种选择。图 34-1-1 表示了用于车用燃料的各种潜在形式。我们可以把能源划分为矿物能源（可耗尽）和可再生能源。其中，甲烷既可以来自矿物燃料——天然气，也可以来自可再生能源——沼气，成为能源可持续发展的纽带。

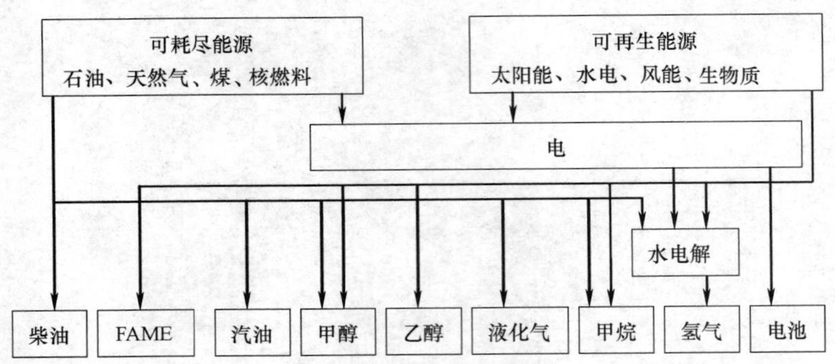

图 34-1-1 各种车用燃料的形式

天然气以其良好的燃料特性和丰富的资源，成为了现阶段最有发展潜力的汽车替代燃料。以天然气汽车为主的动力应用必将成为天然气清洁高效利用的优先发展领域之一。

对于常规技术来讲，天然气既可用于单燃料天然气汽车车辆，也可为燃料电池车或内燃机氢能车提供氢源。

由于天然气能增强能源安全性和能源多样化、减少二氧化碳排放、减少有毒废气排放，因此增加其在车用燃料中的比重有着强劲的驱动力。事实上，欧洲委员会出台的运输领域强制增加生物燃料份额法案就规定了天然气和氢气在车用能量中应占一定的份额，到 2020 年时，生物燃料需占 8%，天然气 10%和氢 5%。

34.1.2 天然气进入车用燃料领域的方式

车辆动力系统使用天然气的技术方案多种多样。例如改造现有的汽油和柴油发动机的车辆传动系统直接使用天然气，利用天然气衍生产品提升燃料的品质，以及作为燃料电池车的氢源等。总之，燃气能多方面地促进车用燃料的发展，主要可以有以下多种形式。

1. 提高常规燃料的产量

天然气及其衍生产品，可以多种方式为提高常规燃料的产量作贡献。例如，炼油的能耗（电力和热能）大约相当于原油供应量的10%～15%。这部分能源可以用天然气替代出来，并减少约3%～4%的炼油厂总二氧化碳排放量。

另一条提高产量的途径是在燃油中增加合成组分，例如汽油中添加用天然气生产的MTBE（甲基叔丁基醚）提高产量。柴油中添加高十六烷值基托（FT）组分，可以提高产量并提高柴油品质。

2. 合成燃料（柴油，汽油）

著名的合成气转化技术——基托（Fischer-Tropsch）工艺可以把合成气转化为长链烷烃、低碳烯烃、高分子石蜡和水。改进工艺可以生产出低含硫量柴油、石脑油、石蜡和润滑油的基础油产品。而石蜡经温和加氢裂化转换成中间馏分蒸馏油，从而获得直馏汽油。

合成气可由煤气化（部分氧化）产生，但是目前世界上大部分合成燃料的生产都是使用天然气。世界上，第一个天然气GTL（气体-液体）工厂20世纪50年代始建于美国的德克萨斯州，但该项目商业上没有成功。

3. 直接使用天然气

天然气是点燃式发动机的一种优质燃料。通过增加点火系统，或用柴油引燃，天然气也可以用在柴油机上。汽油车改装成使用天然气相当简单，但要满足最新排放标准和OBD（车载诊断器）要求。CNG储罐与汽油燃料箱相比，重量大、安装所需的空间更大，因此CNG汽车能耗可能会比汽油车略高。但如果充分利用好天然气高辛烷值的特性，这种差异可以减小。

对于无尾气后处理的车辆来讲，简单安装汽油/天然气切换开关就可以使尾气排放直接改善，从而使环境受益。这也是许多发展中国家用相对简单的技术进行车辆天然气改装的原因。但如果车辆已经配备了先进的尾气后处理系统，天然气替代汽油减少排放的绝对效果虽相当有限，但这种改装仍然可以减少尾气的毒性和反应性。

4. 甲醇

甲醇是一种广泛应用于化工行业的化学产品。它从天然气经合成气制成，生产过程与FT工艺相比，产品选择性和能源消耗较少。甲醇的生产效率已接近70%。甲醇也可以由生物质和煤的气化获得。其生物路线技术上已可行，但经济性上尚有疑问。

甲醇的特点是高辛烷值、高蒸发热、低能量密度（与汽油相比）和低蒸汽压。另外，甲醇具有高度腐蚀性和毒性。甲醇可用于可适应点燃式发动机。灵活燃料汽车（FFV）可以使用混有0～85%甲醇（或乙醇）的汽油。由于发动机使用甲醇时，燃料流量必须大幅度增加，因此要求甲醇的燃料箱体积比汽油箱大两倍。燃料系统的材料都必须耐磨损和耐腐蚀。甲醇的冷启动性能很差，因此必须与碳氢化合物混和使用，这是甲醇很少使用的原因之一。

由于醇类点火性能很差，因此不适合用柴油机。要使发动机使用醇类燃料，要么用改进点火性能的添加剂处理燃料，要么发动机进行引燃或增加火花塞辅助点火改造。

20世纪80年代后期和90年代初，甲醇燃料汽车的关注点达到高峰。自此以后，大部分都销声匿迹。

点燃式甲醇发动机可以获得比汽油发动机更高的效率。重型狄塞尔循环醇类发动机的效率与一般柴油机相当。在柴油机内，醇类可以减少氮氧化物及微粒物的排放。缺点是在某些驾驶工况下，用甲醇燃料意味着高燃料毒性和高甲醛排放。

目前，甲醇因为它适合燃料电池车辆而得到重视。甲醇在重整过程中比碳氢化合物需要的温度低，如果只是考虑车载重整器的简单性和效率，甲醇被认为是燃料电池车的最有可能的首选液体燃料。

从井口到氢气（包括车载重整器）的效率上看，从天然气到甲醇到氢气的效率（大约60%）低于从原油到汽油到氢气的效率（大约65%）。

5. 二甲醚

二甲醚是近年兴起的车用替代燃料。二甲醚与FT柴油或甲醇一样，经合成气生产。合成二甲醚的效率比合成甲醇略高。二甲醚没有毒性，长期以来一直用作气雾罐的推进剂。

二甲醚类似于液化石油气，常温常压下是一种气体，可在一定压力下液化(0.6MPa)。但二甲醚具有良好的点火性能（高十六烷值），因此，适合用于狄塞尔过程（柴油机）。二甲醚比FT柴油在减少排放方面潜力更大。

二甲醚的黏度和润滑性非常低，且会与普通橡胶起反应。因其饱和蒸汽压高，燃料输送泵必须安装在燃料箱内。由于存在着这些问题，使得在技术上构建一种完善的二甲醚高压喷射系统具有相当的难度。目前国内外都已研制出采用共轨喷射系统的二甲醚原型发动机，但都仅仅处于示范状态，并未真正商品化。

与直接使用天然气类似，广泛使用二甲醚需要建设新的加油基础设施和新型车辆。二甲醚的优势是能按柴油机方式运行，具有与使用柴油相同甚至更高的效率。但与直接使用天然气比较，燃料生产过程中有能源消耗。

6. 天然气制氢。

制氢的一次能源既可以是矿物燃料，也可以是可再生能源。从生产形式上看，无论采用集中方式、还是现场分散方式或车载重整系统都可以制氢。但分散系统制氢未来最有可能获得发展。

对于现有天然气管网的地区，天然气重整将与电解制氢进行竞争。但只要电力系统容量仍然不足，以及电力还是来自矿物燃料，那么天然气现场制氢技术将有很好的发展机会。但是分散式制氢系统（包括车载和现场）实现二氧化碳回收的可能性很小。

集中制氢系统能实现二氧化碳的封存，因此理论上可以使能源系统不再有温室气体排放。尽管如此，这种系统还是不符合可持续发展的能源系统的定义。所谓符合可持续性规定就是要求利用可再生能源——可以是垃圾、沼气、太阳能和水力能等。在这种意义上，只有使用垃圾气化的集中制氢系统，以及使用分散系统的生物甲烷能满足这一要求。当然，来自可再生能源生产的电力在集中和分散系统中提供氢能也符合“可持续”的定义。

天然气生产电力的效率介于30%～50%，电解法的效率是60%～80%。不考虑其他损失，就可得出天然气电力制氢效率约为20%～40%的范围。而天然气蒸气重整制氢的效率约为60%。因此，从能源效率的观点上看，用天然气发电再制氢气没有任何意义。

34.1.3 天然气作为车用燃料的特性

目前大部分轻型汽车采用奥托循环的汽油发动机（点燃式），受汽油的抗爆性限制（用辛烷值表示，例如93号汽油的辛烷值为93），汽油机的压缩比（CR）一般在8.5～9.5之间。而甲烷的辛烷值为122，因此天然气的压缩比上限可达约15。

发动机的理论循环效率是由实际循环形式（狄塞尔循环和奥托循环）的各个状态参数决定的，其中受压缩比影响最大。理论上发动机的热效率随着CR的增加而增加，但实际上，随着CR的增加摩擦损失也增大，因此一般认为CR在15～18时效率最高。对于给定的压缩比，奥拓循环效率最高，但是因为柴油高CR应用，所以常常认为狄塞尔循环的效率更高。

汽油发动机只需增加燃气控制系统就可以使用天然气，只是汽油发动机的CR太低，没有充分利用好天然气的抗爆特性，从而影响到它的燃料经济性。

对于给定的点燃式发动机，其动力和排放性能主要取决于燃料的点火性能、燃烧速度、抗爆性以及混合气的燃料浓度，因此天然气的密度和热值（或华白数）、化学计量比以及抗爆性的变化都会对发动机的性能有影响。实际上，所有的这些变化都因天然气的组分变化而引起，因此天然气对发动机运行特性的影响可以用华白数和甲烷值来表征。如果华白数保持不变，那么组分的变化不会引起空燃比和燃烧速度的明显变化。但是组分变化会改变混合气的单位体积能量和抗爆性。

1. 发动机的效率

高压缩比发动机匹配使用高抗爆性的燃料能显著提高效率。天然气的抗爆性比汽油高，因此可以提高发动机效率。决定发动机效率的第二个主要因素是空燃比。天然气发动机的最高效率出现在过剩空气系数（λ）1.05～1.10范围内。但该范围内NO_x的排放较高。

2. 发动机的扭矩

为了获得天然气发动机的最大扭矩（给定发动机速度下最大功率），发动机应运行在略富于化学计量比（$\lambda=0.9$）上。实际上，λ的变化比燃气组分的变化对动力的影响大得多。增大λ就是增加过剩空气，会使混合气中的能量降低，例如，对于一般自然吸气式发动机，λ从1.0增大到1.5，动力会下降30%。

3. 对燃烧速度的影响

正常情况下，汽油发动机气缸内可燃混合气由火花塞点燃，然后火焰扩展到气缸的壁面。为保证混合气耗燃烬，燃烧速度不能太慢，同时燃烧也不能太快，否则会出现大的机械负载和噪声。

燃料混合气组分的变化影响燃烧的速度，在化学计量比之上增大λ会降低燃烧速度，增加惰性气体也会降低燃烧速度，这时都需要提前正时点火。

4. 抗爆性

在正常运行的发动机中，燃烧过程是由点燃后逐渐进行的。但是如果因混合气自燃而引起爆燃，会损坏活塞上表面和活塞环内表面，导致发动机损毁。

燃气的自燃温度越高，其抗爆性越好。气体燃料的抗爆性也有用甲烷值表示的。以高抗爆性的甲烷为100，以最容易爆燃的氢气为0。表34-1-1为几种典型燃气的甲烷值和辛烷值对照表。

不同燃气的甲烷值和辛烷值表 34-1-1

燃气	甲烷数	辛烷值	燃气	甲烷数	辛烷值
甲烷	100	122	丁烷	8	89
乙烷	44	101	氢气	0	63
丙烷	32	97			

除了组分，进气温度也会影响抗爆性。入口温度增加 10～14℃相当于甲烷值减小 10 点。进气总管温度波动 30℃相当于压缩比变化 1 点。

34.2 燃气汽车的基本形式

34.2.1 燃气汽车分类

在各种汽车替代燃料中，燃气是理想的清洁燃料，它在资源、环保、经济和安全诸方面均具有优势。以燃料的储存形式（或称为储气技术），燃气汽车分为储气包、压缩天然气（CNG）、液化天然气（LNG）、液化石油气（LPG）等不同的种类。目前对以 CNG 为燃料的压缩天然气汽车（CNGV）和以 LPG 为燃料的液化石油气汽车（LPGV）的研究最成熟，推广应用也最广泛。据统计，全世界目前有近 40 个国家在实施以气代油的战略计划，到 2007 年 9 月，全世界约有 650 多万辆天然气汽车（NGV），我国约有 NGV 20 余万辆。天然气作为汽车替代燃料，将成为天然气利用的又一个重要消费领域。

天然气与液化石油气作为车用燃料的使用方法基本类似，对于 CNG 汽车和 LPG 汽车，其专用装置工作原理大同小异，只是具体结构和技术参数有所不同，以及储存设备上略有区别，因此本章主要介绍 NGV 汽车技术，并涉及一些 LPG 汽车的特殊设备。

燃气汽车通常是在汽油发动机或柴油发动机上加装一套燃气汽车专用装置而成，因此可根据使用燃料的种类，把汽油机改装的燃气汽车分为单燃料（Mono-Fuel）和两用燃料（Bi-Fuel）汽车；把柴油机改装的燃气汽车分为单燃料（Dedicated-Fuel）和双燃料（Dual-Fuel）汽车。

由汽油机改装的燃气汽车分为：

（1）两用燃料燃气汽车（Bi-Fuel-Vehicle）——一般是指具有两套燃料供应系统（其一为使用 CNG 或 LPG）的汽油车，使用中可以在两种燃料之间进行灵活切换。此类车辆在燃用汽油时，发动机气缸不能同时使用 CNG 或 LPG 作为发动机的燃料；反之，燃用 CNG 或 LPG 时，也不能混烧汽油。此类汽车与单燃料汽车相比，由于要兼顾两种燃料的物化特性，而发动机结构参数几乎不做改造，因此热效率不高、经济性较差。

（2）单燃料燃气汽车（Mono-Fuel-Vehicle）——仅使用 CNG 或 LPG 中的一种作为汽油发动机的燃料，不再使用其他燃油或代用燃料的汽车。此类车辆的发动机在燃料供应系统、工作循环参数、配气机构参数等方面一般都针对 CNG 或 LPG 的物化特性进行了专门设计，因此热效率较高、经济性好。

由柴油机改装的燃气汽车分为：

（1）双燃料燃气汽车（Dual-Fuel-Vehicle）——是指燃用CNG（或LPG）与柴油混合燃料的汽车。此类车辆燃用CNG（或LPG）为主燃料，柴油起引燃作用。此类发动机结构参数也几乎不做改动，可以在单纯燃烧柴油或CNG与柴油同时混烧两种工况灵活切换。

（2）单燃料专用（Dedicated-Fuel）燃气汽车——一般是指原柴油机针对天然气参数进行发动机结构改造，增加电子点火系统及天然气供应系统的燃气汽车。

工程实践中，习惯上根据发动机燃料供应系统的形式及复杂程度，把燃气汽车分成四类：

（1）第一代系统，具有完整的机械式燃料供应系统，这种系统主要针对没有尾气催化转化器的化油器汽车；

（2）第二代系统，基本的机械燃料供应系统加上电子燃料控制系统，这种系统适用于闭环化油器和节气门喷射/单点喷射发动机车辆，能满足欧Ⅰ/Ⅱ标准，第二代系统可以包括尾气氧含量闭环控制，也可以没有闭环控制；

（3）第三代系统，具有多点燃料喷射、电子控制和氧含量闭环控制的特点，也包括分组喷射或连续喷射闭环控制的燃气喷射系统，能满足欧Ⅱ/Ⅲ标准；

（4）第四代系统，与第三代系统类似，但具有OBD（车载诊断）能力，是一种闭环控制、稀薄燃烧的多点顺序燃气喷射系统发动机，能满足欧Ⅲ/Ⅳ标准。

分析上述不同燃气技术的实质，可以看出它们之间的主要区别是混合气的形成方式以及电子控制技术的先进性。为了方便叙述，本章把它们分为混合器方式的燃气动力技术和电子喷射燃气动力技术两类。

为了在汽车上使用燃气，需要在汽油发动机或柴油发动机上加装一套燃气汽车专用装置，即燃气汽车的燃气供给系统；按功能可划分为储气系统、燃气动力总成二部分。其中储气系统有储气瓶、充气阀、CNG瓶口阀（或LPG组合阀）、高压管及高压接头等部件；燃气动力总成包括燃气减压器、燃气动力装置及电子控制装置。

34.2.2 燃气汽车的燃气储存系统

34.2.2.1 车用CNG储气装置

燃气汽车的燃气储存系统包括储罐（气瓶）及燃料加注及使用的必要设备部件。

1. CNG储气瓶

目前世界范围内已经形成了车用CNG气瓶的储气压力为20MPa的国际标准，这是综合考虑了车用气瓶的容积/质量比以及降低CNG加气站运行成本所确定的优化结果。

压缩天然气储气瓶分为四类（见表34-2-1），第一类是全钢或全铝合金金属瓶（CNG-1）；第二类是钢或铝内衬加筒身经“环箍缠绕”树脂浸渍长纤维加固的复合材料气瓶（CNG-2）；第三类是钢或铝内衬加“整体缠绕”树脂浸渍长纤维加固的复合材料气瓶（CNG-3）；第四类是塑料内衬加“整体缠绕”树脂浸渍长纤维加固的复合材料气瓶（CNG-4）。

各种CNG气瓶的特点如下：

CNG-1便宜但重量大，这类气瓶的生产成本较低，安全耐用；重量大，容积质量等效比小。

CNG 气瓶特性表 **表 34-2-1**

气瓶种类	结构示意	容积质量等效比	材料
CNG-1		1	钢
CNG-2		1.7	钢/玻璃纤维
		2.1	铝/玻璃纤维
CNG-3		2.3	铝/玻璃纤维全缠绕
CNG-4		4.0	热塑碳/玻璃纤维

CNG-2 其中内衬承担 50%的内压压力，复合材料承担 50%的应力，重量减轻，但成本提高，该种气瓶用薄壁钢瓶在瓶体圆柱部分用玻璃纤维环状缠绕制成的复合材料车用气瓶。与同容积的全钢瓶相比较，重量轻 35%左右。因其较好的综合性能/价格比，很适应在 CNG 汽车上安装使用。

CNG-3 内衬承担较小比例的应力，重量更轻，但价格更高。

CNG-4 气瓶应力全部由复合材料承担，特点是重量轻，但价格高。

采用哪类气瓶主要取决于重量减轻和制造成本增加之间的取舍。但不同类型的气瓶应具备相同的系统安全性要求，也应满足相同的技术标准。不同类型的气瓶也取决于操作使用及充装条件。

由于车辆行驶条件相对比较严酷，所以气瓶还应适应极端温度（车辆中−40～85℃）、反复充装（压力变化）引起的疲劳应力，以及路况条件下各种溶液的侵蚀、振动、火灾和碰撞等应用条件。因此，气瓶设计应做到：

① 气瓶的设计寿命应比车辆寿命长；

② 应遵循“先漏后破”（Leak Before Break）原则，也就是如果在用气瓶超过了其设计寿命，或者充装次数大大高于正常情况，气瓶也只会出现漏气问题；

③ 气瓶应有热力驱动的压力释放装置来防火。

CNG 气瓶产品的推出，需经过水压试验、低温压力试验、坠落试验、火烧试验、枪击试验、环境暴露试验、振动试验、挤压试验等多种严格的测试，因此，完全能保证使用过程中的安全。

由于 CNG 气瓶技术的发展水平及严格的压力容器管理体制，目前国内实际应用并得到广泛认可的是 CNG-1 和 CNG-2 储气瓶。其中公共汽车一般采用 CNG-1 钢质钢瓶，而小车使用 CNG-2 缠绕钢瓶。

CNG气瓶有40～110L不等的容量规格，其中公称直径有232mm、267mm、273mm、325mm等。

2. CNG气瓶瓶口装置

瓶口装置由进气口、出气口、手动截止阀和安全装置4部分组成（图34-2-1）。

进气口为ZW27.8锥螺纹、锥度3∶25，14牙/英寸（螺距1.814mm）。出气口为G5/8″（左）外螺纹连接，60°锥面密封。特别注意的是，天然气为可燃气体，因此，标准规定连接螺纹为左旋（即反扣）。手动截止阀的作用是在必要时关闭气瓶与高压管线阀的通道。

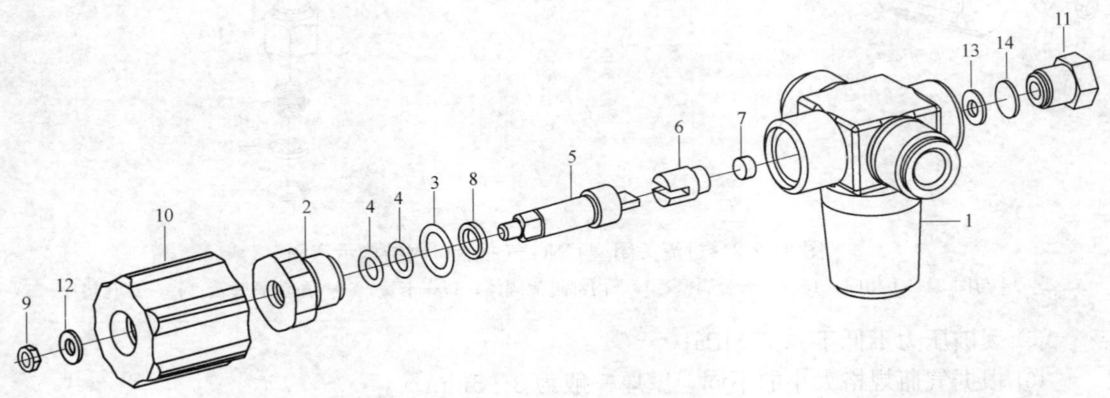

图34-2-1 CNG气瓶瓶口阀结构示意图

1—钢瓶阀阀体；2—阀杆上端体；3—阀杆外部密封圈；4—阀杆内部密封圈；5—阀杆；6—截止活塞；7—尼龙活塞座；8—聚四氟乙烯垫圈；9—螺母；10—手轮；11—安全放散阀阀体；12—垫圈；13—锁死垫圈；14—爆破膜片

早期的CNG气瓶阀的安全装置一般采用爆破膜片式结构。随着对安全事故预防的重视，安全装置采用爆破膜片与易熔合金复合式结构，且在瓶阀内部增加一个过流关闭自动阀芯，见图34-2-2。过流关闭自动阀采用压差原理。在正常用气时，气瓶阀的进出气端压差较小，阀门保持开启，使高压气瓶正常供气；一旦后续管路遭损坏时，在气瓶阀的进出气端形成较大压差，阀门即刻自动关闭，将高压气瓶出气口的管路切断。另外，当车辆遇到意外时，高温将易熔合金熔化，高压将膜片爆破，气瓶内的高压天然气泄放，以保护气瓶。易熔合金熔化温度为100±5℃，膜片爆破压力为水压试验压力，允许误差为±5%。

34.2.2.2 车用液化石油气钢瓶及集成阀

液化石油气主要成分是丙烷、丁烷等，对储气瓶的压力要求不及压缩天然气储气瓶高。液化石油气瓶（或称液化气罐）可以采用普通钢板材料经焊接成形，也可以用薄壁钢管制成；相对于压缩天然气瓶，它可以直径较大、长度较小而容量较大。

车用液化石油气钢瓶的技术参数为：

① 环境工作温度范围－45～45℃；

② 最大充装量为水容积的80%；

③ 工作压力不超过2.5MPa；

④ 测试压力不低于3.0MPa；

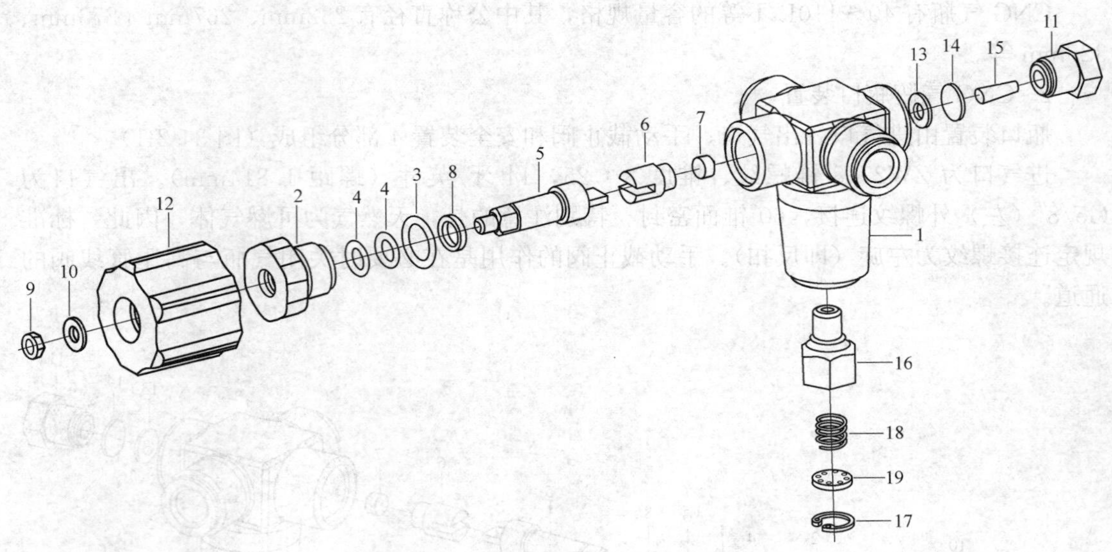

图 34-2-2　过流关闭型 CNG 气瓶瓶口阀结构示意图

1～14 与图 34-2-1 相同；15—易熔金属塞；16—内部过流阀体；17—卡簧；18—过流阀弹簧；19—穿孔垫片

⑤ 爆破压力不低于 6.75MPa；

⑥ 根据气瓶规格大小的不同，壁厚一般为 3～5mm。

常用的车用液化石油气钢瓶有常规气瓶和环形 LPG 罐两种形式。车用 LPG 气瓶与家用气瓶最大的区别是它输出液态 LPG，是具备液面指示、最大充量液面限制、安全阀、气相输出阀、液相输出阀、充液阀等功能的集成阀。

1. 常规气瓶（LPG Cylinder）

常规气瓶（图 34-2-3）有 35～150L 不同容量的规格，公称直径有 270mm、300mm、315mm、360mm、400mm 不同的规格，集成阀安装口标准角度 α 一般为 30°，也可选 0°或 90°。

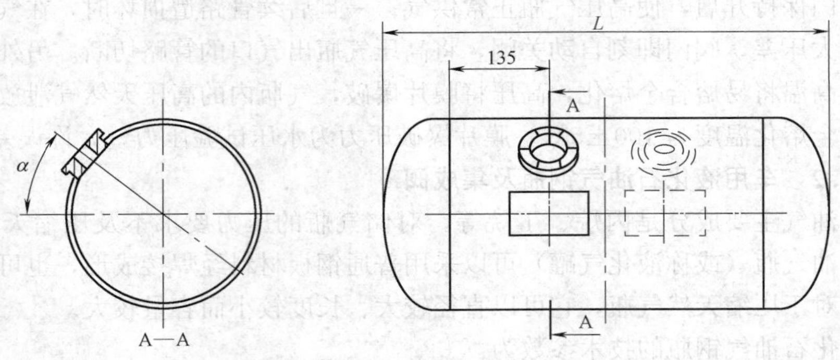

图 34-2-3　液化石油气车用气瓶

考虑到车用 LPG 气瓶安装的复杂性，一般每辆车安装一个气瓶。为了方便安装和增大储存量，国外有针对特殊车型的双气瓶及多气瓶产品（如图 34-2-4 所示）。

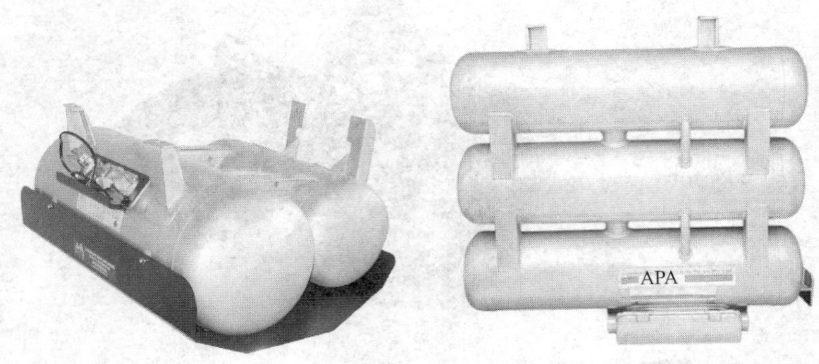

图 34-2-4 车用液化石油气双气瓶和多气瓶产品

2. 环形 LPG 罐

环形 LPG 罐（图 34-2-5）安装在车辆的备用轮胎位置，可以增大行李箱利用空间，因此近年来得到了广泛的欢迎。环形 LPG 罐分为内部阀孔和外部阀孔两种。为了使环形 LPG 储罐适应各种车胎的尺寸，环形 LPG 储罐的容量有 35～92L 不等，外径 580～720mm，高度 180～270mm。

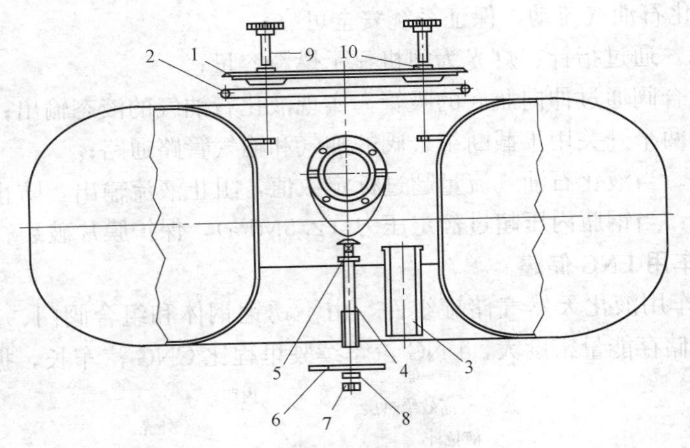

图 34-2-5 环形车用 LPG 罐

1—上盖；2—垫圈；3—套管；4—螺栓；5—垫圈；6—下盖；7—螺母；8—垫圈；9—螺杆；10—垫圈

3. LPG 集成阀

车用液化石油气钢瓶分为 A 类瓶和 B 类瓶两类。A 类瓶是指按设计技术要求已装好组合部件及附件、提供给用户（或安装者）的整备车用钢瓶。B 类瓶则指未按设计技术要求装好组合部件。

液化石油气钢瓶需要安装一系列阀件后才能正常工作，如：限量充装阀，液位显示器、安全阀、超流量关闭阀、充气阀接口、气相输出阀、液态气输出阀等。在实际产品中，为了减小安全风险，已越来越多使用集成阀（如图 34-2-6 所示）。

集成阀（或多功能阀）将 LPG 气瓶安装所需的多种设备功能用一个单一产品来替代，可以大大提高产品及安装的可靠性。

安装在液化石油气气瓶上的 LPG 集成阀，由一系列机械零件组成，具有多种特定

图 34-2-6　LPG 气瓶集成阀

功能：

① 加气。加气状态时，液化石油气从加气口流经组合阀进入钢瓶；

② 加气限制。组合阀安装有一种装置，与浮子相连，当液体充到钢瓶总容量的 80% 时跳起，阻止液化石油气流动，保证系统安全可靠；

③ 液位显示。通过指针、灯光为司机显示燃料容量；

④ 输出。组合阀通过伸向瓶底的吸管，实现液化石油气的液态输出；

⑤ 截流。有两个开关用于截断组合阀的加气和输气管路通路；

⑥ 过流保护。当液化石油气流量超过标定数值，阻止液流输出，防止燃料泄漏；

⑦ 过压保护：当钢瓶内压超过额定压力（2.5MPa），保护膜片破裂、泄压。

34.2.2.3　车用 LNG 储罐

图 34-2-7 是车用液化天然气储罐组件，由不锈钢钢体和组合阀门、充液阀、防护盒等组成。LNG 的储存能量密度大，LNG 汽车续驶里程比 CNG 汽车长，据测算，LNG 的

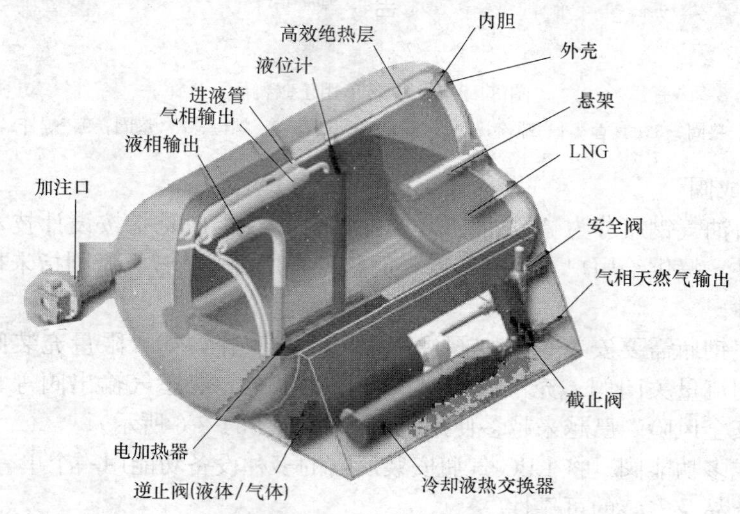

图 34-2-7　LNG 储罐结构示意图

能量储存密度是复合材料气瓶储存CNG的2.2倍，是钢瓶储存CNG的3.9倍。目前，国内中原油田已经完成车用LNG储罐的开发工作，研制的100L的LNG车用储罐，自重小于100kg，可充装60～80m^3天然气；采用真空多层缠绕绝热技术，日蒸发率小于2%，自然储存时间可达7天。

1. LNG车用储罐的结构

液化天然气车用储罐多采用双金属真空加多层缠绕绝热结构，壳体材料通常为1Cr18Ni9不锈钢（304）。储罐由内胆、外壳以及它们之间的支撑和绝热材料共同构成了罐体的基本构架。内胆内部设置有液位探头、加注喷淋管等组件。外壳与内胆之间是密闭的真空空间，外壳保护内胆并对整个罐体起支撑作用，故壳体厚度略大于内胆，储罐主要的管阀件都集中设置在外壳上。内部支撑，介于内胆和外壳之间，通常采用玻璃棉等材料，一般以点状形式分布于两者之间环形空间的周向和两端。

为了制造、操作和检修方便，安全阀、手动放空阀、饱和压力调节器、压力表等部件都集中布置在储罐一端的阀件仓内。阀件仓只是一种保护性结构。

加注回路是LNG储罐的功能性结构之一。罐内部件主要是一个加气喷淋装置，位于罐体上部1/10处；罐外部件主要有单向阀，保证加入的燃料不倒流。

放空回路，主要由手动放空阀和放空管道构成。在紧急状态下或检修时可打开饱和压力调节器通过此回路将罐内燃料排尽。

2. LNG车用储罐的主要功能部件

（1）充气接口

充气接口一般安装在阀件仓内，带有防尘盖。常见的接头为快装接口，其特点是连接断开迅速，密封可靠，兼容性好，既可用于单管加气系统也可用于双管加气系统。

通常对充气接口和储罐，均采用一体化的设计。接口和罐体之间通过带护套管的管线连接，而管线和套管之间填充有绝热材料。如果车上加气位置与储罐的安装位置相隔较远，接口也可以用双金属真空绝热软管和罐体相连。按美国标准NFPA 57要求，充气接口应配备一个刚性的安装支架，这个支架必须具有足够的强度来满足接口正常的插、拔操作，而且在某些意外场合如车辆在未摘下加气管就驶离的情况下也能保持完好而不失效。

（2）气化器

气化器的重要作用是将低温液体或气-液混合物加温、气化后供给发动机。其热源一般来自发电机的冷却液，特殊情况下如对于风冷型发动机也可以采用空温型气化器。

对气化器的基本要求：

① 气化量，小型车10m^3/h，大型车或重型车30m^3/h；

② 气化器出口温度，发动机达到正常水温时（80～90℃），气化器出口的气体温度在5～30℃；

③ 冷却液流量，为了保证出口气体温度达标，在发动机最高转速条件下冷却液最小流量不得低于9L/min。

水温式LNG气化器是一种典型的小型管壳式结构，串联在发动机冷却液回路上，采用逆流换热的工作原理，利用发动机冷却液对LNG或LNG和气相天然气的混合物气化和加热。

在发动机不同工况下，单位时间内流经气化器的燃料流量也将随之变化，这种流量的变化主要依赖于储罐和气化器出口的压力差（ΔP），随着发动机负荷的增加，ΔP也将随之增加，从而导致天然气流量的增加，反之亦然。

(3) 安全系统

安全系统主要由主、副安全阀，过流阀，放空阀和单向阀等装置组成，分别控制燃气压力、流量和流向。

① 主、副安全阀。安装在储罐罐体上，用来保证系统压力不超过最大工作压力。其中副安全阀设定压力为1.6MPa，主安全阀设定压力为2.4MPa。如果储罐的压力超过最大工作压力，则副安全阀起跳泄压保证储罐安全；当发生意外事故如储罐外壳被外力破坏、真空失效或系统压力急剧升高时，主、副安全阀先后打开泄压，保证车辆的安全。

② 过流阀。又称超流量截止阀，安装在供气管路接近储罐的一端。一旦发生下游（主要指气化器之后）供气管路破裂或断开事故时，由于燃气流量超过设定值，过流阀迅速切断气路，避免燃气大量外泄。

③ 放空阀。设置在储罐阀件仓内，在系统检修或车辆长期停驶时用来排尽罐内残存的燃料。放空管线一般设置在车辆外廓的最高点，远离火源和蓄电池等部件。安全阀和放空阀一般共用放空管。

④ 单向阀。单向阀的作用是防止燃料倒流，在加气回路和供气回路中都设置有单向阀。

(4) 饱和压力调节器

饱和压力调节器的主要作用是调节储罐的饱和压力。它一端与储罐上部的气相连通，另一端与燃料供给管路的罐外部分相连，其工作原理与常见的溢流阀类似，是一种系统定压装置。

使用过程中，如果储罐的工作压力低于饱和压力调节器的设定值，则系统将提供纯液态燃料。通常情况下，由外界传入储罐的热量可以适当补偿由于液体外输而造成的压力下降；但是当储罐的工作压力达到或超过饱和压力设定值时，饱和压力调节器开启将储罐上部的气体混入外输的液体当中，从而达到控制储罐饱和压力的目的。

(5) 液位计

燃料液位的测量是通过内置的电容式液位计来完成的。这种液位计由探头和仪表电路两部分组成，罐内低温液体的液面高低导致探头内电容介电常数发生变化，电容的变化通过变送电路变换为电压变化信号，该信号最终被传送到汽车仪表盘上的通用的油位表，显示液位。

(6) 燃气供给装置

燃气供给装置指气化器之后的燃气供给和控制装置，包括减压调节器、功率调节阀和混合器等，与CNG车用燃气供给装置略有区别的是减压调节器的入口压力不超过2MPa，通过1～2级减压即可。其他部分与CNG车用燃气供给系统基本相同。

LNG车用燃料系统示意图见图34-2-8。

34.2.3 燃气汽车的加气口

加气口是安装在汽车上、与加气站售气机的加气枪连接后给车用气瓶充装压缩天然气装置的总称。通常由接口、单向阀、防尘盖（塞）、输气接头和安装件组成。它的主要作用是在加气站储存的高压燃气充装到车用气瓶组时，可靠地接通高压充气气路；在充气结

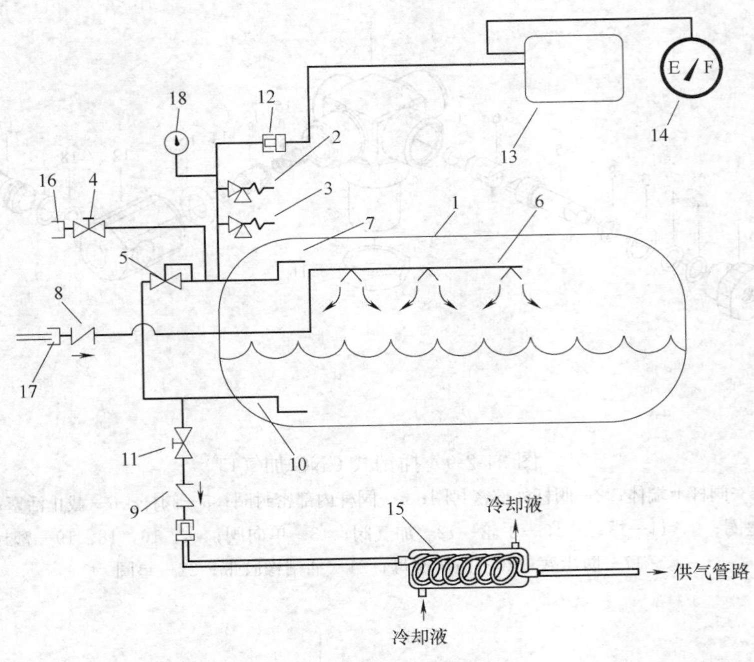

图 34-2-8 LNG 车用燃料系统示意图

1—LNG 气瓶；2—第二级安全阀；3—主安全阀；4—手动放气阀；5—节气调节阀；6—液体喷淋管；7—蒸汽排出管；8—止回阀；9—限流阀；10—液体排出管；11—燃料切断阀；12—液位信号接口；13—液位变送器；14—燃料指示表；15—气化器；16—放气管接口；17—燃料加注接口；18—燃料气瓶压力表

束后，能可靠地封闭充气口，防止燃气从充气口泄漏。为保证在不同加气站之间加气插头的通用性，对加气口的接口形状和尺寸规定了统一要求，但充气装置有插销式和卡扣式两种形式。

34.2.3.1 压缩天然气汽车加气口

图 34-2-9 是一种常见的插销式加气口的结构示意图。由一个截止阀、单向阀、加气阀和防尘塞等组成。该加气口采用带排气螺塞的插销式防尘塞结构。对于尾部带排气螺塞的防尘塞，在准备充气时，应先旋松排气螺塞，泄放截止阀可能漏气形成的压力，然后再拔出防尘塞，以防止防尘塞上密封胶圈早期损坏。加气时，在拔出防尘塞后，将高压加气软管上的插头插入充气孔，打开手动截止阀，即可充气。充气完成后将截止阀关闭，拔出高压加气软管上的插头，插回防尘塞，旋紧排气螺塞。截止阀一旦有轻微漏气进入插销孔内，防尘塞应起到密封作用。

各国插销式加气接头的结构尺寸有所不同，我国标准已统一为孔径 $\phi12$ 的插销式充气阀。

卡扣式加气口采用快速式接头（见图 34-2-10），可以有效提高加气操作。其接口因符合 ISO 14469 规定，加气口外形和尺寸全世界统一。

34.2.3.2 液化石油气汽车加气口

图 34-2-11 是螺旋式液化石油气加气口结构图。根据国家标准《汽车用液化石油气加气口》GB/T 18364 规定，汽车用液化石油气加气口接口形式及尺寸必须符合统一的规

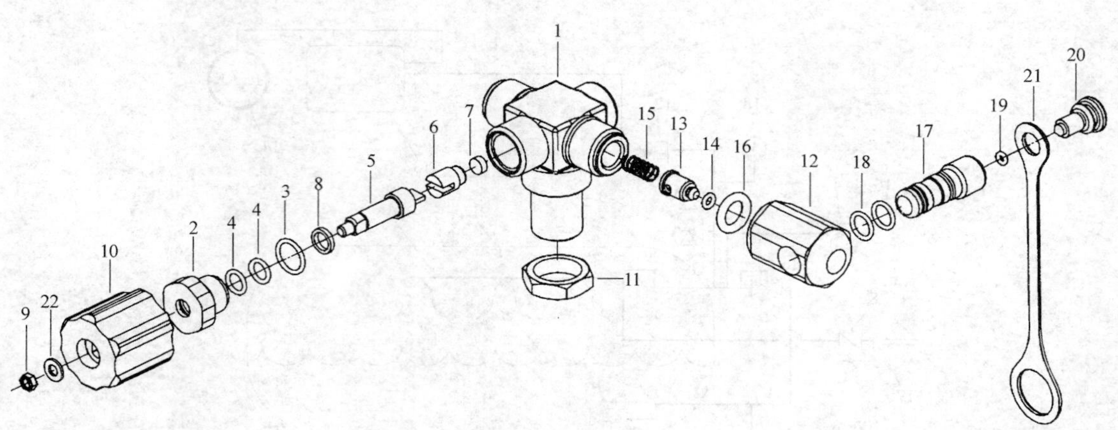

图 34-2-9　插销式 CNG 加气口

1—钢瓶阀阀体；2—阀杆上端体；3—阀杆外部密封圈；4—阀杆内部密封圈；5—阀杆；6—截止活塞；7—尼龙活塞座；8—聚四氟乙烯垫圈；9，11—螺母；10—手轮；12—加气阀；13—单向阀；14，16，18，19—密封圈；15—弹簧；17—防尘塞；20—泄压螺母；21—插销橡胶带；22—垫圈

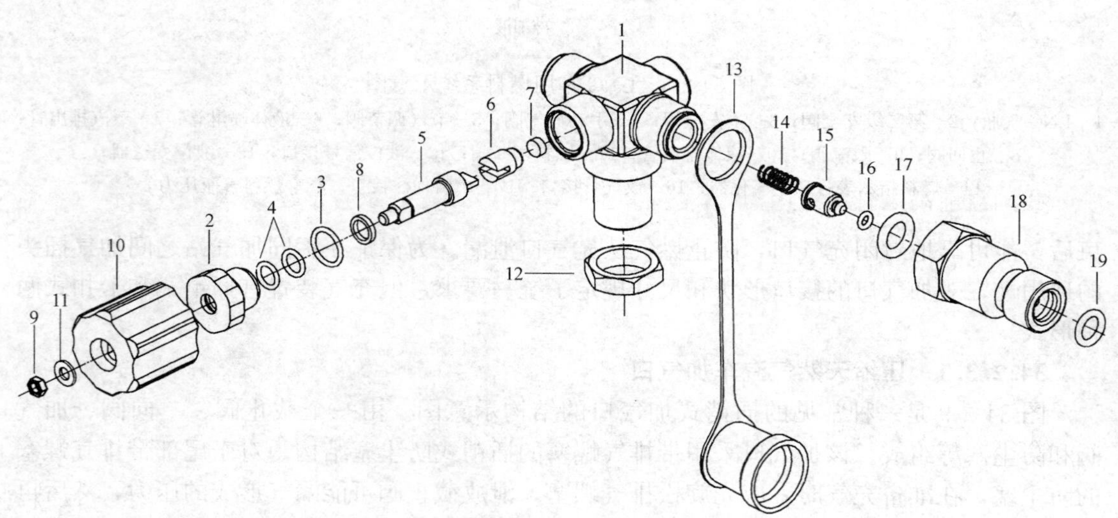

图 34-2-10　卡扣式 CNG 加气口

1—钢瓶阀阀体；2—阀杆上端体；3—阀杆外部密封圈；4—阀杆内部密封圈；5—阀杆；6—截止活塞；7—尼龙活塞座；8—聚四氟乙烯垫圈；9，12—螺母；10—手轮；11—垫圈；13—防尘盖；14—弹簧；15—单向阀；16，17，19—密封圈；18—卡扣式阀体

定。加气口必须设置单向阀，加气口必须用高压管与液化石油气钢瓶相连接，不许直接安装在钢瓶上。加气口应有能防止水和灰尘进入接口的防尘盖。防尘盖与安装内套之间应有柔性件连接，以防旋出后丢失。凡与液化石油气接触的零件材料，必须与液化石油气介质相容。加气口承压零件的阀体密封处及螺纹连接处在－40～60℃温度范围内，在 3.3MPa 气压下，应无泄漏或气体泄漏量不大于 20mL/h。加气口的单向阀处于关闭状态时，在常温 25±5℃，0.5～3MPa 气压范围内，应无泄漏或泄漏量不大于 20mL/h。

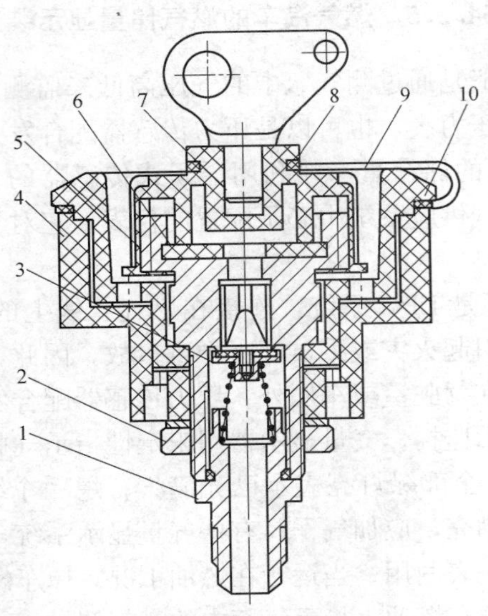

图 34-2-11 螺旋式 LPG 加气口

1—接头；2—锁紧螺母；3—单向阀；4—外套；5—接口（阀体）；6—密封垫；7—钥匙；8—防尘盖；9—连接圈；10—安装盒

34.2.4 燃气汽车的高压管线及高压接头

我国目前高压管线采用 $\phi6$ 或 $\phi8$ 的 CNG 专用镀锌无缝钢管或不锈钢无缝钢管。不锈钢无缝钢管采用的材质为 1Cr18Ni9Ti，而镀锌钢管采用的材质是 SAE1000。一般而言，不锈钢管由于较硬，适合做新车改装用的定型管，而镀锌钢管较为柔软，适合在用车辆的改装。

高压接头采用卡套式管件，它由接头体、卡套和压紧螺母三部分组成，其结构见图 34-2-12。

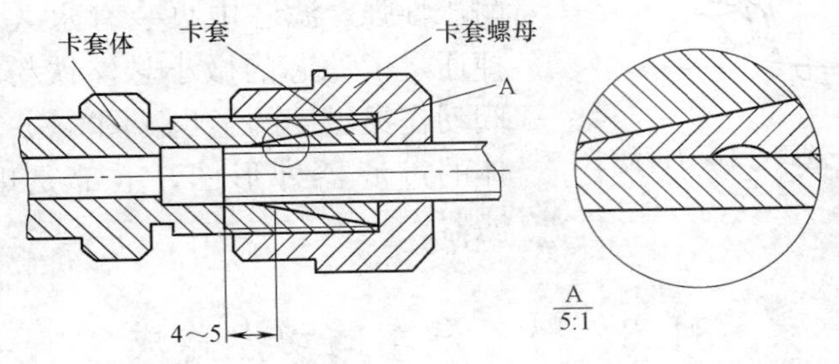

图 34-2-12 卡套式管件

使用时，拧紧压紧螺母，使卡套受力，由于接头体内锥面的作用，卡套的中部产生弹性弯曲变形，前部则产生径向收缩变形，迫使前端内侧对口切入钢管，深度为 0.15～0.25mm，形成密封和防止管体拔脱，同时，卡套后端外侧分别和接头体、螺母和内锥面形成锥面密封。

34.2.5　燃气汽车的燃气储量显示装置

在天然气汽车上，一般是通过测气瓶中的气压高低来监测气瓶中CNG的储存量。气压显示装置可以是机械式压力表，也可以是压力传感器配合发光二极管显示器。在液化石油气汽车上，气瓶中LPG的储存量一般利用浮子式传感器的位置高低来监测LPG储存量。储气量显示装置是燃气供应系统中必须配置的仪表，它对驾驶员的安全、节能操作有重要指导意义。

无论是CNG系统，还是LPG系统，连接在燃气管线上的压力表（或传感器）一旦发生漏气故障，都有可能引起火灾或乘员呼吸中毒事故，因此，直接连接在燃气管线中的压力表（传感器）应安装在驾驶室或车厢外。压力传感器配合发光二极管显示器可实现在驾驶室内对压力的安全显示监控。气量显示器用来定性指示气瓶剩余气量的多少，一般由4只绿灯和1只红灯组成；全部绿灯亮表示已充满气；熄一个绿灯表示已用约1/4气量；若只有红灯亮，表示气快用完，应加气了。有些气量显示系统，借用车上原有的燃油表实现储气量显示功能，实现一表两用。当运行在燃油工况，原车燃油表指示油箱内的油量多少；当运行在燃气工况，原车燃油表指示气瓶内的燃气储量。

34.2.6　燃气汽车的过滤器

车用CNG压力高，CNG在减压器阀口处的流速很高，气体中微小的颗粒杂质均易对减压器阀口造成冲刷损坏，导致密封失效，影响减压器工作的安全可靠性。因此在储气瓶到减压调节器之间，应设置过滤器。为易于检查和清洗，有些型号减压器将过滤器作为一个管接头直接装于减压器进气口上；有些在高压系统管路中加装独立的过滤器。

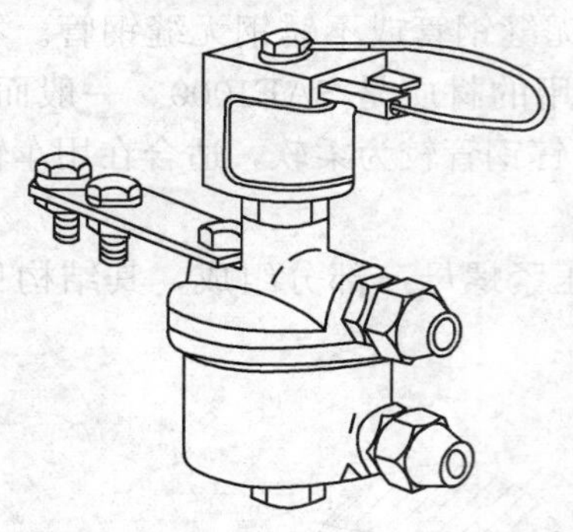

图34-2-13　与电磁阀一体的过滤器

液化石油气中含有多种杂质，故一般在气瓶和电磁阀之间设有过滤器。在LPG管路中，一般将过滤器与电磁截止阀作为一体，过滤器的滤芯可以拆卸，便于清除滤出的杂质，而且结构坚固，耐压性强。滤芯中央装有永久磁头，可以吸附滤掉通过了滤芯的微小悬浮铁粉，免除铁粉对电磁阀动作灵敏度的影响。图34-2-13是与电磁阀为一体的过滤器外形图，上部是电磁阀，下部是过滤器。

34.3　燃气汽车的动力总成

CNG汽车和LNG汽车采用相同的动力技术，差别是车载储存和输配装置等的燃气动力系统（动力总成，POWERTRAINS）不同。

燃气汽车的技术关键是精确控制发动机使用燃气时的空燃比以及点火正时，从而维持汽车良好的动力性能以及燃料经济性，同时使燃气汽车的排放量最小化。除此之外，要求发动机控制系统能对车辆运行过程中的转速以及负载的快速变化有良好的反应能力。

34.3.1 混合器方式的燃气汽车

34.3.1.1 开环比例混合式燃气控制系统

所谓开环比例控制，就是依靠文丘里管混合器维持发动机不同工况下的燃气空气混合比例。该系统利用发动机在吸气冲程所产生的真空力，使减压后的燃气按一定的比例与空气混合后进入发动机燃烧室燃烧做功。

在使用气体燃料时，它的燃烧比化油器汽车的汽油要充分，所以其尾气排放中NMHC（不含甲烷的未燃碳氢化合物）排放相对燃烧汽油时下降70%左右，CO（一氧化碳）排放相对燃烧汽油时下降20%左右。同时因为燃烧温度低、H/C比高等特性，NO_x排放下降40%～50%，CO_2下降25%左右。在使用燃气燃料和使用燃油燃料的燃料消耗比上，由于天然气可以进行稀薄燃烧，因此，一般$1m^3$天然气可以相当于1.1L以上的汽油。但是使用气体燃料时的动力性较使用汽油时有所下降，目前的改装一般可以将功率下降幅度控制在5%以内。该系统因发展历程长，相关技术已经完全成熟。

图34-3-1为典型开环燃气供应系统的示意图。

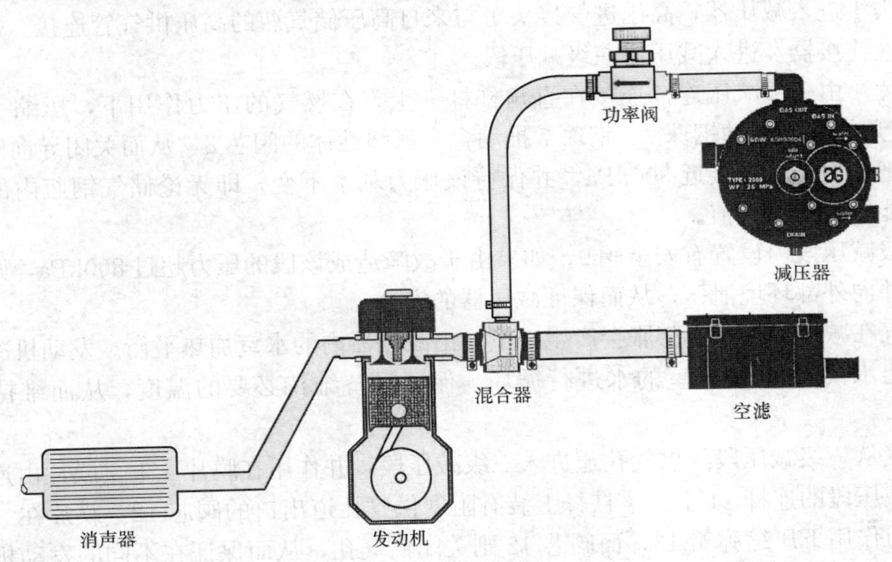

图34-3-1 开环燃气供应系统示意图

储气瓶压缩天然气充气压力为20MPa。当使用时，手动将截止阀打开，将油气燃料转换开关扳到"气"的位置，此时天然气电磁阀打开、汽油电磁阀关闭，高压天然气通过三级组合式结构的减压调节阀装置将不高于20MPa的压缩天然气逐级减压至接近零压，再通过低压管路、功率阀进入混合器，并与经空气滤清器进入的空气混合，经化油器通道进入发动机气缸燃烧。混合器是一个根据文丘里管原理设计的部件，可将发动机的各种不同工况产生的进气道的不同真空度传递到减压调节阀内，直接调节天然气的供给量。功率阀是一个调节天然气管道截面积的装置，可调节混合气的空燃比，使空燃比达到最佳状态。

1. 减压器

减压调节器是燃气汽车的关键部件。车用天然气一般是压缩到20MPa储存在高压气瓶中，而LPG则是加压到约1.6MPa成液态储存在钢瓶中。但发动机工作时，却要求燃气压力降到0压（实际为1～2.5kPa）进入混合器，以便与空气混合进入气缸，因此在燃气供给系统中必须要有减压器。同时，发动机使用燃气与燃油一样，都需要按一定的空燃比向气缸内输送燃料。当瓶内压力变化时，减压调节器应保证进入混合器的燃气压力基本恒定，实现比较稳定的燃气与空气混合比控制。在CNG汽车上，减压器的作用主要是起减压和稳压的作用，所以一般称为减压调节器。在LPG汽车上减压器的作用主要是将液态的石油气蒸发为气态，以及减压和稳压，所以一般称为蒸发调压器。由于燃气在减压过程中会有显著的温降，减压器上一般都设有将发动机循环水引入减压器的水套，利用发动机循环冷却水的热量加热减压器。

下面介绍典型CNG减压调节器和LPG蒸发调压器的结构和工作原理。

（1）CNG减压器。

CNG减压器一般为三级减压式（如图34-3-2所示），二级和三级减压段之间配置有电磁截止阀，其中电磁阀由电子控制器控制，能绝对可靠地切断燃气供应。

沿着减压器中的燃气流动路径，可以清晰地理解减压器的作用和功能。燃气通过高压进气接头1进入减压器，高压进气接头1与来自高压储气瓶的高压供气管连接。燃气通过高压三通连接器2进入减压器一级减压段。

膜片4由一级减压连杆连接在直角杠杆5上，在燃气的压力作用下，压缩一级弹簧6，使直角杠杆5推动钢珠7，钢珠7推动含有氟弹性体的阀芯8，从而关闭导向阀座3的开孔，把压力减少至接近300kPa，并保持该压力基本不变，即无论储气钢瓶内的压力多少，都能接近于设定值。

一级减压段内设置有安全阀9，如果由于故障造成该段的压力超过800kPa，则安全阀打开，并向外部环境泄压，从而保证减压器的安全。

燃气在减压器内减压膨胀会产生冷量，由减压器内的水室加热平衡。发动机冷却液经进水、出水接头10使水室的水进行循环，保证设备维持必要的温度，从而维持热量的平衡。

燃气从一级减压段经供气孔道进入二级减压段，并作用在膜片4上。膜片由连杆联接在二级减压段的连杆11上，该杠杆上装有阻塞供气孔道出口的阀芯12。膜片在一级减压段的压力作用下压缩弹簧13，而阀芯12则关闭供气孔，从而保证在不同的发动机功率下维持二级压力的稳定。

二级至三级减压段之间的燃气通道上安装有电磁切断阀14，能保证常闭电磁阀不工作时使燃气气流处于切断状态。

三级减压段的减压功能由三级膜片15与杠杆16实现。在杠杆的顶端，有一个阻塞供气孔口三级阀口17的三级阀芯18，杠杆的运动受怠速三级压力调节螺丝21控制。三级压力的灵敏度由螺钉20调节灵敏度弹簧19设定。此外，它也可以通过另一调整螺钉23的位置调节怠速工况。

低压燃气从燃气出口22输出给混合器，当发动机的转速增加时，由于压力下降，驱使三级膜片15朝减压器内部方向移动，驱使三级阀芯18及燃气通道口三级阀口17分离，于是就可释放出大流量燃气。

当发动机转速处于低速时，部分燃气量由二级和三级减压段之间的直接通道获得。该流量的大小可用顶部为锥形的灵敏度调节螺丝 23 进行设定，并始终获得稳定控制，保证惯性、喘动等外部工况时不会发生变化。

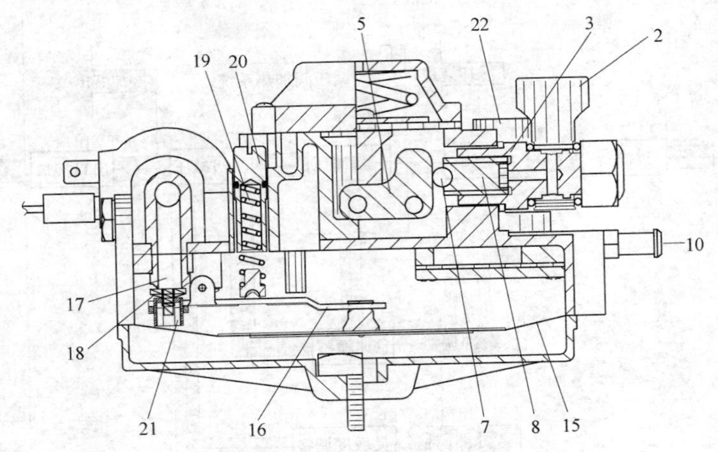

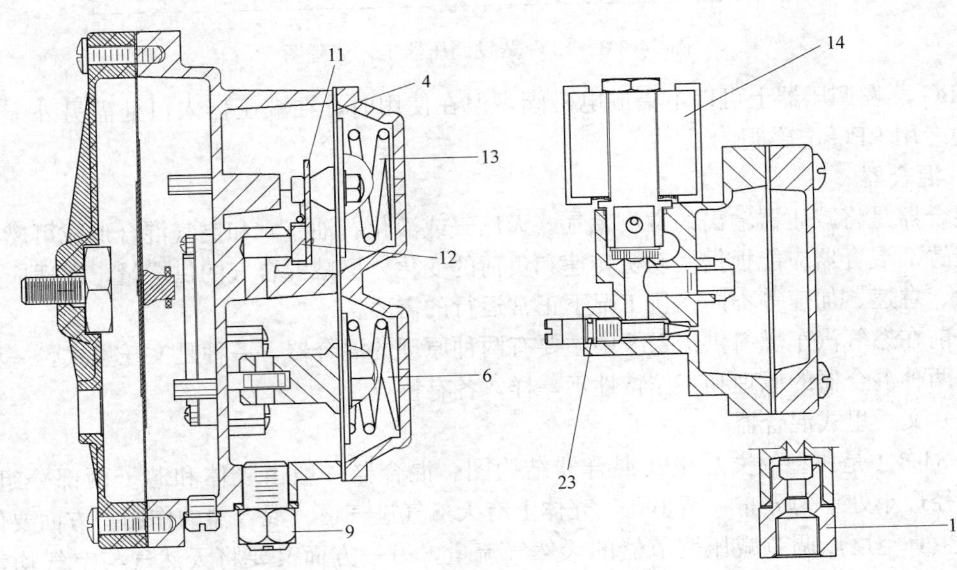

图 34-3-2 三级减压式 CNG 减压器

1—高压进气接头；2—高压三通连接器；3—阀座；4—一、二级膜片；5—直角杠杆；6—一级弹簧；7—钢珠；8—一级阀芯；9—安全阀；10—进水和出水接头；11—二级阀连杆；12—二级阀阀芯；13—二级阀弹簧；14—电磁切断阀；15—三级膜片；16—三级杠杆；17—三级阀口；18—三级阀芯；19—灵敏度弹簧；20—灵敏度调节螺钉；21—三级压力调节螺丝；22—燃气出口；23—怠速调节螺钉

（2）LPG 蒸发调压器

由于 LPG 气瓶的液相输出压力即为 LPG 在该环境温度下的饱和蒸汽压，输出压力变化较小，因此从原理上讲，LPG 蒸发调压器相当于去除了一级减压段的 CNG 减压器，只是由于 LPG 蒸发时需要吸收气化潜热，该热量远大于 CNG 的膨胀吸热，因此 LPG 蒸发调压器从结构上讲，具有较大的水加热空间。LPG 蒸发调压器工艺流程图见图 34-3-3。

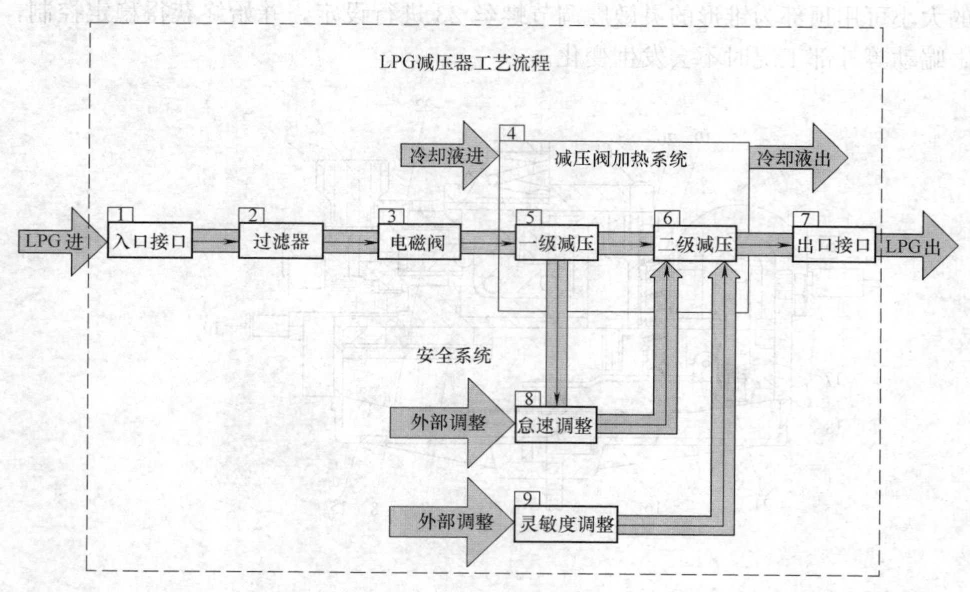

图 34-3-3　LPG 蒸发调压器工艺流程图

LPG 蒸发调压器上可以不集成电磁阀，但在使用时，在减压器入口处需另外配带过滤器的专用 LPG 电磁阀。

2. 混合器

混合器是将减压器输出的常压燃气（天然气或液化石油气）和空气混合形成可燃混合气的装置。混合器应能根据发动机转速和负荷的变化，增减混合气的供应量，以适应发动在起动、怠速、加速等不同运行工况下正常运行的需要。

目前在燃气汽车燃料供给系统中主要有两种原理的混合器，一种是文丘里式，一种比例式。两种混合器的原理和工作特性不一样，各有特点。

（1）文丘里式混合器

图 34-3-4 是典型的文丘里式混合器结构图。混合器一般由壳体和芯子两部分组成，芯子喉径最小处均匀分布一圈小孔，壳体上有天然气进气道。混合器的作用一方面要使喉管处产生真空度以调节减压调节器的天然气流量，另一方面又要将天然气与空气均匀混合。混合器结构虽然简单，但其设计参数直接影响发动机的性能，混合器喉径过大，真空度小，不灵敏；过小，吸入空气量少，影响空燃比，发动机功率下降。通气小孔的截面积应与天然气进气道截面积相匹配。按标准规定，使用汽油燃料时，安装混合器后比安装混合器前，发动机功率不得低于 95%，如果影响过大，需重新改变混合器参数。值得注意的是，安装混合器芯子时，圆弧端应朝向空气滤清器，圆锥端应朝向化油器，不可装反。

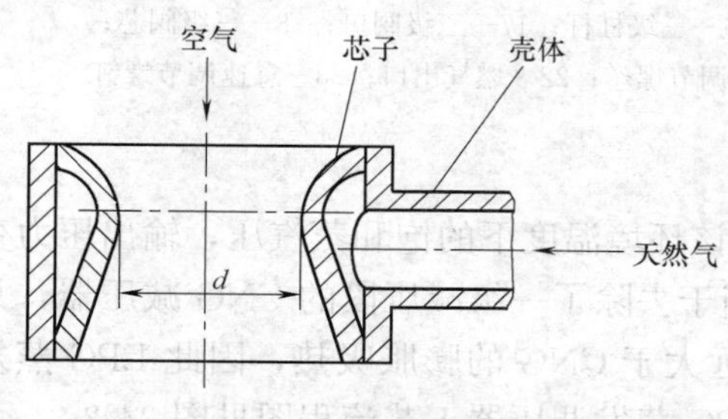

图 34-3-4　文丘里式混合器结构图

文丘里式混合器由于其结构相似于简单化油器，因此工作特性也是与简单化油器特性相似。其空燃比混合特性几乎不随真空度变化，这表明文丘里式混合器的流量特性与理想化油器在中等负荷工况要求的特性相符，但在起动、怠速和全负荷工况不能很好适应混合气浓度变化的需要。

混合器要想很好地兼顾最大和最小流量是很困难的，因此配用文丘里式混合器的减压调节器中一般都有加浓气道，以提供附加供气量，保证起动怠速工况正常运行。

(2) 比例调节式混合器

比例调节式混合器就是利用进气管真空度信号同时控制空气和天然气的进气通道截面、进而按一定比例控制混合气浓度。

典型的比例式混合器为美国 IMPCO 公司的产品，标准型混合器安装在空气滤清器外面，用橡胶软管串接于化油器进气口和空气滤清器出气口之间；内置式混合器则适合于盘式空气滤清器，直接安装在空气滤清器内部。

图 34-3-5 是比例调节式混合器原理结构示意图。比例调节式混合器阀芯内由两个并联的节流阀芯组成，分别同时控制燃气和空气流通截面积。混合器工作时，膜片感应到进气管真空度的变化，带动阀芯上下移动，改变燃气和空气流通截面积，从而控制燃气和空气流量，实现控制混合气的空燃比。其工作原理简述如下：混合器安装在发动机化油器进气口上，当发动机起动运转时，发动机进气歧管产生真空，当真空度高于 0.2kPa 时，混合器气室 B 的空气通过管道 E 被吸入发动机进气管；气室 B 产生真空，而气室 A 与空气滤清器相连，混合器膜片在大气的压力下克服膜片组的重力和混合器弹簧的弹力上行，打

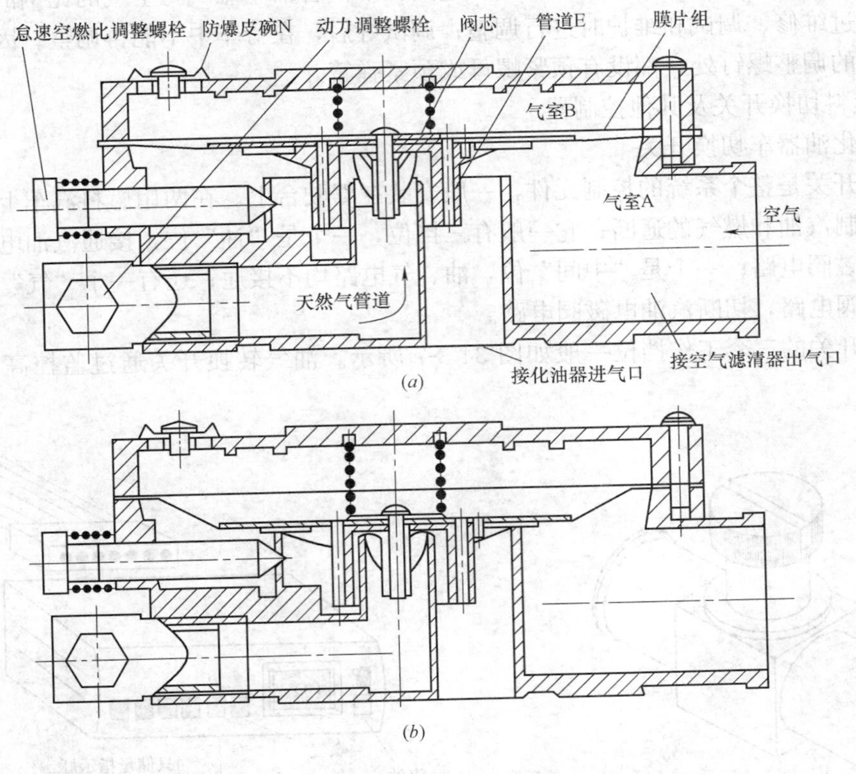

图 34-3-5　比例调节式混合器原理结构图

(*a*) 发动机运行时；(*b*) 发动机未运行时

开燃气进气阀口和混合器空气阀口，燃气和空气混合后进入发动机；发动机工作时，混合器膜片根据发动机进气管的真空度变化上下运动，燃气进气阀口和空气阀口的开度也就随之大小变化，从而向发动机提供适量的燃气与空气，形成近似按理想混合气特性曲线变化的混合气。调整怠速空燃比调整螺栓，可改变发动机怠速工况参数，当发动机停止工作时，发动机化油器进气管压力与大气相等，气室 B 通过管道 E 进入空气，气压达到大气压力，这样混合器膜片就不承受大气的压力差，在混合器弹簧的压力下，关闭天然气进气管道，燃气不再进入发动机。当发动机回火时，回火的气体一部分通过混合器空气阀口向进气管泄出，一部分通过管道 E 进入气室 B，在气室 B 中膨胀，通过混合器防爆皮碗 N 向大气排出，保护混合器膜片不受损坏。

由于比例调节混合器膜片阀芯结构相似于汽油机化油器上的加浓附件，在起动、怠速、加速工况，具有一定的混合气匹配加浓功能，所以与之相配用的减压调节器可以省略相应的混合气加浓调节机构，简化了减压调节器结构。

3. 功率调节阀

在开环控制燃气汽车上，燃气减压器和文丘里式混合器之间一般安装功率调节阀（见图 34-3-6），实现混合气空燃比的精确调节。由于混合器与空气滤清器之间的空气通道受各种因素的影响，即使同类型车型也无法做到空气流动阻力的完全一致，即混合器上的空气通道及燃气开孔，只能实现一个固定的燃气空气比例。通过旋进或旋出功率调节阀的调整螺钉，调节燃气通道的横截面积，则可达到调节混合器中燃气与空气的比例的目的。调整螺钉经过维修、调试和维护时进行调整；调试好后，在行车中不能再调整。因此，功率调节阀上的调整螺钉处，都设有预紧螺母或预紧弹簧。

4. 燃料切换开关及其他控制器

(1) 化油器车切换开关

转换开关是整个系统的控制元件，一般安装在驾驶台上。在两用燃料汽车上，油气转换开关控制汽油和燃气的通断；它一般有三挡位，一个是“油”位，接通汽油电磁阀，切断燃气电磁阀电路；一个是“中间”位，油、气电路均不接通；还有一个“气”位，接通燃气电磁阀电路，切断汽油电磁阀电路。

转换开关的三个工作挡位一般如图 34-3-7 所示。油气转换开关通过监控高压点火线

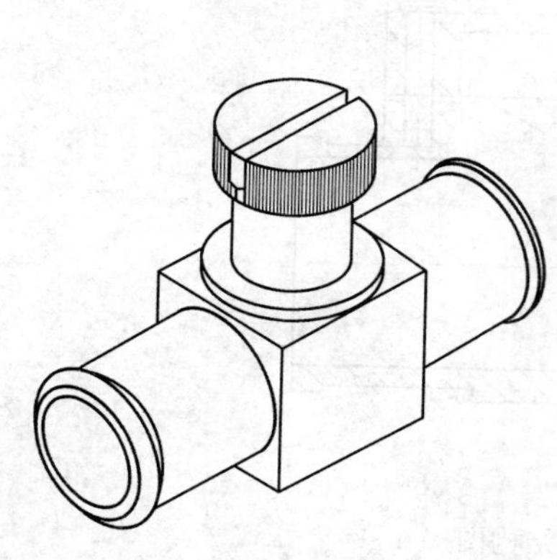

图 34-3-6　功率调节阀

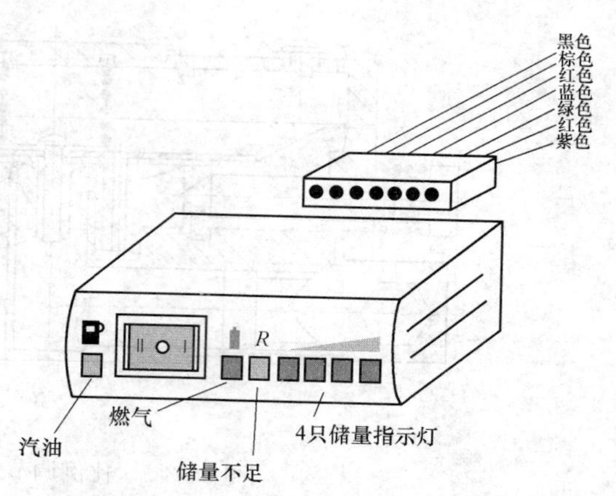

图 34-3-7　化油器车用燃气转换开关

圈是否有脉冲信号输出，相应控制汽油电磁阀以及燃气电磁阀的开启动作。当燃料开关处于"气"位，发动机运转时，燃料转换开关能接收到点火脉冲信号，油气转换开关输出电流信号，保证燃气电磁阀长期通电，打开气路；如果发动机不运转，点火高压线圈上没有脉冲信号，燃料转换开关仅通电 3s 左右就自动断电。这样就保证在发动机熄火状态，自动关闭燃气供应系统，既保证安全又节约燃料。

在驾驶化油器车两用燃料汽车时，需要人工进行燃料转换。当由燃用燃气转换为燃用汽油时，只需将燃料转换开关从"气"位置直接扳到"油"位置即可。当从燃用汽油转换为燃用燃气时．则应先将燃料转换开关从"油"位置扳到"中间"位置，待化油器浮子室的汽油用完，即发动机转速下降时，立即将燃料转换开关从"中间"位置扳到"气"位置，即可实现从燃油到燃气的燃料供应转换。由此可以看出油气转换开关的中间挡位的作用是使汽油阀和燃气电磁阀同时处于关闭状态，即实现在从燃油向燃气转换时，切断燃油后，延迟开启燃气开关，避免在浮子室内的剩油与燃气混烧，混合气过浓，燃烧状况恶化，发动机不能正常工作。

化油器车切换开关使用时需在原车供油管路上增加汽油电磁阀，并与压力传感器配合使用，接线包括电源、接地、汽油电磁阀、燃气电磁阀、压力传感器供电、压力传感器信号及点火信号，分别用不同的颜色线表示。其中点火信号线只需在发动机点火线索（缸线）上绕 4～5 圈即可，获取点火感应信号。

切换开关上若干指示灯分别表示车辆处于汽油运行模式、燃气运行模式，储量不足以及气瓶中燃气的储量。

（2）电控燃油喷射型汽车的自动转换开关

适用于电控燃油喷射型汽车的自动转换开关，其功能、接线与化油器车切换开关类似，区别是切换开关处于中间位时为自动燃料转换模式。

所谓自动燃料转换模式就是使用汽油启动发动机、待车辆具备燃料转换条件后，自动切换到燃气上。为了保证燃油系统的完好性，改装后的电控燃油喷射型汽车，一般建议采用自动转换模式运行。

自动切换的条件有发动机冷却水水温到达设定温度（这种情况下，切换开关另有温度传感器接线）、发动机转速达到一定的转速（例如 2500r/min），或者定时切换等，不同厂商生产的切换开关要求可能不一样，有些只要满足一个条件即可，而有些需要满足全部条件。例如，必须在水温达到设定值、设定的定时时间后，当发动机转速超过设定值、并在转速下降时进行从汽油到燃气的切换。

需要指出的是，电控燃油喷射型汽车不需要接汽油电磁阀，因此该汽油控制线可以不接，也可以接附加的汽油泵继电器。另外，电控燃油喷射型汽车的自动转换开关必须与喷射器仿真器配合使用。

（3）喷射器仿真器

电控燃油喷射型汽车在使用天然气时，切断汽油喷射，但汽车原车电控单元（ECU）为了保证车辆的正常工作，会不断地对汽油喷射器进行诊断，如果发现喷射器工作不正常，ECU 会停止发动机的工作，为了避免这种错误的发生，CNG 电子控制器应在使用天然气时，给原车 ECU 送出喷射器工作模拟信号。

喷射器仿真器需串接在原车 ECU 和汽油喷射器之间，主要功能是在汽车使用燃气时，切断原车 ECU 送汽油喷射器的驱动信号，并模拟一个约 10～18Ω 的阻抗信号送回原车 ECU。而当汽车使用汽油时，仿真器仅起信号旁通作用，不影响汽油喷射器受原车 ECU 的控制。

此外，喷射器仿真器可以调节汽车从汽油切换到燃气的燃料重叠时间，调节范围为 0～4s，一般默认设定为 2s。由于燃气从控制通断的燃气电磁阀到混合器、再进入气缸有一定的距离，需要一定的时间，只有在汽油喷射保持一定的延迟时间，才能保持燃料的连续供应，避免车辆在切换过程中燃料供应的不连续，甚至出现发动机熄火现象。

图 34-3-8 为典型喷射器模拟器的接线图。从图中可以看出，模拟器的燃气电磁阀接线实际上是其工作电源线。当燃料切换开关工作在燃气时打开燃气电磁阀时，同时使模拟器接通电源使其工作。不供电工作时，模拟器起汽油喷射信号旁通作用，当模拟器开始工作时，模拟器根据重叠时间调节钮设定，延迟切断汽油喷射信号，并为原车 ECU 给出模拟信号。

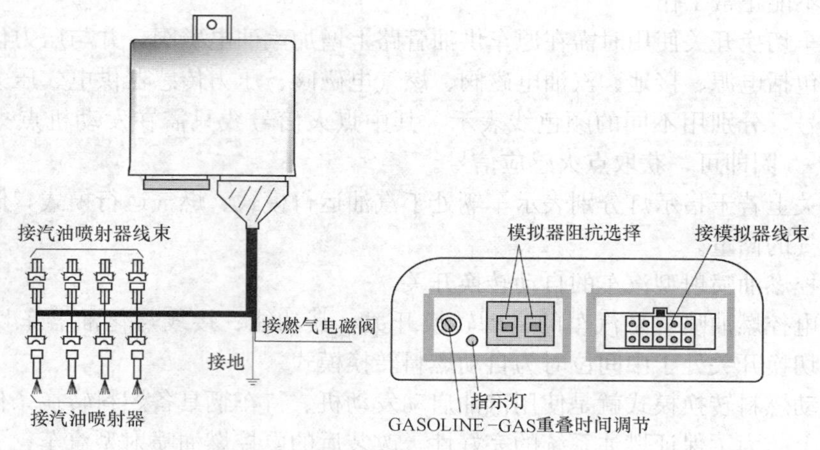

图 34-3-8　喷射器模拟器

(4) 氧/λ（过剩空气）传感器模拟器

由于车辆使用 CNG 燃料时可以比汽油更稀薄地燃烧，从而更节能，显然这种情况下的过剩空气系数（λ）可能与原车 ECU 对使用汽油时的要求不同，为避免出现 CHECK ENGINE 警告灯和在原车 ECU 中产生“混合比适应”故障记录，燃气汽车的电子控制器应具备模拟氧/λ 传感器信号的功能。

氧/λ 传感器工作时，检测汽车尾气的氧含量，产生一个 0～1V 的电压信号。所谓氧传感器或 λ 传感器，实际上是同一种传感器，只是信号的极性相反。即作为氧传感时，数值越大表示含氧量越高，混合气越稀薄；作为 λ 传感器使用时，数值越大表示含氧量越低，混合气越浓。

由于原车 ECU 具有一定的学习功能，如果没有 ECU 认为正确的氧传感信号，会不断调整汽油喷射信号，最终造成车辆切换到汽油后加速无力等现象。

氧/λ 传感器模拟器一般可按不同的车型要求，设定输出富燃、正常和贫燃等不同等级的模拟信号。

图 34-3-9 为典型氧传感器模拟器的示意图。在有些型号的模拟器上，设置有氧传感信号的显示，一般用三只发光二极管（LED）信号灯分别表示贫燃、正常和富燃，在车辆调试时获取车辆在使用汽油时的过剩空气水平，方便输出信号的设定。

（5）点火提前角调整器

改装两用燃料汽车，因要兼顾汽油、天然气两种燃料，无法对原发动机压缩比进行变动，但由于天然气的辛烷值高达 130，抗爆性能好，因此，可以增大点火提前角来提高作功效率。另外，点火提前可减少发动机回火的可能性。

接燃气电磁阀

接地

原车ECU

氧传感器

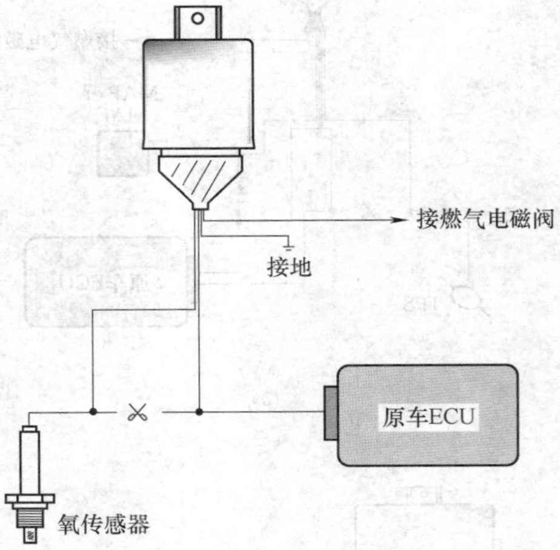

图 34-3-9 典型氧传感器模拟器

点火提前角调整功能实现的方法有多种，常见的有电子控制器修改进气管绝对压力（MAP）或修改进气管流量（MAF）信号、修改正时齿轮信号和直接修改点火信号等，如图 34-3-10 所示。点火提前应在一定的范围内根据车辆的实际情况调整。

根据实现方式的不同，形成了不同种类的点火提前角调整器。基于正时齿轮或 MAP 信号的点火提前角调整器，截获车辆正时齿轮或 MAP 信号，根据点火提前角的修正要求，经微处理器调整计算，把修正后的信号送入车辆，由原车 ECU 按照预设的车辆发动机的点火和喷射控制方式工作，实现原车 ECU 控制发动机使用汽油和 CNG 不同燃料的目的。而基于点火信号的点火提前角调整器，直接截获原车 ECU 发出的点火信号，按要求信号处理后送点火线圈。调节器一般可以进行附加 6°～18°的点火提前角的调节。

基于 MAP 或 MAF 信号的点火提前角调整器具有最广泛的通用性，但因 MAP 信号为模拟信号，调整器使用时对原车车况有一定的要求，如果在用车辆发动机的真空压力不足，或者进气管稍有漏气，调整器就有可能无法识别 MAP 信号，起不到调节作用。

基于正时齿轮信号的点火提前角调整器工作最可靠，但通用性调整器只能处理 36-1 和 60-2 型常规正时齿轮信号。对于汽车生产厂商自定规格的正时齿轮，需要进行特定的开发。

基于点火信号的点火提前角调整器效果最好，但因各种车辆的点火线圈的形式和数量不同，又分成多种形式，例如，针对单点火线圈、双点火线圈、弱驱动信号、强驱动信号等。

由于车辆在怠速下进行点火提前，有可能会造成车辆怠速不稳，一般点火提前角调整器可连接节气门位置传感器（TPS），通过检测 TPS 信号，以及在调整器中调节，实现车辆怠速下不进行点火提前的功能。

34.3.1.2 闭环混合器式燃气控制系统

闭环混合器方式燃气控制系统，又称单点式燃气控制系统，本质上讲就是在开环混合器式燃气供应系统的基础上，增加一台 λ 控制器，并用步进电机驱动的功率调节阀取代手动调节阀。系统利用原车的氧传感信号，控制低压燃气管路上的步进电机功率阀的开度，

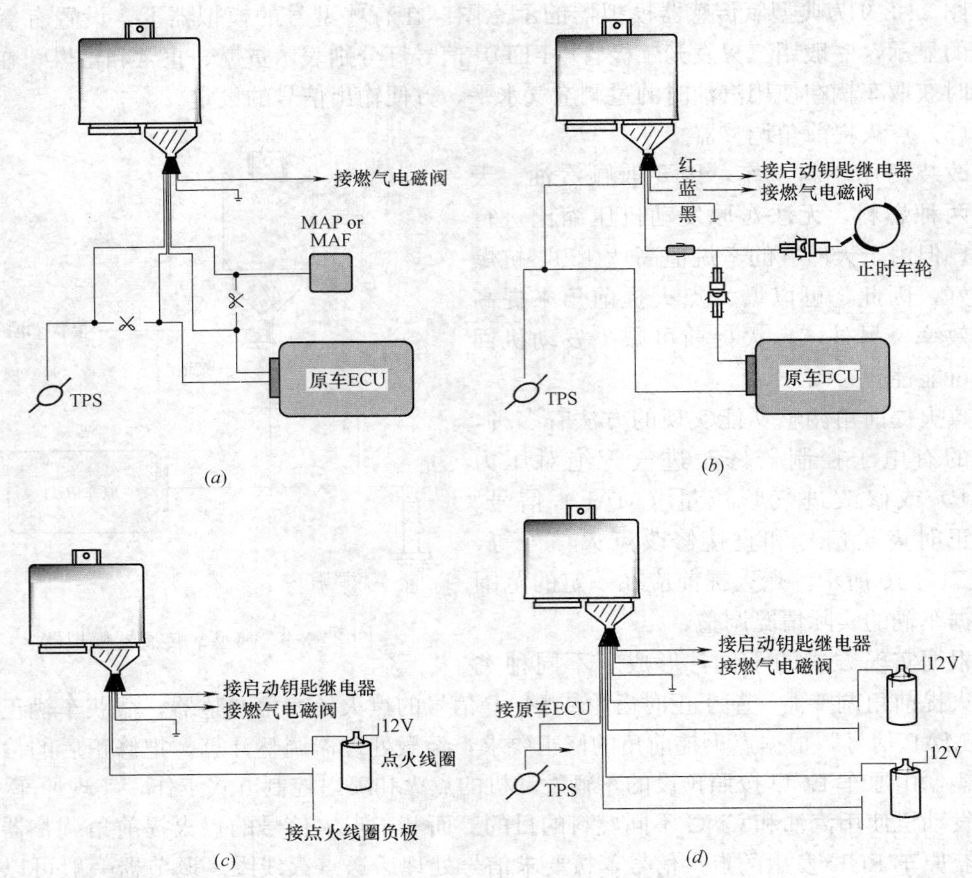

图 34-3-10　点火提前角调节器

(*a*) 基于 MAP 或 MAF；(*b*) 基于正时齿轮；(*c*) 适用于单点火线圈；(*d*) 适用于双点火线圈

对吸入发动机的 CNG 进行流量控制，以达到最佳空燃比性能目的。当氧传感信号值偏低时，ECU 指令流量控制阀增大燃气的供给量，反之则减小燃气的供给量。

电喷车上都装有一个发动机电控系统（ECU），它能在各种输入信号的分析基础上，控制发动机每一个工作循环喷入的汽油量和最佳的点火时间。因此，汽车在使用 CNG 时，为了保证发动机的正常运转，必须仍然保持原 ECU 对发动机工作状态的全面控制，包括对点火信号工作特性随负荷率和转速变化的三维 MAP 图进行控制。

闭环控制系统与开环系统一样，需要配备喷射模拟、点火提前角调节、氧传感模拟和切换开关等硬件功能，并且能通过 RS232 与 PC 通信。燃气 ECU 通过获取车辆的氧传感器、MAP 或 MAF、TPS 和 rpm（RPM）等信号，由内建微处理器，对不同工况下的空燃比、点火提前角调整等实行控制。

与开环系统的固定空燃比和固定点火提前角调整值不同，燃气 ECU 可以实现车辆在怠速、急加速、高速和急减速等工况下具有不同的空燃比，可以根据发动机特性设置发动机不同转速下的动态点火提前角调节值，从而获得燃气汽车最佳的动力性和环保性。

闭环控制系统的形式，既可以是具有多种功能的集成产品（燃气 ECU），也可以是一台能驱动点火提前角调节器的λ控制器加上多种外围设备。

闭环混合器式燃气控制系统主要由转换开关、模拟器、控制器、步进电动机功率阀等部分组成，典型的系统示意图见图 34-3-11，接线图见图 34-3-12。

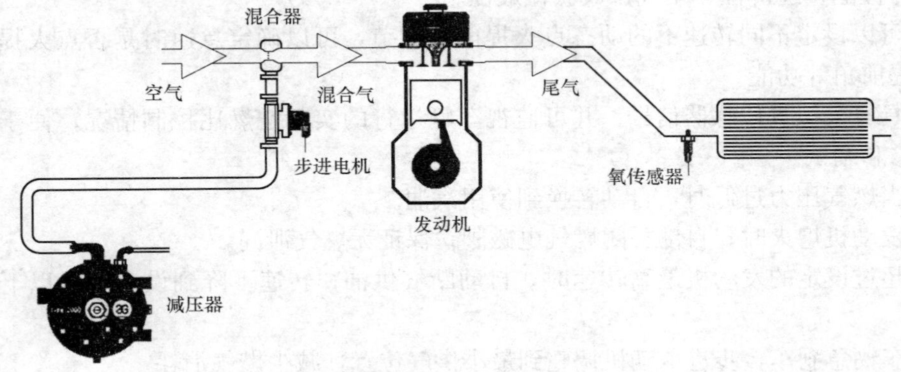

图 34-3-11 闭环燃气控制系统示意图

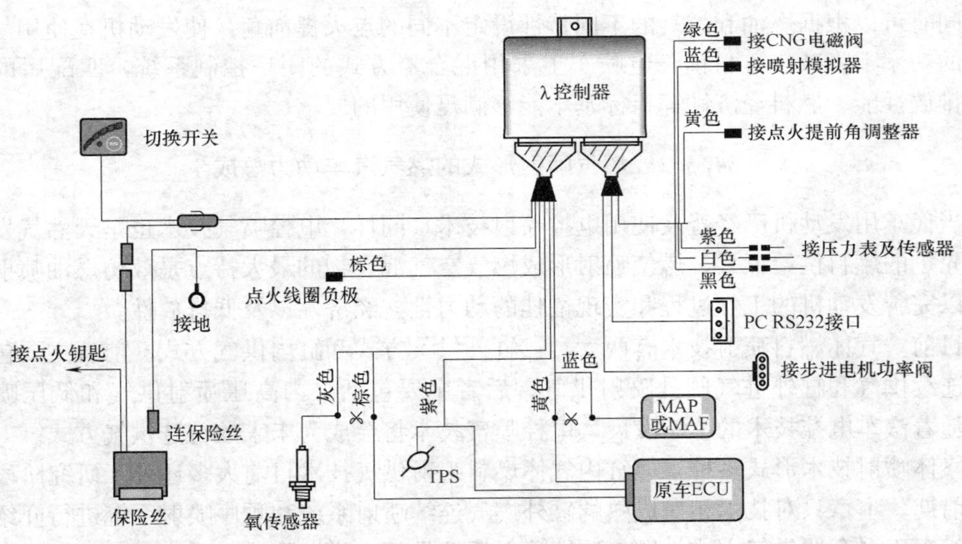

图 34-3-12 闭环混合器式燃气控制系统控制器接线图

由于燃气 ECU 功能较多，需要设定和调整的项目也较多，一般需用 PC 机上的标定软件，通过 RS232 串口与燃气 ECU 连接来调试燃气车辆。

不同厂商生产的燃气 ECU，功能的丰富性上略有区别，但完善的燃气 ECU 一般应具备以下功能：

① 汽油-燃气自动切换，车辆启动时运行在汽油模式，待发动机转速高于设定值、并在转速下降时，自动切换到 CNG 模式。也有系统是待到发动机冷却水到达设定温度后再自动转换到使用 CNG。

② 气量显示器，有用四只 LED 灯表示气瓶中的不同燃气储量，也有采用液晶数显 CNG 压力值或储量百分数的。

③ 根据氧传感器、节气门位置、转速信号、发动机温度等对发动机工作过程进行控制。

④ 标定软件能在不同的工作窗口针对不同工况进行空燃比的参数设定和修改，使车辆的动力性能、经济性、尾气排放获得最佳。

⑤ 可以设定不同转速下的动态点火提前角调节，可以确定怠速时是否点火提前和设置固定提前角等功能。

⑥ 具有模拟氧传感器信号，并可监视车辆运行的实际空燃比控制情况，便于故障诊断、维修和调试。

⑦ 当燃气压力过低时，自动转换到使用汽油。

⑧ 发动机熄火时，自动关闭燃气电磁阀，保证无燃气泄漏。

⑨ 超过设定的发动机最高转速时，自动断气供油；转速下降到设定转速以下后恢复供气。

⑩ 车辆急刹车，步进电动机调整到最小供气位置，减少燃气消耗。

除此以外，标定软件具备设定参数存盘功能，具备控制器设定参数上载、下载功能，方便车辆的诊断，并可以大大加快同类型车辆的调试。

同时可以根据燃油和燃气的不同特性设定不同的点火提前角，使发动机在使用气体燃料时的功率下降减小。目前，电喷车上采用混合器方式的闭环控制系统，匹配后的动力性、排放性能、燃料经济性等指标基本能够满足使用的要求。

34.3.2 燃气喷射形式的燃气汽车动力总成

当代车用发动机已经普及使用电控喷射技术，同样，电控喷气技术也是天然气发动机一种先进的燃料供给形式，燃气喷射形成燃气空气混合物的最大特点是效仿燃油喷射的原理，以完善发动机的工作过程和实现最佳的动力性、经济性以及低排放性。

目前，气体燃料喷射技术有两大类：缸外供气方式和缸内供气方式。前者主要包括进气道连续供气和缸外进气阀处喷射供气；后者主要包括缸内高压喷射供气和低压喷射供气。随着汽车电控技术的不断发展，电控喷气技术将会成为未来的首选供气方式。

气体喷射技术形式多种，但缸内气体燃料喷射供气技术目前大多还处于研究阶段和商业化前期，本章只对技术相对成熟的缸外燃气连续喷射系统和顺序喷射系统进行介绍。

相对于混合器供气方式，燃气连续喷射系统是新一代燃气喷射系统，通过安装在进气管上的燃气计量装置，实现燃气连续喷射，能有效地管理发动机的燃料供应，控制污染以及优化各种运行工况下的燃料消耗。燃气连续喷射系统是一种基于微处理器控制的自适应系统，能根据发动机转速和进气管绝对压力（MAP），精确计算燃气供应量，并通过一个分配器，使燃气进入各气缸的进气歧管，同时能监控各种发动机参数的变化。

顺序喷射系统将气体喷射器布置在进气歧管的进气阀处，可实现对每一缸的定时定量供气，通常也称之为电控多点燃气喷射系统。进气阀处喷射由于可以由软件严格控制气体燃料喷射时间与进排气门及活塞运动的相位关系，易于实现定时定量供气和层次进气。顺序喷射系统最大的优点就在于可以减轻和消除由于气门重叠角存在造成的燃气直接逸出、恶化排放和燃料浪费的不良影响。可根据发动机转速和负荷，更准确地控制对发动机功率、效率和废气排放有重要影响的空燃比指标，实现稀薄混合气燃烧，更进一步提高发动机的动力性、经济性，以及更进一步改善排放特性。

缸外燃气喷射虽然可以降低供气对空气充量的影响，但这种影响仍然在一定程度上存在着。系统需要配备电控单元（ECU）实施控制，燃气 ECU 作为整个发动机的控制系统的有效补充，控制主体是根据转速和负荷的变化调节燃料量和燃料配比（双燃料过程），从而达到优化发动机性能的目的。

34.3.2.1 燃气连续喷射系统

燃气连续喷射系统可以把燃气连续地喷射入装有氧传感器和三元催化转化器的电喷汽油发动机中。燃气由储气瓶经过减压器，以一定的压力供应给计量装置。基于燃气 ECU 给出的信号，计量装置调节燃气流量给分配器。分配器不仅能把燃气分配到进气管上的进气歧管中，也能使计量装置的下游压力保持恒定。由于减压器采用压力补偿的方式工作，即计量装置的供应压力随着发动机的负荷增大而增大，而下游出口压力维持不变，这样就能在加速瞬变工况下提高响应能力。

燃气 ECU 利用 MAP 信号与发动机转速信号进行 MAP 图（数据表）标定。减压器也由 MAP 信号控制，输出与发动机负载相对应的燃气压力。燃气 ECU 通过检测发动机转速信号处理 MAP 图，然后确定计量装置上步进电机的正确开度以及控制截断（cut-off)。TPS 传送节气门位置信号给控制器。TPS 信号主要用于瞬态工况下的混合气加浓和截断燃气流量。

车辆加速期间，计量装置步进电机开到特定位置，这样系统就能及时满足更多燃气的需求。同样，在减速期间，截断电磁阀减少发动机的燃料供应量，优化发动机的制动效果，减少污染物排放量。氧传感信号为 ECU 提供燃烧工况的有关信息。控制器处理氧探头信号，校正供给发动机的燃气流量。

减压器水温信号是用来控制从汽油到燃气的切换。一旦达到设定温度，燃气 ECU 就给出汽油可以切换到燃气的信号。

燃气 ECU 也管理一些其他系统功能，包括燃料储量指示、汽油到燃气以及燃气到汽油的切换，最大发动机转速控制，以及连接到点火系统的燃气安全切断电磁阀。

典型的燃气连续喷射系统见图 34-3-13。燃气连续喷射系统主要由减压器、计量装置、分配器、燃气 ECU 及切换开关等部件组成。

燃气喷射燃气汽车的储气系统与混合器形式燃气汽车相同，下面介绍供给系统特有的关键设备。

1. 燃气减压器

燃气减压器根据使用燃气的种类，有 CNG 和 LPG 两种不同形式。

与混合器方式燃气供应系统中的零压减压器不同，该类减压器的出口压力为 0.08～0.25MPa，因此又称为正压减压器。这种减压器可以简单理解为去掉第三减压段（零压段）的常规车用减压器。图 34-3-14 为 CNG 正压减压器的典型结构。该减压器为两段皮膜式，用发动机冷却液通过水-气热交换器对其进行加热。减压器还包括有过滤器、燃气切断、燃气温度传感器以及安全阀等其他功能。典型标定输出压力比进气总管压力高 95kPa。

LPG 正压减压器为一级减压器，图 34-3-15 为工艺流程图。

该类调压器看似简单，实际上技术要求较高，由于气体喷射器工作方式是不断的开

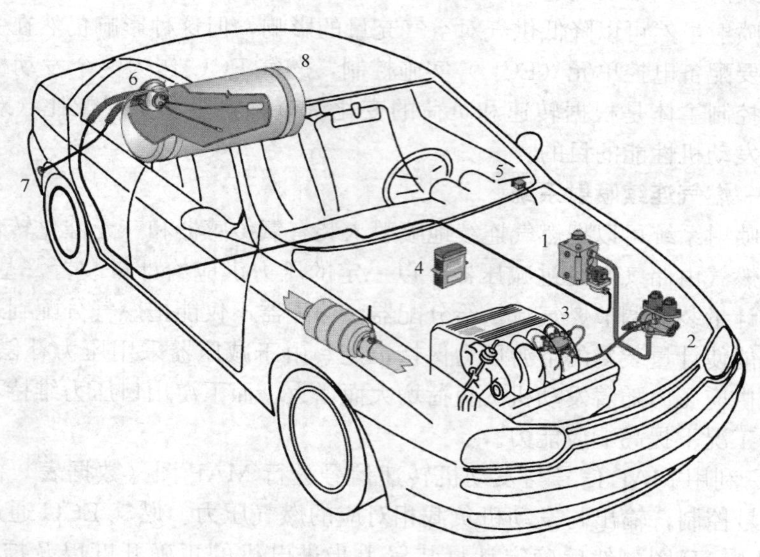

图 34-3-13 燃气连续喷射系统

1—减压器；2—计量装置；3—分配器；4—燃气 ECU；5—切换开关；
6—气瓶阀（多功能阀）；7—加气口；8—气瓶

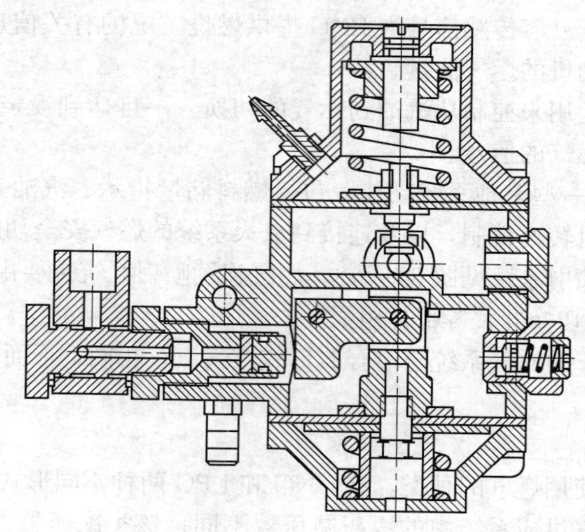

图 34-3-14 CNG 正压减压器结构示意图

关，因此，燃气流是一种连续不稳定流。在这里减压器的动态性能成为衡量该减压器的最重要的指标，动态响应快、正常出口压力与关闭压力差尽量小，以及不同的发动机转速下要维持压力特性的一致，成为该类减压器的难点。

此外，该减压器设有压力脉冲管和温度传感器接口。

2. 计量装置

计量装置包括顺序驱动两个阀门的两个步进电机。第一个电机管理发动机的怠速和低

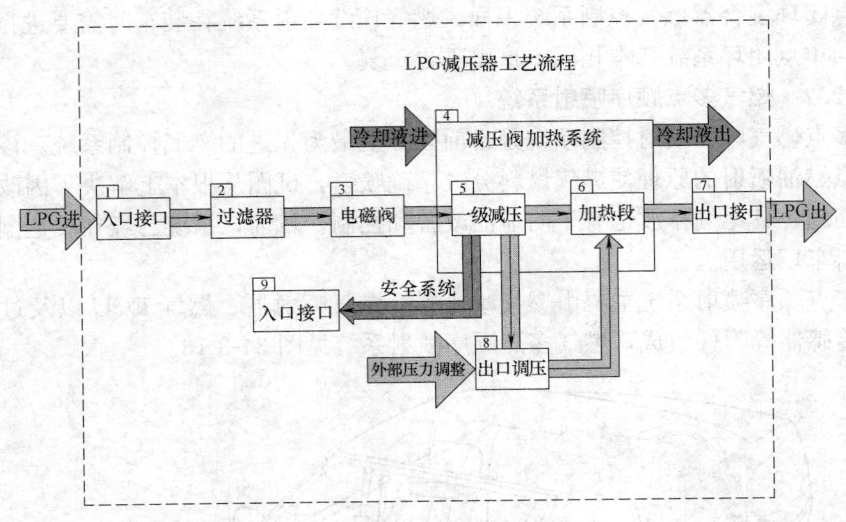

图 34-3-15　为 LPG 正压减压器工艺流程图

1—液态 LPG 高压接头，与来自 LPG 储罐的铜管连接；2—LPG 过滤器；用于滤清来自储罐的 LPG；
3—电磁阀，常闭型，当发动机用油或不工作时起截止 LPG 的功能；
4—加热腔，为防止 LPG 冰堵，加压器阀体上有一个加热腔，用水管接头与发动机冷却水循环回路相连；
水流使减压器底座和壁面受热而加热 LPG；5——级减压段，腔体使 LPG 的压力降低；
6—加热段，一个附加的加热元件，在这里 LPG 能获得较好的蒸发；
7—燃气出口接头，减压器出口的铜管接头，连接发动机；
8—出口压力调整，为了满足不同汽车发动机的要求，出口压力值可以手动调整；
9—压力释放阀，弹簧阀，当减压器的蒸气压力超压，可以释放

转速。而第二电机处理加速期间的中-高动力输出。电磁阀位于计量装置的入口，执行减速期间的燃料的切断。

一般切断阀上有可以读取系统工作压力的诊断插头。

3. 分配器

分配器为每一气缸供应燃气。该装置工作时维持一个比大气压力略高的进口常压，对一个进气歧管的出口是关闭的。分配器根据发动机的气缸数不同有不同的类型。

4. 燃气 ECU

燃料管理功能通过采集（形成 MAP 图）和储存控制燃料供应量的步进电机开度的数据来实现。MAP 图由转速和相对大气压的进气管绝对压力确定。该数据通过调整进行优化，作为氧传感器输入信号的一个函数，并用节气门位置传感器输入作为函数进一步细调，从而确定是加速模式或切断模式。

与调压器上的温度传感器一样，MAP 传感器是系统的一个集成部件。温度传感器的信号用来建立发动机启动后汽油到燃气的自动切换条件。自动燃料切换只有在车辆启动一定时间后、氧传感器正常运行、发动机达到一定的转速以及发动机在加速后减速期间进行。系统包括防止超启动（over-revving）策略，以及系统出错自动切换回汽油等功能。

5. 切换开关——气量指示器

切换开关具有燃气/汽油选择开关，两个燃料指示灯，以及 5 个 LED 燃气储量指示灯。此外，切换开关一般具有系统诊断功能。

与单点闭环混合器燃气控制系统一样，燃气连续喷射系统在装车时需要进行标定。方法及功能与单点闭环系统基本相同，这里不再重复。

34.3.2.2　燃气多点顺序喷射系统

闭环多点燃气顺序喷射控制系统是目前国际上最为先进的燃气控制系统。该系统完全利用了多点燃油喷射的原理使燃气燃料分缸精确喷射，试图从根本上解决了因改装带来的功率下降问题，其尾气排放也有了明显的改善和控制，目前该系统已经在发达国家和我国部分双燃料车厂运用。

燃气多点顺序喷射系统主要由燃气减压器、燃气喷射器、燃气 ECU 以及过滤器、压力、温度传感器等附件组成，燃气多点顺序喷射系统见图 34-3-16。

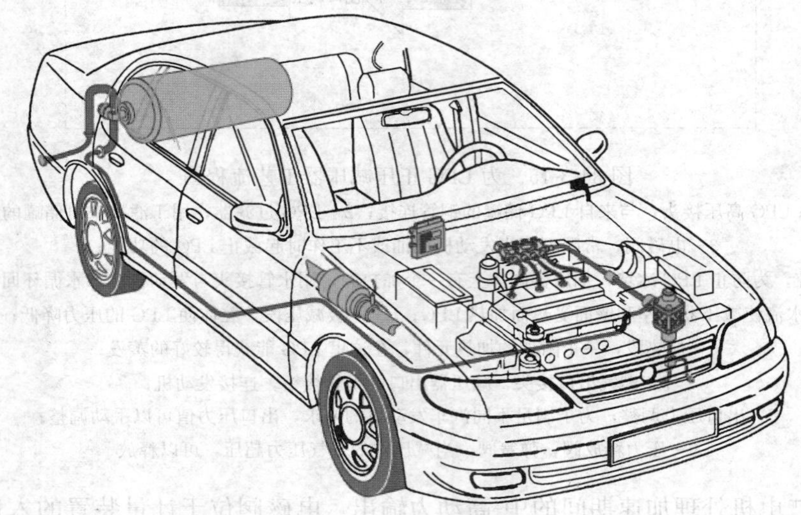

图 34-3-16　燃气多点顺序喷射系统

1. 燃气喷射器

在气体燃料发动机的电控喷气系统中，最关键的装置是气体喷射器，它的性能优劣直接影响燃料的喷射质量，从而影响到发动机的性能。气体喷射器与汽油喷射器的最大差别是其需要较大的流通截面，以保证大气流的通过能力；另外，不同于液体燃料本身具有一定的润滑和密封作用，其正常使用寿命是气体喷射器面临的一个严重挑战。

根据发动机的工作工况，一般对气体燃料喷射器的要求主要包括以下几点：

① 合适的气体供给压力，主要决定于发动机压缩比、排量和转速，以及喷射时刻等；

② 满足发动机动力性、经济性和排放要求的气体流量及相应的流量特性；

③ 合适的电磁阀的线圈电压、功率；

④ 阀体开关响应时间短，良好的动态响应特性；

⑤ 良好的安全性、可靠性和耐久性。

为了方便燃气汽车的安装，一般把多个燃气喷射器固定在一个统一的燃气分配架上，这时燃气喷射器称为燃气共轨喷射器，简称燃气喷轨或燃气共轨。图 34-3-17 为燃气共轨喷射器结构示意图。

燃气喷轨性能的优劣可以用以下指标衡量：

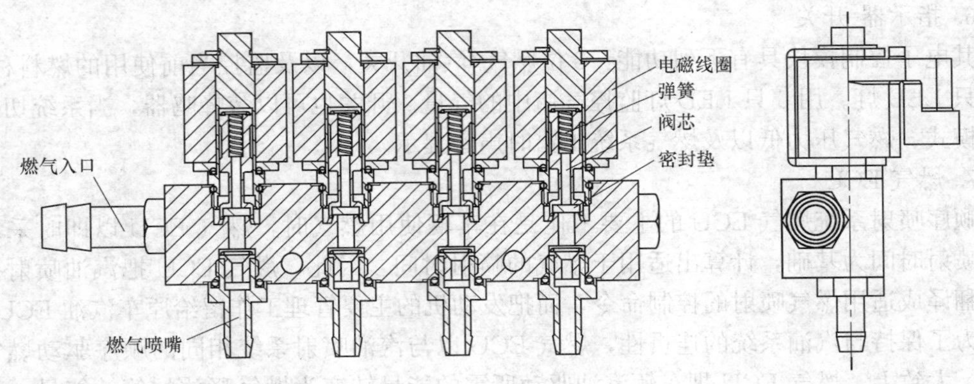

图 34-3-17 燃气共轨喷射器结构示意图

① 频率。即喷射器能达到的最大开启频率，是指当喷射器输出压力波形具有明显的方波特征时的运行最大频率。提高喷射器的频率，可以扩大喷射器的应用范围，但同时需要高可靠性。

② 可重复性和精确度。对喷射器来讲，在所有规定的环境条件下，喷射器的响应时间要求保持不变，这要求喷射器工作时阀芯的运动尽可能没有摩擦，这也是喷射器的一个基本功能原则。

③ 响应时间。要求尽可能的小，一般要求在 0.5ms 左右（500μs），优异的响应时间可以保证发动机获得高质量的性能，同时可以简化燃气 ECU 对燃料管理的软件设计，即喷射器可以在不同流量下，整个功率曲线不需要修正。

④ 低功耗。喷射器应该在开阀期间，具有较低的电流值，例如 0.5～0.6A，功率 1.25～1.5W。从而减少线圈发热，扩大应用范围。

喷射器的驱动方式一般都为“峰值及保持”（peak and hold）模式。最大运行压力为 250kPa。

2. 压力传感器

压力传感器用来测量共轨燃气和进气总管之间的相对压力。传感器类型一般为交流型压力传感器，最大测量压力范围为 0.05～0.35MPa，最大测量压力为 0.6MPa，温度使用范围为－40～130℃。通过使用该压力信息，控制器能对燃气喷射时间进行修正。压力传感器也用来监控燃气过滤器的效率（工作状态）。

3. 温度传感器

温度传感器装在减压器出口的水加热回路上。温度是燃气 ECU 的一个输入参数，用于控制燃气模式中的喷射时间。温度传感器一般为负温度系数（NTC）热敏电阻，使用温度范围－40～125℃。

4. 过滤器

过滤器位于减压器和喷射器共轨之间，滤芯等级为 10μm，最大运行压力为 250kPa。

5. 减压器

CNG 减压器是两段式皮膜式的，用发动机冷却液在水-气热交换器对其进行加热。有内部安全阀和燃气电磁阀，以及集成过滤器。一般标定在比进气总管压力高 95～250kPa。

6. 指示器-开关

其电子控制模块具有下列功能：2 位燃气/汽油开关，以及监控当前使用的燃料种类，用两只 LED 灯。用 5 只 LED 灯监控气瓶中的气量。开关也可以装蜂鸣器，当系统切换到汽油模式、燃气压力低以及燃气系统出错时声音提示。

7. 燃气 ECU

顺序喷射系统燃气 ECU 的主要工作是在车辆使用燃气时，燃气 ECU 以即时采集的汽油喷射时间为基础，计算出适用于燃气的喷射时间。因此，燃气 ECU 把汽油喷射执行命令翻译成适用燃气喷射的控制命令，而把发动机的主要管理工作留给原车汽油 ECU。

为了保持与汽油系统的连贯性，燃气 ECU 以与汽油喷射系统相同的顺序驱动燃气喷射器。大致上，燃气 ECU 把车辆汽油驱动所需的能量转变为燃气释放的等效能量，弥补两种燃料的差异。大部分燃气 ECU 可以根据不同应用的要求，适用于不同类型的喷射器。

由于燃气 ECU 能做到对原车汽油发动机管理系统影响最小，因此它可以很方便与原（主）发动机管理功能整合，包括混合气控制、切断、烟气再循环、尾气催化转换等，以及一些发动机管理辅助功能，如空调、助力转向、电子油门等。

燃气 ECU 采集及通过分析汽油喷射信号，获得喷射触发时间、喷射时间（脉宽）、以及脉冲频率，ECU 同时检测燃气的温度和燃气压力（压差），以及尾气氧含量。

燃气 ECU 的信号流程图见图 34-3-18。

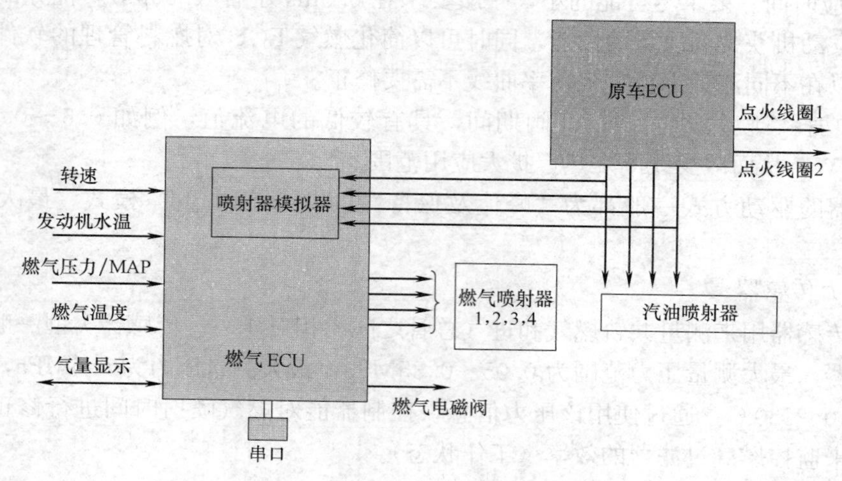

图 34-3-18　燃气 ECU 的信号流程图

在不同的工况下，燃气 ECU 根据汽油 ECU 给出的汽油喷射时间，利用燃气共轨出口压力（压差）、燃气温度、发动机冷却液温度、发动机转速以及蓄电池电压等具体参数，计算燃气喷射时间。为了便于标定和分析，实际上 ECU 确定燃气喷射时间与汽油喷射时间的倍数 K。影响燃气喷射时间的因素很多，但可以用下式表达：

$$K=K_1K_2K_3K_4$$

式中　K_1——汽车标定工况下确定的不同汽油喷射时间下的倍数；

K_2——燃气压力的修正系数；

K_3——燃气温度的修正系数；

K_4——发动机冷却水温度修正系数；

显然，燃气ECU的技术关键之一是如何正确合理地获取K_1，燃气喷射时间与燃气减压器出口压力及喷射器出口喷嘴的直径大小有关，因此，在进行车辆标定前应调整压力及选择合适的喷嘴直径。喷射时间倍数的获取可以有多种策略和方法，但目前采用得比较多的方法是把标定过程分为两个阶段。

第一阶段：自动标定。

让车辆怠速运行在汽油模式，关闭所有不必要的设备，包括空调、灯光，不打方向盘等，打开标定电脑及软件，开始进行自动标定，燃气ECU通过改变怠速工况下的汽油喷射时间，获取相应的氧传感器读数，然后标定软件自动把车辆切换到燃气模式，再通过改变燃气喷射时间来读取相应的氧传感器读数。燃气ECU自动选择汽油喷射时间范围中有一定间隔的4～6个标定点，根据氧传感器读数，再找出对应的燃气喷射时间，然后形成一张以汽油喷射时间为横坐标、喷射时间倍数（燃气喷射时间/汽油喷射时间）为纵坐标的函数图（俗称MAP图，见图34-3-17)。该MAP图是车辆标定的最基础数据，一般认为喷射时间倍数在汽油喷射时间全范围内1.1～1.6较为合理，超出该范围时，需要更换燃气喷嘴或调整燃气减压器出口压力。由于标定时的燃气压力及温度将作为其他进一步修正的基础，因此，一旦改变减压器输出压力或发现燃气温度不稳定，则需要重新进行自动标定。图34-3-19中的接近水平线表示自动标定的结果。

自动标定只是以尾气中氧含量为指标，平衡燃气供给系统（调压器、喷射器及喷嘴）的工作特性与汽油喷射之间的输入能量差异，但还不能反映直接的车辆动力性能。

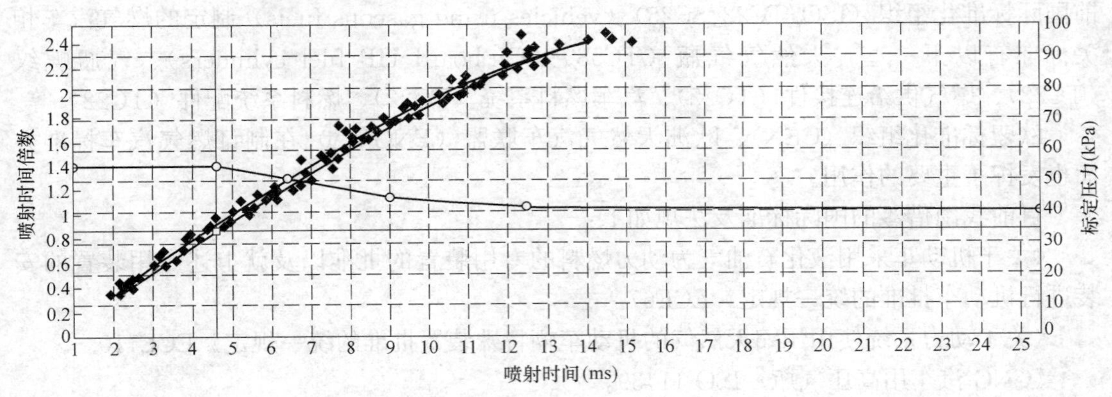

图34-3-19　燃气汽车MAP图

第二阶段：路驶匹配。

路驶匹配时，首先让车辆用汽油以不变的挡位（例如4挡）在公路上行驶一定的里程(4～5km)。燃气ECU在这过程中采集不同汽油喷射时间与对应的进气管真空绝对压力的数据，采集停止后，ECU自动生成一条在下方的向上曲线（汽油MAP图）。接着让车辆运行燃气，以同样的方法进行数据采集，即以相同的车况和路况完成燃气MAP图（图中在上方的向上曲线）。所谓汽油和燃气匹配，就是汽油MAP图和燃气MAP图具有较好的一致性，一般认为差异在10%以内为匹配较好。如果出现匹配不理想的情况，可以通过调整倍数MAP图上接近水平线上的点位置（即倍数的大小）来改善。

一旦匹配完成，数据储存后就完成了车辆标定程序。

由于单片机（信号处理器）的飞速发展，燃气ECU具有稳定性好，技术含量高等优点，其功能也越来越丰富，除了前述的燃气汽车典型功能外，顺序喷射系统更赋予了一些新型功能，例如丰富的诊断功能、单个喷射器喷射时间调整功能、燃气压力不足时同时使用燃气和汽油等。

车辆适应性也是燃气ECU的一个重要的指标，尽可能多地支持不同的发动机气缸数、点火线圈的形式、压力传感器、温度传感器、燃气喷射器、氧传感器以及发动机转速信号的类型是未来燃气ECU的趋势。

需要指出的是，目前顺序喷射燃气ECU是主要依据LPG汽车要求发展起来的，因此，并不支持点火提前角调整和稀薄燃烧功能。这也是未来CNG汽车的燃气ECU的一个重要技术发展领域。就目前来讲，进行CNG汽车改装时，可以选装固定点火提前角调整模块。

34.4 燃气汽车标准与节能环保效益

34.4.1 燃气汽车标准

34.4.1.1 燃气汽车国际标准现状

ISO是国际上制定标准的权威机构，在制订代用燃料汽车标准方面做了很多工作。目前国际标准化组织（ISO/TC22/SC25）（vehicles using gaseous fuels）制定的燃气汽车相关标准有以下一些：天然气气瓶（TC58）（On-board HP fuel cylinders）、气瓶螺纹（TC22）、燃气供给连接件（TC22）、汽车燃料系统（TC22）、燃料系统配件（TC22）等。

欧盟标准化组织（CEN）、欧洲天然气汽车联盟（ENGVA）在制订燃气汽车标准方面也发挥了重要的作用。

目前我国借鉴的国际标准及法规如下：

《关于机动车采用液化石油气为动力燃料的专用装置的批准以及就上述专用装置的安装进行机动车批准的统一规定》ECE67。

《关于动力系统使用压缩天然气的机动车辆特殊装置批准的统一规定》ECE110。

《CNG汽车用高压气瓶》ISO 11439。

《CNG汽车加气接头》ISO 14469。

《汽车用压缩天然气》ISO 15403。

《CNG汽车燃料系统部件》ISO 15500-(1-20)。

《汽车燃料系统-安全要求》ISO 15501-1 CNG。

《汽车燃料系统-试验方法》ISO 15501-2 CNG。

澳大利亚标准：

《用于机动车发动机上的LPG燃料系统》AS1425—1998。

新西兰标准：

《LPG 和 CNG 燃料在内燃机中的应用》

美国国家防火协会标准：

《CNG 汽车燃料系统标准》NFPA52。

《LNG 汽车燃料系统》NFPA57。

《LNG 的生产、储存和处理》NFPA59。

34.4.1.2 我国燃气汽车及其相关设施的标准体系

为了指导燃气汽车标准的制修订工作，由国家质量技术监督局批准的“体系”结构图见图 34-4-1。整个“体系”包括管理标准和技术标准两大类共计 72 项标准。

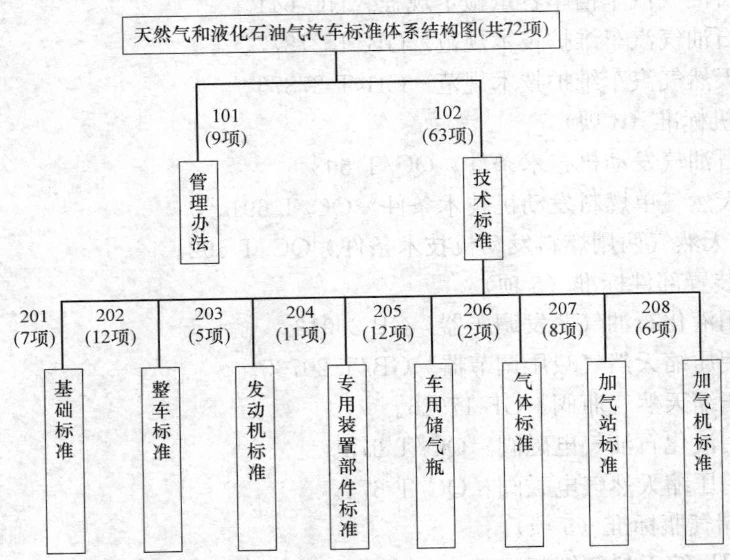

图 34-4-1 燃气汽车标准体系图

除去加气站及加气机标准，目前已经发布实施的国家标准和行业标准共有 44 项，具体如下：

1. 行业管理标准（6 项）

①《在用车改装为天然气和液化石油气汽车管理办法》。

②《天然气和液化石油气汽车认证办法》。

③《天然气和液化石油气年审办法》。

④《液化石油气和压缩天然气汽车专用装置生产企业条件》。

⑤《压缩天然气和液化石油气汽车改装企业条件》。

⑥《天然气和液化石油气汽车从业人员技术培训及资格审查》。

2. 技术标准

(1) 基础标准（5 项）

①《天然气汽车和液化石油气汽车 词汇》GB/T 17895。

②《天然气汽车和液化石油气汽车 标志》GB/T 17676。

③《汽车用液化石油气加气口》GB/T 18364。

④《汽车用压缩天然气加气口》GB/T 18363。

⑤《车用压缩天然气瓶阀》GB 17926。

(2) 整车标准 (9项)

①《燃气汽车专用装置的安装要求》GB/T 19239。

②《液化石油气汽车燃气系统技术条件》QC/T 247。

③《压缩天然气汽车燃气系统技术条件》QC/T 245。

④《液化石油气汽车定型试验规程》QC/T 256。

⑤《天然气汽车定型试验规程》GB/T 23335。

⑥《液化石油气汽车槽车技术条件》HG/T 3143。

⑦《液化石油气汽车槽车容量检定规程》JJG 641。

⑧《液化石油气汽车维护技术规范》GB/T 27877。

⑨《压缩天然气汽车维护技术规范》GB/T 27876。

(3) 发动机标准 (3项)

①《液化石油气发动机技术条件》QC/T 693。

②《车用天然气单燃料发动机技术条件》QC/T 691。

③《汽油/天然气两用燃料发动机技术条件》QC/T 692。

(4) 专用装置部件标准 (5项)

①《汽车用液化石油气蒸发调压器》GB 20912。

②《汽车用压缩天然气减压调节器》GB/T 20735。

③《车用压缩天然气瓶阀》GB 17926。

④《汽车用液化石油气电磁阀》QC/T 673。

⑤《汽车用压缩天然气电磁阀》QC/T 674。

(5) 车用储气瓶标准 (5项)

①《汽车用压缩天然气钢瓶》GB 17258。

②《机动车用液化石油气钢瓶》GB 17259。

③《站用压缩天然气钢瓶》GB 19158。

④《汽车用压缩天然气钢瓶定期检验与评定》GB 19533。

⑤《机动车用液化石油气钢瓶集成阀》GB 18299。

(6) 车用燃气标准 (2项)

①《车用液化石油气》GB 19159。

②《车用压缩天然气》GB 18047。

尽管发布实施的国家标准和行业标准仅是标准体系中的一部分，但它在保障我国燃气汽车推广应用工作的顺利进行、推动燃气汽车技术进步方面发挥了不可替代的作用。依据这些标准，我国各地燃气汽车的推广应用工作、科研开发和生产工作得到了进一步的规范，我们对大量的国外进口部件不能检验、任意放行的局面得到了根本的改观。

我国应积极跟踪国外相关标准的制修订状况，特别应密切关注 ISO/TC22/SC25 的制标动向。

34.4.2 燃气汽车节能环保效益

汽车排放是指发动机在燃烧作功过程中产生的有害气体，包括 CO（一氧化碳）、HC

(碳氢化合物)、NO_x（氮氧化物)、和 PM（微粒，碳烟）等。这些有害气体产生的原因各异，CO 是燃料氧化不完全的中间产物，当氧气不充足时会产生 CO，混合气浓度大及混合气不均匀都会使排气中的 CO 增加，对人的健康危害较大。HC 是燃料中未燃烧的物质，由于混合气不均匀、燃烧室壁冷等原因造成部分燃料未来得及燃烧就被排放出去，由 200 多种不同的成分构成，含有致癌物质。NO_x是在燃烧室高温高压条件下，由氮和氧化合而成，排放到大气后变成 NO_2（二氧化氮），其毒性很强，对人及植物生长均有不良影响，是形成酸雨及光化学烟雾的主要物质之一。PM 也是燃料燃烧时缺氧产生的一种物质，主要成分是碳烟，上面附有大量化学物质，包含致癌物质，吸入人体后会在肺部长期停留。柴油机产生的 PM 最为明显，因为柴油机采用压燃方式，柴油在高温高压下裂解更容易产生大量肉眼看得见的碳烟（PM)。

为了抑制这些有害气体的产生，促使汽车生产厂家改进产品以降低这些有害气体的产生源头，各国都制定了相关的汽车排放标准。其中欧洲标准是我国借鉴的汽车排放标准，目前国产新车都会标明发动机废气排放达到的欧洲标准。

汽车排放的欧洲法规（指令）标准 1992 年前已实施若干阶段，欧洲从 1992 年起开始实施欧Ⅰ（欧Ⅰ形式认证排放限值)、1996 年起开始实施欧Ⅱ（欧Ⅱ形式认证和生产一致性排放限值)、2000 年起开始实施欧Ⅲ（欧Ⅲ形式认证和生产一致性排放限值)、2005 年起开始实施欧Ⅳ（欧Ⅳ形式认证和生产一致性排放限值)。

汽车排放的欧洲法规（指令）标准的内容包括新开发车的形式认证试验和现生产车的生产一致性检查试验，从欧Ⅲ开始又增加了在用车的生产一致性检查。

汽车排放的欧洲法规（指令）标准的计量是以汽车发动机单位行驶距离的排污量(g/km）计算，因为这对研究汽车对环境的污染程度比较合理。同时，欧洲排放标准将汽车分为总质量不超过 3500kg（轻型车）和总质量超过 3500kg（重型车）两类。轻型车不管是汽油机或柴油机车，整车均在底盘测功机上进行试验。重型车由于车重，则用所装发动机在发动机台架上进行试验。

只要是用内燃机进行能量的转化，尾气中就一定会有有毒物和空气污染物的排放。随着污染物后处理技术以及发动机控制设备的快速发展，这些污染物的排放量出现了明显的快速下降趋势。在污染控制性能提高的同时，设备的成本也在增加，使用内燃机作为原动机的低污染汽车就变得越来越昂贵。这种态势加快了燃料电池（FC）汽车的发展。由于 FC 动力设备越来越便宜，燃料电池车可能比一台具有复杂而昂贵的污染物控制系统的内燃机车成本更低。

带有车载燃料重整器的燃料电池动力系统，也会产生一些空气污染物，但是因为系统中配备有尾气燃烧装置，排放量通常很小。尾气燃烧装置基本上就是一台清洁尾气的催化转化器。一般认为，FC 汽车在的运行期间空气污染物排放接近零，排放性能优于任何内燃机驱动的汽车。但是，如果把制氢过程的上游污染也考虑进去，例如电解制氢，问题就变得非常复杂。例如发电厂用了锅炉，那么也会产生空气污染，污染水平取决于发电厂的效率、燃料混合、最终的烟气清洁技术等。

34.4.2.1 汽车污染排放的改善措施

汽车已成为城市环境的主要污染源，因此各方都给与特别的关注。各种车辆污染排放物的组分对空气的污染有不同的形式，其中最重要的是烟雾、酸雨和温室效应。烟雾的影响表现为地区局部性的，但酸雨可以飘散到其他地区，甚至其他大陆，温室气体则影响太阳辐射以及全球气候。

减少汽车排放的措施是多方面的。有些技术方法是在汽车排气管中对尾气进行后处理，有些则是涉及发动机使用的方法，包括不同的发动机的技术方案和燃料改变。

1. 改变燃料结构

天然气汽车可以降低污染物的排放，其最基本原因是甲烷分子结构简单，它的碳氢比是所有碳氢化合物中最低的。碳氢化合物分子越复杂，燃烧产物也越复杂。值得注意的是，即使碳链长2～3个碳原子，燃烧产物中直接和长期有毒物就会多许多。LPG（丙烷和丁烷混合物）就是一个明显的例子。因此使用天然气的最大的优势，是可以获得污染物非常低甚至零的排放水平。

然而，如果内燃机中使用天然气，由于甲烷是一种难氧化的碳氢化合物，即使使用了催化转换器，也会出现一些甲烷的排放。另外，如果使用内燃机，尾气中一般会含有氮氧化物，它是一种强烈的温室气体。

2. 使用尾气催化器

催化器可以极大地改进汽车的排放情况。但它要求发动机严格运行在一定的λ值（过剩空气系数）范围之内。一般来说，发动机运行在λ值接近1的较小的波动范围内时，三元催化的运行效率最高。在这里，碳氢提供还原NO_x和CO所需的氢，理想化的最终产物为氮气、二氧化碳和水。

针对天然气特殊需要研究的催化器具有较大的优势，表34-4-1为Volvo 850汽车测试的数据对比表。

Volvo 850汽车测试数据对比表（g/km）　　**表34-4-1**

项目	天然气	汽油	超低排放车
NMHC	0.02	0.10	0.025
CO	0.30	0.80	1.06
NO_x	0.06	0.16	0.125
CO_2	210	263	—

3. 稀薄燃烧

采用稀薄燃烧可以明显提高发动机的热效率，在稀薄燃烧的尾气中，过剩氧能保证碳氢含量很低，如果需要的话，还可以用氧化催化器进一步把HC降低到非常低的水平。

但是稀薄燃烧提高发动机效率的同时，动力输出却被减少。因此许多稀薄燃烧的发动机采用涡轮增压形式。

表34-4-2可以看出，使用催化器减少污染物排放是要增加燃料消耗的代价的。

稀薄燃烧及尾气催化器对汽车燃料消耗的影响　　**表34-4-2**

点燃式发动机技术	燃料消耗改变量（%）
稀薄燃烧	−14～−1
稀薄燃烧＋氧催化	−11～0
稀薄燃烧＋氧催化＋烟气再循环	−7～＋2
三元催化＋氧传感器（λ＝1）	＋2～＋5

4. 汽车新技术

采用发动机控制设备和催化转换器后，已经大大减少了车辆的CO、碳氢和NO_x的排放。如果不同地区都采用相似的减少污染策略后，那么污染物的排放量就与车辆的平均燃料消耗量成正比。除了设法提高发动机效率外，汽车的燃料经济性也可从多方面进行改进。例如减轻车重、运用空气动力学进行车辆设计等。除了技术创新外，新的交通和道路系统设计方法也将在降低燃料使用中扮演重要的角色。

因为排放总量与燃料使用量成正比，因此，燃料消耗量的大小对汽车排放有直接的影响。即使汽车使用天然气，但如果设备不合理或者操作有问题，都有可能增加燃料的消耗，反过来抵消了其经济性方面的优势，即虽然车辆的排放测试可能满足了标准规定的要求，但污染排放总量却在增加。

人们期待拥有清洁、安全、能源效率高以及智能化的汽车。以“三升汽车”概念（行驶100 km消耗3L燃料）为代表的新汽车技术，特出表现出人们对汽车燃料消耗量的关注。实际上，天然气发动机可以为建立这种概念提供一个优异的平台，早期的研究就是基于小型涡轮高增压的低摩擦天然气发动机。

34.4.2.2 燃气汽车的比较优势

1. 温室气体排放

对于各种所有燃料/发动机技术的温室气体排放，如果可以计算整个能源消耗的全过程，那么只要由使用一次能源的碳含量，就可转换算出CO_2排放量。

然而，如果内燃机中使用天然气，会出现一些甲烷的排放，即使使用了催化转换器，由于甲烷是最难氧化的碳氢化合物。另外，如果使用内燃机，尾气中一般会含有氮氧化物，它是一种强烈的温室气体。

车辆对温室气体的最大贡献者是CO_2，其他包括N_2O、甲烷等气体也是有贡献的。而CO、VOC和NO_x在形成直接温室气体方面起间接作用。各种气体对温室效应的影响可以用全球变暖潜能值（GWP）来表示。

为了比较不同燃料循环，不同过程的GWP和尾气排放量用相同的CO_2等效质量单位表示。因为有不同的延迟率，不同气体的等效值通常用一个时间来间隔，例如20年、100年和500年，最常用的时间尺度为100年。给定排放量乘上它的GWP就得出CO_2的等效排放量，用全球变暖影响（GWI）表示。表34-4-3给出了与燃烧相关气体的GWP值，这些值以质量基准，即相对于1kg二氧化碳。

全球变暖潜能表 **表34-4-3**

温室气体	留存期(年)	全球变暖潜能		
		20年	100年	500年
二氧化碳(CO_2)	未能确定	1	1	1
甲烷(CH_4)	12	62	23	7
一氧化二氮(N_2O)	114	275	296	156
非甲烷碳氢(NMHC)	没有量化			
一氧化碳	没有量化			

臭氧由太阳光触发NO_x和碳氢反应形成。臭氧除了温室效应外，还会损害植物、使

粮食减产。

CO_2是一种与燃料成分相关的燃烧产物，即给定了燃料后，尽管可以通过提高燃烧效率来减少排放量，但不能从尾气中消除。

2. 有害物排放

从高辛烷值角度看，天然气允许发动机有更高压缩比，因而具有更高的效率，因此在各种气体燃料中，天然气作为替代燃料的优势非常明显。虽然甲烷是一种较强的温室气体，可能会从发动机中溢出，但是它对臭氧形成的影响效果可以忽略不计，且由于比空气轻，它比 LPG 更安全。

表 34-4-4 是欧洲天然气汽车协会给出的使用天然气和 LPG 时各种排放物的建议标准。

使用天然气和 LPG 时各种排放物的建议标准 **表 34-4-4**

分项	技术	HC	CO	NO_x	PM
欧Ⅰ标准	1995 年前	1.1	4.5	8	0.36
欧Ⅱ标准		1.0	4	7	0.15
欧Ⅲ标准		0.66	2.1	5	0.1
欧Ⅳ标准		0.46	1.5	3.5	0.02
燃气稀薄燃烧	没有催化转换	2.5	2.0	2.5	0.08
燃气稀薄燃烧	有催化转换	1.0	0.2	2.5	0.02
闭环控制	有催化转换	0.4	0.4	0.8	<0.02
EEV①		0.8	1.5	2.5	0.04

① 加强型环境汽车（enhanced emissions vehicle）。

从表 34-4-4 中可以看出，按照目前的燃气汽车技术，达到欧Ⅳ标准完全没有问题。

对于非监管污染物，欧洲天然气汽车协会建议轻型汽车的排放指标如表 34-4-5。

轻型汽车的非监管污染物排放指标 **表 34-4-5**

项目	单位	柴油	天然气	液化石油气
低醛①	mg/km	220	1	6
PAH②	μg/kg	800	5	25
BTX③	mg/km	30	1	7

注：① 甲醛、丙烯醛、乙醛。

② 多核芳香烃，PAH（polynuclear aromatic HC）。

③ 苯、甲苯、二甲苯，BTX（benzene，toluene，xylene）。

由于车辆存在的一些技术缺陷，造成 LPG 汽车 CO 排放较高，CNG 汽车碳氢较高。CNG 汽车在进行 CO 和 NO_x 排放测试时表现良好，同样低醛排放也不错。而 LPG 汽车的颗粒物排放性能也不错。但用柴油测试时颗粒物和低醛的排放都比较高。

总之，柴油在污染排放的各个指标上都不理想，甚至比其他燃料要高一个数量级。LPG 比汽油要好，而 CNG 比 LPG 更好，测试的总体结论是气体燃料如果与最新的设备结合，可以比目前大部分液体燃料加上后处理系统表现得更优越。

3. 低温运行

Nylund 等人在 1996 年进行了五种不同燃料在两个不同温度下进行的排放物测试结果见表 34-4-6。

两种温度下的五种燃料的排放测试结果 **表 34-4-6**

项目	汽油 +22/-7℃	M85 +22/-7℃	LPG +22/-7℃	CNG +22/-7℃	柴油 +22/-7℃
监管项目					
CO	0.88/3.3	0.57/2.6	0.71/1.2	0.48/0.58	0.09/0.15
HC	0.09/0.50	0.05/0.86	0.14/0.23	0.21/0.39	0.06/0.08
NO_x	0.20/0.069	0.04/0.06	0.21/0.29	0.06/0.13	0.45/0.45
非监管项目					
苯	3.2/22.0	1.4/12.0	<0.5/1.1	0.9/<0.5	0.9/1.6
1,3-丁二烯	<0.5/1.6	<0.5/0.6	<0.5/<0.5	<0.5/<0.5	<0.5/<0.5
甲醛	<2/<2	11/31	<2/<2	<2/<2	5/8
甲醇	0/0	124/1113	0/0	0/0	0/0

环境温度低会以不同形式影响不同的污染物排放。一般预期，在低温时，NO_x的水平会下降，而 HC 和 CO 水平会增加。不同的燃料低温的影响可能是不同的。气体燃料一般比液体燃料运行状况要好，这是因为加浓要求以及蒸发问题不会在冷启动时出现，低温状态下的污染物排放量也受到催化器加热速度降低的影响。

4. 车辆的外部成本

表 34-4-7 概括了主要的影响因素，可以看出，对于汽油和柴油，健康成本是主要的，而天然气是可以忽略不计的。每一种燃料的其他成本是用全球变暖、对建筑和作物的损害做出来的。天然气具有明显的优势。

Carslaw 等人在 1995 年对车辆的外部成本进行了评估，在分析了各种排放物对社会、环境的影响后（具体影响见表 34-4-7），综合分析了各种燃料的外部成本，结果见图 34-4-2。

道路车辆排放物的影响 **表 34-4-7**

影响	污染物	影　响
全球变暖	CO_2、CH_4、N_2O	基于全球变暖的社会成本的评估，包括农业生产损失、建造海堤等。
酸雨	SO_2、NO_x	作物及树林的损失，以及建筑物受酸雨侵蚀的损失
健康	颗粒物，包括二次硫酸盐和硝酸盐	PM10 每增加 $10\mu g/m^3$，增加 1%的死亡率及发病率成本（医疗成本、失去工作等）
城市污垢	颗粒物	建筑物清洁的经济成本

影响的总外部成本可以用便士每升来表示。使用燃料在城市区域的经济性数据，汽油和天然气 10.2L/100km，柴油 8.2L/100km。

结果为汽油 10 便士/升，柴油 21 便士/升，天然气 2 便士/升（等效）。

5. 车辆性能

欧洲委员会 1995 年对当时小型 4 座小车进行的汽车性能测试，结果见表 34-4-8。

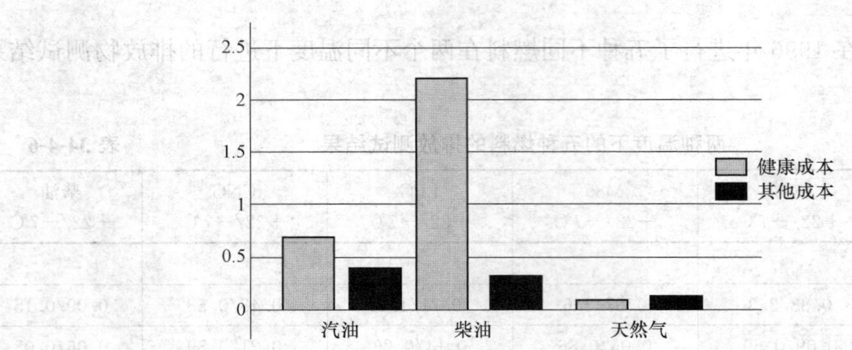

图 34-4-2　城市区域车辆的外部成本

欧洲委员会 1995 年 4 座小车汽车性能测试结果　　表 34-4-8

推进技术	燃料消耗 (L/100km①)	行驶里程 (km)	燃料加注时间 (min)	加速时间(s) 0→100km/h	最高车速 km/h
奥托(汽油)	8.1/5.7	450～700	3～4	15	140～150
奥托(CNG)	8.1/5.7	250～300	3～4	(16)	140～150
柴油	6.1/4.7	650～860	3～4	17	135～145

① 总体燃料消耗/等速巡航燃料消耗。

34.4.2.3　燃气汽车的能源效率

评价车用燃料的能源效率一般可用井口-车轮（WTW）系统效率。WTW（well-wheels）系统效率用两个过程来评价。首先采用一个井口-储罐 WT（well-tank）效率的分析，针对不同的能源种类以及它们所经不同的加工过程进行分析。针对每一种从一次能源到特定车用燃料的生产全过程，得出燃料的生产效率（%）和车辆燃料箱中的总能量(用 MJ/MJ_{fuel}表示)。计算需包括能源的输配、储存和充装等过程。

然后，第二步进行储罐-车轮（TTW）效率分析，涵盖不同种类的动力总成技术和车辆技术。该步骤的结果是最终粗略能量（用 MJ/km 表示）以及计算 WTW 效率（%）。该过程同时也得出不同能源技术的 CO_2 排放的估算值。各种燃料及动力总成的 WTW 效率分析结果见表 34-4-9。

燃油和天然气作为车用燃料的 WTW 效率　　表 34-4-9

一次能源	燃料	WTT 效率	重整效率	原动机形式	动力效率	WTW 效率	排名	混合动力效率提升	混合动力 WTW 效率	排名
原油	汽油	82.9%		SI-ICE	14.9%	12.4%	8	+23%	15.3%	6
			78%	FC	22.6%	14.6%	4	+4%	15.2%	7
	柴油	87.9%		CI-ICE	17.6%	15.5%	1	+20%	18.6%	1
天然气	CNG	87.0%		SI-ICE	14.9%	12.9%	7	+23%	15.9%	2
			78%	FC	22.6%	15.4%	2	+3%	15.9%	2
	LNG	85.4%		SI-ICE	14.9%	12.7%	8	+23%	15.6%	5
			78%	FC	22.6%	15.1%	3	+4%	15.7%	4

续表

一次能源	燃料	WTT效率	重整效率	原动机形式	动力效率	WTW效率	排名	混合动力效率提升	混合动力WTW效率	排名
天然气	H_2	61.1%		SI-ICE	14.9%	9.1%	14	+22%	11.1%	9
				FC	22.6%	13.8%	5	+4%	14.4%	8
	液 H_2	43.1%		SI-ICE	14.9%	6.4%	17	+23%	7.9%	12
				FC	22.6%	9.8%	12	+3%	10.1%	10
	电解氢	37.0%		SI-ICE	14.9%	5.5%	18	+22%	6.7%	13
				FC	22.6%	8.4%	16	+4%	8.7%	11

注：SI-ICE 指点燃式内燃机；CI-ICE 指压燃式内燃机；FC 指燃料电池。

从表 34-4-9 中可以看出，不同技术的效率值的差别较大。

WTW 效率最高的是柴油机使用柴油。在混合动力车上几乎可以达到 19%。如果可以研发出一台使用天然气气缸内直喷的发动机，那么从计算上可以得出效率与其是最接近的。所有使用原油和天然气的技术，考虑了将来混合动力对效率的提升，效率都在15%～19%之间。氢能汽车的各种形式都是低于该效率范围的下限。这表明，当前那些想获得更高效率动力系统的努力可能是错误的。很显然，按照当前的技术水平，燃料电池技术并不比使用一次能源的混合动力技术更有优势。

参考文献

[1] Davor Matic. Global Opportunities for Natural Gas as a Transportation Fuel for Today and Tomorrow. FINAL REPORT，IGU-International Gas Union，December 2005.

[2] M. Melendez，et al. Emission Testing of Washington Metropolitan Area Transit Authority（WMATA）Natural Gas and Diesel Transit Buses. Technical Report，NREL/TP-540-36355，December 2005.

[3] Melendez，M. Evaluating the Emissions Reduction Benefits of WMATA Natural Gas Buses. NREL/FS-540-33280，Golden，CO：National Renewable Energy Laboratory，June 2003.

[4] Wang，W. et al. Emissions Comparisons of Twenty-Six Heavy Duty Vehicles Operated on Conventional and Alternative Fuels. SAE Paper 932952. Warrendale，PA：Society of Automotive Engineers，1993.

[5] 郭宗华，周俭明等. 压缩天然气汽车的特点［J］. 煤气与热力，2004，(2)：108-110.

[6] 彭红涛. 天然气汽车发展现状及对策，汽车工业研究［J］. 2006，(1)：47-48.

[7] 仇世侃，蹇小平等. 汽油/天然气汽车的燃料转换控制原理［J］. 上海汽车，2005，(5)：22-25.

[8] 陈燕. 天然气汽车的动力性能与排放性能研究［J］. 烟台师范学院学报：自然科学版，2005，(4)：310-312.

[9] 边文凤，孙芳. 天然气汽车复合材料气瓶的优化设计［J］. 压力容器，2004，(1)：24-27.

[10] 李娟、魏蔚等. 车用小型液化天然气燃料罐及其关键技术研究［J］. 低温与超导，2005，(4)：15-18.

[11] 谢莉，孙岐. 天然气汽车燃料喷射器的结构分析与探讨［J］. 交通标准化，2006，(1)：176-178.

[12] 罗东晓. 液化天然气汽车技术标准的制定［J］. 煤气与热力，2007，(9)：41-43.

第 35 章　燃料电池、燃料电池汽车及加氢站

35.1　概　　述

燃料电池是新型的发电装置，由电化学反应方式将燃料的化学能转化为电能。由于无热机过程而不受卡诺循环对效率的限制，发电效率可达 50%～60%，而热电联产的总效率可达 80%以上。同时，燃料电池二氧化碳排放量比同等发电量的火力发电厂减少 40%以上，几乎不排放氮氧化物与硫化物等污染气体，运行噪声小，这些优点对于日益严重的地球温暖化为主的环境问题具有特别重要意义，被认为是 21 世纪首选的发电技术。20 世纪 70 年代，燃料电池首先在航天领域应用，以及随后出现的世界性能源危机，促进了燃料电池的研究与扩大应用领域，特别是民用与商业范围内的应用，如热电联产、家庭用发电装置以及燃料电池汽车等。

燃料电池的成功应用将会在 21 世纪中后期可能使煤与石油发电的集中供电形式过渡到以燃料电池发电的分散供电形式，即小区型、楼栋型与户型发电或热电联产装置，除获得环境与节能效益外，具有节约输变电投资、改善城市景观、提高供电可靠性等优点。

燃料电池的主要燃料是氢，而天然气重整制氢是目前最经济有效的途径，世界氢总产量的 3/4 是由天然气重整生产的，加之天然气资源丰富，未来 20 年内，天然气将是制氢的主要原料。质子交换膜燃料电池与熔融碳酸盐燃料电池可直接供入天然气实现内部重整制氢。

基于天然气是燃料电池的主要燃料来源，以及液化石油气等燃气也可用于燃料电池，各国燃气企业将燃料电池的研制与应用视为企业发展、业务拓展的重要任务，日本东京、大阪与名古屋的东邦三大燃气公司在 20 世纪 80 年代已对燃料电池作应用开发，目前已在热电联供、家用发电与汽车动力等方面获商业性推广应用。

35.1.1　工 作 原 理

燃料电池是一个电化学系统，将化学能直接转换为电能和热能。它由 3 个主要部分组成：阳极（负极）、电解质、阴极（正极）。其基本工作原理为：气体燃料连续不断地供入负极；空气（氧气）被连续不断地供入正极；在正负电极处发生电化学反应，从而产生电能。

以氢-氧燃料电池（图 35-1-1 所示）为例，在酸性电解质燃料电池中，氢气在有铂金属等催化剂的负极发生电离在其表面分解，释放出负电子和 H^+ 离子：$2H_2 \rightarrow 4H^+ + 4e^-$，这些负电子通过连接正负极的外电路流到正极，同时，氢离子通过电解液被送到正极。在正极，氧气与负电子、氢离子发生反应，产生水：$O_2 + 4e^- + 4H^+ \rightarrow 2H_2O$；而在碱性电解质燃料电池中，在负极，氢气被由电解质传递而来的 OH-离子氧化，释放出能量和负

电子：$2H_2+4OH^- \rightarrow 4H_2O+4e^-$，在正极，氧气与负电子、电解质里的水发生反应，生成 OH^- 离子：$O_2+4e^-+2H_2O \rightarrow 4OH^-$。

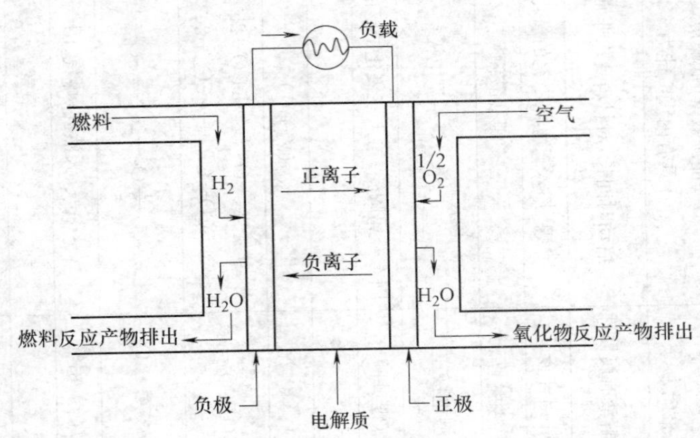

图 35-1-1 燃料电池工作原理示意图

燃料电池的电能是由其化学反应的吉布斯自由能（Gibbs Free Energy）转换而来。单体电池的实际电压一般为 0.6～0.7V 左右。通过双极板将若干电池连接成电池堆，见图 35-1-2。双极板一般具有分隔氧化剂与还原剂、提供气流通道、集流导电功能，为电池散热，可在双极板内设冷却孔道，引入冷却水或冷却剂。

将很多个单体燃料电池“串联”组成的燃料电池堆，是燃料电池的核心。而燃料电池系统则是由燃料电池堆以及辅助装置所构成的。不同类型的燃料电池系统的辅助装置有很大的不同，一般情况下，有动力装置、直流电/交流电转换装置、电动机、燃料储存装置、燃料处理装置、脱硫装置、压力控制装置、冷却装置等。因此，燃料电池系统是一个非常复杂的系统。

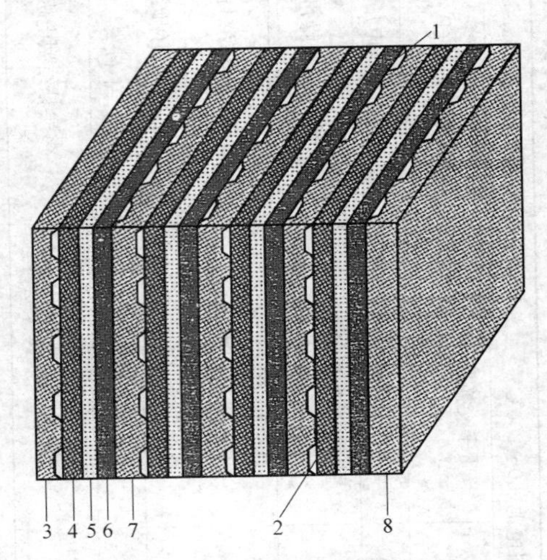

图 35-1-2 电池堆构成图

1—氧供入处；2—氢供入处；3—阳极板；4—阳极；5—电解质；6—阴极；7—双极板；8—阴极板

氢可由天然气等制取，氧可来自空气。与传统发电方式，即燃料燃烧产生热能、动能并驱动发电机相比较，燃料电池属无能量变换、直接产生电能，且无机械转动部分，因此效率高、无噪声。

35.1.2 分　类

燃料电池按运行温度与电解质的不同分类，其特点见表 35-1-1。

按燃料电池价格的排序为 AFC<MCFC<PEMFC、PAFC<SOFC。

不同燃料电池有不同的燃料要求，燃料处理过程见图 35-1-3。

燃料电池分类与特点 表 35-1-1

温度类型		低温燃料电池(60～200℃)		中温燃料电池(160～220℃)	高温燃料电池(600～1000℃)	
电解质类型		碱性燃料电池(AFC)	质子交换膜燃料电池(PEMFC)	磷酸燃料电池(PAFC)	熔融碳酸盐燃料电池(MCFC)	固态氧化物燃料电池(SOFC)
应用		太空飞行、国防、车辆	汽车,可携式电力,家庭电源	热电联产电厂	热电联产电厂	热电联产电厂,家庭电源
优点		低污染,高发电效率,低维护需求	低污染排放,低噪声,快启动	低污染,低噪声	高能源效率,低噪声,具有内重整能力	高能源效率,低噪声,具有内重整能力
缺点		燃料与氧化剂限制严格,寿命短,造价高	价格昂贵	价格昂贵,发电效率相对低	启动时间长,电解液有腐蚀性	启动时间长,对材料要求非常苛刻
阳极催化剂		雷尼镍、铂/碳	铂/碳	铂/碳、铂钌/碳	镍铬合金、镍铝合金	镍/掺入三氧化二钇的氧化锆
阴极催化剂		雷尼镍、铂/碳	铂/碳	铂/碳	锂化一氧化镍	掺锶锰酸镧
电极结构		单层烧结型电极或多层粘结型电极	多层粘结型电极	多层粘结型电极	单层烧结型电极	单层烧结型电极
电解质		氢氧化钾溶液	全氟磺酸型树脂	磷酸溶液	熔融碳酸盐(锂、钾)	固态金属陶瓷/掺入三氧化二钇的氧化锆
电解质载体		石棉	—	碳化硅	铝酸锂	—
导电离子		氢氧根离子(OH^-)	氢离子(H^+)	氢离子(H^+)	碳酸根离子(CO_3^{2-})	氧离子(O^{2-})
反应方程式	阳极	$H_2+2OH^-\longrightarrow 2H_2O+2e^-$	$H_2\longrightarrow 2H^++2e^-$	$H_2\longrightarrow 2H^++2e^-$	$H_2+CO_3^{2-}\longrightarrow H_2O+CO_2+2e^-$	$H_2+O^{2-}\longrightarrow H_2O+2e^-$ $CO+O^{2-}\longrightarrow CO_2+2e^-$
	阴极	$\frac{1}{2}O_2+H_2O+2e^-\longrightarrow 2OH^-$	$\frac{1}{2}O_2+2H^++2e^-\longrightarrow H_2O$	$\frac{1}{2}O_2+2H^++2e^-\longrightarrow H_2O$	$\frac{1}{2}O_2+CO_2+2e^-\longrightarrow CO_3^{2-}$	$\frac{1}{2}O_2+2e^-\longrightarrow O^{2-}$
燃料		氢气	氢气、甲醇	氢气	氢气、天然气、煤气、沼气	氢气、天然气、煤气、沼气
氧化剂		空气、氧气	空气、氧气	空气、氧气	空气、氧气	空气、氧气
发电效率		60%～70%	43%～58%	37%～42%	>50%	50%～65%
水管理		蒸发排水	蒸发排水,动力排水	蒸发排水	气态水	气态水
热管理		反应气体散热+电解质循环散热	反应气体散热+独立冷却剂循环散热	反应气体散热+独立冷却剂循环散热	内重整吸热+反应气体散热	内重整吸热+反应气体散热
双极板材料		无孔石墨板、镍板	无孔石墨板、复合碳板、金属板	复合碳板、不锈钢板	不锈钢板、镍基合金钢板	掺入钙的铬酸镧、镍铬合金

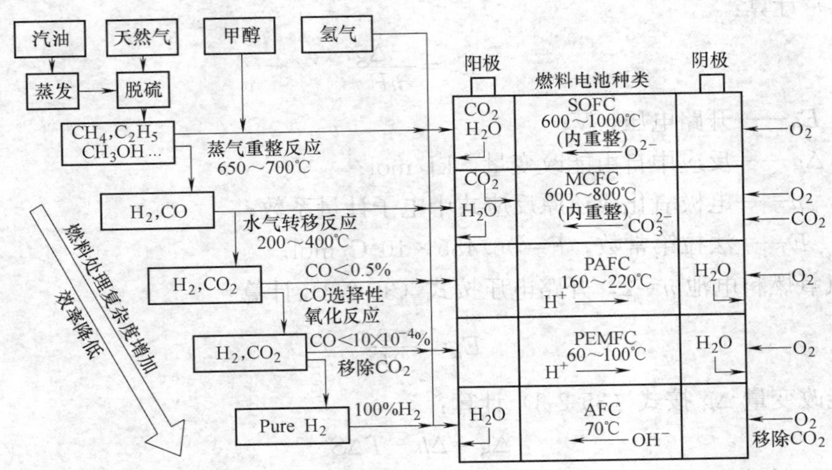

图 35-1-3　燃料处理过程

不同燃料电池的发电容量与应用见图 35-1-4。

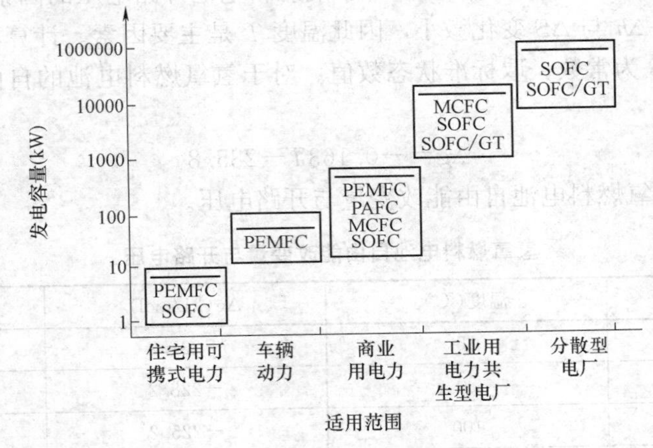

图 35-1-4　燃料电池发电容量与应用

目前，制氢方式除利用固体高分子膜电解水制氢与天然气等燃气制氢外，还利用石油、钢铁以及盐电解行业产生的副产品氢提纯，用作燃料电池原料。除钢瓶储氢外，日本大阪燃气株式会社已开发细管状碳素结晶吸收式储存，其由氟系树脂为原料，在催化剂与800℃温度下合成，质量吸收率达 200～300m^3/g（氢压力 10MPa），即 5kg 氢仅需体积77L 容器。

35.2　工 艺 计 算

35.2.1　开 路 电 压

开路电压是理想状态下的最大输出电压，又称平衡电压，理想电压，可逆电压等，按式（35-2-1）计算：

$$E_n = \frac{-\Delta g}{nF} \tag{35-2-1}$$

式中 E_n——开路电压，V；

Δg——反应中自由能改变量，kJ/mol；

n——电极氧化或还原反应式中电子计量系数；

F——法拉第常数，$F=96.485\times10^3$C/mol。

对于氢氧燃料电池 $n=2$，开路电压按式（35-2-2）计算：

$$E_n = \frac{-\Delta g}{2F} \tag{35-2-2}$$

自由能改变量 Δg 按式（35-2-3）计算：

$$\Delta g = \Delta h - T\Delta S \tag{35-2-3}$$

式中 Δh——焓改变量 kJ/mol；

T——温度，K；

ΔS——熵改变量，kJ/(mol·K)。

由式（35-2-1）与式（35-2-3）可知，影响燃料电池开路电压的因素为 Δh、T 与 ΔS，当温度 T 变化时，Δh 与 ΔS 变化微小，因此温度 T 是主要因素。计算不同温度的开路电压时可设 Δh 与 ΔS 为常数，取标准状态数值。对于氢氧燃料电池的自由能改变量可按式（35-2-4）计算：

$$\Delta g = -0.163T - 285.8 \tag{35-2-4}$$

表 35-2-1 为氢氧燃料电池自由能改变量与开路电压。

氢氧燃料电池自由能改变量与开路电压 **表 35-2-1**

水的形态	温度(℃)	Δg(kJ/mol)	E_n(V)
液态	25	−237.2	1.23
液态	80	−228.2	1.18
气态	100	−225.2	1.17
气态	200	−220.4	1.14
气态	40	−210.3	1.09
气态	600	−199.6	1.04
气态	800	−188.6	0.98
气态	1000	−177.4	0.92

由表 35-2-1 可见，在不同运行温度下，水的状态不同，自由能改变量也不同，从而开路电压不同。一般定义 25℃与 101325Pa 时为标准状态，此时的开路电压称为标准开路电压，由式（35-2-5）表示。

$$E_n^o = \frac{-\Delta g^o}{nF} \tag{35-2-5}$$

式中 E_n^o——标准开路电压，V；

Δg^o——标准自由能改变量，kJ/mol。

不同燃料电池的运行温度与开路电压见表 35-2-2。

不同燃料电池的运行温度与开路电压 **表 35-2-2**

电池种类	氢氧电池	PEMFC	AFC	PAFC	MCFC	SOFC
运行温度(℃)	25	80	100	205	650	1100
开路电压 E_n(V)	1.23	1.18	—	1.14	1.03	0.91

等温条件下自由能改变量与反应物质的反应活度关系由式（35-2-6）表示：

$$\Delta g=\Delta g^0+RT\ln J \quad (35\text{-}2\text{-}6)$$

对于化学反应 $n_A A+n_B B\rightarrow n_C C+n_D D$：

$$J=\frac{a_C^{n_C}a_D^{n_D}}{a_A^{n_A}a_B^{n_B}}$$

$$a_A=\frac{p_A}{p_0}、a_B=\frac{p_B}{P_0}\cdots\cdots$$

式中 R——气体常数，$R=0.0084$kJ/(kg·K)；

T——温度，K；

J——反应商；

a_A、a_B、a_C、a_D——反应气体活度；

p_A、p_B——反应气体分压，Pa；

p_0——标准大气压，Pa。

反应气体的分压反映其容积成分，对开路电压有影响，式（35-2-1）与式（35-2-5）代入式（35-2-6）得 Nernst 方程。Nernst 方程的一般形式：

$$E_n=E_n^0+\frac{RT}{nF}\ln\left(\frac{1}{J}\right) \quad (35\text{-}2\text{-}7)$$

按燃料电池的电池反应式即可建立 Nernst 方程，见表 35-2-3。

燃料电池反应式与 Nernst 方程 **表 32-2-3**

燃料电池	电池反应	Nernst 方程
AFC PEMFC PAFC	$H_2+\frac{1}{2}O_2\longrightarrow H_2O$	$E_n=E_n^o+\frac{RT}{2F}\ln\left(\frac{a_{i_{H_2}}}{a_{i_{H_2O}}}\right)+\frac{RT}{2F}\ln\left(a_{i_{O_2}}^{\frac{1}{2}}\right)$
MCFC	$H_2+\frac{1}{2}O_2+CO_2\longrightarrow H_2O+CO_2$	$E_n=E_n^o+\frac{RT}{2F}\ln\left(\frac{a_{i_{H_2}}}{a_{i_{H_2O}}a_{i_{CO_2}}}\right)+\frac{RT}{2F}\ln\left(a_{i_{O_2}}^{\frac{1}{2}}a_{i_{CO_2}}\right)$
SOFC	$H_2+\frac{1}{2}O_2\longrightarrow H_2O$ $CO+\frac{1}{2}O_2\longrightarrow CO_2$ $CH_4+2O_2\longrightarrow 2H_2O+CO_2$	$E_n=E_n^o+\frac{RT}{2F}\ln\left(\frac{a_{i_{H_2}}}{a_{i_{H_2O}}}\right)+\frac{RT}{2F}\ln\left(a_{i_{O_2}}^{\frac{1}{2}}\right)$ $E_n=E_n^o+\frac{RT}{2F}\ln\left(\frac{a_{i_{CO}}}{a_{i_{CO_2}}}\right)+\frac{RT}{2F}\ln\left(a_{i_{O_2}}^{\frac{1}{2}}\right)$ $E_n=E_n^o+\frac{RT}{8F}\ln\left(\frac{a_{i_{CH_4}}}{a_{i_{H_2O}}^2a_{i_{CO_2}}}\right)+\frac{RT}{8F}\ln\left(a_{i_{O_2}}^2\right)$

燃料电池的系统压力一般两极处相等，由 Nernst 方程可推导出系统压力改变时开路电压变化，由式（35-2-8）表示。

$$\Delta E_n = X\ln\left(\frac{p_2}{p_1}\right) \tag{35-2-8}$$

$$X = \frac{RT}{nF}$$

式中　ΔE_n——开路电压变化，V；

X——计算因子，一般采用实验值，V；

p_1、p_2——变化前、后压力，Pa。

对于低温燃料电池，当压力升高时计算电压增加值比实际偏低，其体现于 X 的计算值低于实验值，见表 35-2-4。

X 的计算值与实验值　　**表 35-2-4**

电池类别	X 计算值(V)	X 实验值(V)	运行温度(℃)
PAFC	0.010	0.063	200
MCFC	0.020	0.033～0.036	650
SOFC	0.027	0.026	1000

燃料电池在开路状况下，也存在内部电流与反应气体从阳极向阴极渗漏，从而使实际开路电压低于理论开路电压，这部分损耗可由开路时反应气体损耗推算相应的内部电流强度，对于低温燃料电池的电压损失可达 20%，但对高温燃料电池的电压损失微小。

与反应气体消耗相应的内部电流密度按式（35-2-9）计算：

$$i_{in} = \frac{nFQ}{A} \tag{35-2-9}$$

式中　i_{in}——内部电流密度，mA/cm^2；

Q——反应气体消耗率，mol/s；

A——电池面积，cm^2。

实际开路电压按式（35-2-10）计算：

$$E = E_n - K\ln\left(\frac{i_{in}}{i_0}\right) \tag{35-2-10}$$

式中　E——实际开路电压，V；

K——计算因子，可取 K=0.06V；

i_0——交换电流密度，见表 35-2-5，mA/cm^2。

35.2.2　过　电　位

燃料电池工作时有电流通过电池，发生电极电位偏离平衡电位，此现象为电极极化，此时电极电位与电极平衡电位之差的绝对值称为过电位。电池的过电位为阳极与阴极过电位之和。过电位分为活化过电位、浓度过电位与欧姆过电位。

35.2.2.1　活化过电位

电极电化学反应须克服活化能产生的反应阻力，消耗能量而形成活化过电位。活化过电位由 Tafel 方程表示，即式（35-2-11）：

$$\varepsilon_{act}=a\ln\left(\frac{i}{i_o}\right) \tag{35-2-11}$$

$$a=\frac{RT}{\alpha nF}$$

式中 ε_{act}——活化过电位，V；

a——计算因子，见表 35-2-5 ，V；

α——还原对称因子，$\alpha=0.1\sim1$，氢电极 $\alpha=0.5$，氧电极 $\alpha=0.1\sim0.5$；

i——电流密度，$i=200\sim800\text{mA/cm}^2$。

Tafel 方程在 $\varepsilon_{act}-\lg i$ 坐标中，当电流密度较高时为一直线，其与横坐标的交点值即为交换电流密度 i_o 的 $\lg i_0$ 值。高温燃料电池的交换电流密度显著高于低温燃料电池。氢氧燃料电池阴极活化过电位大于阳极活化过电位。

35.2.2.2 浓度过电位

由于电极处反应物消耗而使浓度降低引起的电位变化称为浓度过电位，又称浓差过电位，其按式（35-2-12）计算：

$$\varepsilon_{conc}=-b\ln\left(1-\frac{i}{i_L}\right) \tag{35-2-12}$$

式中 ε_{conc}——浓度过电位，V；

b——计算因子，理论上 $b=X$，实际值大于理论值，见表 35-2-5，V；

i_L——极限电流密度，见表 35-2-5，mA/cm^2。

当反应物的消耗速率等于最大供应速率时，将产生最大电流密度，即极限电流密度 i_L。

35.2.2.3 欧姆过电位

由于电极材料对电子流的电阻与电解质对离子流的电阻引起的电位变化为欧姆过电位，其按式（35-2-13）计算。高温燃料电池的欧姆过电位较高：

$$\varepsilon_{ohm}=ir \tag{35-2-13}$$

式中 ε_{ohm}——欧姆过电位，V；

r——面积电阻率，$\text{k}\Omega\cdot\text{cm}^2$。

燃料电池的电化学参数 表 35-2-5

电池	E_n(V)	r(kΩ·cm²)	i_{in}(mA/cm²)	i_o(mA/cm²)	i_L(mA/cm²)	a(V)	b(V)
PEMFC	1.2	3×10^{-5}	2	0.067	900	0.06	0.03
SOFC	1.0	3×10^{-4}	2	300	900	0.05	0.08

35.2.3 工作电压

由于存在过电位，工作电压小于开路电压，开路电压与过电位的差值即为工作电压，由式（35-2-14）表示，式中考虑内部电流产生的过电位：

$$E_{cell}=E_n-(i+i_{in})r-a\ln\left(\frac{i+i_{in}}{i_0}\right)+b\ln\left(1-\frac{i+i_{in}}{i_0}\right) \tag{35-2-14}$$

式中 E_{cell}——工作电压，V。

式（35-2-14）的适用范围为 $(i_o-i_{in})<i<(i_L-i_{in})$。

工作电压与过电压的关系随电流密度的不同而不同，随着电流密度的增大，出现三个极化区域，分别以活化过电压、欧姆过电压与浓度过电压为主导致开路电压降至工作电压，见图 35-2-1。

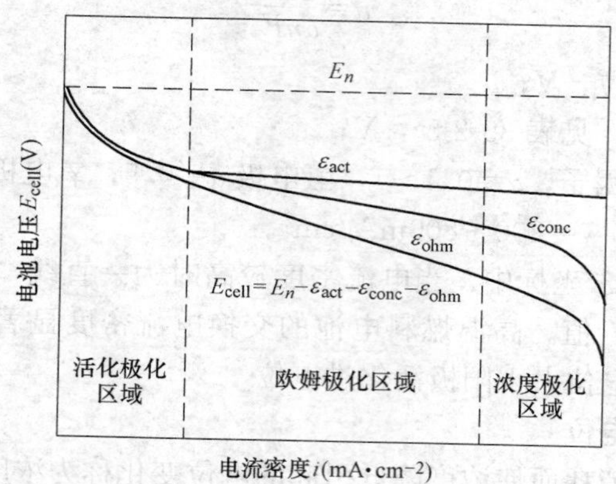

图 35-2-1 燃料电池典型极化曲线

35.2.4 效 率

35.2.4.1 热力学效率

热力学效率又称理想效率、极限效率、是理论上能达到的最高效率，即自由能改变量与焓改变量之比，由式（35-2-15）表示，一般为 65%～83%。

$$\eta_{th}=\frac{\Delta g}{\Delta h}=\frac{-nFE_n}{\Delta h}=1-\frac{T\Delta S}{\Delta h} \tag{35-2-15}$$

式中 η_{th}——热力学效率。

当反应产物水的状态为气体或液体时焓熵改变量 Δh、ΔS 不同。对于碳氢化合物空气燃料电池，当熵改变量 ΔS 为正值，致使热力学效率大于 100%。不同燃料与氧化剂在标准状态下的电池反应、Δh^0、Δg^0、E_n^0 与 η_{th} 见表 35-2-6，氢氧燃料电池 η_{th} 与温度关系见表 35-2-7，计算值均取水为液态。

标准状态下电池反应与热力学效率 表 35-2-6

燃料	氧化剂	电池反应	电子转移数	$-\Delta h^0$ (kJ/mol)	$-\Delta g^0$ (kJ/mol)	E_n^0(V)	η_{th}(%)
氢	氧	$H_2+\frac{1}{2}O_2\longrightarrow H_2O$	2	285.8	237.3	1.229	83.0
氢	氯	$H_2+Cl_2\longrightarrow 2HCl$	2	335.5	262.5	1.359	78.3
甲烷	氧	$CH_4+2O_2\longrightarrow CO_2+2H_2O$	8	890.8	818.4	1.06	91.9
一氧化碳	氧	$CO+\frac{1}{2}O_2\longrightarrow CO_2$	2	283.1	257.2	1.066	90.9
碳	氧	$C+\frac{1}{2}O_2\longrightarrow CO$	2	110.5	137.3	0.712	124.2
碳	氧	$C+O_2\longrightarrow CO_2$	4	393.5	394.4	1.02	100.2
甲醇	氧	$CH_3OH+\frac{3}{2}O_2\longrightarrow CO_2+2H_2O$	6	726.6	702.5	1.214	96.7

续表

燃料	氧化剂	电池反应	电子转移数	$-\Delta h^0$ (kJ/mol)	$-\Delta g^0$ (kJ/mol)	E_n^0(V)	η_{th}(%)
甲醛	氧	$CH_2H+O_2 \longrightarrow CO_2+H_2O$	4	561.3	522.0	1.35	93.0
甲酸	氧	$CH_2O+\frac{1}{2}O_2 \longrightarrow CO_2+H_2O$	2	270.3	285.5	1.48	105.6
联氨	氧	$N_2H_4+O_2 \longrightarrow N_2+2H_2O$	4	622.4	602.4	1.56	96.8

氢氧燃料电池热力学效率与温度关系 **表 35-2-7**

温度(℃)	25	80	100	200	400	600	800	1000
η_{th}(%)	83	80	79	77	74	70	66	62

35.2.4.2 电化学效率

电化学效率又称电压效率，为工作电压与开路电压之比，由式（35-2-16）表示，一般为50%～80%：

$$\eta_{el}=\frac{E_{cell}}{E_n}=\frac{-nFE_{cell}}{\Delta g} \tag{35-2-16}$$

式中 η_{el}——电化学效率。

35.2.4.3 发电效率

发电效率又称实际效率或燃料电池效率，为工作电压与以焓改变量计算的焓变开路电压之比，也等于热力学效率与电化学效率的乘积，由式（35-2-17）表示，一般为40%～70%：

$$\eta_P=\frac{E_{cell}}{E_E}=\frac{-nFE_{cell}}{\Delta h}=\eta_{th}\eta_{el} \tag{35-2-17}$$

$$E_E=\frac{-\Delta h}{nF}$$

式中 η_P——发电效率；

E_E——焓变开路电压，V。

35.2.4.4 热电系统效率

燃料电池系统能同时输出电能与热能，热能的形式为蒸汽或热水。热电系统效率为热电输出功率与电池输入功率之比，由式（35-2-18）表示，一般为60%～80%：

$$\eta_{chp}=\frac{P_P+P_H}{P_{in}} \tag{35-2-18}$$

式中 η_{chp}——热电系统效率；

P_P——发电系统输出功率，kW；

P_H——供热系统输出功率，kW；

P_{in}——燃料电池系统输入功率，kW。

35.2.5 原料气体消耗量与反应产物生成量

35.2.5.1 阳极原料气体消耗量

1. 总电流量

由于原料气体消耗与总电流量相关，而总电流量与单个电池组成电池堆的连接方式无关，即与串联或并联无关（一般为串联）：

$$I_t = \frac{P}{V_i} \tag{35-2-19}$$

式中　I_t——总电流量，A；

P——总功率，W；

V_i——单个电池工作电压，V。

2. 所需电子数

由于法拉第常数 F 的概念为 1gmol 电子所带的电量，即 96487 C，因此由总电量 I_t 可求得所需电子数。

$$n_e = \frac{I_t}{F} \tag{35-2-20}$$

式中　n_e——电子数，gmol/s。

3. 所需原料气体消耗量

由表 35-2-1 所列阳极反应方程式可知阳极释放的电子数与对应的原料气体量。如对于氢氧燃料电池，1 个氢分子可释放 2 个电子，即 1gmol 氢分子可释放 2gmol 电子，则每分钟氢消耗率（L/min）的计算式为：

$$C_m = n_e \times \frac{\text{lgmol}}{\text{2gmol}} \times 22\text{L/gmol} \times 3600\text{S/min}$$

一般计算式：

$$C_m = 79200 n_e R_m \tag{35-2-21}$$

式中　C_m——原料气体消耗量，L/min；

R_m——按阳极反应方程式（表 35-1-1）的原料气体对电子的克摩尔数比例，对于氢氧燃料电池 $R_m = \frac{1}{2}$。

计算所得为单一原料气体理论消耗量，除以使用效率，即得实际消耗量。

如供入为燃料混合气体，如重整天然气等，按单一原料气所占容积比例，即可推算燃料混合气体消耗量。

4. 阴极氧化剂消耗量

由表 35-2-7 所列电池反应方程式可知阳极原料气体克摩尔消耗数与阴极氧化剂的克摩尔消耗数。如对于氢氧燃料电池，氧为氧化剂，氧氢的克摩尔消耗数比为 1/2 : 1，由此可算得氧的消耗量。

$$C_o = R_o C_m \tag{35-2-22}$$

式中　C_o——氧化剂消耗量，L/min；

R_o——按电池反应方程式（表 35-2-3）的氧化剂对原料气体的克摩尔比例，对氢氧燃料电池 $R_o = \frac{1}{2}$。

计算所得为单一氧化剂理论消耗量，除以使用效率即得实际消耗量。如供入为空气，按氧所占容积比例，即可推算空气消耗量。

35.2.5.2　反应产物生成量

按电池反应方程式（表 35-2-3），与上述原料气消耗量算法原理相同，即按反应物生成与原料气消耗比例可计算各种反应产物生成量。

35.2.6 电池堆构成

电池堆一般由若干单个燃料电池串联而成，按所需电池组电压与功率，即可进行构成计算。

35.2.6.1 单个电池数

单个电池数按式（35-2-23）计算。其中单个电池工作电压 $E_{cell}=(0.6\sim0.9)V$：

$$n_g=\frac{E_g}{E_{cell}} \tag{35-2-23}$$

式中 n_g——单个电池数，个；

E_g——所需电池堆电压，V。

35.2.6.2 输出电流

由所需电池堆功率与电压可按式（35-2-24）计算输出电流：

$$I_{out}=\frac{P_g}{E_g} \tag{35-2-24}$$

式中 I_{out}——输出电流，A；

P_g——所需电池堆功率，W。

35.2.6.3 电极工作面积

电极工作面积按电流密度由式（35-2-25）计算：

$$A_p=\frac{1000I_{out}}{i} \tag{35-2-25}$$

式中 A_p——电极工作面积，cm^2。

35.3 碱性燃料电池

碱性燃料电池简称 AFC（Alkaline Fuel Cell），是以碱作电解质，通常为 KOH，溶液浓度为 30%～45%，工作温度为 60～90℃或更高，工作压力为 0.2～0.5MPa。它是最早开发，并在 20 世纪 50 年代末得以应用的燃料电池，主要应用范围是航天事业。

碱性燃料电池能量转换率可高达 60%～70%，可使用价格较低的非铂类催化剂，并具有启动快，工作温度范围广等优点，但供入气体中的 CO_2 必须清除，以避免其与碱性电解质反应，同时在阳极产生的水必须排出，以保持电解质浓度。碱性燃料电池的工作的原理与电极反应如图 35-3-1 所示。

由图 35-3-1 可知，阳极反应：$H_2+2OH^-\longrightarrow 2H_2O+2e^-$，阴极反应：$\frac{1}{2}O_2+H_2O+2e^-\longrightarrow 2OH^-$，总反应：$H_2+\frac{1}{2}O_2\longrightarrow H_2O$，其特点是在阳极产生水。

电极有两种形式，一种是烧结型双孔电极，其有镍粉烧结与雷尼金属（Raney）两类。雷尼金属是由活泼与不活泼金属混合而成，一般采用镍与铝。双孔电极结构如图 35-3-2所示，一般在高温下工作，催化剂为镍、钴、锰等。另一种电极是疏水剂粘结型，铂类催化剂与导电载体炭黑由胶粘剂聚四氟乙烯（PTFE）粘贴至镍网上制成，采用铂、钯、金、银等金属催化剂，一般在低温下工作。

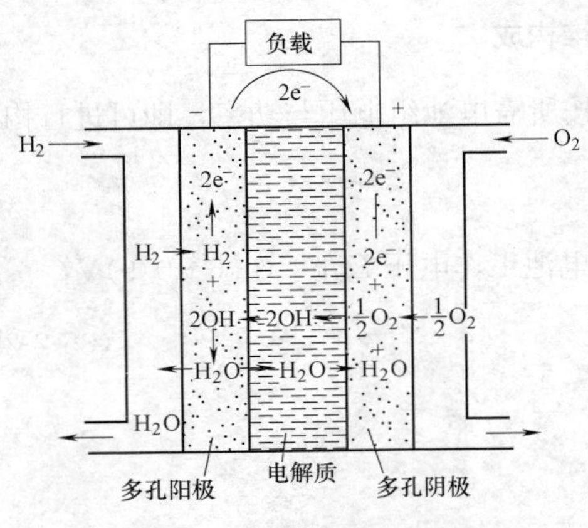

图 35-3-1　碱性燃料电池原理图

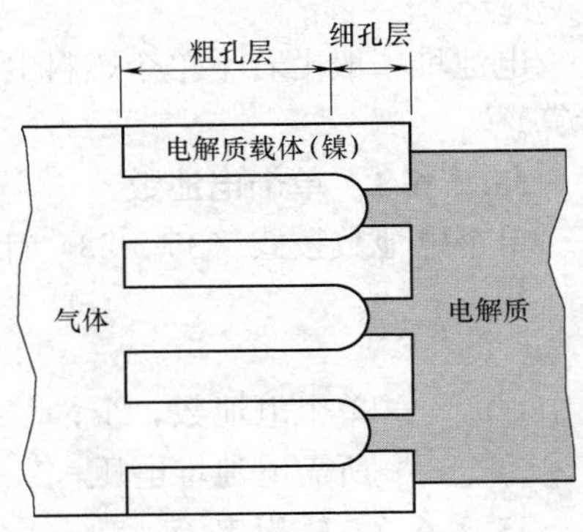

图 35-3-2　双孔电极结构

由图 35-3-2 可见，双孔电极实现了气、液、固三相接触，即在电极细孔层内充满电解质，在粗孔层内充满反应气体，而保持电解质稳定地充满细孔层必须使细孔直径小于毛细管临界直径。当毛细管为临界直径时，使毛细管液体充满的压力与液面外压力平衡，该压力由式（35-3-1）表示：

$$p_f = \frac{4f\cos\theta}{D_L} \tag{35-3-1}$$

式中　p_f——毛细管充满液体的压力，N/m^2；

f——液体表面张力，N/m；

θ——液体表面与毛细管的接触角；

D_L——毛细管临界直径，m。

由式（35-3-1）可知，当毛细管直径大于 D_L 时，p_f 下降使毛细管内无液体。

疏水型电极必须使电解质载体隔膜的孔内充满电解质以实现三相接触，其原理同上。

碱性燃料电池的电解质 KOH 溶液以石棉隔膜为载体，电解质可以在电池与贮槽间由循环泵进行循环，以使其冷却、均匀与更新，也可不进行循环，此时采用纯氧作氧化剂，以避免空气中 CO_2 与电解质发生反应。图 35-3-3 与图 35-3-4 分别为循环电解质与非循环电解质燃料电池系统图。

表 35-3-1 为几种碱性燃料电池的参数与电极构造。

几种碱性燃料电池的参数与电极构造　　**表 35-3-1**

编号	工作压力（10^5Pa）	工作温度（℃）	KOH 浓度（%）	电极材料		电极结构
				阳极	阴极	
1	4.5	200	30	Ni	NiO	烧结型双孔结构
2	3.5	230	85	Ni	NiO	烧结型双孔结构
3	4.2	93	35	Pt/Pd	Au/Pt	疏水剂粘结型电极
4	2.2	80	—	Ni	Ag	Renay 金属双孔结构

双极板材料有石墨、镍、镀镍或镀金的铝板与镁板等。

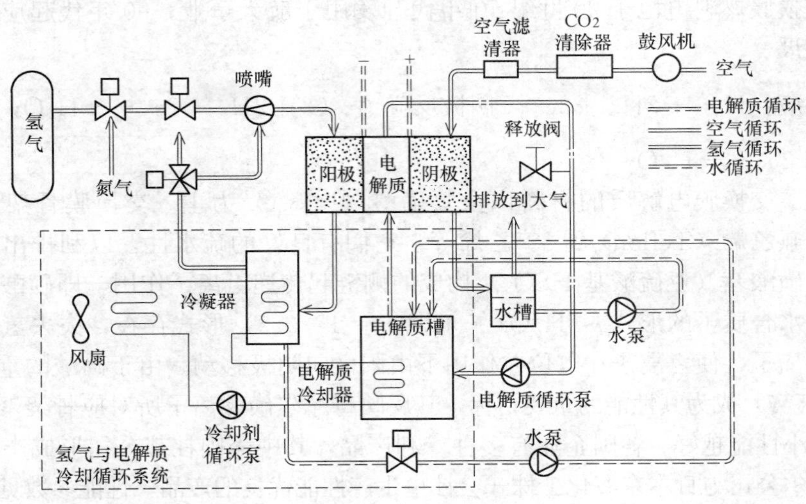

图 35-3-3 循环电解质碱性燃料电池系统图

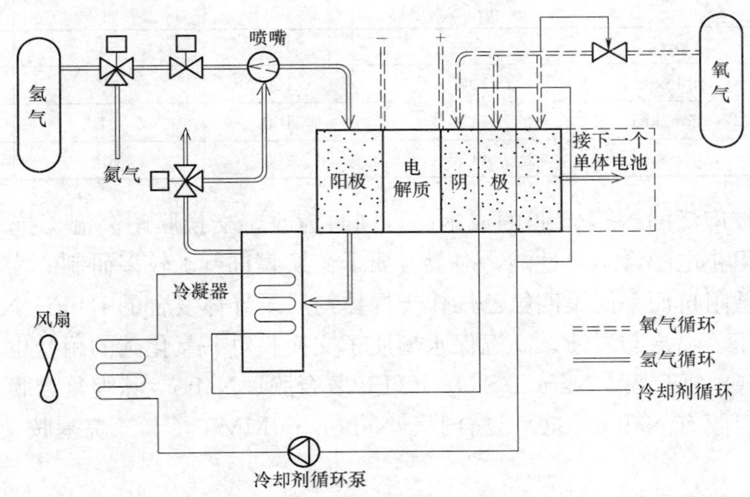

图 35-3-4 非循环电解质碱性燃料电池系统图

35.4 质子交换膜燃料电池

质子交换膜燃料电池简称 PEMFC（Proton Exchange membrane Fuel Cell），曾称离子交换膜燃料电池（Ion Exchange Membrane Fuel Cell，IEMFC），也有称聚合物电解质燃料电池（Polymer Electrolyte Fuel Cell，PEFC）、固体聚合物电解质燃料电池（Solid Polymer Electrolyte Fuel Cell，SPEFC），固体聚合物燃料电池（Solid Polymer Fuel Cell，SPFC）。

由于固体聚合物电解质无腐蚀性，使电池寿命较长，且制作方便，但也带来膜成本高、水管理要求高等缺点。

质子交换膜燃料电池于20世纪60年代开发用于航天事业，90年代起应用于汽车等而获较快发展。

阳极反应：$H_2 \longrightarrow 2H^+ + 2e^-$，阴极反应：$\frac{1}{2}O_2 + 2H^+ + 2e^- \longrightarrow H_2O$，总反应：$\frac{1}{2}O_2 + 2H^+ + 2e^- \longrightarrow H_2O$

目前质子交换膜电解质的材料以全氟磺酸（PFSA）为主。交换膜骨架为氟碳聚合物，如聚四氟乙烯（Teflon），聚苯乙烯等，它们有良好的疏水性，以利排出电极反应产生的水。由磺酸基（亚硫酸基 HSO_3）构成的侧链起传递氢离子作用，即磺酸的氢离子在交换膜中以水合质子的形式 $m(H_2O)-H^+$（$m=1\sim2.5$）形式存在，失去氢离子的磺酸吸引膜内氢离子，使氢离子在电位差作用下由阳极向阴极移动。由于磺酸的重要性，交换膜的当量（EW）成为其性能的重要指标，其反映每摩尔磺酸离子所对应骨架聚合物的干质量，其值越小性能越好。各国企业有多种专利产品，其中美国杜邦公司形成产品 Nafion 系列，美国道尔公司与日本东海化工株式会社也生产性能优良的产品，性能参数见表 35-4-1。

质子交换膜性能参数 **表 35-4-1**

制造商	产品	当量 (g/mol(SO_3^-))	干态厚度 (μm)	水的体积分数 (%)	电导率 (S/cm)
道尔	Dow	800	125	54	0.114
东海	Aciplex-S	1000	120	43	0.108
杜邦	Nafion 115	1100	100	34	0.059
杜邦	Nafion 117	1100	205	37	0.107

由于应用较广泛的 Nafion 膜的成本高，同时为改善交换膜耐高温、抗一氧化碳中毒与对甲醇电池阻止电醇渗透等性能，对复合质子交换膜进行了较多研制。为增加强度与减小厚度，且降低阻抗而采用聚四氟乙烯作支撑体与质子导体复合的 PTFE/Nafion 复合膜，制作方法有热压、喷涂与浸渍。高温保水型质子交换膜对一氧化碳的耐受也显著增强，种类有 Nafion/SiO_2 复合膜、Nafion/SiO_2/PTFE 复合膜、Nafion/咪唑复合膜、$CsHSO_4$ 膜等。阻醇型复合膜有 Nafion/SiO_2 复合膜、Nafion/m-MMT（十二烷基胺交换的蒙脱石）复合膜等。

电极也制成膜型（Membrane Electrode Assembly，MEA），有两种类型，一种是铂类催化剂与聚四氟乙烯等制成浆料涂敷在碳纸或碳布上形成气体扩散层，厚度为100～300μm，然后与交换膜热压合。另一种是铂类催化剂与 Nafion 等的浆料涂敷在交换膜两侧后，再在其上热压上碳纸或碳布扩散层。前者为疏水膜电极，后者为亲水膜电极，后者性能优于前者，两者区别在于催化剂浆料中胶粘剂一为聚四氟乙烯，一为 Nafion。有资料表明，阴极采用双催化剂（疏水与亲水）电极，获得更好效果，见表 35-4-2。

三种电极试验结果 **表 35-4-2**

电极类型	铂载量 (mg/cm^2)	开路电压 (V)	1mA/cm^{2}的电压 (1mA/cm^2)	电阻 (mΩ/cm^2)
疏水电极	0.20	0.9718	0.98535	28
亲水电极	0.20	0.9860	1.03274	32
双催化层电极	0.20	1.0127	1.06435	25

降低催化剂 P_t 的载量是近年重要研究方向，目前已达到水平为阴极载量 P_t 0.6mg/cm²，阳极载量 P_t 0.25mg/cm²$-R$ 0.12mg/cm²。

一氧化碳对阳极铂催化剂有较显著抑制活性作用，两个一氧化碳分子在铂类催化剂表面取代一个氢分子所致。电流密度的减小比例为 $(1-\theta_{co})^2$（θ_{co}——铂表面 CO 的覆盖率），同时电动势减少与工作温度有关，温度越低，一氧化碳影响越大。为减少一氧化碳的影响可采用双元合金（铂—钌合金）与铂基多元合金催化剂。

双极板的材料有石墨板、石墨与树脂混合压制的复合板（如石墨＋乙烯基酯）、金属板（不锈钢、钛、铝合金）与多层复合板（不锈钢板两侧为石墨板、碳酸盐聚合物边框）等，其中以石墨板最常用。

质子交换膜燃料电池的双极板两侧紧贴膜电极的气体扩散层，双极板的流道直接通向气体扩散层，因此双极板又称流场板，构造示意图见图 35-4-1。

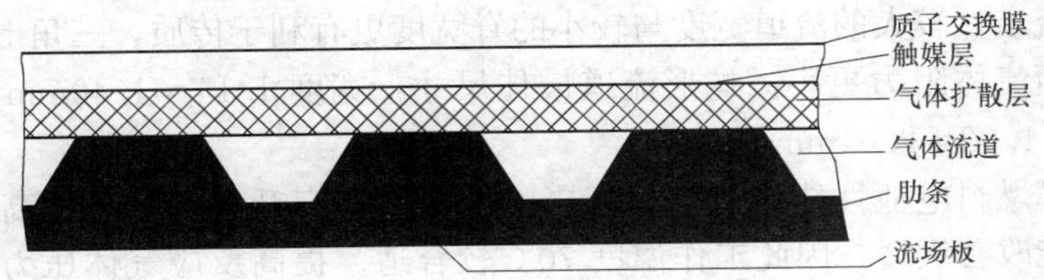

图 35-4-1 双极板与膜电极构造示意图

较早出现的几种流道见图 35-4-2。蛇形流道的优点是便于排水，双极板面积较大时，流道对气体阻力增加，针对此缺点而出现多路蛇形流道以调节长度与流量，但蛇形流道存在相邻流道因压力差而气流流向相邻流道现象。平行流道与串联的蛇形流道不同，是并联，气流阻力较小，但排水较困难。螺旋形流道易排水，且水与气体浓度分布均匀，但流动阻力也较大，气流易流向相邻流道。金属网流道是将金属网贴附在双极板上，因反应气体分布不均匀而只适用小型燃料电池。多孔介质流道是在流道截面上设置金属网或发泡金属，使流体分布较均匀，但流动阻力较大，不易排水。

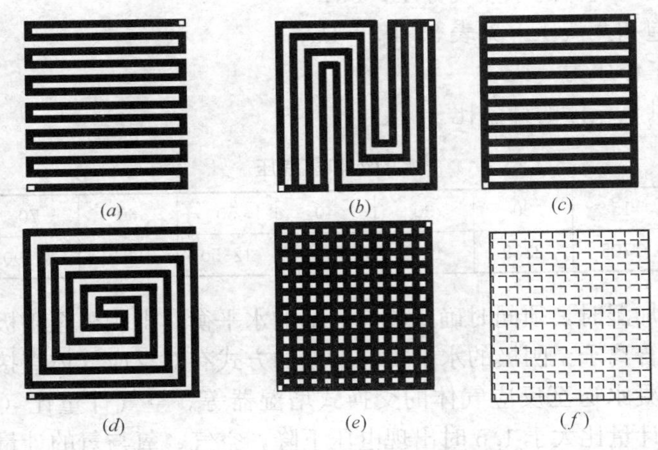

图 35-4-2 各种流道示意图

(a) 蛇形流道；(b) 多路蛇形流道；(c) 平行流道；(d) 螺旋形流道；(e) 金属网流道；(f) 多孔介质流道

图 35-4-3 与图 35-4-4 是两种改进的流道。交指流道的进出口分设在两组流道，气体入口后必须经两组流道间肋条下的扩散层而到达出口，不但增加了气体与扩散层接触，而且有利排水，但流动阻力极大，是平行流道的 100～300 倍。分形流道使流道光滑而阻力减小显著，且各流道间流量分布均匀。

图 35-4-3　交指流道示意图

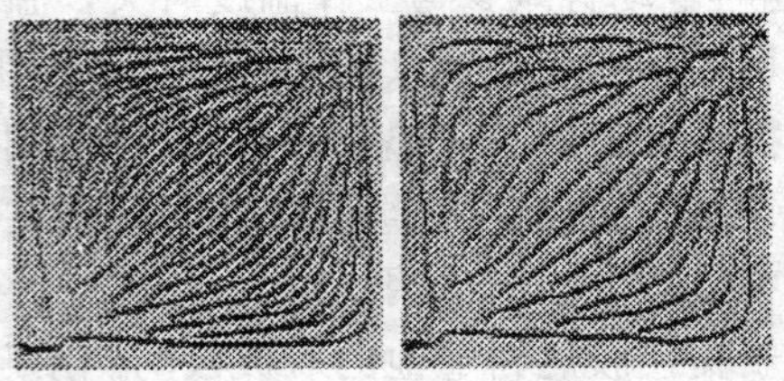

图 35-4-4　分形流道示意图

对于各种流道，较大的流道宽度与较小的脊宽度更有利于传质，三角形和半圆形流道截面比矩形截面流体阻力更小。蛇形流道最佳尺寸：宽度 1.14～1.40mm，脊宽 0.89～1.40mm，深度 1.02～2.04mm。

质子交换膜燃料电池性能受诸多因素影响。工作温度升高可显著提高电压，但大于 70℃则出现性能改善缓慢，因此工作温度 70℃较合适。提高反应气体压力也有利性能提高，空气压力尤为显著，但压力过高，造成密封困难，一般工作压力可为 0.2～0.3MPa。由于质子交换膜在高含水量或高湿度环境下具有高导电率，因此反应气体可增湿，当相对湿度氢为 100%、氧为 62%时获得最佳电池性能。判断是否需加湿或加湿程度，可根据阴极排出气体相对湿度是否接近 100%确定，若不足应加湿，若较大程度过饱和应防止积水，相对湿度可由公式（35-4-1）估算：

$$\phi=\frac{p_{\mathrm{W}}+p'_{\mathrm{W}}}{p_{\mathrm{sat}}}=\left(\frac{0.421p_{\mathrm{t}}}{\lambda+0.188}+p'_{\mathrm{W}}\right)\frac{1}{p_{\mathrm{sat}}} \tag{35-4-1}$$

式中　ϕ——阴极排出气体的相对湿度，%；

p_{W}——阴极排出气体的水蒸气分压，Pa；

p'_{W}——阴极供入气体的水蒸气分压，Pa；

p_{sat}——水的饱和蒸汽压，见表 35-4-3，Pa；

p_{t}——电池工作压力，Pa；

λ——阴极供入气体的计量比。

水的饱和蒸汽压　　**表 35-4-3**

温度(℃)	15	20	30	40	50	60	70	80	90
饱和蒸气压(Pa)	1705	2338	4246	7383	12350	19940	31190	47390	70130

当反应气体不加湿时，须同时确认电池内部的水平衡，即阴极至阳极的水渗透与阳极发生的质子形成水合离子至阴极的水平衡。增湿的方式有对反应气体直接喷雾与利用高湿度排气通过薄膜将凝水送至反应气体的交换式增湿器等。空气计量比（与理论需要量之比）大于 2.5 或氢计量比大于 1.5 时出现电压下降，空气、氧与氢的计量比可分别控制在 2.0～2.5、1.2～1.5 与 1.1～1.2 为宜。采用散双极板排热，若电流密度在 300～500mA/cm^2 时，可每 2～3 个电池设一个，冷却剂温差不大于 10℃。

日本某厂家配套 1kW 质子交换膜燃料电池家庭热电联产装置的天然气处理系统流程为：重整（H_2＞70%，CO＞10%）→CO 变换（CO＜0.5%）→CO 除去（H_2＞75%，CO＜10ppm）。天然气处理系统热效率为 90%；25%负荷时，为 80%。热电联产装置直流侧发电效率 42%（低热值基准，下同）、总效率 83%、负荷 30%以下的总效率为 70%。

日本荏原株式会社开发的 1kW 质子交换膜燃料电池家庭热电联产装置直流侧发电效率 34%（低热值基准），总效率 92%、负荷 50%的发电效率 30%。该会社采用下水处理厂产生的消化气用于 250kW 质子交换膜燃料电池，消化气成分为甲烷 60%、二氧化碳 40%，采用次乙醇胺为二氧化碳吸收剂。此外，还开发低温运行的 250kW 质子交换膜燃料电池，提供 74℃热水用于 50 RT 吸收式冷冻机（COP0.74），总效率 76%，发电效率 34%。

新日本石油株式会社采用液化石油气原料的 1kW 质子交换膜燃料电池热电联产装置发电效率 32%、总效率 72%。液化石油气重整催化剂为钌、寿命 1 万 h 以上。

日本某株式会社研制采用丙烷原料，且脱硫、重整与 250W 质子交换膜燃料电池一体的便携式供电装置尺寸为 65cm×36cm×45cm，1m 处噪声 48dB。

35.5　磷酸燃料电池

磷酸燃料电池简称 PAFC（Phosphorous Acid Fuel Cell）。电解质为浓度 100%的磷酸。由于磷酸与二氧化碳不发生反应，使空气、天然气重整气等含二氧化碳气体可用作反应气体，从而成为沿用至今的第一代应用于民用与商业的燃料电池。为避免磷酸在低温时的低导电性，工作温度为 160～220℃，同时为防止磷酸固化，无负载时也须维持 45℃，排热可再利用。主要缺点是须采用铂类催化剂，其成本较高，且接触一氧化碳会中毒，燃料气体的一氧化碳浓度应小于 0.5%，目前天然气重整后的一氧化碳含量可控制在 1ppm 以下，催化剂寿命达 1 万 h 以上。发电效率为 40%～50%，排热利用后的总效率可达 70%～80%。小容量电池在常压下工作，大容量电池的工作压力为 0.7～0.8MPa。电池结构如图 35-5-1 所示。

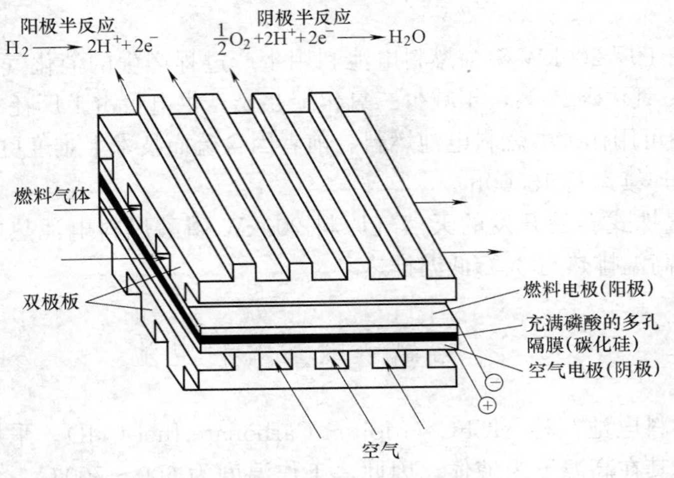

图 35-5-1　磷酸性燃料电池结构

阳极反应：$H_2 \longrightarrow 2H^+ + 2e^-$

阴极反应：$\frac{1}{2}O_2 + 2H^+ + 2e^- \longrightarrow H_2O$

总反应：$H_2 + \frac{1}{2}O_2 \longrightarrow H_2O$

磷酸作为电解质的机理是其易离解氢离子，失去氢离子的磷酸吸引氢离子，使氢离子在电位差作用下由阳极向阴极移动。

电解质载体又称基质，是由碳化硅（SiC）与聚四氟乙烯（PTFE）制成微孔隔膜，微孔面积比例为 60%～65%，孔径一般小于电极扩散层孔径，以保持孔内充满电解质。

电极由扩散层、整平层与催化剂层构成。扩散层由碳纸或碳布浸疏水剂聚四氟乙烯溶液制成，厚度为 200～400μm，孔径大小不一，大至 2～50μm，小至 3～5nm。整平层涂于扩散层上，由碳黑与聚四氟乙烯溶入水或水与乙醇溶液中制成，厚度为 1～2μm，作用是使扩散层平整。催化剂层由催化剂浆料涂制，浆料为铂与碳以及磁石放入由聚四氟乙烯、异丙醇与水组成的溶液内制成。催化剂层厚度为 50μm 左右。目前，铂载量达到阳极 0.1mg/cm^2、阴极 0.5mg/cm^2 的水准。

双极板是由石墨与树脂经高温加工成的无孔石墨制成，但其成本较高。也有采用由不锈钢隔板两侧覆盖有孔碳板制成的复合双极板，多孔碳板还有贮存磷酸作用。

电池由水、空气或绝缘油作冷却剂，通过冷却板冷却。冷却板的设置按远近电池温度差要求确定，即冷却板两侧电池温度低于中间层电池，一般水与油冷却时 2～5 个电池间设置一个，空气冷却时 1 个至数个电池间设置一个。水冷却板效率高，装置复杂，动力消耗小，用于大型燃料电池，分为蒸发潜热散热的沸腾冷却与升温显热散热的加压水冷却两种，前者冷却水温差与耗量较小。空气冷却效率中等或较差，装置简单，动力消耗大，用于小型燃料电池。绝缘油冷却效率与装置复杂程度中等，动力消耗介于水与空气冷却之间，用于小型燃料电池，绝缘油采用 Thermol 44（合成油）或高温矿物油。

日本富士电机株式会社研制 50kW 磷酸燃料电池采用垃圾处理器产生的可燃气体，其甲烷含量 60%～70%，日处理垃圾 200kg（每日运行 4～6h），产气率 240m^3/t，发电率 580kW/t。

日本麒麟啤酒工厂 200kW 磷酸燃料电池利用生产过程产生的消化气体作燃料，其成分为甲烷 80%，二氧化碳 20%，年减少二氧化碳 376t，供电量占工厂耗电量的 7%。

煤油与石脑油可用作磷酸燃料电池燃料，前者因含硫而技术上难度更大，但可连续运行 5000h，后者可连续运行 18000h。

日本西部燃气株式会社开发的天然气原料 200kW 磷酸燃料电池热电联产总效率达 81%，产生 120℃高温排热与 60℃低温排热。

35.6　熔融碳酸盐燃料电池

熔融碳酸盐燃料电池简称 MCFC（Molten Carbonate fuel Cell）。采用锂、钠、钾的碳酸盐作电解质，其在高温下为液体，因此，工作温度为 600～700℃，余热利用使总效率达 80%。熔融碳酸盐燃料电池的三大特点是：

（1）由于不需铂类催化剂而降低成本；

（2）具有内重整能力而可直接利用燃气与柴油等，且较外部重整提高发电效率5%；

（3）可实现二氧化碳内部循环使用而减少排量。从而使其成为继磷酸燃料电池后第二代用于民用与商业的燃料电池。与磷酸燃料电池相比虽由于高温运行与电解质腐蚀性强而设备成本高，但结构简单、运行费低、效率高。主要应用领域为中小型电站。

熔融碳酸盐燃料电池的燃料气体是氢、氧化剂是氧和二氧化碳。

阳极反应：$H_2+CO_3^{2-}\longrightarrow H_2O+CO_2+2e^-$

阴极反应：$\frac{1}{2}O_2+CO_2+2e\longrightarrow CO_3^{2-}$

总反应：$H_2+\frac{1}{2}O_2+CO_2\longrightarrow H_2O+CO_2$

上述总反应式中出现二氧化碳是由于其在阴极是反应物，在阳极是生成物，从而实现其在电池内可在两极间封闭循环而不外排。

碳酸盐电解质具有碳酸根离子 CO_3^{2-} 导电功能，一般质量组成为 Li_2CO_3 62%、K_2CO_3 38%或 Li_2CO_3 SO%、Na_2CO_3 50%，后者性能较好。为减少阴极溶解，可在电解质中加入添加剂，最大用量见表35-6-1，用量过大将降低电池性能。电解质载体隔膜材料组成见表35-6-2，以带铸法制作质量较好。

添加剂摩尔分数最大用量 **表35-6-1**

添加剂	Li—K电解质	Li—Na电解质
$CaCO_3$(%)	15	5
$SrCO_3$(%)	5	5
$BaCO_3$(%)	5	5

电解质载体隔膜组成 **表35-6-2**

材料	规格	组成(%)
r-$LiAlO_2$细粒	粒度0.1μm	55
α-Al_2O_3粗粒	粒度10μm	35
α-Al_2O_3纤维	直径5μm	10

隔膜孔径须小于毛细管临界孔径，以保持充满电解质。

阳极材料常为镍铬合金或镍铝合金，后者抗蠕变较强。阳极孔径3～6μm，初始孔隙率45%～70%，载量0.1～1mg/cm²，厚度0.20～1.5mm。为降低成本，有采用铜（45%）镍（50%）铝（5%）合金，其也有较好抗蠕变性能。

阴极材料为氧化镍（NiO），为提高导电性能，可加入2%～5%的锂（Li）。阴极孔径7～15μm，初始孔隙率60%～65%，载量0.2mg/cm²，厚度0.5～1.0mm。阴极存在的主要问题是在电解质中溶解，一般随酸性熔盐碱性增大而溶解度减少，随碱性熔盐碱性增大而溶解度增大，同时二氧化碳分压高溶解度大。为减少阴极溶解，除上述电解质中加入添加剂外，可增大电解质载体隔膜厚度，增加电解质锂含量或加入少量碳酸钡（$BaCO_3$）、碳酸锶（$SrCO_3$）、碳酸钙（$CaCO_3$）等碱土类金属盐，以及采用钴酸锂（$LiCoO_2$）、铁酸锂（$LiFeO_2$）阴极等。

双极板由不锈钢或镍基合金制作，如 SS310（310S）、SS316（316L）、Incoloy825 等，厚度为 15mm。由于阳极接触面被腐蚀较强而镀镍，其余易腐蚀非导电部位镀铝。

熔融碳酸盐燃料电池密封方式为电解质载体隔膜进行密封，称为湿密封。

可利用天然气、甲醇、丙烷等燃料，经外部或内部重整而获得反应气体是熔融碳酸盐电池特点之一，尤其是内部重整充分利用电极反应热而提高效益与简化设备。内部重整分为直接内部重整与间接内部重整，前者重整反应在阳极室进行，后者重整室与阳极室分开。重整反应所需热量由电极反应放热供给。甲烷重整时发生反应为：

$$CH_4 + H_2O \longrightarrow CO + 3H_2 \qquad (吸热反应\ 206kJ/mol)$$

$$CO + H_2O \longrightarrow CO_2 + H_2 \qquad (放热反应\ 41kJ/mol)$$

$$CH_4 + CO_2 \longrightarrow 2CO + 2H_2 \qquad (吸热反应\ 247kJ/mol)$$

甲烷重整反应在 500℃以上进行，催化剂是镍（Ni）。反应时一般水蒸气给予过剩，水蒸气与甲烷的摩尔比为 3～5，以使水蒸气置换反应充分进行，并避免碳化反应而形成碳沉积在催化剂上，碳化反应为：$2CO \rightarrow C + CO_2$。

35.7　固态氧化物燃料电池

固态氧化物燃料电池简称 SOFC（Solid Oxide Fuel Cell）。由于在高温 800～1100℃下工作，电极反应不需要催化剂，且有较强的耐受硫化物的能力，可采用天然气、人工煤气、柴油等燃料进行内重整，余热利用时可获得 80%以上的总效率，缺点是对材料耐高温性能要求高、成本高。适用作大型发电装置，但仍处于技术发展的初期，被称为第三代燃料电池。基本构造有板式与管式两种，见图 35-7-1。管式不需阳极与阴极密封，但制作复杂，成本高，由于电流通路长而电阻高。平板式制作较简单，内阻与运行温度较低，成本也低，但密封难度大。

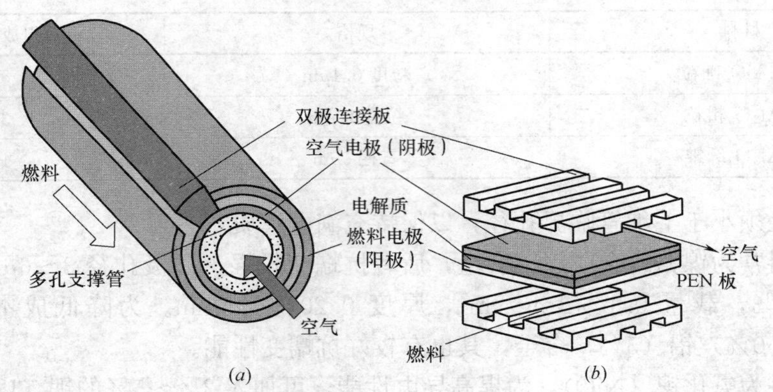

图 35-7-1　固态氧化物燃料电池结构

(a) 管式；(b) 平板式

电解质为固体氧化物，具有传导氧离子 O^{2-} 的能力，因此燃料气体氢与一氧化碳可同时在阳极与氧离子发生电极反应而生产电子。氧离子产生于阴极，由氧化剂中氧原子与外电路至阴极的电子还原反应成氧离子。

阳极的反应：$H_2+O^{2-}\longrightarrow H_2O+2e^-$

或 $CO+O^{2-}\longrightarrow CO_2+2e^-$

阴极反应：$\frac{1}{2}O_2+2e^-\longrightarrow O^{2-}$

总反应：$H_2+\frac{1}{2}O_2\longrightarrow H_2O$

或 $CO+\frac{1}{2}O_2\longrightarrow CO_2$

当向阳极供入甲烷与水蒸气时，发生内重整反应、水气转移反应与氧化反应为发生率较高的反应：：

$$CH_4+H_2O\longrightarrow 3H_2+CO \quad \text{(重整反应)}$$
$$CO+H_2O\longrightarrow H_2+CO_2 \quad \text{(水气转移反应)}$$
$$CO+O^{2-}\longrightarrow CO_2+2e^- \quad \text{(氧化反应)}$$
$$H_2+O^{2-}\longrightarrow H_2O+2e^- \quad \text{(氧化反应)}$$

此外向阳极直接供入甲烷与水蒸气时发生率较低的反应有甲烷氧化反应与裂解反应，以及一氧化碳析碳反应，其中甲烷全氧化反应（$CH_4+O^{2-}\longrightarrow CO_2+2H_2O+8e^-$）是发电效率最高的反应。

掺入稳定剂三氧化二钇（Y_2O_3）的氧化锆（ZrO_2）简称 YSZ（Yttria Stabilzed Zirconia）是最常用的电解质材料，三氧化二钇的掺入量为摩尔成分 3%～10%，常用量为 8%，稳定剂使氧化锆保持温度变化中稳定的立方萤石结构，并出现数量多的氧离子孔隙，形成氧离子缺位载流子，800℃时电导率为 0.02S/cm，1000℃时为 0.1S/cm，厚度为25～50μm。平板式电解质隔膜由带铸法制作，管式电解质隔膜由电化学沉积法（EVD）制作。在中温固体氧化物燃料电池中应用的电解质材料有 LaSrGaMgO（LSGM）等。

阳极材料以 Ni—YSZ 最常用，Ni 可催化内部重整，温度范围室温至 1000℃时的线胀系数为 12.5×10^{-6}1/K，孔隙率 20%～40%，由电化学沉积法制作。此外阳极材料有 Co-YSZ、Ru-YSZ、Y_2O_3—ZrO_2—TiO_2 等。

阴极材料以锰酸镧（$LaMnO_3$）最常有，温度范围室温至 1000℃时的线胀系数为11×10^{-6}1/K，孔隙率 20%～40%，由烧结法制作。掺入锶的锰酸镧（Sr-doped $LaMnO_3$）简称 LSM 是新型阴极材料。此外 $Sm_{0.5}Sr_{0.5}VO_4$ 作为阴极材料在中温条件下获得良好的电化学性能：750℃时功率密度 209.5mW/cm^2，电流密度 138.3mA/cm^2。

电池结构分为管式与平板式，见图 35-7-1。

板式电池的双极板多采用镍铬合金或不锈钢，但后者不适用于工作温度 800℃以上。管式电池的连接器采用掺钙或锶的铬酸镧（Ca-doped $LaCrO_3$（LCC）、Sr-doped $LaCrO_3$（LSC）），由电化学沉积法制作，烧结在阴极上。

高温密封材料采用玻璃或玻璃陶瓷复合材料。

扁平管型与单室型是两种研制的电池新结构，前者有效缩短了电流路径与扩大路径截面，从而增加功率输出，后者使燃料与氧化剂同处一室，具有无需密封、结构简化等优点。

日本 NTT 株式会社开发的 1kW 固态氧化物燃料电池与 1kW 磷酸燃料电池相比，成本低 60%、重量轻 40%，起动时间 1min（磷酸电池 5～10min），工作温度 80℃、1m 处噪声 40dB，包括发电时间可达 3h 的 2 瓶 1.5m^3 氢瓶在内重量为 110kg。

35.8　直接甲醇燃料电池

直接甲醇燃料电池简称 DMFC（Direct Methanol Fuel Cell），由于甲醇直接进行阳极电化学反应，因此适用于移动电源，但仍处于研制阶段。电解质是质子交换膜，因此也可归类于质子交换膜燃料电池。

阳极反应：$CH_3OH + H_2O \longrightarrow CO_2 + 6H^+ + 6e^-$

阴极反应：$\frac{3}{2}O_2 + 6H^+ + 6e^- \longrightarrow 3H_2O$

总反应：$CH_3OH + \frac{3}{2}O_2 \longrightarrow CO_2 + 2H_2O$

阳极反应还可产生 CO、HCHO、CHOOH 等，使效率降低，效率一般为 40%左右。

电解质一般采用全氟磺酸膜 Nafion，但甲醇易经膜的亲水区渗透。在膜中掺入 Cs^+、离子或无机酸性材料（SiO_2、Al_2O_3、Zr（HPO_4）$_2$ 等）可减少渗透。聚苯并咪唑（PBI）磺化后贴附在 Nafion 膜上也可减少渗透。此外聚醚醚酮（PEEK）、聚醚砜（PES）、聚砜（PS）、聚酰亚胺（PI）与聚磷腈（POP）等引入磺酸根基因可作电解质膜。聚双苯基磺酸膜（PBPSH）也具有低甲醇渗透率。

同时为降低渗透，不可使用高浓度甲醇，其质量成分控制在 1.6%～4.8%，相当于浓度 0.5～1.5mol/L。

电极的基本构造与质子交换膜燃料电池膜电极相似，由扩散层与催化剂层构成。

由于阳极电化学反应的中间产物一氧化碳引起铂催化剂中毒，因此阳极催化剂中须增加氧化活性高的金属，一般采用铂基合金方式，在铂上沉积的方式效果较差。双元合金催化剂有 Pt—Re、Pt—Mo、Pt—Ru、Pt—Co、Pt—Ni 等。Pt—Ru 的载量为 2～6mg/cm^2。三元合金催化剂有 Pt—Ru—Os、Pt—Ru—W 等。四元合金催化剂有 Pt—Ru—Os—Ir、Pt—Ru—Mo—W。阳极扩散层须把甲醇与水送至催化剂层，二氧化碳从催化剂层排出，因此碳布中加入质量成分 13%～20%的聚四氟乙烯（PTFE）作疏水剂，以使液气输送效果更好。为使碳布平整、改善性能，可涂碳粉形成薄层，胶粘剂为 Nafion 与 PTFE 混合液。

阴极催化剂一般为碳载铂，但铂载量高于阳极，约为 4mg/cm^2。为应对通过电解质膜渗透甲醇的影响，开发具有反应选择性的合金催化剂，如 Pt—Cr、Pt—Co、Pt—Ni、Pt—Ni—Cr、Pt—Co—Ni 等。

工作压力阳极侧为常压，阴极侧为 200～500kPa。工作温度为 120℃。效率为 40%左右。

35.9　天然气制氢工艺

氢气的规模生产是一个比较成熟的技术。目前世界上 90%的氢气都是通过天然气水蒸气重整反应（Steam Methane Reforming，SMR）或者部分氧化（Partial Oxidation，POX）生产的。其他的氢气生产方法还包括生物质气化，生物质发酵，微生物制氢，高压电解水，高温电解水等，但这些方法成本都较高，在未来的几十年内不能与天然气制氢竞争。由于氢气的大规模运输和储存非常昂贵，且技术上存在问题，氢气大部分都是在现场生产，现场使用。

天然气制氢一般需要以下几个单元操作过程：脱硫、富氢合成气生产、CO 变换、氢气提纯。传统的大规模天然气制氢一般采用固定床列管式反应器生产合成气，采用变压吸附提纯氢气。近几年来，随着燃料电池汽车及家庭燃料电池热电联产对分布式中小规模氢源的要求，出现了很多适应中小规模氢气生产的新技术，如流化床反应器，微通道反应器，钯膜氢气分离等。

35.9.1 脱　硫

城市天然气中含有少量的硫化物会导致下游合成气生产过程中的催化剂失活，氢气提纯过程中的钯膜中毒，以及燃料电池系统中的催化剂失去活性，所以在制氢前，一般采用固定床吸附脱硫。固定床吸附脱硫通常用于去除天然气中微量的 H_2S。基于多孔介质的吸附特性，有时还会将这些多孔介质用一些化学物质进行浸渍处理。常用的脱硫剂有可再生的活性炭、活性 Al_2O_3、硅胶、合成沸石及不可再生的 ZnO。

1. 活性炭法

活性炭是常用的固体脱硫剂，可脱除天然气中微量 H_2S。与其他吸附剂（如分子筛）相比，活性炭比表面积大，呈微孔结构，热稳定性强，在湿气中吸附容量高，价格低廉。不同孔径的活性炭适用于脱除不同的硫化物，适用于分离无机硫化物（H_2S）的活性炭，其微孔数量和大孔数量大致相同，平均孔径为 8～20nm；适用于脱除有机硫化物（CoS、硫醇、硫醚、CS_2 等）的活性炭，其微孔数量要比大孔多，平均孔径小于 6nm。一般来说，用活性炭吸附脱硫时，活性炭中含有一定的水分时吸附效果更好。脱除 H_2S 后的活性炭用 150～180℃的过热蒸汽再生。

2. 分子筛法

合成沸石分子筛用于天然气选择性脱除 H_2S 和其他硫化物。一般来说，天然气中的硫化物比气体中其他组分具有更大的极性，用分子筛处理后的天然气中硫化物的体积分数可降至 0.4ppm。

3. ZnO 法

ZnO 是去除天然气中微量 H_2S 的一种有效脱硫剂，通常以球形的形式填充于固定床中。通过与 H_2S 发生反应，生成 ZnS 和 H_2O，可将 H_2S 的体积分数降低到 0.2ppm 以下。此反应过程不可逆，一旦床层中 ZnO 反应完全，就必须重新装载 ZnO 颗粒。另外，在高温和还原反应条件下生成的金属锌容易挥发，导致吸附剂量减小，因此其使用温度应低于 600℃。

35.9.2 合成气生产

天然气制合成气技术可分为天然气水蒸气重整、甲烷部分氧化、甲烷自热催化重整及甲烷催化裂解 4 种方法。

1. 天然气水蒸气重整（SMR）

天然气水蒸气重整（SMR）技术是目前工业上普遍应用的用于生产氢气及合成气的

技术。该反应是一个强吸热反应，热量通过燃烧室燃烧天然气供给。常用的催化剂为镍基催化剂，典型的反应温度为800～900℃，压力2.5～3.5MPa，较高的压力可以改善过程效率。

SMR的基本反应为：

$$CH_4+H_2O \longrightarrow CO+3H_2 \quad \Delta H_{298K}=205.7kJ/mol \tag{35-9-1}$$

$$CO+H_2O \longrightarrow CO_2+H_2 \quad \Delta H_{298K}=-41kJ/mol \tag{35-9-2}$$

$$CH_4+2H_2O \longrightarrow CO_2+4H_2 \quad \Delta H_{298K}=164.7kJ/mol \tag{35-9-3}$$

甲烷在蒸气转化过程中，其伴随的副反应会产生积碳，覆盖在Ni催化剂表面，导致催化剂失活，反应如下：

$$CO \longrightarrow C+CO_2 \quad \Delta H_{298K}=-172.4kJ/mol \tag{35-9-4}$$

$$CH_4 \longrightarrow C+2H_2 \quad \Delta H_{298K}=74.9kJ/mol \tag{35-9-5}$$

$$CO+H_2 \longrightarrow C+H_2O \quad \Delta H_{298K}=-175.3kJ/mol \tag{35-9-6}$$

为了防止甲烷蒸气转化过程析出碳，通常在催化剂里加入一定量的钾或碱土金属（镁、钙）作为助剂，加速碳从催化剂表面除去，并且反应进料中采用过量的水蒸气，工业过程水碳比为3～5，生成的H_2与CO的摩尔比约为3。制得的合成气进入水气置换反应器，经过高低温变换反应将把CO转化为二氧化碳和额外的氢气，提高氢气产率。工业上最常用的反应器是固定床列管式反应器，通过外部加热或部分氧化来提供反应所需的热量。

2. 天然气部分氧化（POX）

传统的天然气水蒸气重整反应是一个强吸热反应，因此，人们在努力寻求其他低能量需求的甲烷转化方法，部分氧化重整反应正好符合了人们的要求，它是放热反应，因而不需要外来的热源供给。部分氧化重整利用燃料在氧气不足的情况下发生氧化还原反应，生成一氧化碳和氢气。常压下，反应温度区间在650～1050℃范围内，部分氧化重整的反应机理较复杂。通过添加合适的催化剂可以减少副反应及副产物的发生，从而提高氢气的纯度。POX催化剂种类很多，包括过渡金属Fe、Co、Ni和贵金属Pd、Rh、Ru、Pt、Ir及其混合物。综合考虑各种催化剂的性能，稳定性以及价格，以非贵金属的Ni催化剂应用最多。

POX反应基本方程式如下：

$$CH_4+\frac{1}{2}O_2 \longrightarrow CO+2H_2 \quad \Delta H_{298K}=-36kJ/mol \tag{35-9-7}$$

因为不需要热量输入，部分氧化反应器往往比重整反应器尺寸要小，设备结构紧凑，同时因为所需燃料很少，成本也得到控制，反应器的效率也比较高，能达到70%～80%，但因为反应在高温下进行，余热回收困难，整个制氢系统整体效率反而会比较低；部分氧化重整一般使用纯氧，价格较高，因此必须考虑廉价氧的来源；催化剂床层的温度分布均匀性也不易控制，床层容易局部高温过热造成催化剂失活。

3. 自热重整（Autothermal Reforming，ATR）

将吸热的水蒸气重整和放热的部分氧化重整结合到一起，并在一定条件下实现热量的自平衡即为自热重整。ATR反应结合了水蒸气重整及自热反应的优点。在自热重整反应中，天然气同时与水蒸气及空气反应，产生富氢合成气。其化学反应过程主要为重整反应和部分氧化反应。当天然气，空气及水蒸气配比适当时，部分氧化反应正好提供水蒸气重整反应所需的热量，所以反应不需要外部加热，这样既限制了反应器内的高温，同时又降低了体系的能耗，提高了整体效率。反应器出口合成气温度范围在950～1100℃之间。ATR反应对燃料要求较低，过程反应温度较POX也较低。但自热重整要求同时调节好氧气，水蒸气和燃料之间的比例（H_2O/CH_4，O_2/CH_4），反应控制较困难。只有调节好H_2O/CH_4，O_2/CH_4，得到最佳的比例，才能最大限度的提高反应效率，同时抑制积碳。此外，产生的一氧化碳通过水气变换反应转化为氢气。

4. 催化裂解制氢

CH_4催化裂解制氢的反应近年来也被大量研究，起初是为了研制合成气及制造纳米材料。其化学反应式如下：

$$CH_4 \longrightarrow C + 2H_2 \qquad \Delta H_{298K} = 75kJ/mol \tag{35-9-8}$$

CH_4催化裂解制氢是CH_4高温催化分解为氢和碳，由于不产生CO_2，而被认为是连接石化燃料和可再生能源之间的过渡工艺。其关键问题是，所产生的碳应具有重要用途和广阔的市场前景，否则若大量副产品碳不能得到很好的应用，必将限制其规模的扩大。

35.9.3　CO变换

天然气重整后，所生成的气体成分包括CH_4、H_2、CO、CO_2和蒸汽等，此时CO的含量较高，可通过蒸汽和CO的变换反应得到更多的H_2。变换反应方程式为（35-9-2）。CO变换反应为可逆反应，因此，要尽一切可能使反应向有利于生成H_2和CO_2的方向进行，残余的、未变换的CO则在下一个工艺中被脱除。

35.9.4　氢气的提纯

适用于提纯燃料电池需求的高纯度氢气的经济可行提纯技术主要有变压吸附和钯膜提纯技术。

1. 变压吸附

变压吸附分离技术是基于气体在固体吸附剂上的物理吸附平衡原理，以吸附剂在不同压力条件下对混合物中不同组分平衡吸附量的差异为基础，在高压下进行吸附，在低压下脱附，从而实现混合物分离的化工循环操作过程。当吸附剂给定之后，气体组分的吸附量是温度和压力的函数，图35-9-1给出了A、B两种气体在同一温度下的吸附等温线，由该图可知，当A和B的混合气通过填充吸附剂的吸附床时，在相对高压下，由于组分A的平衡吸附量$Q_{A.H}$远高于组分B的平衡吸附量$Q_{B.H}$，故被优先吸附，组分B则在流出气流中富集。为使吸附剂再生，可将床层的压力降低，在达到新吸附平衡过程中，脱附的量分别为（$Q_{A.H}-Q_{A.L}$）和（$Q_{B.H}-Q_{B.L}$）。这样周期性地变化床层压力，即可达到将A、B的混合气进行吸附分离的目的。

一个完整的变压吸附过程主要包括5个步骤。如图35-9-2所示，变压吸附的过程主要包括升压过程（A→B），吸附过程（B→C），顺向降压过程（C→D），逆向放压过程（D→F）和冲洗过程（E→A）。升压可分为2个阶段：均压升和最终升压。均压降（顺向降压）及均压升是需降压的吸附床向需升压的吸附床进行升压直至两床压力相等，而多次均压是需降压的吸附床逐级分别向需升压的若干个吸附床进行升压。均压的作用是回收降

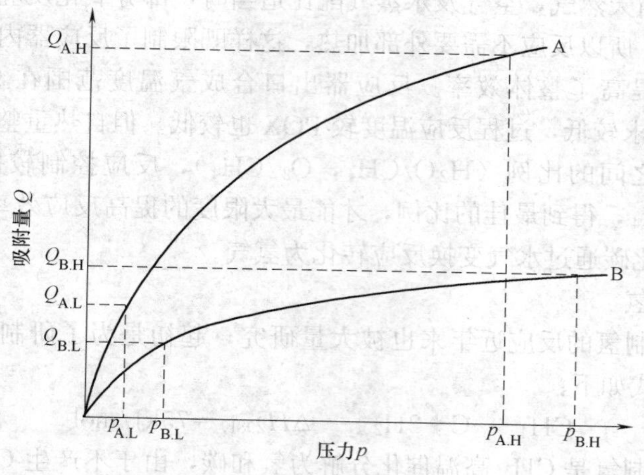

图 35-9-1　变压吸附的基本原理

压吸附床中的有用气体，用于升压吸附床的压力，提高有用气体的回收率。均压次数越多，产品的回收率越高。最终升压是用产品气体从吸附器上部（产品出口端）对其进行升压，使床层压力达到最终吸附压力。逆向放压是完成最后一次均压降的吸附床从吸附床下端（与进料方向相反）向外排气泄压。冲洗是用顺向放压排出的解吸气通过需再生的吸附床，被吸附组分的分压随冲洗而逐渐下降。

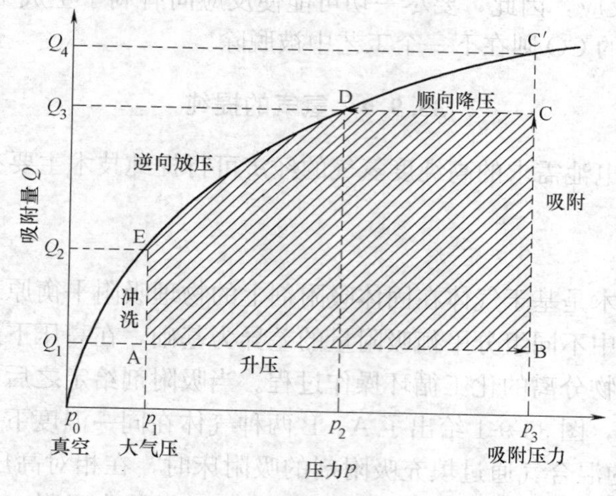

图 35-9-2　变压吸附过程示意图

2. 钯膜分离技术

钯是一种稀有金属，这种金属及其合金在被加热到 400～600℃时，可以允许氢气穿透，利用这种金属的这个特点，可以提取高纯度氢气。其氢气的穿透率与膜的温度、厚度、合金成分以及氢气在膜两侧的分压有关，并可用 Sieverts 定律来表达：

$$M=k\frac{A}{L}e^{-\frac{\Delta E}{RT}}(p_{\mathrm{h}}^{\mathrm{n}}-p_{\mathrm{l}}^{\mathrm{n}}) \tag{35-9-9}$$

式中　R——气体常数，J/mol/K；

　　　T——温度，K；

A——膜面积，m^2；

L——膜厚度，m；

E——活化能，kJ/mol；

p_h——氢气高压侧分压，10^5Pa；

p_l——氢气低压侧分压，10^5Pa；

n——压力指数；

k——指数函数前系数；

M——透过率，mol/m。

氢气在钯膜中的传递服从所谓的“溶解－扩散”（Solution-diffusion）机理，它包含以下几个过程：氢气从边界层中扩散到钯膜表面；氢气在膜表面分解成氢原子；氢原子被钯膜溶解；氢原子在钯膜中从高压侧扩散到低压侧；氢原子在钯膜低压侧重新合成为氢分子；氢气扩散离开膜表面。

钯合金膜由于其独特的纯化性能，是其他物理或化学分离方法无可比拟的，也是当前高纯氢气分离的主要方法。但钯膜分离还存在着一些亟待解决的问题：膜层不够完善，稳定性不好，成本高，与支撑体密封难等。目前已经研制出的高性能钯合金膜有：钯银合金，钯金银合金，钯钇合金。

3. 高分子膜分离

高分子膜分离技术是一种操作简便、节能、高效的氢气提纯方法。其气体分离机理一般可分为四种：Knudsen 扩散，分子筛效应，表面扩散，溶解扩散。高分子膜气体分离是利用气体各组分在通过膜时的渗透速率的不同来进行气体分离的。通常直径较小或极性较强的分子，如 H_2、H_2O 等透过膜的渗透速率较快，被称之为快气；而直径相对较大或极性较弱的分子，如 N_2、CH_4、CO 等透过膜的渗透速率较慢，被称之为慢气。在压差推动力的作用下也就是气体各组分在膜两侧的分压差的作用下，快气在低压的膜的渗透侧得到富集，慢气由于没有减压，在膜的非渗透侧得到富集。膜法气体分离过程中无相变，装置内没有转动部件。

4. 化学法脱除 CO

通过化学法深度脱除 CO 可以有效地减小装置的体积，而且还可以将 CO 脱除至 10ppm 以下，所以近年来有关 CO 化学法深度脱除的研究很多。常用的化学法深度脱除方法包括选择性甲烷化法和优先氧化法。

（1）选择性甲烷化法

选择性甲烷化法是指通过特定催化剂使得微量的 CO 与氢气反应生成甲烷，同时伴随有 CO_2 的甲烷化反应，主要发生的反应如下：

$$CO+3H_2=CH_4+H_2O(g), \quad \Delta H^\circ_{298}=-210\text{kJ/mol} \tag{35-9-10}$$

$$CO_2+4H_2=CH_4+2H_2O(g), \quad \Delta H^\circ_{298}=-163.1\text{kJ/mol} \tag{35-9-11}$$

CO 选择性甲烷化文献中报道较多，方法趋于成熟。但是，由上述化学反应式可以看出，利用甲烷化反应脱除 CO，每摩尔需要消耗 3 摩尔 H_2，同时，重整气中大约有 20% 的 CO_2 可能参与了甲烷化反应，这样就消耗了太多 H_2，使得整个系统的效率明显降低。而且，在甲烷化的催化体系中，由于大量 CO_2 的存在容易发生水气变换的逆反应，还会反应生成一部分 CO。基于上述原因，选择性甲烷化法脱除 CO 的应用受到了限制。

（2）CO优先氧化法

CO优先氧化法是指在重整气中通入 O_2，相对于氢气优先氧化 CO，这样既脱除了 CO，也降低了氢气的消耗。CO 优先氧化过程通过优化的反应器设计和高选择性的催化剂可将 CO 的浓度降至 10ppm 以下，同时，氧化 CO 的同时，没有氧化 H_2，保证整个燃料电池系统的效率。在反应过程中主要发生的反应为水汽变换反应：

$$CO+\frac{1}{2}O_2 \longrightarrow CO_2, \quad \Delta H^{\circ}_{298}=-283\text{kJ/mol} \tag{35-9-12}$$

$$H_2+\frac{1}{2}O_2 \longrightarrow H_2O, \quad \Delta H^{\circ}_{298}=-242\text{kJ/mol} \tag{35-9-13}$$

目前，关于 CO 优先氧化的研究主要集中于三方面，包括催化剂研究、反应机理与动力学研究、反应器的优化设计。

35.9.5 为燃料电池供氢的天然气制氢反应器

35.9.5.1 传统制氢反应器及其缺陷

传统天然气制氢采用固定床列管式反应器生产含氢合成气，通过外部加热或部分氧化来提供反应所需的热量。反应器内的转化管内装填有催化剂，反应介质一边吸热，一边进行复杂的重整反应。受重整反应的反应条件限制，反应器的操作温度很高，原料气入口温度一般是 450～550℃，转化气出炉温度高达 760～880℃，炉膛通过顶部或侧面布置的燃烧器燃烧维持高温。反应生成的合成气经过高温变换、低温变换，进一步将其中的 CO 转换成 CO_2 和氢气，最后经过变压吸附生产纯度比较高的氢气。

尽管在工业上有着重要的地位，以上天然气蒸汽制氢技术也有着很多显著的缺陷：

① 热力学平衡约束。蒸气重整反应的可逆性使得甲烷的转化率及氢气的产率受热力学平衡的限制。

② 内扩散阻力。为了减小反应器床层的压降，固定床中催化剂颗粒比较大，这就导致反应器气体与固体催化剂的接触效果比较差，催化剂的催化效率很低，一般为 10^{-3}～10^{-2}。

③ 积炭和催化剂中毒。固定床反应器内部温度均匀性比较差，容易产生局部的高温及积炭。积炭会导致催化剂中毒，使催化剂效率降低。此外，积炭还有可能造成反应器堵塞，增加床层压降。

④ 传热、温度梯度和管材。为了达到反应所需的高温（通常高于 850℃），必须加热反应管，使热量经由管壁传至管内。在实际生产中，只有 50%的燃烧热直接作用于蒸气重整反应。为了回收废热，必须进行蒸气输出和原料预热。固定床反应器床层与反应器壁的换热比较差，反应器壁与床层的温度梯度比较高，反应管管材必须选用耐高温的贵金属合金，成本高。

⑤ 环境污染。燃料在炉中高温燃烧，会产生 NO_x。不仅如此，在燃烧炉和反应过程中都会产生 CO_2，这一点大大制约了氢气作为一种清洁能源的清洁性。

35.9.5.2 新型应用于燃料电池供氢的制氢反应器

为了克服传统天然气蒸气重整反应的弊端，研发小型、微型可用于燃料电池的制氢装置，近十几年来出现了很多新技术，如固定床膜反应器，流化床膜反应器和微通道膜反应器等。

1. 固定床膜反应器

(1) 以碳氢化合物为原料的新型固定床膜反应器

Edlund 等人开发了一种固定床膜反应器，通过反应器内的选择性渗透膜将产物氢分离。反应器采用蒸气重整器的形式，内部结构如图 35-9-3 所示。

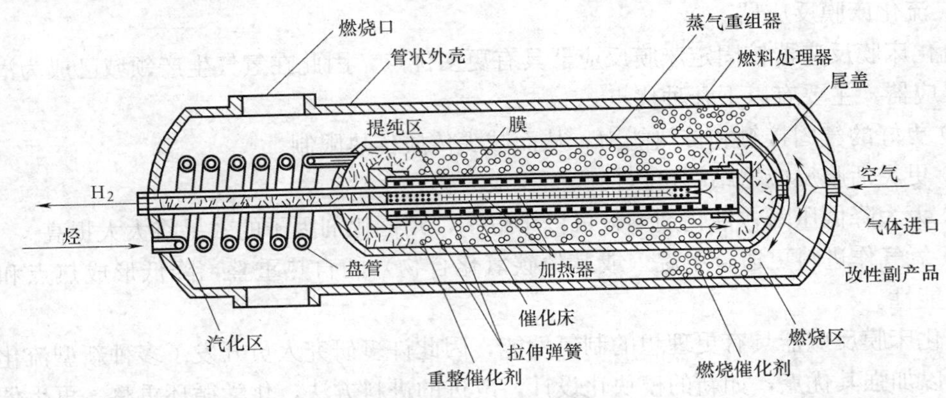

图 35-9-3 Edlund 等人的固定床膜反应器的示意图

如图 35-9-3 所示，反应器（燃料处理器）具有几个主要区域，包括燃烧区、气化区、重整区、分离区、渗透区和提纯区。该反应器的壳体是管状结构的封闭端，壳体的入口通入空气并在燃烧口释放燃烧副产物。反应器由含有燃烧催化剂（合适的催化剂材料包括负载在氧化铝或其他惰性和热稳定陶瓷上的铂）的加热组件组成的燃烧区域加热，该燃烧区域通常位于入口处。碳氢化合物通过另一个入口输送到反应器中，与蒸发原料通过盘管连通。重整催化剂（例如 BASF 催化剂 K3-110 或 ICI 催化剂 52-8）与气化的进料流反应并在氢选择性渗透膜的分离区附近产生混合气流，所述氢选择性渗透膜具有端盖并由一个拉力弹簧支撑。通过膜的混合气流一部分形成富氢气流，其余部分形成副产品流。富氢气流在渗透区域的管状膜内行进进入提纯区提纯，副产品流则可以直接用于或存储用于其他应用，例如作为燃烧燃料为反应器提供部分或全部加热热量需求。

(2) 一种高效生产的新型固定床膜反应器

大阪燃气自 1992 年以来一直致力于开发用于氢气生产的膜重整器。Shirasaki 等人开发了一种固定床膜重整反应器系统，用于从天然气中高效生产氢气。重整器的制氢规模为 40m³/h，并具有多管矩形结构，由 112 个均匀排列的反应管组成，如图 35-9-4 所示。两个燃烧器的燃烧炉连接在重整器下方，炉内产生的高温气体向上流动并将反应器管加热至设定温度，每个反应管具有两个平面型膜组件。重整器中采用负载在氧化铝上的 Ni 基催

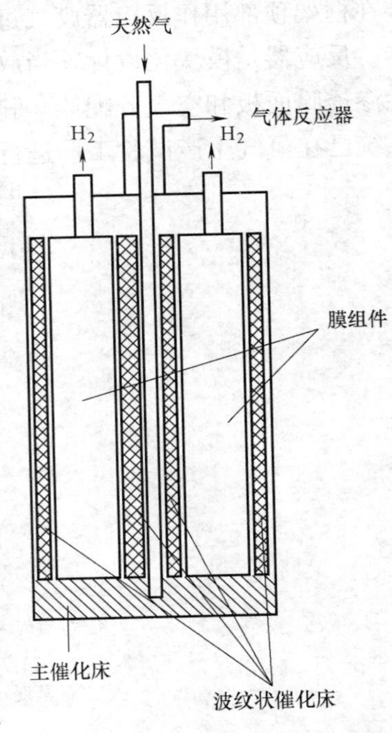

图 35-9-4 Shirasaki 等人的固定床膜反应器管的示意图

化剂，该催化剂有两种形式：一种是主催化剂床中直径为 2～3mm 的颗粒形式，另一种是以特别设计的并靠近膜组件放置的整体波纹形式，以防止催化剂和膜之间的摩擦造成膜表面的机械损伤。天然气和蒸汽通过两个膜组件之间的管道进入反应器。管延伸至反应器的封闭端，其中粒状镍基催化剂作为主要重整催化剂进行填充。工艺气体通过膜表面和催化剂之间的通道，同时进行重整反应和氢气分离，分离的氢气和剩余的废气由集管汇集。

2. 流化床膜反应器

流化床膜反应器较固定床膜反应器具有更多优点，因此在氢气生产领域已成为潜力更大的反应器。主要有以下几种优点：

① 更好的气固接触和传热能力，从而减少传质传热限制。

② 更灵活膜反应器结构可以使膜面积最大化。

③ 大大降低压降，催化剂颗粒可以小得多，则催化剂因子的效果将大大提高。

④ 氧气作进料更适合甲烷（或其他碳氢化合物）的自热重整，降低形成热点和破坏膜的可能性。

流化床膜反应器具有更理想的制氢性能，因此许多研究人员开发了多种新型流化床膜反应器以加强其优点，如新的模块化设计，改进的进料方法，化学循环重整，再生催化剂等。以下是一些典型的流化床反应器。

（1）一种模块化的新型柔性结构流化床膜反应器

Xie 等人开发和构建了一个紧凑型流化床膜反应器，如图 35-9-5 所示的。该反应器包含 6 个 H_2 选择性渗透膜面板和一个催化剂框架。一边金属板配置有三个隔膜板和三个空气分配器，而另一金属板均为隔膜板，催化剂框架的厚度为 25.4mm。烧结的不锈钢管安装在框架顶部用作反应器废气过滤器。另一个烧结不锈钢管安装在框架底部作为进料分配器。反应器是模块化设计，当放大反应器时，可以方便地添加更多的膜板（具有 H_2 选择性渗透膜面板和空气分配器）和催化剂骨架。每个分配器的空气流量都是单独控制的。该系统已在氢气生产试验工厂进行了集成测试。

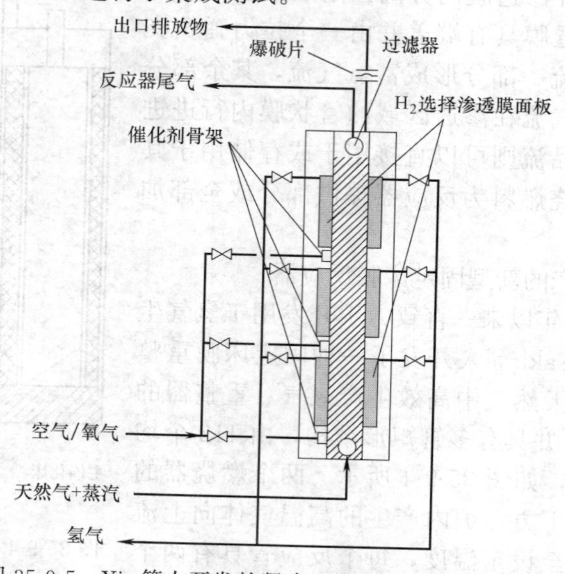

图 35-9-5　Xie 等人开发的紧凑型模块化流化床膜反应器

(2) 一种新型的内循环流化床反应器

Grace 等人开发了一种内部循环流化床膜反应器，该反应器在自热操作过程中引入空气，同时避免了空气中的氮气稀释合成气中氢气的浓度。反应器的设计如图 35-9-6 所示。催化剂颗粒在中心膜挡板区通过气体向上输送，并在该区域中进行蒸汽天然气重整反应以产生 H_2，然后通过 H_2 选择性渗透膜面板析出 H_2。空气被注入位于隔膜上方的顶部氧化区或反应器的外环中。氧化反应产生的大部分热量被催化剂颗粒吸收，催化剂颗粒通过外环区域向下循环。在底部，被加热的催化剂颗粒被从反应器底部进入的反应气体再次夹带到中央重整区。循环催化剂的过量显热传递至底部，提供蒸汽天然气重整所需的热量。他们设计并建造了一个制氢工业示范装置。该装置设计超纯氢的生产能力为 $15m^3/h$，反应器在 650℃和 1.5MPa 下运行，蒸汽与碳之比为 3∶1。该装置建成后，在温哥华加拿大燃料电池创新中心国家研究委员会（NRC）成功投入使用。

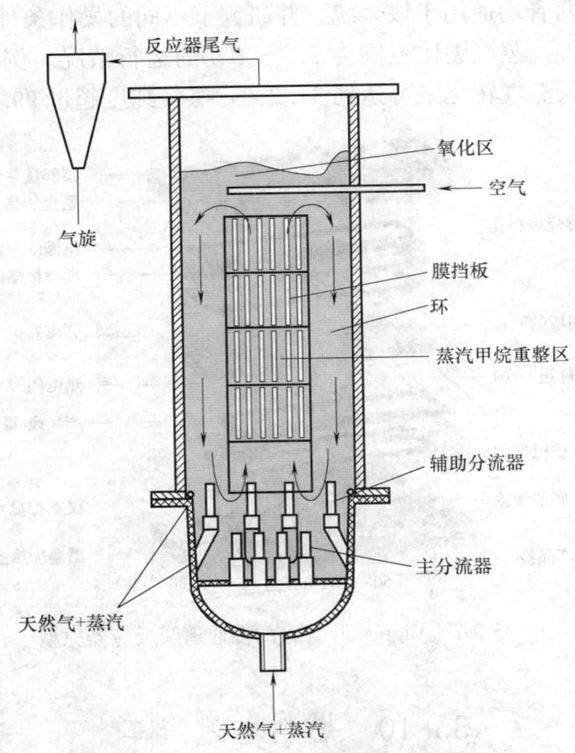

图 35-9-6 Grace 等人的内部循环流化床膜反应器

3. 微通道膜反应器

微反应器是亚微米尺寸的微结构反应器。与常规反应器相比具有较多优势，如运输距离短使得从流体本体到反应器和膜壁的质量和传热阻力较小，具有更高的表面体积比，较强的反应性能和更灵活的流动模式。因此开发用于碳烃化合物产氢的微反应器已经受到越来越多的关注。微反应器还具有其他优点，例如工艺优化简单，设计实施快，通过复制更容易安全的扩大生产规模。许多微反应器已经被提出并且用于包括天然气重整，甲醇重整，乙醇重整，乙二醇重整等烃重整的产氢测试。微通道反应器由于具有相对较小的压降被广泛设计制造。微结构膜反应器结合了膜反应器和微反应器的优点，在小型紧凑设备中具有较大的膜面积，避免了膜变形和裂纹，大大强化了生产过程，并且由于较快的传质传热速率可以在较低的温度下运行。下面介绍一种新型的多通道膜反应器。

Vigneault 等人设计并制造了一种多通道膜反应器，通过天然气蒸汽吸热重整进行小规模制氢，并通过天然气催化燃烧气体通道提供天然气蒸汽重整反应所需的热量。采用了一种空气喷涂的新型热衬底涂层方法，研究了含有重整和燃烧催化剂颗粒的通道涂层。如图 35-9-7 所示，主要部件是用于传热、进料分配、产品分离的分离器。分离器还用于固定每侧有五个凹槽的催化剂板，同时可以监测重整和燃烧的温度分布，并且设有四个取样口。该反应器包括一个重整通道，一个燃烧通道和一个厚度为 25μm 的单面 Pd-Ag 膜等，并在每个通道中采用了涂层催化剂层。对于重整催化剂，使用了 Ru（7%）、MgO（4%）、La_2O_3（4%）和 γ-Al_2O_3 且展现了良好的性能。对于燃烧催化剂，测试了商业型的 Pd（1%）、γ-Al_2O_3（5%）催化剂及实验室制造的 Pd（5%）La_2O（44%）MgO（4%）和 γ-Al_2O_3，两者均适用于该系统。并研究了不同的操作条件下，如反应器压力范围为 0.12～0.843MPa，蒸汽碳比范围为 2.7～4.0 的运行情况。例如重整器在 1.54MPa 和 570℃下运行时，天然气转化率可达到 91.2%，氢气纯度超过 99.99%。

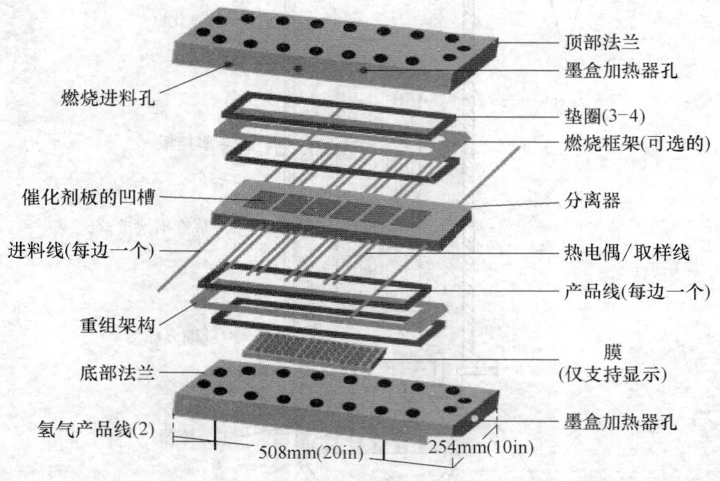

图 35-9-7　Vigneault 等人的多通道膜反应器原型

35.10　燃料电池汽车

汽车行业整个产业链上包括了 100 多个相关产业。上游原材料部分有钢铁、橡胶、电子、机械等行业，下游部分则涉及汽车经销、保险、金融、加油站、旅馆等行业，整车厂处于核心位置。燃料电池汽车的产业链在传统汽车产业链的基础上进行延伸，形成了一条全新的产业链条。上游主要增加了燃料电池、储氢罐、电机、电控系统等部件，下游则增加了制氢、加氢站修建、电池回收等产业（图 35-10-1）。

上游燃料电池、电机及电控系统作为燃料电池汽车产业链中最关键、最核心环节，占据了整个产业价值链的高端部分。在燃料电池汽车的成本构成中，电力驱动系统（包括燃料电池系统和电机驱动系统）的占比最高，是当前发展燃料电池汽车的最大掣肘，其产业

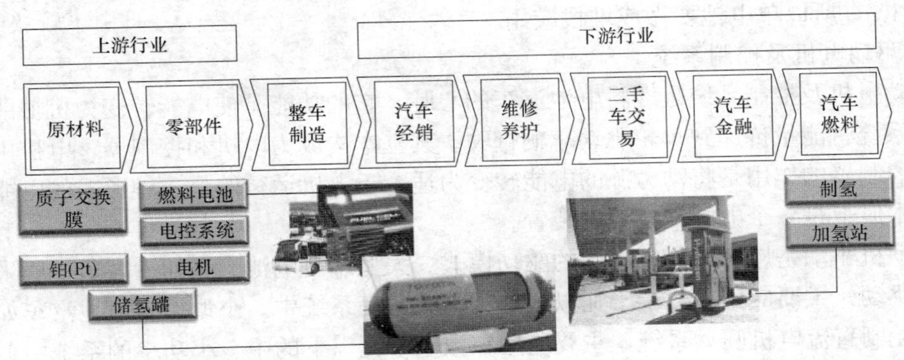

图 35-10-1 燃料电池汽车产业链

链上的任何一个技术突破都将带来整个燃料电池汽车产业的发展。

35.10.1 工作原理及核心设备

燃料电池汽车是电动汽车的一种，通过氢气和氧气发生电化学反应将化学能转化为电能，进而驱动汽车行驶。其动力系统主要由燃料电池、高压储氢罐、电动机/发电机、动力蓄电池等组成。燃料电池作为主要能量源发电，并通过电机驱动车辆行驶（图 35-10-2)。

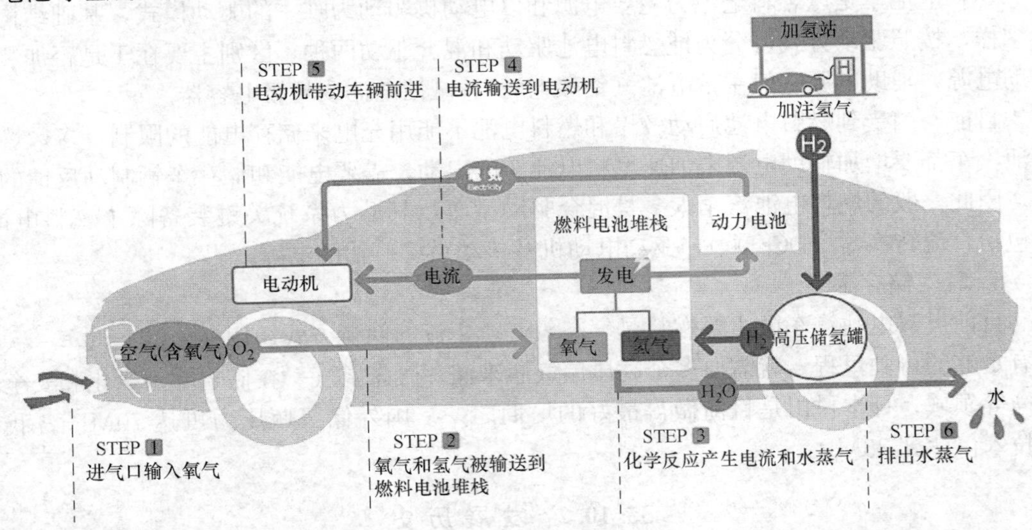

图 35-10-2 日本丰田 Mirai 燃料汽车工作原理图

燃料电池电动汽车的核心设备及技术主要包括以下几项。

1. 燃料电池系统

单独的燃料电池堆是不能发电并用于汽车的，它必须和燃料供给与循环系统、氧化剂供给系统、水/热管理系统和一个能使上述各系统协调工作的控制系统组成燃料电池发电系统，简称燃料电池系统。一般包括：燃料电池堆栈、燃料处理器、功率调节器、空气压缩机。

燃料电池堆栈是燃料电池动力系统的最核心部件，它由多个燃料电池通过一定的方式结合起来，形成通过电化学反应产生直流电的燃料电池组。一个单独的燃料电池产生的电压低于1V，所以单电池要做成堆栈应用。

2. 驱动电机及控制系统

驱动电机及控制系统是燃料电池汽车的心脏，它的功能是使电能转变为机械能，并通过传动系统将能量传递到车轮驱动车辆行驶。其基本构成为电机和控制器，电机由控制器控制，控制器的作用是将动力源的电能转变为适合于电机运行的另一种形式的电能，所以控制器本质上是一个电能变换控制装置。

电动机驱动是燃料电池车唯一的驱动模式。大型燃料电池汽车如大客车一般采用感应电动机驱动，主要应用在数十千瓦以上的中、大功率系统中。小型燃料电池汽车如乘用车一般用无刷直流电机驱动系统，主要应用在数十千瓦以下的中、小功率的系统中。

3. 整车控制系统

燃料电池汽车的整车控制系统和其他类型的新能源汽车一样，负责对燃料电池系统、电动机驱动系统、动力转向系统、反馈制动系统和其他辅助系统进行监测和管理，也可以向智能化和数字化方向发展，包括神经网络、模糊运算和自适应控制等非线性智能控制技术都可以应用于燃料电池汽车的控制系统中。因此，燃料电池汽车一样可以发展无人驾驶或智能驾驶。

4. 辅助电源

燃料电池车是以燃料电池为主要电源和以电动机驱动为唯一的驱动模式，基础结构多种多样，按照驱动方式可分为纯燃料电池驱动和混合驱动两种，区别主要在于是否加装了辅助电源，辅助电源一般用蓄电池（铅酸电池）、碱性电池或超级电容器。

目前，因受到燃料电池启动较慢和燃料电池不能用充电来储存电能的限制，多数燃料电池汽车都要增加辅助电源来加速燃料电池车的启动，需要电能和储存车辆制动反馈的能量。因此一般的燃料电池汽车大多是混合驱动型车，其动力系统关键装备除了燃料电池，还包括直流转换器（DC/DC）、驱动电动机及传动系统、辅助电源。

5. 氢气储存罐

目前燃料电池汽车的主要燃料是气态氢气，主流的储氢方式还用高压储。汽车一次充气有足够的行驶里程，就需要多个高压储气瓶来储存气态氢气。在储氢罐轻量化和安全防碰撞等领域，日本村田是目前做得最好的厂商之一。国外储氢瓶压力可达70MPa，我国的技术仅达到35MPa。

35.10.2　发展历史

1801年，燃料电池诞生，但真正作为动力用于驱动运输机械是在一个多世纪以后的1959年，世界第一款搭载燃料电池的运输机械—阿利斯·查尔默斯拖拉机（Allis-Chalmers Tractor）问世。自此，燃料电池汽车便开始出现在公众视野。燃料电池汽车经历了50多年的发展历程，2008年前后燃料电池汽车开始进入商业化阶段。

这一时期最大的特点就是各类燃料电池汽车开始小批量商业化运行，同时加速推进配套基础设施加氢站的建设。2008年，本田FCX Clarity开始在美国加州采用租赁的方式推广，月租金600美元，是第一款可市场销售的燃料电池汽车，同年，在北京奥运会上，20辆上海大众帕萨特燃料电池汽车用于示范运行。2009年9月，戴姆勒、福特、通用、本田、现代-起亚、日产-雷诺、丰田等七大全球汽车制造商签署谅解备忘录，将2015年作为大举推进燃料电池汽车量产的时间节点，在 2015 年之前建造足够的加氢站，以达到燃料电池汽车商业化对基础设施网络的密度要求（表 35-10-1）。

燃料电池汽车 表 35-10-1

汽车公司及型号	行驶里程(km)	时速(km/h)	时间(年)	备注
通用 C Han divan	240	115	1966	全球第一款
戴姆勒 F800 Style	600	180(max)	2010	
现代 ix35	594	160(max)	2010	
戴姆勒 F125	1000		2011	概念车
丰田 FCV-R	700		2011	商业化
大众 A7			2013	在 A7 上试验
本田 Clarity	589		2016	

2014 年 12 月 15 日，丰田燃料电池汽车 Mirai 在日本国内正式销售，售价为 720 万日元，扣除补贴后的实际售价为 520 万日元（折合人民币约 31 万元）左右。性能方面，加氢时间仅 3min，续驶里程 483km，0～96km/h 加速时间为 9s，最低工作温度为－22℃，与传统汽车相当。其使用的燃料电池组输出功率密度为 3.1kW/L。截至 2016 年，全球燃料电池汽车注册量为 2312 辆。

35.10.3 特点分析

与传统内燃机汽车以及纯电动汽车相比，燃料电池电动汽车具有以下优点：

(1) 效率高。燃料电池的工作过程是化学能转化为电能的过程，不受卡诺循环的限制，能量转换效率较高，可以达到 30%以上，而传统汽油机和柴油机汽车效率分别为 16%～18%和 22%～24%。

(2) 续驶里程长。采用燃料电池系统作为能量源，克服了纯电动汽车续驶里程短的缺点，其长途行驶能力及动力性已经接近于传统汽车。

(3) 绿色环保。燃料电池没有燃烧过程，以纯氢作燃料，汽车本身的生成物只有水，属于零排放。采用其他富氢有机化合物用车载重整器制氢作为燃料电池汽车的燃料，生成物除水之外还可能有少量的 CO_2，接近零排放。

(4) 过载能力强。燃料电池除了在较宽的工作范围内具有较高的工作效率外，其短时过载能力可达额定功率的 200%或更大。

(5) 低噪声。燃料电池属于静态能量转换装置，除了空气压缩机和冷却系统以外无其他运动部件，因此与内燃机汽车相比，运行过程中噪声和振动都较小。

燃料电池汽车与其他汽车性能对比分析如表 35-10-2 所示。

燃料电池汽车与其他汽车性能对比分析 表 35-10-2

性能	内燃机(汽油)汽车	锂电池汽车	燃料电池(氢气)汽车
环保			
启动—碳排放(CO_2,g/km)	70～300	0～120	10～200
行驶—碳排放(CO_2,g/km)	150	0	0
电池回收技术	非常成熟	暂无成熟技术	可行

续表

性　　能	内燃机(汽油)汽车	锂电池汽车	燃料电池(氢气)汽车
能量效率			
燃料能量密度(MJ/kg)	43	＜1	200
系统能量密度(MJ/kg)	—	140	500
行驶500km所需燃料质量(kg)	40	600	5
驾驶与基建成本			
动力成本(元/kW)	100	—	350
使用成本(元/百 km)	40～60	10～15	50～70
加油/电/氢成本(不含土地,万元)	300～600	300～500	500～1000
500万台车的基建投资规模(亿元)	40	1000	550
性能指标			
低温启动(℃)	−30	−20	−30
续驶里程(km)	500	300	500
寿命(年)	10	5	10
能量补充时间(min)	5	＞30	5

燃料电池汽车的缺点主要包括以下几点：

(1) 燃料电池汽车的制造成本和使用成本过高，国内的约3万元/kW，国外成本约3000美元/kW，与传统内燃机仅200～350元/kW相比，差距巨大。使用成本过高，例如高纯度（99.999%）高压氢（＞20MPa）1kg售价80～100元，按1kg氢可发10kWh电能计算，仅燃料即约为10元/kWh，按燃料电池发动机工作寿命1000h计算，折旧费为30元/kWh。所以总的动力成本达40元/kWh。目前由燃料电池发动机提供1kWh电能的成本远高于各种动力电池，这从侧面反映了作为汽车动力源，燃料电池还有相当的距离。

(2) 辅助设备复杂，且质量和体积较大。目前普遍采用的氢气为燃料的燃料电池汽车，因需要高压、低温和防护的特种储存罐，导致体积庞大，也给燃料电池汽车的使用带来了许多不便。在以甲醇为燃料的燃料电池汽车中，经重整器出来的“粗氢气”含有使催化剂“中毒”失效的少量有害气体，必须采用相应的净化装置进行处理，增加了结构和工艺的复杂性，并使系统变得笨重。

(3) 起动时间长，系统抗振能力有待进一步提高。采用氢气为燃料的燃料电池汽车起动时间一般需要3min，而采用甲醇或者汽油重整技术的燃料电池汽车则长达10min，比起内燃机汽车起动的时间长得多，影响其机动性能。此外，当燃料电池汽车受到振动或者冲击时，各种管道的连接和密封的可靠性需要进一步提高，以防止泄漏，降低效率，严重时引发安全事故。

35.11 加 氢 站

加氢站的发展直接制约燃料电池汽车的发展。加氢站站内外的工艺流程、等级划分、与其他站的合建等应符合国家相关规范标准规定。加氢站的主流技术路线包括电解水制氢、天然气制氢及外供氢技术。加氢站建设的核心设备分为氢气压缩机、高压储氢罐、氢气加注机。

35.11.1 加氢站工艺

1. 加氢站工艺流程

加氢站系统依据不同的功能，可分为调压（计量）装置、干燥系统、氢气压缩系统、储气系统、售气加注系统和控制系统 6 个主要子系统（图 35-11-1）。加氢站通过外部供氢和站内制氢获得氢气后，经过调压干燥系统处理后转化为压力稳定的干燥气体，随后在氢气压缩机的输送下进入高压储氢罐储存，最后通过氢气加注机为燃料电池汽车进行加注。

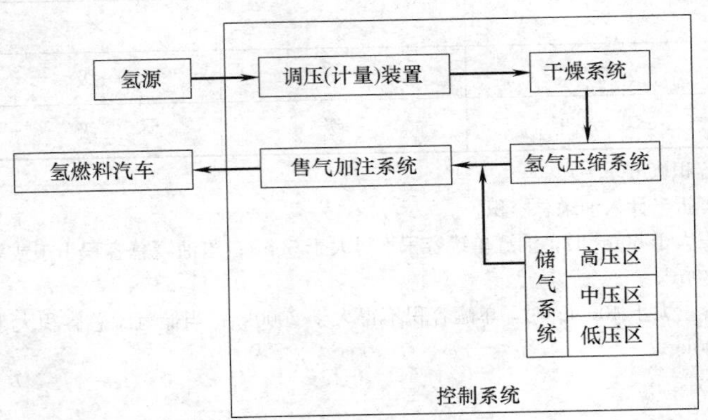

图 35-11-1 加氢站工艺流程示意图

2. 加氢站的等级划分

加氢站按照储氢罐容量可以分为三级。如表 35-11-1 所示。

加氢站的等级划分 表 35-11-1

等级	储氢罐容量(kg)	
	总容量 G	单罐容量
一级	$4000<G\leqslant8000$	≤2000
二级	$1000<G\leqslant4000$	≤1000
三级	≤1000	≤500

加氢站内储氢罐容量应根据氢气来源、氢能汽车数量、每辆汽车的氢气充装容量和充装时间以及储氢罐压力等级等因素确定。在城市建设区内的储罐总容量不得超过 1000kg。

3. 加氢站合建站

加氢加气合建站的等级划分如表 35-11-2 所示。加氢加气合建站中的天然气加气站与天然气储配站合建时，应符合《城镇燃气设计规范》GB 50028 的有关规定。

加氢加气合建站的等级划分 表 35-11-2

等级	储氢罐容量(kg)		管道供气的加气站储气设施总容积(m^3)	加气子站储气设施总容积(m^3)
	总容量 G	单罐容量		
一级	$1000<G\leqslant4000$	≤1000	≤12	≤8
二级	≤1000	≤500		

注：管道供气的加气站储气设施总容积是各个储气设施的结构容积和水容积之和。

加氢加油合建站的等级划分，如表 35-11-3 所示。

加氢加油合建站的等级划分 表 35-11-3

加油站等级 / 加氢站等级	一级 ($120m^3<V\leqslant180m^3$)	二级 ($60m^3<V\leqslant120m^3$)	三级 ($30m^3<V\leqslant60m^3$)	四级 ($V\leqslant30m^3$)
一级	×	×	×	×
二级	×	一级	一级	一级
三级	×	一级	二级	三级

注：1. V 为油罐总容积（m^3）。

2. 柴油罐容积可折半计入油罐总容积。

3. 当油罐总容积大于 $60m^3$ 时，油罐单罐容积不得大于 $50m^3$；当油罐总容积小于或等于 $60m^3$，油罐单罐容积不得大于 $30m^3$。

4. 当储氢罐总容量大于 4000kg 时，单罐容积不得大于 2000kg；当储氢罐总容积大于 1000kg 时，单罐容量不得大于 1000kg。

5. ×表示不得合建。

加氢站与充电站合建时，其等级划分应符合表 35-11-4 的规定。

与充电站合建的加氢合建站的等级划分 表 35-11-4

充电站等级 / 加氢站等级	一级电池存储能量≥6800kWh,或单路配电容量≥5000kVA	二级 3400kWh≤电池存储能<6800kWh,或3000kVA≤单路配电容量<5000kVA	三级 1700kWh≤电池存储能<3400kWh,或1000kVA≤单路配电容量<3000kVA	四级电池存储能<1700kWh,或单路配电容量<1000kVA
一级	×	×	×	×
二级	×	一级	一级	二级
三级	×	二级	二级	三级

注：×表示不得合建。

4. 加氢站站址选择

加氢站的氢气工艺设施与站外建筑物、构建物的防火距离不应小于表 35-11-5 中规定。

加氢站的氢气工艺设施与站外建筑物、构建物的防火距离（m） 表 35-11-5

项目名称		储氢罐			氢压缩机、加氢机	放空管口
		一级	二级	三级		
重要公共建筑		50	50	50	50	50
明火或散发火花地点		40	35	30	20	30
民用建筑物保护类别	一类保护物	35	30	25	20	25
	二类保护物	30	25	20	14	25
	三类保护物	30	25	20	12	25
生产厂房、库房耐火等级	一、二级	25	20	15	12	
	三级	30	25	20	14	25
	四级	35	30	25	16	
甲类物品仓库，甲、乙、丙类液体储罐，可燃材料堆场		35	30	25	18	25
室外变电站		35	30	25	18	30
铁路		25	25	25	22	40
城市道路	快速路、主干路	15	15	15	6	15
	次干路、支路	10	10	10	5	10
架空通信线	国家一、二级	不应跨越，且不得小于杆高的 1 倍				
	一般					
架空电力线路	＞380V	不应跨越，且不得小于杆高的 1.5 倍				
	≤380V					

注：1. 加氢站的撬装工艺设施与站外建筑物、构筑物的防火距离，应按本表相应设施的防火间距确定。

2. 加氢站的工艺设施与郊区公路的防火距离应按城市道路确定；高速公路、Ⅰ级和Ⅱ级公路应按城市快速路、主干路确定；Ⅲ级和Ⅳ级公路应按城市次干路、支路确定。

3. 长管拖车固定车位与站外建筑物、构筑物的防火距离，应按本表储氢罐的防火距离确定。

4. 铁路以中心线计，城市道路以相邻路侧计。

5. 站内总平面布置

氢气加氢站的氢气工艺设施与站外建筑物、构筑物的防火距离应按照表 35-11-6 所示。

6. 压缩机布置与安全保护装置

(1) 加氢站的氢气压缩工艺系统应根据进站氢气输送方式确定，并应符合下列规定：

① 长管气瓶拖车供应氢气时，加氢站内应设增压用氢气压缩机，并按氢气储存或加注参数选用氢气压缩机和一定容量的储氢罐；

② 氢气管道输送供氢时，应按进站氢气压力、氢气储存或加注参数选用氢气压缩机和一定容量的储氢罐；

③ 用于氢燃料汽车或氢气天然气混合燃料汽车时，应根据所需氢气参数和储存或加

注参数选用氢气压缩机和一定容量的储氢罐。

（2）自产氢气采用压缩机进行高压储存时，氢气进入氢气压缩机前应设缓冲罐。

（3）氢气压缩机的选型和台数应根据氢气供气方式、压力、氢气加注要求，以及储氢罐工作参数等因素确定。加氢站应设置备用氢气压缩机。

（4）氢气压缩系统采用高增压方式直接向车载储氢罐充装氢气时，应对输送至储氢罐的氢气进行冷却。

（5）氢气压缩机的安全保护装置的设置，应符合下列规定：

① 压缩机进、出口与第一个切断阀之间，应设安全阀；

② 压缩机进、出口应设高压、低压报警和超限停机装置；

③ 润滑油系统应设油压过高、过低或油温过高的报警装置；膜式压缩机应设油温过高、过低报警装置；

④ 压缩机的冷却水系统应设温度和压力或流量的报警和停机装置；

⑤ 压缩机进、出口管路应设置置换吹扫口；

⑥ 采用膜式压缩机时，应设膜片破裂报警装置和停机装置。

（6）氢气压缩机卸载排气和各级安全阀的排气宜回流至压缩机前管路或压缩机前氢气缓冲罐。

（7）氢气压缩机各级冷却器，汽水分离器和氢气管道等排出的冷凝水，均应经各自的专用疏水装置汇集到冷凝水排放装置，然后排至室外。

（8）氢气压缩机的运行管理应采用计算机集中控制。

（9）氢气压缩机的布置，应符合下列要求：

① 设在压缩机间的氢气压缩机，易单排布置，其主要通道宽度不应小于1.5m，与墙之间的距离不应小于1m；

② 当采用橇装式氢气压缩机时，在非敞开的箱柜内应设置自然排气、氢气浓度报警、事故排风及其连锁装置等安全设施；

③ 氢气压缩机的控制盘、仪表控制盘等，宜设在相邻的控制室内。

7. 氢气储存系统及设备

（1）加氢站内的氢气储存系统的工作压力应根据车载储氢罐的充氢压力确定，当充氢压力为35～70MPa时，加氢站氢气储存系统的工作压力宜为35～100MPa。

（2）加氢站内的氢气储气设施宜选用专用固定式储氢罐或氢气储气瓶组。储氢罐或氢气储气瓶组应符合《钢制压力容器—分析设计标准》JB 4732的有关规定。

（3）加氢站内的储氢罐或氢气储气瓶组，压力宜按2～3级分级设置，各级容量应按各级储气压力、充氢压力和充装氢气量等因素确定。

（4）加氢站内宜选用同一规格型号的固定式储氢罐或长管氢气储气瓶组。当选用小容积氢气储气瓶时，每组氢气储气瓶组的总容积（水容积）不宜大于4m³，且瓶数不宜多于60个。

（5）固定式储氢罐安全设施的设置，应符合下列规定：

① 应设置安全泄压装置；

② 罐顶部应设置氢气放空管，放空管应设置2只切断阀和取样口；

③ 应设置压力测量仪表、压力传感器；

④ 缠绕式储氢罐应设置氢气泄露报警装置；

⑤ 应设置氮气吹扫置换接口。

(6) 氢气储气瓶组应固定在独立支架上，宜卧式存放。同组氢气储气瓶之间净距不宜小于 0.03m，氢气储气瓶组之间的距离不宜小于 1.5m。

(7) 储氢罐、氢气储气瓶组与站内汽车通道相邻时，相邻的一侧应设置安全防护栏或采取其他防撞措施。

(8) 加氢站氢气储气能力应满足供氢方式、供氢压力、储氢压力、压力等级与氢气充装量、充装压力以及均衡连续供气的要求。

8. 加氢机

(1) 氢气加氢机不得设在室内。

(2) 氢气加氢机的数量应根据所需加氢的氢能汽车数量和每辆汽车所需加注氢气量确定。

(3) 氢气加氢机应具有充装、计量和控制功能，并应符合下列规定：

① 加氢机额定工作压力应为 35MPa 或 70MPa；

② 加氢机充装氢气流量不应大于 5kg/min；

③ 加氢机应设置安全泄压装置；

④ 加氢机计量宜采用质量流量计计量，最小分度值为 10g；

⑤ 加氢机应设置与加氢系统配套的自动控制装置；

⑥ 加氢机进气管道上应设置自动切断阀。

(4) 加氢机附近应设防撞柱（栏）。

(5) 氢气加氢机的加气软管应设置拉断阀。

(6) 加气软管上的拉断阀、加气软管及软管接头等，应符合下列规定：

① 拉断阀在外力作用下分离后，两端应自行密闭；

② 加气软管机软管接头应选用具有抗腐蚀性能的材料。

9. 管道及放空

(1) 氢气管道材质应具有与氢相容的特性，宜采用无缝钢管或高压无缝钢管，并应符合《输送流体用无缝钢管》GB/T 8163、《高压锅炉用无缝钢管》GB/T 5310、《流体输送用不锈钢无缝钢管》GB/T 14976 和《工艺管道》ANSI/ASME B31.3、《一般用途的无缝和焊接不锈钢管》ASTM A269 的有关规定。

(2) 加氢站内的所有氢气管道、阀门、管件的设计压力应为最大工作夜里的 1.1 倍，并不得低于安全阀的泄放压力。

(3) 氢气管道的连接宜采用焊接或卡套接头；氢气管道与设备、阀门的连接，可采用法兰或螺纹连接等。螺纹连接处，应采用聚四氟乙烯薄膜作为填料。

(4) 氢气放空管的设置，应符合下列规定：

① 放空管应设置阻火器，阻火器后的放空短管应采用不锈钢材质；

② 放空管应引至集中排放装置，并应高出屋面或操作平台 2m 以上，且应高出所在地面 5m 以上；

③ 放空管应采取防止雨水侵入或杂物堵塞的措施。

(5) 加氢站内的室外氢气管道宜明沟敷设或直接埋地敷设。直接埋地敷设时，应符合《氢气站设计规范》GB 50177 的有关规定。

(6) 站区内氢气管道明沟敷设时，应符合下列规定：

① 管道支架、盖板应采用不燃材料制作；

② 不得与空气、汽水管道等共沟敷设；

③ 当明沟设有盖板时，应保持沟内通风良好，并不得有积聚氢气的空间。

(7) 制氢间、氢气压缩机间等室内氢气管道的敷设、安装等，应符合《氢气站设计规范》GB 50177 的有关规定。

10. 安全设施

(1) 加氢站氢气进气总管上应设紧急切断阀。手动紧急切断阀的位置应便于发生事故时及时切断氢气源。

(2) 加氢站内氢气系统、氢气设备上的安全阀泄放排气应回收再用；安全阀的开启压力应符合表 35-11-7 的规定。

安全阀的开启压力 **表 35-11-7**

序号	设计压力 p(MPa)	开启压力 p_0(MPa)
1	$p \leqslant 4.00$	$p_0 = 1.10p$
2	$4.00 < p \leqslant 25.00$	$p_0 = 1.05p$
3	$25.00 < p \leqslant 75.00$	$p_0 = p + 1.25$

(3) 加氢站内固定车位停放的氢气长管拖车，宜按《加氢站技术规范》GB 50516 的规定设置安全保护措施。

(4) 储氢罐或者氢气储气瓶组与加氢枪之间，应设置切断阀、氢气主管切断阀、吹扫放空装置、紧急切断阀、供气软管和加氢切断阀等。

(5) 储氢罐或氢气储气瓶组应设置与加氢机相匹配的加氢过程自动控制的测试点、控制阀门、附件等。

(6) 氢气系统和设备，均应设置氮气吹扫装置，所有氮气吹扫口前应配置切断阀、止回阀。吹扫氮气中含氧量不得大于 0.5%。

35.11.2 主流氢源技术路线

当前城市加氢站的技术路线可分为三类：电解水制氢、天然气重整制氢和外供氢技术。

1. 电解水制氢

电解水制氢的技术目前已经十分成熟，欧洲大多数加氢站都采用这种技术。电解水制氢装置利用电力将水分解成氢气和氧气后，利用压缩机将氢气以高压形式储存在储罐中，通过加氢机完成向燃料电池大客车的氢气加注。由于回收成本的问题，制氢过程中所生成的氧气一般都直接排放到大气中（图 35-11-2）。

氢气加氢站的氢气工艺设施与站外建筑物、构建物的防火距离（m）　　表 35-11-6

设施名称		汽柴油罐		储氢罐			制氢间	压缩天然气储气瓶组(储气井)	可燃气体放空管管口	密闭卸油点	可燃气压缩机间	可燃气调压阀组间	天然气脱硫脱水装置	加油机	加氢机、加气机	站房	消防泵房和消防水池取水口	其他建筑物、构建物	燃气(油)热火炉间、燃气厨房	变配电间	道路	站区围墙
		埋地油罐	通气管管口	一级站	二级站	三级站																
汽、柴油罐	埋地油罐	—	—	6.0	4.0	3.0	5.0	6.0	6.0	—	6.0	6.0	5.0	—	4.0	4.0	10.0	5.0	8.0	5.0	—	—
	通气管管口	—	—	8.0	6.0	6.0	6.0	8.0	6.0	3.0	6.0	6.0	5.0	—	8.0	4.0	10.0	7.0	8.0	5.0	—	—
储氢罐	一级站	—	—	—	—	—	15.0	5.0	—	12.0	9.0	5.0	5.0	10.0	10.0	10.0	30.0	12.0	14.0	12.0	5.0	5.0
	二级站	—	—	—	—	—	10.0	5.0	—	10.0	9.0	5.0	5.0	8.0	8.0	8.0	20.0	12.0	12.0	10.0	4.0	5.0
	三级站	—	—	—	—	—	8.0	5.0	—	8.0	9.0	5.0	5.0	6.0	6.0	8.0	20.0	12.0	12.0	9.0	3.0	5.0
制氢间		—	—	—	—	—	—	12.0	—	—	9.0	9.0	9.0	4.0	4.0	15.0	15.0	15.0	14.0	12.0	5.0	3.0
压缩天然气储气瓶组(储气井)		—	—	—	—	—	—	1.5 (1.0)	—	—	3.0	3.0	5.0	6.0	6.0	5.0	6.0	10.0	14.0	6.0	4.0	3.0
可燃气体放空管管口		—	—	—	—	—	—	—	—	6.0	—	—	—	6.0	6.0	5.0	6.0	10.0	14.0	6.0	4.0	3.0
密闭卸油点		—	—	—	—	—	—	—	—	—	6.0	6.0	5.0	—	4.0	5.0	10.0	7.0	8.0	6.0	—	—
可燃气压缩机间		—	—	—	—	—	—	—	—	—	—	4.0	—	—	4.0	5.0	8.0	10.0	12.0	6.0	2.0	2.0
可燃气调压阀组间		—	—	—	—	—	—	—	—	—	—	—	—	—	6.0	5.0	8.0	10.0	12.0	6.0	2.0	2.0
天然气脱硫脱水装置		—	—	—	—	—	—	—	—	—	—	—	—	5.0	5.0	5.0	15.0	10.0	12.0	6.0	2.0	3.0
加油机		—	—	—	—	—	—	—	—	—	—	—	—	—	4.0	5.0	6.0	8.0	12.0	6.0	—	—
加氢机、加气机		—	—	—	—	—	—	—	—	—	—	—	—	—	—	5.0	6.0	8.0	12.0	6.0	—	—
站房		—	—	—	—	—	—	—	—	—	—	—	—	—	—	—	—	6.0	—	—	—	—
消防泵房和消防水池取水口		—	—	—	—	—	—	—	—	—	—	—	—	—	—	—	—	6.0	—	—	—	—
其他建筑物、构建物		—	—	—	—	—	—	—	—	—	—	—	—	—	—	—	—	—	5.0	—	—	—
燃气(油)热火炉间、燃气厨房		—	—	—	—	—	—	—	—	—	—	—	—	—	—	—	—	—	—	5.0	—	—
变配电间		—	—	—	—	—	—	—	—	—	—	—	—	—	—	—	—	—	—	—	—	—
道路		—	—	—	—	—	—	—	—	—	—	—	—	—	—	—	—	—	—	—	—	—
站区围墙		—	—	—	—	—	—	—	—	—	—	—	—	—	—	—	—	—	—	—	—	—

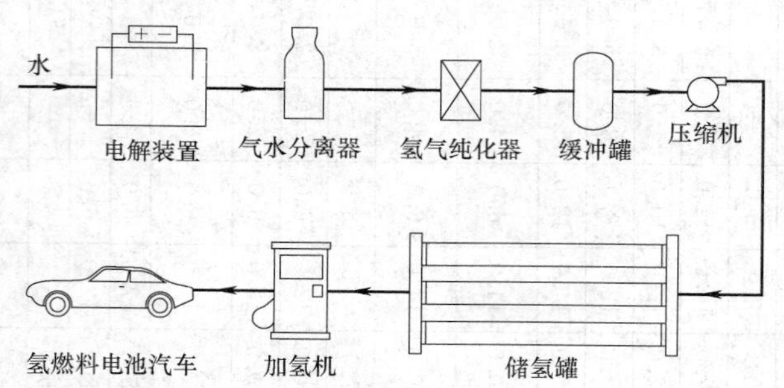

图 35-11-2　电解水制氢技术路线

电解水制氢技术已经发展得相当成熟，各个站均采用了高度集成的整体壳装式设备，十分便于安装，大大提高了自动化程度，同时减少了设备所占用空间。图 35-11-3 为阿姆斯特丹和汉堡站的电解水装置。

图 35-11-3　阿姆斯特丹和汉堡站的电解水装置

为了满足燃料电池大客车的用氢需要，所以各个加氢站电解水制氢装置的设计能力相当。表 35-11-8 为国外水电解制氢设备性能对比。

国外水电解制氢设备性能对比　　**表 35-11-8**

城市	斯德哥尔摩	雷克雅未克	阿姆斯特丹	汉堡
制氢能力(m^3/h)	60	60	60	60
电力供应(kW,AC)	400	390	390	400
电耗(kWh/m^3)	4.8±0.1	4.8±0.1	4.8±0.1	4.8±0.1
电解液(%KOH)	30	30	30	30
氢气压力(MPa)	1.0	1.2	1.0	1.2
设备可用率(%)	>90	98	98	98
尺寸 ($L\times W\times H$,m)	12.2×2.55×2.9 (含冷凝器)	7.7×2.5×4.3	12.2×2.55×2.9 (含冷凝器)	7.7×2.5×4.3

2. 天然气重整制氢

天然气重整制氢具有制氢成本低的优点，并能充分依托现有的天然气基础设施经验来发展氢能基础设施，但其设备初始投资较大、制备的氢气需要经过纯化工艺方能满足燃料电池的要求。大规模的天然气重整制氢（>1000m^3/h）已广泛应用于化工行业，加氢站站用规模（50～200m^3/h）的天然气重整制氢技术目前正在开发之中。与水电解制氢装置类似，整套装置集成在一个框架之内，便于运输和现场安装。天然气重整制氢技术路线见图 35-11-4。

重整制氢过程所使用的天然气来自天然气公司，天然气公司将未加硫的天然气用于重整制氢，由于天然气中不含硫，通过反应器设计和燃烧控制，能够有效地降低氮氧化物的生成。因此重整器的燃烧烟气中几乎没有 SO_x、NO_x 等污染物，烟气直接排放到大气中。图 35-11-5 为斯图加特站天然气重整制氢装置。

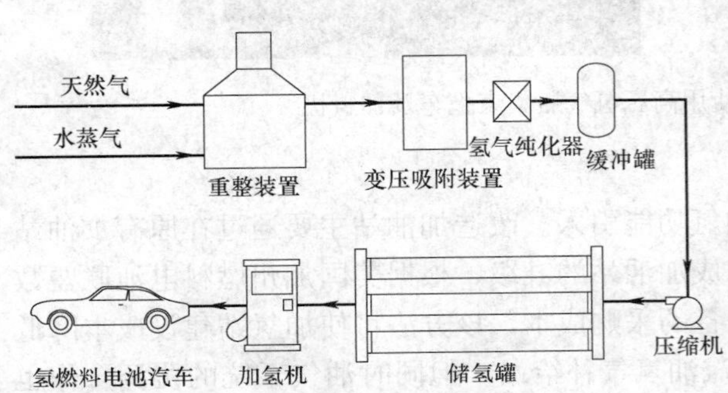

图 35-11-4 天然气重整制氢技术路线

图 35-11-5 斯图加特站天然气重整制氢装置

上述斯图加特站天然气重整制氢装置的性能参数如表 35-11-9 所示。

天然气重整制氢装置性能参数 **表 35-11-9**

制氢能(m^3/h)	天然气消耗(m^3/h)	水耗(kg/h)	电耗(kW)(380V)	尺寸($L\times W\times H$,m)
100	46.5	150	50	12×2.5×12

3. 外部供氢

外部供氢技术初始投资低、氢气来源是关键。使用外供氢气对燃料电池大客车进行加注，其氢气来自于钢铁企业的副产氢气，使用高压氢气瓶集束拖车运输（图 35-11-6）。

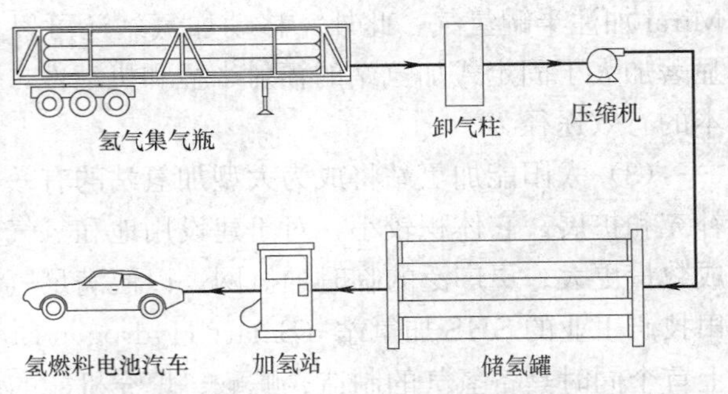

图 35-11-6 外部供氢技术路线

加氢站租借运输氢气的高压氢气瓶集束拖车，每辆拖车装有 18 个高压氢气瓶，每次可以 20MPa 的压力运送 4000m^3 的氢气。平时站区里停泊 2 辆拖车，另有 1 辆拖车往返加氢站和氢源之间，运送氢气，替换站内的空车。拖车上装有压力传感器，可以远程监测拖车里的氢气量。由于运送来的氢气已经有 20MPa 的压力，其压力完全可以满足给车辆添加燃料时中、低压加注的需要，运送来的一部分氢气可以在加氢机内压力逻辑控制盘的调节下直接向车辆加注，不需要通过高压氢气压缩机。当燃料电池客车车载气瓶的压力与拖车上气瓶的压力趋于平衡后，再启用站上压力为 43.8MPa 的高压氢气储罐中的氢气继续加注。这种方式可大大降低氢气压缩机的功耗，同时减少站上所需高压氢气储罐的容积。图 35-11-7 为卢森堡站所使用高压氢气瓶集束拖车及加氢机。

图 35-11-7　卢森堡站所使用高压氢气瓶集束拖车及加氢机

4. 其他新型加氢技术探索

(1) 加油站改建技术可实现低成本加氢功能引入。改造加油站主要通过在原有加油站引入高压储氢罐和压缩机等设备的方式完成加油站的升级，根据美国加州燃料电池联盟数据显示，由于节约了施工成本和通用性设备的采购成本，该方法将使加氢站建设成本降低 200 万美元，并且形成油气联供的综合性汽油氢气补给站，但同时油气系统的协调合作也对控制系统提出了更高的要求。

(2) 移动加氢站建设技术以较低的成本实现更大区域覆盖。移动式氢气站的建设成本仅为普通直接建设固定站点的 50%，对于扩大加氢站的覆盖面积和增加燃料电池汽车使用者的便利性具有十分重要的意义。2015 年 12 月，丰田公司与 Air Products 公司合作，在加州新建设的加氢站建成前，为消费者提供氢气燃料。Air Products 公司的移动加氢车使用蓄电池以及太阳能发电制氢，每车可以满足 30 多辆车的加氢需求，每次可以为丰田 Mirai 加注半罐氢气。此外，移动加氢站还可以与母站共同构成小型高压氢气加注网络，显著加大了固定式加氢站的辐射半径和机动性，是解决现有加氢站数量不足和节约建设成本的有效途径。

(3) 太阳能加氢站将成为大型加氢站的有效补充。太阳能加氢站是大型加氢站的有效补充和扩展。它体积较小，对于建设用地和氢气储藏设施没有额外特殊要求，它可以铺设成数量更大、更广泛的临时加氢网，以便满足氢燃料电池汽车的临时性加氢需要。日本本田技研工业的 SHS 加氢站（Smart Hydrogen Station）是典型的太阳能加氢站，也是世界上首个同时具备氢气的制造、贮藏、填充机能的设备，同时，也是这类设备中首个实用化的。此前，本田已经在琦玉市、北九州市与岩谷产业株式会社协力设置了由本田独自开发的 SHS 加氢站。

35.11.3　其他核心设备

氢气压缩机、高压储氢罐、加氢机是加氢站系统的三大核心装备。

(1) 氢气压缩机

将氢源加压注入储气系统的核心装置，输出压力和气体封闭性能是其最重要的性能指标。全球范围内来看，各种类型的压缩机都有使用。隔膜式压缩机输出压力极限可超过

100MPa，密封性能非常好，因此是加氢站氢气压缩系统的最佳选择。隔膜式氢气压缩机需采用极薄的金属液压驱动膜片将压缩气体与液油完全分离，液油压缩结构和冷却系统也较为复杂，技术难度远高于常规压缩机。

（2）高压储氢罐

加氢站储气系统的储氢容器，储气压力是其主要技术指标。氢气和传统工业气瓶的钢质内胆易发生氢脆反应，诱发容器壁裂纹生长，所以目前加氢站高压储氢罐主要采用碳纤维复合材料或纤维全缠绕铝合金制成的新型轻质耐压内胆，外加可吸收冲击的坚固壳体，容器壁复合材料复杂的制备和成型工艺是储氢罐制造的主要技术壁垒。

（3）加氢机

加氢机是燃料电池汽车加氢站氢燃料的核心设备，加注压力是其主要参数。加氢机的加注压力高于 20MPa 标准的天然气加注设备，氮气主要结构和工作原理与天然气加注机并无较大区别，相较于氢气压缩机和高压储氢罐而言，技术难度较小，未来的发展方向在于加注系统智能化和安全性的提高。

35.11.4 加氢站建设概况

根据 Trend bank 的数据显示，截至 2018 年 3 月，全球约有 318 座加氢站，其中亚洲约 129 座，欧洲约 126 座，北美约 63 座加氢站。日本是全球第一个加氢站超过 100 座以上的国家。中国目前已建成可运行的加氢站共有 10 个，分别位于北京、上海、深圳、郑州、大连、佛山、武汉等地。部分国家的加氢站建设情况如表 35-11-10 所示。

部分国家加氢站建设情况 **表 35-11-10**

加氢站名称	国家	运营时间（年）	氢气来源	储氢能力（kg）	储氢压力（MPa）	氢气加注压力（MPa）
北京中关村加氢站	中国	2006	电解水制氢	—	45	35
上海安亭加氢站	中国	2007	远程运输	800	43	35
深圳大运会加氢站	中国	2011	远程运输	300	43	35
郑州宇通加氢站	中国	2015	远程运输	210	45	35
OMV 加氢站	奥地利	2012	远程运输	50	—	70
Ringkobing 加氢站	丹麦	2008	远程运输	40	20	35
CEP HeerstraBe 加氢站	德国	2006	风能电解制氢、远程运输	—	—	35 、70 和 25
慕尼黑加氢站	德国	2006	远程运输	—	—	35 和 70
CEPTotal 加氢站	德国	2010	高压氢气供应、液氢，现场电解	—	—	35 和 70
Heidestea Be	德国	2012	远程运输，风能、生物制氢	200	—	70
赫尔蒙德加氢站	荷兰	2013	站内电解制氢	70	—	70
新墨西哥加氢站	美国	2005	站内风能、太阳能电解制氢	6	—	25
拉斯维加斯加氢站	美国	2002	站内天然气重整制氢	—	—	35

续表

加氢站名称	国家	运营时间（年）	氢气来源	储氢能力（kg）	储氢压力（MPa）	氢气加注压力（MPa）
Sunline 加氢站	美国	2000	站内蒸汽重整，太阳能电解制氢	453.5	—	35 和 70
斯特莉亚加氢站	日本	2006	站内天然气重整制氢	—	40	35
屋久岛本田加氢站	日本	2004	站内电解制氢	—	—	35
四国加氢站	日本	2002	站内电解制氢	—	—	35 和 25
丰田生态城加氢站	日本	2013	LPG 重整	—	40	35 和 70
大阪加氢站	日本	2002	站内天然气重整制氢	—	—	35 和 25
斯洛文尼亚加氢站	斯洛文尼亚	2013	站内电解制氢	40	20	35
萨拉戈萨加氢站	西班牙	2008	站内电解制氢	108	42	35 和 20
AJUSA 加氢站	西班牙	2012	远程运输	90	45	35
格拉摩根大学加氢站	英国	2011	远程运输	—	—	35
HYTEC 加氢站	英国	2012	远程高压氢气供应	—	—	35 和 70
ITM 加氢站	英国	2009	站内电解制氢	15	—	35

未来 5 年，全球主要国家将加快加氢站建设。到 2020 年，全球加氢站保有量将超过 435 座，2025 年有望超过 1250 座，日本、德国和美国分别有 320、400 和 320 座。中国计划到 2020 年达到 20 座。挪威、意大利和加拿大等国均有 5～7 座加氢站处于规划之中。全球主要国家运营加氢站数量见表 35-11-11。

全球主要国家运营加氢站数量（座） **表 35-11-11**

国家	2020 年	2025 年
日本	160	320
美国	75	320
德国	100	400
韩国	80	210
中国	20	—
合计	435	1250

35.12 本章有关标准规范

《加氢站技术规范》GB 50516

《加氢站安全技术规范》GB/T 34584

《城镇燃气设计规范》GB 50028

《钢制压力容器——分析设计标准》JB 4732

《输送流体用无缝钢管》GB/T 8163

《高压锅炉用无缝钢管》GB/T 5310

《流体输送用不锈钢无缝钢管》GB/T 14976

《工艺管道》ANSI/ASME B31. 3

《一般用途的无缝和焊接不锈钢管》ASTM A269

《氢气站设计规范》GB 50177

参考文献

[1] 刘凤君. 高效环保的燃料电池发电系统及其应用 [M]. 北京：机械工业出版社，2005.

[2] 王林山等. 燃料电池（第 2 版）[M]. 北京：冶金工业出版社，2005.

[3] 张学伟等. 质子交换膜燃料电池双催化层阴极 [J]. 电池. 2007（1）：17～18.

[4] 曹鹏贞等. 质子交换膜燃料电池流道设计 [J]. 电源技术. 2007（4）：341～343.

[5] 刘向等. 质子交换膜燃料电池膜电极组件性能分析 [J]. 上海航天. 2007（2）：61～64.

[6] 王晓思等. 功能型复合质子交换膜在燃料电池中的应用 [J]. 电池工业. 2007（6）：61～65.

[7] 孙雪丽等. 新型中温 SOFC 阴极材料 $S_{m0.5}$ $S_{r0.5}$ VO_4 的制备与性能分析 [J]. 大连海事大学学报. 2007（5）：20～22，52.

[8] 王康等. 单室固体氧化物燃料电池 [J]. 化学进展. 2007（3）：267～275.

[9] ガスエネルギー新聞. 1999～2003.

[10] Kikuchi E. Membrane reactor application to hydrogen production [J]. Catalysis Today. 2000，56（1-3）：97-101.

[11] Shao L，Low B T，Chung T S，et al. Polymeric membranes for the hydrogen economy：contemporary approaches and prospects for the future [J]. Journal of Membrane Science. 2009，327（1-2）：18-31.

[12] Choudhury M B I，Ahmed S，Shalabi M A，et al. Preferential methanation of CO in a syngas involving CO_2 at lower temperature range [J]. Applied Catalysis A：General. 2006，314（1）：47-53.

[13] Dagle R A，Wang Y，Xia G G，et al. Selective CO methanation catalysts for fuel processing applications [J]. Applied Catalysis A：General. 2007，326（2）：213-218.

[14] Korotkikh O，Farrauto R. Selective catalytic oxidation of CO in H2：fuel cell applications [J]. Catalysis Today. 2000，62（2-3）：249-254.

[15] Oh S H，Sinkevitch R M. Carbon monoxide removal from hydrogen-rich fuel cell feedstreams by selective catalytic oxidation [J]. Journal of Catalysis. 1993，142（1）：254-262.

[16] A. Mahecha-Botero，Z. Chen，J. R. Grace，et al.，Comparison of fluidized bed flow regimes for steam methane reforming in membrane reactors：A simulation study [J]. Chemical Engineering Science，doi：10. 1016/j. ces. 04. 044，(2009).

[17] Z. Chen，J. R. Grace，C. J. Lim，A. Li，Experimental studies of pure hydrogen production in a commercialized fluidized bed membrane reactor with SMR and ATR catalysts，International [J] Journal of Hydrogen Energy，32，2359-2366，(2007).

[18] Edlund，D. J.，Pledger，W. A.，Studebaker，R. T.，2003. Hydrogen purification membranes，components and fuel processing systems containing the same [P]. U. S. Patent，6537352 B2.

[19] Shirasaki，Y.，Tsuneki，T.，Ohta，Y.，Yasuda，I.，Tachibana，S.，Nakajima，H.，Kobayashi，K.，2009. Development of membrane reformer system for highly efficient hydrogen production from natural gas [J]. Int. J. Hydrogen Energy 34，4482-4487.

[20] Hwang，K. R.，Lee，S. W.，Lee，D. W.，Lee，C. B.，Ji，S. M.，Park，J. S.，2014. Bi-functional

hydrogen membrane for simultaneous chemical reaction and hydrogen separation [J]. Int. J. Hydrogen Energy 39, 2614-2620.

[21] Gallucci, F., Fernandez, E., Corengia, P., van Sint Annaland, M., 2013. Recent advances on membranes and membrane reactors for hydrogen production [J]. Chem. Eng. Sci. 92, 40-66.

[22] Xie, D., Adris, A. M., Lim, C. J., Grace, J. R., 2009. Test on a two-dimensional fluidized bed membrane reactor for autothermal steam methane reforming [J]. Acta Energiae Solaris Sinica 30, 704-707.

[23] Grace, J. R., Lim, C. J., Adris, A. M., Xie, D., Boyd, D. A., Wolfs, W. M., Brereton, C. M. H., 2006. Internally circulating fluidized bed membrane reactor system [P]. U. S. Patent, 7141231 B2.

[24] Vigneault, A., Grace, J. R., 2015. Hydrogen production in multi-channel membrane reactor via steam methane reforming and methane catalytic combustion [J]. Int. J. Hydrogen Energy 40, 233-243.

[25] Du, X., Shen, Y., Yang, L., Shi, Y., Yang, Y., 2012. Experiments on hydrogen production from methanol steam reforming in the microchannel reactor [J]. Int. J. Hydrogen Energy 37, 12271-12280.

[26] Hou, T., Zhang, S., Xu, T., Cai, W., 2014. Hydrogen production from oxidative steam reforming of ethanol over Ir/CeO2 catalysts in a micro-channel reactor [J]. Chemical Engineering J. 255, 149-155.

[27] D'Angelo, M., Ordomsky, V., Paunovic, V., van der Schaaf, J., Schouten, J. C., Nijhuis, T. A., 2013. Hydrogen production through aqueous-phase reforming of ethylene glycol in a wash coated micro channel [J]. ChemSusChem 6, 1708-1716.

[28] 华融证券. 产业化黎明到来，15年成世界燃料电池汽车元年 [R]. 北京，2015.

[29] 国金证券. 成本下降路径：国产化、规模经济和技术进步 [R]. 上海，2016.

[30] 曹文学. 车载吸附储氢系统的设计与研究 [D]. 上海交通大学，2010.

[31] 华泰证券. 加氢站投资模式及技术路线研究 [R]. 上海，2016.

[32] 冼静江，林梓荣，赖永鑫. 加氢站工艺和运行安全 [J]. 煤气与热力，2017，32 (9)：B01-B06.

第 36 章　燃 气 安 全

燃气设施的运转有正常与非正常状态，非正常状态的一类严重事态就是燃气泄漏—扩散—产生危害效应（人员中毒，火灾爆炸等）这样一种事故链，形成严重的安全问题。为防止燃气设施出现安全灾害，有必要在设施建设、运行之中采取广泛的系统的预防措施。它包括建设阶段的全面的安全设计（总图、建筑形式、材料、公用设施、防火防爆专项等），以及运行阶段的设备和管路吹扫、惰化、防雷防静电、通风、喷淋、维修放散等安全流程和措施。前者在本手册各相关章节中都已作为重点的内容加以说明和论述；本章将就燃气设施事故链和投产运行阶段的安全性预防方面的内容作一系统说明与论述。

36.1　燃 气 泄 漏

36.1.1　液体泄漏源模型

燃气经常以加压液化或者低温液化的形式储存在压力容器内，例如液化石油气和液化天然气，对于液体从压力容器液相空间的泄漏，可以采用液体泄漏模型进行计算。

36.1.1.1　液体穿孔泄漏（上游压力不变的管道和储罐）

液体穿孔泄漏模型如图 36-1-1，液体泄漏过程各能量满足机械能守恒方程，假定上游压力恒定不变，当流体泄漏流出时，在泄漏过程中液体压力被转换为动能。由于流动的液体和壁面之间存在摩擦，液体中的一些动能被转化成热能，导致速度变小。

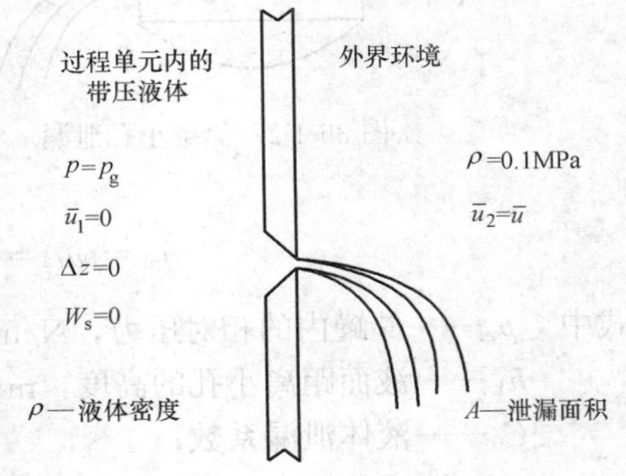

图 36-1-1　液体穿孔泄漏

泄漏速率方程为：

$$\bar{u}=C_o\sqrt{\frac{2g_c p_g}{\rho}} \tag{36-1-1}$$

若小孔截面积 A 已知，则质量流量 q_m 为：

$$q_m=\rho\bar{u}A=AC_o\sqrt{2\rho g_c p_g} \tag{36-1-2}$$

式中　C_o——液体泄漏系数；

ρ——液体密度，kg/m^3；

$\bar{u}$——泄漏的平均瞬时速度，m/s；

p_g——容器内相对压力，N/m^2；

g_c——重力常数，取 $1m \cdot kg/(N \cdot s^2)$；

A——小孔截面积，m^2；

g——重力加速度，$9.81m/s^2$；

q_m——质量流量，kg/s。

泄漏液体的总质量取决于泄漏的时间。

液体泄漏系数C_o是泄漏流体的雷诺数与小孔直径的复杂函数。建议采用的经验取值如下：

（1）对于尖锐的孔口并且雷诺数大于30000，这时流体的出口速率与孔的尺寸无关，$C_o=0.61$；

（2）对于圆滑的孔口，$C_o=1$；

（3）对于与容器连接的短管（长径比不小于3），$C_o=0.81$；

（4）当C_o未知或不确定时，通常取1.0使计算的流量最大。

36.1.1.2 液体储罐穿孔泄漏（上游压力变化）

如图36-1-2所示储罐，小孔位于液面以下的h_L处，通过该孔的液体流动可由机械能守恒和不可压缩流体假设来描述。

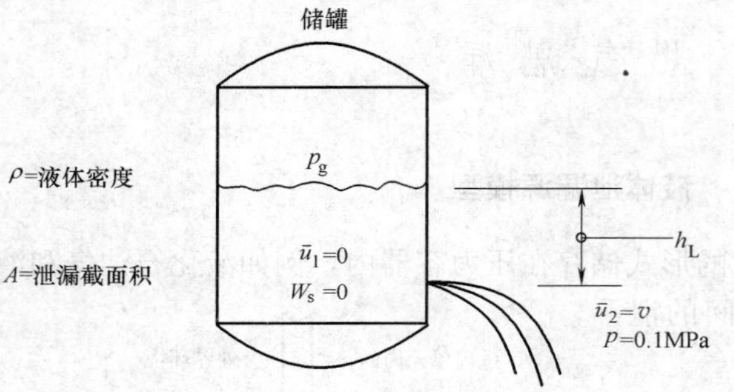

图36-1-2 储罐小孔泄漏

储罐内的相对压力为p_g，储罐外相对压力为零。轴功W_s为零，储罐中的流体速度为零。则泄漏液体的瞬时流速为：

$$\bar{u}=C_0\sqrt{2\left(\frac{g_c p_g}{\rho}+gh_L\right)} \tag{36-1-3}$$

已知小孔截面积A，则泄漏液体的瞬时质量流量q_m为：

$$q_m=\rho\bar{u}A=\rho AC_0\sqrt{2\left(\frac{g_c p_g}{\rho}+gh_L\right)} \tag{36-1-4}$$

式中 p_g——储罐内的相对压力，N/m^2；

h_L——液面距离小孔的高度，m；

C_0——液体泄漏系数；

ρ——液体密度，kg/m^3

$\bar{u}$——泄漏的平均瞬时速度，m/s。

A——小孔面积，m^2；

q_m——质量流量，kg/s。

随着液体泄漏，储罐变空，液面高度降低，泄漏速率和质量流量也随之减小。假设储罐内液体表面的相对压力p_g恒定。若储罐内填充有惰性气防止爆炸，或储罐与大气相通。

则对于恒定横截面积为A_t的储罐，储罐中液面高度h_L为：

$$h_L=h_L^0-\frac{C_oA}{A_t}\sqrt{\frac{2g_c p_g}{\rho}+2gh_L^0 t}+\frac{g}{2}\left(\frac{C_oA}{A_t}t\right)^2 \tag{36-1-5}$$

式中 h_L^0——初始高度，m；

g——重力加速度，m/s^2；

A_t——储罐的恒定横截面积，m^2。

任意时刻 t 的泄漏的质量流量 q_m 为：

$$q_m = \rho A C_0 \sqrt{\frac{2g_c p_g}{\rho} + 2gh_L^0} - \frac{\rho g C_0^2 A^2}{A_t} t \tag{36-1-6}$$

设 $h_L = 0$，可以得到储罐液面降至小孔所在高度所需要的时间 t_e：

$$t_e = \frac{1}{C_0 g}\left(\frac{A_t}{A}\right)\left[\sqrt{2\left(\frac{g_c p_g}{\rho} + gh_L^0\right)} - \sqrt{\frac{2g_c p_g}{\rho}}\right] \tag{36-1-7}$$

如果储罐内压力为大气压，$p_g = 0$，则上式可简化为：

$$t_e = \frac{1}{C_0 g}\left(\frac{A_t}{A}\right)\sqrt{2gh_L^0} \tag{36-1-8}$$

36.1.2 燃气穿孔泄漏

36.1.2.1 燃气穿孔泄漏

泄漏和扩散分析过程中选用的泄漏计算模型取决于泄漏模式和泄漏源的特征。

燃气泄漏源特征包括泄漏前的物态（气态或液态）、压力、温度、泄漏模式及泄漏尺寸等特征。在建立泄漏模型时对所有这些因素都要给予适当考虑。由于条件不相同，燃气泄漏流量的计算复杂程度也不一样。燃气从具有一定压力的管道或容器的破裂口（对穿孔泄漏即穿孔面积）持续泄漏到大气环境中时，可以通过理论推导计算其泄漏流量。考虑穿孔泄漏，假设燃气从压力管道或压力容器的较小破裂口稳定持续向大气环境泄漏，外界背压为大气压力。不考虑泄漏流量导致管道或容器内的压力降低，建立泄漏流量计算式。根据容器或管道内燃气压力大小，破裂口流动状态主要有两种：亚临界状态和临界状态。

记：

$$\beta = \frac{p_a}{p_L}$$

式中 β——压力比；

p_a——大气压力（绝对），Pa；

p_L——破裂口前天然气压力（绝对），Pa。

$$\beta_c = \left(\frac{2}{\kappa+1}\right)^{\frac{\kappa}{\kappa-1}}$$

式中 β_c——临界压力比；

κ——天然气等熵指数。

对天然气 $\kappa = 1.309$，$\beta_c = 0.544$（相应压力 $p_L = 0.18$MPa）。

36.1.2.2 燃气穿孔泄漏计算

在临界状态下（$\beta \leqslant \beta_c$），燃气从孔口流出的速度为临界流速。

$$a_c = a_0 \sqrt{\frac{2}{\kappa+1}} \tag{36-1-9}$$

$$a_0 = \sqrt{\kappa R T} = \sqrt{\kappa \frac{p_L}{\rho_L}} \tag{36-1-10}$$

式中 a_c——临界流速，m/s；

a_0，T，p_L，ρ_L——管道燃气破裂口前的滞止声速，m/s；滞止温度，K；滞止压力，Pa；

滞止密度，kg/m³。

两种流动状态下的泄漏流量分别有计算式：

临界状态（$\beta \leqslant \beta_c$）：

$$q_L = \mu A_c a_0 \rho_L \left(\frac{2}{\kappa+1}\right)^{\frac{\kappa+1}{2(\kappa-1)}} \tag{36-1-11}$$

式中　q_L——破裂口处的天然气质量流量，kg/s；

μ——考虑破裂口对泄漏流动阻碍的流量系数；

A_c——破裂口面积，m²；

亚临界状态（$\beta > \beta_c$）：

$$q_L = \mu A_c a_0 \rho_L \sqrt{\frac{2}{\kappa-1}\left(\beta^{\frac{2}{\kappa}} - \beta^{\frac{\kappa+1}{\kappa}}\right)} \tag{36-1-12}$$

破裂口（穿孔）面积：

$$A_c = \zeta A \tag{36-1-13}$$

式中　ζ——破裂口面积系数；

A——管道截面积，m²。

某些时候需采用不规则孔口当量直径，按下式计算：

$$d_c = \sqrt{\frac{4A_c}{\pi}} \tag{36-1-14}$$

在小的穿孔模型下，只要知道泄漏点处管道或压力容器的燃气压力，即可以根据式（36-1-11）或式（36-1-12）算出泄漏流量。穿孔模型适用于燃气从压力管道或压力容器的较小泄漏口稳定持续向大气环境泄漏的场景。由于没有考虑泄漏流量导致压力管道或容器内压力降低，因此计算结果是最大的泄漏流量。

36.1.3　天然气输气管道破裂连续泄漏

36.1.3.1　概述

天然气输气管道破裂事故发生的天然气泄漏与通过阀门或焊缝等管道不严密处等故障的小流量泄漏不同，通过管道破裂处发生大流量的喷出，形成临界流动。分析这一种泄漏有助于对其危险性后果的估计，为工程技术决策提供定量的依据。也可为泄漏天然气扩散的分析计算提供泄漏量数据，对事故做出实时评估以及事后的事故分析。

按国际天然气文献采用的分类，当天然气管道上的破裂口直径小于等于2cm称为针孔/裂缝（Pinhole/Crack），由大于2cm到管道直径时被称为破口（Hole），大于管道直径称为裂口（Rupture）。

36.1.3.2　输气管道破裂燃气泄漏流动

对于具有一定长度的燃气管道，若管道出现较大破裂孔口或完全断裂时，发生较大量的燃气泄漏，即为开裂泄漏。考虑管道不定常流动的管道破裂连续泄漏。给出管道出现较大破裂时，管道的泄漏流量压力变化及累计泄漏量。

对于高压天然气输送管道，当有较大的破口、裂口而造成较大量的燃气泄漏时，破裂孔口燃气流动开始时都处于临界流动状态，即压力比值$\beta \leqslant \beta_c$最后转入亚临界状态$\beta > \beta_c$。

对于泄漏点上游持续供气的管道，当管道发生持续泄漏时，泄漏流量会导致管道内压力显著降低，但降低速率会受到临界出流量的限制；同时上游供气经过管道内沿程阻力和局部阻力损失也会降低破裂处压力。管道破裂孔口前压力降低总的效果是其压力会随着泄漏的持续而降低。当泄漏流量降到与上游供给流量相等的状态时泄漏达到一种平衡状态；在上游供给流量小于泄漏口的出流能力的条件下，破裂处压力会持续下降，其极端状态是趋近于大气压力。

考虑一个天然气输气管段（管道内径 D，长度 L），管段入口端定常流量为 q_{in}，破裂口出流面积相对于管道断面面积的系数 ζ，按照工程惯例，可对输气管道作定常流动计算，得出管道破裂前的管道压力初始分布。

36.1.3.3 管道泄漏流动模型

基于以上分析，在一定的简化条件下，建立了一个运行的输气管道一处出现破裂发生大量泄漏的管道压力及泄流量计算分析模型。它可以用于上游持续供气、下游破裂端口外为大气压力的工况。也可以用于管道紧急切断阀动作后管道的放散。它以管道的进口流量为常数破裂端口向大气的泄漏流为临界流动或亚临界流动为边界条件的不定常流动模型，是一种偏微分方程定解问题。由此模型推导得出的是一种严格的理论计算公式。公式中的有关参数需按实际情况采用。为使公式更加完善，最终还需要通过实验或现场实测方式确定模型的某些参数。

（1）破裂处燃气出流临界流量

发生破裂的端口，燃气大量泄出，致使管道压力发生显著下降。考虑到燃气管道的原有高压状态，裂口处的燃气出流会在一段时间保持临界状态 $\beta \leqslant \beta_c$：

临界流量，见式（36-1-11）。

记

$$Z_c = \mu A_c A_0 \left(\frac{2}{\kappa+1}\right)^{\frac{\kappa+1}{2(\kappa-1)}} \tag{36-1-15}$$

式中 Z_c——综合参数，m^3/s。

ρ_L，a_0 随发生泄漏的管内压力、温度的降低而减小，Z_c 相应有所改变，因而临界流量会随时间有所减小。然后转入亚临界状态 $\beta > \beta_c$，其流量：见式（36-1-12）。

记

$$Z_c = \mu A_c a_0 \sqrt{\frac{2}{\kappa-1}\left(\beta^{\frac{2}{\kappa}} - \beta^{\frac{\kappa+1}{\kappa}}\right)} \tag{36-1-16}$$

对亚临界状态 $\beta > \beta_c$，式（36-1-16）中 β 不是常数，因而 Z_c 还会有 β 的影响因素。

综合式（36-1-11）、式（36-1-12）、式（36-1-15）、式（36-1-16），质量流量：

$$q_L(t) = Z_c \rho_L(t) \tag{36-1-17}$$

$$q_L(t) = Z_c \frac{p_L(t)}{ZRT} \tag{36-1-18}$$

（由于泄漏为不定常流动所以 q 写为 $q(t)$）

（2）输气管道初始压力分布

当地形起伏高差小于 200m 时，可以认为是水平输气管。

按管道定常流量计算输气管道初始压力分布：

$$p_r(x, 0) = \sqrt{p_{rs}^2(0) - \frac{\lambda Z \Delta_* T x}{C_0^2 D^5} q_v^2} \tag{36-1-19}$$

$$p_{rL0} = p_r(L, 0) = \sqrt{p_{rs}^2(0) - \frac{\lambda Z \Delta_* T L}{C_0^2 D^5} q_v^2} \tag{36-1-20}$$

式中　q_v——输气管在标准状态下的体积流量，m^3/s；

$p_r(x,0)$——管道初始实际压力（绝压）分布，Pa；

$p_{rs(0)}$——输气管道起始端初始实际压力，Pa；

p_{rL0}，$p_r(L,0)$——管道破裂端（终点）初始实际压力，Pa；

D——管道内径，m；

λ——水力摩阻系数；

Z——天然气在管输条件下的压缩因子；

Δ_*——天然气的相对密度；

T——输气温度，$T=273+t_{av}$，t_{av}为输气管的平均温度，K；

x——从输气管道起点计算的管段距离，m；

L——输气管道计算段（从起点到破裂端）的长度，m；

C_0——常系数，采用法定计量单位（如上各项），$C_0=0.03586$。

在求解输气管道不定常流动偏微分方程时，采用过余压力：

$$p(x,t)=p_r(x,t)-p_r(x,0) \tag{36-1-21}$$

式中　x——管道轴向坐标，管道起点为原点，m；

t——时间，泄漏开始为起点，s；

$p(x,t)$——管道过余压力（绝对），Pa；

$p_r(x,t)$——管道实际压力（绝对），Pa；

$p_r(x,0)$——管道初始过余压力（绝对）$p(x,0)=0$，Pa。

在破裂端（$x=L$）管道实际压力：

$$p_r(L,t)=p(L,t)+p_{rL_0} \tag{36-1-22}$$

管道破裂端过余压力 $p(L,t)$ 记为 $p_L(t)$。

(3) 管道破裂端天然气泄漏流动的边界条件

① 破裂端泄漏流动的边界条件

$$\frac{\partial p(x,t)}{\partial x}=-\frac{k}{A}q_L(t) \tag{36-1-23}$$

由（36-1-18）式

$$\frac{\partial p(x,t)}{\partial x}=-\frac{k}{A}\left[Z_c\frac{1}{ZRT}(p_L(t)+p_{rL0})\right] \tag{36-1-24}$$

采用近似式

$$p_L(t)\approx p(x,t)-\alpha_x q_v^2 \tag{36-1-25}$$

式中　α_x——类似式（36-1-19）计算 $p_r(L,t)$ 与 $p_r(x,t)$ 的关系，采用由管道（x）处到破裂端（L）的估计的平均压力 $\bar{p}$，在 $x=L$ 处，$\alpha_x=0$。

$$\alpha_x=\frac{\lambda Z\Delta_* T(L-x)}{C_0^2D^5\bar{p}}$$

$$\bar{p}\approx\frac{p_r(x,t-1)+p_r(L,t-1)}{2}$$

由式（36-1-24）

$$\frac{\partial p(x,t)}{\partial x}=-K[p(x,t)+J] \tag{36-1-26}$$

$$K=\frac{k}{A}Z_{c}\frac{1}{ZRT}$$

$$J=-\alpha_{x}q_{v}^{2}+p_{rL0}$$

② 破裂管道始端的边界条件

$$\frac{\partial p(x,t)}{\partial x}=-\frac{k}{A}q_{in} \tag{36-1-27}$$

$$I=\frac{k}{A}q_{in}$$

$$\frac{\partial p(x,t)}{\partial x}=-I \tag{36-1-28}$$

式中 q_{in}——管道始端的流入的质量流量，kg/s。

(4) 输气管道压力及泄流量

采用长输管道流动抛物型方程：

$$\frac{\partial p(x,t)}{\partial t}=\chi\frac{\partial^{2}p(x,t)}{\partial x^{2}} \tag{36-1-29}$$

$$\chi=\frac{c^{2}}{k}$$

$$k=\frac{\lambda\overline{w}}{2D}$$

式中 χ——抛物方程系数，m^2/s。

c——声速，m/s；

k——线性化系数，1/s；

λ——摩阻系数；

$\overline{w}$——管道内天然气线性化平均流速，m/s。

初始条件 IC： $p(x,0)=p_{r}(x,0)-p_{r}(x,0)=0$

边界条件 BC： $\begin{cases}\dfrac{\partial p(0,t)}{\partial x}=-I\\[2mm]\dfrac{\partial p(L,t)}{\partial x}=-K[p(x,t)+J]\end{cases}$

采用拉普拉斯变换法求解。

对泄漏处 $x=L$，管道内过余压力计算公式：

$$\begin{aligned}p(L,t)=\sqrt{\frac{\chi}{\pi}}\int_{0}^{t}\frac{1}{\sqrt{t-\tau}}\times\Bigg\{&\left[1-\mathrm{erfc}\left(\frac{L}{\sqrt{\chi\tau}}\right)\right](-KJ)+2\mathrm{erfc}\left(\frac{L}{2\sqrt{\chi\tau}}\right)+(I)-\\&2\sqrt{\frac{\chi}{\pi}}\sqrt{\tau}\left[1+2\exp\left(-\frac{L^{2}}{\chi\tau}\right)+\exp\left(-\frac{4L^{2}}{\chi\tau}\right)\right](-K^{2}J)+\\&4L\left[\mathrm{erfc}\left(\frac{L}{\sqrt{\chi\tau}}\right)+\mathrm{erfc}\left(\frac{2L}{\sqrt{\chi\tau}}\right)\right](-K^{2}J)-\\&4\sqrt{\frac{\chi}{\pi}}\sqrt{\tau}\left[\exp\left(-\frac{L^{2}}{4\chi\tau}\right)+\exp\left(-\frac{9L^{2}}{4\chi\tau}\right)\right](KI)+\\&2L\left[\mathrm{erfc}\left(\frac{L}{2\sqrt{\chi\tau}}\right)+3\mathrm{erfc}\left(\frac{3L}{2\sqrt{\chi\tau}}\right)\right]\left(\frac{KI}{1}\right)\Bigg\}\mathrm{d}\tau\end{aligned} \tag{36-1-30}$$

式中　$erfc(x)$——x 的高斯误差函数；

τ——卷积积分变量。

由式（36-1-22）计算破裂端实际压力：

$$p_r(L,t)=p(L,t)+p_r(L,0)$$

由式（36-1-18）计算泄漏流量：

$$q_L(t)=Z_c\frac{1}{ZRT}p_r(L,t) \tag{36-1-31}$$

对式（36-1-31）作时间积分可得到累计泄漏质量或泄漏体积：

$$m_L=\int_0^t Z_c\frac{1}{ZRT}p_r(L,t)dt \tag{36-1-32}$$

$$V=\frac{m_L}{\rho_0} \tag{36-1-33}$$

式中　m_L——累计泄漏质量，kg；

V——累计泄漏体积，m^3；

ρ_0——燃气密度，kg/m^3。

36.1.3.4　应用计算

① 先由式（36-1-19）计算管道压力初值。

② 管道气体连续泄漏的过余压力可由式（36-1-30）计算，其中 Z_c 区别流态分别按式（36-1-15）、式（36-1-16）。

③ 泄漏流量由式（36-1-31）计算。

④ 累积泄漏流量由式（36-1-32）、式（36-1-33）计算得出。

【例 36-1-1】　天然气加压站后一段长输管道 $L=100$km 处发生管道破裂泄漏。管径 $D=0.8$m，加压站出口压力 $p_s=6.3$MPa，管道年供气容量 $q_a=60\times10^8\,m^3/a$；天然气参数：温度 $T=293$K，密度 $\rho=0.7174kg/m^3$，等熵指数 $k=1.309$，气体常数 $R=517.1J/(kg\cdot K)$，摩阻系数 $\lambda=0.018$，破裂泄漏端口面积系数 $\zeta=0.10$，破裂泄漏端口流量系数 $\mu=0.75$。

编程计算得到结果，如表 36-1-1、图 36-1-3、图 36-1-4。

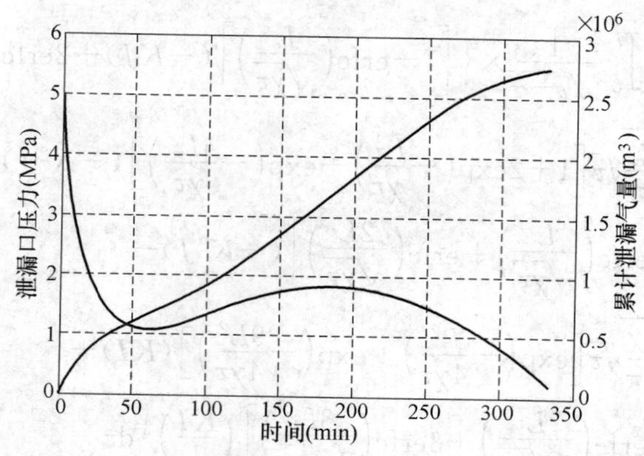

图 36-1-3　管道破裂端泄漏压力及累计泄漏量

输气管道破裂泄漏计算结果　　表 36-1-1

泄漏开始压力（MPa）	计算泄漏时间（min）	累计泄漏量（$10^6 m^3$）	最大泄漏流量（$10^4 m^3/min$）	最小泄漏流量（m^3/min）
5.34	331	2.742	3.1	1133

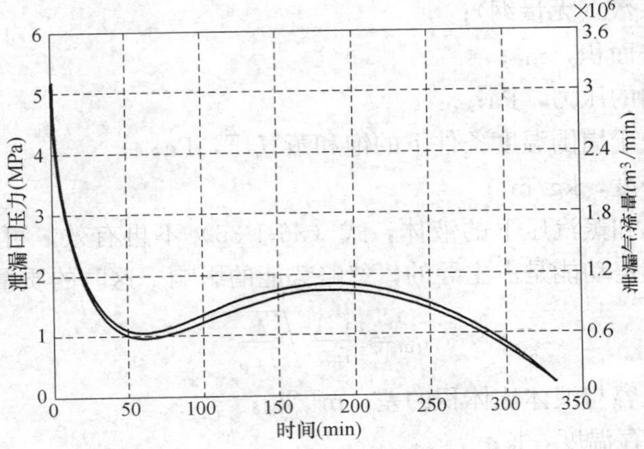

图 36-1-4　管道破裂端泄漏压力及流量

36.1.4　液体燃气闪蒸

液体在高于其正常沸点对应压力下储存状态的泄漏时会发生闪蒸。部分液体会闪蒸成为蒸汽，有时会引发爆炸事故。液化石油气、液化天然气等液体从压力容器液相空间泄漏时很有可能发生闪蒸现象，导致泄漏呈现气液两相流态，其泄漏量可以用下列方法进行计算。

1. 液体的闪蒸率由式（36-1-24）计算：

$$F_V = \min\left[1, \frac{c_p(T-T_b)}{r_V}\right] \tag{36-1-34}$$

式中　F_v——闪蒸率，即液体蒸发的质量占液体总质量的比例；

c_p——两相混合物的比定压热容，J/(kg·K)；

T——两相混合物的温度，K；

T_b——液体在常压下的沸点，K；

r_V——液体的蒸发热，J/kg；

当 $F_V \ll 1$ 时，可认为泄漏的液体不会发生闪蒸，此时泄漏量按液体泄漏量公式计算；泄漏出来的液体会在地面上蔓延，遇到防液堤而聚集形成液池；

当 $F_V < 1$ 时，泄漏量按两相流模型计算；

当 $F_V = 1$ 时，泄漏出来的液体发生完全闪蒸，此时应按气体扩散处理。

当 $F_V > 0.2$ 时，可以认为不形成液池。

由于存在两相流情况，通过小孔或管道泄漏出的闪蒸液体有两种情况需要特殊考虑。

① 如果泄漏的流程很短（通过薄壁的小孔泄漏），则存在不平衡条件，即液体没有时间在小孔内闪蒸，会在小孔外部闪蒸。这时应使用不可压缩流体方程进行求解。

② 如果泄漏液体流程超过 10cm（通过管道或者厚壁容器），就能达到平衡闪蒸的条

件且流动是塞流。这时可以假设阻塞压力近似等于闪蒸液体的饱和蒸气压。该假设仅适用于储存在高于其饱和蒸汽压下的液体，在该假设下质量流量可由式（36-1-35）计算：

$$q_m = AC_d\sqrt{2\rho_m g_c(p_m - p_c)} \tag{36-1-35}$$

式中 q_m——两相流质量流量，kg/s；

C_d——泄漏系数（无量纲）；

A——泄漏口面积，m^2；

p_m——储罐内的压力，Pa；

p_c——液体处于周围温度条件下的饱和蒸气压，Pa；

ρ_m——液体密度，kg/m^3；

对于储存于其饱和蒸汽压下的液体，式（36-1-35）不再有效，可认为初始静止的液体加速通过孔洞。假定动能是占主导的，忽略势能的影响。这时的质量流量为：

$$q_m = \frac{r_V A}{\upsilon_{fg}}\sqrt{\frac{1}{Tc_p}} \tag{36-1-36}$$

式中 υ_{fg}——蒸汽比容与液体比体积的差，m^3/kg；

T——液体储存温度，K；

c_p——液体比热容，J/(kg・K)。

在闪蒸蒸气喷射时会形成一些小液滴。这些小液滴容易被风夹带。通常假定液滴形成的量与闪蒸物质的量是相等的。

36.1.5 液池蒸发或沸腾

1. 液体闪蒸的蒸发速率由下式计算：

$$q_{l1} = \frac{F_V m}{t} \tag{36-1-37}$$

式中 F_V——闪蒸率；

m——泄漏的液态燃气总量，kg；

t——液态燃气的闪蒸时间，s；

q_{l1}——液态燃气的闪蒸蒸发速度（即液态闪蒸的质量流量），kg/s。

2. 热量蒸发模型

如果闪蒸不完全，即 $F_V<1$ 时，则发生热量蒸发，热量蒸发时液体蒸发速率为：

$$q_{l2} = \frac{kA_t(T_0 - T_b)F_V m}{r_V\sqrt{\pi\alpha t}} + \frac{k}{r_V}Nu\frac{A_t}{L}(T_0 - T_b) \tag{36-1-38}$$

式中 q_{l2}——液态燃气的蒸发速率，kg/s；

A_t——液池面积，m^2；

T_0——环境温度，K；

T_b——液体沸点，K；

r_V——液体的蒸发热，J/kg；

L——液池长，m；

α——热扩散率，m^2/s；

k——导热系数，W/(m・K)；

t——蒸发时间，s；

Nu——努谢尔特数。

α 和 k 的值如表 36-1-2 所示。

α 和 k 的取值 **表 36-1-2**

地面情况	k[J/(m·K)]	α(m^2/s)
水泥	1.1	1.29×10^{-7}
地面(8%水)	0.9	4.3×10^{-7}
干涸土地	0.3	2.3×10^{-7}
湿地	0.6	3.3×10^{-7}
沙砾地	2.5	1.1×10^{-6}

3. 质量蒸发模型

当地面向液体传热减少时，热量蒸发逐渐减弱；当地面传热停止时，由于液体分子的迁移作用使液体蒸发。这种情况液体的蒸发速率为：

$$q_{l3}=\alpha S_h \frac{A}{L}\rho_l \qquad (36\text{-}1\text{-}39)$$

式中 q_{l3}——液体的蒸发速率，kg/s；

α——分子扩散系数，m^2/s；

S_h——舍伍德（Sherwood）数；

A——液池面积，m^2；

L——液池长，m；

ρ_l——液体密度，kg/m^3。

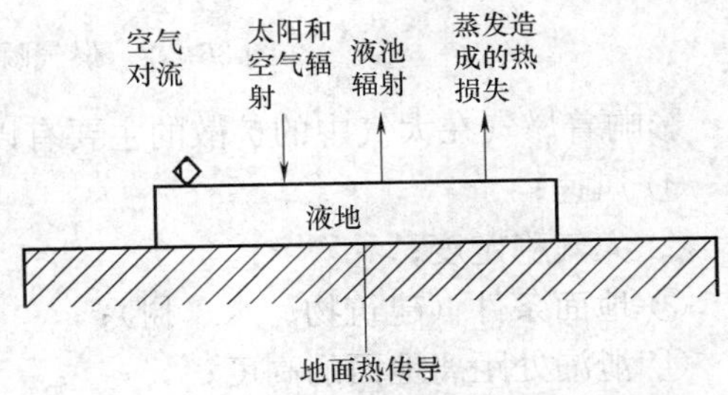

图 36-1-5 蒸发液池的热平衡

由于泄漏液体的物质性质不同，并非每种液体的蒸发都包含这三种蒸发，有些过热液体通过闪蒸或者热量蒸发而完成气化。

36.2 燃气扩散

燃气扩散模型描述了泄漏的燃气远离事故发生地，并遍及整个站场和周边社区的空中流动过程。泄漏发生后，空气中的燃气随风以烟羽方式（见图 36-2-1），或烟团方式（见

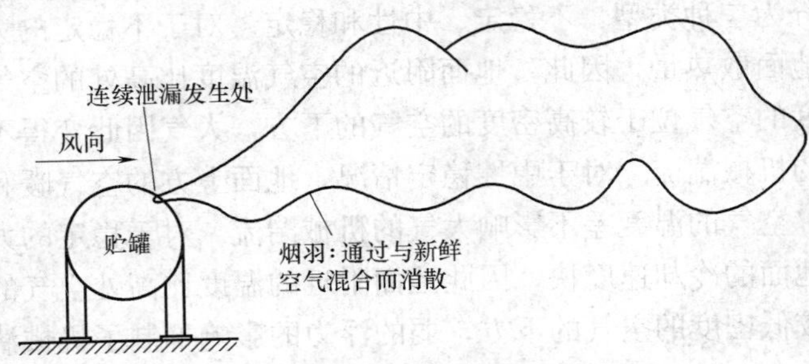

图 36-2-1 燃气连续泄漏形成的典型烟羽

图 36-2-2）流动。泄漏处的燃气浓度最大。由于燃气与空气的湍流混合和扩散，其在下风向的浓度较低。

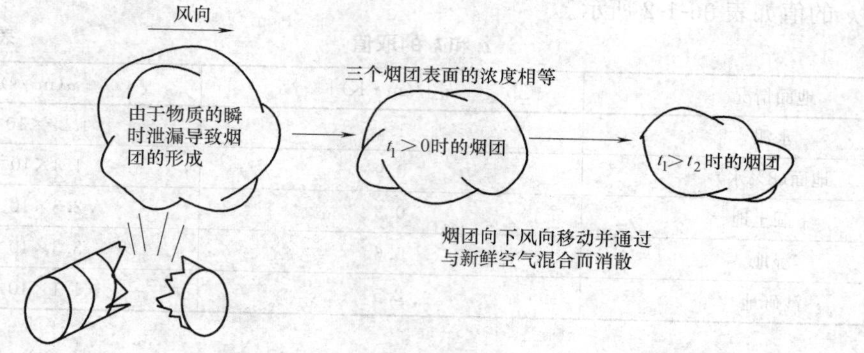

图 36-2-2 燃气瞬间大量泄漏形成的烟团

影响着燃气在大气中的扩散的主要有以下几种因素：

① 风速；

② 大气稳定度；

③ 地面条件（建筑物、水、树）；

④ 泄漏处距离地面的高度；

⑤ 燃气泄漏时的初始动量和浮力。

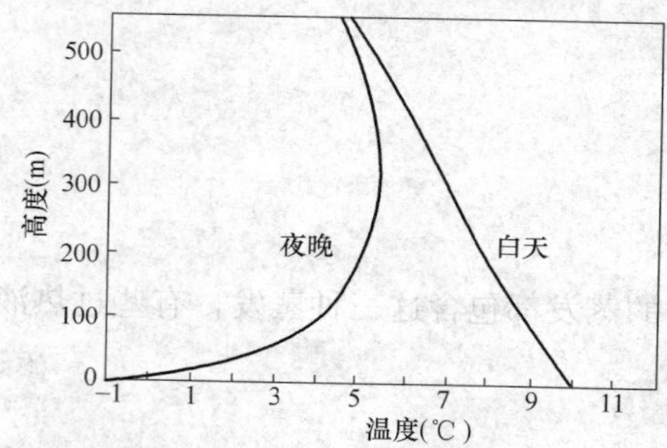

图 36-2-3 白天和夜晚空气温度随高度的变化

图 36-2-1 描述了燃气连续泄漏情况，随着风速的增加，烟羽变得更长更细，燃气向下风向流动的速度更快，同时被大量空气稀释的速度也加快了。

大气稳定度与空气的垂直流动有关。白天，空气温度随着高度的增加迅速下降，明显增强了空气的垂直运动。夜晚，空气温度随高度的增加下降不多，垂直运动略有加强。白天和夜晚的温度随高度的变化如图 36-2-3 所示。在相反的情况下，温度随着高度的增加而增加，此时垂直运动便会被削弱。这种情况经常会发生在夜晚，因为夜晚地面热量辐射到天空，从而导致地面迅速冷却。

大气稳定度划分为三种类型：不稳定、中性和稳定。对于不稳定的大气情况，太阳对地面的加热量大于地面散热量，因此，地面附近的空气温度比高处的空气温度高，一般出现在早晨。较低密度的空气位于较高密度的空气的下方，大气因此变得不稳定。这种浮力的影响增强了大气的机械湍流。对于中性稳定情况，地面上方的空气暖和，风速增加，太阳辐射的影响变小。空气的温度差不影响大气的机械湍流。对于稳定的大气情况，太阳加热地面的速度没有地面的冷却速度快，因此地面附近的温度比高处空气的温度低。因为较高密度的空气位于较低密度的空气的下方，弱的浮力的影响抑制了机械湍流，所以大气较为稳定。

地面条件影响地表空气的机械混合和风速随高度的变化曲线。树木和建筑物加强机械混合，而湖泊和空旷的区域，则减少了这种混合。图 36-2-4 所示为不同地面情况下风速随高度的变化曲线。

泄漏高度对地面浓度的影响很大。随着泄漏高度的增加，地面浓度降低，这是因为烟羽在水平方向扩散更长的距离，如图 36-2-5 所示。

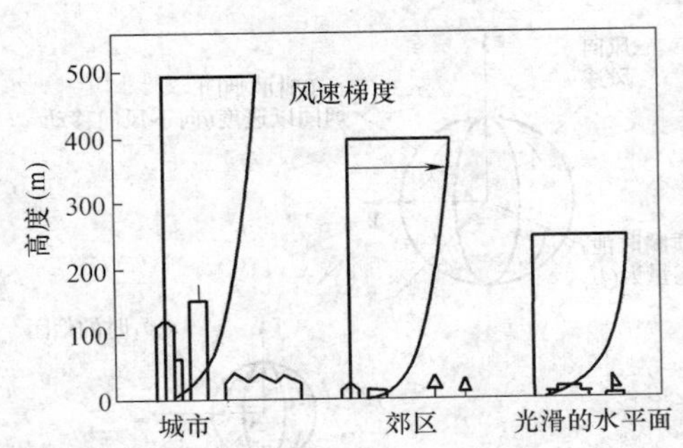

图 36-2-4 地面情况对垂直的风速梯度的影响

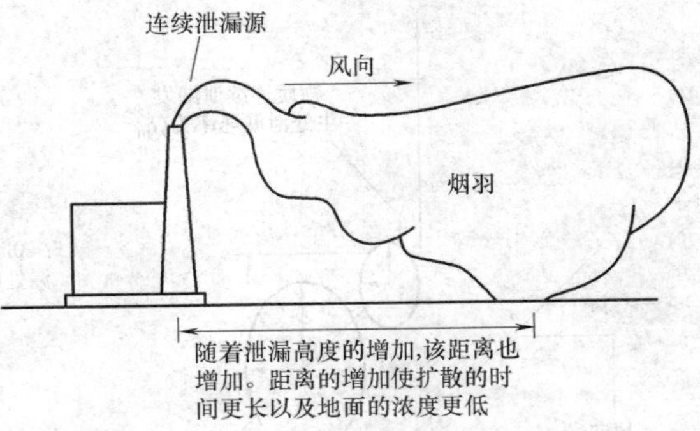

图 36-2-5 增加泄漏高度将降低地面浓度

如图 36-2-6 所示，泄漏燃气的浮力和动量可以改变泄漏的有效高度。高速喷射所具有的动量将气体带到高于泄漏点处，导致更高的有效泄漏高度。如果气体密度比空气小，那么泄漏的气体一开始具有浮力，并向上升高。如果燃气密度比空气大，那么泄漏的气体开始就具有沉降力，并向地面下沉。泄漏燃气的温度和分子量决定了与空气（相对分子质量为 28.97）的相对密度。对于所有气体，随着气体向下风向传播和同空气混合，最终将被充分稀释，并认为具有中性浮力。此时，扩散由周围环境的湍流空气所支配。

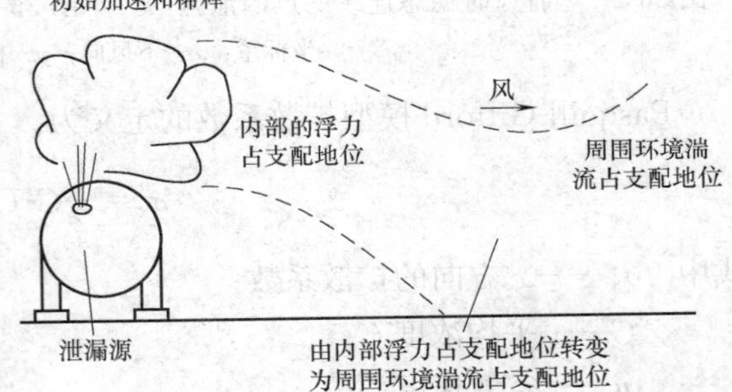

图 36-2-6 泄漏物质的初始加速度和浮力影响烟羽的特性

36.2.1 中性和轻质燃气扩散

中性浮力扩散模型，可以用来估算泄漏发生后燃气与空气混合，并导致混合气云具有中性浮力后下风向各处的浓度。

经常用到两种类型的中性浮力蒸气云扩散模型：烟羽模型和烟团模型。烟羽模型描述泄漏源连续泄漏物质的稳态浓度。烟团模型描述单种一定量物质泄漏后的瞬时浓度。两种模型的区别如图 36-2-1 和图 36-2-2 所示。对于烟羽模型，典型例子是烟气自烟囱的连续泄漏。稳态烟羽在烟窗下风向形成。对于烟团模型，典型例子是由于贮罐的破裂，一定量的物质突然泄漏，形成一个巨大的蒸气云团，并渐渐飘离泄漏源。

烟团模型能用来描述烟羽，烟羽可看作是连续泄漏的烟团。然而，如果已经知道完整的稳态烟羽信息，建议使用烟羽模型，较为容易。对于动态烟羽的研究（例如，风向的变化对烟羽的影响)，必须使用烟团模型。

如图36-2-7和图36-2-8所示，适用于扩散模型的坐标系。x 轴是从泄漏处径直向下风向处的中心线，并且可针对不同的风向旋转。y 轴是距离中心线的距离，z 轴的正向为泄漏源上方高度。点 $(x, y, z)=(0, 0, 0)$ 是泄漏源处。坐标 $(x, y, 0)$ 是泄漏源所在的平面，坐标 $(x, 0, 0)$ 沿中心线或 x 轴。

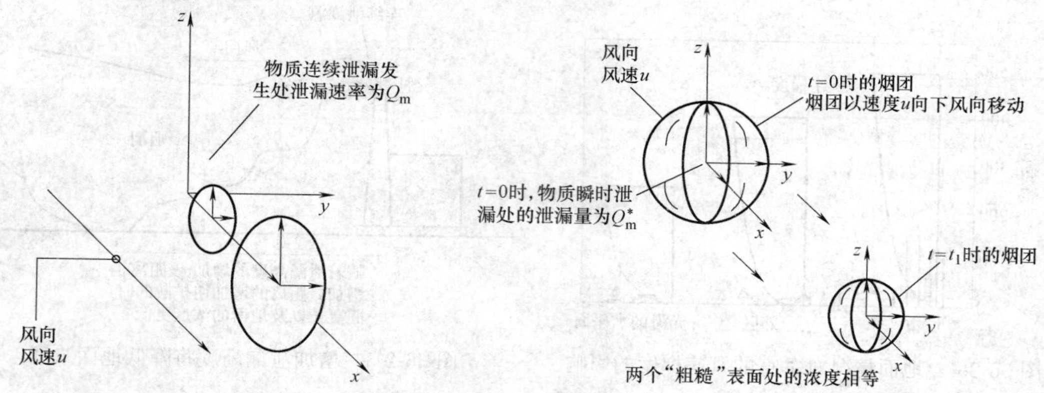

图36-2-7　有风时稳态连续的点源泄漏　　图36-2-8　有风时的烟团（泄漏后，烟团随风移动）

坐标系：x—下风向；y—横风向；z—垂直风向

Pasquill-Gifford模型扩散系数的定义为。

$$\sigma_x^2=\frac{1}{2}\overline{C}^2(ut)^{2-n} \tag{36-2-1}$$

式中　σ_x——x 方向的扩散系数；

$\overline{C}$——平均浓度 C；

u——空气速度，m/s；

t——泄漏时间，s。

同样，可给出 σ_y 和 σ_z 的表达式。扩散系数 σ_x、σ_y 和 σ_z 分别代表下风向、侧风向和垂直方向 (x, y, z) 浓度的标准偏差。

扩散系数是大气情况及泄漏源下风向距离的函数。大气情况可根据六种不同的稳定度等级进行分类，见表36-2-1。稳定度等级决定于风速和日照强度。白天，风速的增加导致大气更加稳定；而在夜晚则相反。这是由于从白天到夜晚，在垂直方向上温度的变化引起的。

对于泄漏源连续泄漏时的扩散系数 σ_y 和 σ_z，由图36-2-9和图36-2-10给出，相应的关系式见表36-2-1（假设 $\sigma_x=\sigma_y$）。泄漏烟团的扩散系数 σ_y 和 σ_z 如图36-2-11所示，方程见表36-2-2。烟团的扩散系数是基于有限的数据（见表36-2-3）得到的，但是不够精确。

使用Pasquill-Gifford扩散模型的大气稳定度等级　　**表36-2-1**

表面风速(m/s)	白天日照①			夜间条件②	
	强	适中	弱	盖度大于4/8的很薄或厚的云层	云层覆盖度≤3/8
<2	A	A~B	B	F	F

续表

表面风速 (m/s)	白天日照①			夜间条件②	
	强	适中	弱	盖度大于 4/8 的很薄或厚的云层	云层覆盖度≤3/8
2～3	A～B	B	C	E	F
3～4	B	B～C	C	D	E
4～6	C	C～D	D	D	D
>6	C	D	D	D	D

① 强：盛夏正午期间强烈阳光照射情况。弱：严冬时期相同时段的阳光照射情况

② 夜间是指日落前 1h 至破晓后 1h 这一段时间

注：稳定度等级：A—极度不稳定；B—中度不稳定；C—轻微不稳定；D—中性稳定；E—轻微稳定；F—中度稳定。

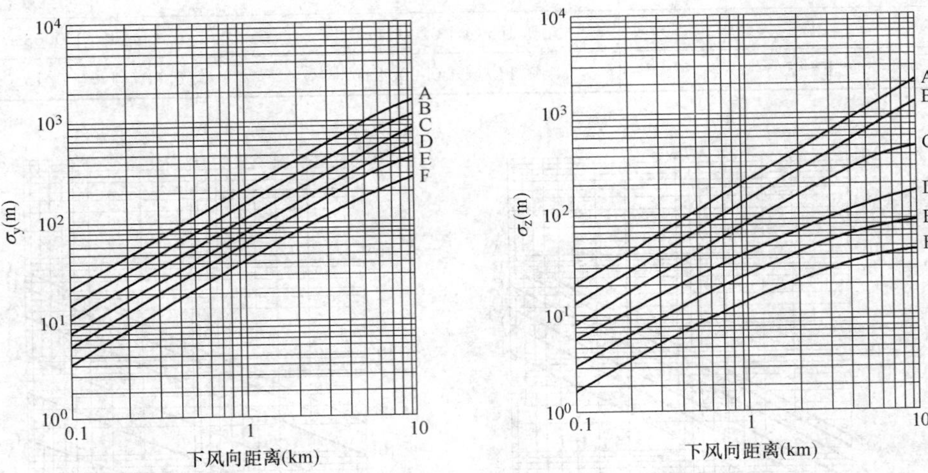

图 36-2-9 泄漏发生于乡村时 Pasquill-Gifford 烟羽模型的扩散系数

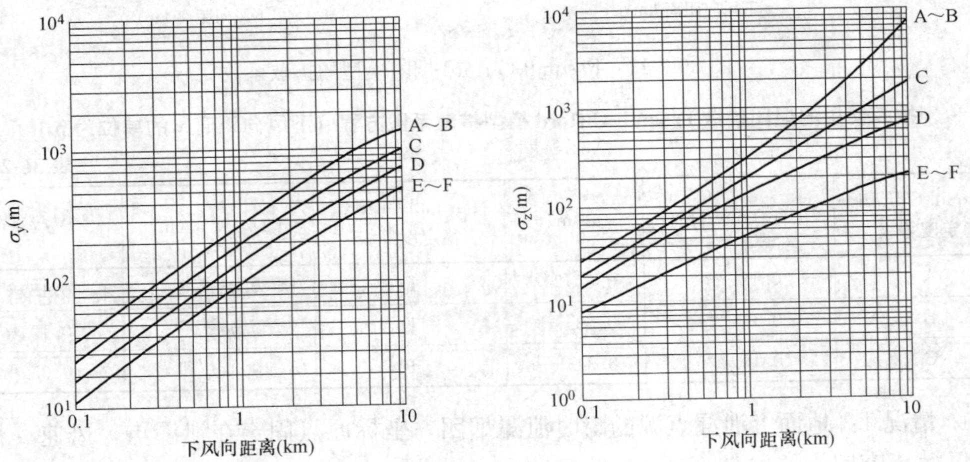

图 36-2-10 泄漏发生于城市时 Pasquill-Gifford 烟羽模型的扩散系数

烟羽扩散 Pasquill-Gifford 模型扩散系数方程（下风向距离 x 单位为 m） 表 36-2-2

Pasquill-Gifford 稳定度等级	σ_y(m)	σ_z(m)
农村条件		
A	$0.22x(1+0.0001x)^{-1/2}$	$0.20x$
B	$0.16x(1+0.0001x)^{-1/2}$	$0.12x$
C	$0.11x(1+0.0001x)^{-1/2}$	$0.08x(1+0.0002x)^{-1/2}$
D	$0.08x(1+0.0001x)^{-1/2}$	$0.06x(1+0.0015x)^{-1/2}$
E	$0.06x(1+0.0001x)^{-1/2}$	$0.03x(1+0.0003x)^{-1}$
F	$0.04x(1+0.0001x)^{-1/2}$	$0.016x(1+0.0003x)^{-1}$
城市条件		
A～B	$0.32x(1+0.0004x)^{-1/2}$	$0.24x(1+0.0001x)^{1/2}$
C	$0.22x(1+0.0004x)^{-1/2}$	$0.20x$
D	$0.16x(1+0.0004x)^{-1/2}$	$0.14x(1+0.0003x)^{-1/2}$
E～F	$0.11x(1+0.0004x)^{-1/2}$	$0.08x(1+0.0015x)^{-1/2}$

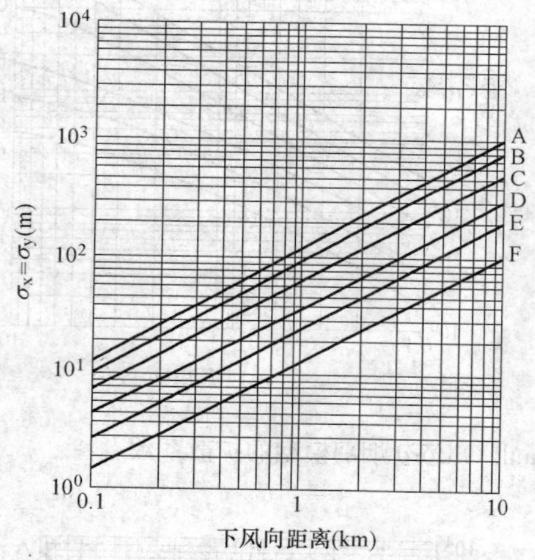

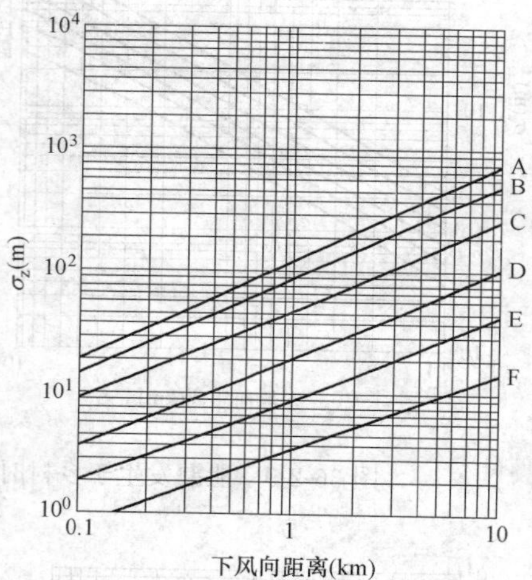

图 36-2-11 Pasquill-Gifford 烟团模型的扩散系数

推荐使用的烟团扩散 Pasquill-Gifford 模型扩散系数方程（下风向距离 x 的单位为 m）

表 36-2-3

Pasquill-Gifford 稳定度等级	σ_y(m)或σ_x(m)	σ_z(m)	Pasquill-Gifford 稳定度等级	σ_y(m)或σ_x(m)	σ_z(m)
A	$0.18x^{0.92}$	$0.60x^{0.75}$	D	$0.06x^{0.92}$	$0.15x^{0.90}$
B	$0.14x^{0.92}$	$0.53x^{0.73}$	E	$0.04x^{0.92}$	$0.10x^{0.65}$
C	$0.10x^{0.92}$	$0.34x^{0.71}$	F	$0.02x^{0.89}$	$0.05x^{0.61}$

1. 情况 1：地面上泄漏点源的瞬时泄漏烟团，坐标原点固定在泄漏点，风速 u 恒定，风向仅沿 x 方向

这种情况，结果为：

$$\overline{C}(x,y,z,t)=\frac{q_{\mathrm{m}}^{*}}{\sqrt{2}\pi^{3/2}\sigma_{\mathrm{x}}\sigma_{\mathrm{y}}\sigma_{\mathrm{z}}}\exp\left\{-\frac{1}{2}\left[\left(\frac{x-ut}{\sigma_{\mathrm{x}}}\right)^{2}+\frac{y^{2}}{\sigma_{\mathrm{y}}^{2}}+\frac{z^{2}}{\sigma_{\mathrm{z}}^{2}}\right]\right\} \tag{36-2-2}$$

令 $z=0$ 可求得地面浓度，求得：

$$\overline{C}(x,y,0,t)=\frac{q_{\mathrm{m}}^{*}}{\sqrt{2}\pi^{3/2}\sigma_{\mathrm{x}}\sigma_{\mathrm{y}}\sigma_{\mathrm{z}}}\exp\left\{-\frac{1}{2}\left[\left(\frac{x-ut}{\sigma_{\mathrm{x}}}\right)^{2}+\frac{y^{2}}{\sigma_{\mathrm{y}}^{2}}\right]\right\} \tag{36-2-3}$$

令 $y=z=0$ 可求得地面上沿 x 轴方向扩散的浓度，求得：

$$\overline{C}(x,0,0,t)=\frac{q_{\mathrm{m}}^{*}}{\sqrt{2}\pi^{3/2}\sigma_{\mathrm{x}}\sigma_{\mathrm{y}}\sigma_{\mathrm{z}}}\exp\left\{-\frac{1}{2}\left[\left(\frac{x-ut}{\sigma_{\mathrm{x}}}\right)^{2}\right]\right\} \tag{36-2-4}$$

令 $x=ut$，$y=0$，$z=0$，可求得该移动气云中心的浓度：

$$\overline{C}(ut,0,0,t)=\frac{q_{\mathrm{m}}^{*}}{\sqrt{2}\pi^{3/2}\sigma_{\mathrm{x}}\sigma_{\mathrm{y}}\sigma_{\mathrm{z}}} \tag{36-2-5}$$

位置在固定点（x，y，z）处，所接受的全部燃气量 D_{tid} 是浓度的时间积分：

$$D_{\mathrm{tid}}(x,y,z)=\int_{0}^{\infty}\overline{C}(x,y,z)\mathrm{d}t \tag{36-2-6}$$

地面的全部燃气量，可依照式（36-2-3）由式（36-2-6）进行积分得到。结果为：

$$D_{\mathrm{tid}}(x,y,0)=\frac{q_{\mathrm{m}}^{*}}{\pi\sigma_{\mathrm{y}}\sigma_{z}u}\exp\left(-\frac{1}{2}\times\frac{y^{2}}{\sigma_{\mathrm{y}}^{2}}\right) \tag{36-2-7}$$

同理地面上沿 x 轴的全部燃气量为：

$$D_{\mathrm{tid}}(x,0,0)=\frac{q_{\mathrm{m}}^{*}}{\pi\sigma_{\mathrm{y}}\sigma_{z}u} \tag{36-2-8}$$

通常情况下，需要用固定浓度定义气云边界。连接气云相等浓度的点的曲线称为浓度等值线。对于指定的浓度 C^{*}，地面上的等值线通过用中心线浓度方程式（36-2-4）除以一般的地面浓度方程式（36-2-3）来确定。直接对 y 求解该方程：

$$y=\sigma_{\mathrm{y}}\sqrt{2\ln\left[\frac{\overline{C}(x,0,0,t)}{\overline{C}(x,y,0,t)}\right]} \tag{36-2-9}$$

一般计算过程如下：

(1) 指定 C^{*}、u 和 t。

(2) 利用式（36-2-4）确定沿 x 轴的浓度 $C(x,0,0,t)$，定义沿 x 轴的燃气云边界。

(3) 在式（36-2-9）令 $C(x,0,0,t)=C^{*}$，确定由步骤（2）确定的每一个中心线上的 y 值。

对于每一个所需的 t 值，可重复使用该方法计算。

2. 情况 2：地面上泄漏源连续稳态的烟羽，风向沿 x 轴，风速恒定为 u。

这种情况，结果为：

$$\overline{C}(x,y,z)=\frac{q_{\mathrm{m}}}{\pi\sigma_{\mathrm{y}}\sigma_{z}u}\exp\left[-\frac{1}{2}\left(\frac{y^{2}}{\sigma_{\mathrm{y}}^{2}}+\frac{z^{2}}{\sigma_{\mathrm{z}}^{2}}\right)\right] \tag{36-2-10}$$

令 $z=0$ 便可求出地面浓度，同理，令 $y=z=0$ 可求出烟羽下风向中心线的浓度。

可使用类似于情况 1 中的等值线求解过程来求得浓度等值线。

对于地面上的连续泄漏，最大浓度出现在泄漏源处。

3. 情况 3：位于地面 h_r 高处的连续稳态泄漏源的烟羽，风向沿 x 轴，风速恒定为 u。

这种情况，结果为：

$$\overline{C}(x, y, z)=\frac{q_{\mathrm{m}}}{2\pi\sigma_{\mathrm{y}}\sigma_{z}u}\exp\left[-\frac{1}{2}\left(\frac{y}{\sigma_{\mathrm{y}}}\right)^{2}\right]\times\left\{\exp\left[-\frac{1}{2}\left(\frac{z-h_{\mathrm{r}}}{\sigma_{\mathrm{z}}}\right)^{2}\right]+\exp\left[-\frac{1}{2}\left(\frac{z+h_{\mathrm{r}}}{\sigma_{\mathrm{z}}}\right)^{2}\right]\right\} \tag{36-2-11}$$

同理，令 $z=0$ 便可求出地面浓度，令 $y=z=0$ 可求出地面中心线的浓度。

地面上沿 x 轴的最大浓度 $C_{\max}$ 由下式求得：

$$\overline{C}_{\max}=\frac{2q_{\mathrm{m}}}{e\pi u h_{\mathrm{r}}^{2}}\left(\frac{\sigma_{z}}{\sigma_{\mathrm{y}}}\right) \tag{36-2-12}$$

下风向地面上最大浓度出现的位置，可由下式求得：

$$\sigma_{z}=\frac{h_{\mathrm{r}}}{\sqrt{2}} \tag{36-2-13}$$

求解最大浓度过程：使用式（36-2-13）确定距离，然后使用式（36-2-12）计算最大浓度。

4. 情况 4：位于地面 h_r 高处的点源的瞬时泄漏烟团，坐标系位于地面的泄漏源点。

这种情况，结果为：

$$\overline{C}(x, y, z, t)=\frac{q_{\mathrm{m}}^{*}}{(2\pi)^{3/2}\sigma_{\mathrm{x}}\sigma_{\mathrm{y}}\sigma_{z}}\exp\left[-\frac{1}{2}\left(\frac{y}{\sigma_{\mathrm{y}}}\right)^{2}\right]\times \left\{\exp\left[-\frac{1}{2}\left(\frac{z-h_{\mathrm{r}}}{\sigma_{\mathrm{z}}}\right)^{2}\right]+\exp\left[-\frac{1}{2}\left(\frac{z+h_{\mathrm{r}}}{\sigma_{\mathrm{z}}}\right)^{2}\right]\right\}\times\exp\left[-\frac{1}{2}\left(\frac{x-ut}{\sigma_{\mathrm{x}}}\right)^{2}\right] \tag{36-2-14}$$

式中　t——自烟团释放后的时间，s。

36. 2. 2　重气扩散模型

气体密度大于其扩散过程的周围空气密度的气体均称为重气。密度较大的主要原因是气体的分子量比空气分子量大，或气体在泄漏及其他过程中被冷却。

烟团泄漏后，比较典型的是形成具有垂直和水平尺寸相近的气云（源附近）。重气云在重力的影响下向地面下沉，直径增加，而高度减小。由于重力的作用，气云向周围空气扩散，会加剧初始的稀释。随后，由于进一步卷吸周围的空气，气云高度增加。充分稀释以后通常大气湍流大于重力影响，而占支配地位，典型的高斯扩散特征便开始出现。

通过量纲分析和对现有重气云的扩散数据进行相关分析，建立了 Britter&McQuaid 模型。该模型适用于瞬时或连续的地面重气泄漏。假设泄漏发生在环境温度下，并且没有小液滴生成时，大气稳定度对重气扩散结果几乎没有影响，从而不包含在模型内。大多数数据都来自于遥远农村平坦地形上的扩散试验。因此，模型计算的结果不适用于地形效应显著的地区。

该模型需要给定初始气云体积，初始烟羽体积流量、泄漏持续时间、初始气体密度。同时还需要 10m 高处的风速、下风向距离和周围环境气体密度。

首先要确定重气模型是否适用。

初始气云浮力系数为：

$$g_{0}=\frac{g(\rho_{0}-\rho_{\mathrm{a}})}{\rho_{\mathrm{a}}} \tag{36-2-15}$$

式中　g_0——初始浮力系数，$\mathrm{m/s^2}$；

g——重力加速度，$\mathrm{m/s^2}$；

ρ_0——泄漏气体的初始密度，kg/m^3；

ρ_a——周围环境空气的密度。

泄漏源特征尺寸，决定于泄漏的方式。对于连续泄漏

$$D_c=\left(\frac{q_0}{u}\right)^{1/2} \tag{36-2-16}$$

式中 D_c——重气连续泄漏的源特征尺寸，m；

q_0——重气扩散的初始烟羽体积流量，m^3/s；

u——10m 高度的风速，m/s。

对于瞬时泄漏，源特征尺寸定义为：

$$D_i=V_0^{1/3} \tag{36-2-17}$$

式中 D_i——重气瞬时泄漏的源特征尺寸，m；

V_0——泄漏的重气的初始气团体积，m^3。

对于气云，可以用重气云表述的准则如下：

对于连续泄漏：

$$\left(\frac{g_0 q_0}{u^3 D_c}\right)^{1/3}\geqslant 0.15 \tag{36-2-18}$$

对于瞬时泄漏：

$$\frac{\sqrt{g_0 V_0}}{u D_i}\geqslant 0.20 \tag{36-2-19}$$

如果满足以上准则，那么图 36-2-12 和图 36-2-13 就可以用来估算下风向的重气浓度。表 36-2-4 和表 36-2-5 给出了图中关系的方程。

确定泄漏是连续的还是瞬时的，可使用下述公式判别

$$\frac{ut_d}{x} \tag{36-2-20}$$

式中 t_d——泄漏持续时间，s；

x——下风向的空间距离，m。

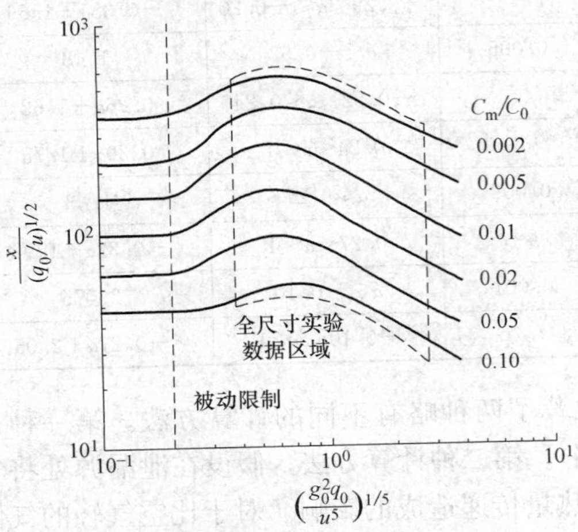

图 36-2-12 重气烟羽扩散的 Britter-McQuaid 关系模型

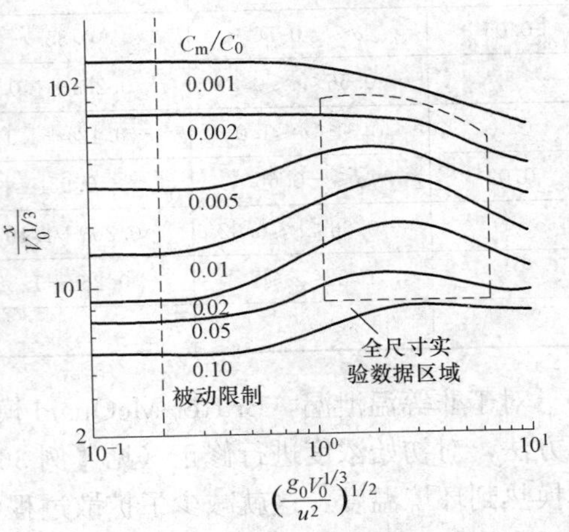

图 36-2-13 重气烟团扩散的 Britter-McQuaid 关系模型

如果该式计算数值≥2.5，那么重气的泄漏被认为是连续的。如果该数值≤0.6，那么泄漏则是瞬时的。如果介于两者之间，那么采用连续模型和瞬时模型来计算浓度，并预测最大的浓度情况。

描述图 36-2-12 中给出的烟羽 B-McQ 模型的关系曲线的近似方程　　表 36-2-4

浓度比 (C_m/C_0)	$\alpha=\log\left(\frac{g_0^2 q_0}{u^5}\right)^{1/5}$ 的有效范围	$\beta=\log\left[\frac{x}{(q_0/u)^{1/2}}\right]$	浓度比 (C_m/C_0)	$\alpha=\log\left(\frac{g_0^2 q_0}{u^5}\right)^{1/5}$ 的有效范围	$\beta=\log\left[\frac{x}{(q_0/u)^{1/2}}\right]$
0.10	$\alpha\leqslant-0.55$	1.75	0.01	$\alpha\leqslant-0.70$	2.25
	$-0.55<\alpha\leqslant-0.14$	$0.24\alpha+1.88$		$-0.70<\alpha\leqslant-0.29$	$0.49\alpha+2.59$
	$-0.14<\alpha\leqslant1$	$0.50\alpha+1.78$		$-0.29<\alpha\leqslant-0.20$	2.45
0.05	$\alpha\leqslant-0.68$	1.92		$-0.20<\alpha\leqslant1$	$-0.52\alpha+2.35$
	$-0.68<\alpha\leqslant-0.29$	$0.36\alpha+2.16$	0.005	$\alpha\leqslant-0.67$	2.40
	$-0.29<\alpha\leqslant-0.18$	2.06		$-0.67<\alpha\leqslant-0.28$	$0.59\alpha+2.80$
	$-0.18<\alpha\leqslant1$	$-0.56\alpha+1.96$		$-0.28<\alpha\leqslant-0.15$	2.63
0.02	$\alpha\leqslant-0.69$	2.08		$-0.15<\alpha\leqslant1$	$-0.49\alpha+2.56$
	$-0.69<\alpha\leqslant-0.31$	$0.45\alpha+2.39$	0.002	$\alpha\leqslant-0.69$	2.6
	$-0.31<\alpha\leqslant-0.16$	2.25		$-0.69<\alpha\leqslant-0.25$	$0.39\alpha+2.87$
	$-0.16<\alpha\leqslant1$	$-0.54\alpha+2.16$		$-0.25<\alpha\leqslant-0.13$	2.77
				$-0.13<\alpha\leqslant1$	$-0.50\alpha+2.71$

描述图 36-2-13 中给出的针对烟团的 B-McQ 模型的关系曲线的近似方程　表 36-2-5

浓度比 (C_m/C_0)	$\alpha=\log\left(\frac{g_0^2 q_0}{u^5}\right)^{1/5}$ 的有效范围	$\beta=\log\left[\frac{x}{(q_0/u)^{1/2}}\right]$	浓度比 (C_m/C_0)	$\alpha=\log\left(\frac{g_0^2 q_0}{u^5}\right)^{1/5}$ 的有效范围	$\beta=\log\left[\frac{x}{(q_0/u)^{1/2}}\right]$
0.10	$\alpha\leqslant-0.44$	0.70	0.01	$\alpha\leqslant-0.71$	1.15
	$-0.44<\alpha\leqslant0.43$	$0.26\alpha+0.81$		$-0.70<\alpha\leqslant-0.29$	$0.34\alpha+1.39$
	$0.43<\alpha\leqslant1$	0.93		$-0.29<\alpha\leqslant-0.20$	$-0.38\alpha+1.66$
0.05	$\alpha\leqslant-0.56$	0.85	0.005	$\alpha\leqslant-0.52$	1.48
	$-0.56<\alpha\leqslant0.31$	$0.26\alpha+1.0$		$-0.52<\alpha\leqslant0.24$	$0.26\alpha+1.62$
	$0.31<\alpha\leqslant1.0$	$-0.12\alpha+1.12$		$0.24<\alpha\leqslant1$	$0.30\alpha+1.75$
0.02	$\alpha\leqslant-0.66$	0.95	0.002	$\alpha\leqslant0.27$	1.83
	$-0.66<\alpha\leqslant0.32$	$0.36\alpha+1.19$		$0.27<\alpha\leqslant1$	$-0.32\alpha+1.92$
	$0.32<\alpha\leqslant1$	$-0.26\alpha+1.38$	0.001	$\alpha\leqslant-0.10$	2.075
				$-0.10<\alpha\leqslant1$	$-0.27\alpha+2.05$

对于非等温泄漏，Britter-McQuaid 模型推荐了两种略有不同的计算方法。第一种计算方法，对初始浓度进行修正（见【例 36-2-1】）。第二种计算方法，假设在泄漏源处将气体换热到环境温度，这就减少了扩散过程中因热量传递造成的影响。对于比空气轻的气体（如甲烷或液化天然气），则不用第二种计算方法。如果这两种计算结果相差很小，那么可以假设忽略非等温影响。如果两种计算结果相差在 2 倍以内，那么使用两种计算中的最大

或导致最坏结果的浓度计算值。如果两者相差很大（大于 2 倍以上），那么使用两种计算中的最大或导致最坏结果的浓度，但此时最好使用更为详尽的方法（例如计算机编程）做进一步的计算分析。

【例 36-2-1】 计算液化天然气（LNG）泄漏时，在下风向多远处其浓度等于燃烧下限，即 5%的蒸气体积浓度。假设周围环境的条件是 298K 和 0.1MPa。已知数据如下。

液体泄漏流量 $0.23m^3/s$。

泄漏持续时间（t_d）174s。

地面 10m 高处的风速（u）10.9m/s。

LNG 的密度 $425.6kg/m^3$。

LNG 在沸点 −162℃下的蒸气密度为 $1.76kg/m^3$。

解： 体积泄漏速率由下式计算

$$q_0 = (0.23m^3/s) \times (425.6kg/m^3)/(1.76kg/m^3) = 55.6m^3/s$$

周围空气密度由理想气体定律计算，结果为 $1.22kg/m^3$。初始浮力系数由式（36-2-15）计算如下：

$$g_0 = g\left(\frac{\rho_0 - \rho_a}{\rho_a}\right) = 9.8m/s^2 \times \left(\frac{1.76 - 1.22}{1.22}\right) = 4.34m/s^2$$

步骤 1：连续泄漏，式（36-2-39）计算结果必须大于 2.5

$$\frac{uR_d}{x} = \frac{10.9m/s \times 174s}{x} \geqslant 2.5$$

此时有 $x \leqslant 758m$，下风向距泄漏源空间距离要小于 758m。

步骤 2：确定是否采用重气云模型。使用式（36-2-16）和式（36-2-18）判断。计算如下

$$D_c = \left(\frac{q_0}{u}\right)^{1/2} = \left(\frac{55.6m^3/s}{10.9m^3/s}\right)^{1/2} = 2.26m$$

$$\left(\frac{g_0 q_0}{u^3 D_c}\right)^{1/3} = \left[\frac{4.29m/s^2 \times 55.6m^3/s}{(10.9m/s)^3 \times 2.26m}\right]^{1/3} = 0.44 \geqslant 0.15$$

显然，应该使用重气云模型。

步骤 3：修正非等温扩散的浓度。Britter-MacQuaid 模型提供了考虑非等温气体泄漏的浓度修正方法。如果初始浓度为 C^*，那么有效浓度为：

$$C = \frac{C^*}{C^* + (1 - C^*)(T_a/T_0)}$$

式中，T_a——周围环境温度，K；

T_0——泄漏源的温度，K。

本例有效下限浓度为 0.05，求解上式，可以得出有效浓度为 0.019。

步骤 4：计算图 36-2-12 所需无量纲数：

$$\left(\frac{g_0^0 q_0}{u^5}\right)^{1/5} = \left[\frac{(4.34m/s^2)^2 \times 55.6m^3/s}{(10.9m/s)^5}\right]^{1/5} = 0.369$$

$$\left(\frac{q_0}{u}\right)^{1/2} = \left(\frac{55.6m^3/s}{10.9m/s}\right)^{1/2} = 2.26m$$

步骤 5：采用图 36-2-12 确定下风向距离。气体的初始浓度 C_0 是纯净的 LNG，因此

$C_0=1.0$，$C_m/C_0=0.019$。由图 36-2-12 可知

$$\frac{x}{\left(\frac{q^0}{u}\right)^{1/2}}=126$$

因此，$x=2.26\text{m}\times126=285\text{m}$。相比之下，由实验确定的距离为 200m。

Britter-McQuaid 模型是一种无量纲分析方法，它基于由实验数据建立的关系式。然而，因该模型仅建立在乡村平坦的地形的实验数据之上，所以仅适用于此类地形的泄漏扩散过程。该模型也不能解释诸如泄漏高度、地面粗糙度和风速的影响。

36.3　燃气中毒效应

36.3.1　中毒的机理

毒物学：毒物对生物组织不利影响的定性和定量研究。毒物可能是化学性质的，也可能是物理性质的。

1. CO 中毒

一氧化碳是多种人工燃气的主要组成部分，也是燃气不完全燃烧的产物。一氧化碳是无色无味剧毒气体，它与人体内血红蛋白的结合力比氧大 200～300 倍，因此它能从氧合血红蛋白中取代氧成为碳氧血红蛋白，妨碍氧的补给，造成人体缺氧，引发内脏出血、水肿及坏死。

一氧化碳中毒按严重程度可以分为轻度中毒、中度中毒和重度中毒。

(1) 轻度中毒主要表现为头晕、眼花、剧烈头痛、耳鸣、恶心、呕吐、心悸、四肢无力、甚至短暂的昏厥，脱离中毒现场，吸入新鲜空气后，症状迅速消失。

(2) 中度中毒除上述症状外，可有多汗、烦躁、步态不稳，皮肤和黏膜呈樱桃红色，尤其以面颊、前胸和大腿内侧较为明显，意识模糊，甚至虚脱或昏迷。如能及时抢救，能较快清醒，数日内恢复，一般无后遗症状。

(3) 重度中毒患者可能昏倒，所引起的昏迷可持续数小时，甚至几昼夜，并常发脑水肿、肺水肿、心肌损伤、心律紊乱、高热或惊厥，皮肤、黏膜出现苍白或青紫，有的患者四肢皮肤可出现大水疱或水肿，病人牙关紧闭，强直性全身痉挛，大小便失禁等，如不及时抢救，则很快死亡。重症病人经抢救苏醒后，仍有可能出现神经系统受损的表现。

2. 硫化氢和二氧化硫中毒

未经脱硫处理的天然气通常含有硫化氢和二氧化硫，经过处理的天然气和液化石油气也含有微量的硫化氢和二氧化硫。

(1) 硫化氢是无色有特殊臭鸡蛋气味的气体。硫化氢中毒的主要途径为吸入和接触(皮肤吸收)。硫化氢急性中毒的主要症状为患者意识不清，过度呼吸迅速转向呼吸麻痹，并很快死亡；亚急性中毒的症状为患者出现头痛、胸部压迫感、乏力及眼、耳、鼻、咽黏膜灼痛，以及呼吸困难、咳嗽、胸痛等。慢性中毒一般为眼角膜的损伤，如瘙痒、疼痛、肿胀，或明显炎症、角膜糜烂。

(2) 二氧化硫是无色有刺激性臭味气体，引起中毒的主要途径为吸入、皮肤接触。二

氧化硫中毒的主要症状为：慢性中毒出现食欲减退；鼻炎、喉炎、气管炎等；轻度中毒出现眼睛及咽喉部的刺激；中度中毒出现声音嘶哑，胸部压迫感及痛感、吞咽障碍、呕吐、眼结膜炎、支气管炎等；重度中毒出现呼吸困难、知觉障碍、气管炎、肺水肿，甚至死亡。

36.3.2 中毒剂量及反应

1．中毒剂量与反应的关系

不同个体对相同剂量的毒物有不同的反应。这些差异是由年龄、性别、体重、饮食、健康状况及其他因素造成的。

对大量个体进行毒理学实验，使每个人都暴露于相同的剂量的环境中，并记录他们的反应情况，统计分析产生特定反应的个体占总人数的百分比如图 36-3-1 所示，其结果符合正态分布，曲线函数表达式有：

$$f(x)=\frac{1}{\sigma\sqrt{2\pi}}e^{-\frac{1}{2}\left(\frac{x-\mu}{\sigma}\right)^2} \tag{36-3-1}$$

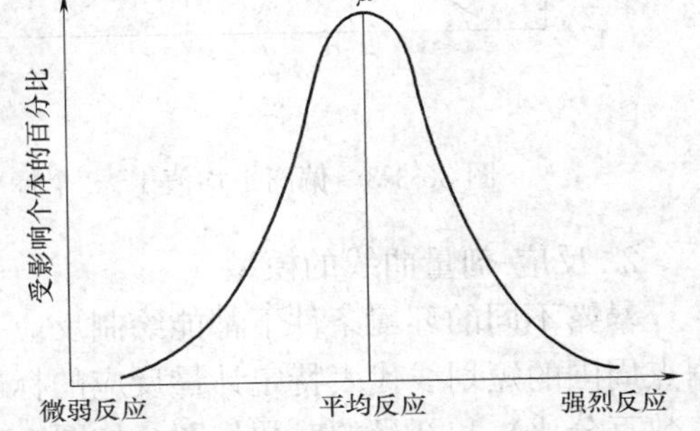

图 36-3-1 正态分布能反映人群暴露于毒物中的反应

式中 $f(x)$——经历特定反应的个体的概率；

x——反应的程度；

σ——标准偏差；

μ——平均值。

标准偏差和平均值分别反映了正态分布曲线的形状和位置，它们的值可以利用下述公式计算得到：

$$\mu=\frac{\sum_{i=1}^{n}x_i f(x_i)}{\sum_{i=1}^{n}f(x_i)} \tag{36-3-2}$$

$$\sigma^2=\frac{\sum_{i=1}^{n}(x_i-\mu)^2 f(x_i)}{\sum_{i=1}^{n}f(x_i)} \tag{36-3-3}$$

式中 n——样本的个数；

σ^2——方差。

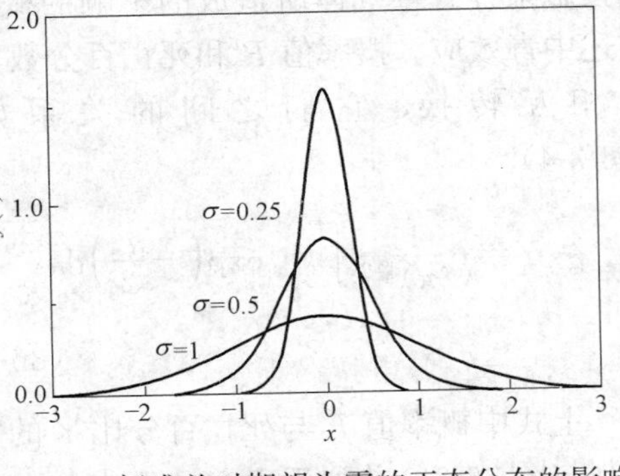

平均值决定了曲线对称轴的位置，标准偏差决定了曲线的形状。图 36-3-2 所示为标准偏差对正态分布曲线形状的影响。

图 36-3-2 标准差对期望为零的正态分布的影响

如图 36-3-1 所示，曲线下方面积代表了特定反应区间的个体占整体的百分比。特别地，在平均值 1 个标准差内的反应区间人群占总体的 68%，如图 36-3-3（a）所示。在平均值 2 个标准差内的反应区间人群占总体的 95.5%，如图 36-3-3 (*b*)。整条曲线下方的面积代表样本总体。

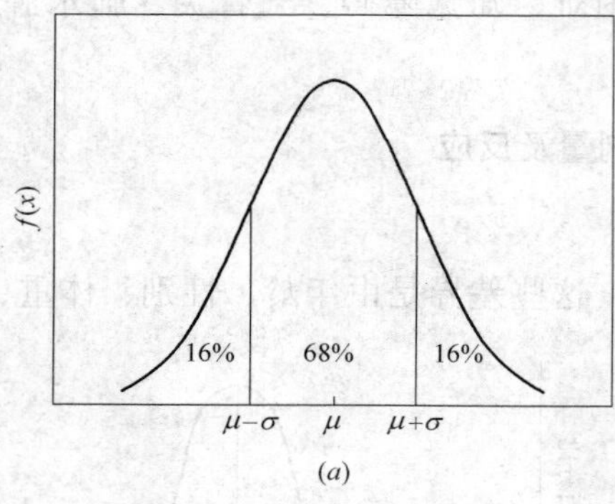

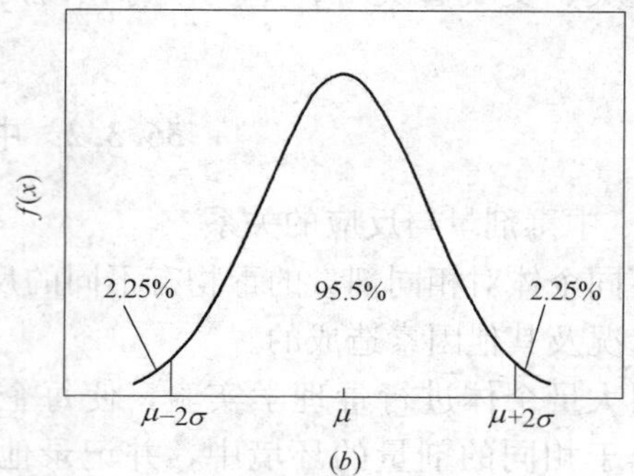

图 36-3-3　偏离平均值 1～2 个标准偏差内的反应区间人群占总体的百分比

2. 反应-剂量曲线的模型

暴露不同的环境条件下都能绘制反应-剂量曲线图 36-3-4 为中毒反应-剂量曲线图（数据点周围的短划线代表特定计量反应的标准偏差），为方便起见，以反应（产生该反应的人数百分比）和剂量的对数作图，如图 36-3-5 所示。

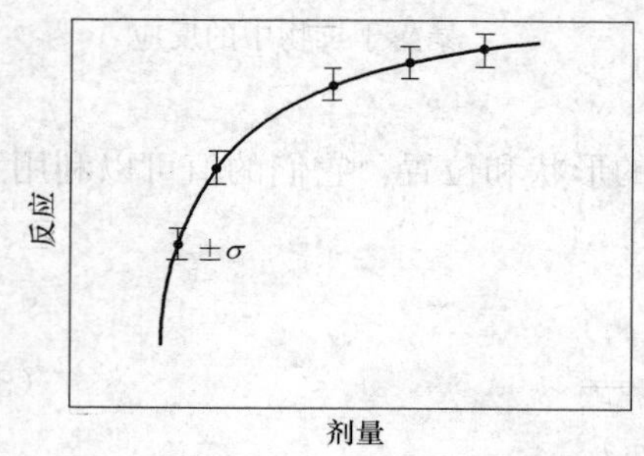

图 36-3-4　反应-剂量曲线图

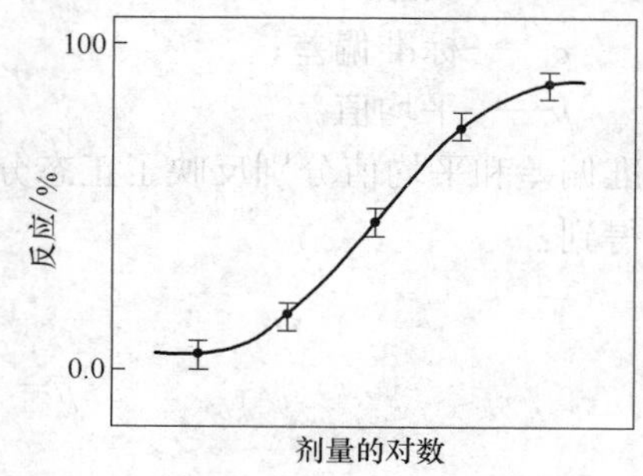

图 36-3-5　反应-剂量的对数曲线

有毒气体对人员的危害程度取决于毒气的性质、毒气的浓度以及人员与毒气接触的时间等因素。概率函数法是通过人们在一定时间接触某种有毒气体所造成的影响的概率来描述中毒效应。概率值 P 和死亡百分数 Y 可以相互转换，它们之间的关系如式 (36-3-4)。

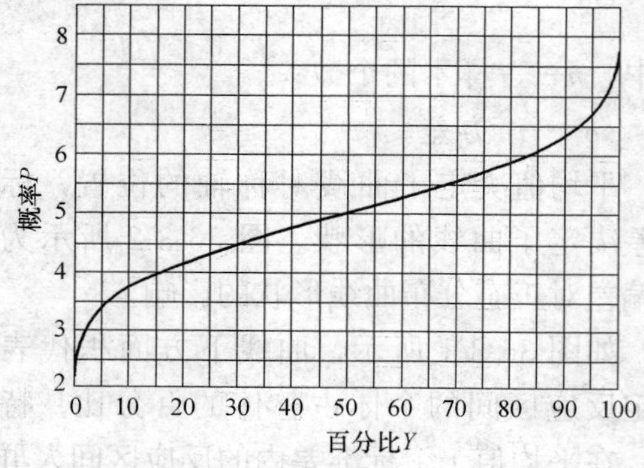

图 36-3-6　死亡百分比 Y 和概率 P 之间的关系

$$Y=\frac{1}{(2\pi)^{1/2}}\int_{-\infty}^{P-5}\exp\left(-\frac{u^2}{2}\right)\mathrm{d}u \tag{36-3-4}$$

上式中概率值 P 与死亡百分比 Y 的关系绘制与图 36-3-6 并列于表 36-3-1 中。

概率 P 与死亡百分比 Y 之间的关系 **表 36-3-1**

P(%)(个位值) / P(%)(十位值)	0	1	2	3	4	5	6	7	8	9
0	—	2.67	2.95	3.12	3.25	3.36	3.45	3.52	3.59	3.66
10	3.72	3.77	3.82	3.87	3.92	3.96	4.01	4.05	4.0	4.12
20	4.16	4.19	4.23	4.26	4.29	4.33	4.36	4.39	4.42	4.45
30	4.48	4.50	4.53	4.56	4.59	4.61	4.64	4.67	4.69	4.72
40	4.75	4.77	4.80	4.82	4.85	4.87	4.90	4.92	4.95	4.97
50	5.00	5.03	5.05	5.08	5.10	5.13	5.15	5.18	5.20	5.23
60	5.25	5.28	5.31	5.33	5.36	5.39	5.41	5.44	5.47	5.50
70	5.52	5.55	5.58	5.61	5.64	5.67	5.71	5.74	5.77	5.81
80	5.84	5.88	5.92	5.95	5.99	6.04	6.08	6.13	6.18	6.23
90	6.28	6.34	6.41	6.48	6.55	6.64	6.75	6.88	7.05	7.33
P(%)(个位值) / P(%)(十位值)	0.0	0.1	0.2	0.3	0.4	0.5	0.6	0.7	0.8	0.9
99	7.33	7.37	7.41	7.46	7.51	7.5	7.65	7.75	7.88	8.09

概率值 P 与有毒气体的种类有关，且是接触时间和毒气浓度的函数：

$$P = A + B\ln I_{\mathrm{f}}$$

$$I_{\mathrm{f}} = C^{n} t \tag{36-3-5}$$

式中 P——概率值，是易感人员死亡的百分数的量度，其值在 1～10 之间；

A、B、n——取决于有毒物质性质的常数，常见的有毒燃气成分气体和燃气燃烧产物气体的相关参数见表 36-3-2，表 36-3-3。

I_{f}——有毒物质载荷；

C——接触有毒气体的浓度，ppm；

t——接触有毒气体的时间，min。

暴露在毒物环境中的概率参数 **表 36-3-2**

中毒类型	暴露条件强度量 V	概率参数	
		k_1	k_2
一氧化碳致死	$\Sigma C^{1.0}T$	−37.980	3.700
硫化氢致死	$\Sigma C^{1.43}T$	−31.420	3.008
二氧化氮致死	$\Sigma C^{2.0}T$	−13.790	1.400
二氧化硫致死	$\Sigma C^{1.0}T$	−15.670	1.000

注：C—浓度，ppm，10^{-6}；T—时间间隔，min。

一些有毒气体物质性质常数 **表 36-3-3**

有毒气体名称	A	B	n
一氧化碳	−37.980	3.700	1.00
硫化氢	−31.420	3.008	1.43
二氧化硫	−15.670	2.100	1.00
二氧化氮	−13.790	1.400	2.00

当毒气浓度随时间而变化时，则毒物载荷用积分形式表示：

$$I_{\mathrm{f}}=\int C^{\mathrm{n}}\mathrm{d}t \tag{36-3-6}$$

对某一指定距离，由于毒气的不断稀释，毒物浓度会随时间而改变，因而总的毒物载荷为：

$$I_{\mathrm{f}}=\sum_{i=1}^{m}(C_{\mathrm{i}}^{\mathrm{m}}t_{\mathrm{i}}) \tag{36-3-7}$$

式中　C_{i}——指定距离内某一时间步内的浓度，ppm；

t_{i}——该时间步持续的时间，min；

m——时间步的数目。

36.3.3　中毒效应评判

反应-剂量曲线上的最小值称为极限剂量。毒气在空气中的浓度低于该值时，人体都不会受到任何副作用，没有任何可被察觉的影响。极限剂量以10^{-6}（每体积百万分之一）或者mg/m^3（每立方米空气中多少毫克蒸气）来表示。常见气体的极限剂量值见表36-3-4。

常见气体的极限剂量值　　**表36-3-4**

物质	(10^{-6})	(25℃)(mg/m^3)
二氧化碳	5000	9000
一氧化碳	25	29
二氧化氮	3	5.6
二氧化硫	2	5.2
硫化氢	10	14

36.4　燃气火灾与爆炸

36.4.1　可燃气体的爆炸极限

经常用到混合燃气的爆炸极限，爆炸下限（*LFL*）和爆炸上限（*UFL*）。这些混合物的燃烧极限由LeChatelier方程计算。

$$LFL_{\mathrm{mix}}=\frac{1}{\sum_{i=1}^{n}\frac{y_i}{LFL_i}} \tag{36-4-1}$$

式中　LFL_{mix}——混合气体的燃烧下限（体积百分数），%；

LFL_i——燃料-空气混合物中组分$_i$的燃烧下限（体积百分数），%；

y_i——组分i占可燃物质部分的摩尔分数；

n——可燃物质的数量。

同样

$$UFL_{mix}=\frac{1}{\sum_{i=1}^{n}\frac{y_i}{UFL_i}} \tag{36-4-2}$$

式中 UFL_{mix}——混合气体的燃烧上限（体积百分数），%；

UFL_i——燃料-空气混合物中组分$_i$的燃烧上限（体积百分数），%。

LeChatelier 方程是由经验得到的。Mashuga 和 Crowl 由热力学得到了 LeChatelier 方程。公式推导采用了以下假设：

① 物质的比热容为常数；②气体的物质的量不发生变化；③各组分的燃烧动力学性能是独立的，不因其他可燃物质的存在而变化；④各组分在燃烧极限时的绝热温升都是相同的。

这些假设对于计算 LFL 是非常有效的，但是，对于 UFL 的计算有效性稍有降低。

要正确使用 LeChatelier 方程，需要知道相同温度和压力下的燃烧极限数据。此外。不同文献中的燃烧极限数据的来源可能不同，数据上可能存在较大的差别。不同来源的数据的结合可能会导致最后出现令人不满意的结果。

1. 燃烧极限随温度的变化

通常情况下，可燃气体混合物的燃烧范围随着温度的升高而增加。可燃气体的燃烧极限随温度的变化可用式（36-4-3）和式（36-4-4）计算：

$$LFL_T=LFL_{25}-\frac{3.135}{\Delta H_c}(T-25) \tag{36-4-3}$$

$$UFL_T=UFL_{25}-\frac{3.135}{\Delta H_c}(T-25) \tag{36-4-4}$$

式中 ΔH_c——净燃烧热，kJ/mol；

T——温度，℃。

2. 燃烧极限随压力的变化

压力对 LFL 的影响很小，除非在压力非常低的情况下（<6.67kPa），因为火焰在很低的压力下不传播。

随着压力的增加 UFL 增加得很快，从而扩大了燃烧范围。可燃气体的 UFL 随压力变化的经验表达式为：

$$UFL_p=UFL+20.6(\log p+1) \tag{36-4-5}$$

式中 p——绝对压力，MPa；

UFL——燃烧上限（0.1MPa 下燃料在空气中的体积分数），%。

【例 36-4-1】 如果某物质的 UFL 在相对压力 0 下为 11.0%，那么，该物质在相对压力为 6.2MPa 下的 UFL 是多少？

绝对压力 $p=6.2+0.101=6.301$MPa。由式（36-4-5）计算 UFL：

$$\begin{aligned}UFL_p&=UFL+20.6(\log p+1)\\&=11.0+20.6(\log 6.301+1)\\&=48\%\end{aligned}$$

3. 极限氧浓度及惰化

对于可燃气体而言，并不是在任何氧浓度下都可以发生燃烧，存在一个可引起燃烧的最低氧浓度，即极限氧浓度（LOC），低于极限氧浓度时，燃烧反应就不会发生，因此极限氧浓度也被称为最小氧浓度（MOC）或最大安全氧浓度（MSOC）。可见，从安全角度考虑可燃气体的防火防爆时，极限氧浓度就是可燃混合气体中氧的最高允许浓度。对可燃气体常采取的防保措施之一就是在混合物体系中提高惰性气体的浓度比例，从而降低氧的浓度，使其降低至极限氧浓度以下，这种通过稀释氧浓度而防火防爆的方法称为可燃气体的惰化。

LOC 的单位是氧气的物质的量占全部物质的量的百分比。如果没有实验数据，可由燃烧反应的化学计算和 *LFL* 估算 *LOC*。该方法对于许多烃类均适用。

【例 36-4-2】 估算丁烷（C_4H_{10}）的 *LOC*。

解：

该反应的化学计量是：

$$C_4H_{10}+6.5O_2 \rightarrow 4CO_2+5H_2O$$

丁烷 *LFL* 为 1.8%，从化学计量：

$$LOC=\left(\frac{\text{燃料的物质的量}}{\text{总物质的量}}\right)\times\left(\frac{\text{氧气的物质的量}}{\text{燃料的物质的量}}\right)=LFL\left(\frac{\text{氧气的物质的量}}{\text{燃料的物质的量}}\right)$$

通过替换可以得到：

$$LOC=\left(1.8\times\frac{\text{燃料的物质的量}}{\text{总物质的量}}\right)\times\left(\frac{6.5\times\text{氧气的物质的量}}{1.0\times\text{燃料的物质的量}}\right)=11.7\%O_2$$

所以，可以通过加入氮气、二氧化碳或水蒸气等惰性气体，使得氧浓度低于 11.7%，就可以防止丁烷的燃烧。然而，通常不建议采用水蒸气作为惰性气体，因为水蒸气易于冷凝，这有可能使氧气浓度增加，重新回到易燃区域。

【例 36-4-3】 表明了可以使用等式估算 *LOC*：

$$LOC=z(LFL) \tag{36-4-6}$$

$$LOC=\left(\frac{LFL-C_{LOC}UFL}{1-C_{LOC}}\right)\left(\frac{UFL_O}{UFL}\right) \tag{36-4-7}$$

式中 *LOC*——极限氧浓度（氧气百分比）；

LFL——爆炸下限（空气中的燃料百分比）；

UFL——爆炸上限（空气中的燃料百分比）；

UFL_O——爆炸上限时的氧气浓度（空气中的氧气体积%）；

C_{LOC}——常数。

实验发现，对于常见的碳氢化合物，C_{LOC}取为－1.11 较为合适。

36.4.2　燃气爆炸效应评估

1. 爆炸

燃气的爆炸效应主要与环境温度，环境压力，燃气组成成分，燃气浓度，物理性质，引燃源的特性，周围空间是否受限，引燃延滞时间，燃气泄漏的速率等众多因素有关。燃气爆炸后产生的影响因爆炸形态和爆炸所处的环境条件不同而不同，不同环境条件导致爆炸所放出的能量也不一样。爆炸时伴随而来的冲击波、噪声、火灾等现象，都会造成物体的破坏、碎片飞溅烧灼等有害影响。

目前描述爆炸效应主要有理论研究，半经验推导研究和实验研究三种方法。但这三种方法对于实际情况的描述仍不够准确全面，因此，在设计和评估中应考虑适当的安全裕度。

燃气发生爆炸时，能量使气体迅速膨胀，压力波由爆源迅速向外围移动。如果压力波前突然压力变化，就会产生冲击波或激震前沿。冲击波产生于爆炸性非常强烈的物质，如TNT。压力容器的突然破裂也能够产生冲击波。超出周围压力的最大压力称为最大超压。

2. 爆轰和爆燃

爆炸的破坏效应很大程度上依赖于是爆轰还是爆燃引起的爆炸。两者的区别依赖于反应前沿的传播速度是高于还是低于声速（声音在未反应气体中的速度，对于理想气体，声速仅仅是温度的函数，其值在20℃时为344m/s）。

在一些燃烧反应中，反应前沿是通过强烈的压力波传播的，该压力波压缩位于反应前沿未反应的混合物，使其温度超过其自燃温度。这种压缩进行得很快，导致反应前沿出现压力的突然变化或振动。这称为爆轰，它导致冲击波以声速或超声速的速度传播进入未反应的混合物中。

对于爆燃，来自反应的能量通过热传导和分子扩散转移至未反应的混合物中。这些过程相对较慢，促使反应前沿以低于声速的速度传播。

3. 爆轰波

爆轰是破坏性最大的气体爆炸，爆轰的高速传播不像爆燃需要有密闭和障碍物条件，也不像爆燃在火焰阵面前处于高度紊流状态的未燃混合物中传播，而是在爆轰波前未扰动的未燃气体中传播。

可燃混气产生的爆轰，与正常的燃烧比较，主要是爆轰波的传播速度要远大于正常的火焰传播速度。

观察在某一空间的正常燃烧过程，如图36-4-1，燃烧波向未燃气的传播是正常的火焰传播，传播的速度是正常火焰传播速度。在一定的条件下，燃烧波加速而成为爆轰波。

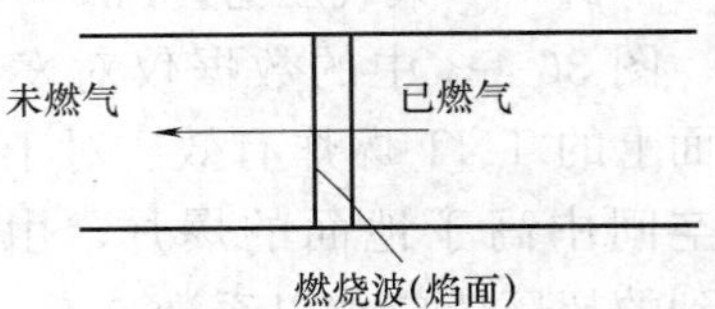

图 36-4-1 管内的正常火焰传播

4. 爆炸效应的评估

燃气爆炸（爆燃或爆轰）导致反应前沿从引燃源处向外移动，其前方是冲击波或压力波前沿。可燃物质消耗完后，反应前沿停止前进，但是压力波继续向外移动。冲击波由压力波和紧随其后的气流组成，大部分的破坏是由冲击波引起的。

典型冲击波在距离爆炸中心一定距离处压力随时间的变化如图36-4-2所示。爆炸在t_0时刻发生：冲击波前沿从爆炸中心到受影响位置所需的时间很短，约为t_1，时间t_1称为传播时间。在时刻t_1处，冲击波前沿到达并出现最大超压，紧随其后是短暂的强烈气流。在时刻t_2处，压力迅速降低为大气压力，但是气流会在原方向持续运动一段时间。从t_1至t_2的时间间隔称为冲击持续时间。冲击持续时间内冲击波对独立建筑物的破坏最大，因此，该值对破坏的估计很重要。压力继续下降直至在t_3时刻达到最大负压。从t_2至t_4时段，爆炸气流反向朝爆炸源吹去。负压也会产生一些破坏，

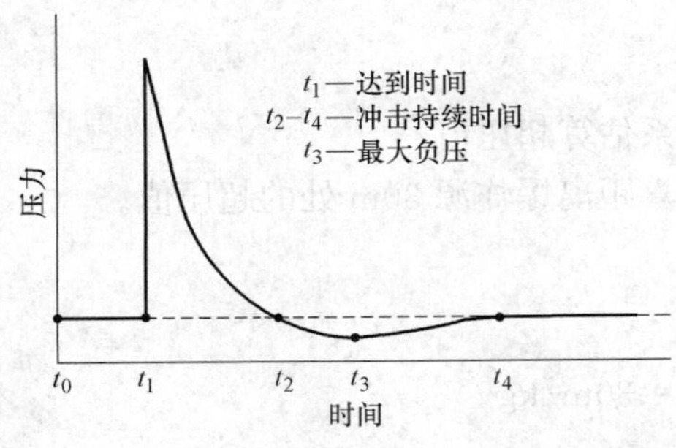

图 36-4-2 某一位置处的冲击波压力

但是典型爆炸的最大负压仅有几千帕，所造成的破坏比超压造成的破坏小得多。但是大爆炸和核爆炸的负压也能导致相当可观的破坏。在 t_3 时刻到达最大负压后，压力将在时刻 t_4 到达大气压力，此时直接破坏终止。

爆轰冲击波压力的大小，可以反映出爆炸对爆炸区内的设施的影响（破坏）程度。确定超压的三种方法如下。

(1) TNT 当量法

爆炸实验证明，超压可由 TNT 当量质量（记为 m_{TNT}）及地面上距离爆炸源点的距离 r 来估算。由经验得到的比例关系为：

$$z_e = \frac{r}{m_{TNT}^{1/3}} \tag{36-4-8}$$

式中　z_e——等效距离，$m/kg^{1/3}$。

TNT 的当量能量为 4180kJ/kg。

图 33-4-3 给出了等效超压 p_s 和等效距离 z_e 的关系曲线。等效超压 p_s 由下式给出：

$$p_s = \frac{p_o}{p_a} \tag{36-4-9}$$

式中　p_s——等效压力，Pa；

p_o——超压峰值，Pa；

p_a——大气压力，Pa。

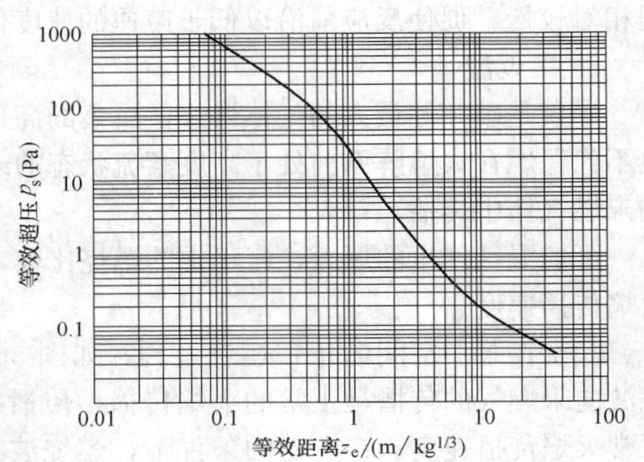

图 36-4-3　在平坦地面上的 TNT 爆炸的最大侧向超压与等效距离的关系

图 36-4-3 中的数据仅对发生在平坦地面上的 TNT 爆炸有效。对于发生在开敞空间中高于地面的爆炸，由图 36-4-3 得到的超压值应乘以系数 0.5。图 36-4-3 中的数据也可以由下述经验方程来描述：

$$\frac{p_0}{p_s} = \frac{1616\left[1+\left(\frac{z_e}{4.5}\right)^2\right]}{\sqrt{1+\left(\frac{z_e}{0.048}\right)^2}\sqrt{1+\left(\frac{z_e}{0.32}\right)^2}\sqrt{1+\left(\frac{z_e}{1.35}\right)^2}} \tag{36-4-10}$$

对于一定质量的燃气，发生爆炸后在任何距离爆炸中心 r 处所产生的超压估算步骤如下：

① 用所建立的热力学模型计算爆炸能；

② 将能量转化为相应的一定质量的 TNT；

③ 使用式（36-4-8）或图（36-4-3）所示的关系估算超压值。

【例 36-4-4】　假设 1kg 的 TNT 发生爆炸。计算距离爆炸源 30m 处的超压值。

解：

使用式（36-4-8），确定等效参数的值。

$$z_e = \frac{r}{m_{TNT}^{1/2}} = \frac{30m}{(1.0kg)^{1/3}} = 30m/kg^{1/3}$$

由图 36-4-3 可知，等效超压为 0.055。因此，如果周围环境压力为 0.1MPa，那么，所产生的超压为0.055×101.3kPa=5.6kPa。

TNT 当量法是一种将已知能量的可燃燃料等同于当量质量的 TNT 的方法。该方法建立在假设燃料的爆炸效应与等量能量的 TNT 爆炸效应相同的基础上。TNT 当量质量可使用下式进行估算

$$m_{TNT}=\frac{\eta m\Delta H_c}{E_{TNT}} \tag{36-4-11}$$

式中 m_{TNT}——TNT 当量质量，kg；

η——经验爆炸效率（无量纲）；

m——碳氢化合物的质量，kg；

ΔH_c——可燃气体的爆炸能，kJ/kg；

E_{TNT}——TNT 的爆炸能，kJ/kg。

TNT 爆炸能的典型值为 4180kJ/kg。对于可燃气体，可用燃烧热来替代爆炸能。

爆炸效率是 TNT 当量法中的主要问题之一。爆炸效率用于调整众多因素的影响，包括：可燃物质与空气的不完全混合；热量向机械能的不完全转化等。爆炸效率是经验值，对于大多数可燃气云，其爆炸效率在1%～10%之间变化。

采用 TNT 当量法估算爆炸造成的破坏的步骤如下：

① 确定参与爆炸的可燃物质的总量。

② 估计爆炸效率，使用式（36-4-11）计算 TNT 当量质量。

③ 使用式（36-4-8）和图（36-4-3）给出的比例关系，估算侧向超压峰值。

（2）TNO 多能法

TNO 多能法可以用于确定过程中的受限/拥塞体积，给出相应的受限/拥塞程度，然后确定受限/拥塞体积对于超压的贡献。该方法使用半经验曲线确定超压。估算的爆炸强度高度依赖于受限/拥塞体积，而很少依赖于蒸气云中的可燃气体。该模型的基础是爆炸能量高度依赖于聚集程度，而很少依赖于蒸气云中的燃料。

对于蒸气云爆炸，采用 TNO 多能法的步骤如下：

① 由扩散模型确定蒸气云的范围。一般情况下，由于扩散模型无法模拟在受限空间中的扩散行为，所以通常假设不存在设备和建筑物；

② 进行区域检查来确定受限空间。通常情况下，重气趋向于向下移动。

③ 在可燃气云团所覆盖的区域内，确定引起强烈爆炸的潜在源。强烈爆炸的潜在源包括：有障碍物的空间和建筑物（如管廊，站场设备）；管状结构内的空间（如隧道、桥梁、走廊、下水道系统、管路）；由于高压喷射释放形成的强湍流燃气混合物。

④ 通过以下步骤估算燃气混合物爆炸释放的能量：

a. 假设每一个爆炸源独立；

b. 假设单独爆炸源区域中所有燃气混合物都对爆炸产生贡献；

c. 估算每个爆炸源区域内的可燃气体体积（估算是基于区域全部尺寸之上的，应注意可燃气体可能没有充满全部爆炸源区域，同时还要考虑设备本身的体积——这部分体积可能占了整个区域体积相当大的比例）；

d. 将单个可燃混合气体的体积与 3.5×10^6J/m^3 相乘，得到某一独立爆炸的燃烧能E(J)。

⑤ 指定每个单独爆炸的爆炸强度等级指数。封闭、狭窄或严重阻塞的空间为强爆源，取 7～10；敞开空间和无阻塞物的空间，取 1；存在湍流运动的开敞空间，取 2～3。

⑥ 根据选择的爆炸强度等级指数和燃烧能 E，可计算等效距离。从图 36-4-4 可以查到距离爆炸源 R 处的爆炸侧向超压值和正向持续时间。

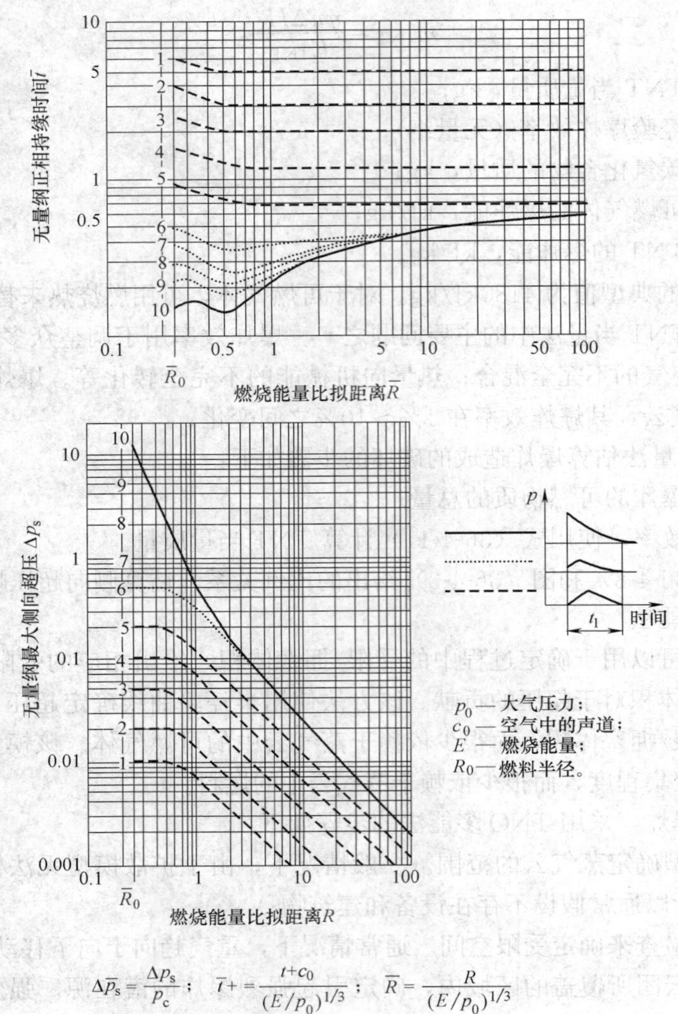

$\Delta\overline{p}_s=\frac{\Delta p_s}{p_c}$；$\overline{t}+=\frac{t+c_0}{(E/p_0)^{1/3}}$；$\overline{R}=\frac{R}{(E/p_0)^{1/3}}$

图 36-4-4　TNO 多能爆炸模型等效爆炸超压值和等效正压持续时间值

$$\overline{R}=\frac{R}{(E/p_0)^{1/3}} \tag{36-4-12}$$

式中　$\overline{R}$——等效距离（无量纲）；

R——距爆炸中心的距离，m；

E——爆源的燃烧能量，J；

p_0——大气压力，Pa。

侧向超压峰值和正压持续时间可根据等效超压和等效正压持续时间计算。超压由下式计算：

$$p_0 = \Delta \overline{p_s} \cdot p_a \tag{36-4-13}$$

正压持续时间由下式计算：

$$t_d = \overline{t_d}\left[\frac{(E/p_0)^{1/3}}{c_0}\right] \tag{36-4-14}$$

式中 p_s——超压，Pa；

$\Delta \overline{p_s}$——等效超压（无量纲）；

p_a——周围环境压力，Pa；

t_d——正压持续时间，s；

$\overline{t_d}$——等效正压持续时间（无量纲）；

E——爆源的燃烧能量，J；

c_0——当地音速，m/s。

5. 冲击波对建筑及人体的伤害

冲击波伤害可基于压力波作用在建筑物上导致的超压峰值来确定。一般情况下，破坏也是压力上升速率与冲击波持续时间的函数。然而，使用侧向超压峰值，可以很好地估算冲击波破坏程度。

基于超压的破坏估算见表 36-4-1。由表 36-4-1 可知，即使是较小的超压，也能导致较大的破坏。

基于超压的普通建筑物破坏评估（近似值） **表 36-4-1**

压力(kPa)	破坏表现
0.14	令人烦躁的噪声(137dB,或低频 10～15Hz)
0.21	处于应力状态下的大玻璃窗突然破碎
0.28	非常吵的噪声(143dB)、音爆、玻璃破裂
0.69	处于应力状态的小玻璃破裂
1.03	玻璃破裂的典型压力
2.07	“安全距离”(低于该值,不造成严重损坏的概率为 0.95);抛射物极限;屋顶出现某些破坏;10%的窗户上的玻璃被打碎
2.76	建筑物轻微破坏
3.4～6.9	大小窗户破碎;窗户框架偶尔遭到破坏
4.8	房屋结构受到较小的破坏
6.9	房屋部分破坏,无法居住
6.9～13.8	石棉板粉碎;钢板或铝板起皱,紧固失效,扣件失效;木板固定失效、吹落
9.0	钢骨结构的建筑物轻微变形
13.8	房屋的墙和屋顶局部坍塌
13.8～20.7	未加固的水泥或煤渣砖墙粉碎
15.8	低限度的严重结构破坏
17.2	50%的砖墙房屋被破坏
20.7	工厂建筑物内的重型机械遭到少许破坏;钢骨结构建筑变形,脱离基础
20.7～27.6	无框架、钢骨结构建筑破坏;原油贮罐破裂

续表

压力(kPa)	破坏表现
27.6	轻工业建筑物的覆层破裂
34.5	木制的柱折断
34.5～48.2	房屋几乎完全破坏
48.2	满装的火车翻倒
18.2～55.1	未加固的0.2～0.3m厚的砖板被剪切,或弯曲而失效
62	满装的火车货车车厢被完全破坏
68.9	建筑物可能全部遭到破坏;重型机械工具被移动并遭到严重破坏
2068	存在爆坑痕迹

冲击波压力除了对建筑物的破坏之外还会直接对超压波及范围的人身安全造成威胁。如冲击波超压大于0.1MPa时，大部分人员会死亡；0.05～0.1MPa的超压可以使人体的内脏严重损伤或死亡；0.04～0.05MPa的超压会损伤人的听觉器官或产生骨折；超压在0.02～0.03MPa时也可以使人体轻微损伤。只有当超压小于0.02MPa时人员才会是安全的。

燃气发生爆炸时，人可能遭受直接爆炸效应（包括超压和热辐射）或间接爆炸效应（大部分为碎片飞溅）的伤害。爆炸伤害效应可使用概率分析法进行估算。由本章36.3.2节可知，爆炸产生的冲击环境也能够绘制反应-剂量曲线

表36-4-2列出了爆炸产生的冲击波对人体造成伤害的概率参数。V代表冲击波影响因素，概率P由式（36-4-15）计算

$$P=k_1+k_2\ln V \tag{36-4-15}$$

燃气爆炸冲击波对人体造成伤害的概率参数 **表36-4-2**

爆炸对人体造成的伤害	冲击波影响因素V	概率参数	
		k_1	k_2
肺出血致死	p°	−77.1	6.91
耳膜破裂	p°	−15.6	1.93
冲击波致死	I	−46.1	4.82
冲击波致伤	I	−39.1	4.45

注：p°—最大超压值，N/m^2；I—冲量，$N\cdot s/m^2$。

6. 碎片飞溅的伤害

爆炸除了冲击波超压对建筑和人体的直接伤害之外，爆炸产生的物体碎片的破坏作用也是不能忽视的。发生在受限容器或建筑结构内的爆炸能使容器或建筑物破裂，导致碎片飞溅至很宽的区域范围。碎片飞溅会引起严重的人员伤亡、建筑物和设备损坏。非受限爆炸由于冲击波作用和伴随的建筑物运动也能产生碎片飞溅。飞溅的碎片意味着事故的传播，某一区域的局部爆炸将碎片抛射到周围区域。这些碎片撞击储罐、设备和管线，导致二次火灾或爆炸。

爆炸的TNT当量和碎片最大水平抛射距离的经验关系，如图36-4-5所示。该关系在

事故调查期间计算碎片被抛射到所观察的位置处所需的能量等级很有效。

碎片对人体或物体的伤害程度主要取决于它的动能。根据罗勒（Rhore）的研究，碎片击中人体时，如果它的动能在 26N·m 以上，便可致外伤；动能达到 60N·m 以上时，可致骨部轻伤；超过 200N·m 时，可造成骨部重伤。碎片所具有的动能可以计算，它与碎片的质量和速度有关。

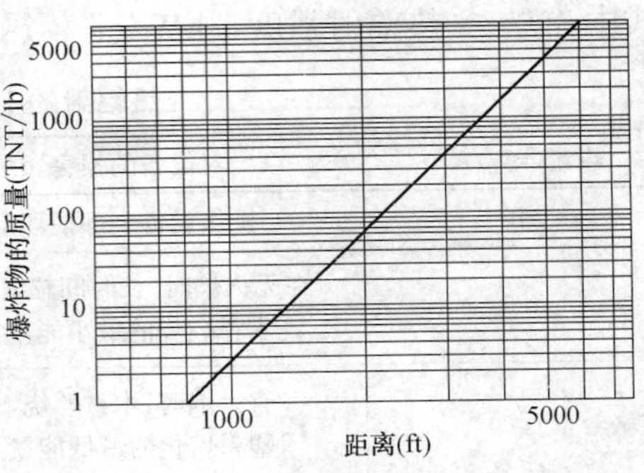

图 36-4-5　爆炸碎片的最大水平射程

$$E=\frac{1}{2}mv^2=\frac{1}{2}\frac{W}{g}v^2 \qquad (36\text{-}4\text{-}16)$$

式中　E——碎片的动能，N·m；

W——碎片的重量，kg；

v——碎片击中时的速度，m/s。

压力容器的碎片在离开壳体时常具有 80～120m/s 的初速，即使在飞离容器较远的地方也有 20～30m/s 的速度，如果是 1kg 重的碎片，其动能达到 200～450N·m，足可以使人重伤或死亡。

容器破裂时还可能损坏附近的其他设备或管道，引起连锁爆炸反应或火灾，造成更大的危害。碎片对材料的穿透量可按式（36-4-17）计算：

$$S=K\frac{E}{A} \qquad (36\text{-}4\text{-}17)$$

式中　S——碎片对材料的穿透量，cm；

E——碎片击中时所具有的动能，N·m；

A——碎片穿透方向的面积，cm^2；

K——材料的穿透系数，对钢板 0.01；木材 0.4；钢筋混凝土 0.1。

7. 射流火的热辐射伤害

射流火多点源模型将射流火看作是由射流中心线的全部点热源组成，每个点热源的辐射热量相等：

$$I_i=\frac{\eta\xi q_m H_C}{4\pi x^2} \qquad (36\text{-}4\text{-}18)$$

式中　I_i——点热源辐射热量，kW/m^2；

η——效率因子，可取 0.35；

ξ——辐射率，对于甲烷、氢气可取 0.16，丙烷可取 0.33，丁烷可取 0.30；

q_m——泄漏气体质量流量，kg/s；

H_C——燃气的燃烧热，kJ/s；

x——点热源到目标点的距离；

选取的点源数为 n（一般取 5），某一目标点的入射热辐射强度等于全部点热源对目标的热辐射强度之和：

$$I=\sum_{i=0}^{n}I_i \qquad (36\text{-}4\text{-}19)$$

式中 I——热辐射强度，kW/m^2。热辐射对人和设备的伤害评估见表36-4-3。

热辐射的不同入射通量所造成的损失 **表36-4-3**

热流(kW/m^2)	对设备的损害	对人的伤害	损失等级
37.5	操作设备全部损坏	1%死亡/10s；100%死亡/1min	A
25	在无火焰时，长时间辐射下木材燃烧的最小能量	重大损失/10s；100%死亡/1min	B
12.5	有火焰时，木材燃烧，塑料熔化的最低能量	1度烧伤/10s；1%死亡/1min	C
4		20s以上感觉疼痛	D
<1.7		长期辐射无不舒服感觉	E

36.5 燃气防火防爆技术

通常采用三重手段来防止或限制燃气发生火灾和爆炸可能造成的损害：防止生成易燃混合物；防止引发火灾或爆炸；以及将发生火灾或爆炸后损害降至最低。

36.5.1 吹扫与惰化

惰化是向可燃混合物中添加惰性气体，以将氧气浓度降低至极限氧气浓度（LOC）的过程。惰性气体通常是氮气或二氧化碳，有时也会使用水蒸气。

以下有几种惰化方法可用于将初始氧气浓度降至低设定值：真空惰化，压力惰化，压力真空联合惰化，吹扫惰化和虹吸惰化。

1. 真空惰化

真空惰化是容器最常用的惰化过程。该过程不适用于大型储罐。但是，反应器通常设计为完全真空，即0.1MPa或绝对压力为0。因此，真空吹扫是反应器的常用过程。

真空惰化过程中的步骤包括：

① 对容器抽真空直至达到所需的真空；

② 充入氮气将气体减压至大气压；

③ 重复步骤①和②，直至达到所需的氧浓度。

图36-5-1明确表示了真空惰化的过程。

2. 压力惰化

容器通过通入加压氮气使得容器内压力上升。当氮气扩散到整个容器后，再与大气相通，容器内压力降至大气压力，这时氧气浓度下降。这个过程至少需要一个以上的压力循环，直到达到所需的氧浓度。

图36-5-2显示了用于将氧气浓度降至目标水平的循环。

3. 压力真空联合惰化

在某些情况下，压力和真空可同时用于惰化容器。这取决于容器是先抽真空还是先加压。图36-5-3显示了初始加压的惰化循环。

图36-5-4显示了初始抽真空的惰化循环。

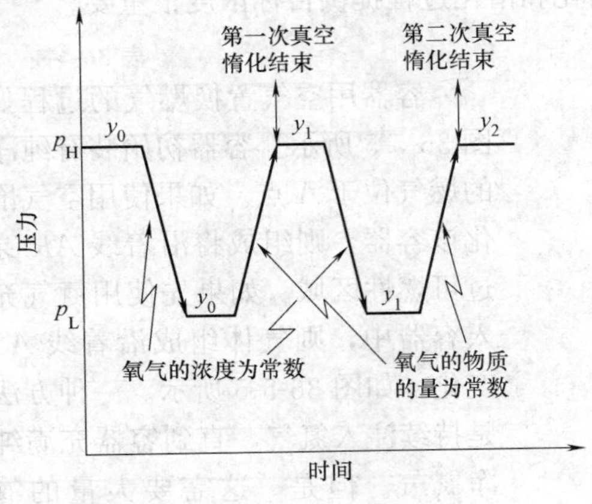

图 36-5-1 真空惰化循环

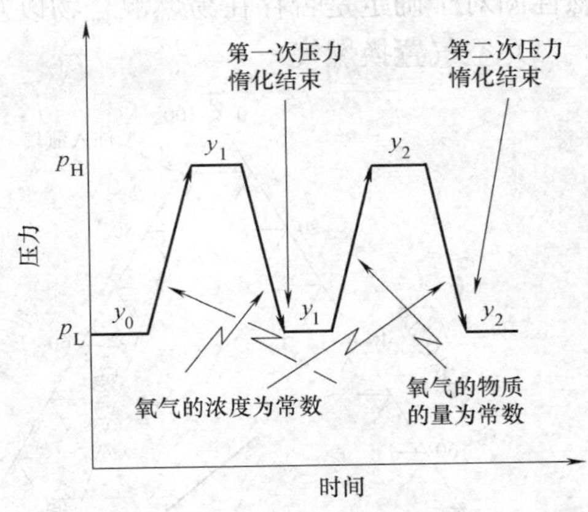

图 36-5-2 压力惰化循环

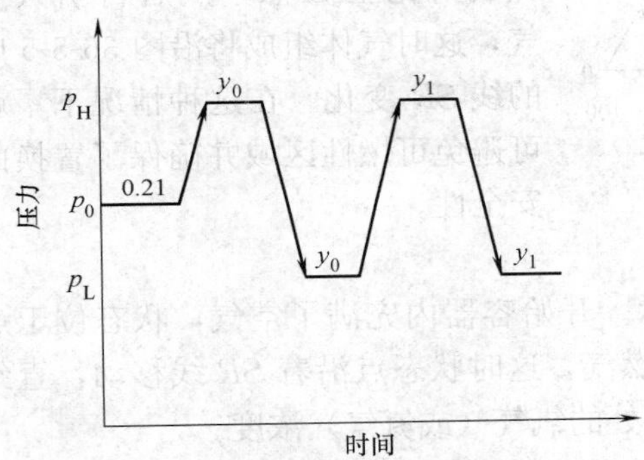

图 36-5-3 初始加压的真空压力惰化

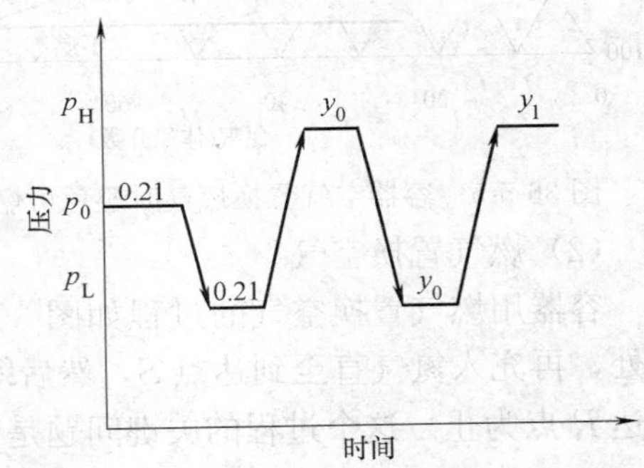

图 36-5-4 初始抽真空的真空压力惰化

由于压力差较大，压力惰化更快，然而，它使用的惰性气体比真空惰化更多。真空惰化使用较少的惰性气体，因为氧气浓度主要通过抽真空来降低。当结合真空和压力惰化时，与压力惰化相比，使用更少的氮气，特别是如果初始循环是真空循环。

4. 吹扫惰化

吹扫惰化是在一个开口处将惰化气体填充到容器中，并且将混合气体从容器从另一个开口抽到大气中。常压情况下，当容器或设备没有针对压力或真空划分等级时，通常使用该惰化过程。

5. 虹吸惰化

虹吸惰化过程首先用液态水或任何与容器内产品相容的液体填充容器。随着液体从容器中排出，将惰化气体添加到容器中，惰化气体的体积等于容器的体积，惰化速率等于液体体积排放速率。

当使用虹吸惰化过程时，需要首先用液体填充容器，然后使用吹扫惰化过程将氧气从剩余顶部空间去除。通过使用这种方法将氧浓度降低到低浓度，对于额外的吹扫惰化仅需要少量额外的费用。

6. 使用可燃性图来避免产生混合可燃气体

可燃性图是阻止可燃性混合物存在的重要工具，目的是避免混合物浓度可燃性区域。

可燃性图对于确定是否存在易燃混合物以及为惰化和惰化过程提供目标浓度很重要。

(1) 空气置换燃气

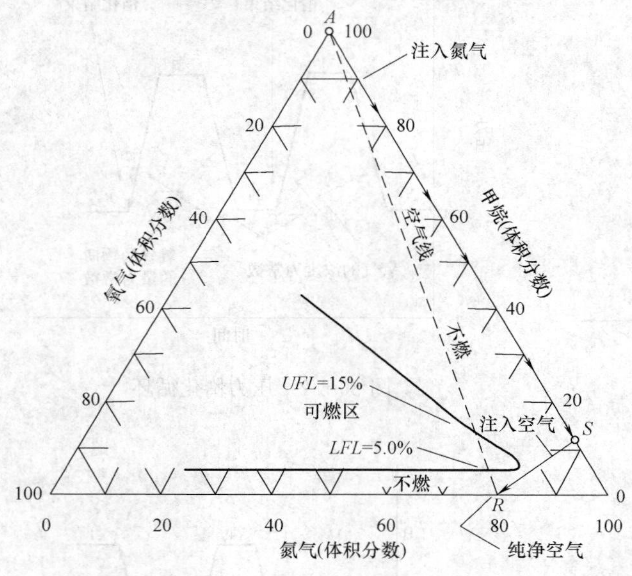

图 36-5-5 容器空气置换燃气时避免可燃区域的过程

容器用空气置换燃气的过程如图 36-5-5 所示。容器初始装有纯净的燃气位于 A 点。如果使用空气惰化该容器，则组成将沿着线 AR 穿过可燃性区域。如果先使用氮气充入容器中，则气体组成沿着线 AS 变化，如图 36-5-5 所示。一种方法是持续注入氮气，直到容器充满纯净氮气。但是，这需要大量的氮气，成本很高。更有效的方法是用氮气惰化至 S 点，然后再引入空气，这时气体组成将沿图 36-5-5 中的线 SR 变化。在这种情况下，就可避免可燃性区域并确保了置换的安全性。

(2) 燃气置换空气

容器用燃气置换空气的过程如图 36-5-6 所示。开始容器内充满了空气，状态位于点 A 处，再充入氮气直至到达点 S，然后缓缓充入燃气，这时状态点沿着 SR 线移动，直到到达 R 点为止。这个过程的关键问题是确定点 S 处的氧气（或氮气）浓度。

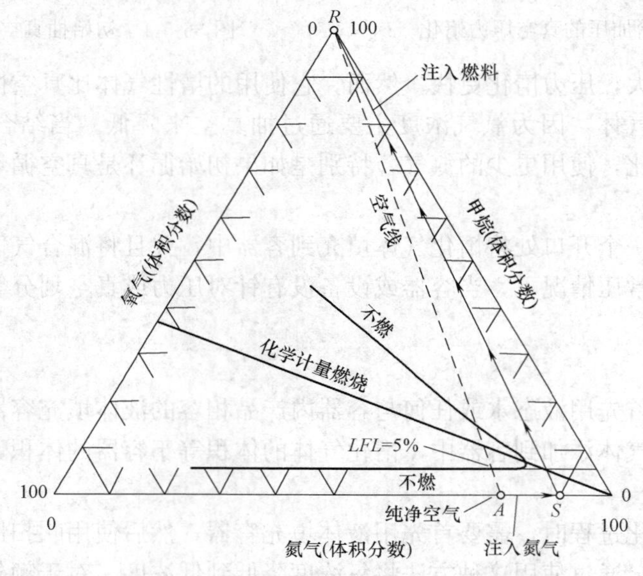

图 36-5-6 容器投入使用时避免可燃区的过程

如果缺乏详细的可燃性图表，则必须估算 S 点处的氧浓度 S_0。一种方法是使 LFL 与化学计量燃烧线的交点。从三角形顶部顶点（R）作直线，通过该交点一直与氮气轴相交。如图 36-5-6 所示。S_0 的组成用图表确定或用下式计算：

$$S_0=\frac{zLFL}{1-\left(\frac{LEL}{100}\right)} \tag{36-5-1}$$

式中 S_0——S 点处的氧浓度（体积分数），%；

z——氧气的化学计量系数；

LFL——燃烧下限的燃气浓度，%。

点 S 处的氮浓度等于 $100-S_0$。

36.5.2 防雷防静电技术

1. 静电防护技术

在生产工艺中的挤压、切割、搅拌、喷溅、流动和过滤以及生活中的行走、站立、穿脱衣服等都会产生静电。静电防护技术是通过了解与电相关的基本原理，并通过使用这些基本原理设计的特定功能，来防止静电可能导致发生的燃气火灾或爆炸事故。静电防护的方法可以分为两类：

第一类是防止相互作用的物体的静电积累。这类方法有：将设备的金属件和导电的非金属件接地；增加电介质表面的电导率和体积电导率。

第二类方法不能消除静电荷的积累，而是事先预防不希望发生的情况和危险出现，比如在工艺设备上安装静电中和器，或者是使工艺过程中的静电放电发生在非爆炸性介质中。

① 静电接地

静电接地就是用接地的方法提供一条静电荷泄漏的通道。可以引起火灾、爆炸和危及安全场所的全部导电设备和导电的非金属器件，不管是否采用了其他的防止静电措施，都必须接地。

静电接地的电阻大小取决于收集电荷的速率和安全要求，该电阻制约着导体上的电位和储存能量的大小。实验证明，生产中可能达到的最大起电速率为 10^{-4} A，一般为 10^{-6} A，根据加工介质的最小点燃能量，可以确定生产工艺中的最大安全电位，于是满足上述条件的接地电阻便可以计算出来。

$$R<\frac{V_m}{Q_f} \tag{36-5-2}$$

式中 R——静电接地的电阻，Ω；

V_m——最大安全电位，V，见表 36-5-1 中的混合物的点燃界限值；

Q_f——最大起电速率，A。

可燃混合物的点燃界限 表 36-5-1

可燃混合物	最小点燃能量(MJ)	点燃界限(kV)
氢气和氧气	＜0.01	1
氢气、乙炔和空气	0.01～0.10	8～10
大部分可燃气体	0.1～1	20～30

在空气湿度不超过 60%的情况下，非金属设备内部或表面的任意一点对大地的流散

电阻不超过 $10^7\Omega$ 者，均认为是接地的。这一阻值能保证静电弛豫时间常数的必要值，即在非爆炸介质中为十分之几秒，在爆炸介质中为千分之几秒。弛豫时间常数 τ 与器件或设备的接地电阻 R 和电容 C 的关系为 $\tau=RC$。

电容 C 如果很小，则电流流散电阻可能高于 $10^7\Omega$。依据这一观点计算出的最大允许接地电阻值如表 36-5-2。

防止静电接地装置通常与保护接地装置接在一起。尽管 $10^7\Omega$ 完全可以保证导走少量的静电荷，但是专门用来防静电的接地装置的电阻仍然规定不大于 100Ω。

器件电容与允许接地电阻　　**表 36-5-2**

周围介质	器件电容为 C(F)时的允许接地电阻 R(Ω)	
	10^{-11}(F)	10^{-10}(F)
爆炸危险($\tau=10^{-3}$s)	10^8	10^7
非爆炸危险($\tau=10^{-1}$s)	10^{10}	10^9

在实际生产工艺中，包括有管路、装置、设备的工艺流程应形成一条完整的接地线。在一个车间的范围内与接地的母线相接不少于两处。

液化石油气储配站工艺中有许多需要防止静电的地方。图 36-5-7 是管道法兰连接处的消除静电方法，法兰之间采用电阻率低的材料进行跨接。

固定设备与移动设备接地的通常方法如图 36-5-8。

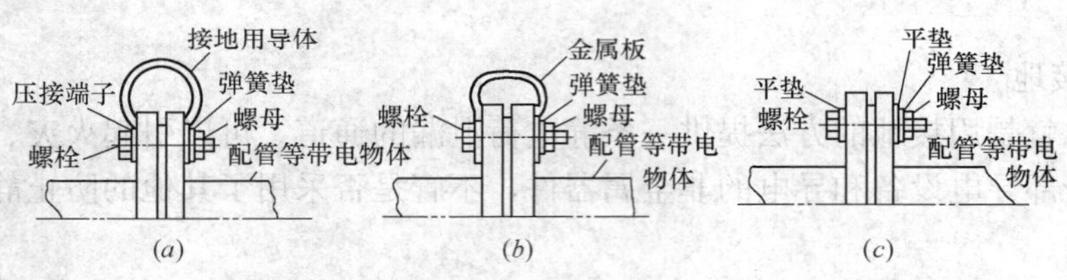

图 36-5-7　配管跨接

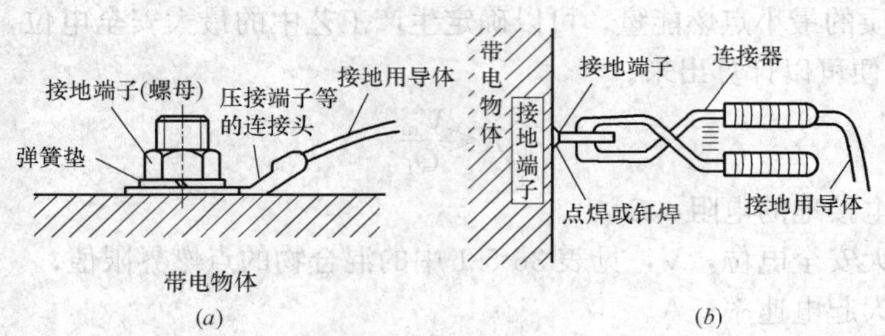

图 36-5-8　静电接地

(a) 固定设备接地；(b) 移动设备接地

图 36-5-9 和图 36-5-10 是管路的静电接地方法。图 36-5-11 则是在一些设备的软管上采用的防静电接地方法。

② 静电中和

一种结构简单的防静电装置，由金属、木质或电介质制成的支撑体，其上装有接地针和细导线等，如图 36-5-12。

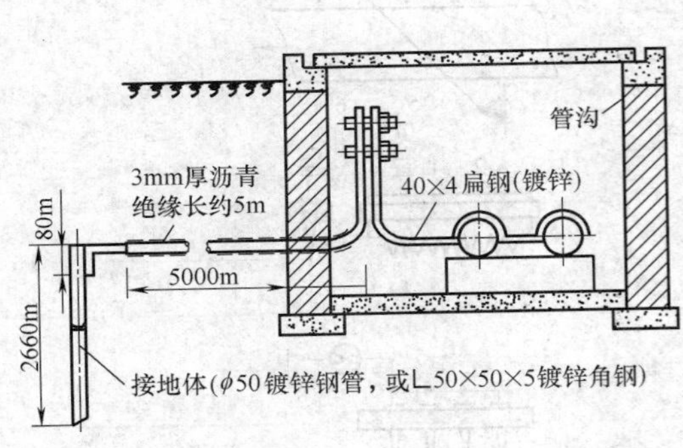

图 36-5-9 管沟管路静电接地图

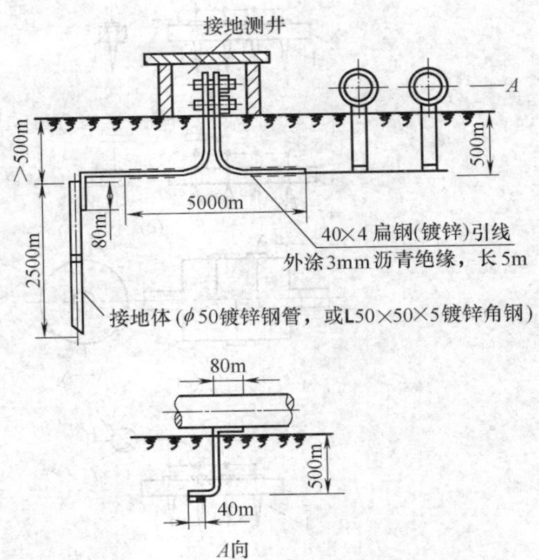

图 36-5-10 地上管路静电接地图

带电材料的静电荷在静电感应器的电极附近建立电场，在放电电极附近强电场的作用下产生碰撞电离，结果形成两种符号的离子，如图 36-5-13。

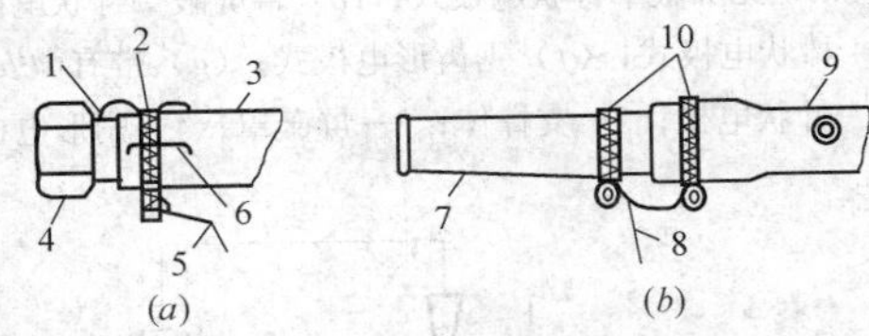

图 36-5-11 软管跨接和接地

1—锡焊或铅焊的金属线；2，10—金属制软管卡子；3—内有金属线或金属网的软管；4—连接金具；5—接地用导体；6—金属线或金属网；7—金属制喷嘴；8—接地用导体；9—软管

碰撞电离的强度取决于电场强度，而电场强度的提高，在其他条件相同的情况下，首先是依靠放电电极的曲率半径的减少和电极最佳间距的选择。

③ 降低工艺过程的速度

通过管道输送的液态液化石油气，为保证其输送至储罐中是安全的，应该控制液体在管道中的流速，最大允许的安全流速由下式算出：

$$v^2 d \leqslant 0.64 \tag{36-5-3}$$

式中 v——液体在管道中的线速度，m/s；

d——管道的直径，m。

不同管径允许的最大流速如表 36-5-3。

如果管道上装有过滤器、分离器或其他工艺设备，而且它们距离储罐很近，其速度的要求还应降低。

2. 雷电防护技术

雷电保护技术措施选用应根据被保护对象的防雷要求，在详细分析地理、地质、气象及环境条件和被保护对象特点及雷电活动规律基础上，选用安全可靠、技术先进、经济合理的防护措施。

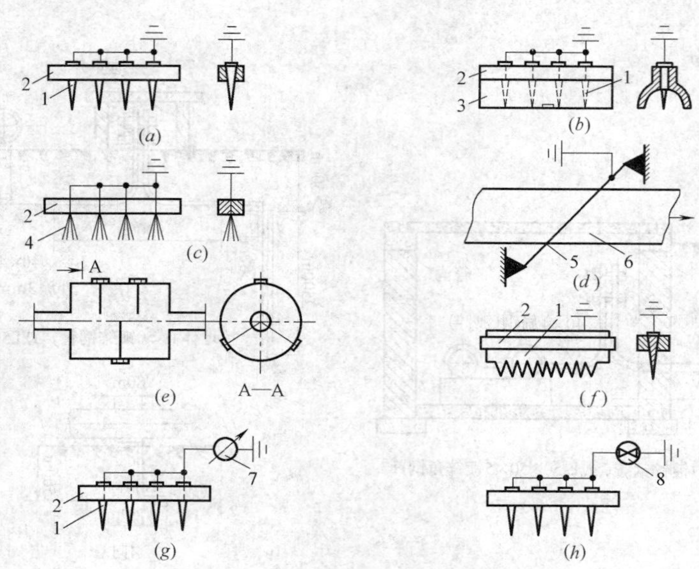

图 36-5-12　静电感应式中和器图

(*a*) 无屏蔽罩针状电极式；(*b*) 带屏蔽罩针状电极式；(*c*) 刷形电极式；(*d*) 导线电极式；(*e*) 用于液体的棒状电极式；(*f*) 锯齿形电极式；(*g*) 带有微安计指示工作信号的电极式；(*h*) 带有氖灯工作信号电极式

1—针状电极；2—支撑体；3—屏蔽罩；4—刷形电极；5—导线电极；6—移动的带电材料；7—微安计；8—氖灯

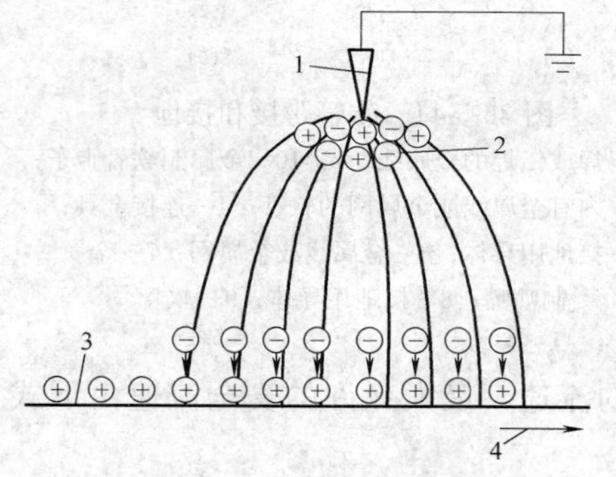

图 36-5-13　静电感应中和电荷的原理

1—放电电极；2—碰撞电离区；3—带电电介质；4—电介质运动方向

不同管径允许的最大流速　表 36-5-3

管径(mm)	最大流速(m/s)	管径(mm)	最大流速(m/s)
10	8.0	200	1.8
25	4.9	400	1.3
50	3.5	600	1.0
100	2.5	—	—

(1) 燃气站场设施的防雷措施

储气罐和压缩机室、调压计量室等处于燃烧爆炸危险环境的生产用房，其防雷设计应符合现行的国家标准《建筑物防雷设计规范》GB 50057 的"第二类防雷建筑物"的规定，生产管理、后勤服务及生活用建筑物，其防雷设计应符合现行的国家标准《建筑物防雷设计规范》GB 50057 的"第三类防雷建筑物"的规定。

门站和储配站室内电气防爆等级应符合现行的国家标准《爆炸危险环境电力装置设计规范》GB 50058 的"1 区"设计的规定；站区内可能产生静电危害的设备、管道以及管道分支处均应采取防静电接地措施，应符合现行的化工标准《化工企业静电接地设计规范》HG/T 20675 的规定。

① 储罐区的防雷措施

储罐区应设立独立避雷针或架空避雷线（网），其保护范围应包括整个储罐区。当储罐顶板厚度等于或大于 4mm 时，可以用顶板作为接闪器；若储罐顶板厚度小于 4mm 时，则须装设防直击雷装置。但在雷击区，即使储罐顶板厚度大于 4mm 时，仍需装设防直击雷装置。浮顶罐、内浮顶罐不应直接在罐体上安装避雷针（线），但应将浮顶与罐体用两根导线作电气连接。浮顶罐连接导线应选用截面积不小于 $25mm^2$ 的软铜复绞线。对于内浮顶罐，钢质浮盘的连接导线应选用截面积不小于 $16mm^2$ 的软铜复绞线；铝质浮盘的连接导线应选用直径不小于 1.8mm 的不锈钢钢丝绳。钢储罐防雷接地引下线不应少于 2 根，并应沿罐周均匀或对称布置，其间距不宜大于 30m。防雷接地装置冲击接地电阻不应大于 10Ω，当钢储罐仅做防感应雷接地时，冲击接地电阻不应大于 30Ω。罐区内储罐顶法兰盘等金属构件应与罐体可靠电气连接，放散塔顶的金属构件亦应与放散塔可靠电气连接。

若液化石油气罐采用牺牲阳极法进行阴极防腐且牺牲阳极的接地电阻不大于 10Ω、阳极与储罐的铜芯连线截面积不小于 $16mm^2$，或液化石油气罐采用强制电流法进行阴极防腐且接地电极采用锌棒或镁锌复合棒、接地电阻不大于 10Ω，接地电极与储罐的铜芯连线截面积不小于 $16mm^2$ 时，可不再单独设置防雷和防静电接地装置。

② 燃气站场其他区域的防雷措施

设于空旷地带的调压站及采用高架遥测天线的调压站应单独设置避雷装置，其接地电阻值应小于 10Ω。当调压站内、外燃气金属管道为绝缘连接时，调压器及其附属设备必须接地，接地电阻应小于 10Ω。

站区内所有正常不带电的金属物体，均应就近接地，且接地的设备、管道等均应设接地端头，接地端头与接地线之间，可采用螺栓紧固连接。对有振动、位移的设备和管道，其连接处应加挠性连接线过渡。

进出站区的金属管道、电缆的金属外皮、所穿钢管或架空电缆金属槽，在站区外侧应做一处接地，接地装置应与保护接地装置及避雷带（网）接地装置合用。如存在远端至站区的金属管道、轨道等长金属物，则应在进入站区前端每隔 25m 接地一次，以防止雷电感应电流沿输气管道进入配气站。管道的电绝缘装置应埋地设置于站场防雷防静电接地区域外，使配管区（设备撬）及进出站管道能够置于同一防雷防静电接地网中。

站区内处于燃烧爆炸危险环境的生产用房应采用 40mm×4mm 镀锌扁钢或同等规格的其他金属材料构成避雷网格，并敷设明式避雷带。其引下线不应少于 2 根，并应沿建筑物四周均匀对称布置，间距不应大于 18m，网格不应大于 10m×10m 或 12m×8m。

除独立防直击雷装置外，站场的防雷接地、防静电接地、电气设备的工作接地、保护接地等可共用同一接地系统，其接地电阻不大于 4Ω，宜小于 1Ω。如各类接地不共用，则各类接地之间的距离应符合规范要求。

③ 进出站场燃气管道的防雷措施

进出站区的管线应设置切断阀门和绝缘法兰。站区内接地干线应在不同方向上与接地装置相连接，且不应少于两处。

进出场站的燃气金属管道，应在场站外侧接地，并与保护接地装置及避雷带（网）接地装置合并。当燃气金属管道采用地上引入方式进入场站时，电绝缘装置宜设置在引入管出室外地面后穿墙入户之前的位置，将抱箍设于室内燃气金属管道上，再通过等电位连接线接至总等电位联结箱。如采用绝缘法兰与外置放电间隙的组合形式，则应安装在室内燃气总阀门之后，以便检修。绝缘法兰两端的燃气金属管道用放电间隙进行连接后，通过等电位连接线接至总等电位联结箱。当燃气金属管道采用地下引入方式进入场站时，绝缘接头宜在引入管出室内地面或进入地下室后就近安装，将抱箍设于绝缘接头通向室内燃气金属管道的一侧，然后再通过等电位连接线接至总等电位联结箱。如采用绝缘法兰与外置放电间隙的组合形式，则与地上引入方式的做法相同。

④ 站区电气设备的防雷措施

站区内电气设备的接地装置与防止直接雷击的独立避雷针的接地装置应分开设置，与装设在建筑物上防止直接雷击的避雷针的接地装置可合并设置，与防雷电感应的接地装置亦可合并设置。接地电阻值应取其中最低值。站区内供电系统的电缆金属外皮或电缆金属保护管两端均应接地，在供配电系统的电源端应安装与设备耐压水平相适应的过电压（电涌）保护器。站区内所有电气设备金属外壳应接地，除照明灯具以外的电气设备，应采用专门的接地线，该接地线如与相线敷设在同一保护管内时，应具有与相线相等的绝缘，即三相五线制、单相三线制等，其他金属管线、电缆的金属外皮等，只能作为辅助接地线，且接地电阻值应小于 4Ω。站区内的照明灯具可利用可靠电气连接的金属管线系统作为接地线，但不能利用输送易燃物质的金属管道。

（2）燃气金属管道及附件的防雷措施

金属燃气管道无论安装在建筑物内还是建筑物外，都要保证与相邻管线和设备有一定的安全距离，因为雷电感应会影响相邻管线的安全；架空的管道与其他管线交叉时，也应保证一定的垂直净距。管道与其他管线同沟敷设时，必须保持安全距离。沿建筑物外墙敷设的管道距门窗的净距为：中压管道不应小于 0.5m，低压管道不应小于 0.3m。考虑到管道在环境温度下的极限变形和静电防护，当管道与其他管线一起敷设时，应敷设在其他管线的外侧。当管道绝缘连接时，由于室内管道的静电无法消除，极易产生火花引起事故，因此必须接地。在管道的绝缘处理中，绝缘段前端的管道应与建筑物外部的防雷结构钢筋做等电位技术处理，绝缘段后端进入室内的管道应与建筑物内部的防雷结构钢筋作等电位技术处理，确保管道上可能感应的雷电流经内部结构钢筋散流。如果管道的法兰盘、阀门接头之间生锈腐蚀或接触不良，即使在电流幅值相当低（10.7kA）的情况下，法兰盘间也能产生火花。因此，对室内燃气设备及燃具应做防雷电感应接地，对燃气仪表应跨接，做好等电位技术处理。对于可能遭受雷电静电感应的管道，每隔 20～25m 应设防雷电感应接地，接地电阻不应大于 10Ω；在管道的分支处，应设防静电接地，接地电阻不应大于 30Ω。

平行敷设于地上或管沟的燃气金属管道，其净距小于 100mm 时，应用金属线跨接，跨接点的间距不应大于 30m。管道交叉点净距小于 100mm 时，其交叉点应用金属线跨接。架空或埋地敷设的燃气金属管道的始端、末端、分支处以及直线段每隔 200～300m 处，应设置接地装置，其接地电阻不应大于 30Ω，接地点应设置在固定管墩（架）处。距离建筑物 100m 内的管道，应每隔 25m 左右接地一次，其冲击接地电阻不应大于 10Ω。燃气金属管道在进出建筑物处，应与防雷电感应的接地装置相连，并宜利用金属支架或钢筋混凝土支架的焊接、绑扎钢筋网作为引下线，其钢筋混凝土基础宜作为接地装置。

埋于地下的金属跨接线，由于易受腐蚀，应采取热镀锌圆钢、加大圆钢直径达 10mm 以上。当燃气金属管道螺纹连接的弯头、阀门、法兰盘等连接处的过渡电阻大于 0.03Ω 时，连接处应用金属线跨接，对有不少于 5 根螺栓连接的法兰盘，在非腐蚀环境下，可不跨接。

屋顶的燃气管道应采用金属网格屏蔽，尽可能减少直击雷和感应雷的危害。如果有条件可安装主动式防雷装置，最大限度地减少雷电直击管道。屋面燃气金属管道、放散管、排烟管、锅炉等燃气设施宜设置在建筑物防雷保护范围之内。应尽量远离建筑物的屋角、檐角、女儿墙的上方、屋脊等雷击率较高的部位。屋面工业燃气金属管道在最高处应设放散管和放散阀。屋面燃气金属管道末端和放散管应分别与楼顶防雷网相连接，并应在放散管或排烟管处加装阻火器或燃气金属管道防雷绝缘接头，对燃气金属管道防雷绝缘接头两端的金属管道做好接地处理。屋面燃气金属管道与避雷网（带）（或埋地燃气金属管道与防雷接地装置）至少应有两处采用金属线跨接，且跨接点的间距不应大于 30m。当屋面燃气金属管道与避雷网（带）（或埋地燃气金属管道与防雷接地装置）的水平、垂直净距小于 100mm 时，也应跨接。屋面燃气管与避雷网之间的金属跨接线可采用圆钢或扁钢，圆钢直径不应小于 8mm，扁钢截面积不应小于 48mm^2，其厚度不应小于 4mm，应优先选用圆钢。通常建筑物的燃气设备（如燃气锅炉）安装在建筑物内，但有时也会安装在屋顶。由于燃气锅炉的烟囱及放散管均直接裸露在屋顶，根据《建筑物防雷设计规范》GB 50057、《城镇燃气设计规范》GB 50028 和《城镇燃气室内工程施工与质量验收规范》CJJ 94 等要求，必须在烟囱及放散管的上方采取防护直击雷的措施，即在安全距离范围内安装避雷针、架空避雷线或架空避雷网，使设备在其防雷保护范围内。

一些燃气管道沿建筑物外墙敷设至屋顶，再分别进入燃气用户。为了防止雷电侧击，沿外墙的管道应每隔 12m 做一次防雷接地。为了防止雷电直击，屋顶敷设的管道不应跨越建筑物的女儿墙（由于跨越管道不在建筑物防雷设施的保护范围内），应从女儿墙的底部进入室内。

高层建筑引入管与外墙立管相连时，应设绝缘法兰，绝缘法兰上端阀门应用铜芯软线跨接，并且按防雷要求接地，接地电阻不应小于 10Ω。沿外墙竖直敷设的燃气金属管道应采取防侧击和等电位的防护措施，应每隔不大于 10m 就近与防雷装置连接。每根立管的冲击接地电阻不应大于 10Ω。

（3）燃气设施电子系统的防雷措施

燃气站场内应设置可燃气体泄漏报警系统，用于对燃气泄漏进行监测与报警，避免由于雷电感应产生火花导致可燃气体燃烧爆炸。站区内的储罐区、压缩机室、调压计量室等场所，都应设置可燃气体检测器。燃气泄漏报警器宜集中设置在控制室或值班室内。

燃气管穿越地下层及其车库和一些不容穿越的场所，应设置套管进行封闭，同时设置安全报警器，以检测燃气的泄漏，便于及时控制。

站区内的工业控制计算机、通信、控制系统等电子信息系统设备应设置防雷击电磁脉冲的技术措施。应将进入建筑物和进入信息设备安装房间的所有金属导电物（如电力线、通信线、数据线、控制电缆等的金属屏蔽层和金属管道等），在各防雷区界面处应做等电位连接，并宜采取屏蔽措施。在全站低压配电母线上和 UPS 电源进线侧，应分别安装电涌保护器。当数据线、控制电缆、通信线等采用屏蔽电缆时，其屏蔽层应做等电位连接。

在一个建筑物内，防雷接地、电气设备接地和信息系统设备接地宜采用共用接地系统，其接地电阻值不应大于 1Ω。装于钢储罐上的信息系统装置的配线电缆应采用铠装屏蔽电缆。电缆穿钢管配线时，其钢管首末端应与罐体做电气连接并接地。

36.5.3　通风和喷淋技术

1. 通风

适当的通风或抽气，对于燃气压缩机室，燃气调压室，液化石油气的灌瓶间之类的场所，是一条重要的防止爆炸的措施。这样做的目的是将燃气混合物的浓度限制在爆炸范围之外，以防止爆炸和火灾的发生。一些由经验确定的设计准则，可用于设计针对储存区和工艺过程区域内的可燃气体通风系统。具体设计准则见表 36-5-4。

通风设计准则　　　　**表 36-5-4**

区域类型	地面速率	适用条件
储存区的通风	5.08×10^{-3}m/s	(1)当通风停止作用时，系统互锁并发出声音报警； (2)确定出口和进口，以便空气能够穿越整个区域流动； (3)允许再流通，当空气中的浓度超过 LFL 的 25%时需停止
工艺区的通风	$\geqslant5.08\times10^{-3}$m/s	(1)当通风停止作用时，系统互锁并发出声音报警； (2)确定出口和进口，以便空气能够穿越整个区域流动； (3)允许再流通，当空气中的浓度超过 LFL 的 25%时需停止； (4)设计通风系统以确保所有泄漏源周围 12.7cm 为半径的区域内浓度比 25%LFL 低

利用设计准则设计时，需要注意：

(1) 为了发现通风机和排风管的运转故障，应该利用流体监测器监视通风设备，保证正常工作。可以把需要通风的多个装置或抽气点接到一个通风机上，但需要对每个通风位置进行监视，否则是不安全的，特别是对于串接的情形。

(2) 为了保证适宜的通风，同时控制可能发生的爆炸，通风的空间应该小些，并且尽量避免死角。

(3) 在设备或工作间内必须保证足够的进风量。当排风量很大时，鼓风机是必不可缺的。进风和排风应该和场所的情况相适应，并用气体分析器进行多次检查。

(4) 对于工作间与相邻空间的通风，在选择总的进风机和排风机时，应该考虑通风能力和相互间的风压。如果对部分封闭的设备或房间进行通风，则应保证其对于周围的环境有一定的正压。

(5) 所有通风设施所使用的电气设备都应该是防爆的。

2. 喷淋技术

自动喷水系统是控制火灾的有效方法。喷淋系统由连接到供水端的一组喷头组成。喷头安装在高处（通常靠近房顶），启动时，在区域上方持续喷洒出水雾。

启用喷头的方法有很多种，通常的方法是，通过熔化喷头部件内插销的可熔性连接单独启动喷头，一旦启动，喷洒便不能停止，除非关闭供水系统，这种方法被称为湿管系统，该系统适用于储存区，实验室，控制室等小型空间区域。另一种方法是，由一个公共的控制点启用整个喷头装置，控制点连接到一系列检测到异常情况时便报警的烟气探测器，如果检测到一个区域内发生火灾，整个喷头装置就被激活，甚至于可能在没有受到影响的火灾区域。该系统用于较大的空间区域。

喷水系统一旦启动，会损失相当大量的水，平时应对喷水系统进行维护，防止出现没有火灾但喷头启动的情况，造成浪费和破坏。

燃气储罐需要特殊的水保护系统，过高的表面温度可能导致金属失效，增大了燃气泄漏潜在的危险性，储罐喷淋装置能确保储罐壁在火灾中或者较高温度环境中保持冷却状态，以防止这种类型的失效，同时，该系统还能够提供足够的时间以便将储罐中的物质转移到另外的地方。当检测到火灾或可燃气体混合物时，该系统启动，当可燃气体浓度约为LFL的25%时，或当检测到火灾时，该喷淋系统将会被打开。

36.5.4 安全放散技术

天然气管道或设备超压时，采用安全放散技术对管道进行保护，安全阀起跳，将多余的气体放散出去，从而降低压力，当管道或设备需要维修时，需要把里面的天然气放空后维修。放散出的气体如果气量比较少则直接排放，气量大的时候点火燃烧，防止天然气聚集。安全放散采用的设备主要是安全阀。

安全阀的排放面积应保证足够的排放量，满足控制容器内介质继续升压的要求。

36.5.5 爆炸泄压技术

在密闭或半敞开空间内产生的爆炸事故，包围体的破坏会引起更大的危害，爆炸泄压技术就是通过一定的泄压面积释放在爆炸空间内产生的爆炸升压，保证包围体不被破坏。在燃气工程中，区域调压室、压缩机房等，燃气设施都建设在建筑以内，尽管在发生爆炸的情况之下，室内设施的保全是难以完成的，但完全可以通过泄压防爆的方法保护建筑物本身的安全。

1. 爆炸泄压设备的位置

确定泄压设备的位置，需要对工艺流程的每一个单元操作进行检查，工程师需通过工序及每道工序的操作步骤，预见可能导致压力上升的潜在问题。泄压设备要安装在每一个潜在危险源处，也就是在混乱的条件下产生的压力可能超过最大允许工作压力的位置。

2. 爆炸泄压面积的计算

(1) 影响泄压面积的因素

泄压面积的大小与可燃气体的性质有关，特别是与爆炸指数（用 K_G 或 K_{max} 表示）有关，K_G 值越大，最大爆炸上升速率越大，泄压面积也因此要求越大。

另一个影响因素是泄爆开启压力的大小。开启的静压越小，包围体的卸压就会越早。低开启压力比高开启压力的泄爆压力小，在同样泄爆压力的情况下，前者所需的泄压面积要小。泄爆装置的质量越大，开启时的惯性就会越大，打开的时间也越长，需要开启的静压也越大。包围体的强度也直接影响泄压面积的大小。包围体中最薄弱部分的安全要求同样决定泄压面积的大小。包围体的强度越大，可以承受的爆炸压力越大，泄压面积越小。

(2) 气体爆炸的泄爆诺谟图

计算相应的泄压面积，需要用到泄爆诺谟图。泄爆诺谟图的使用条件：

① 点燃时容器中没有起始紊流；

② 没有产生紊流的内部附属物；

③ 点火能小于 10J；

④ 起始压力为大气压；

⑤ 包围体长径比 $L:D<5:1$；

⑥ 最大泄爆压力在 0.01～0.2MPa 之间；

⑦ 开启压力不大于 0.05MPa；

⑧ 无泄压导管相连；

⑨ 包围体容积不大于 1000m³。

(3) 气体泄爆的回归公式

由图 36-5-14～图 36-5-17 的图形可以通过回归整理得到泄压面积的计算公式：

$$A_V = aV^b e^{cp_{st}} p_{red\,max}^d \tag{36-5-4}$$

式中 A_V——泄压面积，m²；

V——包围体容积，m³；

$p_{red\,max}$——最大泄爆压力，MPa；

e——自然对数的底数；

p_{stat}——开启压力，MPa；

a、b、c、d——系数，见表 36-5-5。

表 36-5-5 气体泄爆回归公式系数

可燃气体	a	b	c	d
甲烷	0.105	0.770	1.230	−0.823
丙烷	0.148	0.703	0.942	−0.671
焦炉煤气	0.150	0.695	1.380	−0.707
氢气	0.279	0.680	0.755	−0.393

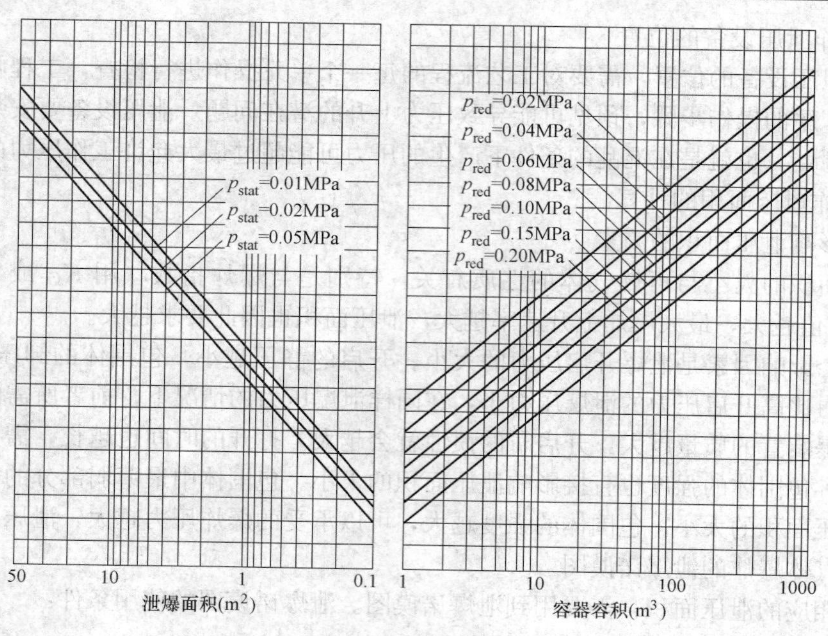

图 36-5-14 甲烷泄漏诺谟图

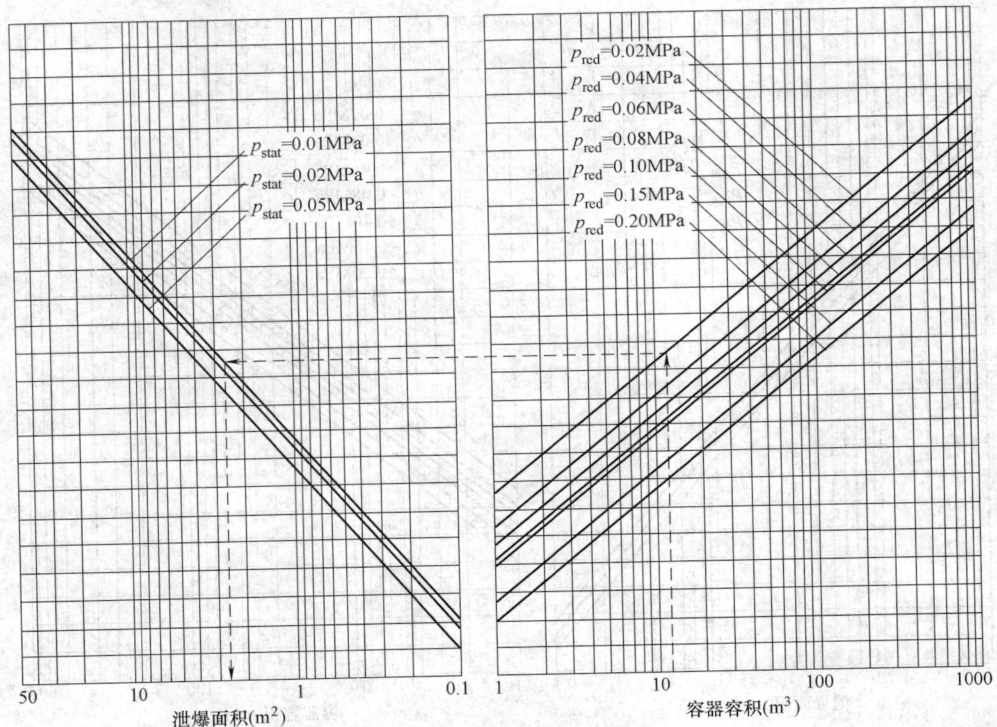

图 36-5-15 丙烷泄漏诺谟图

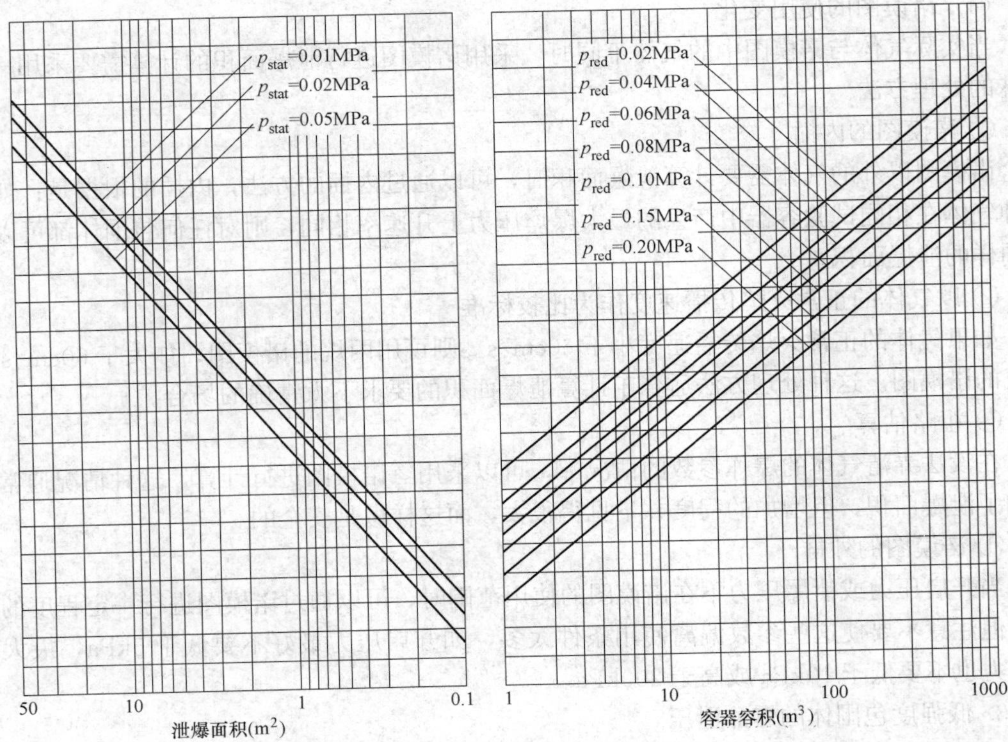

图 36-5-16 焦炉煤气泄漏诺谟图

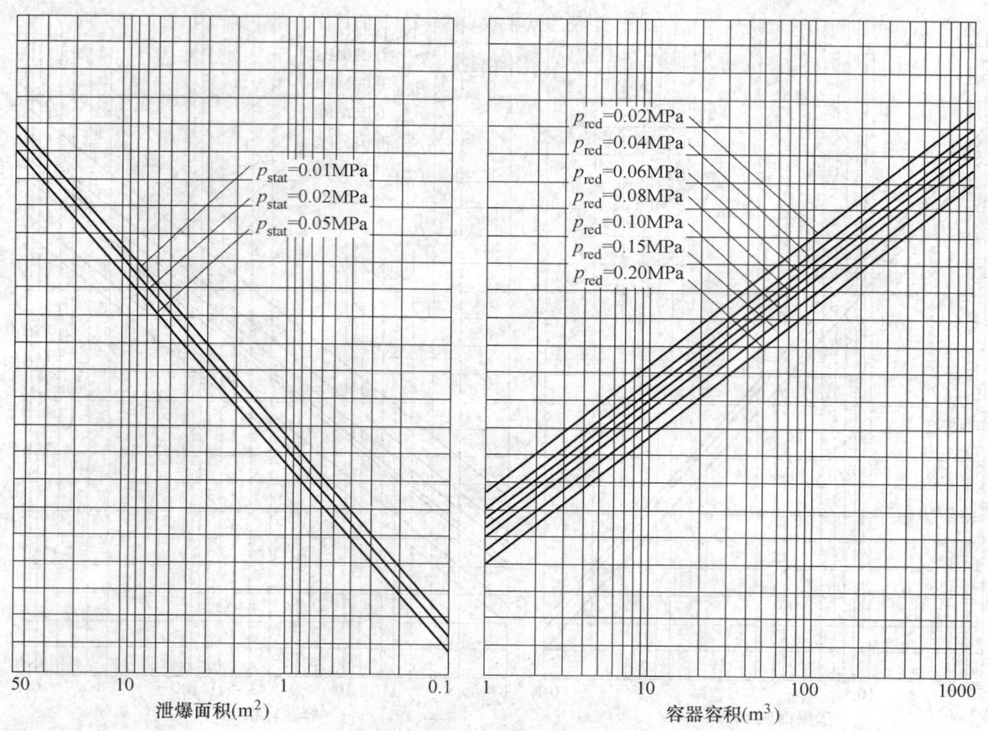

图 36-5-17　氢气的泄爆诺谟图

（4）诺谟图的使用变化

当实际气体与诺模图中的气体不同时，采用诺模图进行泄爆面积的计算需要采用一些特殊的处理方法。

① 诺谟图的内插

诺模图以外的气体需要计算泄爆面积时，可以通过内插的方法，内插的根据是：如果两种气体在相同试验容器中产生的最大爆炸压力上升速率相同，则对任何包围体都可以采用同样的泄爆面积。

② 以气体的正常火焰传播速度作为比较标准

如果气体的正常火焰传播速度小于 60cm/s，则可用丙烷的诺模图；如大于 60cm/s 则用氢的诺模图。这种处理方法适合于计算泄爆面积的要求不太精确的场合。

③ 粗略估算

在没法弄清气体的爆炸参数的情况下，可以采用氢诺模图进行计算，这种情况通常是增加了泄爆面积，但增加的程度并不见得很大，而这样做是安全的。

④ 诺谟图的外推

当开启压力或泄爆压力不在诺谟图的使用范围时，可以通过诺模图进行一定程度的外推，但注意不要使这些参数偏离使用条件太多，如开启压力最好不要低于 5kPa，最大泄爆压力也不要低于 10kPa 或高于 200kPa。

3. 低强度包围体的爆炸泄压

耐压能力小于 0.01MPa 的低强度包围体的泄爆，出现在房屋建筑、某些设备的外壳的泄爆场合。这种情况下，可以最大限度地减少包围体内的爆炸给包围体结构造成的冲击，特别是包围体中结构薄弱的部分在爆炸发生时对环境和其他结构造成的损害。

泄爆的首要保护对象是包围体的最弱结构单元，所以在泄爆设计之前，应确认包围体的最弱结构单元，这些结构单元可能是墙、地板和顶棚等。

(1) 扩展的诺谟图

扩展的诺谟图是在诺谟图基础上的外推，主要是扩展了诺谟图的使用范围：

① 最大泄爆压力 0.005～0.02MPa；

② 开启压力小于最大泄爆压力的 1/2；

③ 包围体容积小于 $1000m^3$；

④ 泄爆装置的惯性尽可能小，最大为 $10kg/m^2$；

⑤ 不考虑泄爆导管的影响；

⑥ 包围体的长径比小于 5。

泄爆导管是将爆炸产物导向指定地点的管道，通常的民用建筑设施和城市燃气设施中是不会设置的。

图 36-5-18 为扩展的诺谟图。利用扩展诺谟图进行泄压面积的计算方法，可根据爆炸指数和最大泄爆压力从图 36-5-17 上查出与最大泄爆压力相应的 x，并由下式计算出泄爆面积。

$$A_V = xV^{2/3} \quad (36\text{-}5\text{-}5)$$

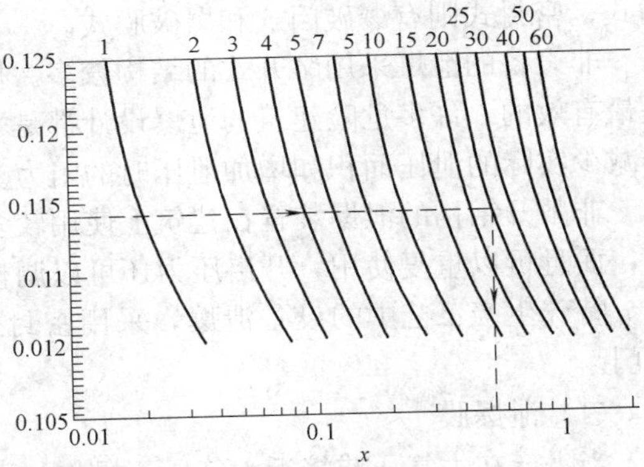

图 36-5-18 扩展诺谟图

(2) 低强度泄爆推荐方程

可以采用泄爆推荐方程来计算泄爆面积。推荐方程为：

$$A_V = CA_S/(p_{red\ max} - p_0)^{1/2} \quad (36\text{-}5\text{-}6)$$

式中 A_S——包围体的总表面积（包括地板和顶棚，但不包括隔墙），m^2；

p_0——初始环境压力，kPa；

C——泄爆方程常数，可以用表 36-5-6 的参考值。

泄爆方程常数与爆炸指数的关系 **表 36-5-6**

K_{max}/(MPa·m/s)	1	2	3	4	5	7.5	10
$C/(kPa)^{1/2}$	0.013	0.026	0.039	0.055	0.071	0.107	0.144
K_{max}/(MPa·m/s)	15	20	25	30	40	50	60
$C(kPa)^{1/2}$	0.22	0.333	0.275	0.427	0.55	0.65	0.786

如果初压为大气压，则式（36-5-6）为：

$$A_V = CA_S/(p_{red\ max})^{1/2} \quad (36\text{-}5\text{-}7)$$

以上公式的适用条件为：最大泄爆压力在 0.01～0.02MPa 的范围内；开启压力尽可能低；泄爆口应分布均匀地设在长方形包围体的一端。

包围体的内表面是指能承受发生超压的结构元件，包围体内任何设备的外表面不包括在其中。不能承受所发生超压的非结构部分的间隔壁如悬挂的顶棚等也不能视为内表面。内表面指墙、地板、房顶或顶棚等。相邻房间的内表面应计算在内，泄爆口也应均匀分布在这些房间的墙上。

对非圆形或方形截面可以用当量直径计算。采用泄爆方程的限制是：

$$L_3 \leqslant 12S/L \qquad (36\text{-}5\text{-}8)$$

式中 L_3——包围体的最大尺寸，m；

S——包围体的横截面积，m^2；

L——横截面的周长，m。

处理高紊流度混合物一端泄爆的长形包围体，L_3 的尺寸还应减小 1/4。

4. 泄爆装置与设施

泄爆装置既用来封闭设备或作为包围体，又可以用来泄压。封闭设备或作为包围体不会使其因漏气而不能正常工作，泄压时又可以在爆炸产生时降低爆炸空间的压力，保证包围体的安全。

泄爆装置与设施通常分为敞口式和密封式。敞口式包括全敞口式、百叶窗式和飞机库门式；密封式则有爆破门式和爆破膜式。

非设备的泄爆采用敞开式的结构较多。标准敞口泄爆孔是无阻碍无关闭的孔口，通常是最有效的。许多危险建筑的泄爆设计都是采用这样的方式。而采用百叶窗式的结构无疑会减少实际的泄压面积和增加泄压时的阻力。

非敞开结构的泄爆装置在建筑上使用较多的是轻型爆破门。由于这种门的开启非常容易，而且可以重复使用，开启压力还可以调整。

特殊生产工艺中的设备泄爆，采用密封式的居多，其中主要是泄爆膜、爆破片和爆破门。

(1) 泄爆膜

当生产在大气压或接近大气压下操作，而且操作不十分严格和复杂，采用泄爆膜系统比较经济易行。这类泄爆装置经常由两层泄爆膜和固定框组成。下面的一层膜片是密封膜片，通常用塑料膜或滤膜等材料，其上面的金属瓣固定在泄爆框的一边上，当密封的膜爆破后，此金属模打开而其一边被固定。泄爆膜定期要更换，否则会因污垢等原因影响其开启压力。

泄爆膜的口径不宜过大，以避免由于容器内压波动影响其强度而降低寿命。大多数材料的开启压力随泄爆面积的减少而升高，特别是直径小于 0.15m 时。开启压力随膜的厚度、机械加工的缺陷、湿度、老化和温度有很大的变化。开启压力与膜厚成正比。在高温条件下，如需要泄爆口隔热可采用石棉泄爆片。

(2) 爆破片

爆破片主要是用在以下场合：存在异常反应或爆炸使压力瞬间急剧上升、突然超压或发生瞬时分解爆炸的设备；不允许介质有任何泄漏的设备；运行过程中产生大量沉淀或黏附物，妨碍安全阀正常工作的设备；气体排放口直径小于 12mm 或大于 150mm，而要求全量泄放时毫无阻碍的设备。

爆破片的正确设计是保证是否达到泄放效果的关键。计算时应充分考虑影响泄放效率的因素，主要包括泄放面积、材质、厚度。爆破片的泄放面积一般按照 0.035～0.18m^2/m^3 选取。爆破片的材质应根据设备的压力确定。

爆破片的厚度计算参考下面的公式：

对于铜：
$$\delta=(0.12\sim0.15)\times0.001pD \tag{36-5-9}$$

对于铝：
$$\delta=(0.316\sim0.407)\times0.001pD \tag{36-5-10}$$

式中 δ——爆破片的厚度，cm；

p——爆破片爆破时的相对压力，MPa；

D——爆破孔的直径，cm。

一般爆破压力不超过工作压力的25%。

有时按爆破压力计算的爆破片太薄，不便于加工，可在片上刻 1～1.5mm 深的十字槽。切槽后的爆破片强度会发生变化，此时爆破片的厚度可按下式计算：

对于铜：
$$\delta'=0.226\times0.001pD \tag{36-5-11}$$

对于铝：
$$\delta'=0.79\times0.001pD \tag{36-5-12}$$

式中 δ'——爆破片开槽后的剩余厚度。

值得注意的是爆破片的厚度计算值只是理论计算结果，实际结果要经过试验后才能精确确定。

爆破片的安装要可靠，夹持器和垫片表面不得有油污，夹紧螺栓应拧紧，防止螺栓受压后滑脱。运行中应经常检查连接处有无泄漏，由于特殊要求在爆破片和容器之间安装了切断阀的，要检查阀门的开闭状态，并应采取措施保证此阀在运行过程中处于常开位置。爆破片排放管的要求与安全阀相同。爆破片一般每 6～12 个月应更换一次。

爆破片在使用时还可以与安全阀组合使用。安全阀具有开启压力能调节并在动作后能自动回座的特点，但容易泄漏，且不适用于黏性介质。爆破片不会泄漏，对于黏性大的介质适用，但动作后不能自动回座。因此在防止超压的场合特别是黏性介质的场合，安全阀与爆破片联合使用将会更加有效。图 36-5-19 是复叠式安全泄放装置示意图。

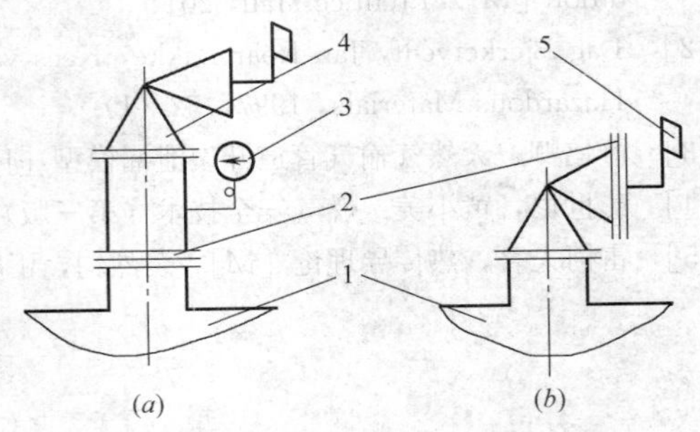

图 36-5-19 复叠式安全泄放装置结构示意图
1—容器；2—爆破片；3—压力表；4—安全阀；5—排空或接至系统

一种形式是在弹簧式安全阀的入口安装爆破片，主要目的是防止容器内的介质因黏性过大或聚合堵塞安全阀；另一种形式是安装爆破片于安全阀的出口，主要是防止容器内的介质在正常运行情况下泄漏。

(3) 防爆门和防爆球阀

防爆门和防爆球阀是一种用于加热炉上的安全装置，防止燃烧室在发生爆炸时破坏设备，保障周围的设施和人员安全。

防爆门一般安装在加热炉燃烧室的炉壁四周，泄压面积按照燃烧室净容积比例设计，通常为 250cm^2/m^3。布置时应尽量避开人员经常出没的地方。防爆门的构造形式如图 36-5-20所示。

防爆球阀是一种安装在加热炉燃烧室底部的防爆装置。它由两个直径为15～20cm的铸铁球和一根杠杆一起安装在一个支点上。根据燃烧室的大小不同，一般安装4～7个球，均匀地安装在燃烧室的底部，平时可作为点火孔使用。

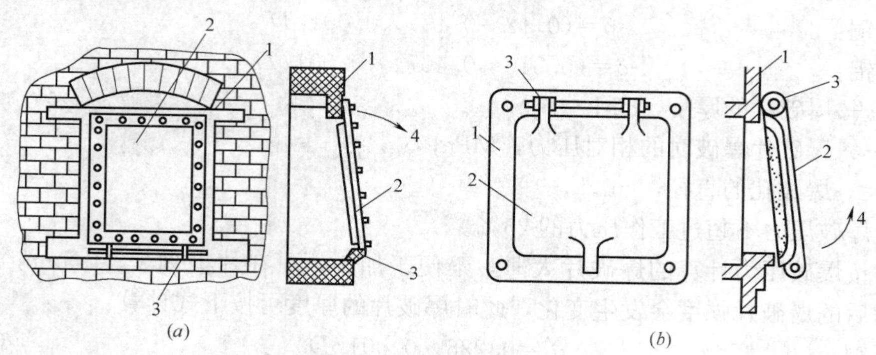

图36-5-20　防爆门的构造形式

(a) 向下翻的防爆门图；
1—爆烧室外壁；2—防爆门；
3—转轴；4—防爆门动作方向；

(b) 向上翻的防爆门
1—防爆门（窗）门框；2—防爆门；
3—转轴；4—防爆门动作方向

参考文献

［1］ Danel A. Crowl，Joseph F. Louvar. Chemical Process Safety Fundamentals with Applications 3nd Edition［M］. Prentice Hall，2011

［2］ Dag Bjerketvedt，Jan Roar Bakke，Kees van Wingerden. Gas explosion handbook［J］. Journal of Hazardous Materials，1997，52（1）.

［3］ 严铭卿．天然气输气管道开裂泄漏模型［J］．煤气与热力，2013，33（11）．

［4］ 彭世尼，黄小美．燃气安全技术（第三版）［M］．重庆：重庆大学出版社，2015.

［5］ 雷柯夫著，热传导理论［M］．袭烈钧，丁履德译．北京：高等教育出版社，1995.

第 37 章　城镇燃气规划

（本章以天然气、液化石油气气源为例）

37.1　编制城镇燃气规划的意义

在城乡规划编制体系中，燃气规划属于专项规划，其上位规划为城市总体规划或分区规划。

① 城镇燃气设施是现代城镇基础设施之一，城镇燃气规划是城镇规划的一个不可缺少的组成部分。编制好城镇燃气规划有助于建设功能完备、有现代化能源系统支撑的城镇基础设施体系。

② 规划燃气气源、优化城镇能源结构。

③ 用城镇燃气规划指导城镇燃气发展，统筹考虑、近远结合，预留管廊（或管位）及场站用地。

④ 城镇燃气规划使得燃气工程的建设有法可依，避免盲目建设造成的设施不足或资源浪费。

⑤ 为城镇各类基础设施协调有序建设提供关联资料。

⑥ 为城镇燃气市场经营指明发展方向。

37.2　城镇燃气规划主要工作内容

摸清燃气设施现状，对现有燃气质量、生产设施的状况和可利用价值进行分析评价。

调查各类燃气用户用气现状，对用气历史数据进行分析整理，总结各类用户的用气量指标、用气不均匀系数等主要参数及规律，并对其变化趋势作出预测。

科学的预测近、中、远期管道燃气和瓶装燃气的用气规模。包括年用气量、各种高峰用气量、各层次的调峰储气量、事故应急储气量等。

根据国内外燃气发展趋势和我国城镇燃气发展方针政策，结合可用资源及输送条件，确定燃气气源及供应渠道，主要燃气供气参数。

常规储气（调峰储气及应急储气）的解决方案。

按城镇总体规划的要求，提出燃气输配系统框架方案。根据需要进行必要的专题研究、方案比选和优化工作。布置、调整和优化骨干燃气管网，管网水力计算确定管径。对远期实施的高压管道和主干管网，控制预留管廊或管位。

确立瓶装供气的发展（控制）原则；统筹安排，规划（调整）瓶装液化石油气储存站、储配站、灌瓶站和供应站的数量和合理布局。

汽车加气站布局规划或与已有“汽车加气站布局规划”进行协调。

对燃气输配调度与管理系统进行统一规划，提出燃气SCADA系统、GIS系统和MIS系统的发展原则和框架。

对于全市性或区域性的燃气设施，如管理调度中心、天然气门站、调压站、压缩天然气加气母站、供气站，LNG储存（配站、气化站），液化石油气储存站、储配站、气化站（混气站）和瓶装供应站等按防火等安全要求提出规划站址和用气规模。

协调城镇内各燃气系统的发展，规划各分散、独立系统间的协调和整合。

对制定的规划方案，作投资匡算和社会效益分析。

提出规划实施步骤和必要的政策建议。包括对近期燃气工程的建设和发展提出现实的目标和具体的实施步骤。

37.3 城镇燃气规划编制的要点

城镇燃气规划是城镇规划的重要组成部分，关系到城镇经济社会的协调发展，编制城镇燃气规划应把握以下要点：

① 城镇燃气规划需具有时间跨度的前瞻性。前瞻性主要体现在对城镇燃气需求给予恰当的预测。随着国家经济社会现代化进程，人民群众生活质量提高，居民和商业对优质气体燃料的需求及气化率会大幅增长。此外，规划也需对工业用气及其他与国民经济发展相关的用气需求的增长有足够的估计。同时，对国家节能减排的政策实施导致对气体燃料的需求增加；由于技术进步能效提高、经济结构调整单位产值能耗指标下降；城镇发展规模存在限度，城镇燃气供应向周边扩展的可能性等因素作出恰当估计。对气源条件（气源方向、供给的规模）在调查研究的基础上做出估计。这些都要求规划在用气负荷预测、气源供应、输配系统等技术层面上有前瞻性的预计与安排。明确城镇燃气设施处于显著发展阶段抑或平稳调整阶段。

② 规划需要做到广泛的协调性。对气源的多种渠道，调峰及储气方案，输配系统的多种方案需进行综合比选与优化。规划也可能要面临城镇现状的市场条件下的协调问题。如对于多家经营，多气源、输配设施多系统并存，规划不应局限于现状，应该提出将初期发展形成的相对无序的系统，在市场机制条件下，通过规划将城镇燃气设施整合成一个资源优化配置的统一系统。

③ 规划对一些特定问题或关系重大问题需进行相当深度的调查与研究。例如用气负荷，能源替代可能性问题，新气源渠道开辟，气源压力参数，调峰及储气、应急气源与储气结构等问题，规划应不限于指出应对方式和途径，还应在调查研究的基础上向上一级供气系统及有关业务主管部门进行反馈，争取城镇燃气原则攸关问题在更高层次得到合理解决，例如季节调峰及应急供气争取在区域（省）管网一级解决。又如，对燃气汽车、冷热电联产、燃气供暖等燃气应用方式等问题，需放在对城镇当地经济发展水平、环境状况、气源条件、用户承担能力以及城镇基础设施建设政策导向的背景中进行深入探讨。将调查研究的定性、定量的成果反映在规划中。这些都会决定规划编制的深度。

37.4 规划工作步骤

（1）明确规划的目的、任务和范围，领会国家、地方政府以及上级部门的有关法规、方针和政策，熟悉国家、行业有关规范和标准。

（2）必要的基础资料收集（包括城镇总体规划文本，城镇经济社会统计资料等）。

（3）有关燃气与能源现状调查，包括：

① 主要能源消耗结构调查；

② 燃气经营企业、燃气质量、燃气设施、用户和用气量历史资料；

③ 居民、商业、工业用户主要燃料构成；

④ 适合发展管道供气的居民小区分布情况，小区内住宅建筑状况；

⑤ 现有商业用户数量、分布及测算用气量；

⑥ 重点工业耗能大户主要燃料消耗情况、生产班制及折算用气量；

⑦ 公共交通及机动车主要燃料消耗；

⑧ 电力消耗调查等。

（4）潜在用户调查。

（5）资料分析整理，进行必要的专题研究，确定主要供气参数。

（6）形成规划方案，初步落实场站用地。

（7）编制说明书，绘制图表，完成规划成果。

37.5 规划文件组成

需按照《城镇燃气规划规范》GB/T 51098 的规定进行编制。下列内容仅供参考。

（1）规划文本。

（2）规划说明书。

（3）规划图册：

① 城镇区域位置图；

② 燃气设施现状图；

③ 天然气高压管网及站场规划图；

④ 天然气高压管网水力计算图；

⑤ 中压管网布置图；

⑥ 中压管网水力计算图；

⑦ 压缩天然气加气母站、供气站系统规划图；

⑧ LNG 供气站规划图；

⑨ 瓶装液化石油气供气系统规划图；

⑩ 液化石油气汽车加气站布局规划图。

（4）规划燃气设施用地图册（可选性深化内容，根据委托方要求协商确定）：规划天然气门站、高中压调压站，压缩天然气加气母站、供气站，液化石油气储配站（储存站）、气化站（混气站）、瓶装供应站，燃气汽车加气站等燃气设施带坐标的控制用地平面图。

参考文献

[1] 严铭卿，廉乐明等．天然气输配工程［M］．北京：中国建筑工业出版社，2005.
[2] 严铭卿，宓亢琪，黎光华等．天然气输配技术［M］．北京：化学工业出版社，2006.
[3] 严铭卿等．燃气输配工程分析［M］．北京：石油工业出版社，2007.
[4] 严铭卿．城镇燃气规划与编制［J］．煤气与热力，2009，(1)：B54-B57.

第 38 章 城镇燃气输配工程项目可行性研究

38.1 可行性研究在工程项目建设中的作用与特点

（以天然气输配工程项目为例）

城镇燃气输配工程项目的建设可分为三个阶段：可行性研究阶段，设计阶段（包括初步设计、施工图设计），施工与投产。可行性研究（本章简称可研）是工程项目建设的前期工作。

天然气输配工程属于城镇基础设施范畴，具有公共设施性质，因此，天然气城镇输配工程项目的建设需要在城镇建设规划，特别是燃气专项规划的指导下进行。一般是在批准的项目建议书以后启动项目的可行性研究工作。

天然气城镇输配工程项目在城镇燃气专项规划的框架内进行，立足于当地，服务于当地，不论建设主体是谁，建设过程都需与当地市政当局密切沟通，建成后成为当地城镇的市政和能源系统的有机的一部分。为达到这样的目标，做好项目建设前期的可研是十分必要的。

可研在工程项目立项后进一步全方位研究项目在建设条件、工艺方案和经济效益、环保和节能效益等方面是否能够成立，从而确定项目是否可行。在得到项目可行性肯定的结果后，可研成果即被作为从投资上，从工艺方案上，建设进度和项目组织决策上的指导性技术文件。通过后续的初步设计、施工图设计以及施工、投产完成项目的建设。可研是基建程序中非常重要的环节。

对于一项城镇天然气输配工程项目的可研报告基本由 3 大部分构成。首先是关于城镇天然气输配工程的建设条件的研究。主要包括气源条件，天然气上游资源和中游具备的供给城镇天然气在气量、压力以及气质方面的条件；包括城镇社会和经济环境，对建设天然气工程的需求状况及市场条件；建设天然气设施的地理和场地条件等。建设条件是项目可行的前提和依据。

第二是天然气项目的工艺和技术方案内容。这是关于项目实施的原则性的安排。在这一部分要确定天然气应用分配方案，用气负荷的特性和参数，供气与用气的工况及其平衡，输配管网和主要技术设施的配置，主要设备类型和管材等选择，以及仪表及控制的设置水平。这一部分有很强的技术性。由这一部分内容即给出了项目的建设轮廓和主体结构框架。

第三是关于项目的投资估算及效益的计算、分析与评估。这一部分要充分展示城镇天然气输配工程在环境保护、节能以至社会生活方面能产生的影响和效益。特别要用重点篇幅给出关于项目的财务分析，即从企业经济性的角度揭示项目的经济效益。这一部分是项目建设的结果与归宿，由它衡量项目是否值得进行。

概言之，通过可研，对项目进行全面策划。确定项目建设的目标，对建设前提条件（特别是气源供给条件），依据（特别是市场需求，市场风险）进行论证，对技术方案、综合配套设施建设、人员准备、建设进度控制等提出安排，对项目建设效益，特别是企业经济条件和效益，节能和环保效益以及社会效益各方面进行评价。在这种综合研究分析与设计的基础上得出项目建设可行性的结果和结论。可行性研究的结果将作为项目建设的决策依据和下一阶段设计（特别是初步设计）工作的指导文件。

相对于城镇燃气专项规划有如下区分的特点：

① 专项规划是从国民经济全局提出并制订的技术施政性文件，具有专业立法性质和导向作用。而可研是从城镇基础设施项目建设及企业经营角度提出，经过调查、研究确定项目的实施条件、方式和途径以及衡量利弊、确定项目得失而编制的技术与经济材料，提供公司企业经营决策。

项目可研报告需在专项规划框架内受其指导约束。也允许在合理的范围内依据变化了的环境、条件和城镇经济社会发展趋势，调整实施方式、程度和范围，经过管理程序对专项规划作出反馈。这是出发点、目标和性质不同。

② 规划从燃气是城镇基础设施的属性考虑燃气设施的配置、建设，特别是燃气作为城镇能源供应结构的一部分相协调的问题；着重考虑必要性和可能性。

而可研着重论证在城镇国民经济环境中具体项目兴建的可行性。这是背景和作用的不同。

③ 规划可以设想若干种与城镇可持续发展要求相协调的发展（规模、程度、速度）方案，并在比较中设定一种相对合理的规划方案。

可研则侧重对项目建设目标和效益权衡利弊，比较各技术实施方案，确定作为项目支撑的可行方案。这是在层次和内容上的不同。

38.2　可行性研究的文件构成

可行性研究报告。

（本手册建议）相关专题调查材料附件。

38.3　可行性研究报告文本编制纲要

1. 总论

（1）城镇概况

地理位置，城镇地界，人口，经济社会发展一般情况，气候及自然条件，城镇概况的篇幅主要用于说明项目建设的环境背景和实施的基础条件，叙述应该简练，即注意目的性、针对性和相关性。

（2）燃气供应现状

燃气来源，类别，输配系统类别及简况，供气总量，各种用户分布及用气量，供需关系。

天然气项目建设的必要性，与城镇燃气规划的呼应关系。

(3) 天然气气源条件

简要确切说明本项目的落实的天然气气源条件，明确项目的资源保证的可行性。

(4) 城镇燃气用气市场现状与前景

概括说明本项目所面临的市场现状与发展前景，从而明确项目建设的重要建设依据，用气市场风险性分析（需求量的不确定性，经济与社会发展环境变化的影响）。

(5) 编制依据、原则和主要内容

① 编制依据

编制依据指相关文件、文本依据、重要的如：

城镇燃气专项规划；城镇总体规划；项目建议书；天然气销售与输送协议；上级主管部门关于项目的批复件；可研委托书。

② 编制原则

从气源条件出发促进城镇能源结构调整、经济社会可持续发展，积极稳妥开发燃气市场，建设方案紧密结合城镇实际，积极采用新技术新工艺新设备新材料，通过项目建设促进节能减排，保护环境，按远近结合以近为主安排项目规模和内容，充分利用原有设施和系统。

③ 内容

指明工程的范围及系统的主要构成，建设进度安排，投资估算及经济效益主要指标。

(6) 编制依据的主要规范和标准

《城镇燃气设计规范》GB 50028。

《城镇燃气规划规范》GB/T 51098。

《城市工程管线综合规划规范》GB 50289。

《液化石油气供应工程设计规范》GB 51142。

《压缩天然气供应站设计规范》GB 51102。

《汽车加油加气站设计与施工规范》GB 50156（2014 年版）

《液化天然气接收站工程设计规范》GB 51156

《人工制气厂站设计规范》GB 51208

《输气管道工程设计规范》GB 50251

《燃气冷热电联供工程技术规范》GB 51131

《城镇燃气管道穿跨越工程技术规程》CJJ/T 250

《城市综合管廊工程技术规范》GB 50838

《石油化工可燃气体和有毒气体检测报警设计规范》GB 50493

《危险化学品重大危险源辨识》GB 18218

《室外给水排水和燃气热力工程抗震设计规范》GB 50032

《城镇燃气自动化系统技术规范》CJJ/T 259

《聚乙烯燃气管道工程技术标准》CJJ 63

《城镇燃气管道非开挖修复更新工程技术规程》CJJ/T 147

《城镇燃气工程智能化技术规范》CJJ/T 268

(7) 工程概况

包括供气规模，输配系统总流程、压力级制、管网方案、调整方案、管材及敷设，输气系统调度及运行方案，其他相关工程内容的概述。

(8) 可研结论

概括从项目建设气源条件、市场依据、技术方案基础、经济、节能、环境及社会效益的叙述得出可行性结论。

2. 气源与市场

(1) 气源概况

摘要说明项目所依据的气源资源量及产能与产气量，所依据气源供气区域的供需形势。

本项目相关供气协议情况，供气规模，门站供气压力，天然气气质、组分及参数。

(2) 用气需求

各类用气的定额与指标。

居民耗热（用气）定额，商业耗热定额，供暖、制冷及热水耗热指标，主要工业生产耗热指标，燃气汽车用气指标。

各类用户用气量需求预测（按项目目标期）。

包括居民及商业、中小型工业、燃气汽车、空调、供暖、高压气直供用户。制订项目目标期内年度用气量，日平均用气量表。分别依据城镇规划与经济社会发展资料以及针对各类用户用气市场承受能力，采用适当方法进行预测，进行用气市场分析，评估用气市场风险。

3. 输配系统供气设计参数

用气不均匀系数，各类用户用气不均匀系数或最大负荷运行小时数分类用户月用气量变化表，计算月一周 168h 用气量变化表或计算日 24h 用气量变化表。作出综合总表，得出储气系数，高峰时计算流量，分年度计算得出各类用气量变化及相应设计参数。计算平衡整年的日用气量不均匀性的季节调峰储气容量、计算应急储气容量（方法可参见本手册第 5 章 5.7）。

4. 输配系统方案设计

(1) 城镇区域特点及用气负荷分布及负荷中心，用户对用气的特定要求。

(2) 输配系统的规模和结构：压力级别，门站及调压站布局，管网形式、方案，储气方式（优先利用高压输气管道储气），分高压输气管道与城区分配管道提出方案。

(3) 系统流程及水力计算

系统流程（管网、场站、门站、储配站）高中压，中中压调压站，中压分区管网，大型集中用户的管道连接关系。

水力计算，计算基本参数，供气站点压力，管网零点压力，计算温度，计算流量，水力计算公式，管径配置，按设计工况，低谷工况事故工况进行计算。

计算结果（管段流量、压降、节点压力）。

管径长度表。

计算结果指标（按设计工况）。

管网管径平均值：

$$\overline{D}=\frac{\sum_{i=1}^{M}D_iL_i}{\sum_{i=1}^{M}L_i}$$

管网规模指标：

$$S_{\mathrm{NET}}=24.5\times10^{-3}\sum_{i=1}^{M}[D_iL_i\cdot\delta(D_i)]$$

单位供气量规模指标：

$$s_{\mathrm{q}}=0.876S_{\mathrm{NET}}/q_{\mathrm{a}}$$

式中 D_i——管道公称直径，mm；

L_i——管道长度，km；

$\overline{D}$——管网管径平均值，mm；

S_{NET}——管网规模指标，t；

$\delta(D_i)$——公称管径管壁厚度，mm；

s_{q}——单位供气量规模指标，$\mathrm{t/(10^4m^3/h)}$

q_{a}——管网年供气量，$\mathrm{10^8m^3/a}$；

M——管段数。

管网节点平均压力：

$$\overline{p}=\frac{\sum_{i=1}^{N}p_i}{N}$$

式中 p_i——管网节点压力，kPa；

$\overline{p}$——管网节点平均压力，kPa；

N——管网节点数（气源点除外）。

管网节点压力平均偏差：

$$\sigma=\sqrt{\frac{1}{N}\sum_{i=1}^{N}(p_i-\overline{p})^2}$$

式中 σ——管网节点压力标准偏差，kPa。

（建议计算）管网供气可靠性指标：

$$R(t)\geqslant0.99$$

方法见本手册第13章。

（4）管材选择及管道敷设

各压力级制管道管材选择及比较，管道敷设及重要穿跨越方案。

（5）管道防腐选择，阴极保护及防交流干扰

（6）场站工程

门站（储配站）及调压站站址区位及建站条件，总图方案、工艺流程、设备选型方案。

5. 运行调度及管理信息系统

（1）系统组成

总的功能，组成（SCADA系统、GIS系统，客户服务系统、联网收费系统、办公自动化（OA）系统等MIS系统）。

（2）SCADA系统

① 功能与水平。

② 监测与控制参数及点位配置原则，数量估算。

③ SCADA系统结构，流程、设备、数据通信方案、监控执行（阀门控制）方案，监控仪表选型及主要设备表。

（3）GIS系统

功能、系统结构、规模。

（4）办公自动化系统

功能、系统结构、规模。

（5）客户服务系统

功能、系统结构、规模。

（6）联网收费系统

功能、系统结构、规模。

（7）语音通信

6. 公用工程

（1）供电工程

设计范围，用电负荷（用电负荷统计表）及等级，电源（是否设置自备电源）及供配方案，主要工程量表。

（2）给排水工程

设计范围，用水量（用水量统计表）及水质，水源及供水方式，排水分类，排水量（排水量表）及排水处理方案。

（3）消防

消防要求：消防水量（消防水量表），消防措施及设施，（消防设施工程量表），消防组织管理及设施运用方案。

（4）供暖通风

设计参数：室外气象参数、室内设计参数、设计范围、设计方案、工程量（供暖面积）。

（5）站场总图建筑与结构

设计项目（占地面积、建筑面积）、站场地址选择、总图方案、建筑设计原则方案、结构设计原则方案、建筑抗震。

7. 安全生产与劳动保护

（1）安全生产

安全生产设计类别，防火、防爆、防雷及防静电、维护与抢险，各类安全问题工程方案设计，操作运行及管理。

（2）劳动保护

劳动保护内容，工程设计及保护措施。

8. 环境保护

(1) 工程项目的环境保护任务

天然气工程的环保意义。

(2) 燃气工程运行的环境影响及对策

废气、废水、固体废弃物排放及排放量，环保对策，噪声污染状况及减噪对策。

(3) 燃气输配工程施工环境及生态影响及对策

粉尘、噪声、植被破坏范围及持续时间、对策。

(4) 燃气工程项目的环境效益

城镇污染类型、现状、排放量，燃气工程项目减排效果（绝对量及相对量），效益评估。

9. 节能

(1) 工程项目的主要能耗环节。

(2) 节能措施。

在设计方案上的措施及体现，燃气气源压力能的有效利用。

设备选型上的体现（高效节能设备，高质量阀门及管道减漏）。

管理及运行节能措施（加强计量，系统维修及更新）

基于SCADA系统，燃气合理调度。

(3) 节能效益评价。

定性分析（定量估算）。

10. 组织机构与劳动定员

(1) 机构设置。

(2) 劳动定员。

定员表。

11. 工程建设计划进度

工程建设计划进度表。

12. 投资估算与资金筹措

(1) 投资估算

编制依据（方法、定额、各种物料单价、税费率）。

投资估算（建设投资、建设期利息、流动资金估算，总投资估算，投资估算汇总简表，投资估算总表及分项工程表）。

(2) 资金筹措

资金筹措（自有资金、政府投资与银行贷款），资金使用计划，年度资金使用计划表。

13. 财务评价

(1) 财务评价基础数据

规模，建设年、投产年、逐年生产负荷表、项目计算期。

(2) 成本与费用估算

购气成本、输配损耗、工资及福利、折旧与摊销、修理费、其他运营费、管理费、运营成本费用估算表。

(3) 财务分析

销售收入、销售税金及附加、利润估算及分配、财务盈利能力分析（总投资收益率和资本金净利润率)，财务内部收益率和净现值（财务现金流量表)，投资回收期。

清偿能力分析、盈亏平衡分析、敏感性分析。

(4) 燃气售气价格分析

各类用户气价的制订，基准收益率变化对各类用户气价的影响，用户气价承受能力分析（燃气与替代能源当量价格比较)。

(5) 财务评价结论

通过项目总投资、项目规模、平均售价、全投资内部收益率（税后)、财务净现值、静态投资回收期、投资回收期（税后)、贷款偿还期等指标作出项目财务评价结论。

14. 结论与建议

(1) 结论

从项目建设条件、方案、效果三方面作出总括结论。

综合项目的建设气源条件、市场依据、技术路线及工程实施方案、财务评价与经济效益、环境及社会效益、给出项目的可行性结论。

(2) 问题与建议

提出项目可行性研究中气源保障程度，用气市场变化风险、经济等环境变化影响；指出技术与工程上存在的需重视与解决的问题，关键环节，以引起重视，给出解决的建议和方向。

附件

1) 项目建议书。

2) 主管单位对建议书的批复文件。

3) 项目可研工作委托书。

4) 气源供气协议或意向书。

5) 国土及规划部门关于项目主要场站用地的文件。

6) 用气市场用户调查报告总材料。

7) 管网系统主干网络布置图。

8) 输气、配气管网水力计算图。

9) 门站（储配站）工艺流程及平面布置简图。

38.4 燃气输配工程项目可研编制的要点

可研工作不同于其他的工程建设阶段。它具有极浓的研究工作色彩。这种研究不是采取实验的方法进行，也不是通过逻辑推理方式的分析或归纳，进行理性思维作理论的探索。这种研究是一种具体案例的分析研究。主要方式是对城镇燃气项目有关数据资料进行分析，计算得到说明项目的各种技术经济指标从而全面地定性与定量地论证项目的可行性。

38.4.1 可研的研究特质

(1) 在可研阶段，有很多内容需要进行案例研究，如用户及市场。针对当地社会、经济特点考虑用户及市场，在可研报告中不宜沿用按“原则”供气的观念，列出“供气原则”的章节，把用户发展仍然看作按计划分配天然气。切实认识到天然气供给用户是一种优质气体燃料商品进入市场。需要在可研时探讨项目如何开拓用气市场。例如对玻璃、陶瓷、食品、轻纺等工业用气，宾馆饭店等商业用气，CNG 车辆燃料用气进行认真细致的调查研究，恰当估量这些用气的潜力，不能只专注于居民用户数量的发展，放弃了极具活力的一部分市场。

(2) 用气市场是项目生存的基础。为进行用气市场分析，需要进行用气市场调查。在用气市场调查与分析的基础上进行用气负荷的预测和安排。

在用气市场方面应该有包括用气量和燃气价格承受能力以及市场风险的研究。要进行城镇具体的需求结构分析，包括按用户类型，按市场类型（传统市场与新兴市场），按用气经济效益情况的分析，从而得出用户发展进程。在各类用户的用气承受能力分析上最基本的是燃料替换（计入燃烧效率）燃料支出费用的比较，进行燃料替换产生的直接和间接经济效益分析。

应该指出，在一项新的天然气工程项目建设后，用气负荷的发展进程往往是主观策划和安排，因此只能采用经验预测的方法（本手册第 3 章 3.8）。经验预测不等于主观臆测。需要综合按照与城镇天然气发展相关的气源条件、城镇经济和社会发展规划、城镇能源结构和规模总的调整趋势做出。

(3) 用气指标和用气工况是城镇天然气利用项目的基础数据。对已有燃气的城镇可能以现状数据为基础进行统计推断，例如对必要数量的用户随机抽样调查，用数理统计方法进行现状推断；经过回归分析估计某些影响用气指标的重要因素的变化得到用气指标的相应改变。再由定性分析做出调整，形成可研计算的参数。对新建天然气城镇则往往要参照燃气设计规范推荐值或类似城镇的数据经定性的分析制定出来。

用气工况对已有或新建燃气城镇也会有不同的制定方式。对已有燃气城镇可以对历史及现时分类用气数据建立描述模型。然后按各类用户的发展规模采用加权叠加的方法得到新的综合用气工况。对新建城镇则可利用相近类型城镇的各类用气的典型工况描述模型，同样的加权得到综合用气工况。

可研工作中，要努力避免用气工况数据形成的随意性，提高数据的可信度。

(4) 数据与要论证的问题不要脱节。即数据不停留在给出一些绝对值，看不出如何导致所做出的结论。可研报告中除列出由于天然气工程项目的实施可节煤，减少 NO_X、CO_2、CO、烟尘等排放量外，需要将已得到的这些绝对值进一步定量计算给出环境指标改善的绝对值及相对值。一个最初步的方法是给出减排量相对于该城镇现状排放量的百分数，得出天然气利用可改善环境的程度的结论。

总之，可研报告要从调查研究、科学处理数据，定量论证问题等方面进行工作，使之确实含有研究的内容。

38.4.2 天然气输配工程可行方案问题

(1) 总体方案对比。可研报告要求有城镇天然气输配总体方案的对比。这种对比的主要内容则要因城镇而异。例如多气源（包括事故气源）方案，不同的压力级制，门站位置，调峰及储气方案，高压干线的配置，综合储气与管网系统的压力方案，管网系统的布局，建设分期等。可研报告除需要有若干单项工程的方案比较外，还需要有整体水平的方案比较，对所采用的技术方案的合理性进行旁证或反证。在设计方案时，需要有大局观。不妨运用换位思维方式，甚至用反向思维方式，开阔思路，丰富方案比选的内容。

（2）单项工程或专项内容的比较可以包括下列内容：

门站站址条件及效果。分输站到门站的输送管设计。输气管道储气与天然气压力能利用，管道穿、跨越方案。门站与储气站的分合（包括对置储罐）。储罐压力及罐型、材质。分配管网干管的路由比较。管材选用。防腐涂层方案，阴极保护采用与否及方案等。

（3）对已有燃气的城镇如何处理燃气转换问题。从技术方案上首要原则是如何充分利用原有设施，可节约投资而且可使天然气投产即有相当的用气规模。但对待原有设施上也不能绝对持肯定态度，需要辨证思维，用全面的发展的眼光权衡利弊。

原有设施一般指人工燃气或液化石油气设施。在天然气工程建成后，显然，作为气源的人工燃气无论从质和量方面一般都无继续存在的理由。而液化石油气混空气气源则可视相对规模条件，确定是否用作调峰气源或事故备用气源。对于输配管网要因管材和管道状况而异。状况很差的管道，不论是什么材质，都应该及时被更换淘汰。状况较好的管道则要按情况分别对待。机械接口铸铁管可继续用于中压系统。状况良好的钢管或PE管则在原设计压力的范围内仍可使用。对于低压储气罐，原则上只能在保留的原有低压系统中使用。可行性方案应明确低压罐的继续使用年限，最终予以淘汰。对于原有燃气设施可研应提出在天然气转换前对其进行质量和安全性检验的要求。

（4）可研内容应包含关于项目的安全性的阐述与评价；关于项目建设的抗震设防与要求的内容。

38.4.3　某些技术问题的处理原则

（1）适当考虑门站压力。充分利用门站运行压力，可使系统的高压管道储气和输气能力相应提高，这是应力争的。但这需有供气协议保证。因为天然气长输管线一般通过提高首站压力或增设中间加压站提高输气能力。对于输气管各终端，在增加供气量的同时不可能同时增加分输站的压力。系统设计在存在压力提高的可能性时，需留有发展余地。

（2）调峰储气及应急储气问题。调峰储气及应急储气都属于常规储气。这是一个工程技术经济问题。应该按客观需求和条件予以科学地解决。储气设施投资大，但是储气需求可以在一定的系统中协调解决，即特别要注意储气结构的合理性，达到技术可行，经济合理。

（3）储气罐在系统中的配置。在狭长型城区天然气项目可研中，若采用储气罐方案，当采用高、中压两级方案，门站位于一端且在长方向另一端有建设对置储罐站条件时，则方案宜采用对置储罐。否则不能充分利用门站后高压管道的输气能力，又需敷设与高压管并行的储气罐中压输出。

（4）CNG加气站的位置。为充分利用天然气压力，减少电耗，节省压缩机设备投资，CNG加气站应优先连接在高压线上。

（5）分配管网高压干管路由。1.6MPa管道应避免敷设在市内交通干道上。显然城镇燃气设计规范已放开1.6MPa的使用条件，但毕竟缺乏实践，特别是在管道全面质量保证方面，有待提高。

(6) 避免储气站工艺流程中储气罐管道连接错误。无论采用单管或双管与储气罐相连，都应使储气罐能在高压与中压汇管之间切换。能接向高压用于储气，又可接向中压用于供气。

(7) 阴极保护问题，阴极保护无疑对燃气管网有保护作用，但有可能危害其他金属管道或设施。要全面考虑周围环境，权衡利弊。对于在城镇输配管网上是否采用阴极保护，目前有两种相反的意见。有必要从城镇地下设施的系统的角度对阴极保护的全面作用展开研究。

(8) 销售价格是决定项目经济效益的关键因素之一。可研报告中的销售价格虽不是项目实施后的最终定价，但它对于最终定价有参考与指导作用。因此要按客观的合理价格构成和经济规律进行制订。销售价格的制订应建立在成本计算的基础上并结合市场分析（其他燃料价格比较，用户承受能力及用气效益分析，社会经济环境）加以调整。在企业和用户之间建立起一种利益平衡。合理的价格是用气市场发展的基本条件。销售价格也可以通过现金流量分析来确定，即利用设定的财务内部收益率，通过推算求得理论收费价格（见本手册第 41 章 41.2.2.1）。

38.4.4 可研的反馈问题

(1) 通过城镇输配系统可研的计算和论证对现有供气气价结构，有可能产生反馈调整意见。分析门站气价经由城镇天然气售价对工业用户及各类用户承受能力的影响，特别要考察门站气价对项目效益的敏感性。

(2) 在供气方与城镇用气方签订的天然气销售和输送合同中规定管输损耗为 0.35%，其费用由买方承担。这是根据于《原油，天然气和稳定轻烃销售交接计量管理规定》。

这种规定在原则上是不合理的。对任何商品，交易价格和数量都是与时间、地点和质量以及其他技术条件相联系的。将漏损前的管输起点的天然气量作为在门站的天然气交易量是有悖于公平的。按企业财务分析原理，销售损耗不应计入营业收入。这即表明销售损耗不形成营业收入。

此外，管输损耗在技术上和操作上完全取决于供气方的设备和操作状况。用气方完全不具备控制能力。这即意味着供方的任何造成管输损耗的后果（其数量定为实际供气量的 0.35%）由用气方承担。这是权利与义务的不平衡。

以上两个问题需要在国家经济全局中，在部门、单位、地方之间加以协调和平衡。

38.4.5 可研报告的文件编制问题

(1) 由于燃气工程咨询设计市场竞争激烈，促使可研报告编制单位十分重视文件的编制质量，力争在设计市场中争取得更多项目。由此也引发一些负面问题。其中之一是可研报告超内容、超深度，特别在输配技术内容上。例如，无疑 SCADA 和 GIS 是很重要的新技术内容，但要按项目实际需要和条件配置系统。不要盲目列出下阶段设计中项目不可能实施的内容。这样一方面会使投资估算增大失实，同时会给下阶段设计增加不必要的限制。

可研阶段的技术设计在于规定主要工艺流程和工程设施的配置框架，并为投资估算提供依据，因而应该是原则性的，粗线条的。可研报告内容无需细致到单体建筑及结构的设计方案。

同时，编制的超内容与超深度必然会影响到对其他内容的工作投入，结果造成重点失衡。

（2）防止可研报告编制的形式主义。不是可研报告版本愈厚内容就愈多，质量就愈好，水平就愈高。防止在可研报告中大量引用城镇历史、地理、人文资料，大篇幅的罗列某些非必要的原始计算过程或表格以及关于编制原则的空话套话等等。同时，从评审方面应该提倡着重从实质内容上予以评价，对内容的完整性、深度，以及遵循贯彻法规、标准规范的情况按可研报告编制的要求给以恰当的衡量。不应该误导、助长可研报告编制的形式主义倾向。

（3）对投资估算和财务评价应该按规定格式和算法进行编制。特别在现有资产的正确列入，项目计价，费率采用，指标确定上按规定在合理的范围内尽量符合于实际。要排除出自主观意愿的人为干扰，防止投资估算失实和财务评价失真。从而保证可行性研究结果的可信性。

参考文献

[1] 严铭卿，廉乐明等. 天然气输配工程［M］. 北京：中国建筑工业出版社，2005.

[2] 严铭卿，廉乐明等. 21世纪初我国城市燃气的转型［J］. 煤气与热力，2002，(1)：12-15.

[3] 严铭卿. 城市天然气输配工程项目的可行性与研究［J］. 城市燃气，2002，(11)：8-11.

第 39 章　城镇燃气输配工程项目初步设计

39.1　初步设计在工程建设中的作用与特点

（以城镇天然气输配工程为例）

燃气输配工程项目在经过可行性论证后，经过政府相关管理部门的批准，即可展开对项目的工程设计工作。设计一般分为初步设计与施工图设计两个阶段。初步设计属于项目建设的实施范畴，因而是具体的、确定的。由于初步设计是设计两阶段的前一部分，区别于后一部分的施工图设计，初步设计是从整体上确定工程项目，对系统规模、结构，工艺流程，主要设备、仪表、材料以及辅助设施的配置进行设定与计划安排。可见初步设计完成的文件和图纸成果应完整给出工程项目的内容。

相对于燃气输配工程项目建设的前期工作的可行性研究，有如下区分的特点：

（1）可行性研究回答项目能否进行建设的问题，是对项目的决策；初步设计则是确定对已决定要建设的项目如何实施。

在天然气城镇输配工程项目的建设过程中，初步设计是一个中间环节，起着将经过可行性研究原则性论证的项目的总体构思具体化，并为后续的施工图设计做出技术指导性和内容确定性的安排。在可行性研究中主要内容是研究项目的建设条件与环境，效益和可行工艺方案及其原则性比较。可行性研究要为项目决策提供依据。即作用的不同。

（2）可行性研究是将项目放在建设所依存的经济、市场、社会、环境中进行评价衡量，因而相对是“中观”的；初步设计则是基本限定在工程技术的范围内，建构出具体的项目，因此相对是“微观”的。即范围的不同。

（3）可行性研究的重点在于气源的保障条件，市场发展的规模、确定程度与风险，经济效益的好坏，以及需要明确有适当的工程技术方案予以支持；而初设的重点在于具体技术方案的相对最优，工程技术条件的充分利用，工程的主体结构和构成的物质要素的恰当配置，确保项目功能的发挥。即重点的不同。

39.2　初步设计文件的构成

39.2.1　初步设计基本构成文件

（1）初步设计说明书。

（2）设计图纸。

（3）设备材料表。

（4）概算书。

39.2.2　设计图纸

（1）输配系统总工艺流程图（方框图）。

（2）输气干线线路走向平面图：表示管线走向及管径。图上应标明地形、地物、管线及桩位、桩号、坐标值和拐点角度以及永久或临时水准点的位置和高程、坐标网和指北针等。

（3）输气管线穿（跨）越方案示意图：穿（跨）越铁路、公路、河流等，绘出工程示意图，包括简明的平面及纵断面图，说明主要施工做法。较大、较复杂工程需说明方案选择和技术经济比较。

（4）输气管道水力计算图。

（5）燃气管网系统平面图：表示管道系统与调压站的位置，干管管径与长度，并表明有关的主要设备和建（构）筑物。

（6）管网水力计算图。

（7）站场总平面图：应表示出原有及设计的地形、地貌、河流、铁路、公路等，标出坐标、方位、外围尺寸、土方平衡简图，绘出各建（构）筑物的布置情况和相关的主要尺寸以及站场区内铁路、道路等。如地形复杂，应绘制简明的等高线图，表明原地面标高和设计地面标高，绘出风玫瑰图以及表明绿化布置和要求。

（8）站场内各种管线（缆）综合布置图：表示出管带、管廊、（缆）沟等布置情况，各种干管管径及走向。

（9）站场内工艺专业带控制点的工艺流程图：按生产流程表示主要设备、管线的连接，并注明测量控制点的位置和要求。

（10）工艺专业主要设备布置的平立面图：表明设备及主要管线平面布置情况、相互间的联系，注明管道走向以及与相关的建（构）筑物的关系尺寸。

（11）主要建筑物平、立面图、剖面图、节点详图（包括保温做法大样）：绘制各站场、车间、辅助生产、生活区和办公建筑等主要建筑物的平面图，表明其轮廓尺寸，主要设备位置及相关尺寸，剖面图表明各层标高，立面图表明外檐做法，结合平面设计，显示出建筑造型、风格及设计标准，如有特殊装修要加以说明，并注明内外檐使用的主要建筑材料。

（12）主要建（构）筑物的结构布置图：表示出结构形式，主要梁、柱的断面尺寸，基础做法和材料要求，如遇到的地基需加以处理时，应说明处理方案的选择和技术经济比较。

（13）自动控制仪表图：表示出有关工艺流程的检测点与自控操作原理图，仪表及自控设备的供电、供气系统图，仪表间自控室的平面布置及主要尺寸。

（14）全站场供电系统图及供电总平面图：表示全站场电力系统的控制原理，各用电设备的位置，电压、容量，绘出主要缆线的布置走向及相关主要尺寸，表明站场区照明布置情况。

（15）总变电所平面图：表示高、低压变电系统主接线原理和次回路接线，用电起动和保护等电气设备布置情况，主要线、缆的布置情况。说明工作原理，主要技术数据和要求。

(16) 高低压变配电系统图：表示一（二）次接线、电气设备平面布置，管缆沟及布线情况。

(17) 给水排水总平面图：表示出主要管（渠）平面布置，主要转角处标注出坐标位置、流向及管径（渠断面），注明管（渠）底主要控制标高及坡度，提出相关的主要构筑物的简明做法图。消防水系统管网及设施配置（平面布置、管径、消火栓等设施的位置及型号）。

(18) 污水流程图及污水系统总平面图：表示出污水处理利用和排放的总工艺流程布置情况和轴线坐标，简明等高线、围墙、道路的相关尺寸，标出干管（渠）的管（渠）底主要控制标高。

(19) 热力、供暖及通风图：热力供应的工艺流程，供热管道系统，锅炉房的设备及主要管道布置情况与建筑物相关位置和尺寸，小区总平面布置及用地情况，供暖和通风的平面布置，主要设备及管道系统均需分别绘图表明。

39.3 初步设计说明书编制纲要

1. 总论

(1) 编制依据；

① 主管单位对工程项目可行性研究报告的批复文件；

② 城镇总体规划；

③ 城镇燃气专项规划；

④ 天然气供气协议；

⑤ 工程项目可行性研究报告评审意见；

⑥ 工程项目可行性研究报告；

⑦ 工程初步设计工作委托书。

(2) 设计范围

工程范围、工程子项及初步设计工程期限。

(3) 设计原则

① 初步设计符合技术实用、安全、经济合理原则。

② 积极采用先进技术，先进工艺，新材料，新设备。

③ 工程设计符合节能、环保要求，符合劳动卫生要求。

(4) 依据的标准和规范

《城镇燃气设计规范》GB 50028。

《城市工程管线综合规划规范》GB 50289。

《建筑设计防火规范》GB 50016（2018 版）。

《液化石油气供应工程设计规范》GB 51142。

《压缩天然气供应站设计规范》GB 51102。

《汽车加油加气站设计与施工规范》GB 50156（2014 年版）。

《液化天然气接收站工程设计规范》GB 51156。

《人工制气厂站设计规范》GB 51208。

《输气管道工程设计规范》GB 50251。

《城镇燃气输配工程施工及验收规范》CJJ 33。

《城镇燃气管道穿跨越工程技术规程》CJJ/T 250。

《城市综合管廊工程技术规范》GB 50838。

《室外给水排水和燃气热力工程抗震设计规范》GB 50032。

《工业金属管道设计规范》GB 50316（2008版）。

《压力容器［合订本］》GB 150.1～GB 150.4。

《聚乙烯燃气管道工程技术标准》CJJ 63。

《环境空气质量标准》GB 3095。

《大气污染物综合排放标准》DB11/501。

《爆炸危险环境电力装置设计规范》GB 50058。

《建筑物防雷设计规范》GB 50057。

《供配电系统设计规范》GB 50052。

《工业企业煤气安全规程》GB 6222。

《工业企业总平面设计规范》GB 50187。

《燃气冷热电联供工程技术规范》GB 51131。

《石油化工可燃气体和有毒气体检测报警设计规范》GB 50493。

《危险化学品重大危险源辨识》GB 18218。

《城镇燃气自动化系统技术规范》CJJ/T 259。

《聚乙烯燃气管道工程技术标准》CJJ 63。

《城镇燃气管道非开挖修复更新工程技术规程》CJJ/T 147。

《城镇燃气工程智能化技术规范》CJJ/T 268。

（5）城镇概况及自然条件

① 城镇概况

简述地理位置，面积，人口交通，经济、社会特点，能源利用及燃气设施。

② 自然条件

气候特点，年平均气温，极端最高、最低气温，年平均降水全年主导风向，地震烈度。

（6）城镇能源消费状况

按能源类型及能源消费部门叙述。

（7）城镇燃气现状

按各燃气系统概述。

（8）工程初步设计概述

工程规模、供气人口、系统描述、工程总投资。

（9）工程进度安排

列表。

（10）主要技术经济指标

列表，指标项目包括：

①用气人口数；②户数；③气化率；④平均日供气量；⑤高峰小时用气量；⑥年用气量；⑦门站数；⑧储配站数；⑨调压站数；⑩高、中、低压干管长度；⑪汽车加气站数；⑫供气站数；⑬定员；⑭工程概算总投资；⑮输配总成本（元/m^3）；⑯钢材、管材、水泥、木材消耗量。

2. 气源

（1）气源资源量简介

简述。

（2）气源供气量、运输及供气协议

气源供气量及运输方式，气源质量技术参数：

①组分；②低热值；③相对密度；④气体常数；⑤烃露点；⑥水露点；⑦供气压力；⑧质量标准；⑨最大用量倍数。

3. 工程项目的用气负荷

（1）市场

用户类型及用气比例情况，居民用气气化率。

（2）用气量指标

① 居民用气量指标

引述可行性研究资料及初步设计调研修订数据。居民用气量指标，由调查资料进行分析作出分期预测。

② 商业用气量指标。

③ 供暖制冷及生活热水用气量指标（W/m^2），按《城镇供热管网设计规范》CJJ 34 确定。

④ 工业用气量指标。

可采用已有数据，或按燃料用量折算。

⑤ CNG 汽车用气量指标。

不同车型 100km 耗气量不同，各类车型日行驶里程数。

（3）各类用户用气量

① 居民用气量

依据人口及气化率计算。

② 商业用户用气量

列表计算，采用按指标计算与现用燃料折算对照分析确定。

③ 工业用气量

列表计算，可以按产品单位能耗指标折算与实际能耗折算对照。初步设计阶段对用气量的计算应该是对可行性研究数据的补充、修订，更具体化。

④ CNG 汽车用气量

分类确定车辆数及年行驶里程得出年度用气量。

⑤ 供暖用气量

按供暖室内、外设计温度，供暖天数，每天供暖供热时间，建筑平方米数得出年用气量。

⑥ 未预见量

（4）用气量平衡

将各类用气量列表，包括年用气量，各类年用气量所占百分比，年平均日用气量。锅炉用气及直燃机组用气分别包含在工业用气及商业用气中。

（5）购气计算

列出年度购气量，用于发展用户及签订购气合同，列表。

4. 用气不均匀性

在可行性研究数据基础上充实与调整。

（1）居民与商业用气不均匀性

按月、日、时列出不均匀系数，定性分析与定量修正补充。

（2）工业用气不均匀性

在调查工业用户基础上进行修正。

（3）CNG用气不均匀性

指各种形式的CNG站用气从管网取气的变化情况，不是直接按CNG站外供气的变化得出CNG用气不均匀性。小时高峰系数可参考取为1.5。

（4）单元供暖不均匀性

每天平均供暖时间为n_h，则

小时高峰系数K_{hmax}可按：

$$K_{hmax}=\frac{24}{n_h}$$

即在n_h小时内的小时不均匀系数为$K_h=\frac{24}{n_h}$，其余小时$K_h=0$。

（5）高峰小时用气量

按各类用气计算出小时用气量，各类用气小时用气量逐时相加，得到高峰小时用气量，列表。

（6）储气系数，逐月日量倍数，年储气容量系数及应急储气天数。

① 由逐时用气量及小时供气量表得出日储气系数。

② 由各类用气日用气量逐日的用气量相加与年的平均日用气量的比值得出日量倍数。此日量倍数包含由输气担当，最大用气日的高峰供气量的数据。

③ 由各类用气的月平均日用气量与年的平均日用气量的比值得出日量倍数。此日量倍数不包含年的最大用气日的高峰供气量的数值。

日量倍数只指明高峰供气量，不表示满足气量平衡的能力即不同于储气系数的含义。

④ 年储气容量系数由逐月用气日不均匀系数、月不均匀系数计算确定（方法见本手册第5章5.7）。

⑤ 应急储气天数计算，方法见本手册第5章5.7。

5. 输配系统

（1）压力级制选择

在可行性研究的基础上，再确认或修正。

（2）输配系统流程

以框图形式给出输配系统构成及燃气流向，给出关于输配系统的结构：包括管网分级，气源门站及储配站定点，调压站设置，管网形式（供气主干及环路），阀门配置，阐明输配系统保证供气的技术特性：技术功能完善性，供气可靠性，技术经济合理性。

（3）门站

① 规模

通过能力、进站压力、出站压力、设计压力。

② 工艺流程

功能及设备配置，流程说明，流程图，过滤、调压计量、加臭、仪表检测点及参数，阀门控制、安全放散及紧急切断。

③ 站址

地理位置，环境，外部水、电、路条件，安全影响。

④ 地面布置

站区平面布置，站内道路，建筑指标，站区工艺平面布置。

⑤ 主要设备选型

过滤器，流量计，调压器，阀门，加臭装置，选型计算。

（4）输气管道设计

路由设计，线路方案及方案确定，线路外部环境，地形、地貌、地物条件，水文地质条件，线路设计图。

① 路由

路由，安全距离，管道配置说明。

② 管道设计

管材选择，管道有关力学计算，阀门配置（参见本手册第 6 章 6.3）。

③ 管道水力模拟

计算公式及计算参数，管道水力（模拟）计算，工况分析，高压管道储气量计算。

（5）分配管网设计

① 路由

路由，安全距离，干管配置说明。

② 管材

管材选择，技术性与经济性、维修性。

③ 管网水力计算与分析

计算公式及计算参数，设计工况计算，低谷工况计算，事故工况计算，（建议进行）供气可靠度计算（参见本手册第 13 章），管网水力计算图。

（6）管道敷设

敷设深度，安全距离。

（7）管道防腐与电保护

① 管道防腐

采用类型、工程量。

② 电保护

采用类型及设计考虑，电保护计算，工程量。

（8）阀门选型

阀门设置位置，阀门选型，工程量。

管网截断阀门，穿跨越阀门，输气管道分段阀门。

（9）输配管网工程量总表

分期列表。

6. CNG汽车加气站

（1）加气站布局

加气站数量，布局，容量，日供气量，加气车数。

（2）选址说明

站址交通条件，安全条件。

（3）工艺流程

工艺流程，储气方式，配置及容量确定，压缩机选型，干燥设备选型。

（4）加气站平面

总平面设计。

（5）主要设备选型

天然气压缩机，缓冲过滤器，脱水设备，废气回收，计量仪表，加气站，冷却水系统，防爆及泄漏报警设备。

7. 城镇燃气输配调度与管理系统

（1）系统组成

总的功能，组成［SCADA系统，GIS系统，办公自动化系统（OA系统），客户服务系统，联网收费系统］。

（2）SCADA系统

① 功能与水平

② 监测与控制参数及点位配置，工程量表

③ SCADA系统结构，流程，设备，数据通信方案，监控执行方案，主站配置（硬件及软件）远端站配置，监控仪表选型及主要设备表

（3）GIS系统

功能，系统结构，规模，硬件配置，软件配置。

（4）MIS系统

管理信息系统简称MIS（Management Information System）。管理信息系统是基于计算机、数据库和管理软件的信息处理系统，信息处理包括信息收集、储存、计算，整理、传送和维护等。

① 企业管理子系统

企业管理子系统的功能包括生产管理（生产、设备、库存）、营业管理、财务管理、人事管理、决策支持等方面。

功能，系统结构，规模，设备配置，软件配置。

② 燃气输配生产管理子系统

燃气输配生产管理子系统面向燃气生产过程，处理的主要业务包括日常生产、设备管理、抢险管理、安全管理、工程管理和物资管理等方面。

功能，系统结构，规模，设备配置，软件配置。

③ 燃气营业管理子系统

燃气营业管理子系统面向燃气消费用户，处理的主要业务内容包括用户档案管理、抄表管理、收费管理等。

功能，系统结构，规模，设备配置，软件配置。

(5) 语音通信

设备配置。

8. 公用工程

(1) 总图设计

门站总图，管理调度中心，维修中心，用户服务中心。

(2) 土建工程

① 建筑设计

场站建筑设计，建筑工程量表。

② 结构设计

设计条件，基本风压，雪压，抗震设防烈度，建筑物抗震设防类别，工程地质条件，场站基础设计，结构设计。

(3) 给水排水

① 给水

工程范围，用水类别，用量，水源，场站给水管道系统设计。

② 排水

生产排水，雨水，生活污水，排水方式及系统设计。

(4) 电气

① 工程范围

② 电源及负荷等级

各站场电源接入，负荷及负荷等级。

③ 计算负荷及变配电装置

各场站点用电负荷表（电装容量，计算负荷，变压器容量）。

④ 功率因数及电动机启动方式

⑤ 设备选型及工程量

⑥ 爆炸危险场所划分及防雷接地

各场站爆炸危险场所划分，防雷接地形式，接地电阻，防静电接地及接地电阻。

(5) 仪表

① 检测项目

分场站列出，项目，检测点参数及参数值。

② 仪表选型

仪表水平，现场仪表及防爆类别，流量计类型、精度，压力变送器。

(6) 供暖通风

各场站供暖通风，系统，设计参数，冷热负荷，风量，设备选型。

9. 劳动组织与人员编制

(1) 劳动组织

机构，列出框图。

(2) 人员编制

列表。

10. 劳动安全和工业卫生

(1) 设计标准

(2) 劳动安全

① 危害因素分析

危害因素辨识、泄漏、噪声。

② 防范措施

建立规章制度，管理与教育，设置可燃气体检测仪，管网系统合理设置截断阀，安全放散系统，场站安全及消防通道，场站按防爆等级选用防爆仪表、工具，防雷防静电设计。

(3) 工业卫生

防噪声设计（防振、隔声与消声设计），场站绿化设计，操作工作空间供暖通风措施。

11. 节能

(1) 系统的耗能类型

(2) 节能措施

充分利用天然气输气压力用于储气与输送分配，节能与节省投资优化综合，采用高效节能设备，采用高质量密封性好设备减少泄漏损失，借助SCADA系统及GIS系统进行调度及运行维护，采用负荷预测合理调度供气，设立放散天然气回收系统。

(3) 节能效益

节能效益计算主要对工程设计本身节能措施所产生效益进行计算。

12. 环境保护

(1) 工程的环境影响

废渣、废水、废气排放情况，噪声与施工粉尘排放。

(2) 环保措施

① 施工中环保措施。

② 污水排放控制。

生产污水，生活污水排放与控制处理。

③ 废气排放控制。

采用高质量密封性好阀门及附件，加强运行管理，减少放空排放，回收利用放散气体。

④ 噪声控制。

对高噪声设备隔声，振动设备基础隔振，高噪声车间吸声、消声措施。

⑤ 场站绿化。

(3) 环保效益

针对工程设计所采取环保措施计算效益。

13. 消防

工程防火与消防的重要性。

(1) 遵行的规范

(2) 主要消防措施

场站内外安全距离按规范设计，场站内分区布置设计与消防通道设计。

火灾爆炸危险场所设可燃气检测仪，设消防器材。

建筑设计，结构设计，电气设计按规范设计（安全通道，耐火等级，建筑泄压，电气防爆）。

工艺设计阀门设置部位，数量及操作方式（手动或仪表控制）合理设计。防雷防静电设计。

(3) 消防器材

按各场站列举保护面积，配置消防器材目录。

14. 工程投资与资金筹措

(1) 编制依据

① 工程设计文件、图纸及技术资料。

② 全国统一工程预算定额。

③ 全国统一安装工程预算定额。

④ 全国统一建筑工程预算定额。

⑤ 其他适用的工程概算、预算经济指标。

⑥ 供应厂商设备及材料报价。

⑦ 上级相关管理部门关于价格管理文件。

⑧ 工程建设监理费收费标准。

⑨ 工程建设设计费收费标准。

(2) 工程投资与资金筹措。

① 工程总投资、流动资金、庭院户内管线投资。

② 资金来源：自有资金、政府投资、银行贷款。

主体工程概算总表。

15. 成本分析

(1) 生产成本

总成本表。

① 固定资产折旧。

折旧计费方法，折旧年限，净残值率。

② 无形及其他资产摊销费，取费率。

③ 修理率，取费率。

④ 利息支出。

⑤ 水、电费，单价。

⑥ 原材料购入。

总价。

⑦ 工资福利费。

定员数，工资标准。

⑧ 管理费及其他。

费率。

(2) 成本估算

按销售气量，由总成本表计算。

16. 结论与建议

(1) 结论

① 本工程按气源，运输条件针对用气负荷分布及规模、城镇地理环境与状况采用系统型式进行设计规模供气。

② 工程概算额及成本指标情况。

③ 工程建设条件情况（路由、场地、水电道路）及相关主管单位批准，协调情况。

④ 用气市场开拓情况。

(2) 建议

针对气源，市场（如用户发展速度、规模落实），资金，工艺（如调峰储气，设备、材料或软件供应问题）以及相关建设条件。列出问题及解决建议。

附件。

① 工程项目可行性研究报告评审意见。

② 主管单位对可行性研究报告的批复文件。

③ 建设项目招标审批核准意见表。

④ 天然气供气协议。

⑤ 主管部门关于建设用地文件。

⑥ 供电单位项目供电文件。

⑦ 供水单位项目供水文件。

⑧ 其他项目设计条件或相关工作文件。

39.4　城镇燃气输配工程初步设计编制的要点

(以城镇天然气输配工程为例)

在城镇天然气输配工程关键的初步设计阶段有一系列实际的工作和技术问题。对它们如何在设计中应对，本节从初步设计内容的正确性、把握好设计的全局性和重点问题、进行必要的技术和方案比选，注意设计深度、一些技术问题的适当处理以及设计方法和态度等方面进行论述。

初步设计的重心在于将技术方案具体化，重大的技术问题要在初步设计中完全确定。在初步设计之后的施工图要解决的只是所有这些设计内容的具体实施细节。对初步设计的内涵，可以概括为：供气与用气的平衡，输配工程技术方案和流程，主要设备和材料，相关工程如公用工程、建筑工程、结构工程、消防和安全工程的初步设计，以及工程相关的技术措施如环保、节能等，还要有工程概算和成本分析等经济性内容。

在文件构成和形式上，初步设计也有别于可行性研究，应该有其鲜明的特点。在初步设计中不应该列出资源章节而应代之以气源章节（关于气源的产地和输送的简要说明以及气源量和质的基础数据）。不应列出用气量预测章节而应代之以用气量计算及其平衡。同一内容在功能上也是有所区别的。如对整体工艺方案的比较选择，在可行性研究中要从大门类中比较方案，着重探讨最合适的可行工艺方案及比较经济效益。而初步设计应在可行性研究已确定的方案框架下，从技术上深入和细化。除非有新的因素、新的条件或新的需求，一般在初步设计阶段不应强调要重新全方位探讨整体工艺方案。这一点也许还需要使各方面取得共识。

初步设计的内容除了通过系统的数据和计算表达外，只需适度采取对多项工程技术进行必要的比较和选择。因此在初步设计文件中会看到例行格式的条理性，又能看到对具体技术问题处理的灵活性。初步设计要着重细化和优化整体方案设计，又要仔细安排每一项技术内容。

下面通过 6 方面进一步阐述如何做好天然气输配工程初步设计。

39.4.1　内容的正确性

内容的正确性无疑是最基本的。首先是数据和计算的正确性。

(1) 初步设计首先要引用天然气气源资料。它已经以供气合同的形式作了规定。因此在安排项目的需用气年度进程时应该与合同的规定相一致。

(2) 初步设计可能要在可行性研究基础上对用气量进行补充调查与研究，进一步落实用气量和负荷分布（时间的和空间的）。但用气量不可能是完全客观实际的数据，必定具有相当的预测成分。特别对中远期用气量会有较大的不确定性。需要注意的是，相对于可行性研究用气总量的数据，应该保持不超出一定的波动范围，除非有充分的需作大幅修改的理由。

(3) 采用定额和高峰系数要注意到它们有很强的时间变化特性和地域差异性。定额和高峰系数是随时间推移而变化的参数，又是与城镇特性密切相关的。同时定额和高峰系数作为设计参数又具有一定的普遍性和时间稳定性。对于可行性研究采用的数据，初步设计需要作进一步核实和分析。不能排除对其他城镇数据和历史数据的借鉴参考，也不能忽略城镇经济和社会是一种发展过程，轻易作大幅度的增减。

(4) 各类用户的用气有不同的变化规律，因而有不同的高峰系数和高峰会出现在不同的时刻。因此在求整个项目的高峰小时流量时，不能简单地将高峰小时流量叠加。过去一些非市政行业设计单位往往出现此种问题。正确的做法是编制出一周 168h 的各类用户小时用气量表。逐时将各类用户用气量相加，得出 168h 的逐时总用气量。从而得到高峰小时用气量。由这种计算表也可以得出为平衡一周供气与用气的小时不均匀性所需的储气容量。若城镇燃气系统只担负一日之内小时不均匀性的平衡，则相应只需编制一日 24h 的用气量表。本手册作者建议采用用气工况模型，用电算程序取代手工计算方式。

内容的正确性第二部分是技术的正确性。

(5) 城镇分配管网的管径配置要注意到管道敷设的半永久性质。特别对于 PE 管道，寿命可达 50 年。管道一经敷设不宜轻易更换。管网的扩展和改造宜采取增线不改管的原则。因此初步设计可据此考虑远近期的结合，适当配置管径。

(6) 关于分配管网的设计问题：在管网结构上，若按燃气在管网中从气源点流出经过的各管段的顺序标号，先经过的管段有高的段位号，末端管段的段位号最低，则管网的设计需考虑在管网故障中管段的段位会改变。某些低段位管段会具有高段位。因而要在设计中适当加大低段位管道的管径。这也是确定管网干管线路的一种方法。

（7）除非是设计的项目已确定利用城镇原有人工燃气管网，限于原人工燃气管网运行压力比新设计的中压管网设计压力低，因而要采用中-中压调压装置，将两者分隔。否则不必要在中压系统中采用中-中压调压装置增加系统的压力分级。这样一方面可减去调压装置的投资，而且可以充分利用能量，减小管径或提高系统的压力储备。

（8）有储罐（或其他储气设施）的门站流程：储罐不应该仅以单管（更无必要仅以双管）连向高压汇管。在这种流程中，储罐将形同虚设。正确的流程应该是储罐有连向高压端的进气管道，同时有通过调压器连向中压端的出气管道。

39.4.2　把握好设计方案全局性或重点问题

（1）初步设计的作用不同于可行性研究。可行性研究用于项目的决策，而初步设计则进入对工程的技术设计。在可行性研究中，技术方案或流程是用于支撑项目在技术上的可行性和为项目投资估算及经济分析提供计算的基本工程量。而在初步设计阶段，方案确定了工程的基本技术实施内容。也因为这种作用的阶段性区别，在初步设计阶段应该允许对技术方案细节作合理的变动，这种变动是建立在深入细致工作基础之上的，是有利于改进工程的技术经济特性的。同时，对一项工程会存在某些关系较大或影响投资，或系统发展潜力，或城镇环境协调等的工程子项、工程内容。初步设计要对之尽可能掌握资料、认真构思方案，多角度分析，通过技术经济比较客观地作出判断。但要注意，初步设计的工作重心是对方案的具体技术设计而非原则方案的比较。

（2）在初步设计中对输配系统的压力级制系统要重点予以关注。原则是充分利用门站供气压力，要积极配置高压或次高压管道以充分利用门站天然气来气的压力能量。它有利于为中压分配管网提供多处供气点以提高中压管网的供气可靠性水平并降低造价。此外在高压—中压系统中高压输气管道的储气容量是设计应予充分考虑的。用它形成平衡小时用气不均匀性的调峰能力。但高压/次高压管道的敷设会受到安全距离条件的制约。在当前从城镇燃气设计规范关于高压B管道敷设的条件看，管道敷设与建筑物外墙净距在一定条件下在四级地区要求10m，即20m宽的走廊，而对于三级地区为6.5m/7.5m。一般布置在城镇外围。次高压管道是有可能在市区内敷设的，其与建筑物外墙净距要求为4.5m/6.5m。若将市区分为市中心区和非中心区（没有文件明确定义这种区分），作者认为当前在市中心区布置次高压管道要十分慎重。

（3）对城镇天然气输配系统对于一周内的小时供用气不均匀性的平衡问题，可用的储气方式有管道末段储气、压力储罐和管束储气等。对大容量的储气要求或需考虑采用地下储气库或主动型调峰气源（例如LNG）的方案。需要结合工程具体的供气、压力级制系统，工程管道敷设，场地等条件进行客观的技术经济比较。一般这种方案问题应该在可行性研究阶段予以确定，在初步设计阶段可能就是如何实施的问题了。

39.4.3　对若干技术内容进行方案比选是初步设计的重要内容和方式

（1）若干工程初步设计的资料表明，当采用球形储罐为储气设施，采用PE管中压分配管网，管网与储罐的工程综合造价在中压A或中压B的方案对比中比较接近。

采用较高的管网压力会有较大的压降，因而管径较小。管网压力的提高会使储罐的有效储气量减小，因而需设储罐容积较大。管网方案在中压A与中压B的比较中在综合造价上的关系会因工程而异。若考虑年费用指标，则可能PE管的中压B方案会在经济上占优势。在敷设条件方面，中压B与中压A对离建筑物基础的净距分别为1.0m或1.5m。敷设中压B管道的条件更为宽松。但从管网的技术经济性能上全面衡量，也许会发现中压A优于中压B方案。

（2）在分配管网的管材应用方面，针对天然气分配管网是中压并且推广采用PE管材这种基本定式。有普遍性的一个技术问题是需要确定一个PE管的经济界限管径规格。当管网管径大于此经济界限管径时，则采用钢管。等于或小于经济界限管径时采用PE管。经济界限管径一般需经过具体的经济核算对比后得出。它与管道的价格、有否防腐层造价、施工费用和使用年限等因素有关。作者认为本项比较应采用年费用作为比较指标。按管道的使用寿命不同计算年折旧费、维修费、和更新费等。用年费用指标确定经济界限管径会得到较大的界限管径值。这可能更符合天然气中压管道采用PE管材的趋势。若干设计资料对经济界限管径给出了不同的数值，如DN150、DN200甚至DN250。这除由于所依据的基价等参数有差异外，所采用的比较指标和方法的不同可能是主要原因。

（3）城镇天然气输配管网的高压/次高压输气或管网干管采用钢管，也存在钢管类型的比选问题。对此，不同的资料有不同的倾向性意见。有一种取法是不大于ϕ406mm采用直缝电阻焊ERW钢管，大于ϕ406mm采用直缝双面埋弧焊钢管（UOE成型工艺）。对此，应按所掌握的技术和价格资料作一番斟酌。

（4）对钢管的防腐层材料和工艺，也存在多种选择。从各种材料和工艺的特性比较，考虑全面的经济因素（耐用年限、维护费用等），在一般条件下，则首选三层PE防腐。

39.4.4 初步设计需要设计深度

（1）对管网的水力分析是管网设计的核心技术，也是基础性内容。在初步设计中除进行设计工况的计算外，还应该有对管网供气有效性的计算，即所谓事故工况计算。应该设想几种管网事故情况，核算管网在事故情况下的供气能力。此外，还应该对管网进行供气潜力的计算，做到对供气规模进一步增大时管网的适应程度有一定底数。作者建议对设计管网进行供气可靠度计算（见本手册第13章），由它可提供管网方案合理化的思路。

（2）目前初步设计所确定的管网一般有很大的经验成分。现有的管网优化技术往往脱离工程实际，因而很少使用。初步设计一般经过方案比较才确定管网设计，但这种极为有限数目的枚举可能离较优方案甚远。作者建议在设计管网的基础上派生出若干个管径配置方案，参照作者所倡导的管网综合优化原理及方法（见本手册第13章）确定一个经济性和压力储备综合性更好的方案。

（3）初步设计中有关管道强度或其他技术的内容的计算，除应列出计算公式外，尚应代入计算条件和参数，并列出计算的结果。这有利于对计算结果正确性的检查，也是设计深度问题。

（4）管道穿越障碍设计在初步设计中要具体化。特别穿越河流或立交桥等与具体的水文地质条件或地形地物条件有密切关系。初步设计要在具体资料的基础上进行定位和确定技术方案，这一方面是落实工程的可实施性，确定施工图的主要技术和工艺，为概算提供较准确的工程量，也是落实与城镇相关部门协调和得到认可所必需。

（5）对管网采用阴极保护的设计应该有基本的设计计算，不能停留在指标估计上。经过具体设计计算才能有确切的工程量并提供数据对该项技术做出评价。

(6) 对公用系统的设计应具体计算用水量、排水量、用电负荷和安装功率等。对消防工程部分除要计算消防水强度和水量外，还应对其他消防设施的配置进行计算。

(7) 建筑物和构筑物设计应该有单体设计和主要构造的说明。

(8) 初步设计的概算是建立在完整对应工程量、正确采用定额和取费标准基础之上的。要防止漏项。概算的项目及工程量应与文件或图纸内容有一致性。

39.4.5 设计中技术的趋向性

(1) 对管网的管径配置原则之一是适当留有余地，增线不换管。因为在管道敷设造价中管材费用并不占管网造价的很大的比例；管道具有耐用性且更换管道需要付出破路费用并产生环境影响。

(2) 管网阀门的设置：由于城镇天然气管网一般为中压或中压以上级别，并且中压管网具有分配管网的功能，因此在管网的管段上设置阀门是十分必要的。阀门的设置关系到管网的可靠性，维修性和工程造价。除从干管向下分出的支管段上应设阀门外，在多管段节点的连接管段上设阀门或在较长距离管道上（按规范规定）需设分段阀门。关于分配管网的阀门配置可参看本手册第 6 章 6.3。

显然，优先在较小管径的管段上设置阀门有利于节省费用和便于操作。

(3) 调压装置形式：对于城区内分配管网系统进行区域供气的中低压调压装置宜采用调压柜。比之采用调压站，不但造价低而且与其他建筑物、构筑物的水平净距小，更节省用地。

(4) 流量表类型：尽量保持全系统类型一致。门站一般与分输站流量表类型一致，以便于对流量计量的核对。但这不应是绝对的。在城镇燃气分配系统中应用的流量计应能适应燃气流量大范围变化的特性。

(5) 燃气管线跨越河流时，不宜利用交通桥梁进行架设。对于不大于 0.4MPa 的管线，虽然《城镇燃气设计规范》GB 50028 和《城市工程管线综合规划规范》GB 50289 都允许随桥架设，但作者以为，当有显著的经济上的理由时才选择随桥架设。而燃气管道直接敷设在桥面上则十分的不可取。

(6) PE 管的应用已经成为趋势，但应用 PE 管时要注意到应用的温度条件。应该符合《聚乙烯燃气管道工程技术标准》CJJ 63 的有关规定。对于有更好温度性能的 PE 管道，则需依据厂家的技术资料核实应用的温度范围。

(7) 采用 SCADA 系统已经成为我国燃气工程的常规工程项目。它是我国燃气系统跨上新的科技台阶的内容之一。需要指出对 SCADA 的设计和装备水平应侧重于实用性和经济性。作为 SCADA 基础的计算机与通信技术，特别是硬件技术随时间发展更新很快，要考虑系统升级与更新问题。但是对 GIS 系统则应给予足够的重视。设计应创造条件使 GIS 系统随着工程投产和建设进程同步的建立，更新和完善。因为从一开始就建立起 GIS 系统比之运营过程中再启动，对数据质量和工作效率提高更为有利，经济性也可能更好。

39.4.6 设计方法和态度

(1) 首先，设计的方案比较应该是技术经济比较，不是单纯的经济比较。否则，会陷于片面性。其次，往往由于着眼于当前节省投资而只进行工程造价比较。在作经济比较时不能只比较工程造价，更应该比较年费用。这样才能使方案比较将短期效果与长期经济效益统一起来。

（2）比较方案需要实事求是的态度，辨证的方法。应该遵循工程技术实际，合理地处理市场经济条件下出现的问题。天然气工程项目投资主体和业主正在多元化。燃气系统可能不再是单纯国有企业。经济成分的变化会要影响到工程技术内容，影响到设计，但无论如何城镇燃气系统仍具有城镇基础设施的属性，关系到全民的利益。因此要使城镇燃气工程的建设既符合市场规则，又充分照顾公众利益，既要有好的近期经济指标，又要有长远的性能和效益。从根本上这些都是并行不悖的。

（3）设计中需要积极采用新设备、新材料、新技术、新工艺，同时也需要积极汲收和运用新的科技成果，使设计工作从经验走向科学。

参考文献

[1] 严铭卿．城市天然气输配工程项目的可行性与研究［J］．城市燃气，2002，(11)：8-11.
[2] 严铭卿．城市天然气输配工程的初步设计与审查［J］．煤气与热力，2004，(1)：33-36.
[3] 严铭卿．燃气管网水力分析中负荷分布模式［J］．煤气与热力，2004，(2)：80-82.
[4] 严铭卿．燃气管网综合优化原理［J］．煤气与热力，2003，(12)：741-745.
[5] 严铭卿，廉乐明等．天然气输配工程［M］．北京：中国建筑工业出版社，2005.
[6] 严铭卿，宓亢琪，黎光华等．天然气输配技术［M］．北京：化学工业出版社，2006.
[7] 严铭卿等．燃气输配工程分析［M］．北京：石油工业出版社，2007.

第40章 燃气输配工程项目后评价

40.1 项目后评价的定义及作用

燃气输配工程项目的后评价，是对已经建成投产的燃气输配工程的审批决策、建设实施以及运行全过程进行总结评价，从而判断项目预期目标的实现程度，总结经验教训，提高未来项目投资管理水平的一系列工作的总称。

项目后评价应在项目建成投产、竣工验收以后一段时间后，项目效益和影响逐步表现出来的时候进行。其主要作用为通过对照项目立项决策的项目目标、设计的技术经济要求，分析项目实施过程中的成绩以及存在的问题，评价项目达到的实际效果、效益、作用以及影响，判断项目目标的实现程度，总结经验教训，为指导新建工程、调整在建工程以及完善已建工程提出建议；也能够在项目后评价的基础上为项目的经营发展方向提供决策依据。

进行项目后评价应满足住房城乡建设部颁布的《市政公用设施建设、项目后评价导则》的相关要求，并需掌握以下三项原则：

(1) 后评价应建立在充分的调查研究基础上。后评价具有展开充分的调查研究的条件和环境。进行后评价要从调查研究入手，包括以下多方面与多层次：与对象单位负责人座谈了解项目全局和全过程情况、与部门负责人员全面地了解项目的实施和运行过程；调阅大量的项目档案、文件、报告、图纸、账目和运行记录；踏勘厂站和车间现场、从基层人员和操作工人处获取第一手资料；从有关主管单位获取城镇经济和社会发展背景资料；进行典型和重点用户市场调查等等。

(2) 结论产生于调查研究之后。即应采取科学的态度，进行认真细致的分析（包括必要的原则性设计、计算）；实事求是，要避免先入为主；对资料有鉴别，对人言有分析，使后评价成果建立在经科学加工的调查材料的基础上。

(3) 后评价的成果是提供决策的依据，不等同于决策，即要保持后评价成果的独立性和客观性。决策层按经营或管理的需要应用后评价成果于决策，不应影响到后评价的分析、讨论或结论。后评价的整个工作是客观的；决策层可以按自己的意向运用后评价成果，这才有可能使后评价正确有效地发挥其作用。

40.2 燃气项目后评价的内容

燃气项目后评价的内容包括项目目标的后评价、过程后评价、经济效益后评价、项目影响后评价以及项目持续性评价。

40.2.1 项目目标的后评价

项目目标的后评价主要任务是分析项目达到的项目目标，并与项目可行性研究以及项目评估关于项目目标的论述比较，找出变化，分析项目目标的实现程度以及成败的原因。

燃气输配工程项目目标主要包括：项目对当地能源消费结构的调整，降低能源消耗，改善居民生活质量，提高人民生活水平，增加就业，改善环境质量，减少环境污染以及对当地经济的发展，从而对社会经济发挥积极作用和影响等。

燃气输配工程项目目标后评价的任务在于评价项目实施中或实施后，是否达到项目前期确定的目标或达到预期目标的程度，并分析与预期目标产生偏离的主观和客观原因以及为保证达到或接近预期目标需要采取哪些措施和对策。

40.2.2 燃气项目的过程评价

燃气输配工程项目的过程评价包括对项目的前期决策的后评价、项目准备阶段的后评价、项目实施过程后评价、项目生产运营评价、项目投资以及资金运用评价、项目技术后评价以及项目的财务后评价。

1. 项目的前期决策后评价

项目前期决策的后评价包括项目可行性研究的后评价以及项目决策的后评价。

项目的前期决策后评价重点是对其可行性研究报告、项目申请报告、评估报告及其批复批准文件的评价。主要任务是根据项目的实际效果以及影响，分析评价项目的决策内容，检查项目的决策程序，分析项目决策成败的原因，总结经验教训。

(1) 项目可行性研究的后评价

① 评价可行性研究对市场供求状况的分析是否正确，所作的市场预测是否科学；

② 分析项目建设规模和生产能力、设备选型以及采购方案是否合理；

③ 分析项目技术方案是否先进、合理、经济适用；

④ 分析气源能否安全供应，场站选址是否合理；

⑤ 分析该项目配套工程如交通、通信、供水、供电等方案能否满足要求；

⑥ 分析项目投资估算、资金筹措和融资方案是否可行，资金是否到位；

⑦ 分析项目的财务评价基础数据以及评价指标是否正确可靠；

⑧ 分析工程实施计划是否科学以及工程能否按计划进行；

⑨ 分析该项目采取的环保措施、节能措施、劳动安全与职业卫生措施是否合理，消防措施能否满足项目安全运行的需要。

(2) 项目决策的后评价

项目决策的后评价主要评价项目决策依据和程序是否正确，项目决策方法是否科学、客观，并将项目实际完成的情况与项目决策批复的意见和要求进行比较，分析项目决策的内容是否正确，能否实现。

2. 项目准备阶段的后评价

项目准备阶段的后评价包括项目勘察设计、采购招投标、项目融资以及开工准备的后评价。

(1) 对项目勘察设计的后评价

对项目勘察设计的后评价主要评价勘察、设计单位的选定方式和程序是否正确，并对项目勘察工作质量进行评价；评价项目的设计方案以及设计技术水平，包括对设计指导思想、方案比选、设计总体技术水平、主要设计技术指标的先进性和实用性、新技术新装备的采用、设计工作质量和设计服务质量进行分析；评价项目的设计是否经过相关部门的审查。

（2）项目采购招投标的后评价

对项目招投标的公开性、公平性和公正性进行评价，分析采购招投标的程序是否正确。

（3）对项目融资方案的后评价

分析项目的投资结构、融资方式。比较项目准备阶段所确定的融资方案和实际的融资方案，分析利弊。

（4）项目开工准备的后评价

评价项目的前期准备工作是否适应项目建设、施工的需要，能否保证项目按时保质的完成。

3. 项目实施过程后评价

项目实施过程后评价包括对项目合同执行情况的分析，对项目的实施以及管理，资金的使用情况，施工的进度、质量控制，工程投资的控制进行分析以及评价。对比项目的实际情况以及项目决策阶段所预期的效果，分析偏离程度并分析原因，总结经验教训。

4. 项目的生产运行后评价

分析项目实际达到的生产运行能力，并与决策阶段确定的预期目标进行对比，找出偏差，并分析产生偏差的原因，提出对策或改进措施，总结经验教训。

5. 项目投资以及资金运用评价

项目的资金运用评价主要分析资金供应是否适度及时，分析项目所需的流动资金供应以及运用状况，并计算项目实际投资额，分析与项目决策阶段预定投资总额产生偏差的原因。

6. 项目技术后评价

项目技术水平后评价主要是对工艺技术流程、技术装备的可靠性、适用性、配套性、先进性、经济合理性进行分析。由于项目实际采用的技术装备与前期决策阶段确定的技术装备可能有所不同，需要根据实际情况对技术装备的选用进行评价，并总结经验教训，以便供以后的项目借鉴。

7. 项目的财务后评价

项目的财务后评价就是要对项目的盈利能力、清偿能力等财务指标进行分析。

盈利能力分析主要计算内部收益率、净现值、投资利润率、利税率等指标，以反映项目的盈利能力。

清偿能力分析主要编制资金负债表、借款还本付息表，通过计算负债率、流动比率、速动比率、还款期等指标反映项目的清偿能力。

40.2.3　项目经济效益评价

项目的经济效益评价主要是分析项目的实际经济效益，并与项目前期决策预期取得的经济效益进行比较，并分析产生偏差的原因，提出为保证达到或接近预定目标，需要采取哪些措施和对策。

40.2.4　项目影响评价

项目影响评价主要包括项目的环境影响评价以及项目的社会影响评价。

1. 项目的环境影响评价

项目的环境影响后评价是对照项目前期评估时批准的《环境影响报告书》或《环境影响评价报告》，审查项目环境影响的实际效果。

项目的环境影响评价主要分析项目的污染控制方案是否有效，“三废”控制是否达到国家和地方标准；项目对地区环境质量是否产生有利影响；项目对自然资源的利用和保护是否按照环保部门制定的规定和办法执行；项目能否对当地生态平衡产生有利影响。

2. 项目的社会影响评价

项目的社会影响评价要分析项目对国家或地方社会发展目标的贡献和影响，包括项目本身和对周围地区社会影响。

项目的社会影响主要包括分析项目对社会就业的直接影响；分析项目对公平分配的影响；分析项目对居民生活水平和生活条件的影响；分析项目收益者的范围以及受益者的反应；分析项目对地方社区发展的影响；分析当地居民和政府对项目的态度等。

40.2.5 可持续评价

项目的可持续性包含两层含义，一是项目对企业持续发展的影响，二是项目对国家持续发展的影响。

燃气项目可持续性评价就是对这两方面所涉及的持续发展因素进行分析。

项目对国家或企业可持续性发展影响因素包括项目的规模因素、技术因素、市场竞争力因素、环境因素、机制因素、人才因素、资源因素、自然环境因素、社会环境因素、经济环境因素以及资金因素等。

项目的可持续性评价是指对项目的持续性发展因素进行分析和评价，并找出关键性因素，并对项目的持续发展作出评价结论。对如何保证项目的持续发展，提出相应的建议。

40.3 燃气项目后评价的方法

燃气项目后评价的方法主要有对比法、层次分析法、因果分析法。

40.3.1 对比法

根据后评价调查得到的项目实际情况，对照项目立项时所确定的直接目标和宏观目标，以及其他指标，找出偏差和变化，分析原因，得出结论和经验教训。

项目后评价的对比法包括前后对比、有无对比和横向对比。

前后对比法是项目实施前后相关指标的对比，用以直接估量项目实施的相对成效。

有无对比是指将项目实际发生的情况与若无项目可能发生的情况进行对比，以度量项目的实际效益、影响和作用。

横向对比是同一行业内类似项目相关指标的对比，用以评价项目的绩效。

通常项目的效益和影响评价要分析的数据和资料包括：项目实施前的情况、项目实施前的预测效果、项目的实际效果、无项目时可能实现的效果、无项目的实际效果等。

40.3.2 层次分析法

层次分析法的基本思路是根据问题的性质和要达到的目标，将研究对象和问题分解为不同的组成因素，按照各个因素之间的相互影响以及隶属关系自上而下、由高到低排列成若干层次结构，在每一个层次上依据某一特定准则，根据客观实际情况对层次各因素进行分析比较，对每一层要素的相对重要性进行定量表示，利用数学方法确定该层次各项因素的权重值，通过排序结果对问题进行分析和决策。

层次分析法的步骤如下：

① 根据项目评价的指标体系建立多级递进的结构模型。

② 对同一等级（层次）的要素以上一级的要素为准则进行两两比较，根据评定尺度确定其相对重要程度，并据此建立判断矩阵。

③ 通过一定的计算，确定各要素的相对重要度。

④ 通过综合重要度的计算，对各种替代方案进行优劣排序，从而为决策者提供科学决策的依据。

1. 建立层次分析模型

运用层次分析法进行投资项目综合评价时，首先需要按照后评价内容建立层次机构模型，投资项目的层次机构一般分为三个层次，其层次构造见图40-3-1。

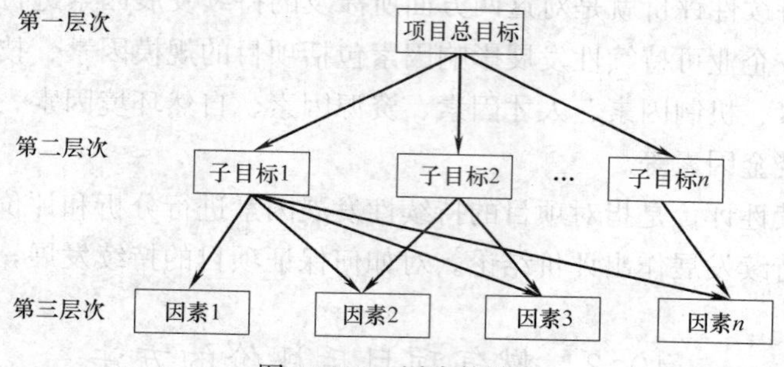

图40-3-1 层次构造

运用层次分析法构造评价模型时，要求对每一层次上各项元素的相对重要性进行判断，并根据权重排序，并构造一个判断矩阵 A，其形式一般如下：

$$A=(b_{ij})_{\mathrm{n}\times\mathrm{n}}$$

2. 构造判断矩阵

当建立起层次分析模型后，就要求出每一层次内各因素对于上一层次有关因素的相对重要性，亦即权重。具体方法是评价者依据各评价因素的具体指标值以及实地考察后的个人主观评价进行综合分析，各因素指标之间逐对地进行两两比较判断，根据九级标度法将这种判断结果定量化，从而形成比较判断矩阵。

九级标度法是将两种因素进行重要性比较，并将比较结果进行量化的一种方法。其基本原理是将因素 i 与因素 j 进行比较并得到判断值 b_{ij}，b_{ij} 的取值见表40-3-1。

比较结果处于上表中两者之间的，采用两者之间的中值。

3. 层次单排序及其一致性检验

层次单排序的目的是对于上层次中的某元素而言，确定本层次与之有联系的元素重要性次序的权重值。它是本层次所有元素对上一层次而言的重要性排序的基础。

判断尺度表 表 40-3-1

因素 i 与因素 j 比较结果	b_{ij} 取值	因素 j 与因素 i 比较结果	b_{ji} 取值
极重要	9	略不重要	1/3
很重要	7	不重要	1/5
重要	5	很不重要	1/7
略重要	3	极不重要	1/9
相等	1		

层次单排序的任务可以归结为计算判断矩阵的特征根和特征向量问题，即对于判断矩阵 A，计算满足：$AW=\lambda_{\max}W$ 的特征根和特征向量。其中，$\lambda_{\max}$ 为 A 的最大特征根，W 为对应于 $\lambda_{\max}$ 的正规化特征向量，W 的分量 W_i 就是对应元素单排序的权重值。

分量 W_i 及最大特征根可采用以下两种方法进行近似计算：

(1) 方根法

此方法步骤如下。

计算判断矩阵每一行元素的乘积：

$$M_i=\prod_{i=1}^{n} b_{ij} \quad [i=1,2\cdots n]$$

计算 M_i 的 n 次方根：

$$\overline{W}_i=\sqrt[n]{M_i}\,(i=1,2\cdots n)$$

将向量进行归一化：

则 $\overline{W}=[\overline{W}_1, \overline{W}_2\cdots\overline{W}_n]^{\mathrm{T}}$ 进行归一化：

$$W_i=\overline{W}_i/\sum_{j=1}^{n}\overline{W}_j\,(j=1,2\cdots n)$$

则 $W=[W_1, W_2\cdots W_n]^{\mathrm{T}}$ 即为所求的特征向量。

计算最大特征根：

$$\lambda_{\max}=\sum_{i=1}^{n}\frac{(AW)_i}{nW_i}$$

(2) 和积法

此方法步骤如下。

将判断矩阵每一列进行归一化：

$$c_{ij}=b_{ij}/\sum_{k=1}^{n}b_{kj}\,(j=1,2\cdots n)$$

对按列归一化的判断矩阵，再按行求和：

$$\overline{W}_l=\sum_{i=1}^{n}c_{ij}\,(j=1,2\cdots n)$$

将向量 $\overline{W}=[\overline{W}_1, \overline{W}_2\cdots\overline{W}_n]$ 归一化：

$$W_i=\overline{W}_i/\sum_{j=1}^{n}\overline{W}_j\,(j=1,2\cdots n)$$

则 $W=[W_1, W_2, \cdots W_n]^T$ 即为所求的特征向量。

计算最大特征根：

$$\lambda_{max}=\sum_{i=1}^{n}\frac{(AW)_i}{nW_i}$$

在对评价指标计算出层次单排序结果之后，还要对计算所依据的判断矩阵进行一致性检验。为了检验判断矩阵的一致性，需要计算它的一致性检验指标 CI：

$$CI=(\lambda_{max}-n)/(n-1)$$

当 $CI=0$ 时，判断矩阵具有完全一致性，反之 CI 越大，则判断矩阵的一致性越差。为了检验判断矩阵是否具有令人满意的一致性，则需要将 CI 与平均随机一致性指标 RI 进行比较。一般而言，1 或 2 阶判断矩阵总是具有完全一致性的。对于 2 阶以上的判断矩阵，其一致性指标 CI 与同阶的平均随机一致性指标 RI 之比，称为判断矩阵的随机一致性比例，记为 CR。一般情况下认为 $CR<0.10$ 时，认为矩阵具有令人满意的一致性：

$$CR=CI/RI$$

平均随机一致性指标 RI 取值范围见表 40-3-2。

平均随机一致性指标 *RI* 取值范围　　**表 40-3-2**

阶数	1	2	3	4	5	6	7	8	9	10
RI	0.00	0.00	0.58	0.90	1.12	1.24	1.32	1.41	1.45	1.49

4. 层次总排序

利用同一层次中所有层次单排序的结果，就可以计算针对上一层次而言的本层次所有元素的重要性权重值，这就称为层次总排序。层次总排序需要从上到下逐层顺序进行。对于最高层，其层次单排序就是其总排序。

若上一层次所有元素 A_1，$A_2 \cdots A_m$ 的层次总排序已经完成，得到的权重值分别为 a_1，$a_2 \cdots a_m$。下一层次 B 包含 B_1，$B_2 \cdots B_n$ 共 n 个因素，其层次总排序权重值分别为 b_1，$b_2 \cdots b_n$。此时得到的层次总排序见表 40-3-3。

权重值排序　　**表 40-3-3**

层次 B	层次 A				B 层次总排序权重值
	A_1	A_2	…	A_m	
	a_1	a_2	…	a_m	
B_1	b_{11}	b_{12}	…	b_{1m}	$\sum_{j=1}^{m}a_jb_{1j}$
B_2	b_{21}	b_{22}	…	b_{2m}	$\sum_{j=1}^{m}a_jb_{2j}$
⋮	⋮	⋮	⋮	⋮	⋮
B_n	b_{n1}	b_{n2}	…	b_{nm}	$\sum_{j=1}^{m}a_jb_{nj}$

40.3.3 因果分析法

由于项目在建设过程中，受到社会经济发展变化、国家政策等外部因素以及项目执行或管理单位内部的一些主客观因素影响，导致项目的实际结果与预期存在一定的偏差，并对项目的实施效果正在产生或已经产生较大影响。因果分析法即主要通过对造成变化的原因逐一进行剖析，分清主次及轻重关系，以便于总结经验教训，提出改进或完善的措施和建议的项目后评价方法。

因果分析法一般采用因果图的方式，作图时一般先找出所要分析的问题或对象，并画一条从左至右的带箭头的粗线条，作为主干，表示要分析的问题，在箭头的右侧写出所要分析的问题或指标，如图 40-3-2 所示。

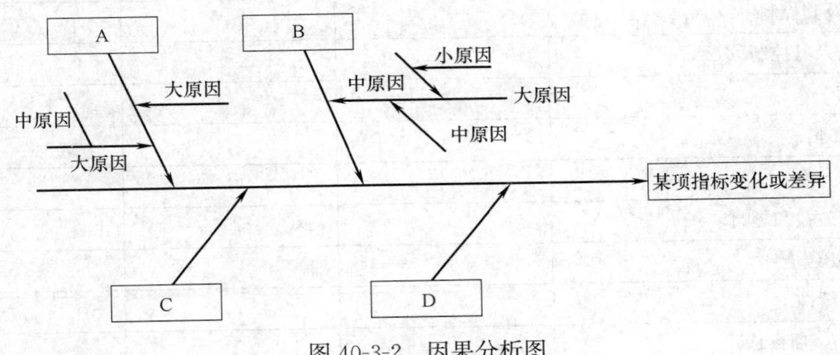

图 40-3-2 因果分析图

因果分析法除采用以上画图的方式外，还可以采取以下的形式：

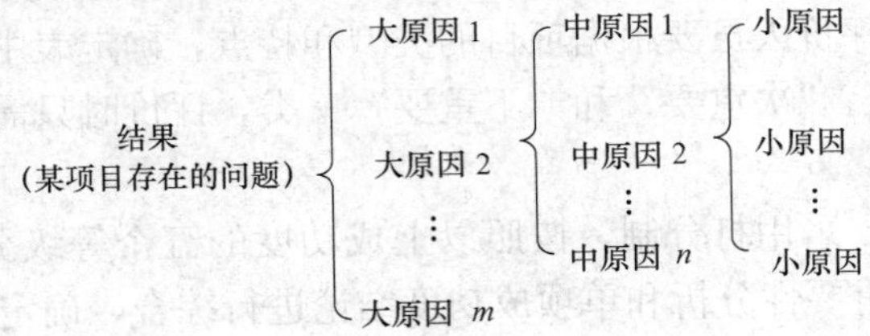

40.4 项目的成功度评价

项目的成功度评价是对照项目立项阶段所确定的目标和计划，分析实际实现结果与其差别，以评价项目目标的实现程度，并依靠评价专家或专家组的经验，综合各项指标的评价结果，对项目的成功程度作出定性的结论。

项目的成功度可分为五个等级：完全成功、基本成功、部分成功、不成功、失败。

完全成功是指项目的各项目标都已实现或超过，相对成本而言，项目取得巨大的效益和影响；基本成功是项目的大部分目标已实现，相对成本而言，项目达到了预期的效益和影响；部分成功是项目实现了原定的部分目标，相对成本而言，项目只取得了一定的效益和影响；不成功项目实现的目标非常有限，相对成本而言，项目几乎没有产生什么效益和正面影响；失败是项目的目标是不现实的，无法实现，项目不得不终止。

国内典型项目成功度评价分析如表 40-4-1。

国内典型项目成功度评价分析表 表 40-4-1

评定项目指标	相关重要性	评定等级	备注
(1)宏观目标和产业政策			
(2)决策及程序			
(3)布局与规模			
(4)项目目标与市场			
(5)设计与技术装备水平			
(6)资源和建设条件			
(7)资金来源与融资			
(8)项目进度及控制			
(9)项目质量及其控制			
(10)项目投资及其控制			
(11)项目经营			
(12)机构和管理			
(13)项目财务效益			
(14)项目经济效益和影响			
(15)社会和环境影响			
(16)项目可持续性			
项目总评			

表 40-4-1 中设置了评价项目的主要指标，在具体的项目成功度评价时，并不要求要测定表中的所有指标。评价人员要根据项目的类型和特点，确定表中各指标与项目的相关程度，将其分为“重要”、“次重要”和“不重要”三类，评价时只需测定重要和次重要的项目内容。

在测定各项指标时，采用打分制，按照以上成功度的五个等级分别用 A、B、C、D、E 表示。并根据指标的重要性分析和单项成功度结论进行综合，确定项目总体评定指标。

参考文献

[1] 郝建民. 燃气工程招投标建设管理实用指南［M］. 北京：中国大地出版社，2005.

第 41 章　城镇燃气输配工程项目投资估算与经济分析

城镇燃气输配工程项目投资估算与经济分析的内容包括投资估算与资金筹措、财务分析与评价、不确定性分析与风险分析以及方案的经济比选。

城镇燃气输配工程项目属收费项目，国民经济分析可选择进行，燃气输配工程项目的财务分析一般能够满足投资决策的需要，因此，本章未列出国民经济评价的内容。改扩建项目财务分析采用一般建设项目财务分析的基本原理和分析指标，本章也未列出改扩建项目财务分析的内容。

41.1　项目的投资估算与资金筹措

41.1.1　项目总投资

项目总投资由建设投资、建设期利息和流动资金组成。项目总投资构成见图 41-1-1。

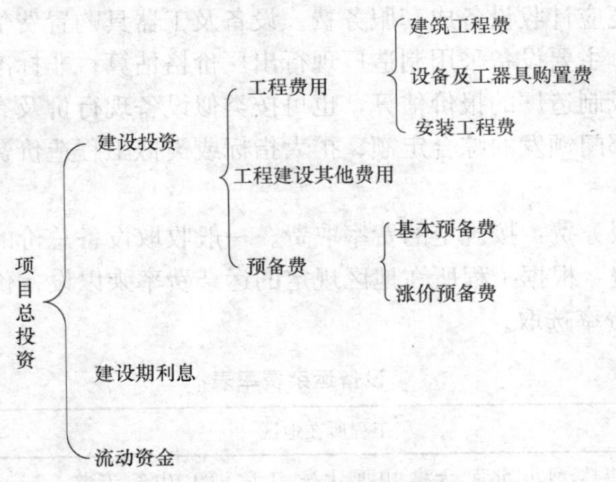

图 41-1-1　项目总投资构成图

41.1.2　投 资 估 算

41.1.2.1　建设投资估算

建设投资由建筑工程费、安装工程费、设备及工器具购置费、工程建设其他费用、基本预备费和涨价预备费组成。

1. 建筑工程费

建筑工程费是指建设项目的建筑物、构筑物、场地平整、道路、室外管道铺设、大型土石方工程费用等。建筑工程费估算可采用以下方法：

（1）主要构筑物和管道铺设的建筑工程费用可套用相应的投资估算指标、概算指标、概算（综合）定额或类似工程的实际资料进行估算。无论采用哪一种方法，都必须将价格和费用水平调整到工程所在地估算编制年度的预测价格和费用水平。

（2）辅助建筑物的建筑工程费用可参照估算指标或类似工程单位建筑体积或有效容积的造价指标进行估算。

（3）辅助生产和生活设施的房屋建筑工程，根据工程所在地相应的“平方米造价指标”进行估算。

2. 安装工程费

安装工程费是指主要生产、辅助生产、公用工程等工程中需要安装的机电设备、专用设备和仪器仪表等设备的安装及配线工程费，以及工艺、供热和供水等各种管道、配件、闸门和供电外线安装工程费用等。安装工程费估算可采用以下方法：

（1）按照分项设计内容和主要实物工程量，采用相应的估算指标、概算指标、概算（综合）定额或费用指标进行估算。

（2）工艺设备、机械设备的安装费可按占设备费用的百分比估算。

（3）参照类似工程的实际资料或技术经济指标估算。

3. 设备及工器具购置费

设备及工器具购置费是指为建设项目购置或自制的各种需安装和不需安装的、通用和非标准的设备、工具、器具的购置费用。它由设备原价和设备运杂费构成。需经设备成套部门成套供应时，还应计收设备成套服务费。设备及工器具购置费估算可采用以下方法：

（1）设备价格：主要设备采用制造厂现行出厂价格估算；非标准设备按国家或有关部门颁发的相应定额或制造厂的报价估算，也可按类似设备现行价及有关资料估价估算；次要设备可参照主管部门颁发的综合定额、扩大指标或类似工程造价资料中次要设备占主要设备价格比例估算。

（2）成套设备服务费：按规定的费率取费。一般收取设备总价的1%。

（3）设备运杂费：根据工程所在地区规定的运杂费率乘以设备价格估算。设备运杂费率可按表41-1-1的费率选取。

设备运杂费率表　　**表41-1-1**

序号	工程所在地区	费率(%)
1	辽宁、吉林、河北、北京、天津、山西、上海、江苏、浙江、山东、安徽	6～7
2	河南、陕西、湖北、湖南、江西、黑龙江、广东、四川、重庆、福建	7～8
3	内蒙古、甘肃、宁夏、广西、海南	8～10
4	贵州、云南、青海、新疆	10～11

注：西藏边远地区和厂址距离铁路或水运码头超过50km时，可适当提高运杂费费率。超限设备运输措施费，可按预计情况计入运杂费用内。

（4）备品备件购置费：按设备原价（不含设备运杂费）的百分比估算。一般可按设备原价的1%估算。

（5）工器具及生产家具购置费：按设备购置费（含设备运杂费）总额的百分比估算。一般按设备购置费的1%～2%估算。

4. 工程建设其他费用

工程建设其他费用是指建设项目除建筑工程费、安装工程费和设备工器具购置费以外的一切费用。包括建设用地费、建设单位管理费、工程建设监理费、建设项目前期工作咨询费、研究试验费、勘察设计费、环境影响咨询服务费、劳动安全卫生评审费、场地准备及临时设施费、工程保险费、特殊设备安全监督检验费、生产准备费及开办费、联合试运转费、专利及专有技术使用费、招标代理服务费、施工图审查费、办公和生活家具购置费、竣工图编制费、施工机构迁移费、市政公用设施费、引进技术和进口设备的其他费用等。

工程建设其他费用的各项费率和取费按《市政工程投资估算编制办法》(建标[2007]164号)规定的费率或取费标准进行估算。

5. 基本预备费

基本预备费是指投资估算中难以预料的费用，包括设计变更及施工过程中可能增加的工程费用；一般自然灾害造成的损失和预防自然灾害所采取的措施费用等。基本预备费以建筑工程费、安装工程费、设备及工器具购置费和工程建设其他费用之和为基数，乘以基本预备费率进行估算。基本预备费率一般为8%～10%。

6. 涨价预备费

涨价预备费是指建设期间由于价格可能发生上涨而预留的费用，包括人工、设备、材料和施工机械的价差费；建筑安装工程费及工程建设其他费用调整；利率和汇率调整等增加的费用。一般根据国家规定的物价上涨指数，按估算年份价格水平的投资额为基数，采用复利方法计算。计算公式为：

$$PF=\sum_{t=1}^{n}I_{\mathrm{t}}[(1+f)^{t-1}-1] \tag{41-1-1}$$

式中 PF——计算期涨价预备费；

I_{t}——计算期第 t 年的投资计划额，包括建筑工程费、安装工程费、设备及工器具购置费、工程建设其他费用及基本预备费；

f——物价上涨指数；

n——计算期；

t——计算期第 t 年（以编制可行性研究报告的年份为计算期第1年）。

建设投资估算采用的依据和达到的深度应符合《市政工程投资估算编制办法》(建标[2007]164号)的规定要求。

湖北省2002年、2003年35个城市天然气利用工程设计资料统计，35个城市年用气总量305793万m^3，建设投资总额（含建设期贷款利息，不含庭院投资）345919万元，单位建设投资为每年每立方米1.13元。

41.1.2.2 建设期利息估算

建设期贷款利息应根据资金来源、建设期年限和贷款利率估算。

对国内外贷款，无论实际按年、季、月计息，均可简化为按年计息，即将名义年利率按计息时间折算成有效年利率。计算公式为：

$$有效年利率=\left[1+\frac{名义年利率}{m}\right]^{m}-1 \tag{41-1-2}$$

式中　m——每年计息次数。

为简化贷款利息的估算，假定贷款发生当年均在年中支用，按半年计息。每年应计利息的近似计算公式为：

$$每年应计利息=\left(年初贷款本息累计+\frac{本年贷款额}{2}\right)\times年利率 \quad (41\text{-}1\text{-}3)$$

贷款除利息支付外，贷款的其他费用（管理费、代理费和承诺费等）按贷款条件如实计算。

41.1.2.3　流动资金估算

流动资金是指建设项目投产后为维持正常生产经营所占用的周转资金。一般采用分项详细估算法或扩大指标估算法进行估算。

1. 分项详细估算法

用分项详细估算法估算流动资金时，计算公式为：

$$流动资金=流动资产-流动负债 \quad (41\text{-}1\text{-}4)$$

$$流动资产=现金+应收账款+存货+预付账款 \quad (41\text{-}1\text{-}5)$$

$$流动负债=应付账款+预收账款 \quad (41\text{-}1\text{-}6)$$

$$流动资金本年增加额=本年流动资金-上年流动资金 \quad (41\text{-}1\text{-}7)$$

流动资金各年增加额之和为项目的流动资金。

流动资产和流动负债各项按以下公式分别估算：

(1) 现金估算

$$现金=(年工资及福利费+年其他费用)/周转次数 \quad (41\text{-}1\text{-}8)$$

$$年其他费用=制造费用+管理费用+财务费用+营业费用-以上四项费用中所包含的工资及福利费、折旧费、摊销费、修理费和利息支出 \quad (41\text{-}1\text{-}9)$$

$$周转次数=360天/最低需要周转天数 \quad (41\text{-}1\text{-}10)$$

现金最低需要周转天数一般为 15～30 天。

(2) 应收账款估算

$$应收账款=年经营成本/周转次数 \quad (41\text{-}1\text{-}11)$$

应收账款最低需要周转天数一般为 30 天，周转次数为 12 次。

(3) 存货估算

燃气项目的存货主要体现在“外购原材料、燃料”项（外购原料煤、LPG、矿井瓦斯以及水、油等）、“在产品”项及“产成品”项（制气设备、储气设施和管道中的燃气以及出厂前的副产品等），因此，存货估算可只考虑上述几项。外购原材料中，除要估算外购原材料产生的存货费用外，还要估算项目自身具有原材料备用储存设施（调峰储存设施除外）时产生的原材料存货费用。一般可将“在产品”项及“产成品”项两项合并估算，但可以明确划分和界定时应分别估算，且估算的要素要针对在产品和产成品的不同而分别估算，例如，管道设施中不存在在产品，只有产成品；而调峰储气设施可能既存在在产品（如 LNG 调峰站气化设施中的天然气），也存在产成品（如时日调峰储气站中储存的天然气）。

$$存货=外购原材料、燃料+在产品+产成品 \quad (41\text{-}1\text{-}12)$$

外购原材料、燃料是指为保证正常生产需要的原材料、燃料和包装物、备品备件等占用资金较多的投入物，需要按品种类别逐项分别估算。

外购原材料、燃料＝年外购原材料、燃料费用/周转次数 (41-1-13)

在产品＝(年外购原材料、燃料＋年工资及福利费＋年修理费＋年其他制造费用)/周转次数 (41-1-14)

产成品＝年经营成本/周转次数 (41-1-15)

原材料、燃料周转次数：原材料、燃料最低需要周转天数一般为 15 天，周转次数为 24 次。对于项目自身具有原材料备用储存设施（调峰储存设施除外）产生的原材料存货，应根据实际周转次数确定并计算相应的最低需要周转天数。

在产品及产成品周转次数：主要指制气设备、储气设施和管道中的燃气以及出厂前的副产品等。制气设备、储气设施和管道中的燃气最低需要周转天数一般取 1 天，周转次数为 360 次。出厂前的副产品一般最低需要周转天数为 30 天，周转次数为 12 次。

(4) 应付账款估算

应付账款＝(年外购原材料、燃料费＋年外购动力费)/周转次数 (41-1-16)

当外购原材料、动力的合同中规定为预付定金方式时，周转次数计算公式为：

$$\text{周转次数}=\left[1-\frac{\text{每次预付定金}}{\text{每次结算额}}\right]\times\text{每年结算次数} \quad (41\text{-}1\text{-}17)$$

最低需要周转天数为 360 除以计算得到的周转次数。当合同中规定为到期结算方式时，应以年结算次数作为周转次数，从而得到最低需要周转天数；当暂未签订合同时，最低需要周转天数一般取 15 天，周转次数为 24 次。

2. 扩大指标估算法

扩大指标估算法是按照流动资金占某项费用的比率来估算流动资金。一般可参照同类企业流动资金占经营成本或营业收入等的比例进行估算。燃气项目一般采用经营成本流动资金占用率作为扩大指标进行流动资金的估算。其计算公式为：

流动资金需要量＝达产年经营成本×经营成本流动资金占用率 (41-1-18)

式中，经营成本流动资金占用率可参照气源和规模类似的可比项目取值。当缺少相关资料时，经营成本流动资金占用率可取 25%，即流动资金需要量为达产年平均 3 个月的经营成本。

41.1.3 总投资形成的资产

项目建成交付使用后，总投资分别形成企业的固定资产、无形资产、其他资产和流动资产。

41.1.3.1 固定资产

固定资产是指使用期限超过 1 年、单位价值在规定标准以上和在使用过程中保持原有物质形态的资产。

建筑工程费、安装工程费、设备及工器具购置费、应分摊的待摊投资、预备费用和建设期利息计入固定资产原值。

应分摊的待摊投资是指工程建设其他费用中除应计入无形资产和其他资产以外的全部费用，包括建设单位管理费、工程建设监理费、建设项目前期工作咨询费、研究试验费、勘察设计费、环境影响咨询服务费、劳动安全卫生评审费、场地准备及临时设施费、工程保险费、特殊设备安全监督检验费、联合试运转费、招标代理服务费、施工图审查费、竣工图编制费、施工机构迁移费、市政公用设施费、引进技术和进口设备的其他费用等。

41.1.3.2 无形资产

无形资产是指企业为生产产品或者提供劳务、出租给他人，或为管理目的而特有的、没有实物形态的非货币性长期资产，包括专利权、非专利技术、商标权、著作权和土地使用权等。

41.1.3.3 其他资产

其他资产是指除上述资产以外的资产，如长期待摊费等。长期待摊费是指企业已经支出，但摊销期限在1年以上（不含1年）的各项费用，如生产职工培训费和样品样机购置费等。

41.1.3.4 流动资产

流动资产是指可以在1年内或者超过1年的一个营业周期内变现或耗用的资产，主要包括现金、银行存款、短期投资、存货、应收账款、预付账款和待摊费用等。

41.1.4 投资使用计划

投资使用计划是根据建设项目计算期内各年对资金的实际需要量，合理安排项目总投资的分年使用计划。投资使用计划要与项目实施进度及筹资方案相互适应。

编制投资使用计划表时，建设投资按资金来源分年列出各年度用款额；流动资金的安排要考虑企业的实际需要，一般从投产第1年开始按生产（运营）负荷进行安排，有贷款的应计算利息。

41.1.5 资 金 筹 措

资金筹措是指根据建设项目投资和资金使用计划，研究落实资金渠道、资金筹措方式和资金到位时间，从中选择条件优惠、成本较低的资金，以提高项目的投资效益。资金筹措可划分为权益资金和债务资金两部分。

41.1.5.1 权益资金筹措

权益资金是指企业有权支配使用、无需偿还的资金。权益资金包括实收资本（或股本）、资本公积、盈余公积和未分配利润等。

企业的实收资本是指投资者实际投入企业的资本，包括现金和非现金资产。

资本公积包括资本（或股本）溢价、接受捐赠资产、拨款转入、外币资本折算差额等。

盈余公积按照企业性质，包括以下内容：

（1）一般企业和股份有限公司的盈余公积包括法定盈余公积和任意盈余公积。

企业的盈余公积可以用于弥补亏损和转增资本（或股本）。符合规定条件的企业，也可以用盈余公积分派现金股利。

（2）外商投资企业的盈余公积包括储备基金、企业发展基金和利润归还投资（指外商投资企业按照规定在合作期间以利润归还投资者的投资）。

资本金是指新建项目设立企业时在工商行政管理部门登记的注册资金。根据投资主体的不同，资本金可分为国家资本金、法人资本金、个人资本金及外商资本金等。资本金来源于权益资金，投资者可以用现金、实物、无形资产和土地使用权作价等进行投资。在我国实行的是实收资本制，即实收资本与注册资本一致，并规定开办企业必须筹集最低资本金（即法定最低资本金）。一般情况下资本金等于权益资金。

41.1.5.2　债务资金筹措

债务资金是指项目业主通过向银行和各类非银行金融机构申请贷款、经批准发行企业债券和融资租赁等方式筹集的用于建设项目的资金。债务资金筹措方式主要有：

1. 信贷资金

信贷资金包括国内和国外银行贷款。国内贷款包括向国内商业银行、政策性银行以及各类非金融机构贷款；国外贷款包括向国际金融组织贷款、国际商业银行贷款、外国政府贷款和出口信贷。按贷款偿还期限可分为短期、中期和长期贷款。

2. 债券资金

债券资金包括发行国内和国外债券。债务资金需要按期还本付息，无论企业经营效果好坏，均需固定支付债务利息，从而形成企业今后固定的财务负担，在企业经营不善时偿债风险比较大。

41.1.5.3　流动资金筹措

流动资金可由企业的权益资金筹集；也可以一部分由企业的权益资金筹集，另一部分向银行贷款。流动资金贷款利息计入财务费用。

41.2　项目的财务分析与评价

41.2.1　成本费用估算

41.2.1.1　总成本费用

成本，是指企业为生产产品、提供劳务而发生的各种耗费；费用，是指企业为销售商品、提供劳务等日常活动所发生的经济利益的流出。

总成本费用可以以制造成本为基础估算，也可以以生产要素为基础估算。燃气项目一般以制造成本为基础估算总成本费用。总成本费用是指项目在一定时期内（一般为1年）为生产、输配和销售燃气而发生的各种耗费和经济利益流出，由制造成本（一般可分解为制气成本、输配成本、调峰成本）、管理费用、财务费用和营业费用组成。计算公式为：

总成本费用＝制造成本＋管理费用＋财务费用＋营业费用　　(41-2-1)

燃气项目中制气成本的生产单位按城市门站（或首站）为界划分。输配成本的生产单位涵盖范围为城市门站（或首站）至用户接口之间的各级压力管道、调压站和配套附属设施等，除特殊要求外，应不包括用户管道系统。当燃气项目中调峰设施投资占总投资比例较大时，原则上应测算调峰成本，否则可并入输配成本中简化估算。调峰成本的生产单位为调峰站（厂、库）及相关辅助管道。

对于中小型或部分功能单一的大型燃气项目可以不按上述生产单元分类测算，综合为制造成本或分类成本其中之一（如输配成本）即可。

燃气项目中的管理费用和营业费用相对较少，一般可估计计列。财务费用则按规定测算。

41.2.1.2 经营成本

经营成本是项目经济评价中所使用的特定概念，它等于不包括折旧、摊销费和利息支出的总成本费用。计算公式为：

$$经营成本=总成本费用-折旧费-摊销费-利息支出 \tag{41-2-2}$$

41.2.1.3 固定成本与可变成本

为进行项目的成本结构分析和盈亏平衡分析，在项目经济评价中应将总成本费用按其与生产或输配能力变化的关系划分为固定成本和可变成本。

固定成本是指不随着产品产量（业务量）变化而发生增减、数额保持相对固定不变的那部分成本，如工资及福利费、折旧费、摊销费和财务费用等。

可变成本是指随着产品产量（业务量）增减而发生变化的那部分成本，如原材料费、燃料费和动力费等。

41.2.1.4 成本费用估算的有关参数

1. 折旧及折旧年限

固定资产折旧可以采用分类折旧法估算，也可以采用综合折旧法估算。燃气项目中专用设备和设施等占全部固定资产的比例很大，因此，一般采用综合折旧法估算折旧。

综合折旧法有平均年限法和加速折旧法两类。燃气项目一般采用平均年限法估算折旧。计算公式为：

$$年折旧率=\frac{1-预计净残值率}{折旧年限}\times 100\% \tag{41-2-3}$$

$$年折旧额=固定资产原值\times 年折旧率 \tag{41-2-4}$$

（1）综合折旧年限

按照工业企业固定资产分类折旧年限的规定，燃气设备的折旧年限为16～25年。可在此范围内以项目评价时选取的项目经济计算期为综合折旧年限。

（2）分类折旧年限

工业建筑折旧年限以项目评价时选取的项目经济计算期计取；民用建筑按30年计取。

当财政部颁发的有关规定中没有明确燃气项目中专用设施固定资产分类折旧年限时，可在合理原则基础上分析该类固定资产的生命周期确定其折旧年限，也可参照表41-2-1取值。

燃气项目固定资产折旧年限表 **表41-2-1**

序号	名　称	折旧年限(年)	序号	名　称	折旧年限(年)
1	制气设备	18～20	6	钢管	20～30
2	净化设备	16～18	7	PE管	30～40
3	高压储气设备	20～25	8	铸铁管	30～40
4	低压储气设备	25～30	9	输配设备	16～20
5	燃气压缩设备	16～20	10	自控电子设备	5

2. 净残值率

固定资产折旧计算中的净残值（即残值减去清理费用）率，一般可取4%。

3. 无形资产和其他资产的摊销年限

无形资产和其他资产的摊销年限原则上按合同规定的受益年限或法律规定的有效年限

中最短者计。

当没有规定摊销年限时，摊销年限原则上不应超过 10 年。

4. 固定资产修理费率

固定资产修理费率可按占固定资产折旧的比例估算，一般为 50%左右。

5. 其他制造费率

其他制造费率可按实际发生或存在的情况估算，当无相应资料时，可参照类似企业的指标估算。

6. 其他管理费率

其他管理费率可按实际发生或存在的情况估算，当无相应资料时，可参照类似企业的指标估算。

7. 营业费率

营业费率可按实际发生或存在的情况估算，当无相应资料时，可参照类似企业的指标估算。

41.2.1.5 成本费用估算的注意事项

燃气项目按照制造成本法估算总成本时，可根据项目特点再划分为制气成本、输配成本和调峰成本，这样做一方面能够分析各生产单位的成本，帮助项目良好运营；另一方面也可提供各生产单位进行方案比较的依据和参数。在估算中应注意各生产单位的不同要素，以区别对待。

（1）直接材料包括外购天然气、液化石油气、煤和矿井瓦斯等。分类测算时须注意不应导致直接材料的重复计算。直接燃料和动力包括电、热、燃料用油等，不包括已计入直接材料的生产用燃料，如燃气轮机用气、锅炉用气或煤等。直接消耗材料包括作为生产辅助材料的水、润滑油、各种制剂，如脱硫剂、干燥剂等。

修理费中应包括抢险和抢修费用。

对于城市天然气建设项目，一般其接受的气源符合城市燃气气质要求，因此，不存在制气成本，但当确实需要处理（如进一步脱硫、脱水，或 LNG 气化等）时，则有制气成本（或称加工成本）。对非管道气项目，一般不存在输配成本，因为气源到站（库）前的运输可列为直接材料，而出站（库）产品（燃气）的运输计入营业费用。

（2）当有气源开发利用（如天然气开采、矿井瓦斯利用）的综合性项目时，除按规定的方法计入制造成本外，也可将全部用于开发的资金折算成气源的单位开采成本计入“直接材料”的购气价格中，还可以将全部开发资金视为资源使用权费列为其他资产中的长期待摊费，按约定的资源使用权年限进行摊销。

（3）对分类估算制气成本、输配成本和调峰成本的项目，其分类成本之和即为制造成本。估算时原则上应按照实际构成各类成本的要素分列估算，其中制造费用也可以按照各自的实际建设投资额占全部建设投资额的比例，在制造费用中按比例近似分摊。

（4）制气、输配和调峰储存过程中直接消耗的原材料（如燃气制造和输配的耗损、燃气动力设备等生产自用气）的费用应计入对应的生产成本中，一般可将此部分费用列为直接材料，其中消耗量的估算可通过项目的物料平衡或能量平衡得到。

（5）应将项目的经营损耗列入总成本费用中。经营损耗也称为购销差，主要指原材料购进环节产生的损失，如购气计量差、原料煤运输和储存损耗等。经营损耗率一般可取为大型项目3%～8%、中型项目3%～10%、小型项目3%～12%。根据实际运行经验和运行指标选取评价中使用的经营损耗率时，应剔除不属于生产、输配和储存过程中产生的那部分损失，如产销差、抄表收费时间差和不可抗力的事故损失等。

为简化估算，也可将此部分费用一并作为内部耗损计入直接材料形成制造成本，并在文字说明中加以说明。所增加的这部分直接材料用量的计算公式为：

直接材料增加量＝年直接材料量×经营损耗率　(41-2-5)

上式中年直接材料量是指为了达到项目当年预测供气规模所必须购进的全部直接材料量。

(6) 当燃气项目有联产品（如焦炭、三联产时的电和热等）时，总成本费用的估算涉及联产品分离。联产品成本费用在共同成本费用中的分离可采用价值系数分离法，即以产品价值作为分离共同成本费用的标准，用分离积数确定分离值的方法。计算步骤如下：

① 首先根据各联产品单价（出厂价）和产量估算出全部产品的总价值，得到单位价值系数。计算公式为：

单位价值系数＝1/全部产品的总价值　(41-2-6)

② 说明或求出每一种联产品价值占全部产品的总价值的比重。再估算各联产品的分离积数。计算公式为：

某联产品分离积数＝单位价值系数×该联产品价值　(41-2-7)

③ 在共同成本费用中，对各联产品成本费用进行分配，得到各联产品应分配的共同成本费用额。计算公式为：

各联产品应分配的共同成本费用额＝共同成本费用总额×该联产品分离积数　(41-2-8)

41.2.2　收入及营业税金与附加估算

41.2.2.1　收入估算

燃气项目的收入包括主营业务收入、其他业务收入和财政补贴。

1. 主营业务收入

燃气项目的主营业务收入也称营业收入或销售收入，指向各类用户销售燃气后获得的实际收入。

营业收入与产品的年销售量和理论收费价格（不含增值税，下同）有关。计算公式为：

年营业收入＝年销售量×理论收费价格　(41-2-9)

上式中各年销售量可以根据项目的市场分析获得，也可以由下式求得：

年销售量＝设计年供应规模×当年生产负荷(%)　(41-2-10)

按用户分类进行详细估算时的公式为：

年营业收入＝∑(当年某类用户的燃气销售量×该类用户的燃气理论收费价格)　(41-2-11)

理论收费价格是使项目具有财务生存能力并满足还款要求的基本收费水平。

理论收费价一般是在产品成本的基础上增计利润和税金等项费用确定，所采用的计划利润率可按建设项目应达到的利润水准或参照当地类似企业的利润率水平确定。

理论收费价格也可以通过现金流量分析来确定，即利用设定的财务内部收益率，通过推算求得理论收费价格。

在估算燃气项目的营业收入时，应注意以下几个问题。

(1) 各年生产负荷应根据用气市场需求和项目建设逐年达到的终端供应能力之间的关系进行预测确定。

(2) 设计年供应规模中应包括未预见量部分，营业收入中也应包含未预见量的销售收入。按用户分类进行详细估算时，使用未预见量的用户可视为各类用户构成的“综合用户”，其对应的理论收费价格应取当年的理论收费价格，也可以以达产年的理论收费价格近似估算。

(3) 项目的销售损耗不应计入营业收入。销售损耗也称为产销差，主要指项目生产或获得的成品气在输送、调峰储存和销售环节产生的损失，如管输漏损和调峰储存等设施的安全放散损失，有排放的管道作业损失，用户计量负误差等。

2. 其他业务收入

燃气项目在主营业务外可能还有一些其他业务，如副产品销售、用户安装、销售燃具等，由此也就有相应收入和支出，其净收入（即收入减去支出）即为用于现金流量和损益估算中的其他业务收入。

燃气项目其他业务收入，要根据如下原则判断：当获得这些收入所需要的资金投入是建设投资的一部分或全部时，其净收入应按相应收入分配比例计入项目的总收入，否则不能计入。

燃气项目的投资中，除有副产品销售外，一般不包括可以获得其他业务收入所需的资金，因此，除特殊情况（如因建设项目需要购置部分机具和设备，且它们也用于承担本建设项目外其他项目的施工安装业务等）外，燃气项目收入中不考虑其他业务收入。

3. 财政补贴

某些燃气项目在经营期间特别是经营初期，能够获得一部分国家或地方的财政补贴，应计入总收入中。

41.2.2.2 营业税金及附加估算

营业税金及附加是指在生产经营期内因销售产品（营业或提供劳务）而交纳的营业税、城市维护建设税、教育费附加和地方教育附加。

1. 营业税

营业税是提供应税劳务、转让无形资产或销售不动产的单位和个人征收的一种税。计算公式为：

$$\text{应纳税额}=\text{营业额}\times\text{税率} \tag{41-2-12}$$

2. 城市维护建设税

按国家有关规定交纳城市维护建设税。计算公式为：

$$\text{城市维护建设税}=(\text{增值税}+\text{营业税}+\text{消费税})\times\text{适用税率} \tag{41-2-13}$$

城市维护建设税税率，按项目所在地不同分别为市区7%、县城和镇5%、其他1%。

3. 教育费附加和地方教育附加

按国家有关规定交纳教育费附加和地方教育附加。计算公式为：

$$\text{教育费附加和地方教育附加}=(\text{增值税}+\text{营业税}+\text{消费税})\times\text{适用费率} \tag{41-2-14}$$

教育费附加和地方教育附加的附加费率为3%和2%。

41.2.2.3 增值税估算

增值税是以商品流通各环节新增价值为征收对象的流转税，它实行价外计税。按现行税法规定，增值税作为价外税不包括在营业税金及附加中。在经济评价中应遵循价外税的计税原则，在项目损益分析及财务现金流量分析的估算中均不应包含增值税的内容。

按照国家现行增值税暂行条例的规定，燃气项目属于低税率档次，增值税税率为11%。计算公式为：

$$年增值税应纳税额=年销项税额-年进项税额 \tag{41-2-15}$$

式中年销项税额的计算公式为：

$$年销项税额=年销售燃气量\times燃气销售价格\times税率(11\%) \tag{41-2-16}$$

式中，年进项税额按每年应购进的所有原材料、辅助材料及燃料动力等应支付的增值税额计。

当直接利用进口货物如进口天然气或液化石油气作为燃气项目的原材料时，应按国家现行的关税暂行条例规定交纳关税，同时按照组成计税价格和11%的税率估算应纳增值税额。组成计税价格和应纳税额的计算公式为：

$$组成计税价格=关税完税价格+关税+消费税 \tag{41-2-17}$$

$$应纳税增值税额=组成计税价格\times税率(11\%) \tag{41-2-18}$$

其中，因燃气项目用原材料不属于消费税征收税目，上述中消费税额为零。

41.2.3 利润及分配估算

41.2.3.1 利润总额

$$\begin{aligned}利润总额=&主营业务收入-主营业务成本费用-主营业务营业税金及附加+\\&其他业务利润+投资净收益+补贴收入+营业外收入-营业外支出\end{aligned} \tag{41-2-19}$$

投资净收益是指投资收益扣除投资损失后的数额。

补贴收入是指企业按规定实际收到退还的增值税，或按销量或工作量等依据国家规定的补助定额估算并按期给予的补贴，以及属于国家财政扶持的领域而给予的其他形式的补贴。

营业外收入和营业外支出，是指企业发生的与其生产经营活动无直接关系的各项收入和各项支出。

41.2.3.2 所得税

企业生产、经营所得和其他所得，依照规定税率缴纳企业所得税。计算公式为：

$$应纳税额=应纳税所得额\times税率 \tag{41-2-20}$$

应纳税所得额是指纳税人每一纳税年度的收入总额减去准予扣除项目后的余额。计算公式为：

$$应纳税所得额(利润总额)=总收入-准予扣除项目金额 \tag{41-2-21}$$

准予扣除项目为纳税人在取得收入过程中发生的与收入有关的成本、费用、税金和损失。在项目经济评价中，为总成本费用、营业税金及附加、营业外净支出及弥补上年亏损。

所得税税率一般为25%。当燃气项目按照有关规定享受减、免所得税政策时，应减去可享受的那部分减免额。

41.2.3.3 净利润及分配

1. 净利润

$$净利润=利润总额-所得税 \tag{41-2-22}$$

2. 提取法定盈余公积金

法定盈余公积金一般按照净利润的10%提取，盈余公积金已达注册资本金50%时可不再提取。

3. 未分配利润（可供投资者分配的利润）

$$未分配利润(可供投资者分配的利润)=净利润-法定盈余公积金 \tag{41-2-23}$$

41.2.4 盈利能力分析

盈利能力分析的主要指标包括项目投资财务内部收益率和财务净现值、项目资本金财务内部收益率、投资回收期、总投资收益率、项目资本金净利润率等，可根据项目的特点及财务分析的目的和要求等选用。

41.2.4.1 财务内部收益率

财务内部收益率（$FIRR$）系指能使项目计算期内净现金流量现值累计等于零时的折现率，即 $FIRR$ 作为折现率使下式成立：

$$\sum_{t=1}^{n}(CI-CO)_t(1+FIRR)^{-t}=0 \tag{41-2-24}$$

式中 CI——现金流入量；

CO——现金流出量；

$(CI-CO)_t$——第 t 期的净现金流量；

n——项目计算期。

项目投资财务内部收益率、项目资本金财务内部收益率和投资各方财务内部收益率都依据上式估算，但所用的现金流入和现金流出有所不同。

当财务内部收益率大于或等于所设定的判别基准 i_c（通常称为基准收益率）时，项目方案在财务上可考虑接受。项目投资财务内部收益率、项目资本金财务内部收益率和投资各方财务内部收益率可有不同的判别基准。

根据各类燃气项目特点的不同，财务基准收益率（i_c）一般为：

人工燃气、矿井瓦斯和有国家政策性投资的项目为6%；天然气、液化石油气项目为8%。

41.2.4.2 财务净现值

财务净现值（$FNPV$）系指按设定的折现率（一般采用基准收益率 i_c）估算的项目计算期内净现金流量的现值之和。计算公式为：

$$FNPV=\sum_{t=1}^{n}(CI-CO)_t(1+i_c)^{-t} \tag{41-2-25}$$

式中 i_c——设定的折现率（同基准收益率）。

一般情况下，财务盈利能力分析只估算项目投资财务净现值，可根据需要选择估算所得税前净现值或所得税后净现值。

按照设定的折现率估算的财务净现值大于或等于零时，项目方案在财务上可考虑接受。

41.2.4.3　投资回收期

项目投资回收期（P_t）系指以项目的净收益回收项目总投资所需要的时间，一般以年为单位。项目投资回收期宜从项目建设的建设开始年算起，若从项目投产开始年计算，应予特别注明。计算公式为：

$$\sum_{t=1}^{Pt}(CI-CO)_t=0 \tag{41-2-26}$$

项目投资回收期可借助项目投资现金流量表估算。项目投资现金流量表中累计净现金流量由负值变为零的时点，即为项目的投资回收期。计算公式为：

$$P_t=T-1+\left|\frac{\sum_{i=1}^{T-1}(CI-CO)_i}{(CI-CO)_T}\right| \tag{41-2-27}$$

式中　T——各年累计净现金流量首次为正值或零的年数。

投资回收期短，表明项目投资回收快，抗风险能力强。

根据燃气项目特点不同，财务基准投资回收期（P_t）一般为：

人工燃气、矿井瓦斯和有国家政策性投资的项目为 15 年；天然气、液化石油气项目为 12 年。

41.2.4.4　总投资收益率

总投资收益率（ROI）表示总投资的盈利水平，系指项目达到设计能力后正常年份的年息税前利润或运营期内年平均息税前利润（$EBIT$）与项目总投资（TI）的比率。计算公式为：

$$ROI=\frac{EBIT}{TI}\times100\% \tag{41-2-28}$$

式中　$EBIT$——项目正常年份的年息税前利润或运营期内年平均息税前利润；

TI——项目总投资。

总投资收益率高于同行业的收益率参考值，表明用总投资收益率表示的盈利能力满足要求。

41.2.4.5　资本金净利润率

项目资本金净利润率（ROE）表示项目资本金的盈利水平，系指项目达到设计能力后正常年份的年净利润或运营期内年平均净利润（NP）与项目资本金（EC）的比率。计算公式为：

$$ROE=\frac{NP}{EC}\times100\% \tag{41-2-29}$$

式中　NP——项目正常年份的年净利润或运营期内年平均净利润；

EC——项目资本金。

项目资本金净利润率高于同行业的净利润率参考值，表明用项目资本金净利润率表示的盈利能力满足要求。

41.2.5 偿债能力分析

项目偿债能力分析主要考察项目在计算期内的财务状况及债务的清偿能力。

41.2.5.1 贷款偿付利息估算

1. 等额还本付息方式的利息估算

等额还本付息方式，每年还款额按下式估算：

$$A=I_C\times\frac{i(1+i)^n}{(1+i)^n-1} \tag{41-2-30}$$

式中 A——每年还本付息额；

I_C——建设期末建设投资贷款本金及利息之和；

i——年利率；

$\frac{i\ (1+i)^n}{(1+i)^n-1}$——资金回收系数（即 A/P，i，n），可通过查复利表求得；

n——贷款方要求的贷款偿还年数（由还款年开始计）。

等额还本付息方式中各年偿还的本金和利息不等，偿还的本金部分将逐年增多，支付的利息部分将逐年减少。计算公式为：

$$\text{每年支付利息}=\text{年初本金累计}\times\text{年利率} \tag{41-2-31}$$

$$\text{每年偿还本金}=A-\text{每年支付利息} \tag{41-2-32}$$

$$\text{年初本金累计}=I_C-\text{本年以前各年偿还本金累计} \tag{41-2-33}$$

2. 等额还本利息照付方式的利息估算

等额还本，利息照付方式，每年还款额按下式估算：

$$A_t=\frac{I_C}{n}+I_C\times\left(1-\frac{t-1}{n}\right)\times i \tag{41-2-34}$$

式中 A_t——第 t 年还本付息额。

等额还本，利息照付方式各年度之间的本金及利息之和是不等的，偿还期内每年偿还的本金额是相等的，利息将随本金逐年偿还而减少。计算公式为：

$$\text{每年支付利息}=\text{年初本金累计}\times\text{年利率} \tag{41-2-35}$$

$$\text{每年偿还本金}=\frac{I_C}{n} \tag{41-2-36}$$

41.2.5.2 偿债能力指标

1. 贷款偿还期（P_d）

贷款偿还期是指项目投入运营后可用于还款的资金偿还贷款本金和利息所需要的时间。它是按最大偿还能力估算的还款期，用以考核项目总体还款能力。计算公式为：

$$I_d=\sum_{t=1}^{P_d}R_t \tag{41-2-37}$$

式中 I_d——建设投资贷款本金和建设期利息之和；

P_d——贷款偿还期（从贷款开始年计算，当从投产年算起时应予以注明）；

R_t——第 t 年可用于还款的资金。

贷款偿还期可由财务计划现金流量表及国内贷款还本付息计算表直接推算，以年表示。计算公式为：

$$贷款偿还期=(贷款偿还后开始出现盈余年份数-开始贷款年份)+\frac{当年偿还贷款额}{当年可用于还款的资金额} \tag{41-2-38}$$

贷款偿还期是一个参考性的指标。当借款人与债权人合同议定还款期限，贷款偿还期就是合同偿还期。

2. 利息备付率

利息备付率是指项目在贷款偿还期内，各年可用于支付利息的税息前利润与当期应付利息费用的比值。计算公式为：

$$利息备付率=\frac{税息前利润}{当期应付利息费用}\times 100\% \tag{41-2-39}$$

$$税息前利润=利润总额+计入总成本费用的利息费用 \tag{41-2-40}$$

当期应付利息是指计入总成本费用的全部利息。

利息备付率可按年估算，也可以按整个贷款期估算。对于正常运营的企业，利息备付率应当大于1，否则，表示付息能力保障程度不足。

3. 偿债备付率

偿债备付率是指项目在贷款偿还期内，各年可用于还本付息资金与当期应还本付息金额的比值。计算公式为：

$$偿债备付率=\frac{可用于还本付息的资金}{当期应还本付息金额}\times 100\% \tag{41-2-41}$$

可用于还本付息的资金，包括可分配利润、折旧费、摊销费及其他还款来源。当期应还本付息金额，包括当期应还贷款本金及计入成本的利息。

偿债备付率可按年估算，也可以按整个贷款期估算。偿债备付率在正常情况下应当大于1。当指标小于1时，表示当年资金来源不足以偿付当期债务，需要通过短期贷款偿付到期债务。

4. 资产负债率

资产负债率是反映项目各年所面临的财务风险和偿债能力的重要指标。计算公式为：

$$资产负债率=\frac{负债总额}{资产总额}\times 100\% \tag{41-2-42}$$

资产负债率可以通过资产负债表逐年估算得出。它既可以衡量项目利用债权人提供的资金进行经营活动的能力，也可以反映债权人发放贷款的安全程度。

41.2.6　财务生存能力分析

财务生存能力分析，是在财务分析辅助表和利润与利润分配表的基础上编制财务计划现金流量表，通过考察项目计算期内的投资、融资和经营活动所产生的各项现金流入和流出，估算净现金流量和累计盈余资金，分析项目是否有足够的净现金流量维持正常运营，以实现财务可持续性。

财务可持续性应首先体现在有足够大的经营活动净现金流量，其次各年累计盈余资金不应出现负值。若出现负值，应进行短期贷款，同时分析该短期贷款的年份长短和数额大小，进一步判断项目的财务生存能力。短期贷款应体现在财务计划现金流量表中，其利息应计入财务费用。为维持项目正常运营，还应分析短期贷款的可靠性。

41.3 不确定性分析与风险分析

项目评价所采用的数据，大部分来自预测和估算，有一定程度的不确定性。为了分析不确定性因素对评价指标的影响，需进行不确定性分析。

项目的风险是指由于存在一些不确定因素导致项目偏离预期功能和效果的各种可能性。风险分析的目的在于识别各种潜在的风险因素，预测风险发生的概率，判别风险程度和影响，提出规避风险的对策措施。

41.3.1 不确定性分析

不确定性分析包括盈亏平衡分析和敏感性分析。盈亏平衡分析只用于财务分析，敏感性分析可同时用于财务分析和经济分析。

41.3.1.1 盈亏平衡分析

盈亏平衡分析是根据项目投产运行后正常生产年份的产品产量、固定成本、可变成本、税金等因素，通过确定产量的盈亏平衡点（*BEP*），分析、预测产品产量（或生产能力利用率）对项目盈亏的影响。当项目的收益与成本相等时那一点的产品产量（或生产能力利用率），被称为盈亏平衡点（*BEP*）。盈亏平衡点越低，说明项目抗风险能力越强，盈利的可能性也越大，风险的可能性越小。

盈亏平衡点可以用计算公式，也可以直接绘制盈亏平衡图求得。计算公式通常根据正常生产年份的产品产量或销售量（业务量）、可变成本、固定成本、产品价格和营业税金及附加等数据计算，一般有以下几种计算方法。

1. 用生产能力利用率表示的盈亏平衡点：

$$BEP(\text{生产能力利用率})=\frac{\text{年固定总成本}}{\text{年营业收入}-\text{年可变总成本}-\text{年营业税金及附加}}\times 100\% \tag{41-3-1}$$

2. 用产量表示的盈亏平衡点：

$$BEP(\text{产量})=\frac{\text{年固定总成本}}{\text{单位产品价格}-\text{单位产品可变成本}-\text{单位产品营业税金及附加}} \tag{41-3-2}$$

或

$$BEP(\text{产量})=\text{设计生产能力}\times BEP(\text{生产能力利用率}) \tag{41-3-3}$$

3. 用销售价格表示的盈亏平衡点：

$$BEP(\text{销售价格})=\frac{\text{年固定总成本}}{\text{年产量}}+(\text{单位产品可变成本}+\text{单位产品营业税金及附加}) \tag{41-3-4}$$

由于长期贷款利息计入当年总成本费用中，无形资产和其他资产在规定期限内摊销，使得项目在达产以后各年份产量相同，但总成本费用却不一定相同。为使盈亏平衡分析的结论更具有实际意义，应当选取固定成本最高或较高的年份进行盈亏平衡分析。

41.3.1.2 敏感性分析

燃气项目在建设期以及经营期内可能发生变化的因素较多，主要有建设投资、建设工期、燃气销售价格、主要原材料（如天然气、液化石油气和煤等）价格、燃气生产和输配量（生产负荷）等。根据燃气项目的特点，一般可选择建设投资、燃气销售价格、可变成本和经营成本这四种因素作为主要因素。通常可分析这些因素单独变化或多因素同时变化时对项目内部收益率的影响。必要时也可分析对投资回收期和贷款偿还期的影响。

敏感性分析一般采用列表的方式进行比较，表示由不确定因素的相对变动引起的评价指标相对变动幅度；也可采用敏感性分析图。

项目对某种因素的敏感程度可以表示为该因素按一定比例变化时引起评价指标变动的幅度（列表表示），相同比例变化的情况下，评价指标变化幅度最大所对应的因素对评价指标最敏感。也可以表示为评价指标达到临界点（如财务内部收益率等于财务基准收益率或经济内部收益率等于社会折现率）时允许某个因素变化的最大幅度，即极限变化。为求此极限，可绘制敏感性分析图。

燃气项目敏感性分析中年限影响因素变化幅度可延长 1 年或 2 年的建设期，其他影响因素的变化幅度一般为±5％、±10％和±20％。

41.3.2 风险分析

风险分析是研究预测不确定性因素对项目评价指标影响的一种定量分析方法。通过风险分析不仅可以了解不确定性因素对项目评价指标的影响程度，还可以了解这种影响发生的可能性有多大。

41.3.2.1 风险因素识别

燃气建设项目中的风险可分为资源风险、市场风险、工程建设风险、融资风险和其他风险。

1. 资源风险

如资源开采、生产和运输能力不足，因不可抗力因素使供应全面中断而项目储备能力不足，原材料价格增长幅度较大等。另外，资源供应质量较差、依赖于外部的条件不足（如气源调峰等）等虽不构成严重风险，也应予以重视。资源风险应在项目资源保障篇章进行重点分析，项目经济分析篇章中应有简要叙述。

2. 市场风险

影响燃气项目的市场风险因素很多，应结合项目实际情况分析，如燃气缺乏市场竞争能力，市场培育不足，市场预测不准确（过于乐观），市场方针出现偏差等。在市场竞争中，燃气收费价格是影响与其他燃料或动力竞争的重要因素，应在经济分析中特别注意，当测算出的理论收费价格和现行价格相差较大，造成对应评价结论差别较大甚至相反对，建议分别将其作为项目的燃气收费价格进行评价，以便提出可以采取的措施和建议。

3. 工程建设风险

工程建设风险主要包括不能正常建成、建设工期延长、建设内容发生重大变化、建设投资增加以及达不到预期能力等方面的风险。

4. 融资风险

融资风险主要包括资金不能到位，利率、汇率变动风险及其他筹资条件发生重大变化造成的损失。

5. 其他风险

其他风险指除上述风险外，政策、法律和投资环境等方面的风险。

41.3.2.2　风险影响程度

根据风险对项目影响程度的大小，风险影响程度分为一般风险、重要风险、严重风险和灾难性风险。

一般风险：指风险发生的可能性较小，造成的损失也较小，一般不影响项目的可行性。

重要风险：指风险发生的可能性较大，或者一旦发生风险造成的损失较大，但损失程度还在项目本身可承受的范围之内。

严重风险：包括两种情况，一种是风险发生的可能性大，而且一旦发生造成的损失也大，可能使项目由可行转变为不可行；另一种是风险一旦发生造成的损失严重，但是发生的可能性很小，只要采取足够的防范措施，项目仍可接受。

灾难性风险：指风险发生的可能性很大，一旦发生不仅造成项目本身的严重损失，而且可能会由于连锁反应导致不可收拾的后果，项目是不能接受的。

41.3.2.3　风险定量分析

风险定量分析方法较多。对于燃气项目，常用概率分析的方法。

概率分析是借助现代技术，运用概率论和数理统计，对风险因素的概率分布进行定量计算的分析方法。在项目可行性研究中，风险分析是研究分析产品（服务）的销售量、销售价格、产品成本、投资、建设工期等风险变量可能出现的各种状态及概率分布，计算项目评价指标内部收益率（*IRR*）、净现值（*NPV*）等的概率分布，以确定项目偏离预期指标的程度和发生偏离的概率，判定项目的风险程度，从而为项目投资决策提供依据。

1. 确定风险变量概率分布

（1）主观概率和客观概率

主观概率是根据人们的经验凭主观推断而获得的概率，可通过对有经验的专家调查获得或由评价人员的经验获得。客观概率是在基本条件不变的前提下，对类似事件进行多次观察和试验，统计每次观察和实验的结果和各种结果发生的概率。

（2）常用的概率分布类型

① 离散概率分布

当输入变量可能值为有限个数，这种随机变量称为离散随机变量，其概率分布则为离散分布。如产品市场需求可能出现低于预期值20%、低于预期值10%、等于预期值和高于预期值10%四种状态，即认为市场需求是离散型随机变量。各种状态的概率取值之和等于1，适用于取值个数不多的变量。如图41-3-1所示。

② 连续概率分布

当一个变量的取值范围为一个区间，无法按一定次序一一列举出来时，这种变量称连续变量。如市场需求量在某一个数量范围内，假定在预期值的上下10%内变化，市场需求量就是一个连续变量，它的概率分布用概率密度函数表示。常用的连续概率分布有：

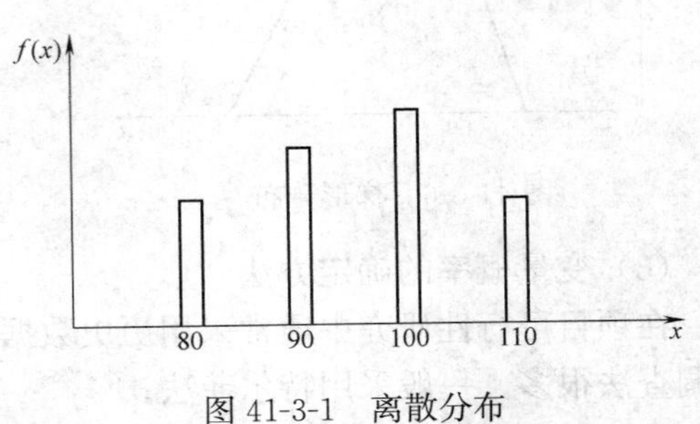

图41-3-1　离散分布

A. 正态分布。这是一种最常用的概率

分布，特点是其密度函数以均值为中心对称分布。其均值为 $\bar{x}$，方差为 σ^2，用 $N(\bar{x}, \sigma)$ 表示，当 $\bar{x}=0$，$\sigma=1$ 时称这种分布为标准正态分布，用 $N(0, 1)$ 表示，适用于描述一般经济变量的概率分布，如销售量、售价、产品成本等。如图 41-3-2 所示。

B. 三角分布。特点是密度函数是由悲观值、最可能值和乐观值构成的对称的或不对称的三角形。它适用于描述工期，投资等不对称分布的输入变量，也可用于描述产量、成本等对称分布的输入变量。如图 41-3-3 所示。

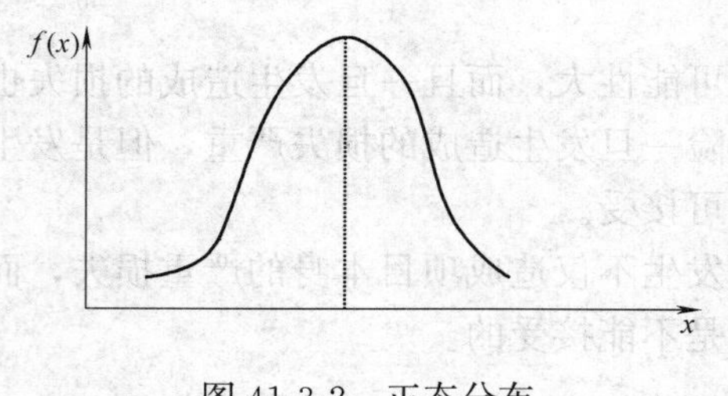

图 41-3-2　正态分布

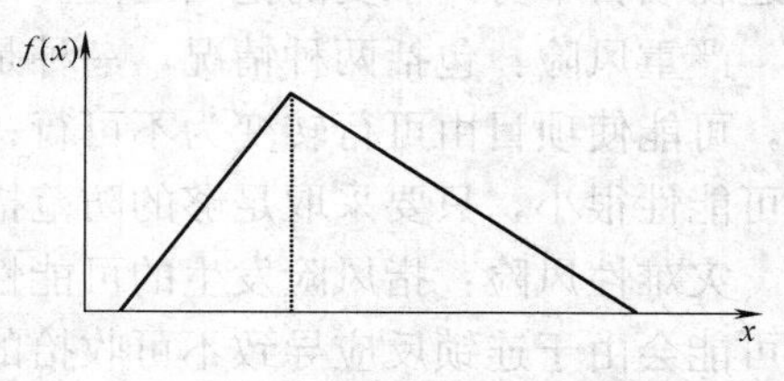

图 41-3-3　三角分布

C. β 分布。特点是其密度函数在最大值两边呈不对称分布，适用于描述工期等不对称分布的输入变量。如图 41-3-4 所示。

D. 阶梯分布。在不同的数值范围内，变量具有不同的概率，但在变量的变化界限内，变量为连续分布。如图 41-3-5 所示。

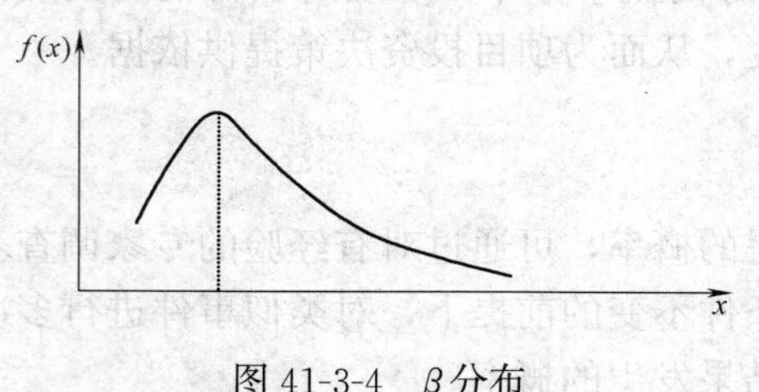

图 41-3-4　β 分布

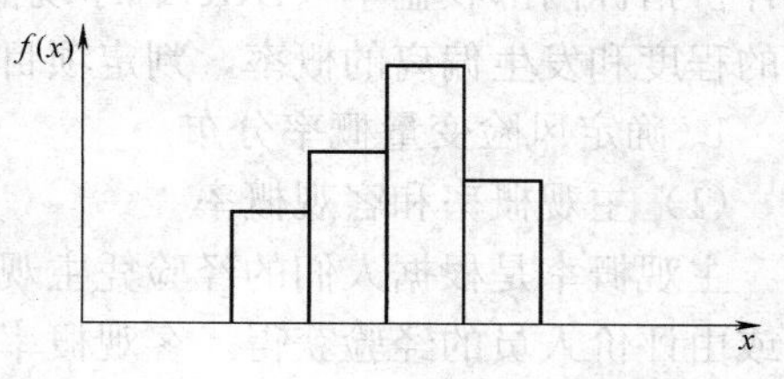

图 41-3-5　阶梯分布

E. 梯形分布。是三角分布的特例，在确定变量的乐观值和悲观值后，对最可能值却难以判定，只能确定一个最可能值的范围，这时可用梯形分布描述。如图 41-3-6 所示。

F. 直线分布。可视为阶梯分布的特例，当只能了解变量变化范围，但不能判定在变量每一区间分布的概率时，可用直线分布描述。如图 41-3-7 所示。

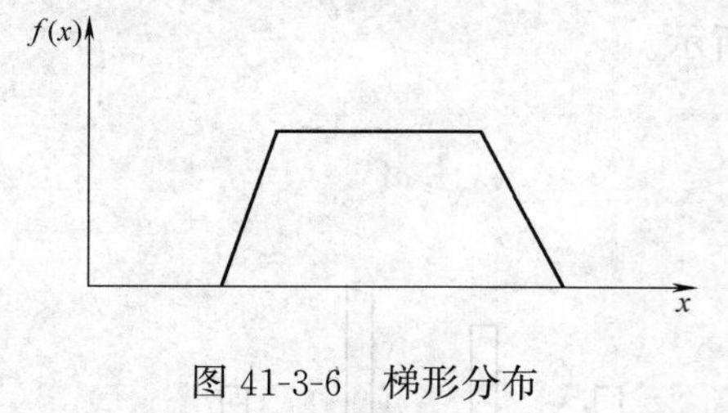

图 41-3-6　梯形分布

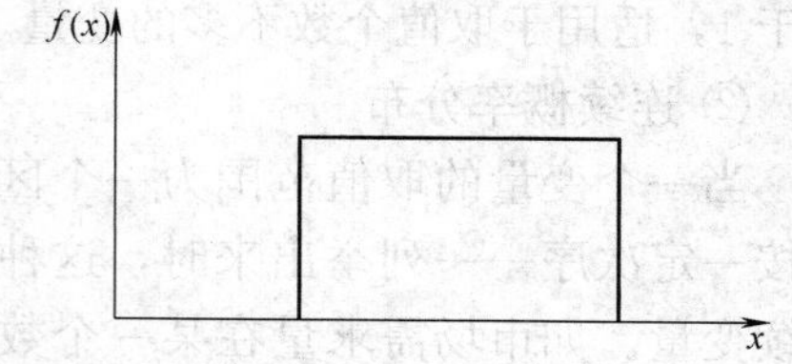

图 41-3-7　直线分布

（3）变量概率的确定方法

在项目可行性研究中通常采用历史数据推定法或专家调查法确定变量的概率分布。专家调查法很多，一般采用特尔菲法。

① 特尔菲法

特尔菲法是通过专家组独立填写变量可能的状态和概率分布，统计专家意见和意见分歧，并反馈给专家，然后由专家独立填写意见，如此重复几轮进行，直至专家意见集中到满足要求为止。

② 历史数据推定法

通过调查收集历史数据或类似项目数据，并进行统计分析，最终归纳出变量可能出现的状态及概率分布。

（4）概率确定案例

① 专家调查法

【例 41-3-1】 阶梯分布变量。某项目的产品销售量预测为 100t，请 15 位专家对该产品销售量可能出现的状态及其概率进行预测。专家们的书面意见整理见表 41-3-1。

产品销售量概率分布专家调查意见汇总表　　表 41-3-1

专家＼概率(%)＼销量(t)	80	90	100	110	120	期望值
1	10	15	50	15	10	100
2	15	25	40	15	5	97
3	10	15	60	10	5	98.5
4	5	12.5	65	12.5	5	100
5	10	15	55	15	5	99
6	10	15	50	15	10	100
7	5	15	55	15	10	101
8	5	10	60	15	10	101.5
9	5	15	50	20	10	101.5
10		15	70	15		100
11	10	15	75			96.5
12	10	25	60	5		96
13	10	20	60	10		97
14		10	60	20	10	103
15	5	20	60	15		98.5
平均值	7.3	16.2	58	13.2	5.3	99.3
方差						3.93
标准差						1.98
离散系数						1.99

$$平均值\ \overline{Y}=\frac{1}{n}\sum_{i=1}^{n}Y_i$$

$$方差\ \sigma^2=\frac{1}{n}\sum_{i=1}^{n+1}(Y_i-\overline{Y})^2$$

$$标准差(均方差)\sigma=\sqrt{\sigma^2}$$

$$离散系数=\sigma/期望平均值$$

从表 41-3-1 可以看出，销售量（t）为 80、90、100、110、120 的概率平均值分别为 7.3％、16.2％、58％、13.2％和 5.3％，期望平均值为 99.30t，标准差为 1.98。专家意见离散系数为 1.99％，表明专家意见比较集中。若专家意见离散系数在 10％以上，需进行第二轮甚至第三轮讨论。

【例 41-3-2】　正态分布变量。若某项目产品销售价服从正态分布，邀请 10 位专家对价格的范围及概率分布进行估计。由专家对价格的期望值、分布范围及在该范围内的概率进行估计。根据专家的估计，计算正态分布的参数（期望值和方差），并进行检验。调查和计算结果见表 41-3-2。

产品价格概率分布专家调查意见汇总表（第一轮）　　**表 41-3-2**

专家	期望值(元)	范围(元)	范围内概率(％)	标准差 σ(元)
1	100	80～120	90	12.2
2	100	80～120	95	10.2
3	100	80～120	85	13.9
4	95	75～115	90	12.2
5	95	75～115	95	10.2
6	95	75～115	85	13.9
7	105	85～125	90	12.2
8	105	85～125	95	10.2
9	105	85～125	85	13.9
10	100	80～120	80	15.6
平均值	100			12.45
方差	15			3.16

具体计算方法：

第 1 位专家认为价格应在 80～120 元范围内的概率为 90％，即在 80～120 元范围外的概率为 10％，小于 80 元或大于 120 元的概率分别为 5％。如图 41-3-8 所示。

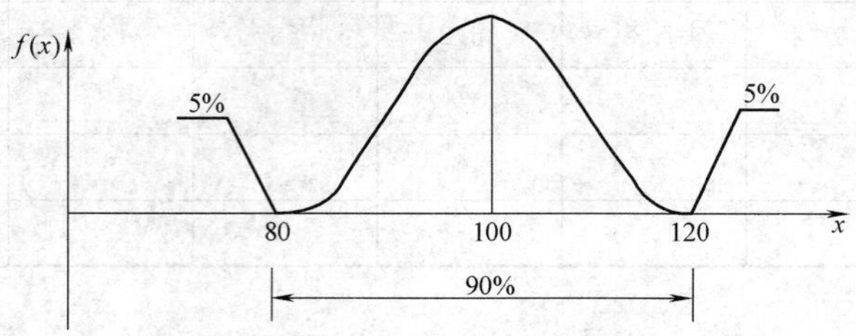

图 41-3-8　专家估价的概率密度函数示意

查标准正态分布概率表，比期望值减少 20 元的概率为 5%，相当于 -1.64σ，于是 $\sigma=20/1.64=12.20$ 元。专家 2 认为比期望值减少 20 元的概率为 2.5%，相当于 -1.96σ，则 $\sigma=20/1.96=10.20$ 元。专家 3 认为比期望值减少 20 元的概率为 7.5%，相当于 -1.44σ，则 $\sigma=20/1.44=13.90$ 元；依此类推，计算 10 位专家对产品价格的期望值与标准差的估计值。

同样可以估计专家们对期望值估计的离散系数为 $\frac{\sqrt{15}}{100}=3.87\%$ 与标准差估计的离散系数为 $\frac{\sqrt{3.16}}{12.45}=14\%$，对价格标准差的估计离散系数大于 10%，从调查资料可知，主要是第 3、6、9 和第 10 位专家对落在范围内的概率估计过低。经第二轮调查，若 10 位专家对落在范围内的概率估计见表 41-3-3，则 σ 的均值为 11.60，其方差为 0.84。

产品价格概率分布专家调查意见汇总表（第二轮） **表 41-3-3**

专家	期望值(元)	范围(元)	范围内概率(%)	标准差 σ(元)
1	100	80～120	90	12.2
2	100	80～120	95	10.2
3	100	80～120	90	12.2
4	95	75～115	90	12.2
5	95	75～115	95	10.2
6	95	75～115	90	12.2
7	105	85～125	90	12.2
8	105	85～125	95	10.2
9	105	85～125	90	12.2
10	100	80～100	90	12.2
平均值	100			11.6
方差	15			0.84

专家意见离散系数为 $\frac{\sqrt{0.84}}{11.6}=7.9\%$，满足要求，故产品价格的概率分布服从 N（100，11.6）的概率分布。

【例 41-3-3】 三角分布变量。若项目投资服从三角形分布，邀请 10 位专家对投资额进行预测，对投资额的最乐观值、最大可能值、最悲观值进行估计。结果见表 41-3-4。

项目建设投资概率分布专家调查意见汇总表（万元） **表 41-3-4**

专家	最乐观值	最大可能值	最悲观值
1	950	1000	1150
2	950	1000	1160
3	1000	1050	1180
4	1000	1050	1000
5	1050	1100	1230

续表

专家	最乐观值	最大可能值	最悲观值
6	1050	1100	1230
7	1100	1150	1250
8	1100	1150	1250
9	950	1000	1180
10	950	1000	1180
平均值	1010	1060	1181
标准差	58.31	58.31	69.63
离散系数	5.77%	5.5%	5.9%

最乐观值、最大可能值、最悲观值的离散系数均满足专家调查一致性要求，不再进行下一轮调查。于是，项目建设投资平均值服从最乐观估计值 1010 万元，最大可能值 1060 万元，最悲观值 1181 万元的三角形分布。

② 历史数据推定法

【例 41-3-4】 某种产品价格服从正态分布，有关历史数据见表 41-3-5，要求计算正态分布的参数。

价格历史数据统计表（元） **表 41-3-5**

数据样本	257	188	202	218	194	224
	178	186	243	198	210	252
	214	234	284	256	246	305
	280	154	289	264	168	274
	229	182	240	190	240	288
平均值	229.57					
方差	1579.05					
标准差	39.74					

通过计算，该产品价格服从平均值为 229.57 元/t，均方差为 39.74 元/t 的正态分布。

2. 概率树分析

概率树分析是在构造概率树的基础上，计算项目净现值的期望值和净现值大于或等于零的概率。

(1) 构造概率树

理论上概率树分析适用于所有状态有限的离散变量，根据每个输入变量状态的组合计算项目评价指标。

若输入变量有 A、$B\cdots N$，每个输入变量有状态：A_1，$A_2\cdots A_{m_1}$；B_1，$B_2\cdots B_{m_2}$；…；N_1，$N_2\cdots N_{m_n}$ 个各种状态发生的概率为 $P(A_i)$、$P(B_i)$、$P(C_i)\cdots P(N_i)$。

$$\sum_{i=1}^{n_1} P\{A_i\} = P\{A_1\} + P\{A_2\} + \cdots + P\{A_{n_1}\} = 1$$

$$\sum_{i=1}^{n_2} P\{B_i\} = 1$$

$$\sum_{i=1}^{n_N} P\{N_i\} = 1$$

状态组合共有 $m_1m_2m_3\cdots m_n$个，相应的各种状态组合的联合概率为：

$$P\{A_i\}P\{B_i\}\cdots P\{N_i\}。$$

将所有风险变量的各种状态组合起来，分别计算在每种组合状态下的评价指标及相应的概率，得到评价指标的概率分布。然后统计出评价指标低于或高于基准值的累计概率，并绘制以评价指标为横轴，累计概率为纵轴的累计概率曲线。计算评价指标的期望值、方差、标准差和离散系数（$\sigma\sqrt{x}$）。

由于计算量随输入变量或状态的增加呈几何级数增长，在实际中一般限制输入变量数不超过 3 个，每个变量状态数不超过 3 个，这样组合状态被限制在 27 个内，从而减少了计算量。

【例 41-3-5】 概率树分析案例。某项目的主要风险变量有建设投资、年营业收入和年经营成本，他们的估算值分别为 85082 万元、35360 万元和 17643 万元。经调查认为每个变量有 3 种状态，其概率分布见表 41-3-6 所示。据此计算项目净现值的期望值。

变量概率分布 **表 41-3-6**

变化值 / 概率 / 不确定性因素	+20%	计算值	−20%
建设投资	60%	30%	10%
营业收入	50%	40%	10%
经营成本	50%	40%	10%

于是，共组成 27 个组合，如图 41-3-9 所示的 27 个分支，圆圈内的数字表示输出变量各种状态发生的概率，如图上第一个分支表示建设投资、营业收入、经营成本同时增加 20%的情况，称为第一事件。

（2）计算净现值的期望值

① 分别计算各种可能发生事件的概率

如第一事件发生的概率$=P_1$(建设投资增加 20%)$\times P_2$(营业收入增加 20%)$\times P_3$(经营成本增加 20%)$=0.6\times0.5\times0.5=0.15$。

以此类推计算出其他 26 个可能发生事件的概率，其概率合计数应等于 1，如图 41-3-9 所示。

② 分别计算各可能发生状态的净现值

将建设投资、产品营业收入、经营成本各年数值分别调增 20%，重新计算财务净现值，得财务净现值为 32480 万元，以此类推计算出其他 26 个可能发生事件的净现值。

③ 期望值计算

将各事件的发生概率与其净现值分别相乘，得出加权净现值，再求和得出财务净现值的期望值为 24481.83 万元。期望值计算见表 41-3-7。

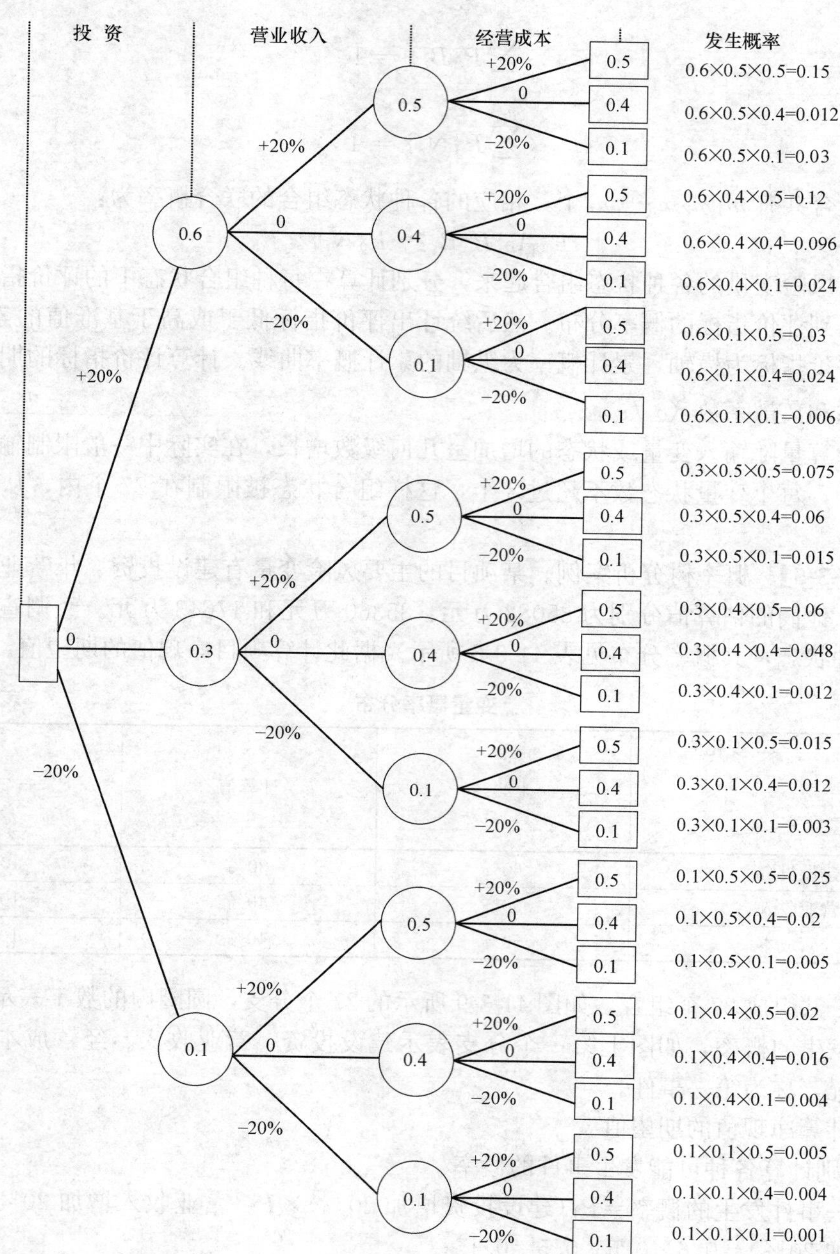

图 41-3-9　概率树

期望值计算表　　　　表 41-3-7

事件	建设投资	营业收入	经营成本	概率	净现值	加权净现值
1	+20%	+20%	+20%	0.15	32480	4872
2	+20%	+20%	估计值	0.12	41133	4935.96
3	+20%	+20%	−20%	0.03	49778	1493.34
4	+20%	估计值	+20%	0.12	−4025	−483

续表

事件	建设投资	营业收入	经营成本	概率	净现值	加权净现值
5	+20%	估计值	估计值	0.096	4620	443.52
6	+20%	估计值	−20%	0.024	13265	318.36
7	+20%	−20%	+20%	0.03	−40537	−1216.11
8	+20%	−20%	估计值	0.024	−31893	−765.43
9	+20%	−20%	−20%	0.006	−23248	−139.49
10	估计值	+20%	+20%	0.075	49920	3744
11	估计值	+20%	估计值	0.06	58565	3513.9
12	估计值	+20%	−20%	0.015	67209	1008.14
13	估计值	估计值	+20%	0.060	13407	804.42
14	估计值	估计值	估计值	0.048	22051	1058.45
15	估计值	估计值	−20%	0.012	30696	368.35
16	估计值	−20%	+20%	0.015	−23106	−346.59
17	估计值	−20%	估计值	0.012	−14462	−173.54
18	估计值	−20%	−20%	0.003	−5817	17.45
19	−20%	+20%	+20%	0.025	67351	1683.78
20	−20%	+20%	估计值	0.02	75996	1519.92
21	−20%	+20%	−20%	0.005	84641	423.21
22	−20%	估计值	+20%	0.02	30838	616.76
23	−20%	估计值	估计值	0.016	39483	631.73
24	−20%	估计值	−20%	0.004	48127	192.51
25	−20%	−20%	+20%	0.005	−5675	−28.38
26	−20%	−20%	估计值	0.004	2969	11.88
27	−20%	−20%	−20%	0.001	11614	11.61
			合计	1.000		24481.83

(3) 净现值大于或等于零的概率计算

概率分析应求出净现值大于或小于零的概率，从该概率值的大小可以估计项目承受风险的程度，概率值越接近1，说明项目的风险越小，反之，项目的风险越大。

计算步骤为：将计算出的各可能发生事件的财务净现值按数值从小到大的排列，并将各可能发生事件发生的概率按同样的顺序累加，求得累计概率。见表41-3-8。

净现值大于或等于零的概率计算 **表41-3-8**

事件	净现值	概率	累计概率	加权净现值	方差*
7	−40537	0.03	0.03	−1216.11	126823452
8	−31893	0.024	0.054	−765.43	76274918
9	−23248	0.006	0.06	−139.49	13668821
16	−23106	0.015	0.075	−346.59	33969025

续表

事件	净现值	概率	累计概率	加权净现值	方差 *
17	－14462	0.012	0.087	－173.54	18199464
18	－5817	0.003	0.09	－17.45	2754057
25	－5675	0.005	0.095	－28.38	4547172
4	－4025	0.12	0.215	－483	97516730
26	2969	0.004	0.219	11.88	1851208
5	4620	0.096	0.315	443.52	37871264
27	11614	0.001	0.316	11.61	165581
6	13265	0.024	0.34	318.36	3019615
13	13407	0.06	0.4	804.42	7359113
14	22051	0.048	0.448	1058.45	283629
15	30696	0.012	0.46	368.35	463391
22	30838	0.02	0.48	616.76	808018
1	32480	0.15	0.63	4872	9595606
23	39483	0.016	0.646	631.73	3600561
2	41133	0.12	0.766	4935.96	33271371
24	48127	0.004	0.77	192.51	2236376
3	49778	0.03	0.8	1493.34	19196885
10	49920	0.075	0.875	3744	48532533
11	58565	0.06	0.935	3513.9	69699745
12	67209	0.015	0.95	1008.14	27384165
19	67351	0.025	0.975	1683.78	45944141
20	75996	0.02	0.995	1519.92	53074192
21	84641	0.005	1.000	423.21	18095628
	期望值			24481.83	
	方差				756206659
	标准差				27499.21
	离散系数				1.1232

注：方差 *＝(净现值－期望值)^2×概率。

根据表 41-3-8 可求得：

净现值小于零的概率＝0.215＋(0.219－0.215)×4025/(4025＋2969)＝0.217。

即项目不可行的概率为 0.217，净现值大于或等于零的概率为 1－0.217＝0.783。

方差 σ^2＝756206659。

标准差 σ＝27499.21。

离散系数 $\sigma\sqrt{x}$＝27499.21/24481.83＝1.1232，项目有较大风险。

41.4 方案的经济比选

方案比选是寻求合理的技术和经济方案的必要手段，也是项目经济评价的重要组成部分。方案比选首先是从市场机会和技术决策上提出几个备选方案（如不同的气源、工艺路线、工艺流程、主要设备选择、站址选择、可持续程度等）进行技术选择，再结合投资估算和资金筹措方案做进一步的技术经济评价，然后对可比性较强的少数方案进行详细的经济计算，最后结合前述因素和其他因素详细论证比较，选出其中的最优方案。

方案比选应遵循效益与费用计算口径对应一致的原则，必要时应考虑相关效益和相关费用。

41.4.1 方案比选类型

41.4.1.1 经济因素类型

全部因素比选：按各个方案所含的全部因素（相同因素和不同因素）计算各方案的全部经济效益和费用，进行全部计算和总体对比。

相异因素比选：将各个方案中相同的因素（如每个方案的后方设施、劳动定员、土地费用等均相同）扣除不计，只对各个方案所含的不同因素计算各方案的相对经济效益和费用，进行全面计算和总体对比。

41.4.1.2 项目构成类型

整体方案比较：对构成项目的全部内容进行效益和费用的比较。

局部方案比较：对建设项目中相对独立的子项（如管网、储配站）进行经济费用比较。

41.4.2 方案比选常用的定量方法

41.4.2.1 不同方案按全部因素进行比较的方案比较法

按照不同方案所含的全部因素（包括效益和费用两个方面）进行方案比较时，可视不同情况和具体条件，分别选用差额投资内部收益率法、净现值法、年值法或净现值率法。

1. 差额投资内部收益率法

差额投资内部收益率是两个方案各年净现金流量差额的现值之和等于零时的折现率，该指标可用于不同投资规模方案的比较选择。计算公式为：

$$\sum_{t=1}^{n}[(CI-CO)_2-(CI-CO)_1]_t(1+\Delta FIRR)^{-1}=0 \qquad (41\text{-}4\text{-}1)$$

式中 $(CI-CO)_2$——投资大的方案的年净现金流量；

$(CI-CO)_1$——投资小的方案的年净现金流量；

$\Delta FIRR$——差额投资财务内部收益率；

n——计算期。

按上述公式计算的差额投资内部收益率与财务基准收益率（i_c）进行对比，当 $\Delta FIRR \geqslant i_c$时，以投资大的方案为优。

多个方案进行比较时，要先按投资由小到大排序，再依次就相邻方案比较，从中选出最优方案。

2. 净现值法

比较各备选方案的净现值，在 i_c 相同的情况下以净现值较大的方案为优。

3. 年值法

将分别计算的各备选方案净收益的等额年值（AW）进行比较，以年值较大的方案为优。计算公式为：

$$AW = \left[\sum_{t=1}^{n}(S-I-C'+S_V+W)_t(P/F,i,t)\right](A/P,i,n) \quad (41\text{-}4\text{-}2)$$

$$AW=NPV(A/P,i,n) \quad (41\text{-}4\text{-}3)$$

式中 S——年营业收入；

I——年全部投资；

C'——年经营费用；

S_V——计算期末回收的固定资产余值；

W——计算期末回收的流动资金；

$(P/F,\ i,\ t)$——现值系数；

$(A/P,\ i,\ n)$——资金回收系数；

NPV——净现值。

4. 净现值率法

净现值率（NPVR）是净现值与投资现值之比。计算公式为：

$$NPVR=\frac{NPV}{I_p} \quad (41\text{-}4\text{-}4)$$

式中 I_P——方案的全部投资的现值。

净现值率说明该方案单位投资所获得的超额净效益。用净现值进行方案比较时，以净现值率较大的方案为优。

用上述四种方法进行方案比较时，须注意其使用条件。在不受资金约束的情况下，一般可采用差额投资内部收益率法、净现值法或年值法。当有明显的资金限制时，一般宜采用净现值率法。

41.4.2.2 效益相同但难以具体计算的方案比较法

效益相同或效益基本相同但难以具体计算的方案进行比较时，为简化计算，可采用最小费用法，包括费用现值比较法和年费用比较法。

1. 费用现值比较法（简称现值比较法）

费用现值比较法（简称现值比较法）可计算各备选方案的费用现值（PC）并进行对比，以费用现值较低的方案为优。计算公式为：

$$PC = \sum_{t=1}^{n}(I+C'-S_V-W)_t-(P/F,i,t) \quad (41\text{-}4\text{-}5)$$

2. 年费用比较法

年费用比较法，计算各比较方案的等额年费用（AC）并进行对比，以年费用较低的方案为优。计算公式为：

$$AC = \left[\sum_{t=1}^{n}(I+C'-S_V-W)_t(P/F,i,t)\right](A/P,i,n) \quad (41\text{-}4\text{-}6)$$

$$AC = PC(A/P, i, n) \tag{41-4-7}$$

41.4.2.3 产量不同而收费标准难以确定的方案比较法

对产品产量（业务量）不同、产品价格（收费标准）又难以确定的备选方案，当其产品为单一产品或能折合为单一产品时，可采用最低价格（最低收费标准）法，分别计算各备选方案净现值等于零时的产品价格并进行比较，以产品价格较低的方案为优。最低价格（$P_{\min}$）的计算公式为：

$$P\min = \frac{\sum_{t=1}^{n}(I + C' - S_V - W)_t(P/F, i, t)}{\sum_{t=1}^{n} Q_t(P/F, i, t)} \tag{41-4-8}$$

式中 Q_t——第 t 年的产品（或服务）量。

各比较方案计算期相同时，可直接选用以上方法进行方案比较。计算期不同的方案进行比较时，宜采用年值法或年费用比较法。如果要采用净现值法、差额投资内部收益率法、净现值率法、费用现值比较法或最低价格法，则需先对各备选方案的计算期和计算公式作适当处理（以诸方案计算期的最小公倍数或诸方案中最短的计算期作为比较方案的计算期）后再进行比较。

41.4.3 方案比选注意事项

① 方案比选可按方案所含的全部因素（相同因素和不同因素），计算各方案的全部经济效益和费用，进行全面对比；也可仅就不同因素计算相对经济效益和费用，进行局部对比。但应注意各个方案基本条件的可比性。

② 方案比选应根据方案的实际情况，选用适当的比较方法和指标，并注意在某些情况下使用不同指标导致相反结论的可能性。

③ 备选方案首先应能满足财务上生存要求，其次再对各方案各个方面的影响效果进行比较，将各方案功能的、经济的、社会的和环境的影响效果进行综合考虑，全面评价和比选。

④ 方案比选应定性分析和定量分析相结合。定性分析是方案比选必不可少的，尤其是对社会经济影响比较大的公共项目以及对定量分析中评价指标基本相同的项目更是如此。

当定性比选的结论成为影响方案确定的主要因素时，应进行全面的定性比选，此类情况多发生在定量比选某方案是经济合理，但因无法获得相应技术和设备，或风险性很大等而导致其不可行的情况，此时应对采用的工艺技术成熟性、设备来源可靠性、运行管理难易程度、对外依赖性、安全性以及生产和服务质量优劣性等提出分析和比较。

参考文献

[1] 投资项目可行性研究指南编写组. 投资项目可行性研究指南（试用版）[M]. 北京：中国电力出版社，2002.

[2] 国家发展改革委员会，建设部. 建设项目经济评价方法与参数（第三版）[M]. 北京：中国计划出

版社，2006.
[3] 中华人民共和国住房和城乡建设部．市政公用设施建设项目经济评价方法与参数［M］．北京：中国计划出版社，2008.
[4] 上海市政工程设计研究总院．中华人民共和国建设部市政工程投资估算编制办法［M］．北京：中国计划出版社，2007.

附录A　法定计量单位及单位换算

A.1　法定计量单位

我国的法定计量单位（以下简称法定单位）包括：

① 国际单位制的基本单位（见表A-1-1）；

② 国际单位制的辅助单位（见表A-1-2）；

③ 国际单位制中具有专门名称的导出单位（见表A-1-3）；

④ 国家选定的非国际单位制单位（见表A-1-4）；

⑤ 由以上单位构成的组合形式的单位；

⑥ 由词头和以上单位所构成的十进倍数和分数单位词头（见表A-1-5）。

国际单位制的基本单位　　**表A-1-1**

量的名称	单位名称	单位符号
长度	米	m
质量	千克(公斤)	kg
时间	秒	s
电流	安[培]	A
热力学温度	开[尔文]	K
物质的量	摩[尔]	mol
发光强度	坎[德拉]	cd

国际单位制的辅助单位　　**表A-1-2**

量的名称	单位名称	单位符号
平面角	弧度	rad
立体角	球面度	sr

国际单位制中具有专门名称的导出单位　　**表A-1-3**

量的名称	单位名称	单位符号	其他表示式例
频率	赫[兹]	Hz	s^{-1}
力;重力	牛[顿]	N	$kg \cdot m/s^2$
压力,压强;应力	帕[斯卡]	Pa	N/m^2
能量;功;热	焦[耳]	J	$N \cdot m$
功率;辐射通量	瓦[特]	W	J/s
电荷量	库[仑]	C	$A \cdot s$

续表

量的名称	单位名称	单位符号	其他表示式例
电位;电压;电动势	伏[特]	V	W/A
电容	法[拉]	F	C/V
电阻	欧[姆]	Ω	V/A
电导	西[门子]	S	A/V
磁通量	韦[伯]	Wb	V·s
磁通量密度,磁感应强度	特[斯拉]	T	Mb/m^2
电感	亨[利]	H	Wb/A
摄氏温度	摄氏度	℃	
光通量	流[明]	lm	cd·sr
光照度	勒[克斯]	lx	lm/m^2
放射性活度	贝可[勒尔]	Bq	s^{-1}
吸收剂量	戈[瑞]	Gy	J/kg
剂量当量	希[沃特]	Sv	J/kg

国家选定的非国际单位制单位 **表 A-1-4**

量的名称	单位名称	单位符号	其他表示式例
时间	分 [小]时 天(日)	min h d	1min=60s 1h=60min=3600s 1d=24h=86400s
平面角	[角]秒 角[分] 度	(″) (′) (°)	1″=(π/648000)rad(π为圆周率) 1′=60″=(π/10800)rad 1°=60′=(π/180)rad
旋转速度	转每分	r/min	$1r/min=(1/60)s^{-1}$
长度	海里	n mile	1n mile=1852m(只用于航程)
速度	节	kn	1kn=1n mile/h=(1852/3600)m/s(只用于航行)
质量	吨 原子质量单位	t u	$1t=10^3kg$ $1u\approx1.6605402\times10^{-27}kg$
体积	升	L,(1)	$1L=1dm^3=10^{-3}m^3$
能	电子伏	eV	$1eV\approx1.60217733\times10^{-19}J$
级差	分贝	dB	
线密度	特[克斯]	tex	1tex=1g/km

用于构成十进倍数和分数单位的词头 **表 A-1-5**

所表示的因数	词头名称	词头符号
10^{18}	艾[可萨]	E
10^{15}	拍[它]	P
10^{12}	太[拉]	T

续表

所表示的因数	词头名称	词头符号
10^9	吉[咖]	G
10^6	兆	M
10^3	千	k
10^2	百	h
10^1	十	da
10^{-1}	分	d
10^{-2}	厘	c
10^{-3}	毫	m
10^{-6}	微	μ
10^{-9}	纳[诺]	n
10^{-12}	皮[可]	p
10^{-15}	飞[母托]	f
10^{-18}	阿[托]	a

注：1. 周、月、年（年的符号为 a），为一般常用时间单位。
2. [ ] 内的字，是在不致混淆的情况下，可以省略的字。
3. ( ) 内的字为前者的同义语。
4. 角度单位度分秒的符号不处于数字后时，用括弧。
5. 升的符号中，小写字母 l 为备用符号。ha 为公顷的国际符号。
6. r 为"转"的符号。
7. 人民生活和贸易中，质量习惯称为重量。
8. 公里为千米的俗称，符号为 km。
9. 10^4 称为万，10^8 称为亿，10^{12}称为万亿，这类数词的使用不受词头名称的影响，但不应与词头混淆。

A.2 单位换算

长度单位换算 **表 A-2-1**

米 (m)	英寸 (in)	英尺 (ft)	码 (yd)	米 (m)	英寸 (in)	英尺 (ft)	码 (yd)
1	39.37	3.2808	1.0936	0.3048	12	1	0.3333
0.0254	1	0.0833	0.0278	0.9144	36	3	1

面积单位换算 **表 A-2-2**

米² (m^2)	英寸² (in^2)	英尺² (ft^2)	码² (yd^2)	米² (m^2)	英寸² (in^2)	英尺² (ft^2)	码² (yd^2)
1	1550	10.764	1.196	0.0929	144	1	0.1111
6.4516×10^{-4}	1	6.944×10^{-4}	7.716×10^{-4}	0.8361	1296	9	1

体积单位换算

表 A-2-3

米³ (m³)	分米³、升 (dm³, L)	英寸³ (in³)	英尺³ (ft³)	英加仑 (UKgal)	美加仑 (USgal)
1	10^3	61024	35.315	220	264.2
10^{-3}	1	61.02	0.0353	0.22	0.2642
1.64×10^5	0.0164	1	5.787×10^{-4}	3.605×10^{-3}	4.329×10^{-3}
0.0283	28.317	1728	1	6.2288	7.4805
0.0045	4.546	277.4	0.1605	1	1.201
3.785×10^{-3}	3.785	231	0.1337	0.8327	1

注：1 桶（美）（石油）=9702in³=158.987L=34.972gdl（英）=42gal（美）

质量单位换算

表 A-2-4

千克 (kg)	磅 (lb)	英吨 (长吨) (ton)	美吨 (短吨) (USton)	千克 (kg)	磅 (lb)	英吨 (长吨) (ton)	美吨 (短吨) (USton)
1	2.2046	9.842×10^{-4}	1.1023×10^{-3}	1016.1	2240	1	1.12
0.4536	1	4.464×10^{-4}	5×10^{-4}	907.185	2000	0.892857	1

密度单位换算

表 A-2-5

千克/米³ (kg/m³)	磅/英寸³ (lb/in³)	磅/英尺³ (lb/ft³)	磅/英加仑 (lb/UKgal)	磅/美加仑 (lb/USgal)
1	3.613×10^{-5}	6.243×10^{-2}	1.002×10^{-2}	8.345×10^{-3}
2.768×10^4	1	1728	277.42	231
16.02	5.787×10^{-4}	1	0.1605	0.1337
99.78	3.605×10^{-3}	6.229	1	0.8327
119.8	4.329×10^{-3}	7.481	1.201	1

相对密度、波美度和 AP1 单位的换算（1）

表 A-2-6

相对密度 60°/60 ℉	°Bé	°API	相对密度 60°/60 ℉	°Bé	°API	相对密度 60°/60 ℉	°Bé	°API	相对密度 60°/60 ℉	°Bé	°API
0.600	103.33	104.33	0.700	70.00	70.64	0.800	45.00	45.38	0.900	25.56	25.72
0.605	101.40	102.38	0.705	68.58	69.21	0.805	43.91	44.28	0.905	24.70	24.85
0.610	99.51	100.47	0.710	67.18	67.80	0.810	42.84	43.19	0.910	23.85	23.99
0.615	97.64	98.58	0.715	65.80	66.40	0.815	41.78	42.12	0.915	23.01	23.14
0.620	95.81	96.73	0.720	64.44	65.03	0.820	40.73	41.06	0.920	22.17	22.30
0.625	94.00	94.90	0.725	63.10	63.67	0.825	39.70	40.02	0.925	21.35	21.47
0.630	92.22	93.10	0.730	61.78	62.34	0.830	38.67	38.98	0.930	20.54	20.65
0.635	90.47	91.33	0.735	60.48	61.02	0.835	37.66	37.96	0.935	19.73	19.84
0.640	88.75	89.59	0.740	59.19	59.72	0.840	36.67	36.95	0.940	18.94	19.03

续表

相对密度 60°/60 ℉	°Bé	°API	相对密度 60°/60 ℉	°Bé	°API	相对密度 60°/60 ℉	°Bé	°API	相对密度 60°/60 ℉	°Bé	°API
0.645	87.05	87.88	0.745	57.92	58.43	0.845	35.68	35.96	0.945	18.15	18.24
0.650	85.38	86.19	0.750	56.67	57.17	0.850	34.71	34.97	0.950	17.37	17.45
0.655	83.74	84.53	0.755	55.43	55.92	0.855	33.74	34.00	0.955	16.60	16.67
0.660	82.12	82.89	0.760	54.21	54.68	0.860	32.79	33.03	0.960	15.83	15.90
0.665	80.53	81.28	0.765	53.01	53.47	0.865	31.85	32.08	0.965	15.08	15.13
0.670	78.96	79.69	0.770	51.82	52.27	0.870	30.92	31.14	0.970	14.33	14.38
0.675	77.41	78.13	0.775	50.65	51.08	0.875	30.00	30.21	0.975	13.59	13.63
0.680	75.88	76.59	0.780	49.49	49.91	0.880	29.09	29.30	0.980	12.86	12.89
0.685	74.38	75.07	0.785	48.34	48.75	0.885	28.19	28.39	0.985	12.13	12.15
0.690	72.90	73.57	0.790	47.22	47.61	0.890	27.30	27.49	0.990	11.41	11.43
0.695	71.44	72.10	0.795	46.10	46.49	0.895	26.42	26.60	0.995	10.70	10.71
									1.000	10.00	10.00

注：波美度（°Bé）$=\frac{140}{相对密度}-130$（比水轻时）

API度（°API）$=\frac{141.5}{相对密度}-131.5$（比水轻时）

相对密度、波美度和AP1单位的换算（2） **表A-2-7**

相对密度 60°/60°F	°Bé	相对密度 60°/60°F	°Bé	相对密度 60°/60°F	°Bé	相对密度 60°/60°F	°Bé	相对密度 60°/60°F	°Bé
1.010	1.44	1.210	25.17	1.410	42.16	1.610	54.94	1.810	64.89
1.020	2.84	1.220	26.15	1.420	42.89	1.620	55.49	1.820	65.33
1.030	4.22	1.230	27.11	1.430	43.60	1.630	56.04	1.830	65.77
1.040	5.58	1.240	28.06	1.440	44.31	1.640	56.59	1.840	66.20
1.050	6.91	1.250	29.00	1.450	45.00	1.650	57.12	1.850	66.62
1.060	8.21	1.260	29.92	1.460	45.68	1.660	57.65	1.860	67.04
1.070	9.49	1.270	30.83	1.470	46.36	1.670	58.17	1.870	67.46
1.080	10.74	1.280	31.72	1.480	47.03	1.680	58.69	1.880	67.87
1.090	11.97	1.290	32.60	1.490	47.68	1.690	59.20	1.890	68.28
1.100	13.18	1.300	33.46	1.500	48.33	1.700	59.71	1.900	68.68
1.110	14.37	1.310	34.31	1.510	48.97	1.710	60.20	1.910	69.08
1.120	15.54	1.320	35.15	1.520	49.61	1.720	60.70	1.920	69.48
1.130	16.68	1.330	35.98	1.530	50.23	1.730	61.18	1.930	69.87
1.140	17.81	1.340	36.79	1.540	50.84	1.740	61.67	1.940	70.26
1.150	18.91	1.350	37.59	1.550	51.45	1.750	62.14	1.950	70.64
1.160	20.00	1.360	38.38	1.560	52.05	1.760	62.61	1.960	71.02
1.170	21.07	1.370	39.16	1.570	52.64	1.770	63.08	1.970	71.40
1.180	22.12	1.380	39.93	1.580	53.23	1.780	63.54	1.980	71.77
1.190	23.15	1.390	40.68	1.590	53.81	1.790	63.99	1.990	72.14
1.200	24.17	1.400	41.43	1.600	54.38	1.800	64.44	2.000	72.50

注：波美度（°Bé）$=145-\frac{145}{相对密度}$（比水重时）

速度单位换算　　**表 A-2-8**

米/秒 (m/s)	千米(公里)/时 (km/h)	英尺/秒 (ft/s)	英尺/分 fpm(ft/min)	英里(哩)/时 mph(mile/h)
1	3.600	3.281	1.969×10^{2}	2.237
0.2778	1	9.113×10^{-1}	54.68	0.6214
0.3048	1.097	1	60.00	0.6818
5.080×10^{-3}	1.829×10^{-2}	1.667×10^{-2}	1	1.136×10^{-2}
0.4470	1.609	1.467	88.00	1

体积流量单位换算　　**表 A-2-9**

米³/时 m^3/h	米³/分 m^3/min	米³/秒 m^3/s	英尺³/时 ft^3/h	英尺³/秒 ft^3/s	英加仑/分 gpmImp. gal/min 9.87	美加仑/分 gpmU. S. gal /min
1	1.667×10^{-2}	2.778×10^{-4}	35.31	9.81×10^{-3}	3.667	4.403
60	1	1.667×10^{-2}	2.119×10^{3}	0.5886	2.1998×10^{2}	2.642×10^{2}
3.6×10^{3}	60	1	1.271×10^{5}	35.31	1.32×10^{4}	1.585×10^{4}
2.832×10^{-2}	4.72×10^{-4}	7.866×10^{-6}	1	2.778×10^{-4}	0.1038	0.1247
1.019×10^{2}	1.699	2.832×10^{-2}	3.6×10^{3}	1	3.737×10^{2}	4.488×10^{2}
0.2728	4.546×10^{-3}	7.577×10^{-5}	9.632	2.676×10^{-3}	1	1.201
0.2271	3.785×10^{-3}	6.309×10^{-5}	8.021	2.228×10^{-3}	0.8327	1

质量流量单位换算　　**表 A-2-10**

千克/秒 (kg/s)	千克/时 (kg/h)	磅/秒 (lb/s)	磅/时 (lb/h)	吨/日 (t/d)	吨/年(8000 小时) (t/a)
1	3.6×10^{3}	2.205	7.937×10^{3}	86.4	2.88×10^{4}
2.778×10^{-4}	1	6.124×10^{-4}	2.205	2.4×10^{-2}	8
0.4536	1.633×10^{3}	1	3.6×10^{3}	39.19	1.306×10^{4}
1.26×10^{-4}	0.4536	2.778×10^{-4}	1	1.089×10^{-2}	3.629
1.157×10^{-2}	14.67	0.02552	91.86	1	3.333×10^{2}
3.472×10^{-5}	0.125	7.656×10^{-5}	0.2756	3×10^{-3}	1

力单位换算　　**表 A-2-11**

牛顿(N)	千克力(kgf)	达因(dyn)	磅(lb)	磅达(pdl)
1	0.102	10^{5}	0.2248	7.233
9.807	1	9.807×10^{5}	2.2046	70.93
10^{-5}	1.02×10^{-6}	1	2.248×10^{-6}	7.233×10^{-5}
4.448	0.4536	4.448×10^{5}	1	32.174
0.1383	1.41×10^{-2}	1.383×10^{4}	3.108×10^{-2}	1

压力单位换算　　**表 A-2-12**

牛顿/米² (N/m^2)或帕斯卡(Pa)	巴 bar	千克力/厘米² (kgf/cm^2)或工程大气压 (at)	磅/英寸² pai(lb/in^2)	大气压 Atm (标准大气压)	毫米汞柱 (0℃)mmHg	英寸汞柱 (0℃) Hg	毫米水柱 (15℃) mmH_2O	英寸水柱 (15℃) inH_2O
1	10^{-5}	1.02×10^{-5}	1.45×10^{-4}	9.869×10^{-6}	7.501×10^{-3}	2.953×10^{-4}	0.1021	4.018×10^{-3}
10^{5}	1	1.020	14.5	0.9869	750.1	29.53	1.021×10^{4}	401.8
9.807×10^{4}	0.9807	1	14.22	0.9678	735.6	28.96	1.001×10^{4}	394.1
6.895×10^{3}	6.895×10^{-2}	7.031×10^{-2}	1	6.805×10^{-2}	51.71	2.036	7.037×10^{2}	27.7
1.013×10^{5}	1.013	1.033	14.7	1	760	29.92	1.034×10^{4}	407.2
1.333×10^{2}	1.333×10^{-3}	1.36×10^{-3}	1.934×10^{-2}	1.316×10^{-3}	1	3.937×10^{-2}	13.61	0.5357
3.386×10^{3}	3.386×10^{-2}	3.453×10^{-2}	0.4912	3.342×10^{-2}	25.4	1	3.456×10^{2}	13.61
9.798	9.798×10^{-5}	9.991×10^{-5}	1.421×10^{-3}	9.67×10^{-5}	7.349×10^{-2}	2.893×10^{-3}	1	3.937×10^{-2}
2.489×10^{2}	2.489×10^{-3}	2.538×10^{-3}	3.609×10^{-2}	2.456×10^{-3}	1.867	7.349×10^{-2}	25.4	1

注：1. 标准大气压即物理大气压。

2. ata 为以工程大气压表示的绝对压力。

表面张力单位换算 表 A-2-13

达因/厘米 dyn/cm	克力/厘米 gf/cm	千克力/米 kgf/m	磅/英尺 Lb/ft	达因/厘米 dyn/cm	克力/厘米 gf/cm	千克力/米 kgf/m	磅/英尺 Lb/ft
1	1.02×10^{-3}	1.02×10^{-4}	6.854×10^{-5}	9807	10	1	0.672
980.7	1	0.1	6.72×10^{-2}	14592	14.88	1.488	1

动力黏度单位换算 表 A-2-14

帕·秒(Pa·s)或牛顿·秒/米²,N·s/m²	千克力·秒/米² kgf·s/m²	泊,P或克/(厘米·秒)g/(cm·s)	厘泊 cP	磅·秒/英尺² Lb·s/ft²
9.81	1	98.1	9.81×10^3	0.205
1	0.102	10	10^3	20.9×10^{-3}
0.1	1.02×10^{-2}	1	10^2	20.9×10^{-4}
10^{-3}	1.02×10^{-4}	10^{-2}	1	2.09×10^{-5}
47.88	4.88	478.8	4.788×10^4	1

注：$1N\cdot s/m^2=1kg/(m\cdot s)$；$1dyn\cdot s/cm^2=1P$（泊）。

运动黏度单位换算 表 A-2-15

米²/秒 m^2/s	厘米²/秒 cm^2/s 或沲,St	米²/时 (m^2/h)	英尺²/秒 ft^2/s	英尺²/时 ft^2/h
10^{-4}	1	0.36	1.076×10^{-3}	3.875
1	10^4	3.6×10^3	10.76	3.875×10^4
2.778×10^{-4}	2.778	1	2.99×10^{-3}	10.76
9.29×10^{-2}	929	3.346×10^2	1	3.6×10^3
2.58×10^{-5}	0.258	9.29×10^{-2}	2.78×10^{-4}	1

注：沲是斯托克斯（Stokes）的习惯叫法，1沲（St）$=10^2$ 厘沲（cSt）。

功、能和热量单位换算 表 A-2-16

焦耳 J	千克力·米 kgf·m	米制马力·时 PS·h	英制马力·时 HP·h	千瓦·时 kW·h	千卡 kcal	英热单位 Btu	英尺·磅 ft·lb
1	0.102	3.777×10^{-7}	3.725×10^{-7}	2.778×10^{-7}	2.389×10^{-4}	9.478×10^{-4}	0.7376
9.807	1	3.704×10^{-6}	3.653×10^{-6}	2.724×10^{-6}	2.342×10^{-3}	9.295×10^{-3}	7.233
2.648×10^6	2.7×10^5	1	0.9863	0.7355	632.5	2510	1.953×10^6
2.685×10^6	2.738×10^5	1.014	1	0.7457	641.2	2544.4	1.98×10^6
3.6×10^6	3.671×10^5	1.36	1.341	1	859.8	3412	2.655×10^6
4187	426.9	1.581×10^{-3}	1.559×10^{-3}	1.163×10^{-3}	1	3.968	3.087×10^3
1055	107.6	3.985×10^{-4}	3.93×10^{-4}	2.93×10^{-4}	0.252	1	778.2
1.356	0.1383	5.121×10^{-7}	5.05×10^{-7}	3.768×10^{-7}	3.24×10^{-4}	1.285×10^{-3}	1

注：1焦耳（J）＝1牛顿·米（N·m）＝1瓦·秒（W·s）$=10^7$ 尔格（erg）；1尔格（erg）＝1达因·厘米（dyn·cm）$=10^{-7}$焦耳。

功率单位换算

表 A-2-17

瓦 W	千瓦 kW	米制马力 PS	英制马力 HP	千克力·米/秒 kgt·m/s	千卡/秒 kcal/s	英热单位/秒 Btu/s	英尺·磅/秒 ft·lb/s
1	10^{-3}	1.36×10^{-3}	1.341×10^{-3}	0.102	2.39×10^{-4}	9.478×10^{-4}	0.7376
10^3	1	1.36	1.341	102	0.239	0.9478	737.6
735.5	0.7355	1	0.9863	75	0.1757	0.6972	542.5
745.7	0.7457	1.014	1	76.04	0.1781	0.7068	550
9.807	9.807×10^{-3}	1.333×10^{-2}	1.315×10^{-2}	1	2.342×10^{-3}	9.295×10^{-3}	7.233
4187	4.187	5.692	5.614	426.9	1	3.968	3087
1055	1.055	1.434	1.415	107.6	0.252	1	778.2
1.356	1.356×10^{-3}	1.843×10^{-3}	1.82×10^{-3}	0.1383	3.24×10^{-4}	1.285×10^{-3}	1

注：1瓦（W）=1焦耳/秒（J/s）=1牛顿·米/秒（N·m/s）；1尔格/秒（erg/s）=10^{-7}瓦（W）；1英尺·磅达/秒（ft·pdl/s）=0.04214牛顿·米/秒（N·m/s）。

比热单位换算

表 A-2-18

焦耳/(千克·K) J/(kg·K)	焦耳/(克·℃) J(g·℃)	千卡/(千克·℃) kcal/(kg·℃)	英热单位/(磅/°F) But/(lb·°F)	摄氏热单位/(磅·℃) Chu/(lb·℃)	千克·米/(千克·℃) kg·m/(kg·℃)
1	10^{-3}	2.389×10^{-4}	2.389×10^{-4}	2.389×10^{-4}	1.02×10^{-1}
10^3	1	0.2389	0.2389	0.2389	1.02×10^2
4.187×10^3	4.187	1	1	1	4.269×10^2
9.807	9.807×10^{-3}	2.342×10^{-3}	2.342×10^{-3}	2.342×10^{-3}	1

温度单位换算

表 A-2-19

开尔文,K	摄氏度,℃	华氏度,°F	兰金度°R
℃+273.15	℃	$\frac{9}{5}$℃+32	$\frac{9}{5}$℃+491.67
$\frac{5}{9}$(°F+459.67) $\frac{5}{9}$°R K	$\frac{5}{9}$(°F−32) $\frac{5}{9}$(°R−491.67) K−273.15	°F °R−459.67 $\frac{9}{5}$K−459.67	°F+459.67 °R $\frac{9}{5}$K

导热系数单位换算

表 A-2-20

千卡/(米·时·℃) kcal/(m·h·℃)	卡/(厘米·秒·℃) cal/(cm·s·℃)	瓦/(米·K) W/(m·K)	焦耳/(厘米·秒·℃) J/(cm·s·℃)	英热单位/(英尺·时·°F) Btu/(ft·h·°F)
1	2.78×10^{-3}	1.16	1.16×10^{-2}	0.672
360	1	418.7	4.187	242
0.8598	2.39×10^{-3}	1	10^{-2}	0.578
85.98	0.239	100	1	57.8
1.49	4.13×10^{-3}	1.73	1.73×10^{-2}	1

传热系数单位换算　　表 A-2-21

焦耳/(米^2·秒·K) [J/(m^2·s·K)] 瓦/(米^2·K) [W/(m^2·K)]	千卡/(米^2·时·℃) kcal/(m^2·h·℃)	卡/(厘米^2·秒·℃) cal/(cm^2·s·℃)	英热单位/(英尺^2·时·°F) Btu/(ft^2·h·°F)
1	0.8598	2.388×10^{-5}	0.1761
1.162	1	2.778×10^{-5}	0.2048
4.187×10^{4}	3.6×10^{4}	1	7373
5.678	4.882	1.356×10^{-4}	1

扩散系数单位换算　　表 A-2-22

厘米^2/秒 cm^2/s	米^2/时 m^2/h	英尺^2/时 ft^2/h	英寸^2/秒 in^2/s	厘米^2/秒 cm^2/s	米^2/时 m^2/h	英尺^2/时 ft^2/h	英寸^2/秒 in^2/s
1	0.36	3.875	0.155	0.2581	0.0929	1	0.04
2.778	1	10.76	0.4306	6.452	2.323	25	1

附录 B　国内典型城市的燃气负荷及其工况数据

本附录汇编了国内一些典型城市近期的燃气负荷及工况的实际调查数据，供确定相关城市的负荷指标及所需储气能力计算时参考。本附录部分资料来源于《煤气与热力》，《城市燃气》等公开出版物，其他未注明参考文献的数据采编自 2004 年 10 月中国城市燃气协会编辑的“城市燃气用气负荷指标及用气规律统计研究汇编”。在本附录后部增加了 5 个城市的 2018 年数据。

B.1　北　京

1. 负荷指标

北京 2000～2002 年各类用户年用气量指标实际调查数据　　表 B-1-1

用户类型		燃气用途	MJ/(户·a)	MJ/(m^2·a)	MJ/(人·a)	MJ/[床(座)·a]
别墅	中央空调	炊事、生活热水、供暖	241783	714	69088	
	壁挂炉	炊事、生活热水、供暖	170360	321	35248	
高级公寓	集中供暖	炊事、生活热水	30201	343	10079	
普通住宅	集中供暖	炊事、生活热水	3697	47	1233	
托儿所、幼儿园(日托)		餐饮		163	1748	
中小学		餐饮		515	299	
办公(写字)楼		餐饮		23		
		餐饮、生活热水		40	1362	
综合商场		餐饮		1043		
		餐饮、生活热水、供暖		1591		
高档宾馆		餐饮		895		114940
大饭店、酒楼		餐饮		837		32917
		餐饮、生活热水		686		6234
旅馆、招待所		采暖、生活热水、餐饮		857		36715
		餐饮		404		21227
饭馆、小吃、餐饮业		餐饮		817		3186
医院、疗养院		餐饮		90		5370
		供暖、餐饮		281		21192
		供暖、生活热水、餐饮		828		13551
科研、大专院校		供暖		214		
		生活热水、餐饮		16	1284	

北京燃气集团负荷调查课题组推荐的年负荷指标　表 B-1-2

用户类型		燃气用途	MJ/(户·a)	MJ/(m²·a)	MJ/(人·a)	MJ/[床(座)·a]
别墅	中央空调	炊事、生活热水、供暖	213684	712	67667	
	壁挂炉	炊事、生活热水、供暖	106842	534	32053	
高级公寓	集中采暖	炊事、生活热水	28491	534	9260	
普通住宅	集中采暖	炊事、生活热水	8547	427	2849	
托儿所、幼儿园(日托)		餐饮、热水		534	1781	
中、小学		餐饮、生活热水		534	1425	
办公(写字)楼		餐饮、生活供暖		534	1425	
综合商场		餐饮、生活热水、供暖		1603		
高档宾馆		餐饮、生活热水、供暖		1068		106842
大饭店、酒楼		餐饮、生活热水		890		19588
旅馆、招待所		供暖、生活热水、餐饮		890		28491
饭馆、小吃、餐饮业		餐饮		890		10684
医院、疗养院		餐饮、供暖、生活热水		890		21368
科研、大专院校		供暖、生活热水、餐饮		356	1781	

2. 月不均匀性

北京市供热厂 1998～2001 供暖季各月用气量占总供暖季用气量的百分数　表 B-1-3

	1998 年供暖季	1999 年供暖季	2000 年供暖季	2001 年供暖季	加权平均
11 月(%)	13.74	15.06	16.11	14.62	15.03
12 月(%)	23.84	21.84	23.76	32.25	25.20
1 月(%)	26.68	29.31	30.39	25.60	28.30
2 月(%)	20.79	23.61	21.27	19.45	21.40
3 月(%)	14.95	10.18	8.47	8.07	10.07
总量(万 m³)	11990	17338	19638	14534	63501
权重	0.189	0.273	0.309	0.229	

北京市直燃机用户 1999～2002 年用气月不均匀系数　表 B-1-4

时间	机关	宾馆	商场	写字楼	医院	公寓	加权平均
1 月	1.478	1.513	1.387	1.675	2.220	1.713	1.609
2 月	0.869	1.123	1.331	1.417	2.040	1.223	1.235
3 月	0.534	0.712	0.578	0.698	1.236	0.760	0.689
4 月	0.148	0.284	0.000	0.232	0.470	0.162	0.216
5 月	0.288	0.618	0.000	0.671	0.033	0.538	0.462
6 月	1.495	1.132	1.323	1.117	0.486	1.012	1.185
7 月	1.917	1.440	1.454	1.384	0.663	1.258	1.485
8 月	1.849	1.436	1.592	1.243	0.839	1.182	1.435
9 月	1.016	1.019	1.496	0.867	0.422	0.701	0.938
10 月	0.097	0.364	0.963	0.349	0.142	0.514	0.323
11 月	0.769	0.823	0.578	0.729	0.826	1.177	0.785
12 月	1.541	1.536	1.298	1.619	2.621	1.759	1.637

3. 日不均匀性

北京市1998～2003各类燃气用户用气日不均匀系数统计 **表B-1-5**

燃气用户种类	居民用户		分散锅炉房		直燃机用户			
	日不均匀系数		室外温度（℃）	日不均匀系数	日不均匀系数			
日期	2003年4月	2003年5月	2003年1月		1998年1月	1999年1月	1998年7月	1999年7月
1	1.138	0.917			0.767	0.845	0.759	0.901
2	1.138	0.899	−7	0.914	0.767	0.982	1.055	1.397
3	1.130	0.874	−7	1.243	1.124	0.886	1.074	0.992
4	1.088	0.891	−9	1.221	1.089	1.261	0.983	0.887
5	1.002	0.921	−7.5	1.213	0.919	1.261	0.983	1.076
6	0.652	1.010	−7.5	1.183	0.818	0.916	0.954	1.435
7	1.086	1.034	−4.5	1.198	0.859	0.964	0.975	0.940
8	1.090	1.049	−5	1.177	0.818	1.136	0.914	0.381
9	1.132	1.039	−4	1.083	0.824	1.029	1.021	0.360
10	1.169	0.919	−2.5	0.982	0.837	0.988	1.063	0.297
11	1.180	0.950	1.5	0.882	0.903	1.380	0.895	0.478
12	1.041	1.037	2	0.776	0.912	1.208	0.729	0.203
13	1.031	1.021	−0.5	0.834	0.991	1.338	0.954	1.037
14	1.083	1.025	−1.5	0.901	1.061	1.380	1.125	1.174
15	1.074	1.019	−1	0.949	1.165	1.208	1.202	1.432
16	1.027	1.024	−1	0.927	1.181	1.321	1.138	1.383
17	1.092	0.939	1	0.967	1.218	0.255	1.087	1.226
18	1.113	0.960	−2	0.857	1.343	1.196	0.879	1.233
19	1.004	1.045	−0.5	0.859	1.196	1.338	0.783	1.593
20	1.011	1.048	0.5	0.840	0.960	0.898	0.994	1.502
21	1.063	1.051	−1	0.950	1.092	0.827	1.026	1.621
22	1.030	1.044	0	0.896	1.108	0.684	1.077	1.669
23	0.985	1.021	−2	0.866	1.234	0.577	0.906	1.848
24	0.902	0.945	−0.5	1.032	1.042	0.732	1.138	0.590
25	0.681	0.969	−2	0.901	0.941	0.916	1.047	0.737
26	0.741	1.060	−2.5	0.907	0.975	0.964	1.010	0.636
27	0.727	1.068	−8	1.090	1.045	0.613	1.018	0.499
28	0.770	1.071	−8	1.140	1.061	0.321	1.034	0.555
29	0.754	1.089	−5.5	1.150	0.991	0.464	1.074	0.681
30	0.732	1.083			0.865	0.857	1.101	0.765
31		0.980			0.896	1.255	0.999	1.474

北京市 1998～2003 各类燃气用户用气日不均匀系数统计（续） 表 B-1-6

燃气用户种类	四大燃气供热厂							
	1999 年 1 月	2000 年 1 月	2001 年 1 月	2002 年 1 月	1998 年 12 月	1999 年 12 月	2000 年 12 月	2001 年 12 月
日期	日不均匀系数	日不均匀系数	日不均匀系数	日不均匀系数	日不均匀系数	日不均匀系数	日不均匀系数	日不均匀系数
1	0.970	0.809	0.908	1.001	1.146	1.049	0.811	0.672
2	0.950	0.804	0.918	1.033	1.104	0.991	0.778	0.690
3	0.940	0.812	0.952	1.008	1.122	1.016	0.772	0.756
4	0.888	0.854	0.978	0.893	1.098	1.003	0.763	0.861
5	0.902	0.949	0.988	0.875	1.138	0.971	0.688	0.965
6	0.966	0.970	0.964	0.914	1.104	0.937	0.709	1.077
7	1.020	1.083	0.948	0.946	1.119	0.968	0.729	1.101
8	1.105	0.959	0.965	0.929	1.137	0.870	0.756	1.091
9	1.123	0.955	0.927	0.936	1.187	0.889	0.796	1.068
10	1.087	0.916	0.931	0.897	1.168	0.869	0.858	1.119
11	1.113	0.862	0.948	0.858	1.122	0.862	0.882	1.203
12	1.114	0.972	0.984	0.862	1.086	0.871	0.892	1.211
13	1.126	0.915	1.110	0.877	1.069	0.851	0.959	1.270
14	1.180	1.059	1.137	0.901	0.992	0.876	1.041	1.281
15	1.068	1.054	1.106	0.891	0.944	0.930	1.113	1.231
16	1.045	1.011	1.076	0.869	0.900	0.973	1.062	1.230
17	1.004	1.030	1.078	0.878	0.874	1.030	1.059	1.249
18	1.006	1.036	1.150	0.893	0.876	1.119	1.026	1.006
19	0.989	1.058	1.074	0.881	0.821	1.174	1.093	1.098
20	1.003	1.038	1.090	0.836	0.886	1.238	1.085	0.975
21	0.996	1.004	1.101	0.849	0.847	1.269	1.123	0.953
22	0.931	1.045	1.091	0.948	0.808	1.321	1.186	0.920
23	0.937	1.033	1.025	0.920	0.822	1.216	1.195	0.913
24	0.922	1.060	1.038	1.104	0.822	1.025	1.201	1.012
25	0.947	1.114	1.046	1.282	0.843	1.008	1.127	1.028
26	0.913	1.120	0.951	1.307	0.879	0.896	1.249	0.897
27	1.164	0.978	0.908	1.302	0.881	0.939	1.209	0.841
28	0.886	1.157	0.908	1.301	1.002	0.888	1.252	0.829
29	0.901	1.099	0.939	1.266	1.044	0.910	1.219	0.805
30	0.901	1.103	0.880	1.253	1.114	0.991	1.171	0.825
31	0.904	1.145	0.881	1.288	1.047	1.050	1.197	0.825

4. 小时不均匀性

北京市1998～2003各类燃气用户用气小时不均匀系数统计 **表 B-1-7**

时间	居民用户	直燃机用户								锅炉房
	时不均匀系数	夏季高峰日时不均匀系数				冬季高峰日时不均匀系数				时不均匀系数
		写字楼	宾馆	娱乐场馆	加权平均	写字楼	宾馆	娱乐场馆	加权平均	
0～1	0.342	0.192	0.823	0.410	0.417	0.428	0.777	0.400	0.543	0.647
1～2	0.333	0.191	0.799	0.410	0.408	0.433	0.777	0.400	0.546	0.685
2～3	0.352	0.185	0.815	0.410	0.410	0.400	0.777	0.400	0.526	0.732
3～4	0.319	0.185	0.838	0.410	0.418	0.399	0.777	0.400	0.525	0.748
4～5	0.340	0.189	0.830	0.410	0.417	0.411	0.777	0.400	0.532	0.741
5～6	0.559	0.335	0.846	0.410	0.510	0.448	0.777	0.400	0.554	0.804
6～7	1.250	1.360	0.815	0.821	1.142	1.293	0.874	0.800	1.121	0.952
7～8	1.427	1.806	0.999	0.821	1.471	1.783	0.972	0.800	1.447	1.209
8～9	1.187	1.762	1.022	0.821	1.452	1.745	0.991	0.800	1.431	1.139
9～10	1.552	1.751	1.053	1.231	1.483	1.740	1.011	0.800	1.434	1.094
10～11	1.692	1.802	1.083	1.231	1.525	1.478	1.030	1.200	1.310	1.149
11～12	1.794	1.793	1.196	1.231	1.557	1.580	1.049	1.200	1.378	1.123
12～13	1.498	1.910	1.205	1.231	1.630	1.527	1.069	1.200	1.352	1.086
13～14	0.881	1.793	1.219	1.231	1.564	1.484	1.088	1.200	1.333	1.035
14～15	0.582	1.749	1.195	1.231	1.529	1.415	1.127	1.200	1.305	1.053
15～16	0.835	1.687	1.133	1.231	1.472	1.410	1.166	1.600	1.341	1.070
16～17	1.162	1.589	1.139	1.231	1.415	1.361	1.185	1.600	1.318	1.173
17～18	1.628	1.048	1.141	1.231	1.091	1.148	1.205	1.600	1.197	1.151
18～19	1.893	0.639	1.127	1.436	0.855	0.704	1.224	1.600	0.937	1.266
19～20	1.595	0.550	1.085	1.436	0.788	0.705	1.224	1.200	0.917	1.181
20～21	1.057	0.539	0.980	1.436	0.746	0.548	1.224	1.200	0.817	1.165
21～22	0.801	0.497	0.946	1.231	0.695	0.529	1.069	1.200	0.754	1.076
22～23	0.566	0.232	0.864	1.231	0.509	0.516	0.952	1.200	0.707	0.994
23～24	0.355	0.219	0.947	1.231	0.496	0.516	0.952	1.200	0.675	0.728

B.2 上 海

1. 月不均匀性

上海市2001～2004年天然气及人工燃气用户用气月不均匀系数统计 **表 B-2-1**

月＼年	天然气用户			人工燃气用户			
	2001～2002年	2002～2003年	2003～2004年	2000～2001年	2001～2002年	2002～2003年	2003～2004年
5	0.699	0.772	0.702	0.884	0.891	0.857	0.886
6	0.770	0.781	0.677	0.8549	0.862	0.805	0.824

续表

月＼年	天然气用户			人工燃气用户			
	2001～2002 年	2002～2003 年	2003～2004 年	2000～2001 年	2001～2002 年	2002～2003 年	2003～2004 年
7	0.841	0.789	0.752	0.786	0.768	0.773	0.766
8	0.849	0.797	0.771	0.783	0.792	0.747	0.735
9	0.876	0.826	0.757	0.846	0.839	0.782	0.776
10	0.852	0.802	0.816	0.878	0.881	0.850	0.874
11	1.011	0.978	0.951	1.036	1.053	1.049	1.021
12	1.349	1.220	1.253	1.173	1.253	1.226	1.268
1	0.340	1.382	1.333	1.271	1.299	1.389	1.355
2	0.209	1.261	1.362	1.283	1.224	1.258	1.275
3	1.149	1.196	1.381	1.177	1.135	1.232	1.193
4	1.065	1.112	1.257	1.044	1.019	1.047	1.034

上海市 2018 年月不均匀系数 **表 B-2-1a**

月份	1	2	3	4	5	6	7	8	9	10	11	12
k_m	1.37	1.35	1.10	0.94	0.84	0.83	0.79	0.74	0.79	0.83	1.07	1.35

2. 日不均匀系数

上海市 2001～2004 年天然气及人工燃气用户用气日不均匀系数统计 **表 B-2-2**

日＼年月	天然气用户			人工燃气用户			
	2001 年 12 月	2003 年 1 月	2004 年 3 月	2001 年 2 月	2002 年 1 月	2003 年 1 月	2004 年 1 月
1	0.823	0.907	1.049	1.021	1.006	0.954	0.969
2	0.798	0.995	1.063	1.017	1.001	0.927	0.962
3	0.739	1.150	1.081	0.994	1.012	0.999	0.970
4	0.777	1.163	1.020	0.982	1.005	1.046	0.959
5	0.788	1.119	1.052	0.965	0.993	1.051	0.932
6	0.869	1.062	1.081	0.976	0.997	1.046	0.954
7	0.919	0.993	1.073	1.072	1.012	1.038	0.951
8	0.835	1.033	1.016	1.069	1.016	1.023	0.962
9	0.869	1.047	0.984	1.055	1.015	0.998	0.980
10	0.895	1.065	0.936	1.039	0.975	1.014	0.975
11	0.917	0.943	0.971	1.028	0.989	1.007	1.016
12	0.978	0.967	0.993	0.998	0.942	0.991	1.012
13	1.102	0.988	0.971	1.041	0.924	0.948	1.035
14	1.023	1.004	0.989	1.050	0.876	0.964	1.024
15	1.053	0.982	0.928	1.027	0.845	0.973	0.973
16	1.019	0.981	0.907	1.054	1.923	0.964	0.976
17	1.001	0.960	0.948	1.032	0.973	0.963	1.014
18	1.051	0.966	0.961	0.999	1.012	0.949	1.038
19	1.033	0.957	1.008	0.954	1.041	0.949	1.096
20	1.052	0.891	1.022	0.933	1.034	0.971	1.200

续表

日＼年月	天然气用户			人工燃气用户			
	2001年12月	2003年1月	2004年3月	2001年2月	2002年1月	2003年1月	2004年1月
21	1.162	0.974	1.018	0.942	1.027	0.964	1.245
22	1.134	1.032	1.058	0.931	1.023	0.964	0.888
23	1.138	1.006	1.061	0.963	1.044	0.997	0.934
24	1.181	0.860	1.001	0.998	1.027	1.009	0.956
25	1.199	0.937	0.963	1.008	1.036	0.958	0.983
26	1.145	0.985	0.995	0.952	1.035	0.965	0.994
27	1.120	1.066	0.970	0.941	1.056	1.004	1.010
28	1.167	1.055	0.976	0.967	1.056	1.038	1.018
29	1.108	1.133	0.950		1.036	1.077	1.008
30	1.048	0.966	0.0986		1.041	1.135	0.987
31	1.058	0.813	0.970		1.027	1.115	0.982

3. 小时不均匀系数

上海市2001～2004年天然气及人工燃气用户用气小时不均匀系数统计　　表B-2-3

小时	天然气用户	人工燃气用户			
	2004年3月3日	2001年2月7日	2002年1月27日	2003年1月30日	2004年1月21日
6～7	0.727	0.566	0.379	0.473	0.452
7～8	1.001	1.057	0.789	0.987	0.630
8～9	1.027	1.299	1.066	1.268	1.132
9～10	0.888	1.264	1.358	1.216	1.468
10～11	1.558	1.241	1.513	1.421	1.567
11～12	1.104	1.463	1.729	1.498	1.696
12～13	1.579	1.602	1.651	1.482	1.620
13～14	1.080	1.054	1.270	1.361	1.327
14～15	0.804	0.903	0.999	1.203	1.017
15～16	0.763	0.905	0.976	1.156	0.952
16～17	0.785	1.276	1.231	1.351	0.150
17～18	1.522	1.991	1.811	1.549	1.602
18～19	1.534	1.996	1.984	1.710	1.784
19～20	1.706	1.760	1.744	1.568	1.468
20～21	1.32	1.360	1.475	1.379	1.307
21～22	1.195	0.993	1.132	1.172	1.149
22～23	0.998	0.985	0.817	1.041	0.913
23～24	0.859	0.640	0.521	0.700	0.729
0～1	0.578	0.428	0.380	0.451	0.522
1～2	0.514	0.278	0.271	0.254	0.388
2～3	1.037	0.148	0.151	0184	0.295
3～4	0.233	0.240	0.257	0.161	0.285
4～5	0.564	0.222	0.170	0.173	0.311
5～6	0.626	0.331	0.327	0.241	0.235

4. 用气结构

上海市 2002～2003 年用气结构 **表 B-2-4**

	年份	类别	工业	生活	掺混	空调	其他
天然气	2002 年	气量(10^4m^3)	10715	19844	9363		575
		%	26.5	49.0	23.1		1.4
	2003 年	气量(10^4m^3)	18588	24241	14042		676
		%	32.3	42.1	24.4		1.2
人工燃气	2002 年	气量(10^4m^3)	26316	174752		9956	4485
		%	12.2	81.1		4.6	2.1
	2003 年	气量(10^4m^3)	27454	175360		12861	3828
		%	12.5	79.9		5.9	1.7

B.3 杭 州

用气负荷指标

杭州市 2003～2004 年用气负荷指标统计 **表 B-3-1**

类别	小类	单位	年指标
居民	A类住宅	MJ/(人·a)	1881
	B类住宅	MJ/(人·a)	2090
	C类住宅	MJ/(人·a)	2299
商业	学校(寄宿)	MJ/(人·a)	1881
	学校(不寄宿)	MJ/(人·a)	1254
	职工食堂	MJ/(座·a)	1463
	餐饮(大型)	MJ/(座·a)	4180
	餐饮(一般)	MJ/(座·a)	2090
	宾馆	MJ/(床·a)	3344
	医院	MJ/(床·a)	4180
工业	1类:炼钢、锻造、铸造、小型燃气轮机等	MJ/(m^2·a)	10450
	2类:陶瓷、玻璃制造、不锈钢、电镀、燃汽化工等	MJ/(m^2·a)	6688
	3类:食品、玻璃工艺、烘干、印染等	MJ/(m^2·a)	1254
	4类:纺织、药品、服装等	MJ/(m^2·a)	209
	5类:电子、工艺制品、工业试验等	MJ/(m^2·a)	41.8
锅炉		MJ/(蒸吨·a)	2592
空调		MJ/(m^2·a)	300

B.4　富　　阳

1. 用气负荷指标

富阳市 2001～2003 年用气负荷指标统计　　表 B-4-1

类别		2001 年	2002 年	2003 年	单位
居民用户	未安装热水器	2367	2380	2406	MJ/(人·a)
	已安装热水器	2666	2683	2715	MJ/(人·a)
企事业单位			1948	1934	MJ/(人·a)
营业性餐厅			4874	4591	MJ/(座·a)
			1713	1613	MJ/(m^2·a)

2. 月不均匀系数

富阳市 2000～2003 年月不均匀系数统计　　表 B-4-2

	4月	5月	6月	7月	8月	9月	10月	11月	12月	1月	2月	3月
2000 年	0.76	0.76	0.75	0.78	0.88	0.94	0.99	1.06	1.17	1.37	1.36	1.19
2001 年	0.92	0.82	0.81	0.79	0.76	0.82	0.97	1.10	1.26	1.27	1.32	1.19
2002 年	0.90	0.90	0.88	0.86	0.84	0.89	0.94	1.03	1.15	1.27	1.23	0.97
2003 年	0.94	0.87	0.88	0.84	0.82	0.81	0.90	1.01	1.21	1.30	1.20	1.22

3. 日不均匀系数

富阳市 2000～2003 年日不均匀系数统计　　表 B-4-3

日	2000 年 1 月	2001 年 2 月	2002 年 1 月	2003 年 1 月
1	1.04	0.96	1.04	0.99
2	0.93	1.04	0.98	0.91
3	0.90	1.10	0.94	0.93
4	0.89	0.96	1.00	0.97
5	0.91	0.93	1.02	1.08
6	0.95	0.95	0.98	0.90
7	1.00	0.98	1.00	0.84
8	0.94	0.98	1.01	0.96
9	0.95	1.03	1.02	0.98
10	0.96	1.13	0.99	1.06
11	0.93	1.32	1.01	1.05
12	0.94	0.81	1.02	0.97
13	0.96	0.77	0.94	0.95
14	1.03	0.89	0.96	0.97
15	0.99	0.93	0.96	0.95

续表

日	2000年1月	2001年2月	2002年1月	2003年1月
16	1.00	1.02	0.95	1.05
17	1.05	1.02	0.93	0.99
18	1.07	1.05	0.92	1.08
19	1.03	1.04	0.94	1.13
20	1.07	1.03	0.94	1.21
21	1.14	1.01	0.96	1.32
22	1.17	1.05	1.00	0.86
23	1.35	0.91	0.96	0.79
24	0.90	1.13	0.97	0.79
25	0.81	0.90	1.02	0.99
26	0.90	1.09	1.03	1.02
27	0.96	0.97	0.99	1.02
28	1.05	0.98	0.99	1.09
29	1.05		1.08	0.99
30	1.05		1.18	0.99
31	1.11		1.30	1.10

4. 时不均匀系数

富阳市2000～2003年小时不均匀系数统计 **表B-4-4**

时段	统计年计算月时不均匀系数 K_3				统计年3月1～15日每天各时段不均匀系数平均值			
	2000年1月23日	2001年2月11日	2002年1月31日	2003年1月21日	2000年	2001年	2002年	2003年
0～1	0.14	0.15	0.15	0.23	0.12	0.11	0.10	0.11
1～2	0.11	0.09	0.15	0.05	0.09	0.06	0.06	0.07
2～3	0.09	0.06	0.06	0.05	0.08	0.06	0.05	0.07
3～4	0.06	0.00	0.06	0.05	0.08	0.05	0.07	0.02
4～5	0.69	0.03	0.06	0.05	0.09	0.06	0.06	0.09
5～6	0.09	0.06	0.09	0.09	0.17	0.17	0.17	0.28
6～7	0.19	0.18	0.23	0.20	0.82	0.84	0.69	1.05
7～8	0.92	0.87	0.49	0.89	1.36	1.29	1.26	1.33
8～9	1.04	1.20	1.29	1.21	1.91	0.89	1.12	1.06
9～10	1.50	1.36	1.32	1.34	1.21	1.33	1.37	1.38
10～11	1.71	1.98	1.51	1.77	2.16	2.35	2.22	2.48
11～12	2.14	2.17	2.50	2.33	3.31	3.30	3.15	2.82
12～13	1.79	1.71	1.85	1.77	1.18	1.42	1.16	1.05
13～14	1.41	1.41	1.57	1.14	0.37	0.43	0.41	0.42

续表

时段	统计年计算月时不均匀系数 K_3				统计年3月1～15日每天各时段不均匀系数平均值			
	2000年1月23日	2001年2月11日	2002年1月31日	2003年1月21日	2000年	2001年	2002年	2003年
14～15	1.68	1.42	1.86	1.61	0.34	0.37	0.38	0.33
15～16	2.03	1.86	2.06	2.13	0.61	0.72	0.67	0.87
16～17	2.86	2.75	2.90	3.04	2.30	2.25	2.52	2.17
17～18	2.35	3.07	2.57	2.72	4.28	4.26	4.13	3.73
18～19	1.24	1.59	1.08	1.37	2.13	2.14	2.01	2.35
19～20	0.71	0.69	0.53	0.37	0.87	0.83	0.83	0.76
20～21	0.49	0.33	0.46	0.71	0.52	0.47	0.58	0.54
21～22	0.23	0.32	0.32	0.32	0.45	0.41	0.47	0.46
22～23	0.38	0.39	0.32	0.21	0.30	0.29	0.31	0.34
23～24	0.45	0.32	0.46	0.37	0.17	0.18	0.21	0.18

B.5　成　　都

汽车耗气负荷指标

成都市2000～2003年CNG汽车耗气量指标　　**表B-5-1**

		百千米负荷(MJ/100km)	日负荷[MJ/(车·d)]
出租车(富康、捷达)		332.7	1293.9
公交车	有空调	1848.5	3327.3
	无空调	1090.6	1848.5
环卫车		1109.1	1848.5

B.6　长　　春

1. 居民用气负荷指标

长春市2000—2003年居民用气负荷指标统计［MJ/(人·a)］　　**表B-6-1**

	2000年	2001年	2002年	2003年
天然气用户	1098	938	943	1056
混合燃气用户	1075	1032	1005	918

2. 月不均匀系数

长春市2000～2003年用气月不均匀系数统计　　**表B-6-2**

	综合				院校I			院校J		
	2000年	2001年	2002年	2003年	2001年	2002年	2003年	2001年	2002年	2003年
5月	0.58	0.92	0.66	0.68	0.0	0.83	1.00	3.61	3.95	0.00
6月	0.41	0.44	0.69	0.60	0.0	0.92	1.08	3.27	3.19	4.24

续表

	综合				院校 I			院校 J		
	2000 年	2001 年	2002 年	2003 年	2001 年	2002 年	2003 年	2001 年	2002 年	2003 年
7 月	0.35	0.52	0.49	0.51	0.0	1.22	0.78	3.56	3.51	3.90
8 月	0.50	0.55	0.69	0.52	0.0	0.00	0.00	0.00	0.00	1.17
9 月	0.56	0.71	0.72	0.72	0.0	1.43	1.00	3.65	3.37	0.00
10 月	0.55	0.86	1.14	0.86	0.0	1.00	0.81	2.34	2.64	3.89
11 月	1.14	1.29	1.63	1.36	0.0	1.60	2.18	2.87	1.47	0.00
12 月	1.56	1.57	1.73	1.62	1.20	1.77	2.05	4.37	8.34	0.00
1 月	1.84	1.45	1.50	1.61	2.08	7.59	0.82	3.21	5.26	3.48
2 月	1.88	1.33	1.11	1.50	1.64	0.60	1.93	3.04	0.00	0.00
3 月	1.42	1.27	0.96	1.23	1.20	2.54	1.62	1.01	0.00	4.58
4 月	1.27	1.11	0.64	0.72	0.84	7.38	0.94	0.00	4.09	3.50

3. 日不均匀系数

长春市 2001～2003 年用气日不均匀系数统计 **表 B-6-3**

日	2001 年 12 月	2002 年 12 月	2003 年 12 月
1	0.89	0.82	1.14
2	0.92	0.83	0.8
3	0.87	0.87	0.9
4	0.93	0.83	0.86
5	0.87	0.84	0.94
6	0.87	0.72	0.97
7	0.93	0.86	0.95
8	0.87	1.05	0.94
9	0.94	1.05	0.90
10	1.03	1.25	0.91
11	0.95	1.27	1.17
12	0.92	1.15	1.01
13	1.01	1.13	0.99
14	0.99	1.23	1.06
15	0.99	1.10	1.01
16	1.02	0.89	1.02
17	1.11	0.84	1.05
18	1.08	0.95	1.06
19	1.09	0.89	1.05
20	1.03	0.91	1.04
21	1.02	1.04	1.11

续表

日	2001年12月	2002年12月	2003年12月
22	1.04	0.98	1.27
23	1.10	0.98	0.98
24	1.15	1.04	0.97
25	1.14	1.14	1.05
26	1.10	1.14	1.02
27	1.03	1.02	1.01
28	1.01	0.93	1.04
29	1.06	0.92	0.96
30	1.07	1.08	0.07
31	0.05		

4. 小时不均匀系数

长春市2001～2003年用气小时不均匀系数统计　　**表B-6-4**

时段	2001年11月9日	2002年11月9日	2003年12月19日
0～2	1.01	0.72	1.04
2～4	1.04	0.73	1.02
4～6	1.05	0.89	0.98
6～8	1.04	0.98	0.97
8～10	1.00	1.14	0.97
10～12	0.99	1.09	1.02
12～14	1.00	1.05	1.04
14～16	0.88	1.05	1.00
16～18	1.08	1.04	0.98
18～20	1.03	1.08	1.02
20～22	0.97	1.12	1.00
22～24	0.92	1.11	0.97

5. 用气结构

长春市2001～2003年用气结构统计　　**表B-6-5**

	类　别	民　用	工　业	其　他
2001年12月	气量(10^4m^3)	95	280	164
	%	18	52	30
2002年12月	气量(10^4m^3)	97	255	244
	%	16	43	41
2003年12月	气量(10^4m^3)	117	78	326
	%	22	15	63

B.7 郑 州

1. 负荷指标

郑州市 2000～2003 年各类用户用气负荷统计 表 B-7-1

用户类型	单位	2000 年	2001 年	2002 年	2003 年
居民	MJ/(人·a)	1652	1661	1694	1637
供暖	MJ/(t·a)		1473425	1456584	1528078
直燃机	MJ/(t·a)				1107402
出租车	MJ/(车·100km)				268
出租车行驶里程	km/(车·d)				400
公交车	MJ/(车·100km)				1090
公交车行驶里程	km/(车·d)				240

2. 月不均匀系数

郑州市 2000～2003 年各类用户月不均匀系数统计 表 B-7-2

年/月		5月	6月	7月	8月	9月	10月	11月	12月	1月	2月	3月	4月
综合	2000	0.80	0.77	0.72	0.71	0.76	0.85	1.13	1.30	1.49	1.42	1.09	0.97
	2001	0.70	0.70	0.67	0.67	0.75	0.80	1.06	1.63	1.53	1.37	1.17	0.98
	2002	0.64	0.61	0.58	0.59	0.67	0.77	1.07	1.44	1.55	1.51	1.40	1.20
	2003	0.73	0.70	0.68	0.68	0.72	0.81	1.17	1.53	1.56	1.34	1.13	0.96
居民	2000	0.99	0.92	0.85	0.80	0.82	0.77	0.86	0.91	1.27	1.31	1.27	1.18
	2001	1.00	0.92	0.84	0.81	0.85	0.80	0.95	1.17	1.30	1.10	1.10	1.10
	2002	0.90	0.92	0.88	0.76	0.90	0.85	1.04	1.19	1.17	1.18	1.14	1.03
	2003	0.99	0.90	0.81	0.79	0.78	0.82	1.04	1.24	1.17	1.19	1.17	1.01
商业	2000	0.39	0.45	0.41	0.38	0.49	0.60	0.82	1.63	1.92	2.14	1.66	1.04
	2001	0.81	0.74	0.63	0.46	0.70	0.93	1.11	1.30	1.62	1.15	1.27	1.22
	2002	0.82	0.92	0.60	0.50	0.75	0.85	1.14	1.26	1.34	1.25	1.36	1.15
	2003	0.69	0.70	0.51	0.59	0.84	0.88	1.15	1.47	1.24	1.40	1.21	1.27
采暖	2001	0.16	0.11	0.25	0.23	0.20	0.15	0.27	2.37	2.87	3.13	1.84	0.31
	2002	0.14	0.21	0.22	0.19	0.19	0.11	0.57	2.15	2.63	2.28	2.60	0.62
	2003	0.10	0.06	0.08	0.07	0.11	0.13	0.60	2.57	2.47	3.54	1.67	0.53
直燃机	2003	0.09	0.54	1.04	1.47	0.69	0.32	0.72	1.87	2.09	2.03	0.62	0.44
CNG	2002			0.76	0.56	0.66	0.76	0.82	0.72	0.93	1.39	1.61	1.75
	2003	0.54	0.57	0.67	0.74	0.75	0.91	0.96	1.23	1.26	1.27	1.35	1.71

3. 日不均匀系数

郑州市2001～2004年计算月日不均匀系数统计　表B-7-3

日期/年份	2001年1月	2001年12月	2003年1月	2004年1月
1	0.89	0.88	1.01	0.94
2	0.86	0.88	1.01	0.91
3	0.89	0.85	1.03	0.90
4	0.89	0.94	0.99	0.91
5	0.89	0.94	1.01	0.91
6	0.92	0.97	0.99	0.92
7	1.02	0.97	0.99	0.99
8	0.96	1.05	1.01	1.00
9	0.96	1.05	1.05	0.99
10	0.96	0.97	1.03	1.03
11	0.99	1.02	0.96	1.02
12	0.96	1.02	1.03	0.99
13	1.05	1.02	0.88	0.98
14	1.05	1.02	0.94	0.99
15	1.02	1.08	0.96	1.04
16	1.02	1.08	0.94	1.04
17	0.99	1.02	0.96	1.07
18	0.99	1.02	0.94	1.11
19	1.02	1.02	0.94	1.13
20	1.02	1.05	0.90	1.14
21	1.02	1.05	0.99	1.10
22	1.35	1.02	0.90	0.96
23	1.32	1.05	0.88	0.96
24	1.05	1.02	0.96	0.99
25	1.02	0.99	1.01	1.00
26	0.96	0.97	1.05	0.98
27	0.96	1.02	1.07	1.00
28	0.99	0.99	1.07	0.99
29	1.02	1.08	1.09	0.99
30	0.99	0.99	1.21	0.99
31	0.99	0.99	1.21	0.99

4. 小时不均匀系数

郑州市 2001～2004 年计算月小时不均匀系数统计　　表 B-7-4

时段	2001 年 1 月 22 日	2001 年 12 月 16 日	2004 年 1 月 20 日
0～1	0.24	0.24	0.32
1～2	0.15	0.27	0.37
2～3	0.20	0.28	0.36
3～4	0.26	0.68	0.40
4～5	0.32	0.47	0.41
5～6	0.64	0.39	0.84
6～7	0.89	0.80	0.92
7～8	0.87	0.99	0.81
8～9	1.00	1.24	1.03
9～10	1.04	1.27	1.17
10～11	1.04	1.27	1.15
11～12	1.86	1.46	1.37
12～13	1.85	1.67	1.45
13～14	1.00	1.04	1.29
14～15	1.03	0.97	1.08
15～16	1.10	0.94	1.06
16～17	1.10	1.08	1.07
17～18	1.35	1.28	1.36
18～19	1.48	2.23	1.60
19～20	1.50	1.30	1.44
20～21	1.52	1.21	1.34
21～22	1.52	1.14	1.20
22～23	1.34	0.94	1.07
23～24	0.70	0.84	0.89

5. 用气结构

郑州市 2000～2003 年用气结构统计　　表 B-7-5

	类别	民用	商业	供暖锅炉	直燃机	汽车	小工业	安飞
2000 年	销气量(10^4m^3)	5084	1325				47	
	比例(%)	78.75	20.52				0.73	
2001 年	销气量(10^4m^3)	5634	1192	820			95	
	比例(%)	72.78	15.40	10.59			1.23	
2002 年	销气量(10^4m^3)	6306	1621	1191		212	399	851
	比例(%)	59.60	15.32	11.26		2.00	3.77	8.04
2003 年	销气量(10^4m^3)	6962	2538	1707	191	1113	607	2991
	比例(%)	43.22	15.76	10.60	1.19	6.91	3.77	18.57

B.8　武　　汉

1. 负荷指标

武汉市1997～2003年居民、商业用气负荷统计　　　**表B-8-1**

年度(年)		1997	1998	1999	2000	2000	2001	2002	2003
居民用户	户均用气[MJ/(户·a)]	5869	6478	7040	6354	5592	4996	5185	4734
	户均最大值[MJ/(户·a)]	8614	8348	9645	7978				
	户均最小值[MJ/(户·a)]	4054	4151	5265	3413				
商业用户[MJ/(座·a)]						1720	1820	2170	3500

2. 月不均匀性

武汉市1997～2003年用气月不均匀系数统计　　　**表B-8-2**

	1	2	3	4	5	6	7	8	9	10	11	12
1997①	0.98	1.40	1.20	1.04	0.99	0.96	0.83	0.97	0.83	0.94	0.98	1.05
1998①	0.89	1.40	1.03	0.99	1.33	0.62	0.84	0.83	0.96	0.94	1.04	1.15
1999①	1.09	1.05	1.29	1.12	0.99	0.91	0.87	0.85	0.86	0.91	0.95	1.15
2000①	1.15	1.25	1.11	0.94	0.99	0.93	0.70	0.85	0.92	0.90	0.97	1.14
2000②	1.12	1.14	1.09	0.94	0.99	0.94	0.89	0.83	0.90	0.89	1.00	1.22
2001②	1.14	1.18	1.04	1.04	0.92	0.91	0.91	1.05	0.93	0.90	0.96	1.12
2002②	1.20	1.21	0.97	1.06	0.96	1.00	1.01	0.87	0.75	0.91	1.05	1.08
2003②	1.16	1.28	1.13	0.99	0.98	1.01	0.95	0.92	0.88	0.94	0.88	0.97

① 资料来源：盛凯桥，张亦军，康志刚等。武汉居民生活用气定额及不均匀性分析［J］. 煤气与热力，2001，21（5）. 450-453.

② 此处的1，2，3月为次年的1，2，3月。

3. 日不均匀性

武汉市1998～2003年用气日不均匀系数统计　　　**表B-8-3**

日期	1998年①	1999年①	2000年①	2000年			2001年		
	系数	系数	系数	最低温度(℃)	最高温度(℃)	系数	最低温度(℃)	最高温度(℃)	系数
1	1.07	0.97	1.08	3	8	0.92	3	12	0.94
2	0.94	1.00	1.17	4	9	0.83	3	14	0.93
3	1.05	1.01	1.27	4	10	0.87	2	13	0.97
4	1.00	0.92	1.43	4	12	0.85	3	11	0.89
5	1.02	0.99	1.00	3	8	0.80	3	11	0.93
6	1.05	1.03	0.99	4	14	0.94	4	14	0.86
7	1.08	1.09	1.01	2	7	0.95	3	16	1.01
8	1.06	1.00	1.06	−1	4	0.93	6	17	1.06
9	0.93	1.02	1.05	−1	9	0.97	5	16	1.14
10	0.91	1.05	1.05	0	7	0.95	6	16	1.37
11	1.05	1.09	1.04	0	9	0.96	5	16	1.32

续表

日期	1998年①	1999年①	2000年①	2000年			2001年		
	系数	系数	系数	最低温度(℃)	最高温度(℃)	系数	最低温度(℃)	最高温度(℃)	系数
12	1.06	1.06	0.09	−2	8	1.00	7	18	0.91
13	0.93	1.10	0.93	0	9	1.06	6	20	1.00
14	1.16	1.18	0.94	0	9	1.06	4	15	1.03
15	1.16	1.01	0.89	0	8	0.97	5	16	1.03
16	0.99	0.98	0.90	1	9	0.95	6	14	1.03
17	0.91	0.93	0.92	5	10	0.90	6	14	1.04
18	1.00	0.92	1.09	6	10	0.91	8	16	1.02
19	0.96	0.94	0.98	4	8	1.04	6	16	0.97
20	0.97	1.07	0.97	3	5	1.12	6	13	1.03
21	1.12	1.16	0.93	4	6	1.25	5	11	0.97
22	1.13	0.97	0.88	1	4	1.35	6	10	0.93
23	0.92	0.95	0.91	−1	3	1.35	5	13	1.00
24	0.96	0.92	0.91	−2	2	0.91	8	13	0.97
25	0.91	0.92	0.96	−2	2	0.97	5	13	0.89
26	0.88	0.94	1.03	1	5	1.01	6	13	0.97
27	0.88	1.00	0.87	1	12	1.05	5	10	0.88
28	1.00	1.08	0.87	2	10	1.07	7	13	0.97
29		0.89		2	10	1.06			
30		0.93		3	9	0.98			
31		0.90		3	8	1.04			

① 资料来源：盛凯桥，张亦军，康志刚等．武汉居民生活用气定额及不均匀性分析［J］．煤气与热力，2001，21（5）：450-453

武汉市1998～2003年用气日不均匀系数统计（续） **表B-8-4**

日期	2002年			2003年		
	最低温度(℃)	最高温度(℃)	系数	最低温度(℃)	最高温度(℃)	系数
1	−3	6	1.06	2	10	1.01
2	1	5	0.90	1	10	0.83
3	1	6	0.90	4	10	0.92
4	1	8	1.18	2	9	1.00
5	−2	6	0.95	1	7	0.90
6	0	4	0.95	1	10	0.88
7	−2	6	0.89	1	9	0.87
8	−1	8	0.89	2	9	0.91
9	0	9	0.95	2	5	0.86
10	0	9	0.95	1	5	0.97
11	2	12	0.95	1	9	0.94

续表

日期	2002年			2003年		
	最低温度(℃)	最高温度(℃)	系数	最低温度(℃)	最高温度(℃)	系数
12	3	13	0.97	3	11	0.90
13	0	9	0.92	0	10	0.91
14	2	14	0.86	0	5	0.95
15	3	14	0.88	0	9	1.00
16	3	14	0.86	1	6	1.06
17	0	10	0.95	1	5	1.04
18	3	12	0.97	0	4	1.18
19	5	15	0.96	0	8	1.29
20	3	17	0.88	1	5	1.50
21	0	10	0.97	0	7	1.44
22	3	13	0.95	0	4	0.93
23	3	15	0.90	−2	8	0.90
24	4	14	0.87	−2	6	1.00
25	0	8	1.00	−2	7	0.96
26	0	6	1.01	−1	6	0.93
27	−1	9	1.18	0	8	0.97
28	0	14	1.01	−1	6	1.03
29	0	12	1.33	2	7	0.95
30	3	10	1.53	0	6	1.03
31	−1	7	1.41	1	8	0.88

4. 小时不均匀性

武汉市2001～2003年用气小时不均匀系数统计　　**表B-8-5**

时段	2001年1月23日7时～24日6时	2002年2月10日7时～11日6时	2003年1月30日7时～31日6时
7～8	0.22	0.60	1.24
8～9	0.29	0.89	1.19
9～10	1.45	1.45	1.14
10～11	1.26	1.69	0.84
11～12	1.77	1.51	1.10
12～13	2.36	2.63	1.97
13～14	1.72	2.17	1.25
14～15	1.45	0.21	0.80
15～16	0.91	1.47	1.01
16～17	0.99	1.28	1.27
17～18	0.89	1.62	1.02

续表

时段	2001年1月23日7时～24日6时	2002年2月10日7时～11日6时	2003年1月30日7时～31日6时
18～19	1.84	2.40	1.69
19～20	2.29	2.67	1.78
20～21	1.57	2.27	1.27
21～22	1.06	1.65	1.17
22～23	1.33	1.74	1.06
23～24	1.21	1.90	1.09
0～1	0.62	1.29	0.75
1～2	0.25	0.20	1.29
2～3	0.38	0.21	0.24
3～4	0.16	0.39	0.29
4～5	0.00	0.33	0.56
5～6	0.00	0.00	0.00
6～7	0.00	0.00	0.00

B.9 天 津

1. 居民供暖耗热指标及不均匀性

天津市1998年燃气供暖耗热指标［kJ/(h·m²)］与小时不均匀系数　　表B-9-1

时间	耗热指标	*Kh*	时间	耗热指标	*Kh*	时间	耗热指标	K_h
0～1	0	0	8—9	239.31	1.56	16—17	209.10	1.36
1～2	0	0	9—10	279.02	1.82	17—18	247.94	1.61
2～3	0	0	10—11	279.02	1.82	18—19	315.90	2.05
3～4	0	0	11—12	260.74	1.71	19—20	315.90	2.05
4～5	0	0	12—13	192.91	1.26	20—21	282.88	1.84
5～6	0	0	13—14	192.91	1.26	21—22	229.07	1.49
6～7	48.88	0.32	14—15	209.10	1.36	22—23	70.72	0.46
7～8	96.82	0.63	15—16	209.10	1.36	23—24	6.15	0.04

天津市1998年燃气供暖月均耗热指标［kJ/(h·m²)］与月不均匀系数①　　表B-9-2

月份	11月	12月	1月	2月	3月
月平均耗热指标	57.69	73.90	99.19	71.52	50.37
年平均耗热指标	76.24	76.24	76.24	76.24	76.24
月不均匀系数	0.76	0.97	1.31	0.94	0.66

2. 城镇燃气不均匀性及结构

天津市2000～2003年月不均匀系数　　表B-9-3

	2000年	2001年	2002年	2003年
1月	1.26	1.35	1.30	1.35
2月	1.27	1.33	1.12	1.19
3月	1.15	1.09	1.02	1.07
4月	0.99	0.88	0.91	0.85
5月	0.82	0.82	0.77	0.75
6月	0.77	0.76	0.76	0.74
7月	0.72	0.71	0.78	0.83
8月	0.75	0.70	0.76	0.78
9月	0.75	0.80	0.82	0.80
10月	0.93	0.83	0.90	0.85
11月	1.24	1.19	1.28	1.32
12月	1.37	1.55	1.57	1.55

天津市2003年3月和11月日不均匀系数　　表B-9-4

日期	1日	2日	3日	4日	5日	6日	7日	8日	9日	10日
3月	1.07	1.10	1.12	1.16	1.16	1.17	1.09	1.09	1.08	1.06
11月	0.63	0.67	0.71	0.82	0.76	0.92	1.02	0.97	1.00	1.08
日期	11	12	13	14	15	16	17	18	19	20
3月	1.11	1.10	1.07	1.07	1.07	1.05	1.05	0.97	0.97	1.02
11月	0.98	1.05	1.02	0.97	1.00	1.02	1.04	1.06	1.07	1.02
日期	21	22	23	24	25	26	27	28	29	30
3月	1.02	0.93	0.90	0.87	0.85	0.84	0.87	0.83	0.77	0.78
11月	1.16	1.05	1.02	1.08	1.16	1.21	1.15	1.16	1.12	1.11

注：原文献缺乏3月31日的数据。

天津市1999～2003年工业与居民用气结构统计　　表B-9-5

年份	1999年	2000年	2001年	2002年	2003年
工商业(%)	20	30	40	53	65
居民用气(%)	80	70	60	45	35

B.10　南　　京

1. 月不均匀性

南京市2000～2003年供气月不均匀系数统计 **表B-10-1**

	2000年	2001年	2002年	2003年
4月	0.91	0.96	0.84	0.99
5月	0.84	0.86	0.78	0.80
6月	0.83	0.84	0.75	0.77
7月	0.77	0.79	0.69	0.76
8月	0.75	0.78	0.71	0.77
9月	0.82	0.91	0.82	0.84
10月	0.88	0.91	0.83	0.83
11月	1.08	1.10	1.07	1.07
12月	1.24	1.26	1.28	1.32
1月	1.39	1.34	1.53	1.37
2月	1.39	1.23	1.43	1.28
3月	1.10	1.02	1.27	1.19

2. 日不均匀性

南京市2001～2004年高峰月供气日不均匀系数统计 **表B-10-2**

日期	2001年1月			2002年1月			2003年1月			2003年12月		
	最高温度(℃)	最低温度(℃)	系数	最高温度(℃)	最低温度(℃)	系数	最高温度(℃)	最低温度(℃)	系数	最高温度(℃)	最低温度(℃)	系数
1	11	2	0.95	14	8	0.91	4	−2	0.98	14	8	0.94
2	11	1	0.86	14	8	0.83	3	−2	0.92	14	8	0.90
3	10	3	0.96	10	7	0.78	2	−7	1.06	10	7	0.94
4	11	5	0.96	9	5	0.86	0	−7	1.01	9	5	0.94
5	8	3	0.96	9	6	0.81	2	−5	1.12	9	6	0.90
6	9	4	0.94	8	1	0.96	1	4	1.06	8	1	0.94
7	7	2	0.94	9	4	0.99	2	−3	0.99	9	4	0.99
8	6	2	1.02	9	4	1.02	5	−3	0.97	9	4	0.98
9	5	−1	0.97	9	5	1.02	8	−2	0.99	9	5	1.02
10	8	1	1.04	9	5	0.89	7	−2	1.05	9	5	1.00
11	9	1	1.01	9	5	1.00	9	−1	1.08	9	2	1.05
12	10	−2	0.98	8	2	0.98	10	0	0.96	8	0	1.06
13	7	−3	1.03	6	0	1.02	13	−2	0.97	6	−2	1.01
14	3	−5	1.12	6	−2	1.08	8	−2	0.87	6	0	0.96
15	4	−5	1.06	7	0	1.05	10	0	0.89	7	0	1.06
16	4	−3	1.04	7	3	1.04	13	0	1.03	7	3	1.02
17	7	0	0.99	7	4	1.01	13	0	0.98	7	4	1.15
18	9	3	1.03	6	3	0.98	11	0	1.02	6	3	1.12

续表

日期	2001年1月			2002年1月			2003年1月			2003年12月		
	最高温度(℃)	最低温度(℃)	系数	最高温度(℃)	最低温度(℃)	系数	最高温度(℃)	最低温度(℃)	系数	最高温度(℃)	最低温度(℃)	系数
19	10	4	1.00	7	4	0.97	10	0	0.98	7	4	1.05
20	11	3	1.06	7	3	0.96	9	−1	0.98	7	3	1.01
21	8	4	1.17	5	−3	1.12	9	1	1.08	5	−3	1.07
22	7	4	1.13	5	−2	1.14	7	−1	0.93	5	−2	0.99
23	6	3	1.18	8	−2	1.05	8	−1	0.93	8	−2	0.96
24	5	2	0.91	7	−2	1.08	10	0	0.95	7	−2	1.00
25	6	1	0.87	4	−3	1.10	6	2	0.95	4	−3	0.91
26	2	−3	0.90	4	−2	1.11	5	0	0.95	4	−2	0.99
27	3	−3	0.99	6	−3	1.03	4	−3	0.98	6	−3	0.97
28	4	−5	0.97	6	−2	1.09	4	−3	1.01	6	−2	1.09
29	5	−1	0.97	7	−1	1.05	7	−1	1.09	7	−1	0.97
30	11	0	1.03	12	1	1.04	6	2	1.16	12	1	0.99
31	9	0	0.97	10	−2	1.03	2	−1	1.07	10	−2	1.01

3. 小时不均匀性

南京市2001～2004年高峰日供气小时不均匀系数统计 **表B-10-3**

时段	2001年1月23日	2002年2月11日	2003年1月23日	2004年1月20日
8～9	1.08	0.89	0.87	0.99
9～10	1.17	0.81	0.88	0.98
10～11	1.18	0.99	0.99	1.09
11～12	1.18	1.21	1.11	1.09
12～13	1.17	1.19	1.16	1.09
13～14	1.09	1.23	1.20	1.10
14～15	1.17	1.15	1.33	1.10
15～16	1.20	1.29	1.40	1.11
16～17	1.31	1.59	1.30	1.06
17～18	1.36	1.61	1.29	1.23
18～19	1.36	1.47	1.28	1.17
19～20	1.28	1.09	1.16	1.12
20～21	0.72	0.83	0.98	1.12
21～22	0.70	0.82	1.00	0.99
22～23	0.71	0.80	1.11	0.84
23～24	0.66	0.82	0.98	0.99
0～1	0.66	0.82	0.93	0.85
1～2	0.66	0.82	0.86	0.84
2～3	0.66	0.81	0.57	0.84
3～4	0.66	0.80	0.56	0.85
4～5	0.64	0.80	0.83	0.85
5～6	1.05	0.73	0.78	0.84
6～7	1.17	0.73	0.59	0.82
7～8	1.14	0.71	0.79	0.98

B.11 深　　圳

1. 用气负荷指标

深圳市 1996～2003 年居民用气负荷指标统计［MJ/(人·a)］　　表 B-11-1

1996 年	1997 年	1998 年	1999 年	2000 年	2001 年	2002 年	2003 年
2343	2306	2231	2268	2157	2045	2045	2083

2. 月不均匀性

深圳市 1999～2003 年居民用气月不均匀系数　　表 B-11-2

月份	1999 年 4 月～2000 年 3 月	2000 年 4 月～2001 年 3 月	2001 年 4 月～2002 年 3 月	2002 年 4 月～2003 年 3 月	2003 年 4 月～2004 年 3 月
4	0.97	0.97	0.98	0.91	0.97
5	0.94	0.97	0.88	0.87	0.87
6	0.89	0.95	0.88	0.81	0.92
7	0.84	0.87	0.87	0.74	0.83
8	0.84	0.84	0.87	0.77	0.75
9	0.85	0.86	0.84	0.82	0.79
10	0.90	0.91	0.80	0.79	0.82
11	0.94	0.97	0.95	0.96	1.01
12	1.02	1.09	1.07	1.36	1.36
1	1.21	1.17	1.44	1.27	0.94
2	1.37	1.31	1.29	1.48	1.44
3	1.24	1.09	1.13	1.24	1.31

3. 日不均匀系数

深圳市 2000～2004 年居民用气日不均匀系数　　表 B-11-3

日期	2000 年 2 月	2001 年 2 月	2002 年 1 月	2003 年 2 月	2004 年 2 月
1	1.06	0.93	1.19	0.63	0.98
2	1.08	0.97	1.03	0.89	0.96
3	1.18	0.98	1.13	0.89	1.02
4	1.02	1.00	1.09	0.94	1.11
5	0.85	1.02	1.01	0.95	1.09
6	0.89	0.94	1.28	1.03	1.00
7	0.82	0.98	1.02	1.00	1.14
8	0.91	1.00	1.06	1.05	1.19
9	0.93	1.09	1.03	1.02	1.19
10	1.01	1.05	1.01	1.05	1.16

续表

日期	2000年2月	2001年2月	2002年1月	2003年2月	2004年2月
11	0.99	1.02	1.04	1.07	1.01
12	0.97	1.01	0.89	1.08	1.04
13	0.98	1.01	0.93	1.01	1.00
14	0.92	1.06	0.88	1.11	1.06
15	0.98	1.03	0.87	1.15	1.13
16	1.03	1.00	0.81	1.03	0.99
17	0.99	1.05	0.86	1.02	0.95
18	0.9	1.07	0.85	1.03	0.98
19	1.02	0.99	0.88	1.04	0.97
20	1.04	0.96	1.17	1.03	0.96
21	0.98	0.96	0.99	1.03	0.95
22	0.98	0.95	0.97	1.03	0.95
23	0.98	1.04	0.98	1.13	0.95
24	1.05	0.99	0.99	0.98	0.85
25	1.06	1.02	1.01	1.03	0.87
26	1.02	0.98	1.05	0.88	0.86
27	1.05	0.99	1.03	1.00	0.93
28	1.06	0.95	1.04	0.95	0.89
29	1.13		1.03		0.88
30			0.95		
31			0.98		

4. 小时不均匀系数

深圳市2003～2004年居民用气小时不均匀系数统计　　表B-11-4

时间 \ 日期	2003年2月15日	2004年2月8日
7～8	1.18	1.33
8～9	0.97	1.15
9～10	1.90	1.33
10～11	1.44	1.51
11～12	1.44	1.51
12～13	1.64	1.51
13～14	1.18	1.26
14～15	0.26	1.01
15～16	0.97	1.15
16～17	1.44	1.15
17～18	1.90	1.84

续表

日期 时间	2003年2月15日	2004年2月8日
18～19	1.44	1.84
19～20	1.90	1.84
20～21	1.44	1.66
21～22	1.44	1.51
22～23	1.44	1.15
23～24	0.00	0.00
0～1	0.00	0.00
1～2	0.00	0.00
2～3	0.00	0.00
3～4	0.00	0.00
4～5	0.00	0.00
5～6	0.00	0.00
6～7	0.00	0.00

B.12 厦　门

1. 用气负荷指标

厦门市2000～2003年居民用气负荷指标［MJ/(人·a)］ **表B-12-1**

2000年	2001年	2002年	2003年
1046	1092	1052	1093

注：1. 根据营业额计算；
2. 户数以年末户数统计，且未考虑空户的影响。

2001年入户调查200户居民，人均用气负荷指标为：1495MJ/(人·a)。

2. 月不均匀性

厦门市2000～2003年供气月不均匀系数 **表B-12-2**

年度	1月	2月	3月	4月	5月	6月	7月	8月	9月	10月	11月	12月
2000年	1.07	1.01	0.96	0.96	0.90	0.97	0.91	0.94	0.97	1.04	1.12	1.15
2001年	1.07	1.08	1.00	1.01	1.02	0.99	0.92	0.90	0.95	0.93	1.02	1.10
2002年	1.14	1.05	0.93	0.93	0.94	0.92	0.87	1.00	0.97	1.07	1.05	1.15
2003年	1.03	1.02	1.07	0.97	0.98	0.92	0.98	0.92	0.96	0.97	1.01	1.16

3. 日不均匀性

厦门市2001～2003年供气日不均匀系数　　表B-12-3

日期	2001年12月	2002年12月	2003年12月
1	0.94	0.97	0.96
2	0.99	0.92	0.97
3	0.97	0.90	0.92
4	0.89	0.91	1.00
5	0.86	0.90	0.92
6	0.91	0.92	0.98
7	0.90	0.95	0.97
8	0.93	1.00	1.01
9	0.89	0.96	0.99
10	0.90	1.02	0.98
11	0.96	1.04	0.95
12	0.98	0.90	0.96
13	0.97	1.02	1.01
14	1.08	1.08	1.03
15	1.09	1.07	1.07
16	1.01	1.00	1.02
17	1.05	1.02	0.98
18	1.02	1.00	1.01
19	1.00	1.01	1.01
20	0.99	1.02	1.02
21	1.07	1.04	1.07
22	1.10	1.08	1.07
23	1.10	0.99	0.96
24	1.05	0.97	1.02
25	1.02	1.01	0.98
26	1.00	1.06	1.00
27	1.01	1.03	1.07
28	0.99	1.05	1.06
29	1.11	1.06	1.02
30	1.13	1.05	1.01
31	1.11	1.05	1.02

4. 小时不均匀性

厦门市 2002～2003 年供气小时不均匀系数 表 B-12-4

时段	2002 年 12 月 22 日	2003 年 12 月 21 日
0～1	0.00	1.18
1～2	1.14	0.00
2～3	0.00	0.00
3～4	0.00	0.00
4～5	0.00	0.00
5～6	0.00	0.00
6～7	1.41	1.29
7～8	0.00	1.24
8～9	1.48	1.02
9～10	1.28	0.00
10～11	1.26	1.03
11～12	2.39	2.27
12～13	2.67	1.95
13～14	2.08	1.75
14～15	0.00	1.13
15～16	1.41	0.00
16～17	0.00	2.12
17～18	1.54	1.24
18～19	2.81	2.81
19～20	2.34	1.15
20～21	1.12	1.95
21～22	0.00	0.00
22～23	1.19	0.00
23～24	0.00	1.20

5. 用气结构

厦门市 2000～2003 年用气结构 表 B-12-5

	2000 年	2001 年	2002 年	2003 年
居民用气(%)	82	75	69	65
工业用气(%)	2	4	4	5
商业用气(%)	16	21	27	30

B. 13 香　港

1. 月不均匀性

香港 2000～2003 年度各类用户用气月不均匀系数　表 B-13-1

月		4	5	6	7	8	9	10	11	12	1	2	3
综合	2000～01	1.00	0.95	0.89	0.85	0.8	0.89	0.92	1.07	1.13	1.18	1.19	1.11
	2001～02	1.02	0.93	0.91	0.88	0.84	0.88	0.91	1.04	1.14	1.21	1.19	1.08
	2002～03	0.97	0.91	0.86	0.81	0.84	0.88	0.93	1.04	1.15	1.29	1.16	1.16
	2003～04	1.00	0.90	0.88	0.81	0.80	0.86	0.92	1.01	1.18	1.25	1.25	1.15
居民	2000～01	0.99	0.92	0.79	0.74	0.74	0.81	0.88	1.08	1.21	1.32	1.31	1.23
	2001～02	1.01	0.88	0.84	0.82	0.73	0.79	0.86	1.03	1.25	1.37	1.26	1.18
	2002～03	0.94	0.87	0.77	0.71	0.74	0.79	0.90	1.04	1.23	1.48	1.21	1.34
	2003～04	1.04	0.90	0.84	0.72	0.68	0.76	0.87	0.95	1.27	1.39	1.35	1.26
商业	2000～01	1.02	0.97	0.99	0.96	0.97	0.98	0.96	1.06	1.04	1.02	1.07	0.97
	2001～02	1.03	0.98	1.00	0.95	0.97	0.98	0.96	1.04	1.01	1.02	1.09	0.96
	2002～03	1.01	0.96	0.97	0.94	0.96	0.99	0.97	1.05	1.05	1.06	1.12	0.95
	2003～04	0.96	0.90	0.94	0.93	0.95	0.99	0.98	1.08	1.07	1.08	1.13	1.01
工业	2000～01	1.00	0.98	1.02	1.00	1.02	1.00	0.99	1.04	1.00	0.99	1.01	0.95
	2001～02	1.01	0.99	1.00	0.97	1.03	1.03	0.98	1.05	0.99	0.97	1.04	0.95
	2002～03	1.04	1.00	1.02	0.98	1.00	1.01	1.98	1.05	1.02	0.97	1.02	0.94
	2003～04	0.91	0.91	0.98	0.98	1.04	1.04	1.02	1.10	1.01	0.98	1.06	0.99

2. 日不均匀性

香港 2000～2001 年度用户用气日不均匀系数　表 B-13-2

日	4月	5月	6月	7月	8月	9月	10月	11月	12月	1月	2月	3月
1	1.02	1.00	1.01	0.95	1.00	0.97	0.90	0.98	0.94	1.01	1.02	1.06
2	1.03	1.02	1.01	0.98	1.01	0.98	0.93	0.99	0.94	1.01	1.04	1.05
3	1.02	1.05	1.02	1.02	0.02	0.98	0.96	0.97	0.98	1.00	1.03	1.03
4	1.02	1.06	1.00	1.01	0.02	0.99	0.95	0.96	1.01	1.00	1.03	1.05
5	1.04	1.04	0.99	1.01	1.03	0.98	0.94	0.95	1.00	0.99	1.03	1.05
6	1.07	1.02	1.03	1.02	1.02	0.98	0.92	0.96	0.99	0.98	1.00	1.02
7	1.05	1.01	0.97	1.03	1.03	0.99	0.93	0.96	0.98	0.97	0.99	1.01
8	1.05	1.03	0.97	1.01	1.02	1.00	0.94	0.95	0.97	0.98	1.03	1.06
9	1.05	1.02	0.96	0.99	1.01	1.00	0.97	0.96	0.96	0.99	1.01	1.06
10	1.05	1.01	0.96	1.02	1.00	1.00	0.97	0.95	0.96	1.03	1.01	1.04
11	1.05	1.03	0.96	1.02	0.99	1.02	0.97	0.97	0.99	1.03	1.01	1.05
12	1.03	1.02	1.01	1.02	0.99	1.06	0.97	1.02	1.02	1.00	1.00	1.07
13	1.03	1.01	1.05	1.00	0.98	0.97	1.00	1.04	1.06	1.01	1.01	1.06
14	1.01	1.01	1.05	0.99	0.98	1.02	1.03	1.00	1.07	1.03	1.05	1.03
15	1.01	1.00	1.04	0.99	0.98	1.01	1.04	0.97	1.04	1.08	1.05	1.00
16	1.03	0.98	1.02	0.98	0.99	1.01	1.05	0.99	1.01	1.08	1.02	0.98

续表

日	4月	5月	6月	7月	8月	9月	10月	11月	12月	1月	2月	3月
17	1.04	0.98	1.03	1.01	0.99	1.00	1.03	1.01	1.00	1.07	1.01	0.95
18	1.02	0.98	1.03	1.02	0.99	1.02	1.03	1.00	1.00	1.06	0.99	0.95
19	0.99	1.01	1.03	1.03	0.98	1.02	1.04	1.00	1.00	1.03	0.99	0.97
20	0.96	1.01	1.02	1.04	0.95	1.03	1.04	1.07	1.01	1.03	0.97	0.95
21	0.92	1.00	1.01	1.03	0.99	1.02	1.04	1.09	1.13	1.05	0.95	0.95
22	0.89	1.02	1.00	1.04	0.97	1.00	1.02	1.08	1.03	1.05	0.92	0.95
23	0.89	1.00	0.99	0.99	0.98	1.00	1.03	1.06	1.03	1.07	0.92	0.93
24	0.97	1.01	0.99	1.01	1.00	0.99	1.01	1.02	1.02	0.74	0.93	0.93
25	0.95	0.99	0.97	1.00	1.00	1.01	1.01	1.01	0.97	0.82	0.98	0.92
26	0.94	0.97	1.00	0.99	1.01	1.00	1.01	1.00	1.00	0.85	1.02	0.97
27	0.96	0.96	0.98	0.98	1.01	1.00	1.01	1.02	1.00	0.95	0.99	0.99
28	0.99	0.94	0.98	0.97	1.03	1.00	1.02	1.01	0.99	0.99	0.98	0.98
29	0.98	0.96	0.97	0.97	1.01	0.99	1.05	1.02	0.99	1.04		1.00
30	0.94	0.94	0.95	0.95	1.01	0.98	1.10	1.01	1.00	1.05		0.98
31		0.94		0.98	1.01		1.10		0.99	1.03		0.96

香港 2001～2002 年度用户用气日不均匀系数 **表 B-13-3**

日	4月	5月	6月	7月	8月	9月	10月	11月	12月	1月	2月	3月
1	1.04	1.03	0.99	0.98	1.03	1.02	0.95	0.90	0.92	0.98	1.07	1.01
2	1.04	1.05	1.01	1.01	1.05	1.01	0.94	0.89	0.93	1.01	1.09	1.01
3	1.01	1.06	0.99	1.03	1.04	1.03	0.99	0.89	0.94	1.02	1.11	1.03
4	1.00	1.05	1.00	1.01	1.03	1.02	0.98	0.89	0.92	1.00	1.10	1.04
5	1.02	1.04	0.99	1.00	1.01	1.03	0.98	0.91	0.92	0.99	1.09	1.03
6	1.01	1.02	0.99	0.95	1.03	1.02	0.99	0.93	0.94	0.99	1.09	1.07
7	1.02	1.02	1.01	1.02	1.01	1.02	0.98	0.95	0.94	0.99	1.10	1.07
8	1.00	0.99	1.01	1.00	1.00	1.01	0.99	0.94	0.95	0.99	1.08	1.05
9	1.01	1.00	1.02	1.02	1.00	1.01	1.00	0.94	0.95	1.00	1.09	1.04
10	1.01	1.03	1.01	1.01	1.00	1.03	1.00	0.95	0.97	0.99	1.10	1.03
11	1.05	1.03	1.02	1.01	1.00	1.01	1.00	0.95	0.98	0.96	1.15	1.03
12	1.04	1.03	1.01	1.00	0.98	1.00	0.99	0.99	0.96	0.95	0.81	1.02
13	4.02	1.02	1.01	1.00	1.01	1.00	0.99	1.00	0.99	0.94	0.88	1.01
14	0.98	1.02	1.02	1.00	1.00	0.99	0.99	1.04	1.01	0.95	0.87	1.00
15	0.96	1.01	1.01	1.00	0.99	0.98	1.01	1.07	1.01	0.94	0.93	0.98
16	1.02	1.02	1.02	1.03	1.00	0.98	1.00	1.06	1.00	0.93	0.92	0.99
17	1.00	1.01	1.00	1.02	0.99	1.00	1.00	1.06	1.00	0.93	0.92	1.00
18	1.00	0.99	1.00	1.03	0.99	0.98	1.01	1.05	1.02	0.92	0.96	1.03

续表

日	4月	5月	6月	7月	8月	9月	10月	11月	12月	1月	2月	3月
19	1.00	0.99	0.99	1.02	0.97	0.97	1.00	1.07	1.03	0.95	0.98	1.01
20	0.97	0.96	0.99	1.01	1.00	0.99	1.01	1.07	1.02	0.99	0.99	1.00
21	0.97	0.99	0.99	1.01	0.99	1.00	1.01	1.07	1.07	1.05	0.98	0.98
22	1.00	0.97	0.99	1.00	0.98	1.00	1.03	1.06	1.16	1.05	0.95	0.97
23	1.02	0.97	0.99	1.02	0.97	1.00	1.02	1.04	1.06	1.04	0.95	1.00
24	1.01	0.97	0.96	0.99	0.96	1.01	1.00	1.04	1.03	1.03	0.96	1.01
25	1.02	0.96	1.03	0.94	0.96	1.00	1.00	1.04	1.02	1.00	0.98	1.01
26	1.02	0.96	0.99	1.01	0.95	1.00	1.00	1.06	1.06	1.03	0.97	0.99
27	0.99	0.94	1.00	1.00	0.99	1.01	0.99	1.06	1.05	1.07	0.95	0.97
28	0.97	0.97	1.00	0.99	1.01	0.99	1.00	1.05	1.06	1.11	0.93	0.94
29	0.91	0.96	0.98	0.97	1.03	0.98	1.05	1.02	1.06	1.10		0.93
30	0.91	0.97	0.97	0.99	1.03	0.95	1.04	1.01	1.05	1.07		0.90
31		0.98		0.97	1.03		1.03		1.03	1.06		0.89

香港 2002～2003 年度用户用气日不均匀系数 **表 B-13-4**

日	4月	5月	6月	7月	8月	9月	10月	11月	12月	1月	2月	3月
1	1.03	1.03	1.01	0.96	0.99	0.94	0.96	0.94	0.95	0.98	0.83	0.94
2	1.01	1.04	1.02	1.02	0.98	0.97	0.99	0.96	0.95	0.99	0.93	0.94
3	0.99	1.02	1.05	1.01	0.95	0.97	0.98	0.99	0.93	0.99	0.93	0.94
4	0.97	1.02	1.04	1.01	0.98	0.97	0.97	1.03	0.91	0.99	1.02	0.97
5	0.96	1.01	1.04	0.99	1.01	0.97	0.97	1.01	0.91	1.00	1.04	0.97
6	0.97	1.01	1.04	1.00	1.01	0.95	0.98	1.00	0.89	1.05	1.04	1.00
7	0.98	1.01	1.02	1.00	1.01	0.95	1.03	0.98	0.89	1.06	1.04	1.02
8	0.99	1.00	1.03	1.02	1.01	0.96	1.03	0.96	0.96	1.03	1.03	1.05
9	0.99	1.01	1.03	1.01	1.01	0.98	1.03	0.97	1.04	1.00	1.03	1.07
10	1.01	1.00	1.05	1.00	1.02	0.97	1.02	0.97	1.04	1.01	1.03	1.08
11	1.07	1.01	1.05	0.99	1.00	0.98	1.00	0.97	1.05	1.02	1.02	1.07
12	1.06	1.01	1.05	0.98	1.03	0.98	0.97	0.95	1.06	1.01	1.05	1.04
13	1.05	1.02	1.06	0.97	1.01	0.98	0.92	0.95	1.04	1.00	1.07	1.02
14	1.04	1.01	1.04	0.95	1.01	1.00	0.96	0.94	1.03	0.99	1.04	1.01
15	1.03	1.00	1.07	0.98	1.00	1.01	0.98	0.92	1.00	0.99	1.03	0.98
16	1.01	1.00	0.99	1.00	0.99	1.04	0.98	0.96	1.01	0.96	1.01	0.98
17	1.00	1.00	1.01	1.00	0.99	1.05	0.98	1.00	0.99	0.96	1.03	0.96
18	1.01	1.00	0.99	1.00	1.00	1.04	0.96	1.03	0.97	0.95	1.02	0.97
19	1.01	0.96	0.99	1.00	1.02	1.03	0.97	1.03	0.96	0.96	1.00	1.00
20	1.00	1.01	0.98	0.99	1.02	1.02	0.96	1.02	0.98	0.97	1.02	1.03
21	0.98	0.99	0.97	0.98	1.03	1.04	1.01	1.01	0.99	0.95	1.00	1.02

续表

日	4月	5月	6月	7月	8月	9月	10月	11月	12月	1月	2月	3月
22	0.99	0.98	0.97	1.02	1.02	0.99	1.02	1.01	1.05	0.96	0.98	1.03
23	0.97	0.99	0.95	1.03	1.00	1.03	1.06	1.01	0.95	0.97	0.98	1.03
24	0.97	0.99	0.97	1.00	0.99	1.05	1.06	1.02	0.96	0.96	0.99	1.03
25	0.98	0.99	0.95	1.00	0.97	1.05	1.03	1.07	1.05	0.97	0.99	1.02
26	1.00	0.99	0.95	1.00	1.02	1.05	1.02	1.08	1.11	1.02	0.97	1.00
27	1.00	1.02	0.95	1.00	0.97	1.02	1.03	1.07	1.10	1.05	0.96	0.98
28	0.99	1.00	0.94	1.04	0.99	1.01	1.05	1.08	1.09	1.05	0.94	0.97
29	1.00	0.99	0.93	1.03	0.98	1.02	1.04	1.05	1.09	1.06		0.98
30	0.96	0.98	0.88	1.03	0.98		1.04	1.04	1.06	1.07		0.97
31		0.96			0.98		1.04					0.95

香港 2003~2004 年度用户用气日不均匀系数 **表 B-13-5**

日	4月	5月	6月	7月	8月	9月	10月	11月	12月	1月	2月	3月
1	1.05	1.04	1.03	1.01	0.98	0.96	0.94	0.95	0.97	0.94	1.00	0.96
2	1.02	1.05	1.04	1.05	0.97	0.96	0.96	0.93	0.96	0.93	1.00	0.99
3	1.02	1.05	1.01	1.04	0.95	0.97	0.93	0.94	0.96	0.95	1.05	1.04
4	1.01	1.04	1.06	1.02	0.99	1.01	0.91	0.94	0.95	0.94	1.10	1.06
5	1.05	1.05	1.00	1.01	1.00	1.00	0.93	0.95	0.92	0.94	1.12	1.02
6	1.06	1.03	0.99	1.00	1.00	1.02	0.97	0.94	0.90	0.93	1.10	1.02
7	1.06	1.00	0.99	1.04	1.00	1.01	0.96	0.93	0.93	0.95	1.12	1.03
8	1.06	1.01	1.00	1.00	0.99	1.02	0.97	0.94	0.95	0.94	1.15	1.05
9	1.08	1.01	1.03	1.01	0.98	1.01	0.96	0.94	0.96	0.92	1.15	1.03
10	1.09	1.03	1.02	1.01	0.95	1.00	0.95	1.00	0.96	0.92	1.12	1.01
11	1.06	1.04	1.02	1.01	0.99	1.05	0.96	1.04	0.98	0.95	1.08	0.98
12	1.04	1.03	1.03	1.00	0.99	0.92	0.95	1.06	0.99	0.99	1.04	0.95
13	1.01	1.00	1.02	0.97	0.99	0.95	0.97	1.06	1.01	1.01	1.00	0.97
14	1.02	0.99	1.02	1.00	0.99	0.99	1.03	1.01	1.03	1.01	0.98	0.98
15	1.04	0.98	1.04	0.99	0.98	1.02	1.05	1.00	1.05	0.99	1.00	1.00
16	1.03	0.96	1.04	0.98	0.99	1.02	1.04	0.99	1.04	0.97	1.00	0.99
17	1.00	0.96	1.02	0.99	0.98	1.01	1.02	1.02	1.03	1.01	0.97	0.96
18	0.98	0.97	1.00	0.98	1.01	1.00	1.03	1.01	1.03	1.05	0.95	0.97
19	0.95	1.00	0.99	0.98	1.00	0.99	1.02	1.00	1.07	1.11	0.95	0.97
20	0.93	0.99	0.98	0.96	1.00	0.98	1.04	0.99	1.10	1.14	0.92	0.98
21	0.98	0.98	0.99	1.00	1.01	0.98	1.03	0.99	1.11	1.24	0.92	0.97
22	0.97	0.98	0.99	0.99	1.02	1.03	1.03	1.02	1.14	0.91	0.91	0.99

续表

日	4月	5月	6月	7月	8月	9月	10月	11月	12月	1月	2月	3月
23	0.96	0.97	1.00	1.02	1.01	1.04	1.04	1.03	1.02	0.98	0.94	0.99
24	0.95	0.96	0.99	0.98	1.02	1.04	1.03	1.03	0.98	0.97	0.93	1.00
25	0.92	0.96	0.97	1.01	1.04	1.02	1.03	1.05	0.95	1.02	0.92	1.00
26	0.93	0.99	0.96	1.00	1.03	1.01	1.04	1.01	0.98	1.06	0.92	1.01
27	0.94	0.99	0.96	0.98	1.04	1.01	1.05	1.01	1.02	1.07	0.90	1.02
28	0.95	0.99	0.96	1.01	1.04	0.99	1.04	1.04	1.02	1.08	0.90	1.03
29	0.93	0.99	0.95	1.00	1.03	1.01	1.04	1.08	1.02	1.06	0.89	1.02
30	0.93	0.99	0.95	0.99	1.03	1.00	1.08	1.10	1.00	1.01		1.01
31		0.99		0.98	1.01		1.03		0.97	1.01		1.00

B.14 沈阳（2018）

1. 沈阳市城镇燃气供应量

沈阳市城镇天然气 2010～2014 年用气量（$10^4 m^3/a$） **表 B-14-1**

用户类型	2014年	2013年	2012年	2011年	2010年
居民用户	16956	16103	16516	16329	16957
公建商业用户	15743	14233	11036	7666	6411
工业用户	14496	11485	9801	8825	5452

2. 用气负荷指标

沈阳市 2010～2014 年居民用气负荷指标［MJ/(人·a)］ **表 B-14-2**

2010年	2011年	2012年	2013年	2014年
1210	1180	1120	1100	1095

3. 月不均匀系数

沈阳市 2014 年供气月不均匀系数 **表 B-14-3**

用户类型	1	2	3	4	5	6	7	8	9	10	11	12
居民用户	0.96	1.03	1.03	1.00	1.04	0.99	1.00	0.99	0.98	0.97	1.03	0.98
公建商业用户	1.69	1.72	1.16	0.91	0.70	0.70	0.76	0.82	0.80	0.71	0.77	1.26
工业用户	1.47	1.58	1.10	0.94	0.73	0.67	0.69	0.69	0.63	1.01	1.15	1.34

4. 用气结构

沈阳市 2010～2014 年用气结构 **表 B-14-4**

序 号	用户类型	2014年	2013年	2012年	2011年	2010年
1	居民用户(%)	36	39	44	50	59
2	公建商业用户(%)	33	34	30	23	22
3	工业用户(%)	31	27	26	27	19

B.15 北京（2018）

本节资料：《城市燃气用气指标及不均匀系数使用手册》，北京市燃气集团研究院，2018。

供暖综合年用气量指标 **表 B-15-1**

建筑类别	指标[$m^3/(m^2 \cdot a)$]
住宅	8.4
学校	7.07
医院、幼儿园	10.32
办公楼	8.04
公共建筑	9.00
工业	5.81
综合	8.27

注：综合按民用 60%，公共建筑 30%，工业 10%计算。

制冷综合用气量指标 **表 B-15-2**

类　别	指标[$m^3/(m^2 \cdot a)$]
办公楼	4.16
商场	6.03
宾馆	9.08
公共建筑	6.42
公寓及别墅	4.08
综合	5.72

注：综合按公共建筑 70%，公寓及别墅按 30% 计算。

制冷综合不均匀系数 **表 B-15-3**

类　别	月高峰系数	日高峰系数	小时高峰系数
公共建筑	3.54	1.52	2.01
公寓及别墅	3.80	1.43	2.08
综合	3.64	1.48	2.04

居民生活用气用气量指标 **表 B-15-4**

指标	MJ/(人·a)	MJ/(户·a)	m^3/(人·a)	m^3/(户·a)
设计指标	2579.65	6732.89	72.26	193.09
规划指标	2085.57	5443.34	58.42	157.76

工业用户不均匀系数 **表 B-15-5**

	月高峰系数	日高峰系数	小时高峰系数
综合系数	1.10	1.20	1.50

商业及公共服务业用户用气量指标与不均匀系数 **表 B-15-6**

类 别	单位	指标	月高峰系数	日高峰系数	小时高峰系数
幼儿园、托儿所	m^3/(人·d)	0.087	1.19	1.49	3.62
小学	m^3/(人·d)	0.034	1.45	1.69	3.32
中学	m^3/(人·d)	0.045	1.44	1.42	3.59
大学	m^3/(人·d)	0.067	1.34	1.19	3.51
办公(写字)楼	m^3/(人·d)	0.134	1.19	1.44	3.41
单位食堂	m^3/(人·d)	0.219	1.09	1.33	3.11
单位食堂(含热水)	m^3/(人·d)	0.456	1.11	1.44	2.63
部队	m^3/(人·d)	0.743	1.14	1.16	2.76
三星级(含三星级)以上宾馆	m^3/(床·d)	0.707	1.10	1.22	2.53
普通旅馆、招待所	m^3/(床·d)	0.826	1.16	1.17	2.40
医院	m^3/(床·d)	0.355	1.13	1.15	3.61
餐饮	m^3/(座·d)	0.677	1.07	1.13	2.37
综合商场、娱乐城	m^3/(座·d)	0.429	1.16	1.16	2.81

CNG 公交车用气指标 **表 B-15-7**

公交车车型	单机	双机	双层
指标(m^3/100km)	34.36	45.64	42.41

CNG 公交车加气站及加气母站不均匀系数 **表 B-15-8**

类 别	月高峰系数	日高峰系数	小时高峰系数
CNG 加气母站	1.55	1.22	1.90
CNG 公交车加气站	1.20	1.15	1.50

电厂的用气量指标与不均匀系数 **表 B-15-9**

电厂名称	用气指标 m^3/(MW·h)	高峰系数	
		月高峰系数	日高峰系数
三热	201	2.27	1.06
郑常庄	233	2.02	1.04
太阳宫	205	2.06	1.05
751	247	1.9	1.05
华能	200	1.84	1.04
草桥	198	1.79	1.04
未来城	224	1.63	1.17
西北京西	204	1.71	1.07
西北高井	201	1.7	1.11
东北高安屯	199	1.58	1.15
东北国华	198	1.47	1.17

B.16 宁波（2018）

（宁波市兴光燃气集团供气区域）

月不均匀系数的测量 **表 B-16-1**

月 份	1	2	3	4	5	6
月用气量(10^4 m^3)	8239	5773	6900	6297	6480	6193
日平均用气量(10^4 m^3)	265.77	206.18	222.58	209.90	209.03	206.43
不均匀系数	1.18	0.92	0.99	0.93	0.93	0.92
月份	7	8	9	10	11	12
月用气量(10^4 m^3)	6402	6455	6527	7077	7517	8157
日平均用气量(10^4 m^3)	206.52	208.23	217.57	228.29	250.57	263.13
不均匀系数	0.92	0.93	0.97	1.02	1.12	1.17

注：2018 年用气量数据作为计算年，月不均匀系数：0.92～1.18。

日不均匀系数 **表 B-16-2**

日	1	2	3	4	5	6	7	8
日用气量(10^4 m^3)	196.57	239.65	240.83	231.17	254.47	254.90	266.19	275.91
不均匀系数	0.74	0.90	0.91	0.87	0.96	0.96	1.00	1.04
日	9	10	11	12	13	14	15	16
日用气量(10^4 m^3)	285.54	283.36	278.32	282.97	267.07	263.35	257.77	243.98
不均匀系数	1.07	1.07	1.05	1.06	1.00	0.99	0.97	0.92
日	17	18	19	20	21	22	23	24
日用气量(10^4 m^3)	254.16	256.43	244.35	242.08	239.73	271.75	277.15	307.77
不均匀系数	0.96	0.96	0.92	0.91	0.90	1.02	1.04	1.16
日	25	26	27	28	29	30	31	
日用气量(10^4 m^3)	289.95	286.18	284.83	267.22	296.91	296.09	302.64	
不均匀系数	1.09	1.08	1.07	1.01	1.12	1.11	1.14	

注：选取 1 月作为计算月，计算月的日不均匀系数：0.74～1.16。

小时不均匀系数 **表 B-16-3**

日	1	2	3	4	5	6	7	8
日用气量(10^4 m^3)	8.68	8.82	8.62	8.20	8.14	8.15	8.44	9.05
不均匀系数	0.68	0.69	0.68	0.64	0.64	0.64	0.66	0.71
日	9	10	11	12	13	14	15	16
日用气量(10^4 m^3)	15.20	18.22	17.89	15.99	15.67	15.79	15.08	14.49
不均匀系数	1.19	1.43	1.40	1.25	1.23	1.24	1.18	1.14
日	17	18	19	20	21	22	23	24
日用气量(10^4 m^3)	14.70	14.96	14.75	14.52	14.32	14.39	13.18	8.89
不均匀系数	1.15	1.17	1.16	1.14	1.12	1.13	1.03	0.70

注：选取 1 月 24 日作为计算日，计算日的小时不均匀系数：0.64～1.43。

B.17　梧州（2018）

月不均匀系数　　表 B-17-1

月份	7	8	9	10	11	12	1	2	3	4	5	6
居民	0.71	0.68	0.68	0.65	0.76	0.91	1.27	1.28	1.46	1.36	1.23	1.01
商业	0.86	1.08	0.97	0.96	0.98	0.95	1.12	0.96	1.16	1.03	0.99	0.94
工业	0.41	0.47	0.46	0.66	0.82	0.75	1.66	1.31	1.34	1.55	1.58	0.99

注：2017～2018资料。

B.18　上海（2018）

（上海市场的用户类型分类可分为城市燃气用户、大工业用户和电厂用户）。

1. 城市燃气用户月不均匀系数

城市燃气用户月不均匀系数　　表 B-18-1

月份	1	2	3	4	5	6	7	8	9	10	11	12
k_m	1.37	1.35	1.10	0.94	0.84	0.83	0.79	0.74	0.79	0.83	1.07	1.35

2. 大工业用户

上海大工业用户主要包括化工区、赛科、工业气体、不锈钢、特钢、浦钢和宝钢等大型工业和化工用户。

上海大工业用户的日负荷波动范围在20%左右。小时负荷特性相对稳定一些，波动范围在0.95～1.05之间。

3. 天然气电厂用户

（1）热电厂用户

热电厂即热电联产，这类用户负荷基本稳定，如漕泾热电厂。其年发电小时数达到7000h左右，逐月、日基本稳定运行，每日天然气负荷的波动范围基本在0.8～1.0之间。

（2）调峰电厂用户

天然气调峰电厂参与本市气、电调峰，接受上海市电力系统、天然气系统双向调节。目前，上海市天然气调峰电厂年发电小时数达到1500h左右。

通常，用气高峰集中在夏季高温期间，但随着近年上海市水电比例的增加，调峰电厂在冬季的运行小时数也有所增加，呈现冬夏双峰。

一般工作日负荷高于休息日，休息日负荷约为工作日的60%左右。

在夏季工作日，调峰电厂在凌晨1时，有一定的负荷，基本为最高负荷的10%，而在2时～6时，调峰电厂基本没有负荷，在7时开始有一定负荷并逐渐增加，至10时，达到90%以上，并保持至19时左右，然后逐渐减少。

附录C　热电联产燃气负荷及其工况数据

C.1　各类用户的电力、热水与供暖、空调的最大负荷、年负荷设计指标

各类用户的电力最大负荷及热力最大负荷　　表C-1-1

			办公楼（标准型）	办公楼（OA型）	医　院	宾　馆	商　场	体育中心	住宅
电力负荷（W/m²）			50	71	50	50	70	70	30
热力负荷	热水	（W/m²）	16.3	16.3	46.5	116.3	23.3	814.0①	18.6
		［kcal/（m²·h）］	14	14	40	100	20	700②	16
	供暖	（W/m²）	58.1	39.5	95.3	77.9	93.0	122.1	34.9
		［kcal/（m²·h）］	50	34	82	67	80	105	30
	空调	（W/m²）	104.7	123.3	104.7	87.2	139.5	122.1	46.5
		［kcal/（m²·h）］	90	106	90	75	120	105	40

① 单位为kW/座体育中心。

② 单位为Mcal/（h·座体育中心）。

各类用户的电力年负荷及热力年负荷　　表C-1-2

			办公楼（标准型）	办公楼（OA型）	医院	宾馆	商场	体育中心	住宅
电力负荷（kWh/m²）			156	189	170	200	226	250	21
热力负荷	热水	（kWh/m²）	2.6	2.1	93.0	93.0	26.7	1017.4①	34.9
		（Mcal/m²）	2.2	1.8	80	80	23	875②	30
	供暖	（kWh/m²）	36.0	68.6	86.0	93.0	40.7	94.2	23.3
		（Mcal/m²）	31	59	74	80	35	81	20
	空调	（kWh/m²）	81.4	153.5	93.0	116.3	145.3	94.2	9.3
		（Mcal/m²）	70	132	80	100	125	81	8

① 单位为MWh/a。

② 单位为Gcal/a。

C.2　各类商业用户负荷工况

宾馆的逐月工况　　表C-2-1a

月负荷占年负荷的百分数（%）

月　份		1	2	3	4	5	6	7	8	9	10	11	12	合计
电力负荷		7.50	6.50	6.80	7.00	8.10	8.20	9.50	10.40	9.90	9.40	8.60	8.10	100
热负荷	热水	10.16	10.07	9.51	8.65	7.78	7.33	7.33	6.23	7.02	7.57	8.71	9.64	100
	供暖	20.54	17.87	14.41	12.48	3.07	0	0	0	0	0	12.77	18.86	100
	空调	1.00	0.91	3.11	3.89	7.56	14.06	21.42	24.77	14.96	5.18	2.14	1.00	100
时期		冬季			过渡季		夏季				过渡季		冬季	

宾馆的逐时负荷工况 表 C-2-1b

小时负荷占日负荷的百分数（%）

负荷		电力			热水	供暖		空调		
时期		夏季	冬季	过渡期	全年	冬季	过渡期	夏季	冬季	过渡期
时间	0时	2.81	2.68	2.67	2.37	3.05	5.35	2.34	0	0.29
	1时	2.55	2.74	2.45	1.43	3.43	3.21	1.80	0	0.29
	2时	2.41	2.31	2.32	0.64	3.81	2.67	1.71	0	0.29
	3时	2.41	2.36	2.27	0.38	3.43	2.41	1.53	0	0.29
	4时	2.38	2.19	2.40	0.73	3.05	2.41	1.44	0	0.29
	5时	2.53	2.29	2.51	2.35	3.05	2.67	1.35	0	0.29
	6时	3.14	3.07	3.15	4.64	3.24	3.21	1.80	0	0.29
	7时	3.58	3.56	3.77	4.53	4.19	4.28	1.98	0	0.34
	8时	4.00	3.79	4.12	3.97	5.71	4.28	2.71	0	0.86
	9时	4.79	4.31	4.67	3.80	4.95	3.48	3.52	4.95	4.87
	10时	5.17	4.84	4.98	4.51	5.14	4.55	3.61	4.95	4.58
	11时	5.31	5.38	5.20	3.25	4.95	4.55	3.61	7.43	8.59
	12时	5.55	5.34	5.23	3.59	4.95	5.35	7.13	9.89	8.59
	13时	5.45	5.44	5.27	4.08	5.14	5.88	7.22	8.90	9.43
	14时	5.24	5.47	5.27	3.80	4.95	6.42	8.68	8.42	6.87
	15时	5.31	5.46	5.36	3.95	6.10	5.88	6.49	5.94	5.73
	16时	5.24	5.89	5.32	4.23	7.24	6.42	6.58	6.44	6.01
	17时	5.31	6.04	5.50	4.68	6.86	6.92	6.67	5.94	6.01
	18时	5.28	5.64	5.46	5.36	6.10	6.42	6.94	5.94	5.73
	19时	5.07	5.36	5.32	7.48	5.33	5.35	7.03	6.44	6.59
	20时	4.63	4.87	4.94	8.57	1.52	0.27	6.85	7.43	6.59
	21时	4.33	4.22	4.39	8.96	1.14	0	4.51	8.42	8.59
	22时	4.37	3.90	4.41	7.74	0	2.67	2.34	8.91	8.59
	23时	3.14	2.85	3.02	4.96	2.67	5.35	2.16	0	0
合计		100	100	100	100	100	100	100	100	100

医院的逐月负荷工况 表 C-2-2a

月负荷占年负荷的百分数（%）

月份		1	2	3	4	5	6	7	8	9	10	11	12	合计
电力负荷		7.94	7.41	8.11	7.64	7.79	8.45	9.33	10.06	8.85	8.41	8.15	7.86	100
热负荷	热水	9.51	9.98	10.05	9.85	8.09	7.88	7.13	5.54	5.76	7.87	8.19	10.15	100
	供暖	27.50	21.20	19.92	2.67	0	0	0	0	0	0	8.64	20.07	100
	空调	0	0	0	0	2.53	5.85	19.35	45.83	21.95	4.49	0	0	100
时期		冬季			过渡季		夏季				过渡季		冬季	

医院的逐时负荷工况 表 C-2-2b

小时负荷占日负荷的百分数（%）

负荷		电力			热水			供暖		空调	
时期		夏季	冬季	过渡季	夏季	冬季	过渡季	冬季	过渡季	夏季	过渡季
时间	0时	2.19	2.04	2.04	0.46	0.58	0.49	0.20	0	1.60	2.70
	1时	2.09	1.97	1.98	0.33	0.45	0.36	0.30	0	1.60	2.60
	2时	2.04	1.91	1.89	0.26	0.35	0.29	0.30	0	1.50	2.50
	3时	2.00	1.91	1.89	0.26	0.29	0.29	0.30	0	1.50	2.50
	4时	2.06	1.86	1.85	0.56	0.48	0.55	0.30	0	1.50	2.40
	5时	2.15	2.06	2.02	1.34	1.45	1.40	5.10	7.20	3.40	3.40
	6时	3.02	3.17	2.92	2.20	0.97	2.25	4.70	8.10	2.60	2.50
	7时	4.32	4.31	4.31	3.21	0.39	3.32	4.70	7.30	2.80	2.60
	8时	5.43	5.44	5.56	7.18	7.58	7.06	10.30	10.50	6.40	4.30
	9时	5.94	6.07	6.18	9.17	9.39	9.05	8.30	7.20	6.30	5.00
	10时	6.07	6.20	6.28	9.92	10.07	9.71	7.50	6.80	6.60	5.30
	11时	6.05	6.18	6.27	7.90	8.10	7.55	6.90	6.00	6.80	5.80
	12时	5.90	5.96	6.09	8.62	8.90	8.50	6.40	5.30	6.90	6.30
	13时	5.94	6.01	6.09	9.40	9.52	9.34	5.20	5.10	6.10	6.10
	14时	6.06	6.09	6.18	8.36	8.71	8.59	5.00	4.80	6.10	6.20
	15时	5.92	6.05	6.07	6.32	6.87	6.41	4.80	4.30	6.30	6.40
	16时	5.70	5.88	5.83	5.14	5.65	5.11	4.90	4.00	6.30	6.10
	17时	5.23	5.38	5.30	5.67	5.77	5.47	5.00	3.90	6.20	6.10
	18时	4.94	5.03	4.97	5.18	4.97	5.05	5.00	3.60	5.80	5.40
	19时	4.70	4.75	4.66	4.00	3.90	4.04	3.50	3.30	3.20	3.40
	20时	4.15	4.01	4.11	2.06	2.23	2.21	3.50	3.60	3.10	3.30
	21时	3.08	3.08	2.92	1.05	1.29	1.14	3.60	3.70	3.00	3.20
	22时	2.60	2.47	2.44	0.72	1.03	0.88	4.00	5.30	2.80	3.10
	23时	2.42	2.17	2.15	0.69	1.06	0.94	0.20	0	1.60	2.80
合计		100	100	100	100	100	100	100	100	100	100

商场的逐月负荷工况 表 C-2-3a

月负荷占年负荷的百分数（%）

月份		1	2	3	4	5	6	7	8	9	10	11	12	合计
电力负荷		7.10	7.10	7.67	7.90	8.96	9.33	9.42	8.91	9.48	8.74	7.49	7.90	100
热负荷	热水	7.66	8.02	9.18	9.07	7.83	7.26	7.99	7.84	8.12	7.62	9.06	10.35	100
	供暖	32.81	29.63	15.87	0	0	0	0	0	0	0	0	21.69	100
	空调	0	1.21	2.83	4.05	8.91	12.63	19.27	20.83	13.68	10.93	3.64	2.02	100
时期		冬季			夏季								冬季	

商场的逐时负荷工况 表 C-2-3b

小时负荷占日负荷的百分数（%）

负荷		电力		热水	供暖	空调
时期		夏季	冬季	全年	冬季	全年
时间	0时	0.10	0.10	0	0	0
	1时	0.10	0.10	0	0	0
	2时	0.10	0.10	0	0	0
	3时	0.10	0.10	0	0	0
	4时	0.10	0.10	0	0	0
	5时	0.10	0.10	0	0	0
	6时	0.30	0.40	0	0	0
	7时	1.00	1.40	0	0	0
	8时	6.39	5.40	1.25	16.90	7.90
	9时	9.09	8.90	9.17	12.80	7.30
	10时	8.89	8.90	10.10	10.30	8.30
	11时	8.89	8.90	2.50	9.40	8.70
	12时	8.89	8.90	8.41	7.50	10.00
	13时	9.09	9.00	17.15	6.90	10.20
	14时	9.30	9.10	17.12	5.60	11.20
	15时	9.29	9.10	5.36	5.40	11.20
	16时	9.19	9.00	3.67	7.30	9.60
	17时	8.89	8.80	10.54	8.80	8.00
	18时	7.89	8.40	13.54	9.10	7.60
	19时	1.80	2.50	1.19	0	0
	20时	0.20	0.30	0	0	0
	21时	0.10	0.20	0	0	0
	22时	0.10	0.10	0	0	0
	23时	0.10	0.10	0	0	0
合计		100	100	100	100	100

办公楼（标准型）的逐月负荷工况 表 C-2-4a

月负荷占年负荷的百分数（%）

月份		1	2	3	4	5	6	7	8	9	10	11	12	合计
电力负荷		7.15	7.43	8.15	7.90	8.03	8.95	10.07	9.87	8.89	8.66	7.22	7.68	100
热负荷	热水	13.79	17.24	13.79	10.34	6.90	3.45	3.45	3.45	3.45	6.90	6.90	10.34	100
	供暖	25.93	22.79	17.66	4.27	0	0	0	0	0	0	7.98	21.37	100
	空调	0	0	0	0	3.92	15.67	27.63	30.72	19.79	2.27	0	0	100
时期		冬季			过渡季		夏季				过渡季		冬季	

办公楼（标准型）的逐时负荷工况 表 C-2-4b

小时负荷占日负荷的百分数（%）

负荷		电力			热水			供暖		空调	
时期		夏季	冬季	过渡	夏季	冬季	过渡	冬季	过渡	夏季	过渡
时间	0时	0.82	0.84	0.85	0	0	0	0	0	0	0
	1时	0.73	0.76	0.78	0	0	0	0	0	0	0
	2时	0.69	0.69	0.71	0	0	0	0	0	0	0
	3时	0.69	0.69	0.76	0	0	0	0	0	0	0
	4时	0.69	0.67	0.71	0	0	0	0	0	0	0
	5时	0.69	0.69	0.73	0	0	5.21	0	0	0	0
	6时	0.88	0.94	0.95	3.79	1.97	0.26	0	0	0	0
	7时	1.86	1.70	1.78	4.55	0.33	3.91	0.30	0	1.79	0.40
	8时	5.61	5.67	5.48	6.06	1.64	5.21	16.99	14.76	9.57	11.78
	9时	7.32	7.40	7.31	4.55	6.57	4.43	12.29	13.65	9.17	13.37
	10时	7.64	7.57	7.62	11.36	5.75	11.98	8.09	7.48	8.97	11.19
	11时	7.66	7.64	7.72	13.64	14.78	10.68	10.29	8.39	9.27	11.88
	12时	7.71	7.57	7.70	15.13	12.48	19.78	10.49	12.44	9.37	10.40
	13时	7.78	7.65	7.80	11.36	27.09	5.47	10.29	13.04	9.27	11.68
	14时	7.82	7.65	7.89	7.58	8.70	6.51	8.39	12.84	8.97	11.78
	15时	7.75	7.62	7.84	4.55	4.43	5.47	8.19	12.54	10.69	11.19
	16时	7.68	7.62	7.80	6.06	4.27	5.99	9.09	3.44	8.97	3.86
	17时	6.63	6.61	6.60	3.79	4.27	5.47	5.59	1.42	9.27	1.68
	18时	5.50	5.43	5.21	4.55	3.78	5.73	0	0	3.89	0.50
	19时	4.81	7.71	4.58	3.03	3.94	2.60	0	0	0.40	0
	20时	3.52	3.82	3.56	0	0	1.30	0	0	0.40	0.30
	21时	2.65	2.98	2.68	0	0	0	0	0	0	0
	22时	1.88	2.07	1.92	0	0	0	0	0	0	0
	23时	0.99	1.01	1.02	0	0	0	0	0	0	0
合计		100	100	100	100	100	100	100	100	100	100

体育中心的逐月负荷工况 表 C-2-5a

月负荷占年负荷的百分数（%）

月份		1	2	3	4	5	6	7	8	9	10	11	12	合计
电力负荷		7.90	7.42	7.84	7.75	8.73	7.92	9.58	9.61	8.95	8.52	7.75	8.03	100
热负荷	热水	11.20	12.56	11.68	10.86	7.81	6.56	6.69	4.40	4.45	7.16	7.72	8.91	100
	供暖	17.08	20.42	17.72	5.54	5.16	4.38	3.74	1.02	2.13	3.52	4.64	14.65	100
	空调	0	0	0	2.04	7.76	12.47	19.47	27.09	18.19	10.31	2.67	0	100
时期		冬季			夏季								冬季	

体育中心的逐时负荷工况 表 C-2-5b

小时负荷占日负荷的百分数（%）

负荷		电力	热水		供暖	空调
时期		全年	夏季	冬季	全年	夏季
时间	0时	0.60	0	0	0	0
	1时	0.60	0	0	0	0
	2时	0.60	0	0	0	0
	3时	0.60	0	0	0	0
	4时	0.60	0	0	0	0
	5时	0.60	0	0	0	0
	6时	2.71	3.65	0	1.95	0.69
	7时	5.72	7.07	4.80	7.74	6.25
	8时	5.72	6.61	6.84	6.74	6.25
	9时	5.57	5.80	6.63	6.49	6.25
	10时	5.57	4.93	6.39	6.49	6.12
	11时	5.72	2.81	4.40	6.74	6.12
	12时	5.87	1.77	3.78	6.23	6.12
	13时	5.94	3.16	4.60	5.97	6.25
	14时	6.02	3.51	4.80	5.97	6.32
	15时	5.94	4.35	5.31	5.84	6.39
	16时	5.87	6.93	6.84	5.84	6.54
	17时	6.02	6.09	6.33	5.71	6.54
	18时	6.26	6.61	6.63	5.97	6.40
	19时	6.47	7.80	7.35	6.23	6.25
	20时	6.47	8.32	7.65	5.97	6.39
	21时	6.02	8.65	7.87	6.23	6.39
	22时	3.76	8.49	7.75	3.89	4.17
	23时	0.75	3.45	2.03	0	0.56
合计		100	100	100	100	100

C.3 住宅负荷工况

住宅的逐月负荷工况 表 C-3-1a

月负荷占年负荷的百分数（%）

月份		1	2	3	4	5	6	7	8	9	10	11	12	合计
电力负荷		10.03	8.63	8.87	8.47	7.78	6.86	8.17	9.49	8.28	7.66	7.64	8.12	100
热负荷	热水	12.08	12.55	12.32	10.32	9.04	6.76	5.41	3.76	3.87	6.22	7.10	10.57	100
	供暖	24.03	20.06	20.08	8.11	0	0	0	0	0	0	8.95	18.77	100
	空调	0	0	0	0	0	7.96	32.14	47.76	12.14	0	0	0	100
时期		冬季			过渡季		夏季				过渡期		冬季	

住宅的逐时负荷工况 表 C-3-1b

小时负荷占日负荷的百分数（%）

负 荷		电 力			热水			供暖	空 调
时 期		夏季	冬季	过渡季	夏季	冬季	过渡季	冬季·过渡季	夏季
时间	0时	1.30	1.60	1.60	1.50	2.70	3.00	4.00	0.30
	1时	1.30	1.50	1.60	1.70	0.30	0.30	2.60	0.30
	2时	1.30	1.40	1.60	1.10	0.20	0.10	1.80	0.30
	3时	1.30	1.40	1.60	0	0	0	1.80	0.30
	4时	0.80	1.50	1.60	0	0	0	1.80	0.30
	5时	0.80	1.50	0.90	0.20	0.30	0.30	2.30	0.30
	6时	2.60	3.00	3.40	1.30	2.00	2.30	3.10	0.30
	7时	3.60	4.60	3.70	2.30	3.50	2.80	5.60	1.40
	8时	4.00	5.10	3.70	2.50	2.90	2.60	4.40	1.90
	9时	3.50	4.60	3.70	2.00	3.50	2.70	4.50	2.30
	10时	3.50	4.50	3.70	1.70	2.90	2.00	2.70	2.40
	11时	3.60	4.50	3.70	2.10	2.60	2.30	4.00	3.10
	12时	3.80	4.50	3.70	1.80	2.10	1.60	3.90	4.10
	13时	4.10	4.50	3.70	1.80	2.10	1.60	3.90	6.10
	14时	4.10	4.50	3.70	1.80	1.80	1.40	3.90	6.70
	15时	3.90	4.50	3.70	1.80	1.80	1.40	4.10	5.20
	16时	3.70	4.50	3.70	4.00	3.60	3.40	4.10	4.40
	17时	3.80	6.30	3.90	7.00	7.20	9.50	5.70	4.70
	18时	5.60	6.30	6.30	9.50	8.50	11.20	6.10	4.70
	19时	9.90	7.10	9.10	12.50	11.80	13.20	6.10	12.50
	20时	9.80	6.70	8.90	12.30	13.30	13.80	6.20	13.80
	21时	9.30	6.20	7.90	12.20	11.30	9.40	6.00	12.00
	22时	7.90	5.50	7.40	12.10	9.00	9.50	5.80	6.70
	23时	6.50	4.20	7.20	6.80	6.60	5.60	5.60	5.90
合 计		100	100	100	100	100	100	100	100

附录D　工业炉窑大气污染物排放标准

工业炉窑烟尘及生产性粉尘最高允许排放浓度、烟气黑度限值表　　表D-0-1

序号	炉窑类别		标准级别	排放限值	
				烟(粉)尘浓度(mg/m³)	烟气黑度(林格曼级)
1	熔炼炉	高炉及高炉出铁场	一	禁排	
			二	100	
			三	150	
		炼钢炉及混铁炉(车)	一	禁排	
			二	100	
			三	150	
		铁合金熔炼炉	一	禁排	
			二	100	
			三	200	
		有色金属熔炼炉	一	禁排	
			二	100	
			三	200	
2	熔化炉	冲天炉、化铁炉	一	禁排	
			二	150	1
			三	200	1
		金属熔化炉	一	禁排	
			二	150	1
			三	200	1
		非金属融化、冶炼炉	一	禁排	
			二	200	1
			三	300	1
3	铁矿烧结炉	烧结机(机头、机尾)	一	禁排	
			二	100	
			三	150	
		球团竖炉带式球团	一	禁排	
			二	100	
			三	150	

续表

序号	炉窑类别		标准级别	排放限值	
				烟(粉)尘浓度(mg/m^3)	烟气黑度(林格曼级)
4	加热炉	金属压延、锻造加热炉	一	禁排	
			二	200	1
			三	300	1
		非金属加热炉	一	50*	1
			二	200	1
			三	300	1
5	热处理炉	金属热处理炉	一	禁排	
			二	200	1
			三	300	1
		非金属热处理炉	一	禁排	
			二	200	1
			三	300	1
6	干燥炉、窑		一	禁排	
			二	200	1
			三	300	1
7	非金属烘(锻)烧炉窑(耐火材料窑)		一	禁排	
			二	200	1
			三	300	2
8	石灰窑		一	禁排	
			二	200	1
			三	350	1
9	陶瓷搪瓷砖瓦窑	隧道窑	一	禁排	
			二	200	1
			三	300	1
		其他窑	一	禁排	
			二	200	1
			三	400	2
10	其他炉窑		一	禁排	
			二	200	1
			三	300	1

* 仅限于市政、建筑施工临时用沥青加热炉。

（1997年1月1日起通过环境影响报告书（表）批准的新建、改建、扩建的各种工业炉窑，其烟尘及生产性粉尘最高允许排放浓度、烟气黑度限值）

各种工业炉窑（不分安装时间）无组织排放烟（粉）尘最高允许浓度表 **表 D-0-2**

设置方式	炉窑类别	无组织排放烟(粉)尘最高允许浓度(mg/m³)
有车间厂房	熔炼炉、铁矿烧结炉	25
	其他炉窑	5
露天(或有顶无围墙)	各种工业炉窑	5

各种工业炉窑的有害污染物最高排放允许浓度表 **表 D-0-3**

序号	有害污染物名称		标准级别	排放浓度(mg/m³)
1	二氧化硫	有色金属冶炼	一	禁排
			二	850
			三	1430
		钢铁烧结冶炼	一	禁排
			二	2000
			三	2860
		燃煤(油)炉窑	一	禁排
			二	850
			三	1200
2	氟及其化合物(以F计)		一	禁排
			二	6
			三	15
3	铅	金属冶炼	一	禁排
			二	10
			三	35
		其他	一	禁排
			二	0.10
			三	0.10
4	汞	金属冶炼	一	禁排
			二	1.0
			三	3.0
		其他	一	禁排
			二	0.010
			三	0.010
5	铍及其化合物(以Be计)		一	禁排
			二	0.010
			三	0.015

续表

序号	有害污染物名称	标准级别	排放浓度（mg/m³）
6	沥青油烟	一	5*
		二	50
		三	100

*仅限于市政、建筑施工临时用沥青加热炉。

（1997年1月1日起通过环境影响报告书（表）批准的新建、改建、扩建的各种工业炉窑各种工业炉窑的有害污染物最高排放允许浓度）

附录E 天然气利用的节能减排效果指标

各类用户采用天然气后的替煤节能效果（1/m³ 天然气） 表E-0-1

序号	燃气用户	替代燃煤方式	备注	替煤量(kg)	节煤量(kg)
1	制药工业	制药工业	针剂封瓶、片剂挂糖衣	6.45	4.89
2	家用燃气锅炉（如壁挂炉）	家用小煤炉供暖（原煤）	原煤变化范围	3.13～6.25	1.57～4.69
			原煤平均值	4.69	3.13
3	家用燃气锅炉（如壁挂炉）	家用小型煤炉供暖（型煤）	型煤变化范围	3.61～7.21	1.70～5.30
			型煤平均值	5.41	3.50
4	家用燃气用具与开水器	城市居民用户炊事热水	变化范围	3.5～4	1.6～2.1
			平均值	3.75	1.85
5	中餐灶、大锅灶、蒸箱、开水炉等	公共建筑炊事用户	变化范围	3～3.5	1.1～1.6
			平均值	3.25	1.35
6	化学工业	化学工业	加热、蒸馏、蒸发	3.22	1.66
7	食品工业	食品工业	变化范围	2.54～3.40	0.98～1.83
			平均值	2.97	1.41
8	烧煤窑炉改烧燃气	直接烧煤窑炉	变化范围	2.7～3.1	1.14～1.54
			平均值	2.9	1.34
9	小型燃气锅炉	立式锅炉，功率≤1t/h	变化范围	3.52～2.35	1.96～0.79
			平均值	2.81	1.25
10	烧气窑炉改烧天然气	烧气窑炉	平炉、加热炉、隧道窑等	2.8	1.24
11	冶金带焦改烧天然气	冶金带焦	炼铁	2.7	1.0
12	燃气联合循环热电联产	燃煤锅炉与燃煤电厂	变化范围	2.50～2.74	0.94～1.18
			平均值	2.67	1.11
13	燃气调峰发电厂	燃煤调峰发电厂	变化范围	1.89～2.97	0.33～1.41
			平均值	2.56	1.00
14	楼宇式热电联产(热)	燃煤锅炉与燃煤电厂	变化范围	1.71～2.72	0.15～1.16
			平均值	2.52	0.96
15	燃气蒸汽联合循环发电	燃煤电厂	变化范围	2.23～2.68	0.67～1.12
			平均值	2.46	0.90
16	燃气锅炉	卧式燃煤锅炉，1t/h<功率≤4t/h	变化范围	2.01～2.81	0.55～1.25
			平均值	2.35	0.79
17	燃气联合循环冷电联产	燃煤电厂发电与电制冷	变化范围	1.75～2.36	0.23～0.80
			平均值	2.21	0.65

续表

序号	燃气用户	替代燃煤方式	备注	替煤量(kg)	节煤量(kg)
18	倒焰窑改烧天然气	倒焰窑烧煤	变化范围	2.1～2.2	0.54～0.64
			平均值	2.15	0.59
19	煤制气改为天然气	玻璃工业 灯工、熔化	变化范围	1.98～2.25	0.42～0.69
			平均值	2.12	0.56
20	燃气锅炉	卧式燃煤锅炉 4t/h<功率≤10t/h	变化范围	1.88～2.35	0.22～0.79
			平均值	2.10	0.54
21	燃气替代燃煤	工业烧结		1.94	0.38
22	燃气锅炉	燃煤锅炉 10t/h以上	变化范围	1.72～2.12	0.16～0.56
			平均值	1.91	0.35
23	楼宇式热电冷联产(冷)	燃煤发电和电制冷	变化范围	1.07～2.01	−0.49～0.45
			平均值	1.91	0.35
24	燃气替代燃煤	加热炉(锻炉、铸工烘炉与退火炉等)	变化范围	1.6～1.9	0.04～0.34
			平均值	1.75	0.19
25	直燃机式吸收机	燃煤发电制冷	变化范围	0.98～1.21	−(0.58～0.34)
			平均值	1.07	−0.49

注：1. 型煤低热值18830kJ/kg (4500kcal/kg)；
2. 原煤热值23027kJ/kg (5500kcal/kg)；
3. 油低热值43950kJ/kg (10500kcal/kg)；
4. 天然气低热值35948kJ/m^3 (8600kcal/m^3)；
5. 一些明显利用率不高的应用方式未做分析。

1m^3 天然气替代煤炭后减少的排放量（城市环境减排）(g/m^3)　　表 E-0-2

序号	天然气用户	替代燃煤方式	说明	烟尘	SO_2	NO_x
1	家用燃气锅炉(如壁挂炉)	小煤炉供暖(原煤)	变化范围	143.63～286.84	42.55～84.98	13.8～28.8
			平均值	256.26	63.70	21.61
2	制药工业	制药工业	针剂封瓶、片剂挂糖衣	140	109.65	25.4
3	小型燃气锅炉	立式燃煤锅炉 功率≤1t/h	变化范围	107.87～161.57	39.15～58.64	10.03～15.65
			平均值	128.94	46.80	12.24
4	家用燃气锅炉(如壁挂炉)	小型煤炉供暖(型煤)	变化范围	38.89～77.85	40.17～80.15	11.78～25.95
			平均值	58.41	60.20	19.47
5	化学工业	化学工业	加热、蒸馏、蒸发	16.1	54.74	12.88
6	食品工业	食品工业	变化范围	12.7～17	43.18～57.8	11.43～15.3
			平均值	14.85	50.49	13.37
7	烧煤窑炉改烧燃气	直接烧煤窑炉	变化范围	13.5～15.5	45.9～52.7	12.3～14.5
			平均值	14.5	49.3	13.4
8	烧气窑炉改烧天然气	烧气窑炉	平炉、加热炉、隧道窑等	14	47.6	15.4

续表

序号	天然气用户	替代燃煤方式	说明	烟尘	SO_2	NO_x
9	冶金带焦改烧天然气	冶金带焦	炼铁	13.5	45.9	14.85
10	家用燃气用具与开水器	居民用户炊事热水	变化范围	8.75～10.2	40.8～54.4	4.06～6.00
			平均值	9.48	47.6	5.03
11	倒焰窑改烧天然气	倒焰窑	变化范围	10.3～12.7	35.7～37.4	10.5～11
			平均值	11.50	36.55	10.75
12	燃气锅炉	卧式燃煤锅炉 1t/h＜功率≤4t/h	变化范围	12.46～17.42	29.02～40.35	8.26～12.10
			平均值	14.57	33.82	9.89
13	中餐灶、大锅灶、蒸箱、开水炉等	公共建筑炊事用户	变化范围	8.21～9.39	34.97～47.62	3.48～5.25
			平均值	8.80	41.30	4.37
14	燃气联合循环热电联产	燃煤发电与燃煤锅炉的减排	变化范围	3.64～3.99	39.08～42.18	12.05～13.51
			平均值	3.86	41.10	13.09
15	燃气锅炉	卧式燃煤锅炉 4t/h＜功率≤10t/h	变化范围	1.48～11.48	27.05～33.82	7.63～9.89
			平均值	10.25	30.20	8.69
16	煤制气改为天然气	烧结		9.7	32.98	10.3
17	天然气替代煤制气	玻璃工业灯工、熔化	变化范围	8.4～9.75	28.56～33.15	8.2～10.32
			平均值	9.08	30.86	9.22
18	天然气替代燃煤	加热炉(锻炉、铸工烘炉与退火炉等)	变化范围	7.6～9.2	25.5～30.6	7.5～9.8
			平均值	8.4	28.5	8.65
19	燃气锅炉	燃煤锅炉功率＞10t/h	变化范围	4.43～5.47	20.90～25.76	6.87～8.79
			平均值	4.93	23.21	7.78
20	楼宇式热电联产(热)	燃煤发电与燃煤锅炉的减排	变化范围	2.01～2.38	11.63～25.12	4.85～7.88
			平均值	2.20	23.27	7.15
21	直燃机式吸收机	燃煤发电与电制冷	变化范围	−(0.035～0.045)	−(0.017～0.024)	−(1.20～1.51)
			平均值	−0.4	−0.02	−1.39
22	燃气调峰发电厂	燃煤调峰发电	变化范围	−(0.035～0.045)	−(0.017～0.024)	−(1.98～3.17)
			平均值	−0.4	−0.02	−2.76
	燃气联合循环冷电联产	燃煤发电与电制冷	变化范围	−(0.035～0.045)	−(0.017～0.024)	−(1.98～3.17)
			平均值	−0.4	−0.02	−2.76
	楼宇式热电冷联产(冷)	燃煤发电与电制冷	变化范围	−(0.035～0.045)	−(0.017～0.024)	−(1.98～3.17)
			平均值	−0.4	−0.02	−2.76
	燃气蒸汽联合循环发电	燃煤发电	变化范围	−(0.035～0.045)	−(0.017～0.024)	−(1.98～3.17)
			平均值	−0.4	−0.02	−2.76

说明：在环境分析中燃煤电厂、热电厂和功率为10t/h以上燃煤供暖锅炉的烟气按净化达到国家要求排放标准计算。

1m³ 天然气替代煤炭后减少的排放量（大气环境减排）(g/m³) 表 E-0-3

序号	天然气用户	替代燃煤方式	说明	烟尘	SO_2	NO_x	CO_2
1	家用燃气锅炉（如壁挂炉）	家用小煤炉供暖（原煤）	变化范围	143.63～286.84	42.55～84.98	13.8～28.8	3700～9200
			平均值	256.26	63.70	21.61	6904
2	制药工业	制药工业	针剂封瓶、片剂挂糖衣	140	109.65	25.4	10148
3	小型燃气锅炉	立式燃煤锅炉功率≤1t/h	变化范围	107.87～161.57	39.15～58.64	10.03～15.65	2430～4536
			平均值	128.94	46.80	12.24	3238
4	家用燃气锅炉（如壁挂炉）	家用小型煤炉供暖（型煤）	变化范围	38.89～77.85	40.17～80.15	11.78～25.95	3494～8689
			平均值	58.41	60.20	19.47	6520
5	化学工业用天然气加热	化学工业煤加热	加热、蒸馏、蒸发	16.1	54.74	12.88	4850
6	食品工业	食品工业	变化范围	12.7～17	43.18～57.8	11.43～15.3	3440～5220
			平均值	14.85	50.49	13.37	4020
7	烧煤窑炉改烧天然气	直接烧煤窑炉	变化范围	13.5～15.5	45.9～52.7	12.3～14.5	3770～4600
			平均值	14.5	49.3	13.4	4185
8	烧气窑炉改烧天然气	烧煤制气窑炉	平炉、加热炉、隧道窑等	14	47.6	15.4	3980
9	冶金带焦改烧天然气	冶金带焦	炼铁	13.5	45.9	14.85	3770
10	家用燃气用具与开水器	居民用户炊事热水	变化范围	8.75～10.2	40.8～54.4	4.06～6.00	3810～4310
			平均值	9.48	47.6	5.03	4060
11	燃气调峰发电	燃煤调峰电厂	变化范围	2.74～4.32	29.09～45.72	10.14～16.73	2149～4417
			平均值	3.88	39.40	14.22	3556
12	燃气锅炉	卧式燃煤锅炉1t/h＜功率≤4t/h	变化范围	12.46～17.42	29.02～40.35	8.26～12.10	2010～3660
			平均值	14.57	33.82	9.89	2763
13	倒焰窑改烧天然气	倒焰窑	变化范围	10.3～12.7	35.7～37.4	10.5～11	2530～2730
			平均值	11.50	36.55	10.75	2630
14	中餐灶、大锅灶、蒸箱、开水炉等	公共建筑炊事用户	变化范围	8.21～9.39	34.97～47.62	3.48～5.25	3266～3771
			平均值	8.80	41.30	4.37	3519
15	燃气联合循环热电联产	燃煤发电与燃煤锅炉	变化范围	3.64～3.99	39.08～42.18	12.05～13.51	3405～3907
			平均值	3.86	41.10	13.09	3760
16	楼宇式热电联产（热）	燃煤发电与燃煤锅炉	变化范围	2.47～3.96	26.31～41.87	8.08～13.13	1771～3262
			平均值	3.66	38.79	11.91	2842
17	燃气蒸汽联合循环发电	燃煤发电	变化范围	3.24～3.92	34.32～41.25	12.21～14.96	3086～4076
			平均值	3.58	37.86	13.62	3592
18	燃气锅炉	卧式燃煤锅炉4t/h＜功率≤10t/h	变化范围	9.17～11.48	27.05～33.82	7.63～9.89	1940～2880
			平均值	10.25	30.20	8.69	2380

续表

序号	天然气用户	替代燃煤方式	说明	烟尘	SO_2	NO_x	CO_2
19	煤制气改为天然气	烧结		9.7	32.98	10.3	2200
20	天然气替代煤制气	玻璃工业灯工、熔化	变化范围	8.4～9.75	28.56～33.15	8.2～10.32	1670～2220
			平均值	9.08	30.86	9.22	1945
21	燃气联合循环冷电联产	燃煤电厂发电与电制冷	变化范围	2.53～3.44	26.93～36.32	8.98～12.58	1920～3218
			平均值	3.21	34.01	11.54	2844
22	天然气替代燃煤	加热炉(锻炉、铸工烘炉与退火炉等)	变化范围	7.6～9.2	25.5～30.6	7.5～9.8	1290～1910
			平均值	8.4	28.5	8.65	1600
23	燃气锅炉	燃煤锅炉功率＞10t/h	变化范围	4.43～5.47	20.90～25.76	6.87～8.79	1775～2611
			平均值	4.93	23.21	7.78	2172
24	楼宇式热电冷联产(冷)	燃煤发电与电制冷	变化范围	1.53～2.91	16.46～44.79	5.14～10.87	534～2602
			平均值	2.77	29.40	10.26	2382
25	直燃机式吸收机	燃煤发电与电制冷	变化范围	1.40～1.74	15.07～18.61	1.96～3.36	336～842
			平均值	1.53	16.46	2.51	534

当地城市排放及减排成本　　**表 E-0-4**

序号	天然气用户	替代燃煤方式	说明	烟尘 (g/m^3)	SO_2 (g/m^3)	NO_x (g/m^3)	总替代排放量 (g/m^3)	燃料增加成本 $(元/m^3)$	减排燃料成本 (元/kg)
1	家用燃气锅炉(如壁挂炉)	小型煤炉供暖	平均值	58.41	60.2	19.47	138.08	−1.25	−9.1
2	制药工业	制药工业	针剂封瓶、片剂挂糖衣	140	109.65	25.4	275.05	−2.07	−7.5
3	家用燃气用具与开水器	居民用户炊事热水	平均值	9.48	47.6	5.03	62.11	−0.25	−4.0
4	家用燃气锅炉(如壁挂炉)	小煤炉供暖(原煤)	平均值	256.26	63.7	21.61	341.57	−0.58	−1.7
5	化学工业	化学工业	加热、蒸馏、蒸发	16.1	54.74	12.88	83.72	−0.132	−1.6
6	食品工业	食品工业	平均值	14.85	50.49	13.37	78.71	−0.02	−0.3
7	烧气窑炉改烧天然气	烧气窑炉	平炉、加热炉、隧道窑等	14	47.6	15.4	77	0.12	1.6
8	小型燃气锅炉	立式燃煤锅炉功率≤1t/h	平均值	128.94	46.8	12.24	187.98	0.45	2.4
9	冶金带焦改烧天然气	冶金带焦	炼铁	13.5	45.9	14.85	74.25	0.18	2.4

续表

序号	天然气用户	替代燃煤方式	说明	烟尘 (g/m^3)	SO_2 (g/m^3)	NO_x (g/m^3)	总替代排放量 (g/m^3)	燃料增加成本 (元/m^3)	减排燃料成本 (元/kg)
10	中餐灶、大锅灶、蒸箱、开水炉等	公共建筑炊事用户	平均值	8.8	41.3	4.37	54.47	0.25	4.6
11	烧煤窑炉改烧燃气	直接烧煤窑炉	平均值	14.5	49.3	13.4	77.2	0.6	7.8
12	倒焰窑改烧天然气	倒焰窑	平均值	11.5	36.55	10.75	58.8	0.51	8.7
13	天然气替代煤制气	玻璃工业灯工、熔化	平均值	9.08	30.86	9.22	49.16	0.53	10.8
14	燃气锅炉	卧式燃煤锅炉 1t/h＜功率≤4t/h	平均值	14.57	33.82	9.89	58.28	0.67	11.5
15	煤制气改为天然气	烧结		9.7	32.98	10.3	52.98	0.636	12.0
16	燃气锅炉	卧式燃煤锅炉 4t/h＜功率≤10t/h	平均值	10.25	30.2	8.69	49.14	0.76	15.5
17	天然气替代燃煤	加热炉(锻炉、铸工烘炉与退火炉等)	平均值	8.4	28.5	8.65	45.55	0.75	16.5
18	燃气锅炉	燃煤锅炉功率＞10t/h	平均值	4.93	23.21	7.78	35.92	0.79	22
19	燃气联合循环热电联产	燃煤锅炉的减排	平均值	2.11	5.1	2.4	9.61	0.32	33.3
20	楼宇式热电联产(热)	燃煤锅炉的减排	平均值	2.37	5.7	2.88	10.95	0.53	48.4
21	燃气调峰发电厂	—	—	−0.04	−0.02	−1.63	−1.69	0.37	增排
22	燃气蒸汽联合循环发电	—	—	−0.04	−0.02	−1.63	−1.69	0.42	增排
23	燃气蒸汽联合循环式热电冷联供(冷)	电制冷	—	−0.04	−0.02	−1.63	−1.69	0.54	增排
24	楼宇式热电冷联供(冷)	电制冷	—	−0.04	−0.02	−1.63	−1.69	0.68	增排
25	直燃机式吸收机	电制冷	—	−0.04	−0.02	−1.63	−1.69	1.09	增排

1kg 煤炭被天然气替代后的减排因子（g/kg）　　**表 E-0-5**

序号	天然气用户	替代燃煤方式	烟尘	SO_2	NO_x	CO_2
1	家用燃气锅炉(如壁挂炉)	家用小煤炉供暖(原煤)	54.6	13.6	4.6	1472
2	制药工业	制药工业	21.7	17.0	3.9	1573
3	小型燃气锅炉	立式燃煤锅炉,功率≤1t/h	45.9	16.7	4.4	1152
4	家用燃气锅炉(如壁挂炉)	家用小型煤炉供暖(型煤)	10.8	11.1	3.6	1205
5	化学工业用天然气加热	化学工业煤加热	5.0	17.0	4.0	1506
6	食品工业	食品工业	5.0	17.0	4.5	1354
7	烧煤窑炉改烧天然气	直接烧煤窑炉	5.0	17.0	4.6	1443
8	烧气窑炉改烧天然气	烧煤制气窑炉	5.0	17.0	5.5	1421
9	冶金带焦改烧天然气	冶金带焦	5.0	17.0	5.5	1396
10	家用燃气用具与开水器	居民用户,炊事热水	2.5	12.7	1.3	1083
11	燃气调峰发电	燃煤调峰电厂	1.5	15.4	5.6	1389
12	燃气锅炉	燃煤锅炉,1t/h＜功率≤4t/h	6.2	14.4	4.2	1176
13	倒焰窑改烧天然气	倒焰窑	5.3	17.0	5.0	1223
14	中餐灶、大锅灶、蒸箱、开水炉等	公共建筑炊事用户	2.7	12.7	1.3	1083
15	燃气联合循环热电联产	燃煤发电与燃煤锅炉	1.4	15.4	4.9	1408
16	楼宇式热电联产(热)	燃煤发电与燃煤锅炉	1.5	15.4	4.7	1128
17	燃气蒸汽联合循环发电	燃煤发电	1.5	15.4	5.5	1460
18	燃气锅炉	卧式燃煤锅炉,4t/h＜功率≤10t/h	4.9	14.4	4.1	1133
19	煤制气改为天然气	烧结	5.0	17.0	5.3	1134
20	天然气替代煤制气	玻璃工业、灯工、熔化	4.3	14.6	4.3	917
21	燃气联合循环冷电联产	燃煤电厂发电与电制冷	1.5	15.4	5.2	1287
22	天然气替代燃煤	加热炉(锻炉、铸工烘炉与退火炉等)	4.4	14.9	4.5	838
23	燃气锅炉	燃煤锅炉,功率＞10t/h	2.6	12.2	4.1	1137
24	楼宇式热电冷联产(冷)	燃煤发电与电制冷	1.6	16.8	5.9	1361
25	直燃机式吸收机	燃煤发电与电制冷	1.4	15.4	2.3	499